€5,-

Lexikon der Weltbevölkerung
Geographie – Kultur – Gesellschaft

Lexikon der Weltbevölkerung
Geographie – Kultur – Gesellschaft

verfaßt von Heinz-Gerhard Zimpel
bearbeitet von Ulrich Pietrusky

Walter de Gruyter
Berlin · New York 2001

Professor Dr. Heinz-Gerhard Zimpel (†)
Reto Zimpel
Postfach 14 06 06
80456 München

Professor Dr. Dr. Ulrich Pietrusky
Griesbacher Str. 31
94496 Ortenburg

Die Deutsche Bibliothek – CIP-Einheitsaufnahme

Zimpel, Heinz-Gerhard:
Lexikon der Weltbevölkerung : Geographie – Kultur –
Gesellschaft / verf. von Heinz-Gerhard Zimpel. Bearb. von
Ulrich Pietrusky. – Berlin ; New York : de Gruyter, 2001
ISBN 3-11-016319-5

∞ Gedruckt auf säurefreiem Papier, das die US-AINSI Norm über Haltbarkeit erfüllt.

© Copyright 2000 by Walter de Gruyter GmbH & Co. KG, 10785 Berlin.
Dieses Werk, einschließlich aller seiner Teile ist urheberrechtlich geschützt. Jede Verwertung außerhalb der engen Grenzen des Urhebergesetzes ist ohne Zustimmung des Verlages unzulässig und strafbar. Das gilt insbesondere für Vervielfältigungen, Übersetzungen, Mikroverfilmungen und die Einspeicherung und Verarbeitung in elektronischen Systemen.
Satz und Druck: Dörlemann Satz GmbH & Co KG, Lemförde. Bindung: Lüderitz & Bauer GmbH, Berlin. Einbandgestaltung: Hansbernd Lindemann, Berlin.
Printed in Germany

Dem Menschen bleibe die Freiheit sich mit dem zu beschäftigen, was ihn anzieht, was ihm Freude macht, was ihm nützlich deucht; aber das eigentliche Studium der Menschheit ist der Mensch.

Goethe
in den »Wahlverwandtschaften«

Vorwort des Autors

Die Erdbevölkerung hat sich im Laufe der heute älteren Generation verdoppelt bis vervierfacht. Dieser quantitativen Zunahme entsprechend hat in dieser Zeitspanne auch die qualitative Vielfalt außerordentlich zugenommen. Davon abgesehen entstehen ständig neue Gruppierungen und verschwinden alte. Die Annahme, die Erdbevölkerung habe sich zumindest in jüngerer Zeit qualitativ einander angeglichen, hat sich (glücklicherweise) als irrig erwiesen. Zusätzlich führt die in den letzten hundert Jahren enorm gewachsene geographische und soziale Mobilität zur fortschreitenden Sonderung oder auch Auflösung regionaler Gruppen.

Vor allem hat sich unsere Kenntnis von der Differenzierung der Menschen dank der Ausweitung heutiger Informationsmedien geradezu potenziert. Jahr für Jahr, Woche für Woche, erweitern diese Medien unseren alten Wissensstand. Kein herkömmliches Lexikon vermöchte diesen ständigen Veränderungen und Erweiterungen Rechnung zu tragen. Das ursprüngliche alte Namensgut ging nicht selten ganz verloren oder wurde bis zur Unkenntlichkeit verfremdet: z.B. tritt es in Nachbar- und Verkehrssprachen auf, oder sonst in fremder Gestalt, z.B. einer unbekannten Sprache durch Übersetzung, Transkribierung oder Transliterierung.

Ein Lexikon erwächst aus der Zusammenarbeit vieler Spezialisten, die mit großer Kompetenz den Interessierten zu informieren suchen. Unsere Begriffssammlung ist in umgekehrter Richtung entstanden, nämlich aus der dauernden Nachfrage von Nutzanwendern aus der Geographie, die zu beantworten hier versucht wird. Zugrunde lag die Absicht, die unablässig aufsteigende Flut neuer Namen und Bezeichnungen zu bändigen, zu ordnen und für den Interessierten nützlich zu erläutern. Aus diesem Grunde hat der Autor in langfristiger Auseinandersetzung mit seinen Studierenden und Fachkollegen ein Nachschlagewerk erarbeitet, in das eine immer wieder erweiterte Auswahl von Stichwörtern Eingang fand. Kontinuierliches Studium der Fachliteratur und die aktuelle Verfolgung wichtiger Medien sichern eine gewisse Ausgewogenheit.

Die hier vorgestellte Synopse versteht sich als Wegweisung zur Einordnung und zur Abgleichung eben dieses Namensgutes. Sie ist ein Hilfsmittel, um Neologismen und Fachtermini, vor allem aber um Synonyme und andere Fremdbezeichnungen in ihren jeweiligen Schreibvarianten zu erfassen, so daß eine tiefergreifende Information aus Handbüchern erleichtert oder überhaupt ermöglicht wird. Es will Verständnis wecken für Herkunft und Ableitungen eines erstaunlich reichen Namensgutes.

Das erreichte Resultat ist nicht allein dem Autor zuzuschreiben; Studierende aus mehreren Seminaren zur Angewandten und Bevölkerungsgeographie haben allwöchentlich ihre Wünsche zum Inhalt des Wörterbuches vorgetragen. Eine an das Gelingen der gestellten Aufgabe glaubende Mitarbeiterin (Birgit Dörr) hat Abertausende von Vormerkungen, Erläuterungen, Korrekturen, Aktualisierungen und Verbesserungen unserem Computer anvertraut. Freunde und Kollegen (v.a. Dr. Karl Thorn, München; Redakteur Gottfried Große, München; Prof. Dr. Karl Hermes, Regensburg; Dr. Wolf Tietze, Wolfsburg) haben Manuskriptteile gegengelesen, Verbesserungsvorschläge gemacht, insbesondere auch ihre Fremdsprachenkenntnisse eingebracht. Ihnen allen schulde ich großen Dank; ohne ihren Ansporn hätte ich vorzeitig aufgegeben.

München-Gauting,   Heinz-Gerhard Zimpel
Anfang 1997

Vorwort des Bearbeiters

Heinz-Gerhard Zimpel verstarb im Juli 1997, noch bevor er an die Drucklegung seines Werkes gehen konnte. Als sein Sohn Reto Zimpel und die Kollegen aus dem Geographischen Institut der Universität München mit der Bitte an mich herantraten, mich des nahezu fertigen Glossars anzunehmen, sagte ich ohne Zögern zu. Als Schüler und späterer Kollege durfte ich gut 25 Jahre fachlicher Wegbegleiter von Heinz-Gerhard Zimpel sein und wollte seinen größten Wunsch, die Publikation eines Teils seines wissenschaftlichen Lebenswerkes, gern erfüllen.

Daß es dann gerade der von ihm besonders geschätzte Verlag Walter de Gruyter war, den Reto Zimpel für eine Veröffentlichung gewinnen konnte, mag eine späte Anerkennung für die mehrere Jahrzehnte umfassende Recherche und Aufbereitung des vorliegenden Wörterbuches sein.

Der Respekt vor der Leistung des Autors gebot eine sensible Handhabung seines wissenschaftlichen Nachlasses. Die Nachbearbeitung beschränkte sich zunächst einmal auf eine formale Abgleichung des Gesamtregisters und eine Aktualisierung von Daten und (soweit möglich) zeitbezogenen Inhalten. Gleichwohl erschien eine Neukonzipierung des Gesamtaufbaus geboten. Dabei blieben Geist und Handschrift des Bevölkerungsgeographen Heinz-Gerhard Zimpel unverändert erhalten.

Ortenburg, August 2000   Ulrich Pietrusky

Vorwort von Reto Zimpel

Im umfangreichen wissenschaftlichen Nachlass meines Vaters Heinz-Gerhard Zimpel befand sich neben der »Allgemeinen Bevölkerungsgeographie« auch ein Glossarium zu eben diesem Werk. Ersteres blieb bislang leider unveröffentlicht, da die Dimension des Manuskriptes offenbar potentielle Interessenten abgeschreckt hat. Daher arbeitete mein Vater in den letzten Jahren mit unglaublicher Vehemenz an einer ausführlicheren Variante des Glossariums, um ein handliches und universelles Lexikon der Weltbevölkerung zu schaffen. Leider konnte er die Drucklegung dieses Werkes nicht mehr erleben.

Im Sinne meines Vaters, dem die ständige Aktualisierung und Ergänzung seiner Arbeit immer ein großes Anliegen war, möchte ich den Leser und Nutzer dieses Buches bitten, mir etwaige Verbesserungs- oder Ergänzungsvorschläge auch im Hinblick auf eine mögliche Neuauflage und einer Nutzung des Werkes in einer internetbasierten Datenbank unter der E-Mail Adresse »prof.zimpel@zimpel.com« zukommen zu lassen.

Mein besonderer Dank gebührt Herrn und Frau Pietrusky, die viel Zeit in die Nachbearbeitung investiert haben.

München, August 2000   Reto Zimpel

Hinweise zur Handhabung des Lexikons

Das Wörterbuch weist Bevölkerungsgruppen unterschiedlichster Art und Herkunft nach, solche verschiedenen Alters, verschiedenen Gebrauchs, verschiedener Sprache. Bevölkerungsgruppen sind lebende, also dynamische Einheiten der Weltbevölkerung, sie entstehen, bilden sich um und können auch vergehen. Selbst bei längerfristigem Bestand erfahren sie ständig Veränderungen ihrer Merkmale. Historisch wandeln sie sogar ihren Namen, speziell die Bezeichnungen durch ihre Nachbarn und Wirtsstaaten. Ihre quantitative Entwicklung kann, oft ganz kurzfristig, ebenso positiv wie negativ ablaufen. Bei gegebener oder zeitweilig erzwungener Mobilität verändert sich auch ihre räumliche Verbreitung. Im Verlauf kulturgeschichtlicher Wertewandlungen, etwa unter politischem und sozioökonomischem Druck oder durch Mission kann sogar die Gruppenzugehörigkeit wechseln. So ist Bevölkerungsgruppen selten eine vollständige Kontinuität eigen. Dem ist Rechnung zu tragen, zumal jedes Wörterbuch nur einen gegenwärtigen Stand wiedergeben und allenfalls Tendenzen aufzeigen kann.

Untergliederung nach Teildateien oder Themenkreisen

Das Manuskript war ursprünglich in neun eigenständige Teildateien bzw. Themenkreise mit jeweils einschlägig zugeordneten Stichworten untergliedert. Ein Lexikon mit neun separaten alphabetischen Durchgängen erschien dem Bearbeiter wenig nutzerfreundlich und so gruppierte er alle Stichworte zu einem einzigen Gesamtregister neu. Um die Zuordnung zu den Themenkreisen im ursprünglichen Sinne ZIMPELs dennoch aufrechtzuerhalten, wurden die Stichworte mit der jeweiligen Kürzel für den sie zutreffenden Themenkreis (BIO, ETH, NAT, REL, SOZ, SPR, SCHR, WISS und TERR) versehen.

Die Kürzel stehen für Themenkreise, die im einzelnen folgende Aspekte beinhalten:

BIO
Anthropologische und humanbiologische Zuordnungen; Termini bzw. Namen u.a. für Rassen, Kontaktrassen, Altschichten, Rassensplitter; Mischlingsbezeichnungen in Volkssprache und Wissenschaft; Auswahl von Altvölkern; Einheiten biologischer Verwandtschaft; Behinderte; wichtige Beispiele für Seuchen- und Suchtkranke.

ETH
Ethnische Einheiten nach Eigen- und Fremdbezeichnungen; Stämme, Völker, Volksgruppen, Volksteile, Minderheiten; Auswahl großer oder wichtiger Regionalverbände, insbesondere auch insulare Wohnbevölkerungen.

NAT
Nationalitätenbezeichnungen mit deutschsprachigen Varianten und fremdsprachlichen Termini, sowie für Alt- und Sonderterritorien inklusive autonomer Gebiete; Hinweise auf Sonderregelungen der Staatsbürgerschaft sowie auf Kontingente externer Staatsangehöriger.

REL
Religionsbestimmte Gruppen und Termini für Religionsgemeinschaften, Schulrichtungen, Konfessionen, Orden, Bruderschaften; Sekten. Religionsdiener/Geistliche/Priester; Religionsnationalitäten; Glaubensflüchtlinge, Pilgergruppen.

SCHR
Schriften, Schriftnutzergemeinschaften, Schriftwechsler; Analphabeten, Schriftlose.

SOZ
Sozial-kulturelle Gruppen in ihren umgangssprachlichen Bezeichnungen; Familienstandskategorien; soziale Verwandtschaft; Familienformen; Namensgemeinschaften; Kasten; Sklaven- und Sklavenabkömmlinge; landestypische Berufsgruppen/Berufskasten; Nomaden und Transhumanten; Sonderformen von Dauerwanderern; alte und aktuelle Flüchtlingsgruppen; Vagante und andere Randgruppen; Spezielle Gruppierungen nach Ernährungsgewohnheiten; Spott- und Schimpfnamen für Fremde in Auswahl.

SPR
Gemeinschaften Gleichsprachiger von Eigen-, Volks-, Hoheits- und Amtssprachen (soweit nicht unter ETH erfaßt); Bilinguisten und Mehrsprachler; Kommunikationsgruppen in Verkehrs- oder Handelssprachen, mit Misch- und Sakralsprachen. Auswahl von Altsprachen und aussterbenden Sprachgemeinschaften.

WISS
Wissenschaftliche, demographisch-statistische, administrative, juristische Termini mit spezifischem Begriffsinhalt, soweit nicht vorrangig umgangssprachlich gebraucht; vor- und frühgeschichtliche

Kulturgemeinschaften; ethnologische Grundeinheiten (Volk, Volksgruppen, Staatsvolk u. a.); Eheformen; Bürgerschaftsgruppen; abstrakte Wanderungseinheiten.

TERR
Aktuelle und historische politische Territorien; Verzeichnis hier auftretender Länderbezeichnungen mit wichtigsten demographischen Daten.

Formale Struktur der Stichwörter und ihre Erklärungsmuster

Die Stichwörter entsprechen in der benutzten Form ihrer Sprache und Schreibweise zwar nur einer besonders bekannten und verbreiteten Anwendung, doch erhebt diese Bevorzugung keinen Anspruch auf explizite Allgemeingültigkeit.

Die hier aufgeführten Stichwörter gelten im Wörterbuch als namenbildende selbständige Lemmata und werden – teilweise abweichend von den allgemeinen Regeln der Duden-Rechtschreibung – durch Großschreibung hervorgehoben.

Die Schreibform von Namen und Begriffen aus Sprachen mit nicht lateinischem Alphabet entspricht fast ausnahmslos Fundstellen aus der Literatur und aus den Medien. Eigene buchstabengetreue (Transliteration) oder lautgetreue Übertragung (Transkription) kam nur in Ausnahmefällen zur Anwendung. Für geographische Bezeichnungen gilt, sofern kein allbekannter deutscher Name verfügbar, die amtliche Schreibung des betreffenden Staates. Wegweisend war letztlich die in verbreiteten deutschsprachigen Atlanten gewählte Schreibung.

Sofern nicht eigens durch »Sg.« (Singular) bezeichnet, bedeuten alle Stichwörter die jeweilige Gruppengesamtheit, gelten also als Mehrzahl. Als Gattungsnamen gebrauchte Substantive beziehen sich stets auf beide Geschlechter, unabhängig von ihrem grammatikalischen Geschlecht. Bei Stichwörtern mit vorstehendem Artikel wurde für die alphabetische Einordnung im Register mehrheitlich das Substantiv vorgezogen.

Die Anordnung der Stichwörter erfolgt alphabetisch; Umlaute (Ä, Ae; Ö, Oe; Ü, Ue) sind wie auch Sonderschreibungen (Aë, Å) direkt bei den Grundbuchstaben (A, O, U) eingeordnet.

Bei mehrteiligen Stichwörtern wird nicht unterschieden zwischen getrennt geschriebenen Termini und solchen, die mit Bindestrich verbunden sind.

Wo verschiedene Schreibvarianten möglich sind, ist beim Nachschlagen wie folgt zu verfahren: Stichwörter, die unter C nicht gefunden werden, schlage man unter K und Z nach, und umgekehrt. Das gleiche gilt für C, Cs, Cz, die unter Tsch, solche mit Ch, die unter Sch oder Tsch stehen könnten. Entsprechend suche man Dj und J gegebenenfalls unter Dsch; J auch bei Y, Sh bei Sch, V bei W. In fremdsprachigen Stichwörtern kann Z (soweit als stimmhaftes S gesprochen) auch unter S zu finden sein.

Jedem Stichwort sind meist folgende Erklärungsmuster zugeordnet:

I.
a) Hinweise zur Etymologie des Begriffs,
b) deutschsprachige Synonyme, Alt- und Neubezeichnungen, Eigen- und Fremdnamen sowie
c) terminologische Entsprechungen (soweit mit Sicherheit zugänglich) in wichtigen Fremdsprachen.

II.
Erläuterungen zum Begriffsinhalt des Stichwortes. Diese sind so kurz wie möglich gehalten und weisen vorwiegend bevölkerungsgeographische Merkmale auf.

Sofern es sich bei den Stichwörtern um Homonyme handelt, werden sowohl deren unterschiedliche Etymologie als insbesondere auch deren verschiedene Bedeutung aufgelistet und mit 1.), 2.), 3.) beziffert.

Verweisungen sind mit »s.« oder mit »vgl.« gekennzeichnet:

(s.): Sofern für eine Bevölkerungsgruppe sowohl umgangssprachlich als auch in der wissenschaftlichen Literatur ungeregelt verschiedene Bezeichnungen gebräuchlich sind, wird hier (im Unterschied zu der Übung großer Lexika) von dem seltener verwendeten auf das bekanntere, hier favorisierte Stichwort verwiesen, bei dem dann eine volle Begriffserläuterung zu finden ist. »(s.)« gilt insbesondere auch bei Verweisen innerhalb einer Aufzählung, und zwar für alle unmittelbar nacheinander genannten Stichwörter.

(vgl.): Mit diesem Kürzel werden Hinweise auf einschlägige Über- und Unterbegriffe geboten, soweit sie im Text als selbständige Stichwörter auftreten und erweiterte Informationen oder neue Sachzusammenhänge aufzeigen.

Die Herkunft fremdsprachiger Stichwörter wird mittels der im Werk durchgängig benutzten Sprachenkürzel, z.B. (ar), benannt (siehe nachfolgende »Abkürzungen für Sprachenhinweise«).

Auf spezifische Literaturhinweise mußte verzichtet werden, um nicht den Umfang der einzelnen Erklärungen wie des gesamten Wörterbuches zu sprengen. Ein Verzeichnis der durchgängig benutzten Literatur ist angefügt.

Spezielle Hinweise zu den Stichworten des Themenkreises »TERR«

Die Stichworte sind nach den gängigen deutschsprachigen Territorrialbezeichnungen alphabetisiert und werden in folgender Reihenfolge erklärt: Offizielle Namen in der Landessprache, deutsche Altnamen, fremdsprachige Bezeichnungen, Nationalitätenbezeichnungen souveräner Staaten mit deutschsprachigen Entsprechungen und Abweichungen und fremdsprachigen Termini, dgl. für Alt- und Sonderterritorien (incl. autonomer Gebiete).

- **A.:** aktuell souveräne Staaten
- **B.:** abhängige Gebiete und Außenbesitzungen mit unterschiedlicher Autonomie
- **C.:** historische Territorien und Altnamen bestehender Einheiten

Sofern nicht anders bezeichnet, sind die Einwohnerzahlen in Millionen angegeben. Die Daten sind unterschiedlicher Qualität: Ergebnisse von Volkszählungen, Fortschreibungen, Schätzungen, de-jure- und de-facto-Erhebungen, Mittjahres- oder Terminwerte. Nicht immer stehen aktuelle Angaben zur Verfügung. Die Datenquellen (v.a. Köllmann, Demographic Yearbook, Der Fischer Weltalmanach, The Statemans Yearbook, Witthauer) sind im Literaturverzeichnis genannt.

Abkürzungsverzeichnis

Verzeichnis benutzter allgemeiner Abkürzungen

A	Ar	Ew., Einw.	Einwohner
AJA	Arabische Liga (Al-Jamil'a al-'Arabiyah)	F	Fortschreibung bei Bevölkerungs-, Einwohnerzahlen
allg.	allgemein	FAO	Ernährungs- und Landwirtschaftsorganisation der UN (Food and Agriculture Organization of the U.N.)
Altbez.	Altbezeichnungen		
amtl.	amtlich		
Angeh.	Angehörige, -r		
Anh.	Anhänger	FUEV	Föderalistische Union Europäischer Volksgruppen
anthropol.	anthropologisch		
AQ	Analphabetenanteil in %	g	Gramm
AR	Arabische Republik	Gde.	Gemeinde, -n
ASEAN	Verband Südostasiatischer Nationen (Association of Southeast Asian Nations)	gegr.	gegründet
		geogr.	geographisch
		Ges.	Gesellschaft
ASSR	Autonome Sozialistische Sowjetrepublik (bis 1991)	gest.	gestorben
		Gft.	Grafschaft
A.T.	Altes Testament, Bibel	ggf.	gegebenenfalls
BC/BP	Before Christ/Before present	GUS	Gemeinschaft Unabhängiger Staaten (neun ehem. Sowjetrepubliken ab 1991)
BD	Bevölkerungsdichte in Ew./km²		
Bed., bed.	Bedeutung(en), bedeutend		
begr.	begründet	Ha	Hektar
bes.	besonders, besondere	hpts.	hauptsächlich
Bev.	Bevölkerung	hist.	historisch
Bew.	Bewohner	Hrsg., hrsg.	Herausgeber, herausgegeben
Bez.	Bezeichnung, -en	IBRD	Internationale Bank für Wiederaufbau und Entwicklung (International Bank for Reconstruction and Development)
Bibliogr.	Bibliographie		
BIP	Bruttoinlandsprodukt		
biol.	biologisch		
BR	Bundesrepublik		
BSP	Bruttosozialprodukt	i.d.R.	in der Regel
BSt.	Bundesstaat, -en	i. e. S., i. w. S.	im engeren Sinn, im weiteren Sinn
Bull.	Bulletin	ILO	Internationale Arbeitsorganisation (International Labour Organisation)
bzw.	beziehungsweise		
ca.	cirka		
dgl.	dergleichen, desgleichen	incl.	inklusive
div.	diverse	insbes.	insbesondere
d.h.	das heißt DRDemokratische Republik	i.S.	im Sinn von
		J.	Jahr, -e
		Jb.	Jahrbuch
(dt), dt., Dt.	Deutsch als Sprache, deutsch, Deutscher	Jh.	Jahrhundert, -e
		Jtsd.	Jahrtausend, -e
E	Ost(en)	kath.	katholisch
ECOSOC	Wirtschafts- und Sozialrat der UN (Economic and Social Council)	kirchl.	kirchlich
		km2	Quadratkilometer
EG	Europäische Gemeinschaft seit 1967	Kgr.	Königreich
		Kt.	Kanton
ehem.	ehemals, ehemalig	Ldkr	Landkreis
einschl.	einschließlich	Lit.	Literatur
entspr.	entsprechend, entspricht	lt.	laut
evang.	evangelisch	m	Meter
EU	Europäische Union seit 1993	m.	männlich
EWG	Europäische Wirtschaftsgemeinschaft	MA	Mittelalter
		med.	Medizinisch

mind.	mindestens	unabh.	unabhängig
Mio.	Million, -en	UN	Vereinte Nationen (United Nations)
Mrd.	Milliarde, -n		
N	Nord, -en	UNO	Inoffizielle Bezeichnung der UN
n.	nördlich	UNDP	Entwicklungsprogramm der UN (U.N. Development Programme)
n. Chr.	nach Christi Geburt, nach der Zeitenwende		
		UNEP	Umweltprogramm der UN (U.N. Environment Programme)
N.T.	Neues Testament, Bibel		
NS-	nationalsozialistische Regierung, -Zeit usw. in Deutschland	UNESCO	Organisation für Erziehung, Wissenschaft und Kultur der UN (U.N. Educational, Scientific and Cultural Organization)
ö.	östlich		
OAU	Organisation der Afrikanischen Einheit (Organization of African Unity)		
		UNFPA	Bevölkerungsfonds der UN (U.N. Population Fund)
OAS	Organisation amerikanischer Staaten (Organicati n de los Estados Americanos/OEA)	UNHCR	Hoher Kommissar für Flüchtlinge (U.N. High Commissioner for Refugees)
offiz.	offiziell	UNICEF	Weltkinderhilfswerk (U.N. International Children's Emergency Fund)
OIC	Organisation der Islamischen Konferenz (Islamic Conference Organization)		
		UNRWA	Hilfswerk für Palästinaflüchtlinge (U.N. Relief and Works Agency for Palestine Refugees)
OPEC	Organisation erdölexportierender Länder (Organization of Petroleum Exporting Countries)		
		UNSO	Statistisches Amt der UN (U.N. Statistical Office)
Pers.	Personen	usw., usf.	und so weiter, – fort
Pl.	Plural	u. U.	unter Umständen
polit.	politisch	UZ:	Urbanitätsziffer (Anteil der städtischen Bevölkerung) in %
Prov.	Provinz (auch fremdsprachlich)		
rd.	rund		
Rel.	Religion oder Konfession	v. Chr.	vor Christi Geburt, vor der Zeitenwende
Rep.	Republik		
Rußland	Kurzform auch für Russische Föderation ab 1991	v. a.	vor allem
		vgl., Vgl.	vergleiche, Vergleichshinweis auf andere Stichworte
roman.	romanisch		
S	Süd, -en	VR	Volksrepublik
S	Schätzung bei Bevölkerungs-, Einwohnerzahlen	VZ	Volkszählung, Bevölkerungszählung
s.	südlich	W	West(en)
s.	siehe	w.	westlich
Schr.	Schrift	w.	weiblich
Schrgem.	Schriftnutzergemeinschaft, -en	WEP	Welternährungsprogramm der UN (World Food Programme)
s. d.	siehe dort, siehe diese		
Sg.	Singular	WFC	Welternährungsrat der UN (World Food Council)
s. o., s. u.	siehe oben, siehe unten		
sog.	sogenannt, -e, -er	WHO	Weltgesundheitsorganisation der UN (World Health Organization)
soziol.	soziologisch		
Spr.	Sprache, -n	wiss.	wissenschaftlich
–spr.	–sprachig, -e; -sprechend, -e	WK	Weltkrieg I, II
Sprgem.	Sprachnutzergemeinschaft, -en, Sprachgemeinschaften	WR:	durchschnittliche jährliche Bevölkerungsveränderung im gegebenen Zeitabschnitt in %
SSR	Sozialistische Sowjetrepublik (bis 1991)		
		z. B.	zum Beispiel
StA.	Staatsangehörige, -r	z. T.	zum Teil
statist.	statistisch	z. Vgl.	zum Vergleich
syn.	synonym	zus.	zusammen
u. a.	und andere, unter anderem	zw.	zwischen
UdSSR	Union der Sozialistischen Sowjetrepubliken (1922 bis 1991)	z. Zt.	zur Zeit
		Ztschr.	Zeitschrift
ugs.	umgangssprachlich	>, <	größer als, kleiner als

Verzeichnis der Abkürzungen für Sprachenhinweise

Die Erläuterung fremsprachiger Begriffe kann z. B. in zweierlei Form erfolgen:

(=af) Begriff stammt aus dem Afrikaans
(mo=) Begriff bedeutet auf mongolisch

Mit vorgesetztem =-Zeichen werden Sprachen bezeichnet, die nicht Hoheitssprachen souveräner Staaten sind.
In der nachfolgenden Auflistung bedeuten Dreibuchstabenkürzel Altsprachen. Die Klammern merken die ursprüngliche Verbreitung der Sprache an.

Af	afrikaans (Südafrika)	mo	mongolisch (Mongolei)
Agr	altgriechisch	mr	−mari (europäisches Rußland)
Ah	amharisch (Äthiopien)	ms	−mansisch (Westsibirien)
Al	albanisch (Albanien)	mt	−marathisch (westliches Indien)
Am	armenisch (Armenien)	my	−malayalam (Südindien)
am.en	amerikanisch-englisch	ne	−nenzisch (bzw. samojedisch) (Nordrußland)
an	annamitisch (Vietnam)		
ar	arabisch (Arabien, Nordafrika)	ni	niederländisch (Niederlande)
ba	bantuspr. (Ostafrika u.a.)	no	norwegisch (Norwegen)
be	berberisch (Nordafrika)	oi	−oiratisch (Westturkistan)
bg	bengalisch (Bangladesch, Bengalen)	or	−orissisch (Zentralindien)
bj	−burjatisch (Südsibirien)	ot	osttürkisch (Sinkiang)
bl	bulgarisch (Bulgarien)	pa	paschtu (Afghanistan)
bm	birmanisch (Burma)	pe	persisch (Iran)
ca	−chantisch (Westsibirien)	pl	polnisch (Polen)
ci	chinesisch (China)	pt	portugiesisch (Portugal, Brasilien u.a.)
dä	dänisch (Dänemark)	rm	rumänisch (Rumänien)
dt	deutsch (Deutschland, Österreich, Schweiz u.a.)	ro	rätoromanisch, rumantsch (Schweiz u.a.)
		rs	russisch (Rußland; ehem. Sowjetunion)
en	englisch (Großbritannien u.a.)	sa	−samisch (Lappland)
es	estnisch (Estland)	si	singhalesisch (Sri Lanka)
ew	−ewenkisch (Mittelsibirien)	sk	serbokroatisch (Jugoslawien, Serbien)
fä	färingisch (Färöer)	sl	slowakisch (Slovakei)
fi	finnisch (Finnland)	so	somalisch (Somaliländer)
fl	flämisch (Belgien)	sp	spanisch (Spanien)
fr	französisch (Frankreich)	ssk	Sanskrit, altindisch
gä	gälisch (Irland, Schottland)	su	Kiswahili
gr	griechisch (Griechenland)	sw	schwedisch (Schweden)
gu	−gudscharatisch (westliches Indien)	ta	−tatarisch (Kaukasus, Westturkistan)
he	hebräisch, neuhebräisch/Iwrith (Israel)	tc	tschechisch (Tschechien)
hi	hindi (Indien)	td	−tadschikisch (Tadschikistan)
ir	irisch (Irland)	te	−telingisch (Südindien)
is	isländisch (Island)	th	thai (Thailand)
it	italienisch (Italien)	ti	tibetisch (Tibet)
jd	−jiddisch	tk	turkmenisch (Turkmenistan)
jk	−jakutisch (Ostsibirien)	tm	tamilisch (Sri Lanka, Südindien)
jp	japanisch (Japan)	ts	tschechoslowakisch (ehem. Tschechoslowakei)
kg	kirgisisch (Kirgistan, Westturkistan)		
kh	khmer (Kambodscha)	tü	türkisch (Türkei)
km	−komi (europäisches Rußland)	tu	turk-sprachig
kn	−karnatisch (Südindien)	tw	−tuwinisch (Südsibirien)
kr	koreanisch (Korea)	du	−udmurtisch (europäisches Rußland)
ks	kasakisch (Kasakstan)	un	magyarisch, ungarisch (Ungarn)
kw	kiswaheli (Kenia, Tansania)	ur	urdu (Pakistan)
lat	lateinisch; vlat vulgärlateinisch	vi	vietnamesisch
le	lettisch (Lettland)	vlat	vulgärlateinisch
li	litauisch (Litauen)	wa	−walisisch
ma	−mandschurisch (Mandschurei)	zi	−zigeunerisch
ml	malaiisch (Malaya, Indonesien)		

Literaturauswahl

African Institute (Hrsg.): Handbook of African Languages. London 1952–1970.
Akiner, S.: Islamic Peoples of the Soviet Union (with an Appendix on the non-Muslim Turkic Peoples of the Soviet Union. London/Boston/Melbourne 1983.
Andrianov, B.: Karta narodov Afriki. Moskau 1960.
Arnberger, Erik u. Hertha: Die tropischen Inseln des Indischen und Pazifischen Ozeans. Wien (Frz. Deuticke) 1988.
Atlas of World Cultures (AWC). 563 Kulturen. (Murdock) 1981.
Atlas narodow mira. Moskau 1964.

Bade, Klaus J.: Ausländer, Aussiedler, Asyl in der Bundesrepublik Deutschland. Niedersächsische Landeszentrale für politische Bildung (Hrsg.). Hannover 1992.
Bade, Klaus J.: Deutsche im Ausland, Fremde in Deutschland. Migration in Geschichte und Gegenwart. München (C.H. Beck) 1992.
Baker, John R.: Die Rassen der Menschheit. Stuttgart (Deutsche Verlagsanstalt) 1976.
Banse, Ewald: Lexikon der Geographie. Braunschweig u. Hamburg (Georg Westermann-Verlag) 1923, 2 Bde.
Beard, Henry & Cerf, Christopher: The Official Politically Correct Dictionary and Handbook. Villard Books. New York 1992.
Bellinger, Gerhard J.: Der große Religionsführer. Augsburg (Weltbild) 1986. München (Knaur) 1986.
Bernsdorf, Wilhelm (Hrsg.): Wörterbuch der Soziologie. Stuttgart (Ferd. Enke Verlag) 12. Aufl. 1986.
Breu, J.: Das Völkerbild Ostmittel- und Südosteuropas in Zahlen. Mitt. d. Österr. Geogr. Ges. Wien 1966f.
Brockhaus-Enzyklopädie. Wiesbaden 1966ff.
Buchholz, Ernst Wolfgang: Raum und Bevölkerung in der Weltgeschichte. Bevölkerungs-Ploetz, Bd.3. Vom Mittelalter zur Neuzeit. Würzburg (A.G. Ploetz-Verlag) 1985.
Buchholz, Hans-Günter: Vor- und Frühgeschichte der Alten Welt in Stichworten. Kiel (Verlag Ferdinand Hirt) 1966.
Bundesinstitut für Bevölkerungsforschung (Hrsg.): Mehrsprachiges Demographisches Wörterbuch – Deutschsprachige Fassung. Bearb. v. Charlotte Höhn u.a. Boppard Boldt 1987. Sonderbd. 16.
Bundeszentrale für politische Bildung (Hrsg.): Nationale Minderheiten in Westeuropa. Bonn 1975.

Clauss, Jan Ulrich: Weltsprachentabelle. In: Der Fischer-Weltalmanach 1987, Sp. 773–788. Frankfurt a. M. 1986.

Demographic Yearbook 1948–1996, UN, New York, insbes. Special issue 1978: Historical Supplement.
Diccionario B sico del Espanol Mexicano. Mexico 1986.
Diccionario Enciclopedico, Union Tipografico Editorial Hispano-Americano 1953.

Eickstedt, Egon Frh. v.: Rassenkunde und Rassengeschichte der Menschheit. Stuttgart (F. Encke) 1934.
Elser, M., Ewald, S. & Murrer, G. (Hrsg.): Enzyklopädie der Religionen. Gruppo Editoriale Fabbri Bompiani Sonzogno Etas S.p.A.- Weltbild-Verlag GmbH., Augsburg 1990.
Ethnographic Atlas (EA) 1264. Kulturen, Lochkarten. New Haven (HRAF).
Evans-Pritchard, Sir Edward: People of the World. In deutscher Übersetzung: Bild der Völker. 10 Bde. Wiesbaden (F. A. Brockhaus) 1974.

Fischer, E.: Minorities and minority problems. New York 1980.
Fliedner, Dietrich: Sozialgeographie. Lehrbuch der Allgemeinen Geographie. Berlin, New York (Walter de Gruyter) 1993.
Fochler-Hauke, Gustav & Haefs, Hanswilhelm: Der Fischer Weltalmanach. Frankfurt a. M. (Fischer Taschenbuch Verlag), jährlich, 1959–1999.
Frankfurter Allgemeine (Zeitung für Deutschland). Frankfurt am Main.
Frowein, Jochen Abr., Hofmann, Rainer & Oeter, Stefan (Hrsg.): Das Minderheitenrecht europäischer Staaten. Teil I. Beiträge zum ausländischen öffentlichen Recht und Völkerrecht. Bd. 108. Berlin (Springer) 1993.
Funk & Wagnalls: Standard Dictionary of the English Language. International Edition. Volume One and Two. New York 1967.

Geographischer Dienst (Hrsg.): Sprachen Afrikas. Verbreitung und Gebrauch von Muttersprachen sowie von National- und Verkehrssprachen. (63 AB). Bonn 1987.
Glowatzki, Georg: Die Rassen des Menschen. Entstehung und Ausbreitung. Kosmos-Bibliothek 290. Stuttgart (Franckh'sche Verlagshdlg.) 1976.
Greenberg, J. M.: Languages of Africa. Den Haag 1966
Grotzky, Johannes: Konflikt im Vielvölkerstaat. Die Nationen der Sowjetunion im Aufbruch. München, Zürich (Piper Verlag) 1991.

Haarmann, Harald: Universalgeschichte der Schrift. Frankfurt a. M., New York (Campus Verlag) 1990.
Haarmann, Harald: Die Sprachenwelt Europas. Geschichte und Zukunft der Sprachnationen zwi-

schen Atlantik und Ural. Frankfurt a. M., New York (Campus Verlag) 1993.
Harenberg, Bodo (Hrsg.): Harenberg Länderlexikon. Dortmund (Harenberg Lexikon-Verlag) 1993.
Heberer, Gerhard, Kurth, Gottfried & Schwidetzky-Roesing, Ilse: Anthropologie = Das Fischer-Lexikon Bd. 15. Frankfurt a.M. (Fischer Verlag) 1959.
Heine, Bernd, Schadeberg, Thilo & Wolff, Ekkh.: Die Sprachen Afrikas. Hamburg (Buske) 1981.
Hirschberg, W.: Völkerkunde Afrikas. Mannheim 1965.
Hirschberg, Walter (Hrsg.): Neues Wörterbuch der Völkerkunde. Ethnologische Paperbacks. Berlin (W. Reimer Verlag) 1988.
Hottes, Karlheinz: »Sozialgeographie«. In: Westermann Lexikon der Geographie, Braunschweig (G. Westermann Verlag) 1968.

Kenntner, Georg: Rassen aus Erbe und Umwelt. Der Mensch im Spannungsfeld seines Lebensraumes. Berlin (Safari-Verlag) 1975.
Kirsten, Ernst: Raum und Bevölkerung in der Weltgeschichte. Bevölkerungs-Ploetz. Bd. 2 Von der Vorzeit bis zum Mittelalter. 3. Aufl. Würzburg (A. G. Ploetz-Verlag) 1968.
Knussmann, Rainer: Vergleichende Biologie des Menschen. = Lehrbuch der Anthropologie und Humangenetik. Stuttgart (Gustav Fischer Verlag) 1980.
Köllmann, Wolfgang: Raum und Bevölkerung in der Weltgeschichte. Bd. 4: Bevölkerung und Raum in Neuerer u. Neuester Zeit. Würzburg (A. G. Ploetz-Verlag) 1965.
Kraas-Schneider, Frauke: Bevölkerungsgruppen und Minoritäten. = Hdb. der ethnischen, sprachlichen und religiösen Bevölkerungsgruppen der Welt. Wiesbaden (Franz Steiner) 1989.
Krallert, Wilfried, Kuhn, Walter & Schwarz, Ernst: Atlas zur Geschichte der Deutschen Ostsiedlung. Monographien zur Weltgeschichte NF, Bd. 4. Bielefeld, Berlin (Velhagen & Klasing) 1958.
Kreiser, Klaus et al. (Hrsg.): Lexikon der Islamischen Welt. 3 Bde. Stuttgart, Berlin, Köln, Mainz (W. Kohlhammer) 1974.

Lexikon zur Soziologie. Hrsg. von W. Fuchs et al. Opladen (Westdeutscher Verlag) 1978.
Littell, Franklin H.: The Macmillan Atlas History of Christianity. New York 1976, in deutscher Bearbeitung durch Goldbach, Erich: Atlas zur Geschichte des Christentums. Wiesbaden (R. Brockhaus) 1980.
Logie, Gordon: Glossary of population and housing. English-French-Italian-German-Swedish.
Ludwig, C.: Bedrohte Völker. Ein Lexikon nationaler und religiöser Minderheiten. München 1985.
Ludwig, W. (Hrsg.): Lexikon der Völker. Regionalkulturen in unserer Zeit. München 1985.

Mackensen, Lutz: Deutsches Wörterbuch. München (Südwest Verlag) 1986.
Mark, Rudolf A.: Die Völker der Sowjetunion. Ein Lexikon. Opladen (Westdeutscher Verlag) 1989.
Meynen, Emil (Hrsg.): International Geographical Glossary; Deutsche Ausgabe. Wiesbaden (Steiner-Verlag) 1985.
Morales Pettorino, F., Quiroz, M. O. & Pena, A. J.: Diccionario Ejemplificado de Chilenismos. Acad. de Ciencias Pedagogicas. Valparaiso, Chile 1984.
Morinigo, M.: Diccionario de Americanismos. Buenos Aires, Argentina 1966.
Murdock, George Peter: Africa, its peoples and their cultural history. New York 1969.
Murdock, George Peter: Human relations Area Files (HRAF). New Haven.

Nachtigall, Horst: Völkerkunde, Eine Einführung. Stuttgart (Suhrkamp) 1979.
Nellner, Werner: Bevölkerungsgeographische und bevölkerungsstatistische Grundbegriffe. In: Geographisches Taschenbuch 1953, Seite 459–478. Amt für Landeskunde; Stuttgart (Reise- und Verkehrsverlag).
Neue Zürcher Zeitung (Internationale Ausgabe). Zürich; bis 218. Jahrgang, 1997.

Opitz, J. Peter (Hrsg.): Das Weltflüchtlingsproblem. Ursachen und Folge. München, (C.H. Beck) 1988.
Orthbrandt, Eberhard & Teuffen, Dietrich-Hans: Ein Kreuz und tausend Wege. Konstanz (Friedrich Bahn Verlag) 1962.

Pasch, Helma: Die Sprachen Afrikas. In: Der Fischer-Weltalmanach 1993, Frankfurt a.M. (Fischer Verlag) 1993.
Paxton, John et al. (Hrsg.): The Stateman's Year-Book. = Statistical and Historical Annual of the States of the World for the Year 1988, 1989. Berlin, New York (Walter de Gruyter).
Peisl, Anton & Mohler, Armin: Kursbuch der Weltanschauungen. Carl Friedrich von Siemens-Stiftung Bd. 4. Frankfurt a. M. (Ullstein-Verlag) 1981.
Pleticha, Heinrich (Hrsg.): Von Afghanistan bis Zypern. Historisches Lexikon der Staaten und Regionen. Reihe Weltgeschichte. Gütersloh (Bertelsmann Lexikon Verlag) 1990.

Ronart, Stephan u. Nandy: Concise Enzyclopaedia of the Arabic Civilization. 2 Bde; Amsterdam (Djambatan-Verlag) 1959 und 1966.
Ronart, Stephan u. Nandy: Lexikon der Arabischen Welt. Zürich, München (Artemis) 1972.

Schinkel, Hans-Georg: Haltung, Zucht und Pflege des Viehs bei den Nomaden Ost- und Nordostafrikas. = Veröffentlichungen des Museums für Völkerkunde zu Leipzig H. 21; Berlin (Akademie-Verlag) 1970.

Sprockhoff, J.-F.: Weltreligionen. In: Westermanns Lexikon der Geographie. Braunschweig (G. Westermann Verlag) 1968.

Ständiger Ausschuß für geographische Namen: Die Schreibweise der Staatennamen und ihrer Ableitungen sowie der Hauptstädte in den Bekanntmachungen des Deutschen Übersetzungsdienstes bei den Vereinten Nationen und der deutschsprachigen Staaten zusammengestellt und kommentiert. 1. Ausg. April 1986, 2. Ausg. Sept. 1988, Frankfurt a. M.

Stammel, H.J.: Der Indianer. Legende und Wirklichkeit. München (Orbis) 1989.

Standard Cross Cultural Sample (SCCS). 186 Kulturen. New haven (HRAF).

Statistisches Bundesamt: Allgemeine Statistik des Auslandes, Länderkurzberichte, Länderberichte. Wiesbaden.

Stephens, M.: Minderheiten in Westeuropa. Husum 1979.

Stöhr, W.: Völkerkunde. In: Westermanns Lexikon der Geographie. Braunschweig (G. Westermann Verlag) 1968.

Stölting, Erhard: Eine Weltmacht zerbricht. Nationalitäten und Religionen der UdSSR. Frankfurt a.M. (Eichborn-Verlag) 1990.

Straka, M.: Handbuch der europäischen Volksgruppen. Ethnos 8. Wien 1970.

The Statesman's Year-Book. Statistical and Historical Annual of the States of the World. Bis 1994/95, 131st. Edition, Editor Brian Hunter. London, Berlin (The Macmillan Press Ltd. & Walter de Gruyter)

Thorn, Karl: Die wichtigsten Schriftformen der Alten Welt. In: Erdkunde 17., 1963, H.L/2, S. 48–58.

Thorn, Karl: Die europäischen Sprachen und Völker und die Frage der Ostgrenze Europas. Bundeszentrale für politische Bildung, Bonn 1984.

Thorn, Karl: »Geographische Namen«. In: Westermanns Lexikon d. Geographie. Braunschweig (G. Westermann Verlag) 1968.

Thorn, Karl: Sprachen Afrikas; Verbreitung und Gebrauch von Muttersprachen sowie von National- und Verkehrssprachen. München 1987.

Tietze, Wolfgang (Hrsg.): Westermann Lexikon der Geographie 5 Bde. Braunschweig (Westermann Verlag) 1968–75.

Valentin, Friederike: Lexikon der Sekten, Sondergruppen und Weltanschauungen. Freiburg (Herder) 1990.

Vogel, Christian: Biologie in Stichworten. Verlag Humanbiologie. Menschliche Stammesgeschichte und Populationsdifferenzierung. Kiel (Ferd. Hirt) 1974.

Black Dog & Leventhal Publishers Inc. Webster's New Encyclopedic Dictionary. 1. Encyclopedias and Dictionaries. I. Köln (Könemann Verlags GmbH) 1994.

Witthauer, Kurt: Die Bevölkerung der Erde, Verteilung und Dynamik. = Petermann Ergänzungsheft. Gotha (Geograph.-Kartograph. Anstalt) 1958.

Witthauer, Kurt: Verteilung und Dynamik der Erdbevölkerung. Gotha/Leipzig, (VEB Hermann Haack) 1969.

Wixman, R.: The Peoples of the UdSSR. An Ethnographic Handbook. London (Macmillan Reference Books) 1984.

Zimpel, Heinz-Gerhard: »Allgemeine Religionsgeographie«. In: Westermann Lexikon der Geographie, Braunschweig (G. Westermann Verlag) 1968.

Zimpel, Heinz-Gerhard: Die Bevölkerungsgruppen im geographisch-historischen Umfeld. In: Dittel, Rudolf H. (Hrsg.): Europäischer Konfliktfall Ex-Jugoslawien. Königsbrunn (Verlag Mundi Reales) 1993, S. 401–426.

Zülch, T.: Von denen keiner spricht. Unterdrückte Minderheiten. Reinbek 1975.

A

Aafere (ETH)
II. Nachkommen der in osmanischer Zeit in Verkehrs- und Militärstützpunkten Iraks angesiedelten Türken; heute hpts. ö. des Jebel Sinjar ansässig. Gesamtzahl in der irakischen Jezira etwa 26 000.

Aargau (TERR)
B. Kanton. Gliedstaat der Schweizerischen Eidgenossenschaft seit 1803. l'Argovie (=fr); Argovia (=it).
Ew. 1850: 0,200; 1910: 0,231; 1930: 0,260; 1950: 0,301; 1970: 0,433; 1990: 0,508; 1997: 0,534

Aargauer (ETH)
I. Argovians (=en).
II. 1.) Bürger, 2.) Ew. (als Territorialbev.) des dt.-sprachigen schweizer Kantons Aargau.

Ababde (ETH)
I. Ababda.
II. Stamm der Bedscha in Oberägypten und N-Sudan; durch Mischung mit Fellachen stark arabisiert; > 50 000; seit 19. Jh. auch im Niltal ansässig.

Abacúas (REL)
II. Anh. einer afrokubanischen Bruderschaft unter Hafenarbeitern, dem Santeria-Kult nahestehend, begründet in früher Kolonialzeit unter halbfreien Sklaven.

Abaditen (REL)
I. Ibaditen (s.d.); Abadiyun, Ibaditen, Ibadiyun.
II. Angeh. der Abadiya; Ibadiya. Vgl. Kharidjiten.

Abadzechen (ETH)
I. Abadzeg (=en).
II. Stamm im Völkerverband der Tscherkessen.

Abakan Tataren (ETH)
Vgl. Chakassen.

Abangans (REL)
I. Abangan-Muslime.
II. indonesische Gläubige, die im Unterschied zu den frommen Satris (s.d.) nur nominell Muslime, vielmehr stärker einem vorislamisch, ja vorhinduistisch geprägten Volksglauben und javanischer Mystik verbunden sind.

Abarda (ETH)
I. Bedja.

Abasiner (ETH)
I. Abasinen, Abaziner, Abasen; Eigenbez.: Abasa, Abasan, Abazincy (=rs); Abazas, Abazinians, Abazins (=en).
II. kleinere Ethnie im N-Kaukasus, in russischer Rep. Karatschajewo-Tscherkessien sowie im E der russischen Rep. Adygeia, wohin sie im 14.–16. Jh. von der Schwarzmeerküste zugewandert sind. Teilgruppen, ca. 10 000, leben in der Türkei und angrenzenden arabischen Ländern. Anzahl 33 000 (1990). A. sind den Abchasen verwandt, z.T. von ihnen assimiliert. In älterer Lit. als Karatschaier oder Tscherkessen angesprochen. Subethnische Unterteilung in Tapanten und Schkaraúa. Mit eigener Kaukasusspr., seit 1938 in kyrillischer Schrift. A. waren Christen, wurden durch Nachbarn islamisiert, heute Sunniten. Vgl. Karatschaier, Tscherkessen (von denen A. bis zur Mitte des 19. Jh. nicht unterschieden wurden).

Abasinzen (ETH)
II. Teilgruppe der Abchasen.

ABC (SOZ)
I. American born Chinese (=en).
II. chinesische Immigranten der zweiten Generation in USA; Gegensatz FOB.

Abchasen (ETH)
S. Abchasier, Abchazen; Eigenbez. Apswa/Apsua; Altbez. Abeschla (=altassyr.) und Abasgen (=agr); Abchazy (=rs); Abkhaz, Abkhazi(ans) (=en); Abchas/Abkaz/Abkhaz (=ar).
II. autochthones Volk im w. Kaukasus, das sich neben kartwelischen Stämmen vielleicht schon im 2. Jh., doch spätestens im 16. Jh. um Suchumi am Schwarzen Meer niedergelassen hat. Als Teilstämme der A. zählen die Abasen, Abasiner/Abaziner, Abasinzen. Besitzen (abchasisch-adygeische) Eigenspr.; zur Schreibung bevorzugen A. das kyrillische Alphabet als Abwehr gegen georgischen Nationalismus, doch während Berija-Ära mußten sie 1938–1954 die georgische Schrift benutzen, seither wieder die Kyrillika. Wurden von Byzanz aus schon ab 5. Jh. christianisiert, Liturgiespr. war anfangs Griechisch, später Georgisch bis zur gänzlichen Vereinigung mit georgischer Kirche. Ihr unabhängiges Kgr. wurde 1008 mit Georgien vereint, dies ist der Grund dafür, daß georgische Nationalisten die A. als untrennbaren Teil der georgischen Nation ansehen. Im 15. Jh. erfolgte unter osmanischem Einfluß tiefgreifende Islamisierung. Als Abchasien 1810 russisches Protektorat wurde und 1864 dem (christl.) Zarenreich eingegliedert wurde, setzte aus Glaubensgründen starke Abwanderung der Muslime (Sunniten) ein, rd. 65 000 wechselten zumeist in 2. Hälfte des 19. Jh. in die Türkei und arabische Länder über. Fast nur mehr christl. A. blieben zurück. Zugleich begann rücksichtslose Russifizierungspolitik sowie gezielte Ansiedlung von Russen, Georgiern und Armeniern. In sowjetischer Zeit wurde ihre eigene SSR 1930 zur ASSR innerhalb Georgiens zurückgestuft. In dieser stellten damals A. als Titularnationalität noch ca.

28%, 1989 aber mit rd. 93000 nur mehr ca. 18% der Gesamtbev. gegenüber Mehrheit von rd. 46% Georgiern. Heute benutzen nur 2% der A. Georgisch als Umgangssprache. 1939 lebten nur mehr 59000 A. in der Sowjetunion. 1989 schwerer Nationalitätenkonflikt mit Georgiern, A. erklärten sich als Ausweg vor georgischer Überfremdung 1992 als unabhängig.

Abchasien (TERR)
B. Abchasische SSR (1922–1930), ab 1930 ASSR in der Georgischen SSR. A. hat sich einseitig für autonom, dann 1992 (im Bürgerkrieg) für souverän erklärt. Abkhazia, Abhazian Rep. (=en).
Ew. 1964: 0,450; 1974: 0,497; 1989: 0,537; 1993: 0,506, BD: 63 Ew./km²;

Abchasisch (SPR)
I. Abkhaz (=en). Vgl. Kaukasus-Sprgem.

Abda (ETH)
II. berberische Stammes-Konföderation in W-Marokko. Vgl. Berber.

Abde (ETH)
II. Stamm der Schammar-Beduinen auf der Arabischen Halbinsel.

Abe (ETH)
I. Abbey.
II. Negervolk von 30000–40000, abgedrängt in die Lagunen von der Elfenbeinküste; zur Gruppe der kwa-sprachigen Akan gehörig. Vgl. Lagunenvölker.

abendländische Kirche (REL)
II. überholter Terminus, der, im Gegensatz zu »orientalische Kirchen«, die römisch-kath. (lateinische) Kirche meinte.

Abessinier (ETH)
I. aus habescha (ar=) »Vermischung«; Abyssinians (=en); Abyssiniens, Abyssins (=fr); abissini (=it).
II. Altbez. für Äthiopier, fälschlich auch für Amhara.

Abessinische Christen (REL)
I. Äthiopische Christen. Vgl. Christen.

Abessinische Mönche (REL)
II. meist den Orden des heiligen Thaklé Haymanot und des heiligen Ewsthatewos zugehörig; auch Frauenklöster.

Abgal (ETH)
II. Großclan im Küstengebiet des mittleren Somalia, n. von Mogadischu.

Abgänglinge (BIO)
II. Altbez. für »unzeitige Leibesfrüchte«, heute ersetzt durch Sg. Abortus (=lat). Vgl. Fehlgeborene.

abgebrochene Bauern (SOZ)
II. norddeutsche Bez. für Bauern, die ihre Landwirtschaft aufgegeben haben. Vgl. Gegensatz Wiedereinrichter.

Abgeschobene (WISS)
I. »auf den Schub gebrachte«; wenngleich nicht voll syn., dennoch auch amtl. in Bedeutung von Ausgewiesene, Zurückgewiesene, Zurückgeschobene; in Schweiz Ausgeschaffte, Rückgeschaffte.
II. Fachterminus in Deutschland (nach Ausländerrecht oder Asylgesetz): Ausländer, die nach erfolgter Ausweisung in ihr Herkunfts- oder Heimatland zurückverwiesen wurden, durch Gerichtsbeschluß u. a. wegen Straffälligkeit, in ein Ausland überstellt wurden, Zurückgewiesene, denen Einreise verweigert wurde, Zurückgeschobene (nach grenzpolizeilicher Einvernahme) über die Staatsgrenze zurückgeschickte Ausländer. Bewußt fälschlich wurde Terminus aus politischen Gründen in Tschechoslowakei zur Kennzeichnung der (dt.) Vertriebenen (1945) benutzt. Vgl. Ausgewiesene, Ausgetriebene.

Abhängige (SOZ)
I. Unselbständige.
II. Sammelbez. für Kinder (meist < 15 J.), Alte (meist > 64 J.), insbes. Pflegebedürftige, »Fürsorge- oder Obhutsverpflichtete«. 1.) Personen, die gesundheitlich, sozial, wirtschaftlich von anderen Menschen abhängen. 2.) i.S. von abhängigen Erwerbstätigen, die weder Selbständige noch mithelfende Familienangehörige sind. Es kann sich um Beamte, Angestellte, Arbeiter oder Auszubildende handeln.

Abid (SOZ)
I. Sg. Abd.; Izeggaren, Trenkan.
II. Bez. für die Sklaven in der w. Sahara und Sklavennachfahren in Jemen. Untergruppen sind: die Mukateb (Vertragssklaven), Tilad (ererbte Sklaven), Terbyha (gekaufte Sklaven).

Abinzen (ETH)
I. Abin(tsy) (=rs); Aba, Shor, Schor-Kishi.

Abnaki (ETH)
I. »Ostleute«, »die am Sonnenaufgang leben«.
II. indianischer Stammesverband aus der Gruppe der Algonkin, eine Föderation vieler kleiner Stämme, im Gebiet der Neuengland-Staaten/USA. Zugehörig den Penobscot, Passamaquoddy, Malecite, Pennacook, Massachusetts, Nauset, Nipmuc, Pocontuc, Wampahoag, Narraganset, Niantic, Pequot, Mohegan. Sie alle wurden in schweren Kämpfen 1675–76 besiegt, zerstreut, z.T. als Sklaven nach W-Indien verkauft. Nur sehr kleine Reste leben heute in Reservationen. Vgl. Indianer.

Abodriten (ETH)
I. Abotriten, Obodriten, Obotriten.
II. ehem. slawische Stämme in W-Mecklenburg und Ostholstein, gingen nach dem 10.–12. Jh. in deutscher Bev. auf. Vgl. Polabisch(e) Spr.

Abolitionisten (SOZ)
I. aus to abolish (en=) »abschaffen«; abolicionistas (=sp, pt).

II. Anh. der Abolition, der entschädigungslosen Aufhebung der Sklaverei in den USA im 17.–19. Jh.

Aboriginals (ETH)
I. (=en); Autochthone; oft fälschlich für australische Aborigines benutzt. Vgl. Aborigines, Aboriginees (=en).

Aboriginer (ETH)
I. aus ab origine (=lat).
II. sagenhaftes Urvolk in Italien, die sich nach Vertreibung Latiner nannte. Vgl. Aborigines, Aboriginees (=en).

Aborigines (BIO)
I. Australier, Altaustralier; verallgemeinert auch Aboriginals (=en); in Australien Aboriginees, ugs. auch Abos; fälschliche Bez.: Australneger; Eigenbez. Koori, d. h. »Einheimische«.
II. die autochthonen Eingeborenen des Kontinents Australien. Gehören anthropologisch zur Altform der Australiden; trotz tiefdunkler Farbe und Runzelhäutigkeit, breiter Nase, welligen bis krausen Haaren dem Rassenkreis der Europiden zugeordnet. Unter westaustralischen A. ist Polydaktylie (Vielfingrig- und Vielzehigkeit) auffällig häufig. Als prähistorischer Verwandter kommt Homo Wadjakensis auf Java in Frage. Haben bei ihrer Einwanderung nach Australien ältere Vorbev. nach Südosten abgedrängt bzw. assimiliert. Vgl. Tasmanier. Leben als Wildbeuter (Speerschleuder = Woomera, Wurfstöcke und -keulen, Wirra-Bumerang) in halbnomadischen Gruppen oder Horden, die exogame Klans darstellen, welche in lockerer Verbindung Stämme mit gleichen Idiomen ausbilden. Höchst komplizierte Sozial- und spezielle Heiratsordnungen. Religiös herrschen Naturkulte mit Totemismus und Kult für mythische Ahnen. Paläolithische Felsbildkunst; heiliges Zentrum ist der Uluru/Ayers Rock im Süden des Northern Territory. Z. Zt. der europäischen Einwanderung (nach 1788) ca. 300 000; 1929 etwa 75 000, wovon 15 000 Mischlinge; ihre Lebenserwartung liegt um bis zu 20 Jahren unter jener weißer Australier, dennoch heute (nicht zuletzt dank gestärkten Selbstbewußtseins, sich in VZ als A. zu bezeichnen) wieder wachsend. 1986 rd. 206 000, 1991 (einschließlich Torres-Strait-Insulaner) 266 000; besonders in Neusüdwales (56 000) und Queensland (48 000) verbreitet. A. erhielten erst 1967 offizielle Anerkennung (z. B. Wahlrecht, Berücksichtigung in VZ), waren bis dahin einer faktischen Apartheid unterworfen (sie bedurften u. a. einer Heirats- und Reiseerlaubnis); eine Lösung der Landrechtsfragen und der Gesundheitsfürsorge stehen noch immer aus. Seit »Mabo-Entscheid« des Obersten Gerichts 1992/94 neue Landrechtsgesetzgebung, die Ansprüche der A. auf im kulturell-religiösen Sinn als »heilig« bezeichnetes Land schützt. Vgl. Untergruppen u. a.: Aranda/Arunta, Gibson-A., Gidjingali, Kimberley, Mudbara, Nunggubuyu, Pintubi, Walbiri, Walpari, Warramunga, Wik-Hungkan, Yulengor. Kleine Mischlingsgruppe in Kupang auf Timor.

Abrahamiten (REL)
II. im 18. Jh. in Böhmen tätige deistische Glaubensgemeinschaft, die »reinen Gottesglauben« Abrahams mit Elementen jüdischer Religion verband.

Abstinenzler (SOZ)
I. Teetotalers (=en) aus Temperance (T-)total.
II. 1.) i.w.S. Menschen, die enthaltsam leben. 2.) i.e.S. Angeh. sozialer Organisationen, die sich dem Kampf gegen Alkohol und anderer Reiz- und Rauschmittel widmen (z. B. Blaues Kreuz, Kreuzbund, Guttemplerorden).

Abu Dhabi (TERR)
A. Mitglied der Vereinigten Arabischen Emirate (s.d.). Abu Zabi. Abu Dhabi (=en); Abou Dhabi (=fr); Abu Dhabi (=sp).
Ew. 1985: 0,670; 1996: 0,928, BD: 13

Abugachaer (ETH)
I. Abugachaier, Abugachayer; Abugach Eigenbez.; Abugachaev-, Abugachaiev-(tsy) (=rs); Koibalen; Koibal, Khakass (=en).
II. tatarisierte Gruppe der Samojeden; noch im 19. Jh. fast erloschen. Vgl. Chakassen.

Aburra (ETH)
II. Gruppe von Indianerstämmen in Kolumbien (zwischen Rio Magdalena und Rio Cauca). Bekannt durch Massenselbstmorde bei Konfrontation mit Spaniern im 16. Jh. Seither starker Bev.rückgang. Vgl. Indianer.

Abyssinian Baptist Church (REL)
II. eine der größten »Negerkirchen« in den USA. Vgl. Zions-Christen.

Abzhui (ETH)
I. Abjui, Abjuy, Abzhuy; Abkhaz; Abchasen.
II. eine der drei großen Territorialeinheiten der Abchasen; wohnhaft im Kodor-Tal.

Acaxee (ETH)
II. kleines Indianervolk im BSt. Durango/Mexiko, einst weit verbreitet in der Sierra Madre. Heute < 10 000; zum Sonora-Zweig der Uto-Azteken gehörend. Bauern und Fischer; altgeübte Webkunst; ehem. Kannibalen.

Acha (ETH)
I. Achin(tsy) (=rs). Vgl. Chakassen.

Achäer (ETH)
I. Achaier; (agr=) Achaioi; Achaians (=en).
II. altgriechischer Stamm in Thessalien und im N der Peloponnes; bei *Homer* Gesamtname für die Griechen des mykenischen Zeitalters.

Achagua (ETH)
II. kleiner Indianerstamm im Grasland von Kolumbien; zur Aruak-Spr.gruppe gehörend. Vgl. Indianer.

Achang (ETH)
II. Stamm von 25 000 mit einer tibeto-birmanischen Eigenspr., verstreut in N-Myanmar und Yünnan/China; Hinayana-Buddhisten. Mischehen mit chinesischen Nachbarn sind häufig. A. sind Naßreisbauern, aber auch gesuchte Schmiede.

Aché (ETH)
I. Guayaki.
II. indianisches Volk von Jägern und Sammlern in E-Paraguay zwischen Curuguaty und Saltos del Guairá mit Eigenspr. Tupi. Einst bis Argentinien und Brasilien verbreitet. Von Guarani und weißen Neusiedlern vertrieben, zwangsassimiliert oder ausgerottet; noch bis 1965 verfolgt; heute kaum mehr 1000 Seelen. Vgl. Indianer.

Achikulak Nogai (ETH)
I. Nogaier; Achiqulag; Achikulak(tsy) (=rs).

Achinesisch (SPR)
I. Achinese (=en).
II. austronesische Spr. mit rd. 3 Mio. Sprechern in Indonesien.

Acholi (ETH)
I. Acoli, Atscholi, Acooli.
II. Volk nilotider Rinderhirtennomaden in N-Uganda.

Acholi (SPR)
II. Sprg. von > 700 000 in Uganda.

Achwach (ETH)
I. Eigenbez. Atluati; Achvachcy (=rs); Ahvah, Ahwah, Akhwakh; Awacher.
II. kleine, den Awaren verwandte ethnische Einheit im Kaukasus. Vgl. Avaren, Awaren.

Ackerbauern (SOZ)
II. Vollerwerbsbauern mit vornehmlicher Ausrichtung auf Ackerbau (im Unterschied zu Viehbauern, Waldbauern etc.), die im Gegensatz zu Nebenerwerbsbauern ausschließlich von der Landwirtschaft leben.

Ackerbürger (SOZ)
II. Stadtbürger in Kleinstädten mit selbstbewirtschaftetem landwirtschaftlichem Grundbesitz; sie waren im MA sehr verbreitet. In Süditalien resultierten A. aus dem Sicherheitsbedürfnis vor Plünderei und Seeräuberei. Vgl. städtische Landarbeiter.

Ackerleute (SOZ)
I. Ackersleute, Bauern, Farmer; paisants (=fr); agricultores (=sp); agricultores, lavradores (=pt); agricoltori (=it).

Acoma (ETH)
Vgl. Pueblo-Indianer.

Adamiten (REL)
I. adamitas (=sp). 1.) altchristliche Bez. für Ketzer, im MA z.B. für Waldenser, Taboriten, Wiedertäufer.

2.) christliche Sekten verschiedener Jahrhunderte, die durch angebliche Nacktheit paradiesische Unschuld wiederherstellen wollten. Vgl. Digambaras; Ketzer.

Adangme (ETH)
II. Negervolk aus der Akan-Gruppe, kwa-sprachig, als Fischer und Händler im Volta-Mündungsgebiet.

Adangme (SPR)
II. Sprg. von > 500 000 in Ghana, wo A. zu den »nationalen Spr.« zählt. Vgl. Ga.

Adaptierte (WISS)
I. aus adaptare (lat=) »anpassen«; Angepaßte.
II. 1.) (biogeogr.) Populationen, die als Ergebnis von über lange Zeit gleichgerichteten Selektionsvorgängen (Adaption) genetisch an die Umweltgegebenheiten ihres Lebensraumes angepaßt sind. Es handelt sich um physiologische Anpassungen an klimatische Bedingungen u.a. Pigmentierung, Differenzierung der Unterhautfetteinlagerung, Häufigkeit roter Blutkörperchen, Lungenvolumen (vgl. Hochland-Indianer Südamerikas), körperbauliche Anpassung u.a. Körperproportionen. Derartige Anpassungen sind irreversibel. 2.) (sozialgeogr.) Personen oder Bev.gruppen, die sich durch Übernahme von Neuerungen geistiger und materieller Art bzw. von raumrelevanten Verhaltensweisen an eine neue Umgebung angepaßt haben; social adaption (=en). Die Anwendung des Begriffs in diesem Sinn ist wegen Verwechslungsmöglichkeiten mit 1.) tunlichst zu vermeiden. Vgl. Assimilierte; Akkulturierte.

Adaptoren (WISS)
II. Personen oder Gruppen, die im Rahmen von Innovation eine Neuerung übernehmen (R. PAESLER).

Adassianer (REL)
II. Mitglieder der konservativ-jüdischen Synagogengemeinschaft Adass Jisroel in Berlin, die sich 1869 zur Abwehr wachsender Assimilationstendenzen von der Einheitsgemeinde abspaltete, 1873 ein eigenes Rabbinerseminar im Scheunenviertel besaß. 1989 wurde Gemeinde unter Mithilfe abgewanderter UdSSR-Juden wiederbegründet.

Adcharen (ETH)
I. Adscharen; Eigenbez. Ach'areli, Adzareli; Adzhar(tsy)/Adzarcy (=rs); Achar; Adjarians (=en), Adzhar (=en); Adjar, Ajar.
II. A. gerieten im 16. Jh. unter türkische Herrschaft; es handelt sich um islamisierte Georgier. A. fielen 1878 an das Russische Reich und wurden mit 1921 gegründeter ASSR (am Schwarzen Meer bei Batumi) in damalige SSR Georgien eingegliedert. In letzter VZ der UdSSR nur mehr als Georgier erfaßt, nach älteren Angaben 178 000. A. sind sunnitische Muslime. Vgl. Mingrelier; Georgier.

Adele (ETH)
I. Adélé.
II. schwarzafrikanische Ethnie in Togo.

Adelige (SOZ)
I. aus adal (ahd=) »edles Geschlecht«; Aristokraten (Pl.), »Wohlgeborene«. Adel, Nobilität (Sg.); (lat=) nobilitas, nobilis; (en=) nobleness, nobility; (fr=) noblesse; (it=) nobilità, aristocrazia; (sp=) nobleza; nobreza (=pt).
II. Angeh. des Adels, die aufgrund von Abstammung, Besitz oder Leistung durch Privilegien (Besetzung bestimmter Ämter, Steuerfreiheiten, eigene gutsherrliche Gerichtsbarkeit, Recht auf bäuerliche Frondienste und Abgaben) und Sozialprestige bevorrechteten Standes. Bis ins 19. Jh. bildeten A. in den meisten europäischen Staaten und deren Überseekolonien die herrschende Schicht, welche die wichtigsten Positionen in Politik, Wirtschaft und Militär besetzten. Adel ist in sich stark differenziert: Uradel, (fr »noblesse de race«, in Herrscherhäusern u.a. bis auf Franken, Normannen zurückgeführt) und Briefadel (»noblesse de lettre« ab ca. 13./14. Jh. nobilitiert). Im frühen MA trat neben dem »Hohen A.«/Hochadel (Grafen, Freiherren, Ritter) der »Niedere A.« als Dienstadel aus Kriegsleuten und Beamten (Ministerialen); Landadel und städtisches Patriziat, Reichsadel, Hofadel (Pairs in Frankreich, Peers in Großbritannien). A. zählen zur Elite einer Gesellschaft. Mittels sozialer Abschließung (Verwandtenheirat) vermochte sich der Adel seine Sonderstellung vielfach zu erhalten. Vgl. Junker, Nobili; Schlachtschitzen.

Aden (TERR)
C. Colony und Protectorate. Bez. (seit 1839) für Kolonie nebst Protektorat von Großbritannien; 1966/67 unabhängig als Teil Südarabiens; (seit 1970) Demokrat VR Jemen/Südjemen, seit 1990 Republik Jemen, s.d.
Ew. (Stadt) 1839: 1350; (Protekt.) 1946: 0,650; 1960: 0,400; 1993: 0,401

Adeni (ETH)
II. (=ar); Bew. der Stadt bzw. des Altterritoriums Aden/Jemen.

Adi (ETH)
I. Altbez.: Abor
I. »Wilder Mann«.
II. seßhafter kleiner Stamm (5000) in NE-Indien mit mongolischen Merkmalen und einer tibeto-birmanischen Spr. Untergruppen u.a.: Minyong, Gallong/Galleng.

Adiabener (ETH)
II. Volk im n. Mesopotamien, 195 n.Chr. von Römern unterworfen.

Adivasi (ETH)
I. scheduled tribal communities (=en); »Waldmenschen«; nach eigener Einschätzung »Erstsiedler«, »Urbewohner« Indiens.

II. Bez. für ca. 250 Stammesbev. in Indien. Es handelt sich um Altpopulationen, die, durch fremde Einwanderer seit 3500 J. in Rückzugsgebiete des Subkontinents abgedrängt, überdauert haben; heute hpts. verbreitet im inneren Dekkan-Bergland und im äussersten NE (BSten. Rajasthan, Madhya Pradesh, Orissa, Bihar und W-Bengalen sowie im S in Maharashtra und Andhra Pradesh). Ihre Gesamtzahl liegt bei etwa 60 Mio. Etliche A. sprechen Drawida-Spr., nicht alle Stammeskulturen sind vorarisch, viele hinduistisch beeinflußt (Sanskritisation und Hinduisierung). Um die Anerkennung der Hindu-Gesellschaft zu gewinnen, haben sich einzelne Stämme sogar den Kastengesetzen unterworfen, es gibt Ksatriyas und Rajputen. Doch die Mehrheit steht mit Stammesreligionen tief unter den Kastenhindus, den Unberührbaren vergleichbar. Nur wenige sind noch Jäger und Sammler, durch Verbot der Brandrodung sind die meisten zu seßhaftem Anbau (Reis) genötigt oder als Hilfsarbeiter auf Teeplantagen tätig. Zur Abwehr heute wachsender Bedrohung ihrer Identität und Übernutzung ihrer Lebensräume haben sich A. zum »Indischen Adivasi-Rat« zusammengeschlossen, andererseits wurde die Strategie eines eigenen Stammesstaates Jharkhand im ö. Zentralindien fallengelassen. Vgl. u.v.a. Gonds, Santal, Bhils; Drawida.

Adjara (ETH)
I. Adja.
II. Volk in Benin von 402000 Köpfen (1982 = 10% der Gesamtbev.).

Adjman (ETH)
I. Adschman.
II. arab. Stamm mit nomadisierenden und seßhaften Einheiten in der Al Hasa-Prov./Saudi-Arabien, den Vereinten Arabischen Emiraten und in Kuwait; Sunniten.

Adjukru (ETH)
I. Adioukrou (=fr).
II. Negervolk aus der Akan-Gruppe in der Elfenbeinküste, kwa-sprachig. Vgl. Lagunenvölker.

Adolang (SPR)
I. aus adolescentia (lat=) »Jünglichsalter« und Slang.
II. willkürlich geschaffener und lokal laufend veränderter Soziolekt französischer Jugendlicher. Vgl. Argot, Verlan, Charabia.

Adoleszente (BIO)
I. adolescentia (lat=) »Jünglichsalter«, Jugend.
II. im jugendlichen Alter stehende Personen (in Europa etwa vom 17.–20. Lebensjahr).

Adoptierte (WISS)
I. Adoptivkinder, Wahlkinder; adoptive son(s) (=en); enfants adoptés (=fr); adoptados, niños adoptivos (=sp); filhos adoptados (=pt); adottivi (=it).
II. Personen, die von Dritten (den Adoptiveltern) in Form einer künstlichen Verwandtschaft an Kin-

des Statt angenommen wurden. A. erlangen die rechtliche Stellung ehelicher Kinder und den Namen der Adoptierenden, der »annehmenden Eltern«. Die Institution der Adoption, die in w. Industrieländern (durch Gerichtsverfahren) nur Einzelfälle regelt, spielt im Südost- und Ostasiatischen Kulturerdteil sowie auch bei einzelnen Kulturen Schwarzafrikas eine viel breitere Rolle, mit anderer Zielsetzung (besitz-, namensrechtlich, kultisch) und mit anderen Folgen (z.T. erlischt das ursprüngliche Kindesverhältnis nicht). Der Rechtsakt der Adoption ist selbst in Europa sehr uneinheitlich. Zumeist ist die Adoption eigener (unehelicher) Kinder untersagt (Ausnahme Deutschland). Nicht überall ist die Einwilligung des Vaters erforderlich, wenn die Mutter das uneheliche Kind zur A. freigibt. Im Regelfall kann das Kind von einem Ehepaar nur gemeinsam adoptiert werden, von unverheirateten Personen nur für sich allein, die gemeinschaftliche Adoption durch unverheiratete Paare ist überwiegend unstatthaft. Ein adoptierender Vater erlangt oft nur das Sorgerecht. In Deutschland haben A. im Alter von 16 J. Anspruch darauf, etwas über ihre Herkunft zu erfahren. Der Adoption entspricht der in einigen europäischen Staaten gebräuchliche »acogimiento familiar« (=sp), die legalisierte Aufnahme von Kindern in eine Familie, bei Pflegeeltern. Vgl. acogido (sp=) »Armenhäusler«. Die Soziologie leitet aus der Adoption die These ab, daß die Regelung von den Kindschafts- und Verwandtschaftsbeziehungen nicht zwingend auf biologischer Abstammung beruht.

Adriatide (BIO)
I. race adriatique (=fr).
II. überholte Klassifikationsbez. durch *BIASUTTI*. Vgl. Dinaride.

Adscharien (TERR)
B. Autonome Rep. in Georgien; Adjaria, ehem. Adjarian ASSR (=en).
Ew. 1964: 0,281; 1974: 0,334; 1989: 0,393; 1993: 0,386, BD: 129 Ew./km²

Adulte (BIO)
I. aus adultus (=lat); adulte Personen; adults (=en); adultes (=fr). Vgl. Erwachsene.

Adventisten (REL)
I. aus lateinisch Adventus »Ankunft Christi«; Adventists (=en).
II. Anh. einer 1831/32 durch den Baptisten W. Miller begründeten christlichen Gemeinschaft, die ein baldiges Weltende erwartet. Seit 1858 für alle Mitglieder pflichtgemäße Abgabe des »Zehnten«. Etwa 6,2 Mio. Anhänger. Vgl. Protestanten.

Adyge (ETH)
II. kabardinische Sammelbez. für Kabardiner, Tscherkessen und Adygejer.

Adygeer (NAT)
II. namengebendes Staatsvolk der Autonomen Rep. Adygeia, sind StA. von Rußland; stellen in ihrer Rep. nur eine Minderheit von 22% gegenüber 68% Russen, 3,2% Ukrainer und 2,4% Armenier (1989).

Adygeia (TERR)
B. 1922 als Autonomes Gebiet (im Nordkaukasus) gegr.; ab 1992/94 autonome Republik in Rußland. Adygeya Republic (=en).
Ew. 1989: 0,432; 1995: 0,452, BD: 59 Ew./km²

Adygeisch (SPR)
I. Adygische-, Adygejische Spr.; Adyghe (=en).
II. A. ist eigenständige Kaukasusspr. der Adygejer. Vgl. Tscherkessisch.

Adygejer (ETH)
I. Adygeier, Adygejzen, Adygen; Adygeer. Adygejcy (=rs); Adygei, Adegeys (=en); Adyghe (=tü); Adyghi, Adygi, Adigi, Adige, Adigey.
II. autochthoner Stamm der Tscherkessen im nw. Kaukasus mit Eigensprache Adygeisch; leben zu 78,9% im A. Autonomen Gebiet der Krasnodarer Region der Russ. Föderation; 1990: rd. 125000, (1979 noch 109000) Personen. Christianisierung ab 6. Jh. durch Byzanz, im 13. Jh. unter mongolischer Herrschaft islamisiert, heute Sunniten. Im 16. Jh. unter Herrschaft von Osmanen und Krimtataren, im 19. Jh. unter russischer Gewalt. 1922 Begründung einer a.-tscherkessischen autonomen Gebiets, 1928 ein autonomes Gebiet. A. haben keine eigene Schrift entwickelt, seit 1938 wird ihre Eigenspr. in kyrillischer Schrift geschrieben. Vgl. Tscherkessen; Cirkassians (=en); Cherkess (=rs).

Aëta (BIO)
II. Negritos in den Gebirgen von W- und E-Luzon, auf Negros und Mindanao, Philippinen, ca. 15000.

Aëtiden (BIO)
II. Untereinheit der südostasiatischen Negritiden. Vgl. Zwergvolk der Aëta.

Afar (ETH)
I. Affar; Eigenname der Danakil.
II. noch heute in Teilen nomadisch lebende muslimische Ethnie im äußersten SE von Eritrea und in Dschibuti. Unter der französischen Kolonialverwaltung stellen A. die Herrschaftsbev. in Dschibuti; seit Unabhängigkeit 1977 durch Zuwanderung aus S in Minderheit von über 200000, < 37% (1983) versetzt; in Eritrea rd. 256000, mithin ca. 8% der dortigen Gesamtbev.

Afar (SPR)
I. Danakil-Spr.; Afar (=en).
II. kuschitisches Idiom der hamito-semitischen Spr.gruppe; Verkehrsspr. in Dschibuti und in Äthiopien. Ca. 1 Mio. Sprecher.

Afariqa (SPR)
I. (=ar); Romanen.
II. in Afrika/Ifriqiya (=ar) und Spanien lebende Volksgruppen spätlateinischer Sprgem.

Afghanen (ETH)
I. Eigenbez. Puschtu(n); Afgancy (=rs); Afghans, Afghanistanis (=en); Afghans (=fr); afganos (=sp).
II. in Afghanistan als Staatsvolk und im w. Pakistan verbreitete Ethnie, zum iranischen Zweig der indo-germanischen Sprachfamilie zählend, machen Nationalanspruch auf Pathanistan geltend. Die in Afghanistan lebenden A. nennen sich Paschtunen/Pachtun/Pakhtun, jene in Pakistan werden als Pathanen bezeichnet. Gesamtzahl etwa 15 Mio, wovon in der ehem. Sowjetunion ca. 5000.

Afghanen (NAT)
II. StA. von Afghanistan (bei umstrittener Zugehörigkeit auch der Bew. von Kaschmir), 24,1 Mio. Ew. (1996). Seit Ausbruch des Bürgerkrieges 1980 leben mind. 3 Mio. A. in Pakistan. Vgl. Paschtunen (40%), Tadschiken (25%), Usbeken (5%), Hazara (8%); s. auch Pathanen!

Afghanistan (TERR)
A. Islamischer Staat A. Ehem. Königreich Afghanistan. De Afghánistán Djamhuriare (=Paschtu); Djamhurie-e Afghánistán (=Dari); Jamhuria Afghanistan; De Afghanistan Jamhuriat. Islamic State of Afghanistan (=en).
Ew.: 1950: 11,830 (ohne NW-Frontier); 1960: 13,800; 1965: 15,051; 1970: 14,874; 1975: 16,665; 1980: 15,951; 1985: 18,136; 1996: 24,2; WR 1990–96: 2,8%; BD 1996: 37 Ew./km², UZ 1996: 20%, AQ: 69%

Africander (SOZ)
I. Afrikander, Afrikaander.
II. die in Südafrika geborenen Weißen europäischer Herkunft; i.e.S. die Buren.

Africani (SOZ)
I. (it=) »Afrikaner«.
II. abfällige Bez. der Norditaliener für die Süditalier. Vgl. Terroni.

Africanthropus (BIO)
II. Altbez. für oberpleistozäne Menschen in Ostafrika. Vgl. Homo erectus.

Afrikaander (ETH)
I. Afrikaaner (=af); Afrikander, Africander (=en).
II. gewählte Schreibform für Afrikaaner (=af) um Verwechslung mit Bew. Afrikas zu vermeiden. Begriff meint Nachfahren europäischer Alteinwanderer (seit 17. Jh.) in S-Afrika, die zumeist afrikaanssprachig, zu 33% aus deutschen Immigranten, 32% niederländischen Boeren/Buren und 16% französischen Hugenotten bestanden. Mind. 8% der heutigen A. sind Mischlinge.

Afrikaans (SPR)
I. Kapholländisch; Afrikaans (=en).
II. Sprgem. der jungen Schrift- und Literaturspr. A.; sie entstand während der Kolonisation Südafrikas seit dem 17. Jh. auf der Grundlage des Niederländischen durch Aufnahme malaiischer, englischer, deutscher, französischer Lehnwörter auch unter Vereinfachung (Verlust von Flexion- und Tempusformen) und diente der Kommunikation der weißen Siedler (Holländer, Flamen, französische Hugenotten, Deutsche) mit eingesessenen Khoisan, freien Schwarzen, ostafrikanischen und indonesischen Sklaven. Seit 1925 ist A. neben Englisch Staatsspr. in der Südafrikanischen Union, auch Schul- (seit 1876) und Gerichtsspr.; tatsächlich wird in Schwarzenschulen fast ausschließlich nur in Englisch gelehrt. Nach Englisch als 1. Amtsspr. auch offizielle Spr. in Namibia. Insgesamt ca. 4,5–5,1 Mio. Sprecher, von denen rd. 2,5 Mio. weiße Muttersprachler (Buren) und 250 000 weiße Zweitsprachler (neben Englisch), ferner rd. 2,2 Mio. farbige Muttersprachler (hpts. Cape-Coloureds) und 120 000 farbige Zweitsprachler sowie eine unbestimmte Zahl schwarzafrikanische Zweitsprachler. Mithin verstehen und sprechen 44% der Gesamtbev. Afrikaans, 31% sind sowohl des Englischen als auch des Afrikaans mächtig. Patois-Variante des A. ist das Kaaps.

Afrikaner (ETH)
I. Africains (=fr); Africans (=en).
II. um 200 v. Chr., aus (lat=) Africa, im römischen Imperium für Teile N-Afrikas. Bei neuzeitlich ausgeweitetem Bezug gilt Terminus heute für Bew. des ganzen Kontinents Afrika, die indessen in keiner Weise eine homogene Bev. abgeben. Zwar ist üblicherweise (auch unter Afrikanern) in Weiß- und Schwarzafrikaner unterschieden, doch bleibt selbst diese Teilung unscharf, vgl. Äthiopide. Zudem differenziert ältere Literatur in weiße Nord- und Südafrikaner, vgl. Buren. Andererseits wird Bez. oft fälschlich allein für Bew. »Schwarzafrikas« benutzt. Unter Berücksichtigung dieser Fakten ist einsichtig, daß die von der OAU verfolgte säkulare Ideologie des Panafrikanismus erfolglos bleiben muß. Insges. zur Zeitenwende. ca. 30 Mio., um 1500: 82 Mio., 1650: 100 Mio., 1800: 90 Mio., 1900: 120 Mio., 1950: 198 Mio.; 1975: 412 Mio., 2000 geschätzt ab 517 Mio.. In der geogr. und UN-Statistik ist folgende Unterteilung üblich: West-, Ost-, Nord-, Zentral- und Südafrikaner, s.d.. Vgl. Schwarzafrikaner, Weißafrikaner.

Afro-Americans (SOZ)
I. (=en); schwarze US-Bürger; Black Americans (=en).
II. hinsichtlich der Akzeptanz vorherrschender Terminus; daneben auch Coloured People; subsumiert sowohl die Mehrheit der Mulatten, als auch Nachkommen ehem. Negersklaven; um 1992 etwa 30 Mio., das sind 11,4% der gesamten US-Bev. Trotz wachsender Aufstiegschancen, gehört Mehrzahl al-

ler A.-A. einer schwer benachteiligten Unterschicht an; rd. jeder dritte Schwarze lebt unter der offiziellen Armutsgrenze; ihr Durchschnittseinkommen beträgt nur 56 % dem der Weißen. Unsichere Familienverhältnisse, Arbeitslosigkeit, Abhängigkeit von Sozialhilfe, Drogen- und Alkoholprobleme. Vgl. Schwarze US-Amerikaner, Afroamerikaner, Blacks.

Afroamerikaner (BIO)
I. Amerikaner afrikanischer Abstammung, amerikanische Schwarze.
II. seit 1988 in Nordamerika öfters benutzter Terminus für Schwarze als Nachkommen einstiger Negersklaven. Vgl. Blacks, Sklaven, Sklavennachkommen, Afro-Americans; Afrokubaner, Afroguayaner.

Afroasiatische Sprachen (SPR)
I. hamito-semitische oder semito-hamitische Spr. (Altbez.); Afroasiatic, auch Hamitic (nach MURDOCH 1959).
II. Sammelbez. für Sprachzweige: 1.) Altägyptisch, koptisch; 2.) Libysch-Berberische Spr.; 3.) Kuschitische Spr.; 4.) Tschad-hamitische Spr.; 5.) Semitische Spr.

Afrobrasilianer (ETH)
II. Nachkommen von rd. 5 Mio. Afrikanern, die bis 1880 als Arbeitssklaven (meist auf Zucker- und Kaffeeplantagen) nach Brasilien verbracht worden sind. Noch im 19. Jh. wurden 1,7 Mio. in Rio de Janeiro, Salvador da Bahia und Recife ausgeschifft. Brasilien schaffte erst 1888 die Sklaverei ab. 1988 lebten in Brasilien rd. 13 Mio. Schwarze (11 % der Gesamtbev.) und über 26 Mio. Mulatten (22 % der Gesamtbev.). Sie erledigen noch immer die schwersten, schmutzigsten, schlecht bezahltesten Arbeiten, stellen das Gros der 40 % analphabetischen Brasilianer und den überwiegenden Teil der Slumbev.. Vgl. Afrobrasilianische Sekten.

Afrobrasilianische Sekten (REL)
II. aus dem Christentum abgespaltene synkretistische Kultgemeinschaften (u. a. mit Wunderheilungen) leicht manipulierbarer Marginalgruppen in Brasilien, oft auf der Basis hocheffizienter Wirtschaftskonglomerate. Ihre rasch anwachsende Anhängerzahl lag 1990 bei 30 Mio. Vgl. Candomblé, Butuque, Macumba, Umbanda, Xangô.

Afroguayaner (ETH)
II. Nachkommen der bis 1894 von den Briten in Guayana eingeführten Negersklaven. Incl. der Mischlinge haben sie heute einen Anteil von 42–43 % an der Gesamtbev., fühlen sich aber politisch als rechtmäßige Erben der ehemaligen Kolonialmacht.

Afrokubaner (SOZ)
I. afrocubanos (=sp).
II. die Nachkommen der zwischen 1525–1883 aus Afrika oder um 1804 von Haiti eingeführten Negersklaven; allein bis 1820 rd. 318 000. Heute besteht die kubanische Bev. von 10,8 Mio. (1994) aus ca. 12 % Negern und etwa ebensovielen Mulatten. Vgl. Afroamerikaner, Sklaven.

Afroliberianer (ETH)
II. landesübliche Bez. für die Altbew. und heute für deren Nachkommen in Liberia vor Ansiedlung der rückgeführten Americo-Liberians bzw. Congos 1820–90 (s.d.). Es handelt sich um eine Vielzahl von damals fast unabhängigen, wenig entwickelten Küsten- und Hinterlandstämmen, der von der winzigen Minderheit der americoliberianischen Oberschicht in Abhängigkeit gebracht und fast bis heute (Bürgerkrieg 1989) gehalten wurde. Zu den A. zählen in Anteilen der Staatsbev. (1984) die Kpelle 20 %, Bassa 14 %, Grebo/Glebo 9 %, Kru/Croo 8 % (Bootsleute und Hafenarbeiter), Gio 8 %, Manding/Mandingo 7 %, Loma/Lorma 6 %, ferner Mano, Kissi, Gola, Krahn, Vai (Arbeiter und Soldaten), Gbandi u.a.

Afrozentristen (WISS)
II. afroamerikanische Anhänger einer ideologischen Bewegung in USA, die dortiges eurozentrisches Bildungs- und Kulturgut durch afrozentrisches ablösen wollen.

Afscharen (ETH)
I. Afshár (=pe); Afsar/Afschar/Avsar (=tü).
II. kleines Turkvolk im Iran, im NW (Aserbaidschan), im NE (Khorasan), im S (Kerman) und SW (Khuzestan) und vereinzelt in Anatolien. Name tritt in zwei Bedeutungen auf: 1.) als abstammungsmäßige Verwandtschaft, 2.) als Zugehörigkeit zu einer politischen Gruppierung verschiedener Stammeseinheiten. Zuwanderung mit Oghuz-Gruppen im 11. Jh. und unter Mongolen im 13. Jh., drangen im 16. Jh. bis nach Khuzestan vor, wurden aber von den Ka'b zurückgetrieben. Seither erfuhren A. durch Maßnahmen der Regierung zur jeweiligen Grenzsicherung und Wiederaufsiedlung (insbesondere von Nader Shah im 18.Jh.) mehrfache Zwangsumsiedlungen. Dabei verselbständigten sich wiederholt Stammesabteilungen oder verbanden sich in Neugruppierung mit fremden (G. STÖBER). Zeitweise waren zugehörig die Amarlu, Arâshlu, Imanlu, Gonduzlu, Osalu, Alplu, ferner Bayât, Donboli, Qâsemlu, Qirqlu, Papalu, Kuseh-ye Ahmadlu, Shamlu und Qajar. Im Iran zus. mit Kysylbasch 1977 rd. 450 000. A. sind Schiiten. Nachkommen von zwangsumgesiedelten A. leben in der Türkei SE Kayseri (die aber Sunniten sind), in irakischem Kurdistan und in Afghanistan (Farah).

Afterpächter (SOZ)
I. Unterpächter, Abpächter; lessees (=en).

Agarenos (REL)
II. (=sp); zum Islam übertretende Christen. Vgl. Mauren, Mohammedaner.

Agariya (SOZ)
II. Berufskaste von Eisenschmelzern und Schmieden im indischen Bundesstaat Madhya Pradesch;

1970 ca. 12000. Glauben an ihre Abstammung aus dem Feuer, in dem sie ihren Gott Ag sehen, führen ihre Tradition bis 2000 v.Chr. zurück. Eisen hat für sie Kultwert.

Agau (ETH)
I. Eigenbez. »Agau der sieben Häuser« (n. W. KULS).
II. religionsbestimmte (jüdische) Einheit mit zentralkuschitischer Eigenspr.; im Agaumeder nw. des Godjam-Hochlands/Äthiopien; gegliedert in sieben Clangruppen; nur z.T. amhariziert. Vgl. Falascha(s) in Äthiopien.

Ageidat (ETH)
II. arabische Stammeseinheit von Schafnomaden in der irakischen Jezira. Vgl. Dulaim.

Aginsker Burjaten (ETH)
II. Teilgruppe der Burjaten von ca. 70000 Köpfen im Aginisch-Burjatischen Nationalen Kreis in SE-Sibirien an der mongolischen Grenze. Vgl. Burjaten.

Aglipayan (REL)
II. Anh. der Unabhängigen Philippinischen Kirche; 1994 ca. 3,9 Mio., d.h. 6% der Gesamtbev.

Agnaten (WISS)
I. aus agnatus (lat=): »gesetzliche Verwandte«; agnados (=sp, pt); agnati (=it); agnats (=fr); agnates (=en).
I. nach römischem Recht (bis zum Tode des Vaters) alle der Patria potestas unterworfenen Personen.
II. Verwandtschaftsgruppe im Mannesstamm, die männlichen Seitenverwandten in männlicher Linie. Im germanischen Recht: »Schwertmagen«, die Vatersippe. Vgl. Gegensatz Kognaten.

Agnostiker (REL)
I. aus Agnosie (gr-lat=) »die Nichterkennen«.
II. Vertreter der philosophischen Lehre des Agnostizismus, der »Unerkennbarkeit des übersinnlichen Seins«. Für A. ist also Gottesfrage unbeantwortbar und letztlich für das Leben des Menschen unerheblich. Damit stehen sie den »praktischen Atheisten« (s.d.) nahe.

Agrjan (ETH)
I. Agrzhan(tsy) (=rs). Vgl. Astrakhan Tatar (=en).

Aguachados (SOZ)
II. sekundäre Bez. für Indianer im spanischspr. Südamerika; i.e.S. »Menschen ohne Lebensmut«.

Aguano (ETH)
II. Indianerstamm im peruanischen Amazonas-Tiefland.

Aguaruna (ETH)
II. indianische Ethnie im nw. Peru.

Aguateken (ETH)
II. mesoamerikanisches kleines isoliertes Indianervolk im nw. Bergland von Guatemala; zur Sprachgruppe der Maya zählend; Grabstock- und Hackbauern.

Agulen (ETH)
I. Aguls (=en).
II. kleine Ethnie von Berghirten im ö. Kaukasus/ Rußland, die zu 95% in den Regionen Aguldere und Kurachdere im S der russischen Rep. Dagestan lebt. 1990 rd. 18700, 1979 erst 12000, mit eigener Kaukasusspr.; bereits im 8. Jh. islamisiert, Sunniten; kamen im 19. Jh. unter russische Oberhoheit.

Ägypten (TERR)
A. Arabische Republik. Ehem. Königreich, The Kingdom of Egypt; (von 1961–1971) Vereinte Arabische Republik. El Dschumhurija Misr El Arabija (=ar); Al Jumhuriya Misr Al Arabya, Jumhuriyat Misr al-Arabiya (=ar); Jumhürïyah Misr al-Arabiya. (Arab Republic of) Egypt (=en); (la République arabe d') Egypte (=fr); (la República Arabe de) Egipto (=sp, pt); Egitto (=it).
Ew. 1873: 5,250 S; 1882: 6,902; 1897: 9,795; 1907: 11,287; 1917: 12,751; 1927: 14,218; 1937: 15,933; 1947: 19,022; 1950: 20,461; 1955: 22,990; 1960: 26,085; 1965: 29,389; 1970: 33,329; 1975: 37,233; 1980: 41,990; 1985: 48,503; 1996: 59,272, BD: 59 Ew./km²; WR 1990–96: 2,0%; UZ 1996: 45%, AQ: 39%

Ägypter (NAT)
I. Egyptians (=en); egyptiens (=fr); egiziani (=it); egipcianos (=sp); egipcios (=sp, pt).
II. StA. der Arabischen Rep. Ägypten, Neben Ägyptern, Sudanesen, Syrer, Nubier, Palästinenser, Berber, Beja und Minderheiten u.a. Griechen, Italiener.

Ahaggaren (ETH)
I. Kel Ahaggar. Vgl. Tuareg.

Ahal (ETH)
II. Stamm der Turkmenen in Mittelasien, s.d.

Ahal (SOZ)
I. (=ar); Sg. Ahl; in Arabien.
II. 1.) ursprünglich die Bew. desselben Zeltes oder auch derselben Siedlung. 2.) Familie oder Verwandte. 3.) Die Zugehörigkeit zu einer bestimmten Klasse oder Gruppe. Vgl. Al.

Ahi tu Estas (BIO)
I. (sp=) »da bist du«.
II. Mischlinge in Mexiko aus »No te entiendo(s)« und Indianern.

Ahl ad-dimma (SOZ)
I. (=ar); Sg. dimmi; mu'ahadun; »Leute des Schutzvertrages«, Schutzbefohlene.
II. Bez. in der islamischen Ökumene für nichtmuslimische Untertanen, denen nach Entrichtung

der Kopfsteuer Sicherheit und Schutz für ihre Familie, ihr Eigentum und ihre freie Religionsausübung gewährt wurde.

Ahl al-Andalus (ETH)
II. (=ar); die muslimischen Bewohner von Andalus/Andalusien/Spanien vor der Reconquista.

Ahl al-bait (SOZ)
II. in der islamischen Tradition die Bez. für die Mitglieder des Haushaltes des Propheten Mohammed und deren Deszendenz. Sie genossen besondere soziale und materielle Vorrechte.

Ahl al-kitáb (SCHR)
I. Kitabiyat Pl; (ar=) die »Schriftbesitzer«, »Leute des Buches«.
II. meint nach Koranvers 9,29 die Inhaber göttlicher Offenbarungsschriften gegenüber den Bekennern schriftloser Rel.; es ist die koranische Bez. für Juden und Christen (aufgrund von A.T., Evangelium und Psalmen) sowie für Sabier und (später) für Zoroastrier. Den Angehörigen dieser Rel. im Kalifat war die Ausübung ihres Kultes gegen Zahlung einer Kopfsteuer gewährleistet. Vgl. Kuttab.

Ahl-e Haqq (REL)
I. Ahl-i-Hakk (=ar) »Leute der Wahrheit«; von Nachbarn pejorativ oder fälschlich Ali Ilahi (ar=) »Ali-Vergöttlicher« genannt.
II. Anh. einer in W-Iran und Kurdistan unter Nomaden und unteren Volksschichten verbreiteten extremen Richtung der Schia; gilt wie Kakayí und Sabak in Kurdistan als Geheimreligion; heilige Texte sind in kurdischer Gurani-Spr. geschrieben. Vgl. Gulat-Sekten.

Ahmadis (REL)
I. Ahmediyas; auch Mirzais oder Qadianis/Quadiani (von A. als Schimpfbez. empfunden).
II. Anh. der Ahmady(y)a, Ahmadijja, eine im 19. Jh. begründete islamische Sekte, mutmaßlich nach ihrem Stifter Hazrat Mirza Ghulam Ahmad benannt; lt. eigenem Bekunden nach zweitem Namen des Propheten, Ahmad. Bes. in Vorderindien und in SW-Asien (angeblich 4,8 Mio. Anhänger) verbreitet. Rege Missionstätigkeit in über 100 Ländern, bes. in Europa. Zentrum in Rabwah/Pakistan, dort mind. 0,3 Mio. A. 1914 erfolgte Spaltung in Kadim Party, die den Stifter als Propheten verehrt, und Lahore Party, die den Stifter als Reformator sieht. 1974 aus dem Weltislam ausgeschlossen, seither vor allem in Pakistan Opfer von Ausschreitungen, Todesstrafen; allein in Deutschland genießen über 30 000 Mitglieder Asyl.

Ahmar (ETH)
II. berberische Stammes-Konföderation in W-Marokko. Vgl. Berber.

Ahnen (SOZ)
I. Vorfahren, Aszendenten; Sg. Ahn (m.), Ahne (w.); Ahne (bayer.=) Großmutter; progenitori (it=) »Stammeltern«; antecedentes (=sp); antepassados (=pt); prédécesseurs (=fr); ancestors, pregenitors (=en).
II. 1.) zus.fassende Bez. für alle Vorfahren, von denen der einzelne Mensch in direkter Linie abstammt. 2.) in Deutschland regional auch Bez. für Großeltern. 3.) im bes. Urahn und Ahnfrau i.S. von Stammvater und Stammutter einer Familie, eines Geschlechts, eines ganzen Volkes. Das ehrende Andenken an A., besonders des eigenen Geschlechts (aus Achtung, Dankbarkeit), als geistiges Zentrum, als Vorbild ist fast allg. Es kann sich zur ritualisierten und institutionalisierten Verehrung steigern, insbes., wenn verstorbene A. als unsichtbare, im Jenseits weilende Mitglieder des Verbandes der Lebenden aufgefaßt werden, die weiterhin im Guten und Bösen Einfluß nehmen, als Beschützer und Kraftüberträger, als Heroen (Altgriechen, Germanen, Südslawen) oder gar Gottheiten, öfters als Mittler zu einem höchsten Wesen. Im A.-Kult sucht man sie ewig gegenwärtig zu halten (nahe Bestattung, Schädelstätten, Ahnen-Bilder, Ahnen-Tempel). Vielartige A.-Kulte sind verbreitet bei zahlreichen Naturvölkern (bes. Melanesien, Indonesien, Schwarzafrika, Amazonien), aber auch institutionell durchgebildet bei Hochkulturvölkern (insbes. in Ostasien, China, Korea, Japan), wo A.-Kult wesentlichen Teil der Religionen bildet. Vgl. Stammeltern; Cargo-Kulte, Mahadev Koli, Mambu, t'ung tsung, Tankunkyo.

Ahnet (ETH)
II. Stamm der Tuareg in Südalgerien.

Ahogados (SOZ)
I. (=sp); die »Ertrunkenen«.
II. Eigenbez. der afrikanischen Boatpeople in Spanien.

Ahom (ETH)
II. eines der Bodo-Völker im Brahmaputratal; weitgehend hinduisiert, gelten heute als indische Kaste.

Ahta (ETH)
I. Akhta, Akhtin(tsy) (=rs). Vgl. Lesgier.

Ahuischir (ETH)
II. indianische Ethnie im NE Amazoniens.

Aids-Opfer (BIO)
II. unscharfer Begriff insbesondere für hämophile Menschen (Bluter), deren Aids-Infektion auf verseuchte Blutkonserven und Gerinnungspräparate zurückgeht. So zuzuordnen sind auch sonstige Kranke/Verunfallte, die auf diese Weise infiziert wurden. Incl. durch Berufsrisiko infiziertem medizinischem Personal summieren sich diese Opferkategorien in einzelnen Staaten (z.B. Indien) zu 20% aller HIV-Träger. Im weiteren Sinn müßten auch auf dem Geburtsweg (im Mutterleib und durch Muttermilch) HIV-infizierte Kinder als A.O. bezeichnet werden. Man befürchtet, daß in den Entwicklungsländern

Aids schon bald eine Haupttodesursache bei Kindern sein wird. Nach UNICEF und WHO wurden bis 1996 rd. 3 Mio. Kinder infiziert. Darüber hinaus rechnet man zur kommenden Jahrtausendwende mit Millionen verwaister Kinder, deren Eltern an Aids verstorben sind, allein für Afrika mit etwa 10 Mio, für Indonesien mit 200 000–550 000. Vgl. HIV-Infizierte.

Aimaq (ETH)
I. Aimak; Tschaqhar Aimak = »vier Aihmak«; Chahar Aimaq aus chahar (=pe); Berberi (=pe).
II. Sammelbez. für Konföderation von mehr als vier Stämmen in W-Afghanistan zwischen iranischer Grenze und Hazaradschat: die Taimani, Dschamschidi/Jamshedi, Firuzkohi, Timuri/Taimuri, Zuri, Aimaq Hazara und Badghis Hesoreh. A. sind Halbnomaden (mit Jurten!) und Ackerbauern, wechseln jahreszeitlich zwischen Weidewirtschaft und Landbau auf Weizen, Gerste, Melonen und Zuckerrüben. Ihre Sprache ist Persisch, ihre Religion Sunnitisch-Islamisch. A. sehen sich als Nachkommen türkischer, persischer, mongolischer und arabischer Vorfahren. A. sind in ganz Chorassan verbreitet, wurden in Kämpfen um dieses Gebiet erheblich geschwächt; am Ende des 19. Jh. schließlich auf drei Staaten aufgeteilt: das Gros verblieb bei Afghanistan (1966: 430 000; 1991: 608 000).

Aimaq Hazara (ETH)
I. nicht identisch mit den Hazara des Hazaradschat.
II. Stamm der Aimaq in W-Afghanistan (Prov. Badghis); 1970 ca. 55 000 Seelen. Sollen sich im 15. Jh. von den Hazara abgespalten haben und damit mongolischer oder türkmongolischer Herkunft sein.

Aimará (ETH)
I. Aymara, Aimaraes; Eigenbez. Haqe.
II. indianisches Volk der peruanischen-bolivianischen Altiplano am Titicaca- und Pooposee. Wohl Nachkommen der Colla. Vermutlich Träger der präkolumbischen Zivilisation von Tihuanaco. Um 1450 von den Inka unterworfen und von Cuczo her umgesiedelt worden. Waren unter spanischer Herrschaft dem Hazienda-System mit Fronarbeit unterworfen. Seit 1953 freie Bauern, leiden aber unter Überbesatz. A. bilden eigene Spr.gruppe, doch übernahmen einige Stämme wie Colla, Collagua, Ubina schon zur Inkazeit Quetchua. Verbinden ihr Christentum mit div. Naturkulten. Erlitten starke Bev.-Verluste durch Seuchen und Ausbeutung unter spanischer Kolonialherrschaft; seit 19. Jh. Erholung. Heutige Anzahl: 1,7–2 Mio., stellen in Bolivien (1987) 16,9 % der Gesamtbev., in Peru mit ca. 218 000 ca. 2,5 % (1989). A. leben überwiegend in 2000 bis über 4000 m Höhe, betreiben intensiven Ackerbau, pflegen noch die alte Sippenverfassung, seit langem christlich missioniert, doch auch viele alte Traditionen. Vgl. Aimara-Spr.

Ainu (ETH)
I. Eigenbez. »Menschen«; pejorativ Ebisu (jp=) »Wilde«; auch »haarige Ainu«; Aino od. Ajnu; Kuril(tsy)/Kurilcy (=rs); Kurilian (=en).
II. Paläoasiaten, leben als Restvolk einer vormongoliden Urbev. auf N-Hokkaido/Japan und Sachalin/Rußland, im Mündungsgebiet des Amur, auf Kurilen und Kamtschatka/Rußland; waren noch im 7. Jh. weit im S auf Honshu bis nach Tokio verbreitet, wurden durch Japaner im Shogunat gewaltsam nach N abgedrängt. Unterdrückung und Seuchen dezimierten die A. schon bis 1804 auf kaum 24 000. Ihre Sprache ist isoliert, keiner bekannten Spr.familie zugehörig; da nach Tod der letzten »Ältesten« fast verloren, wird sie heute durch A.-Ges. (6000 Mitglieder) wiederbelebt. Aus alter Stammesreligion hat sich der Bärenkult erhalten; letztes echtes Bärenfest (Iyomande, »Heiliges Absenden« der Bärenseele) 1954; üben Tatauierung. Einst seßhafte Jäger, Fischer und Sammler, heute auch Feldbau. Ca. 16 000 (1970) wovon kaum 3 % noch reinrassisch; nach anderen Quellen 50 000–100 000 japanisierte Ainu. Sie suchen sich heute wegen rassistischer Vorurteile den Japanern anzugleichen. A. in Rußland sind weitgehend in Niwchen und Itelmenen aufgegangen. 1945 siedelte die ehem. UdSSR 17 000 A. (und Japaner) von den Kurilen nach Japan um. Vgl. Ainuide.

Ainuide (BIO)
I. »haarige Ainu«.
II. Restpopulation einer vormongoliden Urbevölkerung, vermutlich einer europiden Altschicht auf N-Hokkaido/Japan, Sachalin, Kurilen und Kamtschatka/ehem. UdSSR inmitten mongolider Bevölkerungen. Merkmale: starke Bart- und Körperbehaarung, relativ helle Hautfarbe, relativ langer Oberkörper. Archemorphe Züge und gewisse Blutmerkmale sprechen für eine Zugehörigkeit zum australo-melanesiden Rassenkreis. Ca. 15 000 (1980), wovon kaum 3 % noch reinrassisch. Vgl. Ainu Japans.

Aiom (BIO)
s. Ayom-Pygmiden.

Airumer (ETH)
I. Eigenbez. Ajrym, Airum; Ajrumy (=rs).
II. ethnische Einheit im W Aserbeidschans; waren ehemals Halbnomaden. Als Untergruppen sind zu unterscheiden: Padar und Shahseven. Vgl. Aserbeidschaner.

Aissor (SPR)
I. Neuostaramäisch-spr.
II. vereinzelt noch in Armenien und Georgien gesprochen.

Aissoren (REL)
S. Aisory oder Assiriy(rsy) (=rs), Aisor in Transkaukasien für Assyrer, Assyrier; Assyrians, Assirians (=en).

II. nestorianische (und auch jakobitische) Christen in den Städten des Kaukasus, am Urmia-See und in Kurdistan, bes. Georgiens, wohin sie im 19. Jh. und am Ende des I.WK geflüchtet sind. 1979 ca. 25 000 in ehem. UdSSR.

Aït (ETH)
I. auch aith od. at (be=) »Kinder von ...«, gleichbed. mit banu, benî, (ar=) »Söhne von ...« und aulad; verwendet nur in Verbindung mit Stammesbez.

Ait Atta (ETH)
Vgl. Beraber.

Ait Blawa (ETH)
II. Teilstamm der Beraber.

Ajioriten (REL)
Vgl. Mönche.

Ajman (TERR)
A. Mitglied der Vereinigten Arabischen Emirate (s.d.). Ujman. Ajman (=en, sp); Adjman (=fr).
Ew. 1985: 0,064; 1996: 0,119, BD: 476 Ew./km²

Ajo (ETH)
Vgl. Batak.

Aka (BIO)
II. zwergwüchsiger Bambuti-Stamm im Ituri-Gebiet/Demokratische Republik Kongo.

Akademiker (SOZ)
I. aus akadzmia (=agr).
II. Mitglieder und Absolventen einer Akademie, Hochschule, Universität.

Akadier (ETH)
I. Acadiens (=fr).
II. französisch-stämmige kath. Auswanderer, die sich anfangs des 17. Jh. in Acadia, dem Gebiet der heutigen kanadischen Provinz Nova Scotia/Neuschottland/niedergelassen hatten. Als l'Acadie 1713 endgültig an England fiel, mußten A. entweder ihrem kath. Glauben abschwören und den Treueeid auf die britische Krone ablegen oder sie wurden enteignet und vertrieben. 1755 verließen im grand dérangement 16 000 A. ihre neugeschaffene Heimat, Neuansiedlung bes. in Louisiana, vgl. Cajuns.

Akalis (REL)
I. »Verehrer des zeitlosen Wesens«.
II. Asketenorden im Sikhismus, an hohem schwarzen Turban kenntlich; heute stark polit. aktiv.

Akan (ETH)
II. Sammelbez. für sprachlich und kulturell verwandte, vermutlich im 15. Jh. aus N eingewanderte Ethnien in W-Afrika: Twi-Fante, Aschanti, Guang in S-Ghana und Anyi-Baule in SE der Elfenbeinküste. Zu den Kwa-Spr. gehörig; A. stellen in der Elfenbeinküste 41 % der Gesamtbev.; insges. wohl 5–10 Mio.

Akan (SPR)
I. Twi.
II. Sprg. von > 8 Mio. in Westafrika (Ghana); ein auf Twi-Fanti-Grundlage entwickeltes Standard-Akan ist neben Englisch wichtigste Verkehrsspr. Ghanas.

Akha (ETH)
II. Stamm von Brandrodungsbauern, von den Han in die Berggebiete von Yünnan, nach Laos (s. Lao Soung) und nach N-Thailand abgedrängt; reich entwickelt sind Schamanentum und Ahnenkult und v. a. magische Dorftore mit hölzernen Torpfosten zur Abweisung fremder Geister. Hohe kunstvolle Kopfhauben der Frauen; Flecht- und Webkunst; magische Quadrate als Tätowierung bei Männern. Vgl. Lolo.

Akhdan (SOZ)
I. (ar=) »Diener«, Sg. Khadem.
II. Paria-Klasse in Jemen; gelten als Nachkommen der im 6. Jh. das Land beherrschenden Abessinier.

Akhta (ETH)
I. Lezgins of Akhta, Akhtin(tsy) (=rs). Vgl. Lesginen.

Akkadisch (SPR)
II. ostsemitische babylonisch-assyrische Spr.; mittels Keilschrift seit ca. 2500 v.Chr. überliefert.

Akklimatisierte (BIO)
I. aus gr./lat. ad- und klima; als Vorgang oder Prozeß; acclimatation humaine (=fr); aclimatación humana (=sp); acclimatisation of man (=en).
II. im medizinisch-geographischen Sinn Personen oder Personengruppen, die sich auf ein von ihrer ursprünglichen Umgebung abweichendes Klima erfolgreich angepaßt haben; bekannt sind insbesondere Höhen- und Tropenakklimatisation. Zu unterscheiden ist stets die individuelle modifikatorische Anpassungsfähigkeit und die auf erblicher Basis unterschiedlich gegebene populationsspezifische Bandbreite einer Anpassungsfähigkeit. Als Fälle gelungener Akklimatisierung/Akklimatisation gelten solche Bevölkerungsgruppen, die sich über drei Generationen hinweg, ohne Vermischung mit Einheimischen und ohne neuen Zuzug als gesund und reproduktionsfähig erwiesen haben. Ein solches positives Ergebnis aus langfristiger Anpassung wird auch als Adaption bezeichnet. Terminus bezieht sich mithin nur auf die biologisch-physiologische Anpassung, doch müssen auch Grenzfälle psychischer Akklimatisierung, u.a. tropischer Neurasthenie (u.a. Leistungsminderung, Heimweh), berücksichtigt werden. Hingegen ist die in der Soziologie häufig gebrauchte Ausweitung des Begriffes auch auf die Anpassung an fremde Verhaltensweisen bzw. soziale Bedingungen abzulehnen; solche Angleichungsvorgänge werden zutreffender als Assimilation behandelt. Vgl. Assimilierte, Adaptierte; assimilados (=pt).

Akkulturierte (WISS)
I. aus ad und cultura (=lat).
II. Personen oder Bev.gruppen, a) die in eine neue kulturelle Umwelt hineingewachsen sind; b) die sich unter gewisser »Selbstentfremdung« aufgrund nachhaltiger Kontakte oder kontinuierlicher Interaktion einer anderen Kultur im Ganzen oder in spezifischen Teilbereichen angeglichen haben (Spr., Religion, auch durch Abänderung und Anpassung von Techniken, Verhaltensmustern, Werten, Institutionen), wobei der Kulturwandel oktroyiert (oder freiwillig, sogar unbewußt) erfolgen kann; c) die sich der als überlegen angesehenen Kultur einer anderen, meist größeren, höherentwickelten Gruppe angeglichen haben. Vgl. Transkulturierte, Assimilierte, Adaptierte.

Ak-Nogaier (ETH)
I. Eigenbez. Ak od. Ak Nogai; Belye Nogajcy/Nogai(tsy) (=rs); Kuban Nogai, White Nogai (=en). Vgl. Nogaier.

Akoa (BIO)
II. zwergwüchsige Population im Regenwald von Gabun, Republik Kongo.

Akonye (ETH)
I. »das Volk, das im Canyon lebt«.
II. Untereinheit der Apachen aus der San Carlos-Reservation in Arizona/USA.

Akrotiri und Dhekelia (TERR)
B. Stützpunktgebiete unter britischer Staatshoheit auf der Insel Zypern. (The United Kingdom Sovereign Base Areas of) Akrotiri and Dhekelia (=en); Akrotiri et Dhekelia (=fr); Akrotiri y Dhekeli (=sp).

Aksai (TERR)
B. Von China besetztes Territorium der ehem. Indischen Prov. Jammu und Kaschmir (s.d.).

Aksulak (ETH)
I. Aksuluk. Vgl. Uighuren.

Aktivbürger (WISS)
II. Bez. (insbes. in Schweiz) für Bürger, die im Besitz des Stimm- und Wahlrechtes sind.

Aktivisten (SOZ)
II. 1.) Menschen, die sich voll Unternehmungsgeist für eine Aufgabe einsetzen. 2.) Bez. für Parteifanatiker in sozialistischen Staaten (*A. Hennecke* u. *A. Stachanow*); für Arbeiter, deren Leistungen die Norm übertreffen. Vgl. Bestarbeiter.

Akuapem (ETH)
II. einer der sieben Clans des Akan-Volkes um Akropong in Ghana.

Akure (ETH)
Vgl. Lagunenvölker.

Akuscha (SPR)
I. Aquscha-spr.

II. Dialektgruppe und Schriftspr. der Darginen im nö. Kaukasus.

Akwahu (ETH)
I. Kwahu.
II. Negervolk aus der Akan-Gruppe w. des unteren Volta, kwa-sprachig.

Akwapim (ETH)
II. Negervolk aus der Akan-Gruppe w. des unteren Volta, kwa-sprachig.

Akwe (ETH)
II. indianische Ethnie in Brasilien; zu untergliedern in Xavante und Xerente. Schweifende Sammler und Jäger; leisteten bis tief ins 20. Jh. den Weißen Widerstand.

Akyem (ETH)
II. Negervolk aus der Akan-Gruppe w. des unteren Volta, kwa-sprachig.

Al (SOZ)
I. (=ar); aus Ahal, Sg. Ahl.
II. arab. Verwandtschaftsverband mehrerer Familien desselben Stammes, der den Namen des gemeinsamen Ahnherren führt und eine soziologisch, wirtschaftlich, ggf. auch polit. eng geschlossene Interessengemeinschaft bildet (*St. u. N. RONART*). In heutiger Zeit oft auf eine regierende Dynastie eingeschränkt, z.B. Al Saud, Al Sabbah. Vgl. schottischer Clan; Ahal.

Al Fatat (SOZ)
I. al-Dscham'ijja al Arabijja al-Fatat (ar=) »Jungarabische Gesellschaft«.
II. 1911 gegründete geheime patriotische Organisation von Studierenden, Offizieren, Politikern im alten türkischen Reich zur Vorbereitung der arabischen Revolution im I.WK. Name wurde nach 1960 von extremistischen Gruppen der »Organisation zur Befreiung Palästinas« übernommen (al Fatah).

Al Kowasim (ETH)
II. arabischer Stamm an der ehem. Piratenküste; waren im 18./19. Jh. berüchtigte Seeräuber; heute Fischer und erdölabhängige Staatsbevölk. mit ca. 25 000 Köpfen in den Vereinigten Arabischen Emiraten; Sunniten.

Aladian (ETH)
II. kleine ethnische Einheit, Negride, in Elfenbeinküste; Lagunenrandbevölkerung, hauptsächlich Fischer. Vgl. Lagunenvölker.

Aladinados (SOZ)
II. (=sp); Bez. in Ibero-Amerika für spanischspr. Indianer, die ihren Stammesverband verlassen hatten, außerhalb in der entstehenden Mischlingsgesellschaft lebten.

Alak (ETH)
II. kleine ethnische Einheit von 5000–10 000 in den Prov. Attopeu und Saravane in Laos; mit Eigenspr. aus der Mon-Khmergruppe.

Alakaluf (ETH)
I. Alacalufes; Halakwulup.
II. »Kanu-Indianer« auf Inseln w. Feuerland mit isolierter Eigenspr.; Fischer, Jäger, Strandsammler; Anzahl > 10 000.

Alan (ETH)
II. ein Kurdenstamm in der Prov. Van/Türkei.

Åland-In (TERR)
B. (=sw); Ahvenanmaa (=fi); Finnische Inselgruppe und Prov. im s. Bottnischen Meerbusen mit weitgehender Selbstverwaltung. Amtsspr. Schwedisch. (the Province of) Åland (=en); (la province d') Åland (=fr); (la Provincia de) Åland (=sp); la provincia de Åland (=pt); la provincia d'Åland (=it).
Ew. 1960: 0,022; 1991: 0,025

Åland-Insulaner (ETH)
II. Bewohner der seit 1809 finnischen Å.-Inselgruppe am Eingang zum Bottnischen Meerbusen, rd. 24 000 schwedischspr.; haben seit Mitte 19. Jh. neutralitätsähnliche Position, seit Völkerbundsbeschluß 1921 besitzen sie Selbstverwaltungsrechte hinsichtlich Erziehung, Gesundheit und Wirtschaftsförderng. Vgl. Finnländer.

Åland-Schweden (ETH)
II. schwedische Bewohner (1985 rd. 22 000) dieser Inselgruppe im Eingang zum Bottnischen Meerbusen mit weitgehender Selbstverwaltung. Vgl. Finnländer.

Alanen (ETH)
II. hist. Stammesverband von Hirtennomaden und Reiterkriegern skytisch-sarmatischer Herkunft. Aus ihrem Kernland in Ciskaukasien durch Hunneneinfälle, Gotenabwanderung und eigene Kriegszüge zerstreut. Die ö. des Don verbliebenen A. wurden durch Chasaren in den Kaukasus abgedrängt, sie sind die Vorfahren der heutigen Osseten. Die westwärts Wandernden vereinigten sich mit Vandalen und Sueben.

Alar (ETH)
II. Regionalgruppe der Burjaten.

Al-Arab al-'ariba (ETH)
I. (=ar); Al Arab al-ba'ida, Al Arab al muta'arriba, die »echten, ursprünglichen Araber«.
II. Bez. der Nachkommenschaft der legendären Ahnherren der Stammesfamilien südarabischer, d.h. jemenitischer Herkunft. Vgl. Südaraber.

Al-'Arab al-ba'ida (ETH)
I. »die verschwundenen«, d.h. »ausgestorbenen Araber«; nach arabischer Genealogie: die direkten Nachkommen Sems, des Sohnes Noahs.
II. demnach die ureingesessenen, angenommenen Bewohner Arabiens.

Al-'Arab al-musta'riba (ETH)
I. »die arabisierten Araber«.
II. genealogische Bez. der Stammesverbände nordarabischer Herkunft, der Nachkommen 'Adnans.

Alarodier (ETH)
II. ganz uneinheitlich gebrauchte Altbez. für 1.) (hypothetische) Gruppe alter »Mittelmeersprachen«, 2.) für Population armenider Unterrasse, 3.) für die assyroide Mischbevölk. als die Träger altorientalischer Hochkulturen oder 4.) für das aus türkischen, iranischen, mongolischen und arabischen Elementen entstandene Bev.grundsubstrat im n. Vorderasien.

Al-Arqam-Sektierer (REL)
II. Anh. einer schiitischen Sekte im sunnitischen Malaysia, verbreitet auch in Singapur, Indonesien, Thailand und Pakistan; nach eigenen Angaben rd. 100 000 Anh. Al Arqam wurde 1968 gegr., betreibt heute auch div. Wirtschaftsunternehmen. Wird als Irrlehre und auch aus polit. Motiven in Malaysia verfolgt. Typische Kleidung: Schwarze Gewänder, weiße Turbane, Verschleierung der Frauen.

Alas (ETH)
II. isolierte Ethnie im gebirgigen N von Sumatra/Indonesien, > 25 000 mit SW-indonesischer Eigenspr.; Reisbauern, Fischer und Jäger; leben in Pfahlbausiedlungen.

Alaska (TERR)
B. Mit Aleuten und anderen Inseln. 49. Bundesstaat der USA (außerhalb des geschlossenen Staatsgebietes (seit 1959). Vgl. Eskimo/Inuit.
Ew. 1880: 0,033; 1910: 0,064; 1940: 0,073; 1950: 0,129; 1960: 0,226; 1963: 0,248 Z; 1970: 0,302 Z; 1980: 0,401 Z; 1990: 0,550; 1996: 0,607, BD: 0,3 Ew./km²

Alaskaner (ETH)
II. fragwürdige moderne Bez. für Bewohner Alaskas. Von 550 000 Ew. (1990) sind 85 000 Natives: Eskimos (s.d.) und Indianer (Athapasken, Chipewyan, Kutchin, Haida u.a.).

Alatalak (ETH)
I. Alautauluk, Alatooluk Qyrgyz, Alatau Kirgiz. Vgl. Kirgisen.

Alawa (ETH)
I. Wasi.
II. schwarzafrikanische Ethnie in NE-Tansania.

Alawis (=en) (ETH)
II. ein Kurdenstamm in der Prov. Van/Türkei. Vgl. Alawiten.

Alawiten (ETH)
I. Alaouiten; Alawiyun (=ar); Alaouites (=fr);

II. religionsbestimmte Teilbev. in Syrien, mit ca. 10% der Gesamtbev. größte Minderheit, im Rückzugsgebiet des Jebel Ansariye, in den sie im MA eingewandert sind. A. sind heute überproportional in der Armee vertreten, bilden seit 1963 auch die politische Herrschaftsschicht in Syrien. Vgl. Nusairier.

Alawiten (REL)
I. wiss. Nusairier, Nusairi (=ar), Nosairis, nach ihrem vermeintlichen Stifter Mohammad Ibn Nusair, der sich im 9. Jh. zum Bâb des zehnten schiitischen Imams erklärte; Eigenbez. al Mu'limún (ar=) »die Gläubigen«. Seit französischer Mandatszeit (um den Ruch des Ketzerischen zu verdecken): Eigenbez. als alaouites (=fr), Alaouiten, Alauiten, Alaviten; Alawiyun, Alawijjun (=ar); Alawis (=en).
II. eine schiitische Gulat-Sekte im w. Syrien, im N-Libanon und im türkischen Kilikien um Adana und Tarsus. Etwa 1,3–2 Mio., wovon über 600 000 in Syrien. Besaßen 1920–1944 einen autonomen A.-Staat in W-Syrien. Seit 1970 bilden A. dort die Herrschaftsschicht, besetzen alle wichtigen Partei- und Staatsstellen. Die Dogmatik dieser schiitischen Sondergruppe ist für viele Muslime kaum mehr mit dem Islam zu vereinbaren. Ihre Mysterien werden auf dem Wege einer Initiation von 7 Graden ausschließlich innerhalb einer auserwählten Oberschicht erschlossen. Sekte gliedert sich in div. Clanverbände, so Kalbijja, Hajattin, Haddadin, Matawira. Geogr. Name: Djebel Ansariya aus Gabal an Nusairiya/Syrien. Vgl. Nusairier, heterodoxe Schiiten; Alevis.

Albancy (ETH)
I. (=rs); Alban(tsy) (=rs); »Albaner«.
II. Begriff meint i.e.S. die russifizierten Nachkommen der im 18./19. Jh. vor der Zwangsislamisierung aus dem Türkischen Reich über die Dobrudscha nach Rußland geflüchteten Albaner; 1970: 4400, russisch-orthodoxen Glaubens; hpts. im Oblast Saporosje/Ukraine.

Albaner (ETH)
I. Eigenbez. Skipetaren, Schkjipetaren, d.h. »Bergmenschen«, »Gebirgsbewohner«, (auch dt. Altbez.), Albaner, Albanesen; in Türkei: Arnauten, in Slowakei Arbanasi; Albanians (=en); Albanais (=fr); albanéses (=sp); albanesi (=it).
II. indogerman. Volk, wohl Nachkommen der alten Illyrer, die durch südslawische Invasoren in ihre heutige Bergheimat abgedrängt wurden. A. standen jahrhundertelang unter serbischer, bulgarischer, byzantinischer und auch normannischer und venezianischer Herrschaft. Als Folge wachsender Bev.zahl bereits seit 11./12. Jh. beträchtliche Ausbreitung nach Südserbien, Mazedonien und Griechenland; bes. ab 1478 unter türkischer Oberhoheit, bei forcierter Islamisierung, bis 1550 mehrmalige Fluchtbewegungen nach Italien und Sizilien sowie gezielte Umsiedlungen (u.a. ins Kosovo). Seit russisch-türkischem Krieg wachsende Autonomiebestrebungen, doch erst seit 1912 eigenständiges Albanien. Dennoch bilden A. eine geteilte Nation, da große Teile ihres Siedlungsgebietes (u.a. Kosovo, Sandschak, Novi Pazar und Westmazedonien) Montenegro, Serbien und Griechenland zugeschlagen wurden. 1990 lebten in Albanien > 3,2 Mio., aber mind. ebensoviele ausserhalb ihres Staates; ca. 2,4 Mio. als Narodnost in Jugoslawien, bes. im Kosovo (1,5–1,8 Mio, d.h. rd. 90%), in Mazedonien (450 000, d.h. mind. 23%, nach Eigenangabe sogar 40%), in S-Serbien (45 000) und in Montenegro (48 000). In NW-Griechenland leben (bes. in Tschameria/Cameria) 60 000–200 000; Kleingruppen in S-Italien, bes. Prov. Cosenza, mind. 100 000 (ohne Landabwanderer). Fortbestand der genannten Volksgruppen ist prekär, sie besaßen im Kosovo nur eingeschränkte politische Rechte, wurden in Mazedonien des Sezessionismus und Irredentismus beschuldigt. Untergliederung nach zwei Hauptstämmen: Gegen im Norden und Tosken im Süden (vgl. Albanisch-Spr.). Etwa die Hälfte aller A. sind Sunniten (im 16./17. Jh. konvertiert); unter den Gegen (bes. Merditen) bekennen sich ca. 200 000 zum Katholizismus, unter den Tosken ca. 300 000 zur autokephalen orthodoxen Kirche Albaniens. Alte ideologische Spannungen zu Nachbarn beruhen auch auf diesen religiösen und kulturellen Unterschieden. 1967–90 war Albanien ein atheistischer Staat, jede Religionsausübung bei Strafe verboten. Vgl. Arvanites, Tschameria-A., Arbëresh, Albanesi; Kosovo-Albaner, Albanisch-orthodoxe Christen, Albanisch-Sprachige.

Albanesi (ETH)
I. Albano-Sizilianer.
II. Nachkommen albanischer Söldner im Dienste des Königs von Aragón aus dem Jahre 1488 im sizilianischen Alto Belice im Hinterland von Palermo. Sie sprechen das toskische Hochalbanisch. Im Unterschied zu den Albanern Kalabriens sind sie griechisch-orthodoxer Konfession.

Albanien (TERR)
A. Republik. Früher sozialistische Volksrepublik. Shqiperia (=gegisch bzw. nordalb.); Shqipnija (=toskisch bzw. südalb.). The Republic of Albania (=en); Albania (=it, pt, sp).
Ew. 1930: 1,003; 1948: 1,164; 1955: 1,379; 1960: 1,607; 1965: 1,890; 1970: 2,136; 1975: 2,424; 1980: 2,871; 1985: 2,962; 1996: 3,286; BD 1960: 57 Ew./km²; BD 1996: 114 Ew./km²; WR 1990–96: 0,0%; UZ 1996: 35%, AQ: 28%

Albaniengriechen (ETH)
I. nur bedingt syn. mit Nordepiroten.
II. griechische Kolonien auf dem Gebiet des heutigen Albanien seit 6. Jh. v.Chr. Verträge von 1913 und 1921 setzten umstrittene Grenzen zwischen Griechenland und Albanien fest; doch fragwürdig, da griechische Nationalisten alle Orthodoxen Albaniens dem Griechentum zurechnen; hellenische Mi-

norität in Albanien; 1990 nach albanischen Quellen 60000, nach griechischen Quellen rd. 400000. 1995 Wiedereinführung griechischsprachigen Schulunterrichts.

Albanisch (SPR)
I. Albanese (=it); Albanian (=en); albanais (=fr); Albanés (=sp); Albanês (=pt).

II. eigenständige indogermanische Spr. (=Satemspr.) mit Mundarten Gegisch im N (n. des Flusses Shkumbi) und Toskisch im S. Als Folge langer Fremdherrschaft ist etwa 90% des Wortschatzes fremden Spr. (Romanisch, Slawisch, Türkisch, Griechisch) entlehnt. Seit 1945 als Staatsspr. Skiptar in Albanien vereinheitlichte Schriftspr. auf Grundlage des Toskisch. Gesprochen von > 5 Mio., davon in Albanien von 3,050 Mio. (1991), von 1,9 Mio. in Jugoslawien, insbes. im Kosovo, von je 0,1 Mio. in Italien und Griechenland. Vgl. Arbëresh-Sprg.

Albanische Orthodoxe (REL)
II. Mitglieder der orthodoxen Kirche von Albanien, die bei wechselnder Jurisdiktion durch Konstantinopel oder Moskau seit 732 als autokephale Kirche seit 1924/1929/1937 und nach 1945 besteht, heute wieder mit griechischer Liturgiespr. Aus Zeit des Religionsverbotes haben rd. 200000–300000 Gläubige, d.h. fast 10% der Gesamtbev. überdauert, sowohl Nordepiroten als auch Albaner, Slawen und Aromunen.

Albarazados (BIO)
I. (sp=) »ins Weißliche spielend«.

II. Mischlinge aus Gibaros und Indianern in Mexiko bzw. solche aus Cambujo und Mulattin.

Albigenser (REL)
I. albigeois (=fr); Albigensians (=en); albigenses (=sp).

II. Gruppe der Katharer des 12. Jh. aus Albi/S-Frankreich; ihre Lehre von extrem asketischer Strenge propagierte Armut und Absage an die irdische Welt; 1209–1229 grausam ausgerottet. Vgl. Katharer.

Albino(s) (BIO)
I. albinos (=fr).

II. 1.) aus albus (lat=) »weiß«; meist Menschen mit angeborenem Pigmentmangel; Betroffene haben milchweiße Haut, weiße Haare, blaßrote Regenbogenhaut, tiefrote Pupillen. 2.) Bez. für Mischlinge in Mexiko von einem Weißen und einer Morisca oder umgekehrt. Vgl. salto atrás (sp=) »Rückwärtssprung«.

Albrechtsleute (REL)
I. evangelische Gemeinschaft.

II. eine Abzweigung von den Methodisten in den USA, gegr. durch den deutschen Prediger Jakob Albrecht 1803.

Albu Hamad (ETH)
II. kleine selbständige Beduinengruppe in der irakischen Jezira.

Albu Mohammed (ETH)
II. größter und mächtigster Stamm der Madan im irakischen Hor (s. Amara); Reisbauern und Wasserbüffelzüchter.

Albu Mteaut (ETH)
II. arabische Stammeseinheit von Schafnomaden in der irakischen Jezira. Wie Albu-Assaf, Albu-Hamdan, Albu-Ranam Teilstamm der Dulain.

Alderney (TERR)
B. Britisches Kronlehngut. Ist rechtlich weder Teil von Großbritannien noch der EU. Vgl. Kanalinseln.

Ew. (Personen) 1971: 1686; 1981: 2086; BD 1981: 264 Ew./km²

Alemannen (ETH)
I. Alamannen; Alemans (=en); alamanos (=sp).

II. ein im 2./3. Jh. ausgebildeter westgermanischer Stammesverband, der sich im 10. Jh. als Herzogtum Alemannien oder Schwaben territorial organisierte; heute verbreitet über Deutschschweiz, Vorarlberg, S-Württemberg, S-Baden und Elsaß unter Differenzierung dieser oberdeutschen Mundart. Vgl. Schwaben.

Aleuten (ETH)
I. Ungunen; Unangan (Eigenbez.); Unangun(y)/Aleuty (=rs); Aleuts (=en).

II. kleines Restvolk mit Inseln im Bering-Meer; ursprünglich ausschließlich auf den Aleuten und an W-Küste Alaskas, 1825/26 durch Russisch-Amerikanische Handelskompanie von der Near-Insel auch auf die Komandorskie-Insel/Rußland umgesiedelt. Im 18. Jh. ca. 16000, 1990 kaum 700; mit Eigenspr. aus der Eskimo-Aleutischen Sprachgruppe; sind Animisten und orthodoxe Christen; Fischer und Seehundfänger. Den Eskimos stärker kulturell als somatisch nahestehend.

Alevi(s) (REL)
I. aus Alawi (ar=) oder Alide d.h. »Ali-Verehrer«, in Türkei als Aleviten bezeichnet, als Schimpfausdruck Kizilbas. A. dürfen nicht mit Alawiten verwechselt werden.

II. schiitische Teilgruppe in Zentral-, Süd- und Ostanatolien; ursprünglich nomadische, heute überwiegend bäuerliche Nachfahren von einstigen, im 16. Jh. der 12er Schia unterworfenen Kizilbas-Turkmenen (s.d.); A. sind oft dem Bektasi-Derwischorden verbunden, dessen Riten (Festmähler mit Musik und Alkoholgenuß) sie praktizieren. A. lehnen Scharia, Fastenzeit, Pilgerfahrt und andere muslimische Rituale (so Verschleierung der Frauen) ab; verstehen sich als Auserwählte, direkt in die 2. Stufe (tarikat), des verinnerlichten Islam, hineingeboren. Sie werden deshalb von Schiiten wie auch Sunniten als Ungläubige verachtet. Anatolisches Alevitentum geht auf den Hadschi Bektasch Veli zurück, der im 13. Jh. aus Chorassan im ö. Iran nach W zog. A. wurden (trotz fast gleichen religionsgeschichtlichen Ursprungs) seit 15. Jh. vom vorherrschenden Sunnismus, von fundamentalistischen Strömungen und trotz ähnlicher politisch progressiver Vorstellungen heute sogar auch vom laizistischen Staat diffamiert und verfolgt. Massakern in der Region Tuncelli fielen 1940 ca. 40 000 A. zum Opfer. Unruhen der letzten Jahrzehnte kulminierten 1996 in Massenvertreibung aus der Prov. Sivas. In jüngster Zeit stärkere Abwanderung in die Städte, speziell nach Istanbul. Zu ihren Anhängern zählen hpts. Kurden, aber auch Türken, grob geschätzt etwa 15–20 % der Gesamtbev. Vgl. Kizilbasch/Qizilbas/Qizilbasch; Alawiten/Alouiten.

alexandrinischer Ritus (REL)
I. altchristliche »Markus«-Liturgie.
II. unierte Kopten und unierte Äthiopier.

Alexianer, -innen (REL)
I. Celliten, Brüder von den Cellen.
II. nach Schutzpatron Alexius im 14. Jh. benannte Kongregation von Laienbrüdern unter Regel des heiliger Augustinus, für Krankenpflege und Totenbestattung (»Rollbrüder«). Auch Sammelbez. für div. w. Genossenschaften u.a.: B.Schwestern BS; gegr. 1633; tätig in Krankenpflege, besonders in Pestzeiten. Vgl. Graue Schwestern, Elisabethinerinnen, Vinzentinerinnen, Borromäerinnen, Kreuzschwestern.

Alfuren (BIO)
II. Sammelbez. für die autochthone altindonesische Bevölkerung des östlichen Malaiischen Archipels, u.a. Flores, Timor, Ceram, Halmahera/Philippinen. Heterogenes, von Insel zu Insel wechselndes, Bevölkerungssubstrat. Es überwiegt ein dunkelhäutiger, kraushaariger Rassentyp zufolge alter Mischung melanesider, palämongolider, weddider Elemente. Uneinheitliche Kulturentwicklung, doch überdauerten viele urtümliche Erscheinungen, so Kopfjagd und Megalithkultur.

Algerien (TERR)
A. Demokratische Volksrepublik. Seit 1882 französisches Protektorat, dann Nebenland Frankreichs; unabh. (seit 5. 7. 1962). République Algérienne Démocratique et Populaire (=fr); El Dschamhuria el Dschasarija el demokratija esch'abija, Al-Jumhuriya al-Jaza'iriya ad-Dimuqratiya ash-Sha'biya, Jumhuriya al-Jazairiya ad-Dimuqratiya ash-Shabiya (=ar), El Djemhouria El Djazaririra Demokratika Echaabia, Democratic and Popular Republic of Algeria (=en). Djazairija (=ar); (the People's Democratic Republic of) Algeria (=en); Algérie (=fr); (la República Argelina Democrática y Popular), Argelia (=sp); Argel (=pt); Algeria (=it).

Ew. 1886: 3,871; 1911: 5,564; 1931: 6,553; 1948: 8,444; 1955: 9,678; 1960: 10,784; 1965: 11,923; 1970: 14,330; 1975: 16,776; 1987: 22,972; 1996: 28,734; BD 1996: 12 Ew./km²; WR 1990–96: 2,3 %; UZ 1996: 56 %, AQ: 38 %

Algerienfranzosen (ETH)
II. Begriff umschließt nur Franzosen europäischer Herkunft, die in den ehem. französischen Überseedépartements in Algerien wohnhaft waren, nicht aber französische StA. arabisch-berberischer Abstammung. Einwanderung der A. begann bald nach 1830, schon 1850 wies Algerien rd. 100 000 Europäer, davon 52 000 Franzosen auf. Bis 1900 erhöhten sich deren Zahlen auf 539 000 Europäer bzw. 318 000 Franzosen, bis 1936 auf 787 000 Europäer (Franzosen und französische StA., auch italienischer, spanischer und maltesischer Abstammung). Etwa 1950 wurde Höchststand mit rd. 1,150 Mio. Franzosen incl. naturalisierter und eingeborener Sepharden erreicht. Mit Beginn des Unabhängigkeitskrieges 1954–62 setzte Rückwanderung nach Frankreich ein, allein 1962 ca. 0,6 Mio.. Vgl. Nordafrikaner, Weißafrikaner, Pieds-Noirs.

Algerier (NAT)
I. Algerians (=en); algériens (=fr); algerini (=it); argelinos (=sp, pt).
II. StA. der Demokratischen VR Algerien. Staatsbev. setzt sich zusammen aus 70 % Araber, 30 % Berber (Tamazight, Kabylen) und einer fanzösischen Minderheit. Große Kontingente von Gastarbeitern und Flüchtlingen (über 2.3 Mio.) leben insbesondere in Frankreich. Vgl. Araber und Berber.

Algonkin (ETH)
I. Algonquians (=en).
II. namengebende Stammesgruppe einer großen indianischen Sprachfamilie der Algonkin-Wakashan. I.w.S. im östl. Kanada die Cree, in Neuenglandstaaten die Abnaki, Micmac, Mahican und Delaware, im n. Plainsgebiet die Arapaho, Blackfoot und Cheyenne, im Mittelwesten auch die Shawnee, Ojibwa, Fox und Menominee. I.e.S. ein kleiner Stamm am Ottawa River/Kanada mit 2000 Köpfen.

Al-Hadidiyin (ETH)
II. kleine selbständige Beduinengruppe in der irakischen Jezira.

Alhucemas (TERR)
B. Einer der Spanischen Hoheitsplätze in N-Afrika. (The Place of) Alhucemas (=en); (la place de souveraineté d') Alhucemas (=fr); (la Plaza de Soberanía de) Alhucemas (=sp). Vgl. Presidios.
Ew. 1950: 0,005;

Al-huqqas (SOZ)
I. (ar=) »Leute ohne Abstammung«.
II. minderberechtigte, dienende Unterschicht in Jemen.

Aliden (REL)
II. Sammelbez. für die schiitischen Glaubensrichtungen, die allein Ali und dessen Nachkommen als rechtmäßige Prophetennachkommen anerkennen.

Aliens (WISS)
II. (=en); Einwanderer in anglo-amerikanischen Staaten, die noch keine Staatsangehörigkeit erlangt haben.

Ali-Ilahi (REL)
I. Ali al-Alahi, die »Ali-Vergöttlicher«; fälschlich pejorative Bez. von Nachbarn der Ahl-e-Haqq-Sekte; »Anh. der Wahrheit«.
II. synkretistische schiitische Sekten unter Einfluß der Mandäer in Rückzugsgebieten u.a. in Kurdistan und Lurestan. Vgl. Gulat/Ghulat.

Alili (ETH)
I. Eigenbez. Ali Ili; Ali eli (=rs).
II. Stamm der Turkmenen in Afghanistan und im Kopet Dag/Turkmenistan.

Aliwa'ijja (REL)
I. nach Begründer Ahmed b. Mustafa b. Aliwa.
II. jüngste der islamischen Bruderschaften, erst 1913 in Algerien und unter algerischen Gastarbeitern in Frankreich gegr.

Aljamiado (SPR)
II. im MA die mit Arabismen durchsetzte spanische Mischspr. der Moriscos unter Verwendung der arabischen Schrift.

Aljawara (ETH)
II. Kleingruppe der Aborigines im E der australischen Zentralwüste, Zahl < 1000, noch Wildbeuter.

Aljutoren (ETH)
I. Eigenbez. Aljutor;Aljutorcy (=rs). Vgl. Korjaken.

Al-Kathir (ETH)
II. arabischer Stamm im Zagros-Gebirge/Iran.

Allagiren (ETH)
II. Stamm der Osseten im zentralen Kaukasus, orthodoxe Christen.

Alleinerziehende (WISS)
I. mißfällig: »Ein-Eltern-Familien«; Single-Parent-Families, One-Parent-Families (=en).
II. Terminus wird mehrheitlich auf Mütter, aber auch auf Väter bezogen. Personen, die ihre Kinder ohne Ehepartner aufziehen: Verwitwete, Geschiedene und Elternteile nichtehelicher Kinder. In Deutschland um 1990 1,8 Mio., darunter 290000 Männer, in ehem. DDR 40% aller Mütter. In Deutschland sollen in 25% aller Ein-Eltern-Familien die Kinder ihren Vater nicht kennen, etwa 50% aller dieser Kinder haben keinen Kontakt mehr zu ihm. Vgl. Geschiedene, Ledige Mütter; Waisen.

Allochthone (WISS)
I. allo und chthon (agr) »Erde«, »aus fremdem Land stammende«.
II. aus den Naturwissenschaften entlehnter Terminus, der heute in mehreren Ländern auch ugs. benutzt wird; im Gegensatz zu Autochthonen als Sammelbez. für Zugewanderte, Flüchtlinge.

Allrightnicks (SOZ)
II. (=en); aus USA nach Deutschland oder überhaupt Europa heimkehrende Auswanderer, die amerikanische Lebensgewohnheiten mitbringen, sie manifestieren wollen, weil man sie für richtig hält (allright).

Al-Ma'adid (ETH)
II. Teilstamm der Dulain.

Almbauern (WISS)
I. (mitunter) Älpler; nach Alm oder Alp und dem Alpengebirge.
II. Bauern, die in spezifischer Weise Gebirgsweidewirtschaft betreiben, worunter insbes. die sommerliche Verlegung der Viehhabe auf gesonderte höhergelegene Weideareale zwecks Erweiterung der Futterbasis verstanden wird. Damit verbunden ist jahreszeitlich ein mehrmaliger Umzug der Bauernfamilie (bei Walsern) oder sonst des Alppersonals oft über mehrere Zwischenstationen (Maiensässen, Vorwinterungen).

Almherren (SOZ)
I. Alpmeister, Almobleute, Alpvögte.
II. mit der Verwaltung und Aufsicht einer Alm/Alp betraute (gewählte) Vertreter auf Gemeinschafts-, Genossenschafts- und Servitutalmen.

Al-Murra (ETH)
II. Araberstamm von Vollnomaden im N der Rub al Khali/Saudi-Arabien Sunniten.

Alpenromanen (ETH)
I. Rätoromanen i.w.S.
II. Reste der früh romanisierten, noch am Ende des 1. Jt. über weite Teile der Alpen verbreiteten alpinen Altbev.; heute 600000–700000 Köpfe mit reichem Volksbrauchtum bis aus rätischer Zeit. Vgl. Räter, Rätoromanen, Rätoroman. Spr.gem.

Alpenromanisch (SPR)
II. Sprgem. wird (nach H. HAARMANN) 1991 auf 601000 beziffert, wovon in Friaul-Venezia Giulia/Italien 520000, in Graubünden/Schweiz 51000, in Südtirol/Italien rd. 30000. Vgl. Rätoromanisch-spr., Rumantsch Grischun.

Alpenslawen (ETH)
II. Bez. für die im 6. Jh. in Teile der Ostalpen eingewanderten Südslawen; wurden im Zuge der bairischen Landnahme verdrängt. Vgl. Winden, Kärntner Windische, Slowenen.

Alpinide (BIO)
I. Alpiner Typus; Alpine Rasse; race occidentale, race alpine et lapponienne (=fr); Alpide und Lappide, Alpide und Lapponoide; fälschliche Altbez. Ostischer Typus.
II. Unterrasse in der »hellhäutigen Gruppe« der Europiden, im Gürtel der dunklen Kurzkopf-Unterrassen, w. Gegenstück zu Dinariden. Im Vgl. zu Norditen mittelgroß und breiterer Wuchs, eher rundlich-füllig. Kopf und Gesicht mehr gerundet, relativ steile Stirn; helle Haut, bräunt stärker, Haar brünett bis dunkelbraun; braune Augen. Verbreitet in westeuropäischen Gebirgen, bes. in Süddeutschland, Alpenländern, Mittelfrankreich (Zentralmassiv), Tschechische Rep., Slowakei und Ungarn bis W-Ukraine.

Älpler (SOZ)
I. Alpine dwellers (=en).
II. eigentlich Alpenbew., verallg. Hochgebirgsbewohner; auch Alpwirtschaftstreibende, Almbauern.

Al-Qaisi (ETH)
I. Qais, Ma'additen.
II. bedeutendste historische Stammesgruppe der Nordaraber oder auch die Nordaraber als Gesamtheit bezeichnend. A.Q. gelangten bereits in vorislamischer Zeit aus Zentralarabien über Mesopotamien nach Großsyrien. Vgl. Al Arab al Musta'riba.

Altaier (ETH)
I. Altajer; Eigenbez. Altaj-Kischi; Altajcy (=rs); Altais (=en); Altaïques (=fr).
II. Sammelbez. für mehrere kleine ehem. nomadisierende turksprachige Völker (ca. 70 000) in S-Sibirien (autonome russische Rep. Altai) in mongolischen und chinesischen Randgebieten; Animisten, seit 1904 auch Anhänger des Burchanismus. Ihre Turksprachen werden in kyrillischer Schrift geschrieben. Gegliedert in N-Altaier (Altbez. Schwarztataren) mit Tubalaren, Tschelkanen, Kumandinen) und S-Altaier (Altbez. Weiße Kalmüken mit eigentlichen Altaiern, Majmalaren, Telengiten, Telesen, Teleuten). A. standen lange unter mongolischer, seit 18. Jh. unter russischer Herrschaft. Vgl. Oiroten.

Altaier, Altajer (NAT)
II. namengebende Ethnie für Angehörige der Autonomen Rep. Altaj; stehen dort als Minderheit (31 %) gegenüber 60,4 % Russen; ferner 5,6 % Kasachen; sind StA. von Rußland.

Altaische-Sprachgemeinschaft (SPR)
I. große altaische Spr.familie;
II. linguistischer Überbegriff für turkspr., mongolische und im weiteren Sinn auch tungusische Spr.

Altaj (TERR)
Ab 1992/94 Autonome Republik in Rußland; 1922 als autonomes Oirotengebiet gegr., 1948 umbenannt. Gorno-Altai ASSR (=en).
Ew. 1989: 0,192; 1995: 0,201, BD: 2 Ew./km²

Altamerikanische Sprachen (SPR)
II. Sammelbez. für ca. 700 Indianerspr., wovon ca. 200 in Nord- und 500 in Südamerika nachgewiesen sind. U.a.: Algonkin-Wakash/Algonkian-Mosan (=en), Hoka-Sioux/Hokan-Siouan (=en), Nadene/Dene (=en), Penuti/Penutian (=en), Uto-Aztekisch-Tano.

Alt-Andamaner (BIO)
II. Restpopulation von vier Negritidengruppen auf indischen Andamanen- Inseln: Große A., Jarawa, Onge und Sentinelesen. 1858 noch ca. 5000 Individuen, heute nach Strafexpeditionen, eingeschleppten Seuchen, Opiumgenuß dezimiert auf unter 1000. Vgl. Andamanide.

Altansässige Bevölkerung (WISS)
I. Alteingesessene einer Ortsbev.
II. Begriff stellt Gegensatz zu jünger (also zugewanderten) Niedergelassenen fest. Vgl. »Ivi Nati«-Bürger.

Altapostolische Christen (REL)
I. Irvingianer.

Altaustralier (ETH)
I. Aborigines, Aboriginees, Abos;

Altbauern (SOZ)
II. 1.) regionale (nordwestdeutsche), historische Variante für Hofbauern. 2.) Altenteiler. Vgl. Hofbauern, Besitzer ganzer Höfe.

Altchristen (REL)
II. von den Neuchristen, Marranen, als góios, Nichtjuden bezeichnet, im 16.–18. Jh. auf der Iberischen Halbinsel.

Alte (BIO)
I. Betagte; bejahrte Leute, Bejahrte; Senioren, Greise; pejorativ »Gruftis«; old people (=en); anciões, velhos (=pt); personnes âgées, vieillards (=fr); vecchi (=it); ancianos (=sp).
II. Menschen im letzten Lebensaltersabschnitt, wobei Eintrittsgrenze persönlich wie rechtlich stark variierend und geschlechtsdifferenziert ist. Das Rentenalter ist in Deutschland nach allgemeiner Auffassung auf 65 J. festgelegt. In den 60er Jahren war dies auch das tatsächliche durchschnittliche »Renteneintrittsalter«, 1998 lag dieses aber bei 59 J. Diverse einschränkende, oft sogar diskriminierende Vorschriften regeln arbeits- und sozialpolitisch bzw. -rechtlich die Betätigungsmöglichkeiten der A.. Mehrheitlich leidet mit dem Alter die Leistungsfähigkeit, gehen Krankheit und Gebrechlichkeit einher, andererseits kann die individuelle Arbeitskapazität je nach Berufserfahrung noch über das Rentenalter hinaus konkurrieren. Vielfach unterscheidet man heute Betagte in jungem Alter (60.–80. Lebensjahr) und solche in hohem Alter (80jährige und älter). Dementsprechend wird auch ein drittes und viertes Lebensalter definiert. 1992

dürften weltweit 342 Mio. Menschen gelebt haben, die 65 J. oder älter waren, bereits 10 Mio. mehr als 1991. Der Anteil solcher A. liegt damit bei 6,2 % der Weltbev. mit wachsender Tendenz sowohl in Industrie-, als auch in Drittweltstaaten. In der EU waren 1992 rd. 60 Mio. über 60 J., im Jahr 2020 werden mehr als ein Viertel aller Europäer das 60. Lebensjahr überschritten haben. Dank medizinischer Hilfe wächst auch die Zahl Hochbetagter. In Deutschland z.B. lebten 1993 ungefähr 1,3 Mio. Menschen, die mindestens 85 J. alt, 340 000, die 90 J. und älter waren sowie 50 000, die über 95 J. zählten. Sogar das zehnte und elfte Lebensjahrzehnt wird immer öfters erreicht. Unter Bejahrten und Hochbetagten sind Frauen in deutlicher (vierfacher) Überzahl. Vgl. Rentner, Pensionäre.

Alteingesessene (SOZ)
I. Terrigenae (=lat). Vgl. Eingeborene, Autochthone, Aborigines.

Altenteiler (SOZ)
I. Altbauern, Stöcklibauern.
II. Landwirte, die ihren Hof an den Hofnachfolger übergeben haben. A. gehen ihrer Verfügungs- und Entscheidungsrechte verlustig, es steht ihnen aber der »Altenteil« zu, ein lebenslanges Anrecht auf Wohnung (im »Stockhof«, Austragshaus) und Naturalleistungen.

Altersdemente (BIO)
I. aus de mente (lat=) »von Sinnen«.
II. an Formen von Demenz/Dementia senilis/Altersschwachsinn und auch der Alzheimer Krankheit leidende ältere Menschen.

Altersgruppe (WISS)
I. age group (=en); groupe d'âges (=fr); classe pluriennale d'età (=it); clase de edad (=sp); classe de edade (=pt).
II. Personengruppe etwa gleichen Alters, die in einem bestimmten Lebensabschnitt gemeinsame Erfahrungen gewonnen hat. Vgl. Jahrgangsgruppe, Schuljahrgang usw.

Altersklasse (WISS)
I. Altersgruppe, Altersreihe.
II. 1.) mißverständlicher Terminus in der Ethnologie für bündische Zusammenschlüsse von Menschen gleichen Geschlechts und gleicher Altersstufe (Altersgenossen) bei Naturvölkern. Die Zugehörigkeit zu einer A. kann über Rechte und Pflichten weitgehend das Leben dieser Gruppenangehörigen bestimmen. 2.) Sportler, die altersmäßig in etwa gleichem Maße belastbar sind.

Altersschicht (WISS)
II. ugs. eine Gruppe Gleichaltriger.

Älteste (SOZ)
II. Vorsteher eines Rates, nur kraft Alters (Ältestenrat); Träger der Autorität in der Gerontokratie.

Altgläubige, russische (REL)
I. Starowéry (=rs), Starowerzen, Starobrjadzy (rs=) »Altrituelle«; von der Staatskirche als Raskolnici (rs=) »Abtrünnige, Spalter« bezeichnet.
II. 1667 von der russischen Staatskirche abgespaltene russische Christengemeinschaft. Ende des 17. Jh. abermals geteilt in Popowzy (rs=) »Priesterliche« und Bespopowzy (rs=) »Priesterlose«. Vor Verfolgungen flüchteten viele in Rückzugsgebiete (z.B. in das Donaudelta), dann sogar nach China, später von dort nach Brasilien und weiter nach Oregon/USA. Teilgruppen gelangten 1968 nach Alaska. Vgl. Lipowani, Lippowaner.

Altkatholiken (REL)
I. Alt-Katholiken; ältere Bez. auch Alt-Kirchliche; in der Schweiz: Christkatholiken.
II. in Ablehnung von Unfehlbarkeitsdogma und Jurisdiktionsprimat des Papstes auf 1. Vatikanum nach 1873 unter J. v. DÖLLINGER von der Katholischen Kirche abgespaltene Glaubensgemeinschaft bes. in Mitteleuropa (Deutschland, Schweiz, Österreich, Niederlande, Polen), Jugoslawien, Frankreich und USA. Stehen der Anglikanischen Kirche nahe. Heute in Deutschland (Baden-Württemberg und Schleswig-Holstein) rd. 40 000 Gläubige. Im Zusammenschluß 1889 mit verwandten Bewegungen in der Utrechter Union (s.d.) weltweit mind. 400 000–500 000, nach eigenen Angaben (einscheiliger div. national-kath. Gruppierungen) 9,683 Mio. (1990) Anh. in 17 Bistümern. Haben den Priesterzölibat aufgegeben und Frauenordination eingeräumt. Vgl. Mariawiten.

Altkirchenslawisch (SPR)
I. Altbulgarisch, Altmakedonisch; Old Church Slavonic (=en).
II. Altform des nachmaligen Kirchenslawisch, auf dem Heimatdialekt (um Saloniki) der Slawenapostel Kyrill und Method beruhend.
II. makedonische Spr.variante in dem im frühen MA dialektal noch wenig differenzierten südwestslawischen Spr.gebiet. Spr., in der im slawischen Osten Europas das christliche Schrifttum aufgezeichnet wurde. Vgl. Kirchenslawisch.

Altlutheraner (REL)
II. Gemeinschaft evang. Christen, die seit dem 19. Jh. als Gegner einer Union der Lutheraner mit den Reformierten sich zu Freikirchen verselbständigten. Kleingruppen wanderten von Brandenburg nach Australien, aus Sachsen und Schlesien 1838/39 nach Nordamerika aus; in Deutschland seit 1919 die »Vereinigten Evangelisch-lutherischen Freikirchen«.

Altmalaien (ETH)
I. (nicht gänzlich syn.) Altindonesier.
II. älterer überholter wiss. Terminus für alte Ethnien der SE-asiatischen Inselwelt, die allein schon aufgrund ihrer Verbreitung in Randgebieten auf entlegenen Inseln und im Innern großer Inseln im Un-

terschied zu Jungmalaien nicht unter den Einfluß von Hinduismus, Buddhismus, Christentum und Islam geraten sind, mit noch stammesgebundenen Kulten und Sitten ohne islamisch-christliche Kulturprägung. Es handelt sich einerseits um wildbeuterische (nichtmongolide) Altvölker wie z.B. Orang Asli auf der Halbinsel Malakka und (weddid beeinflußte) wie Orang Kubu, Lubu, Ulu, Mamak, Akit, Sakai/Batin, Utan, Darat/Benua, Lom, Laut/Moken auf Sumatra, (nichtmongolide) Punan, Toala und Aëta auf Borneo, Sulawesi und Luzon oder Tasaday auf Mindanao und andererseits und in Mehrheit um seßhafte, anbautreibende Ethnien wie z.B. die Batak, Gajo und Alas auf Sumatra, die Dajak auf Borneo, die Toradja und Minahasa auf Sulawesi, die Igorot auf N-Luzon, die Bukidnon, Manobo, Bagobo, Bilaan, Sabuanum auf Mindanao, die Tagbanun auf Palawan oder die Niasser, Mentaweier und Engganesen. Vgl. Primitiv- und Jungmalaien; vgl. Indonesier, vgl. Malaien.

Altoatesini (ETH)
I. (=it); (vorzugsweise italienischspr.) Südtiroler; Bewohner des Oberetschgebietes. Vgl. Welschtiroler, Südtiroler.

Altpaläolithiker (WISS)
I. aus palaios (agr=) »alt« und lithos »Stein«.
II. Menschen der Altsteinzeit, des Altpaläolithikums in der kulturhistorisch längsten Entwicklungsphase von etwa 600 000 bis 100 000 v.Chr. Urmensch lebte in Kleingruppen/Horden als Sammler (von Wurzeln, Knollen, Früchten) und Jäger (u.a. auf Mammut, Nashorn, Elch, Höhlenbär, Ur, Wildpferd); er wußte Feuer zu erzeugen (Feuerbohrer) und lernte die Werkzeugherstellung. Hauptmaterialien waren Feuersteine, Quarzit und Lava, auch schon Holz und Knochen. Universaleinsatz von Faustkeilen als Werkzeug und Waffe, Steinabschläge dienen zum Schneiden, Schaben, Stechen, Bohren (u.a. für Fellkleidung); Klingen-Kulturen. Zu unterscheidende Kulturstufen: Abbevilleen (Altbez. Prächelléen) im Günz-Mindel-Interglazial; Unteres bis Oberes Acheuléen 300 000 bis etwa 150 000 im Mindel-Riß- und Riß-Würm-Interglazial; Moustérien/Micoquiqen vom Riß-Würm-Interglazial bis in die Würm-Kaltzeit.

Alt-Preußen (ETH)
I. Pruzzen in Ost- und West-Preußen.

Altpreußische Union (REL)
II. altpreußische Landeskirche der 9 altpreußischen Provinzen, in der lutherische und reformierte Gemeinden durch Union vereinigt waren.

Altreformierte Christen (REL)
II. streng calvinistisch-reformierte Gemeinden Ostfrieslands und der Grafschaft Bentheim, die sich nach 1837 von der reformierten Landeskirche Hannovers abtrennten und in Verbindung mit niederländischen Freikirchen traten. Seit 1950 ist Altreformierte Kirche in Deutschland anerkannte Körperschaft mit ca. 5000 Mitgliedern.

Alt-Taiwanesen (ETH)
I. Alt-Formosaner (Altbez. nach Insel Formosa aus Ilha formosa (pt=) »Schöne Insel«).
II. Begr. meint die autochthonen (altindonesischen) Altvölker, die sich gegenüber der südchinesischen Hakka-Invasion im 13./14. Jh. behaupten konnten und heute in Quasi-Reservationen zumeist im relativ unfruchtbaren Bergland im E von Taiwan leben. Die Autochthonen im W Taiwans sind hingegen weitgehend sinisiert. Auch die A.-T. unterliegen heute stärkerer Assimilation. Zu diesen Völkern zählen u.a. die Ami, Bumun, Paiwan, Piyuma, Saisett, Tasrisien, Tayal, Tsou, Yami.

Alt-Tasmanier (BIO)
II. die autochthone Bev. von Tasmanien/Vandiemensland und SE-Australien, die Nachkommen des ersten pleistozänen Einwandererschubs aus SE-Asien, durch Australiden gegen S abgedrängt. T. waren Wildbeuter, ihr Steinwerkzeug gehört typologisch in das Paläolithikum. Durch europäische Kolonisten seit 1803, bes. im »Black War« systematisch ausgerottet, letzte Tasmanier verstarben 1865 bzw. 1877.

Alumnen (REL)
I. aus lateinisch alumnus.
II. 1.) Zöglinge einer Ausbildungsstätte für Geistliche. 2.) Internatsschüler (in Österreich).

Alur (ETH)
I. Lur.
II. zu W-Niloten zählender Hirtenstamm mit > 250 000 Köpfen nw. des Albert-Sees, im weiteren Grenzgebiet DRKongo zu Uganda.

Alur (SPR)
II. Sprg. von ca. 600 000 in Schwarzafrika.

Al-Wahiba (ETH)
II. Vollnomadenstamm von S-Arabern in SE-Oman; sind Ibaditen.

Am Olam (REL)
I. »Ewiges Volk«.
II. jüdische Flüchtlingsgruppe aus Rußland, die 1881/82 über Polen nach USA (Louisiana und Dakota) auswanderte. Einschließlich späterer Nachwanderer aus Polen (bis 1906) ca. 130 000 Personen.

Amahuaca (ETH)
II. kleine Population von Indianern in der Cordillera Ultraoriental im peruanisch-brasilianischen Grenzbereich. Ihre Spr. gehört zur Pano-Gruppe. An den schweren Verlusten der A. trugen eingeschleppte Seuchen, aber auch die traditionelle Praxis der Babytötung bei.

Amalekiter (ETH)
I. nach 4 Mose 24,20 der »Erstling der Völker«; Amaliq (=ar).
II. in der arabischen Mythologie Sammelbez. für vorgeschichtliche Völker, die zu den Ureinwohnern Arabiens zählen sollen. I.e.S. Bez. für antike Nomadenstämme n. der Sinaihalbinsel, die im Kampf mit den Altisraeliten aufgerieben wurden.

Amalrikaner (REL)
II. pantheistisch-mystische Glaubensrichtung, begründet durch Amalrich von Bena im 12. Jh.; 1209 in Frankreich unterdrückt.

Amanaye (ETH)
II. Kleinstgruppe von Fluß-Indianern im Para-Bez./Brasilien. Zur Tupi-Guarani-Spr.gruppe gehörend.

Amani (ETH)
II. Untereinheit der Patangoro im ö. Waldgebiet der Zentralkordillere von Kolumbien; waren Kannibalen, sind ausgestorben. Vgl. Patangoro.

Amaniten (REL)
II. religiöse Dissidentengruppe, die 1843 aus Mitteleuropa nach USA einwanderte.

Amarat (ETH)
II. Stamm der Aneze-Beduinen auf der nördlichen Arabischen Halbinsel.

Amazonen (SOZ)
I. agr »Brustlose«; amazones (=fr).
II. in der altgriechischen Mythologie kriegerische Frauengemeinschaft im kleinasiatischen Kappadokien, bei der Männer nur zur Erhaltung der Nachkommenschaft geduldet wurden. Zusammenschlüsse kriegerischer Frauen sind geschichtlich aus Libyen, Angola, Dahomey und im 20. Jh. aus Nigeria und Kamerun sowie aus dem Amazonasgebiet Südamerikas bekannt.

Amazonide (BIO)
II. Terminus bei *BIASUTTI* (1959) und *LUNDMAN* (1967) für Brasilide bei *v. EICKSTEDT*.

Amazulu (ETH)
I. Zulu; Ama ist Bantu-Präfix für Volk, Plural.

Amba (ETH)
II. Bantu-Stamm aus der Benue-Kongo-Spr.gruppe im Savannenland von Uganda zur Demokratischen Rep. Kongo; treiben Landbau, Jagd und Fischerei. Man unterteilt A. in zwei Einheiten: Bulibuli und Bwezi. Gesamt.zahl > 50000.

Ambo (ETH)
I. Ovambo.
II. Bantu-Volk im Grenzgebiet von Angola und Namibia zwischen der Etoschapfanne und dem oberen Kunene; in Namibia (1986) 49,6%, ca. 587000; in Angola 2,4% (1978) d. Gesamtbev., 1988 > 220000. Zu den Stämmen der Ambo in Namibia gehören die Kwanjama (37%), Ndonga (28%), Kwambi (12%), Ngandjere (8%), Mbalantu (7%), Kwaluudhi (5%), Nkolonkaadhi (3%), Nyaneka-Nkhumbi. Wachstumsrate (leicht fallend seit 1960) von 37 auf 30‰. Sprachlich und kulturell starke Verwandtschaft mit Herero und Ovimbundu. Dank relativ günstiger Naturbedingungen Pflanzerkultur (Hirse) mit Rinderhaltung. Sakrales Königtum, heilige Feuer, matrilinear. In seinerzeitigem Deutsch-Südwestafrika war das O.-Land für weiße Einwanderung gesperrt.

Ambonesen (ETH)
II. Bew. der Insel Ambon der Südmolukken/Indonesien; bestehend aus autochthonen Alfuren und Malaien; Jung-Indonesier mit melanidem Habitus. Mehrheitlich Christen, daneben Muslime. Stellten einst Kontingente für die niederländische Kolonialarmee und Verwaltung, deshalb sicherten die Niederlande ihnen Autonomie zu. Nach Ausrufung der Rep. S-Molukken 1950 vom nun unabhängigem Indonesien bekämpft. 12500 übersiedelten zunächst provisorisch in die Niederlande. Heute leben dort ca. 40000 A., die zu 85% naturalisiert sind. In indonesischer Heimat verblieben über 200000. Vgl. Südmolukker.

Ambulante Gewerbetreibende (WISS)
I. aus ambulare (lat=) »umhergehen«; Reisegewerbetreibende, Wandergewerbetreibende.
II. Personen, die Straßen- und Markthandel (Marktbeschicker), Stadt- und Landhausierhandel zum Zweck des Anbietens von Waren und Dienstleistungen (z.B. Scherenschleifer) bzw. ein Schaustellergewerbe ohne feste oder außerhalb einer festen Niederlassung betreiben. Vgl. Ambulante Händler.

Ambulante Händler (SOZ)
I. nicht ortsgebundene, umherziehende Händler; Hausierer, Fliegende Händler, auch informelle Straßenverkäufer; regionale Varianten Buckelkramer, Marktbeschicker, Kromeri (in S-Tirol oder im Trentino), die (rechtlich) alle zu den Wandergewerbetreibenden zählen. Mit dem Begriff Wanderhändler werden in jüngerer Zeit (90er Jahre) jene Personengruppen belegt, die berufsmäßig, mittels grenzüberschreitender Pendelreisen, Verbrauchsgüter in oder aus dem benachbarten Ausland umsetzen: Chinesen, GUS-Staatler (Tschelnoki), Polen. Pilewar, pilehwar (=pe); Tschelnoki (=rs) »Weberschiffchen«. Vgl. Hausierer; Ambulante Gewerbetreibende, Wandergewerbetreibende.

Ambundu (ETH)
Vgl. N-Angola-Stämme; N-Mbundu, Kimbundu.

Amdo (ETH)
I. in der Literatur häufig als Tanguten, Kara-Tanguten, Schwarze Tanguten bezeichnet.
II. tibetischer Stamm in NE-Tibet und Tschinghai/China mit ausgeprägtem Hirtennomadismus.

AME-Kirchen (REL)
I. African Methodist Episcopal- und AME Zion-Church.
II. älteste selbständige Kirchen der Schwarzen in USA.

Amerasier (BIO)
I. Amerasians (=en).
II. Mischlinge aus US-Amerikanern und Vietnamesinnen; sinngemäß auch solche mit Koreanerinnen.

American Indians (ETH)
I. (=en); Nicht syn. mit Native Americans.
II. Indianer in Nordamerika. Vgl. Indios (=sp) in Lateinamerika.

Americo-Liberians (ETH)
I. (=en); Ameriko-Liberianer; vgl. Congos; emancipados (=sp); heute in Liberia verpönte Bez.
II. Nachfahren von in N-Amerika befreiten Sklaven, die 1820–90 von philanthrope Gesellschaften an die afrikanische Pfefferküste rückgeführt, im Umkreis des heutigen Monrovia angesiedelt wurden und dort 1847 die erste freie »Negerrepublik« begründet haben; 1840 rd. 2700. Diese englischsprachigen, christlichen Repatriierten amerikanischer Zivilisation übernahmen von Anfang an als Oberschicht die politischen und wirtschaftlichen Schlüsselpositionen des jungen Staates; unterwerfen sich nach eurokolonialistischem Vorbild die autochthonen Afroliberianer (s.d.). 1989 zum Bürgerkrieg gesteigerte Auseinandersetzungen zwischen Afro- und Ameriko-Liberianern. Vgl. Afroliberianer, Congos.

Amerika-Litauer (ETH)
I. Sammelbez. in Amerika für Einwandererkolonien von im 20. Jh. zugezogenen Litauern; 1990 mind. 700000–800000; bis 1899 wurden Litauer von der Statistik als Russen gezählt.

Amerikaner (ETH)
I. Americans (=en); Americains (=fr).
II. 1.) Bew. »beider Amerika«, der Neuen Welt, üblicherweise in N- und S-Amerikaner oder Anglo- und Latein-/Iberoamerikaner unterschieden; insges. betrug ihre Zahl zur Zeitenwende 8 Mio., um 1500: 41 Mio., um 1750: 12 Mio., um 1800: 25 Mio., 1850: 59 Mio., 1900: 144 Mio., 1950: 330 Mio., 1975: 560 Mio., für das J. 2000 berechnet auf mind. 905 Mio.. Ihr Anteil an der Weltbev. betrug 1975 rd. 10%. 2.) umgangsspr. Altbez. für europäische Auswanderer nach (Nord-) Amerika. 3.) ugs. noch heute für US-Amerikaner. Vgl. Nord-, Mittel- und Südamerikaner; Amerikawanderer.

Amerikanische Außengebiete (TERR)
B. Zus.fassende Bez. für die Amerikanischen Jungferninseln, Amerikanisch-Ozeanien (s.o.), Navassa und Puerto Rico. The (outlying) Territories under the Jurisdiction of the United States of America (=en); les territoires externes sous la juridiction des Etats-Unis d'Amérique (=fr); los Territorios Externos bajo Jurisdicción de los Estados Unidos de América (=sp);i territori esterni sulla iurisdizione degli Estati Uniti deAmerica (=it); os territorios externos de debaixo a juridicaodos Estados Unidos de America (=pt).

Amerikanische Jungferninseln (TERR)
B. Nichtinkorporiertes Territorium in der Karibik. The Virgin Islands of the United States (=en); les îles Vierges américaines (=fr); las islas Vírgenes de los Estados Unidos de América (=sp).
Ew. 1960: 0,032; 1990: 0,102 incl. US-Garnison; 1996: 0,097, BD: 280 Ew./km²; WR 1990–96: –0,6%

Amerikanisch-Ozeanien (TERR)
C. Zus.fassende Bez. für Amerikanisch-Samoa, Bakerinsel, Guam, Howlandinsel, Jarvisinsel, Johnstoninsel, Kingmanriff, Midway, Palmyrainsel, Pazifikinseln, Wake. American Oceania (=en); Océanie américaine (=fr); la Oceanía Norteamericana (=sp); Oceania da Norteamerica (=pt); La Oceania de Norteamerica (=it).

Amerikanisch-Samoa (TERR)
B. Nichtinkorporiertes Territorium innerhalb Amerikanisch-Ozeaniens, (seit 1900). American Samoa (=en); Les Samoa américaines (=fr); Las (islas) Samoa Americanas (=sp). Vgl. Samoa/Westsamoa.
Ew. 1948: 0,018; 1960: 0,020; 1970: 0,027; 1980: 0,032; 1990: 0,047; 1996: 0,060, BD: 305 Ew./km²; WR 1990–96: 4,0%

Amerikawanderer, europäische (ETH)
II. Sammelbez. für mehrere Schübe europäischer Auswanderer vor allem nach Nordamerika. Insges. wanderten im 18.–20. Jh. 38–40 Mio. Europäer nach beiden Amerika aus, bis 1820 ca. 3 Mio., nach 1820 ca. 35–37 Mio., davon nach USA ca. 25 Mio.. Vgl. Deutschamerikaner, Pilgerväter.

Amerindians (ETH)
I. (=en); Amerinds.
II. 1899 geschaffener, heute überholter Begr. für Ureinwohner Amerikas; jedoch in Teilen der Karibik und in Guayana so heute noch gebräuchlich.

Amhar (SOZ)
II. (=ar); freie Neger in Tripolitanien.

Amharen (ETH)
I. Amhara, Amharer; fälschlich Abessinier oder Äthiopier.
II. staatstragendes Herrschaftsvolk im Hochland Äthiopiens mit > 15 Mio.; 1987 jedoch nur ein Drittel der Staatsbev. stellend. A. gehören sprachlich zum sw. Zweig der Semiten. Vorfahren der A., darunter die Stämme der Agiza und Habaschat, wanderten im letzten Jh.v.Chr. aus S-Arabien ein, errichteten spätestens im 1. Jh.n.Chr. das aksumitische Reich (Zentrum Aksum/Axum), das zeitweilig auch S-Arabien beherrschte. Wurden im 4. Jh. christlich,

um 500 Monophysiten, blieben fortan der Koptischen Kirche verbunden; erst 1937 erfolgte Ablösung zur eigenständigen Äthiopischen Kirche. Unter Abdrängung und Assimilation autochthoner Völker (u.a. der Agau) festigten und verlagerten A. ihre Herrschaft in das Innere des Äthiopischen Berglandes. Dabei trat Differenzierung zu mehreren verwandten Volkstümern ein: größeren wie Tigre, Tigrinya, Guarage und kleineren wie Harari, Gafat, Argobba. Diese Gesellschaft war feudal und in Bauernstand, Klerus und Adel geschichtet. Dennoch war in ihr der Stand beweglich dank der wandelbaren Beziehung zwischen Patronen und Klienten. Die sozialistische Revolution von 1974/75 hat weder diese alte Ordnung, noch gar die außerordentliche Bedeutung der Familie zu zerbrechen vermocht. Sprache der A. ist neben Galla Amtsspr. in Äthiopien geblieben.

Amharisch (SPR)
I. Amhara; Amharic (=en).
II. Eigenspr. von 16–18 Mio. Amharen und Hoheitsspr. in Äthiopien, deren Beherrschung als Zweitspr. jedoch bei den anderen Ethnien (ca. 33 Mio.) eingeschränkt ist. A. auch in Sudan und Somalia.

Amharische Christen (REL)
I. Mitglieder einer seit 1937 von der koptischen unabhängigen, seit 1951 autokephalen Kirche. Vgl. Äthiopische Christen.

Amharische Schriftnutzergemeinschaft (SCHR)
I. Äthiopische Schrgem.
II. Hoheitsschrift in Äthiopien. Amharische Schrift ist das jüngste Glied des südsemitischen Schriftenzweiges. Als »Altabessinische Schrift« im 4. Jh. auf der Basis der Sabäischen Schrift der semitischen Einwanderer vermutlich von christlichen Missionaren durch Vokalisierung und Umstellung auf Rechtsläufigkeit entwickelt. Mit dieser Altabessinischen Schrift wurde bzw. wird das Geez mit Tochterspr. Tigre und Tigrina geschrieben. Um auch Amharisch und andere südäthiopische Spr. (Gurage, Harari, Argobba, Gafat) wiedergeben zu können, wurde die Altschrift durch 7 neue Zeichen angepaßt. Heutiger Gebrauch geht weit über die 16–18 Mio. Amharen hinaus.

Ami (ETH)
II. Bergstamm der Gaoschan auf Taiwan; ca. 100 000 Köpfe.

Amida-Buddhisten (REL)
I. Nembutsu-Schulen; aus namu amida butsu (ja=) »Anbetung des Amida-Buddha«; Ch'ing-t'u-tsung (ci=) »Schule des reinen Landes«.
II. um 400 in China begründete Heilsrichtung (Amidismus) im Mahayana- Buddhismus. A. verzichteten auf magisch-esoterische Riten, nembutsu-Gebetsformel steht im Mittelpunkt. Amidismus erfuhr anfangs 12. Jh. große Resonanz in Japan. Zahlreiche buddhistische Sekten Chinas wie Sanron, Kegon, Tendai, Schingon, Hosso, beinhalten die Amida-Lehre. In Japan wird sie hpts. von den Jodo-, Jodoschin- und Ji-shu-Sekten vertreten.

Amiranten (TERR)
B. Teil der Seychellen, s.d. The Amirante Isles, the Amirantes (=en); les Amirantes (=fr); las (islas) Almirantes (=sp).
Ew. 1987: < 0,001

Amische (REL)
I. Amischen; Amish people (=en); »Dutch People« (im ursprünglichen Sinne »deutsch« im Gegensatz zu »Germans«) zu großen Teilen berndeutsch.
II. 1693 unter Bischof J. Amann aus dem Simmental/Schweiz von den übrigen Täufern abgesonderter ultrastrenger Zweig der Mennoniten, (en=) Old Order Amish, der nach Verfolgungen zwischen 1720–1790 nach N-Amerika auswanderte (3000 bis 1860), wo, im Mittelwesten (Pennsylvania, Ohio, Indiana), später auch in Kanada, 1990 noch ca. 90 000–120 000 Siedler, die alte Lebensweise und (pennsylvaniadeutsche) Sprache pflegen. Jüngere Differenzierungen, 1862 Abspaltung der liberalen A., Meetinghouse-A., 1966 der relativ progressiven New Order-A., 1919 der Peachey-Gruppe. Vgl. Anabaptisten, Mennoniten, Täufer.

Ammoniter (ETH)
II. semitisches Volk, das sich um 1200 v.Chr. am Oberlauf des Jabbok im Ostjordanland ansiedelte und nach Westexpansion zeitweilig von Israeliten (David) unterworfen wurde. Gingen Ende des 2. Jh.n.Chr. in Arabern auf.

Amoriter (ETH)
I. aus Amurru (akkad.=) »Westen«.
II. westsemitische Nomaden, die im 3.–2. Jt. in Mesopotamien und Palästina-Syrien einbrachen. Im A.T. die vorisraelitische Bev. Palästinas beiderseits des Jordan.

Amuesha (ETH)
II. Indianerethnie auf der peruanischen Anden-Ostabdachung. Ursprüngl. schweifende Sammler und Jäger. Seit Mitte des 16. Jh. Kämpfe um Unabhängigkeit und Lebensraum gegen Spanier. Diese siedelten nach 1742 Bevölkerungsteile zwangsweise auf das Andenhochland um, wo sie heute erloschen sind. Im 19. Jh. Kämpfe gegen Peruaner; 1879/80 erneut schwere Verluste durch Gelbfieberepidemie. 1974 nur mehr 3000–5000. Vgl. Aruak.

Amuzgo (ETH)
II. Indianervolk im SE des BSt. Guerrero/Mexiko, ca. 20 000, zur Spr.gruppe der Amuzgo zählend; in Streusiedlungen und großen rechteckigen Dörfern lebend. Tieropfer für Erde und Regen. Vgl. Mixteken.

Ana (ETH)

II. schwarzafrikanische Ethnie in Togo, stellt 2,5% der Gesamtbev. (1989: rd. 85 000). Vgl. Yoruba.

Anabaptisten (REL)

I. anabaptistes (=fr); anabaptistas (=sp).

II. (altgr=) Wiedertäufer im 16. Jh. Vgl. Täufer.

Anachoreten (REL)

I. Anakoreten, Anaxoreten; (agr-lat=) »zurückgezogen Lebende«; anachorètes (=fr).

II. streng eremitisch ihrem Glauben lebende Christen. Solche Lebensweise ist seit 3. Jh. nachgewiesen.

Anadolide (BIO)

I. Razza Anatolico-pamiriana bei BIASUTTI (1959).

II. eine der beiden Typengruppen bei der sonst gebräuchlicheren Unterteilung der Armeniden (i.w.S.). Im Vgl. zu Armeniden (i.e.S.) kleinwüchsiger, feingliedriger; typische Hakennase; vornehmlich in Anatolien auftretend.

Analphabeten (SCHR)

I. Schriftunkundige; Illiterates (=en); analphabètes, illetrés (=fr); analfabeti (=it); analfabetos (=sp, pt).

II. Einzelpersonen und Bev.schichten, die des Lesens und Schreibens unkundig geblieben oder durch Entwöhnung geworden sind. 1985 ermittelte die UNESCO 857 Mio. A. (=26,8% der Erdbev.), 1995/96 bei 880 Mio. nur mehr 23%. Trotzdem wachsen jährlich rd. 5 Mio. Menschen in diese Kategorie hinein. Für das Jahr 2000 rechnet man mit fast 1 Mrd. A. (davon rd. die Hälfte in Indien). 1980 waren in 51 Ländern über die Hälfte der Bev. des Lesens und Schreibens unkundig. Der Prozentsatz der A. eines Landes ist für die kulturgeogr. Verhältnisse ähnlich bedeutsam wie die Relation seßhafter zu nomadischer Bev., mit der er fast immer auch ursächlich zusammenhängt (K. THORN). Pauschale Angaben zum Anteil der A. von Staatsbev. sind schwer vergleichbar, da sie sich einmal auf die Gesamtbev. oder aber auf Teilbev. oberhalb sehr unterschiedlicher Altersstufen (10 oder 15 J.) beziehen; im Zuge von Alphabetisierungskampagnen verändern sich solche Angaben zeitlich stark. Nationale Gesamtangaben verschleiern immer, daß der Analphabetenanteil zwischen den Sozialgruppen (z.B. Rel.gemeinschaften) und vor allem zwischen den Geschlechtern oft außerordentlich differiert; zufolge mangelnder Schulpflicht und Benachteiligung der Frauen liegt deren A.-Anteil insbes. in der islamischen, hinduistischen und buddhistischen Welt oft (bis zum Fünffachen) weit über dem der Männer. Selbst im Weltdurchschnitt erweist sich dies: 1995/96 betrug die Analphabetenquote der Frauen 28,8%, die der Männer 16,4% (Dritter Weltbildungsbericht der UNESCO). Mehr als zwei Drittel der A. in aller Welt sind Frauen. Der Anteil von A. bewegt sich in weiten Grenzen von meist unter 5% in den Industriestaaten (doch Ausnahmen: USA 21–23% 1992; gesamt auf 200 Mio. geschätzt) bis zu weit über die Hälfte der erwachsenen Gesamtbev. z.B. in Libyen 36%, Ruanda 50%, Indien 52%, Jemen 62% (1992), Kambodscha 65%, Mosambik 67%, Sudan 73%, Nepal 74%, Somalia 76%. Die Analphabetenquote lag (1970) in Afrika bei 70–75%, in Europa bei 4–5%. Vgl. Funktionelle Analphabeten.

Ananaikyó (REL)

I. aus (jp=) ananai »drei- (Rel. Omotokyo, Huang-wantsu-hui und Baha' ismus), fünf- (Weltrel. Buddhismus, Christentum, Islam, Konfuzianismus, Taoismus) -Hanfseil«.

II. 1934 (bzw. 1949) in Japan durch Nakano Yonsuke gestiftet. Spezielle Eigenart sind u.a. die über ganz Japan verteilten Observatorien zur Kommunikation mit dem Weltall.

Ananbe (ETH)

I. Turiwara.

II. vom Aussterben bedrohtes indianisches Restvolk in NE-Brasilien.

Ananda Marga (REL)

I. voller Name A.M. Pracharaka Samgha/AMPS: (ssk=) »Ges. zur Verbreitung des Weges der Glückseligkeit«.

II. 1955 von Prabhat Ranjan Sarkar in Bihar/Indien begründete sozio-spirituelle Bewegung, zu den Jugendsekten zählend; verfolgt die Erneuerung des Einzelnen durch spirituelle Praxis und die Befreiung der Gesellschaft durch Sozialreformen. Zentrale in Kalkutta; 2–3 Mio. Anh. (Margiis). Vgl. Yoga-Schule.

Ananiten (REL)

I. Altbez. für Karäer, Karaiten nach dem Gründer Anan ben David.

II. im 8. Jh. entstandene jüdische Sekte.

Anarchisten (SOZ)

I. anarchists (=en); anarchistes (=fr); anarchici (=it); anarquistas (=sp); anarquista (=pt).

II. Anh. verschiedener polit. Bewegungen, deren gemeinsames Ziel die Aufhebung jedweder staatlichen und rechtlichen Ordnung ist. Streben eine utopische Gesellschaft auf der Grundlage freier Entscheidung der Individuen an, fordern Abschaffung von Geld und Privateigentum, propagieren den Kollektivismus. Vgl. Autonome, Außerparlamentarische Opposition (Apo), Anarcho-Syndikalisten.

Anasazi (ETH)

II. Hochkulturvolk von Pueblo-Indianern, das ca. 900–1250 n.Chr. im NW von New Mexico gelebt hat.

Anatri (ETH)

II. (=rus); südöstl. Territorialgruppe der Tschuwaschen.

Anbauern (SOZ)
 I. Siedler, Nachbarn.

Andalusier (ETH)
 I. andaluzes (=sp); Andalous (=fr).
 II. Bew. des Gazirat al-Andalus insbesondere des S der Iberischen Halbinsel, die am längsten und stärksten unter muslimischer Herrschaft standen, etwa zw. dem 8. Jh. bis 1492 (Fall von Granada). Träger der außergewöhnlich hochstehenden (wissenschaftlich wie künstlerisch) maurischen Kultur. »Somos Andaluzes, y con honra« bedeutet »Wir sind Andalusier und stolz darauf (wörtl. »mit Ehre«)«; aber auch: für heutige Bewohner Andalusiens. Vgl. Mauren, Mozaraber, Moriscos.

Andamanen und Nikobaren (TERR)
 B. Andaman and Nicobar Islands (=en). Unionsterritorium von Indien; Bew. von zwei Inselgruppen im E des Golfs von Bengalen.
 Ew. 1961: 0,064; 1981: 0,189; 1991: 0,280, BD: 34 Ew./km^2

Andamaner (ETH)
 I. Andaman Islanders (=en).
 II. Bew. der zu Indien gehörenden Inselkette der Andamanen, 1300 km s. Kalkutta. 1.) i.e.S. nur die Ureinwohner bis zu den heutigen Restvölkern: kaum mehr 100 zwergwüchsige, dunkelhäutige, wollhaarige Negritos. Vgl. Alt-Andamaner, Negritos. 2.) i.w.S. die ges. aus Ein- und Zuwanderern unterschiedlichster Herkunft (indische Deportierte 1885–1945, Karen-Arbeiter aus Burma, Flüchtlinge aus Ostbengalen und Sri Lanka, Siedler u.a. aus Bihar) zusammengesetzte Einwohnerschaft der A. 3.) Ew der in gemeinsamer Verwaltung als Union Territory stehenden Andamanen und s. anschließenden Nikobaren (zus. 8249 km^2); durch erleichterte Zuwanderung seit II.WK wächst ihre Zahl zügellos: 1951 rd. 30000; 1971 rd. 115000; 1991 rd. 280000, womit Tragfähigkeit der Inseln schon überschritten wurde.

Andamanide (BIO)
 II. isolierte Altschicht von Negritos auf den indischen Andamanen, die sich am ehesten an die australo-melaneside Rassengruppe anschließen läßt. Gekennzeichnet nächst Zwergwuchs durch gedrungenen Körperbau, dunkle Hautfarbe, stark negroide Gesichtszüge. Vgl. Alt-Andamaner.

Andaste (ETH)
 I. Conestoga-Indianer. Vgl. Susquehanna, Irokesen.

Andhra (ETH)
 II. teluguspr. Volk, das im 1.–2. Jh.n.Chr. im nördl. S-Indien ein mächtiges Reich besaß.

Andhra Pradesh (TERR)
 B. Bundesstaat Indiens.
 Ew. 1961: 35,983; 1981: 53,551; 1991: 66,508, BD 242 Ew./km^2

Andi (ETH)
 I. Eigenbez. Kwannal; Andijcy (=rs); Andier.
 II. zur andischen Gruppe zählen ferner Achwach, Bagulal, Botlich, Godoberi, Karata, Tindi, Tschamalal. Vgl. Avaren/Awaren.

Andide (BIO)
 I. Hochland-Indianer; Race Ando-Péruvienne (=fr) nach ORBIGNY.
 II. Unterrasse der Südindianiden. Breite Kontaktzonen im N zu Zentraliden, im S zu Patagoniden. Im Formtypus kleinwüchsig und untersetzt-plump; kaum ausgeprägte Taille; kurzköpfig mit mittellangem Gesicht, deutlich hervortretende Nase und Wangenbeine; Körper- und Barthaar spärlich; dikkes, schlichtes schwarzes Kopfhaar; Hautfarbe olivbraun.

Andi-Dido-Peoples (=en) (ETH)
 I. (=en); Sammelbez. für diverse Völkerschaften der sog. Andi- und Dido-Gruppe im Kaukasus, die den Awaren verwandt sind.

Andorra (TERR)
 A. Fürstentum. Principat d'A. (=katalan.); Principauté d'Andorre (=fr); Principado de A. (=sp). (the Valleys, the Principality of) Andorra (=en); (les Vallées, la Principauté d') Andorre (=fr); (Los Valles de, el Principado de) Andorra (=sp).
 Ew. 1948: 0,006; 1960: 0,008; 1965: 0,014; 1970: 0,020; 1975: 0,027; 1996: 0,071, BD: 152 Ew./km^2; WR 1985–95: 0,0%; UZ 1996: 63%; AQ: 0%

Andorraner (ETH)
 I. Andorrans (=en); Andorrans (=fr); andorranos (=sp).
 II. 1.) i.e.S. verstehen sich nur etwa 8000 einheimische StA. des kleinen Freistaates Valls d'Andorra/Vallées d'Andorre mit 453 km^2 in den Pyrenäen als »echte A.« unter der »gemeinsamen Herrschaft« des Bischofs von Urgél und des französischen Staatspräsidenten. 2.) i.w.S. unter Einschluß von rd. 5000 StA. auswärtiger Abstammung, zusammen rd. 13000 (1988), mithin nur 36% der Wohnbevölkerung. A. sind überwiegend Katalanen katholischer Konfession. 3.) die Gesamtheit der 71000 Bewohner (1996) des seit 1278 bestehenden Fürstentums; 28,6% ethnische Katalanen, 49,6% Spanier, 7,6% Franzosen, 4% Portugiesen und 10,2% andere Ausländer.

Anerben (SOZ)
 I. Stockerben, Hoferben, Alleinerben, bäuerliche Alleinerben.
 II. Personen im Majorat (ältester Sohn) oder Minorat (jüngster Sohn), die in geschlossener Erbfolge einen ländlichen Grundbesitz/Hof gemäß Sondererbrecht (im Gegensatz zur Realteilung) ungeteilt übernehmen.

Aneze (ETH)
 I. Anaseh; Anaizah, Anazah (=en); Anaza, Anese.

II. Stammesföderation von Beduinen von > 50 000 Individuen im N-Teil der Arabischen Halbinsel, wohin sie Mitte des 16. Jh. aus Zentralarabien zugewandert sind. Zu den Unterstämmen zählen: Ruala, Weld Ali, Sba'a, Amarat, Weld Sleyman, Fedaan/Fed'an. Streiften winters im N-Nedjd, E-Jordanien und SW-Irak, sommers in Syrien. Unterstämmme im Irak, die zwischen der mittelirakischen Wüstentafel und dem Euphrattal wandern, sind die Amarat, Bidjaide, Dahamsche, Hissini, Hoblan, Mdajan, Mutarfe, Salge, Schimlan, Suelmat, Sugur.

Angami (ETH)
II. Einheit der Naga-Stämme in NE-Indien.

Angas (ETH)
I. Mama.
II. Ethnie mit west-tschadischer Spr. auf dem Bauchi-Jos-Plateau in N-Nigeria; ca. 100 000–200 000 Personen. Terrassenfeldbauern.

Angeln (ETH)
I. Angles (=en).
II. westgermanischer Stamm, ursprünglich in Schleswig beheimatet, der im 5./6. Jh. größtenteils nach Britannien abwanderte; dort namengebend für Angelnland, Angelsachsen und Engländer.

Angelsachsen (ETH)
I. Anglo-Saxons (=en).
II. 1.) seit dem 8. Jh. gebräuchliche Sammelbez. für Angles, Saxons and Jutes (en=) Angeln, Sachsen und Jüten, die um die Mitte des 5. Jh. nach Britannien einwanderten und es in Besitz nahmen. Stämme waren sprachverwandt, gehörten zur sog. Nordseeküsten-Gruppe (Ingwäonen) der Germanen. Christianisierung begann im 7. Jh. Seit 800 beginnende Verschmelzung mit Wikingern. Ihre Spr. war das Angelsächsisch=Altenglisch. 2.) I.w.S. heutige Sammelbez. für alle englischspr. weißen Bew. des britischen Commonwealth (spez. auf Britischen Inseln) und in den USA.

Angelsachsen (SPR)
II. heute Sammelbez. für die weißen Mitglieder der englischen Sprgem. speziell in Großbritannien und USA.

Angestellte (WISS)
I. Employees (=en); employé(e)s (=fr); empleados (=sp); empregados (=pt); impiegati (=it); veraltete und sachlich überholte Bez. »Arbeiter der Stirn«, »nicht-manuell beschäftigte Arbeitnehmer«; white collar workers (=en); spez. Altbez. auch Kaufmannsgehilfen, Privatbeamte. In Deutschland seit 1911 bei eigener Sozialversicherung: »Lohnabhängige, die angestelltenversicherungspflichtig sind«.
II. (soziol.) Arbeitnehmer, deren gesellschaftliches Prestige oberhalb desjenigen von Arbeitern liegt. Schicht der A. wuchs und differenzierte sich mit der Entwicklung von Industrie, Handel und Verwaltung, bes. im Dienstleistungsbereich. Anteil der A. an der erwerbstätigen Bev. in Deutschland um 1900: 4 %, 1933: 12 %, 1958: 21 %, 1978: 35 %. Tendenz in Europa gegen 50 %. Zu unterscheiden sind: Leitende A., kaufmännische und technische A. Arbeitsrechtlich bestehen nur mehr unwesentliche Besonderheiten gegenüber Arbeitern. Vgl. Arbeiter, Arbeitnehmer.

Anglikaner (REL)
I. Anglicans (=en); anglicanos (=sp).
II. Anh. der 1534 durch Suprematsakte König Heinrich VIII. geschaffenen Anglikanischen Kirche, der englischen Staatskirche, im Britischen Commonwealth und Südafrika; Eigenname: Catholic Church Reformed. Sie ist weniger als christliche Konfession, denn als regionaldifferenzierte Formation zu beschreiben. In Verfassung und Kult steht Anglikanismus zwischen Luthertum und Katholizismus. Rund 73 Mio. Gläubige, d.h. über 4 % aller Christen in 144 Staaten, bes. in England und im Commonwealth; in Großbritannien noch in 70er Jahren 33 Mio., 1994 kaum noch 24 Mio. Getaufte, von denen nur ca. 1 Mio. aktive Gläubige. Vgl. div. Schwesterkirchen, z.B. in Amerika die Episcopal Church. Seit 19. Jh. drei Hauptrichtungen im Anglikanismus: 1.) Low Church = »Niederkirche«, Evangelicals; 2.) High Church = »Hochkirche«; 3.) Broad Church = »Breitkirche«. Seit 1994 verstärkte Tendenz voller Rekatholisierung.

Anglikanische Hochkirche (REL)
II. katholisierende Richtung der Anglikanischen Kirche seit 17. Jh. Merkmale: Betonung der Bischofsverfassung, Rekatholisierung von Liturgie und Theologie.

Angloamerikaner (ETH)
II. (N-)Amerikaner soweit sie Englisch sprechen oder sofern sie angelsächsischer Abstammung, Herkunft, Nachkommen britischer Einwanderer sind. Vgl. N-Amerikaner.

Anglo-Egyptian Sudan (TERR)
B. Altbez. für Sudan, s.d.

Angloinder (BIO)
I. Anglo-Inder.
II. Mischlinge aus Briten und indischen Frauen. Vgl. Eurasier.

Angloinder (ETH)
I. Anglo-Inder.
II. offiz. indischer Terminus für Mischlingspopulation europäischer und indischer Abstammung vor allem in Städten Indiens (ca. 250 000); englischer Spr. und christlichen Glaubens.

Anglokanadier (ETH)
II. englischspr. Kanadier im Unterschied zu Frankokanadiern. Sie machten (1987) 61 % (15,7 Mio.) der 25,8 Mio. Gesamtbev. aus.

Anglokatholiken (REL)
I. High Church.
II. seit 1849 Bez. für die sich in Lehre und Formen dem Katholizismus anschließende Richtung der Kirche von England. Der neuere Anglokatholizismus vertritt Selbständigkeit der Kirche gegenüber dem Staat.

Anglos (ETH)
II. Bez. der Hispanics im Süden der USA für Angloamerikaner.

Angola (TERR)
A. Volksrepublik. Unabh. (seit 11. 11. 1975). Früher Portugiesisch-Westafrika. República Popular de Angola (=pt, sp). (the People's Republic of) Angola (=en); (la République populaire d') Angola (=fr); Angola (=it).
Ew. 1948: 4,043; 1955: 4,458; 1960: 4,841; 1965: 5,154; 1970: 5,588; 1975: 6,260; 1980: 7,723; 1985: 8,754; 1996: 11,100, BD: 9 Ew./km²; WR 1990–96: 3,1%; UZ 1996: 32%; AQ: 58%

Angolaner (NAT)
I. Angolans (=en); angolais (=fr); angolanos (=sp, pt); nicht Angolesen!
II. StA. von Angola. Vgl. insbesondere Ovimbundu (37%), Mbundu (22%), Kongo (13%) und rd. 120 weitere Ethnien.

Angolares (SOZ)
II. Nachfahren auf São Tomé und Principe gestrandeter angolesischer Sklaven, die dort als Flüchtlinge zurückgezogen in den Bergwäldern lebten und erst nach fast 300 Jahren im 19. Jh. botmäßig wurden. Sie bilden heute eine geschlossene Fischergemeinschaft. Vgl. Buschneger; Sáotomenser.

Angrezi (SOZ)
I. Bez. in Kaschmir für w. Ausländer.

Anguilla-Island (TERR)
B. Abhängiges britisches Überseegebiet in Kleinen Antillen/Karibik. A. hat 1967 die britische Föderation der Karibikinseln St. Kitts, Nevis und A. verlassen, wurde aber 1969 in den Commonwealth zurückgezwungen. (the Crown Colony of) Anguilla (=en); (la colonie de la Couronne d') Anguilla (=fr); (la Colonia de la Corona de) Anguila (=sp).
Ew. 1967: 0,006; 1996: 0,010, BD: 107 Ew./km², WR 1984–92: 3,2%

Anguiller (NAT)
I. Anguillans (=en).
II. Angehörige der britischen Kronkolonie Anguilla/Kleine Antillen mit britischer Staatsangehörigkeit; 1996 lebten 10300 A. auf Jungferninseln (Anguiller, Schwarze, Mulatten, Europäer meist irischer Herkunft), 10000 in Großbritannien.

Anhalt (TERR)
B. Ehem., 1918 aus askanischen Fürstentümern Anhalt und A.-Köthen, A.-Zerbst, A.-Bernburg, A.-Dessau konstituierter Freistaat in Mitteldeutschland. Vgl. Sachsen-Anhalt.

Anhui (TERR)
B. Anhwei. Provinz in China.
Ew. 1954: 30,344; 1996: 60,700, BD: 407 Ew./km²

Animisten (REL)
I. von anima (lat=) »Seele«; animistas (=sp); Census-Bez.: Angeh. von tribal religions.
II. Anh. der Weltanschauung meist einfacher Naturvölker, die alle Wesen mit Seelen begabt sein läßt; diese Seelen entwickeln sich zu Geistern, die als persönliche Ursachen aller Erscheinungen betrachtet werden. Der Animismus gilt als Ursprung und Vorstufe aller Religiosität.

Aniwa (ETH)
I. Eigenbez. Numrukwen.
II. eine Untergruppe der Tannesen, also Melanesier, auf gleichnamiger Vulkaninsel der Neuen Hebriden; Christen. Vgl. Melanesier.

Ankalyn (ETH)
I. Eigenbez. der Beregowen. Vgl. Tschuktschen.

Anlo-Ewe (ETH)
I. »Panafrikanische Fischer«.
II. zahlenmäßig größtes der Ewe sprechenden Völker, erst seit 17. Jh. ansässig an der Küste im ö. Ghana und in S-Togo. Männer betreiben Lagunen- und Meeresfischerei, Frauen obliegt die Vermarktung, Geflügelhaltung und zunehmend Landbau. Eigene Stammesreligion erhebt sich weit über bloße Ahnenverehrung, aber auch Voduwo-Kulte. A. sind in 15 Klane eingegliedert, deren Angehörige aber räumlich gemengt wohnen; verheiratete Frauen bleiben dem väterlichen Klan zugeteilt. Adzoria- und Bate-Klan stellen die königlichen Dynastien. Große Bedeutung haben Verwandten-(meist Geschwisterkinder-)ehen. Nachhaltige Geschlechtertrennung, wirtschaftliche Unabhängigkeit der Frauen. Vgl. Ewe.

Annamiten (ETH)
I. aus Annam/Anam: (ci=) »der befriedete Süden«; Altbez. unter französischer Kolonialverwaltung galt allein für S-Vietnam bzw. für Cochinchina. Häufig verwendeter Gleichname Annamesen gilt als Regionalbez. lediglich für Annam. Heutige Eigenbez. Vietnamesi, Kinh; Annamites (=fr); Annamese (=en).
II. größte ethnische Einheit Vietnams mit 52 Mio. (> 87% der Gesamtbev.). Zu verstehen als mongoloid-malaiische Mischbevölkerung, die ursprünglich allein in Tongking ansässig war, mehrere Jahrhunderte (bis 10. Jh.) unter chinesischer Oberherrschaft stand und weitgehend sinisiert wurde. Sie stieß noch im 1. Jtsd. nach S vor, eroberte das Champa/Tscham-Reich im 15. Jh. und Cochinchina im 18. Jh. Für ihre aus mehreren Wurzeln gewachsene thai-austronesische Mischsprache Annamitisch wurde

bis anfangs 20. Jh. die chinesische Schr. benutzt, obschon bereits im 17. Jh. ein erweitertes Lateinalphabet eingeführt wurde. In der Religion mischen sich Konfuzianismus, Taoismus und Mahayana-Buddhismus, doch auch starke kath. Minderheit (5 Mio) und Sektenmitglieder (Cao Dai 2 Mio, Hoa Hao 1,5 Mio). Vgl. Vietnamesen.

Annamitisch (SPR)
I. Vietnamesische Spr.
II. Staats- und Umgangsspr. von mind. 80% der Bev. in Vietnam (1992: ca. 61 Mio.). Ist monosyllabisch und hat 6 verschiedene Tonhöhen, gehört in Grundzügen zur Einheit der Thai-Spr., hat aber so viele Elemente der Mon-Khmer-Spr. und des Chinesischen aufgenommen, daß sie als Mischspr. Sonderstellung einnimmt.

Anniviarden (ETH)
II. Bew. des Val d'Anniviers/Eifischtal in Walliser Alpen; Bergbauern mit reicher traditioneller Volkskultur und altertümlichem frankoprovenzalischem Patois.

Annobonianer (SOZ)
I. nach der Insel Annóbon, heute Pegalu.
II. portugiesischspr. Nachkommen von Sklaven in Äquatorialguinea; fast 1% der Gesamtbev.

Anrüchige Personen (WISS)
II. 1.) Altbez. für ehrlose oder rechtlose Menschen aufgrund von Vergehen, Verbrechen; Bescholtene, Verurteilte. 2.) Menschen mit geminderter, geschmälerter bürgerlicher Ehre und Rechtsfreiheit aufgrund gewisser Eigenschaften a) infolge unehelicher Geburt, b) infolge Zugehörigkeit zu unehrlichen Gewerben. Im 15. Jh. dehnten Zünfte den Kreis unehrlicher Gewerbe am weitesten aus und zählten zu ihnen u.a. auch Müller, Schinder (=Abdecker), Schäfer, Zöllner, Gerichtsdiener, Feldhüter, Totengräber, Schornsteinfeger, Musikanten. Solche Ausgrenzung kraft Berufsmakel (im Gegensatz zum »ehrsamen Handwerker«) betraf nicht nur den Träger solcher Berufe, sondern auch deren Kinder und selbst Enkel. Derartige »Anrüchigkeit«, verbunden mit Heiratverboten und mit Siedlungssegregation, wurde in Deutschland (im Preußischen Allg. Landrecht) erst 1819 bzw. 1827 beseitigt. Vgl. Minderhandwerker, Paria(s).

Ansässige (WISS)
I. aus Anseß (frühnhd=) »fester Wohnsitz« und Ansessen.
II. d.h. Eingesessene, einst meist Hauseigentümer, die Wohnrecht besitzen.

Anspänner (SOZ)
II. agrarsoziale Altbez. in Mitteleuropa; nach der Besitzgröße zu differenzieren in Vollhüfner, Halbhüfner usw.

Antaifasy (ETH)
I. Antefasy.
II. Stamm im SE Madagaskars mit austronesischer Spr. Malagasy; Reisbau und Fischfang. Stamm teilt sich in drei Klans, die Königen unterstehen; Gemeinschaftsgräber. Anzahl unter 50000. Vgl. Madegassen.

Antaimoro (ETH)
I. Antemoro.
II. Volk an der SE-Küste von Madagaskar mit austronesischer Spr. Malagasy in arabischer Schrift; ca. 300000–400000. Seit 13. Jh. oberflächlich islamisiert. Früher seefahrende Kaufleute, heute Reis- und Kaffeeanbauer. A. sind deutlich in Gesellschafts- (Adel, Priester, Freie, Sklaven, Unberührbare) und Altersklassen gegliedert. Totenkult mit Gemeinschaftsgruft.

Antaisaka (ETH)
I. Antesaka.
II. Volk an der SE-Küste von Madagaskar, 1988 ca. 500000 (5% der Gesamtbev.) mit austronesischer Spr. Malagasy. Treiben Landbau und verdingen sich als Lohnarbeiter auf der Insel. Pflegen Totenumbettung in Gemeinschaftsgräber. Vgl. Madegassen.

Antambahoaka (ETH)
II. kleine ethnische Einheit auf Madagaskar. Vgl. Madegassen.

Antandroy (ETH)
II. Volk in den Küstenebenen von S-Madagaskar; 1988 rd. 500000. Rinderhirten, seit Hungersnot 1931 auch Lohnarbeiter auf ganzer Insel. Differenzierter Totenkult. Vgl. Madegassen.

Antankarana (ETH)
I. Antekarana.
II. Volk im N von Madagaskar, Anzahl unter 100000. Sind seßhafte Viehzüchter, Seeleute und Fischer. Somatisch deutliche Mischung mit negriden Afrikanern und seit 12. Jh. auch Arabern. Vgl. Madegassen.

Antanosy (ETH)
II. ethnische Einheit auf Madagaskar. Vgl. Madegassen.

Anten (ETH)
II. Altbez. im 8. Jh. für slawische Teilbev. im Kuban-Delta.

Antessar (ETH)
I. Kel Antessar.
II. Regionalgruppe der Tuareg n. des Nigerbogens.

Anthropoidea (BIO)
I. Anthropoiden; griechisches Kunstwort; Anthropomorphe, d.h. Menschenähnliche, auch Simiae.

II. biol. Unterordnung der Primaten/Herrentiere, die (bei Annahme gemeinsamer Wurzel von Cercopithecoidea und Hominoidea) zu zwei Zwischenordnungen: 1.) Platyrrhini (Neuweltaffen) und 2.) Catarrhini (Altweltaffen) gegliedert, sonst in drei Überfamilien: 1.) Ceboidea/Platyrrhini und 2.) Cercopithecoidea (die beide abseits der menschlichen Vorfahrenreihe stehen), sowie 3.) Hominoidea, welche Menschenaffen und Menschen umfaßt; s.d.

Anthropophagen (WISS)
I. Menschenfresser, Kannibalen.
II. Angeh. von Naturvölkern, die auf kultischer/sakraler Basis Teile des menschlichen Körpers (oder Blut) verzehren. Vgl. Endo- und Exokannibalen.

Anthroposophen (REL)
II. Anh. einer von R. Steiner 1902 begründeten Gemeinschaft, die 1922 durch F. Rittelmeyer zur kirchlichen Christengemeinschaft fortentwickelt wurde (Menschenweihehandlung als Kultmysterium). Zentrum: Dornach bei Basel.

Antigua und Barbuda (TERR)
A. Früher Mitglied der mit Großbritannien Assoziierten Staaten; unabh. seit (1. 11. 1981). Antigua and Barbuda (=en); Antigua-et-Barbuda (=fr); Antigua y Barbuda (=sp).
Ew. 1948: 0,044; 1955: 0,050; 1960: 0,055; 1970: 0,066; 1980: 0,075; 1996: 0,066, BD: 150 Ew./km², WR 1990–96: 0,4%; UZ 1996: 36%, AQ: 5%

Antiguaner (NAT)
I. Antiguans (=en).
II. StA. von Antigua und Barbuda/Karibik, 66000 Ew. (1996); setzen sich zusammen aus 94,4% Schwarzen, 3,5% Mischlingen und 1,3% Weißen.

Antillaner (ETH)
I. Antiller, Antillianer.
II. Sammelbez. für Bewohner des Inselbogens zwischen N- und S-Amerika, den Großen und Kleinen Antillen. Auf 220000 km² leben > 26 Mio. Menschen (1980).

Antillen, niederländische (TERR)
B. Bew. von Sint Maarten/S-Guadeloupe, Sint Eustatius, Saba Curaçao/Papiamento Korsou, Bonaire mit niederländischer Staatsangehörigkeit. De Nederlandse Antillen (=ni); Netherlands Antilles (=en); Antilles néerlandaises (=fr); Antilles Neerlandesas (=sp).
Ew. 1997: 0,207, BD: 259 Ew./km², WR 1990–96: 1,1%

Antillenfranzosen (ETH)
I. Antillais (=fr).
II. Bew. des französischen Departements d'Outre-Mer Gouadeloupe (335000/1987) und Martinique (328000/1987); fälschlich auch unter Einschluß von Französisch-Guayana (84000/1986). Die Zahl der nach Frankreich Abgewanderten und deren Nachkommen wird auf ca. 0,6 Mio. geschätzt.

Antillenniederländer (ETH)
II. Bew. der »Niederländischen Antillen«, um 1990 zus. rd. 250000, auf sechs Antilleninseln Aruba (70000), Curaçao (150000), Sint Maariten (ohne französichen Teil), Bonaire, Saba und Sint Eustatius. A. sind niederländische StA., besitzen aber seit 1954 weitgehende Autonomie; sie nutzen freien Zugang zum europäischen Mutterland, gut 80000 leben in den Niederlanden.

Antiochenischer Ritus (REL)
I. westsyrischer Ritus. Vgl. Jakobiten, unierte Syrer, jakobitische Malabaren, malankarisch Unierte bzw. unierte Thomaschristen sowie Maroniten.

Antipoden (WISS)
I. Antichthonen (gr=) »Gegenfüßler«.
II. Bew. der jeweils entgegengesetzten Seite der Erdkugel. Vgl. Antöken.

Antisemiten (SOZ)
I. eigentlich »Semitengegner«; spr. Fehlbildung durch W. MARR 1879, denn Begriff meint »Judengegner«.
II. Personen oder Personengemeinschaften, die anfangs aus religiösen, später aus wirtschaftlichen und schließlich aus pseudowissenschaftlichen völkischen/staatspolitischen und rassischen Beweggründen das Judentum ablehnen bzw. die Judenheit u.a. durch Diskriminierung, Pogrome und gar physische Vernichtung bekämpfen.

Antitrinitarier (REL)
II. Sammelbez. für Anh. und kirchliche Gruppen, welche die Trinitätslehre ablehnen (z.B. Arianer); i.e.S. ob ihrer Überzeugung durch Inquisition und im 16. Jh. durch Calvin aus Italien und der Schweiz vertriebene Glaubensflüchtlinge. Sie fanden in Siebenbürgen und Polen Unterschlupf. Den Hauptvertreter Michael Servet ließ Calvin 1533 in Genf verbrennen. Vgl. Arianer, Unitarier, Sozinianer.

Antöken (WISS)
I. Antoeci »Gegenbewohner«.
II. Bez. für jene Menschen, die auf dem selben Meridian und mit gleichem Äquatorabstand, aber auf der jeweils anderen Erdhälfte leben. Vgl. Antipoden.

Antonianer (REL)
II. verschiedene ostchristliche Ordensgemeinschaften in Armenien, Syrien, Kleinasien, Ägypten und Äthiopien; benannt nach Antonius d. Gr. 250–356.

Antoniter (REL)
II. römisch-kath. Spitalorden, 1095 in der Dauphiné begründet.

Anuak (ETH)
I. Yambo, Pari.
II. Negerstamm mit einer ostsudanesischen Eigenspr. der nilotischen Sprachfamilie am Oberlauf des Nils und im Sudd-Sumpfland; ca. 50 000 Köpfe.

Anuntsu (ETH)
I. Nambicuara, Nambikawara.
II. kleines Indianervolk einer eigenständigen Spr.familie im NW des brasilianischen Mato Grosso. Erster Kulturkontakt mit Brasilianern am Beginn des 20. Jh.; 1970 noch auf 20 000 Individuen geschätzt, seither durch eingeschleppte Krankheiten fast erloschen. Sind Jäger und Sammler mit extensivem Anbau.

Anussim (REL)
I. Marranos, Marranen.

Anyi (ETH)
II. vielstämmige Bev., deren bekannteste Vertreter die Baule in dem Savannengebiet zwischen Bandama- und Nzi-Fluß in der Elfenbeinküste sind; gehören zu den Akan. Historischer Hintergrund der Formierung dieser Stämme war die Eroberung des Akan-Königreiches Denkera durch die Aschanti 1720, die die Abwanderung größerer Bevölkerungsteile nach W und S auslöste, wo die Flüchtlinge in friedlicher Vermischung mit altansässigen Senufo, Lobi, Pagari u.a. kleine Feudalherrschaften gründeten. Vgl. Akan, Baule.

Aosta (TERR)
B. Provinz. Seit 1947 autonomes Gebiet in NW-Italien. Valle d'Aosta (=it).
Ew. 1964: 0,104; 1971: 0,109; 1981: 0,112; 1991: 0,115; BD: 1991: 35 Ew./km²

Aostaner (NAT)
II. Valdostaner, s.d.; Valdôtains (=fr); valdostani (=it). Bew. des autonomen Gebietes Aosta/Italien; bewahren frankoprovenzalische Mundart, Savoyarden; 1991: 115 000 Ew.

Apa Tani (ETH)
II. kleines Volk (< 20 000 Pers.) mit tibeto-birmanischer Eigenspr. als Talbev. im Subansiri-Bez. von Arunachal Pradesch/Indien; treiben Bewässerungsfeldbau und Handel mit Assamesen. Hatten einst markante Ständegliederung, bis in 50er Jahre mit Sklaven.

Apache-Mansos (SOZ)
I. (sp=) »gezähmte Apachen«.
II. befriedete Indianer im spanischen Nordamerika, die als Ackerbauern spanische Vasallen geworden sind.

Apachen (ETH)
I. Apatschen; Name span., vermutlich aus a-patschu hergeleitet, was in der Spr. des benachbarten Pueblovolkes der Zuni soviel wie »Feind« heißt (A. ORTIZ).
II. Indianervolk im SW der USA und in N-Mexico, zur großen Sprachfamilie der (südlichen) Athapasken gehörig. Zu gliedern in Stämme der Aravapais, Chiricahuas, Cocoteros, Gilenos, Jicarillas, Kiowas, Lipans, Mescaleros, Mimbrenjos, Mogollons, Pinalenos, Tontos. Speziell Mescaleros und Jicarillas; stellen Bindeglieder zw. den Prärie-Indianern und der Pueblo-Kultur dar, mit vollkommener Anpassung an aride Verhältnisse. Endgültige Unterwerfung durch Weiße erst 1886.

Apalai (ETH)
II. Kleingruppe von Indianern mit einer karibischen Eigenspr. N. der Amazonasmündung.

Apalakiri (ETH)
II. zum Verband der Kariben zählender Indianerstamm im Xingú-Gebiet, in kulturellem Zusammenschluß mit Aruak, Gê und Tupi. Vgl. Xingú-Indianer.

Apayao-Isnek (ETH)
I. Apayao, Isnek.
II. mehrere verstreute Kleingruppen mit NW-indonesischer Eigenspr. im NW von Luzon/Philippinen; Brandrodungsbauern und Fischer, ca. 30 000 (1980). Vgl. Igoroten.

Apiaca (ETH)
I. Apiaka.
II. Indianerstamm s. des mittleren Amazonas im Mato Grosso/Brasilien; tupi-guaranisch-sprachig. Stamm geht derzeit in Nachbarethnien auf.

Apinaye (ETH)
I. Apinayé, Apinages.
II. kleiner Indianerstamm der Gê-Sprgem., wohnhaft in E-Amazonien, im Staat Para/Brasilien. Ihre Dörfer sind durch Clanzugehörigkeit zweigeteilt; Verwandtschaft in w. Linie.

Apostaten (REL)
I. (agr=) vom Glauben Abgefallene, Abtrünnige.

Apostelbrüder (REL)
I. apostolinos (=sp).
II. verschiedene Eremitengenossenschaften des 14.–17. Jh. in Italien, u.a. in Mailand; erhielten 1484 Augustinerregel.

Apostoliker (REL)
I. Apostelorden, Apostelbrüder; apostolicos (=sp).
II. div. verfemte christliche Sondergruppen in S- und W-Europa, die (z.T. ehefeindlich) das Leben der Apostel nachahmten; u.a. oberitalienische Sekte des Fra Dolcino. Vgl. Katharer.

Apostolisch-christliche Kirche (REL)
I. Apostolische Christen; Apostolic Christian Church (=en), gegr. 1833 im schweizerischen Thurgau; seit 1901 in USA.

II. eine Erneuerungsbewegung unter Schweizer Mennoniten. Vgl. Neuapostolische Christen, Neutäufer, Fröhlichianer.

Appalaeide (BIO)
II. Terminus bei *BIASUTTI* (1959) und *IMBELLONI* (1937) für Untergruppe der Silviden; s.d.

Apparatschiks (SOZ)
II. aus (=rs): abwertende Bez. für Staats- oder Parteifunktionäre in kommunistischen Staaten.

Appenzell (TERR)
B. Kanton. Gliedstaat der Schweizerischen Eidgenossenschaft seit 1513. Seit 1597 in Gegenreformation geteilt in Halbkantone. Appenzell Rhodes-Extérieures und Intérieures (=fr); Appenzello (=it).
  Ew. A.-Außerrhoden AR: 1850: 0,044; 1910: 0,058; 1930: 0,049; 1950: 0,048; 1970: 0,049; 1990: 0,052; 1997: 0,054
  A.-Innerrhoden IR; 1850: 0,011; 1910: 0,015; 1930: 0,015; 1950: 0,013; 1970: 0,013; 1990: 0,014; 1997: 0,015
  Appenzell Ges.: 1850: 0,055; 1910: 0,073; 1930: 0,063; 1950: 0,061; 1970: 0,062; 1990: 0,066; 1997: 0,069

Appenzeller (ETH)
II. 1.) Bürger, 2.) Einw. (als Territorialbevölkerungen) der beiden schweizer Halbkantone Außer- und Innerrhoden; deutschsprachig; Innerrhoden katholisch, Außerrhoden protestantisch.

Apples (SOZ)
II. pejorative Bez. von traditionellen Indianern in USA für solche Indianer, die Stamm und Großfamilie in den Reservationen verlassen haben und in den Großstädten den Sozialstatus der Weißen anstreben.

Appolonier (ETH)
II. kleine ethnische Einheit, zu sog. »Lagunenvölkern« gehörige Negride, in der Elfenbeinküste. Vgl. Lagunenvölker.

Apuken (ETH)
I. Eigenbez. Apuka; Apukincy (=rs).
II. eine Territorialgruppe der Korjaken.

Äquatorialguinea (TERR)
A. Republik. Mit Mbini/Rio Muni und In. Bioko und Pagalu. Unabh. seit 12. 10. 1968; bis dahin über 170 J. Spanisch-Guinea; Spanish Guinea (=en); la Guinée espagnole (=fr); la Guinea Española (=sp). República de Guinea Ecuatorial (=sp); E-Chê e República rê Guinea Ecuatorial (=Bubi); (the Republic of) Equatorial Guinea (=en); (la République de) Guinée équatoriale (=fr).
  Ew. 1950: 0,196; 1960: 0,247; 1978: 0,346; WR 1980–90: 5,1%; 1996: 0,410, BD 15 Ew./km²; WR 1990–96: 2,6%; UZ 1996: 40%. AQ: 50%

Äquatorialguineer (NAT)
I. Equatorial Guineans (=en); guinéens équatorials, equato-guinéens (=fr); ecuato guineanos (=sp).
II. StA. der VR Äquatorialguinea. Verkehrsspr. Bubu und Fang, Amtsspr. Spanisch. Vgl. Bantu (90–95%; davon Fang 57%, Benga 19%), Bubi (10%), 3000 Fernandinos (= Mischlinge), 4000 Weiße.

Aquitanier (ETH)
I. Aquitanians (=en).
II. aus römischer Zeit herrührende Altbez. 1.) für die ursprünglich iberisch-keltische Bevölk. im SW Frankreichs; 2.) für die Territorialbev. von Aquitanien zwischen Pyrenäen und Garonne bis ins 15. Jh. Vgl. Languedoc.

Ara (ETH)
I. Arin(tsy) (=rs). Vgl. Chakassen.

Arab Americans (ETH)
II. (=en); Sammelbez. in USA für eine Minderheit von 2,5 Mio. Einwanderern und Nachkommen hpts. aus Libanon, Irak, Palästina, Syrien und Ägypten; wohnhaft insbesondere in Großräumen Detroit (> 0,25 Mio) und New York. A. sind in Mehrheit (sunnitische) Muslime, stellen aber auch kräftige ostchristliche (armenische, chaldäische, maronitische und koptische) Gemeinden. Vgl. u.a. Chaldäer.

Arabadschis (SOZ)
I. aus arabaci (=tü).
II. als Stellmacher und Schmiede tätige Zigeuner in SE-Europa.

Araber (ETH)
I. al-Arab (=ar); Aribi (=assyr.); Arabs (=en); Araby (=rs).
II. Gesamtheit der überwiegend auf der Arabischen Halbinsel lebenden und z.T. von dort nach O, mehrheitlich aber nach S und W abgewanderten Völker und Stämme arabischer Sprache. Geographische Lagebedingungen und historische Entwicklung haben im Gegensatz zur islamisch religiös verwirklichten Einheit der Umma lediglich regionale Volksbildungen ermöglicht. Konzeption und Wille zu nationalarabischer Einheit sind über formale Ansätze (z.B. »Arabische Liga«; seit 1945 diverse mehrseitige Zusammenschlüsse) nicht hinaus gelangt. 1.) nach mythischer Auffassung sind zu unterscheiden: -al-Arab al-ba-'ida: die verschwundenen, ausgestorbenen Stämme; -al-Arab al-àriba: die echten, ursprünglichen, gemeint sind S-arabische Stämme; -al-Arab al-musta'riba (oder al-muta'arriba): die »arabisierten«, gemeint N-arabische Stämme. 2.) zumindest der Gegensatz von S-Arabern, auch Himjariten genannt, und N-Arabern, den Ma'aditen, ist begründet. S-Araber wurden frühzeitiger ansässig, haben vermutlich stetigen Bewässerungslandbau und das Stadtwesen entwickelt (Reiche der Minäer und Sabäer im Jemen, Kataban und Hadramaut); sie haben

schließlich nach Äthiopien, S-Asien und Ostafrika ausgegriffen. Unter N-Arabern lebte lange das Beduinentum fort; von Mekka aus kam der Islam auf; ihre politisch-kulturelle Expansion richtete sich hpts. nach NE und W, nach N-Afrika. Herrscht bei N-Arabern eindeutig der orientalisch-mediterranide Rassentypus und im arabisierten Kolonialgebiet der armenide bzw. der berberide Einschlag vor, sind Süd-A. zufolge der brachykephalen mit Weddoiden Indiens in Beziehung gesetzten Vorbev. und der mehrmaligen äthiopiden Übergriffe häufig dunkelhäutiger und von kleinerem Wuchs. Der schwarzafrikanische Einfluß von Sklaven und Pilgern trifft auf beide Gruppen zu. Sprachlich hat das N-Arabische dank seines Sakralcharakters dominiert. Vgl. Islam, Umma, Beduinen, Fellachen.

Arabide (BIO)
II. mitunter als eigenständige Variante der Orientaliden aufgefaßte Körperformgruppe: grazil bis vollschlank. Verbreitung über Arabien und Mesopotamien sowie seit 7. Jh. in Ägypten, später nach W abgeschwächt in ganz Nordafrika; südwärts zunehmend mit Negriden vermischt (Sudan, Sahel). Vgl. race arabe (=fr) im Sinn von Orientalide; s.d.

Arabisants (SPR)
II. (=fr); zeitgenössischer Begriff nach S. KEBIR für Angehörige jener Generation jüngerer Algerier, die ihre Ausbildung zwischen 1962–1988 in der Phase der sog. Arabisierung erfuhren, die weder schon das Hocharabische noch mehr die französische Spr. und Bildung hinreichend beherrschen, die in keiner der beiden Spr. zu denken gelernt hat (A. HOTTINGER).

Arabisch (SPR)
I. al-arabīya; Arabic (=en); arábigo, algarabía (=sp). Zu unterscheiden sind das »klassische« Altarabisch, das »Neuhocharabisch« und div. Dialekte als eigentliche Muttersprache.
II. weltweite Sprgem. dieser SW-semitischen Spr. und ihrer div. Dialektformen mit 180–210 Mio. Sprechern, von denen rd. 60 Mio. in Vorderasien, bis zu 120 Mio. in Afrika, rd. 4 Mio. (mit Kult- und Zweitsprachlern) in Europa. A. ist Amtsspr. in allen altarabischen Staaten der Arab. Halbinsel (incl. Israel) und in ganz Nordafrika (Ägypten, Libyen, Tunesien, Algerien, Marokko, Mauretanien, auch in Sudan, Dschibuti und Somalia). Als Kultspr. des Koran und des Hadith ist A. darüber hinaus in der islamischen Ökumene verbreitet, d.h. auch in Europa (mit europäischer GUS) ca. 26–28 Mio., in Innerasien, in ost- und sudanesisch-sahelischen Ländern Afrikas und durch Auswanderung in beiden Amerika. Es ist Verkehrsspr. weit über den eigentlichen Kulturerdteil Orient hinaus (Innerasien, SE-Asien, Ostafrika). Das klassische A. war mind. seit 5. Jh. n.Chr. voll ausgebildete Literatursp., spielte in Verkehr, Handel und Wissenschaft eine dem Lateinischen vergleichbare Rolle, hatte erheblichen Einfluß auf andere Islamspr., insbes. Türkisch, Persisch und später Urdu, Indonesisch, Somal und schließlich Kisuaheli, hat im 7./8. Jh. die alte Verkehrsspr. Aramäisch in Syrien und Irak, das Persisch im Irak, das Sabäisch in Südarabien, das Koptisch in Ägypten ersetzt, die Berberspr. im Maghreb zurückgedrängt; es wurde im 8. Jh. kodifiziert. Das heutige Neuhocharabisch ist als Hochspr. der Nation zwar Schulspr., wird aber in Schriftform und mündlich nur in formellen Situationen benutzt (W. DIEM). Eigentliche Muttersprachen sind die erheblich fortentwickelten Dialekte, darunter insbes. das Ägyptischarabische, das durch ägyptische Lehrer, Rundfunk und Filme weit verbreitet wurde. Arabisch ist eine der sechs offiziellen Spr. der UNO.

Arabische Emirate (TERR)
s. Vereinigte Arabische Emirate.

Arabische Schriftnutzergemeinschaft (SCHR)
II. nach Zahl der die Arabische Schrift Nutzenden (potentiell 380 Mio., d.h. 7,5 % der Erdbev.), nach räumlicher Weite, deren Verbreitung und auch entsprechend der hohen Funktion dieser Schrift als Hoheitsschrift in mind. 22 Staaten und als Kultschrift der Weltrel. Islam steht sie im Rang nach der Lateinschrift und neben der Chinesischen Schrift an vorderster Stelle. Die Arabische Schrift hat sich in dieser Funktion aus Arabien über Vorderasien bis Ostturkestan und Inselindien sowie über Nord- und Ostafrika verbreitet. Mit der Arabischen Schrift werden Semitische und Hamitische, aber auch manche Indoeuropäische und Kaukasische, Türk-, Dravida- und Indonesische Spr., Bantu- und Sudanidiome, sogar Swahili geschrieben, z. T. mit zusätzlichen Buchstaben. Vor türkischer Schriftreform 1928 mit Einführung der Lateinschrift war Arabisch auch Staatssprache im Türkischen Reich. Die Wiederbelebung der Arabischen Schrift in den einst an das Latein und dann das Kyrillische verlorenen ehem. Sowjetrepubliken (Usbekistan, Kirgisien, Kasachstan, Tadschikistan usw.) ist absehbar. Die Arabische Schrift hat sich über das Nabatäische aus der Aramäischen Schrift entwickelt. Sie ist eine Konsonantenschrift, Vokalzeichen werden nur im Koran, nicht aber in der modernen Literatur und im privaten Schriftgebrauch geschrieben. Die Richtung der Arabischen Schrift verläuft von rechts nach links. Die Arabische Schrift leidet unter einer Reihe von Nachteilen, zu denen u. a. die Interpretationsschwierigkeiten hinsichtlich der Vokale zählen (Vokalzeichen/aschkal in zwischenzeiliger Lage), ferner die hohe Zahl notwendiger Drucktypen (bis zu 600 pro Schrifttyp). Unter Einfluß der im nachmaligen Verbreitungsgebiet ursprünglich heimischen aramäischen, persischen, griechischen und koptischen Schriften hat die Arabische Schrift einen außerordentlichen Formenreichtum zu mehr als 40 verschiedenen Schreibarten entwickelt. Von früh an besaß

die Arabische Schrift zwei kalligraphische Varianten, die eckige Kufi- und die gerundete Nashi/Neshi/Neschi-Schrift, daneben div. regionale Stile, z.B. im MA die Magribi-Schrift im Maghreb und Spanien. Überwiegend hat sich heute der Nashi-Duktus durchgesetzt, wenn auch in starker Vereinfachung als Faden- und Einfachschrift. Trotz genannter Erschwernisse bei der nicht mehr handgefertigten Vervielfältigung und entgegen besonderer Leseschwierigkeiten (in Anbetracht hoher Analphabetenquoten) hat sich ein ansonsten wünschenswerter Wechsel zur Lateinschrift nur in kulturräumlichen Grenzbereichen realisieren lassen.

Arabo-Berber (ETH)
II. 1.) Terminus nach *DE AGOSTINI* und *BEGUINOT* für die arabisierte Berberbev. in Nordafrika. Abgesehen davon, daß sich hier Araber und Berber seit über einem Jtsd. vielfältig biol. vermischt haben, ist mit A. auch kulturell eine neue dritte Bev.einheit erwachsen: Berber haben ihre Identität, ihre Sprache und Schrift verloren, zudem ihre Konfession von Ibaditen zu Malikiten gewechselt; andererseits hat sich mehrheitlich das seßhafte Ackerbauerntum gegenüber der nomadisierenden arabischen Viehhaltung durchgesetzt. Als Beispiele arabo-berberischer Stämme: Mizurata, Msallata und Tarhuna, auch Mshashya oder Orfella in Tripolitanien. 2.) Sammelbez. für die meist zwei-oder mehrspr. Berber; mit Unterteilung: Berberophone und Arabophone.

Arabophone Berber (SPR)
II. voll arabisierte Berber, die Berberisch kaum mehr als Hausspr. nutzen. Vgl. Arabo-Berber.

Arabu (BIO)
II. Bez. auf Zanzibar und Pemba für Mischlingsnachkommen von im 12. Jh. zugewanderten jemenitischen Händlern mit Afrikanern; dabei erfolgt Zuordnung nach subjektiven Motiven in unterschiedlicher Weise.

Aragonesen (ETH)
I. Aragonier.
II. Bew. des dünn besiedelten Aragonien im NE Spaniens. A. besaßen im MA ein mächtiges Reich, das Katalonien, die Balearen, Sizilien und Sardinien einschloß.

Arakanesen (ETH)
II. kleine protoburmesische Ethnie in Myanmar; sie sind küstenorientiert, waren gefürchtete Seepiraten. Buddhisten, doch hinduistisch beeinflußt, vielfach auch (im Arakanstaat zu 20% = 400000) kämpferische Muslime, die schon zu Kolonialzeiten für ihre Unabhängigkeit eintraten. I.w.S. incl. jener Zuwanderer bengalischer Abstammung, die sich vor 1823 in Arakan angesiedelt haben. 1948, als Birma (Myanmar) unabhängig wurde, zählten A. zu einer der drei Nationen, welche zusammen mit den fünf Nationalitäten die Urstämme der neuen Union Birmas/Myanmars bildeten. Vgl. Rohingyas, Bham.

Arakanesisch (SPR)
I. Arakanisch-spr., Rakhine-spr.
II. tibetobirmanische Sprgem. im Grenzgebiet von Myanmar (1,9 Mio.), Bangladesch (0,1 Mio.) und Indien, insbes. Spr. der Marma. Vgl. Marma.

Aralide (BIO)
I. Südsibiride Rasse (*LEVIN* 1958), Kumide (*LUNDMAN* 1967), Subrazza Araliana (*BIASUTTI* 1959).
II. Subrasse der Mongoliden. Obschon eher als Mischung von Nordasiaten mit einer europiden Vorbev. aufzufassen, hebt sie *CEBOKSAROV* 1951 in den Rang einer Subspezies.

Aramäer (ETH)
I. arameos (=sp); Aramaeans (=en).
II. Sammelname für semitische Stämme, die im 2. Jts.v.Chr. von S her nach Syrien und Mesopotamien vordrangen; um 1000 v.Chr. Reichsbildung mit Hauptstadt Damaskus. Vgl. Aramäisch-Spr.

Aramäisch (SPR)
I. Aramaic (=en).
II. alte NW-semitische Spr., die im 1. Jtsd. v.Chr. wichtigste Verkehrsspr. im Alten Orient war und Amtsspr. im assyrischen und im persischen Reich. Zu ihren Varianten zählen Nabatäisch, Palmyrenisch, Samaritanisch u.a. Reste der A. Sprgem. erhielten sich in Syrien, Kurdistan und Armenien. Aus der zugehörigen aramäischen Schrift entwickelten sich die meisten der heutigen orientalischen Schriften. Vgl. Aissor-spr.

Araona (ETH)
II. Untergruppe der indianischen Stammesgruppe der Tacana; heute mehrheitlich quechua-sprachig. Vgl. Tacana.

Arapaho (ETH)
I. Arapahoe; Arapaho, Arapahos, Arapahoe, Arapahoes (=en).
II. Stamm der Algonkin-Indianer. Im 18. Jh. durch Comanchen vom Minnesota- und Cheyenne-River, im 19. Jh. durch weiße Siedler trotz Verträgen mehrfach vertrieben und dezimiert, zuletzt 1874–77. Heute kaum 5000 im Oklahoma-Reservat und im Fremont County/Wyoming. Vgl. Algonkin-Indianer.

Arapesch (ETH)
II. Kleingruppe von Melanesiern auf Neuguinea im Sepiktal.

Arara (ETH)
II. indianischer Wanderstamm von Jägern und Sammlern sw. der Amazonas-Mündung im BSt. Para/Brasilien. Arara gehören zur karibischen Spr.gruppe; ihre Zahl betrug 1978 nur mehr rd. 870 Individuen.

Arasa (ETH)
II. Stamm von Waldindianern aus der SW-Gruppe der Pano am oberen Madre de Dios/N-Bolivien; 1981 wurden nur mehr 370 A. gezählt. Vgl. Pano.

Arauá (ETH)
II. Indianerstamm im Grenzgebiet des brasilianischen Acre zu Peru, das den Aruak zugerechnet wird. Vgl. Aruak.

Arauiti (ETH)
II. Indianerstamm der Tupi im Xingu-Nationalpark. Vgl. Tupi.

Araukaner (ETH)
I. spanischer Kunstname (nach »La Araucana« auch Araucaria, der chilenischen »Pinie« = Araukarie); Araucanians (=en); araucanos (=sp). Siehe auch Patagonier.
II. Indianervolk in Mittelchile. A. bewohnten in präkolumbischer Zeit große Teile Chiles bei geschätzt 0,5–1,5 Mio. Köpfen. Drangen im 17. Jh. auch in das ö. Andenvorland ein, von wo erst 1879 durch Argentinien und Patagonien abgedrängt. In langen Kämpfen (letztlich bis 1883), durch Krankheiten und Alkoholismus bes. im 19. Jh. traten schwere Verluste ein. Heute trotz jüngerer Erholung kaum mehr 200 000 vor allem s. des Bio-Bio. Jedoch ist ihr Anteil an der Mestizierung des chilenischen Volkes (> 65%) kaum bemeßbar groß. A. sind räumlich zu ordnen in Pehuenche/Picunche, Mapuche, Huilliche und Chilote.

Arauti (ETH)
II. südamerikanischer Indianerstamm, als Neubildung durch Vermischung von Aueto mit Vaulapiti entstanden. Wohnhaft im Alto Xingu im Mato Grosso/Brasilien. Vgl. Xingú-Indianer.

Arawak (ETH)
I. Locono; Arawak, Arawaks (=en).
II. Teilpopulation der Aruak-Indianer in der Küstenzone der drei Guyanas und Venezuelas. Leben von Anbau, Jagd und Fischfang; ca. 5000. Haben sich kulturell weitgehend der kreolischen Mischbevölk. angepaßt und ihre Eigenspr. aufgegeben. Vgl. Aruak-Spr.

Arawak (SPR)
II. Angeh. einer weitverbreiteten indianischen Spr.gruppe, deren Spr. sich von Florida bis Paraguay verteilen. Siehe u.a. Wahiro-spr., Garifuna-spr.

Arbeiter (SOZ)
I. Arbeitskräfte.
II. im weitesten Sinn jedes aktive Glied des werktätigen Volkes; »A. der Faust« (Handarbeiter) und »A. der Stirn« (geistige und künstlerische Arbeiter). Ugs.: Personen, die schwere Körperarbeit verrichten, Arbeit, die einst unfrei von Sklaven, Hörigen, Leibeigenen geleistet wurde. Über ältere Bestimmungsmerkmale hinweg: die manuelle Arbeit, Verkauf der Arbeitskraft als einzigem Besitz, fremd bestimmte/unselbständige Arbeit, ausgeführt von »freien Lohnarbeitern«, basiert heutiger Terminus i.w.S. für in abhängiger manueller Tätigkeit stehende Personen, nach ihrer Qualifikation in ungelernte, angelernte, gelernte (d.h. Facharbeiter) A. zu unterscheiden. Rechtlich sind in Deutschland A. seit 1869 »Arbeitnehmer«; Terminus umschließt hier alle Sozialversicherungspflichtige, also auch Hausgehilfen und Heimarbeiter sowie Hausgewerbetreibende. Vgl. Arbeitnehmer, »Werktätige«.

Arbeiterbauern (SOZ)
I. i.w.S. auch Nebenerwerbslandwirte.
II. Kleinbauern mit einem für die Wirtschaftsführung entscheidenden Nebenerwerb in Gewerbe, Industrie oder Forstwirtschaft.

Arbeiterpriester (REL)
I. prêtres-ouvrier (=fr); sacerdotes ovrero (=sp).
II. kath. Seelsorger, die als Arbeiter unter Arbeitern leben, seit II.WK in Frankreich, ähnlich in sozialistischen Ländern SE-Europas.

Arbeiterstudenten (WISS)
II. amtl. in der ehem. DDR für Studenten, die vor ihrem Studium Arbeiter waren. Vgl. Werkstudenten.

Arbeitgeber (SOZ)
II. Personen, die andere Menschen als Arbeitnehmer beschäftigen; als deren Vertragspartner haben sie Anspruch auf Arbeitsleistung und schulden ihnen Lohn und Sozialleistungen. Es kann sich um Unternehmer handeln, doch decken sich beide Begriffe nicht.

Arbeitnehmer (SOZ)
II. Personen, die ihre Arbeitskraft gegen Entgelt einem Arbeitgeber zur Verfügung stellen.

Arbeitsarmisten (SOZ)
II. Angeh. jener Arbeiterkontingente, die 1941 aus der w. UdSSR zum Aufbau von neuen, militärisch-industriellen Komplexen in den Ural zwangsumgesiedelt wurden; mind. 100 000.

Arbeitslose (WISS)
I. Erwerbslose; Arbeitssuchende und Beschäftigungslose; »Freigesetzte Arbeitnehmer«; »arbeitslose Stellensuchende« (Schweiz); unemployees (=en); gens sans travail (=fr); disoccupati (=it); desemplados (=sp); desocupados (=pt).
II. Arbeitsfähige ohne Erwerbsmöglichkeit, ohne entlohnte Beschäftigung. Lt. EU-Definition: arbeitslose Erwachsene, die zur Zeit bzw. zeitweilig nicht erwerbstätig oder nebenbeschäftigt sind, aktiv eine Arbeitsstelle suchen und grundsätzlich verfügbar sind. Nationale Statistiken gründen sich häufig auf spezielle Definitionen. Gleichwohl sind Arbeitslosenstatistiken international wenig vergleichbar, da jeweils verschiedene Gruppen (in Deutschland Vorruhestländler, Teilnehmer an Fortbildungsmaßnah-

men, ABM-Beschäftigte und nichtgemeldete Arbeitslose, die keine Leistungen empfangen) aus der Arbeitslosenzahl ausgeschlossen sind. Man kann segmentieren in echte A. (zu denen auch periodische A. zählen), unechte A. (die z.B. wegen Kindererziehung an keiner Arbeitsaufnahme interessiert sind, aber auch Schwarzarbeiter) und versteckte A. (d.h. unangemeldete, unerfaßte A., z.B. Stellungssuchende ohne Einschaltung des Arbeitsamtes, Umschüler). Zum Zweck länderkundlichen Vergleichs wird die Arbeitslosenquote als Anteil der A. an der Zahl der Beschäftigten angegeben. Doch auch die Zahl der Beschäftigten wird unterschiedlich bestimmt, z.B. in Frankreich, Großbritannien, Italien, Irland oder Belgien unter Einschluß von Selbständigen. Von der durch die ILO auf 2,7 Mrd. geschätzten Welt-Erwerbsbev. dürften 1994 rd. 30% oder 820 Mio. ohne Beschäftigung gewesen sein. 1991 gab es in den OECD-Staaten 28 Mio. A., d.h. 7,1% d. Erwerbstätigen. In den Industriestaaten differiert die Arbeitslosenquote 1994 in einer Bandbreite von 2,8% (Japan) bis zu 24,4% (Spanien). In Deutschland (1.1.93) ergab sich eine amtl. A.quote von 11,9%. Vgl. Langzeitarbeitslose.

Arbeitsmigranten (WISS)
II. Personengruppen, die auf der Suche nach Arbeit interne/nationale oder grenzüberschreitende Wanderungen auf sich nehmen. Zu ersteren zählen u.a. Land- und Höhen-, Berg-»Flüchtige«, zur zweiten Gruppe u.a. die Gastarbeiter, die illegalen Zuwanderer, die Brain-Drain-Abwanderer. Vgl. ferner Wirtschaftsflüchtlinge, Saisonarbeiter/Erntewanderer.

Arbeitsplatzbevölkerung (WISS)
II. Gesamtzahl aller Personen, die an ihren Arbeitsplätzen gezählt werden, gleichgültig wo sie wohnen. Vgl. Tagesbevölkerung.

Arbeitswanderer (WISS)
II. Fachterminus (nach *K.J. BADE*), der in Unterscheidung zu Wanderarbeitern i.e.S. lediglich jene (temporären) Arbeitskräfte umgreift, die ihren festen Familienwohn- und Haupterwerbssitz nur für auf Wochen oder Monate begrenzte Zeit verlassen. A. waren im vor- und frühindustriellen Europa weit verbreitet; z.B. Preußen-, Sachsen- und Hollandgänger (Grasmäher, Torfgräber, Ziegler, Heringsfänger) oder in heutiger Ausbildung: Schabaschniki, nordamerikanische Custom cutters u.v.a. Vgl. Landwirtschaftliche Saisonwanderer, Saisonarbeiter.

Arbëresh (SPR)
II. Sprg. der Italo-Albaner, ca. 100000, deren albanisches Idiom dem Stand der Emigrationszeit (14./15. Jh.) mit zugeführten italienischen Lehnwörtern entspricht. Sie ist für die griechisch-unierten Albaner Liturgie- aber nicht Schulspr., jedoch sind Orts- und Straßennamen ihrer ca. 70 Siedlungen zweisprachig.

Arbëreshi (ETH)
I. (=it); Italo-Albaner.
II. nach dem Altnamen ihrer Heimat benannte albanische Siedler, die sich im 14.–17. Jh., bes. im 15. Jh. als Flüchtlinge vor türkischer Besetzung im dünnbesiedelten Festland-Italien (Kalabrien, Apulien, Lukanien) niederließen; griechisch-katholischer Konfession. Vgl. Italo-Albaner.

Archanthropinen (BIO)
I. Urmenschen, Frühmenschen; Pithecanthropus-Gruppe.

Archimandriten (REL)
II. 1.) Äbte orthodoxer Klöster; 2.) Ehrentitel für orthodoxe Geistliche.

Archimorphe Rassen (BIO)
II. überholte Altbez. des 19. Jh. für die »vorherrschenden« Menschenrassen: Neger, Weiße, Gelbe.

Ardanovci (SOZ)
II. Zigeunerstamm in Serbien.

Argentinien (TERR)
A. Republik. República Argentina (=sp). (the Argentine Republic); Argentina (=en); (la République argentine), l'Argentine (=fr); Argentina (=it, pt, sp).

Ew. 1797: 0,311; 1837: 0,675; 1869: 1,737; 1895: 3,955; 1914: 7,885; 1947: 15,897; 1950: 16,284; 1955: 18,928; 1960: 20,611; 1965: 22,179; 1970: 23,748; 1975: 25,384; 1980: 28,237; 1985: 30,564; 1996: 35,220, BD: 13 Ew./km²; WR 1990–96: 1,3%; UZ 1996: 88%; AQ: 5%

Argentinier (NAT)
I. argentínos (=sp, pt); Argentines, Argentinians (=en); argentins (=fr); argentini (=it).
II. StA. von Argentinien; es sind zu über 90% Weiße, 5% Mestizen, 5% Indianer.

Argobba (ETH)
II. ethnische Einheit in Äthiopien.

Argot (SPR)
I. Slang, Jargon.
II. ursprünglich die französische Bettler- und Gaunerspr., heute die Sonderspr., die lässige Umgangsspr. von Jugendlichen in Banlieues französischer Großstädte. Vgl. Verlan, Adolang.

Arhuaco (ETH)
I. Ica.
II. kleines Volk indianischer Bergbauern in s. Sierra Nevada de Sante Marta/N-Kolumbien. Leben in 65 Siedlungsgemeinschaften unter straffer Organisation, so daß es gelang, alle Missionare ihres Territoriums zu verweisen; heute Unterscheidung in Traditionalisten und Modernisten. Derzeitige Kopfzahl ca. 6000. Bekannteste Stämme sind Bintigwa, Ica, Saha, Kogi.

Arianer (REL)
I. arrianos (=sp); Arians (=en).

II. Anh. des Presbyters Arius, nach dessen Christologie (Arianismus) Christus dem Gottvater nur »wesensähnlich« ist. Trotz Verdammung in Nikäa 325 und Konstantinopel 381 hielt sich Lehre bei christianisierten Germanen (Ulfila, Goten, Vandalen, Langobarden) bis ins 7. Jh.

Aribocos (BIO)
I. Zambos, Cafuzos; s.d.

Arier (ETH)
I. aus Ariya (ssk=) »die Blutsverwandten«, (später: »die Edlen«, die »Auserwählten«); Aryans (=en); arios (=sp).
II. frühgeschichtliches Volk, das um 1900–1500 v.Chr. erobernd von Zentralasien her nach Indien einbrach, dort vermutlich die Induskultur zerstörte und über die Bodo und Munda eine Oberschicht ausbildete. Zur Regelung zwangsläufig auftretender sozialer Gegensätze diente seither das bis heute bestehende Kastensystem der vier Varna (s.d.). Seine Leitung übernahmen die Brahmanen, doch gleichzeitig entstanden auch die Erlösungslehren des Buddha und Jaina, die eben jenen Brahmanismus reformierten und zum älteren Hinduismus wandelten. Im 3.–2. Jh.v.Chr. entstand in dem von Ariern besetzten Nordindien das Maurya-Reich, in welchem sich das Aufeinandertreffen von Ariern und Drawidas ereignete. 2.) Als Indoarier versteht die Linguistik jene Völker, die sich indoiranischer bzw. indogermanischer Sprachen bedienen. 3.) =no-Jews (=en). In Deutschland hat der Nationalsozialismus auch diesen Terminus in stark verfälschendem Sinn mißbraucht als Umschreibung für »Menschen deutschen oder artverwandten Blutes« im Gegensatz zu »Nicht-Ariern«. Vgl. Indoarier, Indoarische Spr., »Ehrenarier«.

Arikapu (ETH)
I. Maxubi.
II. vom Aussterben bedrohte kleine Indianerethnie im Regenwald Brasiliens, 1981 nur mehr 120 Individuen.

Arikara (ETH)
I. die »Dorfstämme« genannt.
II. N-amerikanische Indianer am oberen Missouri River, seit 1880 in der Fort Berthold Reservation/ North Dakota/USA mit Eigenspr. Caddo; < 1000. Lebten im Unterschied zu Prärie- und Plainsstämmen in befestigten Siedlungen. Durch Zusammenstöße mit Pelzhändlern und verheerende Pockenepidemien starker Bev.rückgang. 1860 Zusammenschluß mit Mandan und Hidatsa in der Reservation; ab 1950 erneute Umsiedlung.

Arikem (ETH)
I. Ahapovo.
II. kleiner Indianerstamm an der Grenze vom Mato Grosso zum Amazonas/Brasilien; 1978: 320 Individuen. Ihre Spr. gehört zur Tupi-Guarani-Gruppe. Maniok- und Maisanbau; Ahnenkult mit Knochen der Vorfahren.

Aristokraten (SOZ)
I. agr./lat. »Beste als Herrscher«.
II. Angeh. des Adels; i.w.S. auch die durch Geld, Besitz oder Bildung ausgezeichneten Angeh. der Oberschicht.

Arlijas (SOZ)
II. Zigeunerstamm in Bosnien.

Armagnaken (SOZ)
I. armagnacs (=fr); Armegecken(=dt).
II. 1.) Bew. der Landschaft Armagnac; 2.) im MA tapfere Soldatentruppe u.a. im Hundertjährigen Krieg, die schließlich verwahrloste, zur Landplage wurde und deshalb im 15. Jh. bekämpft werden mußte.

Armatolen (SOZ)
II. griechische Freiheitskämpfer gegen die Türken im 19. Jh.

Arme (SOZ)
I. Bedürftige, Hilfsbedürftige. Nicht voll synonym Minderbemittelte, Sozialschwache; poor persons, needy persons (=en); pauvres (=fr); pobres, desvalidos (=sp); pobres (=pt); poveri, bisognosi (=it). Moderne Umschreibungen: Menschen am Rande des Existenzminimums; underprivileged persons (en=) »Unterprivilegierte«, disadvantaged persons (en=) »Benachteiligte«.
II. Begriff ist nicht allgemein gültig, in etwa für erwachsene Personen oder Personengruppen, die ihren Lebensunterhalt nicht aus eigenen Kräften bestreiten können. Definition und Maß von Armut werfen Probleme auf, so daß Zahlen letztlich unvergleichbar bleiben. Erforderlicher Lebensunterhalt wird in Industriestaaten am Existenzminimum, nach unterschiedlichen Kriterien am gesellschaftlichen Mindestbedarf gemessen. In der EU z.B. gelten Haushalte, die mit weniger als 50% des durchschnittlichen Haushaltseinkommens leben müssen, als arm. Auf dieser Basis zählen etwa 7 Mio. Deutsche als in Armut lebend. Dabei subsumiert Terminus vor allem Frauen, Personen mit schlechter Ausbildung, Personen im Alter von 15–24 J. und solche, die älter als 62 J. sind. Nicht selbstständlich als arm dürfen die sog. Bezieher niedriger Einkommen gleichgewertet werden. In Entwicklungsländern mißt man das Realeinkommen pro Kopf der Bev. an dem industrialisierter Länder; man spricht entsprechend von »armen Völkern« mit dem scharfen Gegensatz zwischen einer sehr kleinen Schicht Reicher und der überwiegenden Mehrheit der A.

Armenide (BIO)
I. Altbez. Assyroide; race assyroide, race anatolienne et pamirienne (=fr); Armenoide Rasse.
II. sehr früh ausgebildete europide Typengruppe/ Unterrasse in Vorderasien; mittelwüchsig, unter-

setzt; kurzköpfig mit hohem Gesicht und steilem Hinterhaupt; schmale, spitze Nase mit konvexem Profil; stärkere Körperbehaarung, welliges braunschwarzes Kopfhaar, dunkelbraune Augen; olivbraune oder hellere Haut. Verbreitung in Anatolien, Transkaukasien, Aserbeidschan; durch Türkenwanderungen verstreut auch in Balkanländern und an der Levante. Vielfache Übergänge zu Orientaliden. Bez. A. wird mitunter auf Variante mit klobiger Nase, breiter Mundspalte und dicker Unterlippe beschränkt: Armenide i.e.S., die vor allem in Transkaukasien verbreitet sind (Armenier, Azeri).

Armenien (TERR)
A. Republik. Unabh. (seit 21. 12. 1991); vormals Armenische SSR der UdSSR. Haikakan Hanrapetoutioun. Republic of Armenia (=en); Armenia (=it, sp, pt).

Ew. 1939: 1,3; 1959: 1,8; 1979: 3,031; 1989: 3,283; 1996: 3,774, BD: 127 Ew./km^2; WR 1990–96: 1,0%; UZ 1996: 70%, AQ: 1%

Armenier (ETH)
I. Eigenbez.: Haykh/Haik (Sg. Hay) ist persischen Ursprungs; Chai; Armyane, Armjane (=rs); Ermen (=tü); Armenians (=en); Arméniens (=fr); Arménios (=sp, pt); Armènii (=it).

II. Volk mit indogermanischer Eigenspr. und alter Eigenschrift; in ehem. UdSSR 1939–1991 zur Verwendung des kyrillischen Alphabets gezwungen. Seit 3. Jh. Christen (Monophysiten), hpts. in Ostanatolien und Transkaukasien verbreitet. Einwanderung in das Bergland im 7. Jh.v.Chr. unter Assimilierung chaldäischer und urartäischer Vorbevölkerung. Erlangten nur zeitweilig Unabhängigkeit, standen vielmehr unter oft wechselnder Fremdherrschaft (Meder, Perser, Seleukiden, Römer, Parther, Sassaniden, Araber, Byzantiner, Seldschuken, Türken). 1828/29 gelangten zentrale Teile Armeniens (Khanat Erewan) unter russische Herrschaft, 1878 auch Kars und Ardahan. 1918 bestand eine kurzlebige »Transkaukasische Föderation« (mit Georgiern und Aserbeidschanern). 1936 Status einer SSR, jedoch blieben Achalkalak und Achaltsiche bei Georgien und Nachitschewan (mehrheitlich von Azeri bewohnt), und Nagorny Karabach wurde der Aserbeidschanischen SSR zugeordnet, Kars und Ardahan 1919 sogar an die Türkei abgetreten. Im Osmanischen Reich erlitten A. durch wiederholte Verfolgungen schwerste Verluste. 1894–96 (80000–300000 Tote, lt. *V.N. DADRIAN* 150000), 1909 und im Ethnozid 1915–18 u. a. bei der Deportation der Überlebenden nach Syrien und Mesopotamien. Von ursprünglich 1,8–2,5 Mio. türkischen A. entgingen kaum 0,6–1,5 Mio. den Verfolgungen. Aus der Türkei und ihren einst arabischen Provinzen gelangten nach I.WK durch Weiterwanderung ca. 170000 nach Europa und Amerika, bes. nach Frankreich und USA. Lt. Schätzung in USA ca. 650000, in Frankreich > 250000. Insgesamt außerhalb Armeniens fast 2 Mio.. Gesamtzahl der A. um 1990 ca. 6,4–7 Mio. Erstaunlich die kulturelle (ethnisch-sprachliche) Kontinuität der A., die das eigentliche Verdienst der armenisch-apostolischen Kirche ist, deren Oberhaupt und Sprecher der Katholikos der Gregorianer. Im Gebiet der ehem. UdSSR leben 4,2 Mio. A., sie halten im heutigen Armenien mit 3,0 Mio. einen Anteil von 93% (1989). Minderheiten bestehen: in Türkei 1980 nur mehr rd. 70000; in Aserbaidschan. SSR 1970 ca. 484000, in Grusinischer SSR 1970 ca. 452000; ferner > 200000 im umstrittenen Nagorni Karabach-Gebiet; in Iran 130000, Syrien 120000, Libanon 70000, Irak 30000, Zypern 5000. Überwiegend gregorianisch, doch (seit 1439) auch unierte Christen. Vgl. Armenide, Gregorianer, unierte A.; vgl. auch Chemschili (=rs).

Armenier (NAT)
II. StA. von Armenien, dort mit Anteil von 93,3% an der Gesamtbev. Armenien schließt Doppelbürgerschaft ausdrücklich aus entgegen der Interessen des Großteils aller ethnischen Armenier, die in der Diaspora lebt. Diesen steht nur Identitätskarte zu, die Reise- und Wirtschaftsaktivitäten erlaubt.

Armenisch (SPR)
I. Armenian (=en).

II. Sprgem. dieser indogermanischen Spr. mit alter, bis in das 5. Jh. zurückreichender Geschichte, umfaßt 1991 > 4,6 Mio., davon in Armenien > 3 Mio., in GUS-Staaten (insbes. Aserbaidschan und Georgien je 300–400000) 1,4 Mio., in Iran (280000), Libanon (170000), Syrien (360000), ferner in SE-Europa ca. 90000 sowie große Emigrantenkolonien bes. in Frankreich. Das Neuarmenisch ist in zwei Spr.gruppen, West- und Ostarmenisch, zu unterteilen. Ostarmenisch mit dem Ararat-Dialekt gilt als Staatsspr. in Armenien.

Armenische Christen/Kirche (REL)
I. Armenian Orthodox oder Armenian Catholics (=en).

II. monophysitische Gregorianer und seit 1439 unierte Armenier mit eigenem gregorianischem Ritus bei Eigenspr. und -schrift. A.K. beansprucht als einzige nationale Institution, die historische Rolle und Tradition während Jh. bewahrt zu haben, in denen es keinen armenischen Staat gegeben hat. Vgl. Gregorianer, unierte Armenier.

Armenische Schriftnutzergemeinschaft (SCHR)
II. das vom armenischen Hofschreiber Mesrop um 400 n.Chr. aus griechischen und wohl auch iranischen Vorbildern geschaffene Alphabet aus 38 Zeichen, das ebenso der Verbreitung des christlichen Glaubens als der Bewahrung der armenischen Identität diente. Die Formulierung, daß es diese 38 Soldaten (Buchstaben) seien, welche die armenische Kultur verteidigt haben, spricht für die außerordentliche Wertschätzung durch alle Armenier. Im weltlichen und geistigen Leben von 4–5 Mio. Arme-

niern auch in der Diaspora benutzt. Heute Hoheitsschrift in Armenien als auch Sakralschrift der Gregorianer und unierten Armenier. Die frühe Version, das Erkat'agir, die »Eisenschrift«, war im 5.-8. Jh. in Gebrauch. Damals entstand eine breite, vorwiegend geistliche Literatur. Spätere Schreibvarianten sind die kleinmesropianische Schreibschrift (9.-12. Jh.), die Rundschrift/boloragir (12.-14. Jh.), die Kursivschrift/nótragir (13.-18. Jh.), die Kurrentschrift/selagir (18.-19. Jh.), die Neukurrentschrift. Der moderne Buchdruck verwendet die Rundschrift.

Armutsflüchtlinge (WISS)
I. (nicht voll syn.) Wirtschaftsflüchtlinge.
II. Migranten, die entweder aus materieller Not oder zur Sicherung ihres Überlebens ihre Heimat aufgeben oder dies in der Hoffnung tun, in anderen Landesteilen/Ländern (selbst ferner Kulturerdteile) bessere Lebensbedingungen, vor allem aber Arbeit zu finden (*P.J. OPITZ*). Vgl. Arbeitsmigranten, Illegale.

Arnauten (ETH)
II. türkische Bez. für Albaner, insbesondere nur für die muslimischen Albaner.

Arnauten (SOZ)
II. 1.) die bei Ausdehnung des Osmanischen Reiches in SE-Europa vertürkten Albaner. Begünstigt von der Reichsgewalt, wurden sie im 16./17. Jh. in breitem Maße in Verwaltung und Heer eingesetzt; 2.) von daher: albanische Eliteeinheiten im osmanischen Heer.

Arner (SOZ)
II. Erntehelfer aus Böhmen und dem Bayerischen Wald in den niederbayerischen Gäulandschaften bis zum II.WK.

Aroana (ETH)
II. vom Aussterben bedrohtes indianisches Restvolk im nw. Bolivien; 1981 rd. 110 Individuen.

Aromunen (ETH)
I. aus (=aromun.) Aramân, Aromâni, (=rm) Aromânii; (lat=) Romani; Arumanen (in Südrumänien), auch Walachen, Pindos-Wlachen, Makedorumänen; (=gr) Kutzowlachen; (=sk) Zinzaren; Tschobani (tü=) »Hirten«; Aroumains (=fr).
II. den Dakorumänen sprachlich und kulturell verwandte, doch von ihnen im Zuge der slawischen Landnahme (7./8. Jh.) räumlich abgetrennte Teilethnie in Griechenland, Gesamt-Mazedonien, Albanien und Serbien. Einst über den ganzen Balkan verbreitet, heute eher auf div. Volkstumsinseln (z.B. Pindosgebirge) mit ca. 400000-500000 konzentriert. Gelten seit einem Jtds. als bes. befähigte Viehzüchter (auf Schafe und Maultiere), deren Lebens- und Wirtschaftsform (Bergnomadismus) auch von anderen Bev. übernommen wurde (*BEUERMANN*). Dank ihrer Beweglichkeit blieb ihnen bis ins 19. Jh. fast der gesamte Warenverkehr zu Lande zwischen Venedig und Konstantinopel vorbehalten. Als in Stämme gegliederte Schafnomaden sind Farscherioten/Farscheroten, auch Gramostener tätig; andere Gruppen wurden als Handwerker und Kaufleute auch in größeren Siedlungen ansässig. A. haben nie Eigenstaatlichkeit erlangt, ihre rumänische Mundart steht stark unter griechischen, albanischen, türkischen und slawischen Einflüssen, wird von A. selbst als Spätlatein bezeichnet, ist nicht Schriftspr.. In Rumänien werden A. häufig Mazedonier genannt. Vgl. Karakatschanen, Makedorumänen, Walachen, Mijaci

Aromunisch (SPR)
II. nach *H. HARMANN* eine Sprgem. von 222000 (1991), nach *K. THORN* von 346000 (1979), wovon in Griechenland 150000, im ö. Serbien/Jugoslawien 32000, in Bulgarien, Albanien, Griechenland und Rumänien.

Arribeños (SOZ)
I. (=sp); Küstenbewohner (in Mexiko), im Gegensatz zu den Binnenländern. Vgl. ribeirinhos (=pt).

Artschin (ETH)
I. Artschinen, Archi; Eigenbez. Arschintib, Arischischuw, Arishishuw; Archintsy, Artschincy (=rs).
II. kleine Restbev. von ca. 1000 Köpfen in der Tiefebene von Chatar/Russische Rep. Dagestan. Ihre Sprache wird zur lesgischen Untergruppe der nacho-dagestanischen Familie der Nordkaukasus-Spr. gezählt. Vgl. Awaren.

Aruak (ETH)
I. Arawak, Arawaken, Nu-Aruac; Matsiguenka; i.e.S. Locono.
II. indianische Spr.- und Völkerfamilie im oberen Amazonasbecken, deren Verbreitung zur Entdeckungszeit von den Bahamas und Florida bis zum Gran Chaco und von Ostabhängen der Anden bis zur Amazonasmündung reichte. Zusammen ca. 200 größere und kleinere Stämme. Ihr zugehörig sind u.a.: Amuesha, Asháninka, Dzazé, Matsiguenka, Mojos, Pailkur, Paraujano, Terèna, Wayú, Xinguanos.

Aruba (TERR)
B. Autonomes Überseegebiet von Niederlande, früher Teil der Niederländischen Antillen in der Karibik. Aruba (=en, fr, sp).
Ew. 1996: 0,088, BD: 455 Ew./km^2; WR 1990-96: 2,7%

Aru-Insulaner (ETH)
I. Pata-lima und Pata-siwa.
II. Bew. der südlichsten Molukkengruppe s. von Neuguinea, ca. 40000-50000; wohl eine Mischbev. hervorgegangen aus Papua und Malaien, mit einer ostindonesischen Spr.; noch Jäger und Sammler mit Naturreligion.

Arunachali (ETH)
I. Hill tribes.

II. Sammelbez. für ca. 26 Adivasi-Tribes im indischen Bundesterritorium Arunachal Pradesh am Himalaja-Fuß. Es handelt sich nach CHR. VON FÜRER-HAIMENDORF um Altvölker sehr unterschiedlicher Herkunft, Sprache, Religion und wirtschaftlicher Betätigung, so die tibetischen Monpa, die mongolischen Adi als Sammler und Jäger, die seßhaften Apatani als Reisbauern, die Nishi als Brandrodungsbauern. Zum Schutz ihrer kulturellen Identität und sozioökonomischen Unabhängigkeit vor Landnahme durch Tee-Anbaugesellschaften, vor Zuwanderern aus der assamesischen Brahmaputra-Ebene und Bengalen errichteten die Briten bereits 1873 eine innere Grenze gegen alle Fremden. Das unabhängige Indien setzte diese »Inner-Line-Policy« mit gewissem Erfolg fort, so daß den A. an der Gesamteinwohnerschaft im Schutzgebiet von 850000 heute noch ein (offizieller) Anteil von 70% zukommt. Nur A. dürfen dort Land besitzen, Geschäfte führen und sind von Steuern befreit. Vgl. Adivasi; Adi, Chakma, Deori.

Arunchal Pradesh (TERR)
B. Bundesstaat Indiens. =Nagaland; Itanagar.
Ew. 1961: 0,369; 1981: 0,632; 1991: 0,865, BD 10 Ew./km²

Arunta (ETH)
I. Aranda.
II. Kleinstamm der Aborigines in der australischen Zentralwüste. Bekannt durch ihr äußerst kompliziertes Heiratssystem. Einst schweifende Wildbeuter, heute z.T. landwirtschaftliche Hilfsarbeiter. Vgl. Aborigines.

Aruscha (ETH)
I. Arusha (=en), Lumbwa-Maasai.
II. Negerstamm mit übernommener Masai-Spr. der ostnilotischen Spr.familie an den Hängen des Mt. Meru in Nord-Tansania; wurden erst nach ihrer Niederlage gegen die Masai ein selbständiger Stamm und zu Ackerbauern. Anzahl ca. 100000 Köpfe. Vgl. Maasai.

Arusi (ETH)
I. Arussi.
II. Volksgruppe der Galla mit ostkuschitischer Eigenspr. im äthiopischen Hochland, teilweise islamisiert. Treiben Ackerbau, bekannt aber durch große Herden, nutzen Blut ihrer Rinder. Vgl. Oromo.

Arvanites (ETH)
II. albanische Volksgruppe, die im 14. Jh. (noch vor den Türken) in das damals weitgehend entvölkerte Griechenland eingewandert ist; wurde in Attika (Plaka-Quartier Athens), auf dem Peloponnes und vielen ägäischen Inseln ansässig; nahmen am Freiheitskampf der Griechen teil, haben trotz nachhaltiger Gräcisierung Sprache und Bräuche bis heute beibehalten. Vgl. aber Tschameria-Albaner.

Arzach-Armenier (ETH)
I. traditionelle Bez. aus Urteche (=urartaisch), Orchistene (=agr); Karabach-Armenier.
II. armenische Regionalbev. im westaserbaidschan. Karabach, (tü/pe=) »schwarzer Garten« (mit Nieder-K. und Berg- od. Nagorni-K.), von 200000–250000 Köpfen. Arzach ist ein altes Rückzugsgebiet, in das seit 11. Jh. Armenier vor den westwärts vordringenden islamischen Turkstämmen flüchteten und trotz persischer Oberhoheit zeitweise gewisse Autonomie genossen. 1813 fiel das Khanat Karabach an Rußland, wurde aber weder in zaristischer noch in sowjetischer Zeit administrativ mit Armenien vereinigt. Durch aserbaidschanische Zuwanderung (seit 18. Jh.) und armenische Abwanderung in andere Teile der ehem. UdSSR (im 20. Jh.) verlor sich die einst ethnische Geschlossenheit. Der armenische Anteil an Gesamtbev. fiel von 94.4% (1923) auf 75,9% (1979). AA. leiden seit langem unter politischem, wirtschaftlichem und kulturellem Integrationsdruck Aserbaidschans, der wiederholt in kriegerischer Gewalt eskaliert. Vgl. Armenier.

Asaba (SOZ)
I. (=ar); männliche Verwandtschaft in väterlicher Abstammungslinie. Mitglieder der A. sind im islamischen Erbrecht gegenüber anderen Verwandten (u.a. Frauen, Ehegatten usw.) bevorrechtigt. In der arabischen Welt leitet sich aus Begriff der A. die Asabijja, »der Gemeinsinn« ab, im weitesten Sinn der Ursprung jeder gesellschaftlichen Ordnung.

Asario (ETH)
II. Indianerstamm in der Sierra Nevada in Kolumbien; 1984: 390 Individuen.

Asben (ETH)
I. Kel Aïr.
II. Regionalgruppe der Tuareg in der Aïr-Region. Vgl. Tuareg.

Ascension (TERR)
B. Nebeninsel der Kronkolonie St. Helena.
Ascension (=en); (l'île de l') Ascension (=fr); (la isla de la) Ascensión (=sp).

Aschanti (ETH)
I. Ashanti (=en), Asante.
II. großes schwarzafrikanisches Volk von über 1 Mio. Köpfen in Ghana. A. zählen zur Gruppe der Akan, in der sie kulturell und politisch dominieren. Sozial gegliedert in patrilokale Großfamilien und matrilineare Sippen. Zunehmend patriarchalische Tendenzen im Erbrecht, hervorgerufen durch moderne Kakaoplantagenwirtschaft. Waren im 17.–19. Jh. Träger des mächtigen A.-Reiches (Sakrales Königtum, Goldmonopol), dessen ursprünglicher Kernraum n. der westafrikanischen Regenwaldzone durch Eroberungen der Akan-Nachbarstaaten (Aschanti-Konföderation) s. ausgeweitet wurde, je-

doch ohne die Küste zu erreichen. Zahlreiche Kriege mit der britischen Kolonialmacht von 1824 an führen 1896 zur Verbannung des letzten Asantekene und 1900 zur Übergabe des »Goldenen Stuhls« (Herrschaftssymbol). Unter »indirect rule« begrenzte Autorität traditioneller Herrscher. Stellen progressivstes Element des selbständigen Ghana dar. Vgl. Akan.

Asch'ariten (REL)
II. Anh. und Schulrichtung der Al Aschari im sunnitischen Islam; schufen im 10.–14. Jh. Ausgleich zwischen naivem Glauben und Vernunfttheologie der Mutaziliten.

Aschireten (SOZ)
I. Ashirets (=en).
II. die (vornehmen) Hirten und Krieger bei den (Ost-)Kurden.

Aschkenasim (REL)
I. Aschkenasen, Aschkenazim; Ashkenazic Jews (=en), auch Ostjuden. Bez. nach Aschkenas (Bibel Gen. 10.3), der ein – von Palästina aus gesehen – n. Land bewohnt. In der rabbinischen Literatur des MA hieß Deutschland, das Hauptziel der Abwanderung in die Diaspora, Aschkenas.
II. Hauptgruppe der Judenheit (85–80 % aller Juden), rd. 15 Mio. Verbreitet einst hpts. in Mittel- und Osteuropa und stark durch deren Kultur geprägt; überwiegend jiddischspr. Vgl. Ostjuden.

ASEAN-Bevölkerung (WISS)
I. aus Association of South East Asian Nations.
II. Bew. von sechs seit 1978 wirtschaftlich verbundenen Staaten Südostasiens: Brunei, Indonesien, Malaysia, Philippinen, Singapur, Thailand mit 1990 rd. 317 Mio.

Aserbaidschan (TERR)
A. Republik mit diesem Namen erst seit 1918; vormals geogr.-historische Unterscheidung von N- und S-Aserbaidschan; Autonome Republik Aserbaidschan (mit Hauptstadt Täbris) 1945/46, dann Aserbaidschanische SSR der UdSSR, seit 21. 12. 1991 Republik Aserbaidschan: Azarbajchan Respublikasy (=rs); Azerbaijan (=en).
Ew. 1939: 3,200; 1959: 3,700; 1989: 7,038; 1996: 7,581, BD: 88 Ew./km²; WR 1990–96: 1,0 %; UZ 1996: 54 %, AQ: 5 %

Aserbaidschaner (ETH)
I. Aserbeidschaner; Asserbeidschaner; Azerbajaner; Adharbeidjaner; Azerbajgan/Aserbaidschan (Eigenbez.); Azerbajdshancy/Azerajuzancy (=rs); Azerbaidzhans, Azerbayjans, Azerbaijans, Azerbaydyans, Asian Azerbaijanians (=en); Azerbaijanis, Azerbajuzaner. Aseri, Azeri (ehem. UdSSR); (vor 1930) Türk, Tyurk, Azeri Tafar, Caucasian Tatar (=en).
II. A. sind als Volk eine junge Erscheinung, in dem türkische, iranische, kaukasische und andere Ethnien aufgegangen sind; ethnogenetisch bis auf die Seldschukenzeit zurückzuführen; im 8. Jh. von Arabern erobert und islamisiert; durch eindringende Turkstämme im 11. Jh. weitgehend turkisiert; mongolische und osmanische Vorherrschaft; mit Niedergang der persischen Hegemonie Beginn der russischen Einflußnahme, 1828 bzw. 1844 Eingliederung in das russische Reich; in Revolutionszeit 1917 transkaukasisches Kommissariat, 1918 unabhängige Aserbaidschanische Republik, 1918/19 Besetzung durch (auch deutsche) Interventionstruppen. 1923 erhielt Aserbaidschan das armenisch besiedelte Nagorny Karabach als autonomes Gebiet zugeschlagen. Seit Abkommen von Turkmantschai 1828 nationalstaatlich geteiltes turksprachiges Volk (mind. 16 Mio., wovon 1990 ca. 6,77 Mio. in GUS davon in Transkaukasien (mit Anteil von 83 % (1989) 5,8 Mio. in eigener SSR; ferner leben ca. 9,8 Mio. Aseri in N-Iran (E- und W-Aserbaidschan), sie haben in Iran einen Anteil von 16 % an der Gesamtbev., sowie ca. 400 000 in der NE-Türkei. Iranische A. sind politisch wie sozial weitgehend integriert, eine Wiedervereinigung ist nicht aktuell. A. sind überwiegend schiitischen Glaubens. Vgl. Ogusen.

Aserbaidschaner (NAT)
II. StA. von Aserbeidschan. 1996 rd. 7,6 Mio. Ew., davon in den autonomen Gebieten Nachitschewan (280 000) und Nagorny(Berg)-Karabach (40 000). In Aserbaidschan 85,4 % A., 4 % Russen, 2 % Armenier, Tataren, Lesgier u.a.

Aserbaidschanisch (SPR)
I. Aserbeidschanisch-spr.; Azerbaijani (=en).
II. Sprecher einer der in Westasien verbreiteten Turkspr. aus der Gruppe des Südtürkischen- oder Ogus-Spr.zweiges; seit 14. Jh. Schriftspr., Eigenspr. der Azeri, Amtsspr. in Aserbaidschan, Lingua franca in Transkaukasien, Daghestan und NW-Iran. Sprgem. ist 1991 auf rd. 16,4 Mio. zu veranschlagen, davon in Aserbaidschan 5,8 Mio., in sonstiger GUS (Armenien, Georgien) rd. 770 000 und in Iran auf 9,8 Mio. Spr. wurde einst einheitlich in arabischer Schrift geschrieben, dann (seit Revolution) in Sowjetunion 1922–1940 in Lateinschrift, 1941–1992 mit der Grazhdanskaya, seither wieder in modifiziertem Latein.

Ashá'er (SOZ)
I. (=pe); ashayer; Sg. ashireh.
II. Stammesbev. Vgl. Ilat.

Ashira (SOZ)
II. Stamm oder Unterstamm arabischer Beduinen.

Ashluslay (ETH)
I. Chalupi.
II. Indianerstamm im Chaco W-Paraguays, zur Spr.gruppe der Mataco zählend. 1980 nur mehr 230 Individuen.

Ashmore- und Cartierinseln (TERR)
B. Eines der Australischen Außengebiete. The Ashmore and Cartier Islands (=en); les îles Ashmore et Cartier (=fr); las islas Ashmore y Cartier (=sp).

Asian Americans (ETH)
II. (=en); Sammelbez. in N-Amerika für ethnisch und kulturell höchst unterschiedliche Gruppen asiatischer Emigranten und ihrer Nachkommen, für sog. Chinese Americans/Amerika-Chinesen/Sino-Amerikaner, -Japaner, -Koreaner, -Filipinos, -Inder, die nach legaler oder illegaler Einwanderung in rasch wachsenden Minoritäten in USA (lt. VZ 1980) 3,3 Mio., d.h. einen Anteil von 1,6% an der Gesamtbev., 1994 bereits von rd. 3% haben. Ihre Hauptverbreitung besitzen die A.A. in Kalifornien, wo ihr Anteil 10% erreicht. Stärkste Teilgruppe unter den A.A. ist chinesischer Herkunft.

Asiaten (ETH)
I. Asiatics (=en), Asiatiques (=fr).
II. Bew. des Kontinents Asien; in geographischer Sicht unter Abzug der Bew. der europäischen/russischen Siedlungszunge (vgl. Großeuropäer). Anzahl um Zeitenwende: 138 Mio., um 1200: 203 Mio., um 1500: 253 Mio., um 1800: 602 Mio., um 1900: 937 Mio., um 1950: 1413 Mio., um 1975: 2288 Mio., 2000 geschätzt auf mind. 3870 Mio.. Ihr Anteil an der Weltbev. wird um das Jahr 2000 rd. 62% betragen. Vgl. Ost-, Süd-, West- und Südostasiaten.

Askari(s) (SOZ)
I. (ar=) »Soldaten«.
II. afrikanische Eingeborenensoldaten der Kolonialzeit, u.a. der deutschen Schutztruppe 1890–1918 in Ostafrika. Als A. werden heute in Südafrika Mannschaften bezeichnet, die aus ANC-Einheiten in den Polizeidienst übergetreten sind, in Ostafrika auch Wachpersonal.

Askeri (SOZ)
II. im Osmanischen Großreich die Klasse der Regierenden, der Beamten und des Militärs im Gegensatz zu den Untertanen.

Asketen (REL)
I. Aszeten; avadhutas (=sp); aus askesis (agr=) »Übung«.
II. Menschen, die durch Zucht und Enthaltsamkeit (auch Absonderung, Peinigung) nach ethischer, religiöser Vollkommenheit streben. Vgl. Essener, Nasiräer; Derwische, Sufi; Schiwaiten; Flagellanten, Anachoreten, Eremiten.

Aslam (ETH)
II. Stamm der Schammar-Beduinen auf der Arabischen Halbinsel.

Asmat (ETH)
I. Eigenname aus As-asmat »Wir, die Baummenschen«.
II. Ethnie im Sumpfwald SW-Neuguineas/Indonesien von ca. 5000. Fischer und Sago-Bauern. Stehen in militanter Abwehr gegen die Masse zuwandernder indonesischer Migranten. Übten bis tief ins 20. Jh. Kopfjagd; ihre Großdörfer mit Männerhäusern gliedern sich in Klanviertel. Bemerkenswerte Schnitzkunst.

Asoziale (SOZ)
II. Personen oder polit.-bestimmte Gruppen, die nicht sozial handeln, die unfähig oder unwillig zum Leben in der menschlichen Gemeinschaft sind und deshalb außerhalb oder am Rande des Sozialgefüges leben, die sogar diese Gemeinschaft schädigen. Vgl. Unterwelt.

Asoziale (WISS)
I. (agr, lat=) gemeinschaftsschädigend, gemeinschaftsunfähig.
II. Personengruppen, die sich keiner Gemeinschafts-, Gesellschaftsordnung einfügen.

As-Sabak (REL)
Vgl. Ismailiten.

Assam (TERR)
B. Bundesstaat Indiens. 1971 Teilung in: 1.) Assam, 2.) Mizoram, 3.) Manipur, 4.) Meghalaya. Starke Unterwanderung aus Bangladesch.
Ew. 1931: 9,248 Z; 1961: 11,873; 1981: 18,0; 1991: 22,414, BD: 286 Ew./km^2

Assamesen (ETH)
I. Assamer.
II. großes Bauernvolk im Gliedstaat Assam/Indien, mongolischer Abstammung; sind im 14. Jh. (die Bodo-Stämme überschichtend) aus Nordburma nach Assam eingefallen; wurden von aus Bihar und Orissa zugewanderten Brahmanen hinduisiert. Heutige Anzahl > 16 Mio., mit (neben Bengali) neuindoarischer Eigenspr. Assami und eigenständiger alter Literatur. A. stehen in ständiger Abwehr gegen stärkste illegale Zuwanderung aus Bangladesch.

Assami (SPR)
I. assamische oder assamesische Spr./Sprgem.; Assamese (=en).
II. als östlichste der neuindoarischen Spr. verbreitet in Indien und Bangladesch. A. stammt wie das Bengali vom Magadhan Apabhramsa ab, als eigene Spr. seit 7. Jh. bezeugt, hat aber im 13.–19. Jh. viele Einflüsse aus dem Burmesischen aufgenommen. Seit 1873 Amtsspr. im indischen Gliedstaat Assam, dort aber auf das Brahmaputra-Tal beschränkt. Wird mit der Bengali-Schrift geschrieben. 1971 von > 9 Mio., 1994 von mind. 15 Mio. benutzt.

Assaricol (SOZ)
I. »großes Messer«; vgl. auch Long Knives.
II. Altbez. der Irokesen-Indianer in der Kolonialzeit für Weiße, Europäer.

Assassinen (REL)

I. Haschaschiyun, Hasisiyun, Haschschaschun; aus: Hasisi oder Hassas (ar=) »Haschischgenießer«; nach der Volksetymoligie wandelte sich diese Bez. der Mitbewohner im Munde der Kreuzfahrer zu A.; Assassins (=en/fr); assassini (=it); asesino (=sp) »Meuchelmörder«; Fidais in Syrien. Eigenbez.: Nizari; Nizariten.

II. neo-ismailitische Sekte im 11.–13. Jh. in Vorderasien. Erlitten durch Mongolen und Mamluken schwerste Einbußen. Reste erhielten sich bis ins 20. Jh. in W-Syrien, Afghanistan und W-Turkestan. In W-Syrien mit Zentrum Salamijja um 1970 ca. 15 000 Seelen. Vgl. Nizariten.

Assekuranten (SOZ)

I. Erbfreibauern.

II. Altbez. in Mitteleuropa für Hochzinsbauern, die ihr Land zur Urbarmachung und Bebauung gegen gewisse ihnen bewilligte Freijahre erhalten hatten, nach Ablauf dieser Freijahre einen Zins zahlten, geringes Ackerscharwerk leisteten, ihr Bauerngut erblich besaßen und es veräußern durften.

Assembleia de Deus (REL)

I. (pt=) »Gottesversammlung«.

II. bedeutendste der brasilianischen Pfingstbewegungen mit rd. 8 Mio. Anhängern (1990).

Assemblies of God (REL)

II. Sammelbez. für 200–300 verschiedenartige religiöse Gemeinschaften, die seit 1830 in USA entstanden, dann auch im ehemals britischen Kolonialreich verbreitet, mehrheitlich der Pfingstbewegung oder der Heiligungsbewegung zuzurechnen sind; z. T. Erwachsenentaufe und jüdische Riten befolgend. Auch die »Radio-Kirche Gottes« (heute »The World Wide«).

Asseroni (SOZ)

I. »Menschen, die Äxte machen«.

II. Ausdruck der Irokesen in der Kolonialzeit für Weiße, Europäer.

Assimilados (SOZ)

II. (=pt); Eingeborene ehemals portugiesischer Kolonien, die portugiesische Schulbildung besaßen und sich der portugiesischen Spr. bedienten, die aufgrund eines Status von 1954 eine den Weißen angeglichene Rechtsstellung erhielten. Lt. Gesetz von 1961 konnten sie die portugiesische Staatsbürgerschaft erwerben.

Assimilierte (WISS)

I. Assimilanten; aus assimilare, ad similis (lat=) »einverleiben«, »verschmelzen«; »ähnlich«.

II. Angeglichene, Angepaßte; Einzelpersonen und auch größere Bev.teile, die sich als Einwanderungs- oder Minderheitsgruppen, freiwillig oder erzwungen, einer neuen Gruppengesamtheit angleichen, sozial, sprachlich, kulturell mit ihr verschmelzen, wobei die übernehmende Gruppe oft das Bewußtsein ihrer alten Eigenart verliert (Umvolkung nach *W.E. MÜHLMANN*). Als Pseudo-Assimilation wird jener Prozeß angesprochen, in dem sich Bev.teile nur scheinbar, äußerlich oder in bewußter Täuschungsabsicht dem Wirtsvolk angeglichen haben. Vgl. Assimilados (=pt); Adaptierte, Akkulturierte.

Assiniboin (ETH)

I. Assiniboines; Stonies (Kanada); in der Sprache der benachbarten Ojibwa bedeutet A. »die auf Steinen kochen«.

II. Indianerstamm aus der Spr.- und Völkerfamilie der Sioux im N Montanas und North Dakotas/USA sowie in Alberta/Kanada. Trennten sich im 17. Jh von den Dakota und nahmen als Bisonjäger die Plains-Kultur an. Im 18. Jh. noch > 10 000 Seelen, erlitten durch Pockenepidemien schwere Verluste; heute 4000–8000 in Reservaten in Kanada und USA. Vgl. Sioux-Indianer.

Assirijcy (REL)

I. (=rs); Assyrer; Eigenbez. Suraji; Assyrier, Chaldäer; Assyrians (=en); Assyriens (=fr).

II. Kleingruppen von Nestorianern und Jakobiten, die wegen Verfolgungen aus dem Osmanischen Reich, im 19. Jh. und nach dem II.WK aus Türkei und Iran nach Rußland emigrierten; 1990 ca. 26 000, insbesondere in Kaukasien.

Assoziierte Staaten Westindiens (TERR)

C. Ehem. britische Verwaltungseinheit; Westindische Assoz. Staaten. (the West Indies) Associated States (=en); les Etats associés (des Indes Occidentales) (=fr); los Estados Asociados (de las Indias Occidentales) (=sp).

Assumptionisten (REL)

II. kath., 1845 in Rom gegr. Orden nach Augustinerregel; 1985: 1170 Professen.

Asuti (ETH)

II. Unterstamm der Nez Percé-Indianer in Idaho.

Assyrer (REL)

I. Assyrier, Asuri; Eigenbez. Suraji; (in Transkaukasien) Aissoren; Aisory oder Assiry(tsy)/Assirijcy (=rs); Aisor, Eigenbez. Sura'i od. Suraya; Aturai; Assyrians, Assirians (=en).

II. Selbstbez. für Nachkommen der Nestorianer im Iran und Irak mit altsyrischer Kult-Spr., deren Reform 1840 auf der Basis des Urmia- Dialekts erfolgte. Anzahl gegen 60 000. Teilgruppen, die Iran im 19. Jh. und nach II.WK verließen (zusammen 25 000), lebten in der UdSSR mehrheitlich in der kaukasischen Republik.

Assyrische Christen (REL)

I. Assyrer/Ostsyrer.

II. 1.) neue Eigenbez. der Nestorianer im Iran und Irak; pflegen ihren neusyrischen (Urmia-)Dialekt als Liturgie- und Umgangsspr. Heute dort ca. 80 000; verbreitet bes. in Irak, auch Türkei und Iran. Ostsyrischer Ritus. 2.) Sammelbez. für die Ostchristen syrischer Liturgiespr.; für Nestorianer, Jakobiten, Chaldäer und Syrisch-Katholische Christen. Vgl. Nestorianer, Chaldäer, Jakobiten.

Assyro-Chaldéens (REL)
I. (=fr); »ostsyrische« Christen. Vgl. Assyrer, Nestorianer, Chaldäer.

Assyroide (BIO)
II. Altbez. durch COON; race anatolienne (=fr). Europide Unterrasse der Armenide (bei *v. EICKSTEDT*). Vgl. Armenide.

Astronauten (SOZ)
I. (als USA-Bez.); Kosmonauten (als UdSSR-Bez.); Weltraumfahrer.
II. Menschen, die seit 1961 dank spezieller Technik in Raumkapseln, Raketen, Raumanzügen die Außengrenze der Atmosphäre überwanden. Vgl. Bionauten.

Asturier (ETH)
II. 1.) iberisches Volk des 1. Jtsd. v.Chr. in Spanien. 2.) Bew. der heutigen Prov. Asturien/Spanien.

Asturisch (SPR)
II. die ein eigenes Idiom sprechenden Bew. in der nordspanischen Provinz Asturias, dem Territorium eines historischen westgotischen Königreiches im 8. Jh.

Asylanten (SOZ)
I. 1.) sprachlich zutreffender: Asylbewerber, Asylsuchende.
II. ausländische Zuwanderer, die ihr Heimatland aus Furcht vor Terrorakten, Krieg und Bürgerkrieg, wegen Unterdrückung von Minderheiten, polit., ethnischer und religiöser Verfolgung verlassen haben und in einem Asylstaat um Schutz und Aufenthaltsberechtigung ansuchen; 2.) i.e.S. Personen, denen solches Asyl gewährt worden ist. Rechtsgut des Asyls ist seit Antike (griechische Stadtstaaten) bekannt, wurde im MA von der Kirche übernommen, ist in Grundzügen auch in Nicht-Hochkulturen vorhanden. Vgl. insbes. Asylbewerber.

Asylberechtigte (WISS)
I. Asylanten i.e.S.
II. Personen, deren Asyl-Antrag im Anerkennungsverfahren positiv entschieden worden ist und sie somit als politische Flüchtlinge anerkannt sind; in Deutschland Ende 1997 rd. 177500 (bei insgesamt rd. 1,4 Mio. Flüchtlingen). Sie genießen Freizügigkeit, besitzen Arbeitserlaubnis, erhalten Integrationshilfen. Vgl. Asylanten.

Asylbewerber (WISS)
I. Asylgesuchsteller in Schweiz.
II. 1.) in amtl. Terminologie in Deutschland: ausländische Flüchtlinge, die aus bekannten Verfolgungsgründen Asylschutz beantragt haben, über deren Antrag aber noch nicht rechtskräftig entschieden wurde. Sie genießen keine Freizügigkeit, sondern werden über das Bundesgebiet verteilt, in der Regel in Gemeinschaftsunterkünften untergebracht; seit 1991 können sie unter bestimmten Bedingungen Arbeitserlaubnis erhalten. 2.) Asylsuchende, »Anwärter« auf »Flüchtlingsstatus«.
II. Nur relativ wenige Staaten haben ausgesprochenes Asylrecht entwickelt, häufig ersetzen oder ergänzen sie es administrativ durch Verfahren zur Anerkennung von Flüchtlingsstatus (gemäß u.a. Genfer Konvention von 1951) oder befristeter Aufenthaltsgenehmigung bzw. ein Bleiberecht für Kriegs- und Bürgerkriegsflüchtlinge. Anzahl um Asyl- und Bleiberecht nachsuchender Zuwanderer ist in Westeuropa stark anschwellend: z.B. in Deutschland: 1972 rd. 5300, 1990 rd. 193000, 1991 rd. 256000, 1997 rd. 320000 A.; die Anerkennungsquote (u.a. zufolge vieler Scheinasylanten) hingegen stark rückläufig: z.B. in Deutschland zwischen 1984 und 1997 von 26,6 auf 4,9%. Tatsächlich wird nur ein Teil der abgewiesenen A. in ihre Heimat bzw. ein sicheres Durchgangsland rückgeführt bzw. abgeschoben. Vgl. Asylanten; Scheinasylanten und Armutsflüchtlinge.

Aszendenten (BIO)
I. Vorfahren; aus (lat=) ascendere »hinaufsteigen«; ancêtres (=fr).
II. Verwandte in aufsteigender gerader Linie. Vgl. Gegensatz Deszendenten.

Atacama (ETH)
II. alte Indianerpopulation, ursprünglich Hirtennomaden mit Lama- und Alpakaherden in der Wüste A.; heute weitgehend in den Aimara und in Mestizen Perus und Boliviens aufgegangen. Bilden eigene Spr.gruppe.

Atakapans (ETH)
I. nach Choctaw-Wort für »Menschenfresser«.
II. Sammelbez. für mehrere Indianerstämme der Caddo-Spr.familie in SW-Louisiana und an texanischer Golfküste. Nicht von Spaniern, sondern ab 1830 von Texanern verfolgt und fast ausgerottet.

Atayal (ETH)
II. Stamm der Gaoschan auf Taiwan.

Athapasken (ETH)
I. Athabaska.
II. Völker- und Spr.familie der nordamerikanischen Indianer in Alaska und NW-Kanada, die auch bis nach Mexiko vordrangen; Pelztierjäger und Fischer; entwickelten Rahmenschneeschuhe. Zu ihren Stämmen zählen die Athabaska, Carrier, Chipewyan, Etchaottine, Ingalik, Kaska, Koyukon, Kutchin, Sekani, Tahltan, Tanana, Tatsanottine, Tsattine. Vgl. Na-Dene-Spr.

Athapasken-Sprachen (SPR)
II. Angeh. der Spr.familie der Athapasken. Zu unterscheiden sind die Nord-A. in Westkanada und

Zentralalaska und die Süd-A. in Arizona und New Mexico, z.B. Apachen und Navajos.

Atheisten (REL)
I. Gottlose; von atheos (=agr)
I. »ohne Gott«, »gottlos«; atheists (=en); athées (=fr); ateístas (=sp; pt); ateisti (=it).
II. Anh. von Weltanschauungen, deren Lehren im Gegensatz zu denen der Religionszugehörigen stehen. A. bestreiten eine göttliche Weltordnung oder überhaupt das Dasein Gottes; zuweilen betätigen sie sich in aktiver Bekämpfung jeder Religion. Von solchen »theoretischen« »Überzeugungs-A.« sind die sog. praktischen A. zu unterscheiden. Diese ziehen in ihrer Lebensführung aus der Anerkennung des Daseins Gottes keine merklichen Folgerungen. Sie argumentieren, die moderne Welt benötige keine Gottesvorstellung mehr (heute bes. in westlichen Industriegesellschaften). Nach BELLINGER sind ca. 4% der Weltbev. Atheisten i.e.S., hpts. in Ostasien und (zu 29%) im Gebiet der ehem. UdSSR; 1967 erklärte sich Albanien zum ersten atheistischen Land der Welt; bis 1990 war jegliche religiöse Betätigung verboten, alle Kultstätten wurden zerstört oder entfremdet. Seither religiöse »Renaissance«, Reaktivierung von Kirchen, Moscheen. Vgl. Freidenker, Religionslose, Irreligiöse, Areligiöse, Konfessionslose, Nihilisten; Säkularisten.

Äthiopide (BIO)
I. Aethiopide aus efiopi »abgesengte Gesichter«; race ethiopienne (=fr); Razza etiopica (=it); Hamitomorphe bei OSCHINSKY. Altbezeichnungen Ost-Hamiten, Erythrioten.
II. homogenisierte Kontaktrasse zwischen Europiden und Negriden; Merkmalsspektrum: sehr hochwüchsig, schlank, lange Gliedmaßen, schmale langfingerige Hände; Kopfform lang- schmal (dolichokephal), hohe Stirn; Gesicht hoch-schmal, schmale Nase, markantes Kinn. Geringe Körper- und Bartbehaarung, dichtes mäßig krauses schwarzes Kopfhaar. Haut mittel- bis dunkel(rot)braun, Pigmentierung von N nach S sowie von sozialen Oberschichten (Tigrer, Amharer) zu südlichen Viehhaltern (Masai) zunehmend. Verbreitung: Äthiopien bis ins südliche Tansania; Spuren im ganzen nordafrikanischen Subtropengürtel. Vgl. Nord- und Südäthiopide; Galla, Somali, Massai, Hima.

Äthiopien (TERR)
A. Demokratische Volksrepublik. Vormals Kaiserreich Abessinien (nichtamtliche, im Land selbst unerwünschte Bez.); ehem. Sozialistisches Äthiopien. Ityopia. Ye Ethiopi Hizebawi Democraciyawi Republic; Ye Etiyop'iya Hezbawi Dimokrasiyawi Republek. Aithiopija, Mangesti, Mangasta Itiopia, Habesch, Habescha (=ar). Abyssinia (=en); Abyssinie (=fr); Abisinia (=sp); (the People's Democratic Republic of) Ethiopia (=en); (la République démocratique populaire d') Ethiopie (=fr); (la República Democrática Popular de) Etiopia (=sp); la repùbblica democràtica d'Etiopia, Etiopia (=it); la República democrata de Etiopia (=pt); Etiópia (=pt).

Einwohner: 1950: 16,251; 1955: 19,100; 1960: 20,700; 1965: 22,699; 1970: 24,626; 1975: 27,465; 1980: 38,521; 1985: 43,350; 1996: 58,234, BD: 51 Ew./km^2; WR 1990–96: 2,2%; UZ 1996: 16%, AQ: 65%

Äthiopier (ETH)
I. Ethiopians (=en); Ethiopiens (=fr); etiopicos (=sp, pt); etiopi (=it).
II. 1.) StA. von Äthiopien; s.d., aber auch Eritreer. Vgl. Oromo, Amharen, Tigray. 2.) antike Bez. (bei HERODOT) für Schwarzafrikaner in der Zentral- und Südsahara. Vgl. Tibbu.

Äthiopier (NAT)
II. StA. der Demokratischen BR Äthiopien. Seit Ende des Revolutionskrieges (1991) und Abtrennung von Eritrea (1993) nur sehr unsichere Zahlen. Administrative Gliederung wird wie Staatsbürgerschaft nach ethnisch-linguistischen Kriterien in 14 Einheiten differenziert. Insgesamt etwa 80 Ethnien, darunter 40% Oromo, 28% Amharen, 9% Tigre; außerdem Afar, Somali, Benshangui, Gambella, Harrar, 45 Sudan-Völker; ca. 10 000 Italiener.

Äthiopische Christen/Kirche (REL)
I. abessinische, amharische Christen.
II. seit 451/550 bestehende, alte christliche Staatskirche (bis 1974). Die Kirche der Amharen machte sich als autokephale Kirche 1951 von koptischen Patriarchat unabhängig; Oberhaupt der 17 Mio. Gläubigen ist der Abuna. Kirche folgt alexandrinischem Ritus, hat aber viel vom Judentum übernommen, so Beschneidung (neben der Taufe) und Sabbat (neben dem Sonntag), ihre Sakralspr. ist Geez. Vgl. Mekane Yesus-Kirche.

Athu (ETH)
I. Pare.
II. ethnische Einheit in NE-Tansania.

Atjeher (ETH)
I. Atjeh, Aceh, Atchinesen.
II. Mischpopulation von bald 3 Mio. in N- und W-Sumatra/Indonesien; entstanden durch Zusammenschluß mehrerer autochthoner jungindonesischer Stämme unter Durchmischung mit Javanen, Batak, Malaien, Indern und Arabern sowie Sklavennachfahren aus Malakka, Batakland und Nias. 98% der A. gelten als bes. strenggläubige sunnitische Muslime. Wie zu Kolonialzeiten auch heute wieder Sezessionsbestrebungen gegen Djakarta, das ihre erdölreiche Provinz ausbeutet; sogar Fluchtabwanderung nach Malaysia.

Atluatii (ETH)
I. Eigenbez. der Akhwakh, Akhvakh.

Atoni (ETH)
I. Eigenbez. Atoni Pah Meto d. h. »Volk des trokkenen Landes«.
II. Volk ostindonesischer Sprache in Mittel- und W-Timor/Indonesien; > 1 Mio. Brandrodungsbauern, züchten aber auch Pferde und Wasserbüffel als Statussymbole; hochentwickelte Webkunst.

Atorai (ETH)
II. indianische Ethnie im n. Amazonien; Aruaksprachig; 1976 fast 1000 Individuen, Tendenz wieder steigend.

Atsahuaca (ETH)
II. fast ausgestorbenes Indianervolk mit einer Pano-Spr. im Tambopata- und Inambari-Gebiet in Peru. Trieben Jagd, Fischerei und auch Anbau.

Atschikulak-Nogaier (ETH)
I. Eigenbez. Atschikulak Nogai; Atschikulakcy (=rs). Vgl. Nogaier.

Atsi (ETH)
II. Einheit der Katschin in Myanmar (Birma). Vgl. Tsching-Po.

Atsic (BIO)
I. Akronym aus »Aboriginal and Torres Strait Islander Commission« in Australien.
II. 1990 auf Wunsch der Aborigines eingesetzte Regierungsinstitution zur sozial-kulturellen Betreuung der A., auch um ihnen ein gewisses Maß an finanzieller Selbstverwaltung zu gewähren; rd. 2000 Eingeborenen-Organisationen beziehen von der Atsic Unterstützung.

Atsinganoi (SOZ)
II. (=agr); schon im 9. Jh. verlorengegangene Kaste oder Sekte in Kleinasien, die Wahrsagerei und ähnliche Künste betrieb wie später die Zigeuner.

Attie (ETH)
I. Akye, Atie, Attje; Krobu.
II. Negervolk von ca. 70 000, abgedrängt in die Lagunen die Elfenbeinküste; zur Gruppe der kwasprachigen Akan zählend. Vgl. Lagunenvölker.

Auetö (ETH)
I. Auiti, Aueto.
II. indianische Kleinstgruppe im Mato Grosso/Brasilien. 1968 ca. 200–300 Individuen. Vgl. Tupi-Indianer.

Augustiner (REL)
I. agustinos, agustinianos (=sp).
II. als kath. Orden 1256 in Nordafrika gegr.; schwere Reformkrisen z. Zt. Luthers; tätig in Seelsorge und Wissenschaft in Deutschland, Italien, Spanien und Nordamerika.

Augustiner-Chorherren (REL)
I. CanA, gegr. 1339.
II. regulierte Kanoniker (Kathedral- und Dom-Geistliche), ab ca. 1060 nach Regel Augustins lebend; um 1960 ca. 1200 Mitglieder. Spätere Fortentwicklung zu Seelsorge und Unterricht. Vgl. Prämonstratenser.

Augustiner-Eremiten (REL)
I. OSA.
II. römisch-kath. Orden, durch Vereinigung italienischer Eremiten-Vereinigung 1256 gebildet. Heute ca. 3500 Mitglieder in Seelsorge und Unterricht. Vgl. Bettelmönche.

Aukschtaiten (ETH)
I. Hochlitauer.
II. Altstamm der Litauer im MA, heute auch Bez. für Hochlitauische Sprachgemeinschaft. Vgl. Schemaiten.

Aukschtaitisch (SPR)
I. Hochlitauisch, die Schriftspr. Vgl. Litauisch-spr.

Aulija (REL)
I. (=ar); Sg. Wali (ar=) »Freunde Gottes«.
II. arabische Bez. in Vorderasien für muslimische Heilige. Die aus heidnischer und christlicher Übung übernommene Heiligenverehrung (mit Ausnahme bei den Wahhabiten) ist bis heute in der ganzen islamischen Ökumene verbreitet. Sie findet ihren Ausdruck in bes. Begräbniskult, in Wallfahrten zu ihren Gräbern und Gebeten um ihre Fürsprache. Vgl. Heilige, Qiddis, Marabuts.

Aulija (SOZ)
I. (=ar); Sg. Wali »jemand, der nahe ist«; 1.) im geistlichen Sinn die Frommen, Heiligen; 2.) im rechtlichen Sinn die nächsten Verwandten, Pflegebefohlenen.

Aullimminiden (ETH)
I. Iwllemmeden, Oullimmiden, Ulliminden, Iullimmiden, Ullemmeden.
II. Regionalgruppe und größter Stamm der Tuareg im Sahelgürtel ö. des Niger, hpts. in der Tamesna, aber auch im Aïr-Gebirge.

Aum Shinri Kyo (REL)
I. »Erhabene Wahrheit«, »Höchste Wahrheit«; Aum soviel wie »Erde, Luft und Himmel« im Hinduismus und tibetischem Buddhismus.
II. 1987 durch Chizuo Matsumoto, der sich als Guru Shoko Asahara nannte, in Japan gegr.e, gewalttätige (Giftgasanschläge) Sekte mit Endzeitideologie. 1995 ca. 10 000 Anh. incl. starker Kolonie in Rußland. Sekte besitzt Gewerbeunternehmen und eigene Medien.

Auraba (ETH)
II. libysches Berbervolk in Byzantinischer Zeit, Hauptstamm waren die Branis.

Aurari (SOZ)
I. (=zi); Aourari oder Slatari/zlatari.
II. als Goldsandwäscher tätige Zigeunergruppe in Rumänien. Vgl. Roma.

Ausgetriebene (WISS)
I. unscharf gebrauchter Terminus für unter Zwang willkürlich vertriebene Einw., sowohl für Inländer fremder Volksgruppen (s. Vertriebene etwa in »ethnischen Säuberungen« oder »ethnischen Bestrafungen«, Zwangsrepatriierte) als auch für Ausländer (s. Ausgewiesene, Abgeschobene, Zurückgeschobene, Zurückgewiesene).

Ausgewiesene (WISS)
I. Ausgeschaffte in Schweiz; fälschlich Deportierte, Verbannte.
II. Personen ausländischer StA., die (in meisten Staaten gerichtlich) des Landes verwiesen wurden, weil sie gegen das Aufenthalts- oder Strafrecht verstoßen oder die öffentliche Gesundheit gefährdet haben; bei Inländern entspricht (in gewissen Staaten) die Ausbürgerung.

Aushäusige Angestellte (WISS)
I. Tele-Heimarbeiter, Teleworker.
II. Angestellte, die dank (portabler) Computer und Mobiltelephone einen Großteil ihrer Arbeit außerhalb ihrer zentralen Stammbüros verrichten. Vgl. Heimarbeiter.

Aushi (ETH)
I. Luapula.
II. schwarzafrikanische Ethnie im Grenzgebiet von SE-Kongo (Demokratische Rep.) zu N-Sambia.

Ausländer (WISS)
I. foreigners (=en); étrangers (=fr); stranieri (=it); extranjeros (=sp); estrangeiros (=pt). Im Hinblick auf die neue Rechtsstellung von StA. anderer Mitglieder innerhalb der EU greift die Praxis um sich, den Begriff »Ausländer« zu differenzieren, er kann sich dann fallweise als »Nichtbürger der EU« verstehen.
II. Menschen, die nicht die Staatsbürgerschaft des Aufenthaltslandes besitzen. In der amtl. Statistik subsumiert Terminus meist auch Staatenlose. Er umgreift dagegen (international) nie die Mitglieder ausländischer diplomatischer und konsularischer Vertretungen sowie die ausländischen Besatzungs- oder Stationierungsstreitkräfte mit ihren Familien (dies zur Beachtung bei lokalen Einwohnerzahlen). Die im Gaststaat lebenden Ausländer werden gelegentlich unterteilt in die ausländische Wohnbev., die auf Dauer oder doch langfristig »niedergelassen« ist, und in nur vorübergehend anwesende A., z.B. »Jahresaufenthalter«, Saisonniers, Feriengäste u.s.w. Zu berücksichtigen ist schon deshalb die Zusammensetzung nach höchst verschiedenen Funktionskategorien oder Aufenthaltsursachen: z.B. Dauerbeamte internationaler Organisationen, langfristig Niedergelassene, kurzfristige Saisonarbeiter, Flüchtlinge unbestimmter Aufenthaltsdauer, Asylanten, illegale Einwanderer, fremdnationale Ehepartner, ausländische Studierende, Künstler, Sportler. Die Ausländer-Kontingente der einzelnen Staaten unterscheiden sich enorm, nicht allein hinsichtlich ihrer Bestandsgrößen und ihrer Quoten bzw. Prozentanteile im Verhältnis zur Einw.-Gesamtzahl, nämlich zwischen < 1% (z.B. Nordkorea) bis weit > 50% (z.B. Kuwait), ebenso auch hinsichtlich ihrer Herkunftsstruktur (vorwiegend aus einem, einigen wenigen oder aus vielen Auslandsstaaten, aus benachbarten, »ähnlichen« (etwa sprachgleichen Staaten des gleichen Kulturerdteils) oder aus fernen Ländern wesentlich anderer, fremder Kultur. 1990–1992 lebten in den Ländern der EU rd. 12 Mio. Ausländer, davon 5 Mio. EU-Ausländer und rd. 6 Mio. aus Entwicklungsländern. Bis 1996 ist Ausländerzahl schon auf 18 Mio. gewachsen, auf 4,8% der Wohnbev. Deutschland allein beherbergte 1997 etwa 7,4 Mio. Ausländer, was 9% der Wohnbev. entspricht. Größte Kontingente stellten Türkei mit 2,11 Mio, BR Jugoslawien mit 0,72 Mio, Griechenland 0,36 Mio., Polen mit 0,28 Mio. Vgl. Doppelbürger, Permanent Residents.

Ausländische Wanderarbeiter (WISS)
II. amtl. Terminus im Deutschen Reich bis 1933 für ausländische Saisonarbeiter überwiegend in der Landwirtschaft. Vgl. Erntehelfer.

Ausländische Werktätige (WISS)
I. Regierungsabkommensarbeiter.
II. amtl. Terminus in der ehem. DDR für Gastarbeiter, die aufgrund zwischenstaatlicher Verträge befristet bis zur Dauer von 5 Jahren angeworben wurden, zum Stand 1989: 91 000. Sie stammten zur Hauptsache aus Vietnam, Polen, Mosambik, UdSSR und Ungarn.

Auslandschinesen (ETH)
I. erweiterter Begriff zu Überseechinesen; Overseas Chinese (=en).
II. die Gesamtheit der seit fast 2000 Jahren aus China abgewanderten oder dann im 18./19. Jh. (im Zusammenhang mit der Kontrakt-/Kuli-Verbringung) in Nachbarländern, in der Inselwelt des »Südmeeres« bzw. gar in fernen Kontinenten angesiedelten Chinesen. Bes. Neubelebung chinesischer Auswanderung erfolgte insbesondere seit 1970 vor allem aus Taiwan und Hongkong nach Australien und USA, wo jährliche Einwanderungsquote heute auf 50 000 festgelegt ist. Größte Anzahl von A. außerhalb Asiens beherbergen mit 1,8 Mio. die USA, ihr Anteil tendiert dort auf 2%; allein die Chinesenkolonie in New York wird auf 350 000 geschätzt. Um 1970 mind. 20 Mio., wovon allein in SE-Asien 14,5 Mio., in N-Amerika 0,5 Mio., in Mittel- und S-Amerika über 150 000, in Ostafrika rd. 100 000. Vgl. Übersee-Chinesen, Totok; Huaqiao, Kulis.

Auslandsdeutsche (SOZ)
II. grundsätzlich neutrale Sammelbez. für dt. Volkszugehörige, die auf Dauer im Ausland leben (entsprechend Auslandsschweizer, -polen usw.), jedoch in der NS-Zeit polit. mißbrauchter Terminus; im Sept. 1939: 5,477 Mio. Vgl. Volksdeutsche.

Auslandsgebürtige (WISS)
I. (en=) foreign-born; (fr=) né(s) à l'étranger; (it=) nati all'estero; nacidos en el extranjero (=sp); nascidos no estrangeiro (=pt).
II. im Ausland geborene Einw. Ihre statist. Erhebung erfolgt vor allem in Einwanderungsländern bzw. für Immigrantenbev. u. a. in USA, Israel (dort in Relation zu den schon im Inland geborenen Neubürgern). Vgl. Geburtsbevölkerung.

Auslandsschweizer (SOZ)
I. »5. Schweiz«.
II. 1990 etwa 470 000 Personen, 1993 (steigend) über 504 000 bei schweizerischen Auslandsvertretungen immatrikulierte Staatsangehörige, von denen > 346 000 (68,7 %) Doppelbürger sind.

Aussätzige (BIO)
I. nach Adjektiv aussätzig i.S. von ausgesetzt, abgesondert, isoliert.
II. ansteckungsgefährliche Kranke und sonst Verfemte, die in vielen Kulturen, spätestens seit dem MA und z.T. bis heute als Ausgestoßene in strenger sozialer, auch physischer Isolation leben; Zwangsabsonderung in Leprosorien, symbolische Totenmessen. Aufhebung bürgerlicher Rechte, Eheauflösung Erkrankter; besondere Kleidung oder auffällige Markierung, warnende Klapper usw. Siehe insbesondere Leprakranke.

Außenseiter (SOZ)
I. Randständige, Randseiter, Randexistenzen. Outsiders, marginal men (=en).
II. Menschen, deren Verhalten weitgehend von der gesellschaftlichen Norm abweicht, die ob ihrer Eigenheiten an den Rand ihrer Gruppe gedrängt sind, die außerhalb stehen. I.e.S. sozial desintegrierte Personen, z.B. Obdachlose. Auch Bez. für Eigenbrötler, Nichtfachleute. Vgl. Marginalgruppen.

Außenseiter (WISS)
I. Randständige, Randseiter, Randexistenzen. Outsiders, marginal men (=en).
II. meist Einzel-Menschen, deren Verhalten weitgehend von der gesellschaftlichen Norm abweicht, die ob ihrer Eigenheiten an den Rand ihrer Gruppe gedrängt sind, die außerhalb stehen. I.e.S. sozial desintegrierte Personen, z.B. Obdachlose. Auch Bez. für Eigenbrötler, Nichtfachleute. Vgl. Marginalgruppen.

Außenwanderer (WISS)
I. internationale Wanderer.
II. Wanderer über mindestens eine Staatsgrenze hinweg.

Aussiedler (WISS)
I. Spätaussiedler, Übersiedler, Spätrücksiedler, Umsiedler.
II. amtl. Terminus in Deutschland. Seit etwa 1950 aus dem sowjetrussischen und ostmitteleuropäischen Ausland nach Deutschland einwandernde Personen dt. Staatsangehörigkeit oder Volkszugehörigkeit incl. deren auch fremdstämmiger Ehegatten; A. gelten nach dt. Recht als »Vertriebene«, »die nach Abschluß der allg. Vertreibungsmaßnahmen (am Ende des II.WK) die Aussiedlungsgebiete unter dem fortdauernd gegen die dt. Bevölkerung gerichteten Vertreibungsdruck verlassen haben«. Die BR Deutschland nahm 1950 bis einschl. 1990 über 2,3 Mio. A. auf, die zu 58,5 % aus Polen, 17,2 % aus der UdSSR, 15,1 % aus Rumänien, 4,4 % aus der Tschechoslowakei, 3,9 % aus Jugoslawien und 0,9 % aus Ungarn kamen. Unter den ca. 1,2 Mio. A. aus Polen machten viele ihre einstige Zugehörigkeit zur Volksliste 3 geltend, mindestens die Hälfte waren polnische Familienangehörige. Vgl. Ausgetriebene, Ausgestellte, Heimkehrer, Übersiedler, Zwangsheimkehrer, Spätaussiedler.

Aussies (SOZ)
I. (Slang=) Eigenbez. und Abkürzung für (waschechte) Australier.

Aussteiger (SOZ)
I. Dropouts (=en).
II. Personen, die ihre bisherigen Lebensumstände, ihre Ausbildung, ihren Beruf, ihre gesellschaftlichen Bindungen, ihren Wohnsitz unvermittelt aufgeben, um sich völlig neuen Aufgaben, Herausforderungen zu stellen.

Austgänger (SOZ)
Vgl. landwirtschaftliche Wanderarbeiter, -Saisonarbeiter.

Australaside (BIO)
I. Australo-Melaneside.
II. anthropol. Sammelbez. nach *v. EICKSTEDT* und *PETERS* für Australide, Melaneside und Tasmanide.

Australasinos (ETH)
I. (=sp); Australier asiatischer Herkunft.

Australide (BIO)
I. bei *BIASUTTI* unterteilt in a. Tasmanide; bei *LUNDMAN* unterteilt in Murrayide, Carpentaride und Tasmanide.
II. rassische Sondergruppe einer phylogenetisch älteren Bevölkerungsschicht; anthropol. Beiordnung zu einer der drei Großrassen ist ungesichert und erfolgt unterschiedlich. Typenbild archaisch mit Merkmalen wie bei fossilen Homo-Formen aus Oberpliozän: mittlere bis große Gestalt, hager, langgliedrig; lange schmale Kopfform, Schädelinhalt im unteren Drittel; breit-ovales Gesicht, fliehende Stirn, stark betonte Überaugenregion, stark eingesattelte Nasenwurzel, breite Nase; Augapfel tief liegend; reichliche Behaarung, Kopfhaar wellig bis kraus, überwiegend dunkelbraun bis schwarz. Blutgruppe B extrem selten. Waren verbreitet in Australien mit Untertyp auf Tasmanien; heute nur Reste Reinrassiger in Rückzugsgebieten und Reservaten. Anzahl

(incl. Torres-Straßen-Insulanern und Mischlingen) 1986 rd. 228 000 bei wachsender Tendenz. Vgl. Alt-/Uraustralier, Aborigines, Abos.

Australien (TERR)
A. Früher Australischer Bund (seit 1814), ehem. Neuholland. Commonwealth of Australia (=en) seit 1901. Australia (=en); l'Australie (=fr); Australia (=sp, pt); Australia (=it).
Ew. 1881: 2,250; 1901: 3,774; 1933: 6,630; 1947: 7,359; 1950: 8,179; 1955: 9,200; 1960: 10,275; 1965: 11,388; 1970: 12,507; 1975: 13,771; 1980: 14,695; 1985: 15,758; 1996: 18,312, BD: 2,4 Ew./km^2; WR 1990–96: 1,2 %; UZ 1996: 85 %; AQ: 1 %

Australier (ETH)
I. Australians (=en); Australiens (=fr); australianos (=sp, pt); australiani (=it).
II. 1.) Bez. meint oft Altaustralier, die Aborigines, zuweilen zusätzlich die Tasmanier, s.d.. 2.) Bew. des (kleinsten) Kontinents Australien. Außer jenen rd. 206 000 Aborigines und einigen Zehntausend Mischlingen (1940: 25 000), die zusammen weniger als 1,5 % der heutigen Gesamtbev. ausmachen, besteht Australiens Einwohnerschaft aus (weißen) Einwanderern und deren Nachkommen. Das Südland, lat. »Terra Australis«, wurde von Niederländern entdeckt, doch Besiedler und Nutznießer waren Briten. Seit 1788 Sträflingskolonie (bis 1867), bis dahin rd. 200 000 Deportierte. Von 1830 bis etwa 1860 subventionierte Einwanderung freier Siedler. Dann erst, nicht zuletzt dank Goldfunden (1851–1861), überwiegen die nichtunterstützten Einwanderer. Schließlich wachsen Kolonien stark an durch Geborenenüberschuß. 1870 setzte chinesische Einwanderung ein, 1881 zählt man bereits 50 000. 1881, 1888 und 1896 verfolgte die »White Australia Policy« den Ausschluß unerwünschter Farbiger, zeitweise selbst von Südeuropäern, so daß 1940 kaum 2 % aller weißen Australier nichtbritischer Herkunft sind. Auch im 20. Jh. bleibt Australien Einwanderungsland, doch seit II.WK wächst und überwiegt bald der Anteil von Nichtbriten unter den Einwanderern. Von rd. 2,6 Mio. Einwanderern 1959–86 stammen weniger als 950 000 aus Großbritannien und anderen Commonwealth-Ländern. 1984 waren rd. 79 % aller Ew. in Australien geboren, 1991 nur mehr 77,7 %, aber 18,3 % in Asien. Bis heute erfolgt die Niederlassung hauptsächlich im E und SE des Kontinents und zu gut zwei Dritteln in Städten. Als Amtssprache gilt natürlich Englisch; über 73 % zählen sich zu einer christlichen Religionsgemeinschaft (28 % Katholiken, 23 % Anglikaner, 8 % Unitarier, 4 % Presbyterianer). 1861: 1,17 Mio., 1881: 2,25 Mio., 1921: 5,44 Mio., 1961: 10,5 Mio., 1988: 16,53 Mio.. Vgl. Aborigines, Australide, Tasmanier. 3.) Bew. des überwiegend »weißen« Kulturerdteils Australien unter Einschluß von Tasmanien und Neuseeland, 1988 rd. 20 Mio.. In noch weiterem Umgriff schlägt man mitunter diesem Kulturerdteil auch Poly-Mikro- und Melanesien zu. Unter dieser Auffassung müßte man (je nach Abgrenzung) > 24–25 Mio. Austronesier ansetzen.

Australier (NAT)
II. StA. von Australien; über 20 % sind in Übersee geboren, sind Einwanderer. 95 % Weiße (v.a. britischer und irischer Herkunft), 1,6 % Ureinwohner, 1,3 % Asiaten (v.a. Chinesen und Vietnamesen).

Australinseln (TERR)
B. Tubuaiinseln. The Austral Islands (=en); les îles Australes, Tubuaï, (=fr); las islas Australes, Tubuai (=sp).

Austral-Insulaner (ETH)
I. Tubuai-Insulaner.
II. polynesische Bewohner der gleichnamigen südpazifischen Inselgruppe, ca. 10 000; besitzen megalithische Monumente, die denen auf den Osterinseln ähneln.

Australische Außengebiete (TERR)
B. Umfassen Ashmore- und Cartierinseln, das Australische Antarktis-Territorium, Heard und McDonaldinseln, Kokosinseln, Norfolkinsel, Korallenmeerinseln und Weihnachtsinsel. The Australian External Territories (=en); les territoires externes australiens (=fr); los Territorios Externos Australianos (=sp).

Australischer Bund (TERR)
C. s. Australien. Ehem. amtl. Vollform für Australien.

Australomelaneside (BIO)
I. Australaside; mitunter fälschlich als Ostnegride (gegenüber den Westnegriden Afrikas) bezeichnet.
II. spektakuläre Zusammenfassung der dunkelhäutigen Populationen Australiens und Ozeaniens als eigenständiger Rassenkreis. Ihr in mehrfacher Hinsicht archaisches Merkmalsbild tendiert sowohl in europide als auch mongolide Richtung, läßt jedoch keine engere Verwandtschaft mit den Negriden nachweisen. Vgl. Australide und Melaneside.

Australopithecinen (BIO)
I. Australopithecinae; aus australis (lat=) »südlich« und pithekos (agr=) »Affe«; Paranthropus.
II. frühstbekannte sichere Hominiden gemäß Bipedie und Werkzeugproduktion trotz nur pongider Gehirngröße. Bisher zumindest vom Oberpliozän bis frühem Mittelpleistozän (5 Mio.–700 000) nachgewiesen. »Frühe A.« 5–3 Mio, »späte A.« (A. africanus, A. robustus) 3,5–1 Mio. J. vor heute. Hirnvolumen des A. africanus etwa 400–500 ccm. Anerkannte Verbreitung ausschließlich in Afrika, bes. im S (u.a. Taung, Sterkfontein, Kromdraai) und E (Olduvai bis Omo). Differenzierte Typenausbildung von relativ grazil (A. africanus) bis derb (A. robustus). Vgl. Australopithecus afarensis.

Australopithecus afarensis (BIO)
II. diese auf Australopithecus ramidus folgende Primaten gelten als Stammform des Urmenschen; Funde in der Hadar-Formation in Äthiopien, 3–3,4 Mio. Jahre alt. Bekanntester Vertreter ist »Lucy«. Große geschlechtsbestimmte Unterschiede. Augenscheinlich hat A.a. fast 1 Mio. Jahre lang in Ostafrika gelebt.

Australopithecus anamensis (BIO)
II. lt. geborgenen Funden bei Kanapoi und Allia Bay in Nordkenia, die mit 3,5–4,1 Mio. J. altersmäßig zwischen A. ramidus und A. afarensis liegen, lt. *Maeve Leakey* ein Vormensch, der Merkmale in sich vereint, die die Entwicklungslinie vom frühen Menschenaffen bis zum späten Homo umspannt.

Australopithecus ramidus (BIO)
II. gilt als ältester, vor ca. 4,4 Mio. Jahren in afrikanischen Savannen lebender Menschenaffe, aufrecht gehender menschenartiger Vorfahr, starke morphologische Ähnlichkeit mit heute lebenden Schimpansen. Vgl. Australopithecinen.

Austrische Sprachen
II. Überbegriff für die austroasiatischen und austronesischen Spr.

Austroasiaten (SPR)
II. Völker des austroasiatischen Spr.zweiges der Austrischen Spr.gruppe in NE-Vorderindien und in Hinterindien; zugehörig sind die Protomalaiischen-, Khasi- und Nikobarischen-, die Mon-Khmer- und die Munda-Spr.

Austro-asiatische Altschicht (BIO)
II. Terminus entspricht wenig überzeugender These für die Zusammengehörigkeit von Australiden, Weddiden, Ainuiden und Negritos.

Austronesier (ETH)
II. 1.) Bez. für die jüngsten Einwanderergruppen in Ozeanien, die wohl erst im 2. Jtsd.v.Chr. aus S-Asien angelangt sind; sie zeichnen sich durch überwiegend hellere Hautfarbe und das völlige Fehlen archaischer Merkmale aus. Werden als europäisch-mongolisch-melanesische Kontakttrasse angesehen. 2.) Bez. für jene Völker, die im Besitz austronesischer Spr. als Zweig der austrischen Spr.gruppe sind.

Austronesier (SPR)
II. Völker des austronesischen Spr.stammes: der Indonesisch-Malaiischen, Polynesischen, Melanesischen, Mikronesischen Spr., eines der weitestausgedehnten Spr.gebiete der Erde.

Auswanderer (SOZ)
I. Emigranten; emigrants (=en); émigrants (=fr); emigranti (=it); emigrantes (=sp, pt).
II. Personen, welche die Staatsgrenzen freiwillig mit der Absicht überschreiten, dauernd oder länger als ein Jahr nicht zurückzukehren. Auch Unterscheidung von definitiven und temporären Emigranten.

Auswanderer (WISS)
II. Personen, die sich unter Aufgabe ihres Wohnsitzes in einem ausländischen Staat (Einwanderungsland) niederlassen, lt. dt. Statistik für mindestens 1 Jahr. Vgl. Emigranten.

Autochthone (WISS)
I. aus autos (agr=) »selbst, eigen« und chthon »Erde«; Alteingesessene, Einheimische; als europäische Altbez. auch »Eingeborene«; Indigene; Indigenous Peoples, natives (=en); indigènes, aborigènes (=fr); indigenas (=sp); autóctenes (=pt); indigeni (=it); autochtoni (=pl).
II. Terminus bezieht sich überwiegend auf überkommene ethnische Einheiten, nicht aber auf aktuelle bodenständige Personen oder Personengruppen. 1.) fälschlich für sog. »Ureinwohner«; 2.) Altbev., deren Ethnogenese sich nachweisbar im jeweils behandelten Gebiet vollzog. 3.) im Gegensatz zu den Eingewanderten die im Erhebungsgebiet lebenden Alteingesessenen. Viele Altvölker (z.B. Athener, Gallier) hielten sich ausdrücklich für Terrigenae. 4.) Eingeborene von Drittweltländern vor dem Auftreten der Kolonialmächte; die von diesen angetroffene Altbev. 5.) die Autochtoni (=pl) in aktuell-polit. Sonderbedeutung (s.d.). Nach Angaben von UN-Organisationen machen die Indigenen i.w.S. ca. 4% der Weltbev. aus, die aber rd. ein Fünftel der Erdoberfläche besiedeln. Vgl. Eingeborene; Bodenständige Bevölkerung.

Autochtoni (SOZ)
I. (=pl); aus: autos (agr=) »selbst, eigen« und chthon »Erde«; Autochthone, Alteingesessene, Indigene; in Polen »autochton« (=pl).
II. amtl. Bez. seit 1945 in Polen im Zusammenhang mit dem administrativen Verfahren zur Bestimmung der Volkszugehörigkeit; vorbehaltlich einer »Verifikation« meint Begriff a) Gruppen schwebenden Volkstums in Ostprovinzen des Deutschen Reiches; b) Reichsdeutsche, die auch slawische Vorfahren hatten; mithin insbes. Oberschlesier, Kaschuben, Ermländer, Masuren. Vgl. Autochthone.

Autokephale Kirchen (REL)
I. aus autos (agr=) »selbst« und kephale »Haupt«.
II. orthodoxe Kirchen mit selbständigem Oberhaupt (Patriarchen) und eigener Jurisdiktion im Gegensatz zu den autonomen Kirchen.

Autonome (SOZ)
I. aus autónomos (agr=) »selbständig«.
II. linksorientierte Personengruppen, die sich bewußt außerhalb der Rechts- und Gesellschaftsordnung stellen; die insbes. das Gewaltmonopol des Staates ablehnen, ihrerseits aber im Kampf gegen den Staat Gewalt für legitim halten; die sich als unabhängig von ihrem Staat erklären, ohne jedoch ihre Staatsangehörigkeit und ihre Sozialrechte aufgeben zu wollen. In Deutschland rechnete man 1993 mit

3000 militanten A. (»schwarze Blöcke«), die weitere 6000 Sympathisanten mobilisieren können u. a. aus Antifa-Gruppen (»AA«). Vgl. Autonomisten.

Avaren (ETH)
S. Avar(tsy)/Avarcy (=rs); auch Awar, Awaren; Name der A. ist turkspr. »die Unruhigen«, »die Wanderer«; Eigenbez. Maarubal, Maarulal, Magarubai oder Magarulal, Avaral; Avars, Awarks (=en).
II. Nordostkaukas. Volk von 1990 ca. 0,6 Mio. Menschen, (wovon 200000 A. i.e.S.) bes. in Daghestan (dort leben rd. 87% aller A.) und N-Aserbaidschan, mit daghestanischer Eigensprache, seit 1938 in kyrillischer Schrift. Ursprünglich Christen, seit 11. Jh. und 1558–1606 völlig unter osmanischen Türken islamisiert; Sunniten. A. bildeten im 17./ 18. Jh. ein mächtiges Khanat. 1803 bzw. 1864 endgültig von Rußland unterworfen. Den eigentlichen A. werden diverse kleinere Populationen kultureller Verwandtschaft und räumlicher Nachbarschaft zugerechnet: Andier, Awacher, Bagulaler, Botlicher, Godoberier, Tschamalaler, Karataer, Tindaler, Didoer, Kaputschiner (=dt), Kaputschi, Kaputschias Suko, Kaputschincy (=rs); Kohwarschiner; Hunsal, Bescheta, Ginuch, Artschin.

Avlehe (ETH)
II. Stamm der Kurden im N-Irak unweit der türkischen Grenze. Vgl. Kurden.

Awa (ETH)
I. »Menschen«; Kuaikires, Qoaiguer (=sp).
II. andines Indianervolk in der Prov. Carchie im NW von Ecuador und in Kolumbien, bis ca. 1960 von der Zivilisation noch weitgehend unberührt; seither durch Straßenbau, Rodung, Europäersiedlung und Goldsucher gefährdet; 1986 nur mehr rd. 780 Individuen, erhielten Reservat und Schutzmaßnahmen. In 90er Jahren verstärkte Abwanderung in Städte aus Furcht vor Terror des »Leuchtenden Pfades«.

Awadle (ETH)
II. Somali-Clan im Grenzsaum zum Ogaden.

Awake (ETH)
II. vom Aussterben bedrohtes indianisches Restvolk im Grenzgebiet Brasiliens zu Venezuela; 1993: ca. 110 Individuen.

Awam (ETH)
I. auch Awam-Samojeden; Eigenbez. Nja; Avamskie Tavgijcy (=rs). Vgl. Nganasanen.

Awamir (ETH)
II. kleiner nomadischer Araber-Stamm (1500) mit seßhafter Minderheit bei Nawza in Oman; Ibaditen.

Awanis (ETH)
II. Indianerstamm, der im Yosemite-Valley Kaliforniens lebte; wurde während der Goldrauschphase fast völlig ausgerottet.

Awaren (ETH)
II. mit den Hunnen verwandtes turktatarisches Nomadenvolk, das vom 6.–8. Jh. mehrfach nach Mittel- und S-Europa einfiel, bis 9. Jh. die Oberherrschaft über Bulgarien ausübte. Es gibt keine Anhaltspunkte für die Verwandtschaft mit heutigen Avaren. Vgl. Avaren.

Awazim (ETH)
II. bei Nachbarn als minderwertig geltender Nomadenstamm im E Saudi-Arabiens; Schafnomaden.

Aweti (ETH)
II. einer der beiden Tupi-Indianerstämme im Xingú-Nationalpark/Brasilien.

Ayatollahs (REL)
I. Ajatollahs, Aiyatullahs.
II. höchstrangige schiitische Theologen im Iran. Als oberste religiöse Autorität (mit entsprechendem polit. Gewicht) kann ein Großayatollah, Ajatollah Ozma, als mardscha-e taqlid oder »Quelle der Nachahmung« fungieren. Vgl. Mudjtahids, Hodschatoleslam bei Mullahs.

Ayllu (SOZ)
II. seit Inka-Zeit belegte endogame Verwandtschaftsgruppe, in welcher Abstammung in der Patrilinie verfolgt wird; ketschua-spr. Bez. für traditionelle Gemeinschaften blutsverwandter Dorfbew. und ihren Landbesitz. Institution der A. diente dazu, die u. U. weit über Puna Täler verstreute Gruppe zusammenzuhalten. A. hat sich über die spanische Kolonialzeit bis heute erhalten.

Aymará (SPR)
I. Aimará-spr.; Aymara (=en).
II. altes Indianeridiom im Hochland und ö. Andenabhang Boliviens. Heute Staatsspr. neben Spanisch und Quechua in Bolivien und Peru von 30% bzw. 5% der Bev., insgesamt ca. 2–3 Mio. gesprochen. Vgl. Quechua.

Aymarákicua (SPR)
I. Kechumaran.
II. wiss. umstrittene Spr.einheit von Quechua und Aymara im Andenhochland von Bolivien und Peru.

Ayom (BIO)
I. Aiom.
II. eine Population von Pygmiden (im Durchschnitt 1,27 m groß) am Fuß der Schraderkette im E von Neuguinea; 8000–10000 Köpfe mit Eigensprache Aiom. Vgl. Tapiride.

Ayoré (ETH)
II. Indianerpopulation im N-Chaco/Bolivien-Paraguay. Lebten als schweifende Sammler und Jäger, die sich gegen das Eindringen weißer Kolonisten wehrten und dafür rücksichtslos verfolgt bzw. fast ausgerottet wurden. Seit 1947 haben sie sich in den Schutz christlicher Missionen gestellt; ihre Zahl beträgt einige Tausend.

Azande (ETH)
I. Asande, Zande, Niam-Niam.
II. großes Sudannegervolk in Quellgebieten von Nil und Kongo im Grenzgebiet von Kongo, Zentralafrikanische Rep. und Sudan. Seßhafte Bauern, in Sudan 1983: 550 000 Köpfe. Außerordentlich heterogene Bev. seßhafter Bauern, die im 19. Jh. von einer dünnen Erobererschicht der Ambomu aus dem N mit ihrer Adelskaste, den Vongura, unter Gura und Bandja untergejocht wurden und durch eine kluge Politik dieser Häuptlinge und ihrer Nachfahren politisch, sprachlich und kulturell zu einem großen Herrschaftsbereich vereint wurden (Azandesierung). Weiterbestand von Geheimbund-, Hexen- und Orakelwesen; patrilinear organisiert. Zu den azandesierten Stämmen im s. Savannengürtel und am N-Rand des Regenwaldes zählen: Abandja, Nsakare, Banda, Mandja, Baja.

Azázma (ETH)
II. Konföderation von ehem. 12 Beduinen-Stämmen (1945 ca. 12 000 Individuen), einst im zentralen Negev/Israel streifend; flüchteten 1949 in den Sinai.

Azbuka (SCHR)
I. Asbuka; nach »as und buki« (=rs), die zwei ersten Buchstaben des russischen Alphabets. Vgl. Grazhdanskaya.

Azerig, al (ETH)
II. Ethnie im amphibischen Gebiet des unteren Tigris. Wohl im 18. Jh. vom Garraf her eingewandert und schutzsuchend s. der damaligen türkischen Garnison Amara niedergelassen. Zwei Unterstämme: Bet Medhur und Bet Fehed. Reisbauern und Reispflanzenverkäufer. Vgl. Madan.

Azimistas (REL)
I. (=sp); »die beim Abendmahl ungesäuertes Brot genießen«.
II. Spottname der Unierten Griechen für die Katholiken.

Azoren (TERR)
B. Açores mit Distrikten Angra da Heroismo, Horta und Ponta Delgada. Autonome Region Azoren (seit 1976); Teil Portugals. Vgl. Ilhas Adjacentes. (The Autonomous Region of) the Azores (=en); (la Région autonome des) Açores (=fr); (la Región autónoma de) las Azores (=sp); Azzorre (=it); Ilhas Açores (=pt).
Ew. 1963: 0,330; 1991: 0,241

Azorer (NAT)
I. Azoreans (=en); açoréens (=fr); Azoreanos (=sp); Açoreanos (=pt); Azzorreani (=it).
II. Bew. des portugiesischen Arquipélago dos Açores. Vgl. Portugiesen, Ilhas Adjacentes.

Azraqiten (REL)
I. Azraqiyun, Azaraqa.
II. untergegangene extrem-radikale Teilgruppe der Charidschiten/Haridschiten im Iran und Mesopotamien. Vgl. Charidschiten.

Azteken (ETH)
I. Eigenbez. nach Stammland Aztlan; alte Eigenbez. auch Tenochca oder Mexica; aztecas (=sp).
II. kriegerisches Indianervolk, das im 14. Jh. von N in das mexikanische Hochtal einbrach und im 14. Jh. seine Hauptstadt Tenochtitlan begründete. Übernahmen von Nachbarvölkern alte Kulturtradition. Als führender Partner eines Dreierbundes (mit Tetzcoco und Tlacopan) eroberten sie fast den ganzen N Mittelamerikas und entwickelten eine echte Hochkultur über 5–6 Mio. Untertanen. Ihre kulturelle Leistung ist durch gestufte Pyramiden, Paläste, Straßen, Bewässerungseinrichtungen, hochentwickelte Bilderschrift und Schmuckgewerbe gekennzeichnet. Im religiösen Ritual waren Menschenopfer (von Opfersklaven) typisch. Ihre Ges. war in hohe »Kasten« von Adel und Kaufleuten (die allein über Landbesitz verfügten) und niedere »Kasten« von Plebejern und Sklaven gegliedert. Kultur und Reich wurden durch Cortez 1519–21 vernichtet. Sprache der A. ist das Nahua, das noch von ca. 0,7 Mio. (1940) gesprochen wird.

Aztekisch (SPR)
Vgl. Nahua (SPR) in Mexico.

Azubi (SOZ)
I. bis 1992 amtl. dt. Kurzform (Akronym) für Auszubildende, seither wieder Lehrlinge.
II. in praktischer Berufsausbildung in einem anerkannten Ausbildungsberuf stehende Personen incl. Praktikanten und Volontäre.

B

Ba (ETH)
I. Vorsilbe vor Bantu-Namen in der Bedeutung »Volk«, Pl. wa (=su); N Sg.=Volk, Pl. Mata in Simbabwe; M Sg.=Volk, Pl. Ama; z.B. Ndebele-Matabele.

Baba (SOZ)
II. in Malaysia populäre Bez. für eingewanderte, niedergelassene Chinesen im Gegensatz zu den Ali(s), den malaiischen Muslimen.

Baba Nyonya (SOZ)
II. Nachkommen von in Malakka/Malaysia geborenen Chinesen (Babas), die einheimische Frauen (Nyonyas) heirateten.

Babalawos (REL)
II. Orakelpriester im Santeria- und Palamonte-Kult in der Karibik, bes. in Kuba.

Babamba (ETH)
II. negride Einheit in Gabun mit einer Bantu-Sprache.

Babi (REL)
I. Babisten, s.d.

Babinga
Vgl. Pygmoide.

Babismus (REL)
II. aus dem schiitischen Islam im 19. Jh. hervorgegangene Lehre des Bab (ar=) »Tor, Pforte«; ausgezeichnet u.a. durch sozial-ethische Maximalforderungen (Menschheitsverbrüderung, Gewaltlosigkeit, Ehe als unabdingbare Pflicht). Angeh. heißen Babi oder Babisten.

Babisten (REL)
I. Babi.
II. Anh. einer im 19. Jh. im Iran durch Ali Muhammed, der sich als 12. Imam Mahdi verstand, begründete Religion (Babismus), die sich 1848 vom Islam löste. Der Revolution verdächtigt, wurden 1850–1852 der Stifter und 20000 Babisten ermordet. Vgl. Baha'i.

Babunier (REL)
Vgl. Bogomilen.

Babys (BIO)
I. (en); bébés (=fr).
II. Lallwort der Kindersprache; Säuglinge (s.d.), Kleinstkinder.

Bacairi (ETH)
II. kleiner Indianerstamm im Mato Grosso/Basilien, treibt Brandrodungsfeldbau auf Mais, Süßkartoffeln.

Bacajá (ETH)
II. Indianerstamm am Rio Xingu im BSt. Para/Brasilien, dessen Schutzgebiet von Holz- und Goldgesellschaften ausgebeutet wird, der durch Entschädigungszahlungen, Krankheiten, Prostitution und Alkohol zerstört wurde.

Baccalaureaten (SOZ)
I. bacheliers (=fr); bachelors (=en); baccalaureati, baccellieri (=it); Bachareles, Bacharelas (=pt). Abk. B. dem Namen angefügt.
II. Altbez. für Abiturienten, hpts. in Frankreich; für Absolventen akademischer Anfangssemester, hpts. in Großbritannien, für Absolventen eines vereinfachten Grundstudiums ohne Nebenfächer in Deutschland.

Bacharlu (ETH)
II. kleines Turkvolk im s. Zagrosgebirge/Iran.

Bachtiaren (ETH)
I. Bakhtiari, Bachtijaraen, Bakhtiyaren; Altbez. Groß-Luren.
II. stark gegliederte Stammeskonföderation (3,4 Mio.), z.T. nomadisierend, zw. Khuzistan-Tiefland und Zagrosgebirge/W-Iran. An der Ethnogenese hatten außer der nichtiranischen Vorbev. auch arabische, iranische und mongolische Elemente Teil. Im 20. Jh. Zwangsansiedlung, Wanderungsverbote, Verstaatlichung der Weiden, Schulzwang, so daß Nomadismus fast erloschen. B. sind Schiiten. Vgl. Luren.

Backward Classes (SOZ)
I. (en=) »rückständige Klassen«; »Backward Hindus«.
II. Bez. in Indien für Angeh. benachteiligter Bev.schichten aus über 3000 niederen Subkasten, die ca. 22,5 % der Gesamtbev. ausmachen. Sie sollen künftighin gleiche Privilegien hinsichtlich Studien- und Arbeitsplätzen in staatlichen Verwaltungen und verstaatlichten Industrien erhalten, die bisher schon Kastenlose und Angeh. von Urstämmen genießen (1990).

Backwoodsmen (SOZ)
I. (=en); Hinterwäldler.
II. ursprünglich die nordamerikanischen Pioniersiedler der Kolonisationszeit, die in die Wälder im Hinterland eindrangen. Vgl. Pioniere.

Bad Black Brothers (SOZ)
I. BBB's (en=) »Böse schwarze Brüder«.
II. Eigenbez. der Schwarzen in USA für (häufig halbwüchsige) Asoziale und Kriminelle in ihrer Gemeinschaft.

Badachschani (ETH)
II. die Bew. der autonomen Provinz Gorno-Badachschan im SE der Rep. Tadschikistan. B. sind zu 90% Angehörige der schiitischen Sekte der Ismailiten.

Badaga (ETH)
II. Stamm von Reisbauern in den Nilgiri-[(tamil=) »blaue Berge«] Bergen, Tamil Nadu/Indien mit einer Drawida-Spr., Anzahl rd. 100000.

Baddawijja (REL)
I. nach Begründer Ahmed al-Badawi im 13. Jh.
II. islamische Bruderschaft im Mittleren und Hohen Atlas; Zweig der Dargawa.

Baden-Württemberg (TERR)
B. Bundesland in Deutschland; 1951 durch Zusammenfassung der alten Länder Baden, Württemberg-Baden und Württemberg(-Hohenzollern) entstanden. Bade-Wurtemberg (=fr).
Ew. nach jeweiligem Gebietsstand: Baden: 1871: 1,462; 1890: 1,658; 1910: 2,143; 1925: 2,312. Württemberg: 1871: 1,819; 1890: 2,037; 1910: 2,438; 1925: 2,583. Baden-Württemberg: 1871: 3,281; 1910: 4,581; 1925: 4,895; 1939: 3,350; 1950: 6289; 1961: 7,759 VZ; 1970: 8,895; 1980: 9,233; 1990: 9,726; 1997: 10,397, BD 291 Ew./km²

Badjao (ETH)
II. kleinere der muslimischen Ethnien auf den Philippinen, auf Hausbooten an den Küsten der Sulu-See. Von Fischfang und Handel lebend; lt. Schätzungen 10000–20000 Köpfe. Vgl. Samal, Moro.

Badjawanesen (ETH)
II. Population auf Ost-Flores/Indonesien; Südwestindonesier, vermischt mit Portugiesen. Treiben Brandrodung und Kopragewinnung. Vgl. Sika.

Badui (ETH)
II. isolierte Kleinpopulation in W-Java/Indonesien; möglicherweise Nachkommen der javanischen Urbevölkerung. Ihre Religion ist ein degenerierter Hinduismus; < 10000.

Badw (SOZ)
I. (=ar); Beduinen, Voll-Beduinen.
II. reiterkriegerische Dromedar-Hirten; mit den Aribi oder Arab eng vergesellschaftet. Vgl. Beduinen, Nomaden; auch Pferdereiter.

Baga (ETH)
I. Bago.
II. Stamm westafrikanischer Neger an der Atlantikküste von Senegal bis Guinea, 25000–30000, Fischer und Bauern.

Bagabo (ETH)
II. Ethnie auf Mindanao (am Apo-Vulkan und am Davao-Golf), ca. 20000–30000 mit NW-indonesischer Eigenspr.; bauen Reis und Hanf an; kannten einst noch Menschenopfer, heute islamisch beeinflußt.

Bagata (ETH)
II. kleiner Stamm brandrodender Bauern in den östlichen Ghats, Andra Pradesch/Indien, teluguspr., Anzahl kaum 100000.

Baggara (ETH)
I. Bakkara, Baqqara; aus »bakar« = »Rind«, »Rinderhirten«.
II. 1.) Stamm von 600000–700000 arabisch sprechenden, islamischen Rindernomaden, deren Einwanderung in das Kordofan/Sudan die alteingesessenen Sudan-Neger abgedrängt hat. Waren im 19. Jh. stark an Sklavenjagd und -handel beteiligt. 2.) auch Sammelbez. für sudanarabischen Stammesverband der B. mit Ahamda, Aulad Himeid, Batahin, Beni Gerar, Beni Helba, Dar Hamid, Dar Muharib, Fezara, Gimma, Habbania, Hamar, Husseinat, Hauasma, Hawawir, Kababisch, Kawachla, Kenana, Messirija Humr, Messirija Zurug, Rizeigat, Rufaa, Schukrija, Selim, Taaischa, Tundjer/Tungur, nichtarabische Meidob und Zaghawa im mittleren Sudan zwischen Nil und Tschadsee. Insgesamt ca. 5 Mio. (1980) mit sudan-arabischer Spr.. Zum Teil stark negrid durchmischt. Teile der B. stehen als Murahalin im Kampf um Weide- und Wasserrechte gegen die Nuba. Sind mehrfach, so in der Gesira, zu ansässigen Ackerbauern geworden.

Bagielli (BIO)
I. Jelli.
II. Stamm von ca. 10000 Zwergwüchsigen (1,39–1,47 m) im Regenwald von Kamerun. Schweifende Wildbeuter mit einer Bantu-Sprache. Vgl. Pygmäen.

Bagirmi (ETH)
I. Eigenbez. Barma; Kun.
II. Sudanvolk von Hackbauern im SW der Rep. Tschad; rd. 150000 (1980); aus Mischung von Arabern und Fulbe entstanden. Ubangi-spr., Muslime.

Bagobo (ETH)
II. Ethnie auf Mindanao/Philippinen mit NW-indonesischer Spr., in Islamisierung begriffen. Pfahlbausiedlungen, Trockenreisbauern.

Bagri (SPR)
I. Bagri (=en).
II. Gem. einer indoarischen Spr. in Indien mit rd. 1 Mio. Sprechern.

Bagulaler (ETH)
I. Eigenbez. Bagulal; Bagulaly (=rs). Vgl. Avaren, Awaren.

Baha'i (REL)
II. Anh. des Baha'ismus oder Beha'ismus, 1863 durch den Perser Ali Nuri mit Ehrentitel Baha'ullah (pe = »Glanz Gottes«) gestiftet. Leitidee ihres Glaubens ist die Vereinigung der Menschheit in einer su-

pranationalen Weltgemeinschaft, die ohne religiöse Riten und Dogmen die soziale Wohlfahrt verwirklicht. B. üben Tagesgebete, beachten Rauch- und Alkoholverbot, haben Scheidung und Vielehe abgeschafft. Dank weltweiter Mission (um 1993) 5,3 Mio. Anh. in 193 Ländern (in Südasien 2,2 Mio., in Schwarzafrika 1,2 Mio.); gelten im Schiismus als Abtrünnige. B. sind seit ausgehendem 19. Jh. und bis heute in Vorderasien schweren Verfolgungen ausgesetzt; ca. 200 000 flohen unter den Regimen des Schah und von Khomeini, zumal ihre Zentren in Akko und Haifa/Israel liegen. B. sind in den meisten Staaten nicht offiziell anerkannt, in islamischen Ländern verboten. Vgl. Babisten.

Bahamaer (ETH)
I. Bahamer, Bahamaner, Bahamas-Insulaner. Bahamians (=en); Bahamiens (=fr); bahameses (=sp).
II. 1.) StA. des Inselstaates »Bund der Bahamas« (seit 1973). 2.) Bew. des westindischen Archipels von 30 größeren und ca. 660 kleineren Bahamas-Inseln; 1996 rd. 284 000 Ew.. BD 18 Ew./km². Auf San Salvador betrat Kolumbus 1492 erstmals amerikanischen Boden; 1629 Besitzergreifung durch England; 1648 Ansiedlung von Pilgervätern auf Eleuthera, 1666 weiterer Kolonisten auf New Providence. Im amerikanischen Unabhängigkeitskrieg standen B. kurzfristig unter amerikanischer und spanischer Besatzung, nach 1783 starke Einwanderung amerikanischer Loyalisten, die ihre Negersklaven mitbrachten. Diese Schwarzen erhielten 1838 die Freiheit und machen heute (einschl. Mulatten) 85% der Gesamtbev. aus. Unter den 15% Weißen überwiegen protestantische Briten (32% Baptisten, 20% Anglikaner, 6% Methodisten). Seit 1970 Fluchtzuwanderung von > 50 000 haitischen Boat people. Amtsspr. ist Englisch.

Bahamaer (NAT)
II. StA. der Bahamas; vielfach zugleich Bürger von Großbritannien. B. sind zu 72% Schwarze, 14% Mulatten und 12% Weiße.

Bahamas (TERR)
A. Bund der B., die B. Unabh. seit 1973. Commonwealth of The Bahamas (=en). Le Commonwealth des Bahamas, les Bahamas (=fr); el Commonwealth de las Bahamas, las Bahamas (=sp); as ilhas Bahamas (=pt); le (Isole) Bahamas (=it).
Ew. 1950: 0,079; 1960: 0,123; 1970: 0,171; 1978: 0,225; 1986: 0,236; 1996: 0,284, BD: 20 Ew./km²; WR 1990–96: 1,7%; UZ 1996: 87%, AQ: 5%

Bahanga (ETH)
I. Hanga, Wanga, Luhya. S. Wanga.

Baharina (ETH)
I. Bahrani Sg.
II. Terminus meint die schiitischen (12er-Schiiten) Bahrainer/Bahreiner, über 70% aller bahrainischen Muslime, vorwiegend in ländlichen Verhältnissen lebend. Vgl. Bahraini.

Bahasa-Indonesia (SPR)
II. seit 1945 Staatsspr. für 175 Mio. in Indonesien (neben rd. 250 Regionalspr.), als Mutter- bzw. Erstspr. nur von 22 Mio. (12,5%) und als Zweitspr. von 72 Mio. (41%) der Gesamtbev. gesprochen. B. hat sich entwickelt aus der stark mit indischen (Sanskrit), persischen, portugiesischen, chinesischen, arabischen, englischen und niederländischen Elementen durchsetzten malaiischen Spr., welche schon in der Kolonialzeit Verkehrsspr. im SE-asiatischen Mittelmeerraum war. B. wird in Lateinschrift geschrieben. Vgl. Bahasa Malaysia (SPR) oder Malaiisch-spr., Javanisch-spr.

Bahasa-Malaysia (SPR)
I. Bahasa Melaòu, Malaiisch.
II. als Amtsspr. in Brunei, Malaysia, Singapur, als Verkehrsspr. auch in Thailand genutzt und in Lateinschrift geschrieben; 1994 von ca. 20 Mio. (lt. E. KNIPRATH).

Bahnar (ETH)
II. eine der sog. Montagnards-Stämme im Bergland von Vietnam-Kambodscha mit einer austroasiatischen Mon-Khmer-Spr. Vgl. Montagnards.

Bahrain (TERR)
A. Bahrein. Emirat. Daulat al-bahrein (=ar); Dawlat al Bahrayn. (The State of) Bahrain (=en); (l'Etat de) Bahreïn (=fr); (el Estado de) Bahrein (=sp).
Ew. 1948: 0,107; 1960: 0,152; 1967: 0,200; 1970: 0,215; 1996: 0,599, BD: 847 Ew./km²; WR 1990–96: 2,9%; UZ 1996: 89%; AQ: 15%

Bahrainer (NAT)
I. Bahreiner, Bahranis, Bahraini; Bahrainis (=en); bahreïnites (=fr).
II. StA. des Scheichtums Bahrain, 323 000; denn von den 599 000 Ew. (1996) sind etwa 185 000 Ausländer (75% Araber, 16% Inder, 5% Pakistaner, 2% Europäer). Vgl. Bahraini und Baharina, die sunnitischen und schiitischen Bahrainer.

Bahraini (ETH)
II. Begriff kommt (im Unterschied zu Baharina) den sunnitischen Bahrainern in Bahrain zu, meist malekitischer, doch auch hanbalitischer Rechtsschule; überwiegend in Städten lebend. Sie sind wie die Herrscherfamilie (Al Khalifa seit 1783) Nachkommen einst aus dem Gebiet des heutigen Qatar zugewanderter Araber. Für die Staatsangehörigen sind Bez. Bahrainer, Bahreiner, Bahranis zu benutzen.

Baianos (SOZ)
II. die Bew. von Bahia, der Cidade do Salvador da Bahia de Todos os Santos/Brasilien. B. als Zentrum des alten portugiesischen Sklavenhandels hat eine Bev.mischung seltener Art hervorgebracht. Nachkommen der Tupinambá-Indianer kreuzten sich mit Negersklaven (bis zum 17. Jh. Bantus und seither Yorubas) und Portugiesen.

Baiga (ETH)
II. Großstamm von Brandrodungsbauern im Gliedstaat Madhja Pradesch/Indien, osthinduspr., > 150 000.

Bairagi (REL)
Vgl. Fakire.

Bajan (SPR)
II. B. ist Umgangsspr. auf Barbados, ein Pidgin-English, das um 1990 von ca. 234 000 als Muttersp. gesprochen wird.

Bajans (ETH)
II. Eigenbez. der Barbadier, der Bew. der Karibikinsel Barbados/Little England nach ihrer Umgangsspr. Bajan. Bevölkerungsstand 1996: 264 000, woraus sich hohe Dichte von 614 Ew/km² ergibt. Unter britischer Kolonialherrschaft (1627–1966) entstand Mischbev. aus eingeführten Guayana-Arawaken und (seit Mitte 17. Jh.–1807) afrikanischen Sklaven sowie kleinen europäischen, orientalischen und indischen Minderheiten. Bereits um 1700 gab es rd. 60 000 Afrikaner. An heutiger Bev. haben Schwarze mit 92%, Mulatten mit 3% Anteil; nach Religionszugehörigkeit stark differenziert, nominell 40% Anglikaner, 8% Pfingstler, 7% Methodisten, 5% Katholiken, ferner über 140 christliche und afroamerikanische Sekten (auch Rastafarier). Verbreitet sind ehelose Lebensgemeinschaften; Amtssprache ist Englisch.

Bajaten (ETH)
I. Bait.
II. Stamm der W-Mongolen; haben mit 2,1% Anteil in der Mongolischen Rep. Vgl. Mongolen.

Bajau (SPR)
II. kleine Sprgem. auf den Philippinen.

Bajau Laut (ETH)
I. »Bajau d. Meeres«; Schimpfnamen der Nachbarn: Palaqau oder Lawaquan.
II. durch ihre Lebensform halbnomadische Fischer, die z. T. auf ihren Booten wohnen, und durch verwandte Samal-Dialekte verbundene Ges. an den Küsten des Sulu-Archipels/Philippinen, Indonesien und NE-Borneo; von den übrigen Inselbew. deutlich unterschieden. B. L. sind in Großfamilien und Sippen strukturiert, die fallweise auch küstennahe Pfahlbau- und temporäre Landdörfer besitzen. Sind nominell Muslime, werden aber von Nachbarn als Heiden angesehen. Vgl. Samal Laut.

Bajuwaren (ETH)
I. Baiern; bajuvarii (=lat) als Personenverband erstmals 532; Bavarois (=fr).
II. die Ethnogenese der Bajuwaren als ein viele Jh. überspannender Prozeß vollzog sich seit dem 1. Jh. n. Chr. auf dem Gebiet der römischen Provinz Raetia im ö. Alpenvorland s. der Donau. Zu der keltisch-italischen Vorbev. stießen, diese verdrängend, seit 3./4. Jh. Germanen verschiedener Herkunft hinzu.

Im 5. und 6. Jh. traten aus W alemannische, aus dem thüringischen Mitteldeutschland elbgermanische und andere Bevölkerungsteile aus dem ehemals markomannischen N-Böhmen hinzu. Auch Goten und weitere ostgermanische Gruppen gelangten in der Folge nach Raetien und bildeten mit den Resten der provinzialrömischen Bev. den Stamm der Bajuwaren. Eine Kerngruppe stammte aus S-Böhmen, ihr Einwanderungsweg im 6. und 7. Jh. läßt sich anhand von Keramik-Grabfunden genauer rekonstruieren. Vermutlich waren sie bestimmend für den Namen des neuen Stammes der Bajuvarii, der 551 bzw. 565 in Gebrauch kam.

Bakairi (ETH)
II. zum Verband der Kariben zählender Indianerstamm im Xingú-Gebiet/Brasilien, in kulturellem Zusammenschluß mit Aruak, Ge und Tupi. Vgl. Xingú-Indianer.

Bakerwals (ETH)
I. aus Walla »Leute« und Bakri »Ziegen«, also »Ziegenleute«.
II. Teilethnie der Pathanen, die sich 1861 den britisch-indischen Festlegungen zur Seßhaftmachung widersetzten und nach Kaschmir auswichen. Sie blieben Vollnomaden, die mit ihren großen Kaghan-Ziegen über enorme Distanzen und größte Höhenunterschiede von den alpinen Steppen jenseits des Himalaya-Hauptkammes in Ladakh bis in die Dornbusch- und Hartlaubwälder der Siwaliks wandern (H. UHLIG).

Baketan (ETH)
Vgl. Punan auf Borneo/Indonesien.

Bako (ETH)
II. hamitisches Volk von Hirsebauern in SW-Äthiopien, > 50 000, mit einer westkuschitischen Eigenspr.

Bakongo (ETH)
I. Kongo, Congo. Vgl. Vili-Kongo.

Bakota (ETH)
II. negride Einheit in Gabun mit einer Bantu-Sprache.

Baktrier (ETH)
II. 1.) i.e.S. Volk aus der Ostgruppe der Altiranier, vgl. auch Sogdier. 2.) i.w.S. Bew. der Satrapie Baktrien/Bactrien im vorchristlichen persischen Weltreich, des heutigen N-Afghanistan-Tadschikistan-Usbekistan; durch Ansiedlung und Mischung mit Griechen und Mazedoniern (Graecobaktrier) hellenistisch geprägt. Ihre Spr. war vermutlich mit dem Awestisch (Awesta der Zoroaster) identisch.

Bakuba (ETH)
I. Kuba.
II. mehrere kleine Bantu-Ethnien in ö. Rep. Kongo und in der zentralen Demokratischen Rep. Kongo.

Bakwe (ETH)
I. Sapo, Sikon, De; Gere, Guéré (=fr).
II. schwarzafrikanische Ethnie in Liberia und der Elfenbeinküste. Vgl. Kru.

Balangingi (ETH)
I. Samal Laut, »Samal des Meeres«, Meeresnomaden.
II. halbnomadische Fischerbev. an den Küsten d. Sulu-See/Philippinen, Indonesien und NE-Borneo. Vgl. Samal, Bajau Laut.

Balante (SPR)
II. westafrikanische Sprgem. im n. Küstenbereich von Guinea-Bissau; mit > 600 000 Sprechern; Mutterspr. der Balantas.

Balearen (TERR)
B. Balearic Islands (=en); Baléares (=fr); las (islas) Baleares (=sp); Baleari (=it).
Ew. 1986: 0,755; 1991: 0,709; BD: 1991: 141 Ew./km²

Balearer (NAT)
I. Balearics (=en); Baléares (=fr); baleares, baleáricos (=sp).
II. Bew. der Balearen/Spanien; sprechen Mundart des Katalanischen, römische Katholiken.

Balhuran (ETH)
II. ein Kurdenstamm in der Provinz Hakkari/Türkei.

Bali (ETH)
I. 1.) Ndob.
II. Bauernvolk im tropischen Regenwald d. Kongobeckens, > 300 000, mit e. Bantu-Spr.
I. 2.) Tio.
II. schwarzafrikanische Ethnie in NW-Kamerun.

Bali Aga (ETH)
II. kleines Volk im Bergland Ostbalis, zur südwest-indonesischen Bali-Sasak-Spr.gruppe zählend; gelten als reinblütige Nachkommen der indonesischen Balinesen, sind im Unterschied zu diesen keine Hinduisten.

Balinesen (ETH)
I. Balinais (=fr).
II. Indonesier auf Bali und W-Lombok (Anzahl 1,5 Mio.), die aber nicht Muslime sind, sondern sich in eigenartiger Mischkultur mit buddhistischen und bodenständigen Elementen seit Mitte des 1. Jhs. zum Hinduismus bekennen (Kastensystem, pittoreske Leichenbestattung).

Balinesisch (SPR)
I. Balinese (=en).
II. Sprgem. einer auf Bali benutzten indonesischen Spr. aus der austronesischen Spr.gruppe, in Indonesien mit rd. 4 Mio. (1994) Sprechern. B. wird mit einer Eigenschrift geschrieben.

Balkanesen (ETH)
I. Bev. der Balkanhalbinsel.
II. nur ugs. für die Bew. SE-Europas (*Th. Fischer*) s. von Save und Donau; überwiegend abschätzig gebraucht im Hinblick auf deren geschichtlich unbeständige politische Verhältnisse, auch auf deren unübersichtliche, engräumig wechselnde ethnischsoziokulturelle Bevölkerungsstruktur (nach Volkstum, Sprache, Religion, Schrift). Vgl. Rumelier, Südslawen, Jugoslawen.

Balkan-Kaukasische Rasse (BIO)
II. Terminus bei LEVIN/ROGINSKIJ (1963) für Turanide bei *v.* EICKSTEDT (1934, 1937, 1952).

Balkaren (ETH)
I. Balkarer. S. Balkarcy, Balkar(tsy) (=rs); Eigenbez. Malkarli, Balkarlar, Balkariar; Altbez. Bergtataren, Taulu, d. h. »Gebirgler«; Balkars (en).
II. kleines Turkvolk im n. Kaukasus mit tscherkessischem Kultureinfluß. Wurden im 18. Jh. unter Einfluß der Nogaier und Krimtataren islamisiert, sind heute Sunniten. Bilden seit 1922 mit Kabardinern ein autonomes Gebiet, das 1936 zu der Kabardo-Balkarischen ASSR erhoben wurde; heute Teilrep. in Russischer Föderation. Zahl: 1979 ca. 66 000, d.h. rd. 9 % d. Gesamtbev.. Wurden wie Karatschaier im 14./15. Jh. aus den Vorlandebenen in das Gebirge abgedrängt, gerieten 1827 unter russische Herrschaft und erfuhren wie Kabardiner 1943 wegen Kollaboration mit deutscher Wehrmacht schwere Maßregelungen, durften inzwischen aus Deportation zurückkehren.

Balten (ETH)
I. Baltes (=fr); balticos (=sp, pt); Baltijez Sg. (=rs).
II. Völker im NE Mitteleuropas s. des Finnischen Meerbusens; mit indoeuropäischen Eigenspr., den Slawen nahestehend; zur Hauptsache Letten und Litauer (mit ostbaltischer Spr.), nicht aber die Esten (mit ostseefinnischer Sprache). Andere baltische Sprachen der Alt-Preußen mit Galindern und Jatwingen oder Spr. der Kuren, Zemgalen, Schamaiten und Selen sind erloschen. Zuwanderung in die heutigen Wohnsitze erfolgte bis ins 13. Jh. aus Weißrußland. Ihre politische Unabhängigkeit war in der jüngeren Geschichte immer nur begrenzt (1919–39). Vgl. Urbalten, Deutschbalten.

Baltendeutsche (ETH)
I. Deutschbalten, Baltiskie Nemtsy (=rs), Baltic Germans (=en).
II. deutschstämmige Bew. Est-, Kur- und Livlands, des Baltikums; Nachkommen der im 13. Jh. vom Schwertbrüderorden nach Lettland und Estland gerufenen Kaufleute und Handwerker, wo sie bes. in den Städten bis in das 20. Jh. eine wirtschaftliche und kulturelle Oberschicht bildeten und im zaristischen Rußland als Staatsmänner, Wissenschaftler, Künstler und Offiziere hoch geschätzt waren. Den bis dahin fehlenden deutschen Bauernstand

suchte man 1704–14 durch Übersiedlung von rd. 20 000 Wolhyniendeutschen zu gewinnen. Besaßen in Lettland und Estland Schulautonomie, doch ging ihr Großgrundbesitz durch Agrarreformen verloren. Erfuhren schon nach 1919/20, dann im II.WK durch Verfolgung und Deportation nach Kasachstan schwere Verluste. 1934 lebten in Estland noch über 16 000, in Lettland rd. 62 000 Deutsche. Durch Umsiedlungsverträge kehrten 1939 70 000–110 000 nach Deutschland zurück.

Balti (ETH)
II. Teilgruppe der Tibeter in Baltistan; im 14. Jh. gewaltsam islamisiert.

Baltide (BIO)
I. Subnordische Rasse nach CZEKANOWSKI; Ladoga-Rasse (nach COON), race orientale (nach J. DENIKER) (=fr).
II. alte Klassifikationsbez. durch BIASUTTI. Vgl. Osteuropide.

Baltikum (TERR)
C. Unscharfe Sammelbez. bis 1919 für russische Ostseeprovinzen Kurland, Livland und Estland (»Baltische Provinzen«) und ihre Nachfolgestaaten Litauen, Lettland und Estland.
Ew. 1991: 8,1 Mio

Baltische Provinzen (TERR)
C. Ew. 1897: 2,386; Estland: 0,143; Livland: 1,299; Kurland: 0,674

Baltische Sprachen (SPR)
II. indoeuropäische Spr.gruppe, zu der Litauisch und Lettisch zählen, einst auch Altpreußisch/Pruzzisch und Kurisch. Heute vertreten in Litauen und Letland, mit Minderheiten auch in Polen, GUS und Ukraine, insgesamt ca. 4,5 Mio. Sprecher.

Bamangwato (ETH)
I. Mangwato. Vgl. Tswana, Sotho.

Bambaigos (BIO)
I. Caribocos, s.d.

Bambara (ETH)
I. Banmana, Bamara.
II. zweitgrößtes Volk aus der Mande-Spr.gruppe der Sudan-Neger zwischen Niger und Bani in Mali; 1980: 2,3 Mio.; z.T. stark mit Fulbe gemischt; waren wiederholt gewaltsamen Islamisierungsversuchen ausgesetzt.

Bambara (SPR)
II. schwarzafrikanische Sprg. mit > 2,5 Mio. Sprechern. Verbreitet in Mali, wo B. nationale Spr. mit 1980 rd. 2,3 Mio., = 40 % der Gesamtbev., und in Niger.

Bambuti (BIO)
I. Mbuti; sog. »Iturizwerge«.
II. ethn. Sammelbez. für relativ ursprüngliche, reinrassige Populationen von Pygmäen im Einzugsgebiet des Ituri. Zu ihnen zählen die Basua s. des Ituri, Efe n. des Ituri, und Aka. Gesamtzahl ca. 20 000–30 000, mehrfach schon ansässig (am Rand von Negerdörfern); kiswahilisprachig.

Bambutide (BIO)
I. pygmidi (=it); Bambutomorphe bei OSCHINSKY (1954).
II. afrikanische Pygmiden; pädomorphe Sonderformgruppe in Afrika. Merkmale: zwergwüchsig, Männer kaum über 140 cm groß, langer Rumpf, großer Kopf, kurze Beine, kindliche Proportionen, sehr starke Lendenlordose. Kopfform rund bis lang, Gesicht rundlich, breite flache Nase, Lippen füllig, nicht gewulstet. Kopfhaar kurz, kraus, schwarz. Haut faltig, braun mit Gelb- oder Rotton. Verbreitung: eingestreut in das palänegride Verbreitungsgebiet im afrikanischen Regenwald (Bambuti, Binga) und im ostafrikanischen Graben (Twa); selten mehr reinrassig. Vgl. kongolesische Twide. Vgl. Pygmäen Zentralafrikas.

Bamileke (ETH)
II. Sammelbez. für etwa 90 Negerstämme im Grasland Kameruns mit Namen der Häuptlingstümer. Gebrauchen Bantuspr. der Benuë-Kongogruppe; 1980 > 800 000. Erbliche Oberhäupter von der Nachbarschaft bis zum Königtum; reformiertes Hofleben fördert Kunsthandwerk. Einflüsse von Fulbe und Hausa. Sowohl Christen als auch Muslime.

Bamileke (SPR)
II. schwarzafrikanische Sprgem. mit 2 Mio. Sprechern im nw. Kamerun.

Bamum (ETH)
II. durch sein hoch entwickeltes Kunsthandwerk (Maskenschnitzerei, Perlenstickerei, Gelbguß) bekanntestes der Graslandvölker Kameruns. Königswürde nach Legende bis ins 14. Jh. verfolgbar, starker Fulbe- und Hausaeinfluß, unter König Njoya, gest. 1933, der auch eine eigene Schrift erfand, Förderung des heimischen Kunsthandwerks, besonders Weberei. Entwicklung von Tourismus in Fumban. Sprachlich zu der als bantoid bezeichneten Untergruppe der Benuë-Kongo-Sprachgruppe gehörend.

Bananas (SOZ)
II. Spottname der heute verstärkt aus Hongkong und Taiwan an die pazifische US-Küste zuwandernden Chinesen für die dort schon ansässigen chinesischen Alt-Immigranten, die kein Chinesisch mehr sprechen und westliche Sitten angenommen haben: »innen weiß und außen gelb«.

Banater Schwaben (ETH)
II. deutsche Kolonistengruppe aus Alemannen und Elsässern, die im 18. Jh. zur Neubesiedlung des in der Türkenzeit weitgehend entvölkerten damaligen ungarischen Banat (Grenzmark) angesiedelt wurden. Sie sprechen eine Pfälzer Mischmundart und waren fast ausschließlich katholischer Konfes-

sion. Seit 1860 waren sie starken Madjarisierungsbestrebungen unterworfen. Volksgruppe bestand aus Freibauern und im 19. Jh. aus Innerösterreich und Böhmen nachgewanderten Bergleuten, Waldarbeitern, Glasbläsern. Durch Gebietsteilung nach 1918 fielen B.Schw. auch an Rumänien und Jugoslawien. 1940 insgesamt rd. 280 000, ca. 20 % der Provinzbev. 1944/45 wurde die Volksgruppe bei schweren Verlusten vertrieben oder in die UdSSR verschleppt.

Banda (ETH)
I. Gobu, Jangere, Yangere.
II. azandesierte Ethnie von Sudannegern von > 750 000 Seelen, mit 27 % größte Teilbev. im E der Zentralafrikanischen Republik.

Bandanesen (ETH)
II. die autochthone Bev. der zehn Banda-Inseln (s. Seram)/Indonesien, die in der Kolonialzeit ausgetilgt oder vertrieben wurden. Eine Kolonie vertriebener B., die allein noch die alte bandanesische Spr. bewahrten, erhielt sich auf den Kai-Inseln.

Bandeirantes (SOZ)
II. (=pt); Abenteurer, Entdecker, Freischärler, die auf der Suche nach Sklaven und Bodenschätzen in Brasilien in »Niemandsland« vordringen.

Banden (SOZ)
I. Scharen, Horden, Aktionsgruppen; bands, gangs (=en); bandes (=fr); bande (=it); pandillas (=sp); bandos (=pt).
II. 1.) B. oder Gangs für Gruppen von miteinander agierenden Kriminellen, Verbrechern. 2.) Sammelbez. für verschiedene Arten mehr oder weniger brutal auftretender Jugendbanden/street gangs, die sich in weitem Feld zwischen bloßer Demonstration von Stärke und kriminellen Handlungen (Drogenhandel, Straßenraub) betätigen. B. sind bes. verbreitet unter wanderungsspezifischen Minderheiten und entlang ethnischer Konfliktlinien (Turkish Power Boys in Deutschland). Vgl. Rocker. 3.) im Sinn von Kampfbanden und Untergrundkämpfern. Vgl. Maquisards, Basmachi, Fedajin, Haidamaken, Hajduken, Klephten, Komitadschis, Mchedrioni, Mujahedin, Tschetniks. 4.) bands (=en) steht in Nordamerika für Indianerstämme, Gemeinschaften. 5.) in Übertragung aus dem Englischen auch überholte Altbez. für meist patrilokale Gruppe.

Banderowzi (SOZ)
II. gewalttätige ukrainische Nationalisten im Volkstumskampf 1943–1947 gegen polnische Minderheiten in der Westukraine.

Bandidos armados (SOZ)
II. (=pt); Freischärler in den ehem. portugiesischen Kolonien Schwarzafrikas.

Bandkeramiker (WISS)
II. Menschengruppen der Jungsteinzeit, die im 5.–4. Jtsd. v.Chr. ihre Keramik/Tonwaren mit bänderartigen oder auch spiral- und mäanderförmigen Mustern verzierten. B. sind Träger der ältesten europäischen Ackerbaukultur, die vornehmlich in Lößgebieten sich von Vorderasien über Balkan und Mitteleuropa bis nach Belgien ausgebreitet hat. Zu unterscheiden sind ältere Linear- und jüngere Stichtechnik. B. werden oft zu ausschließlich nur dem »Donauländischen Kulturkreis« mit voll ausgebildetem neolithischen Inventar zugeordnet. Vgl. Neolithiker.

Bandschan (SOZ)
I. Banjan, Baniya; aus vanija (ssk=) »Händler«.
II. Sammelbez. für Kasten von Kaufleuten und Geldverleihern im n. und w. Indien.

Bandschara (ETH)
I. Banjara; Lambadi oder Sukali in Indien.
II. Ethnie in Andhra Pardesch und Karnataka, zerstreut in Orissa und Delhi in Indien, ursprünglich in Radjastan. Besaßen z.Zt. der portugiesischen Kolonisation das Transportmonopol zwischen Malabarküste und Landesinneren, besorgen noch heute Tauschhandel mit Landwirtschaftprodukten. Gelten als in Indien verbliebener Zigeunerstamm; farbenfrohe bestickte Gewänder.

Bandschara (SOZ)
II. nomadische Kaste von Trägern, Händlern und Viehhirten; von N-Indien bis zum Dekkan verbreitet. Ochsenkarawanen.

Banen (ETH)
I. Nenu.
II. kleine ethnische Einheit im NE von Kamerun.

Banghi (SOZ)
I. Kotträger.
II. Angeh. des tiefeststehenden Berufsstandes unter den Unberührbaren in der Indischen Union; ihre Funktion ist das manuelle Sammeln und (in Eimern) Abtransportieren der Exkremente von rd. 700 Mio. Indern, denn nur etwa 250 von 4000 größeren Städten besitzen ein Abwassersystem. Am Beginn dieser kastenartigen und daher vererbbaren Unterschicht, der 1990 etwa 600 000 Männer und Frauen angehören, standen vermutlich versklavte Kriegsgefangene, die durch diese Arbeit ihren Kastenrang eingebüßt haben. Vgl. Burakumin.

Bangi-Völker (ETH)
II. Stammesgruppe in der Zentralafrikanischen Rep.; zu ihnen zählen u.a. Banziri, Fertit, Jakoma, Sango.

Bangladesch (TERR)
A. Volksrepublik. (1947–1971) Ostpakistan. Ghana-Praja Tantri Bangladesh; Gana Prajatantri Bangladesh; Gama Prajätantrï Bangladesh. (People's Republic of) Bangladesh (=en); (la République populaire du) Bangladesh (=fr); (la República Popular de) Bangladesh (=sp).

Ew. 1950: 40,574; 1955: 45,758; 1960: 53,137; 1965: 60,482; 1970: 68,117; 1975: 78,961; 1981: 89,912; 1991:107,766 Z; 1996:121,671, BD 825 Ew./km²; WR 1990–96: 1,6%; UZ 1996: 19%, AQ: 62%;

Bangladescher (NAT)
I. Bangladeshi; Bangalen; Bangladeshi (=en); bangladeshi (=fr); bengalís (=sp, pt); Bengalani (=it).
II. StA. der VR Bangladesch, ehem. Ostpakistan. 95% Bengalen, 1% Bihari, zahlreiche Minderheiten.

Bani Battash (ETH)
II. arabischer Stamm in der Küstenebene Batinah von Oman.

Bani Umr (ETH)
II. arabischer Stamm in der Küstenebene Batinah von Oman.

Bani-Lam (ETH)
II. arabischer Stamm im Zagros-Gebirge/Iran.

Baniwa (ETH)
II. Indianer-Stammesverband mit Aruaksprachen; Jäger, Fischer und Pflanzer n. des Amazonas in Brasilien und Kolumbien.

Baniya-Schriftnutzergemeinschaft (SCHR)
I. Sindhi-Schrift.
II. in Pakistan zur Wiedergabe der Sindhi-Spr. benutzte Schrift, die eine erst 1868 entwickelte moderne Version der alten Landa-Schrift darstellt.

Bantu (ETH)
I. Bantu-Neger; aus Ba-ntu, d.h. »Menschen«, »Menschheit«, »Leute«; (Sg. ntu = Mensch); Bantoues (=fr); Bantu (=en, dt).
II. Sammelname für einige Hundert von ethnischen Einheiten in Zentral-, Ost- und S-Afrika. Mit insgesamt > 100 Mio. Menschen sind B. größte Spr.- und Völkerfamilie Schwarzafrikas; nach GREENBERG Untergruppe der Benuë-Kongo Spr.familie. Eine Untergliederung der Bantu wird üblicherweise nach räumlich differenzierten kulturellen Unterschieden vorgenommen: NW-, Mittel-, Ost-, SW- und SE-Bantu, doch sind derartige Gruppengrenzen fließend. 1.) Nordbantu in der äquatorialen Regenwaldzone, Feldbeuter (Bananen und Knollenfrüchte); viele kleine Stämme in S-Kamerun, Gabun, Zentral- und Ost-Kongo; größere Einheiten sind die Pangwe, Duala, Kota und Teke (s.d.). N.B. sind verzahnt mit Pygmäen und Sudan-Negern. 2.) Mittelbantu in der Savanne des Gebietes von N-Angola, am unteren Kongo, in Simbabwe, Nyassa-Land und N-Mosambik. M. sind Hackbauern und Kleinviehhalter. Sie hatten einst bedeutende Staatswesen entwickelt, sakrales Königstum, Beamtenhierarchie. Matrilineare Gesellschaftsorganisation spielt von jeher große Rolle. Zu den wichtigsten Stämmen zählen Luba, Lunda, Kuba und Vili-Kongo, s.d. 3.) Ostbantu im Zwischenseegebiet von Ostafrika; es sind hpts. Pflanzer und (in Verbindung mit Niloten) Großviehhalter. Bekannteste Teilvölker sind die Kamba, Nyamwezi und Chaga. 4.) Südwestbantu in S-Angola, N-Simbabwe und SW-Afrika. S.B. treiben bedeutende Großviehhaltung. Wichtige Stammesgruppen sind Ila-Tonga, Ambo und Herero. 5.) Südostbantu im Staatsraum Südafrikas. Zu ihnen zählen die Nguni, Sotho-Tswana, Thonga und Zulu. Ihre Landnahme dort geschah etwa gleichzeitig mit der europäischen Kolonisation. Für sie typisch sind ein starkes Häuptlingstum, Militanz, intensive Bodennutzung. Kulturelle Unterschiede resultieren zuvorderst aus der Verschiedenheit der Landesnatur (Regenwald, Feucht- und Trockensavanne), beruhen auch auf übernommenem Kulturgut von Vorbev. oder auf Überschichtung durch fremde Kultureinflüsse. Vgl. oben genannte Einheiten.

Bantu Methodist Church (REL)
II. 1933 in Südafrika gegr.e unabhängige Kirche auf Stammesbasis.

Bantuide (BIO)
I. Kaffride.
II. Rassentypus der Negriden; Gestalt mittelgroß, muskulös; kürzere Gliedmaßen als Nilotide und Sudanide; Kopf relativ lang, niedrigeres Gesicht als übrige Neonegride, Nase breit mit geblähten Flügeln, Lippen gewulstet. Körperbehaarung schwach, Kopfhaar eng-kraus bis »fil-fil« schwarz. Hautfarbe dunkelbraun, zuweilen gelblich-braun; Hand- und Fußflächen rosa. Große Verbreitung in Tropisch-Afrika bei bedeutender Variabilität je nach Mischungsverhältnis mit benachbarten Typengruppen: Ostgruppe mit deutlichen äthiopiden Einschlägen in Ostafrika vom Viktoriasee bis Moçambique. Südgruppe (u.a. Zulu, Herero) mit khoisanidem oder (Owambo) europidem Einschlag in S- und SW-Afrika. Westgruppe mit palänegriden Einschlägen (u.a. Baluba) in Angola, Kongo, Gabun, Kamerun. Vgl. Bantu.

Bantu-Independente-Kirchenunion (REL)
II. 1937 erfolgter Zusammenschluß von ehem. Missionskirchen (nach Bruch mit weißer Mission) mit Bewegungen einheimischer charismatischer Propheten in Südafrika.

Bantu-Kavirondo (ETH)
II. veraltete Bez. für div. Bantu-Völker im Gebiet zwischen dem s. Mount Elgou und dem E- und NE-Ufer des Victoria-Sees in Kenia, früher Verwaltungsgebiet Kavirondo; heute werden sie unter dem Namen Luhya/Luyia zusammengefaßt. 1969 1,4 Mio.; die wichtigsten der sprach- und kulturverwandten Untergruppen sind die Wanga, Tsotso, Marama, Nyole, Tiriki, Kakamega, Logoli, Vugusu; gute Hackbauern.

Bantumorphe (BIO)
I. Kaffride; razza cafra (=it).
II. Bez. bei OSCHINSKY (1954) für Kaffride (s.d.).

Bantu-Sprachen (SPR)
 II. Überbegriff für gut 200–300 Spr. von Bantu-Ethnien mit insgesamt über 100 Mio. Angehörigen, verbreitet von Äquatorial- über Ost-, Südost- und Südafrika. Die B.-Klassen-Sprgem. gelten trotz extremer Differenzierung als relativ einheitlicher Komplex, als nach Sprecherzahl und Verbreitung größte Untergruppe des (nach *J.H. GREENBERG*) Benue-Kongo, des Niger-Kongo-Zweiges der Niger-Kordofan-Spr.familie. B. werden unterschiedlich gegliedert, so bei *DOKE* in Nordwest-, Nord-, Kongo-, Zentral-, Ost-, Südost-, Westgruppe. Zu den größten B.-Einzelsprachen zählen (abgesehen von Swahili) die Lingala-, Kikongo-, Makua-, Luba-, Kinyarwanda-, Kirundi-, Zulu-, Sotho-, Kikuyu-, Umbundu-, Ganda-, Bemba-, Nyanja-, Lwena (SPR) mit jeweils > 1 bis zu 20 Mio. Sprechern. Die Abgrenzung der Bantuspr. gegenüber ähnlichen und weiter verwandten Spr. im NW und N des Sprachgebiets ist bis heute strittig; so enthält z.B. die Bantufamilie bei *GUTHRIE* (1948; 1971) weniger Spr. als bei *GREENBERG* (1949; 1963). Die Hauptmerkmale der Bantuspr. sind, daß sie 10–20 Nominalklassen haben, die durch Präfixe gekennzeichnet sind, die in Sg.-Pl.-Paaren auftreten, und daß eine Konkordanz in abhängigen Wörtern mit den gleichen Präfixen erzielt wird. Der Zusammenhang der Bantusprachen wird darin gesehen, daß die Übergänge zwischen den einzelnen Spr.gruppen fließend sind bei großer Verwandtschaft der Wortwurzeln.

Bantustan-Bewohner (WISS)
 I. Homelands-Bewohner.
 II. die eingeborenen Schwarzafrikaner der Südafrikanischen Union. Im Zuge der Apartheid-Politik schuf Südafrika seit 1951 zehn Bantustans/Homelands. Jeder schwarze Südafrikaner sollte, je nach Stammeszugehörigkeit und Sprache, Bürger einer dieser Homelands werden. Es waren dies (1990) vier unabhängige Bantustans: Transkei, Bophuthatswana, Venda und Ciskei (mit 7,5 Mio. Ew.) sowie sechs abhängige: Kwa Zulu (allein 5,4 Mio.), Gazankulu, Lebowa, Kwa Ndebele, Qwaqwa und Ka Ngwane (mit insgesamt 10 Mio. Ew.). Den B. wurde 1993 die Wiedereingliederung in die Union ermöglicht.

Banu Bali (ETH)
 I. Billi.
 II. heute in Ägypten und im n. Hedschas lebender Araberstamm südarabischer Herkunft; wurden durch Kalifen Omar zur Abwanderung veranlaßt.

Banu Habir (ETH)
 II. Stamm des arabischen Aneze-Volkes im n. Hedschas, der sich im 18. Jh. unter Führung Sabbahs in den Besitz des vormals portugiesischen Herrschaftsgebietes von Kuwait setzte. B.H. standen bis Anfang des 20. Jh. formell, und zur Abwehr wahhabitischer Angriffe auch selbst gewählt, unter türkischer Oberhoheit, die ab 1899 zugunsten britischer Schutzzusicherung erlosch (endgültiger Verzicht seitens der Türkei 1920). Vgl. Kuwaiti.

Banu Hamdan (ETH)
 I. Himdaniden.
 II. seit vorislamischer Zeit bekannter südarabischer Stammesverband, in dem das Königtum von Saba fußte; bekehrten sich früh zum Islam. Teilstämme sind die Chaschid/Hasid und Bakil, denen noch heute im Jemen eine bedeutende Stellung zukommt.

Banu Nasr (ETH)
 I. Banu'l-Ahmar.
 II. arabischer Altstamm im Verband des Hazradsch, aus dem einzelne Klans aus Medina bis nach Andalusien gelangt sind und dort die Dynastie der Nasriden (13.–15. Jh.) begründet haben.

Banu Rijah (ETH)
 II. Teilstamm der Beni Hilal; ihre Unterstämme waren die Dawadida, Atbag, Duraid, Ijad.

Banu Saiban (SOZ)
 II. arabische Sippe in Mekka, der altüberkommen Pflege und Aufsicht über die heiligen Stätten überantwortet sind.

Banu Wadd (ETH)
 II. Zweig der Zennata-Berber in frühislamischer Zeit.

Banu'n-Nadir (ETH)
 II. jüdischer Stamm, der im 1. Jh. unter römischer Verfolgung Judäa verließ und sich als Beisassen im Raum von Medina niederließ.

Banu'Utba (ETH)
 II. arabischer Stamm, der 1816 auf Bahrain Fuß faßte und der 200jährigen persischen Herrschaft ein Ende machte. Ihr Scheich aus der Familie Halifa begründete die heute regierende Dynastie.

Banyamulenge (ETH)
 I. nach Siedlung Mulenge bei Uvira.
 II. ein Tutsi-Volk, das zwischen 16.–18. Jh. aus dem Osten in den Süd-Kivu/Osten der Demokratischen Rep. Kongo eingewandert ist. B. sind Viehzüchter; werden von Alteingesessenen ob ihres relativen Wohlstandes beneidet. Ihr Status war stets umstritten, das aktive und passive Wahlrecht war ihnen abgesprochen. 1971 erhielten sie die Staatsbürgerschaft im damaligen Zaire, 1981 wurde sie ihnen wieder entzogen. Seither mehrfache Rebellionen, die als Repression seitens Zaire 1996 mit der Aufforderung zur endgültigen Abwanderung der B. beantwortet wurde. B. weigerten sich und nahmen Hilfe ausländischer Tutsi-Milizen an. Verschärft durch Flüchtlingszustrom von Hunderttausenden von (gegnerischen) Hutu aus Ruanda und Burundi, eskalierte altüberkommene Gegnerschaft. Zaire (spä-

ter DR Kongo) suchte 1996 die B. zur Abwanderung zu zwingen.

Banyans (SOZ)
II. indische Händler an der ostafrikanischen Küste.

Banyarwanda (ETH)
II. ein Hutu-Volk in der Region Massissi/Osten der DR Kongo (Zaire) und West-Ruanda. Die B. erlitten 1993 in der Region Nord-Kivu schwere Verluste in »nationalen« Massakern von Zaire-Militärs. Hunderttausende flohen nach Uganda oder Ruanda.

Banyarwanda (NAT)
I. Baniaruanda (=ba).
II. Eigenbez. der StA. von Ruanda.

Baoan (ETH)
II. mongolischstämmige Minderheit in Ostturkestan/China.

Bao-tsia-Bevölkerung (WISS)
I. pao-chia (=ci).
II. Einheiten im System alter chinesischer Bev.zählungen; zehn Gruppen von je zehn Familien (also 100 Fam.) bildeten eine »tsia«, zehn tsia (also 1000 Fam.) eine »bao«. Jeder dieser Gruppe stand ein für die Erfassung der demographischen Vorgänge (Geburt, Tod, Heirat, Wanderung) und die Führung einer Bev.kartei Verantwortlicher vor, der viermal jährlich die Familienangaben zu überprüfen hatte. Dieses System wurde in der Sung-Dynastie (1.-13. Jh.) eingeführt und funktionierte bis zur Zeit der Taiping-Revolution (*K. WITTHAUER*).

Bapounou (ETH)
II. negride Einheit in Gabun mit einer Bantu-Sprache.

Baptisten (REL)
I. (agr=) Täufer.
II. auf deutsche und niederländische Täuferbewegungen zurückgehende, 1616 in England entstandene, puritanische christliche Freikirche (u.a. Erwachsenentaufe, persönliche Heilserfahrung, Ablehnung der Großkirchen). Verfolgungen u.a. unter Cromwell bis zur Toleranzakte 1689 konnten Ausbreitung nicht verhindern. Baptistische Flüchtlinge setzten sich frühzeitig für Unabhängigkeit der USA ein, teilten sich doch wegen der Sklavenfrage. Bald entstanden auch Verbände von Neger-Baptisten. Verbreitet heute in beiden Amerika (bes. USA), Australien, Afrika. Der deutsche Baptistenbund (seit 1834) umfaßt 125 Brüdergemeinden mit rd. 10 000 Mitgliedern, vereinigte sich 1941 mit Darbysten und Pfingstlern. Als größte protestantische Freikirche umschließt Baptistische Weltallianz (nach 1990) insgesamt fast 36 Mio. Mitglieder in 151 nationalen Bünden, darunter in USA > 27 Mio. und (seit 1944) Freikirche auch in der UdSSR. Vgl. Südbaptisten, Pfingstbewegung.

Bara (ETH)
II. Volk im Bergland des s. Madagaskar, > 250 000. Betreiben Wanderweidewirtschaft mit großen Rinderherden. Einst verbreitete Polygamie. Begrenzung des Erbrechtes von Frauen auf bewegliche Habe. Ausgedehnter Totenkult.

Barak (ETH)
II. Teilgruppe der Turkmenen, u.a. in der Türkei.

Baranja-Kroaten (ETH)
II. Begriff meint jene Kroaten der s. Baranja/Baranya/Branau (dt.) zwischen Drave und Donau mit Hauptort Beli Monastir, die 1920 im Vertrag von Trianon aus der ungarischen Baranja abgetrennt und nach dem II.WK von Tito Kroatien wieder zugewiesen wurde. Sie stellten hier die Bev.majorität von 42 %; wurden im jugoslawischen Bürgerkrieg 1991 von Serben vertrieben.

Barareta (ETH)
II. Großstamm der Galla.

Barasana (ETH)
I. Tukano.

Barba (SPR)
I. Bargu.
II. schwarzafrikanische Sprg. mit > 400 000 Sprechern des Bariba-Stammes im n. Benin.

Barbadier (NAT)
I. Barbadians (=en); barbadiens (=fr); barbadenses (=sp). Nach Spr.gebrauch auch Eigenbez. Bajans.
II. StA. von Barbados; sie sind zu 92 % Schwarze, 3,2 % Weiße und 2,6 % Mulatten, Nachkommen eingeführter Sklaven. Vgl. Bajans.

Barbados (TERR)
A. Karibischer Inselstaat, unabh. seit 1966. Barbados (=en/sp); le Barbade (=fr); Barbados (=sp).
Ew. 1950: 0,211; 1960: 0,233; 1970: 0,238; 1996: 0,264, BD 614 Ew./km^2; WR 1990–96: 0,4 %; UZ 1996: 46 %; AQ: 2 %

Barbara (ETH)
II. Teilbev. im unterirakischen Sumpfgebiet; betreiben im Unterschied zu Madan den Fischfang von großen Booten aus gewerbsmäßig; werden von Arabern und Madan verachtet; unter ihnen wohl Reste einer Altbev.. Vgl. Madan.

Barbaren (SOZ)
I. aus bárbaros (=agr), barbarus (=lat); barbara-h (=altind.) »stammelnd«; Yeren (=ci).
II. ursprünglich die Fremden bezeichnend, die Nichtgriechen, die mit einheimischer Spr. und Art nicht vertraut waren und den Griechen deshalb als roh und ungesittet galten; später und bis heute mit Untersinn für Rohlinge, Unmenschen; z.B. die barbaricini (=it), die Hirtenvölker der sardischen Barbagia.

Barbaresken (ETH)
I. aus Berber.
II. Altbez. für Berber N-Afrikas.

Barbaresken (SOZ)
I. corsari barbareschi (=it).
II. zur Türkenzeit von nordafrikanischen Stützpunkten aus operierende Piraten. Ihre Aktivitäten waren Ausgangspunkt für spanische (1497–1511) und später französische Kolonisation.

Baré (ETH)
II. indianische Ethnie im nw. Amazonien.

Barea (ETH)
II. Stamm von ca. 50000 mit nilo-saharanischer Eigenspr. am Baraka-Fluß in Eritrea.

Barfußärzte (SOZ)
I. agents de soins de santé primaire (=fr).
II. Bez. für Sanitätspersonal in China, das (u.a. während der Kulturrevolution) eine notdürftige Versorgung der Landbev. aufrechterhalten hat; ähnlich in Indien. Dorfgesundheitshelfer u.a. in Burkina Faso. Vgl. Quartierärzte, (sp=) médicos de familia, in Kuba.

Barfüßer (REL)
I. unbeschuhte Mönche, sandalentragend.
II. Angeh. kath. Orden, die entsprechend ihrer Regel barfuß oder mit Sandalen bekleidet gehen: z.B. Franziskaner, reformierte Karmeliter, Kamaldulenser, Klarissen, Passionisten. Vgl. Gegensatz Beschuhte/Kalzeaten.

Bargu (ETH)
I. Kilinga.
II. westafrikanisches Negervolk im N von Benin, Burkina Faso und Nigeria mit einer Gur-Spr.; Stammeskulte, etwa ein Zehntel sind Muslime.

Barguten (ETH)
I. Eigenbez. Bargut Burjat; Bargu-Burjati (=rs). Vgl. Burjäten.

Bari (ETH)
I. 1.) Njangbara, Schir, Liggi, Mandari.
II. kleine schwarzafrikanische Ethnie in S-Sudan; 1983: 509000. Vgl. Niloten. 2.) Stämme indianischer Waldbauern im Grenzgebiet von Kolumbien und Venezuela in der Ostkordillere, auf der Sierra de Parija und auf der Ostabdachung der Serrania de los Motilones, z.B. Kakwa. Chibcha-spr., Volkszahl 5000–10000. Brandrodungsbau und Jagd. Seit 16. Jh. Abwehrkämpfe gegen Spanier. Viele Motilones-Stämme sind heute ausgestorben, verdrängt worden oder in Mestizenbev. aufgegangen, einige, so die kleinwüchsigen Chake, setzten Kampf gegen Siedler und Ölprospektoren bis 1964 fort. Bis dahin große Verluste durch Menschenjagden und eingeschleppte Krankheiten. Vgl. Motilones.

Bari (SPR)
II. nilo-hamitische Sprg. mit > 500000 Sprechern im Grenzbereich Sudans zu Uganda.

Barmherzige Brüder (REL)
I. OSJdD/BB.
II. kath. Bettel- und Laienorden, gegr. 1540/86 in Spanien; FC gegr. 1807 in Gent; FMis gegr. 1856 in Montabaur/Westerwald; ein kath. Krankenpflegeorden; heute ca. 1900 Mitglieder. Vgl. Hospitaliter.

Barnabiten (REL)
I. OSP, Paulaner.
II. römisch-kath. Klerikerorden, 1530 in Italien gegr., ursprünglich für die »Ketzermission«, heute für Seelsorge und Unterricht; verbreitet in Frankreich und damaligem Österreich. 1985 ca. 500 Mitglieder.

Barreneans (BIO)
I. nach Lake Barrine/Queensland/Australien (=en).
II. überholte Altbez. für »negroide« Untereinheit der Australiden, die *J.B. BIRDSELL* für Nachkommen der ersten Einwanderungswelle hielt.

Bartangen (ETH)
I. Eigenname Bartangidsch; Bartangcy (=rs).
II. Ethnie im Gorno-Badachschanischen Auton. Gebiet Tadschikistans/Russische Föderation; gehören zu den Pamir-Völkern, mit Eigenspr.; sind Sunniten. Vgl. Berg-Tadschiken.

Barten (ETH)
II. altpreußischer Stamm im nachmaligen Ermland. Ort Bartenstein in Ostpreußen. Vgl. Alt-Preußen.

Barue (ETH)
I. Lue.
II. schwarzafrikanische Ethnie im NE Kameruns.

Barundi (NAT)
I. Warundi (=ba).
II. Eigenbez. der StA. von Burundi. Vgl. Burundier.

Basa (ETH)
I. Bassa, Gbasa.
II. westafrikanischer Negerstamm in Liberia; 1984: 291000. I. 13% der Staatsbev.; Untergruppe der Kru in Liberia. Vgl. Kru.

Basa (SPR)
I. Kamuku.
II. schwarzafrikanische Sprg. in Kamerun.

Basari (ETH)
II. Sudanvolk mit einer Gur-Spr., ca. 0,5 Mio., im Savannenland von N-Togo und Burkina Faso. Ackerbauern auf Hirse und Yams.

Basari (SOZ)
II. Kaufleute und Handwerker orientalischer Basare, eine der wirtschaftlich wie polit. einst mächtigsten Schichten der orientalischen Gesellschaft.

Basari (SPR)
II. westafrikanische Sprg. in Guinea, wo B. nationale und Verkehrsspr.; in Togo mit ca. 50 000 sowie in Liberia.

Baschkiren (ETH)
I. Baschkurt, Bashkort, Bashkord, Baschkort, Bashkhurd, Bashkhurt (Eigenbez.); Bashkirs (=en); Baskirdlar, Baschkiry (=rs).
II. ein Turkvolk von 1979: > 1,3 Mio., 1990: 1,5 Mio., (möglicherweise türkisierte autochthone Finno-Ugrier) zwischen Ural-Fluß und Kama ansässig. B. wurden wohl schon sehr früh (10./11. Jh.) islamisiert (überwiegend Sunniten); sie unterlagen im 13. Jh. der Herrschaft der »Goldenen Horde«, seit 16. Jh. jener der Russen. Ursprünglicher Nomadismus wurde zugunsten seßhaften Ackerbaus aufgegeben. Erhielten als erste Volksgruppe der UdSSR schon 1919 eigene ASSR; nach Zugliederung der Provinz Ufa 1922 mit überwiegend Teptiaren und Mischären sind B. eine Minderheit in ihrem Staat. Eigensprache auf Grundlage des kuwanischen (SE) und jurmantinischen (NW) Dialekts spät alphabetisiert. Ihre Schrift war bis 1929 lateinisch; seither erzwungener Gebrauch der kyrillischen Schrift.

Baschkiren (NAT)
II. namengebendes Staatsvolk der Autonomen Russischen Rep. Baschkirien, sind StA. von Rußland; stellen in ihrer Rep. nur eine Minderheit von rd. 21,9 % (1989) gegenüber 39,3 % Russen, 28,4 % Tataren, 3,0 % Tuwaschen, 2,7 % Mari, 1,9 % Ukrainer.

Baschkirien (TERR)
B. Baskirija. Ab 1992/94 Autonome Republik in Russischer Föderation. Geg. 1919, div. Grenzrevisionen. Bashkir ASR, Bashkir Republic, Bashkortostan (=en); Baschkirskaja ASSR (=rs). Vgl. Baschkiren und Tataren.
Ew. 1964: 3,663; 1974: 3,825; 1989: 3,952; 1995: 4,059, BD 28 Ew./km²

Baschkirisch (SPR)
I. altaische Spr., Turkspr. der Uralgruppe.
II. Sprgem. von 920 000 (1991 nach *HAARMANN*) bis 1,07 Mio. (1979 nach *K. THORN*) in russischer Rep. Baschkortostan.

Basel (TERR)
B. Kanton. Gliedstaat der Schweizerischen Eidgenossenschaft seit 1501. Seit 1832 geteilt in zwei Halbkantone Basel-Stadt und Basel-Landschaft. Bâle-Ville und Bâle-Campagne (=fr). Bâle, Bâle-Campagne (=fr); Basilea (=it).
Ew. Basel-Stadt 1850: 0,030; 1910: 0,136; 1930: 0,155; 1950: 0,196; 1970: 0,235; 1990: 0,199; 1997: 0,193

Basel-Landschaft 1850: 0,048; 1910: 0,076; 1930: 0,093; 1950: 0,108; 1970: 0,205; 1990: 0,234; 1997: 0,255
Basel gesamt 1850: 0,078; 1910: 0,212; 1930: 0,248; 1950: 0,304; 1970: 0,440; 1990: 0,433; 1997: 0,448

Basen (BIO)
I. ahd. basa; cousines (=fr); cugine (=it); primas (=sp, pt), lady cousins (=en).
II. alte Bezeichnungen für entferntere weibliche Verwandte. 1.) für Kusinen/Cousinen. 2.) für Vatersschwester oder Muttersschwester, d.h. für Tanten und heute auch für deren Töchter. Vgl. Geschwisterkinder, Kusinen.

Bashikongo (ETH)
I. Bashilongo. Vgl. Vili-Kongo.

Basilianer (REL)
II. koinobistische Mönche der griechisch-orthodoxen und griechisch-unierten Kirche, denen irrtümlich eine verbindliche Ordensregel des heiligen Basilius zugeschrieben wurde.

Basken (ETH)
I. Vaskonier/Vaskonen (nach lateinischer Bez.); als Eigenname Euskualdun/Eskaldun (=bask.); Vascos oder Vascongados (=sp); Basques (=en, fr); basques français, Basques espagnols (=fr).
II. Altvolk mit dreitausendjähriger Überlieferung; verbreitet im nordspanischen Baskenland und in den W-Pyrenäen bis zum Golf von Biskaya. Möglicherweise Nachfahren der alten Iberer, also Altmediterrane; nach jüngsten anthropologischen Ergebnissen seit 18 000 Jahren ein eigenständiges Isolat. Ihre Sprache Eskuara oder Euskuara ist völlig isoliert, gleicht keiner anderen in Westeuropa; sie weist aber div. Dialekte auf: Biskayisch, Guipuzkoanisch, Laburdisch, Sulisch, Mixain, Cizain, W-u. E-Navarrisch. Unterworfen von Römern und W-Goten (580) -damals flohen viele B. nach SW-Frankreich (Gascogne/Vascogne). Wohl aus gotisch-baskischem Stamm hat sich im 10. Jh. das Königtum Navarra in den W-Pyrenäen ausgebildet, das im 16./17. Jh. auf Kastilien und Frankreich aufgeteilt wurde. B. haben sich trotz langer Unterdrückung der Spr. viele alte Kulturgüter erhalten (Laya, Belota, Couvade = Männerkindbett); schirmlose B.-Mütze. Heute überwiegend Bauern und Fischer. In Spanien zwar als Nationalität anerkannt, stehen sie doch in z.T. schroffer Opposition zur spanischen Zentralregierung. 1979 Autonomiestatut von Gérnica/Guernica. Nur etwa die Hälfte aller Ew. des Baskenlandes definiert sich ausschließlich als B. Gesamtzahl der B. nach eigener Bekundung abstammungsmäßig > 2,7 Mio, nach anderen Quellen in Spanien 1,5–2,5 % der Gesamtbev., d.h. 0,6–1 Mio.; in Prov. Viskaya, Alava, Guipuzcoa, Navarra und in Frankreich (Bayonne und Mauléon) ca. 150 000. Große Kontingente sind nach S- und Zentralamerika ausgewandert.

Baskenland (TERR)
B. Provinzen im Kgr. Spanien. Weitgehende Hoheitsrechte, eigene Polizei und Steuerhoheit. Ew. 2,100

Baskisch (SPR)
I. Euskara; Basque (=en).
II. isolierte Eigenspr. der Basken in Spanien und Frankreich, die nicht zur lateinischen, ja nicht einmal zur indogermanischen Spr.gruppe zählt. Noch ungeklärter Genese, möglicherweise auf eingewanderte Iberer zurückzuführen, besitzt großen Formenreichtum, doch Schwierigkeiten, Abstracta auszudrükken. Es bestehen div. Dialekte: Biskayisch, Guipuzkoanisch, Laburdisch, Sulisch, Mixain, Cizian, W- und E-Navarrisch. Während man Zahl der Basken nach Abstammung (incl. Auswanderer) auf 2 bis über 3 Mio. beziffert, wird Zahl der Baskischspr. auf nur 600000–900000 geschätzt (1991 in Spanien < 600000, in Frankreich ca. 150000), doch erfährt Spr. seit siebziger Jahren nun auch in Frankreich (Prov. Soule, Labourd, Basse-Navarre) deutlichen Aufschwung, auch staatliche Schulen bieten nun B. als Ergänzungsfach an.

Basler (ETH)
II. 1.) Bürger, 2.) Einw. (als Territorialbev.) der schweizerischen Halbkantone Basel-Stadt und Basel-Landschaft. 3.) Einw. von Stadt und Agglomeration Basel: (1990: 360700).

Basmachi (SOZ)
I. Basmatschen, Basmatschi.
II. pantürkisch-islamische Freiheitskämpfer in Zentralasien zur Zarenzeit und in der sowjetischen Revolution; es handelt sich überwiegend um Usbeken, z.B. die 1925 aus Kurgan-Tjube vertriebenen B. in Tadschikistan, die heute wieder Unabhängigkeit oder Anschluß an Usbekistan einfordern.

Basothos, Basutos (NAT)
II. StA. von Lesotho.

Bastarde (BIO)
I. mhd. Basthart; bâtards (=fr); bastards, mongrels (=en); bastardi (=it); bastardos (=sp, pt). Altbez. Halblinge, Hälberlinge, Halberlinge, Blendlinge, Zwitter.
II. 1.) Nachkommen von Eltern unterschiedlicher rassischer Zugehörigkeit. Vgl. Mischlinge, Basters, Bastaards (=af). 2.) Altbez. Bankhart, Bankart, Bankert. Veraltete Bez. für uneheliche Kinder oder für nicht ebenbürtige Kinder von Eltern verschiedener Gesellschaftsschichten.

Bastarde (SOZ)
I. bastards (=fr).
II. uneheliche Kinder, insbes. solche von Eltern verschiedener Gesellschaftsschichten.

Basters (BIO)
I. Altbez. (=ni); Bastaards (=af); Kapjungen.
II. Nachkommen von Mischlingen zwischen Europäern und Hottentottenfrauen in S- und SW-Afrika.

Basua (BIO)
II. zwergwüchsiger Bambuti-Stamm im Ituri-Gebiet. Vgl. Bambutide.

Basuto (ETH)
I. Suthu, S-Sotho.
II. Bantuvolk bes. in Lesotho; in Südafrika insgesamt (1980) 1,75 Mio. Köpfe. B. entwickelten in der Kolonialzeit eine ausgesprochene Reiterkultur; Königreich Lesotho hat sich gegen europäische Eroberung energisch gewehrt. Vgl. Sotho.

Bata (BIO)
I. Twa, s.d.

Bata (ETH)
I. Mbula, Gude.
II. kleine schwarzafrikanische Ethnie im ö. Nigeria.

Batacs (BIO)
II. Kleingruppe von Negritos auf Insel Palawan/Philippinen.

Batak (ETH)
I. Battak.
II. Volk südwest-indonesischer Sprachzugehörigkeit (mit Singkel-, Pakpak-, Dairi-, Toba-, Karo- und Mandailing-Spr.) im n. Zentral-Sumatra/Indonesien; gegen 3 Mio. (1974). Linguistisch unterscheidet man N-Gruppe (u.a. mit Karo-Dairi- und Pakpak-B.) und S-Gruppe (u.a. mit Toba-Angkola- und Mandailing-B.); eine Zwischenstellung nehmen Timur- und Simalungun-B. ein; verwandte Stämme sind Gajo und Alas. B. sind zu gleichen Teilen Muslime, Christen (auch Protestanten mit eigenständiger B.-Kirche) und Anhänger von Naturreligionen. Landbau und berühmte Pferdezucht.

Batak (SPR)
I. Batak (=en).
II. austronesische Sprgem. in Indonesien mit ca. 1,25 Mio. (vor 1960) und 4 Mio. (1994) Sprechern; verbreitet auf SE-Sumatra. B. wird in Eigenschrift aufgezeichnet.

Batan (ETH)
II. Bew. der Batan-Insel n. Luzon mit einer dem Tagalog verwandten Eigenspr.

Batanga (ETH)
I. Puko, Puku.
II. zwei kleine ethnische Einheiten im Grenzgebiet von Nigeria zu Kamerun.

Batav(i)er (ETH)
I. Batavians (=en).
II. germanischer Stamm, der sich, wohl abgedrängt durch Sweben, im 1. Jh.v.Chr. an der Rheinmündung in der heutigen Betuwe (Holland) nie-

dergelassen hat. Ihm n. benachbart waren die verwandten Kanninefaten ansässig, beide stammen vom Großstamm der Chatten ab. Wurden unter Römern stark romanisiert, erlagen im 4. Jh. den Franken. Mehrfache Übertragung ihres Namens: Bataver als Bewohner des römischen Castra Batava, d. h. Passau; durch Napoleon »Batavische Republik« oder durch Niederländer im Altnamen Batavia/Indonesien. Vgl. Germanen.

Batéké (ETH)
II. negride Einheit in Gabun und Rep. Kongo mit einer Bantu-Spr.

Batiniten (REL)
I. Batiniya, Batinija, Batinijja, Bateni; aus batin (ar=) »außen«, »esoterisch«; Esoteriker.
II. Anh. der in der Schia und bei Mystikerschulen verbreiteten Denkschule, nach der allen heiligen Texten eine verborgene tiefere spirituelle Bedeutung zugrunde liegt. Zuweilen Beiname schiitischer Denominationen. Vgl. als B. diskreditiert z. B. Ismailiten, Zahiriten.

Batschka-Schwaben (ETH)
II. deutsche Kolonistengruppe im Gebiet zwischen unterer Theiß und Donau, die im Zuge der staatlichen Wiederaufsiedlung Ungarns nach dem Türkenkrieg 1737–39 hier ansässig gemacht wurden. Einschließlich anderer Kolonien in Ungarn allein zwischen 1740–1790 rd. 100000. 1920 wurde der größte Teil der Batschka an Serbien abgetreten, 1945 wurden die deutschstämmigen Einwohner verschleppt, vertrieben oder getötet.

Batsen (ETH)
I. Eigenbez. Batsaw; Tuschiny (=rs).
II. autochthones Kaukasusvolk im Bezirk Achmeta/Georgien; von Georgiern assimiliert, einst Eigenspr., heute orthodoxe Christen.

Batwa (BIO)
I. Twa.
II. Pygmäen-Population im E der Demokratischen Rep. Kongo und in Ruanda, stark mit Negriden gemischt.

Batwa (ETH)
I. Twa-Pygmäen, Bata.
II. kleinwüchsige Altbev. von Jägern und Sammlern im heutigen Burundi, die bei der Einwanderung der Bahutu abgedrängt wurde; heutige Restbev. von kaum 1 % der 5,6 Mio. Gesamtbev.; zur Seßhaftigkeit gedrängt.

Bauan (SPR)
II. melanesische Spr. auf Fidschi.

Bauern (SOZ)
I. aus bur (=mhd); Landwirte; peasants, farmers (=en); paysans (=fr); contadini (=it); pauerim (=jd).
II. Hofbauern, i.w.S. Landbew., die auf Eigen- oder Pachtland seßhaft und dieses im Familienbetrieb selbstbewirtschaftend agrarisch (Bodenbau und Viehzucht) nutzen. Deutscher Begriff meint den Hofbauern, der unter Einsatz der familieneigenen Arbeitskräfte seinen angestammten Besitz erwirtschaftet. Andererseits erfährt das europäische Bauerntum unter Einfluß technischen Fortschritts, urbaner Lebensweise und erweiterter wirtschaftsräumlicher Einbindung wesentliche Wandlungen zum kommerziell orientierten Landwirt. Gleichwohl bleibt der außereuropäische Terminus Farmer kaum vergleichbar. Vgl. Farmer, Landbev., Landwirte, Kleinbauern, Pachtbauern, Fellachen.

Baule (ETH)
I. Baoulé (=fr).
II. negrides Volk in der Elfenbeinküste; mit ca. 23 % bev.stärkste Einheit des Staates, gehört zu den Akan-Völkern der Kwa-Spr.gruppe. Vgl. Baule-Anya; anyi (s.d.).

Baule (SPR)
I. Anyi, Anya.
II. westafrikanische Sprg.; Verkehrsspr.in Elfenbeinküste.

Bay (ETH)
II. Klan der Enzen.

Baye Fall (SOZ)
II. Sondergruppe der Muriden in Senegal. Ihre Mitglieder legen eine Art Armutsgelübde ab und leisten fast ausschließlich Aufbauarbeit in nationalen Großprojekten (Erstellung von Touba, der heiligen Stadt der Muriden).

Bayern (ETH)
I. Baiern, Bajuwaren (s.d.); Bavarois (=fr).

Bayern (TERR)
B. Freistaat B. Königreich (–1918); Republik; Bundesland in Deutschland. Bavière (=fr); Baviera (=it). Vgl. Rheinpfalz.
Ew. nach jeweiligem Gebietsstand 1816: 3,177; 0,430; 1828: 3,701; 1855: 3,921; 0,587; 1871: 4,237; 0,615; 1890: 5,654; 1910: 5,950; 0,937; 1925: 6,448; 1,032; 1939: 7,084. 1950: 9,108; 1961: 9,515; 1970: 10,479; 1980: 10,899; 1990: 11,342; 1997: 12,066, BD: 171 Ew./km^2

Bayogoula (ETH)
I. aus Bayou (=Choctaw) »sumpfiger Wasserlauf«, Bayou-Volk.
II. Unterstamm der Muskhogees-Indianer im Delta des Mississippi, der 1706 bzw. 1721 durch Kampf und Pockenepidemie erlosch.

Bazabi (ETH)
II. negride Einheit in Gabun mit einer Bantu-Sprache.

Beach-la-mar (SPR)
I. (=en); bêche-de-mer (=fr); bicho de mar (=pt); auch Sandalwood-E. (=en).

II. im Kolonialzeitalter zw. Europäern und Einheimischen in Ozeanien ausgebildete Misch- und Verkehrsspr., die sich in Melanesien fast zu einer eigenständigen Spr. entwickelt hat: »Melanesi Pidgin«.

Beamte (SOZ)
I. »Staatsdiener«.
II. B. des Staates, der BR, der Länder, von öffentlich-rechtlichen Körperschaften; Begriff schließt amtl. auch Geistliche, Richter, Soldaten ein. Angeh. einer besonderen Berufskategorie im Öffentlichen Dienst, deren Arbeitsverhältnis im Gegensatz zu Angestellten und Arbeitern nicht durch privatrechtlichen Vertrag, sondern durch Ernennung (Diensteid) begründet ist; B. sind mit der Wahrnehmung hoheitlicher Aufgaben betreut, nehmen Rechtshandlungen vor, stehen schon deshalb in bes. Treueverhältnis zu ihrem Dienstherren: sie müssen StA sein, besitzen kein Streikrecht, haben Anspruch auf Fürsorge und soziale Sicherheit, Ruhegehalt. Bedeutung und Umfang des Beamtenwesens differiert unter Staaten weit; Anteil der B. an Erwerbstätigen kann 10 % weit übertreffen, (1991) in Deutschland über 1,6 Mio.

Beasch (SPR)
II. Romanes-Idiom unter den ca. 600 000 ungarischen Zigeunern; auch Schulspr.

Beatniks (SOZ)
I. (=en); Angeh. der Beat generation (en=) »angeschlagene Generation«.
II. Bez. für eine Gruppe junger Menschen der US-amerikanischen Nachkriegsgeneration, die als Nonkonformisten dem »standardisierten« Leben in der Industriegesellschaft (u. a. durch eine hektische Lebensgestaltung, Rauschzustände durch Alkohol, Drogen, Sexualität, Jazz) neue Formen gegenüberstellen wollten.

Beaver-Indianer (ETH)
I. Biber-Indianer; Tsattine.

Bedalpago (BIO)
I. »haarige Münder«.
II. Altbez. der Kiowa-Indianer (ob ihrer rassischen Abstammung mit spärlichem Bartwuchs) für die bärtigen Weißen/Europäer.

Bedja (ETH)
I. Bedscha, Beja, Budja, Bega; Bedawiye; auch Abarda.
II. alte, seit 4 Jtsd. bekannte Stammesgruppe kuschitischer Spr. im N-Sudan zwischen Nil und Rotem Meer; ca. 6–7 % der Gesamtbev. in Sudan, 1983 > 1 Mio.; seit 8. Jh. islamisiert. Unterstämme: Ababda, Amarar, Beni Amer, Bischarin, Hadendoa; daneben kleinere Stämme wie Aflenda, Artega, Aschraf, Beet Mala, Halenga, Hamran, Kumeilab, Schaiab, Warea; im N arabisiert, in Eritrea z. T. von Tigre assimiliert und zweispr.. Noch weithin Nomaden. In Sudan sind B. den drakonischen Unterdrückungsmaßnahmen der Regierung unterworfen (Landwegnahme, Zwangsrekrutierung usw.). Fluchtbewegungen unbekannter Größe nach Eritrea.

Beduinen (SOZ)
I. badawijjun (=ar), kollektiv al-padu, ahl al-badija (ar=) »Leute der Wüste«; aus arbadw und spez. beduj »Wüstenbewohner«; Bedouins (=en); bédouins (=fr).
II. im Gegensatz zu seßhaften Arabern (ar=) Hadar und nordafrikanischen Fellachen, die nomadisierenden arabischen Wüstenbewohner; gemeint sind i. e. S. die Dromedar-Nomaden Arabiens, die ahl al-ba'ir (ar=), »die Leute des Kamels« im Unterschied zu Rinder- und Kleintier-Nomaden. Um 1980 ca. 3–5 Mio., wovon 2 Mio in Saudi-Arabien, 350 000 in Syrien, 250 000 in Irak, 350 000 in Jordanien. Im Hinblick auf die Entwicklung des Beduinentums unterscheidet W. DOSTAL Proto- und Voll-Beduinen. Typische Bekleidungsweise: beide Geschlechter tragen bauschig geraffte Hosen, kragenlose Hemden, eine Kopfbedeckung (Tarbusch/Fez, Turban); knie- bis knöchellanges Übergewand (Kaftan, Aba, Dschellabah, Burnus); Haik der Frauen, Leibbinde der Männer. Bei Männern als Kopfschutz gegen Sonne, Wind und Staub die Kefiyye/Kufijja, ein fransenbesetztes quadratisches Baumwolltuch, regional meist schwarz-weiß oder rot-weiß, befestigt durch Ziegenhaarkordel, Agal. Vgl. Nomaden, Vollnomaden.

Befreiungstheologen (REL)
I. progressive Theologen.
II. christliche Kirchenvertreter, die für eine entschiedene Solidarisierung mit den in Armut und Ungerechtigkeit gefangenen Menschen speziell der Dritten Welt eintreten; strebten Befreiung als permanente Reform sozialer Verhältnisse bewußt als polit. Akt an. Die von ihnen begründeten Basisgemeinden und Volkskirchen (vor allem seit 1968 in Lateinamerika, später auch in Afrika und Asien) waren von Anfang an staatlichen und kirchlichen Anfeindungen ausgesetzt, s. *J. B. METZ* und *J. MOLTMANN*. Seit dem von Rom bewirkten Scheitern der Befreiungstheologie wandten sich breite Schichten den evangelikalen Gruppierungen zu (s. d.).

Begharden (REL)
I. Lollharden; begardos (=sp).
II. religiöse Männer- und (Beghinen, sp=) beguinas) Frauengemeinschaften, im 13./14. Jh. in Niederlanden, Frankreich und Deutschland (u. a. im Bodenseeraum, *A. WILTS*) für Krankenpflege und Totenbestattung entstanden. Ihre Lebensweise verband Arbeit und Kontemplation, sie mußten keine Liturgie und kein Gelübde einhalten, Ein- und Austritt waren frei bestimmbar. Weil weder eindeutig dem Laienstand noch dem Mönchtum zugehörig, wurden sie als Schwärmer und Häretiker verfolgt; ihre Bruderhöfe prägen noch heute flandrische Altstädte.

Beghinen (REL)
I. Beginen; Beguines (=en); beguinas (=sp).
II. weibliche Lollharden in klosterähnlicher Gemeinschaft unter Leitung einer Meisterin.

Beha'ismus (REL)
I. Baha'i-Religion.

Behinderte (BIO)
I. Invalide; handicapped persons (=en); moderne Umschreibungen: disabled persons (en=) »Dienstunfähige«; differently abled persons (en=) unterschiedlich Begabte; physically challenged persons (en=) »körperlich Herausgeforderte«; invalid persons (=en); personnes invalides, handicapés (=fr); personas invalidas (=sp); pessoas invalidas (=pt); invalidi (=it).
II. Sammelbez. (in Deutschland seit 1945) für Menschen mit körperlichen oder geistigen Defekten. Lt. Angaben der WHO (1994) weltweit über 230 Mio., die zu 90% in Ländern der Dritten Welt leben. Davon ca. 35–50 Mio. Blinde bzw. Sehbehinderte, rd. 100 Mio. geistig Behinderte, 50 Mio. Gehörlose bzw. Hörgeschädigte. Gesamtzahl der B. wächst derzeit jährlich um etwa 8,5 Mio. Als Hauptursachen oft vermeidbarer Behinderungen sind Armut, mangelhafte Ernährung und unzureichende medizinische Versorgung anzunehmen. Schwere dauerhafte Versehrtheit als Massenerscheinung tritt im Verlauf von Kriegen vermehrt im 20. Jh. auf (Gasblinde, atomar Geschädigte, Verstümmelte, Minenopfer). Das heute engmaschige Netz staatlicher B.-fürsorge ist das notgedrungene Ergebnis insbesondere beider WK. In naturnahen Stammesgesellschaften verweigert man sehr häufig Neugeborenen, die dauerhaft behindert oder mißgebildet sind, das Überleben. Vgl. Versehrte, Körperbehinderte.

Beidan (SOZ)
I. aus (fr=) bidan; Hassani.
II. Klasse der Freien in der Westsahara, bes. bei Mauren, fast gleichbedeutend mit »Menschen heller Hautfarbe«, »Weiße«. Eigenbez. von Bev. arabisch-berberischer Abstammung, um die Distanz zu den »dunkelhäutigen Mauren« und Sudanesen, »den Schwarzen«, zu unterstreichen.

Beisassen (SOZ)
I. aus mhd. bisaze, zu bei- und sitzen; Beisitzer, Beisässen, Hintersässen, Schutzverwandte, Schutzbürger.
II. Einw. ohne Bürger- und Heimatrecht, »Schutzbürger«, aber mit Wohnrecht. Einw., die nur im Besitz der sog. »kleinen Bürgerrechts« waren, wofür sie B.-geld zu bezahlen hatten. Vgl. Beisitzer auch im Sinn von Schöffen.

Bekennende Kirche (REL)
II. Bewegung innerhalb der deutschen evang. Kirche während NS-Diktatur, standen in Opposition zu Deutschen Christen. Namhafte Vertreter: *K. Barth*, *D. Bonhoeffer*, *M. Niemöller*.

Bekés (SOZ)
II. Bez. für die Weißen auf Martinique.

Bektaschiten (REL)
I. Bektasi, Bektaschi.
II. Angeh. des B.-Derwisch-Ordens, Schiiten; verbreitet in Zentral- und Ostanatolien, sowie im Hinterland der Ägäis und in Albanien. Der im 13. Jh. gegr.e Orden verbreitete sich unter der Herrschaft der Osmanen über den Balkan und nahm dabei christliche Elemente in seine Lehre auf. Polit. Bedeutung erlangte Orden durch Verbindung mit Janitscharen. Als der Orden um 1926 in der Türkei verboten wurde, flohen viele Anh. nach Albanien, wo sich sein neues Zentrum entwickelte; es gab sogar Versuche, die Bektaschi in den Rang einer Nationalreligion zu erheben. Nach Zeit des Religionsverbots wurden Orden 1990 dort neu begründet.

Belarus (TERR)
A. s. Weißrußland. Eigenbez. Republika Belarus/Bjelarus, ehem. Belaruskaya Sov. Sotsial. Respublika = Belorussische SSR.

Belgen (ETH)
I. Belgae.
II. seit 5. Jh.v.Chr. faßbare keltische Stammesgruppe im alten Gallien, zwischen Ärmelkanal, Seine, Ardennen und Niederrhein, 57 v.Chr. von Caesar unterworfen. Geogr. Name: Belgien. Als wichtige Stämme sind zu nennen: Bellovaken, Nervier, Remer (vgl. Stadt Reims), Treverer (vgl. Stadt Trier), Moriner, Menapier u.a.

Belgien (TERR)
A. Königreich. Als Staat im heutigen Sinn seit 1830; seit historischer Doppelvasallität zw. Frankreich und Deutschland scharfe Trennung von Flandern und Wallonen (s.d.). Royaume de Belgique (=fr); Koninkrijk België (=ni). (The Kingdom of) Belgium (=en); (el Reino de) Bélgica (=sp); Belgio (=it).
Ew. 1830: 3,786; 1846: 4,337; 1866: 4,828; 1880: 5,520; 1890: 6,069; 1900: 6,694; 1920: 7,401; 1920: 7,466 (seither mit Eupen-Malmedy); 1930: 8,092; 1947: 8,512; 1950: 8,639; 1955: 8,868; 1960: 9,153; 1965: 9,499; 1970: 9,656; 1975: 9,801; 1980: 9,847; 1985: 9,903; 1996: 10,159, BD: 333 Ew./km^2; WR 1990–96: 0,3%; UZ 1996: 97%; AQ: 0%

Belgien-Deutsche (ETH)
I. Eupen-Malmedy-Deutsche; »Ostbelgier«, »Neubelgier«.
II. deutschspr. Bev. des 1815–1920 preußischen (im Versailler Vertrag abgetrennten) Gebiets von Eupen-Malmedy und Teilen von Monschau in Ostbelgien (1036 km^2), ca. 52 000 neben 10 000 Wallonen. B.D. waren nach II.WK schweren Restriktionen un-

terworfen, erst 1963 wieder als deutsches Spr.gebiet, seit 1984 als autonomer Kanton anerkannt; 1984 mit 67 000 Ew; Deutsch nun dritte »Landes-«, Schul- und Gerichtsspr.

Belgier (NAT)
  I. Belgians (=en); belges (=fr); belgas (=sp, pt); belgi (=it).
  II. StA. des Kgr. Belgien; seit 1993 in drei sehr selbständige Bundesstaaten gegliedert: Flamland, Wallonien, Region Brüssel sowie dt.spr. Eupen-Malmedy. Nach VZ 1991 5,8 Mio. Flamen, 3,3 Mio. Wallonen, 66 000 Deutschspr.; 904 000 Ausländer. Vgl. Flamen, Wallonen, Deutschbelgier.

Belgolais (SOZ)
  I. Kongobelgier.
  II. insbes. die aus der Kolonialzeit verbliebenen Belgier in der heutigen DR Kongo (Zaire).

Belize (TERR)
  A. Unabh. (seit 21. 9. 1981). Belice; (bis 30. 6. 1973) Britisch Honduras. Belize (=en); Belize (=fr); Belice (=sp). British Honduras (=en); Honduras (britannique) (=fr); Honduras Británica (=sp).
  Ew. 1950: 0,067; 1960: 0,091; 1970: 0,120; 1996: 0,222, BD: 10 Ew./km^2; WR 1990–96: 2,7 %; UZ 1996: 47 %; AQ: 7 %

Belizer (NAT)
  I. Belizier; Belizeans (=en); béliziens (=fr); beliceños (=sp). Altbez. Brit. Honduraner (bis 1973).
  II. StA. von Belize/Mittelamerika; sie setzen sich aus 43,6 % Mestizen, 29,8 % Kreolen und 11 % Indianern (meist Maya), 6,6 % Garifuna zusammen.

Bella (SOZ)
  I. Bellah.
  II. heute freie Abkömmlinge ehem. Vasallen und Sklaven der Tuareg im Sahel; im Überschwemmungsgebiet des Niger, Reisbau treibend.

Belorussen (ETH)
  I. Bjelorussen, Albez. für Weißrussen, s.d.; Eigenbez. Bjelarus; Belorusy (=rs); Belorussians (=en).

Beltiren (ETH)
  I. Eigenbez. Beltir; Beltiry (=rs).
  II. Turkstamm der Chakassen.

Belu (ETH)
  II. wohlhabende Teilbevölk. in Mittel- und Ost-Timor/Indonesien mit ostindonesischer Sprache der Ambon-Timor-Gruppe, ca. 250 000–300 000. Tabakbauern mit Großviehhaltung.

Belutschen (ETH)
  I. Beludjen, Baluchen; Eigenname Balutsch oder Balotsch; Beludshi (=rs); Baluchis (=en).
  II. in zahlreiche Stämme (u.v.a. Rind, Rakhshani, Gichki) gegliedertes Volk mit iranischer Eigenspr. von ca. 1,5 Mio. in Pakistan, SE-Iran, S-Turkestan. Wurden von Seldschuken und Mongolen in die heutigen Wohngebiete ausgetrieben. Man unterscheidet die Westlichen oder Mukran-B., die als ursprüngliche Kerngruppe gelten, und die Östlichen oder Sulaiman-B., die dort erst im 15./16. Jh. ansässig wurden. B. stellen in der pakistanischen Provinz Belutschistan 26 %, in Iran mit ca. 750 000 fast 2 % der Gesamtbev., in Russisch-Zentralasien (Turkmenische SSR) 1990 ca. 29 000 Individuen. Leben z.T. noch nomadisierend, obschon seit 1947 verstärkte Ansiedlungsprogramme, z.T. in Städten; sind auch als Gastarbeiter an der Golfküste anzutreffen. B. sind Sunniten und Schiiten.

Belutschi (SPR)
  I. Balutschi-spr.; Baluchi (=en).
  II. Sprgem. dieser indoarischen Spr. mit > 5 Mio. Sprechern in Pakistan (1981: 2,5 Mio. d.h. 3 %), Iran und Afghanistan. Man schreibt B. in modifiziertem Arabisch.

Belutschistan (TERR)
  C. Beludschistan, Baluchistan (=en). Britisches Kolonialterritorium 1876–1947. Heute als geogr. Region zu Iran/Prov. Sistan, überwiegend aber zu Pakistan/Prov. B. gehörig.
  Ew. 1931: 0,869 Z

Bemba (ETH)
  I. Babemba, Wemba, Bawemba.
  II. Bantuvolk, negroide Ethnie von Wanderhackbauern auf dem unfruchtbaren Plateau von N-Sambia und angrenzenden Gebieten der Demokratischen Rep. Kongo von ca. 200 000 mit Bantu-Eigenspr.. Matrilinear, sakrales Königtum; Herrenschicht stammt von Luba und Lunda in Kasai ab, ca. 200 000, häufig Lohnarbeiter im Kupfergürtel.

Bemba (SPR)
  I. Bemba (=en).
  II. Sprg. der Mittel-Bantu (Benue-Bantu); Verkehrsspr. in Sambia, rd. 1,5–2 Mio. Sprecher.

Bene (ETH)
  I. Bfong.
  II. schwarzafrikanische Einheit in Kamerun.

Bene Israel (REL)
  I. »Söhne Israels«.
  II. isolierte Gruppe ältestansässiger Juden in Indien (meist Bombay); somatisch und marathi-spr. stark dem Gastland angeglichen, Großteil wurde in 50er Jahren nach Israel umgesiedelt.

Benediktiner (REL)
  I. OSB; mit vielen Unterkongregationen: Grammontenser, Mauriner, Mechitaristen, Olivetaner, Silvestriner, Zölestiner u.a.
  II. gegr. 529 Mte. Cassino; ältester heute noch erhaltener abendländischer christlicher Mönchsorden. Nach Grundsatz »ora et labora« in Landeskultivierung, Schulwesen und Wissenschaft äußerst erfolg-

reich und von großem Verdienst um Kulturentwicklung im Abendland, bes. durch Christianisierung Mitteleuropas (heiliger Pirmin auf Reichenau). Unterhielt mit Klosterschulen die erste Bildungsstätte für Geistliche und Laien (Ettaler Ritterakademie); war später Träger von Universitäten (z.B. Salzburg 1623). Auch in der Mission in Ostafrika und Ostasien tätig. Heute ca. 9600 Mitglieder. Vgl. Missionsbenediktiner (von St. Ottilien/Deutschland) mit 1200 Ordensmitgliedern in Europa, Afrika, Asien und Amerika.

Benefiziaten (SOZ)
I. Benefizianten, Benefiziare; aus benefizium (lat=) »Wohltat«.
II. 1.) Nutznießer eines Benefiziums, z.B. Stipendiaten oder einer Benefizveranstaltung. 2.) Inhaber einer Pfründe, s. Pfründner. 3.) im MA Inhaber eines Lehens.

Benga (ETH)
II. negride Einheit, die 19% der Gesamtbev. in Äquatorialguinea stellt.

Bengalen (ETH)
I. aus Vanga oder Banga; Bangalen; Bangalees, Bengalis, Bengalese, Bengals (=en); bengalis, Bengalais (=fr); bengales (=sp); bengaleses (=pt); bengali (=it).
II. Bez. für die Bev. eines geogr. und zeitweilig territorialhistorischen Gebietes beidseitig der Unterläufe von Ganges und Brahmaputra; > 120 Mio.; weder rassisch, ethnisch oder religionsmäßig eine Einheit, wohl aber überwiegend bengali-bzw. banglaspr.. Seit Teilung des Subkontinents 1947 sind B. aufgeteilt auf Bangladesch und Westbengalen/Indien.

Bengalen (NAT)
II. Ew. der einwohnerstärksten Prov. im einstigen Brit.-Indien, lt. VZ 1931: 51,087 Mio. Seine Teilung 1905 nahm Teilung Indiens vorweg. Seit 1950 zählte West-Bengal mit 54,581 Mio. (1981) zur Indischen Union, Ost-Bengalien mit 87120 Mio. zu Bangladesch (1981). Vgl. Bengali-Sprgem.; Bangladescher; Ostpakistaner.

Bengali (SPR)
I. Bangla, eine indoeuropäische Spr.; Bengali (=en).
II. zweitgrößte Sprg. in der Indischen Union, 1991 mit 67 Mio., 8,2% der Gesamtbev. Ferner als Staatsspr. in Bangladesch, dessen Bev. zu > 95% aus Bengalen besteht, 1988 ca. 101 Mio., insgesamt um 1990 ca. 175–190 Mio. Sprecher. B. wird in Bengalischer Eigenschrift geschrieben.

Bengalische Schriftnutzergemeinschaft (SCHR)
II. aus der Proto-Bengali-Schrift im 14. Jh. entwickelte, in NE-Indien, Bengalen und Bangladesch verbreitete Schrift, die für potentiell rd. 100 Mio. Bew. (d.h. rd. 2% der Erdbev.) verfügbar ist. Mit der Bengali-Schrift werden nicht nur indogermanische Spr. wie Bengali und Assamesisch, sondern auch tibeto-birmanische Spr., z.B. Garo, Bodo, Manipuri, sowie von den Munda-Spr. das Santali geschrieben.

Beni (ETH)
I. 1.) Bini, Edo. 2.) Sg. Ben; (ar=) »Söhne von ...«; gleichbedeutend mit (be=) aït und -sai in Afghanistan »Kinder von ...«, verwendet bei Stammesbez.

Beni Amer (ETH)
II. 1.) Stamm der Bedja im E-Sudan und in N-Eritrea; Teilgruppen sprechen Bedja, andere Tigre oder sind zweispr.; es herrscht eine Adelsschicht arabischen Ursprungs (Nabtab) über eine Vasallenschicht autochthoner Tigre; treiben Oasen-Pflug- und Hackbau neben Kamelnomadismus; Muslime.
II. 2.) Araber-Stamm in Saudi-Arabien (< 10000); teils Sunniten teils Ibaditen. Vgl. Bedja.

Beni Atiye (ETH)
II. Beduinenstamm in N-Hedschas und Jordanien, Sunniten; einst Vollnomaden, Teilgruppen seit längerem seßhaft.

Beni Dauasir (ETH)
I. Dawasir.
II. arabischer Beduinenstamm in Saudi-Arabien; wanderten einst im Gebiet Riad-Hofuf-Hasa.

Beni Ghafir (ETH)
II. arabischer Stamm in gleichnamigem Tal in Saudi-Arabien; teils Sunniten, teils Ibaditen.

Beni Hadjar (ETH)
II. arabischer Beduinenstamm in der Hasa-Provinz/Saudi-Arabien.

Beni Hadjir (ETH)
I. Beni Hadschir.
II. arabischer Stamm mit nomadisierenden und seßhaften Einheiten in Katar und Kuwait; Sunniten.

Beni Hilal (ETH)
I. Helal, Hillal, Hilali, Banu Hilal.
II. Stammesgruppe der Qais im Hedschas, die schon im 8. Jh. nach Unterägypten infiltrierte; ein kriegerischer Nomadenstamm, der neben den Beni Suleim und Makil um 1050 aus Ägypten zügellos in den Maghreb einfiel und dessen Entwicklung um ein Jh. zurückwarf; andererseits geht die heutige Verbreitung der arabischen Spr. in Nordafrika auf sie zurück. Zu ihren Teilstämmen zählten die Beni Rijah, Dawawida, Arbadsch, Duraid, Ijad.

Beni Isad (ETH)
II. Stamm der Madan im amphibischen Schilfland S-Iraks.

Beni Khaled (ETH)
I. Beni Chaled.
II. arabischer Stamm, unlängst noch Vollnomaden in Ostarabien (Al Hasa/Saudi-Arabien und Kuwait).

Beni Makil (ETH)
I. Banu Ma'qil.
II. arabischer Stammesverband arabischer Beduinen, der, den Beni Hilal folgend, im 11. Jh. nach Nordafrika einfiel.

Beni Menasser (ETH)
I. Menasser.
II. Berberstamm im Küstengebiet w. der Mitidja-Ebene/Algerien

Beni Murra (ETH)
II. arabischer Beduinenstamm in Saudi-Arabien; wanderten einst zwischen Kleiner Nefud (Winterweiden) und s. Al Hasa.

Beni Mzab (ETH)
I. Mozabiten, Mzabiten; vgl. Mozabiter, vgl. Mzab.

Beni Ötbe (ETH)
II. Untereinheit der arabischen Aneze-Föderation; begründeten 1716 Kuwait; dort drei Sippen: Al Subah, sowie Al Khalifa, Al Yalahima, die 1766 abwanderten.

Beni Riyam (ETH)
I. Beni Rijam.
II. niedergelassener Araberstamm im n. Oman; Ibaditen.

Beni Sakhr (ETH)
I. Beni Sahr.
II. Beduinenstamm im N Jordaniens; noch in Mitte des 20. Jh. neben semi-auch vollnomadische Sippen; Sunniten.

Beni Suleim (ETH)
I. Bani Solaim, Solaim.
II. kriegerischer Nomadenstamm, der im 11. Jh. aus Medina über das Nildelta nach Tripolitanien einfiel und dann Fezzan, Borku und Wadan in Mitleidenschaft zog. Vgl. Beni Hilal.

Beni Yas (ETH)
II. Araber-Stamm in Oman (ca. 20000); ihre Vorfahren sind im 18. Jh. aus Nedjd abgewandert.

Benin (TERR)
A. Volksrepublik. Ehem. (bis 30. 11. 1975) Rep. Dahomey; unabhängig (seit 1. 8. 1960). République du Bénin (=fr). (the People's Republic of) Benin (=en); (la République populaire du) Bénin (=fr); (la República Popular de) Benin (=sp).
Ew. 1950: 1,648; 1960: 2,050; 1970: 2,718; 1980: 3,424; 199: 5,632, BD: 50 Ew./km²; WR 1990–96: 2,9%; UZ 1996: 39%; AQ: 63%

Beniner (NAT)
I. Beninese (=en); béninois (=fr), beninéses (=sp).
II. StA. der Rep. Benin/Westafrika; sie gehören über 60 Ethnien, davon gut 80% Kwa-Gruppen, 6% Fulbe, Haussa an. Vgl. Fon/Fong, Yoruba/Yorouba.

Beraber (ETH)
II. berberische Stammesgruppe von ca. 0,5 Mio. Köpfen im Mittleren Atlas, die sich aus Großstamm der Sanhadja entwickelt hat. Unter- und Nachbargruppen: Atta/Ait Atta (ca. 50000), Warain/Beni W./Ouarain, Ouled Besseba, Zekara/Sekkara, Beni Snassem, Beni Snous/Snus. Vgl. Berber.

Berauschte (BIO)
I. etymologisch aus »rauschen«, »lärmen«.
II. Menschen, die durch Rauschgifte, Betäubungsmittel (wie z.B. Schlafmohn, Hanf, Pilze) oder auf rein psychologischem Wege (Musik) in mehr oder weniger bewußt herbeigeführter Ekstase vorübergehend aus der alltäglichen Erfahrungswelt heraustreten; zuweilen in sakraler Bedeutung. Vgl. auch Süchtige.

Berber (ETH)
I. aus barbaroi (agr=), latinisiert barbari »Bartträger«, siehe Barbarossa »Rotbart«; Barbaren, barbari lat. »unzivilisierte Fremde«, gleichen Sinns auch von Arabern gebraucht: barabir od. barabira (=ar); Berbers (=en); Berbères (=fr); berberiscos (=sp); berberes (=pt); berberi (=it). Selbstbez. aus antikem maxyes, mazikes: Imazighen (be=) »Freie Menschen«.
II. Gruppe von Völkern und Stämmen des berberischen Sprachzweiges, ca. 8–10 Mio.; Nachkommen einer alten europiden Urbev. in N- und bes. NW-Afrika. Seit *Ibn Khaldoun* Unterscheidung nach drei ursprünglichen Stammesgruppen Masmouda-, Sanhadja- und Zenata-Berbern (s.d.), die bis heute namengebend für die entsprechenden Dialektgruppen sind. Seither Differenzierung in diverse Einzelstämme bzw. Regionalbev.: In Marokko mit ca. 45% der Gesamtbev.: u.a. Rifkabylen (im N), Beraber (Mittlerer Atlas), Schlöch/Shluh (im Zentrum und SW), Filala, Uregu (im E), im Süden Draa-Berber (s.d.). In Algerien (mit ca. 65% der Gesamtbev.): u.a. Kabylen, Beni Menasser, Shawia, Figuig, Tuat sowie religionsbestimmte Ethnien der Mozabiten und Wargla. In Tunesien Matmata, Djerba und Nefusa. In Libyen und W-Ägypten die Bewohner der meisten Oasengruppen. In Mauretanien Zenega (stark arabisiert) und Idauisch (Duaish)-spr.. B., die vorher großenteils koptische Christen waren, wurden im 8./15. Jh. islamisiert und zum Teil arabisiert. Typischstes Kleidungsattribut ist der Burnus, der fußlange helle Kapuzenmantel. Algerische B. ringen seit Unabhängigkeit (1962) um ihre kulturell-sprachliche Identität gegen den Einfluß der staatlich oktroyierten arabischen Spr. und gegen die islamistischen Bestrebungen, da ihre Sitten und Gebräuche in vielem den Bestimmungen der Scharia widersprechen. Vgl. Berbersprachen.

Berber (SOZ)
I. Stadtstreicher.

II. vagabundierende Wohnlose ohne festen Wohnsitz; ugs. auch Penner genannt.

Berberide (BIO)
I. race berbère (=fr).
II. zuweilen unterschiedener Sondertypus der rundköpfigen, hellhäutigen, teilweise blonden Berber, vielleicht Reste einer atlanto-mediterranen Altform.

Berberophone (SPR)
II. Berber mit angestammter Eigenspr. Vgl. Arabo-Berber.

Berber-Sprachen (SPR)
I. Berberische Sprgem.
II. Zweig der hamitischen Spr.gruppe: u.a. mit Tamaschek, Jullemidisch, Rifisch, Schilchisch, Senet, Kabylisch. Berbersprachen werden heute von > 7 Mio. Nordafrikanern gesprochen: von 40–45% der Marokkaner (im Rif, im Atlas und im Sus, in Oasen von Figig, im Tifilalt und Dadestal); von einem Drittel der Algerier (bes. in der Kabylei, im Aurès-Gebirge, bei Mozabiten und Tuareg); von einem Viertel der Libyer (im Djebel Nafusa und div. Oasen); von kaum 1–2% der Tunesier (im S, bes. auf Dscherba); in Mauretanien von den Zenaga; von Tuareg in Südsahara und Sahel.

Berdachen (SOZ)
I. bardaxa (=sp); bardascia (=it). Eigenbez. Bardachen (bei Sioux), Bo(Crow), Burdash, Coias und Cuit (in Kalifornien), Coronnes (bei Chibchas), Cusmos (bei Laches); Icoucoua, Icoocooa oder Icoocoah (bei Sioux, Fox, Sak), Joyas, Mujerados (Pueblo), Uluqui.
II. nordamerikanische Indianer, die einem institutionalisiertem Transvestitentum folgen. Vgl. Mustergil im Südirak.

Beregowen (ETH)
I. Eigenbez. Ankalyn.
II. Untereinheit der Tschuktschen im Auton. Krs. Tschukotka/Magadan der Russischen Föderation. Vgl. Tschuktschen.

Bergdama (BIO)
I. Bergdamaras; Eigenbez. Nu-Khoin, d.h. »schwarze Menschen«; Damaras; Klipkaffern; nach angenommener Spr. auch Nama; bei Nachbarstämmen Ghou Damup oder Haukhoin. Deutsche Bezeichnungen sind irreführend, da Ethnie zwar in den Bergen des Damaralandes wohnt, aber mit Damara wohl nicht näher verwandt ist.
II. i.w.S. Gruppe der Khoisan-Völker, die somatisch den Negern nähersteht als den Buschmännern und Hottentotten. I.e.S. die Bergbev. im zentralen und n. Namibia, die z.T. noch als nomadisierende Wildbeuter lebt, mehrheitlich aber durch Mission und überlegene Herero zur Ansässigkeit geführt wurde. Vielfach mit Hottentotten vermischt, deren Nama das eigene Idiom verdrängt hat. B. stellen vermutlich die Urbev. in Namibia, erhielten bereits 1906 ein eigenes Reservatsgebiet, arbeiten heute auf Farmen der Weißen, in Minen und in Städten. 1986 ca. 89 000.

Berggeorgier (ETH)
II. Sammelbez. für georgische Stämme der Chewsuren, Tuschen und Pschawen. Vgl. Georgier.

Bergjuden (REL)
I. Dagh Dschufut, Gorskie Evrei (=rs); Mountain Jews (=en); fälschlich Taten.
II. heterodox-mosaische Juden in Dagestan; im 5./6. Jh. aus Iranisch-Aserbeidschan zugewandert; taisch- oder georgischspr.; in 80er Jahren kaum mehr 40 000, 1990 nur noch 18 500, da starke Auswanderung nach Israel. Vgl. Karäer.

Bergleute (SOZ)
I. Sg.: Bergmann; Kumpels, Knappen, Hauer/Häuer, Steiger; miners (=en); mineurs (=fr); minatori (=it); mineros (=sp); Mineiros (=pt); Schachtjori (=rs).
II. Bez. für im Bergbau (i.e.S. »Unter Tage«) zur Gewinnung von Kohle, Erzen, Salzen u.a. Beschäftigte. Auffällig die zumindest in Europa allgemein verbreitete Berufskleidung und ein reiches, bis heute dauerndes Brauchtum. Geogr. Name: u.a. Hauerland bei Kremnitz.

Bergnomaden (SOZ)
II. Abart des Steppennomadismus in Gebirgen bes. des ö. Orients; ihre Sommer-Winter-Wanderung vollzieht sich dank vertikaler Komponente zumeist über kürzere Distanzen zwischen Gebirgsvorland und Gebirge (u.a. Taurus, Ostanatolien, Zagros) vorzugsweise als Kleintiernomadismus.

Bergpapua (ETH)
II. Bergstämme der Papua auf Neuguinea. Charakterisiert durch papuide Gestaltmerkmale, zusätzlich die bes. kräftig ausgebildeten Füße mit den zur Mitte abgespreizten Zehen. Kulturell stark differenziert, jeder Stamm besitzt seine Eigentümlichkeit, insbesondere seine Eigensprache (auf Neuguinea mehr als 800 Spr.): u.v.a. allein in Ostguinea Asiana, Atbalmin, Bena Bena, Bimin, Duna, Enga, Hagen, Hewa, Kukukuku, Mendi, Mianmin/Telefomin, Oksapmin.

Bergschotten (ETH)
I. Hochlandschotten; Highlanders (=en) im Gegensatz zu Scots-spr. »Tiefland-Schotten«. Vgl. Schotten.

Bergtadschiken (ETH)
I. Pamir-Tadschiken; Eigenname Todschik; Gornye Tadziki (=rs). S. Galtscha.

Bergtataren (ETH)
I. Altbez. für Balkaren.

Bericho (SOZ)
II. kastenartige marginale Schicht von Schmieden und Musikern bei den Hunza (N-Kaschmir); bilden gesonderte Gemeinschaft mit eigenem Idiom. B. können nicht in die Buruscho-Gesellschaft einheiraten.

Berlin (TERR)
B. Doppelstadt Berlin-Kölln, Vereinigung mit Friedrichswerder, Dorotheen- und Friedrichstadt 1709, durch Eingemeindungen 1920 Großberlin; (seit 1871) Hauptstadtbezirk in Preußen und im Deutschen Reich. Seit 1945 Vier-Sektoren-Verwaltung der Kriegsalliierten; seit 1990 als Stadtstaat Bundesland in Deutschland. Fusion mit dem Land Brandenburg ist vorgesehen. Berlino (=it).
Ew. nach jeweiligem Gebietsstand: Berlin, Groß-Berlin: 1709: 0,057; 1730: 0,072; 1790: 0,151; 1803: 0,178; 1849: 0,412; 1861: 0,548; 1871: 0,826; 1885: 1,315; 1895: 1,677; 1900: 1,889; 1905: 3,131; 1919: 3,674; 1925: 4,024; 1935: 4,229; 1950: 2,139; 1960: 3,271; 1970: 3,206; 1980: 3,045; 1990: 3,434; 1997: 3,426, BD 3846 Ew./km²

Bermuda (TERR)
B. Britische Kronkolonie mit Autonomie. Bermuda, Bermudas, Bermuda (=en); Bermudes (=fr); las (islas) Bermudas (=sp).
Ew. 1950: 0,037; 1960: 0,044; 1970: 0,052; 1996: 0,062, BD 1170 Ew./km²

Bermuder (NAT)
I. Bermudians (=en); bermudiens (=fr); bermudianos (=sp).
II. Angehörige des britischen abhängigen Territoriums Bermudas im Nordatlantik. Sie teilen sich auf in 61% Schwarze und 37% Weiße.

Bern (TERR)
B. Kanton. Gliedstaat der Schweizerischen Eidgenossenschaft seit 1351. Berne (=fr); Berna (=it).
Ew. 1850: 0,458; 1910: 0,646; 1930: 0,689; 1950: 0,802; 1970: 0,983; 1990: 0,958; 1997: 0,939

Berner (ETH)
II. 1.) Bürger, 2.) Einw. (als Territorialbev.) des zweispr. schweizerischen Kantons Bern; seit 19. Jh. ohne abgetrennte Teile des Kantons Jura. 3.) Ew. der Bundeshauptstadt, als Agglomeration 1990: 298 800.

Bernhardiner (REL)
I. Bernardines, Bernardine monks (=en). Vgl. Zisterzienser.

Bersaglieri (SOZ)
I. aus bersaglio (it=) »Zielscheibe«.
II. infanteristische Elitetruppe in Italien, begründet 1836 im Kgr. Sardinien; Kennmerkmale: rascher Laufschritt, breitkrempiger Filzhut mit Busch von Siegesfedern.

Berufsfremde (WISS)
II. Personen mit fachlicher Vorbildung für einen anderen als den gegenwärtigen Beruf.

Berufskasten (WISS)
I. Handwerkerkasten.
II. systematisierte und ritualisierte Sondergruppen von Familien oder Sippen mit ererbter Spezialisierung auf bestimmte Handwerke wie Erzverarbeitung, Schmiedewerk, Keramik, Waffen- und Bootsbau bei Völkern der Dritten Welt. Tätigkeiten gelten den B.mitgliedern magisch verknüpft, sind deren Monopol, das von anderen nicht nachgeahmt werden kann und darf. Solche Gruppen leben i.d.R. in Endogamie. Auch im indischen Kastenwesen waren wohl von Anbeginn bestimmte Berufe kasteneigen.

Besatzer (SOZ)
I. Besatzungssoldaten.
II. (oft abwertend) für Angeh. einer ausländischen (Besatzungs-) Macht, die (meist als Unrecht empfunden) eigenes Staatsgebiet besetzt halten, kontrollieren.

Beschäftigte (WISS)
II. in der Statistik der Arbeitsverwaltung in Deutschland alle Erwerbstätigen in abhängiger Stellung (Beamte, Angestellte, Arbeiter), auch Heimarbeiter.

Bescheta (ETH)
I. Eigenbez. Beschtlas Suko; Beshetincy (=rs). Vgl. Awaren.

Beschnittene (BIO)
II. Sammelbez. für Menschen, die sich aus kultreligiösen Gründen einem operativen Eingriff an Geschlechtsteilen unterzogen haben, bei Männern die Inzision, Zirkumzision, Zirkumbusion, Subinzision; bei Frauen die Exzision und Infibulation. Beschneidung zählt zu den sehr alten, einst von Melanesien über SE-Asien und Afrika bis ins vorkolumbianische Amerika verbreiteten Initiationsriten, die speziell in Schwarzafrika, bei Altaustraliern und in Indonesien als solche bis heute und selbst von Exilgemeinschaften in Europa praktiziert werden. In Ägypten sind 50 bis über 70% aller Frauen beschnitten, in Arabien und Iran wird der Brauch höchst selten praktiziert. Lt. UNICEF erleiden jährlich mindestens 2 Mio. Frauen in wenigstens 28 Ländern solche oft lebenslang gesundheitliche und psychische Schäden verursachende Verstümmelungen. Einige Orientvölker haben dieses Ritual übernommen und ihm religiöse oder wenigstens soziale Bedeutung (»Bewahrung der Frauenehre«) zugeschrieben. Beschneidung, Hitan (=ar), milah (=he), sünnet (=tü), gilt Juden (für Buben), vielen Muslimen, insbesondere Schafiiten und Hanbaliten (für Buben und Mädchen) sowie einigen Christengruppen (u.a. ägyptischen Kopten) als Pflicht. Zwar verlangt sie der Islam nicht im Ko-

ran (*Marie ASSAD* und *Nahid TOUBIA*), doch hält man sie für ehrenvoll (Hanafiten und Malakiten) und nützlich, insbesondere auch für Konvertiten, denn die Folgen solcher Operationen lassen sich nicht mehr rückgängig machen und zwingen so zum Bekenntnis. Beschneidung erfolgt i.d.R. zwischen 7.–40. Lebenstag, im 3.–7. Lebensjahr oder nach Eintreten der Geschlechtsreife, jedoch stets mit großem Zeremoniell. Judentum verfügt für Eingriff über spezielle Funktionsträger, mohalim (he=) »Beschneider« (Sg. mohel); *M. STEINSCHNEIDER, S.PH. DE VRIES, B.L. KOSSODO, M. EHRLICH, K.L. TIMM, E. SCHRÖDER* u.a.. Selbst in afrikanischen Staaten wächst die Ablehnung der Beschneidung und droht künftig Strafverfolgung. Vgl. auch Kastration der Eunuchen.

Besermenen (ETH)
I. Bessermänen; Eigenbez. Besermen; Besermjane (=rs).
II. kleine ethnische Einheit im N Udmurtiens/ Rußland; sie stammen vermutlich von Wolgabulgaren ab, die von Udmurten assimiliert wurden, auch hinsichtlich der udmurtischen Spr.. Es gibt unter ihnen Orthodoxe Christen, Sunniten, auch noch Animisten.

Beslenewer (ETH)
I. Beslenei (=en).
II. Stamm im Völkerverband der Tscherkessen.

Bespopowzy (REL)
I. (rs=) »Priesterlose«.
II. Fraktion der russischen Altgläubigen. Vgl. Raskolniki.

Bessarabien (TERR)
C. Gebiet zw. Pruth und Dnjestr von 42222 km^2, das 1940/1947 von Rumänien an die UdSSR abgetreten wurde, heute zur Rep. Moldau (s.d.) gehörig. Vgl. Bessarabien-Deutsche, Gagausen.

Bessarabien-Deutsche (ETH)
II. seit Erwerb Bessarabiens durch Rußland ab 1815 n. der Donaumündung angesiedelte Deutsche, (Württemberger und Preußen aus dem Weichselland), die bis 1869 Autonomie genossen. Sie waren überwiegend evangelisch; aufgrund hoher Gebürtigkeit (1859: > 65%o) erwuchsen diverse Tochterkolonien. 1914: 63000 deutsche Siedler, 1938 rd. 83000, das entsprach 3% der Provinzbev.. B.D. wurden gemäß deutsch-russischer Vereinbarungen 1940 nach Deutschland, zumeist in das Warthegebiet, umgesiedelt, nach Kriegsende als ehem. sowjetrussische Staatsbürger von der Roten Armee nach Sibirien und Mittelasien »zurückgeführt«. Vgl. Rußlanddeutsche.

Bestarbeiter (SOZ)
II. im DDR-Jargon für Beschäftigte, die dem Leistungs-Idol von Musterarbeitern (*Hennecke* oder *Stachanow*) folgten. Vgl. Aktivisten, Stachanowisten.

Besuchsehen (WISS)
II. ethnologischer Terminus für Ehen, in denen Partner nur zwecks Erfüllung der gegenseitigen ehelichen Pflichten zusammenkommen; sie sind mit duolokalen Wohnsitzregeln kombiniert.

Bet Asgede (ETH)
II. Nomadenstamm mit semitischer Tigrespr. in Eritrea; in Konföderation mit Habab.

Bete (ETH)
I. Bété (=fr).
II. negrides Volk im S der Elfenbeinküste. B. gehören sprachlich wie kulturell zu den Kruvölkern, einer Untergruppe der Kwa-spr.; haben Anteil von 18% an der Staatsbev. der Elfenbeinküste. Vgl. Kru.

Bete (SPR)
II. westafrikanische Spr. mit > 1 Mio. Sprechern; Verkehrsspr. in Elfenbeinküste.

Beti (ETH)
II. Bantu-Negerstamm in nordöstlichen Kamerun. Vgl. Pangwe.

Beti (SPR)
I. Beti (=en).
II. Sprgem. in der Benue-Bantu-Gruppe mit ca. 2 Mio. Sprechern verbreitet in Kamerun und Gabun.

Betoi (ETH)
II. Indianerpopulation aus der Spr.gruppe der Chibcha im Bergland des ö. Kolumbien. Als Jäger und Fischer mittels Einbäumen schweifend, nur temporär in kleinen Dörfern wohnend.

Betschuanen (NAT)
s. Botsuaner, Botswaner.

Betsileo (ETH)
II. Volk im zentralen Bergland von Madagaskar; stellen mit rd. 1,2 Mio. (1988) 12% der Gesamtbev. der Madegassen. Malagasy-spr.; überw. katholische Christen, doch Beibehaltung alten Toten- und Seelenkultes. Gute Reisbauern.

Betsimisaraka (ETH)
II. Volk an der Ostküste Madagaskars; ca. 1,5 Mio., d.h. 15% der Gesamtbev., malagasy-spr.; pflegen Brandrodungs-Trockenreisbau, Viehhaltung und Fischfang. Bewahren alte Naturkulte. Vgl. Madegassen.

Bettelmönche, buddhistische (REL)
I. Bhikshu (=ssk, Pali); Bla-ma (=ti) »Lama«, »Lehrer«; in Japan »Bonze«. Bettelnonnen: Bhikshuni (=ssk, Pali).

Bettelorden (REL)
I. Mendikanten.
II. im Zuge der Armutsbewegung im 13. Jh. entstandene kath. Orden, deren Mitglieder sich ihren Unterhalt erbettelten oder heute vom Ertrag ihrer Arbeit leben. Die christlichen Bettel- oder Men-

dikantenorden, z. B. Franziskaner (mit Minoriten, Conventualen, Kapuzinern), Dominikaner, Karmeliter, Augustiner-Eremiten, sind aus der mittelalterlichen Armutsbewegung hervorgegangen und lehnen nicht nur persönliches, sondern auch gemeinsames Eigentum ab; i.w.S. auch Orden mit Bettelerlaubnis (z. B. Serviten). Im Gegensatz zu den älteren Orden rekrutierten sich die B. aus dem Bürgertum und waren hauptsächlich in Städten tätig. Vgl. Bettelmönche, Wandermönche, Mendikanten.

Beuiner-Bauern (SOZ)
I. agrarsoz. Altbez., abgeleitet aus den Beuten in abgestandenen Bäumen angelegter Bienenstöcke.
II. Einsassen von Bauerndörfern in der ostdeutschen Kolonisationsphase, die sich hpts. mit der Bienenzucht (»Bienenjäger«) bes. in den staatlichen Forsten beschäftigten.

Beurs (SOZ)
I. beurettes w.; im Pariser Städteslang des Verlan gebräuchlicher Neologismus, aus reubeubeur oder be-arab.
II. Kinder von eingewanderten Nordafrikanern in Frankreich, nicht »arabe« und noch weniger »français«. Etwa 1,5 Mio. Nordafrikaner wurden in den letzten 20 J. eingebürgert, viele sind heute Doppelbürger. Weitere, insges. rd. 1,8 Mio., wovon 725 000 Algerier, 560 000 Marokkaner und 225 000 Tunesier sowie geschätzt 300 000 Illegale leben und arbeiten (1992) in Frankreich.

Bevölkerung (WISS)
I. population (=en, =fr); popolazione (=it); población (=sp); populaçáo (=pt).
II. Summe oder Zahl der globalen Bew. oder eines begrenzten Teils der Erdbev. zu einem bestimmten Zeitpunkt.

Bevölkerung am Ort (WISS)
I. statist. Terminus seit 1984 in Deutschland, der nicht voll den älteren Begriff Wohnbev. entspricht.
II. Einw., die in dem Ort (genauer in der Gemeinde) gezählt werden, in welchem die vorwiegend benutzte Wohnung (bzw. die Wohnung der Familie) liegt; in Grenzfällen dort, wo der Schwerpunkt ihrer Lebensbeziehung begründet ist (z. B. bei Kasernierung).

Bevölkerung de facto (WISS)
I. De Facto-Bevölkerung.
II. die sich zum Zählungszeitpunkt im Erhebungsort aufhaltende Bev., gleich welcher Staatsangehörigkeit, also z. B. einschließlich von niedergelassenen Gastarbeitern.

Bevölkerung de iure (WISS)
I. De Jure-Bevölkerung.
II. 1.) Gesamtheit aller StA. eines Landes auch bei Aufenthalt außerhalb des Staatsgebietes, während Ausländer trotz Anwesenheit ausgeschlossen bleiben. 2.) Gesamtheit aller Wohnrecht besitzenden Gemeindeangeh., auch die zum Zählungszeitpunkt z. b. auf Reisen oder an ausländischen Arbeitsorten Abwesenden.

Bevölkerungsgruppe (WISS)
I. Personengruppe; im 17./18. Jh. aus groupe (=fr).
II. 1.) oft mißverständlich im Gleichsinn mit Teilbev. gebraucht. 2.) eine Anzahl von Menschen mit gemeinsamen Merkmalen, Beziehungen, Verhaltens-/Reaktionsweisen, Zielsetzungen. In den Sozialwiss. öfters syn. zu Klasse, Schicht gebraucht. (Vgl. Merkmalsgruppe) Zu berücksichtigen sind u.a.: Alters-, Berufs-, Sozial-, sozioökonomische-, Sprach-, ethnische-/Volks-Gruppen; autonome, demographische, formale, informelle, intermediäre, intime, konsensuelle, kulturtragende, primäre, sekundäre, symbiotische, synthetische Gruppen. Vgl. Demen (2.).

Bevölkerungsschicht (WISS)
I. Sozialschicht, Gesellschaftsschicht; social class (=en); classe sociale (=fr, it); clase social (=sp); classe social (=pt).
II. Teileinheit einer nach qualitativen Gesichtspunkten (sozialer Status) gegliederten bzw. hierarchisch strukturierten Gesellschaft; Unterteilung nach Ober-, Mittel-, Unterschicht ist möglich.

Bewohner (WISS)
I. inhabitants (=en); habitants (=fr); abitanti (=it); habitantes (=sp, pt).
II. i.e.S. Menschen, die eine Behausung, Wohnung, Wohnstatt, eine Einzelsiedlung bewohnen, die i.w.S. (losgelöst von zahlenmäßiger/statist. Erfassung) in einer Gegend, Landschaft, Region leben. Vgl. Einwohner.

Beydanes (BIO)
II. Bez. für hellhäutige Arabo-Berber in Senegal.

Bezugspersonen (SOZ)
I. Leitbilder.
II. Personen, an denen sich ein Betroffener orientiert, auf die er zurückgreifen kann. Oft wird zu den Bezugspersonen eine innere Bindung aufgebaut.

Bhaca (ETH)
II. Bantu-Volk der Xhosagruppe, zum Nguni-Zweig der südöstlichen Bantu zählend, im ö. Kapland.

Bhagwan-Shree-Rajneesh-Bewegung (REL)
I. Neo-Sannyas-Bewegung oder Rajneeshimus.
II. 1966 in Indien aus Buddhismus, Hinduismus und Jinismus hervorgegangene »religionslose Religion«; überwiegend als Psychosekte und destruktiver Kult gewertet. Anh. nennen sich Neo-Sannyasins (ssk=) »neue Entsager« oder Rajneeshees; bis 400 000 Anh. besonders in USA, Australien, Mittel- und Westeuropa.

Bhakta (REL)
II. Anh. des Bhakti (»Verehrung«), eine Reformbewegung im Hinduismus, bes. im Vishnuismus, die sich gegen das Spezialistentum der Brahmanen richtet.

Bham (ETH)
II. Birmanen, buddhistischen Glaubens der Theravada-Richtung in Myanmar, die größte der »Drei Nationen«, welche mit den fünf Nationalitäten der Urstämme zusammen die neue Union Myanmar (Birma) bildeten. Mit rassischem wie religiösem Überlegenheitsgefühl dominieren sie die Politik des jungen Staates.

Bhangis (SOZ)
I. Valmikis.
II. Latrinenreiniger, Kotbeseitiger in Indien, Berufsgruppe von 600 000 auf unterster Stufe der Unberührbaren, noch unter den Gerbern rangierend; zur Hälfte aus Frauen bestehend.

Bharia (ETH)
I. Bharia-Bhumia.
II. Großstamm von > 100 000 Köpfen in der Satpura-Kette in Madhja Pradesch/Indien, der kulturell (bes. sprachlich und religiös) stark hinduisiert wurde.

Bhat (SOZ)
I. (=hi); Bhatu.
II. Kaste im W Indiens; B. betreiben insbes. Bewahrung von Genealogien, vor allem als Barden bei den Radschputen.

Bhatu (ETH)
I. fälschlich Batta. 1.) altindonesischer Volksstamm in N-Sumatra/Indonesien. Pflugbau auf Reis, Pfahlbauten; früher Kannibalismus, Patrilinearität; Sekundärbestattungen. 2.) mit Negritos gemischter Volksstamm auf Palawan/Philippinen.

Bhayyas (SOZ)
II. in Indischer Union die Angeh. der Milchverteiler-Unterkaste.

Bhikshu m. (REL)
I. Bhikshuni w (ssk=) »Bettler«, (Pali=) Bhikkuni.
II. Bez. für Bettel- und Wandermönche und -nonnen im Buddhismus. Vgl. Lama, Bonzen.

Bhil(s) (ETH)
II. Sammelbez. für verstreute Stammesbev. in Gudscherat, Radschastan, Maharaschtra und Madhja Pradesch/Indien mit rd. 3 Mio.; einst halbnomadische Jäger und Sammler, z.T. schon stärker hinduisiert.

Bhili (SPR)
Bhili (=en).
II. Sprgem. dieser indoeuropäischen Spr., verbreitet in Indien mit rd. 4 Mio. Sprechern.

Bhojpuri (SPR)
I. Bhodschpuri-spr.; Bhojpuri (=en).
II. Sprgem. dieser indoarischen Spr. in Indien und Nepal mit rd. 25 Mio. Sprechern (nach 1990).

Bhotia(s) (ETH)
I. Bhutias, Bhutija, aus Bhot (ti »Tibet«).
II. Angehörige von Stämmen, die aus Tibet zugewandert sind, mongolischer Abstammung, verschiedene tibeto-birmanische Spr. nutzend in Bhutan (wo Mehrheitsbev. von 60%) und Sikkim, in Nepal und indischen Grenzgebieten gegen Tibet; insgesamt 850 000 (1994), einst Gebirgsnomaden. B. in Sikkim werden heute durch Zuwanderung von Nepalesen politisch majorisiert.

Bhuiya (ETH)
II. uneinheitliche Gruppe von Stämmen von 600 000–700 000 Menschen im Waldgebirge s. Bihar und n. Orissa, munda- und drawida-spr., nur z.T. hinduisiert; Brandrodungsbauern.

Bhumidsch (ETH)
II. Regionalgruppe von Stämmen im S Bihars und NE von Orissa/Indien, zus. etwa 350 000; munda-, orija- und bengalispr.; w. Teilgruppen schon stark hinduisiert.

Bhutan (TERR)
A. Königreich. Druk-yul (=ti); Druk Gaykhab (=Dsongha). (the Kingdom of) Bhutan (=en); (le Royaume du) Bhoutan (=fr); (el Reino de) Bhután (=sp).
Ew. 1950: 0,750; 1960: 0,857; 1967: 0,8; 1970: 1,045; 1996: 0,715, BD: 15 Ew./km^2; WR 1990–96: 2,9%; UZ 1996: 6%; AQ: 58%

Bhutaner (NAT)
I. Bhutanesen; Bhutanese (=en); bhoutanais (=fr); bhutaneses (=sp).
II. StA. des Kgr. Bhutan, (ti=) Drukjul, seit 1949 von Indien vertreten; Amtsspr. (tibetisch) Dsongha/Dzongkha. 60% Bhutija, 20% Nepalesen. Nach der gescheiterten Assimilationspolitik der 80er Jahre gelten die zugewanderten Nepalesen wieder als Ausländer, über 100 000 wurden um 1990 vertrieben. Vgl. Bhutanesen, Bhotia(s).

Bhutanesen (ETH)
I. Bhutaner; Bhutanese (=en); Bhoutanais (=fr); bhutanéses (=sp).
II. i.e.S. StA. des Königreiches Bhutan auf der s. Abdachung des Himalaya, zwischen Tibet und Indien. Nachkommen von im 8. Jh. aus Tibet, Sikkim und Nepal eingewanderten Bhotia- und Gurung-Stämmen; überwiegend dem Mahajana-Buddhismus zugehörig; mit Eigenspr. Dsongha/Nepalesisch; vorwiegend Gebirgsbauern. I.w.S. die Einwohner dieses außenpolitisch von Indien vertretenen Landes; 1996 ca. 0,715 Mio, davon 72% Buddhisten; starke Überfremdung durch Zuwanderung von hinduistischen Nepalesen bes. in den fruchtbaren Süden

des Landes, ferner Assamesen. Seit 1989 gezielte Politik zur Vertreibung von Bew., die nicht seit 1958 StA. sind. Seit 1990 Fluchtbewegungen nach Indien und Nepal (80 000).

Biafada (SPR)
II. westafrikanische Sprg. im Küstenbereich von Guinea-Bissau.

Biafra (TERR)
C. Ostregion Nigerias, 1967–1970 »Unabhängige Rep. B.« der Ibo.
Ew. ca. 13,000

Biafrer (ETH)
I. Biafrais (=fr).
II. als regionaler oder politischer Begriff für Bew. Biafras/Nigeria; gemeint sind (ethnisch) die Ibo, s.d.

Bibudütsch (SPR)
II. das Schriftdeutsch der berndeutschen Amish in Indiana. Vgl. Pennsylvania Dutch.

Bicol (SPR)
I. Bikol, Vikol; Bikol (=en).
II. Spr. des nordwestindonesischen Zweiges der Indonesisch-Polynesischen Spr.gruppe, wird von ca. 5–8 % aller Philippiner, rd. 4 Mio. als Muttersbpr. gesprochen.

Bicot (SOZ)
II. (=fr); ugs. und pejorativ für Araber (nur Nordafrikas).

Bidun (SOZ)
I. (=ar); »Nicht-Bürger«.
II. in arabischen Staaten die Gruppe jener (oft jahrzehntelang) niedergelassenen Einw., die z.B. als Flüchtlinge oder als spät ansässig gewordene Nomaden gleichwohl keinen Rechtsstatus von Bürgern erlangt haben, keine Ausweispapiere/Pässe besitzen, die oft genug nur als Reserve billiger Arbeitskräfte und Söldner dienen. In Kuweit z.B. 100 000 Ew., 16 % der Gesamtbev.

Bidyogo (ETH)
I. Bidjogo, Bijogo, Bissago(s).
II. schwarzafrikanische Ethnie auf dem Bissagos-Archipel/Guinea-Bissau. Ca. 20 000 Menschen auf bewohnten 19 der insgesamt über 80 Inseln verstreut über 10 000 km², von Kolonialeinflüssen bis gestern weitgehend unberührt; animistische und kosmische Naturkulte (heilige Insel Rubane); matriarchales System, das Clanzugehörigkeit bei Heiraten zwischen Angehörigen der vier Sippen regelt; Fischfang und Reisbau. Heute Überfremdungsgefahr durch senegalesische Fischer.

Biekertoniten (REL)
II. Angeh. einer mormonischen Splittergruppe; 1862 in USA gegr.

Bieta Israel (REL)
I. Falaschas, Falaschen, »Schwarze Juden«; ursprünglich in Äthiopien.

Bigamisten (SOZ)
II. Männer bzw. Frauen (Bigamistinnen), die in strafbarer Doppelehe leben oder wissentlich mit einer verheirateten Person eine solche eingehen. Vgl. Polygame Ehen.

Bih (ETH)
II. kleine Ethnie von 10 000–15 000 am Unterlauf des Krong-Kno in Süd-Vietnam mit westindonesischer Eigenspr. Tcham.

Bihar (TERR)
B. Bundesstaat Indiens.
Ew. 1961: 46,456; 1981: 69,915; 1991: 86,374, BD 497 Ew./km²

Bihari (SPR)
I. Bihari (=en).
II. indoeuropäische Spr., regional verbreitet in Indien mit > 60 Mio. (1994) in Bihar und von Muslimflüchtlingen in Bangladesch gesprochen. Dialektvarianten des B. sind Bhodschpuri (25 Mio.), Magahi (11 Mio.), Maithili (12 Mio.); sie werden in der Devanagari-Schrift geschrieben.

Bihari(s) (SOZ)
I. Bangladesh-Bihari.
II. Bez. in Bangladesch für urduspr. Muslime indischer Abstammung, (ursprünglich rd. 500 000) die 1947 nach der Abspaltung Pakistans von Indien als Muhadschire in das damalige Ostpakistan geflüchtet waren; stellten dort Kaufleute und Handwerker, Militär und Verwaltungspersonal. Während des Unabhängigkeitskampfes Ostbengalens unterstützten sie die pakistanische Zentralregierung, weshalb sie nach 1971/72 in Bangladesch als Kollaborateure schwersten Verfolgungen ausgesetzt waren. Zwar erhielten sie das Versprechen, nach (West-) Pakistan »heimgeholt« zu werden, doch nur 175 000 wurden bis 1974 umgesiedelt. Die restlichen ca. 250 000 B. leben bis heute in 60 Lagern Bangladeschs, ihre Überführung nach Pakistan wurde erst 1992 wieder aufgenommen; wegen harten Widerstands im vorgesehenen Aufnahmegebiet Sindh sollen sie im Punjab angesiedelt werden.

Biharis(s) (ETH)
I. 1.) indische Biharis.
II. Bew. des indischen Gliedstaates Bihar in der s. Gangesebene und im nö. Dekkan. 1981: rd. 70 Mio.
I. 2.) Bangladesh-Bihari.
II. urduspr. Muslime, Flüchtlinge indischer Abstammung im damaligen Ostpakistan bzw. heutigen Bangladesch.

Bikinesen (ETH)
I. Bew. des Bikini-Atolls/Marshall-Inseln; sie wurden von US-Amerikanern gänzlich evakuiert, um

1946–58 insgesamt 23 nukleare Versuche und Zündung der ersten Wasserstoffbombe durchführen zu können. Seither ist das Atoll unbewohnbar.

Bikol (ETH)
II. Volk auf den Philippinen, sö. Luzon siedelnd, ca. 3 Mio. (8 % der Gesamtbev.); zur NW-indonesischen Spr.gruppe gehörig; sind überwiegend Naßreisbauern.

Bilaan (ETH)
II. altindonesischer Stamm auf Mindanao/Philippinen.

Bilderstürmer (REL)
II. Parteinehmer von zwei Bewegungen gegen die religiöse Bilderverehrung im Christentum: 1.) im byzantinischen Reich 726–787; 2.) im 16. Jh. protestantische Randalierer unter Anleitung von A. Karlstadt. 1523 schaffte Zwingli in der reformierten Kirche die Bilder vollständig ab.

Bilharziose-Kranke (BIO)
I. Schistosomiasis-Kranke.
II. Menschen, die von dieser (nach Malaria) zweithäufigsten Tropenkrankheit, einer typischen Wurmerkrankung befallen sind, lt. WHO etwa 200 Mio., von denen jährlich etwa 20 000 sterben. Krankheit tritt entspr. verschiedener Saugwurmarten in unterschiedlichen Varianten räumlicher Verbreitung und typischer Schädigungen auf: Schistosoma japonicum in SE und Ostasien (Jangtse-Tal, Hunan, Hupeh, Kiangsu, Kiangsi, Süd-Philippinen) führt ähnlich der Mansoni-Bilharziose bis hin zu Leberzirrhose und Pfortaderstauung. Sch. haematobium in West- und Ostafrika (N-Äthiopien, Uganda, Kongo, Liberia, Sierra Leone, Simbabwe, Madagaskar) sowie in Bewässerungsgebieten des w. und zentralen Orients bewirkt insbesondere Blasenbilharziose. Sch. mansoni hat sich aus südlichem Niltal auf Zentral-, West- und Ostafrika ausgedehnt, wurde weiterhin eingeschleppt nach Südamerika (Venezuela, Ostbrasilien), ruft insbesondere Darmbilharziose hervor. Entwicklung der drei Arten ist im wesentlichen gleichsinnig: Übertragung der Erreger erfolgt niemals von Mensch zu Mensch, immer dienen Wasserschnecken als Zwischenwirte der Parasiten. Die von ihnen ausgeschiedenen Cercarien suchen sich im Wasser ihren Endwirt, den Menschen. Ausdehnung modernen Landeskulturbaus (Stauseen) und Bewässerungswirtschaft erhöhen Gefährdung gewaltig, fallweise sind über 50 % entsprechender Regionalbevölkerungen infiziert (Senegal).

Bili (ETH)
I. Peri.
II. schwarzafrikanische Ethnie im E der Demokratischen Rep. Kongo.

Bilinguisten (SPR)
I. Bilinguale, Zweisprachler; darüber hinaus Mehr- und Vielsprachige, Pluri- und Polylinguisten.
II. grundsätzlich sind zu unterscheiden individuelle und kollektive Bilinguität. Einzelmenschen ist relativ häufig Zweisprachigkeit aufgedrängt z.B. als Partner oder Kind einer sprachlichen Mischehe, als Auswanderer, in Berufen mit Auslandskontakten. Hingegen sind Volksgruppen zumeist (Ausnahme Sprachgrenzbev.) nicht von sich aus motiviert, sondern erst aus historischen, politischen und wirtschaftlichen Gründen zum Erlernen einer zweiten Spr. gezwungen, weil die Obrigkeit die Eigenspr. unterdrückt, verboten (Kurden, einst Südtiroler), weil in Staaten sprachlich stark heterogener Bev. ihre zu unbedeutende Eigenspr. nicht als Amtsspr. anerkannt ist (z.B. Indianerspr. in Lateinamerika), weil innerstaatliche Kommunikation nur durch europäische Kolonial-, durch Verkehrs- und Mischspr. bewerkstelligt werden kann (in Schwarzafrika, in SE-Asien). Abneigung ethnischer Gruppen, den kollektiven Bilinguismus zu akzeptieren, begründet sich aus Sorge zur Abwertung der eigensprachigen Identität beizutragen: z.B. English-only-Bewegung in zahlreichen Bundesstaaten der USA »gegen die grassierende Zweisprachigkeit« oder die umfänglichen Verordnungen im öffentlichen Dienst von Québec gegen den »gefährlichen Virus« der Zweisprachigkeit. Vgl. Sprachgemeinschaften.

Bima (ETH)
II. Ethnie von 300 000–500 000 auf der Sunda-Insel Sumbawa/Indonesien mit einer südwestindonesischen Eigenspr., stehen somatisch den Papua nahe; meist Muslime. Vgl. Papua.

Binationale Ehen (WISS)
II. Ehen, in denen die Partner unterschiedliche Staatsangehörigkeiten besitzen oder (bei fehlender Akkulturation) besaßen.

Binga (BIO)
II. Pygmäen-Population in der Zentralafrikanischen Republik. Vgl. Pygmide.

Binga (ETH)
I. Babinga.
II. negride ethnische Einheit im Grenzdreieck Kamerun-Gabun-DR Kongo.

Bini (ETH)
I. Beni, Edo.
II. westafrikanisches Volk von Sudan-Negern im SE Nigeria, ca. 300 000; Staatsvolk im alten Benin des 12.–19. Jh.. Bekannt durch hochentwickelte Bronzegußtechnik, kwa-spr.; Yams-, Hirse-, Maniok-Bauern.

Binnenwanderer (WISS)
II. »Wanderer«, Umzügler, Wohnsitzwechsler, sofern Wegzugsort und Zuzugsort innerhalb desselben Staatsgebietes liegen. Vgl. Außenwanderer.

Binza (ETH)
II. Kleinstgruppe mit einer Bantu-Spr. im Regenwald des Kongobeckens, treiben Hackbau und Jagd.

Biologische Familie (BIO)
I. biological family (=en); famille (=fr); famiglia naturale (in senso stretto) (=it).
II. die Familie, die nur aus den Eltern und ihren leiblichen Kindern besteht. Vgl. Familie, statistische oder Zensusfamilie.

Bionauten (SOZ)
II. Menschen, die aus wiss. Gründen über längere Zeit in einer Kunstatmosphäre leben, z. B. ab 1991 in Arizona.

Biozönose (WISS)
I. Lebensgemeinschaft.
II. aus der Biologie übernommener soziologischer Terminus: das Zusammenleben bestimmter Individuen und Gruppen unter gegenseitiger Anpassung in einem einheitlichen Lebensraum. B. führt zur Assimilation und zur Dissimilation.

Bira (ETH)
II. kleine Ethnie in der DR Kongo, mit Bantu-Spr. aus der Benue-Kongo-Gruppe; ca. 50 000 Pers., leben öfters in Nachbarschaft mit Pygmäen.

Birgittiner (REL)
I. OSSalv.
II. gegr. 1346 in Schweden durch Birgitta Birgersdotter; beschaulicher kath. Orden mit Doppelklöstern; in Skandinavien durch Reformation 1595 erloschen, doch 1952 neubegründet. 1990 nur mehr 10 Nonnenklöster (z. B. Altomünster).

Birgittinnen (REL)
II. weiblicher Zweig des Birgittenordens, gegr. 1384 (–1595 und wieder seit 1935) in Vadstena/Schweden.

Birhor (ETH)
II. kleine Stammesbev. am Rand des Tschota-Nagpur-Plateaus in Bihar und Madhja Pradesh/Indien; z. T. noch schweifende Familiengruppen.

Birma, Burma (TERR)
s. Myanmar (seit 1989). Birmanie (=fr); Birmania (=it).

Birmanen (ETH)
I. Burmanen, Birmesen, Birmaner, Burmesen; Burmans (=en); Birmans (=fr).
II. Staatsvolk von Myanmar (Birma), das mit rd. 35 Mio. (1996) etwa 69 % der Staatsbev. stellt. Ihre Eigenspr. zählt zur sino-tibetischen Sprachfamilie, ihnen sprachverwandt gelten die Katschin, Tschin und Karen. B. sind aus dem Bergland des sö. Tibet eingewandert, ihr Reich umfaßte zeitweise Teile Assams und Thailands. Wurden seit 3. Jh. von Indien her missioniert, sind Anhänger des Theravada-Buddhismus.

Birmanen, Birmaner (NAT)
II. Altbez. für StA. von Birma/Burma; seit 1989 Namensänderung in Myanmar, 45,8 Mio. Ew. (1996). S. Myanmaren; vgl. B. (69 %), ferner Schan (8,5 %), Karen (6,2 %; Christen), Rohingya 4,5 %; Muslime) u. v. a.

Birmanisch (SPR)
I. Burmese (=en).
II. Volksspr. der Birmanen, Amtsspr. in Myanmar, zur sino-tibet. Spr.gruppe zählend, nach 1990 ca. 31 Mio. Sprecher. Man schreibt B. in einer Eigenschrift.

Birmanische Schriftnutzergemeinschaft (SCHR)
II. Eigenschrift von 30 Mio. Birmanen in Myanmar und Thailand.

Birobidschan-Juden (ETH)
II. Evrei der ehem. UdSSR, denen als Siedlungsraum 1928 das sumpfreiche Tiefland am oberen Amur zugewiesen war, das 1934 zur Birobidschanischen Jüdischen Autonomen Region erhoben wurde. Bis 1939 siedelten sich hier bis zu 50 000 Juden an, die aber nach 1948 empfindliche Verluste erlitten. 1991 zur Autonomen Jüdischen Region innerhalb der Russischen Föderation proklamiert. Seither starke Auswanderung besonders nach Israel. B.-J. stellten kaum je mehr als ein Viertel der Einwohnerschaft des Bezirks, heute nur mehr 3–4 % von 220 000 (1992). Das einst vorherrschende Jiddisch verlor sich durch Assimilation, wird aber noch gelehrt. Vgl. Evrei, Iwrith.

Birom (ETH)
II. ein Sudanvolk im Bergland von Bauchi im n. Nigeria, ca. 100 000; mit einer Eigensprache aus der Benue-Kongo-Gruppe.

Bisaya (SPR)
I. Cebuano, Sugbuanon.
II. Spr. des nordwestindonesischen Zweiges der Indonesisch-Polynesischen Spr.gruppe; wird von 24 % aller Philippiner als Mutterspr. gesprochen.

Bischarin (ETH)
I. Besarin.
II. Stamm der Bedja/Bedscha/Bedawiye im Atbai und am Atbara im N-Sudan.

Bisexuelle (BIO)
II. 1.) i. e. S. Menschen mit psychosexuellen Neigungen, die phasenhaft einander überlagernd oder abwechselnd, sowohl auf das eigene wie auch auf das jeweils andere Geschlecht gerichtet sind. 2.) verallgemeinernd auch Trans-, Intersexuelle; Hermaphroditen (s. d.).

Bislama (SPR)
I. aus beach (en=) »Ufer« und la mer (fr=) »Meer«.
II. Umgangsspr. auf den Neuen Hebriden im Inselstaat Vanuatu; Pidgin-Englisch und Bichelamar für 147 000 Bewohner. Vgl. Beach-la-mar-spr.

Bismarck-Archipel (TERR)
C. s. Papua-Neuguinea. Bismarck Archipelago (=en); archipel Bismarck (=fr); el archipiélago de Bismarck (=sp).

Bissa (ETH)
I. Busanse.
II. ethnische Einheit Negrider in Burkina Faso, mit Anteil von 5 % an Gesamtbev.

Bitare (ETH)
I. Zuande.
II. schwarzafrikanische Ethnie im Grenzgebiet Nigerias zu Kamerun.

Biyaka-Pygmäen (BIO)
II. Pygmäen im Zentralafrikanischen Regenwald. Vgl. Pygmide.

Bjelorussen (ETH)
I. Belorussen; Biélorussiens (=fr); Bialorusini (=pl). Siehe Weißrussen.

Bjelorussen (NAT)
s. Weißrussen.

Black Caribs (ETH)
I. (=en); Schwarze Kariben. Vgl. Garifuna.

Black Indians (ETH)
I. (=en); »Schwarze Indianer«. Bez. auf div. Populationen angewandt, insbesondere auch auf Seneca-Irokesen.
II. Stamm der Irokesen-Indianer, so benannt wegen ihrer gegenüber anderen Irokesen deutlich dunkleren Hautfarbe. Vgl. Niggerfaces
I. »Negergesichter«, womit oft Utes gemeint waren.

Black Muslims (=en) (REL)
I. (en=) »schwarze Muslime«; offizieller heutiger Name Lost-Found Nation of Islam in North America, »Verlorene und wiedergefundene Nation des Islam«.
II. 1930 in Detroit durch Ford Wallace mit Nachfolger Alijah Poole alias Elijah Muhammed begründete pseudoislamische Negersekte oder religiös-rassistische Bürgerrechtsbewegung in USA mit Ziel einer Weltregierung durch Schwarze; Zentrum in Chicago. B. M. hatte noch 1952 kaum 1000 Mitglieder, wuchs in 60er Jahren als Massenbewegung mit einem Netzwerk eigener Schulen, Geschäften und Farmen auf über 1,1 Mio. Anhänger an. Lehre gilt heute als NRM, bezieht unterschiedliche Positionen, u.a. Autonomie der Schwarzen-Ghettos, Separatstaat für Farbige, ersetzt Familiennamen durch Buchstaben »X« (z.B. Malcolms X). Agitation als Black Power führte seit 1965 in Ghettos zu schweren Unruhen. Vgl. Schwarze US-Amerikaner; Nation of Islam.

Blackfeet (ETH)
I. (=en); Sg. Blackfoot, Eigenbez. Siksika: »Schwarzfüße«. Siehe Schwarzfuß-Indianer.

Blacks (SOZ)
I. (=en); Neger, Nigger; African Americans, Negros, Negroes, Coloreds, Coloureds, Darkies (=en).
II. eigentlich abschätziger, heute aber akzeptierter Ausdruck für die schwarzen Sklavennachfahren in Nord-Amerika. Vgl. Afro-Americans, Black Americans.

Blancs (BIO)
I. (=fr); Whites, White persons (=en); raza blanca (=sp); brancos (=pt); bianchi (=it). Vgl. Weiße, Weiße Rasse, Europäer.

Blauhemden (SOZ)
II. nach den blauen Hemden der spanischen Falange-Partei. Bez. auch für die Soldaten der spanischen »Blauen Division« im II.WK. Vgl. Grünhemden, Schwarzhemden.

Bleichgesichter (BIO)
I. Palefaces (=en).
II. 1.) Wayabishkiwad (bei Chippewas-Indianern), Woapsit (bei Delawaren) »Weißhäutige«, »er ist weiß«. Alte indianische Bez. für Europäer, Weiße. 2.) ugs. Bez. für krank aussehende Mitmenschen.

Blinde (BIO)
II. Menschen mit (angeboren oder erworben) fehlendem oder stark eingeschränktem Sehvermögen (Sehschärfe von 1/50 bis 1/60 der normalen S.); gesetzlich oft auch anders definiert z.B. »hochgradig sehschwache Personen«. Ihre Zahl wurde 1965 weltweit auf 14–16 Mio., um 1975 (FRED HOLLOWS) auf rd. 20 Mio., für 1993 bereits auf 35 Mio. Blinde und weitere 15 Mio. schwer Sehbehinderte geschätzt; wovon 80 % in Entwicklungsländern (Trachom, Grauer Star/Katarakt und, in wachsender Gefährlichkeit, Flußblindheit). Äußere Schutzmerkmale: weißer Blindenstock, gelbes Abzeichen mit drei schwarzen Punkten, Blindenhund. Vgl. Braille-Schrift.

Bluträcher (SOZ)
I. aus Fehde i.S. von Feindschaft, Selbsthilfe, Streit; Blutfehder, vengeurs d'un meurtre (=fr); Blutschuldner/Blutgeber.
II. Personen, die miteinander eine Blutfehde, Blutrache austragen; die einer urtümlichen Form der Rechtspflege folgen, nach der Blutsverwandte die Pflicht haben, den gewaltsamen Tod eines Sippenangehörigen (später auch: einer sonst ehrwidrigen Tat) an dem Schuldigen zu rächen. Blutfehde ist in Europa noch im 20. Jh. in Albanien, auf Korsika und Sardinien vorhanden. In Albanien regelt sich die Blutrache nach dem Kanun; man darf annehmen, daß dort noch Anfang der 90er Jahre 2000 Blutfehden ausgetragen wurden, in die etwa 60000 Menschen involviert waren. Bis in 20er Jahren des 20. Jh. dürften bis zu 20 % der Männer Nordalbaniens einen derart gewaltsamen Tod erlitten haben. Dort gab es

Dörfer, deren gesamte männliche Bev. sich nicht mehr aus dem Haus wagte, weder zwecks Arbeit noch Schulbesuchs.

Blutsbrüder (SOZ)

I. veraltet und fälschlich: Halbbrüder; Bloodbrothers (=en); hermanos de sangre (=sp); irmãos de sangue (=pt).

II. nichtverwandte männliche Personen, die sich durch Ritual der Blutsvermischung (direkt oder im Getränk) zur Verpflichtung von Hilfe und Beistand einander verbunden haben. Solche Allianzen können auch die Familiengruppen einschließen. Der Blutbund stiftet Seelen- und Blutsverwandtschaft, gilt als altes Element der Gruppenbildung. Moderner Nachklang ist das Bruderschaftstrinken. Vgl. Blutsverwandte.

Blutsverwandte (BIO)

I. aus cognatio (=lat).

II. Personen, die von einem oder mehreren gemeinsamen Vorfahren abstammen. Unterscheidung nach m. oder w. Abstammung ist verbreitet; zuweilen gilt Ausdruck B. nur für Verwandte väterlicher Seite im Unterschied zu »Fleischverwandten«, jenen der mütterlichen Seite (z.B. bei Goajiro). Vgl. Verwandte; vgl. Blutsbrüder.

Blutsverwandtschaft (BIO)

I. Kinship, relationship (=en); parenté en ligne directe, parenté proche, consanguinité (=fr); parentela (=it): consanguinidad, parentesco de sangre (=sp); consanguineidade (=pt). Allen Gesellschaftsentwürfen und Ideologien zum Trotz erweisen sich die Blutsbande als weltweit solidestes Organisations-Leitmerkmal. Man vergleiche hierzu das Prinzip des Ius sanguinis, das »Blutrecht«, das heute im Bürgerrecht der meisten Staaten Europas fortlebt.

Bne Mikra (REL)

I. (Eigenbez); Karäer.

Boat-People (SOZ)

I. (=en); in Kuba: balseros (sp=) »Flößer«.

II. Bez. für Boots-, Schiffsflüchtlinge, die nach 1975 vor polit. Bedrückung aus Vietnam und später auch aus Kambodscha mittels kaum seetüchtiger Fischerboote und trotz schwerer Gefahren und Verluste (auch Seeräuber) Asylländer rings um das Südchinesische Meer (besonders Indonesien und Thailand, sowie Hongkong und Singapur) zu erreichen suchten. In 80er Jahren verdrängten wirtschaftliche die polit. Fluchtgründe. Bis 1990 flüchteten so etwa 850 000 bis 1,5 Mio., wovon 220 000 nach Hongkong. Die Mehrzahl erfuhr (u.a. in USA, Australien, Europa) endgültige Aufnahme, rd. 110 000 leben noch in südostasiatischen Lagern. Seit 1990 werden B.P. immer häufiger nach Vietnam zwangsrepatriiert. Vgl. (sonstige) Bootsflüchtlinge, Ahogados; vgl. Viet Kieu.

Bobbies (SOZ)

I. Sg. Bobby (en=) Abk. für Vornamen Robert, nach Sir Robert (Bobby) Peel, dem Reorganisator der britischen Polizei.

II. ugs. für englische Polizisten (ca. 126 000 Verbandsmitglieder), die im Unterschied zu Kollegen in anderen Staaten ihren Dienst unbewaffnet versehen.

Bobo (ETH)

I. Bua, Bwa.

II. westafrikanisches Volk von Bauern zwischen oberem Niger und oberem Schwarzen Volta in Mali und Burkina Faso; den Dogon kulturverwandt, ca. 300 000. Eigenspr. aus der Gur-Gruppe; haben 7% Anteil an Staatsbev. in Burkina Faso.

Bobo (SPR)

II. westafrikanische Sprg. mit rd. 800 000 Sprechern der Stämme B.-Dioula, -Fing, -Lila, -Oulé in Burkina Faso.

Boches (SOZ)

I. (=fr); wohl aus caboche, Argot-Ausdruck für »Dick-/Sturschädel«. Nach CHR. *GUTHKNECHT* Kurzform für alleboches, möglicherweise aus Allemand und caboche.

II. nach 1871 aufgekommener französischer Schimpfname für Deutsche, aber auch für blonde Nordfranzosen und (als Schmähung empfunden) für deutschspr. Elsässer.

Bod (ETH)

I. T'ufan (=ch).

II. alter Herrschaftsstamm der Tibeter in E-Tibet um Lhasa.

Bodenchásseness (SOZ)

I. von (jd=) chássene, Pl. chatund = »Hochzeit«

II. Bez. für Ehepartner, die mangels behördlicher Ehelizenz heimlich (auf dem Dachboden) und nur nach jüdischem Recht verheiratet waren. Ihre Kinder galten amtlich als unehelich. Vgl. Familianten.

Bodenständige Bevölkerung (WISS)

II. Personen, die (nahezu) lebenslang an ihrem Geburtsort oder langjährigem Wohnsitz verbleiben oder bei vorübergehenden Abwesenheiten stets an diesen zurückkehren.

Bodenvage Bevölkerung (WISS)

I. aus vagari (lat=) »umherschweifen«.

II. im Gegensatz zur bodensteten Bev. (den Dauersiedlern) eine unstete Bev., die nur temporäre Behausungen, z.B. Windschirme, Zelte, Jurten nutzt.

Bodha (ETH)

II. Altbev. auf der Sunda-Insel Lombok, < 10 000 Köpfe; zählen sprachlich zur südwestindonesischen Bali-Sasak-Gruppe. Halten bei islamischer Überprägung an alten Glaubensvorstellungen fest.

Bodo-Völker (ETH)
II. Bez. für die als Autochthone geltenden Restvölker im indischen Brahmaputra-Tal: Ahom, Dimasa, Garo, Katschari, Kotsch, Lalung, Metsch, Moran, Rabha, Tippera und Tschutija; einst mit einer (Bodo-Garo) tibetobirmanischen Sprache; wurden im 14. Jh. durch Assamesen überwandert, dennoch im 16. Jh. Reichsbildung bis nach Bihar. Seit 1995 gibt es eine autonome Bodo-Region, mehrfach Unabhängigkeitsbestrebungen, insbesondere durch militante Bodo Security Force BSF. Heute ca. 1,5–2 Mio. Köpfe. Aus einigen dieser Restgruppen sind unter Hindueinfluß Kasten entstanden, so z.B. Rajbansi/Radschbansi, auch Kotsch/Koch.

Bogielli (BIO)
II. zwergwüchsige Population im Regenwald Kameruns.

Bogomilen (REL)
I. »Gottesfreunde«; Bogumilen.
II. im 9. Jh. auf dem Balkan bes. in Makedonien (vielleicht durch aus Kleinasien zwangsübergesiedelte Paulizianer) entstandene Religionsgemeinschaft mit dualistischer, von Manichäern, Paulizianern und Messalianern beeinflußter Lehre. Anh. lehnten sowohl Staat als auch Kirche ab. B. stellten sich als Sekte mit strenger Askese dar, Ablehnung von Ehe, Fleisch und Wein. Ausläufer in W-Europa (besonders Italien und Frankreich) wurden Katharer, bei regionalen Unterschieden auch Albigenser, genannt. Verfolgt durch byzantinischen Staat, später als Häretiker durch kath. Kirche, flüchteten 1018 nach Byzanz, 1110 über Serbien nach Bosnien-Herzegowina. Dort kultureller Höhepunkt im 12.–14. Jh., Teilgruppen traten nach 1463 zum Islam über: Bosniaken. Vgl. Albigenser, Patarener.

Bohémiens (SOZ)
II. (=fr); 1.) Altbez. für Zigeuner in Frankreich als Bezeichnung vermeintlicher Herkunft aus Böhmen. 2.) Personen aus dem Kreis von Künstlern und Studenten (der Bohème), die ein ungebundenes, unbürgerliches Leben (nach Art von Zigeunern) erwählen.

Böhmen (TERR)
C. Kronland in Österreich-Ungarn; s. auch Böhmisch-mährische Republik. Bohême (=fr); Boemia (=it); Bohemia (=sp); Boémia (=pt).
Ew. 1756: 1,941; 1816: 3,163; 1869: 5,141; 1880: 5,527; 1910: 6,713

Böhmische Brüder (REL)
I. Mährische Brüder; Moravian Brethren (=en).
II. pietistische Erneuerungsbewegung, B.B., wollten das Leben aus dem Geiste des Urchristentums erneuern, lehnten Eid und Kriegsdienst ab; aus gemäßigter Gruppe der Hussiten, den Utraquisten oder Kalixtinern, hervorgegangen; 1467 aus der Katholischen Kirche ausgeschieden. Erlitten im 16./17. Jh. schwere Verfolgungen. Wiederbegründung der Lehre 1722 durch Zinzendorf als Brüdergemeinde. Noch heute in ehem. CSSR bestehend.

Böhmische Exulanten (REL)
Vgl. Exulanten.
II. je nach Abgrenzung 30000–150000 tschechische und deutsche Protestanten, die ob ihres Glaubens und Verweigerung der Rekatholisierung nach 1620 zum Abzug aus Böhmen gezwungen und vor allem in Kursachsen und in der Mark Brandenburg aufgenommen wurden.

Bohoras (REL)
I. Bohras; aus gujaratisch vohorvu
I. »handeln«, »Kaufleute«, indische Musta'liten.
II. im 12. Jh. auf Fatimiden zurückgehende schiitische Richtung. Ihre Zahl heute über 0,5 Mio., überwiegend in Gudscharat, stärkste Gemeinde in Bombay, ferner in Pakistan, Ostafrika und Hafenplätzen am Persischen Golf. Vgl. Siebener- (7er-) Schia.

Boia-fria (SOZ)
I. (=pt); landwirtschaftliche Tagelöhner in Brasilien.

Boiken (ETH)
I. Bojken; Eigenbez. Verchovyncy, Bojky; Bojki (=rs); in Mitteleuropa mitunter als Karpato-Ruthenen bezeichnet.
II. seit etwa 10. Jh. in w. Waldkarpaten und (heutigem) Transkarpatien ansässige Gruppe der Ukrainer; B. sind orthodoxe Christen. Vgl. Karpatho-Ruthenen.

Bojaren (SOZ)
I. aus bajar (tü=) »Vornehme«.
II. 1.) Angeh. des ersten Standes, der nicht erblichen obersten Klasse fürstlicher Dienstmannen im Duma-Rat des alten Rußland. 2.) bis zum Ende des II.WK die Großgrundbesitzer in Rumänien.

Bolgary (ETH)
I. (=rs); Eigenbez. Bulgar.
II. Volksgruppe in Rußland um Odessa, Saporoschje, Kirowograd und Nikolajew/Ukraine sowie mit Teilgruppen in Kasachstan und im n. Kaukasus; ca. 360000–400000 Köpfe. Einwanderung dieser Bulgaren als Folge der Türkenkriege im 18. und 19. Jh. B. sind orthodoxe Christen, mehrheitlich noch bulgarisch-spr.. Vgl. Bulgar auch bei Kasan-Tataren.

Bolivianer (NAT)
I. Bolivier; Bolivians (=en); boliviens (=fr); bolivianos (=sp, pt).
II. StA. von Bolivien; sie sind zu 42% Indianer, 31% Mestizen, 27% Weiße und Kreolen.

Bolivien (TERR)
A. Republik. Republica de Bolivia (=sp); (the Republic of) Bolivia (=en); la République de) Bolivie (=fr); Bolivia (=it, pt).

Ew. 1854: 1,544; 1900: 1,696; 1920: 2,136; 1930: 2,397; 1940: 2,690; 1950: 3,019; 1960: 3,825; 1970: 4,931; 1980: 5,600; 1996: 7,588, BD 7 Ew./km²; WR 1990–96: 2,4%; UZ 1996: 61%, AQ: 17%

Bolos (SOZ)
II. (=sp); »ungehobelte Kerle«, pejorativ für russische Militärpersonen in Kuba.

Bolschewisten (SOZ)
I. Bolschewiki; abwertend Bolschewiken; »Rote«; Bolsheviks (=en); bolchevistes (=fr).
II. entschiedene russische Kommunisten (des Lenin-Flügels) und Mitglieder der KP seit 1917. Gegensatz Menschewiki. Vgl. Sowjets.

Bomboko (ETH)
I. Mbuku.
II. kleine schwarzafrikan. Ethnie an der Küste von Kamerun.

Bomwali (ETH)
I. Lino.
II. kleine schwarzafrikanische Ethnie im Grenzgebiet von N-Kongo zu SE-Kamerun.

Bona-Fide-Flüchtlinge (WISS)
II. Personen, die der UNHCR gemäß seinem Statut (Genfer Konvention) als Flüchtlinge betrachtet. In Deutschland außerdem auch Personen, die vom Bundesamt für Anerkennung ausländische Flüchtlinge bzw. von einem Gericht anerkannt wurden, gegen deren Anerkennung jedoch Rechtsmittel eingelegt worden sind. Vgl. Flüchtlinge.

Bonaire (TERR)
B. s. Niederländische Antillen.

Bondei (ETH)
I. Wabondei.
II. Bantu-Stamm im Hinterland der Küste von Tansania, Muslime; wird zumeist den »Suaheli« zugerechnet.

Bondo (ETH)
I. Remo (Eigenbez.), auch Bondas.
II. ein kleiner Stamm in den ö. Ghats/Indien im SW von Orissa mit einer dem Gadaba ähnlichen Munda-Spr., mongoliden Typs, üben z. T. noch traditionelle Jagd, zunehmend Brandrodungsfeldbau, dessen Umtriebszeit von 20 Jahren (1960) heute schon auf 5–7 Jahre reduziert werden mußte.

Boneheads (SOZ)
I. (=en); »Knochenschädel«.
II. rechtsradikale, fremdenfeindliche Skinheads.

Bonfia (ETH)
II. alteingesessene Bev. im E von Ceram/Seram/Indonesien, durch Einwanderung aus Java, Makasar und Ternate von der Küste abgedrängt. Vgl. Patasiwa, Patalima.

Bongo (BIO)
II. Pygmäen-Population in Gabun.

Bongo (ETH)
II. ethnische Einheit in S-Sudan, Nachbarn der Dinka.

Bönhasen (SOZ)
I. aus norddt. bön »Dachboden«; Böhnhasen, Bänhasen, Beenhasen.
II. Altbz. in Deutschland für Handwerker, die ohne standesmäßige Kontrolle, ohne Meisterbrief (heimlich auf dem Dachboden) arbeiten. In Norddeutschland abfällig im Sinn von Pfuschern.

Boni (ETH)
II. kleine ethnische Einheit im Küstengebiet von S-Somalia zu Kenia.

Boni-homines (REL)
I. »Gut-leute«, Vertrauenspersonen,
II. 1.) im MA als Schöffen gewählte Stadtbürger, aber gleichzeitig auch 2.) reformreligiöse Personengruppen, der Armutsbewegung zugehörig. Vgl. Patareni, Kathari; Katharer, Manichäer, Humiliaten.

Bonin-Insulaner (ETH)
II. Bew. der japanischen Bonin-Insel 1000 km sö. Japans im W-Pazifik; sind Nachkommen von seit 1830 hier siedelnden Japanern, Europäern und Amerikanern; treiben Fischfang. Mischlingsbev. aus Japanern, Poly- und Mikronesiern, Europäern und amerikanischen Negern.

Bon-Pasteur (REL)
I. wörtlich = »guter Hirte«.
II. französischer Missionsorden, gegr. 1835 in Angers, mit weit über 110 Niederlassungen in Europa, Amerika und Nordafrika; widmet sich bes. der Frauenarbeit; unterstützt in Ägypten vor allem die Ausbildung von Koptinnen.

Bon-po (REL)
I. »Anh. des Bon« (gesprochen Bön); Altbez. Ihachos »heilige Lehre«.
II. ursprünglich vorbuddhistische Volksreligion in Tibet, die im 8. Jh. großen Einfluß auf die Entwicklung des eigenständigen lamaistischen Buddhismus hatte. Besondere Kennzeichen der nichtbuddhisierten »schwarzen« Bon waren Gottkönigtum, der Orden von Orakelpriestern, Dämonenglauben. Obwohl einst vom Lamaismus verfolgt, hat Bon-Religion bis in die Gegenwart in N- und E-Tibet überlebt. Das heutige Bontum vereinigt Animismus, Schamanentum und Ahnenkult mit Elementen des Taoismus, Lamaismus und Hinduismus.

Bontok (ETH)
I. Bontoc, Bontok-Igoroten.
II. einer der alt-indonesischen Bergstämme auf N-Luzon/Philippinen; 1980 ca. 70 000; Naßreis-Terrassenbauern. Hängen dem hier eigenständigen Lumawig-Kult an. Ihre geschlossenen Dörfer sind zu

Vierteln unterteilt mit Kultstätte, Männer- und Mädchenschlafhaus. Vgl. Igoroten.

Bonzen (REL)
II. Bez. für die Mönche im japanischen Buddhismus.

Bootsflüchtlinge (SOZ)
I. Boat people (=en).
II. Terminus wurde über den ursprünglichen Begriffsinhalt vietnamesischer Flüchtlinge hinaus später auch auf kubanische (»Balseros« aus balsa = Floß, Fähre) und haitische, ab 1991 sogar auf albanische Flüchtlinge angewandt. Vgl. Boat people (=en); vgl. auch Espaldas mojadas (=sp).

Bophutatsuana (TERR)
B. Bophuta Tswana, Bophutatswana; ehem. Homeland in Südafrika. Bophuthatswana (=en); Bophuthatswana (=fr).
Ew. 1985: de jure 3,2; de facto 1,741; 1991: 2,420; BD: 1991: 45 Ew./km²

Bor (ETH)
II. kleiner W-Niloten-Stamm an Zuflüssen des Bahr el Ghazal; durch arabische Sklavenjagd und Azande-Invasion heimgesucht und auf wenige Tausend reduziert. Vgl. Niloten.

Borana (ETH)
I. Boran.
II. S-Gruppe der Galla; Stamm in der südäthiopischen Ebene.

Bororo (ETH)
I. 1.) Wororobe; »Fulbe der braunen Rinder«.
II. eine der vier im 19. Jh. entstandenen Untergruppen der Fulbe. B. leben beiderseits der Grenze zwischen Nigeria und der Rep. Niger. Sind Rinder-(Zebu-)nomaden, deren Wanderradius den der Fulbe na'i übertrifft; ausgeprägter Rinderkult. Entsprechend ihrer Schönheitswertung unterscheiden B. einander nach Körpertypen (u.a. Uda'en, Yagaanko'en, Kawaje, Wodaabe, Wojaabe). Vgl. Fulbe.
I. 2.) ein einst sehr großer Indianerstamm in Zentralbrasilien, mit den Otuké eine eigene, den Ge verwandte, Spr.familie bildend, sind Sammler, Fischer, Jäger ohne Anbau; heute einige Tsd. im Mato Grosso.

Borromäerinnen (REL)
I. nach heiliger Karl Borromäus.
II. kath. Frauen-Kongregation für karitative Tätigkeit, gegr. 1652. Vgl. Alexianerinnen.

Boruca (ETH)
II. kleine Indianerpopulation der Chibcha-Spr.gruppe in der Terraba-Ebene von Panama-Costa Rica. Betrieben einst bedeutenden Salzhandel mit Waldindianern.

Bosaka (ETH)
I. Saka.
II. Stamm der Bantu-Neger im n. Kongogebiet.

Bosancica (SCHR)
II. eine spezifische Form der kyrillischen Schrift in Bosnien, eingeführt durch bosnische Franziskaner, die auch bei den (muslimischen) Bosniaken Verwendung fand.

Boscha (SOZ)
II. Bez. für Zigeuner in Armenien und in Siebenbürgen.

Bosniaken (ETH)
I. Bosnjaken; Bosnjaci/Boschnjaci (=sk); Bosniacs (=en); Bosniaques (=fr); bosniaci (=it). Altbez. aus Zeit österreichischer Herrschaft in zweiter Hälfte des 19. Jh.
II. 1.) i.e.S. die muslimischen Bosnier, autochthone südslawische Bew. Bosniens, die im Spätmittelalter der bogumilischen Kirche Bosniens angehörten, nach Einverleibung in das Türkenreich 1463 unter Anführung des lokalen Adels, der seine Lehensgüter nicht verlieren wollte, fast geschlossen zum Islam übertraten. Sie dienten dem Sultan fast 5 Jh. lang als Beamte und Soldaten, stellten unter Zuzug von slawischen Muslimen aus anderen Gebieten des Osmanischen Reiches seit 17. Jh. die Mehrheit der Regionalbev.. Die Hohe Pforte räumte ihnen zahlreiche wirtschaftliche und kulturelle Privilegien ein und wurde durch bedingungslose Treue belohnt. Während und nach dem Rückzug der osmanischen Armee im Balkankrieg flohen nach 1912 zahlreiche B. (je nach Quelle 0,2–2 Mio.) in die Türkei. Islamische Lebensformen halten sich bis heute. B. sprechen wie auch die anderen Volksgruppen in Bosnien Serbokroatisch, jedoch mit aus Türkischem bzw. Arabischem angereichertem Wortschatz und bedienen sich der kyrillischen Schrift, verwenden aber z.T. auch die Bosancica (s.d.). Durch zahlenmäßiges Erstarken der orthodoxen Christen im Lande gerieten B. seit Ende des 18. Jh. in Minderzahl; ihr Anteil war 1817 auf 33,3 % gefallen. Im Unterschied zu katholischen und orthodoxen Bosniern hielten B. unter politischer Führung der Großgrundbesitzerschicht an ihrem spezifischen Bosniertum (bosanstvo) fest, nach Einverleibung zu Österreich-Ungarn (1878) erlangten sie die angestrebte Autonomie (1909). Aus Sorge, von den Serben majorisiert und nach Gründung der Königreiche der Serben, Kroaten und Slowenen (1918) von Serbien als »muslimische Serben« vereinnahmt zu werden, rührte die politische Anlehnung an Kroatien her, dem sie auch im II.WK zugeschlagen wurden, das sie seinerseits aber wiederum als »muslimische Kroaten« behandelte. Im wiedererstandenen Jugoslawien blieb der politische Status der B. zunächst unbestimmt, sie konnten sich in der VZ 1948 (aber nicht 1953) als »national unbestimmte Muslime« bekennen, in der VZ 1961 als »Muslime im ethnischen Sinne«. Die Verfassung von 1963 führte sie gleichberechtigt neben Serben und Kroaten auf, seit VZ 1971 existierte der Terminus »Muslime im

Sinne einer Nation«, der bezeichnenderweise auf Bosnien-Herzegowina beschränkt war und nicht für die Muslime in Mazedonien oder im südserbischen Sandschak Novi Pazar Anwendung fand. Unter Maßgabe solcher statistischen und anderer Unstimmigkeiten betrug der Anteil der B. in Bosnien-Herzegovina 1910 nur 32%, 1991 wieder 47% der Gesamtbev.. Als Folge kommunistischer Unterdrückung ihrer Religion (Aufhebung der Scheriatsgerichtsbarkeit, Schließung geistlicher Hochschulen, Beschlagnahme von Waqf-Gütern) flohen abermals viele jugoslawische Muslime in die Türkei, allein 1950-57 rd. 62000. 1992 kämpften B. in dem sich auflösenden Jugoslawien erneut für ihre Unabhängigkeit gegen Serbien. Vgl. Bosnier.

II. 2.) polnische Lanzenreiter im 18. Jh.

Bosnien-Herzegowina (TERR)
A. Republik. Nach 150jähriger türkischer Herrschaft 1877/78 von Österreich-Ungarn besetzt, doch erst 1908 endgültig annektiert, fiel es 1919 an Jugoslawien. Dort ab 1946 teilautonomer Gliedstaat, seit 1992 unabh. Republik Republika Bosna i Hercegovina (=sk); Herceg-Bosna (=kroat.); Bosnia-Hercegovina (=en); Bosnia-Erzegovina (=it).

Ew. 1910: 1,932; 1961: 3,278; 1971: 3,717; 1981: 4,124; 1996: 4,510, BD 88 Ew./km²; WR 1985-93: 0,1%; UZ 1996: 42%, AQ: 14%

Bosnier (ETH)
I. Bosnjaci/Boschnjaci (=sk); Bosnians (=en); Bosniens (=fr); bosniachi (=it); bosniacos (=sp, pt).
II. Bew. Bosniens, gelegentlich einschließlich der Herzegowzen in den ehemaligen Teilrep. Bosnien und Herzegowina/Jugoslawien. Bosnien war seit 1463 Teil des Osmanischen Reiches, 1878-1918 gehörte es zu Österreich-Ungarn, schloß sich dann dem Kgr. der Serben, Kroaten und Slowenen an. Die Territorialbev. Bosniens setzt sich, geschichtlich bedingt, aus drei Volksgruppen/Nationalitäten zusammen: muslimischen Bosniaken, orthodoxen Serben (mit assimilierten Aromunen) und katholischen Kroaten, ferner aus Minderheiten von sephardischen Juden und Zigeunern. Die Identität dieser Einheiten war bis zur Mitte d. 18. Jh. weitgehend religiös begründet, da es weder ethnische noch sprachliche Unterscheidungsmerkmale gibt. Alle drei sind Südslawen, sprechen (mit gewissen Unterschieden) Serbokroatisch, das sie überwiegend (Ausnahme Kroaten) mit der Kyrillika schreiben, doch selbst die kroatischen Franziskaner bedienten sich einer Abart dieser Schrift (Bosancica). An der Territorialbev. mit 4,35 Mio. (1991) hatten Serben einen Anteil von 31,3%, Kroaten von 17,3%; 43,7% erklärten sich als muslimische Nationalität. Alle drei Volksgruppen erlitten schwere Verluste durch Bürgerkrieg, »ethnische Säuberung« und immense Fluchtbewegungen. Vgl. Bogomilen, Bosniaken, Herzegowzen, Martolosen.

Bosnier (NAT)
II. StA. der Rep. Bosnien-Herzegowina. Im Bürgerkrieg (1992-1996) völkerrechtlich zunächst nicht sanktionierte Abspaltungen von Serbischen und Kroatischen Bosniern. Lt. UNHCR 1993 sind 2,3-2,7 Mio. B. aus ihrer engeren Heimat (ca. 1,2 Mio) oder ganz aus Bosnien vertrieben worden oder geflüchtet: 640000 lebten 1996 in anderen Nachfolgestaaten des ehemaligen Jugoslawien. In europäischen Asylstaaten lebten zeitweise rd. 700000, davon allein 320000-350000 in Deutschland. Über 150000 B. fanden bis 1996 den Tod durch Kriegshandlungen und ethnische Säuberungen. Eine Schätzung 1994 geht von 2,9 Mio. aus, davon 1,2 Mio. Bosniaken, 892000 Serben, 511000 Kroaten, 230000 Sonstige. Vgl. Bosniaken, Herzegowzen.

Bote (SOZ)
Vgl. Berdachen bei Crow-Indianern.

Botlicher (ETH)
I. auch Eigenbez.; Botlichcy (=rs); Botlich. Vgl. Avaren.

Botokuden (ETH)
II. 1.) alter brasiliansicher Name für die als primitiv eingestuften Indianer; Name nach ihren Botoque (pt=) Ohr- und Lippenpflöcken. Name galt später als Schlagwort für Primitivität und Wildheit. 2.) Gueren; Borun, Aimboré, Aimoré.
II. Indianer-Population in Küstengebirgen von Bahia, Espirito Santo und Minas Gerais/Brasilien, einstmals Jäger und Sammler.

Botsuana (TERR)
A. Republik. Botswana. Kolonialzeitliches Betschuanaland (1885/88-1966); unabh. seit 30. 9. 1966; Bophuthatswana. (Republic of) Botswana (=en). Ehem. Bechuanaland (=en); Bétchouanaland (=fr); Bechuanalandia (=sp); (la République du) Botswana (=fr); (la República de) Botswana (=sp).

Einwohner: 1950: 0,443; 1960: 0,524; 1964: 0,543; 1970: 0,579; 1980: 0,819; 1985: 1,088; 1996: 1,480, BD: 3 Ew./km²; WR 1990-96: 2,5%; UZ 1996: 63%; AQ: 30%

Botsuaner (NAT)
I. Botswaner. Setswanas (=en, Pl); Motswanas, Batswanas (=en); botswaneses (=sp).
II. StA. der Rep. Botswana/Botsuana im s. Afrika; sind zu 95% Bantu (bes. Sotho-Tswana und Schona), 2,4% San (Buschmänner), 1,3% Weiße, Inder und Mischlinge.

Bougnouls (SOZ)
I. (=fr); abfällige Bez. für »Eingeborene«, insbes. Araber in Frankreich.

Bounty-Population (SOZ)
I. Pitcairner.

Bourgeoisie (SOZ)
I. Bez. für den Mittelstand; pejorativ Spießbürger.

II. polit. Schimpfbez. im Marxismus für die durch Wohlleben entartete bürgerliche Klasse; auch sonst abwertend für wohlhabende, selbstzufriedene Bürger.

Bourgeoisie (WISS)
II. (=fr); 1.) die Klasse des (besitzenden) Bürgertums; der Bürgerstand schlechthin. 2.) seit der Französischen Revolution pejorative Bez. für Angeh. des wohlhabenden, selbstzufriedenen Bürgertums.

Bouzou (ETH)
I. Bussu; Bella.
II. negride Population, Nachkommen von Iklan-Sklaven der Aïr-Tuareg, als Hirsebauern ansässig s. Agades im Grenzsaum von Südsahara zum Sahel. B. sind letzte Träger der Salzkarawanen in der Ténéré.

Boxer (SOZ)
II. ausländische Bez. für Angeh. der Geheimgesellschaft Yihetuan, des »Bundes für Einigkeit und Harmonie« in China, Träger des Boxer-Aufstandes 1899.

Boya (ETH)
II. ein Sudanvolk in Mali zwischen Niger und Bani, mit einer Mande-Spr., treiben Fischfang und Flußhandel; > 40 000.

Bozo (ETH)
II. kleines negrides Volk spezialisierter Fischer am Niger und Bani in der Gegend von Mopti/Mali; ca. 100 000. Zu den Mande-Tan zählend. Vgl. Mande-Tan.

Brahamcari (REL)
II. zölibatär lebende Jünger der Hare Krishna-Sekte; safrangelbes Gewand, kahlgeschorenes Haupt.

Brahmanen (REL)
I. aus Brahman (ssk=) »Höchstes Wesen«, »Weltenseele«; »die vom Brahman Besessenen«; Brahmins (=en).
II. in der postvedischen Phase der indoarischen Epoche etwa 1000 v. Chr. bis zweite Hälfte des 1. Jtsd. n. Chr., die alleinigen Inhaber des Heilswissens und Hüter der heiligen Schriften. Aus dieser Funktion erwuchs den B. in dem sich gleichzeitig ausbildenden Kastenwesen die oberste Position (zum Nachteil der Kriegerkaste).

Brahmanismus (REL)
II. die in Indien der ältesten Phase folgende Entwicklungsstufe der indoarischen Epoche auf dem Weg zum Hinduismus. In dieser Phase wurden nicht nur die philosophischen Grundlagen für den nachfolgenden Hinduismus gelegt, sondern v. a. auch das Kastenwesen entwickelt.

Brahma-Samaj (REL)
I. »Gemeinde der Gottesgläubigen«.
II. 1828 in Kalkutta gegr. Reformsekte, die Hinduismus, Parsismus, Christentum und Islam zu integrieren sucht. Sie lehnt Bilderverehrung, Avatara-Glauben und Autorität der Veden ab, besteht nicht auf Glauben an Wiedergeburt und Karma, setzt sich für Sozialreformen ein.

Brahmi-Schrift (SCHR)
II. altindische Schrift, die um die Mitte des 1. Jtsd. v. Chr. aufkam, nicht auf das logographische Schriftsystem der Indus-Kultur, sondern eher auf nordsemitischen Vorläufern aufbaut. Aus der Brahmi-Schrift entwickelten sich seit der Zeitenwende zwei selbständige Hauptvarianten, die im N bzw. S Indiens Verbreitung fanden. Aus ihnen entstanden seither über 200 Spielarten der jüngeren indischen Schriften, 19 davon sind offiziell für den heutigen Amtsverkehr anerkannt.

Brahui (ETH)
II. Stammesgruppe (ca. 700 000) mit einer Dravida-Sprache, sunnitischen Glaubens; Wanderhirten, Saisonarbeiter, Ackerbauern; mehrheitlich in Pakistan (Belutschistan und Sind), auch in Afghanistan und im iranischen Sistan.

Brahui (SPR)
II. Sprgem. dieser Dravida-Spr. im ö. Belutschistan/Pakistan mit 1,6 Mio. Sprechern (1994); Brahui wird mit arabischer Schrift geschrieben.

Braille-Schrift (SCHR)
I. nach *LOUIS BRAILLE*.
II. 1829 geschaffene und heute international gebräuchliche Blindenschrift für > 16 Mio. potentielle Nutzer.

Brain-Drain-Abwanderer (WISS)
II. Personen aus der schmalen Schicht qualifizierter Fachkräfte in Entwicklungsländern (Wissenschaftler, Ärzte, Krankenpflegepersonal, Techniker), die, trotz dringendstem Eigenbedarf, aus ihrer Heimat ab- bzw. auswandern, um in Industrieländern günstigere Arbeits- und Lebensbedingungen zu finden. D.B.-Effekte können auch in Industriestaaten auftreten: durch Flucht europäischer Juden in NS-Zeit nach Amerika, Abwerbung aus Nachkriegsdeutschland nach USA, Flucht von Ostdeutschen in die damalige BRD, Auswanderung russischer Juden nach Israel.

Braj Bhasha (SPR)
Braj Bhasha (=en).
II. etwa 11 Mio. Sprecher dieser indoarischen Spr. in Indien.

Brandenburg (TERR)
B. Provinz in Preußen; Bundesland in Deutschland. Brandebourg (=fr); Brande(n)burgo (=it).
Einwohner nach jeweiligem Gebietsstand:
1871: 2,037; 1890: 2,542; 1910: 4,093; 1925: 2,592; 1933: 2,726; 1970: 2,652; 1980: 2,657; 1990: 2,578 (–90: DDR-Bez.); 1997: 2,574, BD 87 Ew./km^2

Brandrodungsbauern (WISS)
I. Brandroder; shifting cultivators (=en).
II. bodenbauende Bev., vornehmlich in den Tropen, die ihre Wirtschaftsfläche im Wanderfeldbau oder in Landrotation durch Abbrennen oder Ringeln von Wald und Gebüsch (Shifting cultivation) gewinnen.

Brao (ETH)
II. Ethnie im Hochland von Zentralkambodscha, durch Abwanderung auch in Thailand; ca. 100 000; Spr.gruppe der Mon-Khmer. Brandrodungsbauern. Herkömmlich ihre großen Kreisdörfer mit zentralem Gemeinschaftshaus.

Brasilianer (NAT)
I. Brazilians (=en); brésiliens (=fr); brasileiros (=pt); brasileños (=sp); brasiliani (=it).
II. StA. der Föderativen Rep. Brasilien; bestehend aus 53% Weißen, 34% Mulatten und Mestizen, 11% Schwarzen, unter 1% Indianern sowie Caboclos und Cafusos. Vgl. Portugiesen, Lusitanier.

Brasilide (BIO)
I. Regenwald-Indianer; Race Brasilio-Guarienne (=fr) nach ORBIGNY; Amazzonidi (=it) nach BIASUTTI; Amazonide bei LUNDMAN.
II. Unterrasse der Südindianiden; Begriff umfaßt anthropologisch hpts. die Indianer im Amazonas-Regenwald. Verbreitung greift aber auch auf Bergländer im S (Brasilien) und bis zur Kontaktzone zu Zentraliden im N (Guyana, Venezuela) aus. Merkmalskombinat: leicht pädomorph und sehr gering mongolidisiert; kleinwüchsig untersetzt; beim w. Geschlecht trotz starker Lendenlordose kleines Gesäß, breite eckige Schultern, lange Arme und kurze dünne Beine. Kopfform mittellang, Gesicht oval, häufig enge Lidspalte, breite fleischige Nase, Nasenspitze nach unten gerundet. Haare dick, lang, leicht wellig, schwarz; Hautfarbe hell- bis mittelbraun, auch gelb bis rötlich.

Brasilien (TERR)
A. Föderative Republik. República Federativa do Brasil (=pt). (The Federative Republic of) Brazil (=en); (la République fédérative du) Brésil (=fr); (la República Federativa del) Brasil (=sp); Brasile (=it).
Ew. 1851: 7,344; 1872: 9,930; 1890: 14,334; 1900: 17,438; 1920: 30,636; 1940: 41,236; 1950: 51,944; 1955: 60,640; 1960: 70,281; 1965: 80,674; 1970: 92,520; 1975: 106,228; 1980: 121,286; 1985: 135,564 1996: 161,265, BD: 19 Ew./km²; WR 1990-96: 1,4%; UZ 1996: 79%; AQ: 17%;

Brasil-Japaner (ETH)
II. Angeh. der größten Auslandskolonie Japans; 1990 ca. 1,2 Mio., deren Vorfahren z.T. schon vor 1-2 Generationen nach Brasilien ausgewandert sind.

Brau (ETH)
II. kleine ethnische Einheit von (1992) nur mehr 37 Familien mit 182 Köpfen, isoliert im Hochplateau Zentralvietnams lebend.

Braune Buren (BIO)
II. Bez. in Südafrika für Gruppen von kulturell weitgehend assimilierten Mischlingen aus Buren mit Hottentotten; sind überwiegend afrikaanssprachige Calvinisten. Vgl. Farbige.

Bremen (TERR)
B. Stadtstaat und Bundesland in Deutschland. Brême (=fr).
Ew. nach jeweiligem Gebietsstand: 1871: 0,122; 1890: 0,180; 1910: 0,230; 1939: 0,563; 1950: 0,5452; 1961: 0,706; 1970: 0,723; 1980: 0,695; 1990: 0,679; 1997: 0,674, BD: 1667 Ew./km²

Brethren (REL)
I. »Kirche der Brüder«, Church of Brethren (=en).
II. eine der »Friedenskirchen« im NE der USA; Zweigsekte der Baptisten mit weltweit 175 000 Anh., die Krieg und Gewalt strikt ablehnen; die Brethren Service Commission wurde 1940 gegr. Vgl. Dunkers.

Bretonen (ETH)
I. Bretagner; Bretons (=en, fr); bretones (=sp).
II. im 5./6. Jh. durch Angelsachsen aus Cornwall vertriebene Kelten, die in der Bretagne/Cornouailles ansässig wurden und bis 1532 ein selbständiges Herzogtum, bis 1790 weitgehende Selbstbestimmungsrechte besaßen. Seither mehrmalige Autonomiebestrebungen, so 1941-44 und 1966. Bis heute bewahren ca. 1,25 Mio. B. ihr traditionelles Brauchtum (u.v.a. Pardons-Feste, Elemente der Kleidung wie lackierte Holzschuhe, weiße hohe zylindrische Hüte der Frauen) und ihre Sprache; lebten bis II.WK in gewisser Isolation als Kleinbauern mit Fischerei und Strandnutzung (Tang).

Bretonisch (SPR)
I. Breiz, le; Festlandskeltisch.
II. die Mundart der Basse-Bretagne in Frankreich. 1991 rd. 850 000.

Bribri (ETH)
II. kleine Indianerpopulation der Chibcha-Spr.gruppe; wohnhaft in karibischen Küstenniederungen von W-Panama und Costa Rica. Treiben Brandrodungsfeldbau.

Brigadisten (SOZ)
I. Brigadistas (=sp).
II. Angeh. internationaler Brigaden. Vgl. Legionäre.

Brignan (ETH)
II. kleine negride Einheit in der Elfenbeinküste.

Brinkkötter (SOZ)
I. aus Brink (indogermanisch) »Baumplatz«, »Akker« und Kötter, »Kätner«, »Kleinbauer«.

Brinksitzer (SOZ)
II. Klein- und Halbbauern; Altbez. Kätner.

Briten (ETH)
I. Britannen, Britannier, Britonen; britanni (=lat); Britons, the British (=en); Bretons insulaires, Anglais (=fr); Britanos (=sp); Britannios (=pt): britanni, inglesi (=it).
II. 1.) die vorangelsächsischen keltischen Bew. Britanniens, welche Pikten/Kaledonier und Scoten überlagert haben. 2.) im polit. Sinn heute als überholte und fälschliche Sammelbez. für die Staatsangehörigen von Großbritannien. Vgl. insbesondere Engländer, Schotten, Waliser.

Briten (NAT)
II. StA. des Vereinigten Kgr. von Großbritannien und Nordirland. Staatsangehörigkeit in den Ländern des Commonwealth wurde 1948 so geregelt, daß jede Person zunächst Bürger ihres Landes ist, aber in allen Teilen des Königreichs Inländerbehandlung genießt.

Britische Jungferninseln (TERR)
B. Von Großbritannien abhängiges Überseegebiet in den Kleinen Antillen/Karibik. British Virgin Islands (=en); îles Vierges britanniques (=fr); islas Vírgenes Británicas (=sp).
Ew. 1995: 0,018, BD: 109 Ew./km²

Britische Salomonen (TERR)
C. Protektorat. s. Salomonen. Altbez. für parlamentarisches Kgr. Salomonen. The British Solomon Islands Protectorate, the British Solomon Islands (=en); le protectorat des îles Salomon britanniques, les îles Salomon britanniques (=fr); el Protectorado de las islas Salomón Británicas, las islas Salomón Británicas (=sp).

Britische Überseegebiete (TERR)
B. Die Überseegebiete, deren internationale Beziehungen Großbritannien wahrnimmt, umfassen Anguilla, Bermuda, Britische Jungferninseln, Britisches Antarktis-Territorium, Britisches Territorium im Indischen Ozean, Ducie, Falklandinseln (Malwinen), Henderson, Kaimaninseln, Montserrat, Oeno, Pitcairn, St. Helena, Südgeorgien, Südliche Sandwichinseln, Turks- und Caicosinseln. The Overseas Territories for the international relations of which the Government of the United Kingdom of Great Britain and Northern Ireland are responsible, the United Kingdom Overseas Territories (=en); les territoires d'outre-mer dont les relations internationaels sont assurées par le gouvernement du Royaume-Uni de Grande-Bretagne et d'Irlande du Nord, les territoires d'outre-mer du Royaume-Uni (=fr); los Territorios de Ultramar cuyas relaciones internacionales corren a cargo del Gobierno del Reino Unido de Gran Bretaña e Irlanda del Norte, los Territorios de Ultramar del Reino Unido (=sp).

Britisches Antarktis-Territorium (TERR)
B. Von Argentinien und Chile beansprucht; umfaßt Grahamland, Südliche Orkneyinseln und Südliche Shetlandinseln. British Antarctic Territory (=en); territoire antarctique britannique (=fr); el Territorio Antártico Británico (=sp).

Britisch-Honduras (TERR)
C. Ehem. Bez. von Belize, s.d. British Honduras (=en); le Honduras britannique (=fr); la Honduras Británica (=sp).

Britisch-Indien (TERR)
C. Ehem. britisches Kaiserreich Indien bis 1947/48, dann Indische Union und Pakistan sowie Sri Lanka (seit 1878/1914).
Ew. ohne Ceylon (Sri Lanka): 1800: 150 Mio S; 1872: 256,378; 1891: 282,967; 1901: 285,601; 1911: 303,041; 1881: 259,284; 1921: 305,730; 1931: 338,171; 1941: 388,988; 1951: 432,578

Britishers (ETH)
II. (=en); Engländer (in Amerika).

Broad Church (REL)
I. (en=) »Breitkirche«.
II. liberale Richtung der Anglikanischen Kirche. 1985 ca. 480000 Anhänger.

Broder (ETH)
II. Bew. des habsburgischen Militärgrenzbezirks von Brod (nach Reorganisation im 18. Jh.).

Bronzezeit-Menschen (WISS)
II. prähistorische Menschengruppen einer Übergangsperiode zw. Stein- (bzw. fallweisen Kupfer-)zeit und Eisennutzung, denen erstmals Metallgewinnung und Verarbeitung gelang. Gebunden an Lagerstätten von Kupfer, Arsen und Zinn wurde Bronzeguß in Europa, Teilen Asiens und in Altamerika wahrhaft kulturprägend. Charakteristisch für Bronzezeit ist Herausbildung von Arbeitsteilung in Bauern, Bergleute, Handwerker, Händler. Erze mußten gewonnen, geläutert, legiert; Bronze gegossen, bearbeitet, verkauft, transportiert werden. Aufbau von Fernhandelsbeziehungen und Routen, Güteraustausch (u.a. Salz, Bernstein). Allein in Europa wurde Bronze für eine Kulturstufe namengebend und differenzierend: Frühe (Hockergräber), Ältere (Hügelgräber), Mittlere (Leichenverbrennung, Urnenbestattung, erste Friedhöfe) und Jüngere Bronzezeit hier im Zeitraum ca. 1800–700 v.Chr. Gegenüber Jungsteinzeit veränderte sich Inventar an Kulturpflanzen und Haustieren kaum, jedoch sind Sichel, Pflug und Wagen nun nachweisbar. Einsatz der Bronze für neuartige Geräte, Waffen und Schmuckstücke. Dorfsiedlungen mit größeren Häusern setzen sich durch. Geogr. Name: Zypern (aus kypros) (agr=) »Kupfer«. Vgl. Neolithiker, Eisenzeit-Menschen.

Brot-Esser (WISS)
I. seit Erfindung des Sauerteigs: ahd. prot, mhd. brot; verwandt mit ahd. briuvan »wallen, gären«, »brauen«.

II. wie beim Reis wurde zunächst ein Getreide-Wasser-Brei genossen, später erst gebackener (nur warm eßbarer) Fladen (noch heute im Orient). Durch Gärung/Säuerung des Teiges (später mittels Hefe) wurde seit Altertum Brot erzeugt. Als Getreide kamen in Frage Emmer, Hirse, Hafer, Gerste, Roggen, Weizen; entsprechend breite Differenzierung, Würzung, Konservierung. Brot erfährt bis heute höchste Wertschätzung und besitzt in Brauchtum und Glauben wichtige Funktionen (geweihtes Brot, Symbol für Gastfreundschaft und Vertragsabschluß). Vgl. Reis-Esser.

Brüder (BIO)
I. Sg. Bruder; Brothers (=en); frères (=fr); fratelli (=it).
II. 1.) männliche Geschwister gleicher Eltern (sonst Stiefbrüder). 2.) Anrede und allg. Bez. unter Mitgliedern enger Freundschafts- und Interessenverbände, z.B. unter Schwarzen insbesondere in N-Amerika, unter Religions- bzw. Sektengenossen insbesondere in christl. Kirchen. Vgl. Brüdergemeinde, Bruderschaften, -bünde; vgl. Blutsbrüder.

Brüder vom gemeinsamen Leben (REL)
II. freie christliche Gemeinschaft von Klerikern und Laien mit klosterartigem Leben, jedoch ohne Gelübde. Entstanden um 1380 in Deventer/Niederlande.

Brüdergemeine (REL)
I. Brüderunität, Herrnhuter.
II. protestantisch-pietistische Predigt-u. Erlösungsbewegung; Freikirche begründet 1722 durch Graf Zinzendorf im Geist der Böhmischen Brüder. Straffe Organisation, rege Missions-, Erziehungs- und Pflegetätigkeit. In Europa und N-Amerika ca. 100000, in Missionsgebieten über 200000 Anh. Deutsche Zentren in Herrnhut/Lausitz und Bad Boll/Württemberg; Brüdergemeine in Neuwied am Rhein. Vgl. Herrnhuter. Nicht identisch mit Brüderbewegung.

Bruderschaft St. Pius X (REL)
I. Priesterbruderschaft von Ecône.
II. 1970 durch Erzbischof M. Lefebvres in Opposition zum römischen Papsttum gegr. Anhängergemeinde gegen Ökumenismus, theologischen Pluralismus und Liturgiereform; steht seit 1988 im Schisma; einige Zehntausend Anh.

Bruderschaften (REL)
I. cofradias (=sp); tarikat (=tü).
II. religiöse Vereinigungen mit bestimmter Aufgabe (Krankenpflege, Totenbestattung, Gefangenenloskauf, Kirchenfeiern); seit 13. Jh. bis heute, bes. im kath. und evang. Christentum; ordensähnlich, jedoch ohne Gelübde.

Brüderunität (REL)
I. deutscher, englischer, tschechischer, nordamerikanischer Zweig der Brüdergemeine.

Brunei (TERR)
A. Unabh. seit 1. 1. 1984. B. Darussalam. Negara Brunei Darussalam (=ma). (State of) Brunei Darussalam (=en); Brunéi Darussalam (=fr); Brunei Darussalam (=sp).
Ew. 1948: 0,042; 1960: 0,090; 1970: 0,130; 1980: 0,185; 1996: 0,290, BD 50 Ew./km^2; WR 1990–96: 2,0%; UZ 1996: 58%, AQ: 12%

Bruneier (NAT)
I. Brunesen; Bruneians (=en).
II. Angehörige des einstmaligen britischen Schutzstaates Brunei auf Borneo/SE-Asien, des heutigen Sultanats Negara Brunei Darussalam. 66,9% Malaien, 15,6% Chinesen, daneben Protomalaien, Europäer, Indonesier, Inder.

Bscheducher (ETH)
I. Bzhedug (=en).
II. Stamm im Völkerverband der Tscherkessen im N-Kaukasus.

Bube (SPR)
I. Bubi.
II. Bantu-Sprg. auf der Insel Bioko/Fernando Poo; Verkehrsspr. in Äquatorial-Guinea.

Bubi(s) (ETH)
I. Pubi.
II. negride, früh vom Festland eingewanderte Bantu-Bev. im gebirgigen Innern der Inseln Bioko/Fernando Póo. Stellten mit 10000 Pers. (1960)
I. 4,2% der Gesamtbev. von Äquatorialguinea. Benutzten noch in 2. Hälfte des 19. Jh. Steinäxte, standen der romanisch beeinflußten Küstenbev. lange feindlich gegenüber, wurden auch nach Unabhängigkeit von Äquatorialguinea von den Fang grausam verfolgt.

Buchara-Juden (REL)
I. Bucharische Juden, Jachuden, Bucharskie Evrei; mittelasiatische Juden. Vgl. Jachuden.

Buddhisten (REL)
I. aus Buddha Siddharta Gautama, der »Erwachte«.
II. Angeh. der durch Prinz Gautama »Buddha« im 6. Jh. v.Chr. gestifteten bzw. »wiedergefundenen« »indischen« Religion, des Buddhismus, der zuvorderst eine Mönchsreligion darstellt. Ursprünglich Staatsreligion in Vorderindien, die sich in friedlicher Mission über Ceylon, Hinter- und Inselindien bis nach China, Korea und Japan ausgebreitet hat; andererseits gingen Teile der alten Ökumene verloren: Indien an den Brahmanismus, Indonesien, Afghanistan und Ostturkistan an den Islam. B. kennt keine Kastenordnung, deshalb bis heute bes. Missionserfolge unter Angeh. niederer Kasten und Kastenlosen. Die historische Entwicklung prägt die heutige Gliederung: a) Die streng traditionelle Richtung des s. Hinayana-B. oder das »Kleine Fahrzeug« (in Ceylon und Hinterindien), der ursprünglich nur der

Mönchsgemeinde offenstand; 37% aller B. b) Der n. Mahayana-B. oder das »Große Fahrzeug«, die Erlösung aller bedeutend, in Ostasien (Vietnam, China, Korea, Japan); 56% aller B. c) Der Vajrayana/Mantrayana-B. mit magischen Riten, seit 7. Jh. in Tibet (Lamaismus); 7% aller B. Da Buddhismus andere Religionszugehörigkeit nicht ausschließt, sind nur unsichere Größenangaben möglich; 300–900 Mio. Anh. Buddhismus (in Form des Hinayana) ist Staatsreligion in Thailand und (in Form des Lamaismus) in Bhutan sowie in Tibet und im ehem. Sikkim. B. bilden Mehrheit in Japan (60%), Thailand (92%), Myanmar (87%), Vietnam (55%), Sri Lanka (67%), Kambodscha (88%), Laos (58%), Bhutan (70%). Vgl. Hinayana, Mahayana, Vajrayana, Lamaismus.

Budja (ETH)
II. Ethnie im Regenwald der DR Kongo; > 100000 mit einer Bantu-Spr. der Benue-Kongo-Gruppe.

Büdner (SOZ)
I. Häusler, Kleinbauern, Tropfhäusler, Seldner.
II. regional gebräuchliche historische Bez. für landarme Kleinbauern oder landwirtschaftliche Tagelöhner.

Buduchen (ETH)
I. Budugen; Eigenname Budug; Buduchi (=rs).
II. kleine Ethnie in Aserbaidschan, im ö. Kaukasus, nur einige Hundert Personen mit Eigenspr.; Sunniten und Schiiten. Vgl. Schachdagen.

Buginesen (ETH)
I. Bugi.
II. Volk der Indonesier mit rd. 3 Mio. Seelen. Besiedeln mit den nahe verwandten Makassaren den SW-Teil von Celebes; B.-Siedlungen auch an Küsten von Borneo, Bali und Lombok. B. gehörten zu den aktivsten Seefahrervölkern Ostindiens (bis nach NE-Australien) und waren als Piraten und Sklavenhändler gefürchtet. Heute im Seehandel tätig. Im 17. Jh. islamisiert. Die alte Schrift beider Völker geht auf die Tagala-Schr. der Filipinos zurück.

Buginesisch (SPR)
I. Buginisch-spr.
II. von rd. 4 Mio. benutzte ältere Verkehrsspr. in Indonesien, verwandt dem Makassarisch, Balinesisch, Madureisch; früher in buginesischer Eigenschrift, heute meist in Lateinschrift geschrieben.

Bugis (SPR)
I. Bugis (=en).
II. Gemeinschaft dieser austronesischen Spr. in Indonesien mit 4 Mio. Sprechern.

Buja (ETH)
I. Mbudzha.
II. kleine schwarzafrikanische Ethnie im NW der Demokratischen Rep. Kongo.

Bujeba (ETH)
II. negride Einheit in Äquatorialguinea.

Bukidnon (ETH)
II. Volk im zentralen und n. Mindanao; sprachlich der NW-indonesischen Mindanao-Gruppe zugehörig. Ihnen eng verwandt: Manobo < 100000, Mangguangan, Mandaya und Ataje < 10000 in Zentral- und NE-Mindanao; Bagobo, Tiruray ca. 20000, Bilaan < 100000, Kulaman und Tagakaolo < 50000 im S; Subanum < 100000 im W der Insel. Sie alle gehören zum sog. altindonesischen Bev.-Substrat des Malaiischen Archipels und haben sich trotz christlicher Missionierung ihre alten Stammesreligionen bewahrt. Anthropol. überwiegt bei allen der palämongolide Rassentyp, doch auch negritide Einschläge. Teile der B. haben sich als wandernde Landarbeiter den Cebuano-sprachigen Insulanern angeglichen, eine Minderheit hält als reisbauende Caingineros am alten Volkstum fest.

Bukowina (TERR)
C. Region in Ostkarpathen. 1775 aus Osmanischem Reich an Habsburg gekommen; bis 1849 mit Galizien verwaltet, dann eigenes Kronland; wurde 1919 an Rumänien abgetreten. Nord-B. fiel 1940 an UdSSR, heute in Ukraine. Bucovina (=rm), Buchenland (=dt). Vgl. Nord-Bukowina.
Ew. 1869: 0,513; 1880: 0,568; 1910: 0,795; 1930: 0,846

Bukowina-Deutsche (ETH)
I. Bucovina, aus (dt=) »Buchenland«.
II. heute aufgelöste deutsche Ostkolonistengruppe in NE-Karpaten und Vorland mit ehemals eigener Universität Tschernowitz. Es sind Nachfahren von im 18. Jh. im österreichischen Kronland Bukowina angesiedelten schwäbischen und pfälzischen Bauern, deutsch-böhmischen Glasbläsern und deutschen Bergleuten aus der Unterzips. 1940 ca. 85000, d.h. 9% der Prov.bev. Rd. 100000 deutschstämmige Bauern wurden 1940 in das Warthegebiet zwangsumgesiedelt.

Bukusu (ETH)
II. kleiner negrider Stamm im W von Kenia, den Luo verbündet.

Bulgaren (ETH)
I. Bolgaren, abgeleitet von Wolga-Bulgaren; Bolgary (=rs); Bulgars, Bulgarians (=en); Bulgares (=fr); bulgari (=it); bulgaros (=sp); Eigenname Bulgar, alter, bis ins 19. Jh. gebräuchlicher Eigenname der Kasan-Tataren.
II. Volk südslawischer Spr. in SE-Europa, rd. 9 Mio. (1984) mit Minderheiten in Griechenland ca. 25000, Jugoslawien 36000 (1981), Rumänien ca. 10000 (1981) und UdSSR 360000 (1981). Die Ethnogenese der B. wird erstmals im 5. Jh. mit einer Mischbev. hirtennomadischer Stämme (u.a. Onoguren, Oguren, Hunnuguren) nördlich des Schwarzen

Meeres faßbar. Deren linguistisch zum älteren Spr.zweig der Lir-Türken gerechnetes Staatswesen zerbrach unter Druck der verwandten Chasaren im 7. Jh. Eine kleine Teilbev. verblieb am Kuban bis zum 10. Jh. und wurde dann assimiliert, ein anderer Teil wanderte Wolga aufwärts und ließ sich im Mündungsgebiet der Kama nieder (Wolga-B.). Der Haupthorst zog in das Gebiet des heutigen Bulgarien und wuchs mit ansässigen Slawen-Stämmen zusammen. 865 traten sie zum orthodoxen Christentum über und erlangten bald die Autokephalie. 1393–1878 waren sie osmanisch-türkischer Herrschaft unterworfen. Von daher erklärt sich der hohe Anteil von ethnischen Türken (1979: 450000; 1996 9,4%) sowie von islamischen Bulgaren/Pomaken (1996: 13,1%) an der Gesamtbev.. Starke Minderheiten in Gebieten der ehem. UdSSR, rd. 400000 (von denen ca. 90000 in Moldavien/bes. Transnistrien) und zufolge von Gebietsabtrennungen nach I.WK in SE-Serbien (um Bosilegrad und Caribrod, sowie in Nils) nach II.WK ca. 60000, heute als Folge des Assimilationsdrucks auf 25000 geschrumpft. Vgl. Bolgary.

Bulgari (REL)
Vgl. Bogomilen.

Bulgarien (TERR)
A. Republik. Republika Bulgaria. (The Republic of) Bulgaria (=en; (la République de) Bulgarie (=fr); (la República de) Bulgaria (=sp); Bulgária (=un); Bulgaria (=rm, sk); Bulgaria (=it).
Ew. 1900: 3,744; 1910: 4,338; 1920: 4,847; 1926: 5,479; 1934: 6,078; 1946: 7,029; 1950: 7,251; 1955: 7,499; 1960: 7,867; 1965: 8,201; 1970: 8,490; 1975: 8,721; 1980: 8,862; 1985: 8,949; 1996: 8,356, BD: 75 Ew./km²; WR 1990–96: –0,7%; UZ 1996: 69%; AQ: 4%

Bulgarientürken (ETH)
I. türkische Minderheit in Bulgarien; offizielle Bez. (1991) »Bulgaren mit türkischem Selbstbewußtsein«.
II. Nachkommen von Volkstürken aus osmanischer Zeit (1393–1878) in Bulgarien, wo sie mit 9,4% an der Staatsbev. größte Minderheit bilden. B. waren wieder 1989 scharfer bulgarischer Assimilationspolitik unterworfen, ca. 300000 B. verließen Bulgarien als Flüchtlinge oder Deportierte, doch konnten bis 1991 130000 wieder zurückkehren. Vgl. Pomaken, Rumelier.

Bulgarisch (SPR)
I. indogermanische Spr. der südslawischen Gruppe; Bulgarian (=en).
II. Sprgem. von > 8,8 Mio. (1991), wovon (nach H. HAARMANN) ca. 8,4 Mio. in Bulgarien, > 370000 in GUS, (nach K. THORN) 63000 in Jugoslawien, 20000 in Griechenland, 11000 in Rumänien (1979). Geschrieben wird Bulgarisch mit der Kyrillika.

Bulgarisch-orthodoxe Kirche (REL)
I. orthodoxe Bulgaren, Christen des bulgarischen Patriarchats.
II. frühe Patriarchats-Gründung im 10. Jh. mit Zentren Ochrid und Preslav. Getragen von antibyzantinischem Nationalismus strebt es Emanzipation von der Herrschaft Konstantinopels an; nach Eroberung durch Byzanz im 11. Jh. zu einem autokephalen Erzbistum rückgestuft. 1204 im 2. (lateinischen) bulgarischen Reich Union mit Rom. Unter türkischer Herrschaft erlischt Patriarchat im 14. Jh., Hort des Kirchentums sind Klöster. 1870 Errichtung eines autonomen bulgarischen Exarchats, das voll auf die bulgarische Nationalität abstellte (u.a. Unterstützung der Nationalisten in der Mazedonienfrage). Schon 1872 Exkommunikation der Kirche wegen Phyletismus; Schisma dauerte bis 1945, es hat die Verselbständigung der bulgarischen Orthodoxie nachhaltig gefördert. 1945 wird Autokephalie vom ökumenischen Patriarchen anerkannt. 1953 Wiederherstellung des Patriarchats durch die bulgarische Volkskirche, zu der sich rd. 90% der religiösen Bulgaren (40%) bekennen.

Bulom (ETH)
I. Bullom, Bolom, Sherbro.
II. westafrikanisches Negervolk im Tropenwald Sierra Leones, leben von Fischfang (Bootsbau in Plankenbauweise) und Ackerbau auf Maniok. Nehmen einschließlich der Sherbro und der Krim 3,7% (1984: 131000) der Gesamtbev. ein.

Bulu (ETH)
I. Boulou (=fr).
II. Bantu-Stammesgruppe der Pangwe in s. Kamerun.

Bumiputras (ETH)
I. Bumiputeras (ml=) »Söhne der Erde«.
II. Eigenbez. für die Malaien in Malaysia; 1991: 10,65 Mio, d.h. 58% der Gesamtbev., wovon rd. 8 Mio. auf der Halbinsel Malaya, ca. 0,6 Mio. in Sabah, 0,8 Mio. in Sarawak leben. Völkerkundlich und statistisch werden u.a. unterschieden: Bajau, Bidayuh, Bisayah, Dumpas, Iban, Idahan, Ilanun, Kadazan, Kayan, Kedayan, Kelabit, Kenyah, Kwijau, Lotud, Mah Meri, Mangka'an, Maragang, Melanau, Minokok, Murut, Orang Asli, Orang Sungei, Paitan, Punan, Rumanau, Rungus, Sulu, Tambanuo, Tidong.

Bumthangkha (SPR)
II. Volksspr. in Mittel-Bhutan.

Bumun (ETH)
II. Bergstamm der Gaoschan auf Taiwan; wenige Zehntausend.

Bunda (ETH)
II. Ethnie im zentralen Teil der Demokratischen Rep. Kongo, ca. 100000 Köpfe mit einer Bantu-Spr. der Benue-Kongo-Gruppe. Treiben neben geringem Anbau auch Fischfang. Waren einst Kannibalen.

Bünde (SOZ)
II. im Sinn von *H. SCHMALENBACH* »Primärgruppen auf der Basis von Freundschaftsbeziehungen«, zum Vollzug von Initiationsriten, zur gemeinsamen Bewältigung gemeinschaftswichtiger Anliegen. Soziologisch stehen B. zwischen der Kategorie Gemeinschaft und Gesellschaft. Es sind zu unterscheiden: 1.) Geheimbünde i.e.S.; 2.) Alters- und Geschlechtsbünde; 3.) polit.-geogr. Einheiten im Sinn einer Liga, Allianz; ligue, alliance, confédération (=fr); lega, alleanza, confederazione (=it); z.B. in der schweizerischen Territorialgeschichte (Grauer-, Oberer-, Gotteshausbund in Graubünden). Vgl. ethnographische Altersbünde, Männerbünde, Burschenschaften.

Bundeli (SPR)
I. Bundeli (=en).
II. Sprgem. dieser indoarischen Spr. in Indien mit rd. 8 Mio. Sprechern (nach 1990).

Bündner (ETH)
II. schweizerische Bez. für die Bürger des Kts. Graubünden, der historisch gewachsen ist aus dem Gotteshausbund, dem Grauen Bund und dem Zehngerichtebund.

Bündnerromanen (ETH)
I. Rätoromanen i.e.S., Westräter; Altbez. Churwelsche.

Bundubu (BIO)
I. Pintubi (Eigenbez.).
II. erst seit 1956 bekannter Reststamm von dunkelhäutigen, aber blondhaarigen Aborigines in der Gibson-Wüste NW-Australiens. Einst Wildbeuter, heute in Regierungssiedlungen, wo Vermischung mit Angehörigen anderer Stämme gegeben ist; noch Zwangsbeschneidung; Eigensprache Pintubi.

Bunjewzen (ETH)
I. Bunjewacen, Bunyevatzen.
II. römisch-katholische Serbokroaten um Subotica in der Batschka/Jugoslawien; ca. 40000 (1979); konnten sich einst der Türkenherrschaft durch Abwanderung nach Ungarn entziehen. Vgl. Raizen und Schokzen.

Burakumin (SOZ)
I. pejorative Ausdrücke Eta (jp=) »voller Schmutz«, Yotsu (jp=) »Vierbeiner«, »Tier«.
II. entstanden aus Abkömmlingen einstiger Unfreier und Semmin (jp=) »Unpersonen«, »Pöbel« sowie Angeh. unehrenhafter, unreiner Berufe. Noch heute diskriminiert (Endogamie und Siedlungssegregation), bekennen sich aber zu ihrem Außenseitertum und haben ihre Metiers monopolartig entwickelt: Schlachthöfe, Schuhfabriken, Schrottverwertung, Bestattungswesen.

Burchanismus (REL)
Vgl. Oiraten, Oiroten.

Burdji (ETH)
I. Burdzhi; Bambala.
II. kleine Ethnie nö. des Turkanasees in Äthiopien.

Buren (ETH)
I. Boeren, Boers (af=) »Bauern«; Kapholländer, Afrikaander; Cape Dutch (=en).
II. Nachkommen der seit 1652 in Südafrika eingewanderten niederländischen (32%), deutschen (33%) und französischen (16%) Kolonisten. Trotz nur geringer Zuwanderung wuchs ihre Zahl durch hohe Geburtenrate rasch: 1700: 1300, 1750: rd. 5000, 1795: ca. 15000. 1799 am Großen Fischfluß erste große Auseinandersetzung mit gleichzeitig aus Norden einwandernden Bantu. B. vollzogen 1835–38 den »großen Treck« nach N, wo sie im Widerstreit mit Zulu und anderen Bantu (s.d.) die Freistaaten Natal, Oranje und Transvaal gründeten. Im Burenkrieg 1899–1902 unterlagen sie mit schweren Verlusten (u.a. rd. 20000 Zivilopfer) den Briten, den Uitlanders. B. sind Afrikaans-spr., meist calvinistisch-reformierte Christen. B. stellen heute gut zwei Drittel der weißen Bev. der Rep. Südafrika. Sie bildeten bis gestern die herrschende weiße Bev.gruppe von 3,5 Mio. in Südafrika. Vgl. Treckburen, Afrikaander; Rehobother Bastaards und Griqua.

Burgenland (TERR)
B. Bundesland in Österreich. In schweren Auseinandersetzungen 1918–1923/25 aus Teilen der geschlossenen dt. Siedlungsgebiete Westungarns (Komitate Preßburg, Wieselburg, Ödenburg, Eisenburg) Deutschösterreich zugeschlagen. Vgl. Transleithanien.
Ew. (nach heutigem Gebietsstand): 1754: ca. 0,150; 1800: 0,187; 1850: 0,230; 1869: 0,254; 1880: 0,270; 1910: 0,292; 1934: 0,299; 1961: 0,271; 1971: 0,272; 1981: 0,270; 1991: 0,271; 1997: 0,277

Burgenländer Kroaten (ETH)
II. kroatische Minderheit im Bundesland Burgenland in Österreich; Nachkommen der in Türkenkriegen 1529–32 in der Grenzzone zwischen Österreich und Ungarn als Flüchtlinge oder durch Gutsherren angesiedelte Kroaten (heute 40 Mehrheits- und 8 Minderheitsgemeinden). Trotz starker Ab- und Auswanderung 1986 noch 26000 (= 9,8%).

Bürger (SOZ)
II. 1.) Stadtbürger; citizens (=en); citoyens (=fr); im Altertum. Im MA die städtischen Grundbesitzer im Unterschied zu den sonstigen Einwohnern. Nur Bürger hatten Anteil an der städtischen Selbstverwaltung, gehörten zu den Gemeinfreien. 2.) Rechtsbürger, in der Schweiz Heimatberechtigte; die vollberechtigten Angeh. eines Gemeinwesens; in gewissen Fällen besitzen Rechtsbürger selbst dann An- bzw. Vorrechte (Aufnahme-, Wahl-, Versorgungsrechte), wenn sie außerhalb dieses Gemeinwesens leben. 3.) Bürgertum; neben Adel und Klerus

Angeh. des Dritten Standes: Nichtadlige, Nichtbauern, Nichtproletarier; nämlich Handwerker und Kaufleute. Nach der französischen Revolution 1789 gewannen die B. im 19. Jh. in Europa kulturell, wirtschaftlich und polit. die Führungsrolle; bis in das 20. Jh. übliche Unterscheidung bes. von Groß- oder Besitzbürgern und Kleinbürgern. Bei Ausgleich der sozialen Verhältnisse verlor Begriff seine ursprüngliche Bedeutung. 4.) pejorativ Spießer. Vgl. Staatsbürger.

Burghers (BIO)
I. (=en); auch Portugiesische Burghers; Halfcaste.
II. eurasiatische Mischlinge auf Sri Lanka; Mischlinge von Portugiesen und Niederländern mit einheimischen Frauen. Ihre Nachkommen, ca. 50 000, gehören der städtischen Mittelklasse an; Angestellte in Verwaltung und Wirtschaft.

Burgunden (ETH)
I. Burgunder; Bourguignons (=fr); Burgundians (=en).
II. ostgermanischer Volksstamm, dessen ursprünglicher Sitz vielleicht Bornholm war, der in später Latène-Zeit zwischen mittlerer Oder und Weichsel siedelte und um 279 n.Chr. bezeugt ist. B. drangen in Folgezeit in das Maingebiet vor, seither Gegner der Alemannen, im 5. Jh. Ansiedlung linksrheinisch mit Mittelpunkt Worms; 436 Niederlage gegen hunnische Hilfstruppen der Römer (Nibelungenlied). Volksreste werden durch Römer in Savoyen angesiedelt, von dort Ausbreitung im Rhône-/Saône-Gebiet. B. wurden 354 in das Frankenreich eingegliedert. Geogr. Name: Burgund/Bourgogne. Seitdem dauerhafte deutsch-französische Sprachgrenze gegenüber den Alemannen in der Schweiz.

Burjaten (ETH)
I. Burjäten, die »Waldbewohner«, N-Mongolen; Eigenbez. Barjaat, Burjat; Burjaty (=rs), Buryats (=en).
II. Volk mit mongolischer Eigensprache aus der Altai-Sprachfamilie; teils noch nomadisierend (am Beginn des 20. Jh. ca. 210 000, 1990: ca. 420 000) seit 13. Jh. am Baikalsee insbesondere in Gebieten um Tschita und Irkutsk/Rußland. Ethnogenetisch aus Zusammenschluß von nordmongolischen Barguten, Chora, Echiriten, Chongodoren, Tabunuten unter Assimilierung von ewenkischen Gruppen Ende des 17. Jh. entstanden. Unter heftiger Gegenwehr Mitte 17. Jh. von Russen unterworfen; 1922 wurden zwei burjätische Gebiete eingerichtet, 1923 Burjätisch-Mongolische ASSR, 1958 als Burjatische ASSR umbenannt; sie hat sich 1990 für souverän erklärt, ist heute als Rep. Burjatien Teil der Russischen Föderation. B. leben auch als Minderheit von 2,5 % (ca. 48 000) in der Mongolischen VR. B. gelten als orthodox christianisiert, bewahrten aber Schamanismus; Ostburjaten sind Lamaisten. Die burjatische Spr. wurde von Ostburjaten bis 1930 in mongolischer, dann bis 1939 in lateinischer und seiher in kyrillischer Schrift geschrieben. Vgl. Aginsker B., Ust-Ordynsker B.

Burjaten (NAT)
II. namengebendes Staatsvolk der Autonomen Russischen Rep. Burjatien, sind aber StA. von Rußland; in ihrer Rep. bilden sie 1989 mit 24% gegenüber 69,9% Russen, 2,2% Ukrainer, 1,0% Tataren nur eine Minderheit.

Burjatien (TERR)
B. Burjatija. ASSR/Burjatische Sozialistische Sowjetrepublik. Ab 1992/94 Autonome Republik in Rußland. 1922 als Autonomes Gebiet gegr., 1923 Burjatisch-Mongolische ASSR, seit 1958 nur noch Burjatische ASSR. Buriat. Burjatskaja ASSR (=rs); Buryat ASSR, Buryat Republic (=en).
Ew. 1964: 0,752; 1974: 0,841; 1995: 1,035, BD: 3 Ew./km^2

Burkina Faso (TERR)
A. Bez. (seit 1987); davor ehem. Rep. Obervolta (unabh. seit 5. 8. 1960). République Démocratique de Burkina Faso (=fr); Burkina Faso (=en, sp).
Ew. 1950: 3,589; 1960: 4,400; 1970: 5,380; 1975: 6,144; 1980: 6,145; 1985: 6,639; 1996: 10,669, BD: 39 Ew./km^2; WR 1990–96: 2,8%; UZ 1996: 16%, AQ: 81%

Burkiner (NAT)
I. burkinabès, burkinais (=fr).
II. StA. von Burkina Faso; über 160 Ethnien, darunter 48% Mossi, 17% Bobo und Verwandte, 10% Fulbe, 7% Dagara und Lobi; zeitweilig große Kontingente im benachbarten Ausland. Vgl. u.a. Mossi, Mande, Fulbe.

Burlaken (SOZ)
II. Altbez. für Wolgatreidler, auch für Wanderarbeiter, umherziehende Tagelöhner.

Burmanen (ETH)
I. Birmanen, Burmesen.
II. das staatstragende Volk Myanmars (Birmas), 69% der Staatsbev.. Wie auch die meisten Minoritäten in Myanmar zur tibeto-burmanischen Spr.familie zählend. Die Burmanen sind in der 2. Hälfte des ersten Jts. aus dem ö. Tibet eingewandert, haben die Vorbev., die Pyu, und z.T. die benachbarten Mon verdrängt bzw. eingeschmolzen, von ihnen aber den Hinayana-Buddhismus der Theravada-Richtung übernommen. Ihr Idiom ist Staatsspr.

Burmesen (NAT)
s. Birmanen, Birmaner.

Burschen (SOZ)
I. aus Bursa (lat=) »Geldbeutel«; dann Burse, Börse. Altbez. für Genossenschaft von Studenten, die aus gemeinsamer Kasse leben;
II. Gesellen, Genossen, ältere Mitglieder einer studentischen Verbindung; Offiziersdiener; junge Männer.

Burschenschaften (WISS)
I. 1.) Knabenschaften.
II. Bünde unverheirateter Burschen als Sonderform älterer Männerbünde, die sich im dt.spr. Alpenraum erhalten hat, verstehen sich als Wächter über Brauch und Sitte, üben zu bestimmten Gelegenheiten ein Heischerecht aus. 2.) Altbez. 1791–1815 für Studentenschaft einer Universität. 3.) Studentische Bewegungen in Deutschland, gegr. aus nationaler Zielsetzung von Teilnehmern der Befreiungskriege 1815. Etwa ab 1850 eine besondere Gruppe (»Deutsche B.«) unter den studentischen Verbindungen/Korporationen; bis 1933 bestanden 174 Verbände, Neugründung 1950. Mitglieder sind die Burschenschafter. Vgl. Korporierte, Studierende; vgl. Landsmannschaft.

Burunder (NAT)
I. fälschlich für Burundier.

Burundi (TERR)
A. Republik. Unabh. seit 1. 7. 1962. Republika y'Uburundi; République du Burundi (=fr). (The Republic of) Burundi (=en); (la República de) Burundi (=sp).
Ew. 1950: 2,360; 1960: 2,869; 1967: 3,0; S; 1970: 3,621; 1980: 4,121; 1985: 4,718; 1996: 6,423, BD: 231 Ew./km²; WR 1990–96: 2,6%; UZ 1996: 8%, AQ: 65%

Burundier (NAT)
I. Barundi; Warundi, Baniaruanda, Banyarwanda (=ba); Burundi (=en); burundais (=fr); burundianos (=sp, pt). Nicht Burunder.
II. StA. von Burundi; sie sind ganz überwiegend Bantu, insbesondere (Ba)Hutu (85%) und Tutsi(Bahima; 14%); 1% Twa (Pygmäen). In ethnischen Auseinandersetzungen fanden allein 1994–1996 weit über 150000 B. den Tod.

Buruschaski (SPR)
I. Burushaski (=en).
II. kleine isolierte Eigenspr. von Teilen der Hunza in Kaschmir, 1994 ca. 40000.

Buruscho (ETH)
I. Burusho.
II. Bergvolk im unteren Hunza-Tal/W-Himalaya/Nordpakistan, siedeln bis zu 2750 m Höhe, d. h. unter Wakhi, betreiben intensiven Bewässerungsfeldbau mit zwei Ernten, beherrschten einst räuberisch die Handelsroute nach Turkestan. Eigenspr. Buruschaski. B. sind vermutlich aus Baltistan zugewandert. Als abhängige Minderheit der Bericho. Vgl. Hunzakuts; Bericho.

Busa (ETH)
I. Bussa, Bissa, Busanse, Busansi, Tienga.
II. schwarzafrikanische Ethnien in S-Burkina Faso (rd. 500000 = 5% der Gesamtbev.) und in W-Nigeria, w. des Kainji-Stausees.

Buschmänner (BIO)
I. Eigenbez.: San; Bushmen (=en); bojesman aus bosja »Busch« (=ni); bochiman (=fr); Boscimana (=it).
II. kleinwüchsiges, nach SW-Afrika abgedrängtes Restvolk, verhältnismäßig hellhäutig, Büschel- (»Pfefferkorn«) Haar; verschiedene Schnalz-(Klick-) Sprachen; z. T. noch in Horden lebende Wildbeuter; im 12. und 15. Jh. von Bantu überlagert, insgesamt ca. 50000; in Namibia (1986 rd. 34000), Botsuana und Sambia, diverse Kleinstämme, u.a. Dzuwazi, Heikum, Khung, Koroca, Naron. Höchst differenzierte Verwandtschaftsverhältnisse. Vgl. Khoisanide.

Buschneger (SOZ)
I. Bosneger, Dschungelneger; Maron, Maronneger; Maroons, Marronen; cimarrónes, negros alzados (=sp); Buschland-Kreolen; Bushpeople (=en); Shenzi (=su); Selbstbez. Djuka.
II. Begriff (möglicherweise abgeleitet von der Farbe der Maronen) tritt mit entsprechendem Sinngehalt mehrfach auf: 1.) Nachkommen von (nach 1667) entlaufenen Negersklaven in Surinam (38000 = 10% der Gesamtbev.) und Französisch Guyana mit Untergruppen Aucaner, Boni, Matawaais, Paramaccaner/Paramaker, Saramaccaner; insgesamt ca. 50000–100000, gegliedert in Sippengruppen unter Leitung von Granmans. Wohnen heute längs der Küste und am Maroni-Fluß. B. sind fast reine Negride. Ihre Kultur enthält noch viele afrikanische Elemente, haben von Indianern den Feldbau übernommen, üben Starifikation. Ihr Idiom (Talkee-talkee) ist Mischspr. aus niederländischen, französischen, englischen, portugiesischen und afrikanischen Elementen; Idiom der Saramaccaner wird Deepi-takhi oder Saramacca tongo genannt. B. wurden im 18. Jh. mit großer Grausamkeit verfolgt, seit Friedensschluß (1761) entstand ältestes freies Gemeinwesen von Negern in Amerika. 2.) Im 18. Jh. geflüchtete Negersklaven auf Haïti und in anderen westindischen Kolonialplätzen. B. auf Jamaica wurden Ende 18. Jh. von Briten wieder eingefangen und nach Sierra Leone deportiert, wo sie Grundstock dortiger Mischbev. abgeben; ihr Idiom heißt Krio. 3.) in ähnlicher Entwicklung entstanden die brasilianischen Quilombo-Einheiten. Vgl. Bushpeople; Shenzi (=su); Marronen, Quilombos.

Bushan (SOZ)
II. Bez. für Sklaven in Tripolitanien.

Bushoong (ETH)
I. Busongo, Bushongo.
II. kleine ethnische Einheit im zentralen Teil der DR Kongo.

Butuque (REL)
II. in Sklavenzeit entwickelter Kult in Brasilien und Uruguay. Zentrales Element ist die Verkörperung von Geistern durch Medien; Priesterschaft (Pai und Mae »Väter« und »Mütter«) werden magische Kräfte zugeschrieben. Vgl. Afrobrasilianische Sekten.

Buyi (ETH)
II. Minderheitsvolk in S-China, im SW der Provinz Guizhou; nach 1990 etwa 2,5 Mio.

Buzi (ETH)
I. Toma.

Byzantiner (SOZ)
I. aus Byzantion (=agr), dem antiken Namen der Stadt Konstantinopel.
II. 1.) Rhomäer, die Bew. der Stadt Byzanz und des oströmischen Reiches 330/395–1453, Teilung des Römischen Weltreiches bis zur Eroberung durch die Osmanen. 2.) Byzantinische Christen (mit byzantinischem Ritus) unter Griechen, Russen, Ukrainern, Serben, Makedoniern, Bulgaren, Rumänen. 3.) die Träger der byzantinischen Kultur und spezieller Kunst. 4.) aus den gesellschaftlichen Verhältnissen der alten B. abgeleitete Bez. für Schmeichler, würdelose Kriecher, unterwürfige Untertanen.

Byzantinische Christen (REL)
II. 1.) orthodoxe Griechen, Melchiten. 2.) Ostchristen mit »byzantinischem Ritus«. Der in Byzanz/Konstantinopel übliche Ritus der Liturgie wurde vom 12. Jh. an auch von Patriarchaten Alexandrien und Antiochien (in arabischer Spr.), dann von der Kiewer Rus und Rußland (in altslawischer Spr.) übernommen. Trotz ihrer Selbständigkeit und Unabhängigkeit stimmen alle orthodoxen Kirchen in Lehre und Kult im wesentlichen überein. Vgl. Griechisch- und Russisch-Orthodoxe und entsprechend unierte Ostchristen.

Byzantinische Slawen (SOZ)
II. verallgemeinernde Bez. für jene slawischen Ethnien, die kyrillisch schreiben, die sich zum griechisch-orthodoxen Glauben bekennen: Großrussen, Weißrussen, Mehrzahl der Ukrainer.

Byzantino-Slawische Kirche (REL)
Vgl. Orthodoxe Christen.

C

Ca'ab (ETH)
I. Madan der Beni Lem.
II. arabische Stammeseinheit, die im 16./17. Jh. von der Golfküste in das unterirakische Marschengebiet eingewandert ist, betätigten sich im 18. Jh. seeräuberisch im Schatt el Arab. Heute ein Wanderstamm entlang des Meserrah und zwischen iranischem und irakischem Staatsgebiet. Haben z.T. die Büffelkultur der Madan übernommen. Mischung arabisch-madanischer Lebensweise. Vgl. Madan.

Cabecar (ETH)
II. Indianerstamm in Costa Rica an der Grenze zu Panama.

Cabinda (TERR)
B. Portugiesische Kolonie seit 1886/1901–1975. S. Angola.
Ew. 1995: 0,185

Caboclos (BIO)
I. (=pt); Cabocos; Mestizen, Cholos, Ladinos.
II. in Brasilien Bezeichnungen mit stark variierender Bedeutung; 1.) in der Regel: Mestizen, Mischlinge zw. Indianern und Weißen; 2.) im Regenwald oder in Reservaten noch im Verband lebende Indianer; 3.) unvollkommen zivilisierte und christianisierte Indianer; 4.) Mitglieder afrobrasilianischer Sekten. 5.) im übertragenen Sinne: unzuverlässige Individuen.

Caboclos (SOZ)
II. (=pt); in mehreren Teilen Südamerikas gebräuchlicher Terminus mit unscharfem Inhalt. In Brasilien werden so gleichermaßen aus ihrem Stamm gelöste Indios als auch arme weiße Ackerbauern oder Siedler, die wie die Indigenas im Regenwald leben (die verelendete Landbev. überhaupt), bezeichnet, z.B. die Sertanejos.

Caboverdeaner (ETH)
I. aus Cabo verde (pt=) »grünes Kap«.
II. Inselgruppe der Capverden war bis zur Entdeckung durch Portugiesen 1459 unbewohnt, 1461–1680 Ansätze zur Kolonisation durch wenige europäische Zuwanderer und überwiegend westafrikanische Negersklaven (Sklaverei bis 1856), seit 1975 unabhängiger Inselstaat; tropische Landwirtschaft, Fisch.

Caddo (ETH)
I. Kaddo.
II. Sprach- und Völkerfamilie nordamerikanischer Indianer. Als wichtigste Einheiten zählen zu ihnen der Kadohadacho-Bund in NE-Texas und SW Arkansas und der Hasinai-Bund in NE-Texas, ferner die Arikara, Pawnee und Wichita. Werden mit Irokesen zu den Hoka-Spr. verbunden.

Caduveo (ETH)
II. durch *Claude Lévi-Strauss* bekannt gewordene Indianerethnie im Regenwald Zentralbrasiliens; heute zerstreut oder untergegangen.

Cafuzos (BIO)
I. (=pt); Zambos, Tornatros.
II. Mischlinge in Brasilien aus Negern und Indianern als Elternteilen.

Caingang (ETH)
II. Indianervolk verstreut und isoliert unter den Guarani, in S-Brasilien, W-Paraguay und NE-Argentinien lebend, zur Spr.gruppe der Ge zählend; trotz langen Kontakts mit Europäern noch Sammler und Jäger. Eine Untergruppe sind die Aweikoma.

Cainguá (ETH)
I. Kaingua.
II. die in der christlichen Mission (seit 17. Jh.) heidnisch gebliebenen oder wieder vom Christentum abgefallenen Guarani-Indianer in S-Brasilien, Paraguay und Argentinien, zus. ca. 10000–20000 Köpfe. Zu unterscheiden sind regionale Kleingruppen der Mbya, Chiripá, Carima, Taruma, Cheiru, Apapocura u.a.

Caitanya (REL)
II. die bekannteste vishnuitische Sekte Bengalens, im 16. Jh. entstanden. Zeichnet sich durch Sozialdienst, Prozessionen und Gesang im Tempeldienst aus.

Caiuá (ETH)
II. Indianerstamm in Brasilien, dessen Reste nach 1970 in ein Zwangsreservat bei Dourados/Mato Grosso do Sul umgesiedelt wurde.

Cajetaner (REL)
Vgl. Theatiner.

Cajuns (ETH)
I. Cadiens (=fr).
II. die 1755 aus Neuschottland vertriebenen Akadier (s.d.). Nachkommen französischstämmiger, katholischer Kolonisten, die sich bes. nach 1763 im damals spanischen Hoheitsgebiet abgelegener Prärie- und Sumpfgebiete w. des unteren Mississippi, im heutigen Louisiana/USA als Kleinbauern, Fischer, Krebszüchter, Jäger und Fallensteller angesiedelt haben. In langer Isolation (bis Ende 19. Jh.) integrierten sie Kleingruppen u.a. von Spaniern und Kreolen und entwickelten ein ausgesprochenes ethnisches Selbstbewußtsein, z.B. Eigenspr. aus Altfranzösisch des 18. Jh. mit spanischen, englischen, indianischen und afrikanischen Einflüssen. Wurden deshalb als Hinterwäldler diskriminiert, ihre Sprache fast ausge-

löscht. 1990 erklärten knapp 900 000 der 4,2 Mio. Ew Louisianas, daß sie von Cajuns abstammen, doch waren nur mehr 260 000 des Französischen mächtig. Seither Wiederbelebung der französischen Kultur. Vgl. Akadier.

Cakchiquel (ETH)
I. Kakchikel.
II. mesoamerikanisches Indianervolk im Hochland von Guatemala, zur Sprachgruppe der Maya zählend; > 150 000. Treiben Anbau zur Selbstversorgung; alte Webkunst.

Caldoches (ETH)
II. (=fr); Europäer (bes. Franzosen) auf Neukaledonien, sofern dort schon geboren; z.T. Nachkommen verbannter Communarden.

Calés (SOZ)
I. »die Schwarzen«.
II. Eigenname der aus S nach Andalusien und Nordspanien gelangten Zigeuner.

Californide (BIO)
II. Terminus bei LUNDMAN (1967) für Untergruppe der Margiden bei *v. EICKSTEDT* (1934, 1937).

Calpamulas (BIO)
I. aus (sp=) cal »Kalk« und mula »Maultier« (s. Mulatte).
II. Mischlinge aus Albarazados und schwarzem Elternteil in Mexiko.

Calpan-Mulatten (BIO)
I. aus calpanería (=sp) aus cal ((sp=) »Kalk«, panería (sp=) »Getreidespeicher«, »Leutehaus auf einer Hazienda« in Mexiko.
II. Mischlinge in Mexiko, deren Elternteile Zambos und Mulatten sind.

Calpulli (SOZ)
I. (aztek.=) »großes Haus«.
II. in Mesoamerika eine Stammesgruppe, eine wirtschaftliche, soziale, polit. Einheit, auch die Bew. eines Siedlungsquartiers innerhalb der aztekischen Gesellschaft.

Calvinisten (REL)
I. Calvinists (=en); calvinistes (=fr); reformierte Protestanten.
II. Anh. einer durch J. Calvin nach 1536 in Genf unter strengem Sittenzwang begründeten, sich in Prädestination und Abendmahlslehre unterscheidenden, neben Lutheranern, Zwinglianern und Taufgesinnten vierten Richtung des westeuropäischen Protestantismus, bes. in der Westschweiz und in Ungarn (Zentrum Debrecen); vereinigten sich später mit den Zwinglianern.

Camaldulenser (REL)
I. Kamaldulenser, OCam.
II. römisch-kath. Einsiedlerorden, gestiftet im 11. Jh. in Camaldoli/Arezzo unter Einwirkung des orientalischen Eremitentums, war verbreitet in Italien und Polen.

Camaracoto (ETH)
II. Kleingruppe von Indianern in S-Venezuela, zur karaibischen Spr.gruppe zählend.

Camayura (ETH)
I. Kamayura.
II. Indianerstamm der Tupi im Xingú-Nationalpark.

Cambujos (BIO)
I. (=sp); »dunkelhäutig«; pejorative Bez. »Klepper«; Kambujo(s).
II. Bez. für regional unterschiedliche Mischlingsgruppen: in Mexiko solche aus Albarazados und Indianern; sonst (Söhne) aus Zambaigo und Mulattin bzw. Indianerin. Schließlich auch aus Chinesen und Indianern.

Çami (ETH)
I. Tsamides (=gr).
II. albanische Volksgruppe in NW-Griechenland, die am Ende des II.WK als Vergeltung nach Albanien vertrieben wurde.

Camisas viejas (SOZ)
I. (=sp); »Althemden«.
II. spanische Bez. für die Urfalangisten Prima di Riveras z.Zt. des Franco-Regimes.

Camorra (SOZ)
I. Kamorra; Camorristi. Etymologisch aus morra (it=) »Herde«, »Bande«, Präfix ca zur Hervorhebung.
II. neapolitanischer/kampanischer süditalienischer Geheimbund; im 19. Jh. mit polit. Zielen, im 20. Jh. zufolge krimineller und terroristischer Aktivitäten vom italienischen Staat scharf bekämpft. Umfaßte 1991 ca. 100 bis 110 Familienclans mit 6000–7000 Mitgliedern. Vgl. Maf(f)ia; Geheimbünde.

Campa (ETH)
I. Eigenbez. Ashiningua.
II. Indianervolk von 50 000–100 000 Köpfen aus der Aruak-Spr.gruppe im sw. Teil der Montaña-Region von Peru, bes. im Gran Pajonal. Zufolge der natürlichen Isolierung vermochten C. ihre kulturelle Eigenart bis tief in das 20. Jh. zu bewahren. Treiben Jagd, Anbau und Handwerke, in jüngerer Zeit als zweisprachige Farmarbeiter. Verbreiteter Dämonenglauben. Leben in erweiterten Familiengruppen mit einem Nampitsi (»Eigentümer«) als Lokalanführer.

Campamulatos (BIO)
I. (=sp); aus campa/campo »ländlich«, campo »Feld« und Mulatte.
II. Mischlinge im kolonialen Spanisch-Amerika aus Mulatten und Mestizen oder Zambonegern als Eltern.

Campbelliten (REL)
I. Disciples of Christ (en=) »Schüler, Jünger Christi«; nach Gründer Alex. Th. Campbell.
II. 1811 in USA gegr. baptistische Gemeinschaft, 1827 von Baptisten getrennt, 1985 rd. 9 Mio. Mitglieder. Stehen zwischen Baptisten und Presbyterianern.

Campesinos (SOZ)
I. (=sp); campesinhos (=pt).
II. Bauern, Landleute; in Lateinamerika überwiegend i.S. von Kleinbauern mit geringem Bodenbesitz, die oft genug auf den Stand von Landarbeitern abgesunken sind.

Canari (ETH)
II. in anderen Stämmen aufgegangene Indianerethnie im Hochland des s. Ecuador, besaßen hochentwickeltes Handwerk auf Waffen, Schmuck, Weberzeugnisse.

Candala (SOZ)
II. früher Prototyp der Unberührbaren in Indien.

Candomblé (REL)
II. synkretistische Religion der Schwarzen in Brasilien, unter dem Mantel vulgärkatholischer Kultformen als Gemeinschaft ausgebildet. Das theologische Gerüst liefern der Religionen Westafrikas, v.a. die der Yoruba Nigerias. Derartige Kulte waren in der Kolonialzeit strengstens verboten, überdauerten aber unter dem Mantel der Irmandaten. Vgl. afrobrasilianische Sekten.

Canelo (ETH)
I. Canelos, Napo.
II. Indianerethnie im bewaldeten Montana-Gebiet an der Grenze von Peru und Ecuador (Prov. Napo, Pastaza, Zamora). Im 16. Jh. durch Dominikaner christianisiert, bis dahin Krieger, Kannibalen, Sammler und Jäger. Haben Eigenspr. aufgegeben.

Canichana (ETH)
II. Indianerpopulation in Bolivien (am Zusammenfluß von Rio Guaporé und Mamore). Bilden eigene Spr.gruppe, Jäger und Fischer.

Canton und Enderbury (TERR)
C. Ehem. Kondominium von Großbritannien und USA, jetzt Teil von Kiribati. The Canton and Enderbury Islands, Canton and Enderbury (=en); (les îles) Canton et Enderbury (=fr); (las islas) Cantón y Enderbury (=sp).

Caodaisten (REL)
II. Anh. der synkretistischen Glaubensgem. Cao-Dai, »Hoher Altar«; gegr. 1920/26 von Lêvan-Trang; er sah sich als »Dritte Amnestie Gottes« nach Moses und Christus bzw. Buddha und Laotse. Religionssymbol das »Heilige Auge«, zentrale Kathedrale in Tay Ninh. Auffällig sind stark chinesisch-buddhistisches Gepräge und spiritistische Einflüsse. Stärkste Sekte in Vietnam (2 Mio.) und Kambodscha. Umfängliche Hierarchie, reicher Kultus. Politischer Einfluß dank und trotz bewaffneter Kräfte, die schon gegen französische Mandatsmacht, südvietnamesische Diktatur und Nordvietnam gekämpft haben. Heute geduldet.

Capachene (ETH)
II. Unterstamm der Araona-Indianer im Andenvorland zwischen Beni und Madre de Dios.

Cape-Coloureds (BIO)
II. (=en); heterogene Teilbev. in Südafrika, die dort 1950 im Zuge der »Population Registration Act« als Kategorie definiert wurde: weder weiß noch schwarz und auch nicht Asiaten. Offiziell zählten zu ihnen (um 1990) 3,4 Mio. Individuen (8,5 % der Gesamtbev.). Es handelt sich um Nachkommen älterer Mischlingsschichten von niederländischen und hugenottischen Siedlern mit Khoi-Khoin/Hottentotten- und San/Buschmanns-Frauen sowie in geringem Umfang um Nachkommen eingeführter Sklaven unterschiedlicher Herkunft (u.a. Malaien), die sich ihrerseits wieder auf mannigfache Weise vermischt haben. Prozeß kulminierte nach 1828, als Khoi-Khoin rechtlich gleichgestellt und nach 1834, als die Sklaven befreit wurden. C.C. stehen politisch wie sozial zwischen Weißen und Schwarzen; sie sind überwiegend afrikaanssprachig und Christen, in Mehrheit Städter, die zumeist im Dienstleistungssektor tätig sind. C.C. leben zu 83 % in der Kapprovinz, wo auch die eigentliche Genese dieser Gruppe abgelaufen ist (J. GERWEL). Begriff umschließt nicht die rezenten Mulatten. Vgl. Coloureds, Farbige, Kleurlinge.

Caprivianer (ETH)
I. Caprivians (=en).
II. regionale Sammelbez. für die Bewohner des Caprivi-Zipfels, eines rd. 500 km langen, schmalen Gebietsstreifens, der aus Namibia zum Sambesi greift, der 1890 im Sansibar-Helgoland-Tauschvertrag mit Großbritannien an das damalige Deutschsüdwestafrika gefallen war. Es handelt sich um div. schwarzafrikanische Ethnien mit zus. ca. 50000 Köpfen. Zu den größten Einzelstämmen zählen Masubya und Mafwe. Sprachlich näher den Barotse als den Kavango stehend, ihre Amtssprache ist Lozi.

Capuibo (ETH)
II. Stamm von Waldindianern aus der SE-Gruppe der Pano in E-Bolivien.

Caraiba (ETH)
II. Bez. vieler südamerikanischer Indianer für die Weißen.

Carajá (ETH)
II. Indianervolk am Araguaya-Fluß Zentralbrasiliens, sprachlich isoliert im Wohngebiet der Ge; zählen zu den progressiveren bodenbautreibenden Stämmen des tropischen Waldlandes.

Carapuná (ETH)
II. Stamm von Waldindianern aus der SE-Gruppe der Pano in E-Bolivien.

Cargo-Kulte (REL)
I. aus cargo (en=) »Frachtgut«, da alle diese Kulte die Erwartung auf Schiffs- bzw. Flugzeugladungen von Nahrungs- und Zivilisationsgütern tangieren.
II. neuzeitliche Heilsbewegung in Melanesien, im Zusammenhang mit Ahnenkult stehend, sollen Teilhabe an materiellen Zivilisationserrungenschaften der Weißen verschaffen und damit Wohlstand, Glück und Freiheit bewirken. Vgl. Taro-Kult, Mambu-, Paliau-, Tuka-Sio-Vivi-Bewegung.

Caribocos (BIO)
I. (=pt); Bambaigos.
II. Mestizen (bei meist indianischer Mutter).

Carijó (ETH)
I. Cario. Vgl. Guarani.

Carijona (ETH)
II. Indianerstamm in S-Kolumbien (Prov. Caquetá und Amazonas), zur karaibischen Spr.gruppe gehörig. Maniokanbau, Jagd und Fischerei.

Carina (ETH)
II. kleines Indianervolk in N-Venezuela zwischen Küste und Rio Unare-Rio Orinoco; > 5000 Köpfe. Stehen den Küsten-Kariben nahe.

Carpentarians (BIO)
II. (=en); überholte Altbez. für Untereinheit der Australiden am Carpentaria-Golf.

Carpetbaggers (SOZ)
I. (=en); Leute mit Teppichtaschen/Reisetaschen.
II. Bez. in Südstaaten der USA nach Sezessionskrieg für Vereinigungsgewinnler aus dem Norden, die mit Reisetaschen ankamen und als Millionäre abzogen.

Carrots (BIO)
I. aus carrot (en=) »Möhre«.
II. Eigenname der 14 500 Bew. von britisch Montserrat/Karibik; Nachkommen von Mischlingen des 17. Jh. aus fünf irischen Familien und afrikanischen Sklaven.

Cascos (BIO)
II. Mischlinge zwischen Mulatten.

Cashibo (ETH)
II. Indianerstamm aus der Pano-Spr.gruppe in E-Peru.

Cashinawa (ETH)
II. Kleingruppe von Indianern im Staate Arizona/Brasilien, treiben Brandrodungsbau.

Castellano (SPR)
I. die spanische Spr. auf Puerto Rico, gesprochen von 3,4 Mio.

Castizen (BIO)
I. castizos (=sp).
II. Mischlinge von Mestizen mit Weißen (Spaniern) in Mexiko.

Catadores (SOZ)
II. (=pt); Bez. für die auf und aus Mülldeponien lebenden Abfallverwerter in Brasilien. Vgl. Zabbalin.

Catio (ETH)
II. Indianervolk der karaibischen Choco-Sprachgruppe; leben ö. des Atrato-Tales in Kolumbien. Mehrfamilien-Pfahlbauten; Polygamie, Schamanentum; Anzahl 10 000–20 000.

Catukina (ETH)
I. Juruá-Purús-Stämme. 1.) Indianerstamm im Rio Juruá-System, BSt. Acre und Amazonas/Brasilien; zur Spr.gruppe der Pano zählend, einige Tsd. Angehörige, bedeutende Stämme sind: C. i.e.S., Catawishi, Canamari, Pano, Parawa. C. sind typische Vertreter der tropischen Waldlandindianer mit extensivem Ackerbau ergänzt durch Jagd, Fischfang und Sammelwirtschaft. 2.) kleiner wohl zu den Tupi zählender Indianerstamm im brasilianischen Gliedstaat Acre, bekannt durch seismische Kommunikation des Bodentrommelns.

Caucasian Tatars (ETH)
(=en); Vgl. Aserbeidschaner, Kaukasus-Tataren.

Caucasian Tatars (NAT)
(=en) s. Aserbeidschaner.

Caucasoids (BIO)
I. (=en); kaukasischer Rassenkreis (Altbez.); im angelsächsischen Schrifttum bis heute gebräuchliche Bez. für Europide.
II. Bez. entstand aus einem von J.F. BLUMENBACH 1775 eingeführten unpassenden Terminus, der sich aber in englischsprachiger Literatur und auch in ehemaligen Ostblockländern bis heute behauptet.

Cavcu (ETH)
I. Eigenbez. der Tschuktschen, s.d.

Cavcyv (ETH)
I. Eigenbez. der Korjaken, s.d.

Cawahib (ETH)
II. Kleingruppe von Indianern der Tupi-Guarani-Sprachfamilie in den brasilianischen BSt.en Rondônia und Amazonas. Sind Wildbeuter, treiben auch Anbau; an Zahl einige Hundert.

Cayapa (ETH)
I. Eigenbez. Cachi, d.h. »Menschen«.
II. kleines Indianervolk, letzte rein überdauernde Ethnie im nw. Tiefland Ecuadors. Sind wohl aus Hochanden den Santiagofluß abwärts gewandert. Ihre Eigenspr. gehört zur Chibcha-Gruppe. Übernahmen von spanischen Kolonisatoren spanischen Titel in ihre Hierarchie. Ihr Katholizismus ist mit alten Glaubensvorstellungen vermengt. Anzahl < 10 000.

Cayapó (ETH)
I. n. C. oder Coroa und s. C.
II. indianische Stammesgruppe auch der Cayamo, Montuktire und Xikrin einschließend; mit Sprache aus der Gê-Gruppe; ansässig in den brasilianischen BSt. Para und Mato Grosso; an Zahl einige Tausend. S. C. leben in den BSt. Minas Gerais und Goiás/Brasilien, sind polygam.

Cayuga (ETH)
II. ein dem Irokesenbund zugehöriges Indianervolk N-Amerikas.

Cayuse (ETH)
II. untergegangener Indianerstamm aus dem Verband der Sahaptin; gerieten schon im 16. Jh. in Kontakt mit Spaniern, übernahmen und übertrugen Pferdehaltung in die n. Plains. C. wurden durch eingeschleppte Krankheiten dezimiert, sind heute mit den Nez Percé verschmolzen.

Cayuvava (ETH)
II. vom Aussterben bedrohtes indianisches Restvolk in N-Bolivien.

Cazcan (ETH)
II. Indianerethnie mit einer Nahu-Spr. im mexikanischen BSt. Zacatecas.

Cebuano (SPR)
I. Cebuanisch-spr., Sebuano, Zebuano, Sugbuanon.
II. eine der Bisaya-Spr. in der austronesischen Sprgem. auf den Philippinen, insbes. Insel Cebu, mit etwa 15,5 Mio. (1994), d.h. 24% der Gesamtbev.; benützt Lateinschrift.

Céfran (SPR)
I. »langue des keums« (=fr).
II. moderne Bez. für die Umgangsspr.der Jugendlichen in den französischen banlieus. Vgl. Beurs.

Cellitinnen (REL)
I. Alexianerinnen, Schwarze Schwestern.
II. ursprünglich flandrische Laienschwestern für Krankenpflege.

Central Sudanic Peoples (=en)
II. (=en); Sammelbez. nach MURDOCK für die Mangbetu und ihre Verwandte, die Madi- und Sara-Stämme.

Ceuta (TERR)
B. Einer der Spanischen Hoheitsplätze in Nordafrika. (The Place of) Ceuta (=en); (la place de souveraineté de) Ceuta (=fr); (la Plaza de Soberanía de) Ceuta (=sp).
Ew. 1991: 0,073 Z

Cewa (ETH)
I. Chewa, Gewa, Atscheba. Vgl. auch Nyassa-Völker.

Ceylonesen (ETH)
I. Ceylonese (=en); Ceylanais, Cingalais (=fr); ceilaneses (=sp).
II. ältere Sammelbez. für Bew. von Ceylon und über 80 Küsteninseln mit rd. 66000 km². Vgl. Srilanker, Singhalesen, Jaffna-, Indien- und Ceylones. Tamilen.

Ceylonesen (NAT)
I. Altbez. für StA. von Ceylon, Srilanker seit 1978. Singhalesen (74%), Srilanka-Tamilen (12,6%), indische Tamilen (5,5%), Moors (7,1%) und Burghers (0,8%).

Ceylonesische Tamilen (ETH)
II. Abkömmlinge der südindischen Tamilen, tamilspr. und im Gegensatz zu den buddhistischen Singhalesen Hindus. Geschichtliche und räumliche Zweiteilung: 1.) die frühen Einwanderer (vor 2. Jh.), die sich im N der Insel (um Jaffna) niederließen = »Jaffna-Tamilen, Ceylon- oder Sri Lanka-Tamilen i.e.S.; 2.) die durch die britische Kolonialmacht Mitte des 19. Jh. als Plantagenarbeiter geholten T. im zentralen Bergland (2,9 Mio.) = »Indien-Tamilen«; zus. stellen Tamilen 19,7% der Bevölk. Sri Lankas. Seit 1987 ist Tamil die zweite Staatsspr.. C.T. waren unter englischen Kolonialherren aufgestiegen, wurden aber nach Unabhängigkeit Sri Lankas 1948 unter Singhalesen (74%) langsam ihrer Rechte enthoben. Seit damals und verstärkt seit Ausschreitungen von 1983 wanderten C.T. in Massenexoden aus. Allein in der Schweiz 25000 (1991). Vgl. Tamilen, Jaffna-Tamilen.

Ceylon-Moors (BIO)
I. (=en); Sri Lanka-Moors.
II. Nachkommen von meist mit singhalesischen Frauen, Persern und Indern vermischten südarabischen Einwanderern auf Ceylon; fälschlich für negride Sklavennachfahren auf Ceylon. Im heutigen Sri Lanka lebten 1986 1,056 Mio. Sri Lanka-Moors und 29000 indische Moors, ihr Anteil an der Gesamtbev. (1981: 7,1%) ist wachsend. C.-M. sind großteils Muslime. Vgl. Mohren, Mauren, Moriscos.

Chabadniks (REL)
I. Chabad-Juden, Lubawitsch-Vereinigung Chabad I. aus hebräischen Abkürzungen Losing Chochma »Weisheit«, Bina »Verständnis« und Daat »Wissen« bzw. nach Kfar Chabad bei Tel Aviv.
II. im 18. Jh. in Polen u.a. durch Schneur Salman von Ladi begründete besondere Schulrichtung des Chassidismus. Heute als eine wirtschaftlich mächtige ultraorthodoxe jüdische Gemeinschaft mit rd. 1 Mio. Anh. in 1700 Zentren, vor allem in USA; ihr geistiges Oberhaupt ist der Rebbe, Menachem Mendel Schniourson/Schneerson. Vgl. Chassidim.

Chabarowsker Kraj (TERR)
Russische Region an ochotskischer Küste im Gebiet »Ferner Osten«.
Ew. 1970: 1,346; BD: 1970: 2 Ew./km²

Chabiru (SOZ)
I. Japiru.
II. seit 2. Jtsd. v.Chr. in Vorderasien und Ägypten gebräuchliche Bez. für abhängige Sozialgruppe der Schutzsuchenden, Söldner, Zwangsarbeiter. Vgl. Hebräer.

Chabolistas (SOZ)
II. (=sp): Bew. von Chabolas, den Elendsvierteln in Spanien.

Chacharisch (SPR)
I. Tschascharisch, Tschacharisch.
II. ein ostmongolischer Chalka-Dialekt.

Chacobo (ETH)
II. Stamm von Waldindianern aus der SE-Gruppe der Pano in E-Bolivien.

Chafarinas (TERR)
B. Einer der Spanischen Hoheitsplätze in Nord-Afrika. (The Place of) Chafarinas (Islands) (=en); (la place de souveraineté des) Chaffarines, Zaffarines, Zafarines (=fr); (la Plaza de Soberanía de) Chafarinas (=sp).

Chaga (ETH)
I. Djaga, Dschagga, Shaga, Tschagga, Wadschagga.
II. Gruppe der NE-Bantu an den Hängen des Kilimandscharo in Tansania; Feldbau und Rinder, viele Einflüsse von den Maasai/Masai; ehemals zahlreiche zerstrittene Häuptlingstümer, früh unter dem Einfluß westlicher Zivilisation; heute Plantagenwirtschaft, Kaffeepflanzer. Stark wachsende Bev., 1980 > 0,5 Mio.. Den Chaga verwandt Kamba und Kikuyu.

Chakassen (ETH)
I. Chakasen; Khakas, Khakass (=en); Eigenbez. Chaas; Chakasy (=rs); Khakass (=en); Hakazdar.
II. Sammelbez. für 5 turkspr., früher nomadisierende Stämme: Katscha, Sagaier, Beltiren, Kysyl, Koibalen (1990 ca. 80 000) überwiegend im 1930 begründeten Chakassischen Autonomen Gebiet in S-Sibirien, in der russischen Rep. Tuwa und in der Krasnojarsker Region/Rußland. C. sind orthodoxe Christen, es herrscht auch noch Schamanentum.

Chakassen (NAT)
II. namengebendes Staatsvolk der Autonomen Russischen Rep. Chakassien, 2,0 Mio. Ew. (1995), sind aber StA. von Rußland; stehen in ihrer Rep. mit 11,1% in Minderheit zu 79,5% Russen, 2,3% Ukrainer, 2% Deutschstämmige.

Chakassien (TERR)
B. Chakasija. Autonome Republik in Rußland. 1930 als Autonomes Gebiet (in Südsibirien) gegr. Khakass Rep. Khakass Republic (=en).
Ew. 1989: 0,569; 1995: 0,581, BD: 9 Ew./km²

Chake (ETH)
II. Indianerstamm mit einer karaibischen Spr. in der Ostkordillere und auf der Ostseite der Sorrania de los Motilones in Venezuela und Kolumbien. Sind rel. kleinwüchsig, zählen zu sog. Motilones-Stämmen.

Chakma (ETH)
I. Tschakma.
II. Großstamm (> 50 000) bengali-sprachiger Brandrodungsbauern in den Chittagong Hill Tracts von Bangladesh sowie meist als Flüchtlinge in Namdapha, Tripura, Assam und W-Bengalen; zumeist Buddhisten.

Chaladvtka Roma (SOZ)
I. Litauische Roma.

Chalcha (ETH)
I. Chalka, Khalkha, Chalcha-Mongolen.
II. Ostmongolen; die Mongolen i.e.S. in der Mongolei, Teilen N-Tibets und Singkiangs; stellen 75,3% der Gesamtbev. in der Mongolischen VR. Vgl. Chalka-Mongolen, Minderheit von rd. 3000 Köpfen in ehem. UdSSR.

Chalcha-Mongolisch (SPR)
I. Chalka-/Khalkha-Mongolisch; Khalkha (=en).
II. Sprecher des eigentlichen klassischen Mongolisch, das Staatsspr. in der Äußeren Mongolei ist. 1994 rd. 23 Mio. potentielle Sprecher einschließlich des Hotogitu-Dialekts. M. wird seit 1993 wieder mit der alten Eigenschrift geschrieben.

Chaldäer (ETH)
II. semitisches Volk ostaramäischer Spr., das etwa ab 9. Jh.v.Chr. in Untermesopotamien lebte, dort das Neubabylonische Reich gründete, welches von den Persern unterworfen wurde. Ihre Priester waren durch ihre astronomischen Kenntnisse (chaldäische Periode der Mondfinsternisse) berühmt. Vgl. Chaldäische Christen.

Chaldäer (REL)
I. chrétiens chaldéens catholiques (=fr); Chaldaeans, Chaldean Catholics (=en).
II. ab 1553 bzw. 1830 mit Rom unierte Nestorianer mit syrischer (neuaramäischer) Kultspr., ihre Umgangsspr. sind Arabisch oder Persisch, daneben auch neusyrische Dialekte wie das Fellihi (bei Mossul) und der Urmia-Dialekt im Iran. Verbreitet im Irak (ca. 400 000–500 000) und Iran (über 250 000) sowie über 1 Mio. Malabar-Ch. in Vorderindien. Aufgrund besserer Ausbildung Konzentration der Ch. in Großstädten der Region u.a. als Geschäftsleute, Ärzte, Lehrer. Erste Auswanderungen am Beginn des 20. Jh. Verfolgungen und Kriegswirren bewirkten seit II.WK bis heute wachsende Emigration, so daß starke Minderheiten in Amerika und Australien von rd. 0,2 Mio. erwuchsen. Best konsolidierte (und erfolgreiche) Kolonie lebt in Michigan/USA, wo sie bei 70000 sogar den Lebensmittel- und

Whisky-Einzelhandel dominiert. Ihr Oberhaupt, der »Patriarch von Babylon« hat Sitz in Mossul. Klerus trägt einen schweren schwarzen Turban, ihr Jahreskalender beginnt mit dem 1. Dezember. Vgl. Assyrische Christen, »Assyrer«, Nestorianer, Ostchristen.

Chaldäisch (SPR)
I. Neuostaramäischer Dialekt.
II. eine der Umgangsspr. der ca. 120 000 chaldäischen Christen.

Chaldäischer (ostsyrischer) Ritus (REL)
Vgl. Nestorianer, assyrische Christen, Malankaren.

Chalka-Mongolen (ETH)
I. Chalcha-Mongolen; Eigenbez. Chalcha; Mongoly (=rs).
II. Ch. sind Mongolen aus der eigentlichen Mongolei. In der Russischen Föderation leben sie in Nachbarschaft der Burjaten, denen sie sich weitgehend assimiliert haben. Anzahl rd. 3000. Ihre Spr. wurde bis 1945 in altmongolischer Schrift (von oben nach unten), seither in kyrillischer Schrift geschrieben. Vgl. Chalcha.

Chalmg (ETH)
I. Eigenbez. der Kalmüken, s.d.

Chalutzim (SOZ)
I. (=he); Chaluzim.
II. Ostjuden, die als landwirtschaftliche Pioniere am Ende des 19. Jh. in Palästina einwanderten.

Chalwetije (REL)
I. Halwatiya (=ar); Halwetiye (=tü).
II. islamischer Derwischorden überwiegend türkischen Gepräges, gegr. Ende 14. Jh. im Iran, erlangte große politische Bedeutung und Ausbreitung im Osmanischen Reich incl. SE-Europa. Ch. erfuhr diverse Auf- und Abspaltungen (z.B. Gülscheniye-Orden), die vielfach noch heute u.a. in Anatolien, Bulgarien, Mazedonien und Albanien bestehen, in Albanien bis jüngst als Komunitet anerkannt.

Cham (ETH)
II. Minderheit in Kambodscha, durch Religion (Muslime), Sprache und Sitten von Khmer unterschieden. Waren unter Polpot-Regime der Roten Khmer schweren Verfolgungen unterworfen, kaum ein Drittel überlebte Massaker und Verdrängung.

Chama (ETH)
II. Indianerethnie in der Pano-Spr.gruppe am Rio Ucayali in Ostperu.

Chamars (SOZ)
II. Berufsgruppe der Gerber und Lederarbeiter in Indien, zählen zu den Untouchables.

Chamba (ETH)
I. auch Chamba-Daka.
II. mehrere kleine schwarzafrikanische Ethnien im ö. Nigeria und in seinem Grenzgebiet zu Kamerun. Vgl. Sha'amba und Chambaa.

Chamba (SPR)
II. schwarzafrikanische Sprg. von > 800 000 Sprechern im n. Kamerun.

Chambaa (ETH)
I. Shambala, Shambaa.
II. schwarzafrikanische Ethnie im NE von Tansania, die ö. Nachbarn der Maasai.

Chami (ETH)
II. einer der vier alten Indianer-Ethnien im nw. Dep. Antioquia/Kolumbien; litten im Guerilla-Krieg schwer unter Übergriffen beider Seiten, zunehmende Fluchtabwanderung. Vgl. Catio, Cuna, Zenú.

Chamorro (SPR)
II. Mischspr. auf der Insel Guam.

Chamorro(s) (ETH)
II. Altbew. von Palau, Guam und anderen Marianen-Inseln/Pazifik, im 16./17. Jh. durch Spanier überwandert und christianisiert, Guam seit 1898 durch US-Amerikaner, Filipinos und Japaner überfremdet. Stellen 1990 nur mehr 40 % der Einw., die mit wachsender Erbitterung um ihre Landrechte kämpfen.

Chamula (ETH)
II. Indianervolk im Bergland von Chiapa/S-Mexico mit Maya-Spr. Tzotzil. Ch. halten eingebunden in ihr Christentum an Maya-Mythologie, -Festkalender und z.T. -Kleidung fest.

Chamulitos (ETH)
I. (sp=) »kleine Chamula«.
II. Bez. in Mexiko für die noch reinrassigen Indianer.

Chan (REL)
I. Tschan; aus dhyai (ssk=) »denken, sinnen«.
II. durch südindischen Mönch Bodhidharma im 6. Jh. in China begründete Mönchsgemeinde, die Meditation zur Hauptaufgabe machte. Aus ihr gingen im 11. Jh. mehrere Sekten hervor, so die Linji- und die Caodong-Sekte. Der Chan-Buddhismus wurde im 12. Jh. nach Japan übertragen, nur dort lebt er bis heute fort. Vgl. Zen-Buddhismus.

Chandigarh (TERR)
B. Territorium Indiens.
Ew. 1981: 0,452; 1991: 0,642, BD: 5632

Chandule(s) (ETH)
I. Chandri(s).
II. Indianervolk in S-Uruguay in der Mündung des Rio de la Plata mit einer Tupi-Guarani-Spr.

Chané (ETH)
II. Indianer-Restpopulation auf der Ostabdachung der bolivianischen Anden. Im MA von Guarani unterworfen (wobei allein im 16. Jh. ein Verlust von rd. 60 000 Menschen); seither kulturell und bes. sprachlich eingegliedert. Seit je tüchtige Bauern und geschickte Fischer (mit Bogenpfeilen).

Chang (ETH)
II. Kopfjägerstamm im NE-indischen Nagaland.

Chantaquiro (ETH)
II. indianischer Teilstamm der Piro in Peru.

Chanten (ETH)
I. Chanti, Khanti, Hanti; Eigenbez. Handa; Chanty (=rs); Khanty, Khants (=en); Altbez. Ostjaken.
II. Volk in W-Sibirien im Nationalbez. der Chanten und Mansen und im Gebiet Tomsk/Rußland mit 1990 ca. 23 000 Menschen, finnisch-ugrischer Spr., jedoch anderen ethnischen Ursprungs, die nur Spr. und Kultur der Ugrier angenommen. Ursprünglich wohl w. des Ural an der Petschora ansässig. Seit 14. Jh. in ihre heutigen Wohngebiete am mittleren und unteren Ob eingerückt. Seit 16. Jh. in den russischen Herrschaftsbereich eingegliedert. Christianisiert erst zu Beginn des 18. Jh., seither orthodoxe Christen und Animisten. Ihre Eigenspr. ist seit 1930 Literaturspr., sie wird seit 1933 in kyrillischer Schrift geschrieben. Treiben im S Ackerbau, im N nomadisierende Rentierhaltung.

Chao Lay (ETH)
II. kleine Ethnie von rd. 1000 Köpfen auf dem Tarutao-Archipel in der Andamanensee vor der SW-Küste Thailands; seßhaft gewordene »Seezigeuner«, Küstenfischer; im Unterschied zu Thais dunkelhäutiger und mit rötlichem Haar.

Chaonam (ETH)
I. (th=) »Wasserleute«.
II. kleine Ethnie an den Küsten Myanmars. Vgl. Moken.

Chaoten (SOZ)
I. chaotic people (=en); chaotes (=fr); anarcocaóticos (=sp); gente caotica (=it).
II. bürgerliche Sammelbez. für Szenegruppen wie Randalierer, Hausbesetzer, Anarchisten, Punker, Skinheads, Hooligans, Sprayer.

Chaouia (ETH)
I. Shawia.
II. berberische Stammes-Konföderation in W-Marokko. Vgl. Berber.

Chaouri (ETH)
II. Berber-Stamm im Aurès-Massiv/Algerien.

Chapacura (ETH)
II. indianisches Restvolk im Amazonasgebiet/ Brasilien, bilden mit anderen Stämmen eigene Spr.-gruppe.

Chapelones (SOZ)
II. (=sp); wie Stachapines (=sp) alte Spottbez. für Kreolen in Mittelamerika.

Charabia (SPR)
II. Mischspr. nordafrikanischer Jugendlicher in den Banlieues französischer Großstädte.

Charidschiten (REL)
I. Haragiten; Chawaridsch, Hawaridsch (Sg. Hawaridschi) (ar= »die zum Kampf Ausziehenden«); Kharidyun; Kharidschiten, Kharejiten.
II. islamische Sondergruppe, die sich 657 u.a. über die Imamatsfrage von Ali trennte, aus damaligen religionssoziologischen Tendenzen viele Anh. gerade unter Nicht-Arabern fand, da sich die Neubekehrten als Gläubige minderen Ranges behandelt fühlten. In lang währenden Kämpfen eliminierte der Kalif die Abtrünnigen im 7./8. Jh. Überdauert haben lediglich die Ibaditen. Vgl. Azraqiten, Ibaditen, Nadschditen, Rustamiden, Schabibiten.

Charros (SOZ)
I. (=sp); wohlhabende Viehbauern in Mexiko, spez. Pferdezüchter; aber auch Bereiter und Reiterhirten mit besonderer Tracht (Sombrero); in Mexiko pejorativ auch für Dandys, Trottel, korrupte Personen gebraucht. Vgl. Gegensatz Huaso (=sp) in gleicher Bedeutung in Chile.

Chasaren (ETH)
I. Chazaren, Khazaren, Kuzari.
II. Föderation diverser Ethnien, die weder ethnisch, kulturell, sozial, sprachlich oder religiös homogen waren, im südrussisch-nordkaukasischen Steppenland. Es handelte sich hpts. um türkische, slawische und kaukasische Völkerschaften, denen sich Hunnen, Bulgaren u.a. anschlossen. Sie besaßen von ca. 650–970 zwischen Wolga und Don ein mächtiges Reich (Fernhandel); es wurde durch Kiewer Rus und Byzanz bis 1016 aufgerieben. Ihr sakrales Oberhaupt, der Chagan/Kagan und Teile der Oberschicht traten unter Einfluß jüdischer Kaufleute am Ende des 8. Jh. zum Judentum über. Reste der jüdischen Chasaren gelangten auf die Krim und ab 10. Jh. in die w. Ukraine (*S.A. PLETNJOWA*). Vgl. Karaimen.

Chaschid (ETH)
I. Hasid.
II. südarabischer Stamm aus dem Verband der Banu Hamdan; seit frühislamischer Zeit und bis heute im N-Jemen; sie sind Zaiditen.

Chassidim (REL)
I. Chassiden (he=) die »Frommen«.
II. Anh. einer um 1750 durch Israel ben Elieser, genannt Baal Schem Tow Bescht (»Herr des guten Namens«), als Gegenbewegung gegen den Talmudismus im Sinne erstarrter Gesetzesfrömmigkeit entwickelten, jüngsten der volkstümlich-mystischen Bewegungen im Judentum. Als Massenbewegung wahrer Volksfrömmigkeit im 18. Jh. aus der w. Ukraine (Podolien, Wolhynien) über Galizien (im 19. Jh.) mit Ausstrahlungen nach Weißrußland, aber auch in Rumänien und Ungarn verbreitet; waren mehrfach in lokalen Bruderschaften gegen die Rabbiner-Oligarchie organisiert. Schon von daher umfaßt Chassidismus viele Sekten, ihre Anh. heute in

USA und Israel: Lubawitscher Jidden (mit Chabad-J.), Bohover-, Gerer-, Munkatscher- und Satmarer J. Sind schwarzgewandet (Kaftane), religiös bedingte Barttracht, Schläfenlocken (peies =hebr.). Vgl. Ostjuden, orthodoxe Juden; Chabadniks.

Chatib (REL)
II. (=ar), Sg; der offizielle muslimische Prediger.

Chatino (ETH)
II. kleines Indianervolk in W-Mexico zwischen Rio Grande und Zezontepec; zur zapotekischen Sprachgruppe zählend; Zahl < 100000, bewahren Schamanentum; treiben Brandrodungsbau.

Chaucu (ETH)
I. Eigenbez. der Tschuktschen, s.d.

Chauvis (SOZ)
I. ugs. Kurzform aus Chauvinisten; grob: pejorativ Male Chauvinist Pig (=en).
II. 1.) im allg. Personen mit übersteigerter völkischer, nationalistischer Gesinnung; 2.) in neuem engeren Sinn: Männer mit übertriebenem männlichen Selbstwertgefühl, die sich Frauen überlegen fühlen. Vgl. Emanzen, Feministinnen.

Chawai (ETH)
I. Kurama.
II. kleine schwarzafrikanische Ethnie in E-Nigeria.

Chemschili (ETH)
II. (=rs); türkischspr. Armenier an der SW-Grenze Georgiens; 1944 zu großen Teilen nach Usbekistan deportiert. Vgl. Meßcheten.

Chenchu (ETH)
II. ein weddider Kleinstamm in Andhra Pradesch, teluguspr., z. T. noch Wildbeuter.

Cherokee(s) (ETH)
I. Tscherokesen; aus Choctaws Chi-luk-ki = Höhlenvolk.
II. »SE-Indianer« aus der Sprachgruppe der Irokesen, ursprünglich in Appalachen beheimatet. 1756 durch weiße Siedler unterworfen, nahmen 1790 europäische Kultur an (Präsid.-Zweikammerparlament, Gerichtswesen, Botschafter, Schulen, 1828 Staatszeitung in eigenem Alphabet; gehörten zur Föderation der 5 zivilisierten Nationen, denen die USA die Anerkennung als Staat zugesagt hatten. Dennoch gemäß Removal-Act 1830 nach Oklahoma auf »Straße der Tränen« vertrieben. Teile verblieben in N-Carolina. Heute größtes Indianervolk in USA mit 308000 Angehörigen (1991), die in 35 Teilstaaten verstreut leben.

Chestiya (REL)
II. kleiner Sufi-Orden in Afghanistan. Vgl. Sufi(s).

Chevaulegers (SOZ)
I. (fr=) »leichte Pferde«.
II. Bez. für Angeh. der leichten Kavallerie in Frankreich, Österreich und Bayern, dort bis 1918; im Volkstum lange Zeit lebendig (bayrisch Schwohleschees).

Chewa (ETH)
I. Cewa, Tschewa, Tshewa, Gewa, Atscheba.
II. gehören zu den im S und SW des Nyasa-(Malawi-)Sees wohnenden Njandja-Völkern der Ostbantu, matrilinear, kulturell zählen sie zur Sambesi-Angola-Provinz und sind den Yao, Makonde, Makuo verwandt; ausgeprägtes Maskenwesen.

Chewa (SPR)
I. Chichewa.
II. Dialekt der Nyanja; Staatsspr. (neben Englisch) in Malawi.

Chewsuren (ETH)
I. Eigenbez. Chewsuri; Chevsury (=rs).
II. Stamm der Georgier/Grusinier mit bes. Mischkultur.

Cheyenne (ETH)
I. Witapatu; (en=) Manrhoats.
II. Stamm der Plains-/Prärie-(Reiter-)Indianer in der Spr.familie der Algonkin. Erlitten in Kämpfen gegen die weißen Viehzüchter schwerste Verluste, wurden 1851 auf zunächst zwei Reservationen in Oklahoma beschränkt. Letzte Aufstände zus. mit Arapaho und Sioux 1876/78 (Little Bighorn-Schlacht).

Chiao (REL)
I. (ci=) »Sekten«. Vgl. auch Geheimgesellschaften.

Chiapaneken (ETH)
II. kleiner Indianerstamm in Chiapas/Mexiko, der am Beginn des 20. Jh. ausstarb.

Chibcha-Sprachen (SPR)
I. Chibchan (=en).
II. Gruppe von Indianerspr. Zu den Trägern dieser Spr. zählen u.a. Cayapa und Colorado in Ecuador sowie die Cuaiquer-Indianer in Kolumbien.

Chicanos (SOZ)
II. (=sp); 1.) US-Amerikaner spanisch-mexikanischer Herkunft, oft mit indianischem Einschlag. Unter Erhaltung der spanischen Mutterspr. Zweispr. (mit Englisch), überwiegend Katholiken. Bei großer Dunkelziffer wegen fortdauernder illegaler Einwanderung 1983: ca. 8 Mio., 1993: 12 Mio. 2.) verallg. für die illegal einwandernden Mexikaner im S der USA. Abwertende Bezeichnungen in USA: beans, beaners, beanos; chili-eaters; Julio, Chico, Pancho; Tee-jays. Vgl. Hispanics, Latinos, Mexican Americans, La Raza.

Chichimeken (ETH)
II. aztekische Bez. für die im 12./13. Jh. aus N nach Mexico einfallenden kriegerischen Jägerstämme im Sinn von Barbaren.

Chiefs (SOZ)
I. Stammesoberhäupter, Häuptlinge; Altbez. Negerkönige; weibliche Chiefs werden als Queens-

mothers bezeichnet. Paramount-Chiefs sind die ranghöchsten Chiefs ganzer Völker (z.B. bei Zulu), oft stehen ihnen Headmen, Unterhäuptlinge zur Seite.

II. traditionelle Oberhäupter großer wie kleiner ethnischer Einheiten. Ihre Funktion ist in Teilen Schwarzafrikas, überwiegend in ehem. britischen Kolonien, nicht nur nach Gewohnheitsrecht, sondern sogar verfassungsmäßig geregelt. Wer sich freiwillig einer Stammesgemeinschaft unterordnet, muß sich deren Gesetzen fügen, hat den Chiefs Loyalität, Respekt, Gehorsam entgegenzubringen. Ch. fungieren heute als Mittler zwischen Regierungen und Völkern, auch zwischen den Menschen und Ahnen, als Friedensrichter und Ombudsmänner, mit gewissen Machtbefugnissen auf lokaler und regionaler Ebene; sie sind die Hüter der Stammeskulturen. Meistens stehen ihnen nur mehr wenige Privilegien, wohl aber ein umfangreiches Protokoll zu; vielfach sind sie in Chiefräten/House of Chiefs/Häuptlingskammern, -foren integriert.

Chiesa Evangelica Valdese (REL)
II. (=it); die in Italien autochthone Waldenser-Kirche. Sie ist mit 18 Gemeinden hpts. in den Cottischen Alpen verbreitet.

Chietiner (REL)
Vgl. Theatiner.

Children of God (REL)
I. (=en); »Family of Love«.
II. 1969 in USA begründete gefährliche Jugendsekte.

Chile (TERR)
A. Republik. República de Chile (=sp). (The Republic of) Chile (=en); (la République du) Chili (=fr); Cile (=it).
Ew.: 1885: 2,492; 1895: 2,804; 1907: 3,229; 1920: 3,824; 1930: 4,391; 1940: 5,094; 1952: 6,277; 1960: 7,772; 1970: 9,369; 1980: 11,145; 1985: 12,122; 1996: 14,419, BD: 19 Ew./km²; WR 1990–96: 1,6%; UZ 1996: 84%, AQ: 5%

Chilenen (NAT)
I. Chileans, Chilians (=en); chiliens (=fr); chilenos (=sp, pt).
II. StA. der Rep. Chile; sie sind zu 91,6% Weiße und Mestizen, zu 6,8% Indianer.

Chiloten (ETH)
I. Cunco.
II. Bew. der Insel Chiloé/Chile; eine Mestizenbev. aus früher Vermischung von Spaniern mit etwa 10000 (1567) indianischen Insulanern, den Chonos und Mapuches.

Chimane (ETH)
II. kleiner Indianerstamm am Bopi-, Quibey- und Beni-Fluß in Bolivien; z.T. noch schweifende Sammler und Fischer, die auch bei Missionsstationen siedeln. Heute Christen, zur alten Religion gehörten auch Menschenopfer.

Chimiki (SOZ)
I. (=rs); »Chemiker« in der ehem. UdSSR; »mit Vorbehalt Verurteilte« und aus Haftlagern »mit Vorbehalt Entlassene«.
II. ugs. Bez. für strafrechtlich zu Zwangsarbeit Verurteilte (nach der sog. »Chemisierungsphase« unter N. Chruschtschews), um 1990 ca. 60000. Strafe wurde in halboffenem Vollzug (nicht im Gefängnis, sondern in Wohnheimen und Lagern), bes. in chemischen Fabriken und in anderen unbeliebten, gefährlichen Produktionsbetrieben verbüßt (nach C. LUBARSKY). Vgl. Zwangsarbeiter.

China (TERR)
A. Republik. s.Taiwan

China (TERR)
A. Volksrepublik. Zhonghua Renmin Gongheguo; Tschung-Hua Jen-Min Kung-Ho Huo.
(The People's Republic of) China (=en); (la République populaire de) Chine (=fr); (la República Popular de) China (=sp); Cina (=it); China (=pt).
Ew. (in Mio!): 1102: 44, 1290: 60, 1578: 61; 1740: 140; 1750: 179; 1760: 198; 1780: 278; 1790: 303; 1800: 296; 1810: 352; 1820: 354; 1830: 395; 1840: 413; 1850: 430; 1950: 557; 1955: 614; 1958: 675; 1960: 682; 1965: 754; 1967: 810 S; 1970: 826; 1975: 895; 1980: 996; 1985: 1060; 1996: 1221, BD: 128 Ew./km²; WR 1985–95: 1,3%; UZ 1996: 31%, AQ: 19%;

Chinaluger (ETH)
I. Chinalugen; Eigenbez. Ketsch; Chinalugi (=rs).
II. kleine Ethnie in Aserbaidschan, im ö. Transkaukasus/ehem. UdSSR; nur einige Hundert Personen zählend. C. gehören zur Gruppe der sog. Schachdagen, heute weitgehend an die Aserbaidschaner assimiliert. Ihre Eigenspr. zählt zur lesgischen Gruppe der dagestanischen Sprachen; C. sind Sunniten.

Chinanteken (ETH)
II. Indianervolk mit isolierter Eigenspr. von ca. 100000 Köpfen im Norden des mexikanischen BSt.s Oaxaca.

Chinesen (ETH)
I. Han-Chinesen; aus alten Staats- und Dynastienamen T'sin, Tjin, Chin; »Volk der Mitte«, Chinamen, Chinese (=en); Chinois (=fr); chinos (=sp).
II. altes Kulturvolk und Nation von rd. 1,221 Mrd. (1996) Menschen in China (Volksrepublik) und 21,4 Mio. in der Rep. China (Taiwan) sowie mind. 25 Mio. Auslands- und Überseechinesen: größte ethnische Einheit der Menschheit. Keine einheitliche Rasse, doch ganz überwiegend Sinide, zur mongoliden Rassengruppe zählend. Im Laufe der Geschichte intensive Vermischung mit nichtchinesischen Völkern (Mongolen, Mandschu, Thai, Miao u.a.) wofür

z.B. auch erhebliche Mundartunterschiede sprechen. Besitzen alte Hochspr. (Chinesisch) mit reicher Literatur in schon im 4. Jh. ausgebildeter Begriffsideogrammschrift. Überwiegend Universisten und Buddhisten, doch auch starke muslimische Minderheit der Hui von 25–50 Mio.. Seit Han-Dynastie, also seit gut 2000 J., bis heute typische Hofhausarchitektur. Vgl. Auslands-bzw. Überseechinesen; Hongkong- und Taiwan-Ch.

Chinesen (NAT)
II. StA. der VR China, aber auch StA. der Rep. China (Taiwan). Große Kontingente von Auslandschinesen gibt es in allen Staaten des pazifischen Raumes und auch in Nordamerika; die meisten dieser ethnischen Chinesen sind dort naturalisiert, 1–2 Mio. dürften staatenlos sein. Aber auch Auslandskolonien chinesischer StA. (z.B. mind. 1,5 Mio. in Indien) sind zu beachten. China behält sich vor, ausländische Staatsbürgerschaften gebürtiger Chinesen anzuerkennen. Die chinesischen Staatsangehörigen setzen sich (1990) aus rd. 92% Han-Chinesen und 8% Minderheiten/Nationalitäten (das sind über 91 Mio.) zusammen. Vgl. Zhuang, Hui, Uiguren, Yi, Miao, Mandschu, Tibeter, Mongolen, Tujia, Buyi, Koreaner und div. andere mit jeweils über 0,1% der Gesamtbev.

Chinesisch (SPR)
I. Kao-yü (=ci); Sinisch (=dt); Chinese (=en); chinois (=fr); chino (=sp); chinês (=pt); cinese (=it). Als einfache Umgangs- und Amtsspr. Putong-hua.

II. Spr. des Han-Volkes bei 1,2 Mrd. Sprechern meistgesprochene Spr. der Erde, Amtsspr. in VR China, Hongkong, Macao, Singapur, Taiwan. Ch. gehört zur Thaichinesischen (östlichen) Gruppe des sino-tibetischen Sprachzweiges; von 93% der StA. gesprochen. Ch. ist eigentlich eine Spr.gruppe, deren Varianten sich weit unterscheiden, gegliedert in 8 Dialektgruppen wie Mandarin (ca. 800 Mio.), Wu (91 Mio.), Min (60 Mio.), Yue (60 Mio.), Xiang/Hsiang (51 Mio.), Hakka (42 Mio.), Kan/Gan (26 Mio.). Von stärkster Bedeutung sind Mandarin, der Nordchina-(Peking)Dialekt (ca. 70%) und Kantonesisch, die häusliche Umgangsspr. in den chinesischen Überseekolonien; z.B. in Philippinen von 5,4 Mio., Thailand von 4,8 Mio., Singapur von 2 Mio., USA von 630000, Kanada von 430000 (dritthäufigste Spr.), in Australien von 130000. Chinesisch ist eine der sechs offiziellen Spr. der UNO. Vgl. Putong hua.

Chinesische Katholische Patriotische Vereinigung (REL)
II. offizielle Benennung der regimenahen Dachorganisation der Katholiken im kommunistischen China im Gegensatz zur kath. Untergrundkirche.

Chinesische Muslime (REL)
II. Sammelbez. für muslimische Minderheiten in China, von denen allenfalls die Hui han-chinesischer Abstammung, die übrigen aber Uighuren und Kasaken sind.

Chinesische Schriftnutzergemeinschaft (SCHR)
II. umgreift die chinesische Nation als Ganzes, das chinesische Volk der Stammländer als auch die in polit. Überwanderung oder wirtschaftlicher Unterwanderung über die Mandschurei, die Innere Mongolei, Tibet, Tonking und als »Überseechinesen« über Inselindien und den pazifischen Raum verbreiteten Auslandschinesen. Bis ins 14. Jh. waren auch Teilbev. in Annam und Cochinchina, zeitweilig (bis 8./9. Jh) selbst Japaner und (bis 15. Jh.) Koreaner mit ihren vom Chinesischen völlig verschiedenen Sprachen dieser Schrgem. zuzurechnen. Nach zahlenmäßigem Umfang ihrer faktischen und erst recht potentiellen Nutzer (rd. 1,2 Mrd.) nimmt die chinesische Schrgem. heute nach der Lateinschrift erdweit den zweiten Rang ein und umfaßt 22,5% der Erdbev. Sowohl für die geschichtlich gewordene Einheit von Volk und Staat Chinas als auch für die kulturelle Tradition ganz Ostasiens hat die chinesische Schrift größte Bedeutung. Chinesen besitzen keine einheitliche Umgangsspr., wohl aber eine gemeinsame Schriftverständigung. Ungeachtet des Umstandes, daß die Phoneme (die lautlich differenzierten Silben) verschieden ausgesprochen werden, vermag jedes Mitglied der chinesischen Schrgem. zu lesen und zu verstehen. Die Entwicklung dieser Schrift reicht in das 2. Jh. v. Chr. zurück. Sie ist eine Wortschrift, deren Zeichen aus einem Ideo- (ca. 10%) und einem Phonogramm bestehen. Ein solches Zeichen setzt sich aus bis zu 33 Strichen zusammen, die in einer bestimmten Richtung, Drehung, Dicke und Reihenfolge auszuführen sind. Jahrtausende war die lern- und zeitaufwendige Schriftkunde so ein Prestige- und Klassenmerkmal zunächst der Priester und dann der gelehrten Beamten. Im 8. Jh. wurde der Blockdruck erfunden, die beweglichen Lettern im 11. Jh. Im Nichtvervielfältigungsbereich ist bis heute die Schreibschrift gebräuchlich (M. WOESLER). Im 6./7. Jh. enthielten chinesische Wörterbücher 45000 Wortschriftenzeichen, in heutiger lexikographischer Ordnung werden analog unserer alphabetischen Einteilung 214 Klassenzeichen benötigt. Schriftrichtung war senkrecht von oben nach unten. Auch die heutige Vielfalt ist mit annähernd 5000 Zeichen kaum vorstellbar groß. Selbst in Japan wurden bis 1945 mehrere tausend chinesische Schriftzeichen benutzt. Reformen blieben lange Zeit erfolglos. 1957/58 wurde eine neue Reform, die vielleicht gewaltigste der Kulturgeschichte, eingeleitet. Auf der Grundlage der Pekinger Standardspr. wurden zahlreiche Schriftzeichen abgeschafft und die verbleibenden stark vereinfacht. Derzeit gilt eine Liste von 2236 Schriftzeichen, ferner eine horizontale Schreibrichtung von links nach rechts.

Chino-Kreolen (BIO)
II. Mischlinge zwischen Chinesen und Kreolen auf Mauritius insbesondere seit II.WK; meist katholischer Konfession und französischer Kultur.

Chinook (ETH)
II. ausgestorbener Indianerstamm am Columbia im nw. N-Amerika.

Chinook (SPR)
II. Misch- und Verkehrsspr. in NW- Nordamerika aus Bestandteilen europäischer und indianischer Spr.

Chinos (BIO)
I. (sp=) »Chinesen«.
II. Rassenmischlinge 1.) aus einem mulattischen und einem indianischen Elternteil; 2.) mit indio-ähnlichem Aussehen aus Salta átras und Indianern; 3.) auf Kuba=Mestizo(s); 4.)
i.w.S. Mischlinge mit ostasiatischen Zügen, aber mit krausem Haar, u.a. in Mexiko und Peru, in Mexiko speziell auch für Personen mit krausem Haar.

Chipaya (ETH)
I. von benachbarten Aimara verachtend als Chullpa-Leute, »Menschen, die aus Gräbern hervorkriechen«, bezeichnet.
II. kleines indianisches Restvolk im unwirtlichen Randbereich des Coipasa-Sees, Prov. Oruro im bolivianischen Altiplano, geschätzt auf kaum 1000 Seelen, mit heidnischen Gebräuchen und einer isolierten Uru-Chipaya-Spr.. Ch. sind geschickte Bola-Jäger im salzigen Sumpfland, einfacher Ackerbau. Ruf als Grabes-Leute aufgrund von Kulturelementen, die aus umliegenden Chullpas, einer Vorbevölkerung, bekannt sind. Vgl. Uru.

Chipewyan (ETH)
I. Chippewa(s), Ojibway, Odjibwa.
II. subarktischer Stamm der Algonkin-Indianer; Fischer und Karibu-Jäger am Michigan- und Huronsee. Durch Cree nach Norden vertrieben, ihrerseits die Eskimo abdrängend. Verloren in Pockenepidemie 90% ihres Bestandes. Heute 5000–10000 zerstreut in Reservationen in Kanada und USA (Minnesota, Wisconsin, N-Dakota, Michigan, Montana).

Chiquito (ETH)
II. Indianerstamm auf der E-Abdachung der bolivianischen Anden; sind auch selbständige Spr.familie. Ch. wurden von den sich ausdehnenden Aymara assimiliert. C. werden gegliedert in C. i.e.S., Manasi, Penoki, Pinyoca u.a.

Chiricahua (ETH)
II. Stamm der Apachen-Indianer, s.d.

Chiriguano (ETH)
I. Avá-Chiriguano, w. Guarani, Guarayos.
II. Indianervolk, das als Nachkommen der Guarani gilt, der Spr.gruppe der Tupi-Guarani zugehörig. Ch. waren ursprünglich ö. des Rio Paraguay ansässig, drangen seit 15. Jh. durch den Gran Chaco bis zu den Anden vor, unterwarfen dank straffer Militärorganisation und als gefürchtete Kannibalen die dortige Vorbev., u.a. die Chané. Noch 1886 großer Aufstand gegen spanisch-bolivianische Herrschaft. Alte Dorforganisation; ausgezeichnete Maisbauern; starke Saisonarbeiter-Abwanderung z.T. auf Jahre. Heute verteilt über Bolivien zwischen Rio Guapay und Alto Pilcomayo (rd. 22000), Argentinien in N-Salta und SE-Jujuy (ca. 15000) und Paraguay im Chaco (ca. 1200). Katholische Christen, führen aber auch Geister- und Ahnenkult fort.

Chizzini (ETH)
II. Stamm der Ostseeslawen, die im 7./8. Jh. im Küstengebiet zwischen Rostock und Stralsund ansässig waren.

Chlysten (REL)
I. (rs=) »Geißler«; Eigenbez. Christy »Christen« oder Boschji ljudi (rs=) »Gottesleute«.
II. eine 1645 von der Russisch-Orthodoxen Kirche abgezweigte asketisch-mystische Sektenbewegung. Rasputin war ein Chlyst; sie wurden in Rußland als Häretiker verfolgt. Chlysten verwerfen christliche Sakramente, glauben an wiederholte Inkarnation von Christus, Maria und Propheten. Vgl. Raskólniki.

Chocho (ETH)
II. Indianervolk im Norden des mexikanischen BSt. Oaxaca. Ihre Sprache gehört zur Chocho-Popoloken-Gruppe; Christianisierung erfolgte im 19. Jh.

Choco (ETH)
II. Indianerstämme an der pazifischen Küste Kolumbiens mit einer karaibischen Eigenspr.; treiben Anbau, Jagd, Fischerei und Handel auf den Flüssen. Pfahlbausiedlungen.

Choctaw (ETH)
II. fast völlig ausgerotteter Indianerstamm der Muskhogee-Gruppe; heute Reservat in Mississippi.

Choden (ETH)
I. Coden, Pschlavci.
II. mit Deutschen vermischter tschechischer Stamm im Oberpfälzer Wald, um Taus und Tachau/W-Böhmen, im 11./12. Jh. als Grenzwächter angesiedelt; charakteristische Hausformen und Trachten.

Chokwe (SPR)
I. Cokwe.
II. südafrikanische Sprg. in SE-Kongo, W-Sambia und im nö. Angola, dort nationale Spr.; insgesamt > 1 Mio. Sprecher.

Chol (ETH)
I. Choles.
II. Indianervolk mit einer Maya-Spr. im Norden des mexikanischen BSt.s Chiapas; Ch. treiben überwiegend Ackerbau.

Cholera-Kranke (BIO)
I. aus cholera (agr=) »Gallenfluß«.
II. Personen, die an der in Niederbengalen endemischen Cholera-Seuche erkrankt sind. Die mächtigen Pilgerströme des Hindus innerhalb Indiens, die der bengalischen Muslime nach Mekka und die verstärkte Handelsschiffahrt haben die Cholera seltsamerweise erst im 19. Jh. auf den typischen Routen verbreitet. 6-7 große Pandemien ereigneten sich: 1817-25 zog die Cholera von Kalkutta aus zunächst ostwärts über Sunda-Insel, Indochina nach China, dann westwärts nach Kleinasien; 1826-37 erreichte die Cholera über Mekka und Rußland Europa und Amerika; 1846-62 ähnlich verlaufend, wobei allein in Frankreich 1853/54 ca. 150000 Tote gezählt wurden; 1864-75 stieß die Cholera wiederum über Mekka bis nach Nordeuropa vor, wobei bereits Preußen 115000 Tote verzeichnete; 1883-96 wurde insbesondere Rußland heimgesucht. Die schweren Verluste 1892 in Hamburg (8100 Tote in einem Monat) waren der Anlaß für die moderne Kanalisation; 1902-23 überzog die Cholera abermals über Mekka (400000 Erkrankte) vor allem Ägypten, Kleinasien und Rußland. Die Bedeutung Ägyptens als Drehscheibe der Ausbreitung ließ dort das System der Quarantäne (40 Tage!) aufkommen. Jüngste Ausbrüche 1947 mit 10000 Toten in zwei Monaten in Ägypten. 1961 ereignete sich eine bes. hartnäckige Epidemie in Indonesien, verursacht durch das in Gewässern überdauernde Bakterium Vibrio cholerae 01, Biotyp El Tor; als 7. Epidemie erreichte sie über Macao, Hongkong und Philippinen, Innerasien und Afrika; ergriff 1974 auch Südeuropa, raffte dort 60000 Menschen dahin. Jüngste Ausgriffe der Cholera erfolgten seit 1976 nach Laos, Schwarzafrika, Afghanistan, Syrien, Türkei, Ukraine und sogar Peru. 1988 grassierte eine neue Variante der Ch. in den Slums von Delhi. Lt. Angaben der WHO hat man 1992 in 68 Ländern über 460000 Krankheitsfälle registriert; 1991-94 ergaben sich allein für Afrika über 300000 Erkrankte und über 20000 Tote.

Cholos (BIO)
I. (=sp); Caboclos, Ladinos.
II. 1.) Mestizen, auch überhaupt Farbige in Teilen Lateinamerikas (u.a. Bolivien, Peru, Chile); 2.) jene Gesellschaftsschicht zwischen den Nachkommen der altspanischen Kolonisten und Indianern mit z.T. noch indianischer Kultur, mehrheitlich aber assimiliert und spanischsprachig. Vgl. Ladinos in Guatemala.

Cholos (SOZ)
II. (=sp); ugs. Bez. in Teilen Mittelamerikas (u.a. Panama) für zivilisierte Indianer/eigentlich Mestizen; auch für die gesamte dunkelhäutige Bev.schicht im Gegensatz zur weißen Oberschicht.

Chomuten (ETH)
I. Eigenbez. Chomut; Chomuty (=rs).
II. Großstamm der Oiratten, Kalmüken. Vgl. Kalmüken.

Chondo-kyo (REL)
I. (=kr); Chondo-gyo; »Lehre des himmlischen Tao«; 1906 erfolgte Neubez. der im 19. Jh. in Korea begründeten Tonghak-Lehre.
II. aus dem Tonghak (kr=) oder Togaku (jp=) »die östliche Lehre« hervorgegangene Glaubenslehre, die sich nach Zerwürfnissen zwischen nationalen und japanophilen Mitgliedern vom Tonghak verselbständigte, aber erst seit 1945 frei entfalten konnte. Verbreitet in N- und S-Korea, je nach Quelle 27000-1,1 Mio. Anh.

Chondongyo (ETH)
I. Tonglak.

Chongodor (ETH)
I. Khongodor (Eigenbez.); Chongodoren (=dt); Chongodory (=rs).
II. einer der vier Klane der Burjaten, im Süden des Volksgebietes beheimatet; vgl. Burjaten.

Chono(s) (ETH)
II. mindestens seit 16. Jh. mit anderen Indianerethnien (u.a. Mapuches) verschmolzene, relativ homogene Indianerpopulation, die auf den Inseln vor der Küste S-Chiles siedelte. Ch. lebten in Sippenbänden (cavi) von bis zu 400 Mitgliedern, waren monogam. Wurden durch die Konquistadoren begleitenden Jesuiten christianisiert und alphabetisiert; waren Seejäger, Muschelsammler und später Händler mittels Kanus.

Chonqui (ETH)
I. Choanik, d.h. »Menschen, Volk«; Eigenbez. der Patagonier. S. Patagonier, Chon-Spr.familie.

Chontal (ETH)
II. kleine Indianerethnie mit einer Maya-Spr. im Küstengebiet des mexikanischen BSt. Tabasca; Zahl gegen 50000.

Chopans (SOZ)
I. Chaupans; ursprünglich in mehreren orientalischen Spr. im allg. Sinn von »Hirten«.
II. insbes. jene hauptberufliche Hirtenschicht in Kaschmir, die das Vieh der Reisbauern in einer zwischen Almwirtschaft und Transhumanz stehenden Wanderung sommersüber auf die Hochweiden bringen und dort versorgen. Ch. bilden eine sozial klar abgesetzte Gruppe, wohnen am Rande der Kaschmir-Dörfer, haben kaum eigenen Landbesitz (*H. UHLIG*), verfügen aber über erbliche Weiderechte. Die Entschädigung der Ch. erfolgt in Naturalien. Innerhalb der Berufshirten gibt es weitere soziale Differenzierungen: die Pohuls/Pohls (reine Almwanderung); Galawans (vorzugsweise Pferdehirten); Doambs (solche Viehhüter, die ganzjährig das verbleibende Talvieh, die gesamte Viehhabe im Herbst und Winter versorgen).

Chopi (ETH)
I. früher auch Tschopi (=dt); Lenge.
II. Bantuvolk in N-Mosambik, in musikethnologischen Studien berühmt durch Xylophonorchester und den Besitz einer temperierten Tonleiter (nach *Tracey* und *Jones*).

Chorassan (ETH)
II. 1.) kleines Turkvolk im ö. Elbursgebirge/Iran. 2.) Sammelbez. für die polyethnischen Bew. des alten Chorassan im Ländereck Iran-Afghanistan-Rußland. Man meint damit zuvorderst die Aimak-Stämme. Vgl. Tschahar Aimak.

Chorherren (REL)
I. Regularkanoniker.
II. 1.) Mitglieder eines Domkapitels oder eines Kollegiatstiftes; 2.) sonstige Gemeinschaften von kath. Geistlichen, die sich eigene Lebensregeln gaben und gemeinsamen Chordienst leisten. Entsprechende weibliche Gemeinschaften sind die Chorfrauen. Vgl. Augustiner Ch., Prämonstratenser, Kreuzherren.

Chori (ETH)
I. Chora; Chorincy (=rs).
II. größter der Burjaten-Klans, ö. des Baikalsees angesiedelt; in Landnot u.a. durch russische Kolonisation; Abwanderung im 19. Jh. durch die Aga-Steppe. Vgl. Burjaten.

Chorochane (SOZ)
II. i.e.S. Geigenbauer, i.w.S. Musiker und Zirkusleute eingewanderter Sinti-Zigeuner in USA.

Choroti (ETH)
I. Zolata.
II. Indianervolk mit einer Mataco-Spr. im Chaco Uruguays; leben hpts. von Jagd und Fischfang.

Chorti (ETH)
II. mesoamerikanisches Indianervolk mit einer Maya-Spr. im Grenzgebirge von Guatemala, Honduras und El Salvador; Bauern und Händler; Anzahl gegen 100000.

Chotonen (ETH)
II. kleines Turkvolk in der NW-Mongolei; 1977 ca. 1000 Individuen.

Chouans (SOZ)
I. (=fr); Name nicht nach *Jean Chouan*, sondern von ihrem Erkennungsruf, dem Schrei eines Käuzchens, abgeleitet.
II. französische Bauernguerilla im Vendée-Krieg (1793–1796), SW-Frankreich. Vgl. Vendéens.

Christadelphianer (REL)
I. »Brüder Christi«; in Deutschland auch »Urchristen«.
II. im 19. Jh. aus Baptisten abgegabelte chiliastische Sekte, die eine Welttheokratie errichten wollte mit Jerusalem als Mittelpunkt.

Christen (REL)
I. Christians (=en); chrétiens (=fr); cristiani (=it); cristianos (=sp); cristóes (=pt); Nasara (=ar), Sg. Nasrani aus Nazaräer oder Masichijjun (=ar), Sg. Masichi, aus al-Masich (ar=) »der Messias«. Christus/Christos ist griechische Übersetzung des aramäischen Wortes Messias, d.h. »der Gesalbte«.
II. Bekenner und Anh. der auf Jesus 7/4 v.Chr.–30 n.Chr. (Jesus griechische Umschreibung des hebräischen Jeschua »Gott hilft«) zurückgeführten und nach dessen Ehrentitel Christus benannten Weltreligion; christianoi »die dem Christus anhängenden Leute«, auch Kreuzesverehrer. Das Christentum ist im 1. Jh. in Palästina unter Einwirkung der alttestamentlichen Tradition, der hellenistischen Geisteswelt und vorderasiatischer Kulte entstanden, es hat sich durch Lehrtätigkeit Jesu und frühe Mission durch Apostel Paulus rasch entfaltet und trotz Verfolgungen (64 Nero – 3. Jh. Diokletian) bis Ende des 2. Jh. in der ganzen Osthälfte des Römischen Reiches, im 3. Jh. bereits bis nach Spanien, Persien und Indien verbreitet, wurde unter Theodosius I. Staatsreligion. Zugleich entwickelte sich eine Kirchenlehre, die insbes. auf den ersten sieben von allen Christen anerkannten Konzilen (Niäa 325, Konstantinopel 381, Ephesus 431, Chalkedon 451, Konstantinopel 533 und 681, Niäa 787) dogmatisiert wurde. Sie dienten nicht zuletzt der Vereinheitlichung der Christologie (u.a. Mono- und Dyophysiten, Mono- und Dyotheleten), über die es dennoch zu ersten Abspaltungen kam: z.B. 374 Armenier, 431 Nestorianer, 451 Kopten, 543 Jakobiten, 550 Abessinier, 692 Georgier usw. 1054 kam es zum endgültigen Schisma zwischen lateinischer/römischer Kirche des Westens und der orthodoxen Kirche des Ostens, in dem sich zugleich auch kulturelle, politische und soziale Gegensätze spiegeln. Eine weitere schwere Zäsur trat mit der Reformation im 16. Jh. ein, die ihrerseits den Ausgang für zahlreiche Sonderungen innerhalb der evangelisch-protestantischen Kirchen abgab. Nicht nur Lehrinhalte, auch Organisationsformen sind heute weit differenziert. Allen gemeinsame Hauptquelle blieb die Bibel, das im 1./2. Jh. aus 27 Teilschriften entstandene (griechsprachige) Neue und das jüdische (hebräischsprachige) Alte Testament. Bereits im MA war das Christentum zur herrschenden religiösen Kraft in Europa aufgestiegen und nahm von nun an an der Ausbildung der abendländischen Kultur, aber auch der polit. Entwicklung des Kontinents, maßgeblichen Anteil. In der Neuzeit waren es Christen, die die Kolonisation beider Amerika, von Afrika und großen Teile Asiens nicht nur missionierend mittrugen, so daß christlicher Glauben und christlich geprägte Kultur fast ubiquitär anzutreffen ist. 1993: > 1,7 Mrd. Gläubige, d.h. 32,4% der Weltbev., verbreitet in 223 Ländern, darunter als Majorität in 138 Staaten, wobei mehrfach noch als Staatskirche. Ca. 425 Mio. Chr. leben in Europa, 400 Mio. in Lateinamerika, 240 Mio. in Afrika,

230 Mio. in N-Amerika. Vgl. Ostchristen, Katholiken, Anglikaner, Protestanten.

Christengemeinschaft (REL)
I. Anthroposophen.
II. christliche Glaubensgemeinschaft, begründet durch R. Steiner und Pfarrer Frdr. Rittelmayer. 1922 erste »Menschenweihehandlung«.

Christensklaven (SOZ)
I. Weiße Sklaven, europäische Sklaven.
II. Altbez. (bis 19. Jh.) im Mittelmeerraum und Orient für nichtnegride Sklaven nach Art der Saqaliba, Mameluken oder der von Korsaren eingebrachten Gefangenen/Geiseln. Vgl. Trinitarier.

Christian Science (REL)
I. Szientisten.

Christlicher Verein Junger Männer (REL)
I. CVJM; aus Young Men's Christian Association, YMCA.
II. 1823 bzw. 1844 in London begründeter überkonfessioneller Verband; ursprünglich für die religiöse, soziale und erzieherische Betreuung junger Männer; u. a. mit großen Verdiensten um die Betreuung kriegsgefangener deutscher Soldaten.

Christus-Ritter (REL)
II. Angeh. eines portugiesischen Ritterordens, der sich als Nachfolger des 1312 aufgelösten Templerordens in Portugal etablierte.

Chuetas (REL)
I. (=sp); Mar(r)anen; bis heute auf Mallorca gültige Bez. für die Marranen.
II. zum Christentum bekehrte Juden auf Balearen/Spanien.

Chuj (ETH)
II. kleine Indianerpopulation im Chuchmatan-Gebirge von Guatemala; Zahl < 25 000.

Chulupi (ETH)
II. Indianervolk im mittleren Chaco Paraguays; unter Anleitung europäischer Mennoniten heute niedergelassen und Anbau treibend.

Chuncho (ETH)
II. Sammelbez. der indianischen Hochlandbev. für ihre weniger zivilisierten Nachbarn, die auf der Anden-Ostabdachung von Peru und Ecuador leben.

Chunkos (SOZ)
II. (=sp); pejorative Bez. für berittene Indianer in Peru.

Church of God (REL)
I. (en=); »Kirche Gottes«.
II. Bez. für über 200 verschiedene religiöse Gemeinschaften, die teilweise der Pfingstbewegung oder der methodistischen Heiligungsbewegung zugerechnet werden. 1.) I.e.S. die 1934 durch Amerikaner H.W. Armstrong zunächst als »Radio Church of God« begründete, 1968 in »The Worldwide Church of God« umbenannte (»Die weltweite Kirche Gottes«) mit heute ca. 100 000 Mitgliedern; 2.) 1963 in Burundi gegr. unabhängige afrikanische Kirche.

Church of Norway (REL)
II. Angeh. der protestantischen Nationalkirche von Norwegen, der rd. 88% der Gesamtbev. angehören.

Churriter (ETH)
I. Hurriter, Horiter, Hori; Hourites (=fr).
II. Altvolk kaukasischer Herkunft, das im 17./16. Jh.v. Chr. aus NW-Iran und Ostanatolien nach Assyrien und N-Mesopotamien eindrang. Ihre arische Oberschicht, die marjani = »Ritter«, war staatenbildend (Mitanni-Reich, Streitwagenleute), trug zur ersten Blüte Assyriens bei, standen Vedismus nahe. Ch. gingen nach 1375 vor Chr. in Hethitern auf. Vgl. Arier, Mitanni-Arier.

Churwelsch (SPR)
II. Altbez. für das bündnerische Rätoromanisch.

Chutsuri (SCHR)
I. Chuzuri; aus Chutsesi »Geistlicher«.
II. die alte Kirchenschrift der Georgier im 5.–10. Jh., eine eckige Buchschrift. Vgl. Mchedruli, Georgische Schrgem.

Chwarschi (ETH)
I. Kohwarschiner; Eigenbez. Kedaes Hikwa; Chvarschi (=rs). Vgl. Avaren.

Cimarrónes (SOZ)
II. (=sp); Altbez. für entlaufene Negersklaven auf Kuba. An sie erinnern bis heute die Palenques-Siedlungen im gebirgigen Inneren. Vgl. Buschneger.

Circumcellionen (REL)
II. frühchristliche Wanderasketen in Nordafrika.

Cirkassische Sklaven (SOZ)
II. Bez. im Osmanischen Reich insbes. für die begehrtesten (Harems-) Sklavinnen aus dem Völkerverband der Tscherkessen.

Cisjordanier (NAT)
I. cisjordaniens (=fr).
II. überholte amtliche Bez. für Palästinenser Cisjordaniens, w. des Jordan (West-Bank). StA. Jordaniens 1948–1967 (israelische Besetzung) bzw. bis 1988 (Aufgabe des Rechtsanspruches durch Jordanien an PLO), heute ohne Ost-Jerusalem. Vgl. Palästinenser.

Ciskei (TERR)
B. Ehem. Homeland in Südafrika.
Ew. 1987: de jure ca. 2 Mio; de facto ca. 1 Mio; 1991: 0,850

Civilized Nations (ETH)
II. (=en); Sammelbez. für fünf 1838 aus den Appalachen nach Oklahoma zwangsumgesiedelte In-

dianerstämme hoch entwickelter Kultur: Cherokees, Chickasaws, Choctaws, Creeks und Seminolen; ihr Plan, das wüstenhafte neue Gebiet zu einem rein indianischen BSt. Sequoyah auszubauen, scheiterte endgültig 1907.

Clans (SOZ)
I. (=en); Großsippen; Qaum (=ar).
II. 1.) in Somalia aus Verwandtschaftsverbänden hervorgegangene (je nach Definition) 40–100 stammesähnliche Gemeinschaften: Hauptclans, Clans, Subclans und kleinere Blutzollverbände, die nach jeweiliger Gesamtlage untereinander polit.-militärische Allianzen bilden. Vier Hauptclans ursprünglicher halbnomadischer Viehzüchter (Samaale): Darod, Hawiyeh, Dir und Issak; zwei Hauptclans der seßhaften Sab: Digil und Rahanwein. 2.) ursprünglich keltische Stammesverbände im schottischen Hochland, deren Angeh. sich bis ins 18. Jh. nach ihrem gemeinsamen Stammvater »Kinder« (=Gälisch) nannten; Namensvorsilbe Mac (oder Mc bzw. M' = Sohn). Im heutigen volkskundlichen Sinn schottische oder irische agnatische Verwandtschaftsverbände. Vgl. Klan.

Claretiner (REL)
I. »Söhne des unbefleckten Herzens Mariä«, CMF.
II. 1849 von spanischem Priester Ant. Maria Claret y Clará für Volks- und Heidenmission gegr., heute vorrangig Jugenderziehung und Presseapostolat. Seit 1855 auch weiblicher Zweig, Claretinerinnen. 1991: 3000 Mitglieder in 48 Staaten.

Clarissinnen (REL)
I. Klarissinnen.
II. weiblicher Zweig der Franziskaner.

Click-Sprachen (SPR)
I. aus clicks (=en); Schnalz-Sprgem.
II. Khan-Sprgem. der südlichen Buschmann-Ethnie im NW des Kaplandes/Südafrika. Schnalzlaute weisen auch Bantu-Spr. der Zulu, Sesuto, Xosa auf. Vgl. Hottentotten, Buschmänner; Khoisan-Spr.

Clique (SOZ)
I. (=fr); eingedeutscht Klicke Sg.; pejorativ Sippschaft, Bande, Klüngel; Mischpoke, Mischpocke (=jidd.) ebenso abwertend.
II. durch gemeinsame (selbstsüchtige) Interessen verbundene Personengruppe.

Clochards (SOZ)
I. (=fr); Obdachlose, Heimlose; personnes sans abri (=fr).
II. Personen, die auf Dauer ohne Domizil und Einkünfte und meist ohne alle familiären Kontakte sind. Vgl. Obdachlose, Penner, Sandner, Stadtstreicher.

Cluniazenser (REL)
II. Angeh. des benediktinischen Ordensverbandes, der im 10./11. Jh. vom Zentrum Cluny aus reformiert wurde, in Blütezeit über 1000 Niederlassungen in Frankreich, Deutschland, Großbritannien, Spanien und Lombardei besaß; Cl. verstanden sich als klerikale Mönchselite.

Coconuts (SOZ)
II. (=en); Ausdruck in USA für assimilierte Mexikaner.

Cocoonings (SOZ)
II. (=en); Menschen mit einer für die Wende zum 21. Jh. prognostizierten Lebensform, die den Rückzug zum häuslichen Leben, »zum eigenen Kokon«, unter Absonderung, Sicherheit, Gemütlichkeit, Autarkie verwirklicht. Vgl. Aussteiger.

Cocopa (ETH)
II. einst ein großer Indianerstamm in Niederkalifornien, heute verarmte Kleingruppe < 1000 Köpfen im BSt. Sonora/Mexiko.

Cocoteros (ETH)
II. Stamm im Indianervolk der Apachen, s.d.

Coenobiten (REL)
Vgl. Zönobiten.

Cofan (ETH)
I. Quijo.
II. chibcha-spr. Indianerstämme im NE Ecuadors. Anbau, Goldverarbeitung, Weberei.

Coias (SOZ)
II. indianische Transvestiten in Kalifornien. Vgl. Berdachen.

Cojoten (SOZ)
II. zeitgenössische Bez. in Mexiko für Menschenschmuggler, Schlepper an der US-amerikanischen Grenze.

Cokwe (ETH)
I. Chokwe, Tschokwe, Batschockwe, Tsokwe, Watschiokwe; auch Aioko, Badjok, Bakioko, Chiboque, Kioko u.a., Tshokwe (=en).
II. Bantu-Volk verstreut über NE-Angola mit 8,2% (1978) an der Gesamtbev., heute > 750000, auch in Sambia und in der Demokratischen Rep. Kongo. Ch. leben von Jagd (im N von Kongo) und Hackbau (vorherrschend im S). Matrilineare Abstammungs- und Vererbungsrechnung, im N von Lunda beeinflußte Großstaatenbildungen.

Colettinnen (REL)
Vgl. Klarissinnen.

Colla (ETH)
I. Collagua.
II. Stamm der Aymara-Indianer, der während der frühen Kolonialzeit das Quechua als Spr. übernommen hat. Vgl. auch Chipaya.

Colluvies gentium (WISS)
I. (lat=) »Gemisch«, »Gemenge«.
II. wiss. Terminus für ethnische Einheiten, die sich heterogen durch Zusammenschluß verschiedener

Teilbev. gebildet haben oder durch Anschluß an eine erfolgreiche Führerschaft.

Colón, Archipiélago de (TERR)
B. Amtl. Bez. der Galápagosinseln. (The Province of) Colón (=en); (la province de) Colón (=fr); (la Provincia de) Colón (=sp).

Colons (SOZ)
II. (=fr); französische Siedler hpts. in Nordafrika. Vgl. Kolonisten.

Colorado (ETH)
I. (sp=) »gefärbt« nach der roten Körperbemalung.
II. Indianerstamm an Oberläufen von Esmeraldas und Daule in Ecuador; mit einer Chibcha-Spr., in ihrer Rel. mischen sich Katholizismus und Stammeskult mit Schamanentum. C. verlieren gegenwärtig ihre Eigenart, sind vielfach Plantagenarbeiter.

Coloureds (BIO)
I. (=en); »Farbige«; Coloured people, Non-white Persons (=en); persons of color (=am.en); personnes de couleur (=fr); persone di colore (=it); hombres de color, mujeres (=sp); pessoas de cor (=pt).
II. meist willkürlich definiert; allg. Bez. der Weißen für dunkelhäutige Bevölkerungsgruppen, oft auch für Rassenmischlinge (z.B. in der US-Armee noch im II.WK). Speziell: 1.) als C. wird auf Mauritius jene Zwischenschicht von ca. 10 % der Gesamtbev. (1810) bezeichnet, die unter französischer Herrschaft (1715–1810) als freigekaufte Abkömmlinge französischer Kolonisten mit Afrikanerinnen aufkam. Sie sind Christen und blieben bis heute Kleinfarmer und Handwerker. 2.) amtl. Bez. in Südafrika für Cape-Coloureds (s.d.). Vgl. Kleurlinge (=af) in Südafrika.

Columbide (BIO)
II. Terminus bei *BIASUTTI* (1959) für Pazifide.

Comanchen (ETH)
I. aus Koh-mahts; Komantschen, Komántcia, Comantz (=sp), Comanches (=fr); Eigenbez. Ne' ma'ne = »Volk«; bei den Cheyennes »Schlangenvolk«, bei Sioux Padouca, bei Utes »Feinde«.
II. Indianervolk der uto-aztekischen Shoshonen-Spr.familie in den ö. Rocky Mountains. Ursprünglich 13 eigenständige Stammesgruppen von je ca. 25 000 Menschen. Durch Übernahme der Pferdekultur von den Spaniern erlangten sie hohe Mobilität eines Reitervolkes und nahmen um 1700 s. Plains in Besitz. Nach schweren Kämpfen mit Spaniern und Texanern heute im Reservat in Oklahoma ansässig.

Comancheros (SOZ)
II. (=sp); mexikanisch-US-amerikanische Händler, die besonders mit den Comanchen mehr oder weniger illegalen Handel (Waffen, Alkohol, gestohlenes Vieh) trieben.

Comechingon (ETH)
II. kleine Indianerpopulation in Argentinien, treiben Anbau, wohnen in Erdhäusern.

Common-Law-Ehen (SOZ)
I. gewohnheitsrechtliche Ehen.
II. eheähnliche, nicht immer dauerhafte, formlose Verbindungen von Mann und Frau (»Lebenspartner«, »Lebensgefährten«), die weder durch gesetzliche noch durch kirchliche Zeremonien geschlossen wurden. Vgl. Eheähnliche Verbindungen und Konkubinate; Konsensualpaare.

Communards (SOZ)
I. (=fr); Kommunarden.
II. Anhänger der Pariser Kommune 1871, die sozialistische Aufstände gegen den Einheitsstaat führten; sie endete blutig mit zahlreichen Deportationen. Als Kommunarden firmierten in den 60er Jahren auch linksorientierte Wohngemeinschaften in Mitteleuropa (speziell in Berlin).

Communauté de Taizé (REL)
II. protestantischer Orden, 1949 durch Roger Schutz in Burgund gegr. Engagement für Gerechtigkeit und sozialen Frieden. C. besitzt kaum 100 Brüder verschiedener Konfession, aber ihre internationalen »Konzile der Jugend« werden seit 1970 von Abertausenden von Jugendlichen besucht.

Communitarians (WISS)
I. (=en); Kommunitarier, Gemeinschaftler.
II. Anh. einer seit Ende des 20. Jh. aufgekommenen Bewegung in USA, der vorwiegend Intellektuelle (Akademiker, Sozialwissenschaftler, Philosophen) zugehören. C. »wollen durch Partizipation das Verantwortungsgefühl der Bürger für die Gemeinschaft neu beleben, den Markt, der seinen ethischen Unterbau verloren hat, wieder in einen moralischen und sozialen Kontext stellen, also dem Konsum-Kapitalismus ein Wertesystem entgegensetzen« (*M. DÖNHOFF*).

Community (SOZ)
I. (=en); Gemeinschaft, Gemeinde, Gemeinwesen.
II. 1.) in der amerikanischen Soziologie (nach *K.H. HOTTES*) das räumlich abgrenzbare, lokale oder allenfalls kleinregionale Gemeinwesen, die Siedlungsgemeinschaft eines Stadtteils, einer Kleinstadt, einer Talschaft, einer Insel. 2.) Menschen, die sich einer Gruppe gleicher Interessen, gleicher Rel., Rasse, Beschäftigung zugehörig fühlen.

Comoran (SPR)
I. Komorisch.
II. Dialekt des Suaheli, gesprochen auf den Komoren.

Compadrazgo (SOZ)
I. Gevatternschaft.

II. eine Art Patenschaftsgruppe unter Indianern und Ladinos in Mexiko und anderen lateinamerikanischen Ländern, in deren Namen die Mitglieder einander helfen und schützen. Es kann sich sowohl um das Verhältnis zwischen Paten und Patenkind als auch um die Beziehung zwischen den Compadres handeln. Das C.-System wurde von spanischen Priestern eingeführt, um die Christianisierung zu fördern.

Compadres (SOZ)
I. (=sp); Gevattern (Paten, Nachbarn, Freunde).
II. in verschiedenen Gesellschaften (u. a. bei Indianern) beruhen Ansehen und wirtschaftlich-polit. Macht eines Mannes auf der großen Zahl von C., die er sich erworben hat.

Compañeros (SOZ)
I. (=sp); Mitstreiter, »Genossen« im polit. Sinn.

Conestoga (ETH)
II. kleiner Indianerstamm des Irokesen-Bundes, ursprünglich in Pennsylvania. Vgl. Andaste, Irokesen.

Confradias (REL)
I. confraternidades, hermandades (=sp); írmandades, confranas (=pt).
II. Bruderschaften, die im 16./17. Jh. in Lateinamerika von spanischen Priestern zur Verehrung bestimmter Heiliger begründet wurden. Jedes Jahr übernimmt eine neue Personengruppe die gesetzten Verpflichtungen, insbes. die Ausrichtung des Patronatsfestes des Heiligen.

Congomorphe (BIO)
I. razza silvestre (=it); Hylänegride.
II. Bez. bei OSCHINSKY (1954) für Palänegride.

Congos (SOZ)
I. angeblich aus französisch gefärbter Aussprache von »come and go«; wahrscheinlicher ist Ableitung aus befreiten Congo-Negern.
II. 1.) Altbez. für 5000–6000 Kongoneger, die im Kampf gegen den Menschenhandel von britischer und amerikanischer Marine aus aufgebrachten Sklavenschiffen befreit und an der damaligen Pfefferküste sowie in der britischen Province of Freedom angesiedelt wurden. 2.) Später weitete sich Begriffsinhalt zur noch heute gebräuchlichen Sammelbez. der Autochthonen für alle Liberianer auswärtiger Herkunft, hpts. für Ameriko-Liberianer. An der Gesamtbev. des nachmaligen Liberia erreichten C. seit ihrer Zuwanderung nie einen größeren Anteil als 4–5%, davon als größte und wichtigste Teilgruppe die aus Nordamerika rückgeführten befreiten Sklaven und ihre Nachkommen (lt. VZ 1974 rd. 3%), die lange Zeit den Staat polit. und wirtschaftlich dominierten. Auch stellen C. im Bürgerkrieg seit 1990 die Exponenten der sich ablösenden Gegenparteien. 3.) Bez. in Dominikanischer Rep. für haitianische Zuckerrohrschneider, die wie Sklaven gehalten werden. Vgl. Ameriko-Liberianer; emancipados (=sp).

Conibo (ETH)
II. Indianerstamm aus der Pano-Spr.gruppe in E-Peru.

Contrabandistas (SOZ)
II. (=sp); Schmuggler; Bez. speziell in Paraguay, wo sie schätzungsweise 70% des Bruttosozialproduktes erwirtschaften (1990).

Contras (SOZ)
II. Anh. der von den USA unterstützten antisandinistischen Freiheitsbewegung in Nicaragua, insbes. nach 1979. Vgl. Sandinisten.

Conventualen (REL)
I. Konventualen.

Conversos (REL)
I. (sp=) »Bekehrte«; pejorativ auch marranos (=sp, ar), Mar(r)anen; Annusim; Kryptojuden, criptojudios (=sp).
II. Bez. für zwangsgetaufte Juden, die Schein- oder Neuchristen, auf der Iberischen Halbinsel. Derartige Konversionen traten erstmals im 6. Jh. auf, als König Reccared angeblich 90000 Juden zur Taufe zwang, weitere (> 20000) Juden wechselten am Ende des 14. Jh. und ab 1412 nach schweren Verfolgungen und strenger Scheidung zwischen Juden und Christen. C. lebten äußerlich als (Schein-)Christen, standen aber unter Verdacht, ihrem jüdischen Glauben treu geblieben zu sein und wurden oft Opfer der Inquisition. Nach dem spanischen Ausweisungsedikt von 1492 verließen mit über 200000 Juden auch zahlreiche C. das Land, zunächst überwiegend nach Portugal und Navarra. 1493–1497 setzten auch in Portugal schwere Judenverfolgungen ein; soweit Juden nicht Auswanderung gelang, erfolgten auch dort Zwangsbekehrungen zum Christentum in großem Umfang. Geflüchtete C. kehrten in Aufnahmeländern oft zu ihrem alten Glauben zurück. Vgl. Marranen, Chuetas und auch muslimische Moriscos.

Cookinseln (TERR)
B. 1965 mit Neuseeland assoziiertes ehem. neuseeländisches Überseegebiet. The Cook Islands, the Cooks (=en); l'archipel Cook, les îles Cook (=fr); el archipiélago de Cook (=sp).
Ew. 1948: 0,014; 1960: 0,018; 1970: 0,021; 1978: 0,026; 1995: 0,020, BD: 83 Ew./km^2

Cook-Insulaner (ETH)
II. Bew. der gleichnamigen südpazifischen Inselgruppe 3000 km nö. von Neuseeland; Polynesier, den Maori eng verwandt. 1862 begann Blutmischung mit Briten. Kopra-Gewinnung, Fischfang. Intensiv evangelisch missioniert. Heute starke Abwanderung nach Neuseeland.

Coolies (SOZ)
S. Kulis.
II. Kontraktarbeiter, i.e.S. aus Indien.

Coopérants (SOZ)
II. (=fr); Terminus in den francophonen Staaten Afrikas für die durch französische Zuwendungen entlohnten Verwaltungskräfte (z.B. Lehrer).

Copperheads (SOZ)
I. (=en); »Kupferköpfe« nach Giftschlangenname.
II. Gegner der Kriegspolitik Lincolns in USA, galten bei Republikanern als Verräter.

Cora (ETH)
II. kleine Indianer-Ethnie in der Sierra Madre Occidental/Mexiko, < 10 000 mit einer Uto-Azteken-Sprache. Die C. sind mit den Huichol verwandt.

Coroneis (SOZ)
II. (=pt); Zuckerbarone im NE Brasiliens; Großgrundbesitzer.

Coronnes (SOZ)
Vgl. Berdachen bei Chibcha-Indianern.

Cosa Nostra (SOZ)
I. (=it); »unsere Sache«.
II. ursprünglich nur in USA benutztes Synonym für die Mafia, heute auch in Italien gebräuchlich; Kontrolle illegaler Erwerbsquellen wie Prostitution, Glücksspiel.

Cosche (SOZ)
I. (=it); Sg. cosca,»der dichte Blätterkranz der Artischocke«.
II. die kleinen, eng verbundenen Gruppen von Mafiosi.

Cosen-Saram (ETH)
I. Koryosaram; Eigenbez. der Koreaner.

Costa Rica (TERR)
A. Republik. Ehem. Bez. Kostarika. República de Costa Rica (=sp). (The Republic of) Costa Rica (=en); (la République du) Costa Rica (=fr); Costa Rica (=it, pt).
Ew.: 1864: 0,120; 1883: 0,182; 1892: 0,243; 1927: 0,472; 1950: 0,859; 1960: 1,254; 1970: 1,727; 1980: 2,245; 1996: 3,442, BD: 66 Ew./km²; WR 1990–96: 2,1 %; UZ 1996: 50 %, AQ: 5 %

Costaricaner (NAT)
I. Kostarikaner; Costaricans, Costa Ricans (=en); costaricanos, costariqueños, costarricenses (=sp); costaricains, costa-riciens (=fr).
II. StA. von Costa Rica; sie setzen sich aus 87 % Weißen/Kreolen, 7 % Mestizen und 3 % Schwarzen sowie Mulatten zusammen.

Côte d'Ivoire (TERR)
s. Elfenbeinküste

Cousin (BIO)
I. Sg. m.; Cousine Sg. w, Kusin und Kusine; vgl. Vetter und Base.

Cousinage (BIO)
I. m.; (fr=) »Vetternschaft«.

Cowboys (SOZ)
I. (=en); »Kuhjungen«, cattle punchers.
II. berittene Rinderhirten in den Prärien und bes. der trockenen Plains Nordamerikas. Entwickelt in der Ranchowirtschaft in spanisch-mexikanischer Zeit, verbreitet über Arizona, Neumexico, Texas. Höhepunkt im 19. Jh. bis zur Einzäunung der ehemaligen Open range. Vgl. vaqueiros (=pt); vaqueros (=sp), paniolo (Hawaii).

Coyoten (BIO)
II. pejorative Bez. für Mischlinge zwischen Quarteronen und Mestizen in Lateinamerika.

Coyoteros (ETH)
I. (=sp); »Kojotenesser«; garroteros (=sp) »Keulenmänner«.
II. Stamm der Apachen einst in den White Mountains/N-Arizona, 1864 in die Bosque Redondo-Reservation/New Mexico verlegt.

Cracker (SOZ)
II. verarmte Weiße, Kleinbauern in Südstaaten der USA.

Craho (ETH)
Vgl. Timbira, s.d.

Creationists (WISS)
II. (=en); Anh. der göttlichen Schöpfungslehre (»Creation Science«) im Bible Belt der USA (Alabama, Georgia, Tennessee, Washington, Ohio), christliche Fundamentalisten, welche in Gegnerschaft zu den Evolutionists die wissenschaftlichen Erkenntnisse zur Geschichte der Erde und Entwicklung des Lebens als »gottlos« verwerfen und allein den Wortlaut des Alten Testaments (Genesis 1–11) in Schulen gelehrt wissen wollen, für lehrwürdig halten. Fundamentalistische Anh. der biblischen Schöpfungslehre sind auch in Europa noch relativ häufig, etwa ein Viertel der älteren Erwachsenen.

Cree-Indianer (ETH)
I. Crees (=en).
II. subarktische Volksgruppe in der indianischen Spr.familie der Algonkin. Seit 1650 Pelzhandel mit der Hudsonbay-Kompanie. Heute noch größter Indianerverband in Kanada, lt. VZ 1991: 119 810 in Reservaten lebend von Fallenstellerei, Jagd, Fischfang. C. erheben Anspruch auf Landbesitz von 373 000 km². Jetziger Lebensraum von > 11 000 C. ist im Teilbereich des Nouveau Québéc durch hydrotechnische Großprojekte und Quecksilber-Anreicherung gefährdet.

Creeks (ETH)
I. aus creek (amerik.en=) »kleiner Fluß«, »Bach«; benannt nach dem wasserreichen Bannbereich des Muskogee.
II. Sammelbez. für die indianischen Muskogee/Muskhogee-Stämme in Alabama, Georgia und S-Carolina. 1991 rd. 44000 Seelen, zehntgrößte Indianerethnie in USA.

Creol-English (SPR)
I. Krio, Kriol.
II. Mischspr., die bei der Rückführung befreiter Sklaven seit Ende 18. Jh. aus Wurzeln europäischer und vieler Neger-Spr. und Dialekte in Sierra Leone entstanden ist. Als Creol-English wird auch die Mischspr. der lateinamerikanischen Pidgin (SPR)n verstanden. Es handelt sich dort insgesamt um rd. 4,8 Mio. (1990); im einzelnen: auf Antigua und Barbuda (63000), auf den Bahamas (210000), auf Barbados (234000), in Kolumbien (50000), Costa Rica (64000), Frz. Guayana (2000), Guyana (590000), Honduras (16000), Jamaika (1,73 Mio.), Nicaragua (42000), Panama (345000), Trinidad und Tobago (1,249 Mio.). Ferner sind zweisprachig 91000 in Grenada, 42000 in St. Kitts und Nevis, 108000 in St. Vincent und auf Grenadines.

Creoles (SOZ)
I. Creos.
II. nach Sklavenbefreiung rückgewanderte Schwarze aus England nach Sierra Leone; während der Kolonialzeit häufig in untergeordneten Verwaltungspositionen. Vgl. Kreolen.

Criollos (BIO)
I. (=sp); Kreolen; crioulos (=pt).
II. 1.) im ursprünglichen Sinn der schon in Iberoamerika geborenen Nachkommen spanischer Siedler. 2.) amerikanische Neger im Gegensatz zu afrikanischen.

Crioulo (SPR)
I. Kreolenportugiesisch.
II. Umgangsspr. von rd. 350000 Ew. auf den Kapverden und ca. 600000 Emigranten (u.a. auf Sao Tomé und Principe); ferner Mischspr. eines aus afrikanischen und anderen Spr.elementen kreolisierten (durchsetzten) Portugiesisch in Guinea-Bissau (dort Verkehrsspr.), Cabo Verde (Verkehrsspr.), Sao Tomé (Verkehrsspr.), Principe, Mauritius (1983: 520000), Réunion (Verkehrsspr.), Seychellen (Verkehrsspr.; von 97% gesprochen) und in Franz. Guayana (1987: 65000 Sprecher). Vgl. Krio, Créole, Criollo, Kreolisch.

Crna Ruka (SOZ)
I. (sk=) »schwarze Hand«.
II. Geheimbund serbischer Offiziere (gegr. 1911), der die Vereinigung aller Südslawen unter serbischer Führung betrieb (Mord in Sarajevo).

Croatan-Indianer (BIO)
I. fälschlich als »Freie Farbige« bezeichnet.
II. Verband von Mestizen, die als Nachkommen der »verlorenen Raleigh Kolonie« oder von »Roanoke-Island« gelten.

Crofter (SOZ)
II. schottische Landarbeiter, die ihr zum Wohnhaus gehörendes Grundstück (croft) ursprünglich in Jahrespacht, nach 1886 in Erbpacht bewirtschafteten. Vgl. Deputanten.

Cromagnon-Menschen (BIO)
II. frühe Typengruppe des rezenten Menschen, ca. 25000–30000, etwa Würm-III-Stadial. I.e.S. fossile Funde in Höhlen und unter Abris der Dordogne bei Cro Magnon/Frankreich; großwüchsig, derbknochig, u.a. betonte Überaugenregion, tief eingesattelte Nasenwurzel. I.w.S. die frühen Homo sapiens sapiens-Formen im Zeitraum 40000–20000, d.h. Würm II/III und II-Stadial, unter Einschluß von Funden aus Omo/Äthiopien, Lake Mungo/Australien, Combe-Capelle/Frankreich, Prédmost/Tschechische Rep. u.a. Das Auftreten des Cr.-M. begleitet eine deutlich höhere Kulturstufe, die des Jungpaläolithikum.

Crow (ETH)
I. Kräheindianer.
II. Volk typischer Prärie-Indianer (einst unstete Büffeljäger in den Plains), vor allem am Yellowstone-River (Montana). Man schätzt sie für 1780 auf ca. 4000, 1937 in der Reservation am Big Horn-River wurden 2200 gezählt.

Crucki (SOZ)
II. abfällige Bez. der Italiener für Deutsche.

Csángós (ETH)
I. 1.) Csango (un=) »minderwertig«, i.S. von Volksgruppe zweiter Klasse.
II. weitgehend romanisierte Magyaren/Ungarn in NE-Rumänien (Moldau); sprechen altertümliches Ungarisch nur mehr in der Familie; katholische Konfession, Liturgiespr. ist rumänisch. C. verstehen sich eher als religiöse Minderheit im orthodoxen Umfeld denn als ethnische Einheit. 2.) Zigeuner in Rumänien; (ca. 200000).

Csikós (SOZ)
I. (=un); Tschikosch.
II. berittene Pferdehirten in der ungarischen Pussta. Vgl. Juhász, die Schafhirten.

Cuabo (ETH)
I. Chuabo, Atschwabo, Cwabo. Vgl. auch Nyassa-Völker.

Cuaiquer (ETH)
II. Indianervolk im Regenwald des sw. Kolumbiens mit einer Chibcha-Sprache. Sind noch Sammler und Jäger.

Cuban Americans (SOZ)
I. (=en); Kubano-Amerikaner, nicht voll identisch: Exilkubaner; Eigenbez. Yucas; Marielitos.
II. kubanische Emigranten, spanischspr. und kath., die Kuba bes. nach der kommunistischen Revolution aus polit. oder wirtschaftlichen Gründen verlassen und sich im SE der USA, vor allem in Florida, niedergelassen haben. Allein 1971–1980 wanderten 265 000, in der Abschiebungsaktion 1980 über 125 000, (auch kriminelle) K. ein; seit 1959 insgesamt ca. 0,8–1,0 Mio. Exilkubaner haben im Vgl. zu anderen Emigranten außerordentlich starken nationalen und ideologischen Zusammenhalt bewahrt. Gleichwohl ist Filialgeneration »Cuban. A.« schon fast integriert und will in USA verbleiben. Vgl. Hispanos/Hispanics; Kubaner.

Cubeo (ETH)
II. kleine Indianer-Population, zur Stammesgruppe der Tukano zählend; in vielen Gruppen am Rio Caiari, an Grenze Brasilien zu Kolumbien; treiben Sammelwirtschaft, Brandrodungsbau, Fischerei und Jagd; Ahnenkult.

Cubra(s) (BIO)
I. Zambos. Vgl. Zamboneger, Cabern.

Cuicateken (ETH)
II. Indianer-Ethnie im s. mexikanischen Hochland mit einer Mixteken-Sprache; 10 000–20 000 Köpfe.

Cuit (SOZ)
II. indianische Transvestiten. Vgl. Berdachen.

Cuitlateken (ETH)
II. akkulturierte Restpopulation eines einst großen Indianervolkes im mexikanischen BSt. Guerrero; ca. 50 000–100 000 Köpfe, treiben intensiven Ackerbau.

Cumana (ETH)
II. Indianerpopulation an der N-Küste Venezuelas; mit einer karaibischen Spr.; ihre div. Stämme sind in soziale Klassen untergliedert.

Cuna (ETH)
II. indianische Kleinstgruppe in Panama und Kolumbien, mit einer Chibcha-Sprache. C. waren Träger zweier präkolumbischer Kulturen. Heute kulturell verarmt, Reste leben auf Inseln vor der karibischen Küste. Ihre Festlandsreservation am Bayamo-Fluß ist durch Stausee-Anlage bedroht.

Curaçao (TERR)
B. Teil der Niederländischen Antillen. Curaçao (=en, fr); Curazao (=sp); Curacao (=pt).

Curandeiros (SOZ)
II. (=pt); traditionelle Heiler in Angola und Mosambik wie auch indianische Medizinmänner in Mittelamerika.

Curina (ETH)
I. Kulino.
II. Untergruppe der Pano-Indianer im brasilianischen Gliedstaat Amazonas.

Cusmos (SOZ)
Vgl. Berdachen bei Laches-Indianern.

Custenau (ETH)
I. Kustenau.
II. zum Verband der Aruak zählender Indianerstamm im Xingú-Gebiet. Vgl. Xingú-Indianer.

Custom cutters (SOZ)
I. (=en); eigentlich »Maßschneider«.
II. US-amerikanische Wander-Fachkräfte, die mit ihren Mähdreschern die Getreideernte im mittleren Westen einbringen und dabei zwischen Mai-September Texas, Oklahoma, Kansas, Colorado, Wyoming, Montana durchmessen, um dann wieder in ihre Winterquartiere zurückzukehren.

Cutleriten (REL)
II. Angeh. der 1853 gegr. US-amerikanischen Kirche Jesu Christi; Splittergruppe der Mormonen.

Cutschitari (SOZ)
I. Cucitari; aus tschuri (zi=) Messer, Sg. tschurinengero bzw. wohl aus cisium (lat=) »Messer«.
II. zigeunerische Berufsgruppe der Messerschleifer und -schmiede, z. T. auch Scherenschleifer (Sg. katlengero).

Cygane (=rs) (ETH)
I. Cygany (=rs).
II. Zigeuner in Rußland/ehem. UdSSR; ihre geschätzte Zahl beläuft sich auf 200 000–500 000. Über Iran und Armenien erreichten Phen-Zigeuner im 15. Jh. Bessarabien, im 17. Jh. die Ukraine und Südrußland. Wenig später langten Zigeuner auch von W über Polen in Zentralrußland an, seit ca. 1860 auch Kalderaschi, die sich bis nach W-Sibirien verbreiteten. Die für sie in der Oktoberrevolution vorgesehene Entwicklung (Ansässigmachung, eigene Kolchosen) mißglückte, 1956 wurde ihr Wanderleben verboten, der Oberste Sowjet beschloß, sie zwangsweise zur Arbeit heranzuziehen. Spez. Berufskasten der Joneschti, als Kupferschmiede und Kesselflicker, oder der Mijieschti, als Händler, sind typisch. Vgl. Zigeuner; Czigany (=un); Cyganie (=pl); tsigan (=tü); Tziganes (=en); cingaro (=sp); zingaro (=it).

Cyprians, Cypriots (NAT)
(=en) s. Zyper.

D

Dabbaghijja (REL)
I. nach Begründer Abdalwahid ad-Dabbagh.
II. islamische Bruderschaft im Raum Fes/Marokko; Zweig der Darqawa.

Dades (ETH)
II. Stamm der Draa-Berber in Marokko, s.d.

Dadjo (ETH)
I. Daju-Dadjo.
II. arabisierte Sudanethnie im Darfur- und Wadai-Gebiet, sö. Tschad und w. Sudan.

Dadra and Nagar Haveli (TERR)
B. Ehem. portugiesische Hafenplätze, seit 1954 Territorium Indiens; vgl. Daman und Diu.
Ew. 1961: 0,119; 1981: 0,104; 1991: 0,138, BD 282 Ew./km^2

Dafi (ETH)
I. Dafinke, Dafing, Soninke.

Dafla (ETH)
II. eine Talbev. in Arunachal Pradesch/Indien, ca. 20000 mit Eigenspr. aus der tibeto-birmanischen Spr.gruppe, Bergreisbauern.

Dagaba (ETH)
I. Dagarti.
II. sprachlich den Mossi angeglichener Stamm in NW-Ghana; > 150000.

Dagbane (SPR)
II. Verkehrsspr. in Ghana.

Dagestan (TERR)
B. Ab 1992/94 Autonome Republik in Rußland; 1921 als ASSR gegr. Dagestanskaja ASSR (=rs); Dagestan ASSR, Dagestan Republic (=en).
Ew. 1964: 1,264; 1974: 1,521; 1989: 1,792; 1995: 2,003, BD 40 Ew./km^2

Dagestaner (ETH)
I. Dagestanis, Dag(h)estani Peoples (=en).
II. Völkergruppe von rd. 1,7 Mio.(1979), u.a. Awaren (396000), Lesgier (324000), Darginen (231000), Kumüken (189000), Lakzen (86000), Tabasaraner (55000), Nagajzen (52000), Rutulen (12000), Zachuren (11000), Agulen (8800) im nö. Kaukasus und Vorland, mit ca. 30 ostkaukasischen Sprachen.

Dagestaner (NAT)
II. Bez. für Angehörige der Russischen Rep. Dagestan. Es handelt sich um einen höchst labilen Verband aus 14 Völkern und weiteren 33 ethnischen Einheiten/Volksgruppen, die alle StA. von Rußland sind. Vgl. insbesondere rd. 28% Awaren, 16% Darginer, 13% Kalmyken, 11% Lesgier, 9% Russen, 5% Laken, je 4% Tabassaranen und Aserbaidschaner.

Dagestanische Sprachen (SPR)
II. Sammelbez. für die SE-Gruppe der Nordkaukasusspr. Man gliedert ihnen zu: Awarisch, Lakisch/Lakkisch/Kasikumükisch, Darginisch (mit Hürkanisch (Chürkilisch und Kubatschi), Kürinisch (mit Küri, Achti, Agulisch, Tabassaranisch, Buduchisch/Buduch, Dschek, Rutulisch, Tsachurisch/Tschachurisch, Krysisch), Udisch, Chinalugisch, Artschinisch, Didoisch und Andisch.

Dagh Dschufut (REL)
I. Dag Chufut, Bergjuden; Mountain Jews, Daghestani Jews (=en).
II. fälschlich jüdische Taten.

Dago (ETH)
I. Daju-Dadjo im sö. Tschad.
II. kleine ethnische Einheit im sö. Tschad.

Dagomba (ETH)
I. Dagbamba, Mamprusi, Mampelle, Mampulugu.
II. westafrikanisches Negervolk, bedeutendste Ethnie aus der Mole-Dagbane-Gruppe der Gur-Sprachgem., das im Volta-Becken in Burkina Faso und in N-Ghana um Tamale als Ackerbauern lebt, etwa 250000. Das Dagomba-Reich gehörte zu den Mosso-Staaten s. des Nigerbogens, die seit dem 14. Jh. Zwischenglieder des Handels von Nigerstädten mit der Regenwaldzone waren. Kulturelles Nebeneinander altnigretischer Kulte der Erdherrn und sudanesischer Einflüsse. Berühmtes Trommel- und Tanz-Brauchtum.

Dagu (ETH)
II. kleines seßhaftes Sudanvolk mit ostsudanischer Eigenspr. im Darfur und im ö. Tschad, beherrschte einst das Djebel-Marra-Gebiet. Viehhalter; matrilinearer Erbgang; Einzelstämme werden durch Sultane regiert.

Dagur (ETH)
I. Ta-hu-erh, Ta-kan-erh, Ta-kuan-erb.
II. Stamm von 75000 Mitgliedern mit Eigenspr. der mongolischen Spr.gruppe; wohnhaft in der chinesischen Provinz Heilung Kiang und verstreut in Innerer Mongolei und Sinkiang-Uighur; soweit nicht noch Naturreligionen anhängend, Lamaisten. Tansania.

Dahomeer (NAT)
I. Dahomeans, Dahomeyans (=en); dahoméens (=fr); dahomeyanos (=sp). (bis 1975); seither Beniner.

Dahurisch (SPR)
II. ein Chalcha-Dialekt in der N-Mandschurei.

Dai (ETH)
II. Minderheitsvolk im sw. Yünnan und Grenzgebiet nach Laos; 1990 ca. 1 Mio.

Daitoinseln (TERR)
B. Gehören zu den am 15. 5. 1972 von den USA an Japan zurückgegebenen s. Riukiuinseln. Daito Islands (=en); les îles Daïto (=fr); las islas Daito (=sp).

Dajak (ETH)
I. Dayak, Dyak, »Binnenländer«.
II. Sammelbez. der niederländischen Kolonialzeit für die Bewohner im Inneren von Borneo/Indonesien. Sprachlich und kulturell zu etlichen Völkern und ca. 300 Stämmen aufgesplittert, Alt-Indonesier. 1970 ca. 2 Mio. Fischer, Jäger und Brandrodungsbauern. Charakteristisch die großen gestelzten Gemeinschaftshäuser. Ihre Ges. war in drei Klassen gegliedert; Kopfjagd war bei allen verbreitet. Dajakvölker werden entweder vereinfacht nach Land-D. oder See-D. (Iban) unterteilt oder regional gegliedert: 1.) im SE-Kalimantan: die Ngadju, Biadju, Ot Danum, Maanjan, Lawangan, Tabojan und Barito- Dusun; 2.) in W-Kalimantan und W-Sarawak: die Kendayan oder Land-D.; 3.) in NW-Borneo: die Iban oder See- D.; 4.) in Zentralborneo: die Kenja, Kajan, Bahau; 5.) in N-Borneo: die Dusun, Murut, Kelabit.

Daju-Sila (ETH)
I. Sila.
II. kleine schwarzafrikanische Ethnie im SE von Tschad, an der Grenze zu Sudan.

Daka (ETH)
I. Chamba-Daka.
II. kleines Sudanvolk im E von Nigeria.

Dakorumänen (ETH)
I. Dako-Rumänen; nach Dacien und Dakern.
II. die »eigentlichen« Rumänen, die das dakorumänische Idiom sprechen; der Großteil von ca. 95 % aller R. in Rumänien und angrenzendem Bessarabien und Banat. Vgl. Megleno-R., Makedo-R., Rumänisch-Spr.

Dakota (ETH)
I. Nakota, Lakota, Wetapahatoes (»Volk der Inselhügel«); Eigenbez. Ocheti schakowin »7 Ratsfeuer« und von daher »Verbündete«; Quichuans, Datamis.
II. wichtigste Stammesgruppe in der indianischen Sioux-Yuchi-Spr.gruppe im Dakota-Gebiet/USA. Zu gliedern in: Ö. D., Santée-D., Teton-D. (u.a. mit Blackfeet, Sioux, Brulé, Hunkpapa, Miniconyou, Oglalla, Sans Arc, Two Kettle). Anzahl 10040 (VZ 1991). Geogr. Name: BSt. North- und South-Dakota/USA.

Daleminzen (ETH)
I. alte Eigenbez. Glomaci/Glumaci

II. alt eingedeutschte Teile der westslawischen Wenden zwischen mittlerer Elbe und Freiberger Mulde.

Dalit(s) (SOZ)
I. (Marathi=) »Slang«.
II. Sammelbegriff für Unberührbare in Maharashtra (Goa) und Madhya Pradesh/Indien. Viele Dalits gehören einer christlichen Konfession an. Sie haben mit dem Aufbau von Selbsthilfeorganisationen begonnen. Vgl. Dalit-Christen.

Dalit-Christen (REL)
II. Sammelbez. für die kastenlosen Christen in den Kirchen Indiens; man zählt ihnen etwa drei Viertel aller indischen Christen zu, sie genießen die Privilegien der Kastenlosen und der Urstämme.

Dalofälide (BIO)
I. Dalo-fälischer Typus, Dalonordide.
II. Untertypus der Nordide; breitwüchsig, breites kantiges Gesicht. Verbreitung in Westfalen, Mittelschweden (Dalarne). Vgl. Nordide.

Dalonordide (BIO)
I. Fälonordide bei *LUNDMAN*, Nordatlantide. Vgl. Nordide.

Dama (BIO)
II. ein palänegrider Stamm in SW-Afrika, haben Hottentotten-Sprache übernommen.

Dama (ETH)
I. Boki.
II. kleine schwarzafrikanische Ethnie im SE von Nigeria.

Daman und Diu (TERR)
C. Alte portugiesische Territorien in Indien.
Ew. 1981: 0,079; 1991: 0,102, Bd 907 Ew./km²

Damara (ETH)
II. Altbez. für Dama, im 19. Jh. auch für Herero (s.d.). Geogr. Name: Damaraland. Vgl. Bergdama.

Damara (SPR)
II. Verkehrsspr. u. a. in Namibia.

Dampalanakan (SOZ)
II. Großfamilie der philippinischen Bajau Laut, die aus den beiderseitigen Großeltern und allen ihren Nachkommen besteht. Einem Patriarchen kommen soziale (u.a. Brautwahl und -kauf) und wirtschaftliche (gemeinsamer Fischfang) Funktionen zu. Mehrere D. bilden eine Sippe und Dorfgemeinschaft.

Dan (ETH)
I. Da, Gio, Ngere.
II. Stamm der bedeutenden Mande-Fu-Spr.gruppe im Gebiet der w. Elfenbeinküste und im mittleren Liberia mit Unterstämmen Gio/Nyo in Liberia und Yafuba/Diafoba; sind Hackbauern und Kleinviehhalter. Große Bedeutung von Initiationslagern und Maskenbünden. Vgl. Mande-Fu.

Danakil (ETH)
I. Danakill, Dankali; Eigenbez.: Afar.
II. kriegerisches Volk in Eritrea, Dschibuti und NW-Äthiopien (D.-Wüste); Anz. ca. 300000–400000, wovon 179000 (1988) als durch die Issa unterdrückte Minderheit (von 37%) in Dschibuti, in Äthiopien (1983) 420000 leben; ihnen verwandt sind die Saho (ö. Asmara); neben Ackerbau häufig Hirtennomadismus, bes. auch Salzgewinnung und Karawanenhandel. Stehen ethnisch den Somal nahe, sprechen eine dem Arabischen verwandte Eigensprache, sind Muslime (doch bleibt entsprechende Kleidung auf Männer beschränkt, Frauen häufig barbusig); Beschneidung und Infibulation. Ges. ist in zwei Klassen geteilt: Rote/Asaimara und Weiße/Adoimara, wobei landbesitzende Oberschicht der Roten als Abkömmlinge von Eroberern aus dem Bergland gelten; sind in mehrere Sultanate gegliedert. Unternehmen seit 1990 vermehrte Aufstände in Eritrea und Dschibuti zur Erlangung der Unabhängigkeit in gemeinsamem Afar-Staat. Vgl. Saho.

Dänemark (TERR)
A. Königreich. Kongeriget Danmark (=dä). (Kingdom of) Denmark (=en); (le Royaume du) Danemark (=fr); (el Reino de) Dinamarca (=sp); Danimarca (=it, pt). 1828, unter damaligem Umgriff u.a. Schleswig, Holstein, Lauenburg, Altona u.a. 2,058 Mio Ew.
Ew. 1769: 0,798; 1787: 0,842; 1801: 0,929; 1834: 1,231; 1845: 1,257; 1860: 1,608; 1870: 1,785; 1880: 1,969; 1890: 1,172; 1901: 2,450; 1911: 2,757; 1921: 3,104; 1930: 3,551; 1940: 3,844; 1950: 4,281; 1960: 4,585; 1970: 4,951; 1980: 5,123; 1988: 5,129; 1996: 5,262, BD: 122 Ew./km²; WR 1990–96: 0,4%; UZ 1996: 85%, AQ: 0%

Dänen (ETH)
I. Danes (=en); Danois (=fr); daneses (=sp).
II. Volk nordgermanischer Spr., Bew. von Dänemark und als Minderheit im Bundesland Schleswig-Holstein/Deutschland. Nach klimabedingter Abwanderung bzw. kriegsbedingter Ausdünnung von westgermanischen Cimbern und Teutonen, dann von Angeln, Sachsen und Jüten, drangen seit 470 n.Chr. D. aus südschwedischen Schonen, Blekinge und Halland in das heutige Dänemark nach. Div. Reichsbildungen mit oder gegen andere nordeuropäische Ethnien bes. im Ostseeraum. Bev.entwicklung: um 1300: 800000, 1660: 660000 (nach Seuchenverlusten),1735: 775000, 1801: 929000, 1850: 1,415 Mio., 1890: 2,172 Mio., 1921: 3,268 Mio., 1945: 4,045 Mio. Vgl. Speckdänen.

Dänen (NAT)
II. StA. des Kgr. Dänemark; zugehörig (wenngleich seit 1948 bzw. 1985 mit Autonomie) auch Färinger und Grönländer, s.d. 97,1% Dänen, 1,6% Deutsche.

Dani (ETH)
II. Stammesgruppe der Papua im Ballem-Tal auf Neuguinea in Nachbarschaft zu den Yali.

Dänisch (SPR)
I. indogermanische, ostnordische germanische Spr.; Dansk (=dä); Danish (=en); danois (=fr); Danés (=sp); Dinamarquês (=pt).
II. Sprgem. von fast 5 Mio. (1991), in Dänemark mit Minderheit in Südschleswig von 30000.

Danwei-Mitglieder (SOZ)
I. sog. »Arbeitseinheiten«.
II. Grundeinheiten des chinesischen Gesellschaftssystems, die unter Anknüpfung an die traditionellen geschlossenen und autark wirkenden Familienverbände seit 50er Jahren im Zuge der kommunistischen Verstaatlichung entstanden sind. Jeder Chinese ist Mitglied einer D., die ihn ein Leben lang versorgt (Arbeit, Wohnung), behütet (Schule, Gesundheit, Freizeit) und (polit.) gängelt und kontrolliert.

Danzig (TERR)
C. Freie Stadt 1807–1914; Freistaat unter Schutz des Völkerbundes, 1919/20–1939; Eingliederung in den »Reichsgau Danzig-Westpreußen« 1939–1945.
Deutsche/Dt.spr. 1910: 0,315; 1936: 0,388; 1921: 0,356. 1951: 0,242 Deutschstämmige

Danziger (ETH)
I. aus Gothiscandza (got=) »Land der Goten« und Gyddanyze (pomoran.=) »Fischerdorf und Burg«.
II. 1.) Bew. der Stadt Danzig und ihres im 12. Jh. deutschbesiedelten Territoriums, 1454–1793 zum Deutschen Ritterorden, dann als Regierungsbez. der Prov. Westpreußen zum Kgr. Preußen und zum Deutschen Reich gehörig. 2.) StA. der völkerrechtlich eigenständigen »Freien Stadt D.« 1920–39. Ew. 1910 ca. 330000, 1944/45 zum Zeitpunkt der Vertreibung der Deutschen rd. 394000.

Daoismus (REL)
s. Taoisten.

Darassa (ETH)
II. Volk mit einer kuschitischen Eigenspr. im sw. Äthiopien, s.d. Awasa-Sees, 60000–100000 Köpfe.

Darbysten (REL)
I. (nach J.N. Darby) entstanden 1828 in Plymouth; »Exclusive oder geschlossene Brüder«, entstanden 1826/1848 aus den Plymouthbrüdern; im Gegensatz stehend zu »offenen Brüdern«.
II. alles Kirchentum ablehnende, streng evangelische Bekehrungsgemeinschaft (Bibelbetrachtung, Brotbrechen, Endzeiterwartung); der Täuferbewegung nahestehend, organisations- und lehramtfrei; 0,2–0,4 Mio. Nicht identisch mit Brüderbewegung! Vgl. Schweizer Brüder, Freier Brüderkreis.

Darchad (ETH)
II. kleines Turkvolk mit tuwinischer Eigenspr. und Eigenschrift im NE der Mongolei; Wanderhirten mit

Yaks, Pferden, Kamelen, Schafen, Ziegen; litten unter Assimilierungszwängen des Lamaismus, wurden unter Tibetern, Mongolen, Chinesen und bes. unter sowjetischer Herrschaft verfolgt; Schamanentum.

Darden (ETH)
II. ethnische Einheit in Ladakh, buddhistischen Glaubens, und Pakistan, islamischer Religion.
II. Gruppe indoarischer Restvölker mit darischen Eigenspr.

Darginen (ETH)
I. Darginer, Darginzen; auch Dargwa; Eigenbez. Dargan, Dargante; Dargincy (=rs); Dargins (=en).
II. ein autochthones Volk im E-Kaukasus. Standen seit 15. Jh. unter Herrschaft der verwandten Kaitaken, die wie Kleinvolk der Kubatschen heute zu D. gezählt werden. Seit Beginn des 19. Jh. unter russischen Herrschaft, seit 1921 zur Dagestanischen ASSR, heute Russische Rep. Dagestan. Bereits im 8. Jh. islamisiert, heute überwiegend Sunniten. Ihre Eigenspr. aus der darginisch- lakischen Untergruppe der NE-Kaukasussprachen gliedert sich in mehrere Dialektgruppen (u. a. Aquscha/Akuscha, Urach, Tzudaqar); Aquscha wurde zur Schriftspr. entwickelt und wird seit 1938 in kyrillischer Schrift geschrieben. 1970 rd. 231 000, 1990: 365 000 Köpfe.

Dargwa (ETH)
II. Teilgruppe der Darginen (s.d.) im nördl. Kaukasusvorland/Rußland; rd. 170 000 (1979) mit Eigenspr. Akuscha; Sunniten.

Dari (SPR)
I. Farsi; Persisch, d.h. Neupersisch; Persian, Farsi (=en).
II. eine der beiden, zum iranischen Zweig der indogermanischen Spr. zählende, Amtsspr. in Afghanistan. Vgl. die andere Amtsspr. Paschtu/Paschto.

Daribi (ETH)
II. Kleingruppe von Melanesiern auf Neuguinea; Wildbeuter.

Darien-Indianer (ETH)
II. ca. 26 000 Angeh. dreier Indianerstämme, die seit 1984 über Autonomierechte verfügen; auf der zentralamerikanischen Landenge zwischen Kolumbien und Panama.

Darische Sprachen (SPR)
I. Dardsprachen, Dardische Sprgem.
II. Sammelbez. für Untergruppe des indischen Zweiges indogermanischer Spr. in der Kafirgruppe: (Kati, Waigali, Aschkuni, Paruni, Prasun, Kalascha, Paschai, Tirahi), Khowar und eigentliche darische Spr. (Kaschmiri, Schina, Kohistani); vor allem in NE-Afghanistan und Kaschmir verbreitet.

Darod (ETH)
II. halbnomadischer Großstamm/Hauptclan der Somal im s. Zentralsomalia. D. sind nach der Überlieferung aus Arabien eingewandert, der Darod-Stammvater soll eine Tochter des Dir-Hauptclans geheiratet haben.

Darqawa (REL)
I. nach Begründer al-Arabi b. Ahmed ad-Darqawi im 18. Jh.
II. bedeutendste islamische Bruderschaft in NW-Afrika, ausgehend von den Banu Zerwal im südlichen Rif-Gebirge; durch Mission auf N- und E-Marokko bis nach Oran, durch Ausläufer bis nach Tunesien, Tripolitanien und sogar der Türkei und Frankreich verbreitet. Vgl. Baddawijja, Dabbaghijja, Fasijja, Harraqijja.

Darzada (ETH)
II. kastenähnlicher Stamm der Makrani in Pakistan.

Dasnayi (REL)
I. Eigenbez. der Jeziden, Jesiden, Yeziden, Yaziden.

Dauerwanderer (WISS)
II. 1.) Sammelbez. für unstete Menschen, die keine feste Behausung, keinen Dauerwohnsitz besitzen (bodenvage Sammler und Jäger) oder in ständiger Wanderung ihre Behausung mit sich führen (Zigeuner, Nomaden); zuweilen auch für Berufsleute, die zwar einen Dauerwohnsitz haben, ihn aber nur selten und nur kurzfristig nutzen können (Mozabiten, Nubier; Seeleute, Show-Business; auch für Mobilheim-Wanderer). Vgl. »ewige« Wanderer.

Davidianer (REL)
Mitglieder der »Branch Davidians«, einer Splittergruppe der Adventisten in USA mit 2000–3000 Anhängern.

Dayak (SPR)
I. Dayak (=en).
II. Sprgem. auf Borneo/Indonesien mit 1 Mio. Sprechern (1992).

Daza (ETH)
I. Dazagada im N-Tschad. Vgl. Tubu, Tibbu.

DCCs (SOZ)
II. US-amerikanisches Akronym aus dual career couples (en=) »Doppelverdiener«.

Dciriku (ETH)
I. Lozi in W-Sambia.

Dealer (SOZ)
I. (en=) »Händler«.
II. Personen, die mit Rauschgift handeln. Vgl. Drogenabhängige, Suchtkranke.

DEF (WISS)
I. »disarmed enemy forces« (=en in USA), SEP »surrendered enemy personnel« (=en in Großbritannien).
II. Bez. für die am Ende des II.WK nach der Kapitulation in Gefangenschaft geratenen dt. Soldaten, denen die Rechte der Genfer Konvention versagt blieben.

De-Facto-Flüchtlinge (WISS)
II. Personen, die sich ohne Asylantrag oder trotz rechtskräftiger Ablehnung aus humanitären oder politischen Gründen bis auf weiteres in Deutschland aufhalten dürfen, beispielsweise Kriegsflüchtlinge wie Libanesen, Afghanen, Kurden und Iraner während heimischer Bürgerkriege. Ihre Integration wird nicht gefördert, doch können sie Arbeitsbefugnis erhalten. In Deutschland Ende 1991: 520000, Ende 1997: 360000, zusätzlich 245000 Bürgerkriegsflüchtlinge aus Bosnien-Herzegowina.

Deferegger Protestanten (REL)
II. Gruppe von ca. 620 Glaubensflüchtlingen, 1684 z.T. unter Rückbehalt ihrer Kinder aus Defereggen/Tirol ausgetrieben. 1686 schlossen sich ihnen 100 Halleiner vom Dürrnberg an, die als Knappen im sächsischen Erzgebirge eine neue Heimat fanden. Vgl. Exulanten.

Deisten (REL)
I. aus deus (lat=) »Gott«.
II. Anh. einer im 17. Jh. in England aufgekommenen religionsphilosophischen Lehre (Deismus), nach der Gott zwar die Welt erschaffen hat, seitdem aber keinerlei Einfluß mehr auf ihren Lauf nimmt. Gott könne allein aus der im Menschen natürlich angelegten Moral erkannt werden. Ihre Lehre wandte sich insbes. gegen die Offenbarungsreligion, sie übte bestimmenden Einfluß auf die Aufklärung aus.

Dekabristen (SOZ)
I. aus dekabr' (rs=) »Dezember«, also »Dezemberleute«.
II. adlige Offiziere, die 1825 in Rußland Mitglieder eines Aufstandes für konstitutionelle Verfassung gegen Leibeigenschaft und Polizeiwillkür waren. D. trugen in der Deportation ganz erheblich zur Kultivierung Sibiriens bei.

Dekasegui (SOZ)
II. Gastarbeiter in Japan, geworben aus dem Kreis der Brasil-Japaner; um 1990 ca. 40000–50000.

Delawaren (ETH)
I. Eigenname Lenape, d.h. »Wir, das Volk«.
II. Stamm der nordamerikanischen Algonkin-Indianer, einst im heutigen New Jersey, Ostpennsylvania und Delaware, seit 1770 auch in Florida, Missouri, Ontario, seit 1867 im Wichita-Reservat/Oklahoma. In der Pionierzeit bekannt als loyale Scouts. Geogr. Name: BSt. Delaware/USA.

Delhi (TERR)
B. Bundesterritorium Indiens.
Ew. 1991: 0,420, BD 6352 Ew./km^2

Demen (WISS)
I. aus Demos (agr/lat=) »Gemeinde«, »Volk«.
1.) Gebiete und Volksgemeinden eines altgriechischen Stadtstaates. 2.) bevölkerungswiss. Terminus für Teil- oder Unterpopulationen.

Demiboches (SOZ)
I. (fr=) »Halbgermanen«, Germanophile.
II. Schimpfbezeichnungen in Frankreich für Elsässer, s.d.

Demis (BIO)
I. (=fr); »Halbe«.
II. Mischlinge aus Maori-Frauen und europäischen (französischen) Männern auf Tahiti.

Demisa (ETH)
I. Tannekwe.
II. Bantu-Volk im n. Botswana.

Dendi (ETH)
II. Untergruppe der Songhai, in Benin (1982: 76000).

Dendi (SPR)
II. eine der Verkehrssprachen in Benin.

Deneide (BIO)
II. Terminus bei LUNDMAN (1967) für Pazifide.

Denguefieber-Kranke (BIO)
I. Dandy-Fieber, Fünftage-Fieber, Siebentage-Fieber.
II. Infektionskrankheit tropischer und subtropischer Gebiete; Virus wird übertragen durch Stechmücken (Aedes aegypti), die in stehendem Wasser und Abfall brüten. Inkubationszeit 5–8 Tage; eine der Varianten des D. ist lebensgefährlich. Jüngste Epidemien brachen 1992/93 in NE-Australien und Mittelamerika aus.

Deori (ETH)
II. kleines Altvolk in Assam/Indien, dessen Angehörige heute nach Arunachal Pradesh einsickern um dort der politischen, sozialen und wirtschaftlichen Privilegien als Arunachali teilhaftig zu werden.

Deplacées (SOZ)
II. Bez. in Libanon für Vertriebene und Flüchtlinge aus Palästina oder Südlibanon bzw. Obdachlose aus dem Bürgerkrieg, insgesamt mind. 0,5 Mio.

Deportierte (SOZ)
I. aus deportare (lat=) »forttragen«; déportés (=fr); Verbannte, Zwangsverschickte, i.w. unpräzisen Sinn auch Ausgeschaffte (=sd), Ausgewiesene, Exilierte; Indentured servants (=en).
II. i.e.S. nur durch Gerichtsbeschluß, jedenfalls zwangsweise in ein fremdes Wohngebiet des eigenen Staates verbrachte Personen, denen die Rückkehr in ihre Heimat verwehrt ist. D. haben bei der Aufsiedlung der britischen, französischen, portugiesischen und russischen Kolonialgebiete eine große Rolle gespielt. Institution der Verbannung, (rs=) ssylka, ist in Rußland seit 1582 gebräuchlich, seit Iwan IV. auch kollektive Zwangsumsiedlung, (rs=) wywod, von Altgläubigen oder Teilnehmern von Bauernaufständen. Im 18. Jh. besaßen auch russische Gutsbesitzer das Recht, ihre Leibeigenen in die Ver-

bannung zu schicken. Zaristische wie später kommunistische Gewalten nutzten die Deportation, um Zwangsarbeiter zu gewinnen und polit. Mißliebige zu isolieren.

Depressed classes (SOZ)
I. (=en) »unterdrückte Klassen«.
II. Begriff subsumiert die ob ihrer kulturellen Unreinheit gesellschaftlich und wirtschaftlich diskriminierten Kastenlosen in Indien, insbes. die Unberührbaren. Vgl. Unberührbare.

Deputanten (SOZ)
I. Deputatisten, Instleute.
II. agrarsozialer Begriff in Mitteleuropa für landwirtschaftliche Arbeiter und ihre Familien, die aufgrund von Miet- und Pachtvertrag an einen landwirtschaftlichen Großbetrieb gebunden sind. Ihre Entlohnung erfolgt durch Wohnrecht, Landnutzung und Deputat; Natural- und Geldlohn in regional unterschiedlicher Kombination.

Derpenten (ETH)
I. Eigenname Derbet; Dérpety (=rs). Vgl. Kalmüken.

Derwische (REL)
I. (pe-tü ar=) »Bettler«, Dervishes (=en).
II. eigentlich fromme Männer; dann seit 8. Jh. mit Blütezeit im 12.–16. Jh. Mitglieder islamischer D.-Orden (wie Mewlewi, Bektaschi, Nakschbendi, Hamsawi, Dschelweti), die nicht alle in klösterlichen Gemeinschaften (Tekke) oder gleich Bettelmönchen leben, vielmehr häufig normalen Berufen nachgehen und nicht unbedingt ehelos bleiben. Kennzeichnend ist Zug zu mystisch- ekstatischer Frömmigkeit, oft schiitischer Prägung. Wirken meist als Wanderprediger und in Sozialaufgaben; im 15. und 17.–19. Jh. mehrfach von polit. Einfluß. Türkische D.-Konvente wurden 1925 geschlossen, doch ist ihre Bewegung heute wieder aufgelebt. Ihre Zahl wird auf rd. 1 Mio. geschätzt. Vgl. Fakire, Sadhus, Yogins.

Desalojados (SOZ)
II. (=pt); in der sog. Nelkenrevolution aus den ehem. Kolonien nach Portugal geflohene Afrikaner. Vgl. Retornados.

Desana (ETH)
II. indianische Ethnie am oberen Amazonas.

Desperados (SOZ)
I. (=sp); aus desperatus (lat=) »verzweifelt«.
II. zu jeder Verzweiflungstat Fähige, entschlossene Umstürzler bes. in der Befreiungsgeschichte Lateinamerikas, bes. in Mexiko; heute auch i.S. von Banditen, Abenteurern.

Deszendenten (BIO)
I. Nachkommen, Nachfahren; aus lat. descendere »herabsteigen«; descendentes (=pt).
II. Abkömmlinge desselben Aszendenten.

Deuteromalaien (ETH)
II. nach überholter kultur-anthropologischer Auffassung Bez. für die langschädeligen progressiven »Altmalaien« der zweiten Einwanderungsschicht im indonesischen Archipel. Neubegriff Alt-Indonesier entspricht nicht völlig. Vgl. Protomalaien; vgl. Primitiv-, Alt- und Jungmalaien.

Deutsch (SPR)
I. lingua thiotisca (=lat); ahd. diutisc, um 700 entstandene Bez. für Spr. des Volkes im Ggs. zum Lateinischen der Kirche; German (=en).
II. Spr. aus der westgermanischen Gruppe der indogermanischen Spr.familie in Europa. Insgesamt 119 Mio. Sprecher (1994) in 16 europäischen Staaten: in Deutschland > 80 Mio., Österreich 7,4 Mio., Schweiz 3,9 Mio., in Luxemburg 300 000, Liechtenstein 26 000, Belgien 70 000, Dänemark 60 000, im Elsaß/Frankreich 1,2 Mio., Niederlande 40 000, Spanien 20 000, Tschechoslowakei 60 000, in der UdSSR (1985) mind. 1,9 Mio., in Ungarn 170 000; ferner in Übersee (u.a. in Argentinien, Brasilien, Namibia, Australien) ca. 200 000.

Deutschamerikaner (ETH)
I. Deutsch-Amerikaner.
II. Sammelbez. für Nord-(bes.US-)amerikaner deutscher Abstammung. Erste deutsche Kolonisten (aus Württemberg und der Pfalz) siedelten sich 1730–1740 über Germantown und Philadelphia in Pennsylvania und Maryland an, noch im 18. Jh. erreichte ihre Zahl rd. 200 000, was 6% der weißen US-Amerikaner entsprach. Im 19. und 20. Jh. sprunghafte Steigerung bes. auch deutscher Einwanderung; 1820–60: 1,547 Mio., 1861–90: 2,959 Mio. (=28,5% der Gesamteinwanderung), 1891–1920: 0,991 Mio. (=5,4% der Gesamteinwanderung), 1921–60: 1,386 Mio., d.h. im Gesamtzeitraum 1820–1987: rd. 7,1 Mio. Um 1900 waren 2,5 Mio. D. Angehörige der ersten Einwanderungsgeneration, noch 1930 waren 1,6 Mio. in Deutschland Gebürtige. (*E. MEYNEN*). Vgl. Redemptioner; Glaubensflüchtlinge, insbes. deutsche Mennoniten, Amische, Herrnhuter, Schwenkfeldianer.

Deutschaustralier (ETH)
I. deutschstämmige Australier.
II. Nachkommen von fast 20 000 Deutschen, die hpts. zwischen 1838–1900 in Australien einwanderten und in Südaustralien und Queensland (bes. Barossa-Tal) ansässig wurden. Es handelte sich vor allem um Altlutheraner, die die Zwangsunion in Preußen ablehnten, um Verfolgte der gescheiterten Revolution von 1848 und um Glücksritter während des Gold-Rausches. Bis zum I.WK stellten D. 10% der Bev. Südaustraliens und 3% auf dem gesamten Kontinent. Erfuhren in beiden Weltkriegen harte Restriktionen, u.a.Verbot deutschen Schulunterrichts, deutscher Predigten; Anglisierung zahlreicher geogr. Namen und Familiennamen.

Deutschbalten (ETH)
I. Baltendeutsche.
II. Nachkommen der im 14./15. Jh. vom Deutschen Orden gerufenen Handwerker und Kaufleute, die wirtschaftlich und kulturelle Oberschicht bildeten.

Deutschbelgier (ETH)
II. Sammelbez. für deutschspr. Minderheiten in Ostbelgien einerseits bei Arel/Arlon anderseits um Eupen-Malmédy-St. Vith, die je nach Alter der Zugehörigkeit zu Belgien (1830 bzw. 1919) als Alt- bzw. Neu-Deutschbelgier unterschieden wurden. Um Mitte des 19. Jh. rd. 250 000, nach Gebietsregulierungen 1970 ungefähr 97 000 Deutschspr. Nach 1919 und wieder nach 1945 war deutscher Spr. jegliche offizielle Anerkennung verweigert; 1963 wurde im N (für Neu-D.) Zweisprachigkeit im Erziehungs-, Rechtswesen und Verwaltung eingeführt.

Deutschböhmen (ETH)
II. Altbez. in Österr.-Ungarn für deutschsprachige Bev. der Sudetenländer. Ihre zusammenhängenden Wohngebiete entlang des früher geschlossenen deutsch-österreichischen Sprach- und Staatsgebiets wurden noch in der Rep. Deutsch-Österreich im November 1918 zum österreichischen Staatsgebiet gehörig erklärt. Seit tschechischer Annexion und nachträglicher Legitimation im Vertrag von St. Germain (10. 9. 1919) hat sich die Eigenbez. Sudetendeutsche durchgesetzt.

Deutsche (ETH)
I. aus diutisc (ahd.=) »volkstümlich«/diot = »Volk«/theudisk, tiu(t)sch (mhd=) »zum Stamme gehörig«. Duits (=ni); Duitsche (=ni); Germans (=en); Allemands (=fr); tedeschi (=it); Tyskere (=sw); alemanes (=sp); alemáes (=pt); Niemcy (=pl); Nemcy (=rs); németzok (=un); Jarmalka (=somal.).
II. D. entstanden im frühen MA aus Zusammenschluß und Mischung westgermanischer Völker, nachmalig »Altstämme«: Alemannen (danach romanische Bez.), Franken (Salier, Ripuarier, Mosel- und Mainfranken, Schotten) und Sachsen; später auch Thüringer und Baiern in der Völkerwanderungszeit. Vereinigung dieser Großeinheiten im Fränkischen Reich, jedoch Konsolidierung und Regionalisierung erst ab 9./10. Jh. im Ostfrankenreich. Von da an entstanden Vorstellung gemeinsamer Abstammung und Zusammengehörigkeitsgefühl, wurde Bez. tudisc/deutsch auch auf Angehörige der Sprachgem. übertragen und gewann (nicht zuletzt als Abgrenzung gegen romanisch als walhisk) in mehrigen welschen Westfranken als Name Bedeutung. Im Laufe der Ostkolonisation durch Einschmelzen u.a. von Dänen, Westslawen, Pruzzen bildeten sich zusätzliche »Neustämme« aus. Heute umfaßt Terminus in der Regel die StA. von Deutschland, nach der Wiedervereinigung 1990 mit 81,912 Mio. (1996). Als Ergebnis der Ostkolonisation, von Teilungen des alten und Abtretungen des Zweiten und Dritten Reiches sowie div. Auswanderungsbewegungen treten deutschstämmige Bev.gruppen in weiten Teilen Osteuropas, aber auch in der Neuen Welt (als Deutschamerikaner), im ehem. Kolonialgebiet und in andern Einwanderungsländern auf. Um 1995 lebten Deutschspr. in Österreich 7,8 Mio., in der Schweiz (als Deutschschweizer) 4,14 Mio., in Frankreich (als Elsässer und Lothringer mit alemann. Dialekt) 1,2 Mio., in Polen (als Schlesier, Oberschlesier, West- und Ostpreußen) 0,7 Mio., in Rumänien (u.a. als Siebenbürger Sachsen) 370 000, in Italien (als Südtiroler) 280 000, in Ungarn (als Donauschwaben) 245 000, in der Tschechischen Republik (als Sudetendeutsche) 150 000, in Belgien 67 000 (als Deutschbelgier, in Rußland (als Rußlanddeutsche) 842 000, in Niederlande > 39 000, in Ukraine (als Schwarzmeerdeutsche) 38 000, in Dänemark (als Nordschleswiger) 20 000, in Schweden 12 000; in Slowenien, Kroatien (als Gotscheer) 11 000, in Baltischen Republiken (als Baltendeutsche) rd. 10 000, in Moldawien 7300, mithin in der EU in 17 Staaten rd. 92 Mio. Vgl. administrative Reichsdeutsche, Auslandsdeutsche, Volksdeutsche; politisch-historische Groß- und Kleindeutsche; sprachl. Nieder-, Mittel-, Oberdeutsche.

Deutsche (NAT)
II. StA. des Deutschen Reiches 1870–1945. 1945–1990 StA. der BR Deutschland (im Hinblick auf Staatsbürgerschaft mit Alleinvertretungsanspruch) oder der Deutschen Demokratischen Republik (DDR). Seit der Wiedervereinigung 1990 gemeinsame Staatsangehörigkeit in der Bundesrepublik Deutschland. In Deutschland Erwerb der Staatsangehörigkeit gemäß ius sanguinis oder durch Ermessensentscheid auf Antrag. Div. Gruppen deutschstämmiger Auslandsdeutscher (überwiegend aus Osteuropa) haben Anspruch auf Einbürgerung, 1977–1991: 519 000 Anspruchseinbürgerungen. Ende 1997 lebten in Deutschland u.a. 2,1 Mio. Türken, 721 000 aus BR Jugoslawien, 608 000 Italiener, 363 000 Griechen, 131 000 Spanier, 112 000 Niederländer, 115 000 Briten, 104 000 Franzosen. Vgl. Ost- und Westdeutsche.

Deutsche Christen (REL)
II. protestantische Kirchenbewegung in Deutschland seit Weimarer Rep., betrieben Germanisierung des Christentums, Abwertung des A.T. Unterstützten das NS-Regime.

Deutsche Demokratische Republik (TERR)
C. Deutscher (Teil-)Staat 1949–1990; nach Wiedervereinigung als »Beitrittsgebiet« oder »Neue Bundesländer« in Deutschland (s.d.) bezeichnet. German Democratic Republic (=en).
Ew. 1939: 16,745 (Gebiet nachmaliger DDR); 1946: 18,057; 1948: 19,066; 1950: 18,388; 1955: 17,944; 1960: 17,241; 1961: 17,125; 1965: 17,020; 1970: 17,058; 1975: 16,058; 1980: 16,737; 1985: 16,661; 1989: 16,614

Deutsche Juden (WISS)
I. entspricht heutiger Bez. jüdische Deutsche, »deutsche Staatsbürger jüdischen Glaubens«.
II. Terminus fand (sogar noch nach Beginn der NS-Verfolgungen) auch ugs. Verwendung. Er umgriff die voll in den deutschen Volks- und Kulturkörper integrierten Juden, die sich vielfach als die »besseren Deutschen« fühlen durften (jüdischer Frontkämpferbund, hochgeschätzte Wissenschaftler, darunter 20 Nobelpreisträger). Sie waren national gesinnt, überaus fortschrittsgläubig, religiös eher liberal eingestellt; grenzten sich betont gegen nachwandernde Ostjuden ab. Geburtenrückgang, Zunahme von Taufen und Mischehen, doch auch Abwanderung in die Großstädte, schon seit der Kaiserzeit, trugen dazu bei. In der Weimarer Republik gehörten D.J. mehrheitlich dem mittleren und gehobenen Bürgertum an. Sie waren tätig im Konsumgüterhandel (insbes. Textilien) bis hin zu den von ihnen kreierten Warenhausketten (Tietz, Wertheim). Vor allem ist ihr starker Anteil in den freien Berufen (Ärzte, Rechtsanwälte, Steuerberater, Journalisten, Verleger, Literaten, Künstler), kurzum: erfolgreiche Akademiker, hervorzuheben. 1925 lebten in Deutschland rd. 564 000 Juden (0,9 % der Gesamtbev.) gegenüber einem Anteil von 1,25 % um 1871. Gleichzeitig erhöhte sich aber das Kontingent ausländischer Juden (insbes. aus Polen und Rußland) stark. Deren Anteil an den J. in Deutschland wuchs bis 1925 auf über 19 %. 1933 zählte die amtl. Statistik fast genau 500 000 Juden insgesamt. Bis Nov. 1938 entzogen sich fast 150 000 D.J. (30 %) der einsetzenden Diskriminierung, Isolierung, Enteignung unter der Maske der Legalität durch Auswanderung, 1934/35 zu mehr als ein Drittel nach Palästina. Unter dem Eindruck des Pogroms der »Reichskristallnacht« 1938 und weiterer Verfolgungen folgten ihnen weitere 150 000 in die Emigration (L.S. DAWIDOWICZ). Nicht enthalten sind jene rd. 17 000 polnische Juden, die 1938 ausgewiesen wurden (vgl. Ostjuden). 1937 waren nurmehr 234 000, 1941: 169 000 D.J. (im Sinn der »Nürnberger Gesetze«) verblieben. Deportationen und Zwangsarbeitsverpflichtungen verminderten ihre Zahl bis 1. 1. 1943 auf 15 000 im »Altreich«, die verborgen oder unter Schutz überlebten. Die Mehrzahl der so »Abgeschobenen« hat die Konzentrations- und Vernichtungslager in Ostmitteleuropa nicht überlebt. Neubelebung der Judenheit in Deutschland erfolgte durch Zustrom von rd. 300 000 Geretteten aus Lagern in Mittelosteuropa, die jedoch mehrheitlich (90 %) nur durchwanderten, sowie durch Rückkehr emigrierter Juden. 1950 Gründung des Zentralrats der Juden in Deutschland. Vgl. Juden, Ostjuden; Jeckes.

Deutscher Bund (TERR)
C. 1815 auf Wiener Kongreß geschaffener, 1866 aufgelöster Staatenbund bestehend aus 34 souveränen Monarchien (Österreich mit nur 10,555 von 31,941 Mio. Ew.; Preußen mit nur 9,189 von 12,255 Mio. Ew.) und 4 Freien Städten (Frankfurt a.M., Lübeck, Bremen, Hamburg); insgesamt 1815 mit 29,169 Mio., 1828 (nach MOSER) 33,822 Mio. Ew.
Vgl. Hohenzollern-Hechingen und -Sigmaringen; Bayern, Sachsen; Hannover; Württemberg; Baden; Kurhessen, Großherzogtum Hessen, H.-Homburg; Holstein und Lauenburg; Luxemburg und Limburg; Braunschweig; Mecklenburg-Schwerin, -Strelitz; Nassau; Sachsen-Weimar, -Meiningen, -Hildburghausen, -Coburg-Gotha; Oldenburg; Anhalt-Dessau, -Bernburg-, -Köthen; Schwarzburg-Sondershausen, -Rudolstadt; Liechtenstein; Waldeck; Reuß ältere und jüngere Linie; Schaumburg-Lippe; Lippe.

Deutschherren (REL)
I. OTeut; Deutschritter, Deutschordensritter, Kreuzherren.
II. als Spitalbruderschaft gegr. 1190 vor Akkon, 1198 (Deutscher) Ritterorden; mit Aufgaben in Glaubenskampf und Krankenpflege. 1211–1225 im Burzenland (Gründung Kronstadts), unter Hermann v. Salza nach Preußen berufen, Sitz des Hochmeisters ab 1309 Marienburg, 1237 mit den livländischen Schwertbrüdern verbunden. Das Ordensland umfaßte im 14. Jh. Preußen, Livland, Kurland, Estland und Samland. 1410 durch Polen bei Tannenberg besiegt und dann auf Ostpreußen beschränkt. 1525 zu Teilen reformiert, Hochmeistersitz für die kath. Balleien wurde Mergentheim, dann seit den napoleonischen Wirren Wien. Ordenstracht: weißer Mantel mit schwarzem Kreuz.

Deutsch-Katholiken (REL)
II. nationalkirchliche Bewegung, ausgehend von Breslau und Schneidemühl (1844). Zur Zeit der 1848er Revolution erreichte sie mit ca. 80 000 Mitgliedern ihren Höhepunkt; 1859 Vereinigung mit protestantischen »Lichtfreunden« zum »Bund freier religiöser Gemeinden«.

Deutschland (TERR)
A. Deutsches Reich (1871–1945); seit 1949, auch nach Wiedervereinigung (3. 10. 1990) amtl. Vollbez.: Bundesrepublik Deutschland. (Federal Republic of) Germany (=en); République Fédérale d' Allemagne (=fr); Repúbblica Federale de Germania (=it); República Federal de Alemania (=sp); Republica Federal de Alemanho (=pt). Vgl. Vier Zonen-Verwaltungen: Amerikanische-, Britische- (Bizone ab 1947), Französische- (zus. Trizone ab 1948), Sowjetische Besatzungszone (SBZ 1945–1952) sowie Sonderregelung für Berlin). Wiedervereinigung 1990 von altem Bundesgebiet (BRD) und »Neuen Bundesländern« (ehem. DDR mit Ostberlin).
Ew.: Deutschland insgesamt: 1816: 24,831; 1825: 28,111; 1831: 29,768; 1840: 32,785; 1852: 35,930; 1861: 38,137; 1871: 40,997; 1880: 45,095; 1890: 49,241; 1900: 56,046; 1910: 64,568; 1915: 67,883;

1920: 61,794; 1925: 63,166; 1930: 65,084; 1935: 66,871; 1939: 69,314; 1944: 69,865; 1948: 67,365; 1950: 68,374; 1955: 70,307; 1960: 72,664; 1965: 76,061; 1970: 77,772; 1975: 77,890; 1980: 78,275; 1985: 77,796; 1990: 79,365; 1997: 82,057, BD: 230 Ew./km²; WR 1990–96: 0,5 %; UZ 1996: 87 %, AQ: 1 %
Ew. BRD oder entsprechender Gebietsstand: 1816: 13,720; 1825: 15,130; 1831: 15,860; 1840: 17,010; 1852: 18,230; 1861: 19,050; 1871: 20,410; 1880: 22,820; 1890: 25,433; 1900: 29,838; 1910: 35,590; 1925: 39,017; 1930: 40,334; 1935: 41,457; 1939: 43,008; 1946: 46,190; 1948: 48,299; 1950: 49,986; 1955: 52,363; 1960: 55,423; 1965: 59,041; 1970: 60,714; 1975: 61,832; 1980: 61,538; 1985: 60,975; 1990: 63,254, BD: 263 Ew./km²;
Ew. DDR oder entsprechender Gebietsstand: 1939: 16,745; 1946: 18,057; 1948: 19,066; 1950: 18,388; 1955: 17,944; 1960: 17,241; 1965: 17,028; 1970: 17,058; 1975: 16,850; 1980: 16,737; 1985: 16,661; 1990: 16,111, BD 145 Ew./km²

Deutschlands Polen (SOZ)
I. Deutsche Reichsbürger polnischer Volkszugehörigkeit.
II. zeitgenössische Bez. für rd. 3 Mio. Polen in Gebieten, die in der 3. Teilung Polens 1795 Preußen zugeschlagen wurden: in Posen (schon seit 2. polnischer Teilung) und Neuostpreußen mit Woiwodschaften Masowien, Podlachien und Troki bis zum Njemen; incl. Warschau. Vgl. Ruhrpolen; Polen.

Deutschnamibier (ETH)
I. Deutsch-Namibier, Deutschsüdwestafrikaner, Deutschsüdwester.
II. von den 78 000 Weißen in Namibia sind 1995 ca. 25 000 deutschsprachig, 20 000 deutschstämmig; ca. 7000 besitzen die deutsche Staatsangehörigkeit, sind vielfach nach 1945 zugewandert.

Deutschösterreicher (ETH)
I. Altbez. 1867–1918 für deutschspr. Bew. der Donaumonarchie, speziell im Westteil Österreich-Ungarns (Zisleithanien); Begriff schloß u. a. Deutschböhmen, Sudetendeutsche ein. Seit 1918 versteht sich Begriff (hpts. unter Ausländern) für die Bewohner der österreichischen Republik.

Deutschschweizer (ETH)
I. German(-speaking) Swiss (=en); Suisses alémaniques (=fr).
II. stärkste der vier Sprachgruppen der Schweiz; ansässig zur Hauptsache in 17 Kantonen der Nord- und Zentralschweiz; 1910: 72,7 %, 1991: 83,7 % der Schweizer Bev.

Deutschsüdwestafrikaner (ETH)
I. Deutschsüdwester. Vgl. aber Deutsch-Namibier.

Devadasi (SOZ)
II. junge Mädchen, die als sog. Gottesdienerinnen, sakrale Prostituierte formal der Gottheit Yellama übergeben werden, dann aber an private Käufer weitergereicht werden. Weder Rückkehr in ihre Familie noch Heirat ist ihnen möglich.

Devanagari-Schriftnutzergemeinschaft (SCHR)
I. Deva-Nagari; Nagari-Schrift; im 11. Jh. aufgekommener Name für die Nagari-Schrift.
II. D. ist die wichtigste einer aus der Brahmi-Schrift entwickelten (nördlichen) Schriftgruppe, der auch das Gudscharati und Bengali zugehört. I.e.S. (ohne Gudscherati und Bengali) zählt diese Schrgem. (1995) ca. 570 Mio. Schreiber. Mit der D. werden Sanskrit, Hindi (400 Mio.), Marathi (65 Mio.), Nepali (14 Mio.), ferner die Bihari-Spr. (60 Mio.), die Rajastani-Spr. (20 Mio.) und Pahari-Spr. (6 Mio.), aber auch nichtarische Dravidaspr. wie Gondi und Kuruchisch sowie Mundaspr. wie Ho und Mundari geschrieben.

Dge-lugs-pa (REL)
I. Gelbe Kirche, Gelbmützen.

Dhafir (ETH)
II. Unterstamm arabischer Beduinen, heute in Kuwait ansässig.

Dhaiso (ETH)
I. Segeju, Daiso.
II. kleine schwarzafrikanische Ethnie im nordtansanischen Küstengebiet gegenüber der Insel Pemba.

Dhobis (SOZ)
II. die Wäscherkaste in Indien, eine Unterkaste der Shudras.

Dia (ETH)
I. Djia.
II. schwarzafrikanische Ethnie im SW der Demokratischen Rep. Kongo.

Diafoba (ETH)
I. Yafuba.
II. Unterstamm der Dan in Westafrika.

Diakonissen (REL)
I. (agr=) »Diener«; unter Erneuerung altkirchlicher Funktionen.
II. in der evang. Kirche 1836 durch Th. Fliedner neu begründete Schwesternschaften im Dienste der Gemeinde und Krankenpflege. Verschiedene Verbände wie Kaiserswerther V., Marburger Diakonieverband, ähnlich Neuendettelsau, Bethanien-Berlin.

Dialonke (ETH)
I. Jallonke, Susu.
II. negride Einheit der Mande-Tan, im E der Fouta Djalon-Berge.

Diamant-Fahrzeug (REL)
I. Zauberformel-Fahrzeug, Mantrayana.

Diaspora (REL)
I. (agr=) »Zerstreuung«.
II. Mitglieder einer Religionsgemeinschaft, die zerstreut als Minderheit(en) unter Andersgläubigen leben. Auch das Gebiet religiöser Minderheiten.

Dida (ETH)
I. Bete.
II. kleine ethnische Einheit Negrider in der Elfenbeinküste.

Didinga (ETH)
II. südsudanesisches Hirtenvolk, deren Weidewanderungen durch die koloniale Grenzziehung im Länderdreieck Sudan-Uganda-Kenia stark beschnitten wurde.

Dido (ETH)
I. Eigenname Tses/Tsez; Didoicy (=rs); Didoer. Vgl. Avaren.

Diener Jesu und Mariens (REL)
I. Servi Jesu et Mariae/SJM.
II. kath. Traditionalistengemeinschaft, als Orden 1994 anerkannt, direkt Rom unterstellt.

Dienstehen (WISS)
II. ethnologischer Terminus für Ehen, in denen der Gatte zu Arbeitsleistungen in der Geburtsfamilie seiner Frau verpflichtet ist.

Dievturiba (REL)
I. aus Dievs (le=) »Gott«, »Spiritualität«.
II. auf vorchristliche Wurzeln der lettischen Kultur zurückgreifende, um 1918 entstandene Bewegung, die sich 1989 als offizielle Religion erklärt hat (Johannisnachtfeuer).

Digambara(s) (REL)
II. die »Luftgekleideten«, d.h. nackten Asketen (nur mit Wasserschale und Insektenwedel ausgerüstet) im indischen Jinismus, auch im Hinduismus. D.-Mönche essen im Stehen, sofern das nicht mehr möglich, bewußtes Fasten bis zum Tode. Sakrale Nacktheit war im alten Priester- und Mönchstum und bei vielen Sekten (Adamiten) sehr häufig. Vgl. Shvetambara(s).

Digger-Indianer (ETH)
I. Grabstock-Indianer, als »Ausgräber« von Wurzeln und Engerlingen.
II. i.e.S. die Paiute(s) im wüstenhaften Felsengebirge; später Bez. für alle Wurzelsammler. Vgl. Yuma = »Würmeresser«.

Diggers (SOZ)
II. (=en); allg. Bez. für Gold- und Diamantengräber.

Digil (ETH)
II. Großstamm der Somal, s.d.

Digor (ETH)
I. Digor-Osseten, Digoron; Digorcy (=rs).
II. Stamm bzw. Territorialgruppe der Osseten im w. Kaukasus; stark an benachbarte Kabardiner assimiliert, mit diesen im 16. Jh. islamisiert, sind heute sunnitische Muslime. Teilgruppen der D. wurden 1943 wegen angeblicher Zusammenarbeit mit deutscher Wehrmacht bis in 50er Jahre nach Zentralasien deportiert. Vgl. Osseten.

Dimasa (ETH)
II. eine autochtone Bergbev. in Assam. Vgl. Katschari.

Dinaride (BIO)
I. dinarischer oder illyrischer Typus; Altbez. Dinarier; race adriatique (=fr); Dinarische und Norische Rasse; Adriatide.
II. eine der Unterrassen in der »hellhäutigen Gruppe« im zentralen Gürtel der Kurzkopfrassen; östliches Gegenstück zu Alpiniden. Typenmerkmale: beträchtliche Größe, hager mit derbem Knochenbau; typisch sind kurzes Hinterhaupt, Steilkopf und hakige Adlernase; gautypisch kräftige Männerbärte. Verbreitet in Ostalpen und vor allem in SE-Europa bes. in Serbien mit div. Übergängen nach S-Rußland und Vorderasien, verzahnt auch mit Mediterraniden. Vgl. Südslawen.

Dinga (ETH)
I. Stamm der Dinga.
II. kleines Bantu-Volk mit einer Benue-Kongo-Spr. am Kuango im S der Demokratischen Rep. Kongo. Zu D. zählen die Stämme der Dzing, Lori, Ngali, Nzari. Maniok-Bauern mit Viehhaltung, treiben auch Jagd und Fischfang. Kaurischnecken-Währung. Vgl. Yans.

Dinglari (SOZ)
II. (=zi); zigeunerische Hausierhändler in Mitteleuropa.

Dinka (ETH)
I. Gok, Ngok, Mok, Rek, Kitj.
II. Hirtenvolk im amphibischen Obernilland des Süd-Sudan bis zum s. Kordofan zwischen Bahr-el-Arab und Weißem Nil, neben Shilluk und Nuer; 1983 ca. 2,3 Mio.; eine der Hauptgruppen der Niloten, sprachlich zur Shari-Nil-Untergruppe gehörig; groß, schlank, von dunklem Habitus; leben von Rinderhaltung, jedoch auch Fischfang und Hirse- und Gemüseanbau vorwiegend in der Regenzeit. Ihnen wird Stamm der Padang auf Ostufer des Nil zugerechnet.

Dinka (SPR)
II. nilotische Spr., im S-Sudan verbreitet, ca. 3,3 Mio. Sprecher (1991).

Dinks (SOZ)
I. (=en); aus double income, no kids.
II. in USA geprägtes Akronym, im Sinn von »kinderlosen Doppelverdienern«. D. profitieren eigensüchtig vom steuerlichen Ehegattensplitting, das

eigentlich als Anreiz zur Familiengründung gedacht war.

Dioi (ETH)
I. Dai, Puyi.
II. Volk von Trockenreisbauern im Grenzgebiet zwischen SW-China gegen Vietnam, N-Laos, Thailand, ca. 0,9 Mio.

Diola (SPR)
I. Dyola, Djola.
II. Verkehrsspr. in Senegal; 0,5 Mio. Sprecher.

Diphtherie-Kranke (BIO)
I. Diphtheritis-K. mit bes. gefährlichen Varianten: D. toxica und D. maligna.
II. Erkrankte, hpts. Kinder, doch zunehmend auch Erwachsene, die von dieser meldepflichtigen Infektionskrankheit betroffen sind; Erreger ist das Corynebakterium diphth. Merkmale sind Schleimhautbeläge mit Schluckbeschwerden, Erbrechen, Ödeme, Herzkomplikationen. 1890 isolierte *BEHRING* das D.-Serum. Bis heute ist Schutzimpfung die einzige wirksame Behandlung. Gefährliche Neuausbrüche als Folge unterbliebener Impfungen und »Impflücke«, jüngstes epidemisches Auftreten seit 1993 in Rußland (1993 noch 19 000, 1994 schon fast 50 000 bekannte Fälle).

Dir (ETH)
II. halbnomadischer Großstamm, einer der vier Hauptclans der Somal.

Diri (ETH)
II. einer der Kurden-Ashirets-Stämme; im Länderdreieck Türkei-Iran-Irak ansässig.

Disciples of Christ (REL)
I. (=en); »Jünger Christi«.
II. Zweig der Baptisten in USA und Kanada.

Diskalzeaten (REL)
Vgl. Kalzeaten.

Displaced persons (SOZ)
I. D.P.'s (en=) »verschleppte Personen«.
II. i.e.S. die während des II.WK freiwillig oder zwangsweise nach Deutschland verbrachten ausländischen »Fremdarbeiter«, 7,6–7,9 Mio.; i.w.S. als solche deklarierte (d.h. incl. Teilkontingenten von Kriegsgefangenen, KZ-Insassen, fremdvölkischen Militärangehörigen der deutschen Armee) insgesamt 10,5–11,7 Mio., die am Kriegsende in Deutschland registriert wurden; rd. 5,3 Mio. wurden 1945/46 durch die UNRRA z.T. unter Zwang repatriiert, ca. 1 Mio. verweigerte Rückkehr oft unter Gewalt, hohe Selbstmordrate; von diesen »Heimatlosen Ausländern« fanden durch IRO bis 1951 rd. 712 000 eine neue Heimat, u.a. in USA 273 000, in Kanada 83 000, in Australien 136 000, in Westeuropa 110 000. Vgl. Zwangsarbeiter, Fremdarbeiter.

Dissenters (REL)
I. (=en); Nonkonformisten.
II. Gegner der anglikanischen Kirche im 17. Jh., ab 1620 nach Ablehnung der »Tausendstimmigen Bittschrift«, bes. auch 1660–1689 zur Auswanderung nach Amerika getrieben. Aus den D. gingen die heutigen Freikirchen der Kongregationalisten, Presbyterianer, Baptisten, Methodisten hervor. Vgl. Calvinisten, Puritaner.

Dissidenten (REL)
I. aus dissidere (lat=) »uneinig sein«, »beiseite sitzen«; »Getrennte«, Andersdenkende.
II. 1.) Personen, die keiner staatlich anerkannten Religionsgemeinschaft angehören, die aus einer Kirche ausgetreten sind, z.B. Protestanten kath. Länder im MA, Schismatiker der anglikanischen Kirche, Nichtkatholiken im heutigen Polen. 2.) Personen, die von einer herrschenden polit. Meinung abweichen, insbes. Terminus in kommunistischen Ländern für »Abweichler«. Vgl. Freidenker, Dissenters.

Diula (SOZ)
II. einheimische Händler in Westafrika, ursprünglich jene der Mande. Inzwischen umfaßt Begriff eine Vielzahl von Händlergruppen aus Angeh. verschiedener Völker, z.B. die Sarakollé, Wolof, Kooroko. Z.Zt. des alten Karawanenverkehrs stellten sie die Verbindung zwischen den Fernhändlern und den einheimischen Produzenten her, kontrollierten die Transaktionen und verhinderten direkte Kontakte der Fremden zu den Produzenten.

Diversanten (SOZ)
II. Saboteure (im Spr.gebrauch der kommunistischen Ostblockländer).

Divine Light Mission (REL)
I. (en=) »Göttliches-Licht-Mission«.
II. 1960 in Indien begründete, aus Hinduismus hervorgegangene sogenannte Jugendreligion; seit 1970 weltweite Mission. Seit 1975 gespalten in östlichen (indischen) Zweig Bal Bhagwan Ji und westlichen (europäisch-amerikanischen) Zweig Guru Maharaj Ji. Durch rücksichtslose Ausnutzung seiner Anhänger, die Premies heißen, hat sich westlicher Zweig der Gemeinschaft zu einem vielgliedrigen Konzern entwickelt. Nachfolgeorganisation nennt sich »Elan Vital«.

Diviniten (REL)
I. »Göttliche« nach dem Ehrennamen des Stifters, des farbigen US-Amerikaners George Baker. Anh. der Father Divine's Peace Mission.
II. Anh. einer aus dem baptistischen Christentum 1912 entstandenen NRM, die vom Hauptsitz Philadelphia aus über ein großes wirtschaftlich-soziales Imperium herrscht. Verbreitet über Nordamerika, Britisch-Westindien, Panama, Hawaii mit mehreren Mio. Anhänger.

Djebat (SOZ)
I. Dschebat.
II. im (nordafrikanischen) Westflügel des Orients Bez. für die einst versklavte Landarbeiterschaft, die »Wasserschöpfer«.

Djeneba (ETH)
I. Dscheneba.
II. in Teilen noch nomadisierender Araberstamm in Oman; Sunniten.

Djerbis (ETH)
II. die Einwohner der Insel Djerba/Tunesien mit ca. 50000, wovon ca. 24000 noch berberisch-spr. und dem ibaditischen Zweig der Charidschiten zugehörig.

Djerma (ETH)
I. Zarma, Zaberma, Zerma.
II. Untergruppe der Songhai in Niger und Burkina Faso; (1977: 1,1 Mio. = 22% der Gesamtbev.).

Djiboutians (NAT)
(=en) s. Dschibutier.

Djiraife (ETH)
II. Teilstamm der Dulain, s.d.

Do Dongo (ETH)
II. Population im E von Sumbawa/Indonesien, den Bima nahestehend.

Dobrudscha (TERR)
C. Dobrogea (=rm), Dobrudza (=bl). Historische Landschaft zw. unterer Donau und Schwarzem Meer, die nach langer osmanischer Herrschaft seit 1878 hpts. zu Rumänien gehört. Vgl. Süd-Dobrudscha.
Ew. 1964: 0,521 (ohne Konstanza)

Dobrudscha-Deutsche (ETH)
II. Tochterkolonie der deutschen Bessarabien- und Odessa-Kolonisten, die 1842 in die Dobrudscha einwanderten, als sie noch türkisches Staatsgebiet war. 1940 ca. 15000.

Dobys (SOZ)
I. (=en); Daddie Older Baby Younger.
II. relativ ältere Väter von Babies. Vgl. Mobys (=en).

Dodekanes (TERR)
B. =Dodecanes; (gr=) »Zwölfinseln«, (tü=) »13 (südliche) Sporaden«.
Ehem. italienische, 1912/32 von Türkei erworbene Inselgruppe mit 2682 km² in der SE-Ägäis, die nach II.WK (1947) an Griechenland gefallen ist (Rhodos, Karpathos, Kos, Patmos u.a.).
Ew. 1961: 0,123; BD: 1961: 46 Ew./km²

Dogon (ETH)
I. Fremdnamen bei Mosi: Kibisi, bei den Bambara: Tombo, bei den Fulbe: Habe, Habbe »Heiden«.
II. Volk, ursprünglich beschränkt auf das Bandiagara-Sandstein-Plateau s. des Niger im Grenzbereich von Mali (540000 = 7% der Gesamtbev. 1990) zu Burkina Faso und später in seinem n. Vorland. D. sind Garten-Bauern (bes. auf Zwiebeln), kunstfertige Holzschnitzer, Töpferei durch Frauen. Reich entwickelte Mythologie; Pflicht zur Beschneidung. D. haben einst zum vorislamischen Mande-Reich gehört. Sie flüchteten im 13. Jh. vor islamischen Überfällen aus W in die Schutzlage dieser Falaise, ihrerseits die Tellem (pygmoide Vorbewohner) vertreibend. Erst seit Verkehrsöffnung beginnende Missionierung, zuvorderst islamisch und in Minderheit katholisch. Starkes Wachstum (1990 um 30‰/Jahr) und Wassermangel machen heute Umsiedlungen z.T. über 900 km Entfernung in das Gebiet der Bambara erforderlich.

Dogon (SPR)
II. Sudanspr. im Grenzgebiet von Mali zu Burkina Faso.

Dogri-Schriftnutzergemeinschaft (SCHR)
II. die offizielle Schrift des einstigen Herrschers von Kaschmir und Dschammu.

Doko (ETH)
I. Ndoko.
II. kleine schwarzafrikanische Ethnie im NNW der Demokratischen Rep. Kongo.

Dolganen (ETH)
I. Eigenname: Dulgan, Dolgan, Dolghanlar, Tya-Kichi oder Sacha; Dolgany (=rs); Dolgans (=en).
II. kleines Restvolk (1990 ca. 7000 Köpfe) von Jägern und Rentierhaltern, vielleicht paläoasiatischer Herkunft im sog. Taimyrischen Autonomen Kreis in N-Sibirien, einst an der unteren Lena, seit 17. Jh. unter russischer Herrschaft, zunehmend an die Jakuten assimiliert, deren Spr. übernommen wurde; Animisten.

Dolomitenladiner (ETH)
I. Ladiner, Zentralladiner.
II. alpenromanischspr. Bew. im jeweils oberen Grödner-, Gader-, Fassa-, Buchenstein- und Ampezzotal der italienischen Dolomiten, 1989 ca. 30000; seit 1930 stark der Italienisierung ausgesetzt. Vgl. Alpenromanen, Rätoromanen i.w.S.

Dolpo-Pa (ETH)
I. Dolpo-pa.
II. Ethnie von ca. 5000 Köpfen, die an der NW-Grenze Nepals zu Tibet lebt. D. sind Ackerbauern, Viehzüchter und saisonal Karawanenhändler u.a. mit tibetischem Salz. Sind Anhänger des vorbuddhistischen Bon-Glaubens. Vgl. Mustang-bhot.

Dom (ETH)
I. eine der Eigenbezeichnungen der Zigeuner, s.d.

Doma (SOZ)
I. (=hi); Dom, Rom, Roma, Lom (zi=) »Mensch«, »Mann«, »Gatte«.
II. altindische D. als Sammelbez. in Indien für fahrende Musiker, Angeh. einer niederen Kaste, die ih-

ren Unterhalt durch Gesang und Tanz verdienen. Vgl. Bandschara, Sikligars.

Domanialbauern (SOZ)
I. Domänenbauern; vgl. aber auch Domänenpächter, Domänenverwalter.
II. erbuntertänige Bauern auf landesfürstlichen Domänen bes. im ö. Preußen; ihre Erbuntertänigkeit wurde schrittweise ab 1763 aufgehoben. D.-pächter, D.-verwalter hingegen sind Personen, die zur Verwaltung von Domänen (Domanialgüter, Herrengüter), d.h. einst von Kammer- und Krongütern, heute von Staatsgütern, eingesetzt werden.

Dominica (TERR)
A. Republik. Insularer Zwergstaat in der Karibik (Kleine Antillen). Britische Besitzung seit 1805, Assoz. von »West-Indien«. Unabh. seit 3. 11. 1978. Commonwealth of Dominica (=en). (Le Commonwealth de la) Dominique (=fr); (el Commonwealth de) Dominica (=sp).
Ew. 1985: 0,083; 1996: 0,074, BD: 99 Ew./km²; WR 1990–96: 0,3 %; UZ 1996: 41 %, AQ: 5 %

Dominica-Insulaner (ETH)
I. Dominicaner; Dominiquais (=fr).
II. Bew. der Karibikinsel Dominica und seit 1978 deren StA. Seit Entdeckung 1843 hat sich unter zwischen Frankreich und Großbritannien wechselnder Kolonialverwaltung eine Mischbev. aus Resten der indianischen Kariben (ca. 3000), Mestizen, reinen und vermischten schwarzafrikanischen Sklavennachfahren und wenigen Europäern ausgebildet. Ihre Amts- und Geschäftsspr. ist Englisch, ihre Umgangssprachen Créole auf französischer Basis, Cocoy auf englischer Basis. 93 % sind katholische, anglikanische, protestantische Christen, doch behaupten sich auch afrikanisches Erbe (Calypso, Volksmagie). Vgl. Dominikaner.

Dominicaner (NAT)
I. Dominiker.
II. StA. von Dominica/Karibik. 91 % der Bew. sind Schwarze, 6 % Mulatten und Kreolen, 1,5 % Indianer; vgl. Kariben.

Dominikaner (NAT)
I. Dominicaner, Dominicans (=en); dominicains (=fr); dominicanos (=sp).
II. StA. der Dominikanischen Rep./Karibik. 60 % der Bew. sind Mulatten, 28 % Weiße, 12 % Schwarze. Größeres Auslandskontingent in USA (ca. 0,25 Mio.).

Dominikaner (REL)
I. OP, »Prediger«.
II. kath. Bettelorden, gestiftet 1216 für Predigtamt und zur Bekehrung der Ungläubigen (Inquisition!); Blütezeit im 13. Jh., kontemplativer 2. Orden und 3. Orden D.-Terziaren für Unterricht, Caritas und Mission. 1966 rd. 10000, 1991 ca. 6700 Mitglieder. Vgl. Zweiter Orden.

Dominikanische Republik (TERR)
A. República Dominicana (=sp). Dominican Republic (=en); République dominicaine (=fr).
Ew. 1948: 1,997; 1950: 2,129; 1960: 3,038; 1970: 4,062; 1980: 5,443; 1985: 6,243; 1988: 6,867; 1996: 7,964, BD: 165 Ew./km²; WR 1990–96: 1,9 %; UZ 1996: 63 %; AQ: 18 %

Domobrancen (SOZ)
I. Domobranzen; Domobrancy (=sk); aus Dom (slav=) »Haus«.
II. slowenische Heimwehrsoldaten im II.WK; sie kämpften sowohl gegen deutsch-italienische Besatzungsmächte als auch gegen Kommunisten. Deshalb wurden rd. 12000 D. am Kriegsende von Partisanen liquidiert. Vgl. Domobranen.

Domobranen (SOZ)
II. Angeh. der regulären Landwehr in Kroatien im II.WK. Vgl. Domobrancen (=sk).

Dompa (ETH)
II. Population im E von Sumbawa/Indonesien, den Bima nahestehend.

Donauschwaben (ETH)
II. Überbegriff seit 18. Jh. für deutsche Kolonistengruppen in den Donauländern des damaligen Österreich-Ungarn. Vgl. u.a. Banater Schwaben, Ungarndeutsche.

Dong (ETH)
II. Minderheitsvolk in S-China, im Grenzgebiet von Guizhou zu Guangxi; 1990 etwa 2,5 Mio.

Dong (SPR)
I. Dong (=en).
II. Sprgem. in China mit rd. 2 Mio. Sprechern (1992).

Dongola (ETH)
I. Barabra, Nilnubier, Kenuz. Vgl. Nubier.

Dongxiang (ETH)
II. mongolischstämmige Minderheit in Xinjiang/China.

Donkosaken (ETH)
I. Don Cossacks (=en).
II. russische Teilgruppe der Kosaken im Don-Gebiet. Ihr Zentrum war bis 1918 Nowotscherkassg, die Residenz ihres Atamans. Bekannt durch Chor emigrierter »weißer« Kosaken. Vgl. Kosaken.

Dönmeh (REL)
I. (tü=) »Bekehrte«.
II. Sekte europäischer Juden, die sich um 1665 unter Leitung von Sabbatai Zewi in Adrianopel zum Islam bekannte. Seine Anh. in Griechenland zogen sich nach dessen Unabhängigkeit 1912 in die Türkei zurück. 1920 noch 15000 Köpfe.

Donyiro (ETH)
II. Sektion der Toposa in Äthiopien.

Doopsgesinden (REL)
I. (=ni); Taufgesinnte, Mennoniten;

Doppelbürger (WISS)
I. Doppelstaater, Doppelstaatler, Doppelstaatsangeh.
II. Personen, die zwei (oder gar mehrere) Staatsbürgerschaften besitzen; sie werden in jedem dieser Staaten als dessen Angeh. angesehen. Da mehrfache Staatsangehörigkeit zur Unverbindlichkeit gegenüber den jeweiligen Staaten verleitet (u. a. doppelte Wehrpflicht, unklares Wahlrecht, mangelnde Loyalität, Identitätsdissenz von Minderheiten) verweigern oder erschweren viele Staaten den Erwerb einer weiteren Staatsbürgerschaft ohne vorherigen Verzicht auf die erste. Andererseits wird ausländischen Ehepartnern eine zusätzliche Staatsbürgerschaft eingeräumt, um Nachteile im Erb- und Familienrecht zu vermeiden und unter der Annahme, daß sich durch Heirat eine feste Integration einstellt. In Deutschland wurden 1975-1990 rd. 430 000 doppelte Staatsbürgerschaften genehmigt.

Dörbeten (ETH)
I. Derbeten.
II. Stamm der W-Mongolen; haben 2,9 % Anteil in der Mongolischen VR.

Dorfgeher (SOZ)
II. jüdische Hausierer in Osteuropa. Vgl. auch Hausierer.

Dorobo (ETH)
I. Wanderobo.
II. kleine schwarzafrikanische Ethnie im NW von Kenia, w. des Turkanasees; Jäger und Sammler, häufig Schmiede, in Kenia und Tanzania.

Dostki (ETH)
II. einer der Kurden-Ashirets/Stämme; im Länderdreieck Türkei-Iran-Irak ansässig.

Douclas (BIO)
II. indisch-afrikanische Mischlinge auf Trinidad und Tobago, haben dort einen Anteil von 24 % an der Gesamtbev. von 1,6 Mio.

Doukkala (ETH)
II. berberische Stammes-Konföderation in W-Marokko. Vgl. Berber.

Draa-Berber (ETH)
I. Dra, Seddrat.
II. Regionalgruppe der Berber in der Flußoase des Draa/S-Marokko (ca. 160 000). Untergruppen: Dades, Mesgita, Seddrat u. a. Vgl. Schlöch.

Drakunkulose-Kranke (BIO)
I. Dracunculose-Kranke.
II. seit biblischen Zeiten bekannte Seuche, die in Tropenländern (insbesondere im afrikanischen Sahel und Sudan, in Jemen, Indien, Pakistan) verbreitet ist. Infektion erfolgt durch Trinken schlechten Wassers, in dem Wasserflöhe leben, die mit Larven des Guineawurms, Dracunculus medinensis, infiziert sind. Parasitenlarven entwickeln sich im Organismus zu einem (oder zwei) bis zu einmeterlangen Wurm, der im Körper schmarotzt. Abgesehen von Direktschäden treten an durch ihn bewirkten Hautverletzungen zahlreiche Sekundärinfektionen auf. Lt. WHO dürfte die Erkranktenzahl vor 1988 bei mind. 3,5 Mio. gelegen haben, nach anderen Quellen 2 Mio. Neuerkrankungen jährlich. Seither erfolgreiche Bekämpfung (nach »Extraction à l'indigène« nun Wasserfilter); 1994 nur mehr 165 000 bekannte Patienten.

Drawa (ETH)
II. ein Stammesverband der Berber, verwandt mit der Stammesgruppe der Schlöch. Hirtennomaden in S-Marokko, Ifni und n. Rio de Oro; > 200 000.

Drawenen (ETH)
I. Drawänen, Drawener; Eigenbez. Drewjanen/Drevani (=sl) »Wäldler«, Waldbewohner.
II. Gruppe der Polaben, einer bis zum 18. Jh. untergegangenen Restbev. der Elbslawen um Hannover und in der Altmark. Ihre Spr. war Drawänopolabisch/Altpolabisch. Geogr. Name: Drawehn, Wendland. Vgl. Polaben.

Drawida (ETH)
I. Dravida.
II. Altbez. für Tamilen, seit 19. Jh. Sammelbez. für eine große Sprach- und Völkerfamilie mit 190 Mio. (=25 % der Gesamtbev.) in Vorderindien. Zu unterscheiden sind 1.) Tamilen/jetzt Tamil Nadu/Tamulen in SE-Indien überwiegend im Gliedstaat Madras und in NE-Ceylon; ihre Spr. ist Tamil; 2.) Malabaresen, hpts. im Gliedstaat Kerala; ihre Spr. ist das Malayalam; 3.)Kanaresen mit Eigenspr. Kannada oder Kanara im Gliedstaat Karnataka/Maisur; 4.) Tulu um Mangalore an der W-Küste; 5.) Badaga, Toda, Kota, bodago-sprachig in den Nilgiri-Bergen; 6.) Telinga, Telengana, telugu-sprachig, im Gliedstaat Andhra Pradesch; 7.) Gond oder Gondwana, gondi-spr., um Nagpur in Zentralindien; 8.) Kond/Khond, kui-spr., in den Bergländern von Orissa und Bihar; 9.) Oraon oder Kuruch, Malto, Bondo; z.T. eng verzahnt mit Mundavölkern, u.a. in Bengalen; 10.) Brahui ganz isoliert in Belutschistan. Die größeren D.-Völker gehören zu den Trägern den indischen Hochkultur; seit 1. Jh. n. Chr. begründeten sie bedeutende Reiche. Entgegen älterer Auffassung, daß Indo-Arier die D. aus dem Norden nach Süden abgedrängt haben sollen, wird heute angenommen, daß D. erst in der ersten Hälfte des 1. Jtsd.v. Chr. aus NW und entlang der W-Küste eingewandert sind und dabei eine noch steinzeitliche Vorbev. unterworfen bzw. assimiliert haben. D. Brahui verkörpern demnach zurückgebliebene Volkssplitter. Somatisch sind D. überwiegend Indide, jedoch mit starken weddiden und melaniden Altvölkereinschlägen. Sie sind verwandt mit den

Mundavölkern, von denen sie sich kulturell und rassisch wenig unterscheiden.

Drawida-Sprachen (SPR)
I. Dravida-Spr., Drawidische Spr.
II. eine Gruppe eng verwandter Spr. in Indien und N-Ceylon, deren genealogische Zuordnung noch ungewiß, mit meist eigenen Schriftsystemen. Man unterscheidet: 1.) Tamil, 2.) Malayalam (Idiom der Malabaresen), 3.) Kannada, Kanara oder Kanaresisch, 4.) Kodago oder Coorg (Idiom u.a. der Badaga, Toda, Kota), 5.) Tulu, 6.) Telugu (Idiom der Telinga oder Telengana), ferner das in Belutschistan isolierte Brahui, sowie eine Reihe weiterer in Zentralindien isolierte Spr.; Ollari, Pardschi, Kolami, Naiki, Gondi, Khond/Khandi/Kui, Oraon/Kurukh/Kuruch, Malto. In der Indischen Union bedienten sich 1971 > 126 Mio. einer Dravida-Spr.

Dreiquartelprivatiers (SOZ)
II. alter Spitz- und Schimpfausdruck in Deutschland für wenig betuchte Rentner.

Drei-Selbst-Bewegung (REL)
I. Chinesischer Christenverband.
II. Zusammenschluß vorwiegend protestantischer Christen in China, die sich 1950 von den ausländischen Mutterkirchen abgelöst haben. Um 1990 rd. 7 Mio. Ziel ihrer Bewegung ist kirchliche Selbständigkeit (Selbstverwaltung, -erhaltung, -gestaltung).

Drogenabhängige (BIO)
I. Drogensüchtige; ugs. Giftler, Junkies, Fixer, Kiffer, Kokser; Drop-outs (=en); zonards (=fr).
II. bekannte Drogen sind Haschisch, Marihuana, aber auch LSD, STP, Mescalin, Psilocybin sowie klassische Drogen Kokain und Opiate, Ecstasy/XTC/Designer-Drogen, synthetische Drogen der beta-Phenylethylamin-Derivate. Vgl. auch Dealer: z.B. Yakuza, Sokaiyas. Vgl. Süchtige/Suchtkranke.

Drop-Outs (SOZ)
I. Dropouts (=en); wörtlich: Herausgefallene.
II. 1.) rauschmittelabhängige Jugendliche; 2.) in jüngerer Bedeutung für Personen, die aus dem bürgerlichen Leben ausscheren (s. Aussteiger) und auch für Jugendliche, die ihre Ausbildung abbrechen (Studienabbrecher).

Druiden (REL)
II. Priester und Seher, aber auch Heilkundige, Richter und Morallehrer der Kelten.

Drukpa-Kagyüpa (REL)
I. Drachensekte.
II. tibetische Sekte, weit verbreitet in Bhutan.

Drusen (ETH)
I. Druses (=fr); Druzes (=en); ad-Duruz (=ar).
II. Volk- und Religionsnation in Vorderasien, speziell in Libanon oder Syrien. Besaßen in französischer Mandatszeit ein autonomes Gebiet im Hauran-Massiv/Syrien. Geogr. Name: Djebel ed Duruz.

Drusen (REL)
I. Ableitung des Namens ist umstritten, entweder von Darazi (s.u.) oder von darasa (ar=) »studieren« (die 7 heiligen Bücher); ad-Duruz (=ar); druses (=fr); Druzes (=en).
II. im 10. Jh. aus ismailitischer Wurzel entstandene Glaubensgemeinschaft, die als häretisch, nicht zur islamischen Umma zählt. 1990: insgesamt ca. 600000–700000 Araber überwiegend in Syrien (Hauran-Djebel ed Duruz) mit über 250000, in Libanon (im Chouf/Shuf und Hermon-Gebirge) mit mind. 200000–400000; und in Israel mit 1990 rd. 80000, wovon rd. 25000 ö. Haifa, 15000–20000 auf den besetzten Golanhöhen. Lehre wurde durch Mohammed b. Isma' il ad Darazi und Hamza b. ali al-Hádi aus Persien nach Ägypten übertragen, doch mußten Anh. vor sunnitischer Verfolgung 1017 nach Syrien flüchten. Mit diesem Jahr lassen D. ihre Zeitrechnung beginnen. Erst in Syrien erfolgte unter Einschmelzung heidnischer Anschauungen, pantheistischer und astrologischer Gedanken sowie Vorstellung der Seelenwanderung die endgültige Ausbildung als Geheimsekte, deren Anh. sich in wenige Ukkal (d.h. Weise/Verständige/Wissende/Initiierte) mit verschiedenen Inkarnationsgraden und viele Dschuhhal (d.h. Unwissende/Ignoranten) gliedern; ihr Zentraltempel (maqam Shimlikh) liegt in Libanon. Ihr hpts. Träger war die Stammesgruppe der Tanuh, mit deren Abwanderung aus dem Raum Homs-Aleppo in Rückzugslagen kam das Drusentum in die libanesischen Gebirge. Um 1860 schwere Glaubenskämpfe gegen Maroniten im Libanon, in deren Folge starke Abwanderung in die Ledscha und auf das Hauran-Plateau; dort besaßen sie 1922–1930 in französischer Mandatszeit ein autonomes Gebiet. Traditionelle Kleidung der Männer: lange schwere Pluderhosen (Sarual), schwarze Blousons (Kombaze), das Gilet (Schubbe), weiße Wollmütze. Vgl. heterodoxe Schiiten.

Dryopithecinen (BIO)
I. s. Dryopithecinae (=lat), Dryopithecus-Kreis.
II. heute gilt Gattung Dryopithecus (unter Ausschluß von Ramapithecus) als gemeinsamer Wurzelkreis, aus dem sich seit dem Miozän sowohl Pongide als auch Hominide abgabelt haben. Verbreitung im Miozän und Pliozän in Afrika und Eurasien. Mehrere Vertreter der D. wie z.B. Proconsul wurden früher als eigene Gattung und als direkte Vorfahren der Hominiden angesprochen.

Dsachtschinen (ETH)
II. Stamm der W-Mongolen; haben 1,3% Anteil in der Mongolischen VR.

Dschabriten (REL)
I. al dschabrijjun (=ar).
II. Anh. der im Islam herrschenden orthodoxen Doktrin der Prädestination, der »Vorherbestimmung« des menschlichen Geschicks durch Gott; sie

stehen im Gegensatz zu Kadariten/Qadariten und Mutaziliten, jenen, die an die menschliche Willensfreiheit glauben.

Dschafariten (REL)
I. Gafariten; Gafariyun (=ar).
II. Mitglieder der wichtigsten schiitischen Rechtsschule. Verbreitet im Iran, in Pakistan, Indien, Irak, Libanon, Syrien. Insges. 29–30 Mio. Vgl. Imamiten.

Dschaina(s) (REL)
I. Jainas, Jinas; Jinisten, Jainisten.
II. Anh. einer der ältesten religiösen Lehren Indiens, die sich dort im Gegensatz zum Buddhismus bis heute gehalten hat; religionsbestimmte Population in W-Indien, bes. in Gudscharat und Maharastra verbreitet. Lebensweise der D. wird durch das Ahista-Gebot, kein Lebewesen zu verletzen, geprägt; sind strenge Vegetarier; Landwirtschaft und Handwerk sind ihnen verboten; der Kaufmannsberuf angemessen. Hoher Bildungsstand in Indien, großer Einfluß in Handel und Finanzen, Kultur- und Sozialwesen. Im 20. Jh. wachsende soziale Annäherung an hinduistische Umwelt. Um 1993: 4,3 Mio., rd. 0,5 % der indischen Bev.

Dschainismus (REL)
II. eine trotz kleiner Anhängerschaft sehr einflußreiche indische Erlösungsreligion; im 6./5. Jh. v. Chr. wie der Buddhismus als Reaktion gegen Monopol der Brahmanenkaste gestiftet. Reich entwickelter Kult, Wallfahrtswesen. Außer gläubigen Laien gibt es Mönche und Nonnen (Wanderasketen) in zwei Sekten: Digambaras (»Luftgekleidete«) und Shvetambaras (»Weißgekleidete«). D. befolgen Vegetarismus.

Dscham'ijjat (SOZ)
I. (ar=) »Vereinigung«.

Dschama'a (REL)
I. aus gamá'a (=ar); ahl as-sunna wal-gamá'a (ar=) »die Leute der Tradition und der Gemeinschaft«.
II. die »wahre« Gemeinschaft der Muslime, sofern sie im rechten Glauben vereint sind, also unter Ausschluß von Abweichlern und Neuerern.

Dschamaia (REL)
II. die heterodoxen Sekten im Islam. Vgl. Ghulat-Sekten.

Dschambasi (SOZ)
II. im Pferdehandel tätige Zigeuner in SE-Serbien.

Dschamschidi (ETH)
II. Stamm der Aimaq in W-Afghanistan, im N der Prov. Ghor; um 1970: 34000–85000 Seelen; sie meinen, z.Zt. Timur's aus Sistan zugewandert zu sein. Vgl. Aimaq.

Dscharai (ETH)
I. Jarai.

II. einer der sogenannten Montagnards-Stämme im Bergland von Vietnam-Kambodscha, mit einer indonesisch-austronesischen Spr.

Dschat (SOZ)
I. Jat.
II. Grundbesitzerschicht in Pandschab, bis ins 19. Jh. fast identisch mit Sikhs, im nationalen Sinn noch heute deren Oberschicht. Mitunter wohl fälschlich auch als Bauernkaste angesprochen.

Dschatapu (ETH)
II. Drawida-spr. Volk in Andhra Pradesch und Orissa/Indien; Zahl ca. 100 000; in Stämme und Sippen gegliedert; Schamanentum bewahrend.

Dschati (SOZ)
I. (=ssk); Jati, (hi=) »Art«, »Geburtsgruppe; (pt=) Castas, Kasten.
II. die Einzel- oder Unterkaste im hinduistischen Kastensystem. Jede der über 3000 Dschatis in Indien besitzt einen bestimmten kulthierarchischen Rang.

Dschawachen (ETH)
I. Dschawachi Eigenbez.; Dshavachi (=rs). Vgl. Georgier.

Dschedid-al-Islam (REL)
II. »Neumuslime«, zwangsbekehrte Juden im 19. Jh. im Iran; nach Art der Marranen.

Dscheken (ETH)
I. Eigenname Dschek; Dsheki (=rs). Vgl. Krysen.

Dschemschiden (ETH)
I. Dshemschidy (=rs).
II. kleine tadschikisierte Mischbev. in Turkmenistan/Rußland; aus Afghanistan stammend, im 18. Jh. von Persern als Grenzwächter gegen die Turkmenen angesiedelt. Sunniten.

Dschibuti (TERR)
A. Republik. République de Djibouti; früher Französisch Somalia, ehemals »Territoire Affar et Issa«; unabh. seit 27. 6. 1977. Dschumhuriyadi D. (Somali); Gabuutí Doolat (=Afar); Jumhuriya Djiboutiya, Jumhouriyya Djibouti (=ar). (Republic of) Djibouti (=en); (la República de) Djibouti (=sp).
Ew. 1950: 0,074; 1960: 0,081; 1970: 0,095; 1980: 0,355; 1985: 0,430; 1996: 0,619, BD: 27 Ew./km²; WR 1990–96: 3,0 %; UZ 1996: 83 %, AQ: 54 %

Dschibutier (NAT)
I. Djiboutians (=en); Djiboutier; djiboutiens (=fr).
II. StA. der Rep. Dschibuti/Djibouti. Nord-Somali (60 %) und Afar (40 %).

Dschimmi (REL)
I. Dhimmi; ahl ad-dimma (ar=) Leute des »Schutzvertrages«, »Schutzbefohlene«, »Klienten«.
II. Sammelbez. für religiöse Minderheiten, die in der Gesetzesreligion des Islam als Untertanen durch Schutzverträge dem Staat die Gläubigen einverleibt und untergeordnet sind. Sie genießen Eigenrechte,

unterliegen aber speziellen Lasten (u.a. Sondersteuern). Nach islamischer Rechts- und Gesellschaftsordnung erfahren D. nahezu völlige Autonomie. Vgl. Millet.

Dschinismus (REL)
I. Dschainismus, Jinismus.

Dschiran (SOZ)
II. (=ar); Nachbarn; im übertragenen Sinn ebenso »Beschützer« oder »Gönner« wie »Beschützte« oder »Klienten«.

Dschuang (ETH)
II. Kleinstamm im N von Orissa/Indien; Zahl ca. 5000. Brandrodende Reisbauern auf Landgemeinbesitz.

Dschuhaira (ETH)
II. alter arabischer Stammesverband, ursprünglich im Gebiet um Medina.

Dschuhhal (SOZ)
II. (=ar); die blind gehorchende, unwissende Masse.

Dsongha (SPR)
I. Dzongkha.
II. Amtsspr. in Bhutan, Volksspr. im W des Landes. D. gehört zur tibeto-birmanischen Spr.gruppe, wird in tibetischer Schrift geschrieben; rd. 940 000 (1994).

Dswonkari (SOZ)
I. aus Dzwon (pl=) »Glocke«.
II. Berufsgruppe der Messinggießer aus Ostgalizien und Bukowina, Zigeuner.

Duala (ETH)
I. Douala.
II. Negervolk in Kamerun, mit Unterstämmen > 100 000. D. haben Feldbau und Fischfang zugunsten des Handels aufgegeben, sind verstädtert und europäisiert. Bedeutendster Stamm die sog. Kameruner Küsten-Bantu. Ihnen verwandt sind die Bubi, Koko, Kpe mit Mboko und Kossi.

Duala (SPR)
II. kleine Gemeinschaft dieser Bantu-Spr. an der Küste von Kamerun.

Dubai (TERR)
A. Mitglied der Vereinigten Arabischen Emirate. Dubai (=en/sp); Doubaï (=fr). Vgl. Vereinigte Arabische Emirate.
Ew. 1960: 0,055; 1985: 0,419; 1996: 0,674, BD 173 Ew./km²

Dubjan (ETH)
II. heute einer der kleineren Stämme in Saudi-Arabien; in vorislamischer Zeit einer der meisten angesehenen Beduinenstämme im Raum von Medina.

Duchoborzen (REL)
I. (rs=) »Geisteskämpfer«.

II. 1755 in Südrußland gegr., von der Russisch-orthodoxen Kirche abweichende Glaubensgemeinschaft; in Teilen 1900 nach Kanada ausgewandert. Ihnen verwandt sind die Molokanen.

Dulain (ETH)
I. Dulaim.
II. arabische Stammeseinheit von Schafnomaden, die seit dem MA in der syrisch-irakischen Jezira ansässig war, sich seit 1800 zunehmend den Schammar anpaßten; Sunniten. Teilstämme der D. sind u.a. die Albu-Assaf, A.-Hamdan, A.-Mteaut, A.-Ranam.

Duma (ETH)
I. Badouma, Ndumbo.
II. Stamm der Tege in N-Gabun.

Dume (ETH)
I. Bako in SW-Äthiopien.

Dunera Boys (SOZ)
II. (=en); in Großbritannien internierte polit. Emigranten aus Deutschland und Österreich, > 2500, die unter völliger Verkennung ihrer Gesinnung, 1940 auf dem Schiff Dunera nach Australien deportiert wurden. Viele D. sind später als Führungskräfte in Australien verblieben.

Dunganen (ETH)
I. Eigennamen: Dungan (=tü), Lochuej oder Chuej; Lao Khuei Khuei; Lao/Chui Chui oder Chzhun Yuan'Zhyn; Tung-kan; Dungane (=rs); Dungans (=en); in China Ho, Hui, Hui-tse, Hueidsu, Hwei, Khuei, Pang-hse, Panthay, Panthe, Panthi.
II. sinotibetische muslimische Volksgruppe in Ostturkestan und seit spätem 19. Jh. auch in russisch Mittelasien, wohin Überlebende der gegen die Mandschu-Regierung gerichteten Muslimen-Aufstände in Shensi, Kansu und Tsinkiang flüchteten. Heute in Kirgistan und Kasachstan sowie im usbekischen Fergana-Tal < 100 000 Individuen. Ihre Spr. ist eine dialektale Variante des Nordchinesischen, sie wird in arabischer Schrift geschrieben, bis zur Ablösung durch Kyrillisch 1953 sogar in Sowjetmittelasien. Vgl. auch Uighuren.

Dunkelhäutige Mauren (SOZ)
II. Bez. in Mauretanien für Nachkommen von Sklaven, die einst von freien Sudannegerstämmen an die westsaharischen Nomaden verkauft worden sind. Sprechen heute Arabisch oder Berberisch.

Dunkers (REL)
I. »Brüder«.
II. 1729 von deutschen Einwanderern in Pennsylvania gegr. Täufergruppe, die Eidesleistung, Kriegsdienst und theologische Bildung ablehnt. Vgl. Mennoniten, Church of Brethren.

Durchwanderer (WISS)
II. Offz. Altbez. für Personen, die auf ihrer Auswanderung (eines oder) mehrere Drittländer queren, transitieren. Begriff diente insbes. für Massenwande-

rung aus Ost- und SE-Europa, die Mitteleuropa auf dem Wege zu den Einschiffungshäfen nach Übersee (Hamburg und Bremen) querte. 1880–1914 transitierten ca. 2,3 Mio. aus Rußland (mit Polen, Litauern, Finnen, Rußlanddeutschen) und 2,9 Mio. aus Österreich-Ungarn (mit Polen, Slowaken, Magyaren, Kroaten und Slowenen): 1886: 78000, 1903: 261000, 1913: über 408000. Speziell aus Rußland dominierte der jüdische Anteil mit 40–60% (M. JUST). Eine umfangreiche Organisation mit Grenzregistrierstationen, Quarantänekontrollen, Sonderzügen, Auswandererquartieren in Häfen regelte die Durchschleusung, gleichwohl verblieben Teilkontingente auf Zeit oder Dauer in Deutschland.

Durrani(s) (ETH)
II. einer der beiden großen Nomadenstämme der Paschtunen im W Afghanistans; Schafnomaden. Gründer des modernen Afghanistan und Träger der (bis 1973) letzten Amirs-Dynastie waren D. Vgl. Paschtunen, Ghilsai(s).

Duru (ETH)
I. 1.) Namshi, Kotopo.
II. kleine Ethnie von Sudannegern in N-Nigeria.
I. 2.) arabischer Stamm ehem. Beduinen im W von Oman; trieben bis Mitte des 20. Jh. Nomadismus zwischen der Rub al Khali und Oman-Gebirge, auch Salzkarawanen, bestellen heute Kunstoasen und stellen Arbeiter für Erdölindustrie. Ibaditen und Sunniten.

Dusun (ETH)
II. Dajak-Volk in Sabah/N-Borneo/Indonesien; Alt-Indonesier.

Dutch People (REL)
II. Bez. in Nordamerika (bes. Pennsylvania) für die im 18.–19. Jh. zunächst aus den Niederlanden zugewanderten konservativen Mennoniten im Unterschied zu sonst zugewanderten Germans. Vgl. Mennoniten, Amische.

Duwasir (ETH)
II. arabischer Stamm mit vollnomadischen und seßhaften Einheiten im s. Nedsch und in der Al Hasa-Prov./Saudi-Arabien; Sunniten.

Dvija (SOZ)
II. »Zweimalgeborene« im hinduistischen Kastensystem.

Dyerma (SPR)
I. Dyerma (=en).
II. Gemeinschaft von rd. 2 Mio. Sprechern dieser Songhai-Spr. in Niger.

Dyola (ETH)
I. Diola, Yola, Djola, Jola. Von Nachbarvölkern im Norden geringschätzig als »Leute aus dem Wald« bezeichnet.

II. westafrikanisches Negervolk mit einer westatlantischen Klassensprache, ansässig im Regenwald der Küste von Gambia, Senegal und Guinea-Bissau; in Gambia 7% der Staatsbev., 80000 (1996); in Senegal 5,3% der Staatsbev., 452000 (1996). D. sind Savannenpflanzer mit Reis- und Hirse-Bau (die auch Jagd treiben) und Viehhalter. Ihnen verwandt die Bayot und Flup. D. bewahren patrilineares Königtum und mehrheitlich Naturreligionen. Vgl. Dyolof/Wolof.

Dyophysiten (REL)
I. Vertreter der Zweinaturenlehre. Ihnen ist Christus zugleich wahrer Gott und wahrer Mensch. Vgl. Nestorianer.

Dyotheleten (REL)
II. Anh. der Lehre, daß mit den zwei Naturen Christi auch zwei Willen und Wirkungsweisen Christi verbunden sind. Vgl. Gegensatz Monotheleten.

Dyula (ETH)
I. Diula; Dioula (=fr); Wangara.
II. negrides Händlervolk, weit verbreitet über Elfenbeinküste, Burkina Faso, Mali; mit einer Mande-Spr., sind Muslime. Vgl. Malinke.

Dyula (SPR)
I. Dyola, Djoula, Djola, Diola.
II. Eigenspr. der Diula, dioula (=fr), eine Mande-Spr., die auch Verkehrsspr. im N von Elfenbeinküste und in Burkina Faso ist. Der Fogny-Dyola-Dialekt wird in Senegal und Gambia benutzt. Vgl. Malinke, Bambara.

Dzazé (ETH)
II. Stamm der Aruak im oberen Amazonasbekken.

Dzem (ETH)
I. Njem.
II. schwarzafrikanische Ethnie in SE-Kamerun.

Dzharava (ETH)
I. Jar, Jerawa.
II. kleine schwarzafrikanische Einheit im mittleren Nigeria.

Dzindza (ETH)
I. Zinza.
II. schwarzafrikanische Ethnie im SW des Victoria-Sees/Tansania.

Dzughi (ETH)
I. Dzugi.
II. Eigenbez. der Zigeuner in Rußland.

Dzuwazi (BIO)
II. Untergruppe der Kung in Namibia, einziger Buschmannstamm, der derzeit noch als Jäger und Sammler sein Leben fristet.

E

Ebioniten (REL)
I. aus ebjonim (he=) »die Armen«.
II. »judenchristliche« Gruppen oder eine noch judaistische Sekte des 1.–5. Jh. im Ostjordanland; standen in engem Kontakt mit den Essenern von Qumran. Vgl. Essener, Judenchristen.

Ebisu (ETH)
I. Pejorativausdruck der Japaner für die Ainu.

Ebonics (SPR)
I. ebony (en=) »Ebenholz« und phonics/phonetics. Altbez.: Jive, Ghettoese, Streettalk.
II. Kunstbegriff am Ende des 20. Jh. für das Idiom der schwarzen US-Amerikaner niederen Sozialstandes. Karibische (singende) Intonation, kaum Konjugation der Verben, Weglassung von Konsonanten an Wortenden. Die versuchsweise Einführung als Schulspr. ist heftig umstritten.

Ebrei (REL)
I. (=it); Juden.

Ebrié (ETH)
I. Kyama.
II. Bev. an der Ebrié-Lagune/Elfenbeinküste, ursprünglich Feldbauern und Fischer, heute auch Plantagenwirtschaft. Vgl. Lagunenvölker.

Echiriten (ETH)
I. Eigenbez. Echrit; Echrity (=rs). Vgl. Burjaten.

Eckankar (REL)
II. 1964 durch Amerikaner Paul Twitchell begründete Bewegung mit über 50 000 chelas = »Schülern«; aus Hinduismus hervorgegangen, zählt zu den Jugendreligionen.

ECO-Bevölkerung (WISS)
Sammelbez. für 319 Mio. Einw. aus zehn in der »Organisation für wirtschaftliche Zusammenarbeit« zusammengeschlossenen islamischen Staaten SW- und Innerasiens: Türkei (Gründer), Iran und Pakistan; dann auch Afghanistan, Kirgisistan, Kasachstan, Tadschikistan, Turkmenistan, Aserbeidschan, Usbekistan. Die wirtschaftliche und politische Potenz dieser Gemeinschaft ist nicht absehbar.

Ecuador (TERR)
A. Republik. República del Ecuador (=sp). (The Republic of) Ecuador (=en); (la République de) l'Equateur (=fr).
Ew. 1950: 3,225; 1960: 4,325; 1970: 5,962; 1980: 8,123; 1985: 9,378; 1996: 11,698, BD 43 Ew./km²; WR 1990–96: 2,2%; UZ 1996: 60%, AQ: 10%

Ecuadorianer (NAT)
I. Ekuadorianer; Ekuadorer; Ecuadorians/Ecuadoreans (=en); equatoriens (=fr); ecuatorianos, ecuatorieños (=sp); ecuadoriani (=it).
II. StA. von Ecuador; sie setzen sich zusammen aus 35% Mestizen, 25% Weißen, 20% Indianern, 15% Mulatten und 5% Schwarzen.

Ede (ETH)
I. Rhade.
II. kleine Einheit von Brandrodungsbauern im vietnamesischen Bergland, mit indonesischer Eigenspr. Vgl. Montagnards.

Edo (SPR)
I. Bini; Edo (=en).
II. Sprgem. von mehreren nahe verwandten Bantu-Stämmen, den Bini, Ishan, Kukuruku, Sobo mit Urhobo, Isoko; damit Verkehrsspr. in Nigeria, zus. ca. 2,7 Mio.; E. bildet Gruppe der Kwa-Spr.

Efe (BIO)
II. zwergwüchsiger Bambuti-Stamm im Ituri-Gebiet. Vgl. Mämvu.

Efik (ETH)
I. Ibibio.
II. schwarzafrikanische Ethnie mit einer Eigenspr. aus der Benue-Kongo-Spr.gruppe; Fischer im amphibischen Küstenland, u. a. auf ölhöffiger Halbinsel Bakassi, die von Kamerun und Nigeria beansprucht wird.

Efik (SPR)
I. Ibibio; Efik (=en).
II. Verkehrsspr. (aus der Benue-Kongo-Spr.familie) in Nigeria, ca. 2 Mio. Sprecher.

EFTA-Bevölkerung (WISS)
II. Fachterminus für die Wohnbev. der »Europäischen Freihandelsassoziation«, (bis 1994) sechs Staaten (Österreich, Finnland, Island, Liechtenstein, Norwegen, Schweden) umfassend; 1992 rd. 33 Mio. Vgl. EG-Bev., EWR-Bev.

Egba (ETH)
I. Yoruba, Ekiti.
II. Ethnie westafrikanischer Neger, kwa-spr., im Regenwald bei Ibadan/SW-Nigeria; Yams und Maniok-Bauern und bekannte Händler. Untereinheit der Yoruba.

EG-Bevölkerung (WISS)
II. Fachterminus für die Wohnbev. der ursprünglich 12 in der Europäischen Gemeinschaft (EG, später EU) zusammengeschlossenen europäischen Staaten (Belgien, Dänemark, Deutschland, Spanien, Frankreich, Griechenland, Großbritannien, Irland,

Italien, Luxemburg, Niederlande, Portugal); 1992 rd. 344 Mio. Seit 1. 1. 95 bei 15 Staaten (zusätzlich Österreich, Finnland und Schweden): 369,1 Mio. auf 3234700 km², d.h. eine Dichte von 114,1 Ew./km². Vgl. EFTA-Bev., EWR-Bev.

Egerländer (ETH)
II. Teilgruppe der Sudetendeutschen (s.d.), die bis zu ihrer Vertreibung 1945 in Nordwestböhmen beiderseits der Eger, dem einst sog. Baierischen Nordgau, beheimatet waren; 1930 ca. 122000, stellten damals rd. 95% der Gesamtbev. der Region.

Egerukai (ETH)
II. Stamm im Verband der Tscherkessen, s.d.

Egg heads (SOZ)
I. (=en) »Eierköpfe«; aus gleicher Beobachtung »Großkopfete« (=oberdeutsch), in Österreich und Bayern auch »Großkopferte«.
II. antielitär oder ironisierender US-amerikanischer Ausdruck für bläßliche, linkische Stubenhokker, letztlich für »einseitig hochbegabte Intellektuelle«.

Eglise Baptiste Biblique (REL)
II. 1930 auf Madagaskar gegr., unabhängige christliche Glaubensgemeinschaft.

Eglise du Réveil Spirituel Malgache (REL)
II. 1955 bzw. 1958 in und auf Madagaskar begründete unabhängige christliche Glaubensgemeinschaft.

Eheähnliche Verbindungen (SOZ)
I. »nichteheliche Lebensgemeinschaften«, »Ehen ohne Trauschein«, »Ehen auf Zeit«, Konsensualgemeinschaften, Partnerverhältnisse, -schaften, Vertragsehen, Probeehen, Konkubinate; Altbez. Kebsehen.
II. E.V. haben ihre größte Verbreitung in Stammesgesellschaften der Dritten Welt; innerhalb der christlichen Ökumene gewannen sie insbes. in den Teilen Lateinamerikas und Schwarzafrikas Bedeutung, die unter den Spätfolgen der Sklaverei leiden (Westindien, Mittelamerika). Nach Fallbeispielen der Familienstandserhebungen, sofern sie E.V. (»consensually married« oder »en union consensuelle«) als bes. Kategorie ausweisen, lebten schon 1970 etwa in Panama, El Salvador, Dominikanische Rep. 20–30% der m., 30–40% der w. heiratsfähigen Bev. in solchen freien Gemeinschaften. Die Zahl der in solchen E.V. geborenen Kinder ist in vielen Ländern beträchtlich. In den weißen Industrieländern gewannen E.V. hauptsächlich erst im 20. Jh. an Gewicht, als sich die herkömmlichen Sozialbindungen in stärkerem Maße gelockert haben: bewußte Ablehnung religiöser Überzeugungen bzw. weltlicher Rechts- und Organisationszwänge; größenordnungsmäßig entfallen heute 5–10% aller Mehrpersonenhaushalte auf »freie Lebensgemeinschaften«, leben 12–30% aller Ew. im Alter zwischen 20–30 J. unverheiratet mit einem Partner. Vgl. Homo-Gemeinschaften; Sambo (=sw); Onkelehen.

Ehefrauen (SOZ)
I. Ehegattinnen, Ehegemahlinnen, Eheweiber; wives (=en); épouses (=fr); spose, moglie, consorte (=it); esposas, mujeres (=sp).
II. weibliche Partner in Ehegemeinschaften.

Ehegemeinschaften (SOZ)
II. Lebensgemeinschaften zwischen (mindestens) zwei Personen unterschiedlichen Geschlechts. Im Gegensatz zur Promiskuität ist die Ehe eine normierte Institution nach den Wertvorstellungen der jeweiligen Gesellschaft und steht in den sozialen, religiösen und rechtlichen Bindungen. E. ist die Grundform menschlichen Zusammenlebens, ihr gesellschaftlicher Ausdruck, die Familie, bietet den Rahmen für das Aufziehen der Kinder. Neben der Regelung der Sexualbeziehungen sind Eigentumsfragen und Erbfolge, aber auch Fragen der Arbeitsteilung von Bedeutung. Aus komplizierten Heiratsordnungen, die festlegen, aus welchen Kategorien die Ehepartner gewählt werden dürfen, hat sich seit der Aufklärung fortschreitende Individualisierung der Partnerwahl durchgesetzt. Große Vielfalt der Ehegesetzgebungen und Heiratssitten, u.a. amtl. Eheschließung bzw. Ziviltrauung (Schweiz) oder regionsbestimmte (kirchliche) Trauung. Vgl. Polygame E., Polygyne E., Frühehen, Muntehen, Friedelehen, Common-Law-Ehen, Kebsehen, Zwangsehen, mut'a-Ehen, Besuchsehen, Dienstehen.

Ehelich Geborene (WISS)
II. Kinder, die nach Eingehen einer gesetzlichen Ehe oder bis zu 302 Tagen nach Auflösung einer Ehe geboren werden. Vgl. Gegensatz Uneheliche Kinder.

Ehemänner (SOZ)
I. Ehegatten, Ehegemahle, Gatten; consorts, husbands (=en); maris, époux (=fr); sposi, mariti (=it); maridos, esposos (=sp).
II. männliche Partner in Ehegemeinschaften.

Ehepaare (SOZ)
I. Eheleute, Ehegemeinschaften; married couples (=en); couples mariés (=fr); coppie di coniugi (=it); matrimónios (=sp, pt).
II. je zwei (Ehemann und Ehefrau) durch Eheschließung verbundene Personen/Partner. Terminus gilt also nicht für gleichgeschlechtliche Partnerschaften. Vgl. Eheähnliche Verbindungen; Konsensualpaare.

Ehepartner (SOZ)
I. Eheleute (nur Pl.); Ehegatten, Ehegesponse; spouses (=en); époux, conjoints (=fr); sposi, coniugi (=it); esposos, conyuges (=sp); conjuges (=pt).
II. durch Eheschließung verbundene Personen unterschiedlichen Geschlechts. Auch Sammelbez. für Verheiratete beiderlei Geschlechts. Vgl. Ehepaare.

Eidgebundene Jungfrauen (WISS)
II. bis heute geltende Umschreibung in Albanien für durch Eid gebundene Frauen, die sich von ihrem Geschlecht lossagen, die wie Männer leben, sich so kleiden und Waffen tragen. Institution der e.J. erklärt sich aus der herrschenden Blutfehde.

Eidgenossen (SOZ)
I. compatriotes (=fr, sp); confederati (=it); Landsleute; vgl. Konföderierte in USA.
II. 1.) schweizerische E., abgeleitet aus dem 1291 geschlossenen Ewigen Bund der Urkantone, der mehrmals erweitert und erneuert wurde. Historisierende Umschreibung für Schweizer. Vgl. Schweizer. 2.) Angeh. eines Schwurbundes z.B. verschiedener Stämme.

Einelternfamilien (WISS)
II. alleinerziehende Väter oder Mütter, die mit ihren ledigen Kindern zusammen leben. Vgl. Alleinerziehende.

Eingeborene (SOZ)
I. aus ingenuus (lat=) eingeboren. Urbew., Einheimische, Primitive, Autochthone, Indigene; natives (=en); originaires, natifs (=fr); indigeni, aborigeni, popolazione originale (=it); indigenas, nativos (=sp).
II. 1.) i.e.S. die heimische Bev. ehem. Kolonien, denen man begrenzte E.-Rechte, begrenzte Lebensräume (Reservate) einräumte. Vgl. Schutzbürger. 2.) im eigentlichen Sinn: die an ihrem Wohnort, in einer bestimmten Gegend, in ihrem Wohnland auch geborenen (ivi nati) Personen. 3.) verallgemeinert: Angeh. eines Naturvolkes. Vgl. Aboriginer; Aboriginals (=en), aboriginees (=en) in Australien.

Eingeborene (WISS)
I. Einheimische; fremdspr. Bez auch i.S. von »Inländern«; Indigenous Peoples, natives (=en); indigènes (=fr); nativos (=sp).
II. europäische Altbez. für die einheimische Bev. der Kolonialländer. Vgl. Autochthone.

Eingekaufte Ausländer (SOZ)
II. ugs. Bez. für Personen, denen (im Gegensatz zu normalen Einwanderern) aus staats-, wirtschafts-, kulturpolit. Gründen eine wesentlich erleichterte Einbürgerung zuteil wird. Insbes. in der Praxis von Industrieländern werden so kapitalkräftige Wirtschaftler, attraktive Sportler und Literaten aus ärmeren Rand- und aus Drittweltländern gewonnen.

Einheimische (SOZ)
I. Ortsansässige, am Wohnort Geborene, dort erzogene (daher Einzöglinge) und fest Ansässige; zu ahd. inheima »Heimat«, inheimisch (15. Jh.) »zu hause«.

Einjährig-Freiwillige (SOZ)
I. Altbez. in Preußen (ab 1814), dann in Deutschland und Österreich für Wehrpflichtige, die bei entsprechendem Bildungsnachweis (Obersekundareife, Matura) und Vermögen (Einkleidung, Ausrüstung, Verpflegung auf eigene Kosten) einen auf ein Jahr verkürzten Wehrdienst als Reserveoffiziersanwärter ableisten konnten.

Einkindfamilien (SOZ)
II. Kleinfamilien mit dauerhaft nur einem Kind.

Einlieger (SOZ)
II. 1.) Landarbeiter, die für die Dauer ihrer Dienste auf dem Bauernhof einwohnen; bei freier Kost und Wohnung Kätner genannt. 2.) Bew. einer kleinen, zweiten Wohnung in einem Einfamilienhaus nach Bau und Finanzrecht in Deutschland.

Einmalgeborene (SOZ)
II. die Angeh. der vierten Hauptklasse/Kaste, der Schudra, im indischen Kastensystem.

Einmieter (SOZ)
I. Untermieter.

Einsiedler (REL)
I. Eremiten.

Einsiedlerorden (REL)
II. Mönchsorden, deren Regeln Ideal und Lebensform der Anachoreten mit der Ordnung einer klösterlichen Gemeinschaft verbinden. Im Christentum u.a. Kamaldulenser, Kartäuser, Zölestiner.

Einwanderer (SOZ)
I. immigrants (=en); immigrées (=fr); immigranti (=it); imigrantes (=sp, pt).
II. Zuwanderer aus dem Ausland, die dauernd im Inland zu wohnen beabsichtigen. E. aus politischen Gründen werden als Immigranten bezeichnet. Für Einwanderer nach Deutschland wird amtlich der Begriff Zuwanderer verwendet (s.d.). Um Einwandererkontingente international sinnvoll wertend zu vergleichen, wird Relation E. pro 100 000 Ew. benützt. Zahl der E. betrug 1983–1988 pro 100 000 Ew. in den USA 245, in Kanada 479, in Australien 694, in Deutschland vor 1989 1022, im wiedervereinigten Deutschland 1993 (inclusive Aussiedler, Flüchtlinge und Asylbewerber) sogar 1566.

Einwohner (WISS)
I. Bewohner; inhabitants (=en); habitants (=fr); abitanti (=it).
II. Gesamtzahl der Menschen, die zu einem bestimmten Zeitpunkt in einem festgelegten Gebiet (Region, Staat, Verwaltungsbezirk, Gemeinde, Siedlung) wohnen.

Einzelkinder (SOZ)
II. geschwisterlos aufwachsende Kinder, in Deutschland (1990) etwa die Hälfte aller Kinder.

Eisenzeit-Menschen (WISS)
II. Menschen der auf die Bronze-Zeit folgenden Kulturphase, in der Eisen zum vorherrschenden Material für Werkzeuge und Waffen erhoben wurde. Der Eintritt in diese Periode variiert regional stark, er

erfolgte in Palästina im 12. Jh., in Mitteleuropa im 8. Jh. v.Chr.; in Amerika, Australien und Ozeanien fehlt eine solche spezifische Eisenzeit ganz. In Europa übergreift die Eisenzeit die Grenze von der Vorgeschichte zur Geschichtlichkeit. Sie wächst aus der bronzezeitlichen Urnenfelderkultur hervor. Traditionell unterscheidet man ältere Hallstattzeit (800–500 v.Chr. bes. im Donau-ostalpinen und süddeutschen Raum) und jüngere, durch Kelten getragene, Latène-Kultur (500-Chr.), deren Entwicklung im Gebiet von Marne-Saar-Mosel-Rhein und in der Schweiz erfolgte. Bis zur Völkerwanderungszeit hat sie sich schnell zu einem geschlossenen Kulturgebiet zwischen Atlantik und Schwarzem Meer ausgeweitet. Geogr. Name: Hallstatt/Salzkammergut. Vgl. Kelten.

Ejidatarios (SOZ)
I. aus Ejidos (=sp) institutionalisierter Gemeinbesitz.
II. mexikanische Kleinbauern, die als Mitglieder einer der in der Agrarreform (seit 1917) gegr. 26000 Ejidos einen kleinen Landbesitz erhielten, den sie bebauen und vererben, (im Unterschied zu Bauern auf Privatbesitz) aber nicht verkaufen, belehnen oder verpachten dürfen; heute gibt es rd. 3 Mio. E. Seit 1990 laufen Bestrebungen zur vollen Privatisierung des Ejido-Systems.

Ekoi (ETH)
I. Ikoi, Obang, Keaka.
II. Stamm westafrikanischer Neger, kwasprachig, im Regenwald S-Nigerias. Anbau von Yams und Mais. Maskenkult. Anzahl > 100000 Indiv.

Ekonda (ETH)
I. Baseka.
II. Stamm von Bantu-Negern im nw. Kongogebiet.

El Salvador (TERR)
A. Republik. República de El Salvador (=en). (The Republic of) El Salvador (=en); (la République d') El Salvador (=fr).
Ew. 1901: 1,007; 1930: 1,434; 1950: 1,856; 1960: 2,454; 1970: 3,534; 1980: 4,508; 1985: 4,819; 1996: 5,810, BD: 276 Ew./km²; WR 1990–96: 2,4%; UZ 1996: 45%; AQ: 29%

El Shaddai (REL)
I. (he=) »Gott«.
II. Massenbewegung fundamentaler Katholiken auf Philipppinen, nach eigenen Angaben rd. 6 Mio. Anhänger. Vgl. Aglipayan.

Elbgermanen (ETH)
II. Bez. aufgrund übereinstimmender Kulturzüge für germanische Stämme, die in der Eisenzeit und römischen Kaiserzeit zwischen Elbe und Oder siedelten: Hermunduren, Langobarden, Markomannen, Quaden, Semnonen; ggf. auch Sweben.

Elbslawen (ETH)
I. nicht voll synonym mit Ostseeslawen.
II. Slawenstämme der Obotriten (mit Wagriern/Wagrern und Polaben/Polabern), Liutizen, Wilzen, Tolensaner, Riederi, Ztodorani, Morizane, Dravänopolaben, die am Ende der Völkerwanderungszeit im 5.–9. Jh. in den von Germanen geräumten Gebieten zwischen Elbe-Saale und Oder-Neisse ansässig wurden. Vgl. Wenden, Ostseeslawen, Westslawen.

Elfenbeinküste (TERR)
A. Republik. Unabh. seit 7. 8. 1960. République de Côte d'Ivoire (=fr). (Republic of) the Côte d'Ivoire, Ivory Coast (=en); (la República de) Côte d'Ivoire, Costa de Marfil (=sp).
Ew. 1950: 2,666; 1960: 3,300; 1970: 5,309; 1980: 8,172; 1988: 10,816; 1996: 14,347, BD: 45 Ew./km²; WR 1990–96: 3,0%; UZ 1996: 44%; AQ: 60%

Elisabethinerinnen (REL)
Vgl. Alexianer.

Elite (SOZ)
I. »Auslese der Besten«; Pl. Eliten; zu les élites (=fr); aus eligere (lat=) »auslesen«; leadership, elites (=en); il fior fiore, la crema (=it); la flor y nata, la crema (=sp); flor(a), elite (=pt).
II. die Führungsschicht einer Bev., eines Volkes, eines Staates. Oft einseitig umschrieben als Personenkreis der Besten, Auserlesenen, Vornehmsten innerhalb einer Gesellschaft. Es handelt sich um mehr oder weniger kleine Minoritäten, die zufolge ihrer geistigen Fähigkeiten und ihrer moralischen Grundhaltung wichtige Leitungsfunktionen polit., wirtschaftlicher, soziokultureller Ausrichtung innehaben. Innerhalb der verschiedenen Gesellschaftsordnungen können für die Wertung als E. sehr unterschiedliche Maßstäbe gelten. Selbst die einst auch bei uns existenten, auf vornehmer Herkunft oder Standeszugehörigkeit beruhenden sog. Abstammungseliten mit Adel, Häuptlingswesen und Herrscherdynastien (etwa in den Erdölemiraten, in Südostasien oder Schwarzafrika) entsprechen nicht dem moralisch unangreifbaren Leistungsprinzip im europäisch-nordamerikanischen Elitenbegriff. Das trifft auch für die so ganz andersartigen Reichtums- und Funktionseliten zu, die beliebig austauschbar sind; man spricht von »offenen Eliten«. Ob ihrer Vorbild- und Leitungsfunktion in der Bev. stehen den Eliten mancherlei Privilegien zu; andererseits tragen sie in Revolutionen, Bürgerkriegen und Kriegen ein besonderes Risiko; fast regelhaft tragen Parlamentarier, Politiker, Offiziere, Geistliche, Lehrer, Richter, Ärzte die größten Opfer selektiver Verfolgung (Französische, Russische und Spanische Revolution, Vietnam und Kambodscha, chinesische Kulturrevolution). Vgl. Brain-Drain-Abwanderer.

Elliceinseln (TERR)
A. Altbez., seit 1978 Tuvalu (s.d.). Ellice Islands (=en); les îles Ellice (=fr); las islas Ellice (=sp).

Elmolo (ETH)
I. »Verarmte«.
II. ein Konglomerat aus Flüchtlingen der Rendile, Samburu, Turkana u. a., die am Rudolf-See zu Fischfang, Sammelwirtschaft und stationärer Viehhaltung übergegangen sind.

Elsässer (ETH)
I. Eigenbez. Waggis, (auch in Deutsch-Schweiz gebraucht); Alsaciens (=fr), auch Alsakos für (noch) deutschsprachige E. (=fr); Alsatians (=en); alsacianos (=sp).
II. Bev. des Elsaß, der Region zwischen Oberrhein und Vogesenkamm, die aufgrund ihrer Lage stets eher einen rheinischen Nord-Süd-Korridor abgab, denn sich zu einer West-Ost- Kommunikation (mit Frankreich) eignete. Ihre Bev. ist hervorgegangen aus im 5. Jh. hier angesiedelten Alemannen und später im (lothringischen) Norden auch noch zugewanderten Franken. Diese Herkunft prägt als Grundstock die überkommene Volkskultur, Siedlungsformen, elsässische Dialekte, Bräuche, Trachten, Speisen trotz vielfachen Wechsels der Staatszugehörigkeit bis heute. Seit Westfälischem Frieden (1648) beginnender und seit Napoleon verstärkter französischer Einfluß, dennoch bis I.WK Deutsch als Kirchen- und Umgangsspr.; 1910 gaben von 1,874 Mio. Ew. 1,634 Mio., d.h. 87,3 %, Deutsch als Mutterspr. an. Mehrmalige Abwanderungen frankophoner und germanophoner Bev.teile, so u.a. in Französischer Revolution, dann 1871 und 1918. Mit jedem Wechsel der Staatsangehörigkeit waren entsprechende Germanisierungs- oder Frankonisierungsbestrebungen verbunden. In der Zwischenkriegszeit starke partikularistische Strömungen: »Das Elsaß den Elsässern«. Im I. sowie im II. WK dienten E. beiden Kriegsparteien.

Elsässerditsch (SPR)
II. die mit französischen Einsprengseln angereicherten alemannischen und fränkischen Schwesterdialekte des Baseldeutschen und des Nordbadischen; ursprünglich die Mutterspr. der Elsässer, heute nach jahrzehntelangem französischen Assimilationsdruck vorwiegend nur mehr ländliche Familienspr. und Umgangsspr. der älteren Einheimischen in den beiden elsässischen Départements Ober- und Unterelsaß, Haut- und Bas-Rhin.

Elsaß-Lothringen (TERR)
C. Seit 1648, im Westfälischen Frieden, eine Trophäe von Krieg und Frieden in der Auseinandersetzung zw. Frankreich und Deutschland; in letzten 120 J. hat E.-L. viermal die Staatszugehörigkeit gewechselt. Offiz. Name für das von 1871–1918 dt. »Reichsland« (Elsaß und Teile Lothringens), es fiel 1919 und wieder 1945 an Frankreich, war 1940–1945 Deutschland unterstellt. Dem alten Umgriff entspricht in etwa die heutige französische Gliederung in die Departements Haut-Rhin, Bas-Rhin und (in Lothringen) Moselle. Alsace (=fr).

Einwohner: 1871: 1,550; 1895: 1,552; 1900: 1,719; 1910: 1,874; 1921: 1,290*; 1936: 1,250*; 1951: 1,200*; 1971: 1,200*; 1991: 1,200*(* Deutschstämmige bzw. Deutschsprachige)

Eltern (BIO)
I. aus alter (mhd=) »Alter«; ursprünglich »die Älteren«; parents (=en/fr); genitori (=it); dt. auch Sg. das E.; padres (=sp); pais (=pt).
II. i.e.S.: eine Fortpflanzungsgemeinschaft aus den Elternteilen Vater und Mutter, die schon ein Kind gezeugt haben. I.w.S. brauchen Elternteile im biol. und rechtlichen Sinn nicht identisch zu sein (Adoption). Aus dem Verhältnis der Eltern und ihrer Kinder ergibt sich eine Vielzahl von Rechtsbeziehungen. Vgl. div. Ableitungen im Jiddischen: elter-foter (Großvater), alter-muter (Großmutter), elter-seide (Urgroßvater), elter-babe, elter-bobe (Urgroßmutter), elter-feter (Großonkel), elter-mume (Großtante).

Emancipados (SOZ)
II. (=sp); nach Aufhebung der Sklaverei von Sklavenschiffen »befreite« Sklaven. Sie waren, international geregelt, dennoch 5–8 Jahre einem Zwangsarbeitsverhältnis unterworfen, bevor sie selbständig Lohnkontrakte abschließen konnten oder repatriiert wurden.

Emanzen (SOZ)
I. Bra burners (=en).
II. abwertende Bez. für treibende Vertreterinnen der Frauen-Emanzipation.

Emberá (ETH)
II. eine der indianischen Ethnien im Chocó, dem Regenwaldgürtel von Kolumbien. Sie sind Fischer und Kleinbauern an der Pazifikküste, im Bergland auch Cafeteros. E. werden durch zuwandernde Schwarze, meist Nachkommen von Buschnegern, zunehmend bis in das Andenhochland abgedrängt.

Embu (ETH)
I. Embere, Mwimbe, Tschukwa.
II. schwarzafrikanische Ethnie im zentralen Kenia.

Emerillon (ETH)
II. kleine Indianer-Ethnie in Französisch-Guayana.

Emigranten (SOZ)
I. aus emigrans, emigrare (lat=) »auswandern«; Emigrierte im Zufluchtland.
II. 1.) Auswanderer (in ein Ausland). 2.) i.e.S. Flüchtlinge, die ihr Wohnland aus polit. oder religiösen Gründen verlassen. Vgl. Innere Emigranten.

Empregadas (SOZ)
II. (=pt); 1.) weibliche schwarze bis dunkelhäutige Hausbedienstete in Brasilien; nach Erhebungen mind. 3 Mio. bis sogar ein Drittel aller weiblichen Beschäftigten. Ob ihres geringen rechtlich-sozialen

Status als Relikt der Sklavenzeit einzuschätzen. Ihr Wohn-Alkoven wird typischerweise als Senzala = Negerhütte bezeichnet. 2.) im allg. Sinn: Beschäftigte, Angestellte.

Ena (ETH)
I. Genia, Genya.
II. kleine schwarzafrikanische Ethnie in der zentralen Demokratischen Rep. Kongo.

Enarchen (SOZ)
I. enarques (=fr).
II. Elitegruppe in Spitzenpositionen von Politik und Verwaltung, Finanzwesen und Wirtschaft Frankreichs, Absolventen der ENA-Kaderschmiede, der Ecole Nationale d'Administration. Vgl. Eliten.

Encabellado (ETH)
II. kleine Indianereinheit im Grenzgebiet von Ecuador, Kolumbien und Peru; gehören zur Tukano-Spr.gruppe; betreiben Anbau, Jagd und Fischfang.

Endogame Ehen (WISS)
II. Ehen, deren beide Partner in einer sog. »Binnenheirat« einer gleichen (eigenen) sozialen Bev.gruppe (Sippe, Lineage, Phratrie, Clan, Kaste, Stamm, Dorfgemeinschaft) zugehören oder zugehören müssen. Vgl. Gegensatz Exogame Ehen.

Endokannibalen (WISS)
II. Kannibalen, die nur stammeseigene Tote verzehren, wobei entweder das Fleisch von getöteten Alten verspeist wird (um sich mit ihnen zu vereinigen) oder im Rahmen eines Bestattungsrituals das Knochenmehl und die Asche von Verstorbenen genossen wird, damit deren Kraft, Geist und Tugenden in der Sippe verbleiben (*H. NACHTIGALL*). Vgl. Exokannibalen, Endo- und Anthropophagen.

Engdish (SPR)
I. Engliddish, Ameriddish.
II. 1.) Spr. der jüdischen Emigranten in USA, speziell in der Lower East Side New Yorks; analog für die durch Jiddisch beeinflußte englische Spr.: Yidgin English, Yidlish, Yiddiglish, Yinglish; 2.) ein Jiddisch, durchsetzt mit englischen Elementen.

Engelswerk (REL)
I. Opus Angelorum, OA.
II. konservative Bruderschaft kath. Priester in Mitteleuropa.

Enggganesen (ETH)
I. Enggano.
II. Bew. der Insel Enggano, sprachlich zur Sumatra-Gruppe von SW-Indonesien zählend; bis ins 18. Jh. nur altertümliche Kultur; im 19. Jh. gravierende Bev.verluste durch Krankheiten und Kinderlosigkeit; hängen Seelen- und Ahnenkult an; treiben Anbau, Jagd und Fischerei; wohnen in runden Pfahlhäusern.

Engländer (ETH)
I. Englishmen, the English (=en); Anglais (=fr); ingleses (=sp, pt); inglesi (=it); Sassenach (Bez. der Schotten für die Engländer).
II. 1.) umgangssprachlich, aber fälschlich für Briten als Bew. Großbritanniens 2.) i.e.S. Bew. des Südteils der britischen Hauptinsel. Ethnogenetisch wurden keltische Briten von Angeln, Sachsen und Jüten überlagert, zurückgedrängt oder aufgesogen. Diese unterlagen ihrerseits seit dem 8. Jh. den dänischen Normannen und seit dem 11. Jh. den romanischen Festlands-Normannen mit starkem sprachlichem und kulturellem Einfluß. Inselisolation hat einheitliche Züge des Volkscharakters bewirkt. Vgl. Angelsachsen.

Englisch (SPR)
I. English (=en); anglais (=fr); Inglés (=sp); Inglês (=pt); Inglese (=it).
II. Gemeinschaft von Englisch als Mutterspr. oder in echter Zweisprachigkeit nutzenden Menschen. Englisch ist eine aus dem Altenglisch unter keltischen und frankonormannischen Einflüssen hervorgegangene westgermanische Spr. Sie ist Eigenspr. der Engländer und (durch Sprachübernahme) heute auch von vielen Schotten, Wallisern und Iren. In dieser Begrenzung auf das sprachliche Ausgangsland, die Britischen Inseln, ist Zahl der E. (ohne Zweitsprachler) 1991 auf 56,4 Mio. zu beziffern, wovon 53,8 Mio. in Großbritannien, 2,6 Mio. in Irland, einschließlich Zweitsprachler auf 58,7 Mio. Durch Auswanderung verbreitete sich die englische Spr. insbes. nach Nordamerika und Australien, wo Zahl der Englischsprachigen durch sprachlich integrierte Kolonisten aus anderen europäischen Ländern enorm anwuchs, so daß sich heute insgesamt 350–370 Mio. englische Muttersprachler (im obigen Sinn) ergeben; in USA (> 228 Mio.), Kanada (17,5 Mio.), Australien (rd. 16 Mio.), Neuseeland (mind. 2,8 Mio.), Südafrika (ca. 4,5 Mio.). Andererseits sieht man sich in USA (unter Druck hispanischer Zuwanderung) bemüßigt, das Gewicht von Englisch als alleiniger Staatsspr. zu verstärken. In der Hochzeit des Britischen Weltreiches erlangte Englisch aufgrund langer historischer Beziehungen weltweite Bedeutung als Kommunikationsmittel, insbes. in Vorderindien und Ostafrika. Im Sprachpluralismus vieler Staaten dort ermöglicht allein Englisch als »offizielle« Amts- und Überspr. eine moderne Verwaltung und überregionale Verständigung, so u.a. in Bangladesch, Botsuana, Ghana, Gambia; Indien, Kenia, Liberia, Lesotho, Mauritius, Malawi, Namibia, Nigeria, Pakistan, Sierra Leone, Swasiland, Seychellen, Uganda, Samia, Simbabwe. Der Aufstieg von Englisch zur ersten Fremdspr. wurde nachhaltig durch die Entwicklung der Kommunikationstechnik gefördert, zu denken ist an das britische Kabelmonopol und das britische Morsealphabet im telegraphischen Weltverkehr, die Vorherrschaft der USA im Luftverkehr

und Satellitenfunk. Englisch ist eine der sechs offiziellen Spr. der UNO und Arbeitsspr. der Europäischen Union. In Europa wird Englisch als Verkehrsspr. ergänzt durch Französisch (im W) und Deutsch (im E) (CLAUDE HAGÈGE). Vgl. Pidgin-English.

Englische Fräulein (REL)
I. IBMV.
II. als weiblicher Zweig nach Jesuiten-Regel gegr. 1609 in St. Omer von Maria Ward mit Gefährtinnen aus England, doch erst 1978 anerkannter Frauenorden; für Erziehung und Seelsorgshilfe.

Englovismeni (SOZ)
I. (=gr); die »Eingekesselten«, auch Karpas-Griechen.
II. regionale Bez. für jene Griechischzyprioten und Maroniten, die nach der türkischen Invasion 1974 im Norden der Insel zurückgeblieben waren: 1974 rd. 20 000; durch Vertreibung verminderte sich ihre Zahl bis 1979 auf rd. 2000.

Enkel (BIO)
I. Sg. Enkel (m.) und Enkelin (w.); kleiner Ahn, Kindeskinder; Pl. Enkelsöhne und -töchter; petits-enfants (=fr); nipote (=it).
II. Verwandtschaftsbez. 1.) für die Kinder der Kinder (Enkelsöhne, Enkeltöchter); deren Kinder werden Urenkel genannt. 2.) i.w.S. auch überhaupt für Nachkommen.

Enkratiten (REL)
II. frühchristliche Gruppen von »Enthaltsamen« (Verzicht auf Nahrung, Alkohol, Geschlechtsverkehr). Von der Kirche als Häretiker verfolgt.

Enzen (ETH)
I. Jenissei-Samojeden; Eigenname Enete, Ennetsche; Ency (=rs) und russische Altbez. Chantaj Samojed, Jenissej Samojed.
II. kleinste samojedische Ethnie am Unterlauf des Jenissei im Taimyrischen Autonomen Kreis; zunehmend stark an Nenzen, Selkupen und Dolganen assimiliert, < 1000 Köpfe. Untergliedert in vier Klans: Maddu, Bay, Muggadi und Jutschi; Animisten.

Epi-Olmeken (ETH)
II. unmittelbare Nachfahren der Olmeken, die sich aus altem Kerngebiet der s. Golfküste Mexikos bald nach der Zeitenwende bis an die Pazifikküste ausgedehnt haben; besaßen Vorform der Maya-Schrift.

Episcopal Church (REL)
I. Anglikaner.

Erbehen (SOZ)
II. Eheform, bei der ein Mann die Witwe seines verstorbenen Bruders heiratet. E. sind verbreitet unter Gegebenheiten häufiger Witwenschaft in Ehen junger Frauen mit wesentlich älteren Männern. Vgl. Leviratsehen.

Erben (SOZ)
II. Personen, auf die im Erbfall, d.h. mit dem Tod einer Person (Erblasser) deren Besitz/Vermögen ganz oder in Teilen übergeht.

Erbfreibauern (SOZ)
I. Assekuranten.
II. im alten preußischen Agrarwesen jene Hochzinsbauern, die erbliche Verschreibungen besaßen. Sie hatten Land zur Urbarmachung und Bebauung gegen bewilligte Freijahre erhalten, zahlten nach Verlauf dieser Freijahre einen gewissen Zins, leisteten nur geringes Ackerscharwerk. Ihr Hof war vererbbar und nach Einwilligung der Domänenkammer veräußerlich.

Erbgesessene (SOZ)
I. agrarsoziale Altbez. in Mitteleuropa für Personen, die Grundeigentum besitzen, das seit Generationen in der Hand der eigenen Familie ist.

Erbhofbauern (SOZ)
II. amtliche Bez. aus der NS-Zeit in Deutschland.
I. Bauern im Besitz eines unveräußerlich, unbelastbar und unteilbar auf die Anerben übergehenden »Erbhofes«.

Erbkötter (SOZ)
II. agrarsoziale Altbez. in Mitteleuropa (bes. NW-Deutschland) für die aus der Altbauernschicht weichenden Erben, die in der eigenen Gemarkung angesiedelt wurden.

Erbuntertänige (SOZ)
I. erbuntertänige Bauern; mißverständlich auch Erbbauern.
II. an ihren Gutsherren gebundene Bauern, vornehmlich in Ostdeutschland, die unter Einschränkung von Berufswahl und Abzugsfreiheit zur Dienstleistung (auch zum Gesindezwangsdienst der Kinder) verpflichtet waren. Die Erbuntertänigkeit entfiel im Zuge der Bauernbefreiung 1807–1809, vielfach freiwillig durch individuelle Entbindung.

Erbzinser (SOZ)
I. Erbpächter.
II. agrarsoziale Altbez. für Landwirte mit einem durch Reallasten eingeschränkten erblichen Landbesitz.

Erdbevölkerung (BIO)
I. Weltbevölkerung, Menschheit.
II. jeweilige Gesamtzahl aller Menschen auf der Erde zu einem bestimmten Zeitpunkt. Für 1992 wurde die E. mit 5,48 Mrd. ermittelt. Geht man von der Annahme aus, daß die Zahl der Menschen am Ende der letzten Eiszeit nur einige Hunderttausende, am Beginn des Neolithikums jedenfalls unter 5 Mio. (KURTH 4 Mio.) betrug, hat sie sich in 10 000–12 000 J. vertausendfacht. Sie dürfte bis zur Zeitenwende bereits auf über 200 Mio. angewachsen sein und wird für das Jahr 1000 auf 275 Mio., für

1500 auf 446 Mio. (*P. MAKSAKOVSKIJ*), für 1850 auf 1,171 Mrd. berechnet. Um 1900 wurden 1,6 Mrd., 1930 ca. 2,070 Mrd., 1960 ca. 3,005 Mrd., 1975 ca. 4,006 Mrd. erreicht. Für das Jahr 2000 ist mit 6,2 Mrd. zu rechnen. Weitergehende Projektionen kommen zu dem Schluß, daß die Weltbevölk. im günstigsten Fall im Jahre 2025 mit 8,5 Mrd. ihr Maximum erreichen und dann rückläufig verlaufen wird, im ungünstigsten Fall jedoch fortdauernd wachsen und bis 2050 eine Größe von 12,5 Mrd. erreichen wird. Das Abschwellen der E. hat sich weder zeitlich noch räumlich kontinuierlich vollzogen. Insbes. hat sich keine ausgeglichene Verdichtung ergeben, die der theoretischen Gleichverteilung von 29 Ew/km^2 (1975) entspräche. Entsprechend der Landverteilung wohnt fast 90% der E. auf der Nordhalbkugel, rd. 86% entfallen auf die Ostfeste, allein der Nordostquadrant beherbergt schon über 80% der E. Deutlich mehr als die Hälfte der E. lebt in Küstennähe (bei weniger als 200 km Abstand) und rd. 80% der E. im Tiefland oder Mittelgebirgshöhen (unter 2000 m). Unter den Klimazonen sind nicht die Tropen (33% der E.) oder Subtropen (28% der E.), sondern – aufgrund ihrer ökonomischen Entwicklung – die Mittelbreiten (39% der E.) der Menschheit bevorzugter Lebensraum. Vgl. Menschen, Menschheit.

Eremiten (REL)
I. Einsiedler, Einsiedeln, Klausiner, Klausner, Anachoreten, Kellioten; ermitaños (=sp).
II. im Judentum, Christentum und Buddhismus fromme Menschen, die sich zu kontemplativem Gebetsleben in die Abgeschiedenheit von Wäldern, die Wüste zurückgezogen haben und das strenge Tugendleben in der Einsamkeit wählen. Ihre Wohnstätten sind die Einsiedelei, Eremitage, Klause, Kellion, Zelle, Aschram, Tukul (eine Hütte, Höhle, offener Standplatz).

Eritrea (TERR)
A. Eritrea (=en); Erythrée (=fr); Eritrea (=sp).
Ew. 1996: 3,698, BD: 31 Ew./km^2; WR 1990–96: 2,7%; UZ 1996: 17%, AQ: 80%

Eritreer (ETH)
I. Erythräer; Eritreans (=en); Erythréens (=fr); eritreos (=sp).
II. Bew. der 1881–1941 italienischen Kolonie Eritrea, (bis 1952 britisch), die 1952–62 autonomes Gebiet, seit 1962 als äthiopische Provinz am Roten Meer annektiert war. Nach dreißigjährigem Bürgerkrieg seit 1991 unabhängig; über 3,9 Mio., ethnisch zu Tigrinya (50%), Tigrer (30%), Afar (8%), Bilin (12%), Barea, und (soweit nicht vertrieben) zu Amharen zählend; im Tiefland vielfach Muslime, im Bergland überwiegend koptische Christen der Äthiopischen Nationalkirche. Amtsspr. sind Tigrinya und Arabisch.

Erli (SOZ)
I. aus yerli (tü=) »ansässig«.
II. Eigenbez. der niedergelassenen Zigeuner in Bulgarien (bes. in Sofia und Sliwen); geben sich vielfach als Türken aus.

Ermländer (ETH)
II. deutsche Altbez. (bis 1945) für Bew. des lange vom Deutschen Orden unabhängigen Bistums Ermland im mittleren Ostpreußen; 1933 rd. 260 000; im Unterschied zu übrigen Ostpreußen mehrheitlich katholischer Konfession.

Ernste Bibelforscher (REL)
II. Altbez. (bis 1931) für die Zeugen Jehovas (s.d.).

Erntehelfer (SOZ)
II. 1.) zusätzlich herangezogene Kräfte zur fristgerechten Einbringung der Ernte solange diese noch überwiegend manuell erfolgte (Getreide-Schnitter, Drescher, Zuckerrohrschneider, Baumwollpflücker, Hopfenzupfer, Gurkenpflücker). Selbst noch bei Volltechnisierung lebt Institution der E. fort; in Deutschland 1994 > 189 000 vor allem Polen trotz eigener hoher Arbeitslosigkeit. 2.) im bes. Sinn: die in Not- und Planwirtschaft zu Ernteeinsätzen gezwungenen Hilfskräfte, Schüler, Jugendliche (in chinesischer Kulturrevolution), Werktätige sozialistischer Betriebe, deutscher »Arbeitsdienst«, (Kriegs-)Gefangene. Vgl. Arner, Hollandgänger, Sachsengänger, Macheteros; Saisonarbeiter.

Erntevölker (WISS)
II. Bev.gruppen, die sich auf eine hochentwickelte Sammelwirtschaft von Körner- und Baumfrüchten spezialisiert haben. Im Unterschied zu bloßen Sammlern, die alles konsumieren, was verzehrt werden kann, handelt es sich um je wenige, saisonmäßig reifende Wildpflanzen (z.B. wilden Wasserreis, Araucarien-, Kastanien-, Eichenfrüchte, Bananen); der gesammelte Vorrat wird erst im Laufe des Jahres verbraucht, deshalb sind E. relativ seßhaft. Ob diese Form des Erntens ohne Anbau einer Übergangsstufe vom Sammlertum zum Feldbauernstadium ist, bleibt umstritten (*H. NACHTIGALL*).

Erntewanderer (WISS)
II. nach *J.E. LIPS* i.S. von spezialisierten Sammlern, die systematisch Wildpflanzen abernten; s. Erntevölker; vgl. Saisonwanderer.

Ersari (ETH)
I. Ersaren; Erssary, Ersari, Erzja, Ersja (=rs).
II. Stamm der Turkmenen im SE von Turkmenistan und vereinzelt in der Türkei; bekannte Teppichknüpfer. Vgl. Turkmenen.

Erse (SPR)
I. Irisch.

Erwachsene (BIO)
I. aus adolescere (lat=) »heranwachsen«; Adults (=en); adultes (=fr); adulti (=it); adultos (=sp).

II. Menschen nach Eintritt der Geschlechtsreife; auch (bestimmt durch nationales Recht) nach Erlangen von Mündigkeits-, Ehefähigkeits-, Stimm- bzw. Wahlrechtsalter.

Erweiterte Familien (WISS)
II. Familienverbände, die neben der Kernfamilie weitere Verwandte umfassen. Zu unterscheiden sind: die vertikal e.f. als Drei- und Mehrgenerationenfamilie und die horizontal/lateral e.F. In solchen e.f. leben die Geschwister mit ihren Ehepartnern und Kindern zusammen.

Erwerbslose (WISS)
I. Arbeitslose; unemployees (=en); travailleurs sans emploi (=fr); disoccupati (=it).
II. Personen, die vorübergehend aus dem Erwerbsleben ausgeschieden sind oder erstmals eine Arbeitsstelle suchen. Nach international gültiger EU-Definition: über 14 J. alte Personen, die zum Erhebungszeitpunkt eine Woche erwerbslos waren, in den vier vorangegangenen Wochen aktiv eine Arbeit gesucht haben und innerhalb von vier Wochen eine Erwerbstätigkeit aufnehmen wollen.

Erwerbspersonen (WISS)
II. Personen, die eine auf Erwerb gerichtete Berufstätigkeit ausüben oder suchen. Zu den E. zählen die Erwerbstätigen und Erwerbslosen. E. werden nach ihrer Stellung im Beruf untergliedert in »Abhängige« (Arbeiter, Angestellte, Beamte, Lehrlinge), »mithelfende Familienangehörige« und »Selbständige«.

Erwerbstätige (WISS)
I. Arbeitnehmer; employees (=en); occupati (=it); activos (=sp, pt); asalariados (=sp); assalaridos (=pt).
II. Personen, die eine auf Erwerb gerichtete Berufstätigkeit ausüben. Inwieweit die Erwerbstätigkeit zum Lebensunterhalt beiträgt, bleibt bei der statist. Erfassung ohne Belang. Lt. EU-Definition: Personen, die, unselbständig oder selbständig, pro Woche mind. eine Stunde gegen Entlohnung gearbeitet haben, incl. Heimarbeiter, mithelfende Familienmitglieder und finanziell entlohnte E. in Privathaushalten. 1994 gab es (lt. Weltbank) 2,5 Mrd. Erwerbstätige im arbeitsfähigen Alter, fast doppelt so viele wie 1965 (wachsende Erwerbstätigkeit der Frauen). Hiervon leben 1,5 Mrd. in armen Ländern (bei jährlichem Pro-Kopf-Einkommen 695 Dollar), weitere 660 Mio. in Ländern mit mittlerem Einkommen und die restlichen 380 Mio. in solchen mit hohem Einkommen (über 8630 Dollar). Rd. 120 Mio. Arbeitskräfte, d.h. 5 % der arbeitsfähigen Bev., sind weltweit arbeitslos. In den armen Ländern arbeiten 61 % der E. in der Landwirtschaft, 22 % ausserhalb der Agrarwirtschaft auf dem Land oder im informellen Sektor der Städte, 15 % im urbanen Industrie- und Dienstleistungssektor. In Ländern mittlerer Einkommenslage sind 29 % in der Landwirtschaft tätig, 18 % im informellen Sektor und 46 % im Industrie- und Dienstleistungssektor. In den reichen Ländern arbeiten durchschnittlich nur mehr 4 % im Agrarsektor, 27 % sind in der Industrie, 60 % in Dienstleistungsberufen tätig. Vgl. Arbeitslose.

Eschatologische Sekten (REL)
II. Sekten mit einer gesteigerten endzeitlichen Erwartung, die man ggf. gewaltsam zu propagieren sucht; z.B. spätantike Adamiten, Münsteraner Wiedertäufer, Schweizer Sonnentempler, texanische Davidianer.

Eschira (ETH)
II. negride Einheit in Gabun mit einer Bantu-Spr.

Eskimide (BIO)
I. race eskimienne, race esquimienne (=fr); Arctic Mongolid, Eskimoid (=en); Eschimidi (=it).
II. Typengruppe des mongoliden Rassenkreises, verbreitet in den arktischen Küsten- und Inselgebieten Alaskas bis Grönlands, mit sibirider Einmischung auch in NE-Asien, in Kanada unter Einmischung mit Silviden und Paziflden. Spez. in N-Amerika Angehörige der jüngsten Einwanderungswelle aus Asien. Hervorragend an arktische Klimabedingungen adaptiert: mittelgroß bis klein, untersetzter Körperbau, kurze Extremitäten, Hände und Füße klein, Lidspalten eng, geschlitzt, oft schrägstehend, Mongolenfalte häufig. Starkes Unterhautfett, Haut: bräunlich-gelb bis rötlich-braun. Vgl. Eskimo.

Eskimo(s) (ETH)
I. eine Algonkin-Bez. im gleichen Sinn wie der Ausdruck der Abnaki-Indianer Eskimantsik, d.h. »Rohfleisch- Esser«. Eigenbez.: Inuit, d.h. »Menschen«, »wahre Menschen«; Inupiat in Alaska; auch Iuit, Yuit, Yupigut, Jupigyt; Nivokagmit, Inuvialuit, Ukazigmit (in Rußland). (rs=) Eskimosy, Esk musi; (en=) Eskimos, (fr=) Esquiman.
II. autochthone Jäger- und Fischerbev. in Alaska, Grönland und auf der Ostspitze Sibiriens (dort in engem Kontakt mit Tschuktschen) von großer rassischer, sprachlicher und kultureller Homogenität: stellen europid-mongolische Kontaktrasse der Eskimiden dar, bei Karibu-Eskimo starker indianischer Einschlag; vorzügliche Klimaanpassung. Besitzen isolierte Eigenspr., deren Dialekte div. Regionalgruppen differenzieren: (von W nach E) Bering-, Nunamiut-, Mackenzie-, Copper-, Netsilik-, Karibu-/Caribou-, Iglulik-, Labrador-, Polar-, W-Grönländer, Scoresbysund-, Angmagssalik-E.; insgesamt 70 000–90 000: auf Grönland ca. 45 000, in Kanada ca. 49 000 (VZ 1991) (wovon rd. 17 500 im Inuit-Territorium Nunavut), in Alaska ca. 20 000, in Sibirien 1979: 1500, 1990: 1700). Vgl. Eskimide.

Eskimosy (ETH)
I. Esk musi (=rs), Guit, Eigenbez. Jupigyt, Jug; Eskimo in Rußland, s.d.

II. Eskimopopulation auf der Tschuktschen-Halbinsel (Autonomes Gebiet Tschukotka) von ca. 1700–1800 Köpfen.

Esmeralda (ETH)
II. spanische Altbez. (aufgrund von Smaragdfunden) für ein erloschenes Indianervolk an der Küste Ecuadors; sind in Nachbarvölkern (u.a. Manta) aufgegangen.

Espaldas mojadas (SOZ)
I. (=sp); »nasse Rücken«, »Naßrücken«; auch Atunes (sp=) »Thunfische«.
II. Bez. in Spanien für illegale Einwanderer auf Arbeitssuche (Marokkaner und andere Afrikaner), die nachts in kleinen Booten (Pateras) aus Marokko über die Straße von Gibraltar ins Land kommen; die dabei auftretenden Verluste sollen jährlich bei tausend Personen liegen, die Zahl der Illegalen in Spanien wird auf mind. 200 000 geschätzt. Vgl. auch Bootsflüchtlinge, Moros.

Esperantisten (SPR)
II. Gemeinschaft der das Esperanto als Welthilfsspr. propagierenden und nutzenden Menschen. Die Esperanto-Spr. wurde 1887 durch Arzt Ludwig Zamenhof entwickelt; sie hat unter allen Welthilfsspr. größte Verbreitung gefunden. E. war in Deutschland (zur NS-Zeit) und in der UdSSR (z.Zt. Stalins) verboten.

Essener (REL)
I. Essäer; aus (aram=) »die Reinen«, »die Frommen«.
II. asketische, ordensähnliche Gemeinschaft im Judentum (Schriftenrollen von Qumran); im Widerstand gegen wachsende Hellenisierung und die Jerusalemer Tempelpriesterschaft um 150 v.Chr. in Palästina und Ägypten (dort Therapeuten) ausgebildet; erloschen im jüdisch-römischen Krieg 68 n.Chr. Vgl. Zeloten, Ebioniten, Judenchristen.

Establishment (SOZ)
I. (=en); nicht identisch mit Elite (s.d.).
II. Bez. für jene kleine Teilbev. eines Landes, die (oft ererbt seit Generationen) im Besitz wirtschaftlicher Macht (Eigentum an Boden, Produktionsmittel, Kapital) ist und einflußreiche Schlüsselstellungen im sozialen und polit. Leben innehat, die ihre gesellschaftliche Position stärkt.

Estancieros (SOZ)
I. (=sp); Viehbarone.
II. Besitzer großer Viehzuchtfarmen mit extensiver Weidewirtschaft in Lateinamerika. Vgl. Ganaderos.

Esten (ETH)
I. Eigenbez. Eesti, Eestlased; Rahvas (bis ins 18. Jh. auch Maarachvas, »Volk unseres Landes«); Estoncy (=rs); Est(h)onians (=en); Estes, Estoniens (=fr); estonios (=sp); estoni (=it).

II. Volk der Ostseefinnen im ö. Mitteleuropa; im Unterschied zu den indogermanischen Balten, finnisch-ugrischer Eigensprache: Estnisch. Seit frühgeschichtlicher Zeit im mittleren Baltikum ansässig, seit 7. Jh. unter schwedisch-wikingischem Einfluß, im 13. Jh. christianisiert durch livländischen Zweig des Deutschen Ordens; Teile fielen 1584 als Herzogtum Ehsten an Schweden; seit 1710 bei Verwaltungsautonomie unter russischer Herrschaft, 1918–39 selbständig, dann, von UdSSR annektiert, zur Estnischen SSR geformt. In dieser Zeit fiel Anteil der Esten als Folge von Massendeportationen und Zwangsumsiedlungen von rd. 90 % auf 62 % zurück. 33 % der 1,5 Mio. Ew. (1996) stellen Russen, Ukrainer, Weißrussen und andere, die in Industriezentren wie Narva, Silamäe und Kohtla-Järve sogar dominieren. Esten sind ev.-lutherische Christen. Anzahl (1990): 1,02 Mio. Als Folge der politischen Emigration leben > 70 000 Ew. in USA, Kanada, Schweden, Australien. 1991 wurde Unabhängigkeit verkündet. Vgl. Estnisch-orthodoxe Christen.

Esten (NAT)
II. StA. der Rep. Estland; verfügen als Titularnation in Estland über einen Anteil von 65 % gegenüber Russen 28,2 %, Ukrainer 2,6 %, Weißrussen 1,5 %. Endgültige Regelungen einer etwaigen Doppelstaatsangehörigkeit für Russen, die 1920 nur 8,2 % der Einwohnerschaft stellten, stehen noch aus. Ca. 330 000 wurden 1995/96 mit Fremdenpässen und provisorischen Aufenthaltserlaubnissen ausgestattet. Nur rd. 100 000 haben sich für die neue russische Staatsangehörigkeit entschieden, andererseits haben (bis 1996) nur rd. 75 000 Russen mit estnischen Spr.kenntnissen für Estland optiert.

Estland (TERR)
A. Bis 1990 Estnische SSR der UdSSR. 45 000 km². Eesti Vabariik (=es). (Republic of) Estonia (=en); Estonie (=fr); Estonia (=sp,it,pt).
Ew. 1939: 1,0; 1959: 1,2; 1979: 1,466; 1989: 1,573; 1996: 1,466, BD: 32 Ew./km²; WR 1990–96: 1,2 %; UZ 1996: 73 %, AQ: 5 %

Estnisch (SPR)
I. Estonian (=en).
II. eine Finno-Ugrische Spr., Staatsspr. in Estland; 1991 in Europa insgesamt ca. 1,046 Mio. Sprecher, davon in Estland 963 000, in Rußland > 46 000, in Schweden 25 000.

Estnisch-orthodoxe Christen (REL)
II. Gemeinschaft von mehreren hunderttausend Lutheranern, die im 19. Jh. zwangsweise zur Russisch-orthodoxen Kirche überwechselten. 1923 wurde ihr von Byzanz die Autonomie gewährt, 1939 aber unterstellte man sie der Jurisdiktion des Russischen Patriarchat Moskaus, von dem sie sich nach der Unabhängigkeit des Landes 1991 lossagte und wieder unter den Schutz des Patriarchats von Konstantinopel stellte (vgl. Orthodoxe Esten). Ein Teil

der estnischen Orthodoxen zählt sich seit 1944 weiterhin zur Russisch-orthodoxen Kirche, ein anderer ist zum Protestantismus zurückgekehrt. Vgl. Orthodoxe Esten.

Esuli (SOZ)
I. (it=) Sg. Esule; wörtlich: Verbannte (vgl. Exulanten).
II. Bez. in Italien für rd. 350000 italienischstämmige Flüchtlinge, die nach Ende des II.WK vor Greueltaten kommunistischer Partisanen (Foibe-Massenmorde) aus Istrien und Dalmatien zur Abwanderung insbes. in den Raum Triest gezwungen waren. Vgl. Istriani.

Eta (SOZ)
I. Burakumin.
II. Paria-Gruppe von 2–3 Mio. Köpfen in Japan. Unter Einfluß des Buddhismus wohl im 10. Jh. entstanden für Unrein-Beschäftigte in Lederindustrie, Schlachthöfen und im Bestattungswesen; Endogamie und Siedlungssegregation.

Etarras (SOZ)
II. radikale Aktivisten der 1959 in Bilbao gegründeten ETA, Euskadi Ta Askatasna (bask.=) »Baskenland und Freiheit«, die für baskischen Nationalismus und sozialistische Ideen eintreten und mit Guerillataktik und Terror für ein unabhängiges Baskenland kämpfen; hinter ihnen stehen ca. 180000 Sympathisanten.

Etchaottin (ETH)
II. Stamm der kriegerischen Nahanes-Indianer, ursprünglich am Francis-See in British Columbia.

Etchareottin (ETH)
I. Slave-(Sklaven-)Indianer; Crees Awokanak.
II. Indianer-Ethnie der athapaskischen Spr.gruppe am Großen Sklavensee und in Rocky Mountains. Machten ihre Crees-Gefangenen zu Sklaven. Vgl. Athapasken.

Ethiopian Catholic Church in Zion (REL)
II. 1904 in Südafrika gegr. unabhängige Kirche. Vgl. Zions-Christen.

Ethiopian Church (REL)
II. 1.) gegr. 1900 in Sambia. 2.) gegr. 1892 in Südafrikanischer Union. Vgl. Zions-Christen.

Ethiopians (NAT)
(=en) s. Äthiopier.

Ethnie (WISS)
I. aus ethnos (agr=) »Volk«, Völkerschaft; Ethnics (=en); peuplade (=fr).
II. Bev.gruppe mit gemeinsamer Abstammung, Überlieferung und gemeinsamen Zusammengehörigkeitsbewußtsein. Die Bedeutung zusätzlicher Kriterien wie Sprach-, Religions-, Rechts-, Wohngemeinschaft ist veränderlich. Ethnie wird heute zunehmend mit Volk gleichgesetzt, entspricht jedoch eher kleineren Einheiten mit schwankender Zusammensetzung als großen entwickelten Volkskörpern (M. HöFER). Aber auch die vorgeschlagene Synonymstellung mit dem Begriff Stamm ist problematisch.

Ethnische Einheit (WISS)
I. Ethnie, Ethnos; ethnische Gruppe, Volksgruppe; Ethnic group (=en).
II. neutraler Terminus sofern die eindeutige Festlegung auf den Volksbegriff nicht angezeigt ist. Nach K. DITTMER eine endogame Bev.gruppe von veränderlicher Größe, aber sprachlicher und kultureller Einheitlichkeit. In ihr werden unter biol. Anpassung die erblichen Bedingungen fortgepflanzt und verändert und es wird auch unter kultureller Anpassung das Geistesgut überliefert und neugeformt.

Ethnische Merkmalsgruppe (WISS)
II. eine Kategorie oder Menge solcher Menschen, die durch bestimmte gebündelte ethnische Merkmale (Hautfarbe, Muttterspr., Religionszugehörigkeit, Tracht, Handlungsgewohnheiten) gekennzeichnet sind; nach W. ASCHAUER.

Ethnos (WISS)
I. Ethnie, Volkschaft, Volk.

Ethnozentristen (WISS)
II. mehr oder weniger geschlossene, isolierte Bev.einheiten (kleine Stämme bis zu großen Nationen), die ihre eigenen Sozial- und Kulturgegebenheiten als Maß aller Dinge bewerten. Solche bevorzugte Wahrnehmung der Eigengruppe ermöglicht oder erleichtert die Selbstbehauptung, bedingt aber auch Distanzierung und Abwertung von Fremdgruppen.

Etli-Emek-Esser (SOZ)
I. aus (tü=) »Fleisch auf Brot«, gemeint die türkische Pizza.
II. Spitzname für die Bew. von Konya/Anatolien.

Eton (ETH)
II. Stamm des N-Bantu-Volkes der Pangwe im nö. Kamerun.

Etrusker (ETH)
I. Eigenbez. Ras(en)na; bei Römern (lat=) Etrusei, Tusci; bei Griechen Tyrrhenoi, Tyrsenoi; Tyrsener, Tyrrhener; Etruscans, Etrurians (=en).
II. Volk des Altertums mit nicht-indoeuropäischer Sprache, das im 9./8. Jh.v.Chr. in mehreren Schüben aus der Ost-Ägäis oder aus Kleinasien nach Etrurien/Tuscerland/Toskana/Italien eingewandert ist und als Herrenschicht die autochthonen Italiker zwischen Po-Ebene und Campanien unterwarf. Bildeten im Kerngebiet zwischen Arno und Tiber 12 hochentwickelte Stadtstaaten. Niedergang seit 5./4. Jh. v.Chr.; Eigenständigkeit erlosch im 1. Jh. v.Chr. durch Einmündung in die römische Kultur. Dort hoher Einfluß auf Architektur, Kunst, Kult, Rechtswesen.

Eucharistiner (REL)
I. SSS.
II. 1856 durch P.J. Eymard begründeter kath. Orden; ca. 1000 Mitglieder.

Euchiten (REL)
I. Messalianer.
II. Anh. einer seit Ende des 4. Jh. von der Kirche bekämpften nordsyrischen Mönchsschule, die meinte, den Teufel durch Dauergebet und ekstatischen Tanz vertreiben zu können. Vorläufer der nachmaligen Derwische. Vgl. Bogomilen.

Euhomininen (BIO)
I. Echtmenschen, Vollmenschen.
II. überholter Terminus nach G. HEBERER, gedacht als Unterfamilie humaner Hominiden mit schon größerem Schädelvolumen, also Angehörige der Gattung Homo.

Eunuchen (SOZ)
I. (agr=) »Betthüter«.
II. durch Kastration zeugungsunfähige Männer, die als Haremswächter eingesetzt wurden. Seit Altertum bis heute übliche Praxis in fast allen Gesellschaften mit Polygamie, bes. an islamischen Fürstenhöfen, am chinesischen Kaiserhof, heute verbreitet in Bordellen Indiens. In Indien zählen E., Transsexuelle und sonstige Geschlechtslose als verfemte Kaste, als Hijra's, die sich aus entsprechenden Neugeborenen ergänzt; ihre Zahl wird auf 1 Mio. geschätzt. Vgl. Hijras.

Eupen-Malmedy (TERR)
B. Abtretungsgebiet 1919 von Deutschland an Belgien. Vgl. Belgien-Deutsche.
Ew. 1910: 0,060, d. zu 82% dt.sprachig; 1986: 0,066

Eurasier (BIO)
I. Eurasians (=en).
II. Mischlinge zwischen europiden und indiden Unterrassen und deren Nachkommen in Indischer Union. Vgl. auch Eurasier.

Eurasier (SOZ)
II. Vertreter kulturhistorischer Strömung (Eurasismus (rs=) Jewrasijstwo) in Rußland, die entgegen Westlern und Slawophilen den asiatischen Charakter ihres Landes betonen (SAWIZKI u.a.). Denkweise gründet insbes. auf Neubewertung der Tatarenherrschaft, mit der die Abtrennung und Isolierung Rußlands von Westeuropa einsetzte.

Europäer (ETH)
I. aus ereb (semit=) »dunkel«, erebos »Unterwelt«, »Totenreich«, mithin das »Abendland«, »Okzident«; (lat=) Europenses (lt. ISIDOR PACENSIS); Europeans (=en); Européens (=fr); Europeos (=sp); Europeus (=pt); Europei (=it).
II. nach 732 aufgekommene Bez. für die Völker des Subkontinents in Polarität zur Welt des Ostens (Asien) einschl. der (aus S) andrängenden Araber. Seither ist Terminus gebräuchlich für die Bev. des Kulturerdteils Europa bei geschichtlich geformten und unterschiedlich gewerteten bzw. gesetzten Grenzen insbesondere im E, SE und S; z.B. herkömmlich für das »europäische Rußland« (A. HETTNER) bis zum Ural oder weiter, aus- oder einschließlich Ciskaukasien und des westkasachischen Emba-Gebietes. Fragwürdig war, ist und bleibt der Einbezug angrenzender orientalischer Randgebiete in Vorderasien oder Nordafrika. Der kulturgeschichtliche Terminus »Europäer« ist keinesfalls den Begriffen »Europide« bzw. »Weiße oder dem der Indoeuropäischen Sprachgemeinschaft gleichzusetzen. Europa reicht eben nicht bis in die Sahara oder bis nach Indien. Andererseits werden öfters auch die ausgewanderten Bev.steile Europas und deren Nachkommen in Übersee als E. angesprochen. Das müßte dann konsequenterweise auch für die mit der Slawenkolonisation nach Asien gelangten E. gelten; H. LOUIS begründet denn auch die Zugehörigkeit der großrussischen Siedlungszunge in Westsibirien zu »Großeuropa«. Aus allen diesen Gründen müssen jegliche Angaben zur Zahl der Europäer vage bleiben: zur Zeitenwende 34 Mio., um 1500: 69 Mio., um 1750: 140 Mio.; incl. Rußland 1850: 187 Mio., 1900: 401 Mio.; lt. Demografic Yearbook der UN 1986 (ohne UdSSR!) 281 Mio. Berücksichtigt man die gewaltige Auswanderung der Europäer, die den Grundstock der heutigen »weißen« Übersee-Siedlungsbereiche legte, hat sich die europäische Bev. zwischen 1650–1900 verfünffacht, während sich vergleichsweise in derselben Zeitspanne die asiatische Bev. nur verdreifacht hat. Stellten E. um 1900 noch 24,9% der Weltbev., so wird ihr Anteil im Jahr 2000 nur mehr rd. 15% betragen. Vgl. übliche, aber unscharfe Gliederung der UN, die (unter Aussparung von Mitteleuropäern) in West-, Nord-, Süd- und Osteuropäer unterteilt, s.d. Vgl. Europide.

Europide (BIO)
I. Weiße Rasse; angelsächsisch.
I. Caucasoide; Homo sapiens albus.
II. einer der drei Großrassenkreise; Merkmale: im Körperbau relativ langer Rumpf, kräftiger Knochenbau, relativ derbe Extremitätenknochen. Körpergröße von N nach S deutlich abnehmend; Schädel eher lang, Gesichtsrelief stark modelliert, markante hoch-schmale Nase. Hautfarbe variiert von weißlich rosa bis dunkelbraun. Haarfarbe: hellblond oder rötlich bis schwarzbraun. Bartwuchs bei Männern. Tendenz zur Glatzenbildung. Verbreitung ursprünglich auf Europa mit Mediterrangebiet bis Südasien beschränkt. Seit 16. Jh. im Kolonialzeitalter weite Ausdehnung bes. nach Amerika, Australien, Südafrika und Ozeanien. Heutige Unterteilung in hell- (Nordide, Mediterranide, Lappide, ggf. Ainuide) und dunkelhäutigere E. (Orientalide, Indide, Polyneside, Weddide, Anatolide und Turanide). Vgl. Indoeuropäer.

Europolynesier (BIO)
II. Mischlinge von Europäern und Polynesiern.

Eurozentristen (WISS)
II. speziell Politiker, Geisteswissenschaftler, die (oft unbewußt, ungewollt) den Vorstellungen des Eurozentrismus (Eurocentrism (=en), eurocentrisme (=fr), Eurocentrismo (=sp)) folgen, d. h. in der Beurteilung sozialer, wirtschaftlicher, politischer Verhältnisse und Prozesse sich an europäischen/abendländischen Werten, Ist- oder Sollzuständen orientieren, diesen den Vorrang einräumen und sie den Drittweltländern als Vorbild und Entwicklungsziel vorhalten.

Euthanasie-Opfer (WISS)
I. unter dem Deckmantel des Begriffs der Euthanasie aus (agr=) »Sterbehilfe«, »leichtes Sterben« im Zuge der seit 1920 öffentlich diskutierten »Freigabe der Vernichtung lebensunwerten Lebens« und im Programm der sogenannten »Ausmerzung von Minderwertigen« die durch das NS-Regime in Deutschland umgebrachten Geisteskranken und anderen Schwerstbehinderten. Sie wurden seit 1933 sterilisiert, 1939–1941 in speziellen Anstalten ermordet: mind. 70 000 (*E. KLEE*), doch weiterhin mehr als 100 000 Psychiatriepatienten (*CHR. SCHARFRETTER*), worunter viele »Politische«, die sich durch wohlmeinende Richter in der verordneten Zwangseinweisung schon gerettet wähnten.

Evakuierte (SOZ)
I. evacuees (=en); évacués (=fr); evacuati (=it); evacuados (=sp, pt).
II. aus Sicherheitsgründen (Natur-, Luftkriegsgefahren, Atomkraftunfällen) zeitlich begrenzt an sichere Plätze umgesiedelte Personen.

Evangelikale (REL)
I. Bibelgläubige.
II. 1.) theologische Richtung unter Protestanten seit 19. Jh., traten für die unbedingte Autorität der Bibel in religiösen Fragen ein, daher auch als protestantische Fundamentalisten eingestuft. 2.) in Nord-, aber häufiger in Lateinamerika Sammelbez. für Angeh. neuprotestantischer Glaubensgemeinschaften (Sekten), die vielfach als Armenkirchen, doch auch als antimarxistische »prokapitalistische Massenbewegungen« auftreten, im Gegensatz zu »alten« Protestanten wie Lutheranern und Presbyterianern. Vgl. Fundamentalisten.

Evangelische Christen (REL)
I. Evangelische; d. h. auf das Evangelium bezogen; nachmalig Protestanten; Protestants (=en); protestants (=fr); evangélicos (=sp).
II. durch Luther 1521 (gleichbedeutend mit christlich) vorgeschlagene Kennzeichnung; dem gemäß evangelisch-lutherische und evangelisch-reformierte Christen; seit 1594 Sammelbez. für »nichtkatholische«, genauer für Christen der Reformationskirchen. Seit 1653 in Deutschland auch amtl. für Lutheraner und Reformierte, unter Wirkung der Aufklärung auch als Selbstbez. Seit 1817 auf Mitglieder solcher Landeskirchen bezogen, in denen sich Lutherische und Reformierte in Unionen vereinigt haben. Mithin Anh. der durch Luther und nachfolgenden Reformatoren im 16. Jh. eingeleiteten Bewegungen zur Erneuerung der römisch-kath. christlichen Kirche. Vgl. Haupttypen: Lutheraner/Lutherische (insbes. in Deutschland und Skandinavien), Reformierte bzw. Calvinisten und Zwinglianer (insbes. in Westeuropa und Amerika), Presbyterianer und Anglikaner (in Großbritannien) und Methodisten (in USA). Vgl. Protestanten.

Evolués (SOZ)
II. (=fr); in der Zwischenkriegszeit in Algerien aufgekommene Bez. für fortschrittlich eingestellte Gruppen der intellektuellen muslimischen Jugend.

Evolutionists (WISS)
II. (=en); Verfechter der Evolutionslehre *DARWINS*, die im Bible Belt der USA ob ihrer modernen bio- und geowissenschaftlichen Erkenntnisse bis heute von christlichen Fundamentalisten diffamiert und in ihrer Lehrfreiheit beschnitten werden. Vgl. Gegensatz Creationists.

Evrei (ETH)
I. (=rs); Juden in der ehem. UdSSR, in der sie als Nationalität anerkannt waren. 1979 insges. über 1,8 Mio., fast 1 % der Gesamtbev. 1934 erhielten sie in der UdSSR eine eigene Autonome Region (Birobijan), in der kaum 10 000 J. leben (nur 5,4 % der Gebietsbev. Vgl. Bergjuden, Buchara-J., Georgische J., Krimjuden, Ostjuden; vgl. Ivrit-spr.

Evrei (REL)
I. (=rs); Russische Juden; Jews of Russia (=en).
II. Juden in der ehem. UdSSR, insbes. in der Russischen Föderation und in der Ukraine, aber auch in Georgien und Usbekistan. Um 1990 rd. 1,5 Mio., 1979 noch 1,8 Mio. Im Jüdischen Autonomen Gebiet der Chabarowsker Region lebt nur ein Bruchteil aller Evrei, nämlich 10 200 Juden. Juden waren schon zur Zeit der Kiewer Rus im nachmaligen Rußland ansässig, am Nordufer des Schwarzen Meeres und im nordpontischen Chasarenreich. Im polnisch-litauischen Reich seit 15. Jh. kräftige Zuwanderung von Aschkenasim. In 90er Jahren des 18. Jh. Festlegung eines jüdischen Ansiedlungsrayons, der auch die neurussischen Gebiete (an der n. Schwarzmeerküste) umfaßte. Um 1880 war jüdische Bev. im Russischen Reich (incl. Polens) auf ca. 4 Mio. angewachsen, die insbes. in den Städten (Schtetl) wohnhaft waren. Seit 80er Jahren der 19. Jh. setzte Auswanderung nach Mitteleuropa und nach N-Amerika ein. In der UdSSR wurden J. als Nationalist anerkannt und jüdische Kultur mit jiddischer Spr. staatlich gefördert. Dennoch bekannten sich 1979 nur noch 14,2 % aller sowjetischen Juden zur jiddischen Muttersprache.;

Hebräischunterricht hingegen war jahrzehntelang verboten, die Mehrzahl aller E. ist weitgehend russifiziert. Seit 70er Jahren ist ihnen Auswanderung erlaubt, 1971–1984 verließen bereits 200 000 Juden die UdSSR. Vgl. Dagh Dschufut, Georgische Juden, Jachuden, Krimtschaken.

Ewe (ETH)
I. Eibe, Evheer, Krepe; Eve (=fr); Egun, Fon; W-Ewe; Mahi.
II. lt. Überlieferung etwa im 14. Jh. aus dem Raum des heutigen Nigeria nach Ghana und Togo eingewandertes kwa-sprachiges Volk. Durch Kolonialgrenzen gespalten in Bewohner Ghanas und Togos; entsprechend dem Naturraum sowohl Ackerbauern als Fischer. Insgesamt > 1,5 Mio., in Togo mit ca. 46% (incl. verwandter Sudanvölker) größte ethnische Einheit, dominant im wirtschaftlich gewichtigen Süden. Interessante gesellschaftliche Organisation: neben Häuptlingen steht Rat der Ältesten und der jüngeren Männer. Vgl. Ost-Ewe in Benin mit den Fon, Gun u.a.

Ewe (SPR)
I. Ewe (=en).
II. Spr. der Kwa-Gruppe in Ghana und Togo mit > 3 Mio. Sprechern.

Ewenen (ETH)
I. Altbez. Lamuten; Eigenbez. Even, Mene, Oroc-Orac, Turgechal; Eveny, Lamuty (=rs), Evens (=en).
II. ostsibirisches Volk, ethnogenetisch wohl als tunguisierte Nachkommen paläoasiatischer Urbev.; heute über weite Gebiete zerstreut: in NE-Sibirien, an Flüssen Jana, Indigirka, Kolyma insbesondere in der Russischen Rep. Jakutien; kleine Gruppen seit 18. Jh. am Ochotskischen Meer. 1990: 17 000. Pelztierjäger und Fischer. E. besitzen ö. des Jenissei einen eigenen Nationalbez./Rußland. E. sind Animisten oder orthodoxe Christen. Vgl. Tungusen.

Ewenken (ETH)
I. Sammelbez. für Teilgruppen der Tungusen (Altbez.); Orotschon, Evenki, Ewenki (Eigenbez. und =rs); Evenks (=en). Begr. schließt u.a. Solonen, Manegiren, Orotschonen ein.
II. kleines Volk mit tungusischen Spr., verstreut in ganz Sibirien, in der Mongolei und N-China. Animisten. 1990 in der ehem. UdSSR 30 000, in China 1970 rd. 15 000. Vgl. Tungusisch-spr.

Ewige Pilger (REL)
II. Gläubige, die sich in ständiger (lebenslanger) Pilgerschaft befinden, z.B. Mönche/Asketen im frühen Buddhismus und Christentum.

Ewige Wanderer (SOZ)
II. Terminus für Ethnien oder Nationalitäten, denen ein geschichtliches Los über Jahrhunderte immer aufs Neue Wanderungen aufzwang; auf dem Rel.sektor z.B. Juden, Mennoniten. E.W. auch literarische Umschreibung für Ethnien, die unerklärbar ruhelos (Zigeuner, Vaganten) oder gemäß legendärer Prophezeiung (Juden) zu steter Wanderung gehalten sind. Bezeichnenderweise, da erklärbar, nicht gebräuchlich für Nomaden.

Ewioniten (REL)
I. aus ewion (he=) »arm«.
II. die ersten, besitzlos in Kommunen lebenden Judenchristen im alten Israel.

Ewondo (ETH)
I. Siki.
II. schwarzafrikanische Ethnie in W- Kamerun.

EWR-Bevölkerung (WISS)
II. Fachterminus für die Wohnbev. im Europäischen Wirtschaftsraum, die Staaten der EG (s. EG-Bev.) und der EFTA (s. EFTA-Bev.) umfassend; 1992 rd. 380 Mio.

Exarchen (REL)
II. 1.) Vorsteher eines byzantinischen Exarchats; 2.) in der orthodoxen Kirche Vertreter eines Patriarchen für ein bestimmtes Gebiet.

Exilanten (WISS)
II. Bez. für unfreiwillig Zugewanderte, für Personen, die in Verbannung oder sonst erzwungenermaßen außerhalb des Staatsterritoriums »im Exil« leben, an einem Exil-, Verbannungs- oder Zufluchtsort. Vgl. Exulanten.

Exilierte (SOZ)
I. Exilanten, Deportierte; aus exilium (lat=) »Verbannung«.
II. ins Exil geschickte Individuen, Verbannte, Deportierte.

Exilkubaner (SOZ)
II. ca. 2 Mio. von insgesamt 12 Mio. Kubanern, die sich nach dem Sieg der Castro-Revolution 1959 zum Verlassen Kubas gezwungen sahen (Batista-Anhänger, Abschiebung oppositioneller Bourgeoisie, Mariel-Exodus 1980: 125 000, Bootsflüchtlinge), fanden oft genug illegal Asyl in den USA. Als offizielle Minderheit lt. VZ 1980: 0,6 Mio. in den USA. Vgl. Boat-People (=en), Ahogados (=sp), Balseros (=sp); Cuban Americans (=en), Latinos.

Exkalzeaten (REL)
Vgl. Kalzeaten.

Exogame Ehen (WISS)
I. aus exo (agr=) »außen« und gamos »Heirat«.
II. in sog. Außenheirat geschlossene Ehen, deren Partner vorzugsweise oder ausschließlich aus andersartigen Bev.-, Geburtsgruppen herstammen. Darüber hinaus besagt Begriff Exogamie häufig, daß ein Heiratsverbot unter Angeh. der gleichen Bev.gruppe besteht. Vgl. Gegensatz Endogame Ehen; Ungleichsehen.

Exokannibalen (WISS)
II. Kannibalen, die (fremde) junge, lebenskräftige Menschen umbrachten, um sie rituell zu verzehren (Azteken, Khond, bei Papua Neuguineas Ausgang der Kuru-Krankheit). Vgl. Endokannibalen.

Exoten (SOZ)
II. in diesem Zusammenhang ugs. für fremdrassige Ausländer; seltener für Personen, die sich abstrus mit einem fernliegenden Wissensgebiet beschäftigen.

Expatriates (SOZ)
II. volkstüml. Bez. für ausländische Experten, Berater in Ostafrika, bes. in Kenia.

Exterior castes (SOZ)
I. (=en); »außenstehende Kasten«.

II. unpräzise Bez. für die außerhalb der indischen Kastenordnung stehenden Unberührbaren, die sich gleichwohl in div. Dschatis untergliedern.

Extreme Schia (REL)
I. Ultra-Schia. Vgl. Ghulat-Sekten.

Exukontianer (REL)
I. Anomöer, Heterousiasten.
II. radikale Arianer.

Exulanten (REL)
II. die entgegen des Religionsvertrages von Osnabrück 1646, der Glaubensfreiheit im ganzen Dt. Reich zusicherte, im 16./17. und 18. Jh. aus habsburgischen Erbländern und Salzburg vertriebenen Protestanten. Vgl. Salzburger oder Habsburger Exulanten.

F

Facharbeiter (WISS)
II. Arbeiter, die einen industriellen Lehrberuf erfolgreich abgeschlossen haben. Gegensatz: ungelernte und angelernte Arbeiter. Vgl. Industriearbeiter.

Fahrendes Volk (SOZ)
I. Fahrende, fahrende Leute.
II. Altbez. für einzeln oder in Gruppen umherziehende Schausteller, Spielleute, die als ehrlos galten und geringe Rechte besaßen. Vgl. Fahrensmänner, -leute i.S. von Seeleuten.

Faili (ETH)
I. Fejli.
II. wichtiger Stamm der Luren in W-Luristan/Westiran.

Fakhdh (SOZ)
I. Fakhed; auch Batin (=ar).
II. Teilstamm, Stammesglied eines arabischen Nomadenstammes.

Fakire (REL)
I. fukara (ar=) die materiell Armen, die in spiritueller Abhängigkeit von der Barmherzigkeit Gottes befindlichen Menschen; Fakirs (=en).
II. ursprünglich muslimische Bettler; später (oft pejorative) Sammelbezeichnung für hinduistische, in Mehrzahl kastenlose, umherstreifende Sramanen, sowohl für verinnerlichte, weltabgewandte Asketen, als auch für Gaukler (Schlangenbeschwörer) und Bettler. Vgl. Bairagi, Gosain, Yogins, Sadhus, Samnyasin, Sufisten.

Faktoren (SOZ)
I. (lat=) »Macher«.
II. im allg. Verwalter, Geschäftsführer, Handelsvertreter; im besonderen 1.) Leiter von Handelsniederlassungen, Faktoreien in Kolonialländern; 2.) auch Fercher, Ferge(r), Ferg(g)er, im direkten Sinn der »Fährmann«; die »Zwischenmeister«, die im 19./20. Jh. Aufträge, Material und erstellte Waren zwischen Unternehmern und Heimarbeitern vermittelten; 3.) im graphischen Gewerbe die Abteilungsleiter z.B. für Setzerei, Druckerei; 4.) Pächter, Verwalter und Zwischenhändler von Adelsgütern in Ostpolen im 17.–20. Jh. (J. HENSEL, H. HEINE 1822). Vgl. Zwischenwanderer.

Falascha(s) (REL)
I. (ah=); »Emigranten, Vertriebene«. Eigenbez. Bieta/Beta Israel »Haus Israel«; Falaschen (=dt); »di shvartzes«, »Schwarze (dunkelhäutige) Juden«; Falashas (=en).
II. jüdische Population in Äthiopien, die dort sehr früh (evtl. vor dem 9. Jh. v.Chr.) aus Arabien eingewandert oder sonst missioniert (Theorie *DAVID KESSLER*) worden ist. Gebrauchen Amharisch als Umgangs- und Sakralspr. Übten noch lange Tieropfer und Mönchstum (*RICH. CHAIM SCHNEIDER*). An Zahl einst max. 250 000 und um 1980 rd. 50 000, wovon 6800 in der »Operation Moses« 1984/85, 1991 weitere 16 500 nach Israel umgesiedelt wurden; einige Tsd. verließen Äthiopien in Kleingruppen. Sind 1973 religionsrechtlich zu Nachkommen des 12. Judenstammes Dan erklärt worden. Ihre Integration in Israel begegnet starken religiösen und sozialen Widerständen. Vgl. Feres Mora, Falasch-Maura.

Falasch-Muras (REL)
I. Falasch-Maura.
II. zum Christentum konvertierte Juden in Äthiopien; 1990 mind. 25 000. Seit 1993 erfolgt Auswanderung nach Israel, wo ihnen bei Rückkonversion zum Judentum binnen drei Jahren Einwanderungsrechte gewährt werden.

Falben
S. Kumanen.

Fali (ETH)
I. Falli.
II. Sudanneger-Volk in der Savanne NE-Nigerias, Hirsebauern; ca. 50 000; von den Fulbe unterworfen, haben im Unterschied zu Nachbarn dem Islam widerstanden. Zu unterscheiden von Fali-Kiria im Grenzgebiet zu Kamerun.

Fälische Rasse (BIO)
I. Dalo-fälische Unterrasse, Dalofälide, Dalonordide. Vgl. Nordide.

Falken (SOZ)
II. ugs. »Scharfmacher«, Bez. für Vertreter einer harten und militanten (Außen-) Politik. Vgl. Gegensatz Tauben.

Falkland-Inseln (TERR)
B. Malwinen. Abhängiges britisches Außengebiet. Falkland Islands (=en); les îles Falkland (Malouines) (=fr); las Islas Malvinas (=sp).
Ew. (Personen) 1996: 2564, BD 0,2 Ew./km^2

Falkland-Insulaner (ETH)
I. Falkländer; Eigenbez. Kelper, Kelps (=en); Malouiner, Malviner, Malwiner; Falkland Islanders (=en).
II. Bew. des südatlantischen Falkland-Archipels, 1996: 2600 Ew. britischer Abstammung und englischer Spr. Zahlen für die Kronkolonie schließen oft Südgeorgien (20 Ew.) und südliche Sandwich-Inseln ein. F.-Inseln wurden 1690 als menschenleer ent-

deckt, im 18. Jh. durch britische, französische und spanische Niederlassungen besiedelt.

Familianten (WISS)
I. nach den F.-gesetzen der Habsburger von 1726/27, die erst 1849 aufgehoben wurden.

II. jüdische Bürger im alten Österreich-Ungarn, die eine Heiratslizenz besaßen. Um die festgelegten Maximalzahlen jüdischer Familien in den einzelnen Landesteilen einzuhalten, wurde beim Tode des Inhabers einer Familiennummer in der Regel nur einem Sohn die Heirats- und damit die Niederlassungserlaubnis erteilt, die übrigen Söhne mußten entweder ledig bleiben oder emigrieren. Kinder aus illegalen etwaig nach jüdischem Recht geschlossenen Ehen, Bodenchassenes genannt, galten als unehelich.

Familie (SOZ)
I. family (=en); famille (=fr); familia (=sp, pt); famiglia (=it); Raht (=ar).

II. eine sozialbiologische Einheit, der jeder Mensch durch Geburt oder Ehe angehört; die Einheit von Eltern mit ihren Kindern als bedeutsamste Gruppe der menschlichen Gesellschaft. Begriff meint i.e.S. die »vollständige« Zweigenerationenfamilie, doch gelten (national unterschiedlich) auch die sog. »Kernfamilie«, in der deutschen Amtsstatistik sogar Alleinerziehende mit ihren ledigen Kindern »Familien mit einem leiblichen Elternteil«) als Familie. Weiterhin werden fallweise die »Herkunftsfamilie« ohne leibliche Eltern und die »Scheidungsfamilie« speziell gesondert. In nichtindustriellen Gesellschaften spielt öfters die erweiterte Familie, bes. die Großfamilie mit drei bis vier Generationen eine Rolle. Vgl. Großfamilie, Kleinfamilie, Rekonstituierte Familien, Unvollständige Familien.

Familienarbeitskräfte (WISS)
II. Terminus in der dt. Landwirtschaftsstatistik für Betriebsinhaber und seine mit ihm im Landwirtschaftsbetrieb lebenden und mitarbeitenden Familienangehörigen und Verwandten. Vgl. Mithelfende Familienangehörige.

Familienkern (WISS)
I. nuclear family (=en).

II. die Wohngemeinschaft eines Ehepaares mit ihren unverheirateten Kindern. Vgl. Kleinfamilie.

Familisten (REL)
I. »Haus oder Familie der Liebe«, Umbenennung der »Kinder Gottes« 1978; begründet durch US-Amerikaner David Berg, der sich als Hirte von Hippies, Sammlern, Freaks und Rauschgiftsüchtigen in Kalifornien versteht; Hauptsitz in Montreal/Kanada, vertreten in 70 Staaten; div. Filialgemeinschaften.

Fanakalo (SPR)
I. Fanagalo.

II. Mischspr. aus der Nguni-Spr. (bes. Zulu und Xhosa), Afrikaans und Englisch, als Lingua Franca zum Gebrauch der farbigen Wanderarbeiter aus Malawi, Mosambik, Lesotho, Ciskei, Transkei, Kwazulu in den Minen Südafrikas am Ende des 19. Jh. entstanden; verbreitet ferner in Simbabwe und Malawi; ca. 1 Mio. Sprecher (1985).

Fang (ETH)
I. Fan; Ntoumou, Ntum, Betsi, Make.

II. Hauptgruppe der Pangwe mit einer Eigenspr. im westafrikanischem Regenwald: stellen in Äquatorialguinea mit 57,1% (1960), in Gabun mit 32% (1993) die Herrschaftsbev.; auch in Kamerun vertreten. Vgl. Pangwe.

Fang (SPR)
I. Fang-Bulu; Fang-Bulu (=en).

II. Bantu-Eigenspr. der F. im s. Kamerun und n. Gabun; Verkehrsspr. auch in Äquatorialafrika und in Äquatorial-Guinea; insgesamt ca. 2 Mio. Sprecher. Vgl. Yaunde und Bulu.

Fanjan (ETH)
I. Buso.

II. kleines Sudanvolk im s. Tschad.

Fans (SOZ)
II. (=en); begeisterte Anh. z.B. eines Filmstars, Musikers, Fußballklubs. Vgl. Groupies (=en).

Fante (ETH)
I. Fanti Sg.

II. Twi-Dialekt sprechendes Akan-Volk Ghanas, matrilinear; im 18. Jh. Staatenbund gegen an die Küste drängende Ashanti; Handelsmonopol mit den Europäern führt zu häufigen Kriegen mit Ashanti. Alter Kontakt zu Europäern bewirkte frühzeitigen Kultur- und Wirtschaftswandel: Plantagenwirtschaft, Industriearbeit, marktorientierten Fischfang. Fante-Fischer sind an den Küsten vieler Nachbarländer Ghanas anzutreffen.

Farbige (BIO)
I. Coloured Persons (=en); personnes de couleur/populations de couleur (=fr); persone di colore (=it); hombres de color (=sp).

II. 1.) amtl. Terminus in Südafrika für Personen, die weder weiß noch schwarz noch asiatischer Herkunft sind, meint also Mischlinge. 2.) in anderen Ländern undifferenzierte Bezeichnung für Nichtweiße: Non Whites, non-white persons (=en); non blancs (=fr); darkies (en=) »Dunkle«. Vgl. Braune Buren, Cape-Coloureds.

Färinger (ETH)
I. FØroyar (=färöisch); FaerØerne (=dä); Färöer; Faroese (=en); Féroïens (=fr).

II. Bew. der autonomen Färöer-Inselgruppe im Nordatlantik, die um 800 von Norwegen aus besiedelt, seit 1380 dänisch ist. 43 800 (1996); Protestanten (95%), mit Eigenspr. Färöisch/Färisch/Färingisch (vor Dänisch); Fischfang und -verarbeitung, Schafzucht.

Färingisch (SPR)
I. Färöisch.
II. Eigenspr. der dänischen Färöer-Insulaner, im Unterschied zu Dänisch zur westnordischen Gruppe der germanischen Spr. zählend; 1991 von 48 000 gesprochen. Vgl. Dänisch-spr.

Farmer (SOZ)
I. farmers (=en); »kommerzielle Farmer«, Großfarmer.
II. Landwirte in angelsächsischen Ländern, speziell in N-Amerika, die im Unterschied zu europäischen Bauern zumeist größere Ackerbaubetriebe (Farmen, Ranches) überwiegend nach ausgesprochen rationalen Gesichtspunkten bewirtschaften und weniger bodenständig sind. Vgl. rancheiros (=pt); rancheros (=sp).

Färöer (-Inseln) (TERR)
B. Autonome Außenbesitzung von Dänemark im Nordatlantik. Fýroyar (=»Schaf-Inseln«), FærÝerne. Faroe Islands, Faeroe Islands (=en); les îles Féroé (=fr); Islas Feroe (=sp).
Ew. 1960: 0,035; 1977: 0,042; 1996: 0,044, BD: 31 Ew./km²; WR 1985–94: 0,2 %

Farscherioten (ETH)
I. Farscheroten, Farçerotii.
II. div. Aromunen-Stämme in S-Albanien und angrenzendem N-Griechenland. F. sind Berg-(Schaf-)nomaden, haben keine festen Sommerdörfer, nur Kolibi-Hütten. Im Unterschied zu Karaguni »Schwarzmantelträger« tragen sie naturfarbene, die Frauen blaugefärbte Kleidung. Tatauierung ist noch üblich.

Farsen (ETH)
I. Eigenbez. Farsi; Persy (=rs); nach Fars, Farsistan (heute Prov. Schiras/SW-Iran), dem Kernland des historischen Großreichs der Perser. Altbez. für Perser. Vgl. Iraner.

Farsi (SOZ)
I. Farsen.
II. Nachkommen iranischer Sklaven und Gefangenen, die im 18. Jh. nach Buchara/Sowjetunion verschleppt wurden. Sie wurden bis 1926 separat von anderen Persern/Iranern erfaßt.

Farsi (SPR)
I. weder Persisch noch Neuiranisch sind eigentlich identisch; in Afghanistan Dari.
II. rd. 37–48 Mio. Sprecher dieser indoeuropäischen Spr. in Iran (27 Mio.) und Afghanistan (5 Mio.), mit Spr.varianten in Tadschikistan und Usbekistan, ferner in Gastarbeiterkolonien in Golfstaaten und in Mitteleuropa. Farsi wird mit einem erweiterten arabischen Alphabet geschrieben.

Fartus (ETH)
II. Stamm der Ma'dan im SW der zentralen Marschen des Unterirak, > 2000 Köpfe; dauerseßhaft, Schilfmattenproduktion, wachsende Abwanderung nach Bagdad. Vgl. Madan.

Faschisten (SOZ)
I. aus fascio (it=) »Rutenbündel«.
II. Anh. des Faschismus, einer 1919 von Mussolini gegr. nationalistischen Bewegung in Italien, vgl. Schwarzhemden. Zwar wurde der italienische Faschismus Vorbild für ähnliche polit. Bestrebungen in Deutschland, Österreich, Spanien, Portugal, Griechenland, Rumänien, Jugoslawien, Slowakei, Belgien, doch verbietet sich aus fachlich, ob fahrlässig oder (im kommunistischen Spr.gebrauch) bewußte Übertragung dieses Begriffes auf deren Anh.

Fasijja (REL)
I. nach Begründer Mohammed al-Fasi.
II. islamische Bruderschaft im Raum Fes/Marokko; Zweig der Darqawa.

Fatimiden (REL)
I. nach der Prophetentochter Fatima benannt; (ar=) Fatimiyun.
II. zur 7er-Schia zählende Richtung; im 10. Jh. in Nordafrika entstanden, etablierten sie sich 969–1171 in Ägypten, errichteten dort ein schiitisches Kalifat und begründeten die el Azhar-Universität. Aus den F. leiten sich über al Hakim die Drusen ab.

Fazazna (ETH)
I. Eigen- und Regionalbez. der Fezzaner im s. Libyen, ca. 30 000; entwickelt aus Mischung von Arabo-Berbern, Berbern (Tuareg) und Sudan-Negern; Oasenbauern.

Fedajin (SOZ)
I. Sg. Fedaji, Fida'ijjun (Sg. fidá'i); (ar=) »Menschen, die bereit sind, ihr Leben zu opfern«; fedayin (=fr).
II. div. Kampforganisationen in Vorderasien: 1.) der niederste Grad in der Hierarchie der Assassinen. 2.) seit 1950 Guerillabanden im Kleinkrieg gegen Briten am Suezkanal. 3.) als F.-e-Islam, die iranischen Untergrundkämpfer gegen das Schah-Regime bis 1979. 4.) als F.-e-Chalk, die marxistischen »Volks-F.« in der iranischen Revolution. 5.) die arabischen Freiheitskämpfer im israelisch besetzten Palästina. Vgl. Muslimbrüder.

Fed'an (ETH)
II. Stamm der Aneze-Beduinen auf der n. Arabischen Halbinsel.

Fedoseevcy (REL)
I. Fedoséjewzy, aus der Bespopówzy hervorgegangene russische Sekte, Untergruppe der Filipponen. Glaubensflüchtlinge, einige Gruppen gelangten 1827–1832 nach Ostpreußen (Masuren und Gumbinnen).

Fehlgeborene (BIO)
I. Säuglingstote; in etwa sich deckend mit ugs. Fehlgeburten.

II. weltweit sterben jährlich 7,6 Mio. Kinder im letzten Monat der Schwangerschaft, bei der Geburt oder in der ersten Lebenswoche. Während die Säuglingssterblichkeit (im ersten Lebensjahr) stark rückläufig ist, bleibt nach WHO gegenwärtig die Zahl der F. unverändert hoch. In Entwicklungsländern, auf die 98 % der F. entfallen, kommen 57 von 1000 Kindern tot zur Welt oder sterben in den ersten sieben Lebenstagen, in den Industriestaaten hingegen nur 11 von 1000 Neugeborenen. In Deutschland sterben fünf von 1000 Kindern zwischen später Schwangerschaft und erster Lebenswoche.

II. amtl. Terminus in Deutschland (seit 1979) für totgeborene Leibesfrüchte, deren Gewicht unter 1000 g liegt. Sie werden standesamtlich nicht registriert und bleiben daher in der Geburtsstatistik außer Betracht.

Feldbeuter (WISS)
I. wiss. Bez. für Sonderform bei Wildbeutern. Sammler und Jäger, die Kenntnis erworben haben, durch Setzen von Pflanzenschößlingen (spez. Bananen) zur Sicherung des täglichen Nahrungsbedarfes beizutragen.

Feldgenossen (WISS)
II. Altbez. für Einzelpersonen und Familien, deren Grundbesitz Gemeineigentum einer Siedlungsgemeinschaft ist und nach Plan kollektiv bewirtschaftet wird. Derartige Feldgemeinschaft ist nicht urtümlich, sondern meist erst durch organisierte Landnahme, Verdichtung der ländlichen Siedlungen, periodisches Nutzrecht, Flurzwang, Feldwechsel, Erbteilung sekundär entwickelt worden. Entsprechung: Comunitarismo agrario in Nordostspanien (Rio de Onor). Vgl. Mir, Obschtschina, Zadruga.

Feldgeschworene (SOZ)
I. »Siebener«, bayerische Bez. entsprechen den Feldrain- und Feldgerichtsgeschworenen in Preußen.
II. ehrenamtlich bestellte Personen zur Beaufsichtigung der Gemarkungsgrenzen, zum Setzen von Feldsteinen usw.; in Bayern rd. 20.000, die meist in Siebener-Gruppen amten.

Fellachen (SOZ)
I. Fellahun, (Sg. Fallah) (=ar), Fellachin, Chadari; Fellaheen (=en); aus fallah (ar=) »Pflüger«.
II. abhängige Ackerbauern in den Oasen des Orients; i.e.S. im Niltal Ägyptens. F. waren über Jahrhunderte in nahezu völliger Hörigkeit ihrer Grundherren, denen Land, Häuser, Vieh und selbst auch das Ackergerät gehörten, denen der Frondienst zustand, die Zehnten und Steuern eintrieben, die Polizeigewalt und die Aushebung von Wehrfähigen wahrnahmen. In sozialer und historischer Hinsicht zählen die Bew. der Kabyleien, die ein meist freieres Bauerntum bewahrt haben, nicht zu den Fellachen. Vgl. Teilpächter; Rentenkapitalisten.

Fellagha(s) (SOZ)
I. fallaqua (=ar).
II. 1.) ugs. Bez. für Banditen, flüchtige Verbrecher. 2.) Bez. der französischen Kolonisten in Nordafrika für die organisierten Gruppen nationalistischer Freiheitskämpfer in Tunesien und Algerien im Unabhängigkeitskrieg 1954–1962.

Feministinnen (SOZ)
I. zu femina (lat=) »Frau«; Frauenrechtlerinnen.
II. Frauen, die für die Aufhebung der Männer(vor)herrschaft im gesellschaftlichen, polit.-rechtlichen und privaten Bereich kämpfen. Vgl. Frauen; Quotenfrauen, Suffragetten.

Fenier (SOZ)
II. Mitglieder eines irischen Geheimbundes, der 1858 von emigrierten Iren in USA unter dem Trauma des »Großen Hungers« gegr. wurde. Sie strebten die Loslösung Irlands von England an, Nachfolgeinstitution Sinn Féin.

Fennonordide (BIO)
II. Unterrasse der Nordiden (s.d.); schlank, meso- bis brachykephal, Gesichtsform zwischen teuto- und dalonordid, Kopf- und Barthaar häufig rotblond, Augenfarbe häufig blau. Verbreitung im Baltikum und in Rußland. Vgl. Nordide.

Fereidaner (ETH)
II. Gemeinschaft von ca. 20.000 Georgiern fereidanischen Dialekts in 14 Dörfern sw. von Teheran, deren Vorfahren im 17. Jh. dorthin umgesiedelt worden sind.

Feres Mora (REL)
I. Falasch-Maura; äthiopische Judenchristen.
II. zum äthiopischen Christentum übergetretene ehem. jüdische Falaschen, deren Zahl auf 50.000–300.000 geschätzt wird.

Fernandinos (BIO)
II. (=sp); Mischlingsbev. von Spaniern und Bantus in Äquatorialguinea, ca. 1 % der Gesamtbev.

Fernpendler (WISS)
II. Personen, die zw. Wohnung und Arbeits-/Ausbildungsstätte relativ große Distanzen überwinden. F. sind zumeist Wochenpendler.

Feuerländer (ETH)
I. habitantes de la Terra de Fuego (=sp); Fuegians, Patagonians (=en).
II. Bew. nach Magalhaës 1520 so benannten S-Saumes S-Amerikas; eine Anzahl anthropol. und kulturell verwandter, sprachlich sehr unterschiedlicher Stämme: Halakwulup/Alakaluf (West-Patagonien), Selknam/Selk'nam (Große Feuerland-Insel), Yanama (Kap Hoorn); *M. GUSINDE*. Fischer und Küstensammler mit sehr dürftiger materieller Kultur.

Feuillanten (REL)
I. Fulienser.
II. römisch-kath. Kongregation im französischen Zisterzienser-Kloster Feuillans bei Toulouse (1580-Revolution).

Fezzaner (ETH)
I. Fazazna.
II. Bew. des Fezzan/Fessan/Libyen, u.a. des Wadi Ajal; Mischbev. aus Araboberbern, Berbern/Tuareg und Negern; Oasenbauern und Halbnomaden. Nach langer Stagnation seit 1945 stark wachsend, um 1970 über 25 000.

Fia (ETH)
I. Fa.
II. kleines westafrikanisches Volk in W-Kamerun.

Fida'is (REL)
II. Bez. für Assassinen in Syrien.

Fidschi (TERR)
A. Republik im Britischen Commonwealth; früher Kolonie innerhalb Britisch-Ozeaniens; unabh. seit 10. 10. 1970. Fiji; Na Matanitu Ko Viti. (The Republic of) Fiji (=en); (la République de) Fidji (=fr); (la República de) Fiji (=sp).
Ew. 1956: 0,346; 1986: 0,715; 1996: 0,803, BD: 44 Ew./km²; WR 1990–96: 1,5 %; UZ 1996: 41 %; AQ: 8 %

Fidschianer (ETH)
I. Fijis, Fijians (=en).
II. 1.) StA. der Rep. Fidschi; Fijis, Fijians (=en); 2.) Bew. der südpazifischen Fidschi-Inselgruppe 2600 km ö. Australien mit 332 Inseln, von denen 105 ständig bewohnt und weitere genutzt werden. Ew. sind ethnisch, sprachlich, religiös außerordentlich differenziert. Nur rd. die Hälfte sind polynesische F., weitere 43,5 % Inder sowie andere Ozeanier. Überwiegend Christen (53 %); 38 % sind hinduistische, 8 % muslimische Inder, meist Nachkommen jener Einwanderer, die als Kulis auf die Zuckerrohrplantagen der Inseln geholt wurden (Indofidschianer). Politische Gewalt liegt bei polynesischen F., die wirtschaftliche Macht in indischen Händen. Vgl. Indofidschianer.

Fidschianer (NAT)
II. (seit 1970) StA. der Rep. Fidschi. 50,7 % Fidschianer (Melanesier), 43,5 % Inder, 5,8 % Rotumas, Europäer, Chinesen.

Fieranten (SOZ)
I. aus fiera (it=) »Messe«, »Markt«, »Festtag«; feria (=sp); feira (=pt).
II. in Österreich Marktbeschicker, Markthändler, fahrende Händler.

Figuigui (ETH)
II. Bew. der Oasengruppe Figuig, die im »Sandkrieg« von 1963 zwischen Marokko und Algerien umkämpft war. Einwohnerzahl fiel nach H. POPP von ca. 54 000 auf kaum 17 000 (nach 1990).

Filala (ETH)
II. ein Berberstamm (ca. 100 000) in den Oasen SE-Marokkos (Tafilelt).

Filipino (SPR)
Vgl. Tagalog.

Filipinos (ETH)
I. Pilipinos.
II. Sammelbez. für alle Teilbev. der philippinischen Inselwelt, i.e.S. für die christlichen Bev.teile mit ca. 90 %. Vgl. Tagalen/Tagalog, Ilokano/Iloko, Batan, Isinai, Pampangan, Pangasinan, Ibanag/Cacayan, Sambal, Bikol, Bisaya/Visayan; Moros, Igoroten, Bukidnon, Tagbanua, Negritos.

Filipinos (NAT)
(=sp, pt) s. Philippiner.

Filipponen (REL)
I. Philipponen, Filippowzy; nach russischem Mönch Filipp.
II. aus der Bespopówzy hervorgegangene russisch-orthodoxe Sekte, radikal bis zu Selbstverbrennungen ganzer Gemeinden; erlitten unter Zar Nikolaus I. grausame Verfolgungen. Etwa 1300 Anh. fanden 1828 bei Sensburg in Ostpreußen ihr Fluchtasyl. Vgl. Lippowaner.

Fingu (ETH)
Vgl. Xhosa.

Finnen (ETH)
I. Suomalaiset als Eigenbez., abgekürzt Suomi; Finny (=rs); Finns (=en); Finlandais, Finnois (=fr); finlandés (=sp).
II. osteuropäisches Volk mit Eigenspr. der Finnougrischen Spr.familie auf der Finnischen Halbinsel; Staatsvolk in Finnland sowie Minderheiten in N-Norwegen (1990: 12 000), N-Schweden (1991: 215 000 sog. Einheimische F.) und in der Russischen Rep. Karelien (1995: 18 000), die dort seit MA und unter schwedischer Herrschaft im Grenzsaum zu Russen wohnen oder im 17. Jh. aus Ingermanland zuwanderten. F. gehören anthropol. zur Osteuropiden Rasse mit starken nordiden und lappiden Einschlägen; sie sind evangelische Christen. Waren ursprünglich Ackerbauern und Fischer. Anzahl (1979) in ehem. Sowjetunion > 75 000. Vgl. Finnländer, Karelier, Samen, Tordenalsfinnen.

Finnisch (SPR)
I. Suomi; Finnish (=en).
II. eine ostseefinnische Spr. der finno-ugrischen Spr.familie, gesprochen um 1991 von rd. 4,9 Mio., mit Karelisch zus. von rd. 5,5 Mio. in Finnland (4,7 Mio.), Norwegen (12 000), Schweden (164 000), Rußland (47 000). S. wurde im 16. Jh. Schriftspr., 1918 Staatsspr. in Finnland; Lateinschrift.

Finnisch-orth. Christen/Kirche (REL)
II. seit 1923 autonome orthodoxe Kirche hpts. in Karelien; ca. 100 000 Gläubige, wovon rd. 65 000 in Finnland leben.

Finnland (TERR)
A. Republik. Suomen Tasavalta, Suomi (=fi); Republiken Finland (=sw). (The Republic of) Finland (=en); (la République de) Finlande (=fr); (la República de) Finlandia (=sp).
Ew. 1750: 0,421; 1800: 0,833; 1850: 1,637; 1900: 2,656; 1950: 4,030; 1960: 4,446; 1970: 4,606; 1980: 4,780; 1996: 5,125, BD: 15 Ew./km²; WR 1990–96: 0,5 %; UZ 1996: 64 %; AQ: 0 %

Finnländer (ETH)
I. Finnlandschweden; Finlanders (=en).
II. schwedischspr. Minderheit Finnlands in den s. (Nyland) und w. (Österbotten) Küstenstrichen; mit 302 000 Pers. (1991) in 79 Gemeinden. Lt. Verfassung von 1919 ist Schwedisch gleichberechtigte Nationalspr. F. sind evang.-lutherische Christen. Vgl. Åland-Schweden.

Finno-ugrische Sprachen (SPR)
I. Finnisch-ugrische Sprgem.; Altbez. auch Uralische Sprgem.
II. in genealogischer Klassifikation a) Ostseefinnisch mit Finnisch, Estnisch, Karelisch, Wepsisch, ferner (fast oder schon erloschen) Liwisch, Ingrisch, Lüdisch, Wotisch, Olonetzisch; b) Samisch (Lappisch); c) Finnisch-Permisch mit Komi-Spr./Syrjänisch, Permjakisch, Wotjakisch/Udmurtisch; d) Finnisch-Wolgaisch mit Tscheremissisch/Mari, Mordwinisch mit Mokschanisch und Erzanisch; e) Ugrisch mit Ungarisch/Magyarisch. Finno-ugrische Spr. werden heute in Ost- und SE-Europa von rd. 25 Mio. Sprechern genutzt, davon 15 Mio. Magyaren.

Finn-Ugrier (ETH)
I. Finno-Ugric Peoples (=en).
II. Völker des Zweiges der uralischen Spr.familie: W- oder Ostseefinnen, Lappen, Wolgafinnen, Permier, Ugrier und Samojeden. Vgl. Finno-ugrisch.

Finny (ETH)
II. Volksgruppe der Finnen im NW der Russischen Föderation, 1990: 67 000; hpts. Nachkommen von Einwanderern aus dem 17. Jh. Aufgrund enger Verwandtschaft mit Kareliern war und ist statist. Zuordnung nicht immer eindeutig. Vgl. Finnen, Suomi, Karelier.

Fipa (ETH)
I. Bafipa; Altbez. Ufipa.
II. schwarzafrikanische Ethnie am s. Ufer des Tanganyika-Sees.

Fire-Eaters (SOZ)
I. (=en) »Feuerfresser«.
II. militante Verteidiger der Sklaverei und der Rechte der Südstaaten in N-Amerika. Vgl. Gegensatz Abolitionisten.

Firephim (REL)
I. internationaler Verband der Minderheitsphilosophien und -religionen.
II. 1992 erfolgter Sektenzusammenschluß von Scientology, Moon und der esoterischen Bewegung Rael (Licht Gottes).

Firkah (SOZ)
II. (=ar); Verband von arabischen Großfamilien.

First Fleeters (SOZ)
II. (=en); in Analogie zu Pilgrim Fathers in Nordamerika Bez. für die ersten europäischen Siedler, die 1788 in Australien anlandeten. Es handelt sich um die ersten 730 aus Großbritannien deportierten Sträflinge, denen bis 1868 rd. 150 000–162 000 weitere Gefangene folgten.

Firuzkohi (ETH)
II. Stamm der Aimaq in W-Afghanistan (im N der Prov. Ghor); um 1970 zwischen 40 000–110 000 Seelen; halten sich für Nachkommen persischer Garnisonen z. Zt. Timurs.

Fitschis (SOZ)
II. Schimpfbez. für Vietnamesen in der ehem. DDR; Ablehnung bezog sich anfangs auf bis zu 60 000 sogenannte Vertragsarbeiter, dann nach Wiedervereinigung übertragen auf etwa 45 000 vietnamesische Asylbewerber und ein Kontingent von rd. 12 000 Boat people.

Five Civilized nations (ETH)
I. (=en); Fünf Zivilisierte Nationen.
II. die im »Indianer-Territorium« Oklahoma zusammengeführten Reststämme der Cherokees, Choctaws, Chickasaws, Creeks und Teile der Seminolen, die hier letztmals ein als souverän selbstverwaltetes demokratisch anerkanntes Staatswesen errichteten (mit perfekter Verwaltung, Schul- und Gerichtswesen) und sogar im Kongreß den Antrag auf Anerkennung eines eigenständigen Staates Sequoah stellten, dem über Jahrzehnte nicht entsprochen wurde. Ihr Staatswesen unterlag schließlich der anhaltenden weißen Überwanderung. 1907 erlosch die Verwaltungs-Souveränität. Vgl. Seminolen.

Flagellanten (REL)
I. (lat=) »Geißler«, »Flegler«, »Geißelbrüder«.
II. Angeh. schwärmerisch-frommer Laienbewegungen/Bruderschaften des 13.–15. Jh., die (u. a. in der großen Pestepidemie zur Versöhnung Gottes) sich zur Buße geißelten. Bewegung entstand durch Endzeiterwartung um 1260 und in Pestepidemien; angeregt in Mittelitalien, breitete sich bis nach England und Polen aus; 1349/1417 vom Papst verboten. Ähnliche Erscheinungen auch im Schiismus: die in

Totenhemden gekleideten síne-, zangír-, tíg-, gamezan im Muharram-Monat. Vgl. Chlysten.

Flamands de France (ETH)
I. (=fr); Frans-Vlamingen (=ni); französische Flamen, franz. Niederländer.
II. niederländische Minderheit in Französ.-Flandern/Fransch Vlaanderen (Westhock/Coin de l'Ouest); rd. 100000, die, seit 17.Jh. zu französischer Spr. gezwungen, doch ihre »néerlandité« bewahren.

Flamen (ETH)
I. Altschreibung Vlamen; Flemings (=en); Flamands (=fr).
II. seit Spaltung des Königreiches der »Vereinigten Niederlande« (1830 bzw. 1839) der niederländischspr. Volksteil in N-Belgien mit 5,765 Mio. (1991) sowie als Minderheit von > 100000 Köpfen in NE-Frankreich (Westhoek/Coin de l'Ouest und in Lille); Flamen sind römisch-katholischer Konfession. Hatten in Belgien lange unter Animosität zu leiden, was fast selbstverständlich zur frankophonen Vorherrschaft durch Wallonen führte, ehe sich 1993 ihr Emanzipationsstreben im weitgehend autonomem Teilstaat Vlaanderen/Flandern erfüllte. Geogr. Name: auch Fläming in Brandenburg nach durch Albrecht den Bären angesiedelte Flamen.

Flamingants (SOZ)
II. Anh. der flämischen Bewegung in Belgien.

Flämisch (SPR)
I. Vlaams (=ni); Flemish (=en).
II. Überbegriff für die niederländische Spr. in Belgien, Mutterspr. der Flamen. Aus verschiedenen niederländischen Dialekten wurde 1844 standardisierte Form des Niederländischen entwickelt und anerkannt (Algemeen Beschaafd Nederlands). Bis 1850 galt Fl. als erste Fremdspr. in Belgien, erst seit 1874 ist Niederländisch offizielle Unterrichtsspr. an Gymnasien, seit 1883 an allen Schulen, seit 1898 in Flandern zweite Amtsspr. Vgl. Niederländisch-Sprecher.

Flatheads (BIO)
I. (=en); Flachköpfe.
II. indigene Ethnien, bei denen die Sitte der Schädeldeformation durch Abflachen der Stirnpartien (Borneo) oder auch Verformung des Hinterkopfes (Neue Hebriden, NW-Küste N-Amerikas) durch Abbinden schon im Säuglingsalter gebräuchlich ist. Vgl. auch viele andere Verunstaltungen, die ebenso gesellschaftlich bedingte Schönheitsmerkmale erzielen sollen, z.B. einst die Verformung der Fußknochen zu winzigen Klump- oder Huffüßchen bei Chinesinnen der städtischen Ober- und Mittelschicht, als in der Literatur gepriesenes Ideal des Weiblichkeit, die aber diese Frauen auch ans Haus band. Streckung des Halses durch Metallringe auf das Drei- bis Vierfache (Atrophie der Halsmuskulatur) bei den Padaung/Karen in Hinterindien. Vgl. div. Indianerstämme, z.B. Natchez, Chinook.

Fleckfieber-Kranke (BIO)
I. Flecktyphuskranke; typhus (=en)
II. Menschen, die an Fleckfieber, Flecktyphus (wiss. Typhus exanthematicus), einer endemisch auftretenden Infektionskrankheit, leiden. Deren Erreger (Rickettsia prowazcki) wird durch Kleiderläuse übertragen, Rickettsien bleiben selbst in ausgetrockneten Insektenexkrementen (bes. von Läusen und Milben), auch in Wasser und in Nahrungsmitteln längere Zeit virulent. Einst ohne Abwehrmaßnahmen (Impfung), lag die Sterblichkeit oft über 50%. Viele Überlebende leiden an Dauerschäden (Hirnkrankheiten), sie bleiben vor allem Langzeitträger des Erregers. Dementsprechend herrschte Fleckfieber weltweit, solange Hygiene noch unbekannt oder später nicht praktizierbar war. F. grassierte selbst in n. Randgebieten der Ökumene zufolge der in langen Wintern prekären Wohnbedingungen, z.B. als »Ungarisches Fieber« 1570 in der Rus. Als Not- und Hungerkrankheit hat Flecktyphus in zahlreichen Kriegen eine entscheidende Rolle gespielt: im Peloponnesischen Krieg; im 12. Jh. in Barbarossas Armee; in Kämpfen der Spanier gegen die Mauren; im Dreißigjährigen Krieg in Mitteleuropa; im Rußlandfeldzug Napoleons; durch das französische Expeditionskorps; im Amerikanischen Unabhängigkeitskrieg; im I.WK auf dem Balkan und an der deutschen Ostfront; zwischen 1917 und 1921 gab es über 25 Mio. Erkrankte, in 3 Mio. Fällen mit tödlichem Ausgang; Lenin: »Laus als Feind des Kommunismus«; im II.WK in zerbombten Städten, bes. in zahllosen Flüchtlings-, Gefangenen-, Arbeits- und Konzentrationslagern. Spanische Kolonisation übertrug die Seuche nach Amerika, wo sie viele Indianerpopulationen auslöschte.

Fleischer (SOZ)
I. Bez. in Mittel- und Ostdeutschland; syn. Schlachter (in NW-Deutschland), Schlächter (in Berlin), Metzger (in SW- und S-Deutschland). Aus mazelarius (lat=) »Fleischhändler«. Altbez. Fleischhauer (im ganzen mitteldt. Sprachgebiet), Fleischhacker (in Österreich), Knochenhauer. Wurstmacher/Wurster/Wurstler; Kuttler/Küter (für Verarbeitung der Innereien). Slakter (=no); Slaktare (=sw); slakteris (=le); Slaghter (=ni).

Fließende Menschen (SOZ)
II. Bez. in China für das Millionenheer der Landflüchtigen, die, seit Reise- und Zuzugsbeschränkungen gefallen sind, auf der Suche nach Arbeit und Wohlstand wellengleich alle entwickelten Landesteile erreichen.

Flintenweiber (SOZ)
I. milicianas (=sp), »mujeres libres« (=sp); Milizionärinnen, Anarchistinnen.
II. in den kommunistischen Revolutionen in Rußland oder Spanien geborener Begriff für mitkämpfende Frauen. Obgleich schon damals Kampfeinsatz

von Frauen umstritten war, Frauen nur an der »Heimatfront« eingesetzt werden sollten, haben sie heute in vielen Armeen (z.B. Israel, USA) ihren festen Platz und sind in anarchistischen Kampfgruppen eher überproportional vertreten.

Flüchtlinge (WISS)
I. Zwangswanderer; refugees (=en); réfugiés (=fr); profughi, rifugiati (=it); refugiados (=sp, pt); izbjeglica (=sk).
II. Personen, die unfreiwillig, durch Gewalt sowie Angst vor Gewalt und Verfolgung, ihre Heimat, ihren Wohnsitz verlassen, um sich in anderen Provinzen (nationale F.) oder im Ausland (internationale F., völkerrechtlich F. i.e.S.) in Sicherheit zu bringen, Asyl zu erwerben (Asylanten). Vgl. Vertriebene, Ausgetriebene, Heimatvertriebene; Ausgesiedelte, Ausgewiesene, Abgeschobene, Umgesiedelte, Zwangsumsiedler, wobei diese Termini je nach nationaler Zugehörigkeit einen besonderen rechtlichen Sinn erfahren. Es muß deshalb zwischen dem juristischen und dem gewöhnlichen Spr.gebrauch unterschieden werden. Übergreifend pflegt man zu sondern in: Politische F., Glaubensflüchtlinge/Muhadschire, Wirtschaftsflüchtlinge (s. vorgenannte). Derzeit leben über 90% aller F. in Entwicklungs- oder Schwellenländern. Vgl. Displaced persons (=en).

Flüchtlingssiedler (WISS)
II. amtl. Terminus lt. Gesetz von 1923 für jene aus an Polen abgetretenen Gebieten verdrängten Ansiedler, Pächter, Gutsbeamten, die auf dt. Seite neu angesiedelt werden sollten. Auch offz. Bez. für Griechen, die (nach Griechisch-Türkischem Krieg 1923) Kleinasien verlassen mußten und in Griechenland in zahlreichen »Neudörfern« angesiedelt wurden.

Fluktuierende Bevölkerung (WISS)
I. fluctuatio (lat=) das »Hinundherfluten«, »Schwanken«, »Wogen«.
II. unscharfer Begriff, der in mehreren Varianten eingesetzt wird: 1.) eine Wohnbev., die sich nach Zahl und Art oder Herkunft laufend verändert. 2.) eine nicht seßhafte Bev.

FOB (SOZ)
I. Fresh off the Boat (=en).
II. Bez. in USA für erst kürzlich eingewanderte Chinesen, Gegensatz ABC.

Focolarini (REL)
I. Fokolaren; aus focolare (it=) »Herdfeuer«.
II. 1943 durch Chiara Lubich begründete spirituelle Erneuerungsbewegung vorzugsweise kath. Laien; 1995 über 100 000 Mitglieder und 2,2 Mio. Sympathisanten.

Föderaten (SOZ)
I. aus foedus zu foederatus (lat=) »verbündet«.
II. Altbez. für Verbündete, zumeist auf Stammesebene. Vgl. auch Konföderierte.

Fokolar-Bewegung (REL)
I. amtl. »Werk Mariens«.
II. durch Chiara Lubich begründete christliche Liebesvereinigung von Fokolaren und -innen mit rd. 1000 ökumenischen Gemeinschaften in 184 Ländern (1991); div. Modellsiedlungen.

Fon (ETH)
I. Fo, Fonnu, Fong.
II. schwarzafrikanische Ethnie, zuweilen auch Ost-Ewe genannt, kwa-spr. Kulturzüge der Ewe, jedoch mit starkem Yoruba-Einfluß; sind historisch Träger des Dahomey-Reiches, das in der Mitte des 17. Jh. von Abomey zur Küste ausgedehnt wurde und Ende des 18. Jh. Hauptzentrum des Sklavenexports war. F. stellen heute mit 2,2 Mio. (1996) 39% der Bev. von Benin.

Fon (SPR)
I. Fonnu, Dahome; Fon (=en).
II. Eigenspr. der Ewe aus der Kwa-Spr.gruppe, auch Verkehrsspr. in Benin und anderen Guinea-Ländern mit ca. 5 Mio. Sprechern.

Foqaha (REL)
I. (=pe); Sg. Faqih.
II. religiöse Rechtsgelehrte im schiitischen Iran.

Foutajalonke (ETH)
I. Fulbe in Guinea.

Fox (ETH)
II. Indianerstamm in der Algonkin-Gruppe im Mittelwesten der USA.

Frafra (ETH)
II. Gruppe negrider Stämme u.a. der Gurensi, Tallensi, Kusai u.a. im nw. Ghana; Hackbauern; Anzahl ca. 200 000; sprachlich den Mossi angeglichen.

Franglais (SPR)
II. das durch zahllose Anglizismen verdorbene Französisch. Es wird in Frankreich seit 1975 und 1994/95 energisch bekämpft.

Franken (ETH)
I. Frances (=fr); Franks, Franconians (=en); francos (=sp, pt); franconi (=it); in Bed. von »Freie«, »Kühne«.
II. 1.) germanischer Stammesverband, der sich im 2./3. Jh. am Nieder- und Mittelrhein sammelte (dem u.a. Amsivarier, Brukterer, Chamaven, Chattuarier, Tenkterer, Usipier angehörten), der aber erst im Reich unter Chlodwig zu einem wirklichen Volkstum zusammenwuchs. Die salischen Franken ließen sich siedelnd im unteren Schelde-Maasgebiet nieder und eroberten im 3.-5. Jh. Teile Galliens unter Bildung des Fränkischen Reichs. Ihre dünne Oberschicht wurde bald romanisiert. Der zweite Verband, die Ripuarier, dehnte sich gegen Burgunder rheinaufwärts bis zu den Ardennen und das Mosel-Saargebiet und gegen Alemannen über das Maingebiet hin aus. Dort insbesondere (Ober-, Mittel-, Unter-

franken) hat sich der Name als Stammesbezeichnung erhalten. Geogr. Name übertragen: Frankreich. 2.) Altbez. für Europäer in der Levante.

Frankokanadier (ETH)
II. französische katholische Kolonisten aus dem 17./18. Jh. und ihre Nachkommen in Seeprovinzen Kanadas, vor allem in der Prov. Quebec. Unter Förderung durch Frankreich Bewahrung ihres altertümlichen Französisch (genannt Joual), das in Quebec Amtsspr. ist; Zweisprachigkeit mit Englisch. 1763: ca. 65 000, 1831: 380 000, 1861: 1,111 Mio. Lt. VZ 1996 insges. 6,865 Mio. französische Spr., 23,8 % der kanadischen Gesamtbev. Vgl. Québécois.

Frankomauritier (ETH)
I. Franco-Mauritier.
II. Nachkommen französischer Zuckerrohrpflanzer, die ab 1722 die Insel Mauritius besiedelten, sprechen altertümliches Patois, sind katholisch; 1983 rd. 14 000.

Frankophonie-Gemeinschaft (SPR)
II. 1986 gegr. Gemeinschaft von 44, später 47 Staaten (davon 34 Vollmitglieder) zur kulturpolitischen Förderung der französischen Spr. Frankreich besitzt seit 1984 Haut Conseil de la Francophonie, seit 1988 deligierten Minister für Frankophonie. Vgl. Französisch.

Frankoprovenzalisch (SPR)
II. NE-Dialekt des Provenzalischen in Frankreich.

Frankreich (TERR)
A. Französiche Republik. République Française (=fr). France (=en, fr); Francia (=it, sp); França (=pt). Vgl. hierzu auch Übersee-Departements: Französisch-Guayana, Guadeloupe, Martinique, Réunion, die zum Mutterland gehören, ferner die Französischen Übersee-Territorien, die nicht als Teile des Mutterlands gelten: Französisch-Polynesien, Neukaledonien, Wallis und Futuna; sowie die Gebietskörperschaften Mayotte, St. Pierre und Miquelon.
Einwohner: Ende 16. Jh.: 20,0; 1700: 21,0; 1789: 26,0; 1801: 27,3; 1901: 39,0; 1948: 41,044; 1950: 41,736; 1955: 43,428; 1960: 45,684; 1965: 48,758; 1970: 50,768; 1975: 52,705; 1980: 53,880; 1985: 55,170; 1996: 58,375, BD: 107 Ew./km^2; WR 1990–96: 0,5 %; UZ 1996: 75 %, AQ: 1 %

Franziskaner (REL)
I. OFM; Franciscan friars (=en); franciscains (=fr); francíscanos (=sp, pt). Minderbrüder.
II. nach Regel von 1210, mit Erstem Orden OFM, Minoriten; OFM Con, Konventuale in größeren Klöstern; und spätere Abspaltung OFM Cap, Kapuziner, alle aus dem 16. Jh. Der in Seelsorge und theologischer Wissenschaft tätige kath. Orden umfaßte 1966 über 25 000 Mitglieder, Zentren Assisi und Rom. Zweiter Orden der Klarissen, gegr. 1212 und Dritter Orden/Terziarier mit Schwestern und Laienbrüdern für Unterricht und Mission. Den F. in der »Kustodie des Heiligen Landes« ist praktisch der Schutz aller heiligen Stätten Palästinas anvertraut. F. zählen zu den Mendikanten-Orden. Vgl. Kapuziner; Bettelmönche.

Franzosen (ETH)
I. Français (=fr); Fransen, S. Fransman (=ni); Frenchmen (=en); francesi (=it); franceses (=sp); francêses (=pt).
II. großes Volk romanischer Eigenspr. (französisch) in Frankreich. F. stellen als Staatsvolk dort 93,6 % der Gesamtbev. (1990); entwickelt auf der Basis früh nach Frankreich gewanderter ligurischer und iberischer Altbev., die keltisch überprägt und seit Gallischem Krieg Caesars im 1. Jh.v. Chr. in Spr. und Kultur romanisiert wurde. In der Völkerwanderungszeit (3.–5. Jh.) div. germanische Zumischungen von Alemannen, W-Goten, Burgundern und Franken, von Kelten aus Britannien und von Normannen im 9./10. Jh.; mithin ein Mischvolk und unter Einschluß von mehreren Minderheiten eine Nation. In der europäischen Kolonialzeit traten F. kolonienbildend bes. in N-Amerika und N-Afrika auf. Vgl. Frankokanadier, Frankomauritier; Colons, Pieds noirs; französische Spr.gem.

Franzosen (NAT)
II. StA. von Frankreich. Rd. 1,5 Mio. der StA. wohnen im Ausland, umgekehrt lebten (Z. 1990) 3,6 Mio. Ausländer (= 6,3 % der Ew.), unberücksichtigt zahlreiche illegale Zuwanderer, in Frankreich. Da Staatsangehörigkeit in Frankreich durch ius soli erworben wird (auch Geburts-Tourismus) und Angehörige kolonialer Überseedepartements die französische Staatsbürgerschaft zukam, ist Anteil fremdstämmiger, nichtfranzösischer StA. groß, Zahl der Nordafrikaner z.B. (Algerier, Tunesier, Marokkaner) dürfte über 2 Mio. (1990) betragen. Noch heute div. Überseebesitzungen, darunter Departements d'Outre-Mer (Französisch Guayana, Guadeloupe, Martinique, Réunion, deren rd. 1,5 Mio. Ew. französische StA. sind. Vgl. Frankophonie-Gemeinschaft und Französisch- und Okzitanischspr.; Basken, Bretonen, Burgunden, Elsässer, Katalanen, Korsen u. a.

Französisch (SPR)
I. langue française (=fr); French (=en); francés (=sp); francese (=it); francês (=pt).
II. westromanische Spr. in der indogermanischen Spr.familie; als Muttersp. von > 90 Mio. (lt. WEBSTER 123 Mio.), mit Zweitsprachlern von > 280 Mio. Menschen in 44 Staaten (worunter 21 in Afrika, nämlich in: Benin, Burkina Faso, Burundi, Dschibuti, Elfenbeinküste, Gabun, Guinea, Kamerun, Komoren, Rep. Kongo, Madagaskar, Mali, Marokko, Niger, Reunion, Ruanda, Senegal, Togo, Tschad, DR Kongo, Zentralafrikanische Rep.) als Staatsbzw. »offizielle« Amtsspr. gesprochen; in Europa mit 58,1 Mio. (1991), wovon in Frankreich mit ca. 53 Mio., in Belgien (3,7 Mio. und weitere 0,5 Mio.

Zweisprachige), Schweiz (1,2 Mio.), Andorra, Guernsey, Italien/Aosta (230000), Jersey, Luxemburg, Monaco; in Amerika in Kanada (6,25 Mio. bes. in Québéc) und in Haiti (0,9–1,2 Mio.). Französisch kommt trotz politisch geförderter Francophonie im Vergleich zu Englisch nur mehr eingeschränkte Bedeutung als Weltspr. zu, als Spr. der Diplomatie, bei Post und Eisenbahn (als den älteren Verkehrsmitteln) sowie im Tourismus. F. ist Amts- und Arbeitsspr. in der EG. Französische Dialekte: Normannisch, Pikardisch, Wallonisch, Champagnisch, Lothringisch, Frankoprovenzalisch; Okzitanisch hingegen gilt als eigenständige romanische Spr. Französisch ist eine der sechs offiziellen Spr. der UNO und Arbeitsspr. der Europäischen Union.

Französisch-Afar- und Issa-Territorium (TERR)
Altbez. für Dschibuti/Djibouti, s.d. The French Terr. of the Afars and Issas (=en); le territ. fr. des Afars et des Issas (=fr); el Territorio Francés de los Afares y los Issas (=sp). (The Territory of) French Somali Coast (=en); (le territoire de) la Côte française des Somalis (=fr); (el Territorio de) la Costa Francesa de Somalia (=sp).

Französische Übersee-Territorien (TERR)
C. (Die Gesamtheit der von der Französischen Post- und Fernmeldeverwaltung für Übersee vertretenen Hoheitsgebiete), umfaßt die Französischen Süd- und Antarktisgebiete, Französisch-Polynesien, Neukaledonien, Wallis und Futuna. Départements et Territoires d'Outre-Mer (DOM-TOM) (=fr). Departments and Territories Overseas (=en).

Französisch-Guayana (TERR)
B. Französches Übersee-Departement. (Le département de la) Guyane Française (=fr). (The Department of) (French) Guiana (=en); (el Departamento de) Guayana (Francesa) (=sp).
Ew. 1950: 0,025; 1960: 0,033; 1970: 0,051; 1978: 0,066; 1987: 0,089; 1996: 0,153, BD: 1,8 Ew./km^2; WR 1985–95: 5,4%

Französisch-Ozeanien (TERR)
C. Ehem. Bez. für Französisch-Polynesien. French Oceania (=en); l'Océanie française (=fr); la Oceanía Francesa (=sp).

Französisch-Polynesien (TERR)
B. Territoire de la Polynésie Française (=fr). Ein Territorium d'Outre-Mer, also Teil des französischen Staatsgebietes mit interner Autonomie (seit 1880), seit 1842 unter französischem Protektorat, 120 Inseln im Südpazifik. Umfaßt: Gesellschaftsinseln (Windward- und Leeward-Islands) mit Moorea, Maio/Tubuai Manu, Raiatea, Tahaa, Huahine; Tuamotu-, Gambier-, Austral- (Tubuai-) und Marquesas-Inseln. Amtsspr.: Französisch und Tahitisch. French Polynesia (=en); Polynésie française (=fr); Polinesia Francesa (=sp). Vgl. Polynesier.
Ew. 1948: 0,058; 1962: 0,084; 1970: 0,109; 1980: 0,148; 1996: 0,220, BD: 53 Ew./km^2; WR 1990–96: 1,9%; UZ 1996: 39%

Französisch-Somalia (TERR)
C. Altbez. für Dschibuti, s.d.

Fratres (REL)
I. Sg. Frater; aus lat=»Bruder«.
II. Ordens-, Klosterbrüder; z.B. Fratres minores. Vgl. Dunker; Bruderschaften, Brüdergemeine.

Frauen (BIO)
I. aus frouwa (ahd=) »Herrin«; Females, Women (=en); femmes (=fr); femmine, donne, padrone (=it); mujeres (=sp); mulheres (=pt).
II. i.e.S. oft nur für Ehefrauen (verheiratete und auch verwitwete, geschiedene F.); mitunter für Frauen in und jenseits der Periode der Gebärfähigkeit; für das Vorstadium von unbestimmter Dauer hingegen Fräulein, Alt- bzw. Jungfrauen. I.w.S. synonym für Erwachsene weiblichen Geschlechts jeden Alters und Standes, in der Demographie insgesamt für »Personen weiblichen Geschlechts«. Altbez. Weiber. 1990 gab es 2,63 Mrd. »Frauen«, also 49,6% bei insgesamt 5,3 Mrd. Erdenbürgern. Im einzelnen variiert jedoch der zahlenmäßige Anteil der Frauen an der Bev. stark, in europäischen Industrieländern herrscht im allg. Frauenüberschuß allein schon durch ihre höhere Lebenserwartung. Ursachen für Minderzahl in anderen Ländern sind Benachteiligung des w. Geschlechts hinsichtlich Ernährung und Gesundheitsfürsorge, Tötung w. Kinder, Witwenverbrennungen, Mitgifttötungen, Abtreibungen w. Embryos. Ansonsten, bei minimalen Ausnahmen, zeichnet Frauen eine gegenüber Männern höhere Lebensdauer aus, unter weißer Teilbev. bis über 7 Jahre. Die soziale, wirtschaftliche und politische Stellung der F. streut in den einzelnen Kulturerdteilen weit. Die Teilnahme am Erwerbsleben kann ganz fehlen bei Nur-Hausfrauen (z.B. in Teilen des Orients) oder nahezu vollständig gegeben sein (in der ehem. sozialistischen Planwirtschaft lag Erwerbsquote bei 90%!). Eine geschlechtsbestimmte Arbeitsteilung besteht jedoch immer. In manchen Industriestaaten wachsen Bestrebungen, unter dem Motto »Gleichstellung« die »Vereinbarkeit von Familie und Beruf« durch Förderpläne und Quotenregelungen zu erzwingen. In manchen Ackerbaukulturen der 3. Welt fungieren F. als Hauptenährerinnen ihrer Familien dank Handel und Hausgewerbe (Weben, Töpfern). Bei starker Stellung der F. sind öfters mutterrechtliche Gesellschaftsformen gegeben. (Vgl. Matriarchat.) Häufiger unterstehen F. der Vorherrschaft von Männern; doch auch dann genießen sie in mehreren Hochreligionen die bes. Schutzpflicht der Ehemänner. Seit 19. Jh. Bemühungen um rechtliche, politische und wirtschaftliche Gleichstellung der F. in einigen Industriegesellschaften. Ubiquitär gilt der besondere Schutz von Frauen als Trägerinnen des Lebens. Vgl. Weibliches Geschlecht; Jungfrauen.

Freaks (SOZ)
I. Freakniks; ugs. aus dem amerikanischen Englisch.
II. 1.) übersteigert begeisterte Personen; unkonventionelle Menschen, die sich nicht in das bürgerliche Leben einfügen. 2.) entfesselt feiernde schwarze Studenten im Süden der USA.

Frégát(s) (ETH)
II. Stamm der Ma'dan, die sich als ältestes Bev.selement im Sumpfgebiet Uniteriraks bezeichnen. Leben z.T. als ausgesprochene Büffelnomaden, z.T. als halb- bis dauerseßhafte Reisbauern beiderseits des Tigris unterhalb Amara, bes. w. Al Azair. Vgl. Ma'dan.

Freibauern (SOZ)
I. Freischulzen; in Ostpreußen: Kölmer.
II. Altbez. in Mitteleuropa für Bauern auf eigenem Grund und Boden; entspr. in ganz Europa und anderen Kulturerdteilen.

Freiberufler (WISS)
II. selbständige, von keinem Arbeitgeber abhängige Berufstätige, die auch nicht als Gewerbetreibende gelten und gegen Honorar arbeiten. F. sind nicht dem Arbeitsrecht, doch aufgrund eines speziellen Berufsethos, einem jeweiligem Berufsstandesrecht unterworfen. Zu unterscheiden sind freie akademische Berufe, Angeh. von wissenschaftlichen oder künstlerischen Berufen, z.B. Ärzte, Anwälte, Architekten, bildende Künstler und sonstiger freien Berufe, z.B. Musiker, Schriftsteller, Privatlehrer, Artisten, Heilpraktiker u.a.

Freidenker (REL)
I. Freigeister, Aufklärer, Atheisten; im weiteren Sinn auch Deisten; freethinker (=en).
II. 1.) Anh. kirchenfreier religiöser Bewegungen, die sich keinem autoritativen Glauben unterwerfen; 2.) Anh. von Weltanschauungen, die durch Aufklärung Religion und Kirche zu überwinden suchen (seit 19. Jh.). Vgl. Säkularisten.

Freie (SOZ)
I. aus ahd. frilinge »Gemeinfreie«; Altfreie, Urfreie, Volksfreie; auch Freilinge, Freihälse; (lat=) homines liberi, liberi ingenui.
II. in vielen Kulturen, Völkern, Stämmen jene der beiden gesellschaftlichen Grundkategorien, die in Vorherrschaft über die Unfreien ihre Gemeinschaft prägen und tragen. Die historische Bedeutung dieser Unterscheidung erlosch in Mitteleuropa erst im 19./20. Jh. (Bauernbefreiung). Typische Ausbildung war bei den germanischen Völkern gegeben. Freie allein waren durch volle Rechtsfähigkeit (Mannheiligkeit) und polit. Rechte ausgezeichnet. Der Sachsenspiegel unterschied drei freie Stände: Edle/Adel, Schöffenbarfreie, Gemeinfreie (wieder unterteilt in Pflegehafte und Landsassen). Der Schwabenspiegel unterschied: Semperfreie, Mittelfreie, Landsassen. Ein großer Teil der Altfreien sank durch Eintritt in ein Schutzverhältnis in eine Art von Minderfreiheit ab, die mit anderen Herrschaftsbeziehungen zu grundherrschaftlicher Abhängigkeit verschmolz. Andererseits bildeten sich durch Vergünstigungen in Neusiedelgebieten und an Wehrgrenzen neue (meist) bäuerliche Schichten von F. aus. In mittelalterlichen Städten garantierte das neu geschaffene Bürgerrecht die persönliche und rechtliche Freiheit. Vgl. Halbfreie, Freibauern, Frei-, Landsassen, Edelfreie, Adel; Bürger.

Freier Brüderkreis (REL)
I. Darbysten.

Freigelassene (SOZ)
II. in die Freiheit entlassene Sklaven, denen aber sowohl im römischen Altertum als auch bei der Abolition der Kolonialsklaven häufig noch lange die volle rechtliche und soziale Gleichstellung vorenthalten wurde.

Freikirchler (REL)
II. Angeh. von christlichen Freikirchen, die im Gegensatz zu Staats- oder staatlich beeinflußten Landeskirchen vom Staat völlig unabhängig sind. I.e.S. freie Zusammenschlüsse christlicher Gemeinden, die sich von der traditionellen Kirche abwandten, das Landeskirchentum und die kirchlichen Unionen ablehnen. Erste Freikirchen im 17. Jh. von Puritanern in England gebildet; Kirchenleitung wird von Gemeindekirchenrat wahrgenommen (Presbyterialverfassung). Verbreitet bes. in calvinistisch geprägten Ländern (Niederlande, Schottland, England), vorherrschend in USA und ihren Missionsländern. Deutsche Gründungen sind die Brüdergemeinen, die Altreformierten und Altlutheraner. Vgl. Quäker, Mennoniten, Presbyterianer, Baptisten, Kongregationalisten, Methodisten, Darbysten, Irvingianer, Pietisten.

Freimaurer (SOZ)
I. Logenbrüder; Free masons (=en); franc-maçons (=fr); massoni (=it); masones (=sp).
II. Angeh. ordensähnlicher Gemeinschaften (überwiegend von Männern), der Humanität und Toleranz verpflichtet, abgeleitet aus dem Dombauhüttenwesen des MA mit seinem symbolischen Ritual; nach dem Muster der englischen Großloge organisiert in Logen, doch übergeordnete Weltinstitution fehlt. F. sind z.T. kirchen- und religionsfeindlich eingestellt; wurden mehrfach verboten (in Deutschland 1933) und verfolgt. Mitgliederzahl um 1990: 6–7 Mio. Darüber hinaus gibt es in weißen Kulturerdteilen ähnlich geartete Brüder- und Schwesternlogen u.a. im Rahmen des odd-fellow-Ordens, die aber keine Freimaurer sind, wie z.B. Druiden-Orden.

Freisassen (SOZ)
I. Sg. Freisaß; Freisatzen/Freysatzen, Freyhalter (aus enfreeholder).

II. Altbez. aus dem MA; Besitzer eines Freigutes, das von öffentlichen oder grundherrlichen Abgaben und Diensten frei war; steuerfrei lebende Bürger.

Freischärler (SOZ)

I. Maquisards, Kombattanten; als Altbez. in Frankreich aus Zeit der Revolutionskriege und des Deutsch-Französischen Krieges 1870/71 franc-tireurs (=fr); Franktireure.

II. Zivilisten, die sich an Kämpfen der Kriegs- und Bürgerkriegshandlungen beteiligen; sie sind nicht Soldaten, Kombattanten im Sinn des Völkerrechts und können deshalb nach Kriegsrecht abgeurteilt werden. Seit 19./20. Jh. treten zunehmend irreguläre bis halblegale Sonderformen auf, z.B. Freikorps, Freischaren, d.h. paramilitärische Freiwilligenverbände, die sowohl Symbole ihrer Zugehörigkeit zu einer Kampfpartei als auch ihre Bewaffnung offen führen und auch Kriegsbräuche beachten, Volks- und Stammesmilizen, denen nur eine Kampfpartei Kriegsrecht zubilligt, und sogar reguläre Soldaten, die wie F. kämpfen. Vgl. Partisanen, Guerilleros; Maquisards; Fedajin, Komitadschis, Mujahedin, Tschetniks.

Fremd(en)truppen (WISS)

I. Hilfstruppen; (lat=) Auxiliar-Einheiten; Söldner, Legionäre.

II. aus angeworbenen Fremden, Ausländern aufgestellte Truppenkörper. Bekannt seit alten Hochkulturen u.a. Germanen im römischen Heer; Hessen und Hannoveraner im Solde Venedigs gegen Türken; Schweizer Garden; in Kolonialkriegen sowohl europäische F. als auch eingeborene F., die später belohnt oder nach Aufgabe der Kolonien vor Repressionen zu schützen waren, ergo umgesiedelt wurden. Vgl. Fremdenlegion, Fremdvölkische Freiwillige, Legionäre, Reisläufer.

Fremdarbeiter (WISS)

I. »ausländische Zivilarbeiter«.

II. amtl. Terminus in Deutschland während des II.WK für 5,4–7,9 Mio. ausländische Arbeitskräfte (1,25 Mio. aus Frankreich, 0,6 Mio. aus Italien, 0,27 Mio. aus Niederlande, 0,28 Mio. aus Tschechoslowakei, 2,8 Mio. aus UdSSR, 1,7 Mio. aus Polen), die, zwangsrekrutiert oder auch (freiwillig) geworben, in Deutschland und besetzten Gebieten eingesetzt wurden; Ostarbeiter, (italienische) Hiwis, »zum Reichseinsatz Verpflichtete«, Kriegsgefangene und »Lagerhäftlinge im Arbeitseinsatz«. Das Gros der F. wurde 1945 repatriiert, ca. 1 Mio. bes. aus Ostblockstaaten verweigerten Rückkehr, verblieben in Deutschland oder wanderten in w. Länder aus. In entsprechender Weise zwang Japan Heerscharen koreanischer F. in seine Dienste: 2,0–2,6 Mio., wovon 1,2 Mio. nach Japan; auch dort kehrten nicht alle zurück, 750 000 ihrer Nachkommen leben noch heute in Japan. Vgl. Gastarbeiter, Zwangsarbeiter, Displaced Persons.

Fremde (SOZ)

I. Fremdlinge, Ausländer, Unbekannte; (fr=) étrangers; (en=) strangers; (it=) stranieri (auch Ausländer), sconosciuti (auch Unbekannte), forestieri; estranei (=pt); estrangeiros, estranjeros (=sp); ester (=ro).

II. Nicht-Heimische, Mitglieder einer Fremdgruppe, im Gegensatz zur »Wir«-Eigengruppe als »Sie« bezeichnet. Im Tourismus/Fremdenverkehr werden F. Gäste genannt.

Fremdenlegionäre (WISS)

II. Bez. bezieht sich normalerweise auf Angeh. der Französischen Fremdenlegion, die nach Vorläufern (1792 Légion Franche Etrangère) 1831 gegr. wurde und überwiegend aus ausländischen Mitgliedern besteht. Bekannte und nicht nur militärische Einsätze in Algerien, Krim, Italien, Tunesien, Vietnam, Marokko, Somalia. Dabei starke Verluste von über 300 000.

Fremdgruppe (WISS)

I. Außengruppe; Out-Group (=en).

II. soziol. Terminus: die Gruppe, von der man sich distanziert, im Gegensatz zur eigenen Bezugsgruppe.

Fremdi Fötzel (SOZ)

I. fremde Fetzel.

II. pejorativer Ausdr. bei Alemannen für Fremde.

Fremdvölkische Freiwillige (WISS)

II. Umschreibung im dt. NS-Regime während des II.WK für 1,5–2,0 Mio. Ausländer ganz Europas, aus Mittelasien, Indien, Nordafrika und Vorderasien, die sich aus polit. Überzeugung oder wirtschaftlicher Zweckmäßigkeit, freiwillig (d.h. außerhalb bündnismäßiger Truppenunterordnung) in die dt. Streitkräfte (Wehrmacht und Waffen SS) eingliedern ließen; ihre Kampfverluste betrugen rd. 240 000. Vgl. Söldner, Kollaborateure.

French Prophets (REL)

II. (=en); Splittergruppe aus Frankreich geflüchteter Kamisarden in England, wegen ihrer endzeitlichen Prophezeiungen anfangs des 18. Jh. bekämpft.

Frères utérins (SOZ)

I. (=fr); Söhne eines Vaters; Söhne einer Mutter.

Friaul-Julisch Venetien (TERR)

B. Autonome Region in Italien. Friuli-Venezia Giulia (=it).

Ew. 1964: 1,226; 1971: 1,214; 1981: 1,234; 1991: 1,194; BD: 1991: 152 Ew./km^2

Fribourg (TERR)

B. Kanton. Gliedstaat der Schweizerischen Eidgenossenschaft seit 1481. Freiburg im Uechtland (=dt); Fribourg (=fr); Friburgo (=it).

Ew. 1850: 0,100; 1910: 0,140; 1930: 0,143; 1950: 0,159; 1970: 0,159; 1990: 0,214; 1997: 0,300

Fribourger (ETH)
I. Freiburger im Uechtland.
II. 1.) Bürger und 2.) Ew. des schweizerischen Kantons Fribourg, deutsch- und französischspr., überwiegend katholisch. 3.) Ew. der Kantonshauptstadt Fribourg.

Friedenskirchen (REL)
II. Sammelbez. in USA für Kirchengemeinden der Mennoniten, Quäker und Brethren.

Friesen (ETH)
I. Friesländer: Frisians, Frieslanders (=en).
II. Volksgruppe an der mitteleuropäischen Nordseeküste mit eigenständiger westgermanischer Spr. Nahmen erst spät das Christentum an; bildeten im MA kleine Bauernrepubliken, die sich z.T. bis in das 18. Jh. behaupteten. Heute, bei Erhalt alten Brauchtums, ethnisch und sprachlich weitgehend mit Deutschen oder Niederländern vermischt. Vgl. West-, Ost-, Nordfriesen.

Friesisch (SPR)
I. nordfriesische Eigenbez. Friisk, auf Föhr und Amrum Fering; Frisian (=en).
II. eigenständige westgermanische Spr.; als Umgangsspr. an der Nordseeküste in Niederlande, Deutschland und Dänemark. Zu unterscheiden: Westfriesisch, Amtsspr. in der niederländischen Provinz Friesland (ca. 400 000), Nordfriesisch im deutschen Schleswig-Holstein und Ostfriesisch im Saterland (zus. ca. 10 000–15 000), davon ca. 400 Helgoländisch-Spr.

Froggie(s) (SOZ)
I. (=en); Abk. Frog(s) (=en); »Froschfresser«.
II. Schimpfbez. in Großbritannien für Franzosen wegen Vorliebe für Froschschenkel in französischer Küche. Vgl. Krauts, Maccaronis.

Fröhlichianer (REL)
I. Neutäufer, Strampler, mit unterschiedlichen Formen, den Presbyterianern nahestehend; in Ungarn: Nazarener.
II. (nach S.H. FRöHLICH) 1832 gestiftete »Gemeinschaft evangelischer Taufgesinnter«. In Europa und USA verbreitet; ca. 20 000 Mitglieder.

Fronarbeiter (SOZ)
II. 1.) Altbez. für Menschen, die unfreie Zwangsarbeit leisten, z.B. Fronbauern. 2.) Bez. für Personen, die unbezahlten Gemeinschaftsdienst übernehmen, u.a. in Notstandssituationen. Vgl. Zwangsarbeiter.

Frontisten (SOZ)
I. Fröntler.
II. Sammelbez. in der Schweiz für Angeh. div. rechtsnationaler, deutschfreundlicher und z.T. auch nationalsozialistischer Bewegungen insbes. 1940–1945 und auch für deren nachmalige Sympathisanten.

Frühehen (WISS)
I. Kinderehen.
II. Ehen, in denen mind. ein Ehepartner (überwiegend die Frau) das gesetzliche oder sogar das biologische Heiratsalter noch nicht erreicht hat. F. sind häufig in Schwarzafrika, wo unter allen Frauen im Alter von 15–19 J. > 50 % offiziell verheiratet sind, in Indien, wo das übliche (formelle) Heiratsalter bei 9 J. (w.) bzw. 11 J. (m.) liegt, und in Teilen des Orients (dort aus Vorsorge um die Unversehrtheit der Braut). Vgl. Heiratsfähige/Ehemündige; Kinderbräute.

Frühgeborene (BIO)
I. dt. »Frühchen«.
II. 4–8 % aller Kinder kommen mehr als 8 Wochen zu früh auf die Welt; bes. oft zwischen der 28. und der 38. Schwangerschaftswoche, sind also nicht voll ausgetragene, oft aber lebensfähige Geborene. Medizinstatistisch bestehen jedoch national unterschiedliche Definitionen, z.B. Kinder unter 2500 g Geburtsgewicht, vor der 37. Schwangerschaftswoche Geborene (Deutschland). Frühgeborene unter 1500 g hatten 1966–70 international eine Überlebensrate von 30 %, in Deutschland blieben 1982 sogar 50 % der F. von 900 g ohne Behinderung am Leben. Dank der Entwicklung der Intensivmedizin gelingt es heute 50 % der F. am Leben zu erhalten, die gerade 800–500 g wiegen. Vgl. Fehlgeborene; Säuglinge.

Frühgeschichtliche Menschen (WISS)
II. Sammelbez. für Menschen jener kulturellen Entwicklungsphase, aus der erst lückenhaft frühe Schriftzeugnisse und andere historische Informationen vorliegen. Als Übergangsbereich zwischen Vorgeschichte und Geschichte ist diese Phase nach jeweiliger Kulturentwicklung individuell zu bemessen; sie reicht in Mitteleuropa etwa vom 1. Jh. v.Chr.–7. Jh. n.Chr., beginnt z.B. im Mittelmeerraum viel früher und endet in Schwarzafrika sehr viel später. Andere Wissenschaftstraditionen begründen frühere Eingangsmerkmale, lassen Frühgeschichte im Neolithikum oder in Bronzezeit beginnen. Vgl. Prähistorische Menschen.

Fudschaira (TERR)
A. Mitglied der Vereinigten Arabischen Emirate. Fujairah (=en); Foudjaïrah (=fr); Fujairah (=sp).
Vgl. Vereinigte Arabische Emirate.
Ew. 1985: 0,054; 1996: 0,076, BD 66 Ew./km²

Fuegide (BIO)
I. benannt nach Tierra del Fuego/Feuerland; Fuegidi (=it).
II. oft den Lagiden i.w.S. als Südformengruppe angeschlossene Unterrasse der Indianiden. Merkmale: größer mit langen Extremitäten, relativ hochgesichtig, mittelbreite Nase; häufig Aufhellung der Haar- und Augenfarbe; geringeres Unterhautfett. Verbreitet im chilenischen Anden- und Inselbereich. Vgl. Huarpide, Küstenfuegide.

Fuga (SOZ)
II. die Jägerkaste bei den äthiopischen Gurage.

Fujian (TERR)
B. Provinz in China. Altbez. Fuchien; Fukien (=dt).
Ew. 1953: 13,341; 1996: 32,610, BD 270 Ew./km^2

Fulakunda (SPR)
I. Fulakunda (=en).
II. westatlantische Spr. in Guinea, ca. 2 Mio. Sprecher.

Fulani (SPR)
I. Fulfulde, Fula, Ful; (en=) Fula Fulani; (fr=) peul.
II. westatlantische, zum Niger-Kongo-Zweig gesetzte Sudanspr. F. ist Eigenspr. der Fulbe und wie diese in West- und Zentralafrika verbreitet; damit auch bekannte Verkehrsspr. Vertreten vor allem in Guinea (1,2 Mio.), Mali (857 000), Niger (10,1 %; 513 000), Nigeria (11,2 %; 12,3 Mio.), Senegal (12,1 %; 800 000), Kamerun, Zentralafrikanischer Rep. und Sudan, 1990 insgesamt 15 Mio. Sprecher.

Fulbe (ETH)
I. Eigenbez. der Ful, Fula, Fulani (=en), Fellani, Filani, Fellata (bei Sudan-Arabern), Foulah (in Senegal), Foutajalonke, Peulh (=fr), Peul, Pula, Pullo (Sg. Polu); Altbez. Fulanke und Fuladugu/Fouladougou (=fr); Tukulor.
II. größte ethnische Einheit der Sudanneger, verbreitet in isolierten Teilgruppen von Senegambien über den ganzen W-Sudan mit Ausgriffen nach Kordofan und N-Kamerun. Haben an Gesamtbev. Anteil von 17,5 % (1993) in Gambia, 14,1 % (1987) in Mali, 10,4 % (1988) in Niger, 11,2 % (1980) in Nigeria, 12,1 % (1988) in Senegal. Ihr Idiom zählt zu den westatlantischen Sprachen. Kulturell und wirtschaftlich gliedern sie sich in zwei sehr unterschiedliche Gruppen: 1.) in Hirtennomaden, mitunter Bororo, Wororobe genannt, die vielfach europid anmutende Rassenzüge aufweisen; 2.) seßhafte und gewerbetreibende Städter, bei denen das negride Element überwiegt. D. Ethnogenese vollzog sich wohl im unteren Senegal und s. anschliessenden Fouta Toro, indem sich kleine Berbergruppen unter die autochthonen Neger schoben, sich vermischten und deren Spr. annahmen. Diese Hirtennomaden trugen die Ausbreitung voran und zogen die Seßhaften nach. F. gründeten u.a. im 15. Jh. das Reich Masina. Sie drangen schließlich in die Länder der Haussa und in Adamana ein, wo sie das Reich Sokota gründeten. D. Seßhaften sind fanatische Anhänger des Islams und zeigen scharfe, kastenähnliche soz. Gliederung; die Hirtennomaden sind relativ indifferent, sie kennen nur Abhängige (Sklaven). F. sind im s. Westafrika vielfach als Auftrags-Rinderhirten tätig. Vgl. Toroobe, Bororo, Fulbe na'i.

Fulbe na'i (ETH)
I. »Kuhfulbe« oder aber Fulbe ladde »Buschfulbe«.
II. rinderhaltende Fulbe im n. Teil Nigerias. F. sind fanatische Muslime.

Fumu (ETH)
I. Banfumu.
II. Stamm der Tege im südl. Gabun.

Fundamentalisten (REL)
I. Integristen; umgangssprachlich Fundis. F. sind nicht mit Orthodoxen, Traditionalisten, Konservativen gleichzusetzen.
II. Anh. religiöser und ideologischer Doktrinen, die eine Rückbesinnung auf die Fundamente ihrer Lehre anstreben. F. sind verbreitet in allen Kulturerdteilen und in fast allen Religionen, bes. im Islam, Christentum, Judentum, sogar im Hinduismus und tibetanischen Buddhismus (Dorje Shugden), ferner bei politischen Parteien (G. KEPEL). Der von fundamentalistischen Gruppen selbst abgelehnte Begriff entstammt protestantischer Theologie, speziell der amerikanischen Kirchengeschichte und entspricht dem Beschluß einer calvinistischen Synode, an gewissen Hauptsätzen der Reformation gegenüber moderner Religionskritik festzuhalten. Für manche F. ist die wörtliche Wertschätzung ihrer jeweiligen heiligen Schriften, für viele die Abwehr der Moderne charakteristisch. Religiöse F. agieren als Gotteskämpfer, sind totalitär, indem sie Vorschriften für alle Lebensbereiche erzwingen wollen, bekämpfen in exklusiven und militanten Bewegungen den Ungläubigen als Feind, wollen so den Gang der Geschichte beeinflussen: radikale bis fanatische Fundamentalisten. In orientalischen Ländern werden F. als Integristen bezeichnet, die nach Vorbild des Altislam Religion und Staat wieder in Übereinstimmung bringen (z.B. das weltliche Kanun- Recht durch die Scharia ersetzen wollen). Für gewisse jüdische F. gilt es nicht nur, die 613 Gebote der Torah zu achten, sondern vor allem das eine, sich nicht mit fremden Völkern und Kulturen zu mischen, als Grundgesetz. F. sollten ungeachtet ihrer religiösen Bindungen eher als polit. Bewegung verstanden werden (MARTIN MARTY und SCOTT APPLEBY). Gegensatz im polit. Sinn: Säkularisten. Vgl. aber Islamisten als Terminus für militante muslimische F.

Fünferschiiten (REL)
I. Zaidiya; vgl. Zaiditen.

Fungom (ETH)
I. Tikar in Kamerun.
II. kleiner Stamm westafrikanischer Neger im Grashochland von Kamerun; zur Spr.gruppe der Benue-Kongo zählend. Treiben Ackerbau und Handel; einige Zehntausend.

Funktionelle Analphabeten (SCHR)
I. Funktionale A., Partielle A., Semi-Alphabeten.
II. Fachterminus der UNESCO Alphabetisierungsprogramme; er bezeichnet Menschen mit so geringen Schreib- und Lesekenntnissen, daß sie unfähig

sind, einfachste Schriftsachen des täglichen Lebens anzufertigen oder begreifend zu nutzen. F.A. sind anzutreffen in Industrieländern bei unabgeschlossener Schulausbildung (z.B. in Deutschland jährlich 70 000), der sich ein Beruf anschließt, welcher keine Schreib- und Lesefähigkeiten erfordert. Häufiger jedoch in Drittweltländern auftretend bei Personen, die sich nur ein enges, berufsentsprechendes Lesen aneignen konnten (bei Hafen- und Transportarbeitern etwa Frachtaufschriften).

Fur (ETH)
I. For, Fora, Farava/Forava.
II. alte Mehrheitsbev. am Djebel Marra im Darfur/Sudan; unterhielten bis anfangs 17. Jh. ein jungsudanisches Königreich. Als Folge von Arabisierung und Islamisierung im 17. Jh. teilweise Abwanderung in das Bergland. Gerieten 1916 unter britische Oberherrschaft, 1983 ca. 430 000. Andere F. schlossen sich den nomadisierenden Baggara-Arabern an; gelten heute amtlich als arabisiert. Ihre alte nilo-saharanische Eigenspr. Fur verliert gegenüber dem Arabisch als Staatsspr. an Bedeutung. Treiben Bewässerungsanbau, im Gebirge mit Terrassenbau. Je nach Einschluß auch der Dadjo/Daju-Fur, Midob u.a. um 1980 ca. 0,5–1 Mio. Geogr. Name: Darfur/Dar For »Land der Fur«. Vgl. Baggara.

Fur (SPR)
I. Furu.
II. Spr. von Stammesgemeinschaften im Grenzgebiet der Zentralafrikanischen Rep. und DR Kongo, ca. 0,5 Mio.

Furbesco (SPR)
II. (=it); italienische Gauner- und Landfahrerspr. des 16. Jh.; aus ihr leitet sich u.v.a. das gain ab, die Geheimspr. der Tessiner Störhandwerker, aber auch jene der Bergamasker Hirten.

Furlaner (ETH)
I. Friulani (=it); roman. Eigenbez. Furlni (=ro); Altbez. Osträter.
II. alpenromanischsprachige Friulaner, Friauler, Friaulen im ö. Venetien/NE-Italien; rd. 600 000. Vgl. Furlanisch mit Karnisch Sprg.

Furlanisch (SPR)
I. Friulanisch, Friaulisch, Osträtisch.

II. eine der Schriftspr. des Rätoromanischen, gesprochen noch von 600 000–700 000 Personen, von 1,2 Mio. Bewohnern in Prov. Udine und Gorizia, seit 1963 Region mit Sonderstatut Friaul/Italien; obligatorischer Spr.unterricht war 1990 in Einführung.

Fürsorgeempfänger (WISS)
I. in Deutschland verpönte Altbez.
II. Bedürftige, sozial Schwache, die in (eigentlich nur unverschuldeten) Notsituationen gesetzlich geregelte und/oder öffentlich organisierte Sozialhilfe empfangen. Träger freier Fürsorge heißen Wohlfahrtsverbände.

Fürsorger (WISS)
I. Wohlfahrtspfleger.
II. Altbez., nurmehr in Alpenländern gebräuchlich, für Personen, die in der öffentlichen oder freien Fürsorge tätig sind.

Fürsorgezöglinge (WISS)
II. Jugendliche (unter 16/18 J.), die auf Beschluß einer Vormundschaftsbehörde, eines Jugendrichters einer beaufsichtigten Erziehung (u.a. in Heimen) unterworfen sind.

Furu (ETH)
I. Loi.
II. schwarzafrikanische Ethnie im Kongo-Gebiet.

Fut (ETH)
I. Bafut; Ngemba.
II. schwarzafrikanische Ethnie in W-Kamerun. Vgl. Tikar.

Futa Jalon (SPR)
I. Futa Jalon (=en).
II. westatlantische Spr. in Guinea, ca. Mio. Sprecher.

Futunianer (ETH)
I. Futunians (=en).
II. Bew. der Insel Futuna/französisches Territorium im Pazifik; Polynesier mit hellbrauner Haut und welligem Haar; von der Insel Tonga stammend. Pidgin-Englisch-sprachig. 1990: rd. 4300, fast ebensoviele leben in Neukaledonien und auf Vanuatu; es sind vorwiegend Tahiter.

G

Ga (ETH)
II. schwarzafrikanische Ethnie, die zur Akan-Gruppe zählt. G. sind jedoch patrilinear; seit 18. Jh. Siedlungsform in Städten besonders an der Küste im Volta-Mündungsgebiet, z.B. Accra. Früher Kontakt mit Europäern bewirkt, daß hoher Prozentsatz der Ga westliche Bildung besitzt und in Regierung, Handel und Industrie eine Rolle spielt.

Ga (SPR)
I. Kwa-Spr.; Ga-Adangme (=en).
II. Verkehrsspr. in Ghana, 1980 ca. 330 000 Sprecher. Vgl. Adangme.

Gabar (REL)
s. Ghabr, Geber, Gebr, Gueber.
I. Zarathustrier, Zoroastrier.

Gabri (ETH)
I. Gaberi.
II. kleines Sudanvolk im s. Tschad.

Gabriten (REL)
I. Dschabriten.

Gabun (TERR)
A. Republik. Unabh. seit 17. 8. 1960; République Gabonaise; Le Gabon (=fr). The Gabonese Republic, Gabon (=en); la República Gabonesa, el Gabón (=sp).
Einwohner: 1950: 0,461; 1960: 0,472; 1970: 0,500; 1980: 1,064; 1985: 1,151; 1996: 1,125, BD: 4,2 Ew./km²; WR 1990–96: 2,6 %; UZ 1996: 51 %, AQ: 37 %

Gabuner (NAT)
I. Gabonesen; Gaboons, Gabuns, Gabonese (=en); gabonais (=fr); gaboneses (=sp).
II. StA. von Gabun; rd. 10 % leben im Ausland. Bev. teilt sich in div. Bantugruppen, deren größte die Fang mit 32 %; Eshira 12 %, Njebi 8 %, Mbede 7 %, Batéké 5 % u.a.

Gachupines (SOZ)
II. (=sp); Altbez. im Spanischen Kolonialreich für in Spanien geborene Spanier, denen die höchsten Ämter in Regierung und Kirche vorbehalten waren.

Gadaba (ETH)
I. Guthan (Selbstbez.).
II. Munda-spr. Volk in den ö. Ghats/Indien; hierarchisch in Stämme und Exogamie bewahrende Familiengruppen gegliedert; Zahl ca. 100 000. Brandrodungsbauern in Meghalaja/Indien.

Gaddang (ETH)
II. eine der alt-indonesischen Bergstämme im NE der Insel Luzon/Philippinen; 1980 ca. 15 000, sind in christlichen und heidnischen Bev.teil gespalten. Bauen Reis auf Brandrodungsfeldern. Vgl. Igoroten.

Gaddi (ETH)
II. Ethnie im indischen BSt. Himachal Pradesch; Shivaiten mit geringer Kastengliederung; 100 000 Indiv. Nur Stammesteile treiben noch nomadische Schafhaltung in Fernwanderung aus Kangra-Niederungen bis über Himalaya-Hauptkamm in 4000–5000 m Höhe; andere Teile sind seßhaft, pflegen Akkerbau. G. stellten einst die Truppen der Fürsten von Chamba.

Gadscho (SOZ)
I. gatscho, gadsio; gadsche/gadschi w. alle Sg; (zi=) »Bauer«, »Hauswirt«; Gorgio; Wittischen (=Rotwelsch).
II. Zigeunerbez. für Ansässige, jedenfalls für Nichtzigeuner. Vgl. Gatschkane Sinte, Payos.

Gadsup (ETH)
II. melanesischer Stamm im ö. Hochland von Neuguinea, ca. 8000 Köpfe.

Gaduliya Lohar (ETH)
II. großer Zigeunerstamm in Indien.

Gaduveo (ETH)
II. größter Teilstamm der Mbaya-Indianer an der Grenze Paraguay-Brasilien; vgl. Caduveo.

Gafariten (REL)
I. Dschafariten.

Gafat (ETH)
II. ethnische Einheit in Äthiopien.

Gagausen (ETH)
I. Gagauzlar (Eigenname), Gagauzy (=rs); Gagauz (=en).
II. im 18. Jh. in der damals türkischen Dobrudscha zugewanderte Nogaier; eine türkischspr. Ethnie mit Eigenspr. und überwiegend russisch-orthodoxer Konfession; Gesamtzahl 1990 rd. 198 000, davon rd. 130 000–150 000 in S-Moldawien mit Zentrum Komrat, wo sie 3,5 % ausmachen und seit 1990 die Anerkennung als Nationalität mit Recht auf eine eigene Republik betreiben; lehnen Rückgliederung nach Rumänien in Erinnerung an rumänische Repressalien 1918–40 (Verbot gagausischer Spr. und Schule) ab. 1994 erhielten sie in Moldawien (Moldau) Autonomiestatut, wozu eigenständiges Bildungssystem, Anerkennung ihres Idioms als Amtsspr., eigene Verwaltung und Ordnungskräfte gehören. Minderheiten ferner in Bulgarien und Rumänien, in Griechenland und in der Türkei. Türkische G. sind Nachkommen von Flüchtlingen, die in

den Türkenkriegen aus Bulgarien und Rußland kamen. Vgl. Nogaier, Ogusen; Gagausisch- spr.

Gagausien (TERR)
B. Region im S der Rep. Moldau, der 1994 ein Autonomie-Status eingeräumt wurde. 1990 hatten sich die rd. 150000 Gagausen für unabhängig erklärt, weil sie befürchteten, die damalige moldauische Regierung könnte einen Anschluß an Rumänien anstreben. Gebilligte Teilautonomie seit 23. 12. 1994.
Ew. 1989: 0,200

Gagausisch (SPR)
II. aus dem Osmanisch-Türkischen durch Aufnahme vieler slawischer Elemente entstandene Turkspr. der Gagausen, die erst nach II.WK (1957) zur Schriftspr. in kyrillischer Schrift (mit Zusatzzeichen) entwickelt wurde. 223000 (1991) Sprecher, davon in Moldawien 153000, in Ukraine 30500, in Bulgarien 30000, in Rußland 9500. Vgl. Gagausen.

Gagu (ETH)
I. Kweni.
II. kleine schwarzafrikanische Ethnie in der Elfenbeinküste.

Gagudju (BIO)
II. Aborigines-Stamm im Northern Territory/Australien; ist im Besitz reicher Uranmine. Nach ihnen ist der Kakadu und der Kakadu-Nationalpark benannt.

Gahuku-Gama (ETH)
II. Stammesgruppe von Melanesiern mit gemeinsamer Spr. im Hochland von Neuguinea. Zahl: 8000–10000.

Gaidhlig (SPR)
II. gälischspr. Schotten. Vgl. Gälisch-spr.

Gaika (ETH)
II. Stamm der Xhosa in Ciskei/Südafrika.

Gajo-Alas (ETH)
II. altindonesische Völkergruppe im Innern N-Sumatras; spät und unvollkommen islamisiert.

Galápagosinseln (TERR)
B. s. Colón, Archipiélago de. The Galapagos Islands (=en); les (îles) Galápagos (=fr); las (islas de los) Galápagos (=sp).
Ew. in Tsd: 1990: rd. 9800; 1995: rd. 15000 S

Galápagos-Insulaner (ETH)
II. Bew. der (seit 1832) ecuadorianischen Inselgruppe im E-Pazifik. Inseln waren z.Zt. der Entdeckung unbewohnt, im 17. Jh. Piratenstützpunkt; Kolonisation begann 1897–1924 durch 200 Norweger; 1944–59 Strafkolonie. 1980 lebten 4410 Menschen (Mestizen und Weiße) insbesondere auf fünf Inseln mit rd. 6300 km².

Gälen (ETH)
I. Goideln; Gaels (=en).
II. 1.) keltische Bew. von Irland, Schottland, Hebriden, Wales und der Insel Man im 4.–7. Jh., deren Spr. und Traditionen in Teilen bis heute überdauert haben. Gesellschaftliche Organisation in Clans; haben eigene Ogham-Schr. entwickelt. 2.) Mitglieder der gälischen Sprachgem., die sich gliedert in Irisch/Erse-spr., Schottisch-Gälisch/Gaidhlig-spr., Manx-Gälisch/Gaelk- spr. Vgl. Clans.

Galgaier (ETH)
I. aus Galgai, der Eigenbez. der Inguschen; abgetrennter Teilstamm der Tschetschenen.

Galibi (ETH)
II. kleines Indianervolk (mit Nachkommen von Negersklaven vermischt) im brasilianischen Uaçá-Gebiet; einige Tausend. Wandern zunehmend nach Französisch Guyana ein, wo sie gute Beschäftigung als Bauarbeiter und Hausangestellte (auch auf der Raketenbasis Kourou) finden. Schamanismus dauert an.

Galicisch (SPR)
I. Galizisch-spr.; vgl. Gallego-spr.; Galego (=pt); galicien (=fr); Galician (=en); Galiziano (=it).
II. ursprünglich vulgärlateinischer Dialekt im NW der Iberischen Halbinsel. Vom Galicischen trennte sich im 12.–15. Jh. die portugiesische Standard-Spr. ab, doch blieb enge Verwandtschaft; zu großem Teil identischer Wortschatz. Galicisch wurde ein regionales Idiom. Wiederbelebung erfolgte im 19. Jh. u.a. durch Irmandades da Fala »Bruderschaften der Spr.«, mit eigener Literatur. G. wurde bis vor kurzem über gut zwei Jahrhunderte nicht mehr an Schulen gelehrt, war nicht im Radio oder Fernsehen vertreten. G.-Sprechende werden auch nicht offiziell erfaßt. Dennoch wird G. noch heute im historischen Raum der Prov. Galicien von rd. 2,7 Mio. und in Emigration von 0,2 Mio. Sprechern benutzt.

Galinder (ETH)
II. altpreußischer Stamm sw. des Spirdingsees.

Gälisch (SPR)
I. aus (altirisch=) goidil/goidele, nach irischem Stammesnamen gwyddyl/gwyddeleg.
II. Oberbegriff für die Träger sog. goidelischer Keltensprachen: Irisch, Manx, Schottisch, die nach langer Stagnation als Hausspr. heute neben Englisch deutliche Wiederbelebung erfahren. Vgl. Irisch, Schottisch.

Galiya (REL)
I. Ultra-Schia.

Galizien (TERR)
C. =Kleinpolen; Galicja (=po), La Galicie (=fr). Fürstentümer Galitsch/Halitsch und Wladimir; gehörte 1386–1772 zu Polen, 1772–1918 als Königreich G. und Lodomerien österreichisches Kronland, 1786 Vereinigung mit der Bukowina (–1849). 1919 fielen West- und Mittel-G. an Polen, Ost-G. an die

Ukraine, 1923 wurde auch Ost-G. als integraler Teil Polens anerkannt, doch seit 1939 und endgültig seit 1945 gehört es (ö. Przemysl) wieder zur Ukraine. Bev. Österreichisch-G., Polnisch-G. und Bukowina 1860: 5,423; 1890: 7,260; 1910: 8,775; 1931: 7,8 Mio

Galla (ETH)
I. Eigenname Oromo; Watta.
II. Sammelbez. für mehrere Völker mit kuschitischen Spr. u. a. der Barareta, Kofira, Tulama, Arusi/Arussi, Borana, die in weit über 200 Stämme gegliedert sind. Ursprünglich (vor 1000) als Bauern mit früher Pflugnutzung im s. abessinischen Hochland ansässig, gingen später Teile zum Großviehnomadismus im nö. Steppenland über, bis sie dort im 16. Jh. von Somal verdrängt wurden. Teile der G. kehrten in das abessinische Bergland zurück und wurden oberflächlich amharisiert (sog. Wollega-G.), andere Gruppen (Borana) verblieben im S (Kenia) als Nomaden. Bewahren kompliziertes Altersklassensystem, ursprüngliches Priesterhäuptlingstum. In Äthiopien rd. 23,3 Mio. (1996), 40 % der Gesamtbev.

Gallegos (ETH)
I. (=sp); galhegos (=pt); Galizier, Galicisch-Sprachige in Spanien und auf Kuba. In NW-Spanien Volksgruppe, die sich (unbewiesen) auf keltische, speziell bretonische Herkunft zurückführt. Sie verlor ihre stets begrenzte Autonomie schon vor dem 9. Jh. durch Einverleibung nach Kastilien/Spanien. Widerstand gegen Kastilianisierung bes. im 15. und 19. Jh. u.a. durch die Irmandiños, »Brüder des gleichen Landes.« Seit 19. Jh. Wiederbelebung der kastilischen Kultur und Sprache, die aber bis heute keinen offiziellen Status besitzt. Ca. 3,2 Mio. (1991), 8,1 % der spanischen Gesamtbev. Vgl. Galicisch-spr.

Gallier (ETH)
I. Gauls (=en); Gallois (=fr).
II. die Bew. Galliens (das Land zwischen Alpen, Pyrenäen und Atlantik; später erweitert auf Gallia Cisalpina); es handelte sich um Kelten, die im 6. Jh. v.Chr. von Osten her eindrangen und die mediterrane Urbev. unterwarfen. Seit 3. Jh. n.Chr. romanisiert und von einwandernden Germanen (Franken, Burgunden, Westgoten) durchmischt.

Galtscha (ETH)
I. Pamirtadschiken, Bergtadschiken; Eigenname Todschik; Gornye Tadziki (=rs).
II. kleine Ethnie im Darwas- und Karategin-Gebirge/Pamir in Tadschikistan. G. sind Nachfahren von Tadschiken, die vor Usbeken ins Gebirge ausweichen mußten. Kamen nach Unterwerfung der Emirate von Buchara und Kokand Ende 19. Jh. an Rußland; verfügen über autonomen Oblast; mit einem tadschikischen Dialekt; Ismailiten; rd. 47 000 (1979).

Galwa (ETH)
I. Galoa.
II. kleine schwarzafrikanische Ethnie in W-Gabun.

Gamá'a (REL)
I. Dschama'a.

Gamaat (REL)
I. Gamaat al-Islamia.
II. eine radikale Muslim-Bruderschaft in Ägypten. Vgl. Dschama'a.

Gambia (TERR)
A. Republik. Unabh. seit 18. 2. 1965. Republic of The Gambia (=en). (La République de) Gambie (=fr); (la República de) Gambia (=sp).
Ew. 1950: 0,269; 1960: 0,327; 1970: 0,463; 1980: 0,601; 1985: 0,643; 1996: 1,147, BD: 102 Ew./km^2; WR 1990–96: 3,7 %; UZ 1996: 30 %, AQ: 61 %

Gambier (NAT)
I. Gambians (=en); gambiens (=fr); gambianos (=sp).
II. StA. von Gambia. Mandingo (44 %), Fulbe (18 %), Wolof (12 %), Djola (7 %), Sarakole (7 %) u.a. sowie Minderheiten von Senegalesen und Europäern.

Gambierinseln (TERR)
B. s. Französisch-Polynesien. Gambier Islands (=en); îles Gambier (=fr); islas Gambier (=sp).

Gamines (SOZ)
II. (=sp); eltern- und wohnungslose Straßenjugend in Ecuador. Vgl. Straßenkinder.

Gammler (SOZ)
I. Bum(s) (=en).
II. anspruchslos in den Tag hineinlebende Personen. Vgl. Hippies, Rocker, Freaks, Punker.

Gamonales (SOZ)
II. (=sp); soziale Oberschicht indianischer Herkunft in Peru.

Ganadeiros (SOZ)
II. (=pt); viehwirtschaftliche Großunternehmer in Lateinamerika.

Ganaderos (SOZ)
I. (=sp); G. de mayor hierro/señal.
II. Besitzer großer Viehherden. G. estantes: Besitzer von nicht wandernden Schafherden. G. trashumantes: Besiter von Wanderschafherden. Vgl. Transhumanten.

Ganbuhua (SPR)
II. das im S Chinas, bes. in Hongkong, als »Kadersprache« verfemte Mandarin.

Ganda (ETH)
I. Baganda, Buganda, Waganda (=su).

Ganda

II. Volk am NW-Ufer des Victoria-Sees, namengebend für Staat Uganda (U. = Land); 1980: 2,275 Mio., 1991: 5,5 Mio., 28% der Gesamtbev. besitzen Eigenspr. Luganda/Kiganda (=su) mit beachtlicher Literatur. Unterhielten über 5 Jh. (bis 1966) königliche Dynastien, 1993 Restitution der Monarchie. Akkerbauern, heute auf Baumwolle, und Viehhalter.

Ganda (SPR)
I. Luganda, Kiganda; Ganda (=en).
II. Eigenspr. der Ganda-Bantu mit 2,5–3,2 Mio. Sprechern, darüber hinaus Verkehrsspr. in Uganda.

Gangide (BIO)
II. Terminus bei LUNDMAN (1967) für Grazilindide bei *v.* EICKSTEDT.

Gansu (TERR)
B. Kansu (dt. Altbez.). Provinz in China. Ew. 1953: 12,928; 1996: 24,670, BD: 54 Ew./km²

Gan-vie (ETH)
I. »die gerettete Gemeinschaft«.
II. Teilgruppe des fonsprachigen Tofinu-Volkes, das sich im frühen 18. Jh. vor den Heerscharen der Könige von Abomey und Arda in die Lagunen von Benin gerettet hat. Heute erfolgreiche Fischerei mittels Pirogen.

Gaoschan (ETH)
II. Alt-Taiwanesen paläomongoliden und südindischen Ursprungs mit malaio-polynesischer Sprache, ca. 200000; seit der ersten chinesischen Besiedlung im 14. Jh. in das Tschung jang-Gebiet abgedrängt oder assimiliert, unter japanischer Herrschaft in streng abgeschlossenen Reservaten gehalten; Brandrodungsbau, bis 1900 auch Kopfjagd; verbreitet Tatauierungen, Gliederung in Ritualgruppen (=Gaga), Matrilinearität, haben Stammeskulte bewahrt. Bedeutendste Stämme: Ami, Atayal, Bunun, Paiwan, Rukai, Tsou, Yami u.a.

Gaputen (ETH)
I. Eigenbez. Gaput; Gabutlincy (=rs).
II. autochthones Kaukasusvolk, an Aserbeidschaner assimiliert. Vgl. Krysen.

Garamanten (ETH)
I. aus Garama, jetzt Dscherma bei Murzuk; weiße Libyer.
II. indogermanisches Streitwagenvolk, das, im Besitz von Pferd und Wagen, ab 1500 v.Chr. in der Sahara nachweisbar (Felsbilder der Pferdeperiode) wird und wohl im 7. Jh. mit Einführung des Kamels erloschen ist.

Garia (ETH)
II. Kleingruppe von ansässigen Melanesiern auf Neuguinea; ca. 3000 Köpfe.

Garifuna (SPR)
II. indianische Sprgem. von rd. 100000 Individuen in Belize, Guatemala, Honduras, Nicaragua.

Garifuna(s) (BIO)
I. Black Caribs (=en); Schwarze Kariben.
II. Mischbev. entflohener westafrikanischer Sklaven mit Kariben-Indianern auf St. Vincent, St. Lucia und Dominica. Verschmolzen seit 17. Jh. zu neuem Volkstum von Zambos karibischer Spr. und katholischen Glaubens bei Beibehaltung Wodu-ähnlichen Geisterkults. Reste noch auf St. Vincent und Grenadinen. Teile der G. wurden in der zweiten Hälfte des 18. Jh. von den Briten zwangsweise an die Küste von Honduras und Belize umgesiedelt; in Honduras und Nicaragua 1996: 100000–300000 Schwarze Kariben/Kariben. Vgl. auch Wodu/Voodoo.

Garimpeiros (SOZ)
II. (=pt); Gold- und Diamantensucher im Amazonas-Regenwald, 1989 allein im Mato Grosso/Brasilien ca. 320000 (*M. LICHTE*).

Garo (ETH)
II. Großstamm in Meghalaja/Indien; eine Bodo-Spr. aus der tibeto-birmanischen Spr.gruppe verwendend; Zahl < 500000. Matrilineare Abstammungsrechnung und Erbrecht; gehören mongolider Rasse an. Bergbauern. Neben Khasi vorherrschender Stamm im Gliedstaat Meghalaja.

Gasa-Palästinenser (ETH)
I. Gaza-P. (=en), Hgassa-P. (=ar), auch Ghaza-, Ghasa-, Ghazze-P.
II. palästinensische Bew. des »Gasa-Streifens«, eines 363 km² großen Territoriums: aus türkischem Besitz 1917–48 britisches Mandatsland, 1948–56 ägyptischer Verwaltung unterstellt, 1956 israelisch besetzt, ab 1957/62 unabhängiges Territorium unter UN-Schutz, 1967 unter israelischer Militärverwaltung, seit 1994 Teilautonomie unter Verwaltung der Palästinensischen Autonomiebehörde. G.-P. leben seit vier Jahrzehnten unter äußerst prekären Bedingungen. Starke Übervölkerung; außerordentlich hohe Geborenenrate von (1993) 46‰; auch nach Teilautonomie weithin ungenügende Infrastruktur und hohe Arbeitslosigkeit von 40% (1995). 1967: ca. 400000, 1993 ca. 800000, von denen 73% eingetragene UNRWA-Flüchtlinge sind, 55% in Flüchtlingslagern leben. 1997: 1,02 Mio. Palästinenser. Soweit nicht eigener Gartenbau möglich, sind G.-P. auf unsichere Lohnarbeit in Israel und einst in Kuwait angewiesen.

Gascognisch (SPR)
II. sw-Dialekt des Provenzalischen.

Gastarbeiter (SOZ)
I. ausländische Arbeitnehmer; Fremdarbeiter (jedoch im dt. Spr.gebrauch nicht voll syn.); foreign labourers (=en); travailleurs étrangers, travailleurs immigrés (=fr); lavoratori stranieri, operaii stranieri, mani d'opera straniere (=it); trabajadores extranjeros (=sp); trabalhadores estrangeiros (=pt).

II. Bez. im Gastland für dort wohnhafte und auf längere (oft unbestimmte) Zeit berufstätige Ausländer. Ausländische Arbeitnehmer auf Zeit werden auch als Kontraktarbeiter oder als ausländische Saisonarbeiter/Saisonniers bezeichnet. 1991 dürften weltweit ca. 100 Mio. Arbeitnehmer, teils allein, teils mit ihren Familien in einem Ausland arbeiten. Deutschland warb ausländische Gastarbeiter erstmals 1955 an. Deren Herkunft (seit 1955 Italien, seit 1960 Spanien/Griechenland, seit 1961 Türkei, seit 1963 Marokko, seit 1964 Portugal, seit 1965 Tunesien, seit 1968 Jugoslawien) und Zahl haben sich seither laufend gewandelt. 1992 betrug ihre Zahl in Deutschland (ohne Familienangehörige) rd. 1,9 Mio., darunter 630000 Türken, 325000 Ex-Jugoslawen, 172000 Italiener, 105000 Griechen. In Sonderfällen (z.B. Golfstaaten) können G. die einheimischen Arbeitskräfte an Zahl übertreffen und etwa die Hälfte der Gesamteinwohnerschaft ausmachen (Saudi-Arabien, Oman, Kuwait). Ende der 70er Jahre schlossen viele Industriestaaten ihre Grenzen für die weitere Aufnahme von G. Seither wuchs die Zahl von Asylbewerbern stetig. Vgl. Kontraktarbeiter, Kulis, Vertragsarbeiter.

Gastvölker (WISS)
II. von *MAX WEBER* geprägter wiss. Terminus für ethnische Kleingruppen, die als eine Art von Klientel unter dem Patronat überlegener »Wirtsvölker« stehen. Vielfach sind sie zugleich Parias. Vgl. Sarten 2.

Gauchos (SOZ)
I. (=sp); aus caucho (araukan.-span.=) »Schmuggler«.
II. berittene Viehhüter der südamerikanischen Pampas/Argentinien mit Lasso und Bola; wegen des Mangels an weißen Frauen im Kampfsaum der Conquista gegen das freie Indianerland vielfach Mestizen. Im 19. Jh. Funktionswechsel zu Grenzkämpfern oder zu Peones auf den Estancien; 1914 noch 200000 G. Vgl. vaqueiros (=pt); Cowboys (=en).

Gauner (SOZ)
I. nicht voll syn.: Halunken, Spitzbuben; Vagabunden.
II. Sammelbez. für gewerbsmäßige Betrüger. Vgl. Unterwelt; Rotwelsch-spr.

Gaviões (ETH)
II. Stamm der Timbira-Indianer, lebt zurückgezogen im SE von Pará/Brasilien.

Gaya (ETH)
I. Wagaia.
II. zu den W-Niloten zählender Unterstamm der Luo ö. des Victoria-Sees.

Gayo (ETH)
II. iolierte Ethnie im gebirgigen N von Sumatra/Indonesien, ca. 100000; wie die Alas nicht islamisiert.

Gaza (TERR)
B. auch Gaza-Streifen, Gasa; s. Palästina. Von Israel besetzter, früher von Ägypten verwalteter Gebietsteil des ehem. Völkerbundmandats Palästina. Seit 1994 Teilautonomie. Gaza Strip (=en); la zone/bande de Gaza (=fr); la Franja de Gaza (=sp).
Ew. 1950: 0,198; 1955: 0,325; 1960: 0,377; 1965: 0,428; 1980: 0,450; 1997: 1,020, BD: 2698; WR 1993: 3,6%

Gazankulu (TERR)
B. Ehem. abhängiges Homeland in Südafrika.
Ew. 1991: 687000.

Gazzari (REL)
I. (=it); Patareni, Kathari (=it); Katharer.
II. verfolgte neumanichäische Sekte des 10.–14. Jh. in der Lombardei/Italien.

Gbandi (ETH)
II. kleine Stämme der Mande-Fu an der Guineaküste mit ca. 60000 Köpfen u.a. in Liberia.

Gbaya (ETH)
I. Baja, Baya; Mandja, Mandscha; Dek.
II. azandesierte Ethnie von Sudannegern mit ca. 700000 Seelen; bei 24% größte Teilbev. im W der Zentralafrikanischen Republik. G. stellen bekannte Köhler-Gruppen.

Gbaya (SPR)
II. eine Spr. der Adamawa-Ubangi Spr.familie; verbreitet in Kamerun, Zentralafrikanischer Rep., NW-Kongo (DR); um 1985 mit ca. 2 Mio. Sprechern.

Gbundi (ETH)
II. kleine Stämme der Mande-Fu an der Guineaküste und in Liberia.

Gê (SPR)
II. große indianische Spr.gruppe, deren Spr. von ca. 100000 Individuen bes. in NE-Brasilien benutzt werden.

Geber (REL)
I. Gebr, Gabar, Ghabr, Gueber, aus (ar=) Kafir und (pe/tü=) Giaur
I. »Ungläubige« muslimische Bez. für Zarathustrier im Iran.
II. kleine restliche Glaubensgemeinschaft der Zoroastrier in Iran und Indien; bevorzugt in Städten wie Yesd, Teheran, Bombay anzutreffen. Nach fluchtartiger Abwanderung der Parsen und vielmaligen grausamen Verfolgungen heute kaum mehr 10000 Seelen. Benutzen als Spr. das mittelpersische Pehlewi/Pahlawi, in dem auch die heiligen Schriften abgefaßt sind.

Gebirgsnomaden (SOZ)
II. Nomadenstämme in den Bergländern der Türkei, des Iran und in Afghanistan, u.a. Kurden, Luren, Bakhtiaren. Ihre jahreszeitlichen Weidewanderun-

gen erinnern stark an die südeuropäische Transhumanz. Vgl. Shawawi.

Geborene (WISS)
I. Gebürtige; births (=en); naissants, naissantes (=fr); nascit(i,e) (=it); nascidos (=pt); nacidos (=sp).
II. tatsächlich gemeint sind Lebendgeborene im Gegensatz zu Tot- und Fehlgeborenen; die Geborenenhäufigkeit (Gebürtigenhäufigkeit) bemißt sich aus der Anzahl der Lebendgeborenen bezogen auf 1000 Ew. Im Hinblick auf die nachmalige Mobilität unterscheidet man statistisch zwischen »am Ort« (üblicherweise der Wohnort der Mutter), »im Lande« oder »im Ausland Geborenen«. Vgl. Früh-, Lebend-, Totgeborene.

Geburtenschwache Jahrgänge (WISS)
I. baby bust generation (=en); génération creuse (=fr); años de baja natalidad (=sp).

Geburtenstarke Jahrgänge (WISS)
I. baby boom generation (=en); génération plaine (=fr); años de alta natalidad (=sp).

Geburtsbevölkerung (WISS)
I. ivi nati-Bev.; amtl. in Schweiz.
II. die dortselbst (an einem Ort, in einer Gde., in einem Territorium) geborene und zur Zeit der Ermittlung noch lebende Bev.

Ge'ez (SPR)
I. Guèze, Geez, Gheez; abgeleitet aus Namen der Agiza, einem der aus Südarabien eingewanderten Stämme.
II. Spr. aus der südwestsemitischen Spr.gruppe, als verbindende Volksspr. erloschen, jedoch erhalten als Sakralspr. der alten Staatskirche von Abessinien und heutigen Amharischen Kirche sowie der jüdischen Falaschen. Tochterspr. des Geez sind Amharisch, Tigre und Tigrina.

Gefolgsleute (SOZ)
I. Gefolgsmänner; retainers, followers (=en).
II. historisch für Angeh. einer germanischen Gefolgschaft. Im heutigen Sinn umschreibt Gefolge die Begleitung eines hochgestellten Gastes.

Gegen (ETH)
I. Ghegs.
II. Dialektgruppe der Albaner im N des Landes; in zahlreiche Stämme gegliedert, deren n. als Malsoren zusammengefaßt werden, von den s. sind die Mirditen hervorzuheben.

Gegisch (SPR)
I. Ghegs.
II. Dialektgruppe des Albanischen, einer indogermanischen Spr., verbreitet im N Albaniens. Vgl. Malsoren und Mirditen.

Geheimbünde (SOZ)
II. geschlossene Verbände, die ihr »Wissen«, ihre Ziele und Praktiken, vielfach sogar die Zugehörigkeit ihrer Mitglieder geheimhalten. G. können ethnographischen Charakter haben, kultisch-religiöse Funktionen tragen, Feme-Organisationen sein oder polit. Ziele verfolgen. Verbreitet sind Initiationsriten und geheime Hierarchie. Vgl. Camorra, Comuneros (=sp), Fenier, Geheimgesellschaften, Gnostiker, Illuminaten, Karbonari, Ku-Klux-Klan, Mafia, Mamaia, Mau-Mau, Mysterienbünde, Rosenkreuzer.

Geheimgesellschaften (SOZ)
II. Überbegriff für chinesische Geheimbünde, deren Auftreten gehäuft in Not- und polit. Krisenzeiten, bis in das 3. Jh. v.Chr. zurückgreift. Die Unterscheidung der G. in Chiao (Sekten) und Hui (Logen) läßt außer acht, daß sich fast stets religiöse und polit. Ziele verbanden. Mitglieder, die sich als nahe Verwandte betrachteten, rekrutierten sich aus verarmten Bauern und Städtern, Deserteuren, Banditen. Im 19. Jh. übergreifende Organisationen wie z.B. Trias-G./Sanhehui in S-China oder Weißer Lotus/Bailianjiao. Wiederaufnahme dieser Strukturen durch chinesische Auswanderer in USA, wo unter Bez. Triaden im Drogenhandel tätig. Vgl. u.v.a. Hongjin, Taiping; Bailian, Baiyun, Maitreya, Jakusas.

Geistige Verwandte (REL)
I. affinités intellectuelles (=fr).
II. in der kath. Kirche zwischen Taufkind, Taufpate und Täufer, zwischen Firmling und Firmpaten bestehende geistliche Verwandtschaft, die (im ersten Fall) ein trennendes Ehehindernis darstellt.

Geistliche (REL)
I. Seelsorger, Kultdiener. Religionsfunktionäre; nicht voll syn. Kleriker, Theologen, Religiose; curés (=fr); eclesiásticos, clérigos (=sp, pt).
II. 1.) in weitestem Sinn diffuse Sammelbez. für Personengruppen, die durch Inspiration und Berufung, Amt oder Beruf, auch durch Abstammung oder Erwählung in bes. Beziehung, meist Mittlerschaft, zum Überirdischen, Göttlichen stehen, die innerhalb ihrer Religions- bzw. Kultgemeinschaft spezielle Aufgaben versehen; oft mit eigener geistlicher Tracht. Z.B. Bettelmönche, Bonzen, Erweckungsprediger, Lama(s), Magier, Marabuts, Medizinmänner, Mönche, Muezzine, Mufti(s), Mullahs, Pfarrer, Rabbiner, Saddhus, Santris, Schamanen. 2.) i.e.S.: Standesbez. für den kath. Klerus. Vgl. Kleriker. Seit 4. Jh. besaß der Klerus als Stand eine Reihe von Privilegien: Immunität, Befreiung von Diensten, Lasten und Abgaben, eigene Gerichtsbarkeit, bis heute Befreiung von der Militärdienstpflicht. Im Unterschied zur Katholischen Kirche kennen die Protestanten keinen besonderen geistlichen Stand. Vgl. Kleriker, Religiose; Priester. 3.) Angeh. des Reichsstandes zwischen Adel und Bürgertum im MA; Geistliche Fürsten. Hohe kath. Geistliche, Bischöfe, Äbte, Pröpste, Vorsteher der Ritterorden, die im Deutschen Reich (bis 1803) oft Inhaber reichsunmit-

telbarer Territorien waren. Z.B. die geistlichen Kurfürsten von Mainz, Köln, Trier.

Gelbe Kirche (REL)
I. Dge-lugs-pa, Gelugpa, Gelbmützen (s.d.). Vgl. Lamaismus.

Gelbe Rasse (BIO)
I. amarelos (=pt).
II. ugs. Bez. für Angehörige der »gelben«, mongoliden Rasse in Sonderheit für die siniden Chinesen. Vgl. Sinide.

Gelbfieber-Kranke (BIO)
II. Menschen, die am Gelbfieber leiden, an einer durch Mückenstich übertragbaren Viruskrankheit. Das ist jene Seuche, die die Tropenkolonisation durch Europäer am stärksten behindert hat. Sie wurde bereits 1495 anläßlich der Columbus-Expedition beschrieben: »gelb wie Safran«. Seit Mitte 16. Jh. in Mittelamerika und in Karibik endemisch, dezimierte diese Seuche insbesondere die Stadtbevölkerungen Lateinamerikas. Später bildete sich ein neuer Herd in W-Afrika vom Senegal bis über den Kongo aus. Zahlreiche Militäroperationen dort und in Mittelamerika scheiterten unter enormen Verlusten. In den spanischen Kubakriegen forderte Seuche gegen 100 000 Opfer. Ebenso verwehrte Gelbfieber Lesseps Versuch, den Isthmus von Panama zu durchstechen. Das gelang erst dank der genial einfachen Methoden präventiver Medizin von *W. Reed* und *W. Gorgas*, nachdem schon 1881 *C.J. Finlay* Mücken als Überträger des Virus erkannt hatte, und dank Quarantäne. Die Ausbreitung des Gelbfiebers in Amerika erfolgte längs der Küsten und schiffbaren Flüsse (am Mississippi bis St. Louis), 1850 Rio de Janeiro. Gelegentliche Ausbrüche aus den Tropen erfolgten im 18. und 19. Jh.: Kapverden, Kanaren, Lissabon, Barcelona, Marseille, Livorno. Trotz geeigneter Vektoren hat das Gelbfieber nie nach Asien ausgegriffen und auch nicht in Europa Platz greifen können.

Gelbfüßler (SOZ)
II. Spottname der Württemberger für die Badenser in Deutschland. Dialektale Abwandlungen für Bürger bestimmter Gemeinden Geal-, Giel-, Gialfüßler; in gleicher Bedeutung Oiertrappler, Oiertrapper, Eiertrippler. G. als Spitznamen für badische Landsleute sogar unter Bessarabiendeutschen gebräuchlich.

Gelbmützen (REL)
I. auch »Gelbe Kirche«, dge-lugs-pa/Gelugpa (tibet=) »Tugendhaftes Vorbild«.
II. um 1407 begründete buddhistische Schulrichtung und ihre Mönchsgemeinde im tibetischen Lamaismus. Zufolge hoher klösterlicher Disziplin und besserem Ausbildungsstand der Mönche (striktes Zölibat, Verbot von Fleisch und Alkohol) sowie Förderung durch Mongolen stiegen G. zur dominierenden politischen und religiösen Kraft in Tibet auf. Ab 1578 wurde ihr Oberhaupt Dalai Lama genannt. Dieser regierte bis 1950 (chinesische Annektion) als geistlicher und weltlicher Herrscher. Gelugpa sind auch Träger des Amtes des Panchen Lama. Vgl. Lamaismus; Rotmützenorden, Saskyapa, Kagyupa, Nyingmapa.

Geleba (ETH)
I. Reshiat, Reschiat.
II. schwarzafrikanische Ethnie am N-Ufer des Turkanasees/Kenia, Äthiopien.

Gelegenheitsarbeiter (WISS)
II. Arbeitnehmer ohne festes Beschäftigungsverhältnis; in Land- und Forstwirtschaft herkömmlich als Tagelöhner bezeichnet. Begriff umfaßt z.B. auch Schauerleute in Häfen, illegale Schwarzarbeiter, Hausfrauen und Studierende bei gelegentlicher Verdienstarbeit.

Gemeinde (WISS)
I. Kommune, Gemeinschaft.
II. institutionalisierte soziale Einheit auf lokaler Basis (Lokalgruppe), in der sich das soziale, kulturelle, religiöse und auch wirtschaftliche Zusammenleben regelt. Nächst Familie, Sippe/Clan die meist bedeutende und wohl auch früheste soziale Gruppenform; Dorfgemeinschaft. Die außerordentliche Kohäsionsfähigkeit von Gemeinden bestätigt sich im Überdauern uralter Kirchen- und Gerichtsgemeinden.

Gemeinfreie (SOZ)
II. die freibäuerliche Bev. in der Karolingerzeit. Vgl. Volksfreie, Königsfreie.

Gemeinschaft (WISS)
I. soziol. Terminus nach *F. TöNNIES* (1887).
II. im Unterschied zur Gesellschaft eine eher naturgewachsene Einheit von Menschen; verwirklicht bes. deutlich in Gebilden wie Familie, Stamm, Volk. Menschen sind von Natur aus zur G. veranlagt.

Gemeinschaft souveräner Republiken – GSR (TERR)
D. Russisch SSR. 1996 innerhalb der Gemeinschaft Integrierter Staaten/GIS (Rußland, Weißrußland, Kasachstan, Kirgistan) zwischen Rußland und Kyrgystan geschaffene, eher politische Union.

Gemeinschaft unabhängiger Staaten – GUS (TERR)
D. Seit 21. 12. 1991, mit nur mehr 9 der vormaligen 15 SSR (ohne Lettland, Estland, Litauen, Georgien, Aserbaidschan, Moldau) der ehem. UdSSR, s.d. Sodruzhestvo Nezavisimykh Gosudarstv (=rs). Commonwealth of Independent States, CIS (=en); États unifiées (=fr).

General Baptists (REL)
I. Allgemeine Baptisten.

II. Gemeinschaft Taufgesinnter um Prediger John Smyth in England, anfangs von niederländischen Mennoniten angeregt. Vgl. Baptisten.

Generation (WISS)
I. aus generatio (=lat); generation (=en); génération (=fr); generazione (=it); generación (=sp); generaçáo (=pt). Der Begriff Generation ist doppelsinnig, er hat ebenso biologische als auch soziale Bedeutung. Das Altertum gebrauchte Generation analog zu Lebensalter, drei Generationen entsprachen nach *HERODOT* einem Jahrhundert; unter den veränderten demographischen Verhältnissen kann jene Definition in der Moderne keine Anwendung mehr finden.
II. 1.) Bez. für jedes einzelne Glied in der Geschlechterfolge vor- oder rückwärts bemessen: Parentalgenerationen (P 1 der Eltern, P 2 der Großeltern usw.) und Filialgenerationen (F 1 der Kinder, F 2 der Enkel usw.). Man spricht auch von junger oder nachwachsender, von mittlerer und von älterer Generation. 2.) Die Gesamtheit aller in einem bestimmten gleichen Zeitraum geborenen Menschen einer Population, eines Volkes. Mögliche Unterteilung in Männer- und Frauengeneration. 3.) Hingegen ist der Begriff »biologische G.« nicht als Personengruppe sondern als durchschnittliche Generationendauer oder als durchschnittlicher Generationenabstand (gemessen am durchschnittlichen Geburten- oder durchschnittlichen Sterbeabstand) zu definieren. Dieser wurde (s.o.) einst mit 30–33,5 Jahren angenommen, schwankt individuell jedoch in viel breiteren Grenzen. Innerhalb eines Jahrhunderts können 2,5 bis über 5 Generationen einander folgen (*F. LENZ*). Auch hierbei sind zu unterscheiden Generationen der Väter und der Mütter. Der Generationenabstand stellt einen wichtigen Faktor in der Fortpflanzungsdifferenzierung der verschiedenen Bev.gruppierungen dar. 4.) I.w.S. Personengruppen gleicher Altersstufen, die gemeinsam lebenswichtige oder zeitgebundene Ereignisse erlebt haben, z.B. Kriegs- (teilnehmer)-G., Shoah-G. 5.) Als »Zweite Generation« bezeichnet man vielfach die schon im Inland geborenen Nachkommen von Ausländern oder Einwanderern (vgl. Sabres in Israel). Vgl. Kohorte bzw. Geburtskohorte.

Genève (TERR)
B. Kanton. Gliedstaat der Schweizerischen Eidgenossenschaft seit 1815. Genf (=dt). Genève (=fr); Ginevra (=it).
Ew. 1850: 0,064; 1880: 0,100; 1910: 0,155; 1930: 0,171; 1950: 0,203; 1970: 0,332; 1990: 0,379; 1997: 0,397

Genfer (ETH)
II. 1.) Bürgerschaft, 2.) Territorialbev. des schweizerischen Kantons Genf; 3.) Ew. von Stadt (1997: 172 600) und Agglomeration Genf (1990: 380 100); sehr starke Ausländerüberfremdung. Als historische Regionalbev. siehe auch Savoyen.

Genfer Katholiken (REL)
II. Gruppe von Glaubensflüchtlingen, 1532 bzw. 1602 durch Reformation nach Savoyen (Annecy) ausgetrieben.

Genossen (SOZ)
I. Tongzhimen, aus Tongzhi (ci=) »gleicher Wille«; compagni (=it).
II. Konsorten, Gefährten, Kampf- und Leidenskameraden; auch Partner in Wirtschaftszusammenschlüssen; Alpgenossen, Weggenossen u.a. im polit. Sinne Parteifreunde bes. in sozialistischen Parteien.

Gentlemen Settlers (SOZ)
II. (=en); in Australien die ersten freien Siedler: Sträflinge nach Verbüßung ihrer Strafzeit, Militärs nach Ende ihrer Dienstzeit. 1821 sind 4500 Ew. (13 % der Gesamtbev.) freie Siedler.

Geomanten (WISS)
II. Kultpersonen für die Wahrsagung aus geometrischen Figuren ausgeworfener Steine, Muscheln, Kerne, Knochen; u.a. im arabischen Sandorakel oder im Ifa-Orakel der Yoruba; verbreitet in Arabien, Nordafrika, Darfur, Madagaskar. Insbes. auch Kultpersonen für die magisch-sakrale Lagebestimmung von Siedlungs- und Kultstätten, entwickelt im Taoismus, vom Konfuzianismus und Buddhismus übernommen vor allem in China und Mandschurei.

Geophagen (WISS)
I. (agr=) Erdeesser.
II. Geophagie ist die bei vielen Naturvölkern verbreitete Sitte, aus gesundheitlichen oder kultischen Gründen bestimmte Erden zu essen; zur Versorgung mit Mineralsubstanzen, bei Fruchtbarkeitsriten.

Georgien (TERR)
A. Republik. Vormals Grusinische SSR der UdSSR, seit 1990 unabh. Sakartvelos Respublika. Republic of Georgia (=en). Vgl. Abchasien, Adscharien, Südossetien.
Ew. 1939: 3,5; 1959: 4,0; 1979: 5,015; 1989: 5,443; 1996: 5,411, BD: 78 Ew./km²; WR 1990–96: –0,2 %; UZ 1996: 59 %, AQ: 5 %

Georgier (ETH)
I. Eigenbez. Kharthweli, Kartveli; Grusinier (amtl.); Gruziny (=rs); Gruzians, Kartvelians, Georgians (=en); Géorgiens (=fr).
II. Kaukasus-Volk, hervorgegangen aus Vereinigung kartvelischer Völker bzw. Stämme im südwestl. Kaukasus. Insgesamt 4,1 Mio., wovon 3,9 Mio. (1990) innerhalb der Rep. Georgien mit Eigenspr. und Eigenschrift (Mehedruli); seit dem 4. Jh. Christen, in Teilen (Adcharen) später islamisiert; mit Unterstämmen: Imerier, Gurier, Chewsuren, Tuschen, Pschawen, Adscharen. Vereinigung im 12. Jh. unter der einheimischen Bagratiden-Dynastie, konnte sich bis ins 15. Jh. behaupten. Seit 1801 schrittweise Annektion durch Rußland (bis 1878). 1918 unabhängige Rep. unter Schutz deutscher, später britischer

Protektoratsmacht. 1921, endgültig 1936 Proklamierung einer Georgischen SSR mit Sondergebieten für Osseten, Abchasen und Adcharen. Diese SSR hat 1991 als Rep. Georgien die Unabhängigkeit erklärt, sie schloß sich 1993 der GUS an. In ihr stellen G. 71,7 % der Ges.bev.; 150 000 leben im Iran und in der Türkei. Vgl. Adcharen, Lasen, Mingrelier.

Georgier (NAT)
II. StA. der Rep. Georgien, 5,4 Mio. Ew. (1996). 71,7 % leben (neben 8 % Armeniern, 5,6 % Aserbaidschanern und 5,5 % Russen) als Titularnation in ihrer Rep., von der sich jedoch Abchasen und Osseten losgesagt haben. Umgekehrt haben etwa 200 000 G. Abchasien wohl auf Dauer als Bürgerkriegsflüchtlinge verlassen. Seit 1989 gilt staatliches Spr.programm, das auch bei den Minderheiten Georgisch gegenüber Russisch als bisheriger Zweitspr. fördern soll. Gesetz von 1993 verlangt nur rudimentäre Georgisch-Kenntnisse als Voraussetzung der Staatsangehörigkeit. Vgl. Kaukasier; Abchasen, Adcharen; Georgische Christen.

Georgisch (SPR)
I. Grusinisch-spr.; Eigenbez. k'art' veli, Kartuli ena; Georgian (=en).
II. Sprgem. von rd. 4 Mio. in Georgien, Abchasien und Aserbaidschan, Kleingruppen in GUS. G. ist (seit 1992) Amtsspr. in der Rep. Georgien, bis dahin Verwaltungs- und Schulspr. in der Grusinischen SSR der UdSSR. Die georgische Spr. gehört zur kartwelischen Gruppe der südkaukasischen Spr. Man unterscheidet das Altgeorgische (5.–9. Jh.) und das Neugeorgische (ab 18. Jh.). Das Georgische wird mit zwei verschiedenen Eigenschriften aufgezeichnet, mit der Chutsuri, der kirchlichen Schrift, und mit der Mchedruli, der bürgerlichen Schrift (s.d.). Vgl. Kartwelische Spr., Kaukasier.

Georgische Christen/Kirche (REL)
I. georgische Orthodoxe; Mitglieder der autokephalen georgisch-orthodoxen Apostelkirche.
II. Christianisierung in zweiter Hälfte des 4. Jh., altes Zentrum Mcheta. G. Ch. lösten sich um 600 von monophysitisch gewordenen Armeniern, hielten zur byzantinischen Großkirche, bewahrten die georgische Kirchenspr. 1801 wurde das georgische Patriarchat zwangsweise in die Russische Kirche eingegliedert unter Ersetzung des Georgischen durch das Kirchenslavische als Liturgiespr. 1917 Wiederherstellung der unabhängigen Kirche, die 1943 wieder die Gemeinschaft mit der russisch-orthodoxen Kirche aufnahm, nach Unabhängigkeit Georgiens 1991 heute dessen Nationalkirche ist. Vgl. Georgier.

Georgische Juden (REL)
I. Georgian Jews (=en); Gruzinskiy Evrei/Evrey/Ievrei/Yevrey.
II. orientalische Juden orthodoxer Prägung im christlichen Georgien. Ihre Zahl vermindert sich in jüngster Zeit durch Auswanderung nach Israel stark. 1979 noch 55 000, 1990 nur mehr 16 000.

Georgische Schriftnutzergemeinschaft (SCHR)
I. Mehdruli, Mchedruli; um Verwechslungen vorzubeugen, ist vorzuziehen: grusinische Schrift.
II. die auf einem streng phonologischen Prinzip beruhende Schrift von 28 Konsonanten- und 5 Vokalzeichen auf der Grundlage des Altaramäischen und (wie die Armenische Schrift) in Anlehnung an das Griechische Alphabet, möglicherweise durch den heiligen Mesrop anfangs des 5. Jh. entwickelt. Überliefert sind Hutsuri/Chutsuri/Chuzuri, die sog. Priesterschrift (5.–10. Jh.), die bis ins 18. Jh. verwendete Buchschrift und die im 13. Jh. entwickelte weit unterschiedliche Kriegerschrift, die alle Wirren überstehend in Georgien als Hoheitsschrift und den georgischen Christen als Kultschrift dienen. Die Hutsuri-Schrift besitzt 38 Zeichen, die Mhedruli 40, von denen 33 bis heute im Gebrauch blieben. Die Mhedruli-Schrift wurde im 17. Jh. normiert. Die moderne Version von Druck- und Kurrentschrift basiert auf diesen Konventionen.

German Baptists (REL)
I. Tunkers.

Germanen (ETH)
I. Fremdbez. der Gallier (für ihre ö. Nachbarn) und Römer, erst seit *Tacitus* ein sprachl.-ethnischer Begriff. Teutons (=en).
II. Volksverband mit indogermanischen Spr., die sich seit erster (germanischer) Lautverschiebung von anderen indogermanischen Sprachen unterscheiden. Zu Beginn der Überlieferung lag sein Siedlungsraum beiderseits der w. Ostsee (Südskandinavien, Dänemark, Norddeutschland zwischen Elbe und Oder). Dieser breitete sich schon im 1. Jtsd. v. Chr. bis über Weichsel, Moldau, Rhein und die Donau aus. Zugleich setzte im 1. Jh.n.Chr. eine deutliche Differenzierung ein, in Nordgermanen, die im skandinavischen Konsolidierungsraum verblieben, Ostgermanen, die über Oder und Weichsel südwärts zogen, und Westgermanen, die in Süd- und Westdeutschland sowie auf den Brit. Inseln ansässig wurden, wobei sich (seit 3. Jh.) jede Gruppe in zahlreiche Stammesverbände aufgliederte. Erst in kriegerischen Begegnungen mit Römern (seit 58 v. Chr.) und dann am Limes (Markomannenkrieg) beginnt die eigentliche Geschichte der Germanen. Der Hunneneinfall (375) bewirkte weitere Fernwanderungen und die Gründung germanischer Reiche in Gallien und Spanien (Westgoten), Italien (Ostgoten und Langobarden) und Britannien (Angeln und Sachsen), sogar in S-Spanien und N-Afrika (Vandalen). Ende des 8. Jh. umfaßte das Fränkische Reich die meisten westgermanischen Stämme. Vgl. Großstämme der Alemannen, Franken, Sachsen.

Germanische Sprachen (SPR)
II. zu unterscheiden sind die ostgermanischen Spr.: Gotisch, Wandalisch, Burgundisch, Krimgotisch; die nordgermanischen Spr.: Schwedisch, Dänisch, Norwegisch, Isländisch, Färöisch; die westgermanischen Spr.: Englisch, Friesisch; Niederdeutsch, Niederländisch, Afrikaans; Deutsch, auch Jiddisch. In Europa rd. 187 Mio. zum Stand 1991.

Gês (ETH)
I. Gê.
II. großer indianischer Kulturverband im Bergland Ostbrasiliens. G. besitzen eine hochentwickelte soziale Organisation; sind Jäger und Sammler. Vgl. u.a. Apinages, Kayapo, Purekramekran.

Geschäftemacher (SOZ)
I. Carpethagger(s) (=en).
II. zu Ungunsten einer sozial, ökonomisch, polit. unterlegenen Teilbev. verantwortungslos und skrupellos auf Verdienst ausgehende Geschäftsleute. U.v.a.1.) nach Ende des US-amerikanischen Bürgerkrieges Nordstaatler, welche die Notlage in den Südstaaten ausnutzten; 2.) in Deutschland nach Wiedervereinigung solche »Wessis«, die skrupellos die Unwissenheit (hinsichtlich der Marktwirtschaft) ihrer Mitbürger in der ehem. DDR ausbeuten.

Geschichtslose (WISS)
II. Stämme, Völker, die keine Überlieferung ihrer historischen Tradition besitzen, ohne Bewußtsein ihrer eigenen geschichtlichen Vergangenheit sind. Vgl. Naturvölker.

Geschiedene (SOZ)
I. geschiedene Personen, g. Männer, g. Frauen; Divorced persons (=en); divorcées, personnes divorcées (=fr); divorziate, persone divorziate (=it); divorciados (=sp).
II. eine Kategorie des Familienstandes; Personen, deren Ehe durch Scheidung gelöst worden ist, gerichtlich für nichtig erklärt, aufgehoben oder geschieden erklärt wurde. Geschiedenenhäufigkeit: Zahl der G. (je 10 000 Ew. oder je 10 000 bestehende Ehen) wächst bes. in Industrieländern stark an. Z.B. wurden in Deutschland allein 1994 rd. 166 000 Ehen geschieden. Ungeachtet des Umstandes, daß gewisse Rel. die Ehescheidung verbieten und manche Gesellschaften Geschiedene nicht tolerieren, zwingt eine Scheidung die Betroffenen in aller Regel zu umfassendem Neubeginn.

Geschlechtskranke (BIO)
I. »Lustseuchenkranke«, Venerisch-Kranke.
II. Menschen, die an Infektionskrankheiten leiden, deren Übertragung überwiegend bis ausschließlich auf sexuellem Wege erfolgt. Zu diesen zählen: Gonorrhoe, Syphilis, weicher Schanker und (mit Einschränkung) auch Aids. Einstmals als göttliche Strafen für ein Lotterleben gewertet, werden Geschlechtskrankheiten jedenfalls durch Promiskuität, Prostitution und auch Homosexualität gefördert. Lustseuchen, maladies honteuses (=fr), erfaßten Europa insbesondere im 15. Jh.; sie zählen in gewissen Ländern (in Saudi-Arabien mit 20–30 %) noch heute zu den häufigsten Infektionskrankheiten.

Geschlossene Bevölkerung (WISS)
I. population fermée (=fr); closed population (=en); popolazione chiusa (=it); población cerrada (=sp); populaçáo formada (=pt).
II. eine Bev., die weder Aus- noch Einwanderung zu verzeichnen hat, deren Entwicklung allein durch Geburten und Sterbefälle bestimmt wird. Im bev.politischen Sinn eine Bev., die sowohl Zuwanderung als auch Einheirat zu verhindern sucht. Vgl. Isolate; Gegensatz Offene Bev.

Geschwister (BIO)
I. Sibs, Siblings (=en); fratrie (=fr); fratelli, fratellanza (=it); hermanos (=sp); felhos (=pt).
II. Verwandtschaftsbez. für Schwestern und Brüder, deren beide Elternteile die gleichen sind, sonst Halb- oder Stiefgeschwister.

Geschwisterkinder (BIO)
II. Verwandtschaftsbez. für die Kinder eines Bruders und oder einer Schwester; heutige Bez. Neffen (m.) oder Nichten (w.) 1. Grades.

Gesellen (SOZ)
II. Handwerker nach geprüftem Abschluß ihrer Ausbildung. Überdauert haben die Gesellenschächte, z.B. »Recht schaffende Fremde« (seit 1891) für Zimmerer;»Rolandschacht« (seit 1891) für Bauhandwerker; »Fremder Freiheitsschacht« (seit 1910) für Bauhandwerker; »Freie Vogtländer« (seit 1910) für Steinmetze; »Axt und Kelle« (seit 1979) für Bauhandwerker; »Freier Begegnungsschacht« (seit 1986).

Gesellenbruderschaften (SOZ)
II. zunftähnliche Vereinigungen von G. zur Vertretung ihrer Ansprüche gegenüber den Meistern (seit 14. Jh.); Gesellenschächte.

Gesellenvereine (SOZ)
II. konfessionell gebundene Verbindungen zur religiösen, sozialen und beruflichen Erziehung von Handwerkergesellen, insbes. der Kolpingfamilie (seit 1846).

Gesellschaft (WISS)
I. Sozialkomplex; society (=en); société (=fr); società (=it); sociedade (=pt); sociedad (=sp).
II. sozialwiss. Terminus für einen Bev.körper, der durch ein spezifisch geartetes soziales System zwischenmenschlicher Beziehungen und Ordnungen geprägt und zumeist auf einen bestimmten räumlichen Bereich und ein bestimmtes Zeitalter beschränkt ist (z.B. Christliche G., Industrieg.).

Gesellschaftsinseln (TERR)
B. s. Französisch-Polynesien. Society Islands (=en); les îles de la Société (=fr); las islas de las Sociedad (=sp).

Gesellschaftsschicht (WISS)
I. social class (=en); classe sociale (=fr); classe sociale (=it); clase social (=sp); classe social (=pt). Vgl. Bev.schicht.

Gesinde (SOZ)
II. Altbez. in Mitteleuropa für die Gesamtheit der landwirtschaftlichen und häuslichen Arbeitskräfte in einem Landwirtschaftsbetrieb, für Knechte und Mägde, die ursprünglich in der Familie des Dienstherren lebten und hinsichtlich Sozialleistungen meist voll integriert waren. In diesem Sinne heute in Europa stark rückläufig, praktisch kaum mehr vorhanden. Vgl. Landarbeiter.

Geteilte Völker (WISS)
I. geogr. Terminus nach G. FOCHLER-HAUKE.
II. Völker, die aufgrund polit. Machtspruchs auf verschiedene Staaten aufgeteilt wurden, z.B. Koreaner, Chinesen, Vietnamesen (bis 1975), Kaschmiri, Jemeniten (bis 1991), Iren, Deutsche (bis 1990), Polen in den historischen drei Teilungen.

Getrenntlebende (WISS)
II. als amtl. Terminus in Deutschland für verheiratete Personen, deren Ehepartner sich am Erhebungsstichtag zeitweilig oder dauernd nicht im befragten Haushalt aufgehalten hat und über den keine Angaben gemacht wurden.

Geusen (SOZ)
I. Geuzen (=ni); aus gueux (fr=) »Bettler«.
II. anfängliche Spott-, später Ehrenbez. für im 16. Jh. gegen die Spanier um ihre Freiheit kämpfende Niederländer; man unterschied See-/Wassergeusen und Buschgeusen.

Gevattern (SOZ)
I. Gevattersleute (Gevattersmänner m. und Gevatterinnen w.); aus compater (lat=) »Mitvater« (in geistlicher Verantwortung); gifatero (ahd=) »Taufpate«; compadres (=sp).
II. 1.) Paten, Taufzeugen. 2.) Freunde der Familie, Verwandte, Nachbarn, Kameraden. Vgl. compadres, compadrazgo (=sp).

Gewel (SOZ)
I. Wolof-Ausdruck für Griots, s.d.

Gewerkschafter (SOZ)
I. Gewerkschaftler.
II. Angeh. (oder Funktionäre) einer Gewerkschaft, d.h. einer Vereinigung von Arbeitnehmern zur gemeinsamen Wahrung (im Solidaritätsprinzip) ihrer Ansprüche, insbes. solcher zur Verbesserung der Arbeitsbedingungen (Lohnhöhe, Arbeitszeit, Kündigungsschutz) gegenüber den Arbeitgebern. Ihre Organisationen führen hierzu Tarifverhandlungen, leiten Kampfmaßnahmen (Streiks), gewähren soziale und rechtliche Unterstützung. Die Gewerkschaftsbewegung nahm um die Mitte des 19. Jh. in den Industrieländern Europas ihren Beginn. In Deutschland 1992 rd. 11 Mio. Mitglieder im Deutschen Gewerkschaftsbund (DGB).

Ggurijnartitsch (SPR)
II. die Walser-Mundart in Bosco Gurin/Tessin/Schweiz. Vgl. Schweizerdeutsch.

Ghana (TERR)
A. Republik. Als Kolonialterritorium Goldküste; unabh. seit 6. 3. 1957: Republic of Ghana (=en). (La République du) Ghana (=fr); (la República de) Ghana (=sp).
Ew. 1950: 4,368; 1960: 6,777; 1970: 8,614; 1980: 11,542; 1985: 13,588; 1996: 17,522, BD: 74 Ew./km²; WR 1990–96: 2,7 %; UZ 1996: 36 %, AQ: 36 %

Ghanaer (NAT)
I. Ghanesen; Ghanaians (=en); ghanéens (=fr); ghaneses (=sp).
II. StA. der Rep. Ghana; starke Auslandskolonien (über 10 %) u.a. in Nigeria (rd. 350000), Elfenbeinküste (250000). Zur Bev. zählen div. Gruppen von Sudan-Negern, u.a. der Akan (52,4 % mit Aschanti und Fanti), Ewe (11,9 %) Mossi(15,8 %).

Gharti (ETH)
II. Stamm im w. Nepal, der nicht die Magar-Spr. spricht und sich somatisch von den fünf Magar-Stämmen unterscheidet; vermutlich Nachkommen freigelassener Sklaven.

Ghebber (SOZ)
II. Leibeigene in Somal- und Gallagebieten des kaiserlichen Abessinien/Äthiopien.

Ghettobewohner (WISS)
I. (it=) ghetto; wohl aus geto »Kanonengießerei«, dem Standort des venezianischen Ghettos.
II. jüdische Stadtgemeinden, die nach orientalischer Gepflogenheit (vgl. Millets), aus religiösen und wirtschaftlichen Funktionen, vor allem auch aus Sicherheitsgründen seit Altertum freiwillig, seit 15. Jh. als Aljama in Spanien und 1516 in Venedig meist zwangsweise in mehr oder weniger streng abgeschlossenen Stadtquartieren (mit Toren und eigener Versorgung) lebten. Wachsende Bev.zahl führte zu beengten, unhygienischen Wohnverhältnissen. Solche Zwangssegregation wurde in Europa erst im 19. Jh. aufgehoben. Übersteigerung ähnlicher Verhältnisse in den Massenghettos Polens (Warschau 350000–500000) im Zuge der NS-staatlichen Judenverfolgung. Heute wird Begriff in unzulässig erweitertem Sinn auch für andere sozial gering geachtete Minderheiten gebraucht (Negerghettos). Das gilt auch für die sog. Zigeuner-Ghettos, die Mahalas z.B. in Jugoslawien, etwa Shutka bei Skopje. Vgl. Millets, Quartierbevölkerung.

Ghilsai (ETH)
I. Ghilzais (=en).
II. einer der beiden großen Nomadenstämme der Pathanen in Afghanistan (Sommerweiden), Pakistan und auch Iran. Vgl. Paschtunen, Durrani(s).

Ghomara (ETH)
II. Stamm der Rif-Kabylen in N-Marokko, Teilgruppe der Masmuda, mit einer Berberspr.; Sunniten. Vgl. Berber.

Ghulat (REL)
I. (ar=) »Übertreiber«; aus Ghulû, Gulat, Sing. gali.
II. nächst älteren Vorläufern eine heutige Gruppe schiitischer Sekten, z.B. Nusairier/Alawiten, Ahl e Haqq/Ali-ilahi. Vgl. heterodoxe Schiiten.

GI (SOZ)
S. Government Issue

Giauren (REL)
I. aus Kuffar (Sg. Kafer) (ar=) »Ungläubige«.
II. Nichtmuslime in der islamischen Ökumene.

Gibarao(s) (BIO)
II. Mischlinge aus Chinos und Mulatten in Mexiko.

Gibe (ETH)
II. kuschitischspr. Ethnie im SW des Äthiopischen Hochlandes, ca. 200000; treiben Ackerbau und Handel. Vgl. Galla.

Gibraltar (TERR)
B. Britisch seit 1713, Kolonie Großbritanniens seit 1830, von Spanien beansprucht. (The Colony of) Gibraltar (=en); (la colonie de) Gibraltar (=fr); (la Colonia de) Gibraltar (=sp).
Ew. 1950: 0,023; 1960: 0,026; 1970: 0,026; 1980: 0,030; 1997: 0,027, BD: 4167 Ew./km²; WR 1980–90: 0,0%

Gibraltareños (ETH)
I. (=sp); Llanitos; Gibraltarians (=en); Gibraltariens (=fr).
II. Bew. der seit 1704/1713 britischen Kronkolonie Gibraltar; auf 6,5 km² eine hohe Dichte. Von den Ew. sind 20100 einheimische. G., 5900 andere Briten, 2600 nichtbritische Ausländer. Die Einheimischen sind überwiegend spanischer, maltesischer oder portugiesischer Herkunft. Offizielle Spr. ist Englisch, Umgangsspr. Andalusisch.

Gibson-Aborigines (BIO)
I. Aborigines.
II. Restgruppe von Aborigines in der australischen Gibson-Wüste; noch Wildbeuter.

Gichki (ETH)
II. Fremdstamm der Belutschen, der wohl aus dem Sind zugewandert ist und die Baluchi-Spr. übernommen hat.

Gichtelianer (REL)
I. Engelsbrüder.
II. Ende des 17. Jh. durch Joh. Georg Gichtel gegr. Sekte; Anh. erhofften sich durch Enthaltung des ehelichen Umganges zur Reinheit der Engel zu erheben. Verbreitung in N- und NE-Deutschland, Sekte wurde 1933 durch NS-Regierung aufgelöst.

Gidjingali (BIO)
II. Restgruppe der Aborigines im nordaustralischen Reservat Arnhemland; Eigensprache.

Giftler (SOZ)
II. Eigenbez. der Drogenkonsumenten unter Stadtstreichern.

Gilaki (SPR)
I. Gilaki (=en).
II. Sprecher dieser indo-europäischen Spr. in Iran ca. 2 Mio.

Gilam Jam (SOZ)
I. »Teppichdiebe«.
II. aus Usbeken und Ismailen rekrutierte Milizen aus dem N in Afghanistan.

Gilbertesen (ETH)
II. Bew. der pazifischen Gilbert-Insel im Inselstaat Kiribati; 67500 Ew. (1990), überwiegend Mikronesier, nur im S »Leute von Beru« polynesischer Einschlag. Selbstversorger mit Fischfang und Fruchtbaumkultur. Ihre Spr. ist Gilbertese oder Kiribatese.

Gilbertesisch (SPR)
I. I-Kiribati.
II. austronesische Amtsspr. (neben Englisch) für rd. 75000 Bew. im pazifischen Inselstaat Kiribati.

Gilbert-Inseln (TERR)
B. s. Kiribati.

Gilde (SOZ)
I. Einungen, später Innungen; vgl. auch Zechen.
II. seit 8. Jh. in Mitteleuropa bestehende Bünde/Genossenschaften mit religiöser oder weltlicher Zielsetzung zu gegenseitiger Unterstützung (Schutz-Gilden), Geselligkeit, mit eigenen Satzungen, oft eigener Gerichtsbarkeit (Kaufmannsgilde der Hanse) bes. in Städten. Bei späterer Gliederung nach Berufsständen spricht man u.a. von Handwerker-Zünften und -Gilden. Vgl. Zünfter, (Innungs-) Handwerker.

Gileños (ETH)
II. spanischer Ausdruck des 16./17. Jh. für kleine Indianerethnien, seither meist für den Stamm des Indianervolks der Apachen.

Giljaken (ETH)
I. Eigenbez. Niwch; (rs=) Giljaki. Altbez. für Negidalzen und Niwchen (»Menschen«) in Rußland.
II. paläosibirisches Volk im Mündungsgebiet des Amur und im Nordteil von Sachalin. 1926 ca. 4000 G., wovon 1700 auf Sachalin; Fischer und

Robbenschläger, Pelzjäger mit jahreszeitlich wechselndem Wohnplatz.

Gimi (ETH)
II. Kleingruppe von Melanesiern auf Neuguinea.

Gimira (ETH)
I. Gimirra.
II. kleine ethnische Einheit im äußersten SW Äthiopiens.

Gimr (ETH)
I. Tama im Grenzbereich Tschad zu Sudan.

Gio (ETH)
I. Nyo, Dan in CIV.
II. westafrikanisches Negervolk in Liberia; 225 000, entspricht ca. 8 % der Gesamtbev. (1996). Vgl. Dan.

Gipsies (ETH)
I. Einzahl Gipsy (=en).
II. Zigeuner nach vermeintlicher Herkunft aus Ägypten; vgl. Giptenaers (=ni); gitanos (=sp, pt); Gyphtos (=gr).

Girjama (ETH)
I. Giryama, Nika. Vgl. Nyika.

Gisiga (ETH)
I. Daba in N-Kamerun.

Gisu (ETH)
I. Gishu, Masaba.
II. Bantu-Volk der Benue-Kongo-Spr.gruppe an den Hängen des Mt. Elgon im sö. Uganda; 1980: 1,3 Mio., damals mit 10,3 % der Staatsbev. die viertgrößte unter ca. 40 ethnischen Einheiten.

Gitanos (SOZ)
I. Kale.
II. (=sp); Eigenbez. der (z. T. über Nordafrika zugewanderten) Zigeuner in Spanien; lt. europäischem Zigeunerkongreß 1994 fast 1 Mio., lt. anderer Schätzungen 0,6 bis zu 1,5 Mio., großteils in Andalusien, mehrheitlich schon seßhaft. Fortwanderer in den USA sind bekannte Flamenco-Tänzer.

Glaglahhecha (ETH)
I. die »Schlampigen«.
II. pejorative Bez. für Untergruppe der Sihasapa- und der Miniconjou-Teton-Sioux-Indianer.

Glagoliza-Schrift (SCHR)
I. Glagolica, Glagolitische Schrift; aus glagol (slav=) »Wort«.
II. durch den Slawenapostel Kyrill in Anlehnung an bekannte Schriftsysteme geschaffene älteste slawische Schrift. G. hatte unter den Slaven SE-Europas zur Wiedergabe der Altbulgarischen/Altmakedonischen Spr. in den Jh. nach der Christianisierung weite Verbreitung, bis es im Laufe des MA durch die Kyrilliza abgelöst wurde. Insbes. als Liturgieschrift hielt sich die G.-Schrift bis in die Neuzeit in Kroatien und auf dalmatinischen Inseln (Krk). Es bestanden zwei regionale Schriftvarianten, der runde (bulgarische) und der eckige (illyrische) Typ.

Glaoua (ETH)
I. Glawa.
II. ein Stamm im Bervervolk der Schlöch in Südmarokko.

Glarus (TERR)
B. Konton. Gliedstaat der Schweizerischen Eidgenossenschaft seit 1352. Glaris (=fr); Glarona (=it).
Ew. 1850: 0,030; 1910: 0,033; 1930: 0,036; 1950: 0,038; 1970: 0,040; 1990: 0,039; 1997: 0,039

Glaubensflüchtlinge (REL)
II. aus Gründen ihres Glaubens oder auch des mit ihm verbundenen Kultes durch Unduldsamkeit, Verbot und gezielte Verfolgung, oft in Verbindung mit politischen oder wirtschaftlichen Gründen zur Emigration gedrängte Anhänger, z.B. Albigenser, Armenier, Dissenters, Exulanten, Hugenotten, Mennoniten, Mozabiten, Pilgerväter, Ultraschiiten, Starowerzy.

Glaubensgemeinschaft (REL)
I. Denomination of Religion (=en); culte (=fr); culto (=it).

Gletecore (SOZ)
II. ansässige Zigeuner in Siebenbürgen.

Glockenbecherleute (WISS)
II. vorgeschichtliche Menschengruppen, die charakteristische (umgekehrt) glockenförmige, meist sorgfältig in Horizontalzonen verzierte Becher herstellten. Glockenbecherkultur nahm Ausgang Ende 3.Jtsd. in Spanien, erfuhr schnelle Ausbreitung über Südfrankreich, Sardinien, Sizilien, Oberitalien, Österreich, Süd- und Mitteldeutschland bis Böhmen-Mähren, Ungarn, Polen, erreichte um 1900–1700 v.Chr. auch Jütland. Träger sind kurzköpfige Menschen, kriegerisch, unstete Jäger und Viehzüchter. Hauptwaffe war der Bogen, doch traten schon Kupferdolche auf.

Glücksritter (SOZ)
II. abwertende Bez. für Personen, die sich 1.) blind auf ihr Glück verlassen, 2.) in abenteuerlicher Weise ihren Gewinn suchen. Vgl. Goldsucher; Kriegs- und Vereinigungsgewinnler; Carpetbaggers (=en).

Gnadenmeister (SOZ)
II. in Mitteleuropa die per Dekret eines Landesfürsten außerhalb der Zunftordnung zugelassenen Kunsthandwerker.

Gnaoua (SOZ)
I. (=ar); Sg. Gnaoui; »Menschen aus Guinea«.
II. heute Bez. für eine als Musiker, Tänzer usw. zugewanderte negroide Bev.gruppe in Südmarokko.

Gnostiker (REL)
I. aus gnosis (agr.=) »Erkenntnis«, »Wissen«.

II. Sammelbez. für div. Glaubensgemeinschaften, in spätantiker und frühchristlicher Zeit, bes. in Syrien, Ägypten und Rom, die aufgrund von Gnosis das Heil der Menschen durch Einsicht in das göttliche Geheimnis zu erlangen suchten. Zu ihnen zählen die Schulen der Simonianer, Satornilianer, Basilianer, Karpokratianer, Ophiten mit Naassenern, Valentinianer, Enkratiten, Bardesaniten, Kainiten, Sethianer, Archontiker, Barbelo, Borborianer. Zum späteren Gnostizismus gehören auch der Manichäismus und die Mandäer-Religion.

Goa (TERR)
B. Bundesstaat Indiens.
Ew. 1981: 1,008; 1991: 1,170, BD 316 Ew./km²

Goajiro (ETH)
I. Wahiro.
II. Indianervolk mit einer Aruak-Spr. auf der Halbinsel Guajira/Kolumbien und Venezuela; übernahmen von Europäern schon im 16. Jh. die Viehhaltung; heute Pflanzer und Viehhalter mit Weidewanderung, gewinnen und verkaufen das Salz ihrer Salzpfannen. G. sind in matrilinearen Sippengruppen (Castas) unterteilt. Anzahl: ca. 150 000.

Goanesen (ETH)
II. Bew. der bis 1962 portugiesischen Besitzung Goa, seither Unionsterritorium mit Damao und Diu an der Westküste von Indien w. des BSt. Mysore; ca. 600 000, davon 61 % Hindus, 36 % Christen (Katholiken und Malankaren).

Godoberi (ETH)
I. Godoberier; Godoberincy (=rs). Vgl. Avaren.

Gogo (ETH)
I. Wagogo.
II. ein Bantuvolk auf dem Plateau Zentraltansanias um Dodoma; eine der bev.stärksten Ethnien Tansanias, in deren Siedlungsgebiet die Hauptstadt Dodoma liegt. Die Ethnogenese ist unklar, jedenfalls zahlreiche Impulse durch Einwanderung von Wanderarbeitern und während der Sklavenkarawanen als auch durch die fortwährenden Kämpfe mit den Masai, von denen sie zahlreiche Kulturzüge besonders in Bezug auf die Rinderhaltung übernahmen; besonders herausragende Musikkultur. Ihnen verwandt sind die Iramba, Issansu, Rangi/Irangi und Turu/Nyaturu/Waniaturu mit insges. 350 000–400 000 Köpfen. Besitzen Merkmale der benachbarten Niloten und auch kuschitischer Vorbev.

Gojim (REL)
I. Sg. Goi, Goj (=he); góios (=pt).
II. im A.T. »Volk«, später Bez. der Juden für Nichtjuden; in Israel pejorativ auch innenpolitisch für nichtreligiöse Parteien benützt.

Goklonen (ETH)
I. Göklen (auch Eigenbez.); Goklan (=rs).
II. Stamm der Turkmenen im Iran.

Golden (ETH)
I. Altbez. für Nanaier, Nanjzen; Eigenbez. Nani; Gol'dy (=rs); pejorativ (ci »Fischhaut-Tataren«); Nanai.
II. ein den Mandschu eng verwandtes Kleinvolk von Fischern und Jägern am Usuri und Amur/Rußland. Vgl. Nanai, Nanaier.

Goldfasane (SOZ)
II. in Deutschland 1933–1945 Spottbez. für hohe Funktionäre der NSDAP ob ihrer goldbetressten braunen Uniformen.

Goldsucher (SOZ)
I. Goldgräber, -wäscher; Diggers (=en); ratters (en=) »Raubschürfer«; gambusinos (=sp); Galamsey in Ghana; Prospektoren.
II. einst ugs. für Abenteurer, Glücksritter, die auf Nachrichten von Gold-, Silber-, Diamantenfunden unter Zurücklassung von Heim und Familien in noch unerschlossene ferne Länder auswanderten; rauhe Männergesellschaften. Goldfunde im Verlauf der kolonialen Durchdringung im zaristischen Rußland, im 16./17. Jh. im Ural und w. Sibirien, dann im Altai und Jenissei-Becken, später bes. in Amerika und Australien wie z.B. Gold: 1693 in Minas Gerais und 1716 im Mato Grosso/Brasilien; Nevada 1848, Kalifornien 1849, Südafrika ab 1886, Australien 1851–1955; Silber: 1545 Potosi/Bolivien, Diamanten 1870 im Griqualand haben stets starke Wanderungswellen ausgelöst; von den Küsten ins Landesinnere (in Lateinamerika), von der Ost- zur Westküste (40 000 über Kap Hoorn, 40 000 in Landdurchquerung) Nordamerikas, aus Europa (u.a. aus div. Südalpentälern) nach Übersee. Seit 1989 Goldrauschfieber in Ghana als Folge liberalisierter Schürfrechte; allein 50 000 Jugendliche verwüsten hauptberuflich das Land. Vgl. garimpeiros (=pt); Staratelja (=rs); Diggers (=en).

Golf-Araber (ETH)
II. mißdeutiger Begriff, der weder eine ethnische noch geogr. Bev.einheit, sondern die 1981 erklärte politische Zusammenarbeit der Regierungen von Saudi-Arabien, Kuwait, Bahrain, Qatar, Vereinigte Arabische Emirate und Oman bezeichnet.

Golytba (SOZ)
II. das sich im 16./17. Jh. an den Außengrenzen des Russischen Reiches, »im wilden Feld«, bei den Kosakenkommunen sammelnde Bev.element entwurzelter, vor den zaristischen Soldaten flüchtender, russischer Landleute, die zus. mit den Kosaken eine kräftige Pionierbev. ausbildeten. Vgl. Kosaken, Läuflinge, Pioniere.

Gomeros (ETH)
II. Bew. der spanischen Kanaren-Insel Gomera, deren berberische Abstammung aus dem nordafrikanischen Rifgebiet gesichert scheint; von starker

Abwanderung betroffen: 1940 noch 28600, 1990 nur mehr 16000.

Gona (BIO)
II. Stamm der Hottentotten, s.d.

Gond(s) (ETH)
I. Gondwana.
II. Stammesgruppe von 4–5 Mio. in Indien zwischen Godawari und Windhja-Bergen der ö. Ghats; mit einer zu den Drawida-Spr. zählenden Eigenspr. Gondi, die aber zunehmend zugunsten einer indoarischen Spr., z. B. Hindi, aufgegeben wird. In deutlichem Gegensatz zur Hindu-Nachbarschaft bilden G. eine egalitäre Gesellschaft; gliedern sich in begrenzte Zahl von Sippen, die in sozialen und rituellen Beziehungen zueinander stehen. Alle Bereiche durchdringen Ahnenkult. Haben geschichtlich mehrfach mächtige Dynastien etabliert.

Gondi (SPR)
I. Gondi (=en).
II. ungeschriebene Drawida-Spr., wird nur mehr von Teilen der 4–5 Mio. Gond gesprochen, lt. WEBSTER 2 Mio. Angeh. der Sprgem. nennen sich »Koitur«, jene, die diese Muttersp. aufgegeben haben »Gond«.

Gondide (BIO)
II. Altbez. für die helleren Weddiden- Gruppen.

Gonduzlu (ETH)
II. Teilbev. der Afscharen im n. Khuzestan/Iran, die sich im 19. Jh. den Bachtiaren anschlossen und sich auch sprachlich weitgehend assimilierten.

Gook(s) (SOZ)
II. (=en); im II.WK, Korea- und Vietnamkrieg entstandene pejorative Bez. bei US-amerikanischen Truppen für Asiaten.

Goorgoorlu (SOZ)
II. (wolofspr.=) die Durchschnitts-Senegalesen, die sich notdürftig durchs Leben schlagen.

Goralen (ETH)
I. aus gora (po=) »Berg«; Bergbewohner.
II. polnischspr. Bew. der Beskiden; treiben Viehzucht (bes. Schafe), wenig Anbau, Dienstleistungen im Fremdenverkehr. Bekannt durch altes Brauchtum, farbenfrohe Trachten, Holzbau und -schnitzerei.

Gor'an (ETH)
I. (=ar); Goranes (=fr); Tibbu, Teda, Toda.

Goranci (ETH)
I. (=sk); »Bergler«.
II. Kleinpopulation (1989:10000–25000) im nw. Sargebirge/Kosovo/Jugoslawien mit altserbisch-mazedonisch-türkischer Mischspr.; einst serbisch-orthodoxe Christen, im 17.–19. Jh. islamisiert, im 20. Jh. z.T. albanisiert. Altübliche temporäre Arbeitswanderung der Männer als Handwerker, Zuckerbäcker, Gastwirte.

Gorjio (SOZ)
II. Bez. der Zigeuner für Nichtzigeuner.

Gorno-Altaier (ETH)
II. die ojrotische Stammbev. in dem 1922 gegründeten und 1948 so umbenannten Autonomen Kreis (heute Russische Rep. Altaj) in Südsibirien an der mongolischen Grenze. Vgl. Altaier, Ojroten/ Oiroten.

Gorontalo (ETH)
II. Altvolk aus der Gruppe der Toradscha auf der n. Halbinsel von Celebes (Sulawesi/Indonesien); in jüngerer Zeit islamisiert.

Görz (TERR)
C. s. Krain. Grafschaft, 1500–1915 Erbland Österreichs. Gorizia, Goricia (=it).
Ew. Mitte 19. Jh. ca. 16000, davon 1800 Deutsche, 3500 Slawen, 10700 Italiener, von denen rd. 9000 friaulischspr.

Gosain (REL)
Vgl. Fakire.

Gosha (ETH)
I. Shebelle in S-Somalia.

Goten (ETH)
II. germanischer Volksstamm, der im 1. Jh.n.Chr. aus Südschweden über Gotland und Danziger Bucht abwanderte, im 2. Jh. Fortwanderung durch Ukraine an das Schwarze Meer. Von dort im 3. Jh. Einfälle in das Römische Reich (Dakien). Nahmen im 4. Jh. das arianische Christentum an. Es bildeten sich zwei Hauptstämme aus: West- und Ostgoten. Geogr. Name: Gotland, Göteborg.

Gottgläubige (REL)
II. Bez. während des deutschen NS-Regimes für Mitglieder der »deutschgläubigen Bewegung« inkl. derjenigen, die sich zu keiner Glaubensgemeinschaft bekannten.

Gottscheer (ETH)
II. Bew. der ehem. deutschen Sprachinsel Gottschee/(sl=) Kotschevje aus drei Tälern mit 177 Dörfern im s. Slowenien. G. sind im 14./15. Jh. in Kärnten und Tirol zugewandert; betrieben im Krainer Karst nur dürftige Landwirtschaft, wenig Obst- und Weinbau, Glas- und Holzarbeiter (Wagner, Stellmacher); bei Zerfall des Habsburger Reiches deshalb starke Auswanderung nach USA und Australien; 1870 noch über 20000, 1936 nur mehr 14000, die im II.WK unter schwersten Verlusten in die Untersteiermark umgesiedelt wurden. Vgl. Gottscheewer.

Gottscheewer (SOZ)
II. deutschspr. Bauern aus Gottschee/Krain (1330–1942), die bis 1938 wintersüber im ö. Mitteleuropa als Hausierhändler umherwanderten.

Götzenanhänger (REL)
I. Götzendiener; aus Verkleinerungsform von Gott, seit MA Abgott; muschrikún, Sg. muschrik (=ar).
II. abwertender Begriff für Bev.gruppen, welche Götzen, d.h. nichtbiblischen Gottheiten, anhängen; nach islamischer Rechtsauffassung als völlig rechtlos geltend; im Judentum alte Bez. für Ungläubige, also für Nichtjuden im Sinn u.a. von MAIMONIDES.

Goudar (ETH)
II. kleines Turkvolk im ö. Koptdag/NE-Iran.

Government Issue (SOZ)
I. (=en); GI, »Regierungs-Ausgabe«.
II. Spitzname für US-amerikanische Soldaten.

Gradischkaner (ETH)
II. Bew. des habsburgischen Militärgrenzbezirks von Nova Gradischka.

Grammontenser (REL)
II. ein um 1076 gestifteter Mönchsorden nach dem Vorbild italienischer Eremiten-Genossenschaften. Vgl. Benediktiner.

Grand Orient de France (SOZ)
II. 1773 aus Zusammenschluß älterer Vereinigungen erwachsene größte französische Freimaurer-Organisation; heute ca. 35 000 Mitglieder in 680 Logen.

Grands blancs (SOZ)
I. (=fr); »große Weiße«.
II. Bez. in französischen Kolonien bzw. heutigen Überseedepartements für altansässige Kolonisten, die sich in Sklavenzeit zu mächtigen Großgrundbesitzern, u.a. Zuckerbaronen, entwickelt haben. Vgl. Gegensatz Petits blancs, Rednecks.

Granizaren (SOZ)
I. Granicaren; aus granica (dt=) »Grenze«, »Grenzer«.
II. südslawische Wehrbev. an der alten Militärgrenze Habsburgs gegen Türken, spez. in Bosnien.

Grasland-Bantu (ETH)
Vgl. Semibantu.

Grass roots (SOZ)
I. (en=) »Graswurzeln«; im Sinn »von unten« 1.) Altbez. für Landbev., 2.) aktuelle Bez. für die Leute an der Basis einer Bewegung, Organisation, Partei.

Graubünden (TERR)
B. Kanton. Freistaat der drei Bünde (seit 1524), Alt frey Raetia, Bünden; Rezia = Rätien; Rhétie (=fr); (roman.=) Grischun; (it=) Grigioni; les Grisons (=fr). Zusammenschluß von 1524 des sich 1367 gebildeten Gotteshausbund, des 1395 gebildeten Oberen oder Grauen Bundes und des 1436 gebildeten Zehngerichtebundes in den Rhätischen Alpen; trat 1497/98 der Schweizerischen Eidgenossenschaft bei, seit 1803 schweizerischer Kanton.
Ew. 1850: 0,090; 1910: 0,117; 1930: 0,126; 1950: 0,137; 1970: 0,162; 1990: 0,174; 1997: 0,186

Graubündner (ETH)
I. Bündner; Grisons (=en, fr).
II. Bürger und i.w.S. Bew. des heutigen Kantons (seit 1803) Graubünden in der Schweiz bzw. des historischen Territoriums Alt-Frei-Rätien (aus Oberer oder Grauer Bund, Zehngerichtebund, Gotteshausbund); ursprünglich überwiegend, heute nur mehr zu 23 % romanischspr. (58 % deutsch- und 16 % italienisch-spr.), zu fast gleichen Teilen katholischer oder evangelischer Konfession.

Graue Brüder (REL)
II. ugs. Bez. für Angeh. verschiedener kath. Orden, u.a. für Franziskaner und Zisterzienser im MA.

Graue Panther (SOZ)
I. Namengebung unter Anregung durch Black Panther-Bewegung seit 1975 in USA unter Führung von Maggie Kuhn.
II. Sammelbez. für Anh. von Selbsthilfegruppen und Interessenvertretungen älterer Menschen im sozialen und polit. Bereich. In Deutschland polit. als »Die Grauen« tätig.

Graue Schwestern (REL)
II. 1.) ugs. Name seit MA für Angeh. verschiedener kath. Kongregationen, speziell Spitalschwestern; Elisabethinerinnen.
II. kath. Kongregation, 1842 in Neisse gegr. von franziskanischen Tertiaren für Armen- und Krankenpflege. Mutterhaus Reinbek bei Hamburg, > 4000 Schwestern. Vgl. Alexianer.

Grazhdanskaya (SCHR)
I. (rs=) »die bürgerliche Schrift«, die 1708 durch Peter d. Großen eingeführte, reformierte Kyrillika. Vgl. Kyrillische Schrift, Kyrilliza.

Grazilindide (BIO)
I. Razza Indiana i.e.S. (=it) bei BIASUTTI; Gangide bei LUNDMAN.
II. mögliche Unterrasse der Indiden, im Vergleich mit Indiden hochwüchsig, eher schmalgesichtig, haarreich, hellbraune Haut; verbreitet im zentralen Hochland Vorderindiens, seinen ö. und s. Küstengebieten, auf Ceylon und (in der sozialen Oberschicht) bis nach Hinterindien ausstrahlend (R. KNUSSMANN). Vgl. Indide.

Grazilmediterranide (BIO)
II. differenzierte Untereinheit der Mediterraniden, verbreitet im Nordsaum der Mediterraneïs (S- und SW-Frankreich, S-Italien, Griechenland, Ägäis, Mittelmeerinseln). G. sind mittel- bis kleinwüchsig, vollschlank, haben grazilen Knochenbau, ovales Gesicht. Vgl. Mediterranide.

Greasers (SOZ)
I. (=en); »Schmierige«, »Fettige«.
II. abschätziger Ausdruck für Latinos und Italiener in USA.

Grebenari (SOZ)
I. aus greben (bl=) »Kamm«.
II. Zigeunerkaste eigentlich der Kamm-Macher, der auch Pferdediebstahl nachgesagt wird.

Grebo (ETH)
I. Altbez. Gebbos, Kabors, aus (pt=) eguorabos; Glebo; Bakwe.
II. zu den Kru gehörige Ethnie in SE-Liberia, Küstenfischer.

Grecani (ETH)
I. Grekani.
II. Bez. für die Nachkommen griechischer Einwanderer in S-Italien, speziell im Aspromonte. Vgl. Italo-Griechen.

Greek Cypriots (NAT)
(=en) s. Zyperngriechen, Zyprer.

Greenlanders (NAT)
(=en) s. Grönländer.

Gregorianer (REL)
I. nach Gregor/Grigor, dem »Erleuchter«, der im J. 301 den armenischen König Tridat III. bekehrte. Armenian Orthodoxes (=en).
II. Mitglieder der »Heiligen Rechtgläubigen Apostolischen Kirche der Armenier«; orthodoxe armenische Christen mit eigenem (gregorianischem) Ritus in armenischer Eigenspr. und -schrift, der 374 gegr. ältesten noch bestehenden unabhängigen Nationalkirche des Ostens. Verbreitet in Armenien, in Syrien, Libanon, Türkei (50 000 bes. in Istanbul) sowie in großen Emigrantenkolonien Westeuropas und Nordamerikas; 1980 ca. 3,5–4 Mio. Sitz des Katholikos ist Etschmiadsin. Vgl. Monophysiten, Ostchristen, unierte Armenier.

Greißler (SOZ)
II. in Österreich für Krämer, Kleinkrämer, Einzelhändler. Sg. Tante Emma.

Greki (ETH)
I. (=rs); Griechen in der ehem. UdSSR; Eigenbez. Romei, Ellines.
II. nach älteren Siedlungsnahmen intensive Einwanderung in zweiter Hälfte des 18. Jh. in russisch-türkischen Kriegen, in Odessa, auf der Krim (Wehrdörfer), Donezgebiet, auch im Kaukasus, bes. in Georgien. Nach 1947 Zuwanderung von politischen Flüchtlingen und zwangsevakuierten Kindern aus dem griechischen Bürgerkrieg. 1979: 344 000, 1990: 358 000. Von ihnen sprechen nur mehr 43 % Griechisch; sind orthodoxe Christen. Vgl. Kaukasus-Griechen, Pontier, Urumer.

Grenada (TERR)
A. Inselstaat in der Karibik. Ehem. britische Besitzung (Assoz. von »West-Indien«); unabh. seit 7. 2. 1974: State of Grenada (=en). La Grenade (=fr); Granada (=sp).
Ew. 1950: 0,076; 1960: 0,090; 1970: 0,094; 1980: 0,107; 1996: 0,099, BD: 287 Ew./km²; WR 1990–96: 1,4 %; UZ 1996: 13 %, AQ: 9 %

Grenader (NAT)
I. Grenadians (=en); grenadins (=fr); granadinos (=sp).
II. StA. von Grenada/Karibik. Setzen sich zusammen aus 82 % Schwarzen und 13 % Mulatten, 3 % indischer Abstammung.

Grenzarbeitnehmer (WISS)
I. amtl. Terminus in Deutschland für Grenzpendler; (in Schweiz) Grenzgänger; workers, who regulary cross the border, to work in a neighboury country (=en); travailleurs frontaliers (=fr); frontalieri (=it); trabajadores fronterizos (=sp); obreiros fronteriços (=pt).
II. zwischenstaatliche Pendler, die in Grenznähe wohnen, aber im grenznahen Ausland arbeiten und täglich bzw. einmal wöchentlich die Grenze überschreiten. In manchen Arbeitszielländern ist selbst solch ein kurzfristiger Wohnaufenthalt untersagt. Spezielle Besteuerungsabkommen; meist Lohnsteuer am Arbeitsort. Bekannte Beispiele Mendrisiotto/Tessin, Regio Basiliensis, La Linea-Gibraltar, Baden-Elsaß, Niederrhein-Holland. G. dienen häufig als Arbeitskräftereserven in Zeiten von Hochkonjunktur. Seit 1994/96 entsprechend auch für Arbeitnehmer, die außerhalb der EU wohnhaft, aber (mit Arbeitsgenehmigung) in einem EU-Staat tätig sind.

Grenzgänger (SOZ)
I. 1.) Grenzpendler; Grenzarbeitnehmer.
II. zwischenstaatliche Pendler.
I. 2.) (literarisch).
II. Vermittler zwischen zwei Welten; Menschen, die zwischen zwei Kulturen, Lebensformgruppen stehen.

Grenzwaldler (SOZ)
I. Wehrbauern, Grenzsiedler.

Griechen (ETH)
I. Eigenbez. Rhomaioi, jetzt Hellenen; Greeks (=en); Grecs, Grecques (=fr); greci (=it); griegos (=sp); gregos (=pt); Greki (=rs); Altbez. Achäer.
II. südeuropäisches Volk indogermanischer Eigenspr. und mit Eigenschrift; 10,5 Mio. (1996) in heutigem Griechenland und 623 000 (1992) auf Zypern; Reste einst blühender Kolonien in den Randländern des Ägäischen und Ionischen Meeres sind 1923 durch Zwangsumsiedlung von 1,5 Mio. aus Kleinasien und Ostthrakien (1980 nur mehr 70 000) oder Assimilation u.a. von »Kalimera-Griechen« Italiens (15 000) fast erloschen, doch überdauerte

Volksgruppe von 358 000 (1990) Greki in der ehem UdSSR. Rd. 3 Mio. leben als Auswanderer (USA) oder Gastarbeiter im europäischen Ausland u. a. G. sind Nachkommen der G. des klassischen Altertums, im Wesen und Spr. verschiedener Stämme dieses Volkes, vermischt mit den seit 6. Jh. eingewanderten Slawen und Albanern. Ethnogenese erfolgte auf der Basis einer vorindogermanischen Urbev., der Pelasker/Leleger/Karer. Um 2000 v. Chr. begann Einwanderung indoeuropäischer Stämme in das heutige Griechenland. In einem ersten Schub trafen Ioner, im N auch Aioler/Äoler und Achaier/Achäer, überwandernd als Herrenschicht ein. Zeitgleich mit ihrer mykenischen Kultur entfaltete sich auf Kreta die minoische Kultur. Um 1100 v. Chr. setzte eine zweite Einwanderungswelle der Dorer/Dorier und der NW-Griechen ein, die um 700 v. Chr. mit der Inbesitznahme des Peloponnes, Kreta und Rhodos ausläuft. Zwischen 900 und 800 entstanden die großen Stadtstaaten. Bereits Ende des 1. Jtsd. griechische Besiedlung der Küsten Kleinasiens, im 7.–6. Jh.v.Chr. Stadtgründungen auch in Unteritalien und Sizilien. Trotz politischer Zersplitterung nun kulturelle Einheit, im 5. Jh.v.Chr. Abwehr der Perser, Vorherrschaft von Athen, das aber bald von Sparta, Theben und im 4. Jh. von Makedonien übernommen wird. Im Weltreich von Alexander d. Großen wird aus griechischen und orientalischen Elementen die hellenistische Weltkultur und -zivilisation entwickelt und bis nach Unterägypten und Indien, im W auch im Römerreich verbreitet. Griechische Spr. und Schrift setzten sich auf lange Zeit durch. Im 3. Jh.n.Chr. nahmen auch fremde germanische und südslawische Völker (Albaner) Einwirkung auf die Ethnogenese. Seit Kreuzzügen auch westliche, lateinische Einflüsse, auf vielen Inseln venezianisch-griechische Mischkultur. Mitte des 15. Jh. bis 1829 standen G. unter türkischer Herrschaft mit nachhaltigen Auswirkungen: div. Bev.umschichtungen, Fluchtbewegungen (im 18. Jh. bis in S-Ukraine), Zuwanderung von E- und W-Juden. Starke Entvölkerung im Befreiungskrieg: 1821 nur mehr 939 000 Ew., 1870 knapp 1,5 Mio. Anzahl (1979) in Sowjetunion 340 000. Vgl. Altbez. Achäer, Pontier, Urumer; Griechisch-katholische Christen, Griechisch-orthodoxe Christen; Grecani, Greki, Kaukasus-Griechen, Pontos-Griechen, Türkei-Griechen, Zypern-Griechen.

Griechen (NAT)

II. StA. der Griechischen Rep. Im Bev.austausch mit Bulgarien (1919) und der Türkei (1923) wurden 1,380 Mio. Auslandsgriechen in Griechenland als Staatsangehörige aufgenommen. Rd. 3 Mio. Griechen lebten weiterhin (1991) überwiegend assimiliert im Ausland, bes. in USA, Frankreich, Ägypten, kehren im Alter häufig nach Griechenland zurück. Seit dem Balkankrieg 1912/13 ist die Unterscheidung zwischen Neoelladites, die Bewohner der »Nees Chores« (Makedonien, Kreta und ostägäische Inseln) im zugewonnenen Griechenland (Nea Ellada), und Paläoelladites im alten Paläa Ellada (u. a. Peloponnes) gebräuchlich. Vgl. auch Makedonier, Aromunen; Italien-Griechen.

Griechenland (TERR)

A. Griechische Republik. Ehem. Königreich; Elleniki Dimokratia, Ellada (=gr). The Hellenic Republic, Greece (=en); la République hellénique, Grèce (=fr); la Repubblica di Grecia (=it); la República da Grécia (=pt); la República Helénica, Grecia (=sp).

Ew. 1840: 0,850; 1870: 1,458; 1889: 2,187; 1907: 2,632; 1920: 5,531; 1940: 7,345; 1948: 7,749; 1950: 7,554; 1955: 7,966; 1960: 8,327; 1965: 8,572; 1970: 8,793; 1975: 9,047; 1980: 9,643; 1985: 9,934; 1996: 10,475, BD: 79 Ew./km^2; WR 1990–96: 0,5 %; UZ 1996: 69 %, AQ: 7 %;

Griechenland-Albaner (ETH)

II. Sammelbez. für Arvanites (s.d.), Tschameria-Albaner (s.d.) und seit II.WK als Arbeitskräfte z. T. illegal nach Griechenland eingewanderte Albaner; ca. 300 000.

Griechisch (SPR)

I. Greek (=en): grèco (=sp); greco (=it); grego (=pt); grec (=fr).

II. die älteste Schriftspr. der Welt, die noch heute verwendet wird, zudem in Eigenschrift; in ihrer Blütezeit besaß sie interkontinentale Bedeutung als Verkehrs- und Kulturspr. im gesamten Mediterranraum, in Vorderasien bis nach Kaukasien und NW-Indien. Gr. ist als selbständiger Zweig der indoeuropäischen Grundspr. seit 15. Jh. v. Chr. bezeugt. Im Altgriechischen (bis 5. Jh. n.Chr.) sind stammesbedingt noch drei weitere Mundarten zu unterscheiden: Ionisch-Attisch, Äolisch-Achäisch und Dorisch-NW-Griechisch. Fortentwicklung im 4./3. Jh. v.Chr. zum hellenistischen Gemeingriechisch, im 5./6. Jh. n.Chr. zum byzantinischen Mittelgriechisch, im 15. Jh. zum Neugriechisch. Heutige Unterscheidung in Dimotiki (Umgangsspr.) und Kathareuousa (Hochspr. in Kirche, Politik und Wissenschaft). Heute (1991) von rd. 11 Mio. Griechen gesprochen: in Griechenland rd. 9,9 Mio. und Zypern rd. 520 000 sowie von griechischen Alt-Minderheiten in GUS (130 000–170 000), Albanien (25 000), Bulgarien (10 000), Italien (15 000–36 000). Zahl Griechisch-Sprechender in jüngeren Auswanderer- und Gastarbeiterkolonien (allein in Deutschland > 280 000) wird zusätzlich mit 1–3 Mio. beziffert. Griechisch wird in Eigenschrift geschrieben. Vgl. Koine, griechische Schrgem.

Griechische Kirche/Christen (REL)

II. Altbez. für die Griechisch-orthodoxe Kirche des Ostens; heute i.e.S. für die 1830 begründete autokephale griechisch-orthodoxe Nationalkirche in Griechenland, die »Hellenische Kirche«.

Griechische Muslime (ETH)
I. Thrakische Muslime; fälschlich verallgemeinernd auch als Türken bezeichnet.
II. offizielle Bez. für die muslimische Minderheit in W-Thrakien (Präfekturen Rhodopi/Komotini und Xanthi), die 1923 im Lausanner Vertrag vom obligatorischen Bev.austausch ausgenommen war, obschon sie nach Auffassung der Türkei türkischer Abstammung ist. 1989 rechnete man als G.M. rd. 120000 Menschen, sie stellen dort fast die Hälfte der Wohnbev.; G. M. sind zu 65% türkischer, 25% bulgarischer Abstammung und 10% muslimische Zigeuner. Auch ein weiterer Anteil der 570000 Gesamteinwohner Ostmazedoniens und W-Thrakiens war ursprünglich muslimisch und wurde nach Befreiung von Osmanen zwangsweise hellenisiert. Heute werden in Griechenland 1,2% der Gesamtbev. zu den Muslimen gerechnet. Vgl. Thraker, vgl. Pomaken.

Griechische Schriftnutzergemeinschaft (SCHR)
II. 1.) die Schrift der ältesten Verkehrs- und Kulturspr., (seit 1450 v.Chr.) verbreitet in Südeuropa, Nordafrika und Vorderasien; die erste europäische Buchstabenschrift. Ihr Alphabet wurde wohl im 9. Jh. v.Chr. von den Phöniziern entlehnt, entscheidend war die Übernahme phönizischer Konsonantenzeichen. Aus den zunächst parallelen Varianten der einzelnen Stämme wurde im 4. Jh. v.Chr. die Ionische Schrift verbindlich. 2.) Dient den ca. 10,5 Mio. (1985) Griechisch-Sprachigen in Griechenland, Zypern und Türkei sowie als Kultschrift in der orthodoxen und unierten Griechischen Kirche.

Griechisch-katholische Christen (REL)
I. Greko-Katholiken; Greek Catholics (=en).
II. überholte Altbez.; heutiger Begriffssinn: die mit Rom unierten Kirchen des byzantinischen Ritus.

Griechisch-orthodoxe Christen (REL)
I. Greek Orthodoxes (=en).
II. die orthodoxen, d.h. (im Gegensatz zu Arianern, Nestorianern und Monophysiten) die rechtgläubigen Ost- (Altbez. Morgenländischen) Christen, die am Primat des griechischen Patriarchats von Byzanz festhielten und die weder zum römischen, noch zum russisch-slavischen Patriarchat von Moskau übergegangen sind. Nach dem Fall des byzantinischen Reiches wurde die griechische Kirche Nachfolgerin der alten östlichen Reichskirche. Sie erhielt von den Türken zunächst oberste Gewalt über alle Christen im osmanischen Reich, wurde später aber grausam verfolgt, bes. im Zusammenhang mit der griechischen Unabhängigkeitsbewegung. In Abwehr gegen die 1596 mit Rom unierte Kirche in Polen-Litauen wurde 1589 das russische Patriarchat begründet. Sitz des Oikomenischen Patriarchen ist Istanbul, faktisch untersteht ihm nur mehr die Orthodox-anatolische Kirche der Türkei. Insgesamt heute 13–14 Mio. Gläubige. Begriff umfaßt auch die Angeh. der autokephalen Kirche in Griechenland im »Patriarchat von Konstantinopel«. 1833 bzw. 1850 konstituierte sich diese, die für 98% der Gesamtbev. als Staatskirche in Griechenland fungiert. Mit Auslandskolonien ca. 13 Mio. Gläubige. Vgl. Chaldäer, Gregorianer, Jakobiten, Kopten, Melchiten, Nestorianer.

Grifos (=sp) (BIO)
I. Zamboneger.
II. im kolonialen Spanisch-Amerika Mischlinge mit einem mulattischen und einem rein negriden Elternteil.

Gringa (BIO)
II. Stamm der Hottentotten.

Gringos (SOZ)
I. (=sp); aus gr-lat-sp, eigentlich »griechisch« =unverständlich.
II. verächtliche Bez., ursprünglich nur in Mexiko, dann übernommen in Lateinamerika für Nichtromanen, speziell für Nordamerikaner.

Griots (SOZ)
I. (=fr); Igiawen (bei Tuareg), Gewel (bei Wolof) u.a.
II. div., vom eigentlichen Volk deutlich abgegrenzte, endogame Pariagruppen in der Westsahara und im Westsudan; bes. Erzähler, Sänger, Musiker, Tänzer; auch Gaukler, Zauberer, Klageweiber.

Grippe-Kranke (BIO)
II. Menschen, die an der Influenza, einer fieberhaften, durch Tröpfcheninfektion übertragbaren Viruskrankheit mit Neigung zu epidemischer Ausbreitung, leiden. Grippe trat wiederholt als Weltseuche auf, in Europa erstmals 1173 beschrieben. Seit 14. Jh. ereigneten sich in jedem Säkulum einige Ausbrüche, denen jedoch trotz hoher Erkranktenzahlen meist geringe Letalität zukam. Hohe Opfer traten erst 1899/90 durch den »Russischen Schnupfen« auf. Als »Spanische Seuche« überzog Grippe 1918/19 mit unheimlicher Geschwindigkeit fast die ganze Welt. Da sie zudem auf eine von Hunger und Kriegsentbehrungen geschwächte Menschheit traf, raffte sie zwischen China und Grönland, Südamerika und Australien etwa 20–26 Mio. Menschen dahin, fast 1% der damaligen Erdbevölkerung. Die höchsten Verluste erlitt Indien mit 12,5 Mio. Toten, erdweit waren etwa 1 Mrd. Menschen erkrankt. Die genetische Struktur des Influenza-Virus ist veränderungsfähig. Heute weiß man A-, B-, C- Viren mit div. Untergruppen zu unterscheiden, benannt nach dem Ort des ersten Auftretens, z.B. Asiatische G. (seit 1957), Typ Hongkong.

Griqua (BIO)
I. Kap-Hottentotten, Kap-Griquas.
II. khoid-europide Mischlingsbev. in Südwestafrika.

Grognards (SOZ)
II. (=fr); historisch-militärische Bez. in Frankreich für alte Haudegen, alte Kämpfer.

Gromadki (REL)
I. (masurisch=) »Häuflein«.
II. eine protestantische Sekte im s. Ostpreußen.

Grönland (TERR)
B. Größte Insel der Erde, im 18. Jh. durch Dänemark annektiert, seit 1979/85 mit weitgehender Autonomie. GrØnland, Kalaallit Nunaat, GrØnlændernesland. Greenland (=en); le Groenland (=fr); Groenlandia (=sp, it, pt). Vgl. Eskimos/Inuits.
Ew. 1950: 0,023; 1960: 0,033; 1970: 0,046; 1980: 0,050; 1996: 0,058; BD: 0,03 Ew./km²

Grönländer (ETH)
I. Greenlanders (=en); Groenlandais (=fr); groenlandeses (=sp,pt); groenlandesi (=it).
II. 1.) Bew. der Insel Grönland/Kalaallit Nunaat (grönl.=) »Land der Menschen«; rd. 410 000 km² eisfreies Land überwiegend in W-Grönland. Kolonisierung durch Wikinger im 10. Jh., doch gingen Kolonien bis ca. 1500 durch Klimaverschlechterung und in Kämpfen mit vordringenden Eskimos verloren. Im 18. Jh. durch Dänemark annektiert; seit 1979 weitgehende Selbstverwaltung, seit 1985 autonome Region. 2.) i.e.S. die eingeborenen G., ca. 48 000, fast ausschließlich Eskimos, wenn auch mit isländischer, norwegischer und dänischer Heiratsmischung. Unter dänischer Oberhoheit deutliches, im 20. Jh. überbordendes Wachstum; 1834: 7000; 1856: 9000; 1956: 21 000; 1968: 45 000. Eigenspr. Kalâtdlisut, seit 1905 mit Dänisch zweisprachig; zu 98 % Lutheraner.

Grönländisch (SPR)
II. unpräzise Bez., gemeint ist häufig Eskimoisch/Inuit, das auf Grönland von ca. 55 000 gesprochen wird.

Gros Ventres (ETH)
I. »Großbäuche« nach dem Big Belly- »Großbauch/Süd Saskatchewan-Fluß«.
II. mehrfach auftretender Name bei nordamerikanischen Indianern, im Zusammenhang mit »de la rivière« oder »des plains« (=fr); letztere war Altname der Atsina, nomadische Büffeljäger in Montana, seit 1870 mit Arikaras und Mandans in Reservation lebend; gelten als »gute« Indianer, heute in Oklahoma kaum mehr 1000 Köpfe. Vgl. auch Hidatsa, Arapahoe.

Großandamaner (BIO)
I. Great Andamanese (=en).
II. negritidischer Reststamm auf Hauptinsel der Andamanen. Ihre Zahl wurde zu Beginn britischer Kolonialverwaltung 1858 auf 5000–8000 geschätzt, z.Zt. *Radcliffe-Brown's* lebten nur 625, Anfang der 90er J. vegetierten noch 28 auf Reservatinsel Strait.

Großbauern (SOZ)
II. auf eigenem Boden seßhafte und diesen mit Hilfe fremder Arbeitskräfte bewirtschaftende Inhaber größerer landwirtschaftlicher Betriebe.

Großbritannien und Nordirland (TERR)
A. Das Vereinigte Königreich besteht aus England (mit Wales), Schottland und Nordirland.
United Kingdom of Great Britain and Northern Ireland; the United Kingdom (=en); le Royaume-Uni de Grande-Bretagne et d'Irlande du Nord, le Royaume-Uni (=fr); el Reino Unido de Gran Bretaña e Irlanda del Norte, el Reino Unido (=sp). England and Wales; Angleterre et Galles (=fr); Schottland; Scotland (=en); Ecosse (=fr); Nordirland; Northern Ireland (=en); Irlande du Nord (=fr); Irlandia del Norte (=sp); Irlandia do Norte (=pt); Irlanda del Nord (=it). Vgl. auch Nordirland; ferner Isle of Man, Kanalinseln.
Ew. England und Wales: 1801: 8,892; 1821: 12,000; 1841: 15,914; 1861: 20,066; 1881: 25,974; 1901: 32,528; 1921: 37,887; 1931: 39,952; 1948: 43,502; 1950: 44,020; 1960: 45,775; 1970: 48,680; 1980: 49,603; 1991: 50,954;
Ew. Schottland; 1821: 2,092; 1841: 2,620; 1861: 3,062; 1881: 3,736; 1901: 4,472; 1921: 4,882; 1931: 4,843; 1948: 5,097; 1950: 5,126; 1960: 5,178; 1970: 5,214; 1980: 5,194; 1991: 5,100;
Ew. Nordirland: 1841: 1,700; 1861: 1,400; 1948: 1,362; 1950: 1,416; 1960: 1,420; 1970: 1,524; 1980: 1,558; 1991: 1,594;
Ew. United Kingdom: 1948: 50,026; 1950: 50,616; 1960: 52,372; 1970: 55,416; 1980: 56,356; 1996: 58,782, BD: 242 Ew./km²; WR 1990–96: 0,3 %; UZ 1996: 89 %, AQ: 2 %

Großbürger (SOZ)
I. Besitzbürger.
II. obere Teilgruppe innerhalb des Bürgertums; zu den G. zählt man Industrielle, Großkaufleute, Bankiers, Großaktionäre, Mitglieder von Direktorien von Großfirmen, nichtlandwirtschaftliche Inhaber von großem Haus- und Grundbesitz.

Großdeutsche (SOZ)
II. 1848 eingeführte polit.-historische Altbez. im Sinn »alle Deutschen umfassend«; 1.) anfangs in Frankfurter Nationalversammlung) unter Einschluß der Deutschen in die österreichische Donaumonarchie (bis 1866 bzw. 1871) gedacht; 2.) gleiche Einheit 1919 als Programm und Ziel einer Mehrheit der Österreicher von Alliierten untersagt, 3.) in der deutschen NS-Zeit (1933–1945) durch Anschluß der Österreicher, Elsässer, Sudeten- und Ostdeutschen (Memelgebiet und Polnischer Korridor) gewaltsam erzwungene Einheit aller Deutschen Mitteleuropas.

Großeltern (BIO)
II. die Eltern des Vaters und die der Mutter, also Großväter und Großmütter. Die Geschwister der Großeltern werden als Großonkel bzw. Großtanten bezeichnet.

Großes Fahrzeug (REL)
I. Mahayana-Buddhismus, Nördlicher Buddhismus.

Großfamilie (WISS)
I. fámil (=pe); Hamulah (=ar); Dampalanakan.
II. Verband aus zwei oder mehr blutsverwandten Kernfamilien, drei bis vier Generationen umfassend, die unter zusätzlicher Aufnahme einzelner Verwandter und Verschwägerter in Wohn- und Wirtschaftsgemeinschaft leben. G. treten auf u. a. in Europa bis zum Beginn des 20. Jh., bei Südwestslawen (unter Zadrugaverfassung) sowie bis heute in Ostasien. Sie unterstehen zumeist der Leitung eines Ältesten, Patriarchen/in, Starjesina, Domacin. In ähnlicher Bedeutung steht der Dampalanakan, die Großfamilie der philippinischen Bajau Laut oder der aiga auf Samoa. Vgl. Zadrugen, Firkah (=ar).

Großgrundbesitzer (SOZ)
I. Latifundisten, polit. »Großagrarier«; megalatifundiarios (=pt).
II. Besitzer von großem Land- oder Waldbesitz, dessen Umfang historisch, sozioökonomisch und klimatisch in weiten Grenzen differiert, jedoch weit über dem jeweiligen Mittel der Besitzstruktur liegt. In Mitteleuropa Besitzer von > 100–150 ha; in Lateinamerika gibt es G. mit 10000–200000 ha. In Brasilien verfügt 1 % der Grundeigentümer über die Hälfte der landwirtschaftlichen Nutzfläche. G. bewirtschaften ihren Besitz entweder unter Einsatz zahlreicher Hilfskräfte (Kulis, landwirtschaftliche Saisonarbeiter) oder mit großem Maschinenpark. Vgl. auch Gutsbesitzer, Rittergutsbesitzer; hacendados, latifundistas (=sp); Zamindars in Indien.

Großluren (ETH)
I. fehlerhafte Altbez. G. sind keine Luren, sondern Bachtiaren, Bakhtiari.

Großrassen (BIO)
I. Hauptrassen, (Groß-)Rassenkreise.
II. Begriff für die oberste Stufe systematischer Differenzierung des anatomisch modernen Menschen unterhalb der Subspezies Homo sapiens sapiens. Als G. gelten jedenfalls Europide, Mongolide und Negride (weißer, gelber, schwarzer Rassenkreis) mit klaren, schon pränatal nachweisbaren Unterschieden. Mitunter werden auch Indianide und Australomelaside, in Sonderheit sogar Khoisanide als vergleichbare Rassenkreise aufgefaßt. Ihre Verbreitungsräume sind Zeugnisse der »geographischen Variabilität«.

Großrussen (ETH)
I. Russen, s.d.; Grand-russiens (=fr).

Großstädter (WISS)
I. in Statistik und Soziologie benutzter Terminus.
II. Einw. bes. großer Städte, administrativ in Deutschland solcher über 100000 Einwohner. Seit dem 19. Jh. wuchsen Großstädte nach Verbreitung (Stadtregion), Häufigkeit und Einwohnerzahl rasch an; man spricht von Millionen-, Vielmillionen- und Riesen-/Megastädten (> 5 Mio. Ew). Als Beispiele (nach 1992) mögen dienen: Mexiko City 19,4 Mio., Sao Paulo 11–19 Mio., New York rd. 16 Mio., Schanghai rd. 14 Mio., Bombay 13,3 Mio., Los Angeles 12 Mio., Buenos Aires 12 Mio., Seoul 10,7 Mio. Deutschland besaß 1852 erst 2 Großstädte mit 1,052 Mio. Ew., 1900: 28 mit 8,505 Mio. Ew., 1925: 44 mit 16,653 Mio. Ew. und 1992: 84 mit 25,774 Mio. Ew. Entsprechend nahm auch weltweit die Zahl der Großstädter zu, von 12–16 Mio. (um 1800) auf 100 Mio. (1900) und auf 0,5 Mrd. (1955). 1970 war jeder sechste Erdbew. ein G. Am Beginn des 3. Jtsd. werden zu den einwohnerstärksten Großstädten mit je 18–28 Mio. Ew. zählen: Bombay, Lagos, Schanghai, Jakarta, Sao Paulo, Karachi, Peking, Dhaka, Mexiko und Tokio. Unter den G. ist Hongkong mit > 94 000 Ew./km² am dichtesten besiedelt.

Großtiernomaden (SOZ)
II. Altbez. für Nomaden, die Großtierzucht betreiben, nur sie gelten i.e.S. als echte Nomaden. In Frage kommen auf Arabischer Halbinsel und in Nordafrika Dromedare, im Ostflügel des altweltlichen Trockengürtels Trampeltiere und Yaks, im Sahelgürtel auch Rinder; in Kasachstan, Mongolei und sonst heute als Statussymbol. Der Vieh- und speziell Großviehbesitz gilt als sozialer Wertmesser. Seine Bedeutung lag stets mehr in der Funktion von Reit- und Transporttieren als von Schlachtvieh (einst bes. Sudan/Ägypten). In reichen Erdölstaaten steht heute Zucht von Rennkamelen voran. Vgl. Pferde-, Kamel-, Yak-, Rindernomaden.

Großwüchsige (BIO)
I. umgangssprachig für Hochwüchsige; Altbez. Hünen, Recken, Riesen.
II. Menschen etwa über 200 cm (m.) bzw. 187 cm (w.) Körperhöhe, wobei derartiger Geschlechtsunterschied allgemein gegeben ist. Individuelle Körpermaße können die Grenze der physiologischen Körpergrößenschwankungen bedeutend überschreiten, um bis 40 % über normal; Einzelindividuen erreichen Körperhöhen von 230–259 cm. Starke Körperhöhenunterschiede bestehen zwischen Rassen, etwa zw. dem Gigantismus (Riesenwuchs) der Nilotiden und dem Nanismus (Zwergwuchs) von Pygmäen. Differenzierung tritt auch unter Sozialschichten auf, mit größerer Körperhöhe der jeweiligen Oberschicht. Vergleich absoluter Körpermaße ist nur unter Berücksichtigung des Akzelerationsprozesses gerechtfertigt. In der säkularen Akzeleration hat sich im laufenden Jh. in den Industriestaaten ein Wachstum der Körperhöhe um ca. 1 cm pro 10 Jahre ergeben und zwar in allen sozialen Schichten, sowohl bei Stadt- wie bei Landbevölkerungen. Die Auswirkungen solchen Höhenwachstums werden nicht nur im Sport relevant; sie haben auch industrieanthropologisch in der Textil-, Möbel- und sogar Architektur-

normung Bedeutung gewonnen. In Deutschland existieren Interessengemeinschaften von rd. 700 000 Menschen, die größer als 1,90 m sind. Geschichtlich sei an ausgesuchte Militäreinheiten nach Art der »Langen Kerls« erinnert. Vgl. auch Zwergwüchsige.

Groupies (SOZ)
II. (=en); weibliche Fans.

Grundholde (SOZ)
II. in Mitteleuropa bis zur Bauernbefreiung im 18./19. Jh. Bez. für leibeigene Bauern.

Grüne (SOZ)
I. div. Gruppierungen, deren Namen ähnliche Bedeutungsinhalte (zu Natur, Landwirtschaft, Gesundheit, Hoffnung) beinhalten: 1.) Mitglieder von Umweltparteien, Umweltschutzverbänden; Grünkreuzler. 2.) Landwirtschaftsfunktionäre, Agrarpolitiker (Grünfrontler). 3.) »Grünröcke« nach grüner Uniform (Förster, Jäger, dann auch Landjäger, Zöllner). 4.) Grün ist eine der Hauptfarben im Islam: al Hadir/al Hidr, (tü=) Hizir »das Grüne«; Farbe des Propheten Muhammads und seiner Abkömmlinge, seit Mameluken in Ägypten heilige Fahnen, Moschee-Inventar, Koraneinbände, Nationalflaggen mehrerer islamischer Republiken. 5.) Grünschnäbel (unerfahrene, unreife Menschen); Greenhorns (en=) (Neulinge, Anfänger); auch Naseweise, vorlaute Menschen. Vgl. auch Grönländer. Vgl. Rote, Schwarze, Weiße.

Grünhemden (SOZ)
II. Bez. für die Aktivisten der »Eisernen Garde« in Rumänien, die Anhänger Codreanus insbes. im II.WK. Vgl. Blauhemden, Braunhemden, Schwarzhemden.

Gruppe (WISS)
I. group (=en); groupe (=fr); gruppo (=it); class (=en); classe (=fr, it); grupo (=sp, pt). Personenverband, Sozialgebilde, Gesellungseinheit, Aggregat, sogar Gemeinschaft, Gesellschaft.
II. ugs., aber auch wiss. sehr vieldeutig gebrauchte Bez. für eine unbestimmte Zahl von Personen/Individuen, die durch bestimmte soziale Kontakte relativ beständig verbunden sind, die als Einheit handeln, weil sie von Aufgaben oder Umständen gemeinsam angesprochen, betroffen sind, die sich selbst oder Fremden als Einheit erscheinen. Sie erfüllen mithin das Kriterium der Selbst- oder Fremddefinition. Man sollte aber weder die Dyade (das Paar) noch die Gesamtgesellschaft als G. ansprechen (*GEIGER*). G. bildet mit allen Erläuterungsvarianten (*W. BERNSDORF*) einen wichtigen Grundbegriff der Gesellschaftswissenschaften, dort auch Unterscheidung in formale und formelle Gruppen. In der Bev.geographie findet insbes. auch Unterscheidung von Primär-G. und Sekundär-G. Anwendung. Vgl. Primärgruppe, Merkmalsgruppe, Sozialkategorie; Lebensformgruppe, Lokalgruppe, Randgruppe.

Gruppenehe (SOZ)
II. Existenz dieser vierten Eheform ist in der Ethnographie umstritten. Bis auf seltene Ausnahmen (so bei den Marquesa-Insulanern, wo G. wohl die Aufgabe hatte zu verhindern, daß abhängige Nebenehemänner aus polyandren Ehen unter Mitnahme von Frauen abwanderten und damit als Arbeitskräfte ausfielen) handelt es sich eher um anerkannte Promiskuität.

Gruppenwanderer (WISS)
I. Kollektivwanderer.
II. Wanderer, die mit anderen gemeinsam, im Familienverband, mit der Dorfgemeinschaft, mit Glaubensgenossen wandern. Collective migration (=en). Von Massenwanderern spricht man bei sehr großer Zahl vieler Tausende von Gruppenwanderern, ggf. von Massenflucht.

Grusi (ETH)
I. Grussi, Grunshi, Gurunsi, Grosi, Nunuma, Lilse, Deforo.
II. Sammelbez. für verschiedene von den Mossi überschichtete Stämme von Sudan-Negern insbesondere im Grenzgebiet zwischen Ghana und Burkina Faso, ca. 200 000 Seelen; Gur-sprachig.

Grusi (SPR)
II. Dialektgruppe der Gur-Sprgem. in Ghana.

Grusinier (ETH)
I. Gruzin, Gruziny (=rs); Georgier, s.d.; Gruzians, Georgians (=en). Vgl. Kartvelier, Kaukasier.

Grusinische Schrift (SCHR)
I. auch Georgische Schrift, Mehdruli, Mehedruli.

Guacanahua (ETH)
II. Untergruppe der indianischen Stammesgruppe der Tacana; heute mehrheitlich quechua-spr.

Guachi (ETH)
II. kleine Indianereinheit im w. Mato Grosso/Brasilien; haben eine Guaicuru-Eigenspr.

Guacho(s) (SOZ)
II. (=sp); im spanischen Lateinamerika für elternlose Kinder bzw. Kinder ohne verehelichte Eltern.

Guadeloupe (TERR)
B. Französisches Übersee-Departement; umfaßt Guadeloupe, Désirade, Les Saintes, Marie-Galante, St. Barthélemy, St. Martin. (The Department of) Guadeloupe (=en); (le département de la) Guadeloupe (=fr); (el Departamento de) Guadalupe (=sp).
Ew. 1950: 0,210; 1960: 0,275; 1970: 0,327; 1985: 0,331; 1996: 0,422, BD: 248 Ew./km^2; WR 1990–96: 1,3 %;

Guadeloupéens (ETH)
II. (=fr); Bev. der Karibik-Insel Gouadeloupe. Die Insel war ursprünglich von indianischen Aruak besiedelt bis diese von Karaiben vertrieben. 1493 von Spaniern entdeckt, ab 16. Jh. unter englischer, dann

französischer Herrschaft. Verdrängung der Indianer (1660 nach St. Vincent und Dominica), heute zu 77% aus Mulatten, 10% aus Schwarzen bestehend, insgesamt 335 000 (1987).

Guahibo (ETH)
II. indianische Stammesgruppe im Savannengebiet w. des Orinoco; ehem. in Horden schweifende Sammler und Jäger; einst zahlreich und kriegerisch (Sklavenhandel), heute noch einige Tausend.

Guaitaca (ETH)
I. Waitaca.
II. indianische Einheit von Jägern und Sammlern, an der NE-Küste Brasiliens.

Guaja (ETH)
II. kleine indianische Einheit schweifender Wildbeuter im brasilianischen BSt. Maranháo; zur Tupi-Guarani-Spr.gruppe zählend.

Guam (TERR)
B. US-amerikanische Überseebesitzung im Pazifischen Ozean mit interner Autonomie seit 1981.
Guam (=en, fr, sp).
Ew. 1950: 0,060; 1960: 0,067; 1970: 0,086; 1980: 0,107; 1990: 0,133; 1996: 0,157, BD: 280 Ew./km²; WR 1990–96: 2,3%

Guamanians (ETH)
I. (=en); Guam-Insulaner.
II. Bew. der Insel Guam, unter US-amerikanischer Herrschaft mit Teilautonomie; 1950: 59 000, 1960: 67 000, 1997: 157 000 Ew. Vgl. Chamorro.

Guamer (NAT)
s. Guamanians.

Guamo (ETH)
II. indianische Stammesgruppe schweifender Wildbeuter in W-Venezuela; nur der Guaicari-Stamm ist ansässig.

Guamuhaya (ETH)
II. Indianerstamm auf Kuba, der nach Europäerkontakt schon im frühen 16. Jh. erloschen ist.

Guan (ETH)
I. Guang.
II. Teilgruppe der Akanvölker in Ghana, deren stärkste die Gonja im Mittelgürtel Ghanas mit > 70 000 Köpfen, weitere wie Ntwumuru, Nkonya, Krachi, Atwode verteilen sich auf den oberen Volta-See-Bereich, ferner Efutu, Awutu.

Guana (ETH)
II. eine einst mächtige indianische Stammesgruppe im s. Mato Grosso/Brasilien; zur Spr.gruppe der Aruak zählend. Überdauert hat Stamm der Terena. Ihre großen Dorfgemeinschaften sind in Klassen gegliedert.

Guanchen (ETH)
I. Guantschen.
II. berberoide Urbev. der Kanarischen Inseln mit primitiver, doch schon jungsteinzeitlicher Kultur (reiche Ornamentik), keine »Cro Magnon«-Großwüchsigkeit, keine negriden Einschläge unter Altkanariern (I. SCHWIDETZKY), höhlenbewohnende Viehhirten (Hunde, Schafe, Ziegen, Schweine). Bei Unterwerfung durch Spanier 1494 versklavt, dezimiert und bald nach 1500 ausgerottet; ihr Volkstum ist in den Einwanderern aufgegangen. Überdauert haben u.a. Pfeifsprache, Stocksprünge, geometrische Muster. Vgl. Kanarier.

Guang (ETH)
I. Guan, Gonja, Gonzha; Krachi, Kratschi.
II. Ethnie im Mittelgürtel Ghanas, zur Akan-Spr.gruppe gehörig. Vgl. Akan.

Guangdong (TERR)
B. Kwangtung/Kuangtung, Kanton; Provinz in China, bis 1988 unter Einschluß von Hainan.
Ew. 1953: 34,770; 1996: 69,610, BD: 391 Ew./km²

Guangxi Zhuangzu (TERR)
B. Kwangsi/Kuangsi. Autonomes Gebiet in SW-China.
Ew. 1953: 19,561; 1996: 45,890, BD: 194 Ew./km²

Guánhuà (SPR)
I. Báihuà.
II. ältere nordchinesische Verkehrsspr. der Beamten; aus ihr hat sich der Mandarin-Dialekt entwickelt.

Guarani (ETH)
I. Altnamen Carijó, Cario.
II. Sammelbez. für mehrere Indianer-Stämme S-Amerikas aus der großen Spr.- und Völkerfamilie der Tupi-Guarani; diese war im ganzen SE Brasiliens, in W-Paraguay und NE- Argentinien sowie wohl im unteren Uruguay verbreitet. Mit der spanischen Kolonisation im 16. Jh. begann starke Durchmischung, seither bilden G.-Mestizen ein wesentliches Element in der Bev. Paraguays. Weitere Hunderttausende von G. im 17. Jh. versklavt. Christianisierung durch Jesuiten und Franziskaner in Reduciones, nach deren Auflösung zerstreuten sich die G. Volksreste in Brasilien wurden nach 1970 in ein Zwangsreservat bei Dourados/Mato Grosso do Sul umgesiedelt. Die heidnisch gebliebenen G. werden als Cainguá bezeichnet, zu diesen zählen Unterstämme wie: Kayowá, Mbaya, Nandeva.

Guarani (SPR)
I. Guarani (=en).
II. Idiom südamerikanischer Indianerstämme der Tupi-Gruppe im sö. Brasilien, w. Paraguay und nw. Argentinien. G. wurde durch Jesuitenmission zur geschriebenen Kunstspr. und lingua franca entwickelt, gilt heute als Symbol paraguayischen Nationalismus, ist Mutterspr. für ca. 2 Mio. in Paraguay und Argentinien; in Paraguay Staatsspr. neben Spanisch, 90% der Bev. sind zweispr., > 50% sprechen nur G., insgesamt ca. 3–4 Mio.

Guarayu (ETH)
II. Sammelbez. für einige Indianerstämme am Rio Paraguay an der bolivianisch-brasilianischen Grenze; mit Tupi-Guarani-Sprachen; treiben Anbau, Jagd, Fischerei.

Guatemala (TERR)
A. Republik. República de Guatemala (=sp); quauhtemallan (=aztek.). Guatemala Central America, (the Republic of) Guatemala (=en); (la République du) Guatemala (=fr).
Einwohner: 1950: 2,805; 1960: 3,966; 1970: 5,272; 1980: 6,917; 1985: 7,963; 1996: 10,928, BD: 100 Ew./km²; WR 1990–96: 2,9%; UZ 1996: 39%; AQ: 44%

Guatemalteken (NAT)
I. Guatemaler; Guatemalans (=en); guatemaliens, guatemaltèques (=fr); guatemaltécos (=sp); guatemalenses (=pt); guatemaltechi (=it).
II. StA. von Guatemala, 10,9 Mio. Ew. (1996); sie setzen sich aus 60% Indianern, 30% Mestizen und rd. 5% Weißen zusammen. Im längsten Bürgerkrieg Südamerikas 1960–1996 haben rd. 200 000 G. ihr Leben verloren, mehr als 1 Mio. wurden zu Flüchtlingen, weite Berggebiete sind ganz entleert. Vgl. Mesoamerikanische Indianer.

Guató (ETH)
II. Indianerstamm am Rio Paraguay; Wildbeuter, bes. Flußfischer; dürfte wegen seiner Kleinheit in Bälde ausgestorben sein.

Guayaki (ETH)
I. Aché.
II. kleine indianische Restgruppen im S Paraguays; sind schweifende Wildbeuter; besitzen eine Tupi-Guarani-Eigenspr.

Guaymi (ETH)
II. indianische Kleinstgruppe im Grenzgebiet von Costa Rica und Panama mit einer Chibcha-Spr.; treiben Brandrodungsfeldbau.

Guayupé (ETH)
II. im 20. Jh. erloschenes Indianervolk mit einer Aruak-Spr. in den Clanos de San Juan/Venezuela, Kolumbien.

Gubárát (ETH)
II. Konföderation von ehem. 14 Beduinen-Stämmen (1965 ca. 5000); einst im s. Palästina streifend, sind 1949 in den Gaza-Streifen geflüchtet.

Gudamakaren (ETH)
I. Gudamakarcy (=rs). Vgl. Georgier.

Gudaris (SOZ)
II. Angeh. baskischer Freiwilligen-Milizen im Spanischen Bürgerkrieg auf Seiten der Republikaner.

Gudscharat (TERR)
B. Gujarat (=en). Bundesstaat Indiens.
Ew. 1961: 20,633; 1981: 34,086; 1991: 41,310, BD 211 Ew./km²

Gudscherati (SPR)
I. Gujarati, Gudscharati; Gujarti (=en).
II. Verbreitung dieser indo-europäischen Spr. in Indien als Regionalspr. (im BSt. Gujarat) 1991 von rd. 42 Mio. (4,7% der Staatsbev.) und von Teilbev. in Pakistan, 0,5 Mio., insgesamt von 44 Mio. (1994) gesprochen. G. wird mit einer nur wenig von der Devanagari abweichenden Eigenschrift geschrieben.

Guéré (ETH)
II. kleine ethnische Einheit Negrider in der Elfenbeinküste.

Guerilleros (SOZ)
I. (=sp); aus guerilla (Verkleinerungsform zu guerra) »Kleinkrieg«; nach den Guerillas des spanischen Revolutionärs El Empecinado (M. DIAZ) im Kampf gegen die napoleonischen Truppen; Guerriglieri (=it).
II. bewaffnete Banden; sozialrevolutionäre Freischärler (z.B. Tupamaros, Zapatisten in Lateinamerika); seit Mitte des 20. Jh. für Partisanen auch außerhalb des spanischen Spr.raumes; z.B. in Jugoslawien und Italien. Vgl. Freischärler, Partisanen, Franktireure, Maquisarden.

Guernsey (TERR)
B. Britisches Kronlehnsgut. Der englischen Krone unmittelbar unterstehender Teil der Kanalinseln (nicht zu Großbritannien gehörend). (The Bailiwick of) Guernsey (=en); (le bailliage de) Guernesey (=fr); (le Corregidoría de) Guernesey (=sp). Vgl. Kanalinseln.
Ew. 1948: 2,641; 1950: 2,805; 1960: 3,966; 1970: 5,272; 1978: 6,621; 1986: 0,055; 1996: 0,059, BD: 902 Ew./km²

Guernseymen (NAT)
I. (=en); guernesiais (=fr).
II. Bew. der Kanalinsel Guernsey, 59 000 Ew. (1996), die der englischen Krone unmittelbar untersteht, aber nicht zum Vereinigten Königreich gehört.

Guich (SOZ)
II. (=ar); Bev.gruppen im Orient, die für geleistete Militärdienste vom Sultan Land zur Dauernutzung erhielten; zuweilen stammesartig organisiert.

Guicuru (ETH)
I. Kuikuro.
II. zum Verband der Kariben zählender Indianerstamm im Xingú-Gebiet/Brasilien, in kulturellem Zusammenschluß mit Aruak, Ge und Tupi. Vgl. Xingú-Indianer.

Guilak (ETH)
II. wichtigste Teilbev. in Guilan/Iran.

Guinea (TERR)
A. Republik in Westafrika. Zeitweilig Revolutionäre VR Guinea; unabh. seit 2. 10. 1958: République de Guinée (=fr). (The Republic of) Guinea (=en); (la República de) Guinea (=sp).
Ew. 1950: 2,687; 1960: 3,183; 1970: 3,921; 1980: 5,407; 1996: 6,759, BD: 28 Ew./km²; WR 1990–96: 2,7%; UZ 1996: 30%; AQ: 64%

Guinea-Bissau (TERR)
A. Republik. Früher Portugiesisch-Guinea; unabh. seit 24. 9. 1973. República da Guinée-Bissau (=sp); (la République de) Guinée Bissau (=fr). (The Republic of) Guinea-Bissau (=en).
Ew. 1950: 0,511; 1960: 0,521; 1970: 0,487; 1980: 0,809; 1992: 1,094, BD: 30 Ew./km²; WR 1990–96: 2,1%; UZ 1996: 22%; AQ: 45%

Guineer (ETH)
I. aus Guin (=berber.), Guiné »Land der Schwarzen«; Guineans (=en); Guinéens (=fr); guineos (=sp). Vgl. Äquatorialguineer; ecuato guineanos (=sp).

Guineer (NAT)
II. StA. der Rep. Guinea und Guinea-Bissau. a) Guinea 6,8 Mio. Ew. (1996); 30% Malinke, 15% Soussou, Kuranko, Dialonke, 30% Fulbe, 6,5% Kissi, 5% Kpelle. b) Guinea-Bissau 1,0 Mio. Ew. (1996); 25% Balanta, 20% Fulbe, 12% Mandingo, 11% Manyako.

Guizhou (TERR)
B. Kweitschou/Kweichow/Kueichou. Provinz in China.
Ew. 1953: 15,037; 1996: 35,550, BD: 202 Ew./km²

Gujars (ETH)
I. Gujjars, Gujjari; Dudhi Gujars.
II. 1.) Ethnie von Viehzüchtern in NW-Indien. G. sollen Nachkommen der Gurjaras sein, die mit Hunnen/Hephtaliten aus Zentralasien nach Nordindien einwanderten; wurden im 6. Jh.n.Chr. historisch faßbar und bald darauf hinduisiert. G. leben in Kaschmir (lt. VZ 1941: vor Teilung Kaschmirs 381000 G., heute 8–10% der Gesamtbev. von Jammu und Kaschmir), ferner in Rajasthan, Uttar Pradesh und Gujarat. 2.) Gujars steht in mehreren Spr. als Begriff für Viehhirten schlechthin. In Kaschmir heißen so Nomaden, deren ursprünglich ausschließliches Weidetier der Wasserbüffel war; sie wanderten zwischen sommerlichen Alpweiden in Ladakh und den Winterweiden im Dornbuschwald der Siwaliks. Man nimmt an, daß diese Hirten Gurjaras niederer Sozialstufe sind; so erklärt sich, daß sie, nach Abdrängung aus dem Pandschab nach Kaschmir, zum Islam überwechselten (*C. RATHJENS*).

Gujerati-Schriftnutzergemeinschaft (SCHR)
I. Gujarat, Gudscharati-Schrift
II. letztlich aus der Brahmi entwickelter und der Devanagari verwandter Schriftableger zur Wiedergabe der Gujerati-Spr. Schrgem. umfaßt (1995) rd. 43 Mio. Nutzer in Indien und 0,5 Mio. in Pakistan.

Gula (ETH)
I. Kara im n. Grenzbereich zwischen Zentralafrikanischer Rep. und Sudan.

Gulat (REL)
s. Ghulat-Sekten im Schiismus.

Gulyas (SOZ)
II. berittene Rinderhirten im pannonischen Bekken.

Gun (ETH)
I. Goun (=fr), Egun, Popo.
II. kwa-spr. Ost-Ewe-Volk in Benin mit 395000 Seelen.

Gunwinggu (BIO)
II. Aborigines-Stamm im Arnhemland/Australien.

Gurage (ETH)
II. Bauernvolk im Bergland Äthiopiens; Anzahl 1983: 1,26 Mio.; Christen und Muslime.

Gurage (SPR)
II. semitische Spr., verbreitet in Äthiopien, 1980 ca. 0,6 Mio. Sprecher.

Guranen (SOZ)
II. die abhängigen Bauern bei den (Ost-)Kurden.

Gurani (SPR)
I. Südkurdisch. Vgl. Kurden.

Gurensi (ETH)
I. Nankanse an der Grenze von Ghana zu Burkina Faso.

Gurier (ETH)
I. Eigenbez. Guruli; Gurieli (=dt); Gurijcy (=rs). Vgl. Georgier.

Guripas (SOZ)
II. (=sp); Bez. für die spanischen Landser, Soldaten.

Gurkhas (ETH)
I. Ghurkas, Gorkhali, Gorkhas, Goorkhas.
II. von Stadt und Altterritorium abgeleitete Sammelbez. für div. Bergvölker oder auch die politisch dominierende Bev. Nepals. Gemeinsam ist dieser die rassische Mischung aus Iniden (vgl. Rajputen) und Mongoliden, die kulturelle von tibeto-burmanischer und indo-arischer Spr., die religiöse Begegnung von Lamaismus und Hinduismus. Vielfach herrscht abgemilderte Kastengliederung. Verbreitet bis nach Sikkim und N-Indien. In Bengalen ringen G. um ein Autonomiestatut im Gurkha-Land.

Gurma (ETH)
I. Somba; Gourma (=fr), Gourmantché; in Togo: Moba; Zomba (=en).
II. ethnische Einheit Negrider in Burkina Faso (Anteil von 5% = 510000), in N-Togo (4,4%

I. 160000), in N-Benin, auch in Ghana mit ca. 3,5%; gur-spr., verwandt mit Tobote-, Kasele-, Bimoba-spr.

Gurmukhi Schriftnutzergemeinschaft (SCHR)
II. die sich aus der Landa-Schrift ableitende Schrift, die in Indien zur Aufzeichnung von religiösen Texten der Sikhs benutzt wird. Sikhs verwenden die G. auch zur Aufzeichnung der Pandschabi-Spr.

Guro (ETH)
I. Gouro (=fr); Lo; Kweni.
II. Stamm der Mande-Fu mit > 100000 Köpfen im Westen der Elfenbeinküste.

Gürtelkinder (SOZ)
I. Mantelkinder.
II. unehelich geborene Kinder, die durch Verheiratung der Eltern die rechtliche Stellung ehelicher Kinder erlangen.

Guru(s) (REL)
I. (hi=) »der Ehrwürdige«.
II. 1.) Sanskrit-Bez. in Indien für religiöse Lehrer, welche die Rolle der Brahmanen der Vedazeit übernommen haben, Vorsteher von Lehrmeinungen, Sekten. 2.) Bez. für die ersten zehn »Meister« der Sikhs.

Gurundsi (ETH)
I. Gourounsi.
II. ethnische Einheit in Burkina Faso, haben 5% Anteil an Staatsbevölk.

Gurung (ETH)
II. Volk von ca. 200000 Köpfen mit einer tibetobirmanischen Spr. und stark mongolischem Einschlag in Nepal. Waren herkömmlich in zwei endogame Klassen geteilt, die Tschar-jat und die Solahjat Gurung. Beachten einen 12-Jahres-Zyklus (Barkha). Tibetische Kleidung mit gelber Rup- Schnur.

Gururumba (ETH)
II. Kleingruppe von Melanesiern auf Neuguinea im Asaro-Tal.

Gusanos (SOZ)
I. (=sp); »Würmer«, »Maden«.
II. Pejorativausdruck in Kuba für Exilkubaner.

Gush Emunim (SOZ)
II. 1974 gegründete ultranationalistische Siedler-Bewegung in Israel mit starker Unterstützung aus USA.

Gusii (ETH)
I. Kisii, Gizii.
II. Bantu-Ethnie im Süden der Prov. Nyanza/Kenia, (1979) rd. 950000 Köpfe, 6,2% der Gesamtbev.; leben von Milchprodukten und Getreide; Ahnenkult.

Gusii (SPR)
I. Gusii (=en).

II. ca. 2 Mio. Sprecher dieser Niger-Congo-Spr. in Kenya.

Guta Ra Jehova (REL)
II. 1952 in Südafrika gegr. unabhängige christliche Gemeinschaft. Vgl. Zions-Christen.

Gute Jidden (REL)
II. (jd=) Bez. für die sog. Wunderrabbis der Chassiden.

Gutsbesitzer (SOZ)
I. conduttori non coltivatori (=it).
II. Personen, die als Eigentümer oder Besitzer einen größeren land- oder forstwirtschaftlichen Betrieb mit nicht familieneigenen Lohnarbeitskräften und angestellten »Gutsbeamten« bewirtschaften. Vgl. Latifundien-Besitzer in Spanien, Großgrundbesitzer; latifundistas (=sp); vgl. aber Gutsherren.

Gutsherren (SOZ)
I. Gutsvorsteher.
II. 1.) Großgrundbesitzer in 15.–19. Jh. in Ostmitteleuropa, die sowohl Ortsherrschaft, niedere Gerichtsbarkeit und Vorrechte im Hinblick auf Fronarbeit und Gesindedienst besaßen. 2.) Gutsbesitzer, die in Deutschland auf ihren Gutsherrschaften, Gutsbezirken seit 16. Jh. bis ca. 1925 gewisse staatliche Hoheitsbefugnisse wahrzunehmen hatten, z.B. die niedere Gerichtsbarkeit. In Preußen, Sachsen, Mecklenburg einige Zehntausend. Vgl. hierzu Zwischenwanderer.

Guugu-Yimithirr (BIO)
II. Aborigines-Stamm von ca. 1000 Köpfen, traditionell Jäger und Sammler, in einem großen Reservat im N von Queensland/Australien.

Guyana (TERR)
A. Kooperative (Genossenschaftliche) Republik. Unabh. seit 26. 5. 1966; bis dahin Britisch-Guayana. Co-operative Republic of Guyana (=en). (la République coopérative du) Guyana (=fr); (la República Cooperativa de) Guyana (=sp).
Ew. 1950: 0,423; 1960: 0,568; 1970: 0,709; 1980: 0,865; 1996: 0,839, BD: 3,9 Ew./km^2; WR 1990–96: 0,9%; UZ 1996: 36%; AQ: 4%

Guyaner (NAT)
I. Guyanese (=en); guyanais (=fr); guyaneses (=sp).
II. StA. der Kooperativen Rep. von Guyana, vormals Brit. Guyana, 839000 Ew. (1996). Im weiteren und älteren Sinn Bew. aller drei (niederländisch, französisch, britisch) Guyanas. Bev. Britisch-G. setzt sich zusammen aus 51% Indern, 32% Schwarzen, 11% Mulatten und Mestizen, 5% Indianer. Vgl. Französisch-Guyaner, Niederländisch G./Surinamer; Maroons/Buschneger.

Gwali (ETH)
II. Stamm der Xhosa in Ciskei/Südafrika.

Gwamba (ETH)
Vgl. Tsonga.

Gwandara (ETH)
Vgl. Hausa.

Gwari (ETH)
I. Gbari in Nigeria.

Gweilos (SOZ)
I. (ci=) »Rundaugen«.

II. ugs. Bez. unter Chinesen für Weiße (aus Europa, Amerika, Australien).

Gwoyen-Romatzyk-Schrift (SCHR)
II. ein 1926 in China gefördertes Lautumschriftsystem, das sich erstmals des lateinischen Alphabets bediente.

Gyrovagen (REL)
II. umherschweifende Bettelmönche ohne Klosterzucht.

H

Habab (ETH)
I. Ad Hibtes.

Habaner (REL)
II. Nachkommen deutscher Täufer des 16. Jh. in der Slowakei und in Siebenbürgen. Vgl. Täufer.

Habbania (ETH)
I. Baggara.
II. Stamm Arabisch sprechender islamischer Nomaden der Baggara-Gruppe im s. Darfur, ca. 50 000.

Habban-Juden (ETH)
I. habbanische Juden; Habban Jewry (=en).
II. alteingesessene, wohl vor 17. Jh. zugewanderte Judengemeinde, die sich von anderen jüdischen Jemeniten durch Kult, Gebräuche und Kleidung unterscheidet; bekannte Silberschmiede. Sie wurden 1945 und 1948–52 nach Israel umgesiedelt.

Habbe (ETH)
I. Habe. Fremdname der Fulbe für die Dogon.

Habilinen (BIO)
Vgl. Homo habilis.

Habr Gedir (ETH)
II. Clan im s. Somalia.

Habsburger Exulanten (REL)
Vgl. Exulanten.

Hacendados (SOZ)
II. (=sp); lateinamerikanische Großgrundbesitzer, Besitzer großer Hazienden/Haciendas. Vgl. latifundistas (=sp).

Hackbauern (WISS)
I. Fachterminus nach E. HAHN, Altbez. für Bev., die sich im niederen Boden- oder Pflanzenbau noch der Hacke, des Pflanz- und Grabstocks bedienen. Ihre einst weite Verbreitung im gesamten Tropen- und Subtropengürtel ist durch die Pflugkultur auf tropische Wald- und Bergwaldgebiete zurückgeschnitten worden.

Häcker (SOZ)
II. 1.) Kleinstbauern mit so geringem Grundbesitz, daß die Hacke zur Bearbeitung ausreicht. 2.) auch kleine Weinbauern (z.B. in Württemberg).

Hadar (SOZ)
I. aus hadara (ar=) »gegenwärtig sein«.
II. Begriff bezeichnet im arabischspr. Orient die seßhaften Bev.gruppen in der Maamura, im Unterschied zu den Badw, die außerhalb fester Ansiedlungen leben. Vgl. Fellachen.

Hadar (WISS)
II. in der arabischen Geschichte Bez. für die seßhaften Bev.gruppen, die in der Maamura, leben im Gegensatz zu den Nomaden des Badw/Beduinen.

Haddad (SOZ)
I. die »Schmiede«.
II. eine endogame Reliktgemeinschaft im Tschad-Gebiet, die sich möglicherweise aus Altbew. herleitet, von dunkler Hautfarbe, aber keine negroiden Züge; auch Jäger und Viehhalter; 1960 ca. 100 000.

Hadendoa (ETH)
I. Hadendowa, Bedawiye, Bedja.
II. Stamm der Bedja im N-Sudan und in Eritrea; > 250 000; H. sind junge tribale Bildung; in jüngerer Zeit als Baumwollpflanzer und im Transportgewerbe tätig.

Hadimu (ETH)
I. Wahadimu.
II. eine der drei Bantu-Populationen auf Sansibar. Vgl. Swahili, Zanzibari.

Hadiyya (SPR)
I. Hadiyya (=en).
II. kuschitische Spr. in Äthiopien mit 2 Mio. Sprechern.

Hadjdjis (REL)
I. (=ar); Had(d)schi(s); aus Hadsch, hagg (ar=) »Wallfahrt«.
II. islamische Mekka-Pilger; Ehrentitel, der dem Eigennamen vorgesetzt wird (grüner Turban und fallweise Hausbemalung); jährlich über 1 Mio. Pilger. Bevorzugte Pilgerziele von Schiiten sind Medina, Najhaf, Kerbela, Kazimain, Mashhad, Samarra; auch ihre frommen Besucher tragen Ehrentitel, z.B. Kerbela'i, Meschhedi.

Hadramaut (TERR)
B. Hadhramaut. Ehem. zusammenfassende Bez. für mehrere Emirate und Scheichtümer in Südarabien, die Teil des britischen Protektorats Aden waren. Heute Provinz im s. Jemen.
Ew. 1935: rd. 120 000; 1980: ca. 600 000

Hadrami (ETH)
I. Hadhramis, Hadarim.
II. Bew. des südarabischen Wadi Hadramaut bzw. später des bedeutend größeren politischen Territoriums Hadramaut/Jemen. Zu ihren Stämmen zählen die Binladen, Binzagr, Binmahfouz, Baroom oder Bassamah. H. nehmen seit Jahrzehnten als temporäre (Gastarbeiter) und auch permanente Abwanderer am Wirtschaftsleben Saudi-Arabiens teil. Sie neh-

men als Kaufleute, Bankiers, Bauunternehmer sogar Schlüsselpositionen ein.

Hadya (ETH)
II. kleine ethnische Einheit in SW-Äthiopien.

Hadza (ETH)
I. Hadzapi; Kindige, Tindiga.
II. kleines schweifendes Jäger- und Sammlervolk beiderseits des Eyasisees im n. Tansania, kaum 1000 Köpfe. Vielleicht den südafrikanische Buschmännern verwandt.

Haida (ETH)
II. 1.) wichtigster Stamm und Sammelbez. für die 2.) sog. Nordwestküsten-Indianer, die in einem schmalen Streifen entlang der Pazifikküste von Alaska bis NW- Kalifornien siedeln und soweit sie sich der H.-Spr. bedienen. Zur Nordgruppe zählt man die Tsimschian/Tsimshian, Tlingit, Niska und Kitsan; zur Zentralgruppe die Kwakiutl, Bellabella, Heiltsuk/Kitamat, Haisla, Bellacoola; zur Südgruppe die Salisch.

Haidamaken (SOZ)
I. Hajdamaken; Hajdamaky (=rs).
II. Freischärler aus dem Kreis orthodox-ukrainischer Bauern, die sich im polnisch-russischen Konflikt von 1768 gegen den kath.-polnischen Adel und dessen jüdische Mittler erhoben.

Hainan (TERR)
B. Provinz in China, bis 1988 Teil der Provinz Guangdong.
Ew. 1996: 7,340, BD: 216 Ew./km²

Haïti (TERR)
A. Republik. Altbez. Haiiti; République d'Haïti (=fr). (The Republic of) Haiti (=en); (la República de) Haití (=sp).
Ew. 1948: 3,233; 1958: 3,514; 1968: 4,098; 1978: 4,833; 1988: 6,000; 1996: 7,336, BD: 264 Ew./km²; WR 1990–96: 2,1%; UZ 1996: 32%; AQ: 55%

Haitian (SPR)
II. Kreolfranzösisch Sprechende auf Haiti (1990: 6,01 Mio.) und in USA (1990: rd. 210 000).

Haitian Creole (SPR)
I. (=en); créole (=fr).
II. Mischspr. in Haiti auf Basis des Französischen; gesprochen von 3 Mio. (1994).

Haitianer (NAT)
I. Haïtier; Haitians (=en); haïtiens (=fr); haitianos (=sp, pt); haitiani (=it).
II. StA. der Rep. Haïti. Mindestens 1 Mio. (ein Sechstel der Gesamtbev.) lebt als Wirtschaftsflüchtlinge im Ausland (in USA und Dominikanischer Rep.). Es handelt sich ganz überwiegend um Nachfahren eingeschleppter Sklaven: über 60% Schwarze, ca. 35% Mulatten, Weiße.

Haja (ETH)
I. Haya.
II. kleine ethnische Einheit sw. des Victoriasees/ Tansania.

Hajduken (SOZ)
I. Haiduken, Haiducken, Heiducken; aus hadju (un=) »Treiber«, »Hirt« oder nach einem ungarischen Komitat an der mittleren Theiß.
II. ursprünglich ungarische Viehhirten; seit 16. Jh. Angeh. einer ungarischen Söldnergruppe, wurden 1605 um Debrecen mit großen Vorrechten (Steuerfreiheit) angesiedelt; schließlich Grenzsoldaten und Freischärler im Kampf gegen die Türken. S. typische Hajdukensiedlungen in N-Ungarn. Später das Dienstpersonal von Magnaten. Vgl. Tschetniks, Klephten, Komitadschi.

Hakka (SPR)
I. Hakka (=en).
II. einer der meistverbreiteten chinesischen Dialekte, gesprochen von > 42 Mio. in China und Taiwan, geschrieben in chinesischer Schrift.

Halang (ETH)
II. Volk von Gebirgsbauern am Se-Song-Fluß in Südlaos und in der Prov. Kontum Vietnams; ca. 50 000, Spr.gruppe der Mon-Khmer. Treiben Anbau auf Reis, Mais, Tabak, besitzen große Gemeinschaftshäuser.

Halang Doan (ETH)
II. kleines Volk mit einer Mon-Khmer-Spr. in Laos (u.a. Prov. Attopeu, Kasseng-Hochfläche); Bergreisbauern mit Brandrodung; befestigte Pfahlbau-Dörfer.

Halbalphabeten (SCHR)
I. Halbanalphabeten, Semialphabeten, Semianalphabeten; Semi-Literates (=en); semi-analphabètes (=fr); semi-analfabeti (=it); semi-alfabetos (=sp, pt).
II. Einzelpers. und Bev.schichten, die (seltener) des Schreibens oder des Lesens unkundig sind, die mit Mühe Texte von geringem sprachlichem Niveau zu lesen, aber praktisch nicht zu schreiben wissen. In vielen Alphabetisierungsmaßnahmen wird lediglich die Lesefähigkeit betrieben, um Gebrauchsanleitungen, Wahlzettel, Verkehrsschilder, Telephonbücher nutzen zu können, also H. herangebildet. In manchen Staaten werden die H. den Alphabeten zugeordnet.

Halbbauern (SOZ)
I. Halbspänner, Halbhüfner, Halbleute, Halbmeier (agrarsoziale Altbez.).
II. landwirtschaftliche Besitzer eines halben Hofes; entsprechend Viertel- oder Dreiviertelbauern.

Halbblut (BIO)
I. gemeint ist tatsächlich »Doppelblut«.
II. volkstümlich abschätzige Bez. von weißen Nordamerikanern für Mischlinge aus Verbindungen von Weißen mit Indianern.

Halbfamilien (WISS)
I. unvollständige Familien; nicht voll syn. auch Restfamilien (s.d.).
II. unscharfe Bez. für Familien, denen ein Ehepartner durch Tod, Gefangenschaft, Scheidung fehlt; Terminus Unvollständige Familien findet Anwendung auch auf Ledige, Verwitwete und Geschiedene mit Kindern. Das Fehlen eines Elternteiles tritt als Regelfall dort auf, wo etwa durch das Bestehen spezieller Männerbünde eine dauerhafte Trennung von Müttern mit Kindern gegenüber den Vätern vorliegt (u.a. Melanesien).

Halbfreie (SOZ)
I. Minderfreie, Liten, Barschalke; (lat=) liti; (ahd=) lazzi.
II. zwischen Freien und Unfreien bildeten sich Zwischenstufen von Minderfreien aus, die i.d.R. zwar Rechtsfähigkeit, aber keine polit. Rechte besaßen. Schon durch Eingehen eines Schutzverhältnisses verlor sich volle Freiheit, es erwuchsen Schutzhörige oder Muntmannen. In Mitteleuropa ist Begriff H. zumeist im Sinn von grund- und gutsherrlich gebundenen Bauern zu verstehen. Andererseits konnten Unfreie durch Freilassung in den Stand von H. erhoben werden. An die Scholle gebundene Hörige, sie galten als Zubehör des Bauerngutes. Vgl. Kolonen.

Halbgeschwister (BIO)
I. Stiefgeschwister; Halbbrüder und Halbschwestern.
II. Verwandtschaftsbez. für Schwestern und Brüder, denen nur ein Elternteil gemeinsam ist, für Geschwister aus einer Zweitehe des Vaters mit einer Stiefmutter oder der Mutter mit einem Stiefvater. Die Ehepartner von Halbgeschwistern werden Halbschwäger bzw. Halbschwägerinnen, deren Kinder Halbneffen (m.) bzw. Halbnichten (w.) genannt. Vgl. Geschwister.

Halbhufner (SOZ)
I. Halbhüfner, Halbbauern, Halbleute; Terminus schließt auch Halbpächter ein.

Halbnomaden (SOZ)
I. semi-nomads (=en); semi-nomades (=fr); Arabad-Dar (ar=) »Araber des Hauses«; von Vollnomaden pejorativ als »halbe Beduinen« bezeichnet.
II. Lebensform, bei der seßhafter Anbau mit begrenztem Nomadismus kombiniert wird; eine Wirtschaftsweise, die den natürlichen Bedingungen von Relief, Klima und Pflanzenwachstum bestmöglich angepaßt ist; d.h. Anbau entweder sommers in Gebirgen oder winters in Tiefebenen. Verbreitet in Nordafrika und Vorderasien; beteiligt sind überwiegend Kleinviehhalter (mit Schafen und Ziegen). H. halten auch (Milch-) Kamele, züchten sie aber nicht. H. wohnen in Wanderphase wie Vollnomaden in Zelten oder Jurten in bzw. in der Nähe von Dauersiedlungen. Wie bei Vollnomaden wandert ganze Familie oder soziale Gruppe.

Halbseßhafte (SOZ)
I. semi-sédentaires (=fr); Raiyah (ar=) »Tierhüter«.
II. halbnomadische Stämme in vorderasiatischen Wüsten, oft edler Abstammung, jedoch unter dem Schutz von Vollnomaden stehend, die sie nicht als Vollaraber anerkennen.

Halbstarke (SOZ)
II. ugs., abwertend für Halbwüchsige, die in Öffentlichkeit durch Gebaren, Kleidung, Lautstärke auffallen (wollen), Randalierer, die schon auf Abwege geraten oder doch (auch suchtbesessen) gefährdet sind.

Halbwüchsige (BIO)
I. Heranwachsende, noch nicht ganz erwachsene Personen. Sofern organisiert: auch Jungmannschaft. Vgl. Jugendliche, Minderjährige, Halbstarke.

Halfcaste (BIO)
I. (=en); »Halbblut«; Angloinder, Eurasier, Burghers.
II. Mischling aus Elternteilen indischer und europäischer Herkunft. Vgl. Burgher (=en).

Halloren (SOZ)
I. Hallonen, aus (lat=) hallones; Hall-Leute, Hall-Burschen, Hall-Knechte.
II. Salzwirker, Saliner, Salinenarbeiter (u.a. Pfänner, Pfannhäuser, Salzfudertäger, Pfieseldirnen); im Salzbergbau auch Salzärztleut(e), Salzknappen; unter Leitung des Hallingers oder Salzmaiers (nicht berufständische, mehr soziale, religiöse, repräsentative Aufgaben. Ursprünglich für Bruderschaft der Saliner in Halle/Saale; altes Brauchtum und Tracht. Geogr. Namen: Hall/Tirol, Hallein/Dürrnberg, Hallstadt im Salzkammergut; Reichenhall, Schwäbisch Hall, Schweizerhalle. Vgl. Hallenser, die Bürger von Halle/Saale.

Halpular (ETH)
I. Hal-pulaar.
II. durch Kolonialgrenzen geteiltes schwarzafrikanisches Volk, wohnhaft beiderseits des Senegal in Mauretanien und Senegal; stärker durch Spr. (Peul) und Tradition als durch StA. gebunden. Im Grenzstreit mit Senegal 1989/90 wurden ca. 50000 H. und andere Gruppen nach Senegal vertrieben.

Hamar (ETH)
I. Baggara.
II. Stamm arabischsprechender islamischer Rindernomaden des Volkes der Baggara in Kordofan.

Hamas (SOZ)
(=ar) »brennender Eifer« oder auch für Harakat al-Mukawama al-Islamija »Islamische Widerstandsbewegung«.
II. um 1960 in Gaza als religiös-wohltätige Organisation mit wohlwollender Billigung der Israelis als religiöses Gegengewicht gegen die PLO gegr. Tatsächlich hat sich H. aber seit 1967 als Rückgrat des

palästinensischen Widerstands entwickelt. Letztlich strebt H. einen islamischen Staat in ganz Palästina und später in der gesamten islamischen Welt an, denn alle vom Islam je eroberten Gebiete sind (ähnlich der zionistischen Staatsdoktrin) Stiftungsland, d. h. unveräußerlicher Gemeinbesitz bis zum Tag der Wiederauferstehung.

Hamburg (TERR)
B. Stadtstaat und Bundesland in Deutschland. Hambourg (=fr).
Einwohner nach jeweiligem Gebietsstand: 1871: 0,339; 1890: 0,623; 1910: 1,015; 1939: 1,712; 1970: 1,794; 1980: 0,695; 1990: 1,640; 1997: 1,705, BD: 2257 Ew./km^2

Hamiten (ETH)
II. alte Fachbez. für hypothetische Völker aus dem europäischen Raum mit einer Rinderkultur, die lange vor den semitischen Eroberungszügen mit ihrer besseren technischen und militärischen Ausrüstung die schwarzafrikanischen Hackbauern unterworfen und mit ihrer überlegenen Intelligenz ihnen ihre Kultur aufgepfropft hätten. Ziemlich undifferenziert wurden dabei als Nachfahren dieser postulierten Eroberer kulturell, sprachlich und rassisch ganz unterschiedliche Völker als Hamiten bezeichnet, solange sie nur groß, schlank, hellhäutig waren, eine Rinderkultur besaßen oder Großreiche gründeten, so z. B. Niloten, Kuschiten, Fulbe, Tutsi, die Träger des Simbabwe-Reiches oder sogar die Hottentotten. Der Name ist abgeleitet von Ham, dem zweiten Sohn Noahs, um diese von den semitischen Einwanderern (Sem, der erste Sohn) abzugrenzen. Die auf der Vorstellung von Überlagerung beruhende, eingängige, heute aber wissenschaftlich nicht mehr haltbare »Hamitentheorie« beherrschte fast ein Jh. Ethnologie und Afrikanistik. So stellte z. B. *LEPSIUS* (1863) der semitischen eine hamitische Spr.familie gegenüber, die neben Ägyptisch, Äthiopisch (u. a. Dankali, Somali, Galla), Libysch (Ta-Maswq, Hausa) auch das Hottentottische (Nama, Korana, Buschmann) beinhaltete. Der Anthropologe *SELIGMAN* (1930) lieferte für Kultur, politische Organisation und Geschichte Schwarzafrikas die klassische Darstellung dieser Überlagerungstheorie in dem Sinne, daß alle Hochkulturen oder zentralisierten Machtsysteme Schwarzafrikas auf diese ungenau definierten »hamitischen« Eroberer zurückzuführen seien. Neue wissenschaftliche Erkenntnisse liefern jedoch weder archäologisch, noch anthropol. oder linguistisch eine Basis für diese Theorie. Linguistisch gehören die noch von *WESTERMANN* als hamitisch klassifizierten Fulbe zur westatlantischen Untergruppe der Niger-Kordofan-Spr.gruppe, die Niloten zur Nilosaharanischen wie Kanuri und Songhai, die Kuschiten wie auch Berber und das Tschadische mit Hausa zur Afroasiatischen Spr.gruppe (*GREENBERG* 1966), das Hottentottische zu den Khoisan-Spr. Vgl. auch Braune Hamiten (*S. PASSARGE*).

Hamitische Sprachen (SPR)
I. Ableitungen nach Ham/Cham (=he) lt. Gen. 10 Sohn des Noah.
II. Sprachzweig der Hamitosemitischen Spr., gegliedert in berberische (Nordafrika) und kuschitische Gruppe (Ostafrika).

Hamitomorphe (BIO)
II. Bez. bei *OSCHINSKY* (1954) für Äthiopide.

Hamito-Niloten (ETH)
I. Niloto-Hamiten, Nilo-Hamiten, Halb-Hamiten, Hamitoniloten, Nilotohamiten.
II. ein ethnologischer Sammelbegriff für Völker nilotischer Abstammung, d. h. nilotid-äthiopider Somatik und mit einer südnilotischen Spr. Es werden drei Regionalgruppen unterschieden, die alle im Quellgebiet des Nils und an seinen oberen Nebenflüssen leben: Nordgruppe im S-Sudan bis zur Grenze von Uganda; Zentralgruppe zwischen Kioga- und Rudolfsee; Südgruppe im W von Kenia und Tansania. Vgl. Ostniloten.

Hamsayahs (SOZ)
II. Unterschicht Abhängiger, Verpflichteter, Halbfreier in der islamischen Gesellschaft Pakistans.

Han (ETH)
I. Eigenbez. der Chinesen, »Han-Leute«; nach Han-Dynastie (206 v. – 220 n. Chr.) mit Kerngebiet in N-China.
II. bilden mit 1,136 Mrd. (1996) oder 91,9 % Hauptbestandteil des chinesischen Volkes, überwiegend Universisten. Vgl. Hui (Huie-) Chinesen.

Hanafiten (REL)
I. (ar=) Hanafiyun; Hanefiten.
II. Muslime, welche der Rechtsschule des Abu Hanifa, der Hanafiya oder Ahnaf, zugehören. Diese war Staatsrecht bei Abbasiden und Osmanen und blieb für Nachfolgestaaten verbindlich, sonst verbreitet auf dem Balkan, im Kaukasus, in Afghanistan, Pakistan, Turkestan, Indien, Israel. Mit 35 bis über 40 % bilden H. überwiegende Mehrheit aller Sunniten und überhaupt aller Muslime.

Hanágra (ETH)
II. Konföderation von ehem. vier Beduinen-Stämmen (1965 ca. 7000 Indiv.), einst in S-Palästina streifend, sind 1949 geschlossen in den Gaza-Streifen geflüchtet.

Hanbaliten (REL)
I. (ar=) Hanbaliyun.
II. (nach Ahmad ibn Hanbal) Muslime im Gültigkeitsbereich dieser zahlenmäßig schwächsten Rechtsschule, Hanabila, verbreitet auf Arabischer Halbinsel, Irak, Syrien, bes. bei allen Wahhabiten.

Handarbeiter (SOZ)
II. im 19./20. Jh. gängige Altbez. für körperlich Arbeitende im Gegensatz zu Kopfarbeitern oder Intellektuellen.

Handelsvölker (WISS)
II. überholte wiss. Bez. für ethnische oder regionale Bev., deren hpts. Einnahmequellen aus Handels- und Verkehrstätigkeit herrühren. Zum Beispiel galten Phönizier, Venetianer, Engländer, Holländer, Haussa und andere als H.

Handwerker (SOZ)
II. Handwerkerstand setzt sich zusammen aus Meistern, Gesellen und Lehrlingen, die ursprünglich allein in selbständigen Handwerksbetrieben tätig waren. Heute auch Haus- und Regie-H. in Industrie-, Verkehrs- und Handelsbetrieben.

Hanga (ETH)
I. Luhya, s.d., u.a. auch Bahanga, Wanga.

Hangul Schriftnutzergemeinschaft (SCHR)
I. Han'gul, »Großschrift«; bis 1880 Hunmin Chong'um.
II. die koreanische Schrift. Zur Wiedergabe der koreanischen Spr. dienten jahrhundertelang ausschließlich chinesische Schriftzeichen, obschon sie sich für diese andersgeartete Spr. überhaupt nicht eigneten. Im 15. Jh. ließ König Sejong eine von der chinesischen Schrifttradition unabhängige Schrift entwickeln, ein gänzlich eigenständiges System, das keiner anderen Schrift ähnelt. Erst im Verlauf des 20. Jh. setzte sich die (von links nach rechts läufige) Hangul allgemein durch, wenn auch die chinesischen Hanmunja oder Hanja-Zeichen mitverwendet wurden. Ausgehend von N-Korea wird die reine H. heute in beiden Korea und in Auslandskolonien mit zus. rd. 68 Mio. potentiellen Schreibern genutzt.

Hani (ETH)
I. Ha-ni, Houni, Woni.
II. Volk von ca. 1,3 Mio. Köpfen (1990) mit einer tibeto-birmanischen Eigenspr. das erst in den letzten Jahren Alphabetisierung erfuhr; hängen Naturreligionen an. Wohnen als Bauern im Berggebiet des südlichen Yünnan/SW-China.

Hannaken (ETH)
II. tschechischer Volksstamm, wohnhaft in der Landschaft Hanna an der mittleren March. Im übertragenen Sinn: schlaue Personen, Schlingel.

Hanseaten (SOZ)
I. aus hansa (ahd=) »bewaffnete Schar«, »Gefolgschaft«.
II. 1.) Ew. der sog. Hansestädte; heute, in Tradition der alten Hanse, nur mehr von Bremen, Hamburg, Lübeck, Greifswald, Rostock, Stralsund, Wismar. 2.) Seit 1127 belegte mannschaftliche Vereinigung norddt. Kaufleute zu gegenseitigem Schutz und (Rechts-) Beistand. Verband niederdt. Kaufmannsstädte (maximal über 100, Köln, Nowgorod, Visby, Bergen, London, Brügge, Antwerpen) entwickelte und führte Monopolhandel im ganzen Ostseeraum und in großen Teilen Osteuropas; planmäßige Städtegründungen und Errichtung zahlreicher Kontore im 12.–14. Jh. Sogar hanseatische Kolonien im südbrasilianischen Santa Catharina: Blumenau, Dona Francisca, Hammonia, Humboldt. Auflösung im Dreißigjährigen Krieg. In England: merchant adventurors.

Hantavirus-Kranke (BIO)
II. erst seit 1951 bekannte Viruserkrankung, die hämorrhagisches Fieber hervorruft. Vorkommen bes. in Asien und Nord-, Südamerika. Der Erreger wurde 1978 entdeckt. Die Letalitätsrate liegt bei 5–20 %. Überträger sind Nagetiere, bes. Ratten. In China Anfang der 90er J. rd. 100 000 Krankheitsfälle jährlich.

Hapaphaoles (BIO)
I. Part-Hawaiians (=en).
II. Angehörige einer vielschichtigen Mischlingsbev. von polynesischen Eingeborenen mit Weißen aus USA, Koreanern, Puertoricanern, Chinesen, Filipinos, Japanern u.a. auf Hawaii, deren Anteil an der Gesamtbev. schon 1890 rd. 7 %, 1976 bereits 16,4 % betrug. 1987 waren die Partner in 44,6 % aller von Einwohnern geschlossenen Ehen rassisch gemischt. In Anbetracht der höheren Geborenenrate innerhalb dieser Mischlingsbev. bahnt sich hier eine biologisch wie kulturell irreversible Populations-Neubildung an.

Hapu (REL)
II. 1825 auf Hawaii begründete synkretistische Religion aus heidnischer Mythologie und christlichen Aspekten, zerfiel nach ausgebliebenem Weltuntergang.

Harari (ETH)
II. ethnische Einheit im S Äthiopiens; islamischen Glaubens.

Harchin (SPR)
II. ein Chalka-Dialekt der mongolischen Spr.

Haredim (REL)
I. »Gottesfürchtige«; Chared Sg., Charedim Pl. (=he).
II. ultraorthodoxe Juden in Israel, ca. 600 000 von 5 Mio. Ang. der H. leben streng nach der Ordnung der Halacha, verweigern Militärdienst.

Hare-Krishna (REL)
I. Krischna-Sekte, ISCON, »International Society for Krishna-Consciousness«, (en=) »Internationale Ges. für Krishna-Bewußtsein«; aus Hare und Krishna, den Namen des »höchsten persönlichen Gottes«, deren ständiges »Chanten« (Singen, Sprechen, Murmeln der heiligen Gottesnamen) zu den wichtigsten Pflichten zählt.
II. 1936 in Vrindavana/Uttar Pradesh aus dem Hinduismus abgeleitete Sekte, die seit 1965 in USA und später auch in Europa gelehrt wird. Jünger, u.a. die Brahamcari (8000–10000), unterstehen straffer Autorität von Tempeloberen.

Haremsinsassen (SOZ)
I. Haremsdamen; aus haram (ar=) verboten; harim d.h. der geweihte, unverletzliche Ort, die Fremden verbotenen Frauengemächer.
II. seit altem Iran die Gesamtheit der weiblichen Hausbew., die Haupt- und Nebenfrauen und ihre Kinder sowie weibliche Verwandter eines Muslims, einst auch die Sklavinnen, aber auch die Eunuchen (s.d.); das konnten an orientalischen Fürstenhöfen mehrere Hundert und sogar (bei Osmanen) Tausende sein.

Häretiker (REL)
I. Haeretici (=lat); Ketzer, Irrgläubige.
II. Bez. einer sich als rechtgläubig erachtenden Kirche für Anh. abweichender Lehrmeinung; gemäß Codex Iuris Canonici der kath. Kirche für Personen, die eine von der Kirche in ein Dogma festgeschriebene Glaubenswahrheit leugnen. Seit Zeiten der Urkirche waren H. immer wieder Verfolgungen durch Kirche und Staatsmächte ausgesetzt.

Haridschan (SOZ)
I. Harijans; »das Gottesvolk«, »Geschöpfe des Gottes Vishnu«; Euphemismus.
II. nach einer Formulierung von Mahatma Gandhi in der Absicht begr., der sozialen Diskriminierung der H. entgegenzuwirken; Begriff meint zur Hauptsache die Unberührbaren im indischen Kastensystem.

Harigi (REL)
I. Charidschiten, aus haraya (ar=) »weggehen«, »ausziehen«.

Harki(s) (SOZ)
I. aus harakat (ar=) »Bewegung«.
II. 1.) muslimische Hilfstruppen der französischen Armee in Algerien: im Unabhängigkeitskrieg (1954–1962) kämpften für Frankreich rd. 200000. 2.) profranzösische Algerier, zu denen außer den Harkis auch Dorfverteidiger, einheimisches Verwaltungs- und Dienstleistungspersonal zählte. Sie folgten nach Friedensschluß von Evian trotz Verbot entweder den heimkehrenden Kolonialfranzosen nach Frankreich (ca. 68000 mit 80000 Angeh.) oder erlitten in Algerien als Verräter/Kollaborateure einen grausamen Tod (bis zu 150000). Die Nachkommen dieser Flüchtlingsgruppe (1992: ca. 450000–470000) leben z.T. noch heute in Lagern oder als kaum integrierte Zweitklassebürger in der Region Nord und Pas-de-Calais, im Großraum Paris und im Midi als französische Staatsbürger muslimischen Glaubens, jedoch gemieden von der weit größeren Algerier-Gemeinschaft späterer Immigranten und Gastarbeiter in Frankreich. Vgl. Algerier; Pieds-Noirs.

Harraqijja (REL)
I. nach Begründer Abu Abdallah Mohammed al Harraq.
II. islamische Bruderschaft in Tetuan.

Harratin (SOZ)
I. Haratin, Sg. m., w. Hartania; etymologisch aus horr = »frei« und tani = »zweiter«, d.h. »Freie zweiten Grades« (nach K. SUTER); in Tunesien Chonachines.
II. Nachkommen ehem. Negersklaven unter den Berbern NW-Afrikas. Dunkelhäutig, werden zuweilen statistisch zu den Weißen gezählt, da sie sich den Arabern oder später den Europäern assimiliert, deren Spr. und Lebensstil sie übernommen haben. Es dürfte sich überwiegend um Mischlinge und deren Nachkommen handeln. H. sind Oasengärtner, heute oft in Dienstleistungsberufen (Fremdenführer) tätig. Ausdruck H. wird in Teilen des Maghreb als Schimpfwort gebraucht. Vgl. Schuwaschna/Shuwashna, Djebat, auch Khammes.

Harristen (REL)
II. Anh. der 1910 in Liberia gegr. und nach ihrem prophetischen Gründer William W. Harris benannten messianischen Bewegung; in Liberia, Ghana und an der Elfenbeinküste 120000 Anhänger.

Haryana (TERR)
B. Bundesstaat Indiens.
Ew. 1981: 12,922; 1991: 16,464, BD 372 Ew./km^2

Hasaren (ETH)
I. Eigennamen Chasara, Berberi; Chezarejcy (=rs).
II. Kleinpopulation wohl iranisierter Mongolen oder Türken im Gebiet Mary von Turkmenistan. Sie sind überwiegend Sunniten.

Haschomer (SOZ)
I. aus (he=) »Wächter«.
II. jüdische Milizionäre zum Schutz zionistischer Siedlungen in Palästina im 19. Jh.

Hasdingen (ETH)
II. ein Stamm der Wandalen, der aus deren Westwärtswanderung in Polen abscherte, nach Südosten weiterwanderte, im späten 2. Jh. am Ostabhang der Karpaten siedelte, in das Theißgebiet übergriff; um 400 Föderaten des Römischen Reiches, schlossen sich im 5. Jh. der allgemeinen Westwärtswanderung an. Vgl. Wandalen.

Hashed (ETH)
II. Stammesföderation in Norden des Jemen.

Hasmonäer (REL)
I. Makkabäer.

Hassan (SOZ)
II. Reiterkrieger in der westlichen Sahara, meist arabischer Abstammung.

Hatay (TERR)
B. nach Hauptstadt auch Antakya. Altbez. Sandschak von Alexandrette. Osmanische/türkische Provinz im SE der Bucht von Iskenderun; nach I.WK als autonomer Sandschak Alexandrie dem französischen Mandat Syrien eingegliedert, 1938 Rep., seit

1939 wieder unter türkischer Herrschaft, seither Streitobjekt zw. Türkei und Syrien.
EW. 1965: 0,505

Hauptfrauen (SOZ)
I. Basch-Kadyn (tü=) »Oberfrau«.
II. in Ethnien mit polygamer Heiratsordnung die mit den meisten Rechten ausgestattete, den Nebenfrauen übergeordnete Ehefrau.

Hauptstadtbevölkerung (WISS)
II. jener Bev.anteil eines Staates, der in seiner Hauptstadt, capitale (=fr, it) wohnt. Fachterminus, der bes. dort Anwendung findet, wo dies die Groß- oder gar Mehrzahl aller StA betrifft; seine Präzisierung erfolgt durch den Hauptstadtfaktor. In vielen Staaten lebt jeder vierte StA (u. a. Dänemark, Venezuela, einst auch in Österreich), in etlichen Ländern (Rep. Kongo, Griechenland, Argentinien, Jordanien, Island) jeder dritte StA., in vielen Zwergstaaten und manchen ehem. Kolonialstaaten (Surinam, Uruguay) fast jeder zweite StA. in seiner Hauptstadt. Zusätzlich muß noch die starke Flüchtlingszuwanderung in schwarzafrikanische Hauptstädte berücksichtigt werden. Unter solchen Gegebenheiten bestimmt das soziale, wirtschaftliche und insbes. das polit. Geschehen allein schon der Hauptstadt das Geschick des ganzen Staates (z.B. Beirut, Brazzaville, Kinshasa, Mogadischu, Monrovia). Überall dort entschied die H. über Aufstieg und Fall des jeweiligen Regimes.

Hausa (ETH)
I. Haussa Altbez.; Haoussa (=fr); Maguzawa, Tazarawa, Warjawa, Gerava.
II. stark negrides Mischvolk im Mittelsudan mit einer als Tschadisch bezeichneten Spr., eine Untergruppe der afroasiat. Spr.familie. Kopfzahl und Verbreitung in Burkina Faso, Kamerun, Niger (5,0 Mio. = 53,6% der Gesamtbev.), Nigeria (mit Fulani 24,0 Mio. = 21% der Gesamtbev.), Tschad (132000 = 2% der Gesamtbev.) und Togo. H. sind stark islamisch geprägt, ein Teilstamm, die Asnan oder Arna, sind Animisten. Fristen Unterhalt als Ackerbauern, Handwerker; aus älterer Funktion als Karawanenführer ist Nimbus eines wichtigen Händlervolkes geblieben. Knaben werden mit 7 J. dem Vater zugeordnet, der sie das Händlermetier lehrt. Eigener Sultan als Mittler zwischen Volk und Verwaltung und geistiger Führer in Zinder. In den Lebensraum der H. eingesickert sind die Fulani, die heute das Vieh der H. betreuen. Stellen als Spr.gem. dank Verbreitung und Einfluß wichtigste westafrikanische Verkehrsspr. Vgl. Ful/Fulani.

Hausfrauen (SOZ)
I. (en=) housewives; (fr=) ménagères; (it=) casalinghe; aus husvrouwe (mhd=) »Herrin im Haus«, »Gattin«.
II. Frauen, die sich ungeachtet ihres Familienstandes vornehmlich der Kinderbetreuung und der Besorgung ihres Haushaltes widmen; sie gelten üblicherweise nicht als »Erwerbspersonen«. Zu unterscheiden von Haushälterinnen, Ha(ä)userinnen, Wirtschafterinnen.

Hausgewerbetreibende (WISS)
II. in Deutschland gelten H. nicht als Selbständige sondern als Arbeiter, auch wenn sie selbst Arbeitnehmer beschäftigen. Vgl. Heimarbeiter.

Haushalte (WISS)
I. Haushaltungen; households, hearths (=en); ménages, feux (=fr); case focolari (=it); hogares casas (=sp); casas (=pt).
II. Personengruppen, die unter gemeinsamer Wirtschaftsführung in häuslicher Gemeinschaft leben. In den meisten nationalen Statistiken wird unterschieden zwischen Familien- und Anstaltshaushalten bzw. zwischen Privat- und Kollektivhaushalten. International divergiert die Größe von Privathaushalten in den einzelnen Kulturerdteilen weit, von durchschnittlich 2–3 Personen in den w. Industrieländern bis zu 6–8 Pers. in S-Asien und in orientalischen Staaten. Auch in Deutschland hat sich die Haushaltsgröße stark gewandelt. Noch am Anfang des 20. Jh. (1900) lebten 44,4% der Gesamtbev. in Haushalten mit fünf oder mehr Personen, heute (1995) 66,4% allein oder zu zweit (34,7 Singles (s.d.), 31,7% in Zweipersonen-Haushalten), 16,1% zu dritt, 12,7% zu viert, 4,8% zu fünft oder mehr.

Haushaltsvorstände (WISS)
I. in Deutschland amtl. »Bezugspersonen«.
II. die in Haushaltserhebungen verantwortlich zeichnenden Haushaltsmitglieder.

Hausierer (SOZ)
I. ambulante Händler, Altbez. Dorfgeher, Bukkelkramer, Kraxentrager.
II. Händler, die ursprünglich nur wintersüber eigene oder fremde Erzeugnisse von Haus zu Haus anboten. Dabei handelte es sich um typische Waren des sog. Hausgewerbes (Korbwaren, Bürsten, bei Savoyarden auch um Küchengerät und Kleineisenwaren) und Nahrungsmittel (Kartoffeln, Honig, Gewürze); vgl. Pomeranzenkrämer. Jüdische Dorfgeher in Mitteleuropa pflegten Lumpen, Felle, Flaschen, Alteisen aufzukaufen. Vgl. Marktbeschicker, Fieranten.

Häusler (SOZ)
I. Kleinhäusler, Häuslinge, Büdner, Einlieger, Käthner, Köter, Seldner, Söldner, Chaluppner, in Mitteleuropa.
II. Landwirte mit geringem Landbesitz, der im allgemeinen nicht zur Lebenshaltung ausreichte, so daß Nebenbeschäftigung erforderlich war. Im MA Besitzer eines 1/32 oder eines 1/64 Hofes; Dorfbew., die nur ein Haus mit Garten, aber kein Feld hatten, wurden Leerhäusler genannt.

Haussa (SPR)
I. Hausa (=en).
II. Sprg. des Haussa-Volkes und zufolge dessen Handelsbetätigung neben Swahili wichtigste Verkehrsspr. in Westafrika. Heute von mind. 40 Mio. in Nigeria, S-Niger und n. Teilen von Dahomey, Togo, Ghana und Kamerun gesprochen. H. gehört zur afroasiatischen Spr.gruppe. Grundlage des Standard-H. ist der Kano-Dialekt. Als Ergebnis früher Islamisierung wurde H. vor der europäischen Kolonisierung in der arabischen Ajami-Schrift geschrieben, heute wird eine angepaßte lateinische Orthographie benutzt.

Hausvater (SOZ)
I. Familienoberhaupt; Gospodar (slaw=) »Herr«, in Moldau und Walachei Fürstentitel; Vladika, Vladyka (sk=) »Herrscher«, »Bischof«; Domatschin; Glavatar (=bu).
II. Oberhaupt einer Zadruga, einer Sippe.

Haute-volée (SOZ)
I. (=fr); Hautevolée; High oder Upper classes, Upper Ten, High Society (=en); die »Oberen Zehntausend«.
II. die oberste Schicht der Großbürger, die vornehmste Gesellschaft.

Havu (ETH)
I. Haavu.
II. kleine schwarzafrikanische Ethnie im Grenzgebiet der Demokratischen Rep. Kongo zu Ruanda.

Haw (ETH)
II. Volksgruppe aus Yünnam zugewanderter Chinesen in N-Thailand und Laos.

Hawaii (TERR)
B. Seit 1959 US-Bundesstaat.
Ew. 1900: 0,154; 1910: 0,193; 1920: 0,261; 1930: 0,368; 1940: 0,423; 1950: 0,498; 1960: 0,633; 1970: 0,772; 1980: 0,969; 1990: 1,108

Hawaiianer (ETH)
I. Hawaiiens (=fr); Hawaiians (=en).
II. 1.) Bew. der Sandwich-Insel/Hawaii. Z.Zt. ihrer Entdeckung (1778) ein Königreich mit 276000 Ew., deren Zahl bis Anfang des 19. Jh. auf 150000, bis 1850 auf 70000 zurückfiel. Seit 1898 US-amerikanischer Anschluß, seit 1959 US-BSt. 1900 erst 154000, 1980 schon 969000 Ew. sehr unterschiedlicher rassischer, ethnischer, kultureller Zugehörigkeit, die sich aus starker Zuwanderung seit 1875 erklärt: 1980 rd. 332000 Weiße, 240000 Japaner, 132000 Filipinos, 116000 eigentliche Hawaiianer und Part-Hawaiians, 56000 Chinesen, 17000 Koreaner, 14000 Samoaner, 3000 Vietnamesen.
2.) i.e.S. die polynesischen Urbewohner (Eigenbez. Kanaka) deren Zahl sich rasch vermindert hat, nämlich von 1900: 29800 auf 1960: 11300. Sie haben Hawaii im 11.–13. Jh. wohl von Tahiti her besiedelt. Ihre Gesellschaft war ursprünglich (bis 1810) dreischichtig in Adelige/Häuptlinge (ali'i), Priester (kahuanas) und Gemeinde gegliedert, deren Beziehungen untereinander durch das Kapu-System aus vielschichtigen religiösen Tabus geregelt waren. Niedergang der H. nach Zahl und Eigenart ergab sich aus früh einsetzender Durchmischung von Autochthonen und Zuwanderern. Vgl. Part-Hawaiians.

Hawawir (ETH)
II. nomadisierender Stamm an der N-Grenze Kordofans, wohl berberischer Herkunft.

Hawazin (ETH)
II. alter nordarabischer Stammesverband im Nedsch; in der Frühgeschichte des Islam auf Seite der Prophetengegner; heute wohnhaft zwischen Mekka und Medina.

Hawiya (ETH)
I. Hawiye, Hawiyeh, Hawija, Auijja, Auija.
II. kuschitischspr. muslimischer Großstamm in der Halbwüste von NW- Somalia (u.a. Hiran-Region), mit div. Großsippen (u.a. Gal'egel, Gigele, Hawadle, Makane); betreiben neben Anbau begrenzten Rinder- und Schafnomadismus. Vgl. Somali.

Haya (SPR)
I. Haja.
II. kleine Bantu-Sprgem. w. des Victorisasees in N-Tansania.

Haykh (ETH)
I. Haik; Eigenbez. der Armenier, s.d.

Hazara (ETH)
I. Hazarah, Hesareh, Hesoreh, Hesoren, Hizara; abgeleitet von pe = »Tausend«, Tausendschaft.
II. Volk im Inneren Afghanistans; ca. 560000 = 3% der Gesamtbev. H. sind wohl gemischter Abkunft, aber starker mongolider Einschlag, kulturell Pathanen und Tadschiken angeglichen, gruppierten um 1500 im heutigen Wohngebiet (Hesoredschat) seßhaft und blieben bis 1892 unabhängig; sind schiitischer Konfession. H. treiben ostorientalischen Bewässerungsanbau, wurden vielfach durch Pathanen als Hilfsarbeiter in Städte abgedrängt (in Kabul im Afschar-Quartier), wo sie verachtete Parias blieben. Eine ihrer sozialen Institutionen ist die »Shuhada« (Märtyrer). Vgl. Kisilbasch.

Hazara (SPR)
I. Hasara-, Hesorisch-, Mongol-spr.
II. Spr.einheit der Mongolischen Spr.gruppe, gesprochen von 1,6 Mio. (6–8% der Gesamtbev.) im Zentrum von Afghanistan w. Kabul.

Hebei (TERR)
B. Hopeh. Provinz in China.
Ew. 1953: 35,985; 1996: 64,840, BD: 345 Ew./km^2

Hebräer (REL)
I. Ebräer, Heber; Ableitung wohl aus Namen des Nomadenvolkes der Chabiri, das im 14. Jh. v. Chr. in Palästina eintraf; Hebrews (=en). Oft (fälschlich) gleichgebraucht mit Israeliten.
II. 1.) älteste (oft abfällig gebrauchte) Bez. für Juden. 2.) Im A.T. Sammelbegriff für Völker Palästinas, als deren Stammvater Eber gilt; oder auch nur für die Altbev. Palästinas, die später mit den zugewanderten Israeliten verschmolz und deren Spr. und Schrift übernommen wurde. 3.) Unter Kanaanitern Bez. für die »von jenseits (aus Mesopotamien?) Herübergekommenen«, die im 15.–13. Jh. eingewanderten »Israeliten«. 4.) im N.T. für in Palästina geborene, hebräisch oder aramäisch sprechende Juden. 5.) in Sonderheit für gesetzestreue Judenchristen im Gegensatz zu Hellenisten. 6.) die altpalästinensische Sozialgruppe der abhängigen Chabiru, der Söldner, Sklaven, Gefangenen, Zwangsarbeiter. Der Zusammenhang mit den H. ist umstritten. Vgl. Israeliten.

Hebräisch (SPR)
I. Hebräer (oft inkorrekt gebraucht).
II. nordwestsemitische Spr. der vorisraelitischen Bev. Palästinas, Spr. des A.T. und Umgangsspr. der Juden nach dem Babylonischen Exil, bis zur Edition der Mischna (Mittelhebräisch), dann, nach Übernahme des Aramäischen und später der nunmehrigen Weltspr. Griechisch, z. Zt. Christi für fast 1500 J. nur noch Gebets- und religiöse Schrifttumsspr. (leshon haqodesh, »die Spr. des Allerheiligsten«). Allein die jemenitischen Juden hielten an alter Spr.tradition fest. Im 19. Jh. Wiederbelebung des H. durch Zionisten; das künstlich geschaffene Neuhebräisch, die Staatsspr. in Israel seit 1948, wird Iwrith genannt. Vgl. Iwrith-spr., Hebräer.

Hebräische Schriftnutzergemeinschaft (SCHR)
I. hebräische Quadratschrift, jüdische Schrgem.
II. auf die aramäische Schrift zurückgehend, welche im 5. Jh. v. Chr. durch die Israeliten umgeformt wurde. Wird rechts nach links läufig geschrieben, besitzt 22 Konsonantenzeichen, Vokale werden durch über- oder untergesetzte Punkte (heute nach tiberischem Vokalsystem) angedeutet. Die H. Schrift dient 0,08 % der Erdbev. als Hoheitsschrift in Israel und ferner als Kultschrift auch im nicht hebräisch-spr. Judentum; zur Wiedergabe auch des Jiddischen, des Ladino, des Jüdisch-Tadschikischen, Tatischen und der Jüdisch-Georgischen Spr. verwendet.

Hebrew Jews (REL)
I. (=en); Stockjuden, Erzjuden.

Hehe (ETH)
I. Hehet, Wahehe. Bei ihren Nachbarn ob ihrer Nachahmung der Ngoni als »Zulu-Affen« verschrien.
II. Bantu-Stamm in Zentral-Tansania; wohl erst durch Ngoni-Einfälle und in Kolonialzeit aus verschiedenen Ethnien entstanden. Übernahmen von Ngoni Kriegs- und Befestigungstechnik, leisteten deutscher Kolonialherrschaft Ende 19. Jh. erheblichen Widerstand. Stellten 1980 zusammen mit Bena 6,7 % der Gesamtbev. Tansanias, d.h. ca. 1,7 Mio. Den H. verwandt sind die Stämme der Sango/Sangu/Rori, Sagara/Wasungara, Pogoro/Wapogoro, Ndamba/Wadamba und Bena/Wabena.

Hehe (SPR)
II. kleine Spr. der Nordost-Bantu-Gruppe in Tansania.

Heidelberg-Mensch (BIO)
I. Homo erectus heidelbergensis.
II. nach Unterkieferfund 1907 von Mauer bei Heidelberg neben Geröllgeräten. Bei wahrscheinlichster Datierung auf Günz/Mindel-Interglazial (unteres Mittelpleistozän) ältester Hominiden-Fund in Europa.

Heiden (REL)
II. im christlichen Spr.gebrauch die Gesamtheit der Nichtchristen und Nichtjuden.

Heidenchristen (REL)
II. die bekehrten Heiden im Urchristentum im Unterschied zu den nicht wiedergetauften beschnittenen Juden. Die unmittelbare Mission von Heiden durch Paulus löste das Christentum ethnisch wie rituell vom Judentum. Vgl. Judenchristen.

Heidenstämme (ETH)
I. Pagan Peoples.
II. kolonialzeitlicher Terminus, der auf die islamischen Hausa und Fulbe zurückgeht, welche die nur oberflächlich islamisierten Sudanvölker ihrer Nachbarschaft als Ungläubige oder Heiden bezeichneten. Es handelte sich um oft kleine Hackbauern-Ethnien, die zwar nicht sprachlich, doch i.w.S. kulturell verwandt sind. Zu den häufigst zitierten Lokalgruppen zählen: 1.) die H. von Adamaua, altertümliche Bev.elemente (u.a. Wute, Mbum, Fali, Chamba, Mbere, Duru Mundang) im Bergland von Adamaua/NW-Kamerun. 2.) die H. im Bergland von Nordnigeria und in Teilen der Benue-Ebene. Man zählt ihnen zu die Tiv (s.d.), Jukon/Kurorofawa, Katab, Jarawa/Jar, Birom, Chawai, Dakakari, Kamuku u.a. 3.) die H. im Mandara-Gebirge im Grenzgebiet zwischen N-Nigeria und N-Kamerun, zu denen (neben zahlreichen kleineren) die namengebenden volkreichen Mandara und Matakam gehören. Vgl. Sudanneger, Semi-Bantu.

Heikum (ETH)
II. Stamm der Buschmänner in der s. Kalahari/Namibia. Vgl. Dame, Nama; Buschmänner.

Heilige (REL)
Vgl. Aulija (=ar), Qiddis (=ar), Marabut(s).
II. lebende, verstorbene oder mythische Personen, deren außerordentliche Frömmigkeit auf eine

besondere Gottesnähe hinzuweisen scheint, die ihr Leben für ihren Glauben hingaben (Märtyrer), die als wundertätig gelten (Heiligsprechungen der kath. Kirche). H. werden von den Gläubigen verehrt und um Fürbitte bei Gott angerufen; verehrend und verpflichtend erinnern ihre Namen millionenfach im Namengut von heiligen Stätten, Straßen und Siedlungen. Vgl. Selige.

Heiliggeistbrüder (REL)
II. gegr. 1204 in Rom; bürgerlicher Spital-Orden mit Bruderschaft, der zur Blütezeit gegen 600 Spitäler in Italien, Frankreich und Deutschland unterhielt. Vgl. Taubenbrüder.

Heilongjiang (TERR)
B. Heilungkiang. Provinz in China. Vgl. Mandschurei.
Ew. 1953: 11,897; 1957: 14,650; 1996: 37,280, BD: 79 Ew./km²

Heilsarmee (REL)
I. Salutisten; Salvation Army (=en); Militia Christi (=lat); Armija Spassenija (=rs). Vgl. Salutisten.

Heimarbeiter (WISS)
I. Hausgewerbetreibende.
II. Personen, die in eigenen Räumen, mit eigenem Handwerksgerät allein oder unter Mithilfe von Familienangehörigen bzw. mit eigenem Personal Arbeiten im Auftrage eines Unternehmers (Verlegers), der den Absatz regelt und oft auch das Material stellt, durchführen. Heimarbeit kann als hauptberufliche oder das Einkommen ergänzende Füllarbeit (im Winter) durchgeführt werden. Sie war in Mitteleuropa einst weit verbreitet (1938 in Deutschland noch 630000), z.B. im Bergischen Land. Heimarbeit hat heute an Bedeutung stark eingebüßt und ist fast ganz auf benachteiligte Mittelgebirgsräume beschränkt (Erzgebirge, Schwäbische Alb). Im Vordergrund der Produktion stehen Textil-, Holzschnitz-, Spielzeug- und Instrumentenwaren. Vgl. Hausgewerbetreibende; Unterscheidung zu aushäusige Angestellte, u.a. Teleworker, ist zu beachten.

Heimatberechtigte (WISS)
II. Personen, die gemäß Bürger- oder Staatsbürgerrecht einen Wohnanspruch und (gemeindlich) auch ein Rückkehrrecht aus der Fremde, aus einer fremden Gemeinde oder aus dem Ausland besitzen.

Heimatlose (WISS)
II. 1.) Altbez. für Personen, die nirgendwo ein Bürgerrecht und damit auch kein Niederlassungs- oder Gewerberecht, keinen Anspruch auf Sozialleistungen besitzen. I.w.S. für Personen, die, etwa als Fahrende, nie eine Heimat kannten und solche, die ihre Heimat durch Deportation, Umsiedlung oder Flucht verloren haben. Hingegen haben Auswanderer eine Wahlheimat gefunden. 2.) H. (im übertragenen Sinn) bei Verlust der geistigen Orientierung. Vgl. Heimlose, Staatenlose.

Heimatvertriebene (WISS)
II. Menschen, die (überwiegend) in kriegerischen Ereignissen zum Verlassen ihrer Heimat gezwungen wurden. Als wenige Beispiele seien die »Umsiedlung« in Ost- und Südosteuropa (Polen 1945, Griechen 1923, Bosniaken 1996), die Deportation div. Volksgruppen in der ehem. UdSSR 1944-1948, die Vertreibung der Armenier aus ihrer anatolischen Heimat 1895/96, 1909, 1915-1918 angeführt. In Deutschland amtl. Terminus für dt. Vertriebene, die am 31. 12. 1937 oder vorher ihren Wohnsitz im Gebiet jenes Staates hatten, aus dem sie am Ende des II.WK vertrieben worden sind, insbes. aus Polen, UdSSR, Tschechoslowakei, Rumänien, Jugoslawien Vgl. Vertriebene, deutsche.

Heimlose (SOZ)
II. 1.) Personen, die als Obdachlose kein »Heim«, keine Wohnstatt besitzen. 2.) Personen, die als Ausgeschlossene wegen Unehrenhaftigkeit, Verschuldung, Glaubenswechsel, Fremdheirat usw. aus dem Verband ihrer alten Gemeinschaft ausgeschieden sind. 3.) Personen, die als Heimatlose ihre Hof-, Bürger-, Rechtsfreiheit verloren haben, kein Niederlassungs-, Unterstützungsrecht mehr besitzen. Vgl. Obdachlose, Heimatlose, Staatenlose.

Heiratsfähige (WISS)
I. heiratsfähige Bev. (oft im biol. Sinn), Ehefähige; ehemündige Bev. (nur im rechtlichen Sinn); marrigeable population (=en); population mariable (=fr); popolazione coniugabile, popolazione matrimoniabile (=it); nubiles (=sp, pt).
II. Personen, die nach Erreichen der Geschlechtsreife die gesetzlichen oder sonst gewohnheitsrechtlichen Vorraussetzungen für eine Eheschließung erfüllen. Die Heiratsfähigkeit wird für beide Geschlechter in verschiedenem Alter erreicht. Gesetzlich ist sie in den meisten Industriestaaten an die (unterschiedlich festgelegte) Volljährigkeit gebunden (in Deutschland 18, Frankreich 17 J.), jedoch gelten Ausnahme- und für Frauen Sonderregelungen (in Italien 14, in Belgien 15 J.); mit elterlichem Einverständnis bei 12-16 J. u.a. in Brasilien, Marokko, USA, Südafrika. Das entspricht der Divergenz zwischen sexueller Reife, die zeitlich erheblich vorangeht, und sozialer Reife, jenem Zustand, in dem selbstverantwortliches (und auch wirtschaftlich), soziales Handeln erreicht wird, da ja die Zeugung von Kindern möglich ist, bevor eine Verantwortung für Partner und Kinder übernommen werden kann (H.W. JÜRGENS). In afrikanischem und asiatischem Kulturerdteil regelt sich die Heiratsfähigkeit überwiegend nach Sitte und Religion bzw. Vollzug entsprechender Initiationsriten. Im Hinduismus und Islam sind öfters noch Kinderheiraten bzw. -verlöbnisse gebräuchlich (»Babybräute«). Vgl. auch Volljährige.

Heiratsklassen (WISS)
I. Sections/Subsections (=en).

II. Teile von Abstammungsgruppen, die für eine Heirat bestimmend sind.

Heiratsverwandte (SOZ)
Vgl. Schwiegereltern, Schwiegerkinder.

Heiratswanderer (WISS)
II. Fachterminus für Personen, die 1.) wegen herrschender Beschränkungen der Partnerwahl aus sozialen, bes. religiösen Gründen (Endogamie) bei zu engem Heiratsfeld gezwungen sind, einen erlaubten oder vorgeschriebenen Partner ggf. auch in entfernteren Teilen des entspr. Heiratskreises zu suchen. 2.) Personen, die gemäß matri- oder patrilokaler Heiratsordnungen an den Wohnort des jeweiligen Partners wechseln müssen.

Hellenen (ETH)
I. Hellenes (=en); Hellènes (=fr).
II. 1.) Altbez. für Bew. der Landschaft Achaia Phthiotis/S-Thessalien. 2.) mystische Abstammungsbez. der Griechen, Panhellenen. 3.) Altbez. für Griechen allgemein.

Hellenische Kirche (REL)
II. die seit 1833 bzw. 1850 autokephale orthodoxe Nationalkirche Griechenlands. Sie hat sich aus der Jurisdiktion des Patriarchen von Konstantinopel gelöst, ihre Leitung liegt in Händen der Heiligen Synode.

Heloten (SOZ)
II. zwischen Freien und Sklaven stehende Hörige; unterworfene Vorbev. und Neubürger im altgriechischen Sparta, bewirtschafteten dessen Ländereien und waren zum Kriegsdienst verpflichtet. Div. Aufstände; übertrafen die Spartiaten an Zahl um das 2- bis 4fache.

Helvecier (ETH)
II. Sammelbez. für Schweizer, die Ende des 19. Jh. nach Ungarn einwanderten; Vermittler spektakulärer Innovationen als Unternehmer (Beginn der ungarischen Schwerindustrie), als Zuckerbäcker, vor allem als Wiederbegründer der ungarischen Weinbauwirtschaft, ausgehend von Pußtasiedlung Helvecia (1892).

Helvetier (ETH)
I. Swiss, Helvetii (=en).
II. keltischer Volksstamm, der im 2. Jh. v.Chr. in das w. Schweizer Mittelland einwanderte, 58 v.Chr. von Römern am Einfall nach Gallien gehindert und im Ausgangsgebiet (Fundstellen u.v.a. Avenches/Mt. Pully) unterworfen wurde. Namengebend für die Confoederatio Helvetica. Vgl. Schweizer.

Henan (TERR)
B. Honan. Provinz in China.
Ew. 1953: 44,215; 1996: 91,720, BD: 549 Ew./km²

Hendekçi (SOZ)
II. türkische Saisonarbeiter, die im Winter die Be- und Entwässerungskanäle in den Stromtiefländern Vorderasiens reinigen.

Henotheisten (REL)
II. Anh. von Glaubensgemeinschaftem, die zwar einen einzigen Gott anerkennen, aber die Existenz weiterer Gottheiten nicht ausschließen.

Herero (ETH)
I. Ovaherero; von Hottentotten Damara genannt.
II. Volk von Bantu-Negern in Namibia; ca. 110 000 (1991); klassische Viehzüchter. Sprachlich und kulturell zu den SW-Bantu zählend, jedoch räumlich isoliert, da bei N-S-Wanderung abgesondert. Erlitten im Konflikt mit deutscher Kolonialverwaltung 1904–07 schwerste Verluste ihrer ethnischen Substanz; Bev. verringerte sich von 100 000 auf ein Viertel. Ihnen verwandt sind die Himba, die sich bei der N-S-Wanderung abgetrennt haben. H. sind die einzige Bantu-Gruppe, die sich ausschließlich auf Großviehzucht spezialisierte und nomadisierende Lebensweise annahm. Vgl. Damara.

Herero (SPR)
I. Verkehrsspr. in Namibia.

Hermandades (REL)
II. christliche Bruderschaften in Spanien, z.B. die (1580 gegr.) »Illustre Hauptbruderschaft von Almonte«/Andalusien mit rd. 90 Pilgerbruderschaften des Sanktuariums El Rocio.

Hermaphroditen (BIO)
I. Androgyne. 1.) Bez. für zweigeschlechtliche göttliche Wesen; aus der vorderasiatischen Mythologie im 4. Jh.v.Chr. nach Griechenland übertragen, dort Sohn des Hermes und der Aphrodite. 2.) Zweigeschlechtige, echte Zwitter, H. verus.
II. Menschen mit sowohl m. als auch w. primären und sekundären Geschlechtsmerkmalen. Solche echten Zwitter sind sehr selten, häufiger treten Pseudohermaphroditen auf. Vgl. Transsexuelle.

Herren (SOZ)
II. ursprünglich allg. für Herrschende, Hochgestellte, Vorgesetzte, auf jeden Fall für Freie. Seit dem MA kam H. als Standesbez. für edelfreie und reichsunmittelbare Adlige, die Freiherren auf; auch später umgriff Terminus alle Adligen, auch Geistliche und schließlich die Bürger. In jüngster Zeit wird Begriff H. syn., doch abträglich für Männer benutzt.

Herrnhuter (REL)
I. Brüdergemeine; Moravian Brethren (=en).
II. Brüdergemeine des Grafen Zinzendorf in Herrnhut/Lausitz 1722 mit evang. deutschen Exulanten aus Böhmen/Mähren gestiftet. Nach Vertreibung aus Sachsen junge Kolonie (bis 1750) im Herrnhaag/Wetterau Oberhessen (= Geogr. Name). Heute überwiegend als Freikirche tätig, 1985 ca.

750000 Mitglieder; Zentren Herrnhut und Bad Boll/Deutschland, auch in Schweiz. Teilgruppen, die ihre Aufgabe in der Mission sahen, wanderten nach Nordamerika aus und gelangten über Georgia 1739 nach Pennsylvania, von wo aus sie erfolgreiche Mission betrieben. Zu den Nachfolgern zählt u. a. die Jesus-Bruderschaft. Vgl. Böhmische Brüder, Brüdergemeine.

Herrschaftsvölker (WISS)
I. in gewissen Sinne syn. zu Herrschaftsschichten.
II. Altbez. für Träger rechtsbegründeter/gesetzlicher Macht, meist als Staats- oder Regionalgewalt. Ausbildung von Herrschaft entwickelt sich endogen durch innere Differenzierung oder exogen durch Unterwerfung bzw. Überwanderung. Herrschaft als sozialgeogr. Terminus meint die Dienstherrschaft über Haus- und Landwirtschaftspersonal.

Herzegowzen (ETH)
I. Herzegowiner; aus Hersek (sk=) »Hercegovina«.
II. im 15. Jh. islamisierte Bew. des historischen Territoriums (Banschaften Primorska und Zeta) und der heutigen Teilrepublik Herzegowina/Hercegovina im ehemaligen Jugoslawien. Zuwanderung von Serbokroaten erfolgte im 7. Jh., ihr Territorium war im 12./13. und 14. Jh. bald Serbien, bald Bosnien und Ungarn untertänig, seit 1463 den Türken zinsbar, 1483–1875 (als Sandschak Hersek) türkisch. H. teilen seither (bis 1992) bosnische Geschichte: lange Türkenherrschaft und österreichisch-ungarische Verwaltung (1878–1919) haben indes kulturelle Eigenständigkeit verstärkt.

Hessen (TERR)
B. Bundesland in Deutschland. Hesse (=fr).
Ew. nach jeweiligem Gebietsstand: 1871: 0,853; 1890: 0,993; 1910: 1,282; 1939: 3,479; 1970: 5,382; 1980: 5,589; 1990: 5,717; 1997: 6,032, BD: 286 Ew./km^2

Hesychasten (REL)
I. aus hesychia (agr=) »Ruhe«; »Die zur inneren Ruhe Gelangten«.
II. ostchristliche Mönche im 14./15. Jh. auf Sinai und Athos, die durch mystische Übungen die Schau des »unerschaffenen göttlichen Lichts« und die Ruhe des Herzens erstrebten.

Het (ETH)
I. Chechehet.
II. früh erloschenes Volk von Pampas-Indianern in Argentinien.

heterodoxe Muslime (REL)
I. Ultraschiiten.

Heterogame (WISS)
I. H. Partner, H. Ehen.
II. Partner, die sich in untersuchten Merkmalen wesentlich unterscheiden, »Gegensätze ziehen sich an«. H. sind ohne Bedeutung für die Ausbildung spezifischer Sozialtypen. Vgl. Gegensatz Homogame.

Heterosexuelle (BIO)
II. Menschen mit normaler psychosexueller Einstellung, sexuell ausgerichtet auf das jeweils andere Geschlecht. Vgl. Homosexuelle, Transsexuelle.

Hethiter (ETH)
I. Hettiter, Chetiter; (he=) Chittim.
II. indogermanisches Kulturvolk, das im 2. Jtsd. v. Chr. vom ö. Kleinasien aus ein Großreich (Chatti) gründete. Untergang des Reiches im 12. Jh. v. Chr., doch dauerte Volkstum bis ins 7. Jh. v. Chr. fort, als es den Assyrern unterlag. Hieroglyphen-Schrift, Gesetzessammlung.

Heuerlinge (SOZ)
I. Heuerleute.
II. besitzlose ländliche Unterschicht in Mitteleuropa (speziell in NW-Deutschland), deren Angeh. für Haus und Land eine jährliche Pachtsumme, die »Heuer« zu begleichen hatten. Diese konnte durch Arbeitsleistung im Betrieb des Verpächters abgegolten oder durch Nebenverdienst erbracht werden. Vgl. Heuer als Arbeitswanderer; Landarbeiter, Instleute.

Hexen (SOZ)
I. Teufelsbündnerinnen, Zauberinnen, Wahrsagerinnen; Giftmischerinnen, etymologisch eigentlich »Zaungeister«.
II. Menschen, überwiegend Frauen, die unter Rückgriff auf heidnische Vorstellungen beschuldigt wurden, in Pakt und Buhlschaft mit dem Teufel oder mit Dämonen zu stehen. Der christlich motivierte Hexenwahn dürfte auf dem Pentateuch des AT gründen, der derartige Betätigungen als todeswürdige Verbrechen deklarierte; im Christentum wurden sie seit Mitte des 13. Jh. als Ketzer subsumiert. Von 1400–1540 nach Veröffentlichung der Bulle »Summis desiderantes« und des als Gesetzbuch dienenden »Hexenhammer« (1486/87) begannen im gesamten christlichen Abendland durch Kirche und Staat schreckliche Hexenverfolgungen, die bis in das ausgehende 18. Jh. andauerten. Kenner wie *J. Kingston* und *D. Lambert* rechnen für Europa mit bis zu 1 Mio. Opfern, für Deutschland mit mind. 100 000 nach brutalen Folterungen zu grausamer Hinrichtung (Verbrennung) verurteilten H. (*E. WISSELINCK*).

Hezb-e-Islami (SOZ)
II. eine der großen Kampfmilizen im afghanischen Bürgerkrieg.

Hidatsa (ETH)
II. Stamm der Sioux-Indianer am oberen Missouri; hervorragende Maisbauern, nach Ankunft der Weißen berittene Büffeljäger. H. nahmen 1837 Reste des Mandan-Stammes auf. Leben in Fort Berthold-Reservation. Vgl. Arikara.

Hiechware (ETH)
I. Hiotshuwau.
II. schwarzafrikanische Ethnie im nö. Botsuana.

High Church (REL)
I. (=en); »Hochkirche«.
II. der konservative Flügel der Anglikanischen Kirche, die sich der römisch-kath. Tradition am engsten verbunden fühlt; Betonung der sakramentalen, rituellen und hierarchischen Elemente. 1985 ca. 3,13 Mio. Anhänger.

Hijosdalgo (SOZ)
I. hidalgo Sg. (=sp); aus hidalgo (sp=) »edel, erhaben«; »Sohn von irgendwem«.
II. in der Reconquista geehrte Kleinadelige, oft ohne Landbesitz; H. nahmen in breitem Umfang an der Eroberung Lateinamerikas teil.

Hijras (SOZ)
II. Angeh. einer indischen Kaste von Transsexuellen und Eunuchen. H. gelten unter Hindus als Glücksbringer bei Geburts- und Hochzeitsfeiern, haben sich aber heute vielfach zu gefürchteten kriminellen Randgruppen zusammengeschlossen.

Hillal (ETH)
I. Beni Hilal, Banu Hilal, Hilal, Hilali.
II. einer der beiden großen Nomadenstämme, die im 11. Jh. verheerend in N-Afrika einfielen.

Hima (ETH)
I. Bahima, Wahima; Huma, Bahuma; in Ruanda, Burundi auch unter den Namen Tutsi, Batutsi, Watussi, Tussi bekannt.
II. in der älteren Ethnologie Stämme von Hirtennomaden, die in mehreren Wellen vor etwa 500 Jahren bis ins 16. Jh. aus S-Äthiopien in das Zwischenseegebiet Ostafrikas, das heutige Uganda, nach Ruanda und Burundi eingewandert sein sollen. Sie unterwarfen die Hutu, die autochthonen Hackbauern, nahmen allerdings ihre Bantu-Spr. an. H. haben mächtige Königtümer Nkore, Bongoro, Karagwe, Buganda usw., die sog. »Himastaaten« gegründet. Von Hutu unterscheiden sie sich durch hochwüchsigen Körperbau und Lebensform deutlich. Es handelt sich wohl um ein äthiopid-kaffrides oder äthiopid-nilotides Mischtaxon. Gegenüber dieser zur »Hamitentheorie« gehörenden These konnte bisher nur nachgewiesen werden, daß die Rinderhirten im Zwischenseegebiet tatsächlich in jenem Zeitraum hier eingewandert sind. Oral- und Musiktraditionen im Zwischenseegebiet zeigen keinen Einfluß der Hirten auf diese Bantukulturen oder das höfische Zeremoniell. Das Aufkommen des europäischen Kolonialismus unterband Ende des 19. Jh. die weitere Expansion der H. Die Kolonialstaaten bedienten sich aber der Ordnungsfunktion der H. und zementierten ihre Sozialordnung. So überdauerte H.-Vorherrschaft die gewonnene Souveränität von Ruanda und Burundi. In beiden Ländern behaupten sie trotz mehrmaligen Aufbegehrens der Hutu-Mehrheit 1959/61 und 1994 die Vorherrschaft. Vgl. Tutsi.

Hima (SOZ)
II. endogame Rinderhirtenkaste, konzentriert im Ankolegebiet sö. des Edward-Sees in Uganda.

Himachal Pradesch (TERR)
B. Himachal Pradesh (=en). Unionsterritorium Indiens.
Ew. 1961: 1,351; 1981: 4,281; 1991: 5,171, BD 793 Ew./km²

Himba (ETH)
I. Ovahimba, Tjimba, Shimba.
II. Altbev. in Namibia, im ariden Kaokoveld bis zum Kumene; heute ca. 8000 Köpfe auf 49 000 km². Vgl. Herero.

Himjariten (ETH)
I. Himjaren; Banu Himjar; Altbez. Joktaniden; Homeritae (=lat).
II. 1.) die »Süd-Araber« bezeichnend. 2.) vorislamisches Volk, das von der Zeitenwende bis ins 6. Jh. über das Gebiet des heutigen Jemen und z.Zt. höchster Machtentfaltung bis zum Persergolf und nach Innerarabien hinein herrschte. Nach mehrmaligen äthiopischen Einfällen seit 2. Jh. brach ihr Reich unter neuerlicher Invasion 525 zusammen. Seit 1. Jh. jüdische Kolonien, die ab 5./6. Jh. an Bedeutung gewannen, im 4.–6. Jh. christliche Missionserfolge. H. förderten erfolgreich Transithandel (Indien-Mittelmeer) und die Bewässerungswirtschaft in Südarabien. Vgl. Araber.

Hinayana-Buddhisten (REL)
I. Hinayanin; Hinajana-B.; (ssk=) »Kleines Fahrzeug«; südlicher Buddhismus.
II. Altrichtung im Buddhismus, verkörpert den anspruchsvollen, mühseligen Heilsweg, der nur von wenigen Auserwählten, den Mönchen nämlich, begangen wird; deshalb ist H. auch alter Spottname für den Theravada-Buddhismus. Verbreitet in ursprünglichster Form auf Ceylon, ferner in Myanmar, Thailand, Kambodscha, Laos und Luchay. Der Hinayana ist mit seiner strengen mönchischen Disziplin die stärkste Säule des Buddhismus, steht aber anteilsmäßig mit rd. 37 % aller Buddhisten erst an zweiter Stelle, Gesamtzahl der Anh. (1993) etwa 109 Mio. Vgl. Theravada-Buddhisten.

Hindi (SPR)
I. Hindi (=en). Vgl. hierzu auch Hindustani und Urdu.
II. indogermanische Spr., ursprünglich als Dialekt der Region um Delhi um 1000–1300 nur im mittleren N-Indien gesprochen. Heute (nach Englisch) Hauptverkehrsspr.in Indien. 1950 Staatsspr. in der Indischen Union, (Landesspr. in Uttar Pradesh, Bihar, Madhya Pradesh, Haryana und Rajastan, in denen mehr als 80 % der Bev. H.-sprachig sind). 1965

auch Amtsspr. gegen erbitterten Widerstand der Drawida-Sprg., 1981 zumindest von ca. 30% der Gesamtbev., jedoch überwiegend nur in diesem n. »heartland« (in Devanagari-Schrift) gebraucht, d.h. von ca. 385–400 Mio. (1994). In den s. BSt. und in Ladakh wird H. praktisch überhaupt nicht gesprochen. Vgl. Urdu.

Hinduismus (REL)
II. i.w.S. Brahmanismus in Indien, i.e.S. die 3. Phase des Brahmanismus. Vgl. Hindus.

Hindus (REL)
I. Hinduisten, aus Hindustan (ape = »Indien«); abgeleitet aus (ar=) hendava; (ssk=) saindhava; sindhu, d.h. Land und Bew. am Indus; Hindoos, Hindus (=en); hindous, indiens (=fr); Hindús (=sp); Hindus (=pt); indú (=it).
II. Anh. des Hinduismus, der sich im 1. Jtsd. v.Chr. aus Glauben der eingewanderten Arier und der dravidischen Ureinwohner ausgebildet hat. Kein allgemein gültiges Bekenntnis, sondern Vielzahl von Philosophien und Glaubensformen. Gemeinsam ist allen Glauben an Karma bzw. Seelenwanderung; Kastengliederung. Verbreitet im indischen Kulturkreis (um 1990: Indien 710 Mio., Nepal 14 Mio., Bangladesch 13 Mio., Sri Lanka 2,3 Mio., Pakistan 1–2 Mio., Malaysia > 1 Mio. und auf Bali, heute insgesamt über 720 Mio. Da der volle Erkenntnisweg nur Wenigen offensteht, haben sich volkstümliche Richtungen ausgebildet, insbes. die 3 theistischen Hauptschulen: Wischnuismus (ca. 70% aller H.), Schivaismus (ca. 25%), Schaktismus (ca. 3%). Frauen sind gehalten, in Kaschmir gezwungen, die Tika, den roten Punkt auf der Stirn zu tragen.

Hindustani (SPR)
II. Altbez. vor der Teilung Indiens 1947 für Zusammenfassung von Hindi und Urdu als übergreifender Verkehrsspr. Die Unterschiede beider Sprachvarianten sind ursprünglich religiös bedingt und heute durch abweichenden Schriftgebrauch markiert.

Hinin (SOZ)
II. (=jp); Bettler. Vgl. Semmin.

Hintersassen (SOZ)
I. Hintersiedler, Hintersässen, Hintersitzer, Hintersättler; Grundholden, Vogtzinsleute, auch Anoder Beisässen; Schutzverwandte.
II. im Unterschied zu Bürgern niedergelassene Personen mit eingeschränkten Bürgerrechten in Mitteleuropa. Im MA unselbständige Kleinbauern, die von einer Grundherrschaft abhängig waren.

Hinterwäldler (SOZ)
I. Backwoods, hillbillys (=en).
II. im übertragenen Sinn heute: ungeschliffene, welt- und zivilisationsfremde Menschen. Später i.S. von rückständigen Landbew. Vgl. Hillbilly(s) (=en); ursprünglich die Bergbew. der s. Appalachen.

Hippies (SOZ)
I. Hippy(s); Flower children (=en); aus hip (en=) »wissend«, »eingeweiht«.
II. jugendliche Protestler gegen moderne Wohlstands- und Leistungsgesellschaft (USA in 60er Jahren und später in Europa); propagieren Friedenssehnsucht, ungebundenes Leben, Drogengenuß, Erlebnisweisen u.a. durch unangepaßtes Äußeres (Blumenschmuck und Farbenpracht) und Auftreten. Vgl. »Blumenkinder«, »Love Generation«; aber auch: Aussteiger, Gammler, Provos.

Hiragana-Schrift (SCHR)
I. Hira (jp=) »gerundet«; »allgemein gebräuchlich« und Kana (jp=) »Schrift«.
II. die jüngere der beiden Silbenschriften Japans, die aber auch wie die Katakana-Schrift im MA entwickelt wurde und (seit 1946) ebenso aus 46 vereinfachten chinesischen Schriftzeichen (s. Tóyó Kanji) besteht. Die H.-Schrift wird zur Präzisierung grammatischer Elemente (z.B. von Wortendungen) in der Japanischen Sprache gebraucht. Die H.-Schrift wird auch in Kinderbüchern als vorschulische Lese- und Schreibhilfe benutzt. Vgl. Katakana-Schrift, Japan. Schrift

Hirtennomaden (SOZ)
I. Wanderhirten, Nomaden; pastoral nomads (=en); nomades pastorals (=fr); nomadas pastorales (=sp); nómadas pastorais (=pt); nomadi pastorali (=it).
II. 1.) Altbez. für Bev. unsteter Lebensweise im Gegensatz zu Seßhaften. 2.) heute verallgemeinernd für Bev., deren wichtigste Lebensgrundlage die Haltung und Nutzung von Viehherden ist; klimatisch bedingt ist dies häufig, doch nicht zwangsläufig mit Nomadismus i.e.S. verbunden; sonst Hirtenwanderer wie Rentiernomaden oder Almbauern (s.d.). Vgl. Nomaden.

Hirtenvölker (WISS)
I. peuples pasteurs (=fr); pastoral peoples (=en); popoli di pastori, nomadi (=it); pueblos nomadas, pueblos de pastoses (=sp); povos pastoriles (=pt).
II. Altbez. für Ethnien, deren Wirtschaft auf Viehzucht und Weidewirtschaft basiert, die jedoch nicht nomadisieren, z.B. Maasai, Galla; Rinder-, Schaf- und Lamahirten. Bekanntes Konfliktpotential im Kontakt mit ackerbautreibender Bev. Vgl. Reiterhirten, Nomaden, Viehzüchter, Transhumanten, Almbauern, Wanderschäfer.

Hisbollah (SOZ)
I. Hizbullah; Partei Gottes.
II. islamistisch-militante Miliz libanesischer Schiiten; begr. 1982 als Reaktion auf die Besetzung des Südlibanon durch Israel. H. erwarb hohes Ansehen durch Aufbau einer sozialen Infrastruktur (Schulen, Krankenhäuser) gerade auch für die ärmste libanesische Teilgruppe, die Schiiten.

Hispanics (SOZ)
I. (=en); hispanos (=sp); Spanish Americans (=en) (in N-Neu-Mexico und S-Colorado), Tejanos, Latinos, Latin Americans (in Texas), Mexicans und Hispanics (in Arizona und Ost-Colorado); ugs. auch californios, undocumentados/indocumentados (=sp) (in Kalifornien); Tee-jays, Chicano-Chicana.
II. große, ab 2000 wohl größte kulturelle Minderheit in USA; Begriff schließt ein sowohl die aus spanischer Kolonisationszeit hier autochthon lebenden als auch jene legal oder illegal eingewanderten Bew., die spanischer Mutterspr., spanischen Familiennamens, kulturell spanischer Überlieferung (sp. Heritage) oder spanischer Herkunft (sp. Origin) sind. Je nach Erfassung (1997) 26,8 Mio., d.h. 10% der Gesamtbev. Im einzelnen sind zu unterscheiden: Mexico-Amerikaner/Mexican Americans (1980: rd. 8,65 Mio.), Puertorikaner (1980: rd. 1,98 Mio.), Exil-Kubaner (1980: rd. 0,8 Mio.), Mittel- und Südamerikaner und Other Hispanics, zu denen fallweise sogar eingewanderte Filipinos gezählt werden. Vgl. Latinos, Chicanos, Mexican Americans, La Raza, Exilkubaner, Puertorikaner.

Hispanos (ETH)
I. Hispanics (=en), s.d.
II. ethnisch oder kulturgeogr. verstandene Sammelbez. in USA für rd. 19–25 Mio. Ew. spanischer Herkunft, Kultur und überwiegend auch Spr.; sowohl alteingesessene Bew. ehemals kolonialspanischer Gebiete als auch Einwanderer insbesondere aus Philippinen (ca. 775000), aus W-Indien, bes. Kuba (über 800000), sowie aus Mexico (ca. 8,7 Mio.). Lt. Berechnung der US-amerikanischen Zensusbehörde (1993) werden H. bis zum Jahr 2010 bei einem Anteil von 13,5% noch vor Schwarzen (12%) stärkste ethnische Minderheit in USA sein. Vgl. Latinos.

HIV-Infizierte (BIO)
I. Aids-Kranke; Akronym von »Aquired Immune Deficiency Syndrome« (en=) »Erworbene Immun- oder Abwehrschwäche«; HIV- (Humanes Immundefizit-Virus) Kranke.
II. die durch ein erst jüngst erkanntes Virus, mittels Austausch von Blut und/oder Sperma, übertragbare Infektionskrankheit, die in den meisten aller Ansteckungsfälle nach Inkubationszeit von Monaten bis Jahren zur eigentlichen Aids-Erkrankung führt. Dabei werden die körpereigenen Abwehrkräfte so geschwächt, daß es zu einem Zusammenbruch des Abwehrsystems kommt; der Körper kann selbst harmlosen Infektionen nicht mehr widerstehen. Die Krankheit endete bislang tödlich. Allerdings hat das Verfügbarwerden neuer hochaktiver antiretroviraler Therapie-Regime die Behandelbarkeit der HIV-Infektion und ihrer Folgeerkrankungen grundlegend verändert. Die neuen Kombinationspräparate bewirken eine Hemmung der Virusvermehrung im infizierten Organismus, was eine Stabilisierung des Immunsystems zur Folge hat.
Wegen ihres hohen Preises sind diese Präparate ausschließlich in den Industriestaaten erhältlich. Das Aids-Virus tritt in Varianten auf. Nach DNA-Sequenzanalysen der »gag« und »env« genannten Gene geht hervor, daß die verschiedenen Aids-Stämme in mindestens fünf Familien eingeordnet werden müssen, von denen jede für eine andere Erdregion typisch ist: in Nordamerika und Europa auftretende HIV gehören zu einer Familie, in Brasilien und Zaire vorkommende in eine zweite, die dritte findet sich in Sambia und Somalia, die vierte ist geographisch in Taiwan, die fünfte in Uganda, Kenya und Elfenbeinküste zentriert. Viren aus Gabun weisen Gemeinsamkeiten mit allen fünf Familien auf.
Über die ersten Fälle einer rätselhaften Immunschwäche unter Homosexuellen berichtete das US Centre for Desease Control (CDC) in Atlanta 1981. Daß die Krankheit in Afrika damals schon wütete, wußte noch niemand. Lt. Unaids stieg bis 1998 die Zahl der HIV-Infizierten auf 30,6 Mio. (darunter 3,6 Mio. Kinder) bei extrem hoher Dunkelziffer aufgrund unzureichender Diagnose und Registrierung. Infektionsraten, Gefährdungskreise und demographische Auswirkungen unterscheiden sich zwischen Industrie- und Entwicklungsländern merklich. Neun von zehn HIV-Infizierten leben in Entwicklungsländern. Schätzungen beliefen sich 1998 allein für Schwarzafrika auf 20,8 Mio., für Süd- und Südostasien auf 6,2 Mio. Infizierte (davon in Indien rd. 4,1 Mio). Zu den bisher stärkst betroffenen Ländern zählt Uganda: von 17 Mio. Ew. waren 1996 1,36 Mio. (8%) aidsinfiziert, bei 230000 Patienten hat sich bereits das Vollbild der Krankheit entwickelt. Nach offiziellen Angaben haben in Uganda bereits gegen 100000 Kinder durch die Seuche ihre Eltern verloren. In den Großstädten Botswanas und Simbabwes sind die Hälfte aller schwangeren Frauen infiziert. In Deutschland wurden seit Mitte der 80er Jahre 50000 bis 60000 HIV-Infizierte gezählt, jährlich kommen 2000 hinzu. Mehr als 11000 Aids-Kranke sind bereits gestorben.
Das dramatische Ausgreifen der Seuche wird beleuchtet durch wissenschaftliche Prognosen auf das Jahr 2000 mit dann 25 Mio. Erkrankten und 40 Mio. Infizierten. In den kommenden drei Jahrzehnten sollen danach allein in Afrika etwa 100 Mio. Menschen an Aids sterben oder als Folge dieser Seuche nicht geboren werden. Zugleich dürfte sich das Schwergewicht der Verbreitung von Schwarzafrika nach Asien, insbesondere nach Indien verlagern. Der Abwehr einer Aids-Ausbreitung dienen umfangreiche gesundheitspolitische Programme, aber auch Zwangsuntersuchungen mit dem Ziel, die Berufsaufnahme oder die Einwanderung von HIV-Infizierten zu unterbinden (u.a. USA). Darüber hinaus sind HIV-Infizierte in etlichen Ländern vielerlei Diskriminierungen unterworfen. Vgl. Aids-Opfer.

Hiwis (SOZ)
I. ugs. Abk. für Hilfswillige.
II. Bez. im II.WK für Hilfskräfte der deutschen Wehrmacht aus anderen europäischen Staaten.

Hlengwe (ETH)
II. Stamm des Bantu-Volkes der Tsonga in SE-Afrika.

Hli-Khin (ETH)
II. Stamm im NE von Yünnan/China mit ungeschriebener Eigenspr.; Lamaisten der Gelugba-Sekte.

Hmong (ETH)
I. Hmu, Hmung.
II. Haupt-Ethnie unter den Lao Soung (s.d.) in Laos. Vgl. Miao.

Ho (ETH)
I. Dunganen, Horo (=»Menschen«).
II. einer der größten Munda-spr. Stämme in Bihar und Orissa/Indien; ca. 700000–800000; Reisbauern.

Ho (SPR)
II. Sprgem. dieser Munda-Spr. im ö. Indien mit rd. 1 Mio. Sprechern.

Hoboes (SOZ)
I. (=en); Hobos; Herkunft ungesichert, vielleicht »Ho boy«; Eisenbahntramps; Landstreicher.
II. landesübliche Bez. in Nordamerika für Tramps, die oft über viele Lebensjahre hin das Umherreisen in Güterzügen betrieben (Aussteiger, Kleinkriminelle, Eisenbahnwanderarbeiter). Im Höhepunkt dieser Entwicklung (zwischen Ende des Sezessionskrieges bis etwa 1940) sollen 1–2 Mio. Menschen beteiligt gewesen sein. Wilde (Hobo Jungles) bis sehr billige Hobo-Quartiere an Bahnhöfen und anderen Haltestellen (Hobolands).

Hochzinser (SOZ)
II. agrarsoziale Altbez. in Mitteleuropa; bäuerliche Besitzer von Höfen im Eigentum des Landesherrn, die anstelle des Ackerscharwerks einen höheren Zins zu leisten hatten. Vgl. Königliche Wirte, Scharwerksbauern.

Hodschas (REL)
I. aus (ar, tü=) Hoca, Hoga(s) (pe=) »Herr«, »Meister«; bes. in Indien; Khodjas, Khojas (=en).
II. 1.) durch Bekehrung der Hindu-Kaufmannskaste, der Lohanas, zum Islam in NW-Indien entstandene Rel.gemeinschaft von Nizari-Ismailiten, die sich z.T. weit vom Islam entfernt haben. Werden durch den 49. Imam (Agha Khan IV) geleitet. Die Zahl dieser Imami-H. beträgt ca. 20 Mio., wovon 2 Mio. in Pakistan; verbreitet über Sri Lanka bis Ost- und Südafrika, sowie bis nach Sinkiang und Myanmar. H. sind Kaufleute geblieben; sprichwörtlicher Reichtum. 1972 Vertreibung aus Uganda. Aus wirtschaftlichen Gründen fielen seit 1905 erhebliche Teile der H.-Gemeinschaft zur Zwölfer-(12er-) Schia ab. 2.) muslimische Geistliche, Fundamentalisten. Vgl. Nizariten, Ismailiten.

Hofbauern (SOZ)
I. Hofer, Vollbauern, Vollerben, Vollspänner, Vollmeier, Vollhöfner, Vollhüfner, Altbauern.
II. agrarsoziale Bez. in Mitteleuropa für jeweils älteste bäuerliche Besitzerklasse auf eigenem, mindestens eine Ackernahrung umfassenden, Grundbesitz. Besitzer ganzer Höfe.

Hofegänger (SOZ)
I. Hofgänger.
II. agrarsozialer Begriff in Mitteleuropa für ältere, arbeitsfähige Kinder von Deputanten, die vertraglich zur Mitarbeit auf dem Hof verpflichtet sind. Vgl. Instleute.

Hofjuden (SOZ)
I. Schutzjuden (nicht voll synonym).
II. jene Klasse von Juden, die im 17./18. Jh. und auch später an Fürstenhöfen in Mitteleuropa als Hoffaktoren, als Finanz- und Verwaltungsfachleute, Heereslieferanten, Juweliere dienten; öfters waren ihnen Steuer- und Zollwesen als Pfand überlassen; genossen in dieser Funktion individuelle Schutzrechte. Vgl. Zwischenwanderer.

Hoga(s) (REL)
I. (=pe); Khojas, Hodschas (s.d.).

Hohenzollern (TERR)
C. Ew. insges. 1816: 0,055; 1855: 0,063; 1871: 0,066; 1910: 0,071; 1925: 0,072

Hohenzollern-Hechingen (TERR)
C. Fürstentum in Deutschland; zählte wie Sigmaringen nicht zum Königreich Württemberg, sondern seit 1850 zur preußischen Rheinprovinz.
Ew. 1828: 0,015

Hohenzollern-Sigmaringen (TERR)
C. Fürstentum in Deutschland bis 1918; seit 1850 Bestandteil der preußischen Rheinprovinz; 1944/45 Sitz der französischen Exilregierung.
Ew. 1828: 0,038

Höhere Töchter (SOZ)
II. Altbez. in Deutschland etwa bis zum I.WK für Töchter des gehobenen Bürgertums, die nach damaliger Gepflogenheit eine unübliche höhere Schul- und Berufsausbildung erhielten.

Holitsch-Sekte (REL)
I. »wahre Christen«; nach Gründer Holitsch aus Wien.
II. seit 1990 überwiegend in den neuen Bundesländern werbende Jugendsekte.

Holländer (ETH)
I. aus houtland »Holzland«; Hollandais (=fr); holandeses (=sp, pt); olandesi (=it).

II. Bew. der Provinz Holland/Niederlande. Nicht synonym mit Niederländer insgesamt.

Hollandgänger (SOZ)
II. vor- und frühindustrielle landwirtschaftliche Saisonwanderer, die seit Beginn des 17. Jh. aus NW-Deutschland, einigen nordfranzösischen und belgischen Regionen im Akkord zur Heuernte (Mai-Juni) und zum Torfstechen (März-Juli) bis zu 16 Stunden täglich in die Niederlande zogen. In NW-Deutschland (Osnabrücker-Tecklenburger Land und s. Oldenburg) beteiligte sich ein Viertel bis ein Drittel aller arbeitsfähigen Männer an der Hollandgängerei. Vgl. Sachsengänger.

Holoholo (ETH)
II. Bantu-Ethnie in den Bergwäldern des Kiwusees/Ruanda; Hirsebauern mit ergänzender Jagd und Fischerei; ca. 50000.

Holu (ETH)
I. Holo. Vgl. Lunda.

Homeboys (SOZ)
I. (=en); Gangbangers (=en); Homies; in USA Street-Kids.
II. jugendliche Mitglieder von Straßenbanden aus sozialen Großstadtghettos in USA; in Anlehnung an diese auch Eigenbez. von gewalttätigen Jugendbanden in Mitteleuropa. Die weibliche Entsprechung von agressiven Mädchenbanden heißt Fly Girls. In Frankreich: loubards (=fr).

Homelands-Bevölkerungen (WISS)
II. Einwohnerschaften der in Südafrika im Rahmen dortiger Apartheid-Politik seit 1951 in traditionellen Wohngebieten seiner schwarzen Völker begründeten zehn Bantustans/Homelands mit insgesamt rd. 17,5 Mio. Hiervon leben ca. 7,5 Mio. in den vier unabhängigen Homelands (Transkei, Bophuthatswana, Venda und Ciskei) und 10 Mio. in den restlichen H. (Kwazulu, Gazankulu, Lebowa, Kwa Ndebele, Qwaqwa, Ka Ngwane).

Hominidae (BIO)
I. (lat=) »Menschenartige«, Hominiden.
II. jene Familie der Primaten, als deren gemeinsamer Stamm der Dryopithecus-Kreis anzunehmen ist, in welchem sie sich an der Wende vom Miozän zum Pliozän von den Pongiden abgabelte. Als Basisgruppe der H., die noch Altglieder der Pongiden umfaßt, gilt die Gattung Ramapithecus, als erste vollgesicherte Unterfamilie die der ausgestorbenen Australopithecinen. Die H. sind heute nur mehr durch die Unterfamilie der Homininae/Homininen, der rezenten Menschen, vertreten.

Homininae (BIO)
I. Homininen »Menschen«.
II. jüngste Subfamilie d. Hominidae.

Hominoidea (BIO)
I. (lat, agr=) »Menschenähnliche«, Hominoiden.

II. eine der drei Überfamilien in der Ordnung der Primaten, deren Aufspaltung in die vier Familien der 1.) Hylobatidae (Schwinghangler/Brachiatoren: Gibbons), 2.) Oreopithecidae (ausgestorben), 3.) Pongidae (Groß-Menschenaffen, Menschenaffen i.w.S.: Orang-Utans, Schimpansen, Gorillas) und 4.) Hominidae in das Oligozän (vor 30–35 Mio. J.) verlegt wird. Diverse spezielle (anatomische wie serologische) Ähnlichkeiten belegen verwandtschaftliche Nähe des Menschen insbesondere zu Gorillas und Schimpansen. Vgl. Anthropoidea.

Hommes bleus (SOZ)
I. (=fr); »Blaue Menschen«.
II. europäische Bez. für die Tuareg (s.d.), benannt nach ihrer indigogefärbten Kleidung und des Gesichtsschleiers der Männer, die auch auf die Haut abtönen. Solch ein bläulicher Teint gilt als Schönheitsideal und wegen des heute hohen Indigopreises als Zeichen für Wohlstand.

Homo (BIO)
I. Mensch, Neuzeitmensch.
II. Gattung der Hominidae.

Homo aeserniensis (BIO)
I. aus Isernia in Molise/Italien.

Homo erectus (BIO)
I. (lat=) »aufrechtgehender Mensch«; Pithecanthropus als alter Gattungsname; Urmenschen; in Java auch Meganthropus.
II. Evolutionsstufe der Hominiden; die ersten Vertreter des echten Menschen; die Euhomininae sind nachgewiesen ab 1,66–1,8 Mio. J. vor heute. In zeitlicher Überschneidung noch mit Australopithecinen und mit ersten Homo sapiens-Formen lebte H.e. vom oberen Unterpleistozän bis in das Mittelpleistozän. Postcraniales Skelett kaum vom Homo sapiens verschieden und belegt eindeutig aufrechten Gang; Gehirnvolumen 700–1250 ccm. Man darf annehmen, daß sich H.e. unabhängig voneinander in Afrika, Asien und Europa entwickelt hat. Bekannte Vertreter: Java-Mensch (Pithecanthropus modjokertensis), Peking-Mensch (Sinanthropus pekinensis), H. leakey von Olduvai/Tansania, Mauer-/Heidelberg-Mensch (H. heidelbergensis). H.e.-Funde gestatten sicheren Nachweis von Feuerbenutzung aber auch von Kannibalismus. H.e. besaß primitive Abschlag- und Geröllindustrie. Vgl. Archanthropinen, Frühpaläolithiker.

Homo erectus heidelbergensis (BIO)
I. s. Heidelberg-Mensch.

Homo faber (WISS)
I. (lat=) »Schmied«; nur im Sg.
II. literarische und kulturanthropol. Bez. für den praktischen, technisch begabten Menschen; für das Naturwesen Mensch, das gelernt hat, Werkzeug zu schaffen und zu nutzen; für den Menschen, der

handwerkend oder auch künstlerisch tätig ist. Vgl. homo sapiens.

Homo habilis (BIO)
I. Australopithecus habilis; aus habilis (lat=) »passend, tauglich«; nach L.S.B. LEYKEY »geschickter Mensch« als Verfertiger der gefundenen Steingeräte. Pl. Habilinen. Fossiler Hominide aus dem Früh- (unteren) Pleistozän in Ostafrika, 2,5–1 Mio. J. vor heute, insbesondere Olduvai I und II; noch im Tier/Mensch-Übergangsfeld. Vgl. auch Australopithecinen.

Homo mobilis (WISS)
I. aus movere (=lat) »bewegen«.
II. der menschliche Zweibeiner hat vorgeschichtlich ganze Kontinente durchquert, zur letzten Jahrhundertwende hat man zu Fuß sogar die Pole erreicht. Speziell in der Alten Welt haben dann Reittiere (bes. Pferde, Dromedare, Kamele) den Bewegungsraum der Menschen erweitert, jegliche Ortswechsel beschleunigt und viele Fernwanderungen erst ermöglicht. Andererseits gab es bis in das 20. Jh. Menschen, die lebenslang ihre Wohnsiedlung kaum je verlassen haben. Eigentliche Mobilität im heutigen Sinne setzte erst mit Aufkommen der modernen Verkehrstechnik (Dampfmaschine und Verbrennungsmotor bei Eisenbahnen im 19. Jh. und Kraftfahrzeugen im 20. Jh.) ein. Nun erst potenzierte sich die Verkehrsleistung nach Häufigkeit, Teilnehmerzahl und Weite der räumlichen Bewegungen. Zugleich schuf der Verkehr die Voraussetzungen für die Entwicklung internationaler Kultur und Wirtschaftsbeziehungen. Dampfschiffe leisteten nun jährlich mehrmalige Überquerungen der Ozeane, das aufkommende Flugwesen sogar solche mehrmalig pro Woche. Der moderne Massenverkehr aber hat sich zu Land entwickelt. Nicht mehr nur Tausende (etwa Pilger) suchten jahrüber ein Reiseziel auf, vielmehr vermochten nun Hunderttausende eine Großveranstaltung (Sport, Konzert) über Stunden zu besuchen. Zug- und Reittiere haben sich bis tief ins 20. Jh. (letzte Kavallerie und bespannte Einheiten noch im II. WK) gehalten. Sie wurden dann aber schlagartig und weltweit vom Sitzroller, dem Automobil, abgelöst. In den Industriestaaten besitzt heute jeder fünfte bis zweite Einwohner (PKW je Tausend Ew.) ein solches Gefährt. 1994 gab es bereits 630 Mio. Kraftfahrzeuge (ohne Zweiräder und landwirtschaftliche Nutzfahrzeuge). Die Verkehrsleistungen sind dabei zu unvorstellbaren Größen angewachsen. Allein für Deutschland berechnete das Statist. Bundesamt 1992 883 000 Mrd. Personenkilometer, rd. 11 000 km pro Person im privaten und gewerblichen Straßen-, Eisenbahn- und Luftverkehr. Beispielsweise reisten 1995 im Fernverkehr allein rd. 1,8 Mio. Deutsche per Flugzeug in die USA. Nicht nur als Fernpendler (s. Grenzarbeitnehmer), auch im innerörtlichen alltäglichen Leben sind Menschen fast ständig »unterwegs«. Nicht wenigen ist solche Bewegung eigentliches Lebensziel (s. Mobilheim-Wanderer). Längst versteht sich diese Mobilität als ein charakteristisches Merkmal des heutigen Menschen. Die so gewonnene Mobilität hat sich ubiquitär und im breitesten Sinne ausgewirkt. Schon vor Jahrhunderten veränderten sich überall die qualitativen Verteilungsmuster (europäische Siedler bes. in N-Amerika, Australien und afrikanischen Kolonien; schwarze Sklaven in beiden Amerika oder die Kulis im pazifischen Raum), doch auch die Durchdringung ihres nordeurasiatischen Großreiches durch die Russen machten eine gänzliche Neubestimmung der Kulturerdteile erforderlich. Die Unterwanderung Europas durch Millionen von Vorderasiaten (Türken) und Nordafrikanern öffnete im Verein mit den längst gewandelten Paarungsmustern umfangreicher Durchmischung den Weg.

Homo mousteriensis (BIO)
Vgl. Neandertaler.

Homo oeconomicus (WISS)
II. (=lat); literarischer Begriff für einen Menschen, der ausschließlich nach dem Rationalprinzip wirtschaftlich denkt und handelt. In abträglichem Sinn steht Terminus auch für den heutigen Menschen in den Industrieländern schlechthin.

Homo primigenius (BIO)
I. (lat=) »erstgeborener Mensch«; H. neanderthalensis, klassischer Neandertaler.
II. Altbez. für erste fossile Belege des eiszeitlichen Menschen. Vgl. Neandertaler.

Homo sapiens (BIO)
I. (lat=) vernunftbegabter Mensch.
II. Frühformen sind seit Mittel-Pleistozän belegt, ihre Zuordnung wird unterschiedlich gehandhabt, da definitorische Abgrenzung von Homo sapiens gegen Homo erectus aufgrund seiner starken Variabilität vorerst umstritten. Fossil auftretende Formengruppen (H. Steinheimensis; Funde von Verfesszöllös/Ungarn, Swanscombe unweit London/Großbritannien und Arago, nahe Perpignan/Frankreich) fallen in das Mittel-Pleistozän. Sie sind äußerlich dem H. sapiens sapiens ähnlicher als dem späteren klassischen Neandertaler. Das Hirnvolumen des H.s. liegt bei 1200–1700 ccm. Vgl. Neanthropinen; Jungpaläolithiker.

Homo socialis (WISS)
II. (=lat); umstrittene Beschreibung eines Idealtypus, der davon ausgeht, daß der Mensch ein geselliges Wesen ist und dementsprechend gruppen- und gesellschaftsbildend reagiert (K. HOTTES).

Homo steinheimensis (BIO)
I. Steinheimmensch.
II. frühe Homo sapiens-Form nach Fundstätte Steinheim an der Murr, nahe Stuttgart/Deutschland.

Homogame (WISS)
I. H. Partner, H. Ehen.
II. Partner hoher Gleichheit, die hinsichtlich berücksichtigter Merkmale (z.B. physische Eigenschaften, sozialer Herkunft, kultureller Prägung) »überzufällig häufig in gleicher Richtung vom Bev.durchschnitt abweichen« (*H.W. JÜRGENS*). Solche homogamen Verbindungen bewirken in der Filialgeneration die Verfestigung sozialtypologisch wichtiger Merkmale (Paarungs-Siebung). Vgl. Gegensatz Heterogame.

Homo-Gemeinschaften (SOZ)
I. nicht »Homo-Ehen«, wenn auch in Dänemark seit 1989 gesetzmäßige Heirat erlaubt.
II. Lesben- oder Schwulen-Gemeinschaften; sie betreiben entsprechend grundsätzliche Änderungen des Steuer-, Renten-, Hinterbliebenen- und natürlich des Heiratsrechtes.

Homosexuelle (BIO)
I. Homos; Homophile; homosexuelle Aktivisten; Fags, Kurzform aus Faggots, (in Nordamerika), Queers, Gays (=en).
II. Menschen mit angeborener oder erworbener psychosexueller Neigung zum eigenen Geschlecht; Frauen (Lesben) und Männer (Schwule). Gegenüber älteren Auffassungen, die Homosexualität als Perversion oder alternativen Lebensstil, als im frühen Kindesalter erworbene, psychologische Anlage oder (bis 1973 durch die American Psychiatric Association) sogar als behandlungsbedürftige Geisteskrankheit erklärten, steht heute eher biologische Begründung im Vordergrund (über Mutter vererbtes atypisches X-Chromosom). Öfters gilt (praktizierte) Homosexualität als kriminelle Handlung, in mehreren US-amerikanischen Staaten wird H. nach dem Sodomie-Gesetz verfolgt, nach der islamischen Scharia mit Steinigung bestraft. In vielen Staaten sind H. scharfen Berufsverboten unterworfen (u. a. im höheren Staatsdienst, im Militär). Gegenüber noch größeren Ansätzen (*KINSEY*-Report) soll Anteil der H. in USA 1–3% an der Gesellschaft betragen. Vgl. Gegensatz Heterosexuelle.

Homran (BIO)
I. (=ar); die »Bräunlichen«.
II. Bez. für Mischlinge (Mulatten) in Tripolitanien.

Hona (ETH)
I. Tera.
II. kleine schwarzafrikanische Ethnie in E-Nigeria.

Honduraner (NAT)
I. Hondurener; Hondurans (=en); honduriens (=fr); hondureños (=sp).
II. StA. der Rep. Honduras, die sich aus 90% Mestizen, 7% Indianern, 2% Schwarzen und 1% Weißen zusammensetzen.

Honduras (TERR)
A. Republik. República de Honduras (=sp). Honduras Central America, (the Republic of) Honduras (=en); (la République du) Honduras (=fr).
Ew. 1901: 0,544; 1910: 0,553; 1926: 0,701; 1930: 0,854; 1940: 1,108; 1948: 1,353; 1950: 1,445; 1960: 1,943; 1970: 2,639; 1980: 3,691; 1985: 4,372; 1996: 6,101, BD: 54 Ew./km²; WR 1990–96: 3,0%; UZ 1996: 44%, AQ: 27%

Hongkong (TERR)
B. Britische Kronkolonie von 1843–1997; seither Sonderverwaltungsregion (SAR) der VR China. Ew. 1841: 0,006; 1861: 0,119; 1881: 0,160; 1901: 0,301; 1916: 0,5 S; 1931: 0,836; 1941: 1,639; 1950: 1,974; 1961: 3,133 Z; 1970: 3,959; 1975: 4,370; 1981: 5,134; 1988: 5,681; 1995: 6,190, BD: 5653 Ew./km²; WR 1985–95: 1,3%

Hongkong-Chinesen (NAT)
II. Angeh. des einst autonomen britischen Übersee-Gebietes, das 1997 an die VR China zurückgegeben wurde. Bis dahin besaßen die 95% Chinesen der 6,190 Mio. Ew. (1995) nur eine eingeschränkte britischen Staatsangehörigkeit, jedoch haben schätzungsweise 500000 H.-Ch. (als Rückversicherung) eine zusätzliche Staatsbürgerschaft erworben. Amtsspr. Englisch und Chinesisch.

Honoratioren (SOZ)
I. aus honoratus (lat=) »geehrt«; honoratiores (=lat).
II. Bürger, die aufgrund ihres sozialen Status bes. Ansehen genießen; Bürger, die unentgeltlich in gemeinnützigen Organisationen tätig sind.

Honvéd (SOZ)
I. honvédség (un=) »Vaterlandsverteidiger«, ungarische Armee, honveds.
II. ungarische Freiwillige im 19. Jh., 1868–1918 Angeh. der ungarischen Landwehr, 1920–1948 Angeh. aller Streitkräfte.

Hooligans (SOZ)
I. (=en); ugs. Hools, Banden-Hools.
II. ursprünglich (seit 1898) randalierende Arbeiter bei sozialen Unruhen in England, heute i.w.S. Krawallmacher bei Sport- (bes. Fußball-) und anderen Massenveranstaltungen. H. sind zu unterteilen in: 1.) »Kutten«, in Vereinsfarben lärmende Pubertäre und Spätpubertäre; 2.) »die Guten«, der harte Kern jener, die allseits Konfrontation suchen; 3.) »die Lutscher«, feige Möchtegern-H., die nur geschlagene Gegner annehmen. Vgl. Rowdys (=en), Punker, Rocker, Skinheads.

Hopi (ETH)
I. Eigenbez. Hópito d.h. »die Friedfertigen«.
II. zur uto-aztekischen Sprachfamilie zählender Stamm der w. Pueblo-Indianer in Arizona. Heute ca. 8000 Seelen, bewohnen 17 Pueblo-Siedlungen im Reservat am S-Rand der Colorado-Hochfläche, in

Nachbarschaft zu Navajos. H. treiben seit nachweislich zweieinhalb Jtsd. gemäß Standortbedingungen sehr speziellen Pflanzenbau (Grabstock in »Sandkultur«) bes. auf Mais, Kürbisse, Bohnen. Bewahren ihre alten religiösen Mythen, grenzen sich gegen Fremde ab. Vgl. Pueblo-Indianer.

Horde (SOZ)
I. aus orda, ordu (tü, mo=) »Lager«.
II. 1.) seit 16. Jh. Bez. für streifende Völkerschaft, insbes. solche der Mongolen (Goldene, Große, Kleine Horde). 2.) Bez. für primitive Gruppenbildung ohne spezifische Ordnungsprinzipien, eine überwiegend streifende Kleingruppe bei Wildbeutern (Jagdschar), deren durch Weite des Bannbereiches und geringe Nahrungs- und Wasserverfügbarkeit bedingte Zahl meist gering ist (< 50); durch Verwandtschaft, Heirat und Freundschaft verbunden ohne dauerndes Führertum.

Horebiten (REL)
I. Taboriten. Vgl. Hussiten.

Hörige (SOZ)
II. von einer Grundherrschaft dinglich Abhängige im 8.–19. Jh., ihr zu Abgaben und Fronden verpflichtet. Ihre Bindung an die Scholle machte H. zum Zubehör ihres Bauerngutes. Noch stärkere Abhängigkeit bestand in Form der Erbuntertänigkeit bzw. Leibeigenschaft. Vgl. Halbfreie, Erbuntertänige, Kolonen, Leibeigene.

Hornacheros (SOZ)
I. (=sp); Hornachuelos; nach andalusischer Stadt Hornacho.
II. kämpferische Teilgruppe der Moriscos, die nach dem Fall von Granada 1492 in Andalusien mit Raub und Handel zu Wohlstand kam und erst 1608 zur Auswanderung bewogen wurde. Sie ließen sich unter Zuzug anderer Moriscos in Salé und Rabat/Marokko koloniengründend nieder. H. besaßen bis ins späte 18. Jh. Eigenverwaltung und bewahrten andalusische Lebensart und spanischen Dialekt; im 17. Jh. betätigten sie sich als gefährliche Seepiraten. Vgl. Moriscos.

Hörndlbauern (SOZ)
II. in Österreich Bauern, die vorwiegend Viehzucht betreiben. Vgl. Körndlbauern.

Hornjaken (ETH)
I. Hornáci (=slav.).
II. slowakische Bergbew. zwischen March und Waag bis zur Tatra.

Hortillons (SOZ)
I. (=fr); aus hortus (=lat).
II. speziell die städtischen Gemüsegärtner auf den Hortillonages von Amiens/Frankreich.

Hospitaliter (REL)
II. auf das frühe MA zurückgehende Klostergenossenschaften, die sich dem Hospitaldienst widmeten, z.B. Heiliggeistbrüder, Johanniter, Antoniusbrüder, Barmherzige Brüder; Hospitaller, Knights of St. John (=en); auch Frauen-Orden wie Zellitinnen, Vinzentinerinnen, Kamillianerinnen.

Hosso-shu (REL)
II. buddhistische Schulrichtung in Japan, gegr. 653.

Hotogitu (SPR)
II. eine der Spr. der ostmongolischen Spr.gruppe des Chalcha-Mongolisch.

Hottentotten (BIO)
II. wegen ihrer Schnalzlaute Hotentots (ni=) »Stammler«, »Stotterer«. Eigenbez. KHoi, Khoi-Khoin, Khu-Khun; Kui u.a. khoi (hottent.=) »Person«, khóib (hottent.=) »Mann, Mensch, Freund«; san (hottent.=) für »Buschmann«; Hottentots (=en); Ottentotta (=it).
II. neben den Buschmännern, den San und den ausgestorbenen Kwadi (Angola) eine Untergruppe der Khoisan. Kleinwüchsiges, gelbhäutiges Restvolk mit typischem Fettsteiß, eigene Schnalzsprache, vermischt mit Bantu-Sklaven und weißen Kolonisten (vgl. Rehoboter), im 17./18. Jh. christianisiert und europäisch überformt, ca. 100000. Siedlungsraum s. und sw. Küste Südafrikas, wovon 62000 (1989) in Namibia, und im Oranje-Tal. Vier große Gruppen: Kap Khoikhoi, Korana, Ostkhoikhoi, Nama, auch Gona und Gringa. Stellen mit den Buschmännern oder San heute die aus vielen Komponenten bestehenden Nachfahren einer prähistorischen Rassenform von Steppenjägern und Sammlern dar. H. waren spezialisierte Hirten (transportable Pontoks, mit Leder bedeckte Kuppelhütten, Langhornrinder und Fettschwanzschafe), die Nomadismus erst relativ spät, wohl von SW-Bantu, übernommen haben. Heute häufig auch Beschäftigung als Farmarbeiter. Vgl. Khoisanide, Khoide; Nama, Orlam.

Hottentotten (ETH)
II. wegen ihrer Schnalzlaute Hotentots (ni=) »Stammler«, »Stotterer«. Eigenbez. Khoi-Khoin, Kui u.a.; Kap Khoikhoi.
II. neben den Buschmännern, den San und den ausgestorbenen Kwadi (Angola) eine Untergruppe der Khoisan. Siedlungsraum s. und sw. Küste S-Afrikas, wovon 62000 (1989) in Namibia und weitere im Oranje-Tal leben. Vier große Gruppen: Kap Khoikhoi, Korana, Ostkhoikhoi, Nama, auch Gona und Gringa. Stellen mit den Buschmännern oder San heute die aus vielen Komponenten bestehenden Nachfahren einer prähistorischen Rassenform von Steppenjägern und Sammlern dar. H. waren spezialisierte Hirtennomaden (transportable Pontoks, mit Leder bedeckte Kuppelhütten), Langhornrinder und Fettschwanzschafe erst relativ spät, wohl von SW-Bantu übernommen. Alte Hirtenkultur wurde unter europäischer Herrschaft zerstört, H. zu besitzlosem Proletariat von Saisonarbeitern und Tagelöhnern de-

gradiert, erhielten in Südafrika andererseits 1828 theoretisch die rechtliche Gleichstellung mit Weißen. Heute häufig Beschäftigung als Farmarbeiter. Vgl. Khoisanide, Khoide; vgl. Click-Spr.

Hova (SPR)
I. Malagassi.
II. Mundart der Merina, der größten ethnischen Einheit auf Madagaskar.

Howeitat (ETH)
I. Howaaytat, Huëtat.
II. Beduinenstamm im Wadi Rum/Südjordanien.

Hpon (ETH)
II. kleine ethnische Einheit von unterschiedlichem kulturellen und linguistischen Ursprung am Irawadi in N-Myanmar; einige Tausend; treiben Wanderfeldbau, Waldnutzung, Fischerei, Flößerei. Gehören tibeto-birman. Spr.gruppe an, sind Buddhisten.

Hre (ETH)
II. kleines Volk von ca. 50 000 im Bergland Vietnams mit Eigenspr. aus der Mon-Khmergruppe; Brandrodungs-Reisbauern.

Hroy (ETH)
II. kleines Restvolk < 50 000, stark mit Bahnar und Dscharai vermischt, in S-Vietnam. Brandrodungsbauern, wohnen in Pfahlsiedlungen. Benutzen westindonesische Tcham-Spr.

Hsi-Fan (ETH)
I. Boa, P'u, Tsch'ra-me.
II. Restvolk in den Gebirgen im NW von Yünnan/China, waren bis ins 16. Jh. im Gebiet von Litschiang wohnhaft; überwiegend Tibetisch-spr. und (gelbe) Lamaisten. Üben rituelle Totenverbrennung.

Hua chiao (SOZ)
I. (=ci); Huaqiao, Nanyang hua ch'iao (ci=) »chinesische Gäste«; Overseas Chinese (=en).
II. 1.) Gemeinden von Auslandschinesen. 2.) Im Ausland lebende Bürger der VR China. Ihre genaue Identifikation ist umstritten, zumal nach Abkehr Chinas vom ius sanguinis. Man schätzt 2,5 Mio.; offiziell beziffert Peking die H. mit 4 Mio. H. stärker als andere Auslandschinesen in Clan-Abhängigkeiten und Geheimgesellschaften eingebunden. Vgl. Übersee-Chinesen, Auslandschinesen.

Huaorani (ETH)
I. »Menschen« als Eigenbez.; von zivilisierten Nachbarn als Auca (Ketschua) = »Wilde, Feinde, Barbaren« bezeichnet.
II. Indianerstamm auf der Ostseite der ecuadorianischen Anden; wehrten bis gestern Außeneinflüsse mit Speermorden blutig ab, unterlagen in 80er J. doch der von der Erdölwirtschaft betriebenen Maßnahmen. 1990 ca. 1300 Köpfe. Von ihrem einst großen Reservat gehen jährlich eine Mio. Ha durch wilde Siedler und Bergbauindustrie verloren.

Huara (ETH)
II. nach *Ibn Khaldun* ein altes Berbervolk im ö. Tripolitanien mit den Stämmen Tarhuna, Orfella und Mizurata, die im Fernhandel zwischen Libyen und Ägypten tätig waren. Sie wurden von Arabern z. T. in das tripolitanische Hochland vertrieben; heute sind alle arabisiert.

Huarpe (ETH)
II. erloschene Indianerethnie in der Region Mendoza/Argentinien.

Huarpide (BIO)
II. Terminus bei *IMBELLONI* (1937) für Untergruppe der Fuegiden.

Huaso(s) (SOZ)
II. (=sp); Kleinbauern in Chile, stehen gesellschaftlich auf gleicher Stufe mit Kleinpächtern und abhängigen Landarbeitern. Vgl. charro(s) (=sp) in Mexiko.

Huasteco(s) (SOZ)
I. (=sp); Huaxteca (=aztek.).
II. ugs. Bez. in Chile für indianisch-mexikanische Indianer, die in Städten ansässig wurden, aber auch für Mestizen mit ländlichen Lebensgewohnheiten.

Huasteken (ETH)
I. Huaxteken; Huastecos (=sp).
II. mesoamerikanisches Indianervolk mit einer Maya-Spr.; ca. 100 000 Köpfe, heute zurückgeschnitten auf mexikanische Provinz Veracruz und San Luis Potosi.

Huave (ETH)
II. kleine Indianerpopulation im mexikanischen BSt. Chiapas. H. bilden eigene Spr.gruppe, rd. 10 000.

Hubei (TERR)
B. Hupeh, Hupei. Provinz in China.
Ew. 1953: 27,790; 1996: 58,250, BD: 313 Ew./km²

Hudschana (SOZ)
II. (=ar); Mischlingsschicht aus Arabern und Berbern im mittelalterlichen Nordafrika.

Hufner (SOZ)
I. aus Hufe, Hube; auch Hüfner, Hubner, Hübner, Huber.
II. 1.) in Mitteleuropa seit MA die Erblehenbauern, die Besitzer eines halben Hofes (i.d.R. mit 4 Pferden); 2.) Angeh. einer bäuerlichen Kolonistenschicht, die bei der Landvergabe nur ein jeweiliges Durchschnittsmaß an Grundbesitz, eine Hufe nämlich, erhielten. Je nach Stellung der H. näher zu unterscheiden z. B. Sal- oder Frei-Hufner.

Hugenotten (REL)
I. dt. Altbez. refugiés (=fr); huguenots (=fr); Huguenots (=en).
II. evangelische Christen in Frankreich in relativer Nachbarschaft zu Calvinisten. Stellten bis zum Blut-

bad von Vassy und zur Bartholomäusnacht 5-6% der gesamten französischen Bev. Aus sozial-politischen Gründen verfolgt: H.-Kriege 1562-1598, zeitweise Schutz, 1685 Aufhebung des Ediktes von Nantes. Darauf Flucht von 250 000-350 000 in die Schweiz, die Niederlande, nach Deutschland (bes. Brandenburg). Brachten ihren Gastländern reichen materiellen und geistigen Gewinn.

Hui (ETH)
I. Eigenbez. Lao Chui Chui; Dungane (=rs).
II. Ethnie bes. am Oberlauf d. Gelben Flusses/ China, entstanden aus Mischung zugewanderter muslimischer Zentralasiaten oder Nachfahren arabischer und iranischer Händler und Söldner, die sich seit 7. Jh. niedergelassen haben, mit Han-Chinesen. H. sind überwiegend Muslime. Sie sind weitgehend assimiliert und unterscheiden sich von den Han äusserlich und sprachlich nur wenig. 1992 ca. 11,5 Mio., mit rd. 0,8% zweitgrößte Minderheit in China. Die Chinesische Regierung plant zur Verbesserung der Lebensqualität die Umsiedlung von rd. 1 Mio. Hui aus Provinz Ningxia in den Einzugsbereich des Hwangho/Huang Hé.

Hui (SOZ)
I. (=ci); Logen in China. Vgl. Geheimgesellschaften.

Huichol (ETH)
II. kleine Indianerethnie in den westmexikanischen BSt. Jalisco und Nayarit, Anzahl > 10 000; ihre Spr. gehört zur Gruppe der Uto-Azteken. Ritueller Peyote-Genuß.

Huilliche (ETH)
I. Eigenname bedeutet »Süd-Leute«; aus che das »Volk«.
II. Zweig der Araukaner, s.d.

Hujati (REL)
II. Gruppierung islamischer Eiferer aus Geistlichen und Sympathisanten im Iran, fanatische Fundamentalisten und eigentliche Verfolger der Baha'i.

Huleros (SOZ)
II. einst die Kautschuksammler in Mittelamerika/ speziell Mexiko.

Huli(s) (ETH)
I. Wigmen.
II. Volk der Melanesier, vermutlich größte Teilgruppe der Papua von ca. 75 000 Köpfen in dem Talbecken des Tagari und im s. Hochland von Neuguinea. Z.T. noch Sammler und Jäger, doch auch Gartenbau und Schweinehaltung. Getrennte Männerhäuser, Polygamie; typisch sind Lendenschurz mit »Arse Grasses«, gefärbte und gefederte (Paradiesvogelfedern) Echthaarperücken.

Hultschiner Schlesier (ETH)
II. Altbez. für die doppelspr. Regionalbev. des »Hultschiner Ländchens«, das 1920 mit rd. 51 000 Deutschmähren von Schlesien an die damalige Tschechoslowakei abgetreten wurde.

Humbe (ETH)
II. Bantu-Volk in Angola mit (1988) > 230 000, d.h. 2,5% an der Gesamtbev.

Humiliaten (REL)
I. aus humilis (lat=) »bescheiden«, »demütig«.
II. hervorgegangen aus Bußbruderschaften frommer Mailänder Handwerker im 12. Jh., denen wie den Waldensern die Predigt verboten war; 1184 exkommuniziert, 1201 Approbation als regulärer Orden; zu Demut und Arbeit mit Idealen Fasten, Armut, Predigt verpflichteter laikaler Orden, den Waldensern geistesverwandt. 1571 abrupt aufgehoben. Vgl. Paterener.

Hunan (TERR)
B. Provinz in China.
Ew. 1953: 33,227; 1996: 64,280, BD: 306 Ew./km²

Hungana (ETH)
II. kleine schwarzafrikanische Ethnie im SW der Demokratischen Rep. Kongo.

Hungaranija (SOZ)
II. nach vermeintlicher Herkunft benannte Zigeunergruppe in Ägypten, die sich auf Kleinkriminalität in Saudi-Arabien spezialisiert hat.

Hungaros (SOZ)
I. »Ungarn«.
II. Sammelbez. für eingewanderte Roma-Zigeuner in Mexico. Als Coloniales oder Pajaneros, eigentlich »Vogelhändler«, häufig von Wanderkinos lebend. Rusaja sind ansässige städtische Zigeuner, Grekuja leben unstet. Ihr religiöses Zentrum ist Guadalupe Hidalgo.

Hungu (ETH)
I. Maungo.
II. schwarzafrikanische Ethnie im NW von Angola.

Hunkpapa (ETH)
II. Stamm der Sioux-Indianer, der 1890 im Massaker von Wounded Knee ausgerottet wurde.

Hunnen (ETH)
I. Hephtaliten; vermutlich Hsiung-nu, Hiungnu (=ci); Huns (=en).
II. zentralasiatisches Volk von Reiternomaden, wohl mongolischen Ursprungs. Ihr Großreich mit Höhepunkt im 3.- 2. Jh.v.Chr. erstreckte sich über weite Teile der Mongolei, Chinas (unter Überwindung von Vorläufern der Großen Mauer) und Zentralasien. Im 1. Jh.n.Chr. Zerfall in zwei Horden: die südliche ging im 4./5. Jh. in Chinesen auf, die nördliche bezwangen Alanen und Ostgoten. Ab 375 Ausgriff unter Attila auf Europa, Vorstöße bis E-Frankreich und Oberitalien mittels Unterstützung

durch iranische und germanische Reiterkrieger; bewirkten Verstärkung der germanischen Völkerwanderung. Vgl. huns (=en); Vgl. Weiße Hunnen, Reitervölker.

Huns (SOZ)
I. (=en); aus dem Namen des asiatischen Reitervolkes der Hunnen (s.d.) im I.WK abgeleitetes angloamerikanisches Schimpfwort für brutale, barbarische Leute, insbes. für Deutsche. Vgl. Teutonen; boches (=fr); Jerries (=en); Fritzen, Krauts.

Hunsal (ETH)
I. Eigenbez. Chunami; Chunzaly (=rs). Vgl. Avaren.

Hunza (ETH)
I. Hunzakuts, Hunsa; Eigenbez. Buruscho, Burusho.
II. Bez. für zwei Volksstämme von ca. 30 000 H. in 2000–4000 m Höhe im Hunzatal/N-Kaschmir lebend: Wakhi (im N) und Burusho (im S) mit undefinierter Eigenspr. (Burushaski). Im 14. Jh. durch schiitische Herrscher islamisiert, im 19. Jh. Übertritt zu den Ismailiten.

Huraym (SOZ)
II. kastanähnliche Unterschicht von Wanderhandwerkern in Nomadenstämmen des Nedj/Saudi-Arabien (ca. 50 000).

Huronen (ETH)
I. Hurons (=en,fr); Wyandot.
II. Verband von ursprünglich vier Indianerstämmen (Rock, Deer, Bear, Cord); im 17. Jh. durch Jesuiten christianisiert, ursprünglich n. des Ontario- und Huron-Sees mit frühem Maisanbau am St. Lorenz-Strom. Durch Epidemie 1630 und Kampfverluste gegen Irokesenbund 1648 dezimiert und verstreut, in Kanada und Oklahoma noch ca. 2000; sprachlich und kulturell zur Völkerfamilie der Irokesen gerechnet.

Hurriter (ETH)
I. Churriter (s.d.), Horiter, Hori/Chori der Bibel, Mitanni-Arier; Hourites (=sp).

Hurutse (ETH)
I. Hurutsche, Hurutshe, Bahurutse, Tswana.
II. wichtige Bantu-Einheit der Sotho-Tswana, W-Sotho, in viele Unterstämme gegliedert, in Botsuana und angrenzender Südafrikanischer Rep. Vgl. Tswana.

Hussiten (REL)
I. Hussites (=en).
II. Anh. des Jan Hus/Joh. Huß, der 1415 als Häretiker und gefährlicher Sozialrevolutionär in Konstanz verbrannt wurde; kirchliche Sozialreformer, die in Anlehnung an J. Wyclif bei national-tschechischer Agitation in Böhmen und Teilen Mährens tätig waren. H. strebten hierarchieloses Christentum, Freiheit der Predigt, Besitzlosigkeit der Priester, Laienkelch, Kleinkinderkommunion, veränderte Liturgie u.a. an. Die offizielle Hussitische Kirche wie auch die hussitischen Böhmischen Brüder sind erst im 20. Jh. entstanden. Als solche erklären sich heute einige Hunderttausend (je ca. 2%) in Tschechien. Beide Denominationen gründen sich auf den Dissens mit Rom. Nach 1415 Aufgliederung in mehrere Zweige. Radikalrevolutionäre Taboriten lösten H.-Kriege 1420–1436 aus. Geogr. Namen: Husinec/Südböhmen; Berg Tabor als Wirkungsstätte von Hus. Vgl. Kalixtiner oder Utraquisten, Taboriten; Böhmische und Mährische Brüder; Prager Kompaktaten.

Huteimi (ETH)
I. E'Tami.
II. arabischer Stamm in der Tihama/Jemen.

Huter (REL)
s. Hutterer,
I. Hutterische Brüder.

Hutterer (REL)
I. Hutterische Brüder; Huter nach dem Tiroler Jakob Hutter (1536 verbrannt); Hutterian Brethren, Hutterians, Huts (=en).
II. 1528 in Mähren aus vertriebenen süddeutschen Wiedertäufern gegr. fundamentalistische Bewegung, im Gegensatz zu damaligen Wiedertäufern völlig friedfertig und in strikter Gütergemeinschaft, Distanz zu Andersgläubigen. Höhepunkt vor 1593 mit etwa 30 000 Brüdern. Im Türkenkrieg und ab 1622 Verfolgung durch böhmische Krone, deshalb Abwanderung nach Siebenbürgen, später in die rumänische Walachei. H. folgten ab 1763 dem Ruf Katharina II. in die Ukraine, wo sie von Mennoniten Technik großflächigen Landbaus übernahmen. Im 19. Jh., ab 1874, als Rußland Wehrpflicht einführte, beginnende Auswanderung nach Amerika; zunächst nach Paraguay, dann in die USA und später nach Kanada. Dort 1874–1877: 400–700 Hutterer (neben 18 000 Mennoniten). Viele siedelten außerhalb der Gemeinschaften und wurden in Gesellschaft integriert. Benachteiligungen im I.WK (Verbot dt. Spr., auch Zwang zum Militärdienst), führten zur Fortwanderung von South Dakota nach S-Alberta. Später aus Deutschland Verdrängung im NS-Regime. Heute soll es weltweit rd. 350 eigenständige Brüderhöfe/Göttliche Archen geben, in Deutschland z.B. Birnbach. In Nordamerika leben rd. 25 000 H. in 200 Kolonien, zu zwei Dritteln in Kanada (in S-Alberta). Rasches Wachstum ist durch extrem hohe Kinderzahl (10,4 Kinder/Familie) bedingt, dementsprechend regelmäßige Teilung der Höfe (*M. HOLZACH*). Vgl. Wiedertäufer; Mennoniten, Amish.

Hutu (ETH)
I. früher häufig mit Bantupräfixen (Ba)hutu oder (Wa)hutu (=su) geschrieben.
II. negrides Volk, das (unter Einschluß verwandter Bantugruppen) hpts. verbreitet ist in Ruanda, Bu-

rundi, Demokratische Rep. Kongo und mit Flüchtlingskontingenten in Uganda und Tansania. H. sind sprachlich den Zwischenseebantu zugehörig. Ursprünglich Wanderhackbauern. Günstige Anbauverhältnisse haben starkes Bev.wachstum ermöglicht. Hutus dieser Region waren seit Zeit der (Tutsi-)Himastaaten fast durchgängig der Tutsi-Aristokratie unterworfen. Ihr Aufbegehren gegen diese Vorherrschaft hat wiederholt zu schweren Volkstumskämpfen geführt, in deren Verlauf sowohl Hutu- als auch Tutsi-Flüchtlinge in allen Nachbarländern Schutz suchten. Die Massaker an Tutsis in Ruanda 1994 (man schätzt bis zu 1 Mio. Toten) oder die Ströme von Hutu- Flüchtlingen und -Heimkehrern von insgesamt je > 2 Mio. 1994–96 waren insofern typische Ereignisse. Gleichwohl haben sich Lebensverhältnisse beider Ethnien einander weit angenähert. Im einzelnen stellten Hutu in Ruanda 85–90% von rd. 6,6 Mio. Ew. und in Burundi > 85% von rd. 5,6 Mio. Ew. (1990). Obschon in so deutlicher Mehrheit, mußten sich H. der Vormacht der Tutsi in Regierung und Militär beugen (schwere Massaker bereits in den Jahren 1965, 1969, 1972 und 1988).

Huzulen (ETH)
I. Eigenbez. Huzuly, Werchovynzy; Guculy (=rs).

II. heute ukrainische (mit südgalizischem Dialekt und zahlreichen Entlehnungen aus dem Rumänischen und dem Deutschen) sprechende Bew. der ö. Waldkarpaten; 1772–1919 unter österreichischer Herrschaft, ab 17. Jh. fortschreitend auch in N- und S-Bukowina. Um 1960 mind. 40000 Köpfe; H. sind orthodoxe Christen der 1989 wieder legalisierten autokephalen ukrainischen Kirche oder im rumänischen Patriarchat, auch Unierte nach östlichem Ritus; vgl. Ruthenen. Bauern und Hirten, Waldarbeiter und Flößer; reiche Folklore.

Hyperboreer (WISS)
I. aus (agr=) »jenseits des Nordwinds (Boreas) Wohnende«.

II. aus der griechischen Mythologie entlehnte Altbez. (so bei *E. BANSE*) für die Tundravölker Sibiriens. Geogr. Name: borealer Nadelwald. Vgl. Paläosibirier.

Hypsistarier (REL)
II. Anh. synkretistischen monotheistischen Sekte der spätrömischen Kaiserzeit im 3./4. Jh. n.Chr. in Kappadokien, heutige Türkei.

I

Ibad (REL)
I. (ar=) »Diener« (Christi).
II. eine der frühesten Christengemeinden (Nestorianer) im Raum Babylon. Sozial fest geschlossene Gemeinschaft aus Familien verschiedener arabischer Stammeszweige; als Handwerker und Fernhandelskaufleute von hohem Ansehen.

Ibadan (ETH)
II. regionale Herrschaftsgruppe der Yoruba, kwaspr., in SW-Nigeria.

Ibaditen (REL)
I. Abaditen; al Ibadijja/al Abadijja (=ar) Ibadiya, Abadiya; nach dem Theologen Abdallah ibn Ibad.
II. gemäßigte puritanische Teilgruppe der altislamischen Charidschiten im s. Mesopotamien (Basra). Ihre Lehre verlangt strenge Befolgung koranischer Satzungen, verurteilt fanatische Radikalisierungen. Ihr Anführer muß nicht zwangsläufig ein Kurai sein. Wanderprediger verbreiteten Lehre im ganzen Kalifat, bes. nach Jemen, Masqat und Oman. Dort theokratische Gemeinwesen, wurden im Jemen blutig verfolgt, Reste überdauerten im Wadi Hadramaut; Unabhängigkeit der I.-Republik in Oman dauerte bis ins 18. Jh., blieb trotz seitheriger Trennung von geistlicher und weltlicher Autorität bis heute bestimmender politischer Faktor. Andere Sendboten gründeten ibaditische Gemeinden unter Berbern in Nordafrika; zeitweiliger Verband von Tripolitanien bis Ostalgerien. Nach kriegerischer Befehdung erneute Zentrierung in Tahart. Von dort Rückzug auf das Wadi M'zab, (vgl. Mozabiten). Andere I.-Gruppen bestehen bis heute in Tripolitanien und auf Djerba/Tunesien fort; insgesamt ca. 1,1 Mio. (1960). Trotz Verstreutheit in sunnitischer und schiitischer Umwelt bewahren ibaditische Minderheiten reges Zusammengehörigkeitsgefühl. Keine Vermischung mit anderen islamischen Konfessionen. Vgl. Charidschiten, Mozabiten, Djerbi.

Ibaloi (ETH)
I. Ibaloy oder Nabaloi.
II. einer der alt-indonesischen Bergstämme im N der Insel Luzon/Philippinen; 1980 ca. 90000. Vgl. Igoroten.

Iban (ETH)
II. größtes Volk der Dajak in Sarawak/N-Borneo, wo sie über 20% der Gesamtbev. stellen, betreiben Küsten- und Flußschiffahrt sowie Anbau; bekannt auch durch ihre Seepiraterie. Vgl. See-Dajak, Bumiputras.

Ibanag (ETH)
I. Cacayan, Cagayan.
II. jungmalaiisches Volk auf den Philippinen, ca. 400000 Köpfe; katholische Christen.

Iberer (ETH)
I. Iberians (=en); Ibères (=fr); iberos (=sp, pt); ibèrici (=it).
II. ältest erkennbare Bev. auf der Iberischen Halbinsel, wohl auch in SW-Frankreich und auf w. Mittelmeerinseln z.Zt. phönizischer und griechischer Kolonisation nach 6. Jh.v.Chr. Kulturell hochstehend mit Eigenspr. und -schrift, bis zur Zeitenwende weitgehend romanisiert. Regionalgruppen: Turdetaner in Andalusien, Ilergeten in Katalonien, Tartessier in S-Spanien, Arevaker am mittleren Ebro; im n. Bergland seit 800 v.Chr. Mischung mit eingewanderten Kelten (siehe Gallegos).

Iberische Rasse (BIO)
I. Altbez. wie auch Ligurische Rasse. Vgl. Mediterranide.

Iberoamerikaner (ETH)
I. Lateinamerikaner (seit 19. Jh.), Hispanoamerikaner; iberoamericanos (=sp).
II. ältere Bez. für Bew. der von der Iberischen Halbinsel her kolonisierten Länder S- und Mittelamerikas; i.e.S. für jene Amerikaner, die durch iberische (romanische) Spr. und Kultur geprägt sind.

Ibibio (ETH)
I. Agbishera, Ododop, Efik.
II. Ethnie im Regenwald von S-Nigeria; rd. 4 Mio. (1988), zur Benue-Kongo-Spr.gruppe zählend. Yams und Maniokanbau, daneben Jagd, Fischfang und Handel. Vgl. Ibo, Ekoi.

Ibizenker (ETH)
II. Bewohner der Insel Ibiza.

Ibo (ETH)
I. Igbo.
II. kwa-spr. Volk von Sudan-Negern in Ostnigeria; stellten (mit verwandten Nachbarn) 1996 mit rd. 21,1 Mio. etwa 18,4% der Gesamtbev. von Nigeria. Schon frühzeitig christianisiert, bildeten Ibo die Führungsschicht des 1914/22 territorial gewachsenen, bev.reichen Staates Nigeria. Flüchteten 1967 nach Ausschreitungen in ihr Stammland ö. des Niger-Unterlaufes. Der Versuch, dieses Gebiet (unter dem Namen Biafra mit rd. 13 Mio. Ew.) von Nigeria abzuspalten, mißlang nach genozidartiger Aushungerung durch Yoruba endgültig 1970.

Ibo (SPR)
I. Igbo; Spr. aus der Kwa-Familie; Ibo (=en).
II. große Volksspr. in Nigeria mit > 21 Mio. Sprechern.

Ibugelliten (BIO)
II. Bez. für die Mulatten-Mischlinge bei den Tuareg. Vgl. Iregyenaten.

Ice people (WISS)
I. (=en); »Eisvölker«.
II. ideologisch bestimmter Terminus der Afrozentristen; gemeint sind Europäer, die, im Gegensatz zu Afrikanern, materialistisch, kriegerisch und gierig geprägt seien; »das kalte, rigide Element in der Weltgeschichte« (nach LEONARD JEFFRIES). Vgl. Sun people.

Icelanders (NAT)
(=en) s. Isländer.

Ichwan (REL)
II. (=ar); Mitglieder islamischer Bruderschaften, die unter Anleitung eines Scheichs oder dessen Bevollmächtigten, den Muqaddamun, ihre gemeinsamen religiösen Übungen (Rezitationen, rhythmische Bewegungen, auch Trancezustand) vollziehen; jedoch Freiheit im Familien- und Berufsleben genießen. Vgl. Turuq (=ar).

Icoocooa (SOZ)
I. Icoucoua. Vgl. Berdachen u.a. bei Sioux-Indianern.

Idaoutanan (ETH)
I. Tanan.
II. ein Stamm im Berbervolk der Schlöch in S-Marokko.

Idauzal (ETH)
I. Zal.
II. ein Stamm im Berbervolk der Schlöch in S-Marokko.

Idoma (ETH)
I. Egede, Gili.
II. ethnische Einheit westafrikanischer Neger, kwa-spr., 300000–500000; am Zusammenfluß von Niger und Benue in Nigeria. Betreiben intensiven Yams-Anbau; besitzen künstlerisch bedeutende Plastik.

Ifni (TERR)
C. Spanische Enklave in S-Marokko; 1934–1958 zu Spanisch Westafrika, dann spanische Überseeprovinz, seit 1969 wieder zu Marokko gehörend. Ifni (=en/fr/sp).
Ew. 1941: 0,029; 1950: 0,038; 1962/64: 0,054;

Ifora(s) (ETH)
I. Kel Iforas, Ifora-Tuareg, Ifogha, Ifugha; Sg. Afaris.
II. Regionalgruppe der Tuareg im Iforas-Adrar-Gebirge. Als Unterstämme der Konföderation gelten die Kel Effele, Idnan, Tarat Mellet, Kel Tarlit, Iforgumessen, Kel Telabit und Ibottenaten, Tademekket.

Ifugao (ETH)
II. einer der alt-indonesischen Bergstämme in der Cordillera Central auf N-Luzon/Philippinen; 1980 ca. 80000. Haben vor über 2 Jtsd. das größte Hangterrassensystem der Welt entwickelt; heute im Kernbereich um Banaue Dichte > 250 Ew/km². Vgl. Igoroten.

Ifughas (ETH)
I. Iforas-Tuareg, Kel Adrar.

Igala (ETH)
I. Yoruba.
II. kwa-spr. Einheit westafrikanischer Neger am Ostufer des Niger und s. seines Zusammenflusses mit Benue. Gehörten zum Djukun-Reich. Vgl. Yoruba.

Igbira (ETH)
I. Igbirra.
II. kleine Ethnie in SW-Nigeria, den Yoruba verwandt; bekannt durch Bestattungs- und Ahnenriten, Maskentänzer.

Igbo (SPR)
I. Verkehrsspr. im ö. Küstenbereich von Nigeria mit 7–10 Mio. Sprechern (1990).

Igewelen (SOZ)
I. Iderfan.
II. die freigelassenen Sklaven bei den Tuareg; meist dunkler Hautfarbe und oft sudanesischer Spr.

Iglesia Filipina Independiente Aglipayan (REL)
II. unabhängige Kirche der Philippinen, die sich von Katholizismus lossagte, als sich die Bev. 1663 gegen die Spanier erhob. Ihr gehören ca. 3,5 Mio. (6,2%) der Gesamtbev. an.

Igoroten (ETH)
I. Igorot; Name bedeutet »wilder Bergstamm«.
II. Gruppe von altmalaiischen Stämmen aus der letzten Einwanderungswelle im 5. Jtsd.v.Chr. im n. Berggebiet von Luzon/Philippinen; zur NW-indonesischen Spr.gruppe zählend. Einst Kopfjäger mit Ahnenkult, heute Bergreisbauern; 300000–500000. Ihnen zugeordnet: Ibaloi, Kankanai, Bontok/Bontoc; später auch: Abra, Apayao, Benguet, Cagayan, Gaddang, Ifugao, Kalinga, Tinggian.

Igreja do Evang. Quadrangular (REL)
I. (pt=) »Kirche des viereckigen Evangeliums«.
II. Pfingstbewegung nordamerikanischen Ursprungs in Brasilien mit rd. 3 Mio. Anhängern (1990).

Igreja negra (REL)
I. »schwarze Kirche«.
II. die kirchlichen Rahmen der brasilianischen Negersklaven und ihrer Nachkommen im Gegensatz zur »weißen Kirche« ihrer Herren.

Igreja Universal do Reino de Deus (REL)
I. (pt=) »Universalkirche vom Reich Gottes«.
II. starke protestantische Pfingstbewegung, begründet durch Edir Macedo in Brasilien, dort rd. 3 Mio. Anhänger, die Sekte aus der zehnten Abgabe

finanzieren (mehrere Radiostationen). I. hat 1992 nach Europa übergegriffen, in Portugal und Schweiz rd. 250 000 Mitglieder unter eigenem Bischof.

Iguiawen (SOZ)
I. Igiawen.
II. endogame Berufskaste der Musiker, Sänger, Erzähler, Zauberer in der Westsahara.

Ihaggaren (SOZ)
I. Sg. Ahaggar; Imagheren/Imagharen oder Imajeren als Bez. im N; Imusaren (im Adrar); Imujeren (Air- und Niger-Tuareg).
II. Adelsschicht der Tuareg, weisen relativ europide Rassenmerkmale auf. Vgl. Imochar und Imuschag.

Ijaw (SPR)
I. Ijaw (=en).
II. Kwa-Spr., verbreitet in Nigeria, gesprochen von ca. 2 Mio.

Ijebu (ETH)
Vgl. Yoruba.

Ijo (ETH)
I. Idzho, Ijaw.
II. schwarzafrikanische Ethnie im Mündungsgebiet des Niger; 1986 ca. 1,9 Mio.; sind sprachlich isoliert, nicht kwaspr.

Ik (ETH)
II. eines der vier Bergvölker Karamojas/Uganda, die nicht nilotischen Ursprungs sind; waren bis ins 20. Jh. Jäger und Sammler, durch Kolonialregime zur Niederlassung gezwungen. Als man Kidepo Valley zum Nationalpark erklärte und der Anbau mißlang, sind I. durch chronischen Hunger und Sozialzusammenbruch untergegangen (C. TURNBULL).

Ikadëien (ETH)
II. (=fr); Stamm der Tuareg im W des Hoggar.

Ikewweren (ETH)
I. Ikkewaren.
II. negroide bäuerliche Bev. in der Oase Ghat mit entsprechendem Status wie die Izeggaren. Vgl. Izeggaren.

Ikhwan (REL)
I. Ichwan (ar=) »Brüder«.
II. 1.) im westlichen Sinn die Muslimbrüder; vgl. islamische Fundamentalisten. 2.) Bez. für die unter Wahhabiten um 1910 begründeten Bruderschaften. Es handelt sich um Siedlungsgemeinschaften womöglich je verschiedener Nomadenstämme, in der Absicht, aus Nomaden ansässige Bauern zu machen, die Anbauflächen zu erweitern, die Stammesverbände allmählich aufzubrechen, Organisationseinheiten zur Aufstellung eines Volksheeres zu begründen.

Iklan (SOZ)
I. Sg. Akli; nach Ableitung durch *FOUCAULD* »Sklaven ohne Rücksicht auf Hautfarbe oder Rasse«.
II. die ehem. Sklaven bei den Tuareg; auch Gefangene aus Stammeskriegen.

Iklan n'taousit (ETH)
II. Stamm der Tuareg in Süd-Algerien zwischen Hoggar und Tanezrouft.

Ila (ETH)
I. Baila, Mashukolumbwe.
II. Bantu-Ethnie in Sambia im Becken des Kafue-Flußes; ein Zweig der Ila-Tonga; Anbau von Hirse, Mais und Gemüsen. Bei I. herrscht matrilineare Abstammung, Kinder nehmen Namen der mütterlichen Familie an. Umfangreiche Pubertätsriten und Ahnenkulte.

Ilat (SOZ)
I. Sg. Il (=pe).
II. Stämme.

Ila-Tonga (ETH)
II. Sammelbez. für Stammesgruppe von Bantu-Völkern der SW-Spr.gruppe in der Trockensavanne vom mittleren Sambesi bis zum Kafue-Fluß. Großviehhaltung. Zu den I.-T. zählt man die Lenje/Balenje (Beni Mukuni), Soli/Sodi, Ila (s.o.), Tonga/Batonga, Subia/Massubia/Subya und Totela/Batotela/Matotela.

Illegale (WISS)
I. amtl. »Personen ohne Aufenthaltstitel«; »ungeregelte Zuwanderer«; in Italien beschönigend Extracommunitari, immigranti illegali (=it); indocumentados, imigrantes iligales (=sp); illegal immigrants, undocumented residents (=en); immigrants illégitimes, »sans-papiers« (=fr); imigrantes ilegales, clandestinos (=pt).
II. Personen, die ohne entsprechende Berechtigung (ohne Reisepapiere, Visen) oft »über die grüne Grenze« in ein Ausland eingereist, dort länger als gestattet verblieben und/oder ohne spezielle Erlaubnis ein Arbeitsverhältnis eingegangen sind. Es handelt sich um Arbeitsuchende (meist landwirtschaftliche Hilfskräfte) aus weniger entwickelten Nachbarländern (Mexikaner in USA, Albaner in Griechenland), um nicht registrierte Flüchtlinge, abgelehnte Asylanten oder auch um kriminelle Elemente. Die Zahl solcher I. wächst in allen Industriestaaten stetig und liegt fast überall bei mehreren Hunderttausend; z.B. in Griechenland ca. 250 000 Albaner, in Frankreich bis 800 000 (1996), davon > 300 000 Nordafrikaner. In USA rechnet man (offz.) mit 3,7 Mio., nach wiss. Erhebungen (*D. WOLF*) mit über 5 Mio. illegalen Zuwanderern aus Mexiko, Guatemala, Honduras, Costa Rica. Die ILO bemaß 1990 weltweit die Zahl der I. auf rd. 100 Mio. Staatliche Gegenmaßnahmen bestehen in Festhaltung/rétention, Lageraufenthalt, Massenabschiebung, Verweigerung von Sozialleistungen und (angestrebt in Kalifornien) selbst des Schulunterrichts für Kinder. Vgl. Unregistrierte/Maktoumeena (=ar).

Illuminaten (REL)
I. (lat=) »Erleuchtete«; alumbrados (=sp); in Frankreich Philadelphen.
II. Geheimorden 1776 durch A. Weißhaupt in Ingolstadt zur Verbreitung der Aufklärungsideen gegr., ähnlich wie Franziskaner-Logen organisiert; als staatsgefährdend in Bayern 1784 verboten; 1925 Weltbund der Illuminaten.

Illuminaten (SOZ)
I. aus illuminati (it=) »Erleuchtete«.
II. Anh. eines im 18. Jh. bekannten Geheimordens zur Verbreitung von Aufklärungsideen in Mitteleuropa, später (bis 20. Jh.) auch Anh. anderer esoterischer Gemeinschaften (Freimaurer); 1925 Weltbund.

Illyrer (ETH)
I. Illyrier; Illyrians (=en); Illyriens (=fr); ilíricos (=sp, pt); illirici (=it).
II. Sammelbez. für indogermanische Stämme, die etwa im 5./4. Jh.v.Chr. wohl aus dem Ostalpenraum, von der mittleren Donau und Böhmen her in das heutige Dalmatien, Albanien, SE- Italien und Griechenland eingewandert sind. Ethnische Abgrenzung gegen mazedonische und thrakische Stämme sowie gegen Veneter nach Namens- und archäologischem Fundgut ist unsicher. I. haben nie eine größere politische Einheit ausgebildet, wurden unter Römern weitgehend romanisiert und geschichtlich faßbar. Als illyrische Stämme gelten u.v.a.: Ardiäer, Dalmater, Dardaner, Liburner, Japoden, Japyger, Messapier, Peuketier, Taulantier.

Ilocano (SPR)
I. Ilokano-, Iloko-, Iloco-, Ilkanspr.; Ilocano, Iloka (=en).
II. Spr. des nordwestindonesischen Zweiges der Indonesisch-Polynesischen Spr.gruppe; wird von rd. 10–12 % aller Philippiner, ca. 7 Mio., als Muttterspr. gesprochen und mit lateinischem Alphabet geschrieben.

Ilokano (ETH)
I. Ilocano, Ilkan, Iloko.
II. deutero-malaiisches Volk von Bauern und Fischern im N von Luzon; mit 6,8 Mio. (ca. 12 % der Gesamtbev.) drittgrößte Ethnie der Philippinen. Häufige Vermischung mit den Pangasinan; stellen in USA den Großteil der 775 000 Köpfe zählenden philippinischen Immigranten-Minorität.

Ilongot (ETH)
II. einer der alt-indonesischen Bergstämme im Norden der Insel Luzon/Philippinen; 1980 ca. 10 000. Vgl. Igoroten.

Ilorin (ETH)
II. schwarzafrikanische Ethnie mit alter Geschichte in Nigeria.

Imame (REL)
II. 1.) die Nachfahren von Ali und Hussein als Leiter der schiitischen Gemeinde. 2.) Vorsteher einer Gemeinde oder Moschee, Vorbeter. 3.) auch Ehrentitel für islamische Gelehrte.

Imamiten (REL)
I. Zwölfer-(12er-)schiiten; (ar=) Imamiyun; Jafariten.

Imanghasaten (ETH)
II. ein Tuaregstamm im libyschen Dardj, auf unter 1000 Köpfe geschätzt.

Imazighen (ETH)
II. Sg. Amazigh; (be=) »freie Menschen«; Selbstbez. der Berber, s.d.

Imėnan (ETH)
II. (=fr); Stamm der Kel Ajjer-Tuareg im W des Tassili n'Ajjer.

Imerelier (ETH)
I. Imerier; Eigenbez. Imereli; Imerelincy (=rs).
II. autochthoner Kaukasusstamm mit abweichender westgeorgischer Mundart Imerisch im fruchtbaren Bergland Imerien/Imeretien. Vgl. Georgier.

Imghad (SOZ)
I. Imrad, Umghad »Vasallen«; Sg. Amrid; pejorativer Ausdruck der Ihaggaren i.S. von »Ziegenleute«. Eigenbez. Kel Ulli, auch Daga oder Dara.
II. Vasallen, verbreitete Sozialschicht in der w. Sahara, insbes. bei Tuareg. Häufig berberider oder öfters sudanider Einschlag, dann dunkle Hautfarbe, untersetzte Statur; sind ethnogenetisch wohl aus dunkelhäutiger Vorbev. von Kleinviehhaltern (mit Ziegen) entstanden. I. durften früher eigene Sklaven halten, arbeiten heute für die Imuschag (s.d.) oder auch selbständig als Hirten, Händler, Karawanenführer.

Immigranten (SOZ)
I. aus immigrans, immigrare (lat=) »einwandern«; Immigrierte; immigrées (=fr).
II. 1.) Einwanderer (aus dem Ausland); 2.) i.e.S. Flüchtlinge/Zwangsmigranten, die aus polit., religiösen oder ethischen Gründen eingewandert sind. Vgl. Gegensatz Emigranten.

Imochar (SOZ)
I. Ihaggaren.
II. Adelsschicht der Tuareg.

Imtuggen (ETH)
I. Mtuga.
II. ein Stamm im Berbervolk der Schlöch in S-Marokko.

Imuschag (ETH)
I. Imuhag, Imoshag; Imuschagh, Imulagh; Eigenbez. der unvermischten Tuareg: der »edlen«, »echten« Tuareg; I. sind zumeist schlank und groß, haben hellbrünette Hautfarbe, schmale Nase. I. gehen selten Vermischung mit Negern ein.

Inanlu (ETH)
II. kleines Turkvolk im ö. Zagrosgebirge/Iran.

Indentured servants (SOZ)
II. (=en); europäische Auswanderer im 17./18. Jh., die mittels Dienstvertrag mit einem Agenten oder Schiffseigner die Reisekosten durch temporären Verkauf ihrer Arbeitskraft abgalten. Sie wurden in den Kolonien auf Versteigerungen einem Dienstherren zugeteilt, der eine Art Vormundschaft ausübte; bis zum Ablauf des Vertrages besaßen sie weder Freizügigkeit noch Wahlrecht. Vgl. Kontraktarbeiter aus Süd- und Ostasien im indisch-pazifischen Raum; Redemtioner.

Independenten (REL)
I. Independants (=en), (lat=) »Unabhängige«; nachmalig Kongregationalisten.
II. aus den Brownisten im 16. Jh. hervorgegangene Partei der Dissenters. In der anglikanischen Staatskirche wegen ihrer Forderung nach unabhängigen Einzelgemeinden verfolgt, Flucht ins niederländische Exil, wo sie 1609 die Leidener I.-Gemeinde gründeten. Von dort aus 1620 Auswanderung nach N.-Amerika. Zählen 1985 ca. 4 Mio. Mitglieder. Vgl. Pilgerväter, Kongregationalisten.

Inder (ETH)
I. alte Ableitung aus Flußnamen Indus: Sindhu (ssk=) »Strom«, Hindus (=pe) in Alexander-Zeit, Übernahme dieser Bez. auf India intra und extra Gangem, dann auf Hindustan und später auf ganz Vorder- und Hinterindien, d.h. »Ostindien«, bezogen. Als Gegenbegriff hierzu entstand aus der Verwechslung der neuentdeckten amerikanischen Gestade mit Indien erst im 15. Jh. der Terminus »Westindien«. Indians, Asiatic Indians (=en); Indiens (=fr); hindús, indíos (=sp); Indios (=pt); indiani (=it).
II. 1.) Altbez. wie Inder in Deutschland für »Ostindier«; 2.) historisch für die Bewohner »Britisch Indiens« (bis 1947). 3.) bis heute umgangsspr. Sammelbez. für Bew. Vorderindiens als Kulturerdteil, d.h. für Bew. von Pakistan, Indien, Bangladesch und Sri Lanka. 4.) aktuell für die StA. der Indischen Union. Vgl. Indide, Indo-Arier, Hindus. Vgl. auch Indianide, Indianer.

Inder (NAT)
II. StA. der Rep. Indien, wobei Statistik meist die indisch besetzten Teile von Kaschmir einschließt. Große Kontingente (über 7 Mio.) leben im Ausland (in SE-Asien, in Karibik und als Zeitarbeiter in Golfstaaten). Vgl. Assamesen, Bengalen, Ladakhi, Malabaresen, Nikobarer, Tamilen; Drawida; Kuli(s).

Indianer (BIO)
I. alte ugs. Bez. Rothäute/Rote, s.d.; in Lateinamerika indios (=sp, pt), in Nordamerika American Indians, Red Indians (=en); indiens (=fr); indiani (=it).

Indianer (ETH)
I. Altbez. in Deutschland (bis 19. Jh.) Indier; Native Americans, American Indians, Red Indians, Red Men, Red Skins (=en); Indiens (de peau-rouge) (=fr); indiani (=it); indios (=sp, pt).
II. Sammelbez. für die Urbev. Amerikas mit Ausnahme der Eskimos. I. bilden anthropologisch einen als Indianide bezeichneten Sonderkreis der Mongoliden, der jedoch keineswegs einheitlich ausgebildet ist, vielmehr bestimmt aus Alter von Einwanderung und Ausbreitung sowie Anpassung an physische Umweltbedingungen beachtlich differiert; vgl. Indianide und deren Subrassen. Einwanderung der I. erfolgte in mehreren Schüben über die heutige Beringstraße aus NE-Asien vor rd. 20 000–10 000 Jahren, gesteuert durch die jeweiligen Eisverhältnisse im Wisconsin-Glazial. Jüngste Erkenntnisse (1996) der Genforschung (Mutation im Y-Chromosom) sprechen hingegen für eher frühere und vor allem geschlossene Zuwanderung. Einwanderer hatten eine steinzeitliche Kultur, waren Wildbeuter. Lebensweise als Jäger und Sammler hat sich über Jahrtausende, in Rückzugsgebieten bis heute, erhalten. Mehrheitlich aber gingen I. zum Pflanzenbau über, der wohl seit 5. Jtsd.v.Chr. entwickelt wurde (Zea-Mais, Quinoa/Inkakorn, Kartoffeln). Erst Anbau ermöglichte gewisse Bev.verdichtung, Ausbildung früher Zivilisation und ausgesprochener Hochkulturen in Mittelamerika und im Andenraum, ansonsten waren weite Teile des Doppelkontinents fast menschenleer. Weite und Leere des Raumes ließen fast ungehindert Fernwanderungen zu, sind aber auch Ursache für die enormen Unterschiede anthropol., ethnischer und kultureller (sprachlicher) Entwicklung.

Vor Ankunft europäischer Entdecker und Kolonisten dürfte der Umfang der indianischen Bev. etwa 15–25 Mio. betragen haben, höhere Schätzungen auf bis zu 80 Mio. dürften übertrieben sein. Gleichwohl war der dann folgende demographische Einbruch dramatisch. In Nordamerika, auf den Antillen, in Ostbrasilien und im s. Südamerika wurden I. ausgerottet, durch eingeschleppte Krankheiten dezimiert und vielfach in Reservate verwiesen, als Arbeitskräfte allerdings durch Negersklaven ersetzt. In anderen Teilen wurden sie in Rand- und Rückzugsgebiete abgedrängt, durchwegs aber in eine Mischlingsbev. eingeschmolzen. Von den geschätzten 2–9,8 Mio. (J.H. BODLEY) fiel ein Großteil der weißen Pioniergeschichte zum Opfer. Ihr Anteil an der Gesamtbev. beträgt in den heutigen USA nur mehr 0,5 %. In Mexiko überlebten von geschätzten 25 Mio. am Vorabend der Conquista bis zum Jahre 1600 lediglich 1 Mio. In der Karibik erlagen insgesamt ca. 12 Mio. der Eroberung (J. CAREW), in Brasilien mind. 4,8 Mio. Reine Indianerpopulationen überdauerten nur im Amazonasbecken, im mittelamerikanischen (Mexiko) und in andinen Hochlagen; trotz der genannten immensen Bev.verluste ist ihre Größenordnung auf heute 50–70 Mio. zu bemessen. Die Untergliederung der I. erfolgt herkömmlich nach Nationen und Stämmen (s.d.), die aber seit den Zwangsumsetzungen in gemeinsame Reservate, gegenseitige indianische Verbindungen, aber auch breite Mischung mit Europiden, Negriden und sogar Mongoliden heute längst nicht mehr homogene ethnologische Einheiten darstellen. Daher auch der Begriff »Indianische Gemeinschaften« und Bands (s.d.). Vgl. Nord-, Meso-, Süd- und Zentralamerikanische Indianer; Indianide, Mestizen.

Indianer, brasilianische (ETH)
I. indios do Brasil (=pt).
II. 1991 ca. 230000–320000 reine I. von ursprünglich etwa 5 Mio. Ureinwohnern, die man mindestens 120–200 ethnischen Einheiten zurechnet. Ihnen sind etwa 520 Reservationen mit 900000 km² zugeschrieben, deren Rechtsstatus indes sehr prekär ist. Die brasilianischen Indianer sind auch heute noch stark gefährdet; ihre Lebenserwartung (im Durchschnitt 43 Jahre) ist bei manchen Stämmen (z.B. Marubos) auf unter 24 J. abgefallen. Vgl. u.a. Yanomami, Tikuna, Guajajara.

Indianerstämme in USA (ETH)
II. wie der Begriff »Stamm« (s.d.) werden auch I. unterschiedlich definiert: offiziell-administrativ oder wissenschaftlich, zuweilen auch nach den selbstbestimmten Kriterien indianischer Gemeinschaften. Schließlich werten Außenstehende die geschlossene Bev. einer Reservation als Stamm. Auch die Namengebung (durch Weiße!) geschah im Laufe der Kolonisationsgeschichte unterschiedlich. Im Zuge der Umsiedlungs- und Reservationspolitik wurden alte Verbände entweder zerschlagen und auf verschiedene Reservationen verteilt oder man siedelte mehrere Stämme zusammen in einer Reservation an. Auch solche künstlich geschaffenen Gruppierungen gelten dem Bureau of Indian Affairs im politischen Sinne als Stämme (K. FRANTZ). Eine eigene Behörde »Branch of Federal Acknowledgement« (BFA) prüft heute die Anerkennung weiterer Gemeinschaften als Stamm. Demgemäß entsprechen moderne Bezeichnungen kaum mehr der überkommenen historischen Stammesgliederung für die »First Americans«. Heutige Stämme sind selten genug noch homogene ethnische Einheiten. Entstandene Heterogenität geht auch darauf zurück, daß Indianer ihre Ehepartner oft aus fremden Stämmen wählen. Z.Zt. der Entdeckung Amerikas gab es etwa 200 Stämme, seither ist mindestens ein Viertel durch eingeschleppte Krankheiten und Kampfhandlungen untergegangen (E. SPICER). Heute gibt es 291 von der Regierung anerkannte Stämme bzw. Indianergemeinschaften, sie besitzen einen bundesstaatlichen Sonderstatus, der ihnen Zuwendungen in sozialen und wirtschaftlichen Belangen wie auch gewisse Souveränitätsrechte einräumt. Neben diesen werden vom »Bureau of Indian Affairs« weitere 230 nicht anerkannte Stämme oder Indianergemeinschaften mit geschätzten 180000–250000 Mitgliedern registriert. Anthropologen und Historiker lassen hingegen nur etwa 170 Stämme gelten. Vgl. Statusindianer.

Indianide (BIO)
II. aufgrund gewisser Merkmale anthropol. von den Mongoliden abgehobener Sonderkreis, deren Angehörige ausschließlich in den amerikanischen Erdteilen verbreitet sind. Die Untergliederung entspricht dem Umstand, daß die Ureinwanderung der I. von Ostasien her in mehreren, zeitlich unterschiedlichen Wellen erfolgt ist: die von jüngeren Schüben abgedrängten »vormongoliden« Ältesteinwanderer (Lagide und Margide) finden sich heute an der Südspitze Südamerikas und in ö. Reliktzonen S- und N-Amerikas. Patagonide, Brasilide, Andide, Zentralide, Silvide und Pazifide entstammen jüngeren Einwandererschüben. Größte Ähnlichkeit zu den »klassischen« asiatischen Mongoliden weisen die Nachkommen der letzten Besiedlungswelle, die Eskimiden (s.d.) auf. Vgl. Indianer, Native Americans, Rote.

Indide (BIO)
I. race indo-afgane/indo-afghane (=fr); Razza Indiana (=it) nach *BIASUTTI*; Irano-afghanische Rasse.
II. äußerste ö. Unterrasse der Europiden in deren Südzone. Merkmalstypik: mittel- bis hochwüchsig, schlank bis grazil, bei w. Geschlecht mit Tendenz zu Fülligkeit. Starker Sexualdimorphismus in Größe und Körperproportionen und noch stärkere soziale Differenzierung in weiteren Merkmalen von höheren zu niederen Kasten in Indien. Kopfform langschmal, Gesichtsform hoch-oval mit steiler, häufig gewölbter Stirn; Nase (im N und bei höheren Kasten) schmal; mandelförmige Lidspalte; Lippen schmal-voll (im S und bei niederen Kasten). Kopfhaar reichlich und lang, schlicht bis wellig, schwarzbraun. Hautfarbe von hell- bis dunkelbraun im Übergang von N nach S bzw. von höheren zu niederen Kasten. Mögliche Untergliederung in Nordindide (Pandschab, Kaschmir, Hindukusch, auch bei Sikhs); Grazilindide (Ganges- und s. Indus-Tal, zentrales Hochland, s. und ö. Küsten, Ceylon), Ausläufer bis Hinterindien, Myanmar/Birma und sogar Thailand, vor allem in soz. Oberschicht; Indobrachide (NW-Vorderindien und Bengalen).

Indien (TERR)
A. Republik Indien. Aus Britisch-Indien durch Teilung entstanden, unabh. seit 15.8.1947. Bharat. (Republic of) India (=en); (la République de l') Inde (=fr); (la República de la India (=sp).
Ew. Brit. Indien (Kaschmir nicht unberücksichtigt):
1921: 305,720; 1931: 338,171; 1941: 388,988;
1951: 432,578; 1961: 532,955;
Ew. Indien (ab 1949): 1920: 249,539; 1925: 263,431; 1930: 277,324; 1935: 296,389; 1940:

316,249; 1945: 332,366; 1951: 356,891; 1955: 389,668; 1961: 439,235; 1965: 482,706; 1970: 539,075; 1975: 600,763; 1980: 675,000; 1985: 750,859; 1996: 945,121, BD: 288 Ew./km²; WR 1990–96: 1,8 %; UZ 1996: 27 %; AQ: 48 %

Indien-Tamilen (ETH)
I. Indian Tamils, Candy-Tamils (=en).
II. der unglücklich gewählte Terminus meint die durch die britische Kolonialmacht Mitte des 19. Jh. als Plantagenarbeiter nach Ceylon geholten Tamilen, die im zentralen Bergland von Kandy wohnen, nicht etwa die T. in Indien. Sie stellen 5,5 % der srilankischen Gesamtbev. Vgl. Ceylon- od. Jaffna-Tamilen.

Indier (ETH)
II. deutsche Altbez. (bis in das 19. Jh.) 1.) für Bewohner von »Ostindien«, 2.) für Indianer Amerikas.

Indigenate (SOZ)
I. aus indigena (lat=) »eingeboren«, »einheimisch«; indigeni (=it); indigènes (=fr); indigenas (=pt, sp).
II. Altbez. für Staatsangehörige, Heimatberechtigte. Im heutigen Gebrauch hpts. in Lateinamerika Bez. für eingeborene Indios.

Indigene (WISS)
I. s. Autochthone.

Indinos (SOZ)
I. (=sp); kleine Strolche, Herumtreiber, Tagediebe. Vgl. Straßenkinder.

Indios (ETH)
I. (sp, pt) Bez. für die Indianer Lateinamerikas. Im Sprachgebrauch und in der Statistik wird dieser Begriff allerdings kulturell definiert: Indianer und zuweilen auch Indianermischlinge gelten nur dann als I., wenn sie in ursprünglichen Verhältnissen leben, gebildete Indianer werden hingegen oft zu den Weißen (Kreolen) gezählt. In Brasilien z.B. sollen (1994) rd. 300 000 Indios, aber rd. 16 Mio. Mestizen leben. Vgl. American Indians (=en) N-Amerikas; Indios bravos, I. de Paz, I. mansos, I. reducidos, I. salvajes (=sp).

Indíos (NAT)
(=sp, pt) s. Inder; vgl. aber Indios in der Bedeutung von Indianern.

Indios (SOZ)
II. div. Mischlingsbez., s.d.

Indios azules (BIO)
I. (sp=) »blaue Indianer«.
II. volkstümlich Mischlingsbez. in Dominikanischer Rep. für Abkömmlinge aus Mulatten und Negern.

Indios bravos (SOZ)
I. (=sp); indios salvajes.
II. natürlich lebende Indianer, die das Christentum nicht angenommen haben.

Indios chinos (ETH)
I. (=sp); Hinterindier.

Indios cinelas (BIO)
II. (=sp.); ugs. Mischlingsbez. in Dominikanischer Rep. für Abkömmlinge von Weißen mit Mulatten. Indio gilt in Lateinamerika mehrfach als offizielle Hautfarbe-Bez. z.B.auf Ausweispapieren für Mulatten und sogar Schwarze (u.a. in Dominikanischer Rep.).

Indios claros (BIO)
I. indios lavados; (sp=) »helle, gewaschene Indianer«.
II. ugs. Mischlingsbez. in Dominikanischer Rep. und Mexiko für Abkömmlinge von Weißen mit Indio cinela.

Indios de paz (SOZ)
II. (=sp); friedliche Indianer.

Indios mansos (SOZ)
II. (=sp); christianisierte Indianer.

Indios mecos (SOZ)
II. (=sp); gefangene Indianer.

Indios reducidos (SOZ)
II. (=sp); christliche Indianer, die in Missionsstationen wohnen.

Indisch (SPR)
Vgl. Hindi, die Nationalspr. in der Indischen Union. Altindische Spr.stufen: Vedisch (seit 2. Jtsd. v.Chr.) und Sanskrit (s.d.); vgl. Indisch-schriftige; Hindus.

Indische Schrift-Gemeinschaften (SCHR)
II. dem indischen Kulturkreis entspricht keine einheitliche Schr.gem., vielmehr teilen sich in den 14 Amtsspr. 19 offiziell anerkannte Schriftsysteme. Ausgehend von der Brahmi-Schrift hat sich eine n. und eine s. Schriftengruppe ausgebildet. Der Nordgruppe, vor allem bei den indoarischen Sprgem. verbreitet, gehören über das Zwischenglied der Gupta-Schrift, abgesehen von der Tibetischen Schrift, einerseits die Devanagari-, Modi-, Jain-/Nagari-, Gujarati- und Khaiti-Schrift, andererseits die Newari-, Maithli-, Assamesische-, Bengali-, Oriya- und Siddham-Schrift zu, ferner bei erloschener Entwicklung das Gurmukhi. Zur Südgruppe, vorwiegend bei der Dravida-Spr. verbreitet, zählen Telugu-, Kannada-, Tamil-, Malayalam-, Grantha- und die Singhalesische Schrift. Diese 19 Schriften werden von 800–900 Mio. benutzt.

Indoarier (ETH)
I. Indo-Arier.
II. Begriff meint die indischen Arier im eigentlichen ethnologischen Sinn, s.d. In älteren Arbeiten steht Begriff für Hindu und ferner Brahmanen (s.d.). Vgl. auch sog. Mitanni-Arier oder Hurriter. S. Arier.

Indoarier (SPR)
II. Träger der Sprgem., die von den Ariern in Vorderindien hergeleitet werden. S. Arier.

Indochina, Indochinesische Union (TERR)
C. Altbez. im französischen Kolonialreich für 1887 erfolgten Zusammenschluß der Protektorate Cochinchina, Annam, Tongking (Süd-, Zentral- und Nordvietnam) und Kambodscha, seit 1893 auch mit Laos; 1945 Indochinesische Föderation. Vgl. Vietnam.
Ew. 1931: 1,206 Z

Indochinesen (ETH)
I. Indochinois (=fr).
II. 1.) ethnologische Sammelbez. für die Völker Hinterindiens einschl. der nicht-indoarischen Bev.gruppen Assams im NW und die nicht-chinesischen Einheiten Südwest- und Südchinas im NE. 2.) Name für den unter französischer Kolonialherrschaft im 19. Jh. geschaffenen politischen Bund ethnisch heterogener, z.T. sogar miteinander verfeindeter Völker Hinterindiens: Tongkinesen, Annamesen (Vietnamesen), Laoten, Kambodschaner und Kotschinchinesen, der 1954 zerbrach.

Indoeuropäer (BIO)
II. Bez. in Indonesien für Mischlingsbev. aus Europäern mit Malaien.

Indoeuropäer (SPR)
I. Indogermanische Sprgem.
II. außerhalb des deutschen Sprachraumes wird Terminus synonym zu Indogermanen (s.d.) genutzt.

Indofidschianer (ETH)
II. indischstämmige Teilbev. von rd. 350000 = 43,5 % (1995) im pazifischen Inselstaat Fidschi. Es handelt sich um die Nachkommen indischer Einwanderer, die im 19. Jh. von den Briten im Zuge der Kuli-Wanderung als Zuckerrohrschneider ins Land geholt wurden. Zwar dauerte Dominanz der eingeborenen Stammesräte fort, und es blieb den I. jeglicher Bodenbesitz untersagt; gleichwohl gefährdete ihre anwachsende Zahl die bisherigen politischen Machtverhältnisse. Unter den 1987–90 herrschenden Verfassungsverhältnissen zogen viele I. ihre Fluchtabwanderung jener apartheid-ähnlichen Benachteiligung vor, was zu einer Krise im Gesundheits- und Erziehungswesen geführt hat.

Indogermanen (ETH)
I. Indoeuropäer, s.d.
II. aus der Sprachverwandtschaft des Altindischen (Sanskrit), Persischen, Altgriechischen, Lateinischen, Germanischen und Slavischen abgeleitete Völkergruppe, benannt nach ihren ö. und w. Vertretern. Die sich aus ihnen entwickelten Sprachen werden als indogermanischer bzw. indoeuropäischer Spr.stamm zusammengefaßt.

Indogermanische Sprachen (SPR)
II. Angeh. des eurasiatischen Spr.stammes. Zu ihm zählen von W nach E: 1.) die keltischen Spr., 2.) die germanischen Spr., 3.) die romanischen Spr., 4.) die baltischen Spr., 5.) die slawischen Spr., 6.) das Illyrische, 7.) das Thrakische und Dakische, 8.) das Albanische, 9.) die griechische Spr., 10.) die Phrygische in Zentralanatolien, 11.) die hethitisch-luwischen Spr., 12.) das Armenische, 13.) die iranischen Spr. im ö. Orient, 14.) das Tocharische (im 7./8. Jh. in Ostturkistan), 15.) die indoarischen Spr. in Indien. Allein in Europa > 677 Mio. Sprecher.

Indoguayaner (ETH)
II. Nachkommen der indischen Kontraktarbeiter, die nach der Sklavenbefreiung von 1834 nach Guayana gebracht wurden und geblieben sind. Sie stellen heute das Gros der Landbev. und mit 51 % die Bev.mehrheit in diesem »Land der sechs Rassen«.

Indo-Iranische Sprachen (SPR)
II. Sammelbez. für Spr.zweig mit ca. 100 Sprgem. der Indischen (u.a. Lahnda, Sindhi, Gudscherati, Marathi, Radschasthani; Pandschabi, Hindi mit Hindustani und Urdu; Bengali, Assami und Orija; Singhalesisch) und Iranischen Sprachfamilie (u.a. Persisch, Kurdisch; Paschtu, Belutschisch).

Indomauritier (ETH)
II. Nachkommen indischer Kontraktarbeiter, die von den Briten ab 1833 zum Einsatz in den Zuckerrohrplantagen auf die Insel Mauritius geholt wurden. Sie machen heute 69 % der Gesamtbev. von 1,1 Mio. aus. I. bilden für sich eine pluralistische Gesellschaft, sprechen Hindi, Guayarati, Tamul und andere indische Spr. Als Hindus und Christen sind sie vorwiegend Landarbeiter, als Muslime Händler.

Indo-mediterane Rasse (BIO)
II. Bez. bei *LEVIN/ROGINSKIJ* (1963) für Orientalide und Indide im Sinn von *v. EICKSTEDT*.

Indo-Melanide (BIO)
II. Terminus nach *v. EICKSTEDT* für das hypothetische Bindeglied der »Schwarzinder« zwischen West- und Ostnegriden.

Indonesien (TERR)
A. Republik. Vormals Niederländisch-Indien, unabh. seit 1945/1949. Republik Indonesia. (The Republic of) Indonesia (=en); (la République d') Indonésie (=fr); (la República de) Indonesia (=sp, pt); (la Repubblica de) Indonesia (=it). Vgl. Ost-Timor, West-Irian; Niederländisch Indien.
Ew. 1920: 53,237; 1925: 56,371; 1930: 60,727; 1935: 65,420; 1940: 70,476; 1950: 75,449, 1955: 82,791; 1960: 92,701; 1965:105,070; 1970:119,467; 1975:103,230; 1980:147,500; 1985:164,500 S; 1996:197,055, BD: 104 Ew./km^2; WR 1990–96: 1,7 %; UZ 1996: 36 %; AQ: 16 %

Indonesier (ETH)
I. Indonesians (=en); Indonésiens (=fr); indonesios (=sp).
II. 1.) StA. der Rep. Indonesien. Vgl. u.a. Malaien, Javanen; 2.) völkerkundlich die autochthone Bev. der Inselwelt SE-Asiens zwischen der Halbinsel Malakka und Neuguinea sowie Teilbev. auf bestimmten weiteren Inseln zwischen Formosa und Madagaskar. Insgesamt rd. 6000 permanent besiedelte Inseln. Außerordentlich starke Unterschiede der Bev.dichte von 12–700 Ew./km², sollen durch Transmigration ausgeglichen werden. I. gliedern sich in eine Vielzahl ethnischer Gruppen, sowohl von Millionenvölkern (Malaien, Javaner, Tagalen) als auch kleinen Stammeseinheiten. Ihre Zahl wird auf 150 bis weit über 300 geschätzt. I. gehören der mongoliden Rasse an.

Indonesier (NAT)
II. StA. der Rep. Indonesien, eines Inselstaates mit 14000 Inseln. Viertgrößte Nation der Welt und die größte muslimische. Indonesien weist starke Ausländerkontingente von Indern, Pakistanern und insbesondere von Chinesen auf; von 4–6 Mio. Chinesen besitzen mind. 1,6 Mio. die indonesische Staatsbürgerschaft, mind. 1 Mio. ist staatenlos. Vgl. rd. 300 ethnische Einheiten, insbesondere Malaien, Javanen, Sundanesen, Ambonesen, Balinesen, Maduresen u.a. Erlitten im Befreiungskampf 1945–1949 Verluste von ca. 250000.

Indos (BIO)
I. Indo-Europäer.
II. Mischlinge aus Niederländern mit einheimischen Frauen im ehemaligen Holländisch-Ostindien/Indien.

Indus-Schrift (SCHR)
II. wohl ein archaisches Sanskrit einer Proto-Hindu-Rel.; erste Entzifferung durch *K. SCHILDMANN*.

Industriearbeiter (WISS)
II. überholter Begriff aus Zeit der frühen Industrialisierung, soviel wie ungelernte Arbeiter bedeutend. Nicht syn. mit Hilfsarbeiter oder angelernter Arbeiter. Im heutigen Sinne entspricht I. dem gelernten Facharbeiter.

Ineden (SOZ)
I. bei Tuareg, Sg. Ened, auch Enaden; bei den Bâle: Mai, Sg. Bai; bei den Daza: Aza, Sg. Eze; bei den Tubu: Dudi; in Westsahara: Gar(g)asa und (ar=)haddad.
II. als »Schmiede« umschriebene Handwerkerschicht oder »-kaste«, die in Gemeinschaft mit vielen Ethnien in der Sahara oder dem Sahel lebt; ambivalente soziale Stellung; bewundert und gefürchtet; häufig negroid gefärbt, meist in Zwangsendogamie. Reste alter Eigenspr.

Ineslemen (SOZ)
I. Inislimin (=ar); Sg. Aneslem; Echchikhen (im Aïr); »Marabuts«.
II. nach der Islamisierung entstandene soziale Schicht der »Marabuts« zwischen Edlen und Vasallen bei den Tuareg, nur z.T. erblich privilegiert.

Informales (SOZ)
I. (=sp); »Unzuverlässige«.
II. illegale Gewerbetreibende; (Straßen-)Händler, die sich jedem staatlichen Reglement entziehen.

Informelle Gruppen (WISS)
I. bei negativem Einfluß: Cliquen.
II. spontan entstandene, unorganisierte Gruppen mit gleichen Interessen, z.B. informelle Straßenhändler (die keinen Formalitäten entsprechen). Zugehörigkeit zu einer i. G. erhöht das Selbstbewußtsein, es werden eigene Verhaltensstile entwickelt.

Ingern (ETH)
II. altes ostseefinnisches Volk im historischen Ingermanland; seit 1617 unter schwedischer, seit 1721 unter russischer Herrschaft. Ihre Nachkommen wurden zusammen mit den im 17. Jh. zugewanderten Finnen im 20. Jh. wachsender Russifizierung unterworfen, Teilgruppen wurden 1930/31 nach Russisch-Fernost deportiert. Andere flohen 1941 oder wurden 1943/44 durch die deutsche Wehrmacht nach Finnland umgesiedelt, 1944 zwangsweise in UdSSR rückgesiedelt (60000) und entgegen Zusicherungen dort zerstreut, durften erst unter Nachfolgern Stalins in ihre Heimat zurückkehren. Galten als Sowjetbürger finnischer Nationalität. 1990 ca. 70000. Seither wachsende Tendenz zur Auswanderung nach Finnland, das sie -wie Karelier- mit Vorrang als Heimkehrer aufnimmt.

Ingiloi (ETH)
I. Eigenname Ingilij, Engiloi, Ingiloj; Ingilojcy (=rs).
II. im 17. Jh. islamisierte Georgier.

Ingrisch (SPR)
I. Ischorisch-spr.
II. kleine erlöschende Gemeinschaft dieser ostseefinnischen Spr. im Raum St. Petersburg/Rußland; 1991 nach *H. HAARMANN* gerade noch 300 Sprecher.

Inguschen (ETH)
I. Eigenname Galga, Galgai; Inguschi (=rs); Ingushs (=en); Ingusen.
II. Volk in Dagestan/N-Kaukasus, schon ab 1810 unter russischer Kontrolle. Nach mehreren Zwischenlösungen (1921 Gorskaja ASSR, 1924 Inguschitisches Autonomes Gebiet, 1934 zusammen mit eng verwandten Tschetschenen eigene ASSR. Wegen angeblicher Kollaboration mit deutscher Wehrmacht erfolgte 1944 Deportation der I. nach Zentralasien; Rehabilitation und Rückkehr 1956/1957, sehr zum Mißfallen der Osseten, die das alte inguschische Siedlungsgebiet okkupiert hatten. Verlust des Bezirks Pregorod/Prigorodny an die Autonome Republik der Tschetschenen und Inguschen. Nach Zerfall der UdSSR erklärten Tschetschenen, nicht aber Ingu-

schen ihre Unabhängigkeit von Rußland und riefen ihre eigene Republik aus. Seit 1992 bürgerkriegsmäßige Konflikte um die Region Progorodni. Zerwürfnisse erzwingen politische Trennung von Tschetschenen (s.d.) und Inguschen, 60000 Flüchtlinge, über 40000 verblieben in Tschetschenien. Historisch sind I. mit den Tschetschenen durch gleiche Spr., das sog. Vaynakh, verbunden. I. wurden sehr spät, Ende 19. Jh., islamisiert, sind Sunniten. Insgesamt in ehem. Sowjetunion 186000 (1979), 1990 bereits 237000. Auch Sammelbez. für verschiedene Lokalgruppen.

Inguschetien (TERR)
B. Seit 1992/94 für autonom erklärte Republik in Rußland (im Nordkaukasus). Entstanden 1934, als ASSR 1936 durch Vereinigung der Autonomen Gebiete von Tschetschenien und Inguschen; I. war 1944–1957 aufgelöst. Ingush Republic, Ingushetia (=en). Vgl. Inguschen, Tschetschenen.

Ew. 1992: 0,300, BD 83 Ew./km²

Ingwäonen (ETH)
I. Ingäwonen.
II. Kultverband westgermanischer Stämme an der Nordseeküste, aus denen Sachsen, Friesen und Chauken hervorgegangen sind. Vgl. Angelsachsen.

Initianden (WISS)
I. aus initium (lat=) »Anfang, Beginn, Eintritt«.
II. Personen (meist m. Jugendliche), die sich einer Initiation, einem Übergangsritus/(fr=) »Rite de passage« unterziehen. Derartige Initiationen sind vor allem bei »Naturvölkern« üblich, vorgesehen bei der Aufnahme in bestimmte Bünde, beim Übergang in eine höhere Altersgruppe, in eine (neue) soziale Einheit, insbes. beim Eintritt in das Erwachsenenleben oder auch bei der Einweihung in bestimmte Kultgeheimnisse. Mit Initiation sind regelhaft Mut- und Verläßlichkeitsproben verbunden. Integration in neuen Status wird kenntlich durch Beschneidung, Tatauierung, neue Kleidung, Haartracht usw., sie fällt zumeist mit der physiologischen Pubertät der Initiierten zusammen. Wer solche Rituale vollzogen hat, zählt zu den Initiierten.

Inka (ETH)
I. Incas (=en,fr); incas (=sp,pt); inca (=it).
II. ursprüngl. Name eines kleinen Indianerstammes aus der Ketschua-Spr.familie im Hochtal von Cuzco/Peru; i.e.S. die aus ihm hervorgegangene Adelsschicht und Dynastie des Inka-Reiches, das vom 15.–16. Jh. den ganzen Zentralandenraum von Ecuador über Peru und Bolivien bis N-Chile umfaßte. Zahlreiche unterworfene Völker übernahmen die überlegene I.-Kultur (Terrassenbau, Bewässerung, Straßenwesen, Vorratswirtschaft, Bodenverteilung aufgrund statist. Erfassung; hochentwickelte Metallverarbeitung, Weberei, Töpferei).

Inklusen (REL)
I. Reklusen, Klausner.
II. Einsiedler, die sich lebenslänglich zu Askese und Gebet in eine Zelle, Klause einschließen oder einmauern ließen; im Mittelmeerraum besonders im 7.–15. Jh.

Inländer (WISS)
II. Personen, die in ihrem Wohnland StA. sind, im Gegensatz zu Ausländern.

Innere Emigranten (WISS)
I. Bez. vornehmlich für Prominente, Angeh. der Intelligenz (spez. Schriftsteller), die sich vor polit. Bedrückung (in Diktaturen) »ins Schweigen«, in den Untergrund zurückgezogen haben.

Innere Mongolei (TERR)
B. Nei Monggol. Autonomes Gebiet in China. Inner Mongolia (=en).
Ew. 1953: 6,100; 1996: 23,070, BD: 20 Ew./km²;

Inoffizielle Mitarbeiter (WISS)
I. »IM«.
II. amtl. Bez. in ehem. DDR für nebenberufliche, konspirativ arbeitende Zuträger des Staatssicherheitsdienstes. Ihre Zahl erreichte 1986 mit über 112000 registrierten IM ihren Höchststand; da jährlich etwa 10% durch Neuanwerbungen ersetzt wurde, betrug die Gesamtzahl 1950–1989 schätzungsweise 500000, im Fünfjahreszeitraum 1985–1989 allein ca. 260000 Personen (MÜLLER-ENBERGS), davon etwa 10% Frauen und 6% Jugendliche unter 18 J. Zusätzlich gab es geschätzt 10000 HIM (»hauptamtliche IM«) mit Planstelle und vollem Gehalt. Unter Einschluß der Ministeriumsmitarbeiter war jeder fünfzigste DDR-Bewohner Stasi-Mitarbeiter.

Instant Indians (WISS)
II. (=en); Bez. in USA für solche Personen, denen es bei der Aufstellung der indianischen Stammesverzeichnisse gelang, Stammesmitglieder zu werden, ohne indianischer Abstammung zu sein. Zumeist handelt es sich um Weiße, die in ressourcenreichen Reservaten leben. Vgl. Statusindianer.

Instleute (SOZ)
I. Inleute, Inste, Einlieger.
II. agrarsoziale Bez. in Deutschland für ständig beschäftigte, z.T. durch Sachleistungen (Deputatwohnung oder Pachtbefreiung) entlohnte, Landarbeiter auf Gütern. Es handelt sich um Hofzugehörige ohne eigene Wirtschaftsflächen, gelegentlich in einem separatem Gebäude (Inhaus) auf dem Hof lebend. Familienangehörige arbeiteten oft als Scharwerker mit. Vgl. Scharwerksbauern, Deputanten, Gesinde, Hofgänger, Heuerlinge.

Insulare Bevölkerung (WISS)
I. Inselbev., Insulaner; islais (=fr).
II. geogr. Fachterminus für jenen ganz erheblichen Teil der Erdbev., die auf der ozeanischen Inselflur lebt: 1970 rd. 490 Mio. (=12% der damaligen Gesamtbev.) auf über 13 Mio. km² Inselfläche (>7% der Landflächen). Daraus resultiert ganz generell eine er-

staunliche Dichte von 37 Ew./km²; unter Ausschluß von Grönland und dem fast unbewohnten nordkanadischen Archipel sogar von rd. 60 Ew./km². Zahlreiche Inseln weisen außerordentliche Dichten von mehreren hundert (z.B. Bali, Okinava, Java) bis zu über 1000 Ew./km² auf; 42 Staaten liegen sogar ganz auf Inseln. 1981 entfielen allein auf sie fast 455 Mio. Menschen. Entsprechend ihrer topographischen Lage und ökologischen Eignung können Inseln Isolate, Ausbreitungsbrücken oder Verkehrskreuzpunkte abgeben, ihre Bev.struktur variiert demgemäß sowohl physisch- als auch kulturgeogr. weit zwischen reinen Reliktpopulationen, ausgetauschten Fremd- und neuentstandenen Mischbev.

Internierte (WISS)
I. aus internus (lat=) »inwendig«.
II. 1.) nach Völkerrecht in Lagergewahrsam genommene Personen, die als staatsgefährlich gelten, u.a. feindliche Ausländer in Kriegszeiten; in ein neutrales Drittland übergetretene Militärpersonen; z.B. burische Zivilbev. in Südafrika 1901, japanstämmige US-Bürger an der Pazifikküste 1941. 2.) Begriff wird in umstrittener Auslegung nach Fremdenrecht oft auch auf Kriegsgefangene, polit. Häftlinge, isolierte Kranke (in Quarantäne) angewandt.

Intersexuelle (BIO)
I. aus inter (lat=) »zwischen« und sexus »Geschlecht«, Zwischengeschlechtliche, Hermaphroditen, »Zwitter«. Menschen mit gestörter Geschlechtsdifferenzierung, bei denen med. primäre und/oder sekundäre Geschlechtsmerkmale und Charakteristika beiderlei Geschlechts ungleich auftreten. Bei I. ist häufig der Wunsch nach operativer Herstellung von Eingeschlechtlichkeit auftretend. Vgl. Bi-, Transsexuelle; Homo- und Heterosexuelle.

Intocables (SOZ)
I. los i. (sp=) »die Unberührbaren«.
II. in Teilen Lateinamerikas (Argentinien) Bez. für Steuerbeamte.

Inuit (ETH)
I. wie Iuit, Yuit Eigenbez.
I. »Menschen« der Eskimos, s.d.

Invalide (SOZ)
I. aus invalidité (fr=) »Gebrechlichkeit«; Arbeitsunfähige.
II. durch Unfall, Kriegsverletzung, auch Krankheit (i.d.R. nach amtlicher Feststellung) für arbeitsbehindert bzw. -unfähig erklärte Personen. Vgl. Versehrte, Behinderte; Kriegskrüppel.

Inyangas (SOZ)
I. (isizulu=) »Medizinmänner«, »Heiler«.
II. in Südafrika die Heiler mittels der »Muti«-Medizin unter Mobilisierung von Geist und Kräften der Ahnen; darüber hinaus eine Art Priester oder psychologischer Berater für die spirituellen Bedürfnisse der Klienten. Vgl. Sangomas.

Iowa (ETH)
II. Indianervolk in der Sioux-Spr.familie, ursprünglich am Missouri lebend. Geogr. Name: BSt. Iowa/USA.

Ipurina (ETH)
II. Indianerstamm im brasilianischen BSt. Amazonas an Acre, Seruini und Ituxi, mit einer Aruak-Spr. Anzahl > 1000 Individuen. Treiben Anbau, Jagd und Fischerei mit Rindenbooten.

Irak (TERR)
A. Republik. Unabh. seit II.WK. Al Dschumhurija bzw. Al Jumhurya al'Iraquia (=ar). Jumhouriya al 'Iraqia. (Republic of) Iraq (=en); (la République d') Iraq (=fr); (la República del) Irak (sp).
Ew. 1919: 3,000; 1950: 5,198; 1960: 6,885; 1970: 9,440; 1978: 12,327; 1987: 16,335; 1996: 21,366, BD: 49 Ew./km²; WR 1990–96: 36%; UZ 1996: 75%, AQ: 42%

Iraker (NAT)
I. Irakis; Iraqis (=en); irakiens, iraquiens (=fr); iraquieses (=sp, pt); iracheni (=it).
II. StA. der Rep. Irak. Etwa 80% Araber, 15% Kurden, Minderheiten von Turkmenen u.a. Gesicherte Zahlen fehlen, zumal starke Verluste im Krieg gegen Iran und im Golfkrieg. Ausweisung von rd. 250000 »illoyalen« Schiiten, Flucht von über 70000 Kurden nach Iran und Türkei, Isolation der kurdischen Nordgebiete. Beabsichtigte Aussonderung von über 2 Mio. Kurden aus der irakischen Staatsbürgerschaft wurde formell nicht vollzogen. Vgl. Araber, Kurden, Ma'dan.

Iran (TERR)
A. Islamische Republik. Persien (historisch und –1935) Kaiserreich. Dschumhuri-i-Islami-i Irân (=ar); Jomhoori-e-Islami-e-Iran. (The Islamic Republic of) Iran (=en); (la République islamique d'Iran (=fr); (la República Islámica del Irán (=sp).
Ew. um 1850: ca. 6–10 Mio; um 1900: ca. 12 Mio; 1948: 15,802; 1950: 16,276; 1955: 18,325; 1960: 21,520; 1965: 21,520; 1970: 28,662; 1975: 33,019; 1978: 35,213; 1986: 49,445; 1996: 62,509, BD: 38 Ew./km²; WR 1990–96: 2,5%; UZ 1996: 60%, AQ: 48%

Iranarmenier (ETH)
II. armenische Minderheiten in Iran, am Westufer des Urmiasees und in Küstenplätzen des Kaspischen Meeres Mazenderans. Letztere, einst als »Russen« bezeichnet, wurden bereits im 17. Jh. gezielt angesiedelt; sie sind Fischer und Händler.

Iraner (ETH)
I. Iranier (zur Unterscheidung gegen StA. des Iran); Eigenbez. Irani, Farsi; Irancy; Iranians (=en); Iraniens (=fr); iranieses (=sp).
II. große und alte Völkergruppe eines eigenen, so bezeichneten Zweiges der indogermanischen Spr.familie, verbreitet von SW- bis nach Innerasien. Die

iranischen Völker traten schon im Altertum in die Geschichte ein. Unter historisch-geogr. Gesichtspunkten wird man zwischen den alten kulturgeschichtlich bedeutsamen und den entsprechenden Völkern der Gegenwart unterscheiden. Zu den West-Iraniern zählt man u.a. die Meder, Altperser, Parther; zu den Ost-Iraniern u.a. die Soghdier, Baktrier, Alanen; zu den Nord-Iraniern die Skythen und Saken im E mit den Massageten, ferner die Sarmaten im W und die Jüedschi (Saken und Tocharer). Eben diesen Nordiraniern schreibt man die Entwicklung des »Reiternomadismus« zu. Zu den modernen Iraniern gehören Afghanen/Paschthunen, Belutschen, Kurden, Luren, Perser, Osseten, Tadschiken. Ihre Gesamtzahl wird auf über 40 Mio. bemessen, davon über 30 Mio. im Iran selbst leben. Vgl. Iranische Spr.gemeinschaft.

Iraner (NAT)
II. StA. von Iran; sind zu 50% Perser, 20% Aseri/Aserbaidschaner, 10% Luren und Bachtiaren, 8% Kurden, je 2% Araber und Turmenen. Starke Gruppen politischer Flüchtlinge in Westeuropa und (über 1 Mio.) in der Türkei.

Iraniden (BIO)
II. zuweilen benutzter Terminus für eine Körperformgruppe als Übergangstypus von Tauriden (speziell Turaniden), Orientaliden und Nordindiden; auch als direkte Untergruppe der Orientaliden aufgefaßt. Verbreitet in N- und E-Iran, Afghanistan, Pakistan, Kaschmir. Merkmale: hochwüchsig, schlank, lange Extremitäten; Kopfform lang und schmal, markante Gesichtszüge bei geringem Interorbitalabstand. Dichtes schwarzbraunes Körper-, Kopf- und Barthaar. Hautfarbe von hellrötlich über oliv bis braun.

Iranis (REL)
I. Parsen, Parsi. Vgl. Geber, Gabar.

Iranisch (SPR)
II. Sprgem. des (in ältester Form) Avestischen (vgl. Zarathustrier) und des etwas jüngeren Altpersischen (6.–4. Jh. v. Chr.). Aus ihnen hat sich das Neupersische, das Afghanische, Kurdische u.a. entwickelt. Das Iranische bildet mit dem »Indischen« zusammen die Gruppe des Arischen; dieser Terminus war gleichzeitig die Selbstbez. beider Völkergruppen.

Irano-afghanische Rasse (BIO)
II. Altbez. durch COON; race indo-afghane (=fr). Vgl. Indide.

Iraqis (NAT)
(=en) s. Iraker; Irakis.

Iraqw (ETH)
I. Iraku.
II. negride Einheit südkuschitischer Spr. im Hochland von Tansania, in Distrikten Mbulu und Konda. Sind von Umsiedlungsmaßnahmen der Regierung betroffen. Getreidebauern mit Rinderhaltung; kulturell den Bantu-Nachbarn angepaßt, besondere halbunterirdische Behausungen.

Irawellen (SOZ)
II. die ehem. Sklaven der Tuareg, überwiegend Negroide aus dem Sudan- Sahel-Gebiet. Heute leben sie als minderabhängige Hausdiener oder Landarbeiter (Fezzan) bei Tuareg oder Berbern, oder zahlen noch Abgaben an die jeweilige Führungsschicht.

Iregenaten (BIO)
II. Mischlinge in Teilen der w. Sahara.

Iregenaten (ETH)
II. Mischlingspopulation aus Tuaregadel und arabischen Frauen in Teilen der w. Sahara.

Iren (ETH)
I. lat. Altbez. scoti (!); the Irish, Irishmen/Irishwomen (=en); Irlandais/Irlandaises (=fr); irlandeses (=sp, pt); irlandesi (=it).
II. 1.) die Bewohner der Insel Irland. 2.) auf Irland beheimatetes Volk aus dem gälischen Zweig der keltischen Völkergruppe. Nach Einwanderung im 1. Jtsd.v.Chr. mit vorkeltischer Bev. verschmolzen. Im 5. Jh. von W-Britannien aus christianisiert. Ausbildung der »iroschottischen« Mönchskirche (s.d.), die bis auf das europäische Festland ausstrahlte. Seit 1171 englische Eroberung, später blutige Unterwerfung und politische Entrechtung. Verschärfung des Gegensatzes durch Reformation in England. 1641 Aufstand mit Tod und Vertreibung protestantischer Siedler, 1649 Cromwell's Rachefeldzug. I. blieben streng katholisch (1987: 94%). Nach Einziehung des Landbesitzes zugunsten englischer Grundherren Verelendung und Vertreibung. Zusätzliche Not durch Hungerkatastrophe (Kartoffelkrise 1845–47 mit 0,8–1,0 Mio. Toten); Suppenküchen mit Zwang zur Häresie, sinnlose Beschäftigung in Arbeitshäusern. Unter weitgehender Abhängigkeit blieb als Ausweg nur die verstärkte Abwanderung von Arbeitern nach England und ab 1835 Auswanderung nach N-Amerika, allein zwischen 1846–54 ca. 1,79 Mio. (»Schwimmende Särge«), Zwangsversendung von Waisenmädchen nach Australien. Ungeachtet britischer »Home-rule«- Maßnahmen seit ausgehendem 19. Jh. erneute Unabhängigkeitsbestrebungen, die 1921–49 zur Eigenstaatlichkeit von Irland führten, jedoch unter Abtrennung von sechs mehrheitlich protestantischen Grafschaften Ulster's im N, die bei Großbritannien verblieben. Somit sind I. ein »geteiltes Volk«. In Rep. Irland 3,626 Mio. (1996), in Northern Ireland 1,663 Mio. (1996). Als Folge der Auswanderungen großen Umfangs leben heute > 13 Mio. (mit Nachkommen sogar 40 Mio.) Irischstämmige in USA, > 1 Mio. in Kanada. Demzufolge starker Bev.rückgang in Irland selbst, 1851: 6,6 Mio.; 1911: 4,4 Mio.; 1988: 3,5 Mio. Ew. (ohne N-Iren); die Wachstumsrate in Irland beträgt

1990–96: 0,6%. Erste offiz. Amtsspr. (vor Englisch) ist Irisch/Gälisch. Vgl. Iroschotten, N-Iren, Gälische Spr.gem.

Iren (NAT)
II. StA. und Bew. der Rep. Irland. Ab 1609 im Rahmen des Ulster Plantation Plan Ansiedlung von Engländern und Schotten. 1920/21 Abtrennung von 6 mehrheitlich protestantischen Grafschaften. Stärkste Einbußen in Einwohner- und Staatsbürgerschaft durch Auswanderung; rd. 16 Mio. Irischstämmige leben naturalisiert im Ausland, davon 13 Mio. in USA, 1 Mio. in Kanada. Vgl. auch Nordiren.

Irian Jaya, Provinz. (TERR)
B. Provinz, früher Westirian. Von Indonesien besetztes W-Neuguinea. (The Province of) Irian Jaya (=en); (la province d') Irian Jaya (=fr); (la Provincia de) Irian Jaya (=sp).
Ew. 1995: 1,943, BD 5 Ew./km²

Irisch (SPR)
I. Gälen, Goidelen.
II. Träger der auf Irland überdauernden Gälischen Spr.: Ersisch (=dt); Erse, Gaelic (=en).
II. die zum gälischen Zweig der keltischen Spr. gehörige »Erste« Hoheitsspr. (vor Englisch) der Rep. Irland für 3,7 Mio. StA. (1986). Tatsächlich sprechen nur 10000 ausschließlich I., weitere 45000 beherrschen I., 700000 verwenden I. nächst Englisch als Umgangsspr. hpts. in der Gaeltacht. Bis Ende des 16. Jh. war I. alleinige Umgangsspr. in Irland, mit der Schlacht von Kinsale begann 1601 die englische Vorherrschaft und systematische Kolonisierung. I. überdauerte nur als Spr. der verarmten Bauern, bes. seit 1830 in staatlichen Schulen Kindern jeglicher Gebrauch des I. verboten war; 1835 sprach noch die Hälfte, 1851 nur mehr ein Viertel, 1911 gerade noch ein Achtel der Gesamtbev. I. Die Wiederbelebung der irischen Spr. als Symbol nationaler Identität (1919 eigenes Ministerium für die i. Spr., Sprachprüfung für alle Beamten (–1974), eigener Radiosender seit 1972) ist nicht gelungen, wenn auch in Ulster I. als Abgrenzungsmerkmal Bedeutung besitzt. Vgl. Gälisch-spr.

Irische Schriftnutzergemeinschaft (SCHR)
II. eine Minuskelschrift, die auf die Zeit früherer Mission in der Mitte des 1. Jtsd. zurückgeht. Sie erhielt sich zunächst als Symbol der von Rom verschiedenen Auffassung dieser Christengemeinschaft, später aus Tradition und Protest gegen englischen Herrschaftsanspruch. Wurde 1921 Hoheitsschrift des nachmaligen Freistaates Irland, wird jedoch nur von relativ wenigen jener 3,5 Mio. potentiellen Schreiber praktisch genutzt.

Irishmen (NAT)
(=en) s. Iren.

Irland (TERR)
A. Republik. Teilung Irlands 1921 in Dominion Ireland und autonomes Gebiet Ulster; 1949 unabh. Irische Rep. Poblacht Na h'Éireann, Eire; Irish Republic (=en). Ireland (=en); l'Irlande (=fr); Irlanda (=sp, pt, it).
Ew. Irland Gesamt: 1650: 1,100; 1700: 1,500 (Beginn der Auswanderung); 1754: 2,400; 1771: 2,700; 1781: 4,000; 1801: 5,200; 1811: 6,000; 1821: 6,800; 1831: 7,800; 1841: 8,200; 1851: 6,600 (Kartoffelkrise 1845–1847); 1861: 5,800; 1871: 5,412; 1881: 5,175; 1891: 4,705; 1901: 4,459; 1911: 4,390; 1926: 4,229 (1921 Teilung Irlands); 1936: 4,244; 1948: 4,347; 1950: 4,385; 1955: 4,321; 1960: 4,252; 1965: 4,345; 1970: 4,468; 1975: 4,664; 1991: 5,101
Ew. Irische Republik: 1841: 6,529; 1851: 5,112 (Kartoffelkrise 1845–1847); 1861: 4,402; 1871: 4,053; 1881: 3,870; 1891: 3,469; 1901: 3,222; 1911: 3,140; 1926: 2,972 (1921 Teilung Irlands); 1936: 2,968; 1948: 2,985; 1950: 2,969; 1955: 2,921; 1960: 2,832; 1965: 2,876; 1970: 2,944; 1975: 3,127; 1991: 3,523; 1996: 3,626, BD: 52 Ew./km²; WR 1990–96: 0,6%; UZ 1996: 58%, AQ: 0%
Ew. Nordirland: 1841: 1,700; 1851: 1,500 (Kartoffelkrise 1845–1847); 1861:1,400; 1871: 1,359; 1881: 1,305; 1891: 1,236; 1901: 1,237; 1911: 1,250; 1926: 1,257 (1921 Teilung Irlands); 1936: 1,276; 1948: 1,362; 1951: 1,416; 1955: 1,400; 1960: 1,420; 1965: 1,469; 1970: 1,524; 1975: 1,537; 1991: 1,578;

Irmandades (REL)
I. (=pt); igreja negra (Sg.) (pt=) »schwarze Kirche«.
II. Bruderschaften der Neger in Brasilien, in denen die sonst verbotenen synkretistischen Kulte bis heute bewahrt werden. Vgl. hermandades (sp=) »Bruderschaften«.

Irmandates (SOZ)
I. igreja negra (sg.).
II. Bruderschaften der Neger im kolonialen Amerika, in denen die sonst verbotenen synkretistischen Kulte bewahrt wurden.

Irokesen (ETH)
I. (fr=) Iroquois, Hiroquois, Irocois, Yroquois, Yrocois; (ni=) Maquas, Mackwaas, Mahakuase; (en=) Iroquois, Mingos; bei Delawaren: Mengwe; bei Algonkin: Nadowa, Nottoway; bei Virginia-Stämmen: Massawomekes, Massawomacs, Massawomeeks.
II. heute achtgrößte Spr.- und Völkerfamilie der Nordamerikanischen Indianer; in der europäischen Entdeckerzeit im ö. Waldland hpts. an den Großen Seen. Gehören zu den alteingesessenen und Bodenbau treibenden Völkern, wurzeln in der prähistorischen Mound-Kultur, besaßen strikte matrilineare Sozialordnung (Eigentum) und Erbfolge an Haus und Boden; Familienverbände waren innerhalb des Stammes zu matrilinearen Klans und diese zu Stammeshälften mit einer überaus komplizierten Heiratsordnung gegliedert.

Irokesenbund (ETH)
II. zwischen 1559 und 1570 als Konföderation gegründeter Friedensbund von fünf Indianervölkern: Mohawk, Oneida, Onondaga, Seneca und Cayuga; im 18. Jh. um die Tuscarora erweitert (»Sechs Nationen«). Liga besaß sehr differenzierte politische Organisation und entwickelte hochstehendes Sozialsystem. Die Institution des Irokesen-Bundes verhalf zu dominierender Stellung gegenüber Nachbarstämmen und den Kolonialmächten.

Iroschotten (REL)
I. aus lateinisch scoti, im MA geltende Bez. für Iren; daher die Schottenstifte der irischen Mönche.
II. Mitglieder der nach den Scoten so benannten Mönchskirche Irlands im 5.–12. Jh., die, im Unterschied zur römischen Bischofskirche, starke liturgische und hierarchische Eigenprägung entwickelt hat, u.a. Äbte als Leiter von Diözesen und Pfarreien. Strenge asketische Lebensführung der Mönche, daher Irland als »Insel der Heiligen«. Iroschottische Mönche missionierten Schottland und England, durch Columban d. J. Burgund und Oberitalien, durch Gallus den oberdeutschen Raum. Auch Bonifatius und Willibrord waren Träger der iroschottischen Mission. Vgl. Scoten.

Irredenta (SOZ)
I. Italia irredenta (it=) »unerlöstes Italien«; Pl. Irredenten.
II. nationalistische Bewegung in Italien nach 1866/1870 und ihre Anh., die den Anschluß österreichisch-ungarischer Gebiete mit vorwiegend italienischspr. Bev. (Istrien, Triest, Fiume, Görz, Trentino) an Italien forderte. Vgl. Irredentisten.

Irredentisten (WISS)
II. Angeh. einer völkischen Minderheit, die für den polit. Anschluß an ihr Mutterland (Irredenta) eintritt.

Irreligiöse (REL)
I. Unreligiose, religiöse Religionslose.
II. im Gegensatz zu religiösen Personen ohne religiöse Bindung, die ihr Denken und Handeln von keiner göttlichen Macht bestimmt sehen. Vgl. Nichtreligiöse, Areligiöse.

Irulan (ETH)
I. Irular.
II. Sammelbez. für weddide Stämme in den Nilgiri-Bergen, in Kerala und Tamil Nadu/Indien. Einst Sammler und Jäger, heute Brandrodungsbauern.

Irvingianer (REL)
I. katholisch-apostolische Bewegung.
II. Angeh. der von Edward Irving 1833 in England gegr. Katholischen-Apostel-(Frei-)Kirche. I. sind typische Endzeitgemeinschaft; als Parusie nicht eintrat, spalteten sich Teilgruppen als Neuapostolische Kirche ab. Einige Irvingianer-Gemeinden bestehen noch in England, Deutschland und Schweiz.

Isa Musa (ETH)
II. Sub-Clan der Issak in N-Somalia.

Isakkamaren (ETH)
II. Tuareg-Stamm aus dem Hoggar; »Vasallen« der Kel Rhela, der »Herren des Hoggar«. Sie kontrollierten die Karawanenrouten Ghat-In Salah und In Salah-Agadez.

Isanusis (SOZ)
I. Sanussis (bei Zulu).
II. südafrikanische Medizinmänner mit der bes. Fähigkeit, auch Besessenheit zu diagnostizieren und zu kurieren; sie stehen rang- und anerkennungsmäßig über den Sangomas. Heilstätigkeit beider weist eine religiöse Komponente auf, deshalb verstehen sich beide auch als Priester.

Isawa (REL)
I. aissaoua (=fr); nach Begründer Abu Abdallah Mohammed b. Isa.
II. religiöse Bruderschaft, seit 16. Jh. in Marokko (Rabat, Meknes, Marrakesch, Fes), später auch in Tunesien und Algerien. Wegen Aufnahme heidnischer Bräuche von anderen Bruderschaften der Häresie geziehen; hat in jüngster Zeit durch behördliche Verbote an Bedeutung verloren.

Ischan (REL)
(=ir=) »Herrschaften«.
II. Wächter heiliger Stätten im islamischen Afghanistan; es handelt sich häufig um Nachfahren arabischer Beduinen, die hier im 7. Jh. eingedrungen waren. Vgl. Tempeldiener.

Ischkaschimen (ETH)
I. Eigenbez. Schikoschumi; Iskasimcy (=rs).
II. kleine Ethnie im Pamir-Gebirge, im Gorno-Badachschanischen Autonomen Gebiet Tadschikistans; < 1000 Köpfe; haben iranische Eigenspr., sind also Indoeuropäer, jedoch zunehmend an Berg-Tadschiken assimiliert. I. sind Ismailiten.

Ischoren (ETH)
I. Ingrier; Eigenbez. Ingry, Inkeriot, Isurit, Karjalaiset; Ishorcy (=rs); Ingrian Finns (=en).
II. Restpopulation eines Volkes der Ostseefinnen im Raum von St. Petersburg; < 1000 Köpfe. I. sind um 1100 über karelische Landenge nach Süden vorgedrungen, gerieten mit Woten früh unter slawischen Einfluß, wurden von Nowgorod aus christianisiert, fielen im 15. Jh. unter Moskauer Herrschaft; heute russifiziert, sind orthodoxe Christen.

Isekkemaren (BIO)
I. Asekkemar Sg.
II. Mischlinge aus Verbindungen von Arabern mit Tuareg-Frauen aus der Vasallenschicht bei den Kel Ahaggar; im Rang über den eigentlichen »Vasallen« stehend.

Isinai (ETH)
II. jungmalaiisches Volk auf den Philippinen mit einer dem Tagalog verwandten Sprache.

Islam (REL)
I. Anh. sind die Muslime (s.d.).
II. die im 7. Jh. durch Mohammed gestiftete, damit jüngste der monotheistischen Religionen, durch Eroberung und Mission nach Anhängerschaft (1960: etwa 450 Mio., 1990: etwa 935 Mio.) und Verbreitung eine der Weltreligionen. Islam hat absolute Dominanz in allen Ländern des geogr. Orients, darüber hinaus auch hohe Anteile u. a. in Indonesien von 90%, Bangladesch 87%; Malaysia über 50% und Indien > 11%; d. h., daß in SE-Asien gegen 310 Mio., mithin etwa 40% aller Muslime, leben. Auch in Europa erweitert sich die islamische Diaspora derzeit schnell (1994): ca. 4 Mio. in Frankreich, 1 Mio. in Großbritannien, fast 2 Mio. in Deutschland; es sind Gastarbeiter, Einwanderer aus ehemaligen Kolonien, aber auch einige hunderttausend Konvertiten. In USA derzeit rd. 5 Mio. Die erdweite Glaubensgemeinschaft der Muslime (s.d.), die Umma, ist zu gliedern in: 1.) Sunniten (ca. 650–700 Mio); 2.) Schiiten (ca. 126 Mio); 3.) Charidschiten (ca. 2 Mio.), 4.) Dschamaia = die heterodoxen Ghulat-Sekten, s.d. Vgl. Rechtsschulen, Umma.

Islamische Nation (REL)
II. eine ultraradikale faschistoide Sekte in USA, gegr. 1930 durch Wallace D. Fard; hält den Islam für die Urreligion aller schwarzen Amerikaner, Christentum und Judentum werden als »Sklavenreligionen« der Weißen bekämpft.

Islamisten (REL)
I. nationalistische muslimische Fundamentalisten.
II. Anh. islamischer Erneuerungsbewegungen, die das Heil ihrer Gemeinschaft schon im Diesseits zu erlangen suchen, deshalb die Errichtung ihres Gottesstaates auf Erden betreiben, in starker politischer Ausrichtung und notfalls militant sowohl gegen kolonialistische, westliche Fremdeinflüsse als auch gegen korrumpierte verweltlichte Eigenregierungen; betreiben die Einführung der Schari'a als alleingültiges Rechtssystem. Vgl. Modernisten, Traditionalisten/Muqalladún; Mahdisten, Muslimbrüder.

Islamiten (REL)
I. Muslime; Muslimun (=ar); Islamites (=en).

Island (TERR)
A. Republik. Zum Dänischen Reich gehörig, unabh. seit 1944. Lydveldid Island; Lyoveldio Island; Eisland. (Republic of) Iceland (=en); (la République d') Islande (=fr); (la República de) Islandia (=sp, pt); Islanda (=it).
Ew. 1900: 0,079; 1910: 0,085; 1920: 0,095; 1930: 0,109; 1940: 0,121; 1948: 0,137; 1950: 0,143; 1960: 0,176; 1970: 0,204; 1978: 0,224; 1996: 0,270; BD: 2,6 Ew./km^2; WR 1990–96: 1,0%; UZ 1996: 92%, AQ: 0%

Isländer (ETH)
I. Icelanders (=en); Islandais (=fr); islandeses (=sp, pt); islandesi (=it).
II. Bew. bzw. StA. der Inselrepublik Island, in extremer Ungleichverteilung fast ausschließlich an Küsten, bes. im sw. Tiefland und im N wohnhaft. Erstbesiedelung durch norwegische Wikinger im 8. Jh. Spätere Zuwanderung aus Norwegen, Britischen Inseln und auch Dänemark. Christianisierung erfolgte um 1000, um 1550 setzte sich Reformation durch; heute ev.-lutherische Staatskirche. Bei erster VZ 1703: rd. 50 400 Ew., Reduzierung im 18. Jh. durch Seuchen und Hungersnöte auf < 41 000. Dann trotz starker Auswanderung nach Nordamerika starkes Wachstum bei einer geringen Dichte und hoher Lebenserwartung (78 J.). Ihre Eigenspr. ist Islenska/Isländisch; zu über 96% Protestanten. Wirtschaftlich stehen Viehzucht und Fischerei im Vordergrund.

Isle of Man (TERR)
B. Britisches Kronlehnsgut, jedoch nicht Teil von Großbritannien. Ile de Man (=fr).
Ew. 1948: 0,054; 1951: 0,055; 1961: 0,048; 1971: 0,056; 1978: 0,064; 1986: 0,064; 1996: 0,072

Islenska (SPR)
I. Isländisch.
II. (nordgermanische) Hoheitsspr. für (1991) rd. 255 000 Isländer.

Ismaeliten (REL)
I. Ishmaelites (=en).
II. nordarabische Stämme, die Ismael, den Sohn Abrahams, (Bibel Gen. 16) als ihren Stammvater ansehen.

Ismailiten (REL)
I. Isma'ilis (=en); Ismaïliyun (=ar); Sab'íya (arvon sab'a: sieben) »Siebener«, 7er/Siebenerschiiten; Eigenbez. asháb oder ahl al-Haqq (ar=) »Anh. der Wahrheit«; Bateni, Batiniten. Pejorative Bez. unter Sunniten: Molhed »Ketzer« und Tscheragh-Kosch »Lampenlöscher«.
II. Angeh. des 765 begründeten, nach Ismá'íl benannten Zweiges der Schia. Während Altgläubige mit nur sieben Imamen rechnen (reine oder echte I., al Isma'iliya al-halisa), führen andere Gruppen (Mubarakiten) die Reihe der Imame fort. Ihnen gilt der Aga Khan IV. (um 1990) als 49. Imam, der einen weltoffenen Islam lehrt. Verbreitet in Syrien, Iran, Afghanistan, Tadschikistan (s. Badachschani), Nordindien und 20 weiteren Staaten; ca. 16–20 Mio. Anh. Betreiben heute intensive Entwicklungshilfe und Mission in Ostafrika. Aus den Ismailiten sind hervorgegangen die (altgläubigen) Qarmaten/Karmaten, Fatimiden und Drusen, Nizariten und Bohoras. Vgl. auch Hodschas, Assassinen.

Isogame Ehen (WISS)
II. Ehen, deren beide Partner aus derselben sozialen Schicht (z. B. Kaste, Klasse) stammen.

Isolate (WISS)
I. isolates (=en); isolés (=fr); isolati (=it); aislados (=sp); isolados (=pt).
II. 1.) Bev., die unter geogr. Abschließung (etwa durch Meer, Gebirge, Wüsten) und/oder in soziokultureller (eigengewählter oder aufgezwungener) Aussperrung bzw. Sonderung leben. 2.) kleine, relativ geschlossene Heirats- und Fortpflanzungsgemeinschaften, Populationen; sie sind dadurch gekennzeichnet, daß sich ihre Individuen fast ausschließlich innerhalb dieser kleinen Gruppe paaren *(Hans W. JÜRGENS)*. Unvollständige oder Teilisolation ist zufolge zahlreicher Heiratsschranken weit verbreitet, sie fördert und bewahrt die Entwicklung eigenständiger Kultur- und Gesellschaftsverhältnisse. Vollständige, totale, genetische Isolation schafft und prägt echte Populationen. Vgl. Populationen.

Israel (TERR)
A. Staat Israel. Unabh. seit 14. 5. 1948. Medinat Yisrael (=hebr.), Medinat Israel; State of Israel (=en). (L'Etat d') Israël (=fr); (el Estado de) Israel (=sp); o Estado do Israel (=pt); lo Stato di Israele (=it). Vgl. Palästina, Jordanien; Palästinenser.

Ew. Israel: 1948: 0,873; 1949: 1,066; 1950: 1,258; 1955: 1,748; 1960: 2,114; 1965: 2,563; 1970: 2,974; 1975: 3,455; 1978: 3,689; 1989: 4,509; 1996: 5,692, BD: 259 Ew./km^2; WR 1990–96: 3,3 %; UZ 1996: 91 %, AQ: 5 %

Ew. Gaza: 1950: 0,198; 1955: 0,325; 1960: 0,377); 1965: 0,428; 1997: 1,020

Ew. Jerusalem: 1964: 0,217; Ostjerusalem 1986: 0,090; 1997: 0,368

Ew. Zisjordanien (Westjordanland): 1961: 0,805; 1988: 0,866; 1997: 1,650

Israeli(s) (NAT)
I. Israeler; Israeli (=en, dt); israéliens (=fr); israelitas, israelis (=sp, pt); israelita (=it). Nicht Israeliten!
II. StA. von Israel. 82 % Israeliten, 18 % Palästinenser mit israelischer StA. Israelische Staatsbürgerschaft steht religionsbestimmt Juden aus aller Welt offen; hoher Anteil von Doppelbürgern.

Israelische Araber (ETH)
I. eindeutiger wäre Bez. »Araber israelischer Staatsangehörigkeit«; mißverständlich sind auch Termini »Palästinenser in Israel«, »nichtjüdische Bewohner Israels im Gebietsstand von 1948/49 und ihre Nachkommen«.
II. I. A. besitzen die Staatsbürgerschaft von Israel, haben Knesset-Wahlrecht und Wehrpflicht. Ihre Zahl betrug 1948: 156000, 1967: 393000, 1995: 990000. Die meisten leben in Zentral- und Westgaliläa, vor allem in Nazareth. Es handelt sich zu 77 % um Muslime, zu 13 % um Christen, zu 10 % um Drusen (1987). Amtliche Daten schließen neben Arabern auch rd. 3000 Tscherkessen ein. Hingegen erhielten die nichtjüdischen Bewohner der 1967 eroberten Gebiete auch dann kein Bürgerrecht, wenn ihre Wohngebiete (wie Ostjerusalem und Golan), juristisch dem israelischen Staatsgebiet zugeschlagen, also annektiert wurden. Diese haben nur ein Kommunalwahlrecht. Vgl. Palästinenser.

Israelische Siedler (ETH)
II. Umschreibung für Israelis, die sich als überzeugte Zionisten unter Arabern im palästinensischen Westjordanland angesiedelt haben, 1980 rd. 17400, 1995 ca. 120000–140000, wovon 3500 in 20 Siedlungen im Jordantal.

Israeliten (REL)
I. (he=) »Gottesstreiter«; oft gleichbedeutend mit Hebräern; »Kinder Israels«; Israelites (=en).
II. 1.) Angeh. nordsemitischer Stämme, die vom 15.–13. Jh. v. Chr. in Palästina eindrangen, es unter Moses und Josua eroberten. Die Israeliten gliederten sich in zwölf Stämme, welche die hebräische Vorbev. assimilierten. Unter Druck der Seevölker erfolgte ihr staatlicher Zusammenschluß. Nach 922 v. Chr. Teilung in ein nördliches Israel und das südliche Juda. 2.) für Juden, Zugehörige der jüdischen Glaubensgemeinschaft. Vgl. Israeli(s).

Issa (ETH)
I. Ischaak, Isaak, Issak, Ishak, Isaq, Isa, Eissa.
II. kuschitischspr. Teilbev. der Somali mit Subclans Habr Yalo, Habr Yunis, wohnhaft in Rep. Dschibuti, wo sie, durch starke Zuwanderung aus S wachsend, derzeit mit 50 % die Mehrheitsbev. stellen; auch in NE-Äthiopien (u. a. Grenzprovinz Harerghe) und NW-Somalia verbreitet. Insgesamt über 400000. Sunniten/Muslime. Sind z. T. noch nomadische Viehhalter mit Grundnahrung Milchprodukte. Bis 1950 besaßen sie erbliche Sklaven. Vgl. Somali, Afar.

Issabaten (SOZ)
II. Bez. in der Tuaregspr. für die autochthone Urbev. der Sahara. I. besaßen noch keine Kamele, gelten als Schöpfer der saharauischen Felsbilder.

Issachar (SOZ)
I. (=he) »Lohnarbeiter«.

Istmide (BIO)
II. Terminus bei *BIASUTTI* (1959), *IMBELLONI* (1937) und *LUNDMAN* (1967) für Margide bei *v. EICKSTEDT* (1934, 1937).

Istrianer (ETH)
II. Bew. der Halbinsel Istrien in der N-Adria; insgesamt rd. 300000, seit 1991/92 aufgeteilt auf Slowenien im N und Kroatien mit Bev.mehrheit von rd. 250000 im S (Pula/Pola, Rijeka/Fiume, Zadar/Zara). I. sind fast ausschließlich römisch-katholisch und (neben Italienisch) durchwegs Zweisprachler. Slowenische Istrianer aus der Zone B des am Ende des II.WK politisch nicht durchsetzbaren Freien Territoriums Triest fürchten italienischen Irredentis-

mus, die kroatischen I. nutzen ihn und streben die Autonomie einer grenzübergreifenden Euroregion an. Verträge mit Kroatien geben den Umfang der italienischen Minorität sehr viel geringer an. Vgl. Istriani und Esuli.

Istriani (SOZ)

II. Bez. in Italien für die Flüchtlingsgruppe von rd. 200 000–300 000 Italienern, die 1945 Istrien verlassen mußten (unter Einschluß von Fiume und Zara ca. 350 000). Ein großer Teil (> 75 000) lebt heute im Raum Triest. Die Zahl der in den im Vertrag von Osimo (1975) neu fixierten Grenzen Jugoslawiens verbliebenen Istrier italienischer Abstammung belief sich auf 20 000 (VZ 1981) bis 30 000 (VZ 1991), davon ca. 5000 in Slowenien, 25 000 in Kroatien. Sie fordern gegenüber den nun souveränen Nachfolgestaaten Jugoslawiens ihre Minderheitenrechte ein, die vertriebenen I. ihr Rückkehrrecht. Vgl. Istrianer; Esuli.

Istrorumänen (ETH)

I. Tschitschen; Istro-Rumänen.

II. Restbev. eines vor Ankunft der Slawen über ganz SE-Europa verbreiteten walachisch-rumänischen Volkstums. Es ist urkundlich im 13./14. Jh. erwähnt. Heute im östlichen Istrien (im Umkreis des Monte Maggiore) mit rd. 8000–10 000 Köpfen ansässig; rumänische Mundart mit Rhotazismus/Umwandlung von »n« in »r« (zwischen Selbstlauten), katholische Konfession. Vgl. Istro-Walachen, Aromunen.

Istrowalachen (ETH)

I. Tschiribiri, Istro-Walachen.

II. ehem. Walachen-Gruppe im Raum Fiume/Rijeka, die heute im kroatischen Volkstum aufgegangen ist.

Italien (TERR)

A. Italienische Republik. Repubblica Italiana (=it). The Italian Republic, Italy (=en); la République italienne, Italie (=fr); la República Italiana, Italia (=sp); La república d'Italia (=sp, pt). Vgl. Sardinien, Sizilien.

Ew. 1861: 22,182; 1871: 27,303; 1881: 28,953; 1901: 32,966; 1911: 35,845; 1921: 38,449; 1931: 41,652; 1936: 42,994; 1948: 46,381; 1950: 47,104; 1955: 48,633; 1960: 50,198; 1965: 51,987; 1970: 53,661; 1975: 55,830; 1978: 56,697; 1996: 57,380, BD: 190 Ew./km^2; WR 1990–96: 0,2%; UZ 1996: 67%, AQ: 3%

Italiener (ETH)

I. Italians (=en); Italiens (=fr); italiani (=it); italianos (=sp, pt).

II. Volk mit romanischer Eigenspr. (Italienisch), römisch-katholischer Konfession, auf der Apenninenhalbinsel und Mittelmeerinseln, das erst 1861 seine nationale Unabhängigkeit als Staatsvolk in Italien erhielt. Zahl der I. im Mutterland wuchs trotz starker Auswanderung (1871: rd. 271 000, 1911: bereits 5,805 Mio.) ständig. Inzwischen (1996) wurden 57,4 Mio. erreicht, dazu ca. 10 Mio. Ausgewanderte in USA (5,3 Mio. 1820–1981) und Südamerika (Argentinien und Brasilien), sowie 1,3 Mio. in Europa (bes. Frankreich und Schweiz), ferner temporäre Abwanderer als Gastarbeiter u.a. in Deutschland (1987: 544 000), Frankreich (1982: 340 000), Belgien (1981: 250 000). Ethnogenese erfolgte auf der Basis einer Vorbev. aus indogermanischen Italikern (im S), Venetern (im NE) und Ligurern, die ihrerseits im NW von Etruskern, im S (ab 8. Jh.v.Chr.) von Griechen überwandert waren. Die Völkerwanderung führte Goten, Langobarden, Araber (im 9. Jh.) und Normannen (11. Jh.) hinzu. Im 15. Jh. wurden ansehnliche Kontingente albanischer Flüchtlinge aufgenommen. Zwischen N- und Süditalienern bestehen infolgedessen große anthropol. und bes. auch sozio-ökonomische Gegensätze. Vgl. Albanesi/Arbëresh, Aostaner/Valdostaner, Dolomitenladiner, Furlaner, Sarden, Slowenen, Südtiroler, Walser und auch Korsen.

Italiener (NAT)

II. StA. von Italien. 94% Italiener, darunter 1,66 Mio. Sarden, 750 000 Rätoromanen, 300 000 Deutschspr., 200 000 Franco-Provencalen, 90 000 Albaner, 53 000 Slowenen, 15 000 Griechen. Anzahl der Auslandsitaliener wird auf 30 Mio. geschätzt, mit stärkeren Italienerkolonien in Nordamerika und dem restlichen Europa: 1,2 Mio. italienische StA. lebten 1992 als Gastarbeiter in Ländern der EU.

Italienisch (SPR)

I. Italian (=en); italien (=fr); Italiano (=it; sp; pt).

II. indoeuropäische Spr.gruppe, romanische Spr.; Staatsspr. in Italien und San Marino, Amtsspr. in Schweiz; Zahl der Sprecher 1994 in Europa 63 Mio., davon in Italien 54,8 Mio., in Schweiz 622 000, in Istrien ca. 15 000, ferner in der Emigration mind. 2 Mio.

Italiker (ETH)

II. Sammelbez. für indogermanische Stämme, die gegen Ende des 2. Jtsd. v. Chr. über die Alpen auf die Apenninhalbinsel einwanderten. Es waren dies die Latino-Falisker und später (um 1000 v. Chr.) die Umbro-Sabeller (Äquer, Osker, Sabeller, Samniten, Umbrer, Volsker) sowie (um 800 v.Chr.) die Japyger, Veneter u.a.

Italo-Albaner (ETH)

I. Arbëresh.

II. Nachkommen der im 14./15. und 17. Jh. nach Kalabrien/Italien vor türkischer Besetzung ihrer Heimat geflüchteten albanischen Einwanderer, ursprüngl. 200 000 in rd. 30 Dörfern. Ihre bis heute bewahrte Muttersp. ist Albëresh; sie sind griechisch-katholische Christen, die sich im Konzil von Florenz der Katholischen Kirche unterstellt haben; seit 1919 eigenes Bistum Lungro. Alte Bräuche dauern fort, so das Totenmahl auf den Gräbern.

Italo-Amerikaner (ETH)
II. Nachkommen der zur Hauptsache seit Ende des 19. Jh. eingewanderten Italiener in den USA, leben z. T. noch heute als benachteiligte Randgruppe, obschon sie 4,3 % (1971/72) der Gesamtbev. ausmachen, schwerpunktsmäßig verbreitet in Städten der Ostküste; katholischer Konfession.

Italo-Griechen (ETH)
II. Sammelbez. für die in Italien lebenden griechischen Einwanderer. Vgl. Kalimera-Griechen, Grecani/Grekani.

Italo-griechische Christen (REL)
II. Gemeinschaft im 17./18. Jh. unierter Christen in den alten unteritalischen und sizilischen Reichsteilen von Byzanz; ca. 100 000, zu Teilen auch in nordamerikanischer Emigration.

Itelmenen (ETH)
I. Iteljmenen; Kamtschadalen (Altbez.); Eigenname Itel'men; Itel'meny (=rs); Itelmens (=en).
II. heute völlig russifizierte Kleingruppe mit paläoasiatischer Spr.; 1979 mit ca. 1400, 1990 mit 2500 Köpfen auf der Halbinsel Kamtschatka/Ferner Osten/Rußland im S des Autonomen Bezirks der Korjaken. Betreiben Fischfang und Jagd auf Meeressäuger, halbunterirdische Winterhäuser für bis zu hundert Personen. Im Kontakt mit Russen schwere Seuchenverluste. Seit 18. Jh. Assimilation an russische Kultur und Vermischung. I. sind Animisten.

Ithna ashariya (REL)
I. Ithna-Ashariyya;
I. Zwölfer-(12er-)Schia.
II. Staatsreligion in Iran; ihr gehören 90 % der Staatsbev. an.

Itkanen (ETH)
I. Eigenname Itkan; Itkancy (=rs). Vgl. Korjaken.

Itonama (ETH)
II. Indianerstamm in NE-Bolivien mit einer dem Chibcha verwandten Sprache, die auch Anbau treibt.

Itseriki (ETH)
I. Jekri, Owerri, Itsekiri.
II. Fischerbev. w. des Niger-Deltas, ca. 50 000, sprachlich zu Yoruba gehörig. Vgl. Yoruba.

Ituripygmäen (BIO)
I. Bambuti, Iturizwerge.
II. Sammelbez. für pygmide Population im Einzugsgebiet des Ituri/Demokratische Rep. Kongo.

I'u (ETH)
I. Mongor.
II. Bauernstamm in Tsinghai und Kansu, bereits sinisiert, benutzen als lamaistische Kultspr. Tibetisch.

Iullemmeden (ETH)
I. Iwllemmeden; Iu-lemeden.

II. ethnische Teileinheit der Tuareg in Niger und Mali; um 1950 auf rd. 75 000 geschätzt; auch Iwllemmeden Kel Dennek und Iwllemmeden Kel Ataram.

Ivi Nati-Bürger (WISS)
II. amtl. Terminus in der Schweiz-Statistik für Personen, die in ihrer Wohngemeinde sowohl ortsgebürtig sind, als auch Bürgerrecht besitzen, mithin einen hohen Grad an Altansässigkeit aufweisen.

Ivorer (NAT)
I. Ivorians (=en); ivoiriens (=fr); nicht Elfenbeiner!
II. StA. von Elfenbeinküste (Côte d'Ivoire), 14,3 Mio. Ew.; es handelt sich um über 60 Ethnien, davon 20 % Baule, 18 % Bete, 15 % Senufo, 14 % Agni-Aschanti, 11 % Malinke, 10 % Kru u. a.

Ivrith (SPR)
I. (=he); Iwrith, Iwrit; Neu-Hebräisch; Hebrew (=en).
II. 1880 gelungene Weiterentwicklung der hebräischen Spr. (im NW-Zweig der semitischen Spr.), in sich Alt- und Mittelhebräisch, Bibel- und Mischna-Hebräisch vereinigend unter moderner Erweiterung des Wortschatzes aus Deutschem und Englischem; überwiegend mit sephardischer Aussprachetradition. Seit 1881 Unterrichtsspr. unter palästinensischen Juden, 1916 schon 34 000 Sprecher, 1922 als eine von drei offiziellen Spr. anerkannt. Seit 1948 Staatsspr. in Israel, geschrieben in der hebräischen Quadratschrift. Heute wird I. von 5,2 Mio. StA potentiell, von 3,6 Mio. (1994) ausschließlich genutzt, doch auch außerhalb Israels von vielen Juden verstanden.

Iwerweren (ETH)
II. Stamm der Tuareg im nö. Adrar de Iforas. Vgl. Iforas.

Ixcateken (ETH)
II. kleine indianische Ethnie im gebirgigen N des mexikanischen BSt. Oaxaca; einige Tausend; ihr Idiom gehört zur Chocho-Popoloken-Gruppe; neben Anbau auch Wildbeutertum.

Ixil (ETH)
II. mesoamerikanisches Indianervolk im w. Hochland von Guatemala; einige Zehntausend; mit Mam, einer Maya-Spr.

Iyala (ETH)
I. Ijala.
II. kleine schwarzafrikanische Ethnie, im SE von Nigeria ansässig.

Izeggaren (SOZ)
I. Izzegaren, Sg. Azeggar; in entspr. Bed. Ikkewaren/Ikewweren (Ghat); auch Haratin (=ar).
II. leicht negroide Bauern und Landarbeiter bei den Tuareg (speziell bei Kel Ahaggar). Es handelt sich sowohl um eine im 19. Jh. aus dem Tidikelt in den Hoggar zugewanderte arabisierte Landbev., als auch um freigelassene Sklaven der Tuareg.

J

Jacalteken (ETH)
I. Jacaltec.
II. kleine ethnische Einheit mittelamerikanischer Indianer im nw. Hochland von Guatemala, gegen 20000 Köpfe; mit Kanjobal, einer Maya-Spr.; sind hervorragende Bauern.

Jachuden (REL)
I. Bucharische Juden; Eigenname Jachudi; Bucharskie Evrei, Sredneaziatskie Evrei (=rs).
II. jüdische Gemeinden in Städten Usbekistans, die wohl aus Mesopotamien über Iran und W-Afghanistan im 13./14. Jh. eingewandert sind; um 1970 noch ca. 60000 Personen, 1990 nur mehr rd. 16000; sie werden seit 1988 als Volksgruppe anerkannt. J. sind Kaufleute und Handwerker. Seit 19. Jh., verstärkt im 20. Jh., Auswanderung nach Israel. Sie schrieben ihren tadschikischen Dialekt in hebräischer Schrift.

Jachulwi (ETH)
II. Bez. für die Laken bei den Lesginen.

Jadavs (SOZ)
I. Yadavs.
II. unterkastige Bauern mit geringem Landbesitz in Indien; Hirtenkaste in Uttar Pradesh.

Jafariten (REL)
I. Gafariten; (ar=) Jafariyun.

Jaffas (SOZ)
II. Schimpfbez. der nordirischen Katholiken für die Protestanten.

Jaffna-Tamilen (ETH)
I. Sri Lanka-Tamilen, Ceylon-Tamilen; nach der Stadt Jaffna im N Sri Lankas als Hochburg; Ceylon Tamils (=en).
II. Volksgruppe der vor dem 2. Jh. aus S-Indien stammenden tamil-spr. Alteinwanderer, die einst in den Chola- und Pandya-Reichen die ganze Insel unter ihre Herrschaft brachten. J.-T. sind heute ansässig im Nordteil und an der Ostküste von Ceylon. Stellen 12,6 % der Gesamtbev. Sri Lankas und rd. zwei Drittel aller Tamilen auf Ceylon, 1987: 1,9 Mio. J.-T. sind (einst gefördert durch britische Mandatsmacht) vorzugsweise als Kaufleute, Verwaltungskräfte, Lehrer, Freiberufler tätig. Schwere soziale und polit. Spannungen führten seit 1958 wiederholt zu Pogromen und seit 1983 (als Folge separatistischer Bestrebungen) zu Bürgerkriegskämpfen mit Singhalesen; über 40000 Opfer und 400000 nationale Flüchtlinge.

Jägervölker (SOZ)
II. nicht gerade einheitlich unterscheidet man »niedere« und »höhere« Jäger. Als »Niedere Jäger« werden solche kulturgeschichtlich älterer Entwicklungsstufe verstanden, aber auch rezente J., deren Kulturinventar vergleichsweise altertümlicher, primitiver ausgebildet ist, die nur einfache Sozialordnungen besitzen, nur einfache Jagdtechniken benutzen. »Höhere Jäger« besitzen spezialisierte Jagdtechniken (Fallensysteme, Schlitten, Kanus), sind sozial stärker differenziert (Altersgruppe, Initiationszeremonien, Heiratsklassenordnungen), haben den ursprünglich reinen Hochgottglauben schon mit Amgie, Totemismus, Animismus oder Schamanismus vermischt (H. NACHTIGALL). Vgl. Naturvölker, Wildbeuter.

Jaghnoben (ETH)
I. Jagnobi; Eigenbez. Jagnob; Jagnobcy (=rs).
II. kleine Ethnie im w. Altai-Gebirge im Gorno-Badachschanischen Autonomen Gebiet Tadschikistans, wenige tausend Köpfe. Vermutlich Nachfahren der Sogden; sind in Lebensweise den Berg-Tadschiken und Pamir-Völkern sehr ähnlich; mit indoeuropäischer Eigenspr.; Sunniten.

Jahai (BIO)
I. Jah Jehai.
II. Teilgruppe der Orang Asli-Negritos in Malaysia.

Jahresaufenthalter (WISS)
II. amtl. Terminus für ausländische Gastarbeiter in Schweiz, deren Aufenthaltsbewilligung aufgrund 36monatiger Arbeit im Saisonnierstatut auf Jahresdauer erweitert wurde. Erst für J. besteht Möglichkeit des Familiennachzuges. Vgl. Saisonniers, Niedergelassene.

Jaik-Kosaken (ETH)
I. nach Altnamen des Ural-Flusses.
II. Altbez. für Ural-Kosaken, die jedoch im Unterschied zu Orenburger K. nicht im eigentlichen Ural, sondern im (heute) kasachischen Vorland lebten; sie traten erstmals im 16. Jh. in Erscheinung, es waren Flüchtlinge aus dem Wolgagebiet und aus von Iwan dem Schrecklichen geplünderten Städten, Männer insbesondere, die hier am Jaik Tatarenfrauen heirateten; bildeten 8 Regimenter, nahmen am Pugatschow-Aufstand teil. In vorrevolutionärer Zeit rd. 200000, erlitten im Kampf gegen Bolschewiken schwere Verluste, Teile emigrierten mit britischer Hilfe.

Jaina(s) (REL)
s. Dschaina(s), Jinas, Jainisten, Jinisten.

Jakobiten (REL)
I. nach Mönch Jakob Zanzalos; heute öfters: syrisch-orthodoxe Christen oder orthodoxe Syrer; Sy-

risch-monophysitische Kirche; Jacobites, Syrian Orthodoxes (=en).
II. Christen der 541 abgespaltenen Monophysitengemeinden im syrischen Sprachraum; verfolgt durch byzantinische Regierung; noch vor dem Islam in Persien und Arabien verbreitet; seit 1653 auch in Vorderindien (syrisch-malabarischer Zweig). Im 8.–12. Jh. weitgehend arabisiert, erhalten blieb westsyrischer/antiochenischer Ritus in aramäischer Liturgiespr. Heute ca. 1,7 Mio., verbreitet bes. in Irak, Libanon, Syrien und Türkei. Zufolge starker Abwanderung seit 1960 Rückgang in SE-Türkei von rd. 100000 auf ca. 12000 Seelen, in Türkei auf ca. 40000. Vgl. Monophysiten, Syrisch-unierte Christen/Syromalankaren.

Jakobsbrüder (REL)
II. 1.) Angeh. des spanischen Ritterordens des heiligen Jakobus zum Schutz u. a. des Wallfahrtsortes Santiago de Compostela im 12. Jh.; 2.) eines Spitalordens für Pilgerwesen im 12. Jh. (Emblem Hammer); 3.) genauer: Jakobspilger; Bez. für Wallfahrer zum Grab des Jakobus in Compostela (Emblem Jakobsmuschel) vor allem im MA seit 10. Jh.

Jakoma (ETH)
I. Yakoma.
II. zu den Bangi-Völkern zählende Minderheits-Ethnie in Zentralafrikanischer Republik.

Jakun (ETH)
I. Jakudn, Djakudn.
II. Stamm im Dschungel Ost- und Süd-Malaysias; Nachkömmlinge von Altmalaien, mit einer malaiischen Eigenspr., ca. 25000.; Sammler und Jäger (mit Blasrohr).

Jakusas (SOZ)
II. kriminelle Banden in Japan, die seit 200 Jahren das Glücksspiel kontrollieren, ihre ca. 90000 Mitglieder (Drachentätowierungen) sind heute auch im Bereich Amphetaminhandel, illegalen Immobiliengeschäften, Schutzgelderpressung, Sextourismus tätig. Vgl. Maffiosi, Geheimgesellschaften.

Jakuten (ETH)
I. ältere Eigenbez. Urangkhai, Eigenbez. Jakutlar, Sachalar/Sakha/Sacha, Jakuty (=rs); Yakuts (=en).
II. turkspr. Volk in Ostsibirien, im 13. Jh. durch Burjäten aus dem Sajan-Gebirge nach N abgedrängt, wo es seinerseits die Tungusen verdrängte. Andere Auffassungen zur Ethnogenese durch *S.A. TOKAREV* und *I.S. GURVICH*. Sind Mehrheitsbev. in Sacha-Jakutien: 1990 382000 (nur 0,1 Ew./km²). Hoher Anteil von Animisten, seit 18. Jh. auch orthodoxe Christen. Vgl. Urangkhai Sakha.

Jakutien (TERR)
B. Ab 1992/94 Autonome Republik in Rußland; ehem. Jakutische ASSR, 1922 gegr. Sakha Republic (=en). Jakutskaja ASSR (=rs); Yakut ASSR, Yakutia (=en).

Ew. 1964: 0,597; 1974: 0,736; 1989: 1,081; 1995: 1,060, BD 0,3 Ew./km²

Jalé (ETH)
II. Volk der Melanesier, ca. 120000 in W-Irian.

Jamaika (TERR)
A. Unabh. seit 6. 8. 1962. Jamaica (=en). Jamaica (=en, sp); la Jamaïque (=fr).
Ew. 1920: 0,830; 1950: 1,403; 1960: 1,628; 1970: 1,869; 1978: 2,133; 1996: 2,547, BD: 232 Ew./km²; WR 1990–96: 1,0 %; UZ 1996: 54 %, AQ: 15 %

Jamaikaner (NAT)
I. Jamaicans (=en); jamaïquains (=fr); jamaicanos, jamaiquinos (=sp).
II. StA. von Jamaika; es sind überwiegend Afro-Amerikaner (zumeist des Aschanti-Volkes): 76 % Schwarze, 15 % Mulatten, 1,3 % Inder, je 0,2 % Chinesen und Europäer.

Jammu und Kaschmir (TERR)
B. Unter wechselnder Herrschaft von Hindu- und Muslimfürsten, 1586 im Moghulreich, 1819 im Sikhreich; 1846 durch Briten annektiert. Heute dreigeteilt auf Indien, Pakistan, China. Jammu and Kashmir (=en).
Ew. 1931: 3,646 Z; 1961: 3,561 (nur indischer Teil); 1981: 5,987; 1991: 7,719, BD 35 Ew./km²

Janitscharen (SOZ)
I. aus Yeni tscheri (tü=) »neues Heer«.
II. 1329–1826 bestehende türkische Armee-Einheit, die anfangs rein aus christlichen Kriegsgefangenen und durch »Knabenlese« oder »Kindertribute« aus SE-Europa weggeführte Kinder gebildet wurde. Vgl. Jenízaros (=sp) als lateinamerikanische Mischlingsbez.

Janjero (ETH)
I. Yamma.
II. westkuschitische Ethnie im sw. Hochland von Äthiopien; ca. 200000; sind Ackerbauern und Viehhalter.

Jansenisten (REL)
I. nach C. Jansen, Bischof von Ypern.
II. 1.) kath. Bewegung in Frankreich, protestanten- und jesuitenfeindlich eingestellt, die 1656–1707 mehrfach vom Papsttum verurteilt wurde; ihr Mittelpunkt war das Zisterzienserinnen-Kloster Port Royal des Champs. 2.) volkssprachliche Bez. für die Anh. der Kirche von Utrecht, d.h. der »altrömisch-kath. Kirche der Niederlande« von 1723. Gemeinschaft wurde vom Vatikan nicht geduldet und verband sich deshalb im 19. Jh. mit den deutschen Altkatholiken.

Japan (TERR)
A. Nippon Teikoku; Nippon; Nihon; Altbez. Zipangu, »Land des Sonnenaufgangs«.
Japan (=en); le Japon (=fr); el Japón (=sp); Giappone (=it); Japao (=pt).

Ew. 1721: 26,065; 1750: 25,918; 1798: 25,471; 1846: 26,900; 1872: 32,000; 1880: 34,955; 1890: 39,700; 1900: 44,285; 1910: 50,743; 1920: 55,391; 1930: 63,782; 1940: 72,540; 1945: 71,998; 1950: 83,192; 1960: 93,418; 1970: 104,345; 1980: 117,057; 1990: 123,611; 1996: 125,761, BD: 333 Ew./km²; WR 1990–96: 0,3 %; UZ 1996: 78 %, AQ: 1 %

Japaner (ETH)
I. Japanese (=en); Japonais (=fr); giapponesi (=it); japoneses (=sp, pt).
II. ostasiatisches Volk, Bew. der japanischen Inseln. J. sind relativ kleinwüchsig, kurzköpfig, von hellbrauner Haut, schwarzhaarig, mäßige Mongolenfalte; diese Merkmalskombination wird als Produkt langzeitiger Durchmischung palämongolider, sinider und sinuider Rassenelemente gedeutet. Unter Shogunat war japanisches Volk strenger Abschließung unterworfen, es herrschte auch planmäßige Nachwuchsbeschränkung, so hielt sich Volkszahl bis Mitte des 19. Jh. im Rahmen der Tragfähigkeit. Seither rasch wachsende Geburtenüberschüsse und seit I.WK deutliche, sogar höchste Lebenserwartung in der Welt (w. 82, m. 76 J.). Erst jüngst wieder niedrigere Geburtenraten im Vgl. zu anderen Industrieländern. Deshalb noch zunehmende Überalterung (ca. 5000 Hundertjährige). Vor allem enormer Anstieg der Volkszahl, deshalb starke Auswanderung, zunächst auf Ryu-Kyu-Inseln, S-Sachalin, dann (1931) nach Mandschurei, Korea, Formosa, seit langem auch nach Hawaii, USA, Brasilien und anderen lateinamerikanischen Staaten. Schon 1935 lebten mind. 873 000 J. in Übersee. 1949 kehrten über 5 Mio. aus kriegsbesetzten Gebieten in ihre Heimat zurück. Mehrheit aller J. gehört dem offiziellen Shintoismus an, doch sind sehr viele gleichzeitig Mitglieder buddhistischer Sekten. J. benutzen Eigenspr. und -schrift, s.d.

Japaner (NAT)
II. StA. von Japan. Ca. 0,5 Mio. J. leben im Ausland (in N- und S-Amerika, in Europa), umgekehrt 1,2 Mio. (1995) Ausländer in Japan, worunter 677 000 Koreaner und 129 000 Chinesen. Vgl. Ainu; Ostasiaten.

Japanese-Americans (ETH)
II. (=en); Bürger der USA japanischer Abstammung; 1991 rd. 850 000, wovon 300 000 allein auf Hawaii. Die Einwanderung von Japanern begegnete (letztlich bis 1952) vielseitigen Erschwernissen (Verbote der Einbürgerung und des Landbesitzes; zu Internierung führende polit. Verdächtigungen im II.WK usw.).

Japanisch (SPR)
I. Japanese (=en); giapponese (=it); japonés (=sp); japonês (=pt); japonais (=fr).
II. 1994 ca. 126 Mio. Sprecher dieser isolierten Spr., die in Katakana, Hiragana und in Chinesischer Schrift geschrieben wird.

Japanische Schriftnutzergemeinschaft (SCHR)
II. Hoheitsschrift in Japan, genutzt von 120 Mio. Japanern = 2,69 % der Erdbev. Die japanische Schrift stellt sich in der Synopse aller von Menschen je benutzter Schrift als einmaliger Sonderfall dar, als »Gemischtes System« nämlich, in dem zur Wiedergabe der einen Spr. Japanisch gleichzeitig (nicht nebeneinander) drei oder eigentlich vier verschiedene Schriftsysteme verwendet werden müssen. Die J. Schrift wurde etwa im 9. Jh. durch koreanische Vermittlung aus der chinesischen Schrift entlehnt. Vereinfachte Ideogramme der Chinesischen Schrift (vgl. Tóyó Kanji) dienen zur Vermittlung von Wortstämmen, zwei weitere eigenentwickelte Schriftsysteme, die Katagana- und die Hiragana-Schrift, benutzen zwar abgeleitete chinesische Schriftzeichen, die aber nach japanischem Lautwert und in Kombination als Silben geschrieben werden; erstere dient der Wiedergabe von Lehnwörtern, letztere zur Einbringung grammatischer Elemente. Bedingt durch die wachsende Häufigkeit wiss. Termini und westlicher Namen wurde vermehrt im 20. Jh. schließlich auch die Lateinschrift als 4. Komponente in die J. Schrift integriert. Die der chinesischen Schrift entsprechend ursprüngliche Schriftrichtung von oben nach unten wurde 1942 durch die von links nach rechts läufige Schreibrichtung abgelöst. Noch heute erfordert das Absetzen einer japanischen Zeitung insges. rd. 2500 Satz- und Schriftzeichen. Selbst im Rahmen moderner Datenverarbeitung floriert in Japan trotz technischer und kostenmäßiger Benachteiligung die altererbte chinesische Schriftkultur. Japanische Software-Programme arbeiten mit den Schriftzeichen aller vier Schriftsysteme.

Japse (SOZ)
I. Yapse.
II. allg. Pejorativbz. für Japaner, auch in Europa und N-Amerika. In Deutschland z. Zt. des NS-Rassenwahns als kritischer Spitzname auch »Ehrenarier«, die offiziell wie »Nicht-Arier« behandelt wurden.

Jar (ETH)
I. Jarawa.
II. sudanesische Ethnie im zentralen Nigeria.

Jarawa (BIO)
II. einer der vier Negrito-Stämme auf den Andamanen. Zogen sich nach Zusammenstößen mit britischem Militär im 19. Jh. in den Dschungel zurück, heute in Reservaten kaum noch 250 Individuen.

Jasgulemen (ETH)
I. Eigenname Sgamik; Jasgulemcy (=rs).
II. kleines Pamir-Volk im Gorno-Badachschanischen Autonomen Gebiet Tadschikistans, einige Tausend Köpfe. Sprechen eine iranische Eigenspr., sind Ismailiten; seit 19./20. Jh. unter russischer Herrschaft, heute stark an Berg-Tadschiken assimiliert.

Jassakpflichtige (SOZ)
I. Tributpflichtige.
II. die autochthonen Völker Sibiriens im Zuge der Ostexpansion des Zarenreichs, die im 16.–18. Jh. zur Abgabe des »schwarzen Goldes« (Rauchwaren, bes. Zobel, Hermelin, Schwarzfuchs) verpflichtet wurden. Jassakpflichtige Eingeborene durften nicht als Sklaven gehalten, gekauft, verkauft, getauscht werden. Getaufte mußten aus der Jassakpflicht entlassen werden, deshalb galt bis ins 18. Jh. Verbot christlicher Mission.

Jaswa-Permjaken (ETH)
I. Komi Mort Eigenbez.; Jaz'vinskie Permjaki.
II. Regionalgruppe der Komi im Gebiet von Perm/Rußland, durch Dialekt unterschieden; sind orthodoxe Christen, z.T. Altgläubige; einige Tausend Individuen.

Jät (SOZ)
I. soziale Unterschicht im Sind und im Punjab als Pächter der Brahui und Belutschen. In der Indischen Union, zwischen Indus und Ganges, sind sie als Landbesitzer gesellschaftlich als Ksatriya-Kaste integriert, ca. 10 Mio.

Jaunde (ETH)
I. Yaunde.
II. Stamm der Pangwe, N-Bantu, im n. Kamerun.

Java (TERR)
B. Insel und Provinz Indonesiens.
Ew. mit Madura: 1816: 4,500; 1849: 10,00; 1858: 11,75; 1874: 18,000; 1900: 28,400; 1930: 41,700; 1961: 63,100; 1971: 76,100; 1980: 91,300; 1985: 101,800; 1995: 114,733, BD 870 Ew./km2

Javanen (ETH)
I. Javanesen, Javaner; Javanais (=fr); Javanese (=en); javaneses (=sp, pt); giavanesi (=it).
II. 1.) i.w.S. die indonesischen Bew. der Insel Java; sie zählt gut 60% der Gesamtew. Indonesiens; damit gehört Java zu den am dichtesten bewohnten Gebieten der Erde. 2.) i.e.S. die ca. 40% dieser Gesamtbev. umfassende ethnische Einheit, das mit > 78 Mio. geschichtlich und aktuell staatstragende Volk, das stärker als etwa Sundanesen oder Maduresen durch neue Religionen (Buddhismus, ab 14. Jh. Hinduismus, ab 15. Jh. Islam) und Kolonialismus geprägt wurde. Vgl. Indonesier; Transmigranten.

Javanisch (SPR)
I. Javanese (=en); giavanese (=it); javanés (=sp); javanês (=pt); javanais (=fr).
II. 1994 ca. 61–74 Mio. Sprecher dieser austronesischen Spr. (West-Malayisch-Polynesisch) in Indonesien, sie wird in Lateinschrift geschrieben.

Jazygen (ETH)
II. Teilstamm der Sarmaten, der, um die Zeitenwende aus Südrußland kommend, das ö. Donaubecken erreichte. Ihre Nachkommen wurden (wie die Kumanen) nach 1238 in Ungarn zum Schutz gegen die Mongolen und zur Wiederaufsiedlung ö. der Theiß angesetzt. Vgl. Sarmaten, Kumanen.

Jebusiten (ETH)
II. Stamm der Kanaanäer, der um 1000 v.Chr. im Raum Jerusalem/Palästina gelebt haben soll.

Jeckes (SOZ)
I. Jekkes, Sg. Jekke. Ableitung ist umstritten.
II. voll assimilierte, dem Großbürgertum zugehörige deutsche Juden im 19./20. Jh., die einst oft mit Hochmut auf die armen, rückständigen Ostjuden herabblickten. Heute auch Ausdruck für Einwanderergeneration deutschspr. Juden in Israel. Gleichartige Bez. Jeks »Juden des Orients« steht in SE-Asien, u.a. in Thailand, für Abkömmlinge chinesischer Einwanderer. Vgl. aber Jecken: rheinische Fasnachtsnarren, auch Gecken i.S. von Narren, pejorativ Stutzer.

Jeh (ETH)
II. im laotisch-vietnamesischen Bergland wohnender Stamm der Montagnards.

Jehol (TERR)
B. Ehem. eigenständige Provinz in N-China, heute eingegliedert in die Prov. Hebei.
Ew. 1953: 5,161

Jehudi (REL)
II. (=he); ursprünglich Bez. für Angeh. des israelitischen Stammes Juda, später auch für Ew. des gleichnamigen Südreiches und der Provinz Judäa. Weil Juda und Judäa in nachexilischer Zeit eine führende Stellung im Volk Israel einnehmen, wird Begriff Juden als Bez. des gesamten Volkes gebraucht.

Jelfes (SOZ)
I. (=sp); Negersklaven, schwarze Sklaven.

Jellabas (SOZ)
II. Klasse arabischstämmiger reicher Großhändler und Geschäftsleute in Sudan, die unter Verdrängung der ansässigen Kleinlandwirte und Bodenübernutzung in Zentralsudan den großflächigen, hochmechanisierten Anbau von Exportfrüchten (Getreide, Baumwolle) betreiben.

Jemen (TERR)
A. Republik Jemen.
Ew. Jemen Gesamt 1950: 4,216; 1960: 5,085; 1970: 6,272; 1978: 7,501; 1986: 11,550; 1996: 15,778, BD: 29 Ew./km2; WR 1990–96: 4,7%; UZ 1996: 34%, AQ: 62%

Jemen, Nord- (TERR)
C. Jemenitische Arabische Republik/Nordjemen/Yemen; vom Osmanischen Reich seit 30. 10. 1918 unabh., dann souveräne zaiditische Theokratie, seit 1962 Republik; seit 25. 05. 1990 mit Jemen-Süd vereinigt. Al Dschumhurija al Jamanija bzw. Al Jamhuriya al Yamanìya (=ar). The Yemen Arab Republic, Yemen (=en); la République arabe du Yémen, le

Yémen (=fr); la República Arabe del Yemen, el Yemen (=sp).
Ew. 1950: 3,224; 1960: 4,039; 1970: 4,836; 1978: 5,648; 1986: 9,274

Jemen, Süd- (TERR)
Konglomerat aus Aden und 23 Scheichtümern als englische Protektorate 1839–1967; früher Aden, dann Föderation Südarabien, Demokratische Volksrepublik/Der Demokratische Jemen/Südjemen/Yemen (von 30. 11. 1967 bis 25. 05. 1990), dann mit Jemen-Nord vereinigt. Al Dschumhurija al Jamanija; Al Jamhurija al Yamanìya, Jamhuriya al Yamaniya (=ar). The People's Democratic Republic of Yemen, Democratic Yemen, South Yemen (=en); la République démocratique populaire du Yémen, le Yémen démocratique, Yémen du Sud (=fr); La República Democrática Popular del Yemen, el Yemen Democrático (=sp).
Ew. 1950: 0,992; 1978: 1,853; 1960: 1,046; 1986: 2,280; 1970: 1,436

Jemenis (NAT)
(=en) s. Jemeniten.

Jemeniten (NAT)
I. Yemenites (=en); yéménites (=fr); yemenitas (=sp).
II. StA. der Arabischen Rep. Jemen (seit 1990). Vormals Nord- und Südjemeniten. In 70er und 80er Jahren unterhielten Nord- wie Südjemen sehr starke Gastarbeiterkontingente in Saudi-Arabien, Kuwait und anderen Golfstaaten (1986/87 rd. 1,3 Mio.), die aber seit dem Golfkrieg (1991) rasch abgebaut wurden. Vgl. Araber, Südaraber; Ibaditen.

Jenaba (ETH)
II. arabischer Beduinenstamm im weiten S von Oman.

Jenische (SOZ)
I. wohl aus Janah (Rotwelsch=) »der Eingeweihte«; Landfahrer, Vaganten, Unstete.
II. nicht seßhafte, doch zeitweise in Standlagern von Radgenossenschaften nach Zigeunerart lebende Gruppen Einheimischer, die sich aber somatisch meist deutlich von Zigeunern unterscheiden, jedenfalls (nach R. KNUSSMANN) nicht fremdrassisch sind. In Mitteleuropa stellen sie oft Mischpopulationen von fahrenden Handwerkern, Markt- und Schaustellern, ausgestoßenen Zigeunern und anderen Heimlosen dar. Durch Endogamie innerhalb der einst verfolgten oder zwangseingebürgerten Sippen können gewisse Vagantengruppen in höherem Maße durch Verfallserscheinungen und Erbkrankheiten gefährdet sein. Deshalb mehrfach Bestrebungen zur Wegnahme und Sozialisierung von J.-Kindern (z.B. durch Pro Juventute). Vgl. Tinkers, Zigeuner.

Jenissei-Kirgisen (ETH)
I. auch Jenissej-K., Jenisej-K. Vgl. Chakassen.

Jenissei-Ostjaken (ETH)
I. Jenisseier, Keten; Eigenname Ket; Enisejskie Ostjaki (=rs). Vgl. Keten.

Jenissei-Samojeden (ETH)
I. Enzen.

Jenizaros (BIO)
I. aus Janitscharen.
II. in Mexiko Mischlinge aus Mulatten und Indios.

Jersey (TERR)
B. Britisches Kronlehnsgut. Teilautonome Kanalinsel, rechtlich nicht zu Großbritannien gehörend. The Bailiwick of Jersey, Jersey (=en); le bailliage de Jersey, Jersey (=fr); la Corregidoría de Jersey, la Bailía de Jersey (=sp). Vgl. Kanalinseln.
Ew. 1951: 0,057; 1961: 0,057; 1971: 0,073; 1988: 0,076; 1989: 0,082; 1996: 0,085, BD: 733 Ew./km^2

Jessiden (REL)
I. Eigenbez. Daw-asin, Dasnayi. Vgl. Jeziden.

Jesuiten (REL)
I. SJ, Societas Jesu.
II. gegr. 1534 durch Ignacio de Loyola; kath. Regularkleriker-Orden, 1540 vom Papst bestätigt; einer der letzten großen christlichen Orden; gegliedert mit Koadjutoren und Professen (mit dem 4. Gelübde des unbedingten, absoluten Gehorsams gegenüber dem Papst) in 57 Provinzen und acht Assistenzen in straffer Zentralisierung; ursprünglich für Krankenpflege, dann zur Ausbreitung und Festigung des kath. Glaubens mit den jeweils zeitgemäßen Mitteln, besonders durch Unterricht, Erziehung und Wissenschaft; zugleich größte kath. Missionsgenossenschaft mit z.T. neuen Praktiken (Paraguay); J. trugen maßgeblich die Gegenreformation; dank vorzüglicher Ausbildung, straffer Verfassung und Disziplin erlangten J. außerordentliche geschichtliche Bedeutung; 1966 rd. 36 000, 1991 fast 24 000 Mitglieder in 114 Staaten.

Jesus-Bruderschaft (REL)
II. 1961 gegr. evangelische Bruderschaft in Deutschland (Gnadenthal und Volkenroda). Vgl. Herrnhuter Brüdergemeine.

Jews (REL)
I. (=en); Juden.
II. zu unterscheiden: Orthodox, Conservative und Reformed bodies. Vgl. Juden.

Jeziden (ETH)
I. Jesiden, Yeziden; Dasnayi (Eigenbez.); Yazidi (=ar), Yazidis (=en).
II. mit diesem Terminus werden zuweilen bestimmte Kurdenstämme bezeichnet, die Anhänger der Yazidíya sind, einer eigenen synkretistischen Religion (die auf altkurdischen bzw. alt-indo-iranischen Elementen basiert). Leben in geschlossenen Dorfgemeinschaften in Teilen Kurdestans (bes. Djebel Sin-

jar und nö. Mossul), im Irak, in Syrien und in der Türkei; kermanji-(kurdisch)- spr.

Jeziden (REL)

I. Jessiden, Yeziden, Yaziden; Yazidis (=en); Eigennamen Jesd; Devasin/Dazeni. Von islamischen Nachbarn pejorativ als Schaiytan-Parast, d.h. »Teufelsanbeter« bezeichnet; jedenfalls nicht als Anh. der Yazid (b. Mu'awiya); auch Ableitung aus kurdisch-persisch Izad/Jezd für »Gott« ist möglich.

II. Anh. einer stammesmäßig organisierten synkretistischen Glaubensrichtung, die auf alt-kurdischen (bzw. alt-indo-iranischen) Religionen basiert und Elemente des Zoroastrismus, Manichäismus, Judentums, Christentums und Islams enthält. Religion ist eine Art Zweieinigkeitsglaube: Gott hat sich nach der Schöpfung zurückgezogen, tätiger Erhalter der Welt ist Malek Taus, der »Engel Pfau«. J. glauben an Seelenwanderung nach dem Tod; Zugehörigkeit nur durch Geburt, keine Bekehrung; ihre Gesellschaft ist streng in Laien und Klerus gegliedert und jeweils hierarchisch strukturiert. Heirat nur innerhalb der Religionsgemeinschaft. Vollziehen neben Beschneidung auch die Taufe. Verbreitet bei Kurden in Sehan und Sinjar/Kurdistan, bes. um Mossul; ihr heiliges Zentrum ist Lalesh. Anzahl: 150000–200000 in N-Irak (vor Golfkrieg ca. 75000), N-Syrien, im türkischen Ostanatolien (anfangs 20. Jh. noch ca. 100000, heute durch Verdrängung seit 1983 unter 20000) und in Armenien. Dort 1988 (neben rd. 4000 muslimischen Kurden) 53000 J., die (seit 1922) als Nationalität geführt werden. Die meisten der in Armenien lebenden J. sind Nachfahren der 1918 hierher Geflüchteten, sie teilen sich seit 1988 in eigenständige J. und Angeh. der kurdischen Nation, besitzen jedenfalls eigene Zeitung und Radiosendungen; benutzen neben armenischer auch eine Eigenschrift mit 33 Buchstaben. Wegen Verfolgungen besonders in Türkei wiederholte Fluchtbewegungen; 1990 lebten allein in Deutschland rd. 20000 J. im Asyl.

Jiangsu (TERR)

B. Altbez. Hangtschou, Kiangsu. Provinz in China.
Ew. 1953: 41,252; 1996: 71,100, BD: 690 Ew./km²

Jiangxi (TERR)

B. Altbez. Chianghsi, Kiangsi. Provinz in S-China.
Ew. 1953: 16,773; 1996: 41,050, BD: 243 Ew./km²

Jibaros (BIO)

I. Xibaros; auch Zambos prietos, Mangos.

II. in Mexiko Mischlinge aus Albarazados mit Calpamula(s).

Jibaros (SOZ)

II. Bez. für Bauern auf den Antillen.

Jicaque (ETH)

I. »Wilde Krieger«.

II. 1.) kleine Indianerpopulation in der karibischen Küstenebene von Honduras; zur Spr.gruppe der Hoka gehörig. 2.) Sammelbegriff für verschiedene indianische Ethnien in E-Honduras. Bewahrten ihre Identität gegen Spanier und auch noch honduranische Regierung bis in das 19. Jh. Inzwischen sprechen sie Spanisch und sind in Mestizenbev. aufgegangen.

Jicarillas (ETH)

I. in der Apachenspr. Xicarillas, Hikkorias; Eigenbez. Ipa-n'de = »das Volk«.

II. Stamm der Apachen in New Mexico, kaum 2000 Köpfe. Seit 18. Jh. dauerhafte Angleichung an Pueblo-Indianer.

Jiddisch (SPR)

I. Altbez. Tajtsch (mhd=) teutsch; bei Nachbarn auch Juden- bzw. Jüdisch-Deutsch oder Hebräisch-Deutsch; Yiddish, Judaeo-German (=en); judéo-allemand (=fr).

II. eine echte Mischspr., die sich unter aschkenasischen Juden im 10.–13. Jh. im deutschen Spr.gebiet entwickelt hat. In diesem Altjiddisch war dem deutschen Wortbestand von den Zuwanderern mitgeführtes hebräisch-aramäisches und romanisches Sprachgut eingeschmolzen. Das Mitteljiddisch des 16.–18. Jh. wies schon große Einheitlichkeit auf. Bis in das 19. Jh. wurde es mit der hebräischen Quadratschrift oder einer Schreibkursive wiedergegeben. Die Ostwanderung von aschkenasischen Juden aus Mitteleuropa bewirkte in Ost- und SE-Europa durch Aufnahme von Slawismen aus polnischen, litauischen und russischen Idiomen als vierter Komponente die Sonderung eines spezifischen ostjiddischen vom westlichen Sprachzweig. J. wandelte sich von der Funktion eines vornehmlichen Kommunikationsmittels zur eigentlichen Muttersp. (mameloschn) der Aschkenasim. Durch Binnen- und Rückwanderung blieb aber Kontakt mit Westen erhalten, zahlreiche jiddische Ausdrücke fanden Eingang in deutsche Umgangsspr., J. wurde (ursprünglich mit hebräischer Schrift) vermehrt auch in Lateinschrift geschrieben. Massenauswanderung osteuropäischer Juden seit Ende des 19. Jh. machten J. in Westeuropa und auch in Übersee (USA, Argentinien, Südafrika) heimisch. Es erwuchs eine überraschend breite Publizistik, darunter auch Periodika, z.B. »Unzer Wort« in Frankreich, »Yiddisher Kampfer« in USA; »Naye Presse« und »Unsere Schtime« als politische Zeitungen. Sie alle erlöschen heute als Folge eintretender Überalterung von Redaktion und Lesern. Zur Hochzeit des J. am Beginn des 20. Jh. dürften der Sprgem. 7–12 Mio. Juden angehört haben, Schoah und Zerstreuung haben auch Sprecherzahl dezimiert: Schätzungen (1990) belaufen sich für Europa auf maximal 300000–700000, davon ca. 200000 in Litauen, Polen, Ukraine, Weißrußland, Moldau, Rußland, dort öfters als Hausspr. orthodoxer Juden, die sich scheuen, das Hebräisch für profane Zwecke zu verwenden. In dieser Funktion lebt J. selbst noch in Israel fort, sofern es nicht dem offiziellen Iwrit unterlag. Doch entgegen der Bestrebungen, das J. als Ghetto-Dialekt zu ersetzen, hat man es nun auch in Israel als bewahrenswertes Erbe erkannt, in Lehre und Literatur gewinnt es eine bemerkenswerte Renaissance. Das Westjiddische hingegen, das seit ausgehendem MA u.a. in Amsterdam, Hessen, Elsass und Aargau verbreitet war, ist fast erloschen.

Jie (ETH)
I. Karamojong, Jiwe.
II. kleine Einheit mit südnilotischer Spr. im wasserarmen Karamoja-Bez. Ugandas; jener der sieben Karamojong-Stämme, der sich gewaltsam vom Urstamm getrennt hat. Gliedern sich streng nach Altersklassen.

Jilin (TERR)
B. Altbez. Kilin, Kirin. Provinz in China; vgl. Mandschurei.
Ew. 1952: 11,290; 1996: 26,100, BD: 140 Ew./km²

Jinas (REL)
I. Dschaina(s), Jainas.

Jingqgi (ETH)
II. Stamm der Xhosa in Ciskei, s.d.

Jinismus (REL)
s. Dschinismus, Dschainismus, Jainism (=en). Vgl. Dschaina(s).

Jirajara (ETH)
II. in Kämpfen von den Spaniern ausgerottetes Indianervolk in den Gebirgsterritorien Venezuelas; galten als Kannibalen.

Jirki (ETH)
II. ein Kurdenstamm in der Provinz Hakkari/Türkei.

Jita (ETH)
I. Shashi, Washashi, Kwaya.
II. kleine schwarzafrikanische Ethnie auf Halbinseln im sö. Victoriasee.

Jivaro (ETH)
I. Jibaro, Chiwaro, Siwaro, Xiwari.
II. Indianervolk im S Ecuadors; bilden mit den Aguaruna eine eigene Spr.gruppe; auf 15 000 Individuen geschätzt. Waren als Kopfjäger gefürchtet (Tsantsa-Schrumpfköpfe); als Folge häufiger Stammeskämpfe herrschte typischer Frauenüberschuß. Totenbestattung in den Wohnhäusern. Betreiben Anbau und Viehhaltung.

Jiwe (ETH)
I. Jie, Karamojong.

Joachimiten (REL)
II. Anh. des Joachim v. Floris, der für 1260 den Anbruch eines neuen Zeitalters verkündete; er wollte die verweltlichte Kirche in urchristliche Zustände zurückversetzen.

Job-Sharer (SOZ)
I. (=en); Teilzeitarbeiter.
II. Arbeitnehmer (meist Angestellte), die sich überwiegend aus persönlichen Gründen (z.B. Kindererziehung) vertragsmäßig mit (einem) anderen Kollegen eine Arbeitsstelle teilen.

Jodo-shu (REL)
II. buddhistische Schulrichtung in Japan, gegr. 1175.

Jogi (REL)
I. Yogi. Vgl. Fakire.

Johannes-Christen (REL)
I. gefälschte Eigenbez. für Mandäer.

Johanniter (REL)
I. (seit 1310) Rhodiser, (seit 1530) Malteser; Asbitarijja oder Isbatárijja (=ar); Knights of St. John (=en).
II. gegr. im 1. Kreuzzug (1099); ältester geistlicher Ritterorden (ab 1120); Krankenpflege, später Glaubenskampf im ö. Mittelmeer (Cypern, Rhodos, Malta). Ordenstracht: schwarzer Mantel mit weißem Kreuz. 1382 wird durch Balley Brandenburg gewisse Autonomie eingeräumt, 1852/1853 wird sie durch Preußen aktiviert als nunmehr evangelischer Johanniterorden. Vgl. Hospitaliter.

Jomuden (ETH)
I. Jomudi, Yomuden; Eigenbez. Jomud; Jomuty (=rs).
II. großer turkmenischer Stamm im Iran und im W von Turkmenistan, z.T. noch nomadisierend. Vgl. Turkmenen.

Jora (ETH)
II. indianisches Restvolk in N-Bolivien, das vermutlich Mitte des 20. Jh. ausgestorben ist.

Jordanien (TERR)
A. Haschemitisches Königreich. In Ablösung vom Osmanischen Reich kamen 1918 Ostjordanland und Palästina unter britische Verwaltung; Transjordanien seit 1920 britisches Mandat, seit 1923 von Palästina getrennt, 1946 unabhängig 1949–1967, unter Angliederung der arabischen Teile Palästinas, West-/Zisjordaniens. Unterscheidung von Trans- und Zisjordanien (faktisch bis 1967).
Al Mamla-kah Al Urdunniyah Al Hashimiyah (=ar); Mamlaka al Urduniya al Hashemiyah. Hashemite Kingdom of Jordan, Jordan (=en); le Royaume hachémite de Jordanie, Jordanie (=fr); el Reino Hachemita de Jordania, Jordania (=sp). Vgl. Palästina, Zisjordanien.
Ew. 1950: 1,237; 1960: 1,695; 1970: 2,299; 1978: 2,984; 1996: 4,312, BD: 48 Ew./km²; WR 1990–96: 48%; UZ 1996: 72%, AQ: 13%

Jordanier (NAT)
I. Jordanians (=en); jordaniens (=fr); jordanos (=sp).

II. StA. von Jordanien. Im Bestand der StA. sind 1,413 Mio. (1997) Palästinenser enthalten, die als Dauerflüchtlinge in Jordanien leben. Tatsächlich erfolgt deren Nachweis allein nach dem angegebenen Geburtsort der VZ 1979. Hauptsächlich aus dieser Gruppe stammen 328 000 (1986) Gastarbeiter in arabischen Staaten und Europa. Vgl. Cis- und Transjordanier; Palästinenser.

Jornaleros (SOZ)
II. (=sp); Tagelöhner.

Josephiten (REL)
I. 1.) begründet durch Joseph Smith d. J.
II. Absplitterung der Mormonen.
I. 2.) »Schwestern des heiligen Joseph«.
II. australischer Nonnen-Orden, begründet durch Mary Mc. Killop; Engagement für Randgruppen insbes. Aborigines; 1994 rd. 1500 Mitglieder in Alltagskleidung. Vgl. Mormonen.

Jozjanis (SOZ)
II. Usbeken-Milizen in Afghanistan.

Jthumma (ETH)
I. aus Jhum »Brandrodung«, die von allen betrieben wird.
II. Sammelbez. für die 13 Stämme in den Chittagong-Hügeln/Bangladesch. Zu ihnen zählen neben den Chakmas, der weitaus größten Gruppe, die Lushai, Murung, Bowm, Marma und Khumi. Ihre Stammesgebiete wurden bei der Teilung Indiens 1947 fälschlicherweise nicht einem der indischen Stammesstaaten, in denen sie ihre traditionellen Rechte hätten beibehalten können, sondern Ostpakistan zugeschlagen. Dort waren sie insbesondere nach 1971 wachsender Überwanderung durch bengalische Flutopfer unterworfen, die Bangladesch systematisch ansiedelte. Deren muslimischer Bev.anteil ist seit 1947 bis 1985 von 3 auf 46% angestiegen. Aus Abwehrreaktionen der J. erwuchs ein zwanzigjähriger Kleinkrieg. Gegenreaktionen der Siedler mit schweren Massakern führten zu Fluchtbewegungen der J. im indischen Trigura, allein 1985 von > 50 000 Menschen.

Juana (ETH)
II. Teilstamm der arabischen Dulain in Irak.

Jubur (ETH)
II. arabische Stammeseinheit von Schafnomaden in der irakischen Jezira. Vgl. Dulain.

Ju-chiao (REL)
I. (=ci); Konfuzianismus, »Lehre der Gelehrten«.

Juden (REL)
I. Jews (=en); juifs (=fr); ebrei (=it); Israelitas (=sp); judéus (=pt); juéos (=sp); Evrei (=rs).
II. Altbez. Israeliten (nach einem der zwischen dem 15.-13. Jh. v. Chr. in Palästina niedergelassenen Nomadenstämme), Hebräer (nach der nachmaligen Kultspr.). Bez. versteht sich ebenso auf biologisch-genealogischer Abstammung vom Stamme Juda, als auf Zugehörigkeit zum jüdischen Glauben. J. bilden eine sog. Religionsnation. Sie sind weder rassisch noch ethnisch einheitlich. Verbreitete Zwangswanderungen aufgrund von Verfolgungen aus polit., dann religiösen und sozialen Gründen führten zur Zerstreuung (Diaspora) über immer neue Gebiete und förderten seit Anbeginn (z.B. mit Urbewohnern Kanaans) überall die Durchmischung mit Wirtsvölkern. 1948 Wiederbegründung eines jüdischen Staates Israel, der 3,6 Mio. (1987), d.h. nicht einmal 25%, von rd. 17 Mio. J. beherbergte. Unabhängig davon erfuhr die Verteilung des Weltjudentums innerhalb von 100 Jahren eine völlige Neugewichtung. Z.B. wandelten sich die Anteile von 1880 über 1950 auf 1980 in Europa von 88,4% : 30,9% : 22,8% oder in Amerika von 3,3% : 50,6% : 49,8%. Durch Massenexoden aus Gebieten der ehem. UdSSR werden auch weiterhin starke Veränderungen eintreten. So z.B. wanderten allein zwischen 1989-1995 gut 650 000 jüdische Emigranten aus Osteuropa in Israel ein. Vgl. Aschkenasim, Ostjuden, Sephardim; Jews, Evrei, Am Olam.

Judenchristen (REL)
I. Quartodezimaner.
II. Altbez. für zum Christentum bekehrte Juden; Gegensatz Heidenchristen. In näherer Unterscheidung: 1.) Gesetzesfreie, »Hellenisten«, die mit der christlichen Taufe den jüdischen Kult aufgaben; 2.) Gesetzestreue Juden, Hebräer, die auch nach der »christlichen« Taufe am mosaischen Gesetz festhielten, auch wenn sie es nicht für heilsnotwendig hielten; 3.) Gesetzestreue Juden, Judaisten, die das jüdische Gesetz weiterhin befolgten und auch die Heidenchristen zwangen, jüdische Vorschriften und Gebräuche zu übernehmen. Vgl. Ebioniten, Essener, Hebräer.

Judenschaften (SOZ)
II. Selbstverwaltungskörperschaften jüdischer Ortsgemeinden mit eigenen Vorstehern (Parnes) und Richtern, Erziehungs- und Wohlfahrtseinrichtungen. Vgl. Millets.

Judenteutsch (SPR)
II. Sprgem. auf der Frühstufe des Jiddischen.

Judéo-arabe (SPR)
II. (=fr); von den Sephardim im Maghreb benutzte Mischspr., sie auch die Umgangsspr. der Europäer in Algerien und Tunesien beeinflußt. Vgl. Ladino.

Judeo-español (SPR)
I. (=sp); Spaniolisch(e) Spr. Vgl. Ladino- und Spaniolisch-spr.

Jugendliche (BIO)
I. junge Leute, Jungmannschaft; m. Jungmänner/ Jünglinge/Burschen bzw. w. Jungmädchen, Heranwachsende. Young Persons, Juveniles (=en); jeunes gens, adolescents (=fr); giovani, adolescenti (=it); adolescentes, menores, jovenes (=sp); meninos, adolescentes, jovens (=pt). Nicht zu verwechseln mit Jungvolk (in Deutschland Bez. für NS-Organisation).
II. junge Menschen im Reifealter nach der Pubertät, wobei zu berücksichtigen ist, daß sexuelle Reife zeitlich erheblich sozialer Reife vorangeht. Selbst europäische Staaten haben die gesetzliche Heiratsfähigkeit von Mädchen auf das 12. bis 18., von Jungen auf das 15. bis 21. Altersjahr festgelegt. Als »Heranwachsende« gelten in Deutschland (nach Jugendgerichtsgesetz) J. im Alter von 18 bis 21 Jahren. Auch das Sonderschutzalter für jugendliche Arbeitnehmer differiert weit, manche Industrieländer erlauben feste Beschäftigung ab 14 Jahren. In allen Kulturen soll das Durchgangsstadium des Jugendalters in die Rechts- und Pflichtenwelt der Erwachsenen überleiten: Schulpflicht ab 5 bis 6 J., Wahlrecht ab 16 bis 18 J. In Deutschland wurde das sogenannte Volljährigkeitsalter 1975 von 21 auf 18 J. herabgesetzt; die daraus resultierenden Folgen vom Führerscheinerwerb über die Wohnungsnachfrage bis zum politischen Mandat wurden seinerzeit ganz unzulänglich geprüft. Das mildere Jugendstrafrecht z.B. greift in Europa höchst unterschiedlich vom 7. bis 21. Lebensjahr; während es in N- und E-Europa seit für 15jährige gilt, läuft es in S- Europa bereits für 16jährige aus. Vgl. Kinder; Minderjährige, Volljährige, Halbwüchsige.

Jugendreligionen (REL)
I. Jugendsekten, Psychosekten, Psychokulte; Neue religiöse Bewegungen, Neue Weltanschauungsgemeinschaften; in USA destructive cults (=en).
II. nach 1970 aufgekommene Bez. für weltanschaulich-(pseudo-)religiöse Bewegungen, die vor allem Jugendliche und junge Erwachsene ansprechen, deren bes. Lebensprobleme sie in der neuen Gruppengeborgenheit zu lösen versprechen. Viele J. orientieren sich an ö. Weisheitslehren und Meditationspraktiken; ihre Anh. wechseln geradezu in eine neue Identität: Ordensnamen, -kleidung, -haartracht usw., begeben sich in die Abhängigkeit von zentralen Führergestalten (Bhagwan, Guru, Maharishi, Meister, Vater). Vgl. u.a. Ananda Marga (1955), Bhagwan-Shree-Rajneesh (1966), Children of God (1969), Divine Light-Mission (1960), Eckankar (1964), Hare Krishna (1966), Jesus-People, Scientology Church (1954), Transzendentale Meditation (s.d.); Margiis; Neo Sannyasins; Premies; heilige Geschwister.

Jugoslawen (ETH)
I. Südslawen; Yougoslaves (=fr); Yugoslavs (=en).
II. 1.) Staatsangehörige der 1918/29 als Königreich, 1941/45 als Rep. begründeten Federativna Republika Jugoslavija; 1921: 12,545 Mio., 1981: 22,425 Mio. In der VZ 1921 war nach Spr. und Rel. gefragt, so daß orthodoxe Montenegriner und Mazedonier den Serben zugerechnet wurden: 8,912 Mio. (71,0%) Serben und Kroaten, 1,020 Mio. (8,1%) Slowenen, 1,345 Mio. Muslime (10,7%), 506000 Deutsche, 468000 Ungarn, 440000 Albaner, 231000 Rumänen, 150000 Türken. In der VZ 1991 bekannten sich von den 10,394 Mio. Ew. der nunmehrigen BR Jugoslawien (einschl. Kosovo, Vojvodina und Montenegro) 62,3% als Serben, 16,6% als Albaner, 5,0% als Montenegriner, 3,3% als Ungarn 3,1% als ethnische Muslime und 3,3% als »Jugoslawen« (Eigenbez.). 2.) Bereits bei der VZ 1981 konnten Personen, die sich keiner Volksgruppe zugehörig fühlten, als Nationalität auch »Jugoslawe« angeben; 1,219 Mio (5,4% der Gesamtbev.) machten 1981 davon Gebrauch. Vgl. Südslawen; Bosnier/ Bosniakaen.

Jugoslawen (NAT)
II. 1.) StA. der ehem. Sozialistischen Föderativen Rep. Jugoslawien 1918–1991. Es handelt sich um Angehörige von a) 6 narodi (staatstragenden Völkern), insbesondere (1981) um Serben, Kroaten, Slowenen, Mazedonier, Montenegriner und Muslime und b) weiteren 19 narodnosti (Volksgruppen bzw. sog. Nationalitäten), insbes. (1981) um Albaner, Ungarn usw. Zum Stand 1921 registrierte man noch 3,8% Deutsche, aber erst 3,3% Albaner. 2.) Auch Terminus im Zensus jenes Vielvölkerstaates für solche registrierten Ew., die keine ethnisch-spr. Angaben machten, etwa 1981: 1,219 Mio, d.h. 5,4% der damaligen Gesamtbev. 3.) Seit Zerfall des alten Jugoslawien bezieht sich Terminus auf StA. der heutigen Bundesrepublik J., (10,6 Mio. Ew. 1996), von »Restjugoslawien«, das aus Serbien mit Vojvodina, (formal aber nicht faktisch) Kosovo sowie Montenegro besteht. In Anbetracht zahlreicher überkommener Doppelbürgerschaften der alten jugoslawischen Bundesstaaten, von schätzungsweise 500000 Flüchtlingen aus Bosnien-Herzegowina und Kroatien sowie von mind. 300000 temporären Emigranten, die sich derzeit hpts. in Mitteleuropa aufhalten, sind quantitative Angaben sehr unsicher. Zudem haben große Bev.teile für einen anderen Nachfolgestaat anstelle der bisherigen Wohnrepublik optiert. Vgl. Slowenen, Kroaten, Serben, Bosnier, Herzegowiner, Makedonier; Aromunen.

Jugoslawien (TERR)
A. Sozialistische Föderative Republik (Name seit 1929); Seit Zerfall von Jugoslawien 1991 Bundesrepublik Jugoslawien (Serbien und Montenegro). Savezna Republika Jugoslavija. Yugoslavia (=en); la Yougoslavie (=fr).
Ew. 1921: 12,545; 1931: 14,534; 1948: 15,842; 1950: 16,346; 1955: 17,519; 1960: 18,402; 1965:

19,434; 1975: 21,352; 1981: 22,060; 1996: 10,574, BD: 104 Ew./km²; WR 1990–96: 0,1%; UZ 1996: 57%, AQ: 7%

Jugoslawiendeutsche (ETH)
II. Überbegriff für deutsche Siedlungskolonien in Jugoslawien, hier einschließlich eines grenznahen Umfelds. 1921: 506000; 1931: rd. 500000, hiervon im Banat über 120000, Batschka 173000, Baranja über 16000, Syrmien über 49000, Kroatien und Slawonien rd. 81000, Slowenien 29000, Bosnien-Herzegowina 15500, Untersteiermark und Gottschee, Belgrad und sonstigem Jugoslawien über 16000, 1951: 70100; 1971: 12400. Die J. wurden Ende 1944 durch das Gesetz Nr. 1 enteignet und für rechtlos erklärt; sie erlitten durch Zwangsmaßnahmen die anteilmäßig größten Menschenverluste aller auslandsdeutschen Siedlungsgruppen (Gesamtverluste 98000), ihre Zahl ging (1953) auf 62000 zurück und nahm seither fortlaufend bis unter 10000 ab. Vgl. Gottscheer, Donauschwaben.

Jugun Ianfu (SOZ)
I. (jp=) Militärunterhalterinnen; Comfort Women, benannt nach den Comfort Stations (en=) »Entspannungshäuser«.
II. Bez. für > 200000 Asiatinnen (insbes. aus Korea, China, Philippinen), die während des II.WK im pazifischen Raum von den japanischen Besatzungsarmeen in Freudenhäuser gezwungen wurden; sie ringen in internationalen Zusammenschlüssen um Rehabilitierung und Entschädigung. Vgl. Trostfrauen.

Jukagiren (ETH)
I. Eigenbez. Odul, d.h. die »Starken«; Wadul, Detkil; Yukagiry (=rs); Yukaghirs/Yukagirs (=en).
II. zwei sprachlich stark unterschiedliche Territorialgruppen von nomadisierenden Rentierzüchtern an der Kolyma und Eismeerküste in N-Sibirien zwischen Indigirka und Alaseja sowie zwischen Korkodon und Jasatschnaja im NE Sacha-Jakutiens; mit paläoasiatischer Spr. Einst zahlreiches Volk, das durch Epidemien und Assimilierung große Verluste erlitt. Starke tungusische Einflüsse, um 1650 gab es ca. 5000 J., 1990 kaum mehr 1200 Köpfe; gerieten Ende 17. Jh. unter russische Herrschaft. Schamanentum, Animisten. Sowjetmacht betrieb seit 1930 Seßhaftwerdung und Jagdkooperativen.

Jukun (ETH)
I. Djukun, Dzhukun; Jibu, Kutev; Wurkum, Zumper.
II. ein Sudanvolk mit Eigenspr. der Benue-Spr.gruppe, ansässig sö. des Hochlandes von Bauchi in Nigeria und in der zentralen Demokratischen Rep. Kongo. Waren im 17. Jh. Träger des Kororofa-Königreiches im Benuetal; sind Ackerbauern.

Juma (ETH)
II. indianisches Restvolk im Amazonasgebiet, vom Aussterben bedroht.

Junge Generation (WISS)
I. nachwachsende Generation.
II. ugs. Bez. bei vagen Altersgrenzen im Gegensatz zu mittlere und ältere Generation.

Junge Männer Irlands (SOZ)
I. (ir=) Oglaigh na Eireann, IRA.
II. Anh. einer Bewegung, die durch Abspaltung 1970 aus der alten IRA, der Republikanischen Bewegung des Osteraufstandes von 1916, hervorgegangen ist. Ihre Anh. treten für keltischen Nationalismus ein, für die Bewahrung irischer, kath. Kultur und gälischer Spr. in einem von Großbritannien unabhängigen Nordirland; sozialistische Untertöne. Zu unterscheiden sind die polit. Organisation der Sinn Féin und die eigentliche »Irische Republikanische Armee«, deren 3000–4000 bewaffnete Anhänger bis Ende der 90er Jahre einen blutigen Terrorkampf gegen die Briten führten. In Gefangenschaft geratene Mitglieder werden wie Kriegsgefangene gehalten. Etwa 100000 Sympathisanten.

Jünger Christi (REL)
I. Disciples of Christ oder Campbelliste Baptists (=en).
II. taufgesinnte Denomination in den USA; gegr. 1823 durch A. und Th. Campbell.

Jungferninseln (TERR)
B. British Virgin Islands (=en); Iles vierges britanniques (=fr); Islas Vírgenes Británicas (=sp).
Ew. 1948: 0,007; 1960: 0,007; 1970: 0,010; 1994: 0,018, BD 118 Ew./km²

Jungferninseln (TERR)
B. US-amerikanisch. Virgin Islands of the United States (=en). Iles vierges américaines (=fr); Islas Vírgenes de los Estados Unidos (=sp).
Ew. 1996: 0,097, BD 280 Ew./km²

Jungfrauen (SOZ)
I. Altbez. Jungfern, Junggesellinnen; Fräulein(s); Altbez. Zitellen; Squash-Blüte (=indian.).
II. junge Frauen; unverheiratete Frauen; unberührte Mädchen (med. geschlechtsreife Frauen vor der Entjungferung). Terminus Fräulein(s) ist auch alte Dienst-, Funktionsbez. i.S. von Kinder-, Hausfräulein. Vgl. Junggesellen.

Junggesellen (SOZ)
II. 1.) unverheiratete Männer, Jungmänner. Für ältere (»eingefleischte«) J. ugs. auch Einspänner, Hagestolze. Bei gestörtem Geschlechterverhältnis (u.a. nach Kriegen, durch eugenische Eingriffe) kann es zu außergewöhnlichen Defiziten oder Überschüssen von Jungfrauen und Junggesellen kommen (China). 2.) die jüngeren Gesellen in einem Handwerksbetrieb; in den Jh. der Zunftverfassung war ihre Ar-

beitsstelle nicht familientragend, sie mußten also ledig bleiben. Auch in anderen Systemen war ihnen die Heirat z.B. vor Ablauf von sieben Lehrjahren (England) sogar verboten und danach noch erschwert.

Junggesellen-Gesellschaften (WISS)
I. bachelors societies (=en).
II. soziol. Terminus für die reinen Männergesellschaften unter den (frühen) Gast-, Fremd-, Wanderarbeitern, die oft jahrelang fern ihrer Familien leben mußten, denen die Familiennachzug polit. verwehrt oder wirtschaftlich unrealisierbar blieb; Ersatzfunktionen: Prostitution und Glücksspiel. Z.B. bei südafrikanischen Minenarbeitern, chinesischen Kulis im Eisenbahnbau.

Jungindonesier (ETH)
I. (nicht vollsynonym) Jungmalaien.
II. wiss. Bez. nach *HEINE-GELDERN* für Völker der Indonesier,»die seit Beginn des 1. Jtsd.n.Chr. durch die indische und darauf durch die islamisch-arabische oder die christlich-europäische Hochkultur geprägt worden sind« (*W. STöHR*). J. stellen den Hauptteil der Indonesier (90%) und damit der StA. der politischen Einheiten. Ihre Wirtschaft beruht auf Naßreisanbau und Fischerei. Jungindonesische Völker sind auf Java die Javaner, Sundanesen, Maduresen; auf Bali die hinduistischen Balinesen; auf der Malakka-Halbinsel, Ostsumatra und Teilen Borneos die Malaien, auf Sumatra die Aceh und Minangkabau; auf Sulawesi die Makassaren und Bugi, auf den Philippinen die christlichen Tagal und Bisaya/Visaya und die muslimischen Moros; auf Lombok und Sumbawa die muslimischen Sasack, ferner die Ambonesen und Ternatesen.

Jungmalaien (ETH)
I. Jungindonesier.
II. überholte wiss. Sammelbez. für die heutigen Kulturvölker im indonesischen Archipel, die seit Beginn des 1. Jtsd. durch indische, arabische oder christlich-europäischen Hochkulturen geprägt worden sind; sie sind heute überwiegend islamischen Glaubens.

Jungpaläolithiker (WISS)
II. Menschen der jüngeren Altsteinzeit, in Europa etwa zw. 36000 und 10000 v.Chr. (Würm III-Stadial bis Holozän). J. haben dank Speer, Harpune, Pfeil und Bogen ein höheres Jägertum entwickelt, Jagdtiere: Mammut, Ren, Wildpferd, Moschusochse. Solche Jagd setzt organisierte Sippenverbände voraus. Jagdzauber: Höhlenmalereien in Spanien (Altamira) und Frankreich (Lascaux, Lagavend, Combareles, Fontdegaume); geschnitzte Figurinen. Als Behausungen dienen Höhlen, Wohngruben, Hütten, Zelte. Dank Nadeln und Pfriemen setzt genähte Kleidung ein. Entwicklungsgeschichtlich ist Jungpaläolithikum zu gliedern in Aurignacien (36000–20000, Gravettien/Spätaurignacien, Solutréen (20000–16000 und Magdalénien (16000–10000). Träger des Jungpaläolithikums ist in Europa der Homo sapiens sapiens mit gewisser Variationsbreite von Combe-Capelle- und Cromagnon-Typ. Etwa gleichzeitig differenziert sich Menschheit in die drei großen Rassenlinien und breitet sich aus, über Beringstraße nach Amerika, über Südostasiatische Inselwelt nach Australien. Geogr. Name: La Madeleine bei Tursac/Dordogne; Solutré/Dep. Saône-Loire; Aurignac/Südfrankreich. Vgl. Neandertaler, Crô-Magnon- Menschen; Paläolithiker.

Jungtürken (SOZ)
I. Jön Türkler; Vorgänger waren die Jungen Osmanen (tü=) Genç Osmanlilar.
II. Mitglieder einer nationaltürkischen Revolutionsbewegung 1870 bis ca. 1925 vorzugsweise im Offizierskorps unter Enver Pascha. Hatten u.a. wesentlichen Anteil an Armenierverfolgungen.

Junker (SOZ)
I. (ahd=) »junger Herr«.
II. 1.) Altbez. für junge Edelleute; 2.) polit. beeinflußte abwertende Bez. für den grundbesitzenden preußischen Adel in Ostelbien (»Ostelbier«); in DDR wie auch Großagrarier ein polit. Kampfbegriff.

Junkies (SOZ)
I. Junkys (=en); Fixer; aus junk (en=) »Trödel«, »Abfall« u.a. auch »Rauschgift«.
II. Jargonausdruck für Drogenabhängige.

Jupigyt (ETH)
I. Eigenbez. der Eskimo in Rußland.

Jur (ETH)
I. Lwo, auch Schilluk-Luo, Lwo-Jur.
II. kleiner W-Niloten-Stamm an Zuflüssen des Bahr el Ghazal, wenige Tausend.

Jura (TERR)
B. Kanton. Gliedstaat der Schweizerischen Eidgenossenschaft. Neubildung durch erzwungene Abtrennung aus dem Kanton Bern.
Ew. 1970: 0,062; 1980: 0,065; 1990: 0,066; 1997: 0,069

Jurakisch (SPR)
I. Nenzisch-Spr., Samojedisch. 28000 (1991); als Mutterspr. in Rußland. 1931–1937 in Lateinschrift, seit 1938 in Kyrillisch.

Jurak-Samojeden (ETH)
I. Altbez. für Nenzen; Eigenname Nenez; Nenets (=en); Nency (=rs); Chasowa d.h. »Menschen«; Juraken; Juraki (=rs). Vgl. Nenzen, Nganasanen, Enzen, Selkupen; Tawgisch-spr.

Jurassier (ETH)
II. Bew. des schweizerischen/französischen Jura-Gebirges; i.e.S. die französischspr. Bew. des Schweizer Jura, im bes. diejenigen des Kts. Jura.

Jürüken (ETH)
  I. Yürüken.
  II. Kleinstgruppe (< 10 000) von Bergnomaden in N- und Mittel-Anatolien mit alttürkischer Spr., Kultur- und Wirtschaftsform. Vgl. Yailabauern.

Juruna (ETH)
  II. kleine Indianerpopulation im Xingú-Nationalpark/Brasilien.

Jüten (ETH)
  II. germanischer Volksstamm auf Jütland, nahm im 5./6. Jh. mit Angeln und Sachsen an der Besiedlung Englands teil; die zurückgebliebenen Jüten gingen im dänischen Volk auf.

K

Ka'apor (ETH)
I. »Menschen des Waldes«.
II. ein knapp noch 500 Individuen zählendes Indianer-Volk in einem Reservat im nordwestbrasilianischen Staat Maranho, der unter existenzieller Bedrohung durch landhungrige Siedler steht.

Kaasköppe (SOZ)
II. Schimpfbez. bei Deutschen für Niederländer.

Kababisch (ETH)
I. Kababish; etymologisch »Ziegenhirten«.
II. Nomadenstamm, eine Untereinheit der Djuhayna (1980: ca. 80 000), incl. Kawahla, Hawawir-Unterstämmen; ethnologisch heterogen mit berberischen, negriden, nubischen und bedschaischen Einschlägen; arabische Spr.; seit 13./14. Jh. in Kordofan/Sudan, Muslime. Vgl. Baggara.

Kabardiner (ETH)
I. Eigenname Keberdei; Kabarden; Kabardincy (=rs); Kabardians, Kabardinians, Kabards (=en).
II. autochthones Volk im n. Kaukasusvorland und Kleingruppen in N-Anatolien, mit einer nordwestkaukasischen Eigenspr. Kabardinisch, die seit 19. Jh. auch Literaturspr. ist und seit 1936 in kyrillischer Schrift geschrieben wird. Ursprünglich als Halbnomaden im Kuban-Gebiet beheimatet, standen ab dem 13. Jh. unter Herrschaft der mongolischen Goldenen Horde. Nach deren Auflösung Vermischung mit (iranischen) Alanen im Terek-Gebiet. Im 16. Jh. von Krimtataren islamisiert, 1774 endgültig dem russischen Reich eingegliedert. 1921 wurde die Kabarda zum autonomen Gebiet erklärt, das nach Zusammenschluß mit dem Balkarischen Nationalen Kreis 1936 den Status einer ASSR erhielt. In heutiger Kabardino-Balkarischen Teilrepublik bewohnen K. die n. Ebenen, die Balkaren das s. Bergland. Bev.zahl: 1979: 321 000; 1990: 391 000 K., d. h. knapp 50 % der Gesamtbev., meist sunnitische Muslime, um Mozdok orthodoxe Christen. K. sind verwandt mit Tscherkessen und Adyejern im benachbarten W-Kaukasus. K. streben im Gegensatz zu Kabardinern Loslösung von Moskau an.

Kabardino-Balkarien (TERR)
B. Ab 1992/94 autonome Republik in Rußland; 1921 als Autonomes Gebiet gegr., seit 1936 ASSR im nw. Kaukasus. Kabardino-Balkarskaja ASSR (=rs); Kabardino-Balkar ASSR, Kabardin-Balkar Republic (=en).
Ew. 1964: 0,496; 1974: 0,634; 1989: 0,760; 1995: 0,777, BD: 62 Ew./km²

Kabilah (SOZ)
I. (=ar); Kabila, Kabilat, auch qabila bzw. quabila (im Sg.); Pl. Kbail.
II. Großstamm oder Stammesföderation von arabischen oder berberischen Nomaden. Geogr. Name: Kabylei, algerische Küstenlandschaft.

Kabinda (ETH)
I. Cabinda.
II. kleine schwarzafrikanische Ethnie an der Küste von Cabinda und in der DR Kongo.

Kabirpanthis (REL)
I. nach dem Gründer Kabir 1440–1518.
II. indische Mönchsgemeinde, verpflichtet der ersten Synthese von Hinduismus und Islam, zwischen denen Unterschiede nur auf äußerlichen Kultformen beruhen sollen. Dementsprechend werden u.a. Fasten, Kasteiungen, Pilgerfahrten verworfen. Noch heute im n. Zentralindien bestehend.

Kabui (ETH)
II. Einheit der Naga-Stämme in NE-Indien.

Kabye (ETH)
I. Kabyé (=fr).
II. nordtogolesisches Kriegervolk, das, obgleich nur Minderheit von 13,9 % (zus. mit verwandten Volta-Völkern 35 %) bei 4,2 Mio Gesamtbev. (1996), in der Militärdiktatur die Hausmacht des Präsidenten Eyadéma (seit 1967) stellt.

Kabylen (ETH)
I. (ar=) quabila/qabail, »Stämme«, »Stammesangehörige«; von den Arabern gegebene Sammelbez.; Kabyles (=fr); Kabyle people (=en).
II. Stammesgruppe der Berber (> 1 Mio.) in der Großen und Kleinen Kabylei Algeriens (geogr. Name). Patri-Klane. Größter Stamm: Suawah/Zouaoua; hieraus abgeleitet Zoaven/Zuaven, kolonialzeitlich eine französische Militäreinheit.

Kabylisch (SPR)
I. Kabyle (=en).
II. 1994 ca. 3 Mio. Sprecher dieser Berberspr. in Algerien.

Kachari (ETH)
I. Katchari, Katschari; Kacháris (=en).
II. Stamm der Bodo in Assam/Indien, geschätzt auf 400 000; besaßen im 13.–19. Jh. ein Reich, das bis 1790 hinduisiert wurde; es fiel 1830 an die Ostindische Kompanie.

Kachetier (ETH)
I. Eigenbez. Kacheli; Kachatincy (=rs).
II. eines der kartvelischen Völker im Kaukasus. Vgl. Georgier.

Kachin (ETH)
I. Katschin in Myanmar; Tsching-Po in China; Eigenbez. Jinghpaw/Singhpo; Tsching-Po.
II. mongolides, bis ins 19. Jh. aus S-China zugewandertes Bergvolk in N- und NE-Myanmar und angrenzenden Berggebieten Assams und Yünnans. 1980 ca. 600000 mit tibeto-birmanischer Eigenspr. K. wurden zu großen Teilen christianisiert, sind in Mehrzahl Wanderfeldbauern. Vgl. Tsching-Po.

Kadama (SOZ)
I. »Sklaven«.
II. Bez. in den Golfemiraten für die Hausmädchen aus Ländern SE-Asiens.

Kadar (ETH)
II. ein kleiner primitiver Waldstamm in Kerala/Indien. Zahl < 5000. Schweifende Jäger und Sammler.

Kadara (ETH)
I. Katab.
II. kleine schwarzafrikanische Ethnie in NW-Nigeria.

Kadariten (REL)
I. Qadariten.
II. Muslime, die entgegen der im Orient geltenden Prädestination der menschlichen Willensfreiheit Raum bieten.

Kadiweu (ETH)
II. kleine indianische Ethnie im BSt. Mato Grosso/Brasilien mit einem 600000 Ha großen Reservat.

Kadrija (REL)
II. sunnitische Bruderschaft in Mauretanien.

Kadscharen (ETH)
I. Qadscharen.
II. ein kleiner iranischer turkspr. Stamm am Elbursgebirge, schiitische Muslime; z. T. noch nomadisierend; 1977 ca. 27000.

Kadu (ETH)
II. Ethnie in N-Myanmar bes. im Katha-Distrikt nahe der Grenze Assams; mit Eigenspr. aus der tibeto-birmanischen Spr.gruppe; schon stark mit Birmanen vermischt; sind nominell Buddhisten.

Kaffa (ETH)
I. Kafa, Kefa, Kaffitscho, Mantscho.
II. Ethnie in SW-Äthiopien; omotischer Spr., äthiopisch-orthodox missioniert. Ihre Verluste durch amharische Unterwerfung konnten bis heute kaum ausgeglichen werden; 1983 rd. 1,7 Mio.

Kaffern (ETH)
I. aus Kafirun (ar=) »Ungläubige«, s.d.; Kuffar, Kaffir, Cafre; Kafirs/Kaffirs (=en).
II. 1.) Pejorative europäische Altbez. für Neger und Hottentotten Südafrikas. Geogr. Name: Caffraria, Kafirlands (=en) in Transkei. 2.) von Europäern übernommene Bez. der Araber für Ungläubige, die auf alle Ethnien Anwendung fand, welche vom arabischen Sklavenhandel erfaßt worden sind. 3.) europäische Bez. speziell fallweise für die Xhosa, die SE-Bantu oder für zur Nguni-Gruppe der Bantu zählende Völker in Mosambik, Natal und S-Afrika. 4.) Begriff auch abschätzig gebraucht i.S. von »Tölpel«, »Hinterwäldler«, dumme, begriffsstutzige Kerle, Gaffer, dann wohl aus anderer Quelle: (jidd=) kapher, kaphri, (he=) kafar »Bauer, Dorfbewohner«. Vgl. Kaffride.

Kaffern (SOZ)
II. in Mitteleuropa Schimpfwort für dumme, unordentliche Leute. In religionswiss. Sicht vgl. Kafirun sowie daraus abgeleitet Kafiren. Im völkerkundlichen Sinn vgl. Kaffern, Südost-Bantu.

Kaffride (BIO)
I. Kafride (v. EICKSTEDT); Bantuide; (fr=) Race Nègre/Bantou nach DENIKER, R. Sudafricaine nach MONTANDON; razza cafra (=it); Bantomorphe (OSCHINSKY 1954).
II. Unterrasse der Negriden. »Negrider Durchschnittstypus grosser regionaler Variabilität und vielfach durch Mischung beeinflußt« (I. SCHWIDETZKY 1974); mehrfach direkt als äthiopidnegride Mischbev. mit Dominanz der Negriden charakterisiert; verbreitet in südafrikanischer Trokkenwaldzone und Ostafrika. Merkmale: mittelgroß und kräftig gebaut, langer mäßig hoher Kopf, niedriges weichgepolstertes Gesicht, gerade breite Nase, engspiraliges kurzes Haar, starke Hautpigmentierung. Vgl. Kaffrosudanide.

Käfigmenschen (SOZ)
I. cage-people (=en).
II. Bew. von Obdachlosenheimen in Hongkong nach ihren vergitterten Schlafabteilen.

Kafiren (ETH)
I. Kafirs (=en); (ar=) »die Ungläubigen«. Zu unterscheiden sind: Rote Kafire oder Bashah, seit Islamisierung Nuristani »die Erleuchteten« genannt, und Schwarze Kafire oder Kalasch, s.d.
II. kleine Ethnie in NE-Afghanistan (Nuristan=Kafiristan) und in N-Pakistan (im Kalschgum) mit mehreren indogermanischen sog. Kafir-Sprachen (Prasun, Kati, Aschkun, Waigeli); 1980 ca. 100000 Köpfe. K. haben in der Unzulänglichkeit ihres Lebensraumes s. des Hindukusch bis ins 19. Jh. sowohl ihre anthropol. Eigenart (Europide), als auch einen außerordentlichen Reichtum ihrer Kultur bewahrt. 1895/96 rigorose Islamisierung durch das afghanische Königshaus unter großen physischen und kulturellen Verlusten, sogar Versklavung. Heute überwiegend Sunniten im seitherigen Nuristan, »Land des Lichts«/Afghanistan. Ihre Stämme lassen sich gliedern in Ost-K. (Kaschtan, Kam, Madugal, Katir), Zentral-K. (Aschkun, Kti, Wei, Pressun) und West-K. (Kulam, Ramguli). Vgl. Kafirun; Nuristaner, Kalasch.

Kafirun (REL)
I. (=ar); Kuffar (Sg. Kafir).
II. islamischer Sammelbegriff für Ungläubige, die nicht muslimischen Untertanen, deren Bekenntnis, nach muslimischer Auffassung, auf einer nur unvollkommenen Offenbarung Gottes beruht (Christen, Juden). Vgl. Ahl al-kitab, Ahl ad-dimma; Kaffern, Cafre, Kaffir, Muschrikun.

Kafrosudanide (BIO)
I. African Negro (=en) nach HOOTON.
II. Zusammenfassung von Kaffriden und Sudaniden in der Auffassung, daß beide dem gleichen Formtypus zugehören.

Kaftanjuden (SOZ)
I. Planjes, Schtetljuden, galizische Juden.
II. ugs. anmaßende Bez. der assimilierten Juden, der »Krawattenjuden«, »Westjuden«, in Mitteleuropa im 19./20. Jh. für ihre später zugewanderten armen, noch unangepaßten, orthodoxen Glaubensbrüder aus Osteuropa. Man deklarierte sie als schmutzig und unzivilisiert, hinterlistig und kriecherisch, nach Zwiebeln und Knoblauch stinkend usw. (H. HAUMANN). Vgl. Ostjuden

Kagore (ETH)
I. Bagana.
II. negride Einheit aus der Mande-Tan-Spr.gruppe im Niore-Bezirk; < 100 000.

Kagoro (ETH)
II. ethnische Einheit in Zentralnigeria mit gleichnamiger Eigenspr. aus der Benue-Kongo-Gruppe. Anzahl ca. 20 000, sind Savannenpflanzer. Vgl. Malinke.

Kagulu (ETH)
I. Kagurund (ETH)
II. kleine schwarzafrikanische Einheit in Ost-Tansania.

Kagwaria (ETH)
II. Unterstamm der Kol in Madhja Pradesch-Orissa/Indien.

Kahana (SOZ)
I. Kuhhan; Sg. Kahin, w. Kahina.
II. Hellseher, Wahrsager, Propheten mit Funktion geistlicher Führerschaft und sozialer Schlichtung in arabischer und berberischer Stammesgesellschaft bes. in vor- und frühislamischer Zeit.

Kahtan (ETH)
II. arabischer Beduinenstamm in Saudi-Arabien; wanderten einst zwischen Asir-Bergen und Hofuf.

Kahugu (ETH)
I. Gure.
II. schwarzafrikanische Ethnie in Zentral-Nigeria.

Kai (ETH)
I. Kate.
II. ein Papua-Stamm auf Neuguinea.

Kaïd(s) (SOZ)
II. arabische Bez. für Stammesoberhäupter und heute Dorfbürgermeister im Maghreb.

Kaimaninseln (TERR)
B. Britische Kronkolonie in der Karibik. Cayman Islands (=en); les (îles) Caïmanes, les (îles) Caïmans (=fr); las (islas) Caimanes, las islas Caimán (=sp).
Ew. 1948: 0,007; 1960: 0,008; 1978: 0,012; 1996: 0,032, BD: 124 Ew./km²

Kaingua (REL)
s. Caingua.

Kaisaken (NAT)
s. Kasachen.

Kaishu (SCHR)
II. die moderne chinesische Normalschrift.

Kaitachen (ETH)
I. Kaitaken, Kaitagh; Eigenbez. Kajtak; Kara-Kajtaki (=rs). Vgl. Darginer.

Kaja (ETH)
I. Karenni.
II. kleine Minderheit in Myanmar.

Kajan (ETH)
I. Kayan.
II. mächtigster Stamm im gebirgigen Inneren Borneos, mit einer südwestindonesischen Eigenspr., > 30 000 Köpfe; treiben Wanderfeldbau, Jagd und hochstehendes Schmiedehandwerk. Beherrschten in kriegerischer Vergangenheit (Kopfjagd) weite Nachbargebiete und hielten Sklaven.

Kajkavisch (SPR)
II. Dialekt der Serbokroatischen Spr. Vgl. dort.

Kalahari (BIO)
I. Bakalahari, Kxalaxadi, Kgalagadi.
II. ethnische Einheit in Botswana und angrenzender Südafrikanischer Rep.; durch Blutsmischung von eingewanderten bantuiden Tswana mit autochthonen Khoisaniden entstanden. K. sind auf Niveau der Buschmänner abgesunken.

Kalanga (ETH)
II. Bantu-Ethnie im Grenzgebiet von Simbabwe gegen Botsuana und Sambia.

Kalapalo (ETH)
II. zum Verband der Kariben zählender Indianerstamm im Xingú-Gebiet, in kulturellem Zusammenschluß mit Aruak, Ge und Tupi. Vgl. Xingú-Indianer.

Kalasantiner (REL)
I. nach Joseph von Calasanza.
II. 1889 gegr. kath. Kongregation.

Kalasch (ETH)
I. Kalash; Schwarze Kafiren.

II. hochgewachsene, hellhäutige, oft blauäugige Menschen einer kleinen Ethnie im Kalaschgum, d.h. im Chitral-Gebiet (Rumbur-, Bomboret-, Birir- Tal) N-Pakistans (4000–10000), mit dardischer Spr. aus der indogermanischen Spr.familie, kulturell den Nuristanern ähnlich, jedoch mit indischem Idiom (Kalaschwar) und nur z.T. islamisiert. Alte Volksreligion (oberster Schöpfer Imra und diverse untergeordnete Gottheiten), reicher (Ahnen-, Initiations-, Toten-) Kult, bedeutsame Schöpfungslegende. Vgl. Kafiren, Kafirun.

Kalderaschi (SOZ)
I. Kelderascha, kelderari, caldarari; aus caldarar (=rm); Kotlovari (=sk).
II. 1.) eine der Dialektgruppen der Zigeuner in der Walachei, vgl. Louwara. 2.) Kesselflicker- bzw. Schmiede-Sippen der Zigeuner in Siebenbürgen, Ungarn und Polen. K. wanderten nach 1860 in Rußland ein und verbreiteten sich bis nach W-Sibirien.

Kalenjin (ETH)
II. schwarzafrikanische Ethnie im W von Kenia, bildet mit rd. 3,15 Mio. fast 11,5% der Gesamtbev.; K. sind unter der Regierung Moi überproportional in Verwaltung, Polizei und Armee vertreten.

Kalinga (ETH)
II. einer der alt-indonesischen Bergstämme im Norden Luzons/Philippinen. 1980 ca. 60000 mit NW-indonesischer Eigenspr.; wachsende Abwanderung in Städte. Vgl. Igoroten.

Kaliningradskaja Oblast. (TERR)
B. Königsberg: seit 1945 unter russischer Herrschaft stehende Exklave im Nordteil der ehem. dt. Provinz Ostpreußen.
Ew. 1964: 0,665

Kalixtiner (REL)
I. »Kelchler«, da sie im Abendmahl den Laienkelch = calix (=lat) forderten. Vgl. Prager Kompaktaten, Utraquisten.

Kalmes (ETH)
I. Eigenbez. Kalmes; Kalmez (=rs).
II. alte Territorialgruppe der Udmurten oder Wotjaken. Vgl. Udmurten.

Kalmüken (ETH)
I. Kalmücken; aus: (mo=) Chalmg, Chalmagh/ Kalimag (=tü) »Zurückbleiben«; Kalmyken; Eigenname Chalmy; Kalmyki (=rs); Calmucks, Kalmyk Mongols, Kalmuks, Kalmyks (=en).
II. ein Volk der Westmongolen heute am Unterlauf der Wolga, insbesondere in der Russischen Rep. Kalmykien; 1939: 134000; 1959 nur mehr 106000, 1970 wieder ca. 140000 und nach 1990 schon 174000. K. waren im 14. Jh. die Beherrscher der ganzen Mongolei, expandierten später auch nach Tibet und Turkestan, nehmen in Tibet den buddhistischen Glauben an. Um 1618–32 wanderten aus der Mongolei Teile der Stammesföderation der Oyrats/Oiraten (mit Chomuten, Derpenten, Torguten), die vom Mandschu-Reich nach W abgedrängt wurden, in den Südural und an die untere Wolga. Um der Bedrückung im russischen Reich zu entgehen, kehrte ein Teil der K. 1771, in schweren Kämpfen von Kosaken dezimiert, in die Dsungarei zurück, dort etwa 100000; nur sie konnten Lamaisten bleiben. D. zwangsweise »Zurückbleibenden« des Dörbet-Stammes wurden im 17. Jh. durch Kasachen auf ihr heutiges Gebiet beiderseits der unteren Wolga abgedrängt; sie werden seither K. genannt. Seit 1911 und verstärkt seit sowjetischer Revolution erfolgt Zwangsseßhaftmachung. Ihre westmongolische Eigenspr. (bis anfangs 20. Jh. in mongolischer Vertikalschrift) mußte seit 1925 in kyrillischer, 1931–38 in lateinischer Schrift geschrieben werden. 1939 wurde abermals die Kyrillika eingeführt. Mehrheit der K. sind heute voll assimiliert; ihr alter Glaube, der lamaistische Buddhismus, wurde gewaltsam unterdrückt. 1935–43 und wieder seit 1958 verfügen K. über eigene ASSR. Die Kollaboration von K. mit deutscher Wehrmacht im II.WK ahndete die Sowjetunion mit ausgedehnten Deportationen nach Sibirien, erst 1957 durften K. in ihre Heimat zurückkehren. Seit Auflösung der UdSSR starke Unabhängigkeitsbestrebungen, doch 1994 erneute Unterstellung als Rep. Kalmykien unter Russische Föderation. Von den dort 312000 Ew. (1995) stellen K. nur rd. 150000.

Kalmüken (NAT)
II. namengebendes Staatsvolk der Autonomen Rep. Kalmykien in Rußland, dessen StA. sie sind; stellen in ihrer Rep. 45,4% der Bev. gegenüber Russen mit 37,7%, ferner 4% Darginer, 2,6% Tschetschenen und 1,9% Kasachen.

Kalmükisch (SPR)
II. Spr. der Kalmüken gehört zu westlicher Untergruppe der mongolischen Spr., ist seit 17. Jh. Literaturspr., wurde ursprünglich mit der Mongolischen Schrift, 1927–1931 mit der Kyrillika, dann in Lateinschrift, seit 1938/39 wieder in Kyrillika geschrieben. K. wurde um 1990 in GUS von etwa 173000 Menschen gesprochen, davon von ca. 120000 in der Kalmükischen Autonomen Republik.

Kalmykien (TERR)
B. Ab 1992/94 autonome Republik in Rußland, an unterer Wolga; 1920 als Autonomes Gebiet gegr., 1935 ASSR; 1943–1957/58. Khalmg Tanch. Kalmyckaja ASSR (=rs); Kalmyk ASSR, Kalmyk Republic (=en).
Ew. 1964: 0,227; 1974: 0,269; 1989: 0,322; 1995: 0,312, BD: 4 Ew./km^2

Kalo (ETH)
II. kleine ethnische Einheit < 50000 im zentralen Bergland Vietnams; zur Mon-Khmer-Gruppe der austro-asiatischen Spr. zählend; Brandrodungsbauern.

Kalo rom (SOZ)
I. »schwarzer Zigeuner«; Kola Rom.
II. häufiger Eigenname der Zigeuner; keine Hautfarbenbez., sich allenfalls auf schwarze Haare oder schwarze Augenfarbe beziehend. In Persien Altbez. auch Sifech Hindu »schwarze Inder«. Vgl. Karavlasi, »schwarze Vlachen«.

Kalte Krieger (SOZ)
II. zeitgeschichtliche (im Kalten Krieg 1945/48–1970/80) und später negativ besetzte propagandistische Bez. für Politiker, welche die Methoden des (bes. auf psychologischer Ebene ausgetragenen) Kalten Krieges vertreten; im pejorativen Sinn für Unbelehrbare, Ewiggestrige.

Kalzeaten (REL)
I. im Katholizismus die (itcalceati) »Beschuhten«.
II. Ordenszweige bei Augustinern, Karmelitern im Gegensatz zu Barfüssern. Vgl. Diskalzeaten, Exkalzeaten, Barfüßer.

Kam (ETH)
I. 1.) Chamba-Daka, Tung, s.d.
II. 2.) kriegerischer Stamm der Ost-Kafiren am Unterlauf des Baschgul.

Kamaldulenser (REL)
II. kath. Orden, 1012 bei Arezzo gegr., Zweig der Benediktiner. Heute noch zwei Kongregationen, neben Eremiten (z.T. als Inklusen) auch zönobitische Klöster. Tragen weiße Kutten.

Kamamukhas (REL)
II. eine der organisierten Lehrrichtungen im Shivaismus.

Kamarao (SOZ)
II. hinduisierte Sklavennachfahren heterogener Herkunft in Nepal. Geben eine kastenartige endogame Einheit ab, die auch nach Abschaffung der Leibeigenschaft 1924 als geschlossene unterprivilegierte Gruppe überdauert hat.

Kamayurá (ETH)
II. Indianerstamm mit Tupi-Abstammung, lebt heute im Xingú-Nationalpark/Brasilien.

Kamba (ETH)
I. Akamba, Wakamba.
II. 1.) große Ethnie der NE-Bantu im Hochland von Kenia, mit Eigenspr. aus der Benue-Kongo Spr.gruppe; lt. VZ 1979: 1,8 Mio., d.h. 11–12 %, 1989: 2,4 Mio. oder 11,4 % der Gesamtbev. K. sind Ackerbauern (auf Mais und Hirse) und Viehhalter (Rinder, Schafe, Ziegen). Gliederung nach Altersklassen, Ahnenkult. K. sind vielfach vermischt mit Kikuyu, ihren Nachbarn und zeitweilig Verbündeten. 2.) Vgl. Tibeter.

Kamba (SPR)
I. Kamba (=en).

II. ca. 3 Mio. (1994) Sprecher dieser Niger-Congo-Spr. in Kenya.

Kambatta (ETH)
I. Kambata, Kombatta.
II. kleine Ethnie mit einer ostkuschitischen Spr. im trockenen ostafrikanischen Grabenbruch S-Äthiopiens; an Zahl ca. 200 000.

Kambodscha (TERR)
A. Königreich Kambodscha; ehem. Khmer-Republik. Kampuchea. (Kingdom of) Cambodia, Kampuchea (=en); (Royaume du) Cambodge, Kampuchea (=fr); (el Reino de) Camboya (=sp).
Ew. 1950: 4,163; 1960: 5,364; 1970: 7,060; 1978: 8,574; 1996: 10,275, BD: 57 Ew./km²; WR 1990–96: 2,8 %; UZ 1996: 21 %, AQ: 65 %

Kambodschaner (NAT)
I. Kamputscheaner; Kampucheaner; Cambodians, Kampucheans (=en); cambodgiens, kampuchéens (=fr); camboyanos, kampucheanos (=sp).
II. StA. des Kgr. Kambodscha. Seit Bürgerkrieg (1975–1979) lebten bis zur (unvollständigen) Rückführung durch UN (1993) durchwegs 5–7 % aller K. als Flüchtlinge oder Rebellen zumeist in Thailand. Einwohnerschaft Kambodschas besteht zu 92 % aus Khmer und umfaßt zu ca. 9 % ethnische Volksgruppen aus Nachbarländern (bes. Vietnamesen und Chinesen). Vgl. Montagnards.

Kambodschanische Schrift (SCHR)
I. Aksar crieng; Khmer-Schrift
II. die moderne, den speziellen Lauteigentümlichkeiten des Kambodschanischen angepaßte Form jener alten Schriftform (Aksar mul), aus dem 8. Jh., die, aus der Pali-Quadrat-Schrift abgeleitet, zur Schreibung von Texten in Pali und Sanskrit verwendet wurde.

Kamelnomaden (SOZ)
II. i.w.S. Nomaden, nach deren leitbildenden Herdentieren Cameliden/Camelidae, die den Trockengebieten des Orients vorzüglich angepaßt und und sowohl als Reit- als auch als Lasttiere geeignet sind. K. sind geradezu Symbole des Nomadismus. a) die Dromedar-N., camel nomads (=en), Nordafrikas und Vorderasiens (mit dem einhöckrigen Camelus dromedarius) b) die Trampeltier-N. Mittelasiens (mit dem zweihöckrigen C. baetrianus oder baktrischen Kamel) c) neben- bzw. miteinander treten beide Formen in NE-Anatolien, im Kaukasus-Vorland, im NE Irans und Afghanistans, im N Turkmenistans und im W Usbekistans und Kasachstans auf. Vgl. Beduinen; Großtier- und Kleinviehnomaden.

Kamenen (ETH)
I. Eigenbez. Kamen; Kamency (=rs). Vgl. Korjaken.

Kamerun (TERR)
A. Republik seit 1984; ältere Bez.: Vereinigte Rep. Kamerun, BR Kamerun, unabh. seit 1. 1. 1960.

République du Cameroun (=fr). Republic of Cameroon (=en). La República del) Camérun (=sp).
Ew. 1950: 4,955; 1960: 5,681; 1970: 6,781; 1978: 8,058; 1987: 10,494; 1996: 13,676, BD: 29 Ew./km²; WR 1990–96: 2,9 %; UZ 1996: 46 %, AQ: 37 %

Kameruner (NAT)
I. Cameroonians (=en); camerounais (=fr); cameruneses (=sp).
II. StA. der Republik Kamerun. Bei sehr starker ethnischer Gliederung sind es hpts. Bantu und Semi-Bantu u. a. Vgl. Fang (20 %), Bamileke (19 %), Duala (15 %) und Ful; auch Pygmäen, Fulbe und Haussa.

Kamerun-Pidgin (SPR)
I. Cameroon-Pidgin (=en).
II. Mischspr. von 2 Mio. Sprechern in Kamerun.

Kamerun-Pygmäen (BIO)
II. verschiedene zwergwüchsige Populationen, oft noch schweifende Wildbeuter, in Kamerun bis zum unteren Kongo; zu ihnen zählen die Akoa und Bogielli. Gesamtzahl ca. 5000.

Kamilaroi (BIO)
II. Stamm der Aborigines in New South Wales.

Kamillianer (REL)
I. MI bzw. OSC.
II. kath. Orden, gegr. 1591 in Italien zur Krankenpflege; heute ca. 1000 Mitglieder.

Kamisarden (SOZ)
I. Camisarden; camisards (=fr).
II. hugenottische Freiheits- und Glaubenskämpfer in den Cevennen im 17./18. Jh.

Kammerknechte (WISS)
I. aus lat. servitus camerae; servi im Sinn von Unfreien, Knechten.
II. im MA Bez. für Juden, die unter kaiserlichem Schutz standen (seit Friedrich II die Gesamtheit der Juden im Reich), sie waren der Kammer des Kaisers zinspflichtig.

Kamtschadalen (ETH)
I. Eigenbez. Kamtschadal; Kamtschadaly (=rs). Vgl. Itelmenen.

Kan (SPR)
I. Gan-spr.
II. eine der dialektalen Sprachvarianten des Chinesischen, gesprochen (nach E. KNIPRATH) 1990 von 26 Mio., geschrieben in chinesischer Schrift.

Kanaaniter (ETH)
I. Kenaaniter, Kanaanäer; wohl aus Kanaan (churritisch=) »Land des Purpurs«.
II. 1.) Sammelbez. für die ethnisch sehr verschiedenartige, jedenfalls semitische Altbev. in Großsyrien und Palästina (Amoriter, Jebusiter u. a.), die zwischen 3500 und 2500 v.Chr. aus Arabien eingewandert ist. K. haben hochstehende Kultur (semitische Spr., Schrifttafeln in Ugarit, Byblos, Tyrus) und frühe Religionsvorstellungen entwickelt (höchster Vatergott, Baalkulte), welche die geistige Entfaltung der um 1500 vor der Zeitenwende zugewanderten Israeliten nachhaltig geprägt haben. In Anbetracht späterer Wanderbewegungen ist die Ableitung der heutigen arabischen Wohnbev. als Nachkommen der K. gewagt (*Ifrah Zilbermann*). 2.) Ungesichert ist die Deutung K. als Bez. für Händler, Kaufleute, dann Übertragung als geogr. Name auf das Land Kanaan. Vgl. Hebräer.

Kanada (TERR)
A. Altbez.: Canadian Dominion; Canada (=en, fr), Canadá (=sp); Canadà (=it, pt).
Ew. 1851: 2,436; 1871: 3,689; 1891: 4,833; 1901: 5,371; 1911: 7,207; 1921: 8,788; 1931: 10,377; 1941: 11,507; 1951: 14,009; 1961: 18,238; 1971: 21,568; 1981: 24,343; 1996: 29,964, BD: 3 Ew./km²; WR 1990–96: 1,3 %; UZ 1996: 77 %, AQ: 4 %

Kanadier (NAT)
I. Canadians (=en); canadiens (=fr); canadienses (=sp, pt); canadiensi (=it).
II. StA. von Kanada. Abgesehen von 1,7 % autochthoner Indianer und Inuits besteht Ew.- und Staatsbürgerschaft aus Einwanderern, aus Nachkommen naturalisierter Einwanderer älterer Zeit und aktuellen, noch im Ausland gebürtigen (rd. 15 %) Immigranten, 34 % britischer, 24 % französischer Herkunft. Vgl. Québécois.

Kanaken (ETH)
I. (polynes=) Kanaky, d.h. »Mensch«; Kanaks (=en).
II. Eigenbez. der Hawaiianer und auch Bez. aller Südseebewohner; diese streben eine République du Kanaky an. Desweiteren abwertende Bez. für Melanesier auf Neukaledonien. Vgl. Hawaiianer.

Kanakuru (ETH)
I. Dera.
II. schwarzafrikanische Ethnie in E-Nigeria.

Kanalinseln (TERR)
B. Normannische Inseln; als Kronlehnsgüter (Dependant Territories) nicht Teil von Großbritannien und nicht EU-Mitglied. Channel Islands (=en); îles anglo-normandes (=fr); las islas Anglonormandas (=sp). Vgl. Jersey, Guernsey, Alderney, Sark.
Ew. 1948: 0,102; 1950: 0,104; 1960: 0,104; 1970: 0,120; 1978: 0,130; 1986: 0,136; 1996: 0,148, BD: 747 Ew./km²; WR 1990–96: 0,7 %

Kanaltaler (ETH)
1.) Bew. des friaulischen Val Canale/Italien. 2.) Bez. für Optantengruppe 1941–45 von Deutschen (aus Tarvis, Malborghet, Pontafel) und windischspr. Slowenen, rd. 4000, die im Zuge der Südtiroler Option (1939) überwiegend nach Kärnten bzw. Südkärnten (mit Oberkrain und Miestal) umgesiedelt wurden.

Kanaresen (ETH)
II. Drawida-Volk von ca. 15-18 Mio. in Karnataka/Maisur, Indien, mit Eigenspr. Kannada oder Kanara. Vgl. Drawida.

Kanarier (ETH)
I. Canarians (=en); Canariens (=fr); canarios, canarienses (=sp).
II. Bew. der spanischen, vor der nordwestafrikanischen Küste liegenden Kanarischen Inseln. Bev.entwicklung 1900: 359 000, 1940: 680 000, 1989: 1,590 Mio. Starke Ungleichverteilung: die Durchschnittsdichte 1989 von 211 wird auf Gran Canaria mit 460 weit überschritten, auf Fuerteventura mit 24 oder auf El Hierro mit 27 Ew/km² weit unterschritten. Ureinwohner waren Berber, die in mehreren Schüben vor der Zeitenwende aus NW-Afrika zuwanderten. Ihre Zahl z.Zt. europäischer Eroberung (1405-1480) wird auf 35 000-100 000 geschätzt. Berber sind durch Verfolgung und Versklavung bis 1550 ausgestorben. K. erfuhren starke Einbußen durch Auswanderung, im 20. Jh. in drei Wellen bis nach Kuba und Teneriffa. Vgl. Guanchen.

Kanarische Inseln (TERR)
B. =Kanaren mit Provinzen Las Palmas und Santa Cruz de Tenerife. Canary Islands (=en); les (îles) Canaries (=fr); las (islas) Canarias (=sp); Isole Canarie (=it); as ilhas Canarias (=pt).
Ew. 1900: 0,359; 1960: 0,944; 1991: 1,494; BD: 1991: 205 Ew./km²

Kanauji (SPR)
I. Kanauji (=en).
II. 1994 ca. 6 Mio. dieser indoarischen Spr. in Indien.

Kanchulya (REL)
II. eine der Lehrschulen im Schaktismus.

Kanembu (ETH)
I. K-Anem, »Südleute«; Kanembou (=fr).
II. aus Jemen zugewanderte arabische Bev.gruppe, die im 12.-14. Jh. in Kanem ihr Reich errichtete, bis Dynastie durch Tundjer vertrieben wurde.

KaNgwane (TERR)
B. Kangwan; ehem. abhängiges Homeland in Südafrika.
Ew. 1991: 446 000.

Kanikkar (ETH)
I. Kani.
II. Kleinstamm im Regenwald von Kerala, Zahl ca. 50 000. Sprechen Malajalam-Dialekt mit starkem Tamil-Einfluß; Brandrodungsbauern.

Kanjobal (ETH)
II. mesoamerikanisches Indianervolk, zur Spr.familie der Maya zählend. K. leben im Chuchumatán-Gebiet im nw. Hochland von Guatemala, an Zahl > 100 000. Gute Hack- und Grabstockbauern; bekannt durch ihren Kreuzeskult. Ihnen verwandt sind Jacalteken und Solomeken.

Kankanai (ETH)
I. Kankanay.
II. einer der alt-indonesischen Bergstämme im N (Malayan-Geb.) der Insel Luzon/Philippinen; 1980 ca. 90 000. Vgl. Igoroten.

Kannada (SPR)
I. Kanara, Kanaresisch; Kannada, Kanarese (=en).
II. südindische Drawida-Spr. der Kanaresen im Bundesstaat Karnataka/Mysore und N-Malabar/Indien mit 1994: 35-43 Mio. Sprechern (rd. 4% der Staatsbev. der Indischen Union). K. wird in Eigenschrift, einer Variante der Brahmi-Schrift, geschrieben.

Kannadigas (SOZ)
II. Bew. der südindischen Gliedstaaten Karnataka.

Kannibalen (WISS)
I. aus (sp=) caníbal; (nlat) canibalis; von dem mittelamerikanischen Indianerstamm der Kariben abgeleitet; ursprünglich »Menschenfresser«, Anthropophagen. 1.) vorgeschichtlicher Kannibalismus ist wahrscheinlich (Choukoutien 300 000-400 000) oder gesichert (Steinheim, Ngandong, Krapina), auch Kopfbestattungen. Vgl. Homo erectus. 2.) Angeh. von Naturvölkern, die rituell Teile von Menschen verzehren. Unterschieden wird Endokannibalismus, bei dem nur die eigenen Angehörigen oder deren Asche als Zeichen der Verbundenheit verzehrt werden, vom Exokannibalismus, bei dem Fremde in der Überzeugung verspeist werden, sich damit deren Kräfte anzueignen. 3.) Kannibalismus tritt in Notzeiten auch unter Kulturvölkern auf. Vgl. Nekrophagen, Kopfjäger.

Kanoniker (REL)
Vgl. Regularkanoniker.

Kanpatha-Yogins (REL)
II. eine der schivaitischen Schulen, im 13. Jh. gegr.; tragen Holzringe in ihren geschlitzten Ohren.

Kantonesisch (SPR)
I. Yue, Altbez. Kanton; Cantonese (=en).
II. Variante der chinesischen Spr., benützt in Südchina (54 Mio.), Hongkong (5,6 Mio.) und Macao (0,5 Mio.); insgesamt etwa 65 Mio. Sprecher (1992). Verkehrsspr. der Auslandschinesen im pazifischen Raum. Vgl. Chinesisch-spr.

Kantonisten (SOZ)
II. Altbez. für Militärdienstpflichtige. »Unsichere K.« heute i.S. von unzuverlässigen Menschen, einst für (bes. aus Minderheiten) Zwangsausgehobene.

Kanuri (ETH)
I. Beriberi, Mober; Kanouri (=fr); Kojam, Koyam.
II. sudanesisches Volk sw. des Tschadsees mit Araber- und Berbereinschlägen; verbreitet in Niger

(1996: ca. 401 000, d.h. 4,3 %); Nigeria (1988: ca. 4,6 Mio, d.h. > 4 %); Tschad (1983: 110 000, d.h. 2,3 % der Gesamtbev.) sowie Kamerun; das Staatsvolk des historischen Bornu-Reiches.

Kanuri (SPR)
I. Kanouri; eine nilo-sahar. Spr.; Kanuri (=en).
II. Nationale und Verkehrsspr. in Niger (212 000) und Nigeria mit rd. 5 Mio. (1988) Sprechern.

Kanyoka (ETH)
I. Kanioka, Beni Kanioka.
II. lubaisierte Bantu-Ethnie im S der DR Kongo. Vgl. Luba.

Kaonde (ETH)
I. Bakahonde; Altbez. Batshioko.
II. lubaisiertes Bantu-Volk im Grenzgebiet von Kongo-Sambia-Angola. Vgl. Luba.

Kap Verde (TERR)
A. Seit 1945 portugiesische Kolonie, seit 1951 portugiesische Überseeprovinz, 1975 unabh. Inselstaat. Kapverden, Kapverdische Inseln. República do Cabo Verde (=pt). The Republic of Cape Verde (Islands) (=en); la République du Cap-Vert, (Iles du) Cap-Vert (=fr); La República de Cabo Verde, (Islas de) Cabo Verde (=sp).
Ew. 1960: 0,202; 1980: 0,296; 1996: 0,389, BD: 97 Ew./km²; WR 1990–96: 28 %; UZ 1996: 54 %; AQ: 28 %

Kapalikas (REL)
I. »die Schädelträger«.
II. jene Schivaiten, die Erlösung durch eine an das Lebensende mahnende Askese zu erlangen suchen. Leben in der Nähe von Schädelstätten und benutzen menschliche Gebeine.

Kapauku (ETH)
II. Stamm von Melanesiern in W-Irian auf Neuguinea, ca. 50 000.

Kapfranzosen (ETH)
II. Nachkommen französischer Hugenotten, die unter den Holländischen Ostindischen Kompanien Ende des 17. Jh. im südafrikanischen Kapland (um Franchhoek) ansässig wurden.

Kapitalisten (SOZ)
II. Personen, die im Besitz von Kapital sind und von Zinsen, Renten, Dividenden leben. Bei ideologisch-polit. Gebrauch steht Begriff im Sinn von Unternehmer, Ausbeuter.

Kapmalaien (ETH)
II. afrikaansspr. Nachfahren von Sklaven der Niederländischen Ostindischen Kompanien im Kapland/Südafrika. Den Sklaven des 17. Jh., Handwerker, Musiker (Coonkarneval), Hauspersonal, gesellten sich bis 1767 unter dem Scheich Joseph etwa 1000 aus Indonesien, doch auch aus Ceylon und Südindien abgeschobene Asiaten sowie sogenannte »freie Malaien« von den Molukken zu. Zentrum ihrer Niederlassung ist das Malaienviertel Bokaap in Kapstadt mit der 1797 gegründeten Owal-Moschee. Im weitesten Sinn ist etwa die Hälfte der 450 000 Muslime Südafrikas den K. zuzurechnen. Den Rest stellen Nachkommen frei eingewanderter indischer Muslime und »schwarze Zanzibari«. Einst als Hausgesinde und Kutscher tätig, sind sie seit der Sklavenbefreiung 1837 Handwerker, Händler und Geschäftsleute.

Kap-Neger (BIO)
II. sachlich falsche, überholte Bez. für Buschmänner.

Kappelbuben (SOZ)
I. Strizzi(s).
II. Randgruppe, u.a. Zuhälter in der zweiten Hälfte des 19. Jh. in Wien.

Kapsiki (ETH)
I. Higi.
II. kleine schwarzafrikanische Einheit in NE-Nigeria.

Kapuziner (REL)
I. OFM Cap.
II. Ordenszweig der Franziskaner, begründet 1527/28; strenge Observanz; seit 1619 selbständig; um 1966 gegen 18 000 Mitglieder; tragen braunen Habit, Kapuze, Sandalen, Bart.

Kapverdier (ETH)
I. Cape Verdeans (=en); Cap-verdiens (=fr); caboverdianos (=sp, pt).
II. 1.) Bew. der Kapverdischen Inseln; 2.) StA. des Inselstaates Kap Verde (seit 1975). Es handelt sich um eine Mischbev., die sich seit früher Entdeckung im 15. Jh. aus eingeführten (Guinea-)Negersklaven und Portugiesen entwickelt hat; heute 71 % Mulatten (Mestiços/mulatos), 28 % Schwarze, 1 % Weiße. Zufolge stark angewachsener Bev. (1960: 202 000; 1996: 389 000) stete Abwanderung: derzeit 700 000 im Ausland, davon 200 000 in USA. Umgangsspr.: Crioulo, Amtsspr. Portugiesisch.

Kara (ETH)
I. Wakarra; Kerebe, Kerewe.
II. kleine schwarzafrikanische Ethnie auf Inseln im Victoria-See/Tansania.

Karäer (REL)
I. Eigenbez. Baale Mikra oder Bne/Beni Mikra; »Söhne der Schrift«, »Schriftgläubige«; Karaites (=en); Karaimy (=rs). Altbez. Ananiten.
II. Anh. einer jüdischen, jedoch antirabbinischen, traditionsfeindlichen Reformbewegung; verstehen sich als eigene Religionsnation; K. lehnen jede mündliche Überlieferung, also Mischna und Talmud ab; Juden sind Mischehen mit ihnen verboten. Gegr. durch Anan ben David (daher Altbez. Ananiten) im 8. Jh. in Babylonien, seither gespalten in viele Rich-

tungen, (vgl. insbes. die Karaimen). Ausbreitung als Folge messianischer Erwartung von Babylonien nach Palästina und von dort nach Ägypten, Syrien, Türkei und insbes. in das Chasarenreich (s.d.). Seit 12. Jh. sind K. auch in Konstantinopel vertreten und strahlten von dort nach Osteuropa aus. Ab 14. Jh., mittels Ansiedlung durch litauische Großfürsten, sind sie in Litauen, Polen und Westukraine ansässig. Seit 18. Jh. bestand ein Schwerpunkt auf der Krim (damals ca. 14000, heute mind. 20000, vgl. Krim-Juden/Krimtschaken). K. galten in vielen Ausbreitungsgebieten (bes. im Russischen Reich) nicht als Juden; selbst die dt. Besatzungsmacht im II.WK hat mehrheitlich diese Besonderheit geachtet, ja gefördert. Karäer waren anfangs aramäisch-, dann hebräischspr. (reiche Literatur im 10./11. Jh.); nach Ausbreitung auch arabischer oder kiptschaktürkischer Spr. Bewahren noch orientalische Kleidungsattribute (u.a. Tarbusch). Noch heute im gesamten arabischen Raum (Israel über 10000) und in Osteuropa div. kleine Gemeinden. K. gelten als mutige Grenzkämpfer, sprachgewandte Diplomaten, gute Handwerker. Vgl. Karaimen; Chasaren.

Karagassen (ETH)
I. Eigenname Tofa; Karagasy (=rs).
II. kleines Turkvolk w. des Baikalsees/ehem. UdSSR. Zahl ca. 1000. Vgl. Tofalaren.

Karagen (ETH)
I. Eigenname Karaga; Karagincy (=rs). Vgl. Korjaken.

Karagoslu (ETH)
II. kleines Turkvolk im südöstlichen Kuhrudgebirge/Iran.

Karaguni (ETH)
I. Karagunides.
II. Teilgruppe der Aromunen, die bis ins 20. Jh. transhumante Weidewirtschaft zwischen Pindos-Gebirge und Golf von Arta (Griechenland) betrieb; heute seßhaft und von Griechen assimiliert. Vgl. Walachen, Megleno-Rumänen, Aromunen.

Karai (ETH)
II. kleines Turkvolk im NE-Iran.

Karaiben (ETH)
I. Kariben, Kaniben; Eigenbez. Kalina, Karina
I. »Mensch«; Caraïbes (=fr).
II. 1.) große indianische Völker- und Spr.familie in der Karibik und im n. Südamerika; s. Kariben. 2.) span. Bez. für Indianer der s. Karibik im Sinn von Kannibalen.

Karaimen (ETH)
I. Karäer (s.d.), Karaiten, aus Keraim, Karajm (he=) »Schriftgläubige«, »Bibeljünger«; Bez. der Karäer in W-Ukraine, Weißrußland und Baltenländern. Eigenbez. Baale Mikra oder Bne Mikra, Karailar; Karaimcy (=rs).

II. Populationen heterodoxer Juden in Osteuropa, Teilgruppen der Karäer, die den Bergjuden verwandt sind. Als Handeltreibende im Kaukasus, in Ukraine (Wolhynien, Galizien) und in Litauen. K. galten im Großlitauischen und im Zaristischen Reich nicht als Juden, unterlagen deshalb auch keinen Ansiedlungsrestriktionen, genossen im II.WK (selbst unter dt. Besatzung) gewissen Schutz. Vgl. Karäer, Karaimisch-spr.

Karaimisch (SPR)
II. Erlöschende pontisch-kaspische Turkspr. in Ukraine und Litauen; lt. H. HAARMANN 1991 nur mehr 530 Sprecher; verbreitet auf der Krim, im Raum Luzk/Ukraine und seit II.WK in Litauen, früher mit hebräischem, heute mit lateinischem Alphabet. Vgl. Karäer.

Karaiten (REL)
I. Karäer, Karaimen, einst Ananiten.

Karajá (ETH)
II. Indianervolk am Rio Araguaia und im Reservat auf großer Flußinsel Ilha do Bananal in den BSt. Goiás und Pará/Zentralbrasilien. Treiben Brandrodungsfeldbau, Fisch- und Schildkrötenfang. Seit Kolonisierung und später durch Großgrundbesitzer, Goldgräber und eingeschleppte Seuchen dezimiert von über 100000 auf heute bestenfalls 2000; ihre Spr. ist isoliert.

Karakalpaken (ETH)
I. Kara-Kalpaken »Schwarzmützen« (nach schwarzen Karakulfellmützen); Eigenbez. Karakalpakdar, Qaraqalpak; Karakalpaks (=en); Karakalpaki (=rs), Chernye Klobuki (=rs); Karakalpaks (=en).
II. Mischvolk aus iranisch- und turkspr. Nomadenstämmen, nach 6. Jh. s. des Aralsees entstanden; seit 13. Jh. unter Herrschaft der Goldenen Horde, seit 17. Jh. unter jener der Kasachen. Vor diesen und Dzungaren wich Teilgruppe in das Forgana-Tal aus und schloß sich Usbeken an. Der größere Teil zog in das Amu Darja-Delta und geriet 1873 bzw. über das Chiwa-Khanet 1920 unter russische Herrschaft. Ihr 1918 gegründetes Autonomes Gebiet, seit 1932 im Status einer ASSR, liegt im W von Usbekistan. Stellen dort mit 0,5 Mio (1996) 2,0% der Staatsbev.; kleinere Teilgruppen im Fergana-Tal, um Choresm, in Turkmenien und Kasachstan, isoliert in Georgien und Armenien (ca. 10000), am Urmia-See in NW-Iran (ca. 20000) und in Afghanistan (ca. 5000). Insgesamt stark anwachsende Volkszahl, 1990 innerhalb der ehem. UdSSR bereits 424000. K. sind muslimischen Glaubens (Sunniten). Ihr Idiom wurde 1928 zur Schriftspr. entwickelt.

Karakalpakisch (SPR)
II. Turkspr., die nur geringfügig vom Kasachischen abweicht, in der Karalkalpakischen ASSR und in Usbekistan, seit 1940 mit der Kyrillika geschrieben.

Kara-Kalpakische ASSR (TERR)
B. Autonome Republik in Usbekistan.
Ew. 1970: 0,702; BD: 1970: 4 Ew./km²

Karakatschanen (ETH)
I. Sarakatsanen, Sarakatschanen; Karakacaninj (=bl); »hellenisierte Aromunen«, Saracatsans (=fr).
II. Nachfahren einer alteingesessenen, vorgriechischen, vorillyrischen, vorslawischen Bev., nach *A. POULINOS* und *J.K. CAMPBELL* von dem ältestem Substrat auf dem Balkan. Im Unterschied zu den Aromunen ging ihre Spr. nicht unter der römischen Herrschaft in der Balkanlatinität auf, sondern vermischte sich mit dem Griechischen. K. zogen sich wie Aromunen seit Völkerwanderung und Slaweneinfall ins Pindus-Gebirge und die Rhodopen zurück, bewahrten dort in nomadisierender Weidewirtschaft ihr altes Brauchtum (Trachten, Rundhütten). Teile sind im 18./19. Jh. nach Bulgarien abgewandert, besiedeln die Sredna Gora. Heute leben etwa 120000 im griechischen Mazedonien und in Attika, rd. 30000 im Raum Skopje und in SW-Bulgarien. I.w.S. seit 17. Jh. Bez. für unruhige Bergnomaden unter der osmanischen Herrschaft, Vorstufe der Klephten. Vgl. Aromunen, Makedorumänen, Klephten.

Kara-Kirgisen (ETH)
I. »schwarze Kirgisen«. Vgl. Kirgisen.

Karamojong (ETH)
I. Karamojo, Karamodzho, Karimojong, Jie, Jiwe.
II. 1.) i.w.S. Sammelbez. für etwa zehn eng verwandte Stämme ostnilotischer Neger, die sich alle aus dem Urstamm der K. selbst herleiten: K., Dodoth, Teso, Toposa, Jie, Jye und Turkana. Bis auf die Turkana in Kenia leben sie in der NE-Ecke Ugandas.
II. 2.) i.e.S. der Hauptstamm dieser Gruppe von ca. 60000; besitzen auf Karamoja-Plateau klimatisch prekären Anbau, ihr Überleben hängt daher ganz von ihren Rindern ab, die Milch und Blut, Fleisch, Urin zur Reinigung, Dünger, Leder, Schmuck aus Horn erbringen; ausgesprochener Rinderkult.

Karanga (ETH)
I. 1.) Makaranga, Wakaranga.
II. zu den Shona-Völkern zählende Bantu-Ethnie im zentralen Simbabwe. 2.) Karamojong.
II. kleine schwarzafrikanische Ethnie im sö. Tschad.

Kara-Nogaier (ETH)
I. Eigenname Kara Nogai; Tschernye Nogajcy (=rs). Vgl. Nogaier.

Karanthanen (ETH)
I. Karantanen, Karantaner.
II. 1.) slawische Stämme, die im 6. Jh. über das Drautal in die SE-Alpen und nordwärts darüber hinaus eingewandert sind. Später Mischung mit südslawischen Völkern. 2.) Altbez. für Alpenslawen, insbesondere für Slowenen auch im Süden Kärntens. Geogr. Name: Karanthanien, Kärnten.

Karapapachen (ETH)
I. Eigenname Karapapach; Karapapachi (=rs).
II. kleines Turkvolk in NE-Anatolien/Türkei, beiderseits der Grenze zur ehem. UdSSR. Sowjetische K. wurden zusammen mit anderer türkisierter Grenzbev. 1944 nach Zentralasien deportiert. K. sprechen Türkisch oder Aserbeidschanisch, sie sind Muslime. 1977 ca. 81000.

Karari (REL)
II. eine der Ausrichtungen im Schaktismus.

Karataer (ETH)
I. Karata; Eigenname Kirtle; Karatincy (=rs). Vgl. Avaren.

Karatschaier (ETH)
I. Karatschajer, Karacaer; Eigenname: Qarachali, Karatschai, Karacaylar, Karatschailyla; Karachais, Karachays, Karacaevcy (=en); Karatschaewzen; Karachaev(tsy)/Karatschaevcy (=rs), Karachaiev, Karachaili, Karachay, Karachayev, Karachayly.
II. ethnische Einheit von Nachkommen kiptschakischer Turkstämme (den Balkaren verwandt) in Ciskaukasien, in der Karatschajewo-Tscherkessischen Rep. und in der Stawropoler Region. Ihre kiptschak-türkische Eigenspr. ist seit 1924 Literaturspr. Lt. eigener Tradition wurden K. aus der Krim vertrieben, wanderten bis zum 15. Jh. in N-Kaukasus ein. Tscherkessen und Kabardiner drängten sie in das Kuban-Bergland ab, dort vermischt mit Alanen und autochthoner Bevölkerung. Anfangs 19. Jh. kamen sie unter russische Herrschaft. Wurden im 17. Jh. islamisiert, sind Sunniten. Verloren 1943 wegen Kollaboration mit deutscher Wehrmacht ihren nationalen Status, durften 1957 zurückkehren. 1979 ca. 130000–190000.

Karatschaiisch (SPR)
II. Zahl der Sprecher in Ciskaukasien 130000 (1979). Vgl. Turksprachen.

Karatschajewo-Tscherkessien (TERR)
B. Seit 1922 gemeinsames Autonomes Gebiet der Karatschajer und Tscherkessen; seit 1957 mehrfach neu geordnet; ab 1992/94 autonome Republik in Rußland. Karachayevo-Cherkess ASSR, Karachai-Cherkess Republic (=en).
Ew. 1974: 0,356; 1989: 0,418; 1995: 0,429, BD: 30 Ew./km²

Karavlasi (SOZ)
I. »schwarze Walachen«.
II. aus Rumänien zugewanderter Zigeunerstamm in Serbien.

Karayá (ETH)
II. kleiner Stamm von Flußindianern auf Insel Bananal in Zentralbrasilien; treiben Fisch- und Schildkrötenfang.

Karbonari (SOZ)
I. Carbonari (it=) »Köhler«.
II. Angeh. eines polit. und pseudoreligiösen Geheimbundes im 19. Jh.; Unabhängigkeitskämpfer des 19. Jh. in Süditalien.

Kare (ETH)
I. Kari.
II. mehrere kleine Sudanethnien im n. Kamerun und im SE der Zentralafrikanischen Rep.

Karekare (ETH)
I. Kerkeri.
II. Sudanneger-Ethnie in N-Nigeria.

Karelen (ETH)
II. Finnen russisch-orthodoxer Konfession. Vgl. Karelier.

Karelien (TERR)
B. Ab 1992/94 Autonome Republik in Rußland. 1923 als Karelo-Finnische ASSR gegr., 1956 um finnisch Westkarelien erweitert. Karel'skaja ASSR (=rs); Karelian ASSR, Karelian Republic (=en).
Ew. 1964: 0,683; 1974: 0,722; 1989: 0,792; 1995: 0,784, BD: 4,5 Ew./km²

Karelier (ETH)
I. Karelen; Karelians (=en); Eigenname Kar'jalaschet'/Kar'jalaine, Karljalaiset mit regionalen Differenzierungen Ljujudiljaine, Ljujudikei (am Onegasee), Livgiljaine, Livvikei (am Ladogasee); Karely (=rs).
II. einer der drei Hauptstämme der Suomi, heute oft als eigenständiges Volk der finno-ugrischen Sprach- und Völkerfamilie eingestuft. K. sind aber im Unterschied zu Finnen russisch-orthodoxer Konfession; wohnhaft in Russischer Rep. Karelien und in Finnland, wohin nach II.WK rd. 500 000 flüchteten oder ausgesiedelt wurden (dort »Finnen«); umgekehrt leben auf russischer Seite ca. 200 000 lutherische K. In Rußland wohnen K. in zwei getrennten Siedlungsgebieten: zu 59% in der Russischen Rep. Karelien, wo sie dennoch nur 10% der Gesamtbev. (429 000, 1995) stellen, und in Gebieten Nowgorod und Kalinin/Rußland, wohin sie im 17. Jh. aus den Teilen Kareliens abwanderten, die Rußland damals an Schweden abtreten mußte. Seit 11. Jh. mit Wepsen vermischt.

Karelisch (SPR)
II. literaturlose Volksspr. der Karelier, eine ostseefinnische, dem Finnischen sehr nahestehende Spr.; trotz Förderung anfangs des 20. Jh. in Rückgang begriffen. Nicht Karelisch, sondern Finnisch ist Amtsspr. in der russischen Republik Karelien. Lt. VZ 1970 von rd. 113 000 (ca. 78% aller dortigen Karelier), 1979 nur mehr von rd. 95 000, 1991 von 72 000 gesprochen.

Karen (ETH)
I. Karenni.

II. jüngere unbestimmte Sammelbez. für diverse Kleinvölker im Grenzgebiet von SE-Myanmar zu W-Thailand. Vermutlich aus N (über Yünnan) zugewandert, dann von Birmanen und Tai in Bergländer abgedrängt; mit einer Kopfzahl von je nach Zurechnung 3–7 Mio. eines der stärksten Hochlandvölker Hinterindiens; sind vielfach auffällig hellhäutig. Sie gehören zur sino-tibetischen Sprachgr. An der Gesamtbev. Myanmars hatten sie (1983) mit 6,2% Anteil, an jener Thailands (1987) mit etwa 1%. Sie hängen noch stark einem äußerst differenzierten Geisterglauben an, der sich mit Natur- und Ahnenkulten verzahnt, oder aber sind Buddhisten, z.T. auch (durch amerikanische Baptisten missionierte) Christen. Brandrodungs- (Mohn) und Reisbauern, noch Jäger und Sammler. Zu den größeren K.-Stämmen zählen (in W-Thailand) die Pwo und Sgaw, (in Myanmar) die Taunghthu und Kayah. Erlitten in Unabhängigkeitskämpfen seit 1945 Verluste von > 100 000, ferner durch diverse Flüchtlingsschübe. Besitzen in zwei Staaten (Kayah und Karen-State) begrenzte Autonomie. Alte mutterrechtliche Ordnung zerfällt heute.

Karen (SPR)
II. tibetobirmanische Sprgem. in Myanmar (Irawadi-Delta) und Grenzgebirgen zu Thailand; ca. 3 Mio. (1994); benutzen heute Lateinschrift.

Kariben (ETH)
I. Cariben, Karaiben, Kaniben; aus kalina, Calino, Calinago oder karina.
I. »Mensch«; Caribs (=en).
II. große indianische Sprach- und Völkerfamilie im n. S-Amerika und amerikanischem Mittelmeer. K. sind in vorkolumbischer Zeit in großen Auslegerbooten von Venezuela über die Kleinen Antillen bis Kuba und die Bahamas vorgedrungen, haben die dort wohnenden Aruak verdrängt oder ausgerottet, gelten deshalb fälschlich als Kannibalen (aus Kaniben). 1493 betrug die Zahl indianischer Bew. der Karibik ca. 5,8 Mio. Erlitten dann aber durch Verluste im Kampf gegen Europäer, durch Seuchen und Versklavung schwerste Einbußen. Echte K. heute nur mehr an Guayana-Küste und im NE der Insel Dominica (in einem 1903 begründeten Reservat, dem Carib Territory, ca. 2000–3000), die sich aber seit 16. Jh. mit afrikanischen Sklaven (-nachfahren) gemischt haben und längst schon Kreolfranzösisch sprechen. Im weiteren Sinn zählt man der Völkerfamilie der K. mehrere hundert Stämme zu, so s. des Amazonas die Bakairi, Nahucua, Guicurú, Apalakiri und Arara; im NW des Amazonasgebietes die Carijona; in NE-Brasilien die Bonari, Pauxi, Apalai; in den Guayana-Ländern die Oyana, Acuria, Trio, Acawai, Uaica/Waika, Arecuna, Taulipang, Makuschi, Crichaná; in SE-Venezuela die Yabarana, Makiritaré, Yecuana, Decuana, sowie an seinen Küsten die Kalina, Galibi, Caribi, ferner die Chaima, Cumanogoto und Paria; nw. der Orinoco-Mündung die Palenque,

Tumuza, Quiriquire und Caraca. Vgl. Küsten-Kariben, Garifuna.

Karibik-Bewohner (ETH)
I. Sammelbez. für heutige Einwohnerschaft der karibischen Inseln; Caribbeans (=en); Caraïbes (=fr). Bevölkerungszahl i.S. der UN-Statistik, für Anguilla, Antigua, Aruba, Bahamas, Barbados, Kuba, Dominica, Dominikanische Rep., Grenada, Guadeloupe, Haiti, Jamaika, Martinique, Montserrat, Niederländische Antillen, Puerto Rico, St. Kitts, St. Vincent, Trinidad u.a.: 1950: 17,0 Mio.; 1980: 29,0; 1960: 20,0; 1985: 31,0; 1970: 25,0; 1990: 34,0 Mio.; Ew.dichte 1992: 147 Ew./km².

Karibisch (SPR)
I. Carib (=en).
II. indianische Eigenspr., gebräuchlich u.a. in Belize.

Karipuna (ETH)
II. kleine Indianer-Population im brasilianischen Amapá am Rio Caribi, die heute Kreolisch und Portugiesisch spricht; ca. 1000.

Karmapa (REL)
I. Karma-Kagyu.
II. eine der vier Hauptrichtungen (Orden, Sekten) des tibetischen Buddhismus, verbreitet in Sikkim und Tibet. Ihr Oberhaupt ist der Gyalwa Karmapa, derzeit in der 17. Reinkarnation. Vgl. Lamaismus.

Karmaten (REL)
I. Qarmaten; Qaramita (=ar).
II. Anh. einer extremistischen, sozialrevolutionären Sekte, die sich unter Hamdan Qarmat um 850 in Mesopotamien aus der 7er Shia ablöste. K. bekämpften mit Glaubensfanatismus und Terror die herrschende Gesellschaftsordnung mit dem Ziel voller Gleichberechtigung und Gütergemeinschaft. Von wechselnden Zentren aus (Untermesopotamien-Nordsyrien-Ostarabien) führten sie im 9.–11. Jh. Kriegszüge auf Damaskus und Mekka, nach Oman und Jemen. Später verschmolzen mit anderen ismailitischen Gruppen. Vgl. Siebenerschiiten.

Karmeliten (REL)
I. CMI.
II. kath. Orden, in Kerala/Indien gegr. im 19. Jh. durch Kuriakose Elias Chavara. Zufolge des Verbots jeglicher Missionsarbeit in Indien entsenden K. Priester und (Kranken-)Schwestern nach Europa, Afrika und Lateinamerika.

Karmeliter (REL)
I. OCarm; carmelites (=fr); carmelitanos (=sp); carmelitani (=it); carmelitas (=pt).
II. kath. Orden, im 12. Jh. aus Einsiedlergemeinschaften am Karmel-Berg hervorgegangen, 1226 als Bettelorden bestätigt. Nach Reform von 1593 gespalten in strengere Observanz der Unbeschuhten K. (Barfüßler, heute ca. 3400 Mitglieder) und eine mildere Richtung der Beschuhten K. (heute ca. 2000 Mitglieder). Verbreitet besonders in romanischen Ländern, Deutschland und Amerika für Seelsorge, Unterricht und äußere Mission. Tragen braune Tunika und Ledergürtel, Skapulier, Schulterumhang und Kapuze. Karmeliterinnen oder Karmelitinnen von 1452 und 1562.

Karnataka (TERR)
B. Altbez. Mysore. Bundesstaat Indiens.
Ew. 1961: 23,587; 1981: 35,136; 1991: 44,977, BD 235 Ew./km²

Karnatische Schriftnutzergemeinschaft (SCHR)
II. Eigenschrift der karnat-spr. Inder; aus der Brahmi-Schrift des 3. Jh. v.Chr. abzuleitende, im 10. Jh. n.Chr. entstandene Schrift in Südindien. Ist Hoheitsschrift im indischen Gliedstaat Kennada.

Kärnten (TERR)
B. Bundesland in Österreich. Carinzia (=it).
Ew. 1756: 0,272; 1816: 0,267; 1850: 0,298; 1869: 0,338; 1880: 0,344; 1910: 0,387; 1934: 0,405; 1961: 0,495; 1971: 0,526; 1981: 0,536; 1991: 0,548; 1997: 0,564

Kärntner Windische (ETH)
I. Südkärntner Slowenen.
II. Angehörige der slowenischspr. Minderheit in Kärnten, hpts. ansässig s. der Drau und im Untergailtal, die sich in Volksabstimmung 1920 für Österreich erklärt hatten. K.W. sind durchwegs zweispr.; schon dies ergibt Differenzen in der statistischen Erhebung. Heutige Anzahl mind. 15 000–25 000. Umstrittene Volksgruppenrechte, »Ortstafelkrieg«. Vgl. Winden.

Karolinen (TERR)
B. s. Kiribati. Caroline Islands (=en); les (îles) Carolines (=fr); las (islas) Carolinas (=sp).

Karoshi-Opfer (SOZ)
I. Victims of Karoshi.
II. in Japan Berufstätige, die wegen Überarbeitung vorzeitig versterben. Als Gesundheitsrisiko ist K. seit 1988 rechtlich anerkannt. Nach Schätzungen ereignen sich jährlich mind. 10 000 K.-Todesfälle.

Karpatendeutsche (ETH)
II. Sammelbez. für deutsche Kolonisten, die seit Ende des 12. Jh. in den Karpatenländern, in der Slowakei und in der Karpato-Ukraine, angesiedelt wurden; im 13. Jh. in Ober- und Unterzips (deutsche Bergstädte), dgl. im slowakischen Erzgebirge um Kremnitz, Dt.-Proben, im 14. Jh. Häuorte im Waldland; im 18. Jh., nach Befreiung von Türkenherrschaft, durch Maria Theresia und später ländliche, gewerbliche und städtische Neusiedlung von Schwarzwäldern, Zipsern und Sudetendeutschen. Die Mehrzahl der K. von 130 000–160 000 wurde im Winter 1944/45 nach Österreich evakuiert, aber 35 000 kehrten im Sommer 1945 in die Karpaten zu-

rück. Bald darauf wurden K., gleich den Sudetendeutschen, aus der ehem. Tschechoslowakei nach Deutschland ausgetrieben. In der heutigen Slowakei leben nur mehr 5000 Menschen deutscher Abstammung.

Karpatorussen (ETH)
II. Altbez. wie Rotreussen/Rotreußen, Südrussen, Kleinrussen für Ukrainer, s.d.

Karpato-Ruthenen (ETH)
II. bis Mitte des 20. Jh. in Mitteleuropa übliche Sammelbez. für Boiken, Huzulen und Lemken. Vgl. Ruthenen; vgl. Ukrainer.

Karpato-Ukraine (TERR)
C. Karpathen-Ukraine, Altbez. wie auch Ruthenien. Heute offiz. Transkarpatien. Bis 1920 Teil von österreichisch-ungarisch Galizien, im Trianon-Vertrag der CSSR zugesprochen, 1939–1944 ungarisch, lt. Volksabstimmung 1947 von CSSR an UdSSR abgetretenes Gebiet, seit 1991 Landesteil der Ukraine.

Karpato-Ukrainer (ETH)
I. Altbez. in Österreich-Ungarn und in Tschechoslowakei der Zwischenkriegszeit für ukrainischspr. Bew. der NW-Karpathen (heutige Slowakei, Ungarn, Ukraine). Als Folge von Armut und Hunger herrschte unter K.-U. stets starke Ab- und Auswanderung, am Ende des I.WK lebten ca. 400 000 K.-U. in Amerika. Vgl. Karpato-Ruthenen.

Kartäuser (REL)
I. OC/OKarth.; chartreux (m), cartreuses (w) (=fr); cartujos (=sp); cartuxos (=pt); certosini (=it); Carthusian friars (=en).
II. gegr. 1076/1084 in La Grande Chartreuse bei Grenoble; beschaulicher kath. Einsiedlerorden. Innerhalb der Kartause, italienisch Certosa, lebt jeder K. in einem Einzelhaus; übt Askese (strenges Fasten und Schweigen); weiße Ordenstracht. 1981: 400–600 Mitglieder.

Kartlier (ETH)
I. Eigenname Kartleli; Kartli (=rs). Vgl. Georgier, Kartvelische Völker.

Kartwelische Sprachen (SPR)
I. Khartwelische/Khartwelische Sprgem., Khartwelspr., Südkaukasus-Spr.
II. sofern sich Terminus nicht ausschließlich auf die Georgische Spr. gemeinsam in allen ihren Varianten bezieht, nämlich auf westliche Dialekte (Imerisch, Ratschisch, Gurisch, Atcharisch, Klardschisch, Letschchumisch) und auf östliche Dialekte (Kharthlisch, Kachisch, Ingiloisch, Fereidanisch, Thuschisch, Chewsurisch, Pschawisch, Mochewisch, Mthiulisch, Dschawachisch, Mes'chisch), ist er als Sammelbez. für verschiedene südkaukasische Spr., für Georgisch, Sanisch (mit Mingrelisch und Lasisch/Tschanisch) und Swanisch zu verstehen.

Kasachen (ETH)
I. Kazachen, Kaisaken, Kirgis-Kasaken, Kasak-Kirgisen; Eigenname Kazak, Hasake, Ha-sa-k'o (=ci); Kazachi, kazakdar (=rs); Kazakhs (=en); Kazaks (=fr).
II. großes Turkvolk (fast 10 Mio.) mit starkem mongolidem Einschlag in Zentralasien. Heute wohnhaft insbesondere in Kasachstan, wo sie von den 16,471 Mio. mit 44,3 % (1994) Anteil wieder die größte Bev.gruppe stellen; als Minderheit in Usbekistan und im Embagebiet; insgesamt in UdSSR (1979) 6,6 Mio., 1990 bereits 8,13 Mio. Starke Verbreitung auch im angrenzenden Chinesisch-Turkestan um Kuldscha und Barkul (etwa 1 Mio.), dort (1950–68) diverse größere Aufstände, 1962 Flucht von rd. 50 000 K. in die UdSSR. Ferner ansässig in der Mongolei (ca. 100000) und in Afghanistan. Haben Nomadentum mehrheitlich abgelegt. K. sind Sunniten, teilweise stark mit Animismus durchsetzt. Im 15. Jh. gründete eine abgespaltene Gruppe der Usbeken im Steppengebiet zwischen Ural und Siebenstromland ein mächtiges Kasachen-Reich. Als es im 16. Jh. zerbrach, dauerten vier selbständige Horden fort, die bis ins 19. Jh. in ständigen Abwehrkämpfen standen: gegen mongolische Dzungaren, die Khanate Chiwa und Kokand und gegen die Kosaken der vordringenden Pioniergrenze. Die Herrschaft Rußlands setzte sich erst 1873 durch, der Widerstand gegen Christianisierung und Kolonisierung dauerte bis 1916. Proklamierung einer eigenen ASSR 1920 bzw. 1925, die 1936 zur Kasachischen SSR erhoben wurde. Bei Niedergang der UdSSR 1990 Erklärung staatlicher Unabhängigkeit. In Anbetracht des starken Slawenanteils im neuen Staat bleibt vorerst Russisch »offizielle« Spr., Kasachisch nur Amtsspr. Vgl. Nicht Kosaken.

Kasachen (NAT)
II. StA. von Kasachstan. Von den rd. 8 Mio. K. der ehem. UdSSR leben etwa 80 % in Kasachstan, wo sie als Titularnation aber nur 44,3 % der Gesamtbev. ausmachen, weitere 35,8 % stellen die Russen, 5,1 % Ukrainer, 3,6 % Deutsche, 2,2 % Usbeken, 2 % Tataren; seit Anfang 90er sind mind. 250000 (vor allem Spezialisten) nach Rußland rückgewandert. Auch Russen sind StA. Kasachstans, dürfen jedoch Wehrdienst in Rußland leisten und können erleichterte Rückbürgerung nach Rußland in Anspruch nehmen. Amtsspr. Kasachisch (wird nicht einmal von allen Kasachen beherrscht), Russisch war anfangs Verbindungsspr., seit 1995 aber eine offizielle Spr.

Kasachisch (SPR)
I. Kazakh (=en).
II. um 1979 noch 6,6 Mio., um 1990 über 8,2 Mio. potentielle Sprecher dieser zur kyptschakischen Untergruppe der Turksprachen zählenden Spr. K. ist Amtsspr. in Kasachstan (6,6 Mio.), verbreitet durch Kasachen auch in China (1,1 Mio.), in Usbekistan (0,8 Mio.) und in der Mongolei (0,1 Mio.). Ka-

sachisch wurde bis 1928 mit der Arabischen Schrift, dann bis 1940/41 mit der Lateinschrift, seither mit der Grazhdanskaya geschrieben.

Kasachstan (TERR)
A. Republik. (Seit 21. 12. 1991); vormals Kasachische SSR der UdSSR. Kazakstan Respublikasy. Kazakhstan (=en).
Ew. 1939: 6,1; 1959: 9,3; 1979: 14,6; 1989: 16,537; 1996: 16,471, BD: 6,1 Ew./km^2; WR 1990–96: –0,3%; UZ 1996: 60%, AQ: 4%

Kasaïens (ETH)
II. (=fr); Regionalbev. der beiden Kasai-Provinzen in der DR Kongo. Starke Kontingente sind seit Jahrzehnten in die Bergbauprovinz Katanga abgewandert, wo sie dank Bildungsvorsprung die technische und unternehmerische Elite abgeben. Unter wiedererwachten autonomistischen Tendenzen (1993) erfolgte Zwangsrückwanderung von vielen Zehntausenden.

Kasaken (ETH)
I. (tü=) »Nomaden«. Vgl. Kasachen, Kosaken.

Kasan-Tataren (ETH)
I. Selbstbez. bis ins 19. Jh.: Bulgar.
II. Nachkommen einer Mischbev. von mongolischen Eroberern und Wolga-Bulgaren aus der Zeit der Goldenen Horde nach Abspaltung div. Stämme. Schon frühzeitig türkisiert, frühere Schriftspr. Tschaghataisch. Zäher Widerstand gegen Russifizierung und gewaltsame Christianisierung, auch Fluchtabzug; heute sunnitische Muslime. Besitzen seit Niedergang der UdSSR (1991) unabhängige Rep. an der mittleren Wolga, in welcher sie etwa 50% der Wohnbev. ausmachen: insges. > 5 Mio.

Kaschgai (ETH)
I. Kaschkai; Qashqai, Qashgai, Qaschgai, Turkluren.
II. größter Nomadenstamm im Gebiet von Fars/S-Iran, türkspr., schiitische Muslime. Trotz Ansiedlungsmaßnahmen unter Schahregime z. T. noch nomadisierend. Zahl 1979 > 400000.

Kaschgarer (ETH)
II. Turkstamm in Sinkiang/China im autonomen Gebiet der Uighuren (s.d.).

Kaschmiri (SPR)
I. Kashmiri (=en).
II. 1994 ca. 4 Mio. Sprecher dieser indoeuropäischen Spr. in Indien und Pakistan (im umstrittenen Jammu-Kaschmir-Gebiet). K. wird überwiegend in arabischer Schrift geschrieben.

Kaschmiri-Schriftnutzergemeinschaft (SCHR)
II. aus der seit dem 8. Jh. bekannten Sarada-Schrift im NE-Pandschab und in Kaschmir entstandene Schrift, die dort noch heute in Schrift und Druck verwendet wird.

Kaschtari (SOZ)
I. aus kascht (rm=) »Holz«; auch Lingurari aus lingura (rm=) »Löffel«.
II. auf die Herstellung hölzerner Haushaltswaren spezialisierte Zigeunerkaste in Rumänien. Vgl. Rudari in Serbien.

Kaschuben (ETH)
I. Kassuben.
II. ethnische Reliktgemeinschaft, Stamm der Pomeranen in Pommerellen und W-Preußen (insbesondere in der Kaschubei) mit westslawischer Eigenspr., die mehr oder weniger deutlich vom Polnischen gesondert ist. Trotz starken Integrationsdrucks im 14.–20. Jh. und dank hoher Bodenständigkeit haben K. viele Elemente ihrer Kultur bewahrt. Sie sind katholisch; protestantische K. werden als Slowinzen bezeichnet. K. zählten 1930 um 130000, im heutigen Polen lt. eigenen Angaben ca. 350000. Vgl. Leba-Kaschuben, Pomeranen; Ostseeslawen.

Kaschubisch (SPR)
I. Kashubian (=en).
II. einst durch Deutsch und heute durch Polnisch stark bedrängte westslawische Spr. Vgl. Hauptdialekte: Slovinzisch, Sabovisch, N- und S-Kaschubisch. In Polen (1979) 100000, 1991 nach H. HAARMANN 4500 Sprecher.

Kasem (SPR)
II. kleine Verkehrsspr. in Ghana.

Kashmiri (ETH)
Volk im w. Himalaya, das nach wechselvoller Geschichte und Okkupation durch Nachbarn dreigeteilt ist. Von den 1980/81 insgesamt 6,18 Mio K. lebten 71% im indischen Kaschmir und Jammu, 28,6% im pakistanischen Azad Kaschmir, der Rest von 0,4% im weiträumigen chinesischen Aksai Chin und Schaksyam. Die indischen K. sind zu 77% Muslime (von denen manche den Anschluß an Pakistan anstreben), zu 20% Hindus und zu 2% Sikhs. Von den drei Hauptspr. wird Kashmiri zu 95% nur im indischen Kaschmir, Punjabi zu ca. 30% auch im pakistanischen Kaschmir gespr., wo aber umgekehrt mit rd. 70% die Mehrheit der Gujjari-spr. Bev. lebt.

Kasonke (ETH)
I. Khasonke.
II. kleines Sudannegervolk im Steppenbereich SW-Malis, mit einer Mande-Sprache, treiben Ackerbau und Viehhaltung.

Kasseng (ETH)
II. kleine ethnische Einheit in der laotischen Prov. Saravane; Anzahl einige Tausend; treiben Berglandwirtschaft im Brandrodungsfeldbau. Ihre Eigenspr. zählt zur Mon-Khmer-Gruppe.

Kasten (SOZ)
I. Castas.

II. korporative, endogam geschlossene und zumindest streng erbliche Bev.einheiten, die durch gleiche ethische Normen, besonderes Ritual, gemeinsames Brauchtum und vorgezeichnete einheitliche Berufszugehörigkeit unter eigener Organisation und Gerichtsbarkeit verbunden sind.

Kastenangehörige (SOZ)
I. nach (pt=) castas; Dschati/Jati (hi=) »Art«, »Geburtsgruppe«.
II. nach der Kategorie von Kasten gegliederte Bev. Kastensysteme gab es schon im antiken Persien und Ägypten, sie haben sich erhalten vor allem in Indien, wo sie seit der Ariereinwanderung um 1500 v.Chr. nachgewiesen sind, und bei manchen Naturvölkern, als Berufskasten in Schwarz-Afrika, bei einigen Indianervölkern, in Indo-, Poly- und Mikronesien. Vgl. Varnas, Zweimalgeborene.

Kastenlose (SOZ)
I. Outcasts i.e.S.
II. Terminus umgreift im indischen Kastensystem sowohl die Unberührbaren als auch die Kastenverstoßenen und die Nichthindus. Begriff wird nicht durchweg als soziale Kategorie, sondern mehrheitlich religiös, als Teil der Hindugemeinschaft definiert; tatsächlich gibt es auch kastenlose Sikhs, Buddhisten und Christen (Dalits) in Indien.

Kastilier (ETH)
I. Castilians (=en, fr); Castellanos (=sp); castelhanos (=pt); castigliani (=it).
II. Bew. der Kernlandschaft Spaniens, des Hochlandes der Meseta, historisch von Alt- (seit 8. Jh.) und Neukastilien (Toledo, seit 12. Jh.). Ihr Idiom (Kastilisch/Kastilianisch) reüssierte zur spanischen Staatsspr.

Kastilisch (SPR)
I. Castellano, die Spanische Spr.; unkorrekt kastellanische oder kastilianische Sprgem. Nach K. THORN (1979) 25,3 Mio., darunter in Spanien 24,8 Mio., Minderheiten in Frankreich (400000), in Portugal (10000), Belgien (58000). Das Kastilische prägt das heutige Spanisch entscheidend. Spanien »Castilia« = »Burgenland«. Vgl. Spanisch(e) Sprgem.

Kastraten (SOZ)
I. 1.) Verschnittene, Entmannte; castrati (=it); castrados (=pt); eunuch (=en); castrats (=fr).
II. Eunuchen (s.d.) als Haremswächter. 2.) i.e.S. männliche Sänger mit einer Knaben-(Frauen-)stimme (Alt, Sopran), die für Opern- und Kirchenmusik vor allem im 18./19. Jh. stark nachgefragt waren. Fertigkeit wurde erzielt durch Kastration in der Jugend (vor Eintritt des Stimmbruchs, d.h. Entwicklung des Kehlkopfes); speziell in romanischen Ländern jährlich bei Tausenden von Jungen (K.-Chor im Vatikan) üblich. Entspr. Stimmentwicklung z.B. bei Countertenören kann auch auf anderen Ursachen beruhen.

Katakana-Schrift (SCHR)
I. Kata (jp=) »fragmentisch« und Kana (jp=) »Schrift«.
II. die ältere der beiden Silbenschriften Japans, die schon im MA als vollständiges und selbständiges Schriftsystem ausgebildet war. Ursprünglich als Lesehilfe chinesischer Texte verwendet, doch bald auch zur Schreibung rein japanischer Texte gebraucht. K. besteht aus 46 (einst 48) vereinfachten chinesischen Zeichen, die aber nach dem Lautwert japanischer Silben mittels Kombination und diakritischer Zeichen gelesen und geschrieben werden, für einen Chinesen also unverständlich sind. Zudem wurden diese K-Zeichen 1900 standardisiert. Sie dienen heute zur lautlichen Wiedergabe der zahlreichen nicht-chinesischen Lehnwörter und Namen im Japanischen; werden im Nachrichtenwesen (Telegrammtexte) und beim Militär benutzt. Vgl. Hiragana-Schrift, Japanische Schrift.

Katalanen (ETH)
I. Katalonier; Catalans (=en, fr); catalanes (=sp); catalóes (=pt); catalani (=it).
II. Volk und Nation von ca. 7 Mio. mit alter Kulturspr. Katalanisch, in Spanien (Katalonien, Valencia, Balearen 6,4 Mio), in Frankreich (Roussillon), Andorra (30000) und im Sardischen Alghero (15000). Vermochten über Verlust der Eigenstaatlichkeit an Aragon und 1469 an Spanien bis 1714 ständige Sonderrechte zu behaupten, erzwangen 1932-39 und seit 1977 Autonomiestatus.

Katalanisch (SPR)
I. Català; Catalán (=en).
II. romanische Spr. in Mittelstellung zwischen Kastilisch/Spanisch und dem (näher verwandten) Provenzalisch, mit alter Literatur seit 10. Jh., im MA Amtsspr. im Königreich Aragonien; seit 15. Jh. durch Kastilianisch verdrängt, in der Franco-Ära seit 1939 in Schulen und Medien verboten, seither wieder als »offizielle« Spr. geduldet, von 80-90% aller Katalanen (8-10 Mio.) in Spanien, Frankreich (Roussillon), Andorra und in Emigration von 0,3 Mio. verwendet, wenn auch nur von 30% beherrscht. Staatsspr. in Andorra (14000). Vgl. Campidanesisch.

Katang (ETH)
II. Ethnie in S-Laos, ca. 25000, zur Kha-Gruppe zählend; ihre Eigenspr. gehört zur Mon-Khmer-Gruppe.

Katanga (TERR)
C. jetzt: Shaba; Provinz in der DR Kongo.

Katangais (ETH)
I. (=fr); Katanger, Katangaer.
II. eine Regionalbev., die Bew. der seit 1891/92 Provinz Shaba/Katanga in der DR Kongo (vormals Belgisch Kongo). Als Voraussetzung für die Erschließung ihrer reichen Bodenschätze erfolgte viel-

seitige Zuwanderung von Arbeitskräften aus allen Teilen des Kongo (bes. aus Kasai) und zusätzlich von Ruandern, Sambiern, Angolanern und Tansaniern, deren Nachkommenschaft sich umstandslos vermengte, so daß ein wirkliches Konglomerat entstand. Originäre Katanger (Luba vor Lunda, Bemba und Tshokwe) blieben dagegen vorwiegend in traditionellen Lebensformen der Agrarproduktion verhaftet. Regionalbev. erlitt in Sezessionskämpfen 1960–63 und später schwere Verluste.

Katar (TERR)
A. Emirat am Persischen Golf. Dawlat Qatar (=ar). (State of) Qatar (=en); l'Etat du Qatar, le Qatar (=fr); el Estado de Qatar, Qatar (=sp).
Ew. 1950: 0,047; 1960: 0,059; 1970: 0,111; 1978: 0,201; 1986: 0,369; 1996: 0,658, BD: 58 Ew./km²; WR 1990–96: 5,0 %; UZ 1996: 90 %, AQ: 21 %

Katarer (NAT)
I. Katari(s); Qatari (=ar); Qatars (=en); qatariens (=fr).
II. StA. von Katar. Katar-Araber sind in der stark gewachsenen Einwohnerschaft ihres Golfemirats nur mehr eine Minderheit von 20 % (1993). Nahezu 80 % sind Ausländer aus anderen arabischen Staaten (25 %), aus Iran (16 %), aus Pakistan und Indien (34 %) und anderen Ländern Südasiens (5 %).

Katchin (ETH)
I. Katschin, Kachin.
II. Stammesgruppe von Gebirgsbauern mit Brandrodungsbau auf Reis, Hirse, Mohn, auch Jäger und Fischer im Katchin- und Schangebiet Myanmars; mit Eigenspr. aus der tibeto-birmanischen Spr.gruppe; untergliedert u.a. in Atsi, Laschi, Marund. Haben zwei Typen der Gesellschaftsordnung entwickelt: die geschichtete Gumsa und die egalitäre Gumlao. In Myanmar 642 000 (1990), rd. 1,4 % der Gesamtbev. Vgl. Tsching-Po in China.

Katecheten (REL)
II. aus (agr=) (christliche) Religionslehrer.

Katharer (REL)
I. zu katharós (agr=) »Reine«, »Vollkommene«; (mlat=) cathari; Neu-Manichäer.
II. seit 1100 bes. in S-Frankreich (Okzitanien mit Zentrum Montségur) und Oberitalien auftretende Gegenbewegung zur verweltlichten Amtskirche. Als Vorläufer gelten Manichäer und Bogomilen. K. vertraten mit dualistischen Vorstellungen (Unvereinbarkeit, daß der gleiche Gott das geistige Reich des Guten als auch die Welt des Bösen habe erschaffen können) und strenger Askese das Ideal apostolischer Armut und Wanderpredigt. Der Masse von Hunderttausenden weltlicher Gläubigen (Provinzadligen wie Handwerkern) standen am Beginn des 13. Jh. nur 4000–5000 Vollkommene vor, aus deren Mitte die Bischöfe gewählt wurden. Als Reaktion der kath. Kirche entstanden die Bettelorden der Dominikaner und Franziskaner. 1209 rief die Kirche zum Kreuzzug gegen die K. (ihre Burgen und befestigten Dörfer/Castri) auf, ein Vernichtungskrieg von äußerster Grausamkeit folgte. Weitere K. wurden ab 1231 von der Inquisition ausgerottet, nur Kleingruppen entkamen nach N-Spanien und N-Italien. Aus zeitgenössischer Gleichsetzung Katharer = Ketzer erklärt sich irrtümliche Annahme für Auftreten von K. auch in Mitteleuropa (z.B. Runkeler an der Lahn). Vgl. Manichäer, Bogomilen, Apostoliker, Albigenser.

Katholiken (REL)
I. aus katholikos (agr=) »für alle, allumfassend«, später i.S. von rechtgläubig im Unterschied zu schismatischen und häretischen Christen; Roman Catholics (=en).
II. Bez. für die Christen der Kirche von Rom und mit ihr in Gemeinschaft lebender Kirchen. Mit rd. 1,018 Mrd. stellen sie über 57 % aller Christen. Davon gehörten 1993 rd. 996 Mio. zur lateinischen Kirche, ca. 12 Mio. zu den orientalisch-katholischen Kirchen/Unierten Kirchen, die ihre orientalischen Riten und ihre jeweils eigenen Liturgie(spr.) und Verfassung (Organisationsstruktur) beibehalten haben, 9–10 Mio. zu den Altkatholiken. Vgl. Maroniten, Unierte Christen, Altkatholiken.

Katholiken der östlichen Riten (REL)
I. unierte Christen, orientalisch-katholische Christen.
II. ostchristliche Gemeinschaft, die mit der römischen Kirche unter Beibehaltung ihrer Riten und ihrer jeweiligen Liturgie(spr.) sowie ihrer Verfassung (Organisationsstruktur) eine Kirchengemeinschaft eingegangen sind und das Jurisdiktionsprimat des Papstes anerkennen. Insgesamt ca. 10 Mio. Anhänger, wovon in Vorderasien ca. 3 Mio. Vgl. Unierte Armenier, Äthiopier, Bulgaren, Chaldäer, Griechen, Italoalbaner, Kopten, Malabaren, Melkiten, Rumänen, Russen, Ruthenen, Syrer, Ungarn. Ferner die Maroniten, die sich vorgeblich diese Gemeinschaft dauernd erhalten haben.

Katholiken nach orientalischem Ritus (REL)
II. Sammelbez. für die nichtlateinischen Riten (Rituskirchen) der unierten Ostkirchen.

Katholische Kirche des Ostens (REL)
I. Nestorianer. Vgl. Katholische Ostkirchen.

Katkari (ETH)
I. Kathodia.
II. Stamm in den w. Ghats/Indien, mit den Bhil verwandt; 150 000–200 000. Waldbauern.

Kätner (SOZ)
I. Kötner, Kossäten, Lehner, Köbler.
II. Altbez. in Mitteleuropa für Dorfbew., die auf einer Kate sitzen, nur eine Häuslerwohnung, Hütte besitzen und als Tagelöhner arbeiten.

Katscha (ETH)
II. 1.) Einheit der Naga-Stämme in NE-Indien. 2.) Katschincy (=rs). Vgl. Chakassen.

Katschari (ETH)
I. Bodo (soweit im Brahmaputra-Tal), Dimasa (soweit in den N-Katschar-Bergen) lebend.
II. Bev.gruppe in Assam/Indien, zur tibeto-birmanischen Spr.gruppe zählend; ca. 250000. Vgl. Kachari.

Katschin (SPR)
I. Tsching-po.
II. tibetobirmanische Eigenspr. eines Bergvolkes in Myanmar (590000) und China (120000); haben Lateinschrift angenommen. Vgl. Kachin und Tsching-po.

Katu (ETH)
II. Ethnie im zentralvietnamesischen Bergland mit einer Mon-Khmer-Spr., ca. 50000. K. sind Waldsammler, bauen Trockenreis, Maniok, Mais an. Geisterkult, Opferpfähle, einst Menschenopfer.

Katzelmacher (SOZ)
II. Schimpfbez. für Italiener in Österreich.

Kauderer (SPR)
I. Kauderwelsche; aus Churer Welsche.
II. Altbez. in Mitteleuropa für Fremde, die eine unverständliche Spr. sprechen.

Kaukaside (BIO)
I. Caucasoids (=en).
II. im angelsächsischen Schrifttum für Europide. Mitglieder der »Kaukasischen« Rasse; im engl. Sprachgebrauch Syn. und Altbez. (nach BLUMENBACH) für Europide.

Kaukasier (ETH)
I. Kaukasus-Völker; Caucasians (=en); in Rußland abschätzig als »die Schwarzen« bezeichnet. Sammelbez. für Völker, Volksgruppen, Stämme im Kaukasus bzw. (von Europa oder Rußland her gesehen) diesseits und/oder auch jenseits des Hauptkammes (Cis- und Transkaukasien) leben. Es handelt sich 1.) um autochthone Ethnien, deren div. Idiome keinen größeren Spracheinheiten zugeordnet werden können, 2.) um in historischen Zeiten zugewanderte Gruppen (u.a. die iranischen Osseten, türkischen Balkaren, Karatschaier, Kumyken, persischen Taten und Talischen sowie die kaukasischen Bergjuden), 3.) um die in junger Vergangenheit eingewanderten Russen, Armenier, Araber, Deutsche, deren ethnisch-kulturelle Bindungen außerhalb Kaukasiens liegen. Vgl. Dagestaner, Khartwelier.

Kaukasische Sprachen (SPR)
I. Caucasic (=en).
II. zu untergliedern in nordkaukasische Spr. mit 1.) NW-Zweig/Abchasisch-tscherkessische Gruppe/Abazgo-Kerket (=en): Adygeisch (d.h. Kabardinisch und Tscherkessisch), Ubychisch und Abchasisch; 2.) Ost- oder tschetschenolesgischer Zweig mit NE-Gruppe: u.a. Tschetschenisch, Inguschisch, Batsisch und in SE-Gruppe: Awarisch, Didoisch, Lakisch/Kasikumükisch, Darginisch, Kürinisch, Artschinisch, Udisch, Chinalugisch, sowie 3.) südkaukasische/khartwelische Spr. u.a. mit Georgisch, Chewsurisch, Mingrelisch, Lasisch/Tschanisch und Swanisch/Svanetisch. Vgl. Kaukasier; Nachische Spr., Dagestanische Spr., Kartwelische Spr.

Kaukasus-Deutsche (ETH)
II. deutsche Siedler, die seit 1818 z.T. in Tochterkolonien aus S-Rußland in Cis- und Transkaukasien ansässig wurden, dort vielfach als Obst- und Weinbauern tätig. Vor dem I.WK betrug ihre Zahl allein in Aserbaidschan und Georgien 21000, im Terekgebiet rd. 3400, im Kubangebiet 8000, im Gouvernement Stawropol 10300. Im II.WK wurden rd. 25000 K-D. nach Kasachstan deportiert. Vgl. Rußlanddeutsche.

Kaukasus-Griechen (ETH)
I. Kolchis-Griechen (nach Kolonie der Mileter im 7./6. Jh.v.Chr. bei Kolchis = Suchumi). Eigennamen Romei, Ellines, auch Urum (=tü); Greki (=rs).
II. ganz überwiegend Nachkommen von Anatolien-Griechen, die in mehreren Emigrationswellen bes. nach Georgien (bzw. Abchasien) eingewandert sind: im 18. Jh. als Bergwerksarbeiter, 1828–29 aus Erzurum, nach dem Krimkrieg und nach dem russisch-türkischen Krieg 1877–78, schließlich nach der »Kleinasiatischen Katastrophe« 1922. Bis auf die Urumer sind K.-Gr. noch griechisch-spr. und orthodoxe Christen; ca. 200000. Vgl. Urumer, Romeoi, Greki (=rs), Pontier.

Kaukasus-Tataren (ETH)
II. Sammelbez. für Turkvölker der Balkaren, Karatschaier und Kumyken im N-Kaukasus, mitunter auch für Aseris. Ihre Idiome wurden 1920 zu Schriftspr. entwickelt. Seit 18. Jh. sunnitische Muslime. Vgl. Turk-Völker, vgl. Kaukasus-Völker.

Kaukasus-Völker (ETH)
I. Kaukasier, s.d. Vgl. auch Khartwelier.

Kavango (ETH)
II. schwarzafrikanische Ethnie in Namibia (1970: rd. 50000, 1986 durch Flüchtlingszuwanderung 110000; 1991: 143000 oder 9% der Gesamtbev.) und Angola. Gegliedert in fünf Stämme, von W nach E entlang des Okawango: Kwangali, Mbunza, Sambyo, Ccirico, Mbukushund

Kavirondo (ETH)
I. Altbez. Bantu-Kavirondo, s.d.; aktueller Name Luhya/Luyia in W-Kenia, siehe auch Luo-Kavirondo.

Kawar (ETH)
I. 1.) Tuda.
II. 2.) hindi-spr. Stamm im Hügelgebiet von Tschattisgarh in Madhja Pradesch/Indien. Den Gond ähnlich; ca. 350000–400000.

Kayabi (ETH)
II. kleine Indianerpopulation im Xingú-Nationalpark/Brasilien.

Kayah (ETH)
II. eines der sogenannten Karen-Völker, eine kleine Ethnie in Myanmar, die noch Naturreligionen, also nicht dem Buddhismus angehört.

Kayapó (ETH)
I. Caiapó, Cayapó.
II. Indianerstamm zwischen Araguaia und Xingu in den Campos N-Brasiliens; wurde seit 1903 durch französische Dominikaner christianisiert. K. wurden durch mehrere Grippe- und Masernepidemien innerhalb weniger Jahrzehnte ausgelöscht, 1916 noch gut 500 Seelen, 1927 nur mehr 27. 1990 mit verwandten Waldindianern rd. 1600–5000 in einem neuen Reservat von 32000 km², das aber durch Holzwirtschaft und Goldsucher verwüstet wird. Vgl. Yanomami, Cayapó.

Kayowá (ETH)
II. ein Unterstamm der Guarani in Paraguay. Vgl. Guarani; Nandeva, Mbaya.

Kaziken (SOZ)
I. (sp=) cacique; (aruak=) Kassequa.
II. Häuptlinge lateinamerikanischer Indianerstämme; in mittelamerikanischen Staaten mehrfach die indianischen Ortsvorsteher; allg. auch in Andenstaaten, indianische Angeh. der Oberschicht.

Kebsehen (SOZ)
II. im christlichen MA die meist mit Frauen niederen Standes eingegangenen »ständigen Bettgenossenschaften«; vergleichbar den altislamischen mut'a-Ehen (ar=) »Ehen auf Zeit«, die aber in der Schia legal bis heute fortbestehen; es erwachsen keine Unterhalts- oder Erbansprüche, Kinder sind jedoch legitim.

Kebsen (SOZ)
I. Kebsweiber, Kebsfrauen; (einst auch Kebsmänner und Kebskinder).
II. Nebenfrauen, Konkubinen.

Kehanis (SOZ)
II. ob ihrer Grausamkeit im S (Kabul) verhaßte nordafghanische Milizen.

Kehillot (SOZ)
II. Mitglieder einer Kehilla, einer jüdischen Gemeinde bes. in Osteuropa. Ihr Verwaltungsorgan, der Kahal, vereinigte polit. und religiöse Macht, hatte ähnliche Befugnisse und Bedeutung wie die Millet-Nationalitäten.

Kel (ETH)
I. »Stamm«, »Leute von ...«, »Bewohner«, »Wohnverband« in der Tuaregspr. Tamaschek.

Kel Adrar (ETH)
I. Ifughas (s.d.).
II. Tuareg-Stamm in Algerien und Mali; 1950 ca. 15000 Köpfe.

Kel Ahaggar (ETH)
I. Ahaggaren; Regionalgruppe der Tuareg im Ahaggar-Gebirge/Algerien; 1950 auf rd. 5000 geschätzt. Als Teilstämme sind zu nennen: Kel Rèla, Ikadéïen, Faïtoq, Tégéhé n'éfis.

Kel Aïr (ETH)
I. Kel Ayr, Asben.
II. Tuareg-Stamm in Niger; 1950 über 200000 Köpfe (nach C. *Bataillon*). Vgl. Tuareg.

Kel Ajjer (ETH)
I. Kel Adscher, Adjer; Kel Adjdjar, Asdjar, Azdjar.
II. Regionalgruppe der Tuareg im Tassili/N'Ajjer/Südalgerien/Mali. 1950 auf rd. 5000 geschätzt. Teilstämme sind die Iménan und Ouraren.

Kel Antessar (ETH)
II. Stamm der Tuareg vornehmlich in Mali; befinden sich nach schweren Dürrekatastrophen im Übergang zur Dauersiedlung.

Kel Aráwan (ETH)
I. Ahel Arawán.
II. Teilbev. in der w. Sahara; von Kel es-Souq/es Suk überlagerte Tuareg Maqcharen.

Kel Ewey (ETH)
II. Stamm der Tuareg im Aïr-Gebirge und in Oase Timia/S-Algerien; K.E. halten bis heute am Fernhandelsnomadismus fest: Dreieckshandel zwischen Aïr, Bilma und Kano; um 1980 ca. 3000 Seelen. Häufige Mischehen mit Sklavinnen aus Hausaland, so daß von zunehmend dunkler Hautfarbe. In Dürre-, d.h. Hungerjahren wichen K.E. wiederholt bis nach Nigeria aus, so 1913/14, 1984/85.

Kel Gress (ETH)
I. Kel Geres.
II. ein dunkelhäutiger, hausaisierter Tuareg-Stamm; erfahrene Karawaniers der s. Zentralsahara, beheimatet in S-Niger, betreiben insbesondere den Salzhandel mit Fachi/Bilma.

Kel Owi (ETH)
II. Hauptgruppe der Tuareg des Aïr.

Kel Taghelmus (SOZ)
I. »Leute mit dem Schleier«.
II. gemeint sind die Tuareg-Männer; nur sie tragen den Nase, Mund und Kinn bedeckenden Schleier, indigoblau bei den Imuschag, weiß bei den Imghad.

Kel Tamaschek (ETH)
I. Kel Adrar.
II. Großstamm der Tuareg im Adrar der Iforas und in N-Mali: 1980 ca. 380000; in Niger mit 200000–300000 zweitgrößte Tuareg-Gruppe. Dürre der Jahre 1982–85 zwang viele T. zur Flucht

nach S, an den Niger und nach Burkina Faso oder nach Algerien und Libyen.

Kel Ulli (SOZ)
II. Eigenbez. der Imrad, »Ziegenleute«. Vgl. Tuareg.

Kela (ETH)
I. Bakela, Nkundo.
II. Stamm der Bantu-Neger im Regenwald er zentralen Demokratischen Rep. Kongo; ca. 50 000.

Kelabit (ETH)
II. Dajak-Volk in Sabah/N-Borneo/Indonesien, ca. 10 000–20 000; Alt-Indonesier. Brandrodungsbauern und Wildbeuter. Charakteristisch ist ihre bis heute geübte Megalithkultur.

Kele (ETH)
I. Kale, Kalai, Kili, Lokele; nicht aber Kela!
II. schwarzafrikanische Ethnien in W-Gabun und im NE der DR Kongo.

Kellabanggeri (SOZ)
II. regionale Bez. für Zigeunermusikanten in Schweiz. Vgl. Chorochane, Lautari.

Kellioten (REL)
I. Eremiten.

Kelper (ETH)
I. aus kelp (en=) »Seetang«; Eigenbez. der Falkland-Insulaner; Malouiner (=fr), Malviner, Malwiner (=sp).

Kelten (ETH)
I. Celtae (=lat); Celts, Kelts (=en); Celtes (=fr); celtas (=sp, pt); celti (=it); Keltoi, Galatoi (=agr).
II. Völkergruppe in Alteuropa und Zweig der indoeuropäischen Spr.familie, die oft mit verwandten Italikern zur italo-keltischen Spr.gruppe zusammengefaßt wird. Im 8. Jh.v.Chr. am Oberrhein, seit 7.Jh.v.Chr. als Gallier nachgewiesen, seit 5. Jh.v.Chr. literarisch erwähnt. Waren doch wohl Träger der prähistorischen Hallstatt-Kultur (9.–5. Jh.v.Chr.), in der sich Expansion bis Spanien (Keltiberer) und England im W vollzog, und der Latène-Kultur (seit 5. Jh.v.Chr.), als K. bis S-Italien, in das östliche Mitteleuropa und nach SE-Europa vordrangen, so daß keltische Kultur fast ganz Europa überzog. Große Volksteile wurden im 1. Jh.n.Chr. weitgehend romanisiert. K. bekannten sich früh zum Christentum (Galater). Spr. und Kultur erhielten sich nur in einigen Randbereichen. Als überlebende Idiome gelten: Gälisch in Schottland und Irland mit dem Manx auf der Insel Man, Britisch mit Kymrisch in Wales, Cornisch in Cornwall und Bretonisch in der Bretagne.

Keltiberer (ETH)
II. Mischbev. auf der Iberischen Halbinsel, entstanden im 1. Jtsd. v.Chr. aus eingesessenen Iberern und zugewanderten Kelten.

Keltische Sprachen (SPR)
II. westlichster Zweig der indogermanischen Spr., vorchristlich von Spanien über Frankreich, Süddeutschland, den Balkan bis nach Kleinasien verbreitet (Festlandkeltisch = Gallisch); heute ist nur mehr das Inselkeltische lebendig. Hierzu zählen 1.) die Goidelischen oder Gälischen Spr. mit Irisch, Gälisch/Schottisch und Manx; 2.) die Britannischen Spr. mit Kymrisch, Kornisch und Bretonisch. Geogr. Name: Cymru/Wales.

Kemalisten (SOZ)
II. Türken, die Anh. der von Kemal Atatürk begr. Säkularisierungspolitik gegenüber dem Islam mit dem Ziel, die Rückständigkeit des orientalischen Landes durch Annäherung an den Westen zu überwinden.

Kendajan (ETH)
I. Land-Dajak i.e.S., auch Bidayuh.
II. Volk der Dajak in W-Borneo/Indonesien, das schon vor Jahrhunderten durch indische und hindujavanische Kultur überprägt wurde.

Kenia (TERR)
A. Republik in Ostafrika. Ehem. Kenya; unabh. seit 12. 12. 1963. Jamhuri ya Kenya; Republic of Kenya (=en). La République du Kenya, le Kenya (=fr); la República de Kenya, Kenya (=sp).
Ew. 1921: 2,484; 1931: 2,967; 1948: 5,662; 1950: 6,018; 1960: 8,017; 1970: 11,225; 1980: 15,109; 1989: 21,400; 1996: 27,364, BD: 47 Ew./km^2; WR 1990–96: 2,6%; UZ 1996: 30%, AQ: 22%

Kenianer (NAT)
I. Kenyans, Kenians (=en); kényens (=fr); kenianos (=sp, pt). Nicht Keniatten!
II. StA. der Rep. Kenia; sie gehören etwa 40 verschiedenen ostafrikanischen Ethnien an, zu rd. 60% Bantu und 16% Niloten; kleine Gruppen naturalisierter Asiaten, Araber, sonstiger Afrikaner mit zus. 1%. Ferner haben mehrere große Flüchtlingsgruppen aus Sudan, Somalia, Kongo (1993: ca. 0,5 Mio.) z.T. schon seit Jahren in Kenia Schutz gefunden.

Kentahere (SOZ)
I. »Bison-/Kuhfladen«.
II. Altbez. der Mohawk-Indianer in der Kolonialzeit für Schotten, nach Art ihrer Kopfbedeckung.

Kenyah (ETH)
II. Volk im Gebirge Zentralborneos/Indonesien und Sarawak von ca. 50 000 Köpfen mit südwestindonesischer Eigenspr., treiben Anbau auf Brandrodungen, errichten große Langhäuser. Verwandte Stämme sind die Kayan, Long Glat, Murek, Segai, Ukit, Tring, Uma Pagong, Uma Suling.

Kerala (TERR)
B. Bundesstaat Indiens.
Ew. 1961: 16,904; 1981: 25,454; 1991: 29,099, BD 749 Ew./km^2

Kerala-Christen (REL)
II. Sammelbez. für 5–6 Mio. Christen verschiedener Denomination (Malabarische Jakobiten, Nestorianer, unierte Malabaren, kath. und protestantische K.-C.) im indischen BSt. Kerala. Vgl. Thomas-Christen, Malankaren.

Kerarisch (ETH)
II. ethnische Einheit stark arabisierter nubischer Kamelzüchter im Sudan.

Kerebe (ETH)
I. Kerewe, Bakerewe, Wakerewe.
II. kleine Bantu-Ethnie auf Inseln im Victoria-See/Tansania.

Kereken (ETH)
I. Eigenname Kerck; Kereki (=rs). Vgl. Korjaken.

Kerkeri (ETH)
I. Karekare in N-Nigeria.

Kermanci (SOZ)
II. Hörige, Halbfreie, Verpflichtete unter den Kurden Anatoliens.

Kernfamilie (WISS)
I. Familienkern, Basisfamilie; nuclear family (=en).
II. uneinheitliche Begriffsbestimmung: 1.) je nach nationaler Statistik oft leider syn. mit Familie; 2.) Lebensgemeinschaft allein von Mann und Frau, d.h. Ehepaare vor der Geburt eines Kindes; 3.) Eltern mit ihren unmündigen oder den noch bei ihnen wohnenden unverheirateten Kindern. Vgl. vollständige Familien, Familienhaushalt.

Kessim (REL)
II. die geistlich-politischen Leiter der jüdischen Falaschen, die noch keine Rabbiner besitzen.

Kete (ETH)
I. Bakete, Tukete.
II. kleine lubaisierte Bantu-Ethnie in der s. DR Kongo. Vgl. Luba.

Keten (ETH)
I. Jenissei-Ostjaken, Jenisseier, Keto; Eigenname Ket »Menschen«; Kety (=rs); Kets (=en).
II. kleine Volksgruppe am mittleren und unteren Jenissej in der Krasnojarsker Region/Rußland; stehen kulturell den Selkupen nahe, bewahren jedoch ihre isolierte paläoasiatische Eigenspr.; Schamanisten. K. sind Fischer, Pelztierjäger und Rentierhalter; 1979 ca. 1200 Köpfe.

Ketschua (ETH)
I. Quechua, Quitchua, Kicua.
II. indianische Völkergruppe in den Anden, gelten als Nachfahren jener, die alte Inka-Kultur tragenden, Vorbev.; i.w.S. die Angehörigen der K.-Spr.gemeinschaft.

Ketzer (REL)
I. Häretiker, Irrgläubige; auch Sektierer. Umstrittene Ableitung aus den Katharern.
II. Personen, die sich nicht zur kanonischen Richtung ihrer Religion oder Konfession bekennen. Seit 12. Jh. abwertende Bez. der christlichen Großkirchen für Irrgläubige und (zeitweise) überhaupt Andersgläubige. Auch andere organisierte Rel.gemeinschaften üben derartige Ausgrenzung.

Kh(w)oshneshin (SOZ)
II. (=pe); ländliche Bev. ohne Grundeigentum und Teilbauvertrag in Iran.

Kha (ETH)
I. (la=) Altbez. für »Sklaven«,
I. Tschetri.
II. Pejorativausdruck der Laoten für die Montagnards, s.d.

Khadre (REL)
I. Quadiriya (=ar).
II. islamischer Mystiker-Orden in Senegal.

Khaek(s) (SOZ)
I. »Fremde«.
II. Altbez. für die ansässigen Muslime in Thailand.

Khairwar (ETH)
II. drawida-spr. Stamm auf dem Tschota-Nagpur-Plateau in Bihar/Indien; ca. 200 000.

Khalifa, al (ETH)
II. arabischer Klan, der sich im 18. Jh. der Wanderung des al Sabah anschloß, dann aber nach Zubara/Katar zurückkehrte, später Bahrain eroberte und nun die Herrschaftsbev. dieses heutigen Staates abgibt.

Khalsa (REL)
I. K. (pali=) »rein«.
II. Vertreter der Hauptrichtung innerhalb der Sikh-Religion, 1699 vom zehnten Guru Gobind Singh in Kampfzeit gegen Moghulherrschaft als kämpferische Bruderschaft gegr. K. ist das Konzept einer auserwählten Gemeinschaft von Glaubenskriegern, sie führen Beinamen Singh »Löwe« bzw. Kaur »Löwin«, Anrede Sardar »Prinz«. Vgl. Sikhs.

Khamba(s) (SOZ)
I. nach Ort Khamba in SE-Tibet.
II. Bez. für tibetische Guerilla-Einheiten im Kampf gegen die chinesische Invasion 1950.

Khamir (ETH)
I. Kemant, Kamir.
II. ethnische Einheit mit zentralkuschitischer Spr. nö. des Tanasees/Äthiopien, < 100 000; sind Viehhalter und Händler.

Khammès (SOZ)
II. (=ar); Teilpächter im islamischen Orient, die für ihre Arbeit ein Fünftel des Ernteertrages erhalten.

Khamseh (ETH)
II. Konföderation von 5 (heute 6 Taifeh) unterschiedlichen Nomadenstämmen arabischer, türkischer und iranischer Abstammung, sunnitischer wie schiitischer Konfession in Iran; Jabbareh und Shaibani (ar); Ainalu, Baharlu und Nafar (tü); Basseri (farsispr.).

Kharia (ETH)
I. Dhelki Kharia, Dudh Kharia, Hill Kharia.
II. drei durch Exogamie verbundene, munda-spr. Gruppen in Orissa, Madhja Pradesch und Bihar/Indien; sind teils noch Wildbeuter, teils Wanderhackbauern.

Kharidschiten (REL)
I. Kharejiten, Kharidjiten; (ar=) Kharidjiyun; Chawaridsch. Vgl. Charidschiten.

Khartwelier (ETH)
I. Kartwelische/Kartvelische Völker.
II. 1.) Karthweli/Kharthweli ist alte Eigenbez. der Georgier/Grusinier. 2.) Sammelbez. für Sprgem. der Südkaukasier, für Georgier, Sanen (mit Lasen/Lazen und Mingreliern), Swanen und Imerern in Transkaukasien; siehe Khartwelische Spr.gem. 3.) fälschliche Altbez. für autochthone Völker und Stämme im Kaukasus: Adscharen, Chewsuren, Dschawachen, Gudamakaren, Gurier, Imerier/Imerelier, Ingiloi, Kachetier, Kartlier, Letschumelier, Mes'chier, Mochewi, Mtuilier, Pschawen/Pschawelier, Ratschwelier, Tuschen/Tuscha. Vgl. Kaukasier.

Khasi (s) (ETH)
I. Kasis (=en).
II. Volk von Bergbauern in den Khasi-Hills s. des mittl. Brahmaputra/Assam/Indien. Die K. gehören sprachlich zu den Mon-Khmer-Völkern, rassisch als bes. Typ zur palämongoliden Rasse. Vorherrschend hochentwickelte Gruppe im 1970 geschaffenen Gliedstaat Meghalaja in NE-Indien. 1994 insgesamt rd. 920000, wovon in Indien 830000, in Bangladesch 90000. Trotz verbreiteter Bekehrung zum Christentum striktes Festhalten an mutterrechtlicher Sozialorganisation: Verwandtschaftsrechnung und Erbfolge sind matrilinear, Wohnfolge matrilokal; einheiratende Männer haben nur Bedeutung als »a shong Kha« = Begatter. Erhalten hat sich die traditionelle Gliederung der Gesellschaft in vier Klassen. K. sind bekannt durch alte Großsteinsetzungen (Megalithkultur).

Khasonke (ETH)
II. negrides Sudanvolk aus der Mande-Spr.gruppe im Savannengebiet von Guinea; > 100000 Köpfe; Ackerbau.

Khatibs (REL)
II. (=ar); Wortführer eines Stammes, einer muslimischen Gemeinschaft; Moscheeprediger beim Freitagsgebet.

Khebbaz (SOZ)
II. (=ar); Teilpächter im arabisch-islamischen Kulturkreis, die im Khobza- System an einen Grundbesitzer gebunden sind.

Kherari (SOZ)
I. aus kher (zi=) »Haus«.
II. als Gelegenheitsarbeiter tätige Zigeunersippen in Osteuropa.

Kherwarische Sprachen (SPR)
II. Altbez. für Munda-Spr., s.d.

Khmer (SPR)
I. Kambodschanisch-spr.; Khmer (=en).
II. rd. 7–10 Mio. Sprecher (1994) dieser austroasiatischen (Mon-Khmer-Gruppe) Spr. in Kambodscha (dort Amtsspr.), Thailand und Vietnam. K. wird mit der Aksâr-Eigenschrift geschrieben.

Khmer-Krom (ETH)
II. Kambodschaner im oder aus dem äußersten SW Vietnams.

Khmer-Loeu (ETH)
I. »Khmer des Hochlandes«, »Bergvölker«.
II. offizielle Bez. für Minderheiten in NE-Kambodscha; 400000–500000, von Jagd und Ackerbau lebend. Es handelt sich um Muong, Kha und Dscharai. Vgl. Moi.

Khmu (ETH)
I. Kha Khmu, Kamuk, Khamuk.
II. Volk in N-Laos (wo in Prov. Luang Prabang und Xieng Khouang dominant) und in N-Thailand (Prov. Nan); gehören zur Spr.gruppe der Mon-Khmer; sind z.T. noch Wildbeuter, doch mehrheitlich Reisbauern. Soweit nicht mehr Stammeskulten folgend: Buddhisten und Christen.

Kho (ETH)
I. Tschitrali.
II. Stamm mit indogermanischer Eigenspr. im n. Pakistan; Sunniten.

Khodjas (REL)
I. Hodschas, Khojas (=en). Vgl. Ismailiten, Nizariten.

Khoekhoe (SPR)
I. Khoisan-Spr.
II. Sprg. der Buschmänner in Namibia, Betsuana, Angola und Südafrikanischer Union; 1990 ca. 200000 Sprecher.

Khoide (BIO)
II. eine der beiden kleinwüchsigen Unterrassen der Khoisaniden. Im Typus den Saniden ähnlich, doch von relativ größerem Wuchs, (im Mittel 158 cm m. und 150 cm w.); ursprünglicher Zwergwuchs aufgrund stärkerer Vermischung mit Negriden also nicht mehr vorhanden. Körperbau zeigt infantile Proportionen; längerer und höherer Kopf, meist mäßige Steatopygie. Stark ausgeprägte Len-

denlordose und Fettsteiß als Anpassungserscheinung an Lebensraum. Restgruppen (u.a. Nama, Korana) im Süden Südwestafrikas verbreitet. Vgl. Hottentotten, auch Rehobother Bastards.

Khoi-Khoin (ETH)
I. Hottentotten. Vgl. Cape-Coloureds (=en).

Khoisan (SPR)
I. aus khoi (hottent.=) »Person« und san (hottent.=) für »Buschmänner«.
II. Sprgem. der Buschmänner und Hottentotten in Namibia, Betsuana, Angola und Südafrikanischer Union. Vgl. (en=) Hottentot-, Sandawe-, Hatsa-Spr.; Click-Spr.

Khoisanide (BIO)
I. Razza Boscimana (=it) bei *BIASUTTI*; Sanide bei *LUNDMAN*.
II. Reste einer ursprünglich über weite Teile Afrikas verbreiteten anthropologischen Altschicht, heute in S- und SW-Afrika, wohin durch nachrückende Negride abgedrängt. Sammelbez. für zwei Taxa: Sanide und Khoide. Gewisse Gemeinsamkeiten mit Negriden (Kraushaar, Breitnasigkeit, starke Lendenlordose), aber durch viele Sonderheiten (u.a. Achselständigkeit der Brüste, Steatopygie bei Frauen, »Hottentottenschürze«) sowie mongoliforme Merkmale (Flachgesichtigkeit, Schlitzäugigkeit, Hautfarbe). Auch pädomorphe Merkmale wie bei den Bambutiden. Vgl. Sanide und Khoide (KHoi/Khoi).

Khordeh malekin (SOZ)
II. (=pe); bäuerliche Grundeigentümer in Iran.

Khsatriya (SOZ)
I. Kschatrija, Khsatriys.
II. die zweithöchste Urkaste im indischen Kastensystem. Sie besteht aus adligen Kriegern und Mitgliedern des wehrhaften Landadels. Früher auch als Rajayana, d.h. »Adel« bezeichnet, heute rechnet sich ein Großteil der Soldaten und Polizisten dazu.

Khua (ETH)
I. Cua.
II. in Auflösung begriffene Kleinpopulation von Brandrodungsbauern in der nordvietnamesischen Prov. Quang Binh, mit einer Mon-Khmer-Spr.

Khuddam (REL)
I. Sg. Khadem; »Diener«.
II. Ehrentitel für Personen, die sich im schiitischen Islam um eine religiöse Stiftung (z.B. der Astan-e kuds-e Razawi in Meschhed) verdient gemacht haben.

Khu-Khun (BIO)
I. Khoi-Khoin, die »eigentlichen, wahren Menschen«. Vgl. Hottentotten.

Khun (ETH)
II. eines der Schan-Völker von ca. 50000 in N-Myanmar und N-Thailand mit einer Tai-Spr.; sind Theravada-Buddhisten; treiben Naßreisbau.

Khung (SPR)
II. besterforschte Spr.gruppe der Khoisan.

Kibbuzniks (SOZ)
I. Kibbutznikim (=he); Kibbutz members (=en).
II. Mitglieder jüdischer Kibbuzzims, von landwirtschaftlichen, doch auch Gewerbe umfassenden Gemeinschaftssiedlungen in Israel mit dem Prinzip unbezahlter Arbeit und gemeinschaftlicher Versorgung. Ursprünglich streng geregeltes Sozialleben, insbes. gemeinsame Kindererziehung. Anfangs bis zu 5% aller Pioniere, 1989 nur mehr 120000 Personen in 266 K. = 3% der jüdischen Gesamtbev. Heute verliert sich Wertschätzung der Gründerideale (Heimstatt für diasporamüde und geflüchtete Juden, Wehr- und Versorgungsfunktion der Pioniere); Abwanderung der Jungmannschaft, Verarmung, mehrfach bleiben nur noch Produktionsmittel im Kollektivbesitz, dann Übergang zum Moshav.

Kichai (ETH)
II. Indianerstamm mit einer Caddo-Spr., den Pawnees verwandt, einst in Louisiana und Texas verbreitet. Vor Bedrängung durch die Texaner zu den Wichitas geflohen und in ihnen aufgegangen.

Kids (SOZ)
I. Youngsters (=en).
II. modernistischer Ausdruck u.a. in Werbewirtschaft für Jugendliche. Vgl. Skippies, Yuppies.

Kikongo (SPR)
II. eine der vier Nationalsprachen in DR Kongo, ferner in Kongo und NW-Angola, insgesamt ca. 7 Mio. Sprecher.

Kikuyu (ETH)
I. Kikuju; auch Gikuyu (Eigenbez.).
II. Bantuvolk Kenias mit Feldbau und Rinderhaltung; volkreichste Ethnie Kenias, 1979: 3,2 Mio. oder 20,9% der Gesamtbev.; bes. starkes Bev.-wachstum, daher 1996 bereits 5,7 Mio. Abdrängung in Reservate und Bodenverarmung initiierten den Mau-Mau-Aufstand von 1952–56; aus ihren Reihen ging der langjährige Präsident Kenias, Jomo Kenyatta, hervor. Vgl. Mau-Mau.

Kikuyu (SPR)
I. Gikuyu, Gekoya; Kikuyu, Gekoya (=en).
II. Verbreitung dieser Bantu-Sprgem. in Kenia mit > 5 Mio. Sprechern (1994).

Kil (ETH)
II. kleine Stammeseinheit in S-Vietnam, eine Untergruppe der Muong mit Eigenspr. in der Mon-Khmer-Gruppe. Waldsammler und Brandrodungsbauern.

Kiliwa (ETH)
II. eine indianische Restgruppe im mexikanischen BSt. Baja California; zur Sprachgruppe der Yuma (Hoka) zählend; arbeiten als Farmarbeiter der Mexikaner.

Kimbanguisten (REL)
I. (fr=) Eglise du Christ sur la terre par le prophète Simon Kimbangyu.
II. Anh. einer aus dem Baptismus abgeleiteten, 1921 im Belg. Kongo gegr. Erweckungsbewegung. Nach kolonialzeitlichen Verfolgungen 1959 in beiden Kongostaaten offiziell anerkannt. Heute größte unabhängige Kirche Afrikas mit ca. 3 Mio. Anh. in 10 Staaten, in Zaire/DR Kongo 0,7 Mio. (1984).

Kimberley (BIO)
II. Restgruppe der Aborigines aus 30 verschiedenen Stämmen auf dem Kimberley Plateau NW-Australiens. Einst Wildbeuter, heute Hilfskräfte in Kleinstädten; überwiegend Christen.

Kimbundu (ETH)
I. Mbundu, Umbundu; Sama, Sele, Libola, Lupolo, Kisama.
II. 1.) Bantu-Volk im zentralen Angola/Prov. Luanda; treiben Brandrodungsfeldbau auf Cassave und Mais, Viehhaltung, doch Nutzung der Rinder begrenzt (u. a. Brautpreis). Matrilinearität, Brautdienst bei den Schwiegereltern. 1980 in Angola rd. 2 Mio., das sind 22 % der Gesamtbev. 2.) kleines Bantu-Volk in N-Angola ö. der Kimbundo.

Kimbundu (SPR)
I. Kimbundu, Mbundu (=en).
II. Nationale und Verkehrsspr. in N-Angola; zählt zu den W-Bantu-Spr.

Kimmerier (ETH)
I. Kimmerer.
II. altdokumentiertes Volk auf der Krim, das im 7. Jh. von deren Küsten durch die Skythen ins Hinterland vertrieben wurde und dort unter dem Namen Tauren überlebte. Geogr. Name: Tauros.

Kinder (BIO)
I. Children (=en); enfants (=fr); figli (Sg. figlio) (=it); hijos (=sp); filhos (=pt).
II. 1.) Menschen im ersten Lebens(alter)abschnitt, vor Erreichen der Geschlechtsreife; zu unterscheiden ist a) altersmäßig in Säuglinge, Kleinkinder, Schulkinder und ggf. Jugendliche; b) nach dem Geschlecht: Söhne: Buben (mundartlich Bua/Boub/Buaben); Burschen, Knaben; Jungen (mundartlich Jung, Jong/Jonger); Bengel (in Westpreußen); Kerle/Karla/Karle; Töchter: Mädchen (mundartlich Madl in Schlesien)/Mädla/Mädle/Mädche/Maidl/Maidel (in SW-Deutschland), Mäken, Maiden; Diandl/Deandl; Deern, Dirn/Dirndl (im bayerischen Sprachraum), zu diorna (ahd=) »Mädchen«, »Magd«; Wicht, Weit; Fahmen/Fohn (in Friesland), Fehl [aus filia (lat=) »Tochter«]; Mariell/Mäke/Mache (in Ostpreußen). In dieser Kindheitsphase wird der »Nachwuchs« schrittweise in die soziale, religiöse Gemeinschaft aufgenommen: Initiations-/Durchgangsriten; oft späte Namensgebung, Beschneidung, Taufe, Konfirmation/Firmung/Jugendweihe usw. 2.) die Filialeneration, die Kinder der Parental-/Paternal-/Elterngeneration. Auch Erwachsene bleiben Kinder ihrer Eltern; dann erwachsen ihnen in allen Kulturen ihrerseits (Versorgungs-) Pflichten gegenüber den Eltern bis hin zum Begräbnis- und Ahnenkult durch den ältesten Sohn (bes. in Ostasien). K. stehen bis zur Volljährigkeit in Sorgerecht und -pflicht ihrer Eltern (u. a. Erziehung, Aufenthaltsbestimmung, Aufsicht; vgl. hierzu Jugendliche. Entwicklung, Stellung und Wertung der K. differieren in den einzelnen Gesellschaften und Kulturen weit. Kinderreichtum, -segen kann ebenso hohes Glück und Ziel als auch Sorge und soziale Last bedeuten, sogar als verantwortungslos gelten. Wo Lebensnot groß ist, da treten Vernachlässigung, Fortgabe (als Schuldknechte und Arbeitssklaven), Freigabe zur Adoption und Verkauf, letztlich auch Tötung von Kindern auf, nicht nur von schwachen, mißgestalteten und Zwillingen, auch von unerwünschten, unehelichen, verbotenen/überzähligen/»schwarzen« K., insbesondere solchen des oft geringer geschätzten (w.) Geschlechts. Unzulängliche Pflege in Notzeiten und von Waisen, mangelnde Ernährung, fehlende Hygiene, ausbleibende Gesundheitsvorsorge führen seit jeher zu mehr oder minder hoher Kindersterblichkeit, die in vielen Entwicklungsländern über 20 %, im Extrem über 60 % liegen kann. Kampf gegen Sterblichkeit der Säuglinge und Kleinkinder (über 5 J.) zeitigt große Erfolge; Quoten konnten seit 1960 mehr als halbiert werden: weltweit von 13,8 auf 6,7 % bei Säuglingen, von 21,6 auf 10,0 % bei Kleinkindern. K. bedürfen der Aus-/Schulbildung, diese aber differiert zwischen Industrie- und Entwicklungsländern, doch auch entsprechend Kultur-, Religions- und Standeszugehörigkeit stark, allein schon hinsichtlich der Schuldauer zwischen 8 bis 12 und 0 bis 4 Jahren; siehe Analphabeten. Aus politischen, sozialen und ökonomischen Gründen sind die durchschnittlichen Geburtenzahlen (pro Frau oder Familie) heute fast ubiquitär rückläufig, in Industrieländern schon seit Beginn des 20. Jh. (z. B. in Deutschland: Ende 19. Jh.: 4,5 K., nach 1910: 3,5 K., 1930: 2 K., 1990: 1, K.), seit Mitte des 20. Jh. auch in Agrar- und Entwicklungsländern. Dort wird aber Geburtenrückgang vorerst noch durch die verminderte Kindersterblichkeit ausgeglichen. Unter solchen Bedingungen können 40 bis zu 50 % der Gesamtbev. Kinder (Personen unter 14./15. J.) sein: z. B. Nigeria 46,5 %, Algerien 43,1 %, Burundi 45,6 %, Uganda 48,7 %, Vanuatu 45,5 %, Demokratische Rep. Kongo 46,4 %, Iran 45,8 %. Vgl. Söhne; Töchter; Abhängige, K.arbeiter, K.sklaven, K.ehen, Straßenkinder; K. auch als amtl. Terminus.

Kinder (WISS)
I. nicht nur ein biolog. und kulturwiss., sondern auch ein amtl. Terminus; children (=en); enfants (=fr); bambini (=it); niños (=sp); filhos, criauças (=pt).
II. in der Familien- und Haushaltsstatistik in Deutschland ledige Personen, die mit ihren Eltern oder mit einem Elternteil in einem Haushalt zusammenleben, wobei keine Altersbegrenzung besteht.

Kinderarbeiter (WISS)
II. durch Armut der elterlichen Familie (auch zwecks Schuldentilgung) zur Arbeit gezwungene Kinder. Lt. Angaben der ILO (1990) sind in Landwirtschaft, Industrie und Gewerbe (bes. in Webereien, Textilfabriken Gerbereien, Glasbläsereien, Autowerkstätten) weltweit mindestens 88, doch eher 120 Mio. zw. 5 J. und 14 J., ganztags tätig; incl. zeitweise beschäftigter Kinder wird Gesamtzahl auf 250 Mio. geschätzt. Verbreitung bes. in Afrika (40% aller K.), S-Asien und Lateinamerika, z.B. allein in Indien 44 Mio., in Pakistan bis zu 19 Mio., in Sri Lanka und Philippinen je 5-6 Mio., in Nigeria rd. 12 Mio., in Mexiko 8-11 Mio., in Ägypten mind. 1,5 (offiziell) -2,5 Mio. K. unter 12 J. oder im kleinen Haïti 109000 unter 14 J. Von den in der Teppichindustrie Nepals Beschäftigten sind 19% unter 14 J., 33% zw. 14-16 J. alt (ähnlich Pakistan). In der Landwirtschaft bis an Schwelle zum 20. Jh. auch noch in Deutschland: Hofegänger, Hütekinder. Vgl. Kindersklaven, Hofegänger, Schwabenkinder.

Kinderbräute (SOZ)
I. Kindsbräute.
II. Mädchen, die bei Naturvölkern, im Orient und in SE-Asien von ihren Eltern schon als Unmündige verlobt oder gar verheiratet werden. Verbreitet bes. im Hinduismus und Islam, jedoch überwiegend aus sozialen Gründen. K. wachsen dann oft unter Obhut der Schwiegermutter auf. Vgl. Frühehen.

Kinderlose (SOZ)
II. kinderlose Eltern, k. Elternteile; statist. Angaben können bezogen sein auf Frauen (nach Abschluß der Gebärfähigkeit), auf Ehen, aber auch auf Singles oder Haushalte. Kinderlosigkeit kann a) physiologisch bedingt, also auf unfreiwilliger Sterilität, b) auf gewollter Nachwuchsbeschränkung (Verhütung, Abtreibung) beruhen. Galt Kinderlosigkeit einst als Makel und Strafe (z.B. hat das rigorose Ehegesetz des Augustus 18 v.Chr. Kinderlose in ihrer Erbfähigkeit eingeschränkt und von Schauspielen ausgeschlossen) und im christlichen Abendland oft als Strafe, so gilt sie heute in Industrieländern vielfach als gesellschaftliche Norm.

Kinderreiche (SOZ)
II. Mütter bzw. Familien mit vielen Kindern, im Gegensatz zu Kinderlosen und Kinderarmen. Im Zuge entsprechender Bev.politik erfahren K. bis heute gewisse Vergünstigungen: bereits im Römerreich sagte ein Gesetz K. (ab drei Kindern) verlokkende Privilegien zu. Frauen, die dem Staat mind. 10 Kinder gebaren, trugen in der UdSSR den Ehrentitel »Heldin-Mutter«; im Deutschland der NS-Zeit wurden Ehrenkreuze in 3 Stufen (für 4-5, 6-7, 8 und mehr Kinder) vergeben. Irak ehrt Mütter mit 15 Kindern in offiziellem Staatsakt, seit 1989 tragen Neugeborene den Ehrentitel Kadsia-Armee (nach gewonnener Schlacht der Araber gegen Perser 637). Von 16,155 Mio. Müttern in Deutschland hatten 1994 nur 92000 fünf oder mehr Kinder geboren.

Kindersklaven (WISS)
II. Verkauf und Handel mit Kindern als Arbeitssklaven, als Kindersoldaten, Drogendealer, Prostituierte und zu Adoptionszwecken ist noch im 20. Jh. weit verbreitet. In der Dritten Welt zwingt Armut viele Eltern, ihre Kinder wegzugeben, die sie nicht mehr ernähren können; im Sudan bei üblicher Vereinbarung zu späterer Auslösung »zum doppelten Preis«. Oft müssen Kinder über Jahre hin ererbte Schulden der Eltern abarbeiten, bes. häufig im Teppichgewerbe Vorderindiens (lt. ILO in Pakistan ca. 7,5 Mio., in Indien ca. 5 Mio.). K. verbreitet auch in Sri Lanka, Thailand, Sudan, Brasilien, Haïti. Internationaler Handel zwischen Minderheiten und Stämmen im Norden Hinterindiens ist verbreitet, denn Kinder haben keine Staatsbürgerschaft und sind entsprechend rechtlos. Zu der besonders in SE-Asien grassierenden Kinderprostitution liegen seit 1990 folgende erschreckende Zahlen vor: in Thailand bis 300000 (unter 15 J.), in Philippinen ca. 100000, in Sri Lanka etwa 30000 Jungen, in Indien 400000, in Vietnam mind. 40000. Handel mit Kindern zu Adoptionszwecken nahm mit dem Sinken der Geborenenraten in den Industriestaaten (bes. in Nordamerika und Europa) stark zu. Vgl. Kinderarbeiter, Mameluken, Saintanises; aber auch Schuldsklaven.

Kindersoldaten (SOZ)
II. Kinder, die weit vor Erreichen eines ohnehin unverbindlichen Mindestalters von 17 oder 18 Jahren, oft bereits vom 7. Lebensjahr an, rekrutiert werden. Allein 1995/96 haben K. in 33 Konflikten (hauptsächlich in Afrika und Asien) als Kämpfer, Aufklärer, Minensucher, Nachschubhelfer, Spione Dienst getan. Terminus wurde 1945 von der US-Army für gefangengesetzte deutsche K. geprägt, d.h. für die seit 1944 vorzeitig eingezogenen Jahrgänge 1927/28, für mutmaßliche »Werwölfe« aber auch uniformierte Pimpfe.

Kindred (WISS)
II. Sammelbez. für diejenigen Menschen, die alle mit einer bestimmten Person (im Zentrum) verwandt sind; nicht sie alle sind auch untereinander verwandt. Jeder Mensch ist Mitglied verschiedener Kindreds. Da K. nur bei bes. Gelegenheiten (Übergangsriten der Zentralperson) als Gruppe kurzfristig aktiv werden, bezeichnet man sie nach *G.P. MURDOCK* als Occasional Kin Group (=en).

Kinklassen (WISS)
II. Zusammenfassung derjenigen Kintypen, die in einer Ges. mit dem gleichen Terminus belegt werden z.B. »Onkel« (aus Vater- und Mutterbrüdern) oder in bestimmten Ges. »Väter« (aus wahrem Vater und Vaterbrüdern).

Kintyp (WISS)
II. ethnologische Bez. für einen solchen Verwandten, der sich durch eine der Verwandtschaftskriterien (Geschlecht, Generation, Linearität/Kollateralität) von anderen unterscheidet (E.W. MÜLLER). Vgl. Kinklassen.

Kinyarwanda (SPR)
I. Kinjaruanda; Ruanda; rwanda (=fr).
II. Spr. der Hutu, in weitem Umfang von den Tutsi übernommen; rd. 4 Mio. Sprecher.

Kiowa-Apachen (ETH)
I. Eigenbez. Nadi-isha-Dena = »fürstliches Volk«; Gattackas.
II. Apachen-Indianerstamm aus der athapaskischen Spr.familie. K. erhielten schon um 1680 Pferde; wanderten, bedrängt durch Sioux und Cheyennen, über die Prärien nach S, erreichten Ende des 18. Jh. Texas. Bis dahin schwere Kämpfe gegen Comanchen, dann, mit diesen und mit Kiowas verbündet, gegen die Texaner. Erst 1874 endgültige Niederlage. Wenige hundert Überlebende in Reservation bei Fort Sill.

Kipsigi (ETH)
I. Kipsikis, Lumbwa.
II. Stamm der Sudanneger mit nilotischer Eigenspr.; > 200 000 in W-Kenia. Bauern und Viehhalter. Altersklassengliederung. Vgl. Nandi.

Kiptschaken (ETH)
I. Kyptschaken.
II. 1.) Eigenbez. der Kumanen/Komanen, s.d.; 2.) historische Ethnie mit Turksprache, die im MA das Gebiet zwischen Aralsee, Kaspischem und Schwarzem Meer besiedelt hat; 3.) Sammelbez. für Spr.gem., die der NW-Gruppe der Turkspr. zugehören; 4.) heute Fehlbez. für einen Karakirgisenstamm.

Kiranti (ETH)
I. Khambund
II. 1.) ältere Bez. für ein mongolides Volk in Ostnepal und Sibirien. 2.) Stammesgruppe der Limbu und Rai mit tibeto-birmanischen Eigenspr. Ausheiratende Frauen behalten ihre Stammeszugehörigkeit.

Kirche (REL)
I. aus kyriakós (agr=) »das dem Herrn Gehörige«.
II. die Gemeinschaft aller rechtgläubigen Christen, auch die Anhängerschaft (und Institution) einer christlichen Teilgruppe (die nicht Sekte ist), einer Konfession, Volkskirche, ursprünglich sogar einer christlichen Ortsgemeinde. Übertragung des Begriffes auf nichtchristliche Gemeinschaften ist zu vermeiden. Vgl. Christen, Konfessionen, Rel.gemeinschaften; vgl. Umma.

Kirche Christi, Wissenschaftler (REL)
Rel. und Medizin verbindende christliche Glaubensgemeinschaft, gstiftet 1879 in Boston/USA von Mary Baker-Eddy, deren Hauptwerk »Wissenschaft und Gesundheit« ist.

Kirche des Reiches Gottes (REL)
I. gegr. 1920 in Genf.
II. eine Abspaltung von den Zeugen Jehovas.

Kirche des Wachtturms (REL)
II. 1908 in Sambia gegr. Glaubensgemeinschaft.

Kirchenslawisch (SPR)
II. Sammelbez. für die Kult-(Liturgie-)spr. der orthodoxen Slawen; im 10. Jh. aus dem Altkirchenslawisch und (bei späterer Übertragung) den regionalen slawischen Volksspr. entstanden. In diesen Formen: Russisch-K., Bulgarisch-K., Serbisch-K. Im 12.–18. Jh. besaß K. auch außerkirchliche Bedeutung. Die entsprechende nationale Literaturspr. wurde erst im 18./19. Jh. ausgebildet. Das A. schrieb man mit der Glagoliza und Kyrilliza.

Kirdi (ETH)
I. »Heiden, Wilde, Unbekleidete« in Sicht der Muslime.
II. Sammelbez. für schwarze Bergstämme im äußersten N von Kamerun, Hirsebauern; sie meiden die ertragreicheren Niederungen. Bemerkenswerte Baufertigkeit für Rundhäuser der Sarés/Gehöfte und Anbauterrassen.

Kirgisen (ETH)
I. Eigenbez. Kyrgys, Kirghisdar; Kirgizy (=rs); K'o-erh-k'o-ssu; Kirghiz (=fr); Kirgiz, Kirghiz (=en); Qirghiz, Qirgiz, Qyrghyz, Qyrgyz; Altbez. Kara-Kirgisen = Schwarze K. Seit 16. Jh. bezeichnen sich diverse Stämme und Stammesverbände in S-Sibirien, E-Turkestan, im Pamir (Pamir-K.) und Zentralasien als K.
II. Turkvolk von rd. 3 Mio., seit 10. Jh. im Pamirgebiet und westl. Tienschan: 1990 in GUS insges. 2,58 Mio.; hpts. in der seit 1990 selbständigen Rep. Kirgistan, wo sie nur einen Anteil von 56,5% oder 2,6 Mio. (1993) besitzen; im afghanischen Wakhan (mit ca. 100000); sowie im chinesischen Ostturkistan (autonomer Distrikt Kisilzu), mit rd. 120000 K. Dort wiederholte Sezessionsbewegungen 1933, 1944–49 und anfangs der 80er Jahre, seit 1990 verschärfte Autonomiebestrebungen. Einst mit nomadisierender Lebensweise. K. stammen vom oberen Jenissei. Von Tungusen seit 10. Jh. nach S und in das Tienschan-Gebirge abgedrängt, dort unterstanden sie seit 13. Jh. mongolischer und dann kasachischer, im 17. Jh. kalmükischer und im 18. Jh. chinesischer Herrschaft. 1864 bzw. 1876 Eingliederung in das Russische Reich. Nahmen 1898 und 1916 zufolge

russischen/ukrainischen Kolonisationsdrucks und islamisch-türkischer Autonomiebestrebungen an Aufständen teil. 1924 wurde Kirgisien zum Autonomen Gebiet erklärt, 1926 zur ASSR und zur Kirgisischen SSR erhoben. Ihr kiptschaktürkisches Idiom ist offizielle Schriftspr., die seit 1940 mittels der Kyrillika geschrieben wird; K. sind Sunniten.

Kirgisen (NAT)
II. StA. der Kirgisischen Rep. Von den fast 2,6 Mio. K. in der ehem. GUS lebten 2,56 Mio. in ihrer Rep. Kirgistan, in der sie als Titularnation gerade einmal 57% der Gesamtbev. (neben fast 19% Russen und 13% Usbeken) ausmachen. Neben Kirgisisch behält auch nach 1996 Russisch den Status einer offiziellen Spr.; z.Zt. der Russifizierung waren > 80% der Bev. des Russischen mächtig. Vgl. auch Turkvölker.

Kirgisien-Deutsche (ETH)
II. im II.WK zwangsumgesiedelte Wolgadeutsche; (1979) 101 000; lt. VZ 1989: 101 300, doch ging deren Zahl seither durch Rückwanderung nach Deutschland stark zurück.

Kirgisisch (SPR)
I. Altbez. Karakirgisisch-spr.; Kyrgyz (=en).
II. Sprgem. der Kirgisen mit rd. 3 Mio. (1994), verbreitet als Staatsspr. in Kirgisistan (2,4 Mio.), als Minderheitsspr. in Afghanistan, Usbekistan (150 000), Tadschikistan, chinesischem Ostturkestan (150 000), Mongolei. K. zählt zur NW-Gruppe der Turkspr.

Kirgisistan (TERR)
A. Republik in Zentralasien. (Souverän seit 15. 12. 1990, unabh. seit 31. 8. 1991). Vormals Kirgisische SSR der UdSSR. Kyrgyz Respublikasy. Kyrgyzstan (=kg); Kirghizia (=en).
Ew. 1979: 3,529; 1989: 4,290; 1996: 4,576, BD: 23 Ew./km^2; WR 1990–96: 0,7%; UZ 1996: 39%, AQ: 4%

Kirgis-Kasaken (ETH)
I. Kasachen, nicht Kirgisen!

Kiribati (TERR)
A. Republik im Pazifik, auf drei weit auseinanderliegenden Atollgruppen auf 5,2 Mio km^2 Wasserfläche. Ehem. Kolonie Gilbert-Inseln; unabh. seit 12. 7. 1979. Republic of Kiribati (=en); Ribaberikin Kiribati (=gilbertesisch).
Ew. 1950: 0,038; 1960: 0,046; 1991: 0,073; 1970: 0,056; 1978: 0,063; 1996: 0,082, BD: 101 Ew./km^2; WR 1990–96: 2,0%; UZ 1996: 35%, AQ: 10%

Kiribatier (ETH)
II. Insulaner des seit 1979 selbständigen Atollstaates Kiribati im Pazifik, überwiegend hellhäutige Mikronesier; sie leben hpts. von Kopragewinnung und Fischfang. Gastarbeiter gehen nach Australien, Hawaii und Kalifornien sowie in Phosphatminen der Insel Nauru.

Kiribatier (NAT)
II. StA. der Rep. Kiribati. Als sich Großbritannien 1979 entschloß, seine Kolonie Gilbert-Inseln in die Unabhängigkeit zu entlassen, teilte es sie, um jeden Rassenstreit und eine Dominanz Kiribatis zu vermeiden, in die Zwergstaaten Kiribati mit hellhäutigeren Mikronesiern (91%) und Tuvalu mit vorwiegend Polynesiern und dunkelhäutigeren Melanesiern.

Kirundi (SPR)
I. Ki-Rundi.
II. Landes- und Amtsspr. in Burundi, sie unterscheidet sich nur geringfügig von Ruanda; um 1987 rd. 5 Mio. potentielle Sprecher.

Kisama (ETH)
I. Kimbundu, s.d.

Kisar-Bastarde (BIO)
I. Mischlingsbez. in Indien.
II. Kinder aus Verbindungen von Holländern mit Indonesierinnen.

Kisii (ETH)
I. Kisij, Kissij, Gusii.
II. schwarzafrikanische Ethnie im südwestlichen Kenia; sind den Luo verbündet.

Kisilbasch (ETH)
I. Kizilbas, Qisilbasch, Kysylbasch, Ghezelbasch; = Rotköpfe, nach ihren hohen roten Mützen.
II. verschiedene über Vorderasien verstreute Teilgruppen von Turkvölkern (bes. Turkmenen), die wohl vom Turan her nach Afghanistan, N-Iran, Aserbeidschan und Ostanatolien eingewandert waren und die zur Abwehr ihrer politisch-militärischen Umtriebe im 16./17. Jh. verteilt an den Grenzen des damaligen Safawidenreiches angesiedelt wurden.

Kissi (SPR)
II. regionale kleine Verkehrsspr. in Guinea; 0,3 Mio. (1987).

Kisten (ETH)
II. kleine Ethnie im zentralen Kaukasus; wenige tausend Menschen mit einer Eigenspr. der Kaukasus-Spr.gruppe, Sunniten; Teilstamm der Tschetschenen.

Kistinen (ETH)
I. Eigenbez. Kist; Kistiny (=rs).
II. kleine Stammesgruppe der Inguschen, die sich weitgehend den Georgiern assimiliert hat; im N von Georgien; sind orthodoxe Christen.

Kisuaheli (SPR)
I. Swahili-Spr.

Kitan (ETH)
I. Khitan (=ci); K'i-tan, Kitan, Kitai, Qytai.
II. Nachfahren der mongolischspr. Sien-pi-Stämme; seit 6. Jh. geschichtlich faßbar, waren damals schon mehrheitlich ansässig, kannten Anbau mit Bewässerung und Eisenbearbeitung; gründeten 907 un-

ter chinesischem Namen Liao ein Reich, das (bis 1125) heutige Mongolei und N-China umschloß und wenig später das Reich Karakitai in Turkestan, das 1218 durch Mongolen unterging. Geogr. Name: Kitai, alter chinesischer Händlerbezirk in Moskau. Vgl. Kitai, Qytai (russische Bez. für China); vgl. Mongolen.

Kitemoca (ETH)
II. Indianerstamm in E-Bolivien mit einer Chapacura-Spr.

Kittitians (NAT)
II. (=en); StA. des seit 1983 unabhängigen Inselstaates St. Kitts und Nevis in den Kleinen Antillen/ Karibik, 41 000 Ew. (1996), davon 72 % auf St. Kitts.

Kituba (SPR)
I. Munukutuba-Sprg.; Kituba (=en).
II. verbreitet im W der DR Kongo mit (1985– 1994) 1,5–4 Mio. Sprechern. Vgl. Kongo.

Kiwi(s) (SOZ)
II. Spitzname in Großbritannien für Neuseeländer nach dortiger Straußenart.

Kizilbasch (REL)
I. Kizilbas, Qizilbasch, Kysylbasch; »Rotköpfe, Rotmützen« (nach hoher roter Mütze aus der Safawiden-Zeit).
II. in ganz Vorderasien verbreitete Bez. für unterschiedliche, doch vornehmlich turkmenische Teilbev. soweit 12er Schiiten, und (häufig) Bektaschi-Orden nahestehend. K. sind Nachkommen eines alten, einst sunnitischen, Sufi-Ordens, die im 15./ 16. Jh. unter Safawiden große polit. und militärische Bedeutung erlangten u. a. für Schiitisierung Persiens; erlitten durch Osmanen schwere Verfolgungen.

Klageweiber (REL)
II. Frauen, die auf Bestellung die Totenklage übernehmen, insbes. unter orthodoxen Christen, im Islam; in Stammeskulten, um Vertreibung der Totengeister zu bewirken.

Klan (WISS)
I. aus kelt.-en. Clan; oft syn. für Sippe, Sippenverband gebraucht.
II. patri- oder matrilineare Blutsverwandtschaftsgruppen (entspricht Patri- oder Matriklan) mit entsprechender Wohnsitzregelung. In nordamerikanischer Völkerkunde versteht man unter Klan eine Sippe mit Mutterfolge, die Sippe mit Vaterfolge wird als gens (=fr) bezeichnet. Im Unterschied zur Sippe stellt der K. eine auch polit. autonome Einheit dar, z.B. in Somalia. Vgl. Clans.

Klarissen (REL)
I. Klarissinnen (w); OSCl, Clarissinnen.
II. Mitglieder des nach der heiligen Clara Sciffi und von ihr 1212 begr. Zweiten Ordens des heiligen Franz von Assisi; mit mehreren Kongregationen, u.a. Urbanistinnen; Reformzweige: u.a. Colettinnen. Vgl. Franziskaner.

Klassen (WISS)
I. Status, soziale Klassen; classes (=fr, pt); classi (=it); class groups (=en); clases (=sp).
II. Gattungsbegriff zur Bez. der vorherrschenden Systeme der sozialen Schichtung. Z.B. Polit. K. (nach G. MOSCA) »die Politiker«, die »polit. Führungsleute«, auch Klassenfeinde. Vgl. Proletarier und Kapitalisten.

Klausner (REL)
I. Eremiten. Vgl. Inklusen.

Kleinbauern (SOZ)
II. auf Eigen- oder Pachtland seßhafte und dieses selbst bewirtschaftende landwirtschaftliche Betriebsinhaber mit knapper bis unzureichender Akkernahrung; in der Regel auf zusätzlichen Erwerb angewiesen. Vgl. Neben- oder Zuerwerbslandwirte.

Kleinbürger (SOZ)
II. in Europa Angeh. des unteren Mittelstandes; Begriff umgreift u.a. die Gewerbetreibenden (die Handwerker, Einzelhändler, Zwischenhändler, Kleinindustriellen), die mittleren und unteren Beamten, die Facharbeiter.

Kleines Fahrzeug (REL)
I. Hinayana-Buddhismus, Südlicher Buddhismus.
II. abschätzige Bez. durch Anh. des Mahayana-Buddhismus für Mitglieder der mönchischen Glaubensrichtung, die meinen, das Nirvana nur durch eigene Leistung erreichen zu können. Vgl. Hinayana.

Kleinfamilien (WISS)
II. nicht eindeutig definierter Terminus, zu umschreiben für 1.) die zunächst in den Industriegesellschaften ausgebildete, dann unter Einfluß bev.polit. Maßnahmen auch in einigen Drittweltstaaten angestrebte kleine, kinderarme Familiengröße, z.B. die Einkindfamilie. 2.) Ehepaare ohne Kinder, die nur i.w.S. noch als Familien bezeichnet werden können. 3.) Elternteile mit wenigen unmündigen Kindern in Wohngemeinschaft, Kernfamilien. Vgl. Gegensatz Großfamilie.

Kleingärtner (SOZ)
I. Laubengärtner, -kolonisten, Schrebergärtner (nach Leipziger Arzt Gottlieb Moritz Schreber); ugs. bes. in Berlin »Laubenpieper«.
II. in Mitteleuropa Personenkreise vorzugsweise aus Städten und Industrierevieren, die zur Erholung und Selbsterzeugung von Obst und Gemüse gemietete oder gepachtete Kleingärten nutzen, die, von Kommunen oder Verbänden gemeinnützig organisiert, in geschlossenen Kolonien angelegt sind. Allein im Großraum Berlin zählte man nach 1991 rd. 85 000 K.

Kleinhändler (WISS)
II. Einzelhändler mit geringem Umsatz.

Klein-Luren (ETH)
I. Luren, Loren. Vgl. Groß-Luren, d.h. Bachtiari.

Kleinrussen (ETH)
I. pejorative unrechte Altbez. für Ukrainer.

Kleinviehnomaden (SOZ)
II. Nomaden, die, im Gegensatz zu Großviehnomaden (mit Kamelen, Yaks oder Rindern) nur Schafe und Ziegen halten und, bedingt durch die Tränkerfordernisse, bei beschränktem Wanderradius, nur Halbnomaden oder Halbseßhafte sind.

Kleinwüchsige (BIO)
I. Zwergwüchsige, s.d. Vgl. afrikanische Negrillos, asiatische Negritos; Pygmäen.

Klephten (SOZ)
I. (gr=) »Räuber«, i.e.S. die »edlen Räuber«.
II. griechische Freischärler im Kampf gegen die türkische Herrschaft im 18./19. Jh.; eine Vorstufe, schon im frühen 18. Jh., waren die bergnomadischen Sarakatschanen (s.d.).

Kleriker (REL)
I. aus »cleriaia« (lat=) »Geistlichkeit«, »auserwählter Stand«; Geistliche, Priester; der Klerus Sg. für die Gesamtheit kath. Geistlicher. Für Niedrige K. Altbez. Pfaffen, aus (lat=) papas; nachmalig Schimpfbez.
II. Mitglieder des für die Übernahme hierarchischer Kirchengewalt oder für das Ordensleben berufenen Personenstandes in der kath. Kirche. K. differenzieren sich in Diakone, Kaplane, Pfarrer, Bischöfe, Erzbischöfe, Kardinäle, Kurienkardinäle. K. genossen über MA hinaus Gerichtsfreiheit und Steuerimmunität, besaßen Pfründen; u.a. hieraus erwuchsen mehrfach soziale Vorbehalte (»Pfaffen«- und Prälatenkriege). Vgl. Priester, Pfaffen; ruhaniyat (=pe).

Kleurlinge (BIO)
I. (=af); (ni=) »Farbige«; Coloureds (=en), s.d.

Klienten (SOZ)
I. aus cliens (lat=) »Abhängige«.
II. im altrömischen Recht die Schutzbefohlenen, die sozial und rechtlich von einem Patron abhängig waren, ihm Gefolgschaft schuldeten und dafür seinen Schutz genossen. Aktualisiert in diesem Sinn als Klientel, eine informelle soziale Organisationsform, die zwischen Klienten und einem Patron (dem Paten bei der Mafia) bestehende Schutzgenossenschaft; verbreitet bes. im ö. Mittelmeerraum und in sonstigen Ländern mit Rentenkapitalismus. Im arabischen Orient als biran/Dschiran die (nichtverwandten, fremden) Abhängigen unter dem Schutz eines einflußreichen Mannes, Sippen- oder Stammesverbandes. Die Zahl der Klienten, der Zugewandten, gilt als Wertmesser für das Ansehen, das Tragweite eigener Macht und Geltung kenntlich macht.

Klintschari (SOZ)
II. als Nagelschmiede tätige Zigeuner in SE-Serbien.

Klosterfrauen (REL)
Vgl. Nonnen, Schwestern.

Klostermönche (REL)
I. Klosterbrüder, Zönobiten, Koinobiten, Mönche.
II. Mönche, deren gemeinschaftliches Leben und Dienen sich in speziellen Stätten (lat=)»claustrum« = Klosteranlagen vollzieht.

Klüngel (SOZ)
I. Clique, Vetternschaft, Sippschaft, Seilschaft; im Rheinischen: unsaubere Machenschaften.
II. abwertende Bez. für eine Personengruppe, deren Mitglieder sich in geheimer Verabredung einander rücksichtslos fördern.

Kluniazenser (REL)
I. Cluniac monks (=en).

Knollenbauer(n) (WISS)
II. Landbev. tropischer Regionen, die neben der Nutzung von Fruchtbäumen hpts. den Anbau von Knollenfrüchten (Taro, Yams, Bataten, Maniok) betreiben. K. sind keinem jahreszeitlichen Arbeitsrhythmus unterworfen und können auf Vorratswirtschaft verzichten. Vgl. Körner-, Feld-, Pflugbauer(n), Hackbauern.

Kobel (SOZ)
II. im MA Kleinlandwirt im Besitz eines Sechzehntelhofes.

Köbler (SOZ)
I. aus Kobel, d.h. »Häuschen«.
II. agrarsoziale Altbez. in Mitteleuropa (u.a. Oberfranken) für landwirtschaftliche Hausbesitzer mit minimalem Grundbesitz.

Kodago (SPR)
I. Coorg.
II. südindische Drawida-Spr. mehrerer Kleinvölker: Badaga, Toda, Kota u.a.

Kofa (ETH)
II. Ethnie ostkuschitischer Spr. im Bergland SW-Äthiopiens, treiben Ackerbau und Viehhaltung.

Kogi (ETH)
II. Indianerstamm in der Sierra de Santa Maria in N-Kolumbien. Ihre Vorbewohner oder auch Vorfahren waren die von spanischen Kolonisatoren dezimierten Tairona. Durch Absonderung weitgehend Bewahrung ihrer Eigenart, sichern auch die archäologischen Reste der Tairona-Kultur. Haben sich der Missionierung entzogen, besitzen hochentwickelten Eigenkult, der auch jahreszeitliche Pilgerwanderungen erfordert. Treiben differenzierten Anba und sind chibchaspr. Anzahl 3000–5000. Vgl. Arhuaco.

Kognaten (WISS)
I. cognatus (lat=) »mitgeboren«.
II. Blutsverwandte, die voneinander oder von demselben Dritten abstammen. Im römischen Recht

jener weitere Kreis aller Blutsverwandten, der im Gegensatz zu Agnaten (=vom Vater abstammend) nicht der Gewalt des Hausvaters unterworfen war. Im germanischen Recht der Kunkelmagen, die Muttersippe, genauer die durch Frauen verwandten Männer. Vgl. Kunkelmagen; Gegensatz Agnaten.

Kohistaner (ETH)
I. Kohistani-»Bergvolk«, vgl. Swati.
II. heterogene Stammesgruppe in Afghanistan und Pakistan, indoarischer Spr., meist schiitische Muslime. In sehr langer rassischer und kultureller Durchmischung von Indoariern, Chinesen, Mongolen, Iranern und Pathanen entstanden.

Kohorte (WISS)
I. Geburtskohorte, Jahrgangsgruppe; cohort (=en); cohorte (=fr, sp); coorte (=it, pt).
II. Gesamtheit von Menschen, die gleichzeitig ein bestimmendes Ereignis erlebt haben, Personen, die im gleichen Zeitraum geboren wurden, geheiratet haben; die z.B. als Kriegsteilnehmer, als Kriegsgefangene, als Trümmerfrauen ein ähnliches Schicksal erlebt haben. Geburtskohorte kann demographisch im Sinn von Generation stehen.

Koibalen (ETH)
I. Eigenbez. Koibal; Kojbaly (=rs).
II. Regionalgruppe der Chakassen im Krasnojarsker Rayon/Sibirien, sind turkspr. Vgl. Chakassen.

Koine-Sprachen (SPR)
I. aus (agr=) »das Gemeinsame«; Koiné (=fr).
II. 1.) die sich im 4. bis 1. Jh. v. Chr. aus dem attischen Dialekt ausbildende einheitliche, allen verständliche griechische Schrift- und Umgangsspr. der hellenistisch-römischen Zeit, die bereits im Reiche Alexanders zur ersten Weltspr. aufstieg, Ursprung des Neuen Testaments; auch ihre Fortentwicklung, das sogenannte Mittelgriechisch, besaß als Amtsspr. des oströmischen Reiches und der griechisch-orthodoxen Kirche im 5.–15. Jh. n. Chr., in den Ländern des europäischen Mittelmeeres und Vorderasiens diese Weltgeltung. 2.) Begriff »K.« wird heute mitunter als Charakterisierung für eine überregionale Verkehrsspr. verwendet.

Koinobiten (REL)
Vgl. Zönobiten.

Koitur (SPR)
II. Angehörige der Gondi-Sprg.

Kojam (ETH)
I. Koyam, Kanuri.
II. negrides Sudanvolk in sö. Niger und n. Nigeria w. des Tschadsees.

Kokang (ETH)
II. Minderheit in Burundi, in jüngerer Zeit mehrfach aufständig.

Kökçü (SOZ)
I. (tü=) »Baumentwurzeler«.
II. türkische Saisonarbeiter aus dem isaurischen Bergland in den Küstenebenen Vorderasiens.

Koko (ETH)
I. Basa-Bakogo, Bakoko in Kamerun.
II. den Duala verwandte negride Ethnie von > 200 000.

Kokoi (ETH)
II. ein angesehener, kriegerischer Kurdenstamm.

Kokosinseln (TERR)
B. Australische Außenbesitzung im Indischen Ozean. The Territory of Cocos Islands (=en); le territoire des îles des Cocos (=fr); el Territorio de las islas de Cocos (=sp). Keeling Islands (=en); les îles Keeling (=fr); las islas Keeling (=sp).
Ew. (Personen) 1994: 670, BD 47 Ew./km²

Kol (ETH)
II. Stammesgruppe im zentralen Madhja Pradesch/Indien bis nach Orissa lebend. Ursprüngliche Stammesspr. wurden zugunsten von Hindi, Marathi, Orija aufgegeben. Unterstämme: Rutela, Rautia/Rautja, Kagwaria. Gesamtzahl ca. 500 000.

Kolam (ETH)
II. Population im N-Teil von Andhra Pradesch/Indien und benachbarten Gliedstaaten mit drawidischer Eigenspr. Kolami; Teile sprechen das indoarische Marathi, andere drawidisches Telugund. Üben traditionellen Wanderfeldbau und sind gegliedert in »Brüderklans«, die Exogamie wahren, und »verschwägerte Klans«, in denen untereinander geheiratet werden darf. K. sind in vielen Merkmalen den Gond ähnlich.

Kolla (ETH)
II. indianische Ethnie in n. Provinz Salta Argentiniens; ihr wurden 1993 15 000 Ha Eigenland zugesprochen.

Kollaborateure (SOZ)
I. abgeleitet von collaborare (lat=) »mitarbeiten«; »Söldlinge«; collaborateurs, in Kurzform collabos (=fr); collaborators (=en); collaborazioniste (=it); colaboracionistas (=sp, pt); u. U. auch Konspiratoren.
II. Menschen, die mit einer feindlichen Besatzungsmacht in ökonomischer, administrativer, polit.-ideologischer oder militärischer Weise zusammenarbeiten. Begriff mit diesem Sinngehalt erst seit 20. Jh. gebräuchlich, als im II.WK Millionen von Europäern in Kollaboration verstrickt waren. Kollaboration hat vielschichtige bev.geogr. Entwicklungen ausgelöst: Vorsorge gegen K. (z. B. Internierung japanstämmiger US-Amerikaner, Deportation ganzer Ethnien in der UdSSR), Vergeltung und Sühne für Landesverrat nach Kriegsende (mit und ohne Gerichtsverfahren lt. Schätzungen 600 000 Hinrichtun-

gen, insbes. Massenmorde in Jugoslawien, UdSSR und Italien, ferner Ausbürgerung und Vertreibung der Betroffenen, Verurteilungen in blindem Säuberungseifer auf Lagerhaft für große Bev.teile u. a. in Belgien (750000 Angeklagte), Niederlande, Frankreich, vgl. *H.W. NEULEN, K.D. HENKE* und *H. WOLLER.* Auch die Fluchtbewegung einheimischer K. von Kolonialterritorien (z.B. Harki, Ambonesen u.a.) zählen zu dieser Kategorie.

Kollegianten (REL)
II. freie Taufgesinnte in Niederlande, standen anfangs den Arminianern nahe. Verwerfung von Sonderkirchentum, Bekenntniszwang, Berufsprediger- amt.

Kollektiv (WISS)
I. aus collectivus (lat=) »angesammelt«; Kollektivität, Kollektivgruppe; nur angenähert: Team, »Brigade«, Belegschaft, Arbeitsgemeinschaft.
II. unterschiedlich gebrauchter soziol. Terminus für eine Personengemeinschaft, die ein gemeinsames Werte- und Normensystem besitzt und sich von daher zusammengehörig fühlt; die durch gemeinsame Traditionen, Interessen, Anschauungen verbunden ist; die ein soziales Strukturgebilde in der Arbeitswelt darstellt i.S. von Bedienungs-, Reproduktions-, Führungskollektiv (*C.I. MÜNSTER*). In kommunistischen Ges. für Gemeinschaften, deren Mitglieder sich einem gemeinsamen fortschrittlichen Gruppenziel unterordnen, das K. hat die polit. Aufgabe, zum sozialistischen Konformismus zu erziehen (*A.S. MAKARENKO*).

Kollektiv-Bauern (WISS)
I. Kolchos-Bauern; aus kollektjwnoje chosjajstwo (rs=) »Kollektivwirtschaft«.
II. russische Bauern, die unter sowjetischer Planwirtschaft seit 1927 zwangsweise zu gemeinsamen Kolchosen zusammengeschlossen wurden. 1939 waren 18,8 Mio. Bauernstellen, 94% aller Höfe zu derartigen Kollektivwirtschaften vereinigt.

Kollektivhaushalte (WISS)
II. Personen und Personengruppen, die keinen eigenen Haushalt führen, z.B. Anstalts- und Heiminsassen, Internatsschüler, Angeh. von Beherbungsbetrieben, Pers. in Gemeinschaftsunterkünften.

Kölmer (SOZ)
I. kölmische Freie, Kulmer, Culmer.
II. Stadtbürger und Freibauern im ö. Mitteleuropa nach Kulmer Recht (von 1233). K. waren in Rechten und Freiheiten bes. hervorgehoben und bildeten eine Klasse für sich, stellten mit der Ritterschaft und dem Adel den zweiten Landesstand. Vgl. Königliche Wirte, Scharwerksbauern, Hochzinser.

Kolonen (SOZ)
II. in römischer Kaiserszeit Bauern, die persönlich frei, dinglich unfrei, erblich an die Scholle gebunden und zu Abgaben und Dienstleistungen an die Grundherren verpflichtet waren, z.B. angesiedelte Kriegsgefangene. Vgl. Halbfreie, Grundhörige.

Kolonisten (SOZ)
I. aus colonus (lat=) »Bebauer, Bauern, Ansiedler«; colonists (=en); colons (=fr); colonizzatori, coloni (=it); colonos (=sp).
II. überwiegend ländliche Ansiedler in meist unerschlossenen oder rückständigen Gebieten.

Kolping-Jugend (REL)
I. Bez. seit II.WK für Angeh. der »katholischen Gesellenvereine«, auch K.-Familien; begründet durch dt. Theologen Adolf Kolping (1813–1865) 1846 in Elberfeld (heute Wuppertal).
II. Mitglieder einer kath. Vereinigung zur religiösen, sozialen und beruflichen Betreuung von Handwerksgesellen in der aufkommenden Industrialisierung. Heute ohne Alters-, Berufs- und Standesgrenzen mit rd. 350000 Mitgliedern in 36 Staaten.

Kolumbianer (NAT)
I. Kolumbier; colombianos (=sp, pt); Colombians (=en); colombiens (=fr); colombiani (=it).
II. StA. der Rep. Kolumbien; sie setzen sich aus 58% Mestizen, 20% Weißen, 14% Mulatten und 4% Schwarzen und 3% Zambos zusammen.

Kolumbien (TERR)
A. Republik in Südamerika. Ehem. Neu-Granada. República de Colombia (=sp). The Republic of Colombia (=en); la République de Colombie (=fr); Colúmbia (=pt); Colómbia (=it).
Ew. 1770: 0,807; 1810: 1,400; 1851: 2,244; 1870: 2,392; 1905: 4,144; 1918: 5,856; 1928: 7,851; 1938: 8,701; 1948: 10,845; 1950: 11,334; 1955: 13,1721; 1960: 15,416; 1965: 17,996; 1970: 20,527; 1975: 23,644; 1985: 29,481; 1996: 37,451, BD: 33 Ew./km^2; WR 1990–96: 1,8%; UZ 1996: 73%, AQ: 9%

Komanen (ETH)
I. Kumanen, s.d.

Komántcia (=sp) (ETH)
I. Comantz, Koh-mahts; Komantschen, Comancheria. S. Comanchen.

Kombe (ETH)
I. Yasa.
II. kleine negride Ethnie an der Küste von Äquatorialguinea.

Komi (ETH)
I. Syrjänen oder Komi-Syrjänen; Eigenbez. Komi Mort d.h. »Komi- Menschen«, Komi-Jos d.h. »Komi-Leute«, Komi-Woityr d.h. »Komi-Volk«; Komi-Zyrjane; Komis (=en).
II. Ethnie von rd. 275000 (1990), die Stammbev. (mit allerdings nur 23,3% Anteil) der Russischen Republik Komi im Einzugebiet der Petschora im NW-Ural, ferner verstreut in Küstenstädten des Wei-

ßen Meeres und in den Nationalen Kreisen der Nenzen, Jamalo-Nenzen, Chanten und Mansen. K. saßen ursprünglich im Gebiet der Kama und Wjatka, ehe sie im 10. Jh. in ihr heutiges Siedlungsgebiet überwechselten, wo sie als Acker- und Waldbauern mit Jagd und Holzarbeit leben. Im 11. Jh. standen sie in Abhängigkeit von Nowgorod, wurden im 12. Jh. in die nordostrussischen Fürstentümer eingegliedert, im 14. Jh. christianisiert und befinden sich seit 16./17. Jh. unter russischer Herrschaft. Ihre Spr. gehört zur permischen Gruppe der finnougrischen Spr., sie besaß im 14.-18. Jh. ein altpermjakisches Schrifttum mit eigenem Alphabet; seit 1938 gilt die kyrillische Schrift. K. sind orthodoxe Christen (vielfach altgläubige Sekten) oder noch Animisten.

Komi (SPR)
I. Finno-permische Spr.gruppe. Vgl. Permjakisch/Komi-Permjakisch, Wotjakisch/Udmurtisch, Syrjänisch/Komi.

Komi (TERR)
B. ASSR/Sozialistische Sowjetrepublik der Komi. Ab 1992/94 Autonome Republik in Rußland. 1921 als Autonomes Gebiet gegr., 1936 zur ASSR erhoben. Komi ASSR, Komi Republic (=en). Vgl. Komi/Syrjänen.
Ew. 1964: 0,930; 1974: 1,012; 1989: 1,263; 1995: 1,181, BD: 3 Ew./km²

Komi-Mort (ETH)
I. Komimort, Eigenbez. der Komi und Komi-Permjaken, Syrjänen; wohnhaft im nördlichen Ural/Rußland; Anzahl insges. (1979) > 470 000.

Komi-Permjaken (ETH)
I. Eigenbez. Komi Mort, Komi-Otir; Komi-Permjaki/Komi-Permjaky (=rs); Komi-Permyaks (=en).
II. Ethnie im ehem. Komi-Permjakischen Autonomen Kreis, der heutigen Russischen Rep. Komi, eine eigenständige Territorialgruppe der Komi, mit 152 000 Köpfen (1990); Teilgruppen sind ansässig im Gebiet von Nowosibirsk, in der Altai-Region und in Kasachstan, K.-J. stehen seit 14. Jh. unter russischer Herrschaft. Viele K.-P. waren seit Mitte d. 16. Jh. Leibeigene der Familie Stroganow. K.-J. sind überwiegend orthodoxe Christen, viele russische Altgläubige. Ihre (finno-ugrische) Eigenspr. ist heute auf Basis des kudymkarisch-inwenischen Dialekts auch Literaturspr. Vgl. Sjusdiner Komi.

Komitadschi(s) (SOZ)
I. (=tü); Komitadjis; nach türkischer Bez. für geheime Revolutionskomitees.
II. im 19. Jh. bulgarische Freischärler im Kampf gegen Türken und später in Mazedonien; Wiederaufleben von Begriff und isoliert operierende Kampfesweise im I. und II.WK in ganz SE-Europa, z.B. die 1942 von Bulgarien in Mazedonien aufgestellte Heimwehr/Gegen-Guerillas, die auch Ochrana genannt wurde. Vgl. Guerilleros, Partisanen, Tschetniks.

Kommunalka-Bewohner (SOZ)
II. Bew. bzw. Besitzer einer sowjetischen Kommunalwohnung mit mehreren Hauptmietern. K. sind weder mit den frühen sowjetischen Hauskommunen, noch mit den Teilwohnungs-Eigentümern der DDR identisch. K. waren Mittel revolutionärer Sozialpolitik, sollten Lebensweise der Bourgoisie zerstören und neue Wohnformen verwirklichen; zugeteilte Quadratmeterzahl blieb variabel. K. wurde unter Chruschtschow durch sogenannte Mikrorayons abgelöst.

Kommunarden (SOZ)
I. communards (=fr); aus communis (lat=) »gemeinsam«.
II. 1.) i.e.S. Mitglieder, Mitkämpfer im revolutionären Schreckensregime in Paris (bes. 1871), das außerordentliche Menschenopfer kostete, ca. 65 000 (Massen-Geiselmorde, Massendeportationen). 2.) neue Anwendung des Begriffs Ende des 20. Jh. für Mitglieder größerer, vielköpfiger Kommunen (s.d.).

Kommunen (SOZ)
II. arbeitsteilige Wohngemeinschaften bes. von jüngeren Leuten (Studierende) im w. Europa. Vgl. aber Kommunarden, Kommunitäten.

Kommunitarier (WISS)
I. Kommunitaristen; communitarians (=en). Vgl. Volksgemeinschaft.

Kommunitäten (WISS)
I. aus communitas (lat); Communities (=en); communautés (=fr); comunitá (=it); comunidades (=sp, pt); komunitet (=al).
II. 1.) Altbez. für Gemeinschaften und auch für Gemeingut. 2.) in Übernahme fremdspr. Begriffsinhalte: Volksgruppen, Nationalitäten; auch Religions- und (anerkannte) Konfessionsgemeinschaften i.S. der osmanischen Millets. 3.) religiöse (überwiegend protestantische) Bruderschaften.

Komoren (TERR)
A. Islamische Bundesrepublik der K.; s. Indik. Unabh. seit 6. 7. 1975. République Fédérale Islamique des Comores (=fr); Dja Mouhouri Yamtsangagniho ya kisslam ya komori. The Islamic Federal Republic of the Comoros, Comoro Islands, Comoros (=en); la République fédérale islamique des Comores, les Comores (=fr); la República Federal Islámica de las Comoras, las Comoras (=sp).
Ew. 1950: 0,165; 1960: 0,203; 1970: 0,271; 1996: 0,505, BD: 271 Ew./km²; WR 1990-96: 2,6%; UZ 1996: 30%, AQ: 43%

Komorer (ETH)
I. Comoriens (=fr); Comorians (=en); comoranos (=sp).
II. Bew. der Inselgruppe und -republik der Komoren (»Kleine Mondinseln«) und der französischen Insel Mayotte im Indik; insgesamt ca. 505 000 (1996). Mischbev. aus Nachkommen von Indo-Melanesiern,

Madagassen und Bantu (Makua) als Freie und Sklaven. Araber und Shirazi ließen sich ab 10. Jh. bzw. im 16. Jh. nieder und führten den Islam ein. Sind heute zu 99% sunnitische Muslime; sprechen Comoran, Makua, Arabisch und Französisch. Starke Abwanderung in einer Größenordnung von > 80000 richtet sich in das ehemalige Mandatsland Frankreich (bes. nach Marseille).

Komorer (NAT)
II. StA. der islamischen BR der Komoren, 505 000 Ew. (1996); 97% Komorer, indische, persische und europäische Minderheiten; rd. 1500 Franzosen mit doppelter Staatsangehörigkeit.

Komorisch (SPR)
II. Kisuaheli-Dialekt, benutzt von ca. 300 000 Insulanern auf Komoren und Mayotte/Mahoré.

Komsomolzen (SOZ)
II. Angeh. des (rs=) »Kommunistischeski sojus molodjoschi«, des 1918 gegr. Kommunistischen Jugendverbandes der UdSSR; er erfaßte die 14–26jährigen, bekannt u. a. durch die K.-Wanderungen der 50er Jahre, als bis zu 600 000 K. (1956) zum zwangsweisen mehrjährigen Arbeitseinsatz in ö. Neulandgebiete beordert wurden. Vgl. Rote Garden.

Konabem (ETH)
I. Kunabembe.
II. schwarzafrikanische Ethnie im Osten Kameruns.

Kond (ETH)
I. Konda, Khond.
II. Stammesgruppe hpts. in Orissa, auch in Andhra Pradesch und Madhja Pradesch/Indien mit ca. 800 000 Köpfen. Mehrheit spricht die drawidische Stammesspr. Kui, Teile haben Orija und andere regionale Spr. angenommen. K. waren lange Brandrodungsbauern, treiben heute Bewässerungsreisbau, leben überwiegend in Siedlungssegregation. Berüchtigt bis ins 19. Jh. durch Menschenopfer zur Steigerung der Feldfruchtbarkeit. Vgl. Kuttia Kond, Khong(s).

Konda Dora (ETH)
I. Konda Kapund
II. Kleingruppe mit drawidischer Eigenspr. in den ö. Ghats/Indien, ca. 20 000. Gegliedert in Exogamie wahrende Klans; Patrilinearität: alle Söhne verbleiben in der Großfamilie des Vaters. K.D. unterhalten zu benachbarten Stämmen eine kastenähnliche hierarchische Beziehung.

Konda Reddi (ETH)
I. Reddi, Hill.
II. Stamm von ca. 50 000 mit Drawida-Spr. Telugu; üben primitiven Wanderfeldbau im Dekkan-Plateau/Indien. Verehren Naturgottheiten, brachten früher Menschenopfer dar.

Konde (ETH)
I. Wakonde, Nyonde. Vgl. auch Nyassa-Völker.

Konfession (REL)
II. Gemeinschaft mit eigener Interpretation ihres Bekenntnisses innerhalb der (auch nichtchristlichen) Rel. Konfessionelle Gegensätze haben kulturgeschichtlich wohl zu schwereren Auseinandersetzungen geführt als solche zwischen verschiedenen Rel.

Konfessionslose (REL)
II. Personen, die nach ihrem Glauben keiner (staatlich anerkannten) Rel.gemeinschaft angehören. Solches Freisein von einer bestimmten Konfession bedeutet jedoch nicht die Ablehnung jeder Rel.

Konföderierte (SOZ)
I. aus con (lat=) »zusammen mit« und foedus »Bündnis«: Verbündete; siehe auch Föderaten; les confédérés (=fr); Federalists (=en).
II. 1.) die Eidgenossen der Urschweiz und ihre seit 16. Jh. assoziierten Bundesgenossen. 2.) die Angeh. der 11 Südstaaten der USA, die im Sezessionskrieg 1861–1865 für das Fortbestehen der Sklaverei eintraten. Im Sezessionskrieg standen den > 21 Mio. Nordstaatlern nur 9. Mio Südstaatler gegenüber, worunter rd. 4 Mio. Sklaven (ca. 90% aller Neger in USA) waren. Ihre eigenen Verluste in diesem Krieg werden auf über 300 000 geschätzt, die Gesamtverluste auf > 580 000. Vgl. Southern men (=en), Sezessionisten; Südstaatler.

Konformisten (REL)
I. (en=) conformers.
II. Anh. von 39 Glaubensartikeln der anglikanischen Kirche im Jahr 1563. Vgl. Nonkonformisten oder Dissenters.

Konformisten (WISS)
II. Menschen, die insbes. in sozialer und polit. Hinsicht stets um Anpassung bemüht sind.

Konfuzianer (REL)
II. Anh. des auf Kung fu-tse, (latinisiert) Konfuzius, im 6. Jh. v. Chr. zurückgehenden Lehrsystems aus Staatswissenschaft, Ethik und Religion, das als Konfuzianismus verstanden, als Ju-chiaio (=ci) »Lehre der Gelehrten«, in Korea als Yu-kyo bezeichnet wird. Hervorgegangen aus der alten chinesischen Volksrel. des Universismus. Vom 2. Jh. v. Chr. zur Ziviltheologie Chinas entwickelt und im 12. Jh. durch Chu-Hsi philosophisch systematisiert, 1671 im »Heiligen Edikt« zur Staatsdoktrin erklärt (bis 1912). K. war Grundlage der kaiserlichen Beamtenprüfungen unter der Prämisse, daß Tugend lernbar sei. Im Zentrum des Konfuzianismus steht »Li«, die ordnende Kraft, welche u. a. korrekte Form, gutes Benehmen, Schicklichkeit, Ordnung in Familie und Staat umfaßt, die jedem seinen festen Platz in der Gesellschaft zuweist mit allen Rechten und Pflichten. Konfuzianismus hat ganz Ostasien bis heute entscheidend geprägt, spielt große Rolle in der chi-

nesischen Volksrel.; Verfemung der Kon-Familien z.Zt. der chinesischen Kulturrevolution. Vgl. Neokonfuzianer.

Kongh(s) (ETH)
II. Stammesgruppe in Orissa/Indien. Vgl. Kond.

Kongo (ETH)
I. Kongo-Kishi; Bakongo, Kakongo, Makongo.
II. Volk aus der Spr.familie der Bantu im Regenwald beiderseits der Kongo-Mündung. In der DR Kongo namengebende Ethnie mit 4,74 Mio.; ferner verbreitet in N-Angola (dort 16 % der Gesamtbev. 1984). Vgl. Vili-Kongo.

Kongo (SPR)
I. Kikongo; Kongo, Kikongo (=en).
II. Verkehrsspr. in Kongo, DR Kongo und N-Angola. In DR Kongo Volksspr. mit (1987) > 4,3 Mio. Sprechern.

Kongo (TERR)
A. Demokratische Republik. Zentralafrika (Hauptstadt Kinshasa). ehem. Belgisch-Kongo. unabh. 30. 6. 1960; ehem. DR Kongo; von 1971–1997 Zaire, dann wieder DR Kongo. République démocratique du Congo (=fr). The Democratic Republic of the Congo, the Congo (=en); le Congo (=fr); la República Democrática del Congo, el Congo (=sp).
Ew. 1925: 7,708; 1930: 8,764; 1940: 10,370; 1950: 11,258; 1960: 14,139; 1965: 17,573; 1970: 21,688; 1975: 24,902; 1978: 24,745; 1984: 29,671 Z; 1996: 45,234, BD: 19 Ew./km²; WR 1990–96: 3,2 %; UZ 1996: 29 %, AQ: 33 %

Kongo (TERR)
A. Republik. Zentralafrika (Hauptstadt Brazzaville). Altbez. Congo-Brazzaville; unabh. seit 15. 8. 1960. République du Congo (=fr). Republic of the Congo, the Congo (Brazzaville) (=en); la República del Congo, el Congo (=sp).
Ew. 1950: 0,824; 1960: 0,969; 1967: 0,9; 1970: 1,198; 1978: 1,459; 1996: 2,705, BD: 8 Ew./km²; WR 1990–96: 2,9 %; UZ 1996: 59 %, AQ: 25 %

Kongolesen (NAT)
I. Congolese (=en); congolais (=fr); congoleños (=sp); congolenos (=pt); congolesi (=it).
II. StA. der Rep. Kongo (Congo-Brazzaville, ehem. Französisch-Kongo), 2,7 Mio. Ew. (1996); überwiegend Bantu-Gruppen; im Unterschied zur DR Kongo (Zaire, ehem. Belgisch-Kongo).

Kongregationalisten (REL)
I. nach congregation (en=) »Gemeinde«; weitgehend identisch mit Independenten.
II. Mitglieder einer in Großbritannien und in USA verbreiteten Freikirche (mit Independenten 4–5 Mio.). K. haben sich im 16. Jh. aus der anglikanischen Kirche abgespalten, lehnten sowohl episkopale als auch presbyteriale Kirchenverfassung ab, forderten völlige Unabhängigkeit der Gemeinden vom Staate, allein der unmittelbaren Leitung Christi unterstellt. Vgl. Pilgerväter, Independenten.

Kongregationisten (REL)
II. Angeh. einer Kongregation 1.) von religiösen Gemeinschaften auf »einfachen« Gelübden; 2.) von Vereinigungen zum Zwecke christlicher Lebensvervollkommnung, z.B. der Marianischen Kongregation.

Kongreßpolen (TERR)
C. Nach 3. Teilung Polens 1814/15 zu Rußland gehörendes Territorium, ein Teilgebiet des an Rußland gefallenen polnischen Territoriums, rd. 130 000 von 575 000 km², nominal »Königreich Polen«.
Ew. 1820: 3,300 Mio; 1850: 5,000; 1880: 8,000; 1910: 10,000

Königin-Maud-Land (TERR)
B. Nebenland (biland) Norwegens in der Antarktis. Dronning Maud Land (=no). Queen Maud Land (=en); Terre de la Reine Maud (=fr); Tierra de la Reina Maud (=sp).

Königliche Wirte (SOZ)
II. historische Bez. in Mitteleuropa für bäuerliche Besitzer von Gütern oder Höfen, die dem Landesherrn gehörten. Vgl. Scharwerksbauern, Hochzinser.

Konkani (SPR)
I. Konkani (=en).
II. für > 1 Mio. Goanesen offizielle Spr. neben Marathi, Hindi und Englisch; Landesspr.in Goa, Damao und Diu auch nach der Eingliederung in Indische Union. 1994 insgesamt rd. 4 Mio. Sprecher.

Konkōkyō (REL)
I. (jp=) »Gold-Glanz-Lehre«.
II. NRM in Japan 1859 durch B. Kawate gestiftet; verehrt monotheistisch den shintoistischen Metallgott Konjin bzw. Kane-no-Kami als Ursprung des Universismus. 1980 ca. 580 000 Anh.

Konkubinate (SOZ)
I. Altbez. für nichteheliche Lebensgemeinschaften, eheähnliche Lebensgemeinschaften, Unehen, Kebsehen, Onkelehen; Altbez. Friedelehen. Common/law marriages, marriages by repute, consensual unions, concubinages, cohabitations (=en); mariages consensuels, unions libres, unions illégitimes (=fr); concubinati (=it); concubinatos (=sp, pt).
1.) Dauerndes häusliches Zusammenleben eines Paares in außerehelicher Bettgemeinschaft. In Deutschland lt. VZ rd. 820 000 derartige Gemeinschaften, mit Grauzonen (1985) auf 1,25 Mio. geschätzt.
2.) Im kaiserlichen Rom Ehen minderen Rechts; im MA Verbindungen zw. Personen, die eine bürgerliche Ehe nicht eingehen durften. Vgl. Eheähnliche Verbindungen, wilde Ehen.

Konkubinen (SOZ)
I. aus con (lat=) »zusammen mit« und cubare (lat=) »liegen«; concubinae (=lat), Nebenfrauen, Mätressen, Beischläferinnen.

II. 1.) im Konkubinat lebende Frauen. 2.) in polygynen Ehen bzw. unter bestimmten Rechtsverordnungen Frauen mit einem akzeptierten Familienstand, der jedoch dem einer gesetzlich anerkannten (oder ersten) Ehefrau nachgeordnet ist.

Konquistadoren (SOZ)
I. aus conquistar (sp=) »erobern«; conquistadores (=sp).
II. die vornehmlich spanischen Entdecker und Eroberer Lateinamerikas im 16. Jh.; ihre Dienste für die spanische Krone wurden durch Anteile an dem erworbenen Lande vergütet. Viele heute namhafte Familien Lateinamerikas führen ihre Abstammung auf diese K. zurück. Im Vgl. mit Nordamerika blieb Zahl dieser europäischen Einwanderer nach Iberoamerika von Anfang an klein, sie betrug im 16. und 17. Jh. je kaum 100000 K. entsprechend den bev.ärmeren Ausgangsländern, aber auch der ungleich höheren Dichte der Eingeborenenbev. In weiterem Unterschied zur nordamerikanischen Einwanderung setzte sich K.schaft überwiegend aus Männern zusammen, daraus erwuchs die umfassende mestizaje, die in Iberoamerika eine breite Mischlingsbev. erwachsen ließ. Vgl. Kreolen, Mestizen.

Konsanguinale Verwandte (WISS)
II. Verwandtschaft, die nicht über Heiratsverbindungen entstand, aber auch nicht zwingend biotisch resultiert. Insofern ist Begriff nur unscharf mit »Blutsverwandtschaft« zu erläutern.

Konsensualpaare (WISS)
II. amtl. Terminus in Schweiz für Paare, die aufgrund der Selbstdeklaration in einer eheähnlichen Gemeinschaft leben, nicht miteinander verheiratet sind. Vgl. Eheähnliche Verbindungen.

Konservative (WISS)
I. Rechte; in Großbritannien Tories (=en), Sg. a true blue (=en).
II. Menschen, die an Hergebrachtem hängen, welche eine bestehende geistige oder polit. Ordnung zu erhalten suchen. Vgl. Traditionalisten.

Konservative Juden (REL)
II. eine der drei Gruppierungen des heutigen Judentums. 1886 durch Sepharden Sabato Morais von den Reformern abgetrennte Einheit. Seit 1887 ist das Jewish Theological Seminary das geistige Zentrum der K.J.

Konsorten (WISS)
I. aus consors (lat=) »an etwas gleichen Anteil haben«; »Genossen« (s.d.).
II. 1.) Mitglieder eines Konsortiums, einer zeitweiligen Vereinigung von Geschäftsleuten zur Durchführung eines größeren Geschäfts. 2.) Spießgesellen, Mittäter.

Konstantinopler Alphabet (SCHR)
II. Mischung aus lateinischen und griechischen Buchstaben nach Entwurf von Sami Frasheri; es wurde vor allem von den Muslimen Mittel- und Südalbaniens benutzt.

Kontinentaleuropäer (SOZ)
II. Begriff aus der napoleonischen Zeit (Kontinentalsperre), heute wieder von Briten benutzt, um sich selbst von der psycho-sozioökonomischen Denkweise der übrigen EU-Bürger abzuheben.

Kontingent-Flüchtlinge (WISS)
I. De-Facto-Flüchtlinge mit eigenem Rechtsstatus.
II. Personen, die in Deutschland im Rahmen humanitärer Hilfsaktionen in festgelegter Zahl als Flüchtlinge ohne besondere Antragsverfahren aufgenommen wurden, z.B. SE-Asiat. Boatpeople, polit. Flüchtlinge aus Chile, bosnische Zwangslagerinsassen.

Kontraktarbeiter (SOZ)
I. contract labourers (=en).
II. durch Kulimakler, Laukehs oder sonst zur Plantagen- oder Bergwerksarbeit, vornehmlich in Tropen des Pazifik und Indik, geworbene, vorwiegend süd- und südostasiatische Arbeitskräfte, die auf Zeit rekrutiert wurden; auf der Basis eines reinen »Big-Business« zur Deckung des enormen Arbeitskräftebedarfs (L. WAIBEL). Das Kontraktsystem ersetzte die gerade unterbundene Sklaverei. Fallweise existierten »sich selbst erneuernde Kontrakte«, die, wie bei der Leibeigenschaft, einer erblichen Zwangsbeschäftigung entsprachen, z.B. auf São Tomé bis 1961. Vgl. Kulis.

Konventualen (REL)
I. Conventualen.
II. kath. Orden, mildere Richtung der Karmeliter und Franziskaner im Gegensatz zu den Observanten.

Konversen (REL)
I. Laienbrüder und -schwestern.
II. Klostermitglieder ohne klerikale Weihen.

Konvertiten (REL)
I. aus convertere (lat=) »bekehren«.
II. Personen, die von einer Religion oder Konfession zu einer anderen übergetreten sind.

Konyagi (SPR)
II. kleine Verkehrsspr. in Guinea.

Konyak (ETH)
II. Einheit der Naga-Stämme in NE-Indien. K. üben in Stammesfehden bis heute Kopfjagd.

Konzo (ETH)
I. Konjo.
II. Untereinheit der Benue-Kongo an der Grenze der DR Kongo zu Uganda in über 2000 m Höhe am

Ruwenzori. Jäger und Bauern. Noch Kleidung aus Rindenstoffen und Affenhäuten.

Koochis (ETH)
II. Bez. für afghanische Nomaden.

Koochis (SOZ)
I. Kuchi; auch Bowindah.
II. Bez. für paschtunische Nomaden in Afghanistan.

Kopfjäger (WISS)
II. ugs. Bez. für Angeh. von Naturvölkern, vornehmlich von tropischen Pflanzervölkern, bes. in Hinterindien, Indonesien, Neuguinea, Westafrika und Südamerika, die auf ideologischer Grundlage und in zeremonial festgelegten Riten das Töten von Fremden, auch von wehrlosen Frauen und Kindern, insbes. das Erbeuten ihrer Köpfe/Schädel, in denen Sitz der Seele vermutet wird, betreiben. Dabei ist allein die Tötung entscheidend, denn nur wer getötet hat, kann zeugen, ist heiratsfähig. Fallweise werden eingebrachte Schädel als Kopftrophäen (Schrumpfköpfe) aufbewahrt. Vgl. Kannibalen.

Kopten (ETH)
I. im 13./14. Jh. gebildeter Begriff, abgeleitet aus kubt/qopt/qipt (=ar); gyptios (=agr) »ägypt«; Aigyptioi »Ägypter«; bei ägyptischen Muslimen: Gins Fir'aun d.h. »Leute des Pharao«.
II. 1.) Altbez. für Bewohner Ägyptens vor dem 7. Jh.; verstanden sich nach Herkunft und Tradition als Nachfahren der Altägypter. 2.) seit der Islamisierung steht Begriff nurmehr für die monophysitischen Christen Ägyptens (rd. 6 Mio.). K. besaßen Eigenspr., die im 10.–13. Jh. zugunsten des Arabischen aufgegeben bzw. nurmehr als Kultspr. beibehalten wurde. Dank kultureller Überlegenheit bzw. besserer Schulausbildung spielen K. seit Anbeginn bedeutende Rolle im Geschäftsleben und in der Staatsverwaltung des Landes; sie waren im 19. Jh. die Wegbereiter für die westlichen Einflüsse und Interessen. Diverse antikoptische Progrome resultieren überwiegend aus wirtschaftlichen Motiven, u.a. Alkoholmonopol. K. sind v.a. in Städten und dort insbesondere im Bankenwesen und Fremdenverkehr tätig. Vgl. Koptische Christen.

Kopten (REL)
I. Koptische Christen, orthodoxe Kopten; apbat (=ar); Bezeichnung geht auf arabische Form des griechischen Wortes Aigyptos für Ägypten zurück; Copts, Coptics (=en).
II. Christen der Nationalkirche von Ägypten mit alexandrinischem Ritus; Gesamtzahl der Gläubigen nach Eigenangaben 1980: ca. 10 Mio., davon 6 Mio. (1995) in Ägypten, ferner starke Diasporagruppen in Sudan, Kuwait, Kenya, USA, Kanada, Australien. In Gesamtzahl vermutlich enthalten ca. 0,1 Mio. unierte und 0,4 Mio. protestantische Kopten. Um die Mitte des 5. Jh. schloß sich die Kirche Ägyptens der Lehre der Monophysiten (Jakobiten) an und blieb ihr trotz byzantinischer Verfolgungen treu. Die arabisch-islamische Invasion übernahm sie als Dschimmis, arabisierte sie aber spr. (10./11. Jh.). Seither findet koptische Spr. (in griechischer Schrift) nur mehr in der Liturgie Verwendung. Die koptische Rel.gemeinschaft isoliert sich streng, Mischehen mit anderen ethnisch-religiösen Gruppen sind selten. K. folgen im kirchlichen Leben eigenem Kalender, der auf Diokletianischer Zeitrechnung beruht (das Jahr beginnt mit 10. September). Oberhaupt der K. mit gewisser Jurisdiktion über die Äthiopischen Christen ist der Patriarch von Alexandria. Vgl. Monophysiten, Unierte Kopten.

Koptische Schriftnutzergemeinschaft (SCHR)
II. mit der Ausbreitung des Christentums in Ägypten im 2. Jh. als Abzweigung aus der Griechischen Schrift durch 7 Zusatzzeichen aus der Demotischen Schrift entstandenes Schriftsystem, das allgemein mind. bis zur Islamisierung (7. Jh.), bei der christlichen Minderheit bis ins 17. Jh. und als Sakralschrift bis heute Bestand hatte.

Korana (ETH)
I. Kora.
II. Teilpopulation der Hottentotten mit schon stärkerer negrider Einmischung im nw. Südafrika, heute > 10 000 Köpfe.

Koranko (ETH)
II. negride Einheit der Mande-Tan im Grenzgebiet von Sierra Leone zu Guinea; ca. 175 000–200 000 (1984). Vgl. Malinke.

Korea (TERR)
A. 1910 japanisches Generalgouvernement, 1929 japanische Provinz Chosen. Teilung nach Ende II.WK 1948 in Demokratische Volksrepublik Korea (Nordkorea) und Republik Korea (Südkorea). Ew. Nordkorea: 1950: 9,740; 1955: 9,100; 1960: 10,526; 1965: 12,100; 1970: 13,892; 1975: 15,852; 1978: 17,022; 1990/91: 22,191; 1996: 22,451, BD: 183 Ew./km^2, WR 1990–96: 1,6 %, UZ 1996 62 %, AQ: 4 %

Ew. Südkorea: 1950: 20,356; 1955: 21,424; 1960: 25,012; 1965: 28,705; 1970: 32,241; 1975: 35,281; 1978: 37,019; 1990/91: 43,411; 1996: 45,545, BD: 459 Ew./km^2, WR 1990–96: 1,0 %, UZ 1996: 82 %, AQ 3 %

Ew. Gesamt: 1950: 30,096; 1955: 30,524; 1960: 35,538; 1965: 40,805; 1970: 46,133; 1975: 51,133; 1978: 54,091; 1990/91: 65,602

Koreaner (ETH)
I. Eigenname: Koryosaram/Cosen-Saram; Korey(tsi)/Korejcy (=rs); Koreans (=en); Coréens (=fr); coreanos (=sp, pt); coreani (=it). Chaoxian (=ci), Tsch'ao-hsien.
II. Volk auf der Halbinsel Korea mit starken Minderheiten in der Mandschurei (1,7 Mio.), in Sibi-

rien, Usbekistan und Kasachstan (1990 insgesamt 439 000), USA und auf Hawaii (0,7 Mio.) sowie in Japan (0,9 Mio.); insgesamt 60–68 Mio. (1990). Im rassischen Erscheinungsbild überwiegen tungide Merkmale, doch im N starke sinide und sibiride, im S palämongolide Einschläge. Ethnogenese aus wohl den Tungusen verwandten Stämmen erfolgte im 10.–12. Jh. in mehrfach engem Kontakt mit Mongolen und Chinesen. Hochkultur hat dennoch unverwechselbaren Eigencharakter gewonnen. Bei buddhistisch-konfuzianischer Grundausrichtung überraschend starker christlicher Missionserfolg. Ihre heute voll verselbständigte Spr. wird mit der eigenentwickelten Hangul-Schrift geschrieben. Vgl. auch Korejcy (=rs).

Koreaner (NAT)
II. Bürger des 1948 geteilten Korea, StA. der Demokratischen VR im N, oder der Rep. Korea im S der Halbinsel. Südkorea beherbergt große Kontingente an Flüchtlingen aus Nordkorea (1,5 Mio. allein während Koreakrieg) und Repatriierten aus Japan. Koreanerkolonien v. a. in Japan (ca. 680 000) und in Kalifornien/USA. Vgl. Nordkoreaner, Südkoreaner.

Koreanisch (SPR)
I. Korcan (=cn); coréen (=fr); coreano (=it; sp; pt).
II. Spr. der Koreaner, agglutinierender Sprachtyp; Alt-Koreanisch wahrscheinlich den Altai-Spr. verwandt, in seiner Entwicklung stark vom Chinesischen beeinflußt, in dem über die Hälfte des Wortschatzes seinen Ursprung hat. Verbreitet in Korea, China (2 Mio.) und Japan (690 000), 1994 von ca. 68–73 Mio. benutzt; Amtsspr. in Nord- (22,2 Mio.) und Süd-Korea (43,6 Mio.). K. wird in koreanischer Eigenschrift und in Chinesischer Schrift geschrieben.

Koreanische Schriftnutzergemeinschaft (SCHR)
I. Hangul.
II. das 1443 im Koreanischen entwickelte, höchst zweckmäßige Alphabet, früher rechts nach links, heute links nach rechts laufend, mit 8 und heute 24 Buchstaben, das die bis dahin verwendete chinesische Schrift abgelöst hat. Koreanische Schrift wird heute von rd. 68 Mio. benutzt.

Koreischiten (ETH)
I. Koraischiten, Koraisch, Kuraisch.
II. edler Araber-Stamm im Umkreis von Mekka, dem der Prophet und die Omajjaden-Kalifen angehörten.

Korejcy (ETH)
I. (=rs); Eigenname Koryosaram; Koreaner.
II. Nachkommen koreanischer Kolonisten, die in der 2. Hälfte des 19. Jh. in das Ussuri-Gebiet einwanderten. Weitere Einwanderungen erfolgten nach 1917. Verfügten zeitweise über einen Nationalen Bezirk, wurden ab 1937 nach Zentralasien zwangsumgesiedelt; heute um Taschkent und Choresm in Usbekistan sowie um Ksyl-Orda und Alma-Ata in Kasachstan ansässig, wo sie als Landwirte tätig sind. K. sprechen nordkoreanischen Dialekt, sind orthodoxe Christen oder Buddhisten. Insgesamt rd. 390 000 (1979).

Korekore (ETH)
I. Makorekore, Tawara.
II. kleine bantu-spr. Ethnie von wenigen Tausend Köpfen im nw. Simbabwe (Distrikt Darwin und Reservat Chinimanda); können nur Sorghum-Anbau und Flußfischerei betreiben. Vgl. Shona.

Korjaken (ETH)
I. Eigennamen Nymyllan, Nymyl'yn, Tschautschu/Tschawtschuw/Cavcyv; Korjaki (=rs) aus korak = Rentierzüchter; Koryaks (=en).
II. kleine Volksgruppe in eigenem Nationalbezirk auf Kamtschatka und angrenzendem Festland mit paläoasiatischer Eigenspr.; diese wurde 1932 kodifiziert, seit 1937 in kyrillischer Schrift geschrieben. Sind Animisten. K. blieben streifende Fischer und Rentierhalter. 7500–8000 Köpfe (1979). K. sind gegliedert in neun Territorialgruppen: Aljutoren, Apuken, Itkanen, Kamenen, Karagen, Kereken, Palanen, Parzenen, Tschawtschuwenen.

Korku (ETH)
I. in der Mundaspr. = »Männer«, »Stammesmänner«.
II. Stamm von 250 000–300 000 in Zentralindien. Regional nach vier hierarchisch abgestuften Untergruppen gegliedert.

Körnerbauer(n) (WISS)
II. ethnologischer Fachterminus für Bev. auf einer fortgeschrittenen (zweiten) Entwicklungsstufe des Landbaues; verbreitet in subtropischen und gemäßigten Klimazonen. Körnerfrüchte bedingen zur Mehlgewinnung den (Stein-)Mörser, der möglicherweise Anstoß für weitere Steingerätekultur gab.

Kornisch (SPR)
II. die im 17. Jh. ausgestorbene Spr. von Cornwall/Großbritannien.

Koro (ETH)
I. Gbari.
II. Sudannegerethnie in W-Nigeria.

Koroca (ETH)
II. Stamm der Buschmänner an der SW-Küste Angolas. Vgl. Kung, Buschmänner.

Korofeigu (ETH)
II. Kleinstgruppe von Melanesiern im ö. Hochland von Neuguinea. Siedlungen in patrilineale Gruppen geteilt.

Körperbehinderte (WISS)
II. in Deutschland nach 1945 Sammelbez. für Behinderte und Versehrte. Behinderte: Pers., deren körperliche oder geistige Leistungsfähigkeit erheb-

lich eingeschränkt ist; Versehrte i.S.v. Schwerbeschädigte, Körperbeschädigte, Kriegsversehrte, -verwundete: angeboren oder durch Krankheit, Unfall und insbes. Kriegseinwirkung dauerhaft geschädigte Pers. mit entspr. Fürsorge- und Versorgungsansprüchen. Vgl. Behinderte.

Korporierte (WISS)
I. aus corpus, corporare (lat=) »Körper«, »zum Körper machen«. Ugs. Corps-Studenten, Couleurstudenten, Verbindungsstudenten; im internen Gebrauch: Bundesbrüder.
II. Mitglieder studentischer Verbindungen, akademischer Korporationen, d.h. von Gemeinschaften (überwiegend männlicher) Studenten und Akademiker, die gemeinsame Grundsätze und traditionsbestimmte Umgangsformen pflegen. K. leiten sich aus den Zusammenschlüssen von Landsleuten (Landsmannschaften) an den Universitäten im alten großdt. Reich her, die sich im 18. Jh. zu Corps und Orden (z.B. Aminicisten, Harmonisten, Unitisten), im 19. Jh. zu Burschenschaften und schließlich zu heutigen Korporationen entwickelt haben. Ihre Namen erinnern an ursprüngliche Herkunftsräume oder dt. Altstämme: Silesia, Rhenania, Borussia, Frankonia, Cimbria, Raetia. Es gibt »schlagende« (Mensur-Fechten) und nichtschlagende, nach Tracht »farbentragende« und nichtfarbentragende »schwarze« Verbindungen. Korporierte differenzieren sich in Aktive (Füchse/Fuxe/Renonces, Burschen, Chargierte) und Inaktive (Alte Herren); Nicht-Korporierte werden Finken oder Wilde genannt. Herkömmliche Tracht hat sich heute in der Öffentlichkeit reduziert auf unterschiedlich geformte Schirmmützen und bei »farbentragenden K.« auf Couleurbänder. Nur bei festlichen Gelegenheiten wird Wichs getragen (Pekesche, weiße Hosen, Kanonenstiefel, Paradeschläger, Zerevis oder Federbarett). Seit Mitte des 19. Jh. entstanden korporativ entwickelte Sondergemeinschaften wie z.B. Akademische Turnerbünde, Sängerschaften, Seniorenconvente, Akademische Orchester, Wiss. Verbindungen. Von den Korporationen zu unterscheiden sind die sonstigen »Studentischen Vereinigungen« als lokale, nationale und internationale Zusammenschlüsse zur Förderung gemeinsamer Interessen. Bedeutung erlangten hpts. die religiös bestimmten »Studentengemeinden« und die polit. Parteien angeschlossenen Gruppierungen. Vgl. Studierende, Burschenschaften.

Korsaren (SOZ)
I. aus (it=) corsaro Sg., corsari Pl.
II. Seeräuber, Freibeuter, Piraten; zuvorderst die osmanischen von Algier, Tunis und Salé aus bis über 18. Jh. hinaus operierenden Korsaren (»Geißel der christlichen Küsten«). Heute wieder Seeräuberunwesen in SE-asiatischer Inselwelt. Vgl. Christensklaven, Trinitarier, Hornacheros, Bukanier, Flibustier; Piraten.

Korsen (ETH)
I. Corsicans (=en); Corses (=fr); corsos (=sp); corsicos (=pt); corsi (=it).
II. 1.) Nachkommen der Alteinwohner, 2.) die heutige Gesamteinwohnerschaft der französischen Insel Korsika/Corsu (korsisch=), (1991) 240 000 Ew. Sie bedient sich einer dem Italienischen (mit toskanischem und sardischem Dialekt) sehr nahestehenden Volksspr., doch gilt Französisch als Amtsspr. Urbewohner waren iberischer und kelto-ligurischer Herkunft, ihnen mischten sich Phönizier, Karthager, Vandalen, Sarazenen, Byzantiner und Genuesen zu. Insel kam 1768 durch Kauf an Frankreich. Bev.zahl sank im 20. Jh. durch massive Abwanderung; 1900–1950 von rd. 320 000 auf rd. 200 000 trotz Zwangsansiedlung von »Pieds-noirs« (1962: 18 000). Besonders 1962–82 militantes Ringen um Autonomie und sogar Unabhängigkeit (Mohrenkopf-Symbol). 1982 erstes unwirksames Autonomiestatut.

Korsen (NAT)
I. Corsicans (=en); corses (=fr); corsi (=it); corsos (=sp, pt); corsicos (=pt).
II. korsischstämmige Bürger der Insel Korsika, einer französischen Region mit administrativem Sonderstatus, zahlreiche Abwanderer in Südfrankreich.

Korsisch (SPR)
II. Spr. der eingeborenen Bew. von Korsika/ (kors.=) Corsu. Linguistisch, aber nicht amtlich, ist K. seit etwa II.WK als eigenständige romanische Spr. anerkannt und wird auch nicht an öffentlichen Schulen gelehrt, steht dem Italienischen nahe, im N und E dem Toskanischen Dialekt, im W und S dem Sardischen ähnlich. Da Amtsspr. Französisch, sind die ca. 240 000 Korsen Doppelsprachler.

Korucu (SOZ)
I. (=tü); »Dorfwächter«, Dorfmilizen.
II. zum Kampf gegen kurdische Nationalisten von der türkischen Regierung seit 1985 in SE-Anatolien organisierte Heimwehren; es wurden hierfür mind. 45 000 kurdische Bauern verpflichtet.

Korwa (ETH)
II. Stamm im ö. Madhja Pradesch/Indien, den Korku ähnlich; Anzahl etwa 100 000, z.T. noch Jäger und Sammler, meist Waldarbeiter.

Kosaken (ETH)
I. Kasaken; aus Kasak (tü=) »Nomade«, »Freie Krieger«, »Reiterkrieger«, »Räuber«, Kosak (tatar.=) »Grenzposten«; kasaki (=rs); kozaki (=po, ukrain); Cossacks (=en); Cosaques (=fr); cosacchi (=it); cosacos (=sp); cossacos (=pt).
II. ethnogenetisch werden K. nach älterer russischer Auffassung als rein tatarischen Ursprungs, nach ukrainischer Konzeption als autochthone, ostslawische Grenzbev. erläutert, in polnischer Bewertung als kulturfeindliche Steppenreiter bezeichnet (K.J. GRÖPER). Tatsächlich handelt es sich doch

wohl um eine Mischbev. aus Wehr- und Neusiedlern, Abenteurern und Unzufriedenen aller Stände und Völker (u. a. Groß- und Kleinrussen, Polen, Walachen, die vor der im W um sich greifenden Leibeigenschaft geflohenen »Läuflinge«, an der Grenze des dauerbesiedelten Moskauer bzw. des Polnisch-Litauischen Reiches (Ukraine d. h. »Grenzland«) gegen das Tatarengebiet. Entstanden seit 14. Jh. aus freien selbstverwalteten Bauernreiterverbänden unter gewählten Führern, die in der Ukraine Hetman, bei Donkosaken Ataman und sonst Starschiny, d. h. »Älteste«, hießen. Sie bildeten sich später unter Mischung mit Turkstämmigen zu großrussischen Grenzbauernkolonien in fast eigenständigen Ethnien aus. Im 18. Jh. begann völlige Eingliederung in die russische Verwaltung (Register- oder Dienstkosaken) als Militärverbände in den gefährdeten Grenzzonen: Saporoger K. am unteren Dnjepr, Don-, Kuban-, Jaik-/Ural-, Wolga-, Terek-, Orenburger-, Sibirische-, Transbaikal-, Amur-, Ussuri-Kosaken. Schon die Eroberung Sibiriens im 16./17. Jh. war das Werk vor allem von Kosaken. Große Attraktivität (auch Steuerfreiheit und Autonomie) des Kosaken-Standes, dem man durch Geburt oder Beitritt angehörte, erklärt das rasche Anwachsen dieser Gruppe: 1858 rd. 1,4 Mio., 1916 schon 4,5 Mio. Seelen. Weil K. verläßliche Stützen der Zarenherrschaft waren (Polizeiaufgaben), wurden sie nach der Revolution unterdrückt, ihre autonomen Gebiete aufgelöst und die K. vom Militärdienst ausgeschlossen. Ab 1938 formierte man wieder eigene K.verbände, wovon einige im II.WK als Freiwillige an dt. Seite kämpften. Ca. 50000 erfuhren nach Auslieferung durch die Briten ein schweres Schicksal. Seit etwa 1988 Neuansiedlung in einigen Stammgebieten (Don, Sibirien), seit 1992 Forderung nach autonomen Gebieten, die aber vielfach in nichtrussischen Republiken liegen; immerhin wurde bereits (1992) die politische und rechtliche Rehabilitierung der K. dekretiert. Inzwischen wurde auch die Tradition ihrer Militäreinheiten wiederbelebt; kosakische Freiwilligenverbände traten schon in vielen Volkstumskämpfen auf. Vgl. (bei gleichem Wortstamm) die historischen Widersacher der K.: Kasaken/Kasachen.

Kosover (ETH)
II. Bew. der jugoslawischen (bis 1989 autonomen) Region Kosovo und Metohija innerhalb Serbiens. Von ihren 1,956 Mio Einw. stellten Albaner (1994) 90%, Serben 10%.

Kosovo-Albaner (ETH)
II. Volksgruppe der Albaner in der einstigen autonomen Provinz Kosovo/Jugoslawien, wo sie 1994 mit 1,76 Mio. der Gesamtbev. abgaben. K.A. erfuhren seit Aufhebung der Autonomie unter serbischer Zwangsverwaltung 1989 Verlust fast aller Volkstumsrechte. Seither leisteten K. lange Zeit gewaltfreien Widerstand. Ende 1997 verschärfte sich der Konflikt, in den zunehmend auch die 1996 gegründete Befreiungsarmee des Kosovo (UCK) eingriff. Als die 1998 eingeleiteten ethnischen Säuberungen Anfang 1999 mit der systematischen Vertreibung Hunderttausender und der Ermordung Tausender Albaner durch die serbische Armee eskalierte, zwang die NATO nach einem mehrwöchigen Luftkrieg gegen Jugoslawien dessen Armee zum Rückzug aus dem Kosovo. Die einrückenden internationalen Friedenstruppen (KFOR) konnten allerdings nicht verhindern, daß nunmehr die verbliebenen Serben zur Flucht getrieben oder zumindest Repressalien ausgesetzt wurden. Die albanische Besiedelung des Kosovo begann Ende des 17.Jh., als die Türken anstelle der geflohenen Serben islamisierte Nordalbaner ansetzten, die bald die Bev.mehrheit erlangten; starke Zuwanderung erfolgte im 20. Jh. Als Folge serbischer Bedrängung und Verfolgung resultieren große Flüchtlingskontingente auch in Deutschland, Österreich, Schweiz, Niederlande, Skandinavien; es handelt sich mehrheitlich um nicht anerkannte Asylbewerber, ihre Rückkehr begegnete immer wieder großen Schwierigkeiten. Vgl. Albaner.

Kossäten (SOZ)
I. aus kot oder kat »Kleiner Hof«; Kossaten, Kotsassen, Kätner, Kötner, Lehner, Eigenlehner.
II. Altbez. in Mitteleuropa für Kleinstbauern.

Kossi (ETH)
I. Bakosi, Koose.
II. den Duala verwandte negride Ethnie in W-Kamerun, ca. 70000–80000 Köpfe.

Kostgänger (SOZ)
II. zahlende Stammgäste oder sonstige regelmäßige Hausgenossen in Privathaushalten. Vgl. Schlafburschen.

Kota (ETH)
II. Kleingruppe in Nilgiri-Bergen/Tamil Nadu/Indien, < 1000 Köpfe mit einer Drawida-Spr. Wirtschaftlich den Toda und Badaga verbunden, wirken viele als Randgruppe von Handwerkern und Musikern. Typisch sind zwei Bestattungszeremonien, die »grüne« und die »trockene« Bestattung.

Kotokoli (ETH)
I. Temba; Cotocoli (=fr).
II. ethnische Einheit in Togo (1989: 172000).

Kotschinchina (TERR)
C. (vi=) Nam Bô. Altbez. (seit 1867) für französische Besitzung im Mekongdelta, 1887 Teil Indochinas, 1945 Teil Vietnams. Als heutige Region in Vietnam 1970 mit 11,2 Mio.

Kotschinchinesen (ETH)
I. Cochinchinesen; Cochinchinois (=fr).
II. Bew. von Kotschinchina, (fr=) Cochinchine, (vietn.=) Nam Bo, eines im Mekong-Delta gelegenen 1858–1954 französischen, seit 1945 vietnamesi-

schen Territoriums. Um 1925 ca. 4,5 Mio. Ew., Annamiten und Kambodschaner. Die Altbezeichnung ist heute erloschen.

Kotschin-Juden (REL)
I. Cochin-Juden, Malabar-Juden, Kerala-Juden.
II. Sammelbez. für verschiedene Judengemeinschaften in Südindien, die aus Babylonien, Persien und vielleicht auch aus Jemen in den ersten Jahrhunderten nach Chr. zunächst an die Malabarküste (Cranganore, bis zum 15. Jh. fast unabhängige Kolonie) gelangt, dann unter portugiesischer Herrschaft südwärts nach Kotschin abgewandert sind (Schwarze Juden, Meschuchrarim). Durch Handelsbeziehungen erfolgte im 17. Jh. weiterer Zuzug aus ö. Mittelmeerraum (Weiße J.). Alle diese Gruppen haben bis heute überdauert (1945 noch 2500 J.) soweit sie nicht jüngst nach Israel abgewandert sind. Vgl. Schwarze Juden, Weiße Juden, Meschuchrarim, Bene Israel.

Kötter (SOZ)
I. Kötner, Häusler.
II. in Mitteleuropa, speziell NW-Deutschland, Regionalbez. 1.) für Bew. eines Kottens, einer Kate. 2.) im Hoch-MA für Besitzer einer landwirtschaftlichen Kleinstelle (Kotten), der auf Nebenerwerb angewiesen ist (Bergmann-K., Industrie-K.; Hausgewerbe z.B. Messerschleifer). Vgl. Brinkkötter, Erbkötter, Großkötter, Markkötter, Pferdekötter.

Koulango (ETH)
II. kleine ethnische Einheit Negrider in deer Elfenbeinküste.

Koya (ETH)
I. Dorla.
II. ein Unterstamm der Gond in Madhja- und Andhra Pradesch/Indien, ca. 150000, z.T. noch Eigenspr. Gondi, ein Drawida-Idiom, in Andhra Pr. schon telugu-spr.

Kpe (ETH)
I. Mokpe, Bakwiri.
II. den Duala in W-Kamerun verwandte negride Ethnie mit > 50000 Seelen.

Kpelle (ETH)
I. Kpwessi, Pessi, Gbese.
I. volkreichster Stamm in Liberia, 408000 (1984), in Guinea und auch Sierra Leone. Die gesellschaftliche Organisation des westafrikanischen Negervolks der Regenwaldbauern ist gekennzeichnet von religiösen Bünden der Poro (Männer) und Sande (Frauen), beides Maskenbünde mit ausgeprägter oraler Literatur.

Kpelle (SPR)
II. Verkehrs- und Volksspr. in Guinea; > 0,6 Mio. (1987) Sprecher.

Kposo (ETH)
I. Akposo, Akposso.

II. schwarzafrikanische Ethnie in Togo, stellt 2,8% der Gesamtbev. (1989: rd. 68000).

Krachi (ETH)
I. Kratschi. Vgl. Guang.

Krahn (ETH)
I. Kran, Kraa, Bush Krund
II. westafrikanisches Negervolk in Liberia; 79000 = 3,6% der Gesamtbev. (1984).

Krain (TERR)
C. Seit 1335 habsburgisch, dt. Siedlungsbezirk Idria-Krain (G. GLAUERT); ab 1849 österreichisches Kronland, ab 1919 bzw. 1947 zu Jugoslawien; seit 1990 bei Slowenien. Krajnska (=sk).
Ew. mit Görz und Gradiska: 1756: 0,447; 1816: 0,489; 1869: 0,466. Ew. ohne Görz und Gradiska: 1880: 0,478; 1910: 0,520. Ew. nur Görz und Gradiska: 1880: 0,206; 1910: 0,250

Krajina-Serben (ETH)
II. wichtigste, weil geschlossen siedelnde Teilgruppe der serbischen Minderheit in Krajina und Banija: 1991: 165000 von insgesamt 582000 Serben (=12,2% der Gesamtbev.) in Kroatien. Es handelt sich um Nachkommen jener serbisch-orthodoxen Flüchtlinge, die Österreich-Ungarn im 16. Jh. an der »Militärgrenze« als Wehrbauern gegen die Türken angesiedelt hat. Ihre 1991 proklamierte Republik blieb nur bis 1995; nach der Rückeroberung durch Kroatien, flüchteten sich mind. 120000 K.S. auf serbisches Gebiet.

Krakau (TERR)
C. Republik. Im 18. Jh. neutrales Territorium in Polen unter Schutz Österreichs, Preußens, Rußlands (-1846). Nachmalig Neuschlesien.
Ew. 1828: 0,108

Krämer (SOZ)
I. kleine Kaufleute, Winkelhändler, Winkeliere, kleine Detailhändler, Grempelhändler; (mhd=) kraemer, (jd=) kremer, (po=) kramarz.

Krauts (SOZ)
I. abgeleitet aus Sauerkraut, der angeblichen Lieblingsspeise in Deutschland.
II. Spott- bzw. Schimpfname in angloamerikanischen Ländern für Deutsche; dgl. abfälliger: Huns, Jerries oder (unter englischen Kriegsgefangenen) Goons (=en); Moffen (=nl); boches (=fr); cruc(c)hi (=it); in Australien auch Squareheads, also Quadratköpfe/Querköpfe; Piefkes, Teutonen.

Krautwalische (SOZ)
II. abfällige Bez. der Ladiner für Südtiroler. Vgl. Welsche.

Krawi (ETH)
I. Kru (s.d.), Krao, Krumen. Kreda

II. ein muslimisches Sudanvolk ö. von Kanem im Tschad; nomadisierende Schaf- und Rinderhirten; um 1965 ca. 50 000.

Krdschalijen (SOZ)
II. Freiheitskämpfer gegen die Türken in Hochbulgarien um 1800.

Kreen-Akrore (ETH)
I. Bez. der Nachbarn »Menschen mit dem kurzen Haar«.
II. isolierte kleine Indianereinheit in Amazonien, die erst 1973 Europäerkontakte erfuhr. Betreiben kunstvollen Gartenbau und sind im Vergleich zu allen anderen südamerikanischen Indianern auffallend großwüchsig.

Kreisch (ETH)
I. Kreish, Kresh.
II. kleine ethnische Einheit in den Ostausläufern des Djebel Ngaja im SW-Sudan. Vgl. Bagirmi, Sara.

Kreolen (ETH)
I. Creolen, Criollo.
II. 1.) Bez. für schon im Lande geborene Nachkommen romanischer Einwanderer (Spanier, Portugiesen, Franzosen) bes. in Lateinamerika; Terminus auch im ehem. kolonialen Ozeanien gebräuchlich. 2.) fallweise auch Bez. für Mischlinge von romanischen Einwanderern mit Einheimischen. Begriff ist ob dieser Unschärfe tunlich zu vermeiden! Vgl. Schwarze Kreolen, Criollos; Creol-, Crioulo-, Kreolisch-Spr.

Kreolfranzösisch (SPR)
I. Sprecher des créol; créoles (=fr).
II. i.e.S. die Kreolisch-spr., eine Mischspr., deren Beginn in das 16. Jh. gelegt wird, als sich französische Seeräuber auf Hispañola niederließen. Ihr aus der Normandie stammendes Patois veränderte sich unter Einfluß von Englisch, Spanisch und verschiedenen Indiosprachen. An Ausbreitung gewann es unter den eingeführten Negersklaven, die sich untereinander sonst kaum verständigen konnten. Hinsichtlich Ausspr. und Vokabular erfuhr K. in den verschiedenen französischen Kolonien (Guayana, Louisiana, Martinique, Guadeloupe) weitere Abwandlungen. Da Französisch selbst in Haïti nur von schmaler Oberschicht gesprochen wird (20%), nimmt K. verbreitet den Rang einer ersten Spr. ein, auch in katholischer Kirche und in öffentlichen Publikationen; an der Vereinheitlichung von Grammatik und Phonetik wird gearbeitet. Literarische Zeugnisse auf Kreolisch reichen ins 18. Jh. zurück. Gesamtzahl der Französisch-Creolisch-Spr. wird um 1990 auf 7,5 Mio. geschätzt, größte Teilgruppe sind die Haitian-Spr. (s.d.), insbes. verbreitet in: Dominica, Dominikanischer Republik, Französisch-Guayana, Guadeloupe, Martinique, St. Lucia, Trinidad und Tobago.

Kreolisch (SPR)
I. 1.) =creole, créolo (=fr); crioulo (=pt). Angehörige verschiedener Kreol-Sprgem. in der Karibik, insbes. der Kreolfranzosen. 2.) als Kreolisch bezeichnete Mischspr. auf der Basis romanischer Spr. in Afrika: in Guinea-Bissau, Kap Verde, Sao Tomé und Principe, Sierra Leone, in Mauritius, Réunion, Seychellen.

Kreta-Türken (ETH)
II. Bez. für Gemeinschaft islamisierter Griechen auf Kreta, ca. 20000, die im Zuge des Bev.austausches zwischen der Türkei und Griechenland gemäß der Lausanne-Konvention des Völkerbundes 1923 allein wegen ihrer Religion nach Anatolien umgesiedelt wurde.

Krethi und Plethi (SOZ)
I. nach 2. Buch Samuel im A.T. (he=) »Kreter und Philister«, d.h. die also aus Fremden bestehende Leibwache Davids.
II. seit Luther geflügeltes Wort für eine »gemischte Gesellschaft«, heute abschätzige Bez. für Gesindel.

Kretins (BIO)
I. Kretinen, Schwachsinnige; aus crétins (fr=) d.h. Leprakranke im MA; ugs. Trottel, Idioten.
II. an Kretinismus Leidende, mißgestaltete Schwachsinnige, in körperlicher oder geistiger Entwicklung Zurückgebliebene.

Kreutzer (ETH)
II. Bew. des habsburgischen Militärgrenzbezirks von Ivanic-Grad im 18. Jh.

Kreuz-Basen (SOZ)
II. Töchter von Vaters Schwester und Mutters Bruder. Die Kreuzbasen-Heirat ist eine der wichtigsten Heiratsordnungen bei Naturvölkern. Vgl. Parallel-Basen; Kreuzvettern.

Kreuzfahrer (SOZ)
II. Teilnehmer an den Kriegszügen christlicher Heere in Vorderasien und N-Afrika im 11.–13. Jh. zur Befreiung Jerusalems; im Kampf gegen den Islam, in Europa auch zur Bewahrung des wahren Glaubens gegen Ketzer.

Kreuzherren (REL)
I. Kreuzbrüder.
II. 1.) mehrere Orden der Kreuzzugszeit mit Augustinerregel. 2.) Bez. für Deutschritter, Hospitaliter, Augustiner-Chorherren.

Kreuzschwestern (REL)
Vgl. Alexianerinnen.

Kreuzvettern (BIO)
I. m. Cross-cousins (=en); w. Kreuzkusinen.
II. die von einem Geschwisterpaar (aus Schwester und Bruder) abstammenden Kinder im Gegensatz zu »Ortho-Cousins«, jenen Kindern, die von gleichge-

schlechtlichen Geschwistern (Schwestern oder Brüder) abstammen.

Krewinken (ETH)
I. Altname für Woten unter livländischem Orden im 15. Jh., im 18. Jh. als Tschudj bekannt; Eigenbez. Wodj, Vodjdjalain. Vgl. Woten.

Kriegsgefangene (SOZ)
I. Prisoners of War »PW«, auch »POW«; prisoniers de guerre »PG« (=fr); plennyi (=rs).
II. im Deutsch-Französischen Krieg 1870/71 insges. 400 000, im I.WK schon 8,4 Mio., im II.WK gar 35–40 Mio. (incl. Vermißte), wovon 11,1 Mio. (MASCHKE-Kommission 1962–1974) dt. Soldaten; von diesen sind 1,577 Mio. in Gefangenschaft verstorben (in der UdSSR 1,335 Mio., in Jugoslawien > 100 000). K. stehen unter dem Schutz der »Genfer Konventionen« (1864, erweitert 1906, 1929, 1949), die u. a. die gesundheitliche Betreuung, den Arbeitseinsatz, aber z.B. auch Schutz vor Beraubung und Verbot von Überstellung an Drittländer vorsehen.

Kriegskrüppel (SOZ)
I. Kriegsinvalide; Altbez. auch Bettelsoldaten, Stelzfüßler (A. HÖLTER).
II. Kriegsversehrte, oft durch Amputationen lebenslang behinderte Militär- und Zivilopfer aus Kriegen und Bürgerkriegen. Vgl. Versehrte, Invalide.

Kriegsopfer (WISS)
II. Begriff ist schwer abgrenzbar, er umfaßt Kriegstote (und auch deren Hinterbliebene), ferner Kriegsversehrte/»Kriegsbeschädigte«: Menschen, die in Kriegen geopfert wurden, oder die sich aufgeopfert haben, die durch eine vom Staat zu verantwortende Kriegseinwirkung verletzt wurden. Zuvorderst zu unterscheiden sind Militär-/Kampfverluste und kriegsbedingte Verluste der Zivilen./Ziviltote. Sekundär, doch demographisch ebenso gewichtig, sind die in Kriegen gesteigert auftretenden Bev.einbußen durch Hunger und Seuchen zu berücksichtigen. Betrugen die Militärverluste älterer europäischer Kriege jeweils einige hunderttausend Tote, so schnellten sie erstmals in den Napoleonischen Kriegen auf die Größe mehrerer (genau 3,1) Mio.; sie betrugen im I.WK schon fast 10 Mio., im II.WK gar auf gegen 50 Mio. Etwa ebensoviele K. forderten die über 200 bewaffneten Konflikte seit 1945. Vgl. Nuklearopfer.

Krim (ETH)
II. kleine Ethnie von Sudan-Negern in Sierra Leone. Vgl. Bulom.

Krim (TERR)
B. Teilautonomer Oblast (Republik) der Ukraine (seit 30. 6. 1992). 1771 unter russischer Herrschaft; ab 1921 ASSR der K., dann Auflösung bzw. Rückstufung zum Oblast der SFSR, 1954 Übergabe als Krymskaya Oblast an Ukrainische SSR. Crimean Republic (=en). Vgl. Karaimen, Krimtataren, Krimtschaken.
Ew. 1784: 0,4 (S. n. THUNMANN); 1940: 1,300; 1964: 1,449; 1989: 2,400; 1995: 2,632, BD: 97 Ew./km²

Krimgoten (ETH)
I. Teilgruppe der Goten, der sich an der Südküste der HI Krim bis ins 16. Jh. gehalten hat.

Krim-Juden (REL)
I. Krimtschaken.
II. ehemals tatarischspr. (kiptschakisch) orthodoxe Juden auf der Halbinsel Kertsch, um Noworossisk und Suchumi; ca. 1500 (1990). Herkunft wird unterschiedlich erklärt, gelten mitunter als Nachkommen der Mischung von Genuesen mit Türken. Vgl. Karäer; Krimtschaken.

Krimtataren (ETH)
I. Eigenname Kyrym Tatar; Krymskie Tatry, Altbez. Krymzy (=rs); dt. zutreffender auch Krimtürken; Crimean Tatars (=en).
II. Turkvolk auf der Krim. In der Mongolen-Zeit aus Kumanen und Turkstämmen gebildet, Nachkommen der mongolischen Krimhorde, die 1443 unabhängig wurden, 1475 Vasallen des Osmanenreiches, seit 1771/1783 unter russischer Herrschaft und Zwangschristianisierung; darauf mehrmalige Fluchtauswanderungen: bis 1790 ca. 300.000, 1860/62 ca. 140 000 Muhadschire. Ende des 19. Jh. wird ihre Zahl mit > 102 000 angegeben, rd. ein Drittel der Krim-Bev., 1940 mit > 250 000. 1944–45 wurden K. unter Vorwurf der Kollaboration mit Deutschland hpts. nach Sowjet-Asien (Usbekistan und Kirgisien) umgesiedelt oder (über 120 000) umgebracht, ihre Autonome Rep. verlor 1945 diesen Status und wurde der Ukraine zugeschlagen. 1967 wurden K. rehabilitiert, seit 1987/90 betreiben sie verstärkt ihre Rückkehr. Schon 1989 lebten wieder ca. 120 000–150 000, 1995 bereits 250 000–280 000 als altberechtigte Neusiedler auf der Insel; sie machten fast 14 % der Gesamtbev. aus. Ihre Gesamtzahl dürfte nach Schätzungen etwa 1 Mio. betragen, eine ansehnliche Minderheit ist am Bosporus ansässig. K. sind heute mehrheitlich Sunniten.

Krimtatarisch (SPR)
II. Turkspr. der Krimtataren in Mittelasien (bes. in Usbekistan, 188 000) und GUS ca. 100 000 (1990); Rückwanderer wieder auf der Krim-Halbinsel rd. 50 000.

Krio (SPR)
I. Kreol, Creol-English; wohl nicht aus criar (sp=) »ernähren, aufziehen«, sondern aus Kiriyo (yorubaspr.=) nach Kultbrauch, sich wechselseitig zu besuchen.
II. Verkehrsspr. in Sierra Leone; Mischspr. auf angelsächsischer Basis und mehreren einheimischen Spr.; um 1980 etwa 0,7 Mio. Sprecher.

Krishnaiten (REL)
II. Kultausbildung unter den hinduistischen Vishnuiten, besonders in Nordindien verbreitet. Zu ihnen zählen u.a. die Marathen und Monisten.

Kroaten (ETH)
I. Altbezgen. Chorwaten, Chrobaten; Croats (=en); Croates (=fr); croatas (=sp, pt); croati (=it).
II. südslawisches Volk, 1979 auf insgesamt 4,4 Mio. geschätzt, hauptsächlich in der damaligen Teilrep. Kroatien, wohin im 6. Jh. eingewandert. Sie wurden vom byzantinischen Kaiser Herakleios aus ihrer Heimat an der Weichsel zum Schutz gegen Awaren ins Land gerufen. Waren einst in Großfamilien, Banate und Gaue gegliedert, im Tiefland Ackerbauern, im Bergland Hirten und an der Küste Fischer. K. setzten sich früher scharf gegen die umgebenden Serben und Slowenen ab, sowohl religiös wie auch sprachlich. Stets unter fremder Oberhoheit (türkisch, ungarisch, habsburgisch), seit Mitte der 19. Jh. starke Bestrebungen zur Zusammenfassung aller Südslawen im späteren Jugoslawien. Während des II.WK (1941–1944) hatten K. einen unabhängigen, allerdings von Deutschland gestützten Staat. Nach 1945 erfolgte die Eingliederung der autonomen VR Kroatien in den föderativen Staat Jugoslawien. Seit 1991 unabhängige Rep. mit 4,771 Mio. Ew., wovon 78,1 % K. die deutliche Mehrheit der Gesamtbev. stellen.

Kroaten (NAT)
II. StA. der seit 1991 souveränen Rep. Kroatien. Im jugoslawischen Bürgerkrieg reduzierte sich durch serbische Besetzung und Abspaltung der Krajina die ursprüngliche Bürgerzahl von 4,8 Mio. um gut 25 %; umgekehrt mußten rd. 750 000 Vertriebene und Flüchtlinge aufgenommen werden. 1991 Kroaten 78,1 %, Serben 12,2 %, 43 500 ethnische Muslime, je 22 400 Salwonen und Ungarn. Starke Gastarbeiterkontingente besonders in Deutschland. Vgl. Serbokroaten und serbische Kroaten.

Kroaten des Molise (ETH)
II. Nachkommen einer kroatischen Flüchtlingsgruppe, die sich im 15./16. Jh. vor türkischen Einfällen aus dem kroatisch-bosnischen Grenzgebiet nach Molise/Italien retteten. Sie sind mehrheitlich assimiliert, doch in drei Dörfern noch 4000–5000 Ew. Kroatischspr.; Katholiken.

Kroatien (TERR)
A. Land der kroatisch-slawonischen Militärgrenze Habsburgs; 1814 Nebenland Ungarns; 1918 im Kgr. der Serben, Kroaten und Slowenen/Jugoslawien; 1941–1945 von Italien geduldete Selbständigkeit; danach Gliedstaat in Jugoslawien; unabh. seit 1991. Republika Hrvatska, Croatia. Croatia (=en); Hrvatska (=kroat); Croácia (=pt); Croazia (=it); Croacia (=sp); Croatie (=fr).
Ew. 1961: 4,160; 1971: 4,346; 1981: 4,601; 1996: 4,771, BD: 84 Ew./km²; WR 1990–92: 0,0 %; UZ 1996: 56 %, AQ: 3 %

Kroatisch (SPR)
II. südslawische Sprgem. in Kroatien, Dalmatien, Istrien, Slawonien und der Herzegowina, rd. 5–6 Mio., in Lateinschrift.

Kru (ETH)
I. von (pt=) Crumanos; Eigenn. Grebo, Guéré; Krou (=fr), Krumen, Crau, Krao, Krawi, Nanna; fälschlich auch zurückgeführt auf Verballhornung von engl. »crew«, da viele geschickte Fischer dieses Stammes sich als Seeleute auf europäischen Schiffen anheuern ließen.
II. auch Sammelbez. für diverse Stämme von Sudan-Negern in der westafrikanischen Küstenzone insbesondere von Liberia (224 000 oder 8 % der Gesamtbev. 1996) und Elfenbeinküste (1,43 Mio. oder 10 % 1996) als eigene Spr.einheit zu den Kwa-Spr. gezählt. Einst weiter im NW ansässig und dort von den Dan verdrängt. Typische Pflanzer des tropischen Regenwaldes, Fischfang bei Küstenstämmen. I.w.S. rechnet man in Liberia auch die Bassa, Kran und in Elfenbeinküste die Bakwe und Bete zu den Kru.

Krüppel (BIO)
I. aus Krüpel, Kroppel, eigentlich »der Gekrümmte«; Verstümmelte, Verwachsene, Kriegskrüppel.
II. 1.) in ihrer Bewegungsfähigkeit auf Dauer behinderte Menschen, auch Mißgebildete. In Sonderheit: Selbstverstümmelung in Kriegen oder aus religiösem Eifer. In Indien unter Bettlerkasten wird solche (auch an Kindern durch Eltern) aus Berechnung vorgenommen. 2.) leider auch als Schimpfwort gebraucht. Vgl. Versehrte, Invalide.

Kryptojuden (REL)
I. criptojudios (=sp).
II. die nur zum Schein zum Christentum bekehrten Juden Spaniens im 14./15. Jh.

Krysen (ETH)
I. Eigenname Krys; Kryzy (=rs)
II. kleine autochthone Ethnie im ö. Kaukasus, im Gebiet Konagkent/Aserbeidschan; mit Eigenspr. K. zählen zur Gruppe der Schachdagen, denen auch Dscheken und Gaputen zugehören. Alle drei haben sich an Aserbeidschaner assimiliert. Sunniten; wenige hundert Köpfe.

Kti (ETH)
II. Stamm der Zentral-Kafiren.

Ku Klux Klan (SOZ)
I. KKK.
II. politischer Geheimbund in USA, gegr. nach Sezessionskrieg 1865 in Südstaaten, um Vormachtstel-

lung der Weißen mittels Terror und Lynchjustiz gegen die nun gleichberechtigten Neger zu bekämpfen. Seit Neugründung 1915 auch in Nordstaaten tätig, um Vorrechte der weißen angelsächsischen Protestanten gegenüber andersfarbigen, andersgläubigen Minderheiten (u.a. Juden, Puertorikaner) aufrechtzuerhalten. Mit ähnlichen Zielsetzungen in USA: »The Order«, »Aryan Nations«, »White Aryan Resistance«, »Posse Comitatus«.

Kuba (TERR)
A. Republik. Ehem. Cuba; nach Entdeckung 1492 spanische Kolonie, 1898–1902 unter US-Herrschaft, seither in unterschiedlichem Grade unabhängig. República de Cuba (=sp). The Republic of Cuba, Cuba (=en); la République de Cuba, Cuba (=fr); la República de Cuba, Cuba (=pt, it).
Ew. 1953: 5,829 Z; 1960: 6,826; 1965: 7,887; 1970: 8,553; 1980: 10,068; 1996: 11,019, BD: 99 Ew./km^2; WR 1990–96: 0,6%; UZ 1996: 76%, AQ: 4%

Kubaner (ETH)
I. cubanos (=sp, pt); Cubans (=en); Cubains (=fr); cubani (=it).
II. StA. und Bew. des Inselstaates Kuba; zu 37% Weiße meist altspanischer Abstammung, 51% Mulatten und Mestizen, 11% Schwarze, 0,5% Chinesen; spanischer Spr. und katholischer Konfession. Vgl. Exilkubaner, Cuban Americans.

Kubaner (NAT)
II. StA. der Rep. Kuba. 51% Mulatten, 37% Weiße, 11% Schwarze. Ca. 2 Mio. K. leben als Flüchtlinge, Asylanten, illegale Zeitarbeiter im Ausland, insbesondere in Florida/USA.

Kubatschen (ETH)
I. Eigenbez. Urbug; Kubatschincy (=rs). Vgl. Darginen.

Kubu (ETH)
I. Orang Kubund
II. kleines Restvolk von Wildbeutern in Wäldern und Sümpfen SE-Sumatras mit einer südwestindonesischen Eigenspr. der Sumatra-Gruppe. Treiben stummen Tauschhandel. Kolonialzeitliche Versuche zur Daueransiedlung scheiterten, erst die Erdölproduktion brach ihre Isolation auf.

Kuelle (ETH)
I. Bekwil.
II. schwarzafrikanische Ethnie in SE-Kamerun.

Kuffar-e dhimma (SOZ)
I. (=ar); Dschimmi. Vgl. Gegensatz Kuffar-e harbi.

Kuffar-e harbi (SOZ)
II. (=ar); im Islam die nicht geschützten Ungläubigen, die sich im Krieg mit der muslimischen Nation befinden, z.B. (im Iran) die Bahai.

Kuhbauern (SOZ)
II. sozial wertende Unterscheidung im fränkischen Erbteilungsgebiet, im Gegensatz zu den Pferdebauern. Vgl. Hörndlbauern.

Küher (SOZ)
I. Almhirten, Kuhpfleger, Kuhstallmeister. Vgl. Kuhschweizer.

Kuhschweizer (SOZ)
I. abgekürzt »Schweizer«.
II. ursprünglich eine reine Funktionsbez. für Leiter des Kuhstalls auf großen Gütern in Ost-Mitteleuropa; später pejorative Bez. für dumme Landsleute. Vgl. Küher.

Kui (ETH)
II. Volk von 150 000–200 000 Köpfen mit einer Mon-Khmerspr. in den thailändischen Provinzen Suri, Sisaket, Ubon und Roi Et sowie im benachbarten Kambodscha, wohin noch vor Tai und Khmer eingewandert. Haben von Nachbarn Buddhismus übernommen. Kambodschanische K. laufen durch Vermischung Gefahr, ihre kulturelle Eigenständigkeit einzubüßen. Manche Gruppen betreiben noch den alten Wanderhackbau.

Kui (SPR)
I. Khandi, Khond.
II. drawidische Stammesspr. der zentralindischen Gruppe der Kond in Orissa/Indien.

Kuikuro (ETH)
II. Indianerstamm karaibischen Ursprungs im Xingú-Nationalpark.

Kuka (ETH)
I. Lisi.
II. kleine Ethnie im zentralen Tschad.

Kuki (ETH)
II. Gruppe mongolider Stämme, in Tschittagong, Tripura und Nagaland verstreut lebend, tibeto-birmanischer Spr. Erbsystem begünstigt ältesten und jüngsten Sohn.

Kukukuku (ETH)
II. kriegerischer Stamm von Papuiden im Berggebiet von Papua; noch jüngst unbefriedete Kannibalen; Zahl: einige Tausend.

Kukuruku (ETH)
II. schwarzafrikanische Ethnie in S-Nigeria.

Kulaken (SOZ)
I. (rs=) »Faust«, »Wucherer«.
II. Bez. im alten Rußland für wohlhabende Bauern, die z.Zt. der Gesamthaftung der bäuerlichen Gemeinde fälliges Steuergeld vorstreckten, dann überhaupt Geld zu Wucherzinsen liehen. Unter Bolschewisten polit. Schimpfname für Bauern, die fremde Arbeitskräfte beschäftigten, Zugvieh und Maschinen besaßen, dem Kollektiv fernblieben. Die bolschewistische Ideologie verlangte Vernichtung der K.

Kulam (ETH)
II. Stamm der W-Kafiren, s.d.

Kulango (ETH)
I. Degha.
II. westafrikanische Ethnie in nö. Elfenbeinküste.

Kuli(s) (SOZ)
I. angloindisch; nach Namen eines Volksstammes im w. Indien; ku li (ci=) »bittere Kraft«; coolys, coolies (=en); koulis (=kreol.); coolies (=fr); culi (=it); culis (=sp).
II. i.e.S. Tagelöhner, Lastträger in S-, SE- und E-Asien. I.w.S. die seit der Sklavenbefreiung durch Kolonialmächte als billige ausbeutbare Kontraktarbeiter auf Plantagen, in Bergwerke und zum Eisenbahnbau nach Übersee verbrachte Süd-, Südost- und Ostasiaten (bes. Chinesen).Vielfach gelang ihnen die Daueransiedlung in Übersee, häufig aber auch Zwangsrückführungen nach chinesenfeindlichen Pogromen (Indonesien). Vgl. Kontraktarbeiter, Laukehs, Malabars, Überseechinesen.

Kulturlose (WISS)
I. aus cultura (=lat).
II. abzulehnender, zumal mißverständlicher Begriff, 1.) für Gemeinschaften ohne Bodenbewirtschaftung, 2.) für solche ohne bewußte Pflege geistiger Güter; besser noch für kulturarme, auf niederer Kulturstufe stehende Gemeinschaften. Dem entspricht im muslimischen Sprachgebrauch die Dschahilijja (ar=), der »Zustand der Unwissenheit«, die Periode von der Urgeschichte bis zur Verkündigung des Islams. Vgl. Naturvölker.

Kulughli (SOZ)
I. Kulughlis; Kurugli.
II. Abkömmlinge aus Verbindungen des osmanisch-türkischen Militärs mit einheimischen Frauen in Nordafrika von Ägypten bis Tunesien im 16.–19. Jh. Als Hanafiten gingen sie trotz Familie und Besitz nicht in der einheimischen Gesellschaft auf. K. sollen in Libyen (nach W. MECKELEIN) 6% der Gesamtbev. stellen.

Kuma (ETH)
II. Kleingruppe von Melanesiern auf Neuguinea im Waghi-Tal; Eigenspr. Yoowi.

Kumandinen (ETH)
I. Kumanden; Eigenbez. Kumanda; Kumandincy (=rs).
II. kleine turkspr. Ethnie an Flüssen Bija und Ischa im n. Altai, doch auch in Russischer Rep. Gorny Altai. Vgl. Altaier.

Kumanen (ETH)
I. Komanen; Eigenbez. Kun, später Kiptschak/ besser Kyptschak; Falben (=dt im MA); Kunok (=un); Polowzer/Polovcer (=rs); Uzen (=byzant.). Ihr Entwicklungsraum war wohl die Kumanische Steppe.
II. historisches Reitervolk vermutlich türkischer Herkunft des 11./12. Jh. im nordpontischen Gebiet. Ihr Reich wurde im 13. Jh. durch Mongolen zerstört, Eigenspr. Komanisch steht dem Kyptschaktürkischen sehr nahe. Flüchtlinge dieser K. (angeblich 40000 Familien) sind im 14. Jh. nach Ungarn gelangt und wurden bis ins 18. Jh. magyarisiert und christianisiert. Bis 1867 eigene »Kumanenkomitate«. Vgl. Uzen, Polowzer; Gagausen. Geogr. Name: Nagy- und Kis-kunsay (Groß- und Kleinkumanien) ö. der Theiß.

Kumaoni (ETH)
II. ethnische Einheit im indischen BSt. Uttar Pradesh und in Nepal.

Kumbe (ETH)
I. Yasa (s.d.) an der Küste von Äquatorialguinea.

Kumide (BIO)
II. anthropol. Abgliederung der turkestanischen Einheiten in UdSSR-Wissenschaft und bei LUNDMAN 1967. Vgl. Aralide.

Kumpangesen (ETH)
II. kleine Ethnie auf der SW-Spitze von Timor/Indonesien, 5000–10000 Köpfe, mit ostindonesischer Eigenspr. der Ambon-Timor-Gruppe. Treiben Brandrodungsfeldbau.

Kumpania (SOZ)
I. Hermanatio.
II. Untereinheit eines Zigeunerstammes, ein Verband verwandter Familien.

Kumpel (SOZ)
I. aus compan (mhd=), companio (lat=) »Gefährte«; compañeros (=sp); auch ugs. und im Slang z.B. keums de la téci/mecs de la cité (=fr).
II. 1.) heute Arbeitskollegen, Kumpane, Freunde. 2.) Knappen, Bergleute, -männer, -arbeiter. Vgl. Beurs.

Kumüken (ETH)
I. Kumücken, Kumyken; Eigenbez. Kumuklar, Kumuk; Kumyki (=rs); Kumuks, Kumyks (=en).
II. turkspr. Kleinvolk im NW der Kaspisee, vorwiegend in Dagestan, auch in Tschetscheno-Inguschien und in Russischer Rep. Nord-Ossetien in rasch wachsender Zahl: 1979: 220000, 1990 bereits 282000. Zur Ethnogenese trugen neben autochthonen Kaukasiern (Laken) wohl Chasaren, zugewanderte kiptschakische Turkstämme, u.a. bei. Im 11. Jh. bereits islamisiert. K. sind Sunniten. Standen im 15./16. Jh. einem mächtigen Reich vor; gerieten im 19. Jh. unter russischen Einfluß. Das zuvor schriftlose Kumükisch wird seit 1938 mit der Kyrillika geschrieben.

Kumükisch (SPR)
II. Volksspr. der Kumüken und Verkehrsspr. in Dagestan; eine Spr. aus der NW-Gruppe der Turkspr. auf der Grundlage des Chasawjurt-Dialekts, beein-

flußt durch kaukasische Nachbarspr.; K. wurde ursprünglich in arabischer Schrift, 1928–1938 in lateinischer Schrift, seither mit der Kyrillika geschrieben.

Kuna (ETH)
II. Indianervolk von rd. 25000 Seelen auf dem San-Blas-Archipel vor der panamaischen Karibikküste. K. sind wohl vor spanischen Kolonisatoren aus Kolumbien auf Landenge von Panama und im 19. Jh. vor Kautschuksammlern, Holzfällern und armen Siedlern auf Inseln ausgewichen; erlangten in zwanziger Jahren und endgültig 1956 definitiven Autonomiestatus; seither gilt traditionelles Stammesrecht z.B. uneingeschränktes Besitzrecht bei Immobilien. Auf abgelegenen Inseln herrscht noch Inzucht. Mission durch evangelische Kirche und Sekten fand Eingang.

Kunama (ETH)
II. ethnische Einheit nilo-saharanischer Eigenspr. an der Grenze zwischen N-Äthiopien und Sudan; ca. 300000; Ackerbauern und Viehhalter. Vgl. Proto-Niloten.

Kunda (ETH)
I. Cikunda, Achikunda, Tschikunda. Vgl. auch Nyassa-Völker.

Kundu (ETH)
I. Nkundo, Bakundund
II. Stamm der Bantu-Neger im n. Kongogebiet.

Kunduren (ETH)
II. Stamm der Nogaier, s.d.

Kung (BIO)
I. Khung; Namib.
II. größter Teilstamm der sanidischen Buschmänner in der zentralen Kalahari Südwestafrikas. Vgl. Dzuwazi.

Kung (ETH)
I. Ohekwe.
II. mehrere schwarzafrikanische Ethnien 1.) an der Südküste von Angola, 2.) im sö. Angola, 3.) im N von Namibia.

Kunkelmagen (WISS)
I. aus conucula von colus (lat=) »Spinnrocken«, Kunkel- oder Spindelseite; Spindelmagen, Spillmagen.
II. im alten dt. Recht »Blutsverwandte im Weibesstamm«; Kunkel-seite Ahnen von Seiten der Mutter; auch Kunkeladel, -lehen usw. Vgl. Agnaten, Kognaten.

Kunyi (ETH)
I. Kunji.
II. schwarzafrikanische Ethnie im s. Kongo.

Kuomintang-Chinesen (ETH)
I. (ci=) »Staatsvolkspartei«; fälschlich gebraucht wie: Nationalchinesen, Taiwanesen, s.d.

II. die K. wurde von Sun Yat-sen 1912 als sozialrevolutionäre Volkspartei gegründet und regierte China 1928–1949, fungiert seit 1950 nur mehr auf Taiwan als Staatspartei.

Kuraischiten (ETH)
I. Kuraish.
II. Araberstamm von Mekka zur Zeit Mohammeds.

Kuraminen (ETH)
I. Kurama.
II. historisches Turkvolk, das am Beginn der Neuzeit durch Mischung aus Usbeken und Kirgisen in W-Turkestan entstand.

Kurden (ETH)
I. »Bergtürken« in der Türkei; Kord (=pe); Eigenbez. Kurmandsch/Kurmandz; Kurdy (=rs); Kurds (=en); Kurdes (=fr); kurdos (=sp, pt); curdi (=it).
II. altes, sich selbst auf die Meder zurückführendes Volk, das 1919 bei Auflösung des Ottomanischen Reiches auf fünf Staaten aufgeteilt wurde. K. sind soziokulturell stark differenziert, besitzen eine ausgeprägte Stammes- und Clangliederung mit z.T. kastenartiger Struktur und patriarchalischen Großfamilien. K. könnten bei engerem politischen Zusammenhalt (nach Arabern, Türken und Persern) viertgrößte Nation in Vorderasien sein. Heute 12–24 Mio. von Bergbauern und Bergnomaden; mit mehreren indogermanischen Eigenspr.: N-Kurdisch (Zaza), Mittelkurdisch (Kurmandschi) und S-Kurdisch (Gurani), die in vier Alphabeten geschrieben wird. Schriftliche Literatur besitzen die K. sehr wenig, dafür einen reichen Schatz an Volksmärchen, Liedern und Epen. K. gelten als Nachfahren der von *Xenophon* als Karduschen und von *Strabo* als Gordyäer bezeichneten Stämme S des Van- und Urmia-Sees in Kleinasien. Sie entstammen wohl der autochthonen Bev. der Hurriter, die im 1. Jh. v.Chr. vor allem durch die Meder iranisiert wurden. Im MA und in der Neuzeit entwickelten sich zahlreiche feudale Klein- und Lokalfürstentümer, wobei die Zugehörigkeit zum Osmanischen bzw. Persischen Reich nur nominell war. Im 17. Jh. erfolgten Teilabwanderungen aus Kurdistan nach Transkaukasien und Turkmenistan. Im Vertrag von Sèvres 1920 vorgesehener, nur Teile Kurdistans umfassender Nationalstaat scheiterte am türkischen Widerstand, eine kleine Kurdenrepublik im iranischen Mahabad erlosch 1947 mit Abzug der sowjetischen Armee. Nach Aufständen wiederholt und gerade im Zentralraum schweren Verfolgungen unterworfen (Türkei: 1925, 1930, 1937; Irak: nach 1919, nach 1958, 1961, 1975, 1980–88, 1990; Iran: nach 1920, 1945/46, 1979), verschärft seit etwa 1990. Deshalb leben fast ständig einige Hunderttausend im Fluchtasyl, allein in Deutschland > 300000. Aus dem mit Krieg überzogenen SE der Türkei wurden bis etwa 1995 mind. 330000 K. vertrieben oder zwangsausgesiedelt. Be-

sitzen nur im n. Irak begrenzte Autonomie. K. wurden in der Türkei bis 1991 nicht als ethnische Minderheit anerkannt (»Bergtürken«), sie sind auch in Syrien diskriminiert (Umbenennung kurdischer Siedlungsnamen, Einschränkung des öffentlichen Sprachgebrauchs). 1962 wurde etwa 120000 K. die syrische Staatsangehörigkeit entzogen; zahlreiche staatenlose und unregistrierte K. (s. Maktoumeena). In Irak erlitten K. schwere Bürgerkriegsverluste (u. a. durch Einsatz von Giftgas), auch bei Kämpfen kurdischer Fraktionen untereinander. In ehem. UdSSR lebten 1990 rd. 153000, vor allem in Transkaukasien, in Mittelasien und in Kasachstan. K. sind überwiegend Bauern, ca. 5% Halbnomaden, ca. 15% Städter. Vgl. Ostkurden; Avlehe, Manin, Sindi.

Kurdisch (SPR)
I. Kurdish (=en).
II. 15–25 Mio. Angeh. div. Stämme (je nach Quelle), die nach staatlicher Zugehörigkeit, Lebensform und topographischer Abschließung so unterschiedliche Dialektformen ihrer neuiranischen Spr. hervorgebracht haben, daß sie einander nur mit Mühe verständigen können. Man hat zumindest drei regionale Dialektgruppen zu unterscheiden: 1.) die nörd-, nordwestlichen Dialekte, Kurmancî/Kurmandschi genannt, mit den ihnen eingelagerten Enklaven von Zaza-spr.; 2.) die mittelkurdischen Dialekte u. a. mit Soraî, Mukrî oder Silêmani; 3.) die südlichen/südöstlichen Dialektgruppen u. a. mit Sineî, Kirmansahî und Leki, sowie die hier eingesprenkelten Enklaven von Gûranî. Ursprünglich war das Nordkurdische ob seiner Literaturbedeutung dominant, indes wurde in Türkei der öffentliche Gebrauch der kurdischen Spr. gesetzlich (1980) verboten, Gesetz wurde zwar 1991 außer Kraft gesetzt. Hauptinformationsquelle für türkische Kurden stellen aber noch 1992 Radiosendungen aus Irak, Iran, Armenien, des britischen BBC und von Voice of America dar. Hierdurch wurde das Südkurdische zur vorherrschenden Schriftspr. der Kurden. Die kurdischen Sprachidiome werden mit vier Schriftsystemen geschrieben. Vgl. Kurden.

Kuren (ETH)
I. Kurschen; Kurschi (=le); curonis (=lat), Kors (=rs).
II. Altvolk ursprünglich finnischer Spr. in Kurland und am Kurischen Haff (Geogr. Name). K. stellten sprachlich Bindeglied zwischen Pruzzen, Litauern und Semgallern (s.d.) dar. Sind im 14./15. Jh. in Semgallern/Niederletten aufgegangen. Vgl. Nehrungskuren.

Küriner (ETH)
I. Lesgier, s.d.

Kurmandshi (SPR)
I. Kurmancî.

II. Dialekt nordirakischer Kurden mehrheitlich in Landgebieten entlang der türkischen Grenze gesprochen.

Kurozumikyo (REL)
II. japan. Sekte, die allein Amaterasu als Schöpferin allen Lebens verehrt; K. wurde im 19. Jh. gegr.

Kurtaten (ETH)
I. Kurtalinen.
II. Stamm in der Ostgruppe der Osseten im Kaukasus; sind orthodoxe Christen.

Kuruzen (SOZ)
I. Kurutzen.
II. ungarische Aufständische gegen die habsburgische Herrschaft im 17. Jh.; K. stellten noch anfangs 18. Jh. geschlossene Einheiten in türkischen Diensten, andere wurden im Banat ansässig.

Kuryk-Mari (ETH)
I. Berg-Mari; Eigenbez. Kysyl; Kyzyl' cy (=rs), Gornye Marijcy (=rs). Vgl. Mari.

Kuschiten (ETH)
I. abgeleitet aus kusch, dem altägyptischen Namen für Nubien; Cushites (=en); Couchites (=fr); Terminus 1888 durch R. *Lepsius* eingeführt; Altbez. Osthamiten.
II. 1.) Überbegriff für eine große Sprach- und Völkerfamilie in NE-Afrika vom Golf v. Aden bis Kenia und ö. Sudan. 2.) Sammelbez. für äthiopide Völker kuschitischer Spr. in NE-Afrika, die aber keine kulturelle Einheit darstellen. W-K. sind überwiegend Feldbauern, E.-K. mehrheitlich Hirtennomaden. Vgl. Kuschitische Sprgem.; Galla, Somali, Afar, Oromo, Sidama, Iraqw, Agau, Bedja, Danakil, Saho, Bischarin.

Kuschitische Sprachen (SPR)
I. Cushitic (=en).
II. Zweig der hamito-semitischen Spr.; umfassend u. a. Afar/Danakil, Agau/Bilin, Galla, Saho, Sidamo, Somali; verbreitet in NE-Afrika.

Kusin m., Kusine w. (BIO)
I. Sg., eingedeutscht aus cousin(e) (fr=) Vetter m., Base w.
II. Verwandtschaftsbez. für einen Geschwistersohn bzw. für eine Geschwistertochter.

Küstenfuegide (BIO)
II. Terminus bei *IMBELLONI* (1937) für Untergruppe der Fuegiden.

Küsten-Kariben (ETH)
II. Indianer-Populationen an den Küsten von Surinam und Guyana mit karibischen Eigenspr.; heute rd. 10000. Breiteten sich im 15. Jh. auf Kosten der Arawak aus, erkämpften gegen europäische Kolonialländer 1686 Friedensvertrag, der Freiheit vor Sklaverei beinhaltete; betrieben aber im Kampf gegen Binnenland-Indianer selbst Sklavenhandel und jag-

ten entflohene Negersklaven. Betreiben Brandrodungsfeldbau; sind nominell Christen.

Kutchin (ETH)
I. Kutschin, Hankutchin, Luocheux.
II. Überbegriff für acht nordathapaskische Indianerstämme am oberen Yukon River, Alaska/Kanada. 1980 ca. 1000–2000. Einst Jäger, Fischer, Sammler. Vgl. Athapasken.

Kutenai (ETH)
II. Indianerstamm auf dem Fraser-Plateau in NW-Montana/USA/Kanada; 1000–2000 Köpfe. Viehhaltung und Fremdenverkehr.

Kutschi (ETH)
II. Nomadenstamm in NW-Afghanistan, Provinz Badghis.

Kutschu (ETH)
I. Nkutshu, Akutshund
II. schwarzafrikanische Bantu-Ethnie in der zentralen DR Kongo.

Kuttab (SCHR)
I. (=ar); Sg. Katib.
II. im arabischen Spr.gebiet bzw. in der Hochzeit des Islams Bez. für Personen, die der Kunst des Schreibens kundig waren und sind, für Schreiber, später für Beamte, noch heute für Schriftsteller.

Kutzowlachen (ETH)
I. Kutzo-Walachen, Kutsovlachen.
II. in Balkanländern verbreitete, eigentlich griechische Bez. für Aromunen (»hinkende Walachen«); s. Walachen. Vgl. Makedo-/Macedorumänen, Vlachen, Zinzaren.

Kuumu (ETH)
I. Komo.
II. schwarzafrikanische Ethnie im E der DR Kongo.

Kuwait (TERR)
A. Unabh. seit 19. 6. 1961. Dawlat al-Kuwayt (=ar). The State of Kuwait, Kuwait (=en); l'Etat du Koweït, Koweït (=fr); el Estado de Kuwait, Kuwait (=sp).
Ew. 1950: 0,152; 1960: 0,278; 1970: 0,744; 1978: 1,199; 1985: 1,697; 1996: 1,590, BD: 89 Ew./km²; WR 1990–96: 44 %; UZ 1996: 97 %, AQ: 21 %

Kuwaiter (NAT)
II. StA. des Golfemirats Kuwait. Als StA. gelten nächst der Herrscherfamilie der Sabah (ca. 1200 Mitglieder) eigentlich nur solche Bürger (erster Klasse), die dort mind. seit 1920 niedergelassen sind und allein volles Wahlrecht besitzen. Später Niedergelassene, Beduinen und frühe Gastarbeiter, zählen zu minderberechtigten Bürgern (zweiter Klasse). Darüberhinaus beschäftigt Kuwait ein nach Zahl und Herkunft wechselndes Kontingent ausländischer Gastarbeiter, das 1994 61,8 % der Einwohnerschaft ausmachte: davon überwiegend Asiaten wie Inder, Bangladescher, Srilanker, Pakistaner. Von den 38,2 kuwaiter Bürgern sind etwa 170 000 Beduinen.

Kuwaiti (ETH)
I. Kuweiti(s), Koweiti, Kuwayti; auch Kuwaiter, Kuweiter; Kuwaiti(s) (=en); Koweïtiens (=fr); kuwaities (=sp).
II. 1.) StA. von Kuwait/Kuweit/Koweit. 2.) Bew. der spätestens im 18. Jh. auf dem Gebiet von Anaze-Nomaden begründeten Hafen- und Fischersiedlung und des viel späteren Territoriums K., das unter portugiesischer, osmanischer und englischer Oberhoheit stand; bis Mitte des 19. Jh. ca. 10 000–12 000, um 1910 etwa 35 000 Ew. Dann durch Zuwanderung und Gastarbeiter rasches Wachstum: 1957 (erste VZ): 206 000, 1996: 1,590 Mio. Personen; starker Rückgang erfolgte im Golfkrieg. An der Gesamtbev. stellen kuwaitische StA. nur eine Minderheit von 38,2 %, zumal stets über 100 000 im Ausland leben. Einwohnerschaft ist politisch wie sozioökonomisch in extrem starkem Maße differenziert. An der Spitze steht die Emiratsfamilie der Sabah mit rd. 1200 Mitgliedern, deren Herrschaft in der Verfassung namentlich festgeschrieben ist. Als Bürger 1. Klasse zählen K., die ihre Niederlassung vor 1920 (Befestigungsbau) nachweisen können. Von diesen »K. durch Herkunft« sind 81 000 wahlberechtigt. Als Bürger 2. Klasse gelten später niedergelassene oder ansässig gemachte Beduinen sowie kleine Palästinenserkontingente, soweit sie überhaupt nationalisiert wurden. Unter diesen drei Gruppen rangieren die Nichtbürger/Bidun, etwa 150 000–180 000 Beduinen, die zwar meist seit Jahrzehnten im Lande leben, aber keinen Rechtsstatus, keine Ausweispapiere besitzen. Das Gros der Einwohnerschaft wird von Gastarbeitern gestellt, deren Herkunft aus SW-, S- und SE- und jüngst E-Asien sich im Laufe der Zeit mehrfach wandelte; sie sind weitgehend rechtlos, völlig vom Arbeitgeber (d.h. überwiegend von der Staatsverwaltung abhängig). Die Mehrzahl der Bev. ist sunnitisch, durch Zuwanderung deutliche Minderheit auch von Schiiten. Vgl. al Sabah.

Kuznezker Tataren (ETH)
I. Mrassische T., Kondomische T., Schorzen; auch Abinzen. Altbez. für Schoren/Soren/Schorzen. Vgl. Tataren.

Kvänen (ETH)
I. Kwänen; aus altisländisch Kvenir/Kvaenir und angelsächsisch cwenas.
II. Altbez. für finnischspr. Bew. am Bottnischen Meerbusen; heute Name für Teilgruppe der Karelier, s.d. Geogr. Name: Kvenland.

Kwa (SPR)
II. Sammelbez. für Familie der Niger-Kongo-Spr., u.a. für Yoruba, Igbo, Twi, Ewe, Ga, mit zus. 22–27 Mio. Sprechern (1991); verbreitet im Küstenbereich von Elfenbeinküste bis Nigeria. Vgl. Akan-spr.

Kwa Ndebele (TERR)
B. Ehem. abhängiges Homeland in Südafrika.
Ew. 1991: 299 000

Kwahari (ETH)
I. Kwahadi, Quahadi, Kwerhar-rehnuh »Leute mit dem Sonnenschatten auf dem Rücken« wegen ihrer Sonnenschirme.
II. Stammesgruppe der Comanchen im w. Llanos Estacados.

Kwakiutl (ETH)
II. Indianerstamm an der Fjordküste W-Kanadas (u. a. Vancouver/British Kolumbien); 1980: ca. 5000–10 000. Jäger und Fischer. Heute überwiegend als Lohnarbeiter in der Fischindustrie. Erlitten im 19. Jh. starke Verluste durch Seuchen und Tuberkulose, erst seit 1930 wieder kräftiges Wachstum. Herrschende Unsitte das seit 1921 und 1951 verbotene Potlatsch, die Vermehrung des Ansehens durch ruinöse Vergabe von Geschenken.

Kwangali (ETH)
I. Kwangare.
II. kleine schwarzafrikanische Ethnie in SE-Angola.

Kwangali (SPR)
II. kleine Verkehrsspr. in Namibia.

Kwangari (ETH)
I. Ovakuangari.
II. Bantu-Stamm am Okawango/SW-Afrika; Savannenpflanzer, matrilineal, erbliches Häuptlingstum.

Kwanyama (SPR)
II. Verkehrsspr. in Namibia und Südangola. Größte Volksspr. der Ovambo in Namibia, mit (1989) > 250 000 Spr.

KwaZulu (TERR)
B. Ehem. abhängiges Homeland in Südafrika.
Ew. 1991: 4,523 Mio

Kweni (ETH)
I. Sia.
II. schwarzafrikanische Ethnie im Zentrum der Elfenbeinküste.

Kwese (ETH)
I. Bakuese, Bakwese, Lua, Luwa.
II. Negerstamm der Mittelbantu im SW der DR Kongo.

Kwiambal (BIO)
II. (=en); Stamm der Aborigines in New South Wales.

Kyaka (ETH)
II. größere Teilgruppe von Melanesiern auf N-Abdachung des Hagen-Gebirges; Anzahl > 10 000, treiben überwiegend Feldbau, pflegen hochentwickeltes zeremonielles Tauschsystem.

Kymren (ETH)
II. keltische Bewohner von Wales/Großbritannien.

Kymrisch (SPR)
I. Walisisch.
II. keltische Spr. der Waliser. Sprgem. umfaßt 1991 > 500 000, davon jedoch nur 21 000 ausschließlich K.-Spr., > 480 000 sind Bilinguisten (mit Englisch), überwiegend in Wales/Großbritannien ansässig.

Kyptschak-Bulgarisch (SPR)
I. Kyptschak-Tatarisch.
II. die alte Amtsspr. der Goldenen Horde. Vgl. Kiptschaken.

Kyptschak-Turkisch (SPR)
I. Kiptschakisch-Spr.; Kipcak (=rs).
II. alte Turkspr. der Kumanen im Gebiet zw. Aralsee, Kaspischem Meer und Schwarzem Meer; auf sie gehen die Idiome der Krim-Tataren, Karaiten, Nogaier und Kaukasus-Tataren zurück. Wird heute noch von den Kurama u. a. (zus. ca. 130 000) in Usbekistan gesprochen. Als kiptschakische Spr. werden die westlichen Turksprachen: Kasan-Tatarisch, Baschkirisch, Karaimisch, Kumükisch, Karatschaiisch-Balkarisch subsumiert. Vgl. Kumanen; Mameluck-Kumanen.

Kyrillische Schriftnutzergemeinschaft (SCHR)
I. Kyrillika; »Grazhdanskaya« in Rußland; Cyrillic (=en).
II. weitgehend unabhängig von der Glagolica die jüngere slavische Schrift; fälschlich nach Kyrillos benannte, vielmehr von einem seiner Schüler, Kliment von Ochrid, im 9. Jh. aus der zeitgenössischen griechischen Majuskel (Unzialschrift) in Mazedonien und Bulgarien entwickelte, seit 10. Jh. als Glagoliza im Kirchenslawisch überlieferte, 1708 zur bürgerlichen Schrift (=Grazhdanskaya) vereinfachte Schrift. Heute erdweit fünfthäufigste, nicht nur für slawische (Russisch, Weißrussisch, Ukrainisch, Bulgarisch, Mazedonisch und Serbisch), sondern in der Neuzeit auch für finn-ugrische, altaische und zwangsweise (bes. im Verlauf der dreißiger Jahre) auch div. Kaukasus- und Turkspr. potentiell wie wirklich benutzt. Liturgie-/Kultschrift in den slawischen Kirchen des orthodoxen Patriarchats von Moskau. In Rußland bzw. der ehem. UdSSR war K. das wichtigste Schriftsystem, im welchem 78 Schriftspr. geschrieben wurden, wenn auch mit div. Sonderzeichen.

Kyrilliza (SCHR)
I. Kyrillische Schrift, Kyrillitsa.

Kysyl (ETH)
I. Kyzyl'cy (=rs). Vgl. Chakassen.

Kyzyl Basi (SOZ)
I. Kizilbasch; Qizilbash (=en); »Rothäuptige«, »Rotmützen«.
II. in SW-Asien mehrfach auftretende Bez. für ethnische Einheiten nach religiös-polit. Gruppierungen. Name erinnert an berühmte aserbeidschanische Kämpfer der Safawiden-Dynastie im 16. Jh., die purpurrote Kopfbedeckungen mit 12 Streifen der 12 schiitischen Imame trugen. K. spielten im 16. Jh. eine bedeutende Rolle bei der teils zwangsweisen Durchsetzung der Schia im Iran.

KZ-Häftlinge (WISS)
I. Begriff »concentration camp« wurde durch *C.P. SCOTT* und *J. ELLIS* geprägt.
II. Menschen, die von einer undemokratischen Regierung, überwiegend ohne Gerichtsbeschluß, in »Konzentrationslagern« für unbestimmte Dauer inhaftiert und isoliert sind. Beispielhaft ist zu erinnern an die »campos reconcentrados« des kubanischen Unabhängigkeitskrieges 1868–1878, in denen Spanier gefangene Guerrillas verwahrten; die »laagers« des Burenkriegs, in denen die Briten die Familien burischer Kämpfer internierten. Über die Internierungsabsicht hinaus erlangten im 20. Jh. Konzentrationscamps die Funktion von Stätten der Massenvernichtung unliebsamer Bev.gruppen: im China Mao Tse-tungs 40 Mio. Tote in Arbeits- und Umerziehungslagern, in den Gulag-Lagern der UdSSR 1917–1959 rd. 66 Mio. Tote. In der NS-Zeit errichteten dt. Organe im besetzten Europa ein Netz solcher Lager, die unterschiedlichen Zwecken (Umerziehung, Beugehaft, Zwangsarbeit, Massentötung insbes. von Juden und Zigeunern) dienten. Vgl. laogai- und laojiao-Gefangene.

L

La Raza (SOZ)
I. »die Rasse«.
II. Eigenbez., Anrede und Ehrentitel bevorzugt bei militanten Latinos in USA.

Laali (ETH)
I. Lali, Balali.
II. Teilstamm der Tege in Gabun.

Labadisten (REL)
II. Anh. des Jesuitenpaters Jean de la Badie, die als religiöse Dissidenten 1684 aus Europa nach Maryland/USA emigrierten.

Labrador (TERR)
B. s. kanadische Provinz Neufundland und Labrador.

Lac (ETH)
II. Stamm der Montagnards im annamitischen Bergland; Reisbauern.

Lacandonen (ETH)
I. Eigenbez. Massewal (nahualspr.=) »untere Klasse«, »Arbeiterschicht«.
II. mesoamerikanisches Indianervolk, zur Spr.familie der Maya zählend. L. leben im Chiapas, dem s. und ärmsten BSt. Mexikos, und in Guatemala; sind Wanderhackbauern, haben erst im 20. Jh. durch Berührung mit Fremden neues Kulturgut angenommen. Werden als Reste einer Maya-Unterschicht verstanden, weil sie Kultur und Religion der M. am ehesten bewahrt haben; leben in Familien-Verbänden; weiße Rindenbast-Tuniken als typische Tracht. L. lehnten sich wiederholt, u.a. 1993, gegen Vorherrschaft auf.

Ladakhi(s) (ETH)
II. Bew. des Ladakh/Klein-Tibet, einer Gebirgslandschaft zwischen Himalaya und Karakorum beiderseits des oberen Indus, eines historischen Territoriums, welches 1834 in Kaschmir und nach der Unabhängigkeit Indiens als neuer Distrikt Jammu und Kaschmir in Indien eingebracht wurde (nur Baltistan fiel 1949 an Pakistan). Im Krieg mit China 1962 wurde Ladakh um ein Viertel seines Territoriums (Aksai-Chin) vermindert. Zahl der L. wurde 1920 auf 180000, 1990 auf 150000 geschätzt; sind charakterisiert durch tibetische Kultur und matriarchalisch beeinflußte Stammestradition. Im Unterschied zu halbnomadischen Khampa sind L. Gartenbauern. Wachsende Differenzen zwischen lamaistisch-buddhistischen L., hinduistischen Jammu-Bewohnern und muslimischen Kaschmiri. 1990 Verbot von Mischehen zwischen buddhistischen L. und lokalen Schiiten. Wirtschaftlicher und sozialer Boykott kaschmirischer Mitbewohner.

Ladenjungen (SOZ)
I. Ladenmädchen w.
II. Altbez. für Verkaufspersonal in Preußen, später für solches in Ausbildung. Ladenschwengel abwertende Altbez. für schon sehr selbstbewußte Ladenlehrlinge.

Ladiner (ETH)
II. 1.) Altbez. für die Rätoromanen in den Südtiroler Dolomiten; 2.) sprachliche Teilgruppe der Bündner Romanen im Oberengadin. Vgl. Rätoromanen; Rätoromanisch-spr.

Ladiner (SPR)
II. Bez. für verschiedene Teilgruppen der Alpenromanen 1.) die Bündnerromanen im Oberengadin; 2.) die sogenannten Zentralladiner in den Dolomiten. Vgl. Ladino-spr.

Ladino (SPR)
I. Dschudesmo; Judenspanisch.
II. das ins Altkastilianische übertragene Hebräisch der Sepharden des MA in Spanien. Vgl. Spaniolisch-spr.; Ladiner.

Ladinos (BIO)
I. (=sp); Mestizen, Caboclos, Cholos.
II. spanischsprachige Mischlinge zwischen Weißen, Schwarzen und Indianern (Mestizen, Mulatten, Zambos) in Teilen Lateinamerikas (Mexiko und Mittelamerika). Vgl. Ladinos.

Ladinos (ETH)
I. Sephardim.
II. arabisierte »Süd-Juden«.

Ladinos (REL)
I. nach ihrer Sprache Ladino oder Dschudesmo; Sephardim.
II. arabisierte »Südjuden«.

Ladinos (SOZ)
II. moderne Bez. in Südamerika für nichtindianische eingeborene Personen. Hiervon abgeleitet der Begriff Ladinisierung (Prozeß des Übergangs von der indianischen zu einer nicht-autochthonen neuen Mischkultur).

Ladoga-Rasse (BIO)
I. überholte Bez. bei COON. Vgl. Osteuropide/Ostbalten.

Laeten (SOZ)
I. Liten; aus laeti (=lat).
II. kriegsgefangene Franken u.a. Germanen, die im 3./4. Jh. von Römern im n. Gallien angesiedelt wurden. Sie lebten in geschlossenen Gruppen nach

eigenem Recht, waren aber Rom zum Kriegsdienst verpflichtet.

Lagide (BIO)
I. Lagoa-Santa-Typus; benannt nach mesolithischen Skelettfunden von Lagoa-Santa in E-Brasilien; Lagidi (=it).
II. paläoamerikanische Rasse der Indianiden. Mutmaßlich abgedrängte versprengte Nachkommen einer ursprünglich »vormongoliden« Bevölkerungsschicht. Merkmale: mittel- bis kleinwüchsig, mäßig untersetzt; lang-schmale Kopfform, grobknochiges Gesicht mit breiten Jochbögen; enge Lidspalte, doch keine Mongolenfalte; breite Nase mit fleischig geblähten Flügeln; gelb-kupferbraune Haut; Haar schlicht bis wellig, dunkelbraun bis braunschwarz. Verbreitung im schwer zugänglichem SE-brasilianischem Bergland, verstreut im argentinisch-paraguayanischen Grasland. Auf Feuerland und in Südpatagonien öfters als Fuegide klassifiziert.

Lagunenvölker (ETH)
II. Terminus für diverse kleine Ethnien im Lagunengebiet der Elfenbeinküste. Stellen Reste einer Urbev. dar, die viele altnegritische Kulturzüge noch bewahrt haben, (häufig Kleinwüchsigkeit), sprachlich jedoch in der Kwe-Gruppe einzuordnen sind. Zu ihnen gehören u.a. die Abe, Abure, Adjukru, Aladjan (bei Abidjan), Arikam, Attie, Ebrie, Gwa, Kiama.

Lahu (ETH)
I. La-hu, Munso, Mussuh, Musso.
II. aus Tibet oder dessen Randgebieten nach Yünnan zugewandertes Bergvolk, das sich unter Druck der Chinesen weiter nach S auf Myanmar, Laos und Thailand ausgebreitet hat, ca. 300 000–500 000; Brandrodungsbauern (auch Mohnbau) und hervorragende Jäger. Vgl. Lao Soung.

Laien (REL)
II. im Gegensatz zu den Klerikern die Nichtgeistlichen im Kirchenvolk der Katholischen Kirche und der Ostkirche.

Laizisten (REL)
I. aus laos (gr=) »Volk«.
II. 1.) ursprünglich das gewöhnliche, theologisch ungeschulte Volk im Gegensatz zum Klerus. 2.) Nicht voll synonym Säkularisierte oder auch verweltlichte Menschen. 3.) Anh. des auf Aufklärung, Liberalismus und Humanismus fußenden Laizismus, der die Trennung von Kirche und Staat bzw. öffentlichem Leben betreibt; Menschen, die sich von ihrer Rel. gelöst haben, ganz weltlichen Einflüssen hingeben. Unterbindung des Rel.unterrichts bzw. Ersetzung durch eine Ethik. Vgl. Neuheiden, Atheisten, Religionslose, Nihilisten.

Lajenge Roma (SOZ)
I. Lajuse.

II. Zigeunerstamm in Estland, der wohl schon im 16. Jh. zugewandert, heute mehrheitlich seßhaft und sprachlich assimiliert ist.

Lajetsi (SOZ)
II. unsteter Zigeunerstamm in Osteuropa.

Laka (ETH)
Vgl. 1.) Ndebele-S; 2.) Sara Gambai.

Lakalai (BIO)
II. Mischlingspopulation aus Melanesiern und Polynesiern in der Küstenebene der Hosking-Halbinsel von Neubritannien; ca. 3000–5000 mit Eigensprache Lakalai, ein Idiom des Nakanai; matrolineares Grundbesitzrecht.

Laken (ETH)
I. Lakier, Lakzen; Altbez. Kasikumuchen, Kasimuchzen, Kasikumüken, Kasikumyken; Eigenbez. Lak (kutschu); Lakcy, Laki (=rs); Laks (=en). Von Awaren als Tumal, von Darginzen als Wuluguni, von Lesginen als Jachulwi bezeichnet.
II. autochthones Kaukasusvolk, wohnhaft in Bergregionen der Russischen Rep. Dagestan im NE-Kaukasus; dagestanische Eigenspr., geschrieben seit 1860 mittels Eigenalphabet, seit 1938 in kyrillischer Schrift. Schon im 13. Jh. islamisiert, sind Sunniten; besaßen im Schamchalat des 14.–17. Jh. gewisse Eigenherrschaft, die gegen Perser, Türken und Russen (Ende 19. Jh.) verloren ging. Üben Berglandwirtschaft mit Transhumanz. 1990 ca. 118 000.

Lakkadiver (ETH)
I. Lakshadsweeper (nach Namen des Unionsterritoriums).
II. Bew. der im 9. Jh. besiedelten Lakkadiven-Inseln; sind indisch-arabischer Abstammung, sprechen das indoarische Singhalesisch und das drawidische Malajalam. Auf den 33 Inseln mit zusammen 29 km² lebten um 1980 rd. 39 000 Menschen, was der außerordentlichen Dichte von 1350 Ew./km² entspricht. Population setzt sich aus drei als »scheduled tribes« eingestuften, kastenähnlichen Gruppen zusammen: 1.) landbesitzende Koya, 2.) handeltreibende, seefahrende Malmi, 3.) Melacheri als Unterschicht. Eigenart einer matrilinearen Besitz- und Familienordnung (taravad) in Verbindung mit duolokaler Wohnsitzordnung.

Lakota (ETH)
I. Lakota-Sioux.
II. Stammesverband der überwiegend »Westlichen« Sioux mit den Stämmen Oglala, Sicangu, Hunkpapa, Minneconjou u.a. Waren bes. in Auseinandersetzungen zufolge des Geistertanz-Verbotes verwickelt; erlitten Ende des 19. Jh. schwerste Verfolgungen und Massaker am Wounded Knee Creek 1890.

Lakota (SPR)
II. Sioux-Spr., die auch von einem der 16 Indianer-Radiosender gebraucht wird.

Lakshadsweeper (ETH)
Vgl. Koya, Malmi, Melacheri u. a. bei Lakkadiver.

Lakshadweep (TERR)
B. Sammelbez. für Lakkadiven, Minikoi und Amandiven im Arabischen Meer, Territorien in Indischer Union. Laccadive, Minicoy, Amindivi Islands (=en).
Ew. 1961: 0,024; 1981: 0,040; 1991: 0,052, BD: 1616 Ew./km^2

Lala (ETH)
I. Jungur.
II. schwarzafrikanische Ethnie im Grenzgebiet Sambias zur DR Kongo.

Lalleri (SOZ)
I. lallere (=zi).
II. Bez. für Sinti-Zigeuner in Böhmen.

Lama (ETH)
II. Indianervolk im Montana-Gebiet von N-Peru; ca. 20000; wurden in spanischer Zeit akkulturiert und missioniert; sind ketschuaspr.

Lama(s) (REL)
I. aus bla-ma (ti=) »unübertrefflich«, »Lenker, Oberer Lehrer«, »vornehmer Mönch«, auch Anrede für ältere Mönche; nur umgangsspr. für tibetische Mönche schlechthin.
II. Bez. i. e. S. für die im tibetischen Buddhismus vollgeweihten Mönchspriester. Ausbreitung des tibetischen Mönchswesens begann im 8. Jh.; Klöster als geistliche Refugien, Wallfahrtsorte und Zentren wirtschaftlichen Lebens, mit oft vielen Tausend Mönchen, überzogen das ganze Land. Zu den berühmtesten zählen: Samyas/Samyä, durch Rotmützen gegr. 778 (im SE von Lhasa), Sakya (bei Shigaze), Nyetang, Kumbum gegr. 1578; Drapung gegr. 1416, größtes Kloster der Welt und Galdán als Zentren der Gelbmützen, Khachar und Ronk. Verallgemeinernd werden der Gewandung entsprechend Rot- und Gelbmützen unterschieden; erstere (seit 8. Jh.) sind neben W-Tibet bes. in den Himalayaländern vertreten, Mönche der Gelugpa-Tugendsekte (seit 14. Jh.) in Tibet, Mongolei und Sibirien. Recht und Pflicht jeder tibetischen Familie, mindestens einen Sohn ins Kloster zu geben, führte dazu, daß (vor chinesischer Besetzung) 15–20 % aller Männer und Knaben dem geistlichen Beruf angehörten. Nachfolge der Großlamas war teils erblich, bei Gelbmützen durch chubilghanische Sukzession geregelt. Vgl. Lamaismus, Mönche, Rot- und Gelbmützen.

Lamaismus (REL)
I. aus lama (ti=) »vornehmer Mönch«; mithin eigentlich »Priestertum«, »Mönchsreligion«. Akzeptanz für deutsche Ableitung Lamaisten ist geteilt.
II. Bez. für die Sonderform des tibetischen Buddhismus, die sich ab 7. Jh. in Tibet entwickelt und von dort über Mongolei, Nordchina, Teile Sibiriens und die Himalayaländer Ladakh, Sikkim und Bhutan ausgebreitet hat. Tibetischer Buddhismus ist eine Synthese aus den Lehren von Mahayana- und Vajrayana-Buddhismus, er hat jedenfalls Elemente der vorbuddhistischen Bon-Religion integriert und läßt indische und chinesische Einflüsse erkennen. Bestärkt aus der Isolation weit unterschiedlicher Teilräume, der Rivalität alter Adelsklasse und früher politischer Bedrängung durch Mongolen hat sich L. deutlich in große Lehrschulen (auch Orden und Sekten) differenziert: Nyingmapa (der »Alte Orden«), Gelugpa (der »Tugend-Orden«), Saskyapa (ab 11. Jh.), Kagyupa. Schon von daher verschiedener Gebrauch magisch-mystischer Praktiken, u.v.a. blutige Opfer, Rauschtränke, Dämonenglauben, Steinkult, Gebetsräder und -mühlen; Attribute aus Hinduismus und vielleicht Manichäismus (Blumen, Weihrauch und andere Duftstoffe, Lampen, Banner und Tuchfahnen, Glocken, Rosenkränze), Brand- und Adlerbestattung. Vielfalt von Kultbauten. L. besitzt innerhalb der dominanten Gelugpa-Sekte eine doppelte Hierarchie aus Dalai Lama (mo=) »Ozean des Wissens«, dem eher polit. Oberhaupt des Klosterstaates (im Potala über Lhasa residierend), und dem Pantschen Lama (tibet=) »Juwel des großen Gelehrten« als eher geistlichem Würdenträger (im Taschilumpo-Kloster bei Schigatse), der zudem enger von China protegiert wird. Seit chinesischer Besetzung Tibets 1959 wird L. stark bedrängt und zeitweise verfolgt (Klosterzerstörung, kulturelle Sinisierung), der Dalai Lama lebt im indischen Dharmsala/Nagradistrikt im Asyl. Vgl. Vajrayana, Bon-po; Lamas.

Lamba (ETH)
I. Balamba.
II. schwarzafrikanische Ethnie in Togo, 1989 rd. 70 000.

Lambadi (ETH)
I. Bandschara oder Sukali.
II. Stamm mit indoarischer Eigenspr. von 100 000–200 000 Köpfen in Indien (heute Andhra Pradesch und Karnataka, einst in Radschasthan); Bauern und Wanderhändler.

Lambya (ETH)
I. Lambia.
II. schwarzafrikanische Ethnie in NE-Sambia.

Lamet (ETH)
II. Stamm von kaum 10 000 Köpfen mit einer Mon-Khmerspr. im laotischen Bergland zwischen oberem Mekong und Luang Prabang. Treiben Wanderhack- und Reisbau, Bienenhaltung. Bewahrten überwiegend ihre Stammesreligion.

Lampong (ETH)
II. Volk im SE von Sumatra/Indonesien, ca. 1–2 Mio., mit südwestindonesischer Spr., gliedert sich in Orang Abung und Orang Pablan. L. sind nominell Muslime.

Lamuten (ETH)
I. Eigenbez. Ewen; Lamuty (=rs). Vgl. Ewenen.

Lanao (ETH)
II. jungindonesische Ethnie in s. Philippinen, frühzeitig islamisiert. Vgl. Moros.

Landarbeiter (SOZ)
I. landwirtschaftliche Arbeiter; agricultural labourers (=en); ouvriers agricoles, salariés agricoles (=fr); lavoratori agricoli (=it); trabajadores del campo (=sp); lavradores (=pt).
II. in der Landwirtschaft beschäftigte Lohnarbeiter, die oftmals lebenslang ihrer bäuerlichen Arbeitsstätte verbunden bleiben. Entlohnung kann durch Geld oder Naturalien (Kost und Logis) erfolgen, auch in Form von Deputaten für außerhalb des Hofes wohnende Landarbeiter. Lt. ILO 1996 stellen L. etwa die Hälfte aller 1,1 Mrd. in der Landwirtschaft Beschäftigten. Rd. 60% aller Landarbeiter entfallen auf Indien und China, etwa 20% auf Afrika. Vgl. Gesinde, Heuerlinge, Instleute, Wanderarbeiter. Als städtische Landarbeiter sind zu verstehen die in Städten (bes. Süditaliens) wohnenden landwirtschaftlichen Tagelöhner, die sich auf den Großgütern im näheren und weiteren Umkreis der Städte verdingen.

Landa-Schriftnutzergemeinschaft (SCHR)
II. zur Wiedergabe der Lahnda-Spr./Westpunjabi/Westpanjabi benutzte Schrift in N-Indien.

Landbevölkerung (SOZ)
I. ländliche Bev. 1.) in der deutschen Statistik die Einwohner von Gemeinden mit einer Einwohnerzahl von < 2000. 2.) Bev./Bew. des ländlichen Raumes, die Bev., die in ländlichen Siedlungen oder eingestreut inmitten des ländlichen Raumes wohnt und deshalb statistisch als L. zählt.

Land-Dajak (ETH)
I. Kendajan.
II. 1.) Sammelbez. für die Dajak-Stammesgruppe im Inneren von Borneo, welche weniger mongolid als die See-Dajak ist. 2.) i.e.S. die Kendajan in W-Borneo.

Landfahrer (SOZ)
I. Vaganten, Landstreicher.
II. in europäischen Staaten: nicht seßhafte, mit temporären Behausungen im Wohnwagen umherziehende Randseitergruppen, mitunter im Großfamilienverband (Zigeuner, Tinkers). Vgl. Landstreicher, Vaganten; zu unterscheiden sind aber Mobilheim-Wanderer in USA: mobil home owners.

Landflüchtige (WISS)
II. Agrarbev., die aus ländlichen Gebieten in städtische oder industriell-gewerbliche Gemeinwesen/Regionen abwandert, weil landwirtschaftliches Auskommen unzureichend oder allgemein eine Verbesserung der sozialen und wirtschaftlichen Verhältnisse angestrebt wird. Allein durch Mechanisierung wurden ländliche Arbeitskräfte in großem Umfang freigesetzt. Als Sonderform solcher Landflüchtigen sind Abwanderer aus Berggebieten zu unterscheiden: Berg- oder Höhenflüchtige. Landflucht tritt mind. seit 18. Jh. auf, heute ist sie eine weltweite Erscheinung. Extremes Ausmaß nimmt Landflucht in vielen Entwicklungsländern an, z.B. in China (um 1995: lt. Schätzungen bis zu 100 Mio.); 1970 lebten 84 Mio. Schwarzafrikaner als landloses Proletariat in Städten; bis 1995 hat sich diese Zahl auf 190 Mio. erhöht.

Landler (SOZ)
II. Mitglieder einer altösterreichischen Minderheit in Siebenbürgen/Rumänien, die aus Glaubensgründen vor 240 J. aus Oberösterreich, Kärnten, Steiermark ausgesiedelt wurden und zufolge der rumänischen Minderheitenpolitik seit 1990 wieder nach Österreich rückwandern; ca. 1000.

Landlords (SOZ)
I. (=en); Grundherren; latifundistas (=pt).

Landlose (WISS)
I. im Sinn von Landsuchenden.
II. Begriff wird verengt in Lateinamerika und dort insbes. in Brasilien auf jene landlosen Arbeiter und Kleinbauern angewandt, die als Mitglieder der Sem-terra-(=»ohne Land«) Bewegung Invasionen, Besetzungen brachliegender Latifundien oder von herrenlosem Staatsland durchführen. Da sie immer wieder vertrieben werden, ziehen sie (geschätzt 90000 Familien) als Dauerwanderer durch das Land. Entgegen den Zusicherungen der Regierung bis 1998 290000 Familien anzusiedeln, haben bis 1996 erst 10000–40000 Besitztitel erhalten.

Landoma (ETH)
I. Landuma.
II. schwarzafrikanische Ethnie an der n. Küste von Guinea.

Landsassen (SOZ)
II. 1.) Untertanen eines Territorialfürsten (in Mitteleuropa bis 1806). 2.) im MA zinszahlende Freie (Landeigentümer oder -pächter), auch für Freie, die kein Eigen im Lande haben.

Landser (SOZ)
I. wohl aus Lanz, Lanzknecht.
II. ugs. für Mannschaftsdienstgrade dt. Soldaten im Kriege. Vgl. Landwehrmänner.

Landsgemeinde (SOZ)
II. beschließende Versammlung stimm- und wehrfähiger Männer in Schweizer Kantonen Appenzell, Glarus, Unterwalden, seit 1988–1991 auch einschließlich der Frauen.

Landsknechte (SOZ)
I. Lanzknechte; Söldner, Reisläufer (in Schweiz), Reisige.

II. angeworbene Kriegsleute (in Europa im 14.–16. Jh.), die nicht ihrem eigenen Land, sondern einem Heerführer verpflichtet waren. Vgl. Reisläufer, Legionäre.

Landsleute (SOZ)
I. Landsmannen, Landesgenossen, Heimatgenossen; Landeskinder (=liter.).

Landsmannschaft (SOZ)
I. Nationen, Nationalitäten, »Zungen«.
II. Gemeinschaft von Menschen gleicher regionaler Herkunft; z.b. von Studierenden großer Universitäten (mit eigenen Verbindungen: z.B. Teutonia, Slavia); von zugewanderten Repräsentanten, Beamten in Residenzen von Mehrvölkerstaaten (mit eigenen Kirchen, Kultureinrichtungen, z.B. in Wien); heute bes. von Vertriebenen und Flüchtlingen.

Landstreicher (SOZ)
I. »Vaganten«, »Stromer«, Vagabundierende, »Sandler«, »Tippelbrüder«; Altbez.: Landläufer, Landstörtzer/Landstürzer, Vagabunden. In ihrer Rotwelsch-Standesspr. auch Kochemer, Kluger.
II. heimlos umherziehende Personen, die ihren Lebensunterhalt durch Gelegenheitsarbeit und Bettelei fristen. Wandergewerbetreibende/Störwanderer sind keine Landstreicher. Vgl. Stadtstreicher.

Landsturm (WISS)
I. Landwehr.
II. 1.) in Mitteleuropa Bez. für den Auszug älterer Männer zum Wehrdienst, insbes. für »letztes Aufgebot«. 2.) Altbez. für Freiheitskämpfer napoleonischer Zeit in Tirol. In diesem Sinne entsprechen Landsturmeinheiten dem bayerischen Terminus Schützenkompanien (einschließlich Gebirgsschützen).

Landwirte (SOZ)
I. farmers (=en); exploitants agricoles, paysans (=fr); agricoltori, contadini (=it); agricultores (=sp).
II. Personen, die den Boden als Besitzer oder Pächter durch Acker- und Pflanzenbau bzw. Tierzucht wirtschaftlich nutzen. Terminus L. als Sammelbez. subsumiert ebenso bäuerliche Unternehmer wie lohnabhängige Landarbeiter (s.d.). Unbestimmt bleibt Begriff an sich, da oft auch bodenunabhängige Mastbetriebe, Hühnerfarmen, Glashauskulturen u.ä. einbezogen werden.

Landwirtschaftliche Bevölkerung (WISS)
I. Agrarbev.; rural population, agricultural population (=en); population rurale (=fr); popolazione rurale (=it); población rural oder agraria oder agrícola (=sp); populaço agraria (=pt).
II. 1.) i.e.S. landwirtschaftliche Erwerbspersonen, die ihren Lebensunterhalt ganz oder überwiegend aus land- und forstwirtschaftlicher Arbeit bestreiten, mit ihren Familien. 2.) i.w.S. landwirtschaftliche Erwerbspersonen und solche in mit der Landwirtschaft verbundenen Berufen im Handel, Handwerk, Transport usw. sowie aus dem Erwerbsleben ausgeschiedene landwirtschaftliche Erwerbspersonen.

Landwirtschaftliche Saisonwanderer (WISS)
I. Landarbeitersaisonwanderer, oft im Sinn ausländischer Erntehelfer.
II. mit Aufhebung der Leibeigenschaft in Europa und der Sklaverei in kolonialen Bereichen, mußte der Arbeitskräftebedarf der Landwirtschaft auf andere Weise gedeckt werden, zumal er bei Intensivierung des Landbaues bis zum Einsetzen der Mechanisierung bedeutend anwuchs. Es bildete sich der Typ des Landarbeiters aus, der bei geringer Bindung an den Boden so beweglich war, daß er überall dort seine Arbeitskraft anbieten konnte, wo zuzeiten deutlicher Arbeitsspitzen (zumeist bei der Ernte) Bedarf auftrat, der lokal nicht zu decken war. Es resultierten Landarbeiterwanderungen auch großen Ausmaßes und selbst über weite, sogar Kontinente überspannende Entfernungen, z.B. bei Erdnußernte in Westafrika oder bei Baumwollernte in Vorderasien. Es gibt auch L.S., die mehrere Wirtschaftsperioden nacheinander an verschiedenen Orten nutzen. Vgl. Erntehelfer.

Langi (ETH)
Vgl. 1.) Batanga. 2.) Irangi, Rangi.
II. schwarzafrikanische Ethnie in NE-Tansania.

Lango (ETH)
I. Bakedi, die »Nackten«.
II. zu W-Niloten zählender Hirtenstamm mit ca. 200 000 Köpfen im Gebiet n. des Albert- und Kioga-Sees/Uganda.

Lango (SPR)
II. nilotische Sprgem. in N-Uganda, 1987 mit 820 000 Spr.

Langobarden (ETH)
I. barte (mhd=) »Beil«, »Hellebarde«, nicht aber auf lange Bärte bezüglich.
II. germanischer Volksstamm, der um 100 v.Chr. aus Gotland oder Schonen abgewandert ist, im 2. Jh. in Pannonien, seit 568 in Italien siedelte; dort L.-Reich bis 774, als Königswürde an Karolinger überging. Geogr. Name: Lombardei.

Langzeitarbeitslose (WISS)
II. amtl. Terminus der Arbeitsverwaltung in Deutschland für Arbeitnehmer, die länger als ein Jahr ohne Beschäftigung bleiben. Nicht alle L. sind tatsächlich Arbeitssuchende. Solche Arbeitslosigkeit kann bei älteren Personen auch eine eingeplante Maßnahme bedeuten, um im Rahmen von Arbeitsaufhebungsverträgen einen längeren Vorruhestand zu überbrücken. Vgl. Arbeitslose.

Lao (ETH)
I. nicht Laoten (Nationalitätsbegriff).
II. Volk in der Spr.gruppe der Thai; stärkste Einzelethnie in Laos, mit 28% der Gesamtbev. größte

Minderheit (im NE) Thailands. Man unterscheidet in Laos die Lao-Lum (Tal-Lao ca. 55%), die Lao-Theung (Berg-Lao 27%) und die Lao Soung (15%). Lao ist Staatsspr. in Laos.

Lao (SPR)
I. Laotisch; Lao (=en).
II. L. ist eine tibeto-chinesische Spr., die Staatsspr. in Laos (rd. 3–4 Mio.), stark verbreitet auch in Thailand; nach E. KNIPRATH heute (1994) insgesamt von > 18 Mio. gesprochen und in laotischer Eigenschrift geschrieben.

Laogai-Gefangene (SOZ)
I. (ci=) »Umformung durch Arbeit«; nicht voll identisch mit laojiao-Gefangenen, (ci=) »Umerziehung durch Arbeit«.
II. Sammelbez. für zur Strafarbeit verurteilte polit. und kriminelle Häftlinge im kommunistischen China. Nach 1950 gab es schätzungsweise 10 Mio. L.-Gefangene, 1996 (nach J.-L. DOMENACH) mind. 3–5 Mio. Laojiao-G. werden ohne Gerichtsverfahren bis zu vier Jahren in einem Archipel von »Arbeitslagern« eingesperrt. Vgl. Zwangsarbeiter.

Lao-Lum (ETH)
I. Lao Loum, »Tiefland-Lao«, »Tal«-Lao.
II. haben Anteil von 55% an laotischer Gesamtbev.; sie siedeln entlang der Hauptflüssen im Flachland, gehören derselben Spr.gruppe an wie die benachbarten Thais. Sind im Lande die einzigen, die an der modernen Geld- und Marktwirtschaft teilhaben.

Laos (TERR)
A. Demokratische Volksrepublik. Ehem. Königreich; unabh. seit 20. 7. 1954. République démocratique populaire Lao (=fr), Sathalamalid Pasatthu'paait Pasasim Lao, Saathiaranarath Prachhathipatay Prachhachhon Lao; Sathalanalat Paxathipatai Paxoxön Lao. Lao People's Democratic Republic, Laos (=en); la República Democrática Popular Lao (=sp).
Einwohner: 1911: 0,640; 1921: 0,819; 1931: 0,944; 1941: 1,100; 1950: 1,949; 1960: 2,337; 1970: 2,962; 1978: 3,546; 1985: 3,585; 1996: 4,726, BD: 20 Ew./km²; WR 1990–96: 2,6%; UZ 1996: 21%, AQ: 43%

Lao-Soung (ETH)
I. Hmong, Meo.
II. haben Anteil von 15% an laotischer Gesamtbev.; sie siedeln in den gebirgigen, kaum zugänglichen Gebieten im N Laos; sind überwiegend burmesisch-tibetischer Herkunft. Unter ihnen stellen die Hmong vor den Akha, Lahu und Lisu die stärkste Ethnie dar.

Laoten (NAT)
I. Laotians, the Lao (=en); laotiens, les lao (=fr); los lao (=sp).
II. StA. der Demokratischen VR Laos; sie gehören ca. 70 ethnischen Gruppen an; meist Lao der Lao-Lum (Tal-Lao) 55%, Lao-Theung (Berg-Lao) 27%, Lao-Soung 15%, ferner Thai und Chinesen. Seit 1975 leben wechselnd große Flüchtlingsgruppen (bis zu 10%) außer Landes. Vgl. Lao, Mon-Khmer, Thai.

Lao-Theung (ETH)
I. »Berg-Lao«.
II. haben einen Anteil von 27% an laotischer Gesamtbev.; sie bewohnen die mittleren Höhenlagen, werden in grober Verallgemeinerung den Khmer-Mon-Völkern zugeordnet.

Laotische Schriftnutzergemeinschaft (SCHR)
I. Laos-Schrift.
II. zur Wiedergabe der Laotischen Spr. benutzte Schrift, die eine Abzweigung aus der Pali-Quadrat-Schrift ist.

Lappen (ETH)
I. Samen (s.d.), Saamen; Eigenbez. Saami; aus (sw=) Lappar, Lapp und (fi=) Lappalainen; Lappi, Lopari (=rs); Lapps (=en); lapons (=fr); von den Samen als herabwürdigend empfundene Bez. Vgl. Samen.

Lappide (BIO)
I. Altbez.: Proto-alpine Rasse; bei CZEKANOWSKI: Lapponoide, G. MONTANDON: lapponienne (=fr), Lapponide (bei BERNIER).
II. L. bilden innerhalb der Europiden eine ausgesprochene Sondergruppe, vielleicht Reste einer alten eurasiatischen Bevölkerungsschicht, sind durch junge Abdrängung über N-Rußland (14. Jh.) und S-Skandinavien (18. Jh.) nach N-Skandinavien und Finnland gelangt. Protomorphe Merkmale: kleinwüchsig (1,56–1,63 m), bes. kurze Unterschenkel, kleine Hände und Füße; breit-kurz gerundete Kopfform, betonte Wangenbeine; helle bis braune Haut, schlicht bis straffe blonde bis dunkelbraune Haare. Vgl. Samen, Lappen.

Lappisch (SPR)
I. Samisch. Vgl. Samen.

Laramane (REL)
II. Kryptochristen des 17./18. Jh. in Albanien.

Larantuka (ETH)
II. Mischpopulation aus Portugiesen und Badjawanesen im Ostteil von Flores/Indonesien.

Lardil (BIO)
II. Kleingruppe von Aborigines auf Insel Mornington im Carpentariagolf/Australien; Sammler und Jäger, die aber schon lange halbseßhaft sind.

Las Palmas (TERR)
B. Spanische Provinz auf den Kanarischen Inseln. The Province of Las Palmas (=en); la province de Las Palmas (=fr); la Provincia de Las Palmas (=sp).

Laschi (ETH)
II. Untereinheit der Katchin in Myanmar; s.d. Vgl. Tsching-Po.

Lasen (ETH)
I. Eigenname Lasi; Lazy; Tschany (=rs).
II. ethnische Einheit ursprünglich mit georgischer Spr. und Rel., ansässig s. Trapezunt in Anatolien und bei Batumi/Georgien, die nach jahrhundertelangem Leben unter türkisch-islamischer Herrschaft (seit 15. Jh.) Glauben und Volkstum aufgegeben haben; heute Sunniten. Derzeitige (1990) Minorität in Türkei umfaßt 200 000 Lazischspr. Vgl. Mingrelier, Georgier.

Laßbauern (SOZ)
I. Lassiten.
II. agrarsoziale Bez. in Mitteleuropa für Landwirte mit eingeschränktem Nutzungsrecht auf fremdem Besitz.

Lassi (ETH)
II. kleines Volk von 75 000 in S-Pakistan; indoarische Spr., Muslime.

Lassiten (SOZ)
I. Lassen, Laßbauern; Laten; Lassi.
II. halbfreie Zwingleute in Ostdeutschland; waren im Unterschied zu den freieren Kolonisten dem Gutsherrn dienst- und steuerpflichtig, Kossäten, die am Boden nur ein beschränktes unverkäufliches Nutzungsrecht hatten; ihre Laßgüter konnten, mußten aber nicht erblich sein. Vgl. Liten.

Lat (ETH)
II. Kleinpopulation der Mon-Khmer-Spr.gruppe in S-Vietnam bei Da Lat; Brandrodungsbauern.

Lateinische Schriftnutzergemeinschaft (SCHR)
I. Roman Alphabet (=en).
II. die von rd. 40% der Weltbev. genutzte, sowohl potentiell als auch effektiv größte, bedeutendste und nach ihrer Ausbreitungstendenz erfolgreichste Schrgem. Seit um 700 v. Chr. die Latiner wohl durch etruskische Vermittlung in den Besitz des lateinischen Alphabets gelangten und sich das Lateinische in anfänglicher Konkurrenz mit dem Griechischen als Staatsspr. im Römischen Weltreich durchsetzten, wurde die Lateinschrift von zahlreichen Völkern zur Schreibung ihrer Mutterspr. übernommen. In Westeuropa blieb Lateinschrift unangefochten, in Osteuropa stand sie in Konkurrenz mit der Griechischen und später der kyrillischen Schrift. Als Spr. und Schrift des Christentums erlangt die L.-Schrift Eingang nach Skandinavien und Mittelosteuropa (Polen, Weißrußland). Gleichzeitig gliedert sich die L.-Schrift in verschiedene Schreibstile aus. In der Neuzeit hat sich die Latein-Schrift durch europäische Kolonisation und christliche Mission über alle Kulturerdteile verbreitet, hat ältere Schriftsysteme verdrängt oder bis dahin nur gesprochene Volksspr. erstmals verschriftet. Wo das Lateinalphabet nicht ausreichte, die Lautung einer Spr. exakt wiederzugeben, wurde das L. durch Buchstabenveränderungen und diakritische Zeichen angepaßt, internationale Konventionen dienen wiederum der Vereinheitlichung der aufgekommenen neuen Schriftsysteme.

Lateinamerikaner (ETH)
I. Iberoamerikaner, Indoamerikaner; pueblos latin-americanos, iberoamericanos, suramericanos (=sp).
II. 1.) seit 19. Jh. Sammelbez. für die spanisch- und portugiesischspr. Bev. Süd- und Mittelamerikas mit Mexiko und Karibik (außer Non Latin Caribbeans) im Gegensatz zu Angloamerikanern unter Betonung der bodenständigen Bev. 2.) (seltener) die Bev. von amerikanischen Ländern, die von den »lateinischen Nationen« (Spanien, Portugal, Frankreich) kolonisiert wurden. 3.) die Bew. des Kulturerdteils Lateinamerika (Süd-, Mittelamerika und Karibik), 35 Staaten und 14 abhängige Territorien, Gesamtbev. im Sinn der UN-Statistik: 1950: 165,0; 1980: 359,0; 1960: 217,0; 1985: 400,0; 1970: 283,0; 1990: 441,0 Mio. Dichte: 22 Ew./km². Vgl. Süd- und Mittelamerikaner; Indianer.

Lateiner (SOZ)
II. kulthist. Bez.: 1.) für die Latein-Sprachler z. Zt. des Römischen Reiches und fortdauernd bei dessen Nachfolgern im w. Mittelmeerraum und Westeuropa bis zur Ausbildung der romanischen Spr.; 2.) für Nutzer der Lateinschrift, ursprünglich zur Unterscheidung bes. in SE-Europa gegenüber Griechisch- und seit 10. Jh. auch gegenüber Kyrillisch-Schriftigen; 3.) für die (römischen) Christen der Westkirche gegenüber jenen der orthodoxen Ostkirche insbes. in S- und SE-Europa seit dem Schisma 1054, dann während der konkurrierenden Missionsbemühungen auch in Osteuropa. Vgl. Lateinische Christen, Lateinische Schriftgemeinschaft.

Lateinische Christen (REL)
I. Lateiner, Katholiken nach römischem Ritus mit lateinischer Kultspr.; Latins (=en).

Latein-Sprachler (SPR)
I. Lateinsprachige, Sprecher der Lingua Latina.
II. erste Träger dieser indogermanischen, italischen Spr. waren die Latiner in Latium mit Rom. Durch Aufstieg Roms im Römischen Imperium wurde L. in Konkurrenz zum Griechischen abendländische Weltspr., im 3. Jh. v. Chr. Literaturspr., geschrieben in lateinischer Eigenschrift. Im Verfall dieser Literaturspr. traten div. Volksspr. (Vulgärlatein) auf, aus denen die romanische Spr. hervorgingen. Die Literaturspr. lebte (fortgetragen in den sog. Lateinschulen) als Mittellatein weiter in kath. Kirche und Wissenschaft, bis ins 17. Jh. auch Spr. der Diplomatie. Die röm.-kath. Kirche ist vom Latein als weltweiter Liturgiespr. nach dem II. Vatikanum abgegangen. Vgl. Latein-Schreiber, Lateinische Christen, Lateiner.

Latente Wanderer (WISS)
II. Personen, die aufgrund spezieller Kriterien (Alter, Beruf, Mobilitätserfahrung) als Wanderer in Frage kommen; Vgl. Potentielle Wanderer.

Later Day Saints (REL)
I. »Heilige der letzten Tage«; Mormonen.

Latifundistas (SOZ)
I. (=sp, pt); aus latifundium (lat=) umfangreicher Grundbesitz in Sklavenbewirtschaftung; Großgrundbesitzer; Latifundisten; hacendados, hacenderos (=sp).
II. heute Plantagenbesitzer in Lateinamerika; es handelt sich dort um Politiker, Bank- und Fabrikbesitzer, also um Stadtleute, die ihre Besitzungen durch Gerentes und Subunternehmer verwalten lassen (z.B. gehören L. etwa zwei Drittel der nutzbaren Fläche Brasiliens). Terminus gilt auch in S-Spanien oder war (bis zur Nelkenrevolution) in S-Portugal gebräuchlich.

Latinos (ETH)
I. (=sp); chicanos (=sp).
II. Bez in USA für die Nachkommen der spanisch-indianischen Mischbev., die schon vor Entstehung der Vereinigten Staaten die heutigen Südterritorien bewohnt hat. Vgl. Hispanics.

Latinos (SOZ)
I. (nur angenähert syn.) Hispanics, Mexican Americans (=en); chicanos (=sp); La Raza.
II. Eigenbez. und eher linkspolit. Begriff 1.) für Mexikaner (vgl. Chicanos), 2.) allg. für Lateinamerikaner (insbes. Einwanderer aus Mexico, Nicaragua, El Salvador, Guatemala, dann auch Kubaner und Puertorikaner) in USA. Ihr Anteil an der Gesamtbev. von USA betrug 1985: ca. 8%, 1995: 10,2% mit weiterhin wachsender Tendenz. Vgl. Hispanics und Hispanos.

Latuko (ETH)
I. Lotuko.
II. kleine nilohamitische Ethnie im Grasland zwischen Bahr el Dschebel und Rudolf-See.

Latviesi (NAT)
I. Eigenname der Letten.

Latynnyky (ETH)
I. nicht ugs. benutzter Terminus (nach *V. KUBIJOVYC*).
II. polnisch-ukrainische Mischbev. in Galizien, ukrainischer Spr., römisch-katholischer Konfession. Vgl. Ruthenen, Ukrainische Unierte.

Läuflinge (SOZ)
II. zeitgenössische Bez. des 16/17. Jh. in Rußland mit Ukraine und Polen-Litauen für entwurzelte Landleute (seltener Städter), die der Leibeigenschaft oder der Strafverfolgung in unzugängliche Sümpfe und Auwälder entflohen oder für solche Leibeigenen, die in Hunger- und Seuchenzeiten ohne Freilassungspapiere weggetrieben, sich in die Grenzgebiete zu den Kosakenkommunen flüchteten und dort als Golytba-Proletariat deren Kontingente stärkten.

Laukehs (SOZ)
II. Kulis, die ihren Kontraktvertrag erfüllt hatten und in ihre Heimat zurückkehrten, oft genug nur, um unter Verwandten oder Stammesangehörigen neue Kontraktwillige anzuwerben.

Lautari (SOZ)
I. aus lawota (zi=) »Geige«; in USA: Baschalde und Chorochane.
II. Zigeuner-Musiker in den Städten SE-Europas; haben ihre alte Eigenspr. aufgegeben.

Lawa (ETH)
II. Bergvolk in NW-Thailand (Provinzen Meahongson und Chiengmai) mit Eigenspr. aus der Mon-Khmer-Spr.gruppe; ca. 20000–25000. Brandrodungsbauern, auch Büffelzucht für Naßreisbau in Tälern. L. waren einst Tieflandbewohner, zogen sich Ende 1. Jtsd. vor expandierenden Mon ins Bergland zurück, errichteten dort befestigte Großdörfer. Vgl. Wa.

Laya (ETH)
I. La-Gia.
II. kleine, Brandrodungsbau treibende Population von ca. 2000 Köpfen in S-Vietnam bei Phan Thiet, zur Mon-Khmer-Spr.gruppe zählend.

Layènes (REL)
II. 1909 durch Seydina/Mouhammedou Limanou Laye bei Dakar/Senegal begr. islamischer Mystikerorden; heutiges Zentrum ist Ndjassane, einige Hunderttausend Anh.

Lazaristen (REL)
I. CM.
II. Vinzentiner, gegr. 1624 bei Paris. Katholische Kongregation von Weltpriestern für die innere und äußere Mission. Heute ca. 4000 Mitglieder.

LDC-Bevölkerung (WISS)
I. aus (en=) least developed countries.
II. Bev. der am wenigsten entwickelten, der ärmsten Drittweltstaaten; Begriff nicht voll syn. (lt. Weltbankeinteilung) mit Bev. von Niedrigeinkommensländern: BSP < 425 US $ 1986. Gemäß Indikatoren: BIP pro Kopf < 355 US $; Anteil des Industriesektors am BIP < 10%; Alphabetisierungsquote der über 15 J. alten Bev. < 20%. 1987 galten 41 Staaten als LDC-Länder, in ihnen lebten rd. 380 Mio. Menschen, d.h. rd. 10% der Bev. der Dritten Welt. Vgl. MSAC-Bev., NIC-Bev.

Leba-Kaschuben (ETH)
I. nach Leba-See im ö. Hinterpommern.
II. kleine slawische Einheit, die sich 1945 durch Abwanderung nach Deutschland aufgelöst hat.

Lebendgeborene (BIO)
I. Gebürtige; enfants nés vivants (=fr); live births (=en).
II. Kinder, die mit Atmung oder Herzschlag zur Welt kommen, auch wenn sie zu früh geboren und ohne Überlebenschance sind. Die medizinstatistische Erfassung erfolgt nach unterschiedlichen Kriterien und ist demgemäß international nicht voll vergleichbar. Vgl. Geborene, Frühgeborene.

Lebensformgruppe (WISS)
I. life-form group (=en); gruppo caratterizzato da un particolare genere di vita (=it); genres de vie (=fr); grupo de formaderida (=sp, pt).
II. geogr. Fachterminus (im Sinn von *P.M. VIDAL DE LA BLACHE, H. BOBEK, E. HAHN*) für Teilgruppen der Bev., die sich nicht nur durch je gleiche Wirtschaftsform, sondern darüber hinaus auch durch gleiche Lebensweise auszeichnen. Wirtschafts- und Lebensform sind miteinander korreliert. L. stehen in Wechselwirkung zw. physischer Landesnatur und Raumgliederung einerseits und gesellschaftlicher Eigenart, wie ethnischen Strukturen, Mobilitätsverhalten, erworbene Adaptionen usw. andererseits. Solche Gruppen reagieren gleichartig unabhängig von der im einzelnen beruflichen, ständischen, nationalen oder religiösen Sonderung ihrer Mitglieder. Beispiele solcher L. sind u.a. Wüsten-Nomaden, Oasen-Fellachen, Steppen-»Reitervölker«, Berg-/Gebirgsbauern, tropische Brandrodungspflanzer, Bergleute, Treckburen, orientalische Bazarhändler.

Lebensschützer (SOZ)
II. moderne Bez. meist im Sinn von Abtreibungsgegnern gebraucht.

Lebowa. (TERR)
B. Ehem. abhängiges Homeland in Südafrika. Ew. 1991: 2,096 Mio

Lebu (ETH)
II. ethnische Einheit von rd. 50000 Sudan-Negern, auf Mischung von Wolof und Serer zurückgehend, im Raum von Kap Verde/Senegal; Küstenfischer.

Lechen (ETH)
I. Lechiten; Ljachen (=rs).
II. nach Lech, dem sagenhaften Stammvater der Polen; linguistische Sammelbez. für die Ostseeslawen, s.d. Vgl. auch Westslawen, Elbslawen.

Lechische Sprachen
II. die Polnisch-Spr. mit dem Kaschubischen, Slowinzischen und Polabischen (wobei die beiden letzteren ausgestorben sind).

Leco (ETH)
II. indianisches Restvolk auf Osthängen der bolivianischen Anden; Anzahl einige Hundert. Erfahrene Fischer und Flößer (Balsaholz).

Ledernacken (SOZ)
I. Leathernecks (=en).
II. Bez. in USA für Angeh. der Marineinfanterie, einer Eliteeinheit.

Ledige (SOZ)
I. single persons, never-married persons (=en); célibataires (=fr); solteros/-as (=sp); celibi (m), nubili (w) (=it); solteiros, solteiras, celibatarios, celibatarias (=pt).
II. eine der vier Kategorien des Familien- oder Zivilstandes: Personen, die noch keine Ersthelrat eingegangen sind bzw. die niemals verheiratet waren. Gegensatz nichtledige Personen (s.d.). Vgl. Junggesellen, ledige Mütter.

ledige Mütter (SOZ)
II. Mütter, die ledig sind oder (in freien Lebensgemeinschaften) offiziell als unverheiratet gelten. In Teilbereichen wie bes. Mittelamerika entfallen bis > 80% aller Geborenen auf ledige Mütter, z.B. S. Lucia 87%, St. Kitts 81%, Dominikanische Rep. 67%.

Leewardinseln (TERR)
B. s. Französisch Polynesien. Leeward Islands (=en); les îles Leeward (=fr); las islas Leeward, las islas de Sotavento (=sp).

Lefana (ETH)
I. Lelemi.
II. schwarzafrikanische Ethnie im Grenzgebiet von Togo zu Ghana.

Lega (ETH)
I. Rega.
II. schwarzafrikanische Ethnie im E der DR Kongo.

Legionäre (SOZ)
I. aus legere (lat=) »auswählen«, »ausgelesene Mannschaft«; legionarius (lat=) »zur Legion gehörig«; légionnaires (=fr).
II. 1.) in Altbedeutung Soldaten eines altrömischen Truppenverbandes. 2.) heute freiwillige Mitglieder von (meist ausländischen) Kampfeinheiten z.B. in der französischen Fremdenlegion, in internationalen Brigaden, Légion Condor, Blaue Division usw. 3.) aus nationaler Sicht Bez. für Sportler, die im Ausland verpflichtet sind und den Nationalmannschaften nur zu internationalen Wettbewerben zur Verfügung stehen (Fußballer).

Lehner (SOZ)
I. Lehnbauern, Lehnsleute, Eigenlehner, Lechner; Kossäten, Kotsassen.
II. Lechner, agrarsoziale Altbez. in Mitteleuropa für Landwirte, die im MA mit einem Viertelhof als Lehen begabt waren. Abgeleitet dt. Familienname Lehmann, einst Besitzer eines Lehengutes. Vgl. Lehnsherren.

Leibeigene (SOZ)
II. persönlich und wirtschaftlich Unfreie im Unterschied zu Hörigen. Im MA hatten in Europa L. Leibzins (Geld und Naturalien) an den Leibherrn zu entrichten, öfters auch Frondienste zu leisten. In strengerer Form, unter Gutsherrschaft, konnte Leibeigenschaft zu Zwangsarbeit, Verlust der Freizügigkeit und unbeschränkter Erbuntertänigkeit führen. Leibeigenschaft wurde erst durch die Bauernbefreiung aufgehoben. In fremden Kulturerdteilen der Alten Welt steht häufig die ackerbautreibende, seßhafte Bev. als L. unter der Herrschaft erobernder Hirtennomaden. Vgl. Hörige.

Leiharbeiter (WISS)
I. Leasing-Arbeiter; Mietwerker.
II. Personal, das von anderen Firmen oder von ausschließlich mit der Rekrutierung solcher Arbeitskräfte befaßten Agenturen im Werkvertrag zur Verfügung gestellt wird. Leiharbeiter treten mithin überwiegend in zwei Formen auf: einerseits als Billigarbeiter ausländischer Firmen, die (oft in dubiosen Rechtsverhältnissen) unter erbärmlichen Lebensverhältnissen bes. in Mitteleuropa hpts. im Baugewerbe Einsatz finden und andererseits als sog. Zeitarbeitnehmer (s.d.).

Leihmütter (BIO)
II. Frauen, die aufgrund künstlicher Befruchtung das Kind einer anderen Frau austragen. Seit erstem Aufkommen 1976 dürften binnen zwei Jahrzehnten allein in N-Amerika rd. 10000 Kinder auf diese Weise geboren worden sein.

Leihpilger (REL)
II. Bez. für Christen, die ihre Pilgerschaft auf Kosten und zum Nutzen eines anderen, ggf. sogar schon Verstorbenen, durchführten.

Leisured Classes (SOZ)
II. (=en); wohlhabende Klassen.

Lele (ETH)
I. 1.) Mangbetu.
II. ethnische Einheit unweit der Kasai-Mündung in den Kongo/DR Kongo. 10000–20000 Personen, bantuspr.; treiben Ackerbau, Jagd und Handel u.a. mit Raffiabast.
I. 2.) Schilele.
II. kleine schwarzafrikanische Ethnie in der zentralen DR Kongo.

Lemba (ETH)
I. Balemba.
II. nomadisierendes Händler- und Handwerkervolk, unter den Shona und Venda in Simbabwe und n. Mosambik lebend. Waren wohl ursprünglich ein Küstenvolk orientalischer Herkunft, im Laufe der Zeit stark afrikanisiert.

Lemken (ETH)
I. Eigenbez. Lemky; Lemki (=rs); in Mitteleuropa einst auch als Karpato-Ruthenen bezeichnet.
II. ethnische Einheit ukrainischer Spr. in Ostbeskiden zwischen Poprad und San, mehrfach wechselnder Nationalität (polnisch, österreichisch, ungarisch, tschechoslowakisch). Nach Neufestlegung der Grenze Polen zur Sowjetunion 1945 erfolgten Umsiedlungen sowohl nach Ostpreußen und Stettin als auch in das Gebiet Tarnopol/Ukraine.

Lenca (ETH)
II. Restbev. eines Indianervolkes, dessen Eigenspr. L. erloschen ist; sind weitgehend zu Mestizen vermischt, leben in unzugänglichen Gebieten von N-El Salvador und E-Honduras.

Lendu (ETH)
II. ethnische Einheit westlich des Nyoro-Sees im NE der DR Kongo.

Lengola (ETH)
I. Mituku.
II. schwarzafrikanische Ethnie im E der DR Kongo.

Lengua (ETH)
II. Stamm der Mascoi-Indianer im Chaco Paraguays; einige Tausend. Leben seit Chaco-Krieg in und neben den Kolonien zugewanderter deutschstämmiger Mennoniten und sind ihrer alten Lebensweise weitgehend entfremdet.

Lenje (ETH)
I. Balenje, Beni Mukuni.
II. Bantu-Ethnie im zentralen Sambia.

Lepröse (BIO)
I. Lepra-Kranke, Aussätzige (s.d.); lépreux (=fr).
II. Menschen, die an Lepra, (dt=) Aussatz oder Mieselsucht (aus misellus) (lat=) »Elend«, der »Hansenschen Krankheit« leiden, an einer altbekannten (schon um 600 v.Chr. in Indien beschriebenen) chronischen, mäßig bis gering übertragbaren Infektionskrankheit. Lepra wird hervorgerufen durch das Mycobacterium leprae bei oft sehr langen Inkubationszeiten von Jahren; in zwei Formen auftretend: knotig/lepromatös oder flecken- und blasenbildend/tuberkuloid; führt zu Verunstaltungen von Nase, Augen, Händen, Füßen. Alte Gegenmaßnahmen beschränkten sich auf Absonderung bzw. Zwangsisolation in Leprosorien bei gleichzeitigen Aussätzigenprozessen, Ausschlüssen aus Kirchen, Eheauflösungen und Aufhebung aller bürgerlichen Rechte; besondere Kleidung, warnende Klappern. Aussätzige mit ihren oft furchtbaren Verstümmelungen galten als ständige Gefahr für die Umwelt, selbst nach Heilung bleibt vielfach das soziale Stigma bestehen. Leprose zählen in Indien zu den meist gefürchteten Alkoholschmugglern. Nächst der Pest hatte keine Seuche so nachhaltige Auswirkungen in der Kulturgeschichte. Lepra gelangte durch Kreuz-

züge nach Europa, erreichte den Höhepunkt ihrer Ausbreitung im 13. Jh. und erlosch dort erst im 17. Jh. Zwar weit verbreitet von Grönland und Island (im MA) bis nach Hawaii (1850), tritt Lepra doch bevorzugt in tropischen und subtropischen Gebieten auf und dauert bis heute in Südasien, Ozeanien und Afrika (insbesondere in Indien, Brasilien, Indonesien, Myanmar, Bangladesch) bedrohlich fort. Lokal werden bis zu 10% dortiger Einw. befallen. Bei Früherkennung ist Lepra heute u.a. durch Kombination von Antibiotika heilbar. 1994 wurden weltweit ca. 7–12 Mio. (wovon etwa 4 Mio. verkrüppelt), allein in Indien 1981 rd. 3,1 Mio. Aussätzige registriert. Jährlich treten 300000–650000 Neuerkrankungen auf, von ihnen ist mindestens ein Viertel jünger als 15 J. Erhebliche Dunkelziffer, Erkranktenzahl deshalb vermutlich zwei- bis dreifach größer. Lepra gilt als typische Armutskrankheit. Schlechte hygienische Bedingungen und reduzierte Widerstandskraft durch Unterernährung sind Hauptursachen. Vgl. Aussätzige.

Leptscha(s) (ETH)
I. Lepcha(s).
II. Gruppe mongolider Stämme mit tibeto-birmanischer Spr., hpts. in Sikkim, auch W-Bhutan, W-Bengalen, Darjeeling und E-Nepal; bis zur Einwanderung der Bhotia, die ihnen den Buddhismus brachten, die ursprüngliche Bev. Stellen in Sikkim neben den zahlreichen Einwanderern aus Nepal, sowie solchen aus Indien und Tibet nur mehr eine Minderheit von 10% der Gesamtbev.

Les Saintes (TERR)
B. s. Guadeloupe. Die Les-Saintes-Inseln. Les Saintes Islands (=en); les îles des Saintes (=fr); las (islas) Santas (=sp).

Lesben (SOZ)
I. nach *Sappho*, einer Lesbierin, Lesbier(innen), die Bew. der griechischen Insel Lesbos.
II. gleichgeschlechtlich veranlagte Frauen. Vgl. Homo-Gemeinschaften; Schwule.

Lesgier (ETH)
I. Lesghier, Lezgier, Lesginen, Lesguin, Lesguinen; Küriner; Eigenname Lesgi; Lezgijar, Lezginy (=rs); Lesgians, Lezgins (=en).
II. vielfach als Sammelbez. für die gesamte Bergbev. von Daghestan. I.e.S. autochthone Ethnie, ein Stammesverband im ö. Kaukasus, in N-Aserbaidschan (rd. 300000) und in Russischer Rep. Dagestan (rd. 200000); mit Eigenspr. Lesgisch, die zu den nö. Kaukasusspr. zählt und seit Ende 19. Jh. Literaturspr. ist; im 14. Jh. durch Timur gewaltsam und endgültig islamisiert, meist Sunniten, auch einige Schiiten. 1979 ca. 383000, 1990 rd. 466000. Standen zeitweilig unter armenischem und georgischem Einfluß. Der mongolischen (im 14. Jh.) folgte die osmanische Oberherrschaft, gewisse Selbständigkeit im Kampf gegen Perser, Türken und Russen im 18. Jh. Waren einst durch ihr Söldner- und Bandenwesen sowie durch Sklavenhandel gefürchtet. Kamen 1812 endgültig unter russische Herrschaft; wurden 1920/221 auf dagestanische ASSR und aserbeidschanische SSR aufgeteilt. Aus Sorge vor nun schärferer Abgrenzung gegen Aserbeidschan begehren die L. Daghestans 1992 die Unabhängigkeit von Rußland (Organisation »Sadval«); ähnliche Bestrebungen in Aserbeidschan.

Lesother (NAT)
I. Lesotho (=en).
II. Angehörige des Kgr. von Lesotho mit beschränkter Autonomie in Südafrika. Fast ausschließlich Sotho (Basotho) der Südbantu-Gruppe. Rd. 10% der L. leben ständig oder als Zeitarbeiter in Südafrika. Vgl. Basotho Pl. und Masotho Sg.

Lesotho (TERR)
A. Königreich. Ehem. Basutoland; unabh. seit 4. 10. 1966. Kingdom of Lesotho, Mmuso wa Lesotho. The Kingdom of Lesotho, Lesotho (=en); le Royaume du Lesotho, le Lesotho (=fr); el Reino de Lesotho, Lesotho (=sp).
Ew. 1950: 0,747; 1960: 0,870; 1970: 1,061; 1978: 1,279; 1996: 2,023, BD: 67 Ew./km^2; WR 1990–96: 2,1%; UZ 1996: 25%, AQ: 29%

Letschchumelier (ETH)
I. Letschchumeli Eigenbez.; Letschumcy (=rs).
II. Teilstamm der Georgier.

Letten (ETH)
I. Eigenbez. Latvieschi; Latyschi (=rs); Letts, Latvians (=en); Latviens, Lettes (=fr); letoneses (=sp, pt). Lotysze (=pl); Altbez. Latvji nach Landschaft Latve/Latuva »feucht, naß, Sumpf«.
II. Volk in Ostmitteleuropa, zu dessen Ethnogenese neben den alten ostbaltischen Stämmen der Lettgaller, Selen und Semgaler auch die Liven beigetragen haben und deren Sprachen im 14.–16. Jh. im Lettischen (bzw. Litauischen) aufgegangen sind. L. kamen um 1200 an unter Vorherrschaft des Schwertbrüderordens und später des deutschbaltischen Adels; 1561 fielen Kurland und Semgallen unter polnische Lehenshoheit, 1621–1710 das n. Livland unter schwedische, das s. unter polnische Herrschaft. 1710/1722/1795 kamen L. aller drei Länder bei eingeschränkter Autonomie an das Russische Reich. Erst 1918–39 in einer unabhängigen Rep. erreichten sie volle Souveränität. 1940 wurde ihr Land als lettische SSR in die UdSSR eingegliedert. Im II.WK Rücksiedlung der Baltendeutschen und Deportation von 150000 Letten nach Innerrußland. Russifizierung setzte bereits 1881 ein, setzte sich seit Revolution von 1905 (mit Kampf um eine lettische Verwaltungs- und Schulspr.) fort und verstärkte sich nach 1945 zufolge stetiger Immigration von Russen und Weißrussen. L. hielten 1989 mit 1,4 Mio. in ihrer SSR nur mehr einen Bev.anteil von 52%. 1990 gegelang L. die Rekonstituierung ihres unabhängi-

gen Staates mit 2,5 Mio. Ew. (1996). Lettische Minderheiten leben auch in Weißrußland und Rußland, namhafte Auswandererkontingente (> 160 000) in USA, Kanada, Australien und Schweden. Lettisch wird in Lateinschrift geschrieben. Mit Ausnahme der Lettgaller sind L. Lutheraner. Vgl. Baltendeutsche, Lettisch-orthodoxe Christen.

Letten (NAT)
II. StA. der Rep. Lettland. L. stellten in ihrem 1991 wiedergewonnenen Staat nur mehr 55,3 % der Wohnbev., die ferner 4,0 % Weißrussen, 2,9 % Ukrainer, 2,2 % Polen, 1,3 % Litauer, vor allem aber 32,5 % Russen einschloß. Insbesondere die staatsrechtliche Zugehörigkeit der Russen, deren Anteil 1935–1989 von 9 auf 34 % angewachsen war, ist strittig. Vgl. Balten, Lettgaller.

Lettgaller (ETH)
I. Letgalen; Eigenbez. Letgaler (=le); Latgolischi, Latgaly (=rs).
II. Letten (um Dünaburg) unterschiedlicher Spr., Kultur und Konfession, nämlich überwiegend römisch-katholisch; sie fielen in der 1. Polnischen Teilung 1772 an Rußland. 1979 ca. 500 000.

Lettisch (SPR)
I. Latvian (=en).
II. von ca. 2 Mio. Sprechern benutzte baltische Spr. in Lettland, 1991 (1,4 Mio.), in Rußland (50 000), in Ukraine und Litauen jeweils einige Tausend.

Lettisch-orthodoxe Christen/Kirche (REL)
I. orthodoxe Letten.
II. seit 1936 autonome orthodoxe Kirche in Lettland; in Teilen seit 1945 in der Emigration; ca. 200 000 Gläubige.

Lettland (TERR)
A. Bis 1990 Lettische SSR der UdSSR. Latvijas Republika (=le). Latvia (=en); le Lettonie (=fr); Letonia (=sp).
Ew. 1939: 1,900; 1959: 2,100; 1979: 2,521; 1989: 2,667; 1996: 2,490, BD: 39 Ew./km^2; WR 1990–96: –1,2 %; UZ 1996: 73 %, AQ: 2 %

Letzeburger (ETH)
II. 1.) mundartlich für luxemburger StA. 2.) die rd. 300 000 Angehörigen der Letzeburgischen Sprgem.

Letzeburgisch (SPR)
I. Letzebuergisch, Letzeburgesch.
II. moselfränkischer Dialekt, der als Nationalspr. in Luxemburg gilt; er erfuhr nach 1945 in Luxemburg beschränkte Aufwertung zur Schriftspr. und wird in Grundklassen der Schulen gelehrt. 1984 neben Französisch und Deutsch als eine der drei amtlichen Arbeitsspr. erklärt. Dialekt hat französische und deutsche Lehnwörter und Ausdrücke in großer Zahl aufgenommen. Als Umgangsspr. im Großherzogtum Luxemburg, im belgischen Bezirk Arlon (14 000), in Deutschland um Bitburg und im französischen Bezirk Diedenhofen/Thionville im Elsaß von insgesamt > 300 000 Menschen, davon 276 000 (1990) in Luxemburg.

Levantiner (ETH)
I. Levantins (=fr); Levantines (=en).
II. 1.) in der Levante (it »Land des Sonnenaufgangs«, d.h. in etwa Vorderasien) geborene Abkömmlinge (west-)europäischer Väter, der sogenannten »Franken«, und orientalischer Mütter (bes. gebräuchlich im Osmanischen Reich). Vgl. Orientalen.
II. 2.) Bez. in Afrika und Lateinamerika für Kaufleute armenischer, jüdischer (zuweilen griechischer und italienischer) Abstammung aus dem ö. Mittelmeerraum.

Leviratsehen (SOZ)
I. aus levir (lat=) Schwager.
II. 1.) Ehegemeinschaft einer kinderlosen Witwe mit einem Bruder des verstorbenen Ehemannes, im ursprünglichen Sinn, um für den Verstorbenen Nachkommen zu zeugen; gemäß älterer religiöser Vorschriften u. a. im Judentum und Islam. 2.) i.w.S. als Erbehe, in der ein Bruder die verwitwete Schwägerin heiratet, um sie wirtschaftlich und sozial zu versorgen. Verbreitet bes. in polygamen Gesellschaften.

Leviratsehen (WISS)
I. aus levir (lat=) »Schwager«; Schwagerehen.
II. 1.) Ehegemeinschaft einer kinderlosen Witwe mit einem (vorzugsweise dem ältesten) Bruder des verstorbenen Ehemannes, im ursprünglichen Sinn, um für den Verstorbenen Nachkommen zu zeugen; gemäß älterer religiöser Vorschriften u. a. im Judentum und Islam. 2.) i.w.S. als Erbehe, in der ein Bruder die verwitwete Schwägerin heiratet, um sie wirtschaftlich und sozial zu versorgen. Verbreitet bes. in polygamen Gesellschaften.

Leviten (REL)
II. im A.T. die Nachkommen des jüdischen Stammes Levi, denen das Vorrecht bestimmter Priesterämter zukam. Ein Urenkel Levis war Aron, der Hohepriester; seine männlichen Nachkommen sind die Kohanim, bis heute kommen ihnen in der Judenheit gewisse Privilegien zu.

Lhopa (ETH)
II. tibetische Teilbev. in Bhutan, rd. 25 % der Gesamtbev. von 0,75 Mio.; Buddhisten.

Lhota (ETH)
II. Einheit der Naga-Stämme in NE-Indien.

Li (ETH)
I. B'lai, B'li, Dai Dli, Lai, Le, Lei, Loi.
II. i.e.S. die Altbev. im gebirgigen Südteil der Insel Hainan. Widersetzten sich bis Ende 19. Jh. erfolgreich der Sinisierung. Besitzen seit 1952 einen auto-

nomen Distrikt. Matrilineare Gesellschaftsstruktur. L. gliedern sich in vier große Stammesgruppen; nur die Ben di Li werden von L. selbst als autochthon betrachtet, die drei anderen (Me-fu-li, Ki und Ha) sollen vom Festland eingewandert sein. Insgesamt 1990: 1,1 Mio. L. sind durch hochentwickelte Web- und Färbetechniken der Frauen bekannt. I.w.S. Stämme von Brandrodungsbauern in SW-China (Hainan, Yünnan, Hunan) mit Tai-Spr. und neuentwickelter Schrift; Polyandrie, hängen Naturreligionen und Taoismus an; ca. 900000.

Liaoning (TERR)
B. Provinz in China.
Ew. 1953: 18,545; 1996: 41,160, BD: 282 Ew./km^2

Libanesen (ETH)
I. Lebanese (=en); Libanais (=fr); libanéses (=sp); libanesi (=it).
II. 1.) StA. der Rep. Libanon. 2.) Sammelbez. (ähnlich wie Levantiner) in Westafrika für Vorderasiaten incl. Griechen und Zyprioten.

Libanesen (NAT)
II. StA. der Libanesischen Rep. Eindeutige Gesamtzahlen fehlen, da letzte VZ 1970 erfolgte. Libanon beherbergt allein über 360000 palästinensische Flüchtlinge, die zumeist keine libanesische StA. besitzen, sowie fast 150000 armenische Altflüchtlinge aus I.WK. Als Folge der Bürgerkriegswirren entstanden große Kolonien abgewanderter Libanesen auf Zypern und in Europa. Vgl. auch Maroniten, Drusen.

Libanon (TERR)
A. Libanesische Republik. El Dschumhurija el Lubnanija, El Jumhouriya el Lubnaniya, Lubnan (=ar). Republic of Lebanon, The Lebanese Republic, Lebanon (=en); la République libanaise, le Liban (=fr); la República Libanesa, el Líbano (=sp).
Ew. 1950: 1,443; 1960: 1,857; 1970: 2,469; 1980: 2,669; 1996: 4,079, BD: 390 Ew./km^2; WR 1990-96: 1,9%; UZ 1996: 88%, AQ: 8%

Libbers (SOZ)
II. (=en); aktive Mitglieder der nordamerikanischen Frauenbewegung »Women's Liberation Movement«.

Liberia (TERR)
A. Republik. (Name seit 1839). Republic of Liberia (=en). La République du Libéria, le Libéria (=fr); la República de Liberia, Liberia (=sp).
Ew. 1950: 0,741; 1960: 0,978; 1970: 1,335; 1980: 1,845; 1996: 2,810, BD: 29 Ew./km^2; WR 1990-96: 2,4%; UZ 1996: 45%, AQ: 62%

Liberianer (NAT)
I. Liberians (=en); libériens (=fr); liberianos (=sp, pt); liberiani (=it).
II. StA. der Rep. Liberia, der zahlreiche westafrikanische Ethnien (u.a. Kpelle (19%), Bassa (14%), Grebo (9%), Kru (8%) angehören. Der Bürgerkrieg seit 1989 verursachte starke Verluste (> 100000) sowie nationale und internationale Fluchtbewegungen von über 1,5 Mio. (700000 nationale, 800000 im Ausland). Vgl. u.a. Ameriko-Liberianer, Congos.

Libyen (TERR)
A. Sozialistische Libysch-Arabische Volks-Jamahiria; früher Arabische Republik Libyen; unabh. seit 24. 12. 1951. Al-Jamahiriyah Al-Arabiya Al-Libya Al-Shabiya Al-Ishtirakiya (=ar), Libya, Jamahiriya Al-Arabiya Al-Libiya Al-Shabiya Al-Ishtirakiya Al-Uzma. The Socialist People's Libyan Arab Jamahiriya, the Libyan Arab Jamahiriya (=en), la Jamahiriya arabe libyenne populaire et socialiste, la Jamahiriya arabe libyenne (=fr); la Jamahiriya Libia Popular y Socialista, la Jamahiriya Arabe Libia (=sp).
Ew. 1931: 0,704; 1936: 0,849; 1950: 1,029; 1960: 1,349; 1970: 1,992; 1980: 3,043 F; 1984: 3,637; 1996: 5,167, BD: 2,9 Ew./km^2; WR 1990-96: 2,5%; UZ 1996: 86%, AQ: 36%

Libyer (ETH)
I. Libyans (=en); Libyens (=fr); libici (=it); libios (=sp, pt).
II. antike Bez. für nordafrikanische Völker westlich Ägyptens; gilt auch als ältester Name für Berber, siehe dort.

Libyer (NAT)
II. StA. von Libyen; überwiegend Araber, Minderheiten von Berbern, Schwarzafrikanern. Gastarbeiterkontingente wechselnder Größe, Herkunft und Aufenthaltsdauer; in 80er Jahren rd. 0,5 Mio. aus Ägypten.

Lichtfreunde (REL)
I. Protestantische Freunde.
II. freikirchliche protestantische Gemeinschaft in Mitteldeutschland, die sich 1841 von den Landeskirchen losgesagt und 1859 mit den Deutsch-Katholiken zum »Bund freier religiöser Gemeinden« vereinigt hat.

Liechtenstein (TERR)
A. Fürstentum Liechtenstein. The Principality of Liechtenstein, Liechtenstein (=en); la Principauté de Liechtenstein, le Liechtenstein (=fr); el Principado de Liechtenstein, Liechtenstein (=sp).
Ew. 1828: 0,006; 1948: 0,013; 1950: 0,014; 1960: 0,016; 1970: 0,021; 1981: 0,026; 1996: 0,031, BD: 194 Ew./km^2; WR 1985-94: 1,4%; UZ 1996: 46%, AQ: 0%

Liechtensteiner (NAT)
I. Liechtenstein (=en); liechtensteinois (=fr).
II. StA. des Fürstentums Liechtenstein. L. Wohnbev. weist einen ansehnlichen Ausländeranteil von rd. 38% auf; über 4500 sind Schweizer, 2100 Österreicher. Amtsspr. ist Deutsch.

Liguorianer (REL)
Vgl. Redemptoristen.

Ligurische Rasse (BIO)
I. Altbez. wie auch Iberische Rasse oder (nach DENIKER) Ibero-insulare bzw. Atlanto-mediterrane Rasse. Vgl. Mediterranide.

Likaner (ETH)
I. aus Lika, einer Landschaft im NW Kroatiens.
II. Bew. des habsburgischen Militärgrenzbezirks von Karlobag-Gospic seit 18. Jh.

Liko (ETH)
I. Lika.
II. schwarzafrikanische Ethnie im der DR Kongo.

Lil'wat (ETH)
II. kleine Indianerethnie von rd. 1500 Köpfen (1990) im Pembertontal Britisch Kolumbiens/Kanada. L. beanspruchen volle Souveränität, da keine Treaties mit Europäern geschlossen wurden. Die Wälder ihres Bannbereiches werden durch ausgedehnte Kahlschläge der Papierindustrie nachhaltig zerstört.

Limba (ETH)
II. schwarzafrikanische Ethnie im n. Sierra Leone, ca. 150 000 (1984); Regenwaldbauern mit Jagd und Fischfang.

Limba (SPR)
II. kleine Volksspr. im n. Sierra Leone, 1984 mit rd. 105 000 Sprechern.

Limbu (ETH)
II. Nachkommen der ältesten tibetischen Einwanderer im ö. Nepal, 45 000 (1991), mit tibeto-birmanischen Spr. Vgl. Kiranti, zu denen die L. und Rai gerechnet werden.

Limeys (SOZ)
I. Kurzform für lime-juicers (=en).
II. Altbez. in USA für britische Matrosen, denen (zur Skorbutverhütung) einst das Trinken von Zitronellensaft vorgeschrieben war.

Lineage (WISS)
I. (=en); Adam (=ar); Ikhs (=be).
II. Blutsverwandtschaftsgruppe, die ihre Abstammung innerhalb von 3–5 Generationen auf einen gemeinsamen Ahnen zurückführt. Bei längerer Abstammungsrechnung spricht man von Sippe.

Lingala (SPR)
I. Ngala, Lingala (=en).
II. eine der vier Nationalspr. und Lingua franca in DR Kongo und Kongo; insgesamt 15–20 Mio. Sprecher.

Lingayats (REL)
I. Viraschaivas = »heldische Shivaiten«.
II. schivaitischer Reformorden des 11./12. Jh. in Südindien. Führen streng puritanisches Leben: Ablehnung von Kinderheirat, Witwenverbrennung, Kastenwesen, Opfer und Pilgerfahrten; tragen das Lingam-Amulett.

Lingua franca (SPR)
I. (it=) »freie Zunge«.
II. ursprüngliche Bedeutung das »verdorbene«, mit arabischen Elementen vermischte Italienisch, das z. Zt. der venezianischen und genuesischen Herrschaft im Mittelmeer- und Schwarzmeerraum, speziell in der Levante aufkam. Heute allg. Bez. für eine überregionale Verkehrsspr. zwischen Menschen, deren Muttersp. verschieden ist. Vgl. Koine, Sabir.

Lingua geral (SPR)
I. aus (pt=) »die allgemeine Spr.«.
II. Mischspr., die sich zwischen portugiesischen Siedlern einerseits und Guaraní- bzw. Tupi-Spr. Indianern andererseits in Brasilien (Amazonasbecken) und in Paraguay ausgebildet hat.

Lionesen (ETH)
II. Ethnie auf Insel Flores/Kleine Sunda-Inseln mit südwestindonesischer Eigenspr.; Pfahlbausiedler, treiben Anbau, Jagd und Fischerei.

Lipans (ETH)
II. Stamm des Indianervolks der Apachen.

Lipovani (ETH)
I. Lipovenen, Lipowenen.
II. Bez. für Ukrainer in heutigem Rumänien, speziell für die von der russischen Kirche als abtrünnig verfemten Mystiker, die sich im 17. Jh. in den Sümpfen des Donau-Deltas, speziell im NE am Bratul Chilia, verbargen. Bis heute sprechen sie ein archaisches Russisch, leben als Fischer, Wilderer und Schmuggler. Vgl. Altgläubige; Lippowaner.

Lipper Ziegler (SOZ)
II. Fachkräfte der Ziegelmacherei aus dem Lipper Land, die in den Feldziegeleien ganz Deutschlands auftraten, bis sie zunehmend ab 1895 durch billigere ausländische Wanderarbeiter verdrängt wurden, die auch bereit waren, als »Handformer« in bis zu 18stündigem Tagesakkord zu arbeiten.

Lippowaner (ETH)
I. Lippovaner, Lipowenen, Lipowener; nach Lippa/Lipova (Sandschak und Stadt im Banat).
II. Minderheit russischer Altgläubiger, die im 18. Jh. über die Bukowina nach Siebenbürgen und in das Banat eingewandert sind; in Rumänien 1979 ca. 40 000. Vgl. Raskolniki, Filipponen, auch Lipovani.

Liquidatoren (SOZ)
II. Bez. in Rußland und Ukraine für jene Soldaten, Feuerwehrleute und Freiwillige, die 1986 bei der Bekämpfung der Tschernobyl-Reaktorkatastrophe eingesetzt wurden; rd. 193 000 (–1987) bis 800 000 (–1990) sind als L. anerkannt, von ihnen ein Drittel strahlenkrank ist. Mind. 4000 sollen bis 1993 verstorben sein. Vgl. Nuklearopfer.

Lisu (ETH)
I. Li-scho, Li-Shaw, Lischo.
II. Stamm von Bergbauern am oberen Salween in Yünnan/China (rd. 350000 mit einer tibeto-birmanischen Eigenspr.) und in N-Laos. Vgl. Lolo-Völker.

Litauen (TERR)
A. Bis 1990 Litauische SSR der UdSSR. Lietuvos Respublika (=li). Littauen, Lithauen; (lat=) Lituania; (lit=) Lietuva; Lithuania (=en); Lituanie (=fr); Lituania (=sp).
Ew. 1939: 2,900; 1989: 3,690; 1996: 3,709, BD: 57 Ew./km², WR 1990-96: 0,1 %; UZ 1996: 73 %, AQ: 2 %

Litauer (ETH)
I. Eigenbez. Lietuvi, Lietuviai; Litovcy (=rs); Litwini (=pl); Lithuanians (=en); Lituaniens (=fr); lituanos (=sp).
II. Volk von 3,7 Mio. in Ostmitteleuropa. Seit 1795 unter russischer Herrschaft, erfuhren nach Aufständen gegen brutale Russifizierung, bes. ab 1863, starke Emigration; bereits vor I.WK lebte ca. ein Drittel aller L. in USA und Kanada. 1992 in USA 6,8 Mio. Nachkommen litauischer Immigranten. Mehrfach Massendeportationen, bes. in sowjetrussischer Zeit; 1941 und 1944/45 wurden ca. 300000 L. Opfer von Deportationen. 1918-1939 ein souveränes Staatsvolk. In der seitherigen Litauischen SSR besaßen sie zufolge starker russischer Zuwanderung 1989 nur mehr einen Anteil von 80 %. 1991 erlangten sie ein eigenes Staatswesen. Ihre Eigenspr. gehört zur baltischen Spr.familie, Litauisch wird in Lateinschrift geschrieben. L. wurden im 13. Jh. christianisiert, sind katholische Christen. Vgl. Memelländer.

Litauer (NAT)
II. StA. der Rep. Litauen; Anteil ethnischer L. an der Wohnbev. beträgt 81,4 %; auch Mehrheit niedergelassener Russen (8,3 %), Polen (6,9 %), Weißrussen (1,5 %), Ukrainer (1,0 %) besitzt l. Staatsangehörigkeit. Große Auswandererkolonien naturalisierter L. seit 19. Jh. in USA und Kanada. Vgl. Balten.

Litauisch (SPR)
I. Lithuanian (=en); litauien (=fr); lituano (=it; sp; pt).
II. zum baltischen Zweig des Indogermanischen gehörende Spr. mit Aukschtaitisch (Hochlitauisch und Schriftspr.) und Schemaitisch (Niederlitauisch); gesprochen als Amtsspr. von > 3,0 Mio. (1991) in Litauen (2,9 Mio.), GUS (50000), Letland (35000) und Polen.

Liten (SOZ)
I. Lassi, Lassen, Laten (in Norddeutschland), Leten; Lassiten; auch Lazzi, Lati, Leti, Ledi, Lidi, Liti; Barschalken (in Süddeutschland).
II. Zinsleute, im altgermanischen Recht die Halbfreien. Im MA wuchsen L. mit den freien Hintersassen und den auf Höfen angesiedelten Unfreien zu einem Stand zusammen, der sozial zwischen den unfreien Eigenleuten und den Gemeinfreien einzuordnen ist. Ihren Herren hatten die L. Landzins, Dienste und persönliche Abgaben zu entrichten.

Litwaken (SOZ)
I. Litwaks.
II. im 19./20. Jh. aus Rußland ausgewiesene oder vor Pogromen geflohene Juden, die über Litauen nach Kongreßpolen einwanderten; um Jahrhundertwende rd. 250000, meist russischspr.

Liudong renkou (SOZ)
I. (ci=) »Wanderbev.«.
II. Bez. in China für die verarmte Landbev., die arbeitsuchend in die Städte drängt, lt. staatlicher Schätzungen 1995 rd. 80 Mio.; sie stellen dort hpts. Bauarbeiter und Hausangestellte. Vgl. Mingong.

Liutizen (ETH)
I. Lutizen; »die Wilden«, »die Grimmigen«
II. seit 10. Jh. alte Sammelbez. für westslawische Stämme in Mecklenburg und Vorpommern, gingen im Zuge der Ostkolonisation im Deutschtum auf. Vgl. Westslawen.

Liven (ETH)
I. Eigenbez. Liivi, Liwli; Kalamies »Fischer«, Randalist »Küstenbewohner«; Livy (=rs); Libieschi (=le).
II. Volk ursprünglich finnisch-ugrischer Spr., das in den indogermanischen Letten aufging, wenn auch Livisch im 19./20. Jh. vereinzelt als Schriftspr. gebraucht wurde; Reste, 1979 einige hundert Livischspr., im nördlichen Kurland, einst im Küstengebiet ganz Livlands. Seit 1237 unter dem Deutschen Orden, seit 1561 zu Polen-Litauen, 1624-1721 zu Schweden, dann unter russischer Herrschaft. L. sind lutherische Christen.

Livländer (ETH)
I. Livonians (=en).
II. Bew. der historischen Landschaft Livland/(le=) Vidzeme; im MA zur Hauptsache Lettland und Estland. Vgl. Liven, Letten, Baltendeutsche.

Liwisch (SPR)
II. erlöschende ostseefinnische Altspr.; 1991 nur mehr mit wenigen hundert Sprechern, vornehmlich auf der Kurischen Nehrung.

Ljuli (ETH)
I. Eigenbez. der Zigeuner in Rußland.

Llaneros (=sp) (ETH)
I. »Männer der Hochebene«.
II. Bez. der Spanier für alle Indianer der Llanos Estacados im w. Texas und ö. New Mexico/USA.

Llaneros (SOZ)
I. peones llaneros (=sp).
II. mestiz. Mischlingsbev. berittener Viehhirten in der extensiven Viehzucht in den Llanos des Orinoco.

Loando (ETH)
Vgl. N-Angola-Stämme, N-Mbundu; auch Kimbundu, Ambundu.

Lobi (ETH)
I. Komono, Guin, Dian, Dorosie.
II. ethnische Einheit negrider Hirsebauern und Viehhalter in der Savannenregion des Voltabeckens mit einer Gur-(voltaischen)Spr.; in Burkina Faso mit 7% Anteil an Staatsbev. und in n. Elfenbeinküste. Seit 14. Jh. islamisiert. Matrilineare Klane, Altersklassen, Polygynie. Lehmarchitektur; Kaurischnekken-Währung. Vgl. Anyi.

Lobi (SPR)
II. Volksspr. im SW von Burkina Faso mit > 600000 Sprechern (1988).

Locarner Protestanten (REL)
I. Riformati.
II. kleine Gruppe von Glaubensflüchtlingen.

Lodha (ETH)
I. vermutlich aus lubdhaka = »Fallensteller«.
II. Population in den Dschungeln von W-Midnapur/W-Bengalen/Indien; in Klane gegliedert; Stammeskulte.

Logooli (ETH)
I. Ragoli.
II. schwarzafrikanische Ethnie am NE-Ufer des Victoria-Sees in Kenia.

Loinang (ETH)
II. Sammelbez. für mehrere Ethnien auf E-Celebes und vorgelagerten Inseln, mit südwestindonesischer Eigenspr., sind vorwiegend Muslime; treiben vielseitigen Anbau und Weberei.

Lokalgruppe (WISS)
II. eine kleine, aus relativ wenigen Personen bestehende (meist) gemeinsam wohnende Bev.gruppe, die ihrer gleichen Interessen wegen als selbständige, sozialökonomische Grundeinheit anzusprechen ist, die (zudem) nachhaltig durch gleiche enge, physische Lebensbedingungen bestimmt wird.

Loko (ETH)
I. Landro.
II. Unterstamm von ca. 100000 der Mende in Sierra Leone.

Lollarden (REL)
I. Lollharden, Begharden m., Beghinen w.; Lollards (=en).
II. Anh. des Wyclif in England, speziell die von ihm ausgesandten Laienprediger. Seit 1400 grausam verfolgt, lebten im Untergrund, bis sie im Protestantismus aufgingen.

Lolo (ETH)
I. I, I-tschia, Ji, Lo-lo P'o (in Yünnan), Lo-kuei, Man'tsu, Man-tschia, Mosu, Neisu, Nesu, Ngosu, No, Norsu, Nosu, T'ou, Yi.
II. Volk mit tibeto-birmanischer Spr. und eigener Schrift (Schreiber als Familienchronisten). Eine der größten Minderheiten in China von ca. 5,4 Mio., in den Gebirgen SW-Chinas (Yünnan und Setschuan), ferner als Splittergruppen seit etwa 16. Jh. in N-Vietnam, N-Thailand, Laos und Myanmar; in zahlreiche Stämme gegliedert. Alte Zweiklassen-Teilung, die praktisch ein Kastensystem darstellt. »Schwarze Lolo« (der Hirten- und Kriegeradel) stehen »Weißen Lolo« (die Nachkommen von Sklaven) gegenüber. Auf einen schwarzen Lolohaushalt entfallen ca. 10 weiße Lolo-Familien; strenge Endogamie. Name ist abgeleitet von den kleinen Körben, die als Behausung ihrer Ahnengeister dienen sollen. Bilden mit den sprachverwandten Lisu, Lahu und Akha die Gruppe der L.-Völker; besitzen mind. seit 14. Jh. in Anlehnung an das Chinesische eine Eigenschrift.

Lom (ETH)
I. Eigenbez. der Zigeuner, s.d.

Loma (ETH)
I. Toma, Gbande, Gbandi, Buzi.
II. Unterstamm der Mande-Fu mit > 200000 Köpfen im Grenzgebiet Liberias zu Guinea.

Loma (SPR)
I. Verkehrsspr. in Guinea; 0,3 Mio. Sprecher.

Lombi (ETH)
I. Rumbi.
II. schwarzafrikanische Ethnie in W-Kamerun.

Lomwe (ETH)
I. Walomwe, Wanguru.
II. schwarzafrikanische Ethnie im N von Mosambik. Vgl. auch Nyassa-Völker.

Lone Eagles (SOZ)
I. (=en); »einsame Adler«; »High Tech-Aussteiger«.
II. ugs. Bez. für Freiberufler in USA, die ihr Dienstleistungsunternehmen (Berater, Börsenmakler, Journalisten) dank modernster Technik (PC, Fax, Telephon, Internet) von entlegenen Wohnorten aus betreiben; 1993 bereits rd. 9 Mio. Vgl. Heimarbeiter.

Long Knives (SOZ)
I. auch Big Knives (=en); Assaricol.
II. allg. Altbez. nordamerikanischer Indianer für Europäer. Vgl. »Mantelmänner«.

Lorber-Tatgemeinschaft (REL)
II. 1880 durch theosophischen Mystiker Jakob Lorber begr. religiöse Bewegung in Mitteleuropa (Zentrum heute Bietigheim/Württemberg), Frankreich und Brasilien.

Lorenzianer (REL)
I. »Gemeinschaft in Christo Jesu«.
II. Mitglieder einer 1885 bzw. 1914 durch Hermann Lorenz in Sachsen begründeten Gemeinschaft

mit Zentralheiligtum der Eliasburg in Marterbüschel; ca. 5000 Anhänger.

Lori (ETH)
II. kastenähnlicher Stamm der Makrani in Pakistan. Vgl. Dinga.

Lorm-Schrift (SCHR)
Vgl. Taubblinde.

Losso (ETH)
I. siehe auch Mossi. Mit L. sind zumeist die Losso-Naudemba gemeint. Benachbart (in der Circonscripton Kandé) leben die Losso-Lamba.

Lotfike Roma (SOZ)
I. Lettische Roma.

Lotos-Sútra-Religionen (REL)
II. Sammelbez. für drei in Japan aus dem Mahayana-Buddhismus hervorgegangene NRM, zwischen 1925–1946 begründet: Reiyu-kai, Rissho-kosei-kai, Soka-Gakkei. Alle drei fußen auf der Nichiren-shu (ja=) »Sonne-Lotos-Lehre« aus dem 13. Jh., sie zeigen großes karitatives Engagement (Kindergärten, Waisenhäuser, Schulen, Krankenhäuser, Altenheime); bes. Schätzung genießen die Alten.

Loubards (SOZ)
II. (=fr); zu Banden zusammengeschlossene assoziale Jugendliche in französischen Städten. Vgl. Homeboys (=en); Kumpel.

Louwara (SPR)
II. Zigeunerdialekt in der Walachei.

Lovara (SOZ)
I. Loware, nach lov (un=) »Pferd«; zigeunerisch Grastari; nach Ungarn, der Zwischenstation ihrer Wanderung, auch Ungri.
II. dem Pferdehandel nachgehende Zigeuner in Siebenbürgen, Ungarn und Wien.

Lovedu (ETH)
I. Pedi.
II. Bantu-Volk in S-Afrika, zu den N-Sotho zählend; ansässig in Transvaalbergen. Nur geringe Rinderhaltung. Sakrale Regenkönigin, politische Organisation gesichert durch sakrale Funktion und Übersendung von Töchtern der Unterhäuptlinge, die z. T. von der Königin geheiratet werden zur Sicherung der Herrschaftsdynastie, z. T. an Häuptlinge anderer Provinzen weitergereicht werden zur Sicherung wechselseitiger Beziehungen; auch Kreuzkusinenheirat.

Loven (ETH)
II. Ethnie mit einer Eigenspr. aus der Mon-Khmer-Spr.gruppe auf der Bolovens-Hochfläche in S-Laos, ca. 3 Mio., zumeist Buddhisten.

Low Church (REL)
I. (en=) »Niederkirche«; Evangelikale; Evangelicals (=en).
II. eine der drei Hauptrichtungen im Anglikanismus; im Gegensatz zur anglokatholischen High Church, die demokratisch-evangelische, methodistische Niederkirche. Betonung der inneren Mission, spez. der sozialen Aktivitäten. 1985 um 5,24 Mio. Anhänger. Vgl. High Church, Broad Church.

Loyalisten (SOZ)
II. britische Kolonisten in Nordamerika, die während des Unabhängigkeitskrieges zu England hielten. Mehrere Tausend verließen 1770–1790 die bisherigen 13 Kolonien/USA, wanderten in Kanada ein oder kehrten nach England zurück.

Lozi (ETH)
I. Rotse, Barotse, Marotse, Rosswi, Rozwi; Deiriku.
II. bedeutendes Bantu-Volk im Barotseland am oberen Sambesi/Sambia; verwandt den Luyi oder Lui. Besitzen sakrales Königtum, große Bedeutung der 1. Frau des Königs als Mutter des Reiches; hochentwickeltes Rechts- und Verwaltungssystem. Verloren ihre Eigenspr. im 19. Jh. durch Einfall der Kololo, benutzen seither deren Sotho-Spr. Rinderkultur einst, heute Hirse- und Maisbauern. Nach ihrem Staatsaufbau stellt man die L. zu den Mittel-Bantu, doch nach Spr. und anderen kulturellen Merkmalen gehören sie eher zu den SW-Bantu (W. STÖHR).

Lozi (SPR)
I. Verkehrsspr. in Sambia, eine Bantu-Spr.

Lozici (ETH)
I. aus lug (altsorb.=) »Sumpf«.
II. die sorbischen »Sumpfleute« im Lausitzer Bergland.

Luata (ETH)
II. Berbervolk der vorislamischen Zeit in der Cyrenaika; es ist später in das s. Tunesien abgedrängt worden. Ihre Abkömmlinge dürften in Südtunesien die Matmata-Stämme, in Algerien die Aurès-Bewohner sein.

Luba (ETH)
I. Baluba, Waluba, Kiluba, Tschiluba; Balubas (=fr).
II. sehr starke Bantu-Gruppe im SE der DR Kongo (18 % oder 8,1 Mio. der Gesamtbev.), ein Konglomerat verschiedener Völker, die in den mehr als sechshundert Jahre zurückliegenden ersten Gründungen des Luba-Reiches (das bis ins 19. Jh. bestand) zusammengeschweißt wurden; sakrales Königtum mit Nachfolge in väterlicher Linie; reiche Schnitzkunst in Holz und Elfenbein. Vgl. Luba-Kasai, Luba-Katanga/Balubakat, Luba-Lulua, Luba-Hemba; Kanioka, Kaonde, Kete, Sanga.

Luba (SPR)
I. CiLuba, (Chi) Luba, Tshiluba.
II. Verkehrsspr. in DR Kongo, rd. 6 Mio. Sprecher (1994). Vgl. Luba-Kasai, Luba-Katanga; Luba-Lulua (=en).

Luba-Kasai (ETH)
I. Mbagani.
II. schwarzafrikanische Ethnie im SW der DR Kongo.

Lubawitscher Jidden (REL)
II. im 19. Jh. in Weißrußland entstandene chassidische Sekte orthodoxer Juden, jiddischspr.; auch Tanz und Musik gehören zum Kult. Durch Auswanderung heute starke Verbreitung in USA, insgesamt 100000–200000 Jünger, sowie ca. 1 Mio. Sympathisanten und Sponsoren. Ausbildungszentrum Crown Heights/New York. Dort Begründung von Chabad-Zentren zur Rückgewinnung assimilierter, religiös inaktiver Juden. Weltweit über 1800 solcher Zentren, auch in Israel. Sind überzeugte Zionisten, haben großen polit. Einfluß in Israel. Schwarze Kleidung, Fedora-Hüte. Vgl. Chassidim, Chabad-Juden.

Lubicon Cree (ETH)
I. Woodland Cree.
II. Indianerstamm in der kanadischen Provinz Alberta, ist in den Wald- und Sumpfgebieten weitgehend isoliert. L. kämpfen seit Aufnahme von Erdölexploration und Waldrodungen zur Zellstoffgewinnung 1979 um ihre Landrechte. 1939 von der Regierung als eigenständiges Volk anerkannt.

Lucazi (ETH)
I. Luchazi, Lukaze.
II. Bantu-Stamm im Waldgebiet zwischen Luena- und Lungue-Bungo-Fluß beiderseits der Grenze von Angola-Sambia. L. sind Hirse- und Erdnußbauern; matrilineale Abstammungsordnung.

Lucianer (NAT)
I. St.-Lucianer; Lucians (=en).
II. StA. und Bew. des Karibikstaats Saint Lucia, 158000 Ew. (1996); Bev. setzt sich aus 90,3% Schwarzen, 5,5% Mulatten, 3,2% Asiaten (Indern) zusammen.

Luftgekleidete (REL)
I. Digambaras; vgl. Dschainismus.

Luftmenschen (SOZ)
II. ugs. Eigenbez. im 19. Jh. für arme Ostjuden, vor allem für Litwaken, in Polen und Ukraine, die in großer Armut als Handwerker, Kleinhändler und Hausierer unter elenden Wohn-, Arbeits- und Verdienstbedingungen vegetierten.

Luganda (SPR)
I. (Lu)Ganda-Sprg.
II. Sprg. der Ganda, wichtigste eingeborene Amtsspr. in Uganda, eine Bantu-Spr., zu deren Ausbreitung das koloniale »indirect rule«-Verwaltungssystem viel beitrug; gesprochen von mind. 18% der Staatsbev.; 1985 ca. 2,5 Mio. Sprecher.

Lugbara (ETH)
II. zentralsudanische Ethnie in Uganda und im NE der DR Kongo.

Luguru (ETH)
I. Ruguru, Walugurund
II. Bantu-Stamm im Hinterland der Küste von Tansania; Muslime. L. werden meist den »Suaheli« zugerechnet.

Luhya (ETH)
I. Nyore, Samia, Saamia; Hanga, Bahanga, Wanga.
II. schwarzafrikanische Ethnie im NE des Victoria-Sees/Kenia.

Luhya (SPR)
Luhya (=en).
II. 1994 rd. 1 Mio. Sprecher dieser Niger-Congo-Spr. in Kenya.

Luimbi (ETH)
I. Luimbe, Mbande, Ngangela.
II. Bantu-Volk in Angola mit 8,2% (1978) an der Gesamtbev., etwa 770000.

Lukayanen (ETH)
II. indianische Ureinwohner auf den Bahamas zur Zeit der Kolumbus-Reisen.

Lukö (ETH)
I. Yako.
II. kleine ethnische Einheit mit einer Benue-Kongo-Spr. im Regenwald des südöstl. Nigeria, < 100000 Köpfe.

Lullisten (REL)
I. nach Ramón Lull, lateinisch Lullus (gesteinigt 1315 in Algier).
II. Bettelmönche, die u.a. mittels der »lullischen Kunst« im 14.–15. Jh. in der algerischen Muslim-Mission wirkten.

Lulua (ETH)
I. Bena Lulua, Luba-Lulua.
II. Bantu-Ethnie im Kongobecken, > 100000 Köpfe. Ihre Männer obliegen der Jagd, Frauen besorgen den Ackerbau auf Mais, Bananen, Erdnüsse. Vgl. Luba.

Lumbee (ETH)
II. Indianer-Gemeinschaft im Robeson County in North- und South-Carolina, von US-Verwaltung 1956 als Stamm begründet; nicht aber vom BIA anerkannt, da reservationslos und ohne Nachweis eigener Stammesspr. Sie führten indes ihre Geschichte bis auf Raleighs 1584 untergegangene Kolonie zurück, und es wurde ihnen erstmals 1732 Land zugesprochen. Unter L. treten oft deutlich erkennbare europide und negroide Rassenmerkmale auf (K. FRANTZ).

Lumbu (ETH)
I. Lumbo, Baloumbo.
II. Stamm der Tege im sw. Gabun.

Lumpa Church (REL)
II. 1954 in Sambia gegr. Glaubensgemeinschaft.

Lunda (ETH)
I. Balunda, Kalunda.
II. Zusammenschluß mehrerer Bantu-Völker im Raum des heutigen S Shaba/DR Kongo und im angrenzenden Sambia und Angola; sakrales Königtum, Herrscherdynastie von den Luba; Blüte des Reiches von 16.–20.Jh.; Drehscheibe des Handels, Sklavenhandel mit Portugiesen nach W, Elfenbein, Salz; Kupfer und Sklaven nach Osten im Handel mit Arabern. L. heute weitgehend von Cokwe aufgesogen. Nachfahren des alten Reiches Schinsche, Minungo, Holo/Holu, Bondo. Sie sind ausgezeichnete Jäger aber mangelhafte Hackbauern. Als S-Lunda werden mitunter entsprechende Ethnien Angolas bezeichnet, dort mit 0,9 % Anteil an der Gesamtbev., ca. 90 000 (1998). Zu den Lumba im w. Shaba zählt eine Reihe verwandter, doch unabhängiger Stämme: Ndembu, Ovimbundu, Cokwe, Lucazi, Lwena.

Luo (ETH)
I. Jaluo, Luo-Dho-Luo, Niloten-Kavirondo.
II. zu W-Niloten zählendes Volk am NE-Ufer des Viktoria-Sees in Kenia, wo Luo die drittgrößte Ethnie abgeben und in N-Tanzania mit rd. 1 Mio. (incl. Gaya), die überwiegend Feldbau betreiben. Eigenspr. Luo mit zahlreichen Regionaldialekten, danach: Acholi, Alur, Anuak, Lango, Shilluk. Den L. traditionell verbündet sind die Stämme der Luyia, Bukusu, Kisii. Vgl. auch Lwo.

Luo-Dho-Luo (SPR)
Luo (=en).
II. nilotische Spr., verbreitet in Sudan, Kenia, Tansania, Uganda; 1985 rd. 3 Mio. Sprecher.

Luoravetlan (ETH)
I. Luorawetlan, »das echte Volk«; Luoravetlany (=rs). Eigenbez. der Tschuktschen. Vgl. Rentier- und Küsten-Tschuktschen.

Luren (ETH)
I. Klein-Luren (Altbez.), Loren/Lor (=pe).
II. Volk von 500 000–800 000 K. im Zagros-Gebirge/SW Iran; mit neuiranischer Eigenspr. Luri, Lurisch, die sie von den benachbarten, ihnen in Kultur und Lebensweise ähnelnden Kurden unterscheidet; bedeutendster Stamm sind die Faili/Fejli/Feili in W-Luristan. Wichtige Stämme in Luristan und Khuzistan sind auch Mamsani/Mamassani, Kuhgalu/Kuhgiluyeh, die mehrfach noch Bergnomadismus mit Schafen und Ziegen betreiben; überwiegend sunnitische Muslime. Vgl. Großluren (als fehlerhafte Altbez.), d.h. Bachtiaren.

Luri (SPR)
I. Luri (=en).
II. rd. 2 Mio. (1994) dieser indo-europäischen Spr. in Iran und Irak.

Lusitanier (ETH)
I. Lusitanner, Lusitaner; Lusitaniens, Lusitains (=fr).
II. 1.) altiberisches Volk im Gebiet des heutigen Portugal, das im 2. Jh. v. Chr. den Römern zähen Widerstand leistete. 2.) Bez. in den ehem. portugiesischen Kolonien in Westafrika für Angehörige der portugiesischen und kapverdischstämmigen (weißen) Oberschicht.

Luso-Indians (BIO)
II. Mischlinge aus Portugiesen und einheimischen Frauen in Indien. Vgl. Lusitanier.

Lutheraner (REL)
I. Lutherische; Lutherans (=en).
II. Anh. der in Deutschland durch Martin Luther im 16. Jh. vertretenen Reformation der Kirche; sein Thesenanschlag 1517 in Wittenberg führte zum Bruch mit Rom und zur Bildung eines neuen Kirchentums. Begriff L. grenzt protestantische Kirchen gegen Calvinisten und Täufer ab. Im neueren Sinn die Mitglieder der »Evangelisch-Lutherischen Landeskirchen« bes. in Deutschland, Skandinavien und USA. 1993 in 32 Ländern lt. verschiedenen Angaben 44–67 Mio. Gläubige im »Lutherischen Weltbund«(seit 1947), wovon in Deutschland 27,9 Mio. (1995). Vgl. Protestanten, Calvinisten, Täufer.

Luthériens (REL)
II. (=fr); bis 1560 Bez. für die Protestanten in Frankreich, seither mit Aufkommen der calvinischen Lehre Hugenotten.

Lu-Tsu (ETH)
I. A-nu, Nu, Nu-Tsund
II. sehr isolierter Stamm von Jägern und Brandrodungsbauern im oberen Salween-Tal/China. Benutzen Bambus-Gebäude; verbreitete Tatauierung.

Lutuho (ETH)
I. Lotuko, Lotuka.
II. ostnilotischer Stamm im S-Sudan unweit der Grenze zu Uganda; 1983: 305 000.

Luuwa (ETH)
II. schwarzafrikanische Ethnie im S der DR Kongo.

Luwenda (SPR)
II. eine Bantuspr.; Amtsspr. in Venda/Südafrika und ab1993 in ganz Südafrika.

Luxemburg (TERR)
A. Großherzogtum. Grand-Duché de Luxembourg (=fr); Grousherzogdem Letzeburg. The Grand Duchy of Luxembourg, Luxembourg (=en); le Grand-Duché de Luxembourg, Luxembourg (=fr); el Gran Ducado de Luxemburgo, Luxemburgo (=sp).
Ew. 1841: 0,172; 1871: 0,198; 1901: 0,236; 1920: 0,261; 1940: 0,293; 1950: 0,296; 1960: 0,314; 1970: 0,339; 1978: 0,356; 1996: 0,416, BD:

161 Ew./km²; WR 1990–96: 1,4%; UZ 1996: 88%, AQ: 0%

Luxemburger (NAT)
I. Luxembourgers (=en); luxembourgeois (=fr); luxemburgueses (=sp, pt).
II. StA. des Großherzogtums Luxemburg. L. Wohnbev. weist größten Ausländeranteil in Westeuropa auf: 1992: 98 000. Nationalspr. Letzeburgisch; Gesetzesspr. Französisch; drei amtliche Arbeitsspr. (mit Deutsch). Vgl. Letzeburgisch-spr.

Luyia (ETH)
Vgl. Bantu-Kavirondo; den Luo nahestehend und verbündet.

Luzern (TERR)
B. Kanton. Gliedstaat der Schweizerischen Eidgenossenschaft seit 1332. Lucerne (=fr); Lucerna (=it).
Ew. 1850: 0,133; 1910: 0,167; 1930: 0,189; 1950: 0,223; 1970: 0,290; 1990: 0,326; 1996: 0,343

Lwena (ETH)
I. Luena, Luvale.
II. Bantu-Volk, überwiegend zwischen Luena und Kasai in E-Angola ansässig. Treiben intensive Landwirtschaft auch für den Markt, ferner Fischerei; matrilineale Abstammungsordnung, Ahnenkult.

Lwena (SPR)
II. Bantu-Spr., verbreitet in E-Angola und im SW der DR Kongo, um 1985 > 1 Mio. Sprecher.

Lwo (ETH)
I. Lwoo, Luo (s.d.).
II. mehrere Niloten-Ethnien in S-Sudan, Kenia, N-Tansania sowie verstreut zwischen Uganda und N der DR Kongo; u.a.: 1.) Lwo-Jur; Wo-Jur, Jur. Schwarzafrikanische Ethnie im SW-Sudan. 2.) Lwo-Dhopaluo in Uganda. Vgl. auch Acholi, Alur, Anuak, Lango, Shilluk.

M

Ma (ETH)
I. Maa.
II. kleine ethnische Einheit mit einer Mon-Khmer-Spr. am Oberlauf des Dong Nai im s. Vietnam; einige zehntausend Seelen. Treiben Brandrodungsfeldbau, aber auch altertümlichen Naßreisbau. Vgl. Montagnards.

Ma'aditen (ETH)
I. Ma'additen, Nizariten; hier im Sinn der Al Arab al-muta'arriba/al Arab al-musta'riba al Qaisi.
II. Nachkommen des 'Adnan, des legendären Urahns der Stammesfamilien kamelzüchtender Beduinen im Hedschas und Nedsch, die »Nord-Araber« bezeichnend. Vgl. Araber, Qais'Ailan.

Ma'dan (ETH)
I. Sg. Meedi; (=ar) abschätzig »Verfemte, Unreine«. Eigenbez. »Sumpfaraber«.
II. Bewohner des Schilf- und Seenlandes Haur al-Hammar im S-Irak, ca. 0,1 Mio; mind. seit Sumerer-Zeit hochstehende Schilfkultur, seit 680 auch Rückzugsgebiet der Beni Asad, seither arabischspr. und schiitischer Glaubensrichtung. Zu den Misch- und Unterstämmen der M. zählen: Albu Mohammed, Azerig, Barbara, Ca'ab, Fartus, Fregat, Saganba, Subba, Suwa'id (s.d.). Lebensraum der M. wurde im 20. Jh. gefährdet durch Austrocknen der Marschen und industrielle Schilfernte. Seit irakisch-iranischem und Kuwait-Krieg sind M. ethnischen Verfolgungen unterworfen: künstliche Umleitung des Euphrat, Fluchtabwanderung.

Ma'qil (ETH)
II. arabischer Nomadenstamm, der frühzeitig nach Ägypten auswanderte und am Ende des 12. Jh. den Hilal und Sulaim bis in den Maghreb folgte. Teile siedelten sich im S des Atlas an oder wurden als Hilfstruppen auf marokkanisches Kronland verpflanzt. Einzelne M-Stämme bis heute in der NW-Sahara.

Maasai (ETH)
I. Masai, Massai.
II. ostnilotisches Hirtenvolk in der Trockensavanne von Kenia (438 000 oder 1,6% der Gesamtbev. 1996) und N-Tansania mit südnilotischer Spr.; sind im 16./17. Jh. kriegerisch von N in ihr heutiges Wohngebiet eingezogen; einst weites Schweifgebiet von Mombasa-Küste bis Victoria-See, heute staatlich eingeschränkt. Ihre ausgeprägte Rinderkultur mit Milch-, Fleisch- und Blutnutzung hat im Zusammenhang mit wachsender Bev.- und Viehzahl zu völliger Überweidung der verbliebenen Grasländer geführt, deshalb heute auch sich ausweitender Anbau. Strenge monotheistische Stammesrel. Gefürch-tete Krieger-/Jäger-Altersklasse der Moran; ihnen untergeordnet ist geächteter Schmiedeklan der Dorobo. Auffällige Großwüchsigkeit (um 1,80 m bis > 2m), Schlankheit, Beweglichkeit wohl auf alte Vermischung von negroiden Niloten mit hellhäutigen Gruppen (bes. Somal) zurückzuführen, rezent ist häufige Mischung mit Kikuyu u.a. Vgl. Aruscha; Moran.

Maasai (SPR)
I. Massai.
II. Sprgem. dieser nilotischen Spr. in Kenia und Tansania mit rd. 0,5 Mio. Sprechern.

Maba (ETH)
II. hpts. Teilpopulation in Wadai/Quaddaï (Sudan); negroide seßhafte Ackerbauern.

Mabenaro (ETH)
II. Unterstamm der Araona-Indianer im Andenvorland zwischen Beni und Madre de Dios.

Maca (ETH)
II. Indianerstämme im s. Paraguay, gehören zur Sprachgr. der Mataco.

Macaenses (BIO)
I. (=pt); Macanesen.
II. Mischlinge von Portugiesen und Chinesen in Macáo/Mayao. Vgl. Macauer.

Macau (TERR)
B. Chinesisches Territorium unter portugiesischer Verwaltung; aus Magao (ci=) »Schöner Ort«, (einschl. Taipa und Coloane). Macao (=en, sp, pt), Macau (=fr).
Ew. 1970: 0,249; 1980: 0,280; 1997: 0,424, BD: 19 769 Ew./km²

Macauer (NAT)
I. macaenses (=pt); Macanese (=en).
II. Einw. des portugiesischen Überseegebietes Macau in China: 1997 424 000 Ew., wovon 27,9% Portugiesen, 68,2% Chinesen. Vgl. Maccinesen.

Maccaronis (SOZ)
II. (=en); ähnlich dem deutschen Ausdruck Spaghetti-Esser ein englischer Spitzname für Italiener. Vgl. Pasta-, Polentaesser.

Macedonen (ETH)
II. Bew. des alten Mazedonien (7.–2. Jh.v.Chr.); wohl ein Mischvolk aus Illyrern, Thrakern und Griechen. Vgl. insbes. auch Makedonier.

Macheteros (SOZ)
II. (=sp); Zuckerrohrschneider auf Kuba. Vgl. haïtianische Zafra-Wanderarbeiter in der Dominikanischen Rep.

Machos (SOZ)
 I. aus machismo (sp=) »übersteigertes Männlichkeitsgefühl«; »Alpha Male«.
 II. ugs. Kurzformel für Männer, die sich betont männlich geben; Gegensatz Softies für Männer mit sanftem, zärtlichem Wesen.

Macoutes (SOZ)
 I. Tontons Macoutes; vergleichbar Attachés.
 II. paramilitärische Milizen der Diktatoren auf Haiti in zweiter Hälfte des 20. Jh.; »Todesschwadronen«.

Macú (ETH)
 I. Borowa.
 II. Sammelbez. für Gruppe als Wildbeuter schweifende Indianer im NW des BSt. Amazonas/Brasilien; sprechen isolierte Spr.

Macumba-Anhänger (REL)
 I. nach Bez. in Mosambik und Madagaskar für Bäume (unter denen Kultversammlungen stattfinden).
 II. Sammelbez. für synkretistische Kulte in Brasilien, in denen afrikanische Überlieferungen mit katholischem Heiligenkult und indianischem Volksglauben verschmelzen. Vgl. afrobrasilianische Sekten.

Macurap (ETH)
 II. indianische Kleingruppe unter 100 Individuen mit einer Tupi-Guarani-Spr. an den Zuflüssen des Rio Guaporé im BSt. Rondónia/Brasilien; bauen bienenkorbförmige Gemeinschaftshäuser. Ihnen verwandt sind die Arua.

Macusa (ETH)
 II. isolierter Indianerstamm im kolumbianischen Grenzgebiet zu Brasilien, dessen Bestand erheblich gefährdet ist.

Macusi (ETH)
 I. Macuxi.
 II. Indianerstamm am Rio Branco im brasilianischen BSt. Roraima, zur karibischen Spr.gruppe zählend. Männer heiraten vorzugsweise eine Kusine ersten Grades und leben bei deren Eltern. Treiben Anbau, Jagd und Fischerei. M. sind dank Hilfe italienischer Padres relativ hoch organisiert, haben sich jüngst zu Viehzüchtern entwickelt, kämpfen mit dem von ihnen begründeten Conselho Indigena de Roraima für Landrechte.

Madagaskar (TERR)
 A. Demokratische Republik. Früher Republik Madagaskar; unabh. seit 26. 6. 1960. Repoblika Demokrattika Malagasy (n'i Madagaskar), République Dém. de Madagascar (=fr), Madagasikara, Repoblikan'i Madagasikara. The Democratic Republic of Madagascar, Madagascar (=en); la République démocratique de Madagascar, Madagascar (=fr); la República Democrática de Madagascar (=sp).

Ew. 1901: 2,242; 1920: 3,119; 1940: 4,016; 1950: 4,560; 1960: 5,474; 1970: 6,800; 1975: 7,604; 1980: 8,742; 1984: 9,735; 1996: 13,705, BD: 23 Ew./km^2; WR 1990–96: 2,7%; UZ 1996: 27%, AQ: 20%

Madagassen (ETH)
 I. Madegassen, Malagasy, Malagassi, Malagassy; Malgaches (=fr); malgaches (=sp); malgaxes (=pt); malgasci (=it); Madagascans, Malagasies (=en).
 II. 1.) StA. von Madagaskar. 2.) diverse Völker auf Madagaskar unterschiedlicher rassischer und kultureller Eigenart, jedoch gemeinsamer Spr. Malagasy in verschiedenen Dialekten. Vermutete Einwanderung aus Indonesien; indonesische, afrikanisch-negride und dunkelhäutige SE-asiatische Elemente treten seit langem eng vermengt auf. Unfreiwillige Zuwanderung in jüngster Zeit hat auch Bev.kontingente aus Jemen und Dschibuti auf die Insel geführt. Zu unterscheiden: an W-Küste: Sakalava/Sakalawen und Vezo; an S-Küste: Antaisaka und Antandroy; im zentralen Hochland: Merina und Betsileo; an der E-Küste: Betsimisaraka und Tanala. Animisten (50%), katholische (25%) und protestantische (20%) Christen, Muslime (5%). Insgesamt bewohnen sie Madagaskar und über 430 Küsteninseln mit zus. 587 041 km^2. 1975: 7,6 Mio., 1996: 13,7 Mio. Menschen. Vgl. Merina, Betsimisaraka, Betsileo, Tsimiheti, Skalaven, Antandroy, Antaisaka.

Madagassen (NAT)
 II. StA. und Bew. der Rep. Madagaskar. Nur unbedeutende Ausländerkolonien von Komorern, Indern, Palästinensern, Chinesen und Franzosen. Vgl. Komorer.

Madari (ETH)
 I. nach Mad'arsko (sl=) »Ungarn«.
 II. Volksgruppe der Magyaren in der Slowakei, größte nationale Minderheit, lt. VZ 1910 mit rd. 880 000 und nach erzwungenem Bev.austausch mit Ungarn 1921 noch 650 000 Köpfen. M. stellen 1996 mit 566 000 einen Anteil von 10,6% an der Gesamtbev.; sie sind hpts. römische Katholiken, aber auch evangelisch-lutherische und reformierte Christen. Als später Widerpart auf die rigorose Magyarisierungspolitik am Beginn des 20. Jh., als schon große Teile der slowakischen Intelligenz kulturell assimiliert waren, hat sich in der nun souveränen Slowakei das Verhältnis zur Minderheit umgekehrt. Ungarn werden nun erheblich diskriminiert: Behinderung im Gebrauch der Mutterspr. im öffentlichen (Schulpolitik) und kirchlichen Leben, selbst Personennamen wurden 1992 slowakisiert. Ungarischer Großgrundbesitz (=Ländereien von ungarischen Adeligen wurden entschädigungslos konfisziert. Zurücksetzung bei Wiedergutmachung für Enteignungen. Die seit 1989 geduldete Zweisprachigkeit von Orts- und topographischen Namen wurde aufgehoben, Ortsnamen nur in der ungarischen Schreibweise des slowakischen Namens.

Maddu (ETH)
I. (=rs); Madu.
II. Klan der Enzen, s.d.

Madeira (TERR)
B. Atlantikinsel. Autonome Region (seit 1976) als Teil des portugiesischen Mutterlands. The Autonomous Region of Madeira, Madeira (=en); la Région autonome de Madère, Madère (=fr); la Región autónoma de Madera, Madera (=sp); Madeira (=pt). Vgl. Ilhas Adjacentes.
Ew. 1963: 0,269; 1991: 0,263

Madeirenser (ETH)
I. Madeirer; Bew. des Madeira-Archipels, aus madera (=sp) = »Holz« (=»bewaldete Inseln«); Madeira (=en); Madère (=fr); Madera (=sp); madeira (=pt); Madeirans (=en); Madériens (=fr); maderenses (=sp); madeirenses (=pt); maderensi (=it).
II. die im 15. Jh. durch Portugiesen, Italiener, Spanier und Franzosen begonnene Kolonisation traf auf keine Vorbev.; seit 16. Jh. auch Zuführung von Sklaven (10% der Gesamtbev. im ausgehenden 16.Jh.) aus Marokko (Berber), von Kanarischen Inseln und aus Schwarzafrika. Trotz mehrfach empfindlicher Seuchenverluste und früh einsetzender, ökonomisch bedingter Abwanderung (bes. nach Brasilien und Venezuela) stetes Wachstum; 1750: 60000, 1900: 150000, 1950 bereits 267000. Dementsprechend ergibt sich hoher Überbesatz von 318 Ew/km² bzw. 1240 Ew/km² bezogen auf landwirtschaftlich nutzbare Fläche (W.D. BLÜMEL).

Madhvas (REL)
II. Anh. einer im 13. Jh. aufgenommenen Lehrrichtung im Wischnuismus; noch heute bes. in Südindien stark verbreitet.

Madhya Pradesh (TERR)
B. Bundesstaat Indiens.
Ew. 1961: 32,372; 1981: 52,179; 1991: 66,181, BD: 149 Ew./km²

Madhyamiken (REL)
I. Anh. der Madhyamikas, der Madhyamika-Schule, der »Lehre vom mittleren Weg« (=ssk).
II. aus den Mahasanghikas hervorgegangene, im 2. Jh. begr., älteste und eine der wichtigsten Lehrrichtungen des indischen Mahayána-Buddhismus. Sie hat in China und Japan Neugründungen gefunden.

Madrigadas (SOZ)
I. (=sp); wiederverheiratete Frauen.

Madugal (ETH)
I. Mandagal.
II. Stamm der Ost-Kafiren.

Madurese (SPR)
I. Madurese (=en).
II. rd. 10 Mio. (1994) dieser austronesischen Spr. in Indonesien.

Maduresen (ETH)
II. Volk mit südwestindonesischer Spr. auf Insel Madura und als Zuwanderer in Ostjava; nicht Reis sondern Mais als Hauptnahrung; Viehzüchter und Salzgewinnung; 5–10 Mio.

Ma-Enga (ETH)
II. Stamm der Melanesier im w. Hochland von Neuguinea; ihre Eigenspr. ist Enga; Zahl ca. 30000.

Maf(f)iosi (SOZ)
I. auch mafiusi (=it); aus Mafia, ältere Form: maffia, syn. für »Mut«, »Tüchtigkeit«, »Selbstsicherheit«; vielleicht aus (ar=) ma afir, der Name des sarazenischen Stammes, der Palermo beherrschte.; ugs. Corleoner; vgl. auch »Paten« (s.d.).
II. Angeh. des sizilianischen Geheimbundes Maffia/Mafia, auch Onorata Società (it=) »ehrenwerte Gesellschaft«, dessen Ursprung als Selbsthilfeorganisation wohl bis in das 17. Jh. zurückreicht. Dienten anfangs 19. Jh. sizilianischen Großgrundbesitzern zur Unterdrückung der Kleinbauern und Landarbeiter. Verfolgen wechselnde polit. und wirtschaftliche Ziele mit kriminellen und terroristischen Methoden im Zusammenhang mit internationalem Gangstertum; setzen derzeit (1990) jährlich schon > 26 Mrd. DM allein in Italien um, davon ein Viertel dank Aufwendungen für staatliche Auftragsarbeiten, erwirtschaften in Sizilien rd. 20% des gesamten Sozialprodukts. 1991 geschätzt auf 186 mafiose Clans mit ca. 10000 Mitgliedern unter im Hintergrund wirkenden Chefs, ugs. Paten, s.d. Begünstigt durch sizilianische Auswanderer, als Cosa Nostra auch in USA tätig. Lt. amtl. Schätzung sind insges. rd. 150000 Italiener und bis zu 3 Mio. Zuträger in derartigen Institutionen organisierter Kriminalität tätig. Blutige Ahndung (Vendetta) bei Bruch des Schweigegesetzes (Omertá). Vgl. 'ndrangheta, Camorra, Sacra Corona Unità; Pentiti (=it); Paten; Mafiosniks (=rs); Jakusas (=jp); Triaden.

Mafiosniks (SOZ)
II. (=rs); Mitglieder mafiaähnlicher Untergrundsyndikate mit rd. 5000 Banden/Gangs in den GUS-Ländern. Sie sind vor allem im Drogen-, Antiquitäten- und Waffenschmuggel tätig, zeichnen sich durch ausgeprägte ethnische Spezialisierung aus: z.B. Tschetschenen (Schmuggel, Drogen), Georgier (Schutzgelderpressung von Hotels, Autohändlern).

Magahi (SPR)
II. eine der sog. Bihari-Spr., sie wird in Indien und Nepal von rd. 11 Mio. (1991) gesprochen und mit der Devanagari geschrieben.

Magar (ETH)
I. Mangar.
II. Volk mit tibeto-birmanischer Eigenspr. in Zentralnepal und Sikkim; Hirten und Bauern auf Gerste, geschickte Handwerker; rd. 431000.

Magditen (REL)
II. Teilgruppe der altislamischen Charidschiten in Arabien.

Maghalaya (TERR)
B. Bundesstaat Indiens.
Ew. 1981: 1,336; 1991: 1,775, BD: 79 Ew./km²

Maghrebiner (ETH)
I. Maghrebi; Maghrébins (=fr).
II. die Bew. im W-Teil (Maghreb, ar »Westen«) der islamischen Ökumene, i.e.S. jene der dauersiedlungsfähigen Djezira al M. (ar »Insel« zwischen Weltmeeren und Sandmeer), des geographischen Maghreb. Begriff wird heute auf den gesamten Staatsraum der Atlasländer (Marokko, Algerien, Tunesien) incl. ihrer Wüstenanteile angewendet, politisch auch auf die Union des Vereinigten Arabischen Maghreb (VAM), die sogar Mauretanien, Westsahara und Libyen einschließt.

Magier (REL)
I. Zauberpriester, Wahrsager; aus magusch (=pe).
II. 1.) altpersische Priesterschaft medischen Stammes. 2.) Spezialisten insbes. in Naturreligionen, denen Wissen und Macht nachgesagt wird, durch bestimmte Riten, Praktiken, Opfer usw. die übermenschlichen Kräfte (Götter, Geister) derart in eigenen Dienst nehmen zu können, daß sie zum Nutzen der einen oder Schaden der anderen wirken. Zu unterscheiden sind u.a. Analogiezauber und Kontaktmagie. Vgl. Schamanen, Fetischisten, Orakelpriester.

Magindanao (ETH)
I. Maguindanao.
II. jungindonesische Ethnie im Rio Grande de Cotabato-Gebiet/Mindanao/Philippinen, Muslime; ca. 0,5 Mio. Vgl. Moros.

Magnaten (SOZ)
II. Angeh. der großgrundbesitzenden Hocharistokratie in Ungarn.

Magyaren (ETH)
I. »Söhne der Erde«, Madjaren, Madyaren, Ungarn; (Eigenbez.) Magyar; Madari (=sl); ungari (=it); hungaros (=sp, pt); Vengry (=rs); Wegrzy (=pl); Hungarians, Magyars (=en); Hongrois (=fr).
II. Volk (ca. 15 Mio.) aus dem ugrischen Spr.zweig der Finno-Ugrier; sind als Reitervolk im 9./10. Jh. von der mittleren Wolga und Kama in das Karpatenbecken eingewandert. Heute überwiegend in Ungarn (1995: rd. 9,9 Mio.), in Jugoslawien (1996: 349000, überwiegend im heutigen Serbien, d.h. 3,3% der Gesamtbev.), in Österreich (16000), in ehem. Tschechoslowakei (1985: 593000) und in ehem. Sowjetunion (1979: 179000), dort seit 1946 bes. in Karpatho-Ukraine, Transkarpatien; vor allem aber in Rumänien (s.d. Székler) mit 1,6 Mio. etwa 7,1% Anteil an Gesamtbev. Vgl. Ungarn; Madari/Maďarsko (=sl).

Magyarisch (SPR)
I. Madjarischspr.; fälschlich Ungarisch; Magyar (=en).
II. Spr. der Finnougrischen Spr.familie; Staatsspr. in Ungarn. Zahl der Sprecher 1990 in Ungarn (9,4 Mio.), Rumänien (1,8 Mio.), S-Slowakei (0,6 Mio.), Burgenland/Österreich (12000) und Jugoslawien (430000) Sprecher.

Maha Saba (SOZ)
II. Dorf-, Bezirks- und Provinzräte aus lokalen Honoratioren in Indien; gehen auf Verwaltungsorgane im 8. Jh. mit weltlichen und religiösen Vollmachten zurück.

Mahadev Koli (REL)
II. Kultgemeinschaft im indischen Bundesstaat Maharashtra; übt kultreligiöse Tierhaltung, Tigerverehrung, Ahnenkult. Ansonsten zeigt Glauben Parallelen zum Hinduismus. Heute ca. 250000 Anhänger.

Mahafaly (ETH)
I. Mehefaly.
II. malagasyspr. Volk im SW Madagaskars, 200000–300000 Köpfe. Besaßen einst vier Königreiche, bemerkenswerter Ahnen- und Totenkult.

Mahamid (ETH)
II. arabisierter Nomadenstamm im Morteha-Sahel, 1970 ca. 60000.

Maharaschtra (TERR)
B. Maharashtra. Bundesstaat Indiens.
Ew. 1961: 39,554; 1981: 62,783; 1991: 78,937, BD: 257 Ew./km²

Maharishi (REL)
I. (ssk=) »Großer Weiser«.
II. Bez. für die hervorragenden Yogi-Asketen.

Mahasanghikas (REL)
II. das hpts. aus Laien bestehende Gros der buddhistischen Altgemeinde, die mildere Richtung der »Großen Gemeinde«, die sich im zweiten Mönchskonzil im 4. Jh. v.Chr. von der rigorosen Mönchsrichtung der Theravadins abspaltete. Aus ihnen hat sich der neue Zweig des Mahayana-Buddhismus entwickelt. Vgl. Theravadins.

Mahayana-Buddhisten (REL)
I. Mahajana-B.; M. (ssk=) »Großes Fahrzeug« oder nördlicher Buddhismus. Mit (1993) rd. 165–170 Mio. Anh. die größte Schulrichtung im Buddhismus.
II. aus der Bewegung der Mahasanghikas, der milderen »Großen Gemeinde« im 1. Jh. v.Chr. entwickelte zweite bedeutende volkstümliche Glaubensrichtung im Buddhismus, die den Heilsweg allen, auch den Schwächeren, öffnet. M. differenziert verschiedene Buddhas, mahayanistisches Ideal ist Bodhisattva, der die Leiden der Welt auf sich nimmt. Verbreitet in der n. buddhistischen Ökumene: im in-

dischen Ladakh, in Nepal, Tibet, China, der Mongolei, Korea und Japan.

Mahdis (REL)
I. machdi (ar=) »die von Gott geleiteten«; Al Imam Al Mahdi. 1.) bei Sunniten der erwartete Erlöser, in der Schia der verborgene 12. Imam. 2.) wiederholt gaben sich polit.-religiöse Umstürzler als erwarteter Mahdi aus.

Mahomedisten (REL)
I. Altbez. für Muslime; (ar=) Mahomediyun.

Mahongwé (ETH)
II. ethnisch negride Einheit in Gabun mit einer Bantu-Spr.

Mahorais (ETH)
II. eingeborene Bew. des französischen Überseeterritoriums Mayotte/Mahoré, ca. 55 000; sind zu 95 % Muslime.

Mahorais (NAT)
II. (=fr); Bürger des südostafrikanischen Territoriums Mayotte/Mahoré, das seit 1976 unter französischer Mitverwaltung steht (collectivité territoriale); 131 000 Ew. (1996).

Mahra (ETH)
II. südarabischer Stamm, der ein eigenes, vom Arabischen verschiedenes, Idiom spricht. Zum Höhepunkt ihrer Machtausbreitung in vorislamischer Zeit war der größte Teil der süd- und südostarabischen Küsten in ihrem Besitz. Viele fremde Stämme wurden mahrisiert und fiktiv in die M.-Genealogie aufgenommen. Im 16. Jh. Bedeutungsverlust und Gefahr der Arabisierung, Flucht ihres Sultans auf Insel Sokotra, wo neben Ost-Hadramaut noch heute ihr Kerngebiet liegt; sind Sunniten.

Mähren (TERR)
C. Kronland in Österreich-Ungarn; nach II.WK zwei Kraje in CSSR bzw. Tschechien. Unterteilung in Südmähren (Jihomoravsky) und Nordmähren (Severomoravsky). Moravia (=sp, it, pt); Moravie (=fr); Moravia (=en).
Ew. 1756: 0,867; 1816: 1,690; 1869: 2,017; 1880: 2,140; 1910: 2,605; 1961: 3,532

Mähren-Schlesier (ETH)
I. Mährer.
II. Bew. des ehemaligen Österreich-Schlesien zwischen Sudeten und Mährischer Pforte, das großenteils 1918 an die Tschechoslowakei fiel und 1927 mit Mähren vereint wurde. Ohne Befragung der Bev. kam der Ostteil mit Teschen 1920, das restliche Olsagebiet 1938 an Polen. Ihr Gebiet wurde 1945 erneut zwischen Polen und Tschechoslowakei geteilt. M.-S. verlangen seit 1990 unter Hinweis auf verwurzeltes Regionalbewußtsein und eigene Volksgeschichte (Morawer-Einwanderung, ostdeutsche Kolonisation) territoriale Selbstverwaltung. Vgl. benachbarte Hultschiner Schlesier.

Mährer (ETH)
I. Moravians (=en); habitants de Moravie (=fr); moravi (=it); moravos (=sp); habitantes de Moravia (=pt).
II. Bew. des historischen Landes Mähren (das 1029 an Böhmen fiel, 1182 reichsunmittelbare Markgrafschaft, 1411 zum Böhmischen Königreich geschlagen wurde, 1526–1918 Österreich einverleibt war; seither mittlerer Landesteil von Tschechien). Nach Zusammenlegung mit dem 1742 österreichisch gebliebenen Teil Schlesiens (1928) stellen M. ca. 40% (= 4 Mio.) der Bev. in Tschechien (1992); Zentren Brünn und Troppau. M. sind Nachkommen der im 6. Jh. eingewanderten Morawer, die sich von böhmischen Tschechen nur durch Dialekt und Mentalität unterscheiden. M. bemühen sich, verstärkt seit 1980, um Autonomie.

Mährische Brüder (REL)
I. Böhmische Brüder.

Maier (SOZ)
I. Meier; aus maior (lat=) »höherer Verwalter«, »Hausmeier« (M. domus).
II. 1.) vom MA bis ins 19. Jh. in Mitteleuropa Vorsteher auf grundherrlichem Gutshof. 2.) seit 13. Jh. in Deutschland Zeit- oder Erbpächter eines Fronhofes. 3.) Oberdeutsch: Verwalter einer Milchwirtschaft, Molkereifachleute.

Mailu (ETH)
II. Kleingruppe von Melanesiern an der Küste Neuguineas und auf Insel Mailu. Sie beherrschen als einzige die Töpferei.

Maithili (SPR)
II. Dialekt der neuindoarischen Bihari, Literatursprache seit 14. Jh.; derzeit (1994) von rd. 12 Mio. gesprochen und mit der Devanagari geschrieben.

Majerteen (ETH)
I. Majertein, Mijertein, Darod Majerten.
II. Clan des Darod-Volkes; Mehrheitsbev. im n. Somalia zwischen Boosaaso und Gaalkacyo. Vgl. Darod.

Majmalaren (ETH)
I. Eigenbez. Majma-Kischi; Majmalarcy (=rs).
II. kleine Ethnie in Russischer Rep. Gorny Altai. Vgl. Altaier.

Majogo (ETH)
I. Mayogo.
II. kleine schwarzafrikanische Ethnie in der n. DR Kongo.

Majoristen (REL)
II. im kath. Kirchenrecht die Inhaber höherer Weihen; Sammelbez. für Subdiakone, Diakone und Pfarrer. Vgl. Gegensatz Minoristen.

Majorität (WISS)
I. aus maior (lat=) »größer«; maggioranza (=it). Vgl. Mehrheit, Mehrzahl, Überzahl. Gegensatz Minorität/Minderheit.

Mak'a (ETH)
I. Maca.
II. Mataco-spr. Indianerethnie im Chaco Paraguays; einst Wanderhackbauern, heute Handwerker und Händler.

Makaa (ETH)
I. Maka, Makka.
II. Bantu-Negerstamm in Südkamerun.

Makassaren (ETH)
I. Makasaren.
II. jungindonesische Ethnie im S der SW-Halbinsel Sulawesi/Celebes/Indonesien, an Zahl > 2 Mio. Naßreisbauern, üben Weberei. Halten im Unterschied zu Buginesen an altem Volksglauben mit Bissu-Priestern fest. Vgl. Buginesen.

Makassarisch (SPR)
II. Sprgem. dieser austronesischen Spr. im NW von Sulawesi/Indonesien, 1994 etwa 0,5 Mio., geschrieben mit der buginesischen Schrift.

Makedonianer (REL)
I. nach Makedonios, Bischof von Konstantinopel im 4. Jh.; Pneumatomachen.
II. theologische Sonderungsgruppe des Ostchristentums, die gegen die Arianer die Gottheit des Heiligen Geistes leugnete, auf den Konzilen von Ephesos und Chalcedon (5. Jh.) kirchlich verdammt wurde.

Makedonier (ETH)
I. Macedonier, fälschl. Mazedonier; Macedonians (=en); Macédoniens (=fr); macedoni (=it); macedónios (=sp,pt).
II. 1.) Bewohner eines Gebietes zwischen Schar-Gebirge im N, Rhodopen im E, der Ägäis und dem Pindus-Gebirge im S bis zum Ochrid-See im W. Im Frieden von Bukarest 1913 aufgeteilt in das jugoslawische Vardar-Mazedonien (Dardani/Dardania), das griechische Ägäis-M. sowie das bulgarische Pirin-Mazedonien. M. sind geschichtlich gesehen eine Mischbev. albanischer, griechischer, bulgarischer und serbischer Provenienz. Standen rd. 300 Jahre unter byzantinischer Herrschaft, welche die kulturelle Entwicklung prägte, Ochrid wurde geistliches Zentrum. 1389–1912 waren sie in den Vilayets von Kosovo, Monastir/Bitola und Saloniki Untertanen des Türkenreiches; 2.) im Altertum ein mit Illyrern und Thrakern vermischter griechischer Volksstamm, der wohl nach 1200 v.Chr. aus N in das oben bezeichnete Gebiet eingewandert ist, den Hellenen als kulturell rückständig galt. Nach Konsolidierung ihres Reiches im 4./3. Jh.v.Chr. erreichten M. die Einigung der Griechen und errangen die Hegemonie über Griechenland, dann über große Teile der Balkanhalbinsel. Ihr König Alexander der Große errichtete von M. aus ein Weltreich, das griechische Kultur (und Spr.) weit über Vorderasien hinaus verbreitet hat; es wurde im 3./2. Jh.v.Chr. von den Römern zerschlagen und erstmals aufgeteilt. 3.) die Sprechergemeinschaft der angeblichen mazedonischen Spr., deren Existenz aber ganz in Frage gestellt wird, bzw. als bulgarischer Dialekt zu erklären ist. 4.) die Angehörigen der seit 1993 von Jugoslawien weitgehend unabhängigen Rep. Mazedonien; unter Rückgriff auf die kurzlebige »Unabhängige Rep. von Krushevo« 1903, diese mazedonische Nation, die noch im »Königreich der Serben, Kroaten und Slowenen« 1918–1941 unerwähnt blieb, als willkürliche Konstruktion Belgrads 1944 zur Abwehr bulgarischer und griechischer Gebietsansprüche zu werten ist; immerhin währte die gemeinsame Geschichte Vardar-M. bald 80 Jahre. Lt. VZ 1994: 1,945 Mio. Ew. 5.) Für Bulgarien sind M. ein bulgarischer Stamm, der geschichtlich vom Mutterland abgetrennt wurde, für Griechen gelten M. als slawisierte Griechen, die auf einem Teil jenes Gebietes leben, das nach dem altgriechischen Stamm der Macedonen benannt ist. Vgl. Makedonier; Megleniten.

Makedonisch (SPR)
I. Mazedonisch-spr.; Macedonian (=en).
II. eine südslavische Spr., die sich erst im 19./20. Jh. zur Schriftspr. entwickelt hat; 1979 von 1,6 Mio. gesprochen; im alten Jugoslawien eine eigenständige Spr., im seit 1993 selbständigen Mazedonien (seit 1945) Amtsspr., in Bulgarien ein bulgarischer Dialekt, in Griechenland gelten Mazedonier als eine Regionalbev.; Sprachminderheit in Albanien. Dürfen sich nicht überall der griechischen Schrift bedienen, sondern müssen in Rumänien lateinisch, in Bulgarien kyrillisch schreiben.

makedonisch-orthodoxe Christen/Kirche (REL)
II. orthodoxe Christen der Kirche Makedoniens; diese wurde, um die Existenzberechtigung der makedonischen Nationalität zu unterstreichen, in der Tito-Ära Jugoslawiens begr.

Makedorumänen (ETH)
I. Makedowalachen, Mazedorumänen; Macédoroumains (=fr); im serbischen Spr.gebrauch Zinzaren, in Griechenland Kutsowalachen/Kutzowlachen.
II. rumänischer Volksstamm auf der Balkanhalbinsel. Vgl. Aromunen, Walachen.

Makedorumänisch (SPR)
II. Sammelbez. für die rumänischen Dialekte der Walachen in SE-Europa.

Makedoslawen (ETH)
I. Slawomakedonier.
II. im politischen Spr.gebrauch Bez. für die Makedonier in Jugoslawien und Nachfolgestaaten; für Nachkommen jener Slawen, die sich im geographisch mazedonischen Raum im 6.und 7. Jh. niedergelassen haben.

Makhosh (ETH)
II. Stamm im Verband der Tscherkessen.

Makkabäer (REL)
I. makkabi (he=) »hammerschwingende«. Hasmonäer/Hasmonai (nicht voll identisch, da H. auf Dynastie bezogen).
II. biblische Bez. für Brüder und Mitkämpfer des Judas Makkabäus/Jehuda ha-Makkabi im polit. und religiösen Freiheitskampf um Wiederherstellung des jüdischen Staates ab 142 v. Chr. gegen Seleukiden. Ihre Nekropole wurde in Modi'in erschlossen; jährliches Chanukka-Fest.

Makonde (ETH)
I. Wamakonde.
II. matrilineare Ethnie SE-Tansanias, berühmt durch ihre Schnitzereien, später oft Wanderarbeiter auf Sisalplantagen. Vgl. auch Nyassa-Völker.

Makrani (ETH)
II. kleines indoarisches Volk (ca. 200 000) in Pakistan; stark in Stämme bzw. Berufsgruppen gegliedert, u. a.: Darzada (ländliche Arbeiter), Nakib, Lori (Wander-Handwerker), Med (Fischer); meist sunnitische Muslime.

Makritare (ETH)
I. Mayongong, Makiritare; Yecuana.
II. Indianerstamm mit einer karaibischen Spr., an Flußufern in Guayana lebend; Maniokbauern und Wildbeuter; Anzahl ca. 1000 Köpfe, zunehmend akkulturiert.

Maktoumeena (SOZ)
I. (ar=) »Unregistrierte«.
II. 1.) amtl. Bez. in Syrien für aus dem NE infiltrierte Kurden. 2.) Gleiche Bez. gilt auch für die Nachkommen jener 120 000 Kurden, denen Syrien 1962 die syrische Staatsbürgerschaft aberkannt hat und die seither als Ausländer gelten. Es handelt sich (amtl.) um mind. 75 000, sie besitzen noch mindere Rechte als die o. g. »Ausländer«.

Makua (ETH)
I. Wamakuo.
II. Bantu-Ethnie in N-Mosambik und auf den Komoren; rd. 40% der Gesamtbev. Vgl. auch Nyassa-Völker.

Makua (SPR)
I. Makua (=en).
II. Verkehrsspr. aus der Niger-Kongo-Gruppe in Mosambik und Tansania; um 1980 mit rd. 5 Mio. Sprechern.

Makuxi (ETH)
II. Indianerstamm im nördlichen Amazonasstaat Roraima/Brasilien. Ihr Reservat wurde 1991 durch 30 000 Garimpeiros zerstört.

Malabaresen (ETH)
II. Drawida-Volk an der indischen Malabarküste, Kerala, ca. 15 Mio. mit Eigenspr. Malayalam und eigenem Schriftsystem. Vgl. Malayalis, Kerala-Christen.

Malabarische Jakobiten (REL)
II. durch Übertritt anderer Altchristen entstandener Zweig der orthodoxen Christenheit in Indien. Heute ca. 400 000 Gläubige, deren Katholikos seinen Sitz in Kottayam/Kerala hat.

Malabarische Nestorianer (REL)
II. Zweig der nestorianischen Kirche (neubegründet 1874) mit kaum 10 000 Gläubigen. Metropolit von Malabar in Trichur/Indien; folgen chaldäischen Ritus mit ostsyrischer Liturgiespr. wie auch die unierten Malabaren, deren Erzbischofssitz Ernakulum ist. Vgl. Thomas-Christen.

Malabars (SOZ)
II. indische Kontraktarbeiter (und ihre Nachkommen), die in der britischen Kolonialwirtschaft etwa 1860–1885 zur Zuckerrohrernte auf viele tropische Inseln geholt wurden. Vgl. Kulis.

Malagassi (SPR)
I. Malagas(s)y, Madagassisch; Malagasy (=en); (fr=) Malgache.
II. die allen Völkern Madagaskars gemeinsame Spr., die merkwürdigerweise zu der indonesisch-malaiischen Spr. der austronesischen Spr.familie gehört. Unter den verschiedenen Dialektgruppen dient der auf dem Hova der Merina beruhende Dialekt seit 1820 als Staats- und offizielle Schrift- und Literaturspr.

Malaien (ETH)
I. Orang melaju (=»Umherwandernde«); Malays, Malayans (=en); malayos (=sp).
II. Volk im ö. Sumatra auf der Malaiischen Halbinsel und dem Riau-Linga-Archipel, den Thai-Völkern nahestehend, ethnogenetisch als »jungindonesisch« klassifiziert, mit einer südwestindonesischen Eigenspr.; hervorgegangen aus Bew. des kolonialindischen Shrivijaya-Reiches (einst Zentrum des Mahayana-Buddhismus) und zugewanderten Minangkabau; Reisbauern sowie seefahrende Fischer und Händler; bereits im 13./14. Jh. islamisiert; heute 3–4 Mio. M. ließen sich schon frühzeitig an Küstenplätzen des gesamten Malaiischen Archipels (staatengründend bes. auf Borneo) und der Malaischen Halbinsel nieder, dabei den Islam verbreitend. Ihre Spr. wurde zur Verkehrsspr. der Inselwelt. Da Dajak u. a. weitgehend assimiliert wurden, erweiterte sich Zahl der »echten M.« beträchtlich. Heute auf Borneo ca. 1,5–2 Mio., auf der Halbinsel Malaya 7–8 Mio. (1985) M., wenn auch im Laufe der Zeit stark mit Javanen, Buginesen und Arabern vermischt. Seit 18./19. Jh. fälschliche Ausweitung des Begriffs M. auf Bew. der ganzen Inselwelt, vgl. auch Proto-,

Deutero-, Alt- und Jungmalaien, so bis heute im angelsächsischen Bereich als Malaysians, sonst in diesem weiteren Sinn völkerkundlich (ebenso mißverständlich) oft durch Indonesier 2. ersetzt. M. als Kollektivbegriff ist im heutigen Indonesien verpönt. Vgl. Bumiputra(s).

Malaiisch (SPR)
II. wichtigste der (südwest-)indonesischen Spr. mit reicher Literatur; seit 14. Jh. belegt. Nach Ausbreitung des Islam Aufnahme arabischer und indischer Fremdelemente, Verkehrsspr. in ganz SE-Asien, Eigenspr. der Malaien im südostasiatischen Archipel und auf der Halbinsel Malakka. Normierte Varianten der Malaiischen Spr. wurden 1945 als Bahasa Indonesia (s.d.) zur Staatsspr. von Indonesien, als Bahasa Melaòu/Malaysia zur Amtsspr. in Malaysia erklärt. M. wurde vor dem 13. Jh. mit einer Eigenschrift, seit dem 15. Jh. in arabischer, seit dem 19. Jh. in Lateinschrift geschrieben. Vgl. Pilipino, Tagalog; Bahasa Malaysia, Bahasa Indonesia.

Malaiische Schriftnutzergemeinschaft (SCHR)
II. auf indische Vorbilder zurückgehende Silbenschrift der M., die mit der Islamisierung durch die arabische Schrift verdrängt wurde.

Malaiischer Bund (TERR)
C. Seit 16. 9. 1963 Teil von Malaysia. The Federation of Malaya (=en); la Fédération de Malaisie (=fr); la Federación Malaya (=sp). Vgl. Malaysia; Singapur.

Malankaren (REL)
II. alte christliche Gemeinschaften an der westindischen Malabarküste; vorwiegend jakobitische Christen mit westsyrischer Liturgie, auch unierte Christen; ca. 0,25 Mio. Vgl. Thomas-Christen, syromalabarisch Unierte.

Malaria-Kranke (BIO)
I. aus mala aria (=it) »schlechte Luft«; paludisme (=fr) aus palus »Sumpf«.

II. Menschen, die an der »italienischen Krankheit«, Helodes, am Wechsel- oder Sumpffieber leiden. Damit ist eine Gruppe verwandter, hpts. und weitest in Tropen und auch Subtropen verbreiteter, in Mittelbreiten (Pripjet) nur vereinzelt auftretender Infektionskrankheiten gemeint. Zu unterscheiden sind: M.tropica in tropischen Ländern, ihr Verlauf führt meist binnen weniger Tage zum Tode; M.tertiana und M.quartana, jene beiden, nach der Frequenz der Fieberanfälle benannten, langjährig immer wieder rezidivierenden milderen Auftretensformen in Europa. Erreger der Malaria sind Protozoen verschiedener Plasmodiumarten (insbesondere Plasmodium falciparum), Überträger die weiblichen Anophelesmücken. M. war schon seit den Hochkulturen im Altertum, im Mittelmeerraum bes. im MA bekannt und spielte folglich neben und nächst der Pest eine maßgebende Rolle in vielen katastrophalen Geschichtsereignissen. Trotz umfangreicher Abwehrmaßnahmen, vor allem auch Meliorierung vieler Feuchtgebiete (Pontinische Sümpfe 1928), stellt M. noch im 20. Jh. eine ungebrochene Gefahr dar. Am Ende des II.WK waren ca. 60% der Weltbev. in 150 Ländern der Gefahr einer Malariainfektion ausgesetzt, in den Siebziger Jahren trotz Erfindung des DDT noch über 1 Mrd. Menschen. Da Abwehr in Drittweltländern aus politischen und wirtschaftlichen Gründen oft erlahmt und andererseits sowohl Überträger als auch die gefährlichsten Erreger wachsende Resistenz gegen Schädlingsbekämpfungsmitteln bzw. Chemotherapeutika entwickelt haben, steht zu befürchten, daß sich das Malariarisiko wesentlich erhöhen wird. Schwere Rückschläge traten in Vorder- (Rajasthan) und Hinterindien, Indonesien und Mittelamerika auf. In ganz SE-Asien nahm 1970–80 die Zahl der Infektionsfälle von 1 auf 10 Mio. zu. Insgesamt sterben derzeit (n. 1990) bei 300–400 Mio. Neuinfektionen jährlich zwischen 1 und 3 Mio. Menschen, täglich allein über 3000 Kinder an dieser Seuche, die man schon lange besiegt glaubte. In 103 Ländern mit einer Gesamtbev. von über 2 Mrd. Menschen ist Malaria endemisch. Über 80% der Opfer in Schwarzafrika sind Kinder und schwangere Frauen. Dort ereignete sich 1995/96 eine neue Epidemie in Simbabwe, Angola und Mosambik mit mehreren tausend Toten.

Malawi (TERR)
A. Republik. Kolonialzeitlich (1889/91–1964) Njassa-/Nyassaland; unabh. seit 6. 7. 1964. Republic of Malawi (=en), Mfuko La Malawi (=Chichewa), Dziko la Malawi. La République du Malawi, le Malawi (=fr); la República de Malawi, Malawi (=sp).

Ew. 1901: 0,737; 1911: 0,970; 1921: 1,202; 1931: 1,573; 1945: 2,050; 1950: 2,701; 1960: 3,419; 1970: 4,441; 1978: 5,669; 1987: 7,983; 1996: 10,016, BD: 85 Ew./km²; WR 1990–96: 2,7%; UZ 1996: 14%, AQ: 44%

Malawier (NAT)
I. Malawians (=en); malawiens (=fr); malawianos (=sp, pt).

II. StA. der Rep. Malawi; div. Bantuethnien, insbes. Niyaja und Chichewa mit 50%. Größere Gruppen (300000–500000) von Aus- und Zeitwandern in südafrikanischen Staaten.

Malaya (TERR)
B. s. Malaysia. W-Teil (Halbinsel) von Malaysia; umfaßt Johor, Kedah, Kelantan, Melaka, Negeri Sembilan, Pahang, Perak, Perlis, Pinang, Selangor, Terengganu, Kuala Lumpur. Peninsular Malaysia (=en); Malaisie péninsulaire (=fr); la Malasia Peninsular (=sp).

Malayalam (SPR)
I. Malajalam-Spr., Malayalis, Mallayallis; Malayalam (=en).

II. südindische Drawida-Spr. der Malabaresen (Kerala) mit (1990) fast 34 Mio. Sprechern, 4% der

Staatsbev. der Indischen Union; M. wird mit einer aus der südindischen Brahmi entwickelten Eigenschrift geschrieben.

Malayalam-Schriftnutzergemeinschaft (SCHR)
II. Eigenschrift der malayalamspr. Inder; aus der Brahmi-Schrift des 3. Jh. v. Chr. abzuleitende jüngste Schrift (im 17. Jh. n. Chr.) Südindiens. Ist Hoheitsschrift im indischen Gliedstaat Kerala; wird von rd. 34 Mio. benutzt.

Malayo-Polynesian (SPR)
I. (=en); Indonesisch-Malaiisch. Vgl. Austronesier.

Malaysia (TERR)
A. Umfaßt Halbinsel-Malaysia, Labuan, Sabah und Sarawak; als Malaiischer Bund unabh. seit 31. 8. 1957; seit 16. 9. 1963 neue Staatsbez. Malaysia; aus Föderation ist am 9. 8. 1965 der Stadtstaat Singapur ausgeschieden. Persekutuan Tanah Malaysia. (Federation of) Malaysia (=en).
Ew. Malaya/Westmalaysia 1911: 2,340; 1921: 2,910; 1931: 3,790; 1947: 4,910; 1950: 5,190; 1960: 6,909; 1970: 8,775; 1980: 11,427
Ew. Singapur 1950: 1,022; 1960: 1,646
Ew. Sabah mit Labuan 1950: 0,330; 1960: 0,454; 1970: 0,649; 1980: 1,011
Ew. Sarawak 1950: 0,585; 1960: 0,750; 1970: 0,967; 1980: 1,308
Ew. Malaysia Gesamt 1950: 7,127; 1960: 9,759; 1970: 10,391; 1980: 13,745; 1996: 20,565, BD: 62 Ew./km^2; WR 1990–96: 2,3%; UZ 1996: 54%, AQ: 17%

Malaysier (NAT)
I. Malaisier; Malaysians, Malays (=en); malaisiens (=fr); malayos (=sp, pt); malaios (=pt); malesi (=it).
II. StA. von Malaysia. Zu unterscheiden: West-Malaysier (Halbinsel Malaysia) mit 83% und Ost-Malaysier (Nord-Borneo) mit 17% der Gesamtbev. StA. stellen i.e.S. allein die Bumiputras (rd. 57%). Nur in Teilgruppen naturalisiert sind die rd. 30% Chinesen, rd. 10% Inder, Pakistaner, Srilanker der Gesamtbev. Vgl. Malaya, Sabah, Sarawak, Malaien, Bumiputras und Orang Asli.

Maldivisch (SPR)
I. Divehi, Maledivisch-spr.
II. Staatsspr. auf den Malediven; eine Sonderform der Singhalesischen Spr.; von 170000–230000 Maledivern gesprochen, mit Eigenschrift Tana.

Malecite (ETH)
II. kleiner untergegangener Indianerstamm der Abnaki-Föderation im s. Neu-Braunschweig.

Malediven (TERR)
A. Republik. Inselstaat in Südasien; unabh. seit 26. 7. 1965. Republic of Maldives (=en); Divehi raajje; Divehi Jumhuriya; Maldaníf; Maladiviana; dhibat al-mahal (=ar); Divehi Raajjeyge Jumhooriyyaa. Maldives (=en); la République des Maldives, les Maldives (=fr); la República de Maldivas, Maldivas (=sp).
Ew. 1950: 0,082; 1960: 0,092; 1970: 0,116; 1978: 0,141; 1996: 0,256, BD: 859 Ew./km^2; WR 1990–96: 2,9%; UZ 1996: 26%, AQ: 7%

Malediver (ETH)
I. Maldivians (=en); Maldiviens (=fr); maldivos (=sp).
II. StA. der Rep. Malediven; arabisch-malaiisch-singhalesischer Abstammung. Staatsspr.: Maledivisch/Divehi, eine Sonderform des Singhalesischen bzw. Elund Eigenschrift: Tana. Rel.: Sunnitische Muslime.

Maledivische Schriftnutzergemeinschaft (SCHR)
I. Tana.

Malekin (SOZ)
II. (=pe); Grundeigentümer.

Malemin (SOZ)
II. Berufskaste der Schmiede in der Westsahara.

Mali (TERR)
A. Republik in Westafrika. Unabh. seit 22. 9. 1960. République du Mali (=fr). The Republic of Mali, Mali (=en); le Mali (=fr); la República de Malí, Malí (=sp).
Ew. 1950: 3,277; 1960: 4,050; 1970: 5,047; 1980: 7,095; 1987: 7,620; 1996: 9,999, BD: 8 Ew./km^2; WR 1990–96: 2,8%; UZ 1996: 27%, AQ: 69%

Malide (BIO)
II. Altbez. für die dunkleren Weddiden-Gruppen.

Malier (NAT)
I. Malis; Malinesen; Malians (=en); maliens (=fr); malienses (=sp, pt).
II. StA. der Rep. Mali; setzen sich aus div. westafrikanischen Ethnien zusammen, deren größte die Bambara mit (1983) 32% der Gesamtbev. Vgl. auch Fulbe (14%), Senoufo (12%), Malinke (6%), Dogon, Songhai.

Malikiten (REL)
I. (ar=) Malikiyun (Sg. Maliki).
II. Muslime, die dem (durch Malik Ibn Anas) ältestbegründetem Rechtsgebrauch unterstellt sind. Dieser war, vom Hedschas ausgehend, einst bis zum Maghreb und nach Spanien reichend, und ist heute vor allem in Oberägypten, Mauretanien, Nigeria, Sudan, Kuwait und Bahrain verbreitet.

Malikya (REL)
II. Teilrichtung der Ibaditen in Libyen, vornehmlich unter Arabern. Gegensatz Ibadiya unter Berbern.

Malinke (ETH)
I. Manding, Mandinke, Mellenka, Minianka.

Malinke

II. größtes und bedeutendes der Mande-Völker; gehören linguistisch zum w. Zweig der Mande-Spr., zur Untergruppe der Mande-Tan. M. waren Träger des im 11. Jh. gegründeten mächtigen Mali-Reiches, das große Teile des W-Sudans beherrschte. Seine Oberschicht war islamisiert. Das alte Mali zerbrach im 15.–17. Jh. an dem um Gao und Timbuktu entstehenden, vormals unabhängigen Songhai-Staat, den Tuareg-Einfällen und den Mossi-Staaten. Gliedern sich heute in W-Malinke (am Mittel- und Oberlauf des Gambia), E-Malinke (im alten Kernland am oberen Niger und Senegal) und S-Malinke (im Hinterland von Liberia und Elfenbeinküste), zugehörig insbesondere den Mandingo; s.d.

Malinke (SPR)
I. Manding, Mandingo; Malinke-Bambara-Dyula (=en).
II. Verkehrsspr. in Gambia, Guinea, E-Senegal, Sierra Leone, Mali, Burkina Faso, Elfenbeinküste; 1990 (mit Bambara und Dyula) > 6 Mio. Sprecher.

Malkoch (SOZ)
I. wohl aus cotschi (pe=) »Nomade«.
II. in Vorderasien nomadisierender Zigeunerstamm, der auch Metallarbeiten verrichtet. Vgl. Poscha/Boscha.

Mallorquin (SPR)
I. Mallorquines (=sp); majorquins (=fr).
II. Spr. der Mallorquiner; trotz eigener Wortschöpfungen als Dialekt des Katalanischen gewertet.

Mallorquiner (ETH)
I. aus mayor isla = »größere Insel«. Mallorquines (=sp); Majorquins (=fr).
II. Bew. der Insel Mallorca/Balearen; mit spanischen, französischen, doch auch arabischen Einschlägen. Umgangsspr. ist das Mallorquin, trotz eigener Wortschöpfungen als Dialekt des Katalanischen zu werten.

Malmi (ETH)
II. kastenähnliche Untereinheit der Lakkadiver, seefahrend und handeltreibend.

Malsoren (ETH)
I. »Hochländer«.
II. Sammelbez. für die n. Stämme der Gegen im N Albaniens.

Malta (TERR)
A. Republik. Umfaßt Malta, Comino, Gozo; unabh. seit 21. 9. 1964. Repubblica ta'Malta; Republic of Malta (=en). La République de Malte, Malte (=fr); la República de Malta, Malta (=sp).
Ew. 1948: 0,306; 1950: 0,312; 1960: 0,329; 1970: 0,326; 1980: 0,364; 1985: 0,345; 1996: 0,373, BD: 1180 Ew./km^2; WR 1990–96: 0,9 %; UZ 1996: 89 %, AQ: 14 %

Malteser (ETH)
I. Maltesen; Maltese (=en); Maltais (=fr); maltesi (=it); malteses (=sp).
II. Mischbev. aus Italienern und Arabern. Bewohner der Inseln Malta (ca. 340 000), Gozo und Comino (ca. 33 000).

Malteser (NAT)
I. Maltesen; Maltese (=en); maltais (=fr); maltesi (=it); malteses (=sp).
II. StA. der Rep. Malta. Kleine britische Minderheit. Englisch neben Maltesisch als Amtsspr.

Malteser (REL)
II. Angeh. des Malteser Ritterordens.

Maltesisch (SPR)
II. Amtsspr. der Inselbev. von Malta (seit 1964); eine italienisch beeinflußte Mischform arabischer Dialekte. Autochthone Malteser (1987: rd. 340 000) verstehen das Arabische Nordafrikas, können es aber nicht lesen, denn ihre Spr. wird seit dem 18. Jh. mit lateinischem Alphabet geschrieben. Vgl. Malteser.

Maluku Selatan (TERR)
C. (ni=) Repoeblik Maloekoe Selatan. Südmolukkische Republik RMS. Kurzlebige Republik der Ambonesen 1950–1951.

Malwiner (NAT)
I. Malvinas (=en); malouines (=fr); malvinas (=sp).
II. Angehörige der britischen Überseeterritoriums Falkland Inseln, 2500 Ew. (1996).

Mam (ETH)
II. mesoamerikanisches Indianervolk, zur Spr.familie der Maya zählend; im nw. Hochland von Guatemala, mit ca. 200 000–300 000 Seelen; sind Hack- und Grabstockbauern, Maiskult. Konnten dank Abgeschiedenheit ihre ursprüngliche Kultur besser als andere Maya-Völker bewahren.

Mamainde (ETH)
II. lt. Rotbuch von Survival International bedrohte kleine Ethnie in Brasilien.

Mamanua (BIO)
II. kleine Gruppe von Negritos (unter 1000) im N von Mindanao.

Mambises (SOZ)
II. (=sp); kubanische Kämpfer in den drei Befreiungskriegen gegen die spanische Kolonialmacht.

Mambu-Bewegung (REL)
II. 1937 in NE-Neuguinea durch Jeremiah Mambu als »blak-felo king« begründete Lehre; kritisert Ausbeutung der Eingeborenen durch die Weißen und verheißt Heilszeit ohne Arbeit dank Lieferungen durch die Ahnen. Vgl. Cargo-Kulte.

Mame Loschen (SPR)
I. mameloschn (=jd).
II. die »Mutterspr.« der Ostjuden, nämlich Jiddisch.

Mamelucos (BIO)
II. (=pt); portugiesische Mestizenbev. in Südbrasilien. Vgl. Mameluken.

Mameluken (ETH)
I. Mamluk (=ar), Mamluken, Mamelucken; Mamelukes (=en).
II. nichtmuslimische Weiße (aus SE-Europa und bes. Kaukasien stammende u.a. Kiptschaken, Tscherkessen), die anfangs als Kinder und Halbwüchsige, seit 15. Jh. auch als Erwachsene zu Militärsklaven bis ins 19. Jh. im Türkischen Reich und in Ägypten rekrutiert wurden.

Mameluken (SOZ)
I. Mamluken (=ar), Mamluken, Mamelucken; von Mamalik (Sg. Mamluk), aus malaka »besitzen«.
II. in der Grundbedeutung »Sklaven«, später im Gegensatz zu Abid, den Negersklaven, die Bez. für nichtmuslimische weiße Sklaven (aus SE-Europa und bes. Kaukasien stammend u.a. Kiptschaken, Tscherkessen), anfangs als Kinder und Halbwüchsige, seit 15. Jh. auch als Erwachsene rekrutierte Militärsklaven des 13.–19. Jh. im Türkischen Reich und Ägypten. Nach Übertritt zum Islam und nach Freilassung konnten sie hohe Ämter erringen, bildeten im 18. Jh. allmählich eine streng geschlossene Gesellschaftsgruppe.

Mamertiner (SOZ)
I. »Marssöhne«.
II. samnitische Söldner, die sich im 3. Jh. v.Chr. Ostsizilien botmäßig machten.

Mamkheg (ETH)
II. Stamm im Verband der Tscherkessen.

Mamprusi (ETH)
I. Dagomba (s.d.); auch Mampelle, Mampulugu.

Mämvu (ETH)
I. Mamvu, Momvu, Lese.
II. kleine schwarzafrikanische Ethnie im der DR Kongo am Lese-Fluß. Leben in Gemeinschaft mit Efe-Pygmäen; zur Benue-Kongo-Spr.gruppe zählend, ca. 20000–30000.

Man (ETH)
I. 1.) Mandschu (s.d.), Manschu, Mandschuren. 2.) Yao.
II. Volk in Tongking und benachbartem S-China; verwandt mit den Miao (Miaotse, Meo, Meau).

Man (TERR)
B. Insel in der Irischen See. Altnamen Mona (=lat), Mön (=isländ. und walisisch). Untersteht unmittelbar der englischen Krone; nicht zu Großbritannien gehörend. Ellan Vannin. The Isle of Man (=en); l'île de Man (=fr); la isla de Man (=sp).
Ew. 1989: 0,063; 1996: 0,072, BD: 125 Ew./km²; WR 1985–94: 1,5 %

Manao (ETH)
II. mehrere Indianerstämme (u.a. die Juri und Pase) mit Aruak-Spr. im Amazonasgebiet/Brasilien; bekannt durch Sklavenhaltung und Bau großer Kanus. Vgl. Stadt Manaos mit Kautschuk-Export.

Mandäer (REL)
I. Sabier (Täufer), Nazoräer; Eigenbez. Subba (altgr., altsyr=) »untertauchen«; sabi'ún, Sg. sabi (=ar); auch Manda'i Yahiya'i »Johannesanhänger«, da sie Johannes als ihren Meister verehren, fälschlich Johannes-Christen; Mandaeans (=en).
II. aus Irak und Iran in das Schatt el Arab-Gebiet abgedrängte judenchristliche Taufsekte, im Besitz heiliger Schr. in aramäischer Spr., dennoch im Islam nicht als Buchreligion anerkannt. M. halten endogame Einehe; bedienen sich jeweiliger Umgangsspr.; mit Aussterben der Priesterkaste, deren Amt erblich, auch Niedergang dieser Rel. im 19./20. Jh.; heute kaum mehr als 10 000 Gläubige mit Schwerpunkt im unteren Irak; eine bes. eng geschlossene Gemeinschaft (Kunsthandwerker) in Bagdad.

Mandaje (REL)
I. (ostaramäisch=) »Wissende«; Eigenbez. der Manadäer.

Mandan (ETH)
I. Mandans; Eigenname Numakaki.
II. Indianerstamm aus der Sioux-Spr.familie, dennoch sprachlich und kulturell deutlich von benachbarten Sioux unterschieden; ansässig am oberen Missouri wohin sie vermutlich, von Algonkin vertrieben, aus dem Ohio-Gebiet zugewandert sind. M. besaßen hochentwickelten Ackerbau und ausgedehnte Büffeljagd, komplizierte Sozialordnung (totemistische Stammeshälften, Alters- und Kriegerbünde, bes. reiche Kulttänze. Wurden 1837 durch Pockenepidemie stark dezimiert. Geogr. Name: Stadt Mandan in N-Dakota.

Mandarin (SPR)
I. Hochchinesisch; Mandarin (=en);
II. Dialekt von Peking, N-Chinas. M. unterscheidet sich gegenüber südchinesischen Regionaldialekten (z.B. Kantonesisch) insbes. hinsichtlich Aussprache, Tonhöhe und selbst Vokabular deutlich. M. wird trotz Spr.reform heute erst von rd. 800 Mio. Chinesen in China, Taiwan, Hongkong gesprochen; in chinesischer Schrift geschrieben. Vgl. Putonghua, Chinesisch.

Mandaya (ETH)
II. kriegerisches Kleinvolk auf Mindanao/Philippinen, zählten 1965 ca. 35000 Köpfe, mit nordwestindonesischer Eigenspr.; treiben Anbau neben Sammelwirtschaft, einst Baumhäuser.

Mande-Fu (ETH)
I. Peripheral Mande (=en).
II. ö. Zweig der Mande-Völker; verbreitet zwischen Sierra Leone über Liberia bis zur w. Elfenbeinküste. Teilgruppe der Mande, die nach S in den Regenwald vordrang und sich dort sprachlich isolierte; kulturell u. a. den Kru ähnlich, unterscheiden sich sprachlich und kulturell deutlich von den Mande-Tan; sind Hackbauern und Kleinviehhalter. Wichtigste Stämme sind die Dan oder Gio, ferner die Guro/Gouro, Kpelle, Loma und Mano.

Mande-Tan (ETH)
I. Nuclear Mande (=en).
II. w. Zweig der Mande-Völker. Zu dieser Hauptgruppe gehören die aktivsten Völker des (geogr.) W-Sudans, die Bambara, Malinke und Soninke, die alle einstmals bedeutende Staatswesen entwickelt haben. Vgl. oben genannte Völker.

Mande-Völker (ETH)
I. Mandé (=fr).
II. Überbegriff für westafrikanische Ethnien der Sudan-Neger; bilden vor allem eine linguistische Einheit. Nächst den Völkern der M.-Tan und der M.-Fu (s. o.) gehören zu ihnen die Bozo, Dialonke, Khasonke, Kagore, Koranko. Die meisten M.-V. sind mit Fulbe vermischt und weitgehend islamisiert. Mande Fu und Mande Tan untergliedern sich nach ihrem jeweiligen Wort für zehn.

Mandingo (ETH)
II. westafrikanisches Negervolk, i.e.S. zu S-Malinke zählend mit einer Mande-Sprache. Verbreitet hpts. in Liberia mit 197 000 = 7 % und n. Elfenbeinküste. Im weiteren Sinn werden auch Gruppen der W- und E-Malinke als M. bezeichnet, so in Gambia mit 505 000 = 44 % und Senegal 1986 mit 341 000 = 4 % (jeweils 1996) der Gesamtbev. Vgl. Malinke, Mande-Spr., M.-Händler.

Mandingo (SOZ)
I. abgeleitet aus Manding, Mandinke, Mande.
II. im übertragenen Sinn wird Begriff in vielen westafrikanischen Ländern für die Händler aus dem Malinke-Volk gebraucht.

Mandja (ETH)
I. Mandscha.
II. große Minderheitsbev. mit 21 % in der Zentralafrikanischen Republik.

Mandschu (ETH)
I. Manschu, Man; Altbez. Mandschuren; Mandchous (=fr); Manchu, Manchu Peoples (=en).
II. Volk von > 3 Mio. einer mandschutungusischen Eigenspr. in der Mandschurei, in ostchinesischen Provinzen und in der Inneren Mongolei. Gegenüber bereits sinisierten Mandschu und eingewanderten Chinesen befinden sich M. in der Mandschurei in verschwindender Minderheit. Politische Einigung im 16./17. Jh., beherrschten im 17.–20. Jh. China. Ihr Idiom war bis 1911 chinesische Amtsspr. Ihre 1599 entwickelte Eigenschrift blieb nahezu ohne Literatur.

Mandschurei (TERR)
C. Geogr. und hist. Großregion in NE-China (heutige Prov. Liaoning, Kirin, Heilungkiang); Reichsbildungen im 16./17. Jh., bis 1900 unter chinesischer Tjing-Dynastie, dann mehrfacher Wechsel russischer, chinesischer und japanischer Einflüsse. 1917–1931 selbständig, 1931–1945 japanisch beherrschtes Kaiserreich Mandschukuo/Mandschutikuo/Mantcheoutikou; seit 1947 Teil Chinas.
Ew. 1890: 7,000 S; 1953: 41,732

Mandschurisch (SPR)
I. Mandschu-spr.
II. Sprgem. von > 10 Mio. in NE-China, ehem. Mandschurei. M. zählt zu den Mongolischen Spr. (Mandschu-Tungusische Spr.familie), hat reichlich chinesisches Wortgut aufgenommen; es wird seit 1600 mit der vervollkommneten Mongolischen Schrift geschrieben. Vgl. Mandschu.

Mandzhak (ETH)
I. Mandyak.
II. kleine schwarzafrikanische Ethnie an der Küste von Guinea-Bissau.

Manga (ETH)
I. Kanuri.
II. Kleingruppe von Melanesiern auf Neuguinea im Sepiktal.

Mangbetu (ETH)
I. auch Mangbutu, Monbuttu, Medje, Meje; syn. Kere, Makere, Niapu, Popoi.
II. verschiedene schwarzafrikanische Ethnien in Feuchtsavanne und Regenwald am Rande des Kongobeckens im NE der DR Kongo. Wichtigste Untergruppen sind die Sara im Tschad, die Kara in Zentralafrikanischer Rep. und die Kreisch im s. Sudan, insges. > 1,5 Mio. Ackerbauern mit einer Bantu-Spr. M. behaupteten sich in vielen Kriegen gegen die sich ausbreitenden Azande.

Mangeroma (ETH)
II. Teilstamm der Catukina-Indianer in Brasilien. Ihre bienenkorbförmigen Gemeinschaftshäuser beherbergen bis 250 Menschen.

Manggarai (ETH)
II. Ethnie auf W-Flores/Indonesien, ca. 0,5 Mio., mit einer südwestindonesischen Eigenspr. aus der Bima-Sumba-Gruppe, kulturell malaiisch überprägt. Treiben Grabstockanbau auf Brandrodungsfeldern.

Mangianen (ETH)
I. Mangyan.
II. kleine palämongolide Einheit von Wildbeutern auf der Insel Mindoro/Philippinen; haben nur geringen Kulturbesitz, wohl aber auf indische Vorbilder zurückgehende Eigenschrift; Naturkulte.

Mangisa (ETH)
I. Mangissa.
II. schwarzafrikanische Ethnie im ö. Kamerun.

Mangos (BIO)
I. (=pt); Zambos pretos, Xibaros.

Mangyan (ETH)
II. Sammelbez. für mehrere isolierte Stämme auf Mindoro/Philippinen. Wildbeuter und Bergreisbauern; kulturell zu den Alt-Indonesiern zählend.

Manichäer (REL)
I. aus manichaios (agr=) »lebendiger Mani«; Manichees (=en).
II. Anh. der von Mani im 3. Jh. n.Chr. gestifteten Rel. des Manichäismus. Mani verstand sich als Nachfolger Zarathustras, Buddhas und Jesu. Missionarische Ausbreitung von Syrien westwärts bis Gallien und Spanien, ostwärts über Khorasan und Transoxanien bis nach China (7.–14. Jh.). Im 8./9. Jh. Staatsrel. im Uighurenreich. Organisation der Lehre ähnelt klassischen asiatischen Ordensrel. Buddhismus und Dschainismus; an der Spitze stand päpstlicher Imam; in der Gde. Unterscheidung in Erwählte (die zölibatär und vegetarisch lebten) und Hörer (die heiraten und Fleisch essen durften); darunter standen die Nicht-Manichäer, die unerlöst und der Finsternis verfallen blieben und Laien. Konkurrenz zum Buddhismus, Ausbreitung des Islams und Mongolenstürme bereiteten Manichäismus anfangs des 13. Jh. ein Ende. Vgl. Mandäer, Katharer, Bogomilen, Paulizianer und neumanichäische Sekten.

Manikion (ETH)
II. Kleingruppe von Melanesiern in W-Irian/Neuguinea; ca. 5000–8000.

Manin (ETH)
II. Stamm der Kurden im N-Irak unweit der türkischen Grenze. Vgl. Kurden.

Manipur (TERR)
B. Unionsterritorium Indiens.
Ew. 1961: 0,780; 1981: 1,421; 1991: 1,837, BD: 982 Ew./km^2

Manitsawa (ETH)
II. Indianerstamm der Tupi im Xingú- Nationalpark, Brasilien.

Männer (BIO)
I. aus gemeingermanischer Wurzel manu/monu »Mensch«, »Mann«; in allen indogermanischen Spr., (altind.=) »Stammvater der Menschheit«; Males, Men (=en); hommes (=fr); Sing.: maschio, maschii, uomini (=it); hombres (=sp); homens (=pt), Sing: homem.
II. erwachsene Menschen m. Geschlechts; auch im Sinn von Ehemännern, Ehegatten; umfassendere Bed. »Menschen« ist verbreitet, in deutscher Sprache zwar überholt, jedoch noch als Sg.: Berg-, Kauf-, Landmann, Pl.: Landsleute, -mannschaft gebräuchlich. Alte begriffliche Gleichsetzung von Mann und Mensch. M. stellen in vielen Mythen den Ursprung der Schöpfungsgeschichte dar; sie fungieren in ganz unterschiedlichen Kulturen als Stammväter der Geschlechter, sagenhafte Begründer von Städten und Staaten; sogar Gott wird in den monotheistischen Religionen als Mann gedacht. Das allein schon macht die Vorrangstellung des Mannes anschaulich. Die Herleitung des Patriarchats bleibt noch unklar, ist möglicherweise in »neolithischer Revolution« zu suchen. Aufkommen von Seßhaftigkeit, Ackerbau, Metallgewinnung, von komplexeren Produktions- und Organisationsformen machte eine Tätigkeitsdifferenzierung der Geschlechter erforderlich. Noch mehr als bisher wurden M. für Außentätigkeiten zuständig, während der Frau Funktionsbereiche von Kinderaufzucht, Hof und Ackerbau verblieben. Damit festigte sich männliche Hegemonie, die Aufwertung des männlichen Prinzips (Zeugungsvermögen, Körperstärke, Intelligenz). Das Patriarchat blieb bis ins 18. Jh. das grundlegende Sozialgebilde.

Männerbünde (SOZ)
II. institutionalisierte und hierarchisch geordnete Zusammenschlüsse von Männern. Meist nach Altersklassen gegliedert, deren Ein- oder Übergang durch Initiationsriten geregelt wird. Das in den Bünden vermittelte Wissen bezieht sich auf das Weltbild, die Herkunft der Gruppe und die Einsetzung von Normen.

Männliches Geschlecht (BIO)
I. »Personen m.G.«; (fr=) Sexe masculin; (it=) sesso maschile.
II. genetisch durch das geschlechtsdeterminierende Y-Chromosom, welches zur Ausbildung der m. körperlichen Merkmale führt, von Frauen unterschiedene Menschen. Ausbildung sekundärer Geschlechtsmerkmale (auch Stimmwechsel, Achsel-/Axillar-Behaarung, Bartwuchs) erfolgt später als beim weiblichen Körper, im 12. bis 18. Lebensjahr. Beim Mann bleibt Zeugungskraft bis über das 70. Lebensjahr hinaus erhalten. Der statistische Terminus schließt nicht nur erwachsene Männer, sondern auch Knaben ein, steht für die Gesamtheit aller Personen m. Geschlechts. Vgl. Männer, Männergesellschaften; Gegensatz w. Geschlecht.

Mano (ETH)
II. westafrikanisches Negervolk in Liberia; 149 000 = 6,7% der Gesamtbev. (1984).

Manobo (ETH)
II. alt-indonesischer Stamm auf Mindanao/Philippinen.

Mansen (ETH)
I. Eigenbez. der Wogulen; Man'si, Mansi »Menschen« (=rs); Mansis (=en).
II. kleine Volksgruppe im nordöstlichen Ural, W-Sibirien/Rußland (ca. 8000–10000), mit fin-

nisch-ugrischer Spr., die erst seit 1934 geschrieben wird. Ursprünglich w. des Ural ansässig, seit 14. Jh. im heutigen Gebiet. Seit 1582 unter russischer Herrschaft fortschreitend russifiziert und christianisiert. 1930 wurde ihr Siedlungsgebiet mit dem der Ostjaken zum Autonomen Kreis der Chanti und Mansi zusammengefaßt, eine Teilgruppe lebt im Gebiet Swerdlowsk. Bis Ende 19. Jh. Rentierzüchter und Jäger; ausgeprägter Bärenkult; Schamanisten, auch orthodoxe Christen.

Manta (ETH)
II. indianische Ethnie an der Küste von Ecuador; zur »Liga de Mercadores« zählend; puruha-mochica-spr.; sind in der Mischkultur ihrer Nachbarn aufgegangen.

Mantelmänner (SOZ)
I. Wautacone »Kleidertragende«.
II. Altbez. nordamerikanische Indianer zur Kolonialzeit für Weiße, speziell für Engländer.

Mantra-Schule (REL)
I. Shingon-shu.

Mantrayana (REL)
I. aus mantra i.S. von »heilige Silbe«, »heiliges Wort« im Buddhismus und Hinduismus; »Fahrzeug der Sprüche/Formeln«.
II. eine der Heilsmethoden bzw. Schulen des buddhistischen Tantrismus, etwa im 2. Jh. n. Chr. aufgekommen. Vgl. Vajrayana.

Manusch (SOZ)
I. manouches (=fr).
II. Eigenbez. der französischen Sinti.

Manuscha (ETH)
I. aus Sg. Manusch (zi=) »Zigeuner«, »Mensch«, »Mann«.
II. Volk der Zigeuner; Leute. Manuschvalipé (zi=) »Menschheit«. Vgl. Roma, Zigeuner.

Manx (SPR)
II. Sprecher der gälischen Mundart Gaelk auf der britischen Insel Man. Manx geht auf keltische Spr. zurück, die seit 8./9. Jh. von Skandinaviern/Wikingern überformt wurde. Name der damaligen Mischbev. war Gael-Galls, d.h. »Gael-Fremde«. Zahl der Sprecher (1979) 61 000.

Manyika (ETH)
I. Bamanyika, Njiika, Shona.
II. kleine bantuspr. Einheit im Grenzgebiet Simbabwe zu Mosambik. Gehören zum Shona-Volk, einige Tausend Individuen.

Maopityan (ETH)
II. Indianerethnie, Unterstamm der Wapishana, in SW-Guayana; hat einstige Abgeschlossenheit aufgegeben und sich den Waiwai angeschlossen; treibt heute Ackerbau. Vgl. Wapishana.

Maori (ETH)
I. Eigenbez. »Einheimische«.
II. die autochthone Bev. von Neuseeland, zur ethnischen Großeinheit der Polynesier gehörend. Ethnogenetisch entstanden aus der Mischung von nach 800 n. Chr. eingewanderten Ostpolynesiern und um 1350 gelandeten Zentralpolynesiern. M. sind kein homogenes Volk, sondern ein Konglomerat unterschiedlicher Stämme, die nie eine gemeinsame Führungsspitze entwickelt haben. Sie zeichnen sich aus durch hochstehende Kultur, u.a. Kunsthandwerk (Holz, Jade, Nephrit). Nach schweren Abwehrkämpfen gegen europäische Kolonisten gerieten sie schon 1860 zahlenmäßig in die Minderheit, wurden unterworfen und pazifiziert. Seit 1896 mit Tiefstand von 46 000 wächst ihre Zahl wieder: 1980: ca. 310 000, d.h. rd. ein Zehntel der Gesamtbev. von Neuseeland, 1996 rd. 350 000 (9,6 % der Gesamtbev.) verstehen sich als Maori. 75 % der M. leben heute außerhalb ihres Stammesgebietes; größte Verbreitung auf Nordinsel, wo Anteile bis zu 24 % (Auckland). Zahl der reinrassigen M. ist sehr gering; doch mehr als ein Drittel aller Neuseeländer ist gemischter Maori-Pakeha-Herkunft. Mit Bev.zunahme ging kulturelles Wiederaufleben einher (Bau von Marae/Versammlungshäusern, Tätowierungen). Obschon ihnen im Treaty of Waitangi 1840 der Besitz an Land, Fischgründen und »anderen geschätzten Werten« zugesichert wurde, gehört ihnen nach Enteignungen heute kaum mehr 5 % der Grundfläche Neuseelands. Seit 1995 energische Bestrebungen um Wiedergutmachung. Da nur symbolische Parlamentsvertretung auch politisches Ringen um weiteres Selbstbestimmungsrecht. Vgl. Pakeha; Nga tamatoa.

Mapoyo (ETH)
I. Yuhuana.
II. vom Aussterben bedrohte Indianerethnie in Venezuela (lt. Rotbuch von Survival International).

Mapuche(s) (ETH)
I. Eigenname bedeutet »Volk des Landes«.
II. heute als Zweig der Araukaner geltend mit vielen Untergruppen im mittleren Chile; ursprünglich nomadisierend, wehrten sich drei Jh. lang gegen spanische Konquistadoren; vermischten sich noch vor spanischer Invasion mit Chonos des Binnenmeeres vor Chiloe. Ihr Idiom fungiert als Verkehrsspr. aller Araukaner.

Mapudungu (SPR)
I. Mapuche-spr., Araukanisch/Araucanisch-spr.
II. indianische Sprgem. von etwa 500 000 in S-Argentinien und S-Chile.

maquisards (SOZ)
I. (=fr); Maquisarden; abgeleitet aus macchia (it=) die degenerierte, mediterrane »Buschwelt«; Untergrundkämpfer.

II. Angeh. des Maquis, der französischen, im Untergrund kämpfenden, Widerstandsbewegung im II.WK; »Armée Secrête«, Résistance. Vgl. Partisanen, Guerilleros.

Mar(r)anen (REL)
I. Conversos, Krypto-Juden; bis heute ugs. Maranen, Marannen; marranos (=ar, sp, pt) »Verdammte«; conversos (=sp); Chuetas (=sp) auf den Balearen; Anussim (=he).
II. »Schweine«; spanisches und portugiesisches Schimpfwort z. Zt. der Reconquista für zwangsgetaufte Juden; ursprünglich Schimpfname für die unter Zwang der Inquisition getauften, insgeheim dem alten Glauben treugebliebenen Juden (»heimliche Juden«) und Mauren in Spanien (ca. 150 000 im 14./15. Jh). Vermeintliche M. gibt es noch immer (*M. CORINALDI*), das Judentum ist um ihre »Rückerweckung« bemüht. Vgl. Neu- oder Scheinchristen.

Marabuts (REL)
I. Murabitun, (Sg. Murabit) (ar=) »Asket, Einsiedler«; berberisch agurram oder amrabol; bei Tuareg auch Ineslemen, Sg. Aneslem, bei Kel Ayr auch Echchikhen; marabutos (=pt); marabouts (=fr).
II. Bez. vornehmlich in NW- und W-Afrika für islamische »Heilige«, angesehene regionale und lokale religiöse Führer, auch von religiösen Bruderschaften. Vgl. Aulija' (=ar); Heilige.

Maraca (BIO)
II. pygmide Population in Höhenregionen der kolumbianischen Abdachung der Sierra de Periaja.

Maranao (ETH)
I. Marano.
II. jungindonesische Ethnie an der NW-Küste Mindanaos/Philippinen. Muslime; > 0,5 Mio. Vgl. Moros.

Mararit (ETH)
I. Merarit.
II. kleine Ethnie im SE von Tschad.

Maras (SOZ)
I. (sp=) »Pampashasen«. Vgl. Straßenkinder.

Marathen (ETH)
I. Mahratten.
II. Volk von 40–45 Mio. im 1960 aus spr.politischen Gründen geschaffenen Gliedstaat Maharaschtra/Indien mit der indoarischen Eigenspr. Marathi. I.e.S. die Angehörigen einer indischen Krieger- und Bauernkaste.

Marathen (REL)
I. religiöse Teilgruppe der hinduistischen Krishnaiten.

Marathi (SPR)
I. Marathi (=en).
II. indogermanische, zur Südgruppe der neuindischen Spr. zählende, regionale Spr. in Indien (Maharashtra, Madhya Pradesch), 1994 von > 67 Mio. (7,7% der Gesamtbev.) gesprochen, geschrieben in der Devanagari. Literaturspr. seit 13. Jh.

Marcioniten (REL)
I. Markioniten; nach großem Theologen Marcion im 2. Jh. n. Chr.
II. Anh. der extrem paulinistischen, antijudaistischen Lehre der M. vom Gott der Liebe und Gnade unter Ablehnung des Alten Testaments. M. bildeten bis ins 6. Jh. mächtige Gegenkirche, gingen in den Manichäern und Paulizianern auf.

Mardaiten (ETH)
I. Dscharadschima, Dschuradschima.
II. christlicher Stamm, der im 7. Jh. im Amanus- und Taurusgebirge an der anatolisch-syrischen Grenze ansässig war. Ob ihrer kriegerischen Qualitäten wechselweise im Bund mit Byzantinern und den Omajjadenkalifen. Schließlich Abwanderung nach Anatolien oder aber Vermischung mit libanesischen Maroniten.

Mardschas (REL)
I. Marjas.
II. jene Autoritäten der schiitischen Religionsgemeinschaft, die bes. schriftenkundig und gottesfürchtig sind und einer großen Anhänger- und Schülerschaft als Vorbild dienen. Sie gelten als Stellvertreter des verborgenen Imams. Ihre gesammelten Fetwas geben religiös-rechtlich begründete Entscheidungen für eine fromme Lebensführung auch in weltlichen Belangen. Vgl. Mullahs, Muftis.

Marehan (ETH)
I. Darod Marehan.
II. Großstamm im SW von Somalia; aus ihm ging die 1969–1991 herrschende Regierungspartei hervor. Hauptort Gabahaarey.

Marem (ETH)
II. Einheit der Naga-Stämme in NE-Indien.

Margarita-Insulaner (ETH)
II. Bewohner der venezuelanischen Küsteninseln Margarita, Coche und Cubagua, ca. 200 000; vorwiegend Indianer sowie bäuerliche Ansiedlungen durch Spanier von den Kanarischen Inseln.

Margide (BIO)
I. aus margo (lat=) »Rand«; Sonoridi (=it) nach *BIASUTTI*; Margide und Pueblide bei *IMBELLONI*; Mexikide und Californide bei *LUNDMAN*.
II. Unterrasse der Indianiden in der Gruppe der Nordindianiden. Stellen wohl Reste einer verdrängten Altschicht dar, mit Ähnlichkeiten zum Lagoa-Santa-Typus. Merkmale: mittelgroß, grobknochig; Kopfform lang und klein; Gesicht niedrig-breit, betonte Oberaugenregion, kleine Lidspalte, breiter Nasenrücken, Nasenflügel gebläht, zurückweichendes Kinn. Körperbehaarung spärlich, Kopfhaar lang und schwarz. Hautfarbe dunkelbraun mit leichtem Rot-

ton. Verbreitung: Kalifornien (Sonora), verstreut in Mexico und Florida, auch in Rocky Mountains (Schoschonen).

Margiis (REL)
II. aktive Mitglieder der Ananda Marga-Bewegung; leben in »Spirituellen Wohngemeinschaften«, den Jagritis.

Marginal men (SOZ)
I. (=en); Randseiter; marginales (=sp).
II. solche Personen, die keine Verbindungen mehr zu ihrem Herkunftsgebiet, ihrer Herkunftsgesellschaft unterhalten, in der aufgesuchten »Zielgesellschaft« jedoch noch keine Aufnahme gefunden haben (*F. SCHOLZ*). Vgl. Randgruppe, Periphergruppe.

Marginalgruppe (WISS)
I. aus margo (lat=) »Rand«; »Grenze«; mithin marginale Gruppe, eine Rand- oder Periphergruppe.
II. Bev.gruppen, die nicht am wirtschaftlichen und gesellschaftlichen Leben teilhaben, die insbes. nicht in das Arbeitsleben integriert sind (*R. PAESLER*). Vgl. Randgruppe, Periphergruppe; Außenseiter.

Mari (ETH)
I. Marizen, Marij; Selbstbez. Marij »Menschen«, »Männer«; Maris (=en); Marijcy (=rs); Altbez. Tscheremissen.
II. Anzahl (1979) in der ehem. Sowjetunion 622000, (1990) bereits 671000, wovon ca. 43 % als Titularnation in der Russischen Republik Marij Elben, die übrigen in den Russischen Republiken Baschkortostan, Tatarstan und Udmurtien, sowie in Gebieten von Gorki, Kirow, Swerdlowsk und Perm. M. sind ein finnougrisches Volk, das sich auf drei Territorialgruppen verteilt: die Kuryk-M. (Berg-M.), Olyk-M. (Flachland-M.) und Üpö-M. (Ost-M.). Waren im 8./9. Jh. im Einflußbereich der Wolga-Bulgaren angesiedelt, standen seit 13. Jh. unter tatarischer Oberhoheit, kamen dann über das Khanat von Kasan unter russische Herrschaft. Ihr Widerstand, auch gegen Christianisierung, dauerte bis in das 19. Jh. an. 1920 erhielten sie ihr Autonomes Gebiet, das 1936 zur ASSR erhoben wurde. Die Mari-Spr. ist dialektal nach den Untergruppen gegliedert und seit 19. Jh. Literaturspr. und wird Kyrillisch geschrieben. M. sind heute noch Animisten, in Minderheit orthodoxe Christen.

Marianen (TERR)
B. Bund der Nördlichen Marianen, die Nördlichen Marianen im Pazifik. Als Self-governing incorporated Territory integraler Teil der USA. The Commonwealth of the Northern Mariana Islands, the Northern Mariana Islands (=en); le Commonwealth des Iles Mariannes du Nord, les Iles Mariannes du Nord (=fr); el Commonwealth de las Islas Marianas del Norte, las Islas Marianas del Norte (=sp).
Ew. 1996: 0,052, BD: 114 Ew./km²

Marianer (ETH)
I. Bewohner der Ladronen, Marianen (=dt), Mariana-In. (=en) im Westpazifik.
II. Altbev. der Chamorros ist ausgestorben; heute bewohnen zur Hauptsache Mischlinge spanischer, philippinischer, deutscher, japanischer und US-amerikanischer Herkunft die Inselgruppe; 1982 rd. 133000 auf 33 Inseln mit 2090 km². Vgl. Chamorros.

Marianhiller-Missionare (REL)
I. CMM.
II. gegr. 1882 in Natal; vorwiegend deutsche Missionskongregation für Schwarz-Afrika.

Marianische Kongregationen (REL)
II. kath. Bruder- und (seit 18. Jh.) auch Schwesterschaften, die unter Leitung von Jesuiten ein intensives religiöses Leben bei bes. Marienverehrung anstrebten. Heute über 15000 M.K. mit mind. 300000 Sodalen.

Marianisten (REL)
I. SM; Maristen-Schulbrüder, »Mindere Brüder Mariens«;
II. Mitglieder einer kath. Laienkongregation für Erziehung und Jugendfürsorge; gegr. um 1800; heute rd. 2800 Mitglieder.

Mariawiten (REL)
II. christliche Gemeinschaft, die sich um 1900 in Russisch-Polen (Plock) von der kath. Kirche unter Leitung von Maria Franziska Koslewska und Johann Kowalski absonderte. Vom Staat anerkannt. Verband sich 1909 mit den Altkatholiken. Vgl. Polnische Nationalkirche.

Maricopas (ETH)
II. indianische Stammesgruppe der Yuma-Spr.familie am Colorado-River/USA; schlugen sich (1857) nach Abdrängung durch die Mohaves zu den Pimas.

Marij-El (TERR)
B. Autonome Republik in Rußland; 1920 als Autonomes Gebiet gegr., 1936 zur ASSR erhoben. Marijskaja ASSR (=rs); Mari El Republic (=en). Vgl. Tscheremissen.
Ew. 1964: 0,657; 1974: 0,691; 1989: 0,750; 1995: 0,760, BD: 33 Ew./km²

Maristen (REL)
I. SM.
II. Mitglieder der »Gesellschaft Marias«, gegr. 1824 in Belley; eine Priesterkongregation für Erziehung, Volks- und »Heidenmission« (bes. in Ozeanien). 1966 über 10000, 1991 ca. 6000 Mitglieder.

Märker (SOZ)
I. aus marka (got=) »Grenze«, »Mark«; Grenzmärker.
II. Bew. einer Grenzmark, marche (=fr), marca (=it), eines Grenzgaues, z.B. Bew. der Mark Brandenburg oder der Ostmark (bis 1918 Posen-Westpreußen). Vgl. Markomannen; Pioniere.

Markgenossen (SOZ)
II. Mitglieder einer Markgenossenschaft, Märkerschaft; im MA Rechtsbegriff für Mitglieder eines Personenverbandes, der ein ungeteiltes Gesamteigentum an Grund und Boden gemeinschaftlich verwaltete (Markbeamte) und nutzte (insbes. Holz-, Weide-, Mastnutzung). Vgl. Ausmärker, Einmärker.

Markkötter (SOZ)
II. agrarsoziale Bez. aus dem späten MA in Mitteleuropa für bäuerliche Besitzerschicht auf der gemeinen Mark oder auf grundherrschaftlichem Land.

Markomannen (ETH)
I. »Grenzleute« (gegen Kelten).
II. germanischer Altstamm aus dem Volksverband der Sueben; siedelte im 1. Jh.v.Chr. zwischen Main, Böhmerwald und Donau. Er wich vor römischer Unterwerfung mit den Quaden nach Böhmen aus; von dort wiederholte Versuche, in das Römische Reich einzudringen, die erst im 4. Jh. (Oberpannonien) gelangen. Ihr Name erlosch im 5. Jh., Reste der Markomannen verschmolzen mit Quaden und Kelto-Illyrern in Böhmen-Mähren zu einem neuen Volk, das im 6. Jh. in das östliche Alpenvorland einwanderte. Vgl. Bajuwaren.

Marktbeschicker (WISS)
Vgl. ambulante Gewerbetreibende, Hausierer.

Marma (ETH)
I. Magh.
II. Volk in den Tschittagong-Bergen Bangladeschs, ca. 100000 mit Eigenspr. Arakanesisch, einem Dialekt des Birmanischen. M. sind im 18. Jh. aus dem birmanischen Arakangebirge zugewandert. Brandrodungsbauern auf Mais, Sesam, Reis. Bambus als Baumaterial.

Marodeure (SOZ)
I. aus marode, »marschunfähig«, »erschöpft«; Altbez. im Dreißigjährigen Krieg Marodebrüder; marauds (fr=) »Lumpen«, marodeurs (=fr).
II. räuberische, plündernde Soldaten, Milizen.

Marokkaner (NAT)
I. Moroccans (=en); marocains (=fr); marroquís, marroquinos (=sp); maroquinos (=pt); marocchini (=it).
II. StA. des Kgr. Marokko. Etwa 50% arabischspr. Marokkaner, bis 40% Berber; daneben etwa 60000 Ausländer. Umstrittene Zugehörigkeit der Bew. des ehem. spanischen Río de Oro, der heutigen Demokratischen Arabischen Rep. Sahara. Unzweifelhaft marokkanische StA. sind jene > 50000 dorthin umgesiedelte M. Große Gastarbeiterkontingente mit Familien von geschätzt 1,8 Mio. (1992) in Westeuropa, bes. Frankreich (720000), Belgien, Niederlande, Deutschland. Vgl. Berber, Saharauis.

Marokko (TERR)
A. Königreich. Unabh. seit 2. 3. 1956. Al Mamlakah al Maghrebia (=ar), Mamlaka al-Maghrebia. The Kingdom of Morocco, Morocco (=en); le Royaume du Maroc, Maroc (=fr); el Reino de Marruecos, Marruecos (=sp); Marócco (=it); Marrocos (=pt). Vgl. Tanger, Ifni, Río de Oro, Presidios.
 Ew. 1921: 4,100 (incl. französisch M. 3,530, spanisch M. 0,500 und Tanger 0,075);
 1948: 8,662; 1950: 9,700 (incl. französisch M. 8,410, spanisch M. 1,192 und Tanger 0,111);
 1955: 10,113; 1960: 11,640; 1965: 13,323; 1970: 15,520; 1980: 20,050; 1996: 27,020, BD: 59 Ew./km²; WR 1990–96: 1,9%; UZ 1996: 53%, AQ: 56%

Maroniten (REL)
I. Maroniyun (=ar); Maronites (=en).
II. aus einer wohl monotheletischen Mönchsgemeinschaft in Westsyrien hervorgegangene ostchristliche Kirche, die sich nach der islamischen Eroberung in das Bergland des Libanon zurückzog und dort gewisse Selbständigkeit gegenüber Arabern und Osmanen behauptete. 1182 Bestätigung der Zugehörigkeit zur kath. Kirche. M. folgen westsyrischem/antiochenischem Ritus (in aramäischer und arabischer Spr.). Aus alten Schutzverhältnissen (16. Jh.) erwuchs, verstärkt seit 19. Jh., französischer Kultureinfluß (Schulwesen). Erschütterungen aus sozialen Unruhen gegen halbfeudale patriarchalische Herrschaftverhältnisse. Schwere Verluste in Kämpfen mit Drusen 1858/60. Besaßen nach 1946 im neuen Staat Libanon zeitweilige Dominanz, die heute von Schiiten und Drusen in Frage gestellt wird. Ihre Zahl 1985 über 1,2 Mio., davon lebten als Flüchtlinge und Auswanderer mehrere Hunderttausend im Ausland, auf Zypern, in Nachbarländern und Türkei, Frankreich sowie in N- und S-Amerika.

Maroons (SOZ)
I. Maron, Marronen; nach Grenzfluß Maroni zw. Surinam und Frz. Guayana. Bush people (=en); cimarrones (=sp); quilombos (=pt).
II. Nachkommen entlaufener Negersklaven in Surinam und Französisch Guayana, vermutlich mit Indianern vermischt; ihre Kultur enthält ebenso afrikanische wie indianische Elemente. Feldbau auf Maniok und Fischerei; Tatauierungen. Vgl. entsprechende Bev.gruppen unter Bez. Bush people, »Buschneger« in der Karibik (spez. Jamaica ab 17. Jh.) und in Afrika.

Maropa (ETH)
II. Untergruppe der indianischen Stammesgruppe der Tacana; heute mehrheitlich quechua-spr.

Marquesaner (ETH)
I. Marquesianer; Marquisiens (=fr).
II. polynesische Bewohner des Marquesas-Archipels im Zentralpazifik. Teil des franz. Übersegebietes Französ.-Polynesien. Wurden seit Beginn des

19. Jh. durch Geschlechtskrankheiten, Alkohol und Opium von ca. 50000 auf kaum 3000 dezimiert. Sind streng katholisch missioniert, nur Insel Ua Pou beherbergt Protestanten und Unabhängigkeitsbefürworter/Indépendantistes. Einst hpts. Strandsammler, auch durch Schnitz- und Tatauierungskunst bekannt. 1988: 7500 Ew, neuerdings sich verstärkende Abwanderung nach Tahiti, wo Mehrzahl aller M. leben.

Marquesasinseln (TERR)
B. s. Franz.-Polynesien. The Marquesas Islands (=en); les îles Marquises (=fr); las islas Marquesas (=sp).

Marranos (REL)
I. (=sp); Maranen, Marranen. Vgl. Anussim, Conversos, Chuetas.

Marschallesen (ETH)
I. Marshallese (=en).
II. 1.) Bewohner der bis 1990 unter UN-Treuhandschaft stehenden pazifischen Marshall-Inseln, seither selbständige Rep. Mikronesier mit vielartigem Fischfang und Kopragewinnung. Archipel erfuhr seit 1529 wiederholte Fremdeinflüsse (Spanien, England 1788, Russland 1803/23, Deutschland 1883, Japan 1914); schwere Verwüstungen im II.WK, Teilbev. wurden 1954 zufolge der 23 amerikanischen Atombombenversuche auf Bikini und Enewetak evakuiert, ihre Bemühungen um Rückkehr blieben bis heute vergeblich. Auf 181 km² der zwei Inselgruppen mit 34 Atollen lebten 1948: 10000, 1988: 41000, 1996: 57000 Menschen, bei einer hohen Dichte von 314 Ew/km². 2.) StA. des genannten Inselterritoriums.

Marshallinseln (TERR)
A. Republik M. im Pazifik. Deutsches Protektorat 1886–1918. Ehemals Föderierte Staaten von Mikronesien und Palau, deren UN-Treuhandschaft und USA-Mandatschaft 1990 aufgehoben wurde. The Trust Territory of the Pacific Islands, the Pacific Islands, (Republic of the) Marshall Islands (=en); le territoire sous tutelle des îles du Pacifique, les îles du Pacifique (=fr); el Territorio en Fideicomiso de las islas del Pacífico, las islas del Pacífico (=sp).
Ew. 1988: 0,043; 1996: 0,057, BD: 314 Ew./km²; WR 1990–96: 3,5 %; UZ 1996: 65 %, AQ: 9 %

Marsinger (ETH)
II. Teilstamm der Markomannen, der im 1. Jh.v.Chr. als erster nach Böhmen eindrang.

Martinique (TERR)
B. Französisches Übersee-Departement in der Karibik. The Department of Martinique, Martinique (=en); le département de la Martinique, la Martinique (=fr); el Departamento de la Martinica, la Martinica (=sp).
Ew. 1950: 0,222; 1960: 0,285; 1970: 0,338; 1978: 0,325; 1996: 0,384, BD: 347 Ew./km²; WR 1990–96: 1,1 %

Martolosen (SOZ)
II. orthodoxe Serbo-Vlachen (*A. KARGER*); im Gegensatz zu Bosniaken seit der osmanischen Eroberung 1463 nicht zum Islam übergetretene Bosnier. Sie dienten den Osmanen als leichte Kavallerie (»Renner und Brenner«), wurden auch in eroberten und von Bev. entblößten Gebieten als Wehrsiedler angesetzt. Vgl. auf Gegenseite Granizaren.

Märtyrer (REL)
I. aus martyr (agr-lat=) »Zeugen«, »Blutzeugen«.
II. wegen ihrer Überzeugung in der Verfolgung gestorbene Bekenner einer Rel. oder auch einer Ideologie. In der kath. Kirche werden M. als Heilige verehrt (Reliquien). Vgl. Schahid(s) (=ar) im Islam (z.B. für Selbstmordkämpfer, iranische Kindersoldaten).

Maru (ETH)
II. Einheit der Katschin in Myanmar. Vgl. Tsching-Po.

Marubos (ETH)
II. einer der vielen kleinen Indiostämme Amazoniens, im Javari-Tal; M. sind durch eindringende »Zivilisation« besonders gefährdet, ihre Lebenserwartung beträgt lt. Indianerschutzbehörde Funai nur mehr 21 Jahre.

Marwari (SPR)
I. Marwari (=en).
II. ca. 6 Mio. Sprecher dieser indoarischen Spr. in Indien.

Masakin-Qisar (ETH)
I. aus miskin (=ar).
II. Stamm der Nuba, 8000–10000 verteilt auf verschiedene Hügelgemeinschaften.

Masalit (ETH)
I. Massalit.
II. Ethnie nilosaharanischer Spr.zugehörigkeit im Grenzgebiet des mittleren Tschad zum Sudan, im Vorland des Djebel Marra. Betreiben dürftigen Akkerbau, an Zahl fast 0,5 Mio.

Masawa (SPR)
II. Angeh. einer indianischen Sprgem. aus der Otomanguan-Gruppe mit rd. 195000 (1990) Sprechern in Mexiko.

Maschari (SOZ)
I. aus mascho (zi=) »Fisch«.
II. Fischersippen der Zigeuner in Osteuropa.

Maschona (ETH)
I. Mashona; vermutlich Schimpfname seitens der benachbarten Matabele/Ndebele; vgl. Shona.
II. lockerer Verband von Bantustämmen in Simbabwe und Mosambik.

Masco (ETH)
II. Gruppe peruanischer Indianerstämme, zur Spr.gruppe der Aruak zählend, leben in großen Gemeinschaftshäusern.

Mascoi (ETH)
I. Maskoi, Muskovi, Machicui, Lengua.
II. mehrere wandernde Indianerstämme im zentralen Paraguay; an Zahl einige Tausend; einst Wildbeuter, heute auch Tierhalter.

Masematte (SPR)
II. aussterbende Gaunerspr. im sö. Mitteleuropa.

Masern-Kranke (BIO)
I. Pl. aus Maser; Rotsucht- oder Morbilli-Kranke.
II. Viruskrankheit durch Tröpfcheninfektion, die Menschen jeden Alters befallen kann; (u. a. rötlicher Fleckenausschlag, Lichtscheu, hohes Fieber), div. Komplikationen (bes. Enzephalitis); überstandene Krankheit verleiht Immunität.

Mashacali (ETH)
II. indianische Kleinstgruppe mit einer isolierten Spr. am oberen Rio Itanhaém/Minas Gerais/Brasilien, stehen in Dauerverbindung mit Missionsstationen; an Zahl unter 1000 Seelen. Ein M. darf mehrere Schwestern heiraten.

Mashasha (ETH)
I. Maschascha.
II. kleine schwarzafrikanische Ethnie im S von Sambia.

Mashi (ETH)
I. Maschi.
II. kleine schwarzafrikanische Ethnie im SW von Sambia.

Masihijjun (REL)
I. (=ar); Sg. Masihi; aus al-Masih (ar=) »Messias«. Vgl. Christen, Ostchristen, orientalische Christen.

Masikoro (ETH)
I. Sakalaven.
II. ackerbautreibende Teilbev. der Sakalaven an der Westküste Madagaskars. Vgl. Sakalava.

Maskoki (ETH)
I. Muskhogee; Muskhogeans (=en).
II. Gruppe von Indianerstämmen im SE der USA, zur Spr.gruppe der Hoka-Sioux gehörig.

Masmuda (ETH)
I. Masmouda (=fr).
II. älteste und größte Stammesfamilie der Berber Marokkos bis ins 10. Jh., bevor die Zennata und Sanhadja eindrangen. Aus den M. leiten sich die heutigen Schlöch ab. Zu den Teilstämmen der M. zählten u. a. Barghawata, Dukkala, Ghumara, Ragragra. Ihre Dialekte werden als Tachelhit bezeichnet. Vgl. Berber.

Masotho (ETH)
I. (=en); Bew. Sesothos.

Masowier (ETH)
II. polnischer Altstamm, der n. der mittleren Weichsel ansässig war; Konrad von Masowien rief die Kreuzritter ins Land. Heute Bez. für Regionalbev. in NE-Polen.

Masowisch (SPR)
II. eine vom Polnischen durch ihre Altertümlichkeit beträchtlich unterschiedliche westslawische Mundart.

Massachusets (ETH)
II. kleiner, durch Seuchen im 17. Jh. untergegangener, Indianerstamm der Abnaki-Föderation in (Geogr. Name!) Massachusets.

Massawomekes (ETH)
S. Massawomacs, Massawomeeks.
I. Bez. für Irokesen bei Virginia-Stämmen.

Massylier (ETH)
I. Numider (=lat).
II. Berberstamm römischer Zeit im heutigen Tunesien.

Masuren (ETH)
I. Masuren (=ni); Masurer (=sw); masuri (=it); Masurians (=en); Masuriens (=fr); masuros (=sp).
II. deutsch-polnische Mischbev. im s. Ostpreußen (bis 1945); entstanden durch Zuwanderung masowischer und deutscher Kolonisten über dünner altpreußischer Vorbev. von Sassen, Galindern und Sudauern. In ihrer Mischspr. überwog bei zahlreichen Lehnwörtern und sonstigen Germanismen die masowische Komponente. Nahmen nach 1525 die Reformation an; im 19. Jh. wachsende Eindeutschung; in der Abstimmung vom 11. 7. 1920 bekannten sich 98 % zu Deutschland. 1945 wurden M. zunächst als protestantische »Deutsche« vertrieben, doch gelang etwa 100 000 die Anerkennung als »Autochthone« und dann als polnische Staatsbürger.

Masurisch (SPR)
II. eine sich seit 15. Jh. ausbildende Mischspr. aus Masowisch, altpreußischer (baltischer) Spr. der Sassen, Galinder, Sudauer und Deutsch. Im 19. Jh. nachhaltige Eindeutschung unter Abstufung des M. zur reinen Haussprache. 1925 noch 41 000 Personen masurischspr. sowie 24 000 zweispr.; lt. VZ 1933 rd. 16 000 masurischspr. Bew. im s. Ostpreußen.

Mataco (ETH)
I. Matako, Mataguayo.
II. Indianerstamm im nö. Argentinien; temporär wandernd, ohne Anbau. Anzahl 20 000–30 000, bilden mit Ashluslay und Choroti eine eigene Spr.gruppe.

Matapuhy (ETH)
II. zum Verband der Kariben zählender Indianerstamm im Xingú-Gebiet, in kulturellem Zusammenschluß mit Aruak, Ge und Tupi; Vgl. Xingú-Indianer.

Matengo (ETH)
I. Wamatengo.

II. schwarzafrikanische Ethnie am Ostufer des Malawisees in S-Tansania. Vgl. auch Nyassa-Völker.

Matheniko (ETH)
II. kampftüchtiges nomadisches Volk von Rindernomaden im NE Ugandas.

Matriarchalische Gesellschaften (WISS)
I. mutterrechtlich organisierte Ges.
II. 1.) i.e.S. Bev., bei denen die Erbregel in w. Linie vollzogen wird (*H. NACHTIGALL*). 2.) Ges., die durch die Dominanz der Frau (Matriarchat) gekennzeichnet sind, in denen verwandtschaftliche Zuordnung, Abstammung, Übertragung von Namen, Funktionen und Besitzrechten in w. Linie erfolgt. Das Problem um Ursprung, Genese und Struktur mutterrechtlicher Institutionen (*J.J. BACHOFEN, L.H. MORGAN*) ist bis heute ungeklärt. Vgl. Frauen, Mütter. Gegensatz Patriachalische Ges.

Matriarchat (WISS)
II. Frauen- bzw. Mutterherrschaft im Mutterrecht.

Matriklan (WISS)
I. Matrilineage.
II. (matrilineare) Verwandtschaftsgruppe, die sich nur in mütterlicher Linie als verwandt betrachtet.

Matrilineage (WISS)
I. Matriklan; matrilinear = matrilineal.
II. Blutverwandtschaftsgruppe, die sich in direkter und bekannter Abstammung auf eine gemeinsame Ahnin in mütterlicher Linie zurückführt. Kinder tragen mütterliche Familiennamen; Auswirkungen auf Familienbildung, Wohnsitz, Erbregelung.

Matschwaja (SOZ)
II. Zigeunergruppen, die aus der Matschwa/Schabatz (Serbien) nach Amerika, Südafrika, SE-Asien und China ausgewandert sind. In den USA (New York) sind sie heute im Altwagenhandel tätig.

Maturanden (SOZ)
I. Maturanten (in Schweiz und Österreich), Abiturienten, Reifeprüflinge; aus maturus (lat=) »reif«.
II. Oberschüler 12./13. Klasse vor und in der Reifeprüfung, die ihr Abitur ablegen, abgelegt haben.

Matutjara (SPR)
II. Spr.gruppe der Aborigines in den w. Wüstengebieten Zentralaustraliens.

Maue (ETH)
II. Indianervolk im brasilianischen Amazonasgebiet, ursprünglich mit einer Tupi-Guarani-Spr., heute überwiegend in anderen Stämmen aufgegangen; ca. 2000 Individuen. Betreiben Anbau, Jagd und Fischerei mit Rindenbooten und Einbäumen.

Mau-Mau (REL)
I. »die Verborgenen«.
II. national-religiöse Bewegung des schwarzafrikanischen Kikuyu-Volkes, führte 1952–1956 in Kenia den blutigen M.M.-Aufstand gegen die britische Kolonialmacht (ca. 12000 Tote); heute eine Art Neureligion mit ca. 1 Mio. Anh. Vgl. Geheimbünde.

Mauren (ETH)
I. aus amouros (agr »dunkel, finster«); Moriscos, Moors (=en); Maures (=fr); mori (=it); moros (=sp); mouros (=pt).
II. in römischer Zeit stand Mauri für die seßhaften Berber und später für alle Maghrebiner; bei Spaniern die Bez. Moros für die im MA auf der Iberischen Halbinsel ansässigen und die andalusische Hochkultur schaffenden Araber und arabisierten Berber und deren Rückwanderer in N-Afrika. Später begriff man unter M. auch die Mischbev. aus arabisch-berberischen Elementen, nach Süden zunehmend mit negridem Einschlag (Altbez. auf 20 % der Mischbev. geschätzte dunkelhäutige Mauren), heute ca. 1 Mio. in S-Marokko, Mauretanien und Senegal. Zur Unterscheidung von hellhäutigen Muslimen verwendete man einst den Ausdruck »weiße Mauren« oder Beidan. Wichtige Teilgruppen sind: Berabich, Brakna, Ida ou Aich/oder Idawaich, Kounta, Oulad Bou Sba, Reguibat, Tadjakant, Tekna, Trarza. Vgl. Mauri, Mohren, Moriscos, Moors, Moros, Morisken, die mehrfach auch als Mischlingsbez. dienen. Vgl. Mauretanien und Montagnes des Maures nahe der Côte d'Azur/Frankreich.

Mauretanien (TERR)
A. Islamische Republik in Westafrika. Unabh. seit 28. 11. 1960. République Islamique de Mauritanie (=fr); El Dschumhurija el Muslimija el Mauritanija bzw. El Jumhuriya al Islamiya al Muritaniyai (=ar); République Islamique Arabe et Africaine de Mauritanie. Islamic Republic of Mauritania, Mauritania (=en); la Mauritanie (=fr); la República Islámica de Mauritania, Mauritania (=sp).
Ew. 1950: 0,781; 1960: 0,970; 1970: 1,245; 1980: 1,631; 1988: 1,864; 1996: 2,332, BD: 2,3 Ew./km²; WR 1990–96: 2,5 %; UZ 1996: 53 %, AQ: 62 %

Mauretanier (NAT)
I. Mauretanians, Mauritanians (=en); maures, mauritaniens, mores (=fr); mauritanos (=sp, pt).
II. StA. der Islamischen Rep. Mauretanien. M. sind zu 50 % Weißafrikaner (arabisch-berberische Mauren), zu 20 % Schwarzafrikaner, zu 20–30 % Mischlinge dieser beider Hauptgruppen. 1989–1992 Bürgerkriegswirren zwischen weißen und schwarzen M. Anfang der 90er Jahre Fluchtwelle mehrerer Hunderttausend M. nach Senegal. Vgl. Mauren, Bambara, Wolof, Tekrur.

Mauri (ETH)
I. 1.) Hausa, siehe dort.
II. 2.) antike (römische) Bez. für Berber; seit 3./4. Jh. für alle Bewohner des Maghreb; vgl. Mauren, Moros.

Maurianer (REL)
I. Mauriner.

II. römisch-kath. Benediktiner-Reformkongregation, gestiftet in Frankreich 1618, bedeutsam durch Wissenschaftspflege. Vgl. Benediktiner.

Mauritier (ETH)
I. Maskarener; Mauritians (=en); Mauriciens (=fr); mauricianos (=sp, pt).
II. Bewohner der Insel Mauritius im Indik; mit 556 Ew/km^2 überaus hohe Dichte. Insel wurde erst im 18./19. Jh. durch Europäer (bes. Franzosen und Engländer) besiedelt. Seit Anlage von Zuckerrohrplantagen starke Zuwanderung von Indern, Chinesen, Madegassen, Negern, Singhalesen und Malaien. Zwischen 1835–1907 kamen allein ca. 0,5 Mio. indische Kontraktarbeiter (heute 68% der Einwohner), Chinesen machen 3%, Franco-Mauritier ebenso 3% der Gesamtbev. aus; Rest stellen Kreolen. Vgl. Franko-M., Indo-M.

Mauritius (TERR)
A. Republik. Inselstaat im s. Indik. Unabh. seit 12. 3. 1968; 1598–1710 unter niederländischer, 1712–1810 unter französischer, seither unter englischer Herrschaft. (Republic of) Mauritius (=en); Maurice (=fr); Mauricio (=sp).
Ew. 1948: 0,454; 1960: 0,664; 1970: 0,843; 1978: 0,925; 1996: 1,134, BD: 556 Ew./km^2; WR 1990–96: 1,2%; UZ 1996: 41%, AQ: 17%

Mawali (SOZ)
I. Sg. Maula; schon aus vorislamischer Zeit stammender Begriff i.S. affilierter Stammesmitglieder, der in der Regel die arabische Abstammung zur Voraussetzung hatte;
II. die Nichtaraber in der islamischen Umma, in Sonderheit die zum Islam übergetretenen Freien und Freigelassenen, denen, insbes. nach der Einverleibung immer weiterer Völkerschaften, die Eroberer aus Rassenstolz und Machtstreben die zustehende Gleichberechtigung versagten. Die sich gegen solche Diskriminierung auflehnende Opposition, vor allem die Perser, führte schließlich zum Sturz der Omajjaden-Dynastie. Vgl. al mawali al uludsch, die von nordafrikanischen Piraten als Sklaven verkauften christlichen Gefangenen, soweit sie zum Islam übertraten.

Mawaliyun (REL)
I. (=ar); von Maula (ar »Nichtaraber«).
II. zum Islam übergetretene Nichtaraber, auch freigelassene Sklaven, die sich als Abhängige und Klienten einem arabischen Stamm angeschlossen haben.

Maximalbevölkerung (WISS)
I. »Potentielle Bevölkerung«, »Bevölkerungsmaximum«; bev.geogr. als maximale Tragfähigkeit bezeichnet; maximum population, carrying capacity (=en), population maximale (=fr); maximum di popolazione (=it); maximum de población (=sp); maximo de população (=pt).
II. die »größte Bevölkerungszahl, die bei gegebenem Stand der Unterhaltsmittel und einer gegebenen Lebenshaltung auf einem Gebiet bestehen könnte« (W. WINKLER). Vgl. Gegensatz Minimalbevölkerung.

Maya (ETH)
II. Sammelbez. für verschiedene Indianerstämme, die Träger der mesoamerikanischen Hochkultur im 4.–16. Jh. waren und ein Gebiet von SE-Mexico (Yucatan und Chiapas), Guatemala und w. Teile von Honduras und San Salvador einnahmen. Die M.-Kultur beruhte wirtschaftlich auf dem Maisbau, doch waren Rad, Wagen und Pflug unbekannt. Andererseits gelang Schöpfung einer Hieroglyphenschrift und eines fortschrittlichen Kalenders; monumentale Pyramidentempel, Sternwarten, Straßenbauten etc. Ab ca. 900 erfolgten aus unbekannten Gründen mehrfache Verlagerungen der Siedlungsgebiete und Stadtstaaten besonders nach N und SSE (H. WILHELMY). Überkommen ist u.a. die Maya-Spr., die zahlreiche Völker und Stämme verband, ihr zugeordnet jene der Totonaken und Mixe-Zoque. Zu den M.-Völkern gehören folgende Einheiten: Aguateken, Cakchiquel, Chontal, Chorti, Chuj, Huaxteken (im Grenzgebiet von Veracruz, Tamaunipas und San Luis Potosi), Kanjobal, Kekchi, Pokoman, Pokomchi, Quiche (im Hochland von Guatemala), Lacandonen, Mam, Jacaltec und Ixil (in SE-Chiapas und SW Guatemala), Solomeken, Tojolabal, Tzeltal, Tzotzil, Tzutuhil, Uspantekea und Maya i.e.S. Insges. 4–5 Mio. M.sprachige. Mixe, Zoque und Popoloca, die Stämme auf dem Isthmus von Tehuantepec, bilden kulturell einen Übergang zwischen den M. im Süden und den Zapoteken im Norden. Vgl. Mesoamerikanische Indianer; Mam, Tzeltal.

Maya (SPR)
II. häufig so benützte Sammelbez. für div. Indianerethnien mit Spr. der Maya-Spr.gruppe, u.a. für Kiché/Quiché (rd. 800000 in Guatemala), Yukateko (ca. 665000 in Belize und Mexico), Cakchiquel/Kaqchikel (450000 in Guatemala), Mam (rd. 300000 in Guatemala), Tzeltal (212000 in Mexiko), Tzotzil (136000 in Mexiko und N-Guatemala), Huastec/Wasteko/Huaxtek (104000 in Mexiko), Chol (97000 in Mexiko), Pokomchi/Poqomchi (50000–60000 in Guatemala), Kanjobal/Qanjobal (59000 in Guatemala und Mexiko), Ixil (54000 in Guatemala), Tzutuhil/Tzutujil (51000 in Guatemala).

Mayogo (ETH)
I. Ngbele.
II. kleine schwarzafrikanische Ethnie im NE der DR Kongo.

Mayoruna (ETH)
II. kleine Indianereinheit im oberen Amazonasgebiet; sind Wildbeuter, an Zahl unter 1000 Seelen.

Haben sich durch erfolgreiche Abwehr bis heute Eigenständigkeit bewahrt.

Mayotte (TERR)
B. (fr=) Collectivité territoriale (seit 1976). Gehört zur Komoren-Gruppe; blieb nach deren Unabhängigkeit zunächst Teil der Französischen Übersee-Territorien; wird von Komoren beansprucht. The Territorial Entity of Mayotte, Mayotte (=en); la Collectivité territoriale de Mayotte, Mayotte (=fr); la Colectividad territorial de Mayotte, Mayotte (=sp).
Ew. 1997: 0,131, BD: 351 Ew./km^2

Mazahua (ETH)
I. aztekischer Altname »Menschen, die wie Tiere sprechen«.
II. Indianervolk von > 100 000 Individuen im zentralen Mexico. Vgl. Otomi.

Mazandarani (SPR)
I. Mazandarani (=en).
II. ca. 2 Mio. Sprecher dieser indoeuropäischen Spr. in Iran.

Mazang (ETH)
II. Bez. für Zigeuner in Rußland.

Mazateken (ETH)
II. Indianervolk von > 100 000 Individuen, zur Chocho-Popoloken-Spr.gruppe zählend; leben als Feldbauern im mexikanischen BSt. Oaxaca.

Mazdakiten (REL)
I. nach Begründer Masdak/Mazdak.
II. alte iranische Rel. (6. Jh. n.Chr.) mit sozialreformerischen Vorstellungen. Versuche, sie zu verwirklichen, wurden 529 mit blutiger Verfolgung beantwortet.

Mazedonien (TERR)
A. Republik. Vardar-M.; seit I.WK Teilrepublik in Jugoslawien; seit 1993 unabh. Rep. Mazedonien: Republika Makedonija. Macedonia (=en); Macedonia (=sp, pt); Macedónia (=it); Macédoine (=fr).
Ew. 1961: 1,406; 1971: 1,611; 1981: 1,909; 1996: 1,980, BD: 77 Ew./km^2; WR 1990–96: 0,7%; UZ 1996: 60%, AQ: 11%

Mazedonier (ETH)
II. fälschlich für Macedonier/Macedonen, Makedonier; auch Makedonen.

Mazedonier (NAT)
II. StA. der 1993 unter dem zunächst provisorischen Namen »Ehem. jugoslawische Rep. Mazedonien« international anerkannten souveränen Staates Mazedonien, Bev. setzt sich zusammen aus 66,5% Mazedoniern, 22,9% Albanern, 4% Türken, 2% Serben, 2,3% Roma.

Mazedonisch-orthodoxe Christen/Kirche (REL)
II. um die Existenzberechtigung der makedonischen Nationalität zu unterstreichen, in der Tito-Ära Jugoslawiens begründete orthodoxe Kirche, deren Unabhängigkeit von der serbischen Orthodoxie nicht anerkannt wird.

Mazedorumänen (ETH)
I. Makedorumänen.
II. 1.) häufige, aber irreführende Bez. in Balkanländern für Aromunen oder Kutzo-Walachen. 2.) Terminus meint eigentlich die Megleno-Rumänen/Megleniten, s.d.

Mazikes (ETH)
I. Maxyes; vielleicht aus Imazighen, der Eigenbez. der Berber.
II. antiker Sammelname für Nordafrikaner. Vgl. Libyer.

Mbaamba (ETH)
I. 1.) Mbamba.
II. schwarzafrikanische Ethnie in NW-Angola.
I. 2.) Njinga.
II. schwarzafrikanische Ethnie in N-Angola.

Mbala (ETH)
I. Bambala.
II. schwarzafrikanische Ethnie am Kuango im Regenwald der DR Kongo, benuë-kongo(Bantu)-spr.; sind überwiegend Kleintierhalter, Männer betreiben Jagd.

Mbaya (ETH)
II. indianisches Restvolk mit unter 1000 Seelen, zur Guaicuru-Spr.gruppe zählend, an der Grenze Paraguay gegen Brasilien. Haben in spanischer Kolonialzeit die Pferdehaltung übernommen. Ihr größter Stamm sind die Gaduveo.

Mbembe (ETH)
I. Tigon.
II. schwarzafrikanische Einheit in SE-Nigeria.

Mbete (ETH)
I. Mbao.
II. schwarzafrikanische Ethnie in SE-Gabun.

Mboko (ETH)
I. Bamboko.
II. den Duala in Kamerun verwandte negride Ethnie; zusammen mit Kpe ca. 50 000.

Mbole (ETH)
I. Bole.
II. Stamm der Bantu-Neger im nördlichen Kongogebiet.

Mbomotaba (ETH)
I. Bomitaba, Ikassa.
II. schwarzafrikanische Ethnie im NE-Kongo.

Mbotgote (ETH)
I. »kleine Namba«.
II. melanesische Bewohner der Insel Malekula/Neue Hebriden; Feldbauern und Jäger; differenzierter Ahnenglaube und Bestattungskult.

Mbukushu (ETH)
I. Mbukuschu, Masi.
II. schwarzafrikanische Ethnie im äußersten SE von Angola.

Mbukushu (SPR)
I. Verkehrsspr. in Namibia.

Mbum (ETH)
I. Mbere, Kepere.
II. Volk von Sudan-Negern, in Tschad (1983: 311 000), Zentralafrikanischer Rep., im Bergland von Adamaua/Kamerun, in viele Stämme und Dialekte zerteilt. Starker Fulbe-Einfluß.

Mbundu (ETH)
I. 1.) Kimbundu.
I. 2.) Umbundu, Ovimbundu (s.d.).
II. kleines Bantu-Volk aus der Spr.familie der Bantu in Angola n. des Kwanza. Stellt ca. 22% der gesamten Landesbev., ca. 2,4 Mio. (1996).

Mbwela (ETH)
I. Mbuela.
II. schwarzafrikanische Ethnie im SE von Angola.

Mbwera (ETH)
I. Lukolwe.
II. kleine schwarzafrikanische Ethnie im zentralen Sambia.

Mchedrioni (SOZ)
I. »Ritter«.
II. paramilitärische Milizionäre, Angeh. gefürchteter Banden von Bürgerkriegsparteien in Georgien.

Mdakra (ETH)
II. Sub-Konföderation von Berber-Stämmen: Oulad Ali, Oulad Sebbah, Ahlaf in W-Marokko.

MDC-Bevölkerung (WISS)
I. aus (en=) most developed countries.
II. Bev. der am stärksten entwickelten Länder.

Meau (BIO)
I. s. Miao, Meo.

Meban (ETH)
I. Maban. Vgl. Proto-Niloten.

Mechitaristen (REL)
I. nach Begründer Mechitar.
II. armenische Benediktiner-Kongregation, 1701 in Konstantinopel begründet mit dem Ziel, die monophysitische Kirche Armeniens mit Rom zu unieren. Vgl. Benediktiner.

Mecklenburg-Vorpommern (TERR)
B. Deutsches Bundesland seit 1990, entstanden aus Provinz Mecklenburg und w. Teilen Pommerns des Deutschen Reiches. Mecklenburg bis 1918 zu gliedern in dt. Großherzogtümer Mecklenburg-Schwerin und Mecklenburg-Strelitz und Ratzeburg. Mecklembourg-Poméranie-occ. (=fr).

Ew. nach jeweiligem Gebietsstand M.-Schwerin: 1828: 0,431; 1871: 0,558; 1890: 0,578; 1910: 0,640; 1925: 0,784; 1970: 1,928; 1980: 1,941; 1990: 1,933; 1996: 1,808, BD: 78 Ew./km²
M.-Strelitz: 1828: 0,076; 1871: 0,097; 1890: 0,098; 1910: 0,106

Mediterrane (ETH)
I. Méditerranéens (=fr).
II. Menschen mit der typischen Lebens- und Wirtschaftsweise der (europäischen) Mittelmeerländer (T. FISCHER). So sehr sich Kultur der 27 Anrainerstaaten unterscheidet, ist eine Bindung aufgrund physischer Voraussetzungen gegeben und ist in Einzelheiten erkennbar. 1950 lebten rd. zwei Drittel der mediterranen Gesamtbev. am europäischen Nordgestade, bis 2020 wird sich dieses Verhältnis zugunsten der afroasiatischen Süd- und Ost-Anrainer umgekehrt haben.

Mediterranide (BIO)
I. mediterraner Typus der Europiden. Altbez.: Iberische, Ligurische, Westische Rasse; race ibéroinsulaire, race litorale, race berbère (=fr); Mediterrane Rasse.
II. eine der hellhäutigen Unterrassen der Europiden im s. Gürtel der Langkopfformen. Merkmale: mittel- bis kleinwüchsig, grazil, nur beim w. Geschlecht oft füllig. Kopfform lang und schmal, schmalgesichtig. Unter allen Europiden am stärksten pigmentierte Haut; Haar wellig, dunkel- bis schwarzbraun. Verbreitung im cis- und transmediterranen Raum, SW- und SE-Europa, Nordafrika (bei negridem Einschlag), in Vorderasien überlappt mit orientalischem Typus; weiter ö. Übergänge zu Armeniden und Indiden.

Medizinmänner (SOZ)
I. Traditional Healers (=en); Schamanen.
II. die Priester-Ärzte bei Naturvölkern; ihre Fähigkeiten liegen in Krankenheilung und Wahrsagung, auch im Regenzauber und in der Beschwörung der Ahnengeister. Eine Vielzahl von selbsternannten Medizinmännern, in Südafrika z.B. 1 Mio., steht, oft im Verhältnis 10:1 zur Gruppe echter M., entsprechend der Stammesriten eingeführter und ausgebildeter Heiler, gegenüber. Vgl. Inyangas, Sangomas.

Medjime (ETH)
I. Medsime.
II. schwarzafrikanische Ethnie in SE- Kamerun.

Megalithiker (WISS)
I. aus megas (agr=) »groß« und lithos »Stein«; Megalith Builders (=en).
II. archäologische Sammelbez. für jungstein- bis bronzezeitliche Menschengruppen in vielen Teilen der Erde, die sich der Großsteinbauweise von Grabanlagen und Kultstätten nach Art der Menhire (Steinpfeiler), Dolmen (Steintische), Cromlechs

(Steinkreise z.B. Stonehenge) bis zu Zyklopenmauern bedienten.

Meganthropus (BIO)
I. Homo erectus.
II. Altbez. für fossile Hominidenglieder aus Java (M. palaeojavanicus) und Afrika (M. africanus), die heute zu den robusten Australopithecinen oder doch schon zum Homo erectus gestellt werden.

Megleniten (ETH)
I. Meglenorumänen.
II. rumänische Volksgruppe in Mazedonien (Zentrum Notia) und ehemaligem Jugoslawien (westlich von Gergelija und des Wardar), die im 11./12. Jh. eingewandert ist und noch lange Kontakt mit Dakoromanen und Istrorumänen gehalten hat. Ihr rumänischer Dialekt weist starke südslawische und bulgarische Einflüsse auf. M. nahmen erst unter Zwang islamische Rel. an, wurden als Muslime in Griechenland nach I.WK verfolgt; bewahren türkische Tracht. M. sind Acker-, Obst- und Weinbauern. Vgl. Walachen, Megleno-Walachen.

Megleno-Walachen (ETH)
I. Vlacho-Meglen; Megleroro mânii (=rm).
II. kleine isolierte Walachen-Population n. Saloniki/Griechenland mit meglenorumänischem/meglenitischem Dialekt. Vgl. Walachen, Makedorumänen.

Megoraschim (ETH)
I. (=he); die »Ausgewiesenen«.
II. im Gegensatz zu den autochthonen Toschabim (s.d.) die im 15.–18. Jh. als Flüchtlinge in Marokko zugewanderten Juden: Sephardim, Marranen, Krypto-Juden, auch westeuropäische Aschkenasim.

Meharisten (SOZ)
II. Kamelreiter-, Wüstenkavallerie und -polizei; ursprünglich Truppeneinheiten der französischen Kolonialverwaltung in Nordafrika.

Meherrin (ETH)
II. Indianer-Stamm im Waldland s.w. der Großen Seen/USA aus der Spr.familie der Irokesen.

Mehinaku (ETH)
I. Mehinacund
II. Indianerstamm mit einer Aruak-Spr.; heute im Xingú-Nationalpark/Brasilien lebend.

Mehrheit (WISS)
I. Majorität; majority (=en); majorité (=fr); maggioranza (=it); maioría (=pt); mayoría (=sp).
II. die quantitativ absolut größte Teilgruppe einer Gesamtbev. oder aber, als Mehrzahl, der relativ größte Teil einer Gemeinschaft. Im polit. Bereich (Abstimmungen) ist die Unterscheidung von einfacher, relativer M. (mehr als die Hälfte) und qualifizierter M. (zwei Drittel der Abstimmenden), von absoluter (mehr als die Hälfte) und doppelt qualifizierter M. (über zwei Drittel der Stimmberechtigten) üblich. Quantitative Überzahl besagt wenig über tatsächliche Machtverhältnisse, nicht selten zwingen Minderheiten einer Mehrheit ihren Willen auf (Tutsi in Ruanda, Buren in Südafrika, Spanier in Lateinamerika). Vgl. Gegensatz Minorität/Minderheit.

Meister (SOZ)
I. aus magister (=lat).
II. sehr unterschiedlich gebrauchter Terminus. 1.) Handwerker, die ihre Ausbildung mit der Meisterprüfung abgeschlossen haben. Solche Handwerks-Meister bestimmten im Zusammenhang mit den Zünften vom MA bis zur Einführung der Gewerbefreiheit das Wirtschafts- und Sozialleben der europäischen Städte. 2.) Handwerker, die als Industrie- oder Werk-Meister in einem Betrieb einem bestimmten Arbeitsbereich vorstehen; meist fehlt ihnen die o.g. Meisterprüfung. 3.) Personen, die in ihren jeweiligen Tätigkeitsbereichen (Kunst, Entwurf und Design, Sport) herausragende Leistungen vollbracht haben, die hier Könner und Vorbilder sind. 4.) Bez. und Ehrentitel für angesehene Lehrer, aber auch für Begründer von Rel.- und Sektengemeinschaften.

Mek (ETH)
II. Stammesgruppe der Papua im zentralen Hochgebirge auf Neuguinea, u.a. mit Kossarek, Nipsan, Kono, Nalca in Nachbarschaft zu Yali.

Mekane Yesus-Kirche (REL)
II. protestantische Kirche in Äthiopien, über 500 000 Anh.

Melalsa (ETH)
II. Stamm der Rif-Kabylen in N-Marokko mit einer Berberspr.; Sunniten.

Melanau (ETH)
II. Ethnie von fast 100 000, melanau- und malaiischspr.; leben an Unterläufen der Flüsse Sarawaks auf Borneo. Sind gute Seeleute und Fischer.

Melaneside (BIO)
I. Paläomelaneside (v. EICKSTEDT), Carpentaride (LUNDMAN).
II. Sondergruppe des phylogenetischen Spektrums, einer älteren Bevölkerungsschicht einzuordnen. Merkmalskomplex: überwiegend mittel-, nur vereinzelt zwergwüchsig, lange Gliedmaßen; Kopf mittellang, Gesicht niedrig-breit mit geneigter Stirn und stark betonter Überaugenregion, Nase und Mundspalte breit, volle Lippen. Haar kraus bis spiral-kraus und schwarz-braun. Haut: dunkelbis schwarzbraun, deshalb mitunter fälschlich als Ostnegride bezeichnet. Zur melanesischen Gruppe zählt man einerseits die Papua und Fidschi-Insulaner, andererseits die Negritos. Verbreitet in Ozeanien und SE-Asien. Verbreitung: Neuguinea, Neukaledonien, Fidschi-Inseln. Vgl. Pälämelaneside, Neomelaneside, Tapiride; auch Negritide. Vgl. Melanesier, Carpentaride.

Melanesier (ETH)
I. Melanesians (=en); Mélanésiens (=fr).
II. allgemeine Sammelbez. für die Bewohner der melanesischen Inselwelt (Neuguinea, Admiralitäts-Insel, Bismarck-Archipel, Salomonen, Sta Cruz Insel, Neue Hebriden/Vanuatu, Neukaledonien, Fidschi-Insel). Gesamtbev. betrug lt. UN-Statistik: 1850: 2,1; 1980: 4,2; 1960: 2,6; 1990: 5,2 Mio. BD: 1992: 10 Ew./km². Bewohner auf ca. 6800 Inseln verstreut über 1 Mio. km² pazifischen Seeraumes. M. sind humanbiologisch relativ einheitlich; Melaneside, deren Verbreitung weit über Melanesien hinausreicht. Sprachlich aber unterscheiden sie sich deutlich nach melanesischer Spr. i.e.S. und Papua-Spr. Kulturell gliedern sich die M. zu kaum überschaubarer Vielfalt selbst innerhalb derselben Insel. Man hat mind. mit drei Einwanderungswellen bzw. Kulturschichten zu rechnen: die älteste (wohl noch über eine Landbrücke angelangt) stellen die Papua. Deren Kultur ist rudimentär über Neuguinea hinaus anzutreffen, jedoch geringer als die Papua-Spr. verbreitet. Zwischen 3500–2000 v. Chr. ist eine weitere dunkelhäutige, den Papua verwandte Einwanderungswelle höher entwickelter Kulturträger angelangt, die man als »Urmelanesier« bezeichnet, welche die Papua überschichtet und verdrängt hat. Zwischen 1500–700 v. Chr. langte eine dritte Einwandererwelle an, die »Süd-Austronesier«. Diese haben sich mit den Urmelanesiern intensiv gemischt. Austronesier unterlagen zwar biologisch, haben aber ihre Spr. durchgesetzt. Deshalb spricht man von einer »austro-melanesiden« Mischkultur. Ihre Gesellschaftsordnung war matrilinear. Zumindest in Ostmelanesien dominieren missionierte Christen verschiedenster Konfessionen. Über vielgegliederten melanesischen Spr. stehen europäische Verkehrsspr.: Französisch, Englisch, Niederländisch. Vgl. Melaneside.

Melanesi-Pidgin (SPR)
I. melanesisches Pidgin, Melanesiana-Spr., auch Neumelanesisch; Sandalwood-English, Beach-la-mar-Spr. (=en); bêche-de-mer (=fr).
II. Pidgin-Englisch in Papua-Neuguinea, dem in Anbetracht der dort extremen Spr.differenzierung (über 700 Papua-Spr.) bes. Bedeutung zukommt und das deshalb neben Englisch zur Nationalspr. erhoben werden soll. Umgangsspr. für > 3 Mio. Papua-Neuguineer.

Melanide (BIO)
II. dunkelhäutige Altbev. mit Restbeständen in Bergdschungeln Zentral- und Südindiens; sie werden mitunter als eigenständig neben den Weddiden, gemäß jüngeren Erkenntnissen eher als alte Übergangsform zwischen diesen und Inditen aufgefaßt.

Melchiten (REL)
S. Melkiten von (syr=) malka, (ar=) malik »Kaiser«; »Kaiserliche«.

II. 1.) orientalische Christen, die 451 in Chalcedon im Gegensatz zu Monophysiten die orthodoxe (kaiserliche) Zweinaturenlehre akzeptierten. Begriff meint speziell die Christen der drei orientalischen Patriarchate, die nach dem Arabereinfall Byzanz treu blieben, wenn sie auch vielfach zur arabischen Spr. übergingen. Sie bewahrten aber den byzantinischen Ritus. 2.) Heute hat sich der Begriffsinhalt verändert. Als M. versteht man vorzugsweise die inzwischen mit Rom unierten Gläubigen. Zudem ist ein großer Teil der Anh. im Patriarchat Alexandria zur koptischen Kirche übergetreten. Für die M. im alten Sinn, die dem byzantinischen Ritus weiterhin folgenden orthodoxen Gläubigen, hat sich der neue Terminus »Griechisch-Orthodoxe« durchgesetzt. Insgesamt rd. 600000 orthodoxe und ca. 400000 unierte M., verbreitet bes. in Israel, Jordanien, Libanon, Syrien, Türkei.

Melilla (TERR)
B. Spanischer Hoheitsplatz in N-Afrika. Vgl. Presidios. The Place of Melilla, Melilla (=en); la place de souveraineté de Melilla, Melilla (=fr); la Plaza de Soberanía de Melilla, Melilla (=sp); Mililya (=ar).
Ew. 1996: 0,060

Melkiten (REL)
S. Melchiten.

Melleli (SOZ)
I. (=zi); melallo, melelo (=zi); aus melelo »schwarzbraun, dunkelfarbig«.
II. Zigeunergruppe, -genossenschaft, -stamm, -bande. Vgl. néamo, namipe (=rm).

Melpa (ETH)
II. Sammelbez. für Reste verschiedener, u.a. durch Stammeskriege dezimierter Stämme von Melanesiern im Hagendistrikt des w. Hochlands von Neuguinea, ca. 50000–100000; treiben noch traditionellen Tauschhandel, u.a. mit Schweinen.

Memelland (TERR)
C. Hauptstadt: Klaipeda (=li). Nördlich der Memel gelegener Teil Ostpreußens; kam 1919 unter französische Verwaltung; 1923/24 von Litauen annektiert, autonomes Gebiet von Litauen; 1939–1945 zum Deutschen Reich rückgegliedert; 1945–1991 in UdSSR; seit 1991 in Rep. Litauen.
Ew. 1910: 0,141; 1939: 0,155; 1944: 0,135; 1991: 0,003

Memelländer (ETH)
II. Bew. des 1919 als autonomes Gebiet von Deutschland abgetrennten und 1923/24 Litauen einverleibten nö. Ostpreußens (mit Memel (li=) Klaipeda 1910: 141000 Bew.), eine weitgehend eingedeutschte Mischbev., gewachsen aus Kuren, Deutschen, Litauern und Polen. M. standen 1926–1938 unter litauischem Kriegsrecht, dennoch haben M. 1927–1938 zu mehr als 80% für deutsche Parteien gestimmt. 1939 von Litauen an Deutschland

abgetreten, (1941: 129 000 Deutsche); seit 1945 unter sowjetischer Herrschaft, ca. 30 000 Deutsche entgingen der Vertreibung. Seit 1991 als »Kleinlitauen« bezeichnet, dessen Bewohner im Unterschied zu Großlitauen protestantisch sind, Teil des seit 1991 wieder souveränen Litauen. Vgl. Nehrungskuren.

Menadonesen (ETH)
I. Minhasa, Minahasa.
II. jungindonesische Ethnie im N von Celebes/Indonesien; weitgehend christianisiert, dank hohen Ausbildungsstandes starke Verbreitung in der Verwaltung.

Menam (ETH)
II. ethnische Kleingruppe (ca. 5000) im oberen Song-Tranh-Tal an laotisch-vietnamesischer Grenze, mit einer Mon-Khmer-Sprache; wohnen in eng verbauten, befestigten Dörfern, sind Reisbauern.

Mende (ETH)
I. Mendi, Kossa.
II. westafrikanische Volksgruppe, hauptsächlich in Sierra Leone bis Liberia: (1984) ca. 16 000 in Liberia und (1996) 1,6 Mio. in Sierra Leone mit einem Anteil von 34,6% an Gesamtbev. Kultische Bünde als Hilfsmittel politischer und sozialer Organisation, Poro (Männerbund), Sande (Frauenbund).

Mende (SPR)
I. Mende (=en).
II. eine Mande-Spr., als Verkehrsspr. in SE-Sierra Leone, heute von ca. 2 Mio. Sprechern genutzt.

Mendi (ETH)
II. Kleinvolk der Bergpapua im s. Hochland von Papua-Neuguinea in 1500–2100 m Höhe; relativ kleinwüchsig, leben dorfweise in patrilinearen Gruppen.

Mendikanten (REL)
I. (lat=) fratres mendicantes, aus mendicare »erbetteln«.
II. i.e.S. die christlichen Bettelorden; vor allem die Franziskaner und Dominikaner, die persönlichen wie auch gemeinsamen Besitz ablehnen. I.w.S. des hier gewählten Oberbegriffs auch für religionsgeschichtlich analoge Auftretensformen von Religiosen: die altindischen brahmanischen Bettelasketen, die Bettelmönche in Hinduismus, Buddhismus und Jinismus (die Shvetambaras) bis hin zu den kath. Bettelorden.

Mennoniten (REL)
I. Taufgesinnte, Doopsgezinde (nach friesischem Priester Menno Simonis 16. Jh.).
II. Anh. einer gemäßigten Richtung der Wiedertäufer-Bewegung mit stillen Gemeinden in n. Niederlanden, Friesland, am Niederrhein, in Holstein und an der Ostsee; gerieten durch Eid- und Waffendienstverweigerung in Widerspruch sowohl zu kath. als auch protestantischen Herbergsstaaten; wiederholte Zwangswanderungen (u. a. Danziger Werder, Südrußland, USA, Kanada) mit hervorragenden Kolonisationserfolgen. Erste M. trafen 1683 in Pennsylvanien ein (vgl. Dunker). Heute 0,5–0,75 Mio., wovon 100 000 in Niederlanden und 0,34 Mio. in USA; nach eigenen Angaben rd. 1,25 Mio. Vgl. Amische.

Menominee (ETH)
II. ein Algonkin-Indianerstamm im Mittelwesten, heute in Wisconsin lebend.

Menomini (ETH)
I. in Bedeutung von »Wildreis-Sammler«.
II. Indianerstamm im NW des Michigan-Sees, kulturell und sprachlich den Ojibwa eng verwandt. Einige Tausend in Reservation in NE-Wisconsin.

Menschen (BIO)
I. aus ahd. mannisco »menschlich«; vgl. Leute/Luit/Lüt. (fr=) hommes; (en=) men; (sp=) hombres; (it=) uomini; homens (=pt).
II. die ungezählten, individuellen Einzelmenschen, aber auch ein biologischer Gattungsbegriff; Homininae, Euhomininen/Vollmenschen der Gattung Homo. Zitiert nach KOSMOS-Lexikon: »Zweifüßige aufrechtgehende, großhirnige, gesellige Säugetiere, körperlich äffischer Abstammung, die durch den Besitz einer reich gegliederten Sprache, die Benutzung von Feuer und Werkzeugen sowie durch die Verwertung naturgesetzlicher und intuitiver Erkenntnisse die Kultur und die Zivilisation als neue Gesetzlichkeit innerhalb des Naturbereichs geschaffen haben«. Menschen haben sich die Erde untertan gemacht und die Fähigkeit erworben, sie von den Polen bis in die Tropen zu besiedeln, von den Depressionen bis in hohe Gebirgsstufen von 4000–5000 m. Menschen vermögen dank der entwickelten Technik die Tiefen der Ozeane wie auch die Atmosphäre mitsamt dem Erdtrabanten Mond zu erkunden. In direkten Anpassungen an Umweltgegebenheiten treten biologische Auswirkungen zivilisatorischer, kultureller und sozialer Faktoren auf. Bekleidung, Behausung, medizinische Versorgung, verbesserte Ernährung und Hygiene reduzieren natürliche Selektionswirkung. Kulturelle Normen fördern insbesondere auch über Heiratsvorschriften (z.B. Endogamie-Regeln) und über die aus wirtschaftlichen, ideologischen oder politischen Gründen beeinflußten unterschiedlichen Fortpflanzungsraten die Populationsdifferenzierung (gewollte und erzwungene Separation bis zu ungeregelter Durchmischung). Menschen sind mit Freiheit, Willen und Gewissen begabte Individuen, leben und wirken gleichwohl nicht allein. Urzelle ist die Familie, die im Unterschied der Geschlechter wurzelt. Soziale Bindungen verpflichten zur Teilhabe in Familie und Gesellschaft, zum Dienst an der Gemeinschaft (des Volkes, der Nation, einer Religions- oder Sprachnutzergruppe, einer Sozialschicht, eines Berufs-

standes). Insofern stehen Menschen nicht nur in Kommunikation untereinander, sondern auch in Verknüpfung (Nutznießung und Verpflichtung) mit ihren Vorfahren und Nachkommen. Vgl. Vorbevölkerung, Ahnen, Abkömmlinge, Deszendenten. Menschen fühlen sich als Geschöpfe eines übergeordneten Wesens. Vgl. Religionsgemeinschaften. Durchschnittsalter und Lebenserwartung unterscheiden sich bei den Geschlechtern; dank moderner Medizin wachsen sie seit Generationen: 1871/80 betrug die Lebenserwartung männlicher Neugeborener nur 34 J., sie hat sich heute (ca. 1990) auf 72 J. mehr als verdoppelt. Ein entsprechender Aufwärtstrend betrifft alle Altersklassen und, mit graduellen Unterschieden, die gesamte Erdbevölkerung. Zwar beträgt die Lebensspanne in Einzelfällen bis zu etwa 123 Jahren, doch dürfte die allgemeine durchschnittliche Lebenserwartung aus genetischen Gründen definitiv begrenzt sein, etwa auf 85 bis 90 Lebensjahre. Vgl. Menschheit, Erdbevölkerung; Männer, Frauen; Vorbevölkerung, Populationen, Altvölker, Rassen.

Menschenaffen (BIO)
I. Hochaffen; Anthropomorphae; Trivialbez. für die Pongiden; nicht syn. mit Affenmenschen, vgl. zu diesen Australopithecinen.
II. die den Menschen biologisch-systematisch am nächsten stehenden Affen für Familien der Hylobatidae (mit Gibbon und Siamang) und der Pongidae (mit Orang-Utan, Schimpanse und Gorilla).

Menschenrassen (BIO)
I. Races (=en,fr); razze (=it); razas (=sp); raças (=pt).
II. natürliche Gruppierungen innerhalb der Hominiden; Begriff ist nicht einheitlich definiert. Zu unterscheiden sind a) die typologisch und b) die populationsgenetischen Definitionen. a) Erstere gehen davon aus, daß alle Rassenangehörige ungeachtet individueller Variabilität eine mehr oder weniger kennzeichnende Kombination von normalen und erblichen Merkmalen der morphologischen Gestalt und (umstritten) auch Verhaltensweisen gemeinsam haben und sich dadurch von anderen »Formgruppen« unterscheiden (v. EICKSTEDT, GRIMM, KENNTNER). b) Andere Definitionen gehen von den Rassen als Fortpflanzungsgemeinschaften aus, die unter genetischer Isolation Gruppenunterschiede von Merkmalshäufigkeiten gegenüber unterschiedlichen R. entwickelt haben (SALLER, STERN, MONTAGU). Rassen sind einem ständigen Veränderungsprozeß unterworfen. Sie sind wichtige biowissenschaftliche Grundeinheiten zur Differenzierung der Erdbevölkerung, ungeachtet des Umstandes, daß sie immer wieder unter politischen oder sozialen Zielvorstellungen mißbraucht werden. Da man die R. nun als erstes wahrnimmt, sind sie eine wichtige (Primär)-Kategorie der Identität.

Menscher (SOZ)
II. Pl. zu das Mensch, namentlich für weibliche Personen; bes. Dienstboten; seit 18. Jh. pejorativ für liederliche Frauenzimmer.

Menschewiki (SOZ)
I. (=rs); Menschewiken, Menschewiki, Menschewisten; »Minderheitler«.
II. Bez. seit 1903 für Mitglieder der gemäßigten Minderheit ehem. russischer Sozialdemokraten (mit hohem jüdischem Anteil). Gegensatz Bolschewiki; vgl. Bolschewisten; Sowjets.

Menschheit (BIO)
I. Menschengeschlecht; mankind (=en); genre humain (=fr); genere umano (=it).
II. Gesamtheit der Menschen; Terminus umgreift mit F. RATZEL eigentlich »zwei Menschheiten«: die aktuelle Erd- oder Weltbev. und die »gewesene M.« oder Vorbevölkerung. Vgl. Erdbevölkerung.

Mentaweier (ETH)
I. Mentawaier.
II. die autochthone Bev. der Mentawei-Insel Siberut, Sipora, N- und S-Pagai/Indonesien, auf 50000 geschätzt. M. werden von einer der ältesten Schichten des altindonesischen Bev.substrates des Malaischen Archipels gerechnet. Viele Kultureinflüsse wie Reisanbau, Keramik, Weberei haben sie nicht oder erst heute erreicht. Bauen Taro und Bananen an und sind gute Bootsbauer. Wurden erst im 19./20. Jh. christlich missioniert.

Mercedarier (REL)
I. OdeM.
II. um 1220 in Rom gegründeter kath. Orden zur Befreiung christlicher Sklaven; heute Seelsorge und Mission; ca. 900 Mitglieder.

Merditen (ETH)
II. nordalbanischer Gebirgsstamm; seit Einwirkung durch dalmatinische Romanen im Unterschied zu Tosken katholischer Konfession. Vgl. Albaner.

Meridionali (SOZ)
I. (=it); aus meridies (=lat) »Mittag«, »Süden«.
II. Bew. des Mezzogiorno/Süditaliens; zumeist als abfällige Bez. der Norditaliener für Süditaliener, wie u.a. »Pizzaesser«. Vgl. Terroni.

Merina (ETH)
II. Volk im zentralen Hochland von Madagaskar; mit ca. 2,5 Mio (1988) größte Ethnie, 26% der Gesamtbev. M. üben endgültig seit Anfang 19. Jh. Herrschaft über die gesamte Insel aus; ihr Idiom Hova dient als Staatsspr. Malagassi. Vgl. Madegassen.

Merkmalsgruppe (WISS)
I. Sg. Kategorie.
II. eine An- oder Vielzahl von Menschen, die durch ein oder mehrere gemeinsame Merkmale charakterisiert ist, ohne daß ein Zusammengehörig-

Meru (ETH)
II. Gruppe der NE-Bantu am Mt. Meru in Kenia.

Mescalero(s) (ETH)
I. nach der Mescal-Agave.
II. Unterstamm der ö. Apachen, ursprünglich und wieder (im Reservat) seit 1873 in New Mexico zwischen Rio Pecos und Sacramento Mountains ansässig. In spanischer Kolonialzeit aus Zusammenschluß der Faraones, Cuartelejos und Vaquero-Indianer hervorgegangen. Leisteten Spaniern wie Angloamerikanern vom 18. Jh. bis 1863 erbitterten Widerstand.

Mescaleros (SOZ)
I. (=sp); abgeleitet vom Namen der Mescalero-Indianer.
II. verallg. Bez. für Wegelagerer und Viehdiebe.

Meschi (ETH)
I. (=rs); Eigenbez. Meshi/Mes'chi; Mes'chier.
II. türkischspr. Georgier an der SW-Grenze Georgiens. Vgl. Meßcheten.

Meschtscherjäken (ETH)
II. finnugrisches, früh tatarisiertes Volk im Gebiet zwischen Oka und Wolga, das in größeren Teilen nach Baschkiristan abgewandert ist; sind Muslime. Vgl. Baschkiren.

Meschuchrarim (REL)
I. »Freigelassene«.
II. Nachkommen eingeborener Sklaven in Kotschin-Indien, die von ihren jüdischen Herren zum Judentum bekehrt und freigelassen worden waren. Vgl. Kotschin-Juden.

Mesgita (ETH)
II. Stamm der Draa-Berber/Marokko.

Mesoamerikanische Indianer (ETH)
II. ethnologischer Sammelbegriff nach KIRCHHOFF 1943 für zentralamerikanische Indianer insbes. die Maya und Azteken, ihre Vorgänger und Verwandten. I.w.S. zählt man die M.I. zu den »Nordamerikanischen Indianern«; Ethnien jenseits der SE-Grenze von Guatemala rechnet man zu den »Zentralamerikanischen Indianern«.

Mesolithiker (WISS)
II. Menschen der mittleren Steinzeit, der kulturgeschichtlichen Übergangsphase, u.a. Cro-Magnon-Menschen, die Homo sapiens sapiens zwischen Alt- und Jungsteinzeit im Ausklingen der Eiszeit und frühem Alluvium (etwa 10000 bis 4000 v.Chr.). Zeitabschnitt der Entwicklung vom unsteten Jäger- und Sammlerdasein zu seßhafter Lebensweise mit sehr unterschiedlichen Kulturkomplexen wie Sauveterrien, Tardenoisien, Ofnet, Capsien. Spezifische Merkmale sind Mikrolithen-Produktion und Aufkommen von Bestattungsriten. Es kamen Fischfang, Jagd (mit Pfeil und Bogen) und Muschelsammeln auf; Hund als Haustier. Vgl. Paläo-, Neolithiker.

Mesquites (ETH)
I. Bez. nach der zur Ernährung (Pinolebrot) dienenden Dornbusch-Vegetation.
II. Indianer-Population in Texas am Rio Grande, Rio Brazos und bei San Antonio de Bexar.

Meßcheten (ETH)
I. Mezcheten, Mescheten, Mes'cheten, Mexcheten, »meschetische Türken«, Ahiska-Türken; Eigenbezgn. Meschi, Mes'chi, Meshi; Mes'chier, »meschetische Türken«; Meskhetians (=en).
II. Sammelbez. für islamisierte türkischspr. Volksgruppen von Georgiern, Armeniern, Kurden und Karapapachen an der SW-Grenze Georgiens. Anzahl 1825: 43000, 1990: 150000. Kannten noch im 19. Jh. den gemeinsamen Landbesitz als Rechtsposition. Wurden 1944, wohl wegen Unzuverlässigkeit, von der türkischen Grenze nach Sowjetisch Zentralasien, bes. Usbekistan zwangsumgesiedelt. Waren 1989 Opfer schwerer Pogrome, 50000 flüchteten, 15000 wurden auf dem Luftweg nach Zentralrußland evakuiert, ca. 5000 waren für eine Rücksiedlung vorgesehen. Geogr. Name: Meshetia/Saatabago, Masaka. Vgl. Meschi (=rs), Chemschili (=rs).

Messianische Juden (REL)
II. Juden, die neben dem talmudischen Glauben auch Jesus/Yeshua als Erlöser und »Opferlamm« verehren. Als Kleingruppe blieben M.J. bis heute in Israel erhalten. Vgl. Judenchristen.

Mestiços (BIO)
I. (=pt); Mestizen; mestizos (=sp); meticci, Sing. meticcio (=it).
II. u.a. Bez. für Mulatten (!) auf den Kap Verden.

Mestizen (BIO)
I. miscere (lat=) »mischen«, mixtitius (lat=) »der Mischling«; auch Caboclos, Cholos, Ladinos; mongrels (=en); métis (=fr); mestizos (=sp); caboclos, cabocos, mestiços (=pt); meticci (=it).
II. ursprünglich Mischlinge schlechthin, heute speziell solche aus weißem und indianischem Elternteil. Ihr Anteil wurde 1950 für beide Amerika mit 14–17% der Gesamtbev. angenommen. Abkömmlinge von Indianern werden in Nordamerika nach drei Generationen von Heiraten mit Weißen als Weiße gewertet.

Mestizisierte (BIO)
II. Abkömmlinge der Vermischung von Europäern, Indianern und Negern in Lateinamerika. Sie sind herausgelöst aus ihren traditionellen Gemeinschaften und stehen, abgesehen von eher seltenen Fällen sozialer Integration, auch heute noch am unteren Ende der nachkolonialen Gesellschaft. Als Sinnbild des so kraftvoll gewachsenen Mestizen-

tums gilt die Virgen Morena »dunkelhäutige Jungfrau« in der Basilika de Guadalupe/Mexico City; sie steht in Nachfolge der aztekischen Göttermutter Tonantzin und gilt der kath. Kirche seit 1945 als Schutzherrin von Nord- und Südamerika. Vgl. Zambos, Mulatten.

Mestizoclaros (BIO)
II. Mischlinge zwischen Indianern und Mestizen.

Mestizos (BIO)
I. (=sp); Mestizen; mesticios (=pt); meticci (=it). Vgl. Caboclos, Cholos, Ladinos.

Metamorphe Rassen (BIO)
II. überholte Altbez. (STRATZ, WEULE u. a.) für Mischtaxa zwischen Protomorphen und archimorphen Rassen.

Metawile (REL)
S. Metualiten, métoualis (=fr), Mutawali.

Métayers SOZ)
I. aus moitié (fr=) »Hälfte«; métayage (=fr).
II. 1.) Halbpächter; seit 12. Jh. in Frankreich, Pachtbauern, welche die Hälfte des Ertrages dem Landbesitzer abzuliefern hatten. 2.) im hochburgundischen Patois der n. welschen Schweiz Besitzer einsamer Metairies (Berggüter, Gehöfte) bes. im Chasseralgebiet. Vgl. mezzadria (=it).

Methodisten (REL)
I. ursprünglicher Spottname, dann Selbstbez.; Methodists (=en).
II. Anh. einer aus der anglikanischen Kirche 1730–1795 hervorgegangenen pietistischen Gemeinschaft. Durch Auswanderung und Mission in England und USA verbreitet; seit 1891 offiziell als unabhängige, streng organisierte Freikirche bezeichnet; heute 20–26 Mio. Mitglieder.

Métis (BIO)
I. (=fr); Metis, Mestizen.
II. Indianermischlinge in Kanada mit frankophonen oder schottischen Ahnen. Ihnen kommt ein der indianischen Bevölk. ähnlicher, gesetzlich definierter Status zu. 1981 rd. 99 000, nach VZ 1991 aber 212 650 Individuen. Besitzen zusammen mit den Dene ein Reservat von 181 000 km².

Metoiken (SOZ)
I. aus Metoikoi (agr=) »Mitbewohner«, Metöken.
II. gegen Steuerzahlung und Waffendienstpflicht in den altgriechischen Stadtstaaten (u. a. in Athen) zugelassene Fremde ohne polit. Rechte; meist Gewerbetreibende oder Händler; 10–20 % der Gesamteinw.

Métoualis (REL)
I. (=fr); Metualiten, Mutawali, Metawile.

Metropolitankirche (REL)
II. eine russisch-orthodoxe Emigrantenkirche in USA mit über 200 Gemeinden, lehnt mehrheitlich Jurisdiktion des Moskauer Patriarchats ab.

Metropoliten (REL)
II. 1.) in der griechischen Kirche Titel für alle Bischöfe, in russisch-orthodoxer Kirche nur für Inhaber bestimmter Bischofssitze; 2.) in kath. Kirche die ersten Bischöfe oder Erzbischöfe einer Kirchenprovinz.

Métros (ETH)
I. Bez. in Neukaledonien und anderen Überseegebieten für französische Landsleute, die zur Verrichtung bestimmter Arbeiten nur vorübergehend zugewandert sind.

Metualiten (REL)
I. (ar=) Matawila (Sg. Mutawali); Metualiyun; ugs. Metuali, Metawile; (fr=) Métoualis, s. Metoualiten; Metowila.
II. Anh. eines Sonderzweiges der 12er-Schia in Libanon (Sidon, Tyrus, Dschebel Amil, Bequaa); möglicherweise entfernte Abkömmlinge südarabischer Gruppen, die, aus dem Irak kommend, hierher eingewandert sind oder zwangsweise umgesiedelt wurden. Heute schätzungsweise 0,5–1 Mio. in Eigensegregation und in nahezu autonomer Stellung.

Metyibo (ETH)
I. Mekjibo, Mekyibo.
II. kleine schwarzafrikanische Ethnie an ö. Lagune in Elfenbeinküste. Vgl. Lagunenvölker.

Mewlewi (REL)
I. Mevlevi; Mawlawi; Mewlewiye, Mewlewije (=tü); Mawlawiya (=ar).
II. weitverzweigter islamischer Orden der »tanzenden Derwische«, bes. in Kleinasien (Stammkloster in Konya), Syrien, Sudan und Ägypten mit starken Anklängen an Manichäismus, Parsismus und Buddhismus. Lehren der M. gelten geradezu als religiös-liberal; viele Intellektuelle hängen ihnen an. M. gehen auf mystischen Dichter Mevlana Celaleddin Rumi zurück. M. waren 1924 durch Atatürk zeitweilig als reaktionär und fortschrittshemmend verboten. Vgl. Naqschibani.

Mexicano (SPR)
I. das von vielen aztekischen Lehnwörtern durchsetzte Spanisch als Umgangsspr. in Mexiko.

Mexico-Amerikaner (SOZ)
I. Chicanos in USA.
II. polit. Identifikationsbegriff, betont das Mestizentum und das indianische Element, wobei insbes. die aztekische Tradition gemeint ist. Vgl. Hispanics.

Mexikaner (ETH)
I. mexicanos (=sp, pt), in Mexiko Mejicanos; Mexicans (=en); Mexicains (=fr); messicani (=it).
II. 1.) Staatsbev. von Mexiko; 2.) entgegen dem seit 16. Jh. im spanischen Vizekönigreich vorgezeichneten und in schweren Unabhängigkeits- und Revolutionskriegen 1808–1867 geförderten Nationalismus hat Entwicklung der völkischen Einheit

nicht Schritt gehalten. M. sind sowohl biologisch als auch sozial in Castas differenziert, eher eine Mischlingsbev. denn ein Volk. Nachkommen der indianischen Urbev., bes. die Nahua- und Maya-Völker aus vorspanischer Zeit: Azteken, Telteken, Zapoteken (Chiapas), Mixteken (Oaxaca), Huasteken (Veracruz), Tarasken (Michoacan) und andere (s.d.) haben nur in isolierten Randlagen Identität erhalten, sind ansonsten seit Jahrhunderten mit Spaniern vermischt. Typische Attribute ländlicher Kleidung der Indios sind weiße Wollponchos und Sombreros. Da Indianerzugehörigkeit wechselnd verfemt oder gesucht, fehlten lange Zeit exakte Daten: 75% Mestizen, 14% Indianer, 10% Weiße, auch Mulatten und Chinesen (VZ 1995). Außerordentlich starkes Wachstum von 20‰ und mehr, 1900 noch 14,0, 1996 schon 93,1 Mio. Ew.; hohe regionale Ungleichverteilung, Durchschnittsdichte deshalb nur 43 Ew./km². Große Gastarbeiterkontingente in USA. Vgl. Chamula, Huichol, Lacandonen, Seri, Tarahumara, Tarasken. Vgl. auch Arribeños, Charros, Comancheros, Compadrazgos, Ejidatarios.

Mexikide (BIO)
II. Terminus bei *LUNDMAN* (1967) für Untergruppe der Margiden bei *v. EICKSTEDT* (1934, 1937).

Mexiko (TERR)
A. Vereinigte Mexikanische Staaten, ehem. Mexico. Estados Unidos Mexicanos (=sp); Mexica (=aztek.). United States of Mexico, The United Mexican States, Mexico (=en); les Etats-Unis du Mexique, le Mexique (=fr); México (=sp); los Estados Unidos de Mèxico (=pt); Estati Uniti di Messico (=it).
Ew. 1805: 5,7; 1842: 7,0; 1880: 9,6; 1895: 12,632; 1900: 13,607; 1910: 15,160; 1921: 14,335; 1930: 16,553; 1940: 19,654; 1948: 24,461; 1950: 26,282; 1955: 30,557; 1960: 34,994; 1965: 41,284; 1970: 50,695; 1975: 60,145; 1990: 81,250; 1996: 93,182, BD: 48 Ew./km²; WR 1990–96: 1,8%; UZ 1996: 74%, AQ: 10%

Mfengu (ETH)
II. schwarzafrikanische Ethnie im Bantu-Homeland Ciskei/Südafrika.

Mfinu (ETH)
I. Mfumungu, Wumbund
II. schwarzafrikanische Ethnie im W der DR Kongo an der Grenze zu Kongo.

Mhedruli-Schrift (SCHR)
I. Mchedruli; Grusinisch-georgische Schrift. Vgl. Georgische Schrgem.

Miao (ETH)
I. Miaotse, Meo (in Laos), Meau (in Thailand); Hmong, Hmu, Hmung; Miao (=en).
II. Bergvolk, verwandt den südchinesischen Yao und den tongkinesischen Man; ihre Zugehörigkeit zur tibeto-birmanischen Spr.gruppe ist unsicher; schon seit längerem in unwirtliche Bergländer SW-Chinas und Hainan abgedrängt, sind M. heute zu zwei Dritteln in Kueichou, Szetschuan, Kwangsi und Yünnan verbreitet, zu einem Drittel im angrenzenden Gebiet Vietnams, Laos, Thailands und Myanmars. In China (1990) insges. 7,4 Mio.; sind in zahlreiche Stämme bzw. Regionalgruppen untergliedert, ihre Dörfer werden durch patrilineale Sippen gebildet. Nach der Frauenkleidung (mit Turban) unterscheidet man Blaue, Weiße und Schwarze M. Leben autark auf Brandrodungsfeldern mit Reis- und u.a. Mohnanbau. In ihrer Religion vermischen sich archaische Miao-Riten mit Schamanentum und chinesischer Taoismus. Ihre mehrfach auch politisch wirksamen messianischen Vorstellungen beinhalteten eigenartigerweise auch den Wunsch nach einer eigenen Schrift, nur einige chinesische Teilgruppen wurden bislang alphabetisiert.

Miao (SPR)
I. Meo; Miao, Meo (=en).
II. sinotibetische Spr., verbreitet in SE-Asien mit 8,2 Mio. Sprechern, davon in China mit 7,6 Mio., in Vietnam und Laos.

Micmac (ETH)
I. »Unsere Verbündeten«.
II. Stamm der Algonkin-Indianer an den Großen Seen bis nach Neu-Braunschweig und Neu-Schottland. Kämpften als Verbündete der Franzosen bis 1779 gegen die Briten. Heute 14625 (VZ 1991), hpts. von Fischfang und Jagd lebend.

Midob (ETH)
I. Midobi.
II. kleine ethnische Einheit im westlichen Sudan.

Midway (TERR)
B. Midwayinseln; seit 1867 eines der Amerikanischen Außengebiete. the Midway Islands, Midway (=en); (les îles) Midway (=fr); (las islas) Midway (=sp).
Ew. 1990 (Personen): 450

Mien (ETH)
II. die zahlenmäßig stärkste Untereinheit der Yao in S-China mit Hainan und N-Vietnam. M. wurden im 14. Jh. aus Gebiet von Nanjing vertrieben und zerstreut, gelangten nach Hainan, Kueitschou, Yünnan und N-Vietnam. Übernahmen Taoismus und chinesische Schrift. Mien-Ges. ist in zwölf mythische Sippen aufgeteilt, in denen einst Exogamie herrschte. Pflegen häufig Kinder aus Nachbarstämmen zu adoptieren. Vgl. Yao, Zao.

Mietsklaven (SOZ)
II. neben dem Sklavenhandel bestand in N-Amerika in der zweiten Hälfte des 19. Jh. die Praxis der Sklavenvermietung. Weiße mieteten aus verschiedenen Gründen Sklaven für Tage, Monate oder 51 Wochen. Das Mietgeschäft war ebenso organisiert wie der Sklavenhandel (Mietagenten).

Migichihiliniou (ETH)
   II. Bez. für indianische Chippewa-Gruppen, die nö. des Lake of the Woods lebten.

Mijaci (ETH)
   I. Mijazi; Mijatsch (bl=) »Erzwäscher«.
   II. spät slawisierte Aromunen im Radikatal und zwischen Ohrid und Prilep.

Mikea (ETH)
   II. Wildbeutergruppe der Sakalaven an der W-Küste Madagaskars. Vgl. Sakalaven/Sakalava.

Mikir (ETH)
   II. mongolides Volk in Zentral-Assam/Indien mit tibeto-birmanischer Eigenspr. M. sind Wanderfeldbauern. Vgl. Naga-Stämme in NE-Indien.

Mikrasiates (SOZ)
   I. »kleinasiatische Griechen«.
   II. ca. 1,35 Mio. griechische Übersiedler, die nach dem griechisch-türkischen Krieg aufgrund der Lausanner Konvention 1922–1926 im Austausch gegen 434 000 Türken auf griechischem Boden Kleinasien (insbes. den Küstenhof von Smyrna und die türkische Schwarzmeerküste) verlassen mußten.

Mikronesien (TERR)
   A. Föderierte Staaten von M., Pazifik. Unabh. seit 1990. (Federated States of) Micronesia (=en).
   Ew. 1996: 0,109, BD: 156 Ew./km²; WR 1990–96: 2,1; UZ 1996: 22%, AQ: 19%

Mikronesier (ETH)
   II. allgemeine Sammelbez. für die Bev. der Inselwelt Mikronesiens mit > 2000 Inseln (u.a. Karolinen/»Föderierte Staaten von M.«, Marianen, Guam, Marshallinseln, Gilbert-Inseln/Kiribati, Nauru, Palau/Belau, Wake). Im Sinne der UN-Statistik, die u.a. auch Wake, Midway, (nicht aber Hawaii), einschließt: 1950: 200 000, 1970: 400 000, 1992: 600 000 Ew. Dichte: 1992: 149 Ew./km². M. sind die kleinste der drei ethnischen Einheiten des pazifischen Raumes. Anthropologisch überwiegt Typus der Polynesiden jedoch mit stärkerer Pigmentierung; meist klein und zierlich; straffes schwarzes Haar. Unterteilung in Trukese, Pohnpeian, Mortlockese, Yapese. Ihre Mischkultur beruht auf melanesischer Basis, doch sind bes. im E auch polynesische und im W indonesische Elemente vertreten. Obschon großteils früh christianisiert, im W Mikronesiens seit 16. Jh. durch spanische Missionare römisch-katholisch, im E seit 19. Jh. durch englische und amerikanische Missionare protestantisch, behauptet sich noch Ahnen- und Totenkult. Alte Sozialordnung wies krasse Klassengliederung bis hin zu Sklaven auf, ausgeprägtes Klansystem. Verbreitet Spuren alter Megalithkultur. Bootsbau und Schiffahrt sind hoch entwickelt. Neben mikronesischer Spr. (Tabi, Palau, Nauru, Gilbertisch, Marschallisch, Ponape u.a.) ist Englisch als Verkehrsspr. im Gebrauch. Vgl. Melanesier, Polynesier, Ozeanier.

Mikronesier (NAT)
   II. StA. der Föderierten Staaten von M. im Pazifik.

Milchverwandtschaft (SOZ)
   I. rida (=ar), meist im Sinn von Milchgeschwister, Milchbrüder und -schwestern.
   II. von der gleichen Amme Gestillte. Daraus leitet sich Vorstellung ab, daß gleiche Muttermilch einen der Blutsverwandtschaft ähnlichen Status verleiht. Milchgeschwister dürfen bei gewissen Kaukasiern und Himalaya-Völkern, in Teilen Indonesiens, auf Karolinen wie echte Geschwister miteinander keine Ehe eingehen, sind gegenseitig vor Blutrache geschützt, können als adoptiert gelten.

Milices patriotiques (SOZ)
   II. (=fr); in Algerien die nach 1992 von der Regierung eingesetzten und bewaffneten Dorfwächter zur Abwehr fundamentalistischer Terroristen.

Milizionäre (SOZ)
   I. aus militia (lat=) »Kriegsdienst (-leistende)«; angenähert auch Paramilitärs.
   II. Angeh. von Milizen, d.h. von 1.) zum Selbstschutz aufgebotenen Bürgerwehren; 2.) zivil die Armee unterstützenden Territorialverbänden, Nationalgarden; 3.) einer reinen Wehrpflichtarmee (Schweiz); 4.) von halbmilitärischen Polizeieinheiten oder »Betriebskampfgruppen« bes. in ehem. sozialistischen Staaten, Milicija (=sk). 5.) freiwilligen Kampfverbänden von Bürgerkriegsparteien. Vgl. Paramilitärs, Mchedrioni, Tschetniks u.a.

Millet(s) (WISS)
   I. milletler (tü=) i.S. von »Minderheiten«; aus milla (türkis., ar=) »Religion«, auch unter sozialem und polit. Aspekt.
   II. institutionalisierte Religionsnationalitäten im Osmanischen Reich, die vielleicht unter Patenschaft älterer jüdisch-christlicher Ortsgemeinden (z.B. der Aljama in Spanien unter Leitung der Maqqadamin oder Adelantados) mindestens bis in das 15. Jh. zurückgehen. Unter ihren Oberen (Patriarch, Katholikos, Oberrabbiner) besaßen sie hohen Grad an Autonomie, waren verantwortlich für Erfüllung der Pflichten und Aufgaben aller Mitglieder incl. Aufrechterhaltung öffentlicher Ordnung und Steuereintreibung, Standesamtswesen, Rechtspflege, Erziehung. Regelhaft lebte jede dieser religiösen Minderheiten in Wohnsegregation, was Kontakte zu anderen Religionsgruppen einschränkte. Institution der M. trug im Kulturerdteil Orient maßgeblich zur Geschlossenheit und Überlebensfähigkeit selbst kleinster Gemeinschaften, ihrer Volkskulturen, Sprachen und Schriften bis heute bei und bewahrte sie vor wechselseitiger Akkulturation. Vgl. Aljamas (Judenviertel im 15. Jh.) in Spanien.

Mimbrenjos (ETH)
   I. Mimbres, aus miembres (sp=) »Weide«.

II. Stamm des Indianervolks der Apachen in Arizona und Neu-Mexico. Im Streit um Erzabbau in Sta. Rita del Cobre kam es zu berüchtigten Skalp-Massakern. Überlebende mußten 1865 die San Carlos-Reservation akzeptieren.

Min (SPR)
I. Min (=en).
II. ca. 50–60 Mio. Sprecher (1994) dieses chinesischen Dialekts in China (44 Mio.), Taiwan (16 Mio.) und Malaysia. Vgl. Chinesisch-Spr.

Mina (ETH)
II. Stamm der Ewe in Togo, 1989 ca. 200000.

Minahasa (ETH)
II. Volk auf der N-Halbinsel von Sulawesi/Celebes/Indonesien, > 2 Mio.; sprachlich zur südwestindonesischen Gorontalo-Gruppe zählend. Seit Kolonisierung und christlicher Missionierung im 19. Jh. von Kopfjägern zur Seßhaftigkeit entwickelt. Waren wie Ambonesen stark in die Kolonialverwaltung engagiert.

Minangkabau (ETH)
II. malayisches Volk von 2–3 Mio. in West- und Zentralsumatra mit matrilinearer Gesellschaftsstruktur (Grundbesitz und Erbrecht liegen bei den Großmüttern), Matrilokalität. Seit 15. Jh. strenggläubige Muslime. Auch Polygyne (s.d.). Typisch die Jagd der Männer mit Hunden. Vgl. Malaien.

Minankabau (SPR)
I. Minankabau (=en).
II. ca. 6–8 Mio. Sprecher (1994) dieser austronesischen Spr. in Indonesien, die in Lateinschrift geschrieben wird.

Minderhandwerker (WISS)
II. unscharfer Begriff, heute im weitesten Sinn für Berufstätige, die geringgeschätzte Arbeiten verrichten (Müllsammler, Abdecker); Terminus hat sich aus Altbegriff für Berufsleute in »unehrlichen Gewerben« entwickelt, der seit MA bis ins 19. Jh. gebraucht wurde. Gemeint waren Berufe, die nicht in die bürgerliche Ordnung eingefügt waren, deren Träger außerhalb geschlossener Dorfsiedlungen wohnten (Müller, Schmiede, Schäfer) oder sogar Vagante waren, auch für mißliebige, gefürchtete Berufe (Henker, Zöllner, Stadtknechte). Ihnen waren Zunftzugehörigkeit, Gerichtsfähigkeit und »ehrliches« Begräbnis verwehrt. Vgl. Anrüchige Personen; Burakumin, Eta.

Minderheiten (WISS)
I. Minoritäten; minorities (=en); minorités (=fr); minoranze (=it); minorías (=sp, pt).
II. Bev. in Minderzahl, absolut wie relativ. Personale oder regionale Gruppen, welche sich von der Mehrheit des betreffenden Bev.verbandes durch bestimmte, sie individualisierende Merkmale sprachl.-kultureller, ethnischer, politischer, religiös-konfessioneller, wirtschaftl.-sozialer Art unterscheiden, deshalb von der Mehrheit oft in negativer Weise bewertet, sozial benachteiligt werden. M. entwickeln oft ein eigenes Gemeinschaftsgefühl mit dem Ziel, ihre besonderen Merkmale zu bewahren. Minderheiten suchen entweder ihre Identität entgegen aller Bedrängungen zu erhalten oder streben nach Integration in die Gesamtges., die aber verwehrt werden kann. Heute werden M. im Hinblick auf ihre Eigenart und Rechtsstellung fast überall durch Schutzgesetze bewahrt; gleichwohl geraten sie immer aufs Neue in Gegnerschaft zum Herrschaftsvolk oder zu benachbarten Minderheiten. M. können Restbev. geschichtlich (größerer) unabhängiger Bev.verbände sein oder aber Teilbev. aktuell größerer selbständiger Einheiten. Sie entstehen durch neue Grenzziehungen (Südtirol), durch freiwillige oder erzwungene Migration (Juden, Krimtataren) oder durch Separation (Sekten, z.B. Mormonen). M. können trotz ihrer Minderzahl doch staatstragende Funktionen einnehmen (Buren, Alawiten). Oft sind sie kulturell und wirtschaftlich bes. aktiv und erfolgreich (Sepharden, Deutsch-Balten, Hugenotten). M. prägen ihren Wohngebieten ihre besondere Eigenart auf. Schon aus Gründen der Tradition und höchst ungleicher Schulausbildung weicht »die Sozialpyramide von M. häufig von der des gesamten Staates ab« (K. HOTTES); den M. bleiben entweder Funktionen verwehrt (Verwaltung, Militär) oder sie sind gerade auf bestimmte Berufe konzentriert (Händler, z.B. Mozabiten).

Minderjährige (WISS)
I. Altbez. Minorenne; mineures (=fr).
II. zumeist rechtlich gebrauchter Begriff für Kinder und Jugendliche vor Eintritt in die Volljährigkeit/Majorennität, vor Erlangen der Ehemündigkeit, der vollen Geschäftsfähigkeit und Deliktfähigkeit (mit Übergangsbestimmungen für Jugendliche/Heranwachsende) gemäß Regelung durch nationales Recht. Vgl. Jugendliche; Volljährige.

Mineiros (ETH)
I. (=pt); aus Mina, Mine (kelt, lat, it, fr, en) »Grubenwerk«, »Bergleute«; mines (=it, fr); minas (=sp, pt).
II. Bew. von Minas Gerais, Brasiliens zweitgrößtem Teilstaat; 1990 rd. 15,8 Mio.

Mingong (SOZ)
I. (ci=) »Arbeiter aus dem Volk«.
II. Bez. in China für das Heer der seit Öffnung des Arbeitsmarktes 1992 aus den armen Provinzen abgewanderten Jungmannschaft, die sich in Städten und im reichen Süden Chinas auf dem schwarzen Arbeitsmarkt verdingt, im Gegensatz zu den staatlichen geregelten Arbeitskräften der Staatsbetriebe. Vgl. Liudong renkou.

Mingrelier (ETH)
I. Mingreli; Eigenbez. Margali; Megrely (=rs).

II. an Georgier assimilierte Reste eines bis 1930 noch eigenständigen Volkes im n. Georgien und in der Türkei. M. benützen eine dem Georgischen verwandte Spr. als lingua franca, sie sind orthodoxe Christen.

Minimalbevölkerung (WISS)
I. »Bevölkerungsminimum«; population minimale (=fr); minimum population (=en); minimum di popolazione (=it).
II. mißverständlicher abstrakter demographischer Begriff: diejenige Bev.zahl bezeichnend, die (nach W. WINKLER) »eben noch genügen würde, um eine Population »vor dem Aussterben zu bewahren, also ihr Überleben zu gewährleisten«. Vgl. Gegensatz Maximalbev.

Ministerialen (WISS)
I. aus ministeriales (lat=) »kaiserliche Beamte«.
II. unfreie Dienstmannen oder Dienstleute eines Herrschers. Ähnlich wie bei Leibeigenen (s.d.) besaß der Dienstherr freie Verfügungsgewalt in Hinsicht auf Eheschließung, Güterheimfall und -veräußerung. Höhere M. erhielten Dienstgüter, die später in ritterschaftliche Lehen umgewandelt wurden. Vgl. Adelige, Rittergutsbesitzer.

Minnan-hua-Spr. (SPR)
II. Fukien-(Amoy-)Dialekt des Chinesischen, die Umgangsspr. auf Taiwan.

Minoristen (REL)
II. im kath. Christentum Geistliche der niederen Weihegrade; es sind dies die Ostiarier (Türhüter), Lektoren (Vorleser), Exorzisten (Teufelsbeschwörer), Akoluthen (Altardiener); sie können in den Laienstand zurückkehren.

Minoritäten (WISS)
I. aus minor (lat=) »kleiner, geringer«; Sg. Minderzahl, Pl. Minderheiten; minorités (=fr); minorities (=en); minorias (=sp, pt). Vgl. Minderheiten.

Minoriten (REL)
I. fratres minores (lat=) »mindere Brüder«; (nach ihrer Tracht) Schwarze Franziskaner.
II. ältester Ordenszweig der Franziskaner, der das Gemeinschaftsleben betont.

Minusinsker Tataren (ETH)
I. Minussinsker Tataren.
II. Altbez. für Tatarengruppe im Raum Krasnojarsk/Rußland. Vgl. Tataren.

Minyong (ETH)
II. Untergruppe der Adi in Indien.

Mir (WISS)
I. (rs=) »Welt«, »Gemeinde«.
II. die bäuerliche Dorfgemeinschaft als Allgemeinheit ihrer Mitglieder (oder zumindest die Gesamtheit der bäuerlichen Haushaltsvorstände) und als Körperschaft, als steuerliche Haftungsgemeinschaft in Rußland seit 16. Jh. bis 1917 (s. Obschtschina). Vgl. Feldgenossen, Zadruga.

Mirandesisch (SPR)
II. romanischer Dialekt im Grenzgebiet Spanien-Portugal am Duero. Steht zwischen Portugiesisch und Spanisch.

Mirditen (ETH)
II. wichtigster Stamm der Gegen im N Albaniens.

Mirolojistres (SOZ)
I. (=gr); Klageweiber, die im ö. Mittelmeerraum und Orient berufsmäßig oder als Gemeindemitglied mit Schreien, Singen, Beten die Totenklage führen.

Mischären (ETH)
II. Mischpopulation aus Baschkiren mit anderen Turkvölkern in der Russischen Rep. Baschkortostan, ca. 350 000.

Mischehen (WISS)
I. Ungleichehen, Ungleichartigenehen, gemischte Ehen, Mix-Ehen.
II. 1.) ugs. Bez. für Ehegemeinschaften zwischen Partnern verschiedener Rasse, verschiedenen, auch christlichen Glaubens, verschiedener Volkszugehörigkeit, Sprache, Nationalität; oder anders ausgedrückt: religions-, konfessions-, sprachverschiedene Ehen/Ehepartner bzw. gemischt-konfessionelle, gemischt-nationale Ehen. 2.) Terminus bleibt mitunter allein auf rassische M. beschränkt; bei schwarz-weißen Ehepartnern abschätzig Domino-Ehen/Dominos. M. sind in vielen (Glaubens-, Staats-)Gemeinschaften verpönt, diskriminiert, sogar verboten. Vgl. Binationale Ehen.

Mischlinge (BIO)
I. Gemischtrassige, Bastarde; sangmélés, saccatras (=fr).
II. Personen, deren Eltern oder fernere Vorfahren verschiedenen anthropologischen Einheiten (Rassen, Sonderkreisen) angehören. M. werden zumeist weniger wissenschaftlich als nach phänotypischen Merkmalen beschrieben und benannt. Ihre soziale Stellung und Einordnung erfolgt von Land zu Land unterschiedlich. Vgl. u.a. Mulatten, Mestizen, Zambos.

Mischpoke (SOZ)
I. Mischpoche (=jd); aus mischpachah (he=) »Familie«; »Sippschaft«.
II. ugs. abwertend für Verwandtschaft, Gesellschaft, Bande.

Miserongo (ETH)
I. Misorongo. Vgl. Vili-Kongo.

Miskin (SOZ)
I. (=ar); aus aran. meskin; assyr. muschkenu; mesquins (=fr); meschinos (=it).
II. Bez. für die vollständig Mittellosen.

Miskito (ETH)
I. Misquito, Moskito, Mosquito.
II. Indianerpopulation mit starken negriden Einschlägen (durch Aufnahme entflohener Negersklaven) an der M.-Küste Nicaraguas; i.e.S. ca. 30 000. Seit 18. Jh. und wiederum im 19. Jh. mit Briten gegen Spanier und Binnenlandindianer protektoratsartig verbunden, ihre de facto-Unabhängigkeit endete ausgangs des 19. Jh. Bewahrten sich Ablehnung der spanisch-katholischen Welt. Sprechen neben ihrer der Chibcha-Spr. verwandten Eigenspr. Miskitu meist Englisch. Als Spr.gem. zählen die Miskitu in Nicaragua und Honduras insgesamt über 150 000 Individuen. Es herrscht protestantische Konfession vor. Vgl. Zambos mosquitos (=sp).

Misseriya (ETH)
I. (=ar); Missirié (=fr).
II. arabischer Stamm von Großviehnomaden (bes. Zebus), 1970 ca. 60 000, im Morteha-Sahel zwischen Tschad-Becken und Bahr el-Ghazal.

Missingsch (SPR)
II. eine Hamburger Stadtmundart.

Missionare (REL)
I. aus (lat=) »Sendlinge«.
II. geistliche Mitarbeiter (Priester, Prediger) in der Missionsaufgabe, Heiden oder Andersgläubige zu ihrer Lehre (Religion oder Konfession) zu bekehren; verbreitet bes. im Buddhismus, Christentum, Islam, Manichäismus, aber auch bei Sekten.

Missionare vom heiligen Geist (REL)
I. CSSp.
II. ein 1703 in Paris gegründeter kath. Orden für die Afrika-Mission; 1985 ca. 3800 Mitglieder.

Missionare vom kostbaren Blut (REL)
I. CPPS.
II. 1815 in Spoleto/Italien gegründeter kath. Orden für innere und äußere Mission; heute ca. 700 Mitglieder.

Missionsgesellschaften (REL)
II. kirchliche Körperschaften zur Unterstützung der Äußeren Mission. Sie sind in der Katholischen Kirche zentral in der Propagandakongregation organisiert mit über 100 Männer- und über 450 Frauengenossenschaften; in der evang. Kirche durch freie selbständige Gemeinschaften/Vereine vertreten, die im Internationalen Missionsrat zusammengeschlossen sind. Bekannte evang. M. in Mitteleuropa sind Basler M., Herrnhuter M., Goßnersche M., Neuendettelsauer M., Londoner M.

Missions-Indianer (SOZ)
I. indios reducidos (=sp).
II. Bez. für Indianer, die in Reducciones zusammengeführt leben. I.e.S. 1769–1823 für Indianer in 21 Franziskaner-Stationen in Kalifornien. Sie erlernten dort den Ackerbau, dessen Erträge jedoch den Patres abzugeben waren. Vgl. Guarani in Gemeinschaftsdörfern der Jesuiten in Paraguay 1610–1767.

Missouri-Indianer (ETH)
II. Bez. für Iowas und Otoes, die bis 1850 am Missouri lebten, dann nach Nebraska wanderten, von wo sie in eine Reservation nach Oklahoma deportiert wurden.

Mister Charlie (SOZ)
II. (=en); von Schwarzen in USA benützter beleidigender Slangausdruck für Weiße.

Misumalpan (SPR)
II. ein Kunstwort zur Bez. der indianischen Spr.einheit der Miskito, Sumo, Matagalpa und Ulva; den Chibcha-Spr. verwandt, in Nicaragua und Honduras.

Mitanni (ETH)
II. indogermanisches Volk, das im 16. Jh.v.Chr. aus iranischem Bergland nach NW-Mesopotamien reichsgründend einwanderte, im 14. Jh.v.Chr. Hethitern und Assyrern unterlag, nur im churritischen Urartu fortdauernd.

Mitbürger (SOZ)
I. Stadt- oder Staatsgenossen; Bürger derselben Stadt, desselben Staates. In Deutschland parteipolit. besetzter Terminus, oft einseitig auf langfristige Gastarbeiter bezogen. Vgl. Mitbewohner.

Mithelfende Familienangehörige (WISS)
II. amtl. Terminus in Deutschland für mitarbeitende Familienangehörige im Betrieb, der von einem Familienmitglied geleitet wird. Sie erhalten hierfür weder Lohn noch Gehalt, für sie wird kein Sozialversicherungs-Pflichtbeitrag gezahlt.

Mitkämpfer (SOZ)
I. Mitstreiter, Kampfgenossen.

Mitnagdim (REL)
I. Mitnaggedim (he=) »Zweifler«, »Gegner«.
II. im Judentum die Widersacher der frühen chassidischen Bewegung. Heute polit.-religiöse Strömung in Israel; streng gesetzestreue Anh. verweigern Militärdienst, Ausbildung nur in Talmud-Schulen.

Mitsogho (ETH)
II. ethnisch negride Einheit in Gabun mit einer Bantu-Spr.

Mittelamerikaner (ETH)
II. Begriff wird uneinheitlich benutzt: 1.) i.e.S. für die Zentralamerikaner als Sammelbez. für die Bewohner der mittelamerikanischen Landbrücke, (en=) Central America, (fr=) Amerique centrale; d.h. von Mexiko, Belize, Costa Rica, El Salvador, Guatemala, Honduras, Nicaragua und Panama. Es handelt sich nur mehr um Reste der indianischen Urbev. vornehmlich im südlichen Mexiko, in Guatemala und Honduras, größeren Teils um Mestizen

oder aber um Neger und Zambos (Sklavennachfahren) an atlantischer Küste; in allen Ländern weiße Minderheiten, eine Mehrheit nur in Costa Rica. 2.) i.w.S. unter Einschluß auch der Westinder, der Bewohner des karibischen Inselbogens im E des Mittelamerikanischen Mittelmeeres. Es handelt sich überwiegend um Nachkommen afrikanischer Sklaven, Reste der Kariben, auch um Weiße, Spanier (vor allem auf Kuba und Puerto Rico), ferner in allen ehemaligen britischen Kolonien um Asiaten (Chinesen und Inder). Gesamtbev. lt. UN-Statistik »Mittelamerikaner« 1950: 54,0; 1960: 69,0; 1970: 92,0; 1980: 118,0; 1990: 147,0 Mio.; BD 1990: 48 Ew./km². Vgl. Karibik-Bewohner.

Mittelamerikanische Indianer (ETH)
Vgl. Zentralamerikanische und Mesoamerikanische Indianer.

Mittelbairisch (SPR)
II. bairischer Dialekt, verbreitet heute in Niederbayern, österreichischem Donautal, bis 1945 auch in Südmähren, Böhmerwald und div. Sprachinseln.

Mittel-Bantu (ETH)
II. ethnologische Sammelbez. für kulturell und linguistisch verwandte Gruppen im zentralen Bantu-Gebiet.

Mitteleuropäer (ETH)
I. Zentraleuropäer.
II. wiss. und umgangssprachliche Bezeichnung für die Regionalbev. Innereuropas, welches in charakteristischer Weise ebenso physiogeographisch (morphologisch und klimatisch) wie kulturell (weniger politisch denn wirtschaftlich und verkehrsmäßig) zwischen Nord- und Süd-, West- und Ost-Europa vermittelt. Historisch in etwa dem Heiligen Römischen Reich Deutscher Nation entsprechend, doch gemäß diesem Zusatz »Nationis Germaniae« hpts. den deutschbesiedelten Raum bezeichnend. Eine verbindliche Zuordnung fehlt. Herkömmlich versteht sich Mitteleuropa im Westen unter Einschluß flämisch-niederländischer, letzeburgischer, elsässisch-welschschweizer Spr.gebiete, ungefähr der Teilungsgrenze von 880 zwischen West- und Ostfränkischem Reich entsprechend. Im Osten ist Mitteleuropa tiefer verzahnt mit westslawischen, d.h. polnischen, tschechisch-slowakischen Ethnien. Somit umfaßt Mitteleuropa territorial neben Deutschland auch Dänemark, die Niederlande, Luxemburg, Elsaß, Schweiz und Österreich (mit Südtirol) und andererseits Tschechien, Slowakei, Polen und die Baltenländer. Die internationale Statistik vermeidet oft den Terminus Mitteleuropa (vielleicht weil er politisch belastet war), die UN hat lange Mitteleuropa am Eisernen Vorhang der Ostblockländer gar auf West- und Osteuropa aufgeteilt. In Vorstehendem bleibt unberücksichtigt die Zuordnung von »Zwischeneuropa« (insbes. von Ungarn) und des restlichen »Ostmitteleuropa« (von altem Ostpolen mit Wolynien und Ostgalizien). Ew. angenähert: 1950: 138 Mio., 1990: 177 Mio.; BD 135 Ew/km² (1990).

Mittelständler (SOZ)
I. Angeh. des Mittelstands, nicht voll syn. mit Kleinbürgern. Begriff hergeleitet aus der vorindustriellen Ständegliederung für die Mittelschichten zw. Großgrundbesitz bzw. Großbürgertum und Proletariat.
II. M. standen im Zuge der einsetzenden Industrialisierung polit. zw. Kapitalisten und Sozialisten; herkömmlich Bauern, Handwerker, Kaufleute, Beamte, freie Berufe. In weiterer Entwicklung zählen auch Angestellte, Techniker, Facharbeiter zu den »neuen Mittelschichten«.

Mittlere Bevölkerung (WISS)
I. Mitteljahresbev., Mittjahresbev.; mean population, average population (=en); effectif moyen (=fr); popolazione media (=it); población media (=sp); população media (=pt).
II. durchschnittliche Bev.zahl für einen bestimmten Zeitraum (Monat, Quartal, Jahr), berechnet als arithmetisches Mittel aus Anfangs- und Endbestand oder aus dem Durchschnitt der mittleren monatlichen bzw. vierteljährlichen Bev.zahlen. Seit ca. 60er Jahren in vielen Ländern und UN-Publikationen der Stand am 30. Juni des jeweiligen Jahres.

Mixe (ETH)
II. kleines mesoamerikanisches Indianervolk, zur Spr.familie der Maya zählend; als Bauern wirtschaftend im schwer zugänglichen Gebirgsland von 1300–2500 m am Isthmus von Tehuàntepec/Mexiko, den Zoque und Popoluca verwandt. 1980 ca. 50000–100000.

Mixteken (ETH)
I. Amuzgo.
II. altes Indianervolk im n. und w. Oaxaca sowie Guerrero/Mexiko. Verfügten zusammen mit Zapoteken schon in vorkolumbischer Zeit über hochentwickelte Kultur, die von spanischen Eroberern zerstört wurde (Bilderhandschriften, Metallbearbeitung, Edelsteinschliff, Keramik). Heute 300000–500000, die noch ihre Eigenspr. Mixteco aus der Spr.familie der Otomangun sprechen, jedoch überwiegend neben Spanisch. Nominell katholische Christen, haben aber vorchristliche Geister und Naturgottheiten beibehalten. M. sind hpts. Ackerbauern. Alte Tracht noch typisch (Tunika; weiße Baumwollhosen und -hemden).

Mizo (ETH)
I. Luschai, Lushai.
II. neue Sammelbez. für Stämme im nachträglich geschaffenen Gliedstaat Mizoram im S-Teil von Assam, ca. 250000–300000 mit tibeto-birmanischer Eigenspr.. Vermutlich im 17. Jh. vom oberen Irawady und Tschindwin her in das heutige Wohngebiet eingewandert.

Mizoram (TERR)
B. Bundesstaat Indiens.
Ew. 1981: 0,494; 1991: 0,690, BD: 33 Ew./km²

Mnong (ETH)
II. einer der Montagnard-Stämme in SE-Kambodscha und in Vietnam. M. von Ban Dong sind bekannt für ihr Geschick im Einfangen und Abrichten von Elefanten; Elfenbeingehänge (G. CONDOMINAS).

Mo (ETH)
Vgl. Grusi in Ghana.

Mobilheim-Wanderer (SOZ)
I. mobile home migrants (=en).
II. Dauerwanderer (bes. in N-Amerika und Europa) mit oft sehr konfortablen Caravan-, Trailer-, Mobile Home-Wohnwagen, mit denen sie ihren wechselnden Arbeitsstellen folgen oder im Jahreszeitenwechsel in großer Unabhängigkeit von einem Wohnplatz zum nächsten ziehen. Bereits 1972 lebten 6–7 Mio. Nordamerikaner auf diese Weise.

Mobys (SOZ)
I. (=en); Mother Older Baby Younger.
II. relativ ältere Mütter von Babies. Vgl. Dobys (=en).

Moche (ETH)
II. altamerikanische Ethnie und Kultur im Andengebirge Perus, etwa 2.–7. Jh.n.Chr., reicher Goldschmuck.

Mochewi (ETH)
I. Mochevcy (=rs).
II. eines der kartvelischen Völker. Vgl. Georgier.

Mocovi (ETH)
II. Indianereinheit in N-Argentinien; zur Spr.gruppe der Guaicuru zählend. Sind schweifende Naturbeuter, besitzen aber seit spanischer Zeit Tiere.

Modejaren (REL)
I. mudéjares (=sp), Moriscos, Morisken.

Modi-Schrift (SCHR)
II. eine Variante der Devanagari-Schrift im Gebiet von Bombay, in der die Marathi-Spr. geschrieben wird.

Modocs (ETH)
I. Maotokni »die Südlichen«.
II. Indianervolk, den Klamath eng verwandt, einst als Sammler, Jäger, Fischer zwischen Kalifornien und Oregon lebend. Waren Sklavenjäger und -händler, wohnten in Erdschachthäusern. M. leisteten Weißen hartnäckigen Widerstand: Überlebende blieben bis 1961 in der Klamath-Reservation. Vgl. Klamath Mountains.

Moffen (SOZ)
I. Sg. Mof; (ni=) »grobe, unbehauene Kerle«. Seit 16. Jh. im gesellschaftlichen Umgang disqualifizierend für Bauern oder Seeleute; seit 19. Jh. im Sinn militaristisch, bürokratisch, gewalttätig polit. verallgemeinernd auf Deutsche bezogen.
II. niederländische Schimpfbez. für Deutsche. Vgl. Moffenmeiden: Frauen, die im II.WK Umgang mit deutschen Soldaten hatten und nach 1945 Strafaktionen ausgesetzt waren.

Mogolisch (SPR)
II. Chalka-Dialekt der Hazara in Afghanistan.

Mogollons (ETH)
I. Mogayones.
II. Stamm des Indianervolks der Apachen, die in den Wüsten Arizonas wohnten.

Mohammedaner (REL)
I. Muhammadist; Mahometans (=en).
II. wegen sachlicher Unkorrektheit abzulehnende Bezeichnung für Muslime.

Mohave (ETH)
I. »drei Berge«.
II. großer indianischer Volksstamm der Yuma-Spr.gruppe am Colorado River/Arizona; seßhafte primitive Ackerbauern; Volltätowierung, Schilfgrasflöße; seit 1859 in einer Reservation lebend.

Mohawk(s) (ETH)
I. »Sie-essen-lebendes-Fleisch«.
II. ein dem Irokesenbund zugehöriges Indianervolk im NE Nordamerikas, das frühzeitig mit Europäern Handel trieb. Nach jüngsten Erkenntnissen hat ihre Zahl um 1500 wenig mehr als 1200 Personen betragen. Hauptverbreitung im BSt. New York, seit 18. Jh. auch in Kanada (Prov. Quebec); dort 1990 Unruhen wegen Landbesitz im Kanesatake-Reservat. Geogr. Name: Mohawk-Fluß und -See.

Mohegan (ETH)
I. Mahican (=en).
II. kleiner untergegangener Indianerstamm der Abnaki-Föderation in Connecticut/USA.

Mohikaner (ETH)
I. Mahicans, River Indians (en=) »Flußindianer«; loups (fr=) »Wolfsvolk«.
II. indianischer Volksstamm, Teilgruppe der Pequot, aus der Spr.gruppe der Algonkin (»der Zertrümmerer«), am oberen Hudson River. Frühe Kontakte mit Europäern im 16. Jh., Biber-Fallensteller. Nach schwerer Schwächung durch Seuchen im 17./18. Jh. mehrfach vertrieben bzw. umgesiedelt. Heute in Reservation in Wisconsin, kaum mehr 1000 Köpfe.

Mohocks (SOZ)
I. aus Mohawks, s.d.
II. Bez. der Altsiedler Neuenglands für agressive Stadtstreicherbanden. Vgl. Rowdys, Gangster.

Mohren (BIO)
I. Mauren; Moors (=en).

II. ursprüngl. Bez. für Berber und Araber Nordwestafrikas und (nach 8. Jh.) in Spanien. Da die Haut dieser Populationen unter Sonneneinwirkung ziemlich dunkel bräunt, wurde mit dem Begriff M. zunehmend die Dunkelhäutigkeit assoziiert, der Terminus schließlich auch auf Negride ausgedehnt. Mauren sind in heutiger Sicht Mischlinge von Berbern und westafrikanischen Negriden, bei dominierendem Berberanteil (*v. Eickstedt*). Vgl. Mauren, Mauri, Moriscos, Moors, Moros.

Mohuaches (ETH)
II. Unterstamm der Utes-Indianer.

Moi (ETH)
I. (vi=) »Wilde«; Kha in Laos, Phong in Kambodscha.
II. pejorativer Ausdruck der Vietnamesen für die Montagnards. Vgl. Mon-Khmer.

Moiety (WISS)
II. Sozialeinheit einliniger Abstammung, die als Stammes- oder Dorfhälfte bei meist kultischer Zweiteilung der Gruppe in Erscheinung tritt.

Mojo (ETH)
II. Indianerethnie mit einer Aruak-Spr. im südamerikanischen Tiefland.

Mokanen (ETH)
II. kleine walachische Hirtenbev. in rumänischen Südkarpaten, wie benachbarte Jinaren Daco-Rumänen. Vgl. Walachen, Aromunen.

Moken (ETH)
II. Eigenbez. einer Gruppe von »Seenomaden« im Mergui-Archipel vor Küste S-Myanmars mit austronesischer Eigenspr.; ca. 25000 als Fischer und Strandsammler lebend. Vgl. Chaonam (thaispr=) »Wasserleute«; Orang Laut (ml=) »See-Leute«.

Mokpe (ETH)
I. Kwiri.
II. schwarzafrikanische Ethnie in W-Kamerun.

Moldau (TERR)
A. Republik. Auch Moldawien genannt. Unabhängig seit 27. 8. 1991; vormals Moldauische SSR der UdSSR/Sowjetrepublik Moldawien (seit 1924), wenn auch Südbessarabien erst 1940 erworben wurde. Im Hochmittelalter Teil des Fürstentums Moldau. Bis 1812 türkisch, unter Namen Bessarabien 1812–1918 zum Russischen Reich gehörend. Republica Moldova. Moldavia (=en). Vgl. Transnistrien, Gagausien.
Ew. 1939: 2,5; 1959: 2,9; 1970: 3,572; 1979: 3,947; 1989: 4,338; 1996: 4,327, BD: 128 Ew./km²; WR 1990–96: –0,1%; UZ 1996: 52%, AQ 3%

Moldauer (ETH)
I. Moldawier, Moldowaner; Moldovean (Eigenbez.); Moldavane (=rs); Moldavians (=en); Moldaves (=fr).
II. 1.) i.e.S. Rumänen, die wie Walachen Nachkommen der romanisierten Geto-Daker sind, sich später u.a. mit Slawen mischten, aber ihre romanische Spr. beibehielten, die sich isoliert von der übrigen Romania eigenständig entwickelt hat. Christianisiert durch südslawische Vermittlung, daher kirchenslawische Kultspr. und kyrillisches Alphabet. Überwiegend orthodoxe Christen. 2.) i.w.S. die Bewohner der Rep. Moldau (Moldawien), lt. VZ (1989): 4,3 Mio., bei einem Anteil der Moldawier von 64,5% in der damaligen Moldauischen SSR; auch in der Ukraine und Russischen Föderation. Zu Zeiten der sowjetischen Abhängigkeit russisch-spr. und kyrillisch-schriftig. Seit 1991 souverän. Von rumänischer Seite wird eine moldauische nationale Identität bestritten. Vgl. Moldawier, Transnistrier und Walachen.

Moldauer (NAT)
II. StA. der Rep. Moldau (Moldawien) seit 1991. Staatsbev. umgreift rd. 65% rumänische M., 14% Ukrainer, 13% Russen, 4% Gagausen, 2% Bulgaren. Vgl. auch Transnistrier.

Moldauisch (SPR)
I. moldawinisch, moldoweneschte; moldawski (=rs).
II. ein in Sowjetunion amtl. als eigenständige Spr. gewertetes Idiom des Rumänischen in kyrillischer Schrift, die aber in Moldau (ohne Transnistrien) seit Auflösung der UdSSR wieder durch Lateinschrift ersetzt worden ist. Unter dieser alten Nomenklatur, die auch nach Unabhängigkeit 1991 zur Benennung der offiziellen Staatsspr. beibehalten wurde: 2,8 Mio. (1991) potentielle Sprecher.

Moliser Kroaten (ETH)
II. Angehörige einer kroatischen Spr.insel in Molise (Gemeinden Montemitro, Acquaviva Collecroce, San Felice del Molise) im Apennin/Italien, ca. 5000 Individuen. Sie sind im 15./16. Jh. vor Türkeneinfällen hierher geflüchtet; genießen lt. Vertrag 1996 Sonderrechte: sind zweispr., haben eigene Zeitung.

Molokanen (REL)
I. Molokany (rs=) »Milchtrinker«; pejorativ »Verdauungsphilophen«.
II. Untergruppe der Raskolniki, mit den Duchoborzen verwandt; vertreten einen mystischen Spiritualismus.

Mon (ETH)
II. Volk in Hinterindien, einst weiter verbreitet, heute noch in Myanmar (2,4% oder 1,1 Mio.) vor allem im Bereich Marzaban-Golf und Thailand (300000–400000); schon stark in Nachbarvölkern aufgegangen, ihre alte Spr. Paguanisch fast aufgegeben. Ein großer Teil der heutigen Thais hat Mon-Abstammung. Mon waren Vermittler des Hinayana-Buddhismus und ihrer Schrift an Thai und Burmanen.

Monaco (TERR)
A. Fürstentum. Principauté de Monaco (=fr); Principato di Monaco (=it). The Principality of Monaco, Monaco (=en); el Principado de Mónaco, Mónaco (=sp).
Ew. 1948: 0,021; 1960: 0,021; 1970: 0,023; 1978: 0,026; 1996: 0,032, BD: 16410 Ew./km²; WR 1985–94: 1,3%; UZ 1996: 100%; AQ: 0%

Monarchianer (REL)
II. Sammelbez. für Anh. div. theologisch-philosophischer Strömungen im frühen Christentum; u.a. Modalisten, Adoptionisten, Antitrinitarier.

Mönche (REL)
I. aus monachos (agr=) »einsam«; Religiose, Ajioriten; Monks (=en).
II. Mitglieder eines religiösen Ordens, die sich unter Absonderung vom weltlichen Leben allein oder in Gemeinschaft Gleichgesinnter dem Dienst am Heiligen und der Meditation widmen. Sie sind durch Regel und Verpflichtung/Gelübde zu Enthaltsamkeit, Gehorsam, Besitzlosigkeit verpflichtet. Nach Art des mönchischen Lebens sind zu unterscheiden: Wandermönche, Eremiten, Skitioten, Koinobiten/Klostermönche. Mönchstum ist in fast allen Rel. bekannt, sein Ursprung lag im Buddhismus und dann im Lamaismus (bis zur chinesischen Okkupation in Tibet war jeder 5. bis 8. Mann ein Mönch); auch im Jinismus, Taoismus, selbst im Hinduismus, später auch im Christentum (1966: 332000 Mönche und 886000 Nonnen) und Islam.

Mönchsorden (REL)
II. Sammelbez. in der kath. Kirche u.a. für Benediktiner, Kamaldulenser, Zisterzienser, Trappisten, Karthäuser.

Mondari (ETH)
II. ostnilotischer Stamm im S-Sudan.

Monegassen (NAT)
I. Monegasques (=en); monegasques (=fr); monegascos (=sp).
II. StA. des Fürstentums von Monaco, 32000 Ew. (1996), die nur 15% der Gesamteinwohnerschaft stellen. Größte Ausländerkontingente haben Franzosen 47%, Italiener 17%. Französisch ist Amtsspr.

Mong (ETH)
I. Hmong, Meo.
II. ethnische Einheit in Vietnam, 1985 rd. 411000 Köpfe. Vgl. Miao.

Mongo (ETH)
I. Bamongo, Balolo, Saka, Sakha.
II. Stamm der Bantu-Neger im n. Kongogebiet. In der DR Kongo ca. 5,9 Mio oder 13% der Gesamtbev. (1996).

Mongo (SPR)
I. Mongo-Nkundo.
II. kleine Bantu-Sprgem. im NW der DR Kongo.

Mongo-Kundu (ETH)
I. Linga.
II. Sammelbez. für eine Stammesgruppe der Bantu-Neger im n. Kongogebiet. Ihre wichtigsten ethnischen Einheiten sind die Mongo, die Ekonda (Baseka), Kundu (Nkundo, Bakundu), Kela (Bakela), Bosaka (Saka), Mbole (Bole), Kutshu (Akutshu), Ngandu (Bagandu), Songomeno (Basonge-Meno) und Tetela (Batetela).

Mongolei (TERR)
A. Altbez. Äußere Mongolei; seit 1921 von China unabh.; Mongolische Volksrepublik 1924–1992.
Bügd Nairamdach Mongol Ard Uls; Bügd Nayramdakh Mongol Ard Uls; Mongol Ulus. Mongolian Republic, Mongolia (=en); la Mongolie (=fr); Mongolia (=sp). Vgl. Innere Mongolei/China.
Ew. 1918: 0,648; 1925: 0,652; 1938: 0,748; 1944: 0,759; 1947: 0,760; 1950: 0,766; 1960: 0,953; 1970: 1,248; 1978: 1,576; 1989: 2,043; 1996: 2,516, BD: 1,6 Ew./km²; WR 1990–96: 2,1%; UZ 1996: 61%, AQ: 20%

Mongolen (ETH)
I. Meng, Menggu (=ci); nach chinesischer Überlieferung in Selbstbez. »die Tapferen«; Mogol (=pe); Mongolians (=en); Mongols (=fr); mongoles (=sp, pt); mongoli (=it).
II. Völker der nach ihnen benannten mongolischen Spr.gruppe in W-, Zentral- und Ostasien; möglicherweise aus kultureller Beeinflussung von Tungusen-Gruppen durch Turkvölker im 4.–10. Jh. und nach mehrmaligem Zusammenschluß von Stämmen entstanden. Als Kitai, Qytai oder Kitan im 10.–12. Jh. in die Geschichte eintretend, bildeten dank großer Beweglichkeit als hochentwickelte Hirtennomaden und Reiterkrieger (Transportkarren, Filz-Jurten) 1211–1128 unter Dschingis-Khan ein Weltreich von der Bedeutung eines Kulturerdteils aus.
Graduell unterschiedlich gehören die M. zum mongoliden Rassenkreis. Es besteht aber keine Identität des Terminus Mongolide mit dem ethnischen und linguistischen Begriff Mongolen. Entsprechend unterschiedlicher Idiome erfolgt räumliche Gliederung in Ost-M. oder Chalcha, West-M. oder Kalmüken, Nord-M. oder Burjäten. Ihre ursprüngliche Volksreligion mischte Ahnen- und Heroenkult, Schamanentum, manichäische und nestorianische Elemente. Im 13. Jh. erfolgte Übernahme des Buddhismus, dessen lamaistischem Zweig sie trotz Religionsverfolgung (mit Schließung fast aller Klöster in den dreißiger Jahren durch die Sowjetunion in den zentralasiatischen Stammlanden) heute noch zugehören. Die Mongolen i.e.S. sind seit 1912 auch staatsrechtlich ein geteiltes Volk: Innere M., ein autonomes Gebiet in China, ist stark chinesisch überwandert; Äußere M. seit 1921 VR ist durch SUN beeinflußt. Durch laufende Verschmelzung mit einst unterworfenen Völkern sowie durch mehrfache Sini-

sierungs- und jüngere Russifizierungsprozesse (Verlust der Eigenschrift durch Zwangseinführung der russischen Kyrillika 1950) verloren sie viel an Eigenständigkeit. Nach Auflösung der UdSSR und nach Ausrufung der Souveränität 1991 wird die Mongolei zur mongolischen Schrift zurückkehren. Die Gesamtzahl der M. dürfte mit rd. 25 Mio. anzusetzen sein, davon 2,5 Mio. in der (Äußeren) M., 21,5 Mio. in der Inneren M. (Autonome Region in China). Durch Flucht vor der Kollektivierung hat sich das Gewicht der Verbreitung aus der Äußeren in die Innere Mongolei verlagert. Vgl. Moghuls, die durch den Çagaty-Türken Babur aus Fargana 1526 begründete Dynastie muslimischer Herrscher in Indien. Vgl. Burjäten, Tuwiner, Kalmüken.

Mongolen (NAT)
II. 1.) StA. der Mongolischen VR/Äußere Mongolei; es sind mehrheitlich Chalcha-M. (79%), West-M. (7%), Kasachen (7%), Burjaten u.a. Amtsspr.: Khalkha-/Chalcha-Mongolisch. 2.) Bew. des Autonomen Gebietes Nei Monggol/Innere Mongolei in China. Tatsächlich sind nur rd. 20% der 22 Mio. Ew. ethnische Mongolen, Rest sind Han-Chinesen.

Mongolide (BIO)
I. »Gelbe«; Mongolids (=en).
II. einer der drei Großrassenkreise der Erdbevölkerung. M. haben zahlenmäßig größten Anteil an der Erdbev. und besitzen weitesten Verbreitungsspielraum. Sie bewohnen alle Klimazonen von den Tundren Nordasiens bis zu den Wüsten Zentralasiens und den Regenwäldern im Malaiischen Archipel bzw. in Südamerika; in hypsometrischer Distanz vom Meeresspiegel bis zu den Hochgebirgen (Himalaya, Hochkordillere Südamerikas). Entwicklungskernraum der M. war Zentralasien. Von dort erfolgte die Ausbreitung über ganz Ostasien und (durch den indianiden Zweig) über ganz Amerika, ferner in stärkerer Durchmischung über SE-Asien. Im W breite Kontaktzone zu Turaniden, Lappiden, Osteuropiden. M. sind zu gliedern in »klassische« Mongolen: Tungide und Sinide; im N unter Einschmelzung von Altvölkerung: Sibiride; im S in Mischung mit anderen Rassengruppen: Palaemongolide. Morphologisch sehr uneinheitlich, als dominant: Kurzköpfigkeit, Rundgesichtigkeit bei eingesenkter Nasenwurzel, »Mongolenfalte« am inneren Augenwinkel und schräge Augenlidspalte. Hautpigmentierung von hellgelb im N bis zu dunkelgelbbraun im S und bei Indianiden, »Mongolenfleck«; Haar- und Irisfarbe stets dunkel.

Mongolisch (SPR)
I. Mongolian (=en).
II. zur großen Einheit der uralaltaischen Spr. gehörende agglutinierende Spr.gruppe in Zentral- und Ostasien, die bereits im 13. Jh. eine Literatur hervorgebracht hat. Staatsspr. in der Mongolei ist der Chalka-/Chalcha-Dialekt. Die mongolischen Spr. mit rd. 5 Mio. Sprechern (1994) werden nach jahrzehntelangem Gebrauch der Kyrillika heute (wieder) in mongolischer Eigenschrift geschrieben. Zu unterscheiden sind: das eigentliche klassische Chalcha-Mongolisch, das Burjat- oder Nordmongolische (am Baikalsee), das Oirat- oder Westmongolische (u.a. in Sinkiang) und das Kalmükische. Vgl. Chalcha.

Mongolische Schriftnutzergemeinschaft (SCHR)
II. entstand im 12.–14. Jh. aus der unter Dschingis-Khan übernommenen uighurischen Schrift, die eine Reihe von Umformungen erfuhr; ist senkrechtläufig, oben rechts beginnend. Blieb als Eigenschrift der mongolischen Völker bis heute in Gebrauch. In Innerer Mongolei konnte M.-Schrift neben der Chinesischen Schrift überdauern, im russischen Machtbereich wurde sie hingegen offiziell durch angepaßte Kyrillika oder zwischenzeitlich Lateinschrift ersetzt, so bei Tuwinern nach 1980, bei den Kalmüken 1927, bei Burjäten 1929. M.-Schrift wurde 1949/50 Hoheitsschrift in der Äußeren Mongolei, dort wird sie aus politischen Gründen seit 1980 wieder gefördert und ist seit 1993 offiziell eingeführt.

Monguorisch (SPR)
II. Chalka-Dialekt der Monguor in der Provinz Kansu und am Kukunor/N-Tibet.

Monisten (REL)
I. religiöse Teilgruppe der hinduistischen Krishnaiten.

Monjombo (ETH)
I. Ndjembo.
II. schwarzafrikanische Ethnie in N-Kongo im Grenzgebiet zur DR Kongo.

Mon-Khmer (ETH)
II. Sammelbez. für einige hinterindische Völker, die eine sprachliche Einheit bilden, kulturell jedoch große Unterschiede aufweisen. Zu ihnen zählen die Mon, Khmer, Moi, die zum alten Grundsubstrat der Bev. Hinterindiens gehören, neben Kleingruppen wie Bhanar, Chema, Sedang, Stieng, Bersisi, Jakun u.a. Div. Restvölker und Stämme haben ihre Spr. zugunsten eines Mon-Khmer-Idioms aufgegeben (z.B. Semang, Senoi, Sakai).

Monogame Ehe (WISS)
I. Einehe.
II. eheliche Verbindung eines Mannes mit einer Frau. Einehe setzt sich nicht zuletzt aus wirtschaftlichen Erwägungen (Zwangsmonogamie) auch in Kulturräumen durch, in denen Polygamie üblich und erlaubt ist. M.E. sind die verbreitetste Form aller Ehepaare, zumal diese durch das relative Gleichgewicht zwischen den Geschlechtern begünstigt ist. Als absolute Monogamie wird jene seltene Eheform angesehen, die sowohl unter dem Verbot der Scheidung wie unter dem der Wiederverheiratung beim

Tod des Ehepartners steht. Demgegenüber hat R. KÖNIG die verbreitete Eheform der heutigen Industriegesellschaft als relative charakterisiert, sie erlaubt Scheidung und Wiederverheiratung. Vgl. Verwitwete, Verheiratete; Gegensatz Polygame Ehen.

Monophysiten (REL)
I. von (agr=) monos = »einzig« und physis = »Natur«: nicht zwei Naturen, sondern nur eine, die gottmenschliche Natur der Person Jesu.
II. Christen der im Schisma von Chalcedon 451 abgetrennten Kirchen. Vgl. Jakobitische Christen in Syrien und Vorderindien, armenische Christen/Gregorianer, koptische (ca. 8 Mio.) abessinische bzw. äthiopische Christen (ca. 17 Mio.).

Monotheisten (REL)
II. Rel.gemeinschaften, in denen nur eine einzige Gottheit (ohne Nebengötter) anerkannt wird, insbes. Judentum, Christentum und Islam.

Monotheleten (REL)
II. Anh. der Lehrmeinung des 7. Jh., daß in Christus zwar zwei Naturen, aber nur ein Wille anzunehmen sei. M. wurde erst auf dem 3. Konzil zu Konstantinopel 680/81 eindeutig verworfen. Vgl. Maroniten, Dyotheletismus.

Mönpa (ETH)
II. ethnische Einheit um Tawang in Arunachal Pradesch/Indien und in Tibet; Mahayana-Buddhisten.

Montagnais (ETH)
II. Indianerethnie der Algonkin-Spr.familie; heute seßhaft am St. John-See im kanadischen Québec; Anzahl 12 025 (VZ 1991). Lebten einst halbnomadisch in großen Familiengruppen.

Montagnards (ETH)
I. Moi (vi=) »Wilde«; Kha (la=) »Sklaven«; Phnong (kh=) »Bergbewohner«, auch nguoi thuong (vi=) »Gebirgsbürger«.
II. Sammelbez. aus der französischen Kolonialzeit für die Bewohner des Berglandes von S-Vietnam, E-Kambodscha und Laos; ca. 33 Völker in Vietnam mit 1 Mio., in Kambodscha und Laos mit je 0,2 Mio. Angehörigen ohne zentrale Stammesorganisationen. Ihre Spr.zugehörigkeit ist sehr differenziert, zu der Mon-Khmer-Spr. zählen u.a. Bahnar, Ma, Mnong, Sedang, Loven, Khmu; zu der indonesischen Spr. gehören bes. Jarai, Raglai, Rhade-/Ede. Durch Khmer, Tai und Vietnamesen in die Gebirge abgedrängt. Überwiegend Brandrodungsbauern, kultreligiös bedingte Tierhaltung. Vgl. Proto-Indochinesen.

Montenegriner (ETH)
I. nach Crna Gora = »Schwarze Berge«; Tschernogorzen; Montenegrins (=en); Monténégrins (=fr).
II. serbisch-orthodoxe Serbokroaten, in Jugoslawien 579 000 (1981). Unterscheiden sich durch besondere Geschichte von den übrigen Serben. Nachkommen der 1389 (Amselfeldschlacht) in die Gebirge geflüchteten Reste serbischer Stämme und Geschlechter, die dort kriegerische Hirtenstämme entwickelten. Am Ende des 17. Jh. unter Führung durch orthodoxe Geistlichkeit Ausbildung einer Stammesliga, aus der sich Fürstentum und Staat entwickelten; im 19./20. Jh. eigenständiges Fürsten- und Königtum. An der Territorialbev. ihres jugoslawischen Gliedstaates mit 584 300 (1981) hatten M. einen Anteil von 66,7%, Albaner von 6,3%, Serben von 3,2%; 13,0% haben sich als muslimische Nationalität erklärt. Nach der VZ 1991 insgesamt 615 000 Ew. Geogr. Name: Crna Gora = »Schwarzes Bergland«.

Montenegrinisch-orthodoxe Christen/Kirche (REL)
um völliger Serbisierung zu entgehen und um die Bestrebungen nach staatlicher Unabhängigkeit Montenegros zu unterstützen, haben orthodoxe Christen der bisherigen Metropolie Montenegro 1993 ihre Kirche für autokephal erklärt, was faktisch einer Loslösung von der serbisch-orthodoxen Kirche gleichkommt. Nach strittiger Auffassung handelt es sich um die Wiederherstellung dieser einst schon erlangten, doch 1920 abgeschafften Autokephalie. Zentrum Cetinje.

Montenegro (TERR)
B. 1878 unabh. aus türkischer Herrschaft; 1918 Anschluß als Gliedstaat an südslawisches Königreich, Teilstaat im nachmaligen Jugoslawien und (seit 1991) in BR Jugoslawien. Eigenname Crna Gora; Montenegro (=en, it, sp).
Ew. 1961: 0,472; 1971: 0,531; 1981: 0,584; 1991: 0,615, BD: 45 Ew./km^2

Montfortaner (REL)
I. SMM.
II. um 1705 in Rom gegr. kath. Orden für innere und äußere Mission; eine Priesterkongregation für Spätberufene; heute ca. 1400 Mitglieder.

Montserrat (TERR)
B. Eines der britischen Überseegebiete (Kronkolonie) in der Karibik. British Caribbean Dependency (=en). Montserrat (=en, fr, sp).
Ew. 1950: 0,014; 1960: 0,012; 1970: 0,011; 1986: 0,012, BD: 122 Ew./km^2; 1998: 0,003, BD: 28 (Evakuierung eines Großteils der Bev. nach Vulkanausbruch!)

Montserrat-Insulaner (ETH)
I. (sp=) »gesägter Berg«; Montserratians (=en).
II. Bew. der Insel Montserrat, einer seit 1783 britischen Kronkolonie sw. von Antigua/Karibik; 1632 von irischen und englischen Katholiken aus benachbarten St. Kitts besiedelt, später auch durch Immigranten aus Virginia, seit Einführung der Zuckerplantagen-Wirtschaft heute überwiegend durch negride Sklavennachfahren; rd. 12 000 Ew., jährliches Bev.wachstum 6‰. Nach Vulkanausbrüchen

1995 umfangreiche Evakuierungen etwa der Hälfte der Gesamtbev.; über ein Drittel hat Insel verlassen.

Moonies (REL)
I. Moon-Sekte, Munies.
II. Mitglieder der Moon-Sekte, Vereinigungskirche (s.d.).

Moors (BIO)
Vgl. 1.) Ceylon Moors, Sri Lanka- Moors, aber auch Indische Moors. 2.) Mohren, Mauren; moro(s) (=sp). 3.) Mauren; mauri (=it); Mauretanier. 4.) moriscos (=sp).

Moors (ETH)
I. Ceylon-Moors, Sri Lanka-Moors.
II. vielfach mit Singhalesen, Persern und Indern vermischte Nachkommen südarabischer Einwanderer in Sri Lanka, fälschlich für negride Sklavennachfahren auf Ceylon. Vgl. auch Mauren, Mohren.

Moran(s) (SOZ)
II. Altersklasse der jungen Krieger bei den Massai; wohnen getrennt, haben Heiratsverbot.

Mordvinen (ETH)
I. Mordwinen; Mok'sa/Erzja/Mok'serzja oder Ersja/Ersa, Mokscha (Eigenbez.); Mordva/Mordviny/Mordovcy (=rs); Mordvinians (=en); Mordvines (=fr).
II. finnougrisches Volk; zählt wie die Tscheremissen zu den Wolga-Finnen; heute in zwei Stämme, Ersa/Ersja und Mokscha gegliedert; weitere kleine Stämme wie Terjuchaner und Karatajen sind im Tataren- oder Russentum aufgegangen. M. haben keinen geschlossenen Siedlungsraum, wohnen beiderseits der mittleren Wolga n. von Saratow; historisch belegt seit 6. Jh., kamen nach energischem Widerstand erst Ende des 18. Jh. voll unter russische Herrschaft. Besitzen seit 1934 eigene ASSR, später Rep., in welcher sie 1995 (bei einer Gesamtbev. von 956000) nur einen Anteil von 32,5% haben; insgesamt (1979) 1,19 Mio. in UdSSR. M. wurden in blutiger Abwehr nach 1552 von Russen unterworfen, Ende 17. Jh. z.T. gewaltsam christianisiert. Sind Ackerbauern, treiben auch Fischfang und Imkerei. Aus dem Dialekt des Ersa wurde 1917 eine eigene Schriftspr. entwickelt.

Mordwinien (TERR)
B. Ab 1992/94 Autonome Republik Mordwinien in Rußland. 1930 als Autonomes Gebiet gegr., 1934 in ASSR umgewandelt, seit 1990 Autonome SSR. Mordovskaja ASSR (=rs); Mordovian Auton. Rep. (=en).
Ew. 1964: 1,009; 1974: 1,020; 1989: 0,964; 1996: 0,956, BD: 36 Ew./km²

Mordwinisch (SPR)
I. Mordvin (=en).
II. Sprecher dieser finnisch-wolgaischen Spr., in RUS (1991) rd. 420000, wovon rd. 320000 in der Russischen Republik Mordwinien. Vgl. Erzanisch und Mokschanisch.

Morenos (BIO)
II. (=sp, =pt); 1.) kubanische Bez. für Vollblutneger in Kuba; ihr Anteil an der Gesamtbev. beträgt 12%, 1986 rd. 1,2 Mio. 2.) Terminus der brasilianischen Statistik für »Dunkelhäutige«.

Mores (NAT)
(=fr) s. Mauretanier.

Mori-Laki (ETH)
II. Ethnie auf der SW-Halbinsel von Celebes/Sulawesi/Indonesien und Inseln Kabaena, Wowoni und Butung mit südwestindonesischer Eigenspr. aus der Bungku-Laki-Gruppe, ca. 300000. Sind überwiegend Muslime.

Moriori (ETH)
II. Altbev. auf Neuseeland; um 1200 n.Chr. von Neuseeland aus eingewanderte ostpolynesische Urbev. der Chatham-Insel. 1835–1936 haben angelandete Maori diese Moriori aufgerieben und sich mit den Überlebenden vermischt. Bald nach 1920 sind die reinblütigen M. ausgestorben. Die heutigen M. sind Mischlinge.

Moriscos (BIO)
I. Terceron, Terzerone; auch Quarteron de Mulato.
II. Mischlinge mit weißem und mulattischem Elternteil in Mexiko. Vgl. Mauren, Mudejaren, Mozaraber; Morisken.

Moriscos (REL)
I. aus moro (=sp); verächtlich gemeint »kleine Mauren«; mudejares (=sp); Mudejaren, Morisken.
II. Bez. für die unterlegenen Muslime in Spanien 14.–16. Jh.
II. die nach der Reconquista in Spanien zurückgebliebenen Mauren, die meist zwangsgetauft, (äußerlich) Christen geworden waren; sie bedienten sich überwiegend der Aljamiado- Mischspr. (in arabischer Schrift). In scharfer Verfolgung aller Kryptomuslime durch die Inquisition wurde ein Teil der M. über Kastilien verstreut zwangsumgesiedelt, 300000–500000 im Jahr 1609 ganz ausgetrieben. Vgl. Mauren, Mudejaren, Mozaraber; Hornacheros.

Morlaken (ETH)
I. Morlakken, Morlacken, Maurowlachen; »Meerleute«; aus Moro vallachi = Schwarze Walachen.
II. venezianische Bez. ab 15. Jh. für slawische bzw. slawisierte Bev. im nördlichen Dalmatien und Istrien. Um 1930 auf 80000 geschätzt. Geogr. Name: M.-/Podgorski-Kanal zwischen Krk, Rab und Pag und dalmatinischem Hinterland. Vgl. Walachen, Aromunen.

Mormonen (REL)
I. Later Day Saints, »Kirche Jesu Christi der Heiligen der letzten Tage«.

II. von J. Smith 1830 auf der Suche nach fundamentaler christlicher Erneuerung gegr. amerikanische Rel.gemeinschaft. Als Smith 1844 gelyncht und Sekte ihrer Lehre und Ethik wegen über Jahrzehnte verfolgt wurde, zogen sich 1847 rd. 15000–20000 Anh. unter Br. Young in das aride Gebirge am Großen Salzsee zurück, wo sie ihr neues Gottesreich gründeten, aus dem Utah als 45. Bundesstaat hervorging. Heilige Schrift der Sekte ist das von Smith erfahrene Buch »Mormon«, das als gleichrangige Ergänzung zur Bibel verehrt wird. Seine Besonderheit besteht darin, daß es die Neue Welt ins Zentrum der christlichen Heilsgeschichte rückt und damit »Amerika von der Glaubenstradition der Alten Welt emanzipiert« (*E. MEIER*). M. glauben an baldige Endzeit, bis 1890 war ihnen Polygynie erlaubt, gläubige M. verzichten auf Alkohol-, Tabak- und Kaffeegenuß, seit 1978 dürfen auch Nichtweiße die Priesterweihe erlangen. Gläubige zeichnen sich durch hohes Bildungsniveau (Brigham Young University) aus und sind demgemäß sehr erfolgreich. M. zahlen den Zehnten ihres Einkommens an die Kirche, die zudem an zahlreichen Unternehmen Anteil hat. Mormonentum zeichnet sich durch außergewöhnliche Missionsarbeit aus, viele junge M. dienen dieser Aufgabe 2 Jahre lang, so daß 45000 Missionare ständig tätig sind. So wächst M.kirche außerordentlich rasch, um 1993 schon 8,4 Mio. Anh. Während Anfang der siebziger Jahre M.-Kirche erst 1,7 Mio. Mitglieder zählte, die überwiegend (gegen 90%) in USA lebten, ist heute fast die Hälfte der Gemeinschaft weltweit im Ausland beheimatet (Lateinamerika, Europa, Afrika). Da registrierte Taufe auch für verstorbene Nicht-M. möglich ist, entstand eine der größten Personaldokumentationen der Erdbev. (Family History Library), auf diese Weise sollen rd. 150 Mio. Verstorbene posthum getauft worden sein.

Morokodo (ETH)
I. Mittu.
II. nilotische Ethnie in S-Sudan.

Moros (ETH)
I. (=sp); Zuluk.
II. Sammelbez. für altislamisierte Malaien auf den s. Philippinen, speziell auf S-Mindanao, S-Palawan und den Sulu-Inseln, auch in Küstenzone von N-Borneo; ca. 2,5 Mio., d. h. 4–5% der Gesamtbev.; z. T. Nachkommen von Mischlingen aus Malaien mit Arabern. Sie wurden im 15. Jh. wohl vom Sultanat Johore auf Malakka aus islamisiert. Zu ihnen gehören die Badjao, Ilanum, Lanao, Magindanao, Maranao, Samal, Sanggil, Sulu, Tausug und Yakan, die alle weit unterschiedliche Eigenspr. besitzen, so daß sie untereinander in Tagalog oder Englisch kommunizieren müssen. Ilanum und Samal sind Bootsnomaden an Küsten der Sulu-See. M. treiben Fischfang, Perlfischerei, bis 1900 Seepiraterie. M. setzten schon der spanischen Kolonisation erfolgreichen Widerstand entgegen. Seit Anfang der 70er Jahre wehrten sie sich durch Aufstände (mit ca. 120000 Opfern und 300000 in das muslimische Sabah/Malaysia Geflüchteten) gegen den politisch geförderten Zuzug christlicher Filipinos. Ihr Ziel ist die Unabhängigkeit in einer autonomen Region von Muslim-Mindanao, die jedoch mehr als nur zwei Provinzen auf Mindanao, sowie Sulu und Tawi-Tawi umfassen soll.

Mosambik (TERR)
A. Republik. Unabh. seit 25. 6. 1975; früher Portugiesisch-Ostafrika; República de Moçambique (=pt). The Republic of Mozambique, Mozambique (=en); la République du Mozambique, le Mozambique (=fr); la República de Mozambique, Mozambique (=sp).
Ew. 1940: 5,086; 1950: 5,732; 1960: 6,593; 1970: 8,144; 1978: 9,935; 1980: 11,674; 1996: 18,028; BD: 23Ew./km²; WR 1990–96: 4,0%; UZ 1996: 35%, AQ: 60%

Mosambikaner (NAT)
I. Mosambiker, Moçambiquer, Moçambiquaner; mozambicains (=fr); moçambicanos (=pt); mozambiqeños (=sp); Mozambiqueans, Mozambicans (=en).
II. StA. der Rep. Mosambik (Moçambique); Bev. setzt sich zu 98% aus div. Bantu-Ethnien zusammen (Makua, Tsonga, Malawi, Schona, Yao). Ständige Gastarbeiterkontingente in Südafrika. Im sechzehnjährigen Bürgerkrieg bis 1992 erlitten M. etwa 1 Mio. Kriegstote und 3–6 Mio. nationale und internationale Flüchtlinge. Vgl. Makua (40–50%), Tsonga (rd. 25%), Shona/Schona (10–15%).

Moshavniks (SOZ)
I. Moschaw-Siedler.
II. Mitglieder jüdischer Moshavim und Moshavot, landwirtschaftliche Gruppensiedler in Israel, die ihre Grundstücke (im Staatsbesitz) selbständig bewirtschaften, ihre Erzeugnisse kooperativ vermarkten. 1947: 24000, 1961: 125000, 1984: 146000 Köpfe in 360 Siedlungseinheiten.

Moskowiter (ETH)
I. Moskowiten, Moscowiten.
II. 1.) Bew. von Stadt und Großraum Moskau. 2.) Altbez. für die Großrussen.

Moslems (REL)
I. (=en); unkorrekt für Muslime.

Moso (ETH)
I. Nakhi; Nasi; Mo-so.
II. Volk aus der Einheit der tibeto-burmanischen Spr. im nw. Yünnan, vielleicht wie Tibeter aus den Kiang- oder Chiang-Völkern erwachsen, die im 1. Jtsd. v. Chr. fast den ganzen W Chinas einnahmen. Doppelbez. läßt auf zwei sich vermischende Bev.gruppen schließen. M.-Gesellschaft war einst durch Mutterrecht und matrilokale Ehen bekannt; oft angenommene Töchter, Besuchshochzeiten, Va-

ter blieb unbekannt, Ges. heute im Umbruch. M. besitzen eigenständige Schrift, die sich teils aus Ideogrammen, teils aus phonetischen Silbenzeichen zusammensetzt. M. sind Lamaisten.

Mosquito (ETH)
I. (sp=) »kleine Fliegen«. 1.) Miskito.
II. 2.) Untergruppe der Seminolen an der Ostküste Floridas.

Mossi (ETH)
I. Mosi, Losso, Mole, Maudeba.
II. schwarzafrikanische ethnische Einheit, gurspr., in Burkina Faso, zwischen Schwarzem und Weißem Volta; verwandt mit den Dagomba und Mamprusi. Stellen zusammen mit den Yatenga 48 % der Staatsbev., rd. 5,12 Mio. (1996). Verbreitet auch in Togo (1989: 203 000). Alte Mossi-Staaten gingen in der Kolonialzeit unter, ein zeremonielles Königtum dauert noch fort.

Mossi (SPR)
I. Mosi, More; eine Gur-Spr.; More, Mossi (=en).
II. Verkehrsspr. in Burkina Faso, N-Ghana und N-Elfenbeinküste; 1994 rd. 4 Mio.

Mother Bethel Church (REL)
II. bereits 1793 in Philadelphia/USA durch Richard Allen begründete Kirche für Schwarze. Vgl. African Methodist Episcopal Zion Church, Zions-Christen.

Motilones (ETH)
I. Motilonen, (sp=) »Leute mit kurzgeschnittenem Haar«.
II. von den Spaniern nach diesem Merkmal benannte Gruppe von Indianerstämmen in Venezuela und Kolumbien, z.B. Chake, Bari.

Motzen (ETH)
I. aus moti (=rm).
II. Bergbev. rumänischer Spr. in Westkarpaten; ggf. keltischer Abstammung; erst durch Magyaren unterworfen.

Moumin (REL)
II. (=ar); Sg. orthodoxer Muslim.

Mouriden (REL)
II. Mitglieder der von Amadou Bamba im 19. Jh. gegründeten muslimischen Marabout-Bruderschaft in Senegal; ca. 1,2 Mio. Angeh. unter den Erdnußbauern. Geistliches Zentrum ist Touba.

Movilizados (SOZ)
I. (=sp); Mobilisierte.
II. Terminus um 1990 auf Kuba für die temporär oder turnusmäßig zum Landwirtschaftsdienst abgeordneten Stadtbew.

Mozabiten (REL)
I. Mzabiten; Beni Mzab, Mozabiyun (=ar); mozabitas (=sp).
II. strenggläubige Teilgruppe der Ibaditen unter den Berbern in Algerien. Besaßen seit 8. Jh. im Imamat von Tahert ein eigenes Staatswesen; nach zweimaliger Vertreibung im 11. Jh. Neuansiedlung in Rückzugslage des Wadi Mzab/n. Sahara. In der Pentapolis um Ghardaia heute ca. 50 000 Gläubige. Auffällig hoch entwickelter Wirtschaftsgeist, einflußreiche Schicht im Handel und Verkehrswesen. Vgl. Djerbis, Ibaditen, Charidschiten.

Mozaraber (REL)
I. Altbez. Most-, Moz-, Mustaraber; Moz-Araber; aus musta'ribun (=ar); almozárabes, mozárabes, mozarabia (=sp).
II. die »arabisierten« spanischen Christen der Maurenzeit (8.–15. Jh) mit eigener Liturgie und weitgehend zweispr. (lat und ar); sie genossen den sogenannten Dimmi-Status, lebten oft in Siedlungssegregation, vor allem in Städten, und durften sich selbst verwalten. Aufgrund guter Ausbildung nahmen M. wichtige Funktionen in der andalusischen Verwaltung ein. Durch Verfolgungen im 11./12. Jh. erlitten die M. Verluste, auch durch Deportationen nach Afrika. Ende des 9. Jh. setzte eine Auswanderungsbewegung in die christlichen Nachbarländer (Leon und Kastilien) ein, wo sie die von Muslimen aufgelassenen Gebiete aufsiedelten.

Mpasu (ETH)
I. Salampasund
II. kleine schwarzafrikanische Ethnie im der DR Kongo.

Mpondo (ETH)
II. Bantu-Volk der Xhosagruppe, zum Ngui-Zweig der sö. Bantu zählend, im ö. Kapland.

Mpondomise (ETH)
II. Bantu-Volk der Xhosagruppe, zum Ngui-Zweig der sö. Bantu zählend, im ö. Kapland.

Mpongwe (ETH)
I. Bayugo, Pongwe.
II. Stamm der Tege in NW-Gabun.

Mpororo (ETH)
I. Wampororo, Horororo, Horohore; Nkore (s.d.).
II. schwarzafrikanische Ethnie im SW von Uganda.

Mrassische Tataren (ETH)
I. Kondomische Tataren, Kusnezker Tataren.
II. Altbez. des 17.–19. Jh. für Schoren, Abinzen. Vgl. Schorzen.

MSAC-Bevökerung (WISS)
I. aus (en=) most seriously affected countries.
II. Bew. armer, von der wirtschaftlichen Krise seit der Ölpreiserhöhung 1973 am meisten betroffenen Entwicklungsländer, mit niedrigem Pro Kopf-Einkommen, mit starkem Preisanstieg bei wichtigen Importen im Vergleich zu den Exporten, mit hoher

Auslandsverschuldung. Lt. UN lebten in diesen (insges. ca. 30) Staaten 1987: rd. 1,5 Mrd. Menschen, d. h. 39 % der Bev. der Dritten Welt. Vgl. LDC-Bev., NIC-Bev.

Mshenzi (SOZ)
I. (=su); pejorativ, etwa »unzivilisierter Wilder aus dem Busch«.

Mtiulier (ETH)
I. Eigenname Mtiuli; Mtiuly (=rs). Vgl. Georgier, Kartvelische Völker.

Mubi (ETH)
II. kleine sudanesische Ethnie im SE-Tschad; 1983: 201 000 oder 4,2 % der Gesamtbev.

Muchrim (Sg.) (REL)
II. die islamische Bez. für Mekkapilger.

Mudbara (BIO)
II. Kleinstgruppe von Aborigines in der australischen Westwüste; unbekleidet schweifende Jäger und Sammler; Eigenständigkeit ist durch Walbiri gefährdet.

Mudejaren (REL)
I. Modejaren; mudejares (=sp).
II. 1.) unter christlicher Herrschaft lebende Mauren seit Fall von Granada 1492; Moriscos in der Bedeutung »getaufte Mauren«. Arabo-Berber, die auf der Iberischen Halbinsel unter der Christenherrschaft Muslime blieben. Vielfach hispanisiert unter Aufgabe ihrer arabischen Mutterspr., doch wurde mehrheitlich arabische Schrift beibehalten. Jeder Fortschritt der Reconquista löste Auswanderungswellen nach Nordafrika aus, 1609 und 1614 wurden die letzten M. aus Spanien vertrieben. 2.) In Ibero-Amerika: Mischlinge zwischen Mulatten und Europäern.

Mudjtahids (REL)
I. Mudschtahids, Muschtahidun.
II. Absolventen einer theologischen Hochschule im schiitischen Iran. Vgl. Mullahs, Ayatollahs.

Mueezzins (REL)
II. die Gebetsrufer in der islamischen Umma, sie rufen fünfmal am Tag die Muslime ihres Wohnbezirkes zum Gebet.

Mufti(s) (REL)
I. (=ar); Müftü (=tü).
II. sunnitische Rechtsgelehrte für Gutachten religiös-rechtlicher Natur (Fetwas) nach der Schari'a. Auch Bez. für Vorsteher nationaler Muslimgemeinschaften.

Muhacit (SOZ)
I. »Heiliger Krieger«.

Muhadschire (REL)
I. aus Muhadschirun (=ar), Muhajers, Mohajire, Mohacire.
II. 1.) Bez. für jene Mekkaner, die 622 n. Chr. den Propheten nach Medina begleiteten oder ihm nachfolgten. 2.) islamische Glaubensflüchtlinge; Muslime, die durch polit. Ereignisse zur Auswanderung (z. B. aus Griechenland, Indien, Palästina) gezwungen waren. Vgl. pakistanische Muhajers.

Muhajers (ETH)
I. Muhacire, Mohajire; vgl. Muhadschire.
II. in Pakistan die bei der Teilung Britisch-Indiens aus Nord-Indien und später nach der Unabhängigkeit Ostpakistans nach Westpakistan geflüchteten Muslime. Sie stellen heute 20–25 % der pakistanischen Gesamtbev., sind konzentriert im Sindh und bes. in Karachi. Sind im Unterschied zu Ostpakistani urdu-spr. Genießen gemäß Quotensystem Vorteile bei Verteilung von Arbeits- und Studienplätzen. Sind noch nach Jahrzehnten auch parteipolitisch gesondert.

Muhammadist (REL)
II. Altbez. für Muslime.

Muhme (BIO)
I. Altbez. auch Mühmchen.
II. überholte dt. Bez. für ältere weibliche Verwandte, Gevatterinnen, Mutterschwestern, Tanten. Vgl. Ohm.

Muisca (ETH)
II. nach Unterwerfung durch Spanier untergegangenes Indianervolk, zur Chibcha-Gruppe gehörig, in der Cordillere Oriental/Kolumbien, Träger der sagenhaften El Dorado-Hochkultur.

Mujahedin (SOZ)
I. Mudschahedin, Mudjaheddin, Mujahidin; moudjahiddines (=fr). Mudjaheddin-e-Chalk, in Iran Volksmudjaheddin, d. h. »Kämpfer«.
II. oppositionelle muslimische Freiheitskämpfer z. B. in den Unabhängigkeitskämpfen im Maghreb gegen die Franzosen, in Afghanistan seit 1980 und (schiitische) in Iran seit 1965; suchen den Islamismus mit sozialistischem Gedankengut zu verbinden.

Mujtahids (REL)
I. (=ar); Mudschtahids, Mudjtahids, Muschtahidun.
II. islamischer, meist schiitischer Gelehrter, der fähig ist, den Ijtihad auszuüben, d. h. das Gottesgesetz aus »persönlicher Anstrengung«, aus eigener Geisteskraft zu verstehen.

Mukran-Belutschen (ETH)
I. die westlichen Gebirgsstämme der Belutschen, s. d.

Mukti Bahini (SOZ)
II. ostbengalische Freiheitskämpfer, die im Bürgerkrieg 1971 die Autonomie Ostpakistans gegen westpakistanische Verwaltung und Militär erstritten. Sie rekrutierten sich einerseits aus rebellierenden East Bengal- und East Pakistan Rifles-Regimentern,

andererseits aus den 10 Mio. ostbengalischen Flüchtlingen auf indischem Boden. Der Bürgerkrieg forderte 3 Mio. Todesopfer. Vgl. Ostpakistaner; Bangladescher.

Mulattamun (SOZ)
I. Muletthemin (ar=) »die Verschleierten«.
II. arabische Bez. für solche Sahara-Völker, bei denen sich nicht wie üblich die Frauen, sondern die Männer ihr Gesicht (d. h. die Mundpartie) verhüllen. Es handelt sich um gewisse Berberstämme der Sanhadschagruppe, bes. für die Lamtuna und Lamta sowie um die Tuareg, s. d.

Mulatten (BIO)
I. pardos (pt=) »Braune«; mulatos (=sp, =pt); mulatas w. (=pt); pejorativ: café con leche (sp=) »Milchkaffee«.
II. Mischlinge aus negridem und europidem Elternteil.

Mulimba (ETH)
I. Naka.
II. schwarzafrikanische Ethnie in S-Kamerun.

Mullahs (REL)
I. aus al-mawla (pe=/ar=) »Patron«, maula »Herr«, mewliwije »unser Herr«.
II. Sammelbez. für schiitische Geistliche mit verschiedenen Rängen und Ehrentiteln (die auch im Sunnismus für Würdenträger und Gelehrte gelten). Grundsätzlich Personen sittlicher Würdigkeit, die imstande sind, die Gesetze des Korans auszulegen; es handelt sich bei niederen Rängen um Laien. Die schiitische Geistlichkeit in Stufen- und Rangordnung ist von Grund auf unislamisch. Gleichwohl hat sich, vielleicht in Fortführung vorislamischer Traditionen (Mübads), eine reich differenzierte Hierarchie schiitischer Geistlicher entwickelt: vgl. u. a. Mardschas, Sayyid(s)/Sajjidi/Sidi/Saiyde (Angeh. der Nachkommenschaft des Propheten), Mudjtahids/Mudschtahid(s)/Muschtahidun (akademisch ausgebildete Theologen); Hojat al Islam/Hojatoleslam/Hodschatoleslam; Ayatollahs/Ajatollas/Aiyatullahs, Groß-Ayatollah/Ajatollah Ozma (deren höchste individuelle Charakterisierungen wie Marja at-taklid »Vorbild der Nachahmung« oder Marja al mujtahed »Schriftenausleger mit Vorbildcharakter« lauten). Allein im Iran gibt es ca. 80 000 M.; Standeskleidung: die Aba, ein faltenreicher dunkelfarbiger (schwarzer), vorne offener Umhang mit langen Ärmeln.

Multiethnische Gemeinschaft (WISS)
I. Vielvölkergemeinschaft, Polyethnische Gemeinschaft.
II. Umschreibung für das geschichtlich gewordene Gemenge verschiedener ethnischer Gruppen, insbes. in Vielvölkerstaaten. Terminus betont das Nebeneinander verschiedener konkurrierender Völker bzw. Volksgruppen, die aber gegenseitig ihre kulturellen Eigenarten respektieren. Vgl. Multikulturelle Ges., Pluralistische Ges.

Multigravidae (BIO)
I. aus gravida (lat=) »schwanger«; Graviden.
II. med. Terminus für Frauen, die zum zweiten oder weiteren Male schwanger sind.

Multikulturelle Gesellschaft (WISS)
I. Multiculturalists (=en); nur in weiterer Annäherung auch supranationale, multiethnische, interreligiöse Bev.gruppen, bes. in Vielvölkerstaaten.
II. junge mißverständliche Bez. im eigentlichen Sinne für Ges., in denen Bev.gruppen unterschiedlicher Kultur nebeneinander leben. Tatsächlich wird Terminus meist auf Staatsbev. angewandt, denen eine »Multikultur« zugedacht ist, die wiederum als eine aus vielen Wurzeln erwachsene Mischkultur, wenn nicht sogar als Weltkultur begriffen werden soll. Kulturen sind aber immer gruppenindividuell und geogr. determiniert, dementsprechend neigen die beteiligten Gemeinschaften zum Separatismus. Multikulturalismus mit seiner Werteunverbindlichkeit ist eine Gesinnung und keine Realität (*B. TIBI*). Vgl. Pluralistische Ges.; Multiethnische Gemeinschaft; Volk, Nation.

Multiparae (BIO)
I. Multiparen; Mehr-, Mehrmalsgebärende.
II. Frauen von der zweiten Geburt an. Vgl. Nulliparae, Primiparae; Multigravidae.

Munda (ETH)
II. dem westlichen Zweig der austroasiatischen Spr.familie namengebendes Volk im Tschota-Nagpur-Plateau, in Bihar, Orissa und W-Bengalen/Indien. Somatisch stark weddide Merkmale: u. a. sehr dunkle Hautfarbe. Typische Megalithmonumente auf Friedhöfen. In starkem Maße christianisiert.

Mundari (SPR)
II. eine der Munda-Spr. im ö. Indien, sie wird von rd. 1 Mio. gesprochen.

Munda-Sprachen
I. Kol-Spr.
II. Familie austro-asiatischer Spr. der weddiden Altvölker Vorderindiens. Klassifizierung erfolgt regional in Westgruppe (Kurku, Kharia, Juang, Savara) und Ostgruppe (Santali, Mundari, Bhumij, Birhar, Koda, Ho, Turi, Asuri, Korwa).

Mundugumor (ETH)
II. kleine Population von Melanesiern im ö. Bergland von Neuguinea. Einst gefürchtete Kopfjäger. Grundlage ihrer Gesellschaftsordnung ist die matrilineare Gruppe, es gibt keine Klans.

Munduruku (ETH)
II. Indianerstamm am Rio Japajos in Brasilien, zur Spr.gruppe der Tupi-Guarani zählend; ca. 2000–3000 Seelen. M. waren einst berüchtigte Kopfjäger.

Munies (REL)
I. Mun-Kinder; Moon-Sekte. Vgl. »Gesellschaft zur Vereinigung des Weltchristentums« und zahlreiche andere Namen (u.a. »Womens' Federation for World Peace«).
II. Anh. der 1954 in Korea von San Myung Mun begründeten »Jugendreligion«; betreibt Weltmission. Um 1985 ca. 2 Mio., verbreitet in 120 Ländern.

Muong (ETH)
II. Gruppe wenig sinisierter Annamiten im sw. Hochland von Tongking; Mon-Khmer-spr.; in Vietnam > 618 000 (VZ 1989). Hängen einer Art von Schamanentum an; sind Bauern auf Reis, Gemüse, Baumwolle.

Muqalladún (REL)
I. (=ar); »Traditionalisten«.
II. islamische Theologen, die der Tradition (taqlid) verbunden sind; Gegensatz Modernisten.

Mura (ETH)
II. Indianerpopulation und eigenständige Spr.einheit an den Ufern von Rio Antaz und Rio Madeira in Brasilien. Heute ca. 2000–3000 Seelen, die im Umkreis von Missionsstationen wohnen. Galten einst als kriegerischer Schrecken Amazoniens, konnten erst Ende des 12. Jh. pazifiziert werden. Zu ihren Unterstämmen zählten die Pirahá, Yahahi und Matanawi.

Murabitun (SOZ)
I. (=ar); Kriegermönche; Sg. murabit.
II. Mitglieder von militärisch-religiösen Gemeinschaften in befestigten Grenzposten im w. Maghreb; M. inspirierten im 11. Jh. die Sanhaga-Stämme unter Jusuf zur Eroberung eines Reiches, das Marokko, W-Algerien und Andalusien umfaßte. Vgl. auch Muriden.

Murahalin (SOZ)
I. Murahaleen (=en).
II. ursprünglich die traditionellen Schutzhirten arabischer Viehnomaden im N-Sudan; heute die arabischen Freischärler, überwiegend Anhänger extrem religiös gesinnter islamischer Sekten gegen die Nuba und andere christliche bzw. animistische Ethnien im Südsudan. Z.T. identisch mit Rizeigat-Milizen. Vgl. Südsudanesen.

Murdschiten (REL)
II. Anh. einer muslimischen Lehrmeinung, die im Unterschied zu Charidschiten die Überzeugung vertritt, daß, wo wahrer Glaube herrscht, keine Sünde sein könne.

Muria (ETH)
II. kleine ethnische Einheit im indischen BSt. Bastar.

Muriden (REL)
I. Mouriden; vgl. Murabitun. 1.) allg. Bez. für Schüler in Sufi-Bruderschaften, die ihren Lehrern gegenüber zu unbedingtem Gehorsam verpflichtet sind. 2.) bedeutender islamischer Mystikerorden in NW-Senegal, begründet durch Ahmadou Bambas (+1927); ihr geistliches Zentrum ist Touba. Originalität des Ordens fußt auf dem Widerstand gegen die Kolonialherrschaft und erwächst aus der Heiligung der Arbeit. Orden ist in polit., sozialer und kultureller Hinsicht wichtiges Bindeglied zwischen Regierung und Bev., sie ist insbes. unter Jugendlichen verbreitet (muridischer Studentenverband). Zahl ihrer Anh. dürfte über 2,5 Mio. liegen (1990). Sonderzweig der M. sind die Baye Falls (s.d.).

Muriden (SOZ)
II. Anh. einer im 19. Jh. gegen die russische Herrschaft gerichteten polit.-religiösen Bewegung im Kaukasus. Vgl. Murabitun.

Murle (ETH)
I. Molen.
II. schwarzafrikanische Ethnie im äußersten SE des Sudan.

Murrayians (BIO)
I. (=en); nach Murray-River/Australien.
II. Altbez. für eine Untereinheit der Australiden (nach BIRDSELL); relativ hellhäutig, welliges Haar.

Murrians (SOZ)
II. marodierende Banden jugendlicher Milizionäre während des Bürgerkriegs in Somalia.

Murursade (ETH)
II. Clan im mittleren Somalia.

Murut (ETH)
II. Dajak-Volk in Sabah/N-Borneo/Indonesien; Alt-Indonesier. Brandrodungsbauern und Wildbeuter. Charakteristisch ist ihre bis heute ausgeübte Megalithkultur.

Musawi (REL)
I. (=ar); nach Mose (ca. 1250 v.Chr.) als Stifter der Israelitischen Religion.
II. Anh. des mosaischen Glaubens im arabischen Orient. Vgl. Israeliten, Juden.

Muschiks (SOZ)
I. (=rs); »die russischen Bauern«.
II. Altbez. für die Landbew. (im Gegensatz zu Städtern) in Rußland.

Muschkoten (SOZ)
I. aus Musketier.
II. abwertende Bez. für Fußsoldaten, i.w.S. für einfache Soldaten und soldatische Hilfskräfte in Offiziershaushalten.

Muselman(n)en (REL)
I. musulmans (=fr); musulmanes (=sp); Musselm(e)n (=en); musulmani (=it); Mosalman (=pe); Muselmanen, Muselmänner (=dt) sind volksetymologische Altbez. für Muslime.

Musgu (ETH)
I. Muzgu.
II. schwarzafrikanische Ethnie s. des Tschadsees in N-Kamerun; ca. 50 000 Köpfe. Haben ihre angestammte Kultur bewahrt: phantastische Lehmbauten, Lippenpflöcke der Frauen.

Muskhogee (ETH)
I. Muskogee, Maskoki.
II. namengebender Stamm eines indianischen Stammesverbandes am unteren Mississippi. Dem Verband zugehörig: u.a. Creeks (M. im engeren Sinn, in Alabama, Georgia); Chickasaws (n. davon bis zum Tennessee), Choctaw, Alabama, Mobile, Chatot. Die meisten Stämme wurden 1836 nach Oklahoma deportiert.

Muslimbrüder (REL)
I. Al Ichwan al Muslimun (=ar).
II. Mitglieder einer 1928 durch Hasan al-Banna in Ismailia/Ägypten begründeten islamischen Bruderschaft. Ihr religiöses und sozialpolit. Ziel ist die Wiederherstellung einer islamischen Staats- und Gesellschaftsordnung im Orient bei gleichzeitiger Befreiung von islamfremden Einflüssen. Die Bruderschaft erlangte insbes. in Ägypten, Jordanien, Sudan, Syrien Bedeutung. Militant-polit. Betätigung hat in vielen Ländern zum Verbot und Unterdrückung der M. geführt, z.B. in Ägypten 1948–1951, 1954, in Syrien 1966, 1982. In Persien entsprechen den M. die Fedajin-e-Islam (s.d.). Vgl. Fundamentalisten, Islamisten.

Muslime (ETH)
I. Musulmans (=fr).
II. den Nationalitäten gleichgestellter Terminus des jugoslawischen Census. 1981 rd. 2 Mio., verbreitet bes. in Teilrep. Herzegowina und Montenegro mit Anteilen von 39,5 bzw. 13,4% an Gesamtbev. Die als solche erklärten Bew. lassen sich statistisch keiner Spr. bzw. ethnischer Gemeinschaft zuordnen.

Muslime (REL)
I. Muslimin, Muslimun (=ar); Musulman (=pe); Musselmen (=en); musulmans (=fr); musulmanes (=sp); musulmani (=it); Mosalman(n); Altbez. Machomedisten, Muhammadisten, Alcoranisten (theologisch); auch Sarazenen. Nicht Mohammedaner, nicht Moslems!
II. 1.) Selbstbez. der Bekenner des Islam (s.d.). 2.) Muslime als amtl. und statist. Nationalitätsbezeichnung in Jugoslawien, 1959: 12,3% (2,3 Mio.); ihrer Nationalität nach sind die M. vor allem Bosniaken, Albaner und Türken. Starke muslimische Bev.anteile haben Bosnien-Herzegowina, Kosovo und Mazedonien. 1918–1945 besaßen die M. eine eigene hierarchische Organisation mit einer Reis ul Ulema in Sarajewo und später Belgrad. 1945 wurde die Scheriatsgerichtsbarkeit aufgehoben, die geistliche Hochschule geschlossen und die frommen Stiftungen eingezogen. Zahlreiche M. wanderten in die Türkei aus, zwischen 1950–1957 rd. 62 000. Seit 1959 gab es wieder geistliche Schulen in Sarajewo und Pristina/Kosovo. 1981 von rd. 3,9 Mio. Sunniten insgesamt rd. 2 Mio. »muslimische Nationalität in Jugoslawien«, v.a. in Bosnien-Herzegowina, im Santschak von Novi Pazar und in Kosovo, Mazedonien und Montenegro; sind überwiegend slawischer Herkunft und sprechen Serbokroatisch.

Musta'liten (REL)
I. Musta'lier; Bohra (Indien), Sulaimanis (Jemen).
II. Teilgruppe der 7er-Schia in Jemen und Indien; im 12. Jh. entstanden, auf Fatimiden zurückgehend. Vgl. Ismailiten.

Mustang (TERR)
C. Tibetisch-buddhistisches Königreich im heutigen Nepal, das 1760 neben rd. 20 kleinen Königreichen (darunter Jumla) zum heutigen Nepal vereinigt wurde. 130 J. lang war der ehem. Handelsstaat der Weltöffentlichkeit verschlossen. Vgl. Bon-po.

Mustang-bhot (ETH)
II. kleine ethnische Einheit im Himalaja/Königreich Mustang; besorgten bis zur chinesischen Besetzung Tibets den Salzhandel aus Tibet nach Nepal und gelangten dadurch zu beträchtlichem Reichtum.

Mustazefin (SOZ)
I. Mostazafin, mostaz'afin (pe=) »die Erniedrigten«.
II. Benachteiligte, Besitzlose, Arme; auch polit. gebrauchte Bez. für die sozial Schwachen im Iran und sonst unter Schiiten. insbes. für Landflüchtige in Städten. Gegensatz mustakbirun (ar=) die »Bedrükker, Tyrannen, Ausbeuter«.

Musulmans (REL)
I. (=fr); Muslime.

Mutakallimun (SOZ)
I. Ahl al-kalam (ar=) »Leute des Wortes«; Loquentes.
II. Vertreter der scholastischen Theologie im Islam.

Mutawa'in (SOZ)
I. Mutawaun; religiöse Sittenwächter.
II. die religiöse Sittenpolizei in einzelnen orientalischen Staaten (u.a. Libyen, Saudi-Arabien, Iran); sie sorgt für die züchtige Kleidung der Frauen in der Öffentlichkeit, die Geschäftsschließung zu Gebets- und Fastenzeiten, die Einhaltung von Alkoholverboten, die Unterbindung westlich dekadenter TV-Sendungen und Filmvorführungen, die Installation von Antennenschüsseln usw.

Mutawali (REL)
I. Metawile (Sg.: Metwali), Metualiten aus Mutawalli »Anhänger, Ergebener«.

Mutaziliten (REL)
I. (ar=) »die sich Absondernden«.

II. Anh. der Mu'tazila, einer theologischen Denkrichtung im frühen Islam (8. Jh.), die in scharfer Opposition zur herrschenden Lehrmeinung (»Unerschaffenheit des Koran« stand. M. wurde zwar im 9. Jh. als häretisch erklärt, hat gleichwohl die islamische Theologie bes. in der modernen Zeit mitgeprägt. Vgl. Dschabriten.

Muteir (ETH)
II. Stamm arabischer Beduinen im Nedsch/Saudi-Arabien und in Kuwait; er wanderte einst zwischen Kleiner Nefud und dem Schatt el Arab; Sunniten.

Mutitjulu (BIO)
II. Teilgruppe der australischen Aborigines, heute am Uluru ansässig.

Mütter (SOZ)
I. aus mater (=lat); mothers (=en); mères (=fr); madres (=sp). Matuschka (rs=) »Mütterchen«, »Mütterlein«; Altbez. Gebärerinnen. Vorgeschichtlich insbes. altorientalische Verehrung von Muttergöttinnen, Mutter Erde, Mutter Natur vor allem bei Pflanzerkulturen, Allmutter, Stammutter. Vgl. Muttterspr., minderjährige M., ledige M., kinderreiche M., potentielle Mütter, Matriarchat.

Mutterbruder (SOZ)
I. dá'i (=pe).
II. Onkel mütterlicherseits.

Muttersprachler (SPR)
II. Personen, die eine Spr. als Muttersprache, (lat=) lingua materna, jene Spr., die sie als Kind von den Eltern erlernt haben, beherrschen und primär benutzen, weil sie ihnen am geläufigsten ist. Vgl. Mame Loschen.

Muwalladun (REL)
I. (=ar); Sg. muwallad; im Sinn von »Neubekehrte«, »Adoptierte«.
II. z.Zt. des arabischen Andalusiens Bez. für jene romanische oder westgotische Bev.teile, die zum Islam übergetreten waren. M. stellten die überwiegende Mehrheit der Bev., besaßen aber gegenüber allen anderen Muslimen nur einen minderen sozialen Status.

Mvele (ETH)
I. Mwelle.
II. schwarzafrikanische Einheit im zentralen Kamerun.

Mvumbo (ETH)
I. Mabea, Gbea, Ngumba.
II. schwarzafrikanische Ethnie in Äquatorialguinea.

Mwanga (ETH)
I. Nyamwanga.
II. schwarzafrikanische Ethnie ansässig s. des Rukwasees im Grenzgebiet von Sambia zu Tansania.

Myanmar (TERR)
A. Union M. Unabh. seit 4. 1. 1948; vormals Birma, Burma, Birmanie, Birmanische Union, seit 1974 Sozialistische Republik Birman. Union, seit 1989 Namensänderung in Myanmar. Pye Twangsu Myanma Naingngan; Myanma Pye. The Union of Myanmar, Myanmar (=en); l'Union du Myanmar, le Myanmar (=fr); la Unión de Myanmar, Myanmar (=sp).
Ew. 1921: 13,212; 1931: 14,667; 1941: 16,824; 1948: 18,119; 1955: 20,387; 1960: 22,355; 1965: 24,218; 1970: 27,034; 1975: 30,170; 1983: 35,306; 1996: 45,883, BD: 68 Ew./km²; WR 1990–96: 1,7%; UZ 1996: 26%, AQ: 17%

Myanmaren (NAT)
I. Altbez. Birmanen, Birmesen, Burmanen; Myanmars (=en).
II. StA. der Union von Myanmar (Birma, Burma bis 1989). In der Staatsbev. dominieren Birmanen mit 69%; zahlreiche ethnische Minderheiten tibetobirmanischer, Mon-Khmer und thai-chinesischer Zugehörigkeit. Vgl. Birmanen, Shan/Schan, Karen, Tschin.

Myéné-Mpongwé (ETH)
II. schwarzafrikanische Einheit in Gabun mit einer Bantu-Spr.

Mysore (TERR)
C. Maisur. Altbez. für indischen Bundesstaat, heute Karnataka, s.d.
Ew. 1931: 6,557

Mysten (REL)
I. »Eingeweihte«; aus mysterium (lat. von agr=) »die Augen und Lippen schließen«; mystagogen (agr=) »Führer, Leiter«; mysterion (agr=) »Geheimnis«.
II. Eingeweihte in altgriechischen, hellenistischen und römischen Mysterienkulten, solchen griechischen Ursprungs (Elausinischer, Samothrakischer, Dionysischer, Orphischer Kult) und anderen orientalischen Ursprungs (Attis und Kybele, Isis und Osiris, Adonis, Mithras-Kult).

Mysterienbünde (REL)
I. Mysterienkulte.
II. zumeist aus Fruchtbarkeitsriten hervorgegangene spätantike Geheimkulte und -religionen im alten Griechenland, Vorderasien und Rom, zelebriert durch Eingeweihte/Mystagogen oft in rauschhafter Ekstase; u.v.a. Isis-Osiris-, Mithra(s)-, Dionysos/Bakchos-, Demeter-Kult.

Mzab (ETH)
I. Beni Mzab.
II. Sub-Konföderation von Berber-Stämmen: Beni Brahim, Mlal, Mlnia, Oulad Fares. Vgl. Mozabiten, Mzabiten, Mozabiter, Mosabiten.

N

Nabatäer (ETH)
I. al Anbat (=ar).
II. altes arabisches Volk, das aus Innerarabien nach N gewandert ist und sich um das 4. Jh.v.Chr. im heutigen Jordanien, besonders im Mosestal/Wadi Musa, in Petra und nordwärts bis in den Hauran niedergelassen hat. N. waren Hirten, Karawanenführer und Fernhandelskaufleute (Weihrauch). Kaiser Trajan zerstörte um 100 n.Chr. das nabatäische Reich. N. bedienten sich arabischer Umgangsspr., doch ihre Oberschicht verwendete noch das Aramäische.

Nachbarn (SOZ)
I. Nahewohnende, Nebenbewohner, Mitbewohner, Dorfgenossen. Sg. Nachbarschaft; neighbours (=en); voisins (=fr); vecinos (=sp); vizinhos (=pt); dschiran Pl., Dschar Sg. (=ar). (i.S. von Beschützer/Gönner und auch umgekehrt von Beschützte/Klienten).
II. N. verbinden allein schon aufgrund räumlicher Nähe bes. enge soziale Beziehungen, andererseits müssen aus gleichen Gründen ihre gegenseitigen Rechte durch div. bau- und gewerberechtliche Vorschriften geregelt werden.

Nachbarschaft (SOZ)
I. neighbourhood (=en); voisinage (=fr); vecindad (=sp); vezinhanca (=pt).
II. insgesamt bilden Nachbarn die N., jene oft nur engsten unmittelbaren Anlieger, die in Großstädten aber ganze Stadtteile mit Hunderten von Häusern umfassen kann. An die Stelle gegenseitiger Nothilfe (bei Feuer und Mißernte) und Teilhabe an freudigen und leidvollen Ereignissen tritt in europäischen Großstädten heute oft die parteipolit. Tendenz aufoktroyierter Gemeinsamkeit (Nachbarschaftsinitiativen, Stadtviertelfeste). Im Kulturerdteil Orient hat sich durch Ausdehnung des Dschar-Verhältnisses das Klientenwesen entwickelt, gewissermaßen eine Rechtsbeziehung, die zum Wohl der Schutzbefohlenen verpflichtet.

Nachfahren (BIO)
I. Nachkommen, Abkömmlinge, Deszendenten; Descendants (=en, fr); discendenti (=it).
II. 1.) die von dem gleichen Ahn leiblich abstammenden Menschen. 2.) Verwandte in »absteigender« Linie (Kinder, Enkel, Urenkel). Vgl. Gegensatz: Vorfahren, Ahnen, Aszendenten.

Nachfahren (SOZ)
I. Nachkommen, Abkömmlinge, Deszendenten; descendanats (=en/fr); discendenti (=it); descendientes (=sp); descendentes (=pt).
II. die von einem Ahn leiblich abstammenden Menschen. Vgl. Gegensatz Vorfahren, Ahnen.

Nachische Sprachen
II. Sammelbez. für die NE-Gruppe des tschetschenolegischen Zweiges der Kaukasusspr.; ihr gehören zu: Tschetschenisch, Inguschisch, Batsisch, Kistisch.

Nachitschewan (TERR)
B. Ab 1992/94 Autonome Republik N., isoliert in SW-Aserbaidschan. In dieser Enklave hatten Armenier 1970 noch einen Bev.anteil von 40%, 1979 nur mehr einen solchen von 1,4%. Altbez. Nachitschewanische ASSR; Nakhichevan (=en).
Ew. 1970: 0,202; 1989: 0,295 Z; 1991: 0,305, BD: 55 Ew./km^2

Nachkommenschaft (BIO)
II. 1.) die eigenen Kinder und Kindeskinder; 2.) Kinder oder (erweitert) Nachkommen einer Person bzw. eines Elternpaares; 3.) Nachkommen einer Generation, einer etwa gleichaltrigen Personengruppe.

Nachkommenschaft (SOZ)
II. die Gesamtheit der Deszendenten.

Nachsiedler (WISS)
II. agrarsoziale Bez. in Mitteleuropa für im späten MA nachträglich eingerückte Bauern, deren Ackernahrung nur das Existenzminimum erreichte, deshalb reine Selbstversorger waren und gegenüber Alt- und Hochbauern einen sozial geringeren Rang besaßen.

Nachtbevölkerung (WISS)
I. oft gleich, doch nicht voll identisch mit Wohnbev.
II. Bev.stand einer Siedlung zur Nacht- bzw. Ruhezeit im Gegensatz zur Tagbev. Vgl. City-Bevölkerung.

Nadars (SOZ)
I. Altbez. Shanans.
II. indische Kaste, traditionell Branntweinproduzenten, der es gelang, aus einem niederem Stand, nahe der Unberührbarkeit, in eine gehobene Position der sozialen Hierarchie aufzusteigen.

Nadowa (ETH)
S. Nottoway.
II. Bez. bei Algonkin-Indianer für Irokesen-Stamm.

Nadrauer (ETH)
II. altpreußischer Stamm am oberen Pregel.

Nadschditen (REL)
I. Nagditen.
II. Teilgruppe der Charidschiten in Algerien; Anh. der sog. Kalifen Abu Qurra, Chef des Berberstammes der Banu Ifran. N. begründeten nach mehrma-

ligem Aufruhr in Tiaret/Oran im 8. Jh. einen theokratischen Haridschitenstaat.

Nafar (ETH)
II. kleines turkspr. Volk im s. Zagrosgebirge/Iran.

NAFTA-Bevölkerung (WISS)
I. aus North American Free Trade Agreement.
II. Einw. der in nordamerikanischem Wirtschaftsverband zusammengefaßten Staaten (Kanada, USA, Mexiko); diese drei Mitgliedsländer hatten 1992 rd. 362,2 Mio. Ew. Vgl. EG-Bev., EFTA-Bev., ASEAN-Bev.

Nafusa (ETH)
II. altes Berbervolk in Libyen (Djefara-Ebene und Djebel Nafusa als geogr. Namen). Djebel Nafusa und Zwara-Oase sind noch heute Zentren des Berbertums in Libyen.

Naga(s) (ETH)
II. Sammelbez. für div. Stämme im Bergland von Assam (NE-Indien ca. 770000, Bangladesch und W-Myanmar), die zur tibeto-birmanischen Spr.familie gehören. N. rechnen zu den ältesten Bev.substraten in Hinterindien. Zu den 26 Hauptstämmen zählen die: Ao, Lhota, Rengma, Sema, Konyak, Angami, Katscha, Kabui, Marem, Tangkhul sowie in Sonderstellung die Mikir. Bis in die 30er Jahre übten nahezu alle Stämme noch Kopfjagd, der z. T. erst in 50er Jahren abgeschworen wurde. Einst auch Megalithkultur, noch bestehen die das soziale Prestige erhöhenden Verdienstfeste. N. wurden erst Ende des 19. Jh. von Großbritannien unterworfen. N. riefen 1947 die Souveränität ihres Landes aus und verteidigten sie in zwei opferreichen (100000 Tote) Kriegen gegen Indien 1955–63 und 1972–75 letztlich erfolglos. Seither BSt. Nagaland. Geogr. Name: Nagaland.

Nagajzen (ETH)
Vgl. Dagestaner.

Nagaland (TERR)
B. Bundesstaat Indiens.
Ew. 1961: 0,369; 1981: 0,775; 1991: 1,210, BD: 73 Ew./km²

Nagar (ETH)
I. Nagir.
II. ein den Hunza eng verwandtes und jenseits des unzugänglichen tiefen Hunza-Tales benachbart wohnendes Bergvolk in Kaschmir, ca. 10000. N. sprechen wie Hunza Burushaski und sind schiitische Muslime.

Nagari-Schriftnutzergemeinschaft (SCHR)
I. seit 11. Jh. Devanagari/Deva-Nagari genannt.
II. im 7. Jh. in NW-Indien entstandene Schrift, eine Abzweigung der Gupta-Schrift. Sie hat sich weiträumig entwickelt und war im MA wichtigste Schriftart Indiens. Die Aufzeichnung der Sanskrit-Literatur erfolgte in N. Heute schreibt und druckt man in der Devanagari indogermanische Spr. wie insbes. Kindi, Bihari, Rajastani, auch Marwari, Nepali, Kumaoni; Munda-Spr. wie Ho und Mundari; und sogar dravidische Spr. wie Gondi und Kuruchisch. (Deva-)Nagari ist Hoheitsschrift in der Indischen Union und Nepal; sie wird potentiell von > 15 % der Erdbev. genutzt.

Nagorny Karabach (TERR)
B. dt.= Berg-Karabach, armen. = Arzach. Autonomes Gebiet in Aserbaidschan, das sich 1988 zur Vereinigung mit Armenien entschloß und 1992 einseitig für unabhängig erklärte. Armenier hatten 1921 einen Anteil von 94,4%, 1989 nur mehr einen solchen von 77%. Nagorno-Karabakh (=en).
Ew. 1989: 188000; 1991: 0,193, BD: 44 Ew./km²

Naguids (REL)
I. (=he); Sg. Nassim, Naguid; Kaid al Jehud.
II. die geistlichen Führer der Judenheit in der Römerzeit. In Marokko war ihnen ein Rabbiner beigegeben, der über die Einhaltung der mosaischen Gesetze wachte. Vgl. Millet.

Nahaydi (SOZ)
I. »Jene, die ihre Absätze nach außen stellen«.
II. Teilpopulation der White Mountain-Apachen (Western Apachen), die überwiegend aus gefangenen Mexikanern und deren Nachkommen bestanden.

Nahua (ETH)
II. Überbegriff für die Indianerstämme der aztekischen Spr.familie in Mexiko, Guatemala, Honduras, El Salvador, insbesondere die nahuatl-spr.

Nahua (SPR)
II. Spr.gruppe innerhalb des Spr.stammes der Uto-Azteken, eine der wichtigsten und größten indianischen Sprgem. in Mexiko.

Nahuatl (SPR)
I. Aztekisch; vgl. Mexicano.
II. Spr. der Azteken, noch heute von den meisten Nahua (ca. 1,5 Mio.) gesprochen, zu gleichen Teilen ausschließlich bzw. neben oder nächst Spanisch.

Nahukwa (ETH)
II. zum Verband der Kariben zählender Indianerstamm im Xingú-Gebiet, in kulturellem Zusammenschluß mit Aruak, Ge und Tupi. Vgl. Xingú-Indianer.

Nakib (ETH)
II. Stamm der Makrani in Pakistan.

Nama (BIO)
I. Namaqua, Heikum; vielfach syn. zu Hottentotten.
II. Stamm der Hottentotten im südlichen Namibia; relativ helle aprikosenfarbene Haut. Ursprünglich aus acht Häuptlingschaften bestehend, zu denen im 19 Jh. fünf aus dem Kapland eingewanderte

Orlamstämme kamen. Wurden in zweiter Hälfte des 19. Jh. in langen Kämpfen mit Herero sehr geschwächt, 1904–07 weitere Verluste und Aufstand gegen deutsche Kolonialverwaltung. Besitzen Eigensprache (Hottentottisch), sind durchwegs protestantische Christen; heute mehrheitlich seßhafte Farmarbeiter, überwiegend in Reservaten. Vgl. Khoisanide, Hottentotten, Orlam.

Nama (ETH)
I. Nama-Hottentotten, Namaqua, Heikum.
II. Regional- und Dialekteinheit der Hottentotten mit einer Khoesanspr. im s. Namibia und Botsuana, der heute noch am reinsten den ursprünglichen Hottentottentyp verkörpert. In schweren Kämpfen mit Hereros in zweiter Hälfte des 19. Jh. wurden N. sehr geschwächt, ihr Aufstand gegen die deutsche Kolonialverwaltung 1904–07 hat ihre Zahl weiter dezimiert; heute wieder gegen 30000 Köpfe. Vgl. Hottentotten, Orlam.

Nama (SPR)
I. Verkehrsspr. in Namibia; 0,25 Mio. Sprecher.

Nambicuara (ETH)
I. Nambikwara, Nhambicuaras, Nambiquara, Sararé-Nambiquara, Anuntsu.
II. Indianerstamm am Rio Sararé, Mato Grosso/Brasilien, der 1991 durch > 2000 illegal schürfende Garimpeiros in seinem Überleben gefährdet wurde. Mehrere seiner Gruppen, u.a. die Sabanes, wurden durch Seuchen ausgerottet. Vgl. Anuntsu, Sabanes.

Namensgemeinschaften (WISS)
I. aus Namen/Familiennamen (lat. Nomen, agronoma) und Gemeinschaft; t'ung hsing (=ci); (dt=) ohne gleichartige Bedeutung: Namensvettern.
II. Eigen-Namen/Familiennamen dienen der Bekundung von Verwandtschaftsverhältnissen, privatrechtlich dazu, Individuen zu identifizieren, unverwechselbar zu machen. Träger des gleichen Namens, die in weiten Teilen Ostasiens (bes. in China und Korea) als miteinander verwandt gelten, selbst wenn sie keinen gemeinsamen Ahnen kennen; allein von den rd. 44 Mio. Südkoreanern tragen 8,8 Mio. den Namen Kim und rd. 6 Mio. den Namen Lee. Namen sind unveräußerlich. Als Mitglieder einer Familie (hsing) sind sie zur Erfüllung charakteristischer Pflichten gehalten. Unter derart Namensverwandten darf es weder Heiraten noch Vendetten geben. N. sind nicht identisch mit den Kultgemeinschaften (t'ung tsung), die nur bestimmte hsing-Verwandte umfassen. In auffälligem Gegensatz dazu steht die japanische Praxis des (oft mehrfachen) Namenswechsels. Sie hat in Ostasien zu ungewöhnlicher Multiplikation von mehr als hunderttausend persönlicher Namen geführt. Häufungen von N. treten auch innerhalb bestimmter Religionen auf, etwa im Judentum: z.B. Deutsch, Deutscher unter »Deutschen Juden«, Cohn, Cohen, Kohanim als Nachkommen des Hohepriesters Aron.

Namibia (TERR)
A. Kolonialzeitlich 1884–1918 »Deutsch-Südwestafrika«; bis 12. 6. 1968 südafrikanisches UN-Treuhandgebiet Südwestafrika, seit 1990 unabh. als: Republic of Namibia (einschl. Walfischbucht, s.d.). Namibia (=en); la Namibie (=fr); Namibia (=sp).
Ew. 1960: 0,526; 1970: 0,762; 1980: 1,349; 1996: 1,584, BD: 1,9 Ew./km²; WR 1990–96: 2,6 %; UZ 1996: 37 %, AQ: 60 %

Namibier (NAT)
I. Namibians (=en); namibiens (=fr); namibianos (=sp, pt); namibiani (=it).
II. StA. von Namibia (unabhängig seit 1990) früher Südwestafrika; zahlreichen Ethnien zugehörend, vornehmlich Bantu-Völker; auch 6,4 % Weiße; div. Mischlingsgruppen (Rehobother Bastards, Coloureds/Kleurlinge). Vgl. Ovambo/Wambo (über 50 %), Kavango, Herero. Vgl. auch Damara, Nama, Caprivianer; Hottentotten; Deutschsüdwestafrikaner.

Nanaier (ETH)
I. Nanajzer, Altbez. Goldy; Golden; (Eigenbez.) Nanai, Nanaj, »Menschen von diesem Ort«, »Einheimische«; Nanajcy, Achan, Natki (=rs); Nanais, Nanajs (=en).
II. kleines Volk mit tungusischen Spr. in Russisch-Fernost (1979: 10500; 1990: 12000) am Unterlauf des Amur, an Zuflüssen des Ussuri, um Chabarowsk und Primorje; Nachkommen paläoasiatischer Stämme, z.T. chinesischer Abstammung; Schamanisten; Fischer und Jäger.

Nandi (ETH)
II. Ethnie von Sudannegern mit südnilotischer Eigenspr. auf dem Uasin Gishu-Plateau im Hochland von Kenia. Ackerbauern auf Hirse und Mais, auch Hirten; in Altersklassen gegliedert. Insges. > 200000. Unterstämme und Verwandte: Kamasia, Keyu/Elgeyo, Kipsigi, Laikipiak, Njamus, Sabei, Sapiny, Sotik, Terik. Vgl. Keyu, Elgeyo.

Nani (ETH)
I. Eigenbez. der Ultschen (s.d.), Oltscha, Orotschen.
II. Eigenbez. mehrerer kleiner Ethnien in Russisch-Fernost. Vgl. Nanaier, Orotschen, Ultschen.

Náñigos (REL)
I. (sp=) »kleine Brüder«.
II. Angeh. der schwarzen Geheimgesellschaft Abakuá auf Kuba.

Nañiguismo-Anhänger (REL)
I. Voodooisten.

Nanma (SOZ)
I. Harratin.
II. halbfreie Mischlinge in der Westsahara.

Nanumba (ETH)
I. Nanuma, Nunuma.

II. sprachlich den Mossi angeglichener Stamm in NW-Ghana; ca. 50000. M. standen in der Vergangenheit wiederholt in Stammeskämpfen mit den aus Togo zugewanderten Kokomba.

Naqschibani (REL)
I. Nakschabandi, Nakschibendi, Nakisbendi, Nakschbendiye, Naqsbandiya (=ar).
II. islamische Derwisch-Bruderschaft, seit 14. Jh. verbreitet in Afghanistan, sowie unter Kurden in Anatolien ähnlich den Qadiri-Derwischen (s.d.) und in Mittelasien. N.-Bruderschaft gilt als streng orthodox und militant. Den muslimischen Kaukasusvölkern (insbes. den Tschetschenen) bot die N.-Bewegung in der Abwehr russischer Durchdringung seit dem 17. Jh. einen Hort kulturell-geistiger, aber auch polit. und sozioökonomischer Selbstbehauptung; 1829 erklärte sie Rußland den Jihad, den heiligen Krieg; ihr 3. Imam war der bekannte Freiheitsheld Schamil. Vgl. Mewlewi, Süleymanci/Süleymanli; Nurculuk, Rifaiye, Kadiriye, Ticaniye.

Naristen (ETH)
I. Waristen.
II. Teilstamm der Markomannen, der im 1. Jh.v.Chr. am linken Donauufer zwischen Naab und Salzach-Mündung siedelte.

Narodniki (SOZ)
I. aus narod (rs=) »Volk«; Volksfreunde.
II. Vorläufer späterer sozialrevolutionärer Bewegung im 19. Jh. in Rußland.

Naron (ETH)
I. Nhauru.
II. Buschmannstamm in der zentralen Kalahari/Namibia.

Narraganset (ETH)
II. kleiner untergegangener Indianerstamm der Abnaki-Föderation in Rhode Island.

Nasi (ETH)
I. Naxi; Luhsi, Lukhi, Na-hsi, Naschi, Natschri, Wuman.
II. Ethnie mit einer tibeto-birmanischen Spr. im autonomen Bez. Litschiang/Yünnan/China; um 1990 ca. 278000. Leben isoliert, deshalb erst späte Sinisierung. Sind Bauern, Handwerker, Händler. Erhalten haben sich vereinzelt noch Totenverbrennung, Matriarchat und der Männerzopf.

Nasiräer (REL)
I. Nazarites (=en).
II. im Altjudentum Personen, die sich durch bestimmte Gelübde Gott weihten.

Nasirijjs (REL)
I. nach Begründer Mohammed b. Nasir a Dar'i.
II. religiöse Bruderschaft des 17. Jh. in Südmarokko.

Natanger (ETH)
II. altpreußischer Stamm im ordenszeitlichen Territorium Brandenburg/Ostpreußen.

Natchez (ETH)
II. einst bedeutender Indianerstamm am unteren Mississippi, war Mitträger der prähistorischen Mound-Kultur: Sonnenverehrung, Moundstempel, hochwertige Textilien und Keramik; sozio-religiös geprägte Kastenstruktur: Sonnen-/Königskaste, höherer und niederer Adel, breites Volk, als »Stinktiere« bezeichnet, aus denen aber Oberkasten ihre Heiratspartner wählen mußten. Nach Kämpfen mit Franzosen zerfiel der Stamm 1730, viele N. wurden in die Sklaverei nach Santo Domingo verkauft; ihre Eigenspr. aus der Spr.familie der Muskogee erlosch endgültig 1940.

Nathas (REL)
II. eine der vier großen Lehrrichtungen des Shivaismus, vor allem in Nord-Indien verbreitet.

Natha-Yogins (REL)
II. eines der religionsphilosophischen Systeme im Schivaismus; nach dem 13. Jh. aus den Kanpatha-Yogins hervorgegangen.

Nation (WISS)
I. aus lat. natio; nation (=en) und (=fr); nación (=sp); nazione (=it); naçáo (=pt). Der romanische Spr.gebrauch versteht unter N. die Staatsbev.
II. eine Bev.gruppe gewisser Größe, die durch das Bewußtsein gemeinsamer Geschichte und der Zugehörigkeit zur gleichen Kultur im Willen um eine staatlich-polit. Einheit verbunden ist. Ein eigenes, alle Glieder umschließendes Staatsterritorium ist nicht unbedingt Voraussetzung, wird aber angestrebt; selbst einheitliche Herkunft, Spr. und Religion können fehlen (u.a. OTTO MAULL). Nach jeweiliger Dominanz bestimmter Kriterien unterscheidet man Volksnationen (z.B. Armenier), Staatsnationen (u.U. aus mehreren Völkern bestehend wie z.B. das alte Österreich-Ungarn) und auch Religionsnationen (z.B. Juden, Maroniten). Zumindest schafft erst die Gemeinsamkeit in mehreren wichtigen Eigenschaften (Volkseinheit, Spr., Schrift, Religion) und im geschichtlichen Schicksal die Voraussetzung, daß der Wille zur polit. Einheit aufkommt. Vgl. Nationalitäten, Millet(s).

Nation of Islam (SOZ)
II. vorwiegend muslimisch bestimmte Bürgerrechtsbewegung der Afroamerikaner in USA, die soziale und polit. Ziele verfolgt. N. ist als militant-rassistische Organisation der Black Muslims 1967/1978 hervorgegangen, ihr Gründer ist Louis Eugene Wolcott/Louis X/Louis Farrakhan. Vgl. Black Muslims.

Nationalchinesen (ETH)
I. Taiwan-Chinesen; Altbez. Kuomintang-Chinesen.

II. im heutigen Sinne alle Einwohner der Rep. China (Taiwan/Formosa/Nationalchina), ca. 21,5 Mio. (1996); Bez. schließt sowohl die seit Jahrhunderten ansässigen, als auch Nachkommen der 1950 unter Tschiang Kaischek geflüchteten Festlandchinesen sowie ca. 200 000 Gaoschan (Alt-Taiwanesen) auf Taiwan ein. Sprechen überwiegend Minnanhua, den Dialekt S-Fukiens. Zumeist Buddhisten bzw. Universisten. Vgl. Taiwanesen, Gaoschan.

Nationale Flüchtlinge (WISS)
I. interne Flüchtlinge; innere oder innerstaatliche F., Binnenvertriebene.
II. Fachterminus der UNHCR im Gegensatz zu Auslandsflüchtlingen; Menschen, die in Kriegen, Bürgerkriegen, Terrorunruhen oder Naturkatastrophen wg. persönlicher Bedrohung oder Zerstörung wesentlicher Lebensumstände in anderen Teilen ihres Staates Zuflucht suchen.

Nationalitäten (WISS)
I. Bev.einheiten bewußter Volkszugehörigkeit.
II. 1.) im alten Sinn für Volksgruppen, die anderer ethnischer Zugehörigkeit sind als das Staatsvolk, mit institutionalisierter Autonomie; 2.) im heutigen Sinn Bez. für die verschiedenen gleichberechtigten Völker in einem Nationalitätenstaat. Leider wird Begriff im dt., englischen, französischen und italienischen Spr.gebrauch auch für die verschiedenen Staatsangehörigkeitsgruppen gebraucht. Vgl. Volksgruppen.

Nationuniversität (WISS)
II. zeitgenössische Bez. ab 13. Jh. für den Zusammenschluß der Siebenbürger Sachsen. Die N. stellte neben Ungarn und Szeklern eine der drei Nationen Siebenbürgens.

Native American Church (REL)
I. 1914 als »Church of the First Born« gegr., 1918 sog. Eingeborenenkirche, die das Christentum mit dem alt-indianischen Peyote-Kult verbindet.

Native American(s) (SOZ)
I. (=en); nicht syn. mit American Indians.
II. die Ureinwohner Amerikas. Begriff umgreift im US-Zensus neben Indianern auch Eskimos, Aleuter/Unangan und öfters auch Hawaiianer. Vgl. American Indians, Indianer/Indianide, Indios.

native speaker (SPR)
I. (en=) »einheimischer, eingeborener, natürlicher Sprecher«.
II. Sprecher einer Mutterspr.

Natives (WISS)
I. (=en); (farbige) Eingeborene der britischen Kolonien aus der Sicht der Europäer; hingegen gilt Begriff in Australien nur für die bereits im Lande geborene weiße Bev. Vgl. Native Americans.

Natuchaier (ETH)
I. Natukhai.
II. Stamm im Völkerverband der Tscherkessen.

Naturalisierte (WISS)
I. Eingebürgerte.
II. (ehem.) Ausländer, denen eine neue Staatsangehörigkeit verliehen wurde; die ein neues Bürgerrecht erworben haben. Anzahl von N. ist insbes. in eigentlichen Einwanderungsländern hoch und kann dort Anteile von 20 bis über 30% ausmachen. Bei liberaler Einbürgerungspraxis (von langjährigen Gastarbeitern, einheiratenden Ausländern usw.) kommt N. auch sonst gewisse Bedeutung zu. In Deutschland wurden 1970-1990 rd. 615 000 Ausländer naturalisiert, seither wächst ihre Zahl ständig: 1994 wurden bereits 259 000 Menschen eingebürgert, wobei allerdings der Großteil »Aussiedler« mit Rechtsanspruch auf Einbürgerung waren.

Naturvölker (WISS)
I. natural population (=en); les naturels (=fr); pueblos primitivos (=sp); povos naturais (=pt); popoli, que vivono allo stato della natura (=it).
II. Begriff seit *HERDER* für Völker mit geringer technisch-zivilisatorischer Ausstattung zur Naturbeherrschung (*THURNWALD*) und ohne ausgebildete Schrift. Ethnien, die noch in enger Abhängigkeit zu ihrer natürlichen Umwelt stehen, zu der sie eine hervorragende Anpassung erlangt haben. Generelle Entwicklungsstufen von »einfachen« zu »fortgeschrittenen N.« sind ableitbar. Umschreibungen wie Kulturlose, Schriftlose, Geschichtslose, Native, Primitive sind abzulehnen, dgl. Entwicklungsvölker in unstatthafter Gegenüberstellung zu Kulturvölkern europäischer Norm.

Nauru (TERR)
A. Republik. Seit 31. 1. 1968 unabh. Inselrepublik im Pazifik. Naoero; Republic of Nauru, (=en). La République de Nauru, Nauru (=fr); la República de Nauru, Nauru (=sp).
Ew. 1948: 0,003; 1960: 0,004; 1970: 0,007; 1983: 0,008; 1996: 0,011, BD: 516 Ew./km^2; WR 1982-92: 1,8%; UZ 1996: 50%, AQ: 1%

Nauruer (NAT)
I. Naurier, Nauruaner; Nauruans (=en); nauruans (=fr); nauruanos (=sp).
II. StA. von Nauru in Ozeanien; polynes.- mikrones.-melanesische N. stellten (1989) nur mehr 58% der Inselbev., ferner 8% Europäer und Neuseeländer. Ansehnliche Gastarbeiterkontingente (35% der Gesamtbev.) bes. aus Kiribati, China und Vietnam. Vgl. Kulis.

Nauset (ETH)
II. kleiner untergegangener Indianerstamm der Abnaki-Föderation in Massachusetts.

Navajo(s) (ETH)
I. Navahos; Eigenbez. Diné
I. »Volk«; volkstümlicher Name für die Yutagenne-Indianer.

Naxaliten
II. ein indianisches Großvolk aus der Spr.familie der s. Athapasken mit geringem Anbau und von Europäern übernommener Schafzucht bei halbseßhafter Lebensweise. Erlitten schwere Verluste bis zur Kapitulation 1863 im Kampf gegen die Weißen und in Reservationen durch Seuchen. Dennoch stellt die N-Nation mit über 219 000 Seelen die zahlenmäßig zweitstärkste indianische Einzelpopulation in USA (Arizona und Neu-Mexico) dar.

Naxaliten (SOZ)
II. Mitstreiter einer polit. Bewegung, die in 60er Jahren in Indien (speziell Bengalen) mit maoistischer Militanz gegen die Zamindars kämpften.

Naxi (SPR)
I. Nakhi-, Moso-spr.
II. kleine tibetobirmanische Spr.minderheit mit potentiell 0,3 Mio. Sprechern in China. Vgl. Moso.

Nazaräer (REL)
I. aus nasara (=ar), Sg. Nasrani; Nazoräer, Nazarener; Nazarenes (=en).
II. Selbstbez. der Altchristen mit aramäischer Kultspr.; später eingeengt auf syrische Judenchristen.

Nazarener (REL)
I. Fröhlichianer; Nazarenes (=en).

Nazariten (REL)
II. Angeh. der Nazaretha Church in Südafrika und Mosambik, um 1985 ca. 80000, begr. 1911 in Natal durch Isiah Mayekise Shembe. Vgl. Zionistische Kirchen.

Nazione (WISS)
I. (=it); wie nación (=sp) in der romanischen Spr. überwiegend i.S. von Staatsbev.

Nazirite Baptist Church (REL)
II. 1911 in Südafrika gegr. unabhängige christliche Glaubensbewegung. Vgl. Zions-Christen.

Nazoräer (REL)
I. Mandäer.

Ndau (ETH)
I. Vandau, Shona.
II. eines der bantuspr. Shona-Völker im zentralen Mosambik.

Ndebele (SPR)
I. isiNdebele.
II. eine Bantuspr.; Amtsspr. in KwaNdebele, Transvaal, ab 1994 in ganz Südafrika. Verkehrsspr. in Simbabwe.

Ndebele-N (ETH)
I. Amandebele, Matabele (mit Präfix), Tebele.
II. kriegerisches Volk der S-Bantu, das sich unter dem von Shaka Zulu abgefallenen Heerführer Msilimikazi nach 1820 um Bulawayó/Simbabwe niederließ; diese Herrschaft endete 1893. Rinderkultur, starke Abwanderung in die Städte. An der Staatsbev. von Simbabwe hatten die N. 1992 mit 1,9 Mio. einen Anteil von 17%, an jener von Südafrika mit 376 000 einen solchen von 1%. Fühlen sich von Shona-Majorität benachteiligt und fürchten seit 1985 deren Übergriffe.

Ndebele-S (ETH)
I. S-Ndebele, Transvaal-Ndebele, Nrebele, Manala, Laka 1.
II. Bantu-Ethnie in Transvaal/Südafrika; 1980: 394 000. N-S. sind vorzugsweise Viehzüchter, Rinder sind ihr Kapital, dienen als Brautpreis, dürfen nur von Männern versorgt werden. Polygynie möglich, Ahnenkult.

Ndembu (ETH)
II. zu den S-Lunda zählende bantuspr. Ethnie auf fruchtbaren Hochebenen im S der DR Kongo im Grenzgebiet n. Katanga, ca. 150 000; Frauen betreiben Anbau, Männer Jagd und Fischfang. Matrilineare Abstammungsrechnung. Im 19. Jh. gehörten die N. dem Lunda-Reich von Mwata Naweji an. Vgl. Lunda.

Ndogo (ETH)
I. Sere.
II. kleine schwarzafrikanische Ethnie im Bahr el Ghazal/S-Sudan.

Ndonga (SPR)
I. Verkehrsspr. in Namibia.

Ndorobo (ETH)
II. negrider Kleinstamm im Rift Valley von Kenia.

Neandertaler (BIO)
I. Homo neanderthalensis (=lat) (1864 durch v. KING), späteres Synonym (1898 durch DE WILSER) Homo primigenius; heutige Bez. Homo sapiens neanderthalensis.
II. N. sind zu unterteilen in »frühe« N. noch während der Riss-Würm-Warmzeit (150 000–100 000 vor heute) und »klassische« N. in der ersten Hälfte des Würm-Glazials (80 000–30 000 vor heute) hpts. in West- und Mitteleuropa; insgesamt dem oberen Alt- bzw. Mittelpaläolithikums nach erstem Fundort Neandertal bei Düsseldorf zuzurechnen. I.w.S. auch die abweichenden Varianten des N. in SE und E-Europa sowie in Vorderasien (Neanderthaloide). Der klassische N. stellt den äußersten, am weitesten spezialisierten Flügel dar, der im mittleren Würm ausstarb bzw. genetisch absorbiert wurde. Sein Hirnvolumen dürfte 1200–1750 ccm betragen haben. Vgl. Palaeanthropinen; Paläolithiker.

Neanthropinen (BIO)
I. Neumenschen.
II. Sammelbez. nach G. HEBERER für den phylogenetisch unmittelbar zum heutigen Menschen führenden Zweig fossiler Hominiden. Umfaßt insbesondere die riß-würmzeitliche Präsapiens-Gruppe

sowie die Sapiens-Gruppe u.a. mit den Cro-Magnon-Menschen.

Nebenerwerbslandwirte (WISS)
II. Bauern, die ihren Hof im Nebenerwerb (für den sie über 960 Stunden im Jahr aufbringen) bewirtschaften. N. sind bes. in Gebieten verbreitet, in denen als Folge von Realteilung die Betriebseinheiten so klein geworden sind, daß sie für die Erwirtschaftung eines Familieneinkommens nicht mehr genügen. Vgl. Vollerwerbslandwirte, Vollbauern.

Nederduitse Gereformeerde Sendingkerk (REL)
II. niederländische Missionskirche in Südafrika, die stark in der Antiapartheid-Bewegung involviert war.

Nederlands Hervormden (REL)
II. calvinistische Hauptströmung in den Niederlanden, ihr rechnen sich 11 % (nach 1990) der Gesamtbev. zu.

Nefa (TERR)
B. Indisches Regierungsterritorium mit 81 400 km^2 im NE-Grenzgebiet.
Ew. 1961: 0,337

Neffen (BIO)
I. neveux (=fr); nipote (=it).
II. Verwandtschaftsbezeichnungen für 1.) Söhne eines Geschwisters, 2.) Vetter- bzw. Basensöhne. Vgl. Nichten.

Nefusa (ETH)
I. Nefousi.
II. Berberstamm im Grenzgebiet zwischen Tunesien und Tripolitanien; sind arabisiert und Ibaditen.

Neger (BIO)
I. Schwarze, aus negro (sp=, it=) »schwarz«, pejorativ nigger; negroes, blacks (=en); nègres (=fr); negros (=sp); pretos (=pt). Vgl. Negride, Schwarze.

Negersklaven (SOZ)
I. Jelfes (=sp).
II. seit Altertum (27. Jh. v.Chr.) in Ägypten bekannte und ob ihrer Eignung zu schwerer Arbeit in Steinbrüchen und Bergwerken höchst gewertete Sklavengattung. Im Unterschied zu (weißen) »Christensklaven« (s.d.) die im 16.–19. Jh. aus Schwarzafrika in orientalische Länder und nach Übersee verschleppten Schwarzen; s. Sklaven und Sklavennachkommen. Vgl. u.a. Abid, African Americans, Blacks, Negroes.

Negev-Beduinen (ETH)
I. israelische Beduinen.
II. Sammelbez. für die Beduinen Südpalästinas. Durch Errichtung des Staates Israel und einsetzende Kolonisierung des Negev (seit 1943–48) wurden alle Strukturen von 8 Konföderationen mit 92 Stämmen nachhaltig zerstört. Die Bev.zahl im Negev verminderte sich von 100 000 auf 11 000 Köpfe. Der Großteil (über 70 000) der N. beugte sich den israelischen Besitzansprüchen und wurde seßhaft, vor allem in sieben Großsiedlungen zwischen Dimona und Beerscheba, hpts. in Rahat. Nur etwa 7000 konnten nomadische Lebensweise mit Kamel-, Schaf- und reduzierter Ziegenhaltung in Reservaten beibehalten. Nach israelischer Besitzergreifung flüchteten 1949 Azazme und Tarabin in den Sinai, Dschubarat und Hanadschra in den Gaza-Streifen (1990: rd. 80 000); bekamen 1952 die israelische Staatsbürgerschaft, verhielten sich seither dem jüdischen Staat gegenüber loyal, stehen aber in fortdauernder Auseinandersetzung um Bodennutzungsrechte. Erst 1989 setzten N. das Kommunalwahlrecht durch. Bis 1994 ist Bev.zahl der N innerhalb und außerhalb der Siedlungen wieder auf 74 000 angestiegen. Ihre außerordentliche Geburtenrate von 57‰ (75,2 % sind jünger als 29 Jahre) garantiert weiteres Wachstum. Vgl. Azazma/El Azazme, Gahalin/Dschahalin, Gubarat/Dschubarat, Hanagra/Hanadschra, Sa'idiyin, Tarabin, Tiyaha, Zullam.

Negidalen (ETH)
I. Negidalzen; Eigenbez.: Elkenbeje, Elkan Bejenin »Hiesige«; Negidal'cy (=rs); Negidals (=en).
II. 1945 fast erloschenes Restvolk (1979: 500) tungusisch-mandschurischer Spr. am unteren Amur sowie am Amgun, das als Sammler, Jäger und Fischer in Russisch-Fernost beheimatet war; Animisten mit Schamanentum. N. waren Ewenken, die sich mit Nachbarvölkern, u.a. Nanaiern und Niwchen, vermischt haben. Vgl. auch Orotschen, Giljaken.

Nègres (SOZ)
II. (=fr); in Frankreich pejorativ für Neger.

Negride (BIO)
I. »Neger«, »Schwarze«; negroids (=en); negridi (=it).
II. eine der drei Hauptrassenkreise/Großrassen der Erdbevölkerung, mitunter fälschlich als »Westnegride« bezeichnet. Erkenntnisse zur Ausdifferenzierung der Negriden sind noch ungesichert. Älteste Skelettreste mit eindeutig protonegridem Habitus aus ausgehendem Pleistozän und frühem Holozän wurden in Westafrika (Nigeria 10. Jts. v.Chr.) gefunden. Von dort Ausbreitung nach N und E; negride Komponenten einst in Nordafrika stärker verbreitet als heute. Variationsbreite der meisten Merkmale ist groß. Selbst Hautfarbe schwankt zwischen gelblichbraun über kupferfarben bis tiefschwarz, Haarfarbe aber dominant dunkel, Tendenz zur Kraushaarigkeit. N. sind hpts. verbreitet im südsaharischen Afrika, das daher als »Schwarzafrika« bezeichnet wird. Die heutigen Negriden lassen sich in drei Hauptzonen gliedern: 1.) Kontaktzone zwischen Europiden und N. mit möglicher Kontakttrasse (Äthiopide), in die vor allem die alten europiden Elemente Ostafrikas eingegangen sind; 2.) Busch- und Savannenzone mit progressiven Negriden (Neonegride) vor allem mit

Nilotiden, ferner mit Sudaniden im N und Bantuiden im S; 3.) Regenwaldzone mit Palänegriden, ferner mit pädomorphen Sonderformen der Bambutiden/ Pygmiden und Khoisaniden. Neuzeitlich sind N. durch den Sklavenhandel der Araber nach Nordafrika und Arabien, durch jenen der Europäer nach Nord-, Mittel- und Südamerika sowie auf Inseln des Atlantik und Indik gelangt. S.a. Afroamerikaner). Vgl. Mulatten, Negritide.

Negrillos (BIO)
 II. (=sp); Sammelbez. für zwergwüchsige Restvölker im tropischen Afrika. Vgl. Pygmäen; zu unterscheiden aber Negritos SE-Asiens.

Negritide (BIO)
 I. ethn. Entsprechung: Negritos.
 II. anthropol. Sonderformgruppe in SE-Asien, kleine, weit verstreute Rückzugspopulationen. Setzen sich durch Zwergwuchs und dunkle Hautfarbe von ihrer Umgebung beträchtlich ab, sind auch untereinander verschieden. Da sie laut Blut- und Hautleistenmerkmalen in keinem engeren Zusammenhang mit Bambutiden Afrikas stehen, stellen sie vermutlich schon seit langem isolierte Restsplitter einer untergegangenen Altschicht dar. Sind am ehesten den Australo-Melanesiden zuzuordnen. Vgl. Semang/Semangiden, Aëta/Aëtiden, Andamaner/ Andamaniden.

Negritos (BIO)
 I. (sp=, pt) »Negerlein«.
 II. Sammelbez. für klein- bis zwergwüchsige Restvölker in SE-Asien; Teilgruppe der Melanesiden mit dunkler Hautpigmentierung und Kraushaar, in tropischen Rückzugsgebieten bes. auf den Philippinen, auf Andamanen und im gebirgigen Innern der Malaiischen Halbinsel. Zu ihnen zählen: Aëta auf Luzon, Negros und Mindanao/Philippinen; Großandamaner, Jarawa, Onge, Sentinelesen auf Andamanen-Inseln/Indien; auf Malaiischer Halbinsel die Semang (mit Batek, Jahai/Jah Jehai, Kensiu, Kintak, Lanoh, Mendrik) und die Senoi (mit Che Wong, Jah Hut, Mah Meri, Orang Kanao, Orang Pangan, Orang Semang, Semok Beri, Temiar). Vgl. Negrillos, Pygmäen in Afrika. Vgl. Negritide.

Negro Americans (BIO)
 I. (=en); schwarze (Nord-) Amerikaner, Afroamerikaner.
 II. Nachkommen eingeführter Negersklaven in Nordamerika; breite Mischlingspopulationen sind zu beachten. Vgl. Blacks, pejorativ Nigger; Schwarzgesichter.

Negroes (SOZ)
 I. Neger; Blacks (=en) in N-Amerika. Vgl. Nègres, Nigger.

Negros alzados (SOZ)
 II. (=sp); aufständische Negersklaven, die flüchtig wurden.

Negros cimarrónes (SOZ)
 I. Buschneger, Maroons; cimarrónes (=sp).
 II. Bez. für entlaufene, verwilderte Negersklaven speziell in Mittelamerika und Karibik; heute ein böses Schimpfwort unter Weißen. Vgl. Buschneger, Maroons.

Negros de ganho (SOZ)
 II. (=pt); überzählige Negersklaven in Brasiliem, die zum Nutzen ihrer Herrschaft und zum Eigenverdienst ihre Dienste frei anbieten durften.

Nehrungskuren (ETH)
 II. Reste semgallischer Altbev. in NE-Ostpreußen; alte Spuren sprachlicher, kultureller und sozialer Art haben sich trotz deutscher und litauischer Überprägung bis heute erhalten.

Nekrophagen (WISS)
 I. nekro (gr=) »tot« und phagein (gr=) »essen«.
 II. Angeh. von Naturvölkern, die Teile des toten menschlichen Körpers verzehren. Vgl. Kannibalen, Anthropophagen.

Nemadi (SOZ)
 II. Berufskaste der Jäger, eine bes. archaische und arme Teilpopulation in der Hierarchie der Araboberber und der »Mauren« in der Westsahara. Sie züchten auch heute noch ihre Jagdhunde, doch die Zeit der großen Jagdzüge auf Antilopen und Strauße (die Gueïmarés) ist vorbei.

Nemcy (ETH)
 I. (=rs); Nemzy; Deutsche, Rußlanddeutsche.

Nenggiri (ETH)
 Vgl. Temiar; Negritos.

Nenu (ETH)
 II. 1.) kleine schwarzafrikanische Ethnie in N-Kamerun. 2.) Banen; kleine ethnische Einheit in NE-Kamerun.

Nenzen (ETH)
 I. Nencen; Jurak-Samojeden; Nency (=rs); Eigenbez. Nenez oder Chasowa, d.h. »Menschen«; Nenets, Yurak-Samoyeds (=en).
 II. größtes Restvolk der samojedischen Spr.-gruppe (nganasanische/tawgische Spr.) (1980: ca. 30000, 1990: ca. 35000); einst nomadisierend westlich des Ural beheimatet, heute in N-Sibirien; fielen bis zum 17. Jh. unter russische Herrschaft, erhielten 1929/30 drei Autonome Kreise (den Jamalo-Nenzischen, Nenzischen und Tajmyrischen Kreis). Auf Nowaja Semlja als Rentierzüchter lebende N. wurden 1957 wegen Aufnahme von Atomversuchen auf andere Inseln umgesiedelt. Nenzen am unteren Jenissej früher als Juraken, am unteren Ob als Samojeden bezeichnet. Nenzisch ist seit 1932 Literaturspr.; N. sind orthodoxe Christen oder Animisten. Vgl. Juraken, Yurak-Samodi, Samojeden; Chanten, Enzen, Nganasanen, Selkupen.

Neo- oder Neuanalphabeten (SCHR)
I. Sekundär-Analphabeten.

Neohinduisten (REL)
I. nicht voll synonym mit Reformhinduisten.
II. hier als Sammelbez. für Anh. zahlreicher Reformbewegungen, die in der britischen Kolonialherrschaft (1758–1947) und seither das orthodoxe Glaubenswerk des Hinduismus gegen westlichen Einfluß verteidigt oder aber ihn angenähert haben. Zu diesen Erneuerungsgruppierungen zählen u. a. die »Gottesgesellschaften« Brahma-Samaj (seit 1828) und Dev-Samaj (seit 1887), die »Arier-Gesellschaft« Arya-Samaj (seit 1875), die Ramakrishna-Mission und div. Yogagemeinschaften. Insges. 14–15 Mio. (1993).

Neoismailiten (REL)
I. Assassinen. Vgl. Fidaijjun (=ar).

Neokonfuzianer (REL)
II. Konfuzianer seit Neubelebung im 11. Jh., nunmehr stärker von metaphysischen Einflüssen durchsetzt.

Neolithiker (WISS)
II. Menschen der Jungsteinzeit, der jüngsten Kulturepoche vor der Metallzeit; ursprünglich benannt nach Auftreten geschliffener Steinwaren (Beile), heute verbunden mit dem Einsetzen produktiver Nahrungserzeugung (Kulturpflanzen, Haustiere) und gebauter Dauerwohnstätten. Dieser Übergang zu neuer Lebens- und Wirtschaftsweise in der »neolithischen Revolution« vollzog sich in weit schwankenden Zeitgrenzen zuerst ohne mesolithische Zwischenphase im »Fruchtbaren Halbmond« Vorderasiens, etwa ab 9. Jtsd. v. Chr. und dort kaum von Frühphasen nachfolgender Hochkulturen zu trennen (Domestizierung von Schafen, Ziegen, Rindern (9.–7. Jtsd.); Weizen-Gerste-Anbau (8. Jtsd.); erste stadtartige Siedlungen u. a. Jericho, Catal Hüyük (6./7. Jtsd.); Entfaltung von Töpferei und Webkunst; Entwicklung religiöser Systeme, Fruchtbarkeitsmythen. In anderen Erdteilen wurde neolithische Kultur erst später erworben, in Europa im 6.–4. Jtsd., eine der frühesten Kulturgemeinschaften sind die Bandkeramiker. Anfangs des Neolithikums noch weitflächige Verbreitung der Kulturen, nun engere, regionale begrenzte Trägergruppen, benannt nach Leitformen oder Verbreitungsräumen der Funde. Vgl. Paläo-, Mesolithiker.

Neomelaneside (BIO)
I. Neomelaniside.
I. Papuaside (*BIASUTTI* 1941/59), Bukaide (*LUNDMAN*).
II. als Unterrasse der Australomelanesiden abzugrenzende Bevölkerungsgruppe, die erheblich weniger Primitivmerkmale als die Australiden und Palämelanesiden aufweist (schlank, ovalgesichtig mit markanter Nase). Verbreitung: Papua auf Neuguinea mit Ausläufern nach Mikronesien.

Neonegride (BIO)
I. Jungnegride, Savannenneger, Graslandneger; progressive Negride.
II. Verbreitung außerhalb der Waldgebiete Zentral- und Westafrikas; zugehörig insbesondere die Nilotiden. Die übrigen N. gliedern sich in einen Nordflügel mit den Sudaniden und einen Südflügel mit Kaffriden/Bantuiden. Vgl. Gegensatz Palänegride.

Neophyten (REL)
I. (agr=) »Neugeborene«.
II. Bez. für die mittels einer Initiation in einen Mysterienkult neu Aufgenommenen; im Frühchristentum die erst als Erwachsene Getauften; auch für neue Glieder eines Mönchsordens.

Neosibirier (ETH)
II. überholte Altbez. für jene Ethnien turk- und altaischer Spr., die, aus Zentralasien kommend, die Autochthonen in Sibirien überwandert haben.

Nepal (TERR)
A. Königreich. Nepal Adhiraja; Sri Nepala Sarkar. The Kingdom of Nepal, Nepal (=en); le Royaume du Népal, le Népal (=fr); el Reino de Nepal, Nepal (=sp).
Ew. 1950: 8,314; 1960: 9,327; 1970: 11,416; 1978: 13,421; 1996: 22,037, BD: 150 Ew./km²; WR 1990–96: 2,7%; UZ 1996: 11%, AQ: 73%

Nepalesen (NAT)
I. Nepaler, Nepali; Nepalese (=en); népalais (=fr); nepaleses (=sp, pt).
II. StA. des Kgr. Nepal. N. i. e. S. stellen 52% der Staatsbev., im weiteren div. indo- und tibeto-nepalesische Ethnien. Große Auswandererkolonien in Bengalen, Sikkim, Bhutan und N-Bangladesch. Vgl. u. a. Tharu, Tamang, Newari, Sherpa.

Nepali (SPR)
I. Naipali; Nepali, Gurhali (=en); Ghurkali, Khaskura, Pahari, Parbatia »Ostpahari«.
II. Staats- und Verkehrsspr. in Nepal (geschrieben mit der Nagari-Schrift) sowie in S-Bhutan; insgesamt mit 14 Mio. Sprechern.

Nepoten (SOZ)
I. aus lat. nepos (Nepotismus).
II. Altbez. für Neffen, Enkel, Vettern; Verwandte, Nachkommen. Vgl. Vettern.

Neri piú neri (SOZ)
II. Bez. der Italiener für die illegal eingewanderten Schwarzafrikaner.

Neside (BIO)
I. aus nasos (=agr) »Insel«; indonesisch-malayischer Formentypus.
II. Unterrasse der Palämongoliden. Merkmale: pädomorpher Habitus (rundlich-grazil, niedriges Gesicht, breite Nase, volle Lippen); weitwelliges Kopfhaar; mittelbraune Haut mit leichtem Gelbton.

Verbreitung: südostasiatisches Mittelmeer incl. Philippinen und Malakka. Mögliche Fernwanderung bis Madagaskar.

Nestorianer (REL)
I. Aissoren, Assyrer, Asuri; Nestorians (=en).
II. Christen der sog. »ostsyrischen«, »assyrischen« oder »Katholischen Kirche des Ostens«, entstanden im Schisma von Ephesos 431, (Lehre des Nestorius: in Christus bestünden nicht nur zwei Naturen sondern auch zwei Personen). Anh. flüchteten sich nach Ägypten und bes. nach Persien, trieben von dort aus ausgedehnte Mission bis Indien, Innerasien, Mongolei, Mandschurei und China, mit Höhepunkt 13. Jh. Im 2. Mongolensturm 1380, durch Türken 1915 und Iraker 1933 wiederholt grausam verfolgt. Teilgruppen wanderten nach N-Amerika und Australien aus. N. folgen ostsyrischem oder chaldäischem Ritus. Heute ca. 180000 im Irak, in Iran, Syrien und an der Malabarküste. Vgl. Assyrer, Assyrische Christen, Dyophysiten.

Netótsi (SOZ)
II. Angeh. einer Zigeunerpopulation in Rumänien, die ohne Wagen schweifend, ein sehr primitives, naturnahes Leben führt. Vgl. Roma.

Neturei Karta (REL)
II. Sekte orthodoxer Juden in Palästina, die zionistischen Staat scharf ablehnt.

Neua (ETH)
II. Ethnie von ca. 50000, tai-spr., in NE-Laos; Trocken- und Naßreisbauern. Buddhisten.

Neuafrikaner (SOZ)
II. Selbstbez. radikaler Afroamerikaner in USA, die als Wiedergutmachung für das Sklavendasein ihrer Vorfahren Reparationen und ein eigenes Staatswesen auf dem Boden der USA (Louisiana, Mississippi, Alabama, Georgia, South Carolina) anstreben.

Neuapostoliker (REL)
I. Neuapostolische Christen, Neuapostolen.
II. Sammelbez. für div. Zweige einer christlichen sektenartigen Sondergemeinschaft, die sich 1865 durch Heinrich Geyer aus der Katholisch-Apostolischen Gde. abgelöst hat. Seither u.a. »Neuapostolische Gemeinde/Kirche«, »Allgemeine christliche apostolische Mission«. Besonderheiten: Hierarchie von Engeln, Propheten, ca. 250 Aposteln (unter einem »Stammapostel«, der als Repräsentant Gottes auf Erden gilt), Priestern, Evangelisten, Diakonen; neben Abendmahl und Taufe als 3. Sakrament die Versiegelung (Empfang des Heiligen Geistes). Weltweit i.e.S. über 1,2 Mio., mit Seitenzweigen bis zu 7,2 Mio. Angeh.; in Deutschland mind. 430000 Anh. in rd. 3000 Gemeinden. Vgl. Apostolischchristliche Kirche.

Neubürger (WISS)
II. ausgewanderte Pers. oder Pers.gruppen, die, in einem Einwanderungsland naturalisiert, eingebürgert, eingekauft worden sind. Zu unterscheiden von Jungbürgern (in Schweiz).

Neuchâtel (TERR)
B. Kanton. Gliedstaat der Schweizerischen Eidgenossenschaft seit 1815. Neuenburg (=dt); Neuchâtel (=fr, it).
Ew. 1850: 0,071; 1910: 0,133; 1930: 0,124; 1950: 0,128; 1970: 0,169; 1990: 0,164; 1997: 0,165

Neuchristen (REL)
I. cristãos novos (=pt); cristianos nuevos (=sp); Scheinchristen, Milieu-Christen.
II. Bez. im 16.–18. Jh. für die Marranen auf der Iberischen Halbinsel, die weder nach dem jüdischen Gesetz lebten, das sie im Laufe der Zeit vergessen hatten, noch nach der kath. Lehre, die sie verachteten. Vgl. Altchristen.

Neue Hebriden (TERR)
C. Inselgruppe und Territorium. Ehem. Kondominium von Frankreich und Großbritannien; Bez. für nachmaliges Vanuatu, s.d. The New Hebrides Condominium, the New Hebrides (=en); le condominium franco-britannique des Nouvelles-Hébrides, les Nouvelles-Hébrides (=fr); el Condominio de las Nuevas Hébridas, las Nuevas Hébridas (=sp).

Neuenglandstaaten (TERR)
B. New England. Bez. für die heutigen sechs Bundesstaaten im NE der USA: Connecticut, Rhode Island, Maine, Massachusetts, Vermont, New Hampshire.
Ew. 1790: 1,009; 1810: 1,408; 1830: 1,955; 1850: 2,728; 1870: 3,488; 1890: 4,701; 1910: 6,553; 1930: 8,166; 1950: 10,509; 1970: 11,848; 1990: 13,207

Neufundland (TERR)
B. Amtl. Bez.: Kanadische Provinz Neufundland und Labrador. Seit 1583 in britischem Besitz, 1713 englische Kolonie, 1832 Selbstverwaltung, 1949 an kanadischer Föderation. The Province of Newfoundland, Newfoundland (=en); la province de Terre-Neuve, Terre-Neuve (=fr); la Provincia Terranova, Terranova (=sp).
Ew. 1845: 0,100; 1860: 0,125; 1914: 0,200; 1935: 0,290; 1951: 0,361; 1961: 0,458; 1986: 0,568 Z

Neuguineer (NAT)
I. néo-guinéens (=fr).
II. Angehörige des ehem. australischen UN-Treuhandgebietes Neu Guinea; seit 1975 souveräner Staat Papua-Neuguinea, 4,4 Mio. Ew. (1996); Ostteil von Neuguinea mit vorgelagerten melanesischen Inseln. StA. setzen sich aus rd. 750 Stammesethnien polynesischer, melanesischer, malaiischer Abstammung zusammen. Vgl. Papua; Irian Jaya, Papua-Neuguinea.

Neuguineische Salomonen (TERR)
B. s. Papua-Neuguinea. The New Guinean Solomon Islands (=en); les îles Salomon néo-guinéennes (=fr); las islas Salomón Neoguineas (=sp).

Ew. 1970: 0,161; 1981: 0,156; BD: 1986: 10 Ew./km²

Neuhebrider (NAT)
I. New Hebrideans (=en); néo-hébridais (=fr); neohebridenses (=sp).
II. Angehörige des melanesischen Territoriums Neuhebriden, das 1887–1980 unter britisch-französischer Kondominiumsverwaltung stand; seither souveräne Rep. Vanuatu. (s.d.)

Neuheiden (REL)
I. unbefriedigende, unscharfe moderne Bez.; besser: »distanzierte Christen«, »verweltlichte Christen«.
II. christlich Getaufte, die späterhin ohne kirchliche Bindungen leben, aber auch Ungetaufte, z.B. viele Menschen in den ehem. kommunistischen Ostblockländern. Vgl. Laizisten.

Neu-Irvingianer (REL)
I. Mitglieder der Apostolischen Gemeinde.
II. entstanden durch Abspaltung von Irvingianern in Niederlanden 1863 und Deutschland 1878.

Neukaledonien (TERR)
B. Seit 1853 Französisches Übersee-Territorium in Melanesien. Nouvelle Calédonie et Dépendances (=fr). The Territory of New Caledonia, New Caledonia (en); le territoire de la Nouvelle-Calédonie (=fr); el Territorio de la Nueva Caledonia, la Nueva Caledonia (=sp).
Ew. 1950: 0,059; 1960: 0,079; 1970: 0,112; 1978: 0,144; 1996: 0,196, BD: 10 Ew./km²; WR 1990–96: 2,7%; UZ 1996: 60%, AQ: 7%

Neukaledonier (ETH)
II. Bewohner einer Inselgruppe Melanesiens von fast 600 Inseln; i.e.S. der Bev.anteil von nur 43% »Kanaken«, eingeborener dunkelhäutiger Melanesier (mit einer Spr. der Melanesien-Gruppe), die einst eine staatsähnliche Organisation besaßen; sind zu 72% katholische Christen, meist Plantagen-Lohnarbeiter. 37% sind Europäer (überwiegend Franzosen/Caldoches), der Rest andere Ozeanier, Indonesier und Asiaten.

Neulichtfreunde (REL)
II. Mitglieder der Lorber-Tatgemeinschaft bzw. Neu-Salems-Gesellschaft.

Neu-Manichäer (REL)
I. Katharer.

Neumuslime (REL)
I. Dschdid-al-Islam.

Neuostpreußen (TERR)
C. Territorium des in der 3. Polnischen Teilung von Preußen erworbenen polnischen Gebiete: es sind dies die Woiwodschaften Masowien, Podlachien und Troki (bis zum Njemen).

Neuprotestanten (REL)
Vgl. Evangelikale.

Neureligiöse (REL)
II. mißdeutbarer, meist erst im 20. Jh. aufgekommener Terminus für Anh. junger Heilsbewegungen, die vereinfacht als Synkretismen traditioneller Religionen oder als Rel.ersatz missionierender Sekten zu beschreiben sind. Viele solcher Neustiftungen haben ihren Ursprung in Asien (a) und Nordamerika (b), manche gelten als sogenannte Jugendreligionen (s.d.). Vgl. u.a. (a) Lotos-Sutra, Ananakiyo, Ananda Marga, Transzendentale Meditation, Hare Krishna, Tonghak, Cao, Baha; (b) Mormonen, Christian Science, Peyote, Black Muslims, Church of God, Scientology Church.

Neu-Salems-Gesellschaft (REL)
I. Altbez. 1924–1949 für die Lorber-Tatgemeinschaft.

Neuseeland (TERR)
A. In der Maori-Spr. Aotearao; New Zealand (=en); Nouvelle-Zélande (=fr); Nueva Zelandia (=sp); Nuova Zelanda (=it); Nova-Zelándia (=pt).
Ew. 1948: 1,833; 1950: 1,908; 1960: 2,372; 1970: 2,811; 1978: 3,107; 1996: 3,635, BD: 13 Ew./km²; WR 1990–96: 1,3%; UZ 1996: 86%; AQ: 1%

Neuseeländer (NAT)
I. New Zealanders (=en); néo-zélandais (=fr); neozelandeses (=sp).
II. StA. und Bew. von Neuseeland, 3,6 Mio. Ew. (1996); sie setzen sich zusammen aus 74% Weißen (den Pakehas; meist Europäer), 9,6% autochthonen Maori, 3,6% sonstigen Polynesiern (s.d.) und chinesischen sowie indischen Minderheiten. Zugehörend (assoziiert) sind Cook-Inseln (20000 Ew.), Niue (2100 Ew.) und Tokelau (1600 Ew.).

Neusiedler (WISS)
II. Personen oder Bev.gruppen, die neugeschaffene Höfe oder ganze Dorfsiedlungen neu bezogen haben; sog. Aus- und Umsiedler, die im Rahmen polit. oder wirtschaftlich geplanter Neusiedlungsprogramme auf bislang ungenutzten oder neugewonnenen Ländereien angesetzt wurden. Oft weisen die neuen Siedlungsnamen auf diesen Umstand hin (z.B. in den Neosiedlungen der kleinasiatischen Griechen (Mikrasiates) in Thrakien; Siedlungen der Mennoniten am Niederrhein oder in Südrußland.

Neutäufer (REL)
I. Nazarener, Fröhlichianer.

Nevis (TERR)
B. s. St. Kitts und Nevis. Nevis (=en); Nièves (=fr).

Nevisians (NAT)
II. (=en); StA. und Bew. der Insel Nevis mit eigenen Autonomieorganen im Inselstaat St. Kitts und Nevis/Kleine Antillen, 11 5000 Ew.

New Religious Movement (REL)
I. NRM.
II. Sammelbez. für die seit ca. 1500 und insbes. seit 1789 bis zur Gegenwart neu entstandenen Heilslehren, Kulte im Unterschied zu den »Alten« und vorgeschichtlichen Religionen.

Newar (ETH)
I. Newari, Newars.
II. eines der Altvölker in Nepal, im Kathmandu-Tal; sprechen dem Tibetischen verwandte Spr. und besitzen Eigenschrift, stehen seit altersher unter starkem kulturellen Einfluß Indiens, haben hohe Kultur entwickelt. Sind Buddhisten oder Schiwa-Hinduisten. Gehören zu Mongoliden, unterscheiden sich aber durch kleinere Körperhöhe von Tibetern. N. gerieten im 18. Jh. unter Herrschaft der Gurkhas, ihre Spr. wurde bewußt gegenüber der indoeuropäischen Pahari oder Nepali zurückgedrängt. N. stellten (1996) mit 661000 rd. 3% der nepalesischen Gesamtbev. Mädchen werden dem Erntegott verheiratet, deshalb Ehetrennung oder Witwenschaft belanglos. Vgl. Sakya-Kaste.

Newari (SPR)
II. tibetobirmanische Spr.minderheit von rd. 590000 (1994) in Nepal; gleichnamige Eigenschrift.

Nez Percé (ETH)
I. (fr=) »durchbohrte Nase«; Chopunnish (=en); Eigenbez. Nimipu, Kaminu, Tsupeli.
II. Indianerstamm in der Spr.familie der Penuti im Sahaptin-Spr.verband, der im Felsengebirge (Montana und ö. Oregon/USA) lebte. Für sie typische Nahrungsmittel sind die Camas-Zwiebeln. Nach 1877 zwangsumgesiedelt in Reservationen in Idaho, Oregon, Washington. Vgl. Cayuse.

Nga tamatoa (SOZ)
I. in der Maori-Spr. »Junge Krieger«.
II. Angeh. einer Bewegung aus schon westlich ausgebildeten jungen Maori, die z.T. militant für Unabhängigkeit, Souveränität, Selbstbestimmungsrecht (Tino Rangatiratanga) eintreten.

Ngaanyatjara (SPR)
II. Spr.gruppe der Aborigines in den w. Wüstengebieten Zentralaustraliens.

Ngada (ETH)
II. Volk in W- und Zentral Flores (Sunda-Inseln) Indonesien, > 300000 mit einer südwestindonesischen Bima-Sumba-Spr.; sie sind Bauern.

Ngadju (ETH)
II. Volk der Dajak in S-Borneo/Indonesien, das schon vor Jahrhunderten durch indische und hindujavanische Kultur überprägt wurde.

Ngai Tahu (ETH)
II. Großstamm der Maori, verbreitet über die ganze Südinsel Neuseelands.

Ngaing (ETH)
II. Kleingruppe von Melanesiern bei Saidor an der N-Küste Neuguineas. Traditioneller Ahnenkult ist durch Christentum überlagert worden.

Ngala (ETH)
I. Lingala.
II. schwarzafrikanische Ethnie im N der DR Kongo.

Nganassen (ETH)
I. Eigenbez. der Tawgy-Samojeden: Nja, Nganasan »Menschen«; Nganasanen; Nganasany (=rs), Nganasans (=en).
II. Kleinvolk nomadisierender Jäger und Fischer auf der Taimyr-Halbinsel; 1979: 900, 1990: 1300 Köpfe. Entstanden aus Mischung von aus S zugewanderten Samojeden mit Ewenken und Dolganen. Daher Altbez. Awan-Samojeden, Wadejew-Samojeden, Samojeden-Asi, Samojeden-Tawgijzen. Seit 17. Jh. unter russischer Herrschaft. Gliedern sich in zwei Territorialgruppen: die Awan im W und die Wadejew im E der Halbinsel. N. haben eigene nagnasische/tawgische Spr. in der samojedischen Ural-Spr.familie; sind Animisten.

Ngando (ETH)
I. Bagandu, Ngandu, Lalia.
II. Stamm von Bantu-Negern im n. Kongogebiet.

Ngarrindjeri (BIO)
II. Aborigines-Stamm am unteren Murray und auf Hindmarsh Island/S-Australien.

Ngazija (SPR)
II. ein Swahili-Dialekt, Verkehrsspr. auf den Komoren.

Ngbandi (ETH)
I. Jakome, Yakoma.
II. schwarzafrikanische Ethnie im N der DR Kongo.

Ngeh (ETH)
II. kleine ethnische Einheit in Laos (Prov. Saravane); ca. 3000–5000 mit einer Mon-Khmer-Spr; Kleinbauern. Typisch sind ihre Langhäuser auf Pfählen.

Ngere (ETH)
I. Dan.
II. kleine Stämme der Mande-Fu an der Guineaküste u.a. in Liberia.

Ngilima (ETH)
II. Tutsi-Stamm im Massisi (bei Goma)/Region Kivu, der sich 1996 an der Seite der Banyamulenge gegen die Zaire-Regierung (später DR Kongo) auflehnte.

Ngiyampaa (BIO)
II. Aborigines-Stamm in SE-Australien; ihm wurde 1992 die symbolische Nachkommenschaft der Ahnin vom Mungo-See übertragen. Vgl. Aborigines.

Ngola (ETH)
II. schwarzafrikanische Ethnie an der Küste N-Angolas. Vgl. N-Angola-Stämme, N-Mbundu; auch Kimbundu, Ambundu.

Ngombe (ETH)
II. Ethnie mit einer Benue-Kongo(Bantu)-Spr. am Sangha im N der DR Kongo, 100 000–200 000 Individuen.

Ngondi (ETH)
I. Ngundi, Gundi.
II. schwarzafrikanische Ethnie im SW der Zentralafrikanischen Republik.

Ngoni (ETH)
I. in Südafrika Nguni. Während des Zulu-Krieges nach ihrem Anführer Soshangane auch als Shangana bezeichnet.
II. Bev.gruppen im weiteren Umkreis des Nyassasees (Mosambik, Malawi, Tansania, Sambia) mit > 500 000 Individuen, die infolge der Eroberungskriege Shaka Zulus zu Beginn des 19. Jh. bis in das s. Tansania abwanderten und dort erhebliche Zersplitterung von Ethnien und Abzugsbewegungen hervorriefen. In Tansania Träger des Tschope-Häuptlingstumes, die 1905–07 den Maji Maji-Aufstand gegen die deutsche Kolonialverwaltung mittrugen.

Ngoongo (ETH)
I. Ngongo.
II. schwarzafrikanische Ethnie im S der DR Kongo.

Ngoro (ETH)
I. Ngolo.
II. mehrere schwarzafrikanische Ethnien in NE- und E-Kamerun.

Ngul (ETH)
I. Ngoli.
II. schwarzafrikanische Ethnie im SW der DR Kongo.

Ngulu (ETH)
I. Nguru.
II. mehrere schwarzafrikanische Ethnien in N-Mosambik und N-Tansania.

Ngumbi (ETH)
I. Nyaneka oder Yasa, s.d.

Ngung Bo (ETH)
II. kleine Ethnie von 3000–5000 der Mon-Khmer-Spr.gruppe an Flüssen in S-Laos. Reis- und Tabakbauern.

Nguni (ETH)
II. Völkerverband der Bantu, der am weitesten nach S vorgedrungen, heute bes. in Natal und in der Kapprovinz S-Afrikas verbreitet ist, hat dabei die Mehrheit der khoisanspr. Ureinwohner verdrängt. N. sind heute in diverse unabhängige Stämme unterteilt: u.a. Pondo, Swasi, Tembu, Xhosa und Zulu. Anzahl insges. > 10 Mio. (1980).

Ngwaketse (ETH)
I. Tswana, Ngwato; s.d.

Ngwato (ETH)
I. Bamangwato, Ngwaketse.
II. einer der größten Stämme der Tswana, welche von 1850–85 eine Föderation bildeten; heute im Ngwato-Reservat im NE von Botsuana ansässig; namhafte Rinderkultur. Schichtung der Bev. in »Angehörige der Königsfamilie«, Adlige, Gemeine und Sklaven. Königtum beruhte auf Macht durch Abstammung, war religiös sanktioniert; Autorität des Königs wurde manifestiert, daß er seine Rinderherden (kgamelo-Milcheimer) als Lehen an den batlhanka (headmen) übergab. 1900 wurde das Vieh Privatbesitz.

Nhambicuaras (ETH)
II. Nambicuara, Nambikawara, Nambiquara.

Nhang (ETH)
II. Volk von 10 000–20 000 Köpfen, tai-spr., an der chinesisch-vietnamesischen Grenze und am Roten Fluß. Naturkulte; Kleinbauern.

Nhauru (ETH)
I. Naron.
II. schwarzafrikanische Ethnie im nw. Südafrika.

Nhkumbi (ETH)
Vgl. Ambo.

Niantic (ETH)
II. kleiner untergegangener Indianerstamm der Abnaki-Föderation in Rhode Island.

Niasser (ETH)
I. Nias-Insulaner.
II. Bewohner der Inseln Nias und Batu, w. Zentralsumatra/Indonesien; eine relativ kleinwüchsige (Männer im Durchschnitt 1,50 m) Ethnie; Nachkommen früher, paläomongolider Einwanderer mit alt-indonesischer Kultur; ca. 300 000. Traditionelle Megalithkultur, Steinsitze
I. Osaosa.

Nicaragua (TERR)
A. Republik. República de Nicaragua (=sp); Nikaragua. The Republic of Nicaragua, Nicaragua (=en); la République du Nicaragua, le Nicaragua (=fr).
Ew. 1906: 0,505; 1920: 0,638; 1940: 0,836; 1950: 1,057; 1960: 1,411; 1970: 1,833; 1978: 2,395; 1996: 4,503, BD: 37 Ew./km², WR 1990–96: 3,1 %; UZ 1996: 63 %, AQ: 34 %

Nicaraguaner (NAT)
I. Nikaraguaner; Nicaraguans (=en); nicaraguayens (=fr); nicaraguenses (=sp).
II. StA. der Rep. Nicaragua; es handelt sich um 69 % Mestizen, 9 % Schwarze (Sklavennachkommen), 4 % Indianer, Mulatten, Zambos, 14 % Weiße.

NIC-Bevölkerung (WISS)
I. aus (en=) newly industrialized countries.
II. Bev. der sog. »Schwellenländer«, Staaten, welche die Charakteristika eines typischen Entwicklungslandes ablegen und sich zunehmend zum entwickelten Industrieland verändern. Die wenig exakte Definition: BSP/Kopf > 2400–6000 US-$; Energieverbrauch 800 kg Kohle- Äquivalent; niedrige Analphabetenquote < 30 %; relativ hoher Anteil der Industrie am BIP von 30 % gibt Annäherungen auf den Lebensstandard der NIC-Bev., läßt jedoch keine verbindliche Zuordnung zu. Beispiele für NIC-Staaten: Argentinien, Brasilien, Hongkong, Israel, Jugoslawien, Mexiko, Portugal, Singapur, Südafrika, Südkorea, Taiwan, einige Golf-Emirate, insgesamt ca. 25–30 Staaten. Etwa seit Beginn der 60er Jahre haben diese Länder auf der Basis guter Infrastrukturausstattung, qualifizierter und billiger Arbeitskräfte eine enorme ökonomische Entwicklung mit hohem kontinuierlichem Wirtschaftswachstum vollzogen.

Nichiren-shu (REL)
I. (jp=) »Sonne-Lotos«.
II. aus dem Tendai-Buddhismus hervorgegangene zweitgrößte buddhistische Lehrrichtung in Japan; seit Gründung 1253 mit nationalistischer Zielsetzung. Im heutigen Japan besitzt sie, einschließlich der Laienorganisation der Sokagakkei, etwa 30 Mio. Anh.

Nichtarier (REL)
II. in Verfolgung pseudowissenschaftlicher Rassetheorien durch den Nationalsozialismus geprägter Terminus zur Abgrenzung der »jüdischen Rasse« aus der arischen Volksgemeinschaft.

Nichten (BIO)
I. nièces (=fr); nipóte (=it); sobrina (=sp); sobrinha (=pt).
II. Verwandtschaftsbezeichnungen für 1.) Geschwistertöchter, Töchter eines Geschwisters bzw. Töchter des Schwagers oder der Schwägerin, 2.) Töchter des Vetters oder der Base. Vgl. Neffen.

Nichterwerbspersonen (WISS)
I. economically inactive population (=en); population inactive (=fr); popolazione non attiva (=it); población inactiva (=sp); poplaçáo inactiva (=pt).
II. amtl. Terminus in Deutschland für Menschen, die keine auf Erwerb gerichtete Tätigkeit ausüben oder suchen.

Nichtkonfessionelle (REL)
I. Konfessionslose.
II. moderner künstlicher Terminus für die den Kirchen entfremdete Christen, »Kirchenfremde mit selbstdefiniertem Glauben«; die aus Steuergründen ihre Kirche verlassen haben, meist aber an den entscheidenden Riten für Taufe, Hochzeit und Beerdigung festhalten. Begriff subsumiert nicht die überzeugten Atheisten. Vgl. Neuheiden, Laizisten; Irreligiöse, Religionslose.

Nichtledige Personen (WISS)
I. nie jemals verheiratete Personen.
II. statist. Sammelbez. für eine Bev.gesamtheit mit Ausnahme der Ledigen, also für Verheiratete, Verwitwete und Geschiedene. Vgl. Ledige.

Nichtreligiöse (REL)
I. Nicht-Religiöse, Nichtkonfessionelle.
II. Personen, die aus subjektiven oder äußeren Gründen (offiziell) keiner Rel. angehören, was aber nichts über ihre subjektive innere Einstellung besagt. Vgl. Irreligiöse, Religionslose.

Nichtseßhafte (WISS)
II. Sammelbez. für sehr unterschiedliche Bev.-gruppen, die keinen festen Wohnsitz unterhalten, die keine Arbeitsstelle besitzen und nicht in das soziale Leben integriert sind (z. B. Nomaden; Landfahrer, Vaganten). Vgl. Outcasts (=en).

Nichtverheiratete (WISS)
I. unverheiratete Personen.
II. statist. Sammelbez. für Ledige und für Personen, deren Ehe durch Verwitwung, Scheidung, Aufhebung gelöst worden ist.

Niederdeutsche (ETH)
I. die Bev. des norddeutschen Tieflandes etwa zwischen Maas und Memel soweit sie sich der Niederdeutschen Spr. bedient. Vgl. Niederdeutsche Spr.gemeinschaft.

Niederdeutsche Sprachgemeinschaft (SPR)
I. Plattdeutsche Sprgem. (seit 17. Jh.).
II. zusammenfassende Bez. für die deutschen Mundarten, die an der zweiten deutschen Lautverschiebung nicht teilgenommen haben. Zum Niederdeutschen zählen insbes. das Niedersächsische und das Ost-Niederdeutsche, das sich im 11.–15. Jh. bis weit nach Mecklenburg hin ausgebreitet hatte; i.w.S. auch die Niederländische und Flämische Spr. Im MA war Niederdeutsch Literatur-, Geschäfts- und Rechtsspr. vor allem in den Hansestädten. Niederdeutsch hat seit 16. Jh. an Bedeutung verloren, wurde vom Hochdeutschen verdrängt, dennoch blieb es als regionale Umgangsspr. für mind. 10 Mio. Alteingesessene in Norddeutschland zwischen Maas und Memel bis heute.

Niedergelassene (WISS)
II. amtl. Terminus in Schweiz für Einw. mit ständigem Wohnsitz gemäß Niederlassungsrecht (Ausländer).

Niederlande (TERR)
A. Königreich der N. Umfassen das Königreich in Europa, Aruba, Niederländische Antillen (s.d.). Niederlande (ni=) Lage Landen, Neerlanden. Koninkrijk der Nederlanden (=ni). Kingdom of the Netherlands, the Netherlands (=en); le Royaume des Pays-

Bas, les Pays-Bas (=fr); el Reino de los Países Bajos, los Países Bajos (=sp); paesi Bassi (=it); Neerlándia, paises Baixos (=pt).

Ew. 1829: 2,613; 1869: 3,580; 1899: 5,104; 1909: 5,858; 1920: 6,865; 1930: 7,936; 1939: 8,781; 1947: 9,625; 1950: 10,114; 1960: 11,480; 1970: 13,032; 1978: 13,936; 1996: 15,517; BD: 374 Ew./km^2; WR 1990–96: 0,6%; UZ 1996: 89%, AQ: 0%

Niederländer (NAT)

I. Nederlander (=ni); Dutchmen, the Dutch, Netherlanders (=en); néerlandais (=fr); neerlandeses (=sp). Nicht Holländer (=Bew. der niederländischen Prov. Holland!).

II. StA. des Kgr. der Niederlande. Als StA. gelten auch die Bürger der niederländischen Überseegebiete Niederländisch Antillen (207 000 Ew.) und Aruba (88 000 Ew.) in der Karibik sowie die aus den ehem. Kolonien zugewanderten Surinamesen (ca. 205 000), Antiller und Arubaner (ca. 62 000), Molukker (ca. 45 000), Ambonesen (1990).

Niederländisch (SPR)

I. Nederlands; Dutch, Flemish (=en); hollandais (=fr); Holandés (=sp); holandês (=pt); Olandese (=it).

II. Staatsspr. in Niederlande und im dreisprachigen Belgien; Zahl der Sprecher 1990 (mit Flämisch) > 21 Mio.; davon in Niederlande 13,7 Mio., weitere 0,4 Mio. Zweitsprachler neben Friesisch; in Belgien 5,7 Mio. einsprachige und 0,6 Mio. zweisprachige Flamen, in Frankreich (zwischen Dünkirchen und Lille in Departementen Nord und Pas-de-Calais, d. h. in Flandre) rd. 0,2 Mio. N. ist eine im Frühmittelalter erwachsene Spr. aus nordseegermanisch-friesischen, binnenländisch-niedersächsischen und niederrheinisch-fränkischen Stammesdialekten, die sich als eigenständige südwestgermanische Spr.einheit der Niederlande in Mittelstellung zw. Hochdeutsch, Niederdeutsch, Friesisch und Englisch etabliert hat (St. SONDEREGGER). Auf Sprachstufe Mittelniederländisch, dietsch oder duytsch hat N. (Ende 12. Jh. bis 1500) reiche Literatur hervorgebracht. Neuniederländisch (seit 16. Jh.) war anfangs überwiegend im N verbreitet, deshalb auch Holländisch; Dutch (=en). N. war stets mehr Umgangsspr. zwischen Kaufleuten, Seeleuten, Bauern; die Oberschicht hielt bis tief ins 19. Jh. am Latein und Französisch fest. N. hat sich insbes. trotz kolonialer Geschichte seines Stammlandes nicht zur Weltspr. entwickelt wie etwa Portugiesisch oder gar Spanisch, Französisch und Englisch, doch haben sich Reste in Südafrika und Suriname gehalten. Vgl. Flämisch, Afrikaans-spr.

Niederländische Antillen (TERR)

B. Überseeischer Teil der Niederlande; umfassen Bonaire, Curaçao, Saba, St. Eustatius, St. Martin.

The Netherlands Antilles (=en); les Antilles néerlandaises (=fr); las Antillas Neerlandesas (=sp).

Ew. 1950: 0,162; 1960: 0,192; 1970: 0,215; 1978: 0,246 (ohne Aruba); 1997: 0,207, BD: 259 Ew./km^2; WR 1990–96: 1,1 %

Niederländische Molukker (ETH)

II. Flüchtlingspopulation in Niederlande von 1987 rd. 44 000. Es handelt sich um Angehörige der niederländischen Kolonialarmee, die nach Unabhängigkeitskriegen 1945–49 mit ihren Familien nach Niederlande geflüchtet sind, dort aber keine Assimilierung eingingen, sondern Rückkehr in freie Heimat erhoffen. Vgl. Südmolukker, Ambonesen.

Niederländische Surinamesen (ETH)

II. als Surinam 1975 nach 3 Jh. Kolonialstatus in ärmliche Unabhängigkeit entlassen wurde, verließ etwa die Hälfte aller Einwohner (über 150 000) das Land und siedelte sich in Niederlande (bes. in Großräumen Rotterdam und Amsterdam) an; 1988 rd. 195 000.

Niederländisch-Guayana (TERR)

A. s. Suriname.

Niederländisch-Neuguinea (TERR)

B. Altbez. von Irian Jaya (Indonesien). Netherlands New Guinea (=en); la Nouvelle-Guinée néerlandaise (=fr); la Nueva Guinea Neerlandesa (=sp).

Niederländisch-Reformierte (REL)

II. Zweig der reformierten christlichen Kirche; verbreitet in den Niederlanden mit 2,6 Mio. (1986) = 18 % der Gesamtbev., in Namibia mit 6,1 % der Gesamtbev.; in Südafrika mit 4,9 Mio. = 14,7 % der Gesamtbev. und Sri Lanka.

Niederösterreich (TERR)

B. Kronland in ÖsterreichUngarn und seit 1919 Bundesland in Österreich. Zahlen bis 1922 incl. Wien.

Ew. 1756: 0,930; 1816: 1,045; 1850: 1,528; 1869: 1,991; 1880: 2,169; 1910: 3,264; 1923: 1,427; 1934: 1,447; 1961: 1,374; 1971: 1,414; 1981: 1,428; 1991: 1,474; 1997: 1,533

Niedersachsen (ETH)

II. 1.) historisch die Sachsen im alten Stammesgebiet zwischen Weser, Unstrut und Elbe, in den nachmaligen Territorien von Hannover, Braunschweig, Oldenburg, Schaumburg-Lippe, Bremen; i.w.S. auch in Teilen von Westfalen, sowie Magdeburg, Hamburg, Schleswig-Holstein und Mecklenburg einschließend (der niedersächsische Reichskreis von 1801). 2.) aktuell die Bew. des (seit 1947) deutschen Bundeslandes Niedersachsen: 7,845 Mio. (1996); 3.) die Sprecher der niedersächsischen Dialektgruppe des Niederdeutschen, die im ganzen norddeutschen Tiefland von den ö. Niederlanden bis über die Oder verbreitet sind, i.w.S. sogar bis nach Ostpreußen; seit 17. Jh. Plattdeutsch-spr.

Niedersachsen (TERR)

B. Bundesland in Deutschland. Basse-Saxe (=fr).

Ew. nach jeweiligem Gebietsstand: 1950: 6,744; 1939: 4,540; 1961: 6,641; 1970: 7,082; 1980: 7,246; 1990: 7,340; 1997: 7,845, BD: 165 Ew./km²

Nigaromorphe (BIO)
II. Bez. bei OSCHINSKIJ (1954) für Teilgruppe der Sudaniden bei *v. EICKSTEDT*.

Niger (TERR)
A. Republik. Unabh. seit 3. 8. 1960. République du Niger (=fr). The Republic of the Niger, the Niger (=en); le Niger (=fr); la República del Níger, el Níger (=sp).
Ew. 1950: 2,283; 1960: 2,876; 1970: 3,997; 1978: 5,001; 1988: 7,250; 1996: 9,335, BD: 7,4 Ew./km²; WR 1990–96: 3,3 %; UZ 1996: 19 %, AQ: 86 %

Nigeria (TERR)
A. Bundesrepublik. Unabh. seit 1. 10. 1060. Federal Republic of Nigeria (=en). La République fédérale du Nigéria, le Nigéria (=fr); la República Federal de Nigeria, Nigeria (=sp, pt, it).
Ew. 1948: 30,315; 1950: 33,230; 1960: 42,367; 1970: 56,346; 1978: 72,217; 1996: 114,568, BD: 124 Ew./km²; WR 1990–96: 2,9 %; UZ 1996: 40 %, AQ: 43 %

Nigerianer (NAT)
I. Nigerians (=en); nigériens (=fr); nigerianos (=sp, pt). Nicht Nigerer!
II. StA. von Nigeria; setzen sich aus über 430 ethnischen Einheiten zusammen, deren größte Haussa-Fulani (21 %), Yoruba (21 %), Ibo (18 %) sind. In Nigeria leben über 5 Mio. Ausländer, mehrheitlich Gastarbeiter der Nachbarstaaten, aber auch Asiaten.

Nigger (SOZ)
II. wie Coons oder Darkies Schimpfbez. für Neger (und Mulatten) in USA. In gleicher pejorativer Bedeutung lao hei (ci=) »alter Neger«.

Niggerfaces (ETH)
I. (en=) »Negergesichter« pejorative Bez. für Utes-Indianer. Vgl. Black Indians.

Nigrer (NAT)
I. Niger (=en); nigériens (=fr); nigerinos (=sp). Nicht Nigerer, Nigerier.
II. StA. von Niger; setzen sich aus div. westafrikanischen Ethnien zusammen, dominierend mit (54 %) die Haussa, 21 % nilo-saharanische Gruppen, 10 % Fulbe, 9 % Tuareg; mit französischer Amtsspr. Vgl. Haussa, Fulbe, Tuareg, Songhai.

Nihilisten (REL)
II. Personen, die übergeordnete Autoritäten und allgemein verbindliche sittliche Werte leugnen, für die absolut geltende Werte nichtige Fiktionen sind. In polit.-sozialer Hinsicht verwerfen sie die bestehende gesellschaftliche und staatliche Ordnung.

Nikaraguaner (NAT)
I. Nicaraguaner; Nicaraguans (=en); nicaraguenses (=sp).

Nikobarer (ETH)
II. Bew. von 19 Inseln des zus. 1645 km² großen indischen Archipels, insbes. deren autochthone Restbev. mit einer Eigenspr. aus der Mon-Khmer-Gruppe, die sich rassisch sowohl von Indonesiern als auch Andamanen unterscheidet.

Nikobarisch (SPR)
II. kleine austroasiatische Sprgem. an der indischen Nikobarenküste, 1994 ca. 10 000.

Nilide (BIO)
I. Razza Nilotica (=it); Nilotomorphe bei OSCHINSKY (1954).
II. Bez. bei LUNDMAN (1967) für Nilotide.

Nil-Nuba (ETH)
I. Nilnubier, Nuba. Vgl. Nubier.

Niloten (ETH)
I. Nilotiker (bei *E. BANSE*); Nilotes (=en).
II. Sammelbegriff für eine Völkergruppe der Sudan-Neger von > 6 Mio. Seelen im ö. Sudan und s. bis N-Tansania mit Ausläufern nach Uganda, DR Kongo und Äthiopien. Heben sich sprachlich (Nilotische Sprachgruppe), somatisch (Nilotiden) und kulturell von Nachbarn ab. Heute überwiegend Hirtennomaden, einige halten am Ackerbau fest. Erst Übergang zum Nomadismus machte Südexpansion möglich. N. sind strikt konservativ, deshalb weder christlich noch islamisch durchgreifend missioniert. Vgl. Atscholi, Atwot, Dinka, Dschaluo, Nuer, Lango/Bakedi, Schilluk. Vgl. Hamito-Niloten.

Nilotide (BIO)
I. nach MONTANDON race nilocharienne (=fr); Nilotic Negroes (=en); Razza Nilotica (=it) bei BIASUTTI; Nilide bei LUNDMAN; Nilotomorphe bei OSCHINSKY.
II. Unterrasse der Negriden, zu den Neonegriden zählend. Verbreitet in den Sumpfgebieten des Weißen Nil (z. B. Dinka), südwärts bis zum Viktoriasee, westwärts in die sudanesischen Savannen ausstrahlend (Ostsudanesen). Formenspektrum: sehr hochwüchsig und schlank, sehr lange Gliedmaßen; Kopfform lang-schmal, stark gewölbtes Hinterhaupt, hohes reliefreiches Gesicht, hohe Stirn, schmalere Nase und dünnere Lippen als benachbarte Sudaniden, jedoch breit geblähte Nasenflügel; Kopfhaar engwellig bis kraus, schwarz; sehr dunkelhäutig, tief-schwarzbraun. Für fast alle Populationen dieser Unterrasse ist die »Storch-Stellung« typisch.

Nilotische Sprachen (SPR)
I. Nilotenspr.
II. ostafrikanische Spr.gruppe uneinheitlicher Klassifizierung; 1.) heute Überbegriff sowohl für nilotische als auch für hamitonilotische Spr., nach

GREENBERG als südlicher Zweig der ostsudanesischen Spr.familie aufzufassen; gegliedert in Westniloten (mit Luo, Dinka, Nuer, Schilluk) und Ost- bzw. Südostniloten (mit Bari, Massai, Teso, Nandi, Suk, Turkana), verbreitet zwischen Rep. Sudan bis Kenia und Tansania. 2.) ursprünglich galt nur die heutige Westgruppe als N.S.

Nilyamba (ETH)
I. Iramba, Nilamba, Issansu.
II. schwarzafrikanische Ethnie im n. Tansania.

Ningmapas (REL)
II. ältester und größter der buddhistischen Mönchsorden in Tibet.

Ningxia Huizu (TERR)
B. Ningsia-Hui.: Autonomes Gebiet in N-China. Ew. 1996: 5,210, BD: 79 Ew./km^2

Ninjas (SOZ)
I. abgeleitet von nini = »Mädchen« und/oder »Buben«.
II. 1.) Mitglieder gefürchteter Straßenbanden in Städten Mosambiks, die sich überwiegend aus dem Kreis der aus der ehem. DDR heimgekehrten Gastarbeiter (1990: 15000) rekrutieren. 2.) In polit. Auftrag tätige kriminelle Banden in Osttimor, ähnlich den südamerikanischen »Todesschwadronen«. 3.) Spezialeinheiten der algerischen Gendarmerie zur Terroristenbekämpfung.

Nioniossi (ETH)
I. Nyonyosi.
II. Urbev. von Mali.

Nipmuc (ETH)
II. kleiner untergegangener Indianerstamm der Abnaki-Föderation in Massachusetts.

Nippons (NAT)
(=fr) s. Japaner.

Nirmala Sadhus (REL)
I. »fleckenlose Heilige«.
II. Asketenorden im Sikhismus.

Nisgaa (ETH)
I. Nishga (=en).
II. Indianerstamm am Nass-Fluß im NW Britisch-Kolumbiens/Kanada, etwa 6000 Seelen. Sie hoffen auf die Chance zur Übertragung eines Teiles ihres traditionellen Gebiets als Eigentum und auf Autonomie.

Niue (TERR)
B. Insel im Südpazifik mit 259 km^2. Mit Neuseeland assoziiertes ehemaliges neuseeländisches Überseegebiet. Niue (Island) (=en); Niue (=fr/sp); Savage.
Ew. 1948: 0,004; 1970: 0,005; 1978: 0,006; 1997: 0,002, BD: 9 Ew./km^2

Ni-Vanuatu (ETH)
I. Vanuatuer als Bez. für Staatsangehörigkeit.
II. autochthone Bew. der Neuen Hebriden; jene 91% Melanesier und 3% Polynesier bzw. Mikronesier unter den 173000 Köpfen der Gesamtbev. (1996). Die Restbev. von rd. 4000 Franzosen und 1000 Briten sind Nachkommen der hpts. in der zweiten Hälfte des 19. Jh. zugewanderten Europäer. Zusammen bewohnen sie 275 Inseln mit 12 1901 km^2 des seit 1980 unabhängigen Inselstaates Vanuatu. Als Amtsspr. dienen Französisch und Englisch, als Umgangsspr. Bislama; sie sind zu 32% Presbyterianer, 11% Anglikaner und 17% Katholiken, der Rest hängt Naturreligionen und dem Cargo-Kult an. Insges. beträgt das Bev.wachstum 24% (1980–89). Vgl. Vanuatuer.

Nivokagmit (ETH)
I. Eigenbez. der Eskimo in Rußland.

Niwchen (ETH)
I. Niwchi; Giljaken (Altbez.); Eigenbez. Nivch »Menschen«; Nivchi (=rs); Nivchis/Nivkhis (=en).
II. autochthones Restvolk am unteren Amur und auf Sachalin mit archaischer Lebensweise, Fischer und Jäger; ihre paläoasiatische Eigenspr. ist seit 1931 Literaturspr., N. sind Animisten. Anzahl rd. 5000.

Nizariten (REL)
I. Nizari, Nisarier; (ar=) Nizariyun; Nizari-Ismailiten.
II. im 11. Jh. aus den Fatimiden hervorgegangene Richtung der 7er-Schia; heute reformierend verbreitet in Saudi-Arabien, Syrien, Persien und Indien. Stärkste Teilgruppe der N. sind die Sulaimanis, Khojas, persische Hoga. Vgl. 7er-/Siebenerschiiten, Assassinen, Hodschas.

Njassaland (TERR)
A. Ehem. Bez. für Malawi, s.d. Nyasaland (=en); le Nyassaland (=fr); Nyasalandia (=sp).

Njem (ETH)
I. Ndsimu, Zimu.
II. schwarzafrikanische Ethnie in SE-Kamerun.

Nkangala (ETH)
I. Ngkangala.
II. schwarzafrikanische Ethnie im Grenzgebiet von Angola zu Sambia.

Nkore (ETH)
I. Nkole, Ankole, Nyankole, Banyankole, Horohoro.
II. eine eher politische als ethnische Einheit, mit einer Bantu-Spr. im w. Hochland Ugandas; 1980 > 1 Mio oder 8,2% der Gesamtbev.; sind Viehhirten und Ackerbauern. Bis 1967 hielt sich ein althergebrachtes Königtum. Herrschaftsschicht (Dynastie und Adel) bilden die Hinda, die alteingesessene Hackbauern unterworfen haben, Nilotide.

Nkoya (ETH)
I. Ngkoya, Nkoja.
II. schwarzafrikanische Ethnie in Sambia.

Nkundo-S (ETH)
I. Ipanga, Titu.
II. schwarzafrikanische Ethnie in Sambia.

Nkutu (ETH)
I. Ngkutu, Kusu, Kutsgu.
II. kleine schwarzafrikanische Ethnie im zentralen Zaire.

No (ETH)
I. Norsu, Nosu, Ngosu, Nesu, Neisu, Mosu. Vgl. Lolo.

No te entiendo (BIO)
I. (sp=) »ich verstehe dich nicht«.
II. Mischlinge in Mexiko, den Calpan-Mulatten gleichend, aus Elternteilen, die als tente en el aire (»Leute in der Luft«) und als Mulatten gelten.

Noang (ETH)
II. ethnische Einheit von rd. 10 000 Köpfen, mit einer westindonesischen Tcham-Spr., ansässig sö. Da lat/S-Vietnam. Üben Brandrodungsbau, wahren Schamanentum.

Nobili (SOZ)
II. (=lat, it); die adligen Geschlechter im alten Rom, im Venedig des MA; daraus abgeleitet Nobilität, später der Adel allgemein.

Nogaier (ETH)
I. Nogai, Noghai, Noghay, Nogajer, Nogajzen; Nogai, Noghailar (Eigenbez.); Nogajcy (=rs); Nogais (=en).
II. abgeleitet von Nogai Khan, einem Urenkel des Dschingis Khan, der sich um 1260 von der Goldenen Horde unabhängig machte und über die Nomadenstämme n. des Asowschen und Kaspischen Meeres herrschte. Durch Kalmüken, Krimtataren und Kubankosaken aus dem Wolgagebiet in heutige Wohngebiete abgedrängt, wurden viele N. von anderen Völkern assimiliert. Ende des 18. Jh. von Russen unterworfen. Turkspr. Volksgruppe (ca. 60 000) (1979) und bereits 75 000 (1990) im N von Dagestan und in der ehemals Tschetscheno-Ingusischen ASSR in der Nogaier-Steppe im N-Kaukasus zwischen Kuma und Terek, Teilgruppen im NW-Kaukasus, einst auch auf der Krim. N werden in drei Territorialgruppen gegliedert: Atschikulak-, Kara- und Ak-Nogaier; sind sunnitische Muslime kiptschak-türkischer Spr. Eine im 18. Jh. in die damals noch türkische Dobrudscha abgewanderte Teilgruppe wird heute als Gagausen bezeichnet. Vgl. Gagausen; Ogusen.

Nomaden (SOZ)
I. Wanderhirten; altindisch, nam »weichen, nachgeben«; nemein (agr=) »Weiden«; und nomas »Hirt«; chador neshin (pe=) »Zeltbewohner«; nomads (=en).
II. Angeh. geschlossener sozialer Gruppen, die in der Lebensform und Wirtschaftsweise des Nomadismus, d. h. im Gegensatz zur Seßhaftigkeit, also bei Fehlen dauerhafter Siedlungen und regelmäßigen Anbaus, zum Zwecke der Weidegewinnung ständig oder (meist) periodisch als Wanderhirten leben. Ihre hauptsächliche Verbreitung hatten N. ursprünglich in den altweltlichen Trockengebieten (von NW-Afrika bis in die Mongolei). Wanderungen finden häufiger im Familien-/Kleinverband als im Stammesverband statt, nach Ausrichtung, Distanz und Bedeutung differenziert durch die Landesnatur (Wüsten, Steppen, Gebirge) regelmäßig, saisonal, mitunter auch aperiodisch ungebunden entspr. übernommener Transportaufgaben im Radius bis zu 800 km. In Abhängigkeit von der Weite der Weidebezirke, ihrer klimatischen und hydrologischen Bedingungen besteht der Herdenbestand aus Pferden, Dromedaren, Kamelen, Yaks, Rindern, Schafen und Ziegen. Die Zahl der N. konnte nie zuverlässig erfaßt werden. Um 1965 dürfte es weltweit noch rd. 15 Mio., im eigentlichen Kulturerdteil Orient 8–12 Mio. N. gegeben haben, das waren 3 % der dortigen Gesamtbev., denen 11,6 Mio. qkm Wüsten/Halbwüsten und > 5 Mio. wenig besiedelte Gebirgsländer und Wüstensteppen zur Verfügung standen (0,7 Ew./qkm). Sondergruppen wie Rentier-N., Rinder-N. oder gar Transhumante und Wanderschäfer sind i.e.S. keine N., Terminus umschließt noch weniger moderne Begriffsbildungen wie Auto-N., Arbeiter-N. Vgl. Vollnomaden, Halbnomaden, Teilnomaden, Bergnomaden, Rentiernomaden; Kasaken (=tü); Beduinen, (ar=) badw, badawi; speziell beduj; Seenomaden.

Nomenklatura (SOZ)
I. (=rs); aus nomenclatura (lat=) »Namensverzeichnis«.
II. Verzeichnis der wichtigsten Führungspositionen in der UdSSR; auch Bez. für die Gesamtheit der polit. Oberschicht, Nomenklaturkader, in den ehem. Ostblockstaaten und so noch bis heute gebraucht.

Non-believers (REL)
I. (=en); traditional believers (=en).
II. Sammelbez. in ehem. britischen Kolonialgebieten für Anh. von Naturreligionen. Vgl. Animisten.

Nonkonformisten (REL)
I. Nonconformists (=en), Dissenters.
II. Mitglieder protestantischer Glaubensgemeinschaften, die nicht zur Church of England gehören, z.B. Methodisten, Baptisten, Angeh. der United Reformed Church.

Nonnen (REL)
I. aus nonnae (lat=) »ehrwürdige Mütter«. Vgl. nonna (it=) Großmutter.
II. Ordensfrauen meist der kath. Kirche, die einer klösterlichen Genossenschaft mit feierlichen Gelübden angehören. In rd. 3000 weiblichen Ordensge-

meinschaften der kath. Kirche waren 1966 rd. 886 000, 1991 nur mehr rd. 682 000 N. inkorporiert.

Nop (ETH)
II. kleine ethnische Einheit sw. Dhiring/S-Vietnam; einige Tausend mit einer Mon-Khmer-Spr., Brandrodungswanderbau.

Nordafrikaner (ETH)
II. Sammelbez. für Bew. der nordafrikanischen Länder, die nach Niedergang des Osmanischen Reiches seit 1860 unter europäischer (englisch-italienisch-französisch-spanischer) Herrschaft gerieten: Ägypten, Libyen, Tunesien, Algerien, Marokko, spanische Presidios und Ifni. Es handelt sich um die arabisierte autochthone Bevölkerung, Semiten und Hamiten, im Westen Berber. Seit 1860 starke europäische Überwanderung, allein nach Französisch Nordafrika 1861–1920 rd. 448 000, bis 1930 weitere 130 000. 1950 wurden in Libyen 42 000, in Tunesien 240 000, in Algerien 1,150 Mio., in Marokko rd. 350 000 Europäer gezählt. Frankreich und Italien gliederten Teile dieser Kolonien administrativ ihren Staaten ein (z. B. France d'Outre Mer). 1947 wurde allen Algeriern die französische Staatsbürgerschaft zugesprochen. In und seit schweren Unabhängigkeitskämpfen (1954–1962) fast vollständige Abwanderung bzw. Flucht von Europäern und sephardischen Juden aus Algerien. Im gesamten 20.Jh., erleichtert seit 1947 und verstärkt im Bürgerkrieg, verläuft (dank gegebener StA., leichter Naturalisation und Heirat) Gegenwanderung nach Norden insbes. nach Frankreich. Dort leben heute schätzungsweise 2 Mio. Franzosen nordafrikanischer Herkunft sowie über 1 Mio. nordafrikanischer Ausländer. Im Sinn der UN-Statistik ergibt sich eine Gesamtbev. von Nordafrika: 1870: 12,5, 1910: 21,5, 1921: 26,3, 1950: 52,0, 1960: 66,0, 1970: 86,0, 1980: 107,0, 1990: 140,0 Mio. Ew.; BD 1992: 17 Ew./km². Vgl. Weißafrikaner, Berber, Senussi, Algerienfranzosen, Pieds-Noirs; Rückwanderer.

Nordaltaier (ETH)
II. Sammelbez. für Tubalaren, Tschelkanen und Kumandinen. Vgl. Altaier.

Nordamerikaner (ETH)
II. 1.) Einw. im Subkontinent und Kulturerdteil Nordamerika, in Kanada und USA (mit Alaska, jedoch streng genommen ohne Hawaii, pazifische und karibische Außengebiete) sowie in Grönland. 1950: 166,0, 1960: 199,0, 1970: 226,0, 1980: 252,0, 1990: 277,0 Mio. Ew.; BD 1992: 13 Ew./km². 2.) in unachtsamer Verallgemeinerung die Angloamerikaner; vgl. dort.

Nordamerikanische Indianer (ETH)
II. ethnologische Sammelbez. für die Indianer Nordamerikas und Mexikos sowie einschließlich W-Honduras und San Salvadors. Ihre meist nach linguistischen Gesichtspunkten erfolgende Klassifikation divergiert weit. Allein in USA sind 3114 anerkannte Indianerstämme, die den Status einer »souveränen Nation« besitzen, zu verzeichnen. Kulturell zu unterscheiden sind die Indianer der Rocky Mountains von denen des atlantischen Ostens. Noch stärker heben sich die mesoamerikanischen Indianer-Hochkulturen in Mexiko bis San Salvador ab. Vgl. Zentralamerikanische, Mesoamerikanische, Südamerikanische Indianer; Indianer, Indianide.

Nordangola-Stämme (ETH)
I. N-Mbundu; auch Kimbundu, Ambundu.
II. zu ihnen zählen u. a. Bondo, Kisama, Loando, Ngola, Sele.

Nordasiatische Rasse (BIO)
I. Tungide (s.d.); Gabide (bei *LUNDMAN*).
II. Namengebung der UdSSR-Anthropologie für Tungide in Sibirien. Die N.R. wird von ihnen untergliedert in 1.) den Paläosibirischen Typus oder Baikaltypus u.a. mit Negidalzen, Oroken, Jukagiren, Evenken, Lamuten; 2.) den Zentralasiatischen Typus, dessen Hauptvertreter Burjaten und Jakuten sind und 3.) den Amur-Sachalin-Typus, zu dem insbesondere Nivtschen/Giljaken und Ultschen zählen. Beschreibung dieser Typen durch *LEVIN* 1958/63.

Nordäthiopide (BIO)
II. Nordgruppe der Äthiopiden mit stärkerer europider (Araber-) Einmischung. Vgl. Bedscha, Amharen, E-Somali.

Nordbairisch (SPR)
II. bairischer Dialekt, verbreitet heute in der Oberpfalz, bis 1945 auch im Egerland.

Nordborneo (TERR)
C. Ehem. Bez. für Sabah und Sarawak (ab 1949 bei Malaysia). North Borneo (=en); le Bornéo septentrional, le Bornéo du Nord (=fr); Bórneo del Norte, Bórneo Septentrional (=sp)

Nord-Bukowina (TERR)
C. Nordöstlicher Landesteil Rumäniens (mit 5242 km²), der lt. Verträgen von 1940 bzw. Friedensvertrag von 1947 an UdSSR abgetreten wurde, heute zur Ukraine gehörig. Vgl. Bukowina.

Nordchinesen (ETH)
II. Umschreibung für die Chinesen n. des Jangtsekiang, im Zentrum chinesischer Kultur und Geschichte. Nach südchinesischer Anschauung entspricht dem Nordchinesen der typische chinesische »Bauer« in den weiten, dank mächtiger fluviatil angelagerter Lößschichten ackerfähigen Stromebenen des Nordens. Vgl. Mandarin-spr.; Mandschuren.

Nordepiroten (ETH)
I. Nordepirus-Griechen, Albaniengriechen.
II. Albaner griechischer Abstammung hpts. in S-Albanien, das in Griechenland als »Nordepiros« bezeichnet wird. Zahl dieser Minderheit wird in albanischen Angaben mit 25 000–60 000, grie-

chischerseits mit 350000–400000 beziffert. Vgl. Tschameria-/S-Epirus-Albaner.

Nordeurasier (ETH)
II. wiss. Bezeichnung für die Bev.gesamtheit im Bereich der ehem. UdSSR, sofern und solange diese insges. als selbständiger Kulturerdteil zugrunde gelegt wurde; als heutiger Bezugsraum entspricht Rußland, jedoch ohne mittelasiatische Nachfolgestaaten. Der sog. Nordeurasische Kulturkreis bezieht zuzüglich das ö. Skandinavien ein im Sinne gleichartiger Umwelteinflüsse.

Nordeuropäer (ETH)
II. als Regionalbegriff uneinheitlich gebrauchte Sammelbez. für die Bev. der nordeuropäischen Staaten, geschichtlich und stammeszugehörig i.e.S. für die skandinavischen Reiche. Die UN-Statistik hingegen schließt unter diesem Terminus ein: Dänemark, Estland, Färöer, Finnland, Island, Irland, Lettland, Litauen, Norwegen, Schweden und Großbritannien (mit Man und Kanalinseln).

Nordfriesen (ETH)
I. Friiske.
II. Teilbev. der Friesen in Schleswig-Holstein/Deutschland zwischen Eider im S und Wiedau im N sowie auf Föhr, Amrum, Sylt, Nordstrand, Pellworm und Helgoland. F. sind hier zwischen 8.–11. Jh. eingewandert unter Vermischung mit Jüten. Ihr westgermanisches Idiom, das keine Standardform erhielt, unterscheidet sich merklich vom Westfriesischen, es wird als zusätzliches Schulfach gelehrt. Lt. Schätzung 60000 friesischer Herkunft, doch liegt Zahl der Friesiensspr. wesentlich darunter. Besitzen keine Rechtsstellung. Vgl. Friesen.

Nordide (BIO)
I. Nordischer Typus, Nordische Rasse; Teutonordide, Dalonordide (v. EICKSTEDT); race nordique, race blonde (=fr).
II. Unterrasse der europiden Großrasse; hochwüchsig, schlank, mehrheitlich langköpfig, geringe Pigmentierung von Haut, Haaren und Augen. Unterscheidbare Untertypen: 1.) »Teuto-nordischer« Typus, verbreitet in England, Schottland, Island, Skandinavien, N-Deutschland; 2.) »Dalo-fälischer« Typus, verbreitet in Westfalen, S-Schweden; 3.) »Fenno-nordischer« Typus, verbreitet im Baltikum, NE-Europa (in jeweiliger sozialer Oberschicht). Durch zahlreiche historisch belegte Wanderungen vielförmige Vermischung und ausgeweitete Verbreitung nach N-Frankreich, N-Italien, Polen, Südrußland.

Nordindianide (BIO)
II. Zusammenfassung von Silviden, Pazifiden, Zentraliden und Margiden im Rassenkreis der Indianiden. Verbreitet in N- und Mittelamerika, auch in den Norden Südamerikas bergreifend.

Nordindide (BIO)
siehe Indide; europide Unterrasse in Süd- und (bei Oberschichten) Südostasien; race indo-afghane (=fr).

Nordiren (ETH)
II. 1.) Bew. der im Vereinigten Königreich von Großbritannien und N-Irland von Großbritannien verwalteten n. Teile von Irland, der 6 Counties (Antrim, Down, Armagh, Londonderry, Tyrone und Fermanagh) Heutige Bev. ist als Folge starker englischer und schottischer Zuwanderung überwiegend protestantisch, 1991: 337000 Presbyterianer, 279000 Church of Ireland, 59000 Methodisten, 606000 katholischer Konfession. Seit 1969 bürgerkriegsähnliche Unruhen zwischen Befürwortern und Gegnern eines Anschlußes an die Rep. Seit 1996/97 Friedensprozeß und Friedensabkommen mit dem Ziel einer eigenen Regionalregierung 2.) Nordirländer, sofern Terminus N. allein für die irische katholische Minderheit in Anspruch genommen wird. Vgl. Iren.

Nordiren (NAT)
II. Bew. des 1921 von Irland abgetrennten Territoriums (sechs mehrheitlich protestantische Grafschaften) im United Kingdom mit Teilautonomie. Ab 1609 Ansiedlung von Engländern und Schotten im Rahmen des Ulster Plantation Plans.

Nordirland (TERR)
B. Provinz. Integraler Teil des Vereinigten Königreiches, von United Kingdom of Great Britain and Northern Ireland. Northern Ireland (=en); Irlande du Nord (=fr); Irlanda do Norte (=pt); Irlanda del Norte (=sp); Irlanda del Nord (=it). Vgl. übergreifende alte Provinzbez. Ulster; Irland.
Ew.: 1841: 1,700; 1851: 1,500; 1861: 1,400; 1871: 1,359; 1891: 1,236; 1911: 1,250; 1926: 1,257; 1936: 1,276; 1948: 1,362; 1950: 1,416; 1955: 1,400; 1960: 1,420; 1965: 1,469; 1970: 1,524; 1975: 1,537; 1986: 1,567; 1996: 1,663, BD: 122 Ew./km^2

Nordjemeniten (NAT)
II. Altbez. für StA. der Arabisch-Islamischen Rep. Jemen bis zur Vereinigung mit Süd-Jemen 1990.

Nordkorea (TERR)
A. Demokratische Volksrepublik Korea. Unabh. seit 8. 9. 1948. Choson Minchuchuui Inmin Konghuaguk. People's Democratic Republic of Korea, North Korea (=en); la République populaire démocratique de Corée (=fr); la República Popular Democrática de Corea, corea del Norte (=sp); corea do Norte (=pt); Corea del Nord (=it); Corea (=pt). Vgl. Korea.
Ew. 1950: 9,740; 1955: 9,100; 1960: 10,526; 1965: 12,100; 1970: 13,892; 1975: 15,852; 1978: 17,072; 1990/91: 22,191; 1996: 22,451, BD: 183 Ew./km^2; WR 1990–96: 1,6%; UZ 1996: 62%; AQ: 5%

Nordkoreaner (NAT)
I. North Koreans (=en); nord-coréens (=fr); nortecoreanos (=sp, pt); nortecoreani (=it).
II. StA. der Demokratischen VR Korea (amtl. nur Koreaner). Vgl. Südkoreaner, Koreaner.

Nördlicher Buddhismus (REL)
I. Mahayana-B., »Großes Fahrzeug«.

Nordlichter (SOZ)
II. milde Spottbez. für Norddeutsche, »Preußen«, in Süddeutschland speziell in Bayern.

Nord-Mbundu (ETH)
Vgl. N-Angola-Stämme; Kimbundu, Ambundu.

Nordmongolen (ETH)
II. zur Hauptsache die Burjäten mit verschiedenen Idiomen: Bargu-, Chori-, Selenga- und Westburjätisch.

Nordmongolide (BIO)
I. race nord-mongolienne (=fr). Vgl. Tungide.

Nordossetien (TERR)
B. Ab 1992/94 Autonome Republik in Rußland (im Nordkaukasus). 1924 als Autonomes Gebiet gegr., 1936 zur ASSR erhoben, 1990 zur autonomen SSR erklärt. Severo-Osetinskaja ASSR (=rs); North Ossetian Rep. (=en). Vgl. auch Südossetien; Osseten.
Ew. 1964: 0,497; 1974: 0,582; 1989: 0,634; 1995: 0,655, BD: 82 Ew./km²;

Nordrhein-Westfalen (TERR)
B. Bundesland in Deutschland. Rhénanie-du-Nord-Westphalie (=fr).
Ew. nach jeweiligem Gebietsstand: 1939: 11,945; 1970: 16,914; 1980: 17,044; 1990: 17,243; 1997: 17,974, BD: 527 Ew./km²

Nordrhodesier (NAT)
II. Angeh. des britischen Kolonialterritoriums Northern Rhodesia (=en), später (seit 1964) Sambia. Vgl. Sambier.

Nordschleswiger (ETH)
II. deutsche Minderheit in dem 1920 an Dänemark gefallenen Nordschleswig (Zone 1 nördlich Scheidebach); bis 1945 und wieder seit 1955 deutsche Schul- und Kirchenspr.

Nord-Sotho (ETH)
I. Transvaal-Sotho.
II. Stammesverband der SE-Bantu in Transvaal/Südafrika mit 2,4 Mio. (1980); sind durch starke europäische Siedlungsnahme in viele kleine Reservate zersplittert. Ihr wichtigster Stamm sind die Pedi/Bapedi.

Nordsotho (SPR)
I. Pedi.
II. Bantuspr.; Amtsspr. in Lebowa/Südafrika.

Nordvietnamesen (ETH)
II. Bew. im Nordteil des 1954–1976 am 39. Breitenkreis geteilten Vietnam; 1972: 22 Mio. Vgl. Kinh.

Nordwest-Bantu (ETH)
II. ethnologische Sammelbez. für die Bantu-Ethnien in der äquatorialen Regenwaldzone. Sind in zahlreiche Stämme aufgesplittert, die jeweils regional zusammengefaßt werden. Wichtige Einheiten sind: Duala, Kota, Mongo-Kundu, Pangwe, Teke. Ihre Verbreitungsgebiete verzahnen sich vielfach mit den Bannbereichen pygmider Vorbev. und später zugewanderter Sudan-Neger. Somatisch zählen N.-B. überwiegend zu den Palänegriden, mehrfach ist pygmider Einschlag erkennbar.

Nordzypern (TERR)
C. s. Türkische Republik Nordzypern. Vgl. Zypern.

Norfolkinsel (TERR)
B. Eines der Australischen Außengebiete. Norfolk Island (=en); (l'île) Norfolk (=fr); (la isla) Norfolk (=sp).
Ew. 1948: 0,001; 1978: 0,002; 1996: 0,002

Normaliens (SOZ)
II. (=fr); Absolventen; archicubes (=fr). »Ehemalige« jener vier 1794/95 begr. Elitehochschulen ENS, »Ecols Normals Supérieurs«, spez. der »Normale Sup«, der einzigen für Humanwissenschaften und höhere Lehrerbildung. Sie gelten als intellektuelle Elite in Frankreich.

Normannen (ETH)
I. Nordmänner; Normans (=en); Normands (=fr); normanni (=it); normandos (=sp, pt).
II. seefahrende Teilbev. aus Skandinavien und Dänemark, die im frühen MA auf den Spuren der Wikinger an den Küsten Europas und über die osteuropäischen Stromsysteme handeltreibend verkehrten und die in Kriegszügen eine Reihe straff organisierter Staaten gründeten: um 700 Shetland- und Orkney-Inseln, ab 885 und 1016–42 in England, ab 874 Irland; Plünderungsfahrten bis 9. Jh. nach N-Frankreich, bes. Normandie (geogr. Name!) 911, 874 Island, 986 W-Grönland (geogr. Name: Norrland). Nach 1016 kamen Normandie-N. im Mittelmeerraum den Langobarden zu Hilfe, errichteten Herrschaftsgebiete in Unteritalien, entrissen 1061–91 den Arabern Sizilien; Schwedische N. gründeten im 9. Jh. auf dem Wege zum Schwarzen Meer Herrschaften in Nowgorod und Kiew, die zum Kern des Kiewer Reiches wurden. N. zeichneten sich nicht allein durch hochentwickelte Schiffsbautechnik (Spaltbohlen in Klinkerbauweise), Segeltechnik und Nautik (Sonnenkompaß) aus, sondern auch durch frühen Kabeljau-Fischfang und Runenschrift. Auch erstaunlich hochstehendes Kunsthandwerk. Vgl. Wikinger; Waräger.

Norwegen (TERR)
A. Königreich. Kongeriket Norge (=no). The Kingdom of Norway, Norway (=en); le Royaume de Norvège, la Norvège (=fr); el Reino de Noruega, Noruega (=sp); Noruega (=pt); Norvegia (=it).
Ew. 1769: 0,724; 1801: 0,883; 1835: 1,195; 1875: 1,813; 1900: 2,240; 1910: 2,392; 1930: 2,814; 1950: 3,279; 1970: 3,877; 1990: 4,248; 1996: 4,381, BD: 14 Ew./km^2; WR 1990–96: 0,5%; UZ 1996: 73%, AQ: 0%

Norweger (NAT)
I. Norwegians (=en); norvégiens (=fr); noruegos (=sp); norueguesos (=pt); norvegesi (=it).
II. StA. von Norwegen.

Norwegisch (SPR)
I. Norwegian (=en); norvégien (=fr); noruego (=sp); norueguês (=pt); norvegese (=it).
II. Staatsspr. in Norwegen. Zahl der Sprecher 1990 4,1 Mio., davon Bokmål im N und E Norwegens mit 3,3 Mio. und Nynorsk im w. Norwegen mit 850 000.

Noso (ETH)
I. schwarze Lolo, Oberschicht bei den Lolo in China.

Notabeln (SOZ)
I. aus notable (fr=) »bemerkenswert«.
II. ursprünglich Mitglieder der königlichen Ratsversammlung in Frankreich vor 1789; später in ganz Europa Angeh. der bürgerlichen oder adligen Oberschicht, Männer von Amt, Vermögen, Bildung eines Landes, einer Stadt.

Nottoway (ETH)
I. Nadowa.
II. Indianer-Stamm sw. der Großen Seen; zur Spr.familie der Irokesen zählend.

NRM (REL)
I. New Religious Movement.

Nsakara (ETH)
I. Azande, Zande, Nzakara.

Nsaw (ETH)
I. Nsungli, Kom.
II. westafrikanischer Negerstamm mit einer Benue-Kongo(Bantu)-Spr. im hochgelegenen Grasland von W-Kamerun; als Unterstämme gelten: Mbaw, Mbem, Tang, War, Wiya; insges. rd. 100 000.

Ntomba (ETH)
I. Ntuma.
II. schwarzafrikanische Ethnie am Tumbasee/DR Kongo.

Ntum (ETH)
II. Stamm der Fang-Bantu in Kamerun.

Nuba (ETH)
I. Bergnuba; Masakin, aus miskin (=ar).
II. negrides Volk in den Nubabergen im S von Kordofan/Sudan; 1983: 1,65 Mio., ein autarkes Agrarvolk. Entstanden aus Angehörigen verschiedener Sudan- und Nilotenstämme, die sich vor arabischen Sklavenjägern hierher zurückgezogen haben. Im N patri-, im S matrilineal. Ahnenkult, heilige Asche. Teilen sich in viele unterschiedliche Spr.gem., u.a. Korongo-N., Tatodirgo, Tokadindi (arabisch Angolo, Towange), Masakin-Qisar-N (Toli, Tomeluba, Tormo/arabisch Teis, Tosari, Tosulo/arabisch Togodo, Towu). Stehen mit Baggara-Nomaden wirtschaftlich in altem Zusammenhang. Jüngere Islamisierungskampagnen haben bisherige Nacktheit (aschebestäubt und bemalt) unterdrückt. Ritueller Ringkampf hat sich unter zivilisatorischem Einfluß zur Sportveranstaltung gewandelt. Starke Abwanderung in die Städte. Im südsudanischen Bürgerkrieg seit 1983 durch sudanische Araber und Kordofan-Stämme systematisch rassistisch motivierter Ausrottung unterworfen, allein 1992/93 über 50 000 Todesopfer.

Nubier (ETH)
I. Nubians (=en); Nubiens (=fr).
II. 1.) Altnubier antike Vorfahren der heutigen N. im Reich Kusch, d.h. in Ländern s. Ägyptens. 2.) Nil-Nuba; Altnamen Barabra, Berberiner. Sammelbez. für Stammesgruppe von Sudan-Negern im oberen Nilgebiet südlich Assuan. Diese Nil-Nubier, Dongola oder Barabra (ca. 250 000) sind in Untergruppen gegliedert: Kenuzi (zwischem 1. und 2. Katarakt), Mahas und Sukkot (zwischen 2. und 3. Katarakt). Ihnen verwandt die früher abgedrängten Nyimau, Dilling (im n. Kordofan), die Birket und Midobit (im ö. Darfur). Die Aufstauung des ca. 500 km langen Sadd el Ali-Sees machte seit 1960 Umsiedlung von 80 000–100 000 N. erforderlich. Auf ägyptischer Seite wurde für rd. 50 000 N., hamitische Kunuz und Araber eine geschlossene Neuansiedlung im Kom Ombo-Distrikt (n. Assuan) vorgesehen, 20 000 Bew. von Wadi Halfa ließen sich im 700 km entfernten Port Sudan nieder. 50 000 N. auf sudanesischem Gebiet konnten erst in über 900 km Entfernung an der Staustelle eines Nilquellarmes eine neue Heimat finden.

Nubisch (SPR)
II. Verbreitung dieser afro-asiatischen Spr. in Ägypten und Sudan; um 1985 > 1 Mio. Sprecher.

Nuer (ETH)
I. Gawer, Jekaing, Lau, Nuon, Thiang, Dok.
II. Stamm der Sudan-Neger mit einer nilo-äthiopischen Eigenspr., 1983: rd. 1 Mio., in Savannen beiderseits des Weißen Nil s. des Bahr el Ghazal/Sudan; sowohl Hirtennomaden als auch Ackerbauern. Zu ihnen gehört der durch Dinka isolierte Stamm der Atwot im S. N. stehen in Provinz Jonglei seit etwa 1967 gegen sudanesische Zentralregierung, seit 1991 auch gegen konkurrierende Dinka im Kampf.

Nuklearopfer (BIO)
I. nukleare Strahlen-, Strahlungsopfer, speziell Kernwaffenopfer.
II. Sammelbez. für Todesopfer und/oder sonstige Geschädigte als Folge von Atombombeneinsatz, Kernwaffentests, Reaktor-GAUs. Durch Atombombeneinsatz verloren 1945 in Hiroschima ca. 88 000–140 000 Menschen (neben 163 000 Vermißten und Verletzten) und in Nagasaki 36 000–72 000 Japaner ihr Leben. Spätfolgen wirken bis heute fort. Eine unbekannt große Zahl von Geschädigten ging aus den zahlreichen Kernwaffentests hervor: 1945–63 571 Versuche, davon 449 in der Atmosphäre (u. a. Los Alamos/USA 1945) sowie 1963–93: 1449 Versuche, davon 65 in der Atmosphäre (insbesondere in bzw. durch USA, Sowjetunion, Frankreich, China und Großbritannien, u. a. in Eniwetok, Bikini, Mururoa, Maralinga); weitere Opfer ergaben sich in Waffenlagern (z. B. auf der Kola-Halbinsel) und auf U-Booten. Immense Schadensfälle treten bei Unfällen in Atomkraftwerken auf. 1986 im Zuge der Tschernobyl-Katastrophe verstarben nach offiziellen ukrainischen Angaben 2500 Liquidatoren und umwohnende Zivilisten an Verbrennungen und Strahlenschäden. Zivile Schätzungen belaufen sich jedoch auf 20 000 und mehr Opfer. 400 000 Ew. mußten ihre Wohnungen verlassen, doch 2,2 Mio. leben noch heute in Gebieten, die mit über 37 kBq/m² durch Caesium 137 verstrahlt sind. Vgl. Kriegsopfer; Liquidatoren.

Nulligravidae (BIO)
I. (=lat); aus gravida (lat=) »schwanger«.
II. med. Terminus für Frauen, die noch nie schwanger waren. Vgl. Nulliparae.

Nulliparae (BIO)
I. Nulliparen, Erstgebärende; aus nullus (lat=) »kein, nicht« und parere (lat=) »hervorbringen, gebären«.
II. med. Terminus: Frauen, die noch nie niedergekommen sind, die noch nicht geboren haben. Vgl. Primiparae, Multiparae; Nulligravidae.

Numidier (ETH)
II. römische Bez. für die nomadisierenden Berberstämme im Maghreb.

Nung (ETH)
II. Bauernstamm von ca. 200 000 mit einer Thai-Spr. in Yünnan/China. Verschiedene Teilgruppen mit über 500 000 Köpfen (1985) leben im benachbarten Vietnam.

Nung (SPR)
II. Sprgem. dieser Tai-Spr. in Vietnam und chinesischem Kuangsi; 1994 rd. 750 000.

Nunggubuyu (BIO)
II. Restgruppe von Aborigines in SE von Arnhemland und auf Insel Bickerton/Australien.

Nunku (ETH)
I. Mada.
II. schwarzafrikanische Ethnie im mittleren Nigeria.

Nupe (ETH)
I. Nge.
II. negride Ethnie im w. Nigeria. N. waren Träger eines alten, lt. Überlieferung im 15. Jh. gegründeten Reiches; sakrales Königtum und stark ausgebildete Beamtenhierarchie; Gelbguß, Glas- und Achatindustrie. Bildeten über Jahrhunderte Bollwerk gegen den Islam.

Nupe (SPR)
I. Verkehrsspr. in Nigeria; 1 Mio. Sprecher.

Nurdschu (REL)
I. Nurcu, Nurculuk; »Jünger des Lichts« nach kurdischem Begründer Said Nursi (1876–1960).
II. sunnitische Bruderschaft in Anatolien; trotz Verbot 1925 in Türkei fortlebend. N. haben sich immer als Gegner des Kemalismus verstanden.

Nuristaner (ETH)
I. Nuristani(s); Bashali oder Rote Kafiren.
II. Bergvolk im s. Hindukusch Afghanistans mit verschiedenen indoarischen Dardspr.: Kati, Waigali, Aschkuni, Paruni. Bis auf Schwarze Kafiren, die Kalasch, im 19. Jh. zwangsweise islamisiert. Vgl. Kafiren.

Nusairier (REL)
I. Nossairier, Nousairis, Nosairis, Nusairi; Nusairiya, Nusairijja (=ar); Nusairian (=en); nosairîs (=fr).
II. ursprüngliche Bez. einer extrem-schiitischen Sekte, die, wohl in Bagdad entstanden, heute vornehmlich im syrischen Küstengebirge, im Djebel al Ansarijja und im Raum Adana verbreitet ist. Ihre im 20. Jh. neugewählte Eigenbez. lautet Alawiten, Aleviten (s.d.). N. führen ihre Lehre auf Offenbarungen, die der 11. Imam, al Hasan al'-Askari, seinem Schüler Mohammed Ibn Nusair hinterließ, oder auch auf al Hasibi zurück (*H. HALM*). Vgl. Alevi(s).

Nüshu-Schrift (SCHR)
I. Hunan-Frauenschrift.
II. in der südchinesischen Provinz Hunan von Frauen ersonnene und für Frauen bestimmte Schrift, die erst mit dem modernen Schreibunterricht im 20. Jh. außer Gebrauch kam.

Nuu-Chac-Nulth (ETH)
II. Indianerpopulation auf dem kanadischen Vancouver-Island; bekannt durch ein DNA-Forschungsprojekt.

Nuwwab (SOZ)
II. 1.) Titel der Gouverneure in Indien während der Moghulherrschaft. Vgl. Nabob oder Nabab. 2.) die aus Indien mit großen Reichtümern heimkehrenden englischen Handelsherren.

Nyakyusa (ETH)
II. Bantugruppe in S-Tansania (> 500 000 Köpfe), ein Unterstamm der Konde, zwischen Mbeya und Nyassa/Malawi-See; das Idiom der N. dient als weitverbreitete Verkehrsspr. Bekannt auch durch die bes. Gesellschaftsorganisation und Wohnordnung in Altersklassendörfern. Alte Praktik, daß junge, relativ gleichaltrige Familien neue Siedlungen gründen, ist wegen Bodenverknappung nur mehr sehr bedingt möglich. Deswegen heute Plantagenwirtschaft auf Tee. Noch praktizierter Ahnenkult, doch wachsender Christenanteil.

Nyali (ETH)
I. Nyari, Huku.
II. schwarzafrikanischer Stamm mit Bantu-Spr. im NE der DR Kongo, ca. 100 000; treiben Ackerbau und Jagd.

Nyamwezi (ETH)
I. Njamwezi, Nyamwesi, Wanyamwezi, Banyamwezi, Mwezi, Konongo.
II. Volk in Tansania zwischen Ruaha und Viktoria-See; zusammen mit Sukuma ca. 6 Mio. (1980), bantuspr. N. sind ausgesprochene Hackbauern mit Kleinviehhaltung. Wichtigste Stämme der N. sind: Bilwana, Kimbu, Sukuma, Sumbwa.

Nyamwezi-Sukuma (SPR)
I. Nyamwesi; Nyamwezi-Sukuma (=en).
II. ca. 4 Mio. Sprecher dieser Bantu-Spr. (Benue-Kongo-Gruppe) in Tansania (um Tabora).

Nyaneka (ETH)
I. Nyaneka-Nkhumbi, Ngumbi, Njanjeka.
II. Bantu-Ethnie auf der Serra da Chela/SW-Angola. N. sind Rinderhirten und Ackerbauern. Es herrscht matrilineare Abstammungsordnung und differenzierter Ahnenkult. Sie stellen 4,2 % der Staatsbev., ca. 390 000 Köpfe. Vgl. Ambo.

Nyangbo (ETH)
I. Nyengbe.
II. schwarzafrikanische Ethnie am Ostufer des Voltasees/Ghana.

Nyangeya (ETH)
I. Njangija, Nyangiya, Poren.
II. schwarzafrikanische Ethnie in N-Uganda.

Nyanja (ETH)
I. Manyanja, Njandja, Njasa, Nyasa, Lavi .Vgl. Nyassa-Völker.

Nyanja (SPR)
I. Nyanja (=en).
II. eine Bantu-Spr.; Verkehrsspr. in Malawi, Sambia, Mosambik, Simbabwe mit insgesamt rd. 4 Mio. Sprechern (1994).

Nyassa-Völker (ETH)
II. Sammelbez. für diverse verwandte Stämme von Bantu-Negern im Umkreis des Nyassa-(heute: Malawi-)Sees. Zu ihnen zählt man: ö. des Sees die Makonde, Makua, Lomwe und Yao; sw. und s. des Sees die Chewa, Chuabo, Kunda, Nyanja, Podzo, Senga und Tonga; nw. des Sees die Henga, Kandawire und Tumbuka; n. und nö. des Sees die Kinga, Kissi, Konde, Matengo, Nyakyusa, Nyassa und Safwa. Es handelt sich fast durchwegs um Hackbauern mit Kleinviehhaltung.

Nyaya (REL)
II. eine der Lehrrichtungen im indischen Schivaismus.

Nyekyosa (ETH)
I. Nyikyusa.
II. kleine schwarzafrikanische Ethnie am Nordufer des Malawisees/Malawi und Tansania.

Nyika (ETH)
I. Nika; Girjama, Giryama, Tschonji, Duruma.
II. schwarzafrikanische Ethnie im sö. Kenia.

Nyimang (ETH)
I. Nyamang, Nyima.
II. Ethnie in S-Sudan.

Nymyl'yn (ETH)
I. Nymyllan, Tschautschu; Eigenbez. der Korjaken, s.d.

Nyore (ETH)
I. Luhya in W-Kenia. Vgl. Bantu-Kavirondo.

Nyoro (ETH)
I. Njoro, Banyoro.
II. schwarzafrikanische Ethnie in NW-Uganda, bantuspr.; einst aristokratische Oberschicht von Hirten, ihr Königtum erlosch 1967. 1980: 1,8 Mio. Köpfe.

Nyungar (BIO)
II. Stamm der Aborigines an der südwestaustralischen Küste; trotz Küstennähe landorientiert, Name stammt vom gesprochenen Dialekt ab; unterscheiden sich erheblich in religiösen und kulturellen Angelegenheiten von den übrigen Aborigines.

Nzebi (ETH)
I. Nzabi, Njawi, Sebo.
II. kleine schwarzafrikanische Ethnie im Grenzgebiet von Kongo zu Gabun.

Nzema (SPR)
II. eine der sog. »nationalen« Spr. und Verkehrsspr. in Ghana.

Nzwani (SPR)
II. ein Swahili-Dialekt, Verkehrsspr. auf den Komoren.

O

Obdachlose (SOZ)
I. Wohnsitzlose, Heimlose; pejorativ z.B. Pennbrüder; Personnes sans domicile fixe (SDF), ugs. clochards (=fr); Bomzy (=rs).
II. Personen ohne feste Unterkunft. Vgl u.a. Bag ladies (=en), die ihre Habe in Plastiktüten mit sich führen; Clochards, Penner, Sandner, Stadtstreicher.

Obeid (ETH)
I. Albu Obeid.
II. arabische Stammeseinheit von Schafnomaden in der irakischen Jezira. Vgl. Dulaim.

Oberösterreich (TERR)
B. Bundesland in Österreich.
Ew. 1756: 0,430; 1800: 0,626; 1816: 0,540; 1850: 0,706; 1869: 0,737; 1880: 0,752; 1910: 0,843; 1934: 0,903; 1961: 1,132; 1971: 1,223; 1981: 1,270; 1991: 1,334; 1997: 1,376

Obersachsen (ETH)
II. gewählte Bez. seit 10.–12. Jh. für sächsischen Neustamm (zur Unterscheidung von Niedersachsen) in der Mark Meißen, im nachmaligen Königreich, in der preußischen Provinz und im heutigen Bundesland Sachsen. Tatsächlich handelt es sich um Thüringer und Mainfranken, die mit eingesessenen Sorben verschmolzen.

Obersächsisch (SPR)
II. sächsischer Dialekt, bis 1945 auch in angrenzenden Teilen Nordböhmens verbreitet.

Oberschicht (SOZ)
II. Schicht, deren Angeh. die höchsten sozialen Funktionen innerhalb einer Gesellschaft innehaben.

Oberschlesier (ETH)
I. Slazacy (=pl); Polonais(e) de la Haute Silésie (=fr).
II. Bewohner des sö. Teils Schlesiens, eines bedeutenden Erz- und Kohlenreviers in wechselnden administrativen Grenzen. Es handelt sich um eine deutsch-polnisch-tschechische Mischbev. Der Ausbau der Bodenschätze führte zu starkem Bev.wachstum: von 0,6 Mio. (1804) auf 2,3 Mio. (1910). 1921 wurden 980 000 O. Polen zugeschlagen. Lt. VZ 1933 gab es (im deutschen Teil): 1,48 Mio. Dt.spr., meist katholische, 266 000 zweispr. Oberschlesier. Im polnischen Teil erbrachte Zählung 1931: 1,272 Mio. polnischspr., 107 700 deutschspr., 121 000 tschechischspr. O. Im tschechischen Teil Oberschlesiens gab es (1930) 620 000 Bew. Tschechischspr., 204 000 deutscher und 20 000 polnischer Volkszugehörigkeit. 1939 insges. 4,34 Mio. Häufig meint Begriff nur die Ostoberschlesier, jene O., deren Gebiet 1921 von Deutschland an Polen fiel (893 000;

1944 dort 238 000 alteingesessene Deutsche. Vgl. Wasserpo(l)lacken/Schlonsakisch-spr.

Obervolta (TERR)
C. Altbez. bis 1984 für heutiges Burkina Faso, s.d.

Obervoltaer (NAT)
I. Upper Voltans (=en); voltaïques (=fr); altovoltaicos (=sp).
II. StA. der Rep. Obervolta, später (ab 1984) Burkina Faso. S. Burkiner.

Oblaten (REL)
I. OMI; aus (lat.=) oblatus
I. »das Dargebrachte«; Oblate »Hostie« »Klosterkinder«.
II. 1.) im christlichen MA klösterlich erzogene, für den Ordensstand bestimmte Kinder, im Buddhismus noch heute, »Klosterkinder«; 2.) christliche Laien, die sich einem geistlichen Orden anschließen; 3.) Mitglieder mehrerer kath. Kongregationen u.a. OMI, OSFS des 19. Jh., meist Frankreich, für Volks- und Heidenmission. Heute ca. 5900 Mitglieder.

Obotriten (ETH)
II. Volk der Ostseeslawen; mit verwandten Stämmen: Wagrier/Wagrer (zwischen Trave und Eider) und Polaben/Polaber (um Ratzeburg).

Observanten (REL)
II. kath. Ordensmitglied der ursprünglichen, strengeren Richtung der Franziskaner, begr. im 14. Jh.

Obugrier (ETH)
Vgl. Finn-Ugrier, Finno-Ugrische Spr.

Occitanen (ETH)
Vgl. Provenzalen, Okzitanisch-Spr.

Ocupantes (SOZ)
II. (=sp); Ackerwanderbauern in Paraguay. Vgl. Squatters (=en).

Ocupantes de tierra (SOZ)
I. (=sp); Landbesetzer.
II. in Lateinamerika Bez. für Campesinos und Indios (Caboclos), die unberechtigt derzeit ungenutzten Farmboden, freies Kommunalland oder Teile des Regenwaldes (Brasilien) in Besitz nehmen. Sie errichten über Nacht ihre Hütte und erwerben dadurch nach ungeschriebenem Gesetz ein Bleiberecht. Vgl. Hausbesetzer.

Odalisken (SOZ)
II. weiße Haremssklavinnen, in der Türkei oft Kaukasierinnen; aus ihnen wurden die Kadynen, die legitimen Frauen, erwählt.

Odul (ETH)
 I. Eigenbez. der Jukagiren.

OECD-Bevölkerung (WISS)
 II. Einw. der »Industrieländer«, der 24 Mitgliedsstaaten der »Organisation für wirtschaftliche und politische Zusammenarbeit«.

Offene Bevölkerung (WISS)
 I. open population (=en); population ouverte (=fr); popolazione aperta (=it); población abierta (=sp); população aberta (=pt).
 II. Bev., die sich unter Einschluß von Zu- und Abwanderung (häufiger: Aus- und Einwanderung) entwickelt.

Offene Plymouth-Brüder (REL)
 II. 1848 erfolgte Abspaltung der Plymouthbrüder unter Gg. Miller. Gemeinschaft zählt heute rd. 1,6 Mio. Mitglieder.

Ogadeni (ETH)
 II. Bew. des Ogaden, beheimatet in Halbwüsten des s. Somalia und ö. Äthiopien; ethnisch zu Somali zählend. In Grenzkriegen 1964 und 1977/78 große Flüchtlingsabwanderung; O. stellen in somalischer Armee starke Verbände; verständigten sich 1991 auf Verbleib bei Äthiopien.

Ogham-Schrift (SCHR)
 II. keltische, um eine Mittellinie aus Punkten und Strichen aufgebaute, eigentümliche Schrift des 4.-7. Jh. n. Chr. in NW-Europa.

Ogoni (ETH)
 I. Ibo/Igbo-Bez.; Eigenname: Kana.
 II. schwarzafrikanische Ethnie im Ostrand des Nigerdeltas/Nigeria. Ihre Zahl dürfte bei 0,5 Mio. liegen. O. begehren gegen katastrophale Umweltschäden der Erdölexploration ihrer Heimat auf. Werden deshalb seit 1994 schlimmen Repressalien der Militärregierung unterworfen. Um Widerstand der O. zu brechen, hat die Regierung sie mit ihren tribalen Gegnern, den Kalabaris und Okrikas, in einem neugeschaffenen Bundesland Bayelsa zwangsvereint. Verschärfung des Öko-Dramas durch Auseinandersetzung mit Nachbarn, den Andoni.

Ogowe (ETH)
 II. zu den Pangwe-Völkern zählende schwarzafrikanische Stammesgruppe, der auch die Eschira/Eshira und Kota zugehören.

Oguliner (ETH)
 I. nach osmanischem Festungsort des 15. Jh.
 II. Bew. des habsburgischen Militärgrenzbezirks von Ogulin/Bosnien ostseitig der Velika Kapela.

Ogusen (ETH)
 I. Oghusen, Oghuzen; Name auf Stammesföderation der Ost- oder Köktürken im 5.–8. Jh. zurückzuführen; siehe auch Onoghusen, Turghusen.

 II. großer Stammesverband und Spr.zweig der Turkvölker mit Türkeitürken, Aserbeidschanern und Turkmenen, dem mehr als die Hälfte aller Turkspr. angehört. Der Islam hat bis zum 10. Jh. auch jene O.-Stämme erreicht, die sich damals n. des Kaspi- und Aralsees festgesetzt hatten. Vgl. Turkmenen; Turkvölker, Turkspr.

Ohekwe (BIO)
 I. Kung (s.d.). Vgl. Buschmänner.

Ohm (BIO)
 I. Oheim; Altbez. auch Öhm, Ühm (Rheinland).
 II. überholte Bez. für Onkel. Sg. Vgl. Muhme.

Oirat (SPR)
 I. Oiratisch-, Oirotisch-spr.
 II. mongolische Sprgem. im zentralasiatischem Altai beiderseits der russisch(GUS)-chinesischen Grenze. Vgl. aber auch »Westmongolen« und Wolgaoiratisch-spr.

Oiraten (REL)
 I. Oiroten (nach einer westmongolischen Dynastie).
 II. Anh. des Burchanismus, eine anfangs des 20. Jh. unter den Altaiern aufgekommene messianische Bewegung mit national-mongolischen Zügen; waren schweren Verfolgungen ausgesetzt. Gleichwohl trug erstes autonomes Gebiet der Altaier 1922–1948 den Namen »Autonomes Gebiet der Oiraten.«

Oiroten (ETH)
 I. Oiraten, Ojroten; Eigenbez. Oirat; Ojraty (=rs).
 II. vereinfachte Sammelbez. für W-Mongolen, mitunter auch allein für Altaier. Vgl. auch Kalmüken, Altaier.

Ojibway (ETH)
 I. Odjibwa, Chippewa(s).
 II. subarktischer Indianerstamm aus der Algonkin-Spr.gruppe. Betrieben frühen Pelzhandel mit den europäischen Siedlern. Da die Weißen gegenüber O. nur geringe Landansprüche stellten, konnten O. als intaktes Volk überleben. Seit 1850 in kanadischen Reservationen, die sie mit den Cree teilen. Heute 76 335 O. (VZ 1991), jedoch nur noch zu 20 % reinblütig. Ihnen verwandt sind die Menomini.

Okandé (ETH)
 II. ethnische negride Einheit in Gabun mit einer Bantu-Spr.

Okie(s) (SOZ)
 II. (=en); im Dust Bowl der dreißiger Jahre aus Oklahoma nach Kalifornien abgewanderte Landarbeiter; heute allg. für wandernde Landarbeiter.

Okinawa (TERR)
 B. Inselgruppe der Riukiuinseln, die am 15. 5. 1972 von den Vereinigten Staaten an Japan zurückgegeben wurden. Vgl. Ryukyu.

Ew. 1970: 0,945; 1987: 1,202; BD: 533 Ew./km²;

Okinawaer (ETH)
I. Okinawer.
II. Inselbev. von Okinawa (1200 km sw. Tokio), das, einst selbständiges Königreich, 1879 an Japan fiel, im II.WK Schauplatz schwerer Kämpfe. Unabhängig von den Kampfverlusten (82 500) starb ein Drittel der damaligen Gesamtbev., rd. 150 000 Menschen, auch durch Massenselbstmorde. 1987 betrug Bev.zahl 1,202 Mio.; strebt Rückbesinnung auf alte (nicht japanische) Identität an.

Okzitanisch (SPR)
I. Occitanisch-spr., verallgemeinernd Provenzalisch-spr.; langue d'oc (=fr); aus (lat=) occitanus.
II. seit MA Bez. für die als eigene romanische Spr. geltenden südfranzösischen Mundarten s. der Loire im Gegensatz zu den (weiter entwickelten) Mundarten n. der Loire, die als »langue d'oïl« zusammengefaßt werden. Okzitanisch hat sich um die Jahrtausendwende in Südfrankreich herausgebildet, griff aber mit regionalen Dialekten bald auf »d'Outr Alp«, auf Piemont, vom Susa-Tal bis in die Alpintäler Liguriens über. Dante trug sich mit dem Gedanken, seine »Göttliche Komödie« auf O. zu verfassen. Noch im 20. Jh. war es dort Alltagsspr., heute nur mehr in den Cottischen Alpen (Valle Grana) erhalten. In Frankreich wurde Spr. der Troubadours in Gefolge der Albigenser-Kreuzzüge durch Französisch als Amtsspr. verdrängt, der okzitanisch geprägte Kleinadel entmachtet. Seither lebt O. als schriftlose Spr. fort. Als Umgangsspr. nach *H. HAARMANN* in Frankreich gesprochen (1990) von 2,7 Mio. im Languedoc, in der Provence und Gascogne. Vgl.: Provenzalisch-spr.

Old Order Amish (REL)
II. die konservativste Gruppe der Amische Mennoniten; 1990 in USA etwa 34 000. Ähnlich die Stauffer, Wengerites und Reidenbach-Mennoniten.

Olennen (ETH)
I. Eigenbez. Tschau-tschu.
II. Untereinheit der Tschuktschen im Autonomen Kreis Tschukotka/Magadan der Russischen Föderation.

Oleten (ETH)
II. Stamm der Westmongolen; stellen mit rd. 12 000 Individuen einen Bev.anteil von 0,6 % in der Mongolischen VR.

Oligarchen (SOZ)
II. 1.) Anh. der Oligarchie, 2.) Mitglieder einer der tatsächlichen Herrschaftsgruppen im Staat.

Olivetaner (REL)
Vgl. Benediktiner.

Olmeken (ETH)
I. nach Überlieferung der Azteken und Maya: »Volk des Kautschuklandes«.
II. präkolumbisches Indianervolk an der mexikanischen Golfküste. Schöpfer der Vorklassischen Kultur, der frühesten Hochkultur in der Neuen Welt, in Mesoamerika mit Zentren La Venta und Tres Zapotes, die ab 1000–600 v.Chr. auftritt; bei Epi-Olmeken Spuren eines Schrift- und Kalendersystems, Skulpturen usw.

Oloh Ot (ETH)
Vgl. Punan auf Borneo/Indonesien.

Olyk-Mari (ETH)
I. »Wiesen-Mari«; Lugovye Marijcy (=rs).
II. eine der drei Territorialgruppen der Mari.

Omagua (ETH)
II. 1.) indianische Ethnie im äußersten N von Argentinien. Beherrschen bewässerten Terrassenbau. 2.) Teilstamm der Tupi-Indianer am Amazonas, fast ausgestorben.

Omaha (ETH)
I. »Menschen, die gegen den Wind gehen«.
II. einer der Hauptstämme der Sioux, der vom Ohiotal nach W wanderte. O. wurden durch eine Pestepidemie 1802 fast völlig ausgelöscht. Geogr. Name: Omaha, Stadt im BSt. Nebraska/USA.

Omakaitse (SOZ)
II. Angeh. estnischer Heimwehr-/Selbstschutzeinheiten im II.WK; O. waren nicht mit sog. Schuma-(Hilfspolizei-)einheiten identisch.

Oman (TERR)
A. Sultanat. Ehem. (bis 1970) Maskat und Oman. Saltanat 'Uman, Sultanate of Oman (=en). Le Sultanat d'Oman, l'Oman (=fr); la Sultanía de Omán, Omán (=sp).
Ew. 1950: 0,413; 1960: 0,505; 1970: 0,654; 1978: 0,839; 1996: 2,173, BD: 7 Ew./km²; WR 1990–96: 4,8 %; UZ 1996: 77 %, AQ: 65 %

Omaner (NAT)
I. Omani (=ar); Omani (=en); omanais (=fr); omanís (=sp). Nicht Omanen!
II. StA. des Sultanats Oman. Seit Erdölwirtschaft große Kontingente von 535 000 Ausländern (1993), bes. Gastarbeitern (Pakistanern, Indern, Iranern, Schwarzafrikanern). Vgl. Ghafiri, Hinawi.

Ona(s) (ETH)
II. seit 1880 aussterbende kleine Indianerpopulation auf Feuerland; waren schweifende Jäger, besaßen als Kleidung lediglich Häutemäntel. 1880 noch auf gut 4000 Köpfe beziffert, wurden sie durch eingeschleppte Infektionskrankheiten bis 1887 auf 2000, 1909 auf gerade noch 270 reduziert.

Onchozerkose-Kranke (BIO)
I. an Onchocerciasis Erkrankte, von Flußblindheit/river blindness (=en) Befallene.
II. bei großen Teilen der Bevölkerung West- und Zentralafrikas, im Niltal und Jemen sowie (mit Va-

rianten) in Teilen Mittelamerikas (Mexiko, Kolumbien, im NE von Venezuela und in Guatemala) ist diese tropische »Wurmkrankheit« verbreitet. Lt. WHO gibt es trotz aufwendiger Bekämpfung seit 1974 weltweit schätzungsweise 18 Mio. Infizierte und mindestens 340 000 Erblindete, zu 96% in Afrika. Larven des Onchocerca volvulus werden durch blutsaugende Kriebelmücken (Gattung Simulium) von Mensch zu Mensch übertragen. Im Körper erfolgt Entwicklung zu knotenbildenden Würmern von bis zu 70 cm Länge und Einwanderung der Mikrofilarien in die Augenhornhaut. Lebensdauer der Würmer 11–16 J. über den Tod des Menschen hinaus. Mücken brüten je nach Spezies in tropischen Gewässern der Savannen und Regenwälder.

Oneida (ETH)
II. ein dem Irokesenbund zugehöriges Indianervolk N-Amerikas.

Onge (BIO)
II. Reststamm von Negritos mit nur mehr 98 Köpfen (1990) auf Little Andaman/Andamanen/Indien. Bis zur Ankunft indischer Siedler waren O. Sammler und Jäger, erhalten heute Fürsorgelieferungen, doch wird sich ihr Untergang kaum verhindern lassen (D. VENKATESAN).

Onkel (BIO)
I. Altbez. Oheim; Sg. auch Ohm; uncles (=en); oncles (=fr); zii (=it); tios (=sp, pt).
II. 1.) Brüder des Vaters oder der Mutter, 2.) Ehemänner von Schwestern des Vaters oder der Mutter. Vgl. Vater-, Mutterbruder.

Onkel Tom (SOZ)
I. Uncle Tom (=en).
II. Spottbez. in USA für einen Schwarzen, der die Vorherrschaft der Weißen akzeptiert, der sich ergeben und unterwürfig zeigt.

Onkelehen (SOZ)
II. ugs. Bez. für nichteheliche Lebensgemeinschaften, die verwitwete Frauen mit einem neuen Partner eingehen, um so – ohne offizielle Eheschließung – die Fortzahlung ihrer Witwenrenten zu erhalten.

Onondaga (ETH)
II. indianische Ethnie im Irokesenbund N-Amerikas.

Onorata Società (SOZ)
I. (=it); »Ehrenwerte Gesellschaft« in Italien.
II. kriminelle Geheimgesellschaft; geht in Vorläufern auf Zeit vor Einigung Italiens zurück, damals als Gegenmacht zu staatlicher Willkürherrschaft. Im 19. Jh. standen ihre Mitglieder im Dienst sizilianischer Großgrundbesitzer zur Unterdrückung von Kleinbauern und Landarbeitern. Vgl. Mafiosi.

Opata (ETH)
II. Indianervolk im mexikanischen BSt. Sonora, war einst sehr volkreich, erfuhr aber in Kriegen mit Apachen und Spaniern schnellen Niedergang und große Verluste; heute nur mehr einige Tausend. Ihre Eigenspr. erlosch im 20. Jh.

Optanten (WISS)
I. aus optare (lat=) »wählen, wünschen«.
II. Bew. eines polit. an einen anderen Staat gefallenen Gebietes, denen das Recht eingeräumt wird, über ihre zukünftige Staatsbürgerschaft selbst zu entscheiden: wollen sie die bisherige Volksgruppen- oder Staatszugehörigkeit beibehalten, müssen sie das abgetretene Gebiet unter Verlust ihres Grundeigentums verlassen. Z.B. Südtiroler Optanten 1939–1943, Westpreußische und Oberschlesische Optanten 1920.

Optimale Bevölkerung (WISS)
I. Bev.optimum.
II. theoretischer Begriff der Demographie; gemeint ist tatsächlich: »optimale Bev.zahl«, jene Bev.zahl, »bei der weder eine Verminderung noch eine Vergrößerung bestimmte Vorteile für die betrachtete Bev. erbringen würde« (Ch. HÖHN ed al.).

Opus Dei (REL)
I. OD; Societas Sacerdotalis Sanctae Crucis et Opus Dei.
II. internationale konservativ-elitäre Vereinigung kath. Christen für alle Berufe und Schichten; gegr. durch Spanier Josemaria Escriva 1928; mit großem Einfluß auf Bildungspolitik; geheime Mitglieder-Liste, 1995 ca. 80 500 Laien unter Leitung von rd. 1600 Priestern; erste Personalprälatur (1982).

Oramar (ETH)
II. einer der Kurden-Ashirets-Stämme; im Länderdreieck Türkei-Iran-Irak ansässig.

Orang (ETH)
I. (ml=) »Menschen«, »Volk«; auch Urang. Vgl. Name des Menschenaffen Orang Utan (ml=) »Waldmensch«.

Orang Abung (ETH)
I. »Bergmenschen«.
II. Teilbev. der Lampong im SE Sumatras/Indonesien. Wohl Reste ursprünglicher Altbev., waren früher Sammler und Jäger, treiben jetzt auch Anbau. Sind (nominell) Muslime.

Orang Asli (ETH)
II. Nachkommen einer malaiischen Vorbev. in den Waldgebirgen der Halbinsel Malakka, O.A. führen nomadisches Leben, doch wurde ihre Seßhaftmachung bereits eingeleitet. Wildbeuter (Blasrohr), < 100 000. Untergruppen Semang und Senoi, die Mon-Khmer sprechen. Vgl. Negritos, Senoi, Protomalaien.

Orang Glai (ETH)
I. »Waldmenschen«, mehrfach in SE-Asien für verschiedene Ethnien auftretende Bez. u.a. für die Süd-Raglai in S-Vietnam (s. Da Lat); treiben Brandrodungsfeldbau.

Orang Kanao (ETH)
II. kleine ethnische Einheit im Bergland von Malaysia. Vgl. Senoi.

Orang Kubu (ETH)
I. Kubu, s.d.
II. Abkömmlinge eines weddiden Restvolkes in SE-Sumatra; Erdölprospektion hat die ursprüngliche Isolation der O.K. weitgehend aufgebrochen.

Orang Laut (ETH)
(ml=) »See-Leute«.
II. kleine Ethnie von Küstensammlern und Bootsnomaden auf der Malaiischen Halbinsel. Protomalaien; zu den O.L. gehören die Moken, die Orang Sekah, die Samal Laut und die Bajau Laut. Vgl. Moken.

Orang Malaju (ETH)
I. Orang Melaju; die »Umherschweifenden«, Seenomaden. Vgl. Malaien, siehe dort.

Orang Pablan (ETH)
I. »Menschen der Ebene«.
II. Teilbev. der Lampong im SE Sumatras/Indonesien, haben Zumischung von Sundanesen erfahren; Anzahl ca. 1 Mio.; sind (nominell) Muslime.

Orang Pangan (ETH)
II. kleine ethnische Einheit im Bergland von Malaysia. Vgl. Senoi.

Orang Sekah (ETH)
II. Teilbev. der Orang Laut, sind Küstenfischer auf der indonesischen Insel Belitung/Billiton.

Orang Selitar (ETH)
II. kleine Ethnie von Seenomaden, vor der SW-Spitze Malakkas, die im Sommer mit Bootsgruppen (überdeckte Einbäume) Küstensammelwirtschaft betreiben.

Orang Semang (ETH)
II. Negritos auf der Malaysischen Halbinsel (ca. 2000) und in Waldgebirgen gegen Thailand (ca. 1000), sind noch schweifende Sammler und Jäger.

Orang Sungei (ETH)
II. ethnische Teilgruppe der Bumiputra in Malaysia; Malaien. Vgl. Bumiputras.

Orangemen (SOZ)
I. Orange Men (=en); Orangemänner; Name Oranien, (en=) Orange, kommt auf dynastischen niederländischen Umwegen von der Stadt Orange in Südfrankreich.
II. Mitglieder der 1696 gegr. protestantischen »Loyal Orange Institution«/»Orange Society« in Nordirland, einer antikath. Organisation, die die englisch-protestantische Herrschaft über Irland in anachronistischer Weise verficht. Sind nach Vorbild der Freimaurer in Logen organisiert; 1995 ca. 100 000 Mitglieder. Orange ist polit. Signalfarbe der nordirischen Protestanten. Zur Kleiderordnung nach Logenrängen zählen Schärpen, Bowler-Hüte, der eng gerollte Regenschirm.

Oraon (ETH)
I. Kuruch.
II. Volk von ca. 1,5 Mio., eine der Drawida-Spr. nutzend, auf dem Tschota-Nagpur-Plateau/Bihar sowie in Orissa, Bengalen und Madhja Pradesch/Indien lebend. Gegliedert in Klane und Großfamilien, Erbgang erfolgt über alle Söhne. Heute stark christianisiert.

Oraon (SPR)
I. Kurukh, Kuruch, Kurux, Oraon (=en).
II. Dravida-Spr. mit rd. 1 Mio. Sprechern in Indien.

Oratorianer (REL)
I. CO/Or; Philippiner, Neriner.
II. gegr. 1587 in Italien und 1611 in Frankreich; Zusammenschluß selbständiger Oratorien mit gelübdefreien Mitgliedern; tätig in Akademiker-Seelsorge und Wissenschaft.

Orden (REL)
I. aus ordo (lat=) »Regel, Ordnung«; Ordensangehörige.
II. Gemeinschaften, deren Mitglieder sich bestimmten Satzungen unterworfen haben; i.e.S. kath. Klostergemeinschaften päpstlichen Rechts, deren Mitglieder sich durch feierliche Gelübde unabänderbar zum Leben innerhalb eines Ordens und nach seinen Regeln verpflichtet haben. Vgl. Kongregationen, Bruder- und Schwesternschaften.

Ordensritter (REL)
I. christlicher Ritterorden.
II. Mitglieder der von Kreuzfahrern im 12./13. Jh. gegr., für Glaubenskampf und Krankenpflege bestimmten Orden (Johanniter/Malteser, Templer, Deutschherren). Verschmelzung mönchischer Regeln mit ritterlichen Aufgaben. Ähnlich spanischer Ritterorden von Santiago, Calatrava, Alcantara und die Schwertbrüder.

Ordos (SPR)
II. ein ostmongolischer Chalka-Dialekt.

Orejones (ETH)
I. (sp=) »Großohren«.
II. Bez. für Indianer der NW-Küste wegen ihres Ohrschmucks. Geogr. Name: BSt. Oregon/USA.

Orientalen (ETH)
I. aus oriens (lat=) »Sonnenaufgang«, bzw. Orient »Morgenland«. Entsprechende Ableitungen aus gleichbedeutenden Begriffen Levante (=it) und Anatolien (=agr) haben hingegen engere Bedeutungen; vgl. Levantiner, Anatolier.
II. Bez. im Okzident/Abendland für die Bew. des Orients/Morgenlandes, des altweltlichen Kulturerdteils Orient, jenes subtropischen Trockenraumes, der sich von Nordafrika über SW-Asien mit Arabien

bis nach Turkestan erstreckt. Er wird charakterisiert durch eine spezifische Sozial- und Wirtschaftsordnung auf der Basis von Islam, Nomadismus (vgl. Beduinen), Oasen-Bewässerungsland(wirt)schaft (vgl. Fellachen) und heute Erdölwirtschaft. O. scheinen für Außenstehende von großer Homogenität und sind doch stark differenziert. Sie sind im großen und ganzen hellhäutig, ob »Alarodier«, Araber oder Berber, doch treten neben Orientaliden und Armeniden auch wesentliche mongolide und negride Einschläge auf. O. haben bedeutende Hochkulturen und die drei wichtigsten Weltreligionen geschaffen. O. gelten gemeinhin als Muslime, doch diese gliedern sich in Sunniten, Schiiten und viele Heterodoxe; auch Juden und viele Formen orientalischen Christentums (u.v.a. assyrische Christen, Maroniten oder Kopten) sind hier vertreten. Politische Zusammenfassungen im griechischen Alexanderreich, im frühen muslimischen Religionsraum, im Osmanischen Reich. Typische Kleidungsattribute: bauschig gerüffte Hosen auch bei Frauen, Turbankappe mit Bund, mantelartiger Kaftan mit langen füllligen Ärmeln, Leibbinden. Scheu vor Barhäuptigkeit, dem entsprechend div. Kappen, die aber in Farbe und Ornamentik ethnisch und regional differieren. Verschleierung der Frauen von kleiner Gesichtsmaske bis zum vollen Überwurf mit ausgespartem Augenausschnitt. Vgl. obengenannte Gruppen, insbesondere Orientalide, Orientalische Christen; Orientals.

Orientalen (SOZ)
II. 1.) Bew. des Kulturerdteils Orient; 2.) Menschen mit der Händlermentalität Vorderasiens.

Orientalide (BIO)
I. Ostmediterranide nach *LUNDMAN*; race arabe (=fr); Razza iraniana (=it) nach BIASUTTI.
II. orientalische Formgruppe oder Unterrasse der Europiden, die mitunter als Variante der Mediterraniden i.w.S. aufgefaßt wird, als räumliches Ausgreifen der Südeuropiden; zuweilen in Arabide und Iranide gliedert. Merkmalshäufigkeiten: mittelwüchsig, schlank, beim w. Geschlecht vollschlank bis dickleibig. Kopfform mittel bis lang, Gesichtsform hoch-oval, große Nase mit konvexem Profil. Haar wellig bis lockig, schwarzbraun. Haut hellolivbraun. Häufig negride Einschläge bes. in sozial tiefstehenden Schichten in Nordafrika. Verbreitung: östliches Nordafrika, Arabien über die mediterrane Randschwelle hinaus; mit Tauriden und Indiden vermischt in Iran bis Pakistan. Vgl. Araber.

Orientalische Juden (REL)
II. Sammelbez. für die Judenheit in Afrika und Asien.

Orientalisch-Katholische Kirche (REL)
I. Katholiken östlicher Riten. Vgl. Unierte Christen und Maroniten.

Orientals (SOZ)
I. (=en); Asian Americans (=en).
II. ugs. Bez., bes. im W der USA, für eingewanderte Ostasiaten.

Orija (SPR)
I. Oriya, Urija; Oriya (=en).
II. die neuindoarische, dem benachbarten Bengalisch verwandte Spr. ist regional auf BSt Orissa konzentriert; O. wurde in Indien 1994 von rd. 31 Mio. gesprochen. O. wird in Eigenschrift geschrieben.

Orissa (TERR)
B. Bundesstaat Indiens.
Ew. 1961: 17,549; 1981: 26,370; 1991: 31,660, BD: 203 Ew./km^2

Oriya-Schriftnutzergemeinschaft (SCHR)
II. aus dem Bengalischen Alphabet entwickelter Schriftableger zur Schreibung der Oriya-Sprache.

Orkney-Insulaner (ETH)
I. Orcadians (=en).
II. Bew. der Orkney-Inseln (ca. 20 besiedelte von insges. 90 Inseln); 1990 ca. 20000 Individuen.; Kleinbauern und Fischer. Seit 7. Jh. durch Norweger besiedelt, kamen 1468/1471 an Schottland, 1380 an Dänemark.

Orlam (BIO)
I. Hottentottensklaven.
II. Stamm der Hottentotten in Südafrika und auch Namibia, der aus Hottentotten-Mischlingen entstanden ist, die sich mit Nama und anderen Hottentotten rückgekreuzt haben.

Orokaiva (ETH)
II. Kleingruppe von Melanesiern im n. Papua-Neuguinea; ihre Spr. ist Binandele.

Oroken (ETH)
I. Ultscha, Ul'ta, Nani (Eigenbez.); Oroki (=rs); Oroks (=en).
II. fast erloschenes Restvolk tungusischer Spr. auf Sachalin, 1990 noch 190 Köpfe; waren wohl eine Territorialgruppe der Nanaier, lebten wie die Ewenken als Rentiernomaden. Pflegen Animismus, Schamanismus, Bärenkulte. Vgl. Nanaier.

Oromo (ETH)
I. Eigenname der Galla; auch übliche Bez. für Galla in Äthiopien.
II. kuschitischspr. äthiopides Volk, das mit rd. 23,3 Mio. oder 40% (1996) in Äthiopien die Mehrheitsbev. stellt. O. haben seit 17. Jh. große Teile des abessinischen Berglandes und s. Vorlandes in Besitz genommen und sind zum Ackerbau zurückgekehrt. Waren schon weitgehend koptisch christianisiert, sind jedoch seit ausgehendem 19. Jh. zunehmend zum Islam übergetreten, um dem amharischen Assimilationsdruck (Zwangskollektivierungen, Umsiedlungen) zu widerstehen. Stellen über die neugeschaffene Kultur- und Verwaltungsautonomie 1993

hinaus Souveränitätsansprüche für Oromia. Vgl. Galla.

Oromo (SPR)
I. Galla; Oromo, Galla (=en).
II. kuschitische Verkehrsspr. in Äthiopien und N-Kenia; 10 Mio. Sprecher.

Orotschen (ETH)
I. Orotschi (=rs), Orotschili, Orotschisel; Orochis (=en).
II. kleine Volksgruppe (nur ca. 1000 Individuen) tungusischer Spr. im Osten der Russischen Föderation (Primorski-Gebiet und Chabarowsk). Vermutlich Nachkommen der alten Nanaier; leben als seßhafte Fischer und Jäger; Animisten.

Orthodox-Anatolische Kirche (REL)
II. Eigenbez. der griechisch-orthodoxen Christen, der orthodoxen Kirche des Ostens in der Türkei.

Orthodoxe (REL)
I. aus orthodoxein (gr=) »die richtige Meinung haben«.
II. Rechtgläubige, Strenggläubige einer Rel. im Sinne derer kanonischen, offiziellen Form und Ausrichtung (S. LANDMANN).

Orthodoxe Christen, Kirchen (REL)
I. Christen der Byzantino-Slawischen Kirche mit autokephalen Nationalkirchen, ferner Jakobiten, Assyrer/Nestorianer, Gregorianer sowie orthodoxe Kopten, Äthiopier. Anzahl der Gläubigen 1980 mind. 131 Mio.; bei groben Schätzungen für Russisch-Orthodoxe mit rd. 50 Mio. wurden um 1990 sehr viel höhere Gesamtzahlen (bis 300 Mio.) publiziert. Verbreitet in Vorderasien, SE-Europa und UdSSR; durch Emigrationen u. a. auch in Nordamerika.

Orthodoxe Esten (REL)
II. Gläubige der Estnischen apostolisch-orthodoxen Kirche, die 1940 der russischen Jurisdiktion unterstellt wurde, aber als Exilkirche fortbestand. 1993 erkannte Estland diese Exilkirche hinsichtlich des weltlichen Besitzes als Rechtsnachfolgerin der alten Estnischen Kirche an. Seither Zweiteilung der Gde. unter Moskauer (250000 Russen) und Konstantinopler (50000 Esten) Patriarchat.

Orthodoxe Griechen (REL)
I. Byzantinische Griechen, orthodoxe Melchiten. Vgl. Griechisch-orthodoxe Christen.

Orthodoxe Juden (REL)
I. Haredim, die »Gottesfürchtigen«; oft pejorativ als »Schwarze« (entsprechend Kleidung und Kopfbedeckung) tituliert; fundamentalistische Juden.
II. ein unscharfer, mehrwertiger Begriff, ganz allgemein im Gegensatz zu Reformjuden zu verstehen; zu unterscheiden sind konservative und traditionelle J. Strenggläubige Orthodoxie beharrt auf unbedingter Einhaltung der biblischen und rabbinischen Vorschriften. Sog. Orthopraxie (nach H.-J. GAMM) beschränkt sich auf Befolgung religiöser Vorschriften, gibt aber Bibel- und Talmudkritik Raum. In Israel ca. 300000 O.J. (nach eigenen Angaben max. 900000 = 20%). In weiterer Steigerung Ultraorthodoxe Juden verschiedener Observanz, darunter auch solche, die im Gegensatz zu nationalreligiösen Juden ein weltliches Israel als Gotteslästerung ablehnen. Sie tragen im Gegensatz zu jenen nicht die gehäkelte Kippa, sondern die große schwarze Schädelkappe unter dem steifen Hut. O.J. genießen in Israel Freistellung vom Militärdienst, beanspruchen ihr eigenes Schulsystem. Orthodoxe Rabbiner beeinflussen mittels des religiösen Rechts nachhaltig wesentliche Bereiche des zivilen Lebens: Geburt, Tod, Heirat, Konversion, Schabbatruhe usw. Nutzen ihre Überzeugung zu polit. Zwecken; in Israel div. orthodoxe Parteien. Vgl. Chassidim, Reformjuden.

Orthodoxe Morgenländische Kirche (REL)
II. irreführende Altbez. für Ostkirche.

Ortsanwesende Bevölkerung (WISS)
II. Gesamtheit der Personen, die sich zu einem bestimmten Zeitpunkt in der Zählungsgemeinde aufhalten, gleichgültig, ob sie hier ihren Wohnsitz haben oder nur vorübergehend dort weilen.

Ortsbürger (WISS)
I. Gemeindebürger.
II. Ew. in Schweiz, die durch Abstammung ein spezielles Bürgerrecht, Versorgungsrecht besitzen, durch Altansässigkeit Vorrechte gegenüber Zugewanderten (u. a. bei Landerwerb oder Allmendnutzung) haben. Verbreitet in Schweiz und SW-Deutschland (K. HOTTES).

Osagen (ETH)
I. aus Wazhazha.
II. Stamm der Sioux in Montana. Seit 1839 im »Indianerterritorium« des nachmaligen Oklahoma, wo sie heute vom Erdölboom profitieren.

OSHO (REL)
I. Bhagwan-Shree-Rajneesh-Bewegung.
II. um 1970 durch Rajneesh Chandra Mohan in Indien begründete, in USA und Mitteleuropa tätige Sekte mit ca. 200000 Anhängern.

Osmanen (ETH)
I. Altbez. Osmanli; nach Namen der im 14. Jh. durch Sultan Osman (1259–1326) begründeten türkischen Dynastie.
II. 1.) ältere bis anfangs 20. Jh. ugs. gebräuchliche Bez. für die Türken. 2.) die Bew. des letzten islamischen Großreiches mit Zentrum Konstantinopel. I. e. S. nur die türkische, das Kalifat tragende Oberschicht der Regierenden (Verwalter und Militär), d. h. die Askeri. Erst i. w. S. auch Bezeichnung für die sonstigen türkischen Untertanen (re'aya) und andere muslimischen Bew. dieses Reiches (1300–1922), das in Blütezeit vom Dnjestr bis zum Balkan, über die

Arabische Halbinsel und Nordafrika bis nach Algerien reichte. Seine Bev.zahl betrug 20–30 Mio., (1856: 21 Mio. ohne Serbien, Moldau und Walachei). Von diesen 21 Mio. Untertanen des Sultans gehörten tatsächlich aber 9 Mio. zu den nichtmuslimischen Minderheiten. Türkische Osmanen durften sich im Vielvölkerstaat zurecht als Nation fühlen, Griechen, Armenier, Juden betrachteten sich wie Pomaken und kaukasische Muhadschire als Osmanli. Bes. typisches Kleidungsattribut (nicht nur für Muslime) war kraft staatlicher Regelung der Fez; in Türkei 1828 bis zum Verbot 1925 (durch Kemal Atatürk). Vgl. Rumseldschuken, Janitscharen, Hanafiten, Askeri, Timar-Besitzer.

Osmanen (SOZ)
I. ottoman (=en); ottomans (=fr); ottomani (=it); otomanos (=sp, pt).

II. i.e.S. die im 13. Jh. durch Osman I. begründete türkische Dynastie, deren über sechs Jh. bestehendes Reich nächst Kleinasien auch den Balkan, Arabien und Ägypten umfaßte. Hier verallgemeinert muslimisch-türkische Adels-, Krieger- und Beamtenschicht im Osmanischen Reich bis 1922.

Osmania-Schrift (SCHR)
I. Ismaniya; nach Isman Yusuf.

II. ca. 1920 entworfenes Schriftsystem für die Somali-Schrift, die ansonsten in lateinischer oder arabischer Schrift geschrieben wird.

Osmanisch-Türkisch (SPR)
I. Reichstürkisch (Altbez.), vgl. Osmanli.

II. gemeint ist das Reichs-Türkisch in arabischer Schrift vor der Spr.bereinigung 1928 durch Atatürk und Einführung der Lateinschrift; es war in wachsendem Maße durch arabisches und persisches Wortgut verfremdet. Sprachgeschichtlich werden Alt- (13.–15. Jh.), Mittel- (16. Jh.–1850) und Neu-Osmanisch (1850–1928) unterschieden. O. war stark nach den sozialen Schichten gestuft (H.F. WENDT): Fasih-türkçe, die Spr. der Poesie und Wissenschaft; Orta-türkçe, die Spr. der gebildeten Kreise; Kaba-türkçe, die Volksspr. Vgl. Türkeitürkisch.

Osmanli (SPR)
II. Teilgruppe der Süd-Turkspr. der Ogusen-Völker; mit Reichstürkisch, Gagausisch, Krimtürkisch.

Osseten (ETH)
I. Ossen, Osen, Oseten, Osetinen; Osetiny (=rs); Eigenbez. Ir, Iron/Digor, Digoron (»Eiserne«); Ossetians (=en).

II. Reste eines Bergvolkes auf beiden Flanken des zentralen Kaukasus; im 5. Jh. durch Hunnen aus S-Rußland, im 14. Jh. durch Kabardiner in ihr heutiges Wohngebiet abgedrängt, bis zum 12. Jh. christianisiert, nur Stamm der Digoren wurde islamisiert. Im Widerstreit mit georgischen Feudalherren kämpften O. (bes. die Tualläg) im 14. Jh. auf Seiten der Mongolen gegen die Georgier. Andererseits übernahmen südossetische Fürsten die georgische Kultur. Viele nordossetische Stammesfürsten hingegen schlossen sich den Kabardinern an; 1784 unterwarfen sie sich Rußland. Durch Zerstörung ihres Reiches und durch Vermischung mit anderen Kaukasusvölkern verloren O. bis zum 16. Jh. weitgehend ihre iranischspr. Identität. Einwanderung von Volksteilen nach Georgien im 17. Jh. Zu unterscheiden ist in W-Gruppe der Digoren und E-Gruppe (Eigenbez.: Fron) mit Allagiren, Kurtaten, Tagauren und Tualen (in Georgien). O. besitzen im N autonomes Gebiet bzw. nunmehrige Republik N-Ossetien/Rußland, wo sie aber nur 53 % der Ew. stellen, kaum mehr Ossetisch sprechen und einzige Christen unter den Nordkaukasiern sind, sie stehen dort im Konflikt mit Inguschen. Im S verfügen die Osseten innerhalb Georgiens seit 1922 über eine autonome Region: S-Ossetien. Diese wurde nach einseitiger Unabhängigkeitserklärung 1990 von Georgien in schwere Volkstumskämpfe verwickelt und strebt weiterhin Zusammenschluß mit Nord-Ossetien an. Gesamtzahl der Osseten: > 542 000 (1979), wovon 164 000 in Georgien, davon nur 60 000 in S-Ossetien. Vgl. Südosseten, Ossetische Spr.gem.

Ossetisch (SPR)
I. Ossetic (=en).

II. Nutzer dieser iranischen Spr. im kaukasischen Nord- und Südossetien; administrativ in Rußland ca. 402 000, in Georgien 164 000; insgesamt mit Deportation und Flüchtlingsgruppen ca. 575 000.

Ossi(s) (SOZ)
II. unglückliche Begriffsbildung nach der Wiedervereinigung beider Deutschland für Bew. der ehemaligen DDR bzw. der »neuen« Bundesländer; am 3. 10. 1990: 16,1 Mio. Personen. Im Zeitraum 1989 bis 1994 sind 1,1–1,4 Mio. Bürger der neuen Bundesländer in die alten Bundesländer abgewandert. Vgl. Wessi(s), vgl. Westwanderer (dt.).

Ostafrikaner (ETH)
II. allg. Bez. für die Regionalbev. im tropischen Ostflügel Afrikas zwischen der zentralafrikanischen Schwelle bzw. des begleitenden Grabenbruchs und der Küste des Indischen Ozeans; im Sinn der UN-Statistik die Bew. von Äthiopien, Kenya, Madagaskar, Malawi, Mauritius, Réunion, Seychellen, Somalia, Uganda, Tansania und Sambia. Ew. 1950: 63,0; 1960: 80,0; 1970: 106,0; 1980: 143,0; 1990: 195,0 Mio.; BD: 1992: 33 Ew./km^2. Dieser Umgriff ist nicht verbindlich, andere Gliederungen schließen Äthiopien aus, dafür Ruanda, Burundu und Mosambik ein. Bev. struktur ist vielschichtiger als die West- oder Zentralafrikas. Nächst Niloten und Nilohamiten bilden insbes. div. Bantu-Völker (s.d.) die autochthone Ausstattung. Vom Indik her seit 2. Jtsd. arabisch-iranische und später indische Einflüsse, Swahili-Mischbev. In der Gegenrichtung lief ebenso

alter Sklavenhandel durch Araber. Vgl. vorgenannte Einheiten, insbes. Bantu und Kisuaheli-Sprgem.

Ostarbeiter (SOZ)
II. im II.WK zeitgenössischer Terminus für sowjetische Zwangsarbeiter in Deutschland; lt. Z. 1944: 2,1 Mio. (nach *U. HERBERT*), insges. wohl ca. 3 Mio., die in Landwirtschaft, Industrie, Bergbau und Bauwesen eingesetzt waren. Viele Ostarbeiter wurden am Kriegsende unter Verdacht der »Feindbegünstigung« in sowjetische Straflager deportiert.

Ostasiaten (ETH)
II. Sammelbez. für Bewohner Ostasiens, d.h. hauptsächlich von China (Rep. Und VR), Japan, Mongolei, Korea. Gesamtbev. i.S. der UN-Statistik (jedoch ohne Russisch-Fernost) 1950: 671,0, 1960: 792,0, 1970: 987,0, 1980: 1176,0, 1990: 1351,0 Mio. BD: 1992: 118Ew./km^2. O. stellen damit grob ein Viertel der Erdbev. Ostasien gilt in der Geographie nicht zuletzt aufgrund großer Einheitlichkeit auch seiner Bev. als Kulturerdteil. Langzeitige Durchmischung mongolider, paläomongolider, sinider und auch ainuider Rassenelemente. Ethnisch ergibt sich allein schon zahlenmäßig die Dominanz der Chinesen, deren nach Millionen zählende Überwanderung von Randbereichen (hier nur Mongolei, Mandschurei, Tibet) und kulturelle Ausstrahlung (Religion, Sprache, Schrift, Kunst) viel zu dieser Einheitlichkeit beitrugen. Insbesondere verwandte religionsphilosophische Ideen (Buddhismus, Lamaismus, Schintoismus und nicht zuletzt Konfuzianismus) prägen die Menschen, bes. im typischen Zurücktreten des Einzelindividuums hinter dem Ganzen von Familie, Sippe, Namensgemeinschaft, Siedlung, Gau (vgl. u.a. Ahnen, Danwei-Mitglieder). Seit alten Hochkulturen (vor 4 Jtsd.) nahezu ungebrochene, durch lange, letztlich bis heute angestrebte Isolierung, wurde Volkscharakter und Lebensgestaltung bewahrt.

Ostchristen, Ostkirche (REL)
I. morgenländische, orientalische Christen; chrétiens d'orient (=fr).
II. nach mehrmaligem Abbruch der Kirchengemeinschaft zwischen Rom und Konstantinopel vollzog sich die endgültige Trennung zwischen West- und Ostkirche 1054. I.w.S. alle christlichen Gemeinschaften, die einmal im Oströmischen Reich ihren Beginn nahmen oder von dort aus missioniert wurden; zu unterscheiden: Mono-, Dyophysiten und Monotheleten. Die Ostkirche erlitt in ihrem vorderasiatischen Ursprungsgebiet, nicht zuletzt durch Abwanderung, schwere Einbußen; heute lebt etwa die Hälfte aller ihrer Gläubigen in der Diaspora, in nahezu allen Kulturerdteilen. Vgl. Nestorianer, orthodoxe Christen, autokephale Nationalkirchen, orientalisch-katholische/unierte Christen.

Ostdeutsche (ETH)
II. 1.) deutschspr. Siedler, die im Zuge der sog. Ostkolonisation im 10.–14. Jh. und danach erschlie-

ßend und christianisierend in Ländern ostwärts von Elbe und Saale ansässig geworden sind und ihre Nachkommen. 2.) alte Sammelbez. für die deutschen Bew. der preußischen Provinzen Westpreußen, Posen (nach 1918 Grenzmark Posen-Westpreußen), Ostpreußen, Pommern, Schlesien (Ober- und Niederschlesien). Ew. 1816: 4,902, 1855: 8,501, 1910: 12,810, 1925: 8,978, 1939: 9,620, 1955: 1,040 Mio. 3.) die vertriebenen und auch die verbliebenen Deutschen der nach dem II.WK abgetretenen »Ostgebiete«. 4.) ugs. aber fälschlich benutzter Terminus für die Deutschen in der ehemaligen DDR bzw. in den nachmaligen neuen Bundesländern; vgl. Ossis.

Ostdeutsche (SOZ)
II. 1.) Sammelbez. für Deutsche im Gebiet der Ostkolonisation etwa seit 12. Jh. in Ostmitteleuropa; 2.) später für dt. Bew. der preußischen Provinzen ö. der Oder. 3.) Seit 1945 Bez. für die dort Vertriebenen ca. 6,2 Mio. (vor 1937 ansässigen) Deutschen.

Ostelbier (SOZ)
II. 1.) Altbez. im 18. Jh. für die Bew. der Markgrafschaft und später des Kurfürstentums Brandenburg. 2.) pejorative Bez. in Deutschland für die konservativen Großgrundbesitzer ö. der Elbe, der sogenannten Junker. Vgl. Rittergutsbesitzer.

Osterinsel (TERR)
B. Chilenische Pazifik-Insel. Rapu Nui. Easter Island (=en); l'île de Pâques (=fr); la isla de Pascua (=sp).
Ew. 1992 (Personen): 2720, BD: 17 Ew./km^2

Osterinsel-Bewohner (ETH)
I. Pascuenses (=sp), von Pascua (sp=) »Ostern«.
II. Insulaner auf der chilenischen Isla Pascua (=sp), Rapa-Nui/Te-Pito- te-Henua (polynesisch). Erstbesiedlung, gemäß *T. HEYERDAL*s These noch umstritten, ist entweder um 300 n.Chr. von den Gesellschaftsinseln oder spätestens im frühen 12. Jh. von den Marquesas-Inseln aus durch Polynesier erfolgt. Diese Urbev. wuchs lt. archäologischer Erkenntnisse auf 7000–15 000 Menschen an, bis derartige Übervölkerung und notwendige Abholzung zur ökologischen Katastrophe, zu kriegerischen Auseinandersetzungen und Kannibalismus führten. Niedergang von Bev.zahl und Kultur waren 1722 zum Zeitpunkt der Entdeckung durch Europäer (*J. Roggeveen*) schon weit fortgeschritten. Restbev. wurde durch Sklavenjagd (um 1860 wurden über 1400 Menschen nach Peru verschleppt) und Krankheiten auf kaum 200 Ureinwohner reduziert; übrige Altbev. besteht aus Nachkommen von Mischlingen aus Tahitianern, Chilenen, Tuamotuanern, Europäern, Amerikanern und Chinesen. Auf ca. 163 km^2 leben heute 3000 Ew., von denen etwa 30% eingewanderte Festlands-Chilenen sind, ihr Ältestenrat vertritt heute etwa 30 Familienclans. Von der ur-

sprünglichen Kultur zeugen heute nur mehr die bekannt monumentalen Steinstatuen (Moais) in großer Zahl und eine hieroglyphenähnliche Schrift.

Österreich (TERR)
A. Republik Österreich. The Republic of Austria, Austria (=en); la République d'Autriche, l'Autriche (=fr); la República de Austria, Austria (=sp, pt, it). Altbez. von 996: Ostarrichi für einen unbestimmten räumlichen Teilbereich und seine Bev. Kernland der Habsburger Monarchie bis 1918, 1938–1945 als Reichsgau bei Deutschland.
Ew. 1869: 4,499; 1880: 4,963; 1890: 5,417; 1900: 6,004; 1910: 6,648; 1920: 6,426; 1923: 6,535; 1934: 6,736; 1945: 6,694; 1948: 6,953; 1950: 6,935; 1960: 7,048; 1970: 7,426; 1978: 7,508; 1996: 8,059, BD: 96 Ew./km^2; WR 1990–96: 0,7%; UZ 1996: 64%, AQ: 0%

Österreicher (ETH)
I. eine Namensgebung, die geschichtlich mit wechselndem Inhalt unterschiedliche Anwendung gefunden hat. Name erwuchs aus mittelalterlicher Bez. Ostarrichi. Folgende Bestimmungen sind zu unterscheiden: 1.) »Ostarrichi«, die Bew. des Ostreichs, der im 10. Jh. gegen die Magyaren errichteten Ostmark, die dem Herzogtum Baiern angegliedert war. Es war dies ein Gebiet an der Donau beiderseits der Enns und politisch nachmalig erweitert auf das heutige Nieder- (unter der Enns) und Ober-Österreich (incl. des bayerischen Innviertels). 2.) »Österreicher«, seit 14. Jh. allgemeine Bez. für die Bew. der Erbländer des Hauses Habsburg. 3.) »Innerösterreicher«, die Bew. der durch Lage und Schicksal vielfach verknüpften dynastischen Ländergruppe Steiermark, Kärnten, Krain, Görz im 14.–16. Jh. 4.) »Vorderösterreicher«, die überwiegend alemannischen Bewohner der habsburgischen Besitzungen in Süddeutschland: Sundgau, Breisgau, Burgau (Schwaben), im Aargau und in der Innerschweiz (bis Ende 14. Jh.), gültig bis 1805. 5.) »Österreichungarn«, nach Ausscheiden Österreichs aus dem Dt. Bund 1866 und Bildung des Doppelstaates/der Doppelmonarchie Österreich und Ungarn 1867. In dieser Phase Unterscheidung von deutschen und nichtdeutschen Österreichern (u.a. in Böhmen mit Nebenländern wie Schlesien, Galizien, Bukowina usw.). 6.) »Deutsche der österreichischen Reichshälfte«, von Zisleithanien in zweiter Hälfte des 19. Jh. 7.) »Deutschösterreicher«, die Bürger der Rep. Österreich seit 1918. Sie waren nach ihrer über tausendjährigen Geschichte und Kultur Deutschland verbunden, fühlten sich nun aber als Staatsbürger Österreichs, zumal ein Anschlußbegehren von den Siegermächten des II.WK unterbunden wurde. Auch auf Konkretisierung »deutsch« mußte verzichtet werden. 8.) »Ostmärker« als amtliche Bez. während der NS-Zeit für Österreicher nach Anschluß im großdeutschen Reich 1938–45. 9.) »Österreicher«, als Ethnonym seit 1945, nach nunmehriger Deckung von Staats- und gewachsenem Nationalbewußtsein.

Österreicher (NAT)
I. Austrians (=en); autrichiens (=fr); austriaci (=it); austríacos (=sp, pt).
II. StA. der Rep. Österreich.

Österreich-Schlesien (TERR)
C. 1742–1918 österreichisches Kronland zw. Sudeten und Mährischer Pforte, das am Ende des II.WK an CSSR und Polen fiel.
Ew. 1756: 0,154; 1869: 0,513; 1910: 0,757

Österreich-Ungarn (TERR)
C. »Donaumonarchie«, Habsburger Monarchie. Real-Union seit 1713, Doppelmonarchie (seit 1867) aus Kgr. Ungarn und der österreichischen Reichshälfte, die am Ende des I.WK zerbrach und durch Pariser Vorortsverträge 1919/20 auf sieben Staaten aufgeteilt wurde. Zur österreichischen (cisleithanischen) Reichshälfte zählten Kronländer: Niederösterreich, Oberösterreich, Salzburg, Steiermark, Kärnten, Krain, Küstenland (Triest, Görz, Gradisca, Istrien), Tirol, Vorarlberg, Böhmen, Mähren, Schlesien, Galizien, Bukowina, Dalmatien. Zur transleithanischen Reichshälfte, zum Kgr. Ungarn gehörten Kroatien, Slawonien, Bosnien und Herzegowina.
Ew. Österreichische Reichshälfte 1910: 28,575; Ew. Ungarische Reichshälfte 1910: 20,821
Ew. mit Ungarn: 1756: 6,135; 1860: 34,800; 1816: 8,692; 1890: 42,800; 1910: 51,350

Osteuropäer (ETH)
II. Sammelbez. für die Bew. »osteuropäischer« Länder, die, je nach physisch- bzw. kulturgeographischer oder historisch-politischer Zielsetzung, recht unterschiedlich zugeordnet werden. Begriff O. überschneidet sich insbes. mit den Termini Mitteleuropäer, Ostmitteleuropäer, Zwischeneuropäer, Südosteuropäer und Nordeurasier (den Bewohnern der über lange Zeit auch als Kulturerdteil geltenden Sowjetunion). Die ältere UN-Statistik sprach allein die Bev. von Bulgarien, der ehemaligen Tschechoslowakei, Ungarn, Polen und Rumänien als O. an, schloß also jegliche ehem. UdSSR bzw. GUS-Staaten, aber auch die Baltenländer aus. Tatsächlich geht das kleingliedrigere, noch atlantische Mitteleuropa physisch-geographisch nicht in scharfer Grenze, sondern in breitem Übergangsfeld zum schon kontinentalgeprägten Osteuropa über. Heute nach Unabhängigkeit der baltischen Länder und Westorientierung Polens wird man Osteuropa kulturgeographisch von W-Grenzen Weißrußlands und der Ukraine bis zum diskutablen Ostrand des europäischen Rußlands rechnen (vgl. hierzu Ausführungen bei Europäer) einschließlich Moldaviens und der Kaukasusländer. Vgl. nächst obengenannten insbes. auch Ostslaven, Russisch-orthodoxe Christen, Kyrillische Schriftgem.; Kaukasusvölker, Armenier, Georgier, Karelier.

Osteuropide (BIO)
I. osteuropäischer, »ostbaltischer« oder »slawischer« Typus; Subnordische Rasse, Baltide; race orientale oder race vistulienne (=fr) aus vistula (lat=) »Weichsel«.
II. Unterrasse der Europiden; im Vgl. zu Norditen mittelgroß, gedrungener, Kopfform kürzer (brachycephal), flachere Nasenwurzel, weniger herausgehobener, leicht konkaver Nasenrücken, weiterständige Augen mit schräggestellten Lidspalten; graublau (»weißäugige Finnen«); Haare dünn, aschblond bis braun. Verbreitung im (n.) Osteuropa, ö. Mitteleuropa, ö. Ostseeraum, SE-Europa; im russischen Kolonialgebiet Sibiriens breite Kontaktzone mit Mongoliden. Sekundäre Einwanderung im Ruhrgebiet.

Ostfränkisch (SPR)
II. kleinste bairische Dialekteinheit, reichte bis 1945 von Franken über das Erzgebirge nach NW-Böhmen (um Komotau und Saaz).

Ostfriesen (ETH)
II. Teilgruppe der Friesen um Emden und Oldenburg/Niedersachsen/Deutschland, im Saterland, Jeverland und Butjadingen. Etwa 11000 benutzen noch ältere ostfriesische Dialekte.

Ostgoten (ETH)
I. Altbez. Grutungi Austrogoti, Ostrogoten; in Italien goti.
II. Teilvolk der Goten, die ö. des Dnjestr in südrussischer Steppe um 350 ihr Reich gründeten, 375 von Hunnen unterworfen, drangen in Pannonien in das Römische Reich ein, durchstreiften im 5. Jh. Balkanländer und schufen in Italien (Zentrum Ravenna) ein mächtiges Reich (493–553), erhielten nach Niederlage gegen Ostrom freien Abzug aus Italien und sind seither verschollen.

Ostgoten (SOZ)
II. zeitgenössische Bez. um 1990 in der BR Deutschland für Angeh. der auslaufenden DDR-Volksarmee.

Ostindier (ETH)
II. die Bewohner Vorder- und Hinterindiens sowie der Sunda-Inseln im Gegensatz zu den Westindiern, womit seit Columbus irrtümlich die Bew. der mittelamerikanischen Inselwelt benannt worden waren. Vgl. Inder.

Ostische Rasse (BIO)
II. überholte, mißdeutige Altbez. bei *J. DENIKER* im Sinn von ostbaltischer und heute osteuropider Rasse, bei *H.F.K. GÜNTHER* für alpine Rasse. Vgl. Osteuropide.

Ostjaken (ETH)
I. aus Asjakhi: »Leute vom Ob«, doch Eigenbez. Chanti, Chanty, Khanti, Hanti; Chanten, Handa; Osetiny (=rs).
II. finno-ugrisches Volk in Nordsibirien, am Ob und Irtysch im Ostjako-Wogulischen Nationalbezirk; ca. 30000 Pers.; treiben Jagd, Fischfang, Rentierzucht. Vgl. Chanten, Wogulen, Mansi, Nenzen, Selkupen.

Ostjakisch (SPR)
II. Spr. von ca. 50000 Chanten, Chanti oder Ostjaken, wurde 1931 zur Schriftspr. entwickelt mit kyrillischer Schrift.

Ostjakosamojeden (ETH)
I. Ostjak-Samojeden; Selkupen, Selkup/Digoron als Eigenname; Ostjako-Samoedy (=rs). Vgl. Selkupen, Samojeden.

Ostjuden (REL)
I. (nicht voll identisch) Aschkenasim; selbst von Westjuden pejorativ als Polacken, als »Polnische Juden« oder ugs. als »Galizier« bezeichnet.
II. Sammelbez. für Angeh. einer spezifischen, im 17.–19. Jh. in Ostmitteleuropa ausgebildeten jüdischen Kulturgemeinschaft. Hervorgegangen aus der nach E abgewanderten Judenschaft in Polen/Litauen, wo Juden im 17. Jh. bei rd. 500000 ca. 5% der Gesamtbev., nach Kosakenmassakern im 18. Jh. trotz großer Opfer (bis 125000) und Westflucht dank sehr hoher Gebürtigkeit bei bereits 750000, ca. 7% und in Städten bis zu 40% der Einwohnerschaft ausmachten. Ihr Status als Zwischenwanderer, soziokulturell zwischen Magnaten und Bauern, ethnisch zwischen Polen und Ukrainern, religiös zwischen Orthodoxen, Katholiken und Unierten sowie wirtschaftlich als Konkurrenz zu einheimischen Kaufleuten und Handwerkern, schufen fortdauernde Unsicherheit und Gegnerschaft. Durch Teilungen Polens verstärkte sich Ausbreitungstendenz nach Rußland, jedoch eingeschränkt auf w. Ansiedlungsrayons (1835). Gefördert durch abweisende Umwelt formte sich im 18. Jh. der Typus der O., zu dessen Merkmalen u.a. die Ausbildung der ostjiddischen Sprache, des Schtetls als Lebensform, der Volksfrömmigkeit des Chassidismus gehören (*H. Haumann* und *M. Sperber*). Kleidungsattribute dunkelfarbiger Kaftan und stete Kopfbedeckung. Durch Westwanderung verarmter O. (1880–1929 etwa 3,5 Mio., worunter sogar 150000 Industrie- und Bergwerksarbeiter) wurde die Kultur der O. samt ihrem Konfliktpotential nach Mitteleuropa übertragen. Für Mehrheit aller abgewanderten O. war Mitteleuropa nur Transitraum auf dem Weg nach Westeuropa und USA, doch 108000 (1925) bis 98000 (1933) verblieben in Deutschland. Der wirtschaftliche Strukturwandel seit Ende des 19. Jh., die vielseitigen Verfolgungen und vor allem der Ethnozid durch deutsche NS-Regierung während des II.WK haben das Ostjudentum alter Ausprägung weitgehend erlöschen lassen. Vgl. Aschkenasim, Chassidim, Luftmenschen.

Ostkurden (ETH)
II. Sammelbez. für div. kurdische Stämme im Zagros-Gebirge bis n. des Urmia-Sees, mit unterschiedlichen Eigendialekten wie Kelhur, Rivandi, Mukri, Schekali, Wela. Durchgehende Sozialgliederung in Aschireten und Guranen. Vgl. Kurden, Jesiden.

Ostmediterranide (BIO)
II. Bez. bei LUNDMAN (1967) für Orientalide bei v. EICKSTEDT.

Ostmongolen (ETH)
I. in China Menggu.
II. zur Hauptsache die Chalcha (s.d.) in der Inneren und Äußeren Mongolei, in N-Tibet und Singkiang.

Ostnegride (BIO)
II. fälschliche Bez. für die auch dunkelhäutigen Australomelanesiden, die aber keine engere Verwandtschaft zu den afrikanischen Negriden besitzen. Vgl. Australide und Melaneside.

Ostniloten (ETH)
I. häufig inkorrekt als Hamito-Niloten bzw. Niloto-Hamiten bezeichnet.
II. Sammelbez. für div. Niloten-Stämme im s. Sudan bis an N-Grenze zu Uganda und Kenia, insges. 300 000–500 000. Zu ihnen zählen die Mondari, Bari und Lotuka sowie zwischen Rudolf- und Kioga-See u. a. die Turkana, Teso, Karamojong.

Ostpakistaner (SOZ)
II. zeitgenössische Bez. für die Bew. des seit 1905 geteilten (Ost-)Bengalen, das nach der Teilung Indiens 1950 Pakistan zugeschlagen wurde. Die Ostbengalen sind zwar wie Pakistaner muslimisch, doch nach Volkstum, Spr., Kultur und Wirtschaft wesentlich von jenen unterschieden (K. THORN). Im Befreiungskrieg 1971 erstritten sie ihre Unabhängigkeit von (West-)Pakistan. Seither Bangladescher (s.d.). Vgl. Mukti Bahini.

Ostseefinnen (ETH)
I. Westfinnen.
II. Sammelbez. für finnisch-ugrische Völker im Ostseeraum: Esten, Finnen, Ingern, Karelier, Liven, Wepsen, Woten.

Ostseefinnisch (SPR)
II. Oberbegriff für Spr.gruppe mit Finnisch, Karelisch, Estnisch, Wepsisch, Livisch und Wotisch. Vgl. finnisch-ugrische Spr.

Ostseeslawen (ETH)
I. nicht voll syn. mit Elbslawen.
II. Sammelbez. für jene alten westslawischen Stämme, die nach Abzug der Goten, Burgunder und Wandalen, im 6.–9. Jh. nach Mitteleuropa, speziell in den sw. Ostseeraum einrückten: Pomoranen, Kaschuben; Obotriten; Wilzen, Chizzini, Ucrani u. a.

Ostsibiride (BIO)
I. razza paleosiberiana (=it); (bei BIASUTTI 1941–1959), Arktische Rasse (bei LEVIN 1958).
II. anthropol. Bez. bei v. EICKSTEDT 1934 für Populationen im Ostflügel der Sibiriden, u. a. für Tschuktschen, Koryaken, Yukagiren.

Ostslawen (ETH)
I. Russen; aus Rus/Reußen.
II. Sammelbez. für Großrussen oder Russen schlechthin, Weiß- oder Bjelorussen und Ukrainer, s.d.

Ostsyrische Christen (REL)
I. chrétiens syriens-orientals (=fr).
II. moderne Sammelbez. für Angeh. christlicher Ostkirchen mit eigenem (ostsyrischem bzw. chaldäischem) Ritus, die an Aramäisch-Sureth (Varianten des Neuaramäisch oder Neusyrisch) als Volks- und Liturgie-Spr. festhalten. O. Chr. haben sich aus der christlichen Kirche im Perserreich entwickelt, die sich auch aus polit. Gründen vom Einfluß Konstantinopels lösen wollte und die auf dem Konzil von Ephesus 431 verurteilte Lehre des Nestorius annahm. Im Höhepunkt ihrer Entfaltung dürfte sie im ausgehenden MA 60–80 Mio. Gläubige umfaßt haben. Vgl. Nestorianer; Assyrische Christen und Chaldäer.

Ostsyrischer Ritus (REL)
I. Chaldäischer Ritus.

Osttimor (TERR)
C. Seit 1520 portugiesische Kolonie. Von Indonesien 1976 als »Provinz Osttimor« annektierte ehem. portugiesische Überseeprovinz. 1999 sprach sich Bev. in Osttimor in einem Referendum für Unabhängigkeit aus. East Timor (=en); le Timor oriental (=fr); el Timor Oriental (=sp).
Ew. 1948: 0,425; 1960: 0,506; 1970: 0,611; 1978: 0,720; 1995: 0,840, BD: 56 Ew./km^2

Osttimoresen (ETH)
I. politische Altbez. aus timor (ml=) »Osten«; Timor portugais (=fr); timor portugueses (=sp); Portuguese of Timor (=en).
II. Bew. des seit 1520 und bis 1975 portugiesischen Ostteils von Timor/Sunda-Inseln, sind im Unterschied zu muslimischen Westtimoresen zu fast 90 % katholische Christen. Erlitten bei der indonesischen Unterwerfung 1975, (die bis heute nicht international anerkannt wird) hohe Verluste von 100 000–150 000 Menschen. Die Vielfalt von über 30 Stammesspr. erlosch durch Zwangsassimilation. Als Lingua franca war das städtische Idiom Tetum von Bedeutung. Starke Flüchtlingskontingente in N-Australien und Portugal. Ew. 1978: 720 000, 1995: rd. 800 000, wovon bereits rd. 200 000 indonesische Neusiedler aus Java, Bali und Sulawesi.

Ostturkestan (TERR)
C. s. Sinkiang. Vgl. Turkestan bzw. Westturkestan.

Otavalo (ETH)
II. Indianervolk in den Anden Ecuadors n. Quito, ca. 40000–50000, ketschuaspr. Bekannt durch ihre selbstgefertigten schweren Wollponchos und Filzhüte.

Otebe (ETH)
II. arabischer Beduinenstamm im Nedsch/Saudi-Arabien, z.T. schon seßhaft; Sunniten.

Otoes (ETH)
II. Stamm der Missouri-Indianer.

Otomaco (ETH)
II. Indianergruppierung im s. Venezuela auf der Überschwemmungsebene des Orinoco; bilden eigene Spr.gruppe.

Otomanguan (SPR)
I. Oto-Mange; Macro-Otomanguan (Bez. aus Otomi und Mangue gebildet).
II. indianische Spr.familie, die Spr. der Chinanteken (Chinanteko, 77000), Chorotegen, Mangue, Mazateken (Masateko, 124000), Mixteken (Misteko, 323000), Olmeken, Otomi (306000), Zapoteken (Zapoteko, 423000) umfassend. Ihre Sprgem. von > 1,5 Mio. Individuen ist überwiegend auf Mexico beschränkt.

Otomi (ETH)
II. Indianervolk im zentralen Mexico; einschließlich nahe verwandter (z.B. Mazahua und Pama) auf 400000–500000 Individuen geschätzt. O. hatten – wohl als Unterworfene – an Hochkulturen der Tolteken und Azteken Teil, übernahmen anfangs 19. Jh. die Mischkultur der Mestizen.

Ototschaner (ETH)
II. Bewohner des habsburgischen Militärgrenzbezirks von Ototschac/Bosnien seit 18. Jh.

Otuke (ETH)
II. Einheit der Indianer in Bolivien, zur Spr.gruppe der Bororo zählend.

Ouaghadougu (ETH)
I. Wagadudu; vgl. Mossi.

Ouatchi (ETH)
II. schwarzafrikanische Ethnie in Togo, stellt mit 405000 rd. 12% der Gesamtbev. (1989).

Oulad (ETH)
I. (=ar); Ouled, Stamm besonders bei Berbern.

Oulad bou Sba (ETH)
II. Berberstamm in der ehem. spanischen Sahara, bis zur marokkanischen Besetzung nomadisierend. Vgl. Sahraouis.

Oulad Delim (ETH)
II. Großnomadenstamm in der ehem. spanischen Sahara.

Oulad Saïd (ETH)
II. Sub-Konföderation von Berber-Stämmen (El Hedami, Oulad Abbou, Gdana, Oulad Arif, Moualine el Hofra, Mzouda) in W-Marokko.

Ouraghen (ETH)
I. Les Ouraghen, Ouraren (=fr).
II. Stamm der Kel Ajjer-Tuareg s. von Djanet im algerischen Tassili der Adjer; mit Teilen der Imanghasaten in Ghat, Ubari, zwischen Ghat und Murzuk im Fezzan/Libyen, nach J. DESPOIS 1946 ca. 1200.

Outcasts (SOZ)
II. (=en); ursprünglich außerhalb des Kastensystems stehende Inder; von der Gesellschaft Ausgestoßene, i.w.S. für Distanzierungsnormen unterworfene Außenseiter einer Gesellschaft. Vgl. Kastenlose, Parias.

Out-group (SOZ)
I. (=en); Fremdgruppe.
II. eine Bev.gruppe, der man sich nicht zugehörig, nicht verbunden fühlt, die man als fremd erachtet, von der man sich distanziert. Gegensatz In-group (=en).

Outlaws (SOZ)
II. (=en); Geächtete, Verfemte, Verbrecher.
II. Menschen, welche die Gesetze der Gesellschaft, in der sie leben, mißachten, die deshalb außerhalb der Gesellschaft stehen; z.B. Kriminelle, Desperados, Alkoholiker, Drogenabhängige.

Ouyana (ETH)
I. Trio (s.d.); auch Oyana, Waiyana, Oya.

Ovaherero (ETH)
I. Damara (s.d.).

Ovakuangari (ETH)
II. diverse Fischerstämme im Sumpfgebiet des oberen Okawango/Angola.

Ovaschimba (ETH)
I. Himba; vgl. bei Herero.

Ovimbundu (ETH)
I. Ovibundu, Umbundu, Ubundu, Mbundu 2.
II. Volk aus der Spr.familie der Bantu im w. Angola s. des Kwanza, stellt 37% der Gesamtbev., ca. 4,1 Mio. (1996). Betreiben Maisbau und (meist aus Prestige-Gründen) Rinderhaltung; üben noch gemeinschaftliche Grasbrand-Jagd. Sklaverei hielt sich bis in jüngste Vergangenheit. Ursprüngliche Gliederung in zahlreiche Häuptlingstümer mit Königsrang; Patri- und Matrilineare Abstammung; Ahnenkult. Erlitten als oppositionelle Kampfpartei im Bürgerkrieg (1975–92) schwere Verluste. Vgl. Ambo.

Oxford-Bewegung (REL)
II. Sammelbez. für Reformbestrebungen in der anglikanischen Kirche im 19. Jh., um Hochkirche vom theologischen Liberalismus und vom Staat zu befreien und liturgisch zu erneuern. Ihre Anh. hie-

ßen anfangs Traktarianisten (nach *D. TRACTS*), dann Puseyisten (nach *E.B. PUSEY*) und schließlich Ritualisten.

Oy (ETH)
II. kleine ethnische Einheit auf der Hochfläche von Bolobens der Provinz Attopeu/Laos mit einer Mon-Khmer-Spr., Anzahl 5000–10000. Sind Buddhisten, auch römische Katholiken. Naßreisbauern mit Bewässerung. Typisch sind fünfeckige Häuser.

Oyampi (ETH)
II. kleine Indianer-Ethnie in Französisch-Guayana.

Oylo-ssu (ETH)
I. (=ci); Bez. für Russen im chinesischen Sinkiang-Uighur.

Ozeanier (ETH)
I. Océaniens (=fr).
II. wiss. ethnologische Sammelbez. für die humanbiologisch wie kulturell z.T. stark divergierenden Bev.gruppen der pazifischen Inselwelt, im groben Umgriff zwischen den beiden Wendekreisen, und ö. der Molukken (also unter Ausschluß der südostasiatischen Inselstaaten); unter aktuellem Bezug auch ohne Australien und Neuseeland. Im oben bezeichneten engeren Sinn (ohne SE-Asien, Australien, Neuseeland, amerikanische Küsteninseln) umgreift Terminus O. (1982) rd. 7,1 Mio. Bew. auf 15800 Inseln mit 1,026 Mio. km² (*E. ARNBERGER*). Angaben der UN-Statistik schließen hingegen nächst Polynesien, Mikronesien und Melanesien auch Australien und Neuseeland ein: 1950: 12,6; 1960: 15,8; 1970: 19,3; 1980: 22,8; 1990: 26,7 Mio. Ew. BD: 1992: 3 Ew./km². Die Erforschung der Inselwelt begann im 18. Jh., zu Anfang des 19. Jh. schätzte man die autochthone Bev. auf 3,5 Mio., etwa 1,1 Mio. Polynesier, ca. 0,2 Mio. Mikronesier, ca. 2,2 Mio. Melanesier. Das Auftreten der Weißen führte zu katastrophalen Veränderungen, vor allem zu Zerstörungen der sozialen und religiösen Struktur, Bev.rückgang durch eingeschleppte Krankheiten (Tuberkulose, Syphilis), Ausbeutung für Plantagenwirtschaft. Bev.-stand um 1900 nur mehr 180000 Polynesier, 80000 Mikronesier, 1,2–1,3 Mio. Melanesier. Zahl der Weißen blieb beschränkt, doch ergab sich regional Überfremdung durch Chinesen; vgl. Kuli-Wanderung. Heute hat sich Eingeborenenzahl auf 1,8–2,0 Mio. konsolidiert. Anthropologisch zu unterscheiden sind die hellhäutigen O. im N und O (die als Kontaktrasse der Polynoiden begriffen werden) und die dunkelhäutigen O. im SW des Pazifik (im Sonderrassenkreis der Australomelanesiden) mit Australiden, Tasmaniden, Papuiden, Palä- und Neomelanesiden, ggf. auch Palämongoliden. Die Hellhäutigen sind Nachkommen des letzten Einwandererschubs, der Ozeanien in mehreren Wellen, wohl im 2. Jtsd.v.Chr. erreicht hat. Da diese alle zur Austronesischen Spr.familie gerechnet werden, bezeichnet man sie als Austronesier. Demgegenüber werden die älteren, noch innerhalb des Pleistozäns angelangten, stärker pigmentierten Zuwanderer als Vor-Austronesier subsumiert, die verschiedenen Spr.familien zugehören. Die Kultur der Vor-Austronesier hat fast ganz Ozeanien erreicht; im Überlagerungsgebiet Melanesiens haben sie sich rassisch durchgesetzt, jedoch die Austronesier sprachlich behauptet. Vgl. Papua, Melanesier, Mikronesier, Polynesier, ferner die (Alt-) Australier oder Aborigines und (Alt-) Tasmanier.

P

Paar (SOZ)
II. zwei Personen verschiedenen Geschlechts, die, unabhängig davon, ob sie formal verheiratet sind, in dauerhafter Verbindung stehen.

Pacaguara (ETH)
II. Überbegriff für mehrere indianische Reststämme in NE-Bolivien und W-Brasilien; zur Spr.gruppe der Pano zählend.

Pachtbauern (SOZ)
I. aus pactum (lat=) »Vertrag«.
II. Landwirte, die das Nutzungsrecht an Einzelgrundstücken, Weide- oder geschlossenen Wirtschaftsflächen oder Betrieben, seltener an Vieh, von dem Eigentümer gegen Entgelt auf Zeit oder in Erbpacht erworben haben. Vgl. Teil-, Zeit-, Unterpächter.

Pächter (SOZ)
I. aus pactum (lat=) »Vertrag«; Landpächter; (it=) affituarii, locatarii, appaltatore; fermiers (=fr).
II. im agrarsozialen Sinn Personen, denen gegen Entgelt oder sonstige Abgaben landwirtschaftliche Grundstücke, Gebäude, Geräte zum Gebrauch und zur Nutzung überlassen sind. Vgl. Halbpächter, Unter-/Afterpächter; mezzadros (=sp); mezzadria (=it); foreiros (=sp).

Pachtun (ETH)
I. Paschtunen (s.d.); Pakhtun, Pathanen, Afghanen.

Padang (ETH)
Vgl. Dinka.

Padaren (ETH)
I. Eigenname Padar; Padary (=rs).
II. nomadische Teilgruppe der Aserbeidschaner im E Aserbeidschans.

Padaung (ETH)
I. »langer Hals«, nach Sitte, den Hals durch Metallspiralen auf 2–3 fache Länge zu dehnen.
II. kleiner Stamm in Burma (im Kayah-Staat); zum Volk der Karen gehörig; P. waren einst Kopfjäger, aus schweren Kampfverlusten erklärt sich Polygynie.

Paddy(s) (SOZ)
I. nach häufigstem Vornamen Patrick in Irland.
II. Spitzname in Großbritannien für Iren.

Padri (REL)
II. islamische Erneuerungsbewegung in Indonesien.

Paduko (ETH)
I. Podokwo.
II. schwarzafrikanische Ethnie im n. Kamerun.

Paez (ETH)
II. Indianervolk von ca. 40 000 Köpfen auf Osthängen der Zentralkordillere S-Kolumbiens; geschickte Brückenbauer.

Pagari (ETH)
Vgl. Anyi, s.d.

Paguanisch (SPR)
II. Altspr. der Mon in Hinterindien.

Pahari (SPR)
II. Nepali, Garhwali, Kumauni, Mandeali; indogermanische Spr., sie werden von > 6 Mio. in Indien gesprochen und mit der Devanagari geschrieben.

Pai (ETH)
I. Bai; pejorativ Tschin-tsch'ihman (ci »die Wilden mit den Goldzähnen«), Ber Dser, Ber Wa Dser, Labhu, Min-tschia, Min-tschia-tsu, Per-nu-tuu, Pertsu, Petsen, Petso, Petsu Schua Ber Ni.
II. Bauernvolk mit einer schriftlosen tibeto-birmanischen Spr. in Westchina (n.Yünnan); 1990: 1,6 Mio. Angehörige einer Naturreligion, doch auch Buddhisten und Christen.

Paikara (ETH)
I. Kawar.

Pai-Marire (REL)
II. 1864 durch Maori-Priester Te Ua begründete Bewegung auf Neuseeland, die traditionelle Maori-Vorstellungen mit christlichem Glaubensgut vereint. Anh. sehen sich als auserwähltes Volk, das einst die Fremden vertreiben und ein mächtiges Maori-Reich errichten wird.

Paipai (ETH)
II. hellhäutige Indianerpopulation im N von Baja California/Mexiko; arbeiten als Lohnarbeiter in Landwirtschaft und Industrie. Zur Hoka-Spr.gruppe zählend; einige Hundert Individuen.

Paiute(s) (ETH)
I. »echtes Wasser«, Digger i.e.S.
II. Unterstamm der Schoschonen in Utah, Arizona und Idaho. Harte Lebensbedingungen erlaubten nur geringe Kulturentfaltung; 1950 kaum mehr als 4000–5000 Köpfe.

Paiwan (ETH)
II. Stamm der Gaoschan auf Taiwan; ca. 100 000 Köpfe. Vgl. Tayal.

Pakeha (ETH)
II. maorische Bez. in Neuseeland für die weißen Neuseeländer.

Pakhtun (ETH)
I. Eigenbez. der Paschtunen (in Afghanistan); in Pakistan übliche Bez. Pathanen.

Pakistan (TERR)
A. Islamische Republik. Teil Britisch-Indiens, seit 14. 8. 1947 unabh. Flucht von 8,5 Mio. Muslimen nach P., ca. 6 Mio. Hindus wurden in Indische Union umgesiedelt. Autonomiebestrebungen in Ost-P. führten zur Sezession und Aufteilung in Bangladesch (Ostpakistan) und (Rest-) Pakistan.
Islamic Republic of Pakistan (=en); Islami Jamhuriya-e-Pakistan (=Urdu). La République islamique du Pakistan, le Pakistan (=fr); la República Islámica del Pakistán, el Pakistán (=sp); o pakistan (=pt); pàkistan (=it).
Ew. Pakistan (»West- und Ost-P«.gesamt) 1901: 45,504; 1911: 50,937; 1921: 54,363; 1941: 70,279; 1951: 75,842; 1961: 93,832; 1971: 132,199; 1981: 192,020; 1991: 226,400
Ew. Pakistan (»West-P.«) 1951: 34,385; 1961: 42,880; 1971: 62,425; 1981: 84,254; 1996: 133,510; BD: 168 Ew./km^2; WR 1990–96: 2,9 %; UZ 1996: 35 %, AQ: 62 %

Pakistaner (NAT)
I. Pakistani, Pakistani(s) (=en); pakistanais (=fr); pakistanienses (=sp, pt); pakistani (=it).
II. StA. der Islamischen Rep. Pakistan. Pakistan erhebt Anspruch auf Dschammu und Kaschmir, es hat 37 % dieses Territoriums besetzt, über die Zugehörigkeit dessen Bürger (incl. Baltistan, Gilgit, Junagadh, Manavadar) als StA. besteht Unkenntnis. An der Staatsbev. haben Anteil Pandschabi (50 %), Sindhi (15 %), Paschtunen (15 %), Mohajiren (8 %), Belutschen (5 %), Afghanen; Vgl. Ostpakistaner bzw. Bangladescher; Muhajers/Muhadschire.

Pak-Tai (ETH)
II. Volk von 1,5–2 Mio. mit einer Spr. der Tai-Gruppe im S Thailands; sind nicht selten mit Malaien und Negritos vermischt.

Paläanthropinen (BIO)
I. Altmenschen.
II. Altbez. (bei G. HEBERER) für Neandertaler im weiteren Sinne.

Paläasiaten (BIO)
I. Paläoasiaten, Altasiaten, Altsibirier. Vgl. Sibiride.

Palämelaneside (BIO)
I. Carpentaride (bei LUNDMAN 1967), Melaneside (bei BIASUTTI 1941,59).
II. als Unterrasse der Australomelanesiden klassifizierbare Populationen; mit starker Annäherung in den physiognomischen Primitivmerkmalen an die Australiden: tiefdunkle Haut, mittelgroße, untersetzte Statur, spiralkrauses Haar, niedriges Gesicht, breite fleischige Nase, fliehendes Kinn, tiefliegende Lidspalte. Verbreitung: Melanesien vom Bismarck-Archipel über Salomonen und Neue Hebriden bis Neukaledonien. Ausläufer über Fidschi nach Polynesien.

Palämongolide (BIO)
I. race paréenne (=fr); Indonesian-Mongoloids (=en); Dayakide (bei LUNDMAN 1967); razza Sudmongolica (=it) (bei BIASUTTI); Südasiatische Rasse (bei LEVIN 1958). Vgl. (Süd-)Mongolen, Vietnamesen.

Palänegride (BIO)
I. Palaenegride; »Waldform« d. Negriden; race paléotropicale (=fr); razza silvestre (=it) bei BIASUTTI; Hylänegride bei LUNDMAN; Congomorphe bei OSCHINSKY.
II. Unterrasse der Negriden (»kongolesische Unterrasse«), die wahrscheinlich erst relativ spät als Anpassungsform an die ökologischen Gegebenheiten des tropischen Regenwaldes ausgebildet wurde. Einst weiterverbreitet, heute in Zentralafrika und in westafrikanischen Küstenwäldern sowie in anschließenden Buschsavannen des westlichen Sudan, Angolas, im S der Demokratischen Rep. Kongo. Vielfältige Mischungen mit Bantuiden, Sudaniden und Bambutiden. Merkmale: mittelgroß bis kleinwüchsig, langer Rumpf, kurze Gliedmaßen, kurzer Hals; Kopfform rundlich kurz, betonte Stirnhöcker, Schädel insgesamt relativ klein. Gesicht breit, flache »Trichternase«, gewulstete Lippen. Kopfhaar kurz, engkraus, schwarz. Haut dick, dunkelbraun.

Palanen (ETH)
I. Eigenbez. Palan; Palancy (=rs).
II. Territorialgruppe der Korjaken.

Paläolithiker (WISS)
I. aus palaios (agr=) »alt«, lithos »Stein«.
II. Menschen der Altsteinzeit, des längsten kulturgenetischen Abschnitts der Menschheitsgeschichte, im Zeitraum des Tertiär bis Quartär von rd. 2 Mio. bis etwa 12 000 v. Chr. bei breiten regionalen Verschiebungen. Um die Altsteinzeit naturwiss. zu koordinieren, wurde sie in ein älteres/unteres, mittleres und jüngeres/oberes P. unterteilt. Das Altpaläolithikum (mit Abbevillien, Acheuléen) umfaßt die frühesten Kulturen der Menschheit (von ca. 2 Mio. bis vor 80 000 J.). Das Mittelpaläolithikum (mit Moustérien) umgreift die Kulturen, die sich vom Homo erectus über Neandertaler bis zum Homo sapiens in der Früh-Würm-Eiszeit (d.h. von ca. 80 000–37 000 v. Chr.) entwickelt und verbreitet haben. Das Jungpaläolithikum umschließt die Kulturen schon des Homo sapiens sapiens im Oberpleistozän, in der Mittel-Würm-Eiszeit (in Europa ca. 37 000–10 000 v. Chr.), es setzt mit Auftreten der sog. Klingenindustrie ein. Nach der Chronologie von H. BREUIL sind zu unterscheiden das (jeweils dreigeteilte) Aurignacien, Solutréen und Megdalénien (später zu Aurignacien und Périgordien gegliedert). Kriterien für zeitlich und formale Zuordnung beru-

hen auf Steingeräten nach Art der pebble tools, chopper, chopping tools, Faustkeile. Seit Mittelpaläozän künstlerische Betätigung (Höhlenmalereien), im Jung-P. Tier- und Menschenplastik. Erste Hüttensiedlungen. Vgl. Meso- und Neolithiker.

Paläosibirier (ETH)
I. Altsibirier; Paläoasiaten, Altasiaten, Hyperboreer.
II. Reste der Urbev. Nordasiens, wiss. Sammelbez. für Völker in NE-Sibirien, auf Sachalin, im Amur-Delta und am mittleren Jenissei von 30 000–50 000, die sprachlich isoliert, kulturell urtümlich sind, von Tungusen und Jakuten in ihre heutigen Randgebiete abgedrängt wurden. Anthropol. sind P. als Kontaktform europider und mongolider Altrassen aufzufassen. Sprachlich zu gliedern in Giljaken; Tschuktschen, Korjaken und Kamtschadalen/Itelmenen; Jukagiren und Tschuwanen, Giljaken/Niwchen, Jenisseier, Ainu. Es handelt sich um Spracheinheiten, die keiner größeren Spr.familie anzuschließen sind, aber auch untereinander große Unterschiede aufweisen. Ihre uneinheitliche Kultur ist wohl aus dem neolithischen Urbeutertum Sibiriens erwachsen. An Jägertradition erinnert z. B. der Bärenkult. Seit Mitte 17. Jh. im Kontakt mit Europäern, seither gewisse Russifizierung, auch Christianisierung. In sowjetrussischer Zeit wurden die Eigenspr. einiger P.-völker zur Schriftspr. erhoben. Manche P. sind im Russentum aufgegangen. Vgl. Hyperboreer.

Palästina (TERR)
C. (ar=) Filastin; Arab Palestine (=en). Als polit.-geogr. Bez. für unterschiedlich weiten Begriffsraum: seit Bar-Kochba-Aufstand 135 n. Chr. für Gesamtgebiet zwischen Libanon und ägyptisch-Sinai; seit Gründung Israels nurmehr für das zisjordanische Okkupationsgebiet. Vgl. Gaza-Streifen, Zisjordanien; Palästinenser.

Palästinenser (ETH)
I. Palestinians (=en); Palestinens (=fr); palestinos (=sp, pt); palestinensi (=it).
II. 1.) Gesamtzahl der Bew. von Palästina, das »Land der Philister«, das »Land Kanaan«, das »Heilige Land« in unbestimmten Grenzen zwischen Mittelmeerküste und Jordan, zwischen Hermon-Gebirge und Sinai-Halbinsel; später innerhalb der Grenzen des britischen Mandats. 2.) Bez. nur für autochthone Wohnbev. vor der jüdischen Masseneinwanderung (1922: 757 000, 1932: 1 050 000 Ew.). 3.) die in Palästina wohnhafte Bev., die sich zusammensetzt aus a) den Arabern Israels (statistische Termini »nichtjüdische Bev. Israels« oder »Araber israelischer Staatsangehörigkeit«) und b) Araber der seit 1967 bzw. 1973 israelisch besetzten Gebietsteile Palästinas, überwiegend incl. von Gaza und Golan; 1992 insges. 2,43 Mio. 4.) die Araber palästinensischer Abstammung, d. h. einschließlich auch jener, die als Vertriebene und Geflüchtete (lt. UNWRA 1987: 2,2 Mio.) oder später als Gastarbeiter abgewanderter P. heute in fast 50 Staaten außerhalb Palästinas leben, vor allem in Nachbarländern Jordanien (1993: 1,360 Mio.), Libanon (269 000), Syrien (230 000), Ägypten ($>$ 35 000) und in sonstigen Staaten des Orients, in Europa und N-Amerika. Von den im ersten israelisch-arabischen Krieg 960 000 vertriebenen oder geflüchteten P. erhielten die in Jordanien Aufgenommenen bald die volle Staatsbürgerschaft, solche in Syrien nur eingeschränkte Bürgerrechte; diejenigen in Libanon sowie die Vielzahl der Gastarbeiter in den Golfemiraten blieben bis heute staatenlos. Daraus ergibt sich je nach Berechnungsweise eine Gesamtzahl von 4,4–5,2 Mio. (1982) zumeist arabischspr. und -schriftiger muslimischer, aber auch christlicher P. Vgl. auch »Israelische Araber«.

Palatines (SOZ)
I. (=en); »Pfälzer«.
II. Bez. in Nordamerika für im 18. Jh. eingewanderte Handwerker aus Deutschland.

Palau (TERR)
A. Republik. 1947–1981 UN Treuhandgebiet unter USA-Verwaltung in Amerikanisch-Ozeanien/Karolinen; seit 1994 freie Assoziation mit USA. Republic of Palau (=en). (La République de) Palau (=fr); (la República de) Palau (=sp).
Ew. 1996: 0,017, BD: 34 Ew./km^2; WR 1992: 1,9%; UZ 1996: 60%, AQ: 2%

Palauaner (NAT)
II. StA. der Rep. Palau in Ozeanien.

Palau-Insulaner (ETH)
II. rd. 15 000 melanesische Bew. eines Archipels von 8 Haupt- und 200 Nebeninseln sw. der Karolinen. Dank langer japanischer Herrschaft relativ hoch entwickelt; seit 1994 Assoziierungsvertrag mit den USA; Englisch ist Verkehrsspr.

Palaung (ETH)
I. Pulang.
II. Volk mit einer Mon-Khmer-Spr. in Birma (Prov. Katschin und Schan); Anzahl 150 000–200 000; nominell Buddhisten; Brandrodungsfeldbau, Naßreis, Tee; besitzen dort eigenes Fürstentum.

Palaungide (BIO)
I. Benennung nach den Palaung (Myanmar); südostasiatische Typengruppe der Palämongoliden.
II. Merkmale: grazile bis untersetzte Gestalt; niedriges Gesicht mit mittelbreiter Nase und vollen Lippen. Dunkles, schlichtes bis weitwelliges Kopfhaar. Hell- bis mittelbraune Haut mit Gelbton. Verbreitung in SW-China, Hinterindien ohne Malakka, Japan.

Paleros (REL)
II. Anh. der Regla Conga, einer synkretistischen Sekte mit breiten Zauberkulten, unter den schwarzen Kubanern.

Paliau-Bewegung (REL)
II. 1946 auf den Admiralitätsinseln begründeter Cargo-Kult.

Palikur (ETH)
II. zwei Restvölker in Brasilien am Rio Urucana und im Grenzgebiet zu Französisch-Guayana. Anbau und Fischfang mit Einbaumkanus; ca. 1000 Individuen.

Pallottiner (REL)
I. SAC.
II. kath. Orden, gegr. 1835 in Italien; kath. Priestergenossenschaft für Laienapostolat und Kranken(haus)pfleger, Mission. Heute ca. 1800 Mitglieder.

Palmella (ETH)
II. indianische Ethnie, karaibenspr., im sw. Amazonien.

Pal-Spr. (SPR)
I. altindische Hochspr.; Sakralspr. im Buddhismus.

Pame (ETH)
Vgl. Otomi.

Pamiri (ETH)
II. Bez. für die Regionalbev. von rd. 200 000 (1991) in während sowjetischer Zeit autonomen Region Gorno-Badachschan, heute Tadschikistan. Es handelt sich um Angehörige der ostiranischen Pamirvölker, um Pamirkirgisen und um Pamir- oder Bergtadschiken oder Galtscha. Abgesehen von der starken geographischen Isolation des Gebietes steht die sich überwiegend zur 7er Schia bekennende Bev. in militanter Opposition zur tadschikischen Regierung. Vgl. Pamir-Völker.

Pamirkirgisen (ETH)
II. Bez. für Kirgisen in Tadschikistan.

Pamirtadschiken (ETH)
I. Galtscha (s.d.); Gornye Tadziki (=rs).

Pamir-Völker (ETH)
II. i.e.S. Sammelbez. für Bartangen, Ischkaschinen, Jasgulemen, Ruschanen, Schugnanen, Wachanen, die alle (indogermanische) Eigenspr. der ostiranischen Spr.gruppe besitzen und die seit 1992 zunehmend in modifizierter arabischer Schrift schreiben; bis auf Bartangen sind sie ismailitische Muslime.

Pampanga (ETH)
II. Filipino-Volk von 750 000 mit gleichnamiger NW-indonesischer Eigenspr., in der zentralen Ebene von Luzon wohnhaft, sind Bauern und Landarbeiter auf Reis und Zuckerrohr.

Pampangan (ETH)
II. Bauernvolk (Reis, Zuckerrohr) in der zentralen Ebene von Luzon/Philippinen; > 1 Mio., zur NW-indonesischen Sprachgr. zählend.

Pampas-Indianer (ETH)
I. Altbez. Pueltschen.
II. Sammelbez. für die Puelche, Huarpe-Comechingon, Querandi und auch Charrua am unteren Paraná/Argentinien im Sinn einer Abgrenzung gegen die Chaco-Indianer. Kulturell stimmen P. weitgehend mit den Patagoniern überein; für die Spanier waren die P.-Stämme gefährliche Gegner (Bola, Brandpfeile); sie gerieten später unter die Herrschaft einwandernder Araukanier, wurden schließlich über den Rio Negro nach Patagonien abgedrängt.

Pampide (BIO)
II. Terminus bei BIASUTTI (1959) für Patagonide (s.d.) bei *v.* EICKSTEDT (1934, 1937).

Panama (TERR)
A. Republik República de Panamá (=sp). The Republic of Panama, Panama (=en); la République du Panama, le Panama (=fr); la República de Panamá, Panamá (=pt, it).
Panamakanalzone: Bis 30. 9. 1979 eines der Amerikanischen Außengebiete. The Panama Canal Zone (=en); la zone du canal de Panama (=fr); la Zona del Canal de Panamá (sp).
Ew. Panama 1948: 0,767; 1950: 0,795; 1960: 1,062; 1970: 1,434; 1978: 1,826
Ew. Kanalzone 1948: 0,064; 1950: 0,291; 1960: 0,330; 1970: 0,332; 1978: 0,045
Ew. Panama Gesamt: 1948: 0,831; 1950: 1,086; 1960: 1,392; 1970 1,766; 1978 1,871; 1996: 2,674, BD: 35 Ew./km^2; WR 1990–96: 1,8 %; UZ 1996: 56%; AQ: 9 %

Panamaer (NAT)
I. Panamenen; panameños (=sp, pt); Panamanians (=en); panaméens, panamiens (=fr); panamani (=it).
II. StA. von Panamá, die sich aus 13 % Schwarzen und Mulatten, 10 % Weißen (Kreolen), 8,3 % Indianern, 2 % Asiaten und 65 % Mestizen, Caboclos und anderen Mischlingen zusammensetzen.

Panay-Hiligaynon (SPR)
I. Panay-Hiligaynon (=en).
II. Spr. des nordwestindonesischen Zweiges der Indonesisch-Polynesischen Spr.gruppe, wird von 6 Mio., rd. 8–11 % aller Philippiner, als Mutterspr. gesprochen.

Pancaratra (REL)
II. im 3. Jh. v. Chr. entstandene hinduistische Bewegung, gilt als Vorläufer des heutigen Vishnuismus.

Pancasila-Vertreter (REL)
I. Pantjasila-Anhänger; aus panca = »fünf« und sila = »Prinzip« (Monotheismus, Humanismus, nationale Einheit, Demokratie, Gerechtigkeit).
II. Indonesier, die entgegen islamischer Dominanz und ihrer militanten Vertreter (Darul Islam 1948–1962) einen säkularen Staat stützen, welcher unter Abwendung von islamischem Dhimmi-Prinzip die Gleichstellung aller Weltreligionen praktiziert.

Pande (ETH)
I. Ikenga, Nzeli, Bonga.
II. schwarzafrikanische Ethnien in N-Kongo.

Pandschab (TERR)
B. Punjab (=en). Bez. für britisches Altterritorium (ohne P.-Agency); Bundesstaat Indiens. 1972 Teilung in: 1.) Pandschab, 2.) Haryana, 3.) Himachal Pradesch.
Ew. 1931: 21,093 Z; 1961: 20,307; 1981: 16,789; 1991: 20,282, BD: 403 Ew./km²

Pangasinan (ETH)
II. Bauernvolk auf Luzon/Philippinen, ca. 1 Mio., vielfach mit den umwohnenden Ilokano vermischt; zur NW-indonesischen Spr.gruppe zählend, mehrheitlich katholisch.

Pangwe (ETH)
I. Fang, Mpangwe, Pahouin.
II. Sammelbez. für Völker des tropischen Regenwaldes im w. Teil des Südkameruner Rumpfhochlandes bis zum Ogowe-Becken; zeigen kulturell Züge westafrikanischer Regenwaldpflanzer. Bekannteste Teilgruppen sind die Fang mit den Ntum im S, die Bulu in der Mitte und die Beti mit Eton, Jaunde u.a. im N. Wanderungen der kriegerischen P., die einst Kannibalen gewesen sein sollen, haben zu großer stammesmäßiger Zersplitterung in Kamerun geführt. Maskenbünde; Hörnermasken als Mondsymbole.

Panjabi (SPR)
I. Pandschabi; Punjabi (=en).
II. regionale Schrift-, Literatur- und (bei Sikhs) Kultspr. im 1947 geteilten Pandschab. Offizielle Spr. in Pakistan und im indischen BSt. Pandschab; darüber hinaus fällt ihre räumliche Verbreitung mit der Verteilung der Sikhs zusammen, ist also in vielen indischen Großstädten vertreten. Panjabi wird mit der persisch modifizierten Arabischen Schrift, mit Nagri und seit 16. Jh. von Sikhs mit der Gurmukhi-Schrift (heute in Indien) geschrieben. Zahl der Sprecher insgesamt (nach E. KNIPRATH) 87 Mio., davon in Pakistan 63 Mio. und in Indien 24 Mio. (nach 1990). Eng verwandt sind Hindi und Urdu, s.d.

Pano (ETH)
I. abgeleitet aus Panobo, einem der Pano-Stämme.
II. Überbegriff für zahlreiche Indianerstämme der gleichnamigen Spr.gruppe, verbreitet im tropischen Waldland von Brasilien, E-Peru, E- und N-Bolivien. Fast alle P. treiben Brandrodungsfeldbau, einige pflegen Endokannibalismus. Im 20. Jh. erfuhren die P. ständige Einbußen, manche Stämme haben sich aufgelöst.

Pano (SPR)
II. eine der größeren Spr.familien der südamerikanischen Indianer. Ihre Spr. werden noch von etwa 200 000 Menschen gesprochen. Hauptgruppe der Sprgem. am Ucayali/E-Peru mit den Amahuaca, Cashibo, Catukina, Remo, Setebo, Shipibo. Die SE-Gruppe lebt in E-Bolivien am Beni bis zum unteren Madeira mit Capuibo, Carapuná, Chacobo, Paraguará, Sinabo. Zur SW-Gruppe am oberen Madre de Dios in N-Bolivien zählen Arasa, Atsahuaca, Yamiaca.

Panobo (ETH)
II. Teilstamm der Setebo-Indianer in E-Peru; namengebend für die ganze Pano-Spr.familie.

Pans (SOZ)
II. (=slaw); Altbez. für polnische Gutsbesitzer. Im Vokativ Panjes in Rußland oder Polen auch scherzhaft gebraucht für die kleinen Bauern.

Panslawisten (WISS)
I. Altslawen; im 19. Jh. auch Neoslawisten.
II. Vertreter der im 19. Jh. aufkommenden (romantischen) Strömungen mit dem Ziel, das Zusammenwirken der Slawen in allen kulturellen Dingen zu fördern, dann auch, i.S. der zaristischen Balkanpolitik, die Anh. eines polit. Zusammenschlusses aller Slawen. Vgl. Slawophile.

Panthay (ETH)
I. chinesische Bez. für Dunganen, Panthe, Panthi.

Panthay (SOZ)
II. Bev.gruppe chinesischspr., muslimischer Maultiertreiber in Myanmar im Bereich der Wa- Staaten und bei Kengtun, führen Handelskarawanen im ganzen Land.

Panturanisten (WISS)
II. Anh. einer in zweiter Hälfte des 20. Jh. aufgekommen Ideologie, welche auf kultureller Basis den Zusammenschluß von Turkvölkern, mongoliden und finno-ugrischen Ethnien anstrebt.

Pantürkisten (WISS)
I. Panturanisten (häufig syn. benutzt, dennoch nicht identisch, C.W. HOSTLER).
II. Anh. einer am Ende beider WK aufgekommenen und nach Zerfall der UdSSR wiederbelebten Bewegung, welche die kulturelle und möglichst auch polit. Einheit der Türkeitürken mit den zentralasiatischen Turkvölkern zum Ziel hat. Als Goodwill-Geste der Türkei wurde Bewegung 1944 aufgelöst, P. verurteilt.

Pany (SOZ)
I. »Pan«.
II. sowjetrussische polit. pejorative Bez. für die Angeh. der »Bourgeoisie« z.B. Polskije Pany.

Pan-Yu (ETH)
I. Pain-yu.
II. Konföderation von 12 Stämmen von Berghirten (Yaks, Schafe, Ziegen) zwischen Szetschuan, Tschingai und Kansu. Schaffellkleidung, halbunterirdische Behausungen.

Panzalco (ETH)
II. ketschuaspr. Indianervolk im mittleren Ecuador, den Quito verwandt.

Pa-O (ETH)
I. Taunghthu.
II. eines der Völker der Karen-Gruppe im nördlichen Hinterindien.

Papago(s) (ETH)
I. aus Pahpah = »Bohnen« und Ootam = »Volk«.
II. ackerbautreibendes Indianervolk der Uto-Aztekischen Spr.familie an der NW-Küste Mexicos und in Arizona. Paßten sich schon in spanischer Kolonialzeit religiös, sozial und wirtschaftlich an. Unterstützten Weiße im Kampf gegen Apachen. Ihre Reservationen (San Xavier, Gila Bend) wurden 1960 aufgegeben, da P. als Lohnarbeiter völlig integriert waren; starke Abwanderung als Saisonarbeiter in die USA.

Papiamento (SPR)
II. aus dem Kontakt von Spanisch, Niederländisch, Englisch und dem Wortschatz der ehem. Sklaven entstandene Verkehrsspr. auf den Niederländischen Antillen, bes. auf Curaçao; um 1990 insgesamt rd. 218 000.

Papierlose (WISS)
I. »Sans papiers« (=fr); Unregistrierte, Maktoumeena (=ar) s.d.
II. administrative Bez. für Personen, die keine Identitätsausweise besitzen, darauf keinen Anspruch haben (Staatenlose) oder ihre Ausweispapiere vernichtet haben, um ihre Identität zu verbergen (viele Asylbewerber). Vgl. Unpersonen.

Papisten (SOZ)
I. aus papisme (fr=) »Papsttum«.
II. seit 10. Jh. abschätzige Bez. für päpstlich Gesinnte; später polit. Kampfparole gegen Katholiken (Frankreich), desgleichen im deutschen Kulturkampf unter Bismarck.

Papoose (BIO)
I. Pappoose, Papouse, Papeississu (=indianisch).
II. indianische Bez. für Säuglinge und Kriechlinge bis zu 3 Jahren.

Papua (ETH)
I. papuva, soviel wie »kraushaarig«.
II. mehrdeutiger Sammelbegriff für eingeborene Bev.gruppen bes. auf Neuguinea, die sich vor allem sprachlich und kulturell von den Melanesiern unterscheiden. Begriff subsumierte ursprünglich die gesamte dunkelhäutige, kraushaarige Bev. von Neuguinea, mitunter auch jene der Molukken. Heute meint Terminus die kleinen Stämme in den Bergzonen der Insel, die als Repräsentanten der wohl ältesten Kulturschicht in Melanesien angesehen werden. Anthropol. werden P. wegen der Tendenz zur Kleinwüchsigkeit und gewisser pädomorpher Züge als Papuide zusammengefaßt. Heute i.e.S. 500 000–1 Mio. mit sehr hoher Geburtenrate von > 35‰. P. sind zu 85 % in der Landwirtschaft und als Wildbeuter tätig. Man rechnet mit mehr als 1000 Stämmen und ebensovielen Spr., größte Teilgruppe sind die Hulis. P. in West-Neuguinea/indonesich Irian Jaya erlitten im Freiheitskampf gegen Indonesien seit 1963 schwere Verluste von 150 000–200 000. Vgl. Papuide, Melaneside.

Papua-Neuguinea (TERR)
A. Früher eines der Australischen Außengebiete; unabh. seit 16. 9. 1975. Staatsgebiet schließt auch Bismarck-Archipel, Louisiade-Archipel und Bougainville ein. (The independent State of) Papua New Guinea (=en). L'Etat indépendant de Papouasie-Nouvelle-Guinée, la Papouasie-Nouvelle-Guinée (=fr); el Estado Independiente de Papua Nueva Guinea, Papua Nueva Guinea (=sp).
Ew. 1948: 1,007; 1960: 1,402; 1970: 2,491; 1980: 3,011; 1996: 4,401, BD: 9,5 Ew./km²; WR 1990–96: 2,3 %; UZ 1996: 16 %, AQ: 28 %

Papua-Neuguineer (NAT)
I. Papua New Guineans (=en); papouans-néo-guinéens (=fr).
II. StA. von Papua-Neuguinea. Bev. setzt sich aus annähernd 750 Ethnien zusammen. Vgl. Papua, Papuide.

Papua-Sprachen (SPR)
II. Sammelbez., die alle Spr. von Indonesien und Melanesien umgreift, die nicht der großen Austronesischen Spr.familie zugehören. Genetisch bilden diese weit über 1000 isolierten Einzelidiome keine Spr.einheit. Die meisten P.-Spr. sind auf Neuguinea zu finden, auch Spr. in Melanesien (Sulka, Baining, Nasioi, Buin) und Indonesien zählt man zu ihnen. Ca. 2–5 Mio. sprechen heute eine P.-Spr. Viele dieser Spr. sind bis heute kaum bekannt oder gar erforscht, sie gehören vermutlich mehreren Spr.familien an.

Papuide (BIO)
II. Teilgruppe der Melanesiden auf Neuguinea, bes. im zentralen Hochland; »Bergpapua«. Wesentliche Merkmale sind ihr Kraushaar, die fast dunkelbraune Haut, der gedrungene Körperbau, das grobgeschnittene Gesicht. Ihre durchschnittliche Körpergröße liegt bei Frauen um 135–145 cm, bei Männern um 150–160 cm. Vgl. Papua.

Paraguay (TERR)
A. Republik. República del Paraguay (=sp). The Republic of Paraguay, Paraguay (=en); la République du Paraguay, le Paraguay (=fr); el Paraguay (=sp); paraguay (=pt); paraguày (=it).
Ew. 1887: 0,328; 1890: 0,349; 1900: 0,440; 1910: 0,554; 1920: 0,699; 1930: 0,880; 1940: 1,111; 1950: 1,397; 1960: 1,768; 1970: 2,301; 1982: 3,030; 1996: 4,955, BD: 12 Ew./km²; WR 1990–96: 2,7 %; UZ 1996: 53 %; AQ: 8 %

Paraguayer (NAT)
I. Paraguayaner; Paraguayans (=en); paraguayens (=fr); paraguayos (=sp); paraguaihos (=pt).
II. StA. der Rep. Paraguay; nur mehr 3% Indianer, 90% Mestizen; Rest Nachkommen europäischer und asiatischer Einwanderer. Vgl. Guaranis.

Parakoto (ETH)
Vgl. Waiwai.

Parallel-Basen (SOZ)
II. Töchter von Vaters Bruder und Mutters Schwester. Vgl. Kreuz-Basen.

Paramilitärs (SOZ)
I. aus para (agr=) »neben, bei gegen, abweichend«.
II. ugs. für Angeh. militärähnlicher Einrichtungen, Verbände, oft ihrer nur scheinlegalen Gewaltfunktionen gefürchtet. Vgl. Milizionäre; Paras, parachutistes (=fr) »Fallschirmjäger«.

Paranthropus (BIO)
I. aus Australopithecus robustus.
II. Seitenzweig der Australopithecinen in Ostafrika; Funde unterpleistozän, max. 1,5 Mio. J.

Paraujano (ETH)
Vgl. Aruak.

Parawa (ETH)
Vgl. Catukina.

Parbatia (SPR)
II. Sammelbez. für Bergvölker im w. Nepal (u.a. Khas, Magar/Mangar, Gurung, Tamang/Murmi, Takali), die unter weitgehendem Verlust ihrer tibetobirmanischen Eigenspr. unter indischem Einfluß heute die indo-arische Parbatia-Spr. benutzen. Khas und Magar bekennen sich zum Hinduismus, die übrigen zum Lamaismus.

Pardos (BIO)
I. (=sp); Bez. für Mulatten in Kuba.

Parenen (ETH)
I. Eigenname Paren; Parency (=rs).
II. Territorialgruppe der Korjaken.

Parentintin (ETH)
II. indianische Ethnie, tupi-spr., ansässig s. des mittleren Amazonas.

Paressi (ETH)
I. Parecis.
II. indianische Restgruppe am Oberlauf des Rio Juruena/Brasilien mit einer Aruak-Spr., an Zahl unter 1000 Köpfe. Besitzen entwickelte Landwirtschaft, große ovale Gemeinschaftshäuser; P.-Männer heiraten gewöhnlich mehrere Schwestern.

Pari (ETH)
I. Berri.
II. kleiner West-Niloten-Stamm von ca. 10 000 Köpfen im S-Sudan (Lafon Hills). Vgl. Anuak.

Paria(s) (SOZ)
I. parayah (tamil=) »Trommler«.
II. 1.) ursprüngliche Bez. für Angeh. einer bestimmten niedrigen Kaste in Südindien (Parayanküste); dann angloindische Bez. für kastenlose Inder, für die sog. Unberührbaren. 2.) (soziologisch verallg. nach M. WEBER) Angeh. einer unterprivilegierten, meist rechtlosen, verachteten Peripherigruppe oder Bev.(unter)schicht, in einer geschichteten Gesellschaft; sie können Endogamiegeboten verwehrter Kompensabilität oder eingeschränktem Recht auf Land- und Viehbesitz unterworfen sein; oft halb seßhaft in Randsiedlungen lebend. Paria-Gruppen sind Träger verachteter, »unehrlicher«, oft aber auch unentbehrlicher, von den P. oft monopolisierter Berufe (Scharfrichter, Totengräber, Schinder, Gerber, Abfallentsorger, Schmiede, Gaukler, Komödianten, Musiker usw.). Sie leben fast durchwegs endogam. Vgl. Eta, Burakumin, Gastvölker.

Pariavolk (WISS)
II. polit. gebrauchter Terminus im Sinne von entrechtetem, versklavtem Volk. Vgl. Parias.

Parsen (REL)
I. Parsi; als Altbez. Zarathustrier, Zoroastrier in Indien; Gab(a)rs, Geber oder (als Eigenbez.) Iranis im Iran; (the) Parcae, Fates, Parsees (=en).
II. Neubez. für die aus Iran abgewanderten Anh. des Zoroastrismus, seit 19. Jh. auch für die in Iran verbliebenen. Abwanderung aus Iran begann schon im 8. Jh. aus Khorasan auf Seeweg über Insel Hormuz nach Indien, wo 785 Sandschan erreicht wurde. Verstärkte Auswanderung um 1000–1490 auf dem Landweg nach Nordindien; in Auseinandersetzung mit Mogulherrschern Zerstreuung über Westindien. Heutige Konzentration in Provinz Gujarat, in Surat und bes. (zu 70%) Bombay, mit 130 000–250 000, wo sie, gefördert durch Europäer, große Bedeutung in Wirtschaft und Politik erlangt haben, in Teheran und Provinz Fars; auch Auswanderergruppen in USA und Großbritannien (20 000). Als Ergebnis langer Isolation fast ausschließlich Endogamie und engem Kontakt mit Glaubensbrüdern in Iran erhielten sich P. ihre biologische und kulturelle Substanz. P. in Iran waren immer wieder harten Verfolgungen ausgesetzt. Vgl. Geber, Zoroastrier. Geogr. Name: Prov. Fars/Iran, Persien.

Parsi (ETH)
I. Parsen (s.d.).
II. Nachkommen persischer Glaubensflüchtlinge, die seit 8. Jh. in Indien Asyl fanden unter der Bedingung, daß sie die Landesspr. Gujarati annahmen und sich auch sonst den Einheimischen anpassen würden.

Parsismus (REL)
Vgl. Zoroastrismus (Altform).

Part-Hawaiians (BIO)
II. (=en); Mischlinge aus autochthonen Hawaiianern mit Zuwanderern aus Asien, Amerika und Europa auf Hawaii, ihre Zahl wuchs seit 1875 rasch an: 1890: 6200, 1910: 12500, 1930: 28200, 1950: 73800, 1970: 71300, 1980: 115500. Der hohe Männerüberschuß der Einwanderer zeigt bis heute Nachwirkungen. Zu beachten ist: die VZ 1970 basiert auf der Herkunft der Väter, die VZ 1980 hingegen auf jener der Mütter.

Parther (ETH)
I. Parthawa; benannt nach der seleukidischen Satrapie Parthia; Altname Parni.
II. antikes Reitervolk in SW-Asien, das vom Ende des 3. Jh.v.Chr. bis 224 n.Chr. Träger eines bedeutenden Großreiches mit Zentrum im alten Medien (NW-Iran) war. P. zählen zum nordiranischen Stammesverband der Dahaer, der in den Steppen ö. der Kaspi-See nomadisierte, nahmen aber später einen medischen (westiranischen) Dialekt an. Parthisch wurde mit aramäischer Schrift geschrieben. Niedergang der P. begann in Kriegen mit Rom und vollendete sich nach Sperrung der Seidenstraße nach Indien und Ostasien durch Saken im 2. Jh. Vgl. Meder.

Particular Baptists (REL)
II. Gruppe von Taufgesinnten, als Abspaltung von den Kongregationalisten 1640 in England, hielten an Prädestinationslehre fest.

Partisanen (SOZ)
I. als Altbez., eigentlich (fr=) »Parteigänger«, »Anhänger«; Partizani (=sk); maquisards (=fr); Freischärler, Untergrundkämpfer.
II. Heckenschützen; bewaffnete Zivilisten, irreguläre Streitkräfte und sogar reguläre Soldaten, die im Untergrund, hinter der Kampffront einer Besatzungsmacht bekämpfen. Zu unterscheiden sind hingegen paramilitärische Einheiten. Trotz Erweiterung der Haager Landkriegsordnung stehen P. außerhalb des Kriegsrechtes, woraus sich Härte und Grausamkeit jedes P.-Krieges erklärt. Vgl. Guerilleros, Maquisards.

Part-Samoans (BIO)
II. (=en); relativ kleine Mischlingsgruppe aus einheimischen Samoanerinnen und chinesischen Kontraktarbeitern auf West-Samoa. Weiterer Vermischungsprozeß wurde von neuseeländischer Mandatsmacht durch Repatriierung der Chinesen unterbunden.

Pascher (SOZ)
I. (rotw=) »Schmuggler«, Schleichhändler.
II. über eine Zollgrenze hinweg operierende Schleichhändler.

Paschtu (SPR)
I. Pachtu, Paschto, Passtu; Pushto, Pashto (=en). Fälschlich vereinfacht auch Afghanische Spr.
II. P. ist eine ostiranische, alte Literaturspr., seit 1936 Staatsspr. in Afghanistan, eine der Amtsspr. in Pakistan; geschrieben in arabischer Schrift mit Zusatzzeichen. Mehrere Dialektgruppen, u.a. Wanetsi in NE-Belutschistan. Verbreitet vor allem in SE-Afghanistan, NW-Pakistan und Belutschistan; in Afghanistan von mind. 7–10 Mio., in Pakistan von 15–17 Mio., insgesamt von ca. 26 Mio. (1994).

Paschtunen (ETH)
I. Eigenbez. Paschtun, Puschtun oder Pakhtun. In indischer Umschreibung Pathanen (Geogr. Name: Pathanistan).
II. großes Volk (mit Eigenspr. Paschtu/Pushtu) aus dem iranischen Zweig der indo-europäischen Spr.familie; insges. 15–20 Mio. Köpfe, in S-Afghanistan (zwischen Farah über Kandahar bis Kabul) und, jenseits der von ihnen nie anerkannten Durand- und späteren Staatsgrenze in NW-Pakistan, ferner ca. 4200 in Tadschikistan; stark in Stämme (in Afghanistan u.v.a. Durani/Durrani, Ghizai/Golsai sowie Afridi n. des Khaiber-Passes) und Berufskasten gegliedert. P. sind überwiegend Landbew., heute vorwiegend seßhafte Ackerbauern und Viehhalter, doch sind noch Nomadismus und (häufiger) Halbnomadismus verbreitet. Händler und Handwerker fehlen weitgehend; strenge (in Teilen schiitische) Muslime. P: stellen mit 9,7 Mio. (40%; 1996) die Mehrheitsbev. in Afghanistan, begreifen sich als eigentliche Afghanen und waren bis in den Bürgerkrieg hinein (1979–1989 gegen russische Invasoren und fortdauernd gegen andere Volksgruppen) die wirklichen Träger der politischen Macht. Vgl. auch Taliban.

Pascuenses (ETH)
I. (=sp); Osterinsel-Bewohner (s.d.).

Pasdaran (SOZ)
I. Sg. Pasdar.
II. Revolutionsgardisten, »Revolutionswächter«.
II. paramilitärisch organisierte Parteimilizen in der Islamischen Rep. Iran, die im irakisch-iranischen Krieg (1980–1988) als Parallel-Armee kämpften.

Pase (ETH)
II. Indianerstamm der Manao (s.d.).

Pashupatas (REL)
II. eine der Schulen im Schivaismus; sie verehren Shiva als »Herrn der Tiere«, den herdenhaft vielen Einzelseelen. Typisch für sie das Bestreichen des Körpers mit Asche.

Passamaquoddy (ETH)
II. kleiner untergegangener Indianerstamm der Abnaki-Föderation in NE-Maine/USA.

Passionisten (REL)
I. CP.
II. 1720 in Rom gegr. kath. Orden für Volksmission; heute ca. 3000 Mitglieder; »Barfüßer«.

Pasto (ETH)
II. Indianervolk von über 50000 im w. Grenzgebirge zwischen Kolumbien und Ecuador, chibchaspr.

Patagonide (BIO)
I. Pampide; Pampidi (=it) nach BIASUTTI.
II. südamerikanische Unterrasse der Indianiden. Merkmale: sehr hochwüchsig mit breitem massigem Körperbau insbesondere breiter, tiefer Brustkorb; mittellange Kopfform mit großem massigem flächigem Gesicht; enge Lidspalte mit Indianerfalte; meist markante Nase, höher als bei Lagiden, weniger gebläht; Haut: mittel- bis olivbraun; Haar dick, lang, schlicht, schwarz. Verbreitung: Trockensteppen und Grasebenen des Gran Chaco, der Pampas, Grasland von Patagonien. Breite Kontaktzone zu Brasiliden und Andiden.

Patagonier (ETH)
I. patagones (sp=) »Großfüße«; Tehuelche, d.h. »Südleute« als Bez. der Araukaner; Eigenbez. Choanik oder Chonqui, d.h. Menschen oder Volk, woraus sich Spr.familie Chon herleitet; Patagonians (=en); Patagons (=fr).
II. nach Magellan (1520) Bez. für die Indianer Patagoniens (s. des Rio Negro). P. waren Jäger und Sammler längst bevor im 18./19. Jh. Teile ihrer n. Nachbarn, Puelche und Araukaner in ihr Gebiet abgedrängt wurden. Ihre Zahl betrug im 18. Jh. noch weit über 10000, erlitten im 19. Jh. durch Alkohol, Pocken und andere Krankheiten starke Verluste. Reste sind heute in Mischlingsbev. der Gauchos aufgegangen.

Patalima (ETH)
II. alteingesessene Bev. in Zentral-Ceram/Indonesien. Vgl. Aru-Insulaner, Bonfia.

Patangoro (ETH)
I. Pantangoro.
II. ausgestorbenes Indianervolk in Kolumbien, galten als gefürchtete Kannibalen in ö. Zentralkordilleren. Hatten befestigte Siedlungen, bauten Mais.

Patarener (REL)
I. patareni, patarini (=it); Patarenier, Gazzari; aus pataria (it=) »Lumpengesindel«, benannt nach dem Lumpensammlerviertel in Mailand.
II. ursprünglicher Spottname für kirchliche Reformpartei im 11./12. Jh. in Oberitalien, eine militant-revolutionäre, gegen Adel, hohe Geistlichkeit und später den Kaiser gerichtete (teils monastische) Bewegung. Vgl. Gazzari, Humiliaten.

Patasiwa (ETH)
II. alteingesessene Bev. im W von Ceram/Seram/Indonesien; einst wilde Kopfjäger, heute noch Sammler, Jäger und Fischer. Vgl. Aru-Insulaner, Bonfia.

Patchwork-Familien (SOZ)
I. (en=) »Flickwerk«; als Sonderform von Sukzessiv-Familien.
II. Familien, in denen Frau und Mann, die aus früheren Beziehungen bereits Kinder haben, erneut Eltern wurden.

Paten (SOZ)
I. 1.) (mhd=) pade, (mlat=) pater spiritualis. Mundartlich Petter/Päter/Petsche (Rheinland), Pet(s)öhm/Piet-, Piätmöhn; Göd m./Godn w. (bayerisch); Dot/Döte m. und Dote w., Dötle; Vadder/Vaddersch (Niedersachsen); Gott/Gotte (alemannisch).
II. Taufpaten, Taufzeugen, als geistliche Väter/Mütter einst wichtigste Verwandte eines Kindes, hatten ggf. Eltern zu vertreten. Vgl. Vormund. 2.) Godfathers (=amerik.en).
II. ugs. für im Hintergrund bleibenden Chef einer größeren mafiosen Organisation (in den USA). Klienten bitten ihn um Patenschaft für ihre Kinder, um durch verwandtschaftliche Beziehungen an seiner Macht zu partizipieren. Unter ähnlicher Bedeutung in Thailand: chao poh (th=) »mächtiger Vetter«. 3.) auch: »stille Teilhaber« an der polit. Macht. Vgl. Compadrazgo.

Pathanen (ETH)
II. Umschreibung in Pakistan für Paschtunen, werden auf 7–10 Mio. geschätzt, ansässig in der Northwest Frontier Province, aber auch anzutreffen in den Lagern der Afghanistan-Flüchtlinge. Vgl. Paschtunen; Taliban.

Patriachalische Gesellschaften (WISS)
I. Vaterrechtlich organisierte Gesellschaften.
II. Ges., in denen Männer, insbes. Väter, eine hervorragende rechtliche Rolle einnehmen, in denen die patrilineare Zuordnung zu Gruppen oder Positionen vorherrscht. Vgl. Männer, Väter. Gegensatz Matriarchalische Ges.

Patriklan (WISS)
II. (patrilineare) Blutsverwandtschaftsgruppe, die sich nur in väterlicher Linie für verwandt hält. Vgl. Patrilineage.

Patri-Lineage (BIO)
II. (=en); Blutsverwandtschaftsgruppe, die sich in noch überschaubarer Abstammung (3–5 Generationen) auf einen gemeinsamen Vorfahren in väterlicher Linie zurückführen läßt.

Patrizier (SOZ)
I. aus Patricius, pater (lat=) »Vater«.
II. 1.) Mitglieder des altrömischen Adels (Patriziat), der gegenüber den Plebejern die polit. und wirtschaftliche Macht ausübte; 2.) seit 4. Jh. n.Chr. unter Titel Patricius der Ratgeber des Kaisers; 3.) im MA in europäischen Städten die allein ratsfähige Oberschicht, anfangs adeliger Geschlechter, später vornehmer begüterter Bürger, nicht zuletzt auch der Zünfter. Vgl. Plebejer.

Pauliner (REL)
I. OSPPE.
II. 1250 gegründete ungarische Eremitenkongregation, heute in Polen tätig.

Paulistaner (BIO)
I. paulistas (=sp).
II. Mischbev. aus Portugiesen mit Indianerinnen im Hinterland von São Paulo/Brasilien.

Paulizianer (REL)
I. Pauliciner, Paulikianer.
II. Bez. für dualistische Sekte, entstanden um 660 in Armenien und Syrien; P. wurden vom oströmischen Staat 871 fast ausgerottet; Reste im 9. Jh. aus Kleinasien nach Thrakien zwangsumgesiedelt. Ihre Ideen lebten bei Bogomilen, Katharern und Albigensern fort. Vgl. Bogomilen, Katharer.

Paumary (ETH)
I. Paumari.
II. Indianerstamm der Aruak-Spr.gruppe mit ca. 1000 Köpfen. Lebt amphibisch auf dem Rio Purus/brasilianischer Amazonas; schwimmende Inseln, hervorragende Kanus.

Pauserna (ETH)
II. tupi-spr. Indianerethnie im s. Amazonien/Brasilien.

Pawnee (ETH)
II. Indianerstamm aus der Caddo-Gruppe im zentralen Nebraska mit Ausläufern bis N-Kansas. Wurden ohne Grund 1879 in das Indianerterritorium von Oklahoma gezwungen. Durch Seuchen weiter dezimiert, ca. 1000 Köpfe.

Paya (ETH)
II. Indianerethnie in n. Niederungen von Honduras und Nicaragua. P. treiben Anbau, auch Töpferei, Weberei, gewinnen Cochenille-Farbstoff aus Opuntia-Schildläusen. Haben noch weitgehend Naturkulte bewahrt.

Payagua (ETH)
I. spanische Bez. für »Flußpiraten«.
II. Indianerstamm am oberen Rio Paraguay, guaicuru-spr.; geschickte Flußbew. mit Großkanus für über 40 Insassen.

Pa-Yi (ETH)
II. kleine ethnische Einheit mit einer Tai-Spr. im Bergland an der chinesisch-vietnamesischen Grenze. Sind stark mit den Nung vermischt; Naturkulte; Anzahl kaum mehr 1000 Köpfe. Ahnenkult; Reisbauern.

Payos (SOZ)
I. »Bauern«, »Tölpel«.
II. die »Nichtzigeuner« in der Spr. von ca. 1 Mio. spanischer Zigeuner. Vgl. Gadschos.

Pazifide (BIO)
I. Columbidi (=it) bei *BIASUTTI*; Deneide bei *LUNDMAN*.
II. zu den Nordindianern zählende Unterrasse der Indianiden. Besitzen von allen Indianiden geringsten mongoliden Einschlag; gewisse Ähnlichkeit zu Sibiriden. Merkmale: mittel- bis hochwüchsig, derber Körperbau; kurzer untersetzter Rumpf, lange Gliedmaßen; Kopfform brachykephal (kurz-breit); Gesicht breit, breite geneigte Stirn, markante Nase gerade oder leicht konvex, große Mundspalte, kleine Lidspalte ohne Mongolenfalte. Relativ starke Körper- und Bartbehaarung, leicht welliges, meist dunkles Kopfhaar. Haut fahl-bräunlich, oft mit Gelbton. Verbreitung: Alaska, westkanadische Küste und Gebirge, NW-USA, Rocky Mountains, auch am Rio Grande (Navaho, Apachen). Kontaktübergänge zu Silviden und Pazifiden.

Pazifikinseln, amerikanische (TERR)
B. UN-Treuhandgebiet Pazifikinseln; nicht-inkorporiertes Territorium innerhalb Amerikanisch-Ozeaniens; eines der Amerikanischen Außengebiete. Vgl. Guam, Marianen, Karolinen, Marshallinseln, Ryukyu u.a.

Pear (ETH)
II. Volk im n. Kardamom-Gebirge/Kambodscha; einige Zehntausend mit einer Mon-Khmer-Spr. Waldsammler, Jäger, Fischer. Vermischen sich zunehmend mit Nachbarbev.

Pech (ETH)
II. kleine indianische Ethnie im N von Honduras.

Pedi (ETH)
I. Bapedi, Papedi, Sepedi, Pidi, Transvaal-Basotho, Tlokwa.
II. schwarzafrikanische Ethnie in Transvaal, zu den N-Sotho gehörig; Rinderhaltung. Nach Zerstörung des P.-Reiches durch Mzilikasis Ndebele Ausbildung einer Föderation von Häuptlingstümern zwischen Olifants River und Lulubergen, nachmalig Sekkuhumeland genannt.

Peer group (WISS)
I. (=en); Gruppe von »Gleichen«.

Pehuenche (ETH)
I. Eigenname bedeutet »Nord-Leute« aus che »das Volk«.
II. Zweig der Araukaner, s.d.

Pelagianer (REL)
I. Anh. des irischen Mönchs Pelagius.
II. ob ihrer Lehren über die Freiheit, Gnade, Prädestination im 5. Jh. kirchlich verurteilt, durch Westrom u.a. aus Afrika verbannt, fanden in Ostrom Zuflucht. Semipelagianer sammelten sich bei Marseille (deshalb Messilienser), wurden im 6. Jh. verurteilt.

Pemba (TERR)
B. Nebeninsel von Sansibar.

Pembaer (ETH)
I. Pemba, Wapemba (wa = »Volk«); Wangara.
II. Bantu-Population auf Insel Pemba/Sansibar in Tansania. Ew. 1967: 164000, 1988: 268000.

Penan (ETH)
II. kleine südwestindonesische Ethnie mit rd. 10 000 Köpfen in Sarawak auf Borneo, nur mehr 5 % streifen herkömmlich als Sago-Sammler und Blasrohr-Jäger, etwa ein Drittel ist schon voll seßhaft. Malaysia hat ihnen 1993 ein Reservat von 65 700 Ha eingeräumt. Vgl. Punan.

Penang (TERR)
C. Pinang. Gliedstaat von Malaysia auf 1033 km² großer Insel vor Westküste der Halbinsel Malakka, 1786 durch britisch-ostindische Kompanie kolonisiert, zählte mit Malakka und Singapur zu den Straits-Siedlungen, die ab 1826 direkt britischer Kolonialverwaltung unterstanden.
Ew. 1980: 0,955, die zu fast 60 % Nachkommen zugewanderter Chinesen sind.

Pende (ETH)
I. Bapende.
II. Negerstamm der Mittelbantu im SW der DR Kongo.

Pendler (WISS)
I. Pendelwanderer (Pendelwanderung) als sprachlich mißfällige, aber eingeführte Termini; commuters (=en); navetteurs (=fr); pendolari (=it); forensen (=nl); trabajadores que viajan diariamente entre su domicilo y su lugar de trabajo (=sp); ovreiros que diariamente circulam entre su domicilo e o seu lugar de trabalho (=pt).
II. Personen, die regelmäßig arbeitstäglich (dann Tagespendler) oder einmalig-wöchentlich (dann Wochenpendler), den Hin- und Rückweg zwischen Wohnung und Zielort, der entweder Arbeitsstätte (dann Arbeitspendler/Berufspendler) oder Ausbildungsstätte für Lehrlinge, Studenten, Schüler (dann Ausbildungspendler) ist, zurücklegen. Man spricht je nach Entfernung von Nah- und Fern-P., innerhalb der gleichen Gemeinde von innerörtlichen P. bzw. innerstädtischen P., in der amtl. Statistik überhaupt nur dann von Pendlern, wenn diese eine Gemeindegrenze überschreiten. Aus der Sicht der Zielgemeinden spricht man von Einpendlern, aus der Sicht der Wohngemeinden von Auspendlern. P., die dabei Staatsgrenzen überschreiten, werden Grenzgänger genannt. Vgl. Tagespendler, Wochen(end)pendler, Grenzpendler.

Pennacook (ETH)
II. kleiner untergegangener Indianerstamm der Abnaki-Föderation in New Hampshire.

Penner (SOZ)
I. Pennbrüder, Stadtstreicher (s.d.).

Pennsylvaniadeutsch (SPR)
I. Pennsilfaanisch; Pennsylvania Dutsch, Pennsylvania German (=en).
II. Sprecher eines seit 18. Jh. auf pfälzischer Grundlage entstandenen deutschen Dialekts in E-Pennsylvanien, im w. Maryland und anderen Sprachinseln in USA und Kanada. Umgangsspr. von ca. 400 000 Pennsylvania- und Maryland-Deutschen; Bez. auch für diese Einwanderer und ihre Nachkommen. Syntax und Wortschatz enthalten bedeutenden englischen Anteil. Vgl. Bibudütsch.

Pennsylvaniadeutsche (ETH)
I. Pennsylvania Dutchs.
II. Sammelbez. für die deutschen Einwanderergruppen in Pennsylvanien, jener Kolonie des britischen Quäkers William Penn, die dort religiös Verfolgten aus Europa eine Freistatt bieten wollte. Ab 1683 sammelten sich in Germantown deutsche Mennoniten, Tunker, Rosenkreuzer, Herrnhuter, Salzburger Protestanten, Rappisten, Zoaristen, Amaniten und Altlutheraner; im 18. Jh. folgte ihnen die Massenauswanderung aus dem übervölkerten Süddeutschland. P. zogen als Siedler nach Maryland und Carolina weiter. 1775 stellten Deutsche gut ein Drittel der Bev. von Pennsylvania, fast 12 % in Maryland, insges. fast 9 % der Gesamtbev. in den englischen Kolonien Nordamerikas.

Penobscot (ETH)
II. kleiner untergegangener Indianerstamm der Abnaki-Föderation in NE-Maine/USA.

Pensionäre (SOZ)
I. Pensionisten (bes. in Österreich).
II. 1.) Pensionsempfänger, Ruhestandsbeamte. 2.) Altbez. für Dauergäste, Dauerkostgänger im Ruhestand. Vgl. Ruheständler; auch Alte, Senioren, Zwangssenioren.

Pentecostals (REL)
I. (=en); Pfingstbewegung.
II. Angeh. der Pfingstgemeinden.

Pentiti (SOZ)
I. (=it); Partizip Perfekt von pentirsi
I. bereuen, also: Bereut-Habende, die »Reuigen«, die »Geständigen«; pentito Sg. (=it).
II. Mafiosi, die sich entgegen der Omertà (=absolute Verschwiegenheit) zu Aussagen über ihre Organisation bereit finden. Vgl. Mafiosi.

Peones (SOZ)
I. (=sp); Sg. Peón.
II. Tagelöhner bzw. Viehhirten auf spanischem und lateinamerikanischem Großgrundbesitz, bes. auf den Estancien in Argentinien seit 19. Jh. Oft handelte es sich um verarmte weiße Kolonisten, die als Landarbeiter oder als Pächter auf den sich herausbildenden Großbetrieben tätig wurden; sonst generell Hilfsarbeiter. Die peónage ist ein durch die spanischen Conquistadoren bes. in Mexiko im Bergbau und auf Plantagen eingeführtes Lohnsystem, das auf Sach- oder Barlohnvorschüssen aufgebaut ist und künstliche Verschuldung zur Folge hat. Peónage ist stellenweise auch in Südstaaten der USA gebräuchlich (*K. HOTTES*).

Pepenadores (SOZ)
I. (=sp); Müllmenschen.
II. im Müll und vom Müll lebende Menschen; im besonderen jene rd. 15 000 Personen in den Mülldeponien von Mexico-City. Vgl. Catadores (=pt); Zabbalin (=ar).

Pequot (ETH)
I. »Die Zertrümmerer«; seit 1666 Mashantucket Pequot genannt.
II. Indianervolk in den späteren Neuenglandstaaten, insbes. im Gebiet zwischen Thames und Pawcatuck River/Connecticut. Betätigten sich seit 17. Jh. im Pelzhandel. 1636/38 »pazifiziert«, Volksteile gerieten in Sklaverei britischer Puritaner. Den Überlebenden wurde ca. 1000 Ha großes Reservat zugewiesen, das durch Enteignungen auf weniger als 100 Ha schmolz. Heute insges. 10 000–15 000 Köpfe, teilen Reservation mit Mohegan in Connecticut. 1974 begannen sich 55 verbliebene Stammesleute neu zu organisieren, erhielten 1983 weiteres Land zurück und 1983 begrenzte Autonomie, betrieben dort seit 1988 ein florierendes Spielkasino.

Peranakan (BIO)
II. Mischlingsabkömmlinge von Chinesen und Malaien in SW-Asien.

Peranakan-Chinesen (ETH)
Straits-Chinesen (nicht voll syn.); männliche Angehörige Baba, weibliche Nòonòa.
II. Bez. für die schon in der Fremde zumeist als Mischlinge geborenen Nachkommen von Auslandschinesen bes. in Malaysia und Indonesien. Nachkommen von chinesischen Kaufleuten und sonstigen Zuwanderern mit malaiischen Frauen, die malaiische Sitten und Gebräuche beibehielten und unter sich ein chinesisch gefärbtes Malaiisch sprachen. Später wurde in den reichen P.-Familien Brauch, die Töchter mit neuzugezogenen Chinesen zu verheiraten. Vgl. Überseechinesen.

Periöken (SOZ)
I. Periöken; (agr=) »Umwohner«.
II. polit. rechtlose, sonst aber freie und grundeigentumsberechtigte Mitbew. der altgriechischen Städte (u. a. Spartas), meist handel- und gewerbetreibend.

Peripher-Gruppe (WISS)
I. Marginalgruppe, Randgruppe (s. d.), auch Randseiter. Vgl. Außenseiter, Randexistenzen, Paria.

Permanent residents (WISS)
II. (=en); Rechtsstatus, der in vielen Ländern auch Ausländern ein unbeschränktes Aufenthaltsrecht einräumt. In Deutschland entspricht dem das Daueraufenthaltsrecht. Die Genfer Flüchtlingskonvention sieht im Prinzip eine Aufenthaltsverfestigung bis hin zur Erleichterung von Einbürgerung vor. Vgl. Aufenthalter in Schweiz.

Permier (ETH)
II. ein Zweig aus der großen Völker- und Spr.familie der Finno-Ugrier, in Sibirien aus zwei ethnischen Einheiten bestehend: Wotjaken und Syrjänen. Ihre Idiome sind heute Schriftspr. Vgl. Samojeden, Permjaken, Bessermänen.

Permjaken (ETH)
I. Komimort.
II. finnugrische Population von (1990) über 117 000 in Rußland, namengebend im Nationalbezirk der Komi-Permjaken/Sibirien (104 000). Besitzen eigene Schriftspr. und Eigenschrift aus dem 14. Jh. Vgl. Syrjänen.

Perser (ETH)
I. Persians (=en); Persans (=fr); persy (=rs); Persas (=sp, pt); Persiani (=it). Unter politischem Einfluß seit 1935 offiziell auch Iraner; Eigenbez. Irani, Parsi; Iranians (=en); Iraniens (=fr); Iranianos (=sp, pt); Irancy (=rs).
II. bedeutendstes der iranischen Völker in W-Asien. 1.) Name eines antiken Volkes, dessen historische Tradition bis ins 9. Jh. v. Chr. zurückgeht. Unter ihrer Dynastie der Achämeniden schlugen P. im 6. Jh. v. Chr. die stammverwandten Meder und schufen ein erstes Weltreich, das Mesopotamien, Kleinasien und Ägypten einschloß; seine Amtsspr. war Aramäisch, doch bereits eigene Keilschrift. Im Alexanderreich und unter Parthern bewahrten P. ihre Eigenständigkeit. 550 J. später unter Sassaniden erlangten P. im Kampf mit Römern erneut Weltmacht. P. haben hochstehende Zivilisation entwickelt: Städte-, Straßen-, Brückenbau, Bewässerungsweisen, Handel, Münzwesen, auch Literatur, Kunst und Kunsthandwerk. Unter Sassaniden wird Name P. auf das heutige Staatsgebiet übertragen, wenn auch neuer Nationalstaat erst 1501 unter Safawiden wiederentstand. 2.) aus nationalhistorischer Reminiszenz bis heute gebrauchte Bez. für alle Iraner innerhalb des aktuellen Staates Iran. 3.) die Bew. in der antiken Persis/Parsua, der heutigen iranischen Provinz Fars, dem Kernland des historischen Persien. Vgl. Iraner; Zoroastrier und Parsen; Pehlewi-spr.

Perser (NAT)
II. ethnisch bestimmte Bez. für Angehörige entsprechender iranischer Reiche seit Altertum; wurde 1935 durch Einführung des Staatsnamens Iran mit erweiterter nationaler Wirkung ersetzt. Vgl. Iraner.

Peru (TERR)
A. Republik. República del Perú (=sp); »República perúana« (=sp). The Republic of Peru, Peru (=en); la République du Pérou, le Pérou (=fr); el Perú (=sp); perú (=pt); perù (=it).
Ew. 1930: 5,186; 1940: 6,673; 1950: 8,104; 1961: 10,420; 1970: 13,447; 1978: 16,819; 1996: 24,288, BD: 19 Ew./km^2; WR 1990–96: 2,0 %; UZ 1996: 71 %, AQ: 11 %

Peruaner (NAT)
I. Peruvians (=en); péruviens (=fr); peruanos (=sp).
II. StA. der Rep. Peru; sie sind zu 47% Indianer, 32% Mestizen, 12% Weiße.

Pesantren (REL)
I. abgeleitet aus der Bez. für hinduistische Klosterschulen. Vgl. Santris.

Peschmerga (SOZ)
II. oppositionelle Freiheitskämpfer in Afghanistan und Kurdistan in zweiter Hälfte des 20. Jh. Allein in Türkei rechnet man (1992) amtlich mit > 15 000 professionellen Guerillas und rd. 60 000 kurdischen Milizen.

Pest-Kranke (BIO)
II. Sammelbez. für die an der Pest/Pestilenz, am Schwarzen Tod erkrankten Menschen in allen Ausbildungsformen (Beulen-, Haut-, Blut-, Lungenpest). Pest wird indirekt durch Flöhe an Yersinia pestis infizierter Nager, d.h. meist Ratten, aber auch direkt durch Tröpfcheninfektion übertragen. P. überzog als Pandemie die meisten Erdteile wiederholt, bes. verlustreich im 6.–8. Jh. und im 14. Jh. (1348–50, 1357–62, 1370–76, 1380–83); in Teilgebieten ergaben sich Verluste von bis zu 70% der Wohnbevölkerung, allein 1348–52 starb mehr als ein Drittel aller Europäer (25–43 Mio). Spätere Pandemien erreichten Europa 1656/57 (Italien), 1679/81 (Böhmen), 1709/11 und 1720 (Marseille), erst 1830 endete hier das Massensterben. Als erschreckendes Fazit der fast 200 Epidemien sind bis 1720 etwa 100 Mio. Pestopfer anzunehmen. Seit im 18. Jh. in Europa die schwarze durch die braune norwegische Ratte verdrängt wurde, die mit dem Menschen kaum in Verbindung kommt, ließ auch die Pestgefahr deutlich nach. In Asien, Afrika und Südamerika hingegen dauerte die Seuche ungebrochen fort. Die Pandemie von 1860 in SE-Asien erreichte über Yunnan und Kanton 1894 Hongkong. Heute noch ist die Pest pandemisch in Zentral- und Südostasien auftretend, endemisch China, Indien (1898–1948 etwa 12 Mio. Opfer), Südafrika, Südamerika bedrohend. Vielfach dauerte es Jahrzehnte bis Jahrhunderte, bis der vorherige Bevölkerungsstand wieder erreicht wurde. Durch Migrationen entstanden neue Mischbevölkerungen.

Peterwardeiner (ETH)
I. nach Petrovaradin = »Gibraltar des Balkans«.
II. Bew. des habsburgischen Militärgrenzbezirks Petrovaradin gegenüber von Neusatz (Novi Sad)/Donau im 18. Jh.

Petit blancs (SOZ)
I. (=fr); »kleine Weiße«.
II. weiße Kleinbauern, bes. auf tropischen Inseln des Indik und Pazifik, die sich zumeist nach Aufhebung der Sklaverei aus der Plantagenwirtschaft zurückgezogen haben. Vgl. Rednecks (=en); Gegensatz Grands blancs.

Petsamo (TERR)
B. Petschenga (=rs) auf w. Fischer-Halbinsel. Lt. Vertrag 1947 von Norwegen an UdSSR abgetreten.

Petschenegen (ETH)
II. turktatarisches (Reiter-)Nomadenvolk, das im 9. Jh. aus seinem Wohngebiet zwischen Wolga und Ural vertrieben, in das östliche Balkan-Gebiet einwanderte, die Magyaren nach W abdrängte, schließlich in Kämpfen gegen Chasaren, Russen und Byzanz 1091–1122 fast völlig aufgerieben wurde. Reste gingen in Nachbarvölkern (u.a. Rumänen) auf.

Peul (ETH)
I. Fulbe (s.d.); Peulh (=fr); Fulani (=en).

Peyote-Kultanhänger (REL)
I. Peyotismus; benannt nach benutztem Rauschmittel Peyote, (azt=) Wurzel, d.h. Echinocactus; auch »Big-Moon-Religion«.
II. seit Ende 19. Jh. in amerikanischen Indianerreservaten verbreiteter Kult, der seit 1954 Körperschaftsrechte in Kanada besitzt; derzeit etwa 250 000 Anhänger.

Pfadfinder (SOZ)
I. Boy-Scouts (=en), Pfadi (in Schweiz).
II. internationale Jugendorganisation, 1907 durch Lord Robert Baden-Powell of Gilwell (»Bi-Pi«) gegr. Erziehung zu freiheitlichem Bürgersinn, sozialer Hilfsbereitschaft, Umweltbewußtsein, gesundem einfachen Leben. Altersgesellschaftliche Ranggliederung: Wölflinge bzw. Gubs, Jungpf. bzw. Scouts, Raiders und Cordées, Rovers und Rangers; keine obere Altersgrenze: Alt-Pf.; z.T. konfessionelle Untergliederungen; Buben und Mädchen, insges. > 16 Mio. Mitglieder.

Pfaffen (REL)
I. aus Sg. pappas (agr=) »Vater«.
II. ursprüngliche Bez. für kath. Geistliche und (als Träger damaliger Gelehrsamkeit) im MA auch für Gelehrte. Seit Reformation und durch Luther im verächtlichen Sinn für eigennützige, scheinheilige Priester.

Pfahlbau-Siedler (WISS)
I. Pfahlbau-Bewohner.
II. ugs. für Erbauer und Bew. von Pfahlbauten (von Ansiedlungen auf Pfahlrosten) als Uferrandsiedlungen an Seen, Flüssen, in Lagunen. Solche Wohnweise bietet Schutz vor Bodenfeuchte und gegen Feinde, erleichtert Fischfang und auch Versorgung und Handel auf dem Wasserweg. 1.) Vorgeschichtliche Menschengruppen der Jungsteinzeit bis zur späten Bronzezeit (2400 bis ca. 850 v.Chr.) bes. an den n., doch auch an s. Voralpenseen, vereinzelt auch in Nord- und Ostdeutschland, Schweden (Alvastra) und Großbritannien. 2.) aktuelle Pfahlbau-

siedler in Feuchtgebieten sind weit verbreitet: u.a. Lagune von Venedig; Venezuela, Guayana, Amazonas-Tiefland; Kongo-Gebiet, Njassa-See, Guinea-Küste, Benin; häufig bei Malaien in Hinterindien; auf Neuguinea und in Melanesien.

Pfahlbürger (WISS)
I. Ausbürger, Schutzbürger.
II. 1.) im MA die außerhalb der Stadtmauern wohnenden, meist minderberechtigten Bürger bes. von Reichsstädten im SW und W des Deutschen Reiches; keineswegs nur Minderhandwerker (s.d.), sondern auch Klosterangeh. und Adel, zuweilen auch ganze Dorfgemeinschaften. Im 13. Jh. verboten Landesherren den Städten mehrfach die Aufnahme von P. 2.) Bauern mit städtischen Bürgerrechten. Vgl. Ausmärker, Pfahlbau-Siedler.

Pfälzer (REL)
II. mißdeutige Sammelbez. für Gruppe von Glaubensflüchtlingen aus pfälzischen Calvinisten und Waldensern, die etwa ab 1680 als Folge religiöser Unterdrückung, aber auch Übervölkerung, nach E- und SE-Europa, bes. aber nach Nordamerika auswanderten.

Pfälzische Union (REL)
II. 1818 in der bayerischen Rheinpfalz vom Volk selbst herbeigeführte Kirchenunion zwischen Lutheranern (102000) und Reformierten (134000) zur Überwindung der Zersplitterung des Protestantismus. Vgl. Pfälzersiedlungen am Niederrhein.

Pfarrer (REL)
I. Pferrer, Pfarrherren, Leutpriester (=alemannisch); aus parochus (agr-lat=) »der Darreichende«.
II. Inhaber eines gemeindlichen Pfarramtes als Kleriker (kath.) oder nur Amtsträger (evang.). Vgl. Kleriker.

Pfeilkreuzler (SOZ)
II. Angeh. einer durch Graf Festetics 1935 begründeten hungaristisch-nationalen Partei des »Nationalen Willens«, deren Milizen im II.WK in Ungarn an Judenverfolgungen beteiligt waren.

Pfingstbewegung (REL)
I. Pentecostals (=en); pentecostais (=pt); Pfingstchristen.
II. Sammelbez. für die aus den amerikanischen baptistisch-methodistischen Erweckungsbewegungen sehr differenzierter, z.T. sektiererischer Art, 1906 entstandene Glaubensgemeinschaften. Rege Missionsarbeit. Rückgewanderte italienische Emigranten verpflanzten Pf. auch nach Norwegen, Deutschland und Italien; in Deutschland verband sie sich mit extremen Kreisen der Gemeinschaftsbewegung, eigene Organisation seit 1909. Um 1990 nach eigenen Angaben über 160 Mio. Mitglieder, vor allem im W der USA. Vgl. Assemblies of God.

Pfingstler (REL)
I. Pentecostals (=en).
II. Mitglieder der Pfingstbewegung.

Pflegebedürftige (SOZ)
II. Personen, die wegen Krankheit, Behinderung und Alter zeitweise oder auf Dauer nicht zu selbständiger Lebensführung befähigt und deshalb auf Pflege angewiesen sind. Pflegebedürftigkeit kann in jedem Alter auftreten, doch nimmt Häufigkeit der P. mit steigendem Lebensalter der Menschen rasch zu. In Deutschland sind von den über 64jährigen 7,6% dieser Altersgruppe (d.h. 790000) pflegebedürftig. In Deutschland rd. 1,6 Mio. (wovon 450000 in Heimen).

Pfleghafte (SOZ)
II. in Mitteleuropa im MA Bez. für freie kleine Gutsbesitzer, denen bäuerliche Lasten obliegen.

Pflugbauern (WISS)
I. Ackerbauern, Höhere Bodenbauern.
II. ethnologischer Fachterminus für Bev. im Besitz der Pflugkultur, als der höchsten (vierten) Entwicklungsstufe des Landbaues. In Mesopotamien sind P. seit 4. Jtsd. v.Chr. im Neolithikum nachweisbar, in Mitteleuropa seit Bronzezeit. Vor der europäischen Kolonisation war der Pflugbau in Amerika und Australien unbekannt. Vgl. Knollen-, Körner-, Feldbauer(n); Gegensatz Hackbauern/Pflanzervölker.

Pfründner (SOZ)
I. Pfründer (in Schweiz), Pfründler, aus praebenda (lat=) »Unterhalt«; Reichnis-Nutzer. 1.) Altbez. für Insassen eines Pfründ-(Alters-, Armen-)hauses; Armenhäusler. 2.) Inhaber einer Pfründe, eines Reichnisses u.a. von Kirchtrachen, Kirchbroten, Läut- und Segensgarben) oder eines Benefiziums, d.h. eines kirchlichen (klösterlichen) Amtes, dem als Unterhalt (zusätzlich) Einkünfte in ursprünglicher Form von Naturalien zustehen. Vgl. Benefiziaten.

Pga k'nyaw (ETH)
I. Eigenbez. der Sgaw = »Menschen« in E-Thailand. Vgl. auch Karen.

Pgo (ETH)
I. Pwo.
II. eines der Völker der Karen-Gruppe; ca. 300000 (1985) in Thailand. Vgl. Karen.

Phäaken (SOZ)
I. nach dem gastfreundlichen Volk von See- und Fährleuten in Homers Odyssee.
II. (in literarischer Übertragung) für sorglose Genießer.

Phanarioten (SOZ)
I. Fanarioten.
II. Bez. für griechisch-byzantinische Adelsfamilien, die unter den Osmanen ihre Privilegien behielten. Aus den. Ph. rekrutierten die Sultane im 18. Jh. ihre Statthalter.

Pharisäer (SOZ)
I. aus perishaiya (ar=) »abgesondert«; Perusehim (he=) »Abgesonderte«. 1.) Anh. einer altjüdischen Partei (seit 2. Jh. v. Chr.), die sich als bes. gesetzestreu, in Selbstgerechtigkeit, vom »unreinen Volk« absonderte; stand im Hinblick auf die Entwicklung der religiösen Gesetze im Gegensatz zu Sadduzäern. 2.) heute im übertragenen Sinn selbstgerechte, engstirnige Menschen; Heuchler.

Philippinen (TERR)
A. Republik der P. Republica Ng Pilipinas; República de Filipinas (=sp); Republic of the Philippines (=en). The Philippines (=en); la République des Philippines, les Philippines (=fr); la República de Filipinas, Filipinas (=pt); Filippine (=it).
Ew. 1903: 7,635; 1918: 10,314; 1939: 16,000; 1948: 19,234; 1950: 20,275; 1960: 27,377; 1970: 36,852; 1978: 46,351; 1990: 60,703; 1996: 71,899, BD: 240 Ew./km²; WR 1990–96: 2,3 %; UZ 1996: 55 %, AQ: 5 %

Philippiner (NAT)
I. Filipinos, the Philippines, Philippinos (=en); philippins (=fr); filipinos (=sp, pt). Nicht Philippians!
II. StA. der Rep. der Philippinen; entsprechend räumlicher Verteilung auf ca. 860 bewohnten Inseln und Isolation stark differenziert: Altvölker mit ca. 10 % (wie Igorot, Ifugao, Bontok, Negritos); Jung-Malaien 40 % (Bisayas, Tagalen, Bikol, Ilokano), Indonesier und Polynesier 30 %; bedeutsame Minderheiten von Chinesen, Indern u. a. Vgl. Altmalaien, Jungmalaien.

Philippisten (REL)
I. Philippinisten.
II. Kryptocalvinisten, Anh. der Lehren Melanchthon's.

Philister (ETH)
I. aus pelistim (he=) »Einwanderer«.
II. 1.) eine nichtsemitische, wohl indogermanische Ethnie, zu den sog. Seevölkern zählend, die zur Bibelzeit im Ghazagebiet/Südpalästina siedelte und mit den Hebräern Krieg führte. Römer haben nach ihnen das vormalige Judäa in Philistäa, d. h. Palästina benannt. P. verloren ihre Unabhängigkeit endgültig Ende des 8. Jh.v. Chr. an Assyrer.

Philister (SOZ)
II. 1.) Spießbürger, engstirnige Menschen, Mukker, kleinliche Besserwisser. 2.) studentenspr. für »Alte Herren«, die dem freien Studentenleben entrückt, schon im Berufsleben stehende Akademiker.

Phönizier (ETH)
I. afrikanische Phönizier von Römern als Punier bezeichnet; Phoenicians (=en).
II. Altvolk semitischer Spr., wohl der küstenbesiedelnde Teil der Kanaanäer; im 12. Jh.v. Chr. in den Küstenstädten Syriens aufscheinend; hervorragende Seefahrer und Kaufleute. Koloniale Ausbreitung im ganzen Mittelmeergebiet, Tochterkolonie Karthago 813 v. Chr. gegründet, in deren Bev. viele Berber assimiliert wurden.

Phratrie (WISS)
I. (agr=) »Bruderschaft«.
II. soziale Gruppe innerhalb einer Siedlungsgemeinschaft, die sich aus mehreren Sippen oder Klanen zusammensetzt und deren Mitglieder sich durch mythische Verbundenheit oder gemeinsames Totem verwandt betrachten.

Phryger (ETH)
I. Phrygier.
II. indogermanisches Volk, das nach 1200 v. Chr., wohl aus dem makedonisch-thrakischen Raum, nach Kleinasien einwanderte und dort ein im 8. Jh. historisch faßbares Reich gründete. Überkommen sind die Grabhügel und Felsgräber der Phryger; phrygische Zipfelmütze von französischen Jakobinern übernommen (s. d.).

Ph'u Noi (ETH)
II. ethnische Einheit von 20 000–30 000, eine Mon-Khmer-Spr. nutzend, in N-Laos; Brandrodungsfeldbau.

Phutai (ETH)
II. jene Tai-Gruppen in N-Laos und Thailand, die ihre traditionelle Lebensweise bewahrt haben und sich zu den alten Stammesrel. bekennen.

Pianokoto (ETH)
II. indianische Ethnie der Karaiben-Gruppe im nö. Amazonien/Brasilien.

Piaristen (REL)
II. Mitglieder eines römisch-kath. Klerikerordens, gestiftet 1597 für Schulunterricht, seit 1621 anerkannt.

Picpus-Genossenschaft (REL)
I. CSSCC.
II. um 1800 in Poitiers/Frankreich gegr. kath. Orden für Missions- und Erziehungstätigkeit; heute ca. 1500 Mitglieder.

Picunche (ETH)
I. Eigenname bedeutet »N-Leute«.
II. Stammesgruppe der Araukaner im nördlichen Zentral-Chile.

Pidgin-English (SPR)
I. Pigeon-E.; Pitchen-E.; pejorativ »Sandalwood-E.«.
II. 1.) im 18. Jh. in chinesischen Häfen, bes. in Kanton entstandene Mischspr., deren Wortschatz dem Englischen (z. T. auch Portugiesischen, Französischen), deren Formengut dem Chinesischen entstammt; es wurde durch chinesische Kaufleute über ganz Ozeanien verbreitet. 2.) i.w.S. alle Mischspr., die Englisch als Grundlage haben, z. B. das Beach-la-mar (durch melanesische Spr. beeinflußt) in Papua-

Neuguinea. 3.) unter Sammelbez. »Pidgin-Spr.« werden vielfach auch sonstige Behelfsspr. verstanden, öfters nicht nur solche, die auf einer europäischen Spr. basieren. In Schwarzafrika dienen unter Bez. P. Verkehrsspr. u. a. in Gambia, Ghana, Kamerun, Liberia, Nigeria; im einzelnen bekannt z. B. Fanagolo, Kituba, li-Ngala, ki-Hindi, ki-Setla, Adamawa-P., Kangbe. Vgl. auch Kisuaheli, Kreolsprachige.

Pidgin-Spanisch (SPR)
II. Mischspr. auf Mindanao/Philippinen aus dem autochthonen Zamboango mit Spanisch.

Pieds-Noirs (SOZ)
I. (=fr); »schwarze Füße«.
II. 1.) ursprünglich die Bez. für seit 1832 in Algerien eingewanderte Europäer, Franzosen, Italiener (Sizilianer), Spanier (Andalusier), Griechen, Zyprioten, Malteser, von denen viele völlig mittellos und barfuß ankamen. In der Folge (1889) erhielten sie alle (wie noch vor ihnen die einheimischen Juden) die französische Staatsbürgerschaft. P.-N. waren, überwiegend als Händler angestellt und Arbeiter, in den Städten ansässig: 1954 rd. 960000 gegenüber nur 22000 als produzierende Agrarier. 2.) Bez. für die, nach Aufgabe der nordafrikanischen Départements, in das Mutterland zurückgekehrten Kolonialfranzosen, bes. in Südfrankreich, doch auch im verbliebenen französischen Kolonialgebiet. Vgl. Algerien-Franzosen.

Piefkes (SOZ)
II. abfällige Bez. der Österreicher für Deutsche.

Pietisten (REL)
I. aus pietas (lat=) »Frömmigkeit«. Später öfters abwertend »Frömmler«, »Betbrüder«, »Mucker«.
II. Anh. div. Reformströmungen des 17./18. Jh. im Protestantismus, eines mystisch-religiösen Verinnerlichungsstreben, das insbes. zwischen 1690–1730 gegen die Verweltlichung der Landeskirchen, in Rückbesinnung auf den reformatorischen Subjektivismus gerichtet war. Merkmale des Pietismus waren: Frömmigkeit im Alltag, asketische Weltferne, Pflege, persönliche Religiosität. Er nahm seinen Ausgang in reformierten Gebieten der Niederlande (»Reformierte P.«), schritt über NW-Deutschland (»Lutherische P., speziell unter dem Adel) in die nordischen Staaten und nach Großbritannien (Methodisten) fort. Der »Hallische P.« betonte eine willkürliche Bußmethode und setzte an die Stelle des theologisch-wissenschaftlichen Studiums die sog. Erweckungspädagogik. Fest zur Tradition der Kirche gehören bis heute die P. in Württemberg (bei 2,4 Mio. Protestanten ca. 100000 Pietisten). Der »Württembergische P.« unter Bürgern und Bauern ist theologisch gemäßigter und innerlich schwärmerischer gestaltet. Vgl. im Gegensatz hierzu die Brüdergemeine.

Pikarden (REL)
I. Picarden; nach dem in Picardie und Artois gesprochenen altfranzösischen Dialekt.
II. um 1400 in Nordfrankreich erwachsene häretische Bewegung, nach Verfolgungen ab 1420 in Böhmen verbreitet, dort Konflikte mit Hussiten. Seither Altbez. für religiöse Schwärmer des MA (Böhmische Brüder u.a.), die rationalistische Kritik an Kirchenamt und Sakrament übten. Überdauerten in Böhmen bis in das 19. Jh.

Pikten (ETH)
I. Picts (=en); Picti (lat=) »die Bemalten«.
II. vorkeltischer, zu den Kaledoniern im 3./4. Jh.n. Chr. zählender Stamm im heutigen Schottland, drangen zusammen mit Skoten wiederholt über Hadrianswall nach Mittelengland vor; Selbständigkeit und Name verloren sich im 9. Jh. Ihr Idiom war nicht identisch mit Gälisch. Reiche Steinornamentik (A. RITCHIE). P. waren Bauern, Fischer, Handwerker und insbesondere Krieger.

Pilagá (ETH)
II. Indianerstamm aus der Guaicuru-Spr.gruppe im Gran Chaco/Argentinien und Paraguay, sind Wildbeuter mit einigem Anbau.

Pilger (REL)
I. Altbez. Pilgrime; aus peregrinus (lat=) »Fremder«.
II. Menschen, die Religionsgeboten (Islam, aber auch Christentum), aus bes. religiösen Anlässen (heilige Jubiläen) oder außergewöhnliche Verpflichtung das heilige Zentrum oder einen der herausgehobenen Heilsplätze ihrer Rel. zu bestimmten Pilgerzeiten und ursprünglich in bes. Pilgertracht aufsuchen. Da Reise zu den oft sehr weit entfernten Pilgerzielen aufwendig war und ist, wird Pilgerschaft im Vgl. zur Wallfahrt seltener oder einmalig im Leben angetreten. Ihr erfolgreicher Vollzug verleiht bes. Rang. Große Pilgerzentren sind Treffpunkte für Millionen von Gläubigen, bes. Kultregeln beherrschen dort das Leben. Vgl. Hadschi (=ar); Wallfahrer, ewige Pilger.

Pilgerväter (REL)
I. Pilgrim Fathers (=en).
II. Gruppe von britischen Independenten, die, bedingt durch Intoleranz der englischen Hochkirche, unter Führung von J. Robinson nach Holland und 1620 von Leiden/Niederlande aus mit der »Mayflower« nach Neuengland (Massachusetts/USA) auswanderten. Dort u. a. Gründung von Plymouth und des Harvard College. Vgl. Kongregationalisten, Independenten, Puritaner.

Pilipino (SPR)
I. Philippinisch.
II. die aus dem Tagalog abgeleitete Nationalspr. der »Republika ng Pilipinas«, (sie besitzt keinen Buchstaben für den Laut »f« oder »ph«); sie wird nur

von ca. 55% der Staatsbev. gesprochen und in Lateinschrift geschrieben. Vgl. Tagalog-spr.

Pima (ETH)
I. untere Pima, Pimo, Nevome.
II. pima-spr. Indianervolk aus der Uto-Aztekischen Spr.gruppe in S-Arizona (Obere P.) und im mexikanischen Sonora (Untere P.). Mutmaßliche Nachkommen der prähistorischen Hohokam-Kultur (1. Jtsd. n. Chr.). P. sind bekannte Ackerbauern mit Bewässerungskultur, Korbflechter und Keramiker. P. zählen heute unter 10000, mit verwandten Papago < 20 000 Köpfe.

Pinaleños (ETH)
II. spanischer Ausdruck des 16./17. Jh. für kleine Indianerethnien, seither meist für Stamm des Indianervolks der Apachen.

Pindi (ETH)
I. Bapindi.
II. Negerstamm der Mittelbantu im SW der DR Kongo.

Pintjantjara (BIO)
II. Stamm der Aborigines um Alice Springs in der australischen Zentralwüste. Seßhaft gewordene Teile der P. wurden christianisiert und vermischen sich heute mit anderen Stämmen.

Pinyanis (ETH)
II. Kurdenstamm im SE der Türkei. Vgl. Kurden.

Pin-yin-Schriftnutzergemeinschaft (SCHR)
II. Bez. für die im Zuge der chinesischen Schriftreform entwickelte Lautschrift, welche die phonetischen Werte der chinesischen Schriftzeichen in lateinische Buchstaben umsetzt. P. wurde 1979 zur Standardschrift für chinesische Ausdrücke der nicht-chinesischen Sprache erklärt. Heute schon in Schulen gelehrt, soll sie vorerst die Pekinger Standardspr. im ganzen Land verbreiten. Vgl. zhuyin fuhao, wenyan, baihua.

Pioniere (SOZ)
I. pioneers, frontiermen (=en); pionniers (=fr); pioneros, precursoses (=sp); pionieri (=it); piooneiros (=pt); in Südrußland Ukraincy.
II. Kolonisten und andere Neusiedler, die aus hochentwickelten Altländern kultivierend in wenig erschlossene, kaum besiedelte Neuländer vordringen, die den Grenzsaum ihrer Kultur und übergeordnet den Außensaum der Erdbev. gegen die Anökumene vorverlegen. In allen Fällen wird »herrenloses«, d.h. meist Eingeborenenland, und in jüngerer Zeit Staatsland/federal lands genutzt. Physisch-anthropogeogr. begegnen P. wesentlich anderen Lebensvoraussetzungen und bewirken demographisch abweichende Ergebnisse als ihre jeweiligen Ausgangsbev. Als P. verstanden sich u. a. die im 20. Jh. als landwirtschaftliche Siedler angesetzten Juden in Israel. P. hießen wohlbedacht die Mitglieder der Jugendorganisation in der ehem. DDR. Vgl. Ukraincy, Promyschlenniki (=rs); Wehrbauern, Golytba; Go west-Bewegung in USA; Backwoodsmen (=en).

Pioye (ETH)
II. indianische Ethnie der Tukano-Gruppe.

Pipil (ETH)
II. indianische Kleingruppe in Guatemala und El Salvador; einige Tausend, den Nahua verwandt.

Piraten (SOZ)
I. aus pirata (lat, it=) »Seeräuber«; flibustiers (=fr); filibusters (=en) wohl aus flibutors, freebooters (=en); vrijbuiters (=nl); Freibeuter, Korsaren.
II. Altbez. »Meerschäumer«; insbes. Bukaniere, französische Seeräuber des 17. Jh. in Westindien; Flibustier, spanische Bez. für Seeräuber der Karibik im 17./18. Jh. Geogr. Name: Pirate Coast. Vgl. Korsaren, thailändische Tarutao-Piraten.

Piro (ETH)
II. aruakspr. Indianerstamm von 5000–10000 Köpfen im sw. Montana-Gebiet in Peru, erlitten schwere Verluste anfangs 19. Jh. bei sklavenhafter Arbeit auf Kautschukplantagen.

Pistoleiros (SOZ)
II. (=pt); Pistolenschützen, rechtlose Westernhelden; heute auch: Berufskriminelle, bezahlte Killer, die im Auftrag gegen Oppositionelle, Intellektuelle oder widerspenstige Siedler (u. a. in Brasilien) eingesetzt werden.

Pitcairner (ETH)
II. Bewohner der winzigen Insel Pitcairn, 1350 Meilen sö. von Tahiti im Pazifik. Siedlungsnahme erfolgte 1790 durch neun Meuterer der »Bounty« sowie 6 Männer und 13 Frauen aus Tahiti. 1856 wurde die auf 194 Bewohner angewachsene Population auf die unbewohnte Norfolk-Island (1070 Meilen ö. von Sydney) zwangsumgesiedelt, 5 Familien kehrten jedoch 1860 nach P. zurück, wo heute rd. 70 Nachfahren leben. Sie weigern sich, am politischen Leben Australiens, dem sie zugehören, teilzunehmen.

Pitcairninseln (TERR)
B. Eines der Britischen Überseegebiete; umfassen Ducie, Oeno, Henderson und Pitcairn. Pitcairn (Islands), the Pitcairn Islands Group (=en); Pitcairn, (îles) (=fr); las islas Pitcairn (=sp).

Pithecanthropus-Gruppe (BIO)
I. aus pithekos (agr=) »Affe« und anthropos (agr=) »Mensch«; Altbez. Anthropithecus erectus (DUBOIS); unter- bis mittelpleistozäne zeitliche Evolutionsstufe der Hominiden, heute syn. als Homo erectus bezeichnet; entwickelt wohl in Asien (Java, China), verbreitet auch in Nord- und Ostafrika und Europa (Deutschland und Ungarn). Es kann nicht entschieden werden, wo sich das Entwicklungszentrum des anatomisch modernen Menschen befindet. Vgl. Archanthropinen, Homo erectus.

Pitjantjara (SPR)
II. Spr.gruppe der Aborigines in den w. Wüstengebieten Zentralaustraliens.

Pitschatsch (ETH)
II. kleines turkspr. Volk im s. Iran.

Piyuma (ETH)
II. autochthones Kleinvolk auf Taiwan in Quasi-Reservation im Ostteil der Insel. Vgl. auch Gaoschan.

Plains-Indianer (WISS)
II. ethnographische Sammelbez. für nomadisierende Indianerstämme der ariden Gebiete mit Trokken- oder Kurzgrassteppen, der Plains in Nordamerika. Haben mittels aufgegriffener Pferde der Konquistadoren eine ausgesprochene Reiterkultur entwickelt, die ab 1770 voll etabliert war. P. lebten fast ausschließlich von der Bisonjagd. Die Stämme der Plains-Indianer haben ein ausgeprägtes Sozialsystem entwickelt mit zahlreichen Krieger-, Alters-, Kult-, Frauen-, Religions-Gemeinschaften (Societies) zur Bewältigung von gemeinsamen Aufgaben. Vgl. Gegensatz Prärie-Indianer; Comanchen; Cowboys und US-Kavallerie.

Planide (BIO)
II. Terminus bei *BIASUTTI* (1959) für Untergruppe der Silviden (s.d.).

Planjes (SOZ)
I. Kaftanjuden, Schtetljuden, galizizische Juden.
II. abschätzige Bez. der integrierten »jüdischen Deutschen« der Vorkriegszeit für ihre zugewanderten ostpolnischen Glaubensbrüder in Deutschland (z.B. im Berliner »Scheunenviertel«). Vgl. Ostjuden.

Plattdeutsch (SPR)
I. seit 17. Jh. Bez. für Neuniederdeutsch, s.d.; Low German (=en).
II. niederdeutsche Mundart (im Gegensatz zu Ober- und Mitteldeutsch).

Plebejer (SOZ)
I. aus plebs (lat=) Volk.
II. 1.) im alten Rom die Angeh. der nichtadeligen Volksschichten, die bis 287 v.Chr. keinen Zugang zu polit. oder religiösen Ämtern hatten. In der römischen Kaiserzeit allg. Bez. für die Unterschicht. 2.) heute abschätzige Umschreibung für »gewöhnliche«, ungebildete, ungehobelte, ungeschliffene Mitmenschen.

Plebs (SOZ)
I. (lat=) »Volksmenge«, »Volk«.
II. 1.) im antiken Rom das gemeine Volk im Gegensatz zum Adel; 2.) heute verächtlich für niederes Volk, Pöbel. Vgl. Plebejer.

Plenny(s) (SOZ)
I. aus plen (rs=) »Gefangenschaft«; woina plenny Sg.
II. Gefangene, Kriegsgefangene.

PL-Kyodan (REL)
I. aus »Perfect Liberty« (en=) »vollkommene Freiheit« und (jp=) »Orden«, Hito no Michi Kyodan (jp=) »Weg des Menschen-Orden«. Pejorativ »Golfreligion«.
II. 1926 und nach Verboten 1937–1946 wiederbegründete Neureligion; ca. 2,5 Mio. Anhänger auch außerhalb Japans (in Australien, Thailand, USA, Argentinien, Brasilien, Uruguay).

Pluralistische Gesellschaft (WISS)
II. junger Terminus der Politik- und Sozialwissenschaften; er wird fallweise normativ oder empirisch benutzt. P.G. beschreibt eine betont offene und dynamische Gesellschaft, in der auf Grund unterschiedlicher Interessen, Wertvorstellungen und Verhaltensnormen eine Vielzahl ges. Gruppen, Organisationen, Parteien, Verbände, Vereine miteinander konkurrieren und um Einfluß ringen. Dabei handelt es sich um polit., wirtschaftliche, religiöse, aber auch ethnische Gruppierungen, die mehr oder minder weitgehend autonom sind (*W. FUCHS*). Der Bürger ist in ein dichtes Geflecht sozialer Beziehungen eingebunden. Er besitzt zwar ein hohes Maß an Entscheidungsfreiheit, da es keinen einheitlichen Willen gibt; andererseits wird er zu Angleichung, Konformität und sozialen Standardisierung gedrängt. Vgl. Multikulturelle Gesellschaft; Gesellschaft, Gruppen.

Plymouthbrüder (REL)
I. Plymouth Brethren.
II. 1826 in England gegr. Heiligungsbewegung; 1848 in Darbysten (geschlossene Brüder) und »Offene Brüder« aufgespalten. Um 1980 zählten erstere 172000, letztere etwa 1,6 Mio. Mitglieder. Vgl. Darbysten.

Pocken-Kranke (BIO)
II. an den Pocken, Blattern, am Variola Vera-Virus Erkrankte. Einer der gefährlichsten Infektionskrankheiten. Mortalität unter den P. betrug bis zu 40%; Folgen bei Überlebenden: Blatternnarben, Blindheit. Durch Kreuzfahrer nach Europa, durch Konquistadoren und Sklavenschiffe nach Amerika eingeschleppt, lösten Pocken vom 16.–18. Jh. auch in der westlichen Welt verheerende Epidemien aus (1518 Hispaniola, 1520 Mexiko-Aztekenreich, 1525 Inkareich). Selbst das geogr. abgeschiedene Japan hatte seit der erstmals 585 aus Korea eingeschleppten Seuche über 1300 Jahre in 65 Epidemien zu leiden, noch 1905 lag P.-Sterblichkeit bei 30%, allein fünf Kaiser verstarben an der Variola. Noch anfangs 19. Jh. erkrankten in Deutschland jährlich etwa 600 000 Menschen, 75 000 verstarben; 1870–73 letzte größere Epidemien in Deutschland. Unter allen Seuchen zeitigten die P. vermutlich die schlimmsten Folgen, sie dürfte im Lauf der Geschichte mehr Tote als Pest, Cholera, Fleckfieber und Typhus zusammen hinterlassen haben (*R. KURTH*), nämlich

hunderte von Mio. P. führten aber auch zu ersten Erkenntnissen der Möglichkeit einer Immunisierung (Impftechnik nach *E. Jenner*). 1958 noch in 60 Ländern verbreitet mit 20–30 Mio. Erkrankten. In vergleichsweise gigantischen Kampagnen mit modernster Technik, 200000 Helfern, Anzeigenpflicht, Meldebelohnungen usw. konnte die Seuche auf kleine endemische Herde in Indien, Pakistan, Afghanistan, Nepal, Äthiopien, Sudan begrenzt werden, wo aber noch 1974 gegen 300000 neue Erkrankungen, in Indien ca. 30000 Todesfälle registriert wurden. 1979 erklärte die WHO die Menschenpocken für ausgerottet, Impfpflicht wurde aufgehoben.

Pocomtuc (ETH)
II. kleiner untergegangener Indianerstamm der Abnaki-Föderation in Massachusetts.

Pogadi Chib (SPR)
II. Mischspr. der Zigeuner aus Romanes und Englisch in England; ähnlich Cant und Gammon in Schottland und Irland. Vgl. Romanes-spr.

Pogesanier (ETH)
II. einer der 11 altpreußischen Stämme im Hinterland von Elbing. Vgl. Pruzzen.

Pogolo (ETH)
I. Pogoro.
II. schwarzafrikanische Ethnie in SE-Tansania.

Poilus (SOZ)
I. zu poil (fr=) »Haar«.
II. Spitzname für französische Soldaten im I.WK.

Poke (ETH)
I. Topoka, Puki.
II. kleine schwarzafrikanische Ethnie im zentralen Teil der DR Kongo.

Pokoman (ETH)
II. mesoamerikanisches Indianervolk, zur Spr.familie der Maya zählend. P. leben im ö. Hochland von Guatemala, Anzahl > 20000.

Pokomchi (ETH)
II. mesoamerikanisches Indianervolk, zur Spr.familie der Maya zählend.

Pokot (ETH)
I. Suk, Endo.
II. ethnische Einheit mit südnilotischer Eigenspr. über dem Westrand des ostafrikanischen Grabens in NW-Kenia, ca. 200000 Köpfe; treiben Weidewirtschaft und Bewässerungsfeldbau; Ahnenkult.

Polaben (ETH)
I. Polaber.
II. Volk der Elbslawen im Raum um Ratzeburg. Vgl. die Dravänopolaben im Lüneburger Wendland, um Lüchow. Vgl. Drawenen, Wenden, Elbslawen.

Polabisch (SPR)
I. Polabian (=en).
II. westslawische Spr. der Elbslawen zw. Elbe und Oder, im 18. Jh. ausgestorben. Vgl. Altpolabisch/Drawänopolabisch bei Drawenen; Polaben.

Polacken (SOZ)
II. Schimpfname in Deutschland für Polen; vgl. Bez. in romanischen Spr.!

Polanen (ETH)
I. Poljane (=rs).
II. ostslawischer Stammesverband, der im 9./10. Jh. am mittleren Dnjepr ansässig war. P. zeichneten sich gegenüber anderen Ostslawen durch fortschrittliche Wirtschaft aus; sie bildeten Kernbev. des Kiewer Reiches.

Polarvölker (ETH)
I. Sammelbez. für die autochthonen Völker, die am Nordrand der Ökumene ansässig sind. Ihre Lebensformen sind stark von den polaren Umweltverhältnissen geprägt. Vgl. bes. Eskimos, Samen, Samojeden, Tschuktschen.

Polatschin (SOZ)
II. aus Polen zugewanderter Zigeunerstamm in den Baltischen Ländern.

Polen (ETH)
I. Eigenname Polak, Pl. Polacy; Poljaki (=rs); polacchi (=it); polacos (=sp, pt); Polakker (=sw); Polen (=ni); Poles (=en); Polonais (=fr).
II. Volk im ö. Mitteleuropa. P. sind vor 1000 n.Chr. aus westslawischen Stämmen der Masowier, Kujawen, Polanen, Kurzen/Kurpen, Podlasier/Polasier, Krakowiaken, Podolanen/Podhalen und Goralen hervorgegangen. Ausgehend von ersten Konzentrationen um Posen (Großpolen) und Krakau (Kleinpolen) gewannen P. vom 10.- 18. Jh. im Zusammenschluß mit litauischen, weißrussischen und ukrainischen Teilfürstentümern wachsende politische Konsolidierung. Im 18.–20. Jh. wurden P. durch drei Teilungen über Generationen fremden Staats- und Kulturräumen zugewiesen; erlitten im II.WK schwere Bev.verluste, insbes. durch Tod ihrer jüdischen Mitbürger, und -umsetzungen. Erlangten aber durch Austreibung der Ostdeutschen und die Polonisierung der »Autochthonen« eine wesentliche Homogenisierung des Staatsvolkes und vermochten 1945 ihren Lebensraum auf vergleichsweise reiche Gebiete Ostdeutschlands auszudehnen. Polen erfuhren frühe Christianisierung (um 1000 Begründung von Gnesen), sind seither zu 91 % Röm. Kath., doch auch 575000 orthodoxe und 268000 protestantische Christen. P. geben somit seit Anbeginn die Vermittler ab zwischen dem abendländisch-römischen Westen und dem byzantinisch-russischen Osten; sie sind nach Abstammung und Spr. der slawischen, in Geschichte und Kultur der germanisch-romanischen Welt verbunden. Polen zeichnen sich durch starkes Wachstum aus, ihre Bev.zahl wuchs seit Beginn des 19. Jh. auf das Dreifache an. Die Wachstumsrate

beträgt (1980-1991) 7‰, erst jüngst sinkend. Ca. 9,5 Mio. Polenstämmige leben im Ausland. Starke Minderheiten existieren in Europa: (1979) 1,15 Mio. in ehem. Sowjetunion, 350000 in Frankreich, 140000 in Großbritannien, 70000 in ehem. Tschechoslowakei, 40000 in Belgien, 142000 in Deutschland. In Amerika: 6,5 Mio. in USA, 255000 in Kanada, 450000 in Brasilien (z.T. Mennoniten). Bes. starke Auswanderung 1880-1924 nach USA und Kanada, wo sie 2,4% bzw. 1,8% der europäischen Immigranten stellten; bilden dort zufolge erschwerter Integration bis heute relativ geschlossene ethnische Gruppe von Fabrik- und Bergarbeitern, doch auch von Farmern (Manitoba). Vgl. Krakau und Kongreßpolen, Ruhrpolen.

Polen (TERR)
A. Republik. Von 1945-1989 Bez. VR Polen. Rzeczpospolita Polska (=pl). The Republic of Poland, Poland (=en); la République de Pologne, la Pologne (=fr); la República de Polonia, Polonia (=sp); Polónia (=pt); Polònia (=it); Lengyelország (=un); Polonia (=rm, sk). Vgl. Kongreßpolen, Rep. Krakau.
Ew.Polen gesamt 1772: 11,8; 1793: 11,8; 1815: 11,8; 1820: 10,5; 1850: 15,0; 1880: 20,5; 1910: 27,9; 1920: 27,177; 1931: 32,107; 1946: 23,930; 1950: 25,008; 1960: 29,703; 1970: 32,526; 1978: 35,010; 1996: 38,618, BD: 124 Ew./km^2; WR 1990-96: 0,2%; UZ 1996: 64%, AQ: 1%
Ew. Restpolen 1772: 7,3; 1793: 3,3
Ew. Anteil Rußland 1772: 2,6; 1793: 5,6; 1815: 9,1; 1820: 5,0; 1850: 8,0; 1880: 12,0; 1910: 16,0
Ew. Anteil Österreich 1772: 1,3; 1793: 1,3; 1815: 1,6; 1820: 3,9; 1850: 4,8; 1880: 6,0; 1910: 8,0
Ew. Anteil Preußen 1772: 0,6; 1793: 1,7; 1815: 1,1; 1820: 1,6; 1850: 2,2; 1880: 2,5; 1910: 3,9
(1772-1815: Gebietsstand 1770); (1820-1910 Gebietsstand 1920)

Polio-Kranke (BIO)
I. an Poliomyelitis, spinaler Kinderlähmung-Erkrankte.
II. gefährliche Virusinfektion, die hpts. Kinder befällt; weltweit 120000 Erkrankungen (1994). Bekämpfung durch vorbeugende Schluckimpfung.

Poljaki (ETH)
I. (rs=) »Polen«.
II. die nach der Abtrennung Ostpolens an die UdSSR 1945 dort verbliebenen ca. 1,151 Mio. Polen. Sie dürften sich inzwischen zu großen Teilen Litauern, Weißrussen und Ukrainern assimiliert haben.

Polnisch (SPR)
I. Polish (=en); polonais (=fr); polaco (=sp, pt); polacco (=it).
II. Sprgem. dieser westslawischen Spr. mit (1990) rd. 38,2 Mio.; Staatsspr. in Polen (37,2 Mio.), ferner verbreitet in Weißrußland (0,4 Mio.), Litauen (0,3 Mio.), Ukraine (0,2 Mio.) sowie in Slovakei, Letland, Rußland, Moldau und westeuropäischer Emigration.

Polnische Nationalkirche (REL)
I. Polish National Catholic Church (=en).
II. 1887 in USA von der polnischen Volksgruppe in Opposition zur damals vorherrschenden westeuropäischen Hierarchie der kath. Kirche begründet; heute noch bestehend, den Mariawiten verwandt.

Polnisch-orthodoxe Christen/Kirche (REL)
II. orthodoxe Kirche in Polen mit über 500000 Gläubigen. Autokephalie 1924 (durch Konstantinopel) bzw. 1948 (durch Moskau) gewährt, Metropolitansitz in Warschau. Vgl. Unierte Polen.

Polowzer (ETH)
I. Polovcer (=rs).
II. Bez. für die Kumanen/Komanen (s.d.).

polyandre Ehen (WISS)
I. Mehr- oder Vielmännerehen; aus poly (agr=) »viel« und andros »Mann«.
II. Ehegemeinschaften, in denen eine Frau mit mehreren Männern gleichzeitig verheiratet ist. P.E. treten relativ selten auf, vornehmlich im Himalaya (u.a. Tibeter, Bhotia), in Südindien (Dravida, Toda) und Teilen Polynesiens. Dabei ist die Eheverbindung mit jüngeren Brüdern häufig, welche die Braut mit dem ältesten Bruder automatisch mitheiratet. Polyandrie begrenzt jedenfalls die Kinderzahl. Als Motive gelten der für den einzelnen Jungmann unaufwendbar hohe Brautpreis, aber auch das Bestreben, das väterliche Erbe ungeteilt zu erhalten. Daß Polyandrie in einem zwingenden Zusammenhang mit Frauenmangel steht, liegt nahe, doch ist ursächlich eher die hohe Kindbett- Sterblichkeit anzuführen. Unter dieser Gegebenheit hilft Polyandrie die so gestörte Geschlechterproportion zu korrigieren.

polygame Ehen (WISS)
I. aus agr. polys »viel« und gamos »Ehe«; Mehrehen, Vielehen.
II. Ehegemeinschaften, in denen eine Person in sog. »Mehr-« oder »Vielehe« gleichzeitig mehrere Ehepartner hat. Gegensatz Monogame Ehen/Einehen. Vgl. Polygyne und polyandre Ehen.

polygyne Ehen (WISS)
I. aus agr polys »viel« und gyne »Weib«.
II. Ehegemeinschaften, in denen ein Mann gleichzeitig mit mehreren Frauen verheiratet ist. Polygynie dürfte im Laufe der Menschheitsentwicklung erst in stärker geschichteten Gesellschaften aufgetreten sein, wo Reiche und Mächtige die Mittel zur Erlangung mehrerer Frauen und zum Unterhalt so großer Familien besaßen. Damit soll aber nicht der Auffassung widersprochen werden, daß doch Frauenüberschuß die wesentliche Voraussetzung für das Aufkommen von Polygynie ist. P.E. finden sich ebenso bei Gemeinschaften hoher Kultur (Islam) als auch bei weniger entwickelten Stammesgesellschaften. Insgesamt sind P.E. sehr viel häufiger als polyandre Ehen. Polygynie mit F. LORIMER als »instrument of

demographic expansion« zu verstehen griffe zu weit, gleichwohl erfüllt sie den Wunsch nach höheren Kinderzahlen, wenn auch eine jede polygyne Ehefrau weniger fruchtbar ist als eine monogame. Polygynie fördert aber die Assimilation fremdvölkischer Elemente, so einst bei mongolischen, türkischen und arabischen Nomaden. Als bekanntestes Verbreitungsgebiet gilt der Orient, wo Polygynie schon im Altertum ausgebildet war. Das islamische Eherecht brachte eher eine Einschränkung dieser Verhältnisse. Es gestattet einem Mann nurmehr vier Frauen (neben dem Konkubinat mit Sklavinnen). Mit der Begründung, daß eine Gleichbehandlung mehrerer Frauen außer dem Propheten keinem Manne möglich sei, haben viele islamische Länder jenes Eherecht tiefgreifend reformiert. Bei ausgeglichener Sexualproportion in einer Population muß Polygynie zwangsläufig zum Mangel an heiratsfähigen Frauen führen. Das eintretende Frauendefizit wird (sofern möglich) aus Nachbargruppen gedeckt (z. B. bei hinduistischen Chetri in Nepal), also an eine niedere Klasse (Kaste) weitergegeben (W. LIMBERG). Die Polygynie fördernde Faktoren sind ökonomischer, sozialer und ethischer Natur (J. SALAT). Wo Kindersterblichkeit hoch, aber Wunsch nach vielen Kindern groß ist, liegt Lösung durch Polygynie nahe, zumal unter diesen Bedingungen überlange Betreuungszeiten für Kinder regelhaft sind. Hoher Brautpreis mehrt Prestige jener Männer, die sich mehrere Frauen leisten können. Auch Bedarf an (landwirtschaftlichen) Familiengehilfinnen spielt eine Rolle. Letztlich ist doch wohl gegebener Frauenüberschuß das entscheidende Kriterium. Die Polygynie der Mormonen ist ein Sonderfall, da er religionsgeschichtlich begründet ist (Glaube an himmlische oder ewige Ehe, in welcher der Mann mit seinen irdischen Frauen weiterhin zusammenleben und Kinder zeugen wird). Tatsächlich zeichnen sich polygyne Mormonen durch hohe Fruchtbarkeit aus. Offiziell wurde P. 1890 aufgegeben, doch lebt sie in fundamentalistischen Zweigen bis heute fort, gegenwärtig ca. 300000, die aber wegen gerichtlicher Ahndung Wohnsegregation einhalten. Unter sukzessiver Polygynie versteht man eine Mehrehe in Form zeitlich aufeinanderfolgender Einehen. Sie sind dort zu finden, wo Ehen locker und leicht zu scheiden sind oder der Mann aus wirtschaftlichen bzw. religiösen Gründen keine polygyne Ehe führen kann. Vgl. Bigamisten, Polygame Ehen.

Polyneside (BIO)
II. rassische Sondergruppe ungesicherter Zuordnung mit sowohl auf Palämongolide als auch Europide verweisenden Körpermerkmalen (nach R. KNUSSMANN): hochwüchsiger, kräftiger (meist mesokephaler) Körperbau; ovales bis eckiges Gesicht, häufig betonte Wangenbeine, große Lidspalte, mäßig volle Lippen; welliges, schwarzbraunes Kopfhaar; hell- bis mittelbraune, oft samtartige Haut mit Kupferton. Verbreitet in der insularen Bev. des Pazifiks (Hawaii, Samoa, Tonga, Osterinsel) und auf Neuseeland. Zahlreiche lokale Varianten als Mischpopulation wohl stets auf melanesider Basis, auch indianider Einfluß ist möglich.

Polynesier (ETH)
I. Polynesians (=en); Polynésiens (=fr);
II. Sammelbez. für die autochthone Bev. eines Großteils der pazifischen (im Dreieck Osterinsel-Hawaii-Neuseeland) Inselwelt. Exklaven der P. in Mikronesien (Nukuoro) und Melanesien (u. a. Tikopia), auf den Fidschi-Inseln Mischung mit Melanesiern. Die UN-Statistik umgreift als P. die Bewohner folgender Territorialeinheiten: Amerikanisch Samoa, Cook Islands, Franz. Polynesien, Niue, Pitcairn, Samoa, Tokelau, Tonga, Tuvalu, Wallis mit Futuna, nicht dagegen Hawaii. 1950: 0,2; 1970: 0,4; 1990: 0,6 Mio. Ew. BD: 1992: 80 Ew./km². Sprachlich eigener Zweig der Austronesischen Spr.familie/Austrische Spr.; kulturell recht einheitlich, dennoch als Mischkultur sehr differenziert. Sie läßt deshalb nur im ganzen Untergliederung nach Lokal, d. h. Inselgruppen zu: z. B. Samoaner, Tahitianer, Hawaiianer, Maori usw. P. stellen eine als Polyneside bezeichnete alte Kontakttrasse zwischen Europiden und Palämongoliden dar. Erkenntnisse über Herkunft und den mehrphasigen Besiedlungsgang sind noch unsicher. Erste Ausbreitungswanderungen von austro-melaniden »N-Austronesiern« begannen über Neuguinea und Mikronesien erst zwischen 2500–1700 v. Chr. und erreichten zunächst die Samoa-Tonga-Inseln. Von dort aus jüngere Überschichtungen, die dank hervorragender Leistungen im Bootsbau (Ausleger, Doppelboote) und Navigation bis Mitte des 14. Jh. alle Inselgruppen des Pazifiks erreichten (H. G. GIERLOFF-EMDEN). Im Laufe der Zeit erfolgten auch sehr differenzierte Rückwanderungen bzw. Neuüberprägungen. Zu den Elementen der hochstehenden Kultur zählen ferner ein breites Spektrum wichtiger Nutzpflanzen, sehr differenzierte religiöse und genealogische Vorstellungen, scharfe soziale Gliederung in Adel und Sklaven, weit entwickelte politische Organisationen. Vgl. auch Hawaiianer; Melanesier, Mikronesier, Ozeanier.

Pomaken (ETH)
I. Torbeschi in Mazedonien.
II. während langer osmanisch-türkischer Herrschaft (1393–1878) islamisierte Bulgaren in Rückzugslagen des Rhodopen- und Balkangebirges in Bulgarien und Griechenland, bewahren noch immer gewisse christliche Riten (Ikonen); heute Missionierungsbemühungen zur Rückgewinnung der »verlorenen Söhne und Töchter«; derzeit 170000–260000 Köpfe, davon mind. 30000 im griechischen Thrakien; pflegen traditionellen Tabakanbau; stehen in Griechenland im Kontakt mit Karakatschanen. Ethnologische Überlieferungen und somatische Befunde (hellhäutig und helläugig) weisen sie als Sla-

wen aus im Unterschied zu sogenannten »Schwarzen P.«, mit denen sie vielfach vermischt sein dürften. Schwarze P. werden sehr unterschiedlich definiert, als Nachkommen türkischspr. Kumanen, die zuerst christianisiert, dann islamisiert wurden, oder auch als Nachfahren osmanischer Sklaven. P. werden häufig auch als Türken bezeichnet; doch sind sie jedenfalls unbedingt von den wirklichen Volkstürken zu unterscheiden. Pomaken wurden auch nicht im Bev.austausch 1925 in die Türkei umgesiedelt. Heute erhalten Kinder nächst Bulgarisch oder Griechisch grundsätzlich auch Unterricht in Türkisch und Arabisch. Slawische wie türkische Muslime werden in Griechenland gerne als Mongolen verfemt. Vgl. Bulgarientürken, Rumelier.

Pomaken (REL)
II. muslimische Bulgaren.

Pomeranzenkrämer (SOZ)
II. die seit dem Dreißigjährigen Kriege zumeist vom Comer See nach Deutschland zugewanderten Südfrüchtehändler. Vgl. Hausierer.

Pomesanier (ETH)
II. einer der 11 altpreußischen Stämme im nachmaligen Bistum Pomesanien/Westpreußen. Vgl. Pruzzen.

Pommern (ETH)
I. benannt nach Pomoranen; Pomeranians (=en).
II. deutscher Neustamm, der sich seit frühem MA aus westslawischen Liutizen (im W) und Pomoranen (im E der nachmaligen ostdeutschen Provinz P.) sowie Missionaren und Siedlern aus Niedersachsen und Brandenburg, die im 12. Jh. gerufen wurden, durch völlige Eindeutschung entstand. P. wurden 1945 vertrieben.

Pomoranen (ETH)
I. aus pomorje (altslaw=) »Küstengebiet«. Geogr. Name: Pommern.
II. Volk der Ostseeslawen, s.d.

Ponca (ETH)
II. einer der Sioux-Indianerstämme, der ursprünglich am Missouri und in den Black Hills lebte. P. wurden durch Seuchen und Alkohol dezimiert, Reste wurden 1877 in brutalem Todesmarsch in das Sammelreservat von Oklahoma überführt.

Pondicherry (TERR)
B. Territorium in Indien. Europäischer (zuletzt französischer) Stützpunkt in Vorderindien/Tamil Nadu-Küste, seit 1954 indisches Territorium; zugehörig Karaikal, Mahé, Yanam.
Ew. 1961: 0,369; 1981: 0,604; 1991: 0,808, BD: 1,642 Ew./km²

Pondo (ETH)
I. Amapondo, Mpondo.
II. Stamm von Bantu-Negern in der Kap-Provinz/ Südafrikas, ca. 0,5 Mio.; gehörten einst den kriegerischen Nguni-Stämmen an, jetzt Ackerbau und Viehzucht. Patrilineare Abstammungsrechnung, Sippensiedlungen; Rindertabu der Frauen, Ahnenkult. Vgl. Xhosa, Thembu.

Ponentini (REL)
II. (=it); Bez. für die vor der spanischen Inquisition nach Italien geflüchteten Juden.

Pongiden (BIO)
I. Pongidae.
II. eine der drei Familien der Hominoiden (mit Schimpansen, Orang-Utans und Gorillas).

Pontier (ETH)
I. Pontische Griechen; nach euxeinos pontos (agr=) »gastfreundliches Meer«, Schwarzes Meer.
II. deutsche Sammelbez. für hellenische Kolonisten, die vom 1. Jtsd.v.Chr. an in den Küstenländern des Schwarzen Meeres siedelten. Nachdem Reich von Trapezunt 1461 von den Türken erobert wurde, erfolgten Fluchtbewegungen der P. in russische Gebiete mit Gründung von Tochterkolonien. Vgl. Kaukasus-Griechen, Greki.

Pontos-Griechen (ETH)
II. dieser Begriff soll i.e.S. die heutigen Reste griechischen Volkstums aus der Zeit des antiken Großgriechenlands in (und aus) Pontos, der nordöstlichen Küstenlandschaft Kleinasiens, umschreiben. Sie bewahren noch Spuren ihrer althellenischen Tradition, ihre pontischen Dialekte weisen altgriechische Elemente auf, doch viele haben ihre griechische Spr. aufgegeben. Die meisten P. wurden 1922 aus Anatolien vertrieben und retteten sich nach Georgien. Von dort wurden in Stalinzeit Tausende nach Kasachstan verbannt; inzwischen haben sich doch 120000–200000 wieder gesammelt. 1989/90 begann indirekte Rückwanderung nach Griechenland, seit 1993 in geplanter Repatriierungsaktion (»Goldenes Vlies«) mit Neuansiedlung in (Ost-) Thrakien; bis 1995 bereits 50000 zurückgeführt.

Poona (REL)
Vgl. Bhagwan-Shree-Rajneesh-Bewegung.

Poor Whites (SOZ)
I. (=en); »arme Weiße«; petit blancs (=fr).
II. Weiße im ursprünglichen Kolonisationsraum der Europäer, die heute als Kleinbauern oder als untergeordnete Angestellte in Konkurrenz mit Eingeborenen, bes. von Schwarzen, stehen, woraus sich oft soziale Unzuträglichkeiten ergeben (z.B. in den südafrikanischen Minen und in Mittelamerika). Vgl. Rednecks.

Popoloca (ETH)
II. mesoamerikanisches Indianervolk, zur Spr.familie der Maya zählend.

Popoloken (ETH)
II. Indianerethnie im mexikanischen BSt. Puebla, 20000–30000 Individuen, zur Spr.gruppe der

Chocho-Popoloken zählend. Treiben trotz Trockenheit Landwirtschaft; auch Flechterei und Töpferei; Teilbev. ist stärker hispanisiert.

Popoluca (ETH)
Vgl. Mixe.
II. ethnische Einheit der Indianer im n. Teil des Isthmus von Tehuantepec im S des mexikanischen BSt. Veracruz. Grabstockbauern, zur Spr.gruppe der Mixe-Zoque zählend; ca. 25000–30000.

Popowzy (REL)
I. (rs=) »Priesterliche«.
II. Fraktion der russischen Altgläubigen im Gegensatz zu Bespopowzy. Vgl. Starowerzen.

Population (BIO)
I. Population (=en, fr); popolazione (=it); población (=sp); povoação (=pt).
II. 1.) dem englischen und französischen Sprachgebrauch folgend steht P. im alten Wortsinn für die Gesamtheit der Bevölkerung eines bestimmten Gebietes. 2.) Die Bevölkerungsgeographie beschränkt jedoch die Anwendung des Begriffes unter humanbiologischer Sicht auf solche artgleiche Teilbevölkerungen oder Bevölkerungsgruppen, die miteinander eine potentielle Fortpflanzungsgemeinschaft (interbreeding community (=en)) abgeben oder bilden können.

Populationen (WISS)
II. i.e.S. ein biologischer Terminus. I.w.S. beliebige Gesamtheiten gleichartiger Individuen.

Porkkala (TERR)
B. Russisches Pachtgebiet in S-Finnland; im Austausch gegen die 1940 gepachtete Halbinsel Hangö/Hanko 1944–1956 an UdSSR zwangsverpachtet.

Porteños (ETH)
II. (=sp); Eigenbez. in Argentinien für ein Drittel aller Argentinier, die im Großraum Buenos Aires leben oder der Capital Federal (ca. 12 Mio. Ew.). Vgl. aber Portenhos (=pt) für Bew. von Porto/Portugal.

Portugal (TERR)
A. Portugiesische Republik. República Portuguesa (=po); Altbez. Portugall. The Portuguese Republic, Portugal (=en); la République portugaise, le Portugal (=fr); la República Portuguesa, Portugal (=sp); portogallo (=it).
Ew. Festland 1527: 1,120; 1636: 1,100; 1732: 2,143; 1801: 2,932; 1828: 3,014; 1858: 3,584; 1878: 4,160; 1890: 4,660; 1911: 5,548; 1920: 5,622; 1930: 6,360; 1940: 7,185; 1950: 7,857; 1970: 8,569; 1981: 9,337; 1991: 9,463
Ew. Ilhas Adjacentes (Inseln, incl. Madeira, Azoren) 1801: 0,183; 1858: 0,339; 1878: 0,390; 1890: 0,390; 1911: 0,412; 1920: 0,411; 1930: 0,466; 1940: 0,537; 1950: 0,584; 1981: 0,496; 1991: 0,490
Ew. Portugal gesamt 1801: 3,115; 1858: 3,923; 1878: 4,550; 1890: 5,050; 1911: 5,960; 1920: 6,033; 1930: 6,826; 1940: 7,722; 1950: 8,441; 1960: 8,826; 1970: 9,044; 1981: 9,833; 1996: 9,930, BD: 108 Ew./km^2; WR 1990–96: 0,1%; UZ 1996: 36%, AQ: 15% (ab 1981 ohne Macau)

Portugiesen (ETH)
I. Portugais (=fr); portuguese (=en); portugueses (=sp, pt); portoghesi (=it).
II. westeuropäisches Volk romanischer Eigenspr. (Portugiesisch) mit 9,930 Mio. (1996), weitere etwa 4 Mio. im Ausland, zur Hauptsache in Brasilien. Iberische und keltische Altbev., die im Mutterland generell durch die Römer, später im N durch Westgoten und Sueben germanisch, im S durch Mauren arabisch beeinflußt wurde. P. sind seit 3. Jh. christianisiert, gegenüber arianischer Konfession der Sweben obsiegte bald die römische Kirche. Die Inquisition (16.–17. Jh.) vertrieb zahlreiche einheimische und aus Spanien zugewanderte Juden (z.B. Spinoza, Holland). P. spielten trotz geringer Volkszahl (von nur 1,2 Mio. am Ende des 16. Jh., 2 Mio. am Beginn des 18. Jh.) im Entdeckungs- und Kolonialzeitalter in Afrika (seit 1488 am Kap), in SE-Asien (seit 1498 in Calicut), und in Brasilien (seit 1500) mittels Überwanderung eine bedeutende Rolle. Im Unterschied zu anderen Kolonialvölkern kannten P. aber keine Rassentrennung, deshalb mit Ausnahme Angola und Mosambik (seit 1951 »provincias ultramarinas«) keine größeren Siedlungskolonien mehr. Im 19. Jh. wandte sich Auswanderung überwiegend nach Brasilien. Seit in der »Nelkenrevolution« (bis 1975) Überseebesitzungen (provincias ultramarinas) aufgegeben werden mußten, namhafte Rückwanderung von rd. 700000 (Desalojados und Retornados). Vgl. Portugiesische Sprachgemeinschaft.

Portugiesen (NAT)
II. StA. der Portugiesischen Rep., einschließlich mind. 0,7 Mio. Retornados und Desalojados aus ehem. Kolonien und Überseegebieten. Starke Auswanderer- und Gastarbeiterkontingente (geschätzt 4 Mio.) u.a. in Frankreich und Deutschland, in Afrika und Brasilien. Vgl. Azorer, Madeirer; Lusitanier.

Portugiesische Sprachgemeinschaft (SPR)
I. Portuguese (=en).
II. Portugiesisch ist Staatsspr. in Portugal seit Vertrag von Tordesillas 1494, auch auf Madeira und Azoren. Zahl der Sprecher in Europa 1990 (ohne Galicisch in Spanien) 11 Mio., wovon 1 Mio. als Gastarbeiter in Frankreich. Westromanische Spr., entstanden in Auseinandersetzung des Mozarabisch durchsetzten Iberoromanischen mit dem Galicischen NW-Spaniens, das bei der Rückeroberung der Iberischen Halbinsel gegen die Mauren im 11.–13. Jh. nach S getragen wurde. Mit dem Ausbau eines erdumspannenden Kolonialreiches (ab 1415) wuchs P. zur Weltspr. Es ist (wenn auch durch Aufnahme von Laut- und Wortgut von Indianersprachen Tupi und Guarani gesondert) noch heute

Staatsspr. in Brasilien (1993: rd. 156 Mio.) und in fünf lusophonen Staaten Afrikas: Republik Cabo Verde (Amtsspr. für 370 000), Guinea-Bissau (Amtsspr. für 1,028 Mio.), Sao Tomé und Principe (Amtsspr. für 0,122 Mio.), ferner in Angola (Amtsspr. für 10,276 Mio.) und Mosambik (Amtsspr. für 15,102 Mio.). Guinea-Bissau, Kap Verde sowie Sao Tomé und Principe haben allerdings aus dem Portugiesischen des 16. Jh. eine eigene kreolische Spr. entwickelt. Weltweit gibt es demgemäß heute rd. 200 Mio. potentielle P.-Sprecher. 1996 gingen die portugiesischen Staaten nach dem Vorbild der Frankophonie der »Comunidade dos Paises da Lingua Portuguesa« (CPLP) ein. Sie fühlen sich mit Portugal nicht nur sprachlich, sondern auch emotional und kulturell verbunden.

Portugiesisch-Guinea (TERR)
C. Ehem. Bez. von Guinea-Bissau, s.d. Portuguese Guinea (=en); Guinée portugaise (=fr); la Guinea Portuguesa (=sp).

Portugiesisch-Timor (TERR)
C. Portuguese Timor (=en); le Timor portugais (=fr); el Timor Portugués (=sp). Vgl. Osttimor.

Portugiesisch-Westafrika (TERR)
C. Ehem. Bez. von Angola, s.d. Portuguese West Africa (=en); l'Afrique-Occidentale portugaise (=fr); La Africa Occidental Portuguesa (=sp).

Poschotjari (SOZ)
I. aus pojotschi (zi=) »Tasche«.
II. die zigeunerischen Taschendiebe.

Potentielle Alphabeten (SCHR)
II. Fachterminus, der Aufschluß gibt über die Größenordnung von Schrgem. Zahl der P.A. ergibt sich nach K. THORN aus der Gesamtzahl der über 15 J. alten Besitzer einer Eigenschrift abzüglich der (meist) geschätzten Analphabeten.

Potentielle Mütter (WISS)
II. Frauen im gebärfähigen Alter von 15–45 Jahren. Für die Weltbev. wurde errechnet, daß die Zahl p.M. von 1995 bis 2050 von 1,3 auf 2,2 Mrd. zunehmen wird. Selbst wenn sich deren Gebärleistung von heute 3,1 auf 2,0 Kinder vermindern dürfte, wird sich die absolute Geburtzahl in der Zukunft erhöhen.

Potentielle Wanderer (WISS)
II. Personen, die zur Verbesserung ihrer Lage wanderungsbereit sind, diese Absicht aber momentan nicht verwirklichen können. Vgl. Latente Wanderer.

Poto (ETH)
I. Lusengo.
II. kleine Bantu-Einheit auf Inseln im Kongo-Fluß im N der DR Kongo, ca. 100 000; treiben Fischerei und Handel; Feldarbeit und Töpferei durch Frauen.

Powhatan (ETH)
II. abgeleitet vom Namen ihres führenden Stammes Bez. für die Stammesföderation der Algonkin im ganzen O, an Küsten von Virginia und Teilen von Maryland; 24 Stämme darunter Pamliao, Potomac, Wicocomoco, Nasemond. P. waren seßhafte Ackerbauern. Zahl der Algonkin i.e.S. wird 1600 mit ca. 9000 angenommen, nach Kämpfen mit britischen Kolonisten im 17. Jh. rasche Abnahme. Reste haben sich später mit Negern gemischt.

Prähistorische Menschen (WISS)
I. vorgeschichtliche Menschen oder (nach HERDER) urgeschichtliche Menschen.
II. Sammelbez. für Menschen früher Kulturstufen vor dem Einsetzen schriftlicher Überlieferung. Vgl. Frühgeschichtliche Menschen.

Prähomininen (BIO)
I. Vormenschen. Vgl. Australopithecinen.

Prakrit(e) (SPR)
II. Sammelbez. für die indogermanischen Volksspr. der mittelindischen Zeit. Vgl. Sanskrit.

Prämonstratenser (REL)
I. OPraem, Norbertiner; Premonstrant friars (=en).
II. gegr. 1120 bei Laôn; regulierte Chorherren; ihre Abteien sind zu Zirkarien zusammengefaßt. Christianisierten und kultivierten von Magdeburg aus Norddeutschland, bes. die wendischen Marken. Heute tätig in Seelsorge und Liturgiepflege; ca. 1300 Mitglieder.

Präneandertaler (BIO)
I. Prae-Neandertaler; Homo sapiens praeneanderthalensis.
II. Vorläufer des Neandertalers im Mittelpleistozän (obere Holstein-/Mindel-Warmzeit zu Saale-/Riß-Eiszeit), i.e.S. zwischen 250 000–200 000, i.w.S. 300 000–150 000 vor heute; mit einigen neanderthaloiden Merkmalen, stehen dem Homo sapiens sapiens näher als dem klassischen Neandertaler. P. sind dem Unteren Altpaläolithikum zuzurechnen; Beginn stabiler differenzierter Sprache, Feuergebrauch, Jagd und Sammelwirtschaft, entwickelte Faustkeile und erste Spezialgeräte.

Prärie-Indianer (WISS)
II. ethnographische Bez. für die Indianerstämme der Hochgrasfluren im Vorland der Rocky Mountains vom Golf von Mexico bis nach Kanada. Im Unterschied zu den nomadischen Plains-Indianern waren P.-I. hauptsächlich seßhafte Feldbauern.

Prä-Sapiens-Gruppe (BIO)
II. Überbegriff für fossile Hominiden-Funde, die dem Jetztmenschen schon sehr nahestehen und aus Rißglazial bzw. begleitenden Interglazialen (Eem) stammen. Fundplätze von Fontéchevade/Frankreich und Quinzano bei Verona/Italien. I.w.S. umschließt

Begriff auch ältere, Mindel-Riß-zeitliche Funde (Verteszöllös, Steinheim, Swanscombe), die dem rezenten Homo sapiens sapiens ähnlicher sind als die jüngeren des klassischen Neandertaler.

Präsenzdiener (SOZ)
II. in Österreich Rekruten, Soldaten im Grundwehrdienst.

Prawoslawen (REL)
I. »Rechtgläubige« (=slaw.).
II. Eigenbez. für Angeh. der (Byzantinisch) Slawisch-Orthodoxen.

Praying Indians (REL)
I. (=en); »Bet-Indianer«, »Bibel-Rothäute«.
II. Bez. europäischer Kolonisten für christianisierte Indianer in den Neuengland-Staaten.

Precani (ETH)
II. (=sk); die Bez. der Serben für ihre Landsleute »auf der anderen Seite der Donau«, nämlich in der Vojvodina. Als Flüchtlinge, die vor den Türken nach N geflohen waren, wurden P. dort im ausgehenden 17. Jh. von den Habsburgern angesetzt, bereits im 19. Jh. traten sie für einen autonomen Status der serbischen Bev. innerhalb der Donaumonarchie ein. Im Gegensatz zu diesen serbischen Altsiedlern, deren Nachkommen sich bis heute Mitteleuropa zugehörig fühlen, stehen die ca. 300 000 (1995), die seit 1988 und insbesondere im Jugoslawischen Bürgerkrieg (1991–1996) aus Kroatien und Bosnien hierher geflüchtet und angesiedelt wurden. Vgl. Woiwodiner.

Preissen (SOZ)
II. Schimpfname für Preußen in S-Deutschland.

Premies (REL)
I. (ssk=) »Wahrheitsliebende«.
II. Eigenbez. der Anh. der Divine Light Mission. Angaben zur Mitgliederzahl divergieren stark: 0,5–8 Mio. bes. in USA und Indien verbreitet. Pr. leben zumeist in Ashrams, »Wohngemeinschaften«, zu Armut, Keuschheit und Gehorsam verpflichtet.

Presbyterianer (REL)
I. Presbyterians (=en).
II. i.e.S. durch J. Knox und A. Melville geführte christliche Reformgemeinschaften einschließlich der Reformierten, von Schottland ausgehend im 17. Jh.; die Ausbreitung nach England und Wales durch Anglikanische Kirche bekämpft, mehrfach zur Auswanderung nach N-Amerika und auch Australien gezwungen. I.w.S. den Reformierten (in Mitteleuropa und Frankreich) entsprechend; die sich auf Bekenntnisschriften von Zwingli und Calvin als Lehrgrundlage beziehenden Glaubensgemeinschaften in angelsächsischen Ländern: Australien 560 000; Großbritannien 1,4 Mio.; Kanada 812 000; Neuseeland 590 000; Südafrika 500 000, USA über 4 Mio. Insgesamt nach eigenen Angaben über 39 Mio. Vgl. Calvinisten, Reformierte.

Presidios (TERR)
B. Plazas de Soberania. Spanische Besitzungen in N-Marokko, letzte Brückenköpfe der ehem. »Zona de Protectorado de España en Marruecos« (s.d.); heute Bestandteile der spanischen Provinzen Cadiz bzw. Malaga, beansprucht durch Marokko.
Ew. Ceuta, Melilla und Alhucemas 1950: 0,141; 1964: 0,152

Presidios-Spanier (ETH)
I. Bew. der »spanischen Hoheitsplätze in Nordafrika«, die einst als Presidios (»feste Plätze«) bezeichneten Städte Ceuta und Melilla sowie der Inseln Peñón de Vélez de la Gomera, Alhucemas, Chafarinas. 1950: ca. 75 000 oder 8 % der dortigen Gesamtbev., 1987: ca. 35 000 Spanier im restlichen Yebala und Quert, die administrativ spanischen Provinzen (Cadiz und Malaga) zugehören. 1996: Ceuta 68 800, Melilla 59 500 Ew.

Pressun (ETH)
I. Pressungulis, Viron, Parun.
II. Stamm der Zentral-Kafiren, gilt als ältestes Bev.element Kafiristans/Afghanistan.

Pressurgruppen (WISS)
I. pressure groups (=en).
II. erstmals in USA so bezeichnete organisierte Interessengruppen, die auf die öffentliche Meinung, polit. Parteien, Parlamente, Verwaltung Einfluß und Druck auszuüben suchen, J.H. KAISER.

Prestataires (SOZ)
II. (=fr); unbewaffnete Arbeitssoldaten im II.WK in Frankreich. Vgl. Hiwis.

Pretschani (SOZ)
I. (=sk); Sg. Pretschanin (sk=) die »Menschen von der anderen Seite«.
II. serbischer Ausdruck für die Südslawen jenseits von Save und Donau, für Slowenen und Kroaten, die anderer Konfession, anderer Schrift, seit vielen Jh. unterschiedlicher Geschichte und Rechtstradition, die deshalb ihre orientalischen Brüder (Serben, Bosniaken, Herzegowzen) nicht verstehen können.

Preußen (ETH)
I. Prussians (=en); Prussiens (=fr); prussiani (=it); prussianos (=pt); prusianos (=sp).
II. 1.) Vgl. Alt-Preußen, Pruzzen (s.d.). 2.) deutscher Neustamm, erwachsen im 10.–17. Jh. im Gebiet zwischen unterer Weichsel und Memel durch Mischung aus Pioniersiedlern ganz Mittel- und Westeuropas mit pruzzischen Stämmen, sowie späterer Einschmelzung div. Gruppen von Religionsflüchtlingen (u.a. Mennoniten, Refugiés); 1522 Übertritt zum Protestantismus. Aus historischer Entwicklung administrative Unterscheidung von West- und Ostpreußen. 3.) Bew. des seit 17. Jh. im König- und Kaiserreich stark wachsenden politischen Territoriums Preußen, bis zu dessen Auflösung 1946. Div. Siedlungsnamen, z.B. Preußisch Eylau.

Preußen (TERR)
C. Herzogtum und Königreich, 1871–1918 größter Einzelstaat im Deutschen Reich, nach II.WK aufgelöst.
Ew. 1748: 3,5; 1770: 4,2; 1800: 6,2; 1816: 10,414 (Gebietsstand 1871); 1828: 12,255 (wovon 9,189 im Dt. Bund); 1855: 17,214; 1871: 24,745; 1890: 30,015; 1910: 40,170; 1910: 25,625 (Gebietsstand 1925); 1925: 38,846; 1933: 39,692; 1939: 41,762 (ohne Memelland); Unterteilung in Provinzen: Ost-, West-Preußen, Grenzmark Posen-Westpreußen, Pommern, Brandenburg, Berlin, Schlesien, Sachsen, Schleswig-Holstein, Hannover, Westfalen, Hessen-Nassau, Rheinprovinz, Hohenzollern.

Preußengänger (SOZ)
II. Wanderarbeiter im kaiserlichen Deutschland aus dem noch dreigeteilten Polen, die als »Selbststeller« oder häufiger durch Agenten geworben, den am Ende des 19. Jh. aufgetretenen Arbeitskräftebedarf deckten, die als »Leutenot« durch Überseeauswanderung und Stadtwanderung in der preußischen Landwirtschaft aufgetreten war. W. unterlagen strenger Kontrolle, vor allem einem unbedingtem Rückkehrzwang in der winterlichen Sperrfrist. Diese Ausländerbeschäftigung erreichte 1914 ihren Höchststand mit ca. 1,2 Mio. Pr. Vgl. Saisonarbeiter, Wanderarbeiter.

Pribumi (SOZ)
I. (ml=) »Söhne des Bodens«.
II. Eigenbez. der Einheimischen u.a. in Indonesien und Malaysia im Gegensatz zu fremden (chinesischen) Zuwanderern.

Priester (REL)
I. aus presbyteros (agr=) »der Ältere«. Kultdiener, Geistliche, Kleriker.
II. religiöse Funktionäre, die (in Hochreligionen) ein formales Amt innehaben, Personen, die durch Beruf, Berufung oder auch Abstammung oft durch besondere Weihe in den meisten Religionen als Vorsteher oder Kultträger ihrer Gemeinschaften und als deren Mittler zu Gott amtieren. Durch Wissen und rituelle Macht bilden Priester einen eigenen bedeutsamen Stand in der Gesellschaft. Äußeres Kennzeichen: Standeskleidung (u.a. Soutane, Talar etc.). Von P. zu unterscheiden sind religiöse Charismatiker mit individueller Berufung als Schamanen, Seher, Propheten. Gegensatz Laien. Vgl. Religiose, Brahmanen, Mullahs, Marabuts.

Primärgruppen (WISS)
I. Primäre Gruppen; primary groups (=en); soziol. Fachterminus nach *C.H. COOLEY*.
II. auf spontanen oder engen persönlich-emotionalen Beziehungen beruhende Sozialgebilde, also Personengemeinschaften, die durch Zusammengehörigkeit ihrer Mitglieder gekennzeichnet sind. Diese pflegen persönliche Beziehungen und besitzen Gruppenbewußtsein. Gedacht ist insbes. an Familie, Clan, Freundeskreis, Schulkameradschaft, Clique, Nachbarschaft. Vgl. Gruppe, Familie.

Primaten (BIO)
Siehe Primates (nach *LINNE*) »Herrentiere«.
II. Ordnung der Säugetiere (Mammalia), unter Einschluß des Menschen, gegliedert in Unterordnungen der Prosimiae (Halbaffen) und Simiae (echte Affen) bzw. Anthropoidea (höhere Affen und Mensch), welche die sukzessive Abfolge der stammesgeschichtlichen Höherentwicklung widerspiegeln.

Primigravidae (BIO)
II. (=lat); med. Terminus für Frauen, die zum ersten Male schwanger sind. Vgl. Primiparae.

Primiparae (BIO)
I. (=lat); Primiparen; Erstgebärende; aus (lat) primus »die Erste« und parere »gebären«.
II. med. Terminus: Frauen mit Erstgeburten. Vgl. Nulliparae, Multiparae; Primigravidae.

Primitivmalaien (ETH)
II. alter überholter wiss. Terminus für die z.T. auf Vorbev. zurückgehende, bis heute wildbeutende Bev.schicht im SE-asiatischen Mittelmeer. Vgl. Alt-Indonesier.

Primorje- Kraj (TERR)
B. Russischer Gau am Japanischen Meer, Russisch-Fernost.
Ew. 1970: 1,722; BD: 1970: 10 Ew./km²

Proconsul (BIO)
II. Vorfahren des Menschen an der Basis der Dryopithecinen im unteren bis mittleren Miozän Ostafrikas.

Professen (REL)
I. Sg. Profeß; aus profiteri (lat=) »öffentlich bekennen«.
II. Ordensleute, die eine »ewige« Profeß, ein auf Lebenszeit gültiges klösterliches Gelübde abgelegt haben.

Proletarier (SOZ)
I. proletarii (=lat) aus proles »Nachkomme«.
II. 1.) Klasse der ärmsten Bürger im antiken Rom. 2.) Angeh. des Proletariats, der Klasse wirtschaftlich abhängiger, materiell besitzloser »Lohnarbeiter«, deren Besitz allein ihre Kinder sind. Vgl. Subproletariat.

Proleten (SOZ)
II. ugs. und abwertend für rohe, ungehobelte, ungebildete Menschen.

Promyschlenniki (SOZ)
I. (=rs); Steppenbeuter (nach *P. ROSTANKOWSKI*).
II. Träger des Tierfang- und Beutegewerbes, incl. der Salzgewinnung und Zeidlerei in der ostukrainischen Frontier. Vgl. Trapper, Pioniere, Kosaken.

Proselyten (REL)
  I. aus (agr=) »Hinzugekommene«.
  II. ursprünglich Heiden, die durch Beschneidung Juden wurden; im heutigen Sinn Personen, die zu einer anderen Konfession (oder auch Partei) übergetreten sind.

Prostituierte (SOZ)
  I. Dirnen, Huren; ugs. Liebesdienerinnen, Freudenmädchen, Groschendirnen, Bordsteinschwalben, Nutten; aus idg. »Liebste«; huri (ar=) »Jungfrauen im Paradies«; chonte (=jd); callgirls (=en), aus call (en=) »anrufen« i.S. von P., die man telephonisch bestellt; flying nymphs, ladies of joy (=en); »Töchter der Venus«.
  II. Frauen, die des Erwerbes halber ihren Körper zu geschlechtlichem Verkehr preisgeben. Das »älteste Gewerbe der Welt«, gleichwohl als Unzucht nach geltendem Recht in vielen w. Staaten allenfalls geduldet, oft strafbar oder beschränkt auf überwachte Bordelle. Vgl. Kebsfrauen; auch Hetären (im alten Griechenland), Hierodulen, heute z.B. auch Devadasi, Trokasi (sakrale Pr., Tempelprostitution), Konkubinen, Kurtisanen/Halbweltdamen, Mut'a islamische Zeitehe.

Protestanten (REL)
  I. protestari (lat=) »öffentlich bezeugen«; abgeleitet aus der Protestaktion der evang. Reichsstände gegen den alle kirchliche Reformen verbietenden Mehrheitsbeschluß auf 2. Reichstag zu Speyer 1529. Im Begriffsgebrauch der Kirchenjuristen und seit 17. Jh. in England für Angeh. nichtrömischer christlicher Gemeinschaften. Protestants (=en); protestants (=fr).
  II. im engeren und ursprünglichen Sinn Lutheraner, Zwinglianer und Calvinisten, später auch die Reformierten und Anh. von Freikirchen einschließend (s.d.). Neben den großen Bekenntniskirchen der Reformation (Lutheraner und Reformierte) zählen zu den Protestanten: Anglikaner, Baptisten, Kongregationalisten, Presbyterianer, Puritaner, Quäker, Mennoniten, Methodisten und viele nachreformatorische Gemeinschaften wie Adventisten, Zeugen Jehovas, Neuapostoliker, Disciples of Christ, Irvingianer. 1993 in weitester Zusammenfassung aller Zweige erdweit in 209 Ländern rd. 379 Mio., d.h. 19 % aller Christen, wovon fast ein Drittel in Nordamerika leben. An zweiter Stelle steht Deutschland mit rd. 36–38 Mio.

Protestantische episkopalistische Christen/Kirche (REL)
  II. Abspaltung von der anglikanischen Kirche in den USA 1783.

Proto-Beduinen (WISS)
  II. Bez. durch W. DOSTAL für Kamel-Nomaden auf der Entwicklungsstufe vor der Entfaltung des Reiterkriegertums der »Voll-Beduinen«.

Proto-Bengali-Schrift (SCHR)
  II. im 11. Jh. aus dem System der Nagari-Sprache sich differenzierende Schriftart, die über mehrere Jahrhunderte hin in Bengalen, Nepal und Orissa Verwendung fand. Aus ihr ging im 14. Jh. die Bengali-Schrift hervor.

Protoindochinesen (ETH)
  I. von A. HAUDRICOURT und G. CONDOMINAS gewählter Terminus, analog zu Proto-Malaien gebraucht. Vgl. Montagnards.

Protomalaien (ETH)
  I. Nesiot.
  II. nach überholter kulturanthropol. Auffassung Bez. für die noch wenig entwickelten kurzschädeligen »Primitiv-« oder Ältestmalaien einer frühen Einwanderung in den SE-asiatischen Archipel, welche von den jüngeren Deuteromalaien abgedrängt worden sind: Batak, Gajo, Dayak, Igorot, Bukidnon, Cham u.a.; auf malaiischer Halbinsel die Jakun, Kanak, Orang Laut, Orang Selitar, Semelai, Temok, Temuan. Vgl. Deuteromalaien, Jungmalaien.

Protomorphe Rassen (BIO)
  II. überholte Altbez., der (agr=) »erstgestaltigen« Menschenrassen; gemeint waren z.B. Altaustralier, Papua, Altamerikaner, Kanaken u.a.

Protonegride (BIO)
  II. Vor- bzw. Frühstufe der Negriden in Westafrika.

Protoneolithiker (WISS)
  I. Frühneolithiker.
  II. Menschen in der kulturellen Entwicklungsphase von aufkommendem Anbau und Viehzucht; meist noch in präkeramischer Zeit.

Protoniloten (ETH)
  II. Bez. für Stämme des s. Sudans, die sich im Gegensatz zu allen Nachbarn die ältere Wirtschaftsform des Ackerbaues mit Haustierhaltung erhalten haben und nicht Hirtennomaden geworden sind. Zu den P. zählt man neben einigen Nilotenstämmen wie Schilluk und Anuak auch div. andere, die zwar kulturell verwandt, sprachlich aber isoliert und andersartig sind: Koma, Meban, Berta, Kunama, Ingassana.

Provençalen (ETH)
  I. Provenzalen; Provençals (=en); Provençals (=fr); provenzales (=sp); provençales (=pt); provenzali (=it).
  II. Süd-Franzosen soweit sie Okzitanisch sprechen. Vgl. Provenzalisch-spr., Okzitanisch-spr.

Provenzalisch (SPR)
  I. Provençalisch(e) Sprgem., Provenzalen; Provençal (=en).
  II. die versunkene Schriftspr. im S Frankreichs, die im Alltag durchaus noch gesprochen wird. Ihre Dialekte (patois) gliedern sich nach K. THORN etwa im Verhältnis 4:2:1 in das eigentliche Provenzalische,

das Frankoprovenzalische und das Gascognische. Alle Provenzalen verwenden die langue d'oïl, die Französische Spr. als Schriftsprache. Vgl. Okzitanisch-spr.

Pruzzen (ETH)
I. Aestii (lat), Aestier; Prußen, Prusi, Pruthenen, Borussen, Alt-Preußen.
II. Ethnie mit baltischer Eigenspr.. Niederlassung vor 8. Jh. zwischen unterer Weichsel und Memel im nachmaligen Ostpreußen. P. waren gegliedert in 11 Gaustämme (Barten, Galinder, Nadrauer, Natanger, Pogesanier, Pomesanier, Samen, Sassen, Schalauer, Sudlauer, Warmier), deren Spr. während der Zwangschristianisierung im 10.–13. Jh. und unter der Herrschaft des Deutschordens erloschen sind. Reste verschmolzen seit 16. Jh. zunehmend mit den Neusiedlern aus Mitteleuropa. Vgl. Balten; vgl. Preußen.

Pschawelier (ETH)
I. Pschawen; Eigenname Pschaweli; Pschavy.
II. Bergstamm in Georgien. Vgl. Süd-Osseten.

Pueblide (BIO)
II. Terminus bei *IMBELLONI* (1937) für Untergruppe der Margiden bei *v. EICKSTEDT* (1934, 1937).

Pueblo-Andide (BIO)
II. Terminus bei *BIASUTTI* (1959) für Andide.

Pueblo-Indianer (ETH)
I. aus Pueblo (sp=) »Dorf«, also Dörfler im Gegensatz zu streifenden Jägerstämmen.
II. Sammelbez. für die in Arizona und Neu-Mexico/USA als Maisbauern lebenden Indianer meist der uto-aztekischen Spr.familie. Bis zu 2000 Jahre alte hochstehende Kultur (typisch: treppenförmige Siedlungen, handwerkliche Künste). Dorfbewohnerschaften gliedern sich in Clans mit Mutterfolge. Zu den westlichen P. gehören Hopis und Zunis; zu den östlichen P. die Tiwas, Tewas, Towas, Keres, Tanos und Piros.

Pueblos latino-americano (ETH)
I. (=sp); Iberoamerikaner.

Puelche (ETH)
I. Eigenbez. Genakin, d.h. »Volk«, »Leute«, daher auch Gennaken.
II. Volk von Pampas-Indianern und eigene Spr.einheit am Colorado im mittleren Argentinien. Ursprünglich Bola-Jäger und Sammler, übernahmen frühzeitig das Pferd; harte Kämpfe mit Conquistadoren. P. hierbei und nach Pockenepidemie im 17./18. Jh. fast ausgestorben; Reste gingen in Mischlingsbev. der Gauchos auf. Vgl. Patagonier, Araukaner, Het/Chechehet, Querandí.

Puerto Rico (TERR)
B. Seit 1898 im Besitz der USA; nichtinkorporiertes Territorium; mit den Vereinigten Staaten assoziiert; eines der US-amerikanischen Außengebiete. The Commonwealth of Puerto Rico, Puerto Rico (=en); l'Etat libre de Porto Rico, Porto Rico (=fr); el Estado Libre Asociado de Puerto Rico, Puerto Rico (=sp, pt, it).
Ew. 1948: 2,187; 1950: 2,218; 1960: 2,358; 1970: 2,718; 1978: 3,317; 1996: 3,806, BD: 425 Ew./km²; WR 1990–96: 1,2%; UZ 1996: 80%

Puertoricaner (ETH)
I. Puerto Ricans (=en); Portoricains (=fr); puertoricanos (=sp).
II. Bew. von Puerto Rico, der östlichsten Insel der Großen Antillen. Aruak als Urbewohner erloschen unter spanischer Herrschaft, Reste vermischten sich mit Spaniern, Nordamerikanern und Sklavennachkommen; zum Zeitpunkt der US-amerikanischen Erwerbung (seit 1952 durch Referendum assoziiert) war ein Drittel eindeutig negroid, und viele der sog. weißen P. (nach anderen Quellen 75%) galten in USA als Schwarze. P. sind Bürger des Commonwealth of P.R. und autonomen US-Dominiums, zugleich Bürger der USA. 1986: 3,5 Mio. Muttersp. Spanisch, Amtssprachen Spanisch und (mehrfach, so 1991 umstritten) Englisch, 16% sind zweispr.; vorwiegend katholische Christen. Starke Abwanderung in die USA seit 1898 und rasch wachsend seit 1946; Zunahme der Festland-P. im letzten Jahrzehnt um 35% auf 2,73 Mio., zufolge erheblicher Diskriminierung dort sehr geringe Integrationschancen.

Puertorikaner (NAT)
I. Puerto Ricans (=en); portoricains (=fr); puertoricanos, puertorriqueños (=sp).
II. StA. des Freistaats Puerto Rico; unter Wahrung innerer Autonomie mit USA assoziiert. Bew. sind Bürger der USA, ohne Stimmrecht, doch befreit von Bundessteuer; haben 1993 volle Umwandlung zum 51. US-Bundesstaat abgelehnt. P. sind zu 84% spanischspr. Übersiedlung auf das US-Festland ist ohne weiteres möglich und wird seit 1898 viel genutzt, derzeit fast 3 Mio. Erfahren andererseits illegale Zuwanderung aus der Karibik. Vgl. Hispanos.

Puinave (ETH)
II. Indianerstamm im Grenzgebiet E-Kolumbiens gegen Venezuela, leben von Fischfang und Sammelwirtschaft.

Puko (ETH)
I. Puku, Batanga.

Pulang (ETH)
I. Palaung, Rumai.
II. Stamm von ca. 50 000 mit einer Mon-Khmer-Spr.; leben verstreut in autonomen Bezirken der Provinz Yünnan; Buddhisten. Vgl. Salar, Sa-la.

Punan (ETH)
II. Stämme schweifender Jäger und Sammler in Sarawak auf Borneo, die nicht zu den Dajak gehören; ca. 50 000–100 000. Unterglieder sind die Bu-

kat, Ukit, Penan, Punan-Ba, Baketan, Oloh Ot. Ihr Lebensraum ist durch großflächige Zerstörung des Regenwaldes auf das Höchste gefährdet.

Punan Batu (ETH)
I. Punan-Ba; »Steinstamm«.
II. Kleinstamm der Punan mit ca. 50 Köpfen in Ost-Kalimantan/Borneo. Höhlenbewohner; ihnen wurde (wohl fälschlich) noch Gebrauch von Steinwerkzeug zugeschrieben.

Punier (ETH)
I. lateinisch Poeni; Phönizier.
II. altrömischer Name der Karthager. Vgl. Phöniker/Phönizier.

Punjab (TERR)
C. Vgl. Pandschab.

Punker (SOZ)
I. aus Punk (=en); nicht Punks; Panx (im Szenejargon).
II. Jugendliche, die ihre antibürgerliche Protesthaltung durch oft haßerfüllte Randale (Chaos-Treffen) und stets in auffälliger bis abstößiger Aufmachung (u.a. Haarfärbung) ausleben, gelten als unpolit. Vgl. Hooligans, Rocker, Skinheads.

Punu (ETH)
I. Puno, Rama.
II. schwarzafrikanische Ethnie in S-Gabun.

Purekramekran (ETH)
II. indianische Ethnie, ges-spr., ö. des Tocantins/Brasilien.

Puri (ETH)
II. Indianerpopulationen der Puri-Coroada-Spr.-gruppe, hpts. im BSt. Minas Gerais/Ostbrasilien; schweifende Horden von Jägern und Sammlern. Nur der Coroada-Stamm besitzt Dauersiedlungen.

Puritaner (REL)
I. aus purus (lat=) »rein«; Puritans (=en).
II. zunächst polemisch gebrauchte Bez., dann für Anh. der 1559 in England entstandenen, vom Calvinismus geprägten Reformbewegung im Anglikanismus. Sie betreiben Reinigung ihrer Kirche von unbiblischen, katholisierenden Elementen in Hierarchie und Kultus (Vertreibung anglikanischer Geistlicher, Entfernung der Orgeln, Schließung von Theatern); vertraten strengen Biblizismus. Nach Ablehnung ihrer Millenary Petition 1604 emigrierten viele P. nach Nordamerika. Aus dem Puritanismus sind die Independenten, Baptisten und Quäker hervorgegangen. Vgl. Dissenters und Nonconformists.

Purukolo (ETH)
II. indianische Ethnie der Karaiben-Gruppe im n. Amazonien.

Purupuru (ETH)
II. indianische Ethnie der Karaiben-Gruppe im mittleren Amazonien.

Puschtun (ETH)
I. Paschtunen (s.d.); Pathanen (Bez. üblich in Pakistan); Pakhtun, Pachtun; Pushtun (=en).

Puseyisten (REL)
I. Oxford-Bewegung.

Putonghua (SPR)
I. Pu-t'ung-hua (=ci).
II. die »allgemeine« Spr. in China, die als Beamtenspr. (ci=) kuang-hua und »Reichssprache« kuo-yü aus dem Dialekt von Peking erwachsen ist. Dieser ist der meistverbreitete Dialekt der chinesischen Han-Spr., auch als Hochchinesisch oder sog. Mandarin bezeichnet. Er wurde als Standardspr. für die Schriftreform in China zugrunde gelegt. Vgl. Chinesische Spr.

Puyi (ETH)
I. Buyi, Dioi, I-jen, Penti, Pu-i, Pu-yueh, Schui-hu, Tschung-tschia, Yoi.
II. Volk von > 2,1 Mio. (1982) mit Tai-Spr. in SW-China in den Provinzen Kueitschou, Yünnan, Szetschuan.

Pwo (ETH)
I. Pgo, Puo.
II. einer der größten Karen-Stämme in W-Thailand und in SE-Myanmar.

Pyem (ETH)
S. Pjem.
II. schwarzafrikanische Ethnie in SE-Nigeria.

Pygmäen (BIO)
I. Negrillos; (agr=) »Däumling«; Zwergvölker; pygmées (=fr).
II. i.e.S. bambutide Zwergvölker (1,40–1,45 m) im Kongogebiet; gelbliche Haut, langarmig. In Horden schweifende Wildbeuter. Vielfach mit Bantu vermischt, geschätzt auf 150000. Vgl. Negrillos, Bambutide. I.w.S. (eher ugs.) ethnologische Sammelbez. für kleinwüchsige Altpopulationen in Rückzugsgebieten bes. in Afrika (Burundi, Zentralafrikanische Rep., Kamerun, Rep. Kongo, Äquatorialguinea, Ruanda, Uganda, Demokratische Rep. Kongo, evtl. Gabun), in SE-Asien und Ozeanien. Vgl. Pygmide, Pygmoide.

Pygmide (BIO)
I. Pigmidi (=it).
II. ältere anthropol. Sammelbez. für »Rassensplitter« zwergwüchsiger Bevölkerungen, deren Männer eine durchschnittliche Körperhöhe unter 150 cm aufweisen. Im großen Durchschnitt 138 cm. Ihre Herkunft, Entwicklung und ihr etwaiger Zusammenhang ist im einzelnen noch ungeklärt, doch dürften nach serologischem Befund selbständig entstandene Zwergwuchsvarianten vorliegen. Im einzelnen unterscheiden sich die Populationen von

Zwergwüchsigen (in Asien: Negrito(s), in Afrika: Bambutide und in Südamerika: Yupa- und Maraca-Indianer) sehr. Gemeinsam sind ihnen altertümlich-primitive, undifferenzierte Körpermerkmale sowie eine hochgradige Adaption an den tropischen Regenwald.

Pygmoide (BIO)

I. pygmidi (=it); Bambutide, Bambutomorphe.

II. kleinwüchsige Populationen, deren männliche Angehörige eine Körpergröße von 150 cm nicht oder nur gering überschreiten. Zu ihnen zählen u.a. in Zentralafrika die Babinga, Batwa und Batswa.

Q

Qadiri (REL)
I. Kadiri; Qadiriya (=ar).
II. islamischer Derwisch-Orden, verbreitet in Afghanistan und im gesamten Kurdengebiet; bekannt durch (stumme) Tanzzeremonien und abschreckende Selbstverletzungen (»Wunder«) in Ekstase. Unter Q. auch hoher Anteil weiblicher Derwische. Vgl. Naqschibani, Derwische.

Qahtan (ETH)
I. Kahtan.
II. arabischer Beduinenstamm in E- und S-Asir und im Nedsch; in Teilen noch Vollnomaden; Sunniten.

Qais (ETH)
I. Qays; hier die Qais'Ailan; Nizariten, Ma'additen.
II. historische Stammesgruppe, die von der arabischen Genealogie auf Adnan, den Ahnherrn der Nordaraber zurückgeführt wird. Die Qais-Stämme sind bereits vorislamisch aus Zentralarabien nach NW-Mesopotamien eingewandert und von dort nach Nordsyrien und Palästina. Als Truppen der Omajjaden drangen sie einerseits nach Ägypten, Nordafrika bis nach Spanien vor, andererseits über den S-Irak bis nach Persien und Indien.

Qaramita (REL)
I. Karmaten.

Qawasim (ETH)
II. südarabische Stammesgemeinschaft, die sich im 17. Jh. an der Piratenküste niederließ und sich dort zu Seefahrern und Kaufleuten entwickelte. Mit dem Niedergang der iranischen Seeherrschaft im Golfgebiet erlangten sie im 18./19. Jh. Schlüsselpositionen an der Straße von Hormuz. Im Zuge der Unterwerfung durch Wahhabiten zu Beginn des 19. Jh. entwickelten sich Q. zu gefürchteten Piraten im Golf und in der Arabischen See. Ihre Bedrohung wuchs so aus, daß sie Ziel britischer Strafexpeditionen wurden, die um 1820 ihre Macht brachen. Nehmen heute unbedeutende Stellung in Oman ein.

Qays (ETH)
I. »Süd-Stämme«.
II. zusammenfassende Bez. für die im Südteil Jordaniens lebenden Beduinen-Stämme, unter denen die Howeitat dominieren.

Qinghai (TERR)
B. Tsinghai (dt. Altbez.). Provinz in China.
Ew. 1996: 4,880, BD: 7 Ew./km^2

Qisilbas (REL)
I. Kizilbasch, Kizilbas.

Quaden (ETH)
I. Sueben.
II. Stamm der Germanen; wichen vor Römern im 1. Jh.v.Chr. mit Markomannen nach Mähren aus, Teile wanderten im 5. Jh.n.Chr. mit Wandalen nach Spanien weiter und begründeten in Galicien das Sueben-Reich. In Mähren zurückgebliebene Q. wurden im 6. Jh. von Langobarden unterworfen.

Quadiani (REL)
Vgl. Ahmadiyya.

Quäker (REL)
I. Quakers (=en) als Spottname. So genannt wegen ihrer ekstatisch-enthusiastischen Erlebnisse; (to quake = zittern, beben).
II. 1660–1670 in England als »Society of Friends« (en=) »Gemeinde der Freunde« durch G. Fox gegr., jedoch u.a. ob ihrer Ablehnung von Eid und Waffendienst verfolgt und deshalb nach N-Amerika ausgewandert. Gründeten unter W.Penn den nach ihm benannten (Quäker-) Staat Pennsylvania, in dem alle religiös Verfolgten eine Freistatt finden sollten. Quäker waren für menschliche Behandlung der Indianer bekannt (bes. Einsatz für Cherokees). Heute verfügen Q. über 0,5 Mio. Anhänger, sie besitzen im Unterschied zu anderen protestantischen Gemeinschaften weder feste Liturgie noch ordinierte Geistliche. Quäkerhut als Altbez. für Zylinder.

Quarantäne-Verwahrte (BIO)
I. abgeleitet aus quarranta (=vlat), quadraginta (=lat); quaranta (=it); quarantaine (=fr), der ursprünglichen Dauer solcher Absonderung gemäß der biblisch wichtigen Zahl vierzig.
II. Personen (Reisegruppen, Schiffsbesatzungen), die gemäß den Internationalen Sanitätsabkommen zur Abwehr von Seuchen zeitweilig isoliert, abgesondert, verwahrt werden. Gelbe Quarantäneflagge.

Quarterones (BIO)
I. (=sp); Quarteronen, Cuarteron.
II. Mischlinge aus Terceronen und Weißen; mit negerhaftem Körperbau, aber weißer Hautfarbe in Mexiko.

Quartierbevölkerung (WISS)
II. Bew. von 1.) administrativ oder aber 2.) faktisch streng (sogar durch Mauern und Tore) abgegrenzten Wohnvierteln innerhalb von Städten, Riesendörfern oder sonstigen Großsiedlungen. Q. der zweiten Art treten in charakteristischer Häufung in mehreren Kulturerdteilen (insbes. Orient und Indien) auf, wo solche Sonderung der Bew. nach Ab-

stammung, Herkunft, Stammes- und Volksangehörigkeit, vor allem auch nach religiöser oder auch kastenmäßiger Zuordnung freiwillig oder entsprechend herkömmlicher Erfordernisse fast die Regel darstellt. Vgl. Ghettobev., Millets, Segregierte Bev.

Québécois (ETH)
I. (=fr); Québecer.
II. die französischspr. Bew. der kanadischen Provinz Québec (1991: 6,147 Mio.), zu über 75 % vor allem im Einzugsbereich von Montreal, sind überwiegend katholischer Konfession. Besitzen weitgehende Autonomie, dennoch Sezessionstendenzen.

Québécois (NAT)
II. Bürger der Prov. Quebec im Bundesstaat Kanada. Ungeklärt ist die Zugehörigkeit von ca. 12 000 Cree-Indianern und 8000 Inuit, die hpts. im Ungava-Gebiet/Nouveau Québéc leben; sie haben das Recht auf Selbstbestimmung gemäß der 1982 verankerten treuhänderischen Vorantwort des Bundes reklamiert.

Quechua (SPR)
I. Ketschua-, Kechua-spr.; Quechua (=en).
II. Indianerspr. und ihre Sprecher ursprünglich im Gebiet von Cuzco, durch die Inka zur Staatsspr. ihres Imperiums erhoben, durch Mission der Conquista zur lingua franca zw. SW-Ecuador und N-Chile bzw. NW-Argentinien verbreitet. Heute Mutterspr. für 9–10 Mio. Indianer, in Argentinien, Bolivien, Chile, Ecuador, Kolumbien, Peru; Quechua ist Nationalspr. in Bolivien, Ecuador und Peru neben Spanisch und Aymara.

Querandí (ETH)
II. indianisches Volk in Argentinien, s. des Rio de la Plata und des Paraná-Deltas; harte Kämpfe mit Spaniern, schon im 16. Jh. stark dezimiert. Vgl. Puelche.

Querechos (ETH)
II. Teilgruppe der Apachen-Indianer, die als Bisonjäger in Texas und New Mexico lebten.

Quiché (ETH)
II. großes mesoamerikanisches Indianervolk, zur Spr.familie der Maya zählend, von 600 000–800 000 Köpfen je nach Zurechnung auch der verwandten Kakchikel, Tzutuhil und Kekchi, von Mischlingen und Hispanisierten (Ladinos); Q. leben im dicht besiedelten Gebiet Guatemalas zwischen Atilan-See und Pazifik; werden auch als Hochland-Maya bezeichnet. Sind Bauern, bekannte Weber und Töpfer.

Quiché (SPR)
I. Kiché-spr.
II. ca. 800 000 Angeh. der gleichnamigen Indianerethnie (s.d.) mit einer Maya-Spr. im Hochland von Guatemala.

Quichua (ETH)
II. Indianerethnie in SW-Kolumbien, vom Untergang bedroht.

Quietisten (REL)
I. aus quietus (lat=) »ruhig«.
II. Anh. des Michael Molinos, der 1687 von der Inquisition verdammt wurde; romantische Mystiker im 17. Jh.; im Gegensatz zu »Aktivisten« (etwa im Parsismus) auch Anh. von Geisteshaltungen im Daoismus und Zen-Buddhismus.

Quilombos (SOZ)
I. (=pt); fugóes (=pt); fugitivos, cimarrónes, negros alzados (=sp).
II. in Brasilien Gruppen entlaufener Negersklaven; autonome Negersiedlungen und (verallgemeinert) deren Bew.: entlaufene Negersklaven in Brasilien im 17.–19. Jh. Der im 17. Jh. durch Zumbi begr. Qu. von Palmares in der nordostbrasilianischen Serra da Barriga war die nationale Heimstatt von > 30000 entflohenen Sklaven. Einzelne isolierte Qu. bestehen bis heute fort, ihre Bew. bewahren ursprüngliche Sozialstruktur, Siedlungsweise (Lehm-Rundhütten) und Bantuspr. Vgl. Buschneger, Morronen.

Quimbaya (ETH)
II. erloschenes Indianervolk, das im andinen Caucatal/Kolumbien ansässig war. Haben seit 5. Jh.n.Chr. hochstehende Goldgußtechnik und charakteristische Keramikproduktion entwickelt.

Quinterones (BIO)
I. (=sp); Quinteronen; Tornatrás.
II. Mischlinge zwischen Weißen und Quarteronen.

Quintomonarchristen (REL)
II. chiliastisch-apokalyptische Bewegung in England z.Zt. Cromwells. Sie erwarteten das »fünfte Weltreich« als Reich Christi.

Quito (ETH)
II. Indianerethnie, ketschuaspr., die mit den Panzaleo zusammen im mittleren Ecuador lebte; verlor in Kolonialzeit ihre Eigenspr., ist heute fast erloschen. Vgl. Quito: Hauptstadt von Ecuador.

Quoc Ngu (SCHR)
II. vietnamesische Bez. für die Lateinschrift, die seit 17. Jh. durch christliche Missionare langsam verbreitet wurde. Zur Wiedergabe spezifischer Laute und zur Markierung der Tonunterschiede wurden diakritische Zeichen benutzt. In französischer Kolonialzeit und bes. seit 1905 wurde die Schreibung des Vietnamesischen durch chinesische Zeichen zurückgedrängt, Quoc Ngu 1945 als alleiniges Schriftsystem des unabhängigen Staates proklamiert.

Quotenfrauen (SOZ)
I. abwertend »Quothilden«.
II. Frauen, die ihre polit. Funktion oder den Rang ihrer beruflichen Stellung bzw. Laufbahn aufgrund

polit. Quotenregelungen zur Durchsetzung einer angemessenen Geschlechterparität verdanken. Nicht identisch mit Quorum-Frauen.

Qussas (REL)
II. (=ar); Volksprediger, Straßenprediger aus der Frühzeit des Islam, die beträchtlichen Anteil an der Verbreitung des Glaubens hatten. Ihre heutigen Nachläufer sind die Legendenerzähler im Umkreis von Moscheen.

Qwaqwa (TERR)
B. Ehem. abhängiges Homeland in Südafrika. Ew. 1991: 352 000

Qwara (ETH)
I. Kwara, Quarinya.
II. kleine kuschitische Einheit in N-Äthiopien, am Nordufer des Tanasees; zu den Agau gehörend.

R

Ra'aja (REL)
I. (=ar); aus raja (tü=) »Herde«.
II. die Ungläubigen im frühen Islam, zu denen selbst die Ahl al-Kitab, also auch Christen zählten. R. galten als Bürger minderen Ranges, unwürdig zum Wehr- und Verwaltungsdienst.

Rabbaniten (REL)
II. Anh. des offiziellen kanonischen Judentums, die den Talmud anerkennen. Vgl. Talmudisten.

Rabbinen (REL)
I. Rabbis; Sg. Rabbiner (he=) »Herr«, »Meister«, »Lehrer«; aus Rab (he=) »groß« an Wissen, Rabban (=aram.), Anredeform Rabbuni.
II. 1.) Ehrentitel für jüdische Schriftgelehrte, 2.) Seelsorger, aber nicht Priester/Geistliche einer jüdischen Gemeinde; sie sind Lehrer und Schiedsrichter in Kultgesetzen, einst auch Zivilrichter und Steuereinzieher. In höherer Achtung (Rebben) oder Funktion Ober-, Landesrabbiner. R. sind keiner Pflicht zur Ehelosigkeit unterworfen, ihre Frauen werden Rebbezen genannt.

Rabinal (ETH)
II. mesoamerikanisches Indianervolk, zur Spr.familie der Maya zählend. R. leben im mittelwestlichen Hochland von Guatemala, ca. 50000. Sind Grabstock- und Hackbauern, üben auch Weberei.

Rade (ETH)
I. Rhadé, Ede.
II. zu den Montagnards zählendes Bergvolk in Hinterindien mit einer Eigenspr. aus der Mon-Khmer-Gruppe.

Radhaswami (REL)
II. im 19. Jh. gegr. esoterische Sekte in Indien, der Hindus und Sikhs angehören.

Radschastan (TERR)
B. Rajasthan (=en). Bundesstaat Indiens.
Ew. 1961: 20,156; 1981: 34,262; 1991: 44,006, BD: 129 Ew./km^2

Raglai (ETH)
I. Orang Glai, d.h. »Waldmenschen«.
II. Volk von ca. 50000 mit westindonesischer Tscham-Spr. im südvietnamesischen Bergland, treiben Brandrodungswanderbau. Schamanentum.

Ragusaner (ETH)
II. im 13. Jh. aus Ragusa/Dubrovnik in den Kosovo/Jugoslawien zugewanderte Kroaten katholischer Konfession.

Rahdaniten (SOZ)
II. jüdische Fernhandels-Kaufleute im Mittelmeerraum im MA.

Rahhshani (ETH)
II. zahlenmäßig bedeutender Stamm der Belutschen.

Rai (ETH)
II. Stamm aus der Gruppe der Kiranti; > 300000 Köpfe in Ostnepal und Sikkim; zur tibeto-birmanischen Spr.gruppe zählend, heute vielfach hinduisiert.

Raizen (ETH)
I. Razen, Rascen; nach serbischer Burg Ras in Landschaft Raszien.
II. Sammelbez. für Angehörige verschiedener slawischer Stammesgruppen (orthodoxe Serben), die zur Wiederbesiedlung des s. Mittelungarn um 1700 angesetzt wurden. Sie lebten als Kleinhäusler, die extensive Viehwirtschaft trieben und Taglöhnerdienste leisteten. R. drängten Reste der magyarischen Bev. nach N ab; mußten aber selbst weiterziehen, als auf ihren Dorfmarken zunehmend Donauschwaben angesiedelt wurden. Vgl. Bunjewzen und Schokzen.

Rajahs (SOZ)
I. Ra'aya; Ra'áyá, Sg. Ra'iyat (=pe).
II. Teilpächter, Anteilbauern.

Rajastani (SPR)
I. Radschasthani; Rajasthani (=en).
II. indogermanische, neuindische Spr. im Teilstaat Radschasthan/Indien; im 16. Jh. aus dem Gudscharati abgespalten; gegliedert in vier große (Dschaipuri, Mewali, Malwi, Marwari) und div. kleine Dialekte (u.a. Bagri, Gudschuri, Harauti, Labhani, Nimadi); 1971 mit 7 Mio. Sprechern; 1994: 20 Mio. Sprecher. R.-Spr. werden mit der Devanagari geschrieben.

Rajasthani (ETH)
I. Radschasthani.
II. 1.) Bew. des nw. indischen Gliedstaates Rajasthan.

Rajneeshees (REL)
I. Neo-Sannyasins (ssk=) »neue Entsager«. Vgl. Bhagwan-Shree-Rajneesh-Anh.

Rajputen (ETH)
I. Radshputen, Radschputen; Rajaputras (ssk=) »Königssöhne«; Rajpoots, Rajputs (=en).
II. im 7. Jh. in NW-Indien entstandene geschichtsprägende Adels- und Krieger-Kaste. Politische und soziale Relikte bis heute im indischen Teilstaat Rajputana oder Rajastana/Radschastana, in Kaschmir und Nepal. Der indische Unionsstaat R. ist im

wesentlichen an der Spr.verbreitung des Rajastani/ Radschasthani orientiert. Vgl. Bhat, Gurkhas.

Ralusches (SOZ)
II. Zigeuner im Elsaß.

Rama (ETH)
II. 1.) indianische Kleinpopulation von einigen hundert Köpfen auf Insel Rama Quay in der Bluefield-Lagune an der karibischen Küste von Nicaragua. Treiben Brandrodungsfeldbau. 2.) Punu (s.d.), Puno.

Ramaiten (REL)
I. nach dem Gott Rama (=ssk) als Inkarnation Vishnus/Wishnus benannt.
II. Reformbewegung im hinduistischen Vischnuismus, bes. bei den Srivaishavas in Südindien verbreitet. Zu den R. gehören u.a. die Ramavants und Kabirpanthis.

Ramanandi (REL)
I. Ramavants, Anh. der Ramanada.
II. Lehrrichtung im Vishnuismus, entstanden im 15. Jh., verbreitet in Nordindien; streng kastenfeindlich.

Ramanuja (REL)
II. im 11./12. Jh. aufgekommene Schulrichtung im Wischnuismus; zählt heute zu den meist verbreiteten Sekten.

Ramapithecinen (BIO)
I. Ramapithecinae, nach Ramapithecus.
II. Frühhominiden aus den tertiären Sivalikschichten des n. Vorderindien; R. zeigen erste deutlichste Annäherung an menschliche Merkmale.

Ramavants (REL)
I. Ramanandi.
II. Angeh. einer zu den Ramaiten zählenden Schule im Wishnuismus, die alle Kastenunterschiede ablehnt, so daß zu ihr alle Kasten, sogar Nichthindus Zugang haben.

Rambos (SOZ)
I. nach amerikanischer Filmfigur (S. Stallone).
II. ugs. für Personen, die sich rücksichtslos und mit Gewalt durchsetzen.

Ramguli (ETH)
I. Kantor.
II. größter Kafirenstamm im NW von Kafiristan/ Nuristan in Afghanistan.

Rancher(s) (SOZ)
II. Viehzüchter, Farmer im W. Nordamerikas; rancheros (=sp) Besitzer eines Landgutes im ehemals spanischen Amerika; rancheiros (=pt) großgrundbesitzende Viehzüchter in Brasilien. Vgl. Farmer.

Randgruppe (WISS)
I. Marginalgruppe, Periphergruppe, Randseiter; marginal men (=en); déracinés (=fr); emarginati, popolazione marginale (=it); grupo marginal (=sp, pt), jedoch nicht voll syn.
II. 1.) soziol. Terminus für Personen, die im allgemeinsten Sinn eine Position am Rande einer Gruppe, einer sozialen Klasse oder Schicht, einer Ges. innehaben; die einer Rand- oder Periphergruppe angehören. Im speziellen Sinn Bez. für Menschen, die infolge von Wanderungs- und kulturellen Durchmischungsprozessen an der Grenze zwischen zwei Gruppen, Gesellschaften, Kulturen stehen, die in ihrer alten Ges. entwurzelt, in den neuen Verhältnissen aber noch nicht heimisch sind (R.E. PARK), z.B. Mischlinge, Gastarbeiter. 2.) soziale Gruppen, die nicht oder nur unvollkommen in die Ges. integriert sind. S. Marginalgruppen. Vgl. Minderheiten, Paria, Mischlinge, Slumbew.

Randulins (SOZ)
I. ils R. (rätoroman=) »die Schwalben«.
II. Altbez. in Graubünden für ausgewanderte Landsleute, die ihrer alten Heimat mehr oder weniger regelmäßige Besuche abstatteten.

Ranen (ETH)
I. Rujanen.
II. slawischer Altstamm auf Rügen.

Rappisten (REL)
II. religiöse Dissidentengruppe, die 1805 aus Mitteleuropa nach USA einwanderte.

Ras al-Khaymah (TERR)
Mitglied der Vereinigten Arabischen Emirate. Ras al Khaimah (=en); Ras al-Khaïmah (=fr); Ras al Khaimah (=sp).
Ew. 1985: 0,116; 1996: 0,144, BD: 85 Ew./km^2

Rashtriya Swayamsevak Sangh (SOZ)
I. RSS.
II. fundamentalistische Hindu-Milizen in Indien, ein straff organisiertes fanatisches Freiwilligenkorps der Hindutra-Bewegung für ein reines Hindustan. Nach eigenen Angaben rd. 3 Mio. Mitglieder.

Raskolniki (REL)
I. (rs=) »Abtrünnige, Spalter«; Raskolniken. Eigenbez. Starowery (rs=) »Altgläubige« oder Staroobrjadzy (rs=) »Altrituelle«.
II. auch Sammelbez. für religiöse Dissidenten im zaristischen Rußland (bes. seit 17. Jh.): u.a. Duchoborzen, russische Quäker, Schtunda, Stundisten »Stundenbeter«, Molokanen, Molokany/Molokanen »Milchtrinker« (eine Sekte von Vegetariern), Chlysten »Geißler«, Kamenschtschiki, Skopzy »Verschnittene«, die in Sibirien Zuflucht vor Verfolgung suchten, Lipovani/Lippowaner.

Rassejüdische Christen (REL)
I. christliche »Nichtarier«.
II. offizielle Bez. um 1941 für die zum Christentum konvertierten Juden unter der NS-Herrschaft in Mitteleuropa; im damaligen Deutschland rd. 350000.

Rassen (BIO)
s. Menschenrassen.

Rassensplitter (BIO)
I. Rassenrelikte.
II. anthropol. Bevölkerungsgruppen eines stammesgeschichtlich alten Entwicklungsstandes, die sich nicht einer der Großrassen zuordnen lassen. Sie haben sich wohl aus einer einheitlichen Frühform abgelöst, bevor die Differenzierung in Großrassen erfolgt ist.

Rassenzwerge (BIO)
II. Populationen mit rassenbedingter Zwergwüchsigkeit. Vgl. Pygmide, Pygmoide, Bambutide/Pygmäen, Khoisanide; Negritide, Semang; Zwerg-Papua/Tapiride, Aëta, Andamanide.

Rassisten (WISS)
I. racistes (=fr); rassiste (=it); racistes (=sp, pt).
II. Menschen mit übersteigertem Bewußtsein der eigenen Rasse; Anhänger einer Ideologie die zwischen hochstehenden, überlegenen und minderentwickelten, unterlegenen Rassen unterscheidet (vgl. GOBINEAU), wobei daraus ein naturgegebenes Recht zur Diskriminierung anderer Rassen abgeleitet wird. Unter solcher Rechtfertigung gediehen z.B. der NS-zeitliche Juden-Genozid, die südafrikanische Zwangsapartheid oder auch die verschiedensten Gewaltmaßnahmen in Kolonialländern bzw. unter späteren Besatzungsregimen.

Rastafarier (SOZ)
I. Rastafarians (=en); entspr. Haartracht pejorativ »Grusellocken«; aus Ras Tafari, nachmalig Haile Selassie.
II. Anh. einer anfangs des 20. Jh. auf Jamaika entstandenen sozial-polit. Bewegung, ursprünglich auf der Prophezeihung gründend, nach Afrika heimzukehren, sobald dort ein schwarzer Gottkönig (irrtümlich der äthiopische Kaiser) regiere. Später durch Zulauf weiterer Slumbewohner und nach Einführung kultischen Marihuana-Genusses erfolgte Hinwendung zu sozialrevolutionären Zielen. Nur kleine Teilgruppe ist tatsächlich nach Äthiopien (Provinz Schoa) ausgewandert. Die karibischen R. setzen heute auf radikale Afrikanisierung von Jamaika, sind heute auch durch Reggae-Musik bekannt; ca. 25 000–100 000.

Räter (ETH)
I. Raeter, Rhätier.
II. Sammelbez. für eine altmediterran-vorindogermanische Stammesgruppe in den Mittleren Alpen, vermutlich den Ligurern, Venetern und deren Vorbev. verwandt. Zu ihren Einzelstämmen zählen u.a.: Anaunier, Bergalei, Breoner, Brixenter, Isareier, Lepontier, Suaneter, Vennoneter, Venoster. Viele Landschaftsnamen erinnern an sie, z.B. Geogr. Name: Rätikon. Wurden seit römischer Unterwerfung romanisiert und schmolzen vielfach selbst jüngere Volkselemente ein; ihre Nachkommen werden heute als Alpen- oder Rätoromanen bezeichnet.

Rathsverwandte (SOZ)
II. Altbez. für Mitglieder eines Stadtrates in Mitteleuropa.

Rätoromanen (ETH)
I. Alpenromanen.
II. Nachkommen der rätischen Altbev. in Zentral- und S-Alpen; seit Unterwerfung durch Römer (15 v.Chr.) völlig romanisiert, mit verschiedenen rätoromanischen Eigenspr. und eigenem Volksgut, die insbesondere in Graubünden, in den Dolomiten und in Friaul überdauert haben. I.e.S. die Bündnerromanen oder Weströmer im Schweizer Kanton Graubünden; 1980: 51 000. Vgl. Dolomitenladiner, Furlaner; Rätoroman.-spr., Rumantsch Grischun.

Rätoromanisch (SPR)
I. 1.) Alpenromanisch;
II. i.w.S. Oberbegriff zu Furlanisch, Ladinisch und Rumantsch. Amtsspr. in Graubünden/Schweiz und Friaul/Italien, Schulspr. in S-Tirol/Italien. Sprecherzahl incl. Friulanisch 0,6 Mio. (1990).
I. 2.) Bündnerromanisch, Romanisch, westliches Romanisch; Eigenbez. Rumantsch, Romontsch oder Rumauntsch; Lingua Rumauntscha; Romansh, Romansch (=en).
II. die Spr. der Romanen in Raetia Curiensis, Churwalchen/Churwalen, Graubünden; mit allen Varianten stärkste rätoromanische Gruppe, (1970) rd. 50 000 Sprecher. Das Bündnerromanisch ist in div. traditionelle Dialekte gegliedert, die bis zur Standardisierung als eigenständige Schriftspr. gelehrt und gebraucht wurden: a) Surselvisch oder Sursilvan im Bündner Oberland (Cadi, Foppa, Lumnezia); b) Mittelbündnerisch mit Sutselvisch oder Sutsilvan im Vorderrheingebiet (Tumliasca/Domleschg, Schons/Schams) und Surmeirisch oder Surmiran im Oberhalbstein und Bergün; c) Ladinisch mit Puter in Engiadin'Ota/Oberengadin und Vallader in Engiadina Bassa/Unterengadin und Val Müstair/Münstertal. Zus. 51 000 (1980). R. ist seit 17. Jh. Literaturspr., seit 1938 vierte Amtsspr. und im Verkehr mit Rätoromanen Landesspr. der Schweiz und Schulspr. in romanischen Tälern Graubündens/Schweiz. Seit 1996 ist Rumantsch Grischun vierte Landesspr. der schweizerischen Eidgenossenschaft. Vgl. Zentralladiner, Furlanisch- spr.

Ratschwelier (ETH)
I. Eigenname Ratschweli; Ratschincy (=rs). Vgl. Georgier.

Rautja (ETH)
I. Rautia.
II. Unterstamm der Kol in Indien.

Realgemeinde (WISS)
II. der Personenkreis der Nutzungsberechtigten an der Allmende. Deren Zugehörigkeit bestimmt

sich nach dem Eigentum an bestimmten Höfen oder nach der Eigenschaft als Ortsbürger (s.d.).

Rechabiten (REL)
II. ordensähnlich organisierte Gruppe nomadisierender Jahwe-Gläubiger im Sinai in biblischer Zeit. Vgl. Keniter.

Rechtsschulen im Islam (REL)
I. (ar=) madahib, Sg. madhab.
II. das islamische Recht ist Bestandteil der Rel. und konstituierendes Element der Umma. Daher ist die auf historische Umstände zurückreichende Zugehörigkeit jedes Muslim zu einer bestimmten Rechtsschule ein Gliederungselement der islamischen Ökumene. Vgl. im Sunnismus: Hanafiten, Malikiten, Saf'iiten (Dschafiiten), Hanbaliten; im Schiismus Gafariten.

Red Indians (BIO)
I. (=en); American Indians (=en); Indianer (s.d.).

Red Star-Kult (REL)
II. 1949 in Angola gegr. Kultgemeinschaft.

Redcoats (SOZ)
II. (=en); Bez. im amerikanischen Unabhängigkeitskrieg für Briten, britische Soldaten (nach ihren roten Uniformjacken).

Reddi (SOZ)
I. Konda Reddi (s.d.), Hill.
II. auch Name einer großen Hindukaste von Grundbesitzern in Andhra Pradesch. Vgl. Thakur in Uttar Pradesh.

Redemptoristen (REL)
I. CSSR, Liguorianer.
II. ein den Jesuiten verwandter kath. Orden, gegr. 1732 bei Neapel für Volksmission und innerkirchliche Erneuerung; 1966 rd. 9000 Mitglieder.

Redemtioner (WISS)
I. aus redemtio (lat=) »Erlösung«, Loskauf.
II. europäische Auswanderer nach Übersee, die sich zu mehrjähriger unfreier Arbeit bei jenem Dienstherren verpflichten mußten, der die Kosten die Schiffspassage übernahm. Das R.-System ist seit 1728 nachweisbar, im 18. Jh. nutzten es 50-75 % aller dt. Auswanderer. Vgl. indentured servants (=en).

Redjang (ETH)
II. malaiische Bev.gruppe im Bergland S-Sumatras/Indonesien, ca. 300 000 mit Eigenspr. der südwestindonesischen Sumatra-Gruppe. Stark von Javanern beeinflußt. Obschon nominell Muslime, halten sie am Schamanentum fest; relativ wohlhabend.

Rednecks (SOZ)
I. (=en); »Rotnacken«.
II. ugs. Bez. in Südstaaten der USA und englischspr. Territorien Mittel- und Karibik-Amerikas für verarmte weiße Kolonisten, welche ihre Felder selbst bestellen müssen. Als Schimpfwort für als engstirnig, polit. reaktionär, neger- und nordstaatenfeindlich verschrieene Südstaatler in USA. Gegensatz Good old boys (=en). Vgl. Poor Whites (=en); petit-blancs (=fr).

Redskins (SOZ)
I. (=en); SHARP-Skins (=en) »Skinheads against racial prejudice« (=en).
II. Skinheads gegen rassistische Vorurteile, stehen in Opposition zu »rechten« Skins.

Reformierte (Christen) (REL)
I. Reformed Protestants (=en).
II. ab etwa 1580 gebräuchlicher Name für die zum Calvinismus übergegangenen deutschen Protestanten, die zwar an Luther festhielten, aber die Reformation konsequenter als die Lutheraner durchsetzen wollten; Merkmalsunterschiede gegenüber Katholiken und Protestanten: strenge Auslegung des Bildverbots/schmucklose Kirchenräume, Fehlen einer Liturgie/reine Lesungsgottesdienste, symbolische Gegenwart Christi im Abendmahl. Seit 1648 übliche Bez. für die aus theologischen, aber auch politischen und sozialen Gründen von den lutherischen Protestanten abgewandten Protestanten. In weiterer Entwicklung folgte Verbreitung in Schweiz, Niederlande, England, Schottland und Nordamerika. Heute über 39 Mio., i.w.S. mit Freikirchen in über 60 Ländern nach weit überzogenen Eigenangaben rd. 160 Mio. Vgl. Calvinisten, Zwinglianer; Presbyterianer.

Reformjuden (REL)
I. in Deutschland verallgemeinert auch Assimilanten.
II. die zahlenmäßig größte der drei heutigen Gruppierungen des Judentums. Sie ist überwiegend mitteleuropäisch-nordamerikanisch, westjüdisch-aschkenasisch strukturiert. Es sind die im Westen alteingesessenen, sozial arrivierten, weitgehend integrierten, Juden. Im Kult: Einführung der Landessprache, Orgel-Synagogen, z.T. Ersetzung des Sabbats durch den Sonntag. Ihr Lehrzentrum ist das 1875 durch Isaac M. Wise gegr. Hebrew Union College, heutige Dachorganisation »Union of American Hebrew Congregations«.

Refractäre (SOZ)
II. (=sd); ausländische Kriegsdienstverweigerer, Deserteure.

Refugees (SOZ)
I. (=en); Flüchtlinge; refugiados (=sp); refugiati (=it); réfugiés (=fr).

Refugiés (REL)
I. (=fr); »Flüchtlinge«; Altbez. für Huguenots, Hugenotten.

Rega (ETH)
I. Lega.

II. kleine Bantu-Ethnie, ca. 20 000–50 000 Köpfe, am NW-Ufer des Tanganyikasees in der DR Kongo. Treiben Ackerbau und Viehhaltung, Jagd und Fischerei; einst wurde Polygamie gepflegt.

Registerkosaken (SOZ)
II. im 17. Jh. in der noch leeren südrussischen Steppe angesiedelte Kosaken, die als frei (auch steuerfrei) galten, sofern ihnen die Registrierung gelang.

Reguibat (ETH)
I. Regeibat, Regibat; R'guëibat (=fr).
II. mächtiger Stamm sogenannter »großer« Nomaden in Algerien, in der ehemals spanischen Sahara und im N Mauretaniens. Man pflegt die Föderationen der R. Sahel und R. Lgouacem/Legouassem mit jeweils mehreren Fraktionen zu unterscheiden; ihre Zahl wurde um 1970 auf rd. 50 000 geschätzt (*H. SCHIFFERS-R. HERZOG*).

Regularen (REL)
II. Mitglieder der eigentlichen Orden im Katholizismus mit feierlichen Gelübden.

Regularkanoniker (REL)
II. Kanoniker, Chorherren, Geistliche, die ein gemeinsames Leben nach einer Chorherrenregel führen, so Augustiner-Chorherrn, Prämonstratenser, Kreuzherren.

Regularkleriker (REL)
II. i.w.S. alle Priester eines kath. Ordens oder einer Kongregation; i.e.S.: kath. Ordensgeistliche, insbes. die seit 16./17. Jh. entstandenen Priestergenossenschaften mit dem Hauptzweck der Seelsorge: Theatiner, Jesuiten, Kamillianer.

Rehamana (ETH)
II. berberische Stammes-Konföderation in W-Marokko. Vgl. Berber.

Rehobother Bastards (BIO)
I. Rehoboth-Basters (Eigenbez.); Rehobother Burghers, R. Bastaards (=ni, af); Gringa.
II. Mischlingspopulation von Buren und Hottentottenfrauen aus der Kapkolonie. R.B. verließen 1869 die Kapkolonie über den Oranje nach SW-Afrika; sprechen in Mehrheit Afrikaans, auch Deutsch oder Englisch; sind stolz auf ihre Abkunft; pflegen seit Generationen Endogamie; besitzen seit 1885 eigenes Reservat. Lt. VZ 1986 rd. 29 000.

Reichsbürger (WISS)
I. nicht voll identisch Reichsdeutsche (s.d.).
II. amtl. Terminus in Deutschland z.Zt. des NS-Regimes (lt. Gesetz vom 15. 9. 1935) für deutsche Staatsangehörige »deutschen oder artverwandten Blutes« zur rechtlichen Unterscheidung von solchen jüdischer oder zigeunerischer Abstammung.

Reichsdeutsche (WISS)
II. amtl. Terminus bis 1945 in Deutschland für Deutsche mit dt. Staatsangehörigkeit im Unterschied zu Volksdeutschen, worunter Deutsche fremder Staatsangehörigkeit verstanden wurden. Vgl. Auslandsdeutsche, Reichsbürger.

Reis-Esser (WISS)
II. wiss. Terminus für solche Ackerbau treibenden Völker, denen Reis als Hauptnahrungsmittel dient, im Unterschied zu jenen, die unter Nutzung anderer Getreidearten den Backvorgang erlernt haben (Brot-Esser). 2–3 Mrd., fast die Hälfte der Menschheit, zählt zu dieser Kategorie; sie ist überwiegend auf SE- und E-Asien verteilt, wo auch vor ca. 5000 Jahren der Reis erstmals angebaut wurde. Reis ist nicht backfähig, sondern wird ganz überwiegend in gekochter oder breiiger Form verzehrt; er wird auch zu Sake, Samdschu, Boza, Arrak verarbeitet, ferner gelangt R.-Stärke und -Stroh zu vielen Anwendungen. Reis hat nachhaltig die Kultur dieser Völker und Länder geprägt.

Reisige (SOZ)
II. Altbez. für berittene, gewappnete Dienstmannen, Knappen. Später als gekaufte (käufliche) Soldaten. Vgl. Söldner, Reisläufer.

Reisläufer (SOZ)
I. aus reis (mhd=) »Kriegszug«, s. auch Reisige; Söldner, Söldlinge, Miethlinge, Mietsoldaten, Fremdentruppen; mercenaires (=fr).
II. Altbez. (im 13.–18. Jh.) für Söldner in fremden (ausländischen) Diensten; als Institution seit Altertum bis heute gebräuchlich, bekannt bes. die Schweizer R., 1300–1800 allein 1 Mio. (*W. BICKEL*) – 2 Mio. (*FR. METZ*). Durch ausländischen Solddienst erfuhren Abgabeländer zwar wirtschaftlichen Nutzen (Militärkapitulationen), erlitten aber in Anbetracht langer Abwesenheit der R. (Geburtenausfall), Kriegsverluste und Verbleib der Ausgemusterten als Siedler (u.a. hessische R.) in Nordamerika schwere Einbußen. Überkommen ist heute päpstliches »Schweizergarde« oder »Fremdenlegion«. Vgl. nepalesische Gorkhali, Harikis, indische Sikhs, indonesische Molukker/Ambonesen; Legionäre.

Reiterhirten (SOZ)
II. Berufsgruppe berittener Hirten in den Steppenzonen der Erde, u.a. Badw, Boundary-Riders, Cowboys, Csikós, Gauchos, Gulyas, Kosaken, Llaneros, Tabuntschiks, Vaqueros.

Reitervölker (WISS)
I. Reiternomaden, Reiterkrieger; Horsemen of Mongol (=en).
II. jene Ethnien in den Steppen Eurasiens, die etwa seit dem 13. Jh.v.Chr. durch Nutzung des Pferdes als Reittier ihre Wanderfähigkeit wesentlich erweiterten und oft unter Aufgabe des Ackerbaus zur Lebensform des Nomadismus übergingen: Kimmerier, Skythen; später Saken, Hunnen, Chingan-Völker, Turk-Völker, Tibeter, Mandschu und Mongolen. Volle Ausprägung durch Steigbügel, Anpassung von Kleidung und Bewaffnung. Sie bedrohten er-

folgreich die Dauersiedler im Umfeld, von China über Indien und Persien bis zu den ö. Provinzen des Römischen Reiches. Über die drei orientalischen Steppengürtel (*v. WISSMANN*) griff der Reiternomadismus in der Sonderform von Kamelreitern auch auf Arabien und Nordafrika, den Kulturerdteil Orient aus. Vgl. Reiterhirten, Beduinen.

Reiyu-kai (REL)
I. (jp=) »Gesellschaft der Seelenfreunde«, 1925 in Japan gestiftete Laienbewegung; betreibt insbes. intensiven Ahnenkult. Zentrum auf Izu, heute 2 Mio. Anhänger. Vgl. Lotos-Sutra-Religionen.

Rek (ETH)
I. Dinka, s.d.

Reklusen (REL)
Vgl. Inklusen.

Rekonstituierte Familien (WISS)
I. reconstituted families (=en).
II. durch Wiederheirat neugebildete Familien.

Religionsgemeinschaften (REL)
I. nicht voll synonym mit Kultgemeinschaften.
II. Gruppen von Menschen auf der ideellen Basis gemeinsamen Bekenntnisses und gemeinsamer Übung einer Religion. R. können durch folgende Merkmale charakterisiert werden: 1.) Besitz eines aus Überlieferung, Mythologie oder Offenbarungsglauben getragenen Systems religiöser Glaubenslehren. 2.) Besitz eines bestimmten Rituals für ihren Verkehr mit dem Überirdischen, welches Inhalt dieser Glaubenslehren ist. 3.) Besitz moralischer Grundsätze und Setzung ethischer Regeln, die, unter Übereinstimmung mit der Glaubenslehre, das Verhalten der Gruppenindividuen untereinander und zu anderen R. bestimmen. 4.) Entwicklung einer mehr oder weniger geordneten Institution, die die Glaubensvorstellungen einerseits und den äußeren Kult andererseits wahrt und vertritt. Mit solcher Kennzeichnung lassen sich alle kultreligiösen Gruppen umfassen, ob deren Lehre aus dunklem Beginn ererbt (überliefert) oder erst später gesetzt (offenbart) bzw. begründet (erdacht) ist. R. können sozialgeogr. kleinere und dann meist einfache Gruppengefüge (Sippenverbände, Clane, Kasten, Stämme) oder komplexe, große Gesellschaften (Völker, Nationen) sein. R. entsprechen in gleicher Weise Stammeskulte und Globalgesellschaften. R. müssen sich weder statistisch, noch soziologisch oder rechtlich mit einer »Gemeinschaft der Gläubigen« im Sinne der kultreligiösen Institution decken. Es können Teilgruppen (Frauen, Unreine, Unfreie, Abgewanderte) ausgeschlossen oder aber (Unterworfene, Bekehrte, Verstorbene) zusätzlich eingeschlossen sein. Oft zählen hierzu nur diejenigen, die bestimmten Kultgeboten Folge leisten. Genuid und spontan erwächst aus der religiösen Gesinnungsgemeinschaft der Kult. Der Grad der Verkultung liegt dabei in weiten Grenzen.

Eben diese Kultübung wird offiziell und verbindlich für alle. Sie muß deshalb geregelt werden und braucht hierzu Funktionsträger (Kultvorsteher, Priester). In gleicher Richtung wirkt das Bestreben, den eigenen Glauben zu vertreten (zu wahren, zu verkünden, zu verbreiten). Aufgaben wie Ämter drängen zur Institution, führen zur Ausbildung eigentlicher religiöser Vereinigungen innerhalb der sakral gewerteten, polit. oder ethnischen Gesellschaft: Genossenschaften, Orden, Bruderschaften, Kirchen. Der natürliche Zusammenhalt der R. wird insbesondere im hierarchischen System von Ämtern zum straffen organisatorischen Zusammenschluß gefördert (Kath. Kirche). Er kann darüber hinaus zur Machtausübung prädisponieren (Priesterfürsten, Kalifen, Marabus) oder aber andere Synthesen mit den wesensverwandten polit. Gesinnungen eingehen. Rel. zählt zu den Hauptwurzeln der Staatsidee, drängt aber oft zum übernationalen Anspruch. R. unterliegen räumlichen Differenzierungen. Das kann aus der Eigenart der Rel.ausbreitung herrühren, doch auch in den geogr., ethnischen, spr. und sogar wirtschaftlichen Unterschieden innerhalb der Religionsbereiche begründet sein. Häufig tritt einseitige Bevorzugung einer Rel. durch Landesherren oder Staat ein, dann wird das extreme Ziel, die Einheit im Glauben zur Norm des Zusammenlebens zu machen, von beiden Seiten angestrebt, öfters aber auch gewaltsam verwirklicht. Als ursprüngliche Grundnorm der allermeisten R. muß die Einheit von Rel., Staat und Kultur angenommen werden, wobei die Rel. das gesamte Leben durchzieht und insbes. das soziale Verhalten der Gemeinschaftsglieder regelt: von demographischen Normen bis zur Erziehung, von Speisegeboten bis zu Kleidungsvorschriften, vom Rechtswesen (u.a. Scharia, Erbrecht) bis zur Wirtschaftsgesinnung. Noch nachhaltiger fördert die eigentliche Kulthandlung selbst mit Gebet, Opfer, Reinheitsriten, Gemeinschaftsmahl den Zusammenschluß der R. und gibt zur Errichtung vielgestaltiger Kultbauten Anlaß. Auf diesem mittelbaren Weg über das kultreligiöse Verhalten wirkt sich der Rel.einfluß auch im Landschaftsbild und Lebensraum des Menschen aus: heilige Zentren mit den Residenzen Gottes oder der Gottheiten, Tauf- und Reinigungsstätten, Opfer- und Bußstätten, Versammlung-, Gebets- und Andachtsbauten, Mahn- und Gedenkmale, Grabstätten und Reliquienschreine, Prozessionswege. Vgl. Religionsvölker, Millet(s); Sekten; Religiosen

Religionsgesellschaften (REL)
I. Religionsgenossenschaften.
II. Bez. für Religionsgemeinschaften im Sinne des deutschen Staatskirchenrechts, das u.a. ihre privatrechtliche und öffentlich-rechtliche Stellung regelt. Körperschaften des öffentlichen Rechts sind berechtigt, Kirchensteuer und Kirchgeld zu erheben. Vgl. Religionsgemeinschaften.

Religionslose (REL)
I. Nichtgläubige; Ungläubige, Glaubenslose.
II. 1.) Altbez. für religionslose Ethnien. Nach überholter, im Evolutionismus fußender, Ansicht Völker, denen der praktische Glaube an eine Abhängigkeit von übermenschlichem Wesen fehlt. Tatsächlich hat es Rel.losigkeit nie gegeben, auch nicht als Vorstadium von Religiosität. 2.) Menschen, die keiner Rel. angehören und im Gegensatz zu Atheisten mit ihren Weltanschauungen allen bestehenden Religionen indifferent oder gar ablehnend gegenüberstehen. Lt. BELLINGER und andere muß für 1985 bis 1990 von 806 Mio. bis zu 1 Mrd. R. ausgegangen werden. Vgl. Nichtreligiöse, Irreligiöse, Atheisten, Areligiöse.

Religionsnationen (REL)
II. 1.) die mit weitgehender Selbstverwaltung ausgestatteten Religionsgemeinschaften im Millet-System des Osmanischen Reiches. 2.) Religionsgemeinschaften mit dem Anspruch auf eine polit., d.h. womöglich auch territoriale Autonomie/Eigenständigkeit, z.B. israelische Juden, Maroniten, Mormonen. Vgl. Millet.

Religionsvölker (REL)
II. 1.) Völker, die eine Eigenreligion besitzen, z.B. Armenier, Georgier, Amharen. 2.) Religionsgemeinschaften, deren Kultgesetze Endogamie gebieten; solchen Gemeinschaften können (manchmal mit Ausnahme der Spr.) alle Kriterien eines Volkstums zukommen: Abstammung, Kultur, Schicksal, Zusammengehörigkeitsbewußtsein, z.B. Drusen, Alawiten, Juden. 3.) Volksteile, deren polit. Separierung wesentlich durch eine eigene religiöse Sonderentwicklung gefördert wurde: viele Balkanvölker und Kaukasier, ferner Sikhs, kath. Flamen. Religiöse Trennung von der Umwelt ist (nach W. SCHNEEFUSS) stets ein starker Faktor der Erhaltung eigenen Volkstums (z.B.: Griechen). Vgl. Kultgemeinschaften, Religionsgemeinschaften, Religionsnationen, Millet(s).

Religiose (REL)
II. allg. Bez. für die Mitglieder religiöser Genossenschaften, Orden, Kongregationen, usw.; i.w.S. für alle Kleriker, Priester.

Remigranten (WISS)
I. Repatrianten, Rückkehrer, Heimkehrer.
II. i.e.S. Auswanderer, die in das Land zurückkehren, das sie als Emigranten verlassen hatten. Vgl. Rückwanderer.

Remo (ETH)
II. Indianerstamm aus der Pano-Spr.gruppe in E-Peru.

Remonstranten (REL)
I. Selbstbez. der Arminianer.
II. calvinistische Sonderkirche in Niederlande, im 16. Jh. von J. Arminius in Leiden, der gegen die Prädestinationslehre kämpfte, begründete christliche Gemeinschaft, die 1618 in Teilen ins Ausland vertrieben (z.B. nach Friedrichstadt in Schleswig), erst seit 1798 wieder voll geduldet ist und noch heute in 30 Gemeinden in den Niederlanden besteht.

Renago (ETH)
II. kleine ethnische Einheit im südvietnamesischen Bergland, einige Tausend mit einer Mon-Khmer-Spr.; Wildbeuter und Brandrodungsbauern.

Rendille (ETH)
II. kleiner Stamm von Hirtennomaden in einem rd. 13 000 km² großen semiariden Gebiet sö. des Lake Turkana/Kenia; 1981 ca. 12 000 Köpfe. Getrennte Weiden von Haus- und Fern-/Foraherden; Milch-, Blut-, Fleischnutzung bes. auch aus Dromedaren.

Renegaten (REL)
I. Apostaten; (lat=) »Glaubensabtrünnige«, vom Glauben Abgefallene, »Glaubensverleugner«; renégats (=fr); murtadd Sg. (=ar).
II. Personen, die ihren Glauben (im weiteren auch und oft gleichbedeutend ihr Volkstum) ablegen, ihre Rel. wechseln, aus der Sicht der verlassenen Rel. und unabhängig, ob Glaubenswechsel freiwillig oder unter äußerem Zwang vollzogen wurde, wie z.B. bei den iberischen Christen, die im 16./17. Jh. zum Islam übertraten. Renegatentum wurde in älterer Zeit schwer bestraft, im Islam z.B. durch Tod, Auflösung der Ehe, Enteignung. Vgl. Konvertiten, Proselyten.

Rengma (ETH)
II. Einheit der Naga-Stämme in NE-Indien.

Rentenkapitalisten (WISS)
I. kulturgeogr. Fachterminus nach H. BOBEK.
II. Eigentümer von landwirtschaftlichen und gewerblichen Produktionsmitteln im Bereich altorientalischer Kulturen. R. sind noch heute im ganzen Kulturerdteil Orient, in Südwestasien und im europäischem Mittelmeerbereich vertreten (insbes. in der städtischen Oberschicht Spaniens und Portugals). Ihr Erwerbsstreben ist nicht auf die Produktion von Gütern ausgerichtet, sondern auf das ständige Abschöpfen von Ertragsanteilen in Form von Bodenrenten, Pachten und Mieten, ohne daß sie selbst wesentliche Investitionen zur Erhaltung oder Steigerung der Produktivität vornehmen. Indem R. sowohl den Grundstücksmarkt, die Wasserverfügbarkeit, die Transportmittel und insbes. den Agrarhandel beherrschen, fällt es ihnen leicht, Kleinbauern und Pächter in dauernder Abhängigkeit zu halten; so sind sie die maßgebliche Ursache für die Unterentwicklung in diesen Kulturerdteilen (H. BOBEK).

Rentiernomaden (SOZ)
I. Reindeer Herders (=en).
II. Begleiter von Rentierherden auf ihren jahreszeitlichen Wanderungen in Tundren und Waldgebie-

ten des n. Eurasien bzw. Nordamerika. Nur in älteren Formen Begleitung durch ganze Familien (echter Nomadismus), heute vorwiegend eine Hirten-Fernwanderung, sofern sich nicht schon stationäre Rentierwirtschaft durchgesetzt hat.

Rentiers (SOZ)
I. (=fr); Rentenierer; Kapital-Rentner, Partiküliere.
II. 1.) Altbez. für Rentner, insbes. für solche, die ihren Lebensunterhalt aus Grund- und Kapitalvermögen oder Privatversicherung bestreiten (Zinsen, Dividenden, Mieten, Pachten). 2.) In gewissem Unterschied hierzu: Pensionäre, Sozial-Rentner, Bezieher von (staatlichen oder firmeneigenen) Berufsrenten. Vgl. Pensionäre, Rentner, Ruheständler.

Rentner (SOZ)
II. überwiegend nicht mehr berufstätige Personen, die ihren Unterhalt aus einer Rente, i.e.S. einer staatlichen oder betrieblichen Sozial-, Pflichtrente bestreiten. Vgl. Rentiers, Pensionäre; Vorruheständler.

Reparationsverschleppte (WISS)
II. dt. Terminus für solche, nach 1945 in die UdSSR verschleppte Deutsche, deren Zwangsarbeit offiziell als Form von Reparation erklärt wurde: 485 000 Pers. Das Los sowjetrussischer Zwangsarbeit teilten rd. 300 000 sog. Zwangsrepatriierte, ferner 40 000 Rumäniendeutsche und 65 000 Ungarndeutsche. Vgl. Zwangsarbeiter, Kriegsgefangene.

Repatriierte (WISS)
I. Remigrierte.
II. Personen, die aus meist polit.-ideologischen Gründen aus dem Ausland in ihr Herkunfts-, Heimatland, in das Stammland ihrer Gruppe heimgeholt oder heimgeschickt wurden. 1.) Bez. für in Nordamerika freigesetzte Negersklaven, die anfangs des 19. Jh. nach Westafrika zurückgeführt wurden. Vgl. Congos, Ameriko-Liberianer (Monroe-Doktrin). 2.) Im II.WK aus Osteuropa »in das Reich heimgeholte« Volksdeutsche. 3.) In Polen nach 1945 amtl. Bez. für Zwangsumsiedler aus Ostpolen, die ihre Heimat nach Einverleibung in die UdSSR 1945/46 zu verlassen hatten. 4.) Jene Kolonialeuropäer, die aus den selbständig gewordenen Neustaaten unter politischem oder wirtschaftlichem Druck in ihre Heimatländer zurückkehren mußten. 5.) Ubiquitär gebrauchter Terminus für Flüchtlingsgruppen, die vom Asylland in ihre Heimat zurückgeschickt, von internationalen Organisationen heimgebracht werden. Bei selbständiger Rückwanderung: Heimkehrer, Rückwanderer.

Republikflüchtige (WISS)
I. SBZ-, Sowjetzonenflüchtlinge.
II. seit 1952/57 amtl. Bez. in ehem. DDR für »illegale« Abwanderer aus Mitteldeutschland. 1945–1961 kehrten 2,739 Mio. (nach anderen Quellen 3,438 Mio.), also über 15,2 % der Wohnbev. von 1945, der DDR den Rücken (»Abstimmung mit den Füßen«). Dieser Prozeß führte 1961 zur Errichtung der »Mauer«. In den folgenden 20 Jahren sind weitere 178 000 Flüchtlinge, 13 000 Freigekaufte und 252 000 Übersiedler nach Westdeutschland übergewechselt. In der Gegenrichtung wanderten 1950–1961 rd. 474 000 aus dem Westen in die DDR ab, dort »Westflüchtlinge« genannt. Vgl. Westwanderer (deutsche).

Restenja(s) (SOZ)
I. Balabbat(s), Balaristen.
II. Schicht von Grundeigentümern in Äthiopien, deren Familien bzw. Verwandtschaftsgruppen in Ableitung aus altem Kollektiveigentum ein Mit-Nutzungsrecht am Boden besitzen (W. KULS).

Restfamilien (WISS)
II. Ehepaare, Verwitwete oder Geschiedene, deren Haushalt keine Kinder mehr umfaßt.

Restvölker (WISS)
I. meist identisch, jedoch nicht syn. mit Rückzugsvölkern.
II. Nachkommen von zahlenmäßig einst größeren Völkern/Stämmen oder auf ehemals höherer Kulturstufe, jedoch handelt es sich mehrheitlich um Wildbeuter. R. stagnieren in ihrer Bev.zahl, sie degenerieren, viele kämpfen um ihr Überleben, sind am Aussterben.

Retornados (SOZ)
II. (=pt); in der »Nelkenrevolution« (1961–1974) und später aus Überseebesitzungen in ihr Mutterland heimgekehrte Portugiesen. Begriff umfaßt fälschlich auch Angeh. von Kolonialvölkern mit portugiesischer Staatsangehörigkeit, z.B. Bew. der ehem. portugiesischen Kolonien Goa und Diu (Indien) mind. 100 000, davon 48 000 im Großraum Lissabon. Vgl. Desalojados; Rückkehrer.

Retorten-Babys (BIO)
I. Retortenkinder.
II. ugs. für durch künstliche Befruchtung/In-vitro-Fertilisation außerhalb des Mutterleibes gezeugte Kinder; die Erfolgsquote lag lt. P. Kemeter bis 1992 bei nur 11 % aller Anwendungsfälle.

Réunion (TERR)
B. Französisches Übersee-Departement; umfaßt: Bassas da India, Europa, Glorieuses, Juan de Nova, Tromelin. The Department of Réunion, Réunion (=en); le département de la Réunion, Reunión (=fr); el Departamento de la Reunión, (las isla de la) Reunión (=sp).
Ew. 1948: 0,234; 1961: 0,349 Z; 1970: 0,446; 1978: 0,496; 1996: 0,675, BD: 269 Ew./km²; WR 1990–96: 1,7 %; UZ 1996: 68 %, AQ: 21 %

Réunionnais (ETH)
II. (=fr); Bew. der Insel Réunion (Ile de Bourbon), eines französischen Übersee-Dép. ö. Madagaskars;

675 000 Ew. (1997). Von Portugiesen 1505 als menschenleer entdeckt. Dann von portugiesischen, niederländischen, französischen und englischen Kolonisten polyethnisch besiedelt. Seit frühem 17. Jh. Einfuhr von Sklaven vom Festland und aus Madagaskar, seit 1835 kamen indische Kontraktarbeiter, dann auch chinesische Kulis. 1990: 40% Mulatten, Schwarze und Madegassen, 25% Weiße, Inder, Chinesen, jedoch auch über 10 000 Franzosen.

Rezenter Mensch (BIO)
I. Homo sapiens sapiens; moderner Mensch Sg.
II. Bez. für Menschen des oberen Pleistozäns; es traten gleichzeitig Neanthropinen und Paläanthropinen auf.

Rhadaniten (SOZ)
II. persisch-jüdische Handelsreisende im MA.

Rhadé (ETH)
II. Ethnie mit austronesischer Spr. im Hochland von Darlac/Vietnam; Reisbauern.

Rheinbayern (ETH)
II. Altbez. für Bew. der Bayerischen Pfalz, Bayerns links des Rheins bis 1946. Vgl. Rheinhessen.

Rheinländer (ETH)
I. Rhénans (=fr); Rhinelanders (=en); renanos (=sp, pt); renani (=it).
II. 1.) linguistisch Franken beiderseits von Mittel- und Niederrhein, im N mit niederfränkischer, im S mit ripuarischer, d.h. schon mitteldeutscher Mundart. 2.) politisch, historisch, kulturell unbestimmte, erst im 18./19. Jh. entstandene Bez. in Deutschland für die Regionalbev. beiderseits des Rheins (insbes. des Abschnitts unterhalb der Nahe bis zur niederländischen Grenze). Relativ deutliche Differenzierung von links- und rechtsrheinischer Bev. setzte schon in Römerzeit ein: aus Osten in linksrheinische Gebiete umgesiedelte Germanen (u.a. Ubier, Eburonen, Sugambrer) verschmolzen dort mit Kelten (u.a. Belgen) und zahlreichen römischen Veteranen zu weitgehend romanisierten Mischbev. nach Art der Trajanenses (Xanten) oder Agrippinenser (Köln). Sie entwickelten das westliche Rheinland zu hoher kultureller und wirtschaftlicher Blüte. Entsprechendes gilt für die im 5. Jh. nachfolgenden fränkischen Ripuarier. Auch in Neuzeit dauerte jene Differenzierung an u.a. als Folge verkehrsmäßiger Sperrwirkung oder zeitweiliger politischer Abgrenzung (territoriale Zersplitterung, französischer Expansionsdrang: so 1795–1801, 1919/1921/1923, 1945). Hieraus resultieren auch Unterschiede in Mentalität und Brauchtum. Die Hessen sind keine Rheinländer, auch nicht die (ehemals bayerischen) Pfälzer, ansässig. 3.) Wohnbev. der ehemals preußischen Rheinprovinz (seit 1824); (Regierungsbezirke Koblenz und Düsseldorf).

Rheinland-Pfalz (TERR)
Bundesland in Deutschland (seit 1946); gebildet aus der ehem. Bayerischen Pfalz, Rheinhessen und Teilen der Provinz Hessen-Nassau. Rhénanie-Palatinat (=fr).
Ew. nach jeweiligem Gebietsstand 1939: 2,960; 1970: 3,645; 1980: 3,639; 1990: 3,734; 1997: 4,018, BD: 202 Ew./km²

Rheinpfalz (TERR)
C. Bayern links des Rheins (Pfalz), Rheinkreis. Vgl. Bayern.
Ew. nach jeweiligem Gebietsstand 1816: 0,430; 1855: 0,587; 1871: 0,615; 1890: 0,728; 1900: 0,832; 1910: 0,937

Rheinprovinz (TERR)
C. Provinz in Preußen, s.d.
Ew. 1933: 7,690

Rhodesien (TERR)
C. s. Simbabwe. Rhodesia (=en); Rhodésie (=fr).

Rhodesier (NAT)
I. Rhodesians (=en); rhodésiens (=fr); rhodesianos (=sp, pt).
I. Altbez. Nord- und Südrhodesier für Einw. der heutigen Staaten Sambia und Simbabwe, vgl. Sambier, Simbabwer.

Rhodiser (REL)
Vgl. Johanniter.

Rhomäer (ETH)
I. aus Rum (tü=) »Römer«, hier also Römisches i.S. Oströmisches Reich, »Oströmer«.
II. Eigenbez. der Griechen in byzantinischer und mittelalterlicher Zeit. Vgl. Griechisch- orthodoxe Christen.

Ribeirinhos (SOZ)
II. (=pt); in reiner Subsistenzwirtschaft wirkende Kleinbauern in Brasilien.

Rif-Kabylen (ETH)
I. Kabyles (=fr); Riff, Riffi, Riffs (=en); Riffians.
II. Berber-Volk (ca. 750 000 im Rif-Atlas. Div. Einzelstämme sind u.a. Metalsa/Mtalsa und Iznacen/Beni Snassen/Znassen, Ghomara, Senhaja. Ihnen verwandt die Beni Snous im algerisch-marokkanischen Grenzgebiet. Vgl. (Riff-)Piraten.

Rimi (ETH)
I. Niaturu.
II. schwarzafrikanische Ethnie im zentralen Tansania.

Rind (ETH)
II. Stamm der Belutschen von hohem sozialem und politischem Ansehen.

Rindernomaden (SOZ)
I. Sammelbez. für Sonderform der Großtiernomaden, verbreitet in West- und Ostafrika, begrenzt nach Süden durch Verbreitungsgebiet der Tsetse-Fliege, nach Norden durch 250 mm Jahresisohyete (Jahresniederschlag) (F. SCHOLZ). Vertreter sind u.a.

im Westen die Fulbe, im Osten die Maasai, Nuer, Samburu, Boran. Bei ihnen allen dient das Rind nicht vorrangig der Nahrungsdeckung (Fleischverzehr nur aus kultischem Anlaß, wohl aber Blutgenuß); es gilt als sichtbarer Ausdruck von Reichtum, als Grundelement des Brautpreises, als Regulativ der Polygamie. Vgl. Nomaden, Großtiernomaden.

Rinzai (REL)
II. alte Denkschule im japanischen Zen-Buddhismus mit großem Rückhalt in der Kriegerkaste. Sekte hat heute etwa 1–2 Mio. Anhänger.

Río de Oro (TERR)
C. Tiris el-Gharbia (ar=), südliche Region der ehem. spanischen Westsahara, 1976 von Mauretanien übernommen. Von Mauretanien an Saharauis übergeben.

Río Muni und Fernando Poo (TERR)
C. Ehem. Bez. von Äquatorialguinea, s.d. The Provinces of Río Muni and Fernando Poo, Río Muni and Fernando Poo (=en); les provinces de Río-Muni-et-Fernando-Poo, Río-Muni-et-Fernando-Poo (=fr); las Provincias de Río Muni y Fernando Poo, Río Muni y Fernando Poo (=sp).

Rio Murianer (ETH)
II. zur negriden Fang-Gruppe zählende kleine Regionalbev. in Äquatorialguinea.

Ripuarier (ETH)
I. Ripwarier; aus ripa (lat=) »Ufer« des Rheins.
II. in nachrömischer Zeit Teilstamm der Franken, ansässig am Niederrhein.

Rish-sefid (SOZ)
II. (pe=) »Weißbärte«.
II. Stammesälteste.

Rissho-kosei-kai (REL)
I. »Gesellschaft für Aufrichtung von Recht und mitmenschlichen Beziehungen«, 1938 in Japan gestiftet; Zentrum in Suginami bei Tokio. Vgl. Lotos-Sútra-Religionen.

Rittergutsbesitzer (WISS)
II. Altbez. seit MA in Mitteleuropa für Eigentümer größer als Lehen vergebener Landgüter (lat. praedia nobilia, equestria). Sie genossen div. Befreiungen (u. a. von Steuer und Gemeindelasten); Vorrechte wie Zollfreiheit, Landstandschaft, Jagd-, Fischerei- und Braugerechtigkeit, Mühlzwang und andere Bannrechte; fallweise Patrimonialgerichtsbarkeit und Polizeistrafgewalt. Nach Aufhebung der feudalen Agrarverfassung im 19. Jh., als auch Bürgerliche solche Güter erwerben durften, degradierte Bez. im 20. Jh. zum abwertenden Kastenbegriff. Vgl. Junker.

Ritualisten (REL)
I. Oxford-Bewegung.

Rocker (SOZ)
II. 1.) Rockmusiker; 2.) Angeh. von Jugendbanden, zuweilen »gesetzlos« mit krimineller Betätigung, z.T. übergreifend; verbreitet in Nordamerika, Europa (u. a. Skandinavien) und Australien; z.B. »Outlaws«, »Sons of Silence«, »Bandidos«, »Hells Angels«, »Pagans«. Statussymbole: Lederkleidung und Motorräder.

Rodobrana (SOZ)
II. die slowakische Heimwehr, die in Vollzug des Pittsburger Vertrages (1918) für eine eigene Verwaltung, eigenes Parlament, eigene Gerichte und Slowakisch als Amtsspr. kämpfte, 1926 in CSSR verboten; die Nachfolge trat die Hlinka-Garde an.

Rohingyas (ETH)
I. Rohinjas, wörtlich »Schneckenmenschen«, die eine Last mit sich tragen. Noch 1948 subsumiert als Arakanesen.
II. Zuwanderer in Myanmar, bengalischen Ursprungs, die sich seit dem 16. Jh. im Arakan niedergelassen haben, als dieser unter die Schirmherrschaft der Mogulkaiser kam. Muslimische Minderheit in Myanmar, insbes. im Teilstaat Arakan; insgesamt 2–3 % der Staatsbev. R. waren schon seit 1948 ersten Verfolgungen des Militärs ausgesetzt, 80 000 R. flohen nach Ostpakistan, 1978 folgten ihnen rd. 200 000 nach Bangladesch; 1982 entzog ihnen die buddhistische Mehrheit das Bürgerrecht in Myanmar und deklarierte sie als Ausländer. Daraufhin erfolgte ein neuerlicher Exodus, bis 1992 sollen > 280 000 nach Bangladesch geflüchtet sein. Vgl. Arakanesen.

Rohkostler (BIO)
II. Rohköstler; Menschen, die sich ausschließlich oder (z.B. im Fall von Schon- oder Heilkost) vorzugsweise von ungekochten Nahrungsmitteln, meist frischem Obst und Gemüse, auch Honig, Nüssen, Milcherzeugnissen ernähren. Vgl. Vegetarier.

Rolong (ETH)
I. Barolong, Tswana (s.d.).

Roma (ETH)
I. Sg. m. Rom, w. Romni; auch Dom, Lom (zigenerisch=) »Mensch« als Eigenbez. insbes. balkanischer Zigeuner, Rom-Zigeuner.
II. Dialektgruppe der Zigeuner eigentlich ungarischer Herkunft in Europa; heute werden auch die rumänischen Z. mit walachischen Dialekten Roma oder Romani genannt. Starke Fortwanderung von Teilgruppen, die sich aber in der ehem. Tschechoslowakei und in Polen (1950) der zwangsweisen Seßhaftmachung entzogen. Verbliebene Kontingente (allein in Tschechischer Rep. 200 000–300 000) sind großenteils staatenlos. Jüngere Einwanderungsschübe von Kalderascha, Tschurara und Louwara in Frankreich. Eine Louwara-Sippe ist bis nach Spanien

gelangt, andere nach England (Anglesuri Kalderasch, Louwara, Matschwaja). Andere Stämme verschlug es in die Baltenländer, so Chaladytka Roma (Litauen), Lotfike R. (Lettland), Lajenge R. (Estland). In Deutschland lebten 1940 knapp 2000 R., heute (auch als Asylanten) ein Vielfaches. Aus leidvollem Schicksal bekennen sich Zigeuner gerade in Rumänien nicht zu ihrer Identität, weil sie befürchten, benachteiligt und diskriminiert zu werden. Wie groß das Mißtrauen ist, belegen die stark differierenden Ergebnisse der VZ in Rumänien: 1956: 104000, 1966: 64000, 1977: 227000, 1992: 410000. Nach den als zuverlässig geltenden Angaben von *N. Gheorghe* leben in Rumänien tatsächlich ca. 2,5 Mio. Roma, was mehr als 10% der Gesamtbev. entspricht. Andererseits begünstigte die Bev. politik des sozialistischen Rumänien auch die Kinderfreudigkeit der R., so daß die Zigeunerpopulation außerordentlich anwuchs. R. aus Deutschland waren Hauptleidtragende der rassenhygienisch begründeten NS-Verfolgung, im Zigeunerlager Auschwitz-Birkenau wurden sie 1943–1944 in Massenmorden dezimiert. Vgl. Romani duma/Romanes.

Romaji (SOZ)
II. der japanische Begriff für westliche Ausländer.

Ro-mam (ETH)
I. Romam.
II. kleine ethnische Einheit von (1992) nurmehr 46 Familien mit 212 Köpfen, zufolge sehr geringer Geborenenrate vom baldigen Aussterben bedroht. R. leben isoliert im Gebirge Zentralvietnams.

Roman (ETH)
I. Eigenbez. Rumänen (s.d.); Romanians (=en); Rumyn(y) (=rs).

Romands (ETH)
I. (=fr); Welsche, Welschschweizer, Westschweizer.
II. Eigenbez. der französischspr. Schweizer.

Romanen (ETH)
I. Neo-Latin peoples (=en).
II. i.e.S. nur Bezeichnung für die Gesamtheit »romanischer« Spr.gem., die sich alle auf der Grundlage des (Vulgär-)Latein als römische Staatsspr. entwickelt haben. Hieraus abgeleitet i.w.S. auch Sammelbez. für die Völker, die diese Spr. und damit auch deren Tradition tragen. Insofern gelten R. neben Germanen und Slawen als der dritte große Zweig der indogermanischen Völkerfamilie, obschon sie keine ethnische oder weitergehende kulturelle, historische oder politische Gemeinsamkeit aufweisen als die, daß ihre Länder einst Teile des römischen Weltreiches waren und fallweise eine stärkere Durchmischung mit römischen Provinzialen stattgefunden hat.

Romanes (SPR)
I. Romani-spr.; Zigeunerisch; Romany (=en).
II. Zigeunerspr. der Sinti und Roma; heute gebräuchliche Sammelbez. für die div. Zigeuner-Idiome, die zwar alle aus einer gemeinsamen nordwestindischen Spr. (vgl. Dardu-Spr.) entstammen, aber je nach Wanderwegen und Gastländern durch Lehnwörter weit divergieren. Angaben über Sprecherzahl unterscheiden sich weit zw. 1–6 Mio. allein in Europa, nach *H.* HAARMANN 3,25 Mio. (1991). Seit 1917 literarische Zeugnisse in UdSSR, in jüngerer Zeit auch Schulspr. in Ungarn, Bulgarien, Tschechische Rep., Slowakei und Norwegen. Vgl. Beasch, Cant, Gammon, Pogadi Chib.

Romani (SOZ)
I. Eigenbez. der ungarischen Zigeuner; in Jugoslawien Romanies. Vgl. Roma.

Romanichal (SOZ)
II. (=en); Nachkommen der seit 16. Jh. in Großbritannien nachweisbaren Zigeuner, um 1990 ca. 60000.

Romanioten (REL)
I. Eigenbez. Kahal Yavanim (=he).
II. Bez. in Griechenland für jene Juden, die schon vor der großen sephardischen Einwanderung (ab Ende 15. Jh.) alteingesessen waren.

Romanisch (SPR)
I. Romanische Völker; the Neo-Latin peoples (=en).
II. zusammenfassende Bez. für Ethnien, deren Spr. sich aus dem spätantiken Lateinischen entwickelt haben. Zu diesen gehören 1.) die Westromanischen Spr. mit Galloromanisch (Provenzalisch, Okzitanisch, Französisch); Rätoromanisch; Norditalienisch; Iberoromanisch (mit Katalanisch, Spanisch, Portugiesisch und Brasilianisch), Frankokreolisch; 2.) die Ostromanischen Spr. mit Mittel- und Süditalienisch; das ausgestorbene Dalmatisch, Rumänisch und Moldauisch; 3.) Sardisch. Sie sind als Muttersprachen heimisch in West- und Südeuropa, ferner in Süd- und weiten Teilen Mittelamerikas; als Zweit-, Über- und Verkehrsspr. in den (hpts. afrikanischen) Kolonialgebieten der europäischen Romanen. Die Zahl romanischer Erstsprachler wird (für 1960) auf 463 Mio. beziffert, (für 1991) in Europa auf 168,4 Mio., in Amerika auf 466 Mio., insgesamt auf 634,3 Mio. Vgl. Afariqa; Lateinamerikaner.

Romanitschels (SOZ)
I. Walsikone Manusches.
II. Sinti-Denomination in Frankreich. Vgl. Sinti, Zigeuner.

Romeoi (ETH)
I. Romeos; Eigenbez. Romei, Ellines; Greki (=rs).
II. Nachkommen griechischer Zuwanderer, die im 18. und 19. Jh. an der n. Schwarzmeerküste, im Donezbecken und auf der Krim/Ukraine als Wehrbauern, Kaufleute und Flüchtlinge ansässig geworden sind; > 100000 Köpfe: zu großen Teilen noch griechisch-spr. und orthodoxe Christen. Vgl. Urumer.

Römische Slawen (WISS)
II. verallgemeinerte Bez. für slawische Ethnien mit lateinischem Alphabet, die entweder römisch-kath. oder evang. Konfession angehören: Polen, Tschechen, Slowaken, Slowenen und Kroaten.

Römischer Ritus (REL)
II. Ritus der Römisch-Katholischen Kirche, der lateinischen oder westlichen Kirche mit lateinischer Liturgie, seit 1965 auch in jeweiliger Landesspr.

Römisch-Katholische Christen/Kirche (REL)
I. Lateinische Christen, Lateiner; Rimsko-Katholiken, Rzymsko-katolicy (=po); Roman Catholics (of the Latin Rite) (=en).
II. Angeh. der Römischen oder Lateinischen Kirche, die sich in der weströmischen Reichshälfte gebildet hat. Sitz ihres »Patriarchen des Abendlandes« ist Rom. Sie folgt römischem Ritus mit lateinischer Liturgiespr. 1985 gehörten ihr über 865 Mio., das sind 56 % aller Christen, an.

Ron (ETH)
II. kleine schwarzafrikanische Ethnie im zentralen Nigeria.

Ronderos (SOZ)
II. (=sp); Mitglieder einer Ronda, einer ländlichen Selbstverteidigungsgruppe in den Guerillagebieten des Sendero Luminoso Perus, als 1980–1995 rd. 600 000 Menschen aus den Gebirgsregionen flüchten mußten.

Ronga (ETH)
I. Baronga.
II. Bantu-Ethnie in S-Mosambik und südwärts bis Natal; gehörten einst der kulturell einheitlichen Thonga-Gruppe an; Ackerbauern und Kleinviehhalter, starke Abwanderung in die Städte. Patrilineale Abstammung bei matrilinealen Einflüssen.

Ronga (SPR)
I. Verkehrsspr. in Mosambik.

Rongo (ETH)
I. Orungo.
II. schwarzafrikanische Ethnie an der Küste von Gabun.

Rong-Schriftnutzergemeinschaft (SCHR)
II. Variante der tibetischen Schrift; benutzt von den Lepcha in Sikkim.

Roni (ETH)
II. melanesische Restpopulation im w. Bergland Neuguineas. Jegliche Landrechte liegen beim Klan; Ahnenkulte.

Rosenkreu(t)zer (REL)
I. Rosicrucians (=en).
II. Geheimbünde des 15.–18. Jh. mit humanistisch-ethischen, sozialreformerischen, aber auch okkultistischen und theosophischen Tendenzen. Teilgruppe unter Johann Kelpius emigrierte 1694 nach Pennsylvania/USA. Vgl. Freimaurer, Illuminaten.

Rosminianer (REL)
I. IC.
II. 1828 in Domodossola/Italien gegr. kath. Orden für Seelsorge und Unterricht; ca. 400 Mitglieder.

Rossienisch (SPR)
I. südöstliches Niederlitauisch.

Rote (BIO)
I. Rothäute; Redskins (=en).
II. ugs. irrige Bez. für Indianer. Namengebung erfolgte nicht ihrer Hautfarbe, sondern der häufig roten Hautbemalung wegen. Tatsächlich bewegt sich ihre Hautfarbe zwischen Lohgelb und Rötlichbraun. Vgl. Indianide, Indianer.

Rote (SOZ)
II. als Gruppenbez. mit höchst unterschiedlicher Bedeutung: Rotköpfe, Rothaarige, Rothäute. 1.) Rot i.S. von Bettler, Landstreicher, vgl. Rotwelsch. 2.) Farbe des Blutes, der Gewalttätigkeit, Revolution (Partei der Roten, Rote Garden, Rote Khmer). 3.) gemäß Farbensymbolik für Leben, Liebe, Leidenschaft; als Feuer-, Sonnensymbol. 4.) Rotgekleidete z.B. buddhistische Mönche der »Roten Kirche« (vgl. Rotmützen), Kizilbasch (tü=) »Rotköpfe« (Turbane) in Erinnerung an Ali bei Zwölfer-Schiiten. 5.) ugs. Anh. polit. linksorientierter, sozialistischer oder sozialdemokratischer Parteien. Vgl. Rotrussen, Rote Saharier; Grüne, Schwarze, Weiße.

Rote Barone (SOZ)
I. ostelbische Großagrarier nach dt. Wiedervereinigung.
II. ugs. Bez. in Mitteldeutschland für Direktoren der ehem. sozialistischen landwirtschaftlichen Produktionsgenossenschaften (LPG) nach deren Umwandlung in industriekapitalistische Großbetriebe. Sie verfügen über riesige landwirtschaftliche Nutzflächen und sind verantwortlich für die Eigentumsverluste der ehem. zwangskollektivierten Alt- und Neubauern sowie für ein »Bauernlegen« außerordentlichen Umfangs.

Rote Garden (SOZ)
II. 1.) das bewaffnete Proletariat unter Leitung der Bolschewiki in der russischen Oktoberrevolution. 2.) Maoistische Terrorbanden von Schülern und Studenten in der chinesischen Kulturrevolution 1966–1969 (faktisch –1976). Aufgefordert zum Klassenkampf gegen Konterrevolutionäre, verübten sie millionenfache Greueltaten. Abgesehen von der Zerstörung unermeßlicher Kulturschätze wird die Zahl der Menschenopfer mit (offiziell) 34 000, inoffiziell auf bis zu 4 Mio. beziffert. Vgl. Rote, Rote Khmer.

Rote Khmer (SOZ)
I. »Steinzeitkommunisten«.

II. revolutionäre kommunistische Bewegung in Kambodscha, deren Wahn 1975–1979 gut 2 Mio. Menschen zum Opfer fielen; mit besonderer Systematik wurde die intellektuelle Elite des Landes ausgerottet; Städte wurden entleert, Geld und Privatbesitz abgeschafft. Vgl. Khmer.

Rote Saharier (BIO)
I. rote Krieger, rote Riesen, rote Äthiopier.
II. Bez. in Westafrika und im Sahelgebiet für Nachkommen einer Altbevölkerung. R.S. haben mittlere Gestalt, Körper rötlich pigmentiert; ihr Anteil beträgt fallweise gegen 3% der Gesamtbevölk. nach J. SCHRAMM. Es besteht äußerliche Ähnlichkeit mit westafrikanischen Höhen-Bororo.

Rote Socken (SOZ)
I. Rotkehlchen, Liniendampfer.
II. Spottbez. für SED-Mitglieder in der ehemaligen DDR.

Rotinesen (ETH)
II. Bew. der Insel Roti bei Timor/Indonesien, ca. 100 000, zur ostindonesischen Ambon-Timor-Spr.gruppe gehörend; Naßreisbauern.

Rotmützen (REL)
I. auch »Rote Kirche«, Sa-skya-pa/Saskyapa; nach roter Farbe ihrer Gewänder und Hüte.
II. buddhistische Mönchsgemeinde in W-Tibet, Sikkim, Ladakh und Bhutan; Mitglieder der Saskyapa-Sekte. Vorsteher bildeten vom 11. bis zur Mitte des 14. Jh. eine wahre Dynastie und waren dank Duldung durch mongolische Kaiser die eigentlichen Herrscher über Tibet. Standen bes. im 17. Jh. in scharfer Konkurrenz zu Gelugpa. Im Gegensatz zu »Gelben« sind Klosterhäupter der »Roten« verheiratet, ihre Würden erblich. Zusammenbruch der Mongolenherrschaft zog Niedergang der »Roten« nach sich. Vgl. Lamaismus, Karmapa-Sekte; Saskyapa.

Roto(s) (SOZ)
II. (=sp); ugs. spanische Bez. in Teilen Südamerikas (u.a. Chile, Peru) für Angeh. der armen Unterschicht. Lohnarbeiter in Bergbau und Industrie in Chile.

Rotrussen (ETH)
I. Rotreußen.
II. Altbez. für Ukrainer; Name erklärbar aus geogr. Situation vom Sitz der Goldenen Horde her, im S (turktatarisch ist Süd = Kyzyl = rot) wohnhaft.

Rotse (ETH)
I. Lozi, s.d.; auch Barotse, Rozi u.a.

Rotspanier (SOZ)
II. Anh. der republikanischen, linksorientierten Partei im Spanischen Bürgerkrieg 1931/1936–1939, der Spanien > 500000 Kampf- und Zivilopfer kostete. Rd. 300000 R. emigrierten vor allem nach Frankreich.

Rotumanen (ETH)
I. Rotumans (=en).
II. polynesische Bew. einer kleinen isolierten Pazifik-Insel etwa 500 km n. der Fidschi-Inseln, ca. 5000–10000. Bewahrten traditionelles Brauchtum gut, wurden aber methodistisch und römisch-katholisch missioniert. Eine starke Abwanderergruppe von ca. 9000 lebt auf den Fidschi-Inseln.

Rotwelsch (SPR)
I. aus rot (mhd=) »Bettler«; Kochemer Loschen.
II. Sonder- und Standesspr. der Landstreicher und Gauner, auch als deren Geheimspr. verwendet. R. hat sich seit Ausgang des MA auf Grundlage von Jiddisch und Zigeunerspr. entwickelt, fand aber auch Eingang in die deutsche Hochsprache. Entsprechende Bez.: Argot (Frankreich), Cant (Großbritannien), Gergo (Italien), Germania (Spanien), Caláo (Portugal), Hantyrka (Tschechoslowakei), Fantesprog (Norwegen), Ofenisch (Rußland), im Jiddischen Chessenloschen. Vgl. Masematte, Fatzer-Dialekt.

Roumi (SOZ)
II. (=ar); leicht pejorative Bez. im Maghreb für Christen, Europäer, vor allem für Franzosen. Vgl. Rumi.

Rowdys (SOZ)
I. (=en); Rowdies; ugs. Rabauken, Rüpel.
II. Raufbolde, gewalttätige Menschen; erst i.w.S. Krawallbrüder, Randalierer. Vgl. Skinheads, Hooligans.

Roxolanen (ETH)
II. Teilstamm der Sarmaten; sie stießen im 1. Jh.n.Chr. aus dem südrussischen Raum zwischen Don und Dnjepr an die untere Donau vor.

Ruala (ETH)
II. Stamm der Aneze-Beduinen auf der n. Arabischen-Halbinsel.

Ruanda (SPR)
I. Rwanda, Kinyarwanda; Ruanda (=en).
II. Bantu-Amts- und Verkehrsspr. in Rwanda; 1994 dort von 8 Mio. gesprochen, mit sehr eng verwandten Rundi und Ha in Rwanda-Burundi, insgesamt von 15 Mio. Sprechern; ferner in Uganda und DR Kongo.

Ruanda (TERR)
A. Republik. Unabh. seit 1. 7. 1962. Republica y'u Rwanda; République Rwandaise (=fr). The Rwandese Republic, Rwanda (=en); le Rwanda (=fr); la República Rwandesa, Rwanda (=sp).
Ew. 1950: 1,927; 1960: 2,665; 1970: 3,679; 1978: 4,508; 1996: 6,727, BD: 255 Ew./km²; WR 1990–96: –0,6%; UZ 1996: 6%, AQ: 40%

Ruander (NAT)
I. Rwander; Rwandaer, nicht Ruandesen; Rwandans, Rwandese (=en); rwandais, ruandais (=fr);

rwandéses (=sp, pt); Warundi, Baniaruanda, Banyarwanda (=ba).

II. StA. von Ruanda. Bahutu/Hutu mit 85%, Watussi/Tutsi mit nur 14%, die gleichwohl lange Zeit die Herrschaftsbev. stellten. Insofern war die amtliche Aufnahme der ethnischen Zugehörigkeit auf Identitätskarten bemerkenswert. In Bürgerkriegen und Pogromen (1959, 1963, 1968, 1973, 1994) traten immense Menschenverluste von 850000 bis über 1 Mio. ein (davon mind. 300000 Kinder), gewaltige Fluchtbewegungen dezimierten die überlebenden Bev.teile: ca. 2 Mio. flohen in andere Landesteile, rd. 2 Mio. in benachbarte Staaten (DR Kongo, Tansania, Burundi, Uganda). Ihre Heimführung erweist sich als äußerst problematisch, umfaßt hpts. nur Frauen und Kinder, so daß Männer in starker Minderzahl. Amtsspr. sind Französisch und Kinya-Rwanda.

Rückwanderer (WISS)

I. re-migrants (=en); migrants de retour (=fr); re-immigranti (=it); repatriados, remigrantes (=sp, pt); retornados (=pt).

II. Personen, die frei- oder unfreiwillig von ihrem Wohnsitz im Ausland in ihr Auswanderungsland zurückkehren. Nach administrativ unterschiedlich bemessener, längerer Aufenthaltsdauer im Ausland (in Deutschland nur 1 Jahr) rechnet man im Rückkehrland R. als Einwanderer. Als R. werden insbes. jene Europäer bezeichnet, die nach 1945 die afrikanischen und asiatischen Kolonien verlassen haben: Portugiesen, Spanier, Franzosen, Briten. Aus Nordafrika kehrten insgesamt mind. 1,5 Mio. Europäer zurück, davon > 900000 Franzosen aus Algerien (=piéds noirs), > 80000 Italiener aus Libyen und Tunesien, 600000–700000 portugiesische Remigranten 1973 aus den portugiesischen Kolonien (=Provincias Ultramarinas insgesamt). Als Rückwanderung muß auch die Rückkehr der Gastarbeiterheere bezeichnet werden, die nach oft jahre- bis jahrzehntelangem Aufenthalt aus politischen Motiven von heute auf morgen in ihre Heimat abgeschoben werden: z.B. Zwangsheimkehr von rd. 500000 Palästinensern 1990 aus Kuwait; von rd. 1 Mio. Yemeniten aus Saudi-Arabien und anderen Golfstaaten; Abschiebung von Palästinensern und Ägyptern aus Libyen; Rücksendung von mind. 200000 Indern, Pakistanern, Bangladeschern und Filipinos 1996 aus den Vereinigten Arabischen Emiraten, dgl. von bis zu 1 Mio. Südostasiaten aus Malaysia. Rückwanderung erfolgt nicht immer nur an den ursprünglich ersten, sondern öfters auch an den letzten Wohnsitz. Sofern die Rückkehr (in das Heimatland) staatlich gelenkt wird, nennt man sie Rückführung oder Repatriierung. In diesem Zusammenhang wird auch von Zwangsheimkehrern, z.B. den heimgeschickten Boat people in SE-Asien oder den bosnischen Kriegsflüchtlingen in Mitteleuropa, gesprochen. Vgl. Remigranten, Repatriierte/Remigrierte.

Rückzugsvölker (WISS)

II. Völker/Stämme, die durch biologisch oder kulturell stärkere Verbände in Rückzugslagen an Außen- oder Binnengrenzen der Ökumene wie Gebirge (z.B. im Himalaya), junge Delten, Sumpfgebiete, Subpolarregionen, abgedrängt worden sind; unter den dort härteren Lebensbedingungen haben sie häufig typische Spezialisierungen ausgebildet; es handelt sich oft genug um sog. Restvölker.

Rudari (SOZ)

I. aus rudar (=sk); rudaricko m., rudarka w.

II. in ihrer Heimat Rumänien und in Serbien als Holzschnitzer und Holzgerätefertiger tätige Zigeunergruppen; ein Teil ist nach England ausgewandert.

Rügianer (ETH)

II. die Bewohner der Ostseeinsel Rügen.

Ruhaniyat (REL)

I. (=pe); aus ruhani Sg. »Geistlicher«.

II. die Geistlichkeit, der Klerus; typischerweise ein im Iran verbreiteter Begriff, auch wenn es Geistliche im christlichen Sinne im Islam nicht gibt.

Ruheständler (SOZ)

I. Ruhestandsbeamte; Pensionisten (in Österreich), Pensionäre.

II. i.e.S. Pensionsempfänger, Beamte im Ruhestand, im Unterschied zu Rentnern, Rentenbeziehern. Vgl. auch Vorruheständler; Pensionisten, Rentiers.

Ruhestandswanderer (WISS)

I. Alterswanderer; senior citizens (=en).

II. kulturgeogr. Terminus für ältere Menschen, die sich entschlossen haben, ihren Ruhestand, den dritten Lebensabschnitt, in einer neuen, angenehmeren, gesünderen Umwelt zu verbringen. Seit altersher kehrten Auswanderer (Seeleute, Kolonialbeamte, auch Kuli-Emigranten) zum Lebensabend in die Geborgenheit ihrer Familie, ihrer Heimat zurück. Im 19. Jh. Zuwanderung von Pensionären in beschauliche Kleinzentren von kulturellem Rang (wie z.B. Bonn-Bad Godesberg und Wiesbaden, Graz und Bregenz). Im 20. Jh. eröffnete gewachsener Lebensstandard, vorverlegtes Ruhestandsalter und gestiegene Lebenserwartung den längeren Lebensabend zu planen. Seither auch Fernwanderung in attraktive Fremdenzentren oder Gebiete idyllischer Geborgenheit, etwa im Alpenvorland, in der Toskana, in mediterrane Randgebiete von Frankreich; in Florida und Kalifornien (Sun-belt). In solchen »Retirement Regions« entstanden ausgesprochene Altensiedlungen, Sun-Cities, deren Infrastruktur ganz auf diese Funktion zugeschnitten ist, weil ihre Einwohnerschaft überwiegend bis ausschließlich aus Rentnern besteht.

Ruhr-Kranke (BIO)

II. Sammelbez. für Menschen, die an Dysenterien, fieberhaften Darminfektionen, leiden, deren klinische Symptome und Verlauf ähnlich, die jedoch durch unterschiedliche Erreger verursacht werden. Zu unterscheiden sind a) die Bakterienruhr, verursacht durch Shigella-Bakterien und b) die Amöbenruhr, ausgelöst durch Protozoon Entamoeba histolytica. Befall erfolgt durch verseuchtes Wasser und ungereinigte Nahrungsmittel. Ihr Auftreten ist oft eng mit anderen Erkrankungen wie Darmbilharziose, Dengue-Fieber und auch Cholera, verbunden. Körper kann Nahrung nicht mehr absorbieren und verliert bedeutende Mengen an Wasser und Salzen, so daß mit allgemeiner Schwächung häufig Koma und Tod eintritt. Unterernährung und Durchfallerkrankungen bedingen sich vielfach gegenseitig. So wird Diarrhöe in armen Ländern zur häufigsten Todesursache. Mehr als 500 Mio. Kinder erkranken jedes Jahr, wovon 5–20 Mio. solche Infektionen nicht überleben (A. UHLIG). Speziell in Bangladesch erliegt jedes zweite Kind zw. ein bis vier J. diesen Krankheiten, rd. ein Drittel der Gesamtmortalität ist auf sie zurückzuführen. Die Gesamtzahl der in der Dritten Welt an derartigen Darminfektionen Erkrankten ist mit 1 Mrd. zu beziffern. Häufigstes Auftreten der Amöbiase in tropischen und subtropischen Ländern mit hoher Morbidität auch in Ägypten, Liberia und Mittelamerika (Ecuador), vor allem in den Slums der Dritten Welt. Anfälliger noch als Einheimische sind Neuankömmlinge, Kolonialtruppen. Geschichtlich ist Amöbenruhr in der alten Schiffahrt (u. a. bei Sklaventransporten) und in Kriegen nachgewiesen. Ein Drittel aller Verluste im amerikanischen Sezessionskrieg ist auf Dysenterien zurückzuführen. Noch im II.WK war das Deutsche Afrika-Korps stark betroffen. Zählt man zu den R. auch diejenigen Personen, die den Parasiten zwar beherbergen und ausscheiden, ohne selbst Krankheitssymptome aufzuweisen, zählt Amöbiasis vielleicht zur häufigsten Parasitenkrankheit überhaupt.

Ruhrpolen (SOZ)
II. Sammelbez. für die im Zuge der Entwicklung des Ruhrgebietes (Kohleabbau) über die Emscherzone nach N hinaus und im Gefolge der ostdt. Zuwanderung dort eingewanderten Polen. Ihre Quantifizierung fällt entsprechend der Dreiteilung Polens (1795) schwer; Schätzungen der (z.T. angeworbenen) Zuwanderer polnischer Volkszugehörigkeit bis zum I.WK schwanken zwischen 175 000–400 000, hpts. in einer Zuwanderungswelle zwischen 1890–1910. Auch im I.WK und danach setzte sich solche Arbeiterwanderung fort, es kamen sogar ca. 150 000 polnische Ostjuden (lt. L. HEID). Sie alle wurden vorzugsweise im rheinischen Revier und dort wieder im ländlichen Umland der Industriestädte ansässig. Lt. Mutterspr. 1910 > 300 000 polnisch-, kaschubisch- und masurischspr. Zuwanderer; Bottrop im Volksmund »Kleinwarschau«. Gegen den herrschenden Assimilierungsdruck kämpften nationalpolnische Bewegungen (Polen-Verband, polnische Volkstumsvereine, polnische Gewerkschaften, Kultur- und Sportvereine, z.B. Schalke 04 oder Borussia Dortmund) an. Bis 1912 wurden 875 derartige Vereine mit > 80 000 Mitgliedern registriert. Steigende Zahl deutsch-polnischer Mischehen und freiwillige Namenseindeutschungen. Im Zwiespalt zwischen ökonomischen und sozialen Interessen und polnisch-nationaler Loyalität entschied sich am Ende des I.WK etwa ein Drittel für Heimkehr in das nun souveräne Polen, ein Drittel für Abwanderung in die nordfranzösischen Kohlereviere (1923: ca. 150 000 R.) und ein Drittel für den Verbleib. Vgl. Ostjuden.

Rukai (ETH)
II. Stamm der Gaoschan auf Taiwan.

Rumänen (ETH)
I. Eigenbez. Roman, Romyn; Romanians, Rumanians (=en); rumanos (=sp); romenos (=pt); rumeni (=it); Roumains (=fr); Rumuni (=pl); Rumyny (=rs).
II. aus romanisierten Dakern und unterschiedlichsten Zu- und Durchwanderern (u. a. Westgoten, Sarmaten, Skiren, Hunnen, Petschenegen, Kumanen, Uzen; überwiegend Mediterranide) hervorgegangenes südosteuropäisches Volk mit slawischem Einschlag; Staatsvolk in Rumänien (1992: 20,4 Mio. oder 89,5 % der Gesamtbev.) mit Bessarabien; in ehem. UdSSR 1979 etwa 2,9 Mio. »Moldauer« (Moldavier) und 130 000 R., in Bulgarien, Ungarn und Jugoslawien je weitere 50 000–60 000. Vgl. Aromunen, Istro-Rumänen, Megleniten, Moldauer, siehe diese. Vgl. Rumänisch-orthodoxe Christen, Rumänisch-spr.

Rumänen (NAT)
II. StA. von Rumänien. Nächst dem Staatsvolk (89,5 %) zählen als Minderheiten auch Magyaren (7,1 %), Roma (1,8 %), Deutsche (0,5 %; heute durch Abwanderung rasch abnehmend, zwischen 1985–1992 von rd. 360 000 auf nur mehr 120 000), Ukrainer, Türken, Serben, Juden, Gagausen u.a. Vgl. speziell Siebenbürger Sachsen, Banater Schwaben; Roma.

Rumänien (TERR)
A. Republica România (=ro). Ehem. Sozialistische Republik. Romania (=en); la Roumanie (=fr); Rumania (=sp); România (=un); România (=rm, sk); Rominia (=zi); Ruménia (=pt); Romanìa (=it).
Ew. 1930: 14,281; 1948: 15,873; 1950: 16,311; 1960: 18,403; 1965: 19,027; 1970: 20,253; 1975: 21,245; 1996: 22,608, BD: 95 Ew./km^2; WR 1990–96: 0,4 %; UZ 1996: 56 %, AQ: 4 %

Rumäniendeutsche (ETH)
II. Sammelbez. für Siebenbürger Sachsen, Banater Schwaben, Buchenland/Bukowina-Deutsche und Sathmarer Schwaben (s.d.). Es handelt sich um 716 000 (1921) bis 771 000 (1936) deutschstämmige, die im II. WK durch Deportation, Kriegsverluste und

Abwanderung nach Deutschland starke Einbußen erlitten haben; 1951 noch 355000, 1971: 377000 (H. HAARMANN); 1994 weniger als 100000.

Rumänisch (SPR)
I. Romanian, Moldovan (=en).
II. Sprecher dieser östlichsten der romanischen Spr. in Rumänien und Sprachinseln auf dem Balkan. R. ist stark von slawischem, türkischem und ungarischem Wortgut durchsetzt. Dialekte: Dakorumänisch, Makedorumänisch, Meglenorumänisch, Istrorumänisch. Anzahl: (1991) ca. 26 Mio. und zwar in Rumänien 20,4 Mio., in Moldau (vgl. Moldauisch-spr.) 2,8 Mio., in Ukraine 460000, in Serbien 55000 (ohne Aromunen) und in Ungarn. R. wurde bis Mitte des 19. Jh. kyrillisch, seither lateinisch geschrieben.

Rumänisch-orthodoxe Christen (REL)
II. Mitglieder einer eigenständigen orthodoxen Kirche. Rumänen nahmen zunächst das römische Christentum an, dann durch Zugehörigkeit Daziens zum bulgarischen Reich das byzantinische Christentum; unter türkischer Herrschaft zwangsläufig gräzisiert; erhielten 1865 nach politischer Unabhängigkeit Autokephalie, folgen also dem byzantinischen Ritus mit rumänischer Liturgiespr. Um 1985 ca. 18 Mio. Gläubige, d.h. über 85% aller Rumänen in Rumänien und Moldawien. War zeitweilig Staatskirche; Patriarchensitz ist Bukarest.

Rumantsch Grischun (SPR)
II. seit 1982 bzw. 1984 durch die Lia Rumantscha als verbindlich erklärte Standardspr. für die 5 rätoromanischen Idiome in Graubünden; R.G. wird potentiell von 0,8% der Schweizer Bev. gesprochen, von 36000 in Graubünden.

Rumelier (ETH)
I. aus Rhomaioi (agr=) »Römer«; Rum (tü=) »Rom«.
II. Altbez. z.Zt. türkischer Herrschaft in SE-Europa. 1.) Bewohner Rumeliens/Rumili (historisch: Thrakien und Teile Mazedoniens umfassend); im 19. Jh. meist begrenzt auf Bew. Ostrumeliens, das 1878 autonom, 1885 an Bulgarien fiel. 2.) Bez. für Gesamtbev. des türkisch besetzten Balkans, im weitesten Sinn für Europäer. Vgl. Rhomäer.

Rumi (SOZ)
I. Rum.
II. 1.) Byzantiner nach Bez. von Byzanz als 2. Rom. 2.) Altbez. für im Mittelmeerraum ansässige Griechen. Vgl. Roumi.

Rumseldschuken (ETH)
I. nach Rum (=tü), der Altbez. für das oströmische bzw. byzantinische Reich.
II. türkischer Teilstamm, der nach Sieg über Byzanz 1176 in Kleinasien ein Fürstentum errichtete, das bis ins 13. Jh. bestand. R. unterlagen den Mongolen, eines der randlichen Ghazi-Fürstentümer der Turkmenen übernahm ihr Erbe: die Osmanen. Vgl. Seldschuken, Osmanen.

Runa (ETH)
I. Ketschua-Eigenname »Menschen«.
II. Bez. diverser Indianerstämme: Quichua, Quijos, Canelos, Yumbos, Alamas in Ecuador.

Rundi (ETH)
I. Barundi, Warundi; s. Burundier.

Rundi (SPR)
I. Ki-Rundi, Kirundi; Rundi (=en).
II. Bantu-Staats- und Verkehrsspr. in Burundi; gesprochen (1991) von 5,6 Mio.; mit Ruanda 15 Mio. Sprecher.

Runga (ETH)
I. Rounga (=fr); nach ihrer Spr. auch Maba.
II. ethnische Einheit von Halbnomaden von ca. 50000 Köpfen, mit einer Eigenspr. aus der nilo-saharanischen Gruppe; wohnhaft im SE von Tschad und in benachbarter Provinz Darfur/Sudan; gehörten einst zum Königreich Wadai und waren gefürchtete Sklavenjäger.

Rungu (ETH)
I. Lungu.
II. schwarzafrikanische Ethnie s. des Tanganyikasees in N-Sambia.

Rurbains (SOZ)
I. (=fr); aus rural »Ländliche« und urbains »Städter«.
II. sozialgeogr. Bez. in Frankreich für Abwanderer aus Großstädten, die sich unter Beibehaltung ihrer Lebensweise (Mentalität, Luxus) in umliegenden kleinen ländlichen Zentren und Schlafdörfern niedergelassen haben; 1970–1990 ca. 23 Mio.

Rus (ETH)
II. slawischer Terminus, der sowohl eine Regionalbev. als auch ihr Land bezeichnet.

Ruschanen (ETH)
I. Eigenbez. Rychen; Ruschancy (=rs).
II. kleines Pamir-Volk iranischer Herkunft, das im 19./20. Jh. unter russische Herrschaft gelangt ist; lebt heute im Gorno-Badachschanischen Autonomen Gebiet Tadschikistans. Anzahl: ca. 10000 Köpfe. Inzwischen zunehmend an Berg-Tadschiken assimiliert. R. sind ismailitische Muslime.

Rusha (ETH)
I. Rusa.
II. schwarzafrikanische Ethnie in NE-Tansania an der Küste gegenüber Insel Pemba.

Rusin (ETH)
I. Altbez. Rusyn, Russinen; s. Ruthenen.

Rusini (ETH)
I. Russini.

II. in Jugoslawien uneinheitlich benutzter Name 1.) i.e.S. für kleine schon vor langer Zeit zugewanderte Ruthenengruppe in Serbien mit (1991) 23 300 Rusinisch-Spr. 2.) i.w.S. für Russen, auch Weißrussen, in der Wojwodina mit 26 000, in Kroatien und Bosnien-Herzegowina mit je 6000.

Rusinisch (SPR)
Vgl. Russini, Ruthenen.

Russelliten (REL)
I. nach Gründer Charles Taze Russell 1876.
II. Altbez. für Zeugen Jehovas.

Russen (ETH)
I. Großrussen; Altbez. Reußen; Eigenbez. Russkij/Russky; im chinesischen Sinkiang-Uighur: Oylossu (=ci); Rusini, Rosjanie (=pl); Russians (=en); Russes (=fr); russi (=it); rusos (=sp); russos (=pt). Öfters fälschlich als Oberbegriff für Angehörige aller drei russischen Völker verwendet.
II. ostslawisches Volk mit ca. 145 Mio. Angehörigen, davon ca. 120 Mio. in der Russischen Föderation (Rußland) und 25 Mio. in ehem. Sowjetrepubliken; ferner über 1 Mio. Emigranten (USA 600 000, Kanada 150 000, Westeuropa 350 000). R. als Staatsvolk stellten in der ehemaligen UdSSR 52 % der Gesamtbev. und haben in der Russischen Föderation 1996 einen Anteil von 81,5 %. Entstehung als ethnisch-sprachliche Einheit erfolgte aus gemeinsamen Vorfahren im 9. Jh. in der Kiewer Rus (deren Zentrum sich seit 12. Jh. über Wladimir nach Moskau verlagert hat), durch Abgliederung von Bjelorussen/Weißrussen/Weißruthenen und Ukrainern/Kleinrussen/Ruthenen. Weitere Eigenentwicklung im 14./15. Jh. unter Assimilierung finnugrischer Völker. Ende des 10. Jh. systematische Christianisierung durch byzantinische Missionare. Vgl. Rußländer, Sowjetrussen, Exilrussen, Russisch-Orthodoxe.

Russen (NAT)
II. Bez. für StA. des alten Russischen Reiches bis 1917, dann, ebenso fälschlich wie doch häufig gebraucht, Sowjetrussen (bis 1991). Heute vorrangig Bez. für das Staatsvolk der »Russischen Föderation«. Name weiterhin geltend auch für rd. 25 Mio. Russen in heute selbständigen Staaten aus dem Imperium der alten UdSSR. Soweit nicht Russen als Ethnie gemeint sind, sondern als StA. der Russischen Föderation, von Rußland (mit über hundert ethnischen Minderheiten), steht auch Terminus Rußländer im Gebrauch. Von 147,7 Mio. Ew. und StA. (1996) in Rußland stellen Russen als Staatsvolk ca. 120 Mio. (81,5 %). Rußland läßt in Anbetracht enger Durchmengung mit GUS-Angeh. die Doppelstaatsangehörigkeit zu.

Russenorsk (SPR)
I. Russennorwegisch.
II. bis 1918 als Kommunikationsmittel dienende Mischspr. in den Häfen des Europäischen Nordmeeres, speziell auf Spitzbergen/Svalbard.

Russentürken (ETH)
Vgl. Turkvölker.

Russinen (ETH)
II. wie Rußnjaken Altbez. für Ruthenen; auch Karpato-Ruthenen.

Russisch (SPR)
I. Altbez. Großrussisch; Russian (=en).
II. größte ostslawische Spr. (vor Ukrainisch und Weißrussisch) von rd. 155 Mio. als Mutterspr. mit Zweitsprachlern von ca. 293 Mio. meist Sowjetbürgern gesprochen. Differenzierung im 14./15. Jh. aus dem Altrussischen, als Schriftspr. bis ins 18. Jh. in Form des Kirchenslawischen gebraucht; mit Eigenschrift: Grazhdanskaya. Im 17.–20. Jh. wuchs Russisch in den Rußland unmittelbar anschließenden Großräumen Nord- und Zentralasiens (Sibirien, Westturkestan, Kaukasien und Transkaukasien) in den Rang einer kolonialen Übersprache; ca. 130 ethnische Einheiten wurde R. als Erstspr. aufgezwungen, weitere 95 gingen zwischen den VZ 1926 und 1979 ganz im Russischen auf (*A.R. MARK*). Als Verkehrs- und erste Fremdspr. an Schulen gewann es nach 1945 in den COMECON/RGW/Warschauer Paktstaaten (DDR, Ostmittel- und Südosteuropa) bis zum Niedergang der Sowjetunion 1990–1992 zusätzliche Bedeutung. Russisch ist eine der sechs offiziellen Spr. der UNO.

Russische Emigranten (SOZ)
I. Exilrussen.
II. unter dieser Bez. werden hpts. russische Flüchtlinge und Auswanderer zwischen 1916 und 1923 subsumiert. Zusammenbruch des Zarentums, sowjetische Revolution, Niederlage der »Weißen« und Hungersnöte 1922/1923 lösten in Rußland eine Emigrationswelle aus, der insbes. die alten Führungsschichten (Monarchisten, Offiziere, Unternehmer, Verleger, Künstler, Journalisten, Literaten) angehörten. 1921 fanden sich 1,440 Mio. R.E. in Westeuropa, rd. 650 000 in Polen, > 300 000 in Deutschland (1922 vor Einführung der Nansen-Pässe sogar gegen 500 000), 250 000 in Frankreich, der Rest in Balkanländern und Türkei (Wrangel-Flotte). 1929 wurden noch 900 000 staatenlose Russen gezählt, 1946 nur mehr 200 000, die nicht naturalisiert waren. Bekannte Emigrantenkolonien (Paris, New York) dauern bis heute fort. Derzeit, 75 Jahre später, entstehen unter veränderten Verhältnissen (speziell jüdische Asylanten und rußlanddt. Umsiedler) im Westen neue, ebenso kräftige Kolonien.

Russisch-orthodoxe Christen/Kirche (REL)
II. Christen der größten orthodoxen Kirche, die seit dem Fall von Konstantinopel 1453 (mit Moskau als »3. Rom«) führende Bedeutung erlangte (49 % al-

ler orthodoxen Christen); seit 1589 autokephaler Patriarchensitz Moskau; folgen byzantinischem Ritus mit russischer Liturgiespr.

Russisch-orthodoxe Emigrantenkirchen (REL)
II. bei wechselnder bis verworrener Jurisdiktion unter div. Bez. wie: Heilige Synode der Russisch-orthodoxen Kirche im Ausland, »Eulogius-« und »Anastasius«-Kirche, Metropolitankirche. Zur Betreuung der zahlreichen russischen Emigranten bes. in Westeuropa und USA.

Rußkis (SOZ)
II. Bez. für »sovietische« Besatzungssoldaten in Mitteleuropa. Vgl. Eigenbez. der Russen.

Russky (ETH)
I. Russkij, Eigenbez. der Russen, Großrussen (s.d.); in Deutschland abwertend gebraucht; Russians (=en). Vgl. Rußkis.

Rußland (TERR)
A. Amtl. Kurzform des russischen Reiches bis 1917; bis 1990 Russische Sozialistische Föderative Sowjetrepublik der UdSSR. Seit 1992 amtl. Vollform: Russische Föderation, Kurzform: Rußland. Rossiiskaya Federatsiya (=rs). Russia (=en); la Russie (=fr); Rusia (=sp); Russia (=pt, it).
Ew. 1939: 108,000; 1959: 118,000; 1979: 138,000; 1986: 144,000; 1996: 147,739, BD: 8,7 Ew./km²; WR 1990–96: –0,1%; UZ 1996: 76%; Vgl. Sowjetunion, GUS-Staaten.

Rußlanddeutsche (ETH)
II. Nachfahren der seit 1763 (lt. Ansiedlungspatent der Zarin Katharina II.) ins Russische Reich eingewanderten deutschen Kolonisten, die aus Hessen, Franken, Pfalz, Rheinland, später aus Württemberg, Elsaß sowie schließlich durch Fortwanderung auch aus Danzig-Westpreußen und Kongreßpolen kamen. Zu unterscheiden nach Niederlassungsgebieten: Bessarabien- (seit 1815), Kasachstan- (seit 1890), Krim- (seit 1804), N- und Transkaukasus- (seit 1804), Schwarzmeer- (seit 1789), Wolga- (seit 1763), Wolhynien-Deutsche (seit 1771). Im II.WK und bis 1946 wurden von den damals rd. 1,5 Mio. R. ca. 1 Mio. in mehreren Schüben nach Westsibirien, Kasachstan, Kirgisien, Tadschikistan und in das Altai-Gebiet deportiert. Sie erlitten dabei Verluste von ca. 300000 Personen; weitere Gruppen von Verbannten kamen aus Mittel- und SE-Europa (Rumänien). 1979 betrug Anzahl der R. in der Sowjetunion wieder fast 2 Mio. (bes. in Russischer SFSR 790000, Kasachischer SSR 900000, Kirgisischer SSR 101000). Seit 1970, verstärkt seit 1985, als Wiedererrichtung einer Wolgadeutschen ASSR mißlang, erfolgten stetige Rücksiedlungen nach Deutschland. Andererseits wird die Entwicklung von Nationalrayons mit deutscher Amtsspr. innerhalb sibirischer Bezirke (Omsk, Altai-Region) fortgeführt, so von Asowo mit bereits 150000 Deutschen (1994); weitere sollen bei Saratow und Wolgograd geschaffen werden.

Rußländer (NAT)
II. inoffizielle Bez. (seit 1992) für StA. der Russischen Föderation, d.h. für Rußland selbst und für die ihm eingeschlossenen 21 autonomen Republiken (1997): Adygeia, Baschkortosan, Burjatien, Chakassien, Dagestan, Gornò Altai, Inguschetien, Kabardino-Balkarien, Kalmückien, Karatschajewo-Tscherkessien, Karelien, Komi, Mari-El, Mordwinien, Nord-Ossetien, Sacha- Jakutien, Tatarstan, Tschetschenien, Tschuwachien, Tuwa, Udmurtien, sowie für die 59 autonomen Kreise (oblast und autonomny okrug). Nicht mehr durchgängig als StA. der Russischen Föderation gelten jene rd. 25 Mio. Volksrussen in heute selbständigen GUS-Staaten aus dem Imperium der alten UdSSR: in Litauen, Lettland, Estland, Weißrußland, Ukraine, Moldawien, Georgien, Armenien, Asserbaidschan, Kasachstan, Turkmenistan, Usbekistan, Kirgistan, Tadschikistan. Fallweise haben sie zwangsläufig die neue Staatsbürgerschaft erhalten (Ukraine), müssen sie in Sprach- und Geschichtsprüfungen erwerben (Baltenländer) oder gelten nun als Ausländer (Innerasien).

Rustamiden (REL)
II. Charidschiten-Imamat in Tiaret/W-Algerien, das 776–908 als religiöser Mittelpunkt im w. Maghreb bestand. Nach seinem Untergang wanderte ein Großteil der Bev. im 10./11. Jh. nach Sadrata bei Wargla ab. Vgl. Ibaditen, Mozabiten.

Rutela (ETH)
II. Unterstamm der Kol in Indien.

Ruthenen (ETH)
I. Altbez.: Russinen, Rußnjaken; Karpato-Ruthenen; Eigenbez. Rusnaci; Ruthenians, Rusins, Rusyn, Carpatho-Rusins (=en); Ruthènes (=fr), nicht etwa Ruthénois; Rusini (=sl).
II. 1.) Ukrainer auf Südhang der Ostkarpaten, in E-Galizien und NW-Bukowina; genau genommen ein ostslawischer Stamm in räumlicher und kultureller Nähe zu den Ukrainern, der sich mit Zentrum Uschgorod im genannten Gebiet im frühen 14. Jh. niedergelassen hat. Ihre Umgangsspr. unterscheidet sich deutlich vom Ukrainischen, ihre Schriftspr. ist Ukrainisch, z.T. auch Russisch. Stellten im Habsburger Reich 1849 erste Autonomieforderungen. Als Folge von Magyarisierung (1867) und anderen Repressionen verstärkte sich alte Fortwanderung in die Vojvodina, nach Syrmien und Slawonien und begann 1880 Auswanderung in die USA. R. gehörten ab 1920 politisch zur CSSR, seit 1945 zur Ukrainischen SSR der UdSSR (s. Karpato-Ukraine). R. erfuhren in letzten 70 Jahren viermaligen Wechsel ihrer Staatsbürgerschaft. Derzeit starker ukrainischer Assimilierungsdruck und ukrainische Unterwande-

rung; keine gesonderte Erfassung mehr. Mehrfache Abwanderung insbes. slowakischer und rumänischer Volkszugehöriger; heutige Zahl in USA ca. 300 000, in Serbien > 30 000. Vgl. Ukrainer, Karpatho-Ruthenen; Boiken, Huzulen, Lemken. Geogr. Name: Bukowina (=Buchenland). 2.) einstige allgemeine Bez. für Ukrainer, die innerhalb der Habsburger Monarchie lebten. Ukrainer aus weißrussischen Gebieten wurden vereinzelt Weißruthenen genannt. 3.) Mitglieder der Ruthenischen Kirche (s.d.).

Ruthenische Christen/Kirche (REL)
I. Grecko-katolicy (=po).
II. fälschlich für russische Unierte; unter wechselndem Begriffsinhalt Bez. für einen slawischen Zweig des Christentums, das 1594 mit Rom uniert wurde, mit byzantinisch-slawischem Ritus (u.a. Litauen), seit 18. Jh. auf Galizien und Karpatoukraine beschränkt. Verstärkt seit 1913 umstritten, seit 1939 unterdrückt, überwiegend noch in Polen, Slowakei und Jugoslawien. Bei Kriegsende gab es schätzungsweise 450 000 R.Chr. in Osteuropa. 1949 lösten Sowjets die Diözese Mukachevo bei Ushgorod auf, 1950 erlosch auch die Diözese Presov/Slovakei. Seit 1989 wiederbelebt in W-Ukraine und überdauernd in Ungarn ca. 230 000 magyarisierte R.Chr. in der Diözese Nyiregyháza, ca. 30 000 in Rest-Jugoslawien; sonst unter Emigranten verbreitet: über 600 000 in USA (dort »Ruthenian Catholic Church«), allein 270 000–300 000 im Raum Pittsburgh, über 300 000 in Kanada, über 100 000 in Brasilien. Vgl. latynnyky.

Rutulen (ETH)
I. Rutuler; Rutul, Mych Adbyr (Eigenbez.); Rutulcy (=rs); Rutuls (=en).
II. eines der dagestanischen Völker im nö. Kaukasus und vereinzelt in Aserbaidschan; 1979: 12 000–17 000, 1990 gegen 20 000 Köpfe. Frühzeitig von Armenien aus christianisiert, doch im 8. Jh. trotz Rückzugslage von Arabern islamisiert. Wurden nach längerem Widerstand 1844 in das russische Reich eingegliedert. Ihre Spr., Rutulisch oder Muchadisch, ist lesgische Untergruppe der nacho-dagestanischen Kaukasussprachen; R. sind Sunniten.

Rwanda (ETH)
I. Nyaruanda, Ruanda, Baniaruanda. Vgl. Rwander, Ruander als Bez. der Staatsangehörigkeit; vgl. Kinyarwanda als Spr.gem.; vgl. bes. Hutu/Bahutu, Tutsi/Watussi.

Rwander (NAT)
s. Ruander.

Ryah (ETH)
II. arabischer Beduinenstamm während der Hilal- und Solaim-Wanderung in Nordafrika.

Ryukyu-Inseln (TERR)
B. Der seit Ende des II.WK unter amerikanischer Kontrolle stehende sw. Teil wurde am 15. 5. 1972 an Japan zurückgegeben. The Ryukyu Islands, the Ryukyus (=en); les (îles) Ryu-Kyu, les (îles) Riou Kiou (=fr); las islas Riukiu, las islas Ryu Kyu (=sp). Vgl. Okinawa.
Ew. 1960: 0,583 Z; 1970: 0,945

S

Saargebiet (TERR)
C. 1919–1935 unter französischer Besetzung; nach II. WK (am 1. 12. 1946) vorläufig politisch, seit 3. 3. 1950 durch Wirtschafts- und Währungsgrenze von Deutschland abgetrennter autonomer »Saarstaat« (1947–1955); Ablehnung vorgeschlagener »Europäisierung« durch Volksabstimmung (23. 10. 1955); seither »Saarland«.

Saarland (TERR)
B. Bundesland in Deutschland seit 1. 1. 1957. Sarre (=fr).
Ew. nach jeweiligem Gebietsstand: 1910: 0,572; 1925: 0,670; 1939: 0,910; 1950: 0,943; 1955: 1,000; 1960: 1,051; 1970: 1,120; 1980: 1,068; 1997: 1,081, BD: 421 Ew./km²

Sab (ETH)
II. seßhafte, ackerbautreibende Teilbev. der Somal im Süden von Somalia.

Saba (TERR)
B. Insel der Niederländischen Antillen. Saba (=en, fr); (la isla de) Saba (=sp).

Sabah (TERR)
B. Gliedstaat von Malaysia (seit 1963); früher Britisch-Nordborneo. The State of Sabah, Sabah (=en); l'Etat de Sabah, le Sabah (=fr); el Estado de Sabah, Sabah (=sp). Vgl. Malaysia.
Ew.; 1950: 0,330; 1957: 0,407; 1960: 0,454; 1964: 0,520; 1970: 0,655; 1976: 0,862; 1980: 1,011; BD: 1991: 21 Ew./km²

Sabah, al (ETH)
I. Subah, al; Sabahans (=en).
II. arabisches Geschlecht aus der Stammesföderation der Aneze-Beduinen, das zufolge einer Dürre aus Nedsch abwanderte, über Zubara/Qatar-Halbinsel nach Kuwait gelangte und dort jene Regionalbev. aufbaute, die seit 1898 die Herrschaft über dieses Territorium innehat.

Sabanes (ETH)
II. Stamm des indianischen Nambicuara-Volkes im n. Mato Grosso. S. waren völlig isoliert, bis sie 1929 der brasilianische Indianerschutzdienst aufsuchte; wurden dabei mit Infektionskrankheiten (u.a. epidemische Lungenentzündung) angesteckt. Von einst vielen Tausend lebten 1939 noch 21 S.

Sabbatianer (REL)
I. Frankisten.
II. Anh. einer im 17./18. Jh. bes. unter armen Ostjuden verbreiteten Bewegung, die sich auf die jüdische Mystik gründete und gegen Talmud und Schriftgelehrte wandte, daher von Rabbinern als häretisch bekämpft wurde. Namengebung nach Begründern Sabbataï Zwi und Schüler Jakob Frank.

Sabbatisten (REL)
I. Sabbatarier.
II. 1.) seit 16. Jh. bestehende christliche Sekten, die den Sabbat (Freitag-Samstagabend) als Feiertag begehen. 2.) Siebenten-Tag-Adventisten, Seventh-Day-Adventists (=en). Bedeutung der fünf fortentwickelten Zweige der Adventisten; Erwachsenentaufe, verbreitet Vegetarismus. Ob gewisser jüdisch-kultureller Einschläge (u.a. Sabbatheiligung) zur NS-Zeit in Deutschland verboten.

Sabeller (ETH)
II. mittelitalienische Stammesgruppe der Italiker, zu der u.a. die Umbrier, Sabiner, Samniten, ferner Äquer, Frentaner, Herniker, Marser, Marruciner, Paligner, Picenter, Vestiner und Volsker gehörten. S. wurden im 4./3. Jh. v.Chr. von Römern unterworfen, wurden im 3. Jh. v.Chr. römische Vollbürger.

Sabier (REL)
I. Mandäer.

Sabir (SPR)
I. aus provenzalisch saber =»wissen«.
II. abgeleitet aus der in Hafenstädten des w. Mittelmeerraumes entstandenen Verkehrsspr. auf provenzalischer Grundlage mit spanischem, arabischem und griechischem Wortgut angereichert.

Sab'iya (REL)
I. (=ar); Ismailiya, Siebener-, (7er) Schia.

Sabres (SOZ)
I. Sabras; Tzabars nach hebräischer Bez. für süße Früchte in stacheliger Schale (der Feigenkaktus).
II. jene jüdischen Israeli, die nicht eingewandert, sondern als Pionierkinder schon in Palästina geboren sind. Symbolisch für die Generation junger Israeli, die sich nicht mehr als Diasporajuden empfindet, sondern als freie starke Vertreter eines neuen Volkes.

Sabuanun (ETH)
II. alt-indonesischer Stamm auf Mindanao/Philippinen.

Sachalar (ETH)
I. Sakha, Sacha, Eigenbez. der Jakuten, s.d.

Sachsen (ETH)
I. Saxones; Saxons (=en).
II. westgermanischer Stamm, der sich im 2./3. Jh. von der unteren Elbe gegen Harz und Niederrhein ausdehnte. S. schmolzen dabei andere Stämme in den sich ausbildenden Stammesverband ein. Seit 3. Jh. als Seefahrer an Nordseeküsten, führten im

5. Jh. zusammen mit Angeln und Jüten die Invasion Britanniens an. Kultureller Zusammenhang blieb erhalten (u.a. Buckelurnen). Die zurückgebliebenen Festland-S. oder Alt-S. beherrschten fast ganz Niederdeutschland zwischen Rhein und Elbe; waren gegliedert in vier politisch-ethnische Einheiten: die Engern (beiderseits der Weser), Westfalen, Ostfalen und Nordalbinger (n. der Unterelbe). Sie waren ständisch geordnet in Edelinge, Frilinge und Liten/Sassen. In Sachsenkriegen Karls des Großen im 8. Jh. wurden sie unterworfen und christianisiert. Zweiseitige Bedrohung durch Wikinger und Slawen ließ Mitte des 9. Jh. das Stammesherzogtum der S. wiedererstehen. Es stellte mächtige Herrscher, so den Ungarnsieger Heinrich I. und Otto des Großen sowie die sächsischen Fürsten, vor allem Heinrich den Löwen. Diese bahnten der deutschen Ostkolonisation den Weg, vorab in Ostholstein, Mecklenburg und Pommern, die dadurch sprachlich in das Niederdeutsche einbezogen wurden. Gegen SE gingen der Name S. und 1423 auch die Herzogs- und Kurwürde an Meißen über, für die dort angesiedelten Thüringer und Mainfranken bürgerte sich seither die fehldeutige Bez. Obersachsen ein. Im alten niederdeutschen Stammesgebiet erwuchs aus der Gliederung o.g. alter Teilgebiete der S., die schon vor der Reichsteilung Maximilians I. (1512) übernommen worden war, die bis heute gültige politische Teilung in Westfalen und Niedersachsen, w. bzw. ö. der Weser (vgl. Niedersachsen). Vgl. Angelsachsen, Niedersachsen, Obersachsen.

Sachsen (SOZ)
II. i.w.S. Bez. im mittelalterlichen Königreich Ungarn (seit Mitte 12. Jh.); bes. auch bei Balkanslawen für die privilegierten deutschspr. Einwanderer, i.e.S. die evang.-lutherischen Kolonisten in Siebenbürgen. Unterstanden nicht adeligen Grundherren, sondern allein dem König, Eigenwahl ihrer Richter und Pfarrer. Vgl. Siebenbürger Sachsen.

Sachsen (TERR)
B. Freistaat, Bundesland in Deutschland seit 1990; vormals (–1918) Königreich mit 1,387 Mio Ew. (1828);
ferner Sachsen-Weimar-Eisenach (1828: 0,225 Mio, 1910: 0,434 Mio Ew.; BD 120), Sachsen-Meiningen-Hildburghausen (1828: 0,130 Mio, 1910: 0,270 Mio Ew.; BD 110), S.-Altenburg (1828: 0,104 Mio, 1910: 0,212 Mio Ew.; BD 156), S.-Coburg-Gotha (1828: 0,145 Mio, 1910: 0,189 Mio Ew.; BD 135).

Einwohner in Mio: 1816; 1855; 1871; 1910; 1925
Ew. Kgr. Sachsen 1816: 1,194; 1855: 2,039; 1871: 2,556; 1910: 4,807; 1925: 4,994
Ew. Sachsen-Weimar 1816: 0,193; 1855: 0,264
Ew. Sachsen-Meiningen 1816: 0,121; 1855: 0,166
Ew. Sachsen-Altenburg 1816: 0,096; 1855: 0,133
Ew. Sachsen-Coburg-Gotha 1816: 0,112; 1855: 0,151

Ew. Sachsen gesamt nach jeweiligem Gebietsstand: 1871: 2,556; 1890: 3,503; 1910: 4,807; 1960: 5,491; 1970: 5,420; 1980: 5,182; 1990: 4,764, 1997: 4,522, BD: 246 Ew./km²

Sachsen-Anhalt (TERR)
B. Deutsches Bundesland, 1945 aus Anhalt, Provinz Magdeburg und Halle-Merseburg gebildet; 1990 rekonstruiert aus einstigen DDR-Bezirken Magdeburg, Halle und Teilen von Leipzig und Cottbus. Nicht identisch mit Freistaat Anhalt von 1918 (s.d.). Saxe-Anhalt (=fr).

Ew. nach jeweiligem Gebietsstand: 1970: 3,221; 1980: 3,084; 1990: 2,874; 1997: 2,702, BD: 132 Ew./km²

Sachsengänger (SOZ)
II. landwirtschaftliche Saisonarbeiter, die einst aus Polen, bis aus E-Galizien, zur Hackfrucht- und Getreideernte u.a. in das sächsische Bördenland zuwanderten. Vgl. »Schnitter«, Hollandgänger.

Sacra Corona Unità (SOZ)
I. (it=) »Heilige Vereinte Krone«; »Vierte Maf(f)ia«.
II. krimineller Geheimbund in Apulien/Italien. 1991 rd. 2000 Mitglieder. Vgl. Maf(f)iosi.

Sadad (REL)
I. (=pe); Sg. Seyyed.
II. Nachkommen Mohammeds durch dessen Tochter Fatimah.

Sadang-Toradscha (ETH)
II. Stammesgruppe im SW des Zentralteils von Celebes/Sulawezi/Indonesien u.a. mit Rongkong und Seku, fast 1 Mio.

Saddhu(s) (REL)
I. Sadhu(s); aus (ssk=) »gerade, gut, rechtschaffen«.
II. ehrende Bez. für die frei umherziehenden (hinduistischen) Bettelmönche in Indien. Vgl. Asketen, Fakire.

Sadduzäer (REL)
I. (he=) Zaddokim.
II. polit.-religiöse Gruppierung im Judentum des 2. Jh. v.–70 n.Chr., die als Priesterpartei und führende aristokratische Gruppe in Gegnerschaft insbes. zu Pharisäern stand; war hellenistischen Einflüssen aufgeschlossen.

Safed-Posch (ETH)
I. »die Weißgekleideten«.
II. im Gegensatz zu Siah-Posch; irrtümliche Altbez. der Afghanen für Bew. des Parun-Gebietes und Bez. zur Untergliederung der Kafiren in Afghanistan.

Saf'iiten (REL)
s. Schafiiten, nach Gründer Mohammed ibn Idris ash Shafi'i (+819); (ar=) Safiyun.

II. Muslime als Angeh. der Rechtsschule der Safi'i, die einst verbreitet war in Ägypten und heute in Unterägypten, Jordanien, Libanon, Südarabien, Bahrain, Indonesien, Malaysia, Ceylon, Philippinen, Daghestan, Innerasien, Tansania vertreten ist.

Safwa (ETH)
I. Wassafwa.
II. Ethnie von > 100000 Seelen im Hochland n. des Njassasees/Tansania. S. sind in Reihe von autonomen Stämmen mit erblichem Häuptlingstum aufgeteilt; Ahnenkult. S. bauen Pyrethrum, Weizen und Kaffee für den Markt an.

Sagaier (ETH)
I. Eigenbez. Sagai; Sagajcy (=rs).
II. Stamm der Chakassen, s.d.

Sagala (ETH)
I. Sagara.
II. kleine Bantu-Ethnie in Ost-Tansania.

Saganba (ETH)
II. Untereinheit der Madan ohne eigene Stammesorganisation im Hor Unteriraks (nw. Gurna) und als Gefolgsleute arabischer Stämme lebend. Vgl. Madan.

Saguia el Hamra (TERR)
B. Nördliche Region der ehem. Spanischen Sahara. Saguia el Hamra (=en, fr); Saguía El Hamra (=sp).

Sagundschis (SOZ)
II. unsteter Zigeunerstamm im NE Bulgariens.

Saha (ETH)
II. Teilstamm der Arhuaco-Indianer in Kolumbien.

Sahara (TERR)
A. Demokratische Arabische Republik. UN-Bez.: Westsahara. Ehem. spanische Westsahara (früher (1885) Rio de Oro (=sp); 1904 Saguia el Hamra; Spanisch Sahara 1934–1958; zus. mit Ifni = Spanisch Westafrika =spanische Überseeprovinz Westsahara (–1976). 1976–1979 Verwaltung durch Marokko und Mauretanien. 1979–1980 zwischen Frente Polisario und Marokko umstritten, Teilgebiete 1980 von Marokko annektiert. Al Jumhuriyah as Sahrawiyah ad Dimuqratiyah Al'Arabiyah (=ar). Altbez.: Spanish Sahara (=en); Sahara Epagnol (=fr); Sahara Español (=sp). Vgl. Marokko, Spanische Sahara
Ew. 1994: 0,252, BD: 1,0 Ew./km²; WR 1980–86: 2,8 %

Saharauis (ETH)
I. Sahrauis; Westsaharier; Sahraouis (=fr); Saharawis (=en).
II. Bew. des ehemals (bis 1975) spanischen W-Sahara-Territoriums Rio de Oro (damals 74 000 Ew.); eine Mischbev. arabisierter Berber mit Haratins; bis in 60er Jahre nomadisierende Stämme: Erguibat, Arosien, Ulad-Delim, Alt-Lahsen, Izasguien. Führten bis etwa 1930 Abwehrkämpfe gegen spanische und französische Kolonialmächte. Politisches und geistliches Zentrum unter ihrem »Blauen Sultan Ma el Ainin« (*M. VIEUCHANGE*) war Smara/Es-Semara. Unter Begründung, daß die Sultane von Fes und Marrakesch seine Untertanen gewesen, erfolgte 1975 marokkanische Annektion mit Masseneinwanderung (»Grüner Marsch«). In den darauf folgenden Unabhängigkeitskämpfen (1976/1979) erlitten S. Verluste von rd. 25 000. 1985 lebten 165 000 S., 1997 noch 80 000 als Flüchtlinge im Länderdreieck s. Tindouf/Algerien. Unter UN und OAU-Schirmherrschaft wurde 1991 Referendum über Unabhängigkeit der nunmehrigen Demokratischen Arabischen Republik Sahara vorbereitet. 1994: 252 000 Ew., davon 120 000 Siedler aus Marokko. Vgl. Sahariens (=fr), Saharier.

Sahariens (ETH)
I. (=fr); Saharier.
II. Sammelbez. für eingeborene Bew. der (insbes. französisch erschlossenen West-)Sahara. Vgl. aber Saharauis.

Saho (ETH)
II. den Danakil verwandter Stamm kuschitischer Hirten und Pflugbauern, unter Tigre/Tigray-Einfluß; (ca. 60 000) in Eritrea, Somalia und NW-Äthiopien.

Sai'ar (ETH)
II. südarabischer Stamm in Hadramaut/Jemen, noch nomadisierend; Sunniten.

Saint Lucianer (NAT)
s. Lucianer.

Saintanises (SOZ)
II. als Kinder an reiche Familien verkaufte weibliche Dienstboten auf Haïti.

Sainte-Marie-Insulaner (ETH)
II. ausgesprochene Mischbev. aus Polynesiern, Arabern, europäischen Piraten, Seeleuten verschiedener Nationalitäten, Afrikanern und Indern; malagasyspr.; zu Madagaskar zählend.

Saint-Marinais (NAT)
(=fr) s. Sanmarinesen.

Saisett (ETH)
II. autochthones Kleinvolk auf Taiwan in Quasi-Reservation im Ostteil der Insel. Vgl. auch Gaoschan.

Saisonarbeiter (SOZ)
I. Kampagnearbeiter, Zeitwanderer; in Schweiz Saisonniers (s.d.); seasonal workers (=en); ouvriers saisonniers (=fr); lavoratori stagionali (=it); trabajadores temporeros (=sp); travalhadores estacionales (=pt).

Saisonniers 464

II. Arbeitskräfte, die zur Überbrückung von Arbeitsspitzen ausschließlich oder vorwiegend nur in begrenzten Zeiträumen (Saisonzeiten, in einer »Kampagne«) zusätzlich beschäftigt werden. S. sind anzutreffen zumeist 1.) in der Landwirtschaft als Erntehelfer (s.d.), z.B. als Hopfenzupfer, Zuckerrohrschneider, Scheunendrescher, Gurkenpflücker; auch in der Zucker- und Konservenindustrie. 2.) auch sonst jahreszeitlich und klimabedingt als Torfstecher, Holzfäller, Sachsengänger u.a.; 3.) im Fremdenverkehrsgewerbe während der Sommer- oder der Wintersaison; 4.) Störwanderer (s.d.). Sofern ausländische S. eingesetzt werden, unterliegen diese mehr (Mitteleuropa) oder weniger (Kalifornien) strengen Aufenthalts- und Beschäftigungsregelungen, in Deutschland z.B. 50 Tage. Vgl. Erntewanderer; Arner, Erntehelfer.

Saisonniers (SOZ)
I. Saisonarbeiter (in Schweiz); i.e.S. nur für eine bestimmte Jahreszeit oder beschränkte Zeitdauer zuwanderungsberechtigte Gastarbeiter in ausgesuchten Berufen, dort hpts. im Fremdenverkehr.

Saisonwanderer (WISS)
II. Lebensform- oder Berufsgruppen, deren regelmäßige Wanderungen jahreszeitlich (klima- oder wirtschaftsbedingt) durchgeführt werden, z.B. Erntewanderer (s.d.), Fremdenverkehrspersonal, Störwanderer u.a. Da S. in div. nationalen Statistiken weder als de facto- noch als de iure-Bev. einbezogen werden, ist dies jeweils zu prüfen; zudem handelt es sich oft genug um ausländische Gastarbeiter. Vgl. Saisonarbeiter, Erntewanderer; Mobilheim-Wanderer, Preußen-, Sachsen-, Hollandgänger, Erntehelfer, Schabaschniki, custom-cutters.

Sakai (ETH)
I. Senoi.
II. weddide Restpopulation auf Malakka. Vgl. Senoi, Weddide.

Sakalaven (ETH)
I. Sakalava.
II. ethnische Einheit in den Küstenebenen Madagaskars; haben mit > 600000 (1988) einen Anteil von 6% an der Gesamtbev.; sind zu gliedern in vier Gruppen: die eigentlichen Sakalava sowie die seit 15. Jh. von ihnen unterworfenen Vazimba, Masikoro, Vezo und Mikea, diese überwiegend negrid. Bis zum Ende des 19. Jh. waren bei den S. Menschenopfer üblich. I.e.S. das Hirtenvolk der eigentlichen S., das die anderen drei Gruppen beherrschte.

Sakalaven (SOZ)
II. Nachkommen der von den Arabern seit 10. Jh. nach Madagaskar eingeführten Negersklaven. Sofern sie nicht eingeschmolzen wurden, stellen sie noch heute bes. in Küstenebenen eigene ethnische Einheiten dar. Vgl. Saqaliba.

Sakata (ETH)
I. Lesa.
II. schwarzafrikanische Ethnie südlich des Mai Ndombe-Sees/DR Kongo.

Saken (ETH)
I. Sakai; vielleicht ein persisches Synonym für Skythen.
II. Sammelname für Reiterkrieger und Hirtenomaden, die im 1. Jtsd. v. Chr. Teile Zentralasiens einnahmen. Es handelt sich wohl um die ö. Stämme der Nordiranier, ö. von Kaspisee und Ural. Geogr. Name: Sakestan/Seistan. Sie gelten als Initiatoren des sog. Reiternomadismus. S. wurden um 80 v. Chr. von Parthern unterworfen; Teilgruppen hielten sich bis Ende des 4. Jh.n.Chr. im Indusgebiet. Vgl. Parther, Hunnen.

Säkularisten (WISS)
I. Secularists (=en); aus saecularis (lat=) »dem irdischen Leben zugehörig«. Begriff wurde durch *G.H. HOLYOAKE* eingeführt.
II. 1.) Personen, -gruppen, die für die Loslösung, Trennung ihrer gesellschaftlichen und polit.-staatlichen Ordnungen aus religiösen Bindungen oder Zwängen kämpfen; die ihre weltliche Regierung von religiösen Einflüssen freihalten wollen, gegen die Einführung religiösen Rechts, etwa der islamischen Scharia, eintreten; z.B. Kemalisten (s.d.). 2.) auf Säkularismus *HOLYOAKES* zurückgehende, durch *Ch. BRADLAUGH* formierte Richtung englischer Freidenker. Säkularismus ist in der europäischen Geschichte eine wesentliche Voraussetzung für die wiss., technische und ökonomische Entwicklung. Vgl. Gegensatz Fundamentalisten.

Sakya (SOZ)
II. Hindu-Kaste bei den Newars im Katmandu-Tal/Nepal. Aus den Mädchen dieser Kaste wählt die königliche Kommission die jeweilige Kumari aus, die lebende Verkörperung der Hindugöttin Shakti.

Salafiya (REL)
I. Salafiten.
II. durch Muh. Rachid Rida begründete Bewegung, die eine Rückbesinnung des Islam auf Koran mit Sunna und Scharia zum Ziel hat; damit wirkt S. als Wegbereiter heutiger Fundamentalisten.

Salar (ETH)
I. Salaren, Rumai, Sa-la.
II. turkvölkischer Bauernstamm in der chinesischen Provinz Kansu/N-China und in Xinjiang; turkspr. und muslimisch; 1990 ca. 69000.

Salesianer (REL)
I. OSFS/SDB.
II. Sammelbez. für mehrere kath. Kongregationen: 1.) S. Don Boscos SDB (früher SS) gegr. 1857 von Don Bosco in Turin für Errichtung, Seelsorge und äußere Mission, bes. (umstritten) unter Indianern u.a. in Amazonien/Brasilien. 2.) Oblaten des

Franz v. Sales OSFS, gegr. 1875 für Betreuung und Ausbildung gefährdeter Jugendlicher, 1966 rd. 23 000, 1991 ca. 17 600 Mitglieder. 3.) Salesianerinnen OVM, gegr. 1610 zu Annecy durch Franz v. Sales und J.F. F. de Chantal, kath. Frauenorden zur Krankenbetreuung und Jugenderziehung; rd. 200 Niederlassungen mit über 6000 Mitgliedern.

Sal-Hufner (SOZ)
II. im frühen MA in Mitteleuropa aufgekommene Bez. für vollfreie Besitzer einer Hufe (d.h. einer anteiligen Flurparzelle in der Dorfgemarkung).

Salisch (ETH)
I. Selish; Spottname Flatheads (s.d.).
II. 1.) Stammesverband nordamerikanischer Indianer im w. Montana und n. Idaho; einst halbnomadische Jäger. 2.) indianische Spr.familie mit den Stammesverbänden der Salisch, Chimahua und Wakashas.

Saliva (ETH)
II. ausgestorbene Indianerpopulation in Ostkolumbien.

Salomonen (TERR)
A. Früher Britische Salomonen; unabh. seit 7. 7. 1978. Solomon Islands (=en); les Iles Salomon (=fr); las Islas Salomón (=sp).
Ew. 1948: 0,095; 1950: 0,130; 1959: 0,124; 1970: 0,163; 1978: 0,214; 1986: 0,285; 1996: 0,389, BD: 14 Ew./km²; WR 1990–96: 3,3 %; UZ 1996: 16 %, AQ: 38 %

Salomoner (ETH)
I. Salomonen; Solomon Islands (=en); Salomoniens (=fr).
II. Bew. der Salomon-Inselgruppe, unter denen sich die melanesischen Autochthonen mit 93 % die Mehrheit erhielten; Restanteile stellen Poly- und Mikronesier, Chinesen und Europäer. In älterer Kolonialzeit wurden mehrfach Kontingente von S. als Zwangsarbeiter u.a. nach Westsamoa verbracht. Neben melanesischer Spr. dient Pidgin-Englisch als Verkehrsspr. Nebst anglikanischem und katholischem Glauben sind auch einheimische Heilslehren vertreten, z.B. die Moro-Bewegung.

Saloren (ETH)
I. Eigenbez. Salyr; Salyrly; Salory (=rs); Salir (=en).
II. einer der größten Stämme der Turkmenen im Chardzhou-Oblast/Turkmenistan. Vgl. Turkmenen.

Salto atrás (BIO)
I. (sp=) »Sprung zurück«, »Salto rückwärts«.
II. 1.) Sammelbez. in Lateinamerika für Mischlinge mehrfacher Kreuzung zwischen Negern und Indianern (u.a. Aribocos, Caribocos, Curibocos, Cafusos, Caturets, Chinos, Zambos). 2.) vgl. Quarteronen.

Salutisten (REL)
II. Mitglieder der 1878 von William Booth gegr. Heilsarmee; (en=) Salvation Army; aus Methodismus hervorgegangene militärisch organisierte soziale Heilsgemeinschaft; Zentrum/Generalstab ihrer Anh. ist London. Um 1985 ca. 4,0–4,7 Mio. Mitglieder.

Salvadorianer (NAT)
I. Salvadorener, Salvadorer; Salvadorians, Salvadorans (=en); salvadoriens (=fr); salvadoreños (=sp); salvadorenhos (=pt).
II. StA. der Rep. El Salvador, 5,8 Mio. Ew. (1996), die sich zusammensetzen aus 89 % Mestizen (Ladinos), 10 % Indianern, 1 % Weißen. Immense Verluste (> 80 000 Tote) im Bürgerkrieg bis 1993; rd. 1 Mio. S. haben das Land aus Armut verlassen.

Salvation Army (REL)
I. Heilsarmee. Vgl. Salutisten.

Salvatorianer (REL)
I. SDS.
II. gegr. 1881 in Rom; kath. Priesterkongregation für innere und äußere Mission, dgl. Schwesternorden; heute ca. 1200 Mitglieder.

Salzburg (TERR)
B. Bundesland in Österreich.
Ew. 1754: 0,140; 1800: 0,141; 1850: 0,146; 1869: 0,153; 1880: 0,164; 1910: 0,215; 1934: 0,246; 1951: 0,327; 1961: 0,347; 1971: 0,402; 1981: 0,442; 1991: 0,482; 1997: 0,514

Salzburger Exulanten (REL)
Eine kleinere Teilgruppe von 50 Familien kam durch die Hilfe einer Londoner Missionsgesellschaft in die gerade neugegründete Kolonie Georgia. Vgl. Exulanten.

Samagiren (ETH)
I. Eigenbez. Nani; Samagiry (=rs).
II. Ethnie am Girin in der Region Chabarowsk/Rußland; S. sind Ewenken, die sich den Nanaiern assimiliert haben und heute als deren Territorialgruppe gelten.

Samal (ETH)
I. Samal Laut, Balangingi, »Wasserzigeuner«.
II. Sammelbez. für mehrere jungindonesische Ethnien im Sulu-Archipel. Bekannte Bootsbauer, Fischer und Sammler von Meeresprodukten, wohnen wechselweise an Land und auf Booten. Waren im 18. Jh. schon islamisiert; ca. 250 000 Köpfe. Vgl. Moros, Orang Laut.

Samantha (ETH)
I. Kuvi.
II. Kleinstamm von ca. 10 000 in den Waldgebirgen der östlichen Ghats/Indien mit einer Drawida-Spr.; ethnische Merkmale sind den Kond ähnlich.

Samaritaner (REL)
I. Samariter.
II. Bev. von Samaria/Palästina, die sich nach assyrischer Eroberung 722 v.Chr. zum Mischvolk entwickelte, deshalb den Juden als unrein galt und 515 v.Chr. nicht am Tempel- Wiederaufbau in Jerusalem beteiligt wurde. Daraus resultierte diese noch existente jüdische Sondergruppe (1994 rd. 650 Mitglieder), die stark priesterlich geprägt war und allein das Pentateuch als heilige Schrift anerkennt; auf Berg Garizim antike Opferstätte und Pilgerziel, 129/128 v.Chr. von Juden zerstört.

Samaritanische Schrift (SCHR)
II. eine frühe Abzweigung aus der Althebräischen Schrift, die noch im 1. Jtsd. v.Chr. von den Samaritanern übernommen und über die Jh. der Isolation gegenüber den Juden als liturgische Schrift bis heute bewahrt wurde.

Samar-Leyte (SPR)
I. Samarnon; Waray-Waray; Samar-Leyte, Waray-Waray (=en).
II. Spr. des nordwestindonesischen Zweiges der indonesisch-polynesischen Spr.gruppe; wird von 6% aller Philippiner, ca. 11 Mio., als Muttersp. gesprochen.

Samba (ETH)
II. kleine schwarzafrikanische Ethnie im Grenzgebiet von DR Kongo zu Angola.

Sambal (ETH)
II. malaiisches Volk auf den Philippinen, rd. 100000 Köpfe, katholische Christen.

Sambia (TERR)
A. Republik. Unabh. seit 24. 10. 1964; kolonialzeitlich (1889–1964) Nordrhodesien. Republic of Zambia (=en). Zambia (=en); la République de Zambie, la Zambie (=fr); la República de Zambia, Zambia (=sp).
Ew. 1911: 0,442; 1921: 1,000; 1931: 1,372; 1950: 2,440; 1960: 3,210; 1970: 4,251; 1980: 5,662; 1990: 7,818; 1996: 9,215, BD: 12 Ew./km²; WR 1990–96: 2,8%; UZ 1996: 43%, AQ: 22%

Sambier (NAT)
I. Zambians (=en); zambiens (=fr); zambianos (=sp, pt).
II. StA. der Rep. Sambia. Staatsbev. besteht aus ca. 75 verschiedenen Ethnien, insbes. Bantuvölkern, darunter Bemba (36%), Nyanja (18%). Vgl. Bantu mit Bemba, Tonga, Ngoni, Lozi.

Sambo (SOZ)
I. (=sw); »Zusammenwohnende«.
II. heterogene Partner, die ohne eheliche Bindung, ggf. mit Kindern, familienähnlich zusammenleben. Sie genießen heute in Schweden ehepartnerähnliche Rechte.

Samburu (ETH)
II. ethnische Einheit im Halbwüstengebiet N-Kenias mit südnilotischer Eigensp. S. sind nomadische Rinder-, Schaf-, Ziegen- und jüngst auch Kamelhirten (Milch- und Blutnutzung); verwehren sich überwiegend noch der Seßhaftmachung. Typisch die Rotocker-Färbung von Körper bzw. Haaren und Umhängen, vielschnüriger Halsschmuck, Springtänze; Altersklassen; geschätzt auf bis zu 100000 Köpfe. Vgl. Massai.

Samen (ETH)
I. Saamen, Samit, in Schweden jetzt auch Samer; aus samek, sameh; Sg. Sabmi als Eigenbez.; Saami (=rs); Sabmi (=en). In Deutschland Lappen, aus Lappar oder Lapp (=sw) und Lappalainen (=fi), Lopari, dies aber Spottbez. der Nachbarn. Norwegische Altbez. Finner, Skridfinner.
II. kleines Volk von ca. 40000–65000 Seelen, Rest einer anthropol. Altbev. von Lappiden, abgedrängt aus N-Rußland über S-Skandinavien und Finnland in die borealen Nadelwälder der Nordkalotte (Norwegen, Schweden, Finnland, ehem. Sowjetunion). Noch 6000–10000 halbnomadische Rentierzüchter, Fischer und Jäger als Ergebnis der neuen Umwelt. Heute zunehmend ackerbautreibende Dauersiedler. Haben alte Eigensp. schon vor langer Zeit verloren und eine Finnisch-Ugrische Spr. angenommen. 1988: ca. 40000 in Norwegen, ca. 15000–17000 (1980) in Schwedisch-Lappland/Sapmi, ca. 4000–5000 in Finnland, 1500–2000 auf der Halbinsel Kola/Rußland. Skandinavische S. sind Lutheraner, russische S. seit 16. Jh. orthodox christianisiert. Vgl. Lappide, Lappen.

Samisch (SPR)
I. (tunlich zu vermeiden) Lappisch.
II. Volksspr. der Samen, gesprochen um 1990 von rd. 45000; neben Norwegisch in Tromsö, Finnmark von 25000; neben Schwedisch in Väster- und Norrbotten von 17000; neben Finnisch (Lappi) von 1700 und auf der russischen Kola-Halbinsel.

Sammler und Jäger (WISS)
I. überholt Sammlervölker.
II. Menschen im Stadium der aneignenden Wirtschaft als S. und J., das von der Entstehung der Menschheit vor gut 2 Mio. J. bis zum Beginn der Neolithischen Revolution um rd. 10000 J. v.Chr. und damit über 99% der menschlichen Geschichte angedauert hat. Vor 200 J. waren noch rd. 10% von ca. 900 Mio. Menschen als S. und J. anzusprechen, um 1975 kaum mehr als 300000; nur mehr in unzugänglichen Rückzugsgebieten. Bei Völkern, die zu Feldbau und Viehhaltung übergegangen sind, ist aber das Sammeln oft eine wesentliche und notwendige Ergänzung. Der Status von S. und J. gilt in der Geographie als Kultur- und Wirtschaftsstufe. Vgl. Sammlervölker, Erntevölker.

Sammlervölker (WISS)
  II. 1.) Ethnien, die ihren Lebensunterhalt durch das Sammeln von wilden Früchten, Wurzeln, Knollen, Kleintieren bestreiten. Vgl. Wildbeuter, Erntevölker, Sammler und Jäger. 2.) Begriff wird fälschlich auch gebraucht für Menschen in Tropen und Subtropen, die sich auf die moderne Gewinnung von Kautschuk, Matepflanzenblättern, Arzneipflanzen, Babanunüssen, Karnaubawachs u.a spezialisiert haben. Hierfür bessere Bez.: Sammelwirtschaftler.

Samniter (ETH)
  I. Samniten; Samnites (=en; lat); osk.
  I. Safineis.
  II. italischer Volksstamm im 5./4. Jh. v.Chr., der sich von den Abruzzen (Molise) aus über Süditalien ausdehnte. Volkskraft erlosch nach starken Verlusten in Kriegen gegen Rom 82 v.Chr. Vgl. Italiker.

Samnyasin (REL)
  I. Sannyasin, Sannjasin (skr=) »Mensch, der alles von sich wirft«.
  II. hinduistische Bettelmönche, aller irdischen Bindungen ledig, im vierten kultischen Lebensstadium/Ashrama. Vgl. Fakire.

Samo (ETH)
  I. Sanu
  II. mandespr. Sudanvolk an der Grenze von Senegal zu Guinea-Bissau; Hirse-Bauern. Stehen in ständigen Fehden mit den Mosi.

Samoa (TERR)
  A. Umgreift den seit 1. 1. 1962 unabhängigen Staat Westsamoa. Malotuto'atasi o Samoa i Sisifo. (The Independent State of) Western Samoa, Samoa (=en); l'Etat indépendant du Samoa-Occidental, le Samoa (=fr); el Estado Independiente de Samoa Occidental, Samoa (=sp). Vgl. auch Amerikan. Samoa.
  Ew. 1950: 0,079; 1960: 0,111; 1970: 0,142; 1978: 0,154; 1996: 0,172, BD: 61 Ew./km²; WR1990–96: 1,2%; UZ 1996: 59%, AQ: 30%

Samoaner (ETH)
  I. Samoans (=en, fr); samoanos (=sp, pt).
  II. Bew. der Samoa-Inseln, politisch seit langem (1889/1899) geteilt, zwischen ehem. deutschem Schutzgebiet und (ab 1914) Neuseeland und heute in dem (seit 1962 unabhängigen) Inselstaat Samoa (Westsamoa) mit (1996) 172000 Bew. und Amerikanisch Samoa mit 60000 Bew. (1997). Starke Abwanderung nach Neuseeland und USA (insgesamt ca. 50000). S. sind Polynesier, sozial stark gegliedert in Häuptlingstümer und Großfamilien (aiga) mit traditionellem Brauchtum und Zeremonialwesen, die sie gegen euroamerikanische Einflüsse behauptet haben; immerhin ca. 10% Mischlinge (Euronesier); sind Kleinbauern mit Fischerei neben Lohnarbeit. Ihre Eigenspr. Samoanisch ist Zweig des Polynesischen; S. sind nur oberflächlich zum Christentum bekehrt, mehrheitlich durch Londoner Missionsgesellschaft, auch durch Mormonen.

Samojeden (ETH)
  I. Altname der Nenzen (s.d.). Samoedy (=rs); Samoyeds, Samoieds, Samoeds (=en).
  II. Volk der finn-ugrischen Spr.familie in NW-Sibirien, auf Kola und Nowaja Semlja; rassisch zu Sibiriden zählend. Erdöl- bzw. Erdgas-Prospektion haben den Bannbereich der Rentierhalter auf der Jamal-Halbinsel verwüstet. Unterteilt nach Dialektgruppen: Juraken, Ostjak-S., Tawgy-S. und Jenissei-S.; christliche Orthodoxe mit Schamanentum; hpts. in Nationalbezirken lebend. Vgl. Enzen, Nenzen, Nganasanen, Selkupen.

Samojedische Sprachen
  II. div. kleine Sprgem., die regional zu unterteilen sind in Nordgruppe mit Jurakisch/Nenzisch, Enetzisch/Jenisseisamojedisch, Nenetzisch, Tawgy/Nganassanisch und Südgruppe mit Selkup/Ostjaksamojedisch, Kamassisch.

Samosjoly (SOZ)
  I. (rs=) Selbstsiedler.
  II. ohne Bewilligung in das Sperrgebiet von Tschernobyl (Atomgau) zurückgekehrte Bauern und aus Unruhegebieten der GUS hierher geflüchtete Obdachlose.

San Marino (TERR)
  A. Republik. Repubblica di San Marino (=it). Republic of San Marino, San Marino (=en); la République de Saint-Marin, Saint-Marin (=fr); la República de San Marino, San Marino (=sp); São Marino (=pt).
  Ew. 1828: 0,007; 1948: 0,012; 1960: 0,015; 1970: 0,018; 1978: 0,021; 1992: 0,025; BD: 413 Ew./km²; WR 1980–86: 0,4%; UZ 1996: 94%, AQ: 1%

Sanatan (REL)
  I. Pauranic.
  II. Ausprägung des Schivaismus bei den Gurkhas, die in Nepal Staatsreligion ist.

Sandawe (ETH)
  II. kleine Bev.gruppe in den Mbulu-Bergen Tansanias; linguistisch den Khoisanspr. SW-Afrikas verwandt, kulturell heute stark dem angrenzenden Bantu-Volk der Gogo angepaßt.

Sandinisten (SOZ)
  I. sandinistas (=sp); nach Indianer C. Sandino, der 1932 in Befreiungskämpfen bewaffnete Bauern anführte.
  II. Anh. der Befreiungsfront gegen die Somoza-Diktatur in Nicaragua nach 1979.

Sandner (SOZ)
  II. Wohnsitzlose in Österreich.

Sanemá (ETH)
  II. kleiner Indianerstamm in Venezuela, kulturell, aber nicht spr. zu den Yanomami zählend.

Sanga (ETH)
I. Basanga, Luwunda.
II. kleine schwarzafrikanische Ethnie in der zentralen DR Kongo; einer der vielen »lubaisierten« Bantu-Stämme. Vgl. Luba.

Sanggua (ETH)
I. Bima.
II. Population im E von Sumbawa/Indonesien, den Bima nahestehend.

Sangha (REL)
I. (=ssk); Samgha (pali=) »Orden«.
II. die von Buddha gestiftete Gemeinschaft der Mönche und Nonnen.

Sango (SPR)
I. Sangho, eine Kreolspr.; Sango (=en).
II. Verkehrsspr. in der Zentalafrikanischen Rep.; > 3 Mio. Sprecher.

Sangomas (SOZ)
II. in Homelands und Townships Südafrikas tätige Medizinfrauen, die ein mit magischen Ritualen durchsetztes Weis- und Wahrsagen betreiben. Vgl. Inyangas.

Sangu (ETH)
I. Schango.
II. kleine negride Ethnie in Gabun.

Sanhadja (ETH)
I. (=ar); Sanhadscha; Zenaga (=be).
II. alter Verband von Kamelnomaden unter den Berbern; zu ihren Einzelstämmen gehören die Haskura, Hawwara, Lamta, Lamtuna, Masufa, Dschazula, die z. T. Mulattamun sind. Ihre Dialekte werden unter der Bez. Tamazhirt zusammengefaßt. S. sind schon in vorislamischer Zeit in Marokko und in der s. Sahara bis in das Nigergebiet nachweisbar, wo sie verschiedene Negerstämme unter ihre Herrschaft gebracht haben, wanderten seit 8. Jh. in die Westsahara und nach Mauretanien ein, andere Gruppen wurden seit Almoraviden-Zeit (1036–1147) in Marokko und Nordalgerien ansässig. S. gelten als Vorfahren der Tuareg. IBN KHALDUN spricht von verschleierten S., sie nahmen den Islam nach der Eroberung von Andalusia an; eigenes Königtum. Vgl. Berber.

Sanide (BIO)
I. nach San, als Bez. der Hottentotten für Buschmänner; in der Rassensystematik bei LUNDMAN (1967) für Khoisanide.
II. Altrasse in SW-Afrika; verstreute Restpopulation, nomadisierend in Halbwüsten der Kalahari und des Kaokoveldes bis nach Angola. Pygmoider Wuchs, grazil-kindliche Proportionen. Weitständige weibliche Brüste, Hottentottenschürze. Lidspalten leicht geschlitzt, oft mit äußerer Hottentotten-Falte, läppchenloses Buschmannohr; sehr kurzes, engkrauses fil-fil-Haar; Haut fahlgelb, gelbbraun-bronzefarbig, mit Tendenz starker Faltenbildung. Vgl. Buschmänner.

Sanje (ETH)
I. Sanye.
II. schwarzafrikanische Ethnie im SE von Kenia.

Sanjo (ETH)
I. Shanjo.
II. schwarzafrikanische Ethnie im SW von Sambia.

Sankt Gallen (TERR)
B. Kanton. Gliedstaat der Schweizerischen Eidgenossenschaft seit 1803. Saint Gall (=fr); San Gallo (=it).
Ew. 1850: 0,170; 1910: 0,303; 1930: 0,286; 1950: 0,309; 1970: 0,384; 1990: 0,428; 1997: 0,444

Sanmarinesen (NAT)
I. San Marino (=en); saint-marinais (=fr); Sanmarinese (=en); sanmarineses (=sp).
II. StA. der Rep. San Marino, 25 000 Ew. (1996), neben 79,7 % S. hpts. Italiener.

Sansculotten (SOZ)
I. sans-culottes (fr=) »ohne Hosen«.
II. Spottname aus der Französischen Revolutionszeit für Revolutionäre, die im Gegensatz zur aristokratischen Mode nicht Culottes (»Kniehosen«, bes. dreiviertellange Überfallhosen) sondern Pantalons (lange Beinkleider der Arbeiter) trugen. S. wurden zum Ausdruck für Patrioten und Republikaner.

Sansibar (TERR)
B. Ostafrikanische Insel mit Pemba und Mafia Sultanat; 1890 (im Helgoland-Vertrag) von Deutschland an Großbritannien gelangt; seit 1964 Gliedstaat der Vereinigten Republik Tansania.
Zanzibar (Island) (=en); Zanzibar (=fr, sp). Vgl. Tansania; Zanzibari.
Ew. 1920: 0,114; 1935: 0,234; 1963: 0,319; 1967: 0,364 Z; 1978: 0,479 Z; 1988: 0,623 F; BD: 1988: Sansibar 214 Ew./km^2; Pemba: 272 Ew./km^2

Sansibarer (NAT)
II. Bew. der Insel Sansibar und StA. von Tansania, ca. 780 000 Ew. Vgl. Zanzibari, Tansanier.

Sanskrit (SPR)
I. (=ssk); Vedic bzw. Classical Sanskrit (=en); sanscrit, sanskrit (=fr).
II. altindische, zur indogermanischen Spr.familie zählende Schriftspr. War im 2. Jtsd. v.Chr. Spr. der Arier. Als gesprochene Spr. erwies sich das S. als evolutionäre Sackgasse. Ihrer Heiligkeit wurde der Lebendigkeit der Spr., ihre Reinheit und Korrektheit geopfert, Festlegung ihrer Grammatik erfolgte im 4. Jh. Früh durch volksspr. Dialekte, Prakrit (sind=) »zusammengeordnet«, »vollendet« und später Apabhramsa, fortentwickelt. S. blieb, dem Latein vergleichbar, bis ins 20. Jh. Literatur- und Gelehrtenspr. sowie Kultspr. (Abfassung der Veden) speziell der Brahmanen im Hinduismus. Heute be-

kennen sich kaum 2500 Menschen zu S. als Umgangsspr. Die Aufnahme dieser Spr. in der Verfassung der Indischen Union beweist, daß sich Indien trotz seines säkularen Charakters als Staat der Hindus versteht. Vgl. Indisch-Schriftige.

Santa Cruz de Tenerife (TERR)
B. Spanische Provinz auf den Kanarischen Inseln. The Province of Santa Cruz de Tenerife, Santa Cruz de Tenerife (=en); la province de Santa Cruz de Ténériffe, Santa Cruz de Ténériffe (=fr); la Provincia de Santa Cruz de Tenerife, Santa Cruz de Tenerife (=sp). Vgl. Kanarische Inseln.

Santal (ETH)
I. Santhal.
II. Volk von ca. 3,5 Mio. mit einer Munda-Spr. in Bihar, Orissa und Westbengalen/Indien, treiben vielfach noch Wanderfeldbau; erhoben sich 1855 gegen die britische Kolonialmacht.

Santali (SPR)
I. Santali (=en).
II. Sprecher dieser Munda-Spr. in Indien (Bihar, Orissa, Westbengalen) und Nepal mit > 5 Mio. (1994). S. wird mit dem Bengali-Alphabet geschrieben.

Santee (ETH)
I. Ost- oder Wald-Dakota.
II. Gruppe von vier Stämmen der Dakota-Indianer in SW-Minnesota; waren seßhaft, betrieben neben Jagd auch Bodenbau.

Santeros (REL)
II. Anh. des Santeria-Kultes, eines synkretistischen Volksglaubens schwarzer Sklavenachfahren auf Kuba. Es handelt sich um einen Kult, der ein Pantheon westafrikanischer (Yoruba-)Gottheiten (allein 20 Orishas mayores) und Stammesriten in die christliche Lehre einbringt; als Kultleiter dienen bes. Eingeweihte, die Babalawos. Während Kolonialzeit hat sich kath. Kirche vergeblich bemüht, den Santeria-Aberglauben zu unterbinden; heute folgen ihm nicht nur Schwarze und Kreolen, fast die Hälfte aller kath. Christen auf Kuba haben sich mit dem Zauber-Kult arrangiert. Vgl. Voodooisten.

Santomeer (NAT)
s. Saotomenses.

Santris (REL)
II. Insassen und auch von dort ausgehende Wanderprediger der Pesantrèns, d.h. der ca. 6000 speziellen Islamschulen in Indonesien; rd. 1 Mio. I.w.S. (im Unterschied zu den Abangans) gegensätzlicher Begriff für strenggläubige muslimische Indonesier; vgl. Satri-Muslime.

Sanúsiya-Bruderschaft (REL)
I. Senussi(s).

Sao Tomé und Príncipe (TERR)
A. Demokratische Republik S.T. und P.; vormals eine der portugiesischen Überseeprovinzen; unabh. seit 12. 7. 1975. República Democrática de São Tomé e Príncipe (=sp). The Democratic Republic of Sao Tome and Principe, Sao Tome and Principe (=en); la République démocratique de Sao Tomé-et-Principé Iles Saint-Thomas-et-du-Prince, Sao Tomé-et-Principe (=fr); Republica de São Tomée Principe (=pt).
Ew. 1948: 0,060; 1960: 0,064; 1970: 0,074; 1981: 0,097; 1996: 0,135, BD: 135 Ew./km²; WR 1990–96: 2,7%; WR 1990–96: 2,7%; UZ 1996: 45%, AQ: 40%

Saoch (ETH)
II. ethnische Kleinstgruppe am Kompong-Smach-Fluß in Kambodscha; mit einer Mon-Khmer-Spr.; Naßreisbauern.

Sáotomenses (ETH)
I. (=pt); Santomeer, Saotomenser.
II. 1.) i.e.S. Bewohner der Insel São Tomé, 2.) i.w.S. Bewohner der Inselstaaten São Tomé und Principe im Golf von Guinea. Dessen Besiedlung als Teil des Portugiesischen Kolonialreiches begann 1485 zunächst mit aus Portugal Verbannten und Negersklaven aus allen umrahmenden Golfländern. Fallweise mulattisierte Nachkommen dieser Sklaven sind die heute sog. Forros. Von ihnen zu sondern sind die Angolares, Nachfahren gestrandeter angolesischer Sklaven, die erst im 19. Jh. botmäßig gemacht wurden. Später wurden (oft zwangsweise) Kontraktarbeiter (vor allem aus Guinea, Angola und Dahomey) zugeführt, heute Tongas genannt. Zur heutigen Bewohnerschaft zählen schließlich Lusitanier, worunter bes. kapverdischstämmige Kleinbauern. Auf São Tomé 1960: 59000; 1990: 107000 Ew.; D > 110 Ew./km². 3.) StA. des insularen Zwergstaates São Tomé und Principe seit 1975, 135000 Ew. 1996.

Sape (ETH)
II. kleine, vom Aussterben bedrohte, indianische Ethnie in SE-Venezuela.

Saporoger (ETH)
I. »ukrainische Kosaken«, Saporoschzi, Saporoschje (=rs); Saporoger Kosaken; Dnjepr-Kosaken.
II. nach ihrem Stützpunkt, der Sitsch-Festung auf der Dnjepr-Insel Chortiza (za porogamy »hinter den Stromschnellen«), benannte Kosakengemeinschaft; Ende des 16. Jh. etwa 20000 anfangs ehelose Reiterkrieger, die in Eigenverwaltung und -gerichtsbarkeit zwischen Turk-Tataren und landnehmendem polnischem Adel operierten. Nach siegreicher Beendigung des Russisch-Türkischen Krieges ließ Katharina II. obengenanntes Zentrum schleifen und zerstreute die S. Ein Großteil wurde nach 1775 in das Kuban-Gebiet (Jekaterinodar »Katharinas Geschenk«, nach 1920 Krasnodar »Rotes Geschenk«)

zwangsumgesiedelt, seither Schwarzmeer- oder Kuban-Kosaken. Ihr altes Siedlungsgebiet hieß von nun an Malorossija »Kleinrußland«. Vgl. Kosaken, Läuflinge.

Sapuan (ETH)
II. kleine ethnische Einheit in Laos, stark mit Lao gemischt, mon-khmer-spr.; Naßreisbauern.

Saqaliba (SOZ)
I. (=ar); aus esclavus (lat=) »Sklave«.
II. Christensklaven, »weiße Sklaven«; ursprünglich die hispano-arabische Bez. für die aus Kriegen in Osteuropa und auf dem Balkan von Ostgermanen und Byzantinern eingebrachten slawischen Gefangenen, die durch Araber, Juden und zeitweise Venezianer als Sklaven bis nach Andalusien verkauft wurden; später unter Einschluß der von den nordafrikanischen Piraten gemachten Gefangenen allgemein für Sklaven europäischer Herkunft. Aus dem Kreis dieser inzwischen zum Islam bekehrten Sklaven erwuchsen Leibgarden und andere wohldisziplinierte Truppen. S. spielten im 10. und 12. Jh. eine bedeutende Rolle im polit. und geistigen Leben. Vgl. Negersklaven, Sklaven.

Sara (ETH)
I. Ngama.
II. arabisierte Sudanethnie im s. Tschad. Ihnen verwandt und benachbart die Sara Gambai (s.d.), Sara Kaba, Sara Mbai.

Sara Gambai (ETH)
I. Laka.
II. kleine schwarzafrikanische Ethnie im Grenzgeb. der nw. Zentralafrikanischen Republik zu Tschad; stellen etwa 7% der Gesamtbev.

Sarada-Schrift (SCHR)
II. im äußersten N Indiens im 8. Jh. entstandene Schrift, ein Ableger der Brahmi-Schrift Vgl. Kaschmiri-Schrgem.

Sarakatschanen (ETH)
I. Sarakatsanen; Saracatsans (=fr); Karakatschanen (s.d.).

Saramo (ETH)
I. Wasaramo, Zaramo.
II. Bantu-Stamm im Hinterland der Küste von Tansania, Muslime; wird zumeist den »Swahili« zugerechnet; ursprünglich matrilinear.

Saraveca (ETH)
II. Indianerpopulation an der bolivianisch-brasilianischen Grenze; heute weitgehend in den Chiquito aufgegangen.

Sarawak (TERR)
B. Gliedstaat von Malaysia (seit 1963); früher Britisch-Nordborneo. The State of Sarawak, Sarawak (=en); l'Etat de Sarawak, Sarawak (=fr); el Estado de Sarawak, Sarawak (=sp).

Ew. 1950: 0,585; 1957: 0,696; 1960: 0,750; 1964: 0,826; 1970: 0,967; 1980: 1,308; 1990: 1,648; BD: 1991: 14 Ew./km^2

Sarazenen (ETH)
I. irrtümlich nach Namen der biblischen Sarah; saracens (=en); Sarrazin, Saracino; Sarrasins (=fr).
II. in zeitlichem Wechsel Bez. in Europa ab 4. Jh. für N-Araber, im MA allg. für Muslimin und bes. für N-Afrikaner. In Frankreich auch abschätzige Bez. der Bourgeois für arme Vorstadtbewohner.

Sarazenen (REL)
I. Saracen, Sarrazin, Saracino.
II. im 1. Jh. griechische Bez. für Araberstamm auf Sinai; ab 4. Jh. Sammelbez. für Nordaraber; in der Kreuzzugszeit Synonym für Muslime; seit 16. Jh. bes. in romanischen Sprachen für Araber.

Sarchopkha (SPR)
II. Volksspr. im O von Bhutan.

Sarden (ETH)
I. Sardes (=fr); sardi (=it); Sardinians (=en); sardos (=sp).
II. 1.) Bew. der rd. 24000 km^2 großen Mittelmeerinsel Sardinien/Italien, Sardegna (=it). Anzahl (1936) 1,03 Mio, (1988) rd. 1,7 Mio. Im Laufe der Geschichte vielfache Durchmengung u.a. mit Phöniziern, Ligurern, Puniern, Römern. Sprechen neben Italienisch eigenständige romanische Spr.; heute autonome Region. 2.) Ur-Sarden, Nuragier, Nuraghier; autochthone Bew. der Insel Sardinien, vermutlich vorderasiatischer Herkunft. Hochentwickelte Bronzekultur, erbauten (nach G. *LILLIU*) zwischen 1500–200 v.Chr. über 8000 steinerne Wohn- und Wehrtürme, die Nuragen.

Sardinien (TERR)
B. Sardegna (=it). Autonome Region in Italien.
Ew. 1964: 1,448; 1971: 1,474; 1981: 1,594; 1991: 1,638; BD: 1991: 68 Ew./km^2

Sardisch (SPR)
I. Eigenbez. sardu; (it=) sardo.
II. relativ altertümliche romanische Spr. mit verschieden beeinflußten Dialekten u.a. im S Campidanesisch (toskanisch), im N Logudoresisch, Nuoresisch, ferner genuesische und sardokorsische Dialekte auf Sardinien/Sardigna (=sard.); gesprochen von 1,2 Mio. (1970) bis 1,4 Mio. (1990) als Haus-, d.h. Zweitspr. nächst Italienisch.

Sark (TERR)
B. Britisches Kronlehngut. Ist rechtlich weder Teil von Großbritannien noch der EU.
Ew. 1996 (Personen): 550

Sarmaten (ETH)
I. Sauromaten.
II. iranische Stammesgruppe nomadischer Reiterkrieger bis in das 7. Jh. v.Chr. im transkaukasischen und kaspischen Raum erschlossen, seit 4. Jh. v.Chr.

auch westlich des Don. Unterwarfen dort die stammverwandten Skythen und herrschten fünf Jh. über S-Rußland; bedrohten das Römische Reich. Ablösung ihrer Herrschaft am Beginn des 3. Jh. n. Chr. durch Goten und endgültig 375 durch Hunnen. Zu den bekanntesten Teilstämmen der S. gehören die Alanen, Jazygen und Roxolanen. Reiche archäologische Zeugnisse aus Grabhügeln.

Sarten (SOZ)
I. aus Ssart (=rs).
II. 1.) iranisierte oder türkisierte Nachkommen der Vorbev. in W-Turkestan, leben als zweispr. (usbekisch-tadschikisch-spr.) »Kaufleute« bes. in den usbekischen Städten. Vgl. Fellachen. 2.) die Oasen- und Stadtbew. Westturkestans bezeichnend, die hpts. zu den Usbeken gehören. Später rassistische Entartung dieses Begriffs zum (in der UdSSR verbotenen) Schimpfwort im Sinn von »gelber Hund«. Hieraus, weil unhaltbar, überholte Übernahme als wiss. Terminus, mit dem Bev. nach Art der »Zwischenwanderer« beschrieben werden.

Saryken (ETH)
I. Saryk (Eigenbez.), Sarik, Saryki (=rs).
II. Stamm der Turkmenen in Turkmenistan; bekannte Teppichknüpfer.

Sasak (ETH)
II. die eingeborene Bev. der Insel Lombok mit einer südwestindonesischen Eigenspr. Anzahl: > 1 Mio.; sind nominell Muslime.

Sasaré-Nambiquara (ETH)
II. Indianerstamm im Teilstaat Mato Grosso/Brasilien, dessen Reservat durch Garimpeiros verwüstet und der in den letzten zwei Jahrzehnten durch das Entlaubungsmittel Tordon 155-BR fast ausgerottet wurde. Von 22 000 S.-N. leben heute nur mehr 70.

Sasignan (ETH)
I. Eigenbez. der Aleuten, s.d.

Sa-skya-pa (REL)
I. Saskyapa; aus Namen des 1073 gegründeten Klosters Saskya.
II. Rote Kirche im Buddhismus, Rotmützen.

Sassen (ETH)
II. altpreußischer Stamm im ordenszeitlichen Territorium Osterode.

Sastari (SOZ)
I. aus saster (zi=) »Eisen«.
II. als Hufschmiede praktizierende Zigeuner in SE-Europa (bes. Rumänien).

Sathmarer Schwaben (ETH)
II. deutsche Ostkolonistengruppe, die in zweiter Hälfte des 18. Jh. in der durch Kriege und Pest entvölkerten Sathmarer Grafschaft/Ungarn auf den Gütern des Grafen Károlyi angesiedelt wurde. S. waren Badenser und Oberschwaben. Sie wurden weitgehend madjarisiert und fielen nach 1918 größtenteils an Rumänien. Unter rumänischer Herrschaft erfolgte Wiederbelebung deutscher Spr.. Heute starke Rückwanderung nach Deutschland.

Sati(s) (SOZ)
I. aus (ss=) »die Gute«, »die treue Frau«, mythologisch Gattin des Gottes Schiwa, die den Tod im Opferfeuer suchte.
II. Bez. in Indien für Frauen hoher Kasten, die dem Leichnam ihrer verstorbenen Gatten auf den Scheiterhaufen folgen. In Indien 1829 offiziell untersagt. Vgl. Witwen.

Satmarer (REL)
I. Satmar-»Chassidim«; nach Herkunft aus ehem. ungarischen Komitat Szatmar/Satu Mare/Rumänien.
II. Gruppe puritanisch strenggläubiger Juden mit ca. 30 000 Glaubensbrüdern; seit Schoa heute in selbstgewählter Segregation in Brooklyn/USA und als »Wächter des Glaubens« (aram Neture Karta) im israelisch besetzten ehem. Zisjordanien verbreitet; das Glaubensstudium gilt ihnen als Lebenswerk. In ihren Augen ist die weltliche Wiedergründung Israels eine schwere Sünde. S. wollen anders leben, anders aussehen als ihre Mitmenschen; typisches Äußeres: schwarze Kaftane, steife dunkle Hüte oder breite Pelzkappen, Schläfenlocken, geschorenes Haupt der Verheirateten mit Perücken und Tüchern bedeckt, dicke wollene Kniestrümpfe der Frauen. Vgl. Zionisten, Chassidim, Orthodoxe Juden.

Satri-Muslime (REL)
I. siehe auch Santris.
II. in Indonesien die Bez. für praktizierende fromme Muslime; es sind Sunniten, die der schafiitischen Rechtsschule folgen. Der Islam hat die malaiische Inselwelt im 15. Jh. durch südarabische und indische Kaufleute erreicht und wurde durch Javanen verbreitet.

Saudi-Araber (NAT)
I. Saudis, Saudiaraber, Saudisch-A.; Saudi-Arabians (=en); saoudiens (=fr); árabes sauditas (=sp, pt).
II. StA. des Kgr. Saudi-Arabien; S. machen nur etwa 73 % der Landesbev. aus. Rd. 27 % sind Gastarbeiter u.a. aus Philippinen, Bahrain, Ägypten, Jemen, Jordanien, Pakistan, Sayrien, Indien. Vgl. Araber; Wahhabiten.

Saudi-Arabien (TERR)
A. Königreich. Ehem. Hedschas, Nedschd. Al Mamlaka Al'Arabiya As-Sa'udiya (=ar); Mamlaka al-'Arabiya as-Sa'udiya. The Kingdom of Saudi Arabia, Saudi Arabia (=en); le Royaume d'Arabie saoudite, l'Arabie saoudite (=fr); el Reino de Arabia Saudita, la Arabia Saudita (=sp); Arabia Saudita (=pt, it).
Ew. 1950: 3,916; 1955: 4,305; 1960: 4,787; 1965: 5,405; 1970: 6,198; 1975: 7,180; 1978: 7,866; 1996: 19,409, BD: 8,7 Ew./km²; WR 1990–96: 3,4 %; UZ 1996: 83 %, AQ: 37 %

Saudis (NAT)
s. Saudi-Araber, Saudiaraber.

Säuglinge (BIO)
I. aus sugelinc (spätmhd=) »Kind, das noch an der Brust der Mutter oder mit der Flasche genährt wird«; Neugeborene (in ersten 2 Wochen); nourrissons (=fr); infants, sucklings (=en).
II. Menschenkinder im 1. Lebensjahr, im Vergleich zu Tierkindern in extremer Hilflosigkeit, Pflegebedürftigkeit und Abhängigkeit von der Mutter. Geburtsgewicht im Durchschnitt 3000–3500 g, es verdoppelt sich in ersten 5 Monaten, verdreifacht sich innerhalb eines Jahres; wesentliche Unterschiede der Körperproportionen gegenüber Erwachsenen.

Sauk (ETH)
I. Sac (=en).
II. Indianerstamm aus Verband der Algonkin im BSt. Wisconsin/USA; zählten 1650 noch rd. 3500, um 1960 zusammen mit den Fox nur mehr rd. 1000 Köpfe.

Säumer (SOZ)
I. aus sagma (lat=) »Bast-, Lastsattel«; Säumergenossen.
II. Treiber von Saum-, Tragtieren (Maultiere, Pferde) im frühen Fernhandelsverkehr in den Alpen. Säumergenossenschaften organisierten Rechte und Pflichten der Transporteure, Ausbau der Saumwege. Vgl. Burlaken.

Sauria Paharia (ETH)
II. Volk von < 100000 Köpfen mit einer Drawida-Spr. im E von Zentral-Bihar; S.P. betreiben Wanderfeldbau.

Savara (ETH)
I. Saora.
II. Großstamm von fast 500000 mit einer Munda-Spr.; weit zerstreut über Orissa, Madhja Pradesch und Andhra Pradesch/Indien. Sind in endogame Klassen gegliedert, leben in Großfamilien, die auf gemeinsame Ahnen zurückgeführt werden. S. werden im Hinblick auf Spr., Rel., Kleidung, Brauchtum zunehmend in die benachbarte Hindu-Gesellschaft eingegliedert.

Savoyarden (ETH)
I. Savoyer; Savoyards (=en, fr); Savoiardi (=it); Sobayanos (=sp, pt).
II. Bew. des historischen Paßstaates Savoyen in den W-Alpen, s. des Genfer Sees.

Sba'a (ETH)
II. Stamm der Aneze-Beduinen im N der Arabischen Halbinsel.

Scalawag (SOZ)
I. Taugenichts, Krümper.
II. mit nordstaatlichen Vereinigungsgewinnlern zusammenwirkende Kollaborateure in den Südstaaten der USA.

Schabak (ETH)
I. Shabak.
II. ein Kurdenstamm am Tigris und im Sinjar-Gebirge (ca. 15000). Im Gegensatz zu übrigen Kurden gehören Schabak zu den schiitischen Ali Ilahi.

Schabaschniki (SOZ)
I. aus Schabbes (jd=) »Sabbat«.
II. 1.) im vorrevolutionären Rußland die christlichen Hilfskräfte, die von Juden für den arbeitsfreien Sabbat eingestellt wurden; 2.) ugs. heutige Bez. für die privatwirtschaftlichen Saisonarbeiter, die, u.a. aus der Ukraine und Kaukasus, im Sommer in die sibirischen Nordgebiete Rußlands zuwandern.

Schabibiten (REL)
I. nach Begründer Schabib b. Jazid.
II. Teilgruppe der Charidschiten, die im 7. Jh. im Nordirak einen erbitterten Kleinkrieg führte. Vgl. Charidschiten.

Schachdagen (ETH)
I. Schachdagskie naròdy (=rs).
II. daghestanische Teilbev. am Schachdag-Berg. Vgl. Budugen, Chinalugen, Krysen.

Schaffhausen (TERR)
B. Kanton. Gliedstaat der Schweizerischen Eidgenossenschaft seit 1501. Schaffhouse (=fr); Sciaffusa (=it).
Ew. 1850: 0,035; 1910: 0,046; 1930: 0,051; 1950: 0,058; 1970: 0,073; 1990: 0,072; 1997: 0,074

Schaffhauser (ETH)
I. Schaffhausener.
II. 1.) Bürger, 2.) Einw. (als Territorialbev.) des deutschspr. schweizerischen Kantons Schaffhausen; 1850: 35300; 1910: 46097; 1950: 57515; 1993: 73600 Ew. 3.) Ew. des gleichnamigen Kantonshauptortes (1997): 34000.

Schafiiten (REL)
I. Schaf'iiten, Dschafiiten; (ar=) Safiyun. S. Saf'iiten.

Schahara (ETH)
II. südarabischer Stamm in Dhofar/Oman; noch Seminomaden, doch schon überwiegend seßhaft.

Schahid(s) (REL)
II. (=ar); »Blutzeugen«; islamische Märtyrer. 1.) nach sunnitischem Glauben die in echtem Jihad/ heiligem Krieg gefallenen Muslime; 2.) im Schiismus zuvorderst die ermordeten Imame, dann die in Unterdrückungen und Massakern um des Glaubens wegen Umgekommenen.

Schahsewenen (ETH)
I. Eigenbez. Schachsewen: »Anhänger des Schahs«, Shahsavan; Schachseveny (=rs).
II. kleines turkspr. Volk im N Irans, ö. Täbris, ferner im Wohngebiet der Aseri an der Grenze zum Iran. Sch. sind dort wie auch in Siedlungsinseln bei

Teheran geplant angesetzt. Ursprünglich Vollnomaden zwischen Moghan-Steppe und Sabalan-Gebirge, heute mehrheitlich seßhafte Bauern, die ihre Kultur weitgehend erhalten haben. Sch. sind Sunniten oder Schiiten. Zahl 1979 ca. 200 000.

Schaktas (REL)
I. Shaktas; aus Shakti (ssk=) »Energie, Kraft, Macht« als weibliche Gottheit (Muttergöttin).
II. Anh. der drittgrößten (20 Mio. = 3 %) Hauptschule im Hinduismus; verbreitet vor allem in Gebieten mit einst mutterrechtlichen Gesellschaftsstrukturen wie Assam, Bengalen, Orissa und im dravidischen S Indiens. Daher höhere Wertschätzung der Frauen; u. a. ist Witwen-Wiederverheiratung gestattet. Auch erotische Kulthandlungen.

Schalauer (ETH)
II. altpreußischer Stamm an der unteren Memel. Vgl. Pruzzen.

Schamaiten (ETH)
I. Schamaiter, Schemaiten, Schemaiter; Samogitier; Niederlitauer.
II. Altstamm der Litauer im MA; Bewohner der historischen Landschaft Schamaiten im NW Litauens, welche die preußischen Ordensterritorien in Ostpreußen und Kurland trennte; ihre Christianisierung wurde erst anfangs des 16. Jh. abgeschlossen; nach ihrer Mundart Niederlitauer. Vgl. Aukschtaiten, Litauer.

Schamanen (REL)
I. (tungus=) Saman, shaman; (ci=) sha-men; Samarambi (ma=) »tobend Umsichschlagen«; shramana (ssk=) »sich abmühen«; Bö bei Jakuten und Burjäten; Wu (ci=) »Geisterrufer«, »ekstatische Tänzer«; Shamans (=en).
II. Kultpersonen, die in unterschiedlichsten Volksreligionen als Heiler, Wahrsager, Regenmacher, Opferpriester, Totenführer, Vermittler übersinnlicher Erkenntnisse aus Kontakt zu guten und bösen Geistern und als Hüter religiöser Traditionen fungieren. Es gibt Sch. beiderlei Geschlechts, auch Vortäuschung von Doppelgeschlechtlichkeit; ihre Aufgaben können ererbt oder durch Berufung übertragen werden; häufig unter Trance ausgeführt werden; typisch das lärmerzeugende Schamanengewand.

Schamanisten (REL)
II. Bev., die sich in ihren animistischen oder sonstigen noch einfachen Glaubensvorstellungen der Schamanen als Mittler zum Übersinnlichen bedienen. Der Schamanismus ist keine Rel., sondern als Komplex religiös-magischer Praktiken zu verstehen. Gemeinsam sind stets Glaube an Geisterwelt und spezifische Seelenvorstellung. Bes. deutlich ausgeprägt ist Schamanismus bei arktischen, inner- und ostasiatischen Völkern (u. a. Tungusen, Samojeden, Ostjaken), ähnlich auch in Indonesien, Ozeanien.

Schätzungen belaufen sich auf mind. 10 Mio. (1993). Schamanistische Tendenzen traten als mystische Erfahrung in vielen archaischen Religionen auch anderer Erdteile auf.

Schambaa (ETH)
I. Schaamba, Sambaa, Shambaa, Schabala, Shambala.
II. NE-Bantu in den Usambara-Bergen Tanzanias.

Schammar (ETH)
I. Shammar, Sammar; Shammar (=en).
II. mächtige Stammesföderation von arabischen Beduinen, (ehemals) Großviehnomaden, deren Ausgangsland im n. Nedsch/Saudi-Arabien liegt und deren ursprünglicher Schweifraum wohl der Jebel Schammar ist. Im späten 18. und frühen 19. Jh. begannen sie, vielleicht um den Wahabiten auszuweichen, ihre Nordwanderung an die Mittelläufe von Euphrat und Tigris, dann 1802/03 in die syrisch-irakische Jezira. Schammar schufen im 19. Jh. ein mächtiges Reich, zeitweilig unter Einschluß des Wahabitenlandes, mit dem Zentrum Hail im n. Nedsch/Saudi-Arabien; > 300 000. Heute beläuft sich Kopfzahl der angesiedelten Sch. auf rd. 50 000, der noch nomadisierenden auf 10 000–20 000 Stammesangehörige; Sch. sind Sunniten. Als Teilstämme sind zu nennen: Tuman, Sinjara, Abda, Aslam, Sefir.

Schan (ETH)
II. Bez. in Myanmar für die 3,2 Mio. dort im ostbirmanischen Bergland ansässigen Tai, wo sie einen Anteil von 8,8 % (1985) an der Gesamtbev. haben. 1948 erfolgte die Zusammenfassung der 44 Schan-Herrschaften zu einem Staat, der innerhalb der ehem. Birmanischen Union den Status eines Nationalitäten-Sondergebietes erhielt. Sch. sind als Minderheit auch im chinesischen Yünnan wohnhaft. Vgl. Tai.

Schan (SPR)
I. Shan-spr.
II. Gemeinschaft dieser Thai-Spr. in Myanmar und chinesischem Yünnan, 1994 von rd. 3,7–4 Mio. benutzt.

Schankilla (SOZ)
I. Gumuz (nicht voll syn.).
II. Nachkommen negrider Hausklaven in den Katama-Orten des w. Hochgodjam/Äthiopien.

Schapsugen (ETH)
I. Shapsug.
II. Stamm im Völkerverband der Tscherkessen, s. d.

Scharwerker (SOZ)
I. Altbez., Fronarbeiter.
II. die neben den Erbuntertänigen beschäftigten unzünftigen Handwerker in einer Gutsherrschaft.

Scharwerksbauern (SOZ)
II. agrarsoziale Altbez. in Mitteleuropa für bäuerliche Besitzer, deren Höfe und Nutzungen dem Lan-

desherren gehörten. Sie besaßen herrschaftlichen Besitz an Vieh, Pferden und Ackergerät und hatten das Ackerscharwerk und andere Dienste zu leisten.

Schaz-Türken (ETH)
II. die Turkvölker an sich, s. Turkgliederung; im Unterschied zu »Lir-Türken«, als Nachkommen der Altbulgaren.

Sche (ETH)
I. Scho, She.
II. Bauernstamm in den chinesischen Provinzen Fukien und Tsekiang. Ihre Eigenspr. zählt zur Miao-Yao-Spr.gruppe; > 500 000.

Scheduled castes (SOZ)
I. (=en); »registrierte Kasten«, »Backward Hindus«.
II. Bez. für die Unberührbaren/Harijans in Indien, die auf deren Registrierung anspricht, die zur Durchführung staatlicher Sozialmaßnahmen erforderlich war. Es handelt sich hpts. um eine Reservierungspolitik, die diesen Diskriminierten Ausbildungsplätze und Staatsstellungen in zeitlicher und bundesstaatlicher unterschiedlicher Quotierung von 50–70 % vorbehält, die sie zumeist mangels Bildung gar nicht ausschöpfen können.

Scheduled tribes (SOZ)
I. (=en); Scheduled tribal communities.
II. offizielle Bez. für Adivasi(s) »Ureinwohner« oder Vanavasi(s) »Waldbewohner« in Indischer Union.

Scheidungswaisen (SOZ)
I. Scheidungsopfer.
II. minderjährige Kinder, die durch die Scheidung ihrer Eltern rechtlich und oft auch faktisch auf den gewohnten Umgang mit einem Elternteil verzichten müssen, sich diesem Elternteil entfremden, ihn ganz verlieren; z.B. wurden in Deutschland allein 1994 durch Scheidung ihrer Eltern 135 000 minderjährige Kinder betroffen. Vgl. Waisen, Geschiedene.

Scheinasylanten (WISS)
II. ugs. Bez. für (ausländische) Asylbewerber, die keinen (anerkennungsfähigen) Verfolgungsgrund nachweisen können. Als Wanderungsmotive liegen vielmehr zugrunde: 1.) Flucht aus der Armut, aus prekären sozialen, meist familiären Lebensumständen, auch »Armutsflüchtlinge«, oder 2.) Bemühen um Verbesserung der persönlichen beruflichen Situation überwiegend durch Angeh. etablierter, gehobener Schichten aus Entwicklungsländern, dann »Wirtschaftsflüchtlinge«. Vgl. Brain-Drain-Abwanderer.

Scheinchristen (REL)
I. Marranen.

Scheinehen (WISS)
I. Namens- oder Staatsbürgerschaftsehen.
II. zwar in gesetzlich vorgeschriebener Form, tatsächlich aber nur zum Schein von Ausländern mit einheimischen Partnern eingegangene Ehen mit der Absicht, Einbürgerungsvorschriften zu umgehen.

Schia (REL)
I. Shi'a, Schiismus aus (ar=) si'at Ali »Partei Alis«.
II. zweite große Konfession im Islam, die sich im Widerspruch über die Nachfolge Alis seit der Schlacht von Siffin 657 von den Sunniten ablösten.

Schiavetto (SPR)
II. die mit zahlreichen kroatischen Elementen vermischte italienische Spr. in Istrien.

Schicht (WISS)
I. Gesellschaftsschicht.

Schiiten (REL)
I. Shi'iten, Shiites, Shi'as (=en).
II. Angeh. der Schia; diejenigen Muslime, die Ali, Mohammeds Vetter und Schwiegersohn, als dessen ersten rechtmäßigen Nachfolger anerkennen. Dieses Bekenntnis unterscheidet sie von Sunniten und Charidschiten. Unterschiedliche Auslegungen über Rechtmäßigkeit und Funktion der Nachfolger im Kalifenamt ließen über 70 schiitische Gruppierungen und Sekten aufkommen. Zu unterscheiden sind: extreme Sch., Galiya, »Ultra-Schia« (u.a. Nusairiya, Ali Ilahi, as Sabak) und gemäßigte Gemeinschaften; zwischen ihnen stehen die 5er-/Zaiditen, die 7er-/Ismailiten und die 12er-Schia/Imamiten. Allg. charakterisierend: der typische Märtyrerkult, reiches Wallfahrtswesen, Gebot zum Verbergen des Glaubens im Falle der Verfolgung; Taqiah. Anzahl insgesamt je nach Zuordnung mind. 127 Mio., d.h. 15 % aller Muslime. Vgl. Zaiditen, Ismailiten, Alawiten, Imamiten, auch Nizariten, Khodjas, Bohoras u.a.; vgl. ferner: Muslime, Sunniten.

Schilele (ETH)
I. Lele.
II. schwarzafrikanische Ethnie in der zentralen DR Kongo.

Schilluk-Luo (ETH)
II. Sammelbez. für mehrere kleine West-Niloten-Stämme an s. Zuflüssen des Bahr el Ghazal (Papyrus-Flöße): u.a. Bor, Jur, Thuri; insgesamt ca. 25 000, mit nilotischen Spr. Sch. wurden alle durch arabische Sklavenjagd und die Azande-Invasion verdrängt und erlitten hohe Verluste.

Schin-Sekte (REL)
I. (jp=) Dschodo-Schinschu, (tl=) Jodo Shin-shu; vgl. auch Shin-shu.
II. 1224 begr. buddhistische Schulrichtung in Japan, die Askese und Mönchtum verwirft.

Schintera (SOZ)
II. als Pferdemetzger tätige Abkömmlinge rumänische Landarbeiter, die Zigeunerinnen geheiratet haben (Bejadsch) in USA.

Schintoismus (REL)
I. Shintoismus, s. Shintoisten.

Schlachtschitzen (SOZ)
I. aus slahta (ahd=) »Geschlecht«; szlachcic (=pl).
II. Angeh. der Schlachta, des polnischen Adels. Erwachsen aus dem Ritterstand, der sich im 15. Jh. zu Grundbesitzertum wandelte, gegliedert gleichberechtigt in die fürstlichen Magnaten (Hochadel) und den gemeinen Adel. Abgesehen von Vertretung im Reichstag besaßen Sch. die Privilegien der Steuerfreiheit, die Besetzung aller kirchlichen und staatlichen Ämter; sie schlossen auch Bürger und Bauern von Grundbesitz aus. Im engeren Sinn subsumiert Begriff den verarmten niederen Adel, dessen traditioneller Kinderreichtum dazu führte, daß im 18. Jh. fast jeder 10. Pole zum Adel zählte.

Schlafburschen (SOZ)
I. Schlafleute, Schlafgenossen.
II. Einmieter städtischer Privathaushalte, denen der Aufenthalt nur zur Schlafenszeit gewährt war. Institution der Schl. trat in verschiedenen Phasen starker Stadterweiterung mit übersteigerter Zuwanderung (z.B. im Gründungszeitalter Ende 19. Jh.) bes. in Mitteleuropa auf. 1880 besaßen 15,3 % aller Haushaltungen in Berlin Schl., im Extrem bis zu 8 Schl. in einem Raum, bis zu 34 in einem Haushalt.

Schlesier (ETH)
I. in slawischer Umschreibung aus Silinger, Silingen, einem Teilstamm der Vandalen/Wandalen im 1.–4. Jh. n.Chr.; Slazak/Schlonsak (po=) »Oberschlesier«; Silesians (=en); Silesianos (=sp, pt); slesiani (=it); Silésiens (=fr).
II. die Bew. der ehem. Provinz Schlesien, die im NW durch die Kreise Hoyerswerda (heute Sachsen) und Grünberg, im SE durch das Industrierevier um Kattowitz begrenzt war; seit 1200 gegliedert in Nieder- und Oberschlesien. Ethnogenese basierte auf slawischen Zuwanderern des 6.–8. Jh., die vom späten 12. Jh. an, während der Siedlungskolonisation schlesischer Herzöge, durch deutsche Ministerialen, Bauern, Handwerker, Kauf- und Bergleute insbes. in zahlreichen Stadtneugründungen sehr weitgehend eingedeutscht wurden. In Oberschlesien waren S. mehrheitlich katholischer, in Niederschlesien mehrheitlich evangelischer Konfession. Bis 1945 lebten 4,82 Mio. Deutsche in Schlesien, von denen bis 1950 ca. 3,25 Mio. nach Deutschland flüchteten oder ausgewiesen wurden, der Rest (zunächst als sog. »Autochthone«) im Land verblieben. Heute leben in Oberschlesien nahezu 800 000, in Niederschlesien nur noch 100 000 Schlesier. Vgl. Oberschlesier, Autochthone, Aussiedler; Wasserpolnisch-spr.

Schlesisch (SPR)
II. deutscher Dialekt der Schlesier, bis 1945 auch in Ostböhmen, Nordmähren und Österreich-Schlesien (Galizien) gesprochen. Vgl. aber Schlonsakisch-spr., Wasserpolnisch-spr.

Schleswig-Holstein (TERR)
B. Ehem. Provinz in Preußen; Bundesland in Deutschland.
Ew. nach jeweiligem Gebietsstand: 1871: 1,045; 1890: 1,220; 1910: 1,621; 1939: 1,589; 1970: 2,494; 1980: 2,605; 1990: 2,614; 1997: 2,756, BD: 175 Ew./km^2

Schlöch (ETH)
I. (be=) Chleuh, Chleuch, Schlöh, Schleuh, Schilh, Shilh, Schluh, Shluh.
II. ein Berber-Volk in S-Marokko mit > 1 Mio.; sind Nachfahren der Masmuda; man unterscheidet: noch teilnomadische Gebirgs-Schlöch und seßhafte Tal-Schlöch; beide zu zahlreichen Stämmen unterteilt: u.a. Glawa/Glaoua, Mtuga/Jmtruggen, Jdauzal/Zal, Jdaoutanan/Tanan mit straffem Klassensystem, sunnitische Muslime; sprechen Tachelhaït-Dialekte. Vgl. verwandte Stammesgruppen der Drawa und Tekna.

Schlonsakisch (SPR)
I. Slonsakisch-spr.; (po=) gwara.
II. slavische Hausspr. in der Region von Teschen/Cieszyn (=po)/Cesky Tesin (=tc). Vgl. Slonsaken.

Schlotbarone (SOZ)
I. in entsprechender Differenzierung: Kohle- und Stahlbarone, Zechenbarone; auch i.S. von Industriekapitänen.
II. ugs. Bez. in Mitteleuropa in den im 19. Jh. aufwachsenden Industrierevieren für Großindustrielle zumal bei großprotzigem Auftreten.

Schlüsselkinder (SOZ)
II. Kinder berufstätiger Eltern oder Alleinerziehender, die nach der Schule unbeaufsichtigt sind, die ihren eigenen Hausschlüssel am Hals tragen.

Schnurkeramiker (WISS)
II. verschiedene vorgeschichtliche Menschengruppen, die ihre Keramik durch Abdrücke gedrehter Schnüre verzierten. In Europa fällt das Auftreten dieser Kultur in das Ende der Kupferzeit, Wende 3./2.Jtsd. v.Chr., doch ist ihr Ursprung umstritten. S. sind nachweisbar von Südskandinavien bis zum Alpenrand, in Mittelrußland und Mitteleuropa vom Rhein bis zur Weichsel. Zu den dieser Keramik nah verwandten Fundgruppen zählen (Ursprung umstritten) charakteristische Streitäxte (Bootsäxte), Amphoren, Becher (hochhalsige), Frauen- und Tierplastiken. Einzelbeisetzung mit Grabbeigaben. Vgl. Neolithiker.

Schöffenbarfreie (WISS)
II. in Mitteleuropa nach der Ständeordnung des Sachsenspiegels die Personenklasse unter den freien Herren, Grundbesitzer mit mind. drei Hufen, sofern sie Vollfreie oder Ministerialen waren und als Gerichtsschöffen wirkten.

Schokzen (ETH)
I. Schokacen, Schokatzen.
II. römisch-katholische Serbokroaten in der Vojvodina/Wojwodina (Jugoslawien) um Theresiopel/heute Zrenjanin und nw. Neusatz/heute Novi Sad; ihre Vorfahren sind der Türkenherrschaft durch Abwanderung auf ungarisches Gebiet entgangen; 1979 ca. 100 000. Vgl. auch Raizen und Bunjewzen.

Schoren (ETH)
I. Soren, Schorzen; Sorlar, Schor Kischi/Kishi, Tatar-Kischi (Eigenbez.); Sorcy (=rs); Shors (=en). In Altbez. des 17./18. Jh. auch Mrassische, Kondomische, Kuznezker Tataren, mitunter Abinzen.
II. turkspr. Kleingruppe am oberen Tom-Fluß im Kusnezker Alatau/ehem. Sowjetunion. Unter wechselnden Vorherrschaften durch Uiguren, Kirgisen und Mongolen, seit 17. Jh. im Russischen Reich, besaßen 1929–1939 eine Nationale Region. Treiben seit 17. Jh. Schmiedekunst, heute Landwirte, Fischer, Jäger; bewahren Naturkulte, sofern nicht russisch-orthodoxe Christen. Anzahl (1979): 77 000 in ehem. Sowjetunion.

Schoschonen (ETH)
I. Shoshones (=en); Shoshonen; aus Sho-Sho-ni = »Grashüttenbewohner«; »Schlangen« als Bez. durch die weißen Siedler.
II. ein Indianervolk, ursprünglich in den Rocky Mountains (NW-USA) beheimatet, zum uto-aztekischen Spr.verband zählend. Gliederten sich in zwei Zweige: N. Schoschonen (auch Diggers) im mittleren und w. Idaho, angrenzenden Nevada, nw. Utah und kalifornischen Tal des Todes. N. Sch. begannen in den Rocky Mountains als erste, Pferde zu züchten und nahmen wie die Prärie-Indianer an der Büffeljagd in den Great Plains teil. Einige Unterstämme wie Kiowas und Comanchen wurden zu reinen Reitervölkern. 1868 gelang es ihnen, große Teile des Stammesgebietes als »Wind-River-Reservation« in Wyoming, später kleine Reservate in Nevada zu behaupten. Die w. Sch. im wüstenhaften Gebirge blieben in zahlreiche Jagd- und Sammelgruppen geteilt; heute sind insgesamt < 10 000 Nevada-Schoschonen im Western Shoshone National Council zusammengeschlossen, verfügen über begrenzte Autonomie (eigene Polizei und Justiz); nun darf Schoschonisch wieder Kleinkindern gelehrt werden.

Schotten (ETH)
I. Scots, Scotsmen, the Scotch, Scottish (=en); Ecossais (=fr); escoceses (=sp, pt); scozzesi (=it). 1.) Bew. von Schottland. 2.) Volk ethnogenetisch durch Mischung aus vordogermanischen Pikten, keltischen Scoten sowie Angelsachsen, Briten und Normannen entstanden, heute weitgehend anglisiert, doch sehr eigenständiges Brauchtum, (Tartan, d.h. karierter Wollstoff, Kilt und Plaid; Dudelsack; sozial in Clans gegliedert. 3.) i.e.S. die noch gälisch sprechende Bev. NW-Schottlands und der Hebriden im Gegensatz zu scots-spr. »Tiefland-Schotten«. Vgl. Pikten, Gälen.

Schottisch (SPR)
II. Sprgem. der schottischen Eigenspr. Scots, die fallweise auch Inglis, Lallans, the Doric, braid Scots genannt wird. Scots ist ein Dialekt des Angelsächsischen, wird im Unterschied zu normalem Englisch auch als eine Art Slang, als verbogenes Englisch, fälschlicherweise auch als Schottisch-Gälische Spr. angesehen. Rückschläge für die einst vollgültige Spr. von Kirche und Nation seit 1560, als nur die englische Bibel zur Verfügung stand, bzw. 1707 im englischspr. Parlament. Seither unaufhörlicher Niedergang. S. hat heute keinen offiziellen Status mehr. 1991 noch ca. 80 000 Sprecher.

Schottische Reformierte/Kirche (REL)
I. Presbyterianer der Kirk of Scotland.
II. 1560 unter Leitung von J. Knox nach Grundsätzen von J. Calvin errichtete Staatskirche Schottlands, die in scharfem Gegensatz zum Papsttum steht. Ihre Presbyterialverfassung wurde Vorbild für zahlreiche junge Kirchen im britischen Kolonialreich. Heute ca. 1,5 Mio. aktive Mitglieder.

Schottland (TERR)
B. Scotland (=en); Ecosse (=fr); Escócia (=pt); Escocia (=sp); Scòzia (=it). Vgl. Großbritannien und Nordirland.
Ew. 1996: 5,128, BD: 66 Ew./km^2

Schrawardiya (REL)
II. weniger bedeutsamer Sufi-Orden in Afghanistan. Vgl. Sufi(s).

Schrein-Shinto (REL)
II. im Zusammenhang mit dem geschichtlichen Staats-Shinto stehender Schrein-Kult, dem ca. 80% der Shintoisten anhängen.

Schrift(en) (SCHR)
S. Schriftnutzergemeinschaften.

Schriftenbesitzer (REL)
II. Angeh. von Rel., die sich auf heilige Bücher mit Geboten, Kultregeln, Mythen, Prophezeihungen göttlichen Ursprungs berufen, wie z.B. Thora und Psalmen der Juden, Bibel mit Evangelium der Christen, Koran der Muslime, Adi Granth der Sikhs, Avesta der Parsen, Siddhanta der Dschaina, Veden indischer Religionsvölker. Vgl. Ahl al-Kitáb.

Schriftlose (SCHR)
I. (en=) non literate societies und auch pre-literate peoples.
II. Bev., deren Kulturentwicklung aus verschiedenen Gründen noch zu keinem Schriftbesitz geführt hat. Vgl. Naturvölker.

Schriftnutzergemeinschaften (SCHR)
I. auch Schriftgemeinschaften (analog zu Sprachgemeinschaften).

II. Bev.gruppen gleichen Schriftgebrauchs; Gemeinschaften, die sich in der Kommunikation untereinander derselben Schrift bedienen. Es kann sich handeln um: 1.) ethnische Einheiten, die selbst oder durch Fremde (Missionare) eine Eigenschrift erworben haben oder um solche ethnische Einheiten, die ihre Eigenschrift verloren, als sie sich durch freiwillige oder erzwungene Übernahme einer fremden Schrift (siehe Schriftwechsler) einer neuen größeren Schriftnutzergemeinschaft angeschlossen haben; 2.) Rel.gemeinschaften, deren in Kult und Lehre verwendeten Glaubens- und Offenbarungsliteraturen in einer älteren eigenen oder einer fremden Sakral-/Liturgiespr. verfaßt und in deren entsprechenden Schrift niedergelegt worden sind. 3.) polit. oder wirtschaftliche Interessengemeinschaften ganz verschiedener qualitativer Bev.struktur, deren Kontakte in einer übergeordneten (eingespielten oder vereinbarten) Zweit- und Verkehrsspr. und dann zwangsläufig in deren Schriftsystem unterhalten werden. Nur die wenigsten aller Sprgem. besitzen eine eigene Schrift (nach *H. HAARMANN* nur etwa 13%), andere haben sie verloren; viele Spr. wurden erst in der Zeit der Kolonisation und Mission mittels fremder Schriftsysteme fixiert. Wenn auch den auf > 5100 geschätzten lebenden Spr. (*GRIMES*) nur rund 660 Schriften gegenüberstehen, die historisch und bis heute im Gebrauch waren und sind, ist doch Schriftkultur bei einem sehr großen Teil der Erdbev. verbreitet. Bereits 90,9% aller Alphabeten verwenden nur 5 Schriften: Lateinschrift 39,2%, Chinesische Schrift 22,5%, Nagari-Schrift 15,2%, Arabische Schrift 7,5% und Grazhdanskaya 6,5% (s.d.). Andererseits gelten gerade die gering verbreiteten Schriftsysteme zahlreichen kleinen Gemeinschaften als Symbol ihrer Eigenständigkeit und als Instrument der Selbstbehauptung gegenüber den Anderen, nämlich den sie politisch oder religiös bedrängenden Nachbarn (u.a. Amharische-, Armenische-, Georgische-, Mongolische-, Tibetische Schrgem.). In manchen Regional- und gar in vielen Staatsbev. ist Mehrsprachigkeit anzutreffen, Mehrschriftigkeit tritt dagegen vergleichsweise seltener auf: begrenzt in Nordafrika und in der ehem. UdSSR, im früheren Jugoslawien, mehrseitig in China, in starkem Umfang in Vorder- und Hinterindien. In der Zeitfolge von Generationen können sogar Einzelethnien mehrschriftig sein, wenn das polit. Schicksal ihnen einen ein- oder gar mehrmaligen Schriftwechsel aufgezwungen hat (u.a. Usbeken, Türken, Algerier, Mongolen). Verbreitung von Völkern (u.a. durch Aufteilung) über mehrere Staaten kann durch verpflichtenden Gebrauch unterschiedlicher Hoheitsschriften zusätzliche Entfremdung innerhalb der gleichen Volksgruppe zur Folge haben (z.B. Aserbaidschaner in ehem. UdSSR und in Iran, Uighuren in UdSSR und China). Wie Sprachen werden auch Schriften im öffentlichen Gebrauch staatlich geregelt. Angaben zur Größenordnung der Schrgem. können nur sehr unscharf gegeben werden. Allein schon die Ungewißheit über den Umfang des Analphabetismus legt tunlichst nahe, zwischen potentiellen und effektiven Schreibern/Schriftigen (*K. THORN*) einer Schrift zu unterscheiden. Die Zugehörigkeit einer Bewohnerschaft zu bestimmtem Schriftsystem wirkt sich nicht nur im Verborgenen, in Literatur, Schulausbildung und Korrespondenz aus. Sie äußert sich auch mittels Orts-, Straßen-, Ladenschildern, Schriftfahnen, Lichtreklamen ebenso als auffälliges kulturlandschaftliches Charakteristikum des jeweiligen Verbreitungsraumes. Schriften können als nationale Symbole wirken: in Indonesien dürfen chinesische Schriftzeichen nicht in öffentlichen Aufschriften verwendet werden, die deutsche Frakturschrift war in der ehem. CSSR verboten, Atatürk hat bewußt die Lateinschrift eingeführt, der Zerfall der UdSSR ist in dieser Hinsicht gleichbedeutend mit der vielseitigen Abkehr von der Grazhdanskaya.

Schriftwechsler (SCHR)
II. Sprgem., die den Gebrauch ihrer angestammten Schrift gegen solchen einer neuen fremden Schrift eingetauscht haben. Das kann durch freiwillige Hinwendung zu einer besser geeigneten oder einer erfolgreicheren Schrift, öfters aber als Ergebnis von Gebietsannektionen oder aus staatspolit. bzw. politisch-ideologischen Gründen (Türkei, UdSSR) unter Zwang geschehen. Aber auch Rückkehr aus einem aufgedrungenen fremden Schriftsystem zur angestammten Eigenschrift der eigenen Spr. hat sich zuweilen ereignet, es geschieht heute gleich mehrfach bei Völkern, die nach der Auflösung der UdSSR die Kyrillika abstoßen. Zahlreiche Ethnien haben in den letzten Generationen (seit 1920) drei oder gar viermaligen Schriftwechsel erfahren, Väter und Großväter bedürfen der Schreibkünste ihrer Söhne und Enkel. Viele Sprachen werden in verschiedenen Schriften geschrieben.

Schüblinge (SOZ)
II. abgelehnte Asylbewerber oder illegale Einwanderer im Abschiebegewahrsam.

Schudra (SOZ)
I. Shudra.
II. die vierte Hauptklasse/Urkaste im indischen Kastensystem, der Handwerker- und Arbeiterstand, heute auch viele Bauern umfassend.

Schugnanen (ETH)
I. Selbstbez. Chunini; Schugnancy (=rs).
II. autochthones Pamirvolk mit einer ostiranischen Eigenspr. im Gorno-Badachschanischen Autonomen Gebiet Tadschikistans; ca. 20 000–30 000 Individuen. Nach wechselnder Fremdherrschaft unter Tibetern, Afghanen und Usbeken seit Beginn des 20. Jh. im Russischen Reich. Heute stark tadschikisch beeinflußt; Bergbauern. Schugnanen sind ismailitische Muslime.

Schui (ETH)
I. Shui, Sui.
II. Bauernstamm von rd. 150000 Köpfen mit Tai-Eigenspr. in Kuetschou und Kwangsi/China.

Schulbrüder (REL)
I. FSC.
II. viele christliche Genossenschaften, meist von Laien; z.B. FMS Maristen, gegr. 1817 bei Lyon; SP Piaristen (Regularkleriker), gegr. 1597 Rom; FSC Schulbrüder gegr. 1681 Reims. Christliche Schulbrüder allein mit über 17000 Professen (1966).

Schuldsklaven (SOZ)
II. gegenüber Schuldherren in Schuldknechtschaft, Vergeiselung stehende säumige bzw. zahlungsunfähige Schuldner (bes. im Altertum und MA), die in persönlichem Abhängigkeitsverhältnis ihre Schuld beim Gläubiger abarbeiten mußten oder als Sklaven verkauft werden durften; in Europa erfolgte vom 16.–19. Jh. Ablösung durch Schuldhaft obligatorisch. Schuldknechtschaft dauert bes. in Südasien bis heute fort, häufig durch Verpfändung der Arbeitskraft von Kindern, deren Eltern es wegen Wucherzinsen oft lebenslang unmöglich ist, aufgenommene Darlehen zu tilgen. Schuldknechtschaft von Erwachsenen ist abgesehen vom indischen Subkontinent vor allem in Sudan und Mauretanien, in Brasilien und in der Dominikanischen Rep. häufig.

Schüler (WISS)
I. pupils, scholars (=en); élèves, écoliers (=fr); alluni, scolarii (=it); alomnos (=sp); alunos (=pt).
II. je nach Schulart werden unterschieden: Grund-, Ober- oder »höhere« Sch./Pennäler, Gymnasiasten und Hochschüler/Studenten. Oberschüler ordnen sich nach Jahrgangsstufen in Sextaner (5. Kl.) bis zu Primaner (12.) oder in USA Freshmen (9.), Sophomore (10.), Juniors (11.), Seniors (12.). Auch sie alle pflegen markante Gruppenkennzeichen (z.B. Mützenfarben, -bänder). Um soziale Klassenunterschiede zu unterbinden, sind für Grundschüler in vielen Staaten Schuluniformen verbindlich. Herkömmlich wird Begriff Schüler auch erweitert auf Teilnehmer in der Erwachsenen- und beruflichen Weiterbildung (Abendschulen, Berufsschulen, Kollegs). Vgl. Studenten, Studierende.

Schulzen (SOZ)
II. Schultheißen als Funktionsbez. seit Langobarden und Franken, Ortsvorsteher; Hochschulzen; oberste Schulzen eines Siedlungsbezirkes. In Deutschland wurde Begriff differenziert benutzt als Bürgermeister oder Vorsteher und Richter einer Dorfgemeinschaft, auch als Vertreter eines Burggrafen oder Vogts.

Schurawi (SOZ)
I. Schimpfbez. der Rechtgläubigen in Afghanistan und Pakistan für Atheisten und Kommunisten.

Schützenbrüder (SOZ)
II. in heutiger Bedeutung: Mitglieder von Schützenvereinen, -gilden oder (z.B. als Standschützen, Gebirgsschützen) Angeh. heimatverbundener Traditionsverbände unter militärischem Ritual. Diese Vereinigungen gehen zurück auf Institutionen, die im 13. und 14. Jh. in Städten Mittel- und Westeuropas als Bürgerwehren zum Schutz der Stadtbürger gegen Übergriffe von Adel und Fürsten begründet wurden. Erforderlicherweise dienten Sch. auch der Landesverteidigung gegen Hussiten (Thüringen), Spanier (Niederlande), Habsburger (Schweiz) oder Napoleon (Tirol).

Schutzengelbruderschaft (REL)
II. Anh. des »Engelwerks«, »Opus angelorum«, einer kath. Vereinigung, welche die mystische Vermählung der Menschen mit »ihren« Engeln gemäß der Eingebungen der Gabriele Bitterlich fordert. Trotz wachsender kirchlicher Ablehnung ob ihrer sektiererischen Aktivitäten in Mitteleuropa und Südamerika angeblich rd. 1 Mio. Anh.

Schutzgenossen (SOZ)
I. Altbegriff wie auch Schutzverwandte, Schutzbürger, Beisässen.
II. im alten Sinn einheimische Bew. abhängiger oder kolonialer Gebiete; heute auch für Personen, die nach internationalem Recht dem Schutz eines befreundeten oder neutralen Staates anvertraut sind. Vgl. Dschimmi/Dhimmi (ar=) »Schutzbefohlene«.

Schuwaschna (SOZ)
I. Shuvashna; sing. Sushan.
II. Abkömmlinge ehem. Sklaven in Tripolitanien. Begriff ist möglicherweise aus dem Hausa oder Kanuri abzuleiten, wo er »ein in Sklaverei Geborener« bedeutet.

Schwaben (ETH)
I. Sueben; Swabians, Suabians (=en); Souabes (=fr); suevi (=it); suabios (=sp, pt).
II. 1.) aus westgermanischen Sueben/Sweben hervorgegangener deutscher Volksstamm, bis heute verbreitet in Baden-Württemberg und im bayerischen Regierungsbezirk Schwaben (Deutschland); im Elsaß (Frankreich), in der deutschen Schweiz (Schweiz) und in Vorarlberg (Österreich). Der bis ins 10. Jh. übliche Altname Alemannen hat sich nur in der Schweiz behauptet. Vgl. Alemannen, Sweben. 2.) Gruppenbez. (u.a. durch Ungarn) für div. deutsche Kolonistengruppen hat sich nach Auflösung des Herzogtums Alemannien wieder durchgesetzt; er gilt heute hpts. für die Deutschschweizer, doch auch in Deutschland beliebt es den Bewohnern des Oberrheins und des Schwarzwaldes, sich so zu nennen. Als Schwaben bezeichnen sich die Altwürttemberger, die in Oberschwaben und in Bayerisch-Schwaben, in Balkanländern nicht nur jene, die aus SW-Deutschland zugewandert sind. Vgl. Donauschwaben, Banater Schwaben; Sathmarer Schwaben.

Schwaben (SOZ)
II. 1.) ugs. i.e.S. für Donauschwaben; 2.) im weiteren Sinn z.T. pejorative Bez. a) für Deutsche in Südosteuropa, b) als »Sauschwaben« für Alemannen im oberdeutschen Spr.gebiet.

Schwabenkinder (SOZ)
II. Kinder von Bergbauern, u.a. aus Graubünden und Innertirol, die zur familiären Entlastung im Sommer zur Arbeit bes. nach Oberschwaben geschickt wurden. Vgl. Spazzocamini.

Schwager (SOZ)
I. Schwäger, Schwäher; Sg. cuñado (=sp).
II. 1.) im alten e.S. und bis heute u.a. im Judentum und Islam, nur der Bruder des Ehegatten, Mannesbruder; Levir (=lat); Jawam (=he). 2.) Später, in der christlichen Gesellschaft auch Ehemann der Schwester.

Schwagerehen (SOZ)
Vgl. Levirat.

Schwägerin (SOZ)
I. Sg. cuñada (=sp).
II. 1.) Ehefrau des Bruders; 2.) Schwester des Ehegatten; (he=) Jewama bzw. Sekuta le-Jawam bei Witwenschaft. Vgl. Schwager.

Schwägerschaft (SOZ)
I. angeheiratete Verwandtschaft.
II. die Geschwister, i.w.S. die Verwandten des jeweils anderen Ehepartners. Vgl. Gegensatz Blutsverwandte.

Schwäher (SOZ)
I. Schwiegervater.
II. Vater des Ehepartners. Vgl. Schwiegermutter; aber auch Schwager.

Schwarzafrikaner (ETH)
I. Negride, »Neger«, »Schwarze«.
II. Sammelbez. für die Angehörigen des »schwarzen« Großrassenkreises in Afrika, jedoch im Sinn der heutigen Verbreitung, nämlich s. der Sahara-Barriere, Sub-Saharan-Africa (=en); vgl. Sudanesen. Insofern ist Bez. verallgemeinernd auch gebräuchlich für Bev. des Kulturerdteils »Schwarzafrika«; im Gegensatz zu Weißafrikanern. Vgl. auch West-, Ost-, Zentral-, Südafrikaner.

Schwarzarbeiter (SOZ)
I. moonlighter (=en).
II. Arbeitnehmer, die entgegen gesetzlicher Bestimmungen, also strafbar 1.) ohne Entrichtung von Lohnsteuer und/oder Versicherungsbeiträgen arbeiten. 2.) als Bezieher von Arbeitslosenunterstützung, 3.) als Ausländer ohne spezielle Arbeitserlaubnis Lohnarbeit verrichten. Allein in alten Bundesländern in Deutschland seit 1990 jährlich > 300000 aufgegriffene Fälle illegaler Beschäftigung und von Leistungsmißbrauch; 1991 > 230000 Arbeitslosenversicherungsempfänger. Verbreitet bes. in der Bauwirtschaft.

Schwarze (BIO)
I. Neger; Blacks, Negroes (=en); nègres, noirs (=fr); negros (=sp); pretos (=pt).
II. ugs. Bez. für Angehörige der Schwarzen Rasse, des negriden Rassenkreises. Verbreitet insbesondere in Afrika (s. Schwarzafrikaner) und Amerika (s. Black Americans, Schwarze US-Amerikaner). Vgl. Negride.

Schwarze (SOZ)
II. als Gruppenbez. gemäß zahlreicher deutschspr. Bez., die sich alle aus den unterschiedlichen Bedeutungen der Farbe Schwarz in der Farbensymbolik herleiten. 1.) in beschreibendem Sinne: schwarzhaarige, schwarzhäutige Menschen, Schwarzgesichter; Schwarzafrikaner und Negride, Neger, Afroamerikaner, aber auch Blacks, nègres, Nigger, Coons, Darkies sowie Schwarze Kariben, -Kreolen, -Tataren, Black Indians. 2.) Terminus für Gruppen mit schwarzer Gewandung, Standeskleidung von Geistlichen; Blackfeet; Trauerkleidung unter Europäern. Schwarze Übergewänder bei orthodoxen Juden und unter Schiiten. Capas Pretas nach schwarzen Capes in Portugal Bez. für Studenten. 3.) Gruppenbez. für geheimnisvoll, fremdartig, angsteinflößende Menschen: schwarze Teufel, schwarze Magier, Schwarzseher i.S. von Pessimisten; Schwarze Männer (Köhler, Waldschrate). In diesem Sinn öfters auch abwertende allgemeine Anwendung für Fremde, so in Rußland für Angeh. der mittelasiatischen und kaukasischen Völker. 4.) im Sinn von außergesetzlichen, gesetzwidrigen Gruppierungen: Schwärzer (Altbez. für Schmuggler), Schwarzarbeiter (s.d.), Schwarzfahrer (ohne Fahrschein, Führerschein), Schwarzhörer bzw. -seher (TV), Schwarzhändler (Schleichhändler), Schwarzschlächter, Schwarzbrenner, schwarze Kinder (s.d.), aber auch für Freibeuter und Anarchisten: »schwarze Blöcke« (nach ihren Fahnen), »schwarzer September« der Palästinenser, Black Muslims, »schwarze Panther« (s.d.). 5.) im Sinn von konservativ für Angeh. von Rechtsparteien, Schwarzen (=Kath.) Parteien, bestimmten polit. Bünden (z.B. Crna Ruka in Serbien (s.d.). Vgl. »Schwarze Hand«, Schwarze Bulgaren, Schwarze Lolo.

Schwarze Bulgaren (ETH)
II. Teilgruppe der Wolgabulgaren, die (im Unterschied zu Weißen Bulgaren) im n. Kaukasusvorland lebten.

Schwarze Juden (REL)
Vgl. Kotschin-Juden.

Schwarze Kariben (BIO)
I. Black Caribs (=en).
II. Mischlingsbez. in Honduras für Abkömmlinge der im 18. Jh. von Domenica und St. Vincent eingeführten Kariben, die sich mit Negern gemischt haben. Sind von Küsteninseln im 19. Jh. auf das Festland gezogen; heute in Honduras, Belize, Guatemala

und Nicaragua, insgesamt ca. 100 000. Fischer, Bauern und Wanderarbeiter.

Schwarze Kariben (ETH)
I. eine besondere Mischlingsbev. von Zambos.
II. Bez. für die sich in abgeschlossenen Einzelsiedlungen an Golfküste von Honduras, Guatemala, Costa Rica, Nicaragua und auf N-Yucatan bis heute ihre Eigenständigkeit bewahrt hat. Sie entstand im 17. Jh. aus freigelassenen oder entlaufenen Sklaven von den Westindischen Inseln mit indianischen Kariben auf der Insel St. Vincent vor Honduras, wobei Neger Lebensweise und Kultur, auch Spr., der Kariben übernahmen. Im 18. Jh. > 5000; sie wurden anfangs 19. Jh. von Europäern auf das Festland umgesiedelt bzw. flohen an die Moskitoküste. Heute Seefischer und Gartenbauern; es herrscht synkretistischer Katholizismus. Vgl. Buschneger.

Schwarze Kinder (SOZ)
I. Hei Haizi (=ci); überzählige Kinder.
II. ugs. Bez. in China für Kinder, die gemäß der heutigen Zielsetzung »nur ein Kind«-Bev.politik (als Zweit- oder gar Drittkinder oder weil den Minderheiten und den Ausnahmefällen zugeteilte Geburtenquote überschreitend) nicht hätten geboren werden dürfen, die also überzählig geboren wurden, aus Angst vor Strafen nicht registriert werden, die deshalb weder Anspruch auf Schulplatz oder Krankenversicherung haben.

Schwarze Kreolen (ETH)
II. Altbez. (bes. in Brasilien) für in Lateinamerika geborene Neger.

Schwarze Lolo (SOZ)
I. Noso.
II. kastenähnliche Oberklasse bei den Lolo in SW-China.

Schwarze Panther (SOZ)
I. Black Panthers (=en).
II. militante Farbige in den Schwarzenghettos der USA.

Schwarze Schwestern (REL)
I. Cellitinnen, Alexianerinnen.

Schwarze US-Amerikaner (ETH)
I. Afro-Americans; Blacks (=en); pejorativ Nigger, Coons, Darkies.
II. 33 Mio. der 249 Mio. US-Amerikaner (1995), d.h. 13%, sind Schwarze und Mulatten. Sie stellen die stärkste aller US-amerikanischen Minderheiten, sind die Nachkommen von Sklaven. Deren Zahl wird für 1790 mit 0,757 Mio. angegeben, was damals fast 24% der Gesamtbev. entsprach. Sie wuchs bis 1880 auf 6,581 Mio. (15,2%); 1900: 8,834 Mio. (11,5%); 1920: 10,464 Mio. (9,9%); 1940: 12,866 Mio. (10,9%); 1960: 18,872 Mio. (10,6%); 1980: 26,495 Mio. (13,2%). Die US-amerikanische Statistik klassifiziert Mulatten stets als Schwarze, unabhängig vom Mischungsverhältnis; in Einzelstaaten z.T. groteske Differenzierungen; meist gelten als Neger Personen mit einem Achtel Negerblut, dgl. auch Zambos (sofern sie nicht kraft Indianerstatut als Indianer gelten). Noch um die Jahrhundertwende 1800 waren 91,7% aller Neger in den Südstaaten beheimatet. Erst nach einem halben Jh. der Freizügigkeit geriet die Schwarzen-Population in Bewegung; der zeitweilige Arbeitskräftebedarf der Rüstungsindustrie lockte sie in den Norden der USA; 1950 waren schon 25,4% aller Schwarzen in den Nordstaaten ansässig. Zugleich steigerte sich der Verstädterungsgrad der Schwarzen auf über 80% bereits 1970 (H. BLUME). Die endgültige Aufhebung der Sklaverei (1863/65) gab der US-Negerbev. zwar die Gleichberechtigung, verhalf ihnen jedoch bis heute nicht zur vollen Anerkennung als gleichwertige Mitbürger. Daran haben auch weder die Civil Rights Act (1964) noch die staatlichen Unterstützungsprogramme in den 60er und 70er Jahren wesentliches zu ändern vermocht, die US-Gesellschaft blieb gespalten. Immerhin konnte sich eine schwarze Mittelklasse ausbilden (*Nathan Glazer*). 1.) Noch immer wird das Bewußtsein der Schwarzen stark durch Isolation geprägt, die Wohnsegregation gegenüber den Weißen bleibt erhalten, sie hat sich seitens der Asiaten und Hispanics noch verstärkt. Eine Auflösung der schwarz-weißen Klassengrenze ist entgegen älterer Prognosen nicht in Sicht, fast 99% der schwarzen Frauen, rd. 90% der schwarzen Männer heiraten in ihrer Population. Die diskriminierte Randstellung der Schwarzen wird dadurch belegt, daß der Anteil der vollbeschäftigten Erwerbstätigen in den zwei Jahrzehnten 1970–1990 auf < 50% gefallen ist, daß das Einkommen der Schw. im Landesdurchschnitt um 50% unter dem der Weißen liegt, daß > 40% der schwarzen Jugendlichen arbeitslos sind, daß 65% der schwarzen Kinder unehelich geboren sind, daß 42% der Kinder aus schwarzen Großstadtghettos die Schule vorzeitig abbrechen, daß die Kindersterblichkeitsquote mit 17,7 °/oo doppelt so hoch wie bei Weißen und höher als in etlichen Entwicklungsländern liegt, daß 20% aller jungen schwarzen Männer vorbestraft sind, daß Schwarze fast die Hälfte aller Mordopfer in USA stellen, daß unter den aidskranken Kindern 53% schwarzer Hautfarbe sind. 2.) S. waren einst fast durchweg protestantische Christen (mehrheitlich in der National Baptist Convention), seit den 30er Jahren gewinnt der Islam in betont kämpferischen Gruppierungen mit sozialen und politischen Zielsetzungen stark an Boden. Vgl. Black Muslims, Nation of Islam.

Schwarzfuß-Indianer (ETH)
I. Blackfeet (=en). Eigenbez. Siksika; »Schwarzfüße« (nach der Schwarzfärbung der Mokassins).
II. Indianervolk in N-Amerika, zur Spr.gruppe der Algonkin zählend. Wurden um 1700 aus ihrer Hei-

mat Saskatchewan vertrieben, sind seit 1877 in Kanada, seit 1888 in USA in Reservationen niedergelassen. Gesamtzahl 11 670 (VZ 1991).

Schwarzgesichter (BIO)
I. Ma'kadewiyas.
II. Altbez. nordamerikanischer Indianer (Mohawks) für Neger.

Schwarzhändler (SOZ)
I. Schwarzmarkt-Händler, Schleichhändler.
II. Händler, die ihre Waren (z. B. Zigaretten, Drogen, Importgüter, andere Knappheitsgüter) unter Umgehung gesetzlicher Bestimmungen (Rationalisierung, Preisverordnungen, Schmuggelverbot) und von Zoll/Steuern vertreiben. Vgl. aber Informales (inoffizielle Straßenhändler).

Schwarzhemden (SOZ)
II. nach den schwarzen Hemden ihrer Parteimilizen Bez. für die Mitglieder der italienischen Faschisten unter B. Mussolini 1922–1945; hieraus abgeleitet für freiwillige Angeh. der Brigate Nere am Ende des II.WK. Vgl. Blauhemden, Grünhemden.

Schwarzmeer-Deutsche (ETH)
II. seit 1774 durch Katharina II. geworbene Deutsche (zuvorderst Danziger und west-preußische Mennoniten), die neben Bulgaren, Griechen, Serben, Franzosen und Schweden in der von Türken und Tataren gewonnenen Neurußland-S-Ukraine angesiedelt wurden, so am Dnjepr-Knie bei Chortitza, an der Molotschna und im Raum von Odessa. Vgl. Transnistrien-Deutsche.

Schwarztataren (ETH)
Vgl. Altaier.

Schweden (ETH)
I. namengebend vermutlich aus Stamm der Svear oder Suionen (durch Römer 1.–3. Jh.); Swedes, the Swedish (=en); Suèdes, Suédois (=fr); suecos (=sp, pt); svedesi (=it). Schwedische Zuwanderer (im 7.–10. Jh.) wurden von Finnen Ruotsi genannt, daraus entstand später der Name Rusen (=Russen).
II. nordgermanisches Volk, das aus Verschmelzung vor allem von Svear und Gauten/Goten im 1.–6. Jh. erwachsen ist. Seit Ende 8. Jh. Ausgriffe auf Ostseeländer und Osteuropa (vgl. Normannen), seit 1000 frühe Territorialbildung, Ende des 13. Jh. wurde auch Finnland erobert. Endgültig erst im 12. Jh. christianisiert (1164 Erzbistum Uppsala). Mehrfache Unionen, aber auch Rivalitäten mit Norwegen und Dänemark. Heute weitgehend ein homogenes Staatsvolk; 1996 rd. 8,843 Mio., eingeschlossen etwa 50 000 naturalisierte Finnen, umgekehrt 295 000 Schweden in Finnland. Vgl. Goten, Lappen, Waräger/Nordide, Tordenalsfinnen, Finnländer.

Schweden (TERR)
A. Königreich. Konungariket Sverige (=sw). The Kingdom of Sweden, Sweden (=en); le Royaume de Suède, la Suède (=fr); el Reino de Suecia, Suecia (=sp); Suécia (=pt); Svèzia (=it).
Ew. 1750: 1,781; 1800: 3,347; 1850: 3,483; 1900: 5,136; 1950: 7,042; 1960: 7,480; 1970: 8,043; 1996: 8,843, BD: 20 Ew./km²; WR 1990–96: 0,5 %; UZ 1996: 83 %, AQ: 0 %

Schwedenfinnen (ETH)
I. Tordenalsfinnen, s.d.

Schwedisch (SPR)
I. Swedish (=en); suédois (=fr); sueco (=sp; pt); svedese (=it).
II. eine der germanischen Spr., ist Staatsspr. in Schweden. Sprecherzahl dort (7,9 Mio.) und in Finnland (0,3 Mio.), Dänemark, Norwegen (1990) zus. 8,5 Mio.

Schweineschwänze (SOZ)
I. Gooktlam.
II. Altbez. nordamerikanischer Indianer für Chinesen, ihrer Zöpfe wegen.

Schweiz (TERR)
A. Schweizerische Eidgenossenschaft; Confoederatio Helvetica (=lat); Confédération Suisse (=fr); Confederazione Svizzera (=it). The Swiss Confederation, Switzerland (=en); la Confédération suisse, la Suisse (=fr); Svizzera (=it); Svizzera (=rätoroman.); la Confederación Suiza, Suiza (=sp); Confederaçao Suiza (=pt). Bundesstaat mit 23 teilsouveränen Kantonen, worunter 3 in je 2 Halbkantone geteilt. Les cantons (=fr); i cantoni (=it).
Ew. 1500: 0,600; 1560: 0,800; 1600: 1,100; 1837: 2,200; 1850: 2,400; 1860: 2,500; 1870: 2,655; 1880: 2,822; 1900: 3,315; 1910: 3,753; 1920: 3,880; 1930: 4,066; 1941: 4,266; 1950: 4,715; 1960: 5,429; 1970: 6,270; 1980: 6,366; 1990: 6,874; 1996: 7,074, BD: 171 Ew./km²; WR 1990–96: 0,9 %; UZ 1996: 61 %, AQ: 0 %

Schweizer (ETH)
I. Suisses (=fr); Svizzeri, Elvetici (=it); Swiss (=en); suizos (=sp); suiços (=pt).
II. seit 1291 aus vier sprachverschiedenen Territorialbev. gewachsene Nation im kulturellen Konvergenzraum von Mittel- zu West- und Südeuropa; mit eigenem Staatswesen der »Schweizerischen Eidgenossenschaft«. Von (1997) rd. 7,096 Mio. Ew. im Inland sprachen 63,7 % Deutsch, 19,2 % Französisch, 7,6 % Italienisch und 0,6 % Rätoromanisch (jeweils Erstsprache); 40 % sind Protestanten (bes. Calvinisten und Zwinglianer), 46,1 % Katholiken und 2,2 % Muslime. Unabhängig von der gesamtschweizerischen Staatsbürgerschaft sind Schweizer Bürger (oder auch Doppelbürger) eines der 26 Kantone (bzw. Halbkantone). Bev.entwicklung nach H. AMMANN: am Beginn des 15. Jh. ca. 600 000, um 1550 etwa 800 000, nach J. WYLER um 1600 rd. 1,1 Mio., um 1700: 1,25 Mio. 1837 (Helvetik) 2,2 Mio., 1860: 2,5 Mio., 1900: 3,3 Mio. trotz mehrerer Auswande-

rungsschübe: Mitte des 19. Jh., nach 1880 und 1910–1920 mit rd. 0,3 Mio. Vgl. Deutschschweizer, Welschschweizer, Auslandsschweizer.

Schweizer (NAT)
II. StA. der Schweizerischen Eidgenossenschaft als Nationalitätsbegriff (nicht etwa Eidgenossen). Schweizer sind Bürger eines (oder auch mehrerer) Kantone. Seit langem hoher, wachsender Ausländeranteil, 1997 19,4 % (ausländische Wohnbev.), ohne internationale Funktionäre, Saisonniers, Asylbewerber.

Schweizer (SOZ)
I. Obermelker.
II. verantwortliche Fachleute für Rinderhaltung und Meierei auf Gütern im Deutschen Reich, die anfänglich aus der Schweiz engagiert wurden und die mit ihren Familien oft in Deutschland verblieben. Später wurde S. zu einer reinen Berufsbez. Kuhschweizer aber ist Schimpfwort bei deutschen Alemannen für Schweizer.

Schweizer Brüder (REL)
II. Filiation des Täufertums; entstanden in der Revolutionsbewegung des Bauernkrieges 1525 in Schwaben, im Elsaß und in der Schweiz. Kennzeichen jener Gruppierung war insbes. die Einforderung der »Gütergemeinschaft«, der Gemeinbesitz der nichtkultivierten Güter, der Wälder und Allmenden (*JAMES M. STAYER*). Vgl. Täufer.

Schweizerdeutsch (SPR)
I. Schwyzertüütsch; Tudais-ch, svizzer, Tudas-ch (=ro).
II. deutsche Mundarten der Alemannen in der Schweiz, bei großen regionalen Unterschieden z.B. zwischen Märndütsch (Bern) und Züritüütsch (Zürich) gebraucht in Diglonie mit der deutschen Standardspr. Verbreitet in 19 der 25 Kantone in der Deutschschweiz, wo S. als Identität schaffende Mutterspr. und zentrales Kommunikationsmittel gilt. S. fand in breitem Maß sogar in der amtl. Kartographie Eingang.

Schwenkfeldianer (REL)
I. Schwenckfeldianer, Schwen(c)kfelder; benannt nach Gründer Kaspar Schwenkfeld v. Osing.
II. eine christlich mystisch-spiritualistische Gemeinschaft, im 16. Jh. begründet. Die Schwenckfeldianer-Kirche bestand in Schwaben bis ins 17. Jh., in Schlesien bis ins 18. Jh. und dauert in USA bis heute fort. Wegen ihrer abweichenden Abendmahlslehre wurden sie überall verfolgt, Teilgruppen emigrierten deshalb 1734 nach Nordamerika.

Schwertbrüder (REL)
I. Fratres militiae Christi; Brüder der Ritterschaft Christi.
II. 1202 vom Bremer Domherrn Adalbert gegründeter »Schwertorden«, ein geistlicher Ritterorden; betrieb von Riga aus die Eroberung und Christianisierung Livlands. 1237 dem Deutschen Orden inkorporiert. 1561 aufgelöst.

Schwertmagen (WISS)
I. Vatermagen, Germagen; (aus Ger »Speer«) und Magen »Verwandter«.
II. Altbez. für Verwandte von väterlicher Seite im Unterschied zu Spil-/Spillmagen oder Muttermagen für Verwandte mütterlicher Seite. Vgl. Agnaten.

Schwesterkinder (BIO)
I. Schwesternkinder.
II. Söhne und Töchter der Schwester.

Schwestern (REL)
II. im religionsgeogr. Sinn weibliche Angeh. einer Kongregation.

Schwestern der Nächstenliebe (REL)
II. um 1950 von Albanerin »Mutter Teresa« gegr. Schwesternorden, seit 1966 auch Bruderorden »Missionare der Nächstenliebe«, für Armenbetreuung (Sterbehäuser, Straßenkliniken) mit 1994 über 3000 Mitgliedern in über 100 Ländern; bes. in Indien und Korea tätig, Mutterhaus in Kalkutta.

Schwieger (SOZ)
I. Schwiegermutter Sg., Schwiegerin Sg.
II. Mutter des Ehepartners. Vgl. Schwiegervater.

Schwiegereltern (SOZ)
I. im Indogermanischen unter patriarchalischen Verhältnissen meist nur als Mannesvater und Mannesmutter. Beaux-parents (=fr); suoceri (=it); suegros (=sp).
II. Eltern des Ehepartners, d.h. Schwiegervater; Altbez. auch Schwieger od. Schwäher; beau-père (=fr); suocero (=it); und -mutter Schwäherin, Schwiegerin, Halbmutter; belle-mère (=fr); suocera (=it).

Schwiegerfreunde (SOZ)
I. Mitsöhne (nach *F. DEBUS*), Wahlsöhne (nach *W. SEIBICKE*).
II. moderner Kunstbegriff für Söhne, die ohne Trauschein in Konsensualgemeinschaften leben. In solchem System nicht legalisierter Schwiegerschaft stehen Wahlväter und Wahlmütter für Schwiegereltern.

Schwiegerfreundinnen (SOZ)
I. Mittöchter (*F. DEBUS*), Wahltöchter (*W. SEIBICKE*); widersprüchlich: unverheiratete Schwiegertöchter.
II. moderner Kunstbegriff für in Konsensualgemeinschaften als Quasi-Schwiegertöchter lebende Frauen.

Schwiegerin (SOZ)
II. 1.) Schwiegermutter; 2.) Schwiegertochter; 3.) Schwägerin.

Schwiegerkinder (SOZ)
II. Ehepartner der Kinder: Schwiegersohn

I. mundartlich in Mitteleuropa: Tochtermann (im Rhein-Main-Gebiet). Aus Eidum (ahd=) eigentlich »Teilhaber« am Erbe: Altbez. Eidam/Edam/Eidem/Ejem/Eram/A(h)re(r); gendre, beau-fils (=fr); Sg. genero (=it); yerno (=sp). Schwiegertochter = Sohnesfrau; mundartlich in Mitteleuropa: Schwiegerdauter, Schwiegertuchter, Schwiegedoachter; Schnur/Schnauer/Schnürchen/Schnoer (Niederrhein); Schnörch/Schnerich; Sohnsfrau (Elsaß), Söhnin/Söhnerin/Söhnere (Württemberg); bru, belle fille (=fr); Sg. nuora (=it); nuera (=sp).

Schwippschwäger (SOZ)
II. Brüder von Schwägern und Schwägerinnen.

Schwule (SOZ)
I. »Warme Brüder«; ugs. Ausdrücke für m. Homosexuelle.

Schwyz (TERR)
B. Kanton. Gliedstaat der Schweizerischen Eidgenossenschaft seit 1291. Svitto (=it); Schwyz (=fr).
Ew. 1850: 0,044; 1910: 0,058; 1930: 0,062; 1950: 0,071; 1970: 0,092; 1990: 0,112; 1997: 0,125

Schwyzer (ETH)
II. 1.) Bürger, 2.) Einw. (als Territorialbev.) des deutschspr. schweizerischen Urkantons (1291) Schwyz. 3.) Ew. des Kantonshauptortes, 1997: 13 600.

Scientologen (REL)
I. Scientologisten; (en=) Scientologists, Dianetics.
II. Anh. der Scientology Church, der »Kirche der Lehre vom Wissen«, eine NRM, die ihrerseits div. vorgeblich wiss. und humanitäre Filialorganisationen unterhält. Die 1954 durch Lafayette Ronald Hubbard begründete Lehre »Dianetik« versteht sich als »Wissenschaft von der geistigen Gesundheit«; ihr Bekenntnischarakter ist strittig und wird überwiegend als Sekte eingestuft. Organisationszentrale ist Saint Hill Manor/Sussex/Großbritannien, die Angaben über die Zahl der Mitglieder in USA und Europa divergieren stark, nach 1990 wohl ca. 7 Mio. Vgl. Firephim.

Scotch, Scots (NAT)
(=en) s. Schotten.

Scoten (ETH)
I. Skoten; aus lateinisch scoti.
II. keltischer Stamm, der ursprünglich in Irland ansässig war, seit 350 n. Chr. mit den Pikten Britannien angriff und sich später in NW-Schottland ansiedelte. Geogr. Name: Scone, die Hauptstadt des frühschottischen Reichs der Pikten. Vgl. Iroschotten.

Seba (ETH)
I. Baseba.
II. schwarzafrikanische Ethnie im Grenzgebiet der s. DR Kongo zu Sambia.

Secoya(s) (ETH)
II. Indianerstamm im Amazonasgebiet Ecuadors; 1990 um 250 Mitglieder; missioniert durch die Wycliffe-Bibelgesellschaft.

Sedang (ETH)
II. Volk im südvietnamesischen Bergland, monkhmer-spr.; zählen zu den Montagnards; Büffelkult, einst Kannibalen; Anzahl gegen 100 000 Köpfe.

Seddrat (ETH)
II. Stamm der Draa-Berber/Marokko, s.d.

See-Dajak (ETH)
I. Iban.
II. im Gegensatz zu den altindonesischen Land-Dajak im Inseleninneren die spät eingewanderten Stämme an der Nordküste von Borneo. Gute Schiffsleute, die auf Flüssen und an Küste Fischerei und Handel betreiben; auch Grabstockanbau mit Brandrodung; einst gefürchtete Kopfjäger; Tatauierung. Vgl. Iban.

Seefahrervölker (SOZ)
I. seefahrende Völker. Vgl. Phönizier; Normannen, Wikinger; Venezianer, Genuesen; Briten, Niederländer, Portugiesen, Spanier; Malaien.

Seenomaden (SOZ)
I. Seezigeuner.
II. Bez. in SE-Asien (Malakka, Borneo, Sulusee) für verschiedene Einheiten wandernder Küstenfischer, zur Hauptsache Malaien, Melanesier. Vgl. Badjao, Chao Lay, Samal.

Seevölker (ETH)
II. Sammelbez. für frühgeschichtliche Ethnien, die im Zuge der Ägäischen Völkerwanderung im 14.–12. Jh. v. Chr. über See in den ö. Mittelmeerraum (Kleinasien, Syrien, Ägypten, Kreta) einbrachen; ihre ethnische Zugehörigkeit ist umstritten. Bekannteste Teilgruppe waren die Philister, die nach Abwehr in Ägypten 1192/1177 im s. Palästina ansässig wurden. Vgl. auch Seefahrervölker.

Sefir (ETH)
II. Stamm der Schammar-Beduinen auf der Arabischen Halbinsel.

Segregierte Bevölkerung (WISS)
I. aus segregare (lat=) »absondern, entfernen«.
II. Teilbev., die sich aus sehr unterschiedlichen (kulturellen) Gründen freiwillig oder unter Zwang zu möglichst homogenen Einheiten, solchen der Rasse, Ethnie, Religion, Abstammung, Herkunft räumlich von anderen ansässigen Gruppen sondert. Vgl. Millet, Ghetto-Bev.

Seichó-no-je (REL)
I. (jp=) »Haus des Wachstums«.
II. 1930 durch Japaner Masaharu Taniguchi begründete, aus Shintoismus und Buddhismus hervor-

gegangene religiöse Bewegung, 1949 offiziell anerkannt, Haupttempel in Kioto; ca. 3 Mio. Anh.

Seitenverwandte (WISS)
I. Kollateralverwandte; Angeh. der Seitenverwandtschaft; Verwandte auf Seitenlinien.
II. 1.) diejenigen Verwandten, die nicht direkt in gerader Linie verwandt sind, sondern von einer gemeinschaftlichen dritten Person abstammen (z.B. Geschwister, Vettern, Basen). 2.) zuweilen auch für angeheiratete Verwandte und deren Nachkommen (z.B. Onkel und Tanten).

Sekai Kyusei-Kyo (REL)
I. »Religion des Welt-Messianismus«.
II. NRM Japans durch Okada Mokichi begründet.

Sekiyani (ETH)
I. Seke.
II. schwarzafrikanische Ethnie im Küstengebiet von N-Gabun.

Sekten (REL)
I. (lat=) sectae; aus sequi »nachfolgen«; also »Gefolgschaft«, »Richtung«.
II. 1.) im ursprünglich neutralen Sinn von Gefolgschaft für Sondergruppen, Schulen, bes. Lehrmeinungen in kleineren Abspaltungen aus einer großen religiösen oder weltanschaulichen, philosophischen Gemeinschaft. 2.) im klassischen Sinn negativ besetzter Begriff für häretische, separatistische Bildungen innerhalb des Christentums und abgeleitet auch in anderen Rel., die sich in Lehre und Kultpraxis wesentlich von ihrer Mutterrel. losgesagt haben. Solche Glaubensabweichung wurde insbes. unter staatskirchlichen Verhältnissen als gesetzwidrig verfolgt (Verdrängung von Häretikern, Inquisition). Von daher relativierende Umschreibungen: religiöse Minderheiten, religiöse Gemeinschaften (in USA z.B. weit über 1600). Dementsprechend unterscheiden sich S. (auch juristisch) von Weltanschauungsgemeinschaften wie etwa Freimaurern, Freidenkern, Anthroposophen. Allerdings besteht im Hinblick auf den Charakter von Sekten größte Vielfalt: nächst reinen Reformbewegungen oft synkretistischer Art wie Mormonen und Baha'i stehen biblizistische fundamentalistische Strömungen wie z.B. gewisse protestantische Denominationen im US-Bible Belt oder die Raskolniki bzw. laienmissionarische Gruppen in Rückbesinnung auf Urverhältnisse wie Waldenser, Täufer, Brüderbewegungen, Moral Majority und schließlich Gruppierungen in apokalyptischer Tradition, sogenannte »Endzeitgemeinschaften« wie Adventisten, Zeugen Jehovas u.a. Mit wachsender Orientierungslosigkeit der Menschheit, zufolge Werteverfall, verlorener Ethik und Moral, erfahren S. verstärkt im ausgehenden 20. Jh. bedeutende Ausweitung, neureligiöse Gruppierungen, Jugendreligionen. S. haben mehrfach überragende Bedeutung auch im polit. Bereich erfahren, so u.a. Wahhabiten in Saudi-Arabien, Soka-Gakkai in Japan, Mahdi-Sekte in Sudan, Mormonen in USA. Radikale Auswüchse: Aum, Sonnentempler, Filipponen. Vgl. auch Sektierer.

Sekten-Shinto (REL)
II. Richtung im Shintoismus, der ca. 20% aller Shintoisten anhängen. Sekten-S. umfaßt 150–200 Sekten, die sich heute z.T. als selbständige Rel.gemeinschaften verstehen.

Sektierer (REL)
I. im übertragenen Sinn isolierte, eigenbrötlerische Menschen.
II. Anh. von Sekten; 1.) Vertreter eines religiösen, philosophischen oder sonstigen (z.B. polit.) Schwärmertums. Als Gegenbewegung zum Rationalismus und zur ökonomischen Vernunft werten S. das Übernatürliche, das Transzendentale auf, unterwerfen sich apokalyptischen Visionen oder aber sie treten für die Wahrung von Tradition ein und verfolgen fundamentalistische Tendenzen. Typisch für Sektenmitglieder sind starkes Gemeinschaftsgefühl, das Anhängern Geborgenheit vermittelt, missionarisches Sendungsbewußtsein und streng, oft eigengesetzliche, Grundhaltung (z.B. Sonnentempler, Aum). 2.) im polit. Sinn auch pejorativ für Abweichler, zur Abspaltung neigende Genossen. Vgl. Sekten.

Sekundäranalphabeten (SCHR)
I. Neo- oder Neualphabeten.
II. Menschen, die in den Zustand der Lese- oder Schreibunfähigkeit zurückgefallen sind, weil sie keine Gelegenheit hatten, ihr geringes Schulwissen laufend anzuwenden.

Selbständige (WISS)
II. Erwerbstätige, die einen gewerblichen oder landwirtschaftlichen Betrieb als Eigentümer oder Pächter leiten; alle freiberuflich Tätigen sowie alle Hausgewerbetreibenden (u.a. Unternehmer, tätige Eigentümer, Inhaber, selbständige Handwerker). Je nach nationaler Festlegung gelten 10–25% aller Erwerbspersonen als S. Vgl. Mittelständler, Mittelschichten.

Selbständige Berufslose (WISS)
II. in der amtl. Statistik Deutschlands Personen, die ohne Ausübung einer hauptberuflichen Erwerbstätigkeit Einkommen beziehen wie Rentner, Pensionäre, Altenteiler usw.

Seldner (SOZ)
I. Söldener, Sellmer; aus Selde, d.h. »Haus«.
II. agrarsoziale Bez. in Mitteleuropa; im MA Besitzer eines Achtelhofes und solche, denen ein eigenes Gespann fehlte; neuzeitlich in SW-Deutschland für landwirtschaftliche Kleinstellenbesitzer mit geminderten Allmendrechten. Da Kleinbetriebe nur Teilselbstversorgung ermöglichen, suchten S. den Haupterwerb in Arbeit auf Gütern, im Dorfhandwerk und im Gewerbe. Vgl. Häusler, Köbler, Kötter.

Seldschuken (ETH)
 I. Seljuks (=en).
 II. aus Turkestan stammendes Geschlecht und später ethnische Einheit, die im 11. Jh. Kleinasien türkisierte und über Persien, Mesopotamien, Syrien und vor allem Anatolien ein zeitweise mächtiges Reich begründete. Vgl. Rumseldschuken.

Sele (ETH)
 I. Kimbundu, s.d. Vgl. N-Angola-Stämme, N-Mbundu; auch Kimbundu, Ambundu.

Selkupen (ETH)
 I. Altbez. Ostjaken, Ostjaksamojeden; Eigenbez. Sel'kup, Cumyl'kup; Sel'kupy (=rs); Selkups (=en).
 II. kleine Ethnie, zur samojedischen Gruppe der uraltaischen Spr.familie zählend, im w. Sibirien; in zwei Territorialgruppen zu gliedern: die n. im Jamalo-Nenzischen Autonomen Kreis bei Tomsk (Selbstbez. Selkup) sind Rentiernomaden und Fischer, schon weitgehend russifiziert; die s. (Selbstbez. Tschumyl-Kup, Susse-Kum, Schosch-Kum = »Erdmenschen«, »Taigamenschen«) im Chantisch-Mansischen Autonomen Kreis sind seßhaft, leben von Jagd und Fischfang. S. gerieten im 16./17. Jh. unter russische Herrschaft, sie sind Animisten. Vgl. Nenzen, Nganasanen.

Selung (ETH)
 II. kleine ethnische Einheit in Myanmar. Vgl. Moken.

Sema (ETH)
 I. 1.) Nzema. Vgl. Sema-Sprgem. in Ghana.
 II. 2.) Einheit der Naga-Stämme in NE-Indien.

Semang (BIO)
 I. Semang-Pygmäen; Eigenbez.; »Menschen«, Thai-Bez. »Sklaven«.
 II. Negritos auf der Malaiischen Halbinsel (ca. 2000) und in Waldgebirgen gegen Thailand (ca. 1000), sind mit Vorläufern hier seit 10000 J. nachweisbar, blieben bis heute schweifende Sammler und Jäger.

Semangide (BIO)
 II. Untereinheit der südostasiatischen Negritiden (s.d.); Vgl. Zwergvolk d. Semang.

Semgaller (ETH)
 I. Zemgalen (=le).
 II. ostbaltisches Altvolk s. der Rigaer Bucht und der Düna im heutigen Lettland.

Semi-Bantu (ETH)
 II. 1.) Altbez. (nach *JOHNSTON* und *D. WESTERMANN*) für Spr.einheiten in Kamerun und Nigeria, vgl; hierzu Sudan-Neger. 2.) ethnische Sammelbez. für Stämme des Kameruner Graslandes (Tikar, Bamum), Stämme am Cross-Fluß (Ekoi, Anyang, Boki, Mbembe, Yakö/Lukö, Ibibio/Ibio), sog. »Heidenstämme von N-Nigeria«, s.d. Fast allen gemeinsam sind urtümliche Verhaltensweisen und Kulturelemente.

Seminolen (ETH)
 I. cimarron (sp=) »wild«, »außerhalb wohnend«.
 II. Mushogee-Indianervolk, im 18. Jh. aus verschiedenen Gruppen (u.a. Creek) entstanden; ursprünglich in festen Dörfern in Florida und s. Georgia lebend, anfangs 19. Jh. in die Mangrovesümpfe Floridas vertrieben, dann z.T. nach Oklahoma (Seminolen-Reservation) ausgesiedelt. In Florida noch »Big Cypress«, »Brighton-« und »Dania-Reservation«.

Semi-Nomaden (SOZ)
 I. petit-nomades (=fr); »halbe Beduinen«. Vgl. Teilnomaden, Halbnomaden.

Semiten (ETH)
 I. von Sem, dem Sohn Noahs; Semites (=en); sémites (=fr); semitas (=sp, pt); semiti (=it).
 II. seit 18. Jh. (*A.L. SCHLÖZER*) Sammelbez. für spr.verwandte Völker im s. Vorderasien. Es handelt sich hpts. um Orientalide und Armenide. S. haben der Alten Welt kulturell, z.B. mit Schrift, Rel. (Judentum, Christentum, Islam), Kalender wesentliche Entwicklungsimpulse verliehen. Zu den S. zählen Araber, Aramäer, Abessinier, Babylonier, Kanaanäer, Juden, Phönizier. Dem Religionsvolk der Juden gilt Sem als Ahnherr des Volkes Israel, vor allem wird auf ihn (begründet durch die Ehrfurcht vor seinem Vater) die Vorherrschaft vor anderen Völkerschaften zurückgeführt. Dem entspricht die fälschliche Gleichsetzung von Semiten und Juden. Vgl. Semito-hamitische Sprgem.

Semitische Sprachen (SPR)
 II. div. Alt- und Neusprachen der semito-hamitischen Spr.gruppe, verbreitet im Alten Orient bzw. im Zentrum und Westflügel des heutigen Kulturerdteils Orient. Klassifikation unterscheidet: Ostsemitisch (Akkadisch, Babylonisch, Assyrisch), Ugaritisch und westsemitisch (Kanaanäisch, Hebräisch, Moabitisch, Phönizisch, Punisch, Aramäisch, Samoritanisch, Nabatäisch, Palmyrenisch, Altsyrisch, Neusyrisch, Mandäisch) Altspr., die heute erloschen, mehrfach aber doch als Kult-/Liturgiespr. genutzt werden; ferner die südwestsemitischen Spr. (insbes. das nordarabische Hocharabisch mit div. Dialekten, aber auch die südarabischen Altspr. wie Mináisch, Sabäisch, Sokotri); die äthiopischen Spr. (insbes. Geez, Tigre, Tigrinia, Amharisch, Harari).

Semito-hamitische Sprachen
 I. Hamito-semitische Spr. (=Altbez.). Vgl. Afroasiatische Spr.

Semmin (SOZ)
 I. (=jp); Pöbel, Unpersonen.
 II. Bez. aus dem alten Japan für in der Gesellschaftsordnung Abgeglittene, auch für Abkömmlinge einstiger Unreiner; zu ihnen zählen besonders die Hinin und die Eta. Vgl. Burakumin.

Semperfreie (SOZ)
I. eigentlich sendbar Freie, Höchstfreie, Ritter; (lat=) homines synodales.
II. im MA in Süddeutschland Bez. für freie Herren, auch für Ministeriale, die zum Besuch der Sendgerichte verpflichtet waren.

Seneca (ETH)
I. »Volk von den Felsen«.
II. Stamm der Mohegan-Indianer im w. New York; stellte eine der »Fünf Nationen« im Irokesenbund im NE der USA.

Senegal (TERR)
A. Republik. Unabh. seit 20. 8. 1960. République du Sénégal (=fr); Sunugal (=Wolof). The Republic of Senegal, Senegal (=en); le Sénégal (=fr); la República del Senegal, el Senegal (=sp).
Ew. 1950: 2,526; 1960: 3,110; 1970: 4,267; 1976: 5,069 Z; 1987: 7,109; 1996: 8,534, BD: 43 Ew./km^2; WR 1990–96: 2,5 %; UZ 1996: 44 %, AQ: 67 %

Senegalesen (NAT)
I. Senegaler; Senegalese (=en); sénégalais (=fr); senegaleses (=sp, pt).
II. StA. d. Rep. Senegal. Landesbev. ist in zahlr. Ethnien differenziert u.a. Wolof (44 %), Sérères (15 %), Toucouleur (11 %), Fulbe (12 %), Diola (5 %), Mauren u.a. Im Casamance, dem durch Gambia nachhaltig isolierten Südteil, fortdauernder Separatismus.

Senga (ETH)
I. Nsenga, Tumbuka. Vgl. auch Nyassa-Völker.

Sengele (ETH)
I. Tumba.
II. schwarzafrikanische Ethnie w. des Mai Ndombe-Sees in der w. DR Kongo.

Sengqihui (WISS)
I. (=ci); Gemeinschaftsfamilien.
II. Strafverurteilte und Sklaven im alten China, die zu öffentlicher Erschließungsarbeit buddhistischen Klöstern zugeteilt wurden.

Senhaja (ETH)
I. Senhadscha.
II. 1.) Berberstamm byzantinischer Zeit in Libyen; 2.) Stamm der Rif-Kabylen in N-Marokko.

Senioren (SOZ)
I. aus senior (lat=) »älter«; nach Namen »der Ältere«; Terminus bezog sich ursprünglich auf die der Juniorenklasse folgende Altersstufe (z.B. im Sport jene der 20–30jährigen), meint heute aber im Gegensatz zu den Junioren (eher als Modebegriff) die Altersklasse der Alten, der aus dem Erwerbsleben ausgeschiedenen Menschen. Vgl. Alte, Ruheständler, Zwangssenioren.

Sennen (SOZ)
I. Senner, Alm-/Alphirten.
II. besoldetes Personal einer Alm/Alpe mit Sennereibetrieb (Butterei, Käserei).

Senoi (ETH)
I. Sakai.
II. weddides (oder negritides) Bauernvolk von 30 000–40 000 mit Eigenspr. aus Mon-Khmer-Gruppe im zentralen Bergland der Malaiischen Halbinsel mit div. Untergruppen. Dienten der britischen Kolonialverwaltung als Dschungelführer. Vgl. Negritos.

Senonen (ETH)
I. senones (=lat).
II. keltischer Volksstamm in Gallien und (seit 4. Jh. v.Chr.) in N-Italien. Geogr. Name: Sens in Frankreich; in Geologie: Senon. Vgl. Kelten.

Sentinelesen (BIO)
I. »die Wachsamen, Wachtposten«.
II. einer der vier Negrito-Stämme auf den Andamanen, 100–200 Seelen; auf der Nordinsel in völliger Isolation lebende Jäger- und Sammlergemeinschaft, vermieden bis 1993 selbst Sichtkontakt.

Senufo (ETH)
I. Siene, Syena; Sénoufo, Siénes (=fr); Tusjan, Tusyan, Nafana, Wara, Karaboro.
II. negrides gur- oder voltaïsch-spr. Sudanvolk in Mali (ca. 1 Mio.), Burkina Faso (ca. 500 000 = 6 % der Gesamtbev.) und n. Elfenbeinküste. S. standen unter dauerndem Einfluß der Mande (s.d.). Den S. eng verwandt sind die Guin/Mbuin (am Oberlauf des Comoe), die Minianka (am Bani), die Nafana/Nafarha (zw. Schwarzem Volta und Boundoukou) und die Lobi mit Dorosie, Gan, Tegessie, Kulango/Ngoulango. Hirsebauern mit Viehhaltung. Ihr Poro-Geheimkult bestimmt das soziale und wirtschaftliche Leben; wachsender Einfluß des Islam. Hochentwickelte Holzschnitzkunst.

Senufo (SPR)
I. Verkehrsspr. in Burkina Faso, Elfenbeinküste; 2 Mio. Sprecher.

Senussi (ETH)
I. Senusi, Sanusi, Sunusi, Snussi; Senussija/Sanusiya-Bruderschaft; nach Mohammed Ibn Ali Es-Senussi, dem »Großen Senussi«.
II. Angehörige des 1837 in Mekka gegründeten puritanischen und kämpferischen islamischen Ordens mit großer missionarischer Stoßkraft in Sahara und Sudan. S. wirkten in Nordafrika, bes. in Tripolitanien in der Cyrenaica. Seit 1843 Gründung zahlreiche Ordenssiedlungen, die Mutterhäusern unterstellt waren, Zentren in Djarabub/Dscharabub, 1896 Kufra, 1900 Gouro, 1902 wieder Kufra. Läuterung des Islams, Kampf gegen Andersgläubige, gegen Europäer und Türken; u.a. mittels religiöser Unterweisung und Rechtsprechung gelang Verzahnung des Ordens mit beduinischem Stammessystem. S. kämpften gegen französische und italienische Kolo-

nialmacht. Besaßen ausgedehnten Landbesitz (allein in Cyrenaica > 400 000 ha), machten das theokratische Reich mächtig; König Idris I. von Libyen 1951–1969 war Oberhaupt des Ordens.

Senussi(s) (REL)
I. Senusi, Sanusi, Sunusi, Snussi; Angeh. der Sanusijja/Sanusiya-Bruderschaft; nach Mohammed Ibn Ali Es-Senussi, dem »Großen Senussi«.
II. Angeh. des 1837 in Mekka gegr. puritanischen und kämpferischen islamischen Ordens mit großer missionarischer Stoßkraft in Sahara und Sudan. S. wirkten in Nordafrika, bes. in Tripolitanien und in der Cyrenaika; seit 1843 Gründung zahlreicher Ordenssiedlungen, die Mutterhäusern unterstellt waren, Zentren in Djarabub und 1896 Kufra; u. a. mittels religiöser Unterweisung und Rechtsprechung gelang Verzahnung des Ordens mit beduinischem Stammessystem. S. kämpften gegen französische und italienische Kolonialmacht. Ausgedehnter Landbesitz (allein in der Cyrenaica über 400 000 ha) machte das theokratische Reich mächtig; König Idris I. von Libyen 1951–1969 war Oberhaupt des Ordens.

Separatisten (REL)
II. in religionsgeogr. Sinn diejenigen, die ihr religiöses Leben außerhalb der ursprünglichen Kultgemeinschaft in kleineren abgesonderten Zirkeln betätigen; div. abgesonderte Gemeinschaften der Lutheraner.

Separatisten (SOZ)
I. separatists (=en); séparatistes (=fr); separatista (=it); separatistas (=sp, pt); aus separare (=lat).
II. Anh. von Bewegungen, die eine staatliche, religiöse oder geistige Loslösung oder Abtrennung betreiben. Vgl. Sezessionisten/indépendantistes (=fr).

Sephardim (REL)
I. (=he); aus Sepharad, dem biblischen Namen für die Iberische Halbinsel; Sepharden, Altbez. Sephardiren; Spaniolen; (nach ihrer Spr.), unpräzise auch als Ladinos bezeichnet.
II. Nachkommen iberischer Juden des MA; ihre Spr. blieb z. T. bis heute das Spaniolisch bzw. Judäospanisch. S. bildeten einst den kulturell und wirtschaftlich stärkstentwickelten Zweig des Judentums, machten um 1500 zahlenmäßig etwa die Hälfte aller J. aus. Schon im 11./12. Jh. erfolgten vor Almohaden-Fanatismus erste Fluchtabzüge, im 15./16. Jh. unter Verfolgung durch Inquisition weitere starke Emigration nach N-Afrika, Vorderasien (Osmanisches Reich) und Amerika. Erfuhren teils dankbare Förderung (Marokko, Türkei, Naturalisierung in Algerien 1870), teils neuerliche soziale Bedrängung. Heute sind nur mehr rd. 750 000 oder 4–5 %, nach anderer Wertung > 10 %, aller Juden der sephardischen Gruppe zuzurechnen. Vgl. Ladino-Spr., Dschudesmo.

Sepoys (SOZ)
I. aus sipah (hindi-, pe=) »Armee«; sipahi »Soldat«; sipae, sipaio (=pt).
II. Soldaten britischer Kolonialtruppen in Indien. Vgl. Spahis.

Serani (ETH)
II. christliche Nachkommen von Portugiesen, z. T. Mischlinge, auf der Molukkeninsel Batjan/Indonesien.

Serben (ETH)
I. Srbi (Eigenname); Serbes (=fr); Serbians, Serbs (=en); servios (=sp); sèrbi (=it); sérvios (=pt).
II. südslawisches Volk von 6,475 Mio. (1991), mit 62,3 % größte ethnische Einheit in der BR Jugoslawien. S. bilden namengebend auch in ihrer (Teil)Republik Serbien das Staatsvolk. Minderheiten in Albanien, Rumänien, Ungarn. S. wanderten anfangs 7. Jh. von nördlich der Karpaten in ihr heutiges Siedlungsgebiet ein, wurden bis 9. Jh. von Byzanz aus christianisiert, errichteten 1077 erstes Königreich; waren seit 1389 (Amselfeldschlacht; Kosovo Polje) den Türken, die erst 1867 endgültig abzogen, tributpflichtig. Seit Beginn des 20. Jh. von Rußland unterstützte großserbische Bewegung, welche Vereinigung aller Südslawen erstrebte, die nach I.WK gelang. Als politisch abgetrennte Volksteile unterscheiden: montenegrinische Serben, bosnische S. und herzegowinische Serben. S. sind vorwiegend dinarischer Rasse und überwiegend orthodoxe Christen; schreiben ihre serbokroatische Spr. in einer Abart der Kyrilliza. Vgl. Serbisch-orthodoxe Christen; Südserben, Südslawen, Panslawisten.

Serbien (TERR)
B. Srbija. Teilrepublik in der BR Jugoslawien, i.e.S. ohne Vojvodina und Kosovo. Im Zuge der Auflösung des alten Jugoslawien haben 1993/94 serbische Siedlungsgebiete in Kroatien als »Republika Srpska Krajina« und in Bosnien als »Republika Srpska« ihren Anschluß an Serbien, das Kernland Jugoslawiens, erklärt. Serbia (=en).
Ew. 1895: 2,312; 1961: 4,823; BD: 1961: 86 Ew./km²;
Ew. mit Vojvodina und Kosovo 1961: 7,642; 1971: 8,432; 1981: 9,314; 1991: 9,779, BD: 111 Ew./km²

Serbische Christen/Kirche (REL)
II. waren in wechselvoller Geschichte von Rom und von Konstantinopel abhängig; erlangten 1219 die Anerkennung als autokephale orthodoxe Kirchenprovinz; bis 18. Jh. war Peö Patriarchensitz, seit 1848 Karlowitz, seit 1920 Belgrad; über 7 Mio. Gläubige.

Serbisch-orthodoxe Christen/Kirche (REL)
I. orthodoxe Serben, Christen des serbischen Patriarchats.

II. hervorgegangen aus der alten Diözese Illyrien, die den Kernraum des späteren »Zwischenreiches« zwischen Rom und Konstantinopel abgab (K. ONASCH). Frühes Zentrum ist Ochrid, nach Untergang des Bulgarenreiches Orientierung auf das ökumenische Patriarchat in Nikaia, 1219 Unterstellung als autokephales Erzbistum. 1346 Errichtung des Patriarchats von Pec bis 1459 und wieder seit 1557 bis zur neuerlichen Auflösung 1766 zufolge der Annäherung an Moskau. Im Königreich Serbien wurde die serbische Kirche 1879 bis auf Christen in Bosnien und Herzegowina abermals autokephal. Seit 1920 einheitliches serbisch-orthodoxes Christentum mit dem Patriarchat Pec. Seit 16. Jh. wiederholte Verfolgungen seitens der Kath. Kirche (Kroaten). Heutige Zahl der Gläubigen nominell 7–9 Mio.

Serbokroaten (ETH)
I. Kroatoserben.
II. im alten Jugoslawien (bis 1991) aus politischen Gründen geschaffene Sammelbez. für seine Staatsangehörigen ähnlicher Kultur und Spr., d.h. für Serben und Kroaten. Vgl. Serbokroatische Sprgem., Südslawen.

Serbokroatisch (SPR)
I. Kroatoserbisch, Serb. und/oder Kroatisch; Serbo-Croatian (=en); serbe-croate (=fr); servio-croata (=sp); sérvio-croata (=pt); serbo-croato (=it).
II. slavische Spr. der Bosnier, Bunjewzen, Herzegowiner, Kroaten, Montenegriner, Schokzen und Serben mit mehreren Varianten. Die dialektale Feingliederung unterscheidet anhand der verschiedenen Bez. für »was«: sto, kaj oder ca in: 1.) das Stokavische (gesprochen überall in Serbien, Bosnien-Herzegowina, Montenegro, Süd- und Ostkroatien); 2.) das Cakavische (an der dalmatinischen Küste und auf den Inseln) und 3.) das Kajkavische (im Umkreis von Zagreb, von Karlovac über Sisak, Koprivnica und Varazdin bis zur slowenischen Spr.grenze). Das Stokavische gliedert sich je nach Wiedergabe wiederum in drei Gruppen, in das Ijekavische, das Ekavische und das Ikavische. In zweiter Hälfte des 19. Jh. hat sich das Stokavische in ijekavischer und ekavischer Variante als gemeinsame Hochspr. von Serben und Kroaten durchgesetzt. Die seit dem Zerfall von Jugoslawien bestehende Tendenz, Serben und Kroaten auch sprachlich zu unterscheiden, fällt demgemäß schwer. Zwar ist Ekavisch nur in Serbien im Gebrauch, doch wird Ijekavisch nicht nur von Kroaten, sondern auch von Krajina-Serben, anderen Bosniern und Herzegowinern verwendet. S. wird von Serben, Bosniaken und Herzegowzen mit der Kyrillika, von Kroaten in Lateinschrift geschrieben.

Serer (ETH)
I. Sérères, Cereres, Sarer.
II. ethnische Einheit mit einer westatlantischen Eigenspr.; Untereinheit der Wolof im Flußgebiet des Saloum in Senegal (1996 rd. 1,280 Mio. = 15% der Gesamtbev.) und Guinea. Treiben Fischfang und Muschelsammlung; territoriale Königstümer bestehen fort.

Serer (SPR)
I. Nationale und Verkehrsspr. in Senegal; 1 Mio. Sprecher.

Seri (ETH)
II. kleine ethnische Einheit von nordamerikanischen Indianern mit einer Hoka-Spr. Ursprünglich auf Insel Tiburon, vor 200 Jahren noch einige Tsd., heute wenige Hunderte, 1956 durch Regierung in das Küstenland des mexikanischen BSt. Sonora ausgesiedelt. S. gehören zu den urtümlichsten Indianergruppen, sind Fischer und Strandsammler, wurden bis heute kaum christianisiert. Einst Körperbemalung, Initiationsriten, Polygamie.

Sertanejo (ETH)
II. Bew. des Sertão, des Trockenraumes im NE Brasiliens.

Serviten (REL)
I. OSM (Ordo Servorum Mariae); Altbez. »Marienknechte«.
II. kath. Männerorden (mit Bettelerlaubnis), zurückgehend auf Bruderschaft des 13. Jh. in Florenz; heute ca. 1800 Mitglieder. Seit 1233 auch weiblicher Zweig der Servitinnen. Ähnlich einem III. Orden, den Mantellaten.

Seßhafte (SOZ)
I. pop. sedentaries (=en); population sédentaires (=fr); pop. sedentarii, sedentori (=it); sedentarios (=sp); domiciliados (=pt).
II. 1.) Menschen, die in ortsfesten Wohnsitzen leben; 2.) in der Längsschnittanalyse von Wanderungen die »Nicht-Wanderer«.

Setebo (ETH)
II. wichtigster der Pano-Indianerstämme am Ucayali/E-Peru.

Setri (REL)
II. Sekte der sunnitischen Minderheit in Iran (vor allem in Daschtiyari); bekannt durch bes. strenge Abschließung ihrer Frauen.

Setukesen (ETH)
II. estnischer Volksstamm im Petschurgebiet, ca. 20 000. Seit MA unter russischer Herrschaft zunehmend russifiziert, mit russisch-orthodoxer Konfession.

Seuchen-Kranke (BIO)
I. Seucheninfizierte; aus mhd. siuche »Krankheit«, »Siechtum«, vgl. Sieche.
II. Menschen, die bei Häufung gleichartiger Krankheitsfälle an epidemisch auftretenden gefährlichen Infektionskrankheiten leiden. Seuchen können an gewisse Gebiete und Bedingungen gebunden sein und dort ständig auftreten (Endemien), zeitlich und

örtlich gehäuft grassieren (Epidemien) oder in Übertragungszügen über weite Entfernungen und fremde Erdteile ausgreifen (Pandemien). Als Erreger treten Organismen wie Viren, Bakterien, Rickettsien, Würmer, Pilze und andere Parasiten auf; sie bevorzugen bestimmte Milieus und bedürfen vielfach eines Überträgers (Flöhe, Läuse, Mücken, Ratten, Erdhörnchen usw.). Zu den folgenschwersten insgesamt oder zu ihrer Zeit zählen Malaria und Pest, zu den bekanntesten ferner die Darm-Tuberkulose oder die durch Parasiten hervorgerufene Amöbenruhr, Blasenwurm- und Schlafkrankheit, Bilharziose und Flußblindheit. Seuchen machen Geschichte (*W. Mc Neill*), Bevölkerungsgeschichte zumal. Sie trugen bei, die menschliche Spezies zu formen (Auslese zufolge erblicher Disposition); sie haben die räumliche Struktur der Bevölkerungsverteilung mitbestimmt (Freihaltung oder Entleerung gefährdeter Teilräume); sie nahmen durch Massensterblichkeit in der Größenordnung fallweise von Millionen deutlichen Einfluß auf die Bevölkerungsentwicklung, zuweilen nur lokal, häufig regional, aber auch erdteilweit; manche Seuchen treten ubiquitär auf, von der Subarktis bis in die Tropen. Seuchenkrankheiten und der Seuchentod haben prägend auf alle Kulturen und die Zivilisation eingewirkt, speziell die Hygiene nahm dabei ihren Beginn; umgekehrt sind aber auch Kulturen und Religionen sehr unterschiedlich der Seuchengefahr begegnet. Nationale und internationale Gesetze machen Seuchen meldepflichtig (in Deutschland seit 1900), engen körperliche Unversehrtheit, Freiheit der Person, Freizügigkeit (Quarantäne) und Unverletzlichkeit der Wohnung für Seuchenerkrankte ein. Vgl. Aids-, Cholera-, Fleckfieber-, Gelbfieber-, Grippe-, Lepra-, Malaria-, Pest-, Pocken-, Ruhrkranke.

Seventh-Day-Adventists (REL)
I. (=en); Adventisten vom 7. Tag, Siebenten-Tag-Adventisten, Sabbatisten.

Seychellen (TERR)
A. Republik S. Unabh. seit 28. 6. 1976; früher britische Kronkolonie; umfaßt Aldabra, Farquhar, Des Roches, die zuvor zum Britischen Territorium in Indik gehörten. Republic of Seychelles (=en); Repiblik Sesel; la République des Seychelles, les Seychelles (=fr); la República de Seychelles, Seychelles (=sp).
Ew. 1771: 0,028; 1821: 6; 1871: 11; 1921: 0,024; 1941: 0,033; 1960: 0,042; 1970: 0,052; 1980: 0,066; 1996: 0,077, BD: 170 Ew./km^2; WR 1990–96: 1,5%; UZ 1996: 53%, AQ: 21%

Seycheller (ETH)
I. Sescheller, Seyscheller; Seychellois (=en, fr).
II. Bew. der Seschellen im s. Indik, deren Zahl von 5800 (1821) auf 77 000 (1996) gefährlich angewachsen ist; Schwarze und Mulatten, französische und britische Kolonisten, Nachkommen indischer, chinesischer und malaiischer Kontraktarbeiter. Über 10 000 politische Flüchtlinge lebten 1991 im Ausland.

Seycheller (NAT)
II. StA. der ostafrikanischen Inselrepublik Seychellen. Einwohnerschaft ist zu 89% Mischbev. aus Afrikanern (Madagassen), Asiaten (Inder), Europäern; sog. Kreolen.

Seyeds (ETH)
II. kleine ethnische Einheit im iranischen Seistan. S. sind wie Ma'dan Sumpfbewohner mit speziell entwickelter Schilfkultur.

SFSR (TERR)
C. Föderation gleichberechtigter Republiken mit Sowjetrußland 1922, ohne Ukraine, Weißrußland und Transkaukasische Föderation. Vgl. UdSSR.

Sgaw (ETH)
II. eines der sog. Karen-Völker im ö. Bergland von Thailand; ca. 300 000.

Sgaw (SPR)
I. Sgaw (=en).
II. sino-tibetische Spr. der Karen-Gruppe, gesprochen in Myanmar von rd. 2 Mio. (1994).

Sha'amba (ETH)
I. Shaamba, Schaamba; Chaamba (=en); Chaanba (=fr).
II. saharisches Nomadenvolk mit fünf Stämmen in N-Algerien, im 11. oder 14. Jh. von Vorderasien zugewandert, heute 30 000–50 000; z.T. noch Nomaden oder Meharisten, andere wie Stamm der Berezga oder Sha'amba Metlili (s. Ghardaia) seit langem seßhaft.

Shaanxi (TERR)
B. Schensi. Provinz in China.
Ew. 1996: 35,430, BD: 172 Ew./km^2

Shaba (TERR)
B. Frühere Bez. Katanga, Provinz in der DR Kongo.

Shabak (ETH)
II. Kurdenstamm am Tigris und im Sindjar-Distrikt, gehören der Ali-Ilahi-Sekte an.

Shaivas (REL)
I. Schivaiten, Shivaiten.

Shaka (ETH)
I. Chaga (s.d.), Tschagga, Dschagga, Rwo.
II. schwarzafrikanische Ethnie an der Grenze Kenias zu Tansania.

Shaka (SPR)
I. Chaga.
II. kleine Bantu-Sprgem. am Kilimandscharo/N-Tansania.

Shakers (REL)
I. (en=) »Zitterer, Schüttler« (nach den klatschenden und tanzenden Gottesdienstbesuchern).
II. eine aus Quäkern hervorgegangene, 1750 durch »Mutter« A. Lee in Amerika begr. christliche Gemeinschaft. Spottname auch für andere religiöse Gemeinschaften, so die United Society of Believers in Christ's Second Appearing.

Shakopee Mdewakaton (ETH)
II. stark reduzierter Indianerstamm, heute nur mehr ca. 250 Mitglieder im Reservat in Minnesota.

Shaktas (REL)
I. aus Shakti (ssk=) »Energie, Kraft, Macht.«
II. Anh. des Shaktismus/Schaktismus, eine der drei theistischen Hauptrichtungen im Hinduismus, der etwa 22 Mio., d.h. 2–3 % aller Hinduisten zuzuordnen sind. Verehren Göttin Shakti als weibliche Personifikation der schöpferischen Energie Shiva's. Verbreitet sind S. bes. in Gebieten mit mutterrechtlichen Gesellschaftsstrukturen, u.a. in Assam, Bengalen, Orissa und im dravidischen Süden.

Shambaa (SPR)
I. Shambala.
II. Sprgem. aus Nordost-Gruppe der Bantusprachen im ö. Tansania.

Shan (SPR)
I. Shan (=en).
II. sino-tibetische Spr. der Burmie-Gruppe, gesprochen in Myanmar von rd. 2 Mio. (1994).

Shandong (TERR)
B. Schantung, Shantung. Provinz in China.
Ew. 1953: 48,877; 1996: 87,380, BD: 571 Ew./km²

Shanxi (TERR)
B. Schansi. Provinz in China.
Ew. 1996: 31,090, BD: 199 Ew./km²

Sharecroppers (SOZ)
II. (=en); meist schwarze Landarbeiter im alten Cotton Belt/USA mit eigentümlicher Entlohnungsweise. Sharecroppers dürfen in Hütten auf den Baumwollfeldern wohnen und werden mit Teil des Erntegutes bezahlt; stehen an unterster sozialer Stelle. Vergleichsweise ist der share-tenant bereits Pächter auf eigene Rechnung. Ihm stellt der Grundbesitzer nur Land, Wohnung und Düngeranteil, dafür erhebt er nur ein Drittel der Ernte (E. OTREMBA).

Sharjah (TERR)
A. Ash-Shariqah. Emirat, Mitglied der Vereinigten Arabischen Emirate. Sharjah (=en, sp); Chardjah (=fr).
Ew. 1985: 0,269; 1996: 0,400, BD: 154 Ew./km²

Sharps (SOZ)
I. Abk. aus »Skinheads against racial prejudice«, Skinheads gegen rassische Vorurteile. Werden im Unterschied zu rechtsradikalen Skinhead-Gruppen auch als Redskins oder »Rothäute« bezeichnet. Vgl. Bonehaeds.

Shavante (ETH)
II. Indianervolk am Rio das Mortes und Rio Xingu/Brasilien; einige Tausend, zur Ge-Spr.gruppe zählend. Waren bis zur späten Entdeckung 1954 Wildbeuter. Vgl. Sherente.

Shawawi (ETH)
I. »Hirten«.
II. arabischer Stamm von Gebirgsnomaden im Innern von Oman; starke Abwanderung der Männer an die Erdölförderstätten.

Shawawi (SOZ)
II. Gebirgsnomaden mit vertikaler Wanderung ihrer Ziegenherden in Oman.

Shawnee (ETH)
I. »aus dem Süden«.
II. indianischer Volksstamm, sprachlich zur Algonkin-Gruppe zählend, in South Carolina, Pennsylvania, Ohio und Tennessee. Im 18. Jh. nach Ohio und Missouri abgewandert.

Shayuzoku (SOZ)
I. (=jp); »Klasse des Sonnenuntergangs«.
II. Angeh. des nach II.WK abgeschafften Adels in Japan.

Shenzi (SOZ)
I. (=su); Bush people.
II. pejorativ, etwa »unzivilisierter Wilder aus dem Busch«.

Sherbro (ETH)
I. Mampu.
II. westafrikanisches Negervolk im Tropenwald Sierra Leones, leben von Fischfang und Ackerbau auf Maniok. Vgl. Bulom.

Sherente (ETH)
II. indianische Restpopulation in Brasilien, einige Hundert; möglicherweise den Shavante verwandt. Durch Missionierung heute portugiesischspr.

Sherpa (ETH)
I. Scherpa.
II. im 15./16. Jh. sowie 1750 und 1850 aus der Kham-Region in Osttibet: (tishar = Osten, pa = Volk) über den Nangpala-Paß in das Khumbu-, das »verborgene« Tal geflüchtetes Kleinvolk mit tibetoburmanischer Eigenspr., zählen zur lamaistischen Rotmützen-Gruppe. Dank extremer Höhenanpassung mit Sommerbehausungen bis 5200 m wohnend. Heute Händler, Tragtiervermieter, Lodgesbesitzer. In alter Funktion als Hochträger durch Tamang, Magar, Gurung oder Rai abgelöst. Um 1990 ca. 20 000 Köpfe.

Shetländer (ETH)
II. Bewohner der Shetland-/Zetland-/Hjaltland-Inseln im Nordatlantik. Standen bis 5. Jh. unter

Oberhoheit der Pikten, seit etwa 620 durch Norweger besiedelt, fielen 1380 an Dänemark, 1468/1471 an Schottland, von wo, bes. seit 16. Jh., erneute Zuwanderung. Größte Einwohnerzahl 1861 mit 32000; 1988 rd. 22300 Ew. Croftbauern, Fischer, Walfänger, Schafzüchter (Wollverarbeitung); in jüngerer Zeit Erdölwirtschaft. Vgl. Pikten, Schotten.

Shifta (SOZ)
II. Banden somalischer Räuber, die in Nord-Kenia operieren.

Shikuya (ETH)
I. Ashikuya.
II. Unterstamm der Tege im s. Gabun.

Shilluk (=en) (ETH)
I. Schilluk.
II. großes Volk der Niloten im Sudan (w. des Weißen Nil zw. Tonga und Melut). Erlangten als einzige Niloten staatliche Organisation (16. Jh.) mit sakralen Priesterkönigen. Sie gelten ihnen als Reinkarnation Njikangs, des Ahnherrn des Volkes. S. sind Viehzüchter (bes. auf Rinder), behielten aber im Unterschied zu anderen Niloten den Ackerbau bei. Erlitten durch Sklavenjagd und Mahdi-Aufstand schwere Verluste und wurden südwärts abgedrängt; 1983 kaum mehr 350000 Personen, erfuhren im Kampf gegen die weißen Nord-Sudanesen schwere Einbußen. Vgl. Schilluk-Luo.

Shingon-shu (REL)
I. »Schule des wahren Wortes«, Mantra-Schule.
II. (=ja); im 7.–9. Jh. (805) entwickelte Schulrichtung des Buddhismus in Japan; Lehre sucht in Kenntnis der Drei Mysterien (Körper, Sprache, Gedenken) mittels magischer und meditativer Praktiken die Erlösung zu erreichen. In Japan ca. 10 Mio. Mitglieder; Zentrum auf dem Koya-Berg bei Osaka.

Shinji (ETH)
I. Sinji.
II. kleine schwarzafrikanische Ethnie im Grenzgebiet der DR Kongo zu N-Angola.

Shinlong (ETH)
II. Ethnie von rd. 2 Mio. Köpfen im Stammesgebiet NE-Indiens; gelten manchen orthodoxen Juden als ein verschollener der zehn Stämme Israels.

Shin-shu (REL)
I. »wahre Sekte«.
II. buddhistische Schulrichtung in Japan, gegr. 1224. Vgl. Jodo-shinshu.

Shintoisten (REL)
I. Schintoisten.
II. Anh. des Shintoismus (Shinto = »Weg der Götter«, der japanischen Nationalreligion, von der kaiserlichen Dynastie gelenkt. Zu unterscheiden sind der »Schrein-Shinto« (80000 Schreine mit fast 25000 Priestern) und der »Sekten-Shinto« (mit ca. 145 Richtungen), u.a. Izumo-Taisha-kyo, Konkokyo, Kurozúmikyo, Mitake-kyo, Shinri-kyo, Tenri-kyo, Shinto taikyo/Shinto Hon Kyoku. Ihre Rel. schließt Verehrung beseelt gedachter Naturkräfte und differenzierten Ahnenkult ein, sie hat Einflüsse konfuzianischer Ethik und seit 9. Jh. solche des Buddhismus aufgenommen. Heute verstehen sich die meisten Shintoisten Japans (rd. 57–61 Mio.) zugleich als Buddhisten, ausschließlich rd. 3 Mio. Hauptzentren Ise und Izumo.

Shipibo (ETH)
II. Indianerstamm aus der Pano-Spr.gruppe in E-Peru.

Shirazi (ETH)
I. Schirasi.
II. 1.) in Ostafrika, bes. unter Swahili gebräuchliche Bez. für Perser und Araber; 2.) Mischbev. aus orientalischen (südarabischen?) Einwanderern, die sich seit dem 8. oder 9. Jh. in mehreren Schüben an der ostafrikanischen Küste und vorgelagerten Inseln niederließen und sich mit autochthonen Bantu-Negern und späteren Sklaven mischten. Eine weitere Einwanderungsgruppe soll im 10./11. Jh. aus dem persischen Schiras Sansibar erreicht haben. Auf diese Herkunft berufen sich die Pemba, Hadimu und Tumbatu, andererseits sind Shirazi ebensowenig wie die Arubu eine anthropol. oder linguistisch klar umreißbare Gruppe. Unterstanden bis 1964 dem Sultan von Sansibar. Sie sind Bauern (bes. auf Gewürznelken) und Fischer.

Shiriana (ETH)
II. Indianerstamm am oberen Orinoko/Venezuela; einige Tausend.

Shiriano (ETH)
I. Yanomami, s.d.

Shivaiten (REL)
I. Schivaiten, Shaivas.
II. Anh. des Shivaismus, Schivaismus, eine der drei theistischen Hauptrichtungen im heutigen Hinduismus, die wohl im 1.–5. Jh. in Konkurrenz zum Buddhismus entstanden ist. S. verehren Gott Shiva als obersten Weltenherr. Kult ist stark tantrisch geprägt, verfolgen Heilsweg u.a. in Askese, Yoga, Meditation. Äußere Merkmale weiße Stirnmale, 108teiliger Gebetskranz. Entsprechend verschiedener religionsphilosophischer Systeme entwickelten sich seit 9. Jh. div. Schulen/Sekten/Kultausbildungen: Smartas, Pashupatas, Kapalikas, Kamamukhas, Shiva-Siddhanta, Natha- und Kampatha-Yogins, Virashaivas oder Lingayats, Vaisheshika, Trika, Ngáya (s.d.). Insgesamt (1993) auf 178 Mio. geschätzt, zweitgrößte hinduistische Teilgruppe; verbreitet hpts. in Südindien (Kerala, Tamilnadu), Westbengalen und Sri Lanka.

Shiva-Siddhánta (REL)
II. Richtung im hinduistischen Shivaismus; wurde im 13. Jh. als endgültiges Lehrsystem der Shivaiten in Südindien ausgebildet.

Shona (ETH)
  I. Mashona.
  II. Stammes- und Spr.verband von Bantu-Negern, in Simbabwe mit 8,6 Mio. oder 77%, in Mosambik 1,98 Mio. oder 11% der Gesamtbev. (1996). Ihre wichtigsten Gruppen sind die Karanga, Korekore, Manyika, Ndau, Rozwi, Tawara, Zezuru. Vorwiegend Hackbauern (Sorghum, Hirse, Mais), Kleinviehhaltung. Alte Reichsgründungen (Monomopata-Reich), Urheber der Simbabwe-Kultur (große Festungen, ungemörtelte Steinmauern), die lange an arabischen oder europäischen Einfluß glauben ließ. Sh. standen bis 1830 unter Vorherrschaft der Rozwi, dann jener der Ndebele. Den Shona verwandt sind die Venda. Mit Ausnahmen patrilineale Abstammungsrechnung, bilden totemistische Klans, meist keine Initiationsriten und keine Beschneidung.

Shona (SPR)
  I. Shona (=en).
  II. Dialektgruppe innerhalb der ö. Bantusprachen (Benue-Kongo); Verkehrsspr. in Simbabwe und Mosambik; ca. 8 Mio. Sprecher.

Shuar (ETH)
  II. Indiostamm im sö. Ecuador.

Shushwap (ETH)
  II. Indianerstamm in Britisch-Kolumbien/Kanada.

Shuwa (ETH)
  I. Schoa, Shua Arab.
  II. Stamm der Sudanaraber, wohnhaft beiderseits des Tschadsees, in Kanem/Tschad und Bornu/Nigeria; S. sind nomadische Rinderhirten oder auch halbseßhafte Bauern.

Shvetambara(s) (REL)
  II. die »Weißgekleideten«, Wandermönche im indischen Jinismus. S. haben mit der Welt gebrochen; leben keusch, kennen kein Besitzstreben, erbetteln ihre Nahrung, achten darauf, keinerlei Lebewesen zu töten (Mitführung eines Wedels, um Insekten zu entfernen). Vgl. Digambara(s).

Siah-Posch (ETH)
  I. Siah Posh,»die Schwarzgekleideten«.
  II. im Gegensatz zu Safed-Posch irrtümliche Altbez. für eine der beiden Hauptgruppen der Kafiren in Afghanistan, denn sie umfaßt auch nichtkafirische Nachbarvölker.

Siamesen (ETH)
  I. alte ethnische und politische Bez. für Thailänder; Siamese (=en). Vgl. Thai.

Siamesisch (SPR)
  I. Thai (SPR)

Siane (ETH)
  II. Melanesier-Population im ö. Hochland von Neuguinea. Kennen im Unterschied zu anderen Hochlandstämmen Privateigentum.

Sibiriaken (SOZ)
  II. Eigenbez. der nach 1939 in die UdSSR deportierten Polen.

Sibiride (BIO)
  I. (nach *J. DENIKER*) race ugrienne, (nach *G. MONTANDON*) race paléosibirienne (=fr); auch Altbez. Paläartiker, Paläsibiride; ethnologisch Paläasiaten.
  II. europid-mongolide Kontaktrasse oder Zwischenformgruppe in Nordasien (Sibirien), die mitunter in w. und ö. Flügel (beiderseits der zwischengelagerten Tungiden-Verbreitung) unterschieden wird. Merkmalskombination: kleinwüchsig, untersetzt; kantiges Gesicht mit breiten Wangenbeinen, angedeutete Schlitzäugigkeit; hellbräunliche Haut mit rötlich-gelbem Ton; vorherrschend dunkle Haar- und Hautfarben. Bei Ostsibiriden direkte Übergänge zu Eskimiden. Vgl. Paläosibirier; West- und Ostsibiride.

Sibirier (ETH)
  I. aus sibir (=rs); Sibériens (=fr); Siberians (=en); siberiani (=it); siberianos (=sp, pt).
  II. die Bew. Sibiriens, das jedoch unterschiedlich – administrativ oder geographisch – bestimmt sein kann (Westgrenze: Ural abzüglich »großeuropäischer« Siedlungszunge, Südgrenze als Trockengrenze gegen Kasachstan, Ostgrenze mit oder ohne Russisch-Fernost). Dementsprechend divergieren statistische Angaben: um 1900 gab es knapp 6 Mio. Ew., 1995 ca. 30 Mio. bei stetig fallendem Anteil der autochthonen Bev., der Sibirjaken, von 15 auf unter 4%. Bildung der sibirischen Mischbev. im heutigen Sinn begann im 12. Jh. mit Vordringen russischer Pelzhändler, dann 1581, als erstmals Kosaken (unter Timofejew) den Ural überwanden, 1639 den Pazifik erreichten und 1645 den Amur. Unter Abwehr von Tataren und Mandschus erfolgte Unterwerfung der einheimischen Sibiriaken (vgl. Jassakpflichtige), wobei im 17./18. Jh. Sklavenhandel mit eingeborenen Arbeitskräften üblich war, die zudem starke Verluste durch Seuchen erlitten. Erst unter Katharina II. (bis 1796) setzte ernsthafte russische Besiedlung des neuen Koloniallandes ein, an der zunächst Kosaken und der Leibeigenschaft flüchtige Bauern, später überwiegend Deportierte Teil hatten. Wesentliche Verdichtung erfuhr Ansiedlung durch den Bau der Transsibirischen Eisenbahn (1891–1904).

Sibirjaken (ETH)
  I. Sibirjäken.
  II. 1.) a) die autochthone Bev. Sibiriens, b) die zur Zeit der frühen UdSSR (1924) vom »Komitee des Nordens« vertretenen kleinen Völker Sibiriens, c) die mongoliden Ethnien Sibiriens. Unter a) werden (in spr. Gliederung) subsumiert: die Finnisch-spr. (u.a. Ostjaken und Wogulen); die Samojedisch-spr. (u.a. Nenzen, Nganasan, Selkupen, Enzen); die Turkspr. (Altaier, Chakassen, Tuwiner, Schoren, Karagassen, Jakuten); die Mongolischspr. (Burjaten); die Tungu-

sisch-mandschurisch-spr. (Tungusen, Ewenken/Lamuten, Negidalen, Nanai/Golden, Ultschen, Orotschen, Udege, Oroken) und paläosibirische Gruppen (Tschuktschen, Korjaken, Kamtschadalen/Itelmenen, Jukagiren, Tschuwanen, Giljaken und Eskimos). 2.) Sibirier, Westsibirier. Bez. für die russischen Bauern-Kolonisatoren, die sich mit den älter ansässigen russischen Deportierten (seit dem 17. Jh.) gemischt haben. Begriff wird oft auch gebraucht einschl. der Kosaken, aufgrund von der Landesnatur aufgeprägter gemeinsamer Charakterzüge.

Sibo (ETH)
II. Bauernstamm von ca. 20 000 Köpfen mit einer Eigenspr. aus der Manschu-tungusischen Gruppe der Altaischen Spr.familie, wohnhaft mit autonomem Kreis in Sinkiang-Uihur. Wurden vor über 2 Jh. als Wehrbauern gegen unruhige Turkvölker von Mandschu-Kaisern hier angesiedelt.

Sichuan
B. Szetschuan, sz-tschuan. Provinz in China.
Ew. 1953: 62,304; 1996: 84,280, BD: 174 Ew./km²

Siebenbürgen (TERR)
C. 1918 rumänisch, fortan Transsilvanien.

Siebenbürger Sachsen (ETH)
I. Transylvanians (=en); Erdélyi Szászok (=un).
II. deutsche Kolonisten moselfränkischer Herkunft und protestantischen Glaubens; von ungarischen Königen 1141–1162 nach Siebenbürgen gerufen; 1224 »Goldener Freibrief«, 1477 Recht, ihren Sachsengrafen selbst zu wählen, 1486 Anerkennung als »Nationsuniversität« (einer der deutschen Neustämme). Seit Aufhebung der Teilautonomie durch ungarischen Reichstag 1868/76 ging kulturelle Führerschaft auf evangelische Kirche über. S. fielen 1918/19 (»Karlsburger Beschlüsse« sicherten volle nationale Freiheit zu) an Rumänien. Dort um 1940: rd. 250 000, nach schweren Kriegsverlusten und durch Verschleppung in UdSSR um 1975 nur mehr 150 000. 1980 kaum mehr 200 000. Durch Assimilierungsdruck und Verfolgungen in der Ceausescu-Ära waren S.S. seither zur Rückwanderung nach Deutschland gezwungen, so daß Auflösung dieser Volksgruppe bevorsteht.

Siebenbürger Ungarn (ETH)
II. erst in 80er Jahren aufgekommene Sammelbez. für »Ungarn«, also für ethnische Magyaren und Székler in Rumänien, 1997 auf 1,6 Mio. beziffert.

Siebenerschiiten (REL)
I. Sab'iya/Sab'ijja (=ar) oder Imailija/Isma'iliya bzw. Ismailiten, Isma'iliten, 7er Schia. Vgl. Ismailiten.

Siebenten-Tag-Adventisten (REL)
I. Seventh-Day-Adventists (=en); Sabbatisten.

Sieche (BIO)
II. langzeitig Kranke, hinfällige Menschen; einst auch Seuchenkranke.

Siene (ETH)
I. Syena; s. Senufo.

Sierra Leone (TERR)
A. Republik. Unabh. seit 27. 4. 1961. Republic of Sierra Leone (=en). La République de Sierra Leone, la Sierra Leone (=fr); la República de Sierra Leona, Sierra Leona (=sp).
Ew. 1948: 1,961; 1950: 1,809; 1960: 2,165; 1970: 2,692; 1978: 3,292; 1985: 3,516; 1996: 4,630, BD: 65 Ew./km²; WR 1990–96: 2,4%; UZ 1996: 34%, AQ: 99%

Sierraleoner (NAT)
I. Sierra Leoneans (=en); sierra-léoniens (=fr); sierraleoneses (=sp).
II. StA. der Rep. Sierra Leone; es sind sehr unterschiedliche schwarzafrikanische Ethnien, z.B. Mende (34,6%), Temne (31,7%), Limba (8,4%), Kuranko (3,5%). Als Folge kriegsartiger Wirren unter der Militärjunta (seit 1992) ist ein Viertel der Bev. zu Vertriebenen und Flüchtlingen geworden: in Guinea rd. 250 000, in Liberia ca. 200 000.

Sihanaka (ETH)
II. ethnische Einheit im n. Zentral-Madagaskar (am Alaotrasee), 200 000–300 000 Individuen, malagasyspr. S. sind stark mit den Merina und den Betsimisaraka vermischt. S. treten als Fischer (Einbäume), Reisbauern, auch als Viehzüchter auf. Vielartige Initiationsrituale, Beschneidung der Knaben; differenzierter Gräberkult; bis vor kurzem war noch Polygamie verbreitet.

Sihasapa (ETH)
I. Blackfeet-Sioux.
II. Untergruppe der Teton-Sioux-Indianer. Vgl. Schwarzfuß-Indianer.

Sika (ETH)
II. Volk von > 100 000 Seelen mit einer südwestindonesischen Bima-Sumba-Spr. in Teilen von Ost-Flores/Indonesien. Treiben Brandrodungsfeldbau, Jagd und Fischerei.

Sikhismus (REL)
I. Shikhismus (von shishya =sanskr.)
II. durch Nanak Sahib im 15./16. Jh. gegr. Rel.gemeinschaft, verbreitet insbes. in NW der Indischen Union. Ihre historischen Wurzeln liegen in der vishnuitischen Bhakti-Bewegung und im Sufismus. S. ist ursprünglich als Reformbewegung zu verstehen, die zwischen Hinduismus und Islam vermitteln sollte, S. nahm Vorstellungen und Riten beider Religionen auf. Anh. heißen Sikhs (ssk=) »Schüler« ihrer Lehrer oder Gurus. Kanonische heilige Schrift des S. ist der Adi Granth aus dem 16. Jh. Trotz theoretischer Abschaffung des Kastenwesens wird Kastengesetz insbes. hinsichtlich der Ehe- und Tischgemeinschaft befolgt, jedoch ohne Begründung durch religiöse Rechtsgrundlage. Aus dem Abwehrkampf gegen Mogulherrschaft ging im 17. Jh. der Khalsa,

ein theokratischer Kriegerorden, hervor. Seine Mitglieder, die durch eine differenzierte »Tauf«zeremonie aufgenommen werden, führen den Beinamen Singh = »Löwe« bzw. Kaur = »Löwin«. Ihre äußeren Kennzeichen sind der Turban und die fünf Kakkars: Kes = das niemals geschorene Haar; Kangha = ein Holzkamm; Kirpan = ein Dolch; Kaccha = kurze Kniehose; Kara = eisernes Armband. Damit gliedert sich Gemeinschaft in die geweihten Keshdharins, die »Haarträger«, (die u. a. Enthaltsamkeit üben) und in die ungetauften Sahijdharins. S. hat eine Reihe von Asketenorden hervorgebracht, so die Udasis, »Weltabgewandte«, Nirmala Sadhus, »fleckenlose Heilige« und Akalis, »Verehrer des Zeitlosen Wesens«. Religiöses Zentrum der Sikhs ist der Goldene Tempel in Amritsar/Pandschab/Indien.

Sikhs (ETH)
I. (ssk=) »Jünger«, »Schüler«.
II. Anhänger des Sikhismus, einer Ende des 15. Jh. in NW-Indien entstandenen Reformbewegung, die ursprünglich zw. Hinduismus und Islam vermitteln sollte. Aus Trennung von anderen Bev.teilen erwuchs ethnische Einheit und Religionsnation von ca. 18 Mio. (1993). Sikhs stellten in britischer Kolonialzeit bekannte Elitetruppe. Da 1947 etwa 40 % aller S. ihre an Pakistan gefallene Heimat verlassen mußten, leben sie heute zu 87 % in Indien (1993: 17,0 Mio., rd. 2 % der Gesamtbev.) und dort hpts. im E-Punjab, ferner in Hinterindien, Ostafrika und Großbritannien (230000), insgesamt 18–19 Mio. Tragen zum Zeichen aufgehobener Kastenzugehörigkeit den Nachnamen Singh = »Löwe«. Da sozialer Impetus erlahmte, ist Kastenwesen vielfach wieder aufgelebt. Äußere Kennzeichen der S. sind der Turban und die fünf Kakkars: Kes = das niemals geschorene Haar; Kangha = ein Holzkamm; Kirpan = ein Dolch; Kaccha = kurze Kniehose; Kara = eisernes Armband. Radikale Teilgruppen, bes. die Akalis streben seit Ende der 70er Jahre einen bes. Sikh-Staat (Punjab Suba) an, ein »freies Khalistan« im indischen BSt. Punjab, in welchem sie einen Bev.anteil von 52 % haben. S. a. Sikhismus. Vgl. Akalis, Bhakta, Khalsa, Nirmala Sadhus, Udasis.

Sikkim (TERR)
B. Indisches Protektorat im Himalaja, seit Mai 1975 Bundesstaat Indiens. Sikkim (=en/sp); le Sikkim (=fr).
Ew. 1961: 0,162; 1981: 0,316; 1991: 0,406, BD: 57 Ew./km²

Sikkimer (NAT)
I. Sikkimese (=en); sikkimais (=fr).
II. Angehörige des alten Fürstentums, 1950–1975 indischen Schutzstaates und seitdem Gliedstaates Sikkim im ö. Himalaja.

Sikligars (SOZ)
II. Zigeunergruppe im Pandschab, gilt als Schmiedekaste.

Siksika (ETH)
I. »Nördliche Schwarzfüße«. Vgl. Schwarzfußindianer, Blackfeet, Sihasapa.

Silingen (ETH)
II. ein Stamm der Wandalen, dem Schlesien seinen Namen verdankt.

Silvestriner (REL)
Vgl. Benediktiner.

Silvide (BIO)
I. nach silva (=lat) »Wald«; im Italienischen nach BIASUTTI: Appalacidi (=it) und Planidi (=it).
II. zu den Nordindianiden zählende Unterrasse der Indianiden. Stark mongolidisiert; hoch- und breitwüchsig, große Schulterbreite, lange Gliedmaßen; mittellanger Kopf, länglich-rechteckiges Gesicht, große schmale Nase, oft hakenförmig konvex gekrümmt (Adlernase); schräge geschlitzte Lidspalten, öfters Mongolenfalte; bei älteren Frauen Virilismus. Spärliches Körper- und Barthaar; schlichtes, schwarzes Kopfhaar; Haut hell- bis mittelbraun mit gelblichem bis rötlichem Ton; faltenreich. Verbreitung: Kanadischer Waldgürtel, Appalachen (Mohikaner, Delawaren, Irokesen), Prärien des Mittelwestens (Sioux, Algonkin). Gewisser Kontakt zu Eskimiden.

Simbabwe (TERR)
A. Republik (seit 1980). Ehem. Südrhodesien (von der Landesregierung bis 31. 5. 1979 verwendete Bezeichnung für die am 11. 11. 1965 vom Vereinigten Königreich abgefallene Kolonie Südrhodesien (1889–1965); vom 1. 6. 1979 bis zur engültigen Unabhängigkeit am 18. 4. 1980 als Simbabwe-Rhodesien bezeichnet). Republic of Zimbabwe (=en); la République du Zimbabwe, Zimbabwe, Zimbabwe-Rhodésie (=fr); la República de Zimbabwe, Zimbabwe, Zimbabwe-Rhodesia (=sp).
Ew. 1948: 2,010; 1950: 2,170; 1960: 3,840; 1970: 5,310; 1978: 6,930; 1996: 11,248
BD: 29 Ew./km²; WR 1990–96: 2,4 %; UZ 1996: 33 %; AQ: 15 %

Simbabwer (NAT)
I. Zimbabweans (=en); zimbabwéens (=fr); zimbabwenses (=sp).
II. StA. der Rep. Simbabwe (seit 1980); Landesbev. setzt sich zur Hauptsache (77 %) aus Shona (Karanga, Korekore, Ceceru, Manyiku) und Ndebele (17 %) zusammen (s. d.).

Simiae (BIO)
I. echte Affen; oder Anthropoidea (agr.)

Simon Kimbangu Church (REL)
I. Kirche Jesu Christi, gegr. 1921 von S. Kimbangu in Kinshasa/DR Kongo; größte der betont afrikanischen unabhängigen Kirchen; ca. 600000 Mitglieder.

Sinabo (ETH)
II. Stamm von Waldindianern aus der SE-Gruppe der Pano in E-Bolivien.

Sinai (TERR)
B. Ägyptisches Gouvernorat.
Ew. 1937: 0,018; 1947: 0,038

Sinanthropus pekinensis (BIO)
II. alte Fundbez. für frühen Vertreter des Echtmenschen aus China. Vgl. Pithecanthropus.

Sindhi (SPR)
I. Sindi; Sindhi (=en).
II. neuindische Spr., verbreitet im pakistanischen Sind und durch geflüchtete Hindus bes. in ländlichen Gebieten NW-Indiens. Älteste Zeugnisse der S. stammen aus 9. Jh., es wird in mehreren Schriften geschrieben: traditionelle Schr. ist ähnlich dem kaschmirischen Sharada und Gurmukhi, seit Schriftreform von 1853 in persischer Variante der Arabischen Schrift, unter indischen Sindhis im Nagari-Alphabet. Zahl der Sprecher in Pakistan 10–15 Mio. (rd. 12%), in Indien gegen 2–3 Mio.

Sindhis (ETH)
I. aus Sindh.
II. 1.) neuindische Sprgem. mit knapp 10 Mio. Sprechern (1985) in Pakistan und Indien. 2.) Regionalbev. in Landschaft und Prov. Sindh. Durch erhebliche Zuwanderung (nach 1947 muslimische Flüchtlinge aus Indien, seit Mitte 50er Jahre aus wirtschaftlichen Gründen Paschtunen, Panjabis, Belutschen, in 80er Jahren im Bürgerkrieg des Nachbarlandes Afghanen, urduspr. Muhajers aus Ostpakistan) sind die ursprünglichen Sindh-Bew. in Minderheit geraten. Als britisch-indische Provinz 1931: 3,4 Mio.; 1972: 14,0 Mio., 1985: 21,7 Mio.

Sindi (ETH)
II. Stamm der Kurden im N-Irak unweit der türkischen Grenze. Vgl. Kurden.

Singapur (TERR)
A. Republik. Unabh. seit 9. 8. 1965. Republic of Singapore (=en); Repablik Singapura (=ma); Xinjiapo Gonghegno (=ci). La République de Singapour, Singapour (=fr); la República de Singapur, Singapur (=sp).
Ew. 1850: 0,060; 1860: 0,082; 1881: 0,139; 1911: 0,303; 1931: 0,560; 1947: 0,680; 1950: 1,022; 1955: 1,306; 1960: 1,646; 1965: 1,887; 1970: 2,075; 1975: 2,250; 1985: 2,558; 1996: 3,044; BD: 4701 Ew./km^2; WR 1990–96: 2,0%; UZ 1996: 100%, AQ: 8%

Singapurer (NAT)
I. Singaporeans (=en); singapouriens (=fr); singapurenses (=sp).
II. StA. des Stadtstaates der Rep. Singapur. Bev. besteht aus 77,3% Chinesen, 14,1% Malaien, 7,3% Indern, 1,3% Pakistanern, Srilankern, Bangladeschern.

Singhalesen (ETH)
I. Cingalesen, aus Simha (ssk=) »Löwe«; Cingalese (=en).
II. mit fast 13,5 Mio. (1953: 5,6 Mio., 1981: 11 Mio.) größte und mit 74% bedeutendste ethnische Einheit in Sri Lanka; S. sind nach ihrer Überlieferung im 5. Jh. v. Chr. aus Bengalen eingewandert und haben dabei autochthone Wedda unterworfen, wurden ihrerseits seit 1. Jh. n. Chr. von drawidischen Tamilen gegen S der Insel abgedrängt. Ihre indoarische Eigenspr. Singhalesisch ist Literaturspr., deren sich der Buddhismus bediente, den S. im 3. Jh. v. Chr. übernahmen und in der Hinayana-Altrichtung beibehielten. Im 16.–18. Jh. harte Abwehrkämpfe gegen europäische (portugiesische, niederländische, britische) Kolonialmächte. Heute sind S. überwiegend Reisbauern.

Singhalesisch (SPR)
I. Sinhala; Sinhalese, Singhalese (=en).
II. indoeuropäische Spr. der indo-iranischen Gruppe, gesprochen als Amtsspr. in Sri Lanka von 10–13 Mio. (1994); wird in Eigenschrift aufgezeichnet. S. Sinhala.

Singhpo (ETH)
I. Tsching-po (s.d.), Tschingpaw, Thienbaw, Jinghpaw, Katschin, Kakhieng, Kachin.

Singles (SOZ)
II. (=en); ugs. für allein und selbständig (in Einpersonenhaushalten) wohnende Personen. Statistik und Soziologie benutzen Terminus uneinheitlich, schließen häufig ältere S. (über 55 J.) oder verwitwete S. aus. Aus vielen Gründen (Ungebundenheit, Emanzipation, aber auch Vorverlegung der Mündigkeit, Hinausschieben von Heirat und Familiengründung, erhöhtes Lebensalter usw.) wächst Zahl der S. in Industriestaaten seit II.WK rasch an. Allein in Deutschland (1989) lebten 9,8 Mio. als S.; der Anteil der m. S. stieg in der Altersgruppe der 25–35jährigen zw. 1972–1990 von 10 auf 22%, in der Altersgruppe der 35–45jährigen von 6 auf 14%, der Anteil der w. S. in der Altersklasse der 25–35jährigen von 5 auf 15%, der 35–45jährigen von 4 auf 8%. S. finden stärkste Verbreitung in Großstädten. Große Bedeutung u.a. auch für Wohnungsmarkt; seit 1975 in Deutschland meistgezählte Haushaltsform.

Sinide (BIO)
I. Südmongolide; r. sinicus (=lat), race sinienne (=fr).
II. größte Einzelrasse im mongoliden Rassenkreis; mit den Tungiden zu den sogenannten »klassischen« Mongoliden zählend. Verbreitung in den nordchinesischen Stromebenen (Jangtsekiang und Hwangho), nach W zunehmend tungid gemischt, nach S allmählicher Übergang in palämongoliden Typus. Hautfarbe: bräunliches Gelb bis relativ hell, nach sozialen Unterschichten dunkler; Körper und Bartbehaarung sehr spärlich, Kopfhaar straff und schwarz. Meist ausgeprägte Mongolenfalte. Vgl. Chinesen.

Sinische Sprachen (SPR)
I. Chinesische Spr./Dialekte.
II. Sammelbez. für Putong-huà, Kantonesisch, Wu, Vu, Kwang-Tung, Chunong.

Sinjara (ETH)
II. Stamm von Schammar-Beduinen auf der Arabischen Halbinsel.

Sinkiang (TERR)
B. Sinkiang-Uigur, Xinjiang Uygur, Xinjiang Uighur. Größte Verwaltungseinheit und autonomes Gebiet in China; Altname Ostturkestan. Vgl. turkstämmige Uiguren, Kasachen, Kirgisen, Usbeken, Tataren, Salaren; mongolischstämmige Baoan und Dongxiang; iranische Tadschiken, sowie Hui.
Ew. 1953: 4,874; 1996: 16,890, BD: 11 Ew./km²

Sino-Kambodschaner (ETH)
I. nicht voll identisch: Sino-Khmers.
II. 1.) Kinder und (über Generationen) weitere Nachkommen aus Mischehen von Khmer mit Angehörigen der chinesischen Minderheit (1987: rd. 240 000) in Kambodscha; sie spielen im Wirtschaftsleben bes. in Phnom Penh bedeutende Rolle. 2.) die nach 1954 breite Schicht der naturalisierten Chinesen in Kambodscha.

Sino-Khmers (SOZ)
II. Auslandschinesen in Kambodscha.

Sinti (SOZ)
I. Cinti; Sinte, Sendi; Sg. Sinto (m), Sintiza (w); vielleicht aus Sindhi, »Indusleute«; in Deutschland Gatschkane Sinte; sendeala (zi=) »Volk der Sinti«. Pl. nicht Sintis; Eigenbez. der mitteleuropäischen Zigeuner.
II. Bez. in Deutschland für Nachkommen der ältesten (im 15. Jh.) eingewanderten Zigeunergruppe, verbreitet in Deutschland, Böhmen-Mähren, Österreich (bis zur Steiermark). Fortgewanderte Gruppen in Frankreich (Romanitschels, Walsikone Manusches und Ralusches) und in Italien (Piemontesi). Vgl. Schlesdigi sinti (zi=) schlesische Zigeuner. Eigenbez. vieler Sinti ist jedoch Rom. In Deutschland lebten (nach P. KÖPF) 1939: 13 000, 1990: geschätzt 50 000.

Sioux (ETH)
I. Eigenname Da-coh-tah = »Freunde«, »Verbündete«; von den Nachbarstämmen aber als Nadoweis-siw = »Schlangen«, »Feinde« bezeichnet; aus französischer Verballhornung Nadoues-sioux entstand deutsche Altbez. Nadowessier.
II. bedeutender Spr.- und Völkerverband von Indianern in N-Amerika. Name galt zunächst nur dem Volk der Dakota, wurde dann auf spr.verwandte Völker ausgedehnt, andererseits trennten sich 1750 bis 1800 die mittleren und s. Stämme kulturell von der Nation. Ursprünglich im Ohio-Gebiet als Mais- und Bohnenpflanzer ansässig, später Entwicklung der Hauptgruppe zum gefürchteten Reitervolk der n. Prärie. Der S.-Verband ist zu gliedern nach Stammesgruppen der: 1.) Dakota (mit Teton und Assiniboin); 2.) Mandan; 3.) Hidatsan (mit Crow); 4.) Oto und Iowa (als Chiwere zusammengefaßt); 5.) Ponca (mit Omaha, Osage und Quapaw); 6.) Winnebago; 7.) Biloxi; 8.) Ofo oder Mosopelca; 9.) Tutelo (mit Saponi, Monacan u. a.); 10.) Catawba mit verwandten Stämmen. 1990 mit ca. 103 000 (in USA) das viertgrößte der nordamerikanischen Indianervölker, zu rd. 75 % in Reservationen (u. a. Pine-Ridge-Reservation) am Rande der Badlands lebend, doch insgesamt über 15 Bundesstaaten (insbes. Nebraska, Minnesota, Montana, N- und S-Dakota) verstreut.

Sio-Vivi-Bewegung (REL)
I. nach dem erwarteten Heilsbringer Sisu Alaisa Expectation (en=) »S.A. Erwartung« benannt.
II. 1863 auf Samoa begr. religiöse Bewegung, die polynesische Traditionen mit christlichen Vorstellungen verbindet.

Sippe (SOZ)
I. (it=) famiglia, parentado, stirpa, schiatta, banda, tribú; alcurnia, estirpe, parentela (=sp); Fasila (=ar).
II. größere Gruppe von Verwandten gleicher Abstammung, stets mehrere Familien umfassend. S. sind i. d. R. exogam, können (seltener) an gemeinsame Siedlungen gebunden sein, haben für die soziale Struktur vieler Bev. große Bedeutung, regeln wirtschaftliche Tätigkeit, Besitz- und Strafrecht, Ahnenkult usw. Bedeutende Rolle spielen Sippenverbände in Ostasien (u. a. China), obgleich dort in kommunistischer Zeit als Instrumente feudalistischer Unterdrückung verfemt; tatsächlich versehen sie dort zahlreiche Gemeinschaftsaufgaben, die eigentlich staatlichen Institutionen (Dorfkomitees) zukommen. Sippenverbände verkörpern die traditionellen Formen der Selbstorganisation: z. B. gegenseitige Unterstützung mit Arbeitskräften und Geld in Notlagen, bei Ernte, bei aufwendiger Ausrichtung von Hochzeiten und Beerdigungen. Sippen sind streng hierarchisch organisiert, Sippenälteste fungieren als Richter und entscheidende Instanz in Fragen der Familienpolitik.

Sippschaft (SOZ)
II. Verwandtschaft, oft abwertend Familienklüngel; ugs. üble Gesellschaft, Bande; dgl. pejorativ: Mischpoche, Mischpoke Sg., aus mischpachah (he=, jd=) »Familie«.

Sira (ETH)
I. Schira, Shira, Eschira.
II. schwarzafrikanische Ethnie in S-Gabun.

Sirionó (ETH)
II. Indianerstamm in Ostbolivien, einige Tausend, zur Tupi-Guarani-Spr.gruppe zählend. Leben als schweifende Wildbeuter, suchen sich vor Siedlern zu isolieren; Schamanentum.

Sisala (ETH)
Vgl. Grusi in Ghana.

Siswati (SPR)
II. Bantuspr. der Swasi; Amtsspr. in KaNgwane/Südafrika, ab 1994 in ganz Südafrika.

Siuai (ETH)
II. melanesische Ethnie auf Bougainville. Betreiben Wanderfeldbau, Jagd und Fischerei; typisch ihre Pfahlbauten, sind hervorragende Holzschnitzer. Ihre Spr. ist Motuna.

Siwash (SOZ)
I. aus (fr=) sauvage »Wilder«.
II. im NW Nordamerikas pejorative Bez. der frühen Weißen für Indianer allgemein.

Siyabiyeen (ETH)
II. arabischer Stamm von Bergnomaden im Hinterland von Muscat/Oman; Transportfunktion ihrer Karawanen erlosch endgültig 1966; Abwanderung der Männer in die Erdölindustrie.

Sizilianer (ETH)
I. Sizilier; siciliani (=it); Sicilians (=en); Sicilianos (=sp, pt); Siciliens (=fr).
II. die Bewohner der italienischen Insel Sizilien mit Autonomiestatut. Prähistorisch besiedelt seit Altsteinzeit u.a. durch Elymer, Sikaner und Sikuler. Späterhin vielfältige Mischung mit griechischen Kolonisten (8.–6. Jh. v.Chr.), Karthagern (6. Jh. v.Chr.), römischen Provinzialen (seit 3. Jh. v.Chr.), Wandalen und Ostgoten (5. Jh.), Byzantinern (6. Jh.), Arabern (827–902), Normannen (11. Jh.). Insofern haben S. die bev.mäßige und kulturelle Brückenfunktion zwischen Südeuropa und dem ö. Mittelmeerraum. Seit Ende 19. Jh. sich verstärkende Auswanderung nach Nordafrika, Latein- und Nordamerika. Vgl. Africani.

Sizilien (TERR)
B. Autonome Region in Italien. Sicilia (=it); Sicile (=fr); Sicilly (=en); Sicilia (=sp, pt).
Ew. 1964: 4,809; 1971: 4,680; 1981: 4,907; 1991: 4,961; BD 1991: 193 Ew./km^2

Sjusdiner Komi (ETH)
I. Sjusdinzen; Zjuzdinskie Komi-Permjaki (=rs).
II. Untergruppe der Komi-Permjaken im Gebiet von Kirow/Rußland. Vgl. Komi-Permjaken.

Skandinavier (ETH)
I. Scandinavians (=en); Scandinaves (=fr); escandinavos (=sp, pt); scandinavi (=it).
II. i.e.S. Bewohner von Skandinavien, also Schweden und Norweger; darüber hinaus in historischem, kulturellem, linguistischem Zusammenhang auch Völker der nordgermanischen Spr.gruppe unter Einschluß von Dänen und Isländern.

Skinheads (SOZ)
I. (=en); Skins; aus skin = »Haut«; Randalierer, Krawallbrüder.
II. zu Ausschreitungen neigende Jugendliche mit dem Gruppenkennzeichen ihres kahlgeschorenen Kopfes (»Glatzköpfe«); Outfit (Kampfstiefel) und provokante Parolen dienten vorerst als Abschreckung und Herausforderung, Politisierung begann erst später. Seit erstem Auftreten 1968 im Londoner Eastend, als sie gegen den Zuzug von Einwanderern aus den Commonwealth-Staaten auftraten, wurden sie für ihre rechtsextreme ausländerfeindliche Ideologie bekannt. Zu unterscheiden sind gleichwohl Sharp-Skins oder Redskins und Boneheads. In Deutschland wurden 1993 geschätzt: 6500 militante S., von denen fast 70% unter 20 Jahren. Vgl. Hooligans, Chaoten, Punker.

Skipetaren (ETH)
I. Schkjipetaren, d.h. »Bergleute«, von Türken Arnauten, von Serben Arbanasi genannt; fälschlich »Adlersöhne«; Alban(tsy)/Albancy (=rs); Arnauten.
II. Shqipetar, Eigenbez. der Albaner (s.d.).

Skippies (SOZ)
I. aus: School Kids with Income and Purchasing power (en=) »Schulkinder mit Einkommen und Kaufkraft«; gemeint sind: kaufkräftige und selbständige Jugendliche. Vgl. Yuppies.

Skiptar (SPR)
I. Albanisch, Arbereshe.

Skitioten (REL)
II. Eremiten, die eher gesellig in Kilien, Lauren oder Sketen hausen. Verbreitet bes. in Vorderasien (Quadischa-Tal/Libanon, Göreme-Uchisar/Türkei; auch in Kiew, auf Athos. Vgl. Einsiedlerorden im Übergang zum Klosterwesen.

Sklaven (SOZ)
I. aus Sg. slavus, sclavus (=mlat); slaves (=en); esclaves (=fr); esclavos, auch Jelfes (=sp); escravos (=pt); schiavi (=it); Sg. sklábos (=mgr) »Sklave« und »Slawe«, alte Gleichbedeutung geht auf Sklavenhandel im mittelalterlichen Orient zurück, dessen Opfer vorwiegend Slaven waren. Nicht gleichzusetzen mit »Leibeigenen«!
II. Menschen, die als Sacheigentum behandelt, daher auch verkauft oder getötet werden konnten, die in völliger rechtlicher Abhängigkeit zur Ausbeutung ihrer Arbeitskraft gehalten wurden (Sklavenaufstände in Rom, Spartakus 73 v.Chr.). Sklaven sind in der Geschichte der menschlichen Gesellschaft früh bezeugt, zumeist als Folge von Kriegsgefangenschaft, unfreier Geburt, Verschuldung, so in der europäischen Antike, im gesamten Orient und in Schwarzafrika, z.T. bis heute. Allein der arabische Menschenhandel seit Aufkommen des Islam bis zu Tippu Tip soll nach britischen Historikern 17 Mio. Afrikaner erfaßt haben. Nach Entdeckung Amerikas und Aufkommen der Plantagenwirtschaft lebte die Sklaverei in neuer Form auf. 8–11 Mio. Schwarze wurden vom 16.–19. Jh., besonders aus W-Afrika

nach Nord-, Mittel- und Südamerika gebracht; mindestens ebensoviele fanden bei Sklavenjagden und -transporten den Tod. Bev.geschichtlich steht diesem schweren Bev.verlust (von direkt) mind. 25 Mio. oder, unter Einbezug des entgangenen natürlichen Zuwachses, von weit über 100 Mio. Menschen in Schwarzafrika das unbeabsichtigte Aufkommen einer anthropol. fremden, zusätzlichen Bev.gruppe von mind. 90 Mio. in Amerika und vielen tropischen Inseln gegenüber. Die Überwindung der Sklaverei war langwierig; sie begann noch am Ende des 18. Jh., Großbritannien folgte 1807 und erzwang (gemäß Verpflichtung auf dem Wiener Kongreß 1815) bis 1850 die Einstellung aller transatlantischen Sklaventransporte auf der nördlichen Halbkugel. Die »Emanzipation« (die Übernahme der Sklaven-Abschaffung) durch Frankreich begann 1794, vollendete sich in der Karibik aber erst 1848, in Spanisch-Kuba und Puerto Rico endete die Sklaverei sogar erst 1870/1873. Als letztes erzwang die Anti Slavery International (ASI) die Abschaffung der Sklaverei in Brasilien 1888. Die Befreiung der S. in den USA gelang durch A. Lincoln 1863 im Sezessionskrieg. Sklavennachfahren, Neger sowie Zambos und Mulatten dominieren heute in vielen lateinamerikanischen Staaten. Etliche Länder in Westindien, wie Haïti, Guadeloupe, Martinique, Jamaika, Antigua, Montserrat, St. Kitts mit > 90 % Anteil von Sklavennachkommen können als gänzlich »schwarze« Territorien bezeichnet werden. Noch heute decken ASI und andere Menschenrechtsorganisationen eklatante Fälle wiederauflebender Sklaverei auf, 1996 in 41 Staaten, so u.a. in Brasilien (wo 1992 nach amtlichen Quellen 1,3 Mio. Landarbeiter als wehrlose Analphabeten, kriminell verschleppte Slumbewohner und als Schuldsklaven keinerlei Lohn erhalten). Darüber hinaus gibt es moderne Sklaverei noch heute in Haïti (Tausende übereigneter Kinder als Hausdiener), in Indien und Pakistan (Kinder als Teppichknüpfer), Südostasien (Kinderprostitution) oder in Sudan und Mauretanien (verschleppte Frauen und Kinder von ethnischen Minderheiten als Feld- und Hausklaven). Vgl. Negersklaven, Christensklaven; Schuldsklaven, Mietsklaven; Mameluken.

Sklavennachkommen (SOZ)
Vgl. Abid, Afro Americans, Negroes, Bella, Blacks, Harratin, Iderfan, Igewelen, Izeggaren, Kamarao, Congos, Mukateb, Sakalaven, Schankilla, Schuwaschna, Terbyha, Tilad, Trenkan.

Skopzen (REL)
I. Skopzy (rs=) »Verschnittene«, »Selbstverstümmler«; zu Sg. Skopec (rs=) »Kastrat«.
II. 1775 in Rußland gegr. streng asketische Sekte; extreme Leibverachtung wie bei Chlysten, später nur mehr geschlechtliche Enthaltsamkeit verlangend. Schon in zaristischer Zeit verfolgt, hpts. verbreitet um Tula, Orel bis Jakutien. Seit Zerstörung ihres Zentrums 1930 nicht mehr als geschlossene Gemeinschaft bestehend. 1920 mind. 10000. Vgl. Raskolniki.

Skythen (ETH)
I. Scythae (=lat); Altname Skoloten, Saken (=pe); Scythians (=en).
II. antikes Volk mit nordostiranischer Spr., das im 7. Jh. v.Chr. geschichtsbekannt wurde, als es zwischen Dnjestr und Don lebte. Lt. skythischer Mythologie aus Zentralasien zwischen Altai und Pamir herstammend, wo auch verwandte Völker (Saken, Sauromaten) wohnten. S. waren ursprünglich Reiternomaden, große Volksteile wurden aber als Akkerbauern seßhaft (befestigte Siedlungen). Im 6./5. Jh. v.Chr. kriegerische Ausgriffe westwärts bis über das Karpathenbecken hinaus, seit 4. Jh. v.Chr. siedelten sie in altgriechischen Kolonien im Schwarzmeergebiet. Wohl unter griechischem Einfluß sind S. zu hochstehender Kultur und Kunst gelangt, reiche Bestattungsriten, u.a. Kurgane, Goldschmuck. S. wurden im südrussischen Steppenland etwa im 4./3. Jh. v.Chr. von Sarmaten abgelöst.

Slave-Indianer (ETH)
I. Etchareottin (s.d.).

Slawen (ETH)
I. aus (lat=) slavus, slovo »Wort, Rede«, also »sprachverwandt«; Slaves (=fr); Slavs (=en); eslavos (=sp, pt); slavi (=it).
II. 1.) zunächst ein rein kirchlicher Terminus im Sinne von »noch nicht zum Christentum Bekehrte östlich der Elbe.« 2.) Oberbegriff für größte Völker- und Spr.gruppe Europas mit etwa 310 Mio., wovon 205 Mio. in der ehem. UdSSR. Entsprechend geschichtlicher Ausbreitung und dabei erwachsener spr. Differenzierung zu gliedern in folgende Spr.gruppen: Südslawen: Bulgaren, Mazedonier, Serbokroaten, Slowenen; Ostslawen: Russen, Ukrainer, Weißrussen; Westslawen: Tschechen, Slowaken, Polen, Polaben, Kaschuben, Slowinzen, Sorben. Ethnogenese dieser indogermanischen Völkergruppe geschah zwischen Weichsel, Bug und Dnjepr und wird seit 5./6. Jh. faßbar. Nach Abzug der germanischen Stämme wanderten S. in Verbindung mit den Awaren nach Mitteleuropa ö. von Elbe und Saale ein (Wilzen, Abodriten, Ranen, Pomeranen, Sorben). Andere Stämme (u.a. Sklavenen, Anten) drangen nach SW in Thrakien, in den Donauraum bis zur Adria und in die Ostalpen vor; im Norden kolonisierten S. ehemals finno-ugrische Gebiete (Ladoga, Nowgorod), im O wurden Wolga und Kama erreicht, im SE das Schwarze Meer. Weiteste Verbreitung im 8. Jh.; im 9.–11. Jh. entstanden größere Volkskörper, die auch das Christentum übernahmen, im W setzte sich die weströmisch-katholische, im S und O die oströmisch-byzantinische Kirche durch. Wenig später entwickelten sich in diesem Ostbereich Glagoliza und Kyrilliza als Eigenschriften. Im 12. Jh. wurden w. Teile des slawischen Groß-

raumes von mitteleuropäischen Kolonisten zurückgewonnen; noch bis ins Spätmittelalter lebten dort Germanen und Slawen nebeneinander.

Slawische Sprachen (SPR)
II. gehören zur indogermanischen Spr.familie; gliedern sich in: Westslawen (Tschechisch, Slowakisch, Ober- und Niedersorbisch, Polnisch); Ostslawen (Russisch, Ukrainisch, Weißrussisch); Südslawen (Bulgarisch, Makedonisch, Serbokroatisch, Slowenisch). Die griechisch-orthodoxen Slawen (Ostslawen, Serben, Bulgaren und Mazedonier) benutzen die kyrillische Schrift, die übrigen die lateinische Schrift.

Slawo-Mazedonier (ETH)
II. slawischspr. Minderheit in Griechisch-Mazedonien (u. a. um Florina), einige Tausend, der eigenes Nationalitätenrecht verwehrt wird.

Slawonier (ETH)
I. Slawonen; Slavonians (=en); Slavons (=fr); slavoni (=it); eslavonios (=sp, pt).
II. Bew. der nordjugoslawischen, zwischen Drau und Save gelegenen, Landschaft Slawonien/Slavonija. Slawonien stand seit 1521 (bis 1699) als Sandschak Poschega unter türkischer Herrschaft; sein Westteil wurde Anfang des 17. Jh. Grenzsaum zum unbesiedelten Niemandsland, dessen Bev. in die Randgebiete geflüchtet war. Nach Befreiung von Türkenherrschaft fiel S. an Kroatien bzw. als »Nebenland« an Ungarn. Neuaufsiedlung geschah durch Slawen aus Bosnien, seit 18. Jh. auch durch Ungarn und Deutsche. Im jugoslawischen Staat gehörte Slawonien zum BSt. Kroatien, doch hat großserbische Besiedlungspolitik die alte Bev.struktur nachhaltig verändert, zwischen 1918–1989 wuchs Anteil serbischer Bew. von 2 auf 40 %.

Slawophile (WISS)
I. Slowjanofily (=rs).
II. Anh. von slawischen Bewegungen (in Rußland im 19. Jh., in Serbien im 20. Jh.), die ihre Geschichte romantisch verherrlichen und in Gegenpositionen zu »Westlern«, Sapandniki (=rs) das Staatsvolk auf sein eigentliches, durch Orthodoxie, Autokratie und Volksverbundenheit charakterisiertes Wesen, zurückführen wollen. Vgl. Panslawisten.

Slawophone Griechen (ETH)
II. 1.) griechische Bev.teile, die im Bev.austausch zwischen Griechenland und Bulgarien Ägäis-Mazedonien verließen. 2.) sich zum Griechentum bekennende Minderheiten mit slawischen Muttersp. in Griechenland, Anzahl einige Zehntausend. Vgl. Slawo-Mazedonier.

Sleb (SOZ)
I. Sulaba.
II. Pariakaste von Jägern und Handwerkern, die unter den Beduinen leben.

Slonsaken (ETH)
I. Schlonsaken.
II. slawische Sondergruppe im einstigen Herzogtum Teschen, das 1822–1920 Teil Österreich-Schlesiens war, dann, in wechselnder Zugehörigkeit, zu Polen und/oder der ehem. Tschechoslowakei gehörte. Lt. tschechischer Statistik mit gesonderter Nationalität, zu der sich 1921: 47300, 1930: 24700 bekannten. Eine »zum Deutschtum hinneigende Bev.gruppe mit slawischer Haussprache«. S. erhielten als Volkszugehörige per Gesetz vom 26. 10. 1939 durch Sammeleinbürgerung die deutsche Staatsangehörigkeit. Vgl. Oberschlesier, Wasserpolen.

Sloveni (ETH)
I. (=it); Altbez. vendi (it=) Windische.
II. slowenische Volksgruppe in Italien, durch Grenzänderungen 1919 und 1945 mit recht unterschiedlicher Größe, 1989 rd. 100000, in Provinz Triest ca. 53000, Görz ca. 20000, Udine/Beneska Slovenija > 25000; genießen nur geringen Minderheitenschutz, Slowenisch ist keine Amtsspr. Vgl. Slowenen.

Slowakei (TERR)
A. Slowakische Republik. Seit I.WK als Slovenské kraje Teil der CSSR; nach Trennung von Tschechien seit 1. 1. 93 Slovenská Republika. Slovakia (=en). Auch Unterteilung in Westslowakei (Zapodoslovensky), Mittelslowakei (Stredoslovensky) und Ostslowakei (Vychodoslovensky).
Ew. 1848: 2,442; 1869: 2,482; 1880: 2,478; 1890: 2,595; 1900: 2,783; 1910: 2,917; 1921: 2,994; 1930: 3,324; 1950: 3,442; 1961: 4,174; 1991: 5,274; 1996: 5,343, BD: 109 Ew./km^2; WR 1990–96: 0,2 %; UZ 1996: 59 %, AQ: 1 %;

Slowaken (ETH)
I. Eigenbez. Slováci (=tc); Slowacy (=pl); Slovaki (=rs); Slovaks (=en); Slovaques (=fr); slovacchi (=it); eslovacos (=sp, pt).
II. westslawisches Volk mit westslawischer Eigenspr. (in Lateinschrift) im Ostteil der ehem. Tschechoslowakei. Slowaken stellen in heutiger Slowakei der Staatsbev. Minderheiten in angrenzenden Ländern: Jugoslawien 90000, Polen 20000, ehem. Sowjetunion 9000, Rumänien 50000, Ungarn 110000–130000; überwiegend Katholiken. S. sind in der Völkerwanderungszeit in ihr heutiges Siedlungsgebiet eingerückt, gehörten seit 835 zum großmährischen Reich, fielen am Ende des 9. Jh. unter ungarische Herrschaft (Oberungarn). Im 12./13. Jh. erfolgte Aufnahme deutscher Siedlungskolonisten (Vgl. Zipser Sachsen). Tatareneinfall 1241, Hussiteneinfall im 15. Jh. Starke Madjarisierungsbestrebungen (mit großem Erfolg in der slowakischen Oberschicht) weckten aber nach 1848 bzw. 1860 Nationalgefühl. Trotz Nichterfüllung des Pittsburgher Vertrages 1918 erfolgte Anlehnungsbedürfnis an

Tschechen, mit denen sie sich 1918/20 zur CSSR zusammenschlossen, in der sie doch erst 1938 ihre prekäre Autonomie erhielten. 1939–1945 Unabhängigkeit als Slowakischer Freistaat. Seit Auflösung der Tschechoslowakei am 1. 1. 1993 »Staatsvolk der Slovakei«; eine ansehnliche Minderheit verblieb im tschechischen Gebietsteil der ehemaligen CSSR, darunter slowakische Partner aus 200 000 binationalen Ehen.

Slowaken (NAT)
II. StA. der Slowakischen Republik (Slowakei). Landesbev. setzt sich aus rd. 86 % Slowaken, 11 % Magyaren, mind. 2 % Roma sowie tschechischen, ukrainischen, polnischen und anderen Minderheiten zusammen.

Slowakisch (SPR)
I. Slovak (=en).
II. Sprgem. dieser westslawischen, dem Tschechischen als ältere Form verwandten Spr. in drei Mundarten (Ost-, Mittel-, West-S.) untergliedert; (1991) mit > 5,1 Mio. Slowaken, davon etwa 4,6 Mio. in Slowakei, 200 000–300 000 in Tschechischer Rep., > 100 000 in Ungarn, 80 000 in Jugoslawien, Polen und Ukraine.

Slowenen (ETH)
I. Slovenes (=en); Slovènes (=fr); sloveni (=it); eslovanos (=sp); eslovenos (=pt).
II. im 6. Jh. zugewandertes südslawisches Volk mit 1,754 Mio. Ew. (1981) im ehem. Jugoslawien, wo S. in eigener Republik 90,5 % der Gesamtbev. stellten. S. sind seit 1991 souverän und tragen mit 87,8 % zur Staatsbev. von 1,991 Mio. Ew. (1997) bei. Slowenische Minderheiten von 16 000 leben in SE-Kärnten und 50 000 in italienischen Grenzbezirken (bes. E-Friaul). Sie gehörten 1282–1918 zum Habsburger Reich. Slowenen sind spr. und kulturell Kroaten nahestehend, wie diese überwiegend römisch-katholischer Konfession und lateinschriftig. Vgl. Kärntner Windische, Winden.

Slowenen (NAT)
II. StA. der Rep. Slowenien; es handelt sich um 87,8 % Slowenen, 2,8 % Kroaten, 2,4 % Serben, 1,4 % Bosniaken. Vgl. Istrianer.

Slowenien (TERR)
A. 1918 aus österreichischem Kronland Krain, der Untersteiermark/Stajerska und Kärntner Miestal als jugoslawische Gliedrepublik entstanden; 1941–1945 bei Achsenmächten; seit 1. 1. 93 unabh. Seit 1991 Republika Slovenija (=sk); Slovenia (=en); Slovenia (=fr); Slovènia (=it); Eslovenia (=sp); Slovenia (=pt).
Ew. 1961: 1,592; 1971: 1,697; 1981: 1,892; 1996: 1,991, BD: 98 Ew./km²; WR 1990–96: –0,1 %; UZ 1996: 52 %, AQ: 1 %

Sloweniendeutsche (ETH)
II. Sammelbez. für die Deutschen alter Siedlungskolonien in Südkärnten, Untersteiermark und Krain, die nach I.WK von Österreich abgetrennt wurden. 1931: rd. 29 000–34 000, 1941–1945 war die Untersteiermark nochmals »Großdeutschland« angeschlossen; in dieser Zeit wurden die Deutschen aus Gottschee (ca. 12 000), aus Laibach und Bosnien hierher zugesiedelt, während man 26 000 Slowenen nach Serbien aussiedelte. 1945 mußten alle S. ihre Heimat nach Österreich verlassen.

Slowenisch (SPR)
I. Slovene (=en).
II. südslawische, seit Reformationszeit eigene Schriftspr.; Staatsspr. im ehem. Jugoslawien und heutigen Slowenien, verbreitet auch in Julisch-Venetien/Italien, Kärnten/Österreich und Ungarn; geschrieben in Lateinschrift. Insges. 1,9 Mio. Sprecher (1991), worunter 1,8 Mio. in Slowenien, in Italien 79 000, in Österreich 16 000.

Slowinzen (ETH)
I. Slovinzen.
II. westslawische Teilbev. im nö. Pommern; Kaschuben evangelischer Konfession. Vgl. Pomeranen.

Slowinzisch (SPR)
I. Slovinzisch. Vgl. Kirchenslovinzisch, Altkaschubisch.
II. Dialekt des Kaschubischen, der sich unter Slawen bis etwa 1900 lokal in NE-Pommern gehalten hat.

Sluiner (ETH)
II. Bew. des habsburgischen Militärgrenzbezirks von Slunj.

Slumbewohner (SOZ)
I. favelados, aus favela (bras-pt=) »Slumbereich« in Brasilien.
II. Bew. von städtischen Elendsvierteln bes. der Dritten Welt, nach Art der shanty towns (N-Amerika), bidonvilles (Maghreb), favelas (Brasilien), barriadas (S-Amerika), chodes (Indien), ciudades perdidas (Lateinamerika), geçekondus (Türkei), poblaciones periféricas (Lateinamerika), Squattercamps (Südafrika). S. rekrutieren sich aus Landflüchtigen, Armen, sozial Unterdrückten oder Asozialen, denen die Slums Durchgangsstation in ein städtisches Ambiente, öfters auch Endstation des sozialen Abstiegs bedeuten. Ein bes. Problem stellen S. in allen Entwicklungsländern dar. Beispiele: etwa 55 % der 1,5 Mio. Ew. der kenianischen Hauptstadt Nairobi leben in Slums, dgl. 1,2 Mio. von insges. 10,5 Mio. Simbabwern, 17 % der 41 Mio. Südafrikaner. Unter S. treten überproportional unvollständige Familien und Straßenkinder auf. Vgl. grupos marginales (=sp); Squatters (=en).

Smártas (REL)
I. Smárttas; aus smrti (ssk=) »Überlieferung«.

II. Traditionalisten unter den orthodoxen Schivaiten; vor allem im S und W Indiens verbreitet. Verrichten mitunter Priesterdienste. Hauptsitz Shringagiri/Mysore; Stirnzeichen: drei horizontale Striche.

So (ETH)
II. 1.) kleines Volk am Mekong in Thailand und Laos mit einer Mon-Khmer-Spr.; Reisbauern, Fischer und Jäger (mit Armbrüsten); Anzahl einige Tausend, Tharawada-Buddhisten.
I. Soko.
II. mehrere schwarzafrikanische Ethnien 1.) im zentralen Kamerun, 2.) in der n. DR Kongo.

Sobels (SOZ)
I. Kunstwort aus (en=) soldiers und rebels.
II. Bez. in Sierra Leone für marodierende Soldaten und Milizen.

Sobo (ETH)
I. Isoko.
II. schwarzafrikanische Ethnie in Süd-Nigeria.

Society of Friends (REL)
I. Quäker.

Society of the Holy Cross (REL)
I. Gesellschaft zum Heiligen Kreuz.
II. traditionalistische Vereinigung innerhalb der Anglikanischen Kirche, 1850 gegründet.

Sodalen (REL)
I. aus Sg. sodalis (lat=) »Genossen, Gefährten«.
II. Mitglieder einer religiösen Bruderschaft, einer Sodalität, speziell einer Marianischen Kongregation.

Soga (ETH)
II. Bantu-Volk der Benue-Kongo Spr.gruppe im sö. Uganda ö. des Victoria-Nils; Ackerbauern auch auf Baumwolle; Christen, aber vielfach noch Animisten. 1980: 1,036 Mio., was 8,2 % der Gesamtbev. ausmachte.

Sogdian (ETH)
II. Ethnie von ca. 1500 Köpfen im Jagnob-Tal/Tadschikistan; S. haben sich bis in das 20. Jh. alteigentümliche Jagdmethoden (mit Hunden) bewahrt.

Sogdier (ETH)
II. antikes Volk von Ackerbauern und Händlern in der Landschaft Sogdiana zwischen Amu- und Syr-Darja im NE des altpersischen Großreiches. Geogr. Name: Sogd-Tal. Gehören mit Baktriern zur Ostgruppe der Iranier. Ihre Spr. war Verkehrsspr. in ganz Zentralasien von der Krim bis zum Tarimbecken; sie hat sich im Yagnabi, einem Pamir-Dialekt, bis heute erhalten.

Sohak (REL)
I. (ko=) »westliche Lehre«; die koreanische Altbez. meint das dort seit 1784 missionierende kath. Christentum.

Söhne (BIO)
I. Jungen; aus indogermanisch sen-, su- »gebären«; mittelhochdeutsch Sg. sun, son; altind. sunu-h; (rs=) syn; (ar=) banuna.
II. männliche Kinder, Nachkommen ihrer Eltern. Im Vgl. zu Töchtern sind Söhne oft höher geschätzte Leibesfrüchte, deshalb Bemühungen der Eltern, die »primäre« Geschlechtsproportion mit ohnehin erhöhter und nach größeren Männerverlusten (in Kriegen) schon natürlich anwachsender Knabenquote willkürlich zu beeinflussen. Einst geschah das durch Mädchentötung oder -aussetzung, heute wird, bei möglicher pränataler Geschlechtsbestimmung, speziell in Indien und China gezielte selektive Abtreibung weiblicher Föten praktiziert, vor allem wenn staatlich verordnete Begrenzung der Kinderzahl geboten ist. Die »Kosten-Nutzen-Rechnung« der Eltern hat zu berücksichtigen, daß es in fast allen Kulturen die (meist erstgeborenen) Söhne sind, die als »Stammhalter« Namen und Besitz, Rang und Geltung der Familie weitertragen. Söhne erben die Familiengüter, den Hof, führen das Gewerbe, zumal das Handwerk des Vaters fort. Zu erwarten steht, daß es Söhnen im Leben besser gehen wird als Frauen, allein schon auf Grund angesehener Arbeit und höherer Verdienste, doch auch durch Nutznießung von Erbschaft und Aussteuer. Ubiquitär kommt meist nur den Söhnen die Verantwortung zu, einst für die alten Eltern zu sorgen. In den Religionen SE- und E-Asiens können allein Söhne den Begräbnis- und Ahnenkult für die Seelen der Vorfahren rechtmäßig versehen. Bei hoher Kindersterblichkeit und demgemäß hohem Risiko, den einzigen Sohn zu verlieren, erhofft man sich zwei oder mehrere Söhne. Typisch der Wunsch für indische Bräute: »Mögest du Mutter von acht Söhnen werden«. Unübersehbar findet die herausragende Position der S. als Rechtsnachfolger und Träger der Familientradition Niederschlag im Namenwesen. Genealogische Abstammungshinweise im Sinn von »Sohn des ...« sind unter patriarchalischen Verhältnissen zahlreich: so z.B. (dä=) dem Vaternamen angehängte Silbe -sen; (ir=) oder für ua »abstammend von«; in Schottland vorgesetztes Mac, Mc »Sohn des ...«; (pl=) Endsilben -ski oder -orocki; (sw und no=) -sons; (sp=) -es oder -ez; (wa=) vorgesetztes ap, sogar in mehrfacher Verwendung über drei bis fünf Generationen; (ar=) vorgesetzt ibn »Sohn des ...« und zusätzlich als stolze Vermerkung im Elternnamen Abu »Vater des ...« und Umm »Mutter des ...«, bei Familienoberhäuptern auch in Verbindung »Sohn des ...« und »Vater des ...«. Vgl. Kinder.

Sojoten (ETH)
I. Altbez. für Tuwiner (s.d.), Tuwaner; Eigenname Sojot; Sojoty (=rs).

Soka-gakkai (REL)
I. (jp=) »Gesellschaft zur Schaffung von Werten«; Sokkagakkei, »Neu- Buddhisten«.

II. 1930/1937/1946 begr. Laiengruppe der streitbaren, nationalistischen Nichiren-Sekte; ihr Zentrum liegt am Fuß des heiligen Berges Fuji. S. hat 14–20 Mio. Anhänger. Vgl. Lotos-Sútra-Rel.

Sokaiyas (SOZ)
II. (=jp); japanische Mafiagruppe, deren Mitglieder in krimineller Weise den Ablauf von Hauptversammlungen kontrollieren.

Solah-jat (ETH)
II. eine der beiden endogamen Klassen der Gurung/Nepal.

Soldateska (SOZ)
II. abwertende Bez. für verrohte Soldaten, zügelloses, die Bev. drangsalierendes Militär.

Soli (ETH)
I. Sodi.
II. schwarzafrikanische Ethnie an der Grenze von E-Sambia zu N-Simbabwe.

Solidargemeinschaft (WISS)
I. abgeleitet aus dem Begriff des Solidarismus, der philosophischen Lehre von der wechselseitig verpflichtenden Verbundenheit der Einzelmenschen mit ihrer Gemeinschaft.
II. phrasenhaft ideologischer Begriff der Politologie; gemeint ist eine Gemeinschaft, deren Mitglieder im Besonderen zur Förderung des Gesamtwohls angehalten sind, unabhängig von der ethnischen Zugehörigkeit. Häufiger als Staats- oder Nationalgemeinschaften konstituieren sich Minoritäten als S., wenn sie sich unter gegenseitiger Abgrenzung von der Kern-/Herrschaftsbev. isolieren. Meist sprechen dabei »archaische Mechanismen der Identitätserhaltung« an (I. EIBL-EIBESFELDT).

Solomeken (ETH)
II. mesoamerikanisches Indianervolk, zur Spr.familie der Maya zählend. S. leben im nw. Hochland von Guatemala, ca. 50 000 Köpfe.

Solongo (ETH)
I. Muschikongo, Mushikongo, Muserongo.
II. Bantu-Ethnie im NW von Angola.

Solothurn (TERR)
B. Kanton. Gliedstaat der Schweizerischen Eidgenossenschaft seit 1481. Soleure (=fr); Soletta (=it).
Ew. 1850: 0,070; 1910: 0,117; 1930: 0,144; 1950: 0,171; 1970: 0,224; 1990: 0,232; 1997: 0,242

Solothurner (ETH)
II. 1.) Bürger, 2.) Einw. (als Territorialbev.) des zweisprachigen (dt.- französischen) schweizerischen Kantons Solothurn.

Somali (ETH)
I. Somal Sg.; Midgan.
II. äthiopides Volk im Wüsten- und Steppengebiet des afrikanischen Osthorns, das zur Kolonialzeit in drei Somal-Länder (Französisch-, Britisch- und Italienisch-Somalia) unterteilt war. Heute zählen S. nach unsicheren Erhebungen über 12 Mio. Köpfe. Sind über Somalia hinaus auch in Nachbarländern verbreitet, stellen in Somalia mit 9,4 Mio. (1996) neben Bantu-Minderheiten rd. 95% der Staatsbev. Weitere ca. 2 Mio. ethnische S. leben im NE Kenias (geben dort ca. 19% der Staatsbev. ab), im äthiopischen Ogaden und in Djibouti. S. gliedern sich in mehrere große Stammesgruppen (auch Clan-Verbände): Daord mit den Harti (Dolbahante/Dolbahunta, Majerteeni/Mijertein, Warsengeli) im NE und den Sbsame (Abas Gul, Bartere, Leylkase, Marehan, Ogadeni, Ortoble) im S und W; etwa 20% der Gesamtbev. Digil mit den Issa/Issah und Gadabursi sowie die Dirr mit den Issaq/Issak in Dschibuti und mit kleineren Verwandten im S. Hawiyeh/Hawiya (mit Abgal, Habrgidr, Hawadl, Murusada u.a. in den zentralen Landesteilen um Mogadischu; stellen etwa ein Fünftel der somalischen Gesamtbev.; Rahawein vorwiegend zwischen den Hawiyeh-Gebieten und der Westgrenze. Begründet aus der Weite des Raumes und aus der einst umfassenderen Mobilität einer Nomadenbev. sind S. stark in Untereinheiten differenziert, die als Clans bezeichnet werden und genealogisch überlieferte Verwandtschaftsverbände darstellen. Allein die Issa Dschibutis teilen sich in ca. 40 Subclans. Solche Clan-Verbände überkreuzen sich entsprechend alter Wanderwege und Weiderechte räumlich und gemäß jeweiliger Machtkonstellationen auch zeitlich. Sie alle sind der boden- und klimabedingten Beschaffenheit ihres Lebensraums wegen noch heute überwiegend Viehhalter mit Voll- und Halbnomadismus, hingegen treiben die Sab in Süd-Somalia zw. Webi Schebeli und Juba Anbau auf Hirse und Mais. Die kuschitische Eigenspr. der S. zerfällt in mehrere, beträchtlich voneinander abweichende Dialekte. Grundlage der Somalia-Staatssprache (seit 1972) ist der n. Ishak-Dialekt. Somali wird in lateinischer, arabischer und in der Osmania-Schrift geschrieben. Somali sind vor 10 Jh. aus äthiopischem Bergland eingewandert und haben im 16. Jh. die Galla im Süden verdrängt. Sie wurden schon sehr früh von der Küste aus islamisiert, folgen heute (von wenigen Zaiditen abgesehen) der schafiitischen Rechtsschule, sind durchwegs in religiösen Bruderschaften (Qadiriya, Salihiya, Ahmadiya, Rifa'iya) gebunden.

Somali (SPR)
I. Somali (=en).
II. Sprgem. der Somal, von ca. 6 Mio. in Somalia, Äthiopien, Kenia und Dschibuti. Spr. gehört zur östlichen Untergruppe der kuschitischen, der Afroasiatischen Spr.familie. S. gliedert sich in mehrere Dialekte, die z.T. erheblich voneinander abweichen. Grundlage der Staatsspr. in Somalia ist der nördliche Ishak-Dialekt. Somali, heute von 7 Mio. Sprechern genutzt, wird hpts. in lateinischer und arabischer Schrift geschrieben.

Somalia (TERR)
  A. Demokratische Republik Somalia. Unabh. seit 1. 7. 1960. Zu unterscheiden sind Kolonien: Französisch-S. ab 1862, 1883 bzw. 1896, nachmalig Dschibuti; Britisch-S. seit 1884 bis zur Unabhängigkeit 1960, Italienisch-S. ab 1889 bzw. 1905/08–1941 und als UN-Treuhandgebiet 1950 bis Unabhängigkeit 1960; Republik S. aus Britisch und Italienisch-S. ab 1960, faktische Auflösung nach 1992. Jamhuuriyadda Dimugradiga Soomaaliya (=ar); Al-Jumhouriya ad Dimukratiya As-Somaliya (=ar); Jamhuriyadda Dimugradiga ee Soomaaliya; al-Jimhouriya as-Samalya al-Dimocradia; Somali Democratic Republic (=en). Somalia (=en); la République démocratique somalie, la Somalie (=fr); la República Democrática Somalí, Somalia (=sp). Vgl. Italienisch-Ostafrika.
  Ew. 1949: 1,612; 1960: 2,226; 1970: 2,789; 1975: 3,253 Z; 1987: 7,114; 1996: 9,805; BD: 15 Ew./km²; WR 1990–96: 2,1 %; UZ 1996: 26 %, AQ: 76 %;

Somalier (NAT)
  I. Somali, Somalians (=en); somali, somaliens (=fr); somalís (=sp).
  II. StA. der DR Somalia. Landesbev. besteht aus schätzungsweise 95 % Somali, daneben aus Bantu, Arabern, Ogadeni u. a.

Somaliland (TERR)
  B. Ehem. britische Kolonie S., heute nördlichste Teilregion von Somalia, die aber 1991 ihre Sezession von Somalia erklärt hat.

Somasker (REL)
  I. römisch-kath. Orden vom heiligen Majolus.
  II. Mitglieder dieses Klerikerordens, gegr. 1532 in Somascho, Lombardei.

Somba (ETH)
  I. Gurma und verwandte Stämme.
  II. schwarzafrikanisches Volk in Benin (1996: 395 000), Burkina Faso (dort Gurma 1996: rd. 535 000) und Togo.

Sommerfrischler (SOZ)
  I. Altbez. aus der Zeit vor dem I.WK für die noch seltenen Feriengäste, die sich aus den sommerlichen Städten zur Erholung in die »Frische« der See (z.B. Deauville/Frankreich), des Gebirges (z.B. Ritten-Plateau/Südtirol), des bäuerlichen Umfeldes begaben (Sommersitze). Vgl. aber auch Yailabauern.

Somono (SOZ)
  II. Berufskaste islamischer Fischer am Niger im Wohngebiet der Bambara.

Sondersiedler (WISS)
  II. Terminus in der ehem. UdSSR für die im II.WK zwangsumgesiedelten Ethnien, deren Angeh. meist wie Verbannte behandelt wurden, ihre Männer zw. 15 und 55 J. waren häufig getrennt und in die Arbeitsarmee eingezogen, die seit 1942 dem Lagersystem GULag unterstellt war. Vgl. Wolgadeutsche.

Songe (ETH)
  I. Basonge, Bassongo.
  II. Untereinheit der Luba, mit Bantu-Spr. aus der Benue-Kongo-Gruppe im S der DR Kongo; treiben Anbau von Maniok und Mais. Hochstehende Schnitzkunst.

Songhai (ETH)
  I. Songai, Songoi, Sonhrai, Sonrhay.
  II. großes Volk der Sudan-Neger mit einer nilosaharanischen Eigenspr. Songhai am mittleren Niger in Mali (1983: 557 000; 1996 rd. 700 000), Niger und Nigeria. Dialekt- und Untergruppen sind die Dendi und die Djerma/Dzherma. Songhai sind hpts. Bauern sowie Fischer und Jäger, auch Schmiede und Töpfer. S. traten im 8. Jh. in das Licht der Geschichte, Gründung eines Staates mit Zentrum Gao; besaßen im 15./16. Jh. ein mächtiges Königtum, das sich das Mali-Reich und Mauretanien einverleibte und den Karawanenhandel in der w. Sahara beherrschte. Es wurde um 1600 durch die Sultane von Marokko seiner Macht beraubt. S. treiben noch heute intensiven Handel; sind Muslime.

Songhai (SPR)
  II. nilo-saharanische Spr., die als Verkehrsspr. in Mali und Niger dient; rd. 2 Mio. Sprecher (1990).

Songola (ETH)
  II. ethnische Einheit mit Bantu-Spr. am Kwenge-Fluß im S der DR Kongo, ca. 200 000–300 000; Fischfang und Jagd neben Kleintierhaltung.

Songomeno (ETH)
  I. Basonge-Meno.
  II. Stamm von Bantu-Negern im n. Kongogebiet.

Soninke (ETH)
  I. Sarakolle, Sarakole, Seracolet, Sarakales.
  II. durch Kolonialgrenzen geteiltes Sudan-Volk, wohnhaft beiderseits des Senegal und im Grenzgebiet von Mali zu Mauretanien; stärker durch Spr. und Tradition als Staatsangehörigkeit gebunden. Verbreitet in Senegal (dort 1976 bei rd. 115 000 ca. 1,7 % der Staatsbev.), in Mauretanien (1983: 2,8 %), Mali (1983: 8,8 %) und mit 45 000 Individuen (1978) auch in Gambia. S. waren wichtige Mittträger im alten Gana-Reich (bes. 8./9. Jh.) und im Soso-Reich. Seit jeher waren S. ausgezeichnete Händler (trugen Karawanenverkehr nach Marokko) und Gewerbetreibende; sind Muslime. Trotz aller Mischung mit Arabern überwiegt eindeutig das negride Element. Berühmt durch ihre noch gegenwärtigen Spielmannsgeschichten. Vgl. Mande-Völker.

Soninke (SPR)
  I. eine Mande-Spr., verbreitet als Verkehrsspr. in Mauretanien, Senegal, S-Mali und Burkina Faso; rd. 1 Mio. Sprecher.

Sonnentempler (REL)
I. aus Ordre Renové du Temple (=fr) als Institution: OTS; temple soleil (=fr).
II. Anh. einer Sekte mit apokalyptischen und selbstzerstörerischen Tendenzen; verbreitet in Westalpen (Schweiz, Frankreich) und Kanada; bekannt durch rituell inszenierte Massen(selbst?)morde (»Transit zu Sirius«) seit 1994.

Sonoride (BIO)
II. Terminus bei *BIASUTTI* (1955) für Margide bei v. *EICKSTEDT* (1934, 1937).

Sorani (SPR)
II. Dialekt irakischer Kurden entlang der iranischen Grenze, bes. in den Städten gesprochen.

Sorben (ETH)
I. Eigenname: Serbja; »Wenden«.
II. Restgruppe der Elbslawen, als weitgehend eingedeutschte westslawische Minderheit in Ober- und Niederlausitz mit Spreewald ansässig. S. erlangten 1947 in der damaligen DDR politische Aufwertung und kulturelle Autonomie (Domowina), Sorbisch Anerkennung als Amts- und Gerichtsspr. Dennoch verlor sich Zahl der Anhänger durch Assimilation und Zerstörung ihres Lebensraumes (Braunkohleabbau) auf knapp 60 000 (1989) gegenüber 164 000 (1884). Bei 1. Landtagswahl in Brandenburg 1990 erhielt ihre Liste nur 0,09 % der Stimmen. S. sind bis auf kleinen katholischen Anteil in der sächsischen Oberlausitz ganz überwiegend (90 %) Protestanten.

Sorbisch (SPR)
I. Wendisch.
II. westslawische Spr., von vorgeblich 67 000 Menschen in 169 Gemeinden in der Lausitz/Deutschland gesprochen. Zwei Dialekte: Ober-S./Upper Sorb (=en) um Bautzen (dem Tschechischen verwandt) mit rd. 40 000; Nieder-S./Lower Sorb (=en) um Cottbus (dem Polnischen verwandt) mit rd. 20 000 Sprechern. Beide Dialekte waren seit 1945 Amts- und Gerichtsspr. in der DDR und wurden stark gefördert. Insbes. Ober-S. im sächsischen Bereich dauert auch heute als Zweitspr. fort; Schulspr. bis zur Gymnasialstufe. Vgl. Sorben.

Sororat (WISS)
II. Ehegemeinschaft, in der ein Witwer die Schwester seiner verstorbenen Frau geheiratet hat.

Sotho (ETH)
I. Basuto (nach kulturell höchststehendem Süd-Sotho).
II. große Völkergruppe der SE-Bantu im s. Afrika mit mind. 6 Mio. S. sind in Großstämme, die aber wenig Gemeinsamkeit mehr bilden, zu untergliedern: Süd-Sotho/S-Sotho/Southern S. mit Sutho und Kololo im Basutoland, nachmalig Lesotho. Vgl. Zulund West-Sotho/W-Sotho/Sotho-Tswana/Tswana/Westtschwana/Betschuanen/ Cwana. Verbreitet im inneren Südafrika mit einst britischem Eigenterritorium Bechuana, seit 1966 souveränem Botswana; Unterstämme sind: Bamangwato, Bakwena, Barolong/Rolong, Bahurutse/Hurutse, Kalahari. Vgl. auch Tswana. Nord-Sotho/N-Sotho in Transvaal mit wichtigstem Unterstamm Pedi/Bapedi. Ost-Sotho/E-Sotho, Ostschwana mit Kagathia. Die S. sind heute Pflugbauern und Viehhalter.

Sotho (SPR)
I. Sesotho sa Leboa, e. Bantu-Spr.; Sotho (=en).
II. Staatsspr. in Lesotho/Südafrika; verbreitet auch in Transkei, Transvaal, Betschuanaland, Basutoland; > 3 Mio. Sprecher. Niger-Congo-Spr. der Benue-Congo-Gruppe in zwei Varianten: S-Sotho, Southern Sotho in Südafrika und Lesotho, gesprochen von 4 Mio.; N-Sotho, Northern Sotho in Südafrika mit rd. 3 Mio. Sprechern.

Soto-Sekte (REL)
II. wichtige Richtung des Zen-Buddhismus, Meditation und Atemtechnik.

Sou (ETH)
II. Kleingruppe am Sekong und Sekamane im Tiefland von Laos; Anzahl rd. 1000, mit einer Mon-Khmer-Spr.

Souei (ETH)
II. kleine ethnische Einheit in S-Laos; rd. 10 000 Köpfe, mit einer Mon-Khmer-Spr. Buddhisten, in Teilen christianisiert.

South Africans (NAT)
(=en) s. Südafrikaner.

Sowchose-Beschäftigte (WISS)
I. aus sowjetskoje chosjajstwo.
II. staatlich besoldete Landwirte, die unter der sowjetischen Kollektivierung auf den Gütern früherer Großgrundbesitzer, den nunmehrigen Sowchosen, industrialisierten landwirtschaftlichen Großbetrieben, beschäftigt wurden.

Sowjetbürger (NAT)
I. Soviets (=en), les soviétiques (=fr); soviéticos (=sp).
II. StA. der ehem. UdSSR.

Sowjetisch Zentralasien (TERR)
C. Überbegriff zu Zeiten der UdSSR, schloß ein: Kasachische, Usbekische, Turkmenische, Tadschikische und Kirgisische SSR. Central Asia, Soviet Central Asia (=en).

Sowjets (NAT)
I. Soviets (=en).
II. sofern für StA. der (ehem.) UdSSR benutzt, ein sachlich falsch gebildeter Begriff, da S. (rs=) »Rat« bedeutet.

Sowjets (SOZ)
I. (=rs); »Räte«, Volksräte.
II. ursprünglich die Arbeiter-, Bauern- und Soldatenräte der russischen Revolutionen 1905 und 1917

als Träger polit. Gewalt, dann, unter Einfluß der Bolschewiki, 1917/18–1991 wurde das Sowjets-System von Dorf-, Stadt- und höheren Territorial-S. zur Grundlage des Staatsaufbaues in der UdSSR. Begriff Sowjetrussen ist eine irreführende polit. Floskel im zeitbedingten Sinn für Sowjetbürger, womit wiederum StA. der UdSSR gemeint waren. Vgl. Bolschewisten, Menschewiki.

Sowjetunion (TERR)
C. UdSSR. Amtl. Bez. Union der Sozialistischen Sowjetrepubliken; (rs=) Sojus Sowjetskich Sozialistitscheskich Respublik. Ehem. auf dem Territorium des Russischen Reiches bestehender Bundesstaat von 15 Sowjetrepubliken in Nordeurasien, 1922 durch Zusammenschluß der Russischen SFSR zunächst mit SSR Ukraine, Weißrußland und Transkaukasischen SSR, aufgelöst 1992/94. The Soviet Union, USSR (=en); l'Union soviétique, URSS(=fr); la Unión Soviética, URSS (=sp); uniáo soviética (=pt); unione sovietica (=it). s. UdSSR, Rußland, Ukraine, Weißrußland.

Sowjetzonenflüchtlinge (WISS)
I. Republikflüchtige.
II. Deutsche, die nach Einbeziehung Mitteldeutschlands in den kommunistischen Machtbereich und Wiedergewinnung der Souveränität in der BR Deutschland 1949 in einer gigantischen Abzugsbewegung die sowetisch besetzte »Zone« verließen: 1945–1949 rd. 1,3 Mio., seit 1950 weitere 3,4 Mio. bis 1961 der Bau der »Mauer« durch die DDR Fluchtmöglichkeit unterband. Es handelte sich überwiegend um initiative Menschen im aktiven Lebensalter, die wesentlich zum Wiederaufstieg der westdt. Wirtschaft beigetragen haben. Vgl. Republikflüchtige, Westwanderer.

Soziale Verwandte (SOZ)
I. künstliche Verwandte.
II. nicht auf biologische Verwandtschaft, sondern auf gesellschaftliche Normierungen (z.B. Adoption) beruhende Verwandtschaftskategorien, z.B. »Soziale Eltern« im Dt. Recht; sowohl in modernen wie in primitiven Gesellschaften auftretend.

Sozialgeographische Gruppen (WISS)
II. Sozialgruppen, sofern sie Raumwirksamkeit entfalten.

Sozialgruppen (WISS)
I. soziale Gruppen.
II. Merkmalsgruppen, die u.a. sozialstat. kategorisiert oder nach Handlungsroutinen typisiert werden.

Sozialkategorie (WISS)
I. Soziale Kategorie, demographische Gruppe, Sekundärgruppe.
II. Personengruppe, die durch ein oder mehrere gleiche sozialrelevante/demographisch wichtige Mermale (z.B. Geschlecht, Alter, Religion, Rasse) gekennzeichnet ist.

Sozialschwache (SOZ)
I. Minderbemittelte, Arme (s.d.).

Sozinianer (REL)
I. Socinians (=en).
II. christliche Reformlehre im 16. Jh. in Polen, aus dem Antitrinitarismus (Unitarismus) durch L. und F. Sozini entwickelt. Durch polnische Gegenreformation wurden S. nach Siebenbürgen, Deutschland, Niederlande, England und USA vertrieben; in Niederlande Verschmelzung mit Arminianern und Mennoniten. Vgl. Unitarier, Antitrinitarier.

Spaghettis (SOZ)
I. Maccaronis (=en); Pasta-, Polentaesser.
II. Spitzname in Mitteleuropa für Italiener.

Spagnoli (SOZ)
II. sephardische Flüchtlinge in Italien und in Balkanstaaten.

Spahis (SOZ)
I. aus sipahi (tü, pe=) »Krieger«.
II. 1.) einem Fürsten zu Kriegsdiensten verpflichteter Adliger in Mittelasien; 2.) einstige türkische Reitertruppe; 3.) im 19./20. Jh. Angeh. von aus Nordafrikanern rekrutierter französischer Kavallerieeinheit. Vgl. Sepoys.

Spanglish (SPR)
II. ein in fortschreitender Angloamerikanisierung befindliches Spanisch, das sich (neben Englisch und Spanisch als Amtsspr.) auf Puerto Rico seit 1898 als Umgangsspr. ausgebildet hat und für 3,5 Mio. Insel-Puertoricaner, aber auch für eine stetig wachsende Zahl auf das Festland abgewanderter P.R. dient.

Spanien (TERR)
A. Königreich. Umfaßt die Balearen, Las Palmas (Kanarische Inseln), Santa Cruz de Tenerife (Kanarische Inseln) und die Spanischen Hoheitsplätze in N-Afrika. Reino de España (=sp). Kingdom of Spain, Spain (=en); Royaume d'Espagne, l'Espagne (=fr); Spagna (=it); Espanha (=pt).
Ew. 1594: 8,207; 1768: 9,160; 1797: 10,541; 1828: 11,411; 1860: 15,645; 1887: 17,534; 1897: 18,066; 1910: 19,927; 1920: 21,303; 1930: 23,564; 1940: 25,878; 1950: 27,977; 1960: 30,431; 1970: 33,824; 1981: 37,746; 1996: 39,260, BD: 78 Ew./km^2; WR 1990–96: 0,2%; UZ 1996: 77%, AQ: 5%

Spanier (ETH)
I. Eigenbez. Españoles; Spaniards (=en); Espagnols (=fr); spagnoli (=it); espanholes (=pt).
II. 1.) StA. des Königreichs Spanien auf der Iberischen Halbinsel, auf Balearen, Kanarischen Inseln und in den Presidios Nordafrikas: 39,260 Mio. Ew. (1996). 2.) im ethnischen Sinn die Kastilier, die 66% von Spaniens Gesamtbev. ausmachen; ihre Spr. ist Castellano, aus dem die spanische Schriftspr. hervorgegangen ist; sie sind römisch-katholische Christen

(bis 1978 Staatsreligion). Weitere Ethnien Spaniens sind die Katalanen, Galizier und Basken. Um 1500 zählte Spanien kaum 10–11 Mio. Ew., um 1700 (nach Austreibung von Moriscos und Juden sowie Pestverlusten nur mehr 6 Mio.), gleichwohl waren Spanier (insbes. Katalanen und Galizier) bei der europäischen Weltentdeckung und kolonialen Inbesitznahme führend beteiligt. Von Spanien aus entdeckte Kolumbus Amerika. Den Entdeckern folgten Soldaten und Missionare, Abenteurer und Siedler. So kam es, daß spanische Kultur und Spr. heute in Süd- und Mittelamerika sowie in Teilen Afrikas (Angola und Mosambik) und SE-Asiens (Philippinen, Osttimor) vorherrscht; vgl. Lateinamerikaner.

Spanier (NAT)
II. StA. des Kgr. Spanien incl. Balearen und d. nordafrikanischen Presídios/Plazas de Soberanía en Africa. Bev. setzt sich mehrheitlich aus Kastiliern (72,3%), Katalanen (16,3%), Galiziern (8,1%) und Basken (2,3%) zusammen. 4 Mio. S. leben im Ausland, wovon die Hälfte in Amerika. Vgl. Balearer, Kanarier; Spanischsprachige.

Spaniolen (REL)
II. Nachkommen der aus Spanien vertriebenen Juden.

Spaniolisch (SPR)
I. Spaniolen; Dschudesmo, Ladino; Judenspanisch; judeoespañol (=sp).
II. hebräisch-altkastilianische Mischspr. der Sephardim; die Spr. der in der Inquisitionszeit aus Spanien und Portugal vertriebenen Juden. Mit deren Zerstreuung über Nordafrika, Vorderasien, Westeuropa und Balkan wurde sephardische Kultur einschl. spaniolischer Spr. weit verbreitet. S. hat sich in Gastländern fortentwickelt, insbes. arabisches, türkisches, italienisches, griechisches und bulgarisches Vokabular aufgenommen, aber den altspanischen Lautstand bewahrt. In Israel hat S. eine orthographische Normierung erfahren. Längst sprechen nicht mehr alle Sephardim S., doch gut ein Drittel aller Sepharden in Israel benutzt es noch im Alltag, es gibt tägliche Rundfunksendungen und eine eigene Zeitschrift. Auch in Jugoslawien, Bulgarien (in Ruse 1918 noch 17000 nach *Elias Canetti*) und in der Türkei (1927 noch 69000 Sephardim) wird oder wurde unlängst S. noch gesprochen. Vgl. Sephardim, Ladino-spr.

Spanisch (SPR)
I. Castellano, Kastilisch; Spanish (=en); espagnol (=fr); spagnuolo (=it); Espanhol (=pt).
II. auf der Iberischen Halbinsel, aus dem Vulgärlatein unter Aufnahme fremder (keltischer, griechischer, phönizischer) Elemente entstanden, zum westlichen Zweig der romanischen Spr. zählend. Die heute herrschende Schriftspr. ist aus dem Kastilianischen/Castellano hervorgegangen. Sp. ist Hoheitsspr. in Spanien (mit Kanarischen Inseln) sowie, bei Ausnahme von Brasilien und den drei Guayanas, in allen Staaten Südamerikas, vom Kap Hoorn bis zum Rio Grande mit 344 Mio. (1990). Während Spanisch in s. USA heute den einst verlorenen Einfluß zurückgewinnt, hat es seine alte Funktion als Überspr. auf den Philippinen an das Englische verloren, obschon dort kaum eine der vielen eingeborenen Spr. nicht in irgendeiner Weise durch das Spanische geprägt worden wäre. Noch gibt es auf der Ebene der Colleges und Universitäten ein zweijähriges Obligatorium für Spanisch, doch spricht nur mehr eine kleine Minderheit von 2% der Gesamtbev. Spanisch als Hochspr. Es wird weltweit gesprochen von 362 Mio., wovon in Europa von 28,6 Mio. (1991) und ist damit die nach Englisch weitestverbreitete Kultur- und Verkehrsspr. Spanisch ist eine der sechs offiziellen Spr. der UNO. Vgl. Spanish Americans, Hispanics.

Spanisch Nordafrika (TERR)
C. Ehem. Zona de Protectorado de España en Marruecos (=sp) in Marokko. Vgl. Presidios.
Ew. bei wechselnden Grenzen 1902–1950: 1940: 0,992; 1945: 1,082; 1950: 1,010;

Spanische Hoheitsplätze in Nordafrika (TERR)
Umfassen Alhucemas, Ceuta, Chafarinas, Melilla, Vélez de la Gomera. S. Presidios. The Places under Spanish Sovereignty in North Africa (=en); les Places de Souveraineté Espagnole en Afrique du Nord (=fr); las Plazas de Soberanía del Norte de Africa (=sp).

Spanische Sahara (TERR)
C. Zwischen 1885 und 1904 von Spanien annektiert, Teilbereiche: Saguia al Hamra (im N), Rio de Oro (im S); 1834–1958 mit Sidi Ifni als Spanische Westsahara zusammengefaßt, dann 1958–1976 spanische Überseeprovinz; vom 28. 2. 1976 bis August 1979 von Marokko und Mauretanien gemeinsam, seitdem von Marokko allein verwaltet. Spanish Sahara (=en); le Sahara Espagnol (=fr); el Sáhara Español (=sp). Vgl. Rep. Sahara, Marokko.
Ew. 1940: 0,024; 1945: 0,026; 1950: 0,014

Spanisch-Guinea (TERR)
C. Zu den »Territorios Españoles del Golfo de Guinea« zählten: Guinea Continental Española, Isla de Fernando Poo, Isla de Annobón/Ambo und andere Inseln vor Mündung des Ria de Pto. Iradier. Spanish Guinea (=en); Guinée espagnole (=fr).
Ew. 1932: 0,167, 1942: 0,171; 1950: 0,199; BD: 1950: 7 Ew./km²

Spanisch-Westafrika (TERR)
C. Ehemals zusammenfassende Bez. der Kanarischen Inseln und der Spanischen Sahara. Spanish West Africa (=en); l'Afrique-Occidentale Espagnole (=fr); el Africa Occidental Española (=sp). Vgl. Spanische Sahara, Ifni; Kanarische Inseln.

Spanish Americans (SOZ)
I. (=en); Vgl. Hispanics.

Spartakisten (SOZ)
I. nach Spartakus, dem Anführer des Sklavenaufstandes 74–71 v.Chr. gegen die Römer.
II. Anh. einer 1917 in Deutschland entstandenen linksradikalen revolutionären Bewegung.

Spartiaten (SOZ)
I. Hominoioi (agr=) »die Gleichen«; nach antiker griechischer Stadt Sparta.
II. die Herrenschicht der nach dem Peloponnes eingewanderten Dorer, die, im Unterschied zu den Periöken im Hügelgebiet, in den Ebenen Lakoniens ihren Sitz nahmen; nur S. waren polit. vollberechtigt und fast alleinige Besitzer allen Nutzlandes, das durch die unterworfenen Heloten bewirtschaftet wurde. Streng geregeltes Gemeinschaftsleben u.a. »Herden« der Knaben (Paides), der 14–20 J. alten Jünglinge (Eirenes), Speise- oder Zeltgemeinschaften (Syssitien) der Erwachsenen.

Spätaussiedler (WISS)
Ihre Zahl belief sich (1990–1995) jährlich auf 190000–200000, deren Großteil aus der ehem. UdSSR kam. Vgl. Aussiedler, Spätrücksiedler.

Spätheimkehrer (WISS)
II. amtl. Bez. in Deutschland gemäß Heimkehrergesetzen von 1953 und 1960 für dt. Kriegsteilnehmer, die bei festgelegten Stichtagen 1949/51/55 erst lange nach Kriegsende aus der Gefangenschaft heimkehrten.

Spazzocamini (SOZ)
I. (=it); Kaminkehrerbuben.
II. Buben armer Bergbauern aus den Südalpen (u.a. Centovalli, Onsernonetal), die im 19. Jh. in oberitalienischen Städten als lebende Besen die Kamine zu säubern hatten. Vgl. Schwabenkinder.

Speckdänen (SOZ)
II. mißbilligende Bez. für jene Bew. in Schleswig-Holstein, die sich am Ende des II.WK aus reinen Opportunitätsgründen als Mitglieder der dänischen Minderheit ausgaben. Vgl. Nordschleswiger.

Spezposeljenzy (SOZ)
I. (=rs); »Sondersiedler«.
II. Deportierte in den Verbannungsgebieten der UdSSR.

Spontansiedler (WISS)
Vgl. Squatters, Slumsiedler.

Sprachgemeinschaften (SPR)
II. Menschengruppen mit wesentlich gleichem Sprachbesitz, die sich im Zusammenleben, in der »sozialen Interaktion«, einer bestimmten gemeinsamen Spr. bedienen. Grundsätzlich handelt es sich um die von Geburt her gegebene Mutterspr. (s. Muttersprachler), die aber im Wohngebiet weder der Umgangsspr. (colloquial language) noch der herrschenden Hochspr. (standard language) entsprechen muß. Spr. werden einer Bev. durch Verfassung, Gesetz oder Gewohnheitsrecht als Staats-/National-Spr. (national language), Arbeits-, Amts-Spr. (official language) oder auch nur als jeweilige Hauptspr. (principal language) bindend vermittelt bzw. verordnet. Oft bedienen sich Staaten einer restriktiven Politik, um eine sprachliche Vereinheitlichung durchzusetzen. Mit gewissen Ausnahmen (Altösterreich, Ungarn) sind besondere Regelungen zum Schutz von Minderheitssprachen eine Errungenschaft erst des späten 20. Jh. Die Charta für Regional- und Minderheitsspr. hat 1992 den Gebrauch von Regionalspr. im privaten und öffentlichen Leben als ein unveräußerliches Recht festgeschrieben. Sprgem. sind vielfach gegliedert; in Mundarten/Dialekte, ferner in Alters- und Geschlechtermundarten, vor allem nach Klassenmundarten (incl. von Soziolekten wie Slangs, Jugendspr., Rotwelsch usw.) gemäß sozialer Stellung, Bildungsgrad, Stand und Beruf (letztere als Sondersprachen gefärbt und angereichert durch Sachtermini und Berufsüberlieferung z.B. verwaltungsjuristisch). Sie alle werden durch den gemeinsamen Besitz der »Gemeinsprache« zusammengehalten. Ferner zu unterscheiden sind diese Nutzungen als Varianten der situationsgebundenen Umgangsspr. im täglichen Leben von der herausgehobenen Hochspr. der Literatur, Wissenschaft und des zeremoniellen Spr.gebrauchs (Japan); die deutsche Hochspr. verfügt über 400000 Wörter, die Umgangsspr. kommt mit 3000–4000 Wörtern aus. Viele (doch längst nicht alle) Angeh. einer Sprgem. beherrschen mehrere dieser Sonderformen. Die Menschheit gliedert sich »notwendig, lückenlos und unterbrochen« in Sprgem., (WEISGERBER), denn erst gemeinsame Spr. ermöglicht Zusammenleben aller ihrer Angeh. über politische, religiöse und kulturelle Grenzen hinweg. Neben relativ wenigen großräumigen Bereichen homogenen Spr.gebrauchs steht eine Vielzahl kleingegliederter Sprgem. Selbst europäische Nationalstaaten weisen sprachliche Minderheiten auf. Drittweltstaaten beherbergen oft sogar zahlreiche verschiedene Sprgem. (Nigeria, Indien). In solchen Fällen bedarf es übergeordneter Koordinationsmittel. Als solche bieten sich die Hoheitsspr. der ehem. Kolonialmächte an oder aber die einheimischen Verkehrsspr. (vehicular languages). Spr. stiftet Gemeinsamkeit; gemeinsamer Besitz der Mutterspr. begründet Lebensgefühl, Mentalität usw. Gründliche Aneignung von Fremdspr. erweitert das soziale Zusammenleben im Übergriff zu fremden Sprgem. Auch späterer Spr.wechsel ist möglich, bleibt aber Ausnahme, ebenso wie gleichwertige Zugehörigkeit zu mehreren Sprgem. (vgl. Bilinguisten) in Grenzgebieten und innerhalb über- oder unterwandernder Minderheiten. Ausdehnung und Verbreitung der Sprgem. läßt Ursachen und Hinweise auf historische und aktuelle Spr.bewegungen erken-

nen. Kulturelle Einflüsse werden am Lehngut des Wortschatzes kenntlich; Mischspr. zeigen Verwandtschaften auf. Sprgem. weisen höchst unterschiedliche Größe auf, von wenigen Hundert bis zu vielen Millionen. Vgl. Bilinguisten, Muttersprachler.

Sprayer (SOZ)
I. aus spray (=en) »sprühen«, »bespritzen«; Graffiti-Sprüher; abgeleitet aus (it=) Sgraffito »geritzte Inschrift« oder »figürliche Darstellung«.

Squatters (SOZ)
I. (=en); Squats, »wilde Siedler«, Spontansiedler; in Australien: farmers (=en); Homesteaders (=en); intrusos, parasitarios, ocupantes (=sp).
II. Bez. für Ansiedler ohne Besitzrechtstitel; 1.) Landflüchtige, Obdachlose, Illegale, Flüchtlinge, die Privat- und Regierungsland (selbst in städtischen Park- und Verkehrsanlagen) besetzen und ihre Notunterkünfte errichten. Fallweise ist ihr Anteil an der Gesamtbev. enorm, z.B. in Prov. Gauteng/Südafrika 2,2 Mio. bei 9 Mio. Ew. 2.) Terminus bes. gebräuchlich im englischen Spr.gebiet der ehem. Kolonien, in USA für Ansiedler an der Pioniergrenze. 3.) In Südafrika auch für Eingeborene auf Farmen von Weißen, die dort geduldet oder auch als Pächter einer agrarischen Tätigkeit nachgehen. 4.) Seit 80er Jahren in Großbritannien auch für städtische Hausbesetzer.

Squawman (BIO)
II. pejorative Bez. der Nordamerikaner und Südstaatler für einen Weißen, der eine Indianerin geheiratet und mit ihr Kinder gezeugt hat.

Squires (SOZ)
II. (=en); im 16.–19. Jh. Bez. und Titel für englische Gutsherren, die auch polit. und juristische Befugnisse besaßen.

Sramanen (REL)
I. Sramana Sg.; »Hauslose«.
II. umherziehende, meist buddhistische Anachoreten in Indien, die ihr Heil ohne priesterliche Hilfe und befreit von allen sozialen Bindungen in persönlicher Disziplin suchen. Vgl. Wandermönche.

Sranantongo (SPR)
I. Sranan Tongo; Taki-taki.
II. ein vom afrikanischen Wortschatz und Syntax der ehem. Negersklaven durchsetztes Englisch, das in Britisch Guayana und Surinam im Gebrauch steht, aber wenig zur Integration der dortigen Mischbev. beigetragen hat. Um 1990 rd. 160 000 Sprecher.

Srarhna (ETH)
II. berberische Stammes-Konföderation in W-Marokko. Vgl. Berber.

Sre (ETH)
II. Volk am Südrand des annamitischen Gebirges in S-Vietnam; Anzahl 30 000–50 000 mit Mon-Khmer-Spr., Schamanentum. Reisbauern.

Sri Lanka (TERR)
A. Demokratische Sozialistische Republik Sri Lanka, ehem. Ceylon. Unabh. seit 4. 2. 1948; Bez. Sri Lanka seit 1978. Sri Lanka Prajatantrika Samajawadi Janarajaya (=singh.); Sri Lanka Prathabtrika Samajavadi Janarajaya; Ilangai jananayage socialisak kudiarasu (=tamil.). The Democratic Socialist Republic of Sri Lanka, Sri Lanka (=en); la République socialiste démocratique de Sri Lanka, Sri Lanka (=fr); la República Socialista Democrática de Sri Lanka, Sri Lanka (=sp).
Ew. 1871: 2,400; 1881: 2,760; 1891: 3,008; 1901: 3,566; 1911: 4,106; 1921: 4,498; 1931: 5,306; 1946: 6,657; 1951: 7,876; 1961: 10,134; 1971: 12,608; 1981: 14,850; 1996: 18,300, BD: 279 Ew./km^2; WR 1990–96: 1,2%; UZ 1996: 22%, AQ: 10%

Srilanker (NAT)
I. Sri Lankans (=en); sri lankais (=fr); Altbez. Ceylonesen.
II. StA. von Sri Lanka, unabhängig seit 1948; Name Sri Lanka seit 1978. Bev. besteht zu 74% aus Singhalesen, 13% Jaffna-Tamilen, 6% Indien-Tamilen, 7% Moors (Muslime).

St. Christoph-Nevis (TERR)
C. In der Verfassung des Landes angegebene Alternativbezeichnung für St. Kitts und Nevis (s.d.); ehem. Assoziierter Staat St. Christoph-Nevis-Anguilla. Saint Christopher-Nevis-Anguilla (=en); Saint-Christophe-et-Nièves-et--Anguilla (=fr); (the Federation of) Saint Christopher and Nevis (=en); (la Fédération de) Saint-Christophe-et-Nièves (=fr); (la Federación) San Cristóbal y Nieves (=sp).

St. Georger (ETH)
II. Bew. des habsburgischen Militärgrenzbezirks von Djurdjevac-Bjelovar im 18. Jh.

St. Helena (TERR)
B. Britische Kronkolonie mit Nebengebieten (Ascension und Tristan da Cunha) im Südatlantik. The Crown Colony of St. Helena and Dependencies, Saint Helena (=en); la colonie de la Couronne de Sainte-Hélène et dépendances, Sainte-Hélène (=fr); la Colonia de la Corona de Santa Elena y Dependencias, Santa Elena (=sp).
Ew. 1993: 0,006, BD: 53 Ew./km^2

St. Kitts und Nevis (TERR)
A. Föderation. Früher einer der Assoziierten Staaten; unabh. seit 19. 9. 1983. The Federation of Saint Kitts and Nevis, Saint Kitts and Nevis (=en); la Fédération de Saint-Kitts-et-Nevis, Saint-Kitts-et-Nevis (=fr); la Federación de San Kitts y Nieves, San Kitts y Nieves (=sp).
Ew. 1980: 0,043; 1996: 0,041, BD: 157 Ew./km^2; WR 1990–96: –0,5%; UZ 1996: 41%, AQ: 10%

St. Kitts-Insulaner (NAT)
I. Kittitians (=en); Nevisians (=en).

II. StA. des karibischen Inselstaates St. Kitts und Nevis. Bev. von 41 000 (1996) setzt sich zusammen aus 86% Schwarzen und 11% Mulatten; europäische, indische und chinesische Minderheiten.

St. Lucia (TERR)
A. Früher einer der mit Großbritannien »Assoziierten Staaten« in der Karibik; unabh. seit 22. 2. 1979.
Saint Lucia; Sainte-Lucie; Eigenbez. Sent Lisi. Saint Lucia (=en); Sainte-Lucie (=fr); Santa Lucía (=sp).
Ew. 1980: 0,115 Z; 1996: 0,158, BD: 256 Ew./km²; WR 1990-96: 1,0%; UZ 1996: 47%, AQ: 18%

St. Lucianer (NAT)
I. Saint Lucians (=en); saint-luciens (=fr); santalucenses (=sp). s. Lucianer.

St. Martin und St. Maarten (TERR)
B. Karibeninsel, deren s. Teil zu den Niederländischen Antillen, deren n. als Teil des Departements Guadeloupe zu Frankreich gehört. Saint Martin (=en); Saint-Martin (=fr); San Martín (=sp).
Ew. 1950: 1500; 1995: 60 000

St. Pierre und Miquelon (TERR)
B. Territorium St. Pierre und Miquelon; früher französisches Übersee-Departement; seit 11. 6. 1985 Gebietskörperschaft der Französischen Republik. Iles Saint-Pierre et Miquelon (=fr). The Territorial Entity of Saint Pierre and Miquelon, Saint Pierre and Miquelon (=en); la Collectivité territoriale de Saint-Pierre-et-Miquelon, Saint-Pierre-et-Miquelon (=fr); la Colectividad territorial de San Pedro y Miquelón, San Pedro y Miquelón (=sp).

St. Pierre-Miquelon-Franzosen (ETH)
II. Bew. des gleichnamigen Archipels vor der S-Küste der kanadischen Provinz Neufundland im N-Atlantik; rund 6400 Ew. auf 242 km²; normannischer, bretonischer und baskischer Abstammung und französischer Nation in der kleinsten Collectivité territoriale Frankreichs.

St. Vincent und Grenadinen (TERR)
A. Inselgruppe innerhalb der Windwardinseln; früher einer der Assoziierten Staaten; unabh. seit 27. 10. 1979. St. Vincent and the Grenadines (=en). Saint-Vincent, Saint-Vincent-et-Grenadines, Grenadines (=fr); San Vicente, San Vicente y las Granadinas, las (islas) Granadinas (=sp).
Ew. 1980: 0,098; 1996: 0,122, BD: 288 Ew./km²; WR 1990-96: 0,7%; UZ 1996: 45%; AQ: 18%

Staatenlose (WISS)
I. Personen, die in keinem Staat staatsbürgerliche Rechte und Pflichten haben; stateless (=en); apatrides (=fr); apòlidi (=it); apátridas (=sp); individuos sem nacionalidade (=pt).
II. Personen, die von Geburt an keine Staatsangehörigkeit besitzen oder solche, die sie später (u. a. durch Ausbürgerung oder Verzicht) verloren haben ohne automatisch (etwa bei Gebietswechsel zwischen zwei Staaten) eine andere Staatsangehörigkeit zu erlangen. Staatenlos sind vielfach Nomaden und andere Dauerwanderer (z.B. Zigeuner, bes. in Rumänien), die eine feste Staatsangehörigkeit ablehnen. Auch gewisse Flüchtlingskategorien entbehren jeglichen staatsbürgerlichen Schutzes, die »displaced persons« (s.d.) z.B.: russische Revolutionsflüchtlinge 1922, Armenier 1924, Assyrer und Türken 1928, Gegner des Saarland-Anschlusses 1935; ihnen war der »Nansen-Paß« zugedacht. Mitunter wird ganzen diskriminierten Minderheiten die Staatsangehörigkeit entzogen: vgl. Juden, Maktoumeena.

Staatsangehörige (WISS)
I. Staatsbürger; citizens (=en); citoyens (=fr); cittadini (=it); cidadóes (=pt); ciudadanos (=sp).
II. bezogen auf einen Staat diejenigen, welche die Staatsangehörigkeit dieses Staates besitzen, unabhängig davon, ob ihr Wohnsitz innerhalb oder außerhalb dieses Staates begründet ist. Im Unterschied zu Staatszugehörigen besitzen die StA. volle Bürgerrechte. Die Staatsangehörigkeit kann durch Geburt (entweder durch Abstammung, Abstammungsprinzip: ius sanguinis) von einem StA., so in Deutschland, oder durch Geburt im Staatsgebiet (Gebietsprinzip: ius soli) oder durch beide im Mischsystem begründet sein, aber auch unter bes. Bedingungen durch Zuerkennung (Eingebürgerte, Naturalisierte, »Einkauf« und »Erheiratung«) erworben werden. Grundsätzlich darf eine StA. nicht entzogen werden, gleichwohl gibt es »Ausgebürgerte«.

Staatsbevölkerung (WISS)
I. national population (=en); population d'un Etat (=fr); población del Estaro (=sp); populaçao do estado (=pt).
II. die Gesamtbev. eines Staates, sie umfaßt In- und Ausländer.

Staatsbürger (WISS)
I. Staatsangehörige.
II. der Inhaber des staatlichen Bürgerrechts.

Staatsjugend (SOZ)
II. staatlich privilegierte, oft allein zugelassene Jugendorganisation in autoritären oder totalitären Staaten, z.B. Komsomolz, Freie Deutsche Jugend, Hitlerjugend. Vgl. Komsomolzen.

Staatskirche (REL)
I. Landeskirche, Nationalkirche.
II. Sammelbez. für eine dem Staate untergeordnete Kirche/Rel.gemeinschaft, die er bevorrechtigt, beaufsichtigt, finanziert; z.B. Landeskirchen der deutschen Fürstentümer, Anglikanische Kirche. Entsprechende Entwicklungen im Islam, z.B. Wahhabiten. Vgl. Freikirchen.

Staatsvolk (WISS)
  I. population nationale (=fr); national population (=en); population d'un état (=fr); popolo dello stato (=it); nación (=sp); naçáo (=pt).
  II. 1.) i.w.S. die Gesamtheit der Staatsangehörigen eines Staates. 2.) i.e.S. (in Mehrvölkerstaaten) jenes Kernvolk, das gegenüber anderen beteiligten Ethnien gemäß Sprache, Volkstum und Nationalität den Staat trägt, in ihm dominiert; nicht unbedingt stellt es die Mehrheit der StA.

Stabile Bevölkerung (WISS)
  I. stable population (=en); population stable (=fr); popolazione stabile (=it); población estable (=sp); populaçáo estavel (=pt).
  II. bevölkerungswiss. Modellbegriff; gemeint ist eine geschlossene Bev., deren altersspezifische Geborenen- und Sterbeziffern über längere Zeit hinweg konstant gehalten, sodaß sich eine stabile Wachstumsrate einstellt. Vgl. stationäre Bev.

Stachanowisten (SOZ)
  I. abgeleitet aus dem Namen des Bergmannes A. Stachanow.
  II. zeitgeschichtliche Bez. für Angeh. der in der UdSSR geförderten Gruppe von Rekord- oder Stoßarbeitern (»Arbeitshelden«); eine in der Stalinschen Industrialisierung ab 1935 aus ökonomischen und polit. Leitfiguren aufgebaute Gruppe, die sich über Techniker und Wissenschaftler zu erheben suchte. Vgl. Aktivisten, Bestarbeiter.

Städter (SOZ)
  I. für die Gesamtheit der Städter stehend: Stadtbev., städtische Bev.; urban population (=en); population urbaine (=fr); población urbana (=sp); populaçáo urbana (=pt); populazione urbana, cittadini (=it); shar neshin (=pe).
  II. Einw. einer Stadt; sie zeichnen sich gegenüber den Bew. ländlicher Räume in der Regel durch nichtlandwirtschaftliche Berufe und eine spezifische städtische Wohn-, Lebens- und Verhaltensweise aus. Die Stadtbev., die Zahl der Städter ist nur in grober Annäherung zu bestimmen, statist. weil Stadtbegriff international in weiten Grenzen divergiert, geogr., weil klare Abgrenzung im Stadt-Land-Kontinuum vielfach unmöglich, soziol. weil breite Teilbev. (vor allem die Slumbev.) derartiger Zuordnung trotzen (Habitat II: »Stadt als Zufluchtsort der Armen, aber auch Motor der Entwicklung«). Ungeachtet solcher Einschränkungen setzt sich die Verstädterungstendenz, nicht nur parallel als Folge des Bev.wachstums der Erdbev., sondern auch durch gewaltige Migrationsströme von Landflüchtigen (s.d.) ansteigend fort. Zahl der Städter wächst weltweit jede Woche um rd. 1 Mio. Um 1800 lebten weniger als 2% in städtischen Gemeinschaften. 1950 dürfte Zahl der Städter 734 Mio. betragen haben, 1990 waren es bereits 2390 Mio. (=45% der Erdbev.). Für das Jahr 2000 ist anzunehmen, daß > 50% der Weltbev. in Städten wohnt. Betroffen von diesem bedeutendsten demographischen Prozeß der Gegenwart sind vor allem die ohnehin schon dicht besiedelten Regionen der Dritten Welt. Vgl. Großstädter, Kleinstädter.

Stadtstreicher (SOZ)
  I. Penner/Pennbrüder, Berber.
  II. vagabundierende Obdachlose ohne geregelten Lebensunterhalt in Städten. Es kann sich handeln um Delogierte, Alkoholiker/Säufer/Alkis, Drogensüchtige/Giftler, Geisteskranke, entwurzelte Veteranen, »Bag Ladies«. Vgl. Landstreicher.

Stamm (WISS)
  I. Stämme, Volksstämme Pl., oft syn. mit Volk gebraucht. Sg. tribe, stock (=en); tribu (=fr); tribu (=sp); tribo (=pt); tribù (=it); rod, narod (=rs); (ar=) Ashira, Qabila, Kabila (Sg.), qabá'il (Pl.).
  II. ein in den Wissenschaften vom Menschen uneinheitlich eingesetzter Terminus; ein Personenverband (eine Anzahl von Familien, Sippen oder Horden) relativ homogener Kultur, bes. einheitliche Spr., oft auch nämlicher Religion, die ein gleiches Schicksal, nach herkömmlicher Meinung eine gemeinsame Herkunft aufweist und territorial gemeinschaftlich lebt. Die durchschnittliche »Kopfzahl« beträgt einige Hunderte bis allenfalls einige Hunderttausende. Geht sie in die Millionen, so ist der »naturvolkliche« Rahmen, die Zusammengehörigkeit nach Abstammung, Verwandtschaft oder übereinstimmendem Kult meist bereits gesprengt« (*H. NACHTIGALL*); man spricht dann von einem Volk. Nur zuweilen wird für den Gebrauch dieses Terminus eine politische Zentralinstanz postuliert. Wichtiges Kriterium für den Stammesbegriff ist die regelhafte Existenz eines Gruppennamens; die Stammesmitglieder wollen sich dadurch und durch ihren speziellen Habitus (Tracht, Tatauierung usw.) von Nichtmitgliedern unterscheiden. Die Unterteilung von Stämmen erfolgt überwiegend auf der Basis von Sippen; aus der Verbindung mehrerer Stämme können temporäre Stammesföderationen entstehen. Für die Indianervölker kam Bez. St. erst im 19. Jh. auf, im 17. und 18. Jh. wurden sie als Nationen (nations (=en)) gesehen; eben diesen Terminus haben in USA viele Stämme heute als Eigenbez. wieder eingeführt. Im Unterschied hierzu bezeichnet die kanadische Regierung alle Indianerstämme als Bands. Ganz unterschiedlich definiert das »US-Bureau of Indian Affairs« die Einwohnerschaft einer Reservation als Stamm.

Stammeltern (SOZ)
  I. Ureltern, Urahnen, Stammesahnen, ggf. Stammmutter und -vater, auch Vorvater oder Ahnherr; progenitori (=it).
  II. Institution der Stammeltern oder Urahnen als Begründer, »Urheber« (nach *SÖDERBLOM*) einer Familie, eines Geschlechts, eines Volkes oder auch seiner Kultur ist weit, sowohl unter Natur- als auch bei Hochkulturvölkern, verbreitet. Man sucht sie in di-

rekter Ableitung, viel häufiger aber unter Annahme legendär-mythischer Überlieferung zu bestimmen. Insofern handelt es sich nicht um Ahnen im eigentlichen Sinn, sondern um Gottheiten aus der Urzeit der Ahnen, z.B. Unkulunkulu der Zulu, um Stammesahnen in Schwarzafrika, Austronesien und auch Ostasien, z.B. als Uji-no-kami »Hausherr des Stammhauses der gesamten Sippe« bzw. als Uji-gami »Gott der Sippe« der Japaner und schließlich Amaterasu, die Ahngöttin ihrer kaiserlichen Familie.

Stammfamilie (WISS)
II. Sonderform einer erweiterten Familie, bei der aus der Filialgeneration nur der Erbe mit seiner Familie bei den Eltern wohnen bleibt.

Standardbevölkerung (WISS)
I. standard pop. (=en); population-type (=fr); populatione tipo (=it); población standard (=sp); populaçáo norma (=pt).
II. Bev.zahl, die in gewissen demographischen Berechnungen als für einen bestimmten Raum und eine bestimmte Zeitspanne als festliegend zugrundegelegt wird (R. PAESLER).

Staratelja (SOZ)
I. Sg. Staratel; aus staratsja (rs=) »sich anstrengen, bemühen«.
II. Mitglieder eines Goldgräber-Artel im Ural und in dem Oblast Irkutsk, in zaristischer und sowjetischer Zeit mit umfassenden Vorrechten. Vgl. Mafiasniks.

Staroobrjadzy (REL)
I. (rs=)»Altrituelle«. Vgl. Raskolniki.

Starowerzen (REL)
I. Starowerzy (=rs), die »Altgläubigen«, die sich 1667 von der russisch-orthodoxen Staatskirche abtrennten, von der sie Raskolniki (rs=) »Abtrünnige, Spalter« genannt wurden. Weitere Aufspaltung in Popowzy und Bespopowzy.

Starzen (REL)
I. (rs=) »die Alten«; Sg. Starez (slawisch Alter, Greis).
II. russische Einsiedlermönche, die aufgrund ihrer asketischen und geistigen Gaben von Laien, Mönchen und Priestern als Beichtväter, Lehrer und geistige Führer anerkannt werden. Institution gelangte vom Athos und über die bessarabischen Klöster nach Rußland, stand dort in zunehmendem Gegensatz zu dem staatskirchlich gerichteten Mönchtum.

Stationäre Bevölkerung (WISS)
II. eine stabile Bev. mit der Zuwachsrate Null.

Statusindianer (WISS)
I. »Rechtstitelindianer« als Terminus des »Bureau of Indian Affairs« (USA).
II. Personen, die eingeschriebene Mitglieder eines von der Regierung anerkannten Indianerstammes sind sowie auf oder in der Nähe einer Reservation leben.

Stawropoler Kraj (TERR)
B. Gau im südlichen Rußland.
Ew. 1970: 2,306; BD: 1970: 29 Ew./km^2

Steiermark (TERR)
B. Bundesland in Österreich. Stiria (=it). Vgl. Untersteiermark/Stajerska.
Ew. nach heutigem Gebietsstand: 1756: 0,460; 1810: 0,499; 1850: 0,627; 1869: 0,721; 1880: 0,777; 1910: 0,958; 1934: 1,015; 1951: 1,109; 1961: 1,138; 1971: 1,192; 1981: 1,187; 1991: 1,185, 1997: 1,205

Steinheim-Menschen (BIO)
I. Sg. Homo sapiens Steinheimensis; nach Fundort Steinheim an der Murr/Deutschland.
II. frühe Homo sapiens Gruppe im Mittelpleistozän Europas (20000–230000 J. vor heute), im Merkmalsbild dem Homo sapiens sapiens ähnlicher als dem klassischen Neandertaler.

Steinzeit-Menschen (WISS)
II. Menschen in kulturgeschichtlich längstem, die ganze Erde umfassenden Abschnitt der Geschichte, in ihm vollzog sich der Aufstieg des Menschen zum Werkzeug herstellenden Lebewesen. Entwicklung der Steinbearbeitung aus zunächst nur grober Formung (»Geröllgeräte-Industrien«, »pebble tools«, »chopper tools«, »chopping tools«) in SE-Asien, Schwarzafrika, Südamerika; »Zuschlagtechnik«, wobei der Steinkern/Nukleus/»care tools« das gewünschte Produkt ist; bei »Abschlagtechnik« werden Abschläge, »flake tools« erzielt. Zugeschlagene Feuersteinknollen als vielseitig verwendbare Faustkeile. Druck- oder Klingentechnik um dünne, regelmäßige Abschläge zu produzieren, Randretuschen, Steinlochen. Vgl. Australopithecus, Pithecanthropus, Homo erectus, Neandertaler, Steinheim-Mensch, Homo sapiens sapiens.

Steirer (ETH)
I. Steiermärker; Styrians (=en); stiriani (=it); Styriens (=fr); estirios (=sp, pt).
II. Bew. des österreichischen Bundeslandes Steiermark, 1997: 1,205 Mio. Gebiet altbesiedelt seit Paläolithikum, um 1000 Zuwanderung der Noriker, später (ab 45 n.Chr.) römische Provinz Noricum. Im 6. Jh. Besiedlung durch Bayern und Slowenen. Nachmalig im seit 1180 selbständigen Herzogtum Unterscheidung von deutschen Obersteirern und (mehrheitlich) slowenischen Untersteirern. 1919/20 Abtretung der slowenisch bewohnten Territorialteile an Jugoslawien.

Steuerflüchtige (WISS)
I. Steuerflüchtlinge.
II. Personen, die ihren Wohn- und/oder Unternehmenssitz ins Ausland verlegen mit dem Zweck der Steuerersparnis.

Steyler Missionare (REL)
 I. SVD, Societas Verbi Divini »Gesellschaft des göttlichen Wortes«.
 II. 1875 durch A. Janssen in Steyl bei Tegelen (holländische Provinz Limburg) gegründeter kath. Orden für äußere Mission; heute ca. 5500 Mitglieder. Zentren in Deutschland: St. Augustin bei Siegburg; in der Schweiz: Fribourg. Vgl. Steyler Missions- und Anbetungs-Schwestern.

Sthawiravadins (REL)
 I. Therawadins, Theravadins.

Stiefeltern (SOZ)
 I. beaux-parents (=fr); patrigni (=it); padrastros (=sp); padrastos (=pt).
 II. durch Wiederverheiratung von Vater oder Mutter erworbene Eltern. Stiefmutter: belle-mère (=fr); matrigna (=it); madrasta (=sp); 1.) zweite Frau des Vaters. 2.) ugs. auch im negativen Sinn die böse Mutter. Stiefvater: patrigno (=it); padrastro (=sp); zweiter Mann der Mutter.

Stieffamilien (WISS)
 I. Sukzessivfamilien, Fortsetzungsfamilien.
 II. Familien, die sich durch Wiederverheiratung/Zweitverheiratung eines geschiedenen oder verwitweten Ehepartners ergeben, deren Kinder eheeigene oder Stiefkinder (s.d.) sind. Vgl. aber Patchwork-Familien.

Stiefgeschwister (SOZ)
 I. Halbgeschwister, halbbürtige Geschwister; fratellastri, sorellastre (=it); hermanastros (=sp); irmáos germanos (=pt). Stiefbrüder, Halbbrüder; step brothers (=en); demi-frères, frères consanguins (=fr); fratellastri (=it); hermanastros (=sp); irmáos germanos (=pt). Stiefschwestern, Halbschwestern; demi-soeurs (=fr); sorellastre (=it); hermanastras (=sp).

Stiefkinder (SOZ)
 I. figliastri (=it); adnados, alnados, añados (=sp). Stiefsöhne; beaux-fils (=fr); figliastri (=it); hijastros (=sp); filhastros (=pt); Söhne des Ehepartners. Stieftöchter; belles-filles (=fr); figliastre (=it); hijastras (=sp); filhastras (=pt); Töchter des Ehepartners.

Stockbridge-Indianer (ETH)
 II. Indianerstamm in Wisconsin, der im 19. Jh. mehrfach zwangsumgesiedelt wurde, aus Raum New York nach Green Bay und später zum Winnebago-See.

Stokavische (SPR)
 II. Dialekt der Serbokroatischen Spr. S.d.

Stör-Wanderer (SOZ)
 II. im bayerisch-schlesischen Bereich Gewerbetreibende, die ihre Arbeit (z.B. Metzgerei, Flickschneiderei) im Hause des Kunden verrichteten. I.w.S. auch St. aus dem ganzen Alpenraum, die sich ursprünglich nur im Winter auf die Stör begaben: Kessel-, Schirm-, Schuhflicker, Ofensetzer, Glaser, Kaminkehrer, sogar Weber.

Strabanzer (SOZ)
 I. Strawanzer.
 II. Herumtreiber in Österreich.

Straits Settlements (TERR)
 C. Bez. für die ehem. britischen Niederlassungen in SE-Asien, 1826–1946 Kronkolonie; umfassend Halbinsel Malakka, Penang, Singapur, ferner Labuan, Kokos-Inseln, Christmas Inseln. Vgl. Malaysia, Peranakan-Chinesen.
 Ew. 1911: 2,339

Strandlooper(s) (BIO)
 I. (=ni, af) »an der Küste Umherstreifende« des südafrikanischen Kaplandes.
 II. eine an das Küstenleben angepaßte, inzwischen ausgestorbene Population von Buschmännern, die sich aber von diesen durch größeren Wuchs und größere Schädelkapazität abhob, vielleicht ein Mischtaxon. Vgl. Sanide, Buschmänner.

Strangiten (REL)
 II. Angeh. einer Splittergruppe der Mormonen, 1850 in USA gegründet.

Stranniki (REL)
 I. (=re); »Wanderer«, »Pilger«.

Straßenkinder (SOZ)
 I. Straßen-Kids, Street Kids (=en); Treber; div. regionale Bez. wie z.B. Maras, Gamines; in Mexiko niños de la calle (=sp); auch abandonados, pivetes (=pt), »Niemandskinder«, »Schnüffelkinder« (abgeleitet von dem süchtigen Einatmen von Klebstoffdämpfen aus Plastiktüten); »Sackgassenkinder«, dead-end-kids (=en) im Sinn von verwahrloste Kinder ohne Zukunftshoffnung.
 II. Kinder (überwiegend Jungen), die von in Armut lebenden Eltern ihrem Schicksal überlassen werden; Sammelbez. für die bes. in Großstädten der Dritten Welt zahlreichen Kinder und Jugendlichen, die, nach Verlust familiärer Bindung, meist obdachlos und in Gruppen streunend, ihren Lebensunterhalt aus Diebstahl, Straßenraub und Prostitution, aber auch aus Straßenverkauf bestreiten und selbst wieder Opfer krimineller Gewalt sein. 1992 rechnet die WHO mit 100 Mio. Str., von denen ca. 40 Mio. in Lateinamerika, 30 Mio. in Asien, 10 Mio. in Afrika und 20 Mio. in den Industriestaaten Eurasiens und Nordamerikas leben, hiervon > 5000 in Deutschland. In Brasilien ca. 7 Mio., in Peru > 4 Mio., auf Philippinen 1,4 Mio.

Streetworker(s) (SOZ)
 I. aus Streetwork (=en); Gassenwerker (in Schweiz).
 II. Sozialarbeiter, -pädagogen, die innerhalb städtischer Wohnquartiere Beratung und Hilfe bes. für Drogenabhängige sowie für junge Outlaws leisten.

Ihre Klientel: Junkies, Punks, Rapper, Rocker, Skinheads, Stricher; auch Sportrowdies.

Strelitzen (SOZ)
I. aus strelez (rs=) »Schütze«.
II. Mitte des 16. Jh. in Rußland (Moskau) begr. Fußtruppe mit bes. Vorrechten auf Besoldung, Ansiedlung und sogar Handel, 1698 aufgelöst.

Strigol'niki (REL)
II. Angeh. einer um 1400 von Novgorod und Pskov ausgehenden Sekte, die Hierarchie und Kultus der Moskauer Kirche kritisierte; ähnlich den Katharern und Waldensern.

Strohwitwen (SOZ)
I. »Grüne Witwen«; auch Strohwitwer.
II. Ehefrauen, deren Männer verreist oder als Tagespendler abwesend sind, die also auf Grund der Berufstätigkeit ihrer Männer ganztägig (bis spät abends) draußen, »im grünen« Umland von Städten, allein sind.

Studenten (SOZ)
I. geschlechtsneutral: Studierende; Hochschüler, ugs. Studiosi, Studiker; aus studere (lat=) »eifrig tun«; Abk. stud.; college students (=en); étudiants (=fr); estudiantes (=sp); estudantes (=pt); studenti (=it).
II. i.e.S. Personen, die an einer Hoch-, Fachhoch- oder Fachschule studieren. Begriff hat im amerikanischen Englisch für Europäer ungewöhnliche Ausweitung erfahren: kindergarden st., preschool st., high-school students. Ihre Anzahl in allen Industriestaaten mit wachsender Tendenz; in Deutschland (1993) schon 1,83 Mio. Vgl. Schüler, Studierende.

Studierende (WISS)
I. Studenten, Hochschüler (in Österreich).
II. zu wissenschaftlicher Ausbildung an einer Hochschule (Universität, Technischer Hochschule, Fachhochschule, College), i.e.S. jedoch nur an einer Hochschule mit Promotionsrecht immatrikulierte Mitglieder. Definitorische Unschärfe hat Begriff in jüngster Zeit auch auf Schüler anderer Einrichtungen der Erwachsenen- und Weiterbildung Anwendung finden lassen. Bei international weit differierenden Definitionen sind Länderstatistiken kaum vergleichbar; in Deutschland (1992) 1,83 Mio. Vgl. Schüler, Studenten.

Stumme (BIO)
II. Menschen, die unfähig sind zu sprechen. Vgl. Taubstumme.

Stundenleute (REL)
II. Pietisten, die entgegen dem Verbot der Landeskirchenleitungen Stunden, d.h. private Erbauungsversammlungen abhielten.

Stundisten (REL)
I. Schtunda; (rs=) »Stundenbeter«, »Stundenhalter«.
II. um 1860 in Südrußland entstandene Erwekkungsbewegung; nach Aufhebung der Leibeigenschaft durch Einfluß der dort eingewanderten süddeutschen Pietisten (Stundenleute) entwickelt; Stundo-Baptisten.

Styliten (REL)
I. »Säulensteher«, »Säulenheilige«.
II. orientalische Einsiedler des 5.–12. Jh., die in seltsamer Askese auf Säulen lebten. Oftmals entstanden bei ihren Säulen Klöster und Kirchen.

Su'ubiten (WISS)
I. Su'ubijja, Shu'ubiyya.
II. 1.) im 8.–12. Jh. die Vertreter jener intellektuellen, literarischen Richtung, die für die Gleichwertigkeit der nichtarabischen Ethnien in der islamischen Umma eintraten. 2.) im 20. Jh. die polit. negativ besetzte Bez. für Vertreter, die den dominanten Beitrag der Araber zur Entwicklung der Weltkultur in Zweifel ziehen, die einer gesamtarabischen Ideologie zuwiderhandeln.

Suaheli (ETH)
I. Swahili (s.d.). Vgl. Ki-Suaheli/Kiswahili-Sprgem.; Saramo.

Suaheli (SPR)
I. Swahili-spr.; aus sawahil (ar=) »Küsten«; Swahili (=en); Spr. (mit Klassenpräfix ki-) heißt Kisuaheli, Kiswahili.
II. Mischspr. in Ostafrika auf der Grundlage regionaler Bantuspr. mit zahlreichem aus dem Arabischen, Persischen und Indischem übernommenen Wortgut; div. Dialekte, z.B. Bajuni, ci-Miini, ki-Mvita (Mombasa), ki-Ngazija (Komoren), verbreitet in Küstenländern zwischen Südsomalia und Mosambik und binnenwärts bis ins ö. Kongogebiet; z.T. pidginisiert (ki-Hindi, ki- Ngwana). In diesem Bereich ist S. und insbes. der ki-Unguja-Dialekt (noch vor Haussa) die wichtigste afrikanische Verkehrsspr. S. besitzt nächst älterer (arabischer) Dichtung auch umfangreiche moderne Literatur; für Tansania, Kenia, Uganda sogar Amtsspr.; S. wird von rd. 45 Mio. (1993) gesprochen, es wurde ursprünglich mit arabischer Schrift, heute überwiegend in Lateinschrift geschrieben. Vgl. Swahili.

Suawah (ETH)
I. Zouaoua (=fr).
II. bedeutendster Stamm der Kabylen-Berber.

Subba (ETH)
II. Teilbev. am Rand des unterirakischen Sumpfgebietes, durch Glauben und wohl auch nichtarabische Abstammung von den Ma'dan unterschieden, vielleicht Reste einer älteren Bev.; versorgen M. als Schmiede, Schreiner, Bootsbauer. Vgl. Madan.

Subi (ETH)
I. Shubi.

II. kleine schwarzafrikanische Ethnie an der Grenze von Tansania zu Burundi.

Subia (ETH)
I. Massubia, Subya, Ikuhane.
II. kleine schwarzafrikanische Ethnie im Grenzgebiet von Angola, Sambia, Simbabwe und Botsuana.

Subproletariat (WISS)
II. soziol. Terminus für Proletarier, die nicht am Produktionsprozeß teilnehmen.

Subu (ETH)
I. Sund
II. kleine schwarzafrikanische Ethnie an der Küste Kameruns.

Süchtige (BIO)
I. Sucht-Kranke; aus siech »krank«, Seuche; i.e.S. Drogensüchtige.
II. Menschen, die zur Gewinnung von Lust, Euphorie, Leistungssteigerung, Schmerzlinderung und Schlaf in krankhafter Abhängigkeit von Rauschgiften, Suchtmitteln oder auch Medikamenten stehen. Sucht erwächst durch häufige oder regelmäßige Einnahme solcher Mittel; Abhängigkeit des seelischen und körperlichen Wohlbefindens steigert zur weiteren und höher dosierten Einnahme. Vorsorge und Therapie von S. sind schwierig und umstritten; bes. Risiko (sogar vorgeburtlich) für Kinder von Süchtigen. Abgesehen vom Alkohol- und Nikotingenuß, waren 1986 weltweit etwa 50–100 Mio. eigentlich Drogensüchtige anzunehmen. Von diesen benutzten größenordnungsmäßig über 30 Mio. vor allem Cannabisprodukte (Haschisch und Marihuana), in weiterer Rangfolge standen Kokain, das Opium-Rauchen, das Koka-Kauen und Heroin. Als neue synthetische Rauschmittel gewinnen an Bedeutung: Barbiturate, Amphetamine; Ecstasy oder Crack. Vgl. Drogenabhängige, Berauschte.

Südafrika (TERR)
A. Republik. Nahm z.Zt. der Apartheid-Politik bis 1994 die internationalen Beziehungen der sog. Homelands von Bophuthatsuana, Ciskei, Transkei und Venda wahr. Republiek van Zuid-Afrika (=afrikaans); Republiek van Suid-Afrika; Republic of South Africa (=en). La République Sud-Africaine, l'Afrique du Sud (=fr); la República de Sudáfrica, Sudáfrica (=sp); Africa do Sul (=pt); Africa meridionale (=it).
Ew. Gesamt 1904: 5,175; 1911: 5,973; 1921: 6,927; 1936: 9,588; 1946: 11,416; 1950: 12,212; 1960: 17,122; 1970: 22,465; 1980: 28,612; 1996: 37,643, BD: 31 Ew./km²; WR 1990–96: 1,7%; UZ 1996: 50%, AQ: 18%
Ew. Weiße 1904: 1,117; 1911: 1,276; 1921: 1,521; 1936: 2,003; 1946: 2,372; 1950: 2,608; 1960: 3,069; 1970: 3,831; 1994: 5,171
Ew. Bantu 1904: 3,490; 1911: 4,019; 1921: 4,697; 1936: 6,596; 1946: 7,831; 1950: 8,431; 1960: 12,077; 1970: 15,918; 1994: 30,646

Ew. Asiaten 1904: 0,122; 1911: 0,152; 1921: 0,164; 1936: 0,220; 1946: 0,285; 1950: 0,351; 1960: 0,476; 1970: 0,642; 1994: 1,033
Ew. Coloureds 1904: 0,445; 1911: 0,525; 1921: 0,545; 1936: 0,769; 1946: 0,928; 1950: 1,069; 1960: 1,500; 1970: 2,074; 1994: 3,435

Südafrikaner (ETH)
II. 1.) im weiteren, geogr. Sinn die Bew. des s. Afrika, s. des tropischen Regenwaldes. Aus klimatischen Gründen vornehmlich im Savannenland, wurde Südafrika das Ziel bevorzugter europäischer (britischer, portugiesischer, deutscher und niederländischer) Siedlungskolonisten (1950: 3 Mio.), die sich als Herrschaft über einer breiten negriden Eingeborenenbev., zumeist bantuiden Zuwanderern, etabliert hatten. Die heutige UN-Statistik umfaßt als S. nur mehr die Bew. von Botswana, Lesotho, Südafrika, Namibia, Swasiland (nicht aber jene der beiden Rhodesien, von Angola und Mosambik): 1950: 16 Mio.; 1970: 25 Mio.; 1990: 43 Mio. Ew. BD 1992: 17 Ew./km² 2.) im engeren politischen Sinn die Bew. der Rep. Südafrika. Bei Ankunft der Europäer 1595/1652 bestand einheimische Bev. S. Südafrikas aus ihrerseits schon zugewanderten Buschmännern und Hottentotten. Diese wurden einerseits durch vom Kap und von der Ostküste her landeinwärtsstrebende europäische Kolonisten, andererseits gleichzeitig von N und O her vordringende Bantu (Zulu, Ovambo, Herero) in das aride SW-Afrika abgedrängt. Schwere Kämpfe zwischen Weißen und Schwarzen, aber auch zwischen Buren (s.d.) und Briten. Einfuhr von Sklaven (bis 1800) als Arbeitskräfte für europäische Kolonisten aus Ostafrika, Madagaskar und Guineaküste und andererseits von Malaien. Frühzeitige Mischung aus Hottentotten mit Buschmännern, aus Buren mit Hottentottenfrauen. 1902 wurden bisherige Burenkolonien (Transvaal und Oranje-Freistaat) zu britischen Kronkolonien erklärt, 1910 mit der Kapprovinz und Natal zur Union von Südafrika zusammengeschlossen. Seit 1924 setzte sich Prinzip der Rassenungleichheit durch und steigerte sich nach 1948 zur Doktrin der Apartheid: Errichtung von »Weißen Zonen« und Bantu-Reservaten (Homelands: Bophuthatswana, Ciskei, Transkei und Venda). 1994 endeten 342 Jahre weißer Vorherrschaft und damit auch die Apartheid-Politik. Bis dahin Afrikaans und Englisch als Staatsspr. Lt. VZ 1980: Zulu (6,1 Mio.), Xhosa (2,8 Mio.), Tswana (1,3 Mio.), Nord- und Süd-Sotho (2,5 und 1,9 Mio.), Tsonga (0,9 Mio.), Swazi (0,6 Mio.), Ndebele (0,4 Mio.), Venda (0,2 Mio.) elf Amtsspr. 1996: 37,643 Mio. Ew., davon 76,1% Schwarzafrikaner, 12,8% Weiße, 8,5% Mischlinge, 2,6% Asiaten.

Südafrikaner (NAT)
II. StA. der Rep. Südafrika. Landesbev. setzt sich aus 12,8% Weißen, 76,1% Schwarzen, 8,5% Mischlingen und 2,6% Asiaten zusammen. Vgl. Buren,

Kapmalaien; Zulu, Xhosa, Sotho, Tswana, Shangan, Swasi, Ndebele, Venda.

Südaltaier (ETH)
I. Weiße Kalmüken.
II. Sammelbez. für die eigentlichen Altaier, für Telengiten, Telesen und Teleuten.

Südamerikaner (ETH)
I. Sudamericanos (=sp); Sud-americanos (=pt); South Americans (=en); Américains du Sud (=fr); Sudamericani (=it).
II. Bew. des Kontinents Südamerika, dem man zumeist weder die mittelamerikanische Landbrücke, noch die Karibischen Inseln zurechnet. Hingegen beinhaltet der (vorwiegend kulturgeographisch gebrauchte) Terminus Lateinamerikaner außer den S. auch diese beiden genannten mittelamerikanischen Regionalbev. Dementsprechend bezieht sich der Begriff S. statistisch auf Einw. von Argentinien, Bolivien, Brasilien, Chile, Kolumbien, Ecuador, Guyana, Paraguay, Peru, Uruguay, Venezuela und Falkland Inseln. Heutige Bev.struktur stellt sich in grober Annäherung wie folgt dar: < 50 % Weiße, > 18 % Mestizen, 15 % Mulatten, > 7 % Indianer, 7 % Neger. Reine Indianerpopulationen treten nur mehr in Peru und Bolivien, im Amazonas- und Orinoco-Tiefland auf; Mestizen-Bev. sind insbes. im andinen Gebiet (u.a. Chile) verbreitet; negride Sklavennachkommen sind charakteristisch für die Bereiche an der N- und E-Küste des Kontinents; weiße Oberschichten von Spaniern und Portugiesen treten meist nur in Großstädten, als Majorität allein in Argentinien auf. Gesamtbev.: 1800: 10–12 Mio.; 1850: 17 Mio.; 1875: 25 Mio.; 1900: 41 Mio.; lt. UN-Statistik: 1950: 112,0 Mio.; 1960: 147,0 Mio.; 1980: 240,0 Mio.; 1990: 294,0 Mio. Ew. BD 1992: 17 Ew./km². Vgl. Lateinamerikaner, Mittelamerikaner, Indios.

Südamerikanische Indianer (ETH)
I. South American Indians (=en).
II. Sammelbez. für die Indianer Südamerikas (einschließlich der »Zentralamerikanischen Indianer«) und der karibischen Inselwelt. Es handelt sich um die Nachkommen der von Ostasien her frühest nach Amerika eingewanderten Mongoliden, die Südamerika spätestens vor 5000–8000 Jahren auf dem Landweg über Mittelamerika erreicht haben. Neuere Forschungen wollen ersten indianischen Funden im Amazonasbecken sogar ein Alter von 10 000–15 000 Jahren zuerkennen. Vgl. spekulative Unterrassen: Andide, Brasilide, Pampide, Lagide, Fuegide. Älteste Funde wie »Lagoa-Santa-Mensch« oder »Punin-Mensch« beweisen, daß es sich nicht um Altmenschen handelt. S.I. sind letztlich weder rassisch noch linguistisch (rd. 550 Sprachen) eindeutig zu untergliedern. Am ehesten gelingt dies auf der Grundlage geogr. Kulturbereiche, die ihrerseits maßgeblich naturgeprägt sind (*J.H. STEWARD*): 1.) wildbeuterische Stämme im Gebiet von Feuerland, der Pampas, des Gran Chaco, Ostbrasilien; Marginal Tribes (=en). 2.) ackerbautreibende Ethnien des tropischen Waldlandes; Tropical Forest Tribes (=en). 3.) Hochkulturen der Zentral-Anden einschl. Erweiterungen im N und S.; Andean-Civilizations (=en). 4.) Indianervölker im karibischen Raum; Circum-Caribbean Tribes (=en). Vgl. Mesoamerikanische und Zentralamerikanische Indianer, Quechua u.a.

Sudan (TERR)
A. Republik. Unabh. seit 1. 1. 1956; bis 1985 DR Sudan. El Dschamhurija es Sudan, Jamhuriyat as Sudan (=ar); Jamhuriyat es-Sudan. The Republic of the Sudan, the Sudan (=en); la République du Soudan, le Soudan (=fr); la República del Sudán, el Sudán (=sp).
Ew. 1880: 8,5; 1900: 1,9; 1914: 3,5; 1935: 5,7; 1950: 9,322; 1960: 11,256; 1970: 14,090; 1978: 17,376; 1983: 20,564; 1988: 23,802; 1996: 27,272, BD: 11 Ew./km²; WR 1990–96: 2,1 %; UZ 1996: 32 %, AQ: 54 %

Sudanaraber (ETH)
I. Shuwa (in Tschad).
II. Sammelbez. hpts. für die im Ostflügel des Sudangürtels, etwa zw. Chari und Blauem Nil lebenden Araber; eingewandert vom 12.–18. Jh., mit tatsächlicher oder fiktiver Herkunft aus Arabien, oft stark vermischt; in Sudan rd. 40 % der Gesamtbev. Zu den wichtigsten S.-Stämmen zählen die Shuwa (in Tschad), Kababisch, Djuhayna (im Tschad-Kordofan-Gebiet), Dja'aliyin (im Niltal), Djawama'a Bedeiriya, Kawahla.

Sudanesen (NAT)
I. Sudaner; Sudanese (=en); soudanais, soudaniens (=fr); sudanese (=sp).
II. StA. der Rep. Sudan. Bev. ist in sich stark differenziert in 40–50 % Araber und arabisierte Ethnien, über 370 afrikanische Ethnien, inbes. Niloten (z.B. Dinka, Nuer, Schilluk). Die Bürgerkriegswirren zwischen dem islamisierten, arabisierten Norden und dem christlichen oder animistischen negriden Süden zeitigten 2–3 Mio. nationale Vertriebene bzw. in den N Zwangsumgesiedelte sowie 4–4,5 Mio. Flüchtlinge in s. angrenzenden Nachbarländern. Seit Machtergreifung einer Militärjunta (1989) sehr starke Exilkolonie in Ägypten, geschätzt auf 3–3,5 Mio. S. Vgl. u.a. West- und Ostniloten; Nubier.

Sudanide (BIO)
I. race nègre, sous-race soudanienne (=fr); African Negroes (=en).
II. Unterrasse der Negriden, zur Nordgruppe der progressiven Neonegriden zählend, mitunter mit Bantuiden zu Kafrosudaniden zusammengefaßt. Besitzen typischste Ausprägung negrider Merkmale. Gestalt: mittel- bis hochwüchsig, stämmig, voluminöser Brustkorb, lange Gliedmaßen. Kopf langschmal, Gesicht länglich bis oval; Nase breit, stark geblähte Flügel, dick-gewulstete Lippen. Kopfhaar mittelkraus schwarz. Haut schwarzbraun. Verbrei-

tung im afrikanischen Savannengürtel vom mittleren Sudan bis zur Guineaküste (Westsudanesen).

Sudan-Neger (ETH)
I. Sudaner; aus bilad es sudan (ar=) »Land der Schwarzen«. Terminus Sudanesen bleibt für StA. der Rep. Sudan vorbehalten. Wiss. Bez. für S. (nach *SELIGMAN*) auch »True Negroes«, die wahren, tiefschwarzen Neger.
II. Sammelbez. für die äußerst heterogene Bev. im sudanischen Savannengürtel vom Kap Verde Senegambiens und Guineas im W über das Voltabecken bis zum mittleren Nil im Osten, zwischen Sahara-Sahel im Norden und äquatorialem Regenwald im Süden, die sich deutlich von den Bantu im Süden, den Kuschiten im Osten und den Tuareg im Norden unterscheidet. S. gehören überwiegend dem sudaniden Rassentypus der Negriden an, weisen jedoch starke Anteile von Nilotiden und Palänegriden auf. Der Westsudan gilt als das Zentrum der Ethnogenese der afrikanischen Negriden.

Sudanomorphe (BIO)
II. Bez. bei *OSCHINSKY* (1954) für Teilgruppe der Sudaniden bei *v. EICKSTEDT*.

Südaraber (ETH)
II. 1.) in polit. Sicht Bev. Jemens. 2.) in arabischer Genealogie: al-'Arab al-'ariba, »die echten, ursprünglichen Araber« der Nachkommenschaft des legendären Ahnherren Qahtan/Yoqtan, die vielleicht Mediterranide oder Armenide waren.

Südasiaten (ETH)
II. die Bewohner von Südasien; Southern Asia (=en), Asie Méridionale (=fr); zuweilen und dann höchst uneinheitlich auch Middle East genannt. Die UN-Statistik subsumiert hierunter die Einw. von Afghanistan, Bangladesh, Bhutan, Indien, Iran, Malediven, Nepal, Pakistan und Sri Lanka. 1950: 481,0 Mio.; 1970: 754,0 Mio.; 1980: 949,0 Mio.; 1990: 1191,0 Mio. Ew. BD 1992: 142 Ew./km². S. zählen zu den schnellst wachsenden Teilbev. der Erde, stehen sozioökonomisch am unteren Rand der Drittweltländer. Rd. 400 Mio. (davon zwei Drittel Frauen) sind Analphabeten, 280 Mio. haben keinen Zugang zu sauberem Trinkwasser, 850 Mio. besitzen keine Kanalisation, mehr als 300 Mio. leben in absoluter Armut (*MAHBUB-ul-HAQ*). Vgl. auch Inder.

Südäthiopide (BIO)
II. Südgruppe der Äthiopiden mit stärkerer negrider Beimischung. Vgl. Galla, W-Somali, Hochlandstämme. Negride Dominanz u.a. bei Hima oder Masai.

Sudauer (ETH)
II. altpreußischer Stamm im nö. Ostpreußen.

Südaustronesier (ETH)
Vgl. Melanesier, Austronesische Spr.

Südbaptisten (REL)
II. Mitglieder der Southern Baptist Convention, der größten protestantischen Kirche in USA, verbreitet im ganzen SE, dominant in: Virginia, W-Virginia, N- und S-Carolina, Georgia, Florida, Alabama, Tennessee, Missouri, Kentucky, Illinois, Arkansas, Louisiana, Oklahoma, Texas.

Südchinesen (ETH)
II. unscharfe Umschreibung für die Chinesen im Bergland s. des Jangtsekiang (von Peking aus gesehen). Kulturell wird diesen Südmenschen ein besonderes Maß an List und Wagemut zugeschrieben. Im Gegensatz zu den »Bauern« Nordchinas gelten S. soziokulturell als die geborenen »Kaufleute«; ihre Wirtschaft und Kultur sind auf die Nanyang-Länder jenseits des Südchinesischen Meeres gerichtet. Seit längerem erfährt Südchina Zuwanderungen aus dem Norden, wie auch starke Auswanderungstendenzen nach Übersee. Vgl. Kantonesisch-spr.; Übersee-Chinesen und Kuli.

Süd-Dobrudscha (TERR)
C. Teilgebiet der D. von 7556 km², das nach langer osmanischer Herrschaft an Bulgarien fiel, nach 2. Balkankrieg 1913 an Rumänien abgetreten, doch 1918-1920 und endgültig 1940 an Bulgarien zurückgegeben wurde. Vgl. Dobrudscha.

Südepirus-Albaner (ETH)
I. Tschameria-Albaner (s.d.).

Sudetendeutsche (ETH)
I. Deutschböhmen, Deutschsüdmährer, Deutschböhmerwälder.
II. (1902 durch *JESSER* geprägte) Bez. für die heute als solche fast erloschene deutsche Volksgruppe, die seit dem 14./15. Jh. in geschlossenen Verbreitungsgebieten am Rande des Böhmischen Beckens im Bereich von Sudeten, Erzgebirge und Böhmerwald siedelte. S. zählen stammesmäßig zu Baiern, Obersachsen und Schlesiern. 1919 wurden aus dem Verband des Habsburger Reiches zwangsweise 3,3 Mio. Deutsche in den neuen Staat Tschechoslowakei einverleibt, 1938, unter der NS-Herrschaft, die Bew. der Randgebiete Böhmens und Mährens dem Deutschen Reich eingegliedert. Die nach dem II.WK wieder souveräne Tschechoslowakei trieb 1945-1946 diese S. unter schweren Verlusten (272000 Tote) nach Restdeutschland aus, nur ca. 60000-200000 verblieben in ihrer Heimat. Hauptaufnahmegebiet war Bayern; als sogenannter »Vierter Stamm« Bayerns stellten S. schon anfangs 1948 mit 1,013 Mio. ein Neuntel der dortigen Wohnbev.

Südeuropäer (ETH)
II. die Bew. der südeuropäischen Länder, soweit sie zumindest in Teilen mediterraner Landesnatur sind, sich den Gegenküsten des Europäischen Mittelmeeres öffnen. Statistisch subsumiert die UN-Ver-

waltung als S. die Bewohner von Albanien, Andorra, Gibraltar, Griechenland, Italien, Malta, Portugal, San Marino, Spanien und Slowenien, Kroatien und Bosnien, nicht aber Monaco, Zypern und die Südtürkei. Vgl. Romanen.

Südgeorgien (TERR)
B. Außenbesitzung von Großbritannien; von Argentinien beansprucht. South Georgia (=en); la Géorgie du Sud (=fr); Las Islas Georgias del Sur/Georgia del Sur (=sp).

Südgeorgier (ETH)
II. Bew. der von Argentinien beanspruchten britischen Inselgruppe der Malwinen/Georgia del Sur (=sp), South Georgia Islands (=en). 1986: ca. 2000 Ew.

Südindianide (BIO)
II. Zusammenfassung von Patagoniden, Andiden, Brasiliden und Lagiden im Rassenkreis der Indianiden.

Süditaliener (ETH)
I. italiani del sud (=it); in Italien: meridionali (=it).
II. aus der Geburt des italienischen Einheitsstaates 1870 erwachsene Bez. für die Bewohner Italiens s. des bisherigen Kirchenstaates, des nachmalig als unterentwickelt charakterisierten Mezzogiorno (»Mit-Tag«). In heutiger Sicht umfaßt Süditalien die Verwaltungsregionen Kampanien, Apulien, Basilikata, Kalabrien, sowie die Inseln Sizilien und Sardinien mit insgesamt (1995) rd. 20 Mio. Bew. Soziökonomisch werden öfters auch die mittelitalienischen Regionen Molise und Abruzzen Süditalien zugeschlagen.

Südjemeniten (NAT)
I. fälschlich Adanis, Adener.
II. StA. der Demokratischen VR Jemen 1967 bis zur Vereinigung beider Jemen 1990. Vgl. Aden, Hadramaut; Jemeniten.

Südkorea (TERR)
A. Amtl. Bez. Republik Korea. Unabh. seit 15. 8. 1948. Taehanmin'guk; Daehan Min-kuk; Han'guk; Taehan Min'guk. (Republic of) Korea (=en); la République de Corée (=fr); la República de Corea (=sp). Vgl. Korea.
Ew.: 1950: 20,356; 1955: 21,424; 1960: 25,012; 1965: 28,705; 1970: 32,241; 1975: 35,281; 1978: 37,019; 1996: 45,545, BD: 459 Ew./km²; WR 1990–96: 1,0 %; UZ 1996: 82 %, AQ: 2 %

Südkoreaner (NAT)
I. South Koreans (=en); sud-coréens (=fr); sud coreanos (=sp, pt).
II. StA. der Rep. Korea (Südkorea), fast ausschließlich Koreaner. Unter ihnen eine ungewisse Anzahl nordkoreanischer Flüchtlinge. Größere Kontingente ethnischer K. leben in China und Japan; als Gastarbeiter in Arabien, als Auswanderer in beiden Amerika. Vgl. Koreaner.

Südliche Orkneyinseln (TERR)
B. Außenbesitzung von Großbritannien; von Argentinien beansprucht; Teil des Britischen Antarktis-Territoriums. The South Orkney Islands, the South Orkneys (=en); les Orcades du Sud (=fr); las (Islas) Orcadas del Sur (=sp).

Südliche Sandwichinseln (TERR)
B. Außenbesitzung von Großbritannien; von Argentinien beansprucht. The South Sandwich Islands (=en); les Iles Sandwich du Sud (=fr); las Islas Sandwich del Sur (=sp).

Südliche Shetlandinseln (TERR)
B. Außenbesitzung von Großbritannien; von Argentinien und Chile beansprucht; Teil des Britischen Antarktis-Territoriums. The South Shetland Islands, the South Shetlands (=en); les Iles Shetland du Sud (=fr); las Islas Shetland del Sur (=sp).

Südlicher Buddhismus (REL)
I. Hinayana-B., »Kleines Fahrzeug«.

Südmolukker (ETH)
II. Regionalbev. der Süd-Molukken im ehemaligen Niederländisch-Indien, denen die Niederlande 1946 den Status eines autonomen Gebietes einräumte. Südmolukker riefen 1950 auf der Insel Ambon ihre eigene Rep. Maluku Selatan aus, die sich bis 1963 durch Guerillakrieg auf Ceram/Seram gegen Wiedereingliederung in Indonesien wehrte. Vgl. Ambonesen, Niederländisch-Molukker.

Südmongolen (ETH)
II. Stämme der südmongolischen Spr.gruppe: Dscherim, Hartschin, Tschahar und Ordos.

Süd-Niloten (ETH)
II. ethnologisch-linguistische Sammelbez. für div. Nilotenstämme in Kenia und Tansania. Zu den S.-N. zählen die Maasai, Suk, Nandi mit Terik, Keyu, Kipsigis, Sabei, Tatoga.

Südosseten (ETH)
I. Kudarter.
II. 1.) Bew. des autonomen Gebietes Südossetien (Hauptort Zehinwali) innerhalb von Georgien. In ihm leben mit rd. 60 000 (1990) ca. 12 % aller Osseten, doch liegt damit ihr Anteil nur wenig über der Hälfte der Einwohner. 2.) Die Angehörigen der ossetischen Volksgruppe in Georgien, 1990 ca. 220 000; sie verfügen über eigene Schulen und Kirchen. Verstärkt seit 1990 erstreben sie volle Selbständigkeit bzw. den Anschluß an Nordossetien, der ihnen von Georgien verweigert wird. Im Verlauf dieser Streitigkeiten sind rd. 50 000–85 000 S. von Georgien nach Nord-Ossetien geflohen. Vgl. Osseten.

Südossetien (TERR)
B. Autonomes Gebiet in Georgien; ehem. Jugo Osetinskaja. Auton. Oblast (=rs); South Ossetian Autonomous Region, South Ossetia (=en). Vgl. Nordossetien.
Ew. 1964: 0,101; 1974: 0,103; 1991: 0,125, BD: 32 Ew./km²

Südostasiaten (ETH)
II. die Bew. Hinterindiens und Inselindiens; South Eastern Asia (=en); Asie mériodionale orientale (=fr). Terminus »Südostasiatische Völker« umfaßt im ethnologischen Sinn die sog. Indochinesen und die Indonesier (Malaien), s.d. Die UN-Statistik versteht dementsprechend die Bewohner von Brunei, Kambodscha, Indonesien (mit Osttimor), Laos, Malaysia, Myanmar, Philippinen, Singapur, Thailand und Vietnam. 1950: 182,0 Mio.; 1960: 225,0 Mio.; 1970: 287,0 Mio.; 1980: 361,0 Mio.; 1990: 444,0 Mio. Ew. BD 1992: 103 Ew./km².

Südost-Bantu (ETH)
I. Nguni, Sotho-Tswana (beide nicht voll identisch); Altbez. (bis tief ins 20. Jh.) Kaffern, s.d.
II. ethnologische Sammelbez. für Bantu-Völker der 1.) Nguni-Gruppe, 2.) Sotho-Tswana-Gruppe, 3.) Tsonga-Gruppe. Zu den wichtigsten Stämmen zählen die Pondo, Tembu, Swazi, Xhosa, Zulu.

Südrhodesien (TERR)
C. Altbez. für Simbabwe, s.d. Southern Rhodesia (=en); Rhodésie du Sud (=fr).

Südrhodesier (NAT)
II. Angeh. des britischen Kolonialterritoriums Southern Rhodesia (=en), später (1953–1963) von Rhodesien-Njassaland, ab 1965 Rhodesien (s. Rhodesier), seit 1980 Rep. Simbabwe. (s. Simbabwer).

Südserben (ETH)
II. offizieller Terminus in Jugoslawien der zwanziger Jahre für die in Vardar-Mazedonien lebenden Slawen; dem entsprach eine rigide Serbisierungspolitik; heute serbische Agitation für eigenständige Banovina Vardar, (sk=) Vadarska Banovina.

Südslawen (ETH)
I. South Slavs (=en). 1.) linguistisch bestimmte Völkergruppe, zu der Bulgaren, Mazedonier, Serbokroaten und Slowenen zählen. S. sind zwar sprachlich nahe verwandt, doch kulturell wenig einheitlich. Ihre Verbreitung im N der Balkanhalbinsel zw. Pontus und Ostalpen ist im Hinblick auf den osteuropäischen Stammraum der Slawen u.a. durch den Magyareneinbruch am Ende des 9. Jh. relativ isoliert.
2.) Jugoslawen; Yugoslavs (=en); Yougoslaves (=fr); jugoslavi (=it); yugoslavos (=sp); jugoslavos (=pt); Slowenen (Alpenslawen, Winden), Serben, Kroaten, Bosniaken, Montenegriner.
II. jene Südslawen, die sich 1918 in einem gemeinsamen Staat (bis 1991) zusammengeschlossen hatten: Serben, Kroaten, Slowenen. Vgl. Jugoslawen.

Süd-Sotho (ETH)
I. Basuto, Basuthos.
II. Stammesverband der SE-Bantu in Südafrika, speziell im Homeland Basotho qwaqwa/Basothoba-Borwa-T., insgesamt > 3 Mio. S. nehmen dank früher Missionierung, guten Schulwesens, Schriftsprache und eigener Literatur kulturell den höchsten Rang unter den SE-Bantu ein.

Südsotho (SPR)
II. eine Bantuspr.; Amtsspr. in Owaqwa/Südafrika.

Südstaatler (NAT)
I. Konföderierte, Sezessionisten s.d.); Southern men, confederates (=en); confédérés (=fr); sudisti (=it).
II. als Altbez. für Angeh. der »Konföderierten Staaten von Amerika« (South Carolina, Mississippi, Florida, Alabama, Georgia, Louisiana, Texas, Virginia, Arkansas, North Carolina und Tennessee), die 1861–1865 den Sezessionskrieg gegen die Nordstaatler führten, der neben ungeheuren Kriegs- und Seuchenopfern zum wirtschaftlichem Niedergang der Südstaaten führte. Vgl. Konföderierte.

Südsudanesen (ETH)
I. Sammelbez. für die regionale Vielfalt schwarzafrikanischer Ethnien im Südsudan; es sind Christen und Animisten (zus. ca. 95%), die sich bislang des Englischen und Arabischen als Verkehrssprachen bedienen. Ethnisch handelt es sich fast ausschließlich um schwarzafrikanische Bev.: z.B. um Azande, Avgaya, Baka, Beja, Dinka (im Bahr el-Ghazal), Misseriya, Mundu, Nuba, Nuer, Shilluk und viele andere mit hamitischen oder nilotischen Muttterspr. Sie stehen etwa seit 1985 in Auflehnung gegen die »weißen« muslimischen Nordsudanesen, die ihnen politische Vorherrschaft, arabische Alleinsprache und muslimisches Scharia-Recht aufzwingen wollen. Rd. 1,5 Mio. S. starben in Kämpfen oder an Hunger, rd. 3,5 Mio. wurden vertrieben, davon flohen etwa 0,5 Mio. in Nachbarländer.

Südtiroler (ETH)
I. altoatesini (=it) für dt. und ital.S.; sudtirolesi (=it) für dt. spr. S.; South Tyroleans (en); Sudtyroliens (=fr).
II. 1.) deutschspr. Bew. des 1919 im Friedensvertrag von St. Germain an Italien abgetretenen Südteiles des österreichischen Kronlandes Tirol, lt. VZ 1910: 215800 (i.e.S. Deutschsüdtiroler n. der Salurner Klause), die Italien bis 1939 statt versprochener Autonomie einer bedrückenden Assimilierungspolitik (Verbot der deutschen Spr., Verdrängung aus Staatsstellen, Massenzuwanderung von Italienern bis 1939: 86000) unterwarf. Das Berliner Abkommen von 1939 gewährte den S. die Option für die deutsche Staatsangehörigkeit, 69% = 187000 (wovon 166000 in der Provinz Bozen) optierten, doch wurden kriegsbedingt nur ca. 75000 tatsächlich aus-

gesiedelt. 1946 lehnte Pariser Friedenskonferenz eine Volksabstimmung über Rückkehr zu Österreich ab, 1969 gelang in zweiseitigen Verhandlungen über das Südtirol-Paket für die S. die schrittweise Verwirklichung von Rechtsgleichheit mit Italienern, Revision der Optionen und regionale Autonomie durchzusetzen; 1981: 280000 deutschspr. Südtiroler; überwiegend römische Katholiken. Vgl. aber altoatesini (=it); Optanten. 2.) Bez. in Südtirol (s. von Brenner und Reschenpaß) des altösterreichischen Kronlandes Tirol (bis 1913); bis dahin Unterscheidung zwischen Deutsch- und Welschtirolern. 3.) Mitglieder der autonomen Region Trentino-Alto Adige/Italien (seit 1992).

Südvietnam (TERR)
C. Ehem. Republik Vietnam, bildet seit 2. 7. 1976 zusammen mit DR Vietnam die Sozialistische Republik Vietnam. Vgl. Vietnam. The Republic of Viet Nam (=en); la République du Viet Nam (=fr); la República de Viet Nam (=sp); Viet Nam del Sud (=it); Viet Nam do Sul (=pt).

Südvietnamesen (ETH)
II. Bew. im Südteil des 1954–1976 am 17. Breitenkreis geteilten Vietnam; 1972: 19,4 Mio. Verstärkt durch Umsiedlung und Flucht aus N relativ hoher Anteil christlicher Bev. (4 Mio. Katholiken). Vgl. Kinh; Nordvietnamesen; Boat-People.

Südwestafrikaner (NAT)
II. Angeh. des bis 1990 südafrikanischen UN-Treuhandgebietes South-West-Africa, seither Namibia. s. Namibier.

Südwest-Bantu (ETH)
II. Sammelbez. für die Bantu-Stämme in S-Angola und Namibia insbesondere der Ila-Tonga, Ambo und Herero.

Suffragetten (SOZ)
I. Frauenrechtlerinnen; aus suffragium (lat=) bzw. suffrage (en=) »Stimmrecht«, »Wahlrecht«.
II. kompromißlose Vorkämpferinnen für die Gleichberechtigung, insbes. das polit. Wahlrecht der Frauen in Großbritannien und USA zu Beginn des 20. Jh. Vgl. Feministinnen.

Sufi(s) (REL)
I. Tasawwuf, aus suf (ar=) »Wolle«, das grobe Wollgewand der Asketen. Eigenbez. al-qaum (ar=) »das Volk«, auch »Brüder, Gefährten«; fukara »Fakire«, »Arme«.
II. Anh. des Sufismus/Sufitums/Sufik; islamische Mystiker verschiedener Strömungen, mit Motiven der reinen Gottesliebe und oft übersteigertem Gottvertrauen; als Mittel dienen Asketentum, Kontemplation, Tanz. Bewegung begann schon im frühen Islam, seit 12. Jh. bildeten sich aus den Schülerkreisen der großen Sufi-Meister div. Orden aus, die sowohl im nichtarabischen Ostflügel des Orients als auch in N-Afrika für die weitere Islamisierung von großer Bedeutung waren. Vgl. Derwische, Fakire, Marabut; Kadiri, Nakschbandi, Tariqa's.

Sugambrer (ETH)
I. Cugerner, Kugerner.
II. rechtsrheinischer Germanenstamm im Verband der Istwäonen, wurde nach 8 v. Chr. in das linke Unterrheingebiet verpflanzt, verschmolzen dort mit Baetasiern und römischen Veteranen zur romanisierten Mischbev. der Trajanenses.

Sugbuanon (SPR)
II. eine der Bisaya-Sprgem. in der nordwestindonesischen Spr.gruppe. Vgl. Cebuano.

Suidwester (ETH)
I. (=af); Südwestafrikaner.
II. afrikaanspr. Bew. Namibias.

Suionen (ETH)
I. Sveonen; Sviar, Swear, Sweon.
II. bei *Tacitus* Sammelbez. für die Bew. von Schweden und Norwegen; später Name eines Stammesverbandes am Mälarsee und in Uppland.

Suku (ETH)
I. Basuku.
II. kleines seßhaftes Bantu-Volk im Regenwald des Kongobeckens, Bezirk Kuango/DR Kongo; Akkerbauern; ca. 200000. In ihrer Holzschnitzkunst stehen sie den Yaka nahe.

Sukuma (ETH)
I. Wasukuma; »Leute des Nordens«: Wanege.
II. mit ca. 3 Mio. stärkste Bev.gruppe Tanzanias (> 13 % der Gesamtbev.); linguistisch und kulturell zum Bantu-Volk der Nyamwezi gehörig. Wirtschaftlich und gesellschaftliche Eigenentwicklung im Siedlungsraum zwischen dem Nyamwezi und dem Victoria-See. Lange mangelnder Kontakt zu islamischen Händlern und später zur Kolonialverwaltung. Heute neben Rinderhaltung, welche weniger dem Erwerb als der Sicherung der Familie und der Gewinnung gesellschaftlichen Ansehens dient, auch Ackerbau, in jüngerer Zeit Baumwollplantagenwirtschaft. Zahlreiche (39) kleine Häuptlingstümer, deren Chiefs oft von eingedrungenen Hima/Tutsi gestellt werden. Vgl. Nyamwezi.

Sukzessivfamilien (WISS)
I. aus succedere (lat=) »nachfolgen, gelingen«; vgl. Stieffamilien, Patchwork-Familien.

Sulaim (ETH)
II. zum Verband der Qais zählender Stamm, ursprünglich in Zentralarabien; Teile wanderten im 8. Jh. nach Unterägypten ab. Wurden im 11. Jh. zu räuberischen Einfällen nach Libyen und Tunesien gedrängt. Sie leben heute noch als Bauern und Halbnomaden in diesem Raum zwischen Nil und Ostalgerien. In Libyen gehören ihnen alle, in Tunesien die meisten Ew. an; z.T. negroide Einschläge.

Sulaiman-Belutschen (ETH)
II. nach dem Sulaiman-Gebirge in Pakistan, die »östlichen Belutschen«.

Sulaimanis (REL)
II. zur 7er Schia zählende Teilgruppe der Musta'liten im Jemen.

Süleymanci (REL)
I. Süleymanli; Suleimandschu; namengebend war bulgarischer Gründer Süleyman Hilmi Tunahan (gestorben 1959).
II. islamische Erweckungsbewegung, die Erneuerung des orthodoxen Naqschibani-Ordens anstrebte, in der nach-kemalistischen Türkei eine starke religiös-polit. Bewegung. Anh. unterhalten zahlreiche Zellen bzw. Kultur-Zentren in Türkei und Deutschland. Vgl. Tariqa.

Sulioten (ETH)
I. nach Landschaft Suli in Epirus/Griechenland.
II. Volksgruppe gräzisierter christlicher Albaner; im 17. Jh. fast unabhängig, bekannt durch ihren Kampf gegen die Osmanen um 1790. Sind 1803 bzw. 1822 auf die Ionischen Inseln geflüchtet.

Sulka (ETH)
II. papuanische Ethnie auf der Insel Neubritannien.

Sulpizianer (REL)
I. SS.
II. 1642 in Paris/Frankreich gegr. Orden für Ausbildung des Weltklerus; heute rd. 600 Mitglieder.

Sumatrans (NAT)
I. (=en); Bew. von Sumatra.

Sumbanesen (ETH)
II. Bew. der Kleinen Sundainsel Sumba, > 300000; i.e.S. die autochthonen Sumbanesen mit einer südwestindonesischen Spr. der Bima-Sumba-Gruppe. Trotz jahrhundertelangen Kontakts mit dem Christentum herrscht weithin noch der Marapa-Geisterglaube mit sehr vielseitigem Kult (u.a. Steinsetzungen, Reiterkämpfe, Meeressaugwürmer mit Fruchtbarkeitssymbolik, Tieropfer).

Sumbawaner (ETH)
II. Ethnie im W der Kleinen Sundainsel Sumbawa/Indonesien mit ca. 300000 Köpfen. Im Unterschied zu den ö. Bima malaiischer Abkunft und einer Eigenspr. aus der südwestindonesischen Bali-Sasak-Gruppe. Bauern auf Gemüse, Baumwolle, Zuckerrohr, Reis.

Sumerer (ETH)
II. wohl in 2. Hälfte des 4. Jtsd. v.Chr. in (unteres) Mesopotamien eingedrungene Volksstämme, die dort eine seßhafte bäuerliche Vorbev. unterwarfen und assimilierten. S. wurden Träger der ältesten bekannten Hochkultur (staatliche Organisation, Kultzentren, Bildzeichenschrift, Landeskulturbauten). Frühzeit ihrer Herrschaft (3500–2800 bzw. 3000–2600) wird archäologisch in Uruk- und Djemdet Nasr-Periode unterteilt; bis 2350 v.Chr. große Stadtstaaten (Ur, Uruk, Eridu u.a.), dann durch Semiten/Akkader unterwandert. Im Neusumerischen Reich (Ur III) Hochzeit ihrer Kultur (hochentwickelt Wirtschaft, Fernhandel). Niedergang durch semitische Amoriter; es entsteht die babylonische Mischbev.

Sumo (ETH)
II. indianische Ethnie von 5000–10000 Brandrodungsbauern in der Tiefebenen von Honduras und Nicaragua. Sie zählen zur Spr.gruppe der Misumalpa.

Sumotori (SOZ)
II. japanische Sumo-Ringer. Der Kampf dieser gegen 250 kg wiegenden Ringer ist nicht einfach Sport, sondern vor allem Tradition, Ritus, Zeremonie und Symbolik aus einer 1500jährigen Geschichte dieses Nationalsports, der seinen Ursprung in einem religiösen Ritual hat, bei dem das Volk die Götter um eine gute Ernte bat.

Sun people (SOZ)
I. (=en); im Sinn von »Sonnenvölker«.
II. abstruse Eigencharakterisierung von Afrozentristen (u.a. *L. JEFFRIES*) für die menschlichen, »warmen«, gemeinschaftsorientierten Afrikaner. Gegensatz zu Ice people (=en).

Sun peoples (WISS)
I. (=en); »Sonnenvölker«.
II. abstruse Eigencharakterisierung von Afrozentristen (u.a. *L. JEFFRIES*) für die menschlichen, »warmen«, gemeinschaftsorientierten Afrikaner. Gegensatz Ice peoples (=en).

Sundanesen (ETH)
II. die zweitgrößte ethnische Gruppe Indonesiens, hpts. im W von Java im Priangan-Plateau lebend. Ihrer Herkunft nach ein Bergvolk mit der Eigenspr. Sundanisch aus der Java-Gruppe der Südwestindonesischen Spr.gruppe. Ihre Kultur ähnelt jener der Javanen, Reisbauern; strenge Muslime. S. auch gewollt abschätzige Bez. der Ostjavaner für diese Westjavaner.

Sundanesisch (SPR)
I. Sundanese (=en).
II. austronesische Spr. in der West-Malayo-Polynesischen Sprach-Gruppe, gesprochen auf West-Java in Indonesien von 25–28 Mio. (1994). S. wird mit lateinischem Alphabet geschrieben.

Sunniten (REL)
I. ahl as-sunna wa-l-gamaà (ar=), Sunnis (=en) »Leute der Sunna und der Gemeinschaft«; Sunnis (=en).
II. im Gegensatz zu Schiiten die Mehrzahl der Bekenner des Islam, die sich von jenen in der Frage der Kalifennachfolge trennten und die neben dem Koran

die Sunna anerkennen, die Handlungsweise, Brauch und Wegweisung des Propheten; ca. 680 Mio. auf Arabischer Halbinsel und N-Afrika mit Maghreb, in Indien (74 Mio.) und Indonesien (159 Mio.).

Sunwar (ETH)
II. kleiner Bauernstamm in E-Nepal; ähnlich den Magar.

Suomi (ETH)
I. Suomalaiset (Eigenbez.); Finnen (s.d.).
II. wichtiges Volk in der finnougrischen Sprach- und Völkerfamilie, gegliedert in drei Hauptstämme: 1.) Suomalaiset, 2.) Tavasiten, 3.) Karelier; wohnhaft in Finnland (1986: 4,6 Mio.) und in der Russischen Republik Karelien (1979: 231 000), mit Minderheiten in Norwegen (1979: 12 000) und Schweden (1986:134 000), zus. rd. 5,5 Mio.; bis auf Karelier evangelisch-lutherischer Konfession. Suomi sind im 1. Jh. n. Chr. vom Baltikum her nach Finnland eingewandert.

Suomi (NAT)
I. Eigenbez. der Finnen.

Sura'i (REL)
I. Eigenbez.; Aturai für Assyrer.

Suriname (TERR)
A. Republik. Unabh. seit 25. 11. 1975; früher Niederländisch-Guayana. Republiek van Suriname (=ni). The Republic of Suriname, Suriname (=en); la République du Suriname, le Suriname (=fr); la República de Suriname, Suriname (=sp).
Ew. 1964: 0,324; 1980: 0,355; 1996: 0,432, BD: 2,6 Ew./km²; WR 1990–96: 1,1 %; UZ 1996: 49 %; AQ: 7 %

Surinamer (ETH)
I. Surinamesen, Surinamier, niederländische Guyaner; Surinamese (=en); Surinamais (=fr); surinameses (=sp).
II. 1.) StA. der Rep. Surinam (seit 1975). 2.) die Bewohner des seit Mitte des 17. Jh. niederländisch kolonisierten Guayana, das dann bis 1954 autonomer gleichberechtigter Reichsteil der Niederlande war. Diese Territorialbev. (1964: 324 000; 1991: 432 000) ist äußerst heterogen, fast vollständig allochthon. Sie umfaßt nur mehr 1,8 % Indianer. Für die Plantagenarbeit wurden ghanesische Negersklaven eingeführt, deren Anteil (Buschneger/Morronen) beträgt 1996 8,5 %. Nach Aufhebung der Sklaverei 1863 wurden 46 000 Inder und Indonesier (insbes. Javaner) und Chinesen ins Land geholt, deren Nachkommen heute zu 18 % indonesischer Abstammung, zu 34,2 % indischer Herkunft und zu 2 % chinesischer Abstammung sind. 33,5 % gelten als »Kreolen« (zumeist i.S. von Negermischlingen, einige Tsd. (3–4 %) sind Europäer, meist Niederländer. Etwa die Hälfte, mind. 160 000 aller S., sind zu Zeiten innerer Unruhen (1975, 1980, 1982) abgewandert und leben derzeit in den Niederlanden (konzentriert in Bijlmermeer/Amsterdam). Vgl. Niederländische Surinamesen.

Surinamer (NAT)
II. StA. der Rep. Suriname. Landesbev. besteht aus 33,5 % Kreolen, 34,2 % Indern, 17,8 % Javanern, 8,5 % Schwarzen, 1,8 % Indianern. 160 000 S. leben in den Niederlanden, der kolonialen Herrschaftsmacht.

Süryani (REL)
I. (=tü); Syrisch-orthodoxe Christen.
II. Bez. meint speziell die im sö. türkischen Tur Abdin-Gebirge ansässigen Chaldäer, deren Zahl von ca. 70 000 (1950) durch (Flucht-) Abwanderung auf kaum 5000 (1990) zurückging.

Susquehanna (ETH)
I. Andaste oder Conestoga-Indianer.
II. Indianervolk, zur Spr.familie der Irokesen zählend, im Gebiet um die westlichen Großen Seen. Gehören zu den alteingesessenen und Bodenbau treibenden Völkern des östlichen Waldlandes.

Susu (ETH)
I. Soussou (=fr); Sussu, Jalunka, Yalunka.
II. Volk der Sudan-Neger mit einer Mande-Spr., im Küstengebiet Guineas, wo S. 4-5 % der Gesamtbev. und in SW-Mali und in Sierra Leone, wo S. rd. 2,5 % der Staatsbev. stellen. Insges. > 1 Mio; treiben Anbau, Viehhaltung und Handel.

Susu (SPR)
I. Verkehrsspr. in Guinea; 0,8 Mio. Sprecher.

Suundi (ETH)
I. Sundi, Basundi.
II. eine kleine Bantu-Population unweit der Kongo-Mündung im Regenwald der DR Kongo, < 100 000; Jagd und Fischfang neben Kleinviehhaltung. Vgl. Vili-Kongo.

Suwa'id (ETH)
I. »Jäger«.
II. Stammeseinheit im Sumpfgebiet des Unterirak; führen ihre Abstammung auf die Beni Himyar zurück. Haben sich im 19. Jh. am Messerah (sö. Amara) niedergelassen; zeigen starke Betonung bäuerlicher Lebensweise, haben aber Schilfkultur, Büffelhaltung und Reisbau von Madan übernommen. Unterstämme sind: Bet Korge und Bet Zamel. Eine Teilgruppe siedelt am Euphrat bei Umm as Suwec. Vgl. Madan.

Suya (ETH)
II. kleine, seit Europäerkontakt aussterbende Indianerpopulation im Xingú-Nationalpark/Brasilien; Stamm der Ge-Indianer. Vgl. Xingú-Indianer.

Svalbard und Jan Mayen (TERR)
B. Svalbard ist seit dem Spitzbergenvertrag von 1920 unter norwegischer Staatshoheit; es umfaßt: Bäreninsel, Barentsinsel, Edgeinsel, Hopen, König-

Karl-Land, Kvitöya, Nordostland, Prinz-Karl-Vorland und Spitzbergen. Spitsbergen, Spitzbergen (=en); le Spitsberg, le Spitzberg (=fr); Spitzberg, Spitzbergen, Spitsberg, Spitsbergen (=sp).

Ew. in Westspitzbergen/Vestspitsbergen Ew. (Personen): 1960: 2800; 1974: 2897; 1992: 3116

Svamanen (REL)
I. »Hauslose«; Samnyasin d.h. »Entsager«; Sg. Swami. Vgl. Wandermönche, Bettelorden, Mendikanten.

Svear (ETH)
II. den Schweden namengebendes Volk, ursprünglich im Gebiet um das Mälartal beheimatet, das Ende des 6. Jh. die Goten unterwarf bzw. mit ihnen verschmolz.

Svizzeri (ETH)
I. (=it); Schweizer; speziell italienischspr. Schweizer, d.h. Tessiner/Ticinesi (s.d.).

Swahili (ETH)
I. Suaheli, Wasuaheli; (ar=) »Küstenbewohner«.
II. Mischvolk stark islamisierter und arabisierter Bantu-Neger in der ostafrikanischen Küstenzone und auf vorgelagerten Inseln (Lamu, Sansibar, Pemba, Mafia); zugerechnet werden auch die Komorer. Es entstand aus jahrhundertelanger Verbindung zw. über See zugewanderten Südarabern (bes. aus Oman), Persern und Indern mit alteingesessenen Bantu oder im arabischen Sklavenhandel eingeführten Angehörigen schwarzer Inlandstämme. Die angesehenen Familien nennen sich Schirazi. Bei der großen räumlichen Ausbreitung der Swahili sind mehrere regionale Gruppen entstanden, die sich u. a. durch unterschiedliche Ethnogenese und Dialekte auszeichnen. Wichtigste Gruppen sind: Badjan (zwischen Kismaya und Pate), Pate (auf Insel Pate), Amu (auf Insel Lamu), Mvita (um Mombasa), Mrima (zwischen Tanga und Kilwa), Pemba (auf Insel Pemba), Hadimu und Tumbatu (auf Insel Sansibar). Leben von Landwirtschaft, Fischfang und Mangrove-Nutzung. S. sind hervorragende Händler und Handwerker. Vgl. Shirazi, Saramo, Kisuaheli.

Swanen (ETH)
I. Swanetier, Selbstbez. Schwan; Svany (=rs).
II. kleine autochthone Ethnie im w. Kaukasus (Swanetien), rd. 15 000 (1979) mit Eigenspr. der Kaukasus-Spr.gruppe, werden heute zu den Georgiern gezählt; gehören überwiegend dem orthodoxen Christentum an, das mit älterem Tier- und Baumkult verwoben wird (Schlachtopfer, Heiliger Ochse, Sonnenkult, Muttersteine); wenige Sunniten. Flußgoldgewinnung, Wehrtürme, alter Fernhandel mit Griechen, ehemals bedeutende Sakralkunst (G. MERZBACHER).

Swasi (ETH)
I. Zwasi, Swazi (=en); Amaswazi; Eigenname Abaka-Ngwane.
II. Bantu-Volk der Nguni-Gruppe (SE-Bantu) mit > 900 000 Köpfen in Südafrika, dort mehrheitlich im Königreich Swasiland (1991: 673 000 oder 84,3 % der Gesamtbev.), ferner in Transvaal insbes. im ehem. Swazi, dem dreiteiligen Homeland Ka Ngwane. S. nahmen diese Gebiete in Auseinandersetzung mit stammverwandten Zulus erst anfangs 19. Jh. in Besitz, als es dem namengebenden Ngwane-Clan gelang, diverse Sotho-Gruppen zu einer kampfkräftigen, stolzen Nation zu einen. Unterstanden lange britischem Protektorat, wurden erst 1968 selbständig. Besitzen Eigenspr. Siswati, sind mehrheitlich protestantische Christen. Zum Königsclan gehören ca. 20 % aller Swasi.

Swasi (SPR)
I. siSwati; Swazi, Swati (=en).
II. eine Niger-Congo-Spr. der Niger-Bantu-Gruppe, gesprochen als Staatsspr. in Swasiland und in Südafrika von 1 Mio.

Swasiland (TERR)
A. Königreich. Unabh. seit 6. 9. 1968. Swaziland (=en); Umbuso we Swatini; Ngwane. The Kingdom of Swaziland (=en); le Royaume du Swaziland, le Swaziland, Souaziland (=fr); el Reino de Swazilandia, Swazilandia (=sp).

Ew. 1904: 0,085; 1911: 0,105; 1936: 0,157; 1950: 0,283; 1960: 0,345; 1970: 0,422; 1978: 0,544; 1986: 0,676 Z; 1996: 0,926; BD: 53 Ew./km²; WR 1990–96: 3,1 %; UZ 1996: 29 %, AQ: 23 %

Swasiländer (NAT)
II. StA. des Kgr. Swasiland (seit 1973), 97 % Swasi (Bantu). Minderheiten von Zulu, Tsonga und Shangaan.

Swati (ETH)
II. Stamm der Kohistaner am oberen Indus.

Sweben (ETH)
I. Sueben, Sueven; lat. suevi, suebi; Suevi (=en); Suèves (=fr); Suevos (=sp, pt).
II. westgermanische Völkergruppe, ihr zugehörig die Semnonen, Markomannen und Quaden, ferner Triboker, Nemeter und Wangionen; ursprünglich im Gebiet zw. Elbe und Oder; s. Elbgermanen. Markomannen und Quaden gelangten um die Zeitenwende nach Böhmen und Mähren, die Quaden im 5. Jh. mit Wandalen nach Spanien. Volksteile der Semnonen wurden im 2. Jh. n.Chr. am Oberrhein ansässig, formten dort den neuen Stammesverband der Alemannen, in Deutschland Schwaben (aus Suevia), s.d. Geogr. Name: Suebicum mare (antiker Name für Ostsee).

Swedenborgianer (REL)
II. Anh. der Lehre E. v. Swedenborgs aus Stockholm, die sich 1787 in England zur Gemeinschaft der Neuen Kirche zusammenschlossen, welche ca. 100 000 Mitglieder zählt.

Sylhetti (SPR)
 I. Sylhetti (=en).
 II. indoarische Spr., von rd. 5 Mio. in Bangladesch gesprochen.

Synode von Pennsylvanien (REL)
 II. Organisation der Lutheraner in Nordamerika, errichtet durch H.M. Mühlenberg 1748.

Syphilis-Kranke (BIO)
 I. Lues-Kranke; nach Primäreffekt auch: am harten Schanker Erkrankte; Altbez. Franzosenkrankheit.
 II. Syphilis hat sich seit 16. Jh. in Westeuropa seuchenartig ausgebreitet, war lange nach Tbc und Malaria dritthäufigste Krankheit. Älteste sogenannte Lustseuche. Wegen Spätfolgen gefährlichste Geschlechtskrankheit, da Infektion durch Erreger Treponema pallidum fast ausschließlich durch Geschlechtsverkehr übertragen wird. Zu unterscheiden sind angeborene und erworbene Syphilis. Heilmittel: früher Salvarsan, heute Penizillin.

Syrer (ETH)
 I. Syrier (fälschlich, allenfalls historisch); Syriacs, Syrians (=en); Syriens (=fr); siriani (=it); siriacos (=sp); sirios (=sp, pt).
 II. 1.) historische Bez. für die sog. Großsyrer, die Bew. des Übergangs- und Durchgangsraumes zw. ö. Mittelmeerküste und Syrisch-Arabischer Wüste, zw. Amanus-Taurus im N und Sinai bzw. Akabagolf im S; der römischen Provinz Syria, das Barr-al-Scham, (ar=) das »Land zur Linken« (von Mekka aus gesehen), das 1831–1940 ein geschlossenes Staatswesen war und 1928 vergeblich als solches proklamiert wurde (E. WIRTH). Vgl. Amoriter, Kanaanäer, Aramäer, Phönizier. 2.) die Bew. bzw. StA. des jungen (1945) mehrethnischen Staatswesens Syrien: arabische Syrer, Alawiten, Drusen, Kurden, Armenier, Palästinenser mit 14,5 Mio. Ew. (1996).

Syrer (NAT)
 II. StA. der Arabischen Rep. Syrien. Bev. setzt sich zu etwa 90% aus syrischen Arabern, 6% Kurden, 2–3% Palästinensern und Armeniern zusammen. Ein erheblicher Teil der Kurden (ca. 20%) gelten seit 1962 als Ausländer, nach offiziellen Angaben 67000, nach kurdischen Angaben > 200000; ihnen seien willkürlich die Bürgerrechte aberkannt worden. Zu beachten: staatsrechtliche Ansprüche auf Hatay und Libanon. Vgl. Alawiten.

Syrien (TERR)
 A. Arabische Republik. Unabh. seit 17. 4. 1946. République Arabe Syrienne (=fr); El Dschamhurija el Arabija es Surija, Al Jamhouriya al Arabiya As Souriya (=ar); Jumhuriya al-Arabya as-Suriya. The Syrian Arab Republic, Syria (=en); Syrie (=fr); la República Arabe Siria, Siria (=sp, pt, it). S. erhebt politische Ansprüche auf Hatay (Türkei) und Libanon.

Ew. 1948: 3,068; 1950: 3,495; 1960: 4,483; 1970: 6,258; 1978: 8,088; 1981: 9,053 Z; 1996: 14,502; BD: 78 Ew./km²; WR 1990–96: 33%; UZ 1996: 53%, AQ: 36%;

Syrisch (SPR)
 II. auf dem Boden der römischen Prov. Syria im 2. Jh. aus dem (Ost-)Aramäischen entwickelte semitische Spr., die im alten Christentum bis ins 14. Jh. eine Fülle von Literatur hervorbrachte. Aus den arianischen und christologischen Wirren des 4./5. Jh. heraus erfolgte Differenzierung in das West- und Ostsyrische. Während das S. als Umgangsspr. seit dem 7. Jh. vom Arabischen verdrängt wurde, behauptete sich die Ostsyrische Spr. als Liturgiespr. in den ostsyrischen Kirchen z. T. bis heute.

Syrische Christen (REL)
 I. Süryani (=tü); Syrian Orthodoxes oder S. Catholics (=en); chrétiens syriaques (=fr).
 II. Christengemeinschaften, die aus der altchristlichen Kirche Syriens hervorgingen. Zu unterteilen nach ihrem Ritus; ostsyrische Christen: Nestorianer, Assyrer, Syromalabaren, Chaldäer und westsyrische Christen: Jakobiten, unierte syrisch-kath. Griechen, Syromalankaren, Maroniten. Erlitten als Monophysiten von Anfang an Verfolgungen, dann im Mongolensturm um 1400 und wieder im I.WK und danach sehr schwere Verluste, die wiederholt und heute wieder starke Abwanderungen bewirkten.

Syrische Schrift (SCHR)
 II. aus der aramäischen Schrift hervorgegangene Altschrift, die im frühen Christentum verwendet wurde und noch heute als Sakralschrift u.a. bei Assyrern dient. Nestorianische Missionare brachten diese Zeichen nach Innerasien und Indien, wo sie zum Ausgangspunkt asiatischer Schriftgruppen wurden.

Syrisch-Orthodoxe Christen (REL)
 I. Westsyrische Monophysiten, Jakobiten.

Syrjänen (ETH)
 I. (Eigenbez.) Komi Mort; Zyrjane (=rs).
 II. Zweig der Permier in der Finno-Ugrischen Völker- und Spr.familie. Gerieten Ende des 14. Jh. unter russische Herrschaft, besaßen aber bis ins 16. Jh. eigene Fürsten. S. sind orthodoxe Christen. Heute leben sie hpts. in der Russischen Republik Komi als Ackerbauern, Viehzüchter und Holzfäller. Vgl. Komi, Permjaken.

Syrjänisch (SPR)
 I. Komi-Syrjänisch.
 II. Sprecher dieser finnugrischen Spr. (1990) 350000, davon in Rußland 340000, in Ukraine 4000.

Syromalabaren (REL)
 II. unierte christliche Gemeinschaft an der Malabarküste/Indien. Es handelt sich um Thomas-Chri-

sten, die noch unter portugiesischer Kolonialherrschaft zur Union mit Rom gezwungen wurden (Synode von Dayampur 1599); sie folgen chaldäischem Ritus mit ostsyrischer Liturgiespr.; ca. 1,75 Mio. Vgl. Thomas-Christen, Syromalankaren.

Syromalankaren (REL)
I. unierte Thomas-Christen.
II. eine der Gemeinschaften unierter Malabar-Christen in Indien; eine kleine Teilgruppe, die erst 1930 unter Mar Ivanios durch Union mit Rom aus jenen Malabaren entstanden ist, die antiochenischem/ westsyrischem Ritus folgen, weil sie sich im 17. Jh. den Jakobiten angeschlossen und dem Patriarchat Antiochia unterstellt hatten. Vgl. Syromalabaren.

Székler (ETH)
I. Székelyek (=un).
II. eine der drei Nationen Siebenbürgens, Teil der ungarischen Volksgruppe in Rumänien (ca. 750000); vielleicht magyarisierte geflüchtete Komanen, die im 10.–13. Jh. als Grenzschutz in Ostkarpaten (im ö. Siebenbürgen) angesiedelt wurden; besaßen unter rumänischer Herrschaft zeitweilig eine inzwischen aufgelöste Maros-Autonome Ungarische Region; wurden später lange Zeit, wie auch andere Minderheiten, unterdrückt, so daß wachsender Fluchtabzug. S. sind mehrheitlich Katholiken und sonst Reformierte (Calvinisten und Zwinglianer).

Szientisten (REL)
II. Anh. der Christian Science (en=) »christliche Wissenschaft«; 1879 in USA durch Amerikanerin Mary Baker-Eddy begr. Bewegung, 1892 als The First Church of Christ, Scientist neu organisiert. 1,8 Mio. Anhänger in 60 Ländern.

Szlachta (SOZ)
I. (=pl); der polnische Adel, der nicht ohne weiteres mit der westeuropäischen Nobilität verglichen werden kann, aber im 14.–18. Jh. die »polnische Nation« verkörperte. Vgl. Schlachtschitzen.

T

Taabwa (ETH)
I. Batabwa; Tabwa, Shila.
II. schwarzafrikanisches Volk zwischen Tanganyika- und Mwerusee/DR Kongo.

Tabasaraner (ETH)
I. Tabassaranen, Tabasseraner, Tabasarener, Tabasaran (Eigenbez.); Tabasarancy (=rs); Tabasarans (=en).
II. autochthones Kaukasusvolk in der südrussischen Republik Dagestan; 1979 rd. 75 000, 1991 bereits 98 000 mit Eigenspr. aus der lesgischen Gruppe der nordöstlichen Kaukasusspr.gruppe; seit Anfang des 19. Jh. unter russischer Herrschaft. Sunniten.

Tabi (ETH)
I. Ingassana.
II. kleine Ethnie am oberen Bahr el Azraq/Sudan.

Taboriten (REL)
I. nach Tábor zwischen Prag und Budweis; tschechische Wicllfiten; Horebiten.
II. radikaler, apokalyptisch-kommunistischer Flügel der Hussiten. T. verwarfen u.a. Beichte, Fasten, Eid, Priestergewänder, Heiligenanrufung, -bilder, Reliquien. Kriegerische Ausfälle erfolgten im 15. Jh. von Böhmen nach Mittel- und Süddeutschland. Vgl. Wyclifiten, Hussiten.

Tabuntschiks (SOZ)
II. Pferdehirten in der befriedeten südrussischen Steppe im 18./19. Jh.; sie rekrutierten sich vielfach aus vormaligen Kosakeneinheiten.

Tabunuten (ETH)
I. Selbstbez. Tabunut; Tabunuty (=rs). Vgl. Burjäten.

Tacana (ETH)
II. Gruppe von Indianerstämmen in Ostbolivien und im w. Mato Grosso/Brasilien, neben den Tacana i.e.S. die Araona (mit Capachene, Mabenaro u.a.), Toromona, Guacanahua, Tiatinagua, Maropa. Bilden eigene Spr.gruppe; treiben neben geringem Anbau Sammelwirtschaft. Kontakte mit Spaniern schon im 16. Jh.; in der Missionierung wurde mehrheitlich Quechua als Spr. übernommen.

Tachelhaït (SPR)
I. (=be); Tachelhit (=en).
II. Dialektgruppe der Masmouda-Berber, insbes. auch Spr. der Schlöch/Chleuh im s. Marokko (w. Hoher Atlas, Antiatlas, Jebel Siroua und Teilen des Drâatales) und in Algerien mit 3 Mio. Sprechern.

Tadschiken (ETH)
I. wohl aus Tazi (altpersisch=) »Araber«, womit Muslime gemeint waren, seit 11. Jh. gebräuchlicher Name; Tadziken, Tadzik, Todzik, Todschik (Eigenbez.); Tadshiki/Tadziki (=rs); in China Tajiken, in Afghanistan nach ihrer Spr. auch Farsiwan genannt; Tajiks, Tadzhiks (=en).
II. Volk von etwa 10 Mio. in West- und Mittelasien, wovon in ehem. Sowjetunion 1979 erst > 2,9 Mio, 1991 schon 4,21 Mio., in Afghanistan (im Badaghschan und östlichem Hindukusch, Wachan und in afghanisch-Turkestan) 1991 mind. 4,8 Mio. (ca. 28,5 %) der Gesamtbev., in Usbekistan (1991 rd. 700 000) und China (in Sinkiang mit Wachan-Streifen). 1996 in der Rep. Tadschikistan 62,3 % der 5,927 Mio. Staatsbev. Nachkommen der mit späteren Eroberervölkern (iranischen und turkspr. Stämmen, Mongolen, Usbeken) aber auch mit Pathanen und Belutschen vielmals vermischten autochthonen Bev., somit anthropologische Abkunft von Europiden und Mongoliden. T. sprechen iranische Mundarten, die wohl im 9./10. Jh. unter arabischem Einfluß aus dem iranischen Dari entstanden sind und in modifizierter arabischer oder kyrillischer Schrift geschrieben werden; vielfach starke Assimilierung an Usbeken. T. sind hanafitische Sunniten, im Iran auch Schiiten. Galten in Afghanistan als die kulturtragende Ethnie, stellten dort Beamtenschaft, Kaufleute und Handwerker.

Tadschiken (NAT)
II. StA. von Tadschikistan; das Staatsvolk der T. stellt über 62 % der Gesamtbev. vor Usbeken mit 24 % und Russen mit 8 %; kleine Minderheiten von Tataren, Kirgisen, Turkmenen, Kasachen.

Tadschikisch (SPR)
I. Tajiki (=en).
II. eine neuiranische Spr. in Tadschikistan, die erst 1989 zur Amtsspr. erhoben wurde (nächst Russisch als Verkehrsspr.). Verbreitet auch bei Tadschiken in Afghanistan (3,7 Mio.), Usbekistan (1 Mio.) und Kirgistan; insgesamt (1994) von > 8 Mio. gesprochen und während UdSSR-Zeit mit der Kyrillika geschrieben.

Tadschikistan (TERR)
A. Republik. Unabh. seit 21. 12. 1990; vormals, seit 1929, Tadschikische SSR der UdSSR, zuvor Bestandteil der Usbekischen SSR. Respublika i Tojikiston. Freie Eigenbez. »Iranak«, d.h. Kleiniran aufgrund der Sprachverwandtschaft. Tajikistan, Tadzhikistan (=en).
Ew. 1939: 1,5; 1959: 2,0; 1979: 3,801; 1989: 5,112; 1996: 5,927, BD: 41 Ew./km^2; WR 1990–96: 1,9 %; UZ 1996: 32 %, AQ: 3 %

Taejonggyo (REL)
I. Taejongkyo, Täjong-kyo (ko=) »Lehre des großen Ahnengottes«.

II. Neubez. seit 1910 des koreanischen Tankunkyo; in S-Korea 1983/86 je nach Quelle 11 000 bzw. 318 000 Anhänger.

Taffy (SOZ)
II. nach häufigstem Vornamen Dafydd
I. David Spitzname in Großbritannien für Waliser.

Tagal (ETH)
I. Nordborneo-Murut.
II. kleine ethnische Einheit mit südwestindonesischer Spr., von einigen Zehntausend in Sabah auf Borneo; sind Reispflanzer und Jäger.

Tagalen (ETH)
I. Tagalog
II. bedeutendes Filipino-Volk auf Luzon/Philippinen; ca. 9 Mio. mit Eigenspr. Tagalog/Tagal; sofern nicht Städter (in Manila), Reisbauern. Bilden zweitgrößte ethnische Gruppe; sind das politisch und kulturell führende Volk, stark hispanisiert; ihr Idiom wurde zur Staatsspr. Auswandererkolonien auf den Marianen, den Hawaii-Inseln und in Kalifornien.

Tagalog (SPR)
I. Tagal, Tagalisch; Tagalog, Tagalish, Engalog, Filipino (=en).
II. 1.) austronesische Spr. aus der nordwestindonesischen Spr.gruppe. Eigenspr. der Tagalen auf Luzon, gesprochen von ca. 25 %, mit eng verwandten Idiomen von etwa 55 % der philippinischen Gesamtbev., d. h. von 35-40 Mio. (1994). Aus dem T. wurde das Pilipino, die Staatsspr. in Philippinen, abgeleitet, die in Lateinschrift geschrieben wird. 2.) Tagalish ist auch die Mischspr. aus Englisch und Tagalog auf den Philippinen, insbes. auf Luzon, wo es als Umgangsspr. vorherrscht.

Tagauren (ETH)
II. Stamm aus der Ost-Gruppe der Osseten im Kaukasus. Ihr Idiom wurde zur Schriftspr. entwikkelt, sind orthodoxe Christen. Vgl. Osseten.

Tagbanua (ETH)
I. Tagbuanan.
II. Stamm auf Palawan/Philippinen, kulturell zu den Alt-Indonesiern zählend. Palämongolide mit starkem weddiden Einschlag, auf Insel Palawan/Philippinen; sind noch Wildbeuter, bewahren Naturkulte; besitzen aber auf indische Vorbilder zurückgehende Eigenschrift. Vgl. Alt-Malaien, Alt-Indonesier.

Tagbevölkerung (WISS)
II. Bev.stand eines bestimmten Ortes oder Quartiers zur Tages- oder Arbeitszeit an Werktagen im Gegensatz zur Nachtbev.; planungstechnisch berechnet nach der Formel: Wohnbev. minus Erwerbstätige plus Beschäftigte.

Tagelöhner (SOZ)
I. Gelegenheitsarbeiter (doch nicht voll syn.); hobo(s) (=en); giornalieri, agrarische T.: braccianti, cafoni (=it); jornaleiros (=pt); jornaleros (=sp); journaliers (=fr).
II. gegen einen auf den Tag als Zeiteinheit abgestellten Lohn beschäftigte Arbeitnehmer in der Land- und Forstwirtschaft. T. zählen zur niedrigsten agrarabhängigen Sozialschicht; weit verbreitet, selbst noch in weißen Kulturerdteilen z. B. SW der USA, Südeuropa (T.-Siedlungen in Süditalien). In China soll es (1994) 150 Mio. freigestellte Landarbeiter geben, die zu Hungerlöhnen ihre Arbeitskraft anbieten. Vgl. peones, jornaleros (=sp); Tubaozi (=ci).

Tagesmütter (SOZ)
II. Frauen, die anvertraute (Klein-) Kinder in Tagespflege betreuen, die jedoch nicht Personal von Kinderkrippen und -horten sind.

Tagger (SOZ)
II. aus USA übernommene Eigenbez. der Sprayer, nach den Tags, den persönlichen Erkennungszeichen.
II. moderne Vandalen mit der Farbdose. Vgl. Sprayer.

Tahitianer (ETH)
I. Tahitier, Tahiter; benannt nach größter Insel Tahiti; Tahitians (=en); Tahitiens (=fr).
II. Bew. der im mittleren Südpazifik gelegenen Gesellschaftsinseln/Französisch-Polynesien. Inseln wurden durch Polynesier am Ende des 1. Jtsd. besiedelt, seit 18. Jh. europäisch beeinflußt, seit 1842 beherrscht. Eingeschleppte Krankheiten und Drogen dezimierten autochthone Bev. bis auf 9000 (1830). 1987 wieder > 114 000 Polynesier (=67 % der Gesamtbev.) neben rd. 23 000 Mischlingen sowie 19 000 Europäern und 8000 Chinesen.

Tahtaci (REL)
II. ethnisch-religiöse Gruppe traditioneller Holzarbeiter in Anatolien.

Tahtaci (SOZ)
II. ethnisch-religiöse Gruppe traditioneller Holzarbeiter in Anatolien.

Tai (ETH)
I. mehrheitlich synonym zu Thai; mitunter aber zur Differenzierung älterer (Tai) und jüngerer (Thai) thaispr. Einwanderer bzw. zur Unterscheidung von traditionellen und assimilierten Thaigruppen gebraucht; in (=kh) Siam oder Syam.
II. Gruppe eng verwandter Völker und Stämme in Hinterindien und S-China. In frühgeschichtlicher Zeit bewohnten T. Teile des heutigen Mittel- und Südchina, seit 1. Jtsd. v. Chr. wurden sie von den Han an die SW-Peripherie abgedrängt. Alle gehören zum palämongoliden Rassentyp der Mongoliden. Stehen sprachlich und kulturell den Chinesen nahe, vermutlich durch sekundäre Sinisierung auf austrisch-spr. Grundschicht. Zu unterscheiden sind: 1.) n. Thai in Yünnan mit T. Tayok, T. Nüa oder T.

Payi, T. Nam (Wasser-T.), T. Lai u. a.; 2.) w. Thai mit den schon hinduisierten Ahom in Assam, Khamti in N-Myanmar und Schan in NE-Myanmar; 3.) ö. Thai mit Dioi in SW-Kweitschou, Nung, Tho, T. Dam (schwarze T.), T. Khao (weiße T.) in Kwangsi und N-Tongking, wohl auch Hakka und andere Südchinesen; 4.) s. Thai mit den Siamesen in der Menang-Ebene, Lao-Yuan oder Thai-Chieng im n. Hügelland Thailands, Lao oder Laoten im Mekong-Tal/Laos und NE-Thailand. Einige Tai-Gruppen wie Chuang, Chuang-chia und Tung sind weitgehend sinisiert, andere wie Tho und Nung vietnamisiert. S. Thai sind mit 85 % der Gesamtbev. Staatsvolk in Thailand, ihr Idiom ist Staatsspr., incl. der thaisierten Vorbev. überwiegend Hinayana/Theravada-Buddhisten.

Taimani (ETH)
II. Stamm der Aimaq in W-Afghanistan; um 1970: 40–185 000 Seelen im S der Provinz Ghor. Halbnomaden, in arabischen Zelten lebend, s. Taimani sind Vollbauern. Berufen sich auf paschtunische Herkunft. Vgl. Aimaq.

Taimuri (ETH)
II. Stamm der Aimaq im Westen der Provinz Herat/Afghanistan; 1970 zw. 33 000 und 75 000 Seelen.

Taino(s) (ETH)
II. 1.) altes indianisches Volk, das, von Südamerika kommend, unter Verdrängung der alteingesessenen Ciboneyes/Guanahatabey, große Teile der Karibik besiedelte, seinerseits aber Karaiben und Conquistadoren unterlag. T. erlangten erstaunliche Kulturentwicklung auf Hispaniola (vielseitige Landwirtschaft, Schmuck, Textil, Keramik-Techniken); ihre Gesellschaft war in drei endogame Klassen gegliedert. 2.) Eigenbez. der Nachkommen von indianischen Alteinwohnern in Kuba, ca. 20 000, d. h. 0,2 % der Gesamtbev.

Tainui (ETH)
II. Stämmebund der Maori auf der Nordinsel Neuseelands. Er wählte 1858 in Opposition zur britischen Verwaltung einen König, der die Oberhoheit (mana whenua) besitzen sollte. Bekannt durch die Rückübertragung von rd. 16 000 Hektar Land (1995) als Entschädigung für Kolonialisierungsverlust von 487 000 Hektar (1863).

Taiping (SOZ)
II. Mitglieder der »Ges. der Gottesverehrer«, Baishangdihui, einer sozialrevolutionären, anti-mandschurischen Geheimgesellschaft des 19. Jh. in China. T. hatten ihre Zöpfe, das Zeichen der Unterwerfung, abgeschnitten, deshalb Changmaofei, d. h. »Banditen mit langem Haar«.

Tairona (ETH)
II. im 16. Jh. ausgestorbener Indianerstamm, der von ca. 1000–1500 n. Chr. an Hängen der Sierra Nevada in Kolumbien lebte. T. wiesen z. Zt. der Conquista große Bev.zahl auf; besaßen stadtartige Siedlungen, Terrassenbau und Bewässerung, hochstehende Goldschmiede- und Steinmetzkunst, stellten also Nord-Ausläufer der Andinen Hochkultur dar. Vgl. Kogi.

Taita (ETH)
I. Teita.
II. kleine schwarzafrikanische Ethnie in S-Kenia.

Taiwan (TERR)
A. Amtl. Bez. Republik China. Nationalchina. Altbez. aus ilha formosa (pt=) »schöne Insel«; unter japanischer Besetzung: Formosa (=jp). Ta Tschung Hua Min-Kuo, Ta Chung-Hua Min-Kuo. Republic of China, Chinese Taipei; China (Taiwan, Formosa) (=en); Chine (Taïwan, Formose) (=fr); China, Taiwan (=sp, pt, it).
Ew. 1905: 3,040; 1925: 3,993; 1930: 4,593; 1940: 5,872; 1950: 7,648; 1953: 7,591; 1962: 11,375; 1980: 17,969; 1996: 21,471, BD: 596 Ew./km²; WR 1986–96: 1,0 %; UZ 1996: 92 %, AQ: 7 %

Taiwan-Chinesen (NAT)
I. Taiwanesen i.w.S. Altbez. Nationalchinesen und Formosa-Chinesen; im Gegensatz zu Festlands-Chinesen; formosans (=fr).
II. StA. der Rep. China (Taiwan), 21,5 Mio. Ew., die jedoch nur von 26 Staaten anerkannt wird: »Ein-China-Politik«. Infolge dieses Alleinvertretungsanspruches für ganz China unklare Staatsangehörigkeitsverhältnisse. S. National-Chinesen. Vgl. Taiwanesen i.e.S. und Gaoschan.

Taiwanesen (ETH)
II. Bew. der Insel Taiwan/Formosa; Terminus wird mißverständlich benutzt, für Ureinwohner, Alteinwohner und das Staatsvolk von Taiwan. Unter Taiwan-Chinesen sind hier die StA. des Inselstaates Rep. China zu verstehen; unter Gaoschan die Ureinwohnerschaft ohne die Nachkommen von Zuwanderern während der Ming- und Ching-Dynastie oder jener 2 Mio. Festlandsflüchtlinge, die 1949 unter den Kuomintang auf die Insel kamen.

Tajiken (ETH)
II. Altbez. für Perser. Vgl. Tadschiken.

Ta-'ka-i (BIO)
I. »abstehende Ohren«.
II. Altbez. der Kiowa-Indianer der Kolonialzeit für Weiße/Europäer.

Taki-taki (SPR)
I. s. Sranantongo.

Talaing (ETH)
II. in Thailand ansässige Flüchtlingsgruppe von Mon-Stämmigen aus Myanmar.

Taliban (SOZ)
  I. Talibs, »Studenten«; aus talaba (arab.-pers.=) »die den Islam begehren«.
  II. religiös-nationale Milizionäre in Afghanistan, welche (nach langem Bürgerkrieg) die Einheit des Landes als Gottesstaat wiederherstellen wollen; es handelt sich überwiegend um Durranis, also paschtuspr. Jugendliche aus dem Süden des Landes, doch auch um afghanische Kriegsveteranen, die in pakistanischen Flüchtlingslagern ein Theologiestudium sunnitischer Ausprägung absolvierten; Kennzeichen: die schwarzen Turbane der Männer. T. kämpfen sowohl gegen eingesessene Mujahedin als auch gegen die traditionellen Clan-Fürsten.

Talibés (REL)
  I. (=fr); aus Talib (ar=) »Schüler«; Muriden.
  II. Schüler eines islamischen Mystikers, die den Weg der Gottessuche seines Ordens in die Hand eines Marabouts gelegt haben.

Tallensi (ETH)
  I. Talensi.
  II. Sudanvolk mit einer Gur-Spr. in N-Ghana; Untergruppe der Mosi; Hirsebauern.

Talmudisten (REL)
  I. Rabbaniten.
  II. diejenigen Juden, die außer der Bibel auch den Talmud als Glaubensgrundlage anerkennen.

Talodi (ETH)
  II. kleine schwarzafrikanische Ethnie im s. Sudan, n. der Dinka.

Talschaftsbevölkerungen (WISS)
  II. Einwohnerschaften von (Hoch-)Gebirgstälern als Natur- und Kulturlandschaftseinheiten, ggf. noch in Talstufen zu unterteilen; sie können aufgrund von Siedlungsgeschichte, Isolation und Rechtsverhältnissen große Individualität aufweisen und sich von Tal zu Tal ethnisch, sprachlich, wirtschaftlich merklich unterscheiden; z.B. im Nepal-Himalaya, aber auch in den Alpen.

Talyschen (ETH)
  I. Talischen, Taleshi; Selbstbez. Talisch, Talusch; Talyschi (=rs); Tâlech (=fr).
  II. Volksgruppe mit neuiranischer Eigenspr. zumeist in der Republik Aserbaidschan mit (1991) etwa 22000 Individuen sowie im SW des Iran, insgesamt ca. 175000–250000. Nachkommen iranischer Stämme, die sich mit autochthonen Gruppen vermischt haben; standen unter langer persischer, seit 1813 unter russischer Herrschaft. Kulturelle Annäherung an Aserbaidschaner; überwiegend sunnitischen, doch in Iran auch schiitischen Glaubens.

Tama (ETH)
  II. kleine Ethnie im w. Darfur-Gebirge/Tschad-Sudan; seßhafte Ackerbauern, 1983 ca. 300000 Köpfe. Geogr. Name: Dar Tama.

Tamang (ETH)
  I. Murmi.
  II. aus Tibet zugewanderter Bauernstamm in Nepal (n. Kathmandu); ca. 600000–800000 mit einer tibeto-birmanischen Eigenspr., überwiegend Lamaisten.

Tamaschek (ETH)
  I. Kel Tamacheq.
  II. Eigenbez. der Tuareg (=ar) in ihrer Eigenspr. Tamahagh, in Niger.

Tamaschek (SPR)
  I. Tamashek, Tamassek (Bez. im S); Tamahag (Bez. im N); Tamazight (=en).
  II. Berberspr. der ca. 300000 Tuareg in Nordafrika. Gesprochen in vier Hauptdialekten: Tahaggart (im Hoggar und Tassili-n-Ajjer); Tairt (im Air); Tadrag (im Adrar); Taulemmet (am Nigerbogen und ö. davon); geschrieben in Eigenschrift Tifinaq.

Tamazight (SPR)
  I. Tamazirht; Tamazight (=en).
  II. Dialektgruppe der Sanhadja-Berber, verbreitet insbes. bei den Rif-Kabylen im n. Marokko und den Berabern im Mittleren Atlas und seiner Vorfelder.

Tambo (ETH)
  I. Tembo.
  II. kleine schwarzafrikanische Ethnie in NE-Sambia.

Tamil (SPR)
  I. Tamul-Spr.; South Dravidian, Tamil (=en).
  II. älteste der noch gesprochenen und meistbedeutende der Drawida-Spr.; seit Chr. als Schriftspr. überliefert. Eigenspr. der Tamilen/Tamulen in SE-Indien (bes. in Tamil Nadu, auch in BSt Karnataka, Andra Pradesh, Kerala und Maharashtra) sowie in NE-Ceylon/Sri Lanka; ferner unter tamilischen Migranten in Malaysia, Burma, Singapur, in S- und Ostafrika, insgesamt gesprochen von 67 Mio. (1994). In Indien nutzten 1991 rd. 58 Mio. 3,2% der Gesamtbev. T.; im Gliedstaat Tamil Nadu ist T. Amtsspr., dgl. ist T. in Sri Lanka seit 1987 (bei 3,4 Mio.) zweite Staatsspr. Dank Eigenschrift fast 2 Jtsd. ununterbrochene literarische Tradition.

Tamil Nadu (TERR)
  B. Altbez. Madras. Bundesstaat Indiens.
  Ew. 1961: 33,687; 1981: 48,408; 1991: 55,859, BD: 429 Ew./km²

Tamilen (ETH)
  I. Tamulen; Tamils (=en).
  II. Volk in Südindien und Sri Lanka mit der Eigenspr. Tamil aus der Spr.familie der Drawida-Spr. und einer Eigenschrift; insgesamt mind. 32 Mio., wovon rd. 29 Mio. in Indien, d.h. 3,2% der Gesamtbev. neben div. Zweisprachigen (andere Drawida-Spr. und Singhalesisch) und rd. 2,3 Mio (1996) in Sri Lanka, d.h. 12,6% der Gesamtbev. T. sind fast aus-

schließlich Hindus und in zahlreiche Kasten gegliedert. Vgl. Ceylon-Tamils, Indian Tamils, Jaffna-Tamilen; Tamil-Spr., Drawida-Spr.

Tamil-Schriftnutzergemeinschaft (SCHR)
I. Tamilischett-Schrift
II. Eigenschrift der tamilspr. Inder; aus der Brahmi-Schrift abzuleiten. Da Schrifttum mind. bis in 8. Jh. n. Chr. zurückreicht, älteste und dank Zahl potentieller Schreiber wichtigste der dravidischen Schriften in Südindien. Eine Variante der T.Schrift ist die Vatteluttu-Rundschrift, die von den Muslimen in N-Malabar zur Wiedergabe des Malayalam Verwendung findet. Vgl. Tamil-Spr.

Tamim (ETH)
II. historischer Araberstamm im Südirak.

Tampolense (ETH)
Vgl. Grusi in Ghana.

Tana Bhagat (REL)
II. national-religiöse Bewegung unter der dravidischspr. Bev. in Bihar/Indien, die im I.WK ihren Höhepunkt erfuhr.

Tanagalo (SPR)
I. Bantuenglisch.
II. eine unter den Kontraktarbeitern in den Industriegebieten Südafrikas bis zum Copperbelt Sambias im N gebräuchliche Pidgin-Spr. hoher Bedeutung.

Tanala (ETH)
II. Volk aus der Austronesischen Spr.familie, > 300 000 Köpfe, im bewaldeten Hochland im SE von Madagaskar; treiben Brandrodungsfeldbau (auch Kaffee und Reis), halten Vieh nur aus Prestigegründen; bewahren sich Naturreligionen mit Ahnenkult.

Tana-Schriftnutzergemeinschaft (SCHR)
I. Maledivische Schrgem.
II. Eigenschrift der Malediver und Hoheitsschrift in der Republik der Malediven mit 195 000 Bew.; entstanden im 12. Jh.

Tanganjika (TERR)
C. Festlandsteil und bis 1964 Altname der Vereinigten Republik Tansania, s.d. Tanganyika (=en); Tanganika/Tanganyika (=fr); Tanganica/Tanganyika (=sp).

Tanganjiker (NAT)
I. Tanganyikans (=en); tanganyikains (=fr); tanganyikanos (=sp).
II. StA. von (Festlands-)Tansania. Vgl. Tansanier.

Tangkhul (ETH)
II. Einheit der Naga-Stämme in NE-Indien.

Tangu (ETH)
II. melanesischer Stamm im Madang-Distrikt Neuguineas, einige Tausend. Noch weitgehend traditioneller Lebens- und Wirtschaftsweise verbunden: Jagd, Grabstockbau, Pfahlbauten, Buschtrommeln. Sind nur nominell Christen.

Tanguten (ETH)
I. Tang-schang, Tangut.
II. ein tibetischer Stamm im chinesischen Kansu-Korridor. Name wurde von einem Altvolk übernommen, das im 3.–5. Jh. am Kukunor und im NW von Szetschuan nachweisbar ist (Fundstätten u.a. Khara-Khoto) und im 11. Jh. dort ein Reich mit blühender Kultur (u.a. eigenständiges Schriftsystem) besaß; es führte 1036 den Buddhismus als offizielle Religion ein. Seine Bew. wurden von Chinesen Hsi-hsia genannt. Dieses Altvolk wurde anfangs des 13. Jh. im Mongolensturm vernichtet, Reste gingen im Volkstum von Mongolen und Tibetern auf. Vgl. Amdo, Tibeter.

Tanimbar-Insulaner (ETH)
II. Mischbev. aus Papua, Indonesiern und Malaien auf den sö. Molukken/Indonesien, < 100 000 Personen, treiben Anbau, Jagd und Bootsbau; vereinzelt Christen und Muslime, zur ostindonesischen Ambon-Timor-Spr.gruppe zählend.

Tankunkyo (REL)
I. (kr=) »Lehre von Tankun«; 1910–1945 Täjongkyo »Lehre des großen Ahnengottes«.
II. von dem Koreaner Na Chol anfangs 20. Jh. gegr. nationalistisch-koreanische Rel. Fundiert auf Glauben an Tankun, (kr=) »Sandelbaum-Fürst«, dem mythischen Begründer des koreanischen Reiches (2333 v. Chr.), der die Urbew. die Kultur gelehrt hat. Lehre hat ca. 150 000 Anhänger; Namenstafel Tankuns an der Nordwand der Häuser.

Tannesen (ETH)
II. melanesische Bew. der Insel Tanna, Zahl ca. 15 000. Nach christlicher Missionierung doch vielfach Rückkehr zu überlieferter Lebensweise aufgrund des John-Frum-Cargo-Kultes; Pidgin-English-spr.

Tannu-Tuwa (NAT)
I. Tannu-Tuwinen, selbständig 1921–1944.

Tano (ETH)
I. Tanoan, Süd-Tewa. Vgl. Pueblo-Indianer.

Tansania (TERR)
A. Vereinigte Republik (seit 1. 11. 1964), hervorgegangen aus Sansibar und Tanganjika; ehem. Tanganyika. United Republic of Tanzania (=en); Jamhuri East Africa Tanzania (=en); Jamhuri ya Mwungano wa Tanzania; Jamhuri ya Muungano wa Tanzania. La République Unie de Tanzanie (=fr); la República Unida de Tanzanía (=sp).
Ew. Tanganyika: 1921: 4,107; 1931: 5,023; 1948: 7,461; 1950: 8,041; 1955: 8,922; 1960: 10,016; 1965: 11,332; 1970: 12,896; 1975: 14,734; 1980: 18,080; 1985: 21,162;

Ew. Sansibar: 1921: 0,203; 1931: 0,220; 1948: 0,265; 1950: 0,272; 1955: 0,290; 1960: 0,312; 1965: 0,341; 1970: 0,377; 1975: 0,421; 1980: 0,500; 1985: 0,571;

Ew. Tansania: 1921: 4,310; 1931: 5,243; 1948: 7,979; 1950: 8,313; 1955: 9,211; 1960: 10,328; 1965: 11,673; 1970: 13,273; 1975: 15,312; 1980: 18,580; 1985: 21,733; 1996: 30,494, BD: 32 Ew./km²; WR 1990–96: 30%; UZ 1996: 25%, AQ: 32%

Tansanier (NAT)
I. Tanzanians (=en); tanzaniens (=fr); tanzanianos (=sp, pt).
II. StA. von Tanganjika (seit 1961), seit Union mit Sansibar (1964) StA. der Vereinigten Rep. Tansania. Festlands-Tansanier (Tanganjiker) und über 700 000 Sansibarer (s.d.). Mehrheit (60%) von Bantu (Haya, Makonde, Njamwesi, Sukuma, Tschagga), ferner ostnilotische Massai. Vgl. Suahelisprachie.

Tanten (BIO)
I. Altbez. Muhmen; aunts (=en); tantes (=fr); zie (=it); tias (=sp, pt).
II. 1.) Schwestern des Vaters oder der Mutter; 2.) Ehefrauen von Brüdern des Vaters oder der Mutter.

Tantristen (REL)
I. aus Tantra (ssk=) »Gewebe«, »Lehrsystem«.
II. Anh. des Tantrayana/Tantrismus (»Fahrzeug des gespannten Fadens«), einer religiösen Strömung, die seit etwa 500 n.Chr. Hinduismus, Vajrayana-Buddhismus und insbes. den tibetischen Lamaismus beeinflußt hat. Ausgleich der polaren Gegensätze (Geist und Natur, m. und w.) soll durch Magie und Mystik erwirkt werden (Tantras/Riten-Mantras/magische Zauberformeln-Mandala/runde Meditationsbilder). Aus dem Tantrismus sind als Heilsmethoden das Mantrayana und Vajrayana erwachsen.

Tanuh (ETH)
II. frühgeschichtlicher arabischer Stammesverband, der noch in vorislamischer Zeit aus Zentralarabien über Mesopotamien nach W-Syrien eingewandert ist. Gegen Ende des 9. Jh. erfolgte Fortwanderung in die Bekaa und das s. Libanongebirge. Unter dem Einfluß religiös-politischer Häresien (vor allem des Drusentums) verschmolzen sie zu einem homogenen Religionsvolk, das heute im S-Libanon und im (zeitweise autonomen) Djebel Duruz siedelt. Vgl. Drusen.

Taoisten (REL)
II. Anh. einer auf Lao-tse zurückgeführten philosophischen Schule und religiösen Richtung, des Taoismus, Tao-chiao in China, der Lehre vom »Weg« (dao); sie entstand im 5.–3. Jh. v.Chr.
II. eine der drei Hauptreligionen Chinas, 1985 im engeren ausschließlichen Sinn ca. 31 Mio. Im wesentlichen die Lehre von der Anpassung menschlichen Verhaltens an das Tao, von der immer wieder neu zu bestätigenden Harmonie von Makro- und Mikrokosmos. Aus diesem Grundelement hat sich auch der Konfuzianismus herausgebildet, T. wurde andererseits durch den Buddhismus beeinflußt. Bedeutender Repräsentant und Lehrer war Lao-tse; heute umfängliche Priesterhierarchie unter einem obersten »Himmelsmeister«. S. Daoismus.

Tapanten (ETH)
Vgl. Abasiner.

Tapiete (ETH)
II. Indianerpopulation im brasilianisch-paraguayischen Grenzgebiet. Obschon sie eine Tupi-Guarani-Spr. verwenden, vermutlich den Mataco verwandt; bilden große schweifende Horden.

Tapirape (ETH)
II. kleine indianische Restpopulation mit einer Tupi-Guarani-Spr., einst im ö. Mato Grosso/Brasilien, heute seßhaft bei einem Indianerposten und vom Aussterben bedroht.

Tapiride (BIO)
I. nach den Tapiros auf Neuguinea.
II. anthropol. Bez. für die verstreuten Stämme Zwergwüchsiger auf Neuguinea; vgl. »Zwergpapua«. Sie werden als Lokaltyp der Neomelanesiden, mitunter auch als deren Unterrasse aufgefaßt. Vgl. Melaneside.

Tarábin (ETH)
II. Konföderation von ehemals 25 Beduinen-Stämmen (1965 ca. 1000 Individuen), einst im w. Negev/Israel streifend; sind 1949 überwiegend in den Sinai geflüchtet.

Tarahumara(s) (ETH)
I. Eigenbez. Raramuri, d.h. »Läufer«.
II. Einheit von Indianern auf dem gegen 2000 m hohen Sierra-Madre-Plateau im mexikanischen BSt. Chihuahua; zur Spr.gruppe der Taracahita (Sonora-Zweig der Azteken) zählend. T. leisteten den Spaniern im 17. Jh. erfolgreichen Widerstand, standen dann unter Schutz der Jesuitenmission. Anzahl heute: ca. 100 000. 20 000 T. leben noch traditionell in Gemeinschaftssiedlungen. T. betreiben seit jeher Ackerbau (Mais, Kürbis, Bohnen), seit 17. Jh. auch Viehhaltung mit Sommerwanderungen auf den Höhen der Sierra.

Tarantschen (ETH)
II. Turkstamm in Chinesisch Turkestan/Sinkiang.

Tarasken (ETH)
II. indianische Ethnie im mexikanischen Michoacán mit Eigenspr. Tarasko, die als separate Spr.gruppe angesehen wird. Diese spr. Isolierung kann bedeuten, daß sie zu den ältesten Bev.elementen Mexikos gehören; Anzahl (1990) 120 000. T. haben um 1400 einen starken Staat begründet, Fernhandelsbeziehungen zu N-Peru sind wahrscheinlich; er-

litten in Konflikten mit Azteken und Spaniern schon im 16. Jh. schwere Verluste. Lt. VZ 1940 noch rd. 35000 Individuen, die aber nur mehr zu 20% ihre Eigenspr. beherrschten.

Tarasko (SPR)
I. s. Tarasken.

Tariana (ETH)
I. Tariano.
II. kleine Indianerpopulation in Kolumbien, seit 1970 vom Aussterben bedroht.

Tarifit (SPR)
I. (=be); Zenatiya; Tarifit (=en).
II. Berberdialekte im ö. Rif/Algerien, u.a. der Beni Snassen, sowie verschiedener Spr.inseln in NE-Marokko der Beni Ouraïne und Aït Serhrouchene, insgesamt von 1 Mio.

Tariqa's (REL)
I. tarikat (=tü).
II. (eigentlich Turuq), zahlreiche islamische Bruderschaften; sie dienten ursprünglich gemeinsamen Exerzitien, haben sich heute mehr praktischen und sozialen Aufgaben, wie Moscheenbau, Sozialfürsorge etc. zugewandt; auch Einsiedlergenossenschaften wie die um 1200 gegr. Khalwatiyya-Tariqa. Im Osmanischen Reich war jeder zweite bis dritte männliche Muslim Angeh. einer solchen Tariqa. In der Türkei wurden T. 1925 formal verboten, bestehen aber gleichwohl weiter. Vgl. Bruderschaften.

Taro-Kult (REL)
II. neuzeitliche Heilsbewegung in Melanesien um einen »Geist der Nahrungsmittel«. Vgl. Cargo-Kult.

Tartessier (ETH)
II. Bewohner Südspaniens im 1. Jtsd. v.Chr. Vgl. Iberer.

Tasaday (ETH)
II. Kleinstgruppe im Regenwald des s. Mindanao/Philippinen; leben schweifend als Sammler und Jäger.

Tasmanide (BIO)
II. Angehörige einer anthropologischen Teilgruppe, die als Unterrasse der Australiden oder als Rassensplitter der Palämelanesiden aufgefaßt wird. Ihr gehörten die im 19. Jh. ausgerotteten Tasmanier an. Im Merkmalstypus den Australiden ähnlich, doch kleinere Statur, Schädel stark gerundet. Haar kraus bis spiralig. Hautfarbe sehr dunkel.

Tasmanier (BIO)
I. Alt-Tasmanier; Tasmanide als Untergruppe der Australiden bei *BIASUTTI* (1941, 1959).
II. 1865 (m.) bzw. 1877 (w.) ausgestorbenes Volk der Ureinwohner von Tasmanien, 1804 noch 2000 Individuen, 1825 im »Black War« systematische Ausrottung, 1854 lebten nur mehr 16 Tasmanier; ehemals auch in SE-Australien verbreitet. T. waren wenig entwickelte Wildbeuter, benutzten noch Steinwerkzeug, ihre Kultur ist bis 8000 v.Chr. faßbar.

Tasmanier (ETH)
I. Tasmanen; Tasmaniens (=fr); Tasmanians (=en); Tasmanianos (=sp, pt).
II. Begriff meint entweder 1.) die autochthonen (Alt-)Tasmanier, Tasmanian Aborigines (=en); vgl. auch Tasmanide oder 2.) Bew. von Tasmanien im australischen Teilstaat Tasmania 1986: 448000 Ew.

Tasrisien (ETH)
II. autochthones Kleinvolk auf Taiwan in Quasi-Reservation im Ostteil der Insel. Vgl. auch Gaoschan.

Tatar (ETH)
II. ein Kurdenstamm in Südostanatolien/Türkei.

Tataren (ETH)
I. Tatarlar (Eigenbez.); Tatary (=rs); Tatars, Volga Tatars (=en); fälschlich Tartaren! Vgl. aber tartari (=it); tartaros (=sp, pt). In Rußland vielfach synonym mit Mongolen gebraucht.
II. im zaristischen Rußland Bez. für verschiedene Turkstämme, die seit 10./11. Jh. aus Innerasien nach W vordrangen, sich mit Mongolen assimilierten und mit anderen, auch finno-ugrischen Stämmen vermischt haben. Im 15. Jh. tatarische Khanate auf der Krim, in W-Sibirien, in Astrachan und Kasan, kamen im 16.–18. Jh. unter russische Herrschaft. Heute Bez. für eine Mischpopulation aus Mongolen, Turkvölkern, Wolgafinnen und Ostslawen im S der ehem. UdSSR ö. der Wolga und auf der Krim; namengebende Nation in der 1920 begründeten Tatarischen ASSR, heute Tatarstan in der Russischen Föderation; dort leben 26% aller T., die übrigen in Sibirien und in den zentralasiatischen Republiken, administrativ in den russischen Teilrepubliken Baschkortostan, Mordwinien, Udmurtien, Tschuwaschien und Mari-El. Insgesamt 6,64 Mio. (1991), siebtgrößte und bedeutendste muslimische Nation der Russischen Föderation. T. vermochten trotz aller Repressionen ihre religiöse und kulturelle Eigenständigkeit zu bewahren; T. sind meist sunnitische Muslime, eine kleine Gruppe wurde im 16. Jh. orthodox christianisiert. Ihre kiptschaktürkische Spr. ist seit 16. Jh. Literatursp., sie wird seit 1940 in kyrillischer Schrift geschrieben, die Astrachan-Tataren benützen Nogaisch als Grundspr. mit starkem tatarischem Einfluß. T. sind das am stärksten verwestlichte und säkularisierte muslimische Volk der ehem. UdSSR mit überdurchschnittlichem Bildungsstand. Sie dringen auf noch weiterreichende Autonomie Tatarstans. Vgl. Krimtataren, Minusinsker-, Kuznezker-Tataren, auch Kaukasus-T.

Tataren (NAT)
I. StA. der Rep. Tatarstan in Rußland. T. sind zwar namengebend, stellen aber nur 48,5% der Gesamt-

bev. Über 43 % sind Russen, mehr als ein Drittel aller Ehen sind ethnisch gemischt.

Tatarisch (SPR)
I. Tatar, Kazan Turkik (=en).
II. rd. 8 Mio. Sprecher dieser zur NW-Gruppe der Turkspr. zählenden Spr.; in Rußland 5,5 Mio., davon nur 1,6 Mio. in der Russischen Republik Tatarstan, insgesamt rd. 1 Mio. in Zentralasien.

Tatarstan (TERR)
B. Ab 1992/94 Autonome Republik in der Russischen Föderation (an der mittleren Wolga); 1920 gegr. Tatarskaja ASSR (=rs); Tartar ASSR, Tatarstan Republic (=en).
Ew. 1964: 3,043; 1974: 3,268; 1989: 3,640; 1995: 3,782, BD 56 Ew./km²

Taten (ETH)
I. Selbstbez. Tat; Taty (=rs); Tats (=en); Tât (=fr).
II. kleine Volksgruppe von rd. 31 000 (1991) Köpfen mit iranischer Eigenspr. und muslimischen, vorherrschend schiitischen, Glaubens im n. Aserbaidschan, zwischen Machatschkala und Derbent in Dagestan im n. Kaukasus sowie im Iran; haben sich z. T. an Armenier und Aserbeidschaner assimiliert. Vgl. tatspr. »Bergjuden«.

Tatern (ETH)
Vgl. Zigeuner.

Tatog (ETH)
I. Tatoga, Taturu.
II. schwarzafrikanische Ethnie im nö. Tansania.

Tatsanottine (ETH)
I. Yellow-Knife-Indianer. Vgl. Athapasken.

Tatse (ETH)
II. Hirtenvolk im Grenzgebiet von Tschinghai zu Kansu/China; besitzen jurtenähnliche Filzzelte, Ahnenkult.

Tattare (SOZ)
II. (=sw); Sammelbez. in Schweden für Zigeuner und Jenische.

Taubblinde (BIO)
II. schwerstbehinderte Personen, die zugleich an Taubheit und Blindheit leiden; allein in Deutschland ca. 4000; Verständigung mit denjenigen, die erst als Erwachsene Gehör und Augenlicht eingebüßt haben, mittels Blindenschrift/Tastalphabet (in Deutschland eigene Zeitung) oder durch Lormen (nach *Heronymus Lorm*), d. h. Schreiben von Druckbuchstaben in die Hand.

Taube (BIO)
I. Gehörlose.
II. Menschen, die an Surditas leiden, die unfähig zur Wahrnehmung von Höreindrücken sind. Taubheit kann ererbt, viel häufiger aber (zu 75 %) erworben sein. Folge angeborener oder früher Taubheit kann das Ausbleiben der Sprachentwicklung sein, doch vermögen sich ausgebildete Gehörlose lautsprachlich zu verständigen. 5–6 T. pro 10 000 Ew. in Deutschland. Vgl. Taubstumme.

Tauben (SOZ)
II. im polit. Leben Bez. für Vertreter einer gemäßigten, pazifistischen, auf Annäherung bedachten Politik. Vgl. Gegensatz Falken.

Taubenbrüder (REL)
Vgl. Heiliggeistbrüder.

Taubstumme (BIO)
II. Menschen, die an Surdomutitas leiden, bei denen infolge angeborener Taubheit die normale Sprachentwicklung ausbleibt oder sich sonst sekundär verliert. Behelf durch Gebärdensprache oder durch Ablesen vom Munde.

Täufer (REL)
I. Taufgesinnte, Baptisten, Wiedertäufer.
II. Anh. von Gemeinschaften der Reformationszeit, die, im Widerspruch zu Protestanten, eine rigorose Gemeindezucht, Erwachsenentaufe, Verbindlichkeit des Neuen Testaments auch für das polit. und soziale Leben, Nichtbeteiligung am staatlichen Leben, Ablehnung einer Staatskirche usw. betrieben. Nicht nur ob div. Entartungen (Münsteraner »Tausendjähriges Reich Gottes«) als Ketzer verfolgt; seit 1529/30 Todesstrafe, »Täuferjagden« der Berner Obrigkeit. Verbreitet über Alpenländer und Süddeutschland, Mähren, Niederlande. Vgl. Wiedertäufer, Hutterer.

Taulipang (ETH)
II. Indianervolk mit einer karaibischen Spr. im Grenzgebiet von Venezuela, Brasilien und Guyana; einige Tausend. Vgl. Kariben.

Tau-Oi (ETH)
II. kleines Volk im Bergland von Laos (Provinz Saravane und bei Quang Tri); Anzahl 10 000–20 000 mit einer Mon-Khmer-Spr.; treiben Brandrodungsbau; wohnen in befestigten Runddörfern.

Tauride (BIO)
II. zusammenfassende Bez. für die stärker pigmentierten Unterrassen der Europiden in Vorderasien, die Armeniden (mit Anadoliden) und Turaniden.

Tausug (ETH)
I. Taosug.
II. jungindonesische Ethnie im Sulu-Archipel/Philippinen, küstenbewohnend in Pfahlbau-Siedlungen. Wurden im 15. Jh. islamisiert, bildeten kleine Seereiche, blieben bis ins 19. Jh. Piraten; ca. 400 000. Vgl. Moros.

Tawahkas (ETH)
II. kleine indianische Ethnie im N von Honduras.

Tawara (ETH)
I. Mtawara; mitunter als Korekore mit diesen zusammengefaßt.

II. eines der Shona-Völker, bantuspr., im n. Simbabwe.

Tawari (ETH)
Vgl. Catukina.

Tawgysamojeden (ETH)
I. Selbstbez. Nganasan; Tavgijcy (=rs). Vgl. Nganasen.

Tayal (ETH)
I. Taiyal, Atayal.
II. autochthones Bergvolk im NW von Taiwan. Vgl. Alt-Taiwanesen.

Tayyibiten (REL)
II. aus einem Schisma der ismailitischen Schia von 1130.

TBVC-Staatler (WISS)
II. Bew. jener vier (von insgesamt 10) Bantustans/ Homelands: Transkei, Bophuthatswana, Venda und Ciskei, welche die Rep. Südafrika zwischen 1976–1981 als autonome Nationalstaaten in eine international nicht anerkannte Unabhängigkeit entlassen hat: um 1985 rd. 5,4 Mio., 1992 rd. 7,5 Mio. Ihre Wiedereingliederung in Südafrika wurde 1993 beschlossen.

Tcham (ETH)
I. Cham, Tscham.
II. Volk in Vietnam (im S der zentralen Küstenebene) und Kambodscha (am Tonle Sap-See) von > 200000 mit einer westindonesischen Eigenspr. des austronesischen Spr.zweiges. T. sind Abkömmlinge des einstigen vietnamesischen Reiches Tchamba; kambodschanische T. sind Nachkommen von Flüchtlingen aus diesem Reich, sie haben Khmer-Kultur übernommen. Teile der T. bekennen sich zum Islam, andere wurden vom Brahmanismus geprägt.

Tcham (SPR)
II. westindonesische Eigenspr. der Bih, Hroy in Südvietnam.

Tchambuli (ETH)
II. melanesische Kleinstpopulation (einige Hundert) am Sepik auf Neuguinea. Gesellschaft ist in zwei Stammeshälften gegliedert, die aus mehreren Klans bestehen; zeremoniale Schädelhäuser.

Teda (ETH)
I. Tibbu (s.d.), Tubu, Tubbu, Toubou, speziell die »südlichen Tibbu«.

Teddy Boys (SOZ)
II. (=en); junge Engländer, die in den fünfziger Jahren die Mode der Edwardian period vom Anfang des 20. Jh. nachahmten.

Tee-jays (SOZ)
II. illegal eingewanderte Mexikaner in Kalifornien. Vgl. Hispanics.

Teenager (SOZ)
I. Teens (=en); Halbwüchsige, Jugendliche.
II. ugs. für Jugendliche zw. 13 und 19 J.; auch Teenies, Teenys für heranwachsende Mädchen.

Tegali (ETH)
I. Tagali.
II. kleine schwarzafrikanische Ethnie im Vorland der Nubaberge/Sudan.

Tege (ETH)
I. Teke 2., Bateke; Batéké (=fr).
II. Stammesgruppe von (Nord-)Bantu-Negern im s. Gabun; insgesamt ca. 0,5 Mio.

Tehuelche (ETH)
I. »Südleute«, araukanische Bez. für Patagonier.
II. indianische Restpopulation (einige hundert Köpfe) in S-Argentinien, zählen zur Chon/Pano Spr.gruppe, sind schweifende Wildbeuter geblieben.

Teilnomaden (SOZ)
I. Halbnomaden.
II. nomadische Weidewanderer, die Teile ihrer Gruppe (meist Frauen und Kinder) in Dauersiedlungen zurücklassen.

Teilpächter (SOZ)
I. Halb-, Drittel-, Viertelpächter, Anteilpächter; Naturalpächter; in Italien mezzadri, coloni parziarii (=it); in Frankreich métayer; apasceros (=sp); Pächter, im Orient Hammasat-P.
II. Landwirte, die den Boden nach alten Pachtformen des Teilbaus nutzen. In der Regel nicht gegen Pachtzins, sondern auf Naturalienbasis gegen Überlassung eines Anteils des Ernteertrags (etwa 40–80% des Korns oder 60–95% der Datteln) oder einer festgesetzten Fruchtmenge (unabhängig vom Ernteertrag) pachten sie von großen, meist städtischen Grundeigentümern (Rentenkapitalisten) und oft über Vermittler oder auf Versteigerungen nicht nur den Boden, sondern in gradueller Abhängigkeit auch Wasserrechte, Saatgut und Dünger, Zugvieh und Arbeitsgerät, Wohnung und Verpflegung. T., die nur ihre Arbeitskraft einbringen, entsprechen mitteleuropäischen Deputatarbeitern. Teilpacht ist bes. im Kulturerdteil Orient verbreitet, wo Pachtland auch heute noch 50–60% der Kulturflächen einnehmen kann. Vgl. Khammès, Khebbaz, Rajahs (=ar).

Teilzeitbeschäftigte (WISS)
I. nicht identisch mit Zeitarbeitnehmern.
II. fest mit Tarifvertrag Beschäftigte, deren Arbeitszeit unterhalb der üblichen Vollzeitnorm liegt. T. haben Anspruch auf proportionale Bezahlung und nahezu alle sozialen Rechte der Vollzeitkollegen (Kranken- und Kündigungsschutz, Mindestlohn und Arbeitslosenversicherung). Teilzeitbeschäftigte treten in Industrieländern zunehmend häufig auf: (1995) Niederlande 35,0%, Japan 21,4%, USA 18,9%, Deutschland 15,1% der Erwerbstätigen.

Tekke (ETH)
I. Teke; Tekincy (=rs).
II. Stamm der Turkmenen an der iranischen Grenze in Turkmenistan; 1881 von Rußland blutig kolonisiert. In Iran identisch die Tekelü, die im 16. Jh. aus dem osmanischen Reich zugewandert sind. Bekannte Teppichknüpfer.

Tekna (ETH)
II. ein Stammesverband der Berber, verwandt mit der Stammesgruppe der Schlöch. Hirtennomaden in S-Marokko, im ehem. Ifni und n. Rio de Oro; > 200 000.

Tekrur (ETH)
I. Takarir, Tukulor; Toucouleur (=fr); Tukri.
II. alte Mischbev. aus Sudannegern und hellhäutigen Gruppen von Berber- und Fulbe-Herkunft im unteren Senegal-Tal. T. wurden schon früh zu fanatischen Bekennern des Islam missioniert, von denen mehrere Erneuerungsbewegungen ausgingen, zuletzt im 19. Jh. Politisch aber stand ihr Reich T. seit 7. Jh. wiederholt unter fremder Herrschaft u. a. durch Wolof, Fulbe, Soninke.

Telefomin (ETH)
II. Stamm der Melanesier im Sepik-Quellgebiet auf Neuguinea.

Telengana (ETH)
I. Telinga.
II. größtes der Drawida-Völker mit Eigenspr. Telugu im indischen Gliedstaat Andhra Pradesch.

Telengiten (ETH)
I. Selbstbez. Telengit; Telengity (=rs).
II. kleine ethnische Einheit der Südaltaier im Gorno-Altaiischen Autonomen Gebiet/Rußland. Vgl. Altaier.

Telesen (ETH)
I. Selbstbez. Tölös; Telesy (=rs).
II. kleine ethnische Einheit an Tschulyschman und Tschutja in Russischer Rep. Gorny Altai. Vgl. Altaier.

Teleuten (ETH)
I. Selbstbez. Teleugut; Teleuty (=rs).
II. kleine ethnische Einheit der Südaltaier im Gebiet Kemerowo/Rußland und in Russischer Rep. Gorny Altai. Vgl. Altaier.

Tel-Evangelists (REL)
II. (=en); Prediger einer Electronic Church, wobei das Medium (Radio/TV) und nicht die beargwöhnten Organisationen oder Hierarchien die Gläubigen verbindet. Aufkommen um 1926 und 1933 in USA durch Ch. E. Coughlin und H.W. Armstrong. Zielgruppen sind vorzugsweise evangelikal-fundamentalistische Gemeinden. Vgl. Church of God.

Teleworker (SOZ)
I. Bildschirmarbeiter, Telecommuter, Tele(matik)-arbeiter.
II. Angestellte, die, ähnlich Heimarbeitern, räumlich und zeitlich getrennt von ihren Firmen tätig sind und moderne Kommunikationstechniken (Internet, Intranet) nutzen; weltweit 7,5 Mio, in Deutschland 200 000 (1995) mit steigender Tendenz.

Tellem (BIO)
II. pygmoide Vorbev. der Dogon in den Falaises von Bandiagara (Mali, Burkina Faso).

Telscher (SPR)
I. nordwestliches Niederlitauisch.

Telugu (SPR)
I. Telugu (=en).
II. südindische Drawida-Spr. der Andhragruppe, 1971 von ca. 71 Mio. der Telinga oder Telengana an der Ostküste, bes. im Bundesstaat Andhra Pradesh, (> 8 % der Staatsbev.) gesprochen und in Telugu-Eigenschrift geschrieben.

Telugu-Schriftnutzergemeinschaft (SCHR)
II. Eigenschrift der teluguspr. Inder; aus der Brahmi-Schrift abzuleitende relativ junge Schrift (15. Jh.n.Chr.) Südindiens; ist Hoheitsschrift im indischen Gliedstaat Hondhra Pradesch.

Tem (ETH)
I. Kabre, Tribu.
II. Sudanvolk mit einer Gur-Spr. im Voltabecken und n. Togo, ca. 300 000 Köpfe; hierher im 17. und 18. Jh. durch Kotokoli abgedrängt; treiben für Westafrika einmalig intensive Landwirtschaft, die sich auf Dauerfeldbau in Verbindung mit Viehhaltung stützt, woraus sich eine für Togo vergleichsweise extrem hohe Bev.verdichtung erklärt; Fischfang und Handel. Teile der Tem wurden unter deutscher und französischer Kolonialmacht (1909, 1931–1936 und später) als Arbeitskräfte in das menschenarme Mitteltogo umgesetzt, weitere Umsiedlungen seit 1955 zur Entlastung des alten Kabre-Landes (*W. HETZEL*).

Tembe (ETH)
II. kleine Indianerpopulation in Brasilien, vom Aussterben bedroht. Vgl. Tenetehara.

Tembu Church (REL)
II. 1884 in Südafrika gegr. unabhängige christliche Gemeinschaft.

Temein (ETH)
I. Temayni.
II. kleine ethnische Einheit im Dar Nuba/Sudan.

Temiar (ETH)
I. Semai-Temiar.
II. Stamm von einigen Tausend Köpfen mit Eigenspr. aus der Mon-Khmer-Gruppe im malaiischen Dschungel (Hochland von Perak und Kelantan). Treiben Anbau, (Blasrohr-) Jagd und Fallenstellerei. Teilpopulation in den Flußtälern sind die Nenggiri.

Temirgoi (ETH)
I. Kemirgoi, Termigoier.
II. Stamm im Verband der Tscherkessen.

Temne (ETH)
I. Timne.
II. westafrikanisches Negervolk in Sierra Leone; stellen 1996 dort mit 1,5 Mio. Köpfen 31,7% der Gesamtbev.; mit westatlantischer Klassenspr.; Landwirtschaft auf Reis und Fischfang; sind in zahlreiche unabhängige Häuptlingstümer geteilt.

Temne (SPR)
I. Timne-spr., Temno.
II. westatlantische Spr., als Verkehrsspr. verbreitet in Sierra Leone, ca. 1,2 Mio. Sprecher (um 1985).

Templer (REL)
I. Tempelritter, Tempelherren; templiers (=fr).
II. geistlicher Ritterorden, 1118 in Jerusalem von Hugo v. Payens mit französischen Rittern zum Schutz der Jerusalempilger gegr., dann in Westeuropa tätig, 1311 aufgelöst. Ordenstracht: weißer Mantel mit rotem Kreuz. Tatsächlich hat Orden weiter existiert und im 19. Jh. Neubelebung erfahren, nicht zuletzt durch die deutsche Observanz. Hauptsitz Nürnberg. Vgl. Zionisten.

Tendai-shu (REL)
II. eine im 6. Jh. in China (T'ien-t'ai) begründete Schule im Buddhismus, die seit 805 in Japan eingeführt wurde. Aus ihr ging die Nichiren-shu, gegr. 1253 hervor, welche zur Mutterschule für die drei Lotus-Sutra-Religionen wurde. Heute über 2,6 Mio. Anhänger in Japan; heiliges Zentrum ist der Hiei-Berg bei Kyoto.

Tenetehara (ETH)
II. Sammelbez. für mehrere Indianerstämme am Ostrand des Amazonas-Regenwaldes/Brasilien. Heute bei Indianerposten niedergelassen mit bescheidenem Anbau. Vgl. Tembe, Gajarjara, Urubuj-Kaapor.

Tenochca (ETH)
I. Mexica.
II. Eigenbez. der Azteken (s.d.).

Tenrikyo (REL)
I. (jp=) »himmlische Vernunftlehre«.
II. Anh. einer 1838 gestifteten, aus Buddhismus und Shintoismus hervorgegangenen neuen Rel. Japans, Heiliger »Erdmittelpunkt« ist Tenri bei Nara. 3–5 Mio. Anh., dank Mission auch in Korea, auf Taiwan/Formosa, in USA und Brasilien.

Tentenelaire (BIO)
I. (sp=) »mit der Stütze in der Luft«.
II. Mischlinge aus Calpanmulatten und Zambos (oder Quarteronen und Mulatten) in Teilen Lateinamerikas.

Tepecano (ETH)
Vgl. südliche Tepehuán.
II. kleine Indianerethnie im mexikanischen Durango, ihre Eigenspr. aus der Pima-Spr.gruppe ist schon erloschen.

Tepehuán (ETH)
II. Indianervolk in BSt. Chichihua und Durango/Mexiko. Gehören zur Pima-Spr.gruppe (Sonora-Zweig der Uto-Azteken). Sie sind Bauern und Viehhirten. Den s. T. sind die Tepecano verwandt.

Tepqui (ETH)
I. »Kanu-Indianer«.
II. Indianerpopulation in der peruanischen Montaña, die, wohl durch Vermischung mit Nachbarstämmen, erloschen ist.

Teptiaren (ETH)
II. Mischpopulation aus Baschkiren mit anderen Turkvölkern in der Russischen Rep. Baschkortostan, ca. 350 000.

Tequistlateken (ETH)
II. Indianerethnie in der Sierra Madre del Sur im mexikanischen Oaxaca; bilden eine eigene Spr.-gruppe. Grabstockbauern und Viehhaltung. Geringer Einfluß des Christentums.

Tercerones (BIO)
I. (=sp); Terzeronen; regional auch Moriscos; aus tercero (sp=) »der dritte«.
II. Mischlinge zwischen einem Weißen und einer Mulattin; in Amerika auch Kinder zweier Mestizen.

Teremembe (ETH)
II. kleiner Indianerstamm an der NE-Küste Brasiliens; schweifende Fischer und Jäger.

Terená (ETH)
II. Indianerstamm in Brasilien, dessen Restbev. nach 1970 in ein Reservat bei Dourados/Mato Grosso do Sul umgesiedelt wurde. Vgl. Guana, Aruak.

Termigoier (ETH)
I. Temirgoi, Kemirgoi.
II. Stamm im Volksverband der Tscherkessen.

Ternatesen (ETH)
II. Bew. der indonesischen Molukkeninsel Ternate, > 50 000; Gewürzbauern.

Teratenientes (SOZ)
II. (=sp); wörtlich »Landhalter«; Bez. in Lateinamerika für Großgrundbesitzer.

Terroni (SOZ)
I. (=it); africani, terremotati (it=) »Erdbebengeschädigte«; Meridionali.
II. abfällige Bez. der Norditaliener für die armen, unter Mißwirtschaft lebenden, Süditaliener. Vgl. Meridionali.

Terziaren (REL)
I. Tertiarier, Terziarier; »Bußbrüder«.
II. fromme Laiengemeinschaften, Bruderschaften, sog. Dritte Orden in der Gefolgschaft zunächst von Franziskanern, dann auch von Dominikanern, Serviten, Karmelitern, Augustiner-Eremiten u. a. Es gibt auch klösterliche Terziaren. Vgl. Dominikaner.

Teschen (TERR)
C. Ehem. Herzogtum in Mitteleuropa; 1822–1920 Teil Österreich-Schlesiens, dann geteilt zw. Polen und CSSR, 1938 zu Polen, seit 1945 erneut geteilt. Cieszyn (=pl).

Teso (ETH)
I. Iteso, Bakedi, Lokathan, Elgumi.
II. Ethnie von Sudannegern mit südnilotischer Spr. im ö. Uganda; > 500000 Seelen, sind stark europäisiert und christianisiert; Ackerbau und Rinderhaltung; das alte Altersklassensystem wurde zerstört, als sie unter die Herrschaft der Ganda gerieten.

Teso (SPR)
I. Teso (=en).
II. ca. 1 Mio. in Uganda und Kenya dieser nilotischen Spr.

Tessiner (ETH)
I. ticinesi (=it).
II. 1.) i.e.S.: die Bürger des südschweizerischen Kantons Ticino, deren Anteil an der Wohnbev. als Folge starker Abwanderungsverluste (bes. im 19. Jh.) und stetiger Fremdzuwanderung nur mehr bei 62 % liegt. Auswandererkolonien in Nordamerika (Kalifornien) und Australien. T. sind fast ausschließlich italienischspr. und katholischer Konfession. Ihr Territorium wurde von schweizerischen Urkantonen seit 15. Jh. erworben und endgültig 1803 angeschlossen.
2.) i.w.S. die Bewohner dieses Kantons, ihre Zahl hat sich seit Mitte des 19. Jh. mehr als verdoppelt; 1850: 118000, 1980: 266000, 1997: 305600 Ew., worunter starke Kontingente von Deutschschweizern und Italienern. Überkommene Ungleichverteilung verstärkt sich durch Entleerung von Berggebieten und Anwachsen der Wirtschafts- und Fremdenverkehrszentren.

Tetela (ETH)
I. Batetela; Hamba.
II. Bantu-Volk von ca. 300000 Köpfen der Spr.-gruppe Benue-Kongo, Ackerbau und Fischfang treibend; in der Provinz Kisangani/DR Kongo; besaßen schon frühzeitig Kupfergeld.

Tetetes (ETH)
II. kleine Indianerpopulation in Ecuador, vom Aussterben bedroht.

Teton-Dakotas (ETH)
II. Stamm der Dakota-Indianer; unter dieser Bez. sind die eigentlichen Sioux zu verstehen.

Tetzcoco (ETH)
II. altindianische Ethnie in Mexiko. Vgl. Azteken.

Teufelsanbeter (REL)
I. pejorativ für Dasnayi (Eigenbez.), Jeziden (s.d.), Jesiden, Yeziden, Yaziden.

Teutonen (SOZ)
I. nach germanischem Volksstamm der T.
II. abwertende Bez. für Deutsche. Vgl. Crucki, Hunnen, Krauts, Nordlichter, Piefkes.

Teutonordide (BIO)
I. Teuto-nordischer Typus; Nordics (bei COON), Scandonordide (bei LUNDMAN), Atlantomediterrane (DENIKER).
II. Untertypus der Norditen (s.d.); schlank, schmalgesichtig mit sehr schmaler Nase, verbreitet in Nordeuropa.

Teuto-Russos (ETH)
II. (=pt); deutschstämmige Kolonisten, die nach 1880 von Rußland her nach Brasilien und später nach Argentinien einwanderten, als ihnen im Zarenreich die ursprünglich zugesicherten Privilegien der Befreiung von der Wehrpflicht (1874) und der Erwerb von Immobilien (1887) entzogen wurden, 1891 an ihren Schulen Russisch als obligatorische Unterrichtsspr. eingeführt wurde. Vgl. Mennoniten, Wolhynien-Deutsche.

Teymurtasch (ETH)
II. kleine turkspr. Ethnie im NE-Iran.

Thai (ETH)
II. die staatstragende Mehrheitsbev. von > 24 Mio. in Thailand; sie stellt rd. 54 % der Gesamtbev. (1980); bildet auch drittgrößte Minderheit von 770000 (1979) (1,5 % der Gesamtbev. in Vietnam), ansässig hpts. im Thai-Bae-Distrikt, dort unter Namen Lu, Thai Deng, Thai Nuot und Thai Pong. Unterschied zwischen Thai und Tai in Vietnam besteht darin, daß Thai sich gegen Vietnamesen abschlossen und ihr eigenes kulturelles Erbe bewahrten, die Tai hingegen rege kulturelle Beziehungen zu Vietnamesen pflegten. Vgl. Tai.

Thai (SPR)
I. Tai-, Siamesisch-spr.; Thai, Siamese (=en). T. ist Staatsspr. in Thailand; vor Laotisch, Schan, Nung und Khamti wichtigste der Thai-Spr.gruppe in der Familie der tibetisch-chinesischen Spr. Rd. 50 Mio. Sprecher in Thailand (1994). Th. wird in der Eigenschrift geschrieben.

Thai(länder) (NAT)
I. Thais (=en); thaïlandais (=fr); tailandeses (=sp, pt). Altbez.: Siamesen; Sonderregelung in Vietnam).
II. StA. des Kgr. Thailand. Herrschaftsbev. wird durch Thai i.e.S. (54 %) gestellt, starke Minderheiten von Shan-Chinesen (12 %) im N, Lao (ca. 28 %) im NE, Malaien und Khmer. Wiederholt Aufnahme

starker Flüchtlingskontingente aus ganz Hinterindien. Vgl. Thai-sprachige.

Thailand (TERR)
A. Königreich. Kolonialzeitliche Bez. (bis 1939) Siam. Prathret T'hai oder Muang T'hai; Prathet Thai. Siam (=en, fr, sp); the Kingdom of Thailand, Thailand (=en); le Royaume de Thaïlande, la Thaïlande (=fr); el Reino de Tailandia, Tailandia (=sp); Tailandia (=pt, it).
Ew. 1948: 18,508; 1950: 19,635; 1955: 22,762; 1960: 26,634; 1965: 31,025; 1970: 36,370; 1975: 41,869; 1980: 44,825; 1990: 54,532; 1996: 60,003, BD: 117 Ew./km^2; WR 1990-96: 1,3%; UZ 1996: 23%, AQ: 6%

Thakali (ETH)
II. Kleinstamm im oberen Kali Gandaki/Nepal mit tibeto-birmanischer Eigenspr.; Händler mit Salz und Borax; Lamaisten.

Thakur (ETH)
II. höchstrangiger Gurkha-Stamm mit indoarischer Spr. Vgl. Gurkhas.

Tharaka (ETH)
I. Theraka, Saraka.
II. schwarzafrikanische Ethnie im zentralen Kenia.

Tharu (ETH)
II. Volk von > 550000 (1985) mit tibeto-birmanischer Eigenspr. im fieberverseuchten Terai-Tiefland an der Südgrenze Nepals; einst bekannte Elefantenjäger (U. MÜLLER-BÖKER).

Thayorre (BIO)
II. Stamm der Aborigines auf der Cape York-Halbinsel in Nachbarschaft zu den Wik-Mungkan.

Theatiner (REL)
I. Cajetaner, Chietiner, CR.
II. 1524 in Rom gegr. christlicher Orden der ersten Regularkleriker. Große Verdienste in innerer Mission, Theologie und Wissenschaft; Vorläufer der Jesuiten; (Ketzerbekämpfung). Heute nur mehr 200 Mitglieder. Vgl. Cajetaner, Chietiner.

Thembu (ETH)
I. Tembu.
II. Stamm von Bantunegern in der xhosaspr. Völkerfamilie der Süd-Nguni; ansässig im SE von Südafrika, nö. von Port Elizabeth, als Ackerbauern mit Rindviehhaltung, stellen auch zahlreiche Kontraktarbeiter in südafrikanischen Goldminen. Strenge Heiratsregeln, Beschneidungs-, Ahnen-, Witwenrituale, Polygynie. Vgl. Xhosa, Pondo.

Theravadin(s) (REL)
I. aus sthavira (ssk=) und theras (pali-spr.=) »die Alten«; Therawadins oder Sthawiradins; Theravada-Buddhisten.
II. »Vertreter der Lehre der Alten oder Ältesten«. Anh. des Theravada-Buddhismus, einer der Urgemeinde Buddhas nahestehenden streng konservativen Richtung des mönchischen Kleinen Fahrzeugs, die im 4. Jh. v. Chr. den Pali-Kanon vervollständigt hat und hauptsächlich auf Ceylon wirkten. Im 11.-14. Jh. Ausbreitung auf Birma, Kambodscha, Laos und Siam. Th. ist heute Ehrentitel für Mönche auf Ceylon und in Hinterindien. Vgl. Mahasanghikas.

Thomas-Christen (REL)
I. Selbstbez. gemäß Anspruch, vom Apostel Thomas missioniert worden zu sein; orthodoxe Malabarchristen.
II. ursprüngliche Christengemeinschaften an der Malabarküste/Indien; erhielten ihr Christentum, vermittelt durch alte Seefahrt, aus Vorderasien, dann aus Persien die Lehre des Nestorius, der sie sich um 500 anschlossen; sie folgten mithin ostsyrischem Ritus (Malabarchristen i.e.S.) und gehörten zum Patriarchat Babylon/Bagdad. Als sie durch portugiesische Kolonialherren nach 1500 zur Union mit der römisch-kath. Kirche gezwungen (Synode von Dayampur 1599) und auch latinisiert wurden, schloß sich Mehrheit 1653 den Jakobiten (heute ca. 400000 Malabar-Jakobiten) an; diese folgten nun dem antiochenischen westsyrischen Ritus. Eigenkirchliche Tendenzen ergaben sich insbes. hinsichtlich der mit Rom eingegangenen Unionen: Unierte Nestorianer folgen chaldäischem ostsyrischem Ritus (Syromalabaren), unierte Jakobiten pflegen antiochenischen westsyrischen Ritus (Syromalankaren). Aus den Jakobiten hat sich unter protestantischem Einfluß 1899 die Mar Thoma-Kirche ausgebildet. Vgl. Syromalabaren und Syromalankaren.

Thraker (ETH)
I. Thrazier.
II. 1.) zur indogermanischen Spr.gruppe gehöriges großes Volk, das im Lauf des 2. Jtsd. v. Chr. (Name erscheint erstmals in der Ilias) weite Teile der Balkanhalbinsel von der Ägäis (Geogr. Name: Nordteil heute Thrakisches Meer) über den unteren Donauraum bis über die Karpaten einnahm. Zu unterteilen in zahlreiche Stämme: u.a. Asten, Darsier, Moesier, Thyner, Triballer sowie n. der Donau die Geten und Daker, andere wie Phryger, Myser/Bithyner und Treren wanderten schon im 12.-7. Jh. v. Chr. nach Kleinasien ab. 341 v. Chr. wurden T. von Makedonen, im 1. Jh. v. Chr. von Rom unterworfen. 46 n. Chr. römische Provinz Thracia, 107 n. Chr. Provinz Dacia. T. galten als kriegerisch, gefürchtete Reiterei. Ihre Kultbräuche (Dionysos- und Mänaden-Kult) fanden schon bei Altgriechen Eingang. Geogr. Name: Thrakien. 2.) Einw. der historischen Region Thrakien, die sich seit 1912 in das türkische Ost- und das griechische West-Thrakien gliedert. Zu West-Thrakien vgl. auch Griechische Muslime; leichtfertig wertet man in Griechenland die Pomaken (s.d.) als Nachkommen jener Thraker.

Throw-aways (SOZ)
I. (=en); Müllmenschen. Vgl. Wegwerfkinder.

Thulamela (ETH)
II. schwarzafrikanische Ethnie, die im 13.–16. Jh. im heutigen Grenzbereich von Südafrika, Mosambik und Simbabwe ein hochentwickeltes Reich errichtet hatte, das ferne Handelsbeziehungen bis nach Westafrika und Indien unterhalten haben soll. Als ihre Nachfolger gelten die Venda.

Thurgau (TERR)
B. Kanton, Gliedstaat der Schweizerischen Eidgenossenschaft seit 1803. La Thurgovie (=fr); Turgovia (=it).
Ew. 1850: 0,089; 1910: 0,135; 1930: 0,136; 1950: 0,150; 1970: 0,183; 1990: 0,209; 1997: 0,225

Thurgauer (ETH)
I. nach Gaunamen des MA. Thurgovians (=en).
II. Bürger des deutschschweizerischen Kantons Thurgau; seit Besiedlung im 5. Jh. Alemannen; s.d.

Thuri (ETH)
I. Turi, Shatt, Dembo.
II. kleiner West-Niloten-Stamm an Zuflüssen des Bahr el Ghazal, Sudan.

Thüringen (TERR)
B. Bundesland in Deutschland. Thuringe (=fr).
Ew. nach jeweiligem Gebietsstand 1871: 1,016; 1890: 1,212; 1910: 1,511; 1925: 1,607; 1970: 2,757; 1980: 2,727; 1990: 2,611; 1997: 2,478, BD: 153 Ew./km^2

Thüringer (ETH)
I. Altbez. Düringer.
II. aus Verschmelzung mehrerer Stämme (Hermunduren, Angeln, Warnen) erwachsenes germanisches Volk in Mitteleuropa; seit Ende des 4. Jh. historisch faßbar; ihr Siedlungsgebiet lag zwischen Harz und Thüringer Wald, Werra und Mulde. T. waren im 11.–13. Jh. Träger der ostdeutschen Kolonisation in Sachsen und Schlesien. Vgl. Obersachsen.

Tiatinagua (ETH)
II. Unterabteilung der indianischen Stammesgruppe der Tacana; heute mehrheitlich quechua-spr.

Tibbu (ETH)
I. Tubu, Teda, Toda, Tuda; aus tu oder ti »Tibesti« und bu (kanuri=) »Mensch«; ohne Verwendung des Kanuri bu bedeutet Teda »Felsmenschen«, »Gebirgsbewohner«; auch Gor'an (=ar); Goranes, Toubou (=fr).
II. 1.) die »Nördlichen Tibbu« oder Teda, ein mehrheitlich nomadisierendes Volk im Tibesti-Gebirge/Tschad (1983 ca. 350 000 oder 7,3 % der Gesamtbev.); im Gegensatz zu Berbern und Arabern deutlich dunkelhäutiger, nach *EICKSTEDT* ein altes äthiopides Element, jedoch mit nordafrikanischen Europiden gemischt. Sprachlich-kulturell von Tuareg beeinflußt, im Gegensatz zu diesen kennen sie keinen privilegierten Adel und keine geistliche Elite. Muslimischer Glaube mit heidnischem Brauchtum durchsetzt; ein Teil gehört der Senussi-Sekte an.
II. 2.) auch Sammelbez. einschließlich der Daza(ga)-Spr. (incl. Bulgada, Daza, Kawar, Kreda) in Borku, Ennedi, Kanem bis zum Tschadsee-Gebiet (die »südlichen Tibbu«); insgesamt in Tschad 1987: 0,5 Mio., ca. 10 % der Gesamtbev.

Tibet (TERR)
B. Zu unterscheiden sind der alte Landschafts- und Territorialbegriff und die junge Bez. für die Autonome Region Xizang (=ci) in China. 1723 übernahmen die Mandschu-Kaiser T. in chinesische Schutzherrschaft, sie dauerte bis 1911. Der 13. Dalai Lama proklamierte 1913 die Unabhängigkeit, sie währte letztlich bis 1950. Nachfolgend sehr prekärer Autonomiestatus, 1959 Volksaufstand, der eher zur Flucht in das indische Exil zwang. 1965 wurde der Ostteil Tibets chinesischen Provinzen zugeschlagen, der größere Westen zur »Autonomen Region T.« erklärt. Dort im Westen während Kulturrevolution 1966 bis 1979 nachhaltige Unterdrückung der Tibeter und ihrer Kultur. Tibet (=en); le Tibet (=fr); el Tíbet (=sp); o Tíbet (=pt).
Ew. 1953: 1,273; 1990: 2,196; 1996: 2,440, BD: 2 Ew./km^2

Tibeter (ETH)
I. Tibetaner; Bhot, Bhoteas, Bhutja (im Karakorum/Himalaya), Kamba, Tangut, Tsang; Zang (=ci); Tibetans (=en); Thibétains (=fr); tibetanos (=sp, pt).
II. altes Volk im Hochland von Tibet, W-China, Baltistan und Ladakh Kumaon/Indien, Nepal, Sikkim und Bhutan, das in Grundzügen bereits im 1. Jtsd. v.Chr. ausgebildet war, mit einer sino-tibetischen Eigenspr. und eigenem Schriftsystem. T. gründeten im 7. Jh. ihr erstes Reich, waren seit 13. Jh. wiederholt mongolischer, mandschurischer und seit 16./17. Jh. chinesischer Herrschaft unterworfen; seit 1950/51 erleiden T. blutige Unterdrückung; 1,2 Mio. Opfer durch Kampf, Verfolgung, Hunger; 70 000 Emigranten unter dem Dalai Lama, 500 000 vertriebene Mönche und Nonnen; sie erfuhren schließlich verfremdende Überwanderung durch 7,5 Mio. Chinesen. Heute ca. 5–6 Mio. T. sind seit 8. Jh. buddhistisch, seit 15. Jh. zum Lamaismus gehörig. Anthropol. eine sinide Subvarietät der Mongoliden; in starkem Maße höhenakklimatisiert.

Tibetisch (SPR)
I. Pöke (Eigenbez.); Tibetan (=en).
II. isolierte und einsilbige Spr. der Tibeter aus dem tibeto-birmanischen Zweig der sino-tibetischen Spr.gruppe; drei große Dialektbereiche. Gesprochen in Tibet, China, Nepal von insgesamt 6 Mio. (1994). T. wird mit einer alten Eigenschrift geschrieben, seit MA reiche Literatur.

Tibetische Schriftnutzergemeinschaft (SCHR)
II. eigenes Schriftsystem der Tibeter, im 7. Jh. aus indischen (Sanskrit) oder turkestanischen Vorbildern

entwickelt; die Tibetische Schrift ist heute nurmehr in Bhutan Hoheitsschrift, sie wird aber trotz chinesischer Unterdrückung noch (in Klöstern) von Tibetern gebraucht und ist Kultschrift im Lamaismus. Sie stellt eine für die tibetische Spr. modifizierte Form der Nagari-Schrift dar.

Tibetochinesische Sprachen (SPR)
I. Sino-Tibetan (=en).
II. Sammelbez. für Sprachstamm der sinischen und tibeto-birmesischen Spr.

Ticino (TERR)
B. Kanton, Gliedstaat der Schweizerischen Eidgenossenschaft seit 1803. Tessin (=dt); Ticino (=it); le Tessin (=fr).
Ew. 1850: 0,118; 1910: 0,156; 1930: 0,159; 1950: 0,378; 1970: 0,245; 1990: 0,282; 1997: 0,306

Tidianiden (REL)
I. Tijani; Anh. d. Tidjania, Tijaniya, Tidschanijja.
II. islamische, stark nach der arabischen Welt hin orientierte Bruderschaft in Nordafrika; begr. um 1765 durch den Algerier Ahmed at Tidiani. Ihre Mitglieder dürfen keinen anderen Bruderschaften angehören und üben strengen Gehorsam gegenüber dem Staate (bei strikter Trennung zwischen religiösen und weltlichen Instanzen). Sie waren deshalb der französischen und spanischen Kolonialmacht gegenüber tolerant. Verbreitet zunächst zur Hauptsache in Algerien und Marokko; dort ca. 1 Mio. Anhänger. Heute auch stärkste Confrérie in Senegal, wo ihr 47,4 %, d.h. 3–4 Mio. aller Gläubigen angehören. Sogar eine polit. Partei vertritt ihre Interessen. T.-Bruderschaft hat mehrere Zweige ausgebildet, die bes. im w. Sahel tätig sind: 1.) ausgehend von den Zauiaq in Temacine und Temaccinine mit Zentren u.a. in Bornu, Timbuktu, Chinguetti und im w. Senegal. 2.) eine weitere wichtige Teilgruppe vornehmlich aus Regierungsbeamten und Landbesitzern mit Zentrum Tivaouane/Senegal; dort bedeutende Koran-Lehrer-Ausbildung.

Tiers-état (SOZ)
I. aus tiers (fr=) »der dritte«, état (fr=) »Stand«.
II. historisch im Ancien Régime »der dritte Stand«, jener Teil des (französischen) Volkes, der weder dem Adel noch dem Klerus angehörte.

Tifalmin (ETH)
II. Stamm der Melanesier am Oberlauf des Sepik auf Neuguinea. Noch völlig traditionelle Lebensweise, ca. 1000 Köpfe.

Tifinagh-Schriftnutzergemeinschaft (SCHR)
II. Eigenschrift der Tuareg (rd. 250000), in welcher mittels 25 Zeichen das Tamassek geschrieben wird.

Tifosi (SOZ)
II. (=it); 1.) Typhuskranke. 2.) zeitgenössische positive Bez. für italienische Fußballfans.

Tigani (SOZ)
II. (=rm); Zensusbez. für Zigeuner in Rumänien.

Tigre (ETH)
I. Tigréans (=fr).
II. großes Volk im N Eritreas; stellt (1996) 30 % der Gesamtbev. von 3,7 Mio.; mit einer semito-hamitischen Eigenspr.; einst Hirtennomaden, heute Landbau durch Frauen, Viehhaltung durch Männer; mehrheitlich Christen, auch Muslime.

Tigrinna-Juden (ETH)
II. eine Berber-Population jüdischen Glaubens bei Gharyan im tripolitanischen Hochland/Libyen; sie sind in Mehrzahl 1950 nach Israel abgewandert.

Tigrinya (ETH)
I. Tigrinnier, Tigrinja, Tigrinia; Tigray, Tigrai.
II. semitisches Hirtenvolk im nordwestlichen Bergland Äthiopiens; (1,6 Mio. 1994) und in Eritrea (1,8 Mio. oder die Hälfte der Staatsbev. 1996). Ursprünglich Christen, heute vielfach Muslime; Beschneidung bei beiden Geschlechtern.

Tigrinya (SPR)
I. Tigrinya (=en).
II. semitische Verkehrsspr. in Eritrea und Äthiopien mit > 3,5 Mio. Sprechern (1990).

Tiini (ETH)
I. Tiene.
II. kleine schwarzafrikanische Ethnie im mittleren Grenzgebiet von VR Kongo zur DR Kongo.

Tijani-Niass (REL)
I. nach Gründer Thaj Ibrahim Niyass.
II. Zweig des islamischen Tidjania-Ordens im w. Senegal. Zentrum ist Kaolack.

Tijani-Omari (REL)
II. Zweig des islamischen Tidjania-Ordens, 1936 in SE von Senegal gegr. Angeh. sind islamisierte Wanderhirten aus dem Volk der Peul und dem Fischervolk der Soubalbe. Kollektive Feldarbeit, geldlose Wirtschaft. Zentrum ist Medina-Gounasse.

Tikar (ETH)
I. Tikali, Wum.
II. 1.) afrikanische Ethnie von Sudannegern im NW von Kamerun, am Oberlauf des Mbam; einige Zehntausend Seelen. 2.) gleichnamig div. Stämme im angrenzenden Nigeria: u.a. Bum/Bafumbum, Fungom, Fut/Bafut, Kom/Bekom, Ndop, Nsaw/Bansaw, Nsungli mit je rd. 50000–100000 Köpfen; große handwerkliche Fähigkeiten.

Tikopia-Insulaner (ETH)
II. Bewohner einer gleichnamigen Insel der Salomonen. Ihre Zugehörigkeit ist unklar, stehen nach Erscheinung und heller Haut den Polynesiern näher als den Melanesiern.

Tikulu (ETH)
I. Swahili, s.d.

Tikuna (ETH)
II. kleiner, in wiederholten Massakern durch Garimpeiros stark dezimierter, Indianerstamm am Rio Capaceti im brasilianischen Amazonien.

Timajeghan (SOZ)
II. Tamacheq-Bez. für »freie« Tuareg.

Timar-Besitzer (SOZ)
II. solche Autoritäten im Osmanischen Reich, denen der Sultan als Vergütung für ihre Aufgaben einen bestimmten Anteil an Steueraufkommen eingeräumt hatte; es war eine bes. Gruppe innerhalb der Askeri-Klasse, unter Sulayman dem Prächtigen etwa 40000.

Timbira (ETH)
II. Sammelbez. für mehrere Indianerstämme in Brasilien. Zu ihnen zählen die Canella (in Maranháo), Craho (in N-Goiás), Gavioes (im SE von Pará) mit Eigenspr. aus der Ge-Spr.gruppe; insgesamt einige Tausend. Zahlreiche weitere T. sind seit Europäer-Kontakten ausgestorben; heute Dauersiedler mit Anbau von Maniok, Süßkartoffeln, Mais. Vgl. Xerente.

Timghriwin-Bräute (SOZ)
II. in Kollektivverheiratungen unter tagelangen Zeremonien erstvermählte Bräute bei den Ayt H'diddu-Berbern in Südmarokko (N. MYLIUS jun.).

Timoresen (ETH)
II. Bew. der Insel Timor/Indonesien; überwiegend altindonesische Kultur, doch ethnisch sehr differenziert; größere Einheiten sind die Belu, Atoni und Helong/Kupangesen mit vielen Unterstämmen. Bis auf die christlichen Osttimoresen (s.d.) Muslime.

Timote (ETH)
II. ausgestorbenes kriegerisches Indianervolk, das sw. des Maracaibosees in Venezuela ansässig war.

Tims (SOZ)
I. Pejorativbez. der nordirischen Protestanten für die dort lebenden Katholiken.

Tin (ETH)
II. Volk in N-Thailand (Prov. Nan) und Laos (Sayaboury); ca. 50000, Buddhisten. Brandrodungsbau, z.T. Tee, sammeln Waldprodukte.

Tindi (ETH)
I. Eigenname Idaraw Hekwa; Iderincy (=rs); Tindaler. Vgl. Avaren.

Tinggian (ETH)
II. Stamm im Abra-Tal in Nord-Luzon/Philippinen; ca. 50000 mit Eigenspr. aus der Nordwestindonesischen Spr.gruppe, teils noch als Sammler und Jäger schweifend; werden zunehmend von Nachbarn, den Ilonca, assimiliert. Vgl. Igoroten.

Tinkers (SOZ)
I. Irish Tinkers (=en).

II. wandernde Kesselflicker in Irland, sheltespr. Ihre ursprüngliche Lebensweise ähnelt sehr jener der Zigeuner. Unter den T. bestehen drei Klassen, die unterste ist nahezu besitzlos und bereit zur Seßhaftigkeit; Angeh. der zweiten ziehen mit ihrer transportablen Schmiedewerkstatt im Wohnwagen umher, sind oft Analphabeten. Die oberste Klasse sind arrivierte Antiquitäten-, Schrott- und Pferdehändler. Ehen mit Zigeunern sind unwillkommen, mit Seßhaften gelten als Mißheiraten. Inzucht ist häufig. Lt. jüngeren VZ 5000–6000, teils mit herkömmlichen Planwagen und Zelt, teils mit motorisierten Campinggespannen wandernd.

Tionontati (ETH)
I. Tobacco.
II. Indianervolk, zur Spr.familie der Irokesen zählend, im Gebiet um die w. Großen Seen.

Tipai (ETH)
II. kleine Indianergruppe der Iloka-Spr.gruppe im mexikanischen Baja California; leben meist in Reservatzonen.

Tireh (SOZ)
II. (=pe); Stammesabteilung.

Tirol (TERR)
B. Kronland in der Habsburger Monarchie (bis 1919), Land der Bundesrepublik Österreich (1919–1938 und seit 1945). Vgl. Trentino.
Ew. mit Vorarlberg 1756: 0,396; 1816: 0,732; 1869: 0,886;
Ew. ohne Vorarlberg: 1880: 0,794; 1910: 0,910;
Ew. heutiger Gebietsstand: 1754: 0,218; 1810: 0,224; 1850: 0,240; 1869: 0,237; 1880: 0,245; 1910: 0,305; 1934: 0,349; 1951: 0,427; 1961: 0,463; 1971: 0,541; 1981: 0,587; 1997: 0,662

Tiroler (ETH)
I. Tyrolese (=en); Tyroliens (=fr); tiroleses (=sp, pt); tirolesi (=it).
II. 1.) als Regionalbev.: eine Teilgruppe der Bajuwaren/Baiern, die sich im 6.–8. Jh. als Herrschaftsbev. über Kelten, Langobarden, Alpenromanen und -slawen im Ostalpenraum siedelnd niedergelassen hatten. Ausgesprochenes Bergbauerntum. Aufgrund früher politischer Eigenentwicklung (seit 13. Jh. freie, wehrfähige Landsgemeinden) erfuhren T. Sonderstellung in eigenen Territorien (bayerisches Herzogtum, tiroler Grafschaften). Zentrumsfunktion ging 1420 von Meran auf Innsbruck über. 2.) als Territorialbev., seit 1919 unter kriegsbedingter Abspaltung von Südtirol und räumlicher Teilung von Nordtirol (im Einzugsgebiet von Inn und Lech) und Osttirol (im Drautal). Vgl. Südtiroler.

Tischelwangisch (SPR)
II. altdeutsche, im 13. Jh. aus Osttirol und Kärnten in Berggemeinden Friauls eingeführte und in Sprachinseln bis heute erhaltene Mundart.

Tishumagh (SOZ)
I. aus (fr=) chômeurs abgeleitet.
II. Bez. in der Tamacheq-Spr. für junge Tuareg, die als Arbeitsmigranten oder Söldner in den Sahara-Randstaaten ihr Auskommen suchen. Als T. werden auch die Rebellen bezeichnet, die für die Autonomie eines Tuareg-Territoriums eintreten.

Titularnation (WISS)
II. mißdeutiger, für Völker der UdSSR benützter Begriff; gemeint ist die namengebende Ethnie eines Staates, einer Teilrepublik, eines autonomen Gebietes (etwa im Sinn von Staatsvolk).

Tiv (ETH)
I. Munchi, Mbitse.
II. schwarzafrikanische bantoide Ethnie mit einer Benue-Kongo-Spr. im Savannengebiet am mittleren Benue/Nigeria; 1988: 2,8 Mio.; Anbau auf Reis, Hirse und Mais. Vgl. Sudan-Neger, Semi-Bantu.

Tiv (SPR)
I. Tiv (=en).
II. Verkehrsspr. in Nigeria und Kamerun; 2 Mio. Sprecher.

Tiwi (BIO)
II. Aborigines-Kleinstamm auf Insel Melvill und Bathurst/Australien.

Tixicao (ETH)
II. kleiner Indianerstamm im Xingu-Nationalpark/Brasilien.

Tiyáhá (ETH)
II. Konföderation von ehem. 28 Beduinen-Stämmen (1965 ca. 18000 Köpfe), einst im Wadi Araba streifend; ein Teil (ca. 10000) wurde nach 1949 von Israel in eine Reservation ö. Beer Scheva »umgruppiert«.

Tlacopan (ETH)
II. altindianische Ethnie in Mexiko. Vgl. Azteken.

Tlapaneken (ETH)
II. Indianervolk aus der Iloka-Spr.gruppe im mexikanischen BSt. Guerrero, ca. 30000, bewahren noch weitgehend ihre Stammeskulte.

Tlingit (ETH)
I. Indianervolk in SE-Alaska, ursprünglich Küstenfischer. Alasca Native Claims Settlement Act 1971 ersetzte alle früher eingegangenen Verträge und löste sie durch Geldentschädigung und Bodeneigentum ab, seither ist ihnen Nutzung vieler Naturreichtümer versagt und sie streben politische Autonomie an. Hochentwickelte soziale Organisation (Matrilineare Klanzugehörigkeit; Totempfähle, verzierte Häuser; Potlatsch, ein Geschenkverteilfest).

TM (REL)
I. Transzendentale Meditation.
II. eine vor allem in USA und Mitteleuropa verbreitete, straff organisierte Jugendsekte mit rd. 2 Mio. Anhängern; sie ging aus einer 1958 vom indischen Mönch Maharishi Maheshi Yogi gegr. Yogaschule hervor.

Toala (BIO)
II. kleine Wildbeutergruppe auf Celebes/Sulawezi/Indonesien. Nachfahren einer weddiden Vorbevölkerung. Wurden 1913 aus dem zentralen Bergland an die Küste umgesiedelt.

Toala (ETH)
II. weddide Restpopulation auf Süd-Celebes.

Toaripi (ETH)
II. Stamm mit Melanesier-Spr. Elema im Ostteil des Papua-Golfs auf Neuguinea. Geschlechtssegregation in Männer- und Frauenhäusern. Cargo-Kult.

Toba (ETH)
II. Indianervolk in NE-Argentinien; ca. 10000, mit einer Guaicuru-Spr. T. leben in schweifenden Horden mit Jagd und Fischfang, treiben aber auch Landwirtschaft.

Tobagonians (NAT)
I. (=en); Bew. der Insel Tobago.

Töchter (BIO)
I. aus indogermanisch duhitar, dhugter; ahd. und mhd. tohter; gotisch dauhtar; (en=) daughter; (sw=) dotter; (gr=) Thygater; banat (=ar), Sg. bint; oft sind nur unverheiratete Töchter gemeint.
II. w. Nachkommen ihrer Eltern. Im Vergleich zu Söhnen i.d.R. weniger erwünschte Kinder, da sie durch Heirat ihrer Sippe verloren gehen, da Mitgift und Eheschließungskosten eher eine Belastung der Familien bedeuten. Deshalb verbreitet (bes. in Indien und China) Abtreibung weiblicher Föten; einst dort auch Mädchenverkauf, Mädchenmord. Nicht nur im Kulturerdteil Orient bes. Aufsichtspflicht für T. Vgl. Beschnittene, Kinder.

Toda (ETH)
II. kleiner Hirtenstamm in den Nilgiri-Bergen/Süd-Indien, ca. 1000 Köpfe mit einer Drawida-Spr. Bekannt durch ihr ungewöhnliches Heirats- und Verwandtschaftssystem. Stamm ist in zwei kastenähnliche Gruppen geteilt, diese wiederum sind in exogame Klans unterteilt. Wahl des legalen Vaters; kultreligiöse Büffelhaltung.

Tofalaren (ETH)
I. Karagassen; Eigenbez. Tof, Tofa, Tofalar, Tocha; Topaer; Tofalary (=rs); Tofalars (=en).
II. kleine turkspr. Volksgruppe bei Irkutsk in Westsibirien; hervorgegangen aus Vermischung ketischer, mongolischer und samojedischer Gruppen; mit einer ugrischen Eigenspr.; (1991) kaum 1000 Köpfe. Einst nomadisierend im Sajan-Gebirge, von wo im 17. Jh. zugewandert. T. sind Animisten. Vgl. Tuwinen.

Togo (TERR)
A. Republik. Unabh. seit 27. 4. 1960. République Togolaise (=fr). The Togolese Republic, Togo (=en); le Togo (=fr); la República Togolesa, el Togo (=sp).
Ew. 1950: 1,212; 1960: 1,444; 1970: 1,962; 1978: 2,409; 1981: 2,705; 1996: 4,230, BD: 75 Ew./km²; WR 1990–96: 3,0 %; UZ 1996: 31 %, AQ: 48 %

Togoer (NAT)
I. Togolesen; Togolese (=en); togolais (=fr); togoleses (=sp, pt).
II. StA. der westafrikanischen Rep. Togo; untergliedert in über 40 ethnische Einheiten, insbes. in Kwa- (u. a. Ewe mit 46 %) und Voltavölker (darunter Temba, Mopa/Moba, Gurma/Gourma, Kabyé/Kabré/Cabrais und Losso mit insgesamt etwa 43 %). Ferner Haussa und Fulbe. Amtsspr. Französisch, daneben ca. 50 Minderheitsspr., insbesondere Ewé-Umgangsspr. im S, ferner Kabyé, Gur u. a.

Tojolabal (ETH)
II. mesoamerikanisches Indianervolk, zur Spr.familie der Maya zählend. Heute leben T. vielfach als Städter im BSt. Chiapas/Mexiko, ca. 100 000.

Tokelau (TERR)
B. Neuseeländisches Außengebiet. Tokelau (Islands) (=en); (Iles) Tokelau, Tokélaou (=fr); Islas Tokelau, Tokelau (=sp).
Ew. 1991 (Personen): 1577, BD: 156 Ew./km²

Tolai (ETH)
II. Volk mit melanesischer Spr. Kuane auf der Gazellen-Halbinsel Neubritanniens. Sind im Gebiet Neuguineas am stärksten verwestlicht; weitgehend christianisiert.

Tolteken (ETH)
II. präkolumbisches, zur Nahua-Spr.familie zählendes Indianervolk im zentralen Mexiko; von unterschiedlicher Herkunft, chichimekische Elemente sind im 8./9. Jh. von N eingewandert und haben Tollan/Tula gegründet. Nach dessen Zerstörung durch die Chichimeken im 12. Jh. etablierten sich T. als kulturell führende Oberschicht in Nachbarvölkern bis zur Conquista.

Tomagra (ETH)
II. Hauptstamm der Tibbu im Gebiet Bardai, Joo, Zouar/Tschad.

Tombo (ETH)
I. Fremdname der Bambara für die Dogon.

Tommys (SOZ)
I. als Kurzform aus Thomas (nach Unterschriftenbeispiel in englischen Soldbüchern).
II. Spitzname für englische Soldaten.

Tonga (ETH)
I. Thonga, Batonga.
II. diverse Bantu-Einheiten im s. Afrika mit etwa gleichen Namen, insbes.: 1.) Bantu-Volk im s. Sambia und ö. Simbabwe, gegliedert in Nördliche oder Plateau-Tonga, Südliche T. oder Toka (in Sambia), am oberen Sambesi die Ila-T. und am mittleren Sambesi die Tal-T. (in Simbabwe); insgesamt > 1 Mio. Treiben Brandrodungsbau. Vgl. auch Nyassa-Völker. 2.) Tsonga (s.d.), Shangana-Tonga, Tonga-Ronga im s. Mosambik.

Tonga (SPR)
I. Thonga; Tonga, Thonga (=en).
II. 600 000–800 000 Sprecher dieser Bantu-Spr. (1990) in Sambia, in Mosambik und Südafrika, insgesamt 3 Mio.

Tonga (TERR)
A. Königreich. Ehem. Freundschaftsinseln; unabh. seit 4. 6. 1970. Kingdom of Tonga; Pule'anga Tonga. Friendly Islands, Tonga (=en); le Royaume des Tonga, les Tonga (=fr); el Reino de Tonga, Tonga (=sp).
Ew. 1948: 0,044; 1950: 0,048; 1960: 0,063; 1970: 0,088; 1978: 0,094; 1986: 0,095; 1996: 0,097, BD: 130 Ew./km²; WR 1990–96: 0,2 %; UZ 1996: 39 %, AQ: 5 %

Tongaer (NAT)
I. Tonganer; Tongans (=en); tongans (=fr); tonganos (=sp).
II. StA. des Kgr. Tonga; fast ausschließlich Polynesier. Neben den Bew. auf 172 Inseln leben ca. 35 000 in Neuseeland, 10 000 in Australien. Amtsspr. Englisch und Tonganisch.

Tonganer (ETH)
I. Tongaer; Tongans (=en); Tongans (=fr); tonganos (=sp).
II. Bew. des zentralpazifischen Tonga-Archipels, zu 99 % Polynesier. Der Tonga-Archipel umfaßt (mit Nue) 174 Inseln auf 777 km², verstreut über 259 000 km² Meeresfläche, bewohnt von 97 000 Menschen (1996), wovon auf Tongatapu 66 600. Ihre Umgangsspr. ist Tongaisch, ihre Amtsspr. Englisch, sie sind Christen, zu > 70 % Protestanten (der methodistischen Westleyan Church und der Free Church of Tonga). T. bilden seit 1970 einen unabhängigen Inselstaat.

Tonghak (REL)
I. (=ko); Tonhag, Togaku (=jp) die »östliche Lehre«.
II. eine 1860/61 gestiftete ostasiatische Neurel., die zunächst im Widerspruch zur herrschenden konfuzianischen Staatsrel. stand und Verfolgung erfuhr. Ihr Aufstand gegen die Staatsgewalt 1894 war mit Anlaß für chinesisch-japanischen Krieg. Heute über 1 Mio. Anh. Vgl. Chondo-kyo (=kr), Chondogyo.

Tongkinesen (ETH)
I. Tonkinois (=fr).
II. Altbez. für Bev. von N-Vietnam z. Zt. der französischen Kolonialverwaltung.

Tonglak (ETH)
I. Chondongyo.

Tonocote (ETH)
II. erloschene Indianerethnie, einst in Zentralargentinien mit Anbau und Tierhaltung lebend.

Tontos (ETH)
I. abgeleitet aus (sp=) »Narren«.
II. spanische Bez. für Gruppen von Yumas, Mohaves, Yavapai und Apachen im Umkreis der White Mountains/Arizona.

Tooro (ETH)
I. Toro.
II. Bantu-Ethnie in W-Uganda am Fuß des Ruwenzori; waren einst den Nyoro untertan, zwischen 1830–1967 einem unabhängigen König. Bauen Kaffee und Baumwolle für den Markt an. Anzahl: einige Hunderttausend.

Toposa (ETH)
I. Topotha.
II. Teilstamm der negriden Karamojong in NE-Uganda.

Toradja (ETH)
I. Toradscha, Toraja.
II. Sammelbez. für altindonesische Ethnien in den Bergländern von Celebes/Indonesien. 1980 ca. 1 Mio. Wie die Minahasa (im N der Insel) Pflanzer mit Terrassen-Naßreisbauern und Viehzüchter. Umfänglicher, aufwendiger Totenkult noch über die fortschreitende Christianisierung hinaus (jahrelange Vorbereitungen, »hängende« Holzsärge, Felsgrüfte je nach Stand, Abbilder von Generationen). Zu unterscheiden sind: 1.) Zentral- und W-Gruppe (u.a. mit Napu, Palu, Poso), 2.) Süd- oder Sadang-Gruppe (u.a. mit Rongkong, Seku, 3.) Ost-Gruppe (mit Balantak, Banggai, Loinang, Wana), 4.) Südost-Gruppe (mit Laki, Mori, Muna), 5.) Nord-Gruppe (mit Gorontalo, Minahasi). In der Sadang-Gruppe (u.a. Buginesen, Makassaren) starker islamischer Kultureinfluß. T. waren einstmals eifrige Kopfjäger; Büffelopfer; Blut als Quelle von Kraft und Leben. Schiffsschnabelähnliche große Stelzenhäuser.

Torau (ETH)
II. melaneside Restpopulation in küstennahen Sumpfgebieten auf Bougainville. Erfahren seit langem starke Bev.abnahme.

Tordenalsfinnen (ETH)
I. Schwedenfinnen.
II. die autochthone Bev. in N-Schweden/Provinz Norbotten, die nur oder überwiegend finnischspr. ist (50000) in jenem Rest finnischen Sprachbodens, der nach Abtrennung von Finnland 1809 bei Schweden verblieb.

Tore (ETH)
II. melanesische Hochlandbewohner (1200–2700 m) in E-Neuguinea. Einst Kannibalismus. Wohnen getrennt in Männer- und Frauenhäusern. Zahl gegen 15 000.

Torguten (ETH)
I. Torgut, Torgout; Torguty (=rs).
II. Stamm der Westmongolen; haben mit < 12 000 Individuen 1 % Anteil in der Republik Mongolei.

Tories (WISS)
I. Sg. Tory.
II. 1.) in England seit 1679 adlige Mitglieder der Königspartei, Gegensatz Whigs (s.d.). 2.) seit Mitte des 19. Jh. als Nachfolger Mitglieder einer Partei mit konservativer Tradition im britischen Oberhaus.

Torlaci (SOZ)
I. aus tor (tü=) »Sieb«.
II. als Siebmacher tätige Zigeuner in SE-Europa.

Tornatrás (BIO)
I. (sp=) »Zurückgewendete«; Quinterones.
II. Mischlinge aus Spanier und Albinas.

Toromona (ETH)
II. Untergruppe der indianischen Stammesgruppe der Tacana; heute mehrheitlich quechua-spr.

Toroobe (ETH)
I. Torobe.
II. einer der vier Clans der Fulbe, die alle im Dschihad anfangs des 19. Jh. entstanden, im Unterschied zu anderen edler Abstammung. T. erwarben damals aus unterworfener (schwarzer) Hausa-Bev. zahlreiche Sklaven und mischten sich mit ihnen, so daß T. heute relativ dunkelhäutig sind. Einst Großtiernomaden, heute überlassen sie ihre (Rinder-)Herden besoldeten Hirten und sind im Sahel-Gürtel ansässig, viele T. haben die alte Eigenspr. Ful abgelegt. Vgl. Fulbe.

Torresstraße-Insulaner (ETH)
I. Torres Strait Islanders (=en).
II. autochthone Altbev. unter früher Durchmischung mit Altaustraliern und autochthonen Bew. Neuguineas. Lt.VZ 1986 in Australien: 21 540, mehrheitlich in N-Queensland verbreitet.

Toschabim (REL)
II. (=he); Altbez. für die autochthonen Juden in Marokko. Präsenz von Juden ist seit 5./6. Jh. v.Chr. durch Funde im Antiatlas und Draa-Tal nachgewiesen. Weitere jüdische Zuwanderung im 1. Jh. n.Chr. Ferner traten schon um Christi Geburt Berberstämme zum Judentum über. Gegensatz Megoraschim (=he).

Toskisch (SPR)
II. indogermanische Spr. im landwirtschaftlich günstigeren S Albaniens, seit 1945 vereinheitlicht, Staatsspr. von Albanien.

Totela (ETH)
I. Batotela, Matotela.
II. Bantu-Ethnie in S-Sambia.

Totgeborene (BIO)
II. amtl. Terminus, in Deutschland (seit 1979) für abgestorbene Leibesfrüchte, deren Geburtsgewicht mind. 1000 g beträgt oder (bis 1979) mind. 35 cm Länge aufweisen und mind. 28 Wochen Schwangerschaft ausgetragen wurden. Vgl. Fehlgeborene und Frühgeborene.

Totok (ETH)
I. die »echten« Chinesen.
II. Bez. in S- und SE-Asien, bes. in Indonesien, für eingewanderte Chinesen, die noch ihre chinesische Staatsangehörigkeit besitzen. Vgl. Auslandschinesen, Überseechinesen.

Tótok (SOZ)
I. (=ma); Pejorativausdruck der Ungarn für die Slowaken.

Totonaken (ETH)
II. mesoamerikanisches Indianervolk, zur Spr.familie der Maya zählend, dessen Vorfahren wohl die Träger der Tajín-Kultur waren; mit der Tepehua-Spr. eine eigene Spr.familie bildend, wurde sie 1940 von rd. 120 000 gesprochen. Heute leben T. in den BSt. Veracruz und Hidalgo/Mexiko, zusammen fast 200 000.

Totonako (SPR)
II. Eigenspr. der Totonaken-Indianer in Mexiko, s.d.

Tou Lao (ETH)
II. kleine Ethnie im vietnamesisch-chinesischen Grenzgebiet mit einer Tai-Spr.; Reisbauern, vermischen sich mit Miao.

Toubabs (SOZ)
II. (wolof-spr=) Bez. in Westafrika für die Weißen, Fremden.

Toucouleur (BIO)
I. (=fr); Tukulor, Toucoulör, Tekrur.
II. Mischlingsbev. aus Berbern und Sudan-Negern in Senegal und Mauretanien (5 %). Vgl. Tekrur.

Touristen (WISS)
I. aus tour (lat=, fr=, en=) Urlaubsreisende, aber auch Ausflügler, Wanderer im ursprünglichen Sinn; nordamerikanische spöttische Altbez. Rubbernecks (=en).
II. Personen, die zu nicht-geschäftlichen Zwecken reisen und dabei wenigstens eine Übernachtung außerhalb ihrer Wohnsitzgemeinde tätigen. Ursprünglich war Begriff ganz auf Auslandsreisende beschränkt. In der internationalen Statistik Personen, die sich privat und für länger als einen Tag im Ausland aufhalten. Dank außerordentlicher Perfektionierung der öffentlichen und privaten Verkehrsmittel, gewachsenem Wohlstand und zunehmender Grenzerleichterungen hat insbesondere der Welttourismus in zweiter Hälfte des 20. Jh. eine gewaltige Entwicklung erfahren. 1950 gab es 25 Mio. internationale Touristen, 1990 schon 456 Mio. (Europa 1993: rd. 300 Mio), für 2010 erwartet man etwa 935 Mio.

Tóyó Kanji (SCHR)
II. für den Alltagsgebrauch bestimmte chinesische Schriftzeichen; zur Wiedergabe von Wortstämmen innerhalb der Japanischen Schrift; die Auswahlliste der staatlichen Richtlinien für die Schulausbildung und die Verwendung in Druckwerken von 1981 umfaßte 1945 Zeichen.

Traditionalisten (WISS)
II. Menschen, die an der Tradition/Überlieferung, an Herkommen, Brauch, Gewohnheit, festhalten, die zu alten religiösen, polit. und philosophischen Bindungen zurückkehren wollen. Vgl. Konservative, Fundamentalisten.

Traktarianisten (REL)
Vgl. Oxford-Bewegung.

Transhumanten (SOZ)
I. aus transhumer (=fr) »auf die Gebirgsweide führen«; ganaderos trashumantes (=sp); Fernweidewirtschaftler.
II. beauftragte Hirten, die (Kleinvieh-)Herden im Wechsel der Jahreszeiten (im Sommer im Hochland) auf entfernte Weiden treiben oder durch Bahn bzw. LKW transportieren lassen; seit Jh. (auf der Iberischen Halbinsel seit vorrömischer Zeit) gemäß alter Gesetze (in Spanien staatlich organisiertes Weiderecht (Mesta seit 12. Jh. auf 125 000 km² Cañadas Reales, ferner Cordeles = schmalere konzessionierte Wandergassen), in Italien traturri (=it). Schäfergemeinschaften z.B. »Ehrbarer Rat der Schäfer«/Spanien.

Transjordanier (NAT)
I. im Gegensatz zu Zisjordanier. Vgl. Jordanier; Palästinenser.

Transkei (TERR)
B. Ehem. Homeland in Südafrika.
Ew. 1991: 3,460

Transleithanien (TERR)
C. Inoffz. Bez. im alten Österreich-Ungarn für die Länder der Doppelmonarchie ö. der Leitha, d.h. für die ungarische Reichshälfte; heute zuweilen für das Burgenland gebraucht.

Transmigranten (WISS)
I. aus trans (lat=) »hin-durch«, aber auch »hinüber«, »jenseits«, und migrare »wandern«.
II. 1.) Transemigranten, Durchwanderer im Sinn von Auswanderern, die auf dem Weg in ihr Zielland andere Staaten durchqueren und dabei zuweilen Etappenaufenthalte von Monaten bis zu Jahren einlegen; z.B. Osteuropäer, Ostjuden in Deutschland auf dem Weg zu Einschiffungshäfen. 2.) aus indonesischer Bez. Transmigrasi abgeleiteter Fachterminus für über 2 Mio. Indonesier, die seit 1905 überwie-

gend auf staatliches Betreiben schon der niederländischen Kolonialverwaltung (0,5 Mio) und dann der indonesischen Regierung zur Entlastung von übervölkerten Inseln (insbes. Java, Madura, Bali) auf menschenarme (vor allem nach Sumatra, Borneo, Celebes) umgesiedelt wurden. Weitere Projekte haben gigantisches Ausmaß von über 20 Mio. (jährlich 1 Mio) Transmigranten. Ähnliche Umsiedlungsmaßnahmen u. a. in China (s. Hui). Vgl. Durchwanderer.

Transnistrien (TERR)
C. 1.) Zeitgenössische Bez. für das rumänische Besatzungsgebiet 1941–1944 (Departamentul Gubernatorului Civil al Transnistriei), das Odessa/Odesa und Teile der Ukraine einschloß.
Ew. 1941: 2,236
2.) 1990 einseitig für unabhängig erklärtes Teilgebiet von Moldau ö. des Dnjestr.
Ew. 1995: ca. 0,550

Transnistrien-Deutsche (ETH)
I. Odessa-Deutsche.
II. Sammelbez. für (1943) 131 000 Volksdeutsche, in drei gesonderten Siedlungsrayons: im Glückstaler Gebiet, n. Tiraspol; im Kutschurganer und Großliebentaler Gebiet, im Hinterland von Odessa; im Beresaner Gebiet, zwischen Tiligul und Bug. In Odessa selbst wurden 1942/43: 7600–9000 volksdeutsche Personen ermittelt; insgesamt existierten 214 Schulen, 18 Kindergärten, 7 Krankenhäuser, eine Lehrerbildungsanstalt. T. wurden 1944 nach Polen evakuiert, später durch die Rote Armee in Gebiete der UdSSR deportiert. Vgl. Schwarzmeer-Deutsche.

Transnistrier (ETH)
II. regionale Teilbev. der ehem. moldauischen SSR, die ö. des Dnjestr um Dubossary und Tiraspol wohnhaft ist. Transnistrien war nach 1918 eine eigene ASSR der Ukraine. T. stellen eine Mischbev. dar aus Rumänen und 30–50% russisch- und ukrainischstämmigen Slawen. Ihre Zahl beträgt heute 400 000–700 000. 1939 wurde für sie das lateinische durch das kyrillische Alphabet ersetzt. Seit 1990 Tendenzen zur polit. Ablösung Transnistriens von Moldawien; selbstausgerufene Autonomie wird international nicht anerkannt. Vgl. Moldauer, Moldawier.

Transsexuelle (BIO)
I. aus (lat=) trans »hinüber« und sexus »Geschlecht.
II. Menschen mit einer Geschlechtsidentität, die zum somatischen Geschlecht im Widerspruch steht. T. sind somatisch eindeutig m. oder w. Geschlechts, fühlen sich jedoch psychisch in jeder Hinsicht dem anderen Geschlecht zugehörig und stehen häufig unter einem erheblichen Leidensdruck,

Transvestiten (SOZ)
I. aus (lat=) trans »hinüber« und vestire »kleiden«.
II. Personen, die sich aus krankhaftem Bedürfnis, kultischen Vorstellungen oder nur aus Vergnügen wie Angeh. des jeweils anderen Geschlechts kleiden und benehmen. Vgl. aber Transsexuelle.

Trapper (SOZ)
I. aus trap (en=) »Falle«.
II. z. Zt. der europäischen Landnahme Nordamerikas die Lebensformgruppe weißer Fallensteller und Pelztierjäger in enger Anpassung an indianische Lebensweise; heute eine Berufsgruppe (spezielle Fachschulen), der auch Indianer angehören.

Trappisten (REL)
I. OCR/OCSO (Reformierte Zisterzienser).
II. seit 1893 selbständiger, beschaulicher kath. Orden sehr strenger Lebensweise (Stillschweigen); weißer Habit mit schwarzem Überwurf; gegliedert in 60 Abteien, vornehmlich in Frankreich. T.-Klöster sind landwirtschaftliche Musterbetriebe; heute rd. 3000 Mitglieder. Geogr. Name: La Trappe in Normandie/Frankreich.

Traveller population (SOZ)
I. (=en); Nichtseßhafte Bev.

Trawnikis (WISS)
II. Mitglieder der während des II.WK in besetzten sowjetischen Gebieten von den Deutschen rekrutierten Hilfspolizei.

Trebegänger (SOZ)
I. Treber, Trebekinder; aus (rotwelsch=) »Treibender«, »Personen, die getrieben werden«.
II. ugs. für jugendliche Herumtreiber, notorische Ausreißer, Wegläufer. Vgl. Straßenkinder.

Treckburen (SOZ)
I. aus Trek, Trekken (=ni), Voortrekkers; Boers.
II. nach Abtretung des Kaplands durch Niederlande an Großbritannien, 1834–1838 in mehreren Trecks nach N abwandernde Buren (etwa 10 000–15 000), wo sie den Oranje-Freistaat und Transvaal gründeten. Unter Afrikaanern werden auch die neuerdings (seit 1995) aus Südafrika nach Norden (u. a. Njassa-Provinz, Sambia, Gabun und andere Länder) abwandernden Buren so bezeichnet. Vgl. Buren.

Trentino (TERR)
B. Autonome Region in Italien. Trentino-Alto Adige (=it); Tiroler Etschland (=dt); Trentin-Haut-Adige (=fr). Vgl. Tirol.
Ew. 1964: 0,813; 1971: 0,842; 1981: 0,873; 1991: 0,887; BD: 1991: 65 Ew./km²;

Treverer (ETH)
II. Bew. des römischen Augusta Treverorum, d. h. von Trier.

Triaden (SOZ)
I. vermutlich aus »Dreivereinigungsgesellschaft«; im Volksmund »Schwarze Gesellschaften«. Tragen im einzelnen bildhafte Namen wie »Neue Tugend und Friede«, »Geisterdrachen«, »Fliegende Drachen«; »Allianz des Himmlischen Weges«.

II. Vorläufer waren religiöse Geheimbünde im 2. Jh. n.Chr., die aus Protest gegen Mißwirtschaft und Hungersnöte unter Führung taoistischer Mystiker Aufstände anzettelten. Heutige Triaden sind Nachfolger dieser Geheimgesellschaften (s.d.) im ausgehenden 19. Jh. mit überwiegend krimineller Betätigung. Insgesamt mutmaßlich rd. 100 000 Mitglieder, hpts. unter Auslandschinesen in Hongkong, im »Goldenen Dreieck« (Birma, Laos, Thailand) und in USA. In Taiwan wurden amtl. 123 T. mit ca. 6000 identifizierten Mitgliedern festgestellt. Größte Einzelorganisation ist die »Bambus-Organisation«. Betätigen sich in Drogenhandel, Glücksspiel, Geldwäsche, Prostitution, Schutzgelderpressung.

Triest (TERR)
C. Freistaat unter UN-Mandat 1945–1954. Bei Auflösung fiel Zone A (mit Triest-Stadt) an Italien, Zone B an Jugoslawien; seit Vertrag von Osimo Verhandlungen über Entschädigung für Istriani.

Trigueño(s) (BIO)
I. (=sp); aus trigo (Weizen), gelblich-braun.
II. in einigen Staaten Lateinamerikas (u.a. in Dominikanischer Rep.) neugewählte offizielle Hautfarben- und Mischlingsbez. für Zwischenstufen zwischen Weißen und Mestizen.

Trika (REL)
II. philosophische Richtung im Schivaismus, entstanden im 9. Jh. in Kaschmir; heute erloschen.

Tring (ETH)
II. Ethnie im zentralen Bergland von Borneo. Vgl. Kenyah.

Trinidad und Tobago (TERR)
A. Republik. Unabh. seit 31. 8. 1962. Republic of Trinidad and Tobago (=en). (La République de) Trinité-et-Tobago (=fr); (la República de) Trinidad y Tobago (=sp).
Ew. 1948: 0,600; 1950: 0,632; 1960: 0,841; 1970: 1,027; 1978: 1,133; 1996: 1,297, BD: 253 Ew./km²; WR 1990–96: 0,8 %; UZ 1996: 72 %, AQ: 4 %

Trinidader (NAT)
I. Trinidadians (=en); habitants de la Trinité (=fr); habitantes de Trinidad (=sp, pt); abitanti de Trinidad (=it).
II. StA. der Rep. Trinidad und Tobago in Kleinen Antillen. Inselbev. setzt sich aus 40 % Schwarzen, 19 % Mulatten und 40 % Indern zusammen. Amtsspr. Englisch, Umgangsspr. Französisch, Patois. Vgl. Afroamerikaner; Kontraktarbeiter.

Trinitarier (REL)
I. OSsT, »Weißspanier«, »Eschbrüder«; trinitarios (=sp).
II. 1198 in Südfrankreich gegr. Mönchsorden, der sich im Mittelmeerraum vor allem dem Loskauf von Christensklaven (fast 1 Mio. incl. erpreßter Pilger)
gewidmet hat. Heute Seelsorge und Krankenpflege, knapp 1000 Professen. Vgl. Christensklaven.

Trio (ETH)
I. Ouyana, Oya, Na, Waiyana.
II. Indianerstamm mit einer karaibischen Spr. in NE-Brasilien, heute um Missionsstationen angesiedelt; ca. 1000 Köpfe. Treiben Anbau, Jagd und Fischerei.

Tripura (TERR)
B. Bundesstaat Indiens.
Ew. 1961: 1,142; 1981: 2,053; 1991: 2,757, BD 263 Ew./km²

Trique (ETH)
II. kleine Indianergruppe im BSt. Oaxaca/Mexiko, zur Spr.gruppe der Mixteken zählend; vielfach noch Sammler und Jäger. Bei langer Ausbeutung dauern bewaffnete Auseinandersetzungen fort.

Tristan da Cunha (TERR)
B. Nebeninseln der britischen Kronkolonie St. Helena. Tristan da Cunha (=en/fr); Tristán da Cunha (=sp); Tristáo da Cunha (=pt).

Trobriand (ETH)
II. melanesides Volk auf gleichnamigen Inseln vor der Ostküste Papua-Neuguineas. Treiben Ackerbau und Fischfang; matrilineare Gesellschaft. Hochentwickelte Seefahrer (»Argonauten des westlichen Pazifik«), Expeditionen zu rituellen Tauch- und profanen Handelszwecken.

Troglodyten (WISS)
I. aus troglodytes (agr=) »Höhle« und duesthai »sich verkriechen«, »untertauchen«.
II. Höhlenbew., Menschen, die entwicklungsgeschichtlich und später aus Schutz- oder Kultgründen (Eremiten) in Höhlen lebten. Moderne Höhlenbewohner gibt es in Spanien (Andalusien) und Nordafrika, sie nutzen das ausgeglichene Höhlenklima.

Trokosi (SOZ)
II. Fetisch-Sklavinnen in Ghana. Junge Töchter, die im Alter von 5–6 Jahren zur Büßung einer persönlichen Schuld dem Vorsteher eines Stammeskultes übergeben werden; ihr späteres Los ist das von Hausdienerinnen und Sexsklavinnen.

Trostfrauen (SOZ)
I. Militärunterhalterinnen; »comfort women« (=en). Vgl. Jugun Ianfu (=jp).

Truchmenen (ETH)
I. Tschowdoren.
II. Stamm der Turkmenen in Turkmenistan; bekannte Teppichknüpfer.

Truckmenisch (SPR)
II. Sprgem. mit einer Turkspr. der Oghusischturkmenischen Gruppe in Nordkaukasien bei Stavropol.

Trumai (ETH)
II. südamerikanisches Indianerstamm im Xingú-Nationalpark/Brasilien, stellt eine eigenständige Spr.einheit dar.

Trung-Cha (ETH)
II. Kleinstgruppe, tai-spr., leben verstreut neben Nhang und Tho im vietnamesisch-chinesischen Grenzgebiet; Reisbauern, Schmiede, Töpfer, Weber.

Tsaayi (ETH)
I. Ndasa, Tsaya.
II. schwarzafrikanische Ethnie im s. Kongo.

Tsachila (ETH)
II. Indianerethnie in Ecuador. Eigenart: Männer färben ihre Haare täglich mit rotem Fruchtextrakt. T. werden als große Pflanzenkenner von internationalen Pharmakonzernen oft konsultiert.

Tsachuren (ETH)
I. Tsachurier; Selbstbez. Jychi; Cachurcy (=rs); Tsakhurs, Tsahurs (=en).
II. kleine autochthone Ethnie im ö. Kaukasus, am Samur in der Rep. Aserbaidschan und im S der Russischen Rep. Dagestan, rd. 14000 (1979) mit kaukasischer Eigenspr. Im 15.–18. Jh. Bewahrung der Autonomie wenn auch unter sprachlich-kultureller Assimilierung an Aserbaidschaner; im 19. Jh. dem Russischen Reich eingegliedert. Schon im 8. Jh. islamisiert, Sunniten.

Tsatang (ETH)
I. aus (mo=) tang »die Menschen« tsa/buga »des weißen Rentiers«; Tsaatan (=pejorativ »Rentierleute«); Eigenbez. Sojong-Urjanchai/Urianchaj.
II. Stamm der Urjanchai; turkspr. Kleinstgruppe im NW der Rep. Mongolei im Gebiet zwischen Chubsugul- und Baikalsee; die einzigen Rentierhirten unter den Mongolen; nomadisierende Familiengruppen; Zelte aus Birkenrinde und Fellen. T. sind tuwinischspr., nicht mongolisiert, nicht islamisiert, hängen noch Schamanismus an. Vgl. Tuwiner, Darchad, Urjanchaier.

Tsattine (ETH)
I. Beaver-(Biber-)Indianer. Vgl. Athapasken.

Tschad (TERR)
A. Republik. Unabh. seit 11. 8. 1960. République du Tchad (=fr); Djoumhouriat Tachâd; Dschumhurijjat Taschaad. The Republic of Chad, Chad (=en); le Tchad (=fr); la República del Chad, el Chad (=sp).
Ew. 1950: 2,615; 1960: 3,016; 1970: 3,640; 1978: 4,309; 1996: 6,611, BD: 5 Ew./km²; WR 1990–96: 2,5 %; UZ 1996: 23 %, AQ: 52 %

Tschader (NAT)
I. Chadians (=en); tchadiens, chadois (=fr); chadianos (=sp).
II. StA. der Rep. Tschad. Landesbev. unterteilt sich in rd. 200 ethnische Gruppen, vor allem Araber (15 %) und arabisierte Stämme (Kanembou, Boulala, Hadjerai, Dadjo mit insgesamt 38 %), Sara (über 30 %), ferner Tibbu/Tubu, Haussa, Fulbe u. a. Größere Gastarbeiterkontingente von T. leben im Sudan (ca. 220000) und in Libyen. Amtsspr. sind Arabisch und rückläufig noch Französisch.

Tschadische Sprachen
I. Chadic (=en).
II. Zweig der hamito-semitischen Spr.; insbes. Haussa/Hausa, Mandara u. a. in Nigeria umfassend.

Tschadische Völker (ETH)
II. i.e.S. Sammelbez. für div. Sudannegerstämme im Tschadsee-Gebiet, am Schari und Logone-Fluß. Gemeint sind u. a. die Buduma mit den Kuri auf den Selinseln, die volkreichen Kotoko an der Schari-Mündung und die Musgu (s.d.). I.w.S. umfaßt Terminus auch die sog. »Heidenstämme«.

Tschagataiisch (SPR)
I. Altusbekisch.
II. türkische Altspr. der östlichen Goldenen Horde. Vgl. Usbekisch.

Tschaghataiisch (SPR)
II. alttürkische Schriftsprache, z.T. bis ins 20. Jh. u.a. bei Usbeken gebräuchlich.

Tschaghataisch (SPR)
II. alte Schriftspr. der Tataren.

Tschagosinseln (TERR)
B. Britische Außenbesitzung im Indik. The Crown Colony of the Chagos Archipelago, the Chagos Archipelago (=en); la colonie de la Couronne de l'archipel Chagos, l'archipel Chagos (=fr); la Colonia de la Corona del archipiélago de Chagos, el archipiélago de Chagos (=sp).

Tschahar Aimak (ETH)
I. »Vier Aimak«.
II. Gruppe div. Stämme in Chorassan, deren wichtigsten die Timuri und Taimani sind, desweiteren zählen zu ihnen: Firozkohi, Jamshedi, Badghis Hesoreh. Es handelt sich z.T. noch um Hirtennomaden und mehrheitlich seßhafte Ackerbauern; mehrheitlich um Sunniten im Gegensatz zur überwiegend schiitischen Staatsbev. des Iran.

Tschakma (ETH)
II. Stamm im Bergland von Tschittagong, in Tripura, Assam und Westbengalen/Indien; 50000–100000 Köpfe; Bengali-Spr. und überwiegend Buddhisten. Wie bei Marma hochentwickelte Handwerkskultur.

Tscham (ETH)
I. Tcham, Cham.
II. altes Kulturvolk gleichnamiger Spr. aus dem westindonesischen Zweig der austronesischen Spr. T. wohnen im S der zentralen Küstenebene Vietnams und am Tonle Sap (See) in Kambodscha. Sie sind Abkömmlinge des einstigen hinterindischen Königrei-

ches Tschamba, das im 16. Jh. von den Annamiten erobert wurde. Seit daher Anpassung an vietnamesische Kultur. Teilbev. flüchteten nach W, vermischten sich mit den Khmer und übernahmen deren Kultur; insgesamt ca. 250000. T. leben heute als Naßreis- und Erwerbsgemüsebauern. Teilgruppen der T. in Kambodscha sind schafiitische Sunniten, andere wurden vom Brahmanismus beeinflußt. Kulturell besteht Verwandtschaft zu den Moi, denen sie mehrfach auch die Naßreiskultur vermittelt haben.

Tscham (SPR)
I. Tcham, Cham.
II. Sprgem. dieser austronesischen Spr., 1994 rd. 220000, in S-Vietnam und Kambodscha; benutzen Eigenschrift.

Tschamalal (ETH)
I. Eigenname; Camalincy (=rs); Tschamalaler. Vgl. Avaren.

Tschameria-Albaner (ETH)
I. Südepirus-Albaner.
II. Bew. eines südalbanischen Fürstentums, das 1431 für fast fünf Jahrhunderte unter türkischer Herrschaft stand. Es handelt sich um Gebiete der Tschameria/Südepirus und im heutigen griechischen Mazedonien, die 1913 durch die Londoner Konferenz an Griechenland abgetreten wurden. 1913: rd. 160000, 1937: 59400 orthodoxe und 33000 muslimische Albaner. T.-A. wurden von Griechenland rücksichtslos gräcisiert bzw. fälschlich zu »Türken« erklärt und gemäß Lausanner Bev.austausch-Vertrag in die Türkei abgeschoben (ca. 60000). 1944 wurden > 20000 nach Albanien ausgetrieben.

Tschaobon (ETH)
I. Chaobon.
II. kleine ethnische Einheit, < 1000 Köpfe, im Inneren Thailands (Provinzen Khorat, Chaiyaphum, Phetchabun), pflegen Anbau von Trocken- und Naßreis. Animistische Anschauungen sind durch Buddhismus verdrängt worden.

Tschar-jat (ETH)
II. eine der beiden endogamen Klassen der Gurung/Nepal.

Tschaudoren (ETH)
I. Tschowdoren.
II. Stamm der Turkmenen, s.d.

Tschawtschuwenen (ETH)
I. Tschawtschuw, Tschawtschjo; Tschavtschueny (=rs); Tschatschyw; Eigenbez. Nymylan.
II. Territorialgruppe der Korjaken.

Tschechen (ETH)
I. Eigenbez. Tschesi (=sl), Tschech; Czesi (=pl); Tschechi (=rs); Czechs (=en); Tchèques (=fr); checos (=sp, pt); cechi (=it).
II. westslawisches Volk mit Eigenspr. (in Lateinschrift), das vermutlich im 6. Jh. in Böhmen eingewandert ist. Tschechen sind aus mehreren Stämmen zusammengewachsen und haben ihre Spr. auf die Slawen Mährens übertragen: auf mährische Slowaken, Hannaken, Wallachen und andere. Stellten Mehrheitsbev. im Westteil der nach dem II.WK neu geschaffenen CSSR (Tschechoslowakei) und bilden seit 1993, nach Trennung von der Slowakei, das Staatsvolk der Tschechischen Rep. (Tschechien) mit 1997 rd. 10,315 Mio. Ew. In der Slowakei verblieb eine Minderheit von T. Einschließlich abgewanderter Volkstumsgruppen seit 13. Jh. im Gebiet von Schitomir/Ukraine, seit 15. Jh. um Lemberg, sowie seit 19. Jh. in Wolhynien (bis 1945), heute kaum noch 18000 Köpfe; ferner große Emigrantenkolonien in USA, mithin insgesamt ca. 15 Mio. T. Sind neben zahlreichen Neuheiden zus. etwa 40% Christen, wovon 30% Katholiken. Dem 1919 neugeschaffenen Staatsterritorium der CSFR waren randlich auch die Siedlungsgebiete der Sudetendeutschen zugeschlagen worden; in ihnen lebten ursprünglich nur 200000 T., bis 1938/39 wanderten aber weitere 500000 T. zu (Verwaltungspersonal, Polizei, Lehrer), lt. VZ von 1930 also 700000. Nach Ausgliederung des Sudetenlandes 1939 verblieben dort nur 320000 (*F.P. HABEL*); nach Kriegsende erfolgte tschechische Wiederbesiedlung dieser nun entleerten Gebiete. Vgl. Hussiten, Tschechische Nationalkirche; Tschechisch- spr.

Tschechen (NAT)
II. StA. der Tschechischen Rep. Bev. gliedert sich in 81,2% Böhmen, 13,2% Mährer, 3,1% Slowaken, 2,5% Sonstige, darunter Polen, Magyaren, Deutsche, Roma. Amtsspr. Tschechisch (s.d.). Vgl. Sudetendeutsche.

Tschechien (TERR)
C. Alternativname für Tschechische Republik, s.d.

Tschechisch (SPR)
I. Czech (=en).
II. westslawische Spr. mit rd. 9,8 Mio.; Staatsspr. in Tschechischer Rep., verbreitet auch in Slowakei, mit Kleingruppen in Jugoslawien und Rumänien. 1990 rd. 12 Mio. Sprecher.

Tschechische Nationalkirche (REL)
I. Tschechoslowakische Hussitische Kirche.
II. durch national orientierte Priestervereinigung Jednota 1918/1920 in Böhmen gegr. selbständige, von altslawischen und hussitisch-tschechischen Traditionen geprägte Kirche (ihre Ziele: Annäherung an Orthodoxie, slawische Kirchenspr., Patriarch, genossenschaftliche Verwaltung); sie gewann in Blütezeit (bis 1938) fast 1 Mio. Mitglieder.

Tschechische Republik (TERR)
A. Seit 1. 1. 1993 unter Abtrennung der Slowakei. Tscheská Republika. Zuvor Tschechoslowakische Sozialistische Republik. Czech Republic (=en).

Ew. 1848: 6,735; 1869: 7,617; 1880: 8,222; 1890: 8,665; 1900: 9,372; 1910: 10,079; 1921: 10,010; 1930: 10,674; 1950: 8,896; 1961: 9,571; 1996: 10,315, BD: 131 Ew./km²; WR 1990-96: -0,1 %; UZ 1996: 66 %; AQ: 0 %

Tschechoslowakei (TERR)
C. Amtl. Kurzform für Tschechische und Slowakische Föderative Republik, CSFR (bis 31. 12. 92). Begründet 1918 aus österreichisch-ungarischen Gebietsteilen. Tscheskoslovenská Fedeativna Republika (=tc). The Czechoslovak Socialist Republic, Czechoslovakia (=en); la République socialiste tchécoslovaque, la Tchécoslovaquie (=fr); la República Socialista Checoslovaca, Checoslovaquia (=sp); Checoslováquia (=pt); Cecoslovachia (=it); Csehszlovákia (=un); Cehoslovacia (=rm, sk). Vgl. Tschechische Republik/Tschechien und Slowakische Republik/Slowakei.

Ew. 1848: 9,177; 1869: 10,099; 1880: 10,699; 1890: 11,261; 1900: 12,155; 1910: 12,995; 1920/21: 13,612; 1930/31: 14,729; 1937: 15,239; 1948: 12,339; 1950: 12,389; 1955: 13,093; 1960: 13,654; 1965: 14,159; 1970: 14,334; 1975: 14,802; 1986: 15,500; (Ältere Ew.zahlen in nachmaligen Grenzen).

Tschechoslowaken (NAT)
I. Czechoslovaks (=en); tchécoslovaques (=fr); checoslovacos (=sp).
II. StA. der ehem. Tschechoslowakei.

Tschelkanen (ETH)
I. Selbstbez. Ku-Kischi; Tschelkancy (=rs), Lebedincy (=rs).
II. kleine ethnische Einheit in Russischer Rep. Gorny Altai. Vgl. Altaier.

Tschelnoki (SOZ)
I. (=rs); »Weberschiffchen«.
II. russische Wanderhändler im Grenzverkehr mit China. Vgl. Ambulante Händler.

Tschepang (ETH)
I. Chepang.
II. kleiner nomadischer Waldstamm im ö. Zentralnepal, besitzen Eigenspr.; dunkelhäutig und untersetzt, vermutlich drawidischer Abstammung. Heute als Folge fremder Waldrodung zwangsläufig seßhaft bei ergänzender Sammelwirtschaft.

Tscheremissen (ETH)
I. Tscheremisy (=rs); Eigenbez. Mari; Marijcy (=rs).
II. finno-ugrisches Volk zwischen mittlerer Wolga und Wjatka. 1939: 481 000 Individuen. Werden unterschieden in sog. Wiesen-T. n. der Wolga und Berg-T. auf Höhen des s. Wolga-Ufers. Wurden im 12.-13. Jh. von Russen nach SE abgedrängt, kamen 1552 unter russische Herrschaft. Vgl. Wolgafinnen, Mari.

Tscheremissisch (SPR)
II. rd. 650 000 Sprecher dieser finnugrischen Spr. in Rußland, davon > 300 000 in der Autonomen Russischen Rep. der Mari.

Tscherkascy (ETH)
I. fälschlich Tscherkassy.
II. Altbez. bis in zweite Hälfte des 17. Jh. für Dnjepr-Kosaken.

Tscherkessen (ETH)
I. Cerkessen, Tscherkesen, Zirkassier, Cirkassier, Eigenbez. Tscherkes, Adyge; Tscherkesy (=rs); Circassians, Cherkess (=en); Circassiens (=fr); circasianos (=sp); circassianos (=pt); circhassiani (=it).
II. Gruppe von Volksstämmen im nw. Kaukasus mit Eigenspr. Adygeisch. T. waren am Beginn des 19. Jh. noch mit ca. 1 Mio. Seelen über ganz NW-Kaukasien bis zum Kuban und oberen Terek verbreitet. Zum Verband der T. zählen die Abchasen, Kabardiner, Schapsugen, Natuchaier, Badzechen, Beslenewer, Bschecducher und Termigoier. Wurden im 16./17. Jh. fast völlig islamisiert, seither sunnitischen Glaubens. Ausgelöst durch die russische Eroberung NW-Kaukasiens 1856–1964 wanderten fast 600 000 T. (90 %) wie auch die Hälfte der Abchasen und fast alle Ubychen meist unter Zwang in türkische Gebiete ab und wurden dort assimiliert. Seit Ende der 80er Jahre ist Teilgruppe von 1500 in alte Heimat zurückgekehrt. In der Türkei beherrschten 1945 nur mehr 67 000 ihre tscherkessische Muttersp. Teilgruppen dieser Muhacire wurden von Osmanen als Wehrbauern im heutigen Syrien und Jordanien angesiedelt; 25 000 T. lebten 1979 in Israel (Reihanija, Kfar Kama). In der ehem. Sowjetunion soll ihre Zahl 1939 noch 272 000 betragen haben, Teile der Volksgruppe wurden 1943 zwangsumgesiedelt, 1979 zählte man nur mehr 46 000 T. (hpts. im autonomen Gebiet Karatschajewo-Tscherkessien).

Tschernogorzen (ETH)
I. Montenegriner, s.d.

Tschetniks (SOZ)
I. Cetnici, Tschetnici; aus Tscheta, die Kompanie, »Bande«.
II. Angeh. einer national-serbischen Kampforganisation; entstanden um 1900 als Selbstschutz im damals noch türkischen Mazedonien, bekämpften 1918 die mazedonischen Freischärler, im II.WK (bei fortdauernder monarchistischer bzw. großserbischnationalistischer Ideologie) nicht nur die deutschen und kroatischen, sondern auch die kommunistischen Partisanenverbände Titos in sehr blutigem Bürgerkrieg. Auch Altbez. für Räuber, Haiducken. Vgl. Komitadschi.

Tschetri (ETH)
I. Verballhornung aus Kschatriya (ssk = »Angehörige der Kriegerkaste«); Altbez. Kha; Ekhtaria, Kschatrija.

II. Nachkommen brahmanischer Flüchtlinge, die im 12. Jh. vor muslimischen Eindringlingen aus Indien nach Nepal geflohen sind und sich mit Bergbew. gemischt haben. Heute ein mächtiger Stamm; Hindus, von hoher gesellschaftlicher Stellung.

Tschetschenen (ETH)

I. Cecenen; Eigennamen: Nochtschij, Nochtscho, Nachtschuo, Nakhchuo oder Nokhchuo, Nachce, d.h. »Volk«; Altbez. Tschetschenzen; fremde Bez.: Tschetschency (=rs); Chechens (=en); Michik(iz) oder Minkiz.

II. autochthones Volk aus der NE-Gruppe der Kaukasier auf der NE-Abdachung des Kaukasus; ihre Spr. gehört zur nacho-dagestanischen Gruppe der Nordkaukasus-Spr. Zu Teilstämmen der T. zählen die Itschkerier, Kisten und Galgaier; ihnen eng verwandt sind die Inguschen/Lamur und die Tsower/Batzbi. Ursprünglich im Bergland lebend, seit Ende 14. Jh. als Viehhalter an der Sunscha niedergelassen. T. sind im Unterschied zu Dagestanern und Tscherkessen nicht von Feudalstrukturen geprägt, sondern von Ältestenräten selbstverwalteten lokalen Gemeinschaften, Clans. Frühe Christianisierung unter georgischem Einfluß; später, verstärkt seit 16./17. Jh., gewann von Dagestan her der Islam geradezu identitätsstiftende Bedeutung (*E. KRAFT*), heute Sunniten. Typisch die hohen Pelzmützen der Männer. Zeitweilig unter Herrschaft von Kalmüken und Kabardinern, seit 18. Jh. im Abwehrkampf gegen Russen, um Mitte des 19. Jh. (1859) von diesen endgültig unterworfen. 1865 und 1877 wanderten in Massenexoden ca. 40000–200000 als Muhacire in das Osmanische Reich ab. 1918–1925 erkämpften T. kurzfristige Unabhängigkeit (»Nordkaukasische Rep.«), erhielten 1921 eigene ASSR, die aber bald durch autonome Regionen für T. und Inguschen ersetzt wurde. Seit 1936 waren T. nochmals mit Inguschen zu gemeinsamer ASSR zusammengefaßt. Diese wurde nach Volkstumskämpfen mit den aus der Kriegsdeportation zurückkehrenden Inguschen 1992 faktisch geteilt. Auch T. waren im II.WK (1944) wegen angeblicher Kollaboration nach Innerasien deportiert, durften schon 1957 zurückkehren, bildeten aber in wiedererrichteter Republik nur eine Minderheit. 1995/96 abermalige Kämpfe gegen Rußland um Souveränität mit bis zu 100000 Toten, 500000 Flüchtlingen. Zeichnen sich durch starkes Wachstum aus: 1979 noch 756000, 1991 schon 957000 Köpfe. Vgl. Inguschen.

Tschetschenen (NAT)

II. Bürger der Russischen Rep. Tschetschenien, haben 1992 ihre Unabhängigkeit erklärt, sind aber noch StA. von Rußland; 1,2 Mio. Ew. (1995) Als namengebende Ethnie stellen T. 75% der Rep.bev., 20% sind Russen, ferner Inguschen, Armenier u.a. Als Folge des Unabhängigkeitskrieges über 0,5 Mio. Flüchtlinge, wovon rd. 200000 in Nachbarländern. Alte Amts- und heutige Umgangsspr. ist Russisch.

Tschetschenien (TERR)

B. Altbez. Tschetscheno-Inguschische ASSR. Aus separaten Autonomen Gebieten (1922 und 1924) 1934 als AG und 1936 als ASSR entstanden, 1944–1957 aufgelöst, dann wieder erstanden. Hat 1991 als »Islamische Republik T.« einseitig ihre Unabhängigkeit von der Russischen Förderation erklärt, wird von letzterer gleichwohl als Autonome Republik in Rußland geführt. 1994–1996 führte Rußland einen verlustreichen Krieg, der endgültige Status sollte bis 2001 einvernehmlich geklärt werden.

Ew. 1964: 0,961; 1974: 1,129; 1989: 1,277; 1992: 1,200, BD: 76 Ew./km²

Tsch'iang (ETH)

II. kleiner Stamm von Bauern und Handwerkern, ca. 50000, mit einer tibeto-birmanischen Spr., in der chinesischen Prov. Szetschuan.

Tsch'i-lao (ETH)

I. Kei-lao, Kelao, Khi Lao, Thi, Thu, Xan Lao.

II. Kleinstamm (etwa 25000 Köpfe) in Kueitschou und Kuangsi/China, zählen zur Spr.gruppe der Kadai.

Tschin (ETH)

I. Chin.

II. Stammesgruppe in der tibeto-birmanischen Spr.gruppe, insgesamt 1–2 Mio. (=1–2% der Gesamtbev.), wohnhaft im gebirgen West-Myanmar und Teilen des Irawadi-Tals. Brandrodungsbauern und Fischer, produzieren Web- und Töpferwaren. Unter Einfluß von Bengalen und Birmanen zu Teilen hinduisiert oder christianisiert soweit nicht animistische Glaubensvorstellungen überdauern.

Tschingge (SOZ)

I. Tschinggelemore; aus (it=) cinque la mora.

II. Pejorativbez. der Deutschschweizer für Italiener.

Tsching-Po (ETH)

I. Singhpo, Tsingpo, Tschingpaw, Jingpo, Jinghpaw, Thienbaw in China; Kakhieng, Katschin, Kachin in Myanmar.

II. große ethnische Einheit von insgesamt rd. 500000 Bergbauern in der tibeto-birmanischen Spr.gruppe, wohnhaft in Nord-Myanmar, Assam und in der chinesischen Prov. Yünnan; besitzen in Myanmar ein autonomes Gebiet; neben Stammeskulten Buddhisten. Vgl. Kachin.

Tschitschen (ETH)

s. Istrorumänen.

Tsch'iu-tsu (ETH)

I. Trun (Eigenbez.), verwandt mit den Lu-tsund

II. Volk von Hirsebauern in der chinesischen Prov. Tschinghai.

Tschobani (ETH)

I. (=tü); »Hirten«.

II. türkische Bez. für die Aromunen.

Tschong (ETH)
 I. Chong.
 II. kleine ethnische Einheit von 5000–10 000 Köpfen mit Eigenspr. aus der Mon-Khmer-Gruppe im Grenzgebiet zw. Thailand und Kambodscha sö. des Tonle Sap-See und im Kardamomgebirge. Einst weiter verbreitet, heute schon weitgehend in Khmer-Ges. aufgegangen.

Tschowdoren (ETH)
 I. Tschaudoren; Selbstbez. Tschowdor; Tschaudor (=rs).
 II. Stamm der Turkmenen, s.d.

Tschrau (ETH)
 II. kleine ethnische Einheit nö. Saigon/S-Vietnam; zur Mon-Khmer-Spr.gruppe zählend; treiben Brandrodung.

Tschuang (ETH)
 I. Zhuang (=ci).
 II. Bauernvolk von 13 Mio. Köpfen in autonomen Prov. von Kwangsi, Yünnan und Kwangtung/China mit einer Tai-Spr.; bewahren Naturkulte.

Tschuchni (SOZ)
 II. Bez. für Zigeuner in Lettland.

Tschuden (ETH)
 II. sich auflösende finno-ugrische Restpopulation zw. Ladoga- und Onegasee. Auch Sammelbez. für Ingern, Liven, Wepsen und Woten, die heute alle weitgehend russifiziert sind.

Tschuktschen (ETH)
 I. Eigenname: Lyg Oravetyan, Lug Orawetlan, d.h. »wahrer Mensch«; Eigenbez. Cavcu/Chaucu; Luoravetlany, Tschuktschi (=rs); Chukcha, Chukot(ian)s, Chukchis (=en).
 II. ein paläosibirisches Volk von 6000 (um 1700) und, da von Seuchen verschont, wachsend, (1990) > 15 000 Köpfen auf gleichnamiger Tschuktschen-Halbinsel/Rußland als Rentierhalter, Meeresjäger und Küstensammler. Bewahren als Animisten den Schamanismus. Einer ihrer Dialekte wurde 1930 zur Schriftspr. entwickelt. Siedeln überwiegend im Gebiet von Magadan mit dem Autonomen Kreis Tschukotka, der sich 1990 für souverän erklärt hat. Minderheiten im Korjakischen Autonomen Kreis und in Russischer Rep. Sacha-Jakutien. Vgl. Beregowen und Olennen.

Tschulymer Tataren (ETH)
 I. nach Tschulym-Fluß im O des Kusnezker Alatau.
 II. Turktatarenstamm im s. Sibirien. Vgl. Chakassen. 1977 zus. ca. 81 000.

Tschumaken (SOZ)
 I. Tschumak.
 II. ukrainische Frachtfuhrleute, die den Salz- und Trockenfischtransport zwischen dem Schwarzen Meer und Moskau bzw. Nowgorod bis zum 19. Jh. besorgten; reiches Volksgut.

Tschurari (SOZ)
 I. aus tschurara ciur (rm=) »Sieb«; ciurar (=zi).
 II. i.e.S. zigeunerische Berufsgruppe der Siebmacher und -händler. Ableitungen auch aus tschuri (zi=) »Messer« (Tschurari »Messerschleifer«) oder aus Tschor (zi=) »Dieb«. Zigeuner, denen Diebereien und Gewalttätigkeiten nachgesagt werden.

Tschurtschen (ETH)
 I. Dschurtschen, Dschurdschen; Dschürtschit; Chin (=ci).
 II. historische Ethnie des 10.–13. Jh.; als Nomaden in der ö. Mandschurei verbreitet; beherrschten zeitweilig N-China, bis sie von den Mongolen unterworfen wurden.

Tschuru (ETH)
 I. Churu.
 II. kleines Volk im Bereich des Dran-Tales/S-Vietnam, ca. 10 000 Köpfe, mit einer Tcham-Spr.; haben von Tcham auch Naßreisbau übernommen.

Tschuschen (SOZ)
 I. entstanden im 19. Jh. beim Bau der österreichischen Südbahn; aus tschujesch (sk=) »verstehst Du?«
 II. pejorativ Bez. in Österreich für Ausländer vom Balkan, heute für jugoslawische Gastarbeiter.

Tschutschmeken (SOZ)
 II. bittere ugs. Bez. in Rußland für russ. Flüchtlinge bzw. Umsiedler aus dem ehem. sowjetischen Mittelasien. Vgl. Pieds-Noirs.

Tschuwanen (ETH)
 I. Tschuwanzen; Eigenbez. Etel: »die Starken«.
 II. kleine paläosibirische Population von Rentierzüchtern; T. sind im 18. Jh. vom Anadyr-Fluß in das Kolyma-Gebiet zugewandert, wurden im 20. Jh. durch Russen, Tschuktschen und Korjaken völlig assimiliert; 1991 kaum mehr 1500 Köpfe.

Tschuwaschen (ETH)
 I. Tschuwasen; Tschawasch (Eigenbez.); Tschuvaslar, Tschuwaschi (=rs); Chuvashes (=en).
 II. Volk von 1,84 Mio. (1991), im Gebiet w. der oberen Wolga in der Russischen Rep. Tschuwaschien, ferner in den russischen Rep. Tatarstan und Baschkortostan sowie in den Gebieten Kujbyschew und Uljanowsk. Vermutlich Wolga-Finnen, die durch Wolga-Bulgaren frühzeitig türkisiert (ihr Idiom zählt zum älteren Zweig der Lir-Türken) und islamisiert wurden. Stehen seit 16. Jh. unter russischer Herrschaft, in der sie zwangsweise christianisiert wurden. In ihrer eigenen Rep. der Tschuwaschen (begründet 1925) besitzen sie nur knappe Majorität.

Tschuwaschen (NAT)
 II. namengebendes Staatsvolk der Russischen Rep. Tschuwaschien; sie stellen dort 68 % der

Rep.bev. neben 27% Russen. T. sind StA. von Rußland. Russisch als Amtsspr.

Tschuwaschien (TERR)
B. Ab 1992/94 Autonome Republik in Rußland. Autonomes Gebiet (ab 1920), wurde 1925 zur ASSR umgewandelt. Tschuvatschkaja ASSR (=rs); Chuvash ASSR, Chuvash Republic (=en).
Ew. 1964: 1,159; 1974: 1,257; 1989: 1,336; 1995: 1,362, BD: 74 Ew./km²

Tschuwaschisch (SPR)
I. Chuvash (=en).
II. Turkspr. der Tschuwaschen mit (1991) 1,8 Mio. Sprechern in Rußland, wovon rd. 900000 in der Russischen Rep. Tschuwaschien, geschrieben mit der Kyrillika.

Tserchehari (SOZ)
I. (=zi); Tschergheskoro Sg. (zi=) »Zeltzigeuner«; nomadisierende Zigeuner im früheren Jugoslawien, ferner Katuniákoro Sg. in Rumänien.
II. in gleicher Bedeutung als Gurbeti oder Tamari in Jugoslawien.

Tshiluba-Spr. (SPR)
I. Ci-Luba.
II. eine der vier Nationalspr. in DR Kongo.

Tsimiheti (ETH)
I. Tsimihety.
II. Volk auf Madagaskar; stellt 7% der Gesamtbev. von 10,3 Mio. (1988). Vgl. Madagassen.

Tsingtau (TERR)
C. Qingdao. Ehem. dt. Schutzgebiet 1897–1914 im Gebiet der Kiautschu-Bucht/China.

Tsogo (ETH)
I. Shogo, Ashogo, Ishogo.
II. Stamm der Tege in Gabun.

Tsonga (ETH)
I. Thonga, Tonga, Bathonga; Shagana-Tonga, Tonga-Ronga; Schangaan, Shangana-Tsonga, Shangaan, Amashangaan.
II. Verband eng verwandter Bantu-Völker im s. Afrika vor allem im sog. Gaza-Land des s. Mosambik zwischen dem Sabi-Fluß und der Delagoa-Bay; rd. 1,5 Mio. (1988); Hackbauern; in Swasiland und Südafrika rd. 1 Mio. (1980), besaßen (bis 1994) in Transvaal das Homeland Gazankul und gehören zur Nguni-Spr.gruppe. Untereinheiten sind neben den eigentlichen Tsonga die Chopi/Batschopi, Hlengwe, Ronga/Baronga, Tswa/Batswa. Viele standen in Zulu-Kriegen unter Fremdherrschaft, so 1825–1895 unter Gewalt der Shangana.

Tsonga (SPR)
I. Xitsonga.
II. eine Bantuspr.; Amtsspr. in Südafrika, verbreitet auch in Mosambik.

Tsotsis (SOZ)
II. Townshipkriminelle in Südafrika.

Tsotso (ETH)
Vgl. Bantu-Kavirondo.

Tsou (ETH)
II. Stamm der Gaoschan (s.d.) auf Taiwan; < 100000 Köpfe.

Tswana (ETH)
I. Betschuanen; Setswana; Batswana, Kwena, Bakwena, Tavana, Tawana, Tschwana, Cwana, Bechuana, Kxatla, Kgalagadi, Kgatla, Fokeng, Mangwato, Rolong; W-Sotho, Sotho-Tswana; Tlhaping, Tlharo, Tlharund
II. Bantu-Ethnie und Staatsvolk in Botsuana, > 1,1 Mio. (1988); aus acht Stämmen (u.a. Bahurutse, Bamangwato, Bakwena, Bankwaketse, Barolong, Batawana) mit streng abgegrenzten Bannbereichen. Tswana weisen starke Blutsmischung mit autochthonen Khoisaniden auf. Mehr als die Hälfte (1,3 Mio.) lebt in angrenzenden Prov. Südafrikas, insbes. im eigenen Siedlungsgebiet Bophuthatswana: 0,9 Mio. Vgl. Kalahari.

Tswana (SPR)
I. (Se)Tswana, Setswana; Tswana, Chwana (=en).
II. eine Bantu-Spr., verbreitet in Botsuana, Basutoland, Transvaal, Oranje-Freistaat; als Amtsspr. in Bophuthatswana/Südafrika; Staatsspr. in Botsuana (überwiegend neben bzw. vor Englisch).

T'u (ETH)
I. Mongor, Tschang.
II. ethnische Minderheit in der Größenordnung von rd. 100000 in Tsinghai, Kansu und im N von Zentralchina, mit mongolischer Eigenspr., chinesischer Umgangsspr. und mit tibetischer Zeremonialspr. T'u sind Lamaisten, wirtschaftlich Bauern.

Tualen (ETH)
II. Stamm aus der Ostgruppe der Osseten im Kaukasus, orthodoxe Christen.

Tualläg-Osseten (ETH)
I. Eigenbez. Tualläg; Tual'cy (=rs). Vgl. Osseten.

Tuareg (ETH)
I. Mahalbi, Tawarek (=ar), Tawariq, Tawarik, Twareg; Touareg (=fr); Sg.m. Targi, w. Targia; pejorative Bez. der Araber aus terek »die von Gott Verlassenen« oder Ableitung aus targa (ar=) Fezzan als mögliches Herkunftsland. Eigenbez. Imohag, Imuschag, Imoukhar, Imuhar, Imajeren; (nach ihrer Spr.) Kel Tamacheq; »Blaue Menschen«, hommes bleus (=fr), nach ihrer blauen, einst indigogefärbten Kleidung, die auf die Haut abfärbt.
II. ursprünglich mächtiges Volk »edler« Kamelnomaden in der Westsahara von über 1 Mio. (1990) Köpfen, davon 600000–700000 in Niger, 300000–400000 in Mali, je 20000–50000 in Algerien, Libyen, Burkina Faso und (nach Fluchtbewegungen) in

Mauretanien, bes. in Gebirgsmassiven Hoggar, Adrar, Air und deren sahelischem Vorland auf ca. 1,5–2 Mio. km² ihres Weidelandes (Azawad). T. haben seit der Kolonialzeit (trotz div. Revolten) ihre Vormachtstellung eingebüßt. Die neugesetzten polit. Grenzen und wiederholte Dürrekatastrophen (in siebziger und Mitte achtziger Jahre) reduzierten zunehmend ihre Weidewirtschaft. Seit 1960 strandeten zwangsläufig zahlreiche Teilgruppen in den Slums südsaharischer Städte (Abidjan, Dakar, Lagos, Timbuktu). Daraus resultierten wachsende sozioökonomische Spannungen und rassistische Pogrome durch sudanische Altansässige an den »weißen« Tuareg. Eigenspr. Tamahagh/Tamaschek/Tamacheq und Eigenschrift Tifinagh. Im Gegensatz zu anderen Berbervölkern überdauert strenge Sozialschichtung in Adel (Imuhag oder Imoshag), Vasallen/Untertanen (Imghad), die ehem. Sklaven (Irawellen). T. sind Muslime, lehnen jedoch Mehrehe und Beschneidung ab; Bewahrung mancher matriarchalischer Sitten, Gesichtsschleier der Männer (Litham), »Milchmast« der Frauen. Gliederung erfolgt nach Stämmen bzw. Regionalgruppen (Kel): u.a. K. Ahaggar, K. Ajjer, K. Antessar, K. Ewey, Kel Ayr, Kel Geres, Kel Dennek, Kel Ataram, Kel Tademaket, Asben, Aulliminden, Ifora, Udalan. T. sind Grenzgänger zwischen weißem Nordafrika und Schwarzafrika, zwischen saharischem Weidegang und sudanesischem Feldbau.

Tubalaren (ETH)
I. Selbstbez. Tuba; Tubalary (=rs).
II. kleine ethnische Einheit in Russischer Rep. Gorny Altai, zwischen Bija- und Katun-Fluß. Vgl. Altaier.

Tubaozi (SOZ)
I. (=ci); Bauerntölpel; wörtlich »mit Erde gefülltes Teigtäschchen«.
II. abschätzige Bez. in China (insbes. Peking) für zugewanderte Dörfler, die, halblegal in Stadtrandsiedlungen hausend, sich als Tagelöhner verdingen; 1993: mind. 800 000 in Peking.

Tuberkulose-Kranke (BIO)
I. TB-/Tbc-Kranke, Schwindsüchtige.
II. Erkrankte an einer chronischen Infektionskrankheit, verursacht durch das 1882 von *Robert Koch* entdeckte Mycobacterium tuberculosis. Die Übertragung erfolgt durch Tröpfcheninfektion und selten durch Milch tuberkulöser Rinder. Die T.bakterien befallen Lungen, Lymphknoten, Kehlkopf, Darm, Nieren, Knochen und Haut (Tuberkel). Gegenmaßnahmen: Chemotherapie und Hygienemaßnahmen, bessere Ernährung, Frischlufttherapien, Schutzimpfungen, Meldepflicht, Reihenuntersuchungen. Krieg, Elend und soziale Not haben seit jeher der Schwindsucht einen geeigneten Boden bereitet. Mehrfach hoffte man, diese Menschheitsgeißel ausgerottet zu haben. Aber auch heute infizieren sich jährlich rd. 8 Mio. an dieser Krankheit; noch immer rafft Tuberkulose nach WHO-Schätzungen jährlich rd. 3 Mio. Menschen dahin, ist damit gefährlichste aller Seuchen. Speziell in Afrika soll 1992 nahezu ein Drittel der 552 Mio. Ew. mit der Krankheit infiziert gewesen sein, bei 1,25 Mio. brach die Krankheit tatsächlich aus, und 0,5 Mio. sind in diesem Jahr gestorben. Lt. WHO dürften zwischen 1990–2000 rd. 6,5 Mio. Afrikaner ihr Leben durch Tbc verlieren. In Deutschland stagniert Tbc auf hohem Niveau; von 100 000 Bürgern erkrankten 1991 jährlich 17,4 an Tbc, in anderen Industrieländern lag die Inzidenzrate niedriger.

Tubeta (ETH)
I. Taweta.
II. kleine schwarzafrikanische Ethnie an der NE-Grenze Tansanias.

Tubu (SPR)
I. Nationale und Verkehrsspr. in Niger; 0,4 Mio. Sprecher.

Tucun-Dyapi (ETH)
Vgl. Catukina.

Tuda (ETH)
I. Kawar.
II. saharische Ethnie im n. Niger und nw. Tschad.

Tujia (ETH)
II. Minderheitenvolk im Grenzgebiet von Guizhou/Kweitschou, Hubei/Hupei und Hunan. Um 1990: 5,7 Mio.

Tujia (SPR)
I. Tu-chia-spr.
II. Gemeinschaft dieser tibeto-birmanischen Spr. in China mit 5–6 Mio. Sprechern (1994).

Tuka-Anhänger (REL)
I. nach dem im Mittelpunkt des Kultes stehenden, tuka (melanes.=) »Unsterblichkeit« verleihenden Wasser.
II. straff organisierte Anh. einer 1873 auf den Fidschi-Inseln begr. Neurel. Erwarten lt. Prophezeiung durch Rückkehr ihrer Ahnen neue Weltordnung, Vertreibung der Kolonialherren und Übernahme ihrer Zivilisationsgüter. Vgl. Cargo-Kulte.

Tukano (ETH)
I. Tucano, Betoya. Nicht Tukuna, s.d.
II. Indianervolk und eigenständige Spr.familie, deren Bannbereich durch andere Stämme zerteilt wurde. Man rechnet ihnen zu die westlichen T. mit den Encabellado in NE-Peru und die östlichen T. oder Betoi in SE-Kolumbien. T. gehören zu den Tropical Forest Tribes, sie treiben Ackerbau. Geschätzte Anzahl auf > 10 000 Individuen.

Tukolor (SPR)
I. Toucouleur; Tukulor, Toucouleur (=en).

II. Niger-Congo-Spr. in Senegal mit 2 Mio. Sprechern.

Tukuna (ETH)
I. Tucuna, Ticuna; (nicht identisch mit Tukano).
II. Stamm südamerikanischer Tieflandindianer n. des Amazonas am Rio Ica und Solimóes in Brasilien, Kolumbien, Peru. Ihr Idiom bildet isolierte eigenständige Spr.einheit. An Zahl einige Tausend, z.T. mit w. Nachbarn (Peba, Yagua, Yameo) vermischt. Dauersiedler mit Anbau.

Tulu (SPR)
I. Tulu (=en).
II. eine der Drawida-Spr. im Umkreis der Stadt Mangalore an der Westküste, vermutlich Altform der Kanara, gesprochen von rd. 2 Mio. (1994).

Tumbatu (ETH)
I. Watumbatu (=ku, Pl.).
II. eine der drei Swahili-Populationen auf der Insel Tumbatu/Sansibar; eine Mischbev., in der das Bantuelement überwiegt.

Tumbuka (ETH)
I. Mombera, Watumbuka; Tambuka.
II. Bantu-Volk in N-Malawi, SW-Tansania und E-Sambia; insgesamt einige Hunderttausend; Hack- und Feldbauern. Vgl. auch Nyassa-Völker.

Tumtum (SPR)
II. kleine Sudan-Guinea-Spr. der Kordofan-Gruppe w. des Weißen Nil. Verwandt sind die Talodi-, Lafofa, Tumeli/Tumale-spr.

Tundjer (ETH)
I. Tungur.
II. Nomadenstamm im Verband der Baggara im südostsaharischen Darfur, Wadai/Ouaddaï und Kanem. Vgl. Baggara 2.

Tunebo (ETH)
II. Indianerethnie in Venezuela (nö. Anden und s. Maracaibo-See); zählen zur Chibcha-Spr.gruppe; treiben Wanderfeldbau, ergänzt durch Sammelwirtschaft und Jagd.

Tunesien (TERR)
A. Tunesische Republik. Unabh. seit 20. 3. 1956; 1881–1956 unter französischer Herrschaft. El Dschumhurija et Tunusija, Al Djoumhouria Attunusia; al-Jumhuriyah at-Tunisiyah; Jumhuriya at-Tunisiya (=ar); République Tunisienne (=fr). The Republic of Tunisia, Tunisia (=en); la Tunisie (=fr); la República de Túnez, Túnez (=sp); Túnes (=pt); Tunisia (=it).
Ew. 1911: 1,939; 1921: 2,094; 1926: 2,160; 1931: 2,411; 1936: 2,608; 1946: 3,321; 1950: 3,530; 1960: 4,221; 1970: 5,127; 1978: 6,077; 1984: 6,966 Z; 1996: 9,132, BD: 56 Ew./km²; WR 1990–96: 1,9%; UZ 1996: 63%, AQ: 33%

Tunesier (NAT)
I. Tunesians (=en); tunisiens (=fr); tunisini (=it); tunecinos (=sp, pt).
II. StA. der Tunesischen Rep., zu 98% Araber und arabisierte Berber. Amtsspr. ist Arabisch, Umgangs- und Bildungsspr. Französisch. Vgl. Berber, Maghrebiner.

Tung (ETH)
I. Dong, Kam, Nim Kam, Tung-Jen, Tung-tschia.
II. Volk von 1,4 Mio. (1982) Menschen mit Eigenspr. Kam-Sui-Mak, das den Thai verwandt sein dürfte, in Kweitschu, Kuangsi und Hunan/China.

t'ung tsung (REL)
II. (=ci); Kultgemeinschaften in China; tsung umfassen jeweils solche Verwandte, die sich durch bestimmte Beziehungen von einem gemeinsamen Ahnen herleiten, dem zu Ehren die Gemeinschaft den Kult feiert (M. GRANET), d.h. Kult der Brüder, der Enkel, der Urenkel, der ältesten Vorfahren.

Tung-Hsiang (ETH)
I. Dongxiang.
II. Stamm von ca. 200000 Köpfen mit einer schriftlosen mongolischen Eigenspr. in Kansu/N-China; Muslime.

Tungide (BIO)
I. race nordmongolide, race toungouzienne, race nord-mongolienne (=fr); Classic mongoloid (=en); razza tungusa (=it); Gabide (bei LUNDMAN 1967).
II. Unterrasse im mongoliden Großrassenkreis; verbreitet im n. Zentralasien, in Randgebieten der Gobi, Mongolei und n. Turkestan. T. sind mittelwüchsig, untersetzt, haben kurze Gliedmaßen; typisch ist relativ großer kurz-breiter Kopf, flaches Hinterhaupt; Gesichtsform rundlich, hervortretende Wangenbeine, flaches Gesichtsrelief; Nase mit breiter, flacher Wurzel, Mundspalte breit; Lidspalten eng, schrägstehend, »geschlitzt«, ausgeprägte Mongolenfalte, Kopfhaar lang, straff, schwarz. Haut dick, hellgelb-bräunlich. Vgl. Nordasiatische Rasse, auch Mongolen, Tungusen, Kalmüken.

Tungur (ETH)
II. arabisch-negride Mischbev., die bis zum 16. Jh. aus O über Darfur in das Wadai/Quaddaï-Gebiet eingewandert ist, z.T. noch nomadisierend.

Tungusen (ETH)
I. Ewenken, Ewenen; Eigenname Ewenk; Tungusy (=rs); Tungus (=en).
II. Sammelbez. für mongolide bzw. tungide aber auch sibiride Völker- und Spr.-gruppe in NE-Asien. Zu unterscheiden sind nach linguistischen Gesichtspunkten die S- und N-Gruppe. S-Gruppe besteht aus Mandschuren mit Golden, die N-Gruppe aus Ewenken, den eigentlichen T. mit verwandten Stämmen der Manegiren, Orotschonen, Biraren, Solonen, Lamuten und Negidalen. Besitzen ein sehr ausgedehntes Siedlungsgebiet von der Eismeerküste bis in

die Nord-Mandschurei, vom Ochotskischen Meer bis an und über den Jenissei, wenn auch durch jakutische und russische Wohngebiete unterbrochen. Vorherrschend ist Lebensformgruppe der Jäger und nomadisierenden Rentierzüchter, auch Fischer und neuerdings in Teilen Ackerbauern. Im 18./19. Jh. christlich missioniert, jedoch Fortbestand von Schamanismus. Vgl. Ewenken, Ewenen.

Tunica (ETH)
II. nordamerikanischer Indianerverband s. des unteren Mississippi; zu seinen Teilstämmen zählten: im N die Yazoo, Tiou, Koroa; im S die Chitimacha, Atakapa und Akokisa; zusammen 1650 rd. 6000 Individuen; nahmen im 18. Jh. als Verbündete der Franzosen an Kämpfen gegen die Natchez teil, wurden dabei aufgelöst bzw. durch Chikkasaws vertrieben.

Tunker(s) (REL)
I. Dunkers; in USA: German baptists; Eigenname: Church of the Brethren.
II. 1708 unter Alexander Mack in Deutschland entstandene pietistische Brüdergemeine. Löste sich in Deutschland durch erzwungene Auswanderung auf. T. gelangten 1719 und 1729 in zwei Schüben über die Niederlande nach Pennsylvania/USA. Dort schon z.Zt. des Unabhängigkeitskrieges etwa 100 000 Anhänger, heute 0,7 Mio. Mitglieder. Von T. spalteten sich die »Sieben-Tage-Baptisten«/Siebentäger ab.

Tupamaros (SOZ)
I. nach Tupae Amaru, Anführer eines Indianeraufstandes 1780 in Peru.
II. sozialrevolutionäre Guerillas in Uruguay 1963–1986.

Tupari (ETH)
II. kleine Indianerpopulation in Brasilien, vom Aussterben bedroht.

Tupi (ETH)
I. Tupi-Guarani.
II. Stammesgruppe südamerikanischer Indianer, die mit s. benachbarten Guarani große und einheitliche Spr.gruppe bilden. Einst durch große bis ins 16. Jh. reichende Expansionen über weite Teile des südamerikanischen Tieflandes verbreitet, vom Andenfuß bis zum Atlantik, von Guayana bis zum Rio de la Plata. Standen entgegen verschiedener Herkunft und Spr.zugehörigkeit in enger kultureller Beziehung zu Aruak, Ge und Kariben. Unter Aufnahme von portugiesischen und spanischen Elementen entwickelte sich ihre Spr. zu Lingua geral. Zu den Tupi-Stämmen im brasilianischen Amazonasgebiet gehören die Omagua, Cocama, Munduruku, Cawahib/Kawahyb, Parintintin, Tenetehara, Tembé, Guajajara, Urubú; zu denen in Guayana die Emerion/Emerillon, Oyampi/Oiampi u.a. zählen; an der brasilianischen Küste die Tupinamba (s.d.), am Andenrand die Chiriguano. In Bedrängnis durch portugiesische Kolonisten aufgerieben und versklavt zu werden, traten in zweiter Hälfte des 16. Jh. messianische Bewegungen auf, die ein Land der Unsterblichkeit verhießen. So ereigneten sich etwa seit 1540 bis in unsere Tage immer wieder kultische »Tupi-Wanderungen«, die bei starken Verlusten bis nach Peru reichten.

Tupi (SPR)
I. Tupi-Guarani.
II. Indianerspr. s. des Amazonas bis nach Paraguay, einst weit verbreitet.

Tupinamba (ETH)
I. Sammelbez. für Küstenstämme der Tupi-Indianer an der brasilianischen Küste zwischen Mündung des Amazonas und Porto Alegre, die erst zur Conquistadorenzeit von N über See zugewandert waren und im 16. Jh. unter Druck portugiesischer Kolonisten abwanderten oder sonst untergingen; betrieben Anbau und Fischfang, übten Kannibalismus. Verwandte Tupi-Stämme an dieser Küste waren: Potiguara, Caeté, Tupinikin, Timimino, Tupinakin, Tupina, Amoipira. Vgl. Botokuden.

Tupuri (ETH)
I. Tuburi.
II. kleine ethnische Einheit im Grenzgebiet N-Kamerun zu S-Tschad.

Turaner (ETH)
II. Sammelbez. für Bewohner des Turan, des westturkestanischen Tieflandes zwischen Kaspischem Meer, iranischer Grenze, Alai- und Tienschan-Gebirge. Begriff schließt auch Kasachen, Turkmenen und andere Turkvölker ein, meint aber in erster Linie die Usbeken.

Turanide (BIO)
I. race turco-tatare, race touranienne (=fr).
II. europide Unterrasse in Vorderasien als ö. Ausläufer des (mittleren) europäischen Kurzkopfgürtels. Erscheinungsmerkmale: mittel- bis hochwüchsig, schlank; kurzköpfig mit ovalem Gesicht, Wangenbeine meist betont; Lidspalten oft schräggestellt, geschlitzt; Nase schmal, gerade bis leicht konvex; Augenfarbe dunkelbraun. Kopfhaar schlicht bis strähnig, schwarzbraun. Hautfarbe hell- bis dunkelbraun. Bisweilen stärkerer mongolider Einschlag. Verbreitung: SW-Sibirien, W- und E-Turan, Altai, Pamir. Vgl. Turkvölker.

Turcos (SOZ)
I. sirios (=sp).
II. Bez. in Lateinamerika für Vorderasiaten, häufig für libanesische Christen, die nach der Autonomie Libanons 1860 in die Neue Welt auswanderten und dort überwiegend als Kaufleute tätig sind.

Turgechal (ETH)
I. Eigenbez. der Ewenen, s.d.

Turkana (ETH)
II. Nomadenvolk von rd. 220000 Köpfen (=1,4% der Gesamtbev.) am n. Turkana-See in Kenia und SW-Äthiopien mit einer südnilotischen Eigenspr. T. sind von Uganda her eingewandert. Nach Zusammenstößen mit Mandatsmacht und nach Hungersnöten 1979/80 und 1984 zur Seßhaftigkeit gezwungen, obschon das semiaride Gebiet keine andere Nutzung als den Nomadismus zuläßt. Als Einzelstämme zu unterscheiden: Bume und Geleb (in Sumpfgebieten des Omo), Hamar (nw. des Stefanie-Sees); T. sind verwandt mit Massai, Samburu und Nuba.

Turkana (SPR)
II. afrikanische Sprgem. aus der Nil-Äquator-Gruppe, beiderseits des s. Rudolf-Sees. Geogr. Name: Turkanasee.

Türkei (TERR)
A. Republik. Ehem. (vor 1923) Osmanisches Reich. Türkiye Cumhuriyeti (=tü). The Republic of Turkey, Turkey (=en); la République turque, la Turquie (=fr); la República de Turquía, Turquía (=sp); Turchia (=it); Turquia (=pt).
Ew. 1900: 9,5 (Kleinasien), 19,1 (Türkisches Reich); 1927: 13,648; 1935: 16,158; 1940: 17,821; 1945: 18,790; 1950: 20,770; 1955: 23,853; 1960: 27,543; 1965: 31,366; 1970: 34,848; 1975: 40,348; 1980: 44,438; 1985: 49,272; 1996: 62,697, BD: 80 Ew./km^2; WR 1990–96: 1,8%; UZ 1996: 70%; AQ: 18%;

Türkei-Griechen (ETH)
II. Sammelbez. für das aktuelle Volkstum in der Türkei, für jene Minderheiten, die nach dem griechisch-türkischen Krieg in der Türkei verblieben, weil sie nicht gemäß der Konvention von Lausanne (1923), die den Bev.austausch von 1,35 Mio. Griechen aus der Türkei nach Griechenland regelte, umgesiedelt wurden. Es handelt sich um Reste und Rückwanderer von Pontos-Gr., um die Istanbuler Gemeinde mit dem Patriarchat sowie um Inselgriechen z.B. auf Imroz/Gökceada/Imbros oder Bozcaada/Tenedos. 1928 zählte die Istanbuler Gemeinde noch 146000, nach Pogromen 1955 verblieben nur mehr 3500 Griechen; ähnliche Vertreibungen auch auf Inseln Imbros und Tenedos.

Türkeitürkisch (SPR)
I. türkisch; Altbez.: Osmanisch-Türkisch; türkçe (=tü); Turkish (=en); turco (=pt, sp, it); turque (=fr).
II. die moderne, seit K. Atatürk von fremden (arabischen) Lehnworten befreite und zur Lateinschrift geführte Nationalspr. der Türkei, die dort nach 1990 von rd. 50 Mio. als Mutterspr. und potentiell von 4–5 Mio. als Zweitspr. sowie von (mind. 2 Mio.) Gastarbeitern im Ausland (insbes. Deutschland) gesprochen wird. Weitere türkische Sprgem., z.T. mit Altformen des Türkischen, z.T. auch durch Spr.streit mit verfremdetem oder nur als Hausspr. gesprochenem Türkisch leben nach 1990 in Bulgarien 0,9 Mio., Jugoslawien (Mazedonien) 0,1 Mio., Griechenland > 80000, Georgien, Rumänien und GUS. Das ältere Türkisch (vor 1928) wird als Osman-Türkisch bezeichnet, s.d. Vgl. das verwandte Aserbaidschanisch; Turksprachen, Osman-Türkisch.

Türken (ETH)
I. 1.) Sammelbez. für Turkvölker, s.d. 2.) Türken, i.e.S. zur Unterscheidung auch Türkeitürken, Osmantürken (13.–20. Jh.); Selbstbez. Turk »die Starken«; Turki (=rs); Turkis, Turkmens, Turkomen, Turks (=en); Turcs (=fr); turchi (=it); turcos (=sp, pt).
II. Staatsvolk der Türkei mit rd. 44 Mio. (oder rd. 70% der Gesamtbev.), größtes Turkvolk, allerdings stark vermischt mit kleinasiatischer Vorbev. In ehem. UdSSR 1979: > 90000 Nachkommen osmanischer Türken, von Turkmenen und türkisierter Kaukasier. Reste osmanischen Türkentums auch in Albanien, Bulgarien (mit 785000 oder 9,4% größte Minderheit 1996), Griechenland (30000), Jugoslawien (100000); ferner große Gastarbeiterkontingente in Europa, bes. in Deutschland (2,1 Mio.). T. sind hanefitische Sunniten. Vgl. Turkvölker; Bulgarientürken, Zyperntürken; Osmanen; Griechische Muslime. 3.) lateinamerikanische Sammelbez. in Umgangsspr. und Statistik nicht nur für Türken, sondern ebenso für Libanesen, Palästinenser, Syrer.

Türken (NAT)
II. StA. der Rep. Türkei. Es handelt sich um rd. 70% Türken, 20% Kurden sowie Minderheiten von Arabern (2%), Tscherkessen und muslimische Georgier (je 0,5%), Armeniern, Griechen, Bulgaren u.a. Große Kontingente türkischer StA. als Gastarbeiter in Mitteleuropa. Theoretisch besitzen sie als »Auslandstürken« aktives und passives Wahlrecht bei den türkischen Parlamentswahlen. Seit 1996 verlieren im Ausland lebende Türken, die dort eine fremde Staatsangehörigkeit annehmen, nicht mehr alle türkischen Bürgerrechte; sie behalten das Recht auf Arbeitserlaubnis und Immobilienerwerb, auch das Aufenthaltsrecht wurde ihnen eingeräumt. Vgl. Nordzyprioten; Kurden; Turksprachige.

Türken in Deutschland (ETH)
II. türkische Minderheit in Deutschland, die ihren Anfang 1961 nahm, als 2500 türkische Gastarbeiter ins Land geholt wurden. Durch Unterwanderung und Nachzug von Familienangehörigen wuchs ihre Zahl auf 2,1 Mio. (1997) an. 60% von ihnen sind schon in Deutschland geboren und begreifen Deutschland als neue Heimat. Zahl voll integrierter, eingebürgerter Türken blieb gleichwohl gering. Ursprünglich noch kräftige Rückkehrbewegung am Ende des Arbeitslebens, bis 1986 noch jährlich 210000, ist auf heute kaum mehr 30000 geschmolzen. Lange Dauer des Aufenthaltes und Eingewöhnung der Kinder durch Schulunterricht haben Tür-

ken fast den Status einer Volksgruppe zuwachsen lassen: eigene Kulturhäuser, Vereine, Zeitungen; weit entwickeltes Geschäftsleben von 41 000 türkischen Unternehmern. Andererseits betrug die Arbeitslosenquote der türkischen StA. Ende 1996 doch 22,7 %.

Turkestan (TERR)
C. Altbez. (amtlich bis 1925) für Teile der ehem. Sowjetischen Territorien in Innerasien, die nachmalig Sowjetisch Mittelasien/Zentralasien, geogr. auch Westturkestan, genannt wurden. Vgl. Turkmenistan, Usbekistan, Kirgistan, Tadschikistan; Ostturkestan.

Türkische Orthodoxe (REL)
I. Eigenbez. von 1920 im Sinn einer Nationalkirche.
II. Anh. dieses sich als unabhängige Kirche bezeichnenden Patriarchats wollen von Türken abstammen, die während der Seldschuken-Herrschaft zum Christentum übergetreten sind. Standen nach I.WK im Gegensatz zu Griechisch-Orthodoxen auf Seite von Mustafa Kemal. Patriarchensitz in Istanbul-Galata.

Türkische Republik Nordzypern (TERR)
C. Wird nach einseitiger Unabhängigkeitserklärung 1983 allein von Türkei anerkannt.
Turkish Republic of Northern Cyprus, TRNC (=en). Vgl. Zypern.
Ew. 1931: (0,064); 1946: (0,081); 1960: (0,105); 1973: (0,116); 1980: (0,118); 1985: 0,158; 1986: 0,163; 1989: 0,169; 1996: 0,198, BD: 59 Ew./km²

Türkisch-Zyprer (ETH)
I. Zyperntürken.
II. der türkisch-muslimische Bev.anteil auf Zypern; seit der politischen Teilung von 1974 ganz überwiegend im N-Teil der Insel ansässig; insgesamt 158 000 (ohne Militärkontingent), einige Tausend Flüchtlinge aus dem S-Teil und 20 000–40 000 neuangesiedelte Anatolientürken.

Turkmenen (ETH)
I. Türkmenen, Turkomanen; Türkmenler (Eigenbez.); Turkmeny (=rs); Turcomen, Truhmen, Turkmens (=en); Turkmènes (=fr); Turcomanos (=sp); Altbez. Turkomanen (=dt), Ogusen und (rs=) Truchmjane, Truchmeny.
II. im Großverband der Ogusen seit etwa 10. Jh. ausgebildetes, in zahlreiche Stämme (u.a. Ersari, Goklonen, Saloren, Saryken, Tekke, Truchmenen, Tschowdoren, Jomuden) gegliedertes Turkvolk. T. sind verbreitet in ehem. Sowjetunion (1991: 2,72 Mio.), bes. in Turkmenistan (mit 3,4 Mio. und einem Anteil von 73,3 % 1997)), sowie mit Minderheiten in Usbekistan, Tadschikistan, Karakalpakien, im N-Kaukasus und im Gebiet von Astrachan. Ferner außerhalb in N-Iran (ca. 800 000) und NW-Afghanistan (ca. 400 000), verstreut im zentralen und s. Anatolien/Türkei (ca. 150 000) und im N-Irak (ca. 300 000 oder 2 % der Gesamtbev. bes. um Kirkuk), in N-Syrien und Jordanien. Einst Vollnomaden, heute allenfalls sommerliche Weidewanderung. Ogusen-Stämme eroberten im 11. Jh. Persien und Kleinasien, waren Träger des Seldschukenreiches; beherrschten im 15. Jh. den Iran: »Weißer Hammel« (sunnitisch) und »Schwarzer Hammel« (schiitisch). Turkmenen sind überwiegend Sunniten. Ihre Spr. gehört zur südwestlichen Untergruppe (Ogusen) der Turkspr. Anfänge ihrer Schriftspr. lassen sich bis ins 14. Jh. verfolgen. T. wurden 1881–1885 unter schweren Verlusten von Russen unterworfen. Erneute Zerschlagung der Unabhängigkeit 1919–1925. 1925 Gründung der Turkmenischen SSR mit absichtlich unstrittigen Grenzen. Im II.WK erklärten sich > 180 000 T. zum Dienst auf deutscher Seite bereit. In der Türkei bedeutet Turkmen/Türkmen soviel wie »reiner Türke«. Begriff entspricht (in NW-Türkei) dem des Yürük (s.d.) in Ost-Türkei. Vgl. Ogusen.

Turkmenen (NAT)
II. StA. von Turkmenistan; T. als Staatsvolk halten einen Anteil von 73,3 % vor Usbeken mit 9,0 % und Russen 9,8 %. Seit Unabhängigkeit ist Staatsspr. Jomud-Turkmenisch. Vgl. Turkvölker.

Turkmenisch (SPR)
I. Turkoman; Turkoman (=en).
II. Turkspr., gesprochen in Turkmenistan (2,8 Mio.), Iran (0,9 Mio.), Afghanistan (0,4 Mio.) und im Irak (0,3 Mio.) von ca. 5 Mio., kleinere Gruppen auch in Kasachstan, Tadschikistan, Usbekistan. Der Staatsspr. in Turkmenistan liegt der Dialekt der Jomud zugrunde; T. wird je nach Verbreitung in kyrillischer, lateinischer und modifizierter arabischer Schrift geschrieben. Vgl. Jomud, Tschaudur, Teke, Ersary, Saròk, Salar und andere Stämme.

Turkmenistan (TERR)
A. Republik seit 21. 12. 1990; bis 1990 Turkmenische SSR der UdSSR. Turkmenostan Respublikasy. Turkmenistan (=en).
Ew. 1939: 1,2; 1959: 1,5; 1979: 2,759; 1989: 3,534; 1996: 4,598, BD: 9 Ew./km²; WR 1990–96: 3,8 %; UZ 1996: 45 %, AQ: 2 %

Turks- und Caicosinseln (TERR)
B. Teilautonome Außenbesitzung von Großbritannien in der Karibik. The Turks and Caicos Islands (=en); les Iles Turques et Caïques, les îles Turks et Caicos (=fr); Las Islas Turcas y Caicos/Las Islas Turks y Caicos (=sp).
Ew. 1950: 0,006; 1990: 0,013, BD: 32 Ew./km²; WR 1980–86: 1,3 %

Turksprachen (SPR)
II. Zweig der altaischen Spr., gegliedert in vier Spr.gruppen (als »Schaz-Türken« bez.) und drei isolierte Spr.: 1.) SE-Gruppe mit Usbekisch und Neuuighurisch, 2.) SW-Gruppe/Oghusische Gruppe i.e.S.

mit Türkeitürkisch, Aseri/Aserbaidschanisch, Truchmenisch, Turkmenisch und Gagausisch, 3.) NW-Gruppe/Kyptschak-türkische Gruppe mit Karaimisch, Kumükisch, Karatschaiisch, Balkarisch, Tatarisch/Kasantatarisch, Baschkirisch, Kasachisch, Karakalpakisch, Kirgisisch und Nogaisch, 4.) NE-Gruppe mit Chakassisch, Altaisch und Tuwinsisch. 5.) Isolierte Spr.: Jakutisch, Tschuwaschisch, Chaldäisch. T. sind sehr weit verbreitet von NE-, Zentral- über und Vorderasien bis auf den Balkan und nach Zypern. Lt. UNESCO sprechen über 200 Mio. Turkspr. und vermögen die türkeitürkische Staatsspr. in Vereinfachung notdürftig zu verstehen. Das gemeinsame Fernsehprogramm der Turkstaaten arbeitet zur Erleichterung mit lateinschriftigen Untertiteln. In Schriftreformen des 20. Jh. wurde die ursprüngliche arabische Schrift mehrheitlich durch Lateinschrift ersetzt, später diese in der UdSSR durch die Kyrillika. Vgl. Turkvölker, Kyptschaken; Osmanisch, Türkeitürkisch.

Turktataren (ETH)
I. Altbez. für Turkvölker.

Turkvölker (ETH)
I. Türken; seit 6. Jh. gebräuchlicher Name geht auf Selbstbez. Turk/Türk zurück; Altbez. (oft nur regional) im alten Rußland und in UdSSR Turk-Tataren, Turktataren; ganz fälschlich auch Russentürken.
II. asiatische Völker und Stämme, die durch zum altaischen Spr.stamm gehörende Turkspr., die sich meist nur wie Dialekte unterscheiden, verbunden sind. Gliederung erfolgt deshalb weniger nach linguistischen als nach geographisch-historischen Zusammenhängen: 1.) SW-T. oder Ogusen (mit Türken i.e.S., Azeri und Turkmenen), denen etwa die Hälfte aller T. zugehört. Sie sind verbreitet in Türkei, Balkanländern, Zypern, in Aserbaidschan und Turkmenien. 2.) Wolga-Ural-T. (mit Kasan-Tataren, Tschuwaschen, Baschkiren, Krim-Tataren, Nogaiern und Kaukasus-Tataren); u.a. in Rußland, Ukraine, Kaukasusländern. 3.) Zentralasiatische T. (mit Uiguren, Kirgisen, Usbeken, Kasachen, Kara-Kalpaken); verbreitet in ehem. UdSSR, Mongolei, China und Afghanistan. 4.) Sibirische T. (mit Jakuten, Karagassen, Sojoten; mit Abakan-Tataren, d.h. Chakassen, Sagaiern, Beltiren, Koibalen, Katschinen; mit Altaiern, Telengeten, Teleuten, Schoren; mit Baraba u.a.); fast ausschließlich in Russischer Föderation. Ethnogenetisches Zentrum war das Altai-Gebiet, von wo sie sich ab 3. Jh. v.Chr. nach China, ab 4. Jh. n.Chr. nach Europa und ab 10. Jh. nach Vorderasien (u.a. Seldschuken, Osmanen) ausbreiteten. Proto-T. waren Jäger und Fischer, den Hirtennomadismus erhielten sie wohl durch Vermittlung der Hunnen von nordiranischen Stämmen. Höhepunkt seiner politischen Macht erlangte das Türkentum im 16. Jh., als sein Einfluß von Sibirien und von der mittleren Wolga bis in den Balkan, von Wien bis nach N-Indien reichte. Kultureller Mittelpunkt war Transoxanien. Dort entstand im 13. Jh. die Tschaghataische Schriftspr., die neben dem Osmanischen bis in das 20. Jh. Bedeutung besaß. Geogr. Namen: W- und E-Turkistan, Turkmenistan, Türkei. Vgl. Mongolen, Hunnen, Ogusen; Lir-T., Schaz- T., Köktürken, Osmanen; Turkspr.; Türken.

Turuq (REL)
I. aus Tariqa (ar=) »Weg, Pfad«, die mystische Lehre.
II. islamische Bruderschaften, die im Irak seit 12. Jh., in Nordafrika seit 13. Jh. aufkamen, im 15.-17. Jh. Höhepunkt ihrer Entfaltung erreichten und im geistigen, sozialen und polit. Leben große Rolle spielten. T. bildeten zwei große mystische Richtungen aus, die Qadirijja in Bagdad und die Dschazulijja in Marokko; aus ihnen gingen mehrere Hundert Bruderschaften hervor mit noch heute einigen hunderttausend Mitgliedern, den Ichwan (ar=) »Brüder«.

Tuscarora (ETH)
II. Indianervolk der Irokesen-Spr.familie in N-Carolina. Es trat 1722 als 6. Nation dem Irokesenbund bei. Erhielt Zwangsreservation im Staat New York.

Tuschen (ETH)
I. Tuscha; Selbstbez. Tuschuri; Tuschiny (=rs).
II. Stamm der Berggeorgier. Vgl. Georgier.

T'utschia (ETH)
I. Piseka.
II. Bauernvolk in den südostchinesesischen Provinzen Hunan und Hupei mit einer tibeto-birmanischen Spr.; Muslime; < 1 Mio.

Tutsi (ETH)
I. Tussi, Tutsi (mit Präfix); Batutsi, Watutsi (=su), Watussi. Vgl. auch Hima.
II. Ethnie im 13./14. Jh. aus N in das Zwischenseegebiet, nach Ruanda und Burundi eingewanderter Rinderhirten, wo sie die altansässige Bauernbev. der Hutu (s.d.) unterwarfen. T. sind rassisch Äthiopiden, spr. Niloten. Sie bilden eine endogame Herrschaftsklasse und behaupten seit Zeiten ihrer alten Königsreiche (Hima-Staaten) ungeachtet aktueller Souveränität dieser Staaten die Vorherrschaft. In Ruanda stellten sie eine Minderheit von rd. 600000 (1988), d.h. etwa 9% der Staatsbev. Ende der 50er Jahre sind ca. 200000 ruandische Tutsi vor zeitweiligem Hutu-Regime nach Uganda geflüchtet, wurden unter Idi Amin auch dort verfolgt. Auch in Burundi bilden T. nur eine Minderheit von 14% der 6,4 Mio. Einwohner (1996). Seit Jahrzehnten nehmen Tutsi wie auch Hutu an der Westwärtswanderung in die Kivu-Region der DR Kongo teil; s. Banyamulenge, Ngilima. Ab Mitte der 90er Jahre ethnische Auseinandersetzungen zwischen Tutsi und Hutu mit Progromen bes. in Ruanda, die auch auf Burundi und später den O der DR Kongo übergriffen, die Hunderttausende Tote und Flüchtlinge forderten.

Tuvalu (TERR)
A. Pazifischer Inselstaat; »acht (Inseln), die beieinander stehen«. Unabh. seit 1. 10. 1978; 1975 abgespalten aus britischer Kolonie Gilbert- und Ellice-Inseln/Polynesien (vgl. Kiribati).
Ew. 1968: 0,006; 1985: 0,008; 1996: 0,010, BD: 395 Ew./km^2; WR 1992: 1,8%; UZ 1996: 34%; AQ: 4%

Tuvaluer (NAT)
I. Tuvaluaner, Tuvaler; Tuvaluans (=en); tuvaluans/tuvaluens (=fr).
II. StA. des pazifischen Inselstaats Tuvalu; fast ausschließlich Polynesier (96%) sowie Melanesier. Vgl. Kiribatier.

Tuwa (TERR)
B. Ab 1992/94 Autonome Republik in Rußland. Tuwinische VR 1926 gegr., Autonomes Gebiet 1944, Tuwinische ASSR 1961. Tyva (=rs). Tuvinskaja ASSR (=rs); Tuva-ASSR, Tuva Republic (=en).
Ew. 1964: 0,202; 1974: 0,248; 1989: 0,309; 1995: 0,297, BD: 1,7 Ew./km^2

Tuwiner (ETH)
I. Tuwinen, Tuviner, Tuwaner, Tuwinzen; Altbezgen. Sojoten, Sojonen oder Urjanchai(er)/Urjanchajen; Eigenbez. Tuwa, Tuva'dar, Tywa; Tuvincy (=rs); Tuvins, Tuvinians (=en).
II. ein Turkvolk am oberen Jenissej; hervorgegangen aus Vermischung turkspr. Stämme mit turkisierten Keten, Samojeden und Mongolen. T. haben eine uigurische Eigenspr., die seit 1930 Literaturspr. ist und seit 1943 in kyrillischer Schrift geschrieben wird. T. sind Buddhisten-Lamaisten. Standen lange unter chinesischer, dann uigurischer und kirgisischer Oberherrschaft, gehörten im 13.- 17. Jh. zum mongolischen Reich, seit 19. Jh. begann durch russische Pioniersiedler Angliederung an das Russische Reich. Besaßen 1921-1944 souveräne Rep. Tannu-Tuwa; seit 1930 verstärkter sowjetischer Einfluß. 1979 ca. 170 000, 1991: 207 000, verfügen seit 1961 in eigener ASSR über Majorität von 60,5%; weitere 25 000 in der VR Mongolei. Vgl. Urjanchai(er).

Twa (BIO)
I. Batwa.
II. pygmoide Population in Burundi; ca. 50 000 (=1%); sind Wildbeuter, auch Töpfer und Musikanten; gelten als verachtete unterste Gesellschaftsschicht.

Twens (SOZ)
I. aus twenty (en=) »zwanzig«.
II. junge Männer zwischen 20 und 29 Jahren.

Twi (SPR)
I. Twi-Fante; Akan, Akim, Akyem; Twi-Fante, Akan (=en).
II. Kwa-Sprgem. von rd. 3 Mio. Sprechern in Ghana und Elfenbeinküste. Vgl. Aschanti.

Twide (BIO)
II. Stammesbev. bambutider Rasse in Kongo. Vgl. Bambutide.

Twiden (ETH)
Vgl. Bongo, Bagielle (s.d).

Twi-Fante (ETH)
I. Fante, Fanti.
II. schwarzafrikanische, kwa-spr. Ethnie im s. Ghana. Vgl. Akan.

Txicao (ETH)
II. kleine Indianerpopulation im Xingú-Nationalpark/Brasilien.

Txukahamai (ETH)
II. kleiner Indianerstamm im Xingú-Nationalpark/Brasilien.

Tya-Kichi (ETH)
I. Sacha, Dolgan.
II. Eigenbez. der Dolganen.

Tycoons (SOZ)
I. (=en); aus taikun (jp=) »Shogune« bzw. ta chun (pekinesisch=) »große Herrscher«.
II. in Ostasien gebrauchte Entsprechung für einflußreiche Wirtschaftsmanager.

Typhus-Kranke (BIO)
I. typhoid fever (=en).
II. eine in tropischen Ländern häufige Salmonellensepsis, wird bes. durch kontaminierte Lebensmittel übertragen. Vgl. Flecktyphuskranke.

Tzeltal (ETH)
I. Tzeltales, Tzental.
II. mesoamerikanisches Indianervolk, zur Spr.familie der Maya zählend. T. leben im mexikanischen BSt. Chiapas, wurden von den spanischen Eroberern zur Zwangsarbeit in das Hochland verschleppt; heute sind sie von dort auf der Flucht vor Konflikten mit fremden Landbesitzern wieder in ihr ursprüngliches Herkunftsgebiet, die Selva Lacandona, zurückgekehrt. 50 000-100 000, sie sind Brandrodungsbauern, arbeiten auch als Erntearbeiter auf Kaffeeplantagen.

Tzeltal (SPR)
II. Maya-Spr. in den Bergen des s. Mexiko; etwa 212 000 (1990) Sprecher.

Tzigani (ETH)
I. Roma.
II. amtliche Bez. seit 1990 für die rumänischen Zigeuner; ihre Zahl wird auf 1 Mio. bis zu 2,3 Mio. geschätzt, in der VZ 1992 mit rd. 407 000 oder 1,8% der Gesamtbev. angegeben. Erlitten 1941-1944 unter Ion Antonescu rd. 36 000 Genozid-Opfer; nach II.WK gelang Zwangsansiedlung nur ganz unvollkommen. Mehrheit verharrt in vaganter Lebensweise und bleibt weiterhin Ziel zahlreicher

Pogrome; über die Hälfte sind auch heute noch Analphabeten.

Tzotzil (ETH)
I. Tzotziles, »Fledermausleute«.
II. mesoamerikanisches Indianervolk, zur Spr.familie der Maya zählend. T. lebten seit spanischer Eroberung vorwiegend im Hochland des mexikanischen BSt. Chiapas und heute wieder neben Choles und Tzeltales in den ehem. Regenwäldern des Tieflandes; 150000–200000; treiben Feldbau und Viehhaltung.

Tzotzil (SPR)
II. Spr. der Maya, noch heute von den Chamula in Mexiko und N-Guatemala, insgesamt als Mutterspr. von rd. 140000 gesprochen.

Tzutuhil (ETH)
II. mesoamerikanisches Indianervolk, zur Spr.familie der Maya zählend. T. leben noch wenig verfremdet im w. Hochland von Guatemala, ca. 100000–150000; treiben Anbau auf Mais, Bohnen, Kürbis; wurden christlich missioniert, doch leben Naturkulte fort.

U

Ubeidat (ETH)
II. arabisierter Großstamm in der Cyrenaika/Libyen, ehemals Nomadismus.

Übergewichtige (BIO)
I. Fettleibige.
II. Bestimmung erfolgt nach dem Körpermasse-Index. Er ist definiert als Masse in kg, geteilt durch Größe in m (zum Quadrat). Werte über 27 gelten als übergewichtig. Anteil der Ü. ist in allen Industriestaaten wachsend.

Übersee-Chinesen (ETH)
I. Overseas Chinese (=en); Hua chiao (ci=) »chinesische Gäste«; mit weiterem Begriffsinhalt auch Auslandschinesen.
II. Bez. für die außerhalb Ostasiens ansässigen Chinesen, i.e.S. jene in den Nanyang-Ländern jenseits des »Südmeeres« und darüber hinaus jene, die bis an die Gegenküsten von Pazifik und Indik ansässig wurden, > 10 Mio. (1988). I.w.S. als Auslands-Chinesen auch jene auf dem Festland SE-Asiens (ehem. Burma, Franz.-Indochina, Malaysia, Singapur, Thailand) lebenden Chinesen, ca. > 12 Mio. Für ganz Südostasien ist, ausgenommen Taiwan (mit 21 Mio.) und Hongkong (mit ca. 6 Mio.), 1994 mit weit über 23 Mio. Auslandschinesen zu rechnen. In Singapur dominieren 2 Mio. ethnische Chinesen mit 77% die Stadtbev. Insgesamt ist mit mind. 30-50 Mio. Nachkommen abgewanderter Chinesen zu rechnen. Ü. stammen mehrheitlich aus den Prov. Kuangtung und Fukien. Es handelt sich um die Nachkommen von seit der Tang-Dynastie im 7.-9. Jh. aus den übervölkerten Südregionen abgewanderten Chinesen. Als Folge des im 18. und 19. Jh. beschleunigten Anwachsens der Volkszahl, aber auch von Natur-, Versorgungs- und Kriegskatastrophen (u.a. Taiping-Aufstand 1851-1864) wuchs die Bereitschaft, in den Nanyang und noch fernere Länder auszuwandern. Seit 1842 nutzten alle älteren Kolonialstaaten, die gerade ihre Negersklaven freigesetzt hatten, das immense chinesische Arbeitskräftepotential und brachten ein umfängliches Kuli-Kontraktsystem in Gang. Der Einsatz von Kulis erfolgte in der Plantagenarbeit, im Montansektor, beim Eisenbahnbau, vornehmlich in tropischen Gebieten. Vielfach verblieben die Kulis über das Kontraktende hinaus und wurden ansässig. Bei anfangs völlig unausgeglichenem Geschlechterverhältnis sind durch nachgezogene Familien bzw. Bräute und Heirat mit einheimischen Frauen heute überall kräftige Kolonien erwachsen (China towns). Sofern ihnen agrarischer Landbesitz verwehrt war, wechselten sie in Dienstleistungsberufe. Rückwanderung von Ü. blieb stets begrenzt, bekannt ist jedoch die »Heimkehr zum Sterben« bzw. Heimführung von Toten. Es ereigneten sich aber auch Fluchtbewegungen in Pogromen: z.B. 1960 und 1965 aus Indonesien, 1969 aus Malaysia, 1978 aus Vietnam, weil als Folge der ökonomischen Überlegenheit der Ü. die Abwehrhaltung der Einheimischen überall groß ist. Vgl. Auslandschinesen, Mauritier, Totok; Kulis, Baba(s), Jeks; Zwischenwanderer.

Übersiedler (WISS)
II. amtl. Terminus für dt. StA. und dt. Volkszugehörige, welche die ehem. DDR bis zum 3. Okt. 1990 verlassen haben, um im Bundesgebiet mit W-Berlin ihren ständigen Aufenthalt zu begründen. Vgl. Aussiedler.

Überwanderer (WISS)
II. kulturell und zivilisatorisch leistungsfähige Zuwanderer, die sich aus wirtschaftlichen oder polit. Motiven in ein bev.mäßig fremdes Gebiet einschieben und dort, die alte Oberschicht ersetzend, die polit., kulturelle oder wirtschaftliche Führung übernehmen; z.B. die europäischen Kolonisatoren, Baltendeutsche im 13.-20. Jh., Russen in angeschlossenen Republiken der UdSSR. Vgl. Gegensatz Unterwanderer.

Ubier (ETH)
II. keltischer oder germanischer Stamm, der von Römern im 1. Jh. aus dem Gebiet zw. Rhein, Main und Lahn nach linksrheinisch umgesiedelt wurde und dort mit römischen Veteranen die Mischbev. der Agrippinenser abgab.

Ubina (ETH)
II. Stamm der Aymara-Indianer, der während der frühen Kolonialzeit das Quechua als Spr. übernommen hat.

Ubychen (ETH)
II. untergegangenes Volk, ursprünglich an der Schwarzmeerküste um Tuapse im NW-Kaukasus siedelnd, das 1864, gleich Tscherkessen u.a., aus dem zaristischen Rußland in das osmanische Reich abwanderte und sich in Innenanatolien und am Marmameer ansiedelte, dabei erlitten sie durch Hunger und Versklavung schwerste Verluste, ihre Zahl nahm mutmaßlich von 75 000 auf 16 000 ab. Ihre im Kaukasus zurückgebliebenen Volksreste haben ihre Eigenspr. Ubyk zugunsten des Absachischen aufgegeben und gelten deshalb als Teilstamm der Abchasen. Sie waren Animisten, wurden aber in der Türkei vordergründig islamisiert.

Ubyk (SPR)
II. eine der abchaso-adygeischen Spr. im N-Kaukasus, 1864-1990 ausgestorben, sie gilt bei 80-85 Konsonanten als konsonantenreichste Spr. der Welt.

Ucrani (ETH)
II. Stamm der Ostseeslawen, der im 7.- 9. Jh. an der Ücker, s. des Stettiner Haffs ansässig war.

Udalan (ETH)
I. Oudalan.
II. mehrere kleine Stämme der Tuareg s. des Niger.

Udasis (REL)
I. »Weltabgewandte«.
II. Asketenorden im Sikhismus.

Udehe (ETH)
I. Udegejer; Eigenbez. Ude, Udee, Udeche, Udiche, Ude'he, Udekhe; Udechjcy, Udegejcy (=rs); Udegeis, Udegeys (=en).
II. Kleingruppe (< 2000) paläoasiatischer Herkunft mit einer mandschu-tungusischen Eigenspr. in Russisch-Fernost (Regionen Chabarowsk und Wladiwostok); seit Mitte 19. Jh. unter russischer Herrschaft, seit Revolution 1921 Zwangsansiedlung. Sind Jäger und Fischer; Animisten.

Uden (ETH)
I. Udiner; Selbstbez. Udi; Udin, Uti, Utii(n); Udincy (=rs).
II. Restbev. (< 10000) der ältesten autochthonen Kaukasier; ansässig in Kleingruppen in Aserbaidschan sowie im E Georgiens. Heute weitgehend von Armeniern und Aserbaidschanern assimiliert. Kaukasische Eigenspr. Udisch. U. sind Gregorianer und unierte Armenier.

Udmurten (ETH)
I. Wotjaken; Eigenbez. Udmurt, Udmort, Udmurty (=rs), russische Altbez. Wotjaken; Udmurts (=en).
II. ein Volk der Finno-Ugrischen Spr.familie, bildet mit Syrjänen die Gruppe der Permier. U. kamen im 13. Jh. unter Herrschaft der Tataren, im 16. Jh. des Russischen Reiches. Christianisierung dauerte bis ins 18. Jh. Heute ansässig im mittleren Ural, leben zu 67% als Titularnation in der Russischen Rep. Udmurtien (mit einem Anteil von 32%), verbreitet auch in der Russischen Rep. Tatarstan, Baschkortostan und Mari-El (Gebiete von Kirow, Perm, Swerdlowsk); insgesamt 714000 (1979), 747000 (1990). Treiben Ackerbau, ergänzt durch Viehhaltung, Fischfang und Bienenzucht.

Udmurtien (TERR)
B. Ab 1992/94 Autonome Republik in Rußland. 1920 als Autonomes Gebiet gegr., 1934 zur ASSR erhoben, hat sich 1990 für souverän erklärt. Udmurt Republic (=en). Vgl. Udmurten/Wotjaken, Tataren.
Ew. 1964: 1,373; 1974: 1,440; 1989: 1,609; 1995: 1,628, BD: 39 Ew./km²

Udmurtisch (SPR)
I. Altbez. Wotjakisch-spr., Votjakisch.
II. Sprgem. dieser Finn-Permischen Spr. in der Russischen Republik Udmurtien in W-Sibirien.

UdSSR (TERR)
C. URS. Die Union der Sozialistischen Sowjetrepubliken, die Sowjetunion; Sojus Sowjetskich Sozialistitscheskich Respublik, SSSR (seit 1922; 1991 Auflösung), bis 1917 Zarenreich Rußland. Bundesstaat von 15 Sowjetrepubliken in Eurasien, größtes Staatsgebiet der Erde, drittvolksreichster Staat. Vgl. Rußland, Weißrußland, Ukraine, Litauen, Lettland, Estland, Armenien, Aserbaidschan, Georgien, Kasachstan, Kirgistan, Lettland, Litauen, Moldovia, Tadschikistan, Turkmenistan, Usbekistan. The USSR, the Union of Soviet Socialist Republics, the Soviet Union (=en); l'URSS, l'Union des Républiques Socialistes Soviétiques, l'Union Soviétique (=fr); la Unión de Repúblicas Socialistas Soviéticas, la URSS/la Unión Soviética (=sp); Unione Sovietica (=it); União Sovietica (=pt).
Ew. 1820: 54; 1858: 67; 1897: 126; 1913: 139 (in Grenzen 17. 9. 39); 1913: 159 (in Grenzen 1956); 1926: 147 (in Grenzen 17. 9. 39); 1937: 161*; 1939: 171** (in Grenzen 17. 9. 39); 1939: 191**; 1949: 175,000; 1959: 210,498; 1965: 231,839; 1970: 242,757; 1975: 254,393; 1979: 262,436; 1989: 288,700; 1989 im asiatischen Teil auf 16 831 000 km² 71 Mio; 1989 im europäischen Teil auf 5 571 000 km² 212 Mio; BD: 1989: 13 Ew./km²; WR 1980–88: 9%; UZ 1990: 67%, AQ: 1%
* Unveröffentlichtes VZ-Ergebnis als Korrektur für die aus politischen Gründen überhöhten Ew.-Zahlen 1937/39 (**)

Uganda (TERR)
A. Republik. Unabh. seit 9. 10. 1962. Republic of Uganda (=en); Jamhuriya Uganda. Uganda; East Africa Uganda (=en); la République de l'Ouganda, l'Ouganda (=fr); la República de Uganda, Uganda (=sp).
Ew. 1911: 2,840; 1921: 3,065; 1931: 3,536; 1948: 4,942; 1950: 5,199; 1960: 6,806; 1970: 9,806; 1978: 12,780; 1996: 19,741, BD: 82 Ew./km²; WR 1990–96: 3,2%; UZ 1996: 13%; AQ: 38%

Ugander (NAT)
I. Ugandans (=en); ougandais, ougandiens (=fr); ugandeses (=sp).
II. StA. der Rep. Uganda. Landesbev. differenziert sich in rd. 45 ethnischen Einheiten, zu gut 50% Bantu-Gruppen, darunter insbes. Baganda (28%); ferner je 13% west- und ostnilotische sowie 5% sudanesische Gruppen. Als Amtsspr. gelten Swahili und Englisch.

Ugrier (ETH)
II. Sammelbez. für Völker des ugrischen Zweiges der uralischen Spr.familie mit Magyaren, Chanten, Mansen.

Uighuren (ETH)
I. Uiguren, Ujguren; Ughuri, Uygur, Uyghurlar (Eigenbez.); Ujgury (=rs); Uigurs, Uyghurs (=en). In China: Wei-ur, Wei-wu-erh, Weiwuer; Hui-hu, Kao-

tsch'e oder (gleichbez. wie Dunganen) Hui Hui (=ci).

II. altes Turkvolk in Zentralasien; im 8. Jh. vom Altai bis in die Mandschurei herrschend; damals häufig Manichäismus und nestorianisches Christentum aufnehmend; ihre Eigenspr. und aus soghdischer Schrift abgeleitete Eigenschrift war weit verbreitet, wurde aber bei späterer Islamisierung durch arabische Schrift verdrängt. Seit Vertreibung durch Kirgisen im 9. Jh. u. a. in Kansu und Sinkiang ansässig, im 13. Jh. Unterwerfung durch Mongolen; dabei Vermischung mit anderen Turkstämmen; Teile übernahmen damals den Buddhismus. Heute auch Sammelbez. für turksprachige Oasenbev. (u. a. Tarantschen, Kaschgarer) im »Autonomen Gebiet der U.« von Chinesisch-Sinkiang; dort mit ca. 7,2 Mio. (1995) größte der muslimischen Minderheiten unter den 14 Mio. Ew. Sinkiangs. Überwiegend sunnitische Muslime, auch noch Buddhisten, jedoch meist mit arabischem Schriftgebrauch. Im 19. und 20. Jh. schwere Aufstände gegen Chinesen, die Ostturkestan wiederholt besetzt hatten. Abwanderung chinesischer U. 1934/40 nach Sowjetisch-Mittelasien. Dort 1990 ca. 263 000 in Kasachischer, Kirgisischer und Usbekischer Rep., Zentrum Kaschgar. U. sind den Usbeken verwandt, jedoch mit starkem chinesischem Kultureinfluß; schreiben ihr Uigurisch (seit 1946) in kyrillischer Schrift. Vgl. auch Dunganen, die sich möglicherweise von den U. abgelöst haben.

Uighurisch-sprachige (SPR)
I. Uigurisch-, Neuuigurisch-spr.; Uighur (=en).
II. Turkspr. aus der Karlukischen Gruppe, gesprochen von 7–8 Mio. (1994) in Ostturkestan, speziell in NW-China, dort 7,4 Mio., ferner in Kasachstan und Usbekistan. Es handelt sich um zwei Dialektgruppen; auf den Süddialekten (Kaschgar, Chotan, Aksu) basiert Amtsspr. in Sinkiang, geschrieben in einem reformierten Arabisch, die Norddialekte (Turfan, Tarantschi) werden mit dem russischen Alphabet geschrieben.

Ukazigmit (ETH)
I. Yugyt, Yupigut Eigenbez. der Eskimo in Rußland, vor allem auf der Tschuktschen-Halbinsel.

Ukit (ETH)
II. Ethnie im zentralen Bergland von Borneo. Vgl. Punan auf Borneo/Indonesien; Kenyah.

Ukraincy (SOZ)
I. »Pioniere des Wilden Feldes«, d. h. der südrussischen Steppen; Bez. meint die Kosaken. Vgl. Pioniere.

Ukraine (TERR)
A. Souverän seit 16. 7. 1990, unabh. seit 24. 8. 1991. Zuvor Ukrainische Sozialistische Sowjetrepublik, Ukrainische SSR. Ukraina (=rs); Ukrayina.
Ew. 1939: 40,500; 1950: 36,600; 1960: 42,466; 1970: 47,307; 1980: 50,043; 1989: 51,707; 1996: 50,718, BD: 84 Ew./km²; WR 1990–96: –0,4 %; UZ 1996: 71 %, AQ: 2 %

Ukrainer (ETH)
I. Altbez.: Kleinrussen, Ruthenen, Südrussen, Rotrussen/Rotreußen; mißverständlich auch Karpatorussen; »Grenzlandleute«. Eigenbez. Ukrainci/Ukrajinzy, Ukraincy (=rs); Ukrainians (=en); Ukrainiens (=fr). Von Russen pejorativ als Chochol bezeichnet.
II. ostslawisches Volk von 50,7 Mio. (1997) im s. Osteuropa; hervorgegangen aus w. Fürstentümern der Kiewer Rus (Wladimir und Galitsch). Im 14.–16. Jh. kamen diese Gebiete an Polen, später an Litauen, im 17. Jh. und durch Teilung Polens im 18. Jh. fielen sie an Rußland. Seit 19. Jh. wachsendes Nationalbewußtsein auch im österreichischen W-Galizien und gegenüber den Russen, die U. als Kleinrussen ohne jegliche Sonderrechte behandelten. So war Gebrauch der Muttersp. praktisch verboten. 1919 Ausrufung einer unabhängigen Republik, die 1922 zur Ukrainischen SSR etabliert wurde, nach II.WK mit Eigenvertretung in UN. Durch Zwangskollektivierung und Verfolgung der nationalen Kräfte, in Deportationen und Hungersnöten der 30er Jahre erlitten U. Verluste von Millionen. SSR erfuhr durch Angliederung der Karpato-Ukraine und der Krim räumlich wesentliche Erweiterungen. Nicht zuletzt deshalb hatten U. 1997 nur mehr einen Anteil von 73 % an der Wohnbev. ihrer Rep., die sich 1991 für souverän erklärt hat. U. sind orthodoxe oder unierte Christen, benutzen das kyrillische Alphabet, erst seit 1989 gilt Ukrainisch als Verwaltungsspr. Seit der sowjetischen Revolution verstärkte Auswanderung, vornehmlich nach Nordamerika: in Kanada fast 550 000, in USA rd. 500 000, in Argentinien 100 000, in Brasilien 50 000, in Australien 20 000, in Paraguay 10 000, Uruguay rd. 5000 Ukrainestämmige (1990) Vgl. Kleinrussen, Rotrussen, Ruthenen, Karpatorussen/Karpatoukrainer; Ukrainische Orthodoxe; Ukrainische Unierte.

Ukrainer (NAT)
II. StA. der Ukraine, 72,7 % Ukrainer, 22,1 % Russen sowie Minderheiten. Ukraine hat 1991 alle dortigen Einwohner von Minderheiten (insbesondere ca. 23 % Russen) zu Staatsbürgern erklärt. Gleichwohl ist die Zugehörigkeit dieser russischen Bev.teile in der Ostukraine und insbesondere auf Halbinsel Krim umstritten; der Wunsch der Russen nach doppelter Staatsangehörigkeit wurde 1996 ausdrücklich abgelehnt. Sprachgesetz von 1989 sah umfassende Ukrainisierung vor, konnte nicht verwirklicht werden; Russisch und andere Minderheitsspr. dürfen weiterhin offiziell gebraucht werden. Vgl. Ukrainische Polen.

Ukrainisch (SPR)
I. Ukrainian (=en).
II. ostslawische Sprgem., 1992 von rd. 43 Mio. (nach *H. HAARMANN*) benutzte Spr., dem (vgl.)

Groß- und Kleinrussisch eng verwandt. Verbreitet hpts. in Ukraine als Nationalspr. mit 37,4 Mio.; in Rußland mit 4,4 Mio., in Moldau mit 0,6 Mio., in Weißrußland mit 0,3 Mio., in Polen 180000; ferner div. z.T. sehr alte Kleingruppen in Letland, Georgien, Rumänien, Estland, Slowenien, Litauen, Montenegro. Ukrainisch litt bis zur Unabhängigkeit unter strikter Russifizierungspolitik; noch um 1950 besuchten in Ostukraine nur 17,2%, in Kiew 20,1% der Schüler ukrainische Schulen. Seit 1993 kein obligatorischer Russischunterricht, Studenten wird ukrainische Sprachprüfung abverlangt.

Ukrainische orthodoxe Christen/Kirche (REL)
II. 1.) Christen der Kiewer Metropolie der russisch-orthodoxen Kirche, die 1688 unter Moskauer Jurisdiktion gefallen ist. 2.) Christen einer ehem. autokephalen orthodoxen Kirche der Ukraine (mit ukrainischer Kirchenspr.), die sich 1918–1930 und 1941–1944 vom Moskauer Patriarchat losgesagt hatte, heute aber wieder diesem untersteht. Ihr waren 1990 etwa drei Viertel aller orthodoxen Gemeinden bzw. Christen in der Ukraine zuzurechnen. 3.) Christen der 1990–1993 als Ukrainisch orthodoxe Kirche des Kiewer Patriarchats neubegr. autokephalen Kirche. Trotz schwerer Priesterverluste in sowjetischen Säuberungen entstand sie unter polit. Rückendeckung neu, zumal sich ihr Teile der Geistlichkeit von 1.) und 2.) anschlossen. Sie wurde bislang von der internationalen Orthodoxie nicht akzeptiert, strebt gleichwohl nach der Anerkennung als ukrainische Staatskirche. 4.) Christen der autokephalen orthodoxen Kirche des ukrainischen Exils. Teile dieser Kirche haben sich inzwischen dem Kiewer Patriarchat angeschlossen.

Ukrainische Polen (ETH)
II. Minderheit ukrainischer Abstammung und orthodoxer Konfession (1994: 300000) in Polen, die im Verein mit 1,2 Mio. Polen 1945–1947 Ostpolen, die nunmehrige Westukraine, verließ, in w. Waldkarpaten einen Bandenkrieg gegen Russen und Polen führte, hierfür 1947 in Auschwitz-Jaworzno interniert und dann in ländlichen Gebieten Westpolens angesiedelt wurde.

Ukrainische Unierte (REL)
I. Ukrainisch kath. Christen/Kirche (gebräuchlich im Westen), griechisch-kath. Christen der Ukraine (gebräuchlich in ehem. UdSSR).
II. 1596 trennte sich ein Teil der ukrainischen orthodoxen Kirche vom Moskauer Patriarchat und unterstellte sich in der Brester Union dem römischen Papst, behielten aber den slawisch-byzantinischen Ritus bei. Sie wurden 1946 zwangsweise der orthodoxen Kirche einverleibt, 1987 erneuerten sie ihre Kirche aus dem Untergrund und 1991 dank römischer Unterstützung. U.U. sind insbes. in der Westukraine und in der westlichen Emigration verbreitet.

Ulema(s) (REL)
I. Ulama (Pl), Alim (Sg.), auch Olama; (ar/pe=) »Die Weisen«, aus 'alima »wissen«.
II. Sammelbez. für die islamischen Gelehrten, als Kenner von Rel. und Gesetz, doch auch die Inhaber bestimmter Funktionen, so die Imams, Muftis, Kadis, Chatibs (Prediger).

Ulster (TERR)
C. Von altirischem Kgr. Ulster übertragene histor. Bez. für Nordprovinz von Irland. S. Nordirland.

Ulsterschotten (ETH)
I. Irish Scots (=en).
II. eine Wandergruppe des 16.–18. Jh. Es handelt sich um von feudalen Grundherren abhängige ärmliche Landbev. (Pächter) aus den schottischen Tiefländern, die nach der britischen Inbesitznahme von Irland durch Jakob I. zur Festigung seiner Herrschaft als Kolonisten in Nordirland (bes. im ö. Ulster) angesetzt wurden (»Great Settlement« 1610). Als Presbyterianer weigerten sich U., die Suprematie der Anglikanischen Kirche anzuerkennen, erlitten deshalb Verfolgungen. Frühe Auswanderungsschübe nach Nordamerika (allein 1718: 4200 und in einer großen Welle 1740, bis 1776 allein ca. 200000), die sich später, in Verbindung mit anderen, auch deutschen Protestantengruppen, zumal aus wirtschaftlichen Gründen, noch verstärkten. In der Neuen Welt galten U. als gesuchte Grenzpioniere, die westwärts nach Pennsylvania, Ohio und Kentucky vorstießen.

Ultraschiiten (REL)
I. Galiya, heterodoxe Schiiten, extreme Schiiten.
II. gemeint sind z.B. die Nusairiya, Ali Jlahi, As-Sabak.

Ultschen (ETH)
I. Ultscha, Oltscha; Eigenbez. Nani; Ol'ci, Ol'tschi; Ul'tschi (=rs); Ulchis (=en).
II. Kleinstgruppe (< 3000) mit einer mandschutungusischen Spr. am unteren Amur/Rußland; stehen Niwchen sehr nahe, sind seßhafte Fischer. Bewahren als Animisten Schamanentum.

Uma Pagong (ETH)
II. wie auch Uma Suling zwei Ethnien im zentralen Bergland von Borneo. Vgl. Kenyah.

Umatilla (ETH)
II. Indianerstamm am Columbia-River/Oregon mit einer Sahaptin-Spr. in der Penuti Spr.gruppe. Akzeptierte 1855 eine Reservation bei Pendleton/Oregon.

Umbandisten (REL)
I. aus bantuspr. U und mbanda »Priester«, »Medizinmann«.
II. Anh. der afrobrasilianischen Sekte Umbanda, nach langer Entwicklungszeit behördlich verbotenem Geheimkult, der seit etwa 1941 in Brasilien als neu aufkommende Rel. gilt, geschätzt auf > 6 Mio.

überwiegend schwarzer Sklavennachkommen. Im Umbandismus sind Elemente des Candomblé und des Macumba-Kultes verschmolzen. Es gibt genossenschaftliche Siedlungen von U., die in Gütergemeinschaft leben. U.-Gemeinden sind hierarchisch gegliedert. Vgl. afrobrasilianische Sekten; Macumba-Sekten.

Umbundu (ETH)
II. 1.) Mbundu, Ngongelu; 2.) Ubundu, Ovibundu, Ovimbundu (s.d.), Ngonjelu.

Umbundu (SPR)
I. Mbundu, Umbundu (=en).
II. eine Bantu-Spr., Verkehrsspr. in S-Angola; > 4 Mio. Sprecher (1994).

Umm al-Qaywayn (TERR)
A. Mitglied der Vereinigten Arabischen Emirate. Umm al Qaiwain (=en); Oumm al-Qaïwaïn (=fr); Umm al Qaiwain (=sp).
Ew. 1985: 0,029; 1996: 0,035, BD: 47 Ew./km²

Umma (REL)
I. Dschama'a.
II. koranischer Terminus für die (weltweite) Gemeinschaft der Muslime, ungeachtet des Zeitpunktes ihrer Bekehrung, ihrer kulturellen oder rassischen Zugehörigkeit.

Ummal (SOZ)
I. (=ar); Sg. Amil.
II. 1.) in arabischen Staaten Altbez. für (meist höhere) Beamte (Gouverneure, Finanz-, Polizeibeamte, auch solche im Bewässerungswesen); 2.) in heutigem Gebrauch: Arbeiter.

Umsiedler (WISS)
I. Umgesiedelte, Umgesetzte; Zwangsumsiedler.
II. vielseitig benutzter Terminus für Personen, meist Personengruppen (Dorfgemeinschaften bis Volksgruppen), die – bei eingeschränkter Selbstentscheidung – aufgrund gesetzlicher, vertraglicher oder behördlicher Festlegungen in ein anderes, i.e.S. überwiegend innerstaatliches Gebiet umgesiedelt wurden. Es kann sich handeln um: 1.) aus polit. Gründen, meist bei Grenzveränderungen vertraglich und geordnet zusammengeführte bzw. rückgeführte Angeh. von Volksgruppen aus dem nunmehrigen Ausland (z.B. Deutsche, Griechen und Türken nach I.WK; Überführung der nordvietnamesischen Katholiken nach Südvietnam); ggf. ist genauer von Optanten zu sprechen. 2.) aus sicherheitspolit. bis versorgungstechnischen Gründen umverteilte Flüchtlinge (z.B. Rückführung dt. Beamter aus dem Elsaß und Lothringen 1918; Aufteilung der dt. Ostflüchtlinge nach II.WK auf die Bundesländer). 3.) aus naturgefährdeten Regionen (Vulkanausbrüche, Küsten- und Flußverlegungen, Aridität) – auf längere Dauer – in sichere Gebiete umgesetzte Bev. (u.a. Sahel, Bangladesch); 4.) die in neuen Siedlungsstätten angesiedelte Einwohnerschaft aus Gebieten, die nach anthropogen verursachten Katastrophen (Nuklearunfälle wie Tschernobyl, Chemieverseuchung in Indien) als Lebensraum aufgegeben, geräumt werden müssen; 5.) aus entwicklungspolitischen Gründen etwa zur Entlastung übervölkerter Regionen, Beanspruchung durch Montanwirtschaft (Uranabbau und Braunkohlentagebau in Deutschland), Anlage von Landeskultur-Großbauten wie Groß-Stauseen (Assuan, Volta oder Jangtse-»Drei-Schluchten-Damm« mit 1,3 Mio.) umgesiedelte Regionalbev. bis hin zur Größenordnung von Hunderttausenden oder gar Millionen der Transmigrasi (s.d.) in Indonesien. In der VR China mußten bis 1995 rd. 10 Mio. einigen Damm-Projekten weichen, die Zahl der indonesischen Migranten wird heute auf 5–10 Mio. geschätzt. 6.) fälschlicherweise wurden in der ehem. DDR auch die nach 1945 vertriebenen Deutschen aus Ostpreußen, Pommern, Schlesien und der Tschechei aus polit. Rücksichtnahme amtlich als U. bezeichnet. Derartige Verharmlosung ist strikt zu verwerfen. Solange sich Begriff ugs. leider nicht auf die vorzugsweise nationalen Gruppen 3–5 beschränken läßt, subsumiert er im allgemeinsten Sinn auch Aussiedler, Ausgewiesene, Rücksiedler, Optanten, Transmigranten.

Umthakatis (SOZ)
I. (isizulu=) »Hexen«, »Zauberer«.
II. Medizinleute in Südafrika, Frauen wie Männer, die eine Schwarze Magie, d.h. unter Nutzung menschlicher Gliedmaßen praktizieren.

Umweltflüchtlinge (WISS)
II. Personengruppen, die (lt. Definition des UN-Environment-Programms) ihre traditionelle Umgebung vorübergehend oder gar dauerhaft verlassen, weil natürliche oder anthropogene Umweltschäden ihre Existenz in Gefahr brachten und/oder ihre Lebensqualitäten schwerwiegend beeinträchtigen. Schätzungen um 1990 belaufen sich je nach Bewertung auf 50–500 Mio. Menschen.

Umzügler (WISS)
II. Personen bzw. Haushaltsgemeinschaften, die einen innergemeindlichen Wohnungswechsel durchführen

Unangan (ETH)
I. Eigenname der Aleuten.

Unberührbare (SOZ)
I. Untouchables (=en); im modernen Indien für illegal erklärte Namengebung durch Gandhi, durch Euphemismus ersetzt: Harijans/Haridschans, das »Gottesvolk«, »Kinder Gottes«; jüngere Eigenbez.: Dalits (ssk=) »Unterdrückte«; nur in weiter Annäherung entsprechen auch Bez. wie Kastenlose, scheduled castes, depressed classes (=en).
II. Parias, die sich nach der indischen Kastenideologie in einem permanenten Zustand der kultischen Verunreinigung befinden: landlose, hörige Landar-

beiter, ungelernte Hilfskräfte, bes. Angeh. unreiner Berufe. U. sind entwicklungsgeschichtlich wohl als Nachkommen der unvollkommen oder zu spät hinduisierten Altbevölk. Indiens zu begreifen. 1985 rechnete man offiziell mit 106 Mio. (14%) Unberührbaren, jüngere Schätzungen betragen ein Mehrfaches. Vgl. Scheduled castes.

Uneheliche Kinder (WISS)
I. Außereheliche K. (Altbez. in Deutschland), Nichtehelich Geborene (juristischer Terminus in Deutschland); Altbez. Afterkinder (-söhne, -töchter); Unehelich Geborene (in Österreich), Außerehelich Geborene (in Schweiz). Enfants illégitimes (=fr); illegitimate children, born out of wedlock, natural children, bastards (=en); nati illegittimi, figli naturali (=it); hijos ilegítimos (=sp); filhos ilegítimos (=pt); filhos naturais (=pt).
II. Kinder unverheirateter Eltern (einer unverheirateten Frau); sie tragen in der westlichen Welt meist den Familiennamen der Mutter, da nach alter Rechtsauffassung (in Deutschland bis 1970) U.K. nur mit der Mutter, nicht aber mit dem Vater verwandt waren. U.K. können durch spätere Eheschließung der Eltern legitimiert werden (Gürtelkinder), auch Leibesfrüchte aus Vergewaltigungen, z.B. die ca. 300 000 Kinder aus dem Zwangsverkehr dt. Frauen mit Rotarmisten bei der Eroberung von Berlin 1945. Der Anteil der Kinder, die außerhalb geordneter Familienverhältnisse geboren werden, ist in den Hauptverbreitungsgebieten »eheähnlicher Verbindungen« beträchtlich (Rumänien, ehem. DDR). Man schätzt sie z.B. für Kolumbien auf ein Drittel, für Venezuela auf fast die Hälfte der Gesamtgeborenen. In Deutschland werden pro Jahr rd. 70 000 U.K. geboren, in den alten Bundesländern 10,5% aller Geborenen. Vgl. Gegensatz Ehelich Geborene.

Uneheliche Väter (WISS)
II. mißratener Terminus für Väter unehelicher Kinder; die Erzeuger gelten vielfach juristisch als nicht verwandt mit diesen Kindern.

Unga (ETH)
I. Biisa.
II. schwarzafrikanische Ethnie in Guinea-Bissau.

Ungarisch (SPR)
I. Magyarisch (Spr.).

Ungarja (SOZ)
I. (zi=) »Ungarn«.
II. Bez. der Kaldarasch-Zigeuner in Frankreich. Vgl. Kalderaschi.

Ungarn (ETH)
I. Magyaren (s.d.), Madjaren; Eigenbez. Magyar, magyarzok (=un); Mad'arsko, Madari (=sl); Vengry (=rs); Wegrzy (=pl); Hungarians (=en); Hongrois (=fr); ungari (=it). Vgl. Csikós.

Ungarn (NAT)
II. StA. der Ungarischen Rep.; fast ausschließlich Ungarn (Magyaren)́, daneben div. Minderheiten von Slowaken, Kroaten, Deutschen und Zigeunern. Ferner auch große Kolonien ethnischer Magyaren in Rumänien, Jugoslawien und Slowakei. Vgl. Magyaren/Madjaren.

Ungarn (TERR)
A. Ungarische Republik. Ehem. Ungarische VR (bis 22. 10. 1989).
Magyar Köztársaság (=un); Magyar. The Republic of Hungary, Hungarian Republic, Hungary (=en); la République de Hongrie, la Hongrie (=fr); la República de Hungría, Hungría (=sp); Magyarország (=un); Ungaria (=rm, sk); Hungria (=pt); Ungheria (=it).
Als Land der Habsburger Monarchie: Ew. 1860: 14,440; 1870: 15,620; 1880: 15,739; 1890: 17,745; 1900: 19,254; 1910: 20,886
Ew. im Umgriff heutiger Grenzen: 1869: 5,011; 1900: 6,854; 1910: 7,612; 1920: 7,987; 1930: 8,685; 1941: 9,316; 1948: 9,158; 1950: 9,338; 1960: 9,894; 1970: 10,338; 1978: 10,685; 1996: 10,193, BD: 110 Ew./km^2; WR 1990–96: –0,3%; UZ 1996: 65%, AQ: 1%

Ungarndeutsche (ETH)
II. 1.) deutsche Kolonistengruppen im Königreich Ungarn; Baranya-, Batschka-, Zipser- und Banater-Schwaben; 1787 rd. 1,2 Mio., 1900 rd. 2 Mio. 2.) deutsche Volksgruppe in heutigen Ungarn, deren Zahl (trotz Vertreibungen nach 1944) 1990 wieder auf ca. 220 000 beziffert wird und Minderheitenschutz genießt. Vgl. Donauschwaben.

Ungleichaltrige Ehen (WISS)
II. sie sind charakteristisch unter gerontokratischen Herrschaftsformen, wenn ältere Männer Ehevorrechte auf junge Mädchen haben. Jungmänner gehen dann leer aus und müssen mit den meist zahlreichen Witwen vorliebnehmen.

Ungleichsehen (WISS)
I. Ungleichartigenehen, gemischte Ehen, Mix-Ehen.
II. Ehegemeinschaften, in denen Partner unterschiedliche Staatsangehörigkeit besitzen, verschiedenen Spr.-, Religions-, Kastengemeinschaften angehören. Vgl. Mischehen (s.d.) nur bei unterschiedlicher Rassenzugehörigkeit; Exogame Ehen.

Ungri (SOZ)
II. Bez. der deutschen Zigeuner für die Lowara-Zigeuner nach deren Durchwanderungsland Ungarn. In Ungarn selbst als Olatski (walachische Z.) bezeichnet.

Uniaten (REL)
I. Unierte.

II. abwertende Bez. orthodoxer Christen für unierte Christen; z.B. für unierte Rumänen (vornehmlich in Siebenbürgen). Begegnen von orthodoxer Seite scharfer, auch polit. umgesetzter Ablehnung.

Unierte Armenier (REL)
II. orientalisch-kath. Christen; seit 1439 in Union mit Rom; verbreitet in Vorderasien (Iral, Libanon, Syrien) und Ägypten; 1980 ca. 60000-100000, die armenisch-gregorianischem Ritus mit armenischer Kultspr. folgen. Patriarchensitz Beirut; auch in Emigrantenkolonien Europas und Amerikas.

Unierte Christen (REL)
I. unierte Kirchen.
II. 1.) jene Teile der Ostchristenheit, welche, unter Beibehaltung ihrer orientalischen Riten mit jeweiligen Liturgiespr. und Verfassung (Organisationsstruktur) die Kirchengemeinschaft mit der Kath. Kirche wiederhergestellt haben. Es handelt sich um 21 Ostkirchen des alexandrinischen, antiochenischen, byzantinischen, armenischen und chaldäischen Ritus mit insgesamt mind. 12 Mio. Gläubigen; u.a. unierte Kopten, Äthiopier, Syrer, Malankaren, Armenier, Chaldäer, Malabaresen, Melkiten, Bulgaren, Griechen, Albaner, Serben, Russen, Ruthenen. Vgl. Unierte Ostkirchen, orientalisch-unierte Kirchen, Katholiken der östlichen Riten. 2.) Als unierte Kirchen werden auch diejenigen lutherischen und reformierten Kirchen bezeichnet, die sich zu »Unionen«, d.h. Gemeinschaften zusammengeschlossen haben. Um 1985 gab es 65 Mio. Mitglieder unierter evang. Kirchen; u.a. in Deutschland Evang. Kirche in Hessen und Nassau, von Kurhessen-Waldeck, in Baden, Anhalt, Bretonische Evang. Kirche, vereinigte Protestantisch-Evang.-Christliche Kirche der Pfalz. Vgl. Unierte der Preußischen Union.

Unierte der Preußischen Union (REL)
I. Altpreußische Union.
II. 1817/1830 eingeführte Union zwischen Lutheranern und Reformierten zur Schaffung einer protestantischen Einheitskirche in Preußen. Heute in Evang. Kirche die Union.

Unierte Kopten (REL)
I. Kath. Kopten nach alexandrinischem Ritus.
II. mit Rom unierte Christen, die sich Ende des 19. Jh. von der alten Nationalkirche von Ägypten abgespalten haben; Anzahl um 1990 zwischen 100000 und 250000.

Unierte Malabarer (REL)
I. Malabarisch Unierte.
II. U.M. kehrten schon im 16. Jh. zur Einheit mit der römischen Kirche zurück; sie folgen chaldäischem Ritus; ihr Erzbischofssitz ist Ernakulum.

Unierte Malankaren (REL)
I. unierte Malankaresen, unierte Thomas-Christen. U.M. folgen antiochenischem Ritus, ihr Bischofssitz ist Trivandrum; gingen die Union erst 1930 ein.

Unierte Melchiten (REL)
II. umgreift Unierte der Patriarchate von Antiochia, Jerusalem und Alexandria. Unionsverhandlungen seit 16. Jh., erst 1837 zivilrechtliche Anerkennung durch die Türkei. Patriarchensitz in Damaskus (Sommer) bzw. Kairo (Winter). Insgesamt ca. 400000, verbreitet bes. in Israel, Jordanien, Libanon, Syrien, Türkei.

Unierte Nestorianer (REL)
I. Sammelbez. für Chaldäisch-Unierte (Patriarchensitz Bagdad/Mossul) und Malabarisch-Unierte.

Unierte Polen (REL)
II. Christen der griechisch-kath. Kirche Polens. Glaubensgemeinschaft geht auf die Kirchenunion von Brest im Jahre 1596 zurück. Unierte Kirche war im kommunistischen Polen verboten (bis 1989). Metropolitansitz der seit 1996 neu eingerichteten Erzdiözese ist Przemysl; zugehörig ca. 300000, vorwiegend ukrainisch verwurzelte Gläubige. Vgl. Polnisch-Orthodoxe Christen.

Unierte Russen und Ukrainer (REL)
II. mit Rom unierte Christen im Bereich der russisch-orthodoxen Kirche (insbes. Weißrussen und Ukrainer). Die Union orthodoxer Slawen mit Rom geht z.T. noch auf das Konzil von Florenz (15. Jh.) zurück, beruht vor allem aber auf Anschlußbewegungen des 16. und 17. Jh. (Synode und Union von Brest-Litowsk 1596 zwischen Teilen der orthodoxen Metropolie Polen-Litauens mit Rom). Es wurden gewisse römisch-kath. Glaubenslehren übernommen, aber die traditionelle ostkirchliche Liturgie beibehalten. So folgten U.R. byzantinischem Ritus. Die Brester Union, die Begegnung von lateineuropäischer und orthodoxer Kultur hat die Entwicklung des Westraumes der ehem. Kiewer Rus von Polen-Litauen bis nach Ruthenien kulturell nachhaltig geprägt. U.R. waren in späterer zaristischer und sowjetischer Zeit verfemt und verfolgt (Untergrund- und große Exilantenkirchen u.a. in USA); werden seit 1990 durch römische Kirche nachdrücklich gefördert. Vgl. Ruthenisch-Unierte.

Unierte Syrer (REL)
I. orientalisch-kath. Christen, die antiochenischem Ritus mit westsyrischer Kultsprache folgen. Patriarchensitz Beirut. 1980 ca. 150000, verbreitet bes. in Irak, Libanon, Syrien und Türkei.

Unierte Ukrainer (REL)
I. Ruthenische Christen; griechisch- kath. Ukrainer.
II. fälschlich: »russisch ruthenische Kirche« und »russisch unierte Kirche«. Genießen in der nun unabhängigen Ukraine wieder staatliche Förderung im Unterschied zu kath. Ukrainern.

Unilineare Verwandte (WISS)
II. Personen, deren Verwandtschaft nur nach einem Elternteil, d.h. patrilinear oder matrilinear gerechnet wird.

Union der niederländischen Antillen und Aruba (TERR)
B. Überseegebiete des Kgr. der Niederlande in der Karibik mit Sint Maarten, Sint Eustatius, Saba, Curaçao, Bonaire, Aruba.

Unionisten (SOZ)
II. 1.) Anh., Mitglieder einer Religions-Union. 2.) Personengruppen, die für die Erhaltung einer polit. oder sozio-kulturellen Union eintreten (z.B. Ulster-Unionisten). 3.) (hist.) Gegner der Konföderierten im amerikanischen Sezessionskrieg.

Unitarier (REL)
II. christliche Reformgruppen, aus Kritik am Dogma von der Gottheit Christi im 17./18. Jh. in England aufgekommen; in Nordamerika durch eingewanderte Sozinianer seit 1785 entwickelt, heute bes. in USA verbreitet, ca. 300000 Anhänger; 1961/1963 mit Universalisten zur Unitarian Universalist Association mit 616000 Anhängern vereinigt. Seit 1945 auch Deutsche Unitarier. Vgl. Sozinianer, Antitrinitarier.

United Church of Canada (REL)
II. protestantische Nationalkirche von Kanada mit 3,8 Mio. Mitgliedern (1971).

Universale Kirche vom Königreich Gottes (REL)
II. neuprotestantische Sekte vornehmlich in Lateinamerika. 1995 ca. 3,5 Mio. Anhänger in 34 Staaten.

Universalisten (REL)
II. Angeh. einer kleinen nordamerikanischen Kirche extremliberaler Richtung. Vgl. Unitarier.

Universal-Unitarier (REL)
I. »Gemeinschaft der Gottgläubigen«.

Universismus (REL)
II. Bez. für das religiöse und ethnische System in China. Nicht Universalismus! Vgl. Buddhismus, Konfuzianismus, Taoismus.

Unpaid Passengers (SOZ)
II. (=en); Auswanderer, die sich die Reisekosten vorstrecken ließen, die Rückzahlungsverpflichtung war zivilrechtlich geregelt.

Unpersonen (WISS)
II. Menschen, die absichtlich ignoriert, totgeschwiegen werden, deren Namen oder Bilder aus öffentlichen Darstellungen entfernt wurden, weil sie (polit.) nicht mehr tragbar scheinen. Im übertragenen Sinne auch für Pers., deren Identität administrativ trotz aller Bemühungen ungeklärt bleibt. Vgl. auch Papierlose.

Unstete Bevölkerung (WISS)
I. Altbez. nach *SCHURTZ*.
II. Bev.gruppen, die noch dem Naturzwang unterliegen und infolge ihrer Sammelwirtschaft ein unstetes Wanderleben führen. Gegensatz bodenstete Bev. Vgl. Bodenvage Bev.

Unterbäuerliche Bevölkerung (SOZ)
I. Häuslinge, Kötter, Anbauern, Seldner.
II. historische Bez. in Mitteleuropa für landarme oder landlose Kleinbauern oder landwirtschaftliche Tagelöhner; regional unterschiedlich gebräuchlich.

Unterernährte (WISS)
I. Mangelernährte; chronisch an Hunger leidende Menschen.
II. wiss. Terminus für Menschen, bei denen der Kalorienbedarf des Organismus unzureichend gedeckt ist, die sich mit weniger als 1700–1960 kcal pro Tag begnügen müssen, wobei das kcal-Minimum je nach Alter, Geschlecht, Gewicht und Klimagebiet variiert. Die Zahl unterernährter Menschen ist lt. FAO-Angaben seit 1970 von gut 920 Mio. auf 840 Mio. 1995 gesunken. Man hofft, sie trotz wachsender Bev.zahl auch weiterhin reduzieren zu können, bis 2010 auf etwa 680 Mio. Fast die Hälfte der Unterernährten lebt in China (190 Mio.), in Indien (185 Mio.) und in Nigeria (43 Mio.). In vielen Staaten der Erde sind 30 und mehr Prozent der Bev. unterernährt. Als schwerstbenachteiligt sind die Bev. von Äthiopien (65% U.), Mosambik (66% U.), Haïti (69% U.) und Afghanistan (73% U.) zu nennen. In diese Kategorie der meisthungernden Menschen fallen allein 30 afrikanische Länder. Jedes Jahr sterben weltweit mehr als 10 Mio. Kinder an den Folgen von Unterernährung. Bei Mangelernährung wird das Energiedefizit anfangs durch Mobilisation körpereigener Substanzen (Glykogen, Fett) gedeckt. Bei länger anhaltender chronischer Unterernährung kommt es zur Verminderung körperlicher und geistiger Kräfte; Im Entwicklungsalter von Kindern treten Dauerschäden auf.

Untermieter (SOZ)
I. Altbez. Einmieter; Roomers (=en). Vgl. Roommates, Flat-mates, House-mates (=en) für Mitbew., Zimmergenossen. In der Haushaltsstatistik gelten U. als Einpersonenhaushalte.

Unternehmer (SOZ)
II. natürliche oder juristische Personen, die über Kapital und Arbeits- bzw. Produktionsmittel verfügen, die sie eigenverantwortlich mit dem Risiko von Gewinn oder Verlust in der Leitung eines Unternehmens einsetzen. U. sind in aller Regel auch Arbeitgeber für Arbeiter und Angestellte, die in ihrem Dienst stehen.

Unterschicht (WISS)
I. soz.-wiss. Terminus für die unterste Schicht einer differenzierten Gesellschaft. Je nach Ges.system

ergibt sich die Zugehörigkeit zur U. durch Kriterien wie Vermögenslosigkeit, Geburt, geringes Bildungs- und Ausbildungsniveau, Beruf und Stellung im Beruf. Vgl. Randgruppen.

Untertanen (WISS)
II. Altbez. für die Territorialangehörigen eines Landesherren/Monarchen insbes. in absolutistischer Zeit, dann für StA. einer unumschränkten Staatsgewalt, in dieser Bedeutung seit Beginn des 19. Jh. ersetzt durch Staatsbürger.

Unterwalden (TERR)
B. Kanton. Gliedstaat der Schweizerischen Eidgenossenschaft seit 1291. Seit 1340 geteilt in zwei Halbkantone Ob- und Nidwalden. Unterwald-le Haut und Unterwald-le Bas (=fr); Unterwaldo sopra selva, Unterwaldo sotto selva (=it).
Ew. Obwalden 1850: 0,014; 1910: 0,017; 1930: 0,019; 1950: 0,022; 1970: 0,025; 1990: 0,029; 1997: 0,032
Ew. Unterwalden 1850: 0,011; 1910: 0,014; 1930: 0,015; 1950: 0,019; 1970: 0,026; 1990: 0,033; 1997: 0,037
Nidwalden gesamt 1850: 0,025; 1910: 0,031; 1930: 0,034; 1950: 0,041; 1970: 0,051; 1990: 0,062; 1997: 0,069

Unterwanderer (WISS)
II. Angeh. einer fremden ethnischen Minderheit, die in unauffällig geringer, aber beständiger Zuwanderung in einen anderen Bev.körper einsickern. Dort summieren sie sich im Laufe der Zeit zu einem fallweise unentbehrlichen, meist zahlenmäßig beträchtlichen Bev.anteil, oft sogar zu einer neuetablierten Volksgruppe. Durch Ausbildung eigenständiger Sozialstrukturen beschädigen U. die Homogenität des Wirtsvolkes. Beispielhaft seien angesprochen: die asiatische (bes. chinesische) Kuliwanderung im pazifischen Raum; das illegale Einströmen von Hispanics in den Süden der USA, die Zuwanderung von Polen und Balten in der Ausbauzeit des Ruhrgebiets, die Verfestigung türkischer Gastarbeiterkolonien in Deutschland. Unterwanderung kann auch geplant ablaufen. Vgl. Gegensatz Überwanderer.

Unterwelt (SOZ)
II. 1.) ugs. Unterweltler; Verbrecherwelt, Asoziale; Deklassierte, die nicht als Teil der Gesellschaft akzeptiert sind; diverse abwertende Bez. wie Gesindel, Pack, Bagage, Sippschaft, Gezücht, Geschmeiß, Gelichter, Kroppzeug (alle Sg.).
II. 2.) mythologisch Totenreich, Gesamtheit der Toten; nach Lage altägyptischer Totenstätten »die Westlichen«. Vgl. Gauner, Halunken, Spitzbuben; Vagabunden.

Unvollständige Familien (WISS)
II. Ledige, Verwitwete oder Geschiedene mit Kindern. Vgl. Gegensatz Vollständige Familien.

Üpö-Mari (ETH)
I. »Östliche Mari«; Vostotschnye Marijcy (=rs). Vgl. Mari.

Uralische Sprachen (SPR)
I. Vgl. Finnisch-ugrische Spr. und Samojedische Spr.

Urang Padang (ETH)
Vgl. Dinka.

Urbalten (ETH)
II. aus Überlagerung jungsteinzeitlicher Stämme um 2500 v.Chr. im sö. Ostseeraum entstandene Völkergemeinschaft. Vgl. Balten; Litauer, Letten, Altpreußen.

Urbanistinnen (REL)
Vgl. Klarissinnen.

Urbewohner (WISS)
I. pop. autochtone (=fr); autochthonous, aboriginals (=en); pop. autoctono, aborigeni (=it); aborígenes (=sp); población autóctona (=sp); aborigenes (=pt); populaçao autóctone (=pt).
II. Bew., deren Vorfahren seit unvordenklichen Zeiten ein bestimmtes Land bewohnt haben. Vgl. auch Autochthone, Indigene, Terrigenae.

Urdu (SPR)
I. aus: Zaban-i Urdu »Spr. des Heerlagers«; Urdu (=en).
II. indogermanische Spr., im 13.–15. Jh. im Umkreis der muslimischen Fürstenhöfe Nordindiens aus der Verbindung der Persischen Hofspr. mit den indischen Umgangsspr. des Volkes (Urdu-e-mualla=»Hoch-Urdu«) entstanden. Heute Staats- und Amtsspr. in Pakistan. In der Indischen Union war Urdu alte Gerichtsspr. und blieb Umgangsspr. der indischen Muslime, verlor jedoch mit Beginn der Britenherrschaft seinen offiziellen Status in der Administration. Heute von rd. 56 Mio., und zwar in Pakistan von ca. 6–10 Mio., d.h. 8% (1981), in der Indischen Union 1971 von rd. 29 Mio. (> 5%) gesprochen, ein Drittel aller indischen Urdu-Sprecher lebt in Uttar Pradesh. U. ist heute wieder offizielle Spr. in Kaschmir, wird dort aber nur von Muslimen benutzt. Unterscheidet sich durch mehr persisch-arabische Lehnwörter und durch die arabische Schrift von Hindi.

Uregu (ETH)
I. Ait Oureggou.
II. Berberstamm am Muluja-Fluß in Westmarokko.

Urenkel (BIO)
I. Urenkelkinder; Pl. und Sg. m., (Urenkelinnen w.); -enfants; arrière-petits-fille (=fr); great-grandson (=en); bisnietos m., bisnietas w. (=sp).
II. Kinder der dritten Folgegeneration. Söhne bzw. Töchter eines Enkelkindes.

Urgroßeltern (BIO)
I. Urgroßväter m. und -mütter w.; Altbez. Urahnen.
II. Eltern der Großeltern.

Uri Kanton. (TERR)
B. Kanton. Gliedstaat der Schweizerischen Eidgenossenschaft seit 1291.
Ew. 1850: 0,015; 1910: 0,022; 1930: 0,023; 1950: 0,029; 1970: 0,034; 1990: 0,034; 1997: 0,034

Urjanchai(er) (ETH)
I. Uryanchai, Uriangchaj, Urangkhai; »Menschen der Wälder«.
II. unterschiedlich gebrauchte (Alt-) Bez. für mehrere kleine mongolide, turkspr. Einheiten in SE-Sibirien und Mongolei, teilweise noch nomadisierend; z.B. für Montschak, Sojon, Tsatang, Tuwiner u.a. Vgl. Tuwiner.

Urlauber (SOZ)
I. aus Urlaub, urloup (ahd=) »Erlaubnis, wegzugehen«; am Urlaubsort: Urlaubsgäste. Tourists (=en); persone in feria (=it); touristes (=fr); vacacionistas, turistas (=sp); turistas (=pt).
II. Bez. für Arbeitnehmer (u. ihre Familien) innerhalb der nach Wochen bemessenen und ganz der Erholung vorbehaltenen Zeitspanne, in der sie gemäß rechtlicher (gesetzlicher, tariflicher) Festlegungen unter Fortzahlung ihres Lohnes von der Arbeitspflicht befreit sind. In jüngerer Zeit wurde Terminus auf solche U. eingeengt, die ihren Urlaub nicht an ihrem Wohnsitz verbringen. Ursprünglich besaßen nur bestimmte Beamte (Militär) und bis zum I.WK meist nur Angestellte einen derartigen Urlaubsanspruch; in Frankreich der congé payé für alle Werktätigen seit 1936. Seit II.WK ist er zumindest in Industrieländern allgemein verbindlich. Erst durch diese sozialpolit. Errungenschaft, doch auch durch den Ausbau des Eisenbahnnetzes – in W- und Mitteleuropa (seit ca. 1870) – kam es zur Entfaltung des Massenreiseverkehrs, der das Kalenderjahr bestimmenden Urlaubs-/Ferienzeiten und zur Ausbildung spezieller Urlaubsländer-, -gebiete und -einrichtungen. Vgl. Touristen, Sommerfrischler.

Urner (ETH)
II. 1.) Bürger, 2.) Einw. (als Territorialbev.) des deutschspr. schweizerischen Urkantons (1291) Uri.

Ursari (SOZ)
I. ursarea (rm=) »(Tanz-)Bärenführer«.
II. wohl durch Berufsendogamie entstandener Teilstamm rumänischer Zigeuner, deren Wanderungen nach E bis Moldawien, nach W bis Mähren, nach N bis in polnische Städte führten. Serbische Bärentreiber gelangten sogar bis nach Spanien. Seit der polit. Wende in Osteuropa zählen U. zum Mißfallen der Ansässigen zu den wichtigsten Trägern des Kleinhandels mit Mangelwaren.

Urschweiz (TERR)
C. Urkantone, Waldstätte; im heutigen Sinne: Inner-, Zentralschweiz. Jene drei inneralpinen Stände/ Talschaften, die sich 1921 zum »ewigen Bund« zusammenschlossen, die heutigen Kantone Uri, Schwyz, Nidwalden (geteilt in Unter- und Obwalden).
Ew. 1850: 0,084; 1910: 0,111; 1930: 0,120; 1950: 0,141; 1970: 0,176; 1990: 0,208

Ursulinen (REL)
I. OSU; Ursuline nuns (=en).
II. in Brescia 1535 gegr. und 1614 umgebildet. Tätig in Erziehung und Unterricht der weiblichen Jugend.

Uru (ETH)
I. Uro, Urocolla, Bukina, Selbstbez. Puquina.
II. Indianervolk zw. Titicacasee bzw. Sumpfgebieten des Rio Desaguadero und Küste Boliviens und Perus. Die Küsten-Uru oder Chango sind seit der Kolonialzeit, jüngst auch die Hochland-Uru reinrassig erloschen, doch lebt ihre Kultur in Aimara-Mischlingen fort; geschickte Fischer auf Binsen- und Balsabooten und Jäger; Anzahl ca. 1000.

Uru-Chipaya (ETH)
II. jüngst bis auf Mischlinge ganz erloschenes Indianervolk, das am Poopósee gelebt hat. Erfahrene Fischer, auch Viehhaltung von Lamas und Schafen.

Uruguay (TERR)
A. Republik östlich des Flusses Uruguay. República Oriental del Uruguay, el Uruguay (=sp). The Eastern Republic of Uruguay, Uruguay (=en); la République orientale de l'Uruguay, l'Uruguay (=fr); Uruguay (=it); Uruguáy (=pt).
Ew. 1796: 0,031 S; 1829: 0,075 S; 1852: 0,132 Z; 1860: 0,230 Z; 1882: 0,505 S; 1908: 1,043 Z; 1921: 1,528 Z; 1934: 2,020 S; 1948: 2,136; 1950: 2,196; 1960: 2,540; 1970: 2,886; 1978: 2,864; 1985: 2,955; 1996: 3,203, BD: 18 Ew./km^2; WR 1990–96: 0,6%; UZ 1996: 91%, AQ: 4%

Uruguayer (NAT)
I. Uruguayans (=en); uruguayens (=fr); uruguáyos (=sp).
II. StA. von Uruguay; es sind zu rd. 85% Weiße, 5% Mestizen, über 3% Neger und Mulatten. Amtsspr. ist Spanisch.

Urumer (ETH)
I. Selbstbez. Urum; Urumy (=rs); nicht voll identisch mit Kaukasus-Griechen.
II. U. sind türkischspr. Griechen, die als orthodoxe Christen auf Einladung georgischer Könige im 18. Jh. die Türkei verließen, um sich im W Georgiens (im heutigen Abchasien) anstelle der in die Türkei abwandernden Muhacire (Abchasier und Tscherkessen) niederzulassen. Vgl. Kaukasus-Griechen, Romeoi, Greki (=rs).

Uryanchai-Montschak (ETH)
I. Uryanchai, Urjanchai(er).
II. kleine turkspr. Ethnie im Mongolischen Altai. Zahl 1977 ca. 3000. Heute mehrfach mit Tuwinern subsumiert.

US Amerikaner (NAT)
I. Amerikaner; Americans (=en); américains (=fr); americanos (=sp, pt); americani (=it).
II. StA. der Vereinigten Staaten von Amerika, 265,2 Mio. Ew. 1996 (incl. Alaska und Hawaii sowie abhängiger Gebiete wie z.B. Puerto Rico). Zu unterscheiden sind 1.) Natives (=en): Indianer, Eskimos und Aleuten mit über 2 Mio.; 2.) Nachfahren europäischer Einwanderer, ca. 80%, d.h. rd. 200 Mio.; s.a. Angloamerikaner, Hispanics bzw. Chicanos; 3.) Nachkommen eingeschleppter Negersklaven, ca. 12%, d.h. 30 Mio., mit sehr breiter Mischlingspalette; 4.) asiatische, bes. ostasiatische Einwanderer, ca. 3%, d.h. > 7 Mio.; 5.) div. Flüchtlingsgruppen und Illegale, die keine StA. besitzen. Vgl. Nordamerikaner, Nordamerikanische Indianer; Amerikaner.

Usbeken (ETH)
I. Uzbeken,Ösbeken; Eigenbez. Ösbek, Uzbeklar; Uzbeki (=rs); Ouzbeks (=fr); Uzbeks (=en); Wu'tsupieh-k'o. Von Tadschiken mit Schimpfwort Gowsar, »Rindsköpfe«, belegt, im ehem. russischen Einflußbereich auch als Turaner verallgemeinert.
II. Turkvolk von > 18 Mio. im ehem. Sowjetisch-Mittelasien, in Nordafghanistan und NW-China; entstanden, als von den Mongolen beherrschte Stämme im 15./16. Jh. aus N in das bereits turkisierte Transoxanien eindrangen und sich mit der dort ansässigen turkspr. und iranischen Vorbev. mischten. Entwickelten im 17. Jh. in den turanischen Khanaten (Buchara, Chiwa, Fergana) eine blühende Zivilisation, gerieten 1865–1876 unter russische Herrschaft. Kernraum der Verteilung mit > 90% aller U. (rd. 12,5 Mio. 1979 und bei fortdauernd raschem Anwachsen auf 16,7 Mio. bereits 1990) blieben die bisherigen Sowjetrepubliken Westturkestans: Usbekistan 14,2 Mio. (bei einem Anteil von 71% an Gesamtbev.), Tadschikistan 1,3 Mio., Kirgistan 570000, Turkmenistan und Kasachstan je rd. 300000. In Afghanistan stellen U. mit > 1,52 Mio. die drittstärkste (9,3%) ethnische Einheit. Seit 1993 militärische Übergriffe im Grenzgebiet von Afghanistan zu Usbekistan und bes. zu Tadschikistan. U. sind Sunniten hanafitischer Rechtsschule, benutzten bis 1920 eine alttürkische Schriftspr., das Tschaghataiische, dann wurde Usbekisch zur Schriftspr. entwickelt. Sie schrieben ihre Spr. bis 1927 in arabischer, bis 1940 in lateinischer, dann in kyrillischer Schrift; 1992 entschieden sie sich, zur Lateinschrift zurückzukehren. Unter den U. leben (meist in den Städten) die Sarten/Sarty als Nachkommen der unterworfenen Vorbev. Traditionelle Kopfbedeckung der Männer ist die Tjubetejka.

Usbeken (NAT)
II. StA. von Usbekistan; nächst dem Staatsvolk der U. (73,7%) gehören auch 5,5% Russen, 2,0% Tataren, 4,2% Kasachen, 5,1% Tadschiken zu den StA. Amtsspr. ist Usbekisch, Russisch nur mehr Umgangsspr.

Usbekisch (SPR)
I. Uzbek (=en).
II. U., eine Turkspr. der Karlukischen Gruppe, ist Staatsspr. in Usbekistan mit 15,2 Mio., Volksspr. der Usbekischen Volksgruppen in Tadschikistan (1,3 Mio.), Turkmenistan (0,4 Mio.), Kasachstan (0,3 Mio.), Kirgistan (0,6 Mio.), in Afghanistan (1,5 Mio.) und im chinesischen Sinkiang. U. wird insgesamt von rd. 20 Mio. gesprochen und heute in Lateinschrift geschrieben.

Usbekistan (TERR)
A. Republik. Unabh. seit 31. 8. 1991; vormals Usbekische SSR der UdSSR. Ozbekiston Respublikasy. Uzbekistan (=en).
Ew. 1939: 6,300; 1959: 8,100; 1979: 15,391; 1989: 19,906; 1996: 23,228, BD: 52 Ew./km^2; WR 1990–96: 2,1%; UZ 1996: 41%, AQ: 4%

Uskoken (ETH)
I. »Flüchtlinge« (=sk), die aus 1530 unter osmanische Herrschaft geratenen Ländern in das habsburgische Idria-Krain-Gebiet überwechselten, bes. im Umkreis von Sichelburg.

Uspanteken (ETH)
II. mesoamerikanisches Indianervolk, zur Spr.familie der Maya zählend. U. leben im fruchtbaren Hochland von Guatemala, 100000–200000, sind Bauern. Wie die Tzutuhil bedienen sie sich erst zögernd der für sie geschaffenen zentralen Orte.

Ustaschen (SOZ)
I. Ustascha, »Aufständische«.
II. 1929 im italienischen Exil, am Vorbild balkanischer Verschwörergruppen, begründete nationalkroatische Bewegung; entfachte mit Unterstützung durch Italien und Ungarn 1932 den Aufstand Kroatiens gegen den großserbischen Zentralismus. Im II.WK faschistische Parteimilizen, die durch ihre Härte berüchtigt waren. U. etablierten 1949 kroatische Exilregierung in Argentinien (Pavelitsch 1889–1959).

Ust-Ordynsker Burjaten (ETH)
II. Teilgruppe der Burjaten von ca. 140000 Köpfen in einem eigenen Autonomen Kreis im Bez. Irkutsk/Rußland, w. des Baikalsees. Vgl. Burjaten.

Usurufa (ETH)
II. kleine Population mit einer melanesischen Eigenspr. im zentralen Hochland von Neuguinea.

Utes (ETH)
II. dem Uto-Aztekischen Spr.verband zugehöriges Indianer-Volk in Colorado, Utah, Nevada und New

Mexico/USA, in zahlreiche Einzelstämme gegliedert. U. blieben bis 1879 von der weißen Ausrottungspolitik verschont, doch scheiterten Versuche, sie zum Ackerbau zu zwingen. Geogr. Name: BSt. Utah/USA.

Uto-Azteco-Tanoan (SPR)
I. Uto-Aztec-Tano, Aztec-Tanoan.
II. großer rassisch wie kulturell differenzierter indianischer Sprachstamm. Er setzt sich hpts. aus der uto-aztekischen Spr., denen man die lange als isoliert geltenden Spr. der Kiowa und des Tano der Pueblo-Indianer sowie Zuffi angeschlossen hat. Zur Sprg. der U.A.T. zählen nächst den Stämmen der Nahua-Gruppe u.a. die Pipil, Nicarao, Cora, Huichol, Zacateken, Cazcan, Pima, Opata, Cahita, Tarahumare, Tepehuan, Hopi und Schoschonen in Mexico und in den Rocky Mountains.

Utraquisten (REL)
I. Kalixtiner.
II. der gemäßigte Flügel der Hussiten der vorreformatorischen Erneuerungsbewegung der Kirche. Vgl. Kalixtiner.

Utrechter Kirche (REL)
I. Kerkgenootschap der Oud-Bisschoppelijke Klerezie.
II. durch Bruch des Erzbistums Utrecht mit Rom 1702/1724 eigenständige, den Altkatholiken verwandte Kirche in den Niederlanden.

Utrechter Union (REL)
II. 1889 geschlossene Union der Utrechter Kirche mit anderen altkatholischen Reformkirchen, u.a. der Eglise Catholique Gallicane. Vgl. Altkatholiken; Utrechter Kirche, Polnische Nationalkirche u.a.

Uttar Pradesh (TERR)
B. Bundesstaat d. Ind. Union.
Ew. 1961: 73,746; 1981: 110,863; 1991: 139,112, BD: 473 Ew./km^2

V

Vagala (ETH)
I. Grusi in Schwarzafrika.

Vaganten (SOZ)
I. aus vagus (=lat), vague (=fr), vage »unbestimmt«; vagabondi (=it); vagabundos (=sp, pt); vagabonds, vagrants, tramps (=en); vagabonds (=fr)
II. verwandt, aber nicht identisch mit Vagabunden, Vagabundierende im Sinn von rastlosen, ruhelos umhergetriebenen, -strolchenden Menschen. Treffender: »Fahrendes Volk«, Landfahrer, Jenische, Unstete, Wohnsitzlose, Heimlose; in Schweiz veraltet und fälschlich auch Heimatlose, Nichtseßhafte, »unbeurkundete Menschen«.
II. ziellos umherziehende Menschen; ursprünglich im MA »fahrende« Studenten, Bänkelsänger und Kleriker, später in Neuzeit auch Zigeuner, Gaukler, Quacksalber, Landstreicher. Nach vagari »umherschweifen« auch Vagierende, fälschlich für Nomaden. Vgl. Unstete Bev.; Hoboes (=en).

Vai (ETH)
I. Wey, Vey, Vei, Gallina, Ligbi.
II. westafrikanisches Negervolk, Untergruppe der Mande-Fu mit > 200 000 in Sierra Leone und 75 000 (84) in Liberia (Nordküste). Haben eigene Schriftspr. entwickelt. V. treiben Anbau, bes. aber Handel.

Vai (SPR)
I. Vei-spr.
II. Sprgem. im NW Liberias. V. wird mit einer im 19. Jh. entwickelten (links nach rechts läufigen) Eigenschrift geschrieben.

Vaischya (SOZ)
I. Vaicja, Waischja.
II. die dritte Großkaste innerhalb des indischen Kastensystems. Zu ihr gehören die Kaufleute, Handwerker und größeren bis mittleren Bauern. Wie die anderen Großkasten stark in Unterkasten aufgefächert. Vgl. Zweimalgeborene.

Vaisheshika (REL)
II. eine der organisierten Lehrrichtungen im indischen Shivaismus.

Vajrayana (REL)
I. Wadschrajana; Mantrayana, Diamant- oder Zauberformelfahrzeug. Name abgeleitet aus Vajra, d. h. »Donnerkeil« (das häufigste Symbol im Tantrismus), der als unzerstörbar, diamanthart und (zauberhaft) völlig durchsichtig charakterisiert wird. V. wird auch als Mantrayana bezeichnet, s.d.
II. die drittgrößte Hauptrichtung im Buddhismus mit (1993) 20–25 Mio. Anhängern, d. h. rd. 7 % aller Buddhisten. Im 6./7. Jh. aus dem Mahayana-Buddhismus entstanden. Vgl. Shingon-shu (=jp).

Valais (TERR)
B. Kanton. Gliedstaat der Schweizerischen Eidgenossenschaft seit 1815. Wallis (=dt); Le Valais (=fr); Vallese (=it).
Ew. 1850: 0,082; 1910: 0,128; 1930: 0,136; 1950: 0,159; 1970: 0,207; 1990: 0,250; 1997: 0,273

Valdostaner (ETH)
I. Aostaner; Valdôtains (=fr); valdostani (=it).
II. 1.) im allg. Sinn die Bew. des südalpinen Aosta-Tales der Dora Baltea/Doire Baltée Italien mit rd. 110 000 (1975). 2.) im besonderen die französischspr. Altbewohner dieses seit 1948 autonomen Gebietes, das vom MA bis ins 18. Jh. ein Teil der Etats de Savoie gewesen war: 1901 bei 84 000 Ew. noch 91 %, 1971 (nach wiederholten Repressionen ab 1925 und starker italienischer Zuwanderung aber aostanischer Abwanderung) nur mehr 76 %. Zweispr. Grundschule und Kirche bewahren die französische Spr.

Vale (ETH)
I. Nduka.
II. schwarzafrikanische Ethnie im NW der Zentralafrikanischen Rep.

Vallabhacarya(s) (REL)
I. Maharaja-Sekte.
II. eine der Schulrichtungen im Vischnuismus, im 16. Jh. entstanden, bes. im Deccan verbreitet; mit stark religiös-erotischem Einschlag.

Vallumbrosaner (REL)
II. rein beschaulicher Benediktinerorden, selbständig seit 1038 in Italien.

Valmiki (ETH)
I. Dom, Paidi.
II. Stamm von ca. 50 000 Köpfen, tamilspr., im NE von Andhra Pradesch/Indien in Nachbarschaft der Bagata, von denen sie als Haridschan behandelt, u. a. zur Siedlungssegregation gezwungen wurden.

Vami (REL)
II. eine der Lehrschulen im Schaktismus.

Vanavasi(s) (SOZ)
I. »Waldbewohner«.
II. Bez. in Indien für Scheduled Tribes. Vgl. Adivasi(s).

Vandalen (SOZ)
I. Wandalen; abgeleitet aus ostgermanischem Volk der Wandalen (s.d.), das 455 Rom plünderte.
II. seit Ende des 18. Jh. gebräuchliche Bez. für zerstörungswütige Menschen, die willkürlich und böswillig selbst Kunstwerke nicht verschonen (Vandalismus).

Vanuatu (TERR)
A. Republik. Unabh. seit 30. 7. 1980; früher Neue Hebriden. Vanu'atu; Republic of Vanuatu (=en); République de Vanuatu (=fr); Ripablik blang Vanuatu; Ripablik blong Vanuatu. Vanuatu (=sp).
Ew. 1950: 0,049; 1970: 0,083; 1978: 0,104; 1989: 0,143; 1996: 0,173, BD: 14 Ew./km^2; WR 1990–96: 2,7 %; UZ 1996: 19 %, AQ: 30 %

Vanuatuer (NAT)
I. Vanuatuaner.
II. StA. der südpazifischen Inselrepublik Vanuatu; fast ausschließlich Melanesier (91 %), daneben Polynesier bzw. Mikronesier (3 %). Vgl. Ni-Vanuatu.

Vaqueiros (SOZ)
II. berittene Viehhirten auf den Fazendas im trokkenen Nordosten, bes. im Sertáo Brasiliens und in Venezuela (Haciendas) im 18./19. Jh; es handelt sich überwiegend um Mestizen. Vgl. Cowboys (N-Amerika), Paniolo (Hawaii).

VAR-Araber (NAT)
I. Sammelbez. für StA. der Vereinigten Arabischen Emirate, 2,5 Mio Ew. (1996). Quantitative Differenzierung von Einwohnern und Staatsbürgern ist nicht möglich. An der Gesamtbev. dürfte Anteil der Ausländer (Gastarbeiter, Illegale) rd. 75 % betragen, es handelt sich hpts. um Inder, Pakistani, Srilanker, Afghanen und Bangladescher, deren Einbürgerung ausgeschlossen ist.

Varnas (SOZ)
I. (ssk=) »Hautfarben«, »Stände«; nicht voll identisch mit casta (=pt), castus (lat=) »Rasse«; jati (ssk=) »Geburt«.
II. vier Hauptkategorien, in welche die Kastenangehörigen Indiens gegliedert sind: Brahmanen, Kschatrija, Waischja und Schudra. Außerhalb dieser 4 Varna stehen die Kastenlosen, Outcastes, Exterior Castes. Vgl. Kastenangehörige, Zweimalgeborene.

Vasallen (SOZ)
I. aus (kelt=) »Knecht«.
II. ursprünglich Unfreie, später Freie niederen sozialen Ranges, aber auch solche älterer Oberschichten, die durch Erbgang, Befreiung oder Bekehrung in einem Schutz- und Treueverhältnis zur Herrschaft des Adels oder (im Orient) eines Stammes getreten sind.

Väter (SOZ)
I. Erzeuger; aus pater (=lat).
II. Urvater (der Menschheit); Gottvater (Titulation bei vielen indogermanischen Völkern; im Christentum); höchste religiöse Autorität in vielen Religionen (z.B. Mithraskult; in kath. Kirche Papst und Patriarch im Sinn Erzvater). Bis über römische Zeit hinweg waren V. Familienvorstände und Priester des Hauskultes zugleich (Pater familias), Vorstände der israelischen Stämme. Auch ehrerbietige Anrede und Kosewort für weltliche Herrscher (Pater patriae:

Zar); Boba (slaw=) »Väterlein«, »Väterchen«, für ehrwürdige Personen (Patres); mithin Familienoberhäupter, Beschützer, oberste Verantwortliche. Zu unterscheiden sind die unterschiedlichen Sonderrollen der V. als uneheliche, verwitwete oder als Stiefväter. Vgl. Patriarchat.

Vaterbruder (SOZ)
I. 'amu (=pe).
II. Onkel väterlicherseits.

Vatikanstadt (TERR)
A. Seit Lateranverträgen 1929 staatsrechtlicher Sonderstatus. Stato della Città del Vaticano (=it); Status Civitatis Vaticanae (=lat). The Vatican City State, the Vatican City (=en); l'Etat de la Cité du Vatican, la Cité du Vatican (=fr); el Estado de la Ciudad del Vaticano, la Ciudad del Vaticano (=sp); Cidade do Vaticano (=pt).
Ew. 1997 (Personen): 455, BD: 1034 Ew./km^2

Vatrari (SOZ)
I. vatráshi (=rm); aus watro (rm=) »Herd«.
II. Bez. in Rumänien für ansässige Zigeuner.

Vaud (TERR)
B. Kanton. Gliedstaat der Schweizerischen Eidgenossenschaft seit 1803. Waadt (=dt); Vaud (=fr,it).
Ew. 1850: 0,200; 1910: 0,317; 1930: 0,332; 1950: 0,378; 1970: 0,512; 1990: 0,602; 1997: 0,608

Vaynak (SPR)
II. nur durch Dialekte unterschiedene gemeinsame Sprgem. der Inguschen und Tschetschenen/ N-Kaukasus.

Vedda (BIO)
I. Wedda. Vgl. Weddide.

Veddoide (BIO)
II. Terminus bei *BIASUTTI* (1959) für Weddide.

Vedismus (REL)
II. die literarisch bezeugte Rel. der arischen Einwanderer (Arier) 1500–900 v.Chr. in Indien, die vom Brahmanismus abgelöst wurde.

Veganer (SOZ)
I. ugs. Radikalvegetarier, Tierrechtler. Menschen, die Nutzung jeglicher Tierprodukte (auch von Wolle, Leder usw.) ablehnen. Als Tierrechtler verurteilen sie nicht nur die Jagd, sondern jegliche Schlachtung als Tiermord, jeglichen Fleischverzehr als Megamord, da zur Produktion einer tierischen Kalorie ein vielfaches an pflanzlicher Substanz erforderlich ist. Vgl. Strenge Vegetarier, Rohköstler.

Vegetarier (SOZ)
I. Vegetarianer.
II. Menschen, deren Ernährungsweise aus diätetischen oder weltanschaulichen Gründen im Gegensatz zu »Fleischessern«, »Fleischverzehrern« ausschließlich oder überwiegend (»Weißfleischesser«) auf pflanzlicher Kost beruht. Zu unterscheiden sind:

strenge V., die auch tierische Produkte wie Milch, Käse, Eier ausschließen, Lakto-V., die Pflanzenkost durch Eier, Milch und Milchprodukte ergänzen. Vegetarismus unterschiedlicher Strenge ist besonders im Hinduismus und Dschainismus verbreitet, unabhängig vom Rindfleischverbot, geschätzt auf 600 Mio. V. Jains werden im Volksmund als Eggetarians (=en) bezeichnet.

Vélez de la Gomera (TERR)
B. Der Hoheitsplatz Peñón de Vélez de la Gomera; einer der Spanischen Hoheitsplätze in N-Afrika.
The Place of Peñón de Vélez de la Gomera, Peñón de Vélez de la Gomera (=en); la place de souveraineté de Peñón de Vélez de la Gomera, Peñón de Vélez de la Gomera, Vélez de la Gomera (=fr); la Plaza de Soberanía del Peñón de Vélez de la Gomera, Peñón de Vélez de la Gomera (=sp).

Venda (ETH)
I. Bavenda.
II. schwarzafrikanisches Volk von über 160 000 Seelen. Hauptverbreitungsgebiet n. Transvaal/Südafrika zu beiden Seiten des Limpopo und in den Zoutpansbergen. Besondere Spr. läßt vermuten, daß sich in ihnen Nord-Sotho und Karanga, eine Shona-Gruppe, vermischten. Früher ziemlich isoliert in dem s. Gebiet, das wegen dichtem Wald das Halten großer Herden nicht ermöglichte. Königtümer, heilige Trommeln als Insignien der Herrschaft, alles Land gehört dem König. Hauptstämme Ha-Tshivhasa und Mphaphuli.

Venda (SPR)
I. Ci-Venda, Tshivenda.
II. Bantu-Sprgem. in Nordtransvaal, Venda/Südafrika mit über 0,5 Mio. Sprechern (1985).

Venda (TERR)
B. Ehem. Homeland in Südafrika.
Ew. 1985: de jure 0,651; de facto 0,460; 1991: 0,726 de jure; 0,559 de facto; BD: 1991: 75 Ew./km²

Vendéens (SOZ)
II. (=fr); 1.) Bew. des französischen Atlantik-Départements Vendée; 2.) verallg.: Chouans und Opfer (ca. 40000) des Revolutionskrieges 1793-1796 in der Vendée.

Veneter (ETH)
II. 1.) Altbev. des 1. Jtds. v. Chr. in Oberitalien zw. Alpen und Po sowie an istrischen Küsten. Haben bei Einwanderung Vorbev. der Räter und Euganeer, später auch Kelten eingeschmolzen, schlossen sich bereits im 3. Jh. an Römer an, die über Aquileja die Romanisierung betrieben. Ihre indogermanische Spr. dürfte zum Zweig der Italiker zählen, ihre Eigenschrift den Etruskern entlehnt sein. Geogr. Namen: Venetien, Venedig. 2.) Bew. der heutigen italienischen Provinz Venetien.

Venezolaner (NAT)
I. Venezueler, Venezuelaner; Venezuelans (=en); vénézuéliens (=fr); venezolanos (=sp).
II. StA. der Rep. Venezuela; bestehend aus 20 % Weißen, 9 % Schwarzen, 2 % Indianern und 69 % Mestizen, Mulatten und Zambos.

Venezuela (TERR)
A. Republik. República de Venezuela (=sp). The Republic of Venezuela, Venezuela (=en); la République du Venezuela, le Venezuela (=fr); la República de Venezuela, Venezuela (=pt).
Ew. 1911: 0,309; 1921: 0,307; 1931: 0,318; 1946: 0,376; 1948: 4,686; 1950: 4,962; 1960: 7,349; 1970: 10,275; 1978: 13,122; 1996: 22,311, BD: 25 Ew./km²; WR 1990-96: 2,2 %; UZ 1996: 86 %, AQ: 9 %

Vepri (SOZ)
I. (tc=) »Schweine«, aber ve pri »mit jemandem im Streit liegen«.
II. abfällige Bez. in Tschechien für dt. Touristen.

Verbandsmitglieder (WISS)
II. Personen, die einem Verband, z. B. einem Verein, einer polit. Partei, einem Klub, einer Wirtschaftsvereinigung angehören. Stets handelt es sich um organisierte soziale Institutionen, deren Leitung Weisungsrecht hat.

Verbannte (SOZ)
II. strafweise aus einem Gebiet verwiesene Personen. Vgl. Deportierte, Ausgewiesene.

Vereinigte Arabische Emirate (TERR)
A. VAE. Früher »Vertragsstaaten«, dann »Arabische Emirate«; als Föderation Zusammenschluß (2. 12. 1971) von 7 autonomen Emiraten: Abu Zaby (Abu Dhabi), Ujman (Ajman), Dubayy (Dubai), Al-Fujayrah (Fujairah), Ra's al-Khaymah (Ras el Khaimah), Ash-Shariqah (Sharjah), Umm al-Qaywayn (Umm al Kaiwain). Al-Imárát al-'Arabíya al-Muttahida (=ar); Ittihäd al-Imarat al-Arabiyah. United Arab Emirates (UAE) (=en); les Emirats arabes unis (=fr); los Emiratos Arabes Unidos (=sp).
Ew. 1985: 1,622; 1996: 2,532, BD: 33 Ew./km²; WR 1990-96: 5,3 %; UZ 1996: 84 %, AQ: 21 %

Vereinigte Arabische Republik (TERR)
C. Ehem. Bez. von Ägypten. The United Arab Republic (=en); la République arabe unie (=fr); la República Arabe Unida (=sp).

Vereinigte Staaten von Amerika (TERR)
A. USA. Die Vereinigten Staaten. United States of America. The United States (=en); les Etats-Unis d'Amérique, les Etats-Unis (=fr); los Estados Unidos de América, los Estados Unidos (=sp); Estados Unidos da America (=pt); Stati Uniti d'America (=it).
Ew. 1790: 3,929; 1800: 5,308; 1810: 7,240; 1820: 9,638; 1830: 12,866; 1840: 17,069; 1850: 23,192; 1860: 31,443; 1870: 39,818; 1880: 50,156; 1890:

62,948; 1900: 75,995; 1910: 91,972; 1920: 105,711; 1930: 122,775; 1940: 131,669; 1950: 150,697; 1960: 179,323; 1970: 203,323; 1980: 226,546; 1990: 248,710; 1996: 265,284, BD: 27 Ew./km^2; WR 1990–96: 1,0 %; UZ 1996: 76 %; AQ: 5 %

Vereinigte Ukrainische Kirche (REL)
II. die 1930 von Stalin verbotene, 1992 unter diesem Namen wiederbegründete autokephale, vom Moskauer Patriarchat unabhängige orthodoxe Kirche der Ukraine.

Vereinigungs-Kirche (REL)
I. ursprünglich Tong Il kyo (ko=) »Vereinigungs-Lehre«; Vereinigungssekte, MUN-Bewegung, Munies, Moon-Sekte, Moonies. Weitere Namen: Holy Spirit Association for the Unification of World Christianity (HSA-UWC), Unification Church in USA, Unified Family in Großbritannien, Gesellschaft zur Vereinigung des Weltchristentums; Neue Aktivität, Neue Mitte.
II. Anh. dieser 1954 von S.M. Moon in Südkorea gegr. Sekte nennen sich Moonies, Munies, Mun-Kinder. Synkretistische Ideologie, V. will Heilswerk Gottes an denen vollenden, die zum Meister und seiner »geretteten« Familie halten. Gefolgsleute leben als »Geschwister« in extremer Abhängigkeit (Gütergemeinschaft); gilt als gefährliche Jugendreligion (Schulungslager, Seminare, Mission), da Ablösung von Beruf, Familie, Eigentum. Mindestens 2 Mio. aktive und weitere fördernde Mitglieder. V. ist stark auf Gewinnung polit. und wirtschaftlicher Macht fixiert. Vgl. auch Jugendreligionen.

Verfemte (SOZ)
I. aus Veme (mhd=) »Strafe«.
II. im MA Personen, die der Ladung eines Feme-/Freigerichts nicht Folge leisteten. Von daher syn. zu Geächtete, Vogelfreie. In Neuzeit ganz allg. für aus der Gesellschaft Ausgestoßene, die allg. Mißachtung preisgegebene Personen, (z.B. Seuchenkranke, Kastenlose, Verurteilte).

Verheiratet Getrenntlebende (SOZ)
I. verheiratete Personen, die keine eheliche Lebensgemeinschaft mehr führen. Derartige Trennung kann entweder in gegenseitigem Einvernehmen der Ehepartner (»de facto-Trennung«), durch bösartiges Verlassen (Desertion) oder durch gerichtliche Entscheidung (»Trennung von Tisch und Bett«) erfolgen. In allen Fällen besteht Ehe rechtlich jedoch weiter, so daß in monogamen Gesellschaften Wiederverheiratung untersagt ist. Vgl. Geschiedene.

Verheiratete (SOZ)
I. Vermählte, Verehelichte; married persons (=en); personnes mariées, mariés (=fr); coniugati, sposati (=it); casados (=sp, pt).
II. Bez. für eine bestimmte Familienstandskategorie, für Personen (verheiratete Männer und verheiratete Frauen) in einer rechtsgültig bestehenden Ehe.

V. genießen Förderung und Schutz ihrer Gemeinschaft durch den Staat. Umgekehrt dürfen in vielen Gesellschaften der Dritten Welt erst V. die volle Verantwortung im Gemeinwesen tragen und am Kult der Gemeinschaft teilhaben. Verheirateten kommen bestimmter Körperschmuck und besondere Attribute der Kleidung zu, in der Tracht haben sich diese auch in Europa noch erhalten. Vgl. Ehefrauen, Ehemänner.

Verkehrstote (WISS)
II. national stark differenzierte Definitionen: am Unfallort Getötete bis zu innerhalb eines Jahres Gestorbene. Das kleinere Sterben im »friedlichen« Straßenverkehr im Vergleich zum großen Sterben in den Kriegen. Größenordnungsmäßig in Europa (außer SE-Europa) 1973: rd. 85 000, in USA rd. 56 000, selbst in einem Schwellenland wie Brasilien (bei rd. 300 000 Verletzten) gegen 50 000 Verkehrstote. Weltweit summieren sich diese Verkehrsunfalltoten zu Größenordnungen von jährlich 700 000–800 000, die deutlich über den Gefallenenzahlen vieler Kriege liegen; ihre Gesamtzahl seit Aufkommen des Kraftfahrzeuges erreicht z.B. in Deutschland die Größe eines heutigen Geburtsjahrganges.

Verlan (SPR)
I. das »Umgekehrte«, nach l'envers (fr=) »das Verkehrte«, der silbenweisen Umstülpung von Worten (z.B. mère = reum = meureu).
II. Slang, verschlüsselnde Jugendspr. in Frankreich. Vgl. Argot, Adolang, Charabia.

Versammlung Gottes (REL)
II. 1.) neuprotestantische Sekte in Brasilien, dort (1995) über 8 Mio. Anhänger. 2.) protestantische Gemeinschaft im Iran, die sich die (verbotene) Islammission zur Aufgabe gesetzt hat.

Verschwägerte (SOZ)
I. emparentados (=sp); aparentados (=pt); imparentati (=it). Vgl. Schwägerschaft.

Versehrte (BIO)
I. Körperbeschädigte, Körperbehinderte, Invalide.
II. allgemeine Umschreibung für Menschen, die durch Geburtsfehler, bestimmte Krankheiten, Unfälle, Kriegsverletzungen eine erhebliche Dauerschädigung erlitten haben. Im Hinblick auf Betreuungs- und Versorgungsmaßnahmen für diesen Personenkreis hat sich in Deutschland seit 1945 der amtl. Terminus »Behinderte« durchgesetzt. Begriffe Versehrte und Behinderte umschließen aber sehr verschiedene Teilgruppen von Beschädigten (u.a. Mißgebildete, Mißgestaltete, Amputierte, Entstellte). Terminus Behinderte ersetzt insbesondere den bis ca. 1920 auch amtl. Altbegriff »Krüppel« (Krüppelfürsorge, -ärzte, sogar Kriegskrüppel), den man heute als verletzend empfindet. Vgl. Behinderte; Invalide; Kriegsopfer, -verwundete, Körperbehinderte.

Vertragsarbeiter (WISS)
II. amtl. Terminus in ehem. DDR für die 1985 aus »sozialistischen Bruderländern« (Nordvietnam, Mosambik, Angola und Kuba) angeworbene Arbeitskräfte und eingeladene Auszubildende, die hpts. in der Textilindustrie eingesetzt wurden. Größtes Kontingent waren die Vietnamesen mit 60 000 (1989). 1995 mind. 97 000.

Vertriebene (WISS)
I. expellees (=en); expulsés (=fr); espulsi (=it); expulsados, desterrados (=pt); desplazados (=sp).
II. Menschen, die wegen ihrer Volkszugehörigkeit, Rasse, Religion oder polit. Überzeugung aus ihrer Heimat oder ihrem Wohnland gewaltsam ausgetrieben wurden.

Vertriebene, deutsche (WISS)
II. amtl. Terminus für dt. StA. oder dt. Volkshörige, die ihren Wohnsitz in dt. Ostgebieten und außerhalb des Deutschen Reiches im Zusammenhang mit Ereignissen des II.WK infolge Vertreibung, insbes. Ausweisung, oder Flucht verloren haben. Von 16,5 Mio. Deutschen in den Ostgebieten des Deutschen Reiches und in anderen Ländern Ost- und Südosteuropas erreichten 11,7 Mio. das verbleibende Reichsgebiet. Es handelte sich um 0,168 Mio. Memelländer und Baltendeutsche und 1,935 Mio. Ost- und Westpreußen, 0,283 Mio. Danziger, 1,431 Mio. Ostpommern, 0,424 Mio. Ostbrandenburger, 3,152 Mio. Schlesier aus dem alten Reichsgebiet sowie um 2,921 Mio. aus der Tschechoslowakei, 0,672 Mio. aus Polen, 0,246 Mio. aus Rumänien, 0,206 Mio. aus Ungarn, 0,287 Mio. aus Jugoslawien. Die Zahl der Toten und Vermißten während der Flucht und Vertreibung betrug 2,1 Mio. Vgl. Heimatvertriebene.

Verwandte (SOZ)
I. Verwandtschaft, Magschaft; s. auch Schwertmagen und Spilmagen; next of kin (=en); parents (=fr); parenti (=it); parentes (=pt); parientes (=sp).
II. Menschen, die aufgrund enger biologischer Abstammung und/oder sozialer Beziehungen einander besonders nahe stehen. Verwandtschaft ist die älteste Gruppen- und soziale Beziehungsform des Menschengeschlechts. Verwandtschaft ist am Modell natürlicher Abstammung orientiert, doch hieraus nicht ausschließlich bestimmt. Art, Grad und Grenzen einer Verwandtschaft sind in den verschiedenen Kulturen weit differenziert, sie können nach Alter, Geschlecht und Generation variieren, sich durch Heiraten ändern. Nächst der Blutsverwandtschaft ist die Schwieger-/Schwägerverwandtschaft zu berücksichtigen. Verwandtschaftsterminologien unterscheiden nach linearen und kollateralen Verwandten. Unter linearer Abstammung sind Personen zu verstehen, die in gerader Linie verwandt sind, deren eine von der anderen abstammt, also Eltern und deren Eltern in Potenzkette, d.h. Vorfahren und ebenso die Nachkommen; in der Seitenlinie verwandt sind Personen, die von derselben dritten Person abstammen (Geschwister, Onkel, Neffen). Kollaterale V. verstehen sich als die Geschwister der Vorfahren und deren Abkömmlinge. Der Grad der Verwandtschaft kann Rang und Stellung in der Gesellschaft bestimmen; er regelt die Weitergabe von Namen, Eigentum (Erbschaft) und zuweilen Funktionen; sie sind für wichtige soziale Beziehungen (u.a. Unterhaltsverpflichtungen, Heiratsverbote) maßgebend. »Verwandt« sind auch Bev., die durch gemeinsame Stammform oder Artung biologischer oder kulturgeschichtlicher Abstammung einander ähnlich und sich (oft unbewußt) zusammengehörig fühlen (Europide, Indogermanen, Orientale). Vgl. Versippte, Verschwisterte, Verschwägerte; Blutsverwandte, Anverwandte, Stammverwandte, Artverwandte; Familie, Sippe, Clan; Abkommen und Nachkommen.

Verwandtenehen (BIO)
II. Sammelbez. für Geschwister- und Vetternehen; gemeint sind grundsätzlich Ehen zwischen Blutsverwandten, insbesondere zwischen Voll- und Halbgeschwistern und fallweise auch zwischen Verschwägerten (denen in anderen Kulturen auch totemistische Clans entsprechen). Solche Verwandtenehen waren in alten Hochkulturen üblich oder gar gefordert, stehen aber heute in den meisten Religionen und Kulturerdteilen als Blutschande unter Inzesttabu und sind schweren Strafen unterworfen. Nicht durchgängig verfemt sind Vetternehen, werden in einigen Kulturen sogar gefördert (vgl. Kreuzvetternehen), sind im Christentum kirchlicher Billigung unterworfen; sie traten in kleinen Isolaten relativ häufig auf; unter Erbkranken (z.B. Blutern) erwachsen erhöhte Risiken. Vgl. Blutsverwandte, Vettern.

Verwitwete (SOZ)
I. verwitwete Personen, m. Witwer, w. Witwen; Altbez. (üblich noch in Schweiz und Österreich): Wit(t)männer, Sg. m. Wit(t)iber; w. Wit(t)frauen, Sg. Wit(t)ib. Widows/widowers, widowed persons (=en); veufs/(personnes) veuves (=fr); vedovi/vedove (=it); viúvos/viúvas (=sp, pt).
II. eine Familienstandskategorie: überlebende Ehepartner einer durch den Tod aufgelösten Ehe. Heute gibt es sehr viel mehr Witwen als Witwer, weil die mittlere Lebenserwartung der Frauen die von Männern fast stets um einige Jahre (in Europa rd. 7 J.) übertrifft, weil bei den meisten Paaren die Frau jünger als der Mann ist, weil Männer häufiger durch Kriegstod und Arbeitsunfall vorzeitig ableben. Einst, bis in die Mitte des 19. Jh. auch in w. Industrieländern, aber war Lebenserwartung der Frauen niedriger als die der Männer durch Müttersterblichkeit im Wochenbett. Es gab sehr viel mehr Witwer als Witwen. Zumal unter dem Zwang, die schon vorhandenen Kinder zu versorgen, gingen Witwer

nahezu regelmäßig eine neue Ehe ein. Heute währt die Witwenschaft, der Witwenstand, im letzten Lebensabschnitt oft 10 bis über 20 Jahre. In vielen Gesellschaften erfahren Witwen ein sozial und wirtschaftlich hartes Schicksal, schon deshalb stehen zahlreiche religionsdifferenzierte »Witwenbräuche« (z.B. Witwen-Jahr, W.-Schleier) u.a. im alten und heutigen Orient, im Hinduismus bis 1829 Gebot zur Selbstopferung (Verbrennung) für Frauen hoher Kasten, Satí(s); sofern kinderlos das Anrecht auf die Leviratsehe; in polygamen Gesellschaften Erbehe; mehrfach Verbote neuer Eheschließung, in Indien bis 1943.

Verwundete (SOZ)
I. Kriegsverletzte, Kriegsversehrte, Kriegsbeschädigte.
II. in Kriegen und Bürgerkriegen durch Waffeneinwirkung des Gegners verletzte Soldaten/Kombattanten, aber auch Zivilisten; bes. im 20. Jh. einschließlich Giftgaseinsatz und atomarer Verstrahlung, in bestialischen Verstümmelungen zu außerordentlicher Größe anwachsend. Bereits im I.WK waren mehr als 20 Mio. Verwundeter zu verzeichnen, davon 4,24 Mio. dt. Soldaten. Vgl. Kriegsopfer, Versehrte.

Veteranen (SOZ)
I. aus vetus (lat=) »alt«, »ehemalig«; veteranus »altgedient«; vétérans (=fr).
II. alt- oder ausgediente Soldaten, Beamte; heute wird Begriff auch auf andere Berufe übertragen. Geschlossene Ansiedlung von V. als Grenz- und Küstenschutz (gegen Piraten) war bes. im Römischen Reich üblich, war städtegründend, ließ Mischbev. entstehen.

Vettern (BIO)
I. aus fativo (ahd=) »Vatersbruder«; cousins (=fr); cugini (=it).
II. Verwandtschaftsbezeichnung, deren Sinn sich im Laufe der Zeit gewandelt hat: 1.) ursprüngl. Vaters-, dann auch Muttersbrüder; 2.) später alle männlichen Verwandten, vorzugsweise die Geschwistersöhne; heute als Kusins bezeichnet; 3.) in pejorativer Bedeutung für Verwandte und Freunde, die sich »anvettern« (Vetternwirtschaft, (schwäbisch=) Vetterleswirtschaft/Nepotismus). Vetternehen sind in älterer Kulturgeschichte häufig, treten bis in Neuzeit verstärkt in geographischen Isolaten auf. Eugenisch relevant sind nur Ehen Vetter-Cousine 1. Grades, da auf Grund gemeinsamer Abstammung beide 1/8 gleiche Gene besitzen. Vgl. Erbkrankheiten, Nepoten, Kreuzvettern; Verwandtenehen.

Vezo (ETH)
II. halbnomadisches Fischervolk an der Westküste von Madagaskar, malagasy-spr. Gehören eindeutig zum negriden Typus, sehr dunkelhäutig; Teilbev. der Sakalaven. Vgl. Sakalava.

Viehzüchter (WISS)
II. 1.) i.e.S. Bev.gruppen, die ihre Haustiere in Gehege- und Stallwirtschaft halten, die weder Hirtenweide noch Nomadismus pflegen, z.B. südostasiatische und melanesische Schweinezüchter. 2.) Sozialgruppen, die marktwirtschaftliche Tierhaltung im großen Stil betreiben, z.B. Estancieros in Lateinamerika, Ganaderos u.a. Vgl. Nomaden, Hirtenvölker, Almbauern.

Viertelneger (BIO)
II. Klassifikationsbez. für Nachkommen von Mulatten und Europiden, bes. in Nordamerika.

Viet Kieu (ETH)
I. Auslandsvietnamesen.
II. Bez. für (hpts. Süd-) Vietnamesen, die derzeit im Ausland leben, ca. 2 Mio., davon > 1 Mio. in USA (bes. in Kalifornien), Australien, Kanada, Frankreich. Sie verließen ihre Heimat noch vor oder beim Fall von Saigon 1975 an Nordvietnam vornehmlich als Boat People.

Vietnam (TERR)
A. Sozialistische Republik Vietnam. Am 2. 7. 1976 hervorgegangen aus der Republik Südvietnam und der DR Vietnam. Công Hòa Xá Hôi Chu Nghía Viêt Nam. The Socialist Republic of Viet Nam, Vietnam (=en); la République socialiste du Viet Nam, le Viet Nam (=fr); la República Socialista de Viet Nam, Viet Nam (=sp).

Ew. ungeteilt 1950: 28,681; 1960: 34,015; 1967: 39,298; 1970: 41,864; 1980: 54,175; 1985: 59,713; 1996: 75,355, BD: 228 Ew./km^2; WR 1990–96: 2,2%; UZ 1996: 19%, AQ: 6%

Nord-Vietnam: 1960: 15,917; 1967: 19,000
Süd-Vietnam: 1967: 17,000

Vietnamesen (ETH)
I. Altbez. Annamiten, s.d.; auch Kinh. Vietnamer (UN); Vietnamese (=en); Vietnamiens (=fr); vietnameses (=sp, pt); vietnamesi (=it).
II. Neubegriff nach Unabhängigkeitskrieg 1954–1975; außer dieser Mehrheitsbev. auch die zahlreichen Minderheiten (z.B. Hoa, Thai/Tay, Muong, Nung, Meo) einschließend. Vgl. Annamiten.

Vietnamesen (NAT)
II. StA. der Sozialistischen Rep. Vietnam. In der Landesbev. hält das Herrschaftsvolk der Kinh mit 87% deutliche Majorität; starke siamo-chinesische Minderheiten: Hoa (935 000), Tay (742 000), Khmer (651 000), Thai (631 000), Muong (618 000), Nung (472 000), Hmong/Meo (349 000). Amts- und Umgangsspr. ist Annamitisch-Vietnamesisch. 1950, im Kampf gegen die französische Mandatsmacht, setzten sich bedrängte Bev.steile (mind. 40 000) ins n. Thailand ab. 1954 kam es zum Bev.austausch, als man 40 000 Anhänger des Viet Minh aus Süd- nach Nordvietnam umsiedelte, aber rd. 700 000 vorwiegend katholische Nordvietnamesen unter fran-

zösischem Schutz nach Südvietnam in Sicherheit gebracht wurden. Es bestanden nennenswerte »Vertragsarbeiter«-Kontingente von V. u. a. in der ehem. DDR (1995: 100 000). Vgl. Nord- und Südvietnamesen; Viet-Kieu.

Vietnamesisch (SPR)
 I. Annamitisch-spr.; Vietnamese (=en).
 II. V., eine der Mon-Khmer-Spr. wird (1994) von rd. 60 Mio. Menschen gesprochen und in Lateinschrift geschrieben; es ist Amtsspr. in Vietnam, verbreitet auch in Kambodscha.

Vilela (ETH)
 II. kleine Indianereinheit in N-Argentinien mit Eigenspr. aus der Lule-Vilela-Spr.gruppe; Teile sind schon niedergelassen und pflegen Anbau.

Vili-Kongo (ETH)
 I. Vili, Bavili, Fiote.
 II. Sammelbez. für diverse Stämme von Mittel-Bantu-Negern im unteren Kongogebiet: Vili/Bawili oder Fiote/Bafiote wohnen an der Kabinda-Gabun-Küste, waren Träger des Loango-Königreiches; ihnen verwandt die Yombe/Mayombe im Hinterland. Größere Bedeutung noch hatte Königreich der Kongo/Bakongo mit Unterstämmen Bashikongo, Sundi/Basundi, Sorongo/Misorongo, Miserongo, Bashilongo und Kakongo. Stand bereits im 15. Jh. in Verbindung zu Portugal und wurde oberflächlich missioniert, höchste Macht im 16. Jh. Reste wurden 1884/85 Angola zugesprochen.

Vincenter (NAT)
 II. StA. von St. Vincent und Grenadinen in Kleinen Antillen. Inselbev. setzt sich aus rd. 66% Schwarzen, 19% Mulatten, 5,5% Indern, 3,5% Weißen, 2% Kariben und Zambos zusammen. Amtsspr. Englisch, Kreol-Englisch.

Vinzentinerinnen (REL)
 I. Vincentinerinnen; filles de charité, soeurs grises (=fr).
 II. Mitglieder der großen, weltweit tätigen, religiös-laikalen Frauenkongregation »Barmherzige Schwestern« für Krankenpflege; gegr. 1633 durch Vincent de Peul.

VIP(s) (SOZ)
 I. aus Very Imporant Persons (=en).
 II. bedeutende Persönlichkeiten aus Politik, Wirtschaft, Kunst, Sport, denen insbes. auf Reisen Anonymität und Vorzugsbehandlung eingeräumt wird.

Viraschaivas (REL)
 I. Virashaivas, »heldische Schivaiten« oder Lingayats.
 II. eine in Südindien verbreitete hinduistische Schule. Mitglieder führen streng puritanisches Leben, tragen das Lingam als Amulett, verbieten Kinderheirat, lehnen Kastenwesen, Opfer und Pilgerfahrten ab; verbreitet seit 12. Jh. hauptsächlich im kanaresischen Sprachgebiet Indiens.

Visaya(n) (ETH)
 I. Bisaya.
 II. deutero-malaiisches Volk in den zentralen Philippinen rings um die Visayan-See; mit 13 Mio. dort zahlenmäßig stärkste Ethnie; Ackerbauern und bekannte Fischer.

Vishnuiten (REL)
 I. Wischnuiten, Vaishnavas.
 II. Anh. des Vishnuismus, Wishnuismus, Wischnuismus, der weitverbreitetsten der drei theistischen Hauptschulen im modernen Hinduismus, geschätzt 1993 auf 498 Mio. Verehrung des Gottes Vishnu als oberstes kosmisches Prinzip. Entsprechend der verschiedenen Inkarnationsformen des Gottes (z. B. Krishna, Rama) haben sich auch eigene Kultpraktiken ausgebildet: u. a. Krishnaiten, Ramaiten.

Visitantinnen (REL)
 I. Salesianerinnen; nach Mitbegründer Franz von Sales.
 II. römisch-kath. Nonnenorden, gestiftet 1610. Vgl. Salesianer.

Vlachen (ETH)
 I. Walachen (s.d.), Vlah, Vlach; deutsch wenig spezifisch: Balkanrumänen. Vgl. Aromunen, Kutzowlachen.

Vojvodina (TERR)
 B. Wojwodina. Innerhalb der BR Jugoslawiens ehem. Autonome Region in Serbien, 1989 Aufhebung des Autonomie-Status.
 Ew. 1961: 1,855; 1981: 2,035; 1991: 2,013; BD: 1991: 94 Ew./km²

Vokietukai (SOZ)
 I. (li=) »Wolfskinder«.
 II. zeitgenössische Bez. für elternlose Kinder aus dem n. Ostpreußen, die nach 1945 in Litauen Unterschlupf suchten; Teilgruppen wurden in 50er Jahren in die damalige DDR repatriiert, andere naturalisiert, Restgruppen verblieben als Staatenlose.

Volk (WISS)
 I. people (=en); peuple (=fr); popolo (=it); pueblo (=sp); povo (=pt); minzoka (=jp); narod (=rs).
 II. Bev.gruppe, die durch gemeinsame Abstammung, kulturelle Eigenart, gleiche Spr. und geschichtliche Erfahrung im sozialen und polit. Miteinander zusammengehalten wird. Unterglieder eines Volkes können Stämme sein, andererseits wird Begriff ethnologisch auf vorindustrielle Ges. oder auf Naturvölker, Stämme eingeschränkt. Seine Erläuterung divergiert zeitlich und fachlich sehr stark. Im allg. Sprachgebrauch wird V. überwiegend für größere (mind. Hunderttausend) Mitglieder umfassende, historisch gewachsene Ethnien verwendet.

Die heute häufige Gleichsetzung von V. und Nation (vgl. Volksgemeinschaft) ist strikt abzulehnen. Alter Begriffsinhalt: Gefolgschaft, Heerleute; ugs. heute kaum auch für eine beliebige »breite Masse«. Vgl. Ethnie, Ethnos, Populationen, Staatsvolk, Stamm, Volksgruppen.

Völkerschaften (SOZ)
I. Volkschaften.
II. kein wiss., sondern ein literarischer Ausdruck; etwa im Sinn von Ethnie, Kleinvolk, Stamm, auch Umschreibung für eine unbestimmte Zahl von Kleinvölkern oder Stämmen.

Völkerwanderer (WISS)
II. Teilnehmer an Wanderungen ganzer Völker, Volksstämme, die bei Bev.wachstum aus beengtem Nahrungsspielraum oder unter Druck gegnerischer Völker ihre Wohngebiete verlassen mußten. V. durchmaßen über lange Zeiträume ganze Kontinente. Terminus bezieht sich insbes. auf die Wanderer germanischer Völker zw. dem Hunneneinfall in das Gotenreich 375 bis zum Langobardenzug 568, doch gab es entsprechende Wanderungen auch bei Nichtgermanen und zu späteren Zeiten (Slawen, Mongolen, Magyaren).

Volksdeutsche (SOZ)
I. amtl. Terminus im nationalsozialistischen Deutschland 1933–1945.
II. Personen dt. Volks-, aber fremder Staatszugehörigkeit, die außerhalb der Grenzen Deutschlands und Österreichs (zum Stand von 1937) wohnen, vertreten durch den VDA. Vgl. Auslandsdeutsche, Volkslistenangehörige.

Volksgemeinschaft (SOZ)
I. Dschamahirija/Jamahiriyah (=ar).
II. die durch ein starkes Bewußtsein der Zusammengehörigkeit charakterisierte Gemeinschaft der »Volksgenossen« unter ideologischer Gleichsetzung von Volk und Nation; V. wurde in extremster Ausprägung im dt. Nationalsozialismus als höchste ethische Instanz verstanden. Nicht identisch mit Solidargemeinschaft. Begriff V. wird auch von Islamisten im Orient benutzt.

Volksgruppen (WISS)
I. ethnical groups (=en); communautés ethniques, groupes ethniques (=fr); gruppi etnici (=it); grupos étnicos (=sp, pt); ethnische Minderheiten, nationale Minderheiten, »ethnische Schicksalsgemeinschaften«; in bes. Fällen oder stark verallgemeinert »Nationalitäten«.
II. Bev.einheit, die eine gemeinsame ethnische, geschichtliche, religiöse, kulturelle und/oder sprachliche Identität besitzt, welche sie von der übrigen Bev. ihres Staates/Gliedstaates unterscheidet, wobei ihr Wille zum Selbstbekenntnis vorausgesetzt ist. Volksgruppenangeh. müssen ferner über ein Wohngebiet im Aufenthaltsstaat verfügen, in dem die V. traditionell ansässig ist, wodurch temporär niedergelassene Gruppen von Ausländern begrifflich ausgeschlossen bleiben. Nach älterem Verständnis kam Terminus nur abgetrennten Teilen solcher Völker zu, deren Haupt- oder Stammgruppe (zahlenmäßig und bestimmend) in einem anderen Staat ansässig ist. Verbindliche Volksgruppenrechte (u.a. auf Existenz und Heimat; auf Gleichbehandlung und Nichtdiskriminierung; auf eigene Schulausbildung und Spr. in Öffentlichkeit, vor Gericht und Verwaltung sowie bei Namensführung; auf Freizügigkeit und Kontakt mit Volksangeh. im Stammland oder anderen Volksgruppengebieten; gar auf Verwaltungsautonomie) haben bislang meist nur den Rang von Deklarationen und wurden erst in Einzelfällen realisiert (z.B. für Südtiroler, Nordschleswiger); eine entsprechende EU-Charta mit Verfassungsrang ist noch umstritten.

Volkskommunen (SOZ)
II. lokale Wohn- und Wirtschaftsgemeinschaften mit meist mehreren tausend Familien in der VR China. Sie stellen in Nachfolge vorheriger Landgemeinden die unteren Verwaltungseinheiten dar.

Volkslistenangehörige (WISS)
II. von der deutschen NS-Regierung 1941–1945 mit der Absicht späterer Eindeutschung erfaßte und polit. klassifizierte Bew. in den »eingegliederten Ostgebieten« im Westteil Polens nach Maßgabe ihrer Abstammung, polit. Zuverlässigkeit und »Eindeutschungsfähigkeit«. Es wurden vier Volkslistengruppen unterschieden: 1. Volksdeutsche, die sich vor 1939 aktiv zum Deutschtum bekannt hatten. 2. nichtaktive Volksdeutsche, die sich nachweislich ihr Volkstum bewahrt haben, die mind. zu 50% die dt. Sprache beherrschten. 3. deutschstämmige Personen, sofern sie Bindungen zum Polentum eingegangen waren, ferner Personen zweifelhafter dt. Abstammung sowie solche, die als eindeutschungsfähig angesehen wurden (Oberschlesier, Kaschuben, Slonzaken u.a.). Diese erhielten die dt. Staatsbürgerschaft auf Widerruf. 4. Schutzangehörige des Deutschen Reiches; Polen, doch auch Volksdeutsche, die aber völlig im Polentum aufgegangen waren. Neben etwa 1 Mio. Volksdeutscher der Volkslisten 1 und 2 erhielten etwa 1,7 Mio. Angehörige der Liste 3 die dt. Staatsangehörigkeit. In die Volksliste 4 fielen rd. 6 Mio. Polen. Die Zuweisung zu einer dieser Volkslisten war für das Schicksal der Betroffenen in mehrfacher Hinsicht entscheidend: sie begründete Gruppen unterschiedlichen Rechts, gab nach 1945 das Kriterium ab für eine etwaige Enteignung und Zwangsaussiedlung und gilt noch heute nach Jahrzehnten als Nachweis, der zu nunmehr freiwilliger Übersiedlung nach Deutschland und Anerkennung dt. Staatsangehörigkeit (bzw. Doppelbürgerschaft) berechtigt. Vgl. Volksdeutsche; Eingebürgerte, Staatsangehörige.

Volksmasse (SOZ)
 I. Volksmenge, Menschenmasse, große Menschenansammlung.
 II. eine unbestimmte Vielzahl von Menschen; im Unterschied zur Gruppe zumeist ungegliedert und anonym. Soziol. wird unterschieden: 1.) die unstabile M., vorübergehende Ballung erregter Menschen (Aufruhr, Demonstrationen): Massen i.e.S., konkrete M., wirksame M., versammelte M., aktuelle M.; crowd (=en); folla (=it). 2.) die abstrakte M., latente M.; mass (=en), masse (=fr); masa (=sp); massa (=pt).

Volksrumänen (ETH)
 II. im eigentlichen Sinne die Bew. rumänischer Streusiedlungen ö. des Bug, 1897: 435 000 »Rumänen«. Je nach zeitgenössischer Definition im II.WK solche am unteren Dnjestr (Transnistrien) oder auch speziell solche im Gebiet der heutigen Ukraine mit der Krim, zuweilen sogar incl. solcher im Kaukasus-Vorland. Es handelt sich um Nachkommen balkanromanischer Wanderhirten oder angesetzter Siedler rumänischer Spr. und Volksherkunft.

Volkszugehörige (WISS)
 II. abgetrennt in einem fremden Land wohnende Mitglieder eines Volkes, die sich zu ihrem Volkstum bekennen, was sich durch bestimmte Merkmale wie Abstammung, Spr., Erziehung, Kultur bestätigt.

Vollbauern (SOZ)
 I. Hofbauern, Besitzer ganzer Höfe; Vollerben, Vollhüfner, Vollmeier, Vollspänner.

Volljährige (WISS)
 I. Mündige, Großjährige.
 II. Personen im Besitz voller Geschäftsfähigkeit, die (entsprechend nationalem Recht) mit Erreichen eines gesetzlich festgelegten Alters erlangt wird, in Mitteleuropa einst durchwegs mit 21 J., heute in Deutschland (seit 1. 1. 75) mit 18, in Österreich mit 19, in Schweiz, Marokko, Japan mit 20 J., in Israel bereits mit 16 J. Indirekt an die Volljährigkeit gebunden sind u. a. Wahlrecht und Wehrpflicht; hingegen ist die Ehemündigkeit sehr differenzierter geregelt, sie liegt nicht nur in anderen Kulturerdteilen mehr oder minder weit unter der Volljährigkeit. Vgl. Jugendliche; Minderjährige, Heiratsfähige.

Vollnomaden (SOZ)
 I. Eigenbez. Arab; Badaui, Beduinen, Bedus.
 II. echte Großviehnomaden (vornehmlich Kamelzüchter), die stammweise, bestimmt durch den jahreszeitlichen Niederschlagsgang, regelmäßige Weidewanderungen über größere Wanderstrecken in den Trockensteppen bis Wüsten des altweltlichen Trockengürtels vollziehen. Sie fühlen sich edler Abstammung und haben ein ausgeprägtes Sippen- und Stammesbewußtsein entwickelt. Ihre temporären Wohnstätten sind die schwarzen Beduinenzelte. Ihr Aufstieg zur herrschenden Schicht in Vorderasien und Nordafrika, die eigentlichen Araber (al-Arab al-àriba) sowie arabisierte Stämme (Kurden, Berbern, Tibbu usw.) geschah gegen Ende des 2. Jtsd. v.Chr. (*v. WISSMANN*). Diese Kamelnomaden reiterkriegerischer Ausbildung werden ethnologisch auch als Voll-Beduinen bezeichnet. Sie überfluteten im 3. Jh. n.Chr. die Randstaaten Arabiens und förderten im 7. Jh. die Ausbreitung des Islam.

Vollständige Familien (WISS)
 II. Ehepaare mit Kindern. Vgl. Gegensatz Unvollständige Familien.

Voodooisten (REL)
 I. aus Vodu, Vodoo, Vodou, Vaudou, Vaudoux, Wodu; abgeleitet aus Mundart-Begriff des Ewe-Stammes im ö. Togo und Benin/Dahomey;
 I. »Numen«, »Genius«, »Schutzgeist«. Pejorative Ableitungen aus veau d'or (fr=) Tanz um das »Goldene Kalb« oder vaudois (fr=) Waldenser.
 II. Anh. eines in der Karibik, bes. auf Haïti, unter Sklavennachfahren verbreiteten Kults, der westafrikanische Stammesriten mit Lehren der Kath. Kirche verbindet. Seit 17. Jh. als Geheimkult betrieben, ob seiner Bedeutung in Unabhängigkeitskämpfen 1791, 1803, 1964 als »Religion der Befreiung« in Haïti offiziell anerkannt. Hougans (Priester) und Mambos (Priesterinnen). Auf anderen Karibikinseln entsprechen Santeria-, Nañiguismo- und Palamonte-Religion dem Voodoo-Kult. Vgl. Santeros.

Voortrekker (SOZ)
 Vgl. Buren.

Vorarlberg (TERR)
 B. Bundesland in Österreich.
 Ew. nach heutigem Gebietsstand: 1754: 0,059; 1800: 0,076; 1850: 0,104; 1869: 0,103; 1880: 0,107; 1910: 0,145; 1934: 0,155; 1951: 0,194; 1961: 0,226; 1971: 0,271; 1981: 0,305; 1997: 0,345

Vorbevölkerung (BIO)
 I. »gewesene Menschheit« nach *F. RATZEL*.
 II. die Gesamtheit aller Menschen, die vor heute gelebt haben. Nach *W. FUCHS* 60–80 Mrd.; nach *W. WINKLER* und *N. KEYFITZ* 69 Mrd., nach *P.R. EHRLICH* 60–100 Mrd.. Die V. ist Gegenstand der Anthropologie, Paläodemographie und Bevölkerungsgeographie in Hinblick auf die Inbesitznahme der Erde durch die Menschen, die kulturelle Entfaltung und Differenzierung. Vgl. Ahnen.

Vorderasiaten (ETH)
 II. dieser geogr. Terminus entspricht im großen Ganzen der statistischen UN-Bezeichnung Westasiaten; wird wie auch dieser uneinheitlich gebraucht, zuweilen unter Einschluß von Ägypten.

Vorfahren (BIO)
 I. Aszendenten; Altbez. Altvordern.

II. Verwandte in »aufsteigender« Linie (Eltern, Großeltern, Urgroßeltern). Vgl. Gegensatz Nachfahren, Deszendenten.

Vorruheständler (SOZ)
I. Frührentner; (im Hinblick auf Auswirkungen nicht voll identisch).
II. aus gesundheitlichen oder arbeitsmarktpolit. Gründen vorzeitig in den Ruhestand entlassene Berufstätige. Eine andersweitige Lösung ist die Altersteilzeitarbeit. Der Umfang eingeräumter Vorruhestandsregelungen differiert bzw. schwankt gemäß unterschiedlicher Bewertung in den Industrieländern weit. Während 1982–1992 die Erwerbsquote in Japan nur auf 84,9 % absank, fiel sie in Deutschland von 65,5 auf 60,1 %, in Frankreich gar von 59,8 auf 44,0 %. Unter den m. Neurentnern des Jahres 1991 in Deutschland waren 80 % untern 65, 30 % unter 60 J. alt. Dementsprechend ist Anteil der erwerbstätigen Männer zwischen 60 und 64 J. drastisch gesunken, z. T. auf unter 20 % (Finnland, Frankreich, Niederlande). Vgl. Zwangssenioren.

Vosgien (SPR)
II. französ. Patois, gesprochen in einigen Vogesentälern (oberstes Weißbach-, Leber- und Breuschtal) sowie Dörfern in der Belfort-Schlucht.

Vute (ETH)
I. Wute, Bute, Bafute, Mfute, Galim.
II. kleines Bantu-Volk mit einer Benue-Kongo-Spr. in Mittelkamerun ö. des Mbam; < 100 000 Köpfe. Bekannt durch frühe staatliche Organisation und hervorragende Waffentechnik. Wurden im 19. Jh. durch Fulbe unterworfen, sind heute in Teilen islamisiert.

W

Wa (ETH)
I. Hkawa, Hkun, K'a-la, K'a-wa, La, Lai-wa, Lawa, Loi, Loi-la, Nyo, Tai-loi, Vu, Wa Wu. Von benachbarten Schan pejorativ in »zahme« und »wilde Wa« unterschieden; spr. und kulturell eng mit den Lawa NW-Thailands verwandt.
II. Volk in Yünnan/SW-China, (ca. 300 000) und in N-Myanmar (ca. 400 000). Wilde W. einst Kopfjäger, Wegelagerer, noch heute Mohnbauern; Zahme W. in den Niederungen des Salween sind weitgehend den tai-spr. Nachbarn angepaßt und haben Buddhismus angenommen.

Wa (SPR)
I. Hkawa u.a.
II. Sprgem. einer Mon-Khmer-Spr. in SW-China mit 1994 ca. 360 000 Köpfen.

Waadtländer (ETH)
I. vaudois (=fr, en).
II. 1.) Bürger und 2.) i.w.S. Bew. (1997: 608 000) des Schweizer Kantons Waadt/Vaud (=fr) am Nordufer des Genfer Sees; überwiegend französischspr. und protestantischer Konfession.

Wabenzi (SOZ)
II. (su=) in Ostafrika Bez. für »reiche Leute«, abgeleitet von »Mercedes-Benz«, den sie häufig fahren.

Wachanen (ETH)
I. Selbstbez. Chik; Vachancy (=rs).
II. kleines Pamirvolk mit einer iranischen Eigenspr. (Wachanisch); Anzahl < 10 000 Seelen; Bergbauern in Pamir-Hochtälern im Gorno-Badachschanischen Autonomen Gebiet Tadschikistans. Kamen am Beginn des 20. Jh. unter russische Herrschaft; haben sich seither an Berg-Tadschiken assimiliert; sind ismailitische Muslime.

Wachtturm-Gesellschaft (REL)
I. Watch Tower Bible and Tract Society (=en). Vgl. Zeugen Jehovas.

Wadai (ETH)
I. Wadday.

Wadejew-Samojeden (ETH)
I. Eigenname Asja; Vadeevskie Tavgijcy (=rs). Vgl. Nganassen.

Wafiomes (ETH)
II. den Wamangatis und Wambulus stammverwandte Ethnie in Tansania; ihre Spr. ist Kifiome, ähnlich den Kimbulu und Kimangati.

Wahhabiten (REL)
I. nach Stifter Abd al-Wahhab; Wahhabiyun (ar=) »Einheitsbekenner«.
II. 1.) im 18. Jh. gegr. Reformsekte im sunnitischen Islam; zur Rechtsschule der Hanbaliten gehörig; Doktrin ist von großer Kompromißlosigkeit gegenüber Neuerungen geprägt. W. bekämpfen insbes. Heiligenverehrung, Begräbniskult, Musik; betreiben strikte Geschlechtertrennung in der Öffentlichkeit, bes. im Schulwesen. Durch Verbindung mit der Herrscherfamilie der Saud im Nedsch gelang es seit 18. Jh., Arabien zu einigen. Seither verbreitet in Saudi-Arabien (über 10 Mio.), dort Staatsreligion. Verdienste um Ansiedlung der Nomaden und Wiederbegründung von Oasen. Lehre der W. hat auf die Mahdi-Bewegung im Sudan, die libysche Senusiya und moderne Reformlehren eingewirkt: Ansar as-Sunna al Mohammediya. Wahhabismus hat auch auf Teile Indiens, auf Sumatra und Nordafrika ausgegriffen. 2.) In Südjemen pejorative Bez. für muslimische (nordjemenitische) Eiferer.

Wahhabiyun (REL)
I. Muwahiddun, Wahhabiten.

Wahiba (ETH)
II. arabischer Beduinenstamm in der Sandregion des s. Oman.

Wahiro (SPR)
II. Eigenspr. der Goajiro-Indianer (s.d.) in Kolumbien und Venezuela.

Waiapi (ETH)
II. kleiner Indianerstamm im Amazonas-BSt. Amapa/Brasilien. W. galten in siebziger Jahren als fast ausgerottet, zählen 1992 wieder rd. 400 Köpfe, wobei 90 % aller W. jünger als 15 J. sind, da Geburten schon bald nach Geschlechtsreife mit 11–12 Jahren. W. sind trotz vielseitiger Zivilisationseinflüsse noch Wildbeuter.

Waika (ETH)
I. im Norden Südamerikas mehrfach auftretender Name, u.a. als Karibenstamm Waica, Vaica.
II. Indianerstamm zw. oberem Orinoco und oberem Rio Branco, bildet mit Shirianá und Guaharibo eigenständige Spr.familie. Von ackerbautreibenden Guayana-Stämmen abgedrängt und isoliert. W. sind Sammler, Jäger und Fischer. Vgl. auch Yanomami.

Waisen (SOZ)
I. Waisenkinder; orphans (=en); orphelins (=fr); orfãos (=pt); huerfanos (=sp); orfani (=it).
II. elternlose Kinder: Vollwaisen; bzw. Kinder, die nur einen Elternteil verloren haben: Halbwaisen. Als bekannte Teilgruppen sind zu unterscheiden Scheidungs-, Kriegs- und Aids-Waisen. Als Folge einschneidender gesellschaftlicher Zäsuren können erschreckend hohe W.-Zahlen auftreten: z.B. wächst

in USA jedes vierte Kind bei einer alleinerziehenden Mutter auf, ist in Städten Ruandas jedes sechste Kind Halb- oder Voll-Aidswaise. Betreuungsprobleme: W.-häuser und Vormundschaft, Versorgung durch Großfamilien. Vgl. Scheidungswaisen; Aids-Opfer; auch »verwaiste Eltern«.

Waiwai (ETH)
II. Überbegriff für verschiedene karibisch-spr. Indianerstämme, u. a. die Parakoto im n. Tiefland Südamerikas; treiben Wanderhackbau, Jagd und Fischerei. Stämme sind in Altersklassen gegliedert.

Wajnachen (ETH)
II. gemeinsamer Eigenname von Tschetschenen und Inguschen.

Wake (TERR)
B. Ontoroschima (=ja). Insel. US-amerikanisches Außengebiet (Nichtinkorporiertes Territorium) im Pazifik; s. Amerikanisch-Ozeanien. Wake (Island) (=en); (l'île de) Wake (=fr); (la isla de) Wake (=sp). Ew. 1996 (Personen): ca. 200

Wakhi (ETH)
II. eines der Hunza-Völker im n. Kaschmir, bis auf 2800 m Höhe lebend. Sind als Nomaden von Afghanistan und Russisch-Turkestan her eingewandert; spr. und kulturell den Buruscho verwandt.

Wal(i)sche (SOZ)
II. abfällige Bez. der Österreicher für Italiener. Vgl. Welsche.

Wala (ETH)
I. Oule, Wile.
II. spr. den Mossi angeglichener Stamm in NW-Ghana, > 75 000.

Walachen (ETH)
I. Wlachen, Vlachen, Serbo-Vlachen, Walachen; (gr=) Wlachi; Vlasi; Wallachians (=en); valachos, vlakhos (=zi); olah (=un).
II. 1.) Regional gesehen: Bew. der rumänischen Walachei (Geogr. Name) im Unterschied zu denen der Moldau. 2.) Seit etwa 10. Jh. bei den slawischen Völkern SE-Europas übliche Bez. für alle Rumänen: von diesen wird Bez. als abschätzig empfunden. 3.) Sammelbez. insbes. im 12.–15. Jh. für romanisierte Bev.teile, welche vor der slawischen Einwanderung in die südosteuropäischen Waldgebirge auswichen, sich aber z.T. auch mit Slawen vermischt haben. 4.) Terminus für die Lebensformgruppe bergnomadischer Schafzüchter, wie sie sich unter den spezifischen Bedingungen von Landesnatur und Geschichte in den Gebirgen SE-Europas ausgebildet hat (z.B. Besitz des Jus valachinum, das u.a. vom üblichen Zehnten befreite). Im gleichen Sinne als abwertende Bez. der ansässigen, anbautreibenden Landbew. auf dem Balkan für alle Hirtengruppen (Aromunen, Sarakatsanen u.a.). Div. regionale Spezifizierungen: u.a. hieß man Vlah in Bosnien und Dalmatien einst die griechisch-orthodoxen Slawen; W. nannte man die rumänischen Hirten, die im 16. Jh. in die mährischen Beskiden einwanderten. 5.) Vlach gilt auch als Dialektgruppe der Zigeuner in SE-Europa. Vgl. Aromunen, Dakorumänen, Istro-Walachen, Kutzowlachen, Megleno-Walachen, Morlakken, Zinzaren.

Walamo (ETH)
I. Ometo.
II. hamito-nilotisches Volk n. des Abaja-Sees im s. Äthiopien mit ostkuschitischer Spr., derzeit < 1 Mio., treiben Hackbau. Sowohl Christentum als auch Islam sind vertreten, üben noch Infibulation.

Walbiri (BIO)
II. Stamm der Aborigines nw. Alice Springs in der Zentralwüste Australiens. Ihre Sprache heißt Pitjantja. Einst Wildbeuter, z.T. noch Totemgemeinschaften, Altersrangsystem der Männer, zweistufige Bestattungsrituale. Ca. 2000 Köpfe. Eine Untergruppe sind die Walpari/Njalia.

Waldbrüder (SOZ)
II. die nach der sowjetischen Besetzung Estlands 1940 in den Wäldern operierenden estnischen Untergrundkämpfer.

Waldenser (REL)
I. Waldesier (nach Gründer Pierre Valdes/Petrus Waldes) als ursprünglicher Fremdname der Verfolger; pauperes spiritu, pauperes lombardi »die geistlich Armen«, die »armen Christen von Lyon«, »Lyoneser«, »Sandalenträger«; seit MA Valdesia. Waldenses (=en); valdesi (=it).
II. eine 1176 gegr., nach den Geboten der Bergpredigt lebende Laienbewegung, verwarfen u.a. Eid, Blutgerichtsbarkeit, Almosen, Ablässe, forderten Laienpredigt (durch Barben). Von der römischen Kirche 1184 und im Laterankonzil 1215 (nach Bann während Albigenser-Kreuzzüge) als Häretiker exkommuniziert, über Jahrhunderte verfolgt, zum Abschwören gezwungen und vertrieben. Fluchtgruppen und Wanderprediger verteilten sich im späten MA über das Languedoc nach Spanien und selbst nach Kalabrien, Flandern und Lothringen, andererseits über Oberitalien nach Süddeutschland (Baden-Württemberg und Hessen). Dort Kontakte mit Katharern, Hussiten und Böhmischen Brüdern. Reste schlossen sich 1532 auf der Synode von Chanforan dem Genfer Calvinismus an. Nur in Italien behielten sie eigenen Kirchencharakter. Verfügten seit 18. Jh. über eigenes Schulwesen. Heute hpts. in Piemont und Savoyen (»Waldenser-Täler«: Val Chisone-Germanasca, V. Pellice), wo rd. 15000 noch okzitanisch-spr., insgesamt rd. 50000 Anh. calvinistischer Ausrichtung leben. Sie werden geleitet von der Tavola Valdese in Rom, stehen in Union mit italienischen Methodisten. Vgl. Pfälzer; Chiesa Evangelica Valdese.

Wales (TERR)
B. Fürstentum. Als Nebenland Englands seit 1277 Teil von Großbritannien. Wales (=en); le Pays de Galles (=fr); el País de Gales (=sp); Gales (=pt); Galles (=it).
Ew. 1996: 2,921, BD: 141 Ew./km²

Waliser (ETH)
I. Welshmen (=en).
II. 1.) Volksstamm in Großbritannien mit keltischer Eigenspr. (Kymrisch), die (neben Englisch) noch von rd. 500 000 gesprochen wird. W. bzw. ihre Nationalpartei betreiben seit 1952 größere Eigenständigkeit im Inselreich und bekämpfen Zuwanderung von Engländern. W. gelten als äußerst arbeitsam, ihre Produktivität liegt weit über dem britischen Durchschnitt.
2.) Bew. der sw. Halbinsel Wales/Cymru mit 2,9 Mio. Ew. (1996). Div. Auswandererkolonien u. a. im argentinischen Patagonien (seit 1865).

Walisisch (SPR)
I. Welsh, Kymrisch.
II. Träger der kymrischen, zur Britannischen Gruppe der Keltischen Spr. zählenden Spr., die von den Britonnen/Brythoniaid im 1. Jtsd. v. Chr. auf die britischen Inseln übertragen worden ist. Genutzt nur mehr als Zweitspr. nächst Englisch in Wales/Großbritannien. Sprecherzahl 1901 noch 930 000 (50 % der Gesamtbev.), 1951 rd. 715 000 (28,9 %), 1990 ca. 540 000; ebenso gefallen ist Anteil der ausschließlich W.-spr. 1971 auf 33 000 (1,2 % der Gesamtbev.) in Wales/Großbritannien.

Wallfahrer (REL)
I. Waller, Wallbrüder.
II. Menschen, die einzeln oder in geschlossenen Gemeinschaften aus frommen (an religiösen Feier-, Namens-, Erinnerungstagen) oder aus individuellen Motiven (Dank abstattend, Heilung und Kraft suchend) bevorzugte Gnadenstätten ihrer Rel. aufsuchen, wallfahren. In gewissem Unterschied zur Pilgerschaft werden Wallfahrten wiederholt bis regelmäßig unternommen, sind eher von kurzer Dauer und räumlich enger begrenzt. W. kennen Christentum, Buddhismus, Jinismus, Hinduismus, Shintoismus, auch der Islam. Vgl. Pilger.

Wallis und Futuna (TERR)
B. Französisches Überseeterritorium. The Territory of Wallis and Futuna (Islands), Wallis and Futuna (Islands) (=en); le territoire (des îles) de Wallis-et-Futuna, Wallis-et-Futuna (=fr); el Territorio de (las islas) Wallis y Futuna, Wallis y Futuna (=sp).
Ew. 1950: 0,007; 1970: 0,009; 1996: 0,015, BD: 55 Ew./km²; WR 1980–86: 1,8 %

Walliser (ETH)
I. Valaisiens (=fr); Valaisans (=en); Valaisans (=fr).
II. Bürger des schweizerischen Kantons Wallis. Zu unterscheiden sind die deutschspr. Oberwalliser und die französischspr. Unterwalliser.

Wallisianer (ETH)
I. W. entspricht Name des entdeckenden britischen Kapitäns.
II. Bew. der Insel Wallis/Uvéa, die 1767 von Tonga aus besiedelt wurde. Seit 1888 französisch, seit 1961 französisches Überseeterritorium im Südpazifik, doch dauert altes Königtum fort. 1990: ca. 9000 Ew., fast ebensoviele leben in Neukaledonien und auf Vanuatu; es sind vorwiegend Tahiter. Vgl. Polynesier.

Wallisianer (NAT)
I. Wallisians (=en); wallisiens (=fr).
II. Staatsbürger des französischen Überseeterritoriums Wallis und Futuna im Südpazifik. Ca. 16 000 leben als Gastarbeiter in Neu-Kaledonien.

Wallonen (ETH)
I. abgeleitet aus Volcae (=lat), einem Gallier-Stamm; Wallons (=fr); Walloons (=en); walónes (=sp); deutsche Altbez. Walen.
II. französischspr. Teilbev. Belgiens, mit vier Mundarten, verbreitet im S bis in das Artois. 1991 ca. 3,258 Mio., rd. 38 % der belgischen Gesamtbev., beanspruchten gleichwohl polit. Präponderanz, erst mit 3. Stufe der Staatsreform (1993) politisch-wirtschaftlicher Ausgleich mit Flamen und weitgehende Eigenständigkeit der Wallonie im neuen Bundesstaat.

Walpari (BIO)
I. Njalia.
II. Untergruppe der Walbiri-Aborigines in Australien.

Walser (ETH)
I. mundartlich für deutschspr. Walliser.
II. 2000 bis max. 3000 alemannische Kolonisten, die das erst im 8./9. Jh. deutschbesiedelte obere Rhônetal im 12.–14. Jh. wieder verließen und in zahlreichen Hochtälern der Mittleren Alpen (hpts. in Graubünden und Vorarlberg, doch u. a. auch im oberen Tocetal und am Südfuß des Mte. Rosa) hoch über der ansässigen romanischen Bev. (in bis zu 2200 m Höhe) auf rd. 3900 km² ihre ganz auf der neuentwickelten Alpwirtschaft beruhenden Kolonien begründeten. Dank großer Kinderzahlen waren die bis dahin überdauernden 64 Gemeinden bis 1869/71 auf rd. 30 000 Ew. angewachsen.

Walzende Handwerker (SOZ)
I. aus Walzen, u. a. »auf die Wanderschaft gehen«.
II. Handwerkergesellen, denen nach der alten europäischen Gewerbeverfassung die Walzwanderung zwingend vorgeschrieben war; über I. WK hinaus hat sich hpts. die Walz der Zimmerleute erhalten. Je nach Aufenthalt »fremdgeschrieben« oder »einheimisch«. Typische Zunftkleidung. Vgl. Gesellenbruderschaften/-schächte.

Wameqtikosiu (SOZ)
I. »Erbauer von Holzschiffen«.

II. Altbez. der Mohwak-Indianer an den Großen Seen in der Kolonialzeit für Franzosen.

Wampanoag (ETH)
II. kleiner untergegangener Indianerstamm der Abnaki-Föderation in Massachusetts.

Wandalen (ETH)
I. Vandalen, Wandilier; al Andalisch (=ar); Vandals (=en); Altbez. Lugier/Lygier.
II. ostgermanisches Volk, ursprünglich in N-Jütland und Seeland, im 1. Jh. nach Schlesien und Polen abgewandert, im 2. Jh. im ö. Vorland der Karpaten und an der oberen Theiß. Überschritten mit anderen germanischen Völkern im frühen 5. Jh. Rhein und Pyrenäen. Aus Spanien durch Westgoten bedrängt, wichen W. 429 n.Chr. mit ca. 80 000 Menschen über Straße von Gibraltar nach Afrika aus, gründeten dort mit der Hauptstadt Karthago ein Reich (439), von dem aus sie das w. Mittelmeer beherrschten, 455 Rom plünderten. Es ging 534 nach Niederlagen gegen Belisar unter, die Überlebenden wurden deportiert. Frühe Teilstämme der W. im ö. Mitteleuropa: Silingen/Nahanarvalen (vgl. Schlesier), Asdingen/Harier/Charini, Victofalen und Lakringen (in Galizien), Burier. Vgl. Vandalen.

Wanderarbeiter (SOZ)
I. migrant workers (=en); ouvriers ambulants (=fr); lavoranti avventizio (=it); trabajadores migratrios (=sp).
II. im allg. und bis zum I.WK amtl. Spr.gebrauch: Arbeitskräfte, die zur Wahrnehmung zeitlich begrenzter Beschäftigung Wanderungen zwischen ihrem Heimatort und einem oft im Ausland gelegenen Arbeitsort zurücklegen. Unter diesem Terminus werden hpts. landwirtschaftliche Saisonarbeiter (z.B. Erntearbeiter) subsumiert, ferner die Wandergewerbler, z.B. gelatieri (=it). Beider Familienangehörigen verbleiben überwiegend am Heimatort. I.w.S. schließt Terminus heute weit unterschiedlichere Erscheinungsformen ein von illegalen Erntehelfern (Kalifornien) bis zu Minenkontraktarbeitern (Südafrika). Gemeinsam ist allen Kategorien, daß sie ungeachtet von Wanderungsdistanz und -dauer sozial, wirtschaftlich und vor allem kulturell zumeist ihrer Heimat voll verbunden bleiben, daß sie in den Ziellländern ihrer Wanderungen nur selten und dann nur partiell integriert werden. Temporäre Arbeiterwanderung vollzieht sich oft als geschlossene Gruppen- und sogar Massenwanderung (China, Schwarzafrika), überbrückt Entfernungen bis zu vielen hundert Kilometern, verknüpft Gebiete hoher kultureller und sozialer (auch Einkommens-) Differenzen. Vgl. Arbeitswanderer. Burlaken, Custom cutters, hendekçi, Kökçü, Macheteros, Preußengänger, Saisonarbeiter, Schabaschniki. Saisonarbeiter.

Wanderer (WISS)
I. migrants (=en, fr);migranti (=it); migrantes (=sp, pt); eingedeutscht: Migranten. Abgesehen von Grundbedeutung: Personen, die sich in der Freizeit per Pedes, Rad, Boot usw. in erholsamer Weise fortbewegen, wird Begriff W. (weder ugs. noch sachlich begr.) in Wissenschaft, Verwaltungsrecht und Statistik auch in ganz anderem Sinn verwendet.
II. Personen oder Personengruppen, die ihren Wohnsitz wechseln, ihn (grundsätzlich) über eine Gemeinde- oder Staatsgrenze verlegen. Dementsprechend ist jeder W. an seinem alten letzten Wohnort Abwanderer (Fortgezogener) und zugleich an neuen jetzigen Wohnort Zuwanderer (Zugezogener). Die Praxis hat erforderlich gemacht, diese enge Definition um den Begriff der Binnenwanderung zu erweitern; wir sprechen von Binnenwanderern (bei Wohnplatzwechsel innerhalb eines Verwaltungs- oder letztlich Staatsgebietes) sowie analog bei Umzüglern innerhalb der Grenzen von Großstädten und Megalopolen (wobei fallweise noch differenziert werden kann nach Kernstadtabwanderern, Stadtrandwanderern usw.). Gleiche beschreibende Absicht liegt dem Begriffspaar Nah- und Fernwanderer zugrunde. 1.) So ist also entsprechend dem Herkunfts- und dem Zielgebiet der W. zu unterscheiden zw. Binnenwanderern und Außenwanderern je nachdem ihre Wanderung eine Staatsgrenze überschreitet oder nicht. Im Fall von Außenwanderung spricht man von Auswanderern, Emigranten, denen aus Sicht der Aufnahmeländer Einwanderer, Immigranten gegenüberstehen. Derartige Wanderungen können in Freizügigkeit oder als Zwangswanderungen (Zwangswanderer) ablaufen. Es kann sich um Einzelwanderer oder um Gemeinschafts-, Gruppen-, Kollektivwanderer oder gar Massenwanderer handeln. 2.) Spezielle Termina dienen der Charakterisierung zeitübergreifender Wanderungsströmungen: Land-, Insel-, Berg-/Gebirgsabwanderer, Stadt-(zu)wanderer; Völkerwanderer und des Wanderungsmotivs: Arbeits-, Heirats-, Ruhestandswanderer. Weitere übliche Anwendungen des Begriffs sind inkonsequent bezeichnet: Grenzwanderer, Altenwanderer; Heiratswanderer; Zeitwanderer, Saisonwanderer; Unter- oder Überwanderer; Transitwanderer, Pendelwanderer. Vgl. Ortsumzügler, Pendler.

Wanderfeldbauern (WISS)
I. (nicht voll syn.) schweifende Wanderhackbauern, unstete Brandrodungsbauern nach W. MANSHARD, (da weder Brandrodung noch Hackbau in jedem Fall ausgeübt werden).
II. Agrarbev. mit einer Wirtschaftsform, bei der aus Gründen der Bodenschöpfung sowohl die Wirtschaftsflächen als auch die Siedlungsstätten in Zeitphasen von mehreren Jahren verlegt werden müssen. Bauern, die (vornehmlich in den Tropen) »Shifting Cultivation« betreiben.

Wandergewerbetreibende (WISS)
I. ambulante Händler, Wandergewerbler.
II. Gewerbetreibende, die ihr Metier (Hausierhandel, Reparaturhandwerk, Marktbeschickung, Schau-

stellerei) von Ort zu Ort umherziehend, ambulant, betreiben. Vgl. Ambulante Händler, Hausierer, Stör-Wanderer. Zu unterscheiden sind aber die Wanderarbeiter.

Wandermönche (REL)
I. Sramanen, Bhikshu, Parivrajaka.
II. von vegetarischen Almosen lebende, mit Ausnahme kultbegründeter »Regenzeiten«, ganzjährig wandernde Asketen bes. im Buddhismus und Shivaismus; jeweils mehrere Mio.

Wanderschäfer (SOZ)
II. Hirten in einer besonderen Form süddeutscher Transhumanz der Schafhaltung (Schwäbische Alb, Schwarzwald, auf Flughäfen), auch in westdt. Rheinauen und im donaunahen Bereich. Vgl. aber Transhumanten.

Wanga (ETH)
I. Hanga, Bahanga; Luhya.
II. schwarzafrikanische Ethnie nö. des Victoria-Sees/Kenia.

Wanks (ETH)
II. Indianerstamm im NE Nicaraguas.

Wapishana (ETH)
I. Wapischana; Wapixana, Wapitxana; Wapisier.
II. zu den Aruak gehörende indianische Stammesgruppe in SW-Guayana und angrenzendem Brasilien von 5000–10000 Köpfen, ist heute weitgehend zum Maniokanbau übergegangen. Vgl. Maopityan.

Waräger (SOZ)
I. aus (rs=) warjagi; (Vikings (=en).
II. Bez. für die skandinavischen Kaufleute und Söldner, die im MA (seit 9. Jh.) in Rußland und Byzanz tätig oder ansässig wurden. Vgl. Normannen, Wikinger.

Warain (ETH)
I. Beni Ouarain.
II. Berberstamm von Halbnomaden im marokkanischen Atlas (ca. 100000).

Warao (ETH)
I. Warrau, Guarau, Uarau u.a.
II. i.w.S. eine indianische, spr. isolierte Stammesgruppe zwischen den nö. Ausläufern der Anden und der Orinoco-Mündung, durch progressivere Aruak und Kariben zersprengt und in Rückzugsgebiete abgedrängt. Zu ihnen zählt man die Warao, ferner Guamontey, Guamo, Guaikeri, Otomac, Yaruro, Guahibo, Chiricoa. I.e.S. indianisches Fischervolk im Orinoco-Delta/Venezuela; ca. 10000 Seelen. W. bewahren trotz früher Missionierung (1682) noch alte Stammesrel., sie leben in Armut und Unterernährung.

Warea (ETH)
II. Abkömmlinge der Hadendoa, die im 18. Jh. in Eritrea einwanderten und dort zur Transhumanz-Viehwirtschaft übergingen.

Warfudschdschama (ETH)
II. Stammesgruppe der Berber im 8.–11. Jh. im w. Maghreb.

Warli (ETH)
II. Großstamm von ca. 400000 in Waldgebieten von Maharaschtra und Gudscherat. Vor kurzem noch Wildbeuter, Stammeskulte; besitzen eine indoarische Eigenspr.

Warlords (SOZ)
I. comandantes (=sp).
II. Chefs selbständig operierender Milizen, militanter Volksgruppen, Clans oder polit. Fraktionen/Kamarillen in den Bürgerkriegen, bes. der Dritten Welt.

Warmier (ETH)
II. einer der 11 altpreußischen Stämme an der unteren Passarge.

Warramunga (BIO)
II. Teilgruppe der Aborigines in der Zentralwüste Australiens, Pidgin-Englisch-sprachig.

Warrau (ETH)
II. indianische Stammesgruppe im Orinoco-Delta mit Eigenspr. in besonderer Spr.gruppe. Ca. 10000. Dauersiedler mit Anbau und Naturnutzung.

Wasi (ETH)
I. Alawa in Schwarzafrika.

WASP (SOZ)
I. Abk. aus »White Anglo-Saxon Protestant« Sg (=en).
II. sozialkritische Bez. in Nordamerika für protestantische Amerikaner britischer oder nordeuropäischer Abstammung.

Wasserkinder (SOZ)
I. Sg. Mizuko (=jp); Jizó; in ein Zwischenreich »Wasserreich«, die Welt der Götter, »zurückgeschickte Kinder«.
II. Umschreibung in Japan für Föten, deren unwillkommenes Leben durch Schwangerschaftsabbruch beendet wurde. Ihren Seelen setzt man in den buddhistischen Tempelfriedhöfen Denkmale, »Mizuko Jizo« (nach Jizo, der Gottheit der Schwachen, insbes. der Kinder).

Wasserpolen (SOZ)
I. in pejorativem Sinn »Wasserpolaken«.
II. i.e.S. Bez. (bis 1945) für Bev.teile Oberschlesiens, die wasserpolnisch sprachen. In Ostdeutschland emotional neutrale Bez. für nicht waschechte Polen.

Wasserpolnisch (SPR)
I. nicht voll synonym mit Schlonsakisch-spr.; ein »verwässertes« Polnisch oder die Spr., die von Slawen »über die Flüsse« zu den Städten der dt. Siedler in Schlesien gebracht wurde.

II. stark mit dt., böhmischen und mährischen Sprachelementen durchsetzter polnischer Dialekt, verbreitet bis über 1945 in Oberschlesien und angrenzenden Gebieten. W. stand schließlich dem Deutschen näher als der polnischen Hochspr.

Watka (ETH)
I. Eigenname Udmurt; Vatka (=rs).
II. alte Territorialgruppe der Udmurten oder Wotjaken. Vgl. Udmurten.

Watta (SOZ)
II. sozial mindergeachtete Jägerkaste, in Abhängigkeit unter den Galla lebend, vermutlich Nachkommen unterworfener khoisanider Steppenjäger.

Watumbatu (ETH)
I. Tumbatu.
II. Bantu-Population auf der Insel Tumbatu/Sansibar. Vgl. Zanzibari.

Wauru (ETH)
I. Wausha, Waura.
II. kleine Indianereinheit, einige Hundert mit einer Aruak-Spr., am oberen Xingu/Brasilien; besitzen Anbau, ergänzt durch Naturnutzung.

Wawtschik (SOZ)
I. (=rs); Wahhabiten.
II. in GUS-Staaten speziell Mittelasiens pejorativ gebrauchte Bez. für Muslime.

Wayana (ETH)
II. kleine Indianer-Ethnie in Französisch-Guayana.

Wayú (ETH)
I. Guajiro.
II. indianisches Hirtenvolk auf der Halbinsel Guajira/Venezuela-Kolumbien mit Eigenspr. Aruak; ca. 100000 Seelen. Naturbedingt Wanderhirten, Anbau nur untergeordnet. Soziale Struktur nach 4 Schichten von Familien: Häuptlings-, gewöhnliche Familien, Diener-, Sklaven-Familien. Matrilinearität. Vgl. Aruak.

Wazungu (SOZ)
II. (=su); ugs. »die Weißen« in Ostafrika, speziell in Tansania. Vgl. Wabenzi.

Wazungu Africans (SOZ)
II. (=en); Bez. für die europäisierten, städtischen Schwarzafrikaner.

Wazzanijja (REL)
II. mächtige islamische Bruderschaft in Marokko.

Weddauj (ETH)
I. Vedda, Wedda.
II. alteingesessene Bev., vom Rassentyp der Wedditen auf Ceylon/Sri Lanka; von Singhalesen und Tamilen in das zentrale Hochland abgedrängt, wo sie bis in das 20. Jh. als schweifende Wildbeuter in Horden von 3–5 Familien lebten. Es herrscht matrilineare Abstammungsrechnung, Heiraten von Geschwisterkindern sind bevorzugt. W. haben singhalesischen Dialekt, aber nicht Buddhismus übernommen.

Weddide (BIO)
I. Veddoide bei BIASUTTI.
II. alte Kontaktrasse zwischen einer australo-melanesiden Altschicht und Europiden; die einst weit verbreitete archaische Bevölkerungsschicht SE-Asiens; wurde von späteren Einwanderern in ungünstige Reliktgebiete abgedrängt: in die Gebirge Zentral- und S-Indiens, Ceylons, Hinterindiens und in den Malaiischen Archipel bis auf Timor und Molukken, sind dort mit Paläomongoliden gemischt. Gestaltmerkmale: kleinwüchsig, grazil bis untersetzt, mittel- bis tiefbraune Haut, Kopfhaar dunkel, wellig bis lockig, Nase breit und flach, dicke Lippen. Vgl. Wedda, Vedda.

Wehrbauern (WISS)
I. Grenzbauern.
II. planmäßig angesetzte Bauern (oft Familien entlassener Soldaten) an Staats-, Pionier-, Kulturgrenzen; sie dienten dem Bestand und der Sicherung an solchen Fronten, z.B. schon am römischen Limes, an der Slawenfront Rußlands gegen die Tataren oder an der »österreichisch-ungarischen Militärgrenze« gegen die Türken, auch an der Indianerfront nordamerikanischer Kolonisten.

Wei (ETH)
I. Waigulis.
II. Stamm der zentralen Kafiren (s.d.).

Weibliches Geschlecht (BIO)
I. Altbez. Weiber, aus (ahd.=) wib; (ni=) Wijf; (en=) wife; (sw=) viv; doch unsicherer Etymologie, vielleicht »rührige Hausfrauen«, »umhüllte Bräute«. Kürzel »w« in Diagrammen, Tabellen usw.; (fr=) sexe féminin; (it=) sesso femminile.
II. statist. Terminus »Personen w. G.«, insbesondere für Gesamtheit solcher unter Einschluß von Mädchen. Geschlechtliche Differenzierung setzt mit der Befruchtung der Eizelle ein, w. Chromosomensatz immer mit X-Chromosom. W. Körperbau weist geschlechtsspezifische Eigenarten auf, die ihn jedoch rassebedingt physiognomisch mehr (Europide) oder weniger auffällig (Indianide, Weddide, Malaien) vom m. Habitus unterscheiden. Im großen Durchschnitt sind Frauen kleiner als Männer, haben kürzere Arme, relativ längeren Rumpf, breiteres Becken, schwächere Muskulatur, stärker ausgebildetes und anders verteiltes Fettgewebe. Entwicklung der sekundären Geschlechtsmerkmale (Brust, Axillar- und Schambehaarung, Regelblutung/Menstruation) prägen sich im w. Körper früher als im m. aus, nämlich bei Mädchen im 10.–17. Lebensjahr. Vgl. Frauen, Mütter, Töchter.

Weihnachtsinsel (TERR)
B. Eines der Australischen Außengebiete. Christmas Island (=en); l'Ile Christmas (=fr); la isla Christmas (=sp).
Ew. 1991 (Personen): 1275, BD: 9 Ew./km²

Weinachien (TERR)
C. 1995 beabsichtigte Neuformierung einer Kaukasusrepublik durch Zusammenlegung von Tschetschenien und Inguschetien, s.d.

Weißafrikaner (BIO)
I. Weiße Afrikaner.
II. Bez. meint die europide Altbev. Nordafrikas n. der Sahara-Barriere, die hier schon seit Jahrtausenden lebenden hellhäutigen Berber, die etwas dunkleren Äthiopiden, schließlich auch die seit dem 7. Jh.n.Chr. eingewanderten Araber. So sehen sich die Nordafrikaner selbst im Gegensatz zu der Bevölkerung des Sudangürtels (Sudan d.h. »Land der Schwarzen«), so werden sie auch von den Negriden im Grenzsaum von Sahel und Sudan, in dem sich Nomadismus und anbauorientierte Dauersiedlung, Islam und Naturkulte bzw. Christentum begegnen, charakterisiert. Vgl. Mediterranide, Orientalide, Berberide.

Weißafrikaner (ETH)
II. 1.) die hellhäutigen, zur hamitosemitischen Spr.familie zählenden Bew. Nordafrikas (bes. Araber und Berber) im Gegensatz zu dem von negriden Völkern bewohnten Schwarzafrika. Im saharischen Grenzgürtel gegen Schwarzafrika, der sich in Jahrhunderten ausgebildet hat, herrscht nach islamischer Missionierung bis heute ein labiles Gleichgewicht der Kulturen. Längst besteht nicht mehr Übereinstimmung von muslimischen und arabisierten (weißen) Nordafrikanern, ein agressiver Islam hat sich in Breite in und über den Sahel hinweg in den Sudan, das »Land der Schwarzen«, ausgebreitet. 2.) politisch-geographische Altbez. der Kolonialzeit, i.e.S. für die weißen Teilbev. der europäischen Besitzungen in Nord- und Südafrika (Marokko, Algerien, Tunesien, Libyen, Ägypten) und andererseits Namibia, Südafrika und Simbabwe, die über viele Generationen hinweg europäische Kulturlandschaft geschaffen und europäischen Wirtschaftsgeist entwickelt haben. Vgl. Nordafrikaner, Südafrikaner.

Weiße (BIO)
I. Whites, White Persons (=en), blankies (=en) als Spitzname in Simbabwe; blancs (=fr); raza blanca, blancos (=sp); brancos (=pt); bianchi (=it).
II. Angehörige der Weißen Rasse, auch Altbez. für Europäer. Vgl. Europide, Bleichgesichter, Weißafrikaner.

Weiße (SOZ)
I. etymologisch candidus (lat=) »weiß«, »aufrichtig«, »redlich«; candid (=en); auch farbensymbolisch in der Vorstellung von klar, rein, unschuldig, aufrichtig, moralisch integer. 1.) Weiße, Angeh. der weißen Rasse, Bleichgesichter; fälschlich für Europäer/Europide; Altbez. Caucasoide. Whites (=en); Blancs (=fr); blancos (=sp); bianchi (=it); brancos (=pt). 2.) historisch mehrmals auftretende Bez. für gegenrevolutionäre Strömungen, Parteiungen, militante Freiwilligenverbände: z.B. gegen »Rote« (in russischer Revolution 1918–1920), gegen »Blaue« (in französischer Revolution 1793–1796); »weißer Adel«, »Weißgardisten«, »Weißer Lotus«. 3.) Weißgewandete: klimabedingt bei Wüstenbewohnern (Burnusse der Araber). Weiß ist vielfach Trauerfarbe, u.a. in slawischen Ländern und in China. Weiße Braut- und Festtagskleidung, Gewand der Mekkapilger. Vgl. Weißafrikaner, Weißrussen, Weiße Hunnen, Weiße Lolo, Weiße Mauren.

Weiße Bruderschaft (REL)
II. synkretistische Jugendsekte mit Weltuntergangsprophezeiung in Ukraine, 1993 amtlich auf 150 000 Anh. geschätzt. Begründerin: Marina Kriwonogówa-Zwigun, genannt M. Devi Christos.

Weiße Hunnen (ETH)
I. Hephthaliten, Ephtaliten.
II. Hunnen verwandtes Nomadenvolk des 4. Jh. n.Chr. in Turkestan und Transoxanien; kulturell stark von ostiranischen Sogdiern beeinflußt; zwangen im 5./6. Jh. ganz N-Indien unter ihre Herrschaft, Reste hielten sich bis ins 9. Jh.

Weiße Juden (REL)
Vgl. Kotschin-Juden.

Weiße Kalmüken (ETH)
I. s. Süd-Altaier.

Weiße Lolo (SOZ)
II. kastenähnliche Unterklasse bei den Lolo in SW-China.

Weiße Neger (SOZ)
I. negros biancos (=brasilianisch-portugiesisch).
II. spöttische, aber auch ernsthaft gemeinte Bez. in Brasilien für Neger, die sich ganz der weißen Oberschicht anzupassen suchen.

Weiße Rasse (BIO)
I. Weiße, Europide, Caucasoide.
II. auf volkssprachliche Bezeichnung zurückgehende älteste Rassenklassifikation (durch *BERNIER*), spätere Altbez. Homo sapiens europaeus; heute für Angehörige der europiden Großrasse, mitunter fälschlich nur für Europäer. Verbreitet in Europa (Halbinseln Eurasiens) incl. der sibirischen Siedlungszunge der Slawen (*LOUIS*: Großeuropa); ferner dominant in Nordamerika, soweit nicht vermischt mit Indianiden, auch vorherrschend in Teilen Lateinamerikas; weit überwiegend auch in Australien. Vgl. Europide; Bleichgesichter, Bedalpago, Ta-'ka-i, Woapsit, Wayabishkiwad, Whiteys.

Weiße Saharier (ETH)
II. überholte Sammelbez. für Araber und Berber (s. Arabo-Berber), für Beidan, Weiße Mauren und Hassani. Es sind hellhäutige Menschen arabischer oder berberischer Mutterspr.

Weiße Väter (REL)
I. (der christlichen Gesellschaft der Missionare Afrikas) SMA; pères blancs (=fr), PA.
II. 1868 in Algerien gegr., benannt wegen ihrer für die Islam-Mission berechneten weißen Kleidung; tätig auch in Zentralafrika. Auch Weiße Schwestern in Tunesien. 1985 zusammen ca. 5000 Mitglieder. Zu den Aufgaben zählen Errichtung von Sprachschulen, Ausbildung einheimischer Führungskräfte.

Weißgekleidete (REL)
I. Shvetambaras, vgl. Dschainismus.

Weißrussen (ETH)
I. Belorussen, Bjelorussen; Eigenbez.: Bjelarus; Altbez.: Weißruthenen; Belarusy, Belorusy (=rs); Bialorusini (=pl); Belorussians (=en); Biélorussiens, Russes blancs (=fr). Name erklärbar aus geogr. Situation, vom Sitz der Goldenen Horde-Sarai aus betrachtet: jene Russen, die im W (turktatarisch ak = weiß) wohnhaft sind.
II. ostslawisches Volk (1991: 10,3 Mio. bei einem Anteil von 78 % an der Gesamtbev. von Weißrußland/Belarus), wohnhaft zwischen Pripjet, oberer Düna und Dnjepr. Mit Russen und Ukrainern gemeinsame Vorfahren, die im 9. Jh. am mittleren Dnjepr ein Reich, die »Kiewer Rus« errichteten, das im 13. Jh. im Ansturm von Mongolen und Tataren unterging. Seine w. Fürstentümer (Nachkommen der Dregowitschen und Kriwitschen) kamen im 13./14. Jh. unter litauische Herrschaft und wurden im 15.–18. Jh. vom katholischen Adel nachhaltig polonisiert. In den ersten polnischen Teilungen fiel Weißrußland an das Russische Reich, es setzte durchgreifende Russifizierung ein, bis 1904 waren Publikationen in weißrussischer Spr. verboten. Erst im 19. Jh. begann erfolgreiche nationale Emanzipation sowohl gegenüber polnisch-litauischer als auch gegen russische Bevormundung. 1918 (noch unter deutscher Besatzung) und 1919 (Litbel) wurde die Weißrussische VR ausgerufen, die 1922 durch Angliederung russischer Gebiete und 1939 bzw. 1945 durch Rückgliederung polnischer Gebiete wesentlich erweitert wurde und Zuwachs durch 0,5 Mio. Umsiedler aus Polen erhielt. Andererseits bestehen ansehnliche Exilgemeinden in N- und S-Amerika. W. können im Unterschied zu Ukrainern weder auf religiöse Bindung eigener Kirchenverwaltung noch auf politisch-militärische Tradition des Kosakentums zurückgreifen, sie haben nie wirkliche Eigenstaatlichkeit besessen, dennoch erhielten sie nach 1945 Eigenvertretung in UN und nach Zusammenbruch der UdSSR 1991 staatliche Unabhängigkeit. W. erlitten im II.WK bes. hohe Verluste, erst 1969 erreichte ihre Volkszahl wieder den Vorkriegsstand. 1995 sprach sich Großteil aller Stimmbürger für wirtschaftliche Integration mit Rußland und für Gleichwertigkeit der russischen Spr. mit dem Weißrussischen aus. W. sind russisch-orthodoxe und seltener auch unierte Christen.

Weißrussen (NAT)
II. Angehörige der Rep. Weißrußland (Belarus); Staatsvolk stellt 77,9 %, starke Minderheiten von Russen (13,2 %), Polen (4,1 %), Ukrainer (2,9 %). Amtsspr. Weißrussisch und Russisch.

Weißrussisch (SPR)
I. Byelorussian, White Russian (=en).
II. ostslawische Spr.; entstanden aus Vorform der ostslawischen Kanzleisprache, die durch Kontakt mit Westslawen und Lateinern Sonderentwicklung erfuhr, im 19. Jh. vereinheitlicht; mit 9,7 Mio. Sprechern (1991), davon 7,9 Mio. in Weißrußland, 1,2 Mio. in Rußland, Kleingruppen in sonst. GUS, bes. in Letland 120000 und Ukraine 440000.

Weißrußland (TERR)
A. Republik Weißrußland (seit 1991). Ehem. Weißrussische Sozialistische Sowjetrepublik, Weißrussische SSR. Entstanden aus nw. Fürstentümern der Kiewer Rus, im 14. und 16. Jh. in polnischer Adelsrepublik aufgegangen, kam im Zuge der polnischen Teilungen zum Russischen Reich. Respublika Belarus (=rs). White Russia, Belorussia (=en). S. Bjelorußland.
Ew. 1939: 8,9; 1950: 7,745; 1960: 8,147; 1970: 9,038; 1980: 9,643; 1985: 9,725; 1996: 10,298, BD: 50 Ew./km², WR 1990–96: 0,1 %; UZ 1996: 72 %, AQ: 2 %

Weißruthenen (ETH)
I. Altbez. für Weißrussen. Vgl. Ruthenen, Karpato-Ruthenen.

Weld Ali (ETH)
II. Stamm der Aneze-Beduinen auf der n. Arabischen Halbinsel.

Weld Sleyman (ETH)
II. Stamm der Aneze-Beduinen auf der n. Arabischen Halbinsel.

Welsche (ETH)
I. aus lat. Volcae (für einen Gallier-Stamm) über Volc- und Walh.
II. als Walchen/Walen germanische Altbez. für Fremdstämmige romanischer Spr.; nach 1200 über Adjektiv walhisk, wählisch, wälsch, welsch für andersgeartete, unverständliche Fremde; »aus dem Welschland (Italien, Frankreich) stammend«. In der Schweiz (fr=) velches, auch Pejorativbez. für »kulturlose, ungebildete Leute«. Geogr. Namen: Walensee, Walchensee; Welsch-Bern/Verona. Vgl. Kauderer und Rotwelsch, entstanden aus Kaurer (Churer-)welsch, d.h. Churer Romanisch.

Welschschweizer (ETH)
I. Romands (=fr).
II. französisch-spr. Schweizer in der Romandie, d.h. in den Kantonen Genève, Vaud, (unteres) Valais, Fribourg und Jura. W. hatten mit 1,045 Mio. (1970) einen Anteil von 20,1% an der Gesamtzahl der schweizerischen StA.

Welsh (ETH)
1.) (=en); Walisisch. 2.) siehe Waliser, kymrischspr.

Welsh (SPR)
I. Walisisch.
II. kymrische Eigenspr. der britischen Waliser (2,9 Mio.) im keltischen Saum des Inselreichs, gesprochen heute von nur rd. 500 000, jedoch von einer wachsenden Zahl von Jugendlichen (24% aller unter 16jährigen). Seit 1992 ist W. nach 120jährigen Bemühungen für Wales als dem Englischen gleichberechtigte Spr. anerkannt.

Weltgeistliche (REL)
I. Weltpriester.
II. kath. Geistliche, die im Unterschied zu Regulargeistlichen keinem Orden angehören.

Welthilfssprachler (SPR)
I. Universalsprachler.
II. Sammelbez. für Anh. von Kunstspr. wie Volapük (nach badischem Pfarrer *Schleyer* 1879); Esperanto (konstruiert 1887 durch *Ludwig Zamenhof*); Idiom Neutral (Neuentwicklung des Volapük durch *W. Rosenberger* 1902); Ido (durch Franzosen *L. de Beaufront* 1907, ein reformiertes Esperanto); Occidental, später Interlingua (entwickelt durch Balten *v. Wahl* 1922) und Novial (geschaffen durch Dänen *O. Jespersen* 1928); Basic English (von *C.K. Ogden* 1930) und Interglossa (von *L. Hogben* 1943). Keine dieser Hilfssprachen (selbst Esperanto nicht) hat je eine wirkliche Weltspr. ersetzen können, ob des Siegeszuges des Englischen besteht für sie heute kein Bedarf mehr.

Wenden (ETH)
I. Wends (=en).
II. i.e.S. die Sorben, s.d. I.w.S. die nach der Völkerwanderung westwärts nachgerückte slawische Bev. in Mittel- und Ost-Deutschland und in den Ostalpenländern (dort Winden, Windische). Geogr. Name: Wendland. Vgl. Sorben; Elbslawen, Alpenslawen.

Wenrohronon (ETH)
II. Indianer-Stamm im Gebiet w. der Großen Seen, in der Spr.familie der Irokesen.

Wepsen (ETH)
I. Selbstbez. Vepsäläinen; Bebspja; Vepsy (=rs).
II. eines der finnisch-ugrischen Völker. W. sind Nachkommen eines großen alten Stammes, der vorgeschichtlich von der Südküste des Finnischen Meerbusens in das Seengebiet von Ladoga, Onega und Bjeloje einwanderte. Russifizierung begann schon im 9./10. Jh. unter Herrschaft von Nowgorod, Teile wurden von Kareliern assimiliert. 1990 lebten 72% aller Wepsen (rd. 12 500) in der Russischen Rep. Karelien; W. sind orthodoxe Christen.

Wepsisch (SPR)
II. Zahl der Sprecher dieser finnugrischen Spr. im Vologda-Gebiet/Rußland um 1991 rd. 12 100.

Weraerai (BIO)
II. Stamm der Aborigines in New South Wales.

Werkstudenten (SOZ)
II. in Deutschland mit Währungsreform aufgekommene Bez. für Studierende, die Studienkosten und Unterhalt durch Lohnarbeit neben dem Studium und in Semesterferien verdienen.

Werkvertragsarbeitnehmer (WISS)
II. Arbeitnehmer, insbes. in der Bauwirtschaft, die im Rahmen eines Werkvertrages tätig sind. Mit derartigen Verträgen sucht Deutschland die mittelosteuropäische Wirtschaft zu fördern. Sie sehen vor, daß ein ausländisches (Bau-)Unternehmen mit eigener Führung, eigenem Gerätepark und eigener Mannschaft in Deutschland zum Einsatz kommt. Theoretisch ist der ausländische Subunternehmer für Steuern und Sozialabgaben im Heimatland verantwortlich. In Deutschland Ende 1992 rd. 75 000. Vgl. Leiharbeiter.

Weskos (SPR)
II. Kreol-Spr., verbreitet in W-Kamerun, von rd. 1 Mio. Menschen genutzt.

Wessi(s) (SOZ)
II. junger Begriff seit Wiedervereinigung beider Deutschland 1990 für Bew. der »alten« Bundesländer (am 3. 10. 1990: 63 560 000), zuweilen abschätzig für Spekulanten aus dem W. gebraucht.

West Bengalen (TERR)
B. West Bengal (=en). Bundesstaat Indiens.
Ew. 1961: 34,926; 1981: 54,581; 1991: 68,078, BD: 767 Ew./km^2

Westafrikaner (ETH)
II. i.S. der UN-Statistik die Bew. von Burkina Faso, Dahomey, Elfenbeinküste, Gambia, Ghana, Guinea, Guinea-Bissau, Liberia, Mali, Mauretanien, Niger, Nigeria, Senegal, Sierra Leone, Togo, Kapverden. 1930: 48,0 Mio.; 1950: 67,5 Mio.; 1960: 85,9 Mio.; 1970: 101,3 Mio.; 1980: 144,0 Mio.; 1990: 194,0 Mio. BD 1992: 34 Ew./km^2. Vgl. Sudan-Neger.

Westasiaten (ETH)
II. die Bew. des zentralen Orients, insbes. der arabischen Staaten; Western Asia (=en); Asie occidentale (=fr). Die UN-Statistik faßt unter dieser Bez. die Bewohner von Vorderasien zusammen, d.h. von Bahrain, Zypern, Gaza, Irak, Israel, Jordanien, Ku-

wait, Libanon, Oman, Katar, Saudi-Arabien, Syrien, Türkei, Vereinigte Arabische Emirate und Jemen. 1950: 42,0 Mio.; 1960: 56,0 Mio; 1970: 74,0 Mio.; 1980: 98,0 Mio.; 1990: 132,0 Mio. BD 1992: 31 Ew./km². Vgl. Vorderasiaten.

Westbank (TERR)
C. Zisjordanien. Jordanisches Gebiet Palästinas w. des Jordan, seit 1967 von Israel besetzt. Statistik umgreift zuweilen Ostjerusalem. The West Bank (=en); la Cisjordanie, la rive occidentale (=fr); Cisjordania, la Ribera Occidental (=sp). S. Zisjordanien.

Westeuropäer (ETH)
I. recht uneinheitlich benutzter Terminus: polit., kulturell und gefühlsmäßig als Gegenbegriff zu Osteuropäern; Bev. vornehmlich romanischer Spr.; geogr. als Lagebez. für Bew. der ozeanisch auf den Atlantik ausgerichteten Länder Europas, wobei sich allerdings Überschneidungen insbes. mit Nordeuropäern/Skandinaviern (Britische Inseln) und andererseits mit Südeuropäern (Iberische Halbinsel) ergeben. Die UN-Statistik schlug unter Einfluß des »Kalten Krieges« diesem Begriff die Bev. so unterschiedlicher Länder zu wie: Österreich, Belgien, Frankreich, Deutschland, Liechtenstein, Luxemburg, Monaco, Niederlande, Schweiz. In dieser überholten Zusammenfassung wies sie Bev.zahlen wie folgt aus: 1950: 141,0 Mio.; 1990: 176,0 Mio.; BD 1992: 162 Ew./km².

Westfinnen (ETH)
I. Ostseefinnen.
II. Sammelbez. für Völker eines Zweiges der finno-ugrischen Spr.familie, für Esten, Karelier, Wepsen, Ingrier, Liven.

Westfriesen (ETH)
II. größte regionale Teilgruppe der Friesen in der niederländischen Prov. Friesland (nicht aber im dt. Bezirk Westfriesland). Von den rd. 0,5 Mio. Abkömmlingen friesischer Familien vermag sich dort kaum die Hälfte noch auf Friesisch zu verständigen.

Westgoten (ETH)
I. Visigothi; Tervingi, Terwingen (»Waldbewohner«); Visigoths (=en); visigodos (=sp).
II. Teilvolk der ostgermanischen Goten; um die Zeitwende aus Südschweden abwandernd, wurden zunächst an unterer Weichsel, im 2. Jh. n.Chr. w. des Djnestr im Karpatenraum ansässig. Mitte des 3. Jh. erfuhren sie Zuzug durch Gepiden und Heruler. Seit 3. Jh. auch wiederholte Zusammenstöße mit Römerreich. Zeitweise sind Goten dessen Föderaten, Einbrüche in Krim, N-Griechenland und Oberitalien. Auf Vorstoß der Hunnen im 4. Jh. hin setzte sich Westwärtswanderung durch den Balkan fort. Unter Einschmelzen weiterer Stämme (Taifalen, Greutungen) vielleicht erst jetzt deutlichere Differenzierung von Ostgoten. Neuer Ansiedlungsraum in SW-Frankreich, ihr Tolosanisches Reich währte in Aquitanien bis 507. Nach Verlust Galliens an die Franken Ausdehnung über Iberische Halbinsel (Toledanisches Reich). Übertritt vom Arianismus zum Katholizismus (6. Jh.) und Aufhebung des Eheverbots zwischen Westgoten und Romanen förderte ihre Romanisierung. Reich zerbrach bei der Araberinvasion, Volksreste hielten sich in Asturien und nahmen an Reconquista teil. Vgl. Goten, Ostgoten, Krimgoten.

Westindische Assoziierte Staaten (TERR)
C. Assoziierte Staaten von Westindien. The West Indies Associated States (=en); les Etats asoociés des Indes occidentales (=fr); los Estados Asociados de las Indias Occidentales (=sp).

Westische Rasse (BIO)
II. Altbez. für Mediteranide oder Mediterrane Rasse. Vgl. Nordide.

Westjuden (REL)
I. von Ostjuden als »Jeckes« bezeichnet. Vgl. Sephardim auf Iberischer Halbinsel und in Westeuropa.

Westliche Lehre (REL)
II. Bez. in Ostasien, speziell Korea für das (dort missionierende) Christentum.

Westmongolen (ETH)
II. Zusammenfassung von Kalmücken, Dörbeten/Derbeten, Torgut/Torguten, Bait/Bajaten, Dsachtschinen, Oleten und anderen in Mongolischer VR, Dsungarei und in Westturkestan.

Westnegride (BIO)
I. Negride i.e.S., afrikanische Negride im Unterschied zu den zwar dunkelhäutigen, aber nicht verwandten Formengruppen der Australomelanesiden, den Ostnegriden.

Westniloten (ETH)
I. Niloten i.e.S.
II. nach linguistischen Kriterien innerhalb der Niloten unterschiedene Völkergruppe; nach Einzelstämmen sind zugehörig: Schilluk, Nuer mit den Atwot, Dinka mit den Padang, Anuak/Yambo, Pari/Berri, Jur/Lwo, Bor, Thuri/Shatt, ferner die Acholi, Lango, Alur, Jaluo mit den Gaya.

Westpazifische Hohe Kommission, Territorien der (TERR)
C. Ehem. britische Verwaltungseinheit; umfaßte die Britischen Salomonen, die Gilbert- und Elliceinseln (einschl. der Mittleren und Südlichen Linieninseln und der britischen Rechte im Kondominium Canton und Enderbury) sowie hinsichtlich der britischen Rechte das Kondominium Neue Hebriden. The Western Pacific High Commission Territories (=en); les territoires sous la Haute Commission du Pacifique-Ouest (=fr); los Territorios bajo la Alta Comisión del Pacífico-Oeste (=sp).

Westsahara. (TERR)
C. Von den Vereinten Nationen zeitweise verwendete Bezeichnung der ehem. Spanischen Sahara.
Western Sahara, Former Province in Africa (=en); le Sahara occidental (=fr); el Sáhara Occidental (=sp).

Westsamoa (TERR)
C. s. Samoa. Malotuto'atasi o Samoa i Sisifo; Independent State of Western Samoa (=en). Samoa occidental (=fr); Samoa Occidental (=sp).

Westsamoaner (NAT)
I. Samoaner; West Samoans (=en); ouest-samoans (=fr).
II. StA. von Samoa (Westsamoa); 90% Polynesier und 9% euronesische Mischlinge. Vgl. Polynesier; Samoaner bzw. Ostsamoaner.

Westsibiride (BIO)
I. razza uralica (=it) bei *BIASUTTI* 1941–59; Uralische Rasse (u.a. bei *LEVIN* 1958); Tschuktschide und Taigide (bei *LUNDMAN* 1967).
II. anthropol. Bez. bei *v. EICKSTEDT* 1934 für Ethnien im Westflügel der Sibiriden, u.a. für Ostjaken und Wogulen.

Westslawen (ETH)
II. Sammelbez. für slawische Völker in Mitteleuropa; sie wurden von W, von der römisch-katholischen Kirche missioniert; Tschechen, Slowaken, Polen (mit verwandten Masowiern, Krakowiaken, Goralen), Kaschuben, Slowinzen und Sorben; ferner für als solche erloschene Obotriten, Liutizen, Pomeranen und Polaben.

Westspitzbergen (TERR)
C. Vestspitsbergen. Ehem. Bezeichnung der zu Svalbard gehörenden norwegischen Insel Spitzbergen, s.d. Western Spitzbergen (=en); le Spitzberg occidental (=fr); el Spitsberg Occidental (=sp).

Westsyrischer Ritus (REL)
I. Antiochenischer Ritus.

Westsyrmische Kroaten (ETH)
II. kroatische Volksgruppe in Westsyrmien, das mit Rumpfsyrmien bis 1918 und wieder 1945–1991 zu Kroatien gehörte; Kroaten stellten dort bis zur Vertreibung durch Serben 1991 mit 63% die Mehrheit der Wohnbev.

Westwanderer (deutsche) (SOZ)
II. ugs. Bez. in Deutschland für Bew., die nach der Wiedervereinigung aus den neuen Bundesländern in das alte Bundesgebiet zugewandert sind: 1989: 388 000, 1990: 396 000, 1991: 251 000, 1992: 199 000, 1993: 172 000, insges. 1989–1993: rd. 1,4 Mio. In Gegenrichtung nach E übersiedelten lediglich 353 000 Personen, wovon allein 1992/93: 231 000.

Westward-Frauen (SOZ)
I. Pioneer-wives (=en).
II. Bez. insbes. für die Frauen der ersten Welle von Westwanderern in USA 1841–1850.

Wet-backs (SOZ)
I. (=en); »nasse Rücken« (nachts durch Grenzflüsse schwimmend).
II. ugs. Bez. in USA für illegale Zuwanderer aus Mexico. Vgl. espaldas mojadas (=sp).

Whigs (WISS)
I. Sg. Whig; aus toraidhe (ir=) »Verfolger«, »Viehdiebe«, »Räuber«.
II. 1.) ursprünglich die Bez. für die seit 1646 von ihrem Besitz vertriebenen katholischen Iren, die vom Straßenraub lebten und die Güter der protestantischen Engländer plünderten. 2.) seit 1679 polit. Gruppierung in England im Gegensatz zu Tories (s.d.), die sich im 19. Jh. unter Aufnahme freisinniger Ideen (u.a. Katholiken- und Dissenters-Emanzipation) zur heutigen Liberalen Partei entwickelt hat.

White-collar workers (SOZ)
II. (=en); Beschäftigte mit weißem Kragen, d.h. Angestellte mit sauberer Arbeit im Gegensatz zu Blue-collar workers, die manuelle, schmutzige Arbeit verrichten.

Whiteys (BIO)
II. (=en); Bez. der Afroamerikaner in USA für die Weißen.

Wichita(s) (ETH)
I. nortenos (sp=) »Volk des Nordens«.
II. Indianerstamm der Caddo-Gruppe in NW Texas und W-Oklahoma, < 1000 Köpfe.

Wiedergänger (REL)
II. 1.) Verstorbene, die nach Volksglauben im Jenseits keine Ruhe finden und deshalb zeitweise auf der Erde umherirren; insbes. schwer Fehlbare, wenn sie sich gerächt haben oder wenn sie durch fromme Werke erlöst werden. 2.) Wöchnerinnen, die es zu ihrem verstorbenen, abgetriebenen Kind zurückzieht.

Wiedergeborene (REL)
I. Reinkarnierte; aus incarnare (lat=) »zu Fleisch werden«.
II. Menschen (bzw. deren Seelen), die eine erneute irdische Existenz erlangt haben. Nach den Vorstellungen von Hinduisten und ähnlich von Dschainas und Buddhisten sind Menschen Träger einer individuellen Einzelseele, die nach dem Tode nicht vergeht, sondern nach dem Karman-Gesetz zu stetigen Wiedergeburten/Inkarnationen gezwungen ist und im samsara alle Lebenskategorien von Pflanzen, Tieren, Menschen, Geistern, sogar Göttern, durchlaufen kann. Die Gestalt, in der man wiedergeboren wird, steht in Zusammenhang mit den Taten, die man in seinem vergangenen Leben beging, auch

Rückfall in eine niedere Existenz ist möglich. Als Inkarnation versteht man insbes. die Geburt eines Gottes in Menschengestalt z.B. bei altägyptischen Pharaonen und in chubilghanischer Sukzession bei Großlamas wie dem Dalai Lama. Vgl. Neophyten, Wiedergänger, Zweimalgeborene/Dvija.

Wiedertäufer (REL)
I. Anabaptisten (=agr).
II. protestantische Bewegung des 16. Jh.; Hauptmerkmale Erwachsenentaufe, Verwerfung der Kindertaufe bzw. deren Wiederholung im reiferen Alter. Suchten Wiederherstellung des Urchristentums zu erreichen. Bewegung breitete sich seit 1521 von Sachsen und die Schweiz her über S- und W-Deutschland aus. Vgl. Täufer.

Wien (TERR)
B. Seit Auslösung aus Verbund Niederösterreichs 1922 Hauptstadtbezirk und Bundesland in Österreich.
Bev. bei jeweiligem Gebietsstand 1683: 0,080; 1750: 0,160; 1830: 0,401; 1880: 0,726; 1900: 1675; 1910: 2083; 1923: 1919; 1939: 1771; 1951: 1616; 1971: 1615; 1981: 1531; 1997: 1599

Wiener (ETH)
II. Ew. der Hauptstadt Österreich-Ungarns, nachmalig der Rep. Österreich und seit 1922 eines eigenen Bundeslandes in Österreich. Wien hat zwischen 1880 mit 726000 und 1910 mit 2,030 Mio. Ew. als Folge von Binnenwanderung außerordentliches Wachstum erfahren. Zuwanderer entstammten allen Landesteilen der Doppelmonarchie, es waren hpts. Tschechen, Slovaken, Slowenen, Polen, Galizier. So geben W. in viel stärkerem Maße als die anderen Regionalbev. Österreichs auf bairischer Grundlage eine Mischbev. ab.

Wikinger (ETH)
I. Normannen (s.d., doch nicht voll identisch); Vikinger; Vikings (=en); lomanes (=sp).
II. i.e.S. die kriegerischen Gefolgschaften (z.T. Jungmannschaften) aus dem Kreis nordgermanischer Bevölkerungen (Normannen) z.Zt. der großen Expansionen im 7.-11. Jh. W. sind räumlich und zeitlich unterscheidbar (z.B. Westerwiking) aus Skandinavien und Dänemark. Neuentwickelte Schiffsbau- und Segeltechnik, innovative Nautik (Sonnenkompaß); seefahrend auf Suche nach Abenteuern (als Mannbarkeitsprobe) und Beute suchten sie die Küsten Nord- und Westeuropas heim. Eine Vielzahl hinterlassener Stützpunkte diente späterem Handelsverkehr, ihre gewonnenen Erfahrungen ermöglichten wiederholte Abwanderung der Normannen mit Koloniengründungen: Island 874, Grönland 982, Nordamerika um 1000, England 850, 866, 1016, 1066, Normannische Inseln, Normandie 911. Vgl. Waräger.

Wikinger (SOZ)
I. Vikinger; Vikings (=en).
II. i.e.S: die Jungmannschaft nordgermanischer Bev., die im 7.- 11. Jh., räumlich und zeitlich unterscheidbar (z.B. Westerwiking) aus Skandinavien und Dänemark mit neuentwickelter Schiffsbau- und Segeltechnik seefahrend auf Suche nach Abenteuern (als Mannbarkeitsprobe) und Beute die Küsten Nord- und Westeuropas heimsuchten. Eine Vielzahl hinterlassener Stützpunkte diente späterem Handelsverkehr, ihre gewonnenen Erfahrungen ermöglichten eine Reihe von Abwanderungen der Normannen mit Koloniengründungen: Island 874, Grönland 982, Nordamerika um 1000, England 850, 866, 1016, 1066, Normannische Inseln, Normandie 911. I.w.S. Normannen, Waräger.

Wik-Mungkan (BIO)
II. Teilgruppe der Aborigines auf der Kap-York Halbinsel Nordqueensland; ca. 1000 Jäger und Fischer u.a. in den amphibischen Bereichen; Ganzkörperbemalung. W. sind heute bekannt durch bahnbrechende Gerichtsverfahren um Landbesitz- und -nutzungsrechte.

Wildbeuter (WISS)
I. »Jäger und Sammler«.
II. schweifende Kleingruppen von Naturvölkern mit aneignender Wirtschaftsform, die ihren Lebensunterhalt durch Jagd, Fischfang und Sammeln von Vegetabilien oder Kleingetier ohne wesentliche Eingriffe in die natürliche Umwelt bestreiten. Sie besitzen noch keine eigene Agrarproduktion. Wildbeutertum war als Entwicklungsphase für die prähistorischen Menschen bis zum Übergang auf Anbau und Tierhaltung vor grob 10000 Jahren charakteristisch. Es herrscht heute noch bei Rest- oder Rückzugsbev. in den Regenwäldern des Kongo- und Amazonasgebietes, auf Neuguinea und Borneo, sowie in ariden Bereichen auf der Südhalbkugel. Vgl. Erntevölker.

Wilde (SOZ)
I. gemeingermanisch wild, mhd. wilde, ahd. wildi, got. wilbeis, englisch wild, aisl. villr; vermutlich zur Wortsippe »Wald« gehörig; savages (=en); sauvages (=fr).
II. meist abschätzige Bez. für Naturvölker auf niedriger Kulturstufe, Primitive. Im Volksglauben Mitteleuropas und Osteuropas »Wilde Männer«, »Wildmannli«, sagenhafte Wald- und Berggeister wie Rübezahl.

Wilde Ehen (SOZ)
I. nichteheliche Lebensgemeinschaften;
II. in Deutschland 1972 geschätzt 137000, 1990 in alten Bundesländern 963000, davon 107000 mit Kindern. Vgl. eheähnliche Lebensgemeinschaften, eheähnliche Verbindungen; Konkubinate, Konsensualgemeinschaften, Onkelehen, Partnerverhältnisse, Probeehen, Vertragsehen, »Ehen ohne Trau-

schein«, »nichteheliche Lebensgemeinschaften«; Sg. cohabitation, common/low marriage, concubinage, consensual union, marriage by repute (=en); marriage consensuel, union illégitime, union libre (=fr); concubinato (=it, sp, pt).

wilde Siedler (WISS)
 I. Squatters (s.d.), Spontansiedler. Vgl. Slumbewohner.

Wilna-Polen (ETH)
 II. Polen im Gebiet des sog. Mittel-Litauen, dem ö. Teil der ehem. Grafschaft Litauen Suwalki-Grodno-Wilno, die 1918–1920 selbständig, 1920–1939 unter polnischer Herrschaft stand. W.-P. stellten dort zusammen mit polonisierten Weißrussen bis Ende des II.WK die Majorität, nach 1945 flüchteten sie großteils oder wurden nach Polen zwangsumgesiedelt. Reste (1990: 258000 oder 10% der litauischen Gesamtbev.) leben heute um Vilnius sowie im Umkreis von Salcininkai/(po=) Soleczniki als Minderheit in Litauen. Zumal sie vielfach nicht die litauische Staatsbürgerschaft erworben haben, erstreben sie seit 1991 für ihr Kraj Wilenski (Wilnaer Land) die Autonomie.

Wilzen (ETH)
 I. Lutici, die »Wilden«.
 II. Stamm der Ostsee-Slawen, waren ö. von Rügen ansässig.

Winden (ETH)
 I. Windische; etymologisch wohl aus Veneti, Vinedi; Altbez. Winden; vènedi (=it). Bez. für die alpenslawischen Nachbarn und Minderheiten in Österreich. Vgl. Kärntner Windische, Slowenen.

Windisch (SPR)
 II. slowenischer Dialekt in Kärnten in starker Durchsetzung mit deutschen Wörtern.

Windwardinseln (TERR)
 B. Ehem., vom Vereinten Königreich abhängige Verwaltungseinheit in Karibik (Kleine Antillen); umfaßte Dominica, Grenada, St. Lucia, St. Vincent und die Grenadinen. The Windward Islands (=en); les îles Windward (=fr); las islas Barlovento (=sp).

Winnebago(s) (ETH)
 I. »Volk des schlechten Wassers«; von britischen Siedlern als Stinkards = »Stinktiere« bezeichnet.
 II. Indianerstamm im Verband der Sioux in Minnesota, der unter schweren Verlusten 1863 nach Missouri umgesiedelt wurde und heute in einer Reservation (Treaty Abiding W.) in NE-Nebraska lebt; ca. 5000 Seelen. Geogr. Name: Winnebago Lake im BSt. Wisconsin/USA.

Wirjalen (ETH)
 I. Eigenname Wirjal; Vir'jaly (=rs).
 II. nw. Territorialgruppe der Tschuwaschen, s.d.

Wirtschaftsflüchtlinge (SOZ)
 I. Sozialemigranten; nicht syn. mit Armutsflüchtlingen.
 II. Menschen, die ihre Heimat nicht wegen polit.-religiöser Verfolgung verlassen, sondern aus dem Wunsch, ihren wirtschaftlichen Status zu verbessern. Vgl. Scheinasylanten; Armutsflüchtlinge, Brain-Drain-Abwanderer.

Wirtsvölker (WISS)
 I. Gastvölker.
 II. Begriff meint solche Staaten/Staatsvölker, die zugewanderte Minderheiten, Flüchtlinge, Asylanten seit jeher aufnehmen, dulden.

Wischnuiten (REL)
 I. Vishnuiten, Vaishnavas.
 II. Anh. des Wischnuismus, nach der meist verehrten Gottheit Wischnu benannten größten (70%) der drei Hauptschulen im Hinduismus; ca. 453 Mio. (1985), in N-, W- und Ostindien (Assam) verbreitet. Bekennendes Stirnmal (auch an Gebäuden!) ein U oder auf der Spitze stehendes Dreieck.

Witoto (ETH)
 I. Huitoto.
 II. vermutlich aussterbendes Indianervolk in Südkolumbien und Randgebieten von Brasilien und Peru. Gehören mit anderen Stämmen zu eigener Spr.guppe. Treiben Anbau, wohnen in großen Gemeinschaftshütten.

Wittischen (SOZ)
 I. im Rotwelsch »Dummköpfe«, »Trottel«.
 II. gemeint sind (im Unterschied zu Vaganten) die Seßhaften, Ansässigen, die Bauern. Vgl. Gadscho.

Witwen (SOZ)
 S. Verwitwete.

Wlachi (SOZ)
 I. (gr=); Walachen; in Griechenland auch als pejorative Bez. für Hinterwäldler. Vgl. aber Walachen, Aromunen.

Wobe (ETH)
 I. Wobé (=fr). Vgl. Dan in Elfenbeinküste.

Woga (ETH)
 I. Wakura.
 II. kleine schwarzafrikanische Ethnie im NE von Nigeria.

Wogeo (ETH)
 II. kleines Volk auf einer der Schouten-Inseln vor Nordküste Neuguineas mit einer melanesischen Eigenspr. und reichen Zeremonialbräuchen; typische Holzschnitzerei. Infolge langer Rassenmischung anthropol. sehr uneinheitlich.

Wogulen (ETH)
 I. Mansen, Eigenbez. Mansi; Voguly (=rs). Vgl. Finnugrier.

Wogulisch (SPR)
I. Altbez. für Mansisch-spr.
II. eine der Ugrischen Spr. in Westsibirien.

Wohnbevölkerung (WISS)
I. resident population, de jure population (=en); population résidente (=fr); pop. residente (=it); población residente (=sp); população residente (=pt).
II. Gesamtzahl der Personen, die in der Erhebungsgemeinde ihren ständigen Wohnsitz haben. Terminus schließt vorübergehend abwesende Personen und solche, die von einer anderen Wohnung aus ihrer Arbeit oder Ausbildung nachgehen, aus. Zur W. zählen auch gemeldete Ausländer und Staatenlose, jedoch nicht Angeh. der diplomatischen und konsularen Vertretungen sowie ausländische Stationierungsstreitkräfte. Vgl. »Bevölkerung am Ort«; Bev. de facto.

Wohngemeinschaft (WISS)
II. eine Gruppe Zusammenwohnender. Vgl. Kommunen, auch Kommunalka.

Woito (ETH)
II. kleine ethnische Einheit von Fischern und Schiffern (einst auch Nilpferdjägern) am Tanasee/Äthiopien.

Woiwoden (WISS)
I. Wojewoden; wojewoda (slaw. =) ursprünglich »Heerführer«.
II. 1.) einst in Polen, Siebenbürgen, Moldau, Walachei Bez. für Fürsten. 2.) im 20. Jh. die obersten Beamten, Gouverneure polnischer Provinzen. Geogr. Name: Wojwodina; Woiwodschaften.

Woiwodiner (ETH)
I. Vojvodiner.
II. Bew. der jugoslawischen (bis 1990 autonomen) Region Woiwodina/(sk=) Vojvodina in Serbien. W. sind eine ausgesprochen multiethnische Regionalbev. als Ergebnis habsburgischer Siedlungspolitik, die im 17. und 18. Jh. hier im (wehrhaften) Grenzgürtel zum Osmanischen Reich Ungarn, Deutsche, Kroaten, Slovaken und Serben angesiedelt hat (= österreichische Militärgrenze). Von den (1981) 2,0 Mio. Ew. bekannten sich knapp die Hälfte zur serbischen, 22 % zur ungarischen, ebensoviele zur kroatischen, 10 % zur »jugoslawischen« Nationalität. Rd. 4 % waren Slovaken, 3 % Rumänen, kleinere Minderheiten stellten Montenegriner, Makedonier, Ukrainer. 1991 war der Anteil der Serben auf 55 % angewachsen, jener der Ungarn auf 19 %, der Kroaten auf nur mehr 5 % abgefallen. Die deutsche Volksgruppe wurde rd. 500 000 1945 vertrieben. Im jugoslawischen Bürgerkrieg (1991–1996) verließen mindestens 50 000 Ungarn und 30 000–40 000 Kroaten die Vojvodina. Dafür sind über 300 000 serbische Flüchtlinge aus Kroatien und Bosnien-Herzegowina hier ansässig geworden. Vgl. Precani.

Wolga-Bulgaren (ETH)
II. Teilbev. der Bulgaren, die nach Zerstörung ihres Kuban-Reiches im 7. Jh. wolgaaufwärts ins Mündungsgebiet der Kama zog und unter Finno-Ugriern hirtennomadisch lebte; ab 8. Jh. islamisiert; ihr Reich wurde im 13. Jh. durch Mongolen zerstört. W. gerieten im 15. Jh. unter russische Herrschaft. Ihr Idiom dürfte von nachfolgenden Tschuwaschen übernommen worden sein.

Wolgadeutsche (ETH)
I. Nemzy (=rs); Volga Germans (=en).
II. unter Katharina II. 1764–1974 in den Gouvernements Saratow und Samara beiderseits der unteren Wolga als Grenzschutz angesiedelte dt. Bev. von ursprünglich 30 000 Köpfen. 1853 und 1874 folgten Mennoniten u.a. aus dem Danziger Werder, VZ 1897: 345 000, VZ 1920: 453 000 (*L. KÖNIG*), 1939: 605 000. W. erhielten 1924 die ASSR Nemzew Powolschja, in welcher W. ca. zwei Drittel der Bew. stellten. ASSR wurde 1941 aufgelöst, die W. nach SW-Sibirien und Kasachstan deportiert, ca. 400 000 W. neben je etwa 100 000 aus der Ukraine, aus N-Kaukasus und Leningrad; dabei gab es vermutlich 250 000 Todesopfer. Sie alle leben seither verstreut: in Kasachstan 900 000, in der Russischen Föderation 791 000, in Kirgisien 100 000. W. wurden erst 1964/72 wieder rehabilitiert. Seit 1987 starke Emigration nach Deutschland. 1991 erhielten 127 000 Deutschstämmige in Halbstadt in der Altai-Region ihren autonomen Bezirk. Die Wiedererrichtung einer eigenen Republik (evtl. im Raum Saratow, wo wieder 45 000 Deutsche leben) wurde 1990 von Rußland zwar zugesagt, ist aber kaum zu verwirklichen. Vgl. Rußlanddeutsche; Sondersiedler.

Wolgafinnen (Altbez.) (ETH)
II. Träger einer Gruppe von finno-ugrischen Spr.; die Tscheremissen und Mordwinen.

Wolhynien-Deutsche (ETH)
II. Sammelbez. für die deutsche Kolonistenbev., die im 18.–19. Jh. in Wolhynien (am Horyn n. Wysock, am Styr n. Luzk und im Gebiet Novograd-Wolynsk) ansässig wurde. Kolonien wurden 1787–1791 und 1806–1818 durch Danziger Mennoniten, Schweizer Täufer und württembergische Amische begründet, 1830 folgten deutsche Weber, nach 1831 Nachkommen dt. Kolonisten aus Mittelpolen, nach 1861 weitere Kleinbauern und Handwerker aus Deutschland. 1871 lebten hier rd. 19 000 Deutsche in 139 Kolonien, 1914 zufolge hoher Gebürtigkeit schon rd. 250 000 in fast 600 geschlossenen Siedlungen. Nach Aufhebung der Wehrdienstbefreiung in Rußland (1881) wanderten viele Mennoniten nach Brasilien, Argentinien, USA, Kanada und Litauen aus. Im I.WK wurden > 100 000 W.-D. aus dem zaristischen Galizien nach Sibirien deportiert, so daß 1930 in Sowjet-Wolhynien nur mehr 51 000 Deutsche ansässig waren. Im II.WK wurde das Gros der

W.-D. 1939/40, der Rest 1943 unter der NS-Regierung nach Deutschland »heimgeführt«. Soweit sie dort ö. der Oder angesiedelt waren, griff sie nach 1945 die Rote Armee auf und deportierte sie nach Sowjet-Asien.

Wolhynien-Tschechen (ETH)
II. heute weitgehend erloschene Volksgruppe in der Westukraine, Nachkommen von rd. 50 000 in der zweiten Hälfte des 19. Jh. als Siedler in das ö. Wolhynien eingewanderten Tschechen; tschechisch-, ukrainisch-, polnisch-spr. 1931 allein in der polnischen Wojewodschaft W. mind. 31 000, fast 2% der Gesamtbev. Unter Zarenherrschaft und in ehem. UdSSR mehrfach u.a. wegen ihrer katholischen Konfession diskriminiert; W.-T. wurden gemäß Austauschabkommen 1946/47 in damalige Tschechoslowakei »renationalisiert«, d.h. heimgeführt und auf Höfen vertriebener Sudetendeutscher angesiedelt.

Wolies (WISS)
I. Akronym aus »well income old leisure people« (=en); nicht voll identisch mit Woopies aus »well-off older people« (=en).
II. speziell auf Senioren ausgerichtete Fachverkäufer.

Wolof (ETH)
I. Quolof (=fr); Jolof, Djolof.
II. ein westafrikanisches Bauernvolk in den Savannen von Senegal und Gambia; ca. 1,5 Mio., das Berber in das Mündungsgebiet des Senegal abgedrängt haben. W. besitzen im Senegal einen Anteil von 44%, in Gambia von 12,3% an der Gesamtbev. Heute Erdnußbauern. Vgl. Serer.

Wolof (SPR)
I. Wolof (=en).
II. Spr. aus der westatlantischen Spr.familie, als Verkehrsspr. in Senegal, Gambia und Mauretanien genutzt; 1994 ca. 6 Mio. Sprecher.

Won-Buddhisten (REL)
II. koreanische Schule des Buddhismus; um 1985 dort 92 000–941 000 (!) Anh.

Woofs (SOZ)
I. (=en); Well Off Older Folks.
II. wohlhabende Pensionäre.

Workaholics (SOZ)
I. (=en); »Arbeitstiere«; aus work und alcoholic (=en).
II. im ursprünglichen Sinn ein psychologischer Terminus für Personen, die zwanghaft ständig arbeiten.

World Council of Hindus (REL)
I. WCH.
II. die polit. Weltorganisation des Hinduismus.

Worldwide-Bewegung (REL)
II. als »Radio-Kirche Gottes« 1934 in USA durch Herb. W. Armstrong begr. und 1968 in »Weltweite Kirche Gottes« umbenannte religiöse Bewegung; 1980 ca. 100 000 feste Mitglieder und über 3 Mio. Anhänger; Lehre wird verbreitet über mehr als 400 Radio- und TV-Sender. Im weiteren Sinn: mehrere hundert Gemeinschaften unter Übernamen Church of God, die ein Weltende erwarten, Erwachsenentaufe praktizieren sowie jüdischen Festkalender und Speisegebote einhalten. Vgl. Assemblies of God, Pfingstbewegungen.

Wororobe (ETH)
Vgl. Fulbe.

Woten (ETH)
I. Selbstbez. Vad'd'alain/Vodjdjalain; Vodi, Wodj (=rs).
II. ein den Wepsen verwandtes, finnugrisches Kleinvolk im vormaligen Ingermanland; im 13. Jh. von Nowgorod aus unterworfen und christianisiert; 1937 ca. 700 Menschen nö. Narwa. Im II.WK wegen ihres nordischen Phänotyps nach Deutschland umgesiedelt. Ihre ostseefinnische Eigenspr. ist untergegangen; als Schriftspr. diente von jeher Altkirchenslawisch und Russisch. W. sind orthodoxe Christen. Vgl. Krewinken, Finnugrier.

Wotjaken (ETH)
I. Wotjäken, Udmurten; Eigenbez. Udmurt, d.h. »Menschen«; Votjaki (=rs); Udmurts (=en).
II. veraltete russische Bez. für Udmurten, ein finno-ugrisches Volk, kulturell und linguistisch den Komi verwandt; gegliedert in zwei Territorialgruppen, die Watka und Kalmes; zu den W. zählen auch die Bessermänen.

Wotjakisch (SPR)
II. finnugrische Spr. der Udmurten in Rußland, 1991 mit ca. 724 000, wovon 480 000 in der Wotjakische Autonomen Republik.

Wu (SPR)
I. Wu (=en).
II. sinotibetische Spr./chinesischer Dialekt in China mit 64–91 Mio. (1994) Sprechern in Chinesischer Schrift.

Wu'tsu-pieh-k'o (ETH)
I. (selten) Wuzibieke (=dt).
II. chinesische Bez. für Usbeken in Sinkiang-Uighur; einige Zehntausend, turksprachig, muslimisch; meist in Städten als Kaufleute und Handwerker tätig. Vgl. Usbeken.

Wuumu (ETH)
I. Wumu.
II. schwarzafrikanische Ethnie im W der DR Kongo.

Wwoofer (WISS)
I. Akronym aus »Willing Workers on Organic Farms«.
II. freiwillige Helfer auf ökologischen Höfen, international tätig.

Wyandot (ETH)
I. Huronen-Indianer, s.d.

Wyclifiten (REL)
II. Anh. des John Wyclif (1310–1384). Radikale Verfechter des frühchristlichen Armutideals, lehnten sich gegen Bilder- und Heiligenverehrung sowie das Priesterzölibat auf. Das Konstanzer Konzil 1415 verurteilte W. als Häretiker. Wyclif hatte großen Einfluß auf J. Hus und die Vorreformation in Europa. Als tschechische W. wurden die Taboriten in Böhmen und Mähren bezeichnet. Vgl. Lollarden.

X

Xavante (ETH)
II. indianisches Restvolk in Brasilien zw. Rio das Mortes bis zum Rio Batovi; kaum 2000 Seelen. Führten 1859–1946 Guerillakrieg gegen die Weißen zur Erzwingung eines Reservats. Erlitten durch Hunger und Krankheiten schwere Verluste.

Xenophobe (WISS)
I. aus xenos (gr=) »fremd«, »Fremder« und phobos (gr=) »Furcht«.
II. Personen, die fremde Menschen fürchten, ablehnen. Xenophobie als Fremdenscheu (nicht aber -haß) dürfte stammesgeschichtlich veranlagt, selektiert sein, um entbehrliche Vermischung zu begrenzen (*I. EIBL-EIBESFELDT*). Gegensatz Xenophile, Personen, die Fremden gegenüber bes. aufgeschlossen sind. Vgl. Fremde.

Xerente (ETH)
II. indianisches Restvolk in Brasilien am Rio Tocantins/Goiás; kulturell den Timbira verwandt; kaum mehr 1000 Seelen; erzwangen 1956 Zusicherung eines Reservats, das von weißen Kolonisten nicht respektiert wurde.

Xesibe (ETH)
II. Bantu-Volk der Xhosagruppe, zum Nguni-Zweig der sö. Bantu zählend, im ö. Kapland. Vgl. Südost-Bantu.

Xhosa (ETH)
I. Xosa; in Europa: Kaffern (s.d.).
II. Sammelbez. für eine Gruppe von Bantu-Völkern: die Xhosa i.e.S., Tembu/Thembu, Pondo/Mpondo, Mpondomise, Xesibe, Bahaca im ö. Kapland; sind zum Nguni-Zweig der SE-Bantu gehörig; ca. 3,5 Mio. In Transkei mit 11 Stämmen Östlicher X. (1985: 2,5 Mio.), in Ciskei mit hpts. 3 Stämmen Westlicher X. (730 000) ansässig. Befanden sich im 17. Jh. in Südwärts-Wanderung zwischen Drakensbergen und Indischem Ozean, verdrängten Buschmänner in das unwirtliche Bergland, die ansässigen Hottentottenstämme nach W und ins Inland oder verschmolzen mit ihnen. Seit 1775 verlustreiche Kämpfe mit Buren und britischen Siedlern. Prophetische Anführer verleiteten zum »Xhosa-Selbstmord« (berüchtigte Rinderschlachtung von 1853 unter kultischer Zielsetzung, daß mit diesem Opfer ihre Ahnen zurückkehren und Europäer vertreiben würden. Ein Drittel der Bev. ging in nachfolgender Hungersnot zugrunde, ein weiteres Drittel verlor seinen Boden und mußte sich als Lohnarbeiter verdingen. Landnot und wachsender Bev.druck erzwingen bis heute Wanderarbeit in Minen und Städten Südafrikas, so daß bis 40% der arbeitsfähigen Männer abwesend sind.

Xhosa (SPR)
I. isiXhosa; Xhosa (=en).
II. eine Bantuspr. (Nguni-Gruppe); Amtsspr. in beiden Homelands Ciskei und Transkei, ab 1994 in ganz Südafrika. X. ist Mutterspr. von 18% aller Südafrikaner (7 Mio.).

Xia gang (SOZ)
I. (=ci); »weg von der Schicht«.
II. Bez. in Chinas nachrevolutionärer Zeit für Berufstätige, die, als Kurzarbeiter oft ganz von der Arbeitspflicht entbunden, nur einen stark reduzierten Mindestlohn erhalten, aber noch Vorrechte von Danwei-Mitgliedern genießen.

Xiang (SPR)
I. Hsiang.
II. einer der chinesischen Dialekte, gesprochen von ca. 51 Mio. (nach *E. KNIPRATH*), geschrieben in chinesischer Schrift.

Xibaros (BIO)
I. Jibaros; Zambos pretos, Mangos (s.d.).

Xicaques (ETH)
II. kleine indianische Ethnie im N von Honduras.

Xikrin (ETH)
I. Tschikrin; Eigenbez. auch Mebengokre, d.h. »Menschen des amphibischen Landes«; Fremdbez. auch Diore, d.h. »Süßkartoffelmenschen«.
II. kriegerisches Indianervolk, nach schweren Kämpfen im Caitete-Flußgebiet befriedet angesiedelt; Jäger und Sammler. Vgl. Cayapó.

Xingú-Indianer (ETH)
II. Sammelbez. für Indianerstämme verschiedener Herkunft und Spr.zugehörigkeit (aruak-, karaib.-, tupi- spr.) im großen brasilianischen Nationalpark am Xingú, einem Amazonas-Nebenfluß, die ihren Fortbestand diesem Reservat verdanken. Sie haben dank enger zwischenstammlicher Beziehungen große kulturelle Einheitlichkeit erworben. Zu den Stämmen zählen: Aueto, Apalakiri, Arauiti, Aweti, Bakairi, Camagura, Custenau, Guicura, Juruna, Kalapalo, Kamayura, Kayabi, Kuikuro, Manitsaua, Matapuhy, Mehinacu, Nahukwa, Suya, Trumai, Txicao, Txukahamai, Wauru und Yaulapiti/Yawalpiti.

Xinjiang Uighur (TERR)
B. Autonomes Gebiet in China. Altbez. Ostturkestan, Hsinkiang. Seit 1759 unter chinesischer

Xinjiang

Oberhoheit, seither wiederholte Autonomiebestrebungen, 1863 unabhängig bzw. unter nomineller Herrschaft des Osmanischen Reiches. Von China 1876–1878 zurückerobert und 1884 als Xinjiang »Neues Grenzgebiet« erklärt, div. neuerliche Repressionen 1944 und seit 1989. Enorme Sinisierung durch Überwanderung (von über 12 Mio allein zw. 1953 und 1973) und Sprachpolitik. Daraufhin Massenflucht von Minderheiten. Vgl. Sinkiang und Uiguren.

Y

Yabarana (ETH)
II. kleine, vom Aussterben bedrohte, Indianerethnie in Venezuela.

Yacouba (ETH)
II. kleine ethnische Einheit negrider Afrikaner in der Elfenbeinküste.

Yafuba (ETH)
I. Diafoba.
II. Unterstamm der Dan, s.d.

Yagnob (ETH)
s. Yaghnob.
II. Nachkommen der iranischen Sogdian, s.d.

Yagua (ETH)
II. Indianerstamm in Nordpará/Brasilien, einige Tausend mit Eigenspr.; bilden große Dorfgemeinschaften mit Anbau.

Yahgan (ETH)
I. Eigenbez. Yanama (=»Menschen«), auch Yamana.
II. kleine Indianerethnie am Beagle-Kanal von Feuerland; durch europäische Infektionskrankheiten nach 1880 dezimiert; sind Fischer und Strandsammler; besitzen nur (kegelförmige) provisorische Hütten, leben fast ohne Bekleidung.

Yahushkin (ETH)
I. seit 1898 als Paiute bezeichnet.
II. Indianerstamm aus der Shoshonen-Spr.gruppe in Oregon. Wurden 1864 in eine Reservation umgesiedelt.

Yah-yah-algeh (SOZ)
I. »Jene, die Ja-Ja-sagen«.
II. Altbez. der Mohawk-Indianer für dt. Kolonisten.

Yailabauern (WISS)
I. aus (tü=) Yayla, yaylak Sg.; yaylalar Pl.
II. türkisch-kurdische Almbauern u.a. im Taurus und Pontischen Gebirge, die sommersüber hochgelegene Yaila-Siedlungen agrarwirtschaftlich nutzen (Sommerweiden und Gewinnung von Winterfutter), solche Höhen aber auch aus gesundheitlich-hygienischen Gründen aufsuchen (Ausweichen vor Seuchen und Ungeziefer). Fallweise hat sich heute daraus ein Sommerfrischen-Tourismus entwickelt (*W.-D. HÜTTEROTH*). Vgl. Yürüken.

Yaka (ETH)
I. Bayaka, Bayakala, Giaca, Jaka, Mayakala, Yagga oder Djagga.
II. Stamm von Bantu-Negern am Kuango und Kwilu im SW der DR Kongo. Bedeutende rituelle Holzplastiken und Masken.

Yakutian (ETH)
I. Yakutyan (=en).
II. Mischpopulation von Russen und Jakuten an der Lena. Vgl. Jakuten.

Yakuza (SOZ)
II. Mitglieder gewalttätiger, hpts. im Drogenhandel agierender, Vereinigungen »Boryokudan« in Japan, den italienischen Mafiosi vergleichbar. 1992 gab es ca. 91 000 Y., die in 3570 Syndikaten organisiert waren. Div. Spezialisierungen z.B. die Sokaiyas.

Yal Saad (ETH)
II. arabischer Stamm in der Küstenebene Batinah von Oman.

Yali (ETH)
II. Stammesverband der Papua auf Neuguinea; zu gliedern in div. Hochlandstämme in malariasicherer Hochlage von 1000–3000 m im oberen Einzugsgebiet der Yaholi: u.a. Angguruk, Pindok, Telampola, Pini, Welarek, Pasikni, Apahapsili, Poronggoli, Pangema; insgesamt ca. 10 000 Köpfe, betreiben noch Jagd und Sammelwirtschaft, Schweinehaltung.

Yamamadi (ETH)
II. indianische Stammesgruppe (u.a. die Culine) mit Aruak-Spr.; verbreitet zwischen Rio Juruna und Rio Purus/Brasilien. Bauen große runde Gemeinschaftshäuser mit bis zu 45 m Durchmesser und Höhe bis 25 m. Hauptnahrung: Süßkassave.

Yaman (ETH)
I. »Nordstämme«.
II. zusammenfassende Bez. für die im Nordteil Jordaniens lebenden Beduinen-Stämme, bes. die Beni Sakhr.

Yamana (ETH)
I. Yahgan.
II. kleinwüchsige Indianerethnie in Feuerland; zu *Darwin*s Zeit noch ca. 3000 Köpfe, heute zufolge von Epidemien nach 1880 bis auf Mischlinge ausgestorben. Waren physisch ausgezeichnet angepaßt, verzichteten trotz rauhen Klimas sogar auf Kleidung.

Yami (ETH)
II. Stamm der Gaoschan auf der Insel Botel Tobago/Taiwan. Vgl. Tayal.

Yamiaca (ETH)
II. Stamm von Waldindianern aus der SW-Gruppe der Pano am oberen Madre de Dios/N-Bolivien.

II. den Atsahuaca verwandtes Indianervolk in Peru, pano-spr., fast ausgestorben; waren Jäger und Fischer.

Yanadi (ETH)
II. telugu-spr. Großstamm von ca. 250 000 Köpfen, verstreut an der Südküste von Andhre Pradesch/Indien lebend. Einst eine Zigeunern ähnliche Wandergruppe, heute halbseßhaft am Rand von Hindu-Dörfern; mit kastenartiger Untergliederung.

Yanama (ETH)
I. Eigenbez. der Yahgan, s.d.
II. Stamm der Feuerländer.

Yankees (SOZ)
I. Yanquis (=sp).
II. ursprünglicher Spottname für die niederländischen Siedler in Neuengland, dann und bis heute im Süden der USA (als Schimpfwort) für Nordstaatler. Seit 18. Jh. Spottname bes. in Europa für US-Amerikaner.

Yankunytjatjara (SPR)
II. Spr.gruppe der Aborigines in den w. Wüstengebieten Zentralaustraliens.

Yanomami (ETH)
I. Yanomama, Yanomamo; Waika; Shiriano, Xiriana = »Brüllaffen«.
II. Indianerstamm von > 20 000 Köpfen im Parimagebirge in S-Venezuela (12 000) und in N-Brasilien (1990 noch 9000 Überlebende); benutzen eine der Chibcha ähnliche Eigenspr. Einst schweifende Sammler und Jäger, heute mehrheitlich in Shaponos-Wohnstätten mit Kleingärten lebend, die alle 3–10 Jahre im Regenwald verlegt werden müssen. Christliche Mission ebnete venezolanischen Viehhaltern und brasilianischen Holzfällern, Siedlern und Desperados den Zugang. Y. erlitten in jüngster Zeit schwere Verluste durch eingeschleppte Krankheiten (Masern, Keuchhusten, Malaria, auch Gelbfieber, Tuberkulose). Der Lebensraum der Y. wird heute durch 50 000 Goldsucher zerstört und mit Quecksilber vergiftet. Erhielten 1991 von brasilianischen Regierung 94 000 km² ihre Landes entlang der venezolanischen Grenze zurück. 1992 drangen > 10 000 Goldschürfer auch in dieses Refugium. Vgl. Caiapó.

Yans (ETH)
I. Yanzi, (auch Dinga, Mbunu).
II. kleine schweifende Ethnie im SW der DR Kongo.

Yao (ETH)
I. 1.) Man, Zao, d.h. »das Menschenvolk« (in Tongking/N-Vietnam), Iu Mien, Yu Mien.
II. Volk von rd. 2,1 Mio. (1990) in SW-China und auf Hainan sowie ansehnliche Minderheiten in N-Vietnam, Laos und Thailand. Eigenspr. aus der Miao-Yao-Gruppe. Z.T. noch Brandrodungsbauern mit Reis- und seit 19. Jh. Mohnanbau. Viele Gruppen haben Taoismus übernommen unter Beibehalt differenzierten Ahnenkultes. Als Folge starker Zerstreuung entsprechende Aufgliederung u.a. in Mien, Pu Nu, Lakkja.
I. 2.) Jao, Wayao, Magwangara.
II. Gruppe von Bantustämmen im Bergland von Malawi und angrenzenden Tansania und Mosambik mit Yao-Spr.; ca. 900 000. Die meisten Y. sind Muslime; Bauern und Rinderhirten, einst gefürchtete Sklavenjäger und -treiber in den Handels- und Sklavenkarawanen. Vgl. auch Nyassa-Völker.

Yao (SPR)
II. 1.) Sprgem., die ihre Eigenspr. aus der Miao-Yao-Gruppe der Tibeto-birmanischen Spr. nur mehr als Hausspr. und in Verbindung mit archaischem Chinesisch als Ritualspr. benutzen, verbreitet in Südchina (Kweitschou) und auf Hainan; lt. *E. KNIPRATH* (1994) 2,7 Mio. 2.) schwarzafrikanische Stammesspr. im N von Mosambik.

Yaqui (ETH)
II. ethnische Einheit von Indianern am Yaqui-Fluß in Mexiko, zur Taracahita-Spr.gruppe zählend. Heute nach Verdrängung durch Nordamerikaner und Mexikaner nur mehr einige Tausend, meist als Lohnarbeiter tätig. Eigener Kult überschneidet sich mit katholischem Christentum.

Yaruma (ETH)
II. indianische Kleingruppe mit einer karaibischen Spr. am oberen Xingu in Mato Grosso/Brasilien; heute im Schutz von Missionsstationen, treiben Anbau neben Jagd und Sammelwirtschaft.

Yaruro (ETH)
II. indianische Kleingruppe an Nebenflüssen des Orinoco, naturbedingt schweifend, Flußnutzung mit Einbaumkanus.

Yasa (ETH)
I. Ngumbi, Kumbe.
II. kleine schwarzafrikanische Ethnie im nw. Küstenstreifen von Äquatorial-Guinea.

Yavapai (ETH)
I. »Volk der Sonne«, Mohave-Apachen. Besitzen kleine Reservation am Rio Verde/Arizona.

Yawalapiti (ETH)
I. Yaulapiti.
II. aruak-spr., in Zentralbrasilien. Vgl. Xingu-Indianerstämme.

Yazidi (REL)
S. Jeziden, Jesiden; Eigenbez.: Dasnayi; Yezidi, Yeziden, Yaziden, aus (ar=) Yazidiya; Yazidis (=en).

Yei (ETH)
I. Yeei, Yeye, Koba.
II. schwarzafrikanische Ethnie in Botsuana.

Yemenis (NAT)
(=en) s. Jemeniten.

Yergum (ETH)
I. Jergum.
II. schwarzafrikanische Ethnie im zentralen Nigeria.

Yerli (SOZ)
II. (=tü); ansässig gewordene oder gemachte Zigeuner.

Yeskwa (ETH)
I. Jeskwa.
II. schwarzafrikanische Ethnie im zentralen Nigeria.

Yetholm (SOZ)
II. Zigeuner-Clan im N Englands.

Yeti(s) (BIO)
I. Metch(s), Kangmi(s); »Schneemenschen«; abominable snow-man (en=) »abscheulicher Schnee-Mensch«; Yeren (=ci), im Volksmund »Großfüße«.
II. in hohen Schneeregionen des Himalaja nur auf Grund von Fußspuren wahrgenommene Lebewesen, deren gesicherter Nachweis noch aussteht.

Yi (ETH)
II. Gebirgsvolk der tibeto-birmanischen Spr.gruppe in der chinesischen Provinz Sichuan mit 6,6 Mio. (1990). Altbev. der »kühlen Berge« in 2300 m (Weideflächen darüber). Yi lebten bis in 50er Jahre in komplizierter Klassengesellschaft: Schwarze Yi als kleine Elite, Weiße Yi als Tributpflichtige; beide zusammen griffen auf leibeigene Knechte einer dritten Klasse zurück sowie auf unterworfene, völlig abhängige Arbeitssklaven einer vierten Klasse. Heute sind Klassen abgeschafft, werden aber als Heiratssperren beachtet; Fortführung eigentlich verbotener Kinderverlöbnisse. Yi leben in Familiensippen nach strengen Kodizes, die in Heiratsverhandlungen und Territorialkämpfen immer wieder neu bestätigt werden mußten. Trieben bis gestern nur Produktentausch, nicht aber Handel und Geldwirtschaft. Yi wurden von Han-Chinesen blutig unterworfen und heute durch Han als Verwaltungs-, Partei-, Bank-Funktionäre überwandert. Nominelle Schulpflicht mit zehn Stunden Han- Chinesisch als Hauptfach.

Yi (SPR)
I. Yi (=en).
II. Gemeinschaft, die diese sinotibetische Spr. der Tibeto-Burmanischen Gruppe in China nutzt, 1994 mit 6–7 Mio. Sprechern. Yi wird in Eigenschrift verzeichnet.

Yimchunger (ETH)
II. Kopfjägerstamm im NE-indischen Nagaland.

Yippies (SOZ)
I. (=en); Akronym aus »Youth International Party« (=en).
II. aktionistische, ideologisch radikalisierte Hippies in den USA. Vgl. Yuppies.

Yoga (REL)
I. Joga; (ssk=) »Anschirrung«.
II. in der indischen Philosophie entwickelte Erlösungslehre, die die Vereinigung mit der Gottheit auf dem Wege über die völlige Beherrschung des Körpers durch den Geist erstrebt. Mittel dazu sind vor allem Kontemplation und Askese. Vgl. Hinduismus.

Yogi(n) (REL)
I. aus (ssk=) »die sich Anspannenden«, »Meditierende«.
II. Bez. im Hinduismus für außerhalb der Kasten stehende praktizierende Anh. des Yoga, i.w.S. für die Asketen, Fakire (Maharishi). Y. gelten in Indien noch heute als religiöse Ideale.

Yokuts (ETH)
II. indianischer Verband vieler kleiner Stämme mit eigener Spr. der Penuti-Spr.gruppe in Kalifornien. Da voll in die weiße US-Gesellschaft integriert, keine eigene Reservation.

Yola (ETH)
II. schwarzafrikanische Ethnie in Ost-Nigeria.

Yombe (ETH)
I. Jombe; Mayombe.
II. Bantu-Ethnie mit einer Benue-Kongo-Spr. N. der Kongomündung in der DR Kongo. Grundnahrung: Bananen, Maniok, Yams. Vgl. Vili-Kongo.

Yomuden (ETH)
I. Jomuden; Yomut/Yomud.
II. Stamm der Turkmenen in Turkmenistan.

Yorbordëi (ETH)
I. Tibbu.

Yoruba (ETH)
I. Joruba; Yorouba (=fr); Ife, Itsekiri, Egba; Ana (in Togo).
II. große negride kwa-spr. Völkergruppe von ca. 25 Mio. (1988) überwiegend im SW Nigerias und in Benin (0,5 Mio.); ursprünglich die Leute des Königreiches Oyo mit sakralem Königtum (heilige Stadt Ife), sind heute nominell Muslime oder Christen. Hackbauern mit Kleintierhaltung, hochentwickeltem Handwerk (Töpferei, Weberei, Metallguß). Seit 16. Jh. sogenannte Riesendörfer mit je vielen Tausend Einwohnern. Y. als Verkehrsspr. greift weit über die Y-Ethnie hinaus, u.a. nach Togo und Ghana.

Yoruba (SPR)
I. Yoruba (=en).
II. afrikanische Spr. der Kwa-Spr.familie; ist Staatsspr. in Nigeria, rd. 17–19 Mio. Sprecher (1990), verbreitet auch in Benin und Togo.

Youngsters (SOZ)
I. (=en); Jugendliche, Junge Leute. Vgl. Kids, Skippies, Yuppies.

Yuan (ETH)
Vgl. Lao.

Yucas (SOZ)
II. Eigenbez. der kubanischen Emigranten in Florida. Vgl. Kubano-Amerikaner.

Yue (SPR)
I. Altbez. Kantonesisch, s.d.

Yuigu (ETH)
II. kleine turksprachige Ethnie in N-China. 1977: ca. 7000.

Yuit (ETH)
I. Eigenbez. der Eskimo, i.S. von »Menschen«; s. Eskimo(s).

Yukateken (ETH)
I. Jukateken.
II. indianisches Volk im zentralen und n. Teil der Halbinsel Yucatán/Mexiko sowie in Belize. Y. sind Nachfahren der Tiefland-Maya. Ende des 19. Jh. wurden ca. 2000 Y. als Kontraktarbeiter nach Kuba verbracht. Ihre Maya-Spr. Yukateko wird (1990) von 665 000 Indianern gesprochen.

Yu-Kyo (REL)
I. (=kr); Bez. für den Konfuzianismus in Korea.

Yulengor (ETH)
II. Teilgruppe der Aborigines im australischen Arnhemland; einige Hundert Köpfe; Körperbemalung und Narbenschmuck.

Yuma(s) (ETH)
I. »Würmeresser«.
II. Verband von Indianerstämmen im w. Arizona mit zahlreichen Stammesgruppen, die zu River-Yumas (Cocopa, Halchidoma, Kavelchadom, Kohuana, Maricopas, Mohaves und eigentlichen Yumas), Oberen Yumas (Havasupai, Walapei, Yavapai) und Wüsten-Yumas (Kamia, Paipai) zusammengefaßt wurden. Meist einfache Sammler und Pflanzer. Nach 1862 durch Goldgräber dezimiert.

Yumbri (ETH)
I. »Geister der gelben Blätter«.
II. Kleinstgruppe in N-Thailand, in Familienverbänden schweifende Waldsammler; durch Hunger, Krankheiten und Verfolgung von Nachbarstämmen zum Aussterben verurteilt.

Yunnan (TERR)
B. Jünnan. Provinz in China.
Ew. 1953: 17,473; 1996: 40,420, BD: 103 Ew./km^2

Yupa (BIO)
II. pygmide Population in Höhenregionen der venezolanischen Abdachung der Sierra de Periaja.

Yuppies (SOZ)
I. Akronym aus young urban professional (people) (=en); seltener europäische Version Yeppy.
II. karrierebewußte, geschäftlich erfolgreiche junge Leute der gehobenen neuen Mittelschichten mit Wertlegung auf äußere Erscheinung und mit urbanem Lebensstil. S. aber auch Yippies. Vgl. School Kids with Income and Purchasing Power, (en=) »Schulkinder mit Einkommen und Kaufkraft«; ugs. auch Spoilt Brats (en=) »Verwöhnte Knirpse«; jeunesse dorée (=fr).

Yuracare (ETH)
I. Yurakare.
II. Indianerpopulation am Andenfuß in Bolivien w. St. Cruz; neben kultbestimmtem Anbau Jagd und Fischerei, heute eng auf Regenwald beschränkt.

Yurok (ETH)
II. Indianerstamm von Strandsammlern an der mittleren US Pazifikküste. Ihre Rel. förderte wirtschaftliches Wohlstandsstreben. Besitzen seit 1891 eigene Reservation.

Yürüken (ETH)
I. Yorüken; (tü=) »Wanderer«; siehe Jürüken. Begriff der Yürüken entspricht in NW-Türkei dem der Turkmen/Türkmen in Ost-Türkei.

Yuruna (ETH)
II. kleine indianische Stammesgruppe mit einer Tupi-Guarani-Spr. im n. Mato Grosso und Para/Brasilien; Maniok-Pflanzer und Fischer. Größter Teilstamm sind die Asurini.

Z

Zaat (SOZ)
I. zat (=urdu); wohl aus jati, zati und (neupers.=) ni-zad.
II. Geburt, Geschlecht und Art, kastenähnliche Sozialstruktur in Pakistan.

Zabbalin (SOZ)
II. (=ar); Randgruppe arabischer Großstädte (bes. in Kairo), die den Müll einsammeln und verwerten, in armseligster Weise mit und auf dem Müll leben; sehr hohe Kindersterblichkeit. Vgl. Catadores (=pt).

Zaberma (ETH)
I. Dyerma, Djerma.
II. schwarzafrikanische Ethnie in Niger (um Niamey) und N-Nigeria.

Zabyan (ETH)
I. Thabyan.
II. arabischer (Beduinen-)Stamm in Saudi-Arabien.

Zacateken (ETH)
II. Indianerethnie mit einer Nahu-Spr. im mexikanischen Bundesstaat Zacatecas.

Zachuren (ETH)
I. Cachur (Eigenbez.); Cachury (=rs); Tsakhurs (=en).
II. zu Dagestanern zählende Ethnie im nö. Kaukasus Bez. Rotulski; ca. 14000 (1979), 20000 (1990). Besitzen schriftlose Eigenspr. (Tsachurisch/Zachurisch) aus der lesgischen Untergruppe der N-Kaukasus-Spr., sind Sunniten. Z. sind, der Islamisierung im 7./8. Jh. ausweichend, aus Kasachstan zugewandert; stehen seit Beginn des 19. Jh. unter russischem Einfluß.

Zaddikim (REL)
I. Sg. Zadik, Zaddik, Zaddiq (he=) »der Gerechte«.
II. geistige Autoritäten und geistliche Lehrer, Führer von Lehrrichtungen/Schulen orthodoxer Juden; speziell auch Titel chassidischer (Wunder-)Rebben/rebijim.

Zadrugen (SOZ)
I. Sg. Zadruga.
II. 1.) Bez. für die regionaltypische Ausbildung der Großfamilie auf dem Balkan, deren Grundformen und Entwicklungsstadien jedoch nach M. GAVAZZI nicht einheitlich geartet waren. Sie ist zu charakterisieren durch Blutsverwandtschaft, Gemeinbesitz, gemeinsame Haushalts- und Wirtschaftsführung sowie gemeinsame wehrhafte Siedlung; sie bot Möglichkeit weitgehender Autarkie und notwendigen Schutzes, hat nachhaltig die soziale Wertewelt der Menschen geprägt. Polit. und wirtschaftliche Entwicklungen haben Institution vor allem im 19. Jh. verfallen lassen, Z. dauert aber in ärmeren Gegenden und bes. bei Albanern bis heute fort. Bei zu starkem Anwachsen der Mitgliederzahl (auf ca. 80) konnte Teilung in kleinere Einheiten unter neuen Stammvätern erfolgen. 2.) Bez. gilt heute mehrfach auch für Genossenschaften, z.B. in Slowenien. Vgl. Großfamilie.

Zafisoro (ETH)
II. ethnische Einheit auf Madagaskar, ca. 100000 Köpfe.

Zaggalah (SOZ)
II. (=ar); Angeh. der Landarbeiter-»Kaste« in Oasen der ö. Sahara.

Zaghawa (ETH)
I. Zagara.
II. kleineres Sudanneger-Volk, negroide Nilotide, das in den Trockensavannen n. des Djebel Marra im Tschad und in der Rep. Sudan als Rinder- und Schafnomaden lebt. Z. sind Muslime.

Zahiriten (REL)
I. aus zahir (ar=) »außen«, »äußerlich«.
II. Angeh. der durch Da'ud ibn Khalaf im 9. Jh. begründeten islamischen Lehrmeinung, die unter Ablehnung der bei den übrigen Rechtsschulen üblichen Methoden (Analogieschluß, eigenständiges Urteil) nur den offenkundigen Wortsinn von Koran und Hadit gelten läßt. Ihr Wirkungsfeld war damals Nordafrika und Spanien. Vgl. Gegensatz Batiniten.

Zahran (ETH)
II. arabischer (Beduinen-)Stamm in Saudi-Arabien.

Zaiditen (REL)
I. Zaidiya, Zaidijja, 5er-/Fünferschiiten.
II. Angeh. einer gemäßigten schiitischen Gemeinschaft, die sich auf Zaid ibn ›Ali‹ (Enkel Husains) als 5. Imam (8. Jh.) beruft. Bei Gegensatz zu anderen Schiiten (in der Imamatsfolge keine Vererbbarkeit, keine Mahdi-Erwartung usw.) stehen sie der sunnitischen Pflichtenlehre sehr nahe. Ihre Gemeinschaft erlangte zweimal staatliche Verwirklichung: in Tabaristan/s. Kaspisee und im Nordjemen, wo bis in die sechziger Jahre der Z.-Imam zugleich der polit. Führer im Lande war. Heute rd. 5–6 Mio., etwa Hälfte der Bev. N-Jemens. Vgl. Mutaziliten.

Zaidiya (REL)
I. Fünfer-(5er-) Schia.

Zairer (NAT)
I. Zaireans, Zairians (=en); zaïrois (=fr); zairenses (=sp).

II. StA. der Rep. Zaire, später DR Kongo. Sie setzen sich aus über 250 ethnischen Einheiten zusammen, die aber zu 80% Bantugruppen sind (Luba, Mongo, Kongo, Rwanda); ferner Sudangruppen 18% und Niloten (2%); mehrere Pygmäengruppen. Amtsspr. Französisch; div. Stammesspr. und Swahili.

Zambaigos (BIO)
I. (=sp); Zampaygos, Zamboclaros, Sambajos.
II. Mischlinge von Zambos mit Indianerinnen; in Mexiko Mischlinge aus einem Indio und einem chinesischen Elternteil.

Zambians (NAT)
(=en) s. Sambier.

Zamboneger (BIO)
I. »echte Zambos«, Grifos; Cabern, Cubras.
II. Nachkommen aus Verbindungen von Negern mit Mulattinnen.

Zambos (BIO)
I. (=sp, =pt); Sg. Zamba w.
I. auch Aribocos, Cafusos, Lobos, Chinos, Cambujos.
II. 1.) Mischlinge aus rotem und schwarzem Elternteil, aus Indianer und Neger in Lateinamerika; 2.) dem echten »Zambo« gleichend, Mischlinge aus Cambujos und Indianern. Vgl. auch Zambos mosquitos.

Zambos mosquitos (SOZ)
II. (=sp); ein »Piratenstamm« an der Küste von Honduras, entstanden aus Mischlingen von Sklaven/schwarzen Schiffbrüchigen und Indios, die sich später auch mit Engländern mischten.

Zambos pretos (BIO)
I. (=pt); Zamboprietos, Mangos, Xibaros.
II. Mischlinge in Mexiko aus Elternteilen, die Zambo und Neger sind.

Zamindars (SOZ)
II. Großgrundbesitzer, Großbauern in Indien.

Zamuco (ETH)
II. indianische Kleinpopulation in N-Paraguay mit eigener Spr.gruppe. Frauen treiben Anbau, Männer sind Jäger; einst Sklavenhaltung.

Zanadiqa (REL)
I. (=ar); Sg. Zindiq; aus zaddiqa (syr=) »gerecht«.
II. 1.) Bez. für die frühen Manichäer; 2.) später im Islam für die manichäischen Scheinkonvertiten, die im 8.–9. Jh. schärfstens verfolgt wurden.

Zanata (ETH)
II. Berbervolk in Tunesien und Algerien.

Zande (ETH)
I. Azande (s.d.), Asande, Idio, Nsakara, Nzakara.

Zande (SPR)
I. Nyamnyam.

II. Sprgem. in Schwarzafrika, der Ubangi-Gruppe bzw. der Adamaua-Gruppe zugeordnet, verbreitet zw. 5°N und dem Ubangi. Vgl. Azande.

Zanzibari (ETH)
I. abgeleitet aus Zendj bar (ar=) »Land der Schwarzen«, fälschlich Sansibarer, Sansibari; Bez. dient in dieser Schreibweise auch zur Abgrenzung gegen Festland-Tansanier.
II. 1.) Bew. der Inselgruppe von Sansibar, Pemba und Tumbatu, die bis in das 20. Jh. wiederholt eigenständiges Territorium war. 1996 zusammen 780 000 Ew., seit je rassisch, ethnisch, spr. und kulturell stark gemischt: Araber, Bantu, Inder, Goanesen, Araber-Neger-Mischlinge. In Tansania die Träger dieser islamischen Mischkultur. 2.) Bew. der Hauptinsel Sansibar; 1967: 190 000, 1978: 273 000, 1988: 355 000 Ew. 3.) Ew. der Stadt Zanzibar, 1990 ca. 158 000. Vgl. Hadimu, Pembaer, Swahili, Watumbatu.

Zaparo (ETH)
II. indianische Kleinpopulation im Grenzgebiet Peru-Ecuador; sind Pflanzer, Jäger, Fischer.

Zapatisten (SOZ)
I. nach Emiliano Zapata, dem legendären Bauern- und Indianerführer der mexikanischen Revolution im ersten Viertel des 20. Jh., benannte indianische Guerillagruppe in der Provinz Chiapas/Mexiko, die Landreform, Gesundheitsversorgung und Schulbildung für die indianischen Ureinw. einfordert. Vgl. Lakandonen.

Zaporoger (ETH)
I. Saporoger; Dnjepr-Kosaken; nach Zaporoshe/Saporoschje »Land jenseits der Stromschnellen« im Dnjepr-Knie.
II. Regionaleinheit der Kosaken, bekannt durch ihren Aufstand von 1648 gegen den Versuch polnischer Magnaten, die Ukraine zu kolonisieren.

Zapoteken (ETH)
II. indianisches Bauernvolk im ö. und s. Oaxaca/Mexiko. Besaßen bereits um 300 n.Chr. ausgesprochene Hochkultur mit Zentren Monte Alban und Mitla (Pyramidentempel, hervorragende Gebäudedekorationen, Hieroglyphenschrift ca. 500 v. bis 1000 n.Chr.); standen später unter Einfluß der Mixteken und Azteken. Heute rd. 300 000–500 000, die neben Spanisch noch ihr Idiom (Zapozeco aus der Otomanguan-Spr.familie) verwenden. Kulturelle Eigenart ist am ehesten noch bei »Berg-Z.« bewahrt, u.a. Compadrazgo-System der zeremoniellen Patenschaft. »Tal-Z.« im S und in Städten sind stärker mestizisiert, haben wenig Anteil in Staatsverwaltung.

Zapoteko (SPR)
I. Sapoteko-spr.
II. Sprgem. der Zapoteken (s.d.) in der Oto-Mange-Spr.gruppe; (1990) 423 000 in Mexiko.

Zarathustrier (REL)
I. Zardushtian (=en), Zoroastrier. Vgl. Parsen.

Zarefati (REL)
II. zeitgenössische Bez. für Juden, die im 14. Jh. aus Frankreich nach Spanien emigrierten, sich aber bald schon der Sephardim-Vertreibung in den Maghreb angeschlossen haben.

Zaza (SPR)
II. ein kurdisches Idiom, von Linguisten als nordkurdischer Dialekt, von den Zaza selbst, soweit sie sich als eigenständiges Volk fühlen, als selbständige Spr. definiert; verbreitet in Ost- und Südostanatolien. Vgl. Kurden.

Zebarim (SOZ)
II. (=he); in der frühen Geschichte Israels Bez. für die im Lande (Israel) geborenen Juden. Ihr Anteil an der Gesamtbev. lag 1948 bei 5 %, 1989 bereits bei 20 %.

Zeid (ETH)
I. Bano Zeid.
II. arabischer (Beduinen-)Stamm in Saudi-Arabien.

Zeitarbeitnehmer (WISS)
I. nicht identisch mit Teilzeitbeschäftigten.
II. Arbeitnehmer, die oft von speziellen Agenturen als Aushilfen auf Zeit (für Stunden, Tage, Wochen und auch länger) vermittelt werden. Es kann sich um Ungelernte oder Spezialisten handeln, um Arbeitslose, Arbeits- oder Jobsuchende. Sie arbeiten oft ohne Tarifvertrag zu mehr oder minder weit reduziertem Lohn. Z. haben (um 1995), je nach Definition, einen Anteil an allen Arbeitnehmern in Deutschland von 0,6 %, in USA von 1,5 %, in Niederlande von 2,4 %. Vgl. Leiharbeiter, Teilzeitbeschäftigte.

Zeitehe (WISS)
I. mut'a (=ar); Ehe auf Zeit; Reise-Ehe, Pilger-Ehe. Das mit einem »Lebensabschnittspartner« vereinbart zeitliche Eingehen einer Konsensualverbindung (s.d.).
II. altislamische Institution, die später zwar verboten, gleichwohl bei Schiiten und in Reisezielen reicher Golfaraber (z.B. Ägypten) bis heute als legale Prostitution fortdauert. Vergütung für Frauen, doch keine Unterhaltsansprüche; Kinder gelten als legitim. Z. tritt auch unter ganz anderen kulturellen Verhältnissen auf, so als »Winterehe« bei Polareskimo und in den reinen Männergesellschaften südafrikanischer Minenbezirke. Vgl. Prostituierte.

Zeitpächter (SOZ)
I. Pachtbauern.

Zeitzeugen (SOZ)
II. Personen, die ihren Nachkommen, den dann mitlebenden Zeitgenossen, über eine vergangene Zeitepoche berichten können.

Zeloten (SOZ)
I. aus zelotes (gr=) religiöse jüdische Eiferer.
II. ursprünglich römerfeindliche jüdische Nationalisten im 1. Jh. n. Chr. Später im Sinn von religiösen Eiferern, fanatischen Glaubensstreitern, insbes. auch gewalttätige Bilderstürmer.

Zemaitisch (SPR)
I. Schemaitisch.
II. Niederlitauisch, verbreitet n. des Njemen.

Zenaga (SOZ)
I. (=be); Sanhadscha (s.d.), Sanhadja (=ar).
II. breite Schicht unter den »weißen Mauren« in der West-Sahara, die ihren Schutzherren tributpflichtig sind.

Zenatiya (SPR)
I. Tarifit.
II. Dialektgruppe der Zennata-Berber, verbreitet insbes. in Marokko zw. Meknès und dem Tefilalt.

Zen-Buddhisten (REL)
I. Zen (jp=) »Versenkung«; aus dhyâna (ssk=) »Meditation«; in China Tsch'an- oder Chan-Sekte, in Japan Zen-Shu.
II. Anh. einer bes. Ausprägung des Mahayana-Buddhismus, die u.a. durch Konzentrationsmeditation geprägt ist. Japans Z.-Schulen gehen auf das chinesische Ch'an-tsung zurück, das im 6. Jh. in China begründet, im 12. Jh. nach Japan getragen wurde. Sie fand dort hpts. als Rinzai- (gegr. 1202), Soto- und Obaku-Schule/Shu (gegr. 1654) Verbreitung. Insgesamt zählt man 24 Zen-Schulen, die heute zus. 9–10 Mio. Anhänger besitzen. Zen-Buddhismus ging mit japanischer Kultur enge Verbindung ein (Literatur, bildende Kunst, Architektur) und hat Lebensauffassung tief durchdrungen (Teezeremonie). Im 12.–14. Jh. besaßen Z.-Klöster polit. Macht und Einfluß, Mönchssoldaten. Vgl. Chan-Sekte.

Zennata (ETH)
I. Zenata; Zénètes (=fr).
II. Großstamm der Berber, ursprünglich in Libyen und Tunesien ansässig, fiel dann mit Arabern in Algerien, Marokko und Andalusien ein. Z. leben seither als Pferdenomaden am NW- Rand der Sahara und im Atlasgebirge. Ihr Dialekt ist das Zenatiya.

Zensusfamilie (WISS)
I. aus censere (lat=) »schätzen«, census (en=), recensement de la population (fr=) = »VZ«; censimento generale (=it); Statistische Familie; census family, statistical family (=en); famille statistique (=fr); famiglia di censimento (=it); familia censo (=sp); familia di cenxamento (=pt).
II. in Volkszählungen wird Begriff der Familie nach soziobiologischen oder ökonomischen Zusammenhängen international sehr verschieden definiert. Terminus Z. erläutert, was jeweils unter Familie zu verstehen ist, insbes. welche Kinder (der bestehen-

den oder früheren Ehen, Pflege-, Adoptivkinder), unverheiratete oder verheiratete Kinder, inner- oder auch außerhalb des Familienhaushaltes einbegriffen sind. In der dt. VZ von 1970 wurden 8 verschiedene Familientypen unterschieden. Vgl. Kernfamilie, Erweiterte Familie, Restfamilie; Klan-, Großfamilie.

Zentralafrikaner (ETH)
II. Sammelbez. für Bew. überwiegend der Binnenländer Schwarzafrikas: Angola, Kamerun, Zentralafrikanische Republik, Tschad, Kongo, Äquatorialguinea, Gabun, Sao Tomé, DR Kongo (Zaire). Im Sinn der UN-Statistik Sammelbez. für die Ew. von Angola, Äquatorialguinea, Gabun, Kamerun, VR Kongo, Sao Tomé, Tschad, DR Kongo und Zentralafrikanische Rep. 1950: 26,0 Mio.; 1960: 32,0 Mio.; 1970: 40,0 Mio.; 1980: 52,0 Mio.; 1990: 71,0 Mio.; BD 1992: 11 Ew./km².

Zentralafrikaner (NAT)
I. Central Africans (=en); centrafricains (=fr); centroafricanos (=sp).
II. StA. der Zentralafrikanischen Rep.Landesbev. untergliedert sich in rd. 30% Banda, 24% Baja/Gbaya, 11% Gbandi, 10% Asande. Amtsspr. Französisch, div. Stammesspr.

Zentralafrikanische Republik (TERR)
A. Ehem. Ubangi-Schari/Oubangi-Chari (=fr), ehem. (von 1976 bis 1979) Zentralafrikanisches Kaiserreich; unabh. seit 13. 8. 1960. République Centrafricaine (=fr); Be ti Kodro ti Afrika (=Sangho). The Central African Republic (=en); la République centrafricaine (=fr); la República Centroafricana (=sp).
Ew. 1960: 1,227; 1975: 2,088; 1996: 3,344, BD: 5,4 Ew./km²; WR 1990–96: 2,2%; UZ 1996: 40%; AQ: 40%;

Zentralamerikanische Indianer (ETH)
II. ein völkerkundlicher Fachterminus; er umgreift die Indianer von Honduras, San Salvador, Nicaragua, Costa Rica und Panama (nicht aber die von Guatemala und Britisch Honduras). Im weiteren Sinne ordnet man diese Z.I. und die karibischen Indianer den Südamerikanischen Indianern zu. Hingegen umgreift der Terminus Mittelamerikanische Indianer außer den Zentralamerikanischen Indianern auch die Indianer der Mesoamerikanischen Hochkulturen bis ins n. Zentralmexiko, die man sonst den Nordamerikanischen Indianern zuweist.

Zentralide (BIO)
I. Istmide; Istmidi (=it) bei BIASUTTI.
II. Unterrasse der Nordindianiden, sehr wenig mongolidisiert. Merkmale: mittel- bis kleinwüchsig, untersetzt, doch grazil wirkend. Ausgesprochen kurzkopfig, Gesichtsform breit, eckig bis oval; markante Nase, öfters hängende Nasenspitze; sehr große Mundspalte, weiter Augenabstand. Körper- und Barthaar spärlich, Kopfhaar schlicht bis wellig, schwarz bis braun. Hautfarbe mittel- bis dunkelbraun, im Flachland heller. Verbreitung: Mexiko und mittelamerikanische Landbrücke (Maya, Azteken-Nachkommen) bis nach Kolumbien, nordwärts bis S-Kalifornien, Arizona (Pueblo-I.) und Neumexiko. Breite Kontaktzonen zu Brasiliden und Andiden im S, zu Margiden und Pazifiden im N.

Zentralladiner (SPR)
II. Sammelbez. für die Rätoromanen der Sprachinseln zwischen Graubünden und Friaul. Zu ihnen zählen die Rätoromanen a) im Noce/Nonsberg, b) im Val di Sole/Sulzberg, c) in der Judicaria, d) die Dolomiten-Ladiner, e) in Friaul. Vgl. Rätoromanen; Furlanisch-spr.

Zenú (ETH)
II. eine der vier alten Indianerethnien im nw. Bezirk Antioquia/Kolumbien. Vgl. Nachbarn: Chami, Catio, Cuna.

Zerma (ETH)
I. Djerma (s.d.). Vgl. Songhai.

Zeugen Jehovas (REL)
I. »Watch Tower Bible and Tract Society« (=en); Altbez. Russelliten; bis 1931 »Ernste Bibelforscher«; »Verkünder«, in Deutschland »Wachtturm-Gesellschaft«, »Wachtturm Bibel- und Traktat-Gesellschaft«.
II. Anh. einer 1874 durch Charles Taze Russel begründeten (christlichen) Heilsgemeinschaft, die 1884 aus presbyterianischen Kreisen und von Adventisten beeinflußt worden ist. Weltzentrale liegt in Brooklyn, New York. Z.J. erwarten baldiges Weltende; Mitglieder sind als »Pioniere« zur aktiven Mitarbeit verpflichtet. Sie erfuhren mehrfach Verbote und Verfolgungen (NS-Regime und ehem. Ostblockstaaten) wegen ihrer Verweigerung des Militärdienstes. Um 1980 nach Eigenangaben 6–10 Mio. Anhänger in 79 Sprachen. Hauptverbreitung in USA (1 Mio.), Mexiko und Brasilien (je 400000), Deutschland (166000).

Zezuru (ETH)
I. Mazizura, Sesuru.
II. Bantu-Ethnie im zentralen Simbabwe um Harare, eines der Shona-Völker. Vgl. Shona.

Zhejiang (TERR)
B. Tschekiang, Chekiang. Provinz in China.
Ew. 1953: 22,866; 1996: 43,430, BD: 426 Ew./km²

Zher-Khin (ETH)
I. aus zher »Angst haben«.
II. kleine ethnische Einheit im oberen Jangtsching-Gebiet; Untergruppe der Na-Khi, die aber im Unterschied zu Z.-K. im Bergland leben. Z.-K. besitzen eine Bilderschrift.

Zhuang (ETH)
II. Minderheitsvolk im w. Guangxi/China mit 15,556 Mio. (1990).

Zhuang (SPR)
 I. Chuang, Tschuang; Zhuang (=en).
 II. sinotibetische Spr. der Tai-Gruppe, verbreitet in China (Kuangsi, Yünnan, Kuangtung) mit 15 Mio. Sprechern (1994); Lateinschrift. Vgl. Tschuang.

Ziaïada (ETH)
 II. Sub-Konföderation von Berber-Stämmen: Moualine el Rhaba, Moualine el Outa, Fedalate in W-Marokko.

Ziehbauern (SOZ)
 I. Halbseßhafte; semi-sédentaires (=fr). Vgl. Halbnomaden.

Zigeuner (ETH)
 I. aus atsinganoi (=byzantinisch), athinganos, atsinganos (=gr), fälschlich »die Unberührbaren«, vielmehr »die von sich aus Abstand halten«, »Leute, die einem nicht nah kommen wollen«. Deutsche Altbez. Zigeiner, Ziganken. Alte Eigenbez. Secanen/Secaner (Balkan, Osteuropa); regionale Entsprechungen: Zegeiner, Suyginer; Cygane, Cygany (=rs); Cygan(ka) (=pl); tigan (=rm); zingari (=it); Czigany (=un); Cingane, tsigan oder çingene (=tü); Yevgu (=al); Gitans/Gitanes, Tsigane, Tziganes (=fr); Tziganes (=en); Romanichel (pejorativ); Jat, Altbez. Zott (=ar). In Europa Sammelname für Sinti, Roma, Kalderaschi, Louwara, spanische und mittelasiatische Zigeuner. Zigeuner werden auch nach vermutetem Herkunftsland bezeichnet: nach Böhmen: bohemianos (=sp), Bohémiens (=fr); nach der Tatarei: Tatern, (norddeutsch, skandinavisch); nach Ägypten: Gipsies, Gypsies (=en); Giptenaers (=ni), egipcianos oder gitanos (=sp, pt), Gyphtos (=gr); nach Spanien: Gitanes (=fr); im französischen Argot entsprechen sich cigogne = Bohémien = Zigeuner. Eigenbez.: Róm, Roma, Romani in Europa; Lom in Amerika, Dom in Indien und Syrien; alle gleichbedeutend »Menschen«, »Volk« im Gegensatz zu Nichtzigeunern, den Bauern, Gadesche; in Rußland: Mazang, Dzugi, Ljuli.
 II. Wandervolk, das mit Ausnahme von Ost- und Südostasien weltweit (sogar in Australien und Neuseeland), doch hpts. in Europa verstreut lebt. Es handelt sich um eine aus dem Punjab/N-Indien stammende Ethnie, die vielleicht noch vor dem 7./8. Jh. aus Indien über den Iran abwanderte und sich dort in die Ben und die Phen teilte. Die Ben zogen über Syrien, Palästina, Ägypten und Nordafrika bis nach Spanien. Die Phen wanderten über Armenien und Konstantinopel in den Balkan ein, sie erreichten 1407-18 Mittel- und wenig später Westeuropa. Weitere Wanderwellen erfolgten nach 1860 und im 20. Jh. aus Rumänien. Z. waren bei Einheimischen ob ihrer Lebensweise seit jeher gefürchtet und verfemt; seit 1471 existieren Ansiedlungsverbote und andere Restriktionen; wurden im 17./18. Jh. sogar in Kolonialgebiete deportiert (Brasilien, Nordamerika, Australien). Erlitten während II.WK in Mittel- und SE-Europa durch faschistische Verfolgungen Verluste von 277000-500000 Individuen. Seit Aufklärung in vielen Staaten Bemühungen zur zwangsweisen Ansiedlung, teils in ghettohaft abgeschirmten Siedlungen von Gelegenheitsarbeitern, teils Wanderungsverbote (u.a. in ehem. Sowjetunion 1956). Nicht zuletzt durch Eigenabschließung gegen Gastvölker vermochten sie bei aller Differenzierung ihre Eigenart zu bewahren, besitzen seit 1971 eigene Weltvertretung. Z. sind weder in spr., noch religiöser Hinsicht oder im Hinblick auf ihre Lebensweise eine homogene Einheit. Z. gelten gemeinhin als Indide, sie sind aber zu 90% nicht mehr reinrassig; sind in Großfamilien bzw. Stämme und Sippen gegliedert; nutzen ein zu den indoarischen Spr. zählendes Eigenidiom, das aber durch Aufnahme von Spr. der Gastländer bis zur Unverständlichkeit differenziert wurde. Nach ihrer Zweitspr. werden in Europa u. a. böhmische, ungarische, piemontesische Z. unterschieden. Z. sind in Europa mehrheitlich katholische Christen. Zahlenmäßige Angaben sind meist unsicher; insgesamt bis zu 10 Mio.; in Europa auf 3-6 Mio. (1970-1980) geschätzt, wovon in Rumänien 235000-540000; in Bulgarien 150000-210000; in ehem. Tschechoslowakei 250000; in Ungarn bis zu 350000, in Jugoslawien bis zu 650000; in Polen etwa 12000; in Spanien 500000, in ehem. Sowjetunion 209000; in Deutschland ca. 70000 und zusätzlich bis über 100000 rumänische »Asylanten« (1992). Sind mit Teilgruppen (Ungarn, Slovakei) seßhaft, sonst unstet; sie stehen dabei in bekannten Handwerker-, Schausteller- und Musikantenmetiers. Selbst in den staatssozialistischen Gesellschaften fanden sie sich auf der untersten Stufe sozialer Wertschätzung. Vgl. nächst obengenannten: Arabadschis, Ardanovci, Arlijas, Bandschara, Boscha, Chaladvtka Roma, Chorochane, Dom, Dschambasi, Dswonkari, Erli, Gadscho, Gitanos, Grebenari, Hungaros, Kalderaschi, Kalo/rom, Kaschtari, Kherari, Klintschari, Lajenge Roma, Lajetsi, Lalleri, Lautari, Lotfike Roma, Loware, Maschari, Matschwaja, Polatschin, Poschtjari, Ralusches, Roma, Rudari, Romanitschels, Sagundschis, Sastari, Schintera, Sikliigars, Sinti, Toriaci, Tschuchni, Tschurare, Tserchari/Tserehari, Ungri, Ursari.

Zigeuner (SOZ)
 I. dt. Altbez. Zigeiner/Zigainer (auch jidd.), Ziganken; aus atsinganoi (=byzant.) bzw. athigganos oder atsinganos (=gr). S. Zegeiner, Secaner, Suyginer; Cygane, Cygany (=rs); Cyganie (=pl); tigan (=rm); cingaros (=sp für mitteleurop. Z.); zingari (=it) Cigany (=un); Cingane, tsigan oder çingene (=tü); Yavgu (=al); gitans, tziganes (=fr); Romanichel (=fr, pejorativ). Terminus Z. gilt ungeachtet gelegentlichen pejorativen Gebrauchs – entgegen heutiger »Political Correctness«- selbst unter eigenen Volkszugehörigen als Überbegriff und in Europa als

Sammelname für Sinti, Roma, Kalderaschi, Louwara, spanische und mittelasiatische Zigeuner. Z. werden auch nach vermutetem Herkunftsland benannt: (nach Böhmen) bohemianos (=sp), bohémiens (=fr); (nach der Tatarei) Tatern, norddt.; (nach Ägypten): Gypsies, Romany (=en); Giptenaers (=ni), egipcianos oder gitanos (=sp, pt), Gyphtos (=gr); im französischen Argot ist cigogne der Bohémien, der Zigeuner. Eigenbez.: Róm, Roma, Romani in Europa; Lom in Amerika oder Dom, alle gleichbedeutend mit »Menschen«, »Volk« im Gegensatz zu Nichtzigeunern, den Bauern, Gadje/Gadesche; in Rußland: Mazang, Dzugi, Ljuli. Sg. dadeskero tschawo, dadeskero wast (zi=) »echte, unverfälschte Zigeuner« wohl aus dadeske-dad (zi=) »Großvater« und wast (zi=) »Hand«.

II. Wandervolk, mit Ausnahme von Ost- und Südostasien weltweit, doch hauptsächlich in Europa verstreut lebend; aus dem Punjab/N-Indien stammende Ethnie, die im 7./8. Jh. aus Indien über den Iran abwanderte und sich dort in die Ben und die Phen teilte. Ben zogen über Syrien, Palästina, Ägypten und Nordafrika bis nach Spanien. Phen wanderten über Armenien und Konstantinopel in den Balkan ein, sie erreichten 1407–1418 Mittel- und wenig später Westeuropa. Weitere große Wanderwellen erfolgten nach 1860 und im 20. Jh. aus Rumänien. Z. waren bei Einheimischen ob ihrer Lebensweise seit jeher gefürchtet und verfemt, seit 1471 Ansiedlungsverbote und andere Restriktionen; wurden im 17./18. Jh. sogar in Kolonialgebiete deportiert (Brasilien, Nordamerika, Australien). Erlitten während II.WK in Mittel- und SE-Europa durch faschistische Verfolgungen Verluste von 277 000–500 000 Individuen. Seit Aufklärung in vielen Staaten Bemühungen zur zwangsweisen Ansiedlung, teils in ghettohaft abgeschirmten Siedlungen von Gelegenheitsarbeitern, teils Wanderungsverbote (u.a. in Sowjetunion 1956). Nicht zuletzt durch Eigenabschließung gegen Gastvölker und Endogamie vermochten sie bei aller Differenzierung ihre Eigenart zu bewahren, besitzen seit 1971 eigene Weltvertretung. Z. sind weder in spr., noch religiöser Hinsicht oder im Hinblick auf ihre Lebensweise eine homogene Minderheit. Z. gelten gemeinhin als Indide, sie sind aber zu 90% nicht mehr reinrassig; in Großfamilien bzw. Sippen und Stämme gegliedert, mit einem zu den indoarischen Spr. zählenden Eigenidiom (Romani tsiw), das aber durch Aufnahme von Spr. der Gastgeberländer bis zur Unverständlichkeit differenziert wurde. Nach ihren Zweitspr. werden u.a. böhmische, ungarische, piemontesische Z. unterschieden. Zahlenmäßige Angaben sind überaus unsicher, da Z. in Erhebungen oft ihre Identität verleugnen, ihre Zählung staatlicherseits unterdrückt wird oder ganz unterbleibt. Insgesamt bis zu 10 Mio.; in Europa, in der Europäischen Union 1994 rd. 3–4 Mio. geschätzt, wovon (1985–1987) u.a.: in Rumänien 540 000– (lt. Schätzungen) 2 Mio., in Bulgarien 210 000– (lt. S.) 500 000; in ehem. CSSR 250 000 (1980) –500 000 (1990), bes. in Slowakei; in Ungarn 350 000–800 000; in Nachfolgestaaten Jugoslawiens 600 000–1 Mio.; in Polen 12 000–50 000; in Spanien 900 000–1,5 Mio.; in Sowjetunion mindestens 260 000 (1979); in Deutschland > 100 000 und zusätzlich bis über 100 000 rumänische Asylanten (1992); in Frankreich mind. 300 000, in Italien 60 000–70 000, in Türkei 500 000–600 000. Z. passen sich auch glaubensmäßig ihren Wirtsvölkern an, sind in Europa mehrheitlich kath. Christen, doch auch protestantische und anglikanische, in SE-Europa häufiger orthodoxe Christen; speziell in Bulgarien, Griechenland und Türkei Muslime. Sind mit Teilgruppen (Ungarn, Slovakei) seßhaft, sonst trotz vielseitiger Ansiedlungsmaßnahmen seit 18./19. Jh. mehrheitlich unstet. Sie stehen dabei in bekannten Handwerker-, Schausteller- und Musikantenmetiers. Selbst in den staatssozialistischen Gesellschaften fanden sie sich auf der untersten Stufe sozialer Wertschätzung. Vgl. Bandschara und nächst obengenannten: Arabadschis, Ardanovci, Arlijas, Boscha, Chaladvtka Roma, Chorochane, Dom, Dschambasi, Dswonkari, Erli, Gadscho, Gitanos, Grebenari, Hungaranija, Hungaros, Kalderaschi, Kalo/rom, Kaschatri, Kherari, Klintschari, Lajenge Roma, Lajetsi, Lalleri, Lautari, Lotfike Roma, Loware, Maschari, Matschwaja, Polatschin, Poschtjari, Ralusches, Roma, Rudari, Romanitschels, Sagundschis, Sastari, Schintera, Sikligars, Sinti, Torlaci, Tschuchni, Tschurare, Tserchari/Tserehari, Ungri, Ursari.

Zigeunermischlinge (BIO)
II. amtl. Terminus während der NS-Zeit in Deutschland, als aus ideologischen Gründen ausdrücklich zwischen (doch arischen) Vollzigeunern und (weil vorgeblich minderwertig) bes. unerwünschten Z. unterschieden wurde. Man klassifizierte sie nicht allein nach ethnischer Abstammung (Viertel-, Achtelzigeuner), sondern auch nach sogenanntem Sozialverhalten (angepaßt an Sinti- oder an deutsche Kultur bzw. unangepaßt). Bemerkenswert bleibt, daß der Anteil der Z. an der gesamten Zigeunerbev. damals auf mehr als 90% geschätzt wurde. Z. wurden durch besondere Pässe gekennzeichnet.

Zigula (ETH)
I. Zigua, Zeguha, Wazegura.
II. Bantu-Stamm im Hinterland der Küste von Tansania; sind zwar teilweise islamisiert, haben aber noch ausgeprägte Initiationsriten, so daß man sie nicht den »Suaheli« zurechnen darf.

Zimba (ETH)
I. Simba.
II. schwarzafrikanische Ethnie in DR Kongo, nw. des Tanganjikasees.

Zimbabweans (NAT)
(=en) s. Simbabwer.

Zingari (ETH)
I. Tzingani, Tzigani, Rom, Romani, Romanichels, Gadios, Gitans, Gypsies, Manouches usw.
II. in Balkanländern verbreitete Bez. für Zigeuner (s.d.).

Zinzaren (ETH)
I. zinzari (=it).
II. serbokroatische Bez. für Aromunen, Mazedorumänen, Makedo-Rumänen, Kutzo-Walachen, Megleno-Walachen.

Zionisten (SOZ)
I. von Zion, dem Tempelshügel in Jerusalem.
II. 1.) Anh. der Ende des 19. Jh. (durch *Th. HERZL* 1860–1904) im Judentum entstandenen polit. Bewegung, welche die Neubesiedlung Palästinas und die Einigung der Juden als Volk erstrebte. 2.) christliche Z.: Bewegung von Christen aus Deutschland, Frankreich, Großbritannien und Rußland im 19. Jh., in einem »friedlichen Kreuzzug« zur Hebung christlichen Lebens im Heiligen Land beizutragen. Württembergische Templer unter Leitung von F. Keller begr. 1887 die Deutschen Kolonien in Palästina. Vgl. Zionistische Kirchen.

Zioniten (REL)
I. von Zion, dem Tempelberg in Jerusalem.
II. Anh. einer von Norwegen nach Norddeutschland eingewanderten schwärmerisch-pietistischen Sekte des 18. Jh.; anfangs in Altona, dann in Ronsdorf bei Wuppertal; wollten das Zionreich Christi errichten. Vgl. Zionisten.

Zions-Christen (REL)
I. Zionistische Kirchen; nach J.A. Dowies, dem Gründer von Zion (1901 Illinois).
II. Sammelbez. durch F.H. Littell und E. Geldbach für jene christlichen Bewegungen bes. in Afrika, die sich durch ausgeprägte Identifikation mit dem Alten Testament auszeichnen, ideologisch und liturgisch »zionistisch« gefärbt sind oder sich an das äthiopische Christentum mit seinem alttestamentlichen Zeremonial- und Speisegewohnheiten, die Festtags-(Sabbat-)heiligung und Beschneidung anlehnen. Hinzu gehören u.a. Africa Israel Church (Kenia 1942), Eglise Baptiste Biblique (Madagaskar 1930), Guta Ra Jehova (Simbabwe 1952), Nazarite Baptist Church und heute Nazaretha Church (Südafrika 1911), Zion Christian Church (Südafrika 1914), Ethiopian Church (Südafrika 1892), Ethiopian Catholic Church in Zion (Südafrika 1904), Zionist Churches (Bouvetinsel), Ethiopian Church (Nigeria 1925). Insgesamt umfassen Z. allein in Südafrikanischer Union weit über 3 Mio. Gläubige. Heiliges Zentrum ist Moria im n. Transvaal. Identifikationsmerkmale sind grau-beige Alltagsuniform oder grüne Sonntagskluft, fünfzackiger gelber oder weißer Stern auf grünem Tuch. Untersagt sind Tabak und Alkohol. Im weiteren sind auch die ca. 200–300 vor allem in N-Amerika verbreiteten Assemblies of God hinzurechnen, die sich weitgehend jüdischer Riten befleißigen.

Zipser Sachsen (ETH)
I. Szepzesi Szászok (=un).
II. deutsche Kolonistengruppe am Fuß der Hohen Tatra und im slowakischen Erzgebirge, die, im 11./13. Jh. durch ungarische Könige angesiedelt, in ihren 24 Städten kulturelle und rechtliche Eigenständigkeit (»Sächsische Willkür« und »Fraternitat parochorum«) bewahrten; Teilgruppen von Bergleuten wanderten in den n. Karpatenbogen/Rumänien weiter. 1944/45 noch 45000, die nach Deutschland flüchteten oder in die UdSSR verschleppt wurden; vom Krieg verschonte Bew. gelten heute als Autochthone.

Zirkassier (ETH)
I. Cirkassier; Circassians (=en); circasianos (=sp); Tscherkessen (s.d.).

Zisjordanien (TERR)
C. Judäa und Samarra. Jordanien w. des Jordan (Westbank) bis 1967 (israelische Besetzung) bzw. bis 1988 (Aufgabe des jordanischen Rechtsanspruches). Seit 1994 besitzen Palästinenser Teilautonomie in Z. The West Bank (=en); la Cisjordanie, la rive occidentale (=fr); Cisjordania, la Ribera Occidental (=sp). Vgl. Palästina.
Ew. 1971: 0,600; 1988: 0,866; 1991: 1,100

Zisjordanier (ETH)
I. Cisjordaniens (=fr).
II. Palästinenser z.Zt. jordanischer Herrschaft (1948–1967 bzw. 1988) im Territorium der sog. Westbank mit Alt-Jerusalem. Vgl. Palästinenser.

Zisterzienser (REL)
I. SOCist, auch Bernhardiner, Cister.
II. gegr. 1098 in Frankreich, 1118 selbständiger Reformorden der Benediktiner. Dank vorbildlicher Leistungen nach Prinzip der Eigenwirtschaft auf landwirtschaftlichem (Rodung) und gewerblichem Gebiet (Salinen, Brauwesen) im 12./13. Jh. großer Aufschwung. Seine Handelstätigkeit brachte dem Orden die Bezeichnung »Bankier des Mittelalters« ein. Z. besaßen Anfang des 14. Jh. über 700 Klöster in Frankreich, England und Deutschland. Hauptsächlich Interesse nötigt Rodungstätigkeit, Kolonisierung und Christianisierung des Ordens in Ostdeutschland ab; z.B. mittels der Grangien, der typischen Zisterzienser-Ackerhöfe. In Süddeutschland widmeten sich Z. mehr der rationaleren Nutzung des Bodens und der Einführung von Spezialkulturen (Wein- und Obstbau), Fisch-, Schaf- und Pferdezucht. Heute tätig in Seelsorge und Unterricht, 1985 nur mehr 2800 Professen. Zisterzienserinnen gegr. 1132 in Frankreich. Vgl. Trappisten.

Zivis (SOZ)
I. ugs. Abk. für Zivildienstleistende, Ersatzdienstleistende. Unstatthafte Umschreibungen: Bausoldaten, Kriegsdienstverweigerer.
II. Wehrdienstverweigerer u.a. in Deutschland, die gemäß Gesetz von 1965 einen verlängerten Ausgleichsdienst z.B. im Kranken-, Heil- und Pflegedienst ableisten.

Znassen (ETH)
II. Stamm der Rif-Kabylen in N-Marokko mit einer Berberspr., Sunniten.

Zoaristen (REL)
II. religiöse Dissidentengruppe, die 1817 aus Mitteleuropa nach USA einwanderte.

Zöglinge (SOZ)
I. Pflegebefohlene, Schüler. Vgl. Fürsorgezöglinge.

Zölestiner (REL)
I. OSB Coel; Celestine friars (=en).
II. Angeh. eines reformiert-benediktinischen Einsiedlerordens, der in der Säkularisation Anfang des 19. Jh. untergegangen ist. Vgl. Benediktiner.

Zölibatäre (REL)
I. aus caelebs (lat=) »ehelos«, »nicht verheiratet«.

Zölibatäre (WISS)
I. aus caelibatus (lat=) »Ehelosigkeit«.
II. aus religiöser Verpflichtung unverheiratet lebende Männer, bes. im Katholizismus und Buddhismus verbreitet.

Zombies (BIO)
I. Untote.
II. 1.) in der mystischen Welt archaischer Vorstellungen oder afroamerikanischer Voodookulte lebende, durch Zauberei wiedererweckte, willenlose Tote. 2.) übernommene moderne Hilfsbez. für hirntot erklärte Menschen, die klinisch durch künstliche Beatmung und Ernährung am physischen Leben erhalten werden.

Zombies (REL)
II. 1.) in afrikanischen Kulten (im Wodukult auch auf amerikanischem Boden, insbes. in Haiti) Tote, die durch Zauberei wieder zum Leben erweckt und damit zum willenlosen Werkzeug des Zauberers werden. 2.) in USA heute ugs. auch für Schwachköpfe, Verrückte.

Zonards (SOZ)
II. (=fr); drogenabhängige Jugendliche ohne ständige Heimstatt in Frankreich.

Zönobiten (REL)
I. Coenobiten (=agr.), Koinobiten.
II. Klostermönche, Klosterbrüder im Gegensatz zu Einsiedlern.

Zoombo (ETH)
I. Zombo.
II. schwarzafrikanische Ethnie in NE-Angola.

Zoque (ETH)
II. kleines mesoamerikanisches Indianervolk am Isthmus von Tehuantepec/Mexiko, den Mixe nahe verwandt. Kulturell von den Maya beeinflußt und den Zapoteken und Mixteken nahestehend, doch rückständiger. 1980 > 30000, jedoch weit fortgeschrittene Mestizisierung.

Zoroastrier (REL)
I. Zarathustrier, Zardusht (bei Parsen), Zardushtian (=en) oder Parsi, Parsen, d.h. »Perser«; in falscher Einschätzung oder pejorativ »Feueranbeter«. Von Muslimen auch: Gabar, Geber, Gueber, Ghabr, Gebr usw. aus (ar=) Kafir und (pe=/tü=) Giaur »Ungläubige« oder magus (ar=) »Magier«. In China xianjiao (ci=) »Religion des Feuergottes«. Altbez. auch Mazdaiten (nicht identisch mit Mazdakiten!) nach zentralem Gott Ahura Mazda.
II. Anh. einer alten Religionsgemeinschaft, die im 6. Jh. v.Chr. durch Zarathustra im sö. Iran gestiftet wurde. Zarathustra formte den altiranischen Polytheismus (u.a. Mithras-Kult) in einem dualistischen System von Gut und Böse, Licht und Dunkel und aus deren Kampf Ahura Mazda als Sieger hervorging, wodurch Z. dem Islam gegenüber ihren reinen Monotheismus begründeten. Als Symbol dieses Kampfes diente der Feuerkult, den auszuführen allein Priestern zustand. Weitere Besonderheit im Totenkult die Bestattung ausschließlich der Knochen. Heilige Schrift ist das Avesta. Seit Untergang des letzten zoroastrischen Staates bzw. arabisch-islamischer Eroberung Irans galten Z. unter Bez. Geber als Dschimmi; aufrechte Bekenner waren unter bis heute wachsendem Zwang zur Abwanderung genötigt. Von nun an wurden Z. als Parsen (s.d.) bezeichnet. Vgl. Parsen.

Zuagroaste (SOZ)
II. Bez. in Altbayern (nur mitunter abschätzig) für bes. nach II.WK zugewanderte Nicht-Bayern.

Zuaven (ETH)
I. zu'av (=berb.); Zoaven, Suaveh, Zuauas; Zouaves (=fr); Zouaves (=en).
II. Kabylenstamm im Djurdjura-Gebirge/Algerien; stellten über lange Zeit Einheiten in der französischen Kolonialarmee; von daher in Nordafrika allg. Bez. für Söldner.

Zubeid (ETH)
II. arabischer (Beduinen-)Stamm in Saudi-Arabien.

Zufayer (ETH)
I. Al Zufayer.
II. arabischer (Beduinen-)Stamm in Saudi-Arabien.

Zug (TERR)
B. Kanton. Gliedstaat der Schweizerischen Eidgenossenschaft seit 1352. Zoug (=fr); Zugo (=it).
Ew. 1850: 0,017; 1910: 0,028; 1930: 0,037; 1950: 0,042; 1970: 0,068; 1990: 0,086; 1997: 0,095

Zulu (ETH)
I. Sulu, Amazulu.
II. Volk von ca. 5,7 Mio. (1980), ca. 8,5 Mio. (1994), zur Nguni-Gruppe der Südostbantu gehörend. Wanderten im 16.–19. Jh. aus N in ihre heutigen Wohngebiete Natal, Teile des Oranje-Freistaates und SE-Transvaal ein, wo sie heute 21,6% der Gesamtbev. Südafrikas stellen. Z. machen nach Auflösung des Apartheidsystems in Südafrika alte Souveränitätsrechte geltend und streben eine konstitutionelle Monarchie in Kwazulu/Natal unter ihrem Oberhäuptling bzw. König (s. Chiefs) an. Starker Anteil der Z. als Wanderarbeiter in den Bergwerken Südafrikas dauert seit britischer Kolonialzeit fort. Heute Wiederbelebung des alten Kulturguts, u.a. Ahnenkult, Stierkämpfe, Schilftanz als Fruchtbarkeitsritus der Frauen, Wunderheiler. Zwar Vaterrecht, doch große Bedeutung der Häuptlingsmutter. Patriarchale Großfamilien mit Kralanlagen. Im 19. Jh. entwickelten sich Z. aus unbedeutenden Klanverbänden zum machtvollen Volk. Tschaka Sulu gelang es, dank neuer Kriegstechniken, Militärorganisation (Altersklassenregimenter, Frauentruppen, Schwerter statt Speere) und Grausamkeit 1815–1828 zahlreiche Nachbarstämme zu unterwerfen, seine Herrschaft von Swaziland im N bis Pondoland im S und westwärts bis zu den Drakensbergen auszudehnen. Diese Eroberungskriege hatten neben schweren Verwüstungen direkt und durch Nachahmer auch große Bev.verschiebungen zur Folge: Einfall der Ndebele in das heutige Simbabwe, der Gasa in Mosambik, Vorstoß der Ngoni bis an den Malawi-See. Das ethnische und soziale Gefüge der SE-Bantu wurde völlig verändert, die khoisanide Vorbev. in bescheidenem Maße eingeschmolzen.

Zulu (SPR)
I. isiZulu; Zulu (=en).
II. der Bantu-Spr.familie zugehörige Sprgem. in Südafrika (Natal) mit (1994) 7 Mio. Sprechern. Amtsspr. in KwaZulu und (seit 1994) in Südafrika; dort lt. VZ von 1991 meistverbreitete Mutterspr. Sie wird von einem Fünftel der Bev. gesprochen.

Zulu Congregational Church (REL)
II. 1896 in Südafrika gegr. unabhängige Kirche auf der Basis von Stammesidentität.

Zünfter (SOZ)
I. Zunftgenossen, aus zumft (ahd.=) »sich zusammenfügen«, »Ordnung«.
II. Mitglieder einer Zunft, des Zusammenschlusses von Handwerkern einer Branche zur Regelung ihrer berufsständischen, wirtschaftlichen und sozialen Belange und ihrer zahlenmäßigen Begrenzung im 12.–19. Jh. in Europa, mit div. Ordnungsfunktionen von der Ausbildung (Lehrlinge-Gesellen-Meister) über Qualitätskontrolle und Marktregelung bis in die Gemeindeverwaltung. In der Regel hatten nur Meister eine familientragende Vollstelle. Funktion von Zünften, Handwerksinnungen ist auch in anderen Kulturerdteilen entwickelt: vgl. die Unterteilung der Altstadt Hanois/Vietnam nach 36 Zünften. Vgl. Junggesellen, Gilden.

Zuni (ETH)
II. Stamm der Pueblo-Indianer im Valencia County in Arizona und in New Mexico/USA. Ihre Gesellschaft ist stark religiös geprägt, jeder ihrer ursprünglichen 20 Klans ist »Besitzer«, Träger eigener ritueller Aufgaben in ihrer alten holistischen Naturphilosophie. Bis 1629 durch Franziskaner christlich missioniert; synkretistischer Kultus. Z. haben bis in die heutigen Reservationen ihre Kultur erhalten. Bedeutende Malerei und Silberschmiedekunst.

Zürcher (ETH)
I. Züricher; Zurichois (=fr).
II. Ew. 1.) der Stadt Zürich (338 500 Ew.); 2.) des Kantons in Schweizer Mittelland.

Zuri (ETH)
II. Stamm der Aimaq in W-Afghanistan, wohnhaft s. Taimani; 1970 zw. 15 000–70 000 Seelen.

Zürich (TERR)
B. Kanton. Gliedstaat der Schweizerischen Eidgenossenschaft seit 1351. Zurich (=fr); Zurigo (=it).
Ew. 1850: 0,251; 1910: 0,504; 1930: 0,618; 1950: 0,777; 1970: 1,108; 1990: 1,179; 1997: 1,182

Zuwanderer (SOZ)
II. unverbindliche Bez. für Migranten, die in einem neuen Gemeinwesen (einer Gemeinde, einem Staat) zuziehen (Zuzügler), zuwandern, einwandern (Einwanderer). Da sich Deutschland nicht als Einwanderungsland versteht, wird Begriff Z. amtl. auch für tatsächliche Einwanderer nach Deutschland verwendet.

Zuzügler (SOZ)
II. Personen, die sich durch Wohnungswechsel neu ansiedeln; Zuzüger (in Schweiz) für solche, die aus fremden Gemeinden zuziehen, »Neubürger«.

Zwangsarbeiter (SOZ)
I. Arbeitssträflinge, Arbeitssklaven, Fronarbeiter, Dienstverpflichtete.
II. 1.) Institution der Zwangsarbeit ist seit Altertum bekannt z.B. Altägypten: Pyramidenbau bes. durch Nubier; Mesopotamien: Be-, Entwässerungsarbeit; Altchina: sog. »Gemeinschaftsfamilien« (ci=) sengqihui: Verwandte, die buddhistischen Klöstern zur Erschließung von Ackerland zugeteilt wurden (*J. GERNET*). In breitem Umfang hat auch der europäische Kolonialismus derartige Praktiken angewandt (internationale Kongokrise 1885, vgl. ent-

flohene »Buschneger«). 2.) zur verschärften Freiheitsstrafe schwerer körperlicher Arbeit Verurteilte, noch in der Neuzeit in ganz Europa angewandt für Revolutionäre, Kriminelle, Spieler, Dirnen, sogar Obdachlose in Arbeitshäusern, Werften, Waffenmanufakturen, Torfstich; Galeerensträflinge; in China noch heute in großem Umfang (mehrere Mio. u.a. bei Produktion von Billig-Exportwaren) gebräuchlich. 3.) in totalitären Regimen zur Arbeit gezwungene polit. Häftlinge (Gulag-Z.), Deportierte im Zarenreich. Ab 1946 wurden in der UdSSR auch dt. Kriegsgefangene als solche Z. eingesetzt, rd. 1,8 Mio. erwirtschafteten bis 1955 8–10% der sowjetischen Wertschöpfung. Im II.WK bedienten sich Deutschland und Japan in großem Umfang des Instruments der Z., um den gewaltigen Arbeitskräftebedarf der Kriegswirtschaft zu decken. Vgl. »Fremdarbeiter«. Fronarbeiter, Arbeitssklaven, Reparationsverschleppte, Chimiki (=rs), Fremdarbeiter. Vgl. auch laogai- und laojiao-Gefangene.

Zwangsausgesiedelte (WISS)
II. Fachterminus für DDR-Deutsche, die in Auslegung des Gesetzes »zum Schutz der Demarkationslinie vor Diversanten und Spionen« (1952) sowie abermals in der Aussiedlungsaktion 1961 aus dem Grenzstreifen zur BR Deutschland zwangsausgesiedelt wurden; einschl. einiger Tsd. ad hoc-Flüchtlinge 10 000–12 000 Familien.

Zwangsrepatriierte (WISS)
II. dt. Terminus für die am Ende des II.WK gegen ihren Willen in das erweiterte Staatsgebiet der UdSSR »repatriierten« Deutschen, rd. 300 000.

Zwangssenioren (SOZ)
II. ugs. Bez. in Deutschland für Personen, die durch spezifische Vorruhestandsregelungen vorzeitig aus dem Arbeitsmarkt ausscheiden müssen. Vgl. Vorruheständler, Frührentner.

Zwangswanderer (WISS)
II. Personen, die ihren Wohnsitz nicht freiwillig, sondern unter Zwang in einen anderen Landesteil oder oft ins Ausland verlegen. Als Zwangskräfte kommen Pressuren seitens der Staatsorgane, polit. oder religiöse Interessenverbände, kriegerische und ethnische Unruhen und auch Naturkatastrophen in Frage. Vgl. Vertriebene, Ausgewiesene, Ausgetriebene, Zwangsumsiedler, Deportierte, Zwangsausgetauschte, Flüchtlinge, Asylbewerber, Evakuierte.

Zweigenerationenfamilie (WISS)
II. Ehepaare, aber auch alleinerziehende Väter oder Mütter, die mit ihren ledigen Kindern zusammenleben.

Zweimalgeborene (SOZ)
I. Dvija.
II. im indischen Kastensystem die Angeh. der drei obersten Klassen oder Urkasten, die Brahmanen, Kschatrija und Waischja. Vgl. Wiedergeborene, s.d.

Zweite Generation (WISS)
II. ugs. Bez. für die schon im Inland geborenen Nachkommen von Ausländern oder Einwanderern.

Zweitfamilien (WISS)
II. auch Drittfamilien; junge Begriffsbildung für die (jeweils unvollständigen) zweiten und sogar dritten Familien, die Männer in manochistisch geprägten Ges. gleichzeitig (z.B. an verschiedenen Arbeitsorten) mit zahlreichem Nachwuchs führen (u.a. in Mittelamerika, Brasilien, Südafrika). Vgl. Wilde Ehen, Polygyne Ehen.

Zwerg-Papua (BIO)
I. Tapiride.
II. übliche Sammelbez. für diverse Restpopulationen einer hypothetischen Altbevölk. (Ayom) in den zentralen Gebirgswäldern Neuguineas; zwerg- (1,00–1,40 m) bis mittelwüchsig, Nachkommen einer möglicherweise ernährungsbedingt normalwüchsigen Varietät. Zu unterscheiden sind: Kai, Ayom, Sepik, Torricelli, Mafulu, Pesegem, Tapiro, Timorini u.a. Vgl. Melaneside.

Zwergwüchsige (BIO)
I. ugs. Liliputaner (für Fabelwesen gemäß SWIFT'S »Gullivers Reisen«); (en=) Lilliputians; Zwerge, Gnome. Bessere Termini: minderwüchsige oder (als Eigenbez.) kleinwüchsige Mitmenschen.
II. Menschen mit einer wesentlich unter der Norm liegenden Körpergröße (bei Erwachsenen unter 130 cm) bei normalen Körperproportionen und geistigen Fähigkeiten. Rassisch bedingter Zwergwuchs u.a. bei Bambutiden, Negritos, Weddas, Zwergpapuas, Pygmäen; sie werden auch als »Rassenzwerge« (s.d.) bezeichnet. Historischer Nachweis als Chondrodystrophe im vordynastischen Altägypten, später dort importierte Pygmäen als Tanzzwerge. In Kulten des Altertums als Bês-Gottheiten, Priap-Wächter, Patäken auftretend (A. Heymer). In Neuzeit tritt Minderwuchs auch als anthropogene Schädigung (u.a. durch Quecksilber) auf, Amazonien. Vgl. Gegensatz Riesenwüchsige.

Zwillinge (BIO)
I. Twins (=en); jumeaux (=fr); gemelli (=it); gemelos (=sp); gémeos (=pt).
II. häufigster Fall der Mehrlingsgeburten (sonst Drillinge, Vierlinge, Fünflinge, Sechslinge). Zu unterscheiden sind: 1.) eineiige Z., Monozygote Z.; Uniovular Twins, Identical T. (=en); jumeaux identiques, vrais jumeaux (=fr); gemelli monovulari, g. monocoriali, g. omologhi (=it). Ein Viertel bis ein Drittel aller Z. sind durch Teilung der gleichen Eizelle entstanden, sie sind erb- und geschlechtsgleich, 2.) zweieiige Z., dizygote Zwillinge; jumeaux fraternels, j. bivitellins (=fr); Biovular Twins, Fraternal T. (=en); gemelli biovulari, g. bicoriali, g. eterologhi (=it). Solche, die aus Befruchtung verschiedener Eizellen erwachsen, sie sind erbverschieden und können geschlechtsverschieden sein. Sie weisen nur die

Ähnlichkeit und die Bindung normaler Geschwister auf. Theoretisch können sie zwei Väter haben. Veranlagung für Zwillingsgeburten ist erblich. Die Häufigkeit von Z.-geburten beträgt in Deutschland 1:85. 1993 wurden in Deutschland in 19 652 Fällen Z., in 828 Fällen Drillinge und in 44 Fällen Vierlinge geboren.

Zwinglianer (REL)
II. Anh. einer auf H. Zwingli in Zürich nach 1523 zurückgehenden humanistischen Richtung des Protestantismus, bes. in der Deutschschweiz. Ausgleich mit Calvinisten in der Abendmahlslehre gelang 1549.

Zwischensee-Bantu (ETH)
II. Sammelbez. für div. Stämme von Bantu-Negern zw. dem Victoria-See und der Seenkette des zentralafrikanischen Grabens. Es handelt sich um Ethnien mit einander eng verwandten Bantuspr. und anderen geschichtlich erwachsenen kulturellen Gemeinsamkeiten. Zu ihnen zählen: die westlichen Zwischenseebantu (Tors in Uganda, Nkole in Ruanda, Hoya in Tansania, Sub, Zinza, Kerewe, Kara, Shashi u. a.); die östlichen Z. (Ganda in Uganda, Soga); die südlichen Z. (Rwanda, Rundi, Ha, Vinza, Autu zuzüglich der ungegliederten Stämme). Sind gute Hackbauern.

Zwischenwanderer (WISS)
I. sozialgeogr. Terminus nach C. TROLL für koloniale Mittelschicht.

II. Sammelbez. für solche Auswanderer bzw. freigesetzte Kontraktarbeiter, denen in ihren neuen tropischen Wohnländern Landerwerb oder sogar agrarischer Landbesitz verwehrt blieb. Sie mußten deshalb in andere Berufe, überwiegend im Dienstleistungssektor (als Handwerker, Köche, Diener oder als Kaufleute im Zwischenhandel), überwechseln. In dieser Mittelstellung zwischen dünner weißer Oberschicht und Eingeborenen waren sie einst den Kolonialherren nützlich, doch haben sie diese Funktionen vielfach bis heute behauptet. Zu den Z. zählen zuvorderst Chinesen und Inder, doch auch Armenier, Juden, Syrer, Azoren- und Madeira-Portugiesen, Malteser, Sudanaraber, Haussa oder Somali. Terminus war im 19. Jh. auch für solche Juden in Ostmitteleuropa gebräuchlich, die als Mittler zwischen (polnischem) Adel und Landbev. als Gutsverwalter und bei der Vermarktung landwirtschaftlicher Erzeugnisse tätig waren.

Zwitter (BIO)
Vgl. Hermaphroditen.

Zwölferschiiten (REL)
I. Ithna ashariya, Imamiya/Imamiten; 12er-Schiiten.

II. Staatsreligion im heutigen Iran; auch im Südirak und Afghanistan verbreitet; ca. 104 Mio. Gläubige (1993).

Zypern (TERR)
A. Republik. Unabh. seit 16. 8. 1960. Aus britischer Herrschaft unabhängig seit 16. 8. 1960; nach türkischer Intervention (1974) seit 1983 Teilung der Insel. Republic of Cyprus (=en); Kypriaki Dimokratia (=gr); Kibris Cumhuriyeti (=tü). La République de Chypre, Chypre (=fr); la República de Chipre, Chipre (=sp).

Ew. Zypern ungeteilt 1881: 0,186; 1891: 0,210; 1901: 0,237; 1911: 0,275; 1921: 0,311; 1931: 0,348; 1946: 0,450; 1950: 0,494; 1960: 0,574; 1970: 0,604; 1978: 0,616; 1996: 0,740, BD: 80 Ew./km^2; WR 1990–96: 1,4%; UZ 1996: 53%, AQ: 6%

Ew. Republik Zypern 1931: 0,277; 1946: 0,361; 1956: 0,417; 1960: 0,442; 1973: 0,499; 1992: 0,549. Vgl. Türkische Rep. Nordzypern

Zyperngriechen (ETH)
I. Zyprioten.

II. 1995 rd. 623 000, was 84,7% der gesamten Inselbev. entsprach. Als Folge der Flucht von > 160 000 Zyprioten aus dem Nordteil leben sie seit Teilung der Insel 1974 im griechisch-zyprischen Süden; sind zu 80% griechisch-orthodoxer Konfession.

Zyperntürken (ETH)
I. Türkisch-Zyper, Inseltürken.

II. bedeutende türkischsprachige muslimische Minderheit auf Zypern, die anläßlich der Unabhängigkeit der Insel 1960 ihre überproportionale Mitbestimmung und im Krieg 1974 das Taksim-Postulat (Teilung der Insel) durchsetzte. Z. erfuhren durch Neuansiedlung von 85 000 Festlandstürken und durch große türkische Garnison (30 000) erhebliche Verstärkung ihres Anteils. Nach Teilung der Insel durch Umsiedlung und Flucht von 12 000–40 000 Z. aus dem Süden sind Z. fast ausschließlich im Nordteil der Insel ansässig. Fortdauernde Zuwanderung anatolischer Türken, welche die Eigenstaatlichkeit Nordzyperns betreiben, versetzt einheimische Inseltürken in polit. Abhängigkeit. 30 000 von ihnen wanderten in letzten Jahren nach Großbritannien ab. Bev. in Nordzypern 1996: 198 200.

Zyprer (NAT)
I. Nicht: Zyprioten! Von: (lat=) Cypus = die Kupferinsel. Cyprians, Cypriots (=en); chypriotes (=fr); ciprioti (=it); cipriotas (=sp, pt).

II. StA. der seit 1974 getrennten Staatswesen auf Zypern. Rd. 80% griechische Zyprioten, 19% türkische Zyprer. Armenische und maronitische Minderheiten. Etwa 200 000 Nordzyprioten leben seit türkischer Invasion als Flüchtlinge im griechischen Südteil der Inselrep.

Zyprioten (ETH)
I. Zyperngriechen (s. d.) im Unterschied zu Zyperntürken.